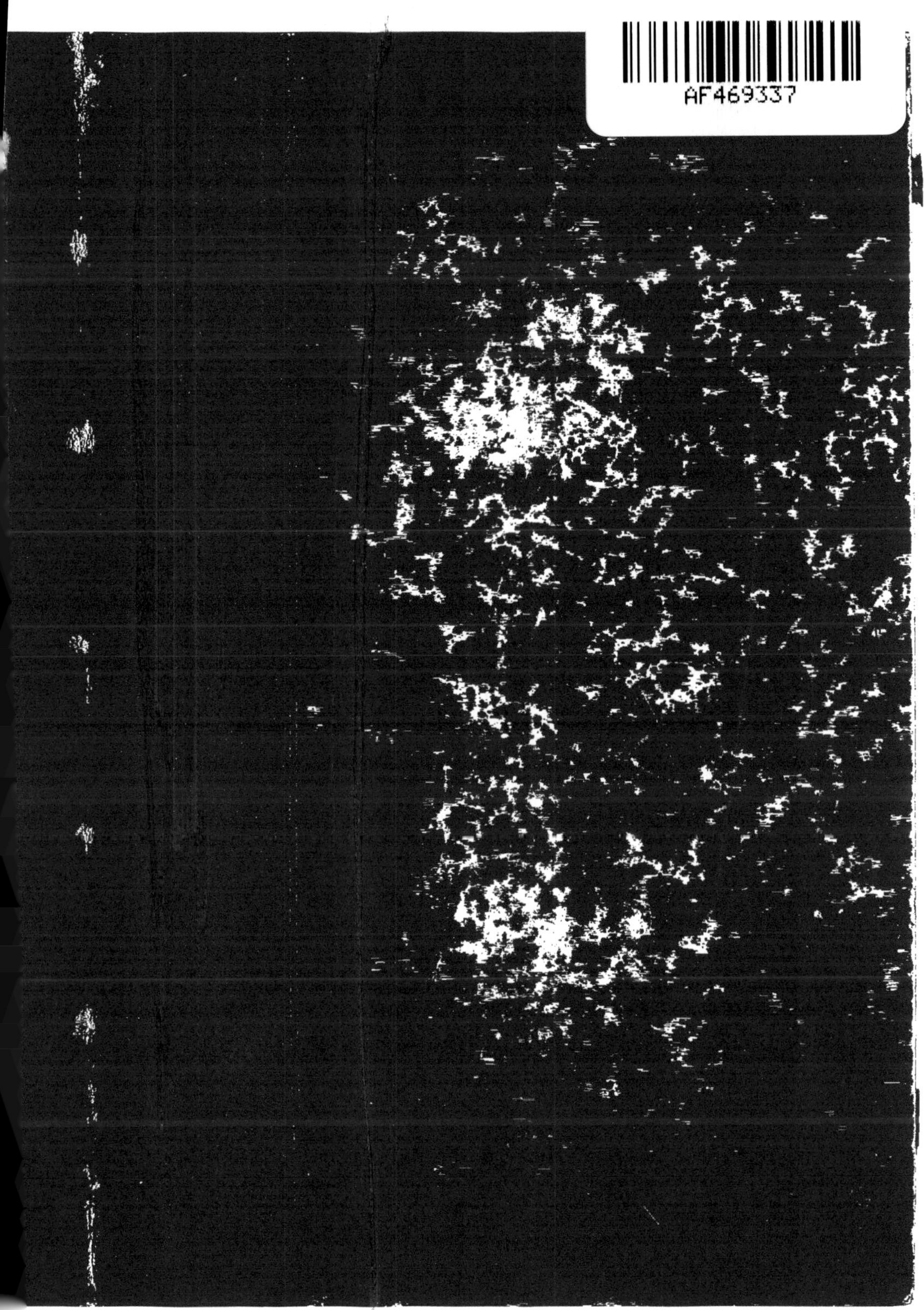

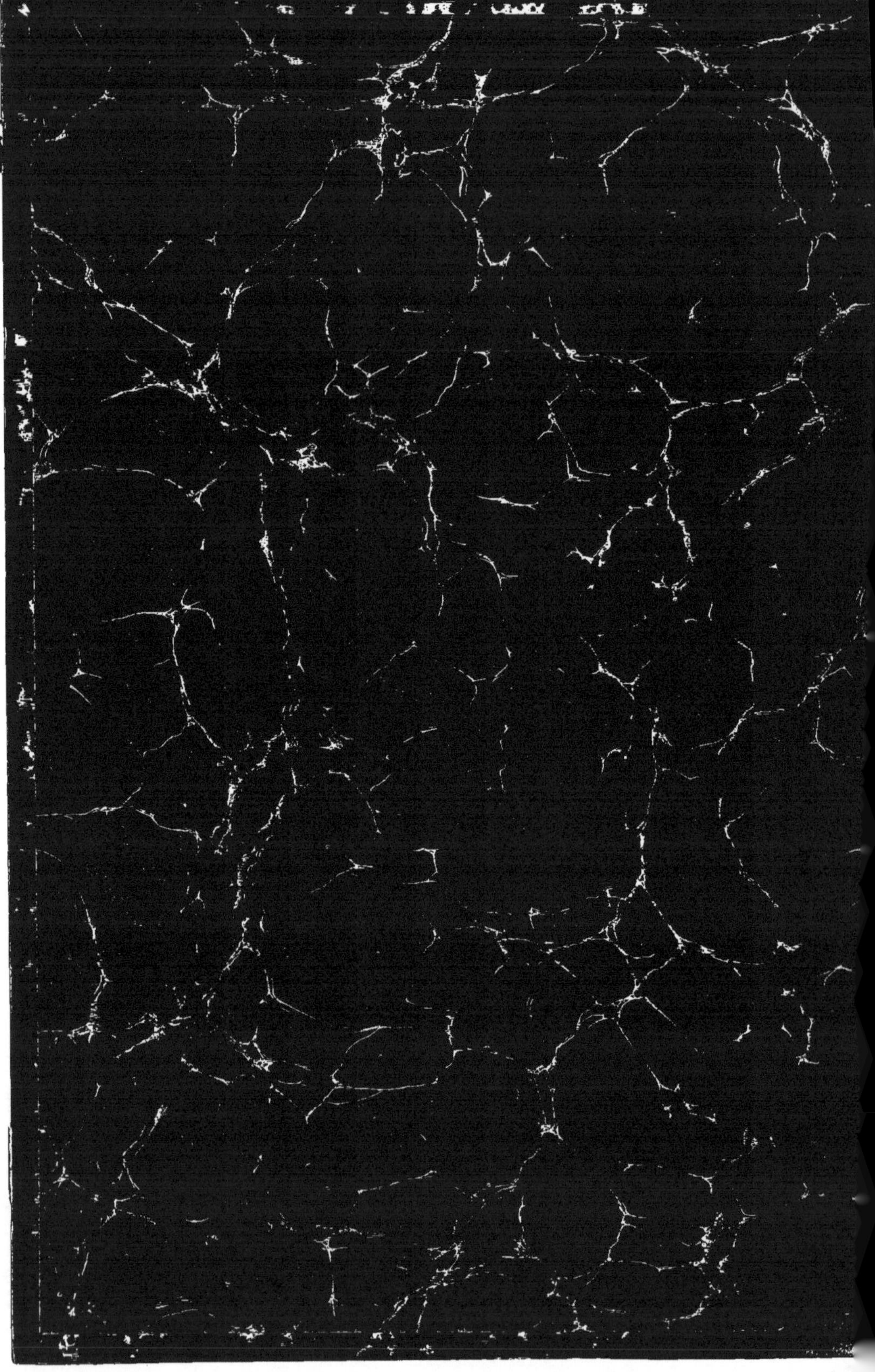

DICTIONNAIRE PRATIQUE

D'HORTICULTURE

ET

DE JARDINAGE

Illustré de près de 5,000 Figures dans le texte

ET DE 80 PLANCHES CHROMOLITHOGRAPHIÉES HORS TEXTE

COMPRENANT :

La description succincte des plantes connues et cultivées dans les jardins de l'Europe;
La culture potagère, l'arboriculture, la description et la culture de toutes les Orchidées,
Broméliacées, Palmiers, Fougères,
Plantes de serre, plantes annuelles, vivaces, etc.;
Le tracé des jardins; le choix et l'emploi des espèces propres à la décoration des parcs et jardins;
L'Entomologie, la Cryptogamie, la Chimie horticole;
Des éléments d'Anatomie et de Physiologie végétale; la Glossologie botanique et horticole;
La description des outils, serres et accessoires employés en horticulture; etc., etc.

PAR

G. NICHOLSON

Conservateur des Jardins royaux de Kew à Londres.

TRADUIT, MIS A JOUR ET ADAPTÉ A NOTRE CLIMAT, A NOS USAGES, ETC., ETC.

PAR

S. MOTTET

Membre de la Société Nationale d'Horticulture de France.

AVEC LA COLLABORATION DE MM.

VILMORIN-ANDRIEUX et Cie

G. ALLUARD, E. ANDRÉ, G. BELLAIR, G. LEGROS, ETC.

65e LIVRAISON

PARIS

OCTAVE DOIN	LIBRAIRIE AGRICOLE	VILMORIN-ANDRIEUX ET Cie
ÉDITEUR	DE LA MAISON RUSTIQUE	MARCHANDS GRAINIERS
8, place de l'Odéon, 8	26, rue Jacob, 26	4, Quai de la Mégisserie, 4

L'Ouvrage sera complet en 80 livraisons. — Il paraitra *TRÈS RÉGULIÈREMENT* une livraison par mois.
Prix de chaque livraison de 48 pages, avec planche chromolithographique. . . **1 fr. 50**

MAISON C. MATHIAN

PARIS, 25, rue Damesme, 25, PARIS

SERRES
JARDINS D'HIVER
CHASSIS
VÉRANDAS
ETC.

DIPLOMES D'HONNEUR
1ers Prix

CHAUFFAGES
De Serres, Châssis
VAPORISATEUR
DE
Jus de Tabac

DEMANDER L'ALBUM
N° 21

CONSTRUCTION PERFECTIONNÉE DES SERRES EN PITCH-PIN

à double vitrage mobile
(BREVETÉ S.G.D.G.)

Exposition horticole de Paris, 1888
1er Prix MÉDAILLE D'OR

Exposition Universelle, 1889
Médaille d'or

Serres en bois et fer, et serres en fer
Châssis de couches
BACHES, COFFRES FIXES ET DÉMONTABLES

Eugène COCHU, Inventeur-Constructeur
Chevalier du Mérite agricole.
19, rue d'Aubervilliers, à SAINT-DENIS (Seine).
Envoi du prix-courant sur demande.

HANGARS

CONSTRUCTIONS ÉCONOMIQUES BOIS & FER

Système Br. s. g. d. g. **POMBLA** Spécialité de Constructions Industrielles et Agricoles.

MONTAGE ET DÉMONTAGE TRÈS FACILES

POMBLA, *Constructeur*, 68, avenue de Saint-Ouen, PARIS

ORCHIDÉES DE CHOIX

OCCASION EXCEPTIONNELLE & AVANTAGEUSE

CYMBIDIUM HOOKERIANUM

Contre l'envoi de 35 centimes en timbres-poste nous adressons franco la chromolithographie de cette remarquable variété.

Nous avons l'avantage d'annoncer aux Orchidophiles que nous nous sommes rendus acquéreurs des divisions du superbe spécimen de *Cymbidium Hookerianum*, présenté au Concours trimestriel des Orchidées de la *S. N. d'H. de F.* du 22 novembre 1894 et dont nous avons donné la chromolithographie dans le *Moniteur d'Horticulture* du 10 février 1895.

N° **1.** Petite plante, 2 arrière-bulbes, 1 jeune bulbe, 1 pousse. Prix . . . . **140** fr.

N° **2.** Plante plus forte, 5 arrière-bulbes, 1 jeune bulbe, 1 forte pousse. Prix . . . . **250** fr.

N° **3.** Belle plante, 2 fortes arrière-bulbes, 1 forte bulbe, 1 forte pousse avec 1 hampe florale. Prix. **300** fr.

N° **4.** Très forte plante, 6 fortes bulbes, 3 hampes florales. Prix . . . . **600** fr.

OTTO-BALLIF
Bureau du MONITEUR D'HORTICULTURE
14, rue de Sèvres, 14, PARIS

N. B. — A l'occasion de cette offre avantageuse nous ferons observer aux Orchidophiles que les divisions de ce *Cymbidium* sont tout à fait distinctes comme port et d'une variété bien supérieure aux rares plantes de cette espèce connues jusqu'à présent.

A la librairie O. DOIN, 8, place de l'Odéon

MANUEL PRATIQUE ET RAISONNÉ DES CULTURES SPÉCIALES

PLANTES RACINES. — CÉRÉALES. — PLANTES FOURRAGÈRES
PLANTES INDUSTRIELLES. — ASSOLEMENTS. — PRAIRIES

Par Paul DE VUYST
Docteur en Droit, Ingénieur agricole, Inspecteur adjoint de l'agriculture.

Un volume in-8° carré de 264 pages, avec de nombreuses figures
Prix : 4 francs.

TRÈS BELLES ORCHIDÉES

D'OCCASION
A Vendre à prix réduit
PROVENANT D'UNE COLLECTION D'AMATEUR

Pour de plus amples renseignements, s'adresser à

M. OTTO-BALLIF

au Moniteur d'Horticulture

14, RUE DE SÈVRES, 14, PARIS

DICTIONNAIRE PRATIQUE

D'HORTICULTURE

ET

DE JARDINAGE

ABRÉVIATIONS DES NOMS

DES

PRINCIPAUX COLLABORATEURS ET TRADUCTEURS

DE L'ÉDITION FRANÇAISE

G. A^{d} — G. Alluard.
E. A. — Ed. André.
G. B. — G. Bellair.
H. D. — H. Dard.
G. L. — G. Legros.
S. M. — S. Mottet.

V. A. C. — Vilmorin-Andrieux et Cie

ÉVREUX, IMPRIMERIE DE CHARLES HÉRISSEY

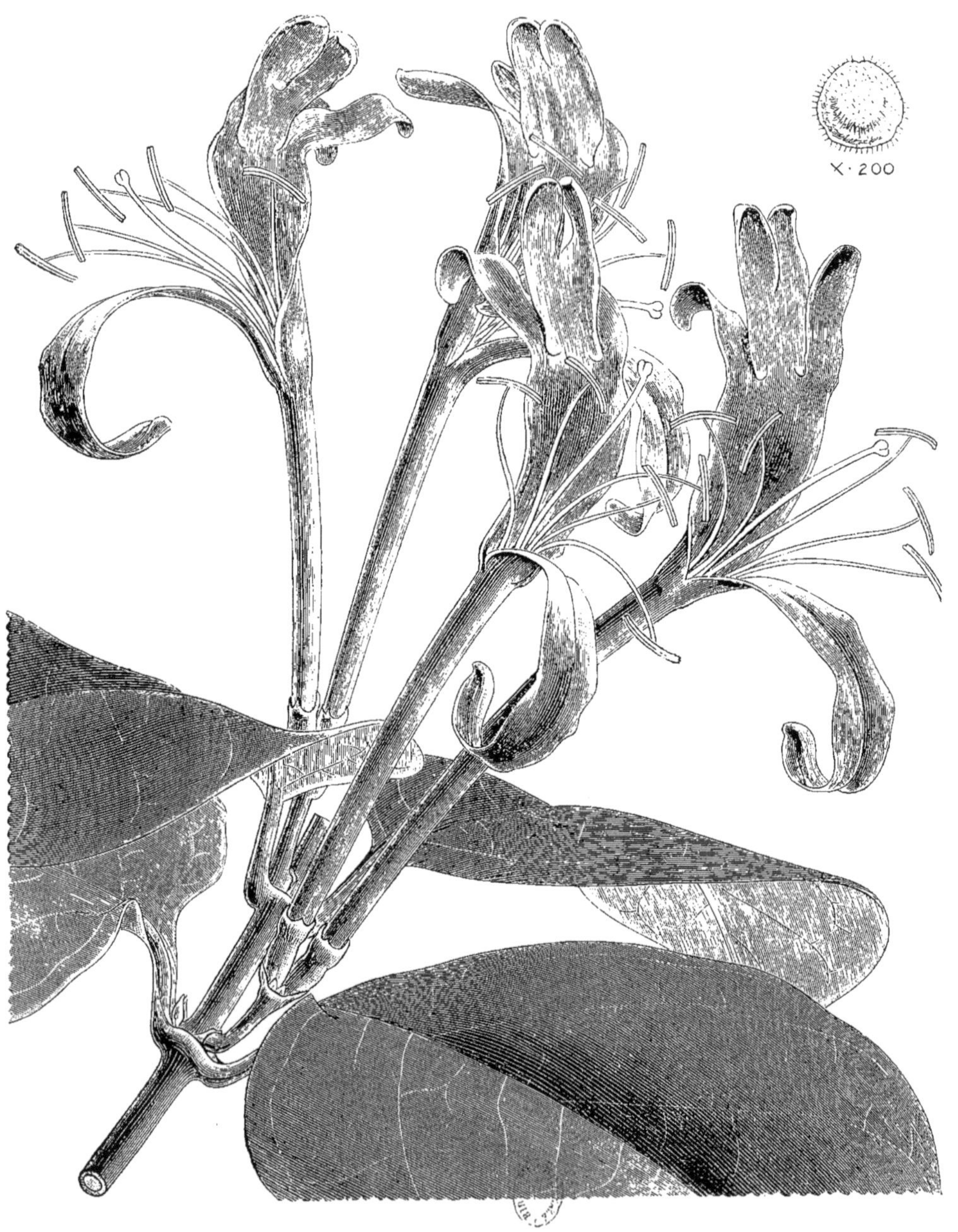

LONICERA HILDEBRANDIANA (*d'après le* GARDENERS' CHRONICLE)

DICTIONNAIRE PRATIQUE

D'HORTICULTURE

ET

DE JARDINAGE

Illustré de près de 5,000 Figures dans le texte

ET DE 80 PLANCHES CHROMOLITHOGRAPHIÉES HORS TEXTE

COMPRENANT :

La description succincte des plantes connues et cultivées dans les jardins de l'Europe;
La culture potagère, l'arboriculture, la description et la culture de toutes les Orchidées,
Broméliacées, Palmiers, Fougères,
Plantes de serre, plantes annuelles, vivaces, etc.;
Le tracé des jardins; le choix et l'emploi des espèces propres à la décoration des parcs et jardins;
L'Entomologie, la Cryptogamie, la Chimie horticole;
Des éléments d'Anatomie et de Physiologie végétale; la Glossologie botanique et horticole;
La description des outils, serres et accessoires employés en horticulture; etc., etc.

PAR

G. NICHOLSON

Conservateur des Jardins royaux de Kew à Londres.

TRADUIT, MIS A JOUR ET ADAPTÉ A NOTRE CLIMAT, A NOS USAGES, ETC., ETC.

PAR

S. MOTTET

Membre de la Société Nationale d'Horticulture de France.

AVEC LA COLLABORATION DE MM.

VILMORIN-ANDRIEUX et Cie

G. ALLUARD, E. ANDRÉ, G. BELLAIR, G. LEGROS, ETC.

TOME CINQUIÈME. — SERRE — ZYGOSTATES

CHOIX DE PLANTES ET SUPPLÉMENT

PARIS

OCTAVE DOIN
ÉDITEUR
8, place de l'Odéon, 8

LIBRAIRIE AGRICOLE
DE LA MAISON RUSTIQUE
26, rue Jacob, 26

VILMORIN-ANDRIEUX ET Cie
MARCHANDS GRAINIERS
4, Quai de la Mégisserie, 4

1898-1899

ADDITIONS ET CORRECTIONS

Depuis la publication successive des volumes du DICTIONNAIRE, des additions et corrections, autres que celles mentionnées dans les premières pages de chaque volume ont été faites. Nous les donnons donc ci-après, afin de permettre aux lecteurs de les transcrire et de rendre ainsi l'ouvrage aussi exact et complet qu'il est possible.

VOLUME I

Page.	Colonne.	
1	1	Au lieu de : Annales des sciences naturelles ; lisez : **Revue des sciences naturelles appliquées.**
2	2	Au lieu de : L. G. ; lisez : L. C.
12	1	Ligne 12. Après *Tsuga*, Carr. ; ajoutez : *Pseudolarix*, Gord. ; *Pseudotsuga*, Carr.
12	2	Au bas. Au lieu de : **Kempferi** ; lisez : **Kæmpferi.**
13	2	Après : **A. sibirica** ; ajoutez : Syn. *A. pitcha*, Forbes.
25	2	Au lieu de : **A. ricinifolia**, Dcne et Planch. ; lisez : **A. ricinifolium**, Seem.
27	1	Ajoutez : **ACCOT.** — V. **Réchaud.**
30	1	Pour : **A. Semenovi** ; lisez : **A. Semenowi.**
39	2	Fig. 44. Lisez : *Aconitum Lycoctonum.*
106	2	Pour : **A. Semenovi** ; lisez : **A. Semenowi.**
106	2	Pour : **A. Suworowi** ; lisez : **A. Suvorowi.**
125	1	**A. caribæa**, au lieu de : 1816 ; lisez : 1597.
141	2	Supprimez : **Amyris**, etc.
209	2	Pour : **Arauja** ; lisez : **Araujia.**
219	1	Ajoutez : *Honkenya*, Ehrh.
237	1	Au lieu de : **A. cirratum** ; lisez : **A. cirrhatum.**
310	1	Ligne 10. Pour : *Triophyllum* ; lisez : *Eriophyllum.*
317	1	Pour : **Barbiera** ; lisez : **Barbieria.**
454	2	**C. majestica.** Au lieu de : V. *Maranta* ; lisez : *Calathea.*
490	2	**CANDOLLEA.** Supprimez les synonymes et, au lieu de quatre-vingt sept espèces ; lisez : quinze.
490	2	Avant : **CANELLA** ; ajoutez : **CANDOLLEA**, Labill. pr. p. — Réunis aux **Stylidium**, Swartz.
520	1	Pour : *Myrthus* ; lisez : *Myrtus.*
566	1	Pour : **C. tartarica** ; lisez : **C. tatarica.**
594	2	Pour : V. **Elæagnus reflexa** ; lisez : **argentea.**
639	2	Pour : **CHEVALLIERA** ; lisez : **CHEVALIERA.**

VOLUME II

Page.	Colonne.	
9	2	Au lieu de : *Roxburgia frutescens*, Willd. ; lisez : *Robergia frutescens*, Gmel.
9	2	Au lieu de : *Rourea frutescens*, Aupl., lisez : Aubl., nom correct du *Connarus pubescens.*
113	Fig. 177	La figure de droite est renversée.
117	2	Au **C. Ainsworthii**, ajoutez : V. **Selenipedium Ainsworthii.**
122	1	Au **C. cardinale** ; rectifiez : V. **Selenipedium cardinale.**
122	2	Au **C. conchiferum** ; ajoutez : V. **Selenipedium conchiferum.**
124	1	Pour : **C. Dominanyum** ; lisez : **C. Dominianum.**
126	1	Au : **C. GRANDE** ; ajoutez : V. **Selenipedium grande.**
128	2	Au : **C. leucorhodum** ; ajoutez : V. **Selenipedium leucorhodum.**

Page.	Colonne.	
128	2	Au : C. **Lindeni**, Hort. ; ajoutez : V. **Selenipedium Lindeni**.
128	2	Au : C. **Lindleyanum**, Schomb. ; ajoutez : V. **Selenipedium Lindleyanum**.
130	1	Au : C. **nitidissimum** ; ajoutez : V. **Selenipedium nitidissimum**.
134	2	Au : C. **stenophyllum** ; ajoutez : V. **Selenipedium stenophyllum**.
260	1	Pour : *Melacocarpus ;* lisez : *Malacocarpus erinaceus*, et ajoutez : figuré à ce nom, vol III, p. 234, fig. 335.
303	1	Pour : V. **Thyrsacanthus indicus** ; lisez : **strictus**.
322	2	Fig. 387 : ERYNGIUM ALPINUM ; lisez E. PLANUM.
337	2	Fig. 409 : Cette figure est renversée.
435	Fig. 552 à 555.	Pour : CHÉMAS ; lisez : SCHÉMAS.
509	2	Pour : **CLAUCIUM** ; lisez : **GLAUCIUM**.
512	2	Pour : **G. Alpynum** ; lisez : **G. Alypum**.
581	1	Pour : **H. Kalthrinæ** ; lisez : **H. Katherinæ**.
676	Fig. 894	Lisez : *a.* mâle ; *b.* femelle.

ADDITIONS ET CORRECTIONS

Depuis la publication successive des volumes du Dictionnaire, des additions et corrections, autres que celles mentionnées dans les premières pages de chaque volume ont été faites. Nous les donnons donc ci-après, afin de permettre aux lecteurs de les transcrire et de rendre ainsi l'ouvrage aussi exact et complet qu'il est possible.

VOLUME III

Page.	Colonne.	
9	2	Rectifiez : **JANKÆA Heldreichii**, Boiss. — V. **Ramonda Heldreichii**. (Au Suppl.)
9	2	Ajoutez : **JANKÆA ferruginea**. — V. **Ramonda serbica**.
13	Fig. 14	Supprimez : et existant encore actuellement.
108	Fig. 132	Pour Leontia ; lisez : Leontice.
121	1	Pour : **LHOTSKYA** ; lisez : **LHOTZKYA**.
228	2	Pour : **MACROTOMA** ; lisez : **MACROTOMIA**.
407	1	Au **N. cyclamineus**, au lieu de : Syn. *N. triandrus cylamineus* ; Syn. lisez : *N. pseudo-Narcissus cyclamineus*.
712	1	Dernière ligne, pour : quelquefois ; lisez : le plus souvent.

VOLUME IV

Page.	Colonne.	
96	2	Au : **P. Francheti**, au lieu de : annuel ; lisez : vivace.
136	2	Ajoutez : **P. paroliniana**, Webb. Syn. de *P. pyrenaica*, Lap.
136	2	Ajoutez : **P. palustris**, Mill. Syn. de *P. australis*, Michx.
204	Fig. 238	Lisez : Jeune poirier de semis.
341	2	Au lieu de **P. verticillata sinensis**, lisez : **P. verticillata**. Forsk. **simensis**, Hochst.
363	2	Au **P. cerasifera**, au lieu de : Branches énormes ; lisez : inermes.
499	1	Au **R. Baueri**, ajoutez : Syn. *Seaforthia robusta*, Hort.

RÉFÉRENCES AUX PUBLICATIONS

CONTENANT DES ILLUSTRATIONS DE PLANTES AUTRES QUE CELLES EXISTANT DANS LE PRÉSENT OUVRAGE

On est souvent obligé de recourir à de bonnes illustrations pour déterminer les plantes avec certitude ; ces figures sont d'autant plus utiles qu'elles sont généralement accompagnées d'un article explicatif. Pour faciliter la recherche de ces planches, les références des principales illustrations ont été données à la suite des descriptions.

La liste ci-dessous comprend les ouvrages ou périodiques horticoles et botaniques dont les planches coloriées ou, à défaut, les figures noires ont été citées dans le texte. Par économie d'espace, ces références ont été abrégées comme suit :

Quand il n'y a qu'un chiffre après les lettres abréviatives, il indique généralement le numéro de la planche ou de la figure et, à défaut de numéro, la page où elle se trouve insérée ; quand il y en a deux, le premier (caractères arabes ou romains) s'applique au volume ou à l'année, tandis que le second garde son sens indiqué ci-dessus.

A. B. R.	Andrews (H.-C.), **Botanist's Repository.** London, 1799-1811, 10 vol. in-4°.
A. E.	Andrews (H.-C.), **Coloured Engravings of Heaths** (*Planches coloriées de Bruyères*). London, 1802-1830, 4 vol. in-4°.
A. F. B.	London (J.-C.), **Arboretum et Fruticetum britannicum.** London, 1838, 8 vol. in-8°.
A. F. P.	Allioni (C.), **Flora pedemontana.** Aug. Taur., 1785, 3 vol. in-fol.
A. G.	Aublet (J.-B.-C.-F.), **Histoire des plantes de la Guyane française.** Londres, 1775, 4 vol. in-4°.
A. H.	Andrews (H.-C.), **The Heathery** (*Bruyères*). London, 1804-1812, 4 vol. in-4°.
A. S. N.	**Revue des Sciences naturelles appliquées.** Connu aussi sous le nom de **Bulletin de la Société nationale d'acclimatation.** Paris, 1854, etc., in-8°.
A. V.	Vilmorin-Andrieux et Cie, **Album Vilmorin.** Illustrations des principales espèces ou variétés de légumes, de plantes bulbeuses et de fleurs annuelles ou vivaces. Ensemble 118 planches coloriées (43 × 60) représentant environ 800 plantes. Paris, 1850-1895.
— B.	Plantes bulbeuses.
— F.	Plantes annuelles ou vivaces.
— P.	Plantes potagères.
B.	Maund (B.), **The Botanist.** London, 1839, 8 vol. in-4°.
B. A.	André (E.), **Bromeliaceæ Andreanæ.** Description et histoire des Broméliacées récoltées dans la Colombie, l'Ecuador et le Vénézuéla. Paris, 1891, 1 vol. in-4°.
B. F. F.	Brandis (B.), **Forest Flora of India.** London, 1876, in-8°. Atlas in-4°.
B. F. S.	Beddome (R.-H.), **Flora sylvatica.** Madras, 1869-1873, 2 vol. in-4°.
B. H.	**La Belgique Horticole.** Gand, 1850-1885, in-8°.
B. M.	**Botanical Magazine.** London, 1787, etc., in-8°.
B. M. PL.	Bentley (R.) and Trimen (H.), **Medicinal Plants.** London, 1875-1880, in-8°.
B. O	Bateman (J.), **A Monograph of Odontoglossum.** London, 1874, in-fol.
B. R.	**Botanical Register.** London, 1815-1847, 33 vol. in-8°.
B. S. B.	**Bulletin de la Société Botanique de France,** Paris, 1854-1878. Série II, 1879, etc., in-8°.
	Bulletin de la Société nationale d'acclimatation. Voy. A. S. N.
	Bulletin de la Société nationale d'Horticulture de France. Voy. J. S. N. H.
B. Z.	**Botanische Zeitung** (Journal de botanique). Berlin, vol. I-XIII (1843-1855), in-8°. Leipzig, vol. XIV (1856), etc.
C. H. P.	Cathcart, **Illustrations of Himalayan Plants.** London, 1855, in-fol.
C. M. O.	**Le Moniteur d'Horticulture,** dirigé par L. Chauré. Paris, 1877, etc., in-8°.
D. J. F. M.	Decaisne (J.), **Le Jardin fruitier du Muséum.** — Iconographie de toutes les espèces et variétés d'arbres fruitiers cultivés dans cet établissement avec leur description, etc. Paris, 1871, 7 vol. in-fol.
E. L.	Elwes (H.-J.), **Monograph of the genus Lilium.** London, 1880, in-fol.

ENC. T. et S. — Loudon (J.-C.), **Encyclopedia of Trees and Shrubs** (Encyclopédie des arbres et arbustes). London, 1842, in-8°.

E. T. S. M. — Voy. T. S. M.

F. A. O. — Fitzgerald (R.-D.), **Australian Orchids**. Sydney, 1876, in-fol.

F. D. — **Flora Danica**. Ordinairement cité comme titre des **Icones Plantarum**... Daniæ et Norvegiæ. Havniæ, 1761-1883, in-fol.

F. D. S. — **Flore des Serres et des Jardins de l'Europe**. Gand, 1845-1883, 23 vol. in-8°.

FL. MENT. — Moggridge (J.-T.), **Contributions to the Flora of Mentone**. London, 1864-1868.

FLORA. — * **Flora, oder allgemeine botanische Zeitung** (*Flora, ou Journal de Botanique générale*), 1818-1842, 25 vol. in-8°. Nouvelles séries, 1843, etc.

F. M. — **Floral Magazine**. London, 1861-1871, in-8°. Séries II, 1872-1881, in-4°.

F. P. — **Florist and Pomologist**. London, 1868-1884, in-8°.

G. C. — **The Gardeners' Chronicle and Agricultural Gazette**. London, 1841-1865.

G. C. N. S. — * **The Gardeners' Chronicle**. New Series. London, 1866-1886, in-4°. Series III, 1887, etc.

G. G. — Gray (A.), **Genera Floræ Americæ**. Boston, 1848-1849, 2 vol. in-8°.

G. M. — * **The Gardeners' Magazine**, dirigé par Shirley Hibberd. London.

G. M. B. — **The Gardeners' Magazine of Botany**. London, 1850-1851, 3 vol. in-8°.

GN. — * **The Garden**, dirigé par Robinson. London, 1871, etc., in-4°.

G. W. F. A. — Goodale (G.-L.), **Wild Flowers of America** (*Fleurs sauvages de l'Amérique*). Boston, 1888, in-4°.

G. ET. F. — * **Garden and Forest**, dirigé par Sargent. New-York, 1888, etc., in-4°.

H. B. F. — Hooker (W.-J.), **The British Ferns** (*Les Fougères de l'Angleterre*). London, 1861, in-8°.

H. E. F. — Hooker (W.-J.), **Exotic Flora**. London, 1833-1840, 2 vol. in-4°.

H. F. B. A. — Hooker (W.-J.), **Flora boreali-americana**. London, 1833-1840, 2 vol. in-4°.

H. F. T. — Hooker (J.-D.), **Flora Tasmaniæ**. London, 1860, 2 vol. in-4°. C'est la partie III de « The Botany of the Antartic voyage of H. M. Discovery Ships *Erebus* et *Terror*, in the years 1839-1843 » (*Botanique du voyage de découvertes dans les régions antarctiques sur les navires de Sa Majesté*, etc.).

H. G. F. — Hooker (W.-J.), **Garden Ferns** (*Fougères des jardins*). London, 1862, in-8°.

H. S. F. — Hooker (W.-J.), **Species Filicum**. London, 1846-1864, 5 vol. in-8°.

I. H. — **L'Illustration Horticole**. Séries I à IV, Gand, 1850-1886, 33 vol. in-8°. Série V, 1887-1894, in-4°, 1895-1896, in-8°.

I. H. PL. — Voy. C. H. P.

J. — * **Le Jardin**, dirigé par Godefroy-Lebeuf. Paris, 1887, etc., in-4°.

J. B. — * **Journal of Botany**. London, 1863, etc., in-8°.

J. F. A. — Jacquin (N.-J.), **Floræ Austriacæ**... Icones. Viennæ, 1773-1778, 5 vol. in-fol.

J. H. — * **Journal of Horticulture and Cottage Gardener**, dirigé par le Dr Robert Hogg. London, 1849, etc., in-4°.

J. H. S. — * **Journal of the Horticultural Society**. London, 1846, etc., in-8°.

J. S. N. H. — * **Journal de la Société nationale d'Horticulture de France**. Paris, 1827, etc., 1re série, 1855, etc.; 2e série, 1867, etc.; 3e série, 1879, etc., in-8°.

K. E. E. — Kotschy (Theodor), **Die Eichen Europa's und des Orient's** (*Les Chênes de l'Europe et de l'Orient*). Wien, Olmütz, 1858-1862, in-fol.

L. — * Linden (L.) et Rodigas (E.), **Lindenia**. Iconographie des Orchidées. Gand, 1885, etc., in-fol.

L. C. — Lavallée (A.), **Les Clématites à grandes fleurs**. Description et iconographie des espèces cultivées dans l'*Arboretum* de Segrez. Paris, 1884, 1 vol. in-12.

L. B. C. — Loddiges (C.), **Botanical Cabinet**, London, 1812-1833, 23 vol. in-4°.

L. C. B. — Lindley (J.), **Collectanea botanica**. London, 1821, in-fol.

L. E. M. — Lamarck (J.-B. de), **Encyclopédie méthodique de botanique**. Paris, 1783-1817, 13 vol. in-4°.

L. J. F. — Lemaire (C.), **Le Jardin fleuriste**. Gand, 1851-1854, 4 vol. in-8°.

L. R. — Lindley (J.), **Rosarum Monographia**. London, 1820, in-8°.

L. S. O. — Lindley (J.), **Sertum Orchidaceum**. London, 1838, in-fol.

L. ET P. F. G. — Lindley (J.) and Paxton (J.), **Flower Garden**. London, 1851-1853, 3 vol. in-4°.

M. A. S. — Salm-Dyck, **Monographia Generum Aloes et Mesembryanthemi**. Bonnæ, 1836-1863, in-4°.

M. C. — Maw (George), **A Monograph of the Genus Crocus**. London, 1886, in-4°.

M. O. — * Veitch (James) and Sons, **Manual of Orchidaceous Plants**. London, 1887, etc., in-8°.

N. — Burbidge (F.-W.), **The Narcissus : Its History and Culture**. With a Scientific Rewiew of the Genus by J. G. Baker. F. L. S. London, 1875, in-8°.

N. S. — Nutall (T.), **North American Sylva**. Philadelphia, 1865, 3 vol. in-8°.

O. — * **L'Orchidophile**, dirigé par Godefroy-

Lebeuf. Argenteuil et Paris, 1881, etc., in-8°.

P. B. — Ravenscroft (Lawson). **Pinetum Britannicum.** A descriptive account of hardy Coniferous trees cultivated in Great Britain (*Description des arbres conifères rustiques cultivés en Angleterre*). Londres, 1884, 3 vol. gr. in-fol.

P. F. G. — Voy. L. et P. F. G.

P. M. B. — Paxton (J.), **Magazine of botany.** London, 1834-1849, 16 vol. in-8°.

R. — * Sander (Fred.), **Reichenbachia** (*Illustration d'Orchidées*). London, 1886, etc., in-fol.

Ref. B. — Saunders (W.-W.), **Refugium botanicum.** London, 1869-1872, in-8°.

R. G. — * **Gartenflora**, fondé par E. Regel Erlangen et Berlin, 1852, etc., in-8°.

R. H. — * **Revue Horticole** dirigée par E. André, Paris, 1828, etc., in-8°.

R. H. B. — * **Revue de l'Horticulture belge et étrangère**, Gand, 1875, in-8°.

R. L. — Redouté, **Les Liliacées.** Paris, 1802-1816. 8 vol. in-fol.

R. S. H. — Hooker (J.-D.), **The Rhododendrons of Sikkim-Himalaya.** London, 1849-1851, in-fol.

R. X. O. — * Reichenbach fils (H.-G.), **Xenia Orchidacea.** Leipzig, 1858, etc., in-4°.

S. B. F. G. — Sweet (R.), **British Flower Garden.** London, 1823-1829, 3 vol. in-8°. Série II, London, 1831-1838, 4 vol. in-8°.

S. C. — Sweet (R.), **Cistinæ** (*Les Cistinées*). London, 1825-1830, in-8°.

S. E. B. — Smith (J.-E.), **Exotic Botany.** London, 1804-1805, 2 vol. in-8°.

S. F. A. — Sweet (R.), **Flora australasica.** London, 1827-1828, in-8°.

S. F. d. J. — Siebold (P.-F. de) et Vriese (W.-H. de), **Flore des Jardins du Royaume des Pays-Bas.** Leide, 1858-1862, 5 vol. in-8°.

S. F. G. — Sibthorp (John), **Flora græca.** London, 1806-1840, 10 vol. in-fol.

S. H. Ivy. — Hibberd (Shirley), **The Ivy** : a monograph. (*Les Lierres*). London, 1872, in-8°.

S. Ger. — Sweet (Robert). **Geraniaceæ** (*Les Géraniacées*). London, 1828-1830, in-8°.

Sy. En. B. — Syme (J.-E.-B.), maintenant Boswell **English Botany.** Ed. 3, London, 1863-1885, 12 vol. in-8°.

S. Z. F. J. — Siebold (P.-F. von) et Zuccarini (J.-G.), **Flora Japonica.** Lugd. Bat., 1835-1844, in-fol.

T. H. S. — **Transactions of the Horticultural Society.** London, 1805-1829, 7 vol. in-4°.

T. L. S. — * **Transactions of the Linnean Society.** London, 1791, etc., in-4°.

T. S. M. — Emerson (G.-B.), **Trees and Shrubs of Massachusetts** (*Arbres et arbustes du Massachusetts*). Boston, Ed. 2, 1875, 2 vol. in-8°.

W. D. B. — Watson (P.-W.), **Dendrologia britannica.** London, 1825, 2 vol. in-8°.

W. F. A. — Voy. G. W. F. A.

W. G. Z. — * **Garten Zeitung** (*Journal d'Horticulture*), dirigé par le Dr L. Wittmack. Berlin, 1882, etc., in-8°.

W. O. A. — * Warner (R.) and Williams (B.-S.), **The Orchid Album.** London, 1882, etc., in-4°.

W. S. O. — Warner (R.), **Select Orchidaceous Plants.** London, Série I, 1862-1865; Série II, 1866-1875, in-fol.

W. et F. — **Woods and Forests** (*Bois et forêts*). London, 1883-1884. 1 vol. in-4°.

L'astérisque (*) indique les ouvrages encore en cours de publication.

LISTE DES PRINCIPAUX OUVRAGES CONSULTÉS

NE FIGURANT PAS DANS CELLE QUI PRÉCÈDE

André (Ed.). — *Plantes de terre de bruyère*, 1 vol. in-12, 1864.

Baillon (M.-H.). — *Dictionnaire de botanique*, 4 vol. in-4°, 1876-1892.

Baker (J.-G.). — *Handbook of Amaryllideæ*, 1 vol. in-8°, 1888.

— *Handbook of Irideæ*, 1 vol. in-8°, 1892.

— *Handbook of Bromeliaceæ*, 1 vol. in-8°, 1889.

— *Synopsis of all known Ferns*, 2ᵉ édit., 1 vol. in-8°, 1874.

Baltet (Ch.). — *Traité de la culture fruitière, commerciale et bourgeoise*, 2ᵉ édit., 1 vol. in-18, 1889.

— *L'Horticulture, ses progrès et ses conquêtes depuis 1789*, brochure in-8°, 1889.

— *L'art de greffer*, 4ᵉ édit., 1 vol. in-18, 1888.

Bellair (G.). — *Traité d'horticulture pratique*, 1 vol. in-18, 1892.

Bergman (E.). — *Les Orchidées de semis*, brochure in-8°, 1892.

Bonnet (Ed.). — *Petite flore parisienne*, 1 vol. in-18, 1883.

Boisduval. — *Essai sur l'Entomologie horticole*, 1 vol. in-8°, 1867.

Boucher (G.) et Mottet (S.). — *Les Clématites, Bégnones, Chèvrefeuilles, Glycines*, etc., 1 vol. in-18, 1898.

Carrière (E.-A.). — *Encyclopédie horticole*, 1 vol. in-12.

— *Guide pratique du Jardinier-multiplicateur*, 2ᵉ édit., 1 vol. in-8°.

— *Traité général des Conifères*, 2ᵉ édit., 1 vol. in-8°, 1867.

Cochet-Cochet et Mottet (S.). — *Les Rosiers*, 1 vol. in-18, 1897.

Decaisne (J.) et Naudin (Ch.). — *Manuel de l'amateur des jardins*, 3 vol. in-8°.

Dubreuil. — *Culture des arbres et arbrisseaux à fruits de table*, 1 vol. in-12, 1876.

— *Culture des arbres et arbrisseaux d'ornement*, 2ᵉ édit., 1 vol. in-12, 1878.

Duchesne (E.-A.). — *Répertoire des plantes utiles et des plantes vénéneuses du globe*, 1 vol. in-8°, 1836.

Dujardin-Beaumetz et Egasse (E.). — *Les plantes médicinales indigènes et exotiques*, 1 vol. gr. in-8°, 1889.

Durand (Th.). — *Index Generum Phanerogamorum in Benthami et Hookeri Genera plantarum fundatus*, 1 vol. in-8°, 1888.

Duval (L.). — *Les Broméliacées*, 1 vol. in-18, 1895.

Grenier et Godron. — *Flore Française*, 3 vol. in-8°, 1845-1856.

Jacques, Hérincq et Duchartre. — *Manuel général des plantes*, 4 vol. in-18. — à 1857.

Hooker (J.-D.) et Jackson (B.-D.). — *Index Kewensis, Plantarum Phanerogamorum, nomina et synonyma omnium generum et specierum*, 2 vol. en 4 fasc., gr. in-12, 1893-1895.

Lavallée (A.). — *Arboretum Segrezianum*, 1 vol. in-8°, 1877.

Lecoq (H.) et Juillet (J.). — *Dictionnaire raisonné des termes de botanique*, 1 vol. in-8°, 1831.

Leroy (A.). — *Dictionnaire de Pomologie*, 5 vol. gr. in-8°, 1867-1877.

Masters, Maxwell (T.). — *List of Conifers and Taxads in cultivation in the open air, in great Britain and Ireland*, brochure in-8°, 1892.

Mottet (S.). — *La Mosaïculture*, 2ᵉ édit., 1 vol. in-18, 1894.

— *Guide élémentaire de multiplication des végétaux*, 1 vol. in-18, 1894.

— *Les Œillets*, 1 vol. in-18, 1898.

Montillot (L.). — *Les insectes nuisibles*, 1 vol. in-18, 1891.

Naudin (Ch.). — *Manuel de l'Acclimateur*, 1 vol. in-8°, 1887.

— *Mémoires sur les Eucalyptus*, 2 broch. in-8°, 1883 et 1891.

Noter (R. de). — *Les Palmiers de serre froide*, 1 vol. in-18, 1895.

Opoix (O.). — *Culture du Poirier*, 1 vol. in-18, 1895.

Pritzel (G.-A.). — *Iconum botanicarum Index locupletissimus*, 2ᵉ édit., 1 vol. in-4°, 1861; suppl. 1866.

Pucci (Angiolo). — *Les Cypripedium et genres affines*, 1 vol. petit in-8°, 1891.

Sauvaigo (E.). — *Les cultures sur le littoral de la Méditerranée*, 1 vol. in-18, 1894.

Sirodot (E.). — *Les maladies des arbres fruitiers*, 1 vol. in-18, 1894.

Steudel (E.-T.). — *Nomenclator botanicus, seu Synonymiæ plantarum universalis*, 2ᵉ édit., 1 vol. in-8°, 1841.

Vilmorin-Andrieux et Cⁱᵉ. — *Les Plantes potagères*, 2ᵉ édit., 1 vol. in-8°, 1891.

— *Les Fleurs de pleine terre*, 5ᵉ édit., 1 vol. in-8°, 1893.

— *Les Plantes de grande culture*, 1 vol. in-8°, 1892.

Vesque et Arbois de Jubainville. — *Les maladies des plantes cultivées*, 1 vol. in-8°, 1878.

Le bon Jardinier, 1 vol. in-18, périodique depuis 1755.

Le nouveau Jardinier, 1 vol. in-18, périod. depuis 1865.

Kew, *Bulletin of miscellaneous informations*, 1 vol. in-8°, périodique depuis 1885.

— *Handlist of Trees and Shrubs*, part. I, *Polypetalæ*, 1 vol. in-16, 1894; part. II, *Gamopetalæ*, 1 vol. in-16, 1896.

— *Handlist of Herbaceous Plants*, 1 vol. in-16, 1895.

— *Handlist of Ferns and Fern allies*, 1 vol. in-16, 1895.

— *Handlist of Orchids*, 1 vol. in-16, 1896.

— *Handlist of Coniferæ*, 1 vol. in-16, 1896.

— *Handlist of tender Monocotyledons*, 1 vol. in-16, 1897.

DICTIONNAIRE PRATIQUE
D'HORTICULTURE ET DE JARDINAGE

S

SERRE ; Angl. Glass House. — Dans un sens large et général, les serres sont des constructions vitrées, chauffées ou non et spécialement destinées à la culture et à la conservation des plantes qui ne pourraient résister en plein air à nos hivers, ainsi qu'à quelques autres usages spéciaux dont nous nous occuperons plus loin.

Le principe même des serres est basé sur ce phénomène que le verre laisse passer la lumière et le calorique produit par le rayonnement solaire, tandis qu'il s'oppose dans une large mesure à la déperdition de ce dernier.

Les serres se distinguent des bâches et des châssis par leurs plus grandes dimensions et surtout par la possibilité et même la nécessité de pénétrer à l'intérieur pour donner aux plantes les soins qu'elles exigent.

Le nombre des plantes ne pouvant prospérer sans abri sous notre climat est si grand et leur nature, leurs exigences, leurs emplois, etc., sont si divers et si variés, que les serres sont excessivement nombreuses dans le Nord et on peut même dire indispensables.

Les quatre matières principales qui entrent dans la construction des serres, sont : le bois, le fer, le verre et la maçonnerie. Tantôt le bois et le fer sont associés, tantôt l'un est employé à l'exclusion de l'autre.

Le bois employé est presque toujours du chêne, parfois du pitch-pin pour les serres à double vitrage ou le sapin pour celles où l'on vise surtout à l'économie. Le bois convient surtout à la construction des serres basses, de petites dimensions ; les praticiens accordent la préférence aux serres en bois parce qu'elles sont moins coûteuses, plus chaudes, plus humides et qu'elles conviennent mieux que celles en fer à l'éducation des plantes.

De nos jours, le fer est employé de préférence pour les serres de grandes dimensions, celles qui sont élevées et qui doivent présenter un caractère architectural ou au moins être d'une certaine élégance. Malgré ses avantages de solidité, de légèreté et de longue durée, le fer ne vaut pas le bois au point de vue de la végétation, car il est plus froid, plus sec, et l'humidité qui se condense sur ses parois retombe fréquemment en gouttelettes de rouille sur les plantes et tache leur feuillage ou leurs fleurs.

Le verre est toujours du verre ordinaire, translucide et généralement double ou au moins semi-double, afin d'offrir une plus grande résistance aux chocs, à la grêle, à la manipulation des paillassons et des claies, etc. Les verres de couleur ou dépolis qu'on a tenté d'employer n'ont pas donné de résultats satisfaisants, et ils sont en outre bien plus coûteux.

Les formes des serres sont excessivement variées, selon les moyens dont on dispose, le but que l'on veut atteindre, la nature des plantes qu'elles doivent recevoir. Elles varient aussi, suivant qu'elles sont créées en vue de l'ornementation et de l'agrément qu'elles procurent, ou de la culture industrielle de certaines espèces ayant à peu près les mêmes exigences culturales. Cependant, un point très important à observer lors de leur construction est celui relatif à la hauteur, car il est de toute nécessité que les plantes soient le plus près possible du jour, touchant presque le vitrage, et, par suite, leur hauteur doit être basée sur celle approximative des plantes qu'on y cultivera. Les serres basses sont en outre bien plus chaudes, plus humides et plus étouffées que celles qui sont élevées. Afin d'augmenter encore ces aptitudes et de réduire le chauffage à son mininum, les praticiens enterrent souvent leurs serres, c'est-à-dire que la partie vitrée vient presque toucher terre ; tout l'intérieur est alors creusé et en contre bas du sol, afin de présenter, au moins dans le milieu, la hauteur d'un homme et de permettre d'y circuler sans être obligé de se baisser. Cette disposition est très économique comme construction, avantageuse au point de vue de la condensation de la chaleur et de l'humidité, et favorable aux petites plantes par suite de leur proximité du vitrage. Ces serres basses sont surtout propres à l'éducation des plantes herbacées, de celles à végétation rapide, pour lesquelles l'étiolement est à redouter et en particulier pour la multiplication et le forçage.

L'orientation des serres n'a rien d'absolu ; elle dépend

du genre de culture qu'on désire y pratiquer et de la nature des plantes qu'elles devront abriter. Le nord est l'exposition la moins favorable et la plus froide. Cependant, pour certaines plantes aimant l'ombre, telles que les Fougères, les Camélia, Azalées et autres plantes toujours vertes, l'exposition nord leur est assez favorable, surtout pendant l'été, car, outre qu'elles sont à l'abri des rayons directs du soleil, la température y est plus régulière, l'air plus frais. Cette aptitude permet ainsi de couvrir de verre et utiliser certains points qui resteraient inoccupés. L'est et l'ouest conviennent aux serres tempérées ou froides, et la première orientation est surtout avantageuse pour les serres à multiplication. Le midi est l'exposition par excellence pour les serres chaudes, dans lesquelles il est nécessaire d'entretenir constamment une grande chaleur; il convient aussi aux plantes ne redoutant pas le plein soleil et à celles en voie de forçage.

Pour les serres adossées, on choisira de préférence les murs exposés au midi, la serre allant alors de l'est à l'ouest. Pour les serres à deux versants, la meilleure position est celle allant du nord au sud ; elles reçoivent ainsi la lumière successivement sur leurs deux faces, et, pendant l'été, les rayons du soleil se trouvent un peu brisés dans le milieu du jour par la charpente et le verre lui-même, à cause de leur obliquité.

Toutes les serres doivent, autant que cela se peut, être construites dans un endroit abrité, bien dégagé, ne recevant ni ombrage ni faux jour par suite du voisinage d'autres constructions ; la lumière directe est la plus favorable à la végétation, quitte même à ombrager quand elle devient trop ardente pour les plantes.

Quelle que soit la forme des serres, les parties vitrées doivent toujours être inclinées. Cette inclinaison est, on le conçoit, excessivement variable et même subordonnée fréquemment à la forme adoptée. Elle est d'abord nécessaire pour assurer l'écoulement des eaux des pluies et aussi des objets qui tombent accidentellement sur le vitrage, puis pour capter plus directement la chaleur que dégagent les rayons solaires. Plus la pente est rapide, plus cette captation est parfaite; mais les cultures n'y sont pas pour cela plus luxuriantes que dans celles à pente douce, parce que les plantes du milieu ou du fond de la serre sont très éloignées du vitrage et aussi parce que la différence entre la température du jour et celle de la nuit ou des temps obscurs y devient très grande. Les serres très surbaissées subissent bien moins que les autres l'influence du soleil et leur température devient ainsi plus uniforme et plus favorable à la végétation ; les plantes y sont en outre placées beaucoup plus près du vitrage, ce qui est bien préférable. La pente de 45 deg., qu'on recommande dans beaucoup d'ouvrages, est trop accentuée.

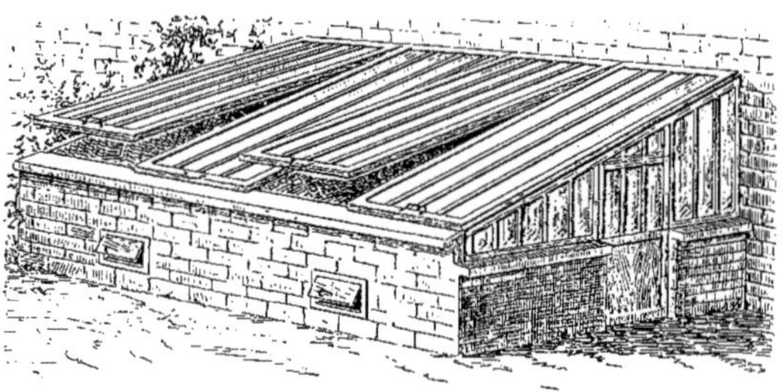

Fig. 1. — Serre en bois, sans pied-droit, à grand châssis mobile et simple ou double vitrage.

Fig. 2. — Serre en fer, adossée, avec comble droit et pied-droit sur le devant.

Quoique très importantes, nous n'aurons pas à nous occuper ici de l'**aération** ni du **chauffage**, ces deux questions ayant fait l'objet d'articles spéciaux à leurs noms respectifs.

La plupart des serres sont fixes et indémontables;

mais on construit aujourd'hui des serres mobiles, facilement démontables, que l'on peut, soit transporter sur les points où elles deviennent momentanément nécessaires, soit les remiser lorsqu'elles sont hors d'usage. Ces serres sont formées d'une charpente en bois ou fer s'ajustant à l'aide de boulons et recevant des châssis mobiles. Elles peuvent rendre des services dans

Fig. 3. — Serre en fer, adossée, à pied-droit, comble curviligne, galerie au-dessus, gradin en fer à l'intérieur, propre à l'hivernage des plantes craignant l'humidité, telles que les Cactées, les Pélargoniums, etc.

les établissements horticoles, comme dans les jardins privés, pour hâter sur place, au printemps, le développement de certaines plantes, en protéger d'autres pendant l'hiver et enfin mettre à l'abri des pluies et

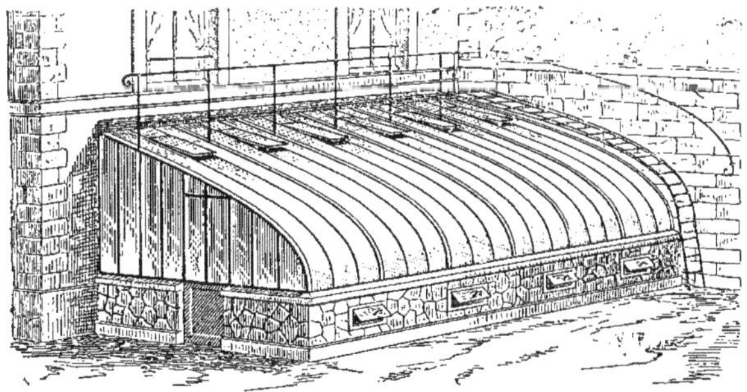

Fig. 5. — Serre en fer, adossée, avec comble et pied curvilignes.

des premiers froids certaines plantes à floraison tardive, telles que les Chrysanthèmes.

Les praticiens emploient beaucoup des serres très analogues à celles dont nous venons de parler, mais à charpente fixe, souvent en bois, qu'ils construisent eux-mêmes, et qu'ils couvrent alors de châssis de couches ordinaires. Ce système de serre, que l'on peut adosser ou créer à deux versants et à un, deux ou trois châssis superposés, est un des plus économiques et très convenable pour la culture en général. Pendant l'été, on enlève généralement les châssis pour les réparer et les repeindre, et si la serre est vide, on les place sous un hangar, jusqu'à ce qu'on garnisse de nouveau la serre.

Deux sortes d'abris sont nécessaires ou à peu près pour la protection des serres. Pendant l'été on emploie des claies ou des toiles légères et mobiles pour

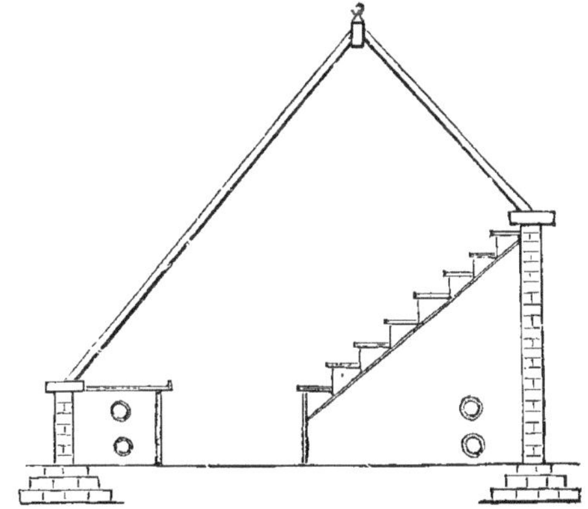

Fig. 4. — Serre à demi adossée, coupe verticale.

protéger les plantes contre les ardeurs du soleil ; pendant l'hiver, on remplace celles-ci par des paillassons, pour condenser la chaleur intérieure. Pour les serres de grandes dimensions, où la manœuvre de ces abris devient très difficile, sinon même impossible, on remplace les claies par un blanchiment des carreaux à l'aide d'une composition adhésive à base de chaux. Quant aux paillassons, on n'en emploie pas et cette pratique tend même à se généraliser jusqu'aux petites serres, la puissance des chauffages modernes permettant de lutter efficacement contre la perte du calorique par refroidissement externe. V., à ce sujet, les articles **Claies**, **Chauffage** et **Paillasson**.

Selon le degré de température que le chauffage permet de maintenir à l'intérieur en tous temps, les serres sont dites : *froides*, *chaudes* ou *temperées ;* de certaines portent encore les noms des plantes en vue desquelles elles ont plus particulièrement été construites; telles sont les *serres à Orchidées*, *serres à Palmiers*, *serres à Fougères*, etc., et, dans certains cas, les noms des genres de cultures qu'on y effectue, tels que les *serres à multiplication*, *serres à forcer*, *serres à fruits* ou *serres-vergers*, etc.

Selon leur forme et leur position, les serres sont dites : *adossées*, lorsqu'elles sont appuyées contre un mur et ne présentent par conséquent qu'une seule face longitudinale vitrée; *à demi adossées*, lorsqu'une des deux pentes du vitrage s'appuie à mi-longueur sur un mur de fond ; *à deux versants*, lorsqu'elles sont isolées et que les deux faces longitudinales sont vitrées.

Nous allons essayer de faire une rapide revue des principales formes de serres, en indiquant leurs usages, leurs avantages ou désavantages et nous examinerons ensuite quelques-unes des serres construites en vue des cultures spéciales.

Serres adossées. Angl. Lean-to Houses. — Au point de vue du prix de construction et aussi du chauffage, les serres adossées présentent, par suite de leur position même, une économie sensible sur celles à deux versants, mais elles ne valent pas ces dernières, surtout pour les petites plantes, à cause de l'éloignement de celles-ci du vitrage sur la partie du fond. Pour obvier à cet inconvénient, on y construit fréquemment des gradins ou étagères fixes, adossés au mur du fond; mais les soins deviennent alors fort difficiles, les plantes herbacées y souffrent de la sécheresse et du manque d'humidité atmosphérique, et les arrosages qu'on est obligé d'administrer très fréquemment rendent bientôt la terre très maigre et inféconde. Il est cependant quelques plantes qui se trouvent bien de cette sécheresse relative, notamment les Cactées, les plantes grasses en général, et celles qui sont charnues, telles que les *Pelargonium*, pendant l'hiver.

Les serres à *demi adossées*, c'est-à-dire à deux pentes inégales, celle du nord étant plus courte (Angl. Hip-roofed, fig. 5) que l'autre, n'ont pas certains des inconvénients des serres à une seule pente vitrée, surtout en ce qui touche l'éclairage ; mais elles nécessitent le plus souvent l'emploi de gradins, et à ces divers points de vue elles ne valent pas encore les serres à deux pentes vitrées, hollandaises ou autres. Les gradins eux-mêmes ne valent pas les banquettes, car celles-ci sont ordinairement recouvertes d'un fond de mâchefer, de sable, de gravier (ou de sciure de bois, dans les serres à multiplication) qui conserve l'humidité et la chaleur.

Un autre inconvénient très grave des serres adossées réside dans l'inclinaison ou la direction unilatérale que l'arrivée de la lumière fait prendre aux plantes, ce qui oblige à les tourner fréquemment dans le sens opposé, afin d'équilibrer la végétation. De plus, les serres adossées et regardant le midi sont très sujettes aux insolations et certaines plantes y sont parfois brûlées par l'intensité des rayons solaires.

Quand on possède de grandes plantes, telles que des Palmiers, on peut réserver la partie du fond à leur culture, en établissant à la place du gradin dont nous avons parlé, une bâche basse, que l'on remplit de tannée ou de terreau et dans laquelle on plonge leurs pots. Le mur du fond et les piliers doivent être munis d'un treillage sur lequel on fait monter des plantes grimpantes, appropriées au degré de température qu'on y maintient; quelques-unes peuvent en outre orner avantageusement les pièces principales de la charpente. Comme dans les serres à deux versants, le devant est souvent muni d'une face verticale ou pied-droit peu élevée, vitrée et sur laquelle la partie supérieure formant toit vient s'appuyer. Cette dernière face est tantôt curviligne, c'est-à-dire cintrée (fig. 5-6), tantôt et plus souvent rectiligne (fig. 2-3). La construction des serres sans pied-droit (fig. 1-4) est très économique, car elle peut être effectuée par un amateur, à l'aide de châssis ou de fers à T, que l'on scelle dans le mur vers le haut et dans la bâtisse ou, de préférence, sur une cornière en bois dans le bas. L'espacement des fers à T et par suite la largeur des carreaux est d'environ 25 à 30 cent. et leur longueur ne doit guère dépasser 40 cent., afin de réduire l'importance des bris accidentels. On doit en outre prévoir et construire des vasistas d'aération, soit dans le milieu de la partie vitrée, soit de préférence dans le haut, ainsi que dans le bas, sur le petit mur de devant pour former un courant d'air. V. à ce sujet **Aération**.

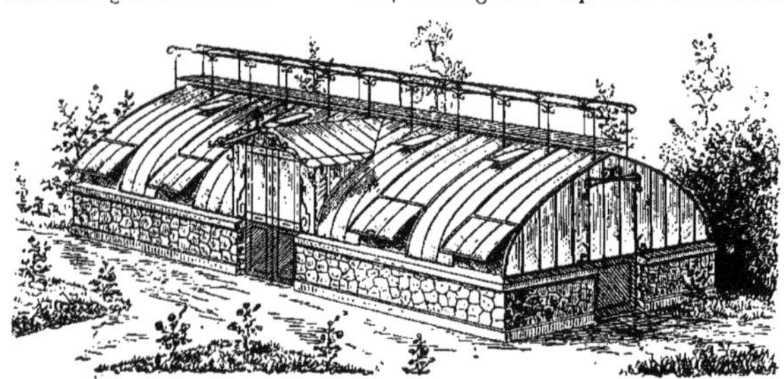

Fig. 6. — Serre en fer à deux versants, comble et pieds curvilignes, galerie au-dessus et porte en lucarne au milieu, pouvant servir de jardin d'hiver, de serre à Palmiers, etc.

Serres à deux versants. Angl. Span roofed Houses — Les serres à deux versants, que l'on peut nommer *isolées* par opposition aux précédentes, et qu'on désigne encore fréquemment sous le nom de *serres hollandaises*, constituent la contre-partie de ces dernières et ne présentent pas la plupart des inconvénients que nous avons signalés.

Tout d'abord, les serres isolées sont bien plus élégantes, plus larges en proportion de leur hauteur, bien mieux éclairées, moins sujettes aux coups de soleil ; les plantes s'y déjettent bien moins, se placent mieux, y font plus d'effet, sont plus faciles à entretenir, etc., etc. Par contre, elles conservent bien moins la chaleur et exigent proportionnellement une plus grande somme de calorique pour y entretenir régulièrement un certain degré de température. Enfin, leur construction est plus coûteuse.

Lorsque ces conditions, ainsi que la disposition naturelle des lieux ne constituent un empêchement, on ne doit pas hésiter à leur donner la préférence, surtout aujourd'hui que l'art de la serrurerie paraît avoir atteint son maximum de perfection. Les serres en bois à deux versants ne sont plus guère employées que par les horticulteurs les moins fortunés, qui les construisent alors souvent eux-mêmes, par économie, et qui adoptent alors le système dit : *à châssis*, dont nous avons parlé précédemment.

On construit en effet des serres qui sont de véritables œuvres d'art et d'ingéniosité, tant par leurs dimensions que par leur disposition et l'aménagement intérieur et extérieur; tout y est prévu, calculé et organisé pour la facilité de l'entretien de la serre elle-même et pour la bonne végétation des plantes. Parmi les serres d'Europe les plus remarquables par leurs proportions colossales, citons en passant et au hasard la fameuse serre à Palmiers du jardin botanique de Kew, celles du Parc de la Tête d'Or à Lyon, celle du jardin botanique de Bruxelles et enfin les nouvelles serres de la Ville de Paris, au bois de Boulogne.

Depuis ces immenses serres, qui sont en réalité des jardins d'hiver, jusqu'aux petites serres d'amateurs n'ayant que quelques mètres de long et beaucoup moins de large, le champ est vaste et laisse un libre cours aux ingéniosités des constructeurs, des horticulteurs et des amateurs. Aussi rencontre-t-on une infinité de modèles différant les uns des autres, soit par leurs dimensions, soit par leur forme particulière. Les figures ci-jointes obligeamment prêtées par la maison Mathian, représentent de bons modèles couramment adoptés par les praticiens et les amateurs.

Fig. 7. — Serre en bois, à châssis mobiles et simple ou double vitrage. Système pratique, économique et beaucoup employé par les horticulteurs.

Tantôt la forme rectiligne est adoptée, et la serre prend alors l'aspect d'une serre à panneaux démontables ; tantôt chaque face est curviligne ou parabolique, c'est-à-dire cintrée et repose directement sur le mur d'appui, sans partie verticale distincte. C'est sans doute dans la forme du cintre qu'on observe les plus grandes variations. Selon les goûts et plus encore selon les besoins ou les dimensions des plantes qui devront y trouver abri, il est très brusque vers le bas et rend la serre déprimée et peu élevée; tantôt il est très gradué et s'élève alors en cône à une grande hauteur et parfois même, pour accentuer encore celle-ci, on le surmonte d'un deuxième cintre formant dôme ; quelques serres des plus remarquables atteignent ainsi jusqu'à 25 m. et plus de hauteur.

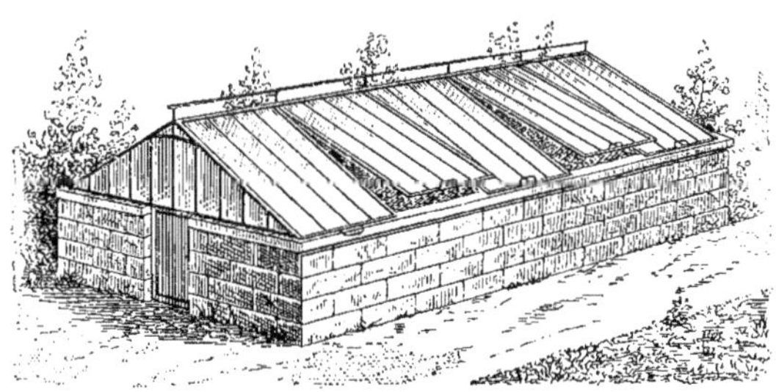

Fig. 8. — Serre en fer, à châssis mobiles. — Système pratique et économique, convenable pour amateurs.

Cette hauteur est calculée sur les dimensions que les plantes sont susceptibles d'atteindre ; mais elle doit toujours être aussi réduite que possible, de manière à ce qu'il n'y ait pas d'étiolement et que les plantes soient dans les meilleures conditions de végétation ; 2 à 3 mètres et même moins suffisent pour les plantes de petite taille, et plus la serre est basse, plus elle est facile à chauffer et plus la température et l'humidité y sont constantes.

Quant à l'aménagement intérieur, on y crée, selon la largeur, deux ou trois banquettes pour supporter les plantes; dans le premier cas, il n'y a qu'une allée centrale; mais lorsqu'il y a trois banquettes, il faut alors deux allées latérales et la banquette centrale est, suivant la nature des plantes qu'on y cultivera, remplacée par une bâche basse, pour les Palmiers, ou même par un aquarium pour les plantes aquatiques.

Les vantaux d'aération sont le plus souvent à la fois sur les faces des cintres, à différentes hauteurs si la serre est très grande, sur les pieds-droits et sous les banquettes, dans les murs d'appui.

Serres à double vitrage. — Ce système de construction, relativement nouveau, est dû à l'ingéniosité d'un constructeur parisien, M. E. Cochu. La forme de ces serres est rectiligne, adossée ou à deux versants, avec ou sans pied droit. Leur point caractéristique réside dans les deux vitrages superposés dont elles sont munies et entre lesquels un espace de quelques centimètres est ménagé.

Ces serres se font uniquement en bois, le plus souvent en Pitch-pin huilé; les barres longitudinales qui supportent le double vitrage sont épaisses et portent à la face externe le premier vitrage, qui est fixe et mastiqué; le deuxième vitrage est interne et mobile, les carreaux étant simplement glissés dans une rainure ménagée dans le haut des barres et tenus en place par des agrafes. Le faitage ou chaperon est double, de façon à emprisonner l'air enfermé entre les deux vitrages et mobile pour aérer quand on le désire.

Ce système, qui a rapidement eu de nombreux partisans, présente de nombreux avantages pour les serres chaudes et à Orchidées surtout, et relativement peu d'inconvénients.

Les avantages principaux sont de maintenir à l'intérieur des serres une température plus uniforme (la couche d'air emprisonnée entre les deux vitrages formant une protection très efficace), de diminuer l'intensité du chauffage pour maintenir pendant les temps froids le degré de température nécessaire; de supprimer l'usage des paillassons; de permettre en tout temps de laisser les plantes jouir de la pleine lumière, de supprimer la buvée intérieure et enfin de produire dans les pays chauds un effet contraire à l'égard de la température. Il faut pour cela emmagasiner pendant la nuit de l'air frais entre les vitres, fermer la serre dans la matinée et tendre sur la serre un ombrage ne touchant pas le vitrage.

A côté de ces avantages, on reproche à ces serres leur prix de revient forcément plus élevé que celui des serres ordinaires et surtout la difficulté de leur entretien, c'est-à-dire le nettoyage nécessaire des deux faces des deux vitres, cette opération ne pouvant se faire qu'en enlevant le vitrage interne.

Toutefois, la suppression des paillassons forme une compensation très appréciable, car ceux-ci s'usent relativement vite et leur manipulation journalière est, comme on le sait, très absorbante.

Ceux qui désirent des renseignements plus détaillé

Fig. 9. — Serre en fer, à pieds-droits, formée de châssis mobiles et d'un chaperon fixe.

Fig. 10. — Serre en bois, à deux versants, comble et pieds-droits, chaperon fixe et surélevé, vasistas et à simple ou double vitrage.

et émanant de différentes personnes, pourront utilement consulter le journal *le Jardin*, 1895, p. 37, 59, 69, 81, dans lequel un *referendum* a eu lieu au sujet des serres à double vitrage. (S. M.)

Serres en briques de verre. — Nous croyons devoir dire quelques mots d'un nouveau système de construction de serres et entièrement différent des procédés ordinaires. Ce système, inventé par M. Falconnier, à Noyon (Suisse), réside dans l'emploi de briques de verre soufflé, entièrement creuses, hexagonales, c'est-à-dire à six pans, convexes sur une face, et ayant 20 cent. sur leur plus grand diamètre. Ces briques sont montées en mur droit ou en cintre de voûte, sans aucune charpente en fer et simplement fixées entre elles au mortier de ciment, qui s'enchâsse dans une large rainure ménagée sur les côtés des briques.

L'inventeur fabrique, en outre, différentes formes de ces mêmes briques en verre soit blanc, soit teinté et ces dernières servent alors pour vitrer les parois des vérandas, des vestibules et autres endroits. Les avantages de ces nouvelles serres, encore peu répandues il est vrai, sont les mêmes que ceux des serres à double vitrage, tout en supprimant les nettoyages du verre, une plus grande résistance de celui-ci à la grêle et aux chocs ; jointoiement parfait des parties entre elles et, par suite, déperdition moins grande de chaleur et réduction du chauffage. Enfin, l'usure deviendrait nulle, sans l'inconvénient que nous avons remarqué, mais dont nous ne saurions expliquer la cause, puisque ces briques sont hermétiquement closes. Certaines d'entre elles se remplissent en partie d'eau et celle-ci en se congelant fait forcément éclater les briques.

Les plantes s'y portent, dit-on, très bien ; mais le prix de construction en est plus élevé que celui des autres serres et même des serres à double vitrage. Pour de plus amples détails sur cette sorte de construction très particulière, consulter : R. H. 1892, p. 230, et J. 1895, p. 82, f. 41-44.) (S. M.)

Serres roulantes. — L'idée des serres roulantes n'est pas nouvelle, mais les premiers essais n'eurent pas de succès. Malgré cela, un anglais reprit le système et en obtint d'excellents résultats ; puis, un horticulteur belge, M. Delcoouillerie, y apporta divers perfectionnements et, actuellement, il paraît que plusieurs établissements étrangers emploient avec succès les serres à roulettes.

Ce système, encore tout nouveau chez nous et à peine connu par les journaux qui en ont parlé [1], est à la fois surprenant et très original, mais non sans intérêt pratique. Le but et l'usage de ces serres sont le *forçage sur place* des arbres fruitiers, des légumes ou des fleurs, par séries successives, au fur et à mesure de la récolte des produits.

Ces serres sont en bois ou en fer, à deux versants, basses et composées de tranches transversales, comprenant chacune plusieurs travées de vitrages, avec vasistas, et s'emboîtant les unes dans les autres, pour former dans leur ensemble une serre de longueur indéterminée. Chacune de ces tranches est munie à la base de roulettes reposant sur des rails disposés au préalable dans les endroits où se trouvent les plantes à forcer. Les extrémités se ferment avec des tranches formant pignon, également démontables, et ces mêmes tranches peuvent servir à former des séparations intérieures. On peut disposer intérieurement des tuyaux de chauffage au thermosiphon et munir certains compartiments d'un double vitrage pour la culture intensive. (S. M.)

[1] *Rev. hort.*, 1895, p. 143, f. 142.

Serre froide ; Angl. Cool House et Greenhouse. — Cette serre, dont les dimensions et la forme n'ont rien d'absolu, ne diffère d'une part des suivantes que par la température qu'on y maintient, laquelle peut descendre, par les temps froids, *jusqu'à peine au-dessus de zéro*, et de l'autre de l'orangerie par sa plus grande surface vitrée et par suite la plus grande somme de lumière que les plantes y reçoivent. La serre froide est en outre une serre de culture, tandis que l'orangerie n'est qu'un lieu d'hivernage et de conservation, ayant il est vrai pendant les froids un même degré de température. La forme la meilleure est celle à deux versants vitrés, avec pied droit et à pentes rectilignes ou curvilignes, dite hollandaise. Les plantes recevant ainsi une lumière abondante et sur toutes leurs faces ne s'étiolent pas et ne se déjettent pas du côté de la lumière, comme cela a lieu dans les serres adossées. Si la serre est grande et large, on construit un gradin ou une banquette plate au milieu. Quant aux banquettes latérales, elles doivent être élevées au niveau du sommet du mur d'appui. Leur largeur, de même que celle de la banquette du milieu (quand elle existe), est subordonnée à la largeur totale de la serre. Sans qu'il soit nécessaire de ménager de très larges allées, il faut cependant que deux personnes puissent s'y croiser sans gêne, car autrement on est exposé à froisser ou même casser les plantes placées sur les bords et, en outre, la circulation pour les soins d'entretien y est bien plus facile et plus rapide. Dans bien des serres, la ventilation supérieure s'effectue à travers des vasistas ménagés dans les pentes vitrées ; mais ce système présente l'inconvénient de faire arriver l'air froid directement sur les plantes et de laisser les pluies d'orages pénétrer à l'intérieur. Dans les serres les plus modernes, on obvie à cet inconvénient en construisant un faîtage totalement ou partiellement mobile, et qu'on soulève à volonté, à l'aide d'un levier à crémaillère ou d'un autre système. Ce vasistas supérieur, joint à ceux ménagés dans les murs, donne une aération parfaite.

Malgré le peu de chaleur nécessaire à cette serre, il est néanmoins nécessaire, sous notre climat, qu'elle soit munie d'un chauffage léger ou au moins d'un simple fourneau, afin de pouvoir en exclure la gelée pendant les temps très froids et de pouvoir ainsi enlever quelques paillassons pendant le milieu du jour, sans quoi les plantes souffrent, s'étiolent, perdent leurs feuilles ou pourrissent.

Une foule de plantes, herbacées ou ligneuses, qu'on cultive en plein air pendant l'été, trouvent dans la serre froide un abri suffisant pendant l'hiver. Elle remplace avantageusement l'orangerie quand elle est suffisamment spacieuse et élevée, et les plantes herbacées s'y conservent bien mieux que dans celle-ci ; c'est sans doute à cela autant qu'à l'abandon dans lequel sont tombés les Orangers qu'il faut attribuer la disparition de plus en plus grande des Orangeries, ces dernières ne pouvant protéger efficacement que des plantes dont toute végétation est momentanément suspendue. Parmi les principales plantes herbacées de serre froide, citons en passant les Calcéolaires, Cinéraires, Primevères de Chine et autres, les Œillets, diverses plantes du Cap, de l'Australie, de l'Himalaya, de la Chine et du Japon, beaucoup d'arbustes de ces mêmes pays et, en particulier, ceux qui croissent en plein air sur le versant méditerranéen, notamment les *Acacia*, *Eucalyptus*, *Grevillea*, certains Palmiers, tels que le *Chamærops humilis*, *Trachycarpus excelsus*, les *Phœnix*, le *Pritchardia filifera*, etc.

Un assez grand nombre d'arbustes rustiques et florifères peuvent en outre être relevés de la pleine terre et forcés de bonne heure, et c'est du reste au commencement du printemps que les serres froides sont les mieux garnies et les plus intéressantes. Quand on possède d'autres serres, ainsi que des bâches et des châssis, chaque sorte de plante peut être bien mieux cultivée selon ses besoins individuels que lorsqu'on est obligé de les élever toutes dans la même serre.

On réunit ordinairement les plantes de serre froide en deux groupes : *plantes ligneuses* et *plantes molles;* nous allons les étudier successivement.

Groupe des plantes ligneuses. — Dans ce groupe sont compris tous les arbustes, arbrisseaux et sous-arbrisseaux de serre, ainsi que la majorité des plantes grimpantes. Beaucoup sont difficiles à cultiver, surtout lorsqu'on ne les connait pas bien ou qu'on ne pourvoit pas à leurs besoins et si on ne les place pas dans la partie de la serre qui leur est favorable. La majorité fleurit au printemps et en été, et leur traitement varie selon l'époque de leur végétation, de leur floraison et de leur repos. On ne peut obtenir des arbustes bien portants et très florifères, surtout ceux de l'Australie et du Cap, qu'en les soignant de très près pendant tout l'été et l'hiver qui précède. Presque tous les rempotages nécessaires doivent être effectués dès que la période de végétation annuelle commence, mais ce moment varie pour certaines espèces. Après le rempotage, il n'est pas inutile de tenir les plantes un peu étouffées et plus humides pendant environ un mois, afin de favoriser le développement de nouvelles racines et par conséquent leur reprise. Par la suite, on aère graduellement et de plus en plus abondamment. Pendant l'été et lorsque le soleil est très ardent, il n'est pas inutile d'ombrer légèrement. Le but auquel on doit le plus viser est d'obtenir une végétation luxuriante, et, à l'automne, de favoriser l'aoûtement ou maturation parfaite des pousses de l'année. Sans ces deux dernières conditions, les résultats sont très médiocres et beaucoup en dessous de ce qu'on obtient par une culture bien comprise.

Beaucoup d'arbustes et de petits arbres toujours verts et très décoratifs peuvent être tenus dans de petits pots et sont très utiles pour la garniture permanente de ces serres. Quand les pots deviennent réellement trop petits et que le peu de terre qu'ils ont à leur disposition est épuisée, il faut les rempoter au printemps ou au commencement de l'automne dans d'autres pots légèrement plus grands, leur donner un compost fertile et de longue durée, puis les tenir étouffés pendant quelques jours, pour faciliter leur reprise. Parmi les genres d'arbustes ligneux qu'on cultive en serre froide, nous citerons les : *Acacia*, *Azalea*, *Boronia*, *Camellia*, *Epacris*, *Erica* et *Pimelea*.

Groupe des plantes molles ou herbacées. — Toutes les plantes dont les tiges n'acquièrent pas la consistance du bois, soit qu'elles persistent ou qu'elles se renouvellent chaque année, rentrent dans ce groupe; ainsi, du reste, que celles qui sont franchement herbacées. Parfois leurs tiges et feuilles sont très charnues et aqueuses. La multiplication de ces plantes s'effectue généralement par le bouturage ou par le semis. Beaucoup de plantes dites : des fleuristes, sont comprises dans ce groupe et plusieurs d'entre elles sont en végétation pendant l'hiver; il faut en conséquence les placer dans l'endroit de la serre où elles recevront le plus de lumière. Beaucoup de plantes molles sont faciles à cultiver; mais elles souffrent bien plus vite d'un mauvais traitement, d'une trop grande chaleur, d'une atmosphère trop confinée ou de trop d'ombrage : elles deviennent alors absolument impropres à former de beaux spécimens. Un grand nombre de plantes de serre froide se propagent annuellement par le semis, notamment les *Calceolaria*, *Celosia*, *Cineraria*, *Reseda*, *Primula*, *Rhodanthe*, etc., et il est très important de ne semer que des graines de choix ou de belles variétés. Afin de prolonger la période de floraison de ces plantes, on peut en faire plusieurs semis successifs, à différentes époques. Pour toutes ces plantes, il est très important que la végétation ne soit pas momentanément interrompue et surtout de les protéger contre les ravages des insectes.

D'autres plantes herbacées dans leur jeune âge, et devenant sub-ligneuses en vieillissant sont refaites, c'est-à-dire bouturées ou semées chaque année, ou bien traitées comme des plantes vivaces franchement herbacées. Nous citerons comme exemples les : *Chrysanthemum*, *Eupatorium*, *Fuchsia*, *Pelargonium*, *Salvia*, etc. Quelques espèces ou les plus belles variétés de ces genres de plantes sont à peu près indispensables pour l'ornementation des serres froides et des jardins d'hiver; leur culture est du reste facile. Il leur faut en général une terre légère, meuble et fertile, beaucoup d'air et d'eau pendant l'été, lorsqu'elles sont bien établies et en pleine période de végétation. Le Muguet, le Sceau de Salomon (*Polygonatum*), *Dicentra spectabilis* et beaucoup d'autres plantes bulbeuses dont nous allons parler, sont très faciles à forcer et des plus utiles pour la garniture précoce des serres froides.

Plantes bulbeuses. — Le nombre des plantes bulbeuses de serre froide est très grand et des plus varié; il renferme en outre beaucoup d'espèces remarquablement belles. En outre des plantes bulbeuses qui nous viennent de Hollande, telles que les Jacinthes, Tulipes, Crocus, etc., presque toutes les espèces du Cap s'accommodent de la serre froide et sont des plus décoratives pendant leur période de floraison. La majorité peut se cultiver dans une terre légère et dans des pots relativement petits. Pour les plantes bulbeuses originaires du Cap, il est avantageux de mettre leurs bulbes en végétation dans une serre tempérée ou sur couche et sous châssis, et de leur donner une petite période de repos avant leur floraison.

Parmi les plantes horticolement désignées sous le nom de bulbeuses et propres à l'ornementation des serres froides, nous citerons les : *Hippeastrum Babiana*, *Begonia* tuberculeux, plusieurs *Crinum*, *Cyclamen*, *Freezia*, certains Glaïeuls (Colvillei notamment), *Ixia*, *Lachenalia*, *Lilium*, *Narcissus*, *Nerine*, *Tulipa*, etc. Toutes ces plantes et bien d'autres encore se cultivent facilement en pots et gagnent beaucoup en beauté lorsqu'on les traite convenablement.

Disposition des plantes florifères et autres dans les serres froides. — Dans les serres froides qui sont bien plus consacrées à l'ornement qu'à la culture des plantes, il est nécessaire d'adopter une disposition rendant l'ensemble décoratif et permettant aussi d'admirer chaque plante individuellement sans qu'elle soit gênée ou écrasée par ses voisines. Dans les serres à deux versants, il y a généralement deux banquettes et dans celles qui sont suffisamment larges, une troisième au milieu, où parfois un massif au niveau du sol ou un peu plus élevé que lui occupe toute la partie centrale. Ce dernier emplacement doit toujours être réservé aux plantes les plus grandes, aux arbustes toujours verts, parmi lesquels on dispose alors çà et là quelques plantes en fleur, celles dont on dispose dans la saison envisagée. Il faut surtout, dans cette disposition des plantes, éviter la symétrie, mais néanmoins répartir les plantes analogues sur toute la superficie, les plantes toujours vertes et celles à fleurs surtout.

Les *Araucaria*, *Cyperus*, les Fougères, etc., sont particulièrement utiles pour cet usage. Les plantes naines font souvent plus d'effet lorsqu'on les groupe en petits nombres que lorsqu'on les isole individuellement sur toute la superficie.

Les banquettes latérales doivent être à environ 1 mètre du sol, et, lorsqu'on a des plantes très basses, il faut les rapprocher du vitrage en les plaçant sur des pots renversés ou en les suspendant au besoin à la charpente de la serre.

Plantes grimpantes propres à garnir les piliers. — Ces plantes sont d'une utilité incontestable pour la décoration des serres froides. Beaucoup sont cependant tout particulièrement sujettes aux attaques des insectes et lorsqu'on laisse ceux-ci prendre pied, non seulement les plantes infestées en souffrent beaucoup, mais le mal se répercute encore sur celles qui sont placées au-dessous.

Si on a soin de les détacher chaque année de leur support pendant l'hiver, de les émonder et de les laver entièrement, puis de les examiner et les passer à l'éponge de temps à autres pendant le cours de l'été, la plupart resteront suffisamment propres; mais sans ce soin, beaucoup deviennent plus désagréables qu'agréables à la vue et ne prospèrent pas.

Les plantes grimpantes doivent être mises en place dès qu'elles sont suffisamment fortes pour pouvoir s'établir ensuite convenablement d'elles-mêmes, mais il faut avoir soin de ne choisir que des sujets vigoureux et de bonne venue. Comme on est souvent obligé de les placer le long des murs et que ceux-ci supportent aussi les tuyaux de chauffage, il faut avoir soin d'isoler ces tuyaux pour éviter que la chaleur qui s'en dégage ne brûle les plantes par suite de leur trop grande proximité, et encore ne prospèrent-elles souvent que très imparfaitement.

On doit toujours donner à la plante un compost approprié à ses besoins et en quantité suffisante; mais pour celles qui sont les plus voraces, il n'est pas inutile de circonscrire avec des ardoises l'espace qu'on leur alloue, afin que les racines n'aillent pas, en s'étendant très loin, épuiser la terre destinée aux autres plantes. Un mélange de bonne terre franche et de terre de bruyère siliceuse convient à la plupart d'entre elles. Les arrosements doivent être copieux pendant l'été et en particulier pendant la période de végétation, tandis qu'il faut au contraire les restreindre pendant l'hiver, période du repos du plus grand nombre.

Le meilleur mode de disposition consiste à placer deux ou trois fils de fer le long de chaque poutre et à faire grimper les plantes séparément, chacune sur un fil de fer, car il faut éviter qu'elles ne fassent trop d'ombre aux plantes qui sont en dessous.

Les *Fuchsia* sont au nombre des meilleures plantes pour garnir les piliers des serres froides; les Rosiers Thés et Noisettes doivent toujours être du nombre, mais il faut choisir pour eux un endroit bien éclairé.

Les *Bougainvillea glabra*, *Abrothamnus*, *Cestrum*, *Kennedya*, *Passiflora*, *Swainsona*, *Tacsonia*, certains *Clematis*, etc., sont ceux auxquels il convient de songer ensuite si l'emplacement disponible est suffisamment spacieux pour qu'ils puissent s'y développer. La *Capucine hybride de Lobb Spit Fire* est une charmante petite plante grimpante, peu encombrante et précieuse par sa floraison hivernale et le coloris très vif de ses fleurs.

Aération et température. — Il faut toujours éviter de laisser l'air trop confiné dans les serres froides destinées à la culture générale, car l'air est un des éléments les plus utiles au développement normal des plantes. Dans les serres à deux versants pourvues d'un système d'aération bien conditionné, on aère soit sur le côté opposé au vent, soit en soulevant le faitage seulement, ou en ouvrant simultanément les vasistas ménagés dans les petits murs. Dans les serres ayant une autre forme, on aère au mieux selon les emplacements où sont ménagés des vasistas. Du reste, la question d'aération est une de ces pratiques qui ne peuvent s'apprendre que par l'expérience et une observation suivie. Pendant l'été, et surtout pendant les journées les plus chaudes, on ne saurait aérer trop copieusement, surtout pour les plantes en fleurs; mais pour celles qui développent leurs pousses, on peut, au besoin, restreindre un peu l'aération, ou, du moins, la régler d'une façon plus attentive.

Tous les arbustes qui y restent d'une façon permanente, ainsi que la majorité de ceux que l'on sort pendant l'été, doivent être tenus en repos pendant l'hiver, en maintenant une température relativement basse et en modérant beaucoup les arrosements. Nous avons dit au début que cette température pouvait s'abaisser pendant les temps les plus froids jusqu'au-dessus du zéro, si toutefois il ne s'y trouve pas de plantes qui puissent souffrir de cette basse température; dans ce cas, quelques degrés au-dessus suffiraient, et le maximum ne doit pas être plus de 10. Pendant l'été, on ne fait naturellement pas de feu; on aère, au contraire, très copieusement afin de tenir la serre aussi froide qu'on le peut et prolonger ainsi la durée des fleurs.

Ombrage. — Pendant l'été, les serres froides, ainsi, du reste, que toutes les serres, doivent être protégées contre les rayons directs du soleil. Souvent, on se contente de barbouiller les carreaux avec un lait de chaux rendu adhésif par l'addition de colle de peau ou de lait; mais ce système a l'inconvénient d'être permanent et de produire son effet aussi bien quand il fait sombre que lorsqu'il fait soleil, et c'est justement ce qu'il faut éviter. Le mieux est d'employer soit des claies, soit des toiles claires qu'on enroule et déroule à volonté, ce qui permet d'enlever l'ombrage dès que le soleil a perdu son ardeur et de laisser alors les plantes profiter du plein jour tant que le temps est sombre.

Arrosements. — Quoique beaucoup de plantes de serre froide demandent beaucoup d'eau, on ferait bien vite périr les autres si on les arrosait toutes sans discernement, et surtout pendant l'hiver ou durant la période de leur repos. En général, les plantes ayant les plus fines racines sont celles qui demandent le moins d'eau, car ce sont invariablement des arbustes à bois dur, et les soins dans les arrosements deviennent une de leurs principales exigences. Il n'est guère possible de donner de règles pour les arrosements de ces plantes en particulier et de toutes en général, car chacune d'elles a un mode de végétation qui lui est propre, des exigences particulières et la connaissance exacte de leurs besoins ne s'acquiert que par l'expérience.

Les plantes molles, c'est-à-dire herbacées, demandent beaucoup plus d'eau que les autres, car elles sont rarement à l'état de repos et leurs racines ne peuvent guère supporter la sécheresse.

Mise en plein air. — Beaucoup de plantes de serre froide, et en particulier la plupart des arbustes à feuilles persistantes ou caduques, gagnent beaucoup à être mis en plein air pendant toute la belle saison. Selon que ces plantes aiment l'ombre ou le plein soleil, on choisit à cet effet des planches abritées des vents et propres à les recevoir. Leur sortie des serres ne s'effectue guère sous notre climat et selon la température du moment, avant la deuxième quinzaine de mai, à l'époque de la sortie des plantes d'orangerie. On a soin de placer les plantes par rangs de tailles, pas trop près les unes des autres, et d'enterrer les pots jusqu'aux bords. Les arrosements doivent être administrés selon les besoins individuels et régulièrement tous les soirs ; lorsque le temps est chaud, quelques seringages administrés de temps à autres, après le coucher du soleil, leur font beaucoup de bien. Vers la fin de septembre ou dans les premiers jours d'octobre, on rentre de nouveau les plantes dans leur quartier d'hiver, après avoir convenablement nettoyé les pots.

Hivernage. — Pendant toute la durée des froids, il faut arroser très modérément, donner le plus d'air possible, selon la température extérieure, laisser la pleine lumière et le soleil arriver sur les plantes, chauffer la serre lorsque la température menace de descendre au-dessous du degré minima et enlever soigneusement les feuilles et autres débris qui se détachent, supprimer même toutes les parties malades, afin d'éviter que la pourriture, qui est le plus grand ennemi des plantes de serre froide pendant l'hiver, ne gagne les plantes qui sont saines.

Là se résument les principaux soins d'entretien des plantes de serre froide. (S. M.)

Serre tempérée ; Angl. Temperate-House. — Cette serre est destinée à la culture des plantes vertes, herbacées ou frutescentes, à fleur ou à feuillage et qui n'exigent pas une température très élevée ; la moyenne est de 10 degrés avec 5 degrés de minima et 15 degrés de maxima. On la distingue du jardin d'hiver par ses dimensions plus restreintes, par sa moins grande hauteur, et surtout par ce fait que les plantes qui la garnissent sont toutes exclusivement cultivées en pots, en terrines ou en paniers, sauf parfois quelques lianes grimpantes, tandis que dans le jardin d'hiver certaines grandes plantes sont cultivées en pleine terre. De plus, la serre tempérée est une serre d'éducation et de culture, tandis que le **jardin d'hiver** (V. ce nom) est une serre d'ornement et de conservation des plantes, d'où son nom anglais de *Conservatory*, qu'on emploie parfois chez nous, francisé en *Conservatoire*.

Les serres tempérées ont une très grande utilité et sont, par suite, d'un emploi très général ; leurs dimensions sont excessivement variables, basées qu'elles sont sur l'importance des cultures. Dans les propriétés privées, la serre tempérée est parfois unique ou ne constitue même qu'un compartiment dont la température est réglée, selon le besoin, à l'aide de vannes placées sur les tuyaux du chauffage qui parcourent, en plus ou moins grand nombre, la totalité de la serre. Selon le besoin ou les circonstances, elle devient autant une serre d'ornement qu'une serre de culture proprement dite, car certaines plantes y sont apportées ou retirées à certains moments de leur période de végétation, tandis que d'autres y restent sans cesse. Le nombre des plantes prospérant en serre tempérée, soit temporairement, soit d'une façon permanente, est immense et à peu près indéterminable, beaucoup de nos plus belles plantes de serre en font partie.

Deux points sont d'une importance essentielle pour la bonne végétation des plantes : 1° une lumière abondante et venant directement de tous côtés ; 2° un système d'aération permettant de renouveler l'air en toute saison, aussi abondamment que la température intérieure l'exige et cela surtout en été. Il faut, en outre, qu'on puisse éviter les courants d'air et que l'air froid puisse se réchauffer et se mélanger un peu à l'air intérieur avant d'arriver sur les plantes ; pour cela, les vasistas ou soupiraux ménagés dans les petits murs et laissant ainsi l'air passer d'abord autour des tuyaux et sous les banquettes sont d'une très grande importance.

Comme nous l'avons dit précédemment, l'art de la serrurerie a fait de notables progrès dans ces derniers temps, et les serres modernes sont incomparablement meilleures et plus pratiques que celles d'autrefois ; elles laissent du reste bien peu à désirer à ces points de vue : lumière abondante, aération parfaite, disposition intérieure très pratique ; chauffage puissant, permettant de maintenir en tous temps le degré voulu de température et supprimant du même coup l'usage des paillassons, tout y est ou peut y être pour ceux dont le prix de construction n'est pas une objection capitale. Le fer, ingénieusement travaillé, est l'agent principal qui a permis d'effectuer ces améliorations importantes, mais le verre épais et solide qu'on emploie aujourd'hui en grandes feuilles y contribue aussi pour une part notable.

Lorsqu'on possède les accessoires culturaux nécessaires, tels que bâches et châssis, et qu'on dispose d'un personnel suffisamment nombreux pour élever un grand nombre de plantes, il est facile de rendre la serre tempérée toujours belle et fleurie, en cultivant à cet effet des séries de plantes arrivant à perfection à différentes époques, ainsi qu'en forçant au besoin les unes et retardant les autres. La température moyenne qu'on maintient dans cette serre convient à certaines plantes en fleur, tandis qu'elle peut être trop élevée ou trop basse pour d'autres qui sont en voie de développement ou sur le déclin de leur période de végétation. Lorsqu'on peut consacrer une serre plus spécialement à la réception des plantes fleuries ou dont le feuillage a acquis toute sa beauté, tandis que les autres resteront destinées à leur culture, l'intérêt et l'effet décoratif de cette serre, qui est presque toujours une serre tempérée, deviennent très grands ; mais cela n'est possible que dans les établissements ou les propriétés bourgeoises dans lesquels il existe de nombreuses serres, et la culture de ces plantes d'une part, et de l'autre les renouvellements et remaniements continuels occasionnent une somme considérable de travail.

Quant à la forme, la position, l'aménagement intérieur, la conduite, l'entretien et la disposition des plantes et autres généralités, elles restent les mêmes que pour les serres froides ou chaudes et sont indiquées d'une façon très détaillée précédemment et ci-après.

Serre chaude ; Angl. Stove. — Cette serre est consacrée à la culture d'une foule de plantes tropicales qui exigent une température très élevée. Cette température doit être d'environ 20 degrés, avec 15 degrés de minima et 25 ou même 30 de maxima pendant les journées les plus chaudes de l'été. Les serres à forcer, celles à Orchidées et à multiplication, sont également des serres chaudes, mais affectées à des cultures spéciales. N'envisageant ici que celles dans lesquelles on cultive les plantes des tropiques en collections, nous ferons remarquer que parmi ces dernières existent peut-être les plantes les plus remarquables pour la grandeur, la singularité de forme ou les riches coloris de leurs fleurs ou pour l'ampleur, l'élégance ou les magnifiques panachures de leurs fleurs.

Quand on cultive des grandes plantes, il devient nécessaire de posséder des grandes serres et de disposer au milieu de celles-ci de larges bâches basses, qu'on chauffe au termosiphon ou que l'on remplit de tan ou de résidus de fibre de coco, dans lequel on enfonce les pots ou les caisses. Cependant, dans la plupart des jardins, une serre ordinaire mieux chauffée que les autres suffit. Dans les collections importantes, certaines plantes exigent souvent une température plus élevée que les autres ; lorsque la serre est grande et divisée en compartiments, ce qui est toujours avantageux, on place alors ces plantes ensemble, dans le compartiment le plus facile à chauffer et on tient alors la température un peu plus élevée. A défaut de serres ou de compartiments spéciaux, on réunit ces plantes dans l'endroit le plus chaud, et on n'aère alors la serre que dans la partie qui exige le moins de chaleur.

Ce que nous avons dit au début, à propos de la forme, de la construction et de la disposition intérieure des serres en général, s'applique exactement aux serres chaudes. Etant donné la grande chaleur qui doit régner sans cesse à l'intérieur, la construction ne doit rien laisser à désirer et l'aération doit être parfaite. Quant à la forme, celle à deux versants doit être choisie de préférence, car, les plantes ayant souvent une végétation rapide, elles ont besoin de la pleine lumière, afin qu'elles restent trapues et que leurs fleurs ou leur feuillage se parent de leurs plus riches coloris. Les serres adossées ou à deux pentes inégales peuvent également être utilisées comme serre chaude; mais la lumière y étant moins abondante, les plantes s'y colorent moins bien et sont sujettes à s'allonger du côté de la lumière, si l'on n'a pas soin de les tourner en sens inverse de temps à autres. Pour la multiplication et le forçage, les serres adossées, et surtout celles qui sont basses et enterrées, sont très convenables, car elles sont bien plus faciles à chauffer et la lumière peut ne pas être très abondante.

Quant aux banquettes, elles ne doivent pas être à claire-voie lorsqu'il y a des tuyaux de chauffage en dessous, ce qui est le plus souvent le cas; leur fond doit être garni d'ardoises ou de tuiles plates reposant sur des fers à T. Sur ce fond, on étend ensuite, comme dans les autres serres, du gravier, des scories, du sable ou autre matière susceptible de conserver l'eau et l'humidité. Il est souvent utile qu'une banquette soit garnie d'une épaisse couche de tan, de résidus de fibre de coco ou de sciure de bois, car certaines plantes prospèrent beaucoup mieux lorsqu'on peut enterrer leur pot et leur donner de la chaleur de fond. Celle-ci s'obtient facilement en fermant le devant des banquettes soit par un petit mur en brique, dans lequel on ménage quelques ouvertures, soit par de simples planches. La chaleur que dégagent les tuyaux du termosiphon se trouve ainsi concentrée en dessous, réchauffe la matière servant de couche dans laquelle les plantes sont plongées et les fait pousser très rapidement. De plus, ces dessous de banquettes fermées peuvent être utilisés pour forcer des *Lilas* en pots ou de petite taille, des *Deutzia gracilis* et autres plantes se prêtant à ce traitement. Plus nécessairement encore que pour les autres serres, le système d'aération doit être disposé de telle façon que l'air extérieur n'arrive pas directement sur les plantes et surtout lorsque la différence entre la température intérieure et extérieure est très grande. On parvient à cela en plaçant les ventilateurs dans les petits murs, afin que l'air se réchauffe en passant autour des tuyaux du chauffage ; pour établir un léger courant d'air, la possession d'un faîtage mobile devient particulièrement utile; quant aux vasistas placés dans les pentes du vitrage, et surtout ceux placés directement au-dessus des plantes, on ne peut guère les ouvrir qu'en été, lorsqu'il fait très chaud.

La plupart des plantes de serre demandent à être légèrement abritées du grand soleil, mais en tout autre temps il leur faut au contraire la pleine lumière. Les toiles qu'on enroule et déroule à volonté sur de longues tringles en bois sont ce qu'il y a de meilleur ; les claies qu'on emploie cependant beaucoup parce qu'elles sont plus élégantes et d'un maniement plus faciles, donnent une ombre un peu trop épaisse et une lumière bien moins diffuse.

Les plantes de serre chaude demandent en général des arrosements très copieux et une atmosphère constamment humide; il faut donc bassiner les plantes matin et soir pendant leur période de végétation et mouiller aussi les sentiers et la terre des banquettes entre les pots lorsqu'il fait chaud. Par suite de ce besoin de beaucoup d'eau, il faut, lors des rempotages, avoir soin de drainer copieusement le fond des pots et n'employer que des composts très perméables, afin que l'eau des arrosages puisse s'écouler rapidement.

Dans la disposition des plantes de serre chaude, il faut éviter de les placer trop près les unes des autres, car leur végétation étant rapide elles se gênent bientôt et ne tardent pas alors à s'étioler. La propreté des plantes, de la poterie, du vitrage, du dessous des banquettes et de tout en général est une des conditions essentielles d'une bonne culture, car l'humidité favorise beaucoup le développement des moisissures et de certains Champignons parasites; lorsque celle-ci fait défaut, ce sont alors les insectes qui font leur apparition et deviennent parfois très nuisibles.

Serre-abri; Angl. Wall Case ou Frame. — On désigne ainsi des sortes de serres très étroites, adossées, formées d'une partie vitrée partant du sol, droite ou légèrement inclinée, très élevée et d'un étroit chaperon également vitré et relativement peu incliné. Ces serres sont démontables et peuvent ainsi être mises à l'abri quand elles sont inutiles, et cela pendant tout l'été, car elles ne servent qu'à abriter ou forcer sur place certains arbres fruitiers ou des arbustes à fleurs, tels que les Rosiers, des Héliotropes, etc., dressés en espalier le long des murs bien exposés. La floraison ou la fructification passée, on les démonte totalement ou on enlève simplement les panneaux dont elles sont formées, afin de laisser les plantes jouir des bienfaits du plein air et se préparer à un nouveau forçage ou avancement.

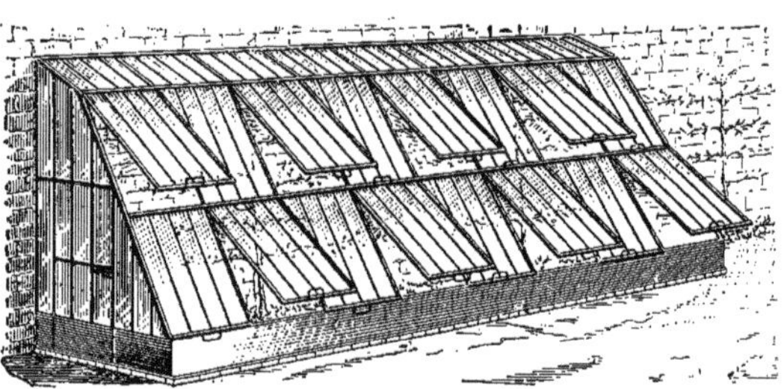

Fig. 11. — Serre abri, à chassis mobiles, tout fer, pour la protection et le forçage des arbres fruitiers et des arbustes d'ornement grimpants.

Ces serres-abris servent en outre, dans les pays du nord, à cultiver certains arbres fruitiers, tels qu'Abricotiers et Pêchers, Vignes, etc., qui, sans cet abri, ne mûriraient pas leurs fruits. Elles sont dépourvues ou munies d'appareil de chauffage, selon qu'elles servent simplement à abriter ou avancer les plantes qu'elles couvrent, ou à les forcer de façon à obtenir leur produit de très bonne heure. Toutefois, il y a avantage à les munir toutes, autant que cela se peut, d'un léger chauffage, car on peut ainsi protéger plus sûrement les plantes contre les gelées, et pendant l'hiver on peut alors y rentrer diverses plantes qui ont besoin d'être protégées et qui encombrent souvent les autres serres.

Serre d'appartement. — On nomme ainsi de petites serres portatives et de dimensions restreintes, que l'on emploie dans les appartements pour y cultiver certaines plantes susceptibles de prospérer sans beaucoup de lumière. Ce sont surtout les Fougères, les Lycopodes, et en particulier les petites Fougères translucides et autres plantes demandant une atmosphère humide et de l'ombre qui s'en accommodent le mieux. On y cultive parfois, mais dans des conditions toutes opposées, c'est-à-dire en pleine lumière, des petites Cactées et autres plantes grasses, telles que des Ficoïdes.

Ces sortes de serres en miniature sont parfois à deux pentes ou plus souvent plates en dessus. Leur construction est en général très soignée et les joints à peu près hermétiques, afin de bien condenser l'humidité que les arrosements et la chaleur y dégagent.

Le support, en forme de table, sur lequel elles reposent est ordinairement du même style que les meubles de la pièce dans laquelle elles doivent être placées et l'ensemble constitue alors un ornement d'un luxe peu commun.

Plus peut-être que pour les plantes cultivées en serres proprement dites, les soins doivent être minutieusement donnés quant à l'arrosement, l'aération, la lumière, etc., et cela est une question d'observation et de jugement, car ces conditions diffèrent dans chaque appartement.

Le choix des plantes propres à cet usage et surtout leur installation dans la serre demandent à être effectués avec beaucoup de discernement, car le succès futur en dépend en grande partie. Malgré tout l'agrément que procurent ces sortes de serres, on n'en voit que très rarement dans les appartements, par suite des difficultés que nous venons d'énumérer, et peut-être aussi par suite de leur prix d'achat primitif. (S. M.)

Serre à forcer; Angl. Forcing House. — Le besoin d'obtenir des fleurs ou certaines d'entre elles en toute saison, ainsi que divers fruits ou légumes avant leur époque de production naturelle, sont les raisons mêmes qui motivent le forçage. Nous n'aurons pas à étudier ici les conditions dans lesquelles ce forçage peut s'effectuer d'une façon générale ni les soins préalables à donner aux plantes, ayant déjà fait de ces questions l'objet de l'article spécial **Forçage.** (V. ce nom.) Il nous suffira d'envisager ici les conditions des serres dans lesquelles on l'effectue.

Ces serres sont tantôt des serres ordinaires, une serre chaude ou tempérée dans laquelle on rentre les plantes qu'on désire forcer si elles ne sont pas nombreuses et qu'elles ne fassent pas l'objet d'une culture spéciale. Dans le cas contraire, et en particulier dans les établissements horticoles, on construit, pour cet usage, des serres spéciales dites : *serres à forcer*.

Leurs dimensions, de même que leur forme, sont subordonnées à l'importance des cultures et aussi au genre de plantes qu'on désire y forcer. Quant à l'aménagement intérieur, il est également subordonné aux exigences des plantes; tantôt le sol est laissé à nu; tantôt on y dispose des banquettes ou des gradins, afin que les plantes soient très près du verre; tantôt encore les banquettes sont creuses et remplies de matières produisant de la chaleur ou emmagasinant celles que dégagent les tuyaux de thermosiphon, et on y plonge alors les pots des plantes demandant de la chaleur de fond. Dans les établissements où l'on force les Fraisiers, on leur réserve ordinairement une ou plusieurs serres, et on élève alors la température lorsque la floraison est terminée, afin de faire gonfler et mûrir les fruits.

La serre à forcer doit être construite dans un endroit bien abrité et ne recevant aucun ombrage, peu élevée au-dessus du sol et aussi basse que possible. Il faut en outre et avant tout qu'elle soit munie d'un chauffage puissant, permettant d'obtenir et de maintenir facilement et en tous temps le degré de température nécessaire.

Pour le forçage simultané de diverses plantes, une serre à deux versants est particulièrement commode, parce qu'on peut facilement y placer les plantes de différentes hauteurs et aussi parce que la lumière y est plus abondante que dans les autres formes de serres. Si, en outre et lorsque sa longueur le comporte, la serre est divisée en plusieurs compartiments par des cloisons vitrées et que les tuyaux du chauffage soient également munis de vannes permettant d'établir ou d'interrompre à volonté le courant d'eau chaude, on peut ainsi obtenir une température différente dans chaque compartiment et cela permet de passer successivement les plantes du compartiment le plus froid dans le plus chaud, au fur et à mesure que leur forçage avance.

Dans les serres à deux versants suffisamment élevées, on construit un gradin central, entouré d'une allée circulaire, et les banquettes latérales sont alors aménagées, selon les circonstances, comme nous l'avons dit plus haut. Dans celles de petites dimensions, on ne construit que deux banquettes séparées par une seule allée centrale.

Enfin, dans celles qui sont adossées, on construit, quand elles sont larges, une banquette sur le devant et un gradin sur le derrière, ou bien, si elles sont étroites, on ne construit qu'une seule banquette et dans ce cas on place l'allée le long du mur du fond. Toutefois, dans ces dernières serres, les plantes ne reçoivent la lumière que sur une seule face et sont sujettes à se déjeter si on ne prend pas soin de les retourner sens devant derrière de temps à autres.

Lorsque les tuyaux placés sous les banquettes sont plongés dans un bassin peu profond et rempli d'eau, on obtient une chaleur de fond plus forte, plus régulière, plus humide et par suite bien plus propice aux plantes subissant le forçage.

Une serre à deux versants d'environ 10 m. de long, 5 m. de large et 3 m. au plus de haut donne beaucoup d'espace pour y placer des plantes de diverses tailles et peut en outre être avantageusement employée à d'autres cultures, lorsqu'elle n'est pas utilisée pour le forçage.

Une température minima de 10 à 12 degrés est suffisante et même préférable, pour commencer le forçage des plantes qui ne demandent pas de chaleur de fond. On peut ensuite la porter à 15 deg. lorsque la végétation commence.

La direction et le succès du forçage dépendent beaucoup de l'état du temps et de la température extérieure. Toutes choses égales du reste, le forçage est en général d'autant plus difficultueux qu'il a lieu plus tôt avant l'époque normale de végétation des plantes et dans la période la plus froide de l'hiver.

On doit faire profiter les plantes de la plus grande somme possible de lumière et, lorsque le soleil luit, il faut le laisser arriver librement sur les plantes, ses rayons ne sont jamais dangereux pendant l'hiver; mais, au commencement du printemps, il peut être judicieux de les briser légèrement, surtout si les plantes sont restées pendant un certain temps dans l'obscurité. C'est pendant les journées relativement chaudes et claires qu'il convient de seringuer les plantes, mais en n'employant pour cela que de l'eau qui a séjourné pendant un certain temps dans la serre, afin qu'elle acquière la même température que l'air ambiant.

L'aération est utile pour donner de la consistance au feuillage et aux fleurs; mais on ne doit y procéder qu'avec beaucoup de soins, très modérément, pendant le milieu du jour et en ouvrant modérément les vasistas situés dans les petits murs, afin que l'air se réchauffe en passant autour des tuyaux de chauffage avant d'arriver sur les plantes, et en soulevant au besoin le faîtage de la serre, si toutefois sa construction le permet. Il se produit déjà une aération continuelle à travers les interstices du vitrage, et cela surtout lorsque la température est beaucoup plus basse à l'extérieur qu'à l'intérieur.

Le chauffage doit être suspendu pendant la journée dès que le soleil devient suffisamment chaud pour maintenir à l'intérieur le degré de température nécessaire.

Serre à légumes. — Cette construction n'a guère de la serre que le nom, car, d'une façon générale, on ne cultive pas les légumes en serre; on ne fait que de les y rentrer lorsque la température extérieure devient trop basse pour leur conservation. La serre à légumes devrait être vitrée, sinon chauffée; mais, comme la lumière et la chaleur ne sont pas indispensables pour les légumes dépourvus de parties vertes, tels que les légumes-racines, Carottes, Betteraves, Pomme de terre, etc., on se contente le plus souvent d'un cellier ou de tout autre local sain et à l'abri des gelées. Pour les légumes verts, tels que Chicorées, Céleris, Cardons, Poireaux, etc., la lumière est à peu près indispensable pour leur conservation prolongée; mais dans la plupart des cas, on se sert à cet effet d'un châssis ordinaire, qu'on couvre pendant les froids. Ces différentes raisons font qu'on ne rencontre guère de serre spécialement affectée à la conservation des légumes que dans les propriétés les mieux aménagées.

(S. M.)

Serre à multiplication. — Dans tous les bons établissements horticoles ainsi que dans les grandes propriétés bourgeoises, où l'on propage beaucoup de plantes, il existe une serre à multiplication. Cette serre est, comme son nom l'indique, affectée à la propagation des plantes de toutes sortes, aussi bien de celles de serre que de celles de plein air et des arbustes que des plantes herbacées. En effet, il est souvent nécessaire de placer les multiplications de plantes rustiques, boutures ou greffes, dans une température élevée et confinée, afin d'assurer leur reprise.

La serre à multiplication doit être très basse, enterrée, placée dans un endroit abrité, de préférence à deux versants et orientée du nord au sud ; il n'est pas saire de faire du feu, à cause des nuits froides. Plus qu'à toute autre époque de leur existence, les plantes en multiplication demandent une température élevée et surtout bien régulière et cette température ne doit pas être uniquement atmosphérique, mais bien et surtout souterraine, car aucun agent ne concourt plus efficacement à leur enracinement que la chaleur de fond. A cet effet, les banquettes sont closes sur le devant et la plupart des tuyaux de chauffage placés en dessous ; il suffit qu'un ou deux soient extérieurs et la meilleure

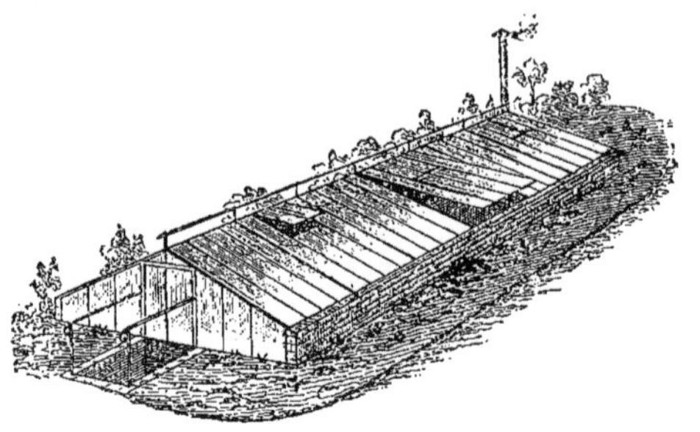

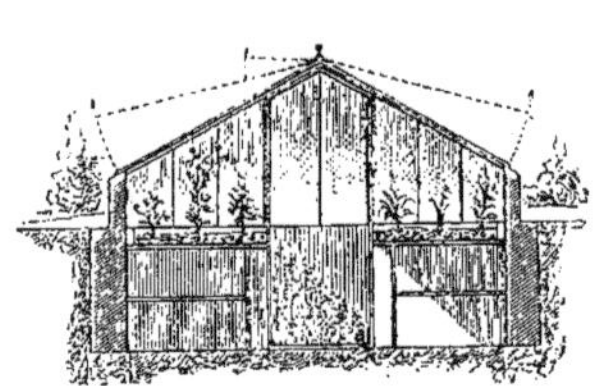

Fig. 12. — Serre basse à multiplication, vue perspective et coupe transversale.

utile qu'elle ait un pied droit ; il suffit que les banquettes intérieures soient placées à 40 centimètres environ au-dessous du sommet du mur d'appui. Celles-ci doivent être garnies d'une bonne couche de sciure de bois ou de résidus de fibre de coco, permettant d'enterrer facilement les godets et l'on doit posséder une quantité de cloches suffisante pour couvrir au moins une des deux banquettes, afin de ne pas en place de ceux-ci est au-dessus de la banquette, le long du mur d'appui.

L'humidité du sol et celle de l'atmosphère doivent être abondantes dans les serres à multiplication, mais cependant pas au point de faire pourrir les boutures ; la pratique est en cela le meilleur guide ; il est généralement nécessaire d'enlever les cloches tous les matins, d'essuyer la buée qui s'est condensée en gout-

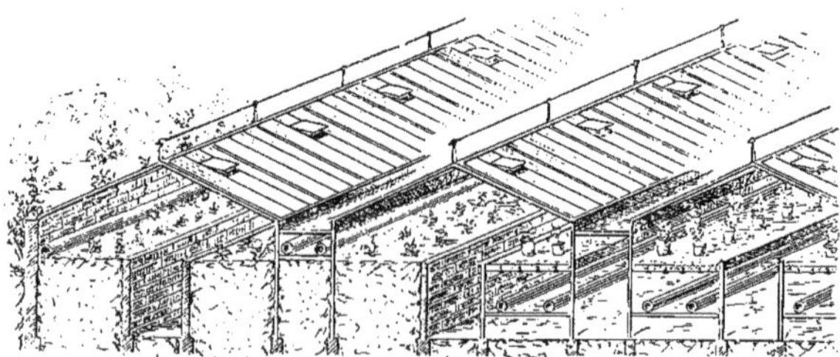

Fig. 13. — Série de petites serres basses, tout fer, enterrées à bâches pleines ou creuses et à jour. Système pratique et économique, conservant bien la chaleur, très employé par les horticulteurs pour des plantes molles en culture.

manquer lorsqu'on propage une grande quantité de plantes en même temps. Les praticiens remplacent avantageusement même, une partie des cloches par des châssis, dits à multiplication, semblables, mais en plus petit, à ceux de plein air et de dimensions appropriées à celles des banquettes.

Le chauffage est le point capital des serres à multiplication ; il doit être fourni par un bon thermosiphon à feu continu, permettant de maintenir à l'intérieur, même par les temps les plus rigoureux, au moins 20 deg. ; cette température peut s'élever jusqu'à 28 ou 30 pendant l'été. Même pendant cette période, il est souvent néces-

telettes sur les parois internes et de laisser les boutures se ressuyer pendant quelques instants. Les arrosements doivent être administrés très soigneusement et modérément, car la pourriture envahit et fait rapidement périr les boutures qui ne sont pas enracinées.

La lumière doit, comme dans toutes les serres, être abondante ; elle peut l'être un peu moins que dans celles où la végétation est active ; mais il faut soigneusement ombrager dès que le soleil devient ardent, car les plantes herbacées souffrent rapidement de son influence desséchante. Pendant l'hiver, il faut couvrir soigneusement avec de bons paillassons et découvrir chaque jour, quitte à chauffer plus énergiquement pour lutter contre le froid.

L'aération n'a pas besoin d'être abondante, au contraire; il faut que l'atmosphère reste étouffée, mais cependant on ne doit pas laisser la température s'élever au-dessus de 28 à 30 deg. Il faut en outre prendre garde de ne pas laisser l'air froid arriver directement sur les jeunes plantes; les vasistas percés dans les murs, sous les banquettes, ou dans le faîtage rendent pour cela de signalés services.

En résumé, l'entretien de la serre à multiplication demande beaucoup d'attention et des soins minutieux, car elle est toujours occupée par différentes sortes de plantes, selon l'époque de l'année; en automne et au printemps surtout, ce sont les boutures, tandis qu'en été ce sont les greffes qui dominent.

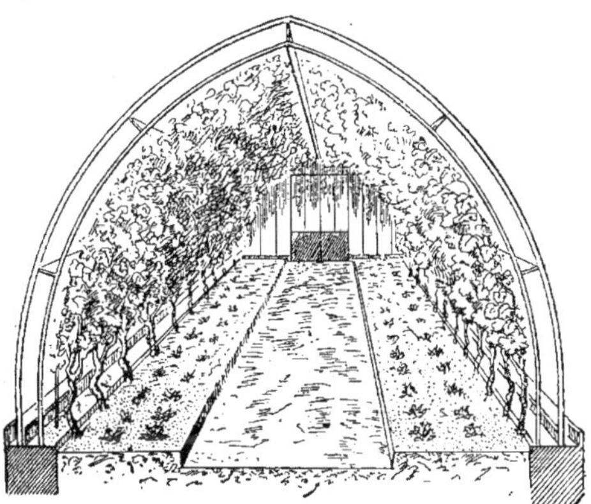

Fig. 14. — Grande serre à Vignes, tout fer, à deux versants curvilignes.

Quant au mode de bouturage ou de greffage à appliquer aux innombrables espèces de plantes cultivées, à l'époque la plus propice pour y procéder, ainsi que les nombreux détails qu'il est nécessaire d'observer pour assurer leur réussite, ce sont là des connaissances dont nous nous sommes efforcé d'indiquer les points les plus importants dans le cours de cet ouvrage, mais dont l'application constitue une partie très importante de la pratique du jardinage et qui fait que certains jardiniers sont beaucoup plus habiles que les autres. Et ce n'est pas un mince mérite que d'être bon multiplicateur; les grands horticulteurs attachent une importance toute particulière à cette opération, cela se comprend facilement, et ils rétribuent en conséquence la personne qui en est spécialement chargée.

(S. M.)

Serre à Orchidées. — V. **Orchidées** (Serre a).

Serre-verger ou **Serre à fruits**; Angl. Orchard House. — La culture des arbres fruitiers en serre est surtout pratiquée dans le Nord, dans les localités où le climat n'est pas assez chaud pour que certaines espèces y mûrissent convenablement, et surtout en vue de leur obtention plus ou moins longtemps avant l'époque de leur maturation naturelle. Les fruits ainsi obtenus constituent alors des primeurs très recherchées par les gens riches, et qui se vendent à un prix souvent très rémunérateur. Cette culture commerciale a pris, depuis une trentaine d'années déjà, une extension considérable et constitue aujourd'hui une véritable industrie à laquelle nous devons de pouvoir manger des fruits locaux : cerises, pêches, raisins, etc., bien longtemps avant et parfois après leur époque normale. C'est surtout dans le nord de la France, en Angleterre et en Belgique en particulier que les serres-vergers sont les plus en usage et que se trouvent les établissements le plus importants, spécialement consacrés à la culture fruitière. Cela peut paraître paradoxal, par suite de la rigueur du climat; mais c'est aussi dans le Nord que le charbon est le plus abondant et le moins cher, et que certains fruits, les raisins et la

Fig. 15. — Serre tout fer, à demi adossée et versants curvilignes, avec banquette et gradin à l'intérieur pour la culture de la Vigne en pleine terre et en pots, et autres plantes ou arbres fruitiers.

pêche notamment, ne pouvant mûrir facilement en plein air, y trouvent un écoulement plus facile et le plus rémunérateur.

Dans ces pays, on voit peu de grandes propriétés où il n'existe quelques serres spécialement consacrées à la culture fruitière, et ce goût et cette pratique s'étendent progressivement et de plus en plus vers le Centre, si bien qu'aujourd'hui les serres-vergers ne sont pas rares aux environs de Paris et plus loin même.

Toutefois, en raison même de la proximité et de la douceur du climat méridional, ainsi que des transports excessivement rapides et peu coûteux aujourd'hui, la culture fruitière sous verre devient de moins en moins générale et peut-être aussi moins rémunératrice au fur et à mesure qu'on s'approche du Midi, par suite de la concurrence des produits précoces de l'Algérie et du versant méditerranéen, et peut-être aussi parce que les habitants en ayant à foison pendant l'époque de production naturelle s'en montrent moins avides.

Malgré cela, les fruits forcés ont souvent des proportions et un aspect de fraîcheur et de netteté que n'ont pas souvent les fruits de plein air ; mais ceux-ci ont pour eux la qualité ; leur chair plus sucrée et plus parfumée, ce qui constitue un mérite que tout le monde apprécie, bien que, au point de vue commercial, la question d'œil, d'aspect d'une marchandise passe souvent avant celle de sa qualité. Cependant, la nécessité de récolter les fruits avant leur complète maturation, le long voyage et les manipulations qu'ils ont à supporter, amoindrissent considérablement leurs qualités, si bien qu'en somme l'avantage, en tant que fruits de choix, est encore aux fruits de production locale.

(S. M.)

Au début, la culture des arbres fruitiers sous verre se bornait à abriter ceux-ci d'une façon plus ou moins parfaite, à l'aide de châssis vitrés ou de serres-abri qu'on démontait après la récolte, et le chauffage n'était pas encore appliqué d'une façon méthodique et sérieuse. Depuis ce temps, des améliorations continuelles se sont succédé, les praticiens ont acquis de l'expérience, les cultures sont devenues plus rationnelles et ont pris, comme nous l'avons dit plus haut, beaucoup d'extension sur le continent européen et dans certaines contrées des États-Unis de l'Amérique.

Les serres-vergers sont chauffées ou non. La simple protection que fournit le vitrage au printemps et en été, par suite de la quantité d'air chaud qui s'accumule à l'intérieur pendant le jour, même lorsqu'elle ne sont pas chauffées artificiellement, produit un effet des plus marqués sur la précocité et la qualité des fruits, lorsqu'on les compare à ceux obtenus en plein air, même dans les localités les plus favorisées.

Le chauffage artificiel est cependant d'un grand avantage au printemps. A cet époque, une température exceptionnellement douce met parfois les arbres tenus sous verre en végétation et en fleurs bien plus tôt qu'on ne le voudrait; puis le temps venant à changer et devenant froid, le vitrage peut parfois être insuffisant pour protéger efficacement les arbres. D'autre part, le temps sombre, humide et souvent froid qui règne parfois pendant longtemps à cette saison, est plus nuisible qu'un abaissement momentané de température lorsque le temps est clair, car le vitrage et l'air chaud accumulé à l'intérieur suffisent pour protéger les arbres, et c'est justement pendant ces périodes de temps sombre qu'il est très utile de pouvoir faire un peu de feu pour sécher l'air.

Il n'est pas nécessaire et il ne faut même pas faire beaucoup de feu, car il suffit d'empêcher la gelée de pénétrer et de maintenir intérieurement une atmosphère sèche et aérée pendant le temps de la floraison et de la fécondation. Lorsque les fruits sont formés, un peu de chaleur les aide beaucoup à grossir ; on ne tient pas assez compte, dans les cultures fruitières, que les jeunes fruits doivent commencer à grossir peu de temps après leur floraison, ou bien ils tombent. Les arbres fruitiers, qu'ils soient en plein air ou en serre, demandent des soins minutieux pendant leur floraison ; on ne peut abriter parmi les premiers que ceux qui sont dressés en espalier au pied des murs et cela à l'aide d'auvents Quant à ceux qui sont sous verre, c'est le vitrage et le chauffage qui leur fournissent la protection nécessaire lorsque le temps est inclément. Plus tard, le vitrage abrite encore les fruits contre les intempéries, telles que les ouragans et la grêle.

L'addition d'un chauffage dans une serre à fruits augmente encore son utilité pendant l'hiver, lorsque les arbres sont en repos, en ce sens qu'on peut placer d'autres plantes exigeant peu de chaleur, ou bien celles dont on désire prolonger la floraison le plus longtemps possible, telles que les Chrysanthèmes, certains *Salvia*, etc.

Fig. 16. — Grande serre verger, bois et fer, à pieds inclinés et comble droit surbaissé.

Si la plupart des arbres sont cultivés en pots, on peut resserrer ceux-ci dans un coin ou les sortir et les enterrer dans un endroit abrité pendant que la serre est occupée par d'autres plantes.

Les serres-vergers ne sont pas des serres à forcer proprement dites, bien qu'on puisse, lorsque leur construction est bonne et le chauffage suffisant, obtenir des fruits tout aussi beaux et bons que dans les serres spéciales à cet usage. On irait, sinon totalement au moins partiellement, au-devant d'un insuccès en voulant forcer dans une même serre, ayant la même température et dans les mêmes conditions culturales, toutes sortes d'arbres fruitiers, d'espèces ou parfois de variétés différentes. Il faut au contraire n'en cultiver qu'une seule dans la même serre ou du moins choisir des variétés qui s'accordent comme époque de floraison et exigences de traitement, ou encore les faire fleurir et nouer leurs fruits séparément, puis ne les mettre ensemble que lorsqu'elles peuvent s'accommoder des conditions générales de la serre.

A la fin du printemps et pendant l'été, les rayons du soleil produisent dans toutes les serres une somme de chaleur considérable, qu'on emmagasine de son mieux dans l'après-midi, en fermant les vasistas, afin d'en faire profiter les arbres pendant la nuit. Néanmoins, lorsque cette source de chaleur naturelle fait défaut et que les fruits sont en bonne voie de développement, on ne doit pas hésiter à faire un peu de feu, afin de ne pas les laisser dans une température plus basse qu'à l'ordinaire, et pendant que l'on chauffe, il convient d'aérer très modérément. Le chauffage est donc d'une grande utilité, non seulement pour avancer la récolte, mais encore pour la mettre à l'abri des fluctuations atmosphériques, et nous n'hésitons pas à en recommander l'emploi, car le jardinier peut alors diriger sa serre comme il le désire, l'utiliser au besoin à d'autres cultures temporaires et en obtenir plus certainement des produits plus beaux que dans de simples serres-abris.

Quant au choix des variétés, on ne saurait l'effectuer d'une façon trop rigoureuse et on doit n'accorder la préférence qu'à celles ayant le plus de chance de donner des résultats certains dans les conditions de dimension, exposition et température de la serre à laquelle on les destine.

Les indications générales qui précèdent nous paraissant suffisantes pour mettre le lecteur au courant du sujet, nous étudierons maintenant la forme et les dimensions qu'il convient de donner aux serres-vergers, l'emplacement qu'on doit leur réserver, ainsi que la culture générale et les modes de traitement des divers arbres fruitiers qu'on peut y introduire avec avantages.

Dimensions et forme. — Ces deux questions sont assez intimement liées l'une à l'autre, car toutes deux dépendent beaucoup de la nature et des dimensions des arbres qu'on désire cultiver sous verre, de l'importance de cette culture et de l'époque à laquelle on désire obtenir les produits. Comme pour la plupart des autres cultures, la serre à deux versants est celle à laquelle on doit accorder la préférence, parce que les arbres reçoivent la pleine et directe lumière sur leurs deux faces et qu'on peut aérer à volonté et au besoin simultanément par le bas et par le haut, en soulevant le faitage dans le premier cas et en ouvrant les vantaux des petits murs dans le second. Dans beaucoup de serres-vergers, on n'aère qu'au sommet de la serre et très modérément ; mais il faut néanmoins que ce renouvellement d'air, quoique faible, soit continuel autour des arbres. L'aération principale s'effectue cependant à l'aide des vasistas placés dans les murs ou le plus près possible du sol.

Comme dimensions d'une serre-verger relativement grande, nous indiquerons 15 m. de long, 8 m. de large, et 4 à 5 m. de haut depuis le sol jusqu'au niveau du faitage et 2 m. environ sur les bas côtés. Ces dimensions permettent d'obtenir, soit un massif central et deux latéraux, avec deux allées, ou bien deux massifs latéraux et une seule allée centrale. La création d'un massif central permet de placer dans la serre de plus grandes plantes, mais dans une serre d'une largeur telle que celle que nous venons d'indiquer, une disposition bien meilleure paraît être de créer une allée centrale bien nette et gravelée, allant en droite ligne et bien au milieu d'une porte d'extrémité à l'autre, puis une plate-bande de chaque côté, encore un autre sentier étroit de chaque côté pour faciliter les travaux d'entretien, et enfin une bordure d'arbres nains sur les côtés et aux deux extrémités, longeant alors les vantaux des murs.

Les serres à deux versants de moindres dimensions et celles d'une autre forme demandent naturellement une autre disposition, mais ces détails dépendent beaucoup des goûts individuels, ainsi que du nombre et de la taille des arbres qu'on désire y cultiver. On obtient fréquemment d'excellents fruits et en particulier des pêches et des brugnons dans des serres adossées ou à demi adossées, mais ces serres ne présentent pas beaucoup d'espace dans leur partie supérieure et par suite sont peu convenables pour la culture des arbres en pots. Le système de culture a peut-être plus d'importance que la forme de la serre elle-même, mais cependant la serre à deux versants permet, à conditions de culture égales, d'obtenir de meilleurs résultats, par suite des avantages que nous avons énumérés plus haut, et lorsqu'on le peut, on devra accorder la préférence à cette dernière forme.

Plantation des arbres en pots ou en pleine terre. — Dans les serres-vergers où l'on désire cultiver un assortiment d'arbres à production printanière et estivale seulement, il est préférable de les tenir en pots, on peut ainsi en placer un plus grand nombre dans un espace donné et leur mobilité permet de les enlever après la fructification, pour utiliser la serre à d'autres cultures pendant l'hiver ; de plus, on peut, en en possédant quelques-uns de plus que le nombre nécessaire, remplacer ceux qui meurent, qui sont en mauvais état ou mal boutonnés.

Les arbres plantés en pleine terre demandent moins d'attention pour la régularité des arrosements, mais ils présentent des conditions inverses de celles que nous avons énumérées pour les arbres en pots, et leurs racines n'étant pas limitées, ils se prêtent moins facilement aux traitements que le jardinier juge à propos de leur appliquer. D'autre part, la réussite ou l'insuccès de fructification des arbres en pots dépend beaucoup des soins donnés et de la régularité avec laquelle on les arrose. Quand cette culture est faite en grand, elle exige une somme considérable de travail, car il est nécessaire d'arroser les plantes deux et même trois fois par jour pendant l'été. Pendant cette période, il faut en outre soutenir la vigueur des plantes en leur donnant des arrosements à l'engrais liquide, en les rechaussant avec un compost très fertile, et cela afin que les fruits atteignent leur maximum de développement. Il faut appliquer ce compost peu de temps après la formation des jeunes fruits, puis de nouveau lorsqu'ils commencent à grossir.

Pour les Pêchers et Brugnoniers, le compost doit être formé de bon fumier bien décomposé et de terre franche en quantités égales, après avoir été saturé autant que possible et quelques jours avant son emploi, d'un engrais liquide. Le crottin de Cheval et le malt des brasseries ont aussi été employés avec succès pour la préparation de ce compost. Il faut enlever la terre du dessus des pots, sur une profondeur d'environ 10 cent., puis la remplacer par le compost, qu'on foule modérément et qu'on a soin de laisser en creux autour du pied de l'arbre, afin d'être bien certain que l'eau des arrosements pénètre à travers la motte.

Pendant l'hiver, les arbres fruitiers demandent à être tenus presque secs, car, bien que les racines soient rarement en repos absolu, il ne faut pas qu'une humidité constante vienne exciter leur activité. Quand la terre est saturée d'eau à la fin de la période de végétation, le bois mûrit imparfaitement et, par suite, beaucoup de fleurs se développent mal ou avortent au printemps suivant. Pour les gros arbres fruitiers en pots ou en caisses, tels que les Abricotiers, Brugnoniers et Pêchers, il est à peine nécessaire de les arroser entre novembre et le commencement de mars, époque à laquelle leur bourgeons à fleurs se gonflent, et ils ne tardent pas alors à s'épanouir.

Nous avons déjà dit qu'un endroit en plein air, mais bien abrité, pouvait, dans les régions où le climat n'est pas trop rude et à l'aide d'une protection suffisante, suffire à l'hivernage des arbres fruitiers en pots. Toutefois, et cela pour diverses raisons, il y a avantage à leur faire passer l'hiver, quand cela se peut, dans une serre où l'on ne fait pas de feu, dans une orangerie ou au besoin dans tout autre local approprié à cet usage.

Les grands froids fatiguent beaucoup ces arbres et les détruisent même lorsqu'ils sont exceptionnellement intenses, parce qu'ils sont moins robustes que leurs congénères qui se développent naturellement en pleine terre. En outre, on est obligé de couvrir fortement les pots à l'aide de fougère ou autre litière, sans quoi les gelées pourraient les faire fendre, ce qui, vu leur prix assez élevé, deviendrait dispendieux.

La culture des arbres en pots présente encore cet avantage très appréciable pour les amateurs qu'on peut cultiver un plus grand nombre de sujets sur une espace donné, augmenter ou diminuer à volonté le nombre des variétés, retrancher celles qui ne s'accommodent pas du traitement général pour les remplacer par d'autres mieux douées, etc. ; en un mot, le jardinier est entièrement maître de ses plantes et des moyens culturaux qu'il juge à propos de leur appliquer et cela on le comprend, est un avantage incontestable.

Il est important de ne jamais laisser aucune racine passer à travers les trous du fond des pots et s'enfoncer dans le sol ; on y parvient en plaçant les pots sur deux briques ou en les remuant de temps à autre.

L'*empotage* et les *rempotages* successifs des arbres fruitiers qu'on cultive en serre doivent être effectués dès que la récolte des fruits est terminée et en tout cas avant que les feuilles ne tombent. Le compost destiné à cet usage doit être préparé un certain temps avant son emploi, afin qu'il prenne de la consistance et devienne plus homogène. On le compose à l'aide de deux tiers de bonne terre franche, plutôt un peu compacte que trop légère, et un tiers de bon terreau de couche. On peut aussi y ajouter avantageusement de la brique pilée ou des plâtras tamisés, surtout pour les arbres à fruits à noyaux, ainsi qu'une quantité de poudre d'os ou de raclures de corne, suffisante pour qu'on puisse constater leur présence lorsque le mélange a été brassé.

Les arbres qui sont dans de grands pots et dans de bonnes conditions de végétation n'ont pas absolument besoin d'être rempotés tous les ans ; il suffit d'enlever chaque année la terre de la surface, sur une certaine profondeur et de la remplacer par de la terre neuve.

Le *drainage* est une question très importante, car lorsque le sol ne s'égoutte pas, les racines cessent leurs fonctions, se décomposent rapidement et l'arbre perd ses fruits, puis ses feuilles et ne tarde pas à périr si l'on n'y porte pas remède. Dans ce cas, il faut dépoter la plante, réduire la motte à l'aide d'un bâton pointu, supprimer toutes les parties mortes ou malades des racines et la replacer dans un pot bien propre, convenablement drainé et au besoin de plus petites dimensions.

Lors des rempotages, quels qu'ils soient, il faut avoir soin de ne pas trop remplir les pots, afin de laisser une cuvette suffisamment profonde pour les arrosements, qui, comme nous l'avons dit plus haut, doivent être copieux et fréquents pendant l'été. Pendant cette même opération, il faut fouler assez fortement la terre, à l'aide d'un gros bâton, afin qu'elle soit bien ferme. Lorsqu'on ne pratique qu'un rechaussage, le mois d'octobre est le meilleur moment, et on peut employer un compost plus fertile que pour les rempotages ordinaires, c'est-à-dire contenant une plus forte proportion de terreau par rapport à la quantité de terre franche. Nous recommandons néanmoins de visiter toutes les plantes au début de la saison, et de donner, sauf quelques rares exceptions, des pots neufs, un nouveau drainage et de la terre neuve à celles dont on a réduit la motte.

Après le rempotage, les arrosements doivent être modérés, tant que les racines, fatiguées ou meurtries par cette opération, n'auront pas repris leur activité, mais pour cela, il faut, et cela est même très important, que le compost soit dans un état suffisamment frais et meuble. La mise en place définitive des arbres doit avoir lieu avant que les fleurs ne soient épanouies, plus tard, cette manipulation et le changement de position qui en résulte risquent de faire tomber les jeunes fruits en voie de formation. Ceci paraît un détail bien superflu ; néanmoins son importance est telle qu'on ne doit à aucun prix le négliger, car il est presque impossible de démêler les branches des arbres sans casser ou en faire tomber un plus ou moins grand nombre de fleurs ou de jeunes fruits.

Ayant signalé les détails les plus importants de la culture des arbres fruitiers en pots et en serre, nous parlerons maintenant de la culture de ces mêmes arbres en *pleine terre* et dans les mêmes conditions de local.

Tout d'abord, il faut rendre le sol des plates-bandes où l'on doit planter les arbres propre à leur développement ultérieur, ce qui n'est pas nécessaire lorsqu'on ne fait qu'y poser les pots, quand on les cultive comme nous venons de le voir précédemment.

Il est inutile que la couche de terre végétale soit très épaisse, 60 cent. au-dessus du drainage sont bien suffisants pour des arbres tels que Abricotiers, Pêchers et Brugnoniers.

Cette terre végétale doit être consistante, plutôt un peu compacte que trop légère et pas trop engraissée. Il faut qu'elle soit suffisamment ferme et pour cela on la foule quelques jours avant la plantation des arbres. Il est important que le sol de ces plates-bandes reste ferme à la surface ; on ne doit l'ameublir que superficiellement et au printemps seulement, afin de permettre par la suite à l'eau des arrosements de pénétrer partout bien régulièrement. Les arbres bien portants possèdent de nombreuses racines à la surface du sol et celles-ci ne doivent pas être brisées, sans quoi on s'expose à voir les jeunes fruits tomber après la floraison. Quand les arbres sont chargés de fruits, il est avantageux de les rechausser avec un compost fertile ou d'étendre au pied une épaisse couche de fumier gras ; mais si les arbres paraissent très vigoureux et émettent de longues et fortes branches il faut éviter d'augmenter leur vigueur par une addition d'engrais.

Les arbres à tige sont préférables pour la plantation en pleine terre, parce que ceux qu'on dresse en pyramide sont sujets à devenir bientôt de forme irrégulière la sève montant toujours vers le haut rend les branches supérieures trop fortes et cela au détriment des inférieures qui restent faibles ; toutefois cette forme est préférable pour la culture en pots. Quand on met des arbres à tiges (demi-) en pleine terre dans les serres, il y a avantage à les espacer suffisamment pour que l'on puisse placer entre eux des arbres en pots.

Pour tous les arbres à fruits à noyaux, notamment les Pêchers, il est avantageux d'introduire dans le sol de la plate-bande, au moment de sa préparation, une certaine quantité de calcaire, sous forme de marne ou de plâtras tamisés. Comme nous l'avons déjà dit, il est de la plus grande importance de fouler, d'affermir fortement cette terre et de n'y toucher ensuite que juste ce qu'il faut pour permettre à l'eau des arrosements d'y pénétrer.

A l'exclusion de la Vigne [1], les Pêchers et les Brugnoniers (qui sont plus généralement cultivés en Angleterre que chez nous) sont les arbres fruitiers qu'on cultive le plus dans les serres-vergers.

Les Abricotiers et les Cerisiers réussissent bien en pleine terre ou en pots dans les serres et y sont d'une culture assez fréquente.

Les Poiriers et les Pommiers deviennent trop volumineux lorsqu'on les met en pleine terre dans les serres ; il est préférable de les tenir dans de grands pots.

« Viennent ensuite les Pruniers, Figuiers et même les Mûriers, qu'on cultive parfois en serre en Angleterre ; il en sera question plus loin. »

Formes à donner aux arbres cultivés en serres. — Les Pêchers et Brugnoniers ne donnent pas généralement de bons résultats lorsqu'on les dresse en gobelets à tiges, à moins cependant que la taille ne soit minutieusement soignée de même que le dégarnissage de l'intérieur de la ramure, permettant à l'air et à la lumière d'arriver librement sur les fruits. « Pour ces arbres, la forme en cordons simples ou doubles, verticaux ou obliques, est celle qu'on adopte le plus généralement.

Pour les Abricotiers, les formes à haute ou de préférence à demi-tige, celles en pyramide ou en buisson sont celles qui leur conviennent le mieux.

Le Cerisier est d'une culture très générale en serre et s'accommode des mêmes formes, celle à demi-tige est le plus généralement adoptée ; on choisit à cet effet des variétés à végétation compacte, des anglaises notamment et de préférence greffées sur Sainte-Lucie (*Cerasus Mahaleb*). Les meilleures variétés de Pruniers à fruits de table peuvent avantageusement être cultivées sous verre, surtout dans les régions froides et au moins avant, pendant et un certain temps après la floraison. Plus tard, il y a avantage à les mettre en plein air, car le fruit y acquiert des qualités supérieures. Dans ces conditions, et à moins qu'on ne les tienne en pots, c'est dans les serres-abris démontables et par conséquent au long des murs qu'il faut les planter. C'est surtout au moment de la floraison et dans les régions froides que les Pruniers bénéficient de l'abri temporaire d'un vitrage, car les vents, les froids ou l'abaissement persistant de la température, font souvent avorter la plupart des fleurs. Quand on les tient en serre, il leur faut peu de chaleur et surtout beaucoup d'air.

Les Poiriers présentent les mêmes particularités et les mêmes inconvénients que les Pruniers au point de vue de la culture en serre et pour ces deux arbres la forme en pyramide leur convient le mieux ; « celles en cordon vertical et spiraloïde sont d'un usage assez fréquent et donnent rapidement d'assez bons résultats ». Pour les Poiriers on n'emploie naturellement, soit pour la culture en pots, soit pour celle en pleine terre, que des variétés greffées sur Cognassier et surtout les meilleures et celles qui s'y prêtent le mieux, car leur formation et leur entretien sont très absorbants.

Les Pommiers rentrent aussi dans la série des arbres fruitiers qu'on peut cultiver en serre, car plusieurs bonnes variétés sont un peu délicates ; elles ont été ainsi cultivées avec succès et ont donné des fruits de qualité bien supérieure comme grosseur, coloration et saveur à ceux qu'on obtient de ces mêmes variétés cultivées en plein air. Dans les expositions fruitières, ces fruits obtenus en serre se distinguent facilement de ceux de plein air. Comme le Poirier, la forme en pyramide « ou en cordon spiraloïde, est celle qui leur convient le mieux, et, pour cet usage, on emploie de préférence des arbres greffés sur Paradis.

Dans le nord de l'Europe et notamment en Angleterre, le Figuier se cultive assez fréquemment en pots et en serre, mais, comme il exige une température plus élevée que la plupart des autres arbres fruitiers, il y a avantage à réunir les pieds dans un compartiment spécial de la serre.

« Le Mûrier mérite qu'on lui réserve, dans le nord, une place dans les serres-vergers. Les fruits, dont on fait cependant peu de cas dans le Midi sont au contraire assez estimés des Anglais. » Pour cet usage, on le tient en caisse ou bac et on le dresse alors à haute ou à demi-tige. Ses fruits mûrissent parfaitement et abondamment en serre et y acquièrent une qualité bien supérieure à ceux de plein air.

Pour les arbres cultivés en serre, qu'ils soient en pots ou en pleine terre, les pincements, ébourgeonnements palissages et autres soins d'entretien doivent être pratiqués d'une façon très minutieuse et suivie.

Les formes en cordons simples ou doubles, verticaux, obliques ou plus rarement horizontaux sont très recommandables par leur simplicité pour la conduite des arbres fruitiers en serre, à cause du peu de place que chaque sujet occupe, de la rapidité de leur formation et de la perte relativement peu importante qui résulte de la mort accidentelle d'un ou de quelques individus. Ces formes sont en outre d'une création facile et leur direction est également très simple ; il suffira, à celui encore peu initié à la conduite des arbres fruitiers, d'un peu de pratique et d'observation pour lui permettre d'acquérir assez rapidement les connaissances nécessaires.

Les pincements peuvent être répétés deux et même trois fois, les plantes sont ainsi tenues trapues et utilisent toute leur sève à la formation des bourgeons et rameaux à fruits. Le premier pincement des cordons peut être effectué à trois yeux et celui des pyramides à quatre-six.

L'ébourgeonnement doit être assez sévère, les rameaux et le feuillage devant être suffisamment espacés pour laisser l'air et la lumière pénétrer libre-

[1] Dans les derniers chapitres de cet article, qui ont été traduits presque littéralement, on a dû remarquer qu'il n'était pas question de la Vigne, bien que cet arbuste soit également, et plus même que les autres, du nombre de ceux qu'on cultive dans les serres-vergers. C'est en raison même de l'importance de sa culture en serre, souvent à l'exclusion des autres, que celle-ci fera l'objet d'un long article spécial à son propre nom. — V. Vigne (CULTURE EN SERRE). (S. M.)

ment à l'intérieur; ces deux éléments sont en effet de toute nécessité pour la bonne coloration et la maturation des fruits.

La taille doit être faite de bonne heure, avant la mise en végétation des arbres. Si les pincements et ébourgeonnements d'été ont été pratiqués régulièrement et avec soin, cette taille se trouvera réduite à l'enlèvement des rameaux superflus, faibles ou mal placés et au raccourcissement des poussés que les pincements auraient laissés trop longues ou n'auraient pas mises à fruits. Dans le commerce et surtout dans les régions où la culture fruitière sous verre est la plus pratiquée, on trouve assez facilement, chez les horticulteurs qui en font une spécialité, des arbres établis en pots, bien boutonnés et par conséquent propres à être forcés de suite. A défaut et lorsqu'on n'est pas à court de temps, on se munit de jeunes sujets d'un ou deux ans de greffe et on procède soi-même à leur formation, ce qui demande, selon la forme adoptée, trois à cinq ans et même plus.

Aération et température. — Quelle que soit la forme d'une serre-verger, elle doit toujours être pourvue de nombreux moyens d'aération. Nous en avons déjà parlé précédemment, mais il ne sera pas inutile d'y revenir, et plus spécialement cette fois.

Les serres à deux versants doivent, comme nous l'avons dit également, aller du nord au sud ; en conséquence, il faut les protéger soigneusement lorsque les vents d'est ou d'ouest dominent et que les arbres sont en fleurs ou en voie de fructification. Pendant le commencement de l'hiver, supposant que les arbres y soient en permanence ou bien qu'ils y aient été rentrés, on aérera fortement chaque fois que la température sera un peu au-dessus du point de congélation (0). Au printemps, le départ de la végétation sera naturellement bien plus précoce que celui des arbres en plein air, mais il ne faut cependant pas le pousser outre mesure, car ce serait au détriment du nouement des fruits. Au début, 4 ou 5 deg. sont bien suffisants pendant la nuit et même moins si la température est très froide à l'extérieur.

Il faut bien se rappeler qu'un air confiné et étouffé est bien plus nuisible aux arbres en fleurs, particulièrement aux Abricotiers, Cerisiers, Pêchers, Pruniers et Poiriers, qu'un peu de froid passager. Il faut donc laisser l'air se renouveler pendant la nuit comme durant le jour et plus ou moins abondamment, selon la température extérieure, et cela jusqu'à ce que les fruits soient bien formés.

Les Poiriers et plus particulièrement les Pruniers demandent une atmosphère sèche et beaucoup d'air pour effectuer leur floraison dans de bonnes conditions et nouer leurs fruits en grand nombre. Si l'on dispose d'un chauffage, c'est à ce moment qu'il rendra un précieux service lorsqu'il fait froid ou que le temps est sombre et humide ; néanmoins, il ne faut en user qu'avec modération, car il pourrait en résulter plus de mal que de bien. Lorsque les fruits seront bien formés, la saison sera déjà avancée et la chaleur solaire plus forte. Il faut alors utiliser celle-ci le plus parfaitement possible, et cela en fermant les vasistas de bonne heure dans l'après-midi, sauf toutefois quelques petites ouvertures qui doivent sans cesse rester béantes pour l'admission continuelle d'un peu d'air extérieur.

Pendant l'été, il faut avoir soin d'aérer dès le matin lorsque le temps est propice et, dans l'après-midi, il faut faire bénéficier les arbres de la plus grande quantité d'air possible. Il serait inutile de vouloir maintenir pendant l'été une température fixe dans les serres-vergers. Dès la fin d'avril ou le commencement de mai, le soleil fournit une chaleur suffisante pour qu'on puisse se passer de celle du thermosiphon, si toutefois celui qui dirige la serre a soin de l'utiliser et de l'emmagasiner en temps utile, en fermant les vasistas au commencement du déclin du soleil, et en les ouvrant au contraire plus ou moins grandement lorsque la chaleur solaire devient trop intense.

Les *seringages* sont d'une grande utilité dans les serres à fruits. Depuis le moment où les jeunes fruits sont bien formés jusqu'à l'approche de leur maturité, il faut les seringuer de bonne heure le matin, puis de nouveau vers le soir, sauf bien entendu lorsque la température indique que ce mouillage des parties foliacées serait inutile ou parfois même nuisible.

L'*eau* qu'on emploie à cet usage doit avoir la même température que celle de la serre, ce qu'elle acquiert naturellement par son séjour à l'intérieur et il convient de l'appliquer à l'aide d'une seringue et cela même avec une certaine force, lorsque le feuillage devient suffisamment fort pour la supporter.

Dès que les fruits sont récoltés, il y a avantage à sortir les arbres en pots et à les placer dans un endroit abrité des vents et ensoleillé, afin que leurs pousses s'aoûtent le plus parfaitement possible. A ce moment, il ne faut pas les abandonner à eux-mêmes, mais bien leur donner les mêmes soins qu'auparavant, et surtout ne pas les laisser souffrir de la soif. Quant aux arbres plantés à demeure dans les serres, on devra démonter celles-ci, si toutefois leur construction le permet, ou au moins les aérer le plus fortement possible et laisser la pleine lumière pénétrer à l'intérieur.

Insectes. — Les arbres fruitiers cultivés en serre échappent rarement aux ravages de plusieurs insectes, parfois très nuisibles. Dès que les feuilles sont développées, les Pucerons verts et noirs font leur apparition et on constate parfois même la présence de ces derniers sur le bois de l'année précédente ou sur les fleurs. Les fumigations de tabac ou les seringages à la nicotine et au savon noir, répétés deux ou trois fois successives et à doses légères, les détruisent généralement, mais ces moyens ne doivent être appliqués qu'avant ou après et jamais pendant la floraison. La Grise existe invariablement et en plus ou moins grande quantité sur les arbres fruitiers. Les seringages fréquents et appliqués aussi bien en dessous qu'en dessus du feuillage réduisent beaucoup le nombre des individus et l'importance des ravages, mais on ne peut guère parvenir à la détruire complètement. Certains Kermès sont aussi fréquents sur les arbres fruitiers, en serre comme en plein air; ils se fixent tantôt dans les fissures de la vieille écorce tantôt sur les jeunes pousses. On les détruit en lavant et en frottant les parties infestées à l'aide d'une forte solution de savon noir et d'une brosse plus ou moins rude.

Serre à Vigne. — V. Vigne. (Culture en serre.)

Serre de voyage ou Caisse Ward; Angl. Wardian Case. — Ce sont des caisses dont le dessus est vitré et forme deux pentes, comme dans les serres à deux versants, qu'elles rappellent en miniature. On en construit de différentes dimensions, selon les plantes qu'elles doivent contenir. Les pots y sont ordinairement enfoncés dans de la terre, dans de la fibre de coco ou toute autre matière qui puisse les tenir bien en place. On les assujettit en outre à l'aide de baguettes croisées, reposant sur leurs bords et clouées aux parois internes de la caisse. Le couvercle, en forme de toit à deux pentes, se compose de deux châssis qui s'emboîtent sur les extrémités et se rejoignent au sommet pour former l'arête. Les vitres sont protégées par de minces lames de bois assez rapprochées pour les abriter contre les chocs, mais laissant néanmoins le plus de lumière possible arriver sur les plantes. Ces châssis doivent être mobiles, afin de pouvoir y placer ou en retirer facilement les plantes. Pendant le voyage, les châssis sont fixés à l'aide de vis et à fermeture presque hermétique, de sorte que l'évaporation ou le renouvellement de l'air est presque nul, car il n'existe, pour toute ouverture, qu'un trou circulaire percé vers le sommet de chacune des extrémités et recouvert d'un morceau de zinc perforé. La fermeture hermétique des châssis s'obtient en garnissant de mastic tous les joints avant de les visser définitivement. Sur leurs parois ou sur la feuille d'expédition se trouvent toujours des indications de l'endroit où il faut les placer sur le bateau pendant le voyage.

Les caisses Ward, du nom de leur inventeur, sont d'une utilité indispensable pour l'expédition des plantes ayant à effectuer un long voyage, qui dure parfois plusieurs mois. C'est à l'aide de ces caisses qu'on introduit les plantes nouvelles de pays très éloignés ou qu'on y envoie, pour leur acclimatation, celles que nous possédons et qui nous sont parfois venues d'autres régions ou qui ont été multipliées chez nous à cette intention.

L'importation et l'exportation des plantes dans des caisses de voyage ne sont guère pratiquées que par les établissements horticoles les plus importants et par les jardins botaniques des Etats qui y sont intéressés. Les conditions d'envois sont le plus souvent spéciales, et les plantes pour lesquelles on prend toutes ces précautions présentent généralement une valeur et un intérêt suffisants pour compenser les frais qu'elles occasionnent, car ceux-ci sont relativement élevés, tant à cause de la valeur de ces caisses et de leur poids que des précautions et de la place qu'elles exigent. Pour ces envois, on choisit généralement l'époque de l'année qui se rapporte le mieux au mode et à la période de repos des plantes, au climat des régions qu'elles doivent traverser et à celui de leur pays de destination, à l'époque où elles y arriveront, etc.

SERRÉ; Angl. Serrate, Serrated. — S'emploie parfois comme synonyme de : *denté en scie*.

SERRULÉ; Angl. Serrulate, Serrulated. — Bordé de très petites dents de scie, c'est-à-dire penchées généralement vers le sommet. Syn. *Denticulé*.

SERRURIA, Salisb. (dédié au Dr. Jacques Serrurier, professeur de botanique à Utrecht). Fam. *Protéacées*. — Genre comprenant environ cinquante-deux espèces d'arbustes décoratifs, fortement feuillus et de serre froide, confinés dans le sud de l'Afrique. Fleurs réunies en capitules denses, sub-réguliers, solitaires et sessiles chacune au-dessous d'une bractée ; périanthe étroit, souvent incurvé, à limbe ovoïde ou oblong et à segments cohérents vers la base ; écailles hypogynes quatre, linéaires ou filiformes. Feuilles éparses, très étroites, trifides, pinnatifides ou disséquées et rarement indivises. Les espèces ci-après décrites constituent un choix des plus méritantes parmi celles existant dans les collections. Pour leur culture, V. **Protea**.

S. **abrotanifolia**, Knight. *Fl.* roses, à segments courtement barbus ; stigmates noirs ; capitules sessiles, presque aussi gros qu'une noix. Juillet. *Flles* de 2 1/2 à 4 cent. de long, grêles, biternées, bipinnatifides au-dessus du milieu et poilues. Branches glabres. *Haut.* 1 m. Sud de l'Afrique, 1803. Syn. *Protea abrotanifolia hirta*, Andr. (A. B. R. 522.)

S. **arenaria**, Knight. *Fl.* pourpres, de 12 mm. de long ; capitules globuleux, de la grosseur d'une cerise et plus longs que leurs pédoncules ; ceux-ci tomenteux. Juillet. *Flles* fasciculées, souvent unilatérales, d'environ 5 cent. de long, grêles, pinnées ou trifides ; les adultes glabres. Branches grêles et simples. *Haut.* 30 cent. Sud de l'Afrique, 1803. Arbuste dressé ou retombant.

S. **Burmanni**, R. Br. *Fl.* pourpres, de 8 à 10 mm. de long, couvertes d'une pubescence dense, blanchâtre ou jaunâtre ; pédoncules secondaires plus courts que les capitules, qui sont globuleux et multiflores ; corymbes très ramifiés et un peu plus courts que les feuilles. Juillet. *Flles* de 4 cent. de long, grêles, bipinnées ; les juvéniles couvertes d'une pubescence courte, sériceo-incane, apprimée ou rarement étalée. *Haut.* 75 cent. Sud de l'Afrique, 1786. Arbuste dressé et très ramifié.

S. **elongata**, R. Br. *Fl.* pourpres, finement pubescentes ; bractées rougeâtre fauve, de 6 mm. de long ; capitules de la grosseur d'une cerise, composés de seize à vingt fleurs ; pédoncules de 8 à 25 cent. de long, aphylles mais portant quelques bractées espacées ; pédoncules secondaires de 1 1/2 à 3 cent. de long, ne portant que quelques bractéoles. Juillet. *Flles* de 8 à 10 cent. de long, digitées, légèrement ridées, obscurément sillonnées et glabres ainsi que les rameaux ; ceux-ci dressés. *Haut.* 50 à 60 cent. Sud de l'Afrique, 1810.

S. **emarginata**, Sweet. *Fl.* rose vif, petites, à segments légèrement poilus ; bractées lancéolées, aiguës, roses au sommet ; capitules terminaux mais naissant à l'aisselle des feuilles supérieures, simples et de la grosseur d'une cerise. Juillet. *Flles* fasciculées, d'environ 2 cent. 1/2 de long, grêles, aiguës, bipinnatifides au-dessus du milieu ou biternées et pubescentes. *Haut.* 60 cent. Sud de l'Afrique, 1800. Syn. *Protea abrotanifolia minor*, Andr. (A. B. R. 536.)

S. **florida**, R. Br. *Fl.* pourpres, de 12 à 15 mm. de long, à limbe barbu, garni de soies jaune d'or fauve ; capitules formés de bractées imbriquées, de 18 à 20 mm. de long, rapprochés-corymbiformes, globuleux ou ovoïdes et plus longs que les pédoncules ; ceux-ci pourvus de bractées. Juillet. *Flles* étalées, de 5 à 8 cent. de long, toutes pinnées ou bipinnées, grêles ; les juvéniles légèrement poilues ; les adultes glabres ainsi que les rameaux ; ceux-ci ascendants. Tige à ramifications corymbiformes. *Haut.* 60 cent. Sud de l'Afrique, 1824.

S. **glaberrima**, R. Br. *Fl.* pourpres, de 12 à 15 mm. de long, très glabres ou soyeuses sur le tube quand elles sont jeunes ; capitules de la grosseur d'une cerise, globuleux ou à la fin ovoïdes, axillaires ou terminaux, pauciflores ; pédoncules d'environ 2 cent. 1/2 de long ; les axillaires légèrement penchés ; les terminaux dressés. Juillet. *Flles* espacées, aiguës, étalées-dressées, trifides, rarement à cinq lobes, pinnées ou sub-pinnatifides ; les supérieures indivises. Tige de 30 cent. ou plus de long, couchée et très grêle. Sud de l'Afrique, 1825. Plante très glabre à l'état adulte.

S. millefolia, Knight. *Fl.* pourpres ; bractées glabres au sommet ; stigmate tronqué ; pédoncules aussi longs ou plus longs que les capitules qui sont simples. Juillet. *Flles* bipinnatifides depuis la base et poilues. *Haut.* 1 m. 20. Sud de l'Afrique, 1803. Syn. *Protea triternata*, Andr. (A. B. R. 337.)

S. nitida, R. Br. *Fl.* pourpres, à onglets très étroits ; bractées égalant presque les fleurs ; les externes glabres ; les internes très velues-soyeuses ; capitules deux fois aussi longs que les pédoncules. Juillet. *Flles* de 4 cent. de long, pinnatifides ou presque bipinnatifides, grêles et très glabres ainsi que les rameaux. *Haut.* 60 cent. Sud de l'Afrique, 1823.

S. Niveni, R. Br. *Fl.* pourpres, fortement barbues ; bractées lancéolées ; capitules sub-sessiles, de la grosseur d'une cerise. Juillet. *Flles* étalées, ayant près de 2 cent. 1/2 de long, bipinnatifides, canaliculées à l'intérieur, mucronées et très aiguës, glabres ainsi que les rameaux. *Haut.* 20 cent. Sud de l'Afrique, 1800. Plante retombante et très ramifiée. Syn. *Protea decumbens*, Andr. (A. B. R. 349.)

S. odorata, Sweet. *Fl.* rose vif, odorantes ; les externes à la fin étalées-réfléchies ; capitules simples et terminaux. Juillet. *Flles* bipinnatifides, à segments filiformes et poilus. Ramilles stériles disposées en corymbes et plus longues que les capitules. *Haut.* 60 cent. Sud de l'Afrique, 1803. Syn. *Protea abrotanifolia odorata*, Andr. (A. B. R. 543.)

S. pedunculata, Knight. *Fl.* pourpres, fortement pubescentes, grêles et incurvées ; capitules de la grosseur d'une noix ou d'une prune, solitaires ou corymbiformes ; pédoncules de 4 à 8 cent. de long, tomenteux-fauves. Juillet. *Flles* fasciculées, de 4 à 5 cent. de long, courtement pubescentes, bi- ou tripinnées presque jusqu'à la base. Ramilles souvent ombelliformes. *Haut.* 2 m. Sud de l'Afrique, 1789. Syn. *Protea glomerata*, Andr. (A. B. R. 264.)

S. phylicoides, R. Br. *Fl.* pourpres, à onglet très glabre et à limbe couvert de poils blanc neigeux ; capitules de la grosseur d'une noisette, à pédoncules sub-corymbiformes et plus longs qu'eux. Juillet. *Flles* étalées, de 4 à 5 cent. de long, portant un sillon sur la face supérieure, pinnatifides ou bipinnatifides, glabres, à segments de 1 1/2 à 2 cent. 1/2 de long, indivis ou rarement bifides et un peu obtus. Rameaux effilés, feuillus et étalés. *Haut.* 1 m. Sud de l'Afrique, 1789. Syn. *Protea abrotanifolia*, Andr. (A. B. R. 507.)

S. pinnata, R. Br. *Fl.* rose vif, parfois un peu arquées, couvertes d'une pubescence blanchâtre, courte et apprimée ; capitules globuleux, de la grosseur d'une noix, à écailles velues-tomenteuses ; pédoncules de 1 1/2 à 2 cent. 1/2 de long. Juillet. *Flles* dressées, de 2 1/2 à 4 cent. de long, grêles, portant un sillon sur la face supérieure, à trois-cinq divisions pinnées, semi-arrondies, couvertes de poils étalés, mais devenant glabres à la fin. Rameaux allongés et lâchement feuillés. Sud de l'Afrique, 1803. Arbuste couché. (A. B. R. 512.)

S. Roxburghii, R. Br. *Fl.* blanches, de 10 à 12 mm. de long, couvertes de poils lâches et apprimés ; capitules variant depuis la grosseur d'une noisette jusqu'à celle d'une prune et velus fauves. Juillet. *Flles* étalées, de 12 à 18 mm. de long, flabelliformes, bipinnées, semi-trifides ; segments divariqués, à deux-trois divisions ou pinnatifides et finement mucronulés. *Haut.* 1 m. à 1 m. 20. Sud de l'Afrique, 1806.

S. rubricaulis, R. Br. *Fl.* pourpres, couvertes d'une villosité soyeuse et apprimée ; bractées scarieuses ; pédoncules secondaires pauciflores ; pédoncule commun plus court que l'inflorescence et glabre. Juillet. *Flles* dressées, de 2 1/2 à 4 cent. de long, pinnées ou sub-bipinnées et presque glabres. Rameaux droits, rougeâtres, glabres ou légèrement poilus. *Haut.* 60 cent. Sud de l'Afrique, 1818.

S. triternata, R. Br. *Fl.* pourpres, de 10 à 12 mm. de long, fortement pubescentes ; capitules globuleux, de la grosseur d'une cerise, denses et multiflores, à la fin légèrement récurvés ; pédoncules secondaires de 2 1/2 à 5 cent. de long. Juillet. *Flles* étalées, de 8 à 12 cent. de long, triternées ou bipinnées et glabres ainsi que les rameaux ; segments à demi étalés, de 1 1/2 à 4 cent. de long. Rameaux effilés. *Haut.* 2 m. 30. Sud de l'Afrique, 1802. Syn. *Protea argentiflora*, Andr. (A. B. R. 447.)

S. villosa, R. Br. *Fl.* pourpres, de 10 à 12 mm. de long ; capitules de la grosseur d'une cerise ou d'une noix, sessiles ou parfois très courtement pédonculés. Juillet. *Flles* étalées, ayant près de 2 cent. 1/2 de long, rarement 4 cent., sub-biternées, à la fin glabres ; segments légèrement divergents, avec un mucron grêle, incurvé ou rarement droit. Rameaux droits et ombelliformes. *Haut.* 60 cent. ou plus. Sud de l'Afrique, 1829.

SERRATURE. — S'emploie parfois comme synonyme de *Dentelure*.

SERSALISIA, F. Muell. — V. **Lucuma**, Molina.

SERTIFERA, Lindl. (de *sertum*, guirlande, et *fero*, je porte ; allusion à la forme de l'inflorescence). Fam. *Orchidées*. — La seule espèce connue est une Orchidée terrestre, habitant l'Equateur et qui sera de serre chaude quand elle sera introduite dans les cultures. Ses fleurs sont petites, assez longuement pédicellées et réunies en courtes grappes. Les feuilles sont sessiles, plissées-veinées et le rhizome rampant.

SÉSAME. — V. **Sesamum** et en particulier le **S. indicum**.

SESAMUM, Linn. (*Sesamon* est l'ancien nom grec employé par Hippocrates et *Semsem* le nom arabe). Sésame. Fam. *Pédalinées*. — Genre comprenant neuf ou dix espèces de plantes herbacées, dressées ou couchées, de serre chaude ou demi-rustiques, habitant toutes l'Afrique australe-tropicale. Fleurs pâles ou violettes, courtement pédicellées et solitaires à l'aisselle des feuilles ; calice petit, persistant, quinquépartite et à lobe supérieur très petit ; corolle à tube ample et arqué, à limbe à cinq lobes sub-bilabiés, étalés, sub-égaux, dont deux supérieurs et trois inférieurs ; le médian plus long ; étamines fertiles quatre, didynames et une cinquième stérile. Le fruit est une capsule oblongue ou ovoïde, aiguë, obtusément tétragone, à quatre sillons, bivalve et à deux loges renfermant chacune de nombreuses graines obovoïdes et oléagineuses. Feuilles inférieures opposées ; les supérieures presque toutes alternes, pétiolées, entières, dentées, trifides ou pédatiséquées.

Le *S. indicum*, seul introduit, n'est guère cultivé dans les jardins que comme plante de collection et se traite alors comme les **Martynia** (V. ce nom). Dans les pays chauds, on le cultive au contraire d'une façon intensive pour divers usages, dont le principal réside dans la production de ses graines, qu'on consomme grillées ou réduites en farine, mais principalement pour l'extraction d'une huile comestible et industrielle qui porte son nom et qu'on désigne parfois en anglais sous le nom de *Gingelly Oil*.

S. indicum, Linn. Sésame de l'Inde ou d'Orient ; Angl. Gingelly ou Gingilie Oil-plant, Sesame ou Oily Grain, etc. — *Fl.* à sépales de 6 mm. de long ; corolle blanchâtre, parfois panachée de rouge, de purpurin ou de jaune ; pédicelles axillaires ou rarement réunis par deux-trois. Juillet. *Fr.* capsulaire, dressé, de 2 cent. 1/2 de long et

6 mm. de large, s'ouvrant en deux ou à la fin en quatre valves. *Flles* oblongues ou ovales, de 8 à 12 cent. de long, de forme variable; les supérieures souvent étroitement oblongues et presque entières; les médianes ovales et dentées; les inférieures lobées ou pédatiséquées. *Haut.* 30 à 60 cent. Indes, etc., 1731. (B. M. 1688; B. M. Pl. 198.) Syns. *S. luteum*, Retz; *S. orientale*, Linn. (B. R. IX, 27.)

S. luteum, Retz. Syn. de *S. indicum*, Linn.

glabres. *Haut.* 2 m. 50. Egypte, etc. 1680. Arbuste de serre chaude. Syn. *Coronilla Sesban*, Willd.

S. grandiflora, Poir. *Fl.* rose rouge, presque blanches ou jaune rougeâtre, grandes et réunies en grappes pauciflores; étendard ovale-oblong, plus court que les ailes. *Gousses* comprimées, atteignant jusqu'à 40 cent. de long. *Flles* composées de nombreuses paires de folioles glabres. *Haut.* 5 à 8 m. Indes orientales, 1768. Arbre de serre

Fig. 17. — SESAMUM INDICUM. — Sésame.

S. orientale, Linn. — Syn. de *S. indicum*, Linn.

SESBAN. — V. **Sesbania ægyptiaca.**

SESBANIA, Pers. (de *Sesban*, nom arabe du *S. ægyptiaca*). ANGL. Pea-tree. Comprend les *Agati*, Desv.; *Daubentonia*, DC. et *Glottidium*, Desv. FAM. *Légumineuses.* — Genre renfermant environ trente espèces de plantes herbacées ou d'arbustes de serre chaude, parfois arborescents et habitant les régions chaudes du globe. Fleurs jaune écarlate sombre, pourpres, blanches ou panachées, à pédicelles grêles et disposées en grappes lâches, axillaires, dressées ou pendantes; calice ample; corolle à étendard orbiculaire ou ovale, étalé ou réfléchi; ailes oblongues-falciformes; carène incurvée; bractées et bractéoles sétacées. Gousse linéaire ou rarement oblongue et comprimée. Feuilles pinnées sans impaire, à folioles opposées, nombreuses et entières; stipules très caduques; stipelles petites ou nulles.

Les espèces les plus répandues dans les collections sont décrites ci-après. Elles prospèrent dans un compost de terre franche et de terre de bruyère siliceuse. Les espèces annuelles se propagent par semis et les vivaces par boutures de jeunes pousses latérales à demi aoûtées, que l'on plante dans du sable, sous cloches et à chaud.

S. ægyptiaca, Poir. Sesban. — *Fl.* jaunes, réunies en grappes multiflores; étendard arrondi, dépourvu de ponctuations. Juillet-août. *Flles* à dix paires de folioles oblongues-linéaires, obtuses, mais un peu mucronées et

chaude. Syn. *Agati grandiflora*, Desv.; *Æschynomene grandiflora*, Linn.

S. longifolia, DC. *Fl.* jaunes, réunies en grappes un peu plus courtes que les feuilles. Juin-août. *Flles* à onze-douze paires de folioles lancéolées et aiguës. *Haut.* 2 m. Nouvelle-Espagne, 1820. Arbuste de serre chaude.

S. macrocarpa, Muehl. *Fl.* jaune et rouge, ponctuées de pourpre, solitaires ou réunies jusqu'à quatre en grappes plus courtes que les feuilles. Août-septembre. *Gousses* de 20 à 30 cent. de long, pendantes et renfermant plusieurs graines. *Flles* à folioles oblongues-linéaires, obtuses et mucronées. *Haut.* 1 m. Floride et Mexique, 1820. Plante annuelle, de serre tempérée.

S. picta, Pers. *Fl.* jaunes, à étendard panaché de lignes de ponctuations noires; grappes multiflores et pendantes; corolle trois fois plus longue que le calice. Juillet-août. *Gousses* filiformes, arrondies, une fois plus longues que les pétioles. *Flles* à douze-seize paires de folioles oblongues-linéaires et obtuses. *Haut.* 1 m. 20 à 2 m. Nouvelle-Espagne, 1823. Plante bisannuelle et de serre chaude. (B. R. 873.)

S. platycarpa, Pers. — Syn. de *S. vesicaria*, Ell.

S. punicea, Benth. *Fl.* rouge vermillon, réunies en grappes simples, axillaires et beaucoup plus courtes que les feuilles; étendard arrondi, étalé et courtement onguiculé. Juillet. *Gousses* oblongues, comprimées aiguës, à quatre ailes membraneuses, resserrées entre chaque graine et indehiscentes. *Flles* rappelant celles du *R. Pseudo-Acacia*, à huit ou neuf folioles; stipules subulées et persistantes. *Haut.* 1 m. Texas, 1820. Mexique, etc. 1820. — Plante commune dans diverses parties du Banda Oriental et du Rio

Grande, où elle forme un grand et bel arbuste. Serre chaude. Syn. *Daubentonia punicea*, DC.

S. Tripetii, — *Fl.* réunies par vingt-trente en grappes penchées ; calice vert purpurin ; étendard coccinė, plus pâle sur la face interne, avec une macule jaune sur l'onglet; ailes et carène rouge minimum pâle. Juin-octobre. *Gousses* très grandes, arquées et à quatre ailes. *Flles* à vingt-huit ou trente-deux folioles oblongues, vert sombre en dessus, glaucescentes en dessous. *Haut.* 2 m. Brésil; Rio de la Plata ; République Argentine. Bel arbuste de serre tempérée. Syn. *Daubentonia Tripetii*, Poit.

S. vesicaria, Ell. *Fl.* jaunes, peu nombreuses et disposées en grappes lâches, axillaires et pédonculées ; étendard réniforme, très court et lâche. Juillet-août. *Flles* primaires ovales, simples, les autres pinnées sans impaire et à folioles nombreuses et opposées. *Haut.* 1 m. 50 à 2 m. 20. Floride et Caroline, 1816. Plante annuelle, de serre tempérée. Syns. *S. platycarpa*, Pers. et *Glottidium floridanum*, DC.

SESELI, Linn. (ancien nom grec, appliqué par Hippocrate à une Ombellifère). **Séséli** ; Angl. Meadow Saxifrage. Comprend les *Bubon*, Linn. pr. p.; *Libanotis*, Crantz et *Wallrothia*, Spreng. Fam. *Ombellifères*. — Genre renfermant environ quarante espèces de plantes herbacées, presque toutes rustiques, vivaces ou rarement bisannuelles et habitant, pour la plupart, les régions tempérées de l'hémisphère septentrional. Fleurs blanches, réunies en ombelles composées, dépourvues, ou à peu près, d'involucre, mais à involucelles multifoliolés; pétales assez larges. Feuilles alternes, tripinnées, disséquées ou décomposées, à segments tantôt filiformes, tantôt assez larges et incisés.

Plusieurs espèces de *Seseli* croissent spontanément en France, notamment les *S. Libonatis*, *S. montanum*, Linn., *S. elatum*, Linn., mais tous sont à peu près dépourvus d'intérêt horticole. Les deux suivants sont seuls dignes d'être décrits ici. Ils prospèrent en toute terre ordinaire et se multiplient par semis.

S. dichotomum, Pall. *Fl.* blanches ; involucre nul. Juin-juillet. *Flles* pinnées, à folioles multifides et à derniers segments linéaires. Tige dressée, arrondie, couverte d'un fin duvet et à rameaux inférieurs courts. *Haut.* 30 à 60 cent. Tauride, 1818. Plante vivace. (B. M. 2073.)

S. gummiferum, Pall. *Fl.* blanches, teintées de rose ; involucre composé de quelques bractées ou rarement nuls ; ombelles à vingt rayons. Juillet-septembre. *Flles* tripinnées, glauques, à folioles cunéiformes et trifides. Tige épaisse, raide, ramifiée supérieurement et produisant une gomme résineuse quand on l'incise ou qu'on la coupe totalement. *Haut.* 1 m. à 1 m. 20. Tauride, 1804. Plante bisannuelle et décorative. (B. M. 2259.)

SESIA, Sésie ; Angl. Clearwing Moth. — Genre d'insectes Lépidoptères nocturnes, de petite taille, bien distincts et très nettement caractérisés par l'absence d'écailles sur la plus grande partie de la surface de leurs ailes, ce qui les rend membraneuses et transparentes. A cette particularité s'ajoutent encore la longueur et l'étroitesse relative ainsi que la couleur générale de leur corps, ce qui les fait ressembler de très près à d'autres insectes Hyménoptères, quoique entièrement différents par leurs mœurs et leur organisation, notamment aux Abeilles et aux Guêpes, ainsi qu'à certains Diptères. Il faut probablement voir dans cette ressemblance un moyen de protection contre d'autres insectes ennemis.

Les chenilles des Sésies vivent ordinairement à l'intérieur des branches de la tige ou des racines de diverses plantes, soit dans les galeries qu'elles creusent à cet effet, soit dans le canal médullaire, et elles y effectuent leur transformation. Au nombre les plus nuisibles, il faut placer les :

S. myopæformis, dont les chenilles vivent parfois en grand nombre dans le bois des Poiriers; le papillon est noir, avec un anneau rouge vif autour et au milieu de l'abdomen.

S. tipuliformis, la Sésie tipuliforme ou S. du Groseillier (Angl. Currant Clearwing), dont les chenilles sont fréquentes dans les tiges des Groseilliers; le papillon est noir, avec deux étroites lignes jaunes sur le dos du corselet et trois anneaux jaunes et étroits sur l'abdomen ; les ailes sont jaunâtres près du sommet et veinées de noir. V. aussi **Groseillier** (Sésie du).

S. formicæformis (Angl. Red-tipped Clearwing), dont les chenilles vivent dans les rameaux des Saules ; le papillon est noir, avec un anneau rouge foncé autour de l'abdomen et une grande tache rouge au sommet de chacune des ailes antérieures.

S. apiformis, la Sésie apiforme ou S. Abeille (Angl. Hornet Clearwing), dont la chenille vit dans le tronc des Peupliers, qu'elle laboure pendant deux ans en différents sens, avant de devenir papillon ; celui-ci, le plus gros du genre, rappelle beaucoup une Guêpe-Frelon par sa forme et sa couleur ; il est, en effet, brun, orange et jaune.

S. bombicyformis (Angl. Willow Hornet Clearwing), dont la chenille vit dans les rameaux des Saules; le papillon ressemble beaucoup au précédent, mais il a la tête brune et non jaune, et il ne porte pas de tache jaunes sur le corselet.

Remèdes. — Il est très difficile de pouvoir les appliquer d'une façon efficace, étant donné le mode d'existence cachée des chenilles. Il faut naturellement capturer et détruire les papillons chaque fois qu'on le peut, et c'est surtout le matin qu'on en détruit le plus, alors qu'ils viennent de sortir de leur coque de nymphe et qu'ils sont encore posés sur les rameaux. Tant que les chenilles sont enfoncées dans le bois, il n'y a pas moyen de les détruire, parce que rien au dehors ne signale leur présence, et lorsque les ouvertures de leurs galeries sont visibles à l'extérieur, les papillons sont déjà partis. Quand les arbres sont par trop fortement infestés, le mieux est de les arracher et de les jeter immédiatement dans le feu, afin de détruire avec eux toutes les chenilles qu'ils renferment. Lorsque ce sont seulement les jeunes rameaux qui sont attaqués, comme les Groseilliers et les Saules, il faut supprimer tous ceux que l'on voit se faner et se pencher sans cause évidente, et on doit aussi jeter dans le feu tous les résidus, qui contiennent ainsi chacun une chenille de Sésie.

SESLERIA, Scop. (dédié à Léonard Sesler, médecin et botaniste italien). *Graminées*. — Fam. Genre comprenant dix espèces de plantes herbacées, vivaces, touffues et rustiques, habitant l'Europe et l'Asie occidentale. Fleurs réunies en panicules spiciformes, bleuâtres, courtes ou parfois allongées; épillets contenant deux à six fleurs. Feuilles planes ou arrondies.

Ces plantes sont entièrement dépourvues d'intérêt horticole; des trois espèces croissant spontanément en

France, le *S. cærulea*, Ard., est la plus commune; on le rencontre, du reste, dans toute l'Europe et jusqu'en Angleterre; il habite surtout les bois montueux et calcaires.

SESQUI. — Dans les mots composés de latin, ce préfixe signifie *un et demi*. Ex. *Sesquipedalis*, un pied demi ou 45 cent.

SESSILE. — Se dit des organes; feuilles, fleurs et fruits, reposant directement sur l'organe qui les porte, sans support intermédiaire.

SESUVIUM, Linn. (dérivation inconnue, probablement arbitraire). Fam. *Ficoidées*. — Petit genre comprenant environ quatre espèces de plantes herbacées ou de sous-arbrisseaux charnus, ramifiés, dispersés sur les côtes maritimes des tropiques. Fleurs souvent carnées ou pourpres, axillaires, sessiles ou pédonculées, solitaires ou fasciculées, rarement en fausses cymes; calice à tube turbiné et à limbe à cinq lobes colorés intérieurement; pétales absents; étamines cinq. Feuilles opposées, un peu charnues, linéaires ou oblongues; stipules nulles ou parfois soudées avec le pétiole en membrane stipuliforme.

Les *S. Portulacastrum* et *S. repens* sont des plantes comestibles, potagères, mais ayant un goût un peu salé, et seules dignes d'être décrites ici. Ce sont des plantes herbacées, vivaces, retombantes, de serre froide, prospérant dans une terre légère et bien drainée. Les arrosements doivent être très modérés. Multiplication par boutures qu'on laisse un peu se sécher avant de les planter dans la même terre et sous cloches. Leur traitement général se rapproche, du reste, beaucoup de celui des plantes grasses, notamment des **Cactées**. (Voir ce nom.)

S. **Portulacastrum**, Linn. Pourpier de mer; Angl. Sea Purslane, Samphire ou Seaside Purslane des Indes occidentales. — *Fl.* pédicellées; calice vert à l'extérieur, rougeâtre à l'intérieur; étamines vingt-cinq à trente. Juin-juillet. *Flles* planes, linéaires ou oblongues-lancéolées. Indes occidentales, 1692. (A. B. R. 201, sous le nom de *Aizoon canariense*, Linn., qui est aujourd'hui correct.) Dans la var. *sessile*, les fleurs sont sessiles.

S. **revolutifolium**, Colla. *Fl.* rouge et blanc, sessiles, à étamines très nombreuses et à cinq ou six styles. Juillet-août. *Flles* ovales-oblongues, à bords révolutés, vert clair et un peu glauques. Cuba. (B. M. 1701, sous le nom de *S. Portulacastrum*, var.)

SETA. — Poil, soie ou cil gros et raide.

SÉTACÉ. — Qui a la forme d'un gros poil ou cil raide.

SETARIA, P. Beauv. (de *seta*, soie; allusion à l'anneau de gros cils qui entoure les épillets). **Sétaire, Millet** (en partie), **Moha**. Fam. *Graminées*. — Genre comprenant environ dix espèces de plantes herbacées, parfois élevées, annuelles, rustiques ou de serre et très largement dispersées dans les régions tempérées et tropicales du globe. Fleurs réunies en thyrses cylindriques, spiciformes et terminaux; épillets ovales, articulés sur leurs pédicelles, contenant deux fleurs, à glumes et glumelles mutiques, solitaires et entourés à la base d'un anneau incomplet de poils sétacés. Feuilles planes, plus ou moins poilues, à nervure principale blanchâtre.

Les *Setaria* ne présentent aucun intérêt horticole et les trois espèces qui croissent spontanément en France sont même des herbes souvent abondantes dans les cultures, et alors nuisibles par leur développement très rapide. Ce sont : *S. glauca*, P. Beauv.; *S. verticillata*, P. Beauv. et *S. viridis*, P. Beauv.; ce dernier est le plus abondant; tous trois croissent également en Angleterre, mais le premier et le dernier n'y sont que naturalisés.

Fig. 18. — Setaria germanica. — Moha de Hongrie.

Les deux espèces décrites ci-après sont employées en agriculture, pour la production de fourrage vert ou sec. Le *S. germanica* est surtout cultivé, à cause de la rapidité de son développement, dans les années de sécheresse où les autres fourrages sont rares. Quant au *S. italica*, il fournit en outre de longs épis fructifères qu'on emploie tels qu'ils sont pour la nourriture des oiseaux de volière. On le cultive parfois dans les jardins pour cet usage, mais c'est surtout dans le Midi qu'il mûrit le mieux ses graines, car il lui faut beaucoup de chaleur. Ces deux plantes sont très faciles à cultiver; il suffit de les semer au printemps, en place.

S. **germanica**, P. Beauv. Panis d'Allemagne, Moha de Hongrie. — *Fl.* en épi compact, dressé, oblong ou cylindrique, de 15 à 20 cent. de long, entourées de soies érigées, devenant violacées à la maturité. Été. *Flles* nombreuses, planes, un peu rudes, vert foncé et à gaines lisses. Tiges nombreuses, feuillées et dressées. *Haut.* 60 à 80 cent. Europe; Allemagne et Hongrie. Syn. *Panicum germanicum*, Mill. — Plante annuelle, à végétation très rapide, que l'*Index Kewensis* rapporte au *Setaria italica*, mais bien plus grêle et plus basse, plus forte que le *S. viridis*, et, en somme, intermédiaire entre ces deux espèces. (S. M.)

S. italica, P. Beauv. Millet d'Italie, M. à grappes. — *Fl.* en grappe très compacte, cylindrique, plus ou moins interrompue à la base, d'environ 20 cent. de long et 3 cent. de diamètre, à la fin penchée au sommet; épillets elliptiques-oblongs, obtus, plus courts que les soies de l'involucre. *Flles* dressées, linéaires-lancéolées, acuminées, ciliées, rudes, à nervure médiane blanche. Tige dressée, arrondie. *Haut.* 1 à 2 m. Indes occidentales, et naturalisé dans beaucoup de pays. Plante annuelle.

S. i. **japonica**, Hort. Variété à épis pendants, cultivée dans le Turkestan. Elle est probablement originaire de l'Asie orientale et méridionale. *Haut.* 50 cent. (R. G. 1887, p. 278, f. 72, sous le nom de *Panicum*).

SETHIA, Kunth. — Réunis aux **Erythroxylon**, Linn.

SÉTIFORME. — Qui a l'aspect d'une soie ou sétule.

SETIGÈRE; Angl. Setigerous. — Qui porte des soies.

SETOSUS. — Mot latin qui signifie couvert de poils ou soies raides.

SÉTULE. — Petit poil court et raide.

SÉTULEUX; Angl. Setulose. — Qui porte des sétules ou petites soies.

SÈVE; Angl. Sap. — Suc propre des végétaux, encore nommé familièrement *eau de végétation;* qui est principalement enfermé dans les cellules et les vaisseaux qui se sont formés à leurs dépens.

La composition chimique de la sève varie beaucoup chez les différentes espèces de plantes, et cela se comprend facilement, mais aussi dans les différentes parties de la même plante; nous allons expliquer la cause et la nature de ces variations.

La plante en voie de développement émet des racines et des radicelles à l'aide desquelles elle absorbe dans la terre humide une grande quantité d'eau qui passe dans les vaisseaux capillaires par absorption graduelle et monte dans la plante, emportant avec elle des composés minéraux, tels que des phosphates. Ces substances minérales n'existent qu'en très petite proportion dans le liquide absorbé par la plante, mais avec le temps, une quantité considérable pénètre ainsi dans la plante, si toutefois ces substances existent dans la terre sous une forme assimilable.

Cette eau passe successivement des radicelles dans les racines, puis dans la tige, sans subir de grands changements dans sa composition et porte le nom de *sève brute* ou *non élaborée.* Chez les Dicotylédones, cette sève monte dans la plante par les vaisseaux contenus dans l'aubier ou bois blanc, ce qui la fait parfois désigner sous le nom de *sève ascendante.* Dans certaines plantes, elle est si abondante qu'il est possible d'en faire dévier le courant et d'obtenir ainsi de l'eau presque pure et très buvable en pratiquant un trou dans la tige, suffisamment profond pour atteindre l'aubier et ouvrir les vaisseaux.

L'ascension de la sève brute dans les tissus a deux causes principales: 1° l'absorption du liquide par les radicelles, au commencement du printemps, lorsque la végétation entre en activité; phénomène qui est causé par la chaleur et probablement aussi par les transformations chimiques qui s'opèrent dans le contenu des cellules; 2° plus tard par la transpiration abondante du liquide à travers les feuilles, ce qui attire naturellement de la sève nouvelle pour remplacer celle qui s'évapore. D'autres forces concourent également à l'accomplissement de ce phénomène, mais à un degré bien moindre et dans le détail desquelles nous ne croyons pas nécessaire d'entrer ici.

La sève non élaborée monte jusque dans les parties vertes de la plante et y subit, surtout dans les feuilles, de grandes transformations. Une quantité de cette eau s'échappe par évaporation ou transpiration, ce qui rend le liquide plus dense dans les feuilles qu'il ne l'était à son ascension dans la tige. Cependant, les modifications les plus importantes que subit la sève dans les feuilles consistent dans la formation de diverses substances, dont la plus facilement observable est l'*amidon.*

Cette substance se présente sous la forme de grains solides, dans les cellules contenant la matière verte ou chlorophylle, lorsque les parties vertes ont été exposées pendant une heure à l'action de la lumière naturelle ou de la lumière artificielle très forte.

Plusieurs autres substances ressemblant jusqu'à un certain point à l'amidon se forment dans les cellules contenant la chlorophylle et quelques-unes restent à l'état de solution dans ces cellules, tandis que d'autres se solidifient. D'autres substances encore, ressemblant au protoplasme par leur composition générale, se forment aussi dans les parties vertes des plantes et probablement même dans d'autre parties, et ces dernières substances sont de même fréquemment dissoutes dans la sève.

Par suite de l'évaporation et de l'addition de ces nouvelles matières organiques, la sève devient plus lourde, plus épaisse que la sève brute et on la nomme alors *sève élaborée.* Des parties vertes où elle a subi cette transformation, elle passe dans toutes les parties où les éléments nutritifs sont nécessaires, soit pour remplacer les matières consommées par la végétation, soit pour former de nouvelles structures au sommet des tiges et des rameaux, dans les feuilles, dans les fleurs ou dans les fruits. Dans les plantes vivaces, ligneuses ou herbacées, une grande quantité de cette sève descend des feuilles dans la tige dans les racines ou dans des organes spéciaux servant de magasins de réserve, tels que les tubercules des Pommes de terre ou des Dahlias, les bulbes solides des Glaïeuls, dans les écailles des Lis ou encore dans les rhizomes de certains Iris, Cannas, etc.

La sève a donc deux courants, l'un *ascendant*, l'autre *descendant*, et tous deux bien distincts, non seulement par la nature du liquide, mais encore par la partie dans laquelle ils s'effectuent. Nous avons dit plus haut que chez les Dicotylédons, la sève montait intérieurement par l'aubier.

La descente s'effectue extérieurement par deux voies principales : la première, par laquelle descendent l'amidon et autres composés analogues, s'effectue, croit-on, à travers le *tissu cellulaire* de l'écorce et jusqu'à un certain point par les rayons médullaires de l'écorce; la seconde, par laquelle descendent les matières protoplasmiques, s'effectue, croit-on, par les vaisseaux du liber ou couche la plus interne de l'écorce. Cette descente s'effectue à travers des vaisseaux spéciaux, formés de cellules tubuleuses, longues et grêles, ajoutées bout à bout et partiellement séparées par des cloisons transversales ajourées comme la toile d'un crible, laissant ainsi le protoplasme passer de l'une à l'autre. Au point de vue pratique, il résulte, du point où passe la sève descendante, que, si l'on enlève un anneau d'écorce d'une branche d'arbre Dicotylédone, tel qu'un Poirier ou un Pommier, ou bien si l'on serre fortement celle-ci avec un objet résistant, tel que du fil de fer, la descente de la sève se trouve interceptée et il se forme alors un bourrelet plus ou moins épais au-dessus de l'anneau enlevé ou du point étranglé.

Cette opération, qu'on met fréquemment en usage en arboriculture fruitière, a reçu le nom d'*incision annulaire;* elle a pour effet de retenir au-dessus de la partie opérée toute la sève descendante qu'ont élaborée les feuilles, tandis que la sève ascendante arrive librement dans la branche, puisque l'aubier dans lequel elle circule est resté intact. Il en résulte un accroissement accentué du volume des fruits.

L'*entaille* est une incision partielle, qu'on pratique soit au-dessus, soit au-dessous d'un bourgeon pour accumuler ou écarter la sève descendante et respectivement favoriser et hâter ou affaiblir et retarder son développement. V. aussi **Incision.**

Ces opérations restent sans effet chez les Monocotylédones et chez certaines Dicotylédones, telles que les *Piper*, dont les faisceaux fibro-vasculaires dans lesquels circule la sève descendante sont internes et dispersés dans le tissu médullaire.

SEVERINIA, Ten. — Réunis aux **Atalantia**, Corr.

SEVERINIA buxifolia, Ten. — V. **Atalantia buxifolia.**

SEVERINIA unifolia. — V. **Atalantia unifolia.**

SEVRAGE, Sevrer. — Séparer les marcottes ou les greffes en approche de leur pied mère, lorsque l'enracinement ou la soudure est bien effectuée.

SEWERZOWIA, Regel. (dédié au botaniste russe Sewerzow, qui le premier récolta la plante). Fam. *Légumineuses.* — La seule espèce de ce genre est une plante annuelle, rustique, voisine des **Astragalus** et qu'il faudra peut-être leur réunir. Elle s'accommode du reste du même traitement.

S. **turkestanica**, Regel. et Schmalh. *Fl.* petites, réunies en grappes pauciflores et partiellement cachées par une paire de bractées fortement frangées. Été. *Flles* imparipennées, à six-dix paires de petites folioles oblancéolées et rétuses. *Haut.* 15 cent. Turkestan, 1883. (R. G. 1883, 250.)

SEX. — Dans les mots composés de latin, ce préfixe signifie *six.* Ex. : *Sexangulare*, à six angles ; *sexipartite*, à six divisions.

SEXE. — Organisation particulière des animaux et végétaux, permettant de distinguer les sujets mâles des sujets femelles, caractérisée par des organes spéciaux à chacun d'eux et propres à remplir les fonctions reproductrices. Ces organes sont, chez les végétaux : les *étamines* ou organes mâles et les *pistils* ou organes femelles. Le rapprochement de ces deux organes s'effectue par le dépôt naturel ou artificiel du *pollen* ou poussière fécondante des étamines sur les *pistils*, et dont l'influence est indispensable pour assurer la fécondation des ovules. Le plus grand nombre des végétaux possèdent à la fois des organes mâles et des organes femelles, on les dit alors *hermaphrodites.* Toutefois, la fécondation de chaque fleur par son propre pollen ou *autofécondation* n'a pas lieu généralement, la nature ayant pris soin d'assurer la *fécondation croisée*, ou fécondation d'une fleur par le pollen d'une autre, à l'aide de divers moyens. V. **Fécondation.**

(S. M.)

SEYMERIA, Pursh. (dédié à Henry Seymer, naturaliste anglais). Syn. *Afzelia*, Gmel. Fam. *Scrophularinées.* — Genre comprenant dix espèces, dont une habite Madagascar et les autres l'Amérique du Nord. Ce sont des plantes herbacées, ramifiées, dressées, annuelles ou vivaces et presque toutes rustiques. Fleurs jaunes, solitaires au sommet de pédoncules dépourvus de bractées et réunies en épis ou en grappes interrompues ; calice campanulé, à cinq lobes entiers ou denticulés ; corolle à tube court et large et à limbe à cinq lobes larges, oblongs et étalés ; étamines quatre, sub-égales. Feuilles presque toutes opposées, découpées ou disséquées ; les florales parfois réduites à l'état de bractées entières. Les deux espèces suivantes sont seules introduites ; ce sont de jolies plantes annuelles, nord-américaines, rustiques et très décoratives pendant leur floraison. Les graines se sèment au printemps, en terre légère, fertile et bien drainée.

S. **pectinata**, Pursh. *Fl.* jaunes, à lobes du calice linéaires; corolle velue à l'extérieur, surtout lorsqu'elle est encore à l'état de bouton. Juillet. *Flles* pinnatipartites, à divisions peu nombreuses, courtes ou oblongues-linéaires ; les supérieures faiblement incisées-dentées ou entières. Amérique du Nord, 1820.

S. **tenuifolia**, Pursh. *Fl.* jaunes, à pédicelles filiformes ; calice à lobes sétacés ; corolle de 6 mm. de long. Juillet. *Flles* de 12 mm. de long, fortement et une ou deux fois pinnatipartites. *Haut.* 60 cent. à 1 m. 20. Amérique du Nord, 1730.

SEYMOURIA, Swartz. — Réunis aux **Pelargonium**, L'Hérit.

SHAMROCK. — Nom anglais d'une plante emblématique. En Irlande, on l'applique à une ou plusieurs espèces de Trèfles, tandis qu'en Angleterre on croit généralement que c'est l'*Oxalis Acetosella.*

SHEPHERDIA, Nutt. (dédié à J. Shepherd, curateur du Jardin botanique de Liverpool, mort en 1836). Syn. *Leptargyreia*, Raf. Fam. *Éléagnacées.* — Petit genre ne renfermant que trois espèces d'arbustes ou de petits arbres d'ornement, rustiques et à feuilles caduques, habitant l'Amérique du Nord. Fleurs dioïques, petites, réunies en épis ou en grappes très courtes au sommet des rameaux et opposées à de petites bractées ; les mâles ont un calice très court, à quatre lobes et huit étamines ; les femelles ont un calice tubuleux, velu à l'intérieur et à quatre lobes profonds et souvent réfléchis, avec huit glandes fermant la gorge. Le fruit est bacciforme et inclus dans le calice persistant. Feuilles opposées, pétiolées, oblongues et entières.

L'emploi et la culture des deux espèces décrites ci-après sont ceux de l'**Hippophae.** (V. ce nom.) La troisième espèce, le *S. rotundifolia*, qui n'est pas encore introduit, est un bel arbuste spécial aux montagnes de l'Utah.

S. argentea, Nutt. Angl. Beef Suet-tree, Rabbit Berry. — *Fl.* jaunes; les femelles plus petites que les mâles et solitaires sur des pédoncules courts. Avril. *Fr.* écarlates, petits et rapprochés, comestibles et à saveur acide. *Flles* plus étroites que celles du *S. canadensis*, rétrécies à la base, obtuses au sommet, ciliées sur les bords et couvertes sur les deux faces de petites écailles qui les rendent argentées. Petit arbre ou grand arbrisseau touffu. Amérique du Nord, 1818. (R. G. 1889, f. 21.)

S. canadensis, Nutt. *Fl.* jaunâtres, couvertes d'écailles roussâtres, petites, sub-sessiles, rapprochées en grappes au sommet des rameaux. Mai. *Fr.* rouge jaunâtre, de la forme d'une petite olive et insipides. *Flles* elliptiques ou ovales, un peu aiguës, presque nues et vertes en dessus, couvertes en dessous d'un duvet argenté et d'écailles rudes et roussâtres. Rameaux opposés en croix et souvent épineux au sommet. *Haut.* 1 à 2 m. Amérique du Nord, 1759.

SHORTIA californica, Hort. non Torr et Gray. — La plante annuelle, de la famille des *Composées*, annoncée et décrite sous ce nom dans les publications de la Maison Vilmorin et cultivée fréquemment dans les jardins pour ses jolies et nombreuses fleurs jaunes, n'est pas un *Shortia*; elle est décrite dans cet ouvrage (vol. I, p. 46), sous le nom de *Actinolepis coronaria*, A. Gray, et, d'après l'*Index Kewensis*, elle a maintenant pour nom correct : *Baeria coronaria*, A. Gray. (S. M.)

SHORTIA, Torr. et Gray. (dédié à Short, botaniste américain). Fam. *Diapensiacées*. — Petit genre ne comprenant que deux espèces de plantes herbacées, vivaces et rustiques, habitant la Caroline et le Japon. L'espèce suivante, seule récemment introduite, est encore fort peu répandue. C'est une très intéressante petite plante ayant le port et l'aspect d'un *Pyrola* et très voisine du *Schizocodon*. Pour sa culture probable, V. **Galax**.

S. galacifolia, Torr. et Gray. *Fl.* solitaires au sommet de pédoncules radicaux, de 8 à 12 cent. de long; périanthe de 2 cent. 1/2 de diamètre, à tube courtement en entonnoir et à limbe découpé en cinq lobes. *Flles* toutes radicales, longuement pétiolées, largement elliptiques ou arrondies-obtuses et crénelées. Caroline, 1888. (G. et F. 1888, part. I, p. 506 et 509, f. 80; Gn. 1890, part. II, 768; B. M. 7082.) (S. M.)

SHUTEREIA, Choisy. — V. **Hewittia**, Wight et Arnott.

SHUTEREIA bicolor. — V. **Hewittia bicolor**.

SIBBALDIA, Linn. — Réunis aux **Potentilla**, Linn.

SIBTHORPIA, Linn. (dédié à John Sibthorp, professeur de botanique à Oxford, et auteur de la *Flora Græca*; 1758-1896). Syn. *Disandra*, Linn. f. Comprend les *Hornemannia*, Benth. Fam. *Scrophularinées*. — Genre ne comprenant qu'une demi-douzaine d'espèces de plantes herbacées, velues, couchées, souvent radicantes aux nœuds, de serre froide ou rustiques et habitant l'Europe occidentale, l'Afrique tropicale et septentrionale-occidentale, ainsi que le Népaul et l'Amérique du Sud. Fleurs jaunes, rose jaunâtre ou rouges, solitaires ou fasciculées sur des pédicelles axillaires ; calice campanulé, à quatre-huit ou souvent cinq divisions ; corolle à tube court et sub-rotacé, à limbe à lobes en nombre égal ou plus grand que celui des lobes du calice et étalés. Feuilles alternes ou fasciculées, pétiolées, orbiculaires-réniformes et profondément crénelées ou incisées-dentées.

Le *S. europæa*, seul indigène en France et en Angleterre, est plus curieux que beau, mais sa variété panachée est très jolie et bien digne d'être cultivée. Il lui faut une terre légère et bien drainée et il doit être tenu de préférence dans une serre ou sous un châssis froid, surtout pendant l'hiver, car il est bien plus délicat que le type. Le *S. peregrina* est une autre plante traînante, poilue, vivace et également de serre froide.

Cultivées en suspensions ou dans des pots sur le bord des tablettes, leurs branches pendent alors très élégamment et la panachure de l'une et les nombreuses fleurettes jaunes de l'autre les rendent très décoratives. Leur multiplication s'effectue par division des touffes ou par boutures que l'on fait dans un endroit ombragé à l'air libre ou sous cloches.

S. europæa, Linn. *Fl.* jaunes, très petites, solitaires, axillaires. Été. *Flles* orbiculaires ou réniformes, longuement pétiolées et crénelées. Tiges couchées, filiformes et radicantes. *Haut.* 5 à 8 cent. Europe ; France, Angleterre, etc. Rustique.

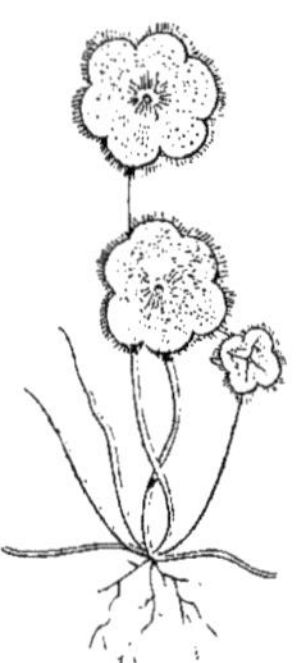

Fig. 19. — Sibthorpia europæa.

S. e. variegata, Hort. Élégante variété à feuilles fortement panachées de blanc jaunâtre. Serre froide.

S. peregrina, Linn. *Fl.* jaunes, de 10 à 12 mm. de diamètre, à cinq-huit divisions ; étamines un peu plus courtes que la corolle ; pédoncules souvent fasciculés, de 5 cent. de long. Juin. *Flles* fortement crénelées. Madère, 1771. (B. M. 218, sous le nom de *Disandra prostrata*.)

SICANA, Naudin. (dérivation obscure). — Fam. *Cucurbitacées*. — Genre comprenant aujourd'hui trois espèces (peut-être des variétés d'une seule) de plantes herbacées, vivaces et grimpantes, de serre chaude, habitant l'Amérique tropicale. Elles ne peuvent guère prospérer dans le Nord qu'en serre chaude, car il leur faut beaucoup de chaleur. Dans le Midi, au contraire, les *Sicana* mûrissent leurs fruits en plein air et conviennent ainsi à l'ornement des treillages et des murs. Leurs fruits exhalent un parfum assez pénétrant et peuvent, à ce titre, être conservés dans les appartements, leur forme et leur vive coloration les rendent du reste assez décoratifs ; la chair est comestible, mais d'un goût prononcé et peu agréable pour nous. La culture générale des *Sicana* est celle des **Melons** grimpants et autres Cucurbitacées d'ornement. (V. ce nom.)

S. atropurpurea, Ed. André. *Flles* épaisses, lobées et rouge violet en dessous. *Fr.* gros, cylindrique, épais, plus court que celui du *S. odorifera*, rappelant une aubergine par la belle couleur rouge violet qu'il acquiert à la maturité et exhalant un parfum pénétrant de pomme de reinette. Paraguay, 1892. (R. H. 1894, 108.)

S. odorifera, Naudin. Curuba des Brésiliens. — *Fl.* jaunes, monoïques, solitaires et axillaires ; les mâles à pédoncule de 2 à 3 cent. de long ; calice court, à cinq lobes ovales-lancéolés, aigus et réfléchis; corolle jaune, un peu charnue, tomenteuse, courte, en cloche, à cinq segments récurvés ; étamines trois à quatre; fleurs femelles à calice et corolle semblables, avec un ovaire de 5 à 6 cent. de long, trois staminodes linéaires et autant de stigmates épais et papilleux. *Fr.* sub-cylindrique, atteignant 50 cent. de long, rappelant de près certains concombres, jaune doré, puis orangé, très glabre, lisse et luisant, à chair ferme et jaune pâle. *Flles* sub-orbiculaires, de 12 à 24 cent. de diamètre, lisses, profondément cordiformes à la base et à cinq-sept lobes profonds, aigus et dentés. Tiges très grimpantes à l'aide de vrilles rameuses, sillonnées, un peu pubescentes quand elles sont jeunes. *Haut.* 10 à 15 m. Brésil, 1889. Plante vivace, grimpante et très vigoureuse. (A. S. N. ser. IV, p. 181, t. VIII ; R. H. 1890, p. 516, f. 163 et planche.)

S. sphœrica, Hook. f. *Fl.* jaunâtres, campanulées, charnues, de 10 cent. de diamètre. *Fr.* globuleux, de la grosseur d'une orange. *Flles* amples et lobées. Plante grimpante et vigoureuse. La Jamaïque, 1890. (B. M. 7109.)
(S. M.)

SICELIUM, P. Browne. — V. **Coccocypselum**, P. Browne.

SICYOCARPUS, Boj. — V. **Marsdenia**, R. Br.

SICYOS, Linn. (ancien nom grec employé par Théophraste pour le concombre et appliqué à ce genre par allusion à la ressemblance et aux affinités de la plante). Fam. *Cucurbitacées.* — Genre comprenant une vingtaine d'espèces de plantes herbacées, annuelles, grimpantes et demi-rustiques, habitant les parties chaudes de l'Amérique, les îles de l'Océan Pacifique et l'Australie.

Fig. 20. — Sicyos angulata.

Fleurs petites ou très petites, monoïques et fasciculées. Fruit comprimé ou anguleux, coriace, dépassant rarement 2 cent. 1/2 de long, hérissé et monosperme. Feuilles anguleuses ou lobées, rarement à trois-cinq lobes profonds. Tiges et rameaux grimpants à l'aide de vrilles.

Plusieurs espèces ont été introduites, mais elles sont peu répandues, car elles ne sont pas très décoratives. La suivante a été cultivée dans les jardins pendant un certain temps, mais elle est aussi tombée aujourd'hui dans l'oubli. Pour sa culture V. **Lagenaria**.

S. angulata, Linn. *Fl.* jaune verdâtre, les mâles disposées en corymbes capitulés ; les femelles réunies au sommet des pédoncules. *Fr.* ovale, aplatis et couverts de poils spinescent. *Flles* alternes, pétiolées, cordiformes, à trois-cinq lobes aigus et scabres. Vrilles rameuses. *Haut.* 3 m. et plus. Amérique du Nord, 1710.

SIDA, Linn. (ancien nom grec employé par Théophraste pour désigner une Malvacée). Angl. Indian Mallow. Fam. *Malvacées.* — Genre comprenant environ quatre-vingt-dix espèces de plantes herbacées, de sous-arbrisseaux ou d'arbustes de serre chaude, tempérée ou rustiques, dont environ huit habitent les parties chaudes de l'Afrique et de l'Asie, une quinzaine l'Australie et tous les autres l'Amérique.

Fleurs diversement colorées et souvent grandes et belles, sessiles ou pédonculées, solitaires ou agglomérées, axillaires ou terminales et disposées en bouquets, en grappes ou en épis; calice gamophylle, à cinq dents ou segments, souvent anguleux ; pétales cinq, libres et hypogynes ; colonne staminale divisée au sommet en filets nombreux ; style multifide ; bractéoles nulles ou espacées du calice. Fruit formé de carpelles en nombre très variable, verticillés, libres ou plus ou moins soudés entre eux. Feuilles alternes et plus ou moins profondément dentées ou lobées.

Un grand nombre de *Sida* ont été introduits dans les cultures, mais la plupart en sont disparus parce qu'ils présentent peu d'intérêt pour l'horticulture d'ornement. Les espèces suivantes sont seules dignes d'être décrites ici. Elles prospèrent en toute bonne terre fertile. Le *S. Napæa* et autres produisant des graines peuvent se multiplier par les semis. A défaut de celles-ci on peut les propager par boutures que l'on fait à chaud, dans du sable et sous cloches.

Plusieurs plantes autrefois comprises dans ce genre sont maintenant réunies aux *Abutilon.*

S. Abutilon, Linn. *Fl.* jaunes, solitaires, axillaires, à pédicelles plus courts que les pétioles. Juin-août. *Fr.* à quinze carpelles poilus, tronqués et à deux pointes. *Flles* arrondies-cordiformes, acuminées, dentées et tomenteuses. Tige presque simple. *Haut.* 50 à 60 cent. — Plante annuelle, souvent introduite dans les cultures, mais bientôt abandonnée parce qu'elle est peu décorative. Europe méridionale, 1596 (sub-spontané dans le midi de la France). *Abutilon Avicennæ*, Gærtn., est maintenant le nom correct de cette plante.

S. inæqualis, Link. et Otto.* *Fl.* blanches, à pédoncules latéraux, d'environ 5 cent. de long ; segments du calice ovales, aigus, pubescents et ferrugineux ; corolle de 5 cent. de diamètre quand elle est entièrement épanouie, à pétales onguiculés, fortement pubescents-glanduleux à l'extérieur. Mai. *Flles* de 10 à 18 cent. de long, légèrement ondulées, couvertes d'une pubescence rude, cordiformes-ovales, inégales à la base et acuminées ; pétioles de 2 1/2 à 5 cent. de long. *Haut.* 2 m. Brésil, 1829. Arbuste de serre chaude. (B. M. 3436.)

S. Napæa, Cav. *Fl.* blanches, grandes, réunies en corymbes ombelliformes. Eté. *Fr.* à dix carpelles aigus. *Flles* à cinq lobes oblongs, aigus et dentés. *Haut.* 1 m. 20 à 3 m. Amérique du Nord, 1787. Grande plante herbacée, vivace, glabre et rustique. (B. M. 2913.)

S. sessiliflora, Hook. *Fl.* jaunes, petites, un peu agglomérées, sessiles, axillaires et terminales ; corolle à peine deux fois aussi longue que le calice. Août-novembre. *Flles* cordiformes, aiguës et dentées en scie. *Haut.* 1 m. Amérique du Sud, 1827. Sous-arbrisseau de serre chaude. (B. M. 2857.) — *Abutilon crispum*, Sweet, est maintenant le nom correct de cette plante.

SIDALCEA, A. Gray. (de *Sida*, et *Alcea*, genres de Malvacées avec lesquels ces plantes ont des caractères communs). Fam. *Malvacées.* — Genre comprenant huit espèces de plantes herbacées, presque toutes vivaces et rustiques, ayant le port de certains *Malva* et *Althæa*, et habitant toutes l'Amérique du nord-ouest. Fleurs courtement pédicellées ou sessiles et disposées en grappes ou en épis terminaux ; calice à cinq divisions ; pétales rose pourpre ou blancs ; colonne staminale double au sommet. Feuilles presque toutes lobées ou partites.

Des deux espèces ci-après décrites, le *S. candida* est le plus méritant ; c'est une jolie plante propre à l'ornement des plates-bandes et ses longs épis fleuris sont très propres à la confection des gerbes de fleurs.

Leur culture est très facile, car toute bonne terre de jardin leur convient. Multiplication par division des touffes ou de préférence par semis que l'on fait en pépinière, puis on met les plants en place à l'automne.

S. **candida**, A. Gray. *Fl.* blanc pur, transparentes et veinées, grandes comme celles d'une Mauve, courtement pédicellées et disposées en longs épis terminaux et nombreux. Juin-juillet. *Flles* radicales réniformes, à cinq-sept

Fig. 21. — Sidalcea candida.

lobes, luisantes et longuement pétiolées ; les caulinaires à autant de lobes palmatiséqués. Tiges dressées, fortes, ramifiées dès la base, puis presque simples. *Haut.* 80 cent. à 1 m. Colorado, 1882. (R. H. 1891, f. 85 ; A. V. F. 12.)

S. **malvæflora**, A. Gray. *Fl.* rose lilacé, disposées en épis multiflores ; pédicelles deux fois aussi longs que le calice. Eté. *Flles* radicales orbiculaires, à cinq-neuf lobes lâches ou incisées-crénelées ; les primaires sub-tronquées à la base ; les caulinaires à sept-neuf lobes profonds, trilobés et dentés au sommet ; les terminales entières. Tiges grêles et effilées. *Haut.* 50 cent. Texas, 1838. (B. R. 1036, sous le nom de *Sida malvæflora*, DC.). Syn. *Callirhoe spicata*, Regel (R. G. 737.)

SIDERITIS, Linn. (ancien nom grec employé par Dioscorides pour désigner plusieurs plantes et dérivé de *sideros*, fer ; allusion aux propriétés imaginaires de ces plantes pour guérir les blessures faites par le fer). Angl. Ironwort. Syns. *Burgsdorffia*, Mœnch ; *Hesiodia*, Mœnch ; *Marrubiastrum*, Mœnch. Fam. *Labiées.* — Genre comprenant environ quarante-cinq espèces de plantes herbacées, d'arbustes ou de sous-arbrisseaux rustiques ou demi-rustiques, souvent velus-laineux ou mollement poilus et habitant la région méditerranéenne, les îles Canaries et surtout l'Orient. Cinq espèces croissent spontanément en France, une d'elles est décrite ci-après.

Fleurs souvent jaunâtres, petites, réunies par six ou plus, axillaires ou formant des épis denses ou interrompus et terminaux ; calice tubuleux, à cinq dents dressées, ordinairement un peu épineuses ; corolle à tube inclus et à limbe bilabié ; lèvre supérieure entière, émarginée ou bifide ; l'inférieure trifide, à lobe médian beaucoup plus grand que les latéraux ; étamines quatre ; nucules ovoïdes et lisses. Feuilles opposées, entières ou dentées ; les florales réduites à l'état de bractées ou les caulinaires inférieures conformes.

Ces plantes, dont les suivantes représentent un choix des plus méritantes, préfèrent les terrains secs, siliceux ou calcaires et chauds. Leur multiplication s'effectue par semis, par boutures ou par division des touffes.

S. **canariensis**, Linn. *Fl.* jaunâtres, à corolle dépassant à peine les dents du calice, avec la lèvre supérieure émarginée ou bifide et l'inférieure étalée ; verticilles composés de vingt à trente fleurs et sub-globuleux ; grappes simples. Eté. *Flles* ovales, crénelées, cordiformes à la base, de 5 à 10 cent. de long, épaisses, ridées, velues et veloutées. *Haut.* plusieurs pieds. Ile de Ténériffe, 1809. Arbuste de serre froide. (Ref. B. 160.)

S. **candicans**, Ait. *Fl.* jaunâtres, sub-sessiles, à corolle dépassant à peine le calice ; verticilles ordinairement composés de dix fleurs ; les inférieurs espacés ; grappes simples. Eté. *Flles* ovales, légèrement crénelées, tronquées-cordiformes à la base et épaisses. *Haut.* 1 m. Ile de Ténériffe, 1714. Arbuste de serre froide, ayant le port du *S. canariensis*, mais couvert d'une villosité blanche et laineuse.

S. **incana**, Linn. *Fl.* jaunâtres, à calice blanc laineux ; verticilles espacés, composés d'environ six fleurs. Eté. *Flles* sessiles, oblongues-linéaires, obtuses, entières, de 1 1/2 à 4 cent. de long, blanches-laineuses ; les supérieures petites et espacées. Eté. *Haut.* 30 cent. Espagne, 1752. Sous-arbrisseau demi-rustique.

S. **perfoliata**, Linn. *Fl.* jaunâtres, sessiles, à corolle dépassant à peine les dents du calice ; verticilles tous distincts et assez espacés. *Flles* semi-amplexicaules, ovales-oblongues ou lancéolées, mollement velues, de 4 à 5 cent. de long ; les florales larges et étalées. Rameaux dressés, de 30 à 50 cent. de haut. Europe méridionale, 1731. Sous-arbrisseau demi-rustique.

S. **scordioides**, Linn. *Fl.* à corolle jaunâtre, avec la lèvre supérieure étroite, plus pâle ou blanche, dépassant à peine le calice ; verticilles interrompus ou formant un épi dense, de 2 1/2 à 8 cent. de long. Eté. *Flles* ovales-oblongues ou oblongues-linéaires, rétrécies à la base, incisées-dentées ; les florales très larges et dentées épineuses. *Haut.* 30 cent. Europe méridionale ; France, etc. Sous-arbrisseau rustique, tomenteux-blanchâtre.

S. s. **alpina**, Hort. *Fl.* en verticilles formant des épis denses ou un peu interrompus. *Flles* oblongues-ovales, faiblement dentées, velues-incanes ou à la fin glabres. Rameaux courts et retombants. Pyrénées, 1827.

S. s. **angustifolia**, Hort. *Flles* oblongues-linéaires et presque glabres. Branches courtes et retombantes.

S. s. elongata, Hort. *Fl.* en verticilles formant des épis interrompus ou rarement continus et denses. *Flles* oblongues ou oblongues-lancéolées, incisées-dentées et presque glabres. Branches allongées, ascendantes ou dressées. Espagne, 1822.

S. taurica, Willd. *Fl.* à corolle un peu plus grande que le calice. *Flles* épaisses, oblongues-lancéolées ou spatulées, rétrécies à la base ; les inférieures crénulées et fortement blanches-tomenteuses. *Haut.* 50 cent. Tauride, 1822. Sous-arbrisseau rustique.

SIDERODENDRON, Schreb. — V. **Ixora**, Linn.

SIDEROXYLOIDES, Jacq. — V. **Ixora**, Linn.

SIDEROXYLON, Linn. (de *sideros*, fer, et *xylon*, bois ; allusion au bois très dur de certaines espèces). Syns. *Achras* et *Sapota*, Auct. (pour ce qui concerne les espèces de l'Ancien Monde) ; *Robertsia*, Scop. Fam. *Sapotacées*. — Genre comprenant soixante-dix espèces d'arbres ou d'arbustes glabres ou pubescents, de serre chaude ou tempérée, largement dispersés dans les tropiques, quelques-uns se rencontrent dans les régions extra-tropicales, le sud de l'Afrique, l'Australie et la Nouvelle-Zélande et un à Madère. Fleurs ordinairement petites, sessiles ou pédicellées, fasciculées sur les nœuds ou axillaires et quinquépartites ; segments du calice fortement imbriqués ; corolle large ou tubuleuse-campanulée. Le fruit est une baie ovoïde ou globuleuse. Feuilles coriaces et éparses.

Les fruits du *S. dulcificum*, A. DC., ont une saveur très sucrée et sont connus avec d'autres, dans l'Afrique occidentale, sous le nom anglais de « *Miraculous Berry* ». Plusieurs espèces ont été introduites dans les cultures, mais elles ne présentent presque aucun intérêt au point de vue horticole.

S. spinosum, Linn. — V. **Argania Sideroxylon**.

SIEBERA, J. Gay. (dédié à F. W. Sieber, de Prague, botaniste qui voyagea en Orient ; 1785-1844). Syns. *Trachymene*, DC. (non Rudge) et *Fischera*, Spreng. Fam. *Ombellifères*. — Genre comprenant quatorze espèces de plantes herbacées, mais sub-ligneuses, rigides, à souche vivace et à rameaux effilés ou éricoïdes, glabres ou légèrement pubescents-glanduleux et habitant tous l'Australie. Fleurs blanches, petites, disposées en ombelles composées ou rarement simples et terminales ; calice à dents petites, mais ordinairement saillantes ; pétales entiers ; bractées involucrales petites. Feuilles toutes entières ou les inférieures divisées ou rarement réduites à l'état de petites écailles et dépourvues de stipules.

L'espèce suivante, sans doute la seule qui ait été introduite dans les jardins, n'y existe probablement plus aujourd'hui. Pour sa culture V. **Trachymene**.

S. Billiardieri, Benth. **lanceolata**, — *Fl.* réunies en ombelles composées, sessiles ou pédonculées ; bractées de l'involucre toutes linéaires. *Flles* lancéolées, aiguës, rétrécies à la base et ayant presque toutes plus de 12 mm. de long. Australie, 1820. — Arbuste tantôt nain et diffus, tantôt dressé et atteignant alors 60 cent. à 1 m. (B. M. 3334, sous le nom de *Trachymene lanceolata*, Spreng.)

SIEBERIA, Spreng. — V. **Habenaria**, Willd.

SIÈGE ; Angl. Seat. — Dans les jardins d'agrément, petits ou grands, dans les parcs paysagers et les bois d'agrément, autour des pelouses de jeu, de même aussi dans les petits jardins urbains et sur le devant des habitations, les sièges sont à peu près indispensables pour s'y reposer et respirer le grand air.

La variété des sièges à l'usage du plein air est à peu près infinie. Sur la terrasse ou autour des riches habitations, ils peuvent être de forme classique ou architecturale, adaptée au style du lieu où ils sont placés, en pierre ou en ciment et alors c'est l'ouvrage de l'architecte et du sculpteur ou du maçon. Dans les bois, un

Fig. 22. — Banc cintré, bois et fer.

tronc de bois brut ou une longue pierre posée au pied d'un grand arbre constitue un siège approprié au site. Dans les parcs paysagers, le banc rustique avec dossier formé de branches tortueuses et assemblées devient très pittoresque et d'un emploi judicieux. Mais, en général, ces sortes de sièges ne conviennent pas aux parterres et autres parties les mieux entretenues des jardins.

Depuis de nombreuses années déjà, les fabricants d'articles horticoles ont créé et vendent un très grand nombre de modèles : bancs, chaises, fauteuils, bien plus confortables que les sièges rustiques d'autrefois, dont le prix est en général très abordable, même pour les bourses les plus modestes, et qui conviennent mieux aux parties florales des jardins.

Fig. 23. — Banc renversé, à barrettes bois.

La plupart de ces sièges sont en fer, rarement uniquement en bois et souvent formés de ces deux éléments associés. Parmi les bancs, le plus simple et aussi le meilleur marché est celui que représente la figure 22 ; qui, quoique cintré, se fait aussi tout droit. Plus confortable et bien préférable est celui que montre la figure 23, formé de lames de bois, avec le siège cintré et le dossier renversé. Dans un modèle riche, le banc est tout en fer, avec les lames du siège et du dossier élastiques et formant ressort, ce qui le rend des plus confortables.

D'autres bancs présentent des dispositions très ingénieuses et commodes. Les uns sont pliants, de telle façon que le dossier se ferme sur le siège, pour tenir celui-ci sec et propre quand on ne s'en sert pas. D'autres sont pourvus d'une petite tente ou auvent à deux pentes, fait de toile et destiné à abriter des pluies ou du soleil ceux qui s'y reposent. Quelques-uns sont en outre munis sur le derrière d'un écran ou

Fig. 24. — Chaise pliante à barrettes, toute en bois.

rideau en toile s'enroulant sur une tige cylindrique dont est pourvu l'auvent, et rendant de grands services pour s'abriter des vents froids, des pluies ou du soleil.

Tous ces bancs sont peints et parfois vernis, très élégants, relativement légers et transportables. Quoique susceptibles de rester en place toute l'année, il est bien préférable de les rentrer vers la fin de l'automne, pour prolonger leur durée, car les pluies et les neiges les détériorent beaucoup.

Fig. 25. — Chaise et fauteuil en fer, à fond et dossier élastiques.

Les modèles de chaises et fauteuils sont encore plus variés que ceux des bancs et, comme eux, ils sont tout en fer ou en bois et fer associés. Comme on le sait, les fauteuils ne diffèrent des chaises que par les appui-bras dont ils sont pourvus et par leurs dimensions plus grandes et plus confortables. Ces chaises et fauteuils sont parfois pliants, ce qui en facilite le transport et le remisage pendant l'hiver. Leur mode de construction ne diffère pas sensiblement de ceux des bancs dont nous avons parlé précédemment et, pour ce qui est de leur forme, les figures 24 à 27 montrent quelques-uns des modèles les plus recommandables et nous dispensent de les décrire. Tous ces sièges doivent être remisés en lieu sec pendant l'hiver, tant pour les mettre à l'abri de la rouille que pour la conservation de la peinture et du vernis. Au printemps,

Fig. 26. — Chaise et fauteuil en fer, à fond et dossier imitation jonc.

on ne doit pas hésiter à faire les réparations que leur état nécessite, afin de prolonger leur durée.

Les sièges rustiques et permanents que nous avons mentionnés plus haut ont néanmoins leur utilité comme ornement pittoresque et lieu de repos dans les parcs paysagers et sur les points les mieux appropriés à leur établissement. Ils peuvent en outre avantageusement servir à masquer certaines parties peu agréables à la vue, un mur par exemple. A cet

Fig. 27. — Chaise et fauteuil en fer, à fond imitation cannage.

effet, on construit un auvent ou mieux un toit de 1 m. à 1 m. 50 de large, supporté par le mur ou de préférence par deux solides poteaux et recouvert de chaume, de bruyère ou de planches garnies de lames d'écorce. Le banc sera entièrement fait en bois rustique, mais le plus confortable possible. Les côtés seront fermés par des planches également couvertes d'écorce. (V. à ce sujet l'art. **Rustique** (Travaux.) Le mur lui-même sera tapissé d'un treillage ou de nattes. Enfin, il y aura avantage à paver le sol, soit avec des pavés proprement dits, soit avec des pièces de bois posées en long ou de préférence débitées transversalement en forme de pavés. Il n'est pas inutile, pour prolonger leur durée, de les tremper au préalable dans un bain fort de sulfate de cuivre, ainsi du reste que tous les bois qu'on emploie pour les travaux rustiques.

De semblables bancs rustiques peuvent naturellement être établis sans l'appui d'un mur, et leur utilité est souvent très appréciable dans les parties éloignées des habitations, comme lieu de repos, comme abri pendant la grande chaleur ou en cas d'averses. Dans ce cas, le fond sera fermé à l'aide de planches bien jointoyées et couvertes d'écorces leur donnant un aspect rustique. On pourra en outre augmenter l'ornementation à l'aide de petits bois, de baguettes de coudrier, de mousse, etc., formant des dessins appropriés. Toutes les fissures et crevasses que pourraient présenter ce fond par la suite doivent être soigneusement bouchées, afin d'éviter les courants d'air qui rendraient tout séjour insupportable. Enfin, tout le derrière et les côtés doivent être plantés d'arbrisseaux, dont quelques-uns à feuillage persistant et, pour donner de la vie à cette construction morte, il sera nécessaire, dans un cas comme dans l'autre, de l'orner de quelques plantes grimpantes appropriées, telles que certaines Clématites, des Rosiers, des Chèvrefeuilles, des Aristoloches, etc.

Les tables constituent, on le sait, l'accompagnement indispensable des sièges : bancs ou chaises, fixes ou mobiles ; il ne sera donc pas hors de propos d'en dire ici quelques mots.

Comme ces derniers, les tables sont fixes ou mobiles. Les premières sont en pierre ou parfois en marbre et dans le même style que les bancs qu'elles accompagnent. On construit aussi des tables en bois rustique, faisant pendant aux bancs dont nous avons parlé plus haut, mais, à moins que le bois ne soit très épais et résistant à l'humidité ou bien qu'elles soient sous un abri, leur emploi n'est guère recommandable, car l'eau des pluies séjournant sur la table proprement dite la fait bientôt pourrir, malgré la pente qu'il convient de lui donner.

Les tables en fer sont naturellement bien plus durables et présentent les mêmes avantages que les chaises qu'elles accompagnent par l'analogie de leur mode de construction ou par la similitude du dessin de la peinture. Elles sont tantôt rondes, tantôt carrées ou rectangulaires, pliantes ou fixes, et à fond plein ou ajouré, ainsi que le représentent les figures ci-contre. Les soins d'hivernage et d'entretien sont aussi les mêmes. Ces tables, étant légères et facilement transportables, sont très agréables et utiles dans les propriétés bourgeoises, pour aller se reposer et prendre une collation ou des rafraîchissements dans les endroits qu'on juge les mieux appropriés selon la saison, l'heure du jour ou d'autres circonstances.

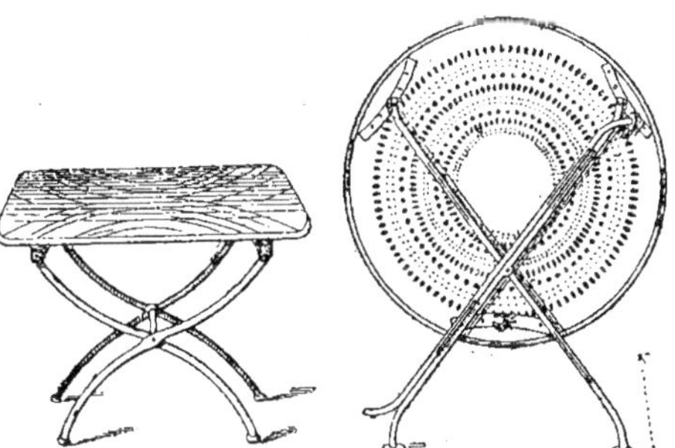

Fig. 28. — Tables pliantes, tout fer, pleine carrée et ronde ajourée.

On trouve aussi dans le commerce des tables pliantes toutes en bois, et néanmoins légères et élégantes, mais pour le plein air, elles ne valent pas les tables en fer, car elles ne peuvent supporter la pluie, et leur prix d'achat ne présente pas une économie bien sensible.
(S. M.)

SIEGESBECKIA, Linn. (dédié à Jean Georges Siegesbeck, botaniste allemand). Fam. *Composées*. — Genre ne comprenant que deux espèces de plantes herbacées, rustiques, ordinairement annuelles, dont une (comprenant plusieurs formes données comme espèces par divers auteurs) est largement dispersée dans les régions tropicales et sub-tropicales du globe, et l'autre habite le Pérou. Capitules jaunes ou blancs, petits, sub-rayonnants et disposés en panicules ; involucre formé de bractées peu nombreuses et herbacées ; réceptacle petit ; achaines glabres. Feuilles opposées, souvent larges et dentées.

L'espèce suivante est seule digne d'être décrite ici. On la sème au printemps, sur couche, puis on repique les plants en place, dans les plates-bandes, à la fin de mai ou dès qu'ils sont suffisamment forts pour cela.

S. orientalis, Linn. *Capitules* jaunes ; bractées externes de l'involucre trois ou quatre fois plus longues que les internes. Août. *Flles* ovales-triangulaires, cunéiformes à la base, acuminées au sommet et profondément dentées. *Haut.* 60 cent. Très largement dispersé dans les tropiques, 1824. (B. R. 1061 ; S. B. F. G. 203, sous le nom de *S. droseroides*, Sweet.)

SIEVERSIA, Willd. — Réunis aux **Geum**, Linn.

SIGMATOSTALIX, Rchb. f. (de *sigma*, *sigmatos*, en forme d'S, et *stalix*, pédoncule). Fam. *Orchidées*. — Genre comprenant environ sept espèces d'Orchidées naines, de serre chaude, habitant l'Amérique tropicale. Fleurs moyennes ou un peu petites, courtement pédicellées, éparses et réunies en grappes, labelle à onglet allongé et pourvu de deux carènes ; hampes naissant sous les pseudo-bulbes ; ceux-ci monophylles. Quelques espèces ont été introduites dans les collections. Pour leur culture V. **Oncidium**.

S. malleifera, Rchb. f. *Fl.* jaunes, maculées de brun, se montrant à intervalles espacés ; sépales et pétales ligulés-triangulaires et aigus ; labelle tripartite, à divisions linéaires, émarginées ; callosité en forme de marteau ; grappe grêle. *Flles* vert clair, cunéiformes-ligulées, de 12 cent. de long et 12 mm. de large. Pseudo-bulbes brun foncé, oblongs, de 4 cent. de long et 12 mm. de large. Nouvelle-Grenade, 1883.

S. radicans, Rchb. f. *Fl.* jaunâtre, verdâtre et violet pourpre, disposées en grappe allongée ; sépales et pétales cunéiformes-oblongs, aigus ; limbe du labelle transversalement sagitté, avec un à trois lobules ; callosités uni- ou bisériées. *Flles* cunéiformes, linéaires-ligulées, aiguës et géminées. Pseudo-bulbes oblongs-ligulés. Rhizomes radicants. Brésil.

SIGMOÏDE ; Angl. Sigmoïd. — Qui rappelle plus ou moins la forme d'un S.

SIGNE. — Dans la littérature botanique et horticole, on emploie fréquemment différents signes abréviatifs ayant rapport à certains caractères qui se présentent souvent chez les différentes plantes, mais les auteurs ne leur donnent pas toujours exactement le même sens. Nous donnons ci-après ceux d'un usage le plus général :

⊙	Plante annuelle.
○	Plante bisannuelle.
♃	Plante vivace.
♄	Arbre, arbrisseau ou plante ligneuse.
§	Plante grimpante.
♂	Plante ou fleur mâle (ou bisannuelle, pour certains auteurs).
♀	Plante ou fleur femelle.
⚥	Plante ou fleur hermaphrodite.
×	Hybride.
∞	Poly- ou multi-, c'est-à-dire plusieurs organes désignés à la suite.
O=	Radicule latérale.
O‖	Radicule dorsale.
O≫	Cotylédons condupliqués.
△	Plante alpine (toujours verte, pour certains auteurs).
□	Plante à cultiver sous verre.

(S. M.)

SILAUS, Bess. (ancien nom latin employé par Pline, pour désigner une autre Ombellifère). FAM. *Ombellifères.* — Genre ne comprenant que deux espèces de plantes herbacées, glabres, vivaces et rustiques, habitant l'Europe et la Russie d'Asie. Fleurs jaunâtres ou verdâtres, réunies en ombelles composées ; involucre à une-deux bractées ou nul. Feuilles pinnées, décomposées, à segments grêles. Le S. *pratensis*, Bess., croît spontanément en France et en Angleterre. Ces plantes n'ont aucun intérêt horticole ni économique.

SILENE, Linn. (dérivé pour les uns de *sialon*, salive ; par allusion à l'exsudation visqueuse des tiges et calices de certaines espèces, et pour les autres de *Silenus*, par allusion au calice qui est ventru comme le dieu mythologique Silène). **Silène** ; ANGL. Campion, Catchfly. FAM. *Caryophyllées.* — Très grand genre dont quatre cent quatre-vingts espèces ont été décrites, mais, selon le *Conspectus* du *Genera plantarum*, elles se réduisent à environ deux cent cinquante suffisamment distinctes. Ce sont des plantes herbacées, annuelles, bisannuelles ou vivaces, rustiques ou de serre froide, dressées, touffues, retombantes ou diffuses et parfois sub-grimpantes, habitant principalement l'Europe australe, le nord de l'Afrique et l'Asie extra-tropicale, une douzaine se rencontre dans le sud de l'Afrique, dix-huit dans l'Amérique du Nord et environ quarante croissent spontanément en France et dix en Angleterre. Fleurs solitaires et axillaires ou diversement réunies en cymes ou en épis unilatéraux, formant une panicule ou un thyrse terminal; calice diversement tubuleux, à cinq dents ou lobes et ordinairement à dix nervures ; pétales cinq, à limbe plan, entier, bifide ou rarement lacinié et à onglet étroit, pourvu ou non au-dessous du sommet de deux écailles ; étamines dix ; styles trois, disque columnaire. Fruit capsulaire, à six valves renfermant de nombreuses graines réniformes et chagrinées. Feuilles opposées et entières.

Presque tous les Silènes sont d'élégantes plantes rustiques, propres à l'ornement des jardins et les espèces montagnardes ont leur place tout indiquée dans les rocailles, qu'elles ornent admirablement.

Quelques-unes sont en outre, très cultivées pour la décoration des corbeilles et des plates-bandes, notamment les *S. Armeria* et *S. compacta*, de taille assez élevée ; leurs fleurs font en outre de très jolis bouquets.

Le *S. pendula* et ses nombreuses variétés simples ou doubles et de diverses nuances sont au nombre des fleurs printanières les plus importantes ; elles forment, avec les Pensées et les Myosotis, l'ornement principal des corbeilles au premier printemps, aussi le rencontre-t-on presque partout.

Parmi les espèces les plus recommandables pour l'ornementation des rocailles, nous citerons simplement les *S. acaulis*, *S. rupestris*, *S. maritima* et sa var. *flore-pleno*, *S. Schafta*, *S. Saxifraga*, *S. supina*, etc.

Les Silènes sont tous faciles à cultiver ; ils prospèrent en toute bonne terre de jardin, légère et fertile, et se multiplient facilement par semis, par division ou par boutures.

Les espèces annuelles, telles que le *S. Armeria*, se sèment au printemps et parfois même à l'automne, en pépinière ou en place, mais alors très clair.

Les espèces bisannuelles et en particulier le *S. pendula* se sèment de juillet en septembre, en pépinière ; on repique les plants en pépinière d'attente, puis on les met en place à la fin de l'automne ou au commencement du printemps suivant. Pendant les grands froids, il est utile de les protéger avec de la paille longue, et si on peut les hiverner sous châssis froid ils n'en seront que plus beaux et plus vigoureux. On peut encore semer en mars-avril, mais, comme la Pensée, les plantes restent grêles, ne donnent que de petites fleurs et ne valent pas alors, au point de vue décoratif, beaucoup d'autres plantes annuelles.

La division des touffes s'effectue de préférence au printemps, après les froids. Quant aux boutures, on les fait à la fin de l'été, dans du sable, sous cloches et à froid, mais on n'a guère recours à ce procédé que pour les espèces les plus délicates ou lorsque les autres moyens sont impraticables. (S. M.)

Les espèces décrites ci-après sont les plus répandues dans les cultures ; sauf indications contraires, toutes sont rustiques.

S. acaulis, Linn. * ANGL. Cushion Pink, Moss Campion. *Fl.* rose vif, rarement blanches, de 12 mm. de diamètre. à calice tubuleux et à dents obtuses : pétales échancrés. Juin-août. *Flles* de 6 à 12 mm. de long, linéaires-subulées, rapprochées, canaliculées en dessus, carénées en dessous et ciliées. *Haut.* 5 cent. Europe ; France, Angleterre, etc. ; régions alpines. Jolie plante vivace et gazonnante. (A. F. P. 79 ; L. B. C. 568 ; Sy. En. B. 205.) — Il en existe une variété *alba*, à fleurs blanches.

S. alpestris. Willd. Syn. de *S. rupestris*, Linn.

S. anglica, Linn. *Fl.* disposées en cyme spiciforme, feuillue ; calice de 12 mm. de long, membraneux, à côtes pubescentes et à dents sétacées ; pétales et écailles petits, entiers ou légèrement bifides. Juin-octobre. *Flles* variables ; les inférieures spatulées. *Haut.* 30 à 60 cent. Europe ; France, Angleterre, etc. Plante annuelle, dressée ou ramifiée et diffuse. — Le *S. gallica*, Linn., est une variété, considérée comme espèce par beaucoup d'auteurs, à fleurs blanches ou roses et à pétales bifides. Le *S. quinque vulnera*, Linn., a des pétales entiers, blancs, avec une tache rouge.

S. Armeria, Linn. * Silène à bouquet, Attrape-mouche des jardiniers (bien que ce dernier nom appartienne au *S. muscipula*, Linn.); ANGL. Sweet-William Catchfly. — *Fl.* roses, réunies en cymes corymbiformes, aplaties, compactes et terminales ; calice allongé, claviforme, visqueux, à dix côtes et cinq petites dents ; pétales à limbe échancré

Fig. 29. — SILENE ARMERIA.

et pourvu à la base d'une petite couronne de poils. Juin-août. *Flles* ovales-lancéolées, opposées, sessiles, glauques, un peu cordiformes à la base, surtout les inférieures. Tiges dressées, ramifiées, noueuses, dichotomes et visqueuses au sommet. *Haut.* 30 à 60 cent. France, Suisse, etc., naturalisé en Angleterre. Plante annuelle et glabre. (Sy. En. B. 204.) — Il en existe des variétés à *fleurs blanches* et à *fleurs carnées*.

S. Atocion, Murr. * *Fl.* roses, réunies en cymes trichotomes et fastigiées; calice allongé, claviforme; pétales obcordés, obtus, avec une dent aiguë de chaque côté de la base et pourvus d'une protubérance. Juin-juillet. *Flles* arrondies-obovales ; les inférieures longuement pétiolées ; les terminales sessiles. *Haut.* 15 à 30 cent. Tige ramifiée et pubescente. Orient, 1781. Plante annuelle.

S. bipartita, Desf. Syn. de *S. vespertina*, Retz.

S. chloræfolia, Smith. *Fl.* blanches, devenant rougeâtres en se fanant, grandes et réunies en panicule terminale ; calice allongé, strié, pétales échancrés jusqu'au milieu et portant une crête bilobée. Août-septembre. *Flles* elliptiques, aiguës ; les supérieures un peu cordiformes. Tiges ramifiées. *Haut.* 30 à 60 cent. Arménie, 1796. Plant vivace et glabre. (B. M. 807 ; B. R. 1989 ; S. B. F. G. ser. II, 263.)

S. compacta, Fisch. Silène compact, S. d'Orient. — *Fl.* rose incarnat, réunies en corymbes très denses, paniculés et terminaux ; calice très long, claviforme ; pétales obovales, entiers et appendiculés ; bractées étroites, plus courtes que les pédicelles. Juillet-août. *Flles* ovales-cordiformes, amples, glauques, sessiles, dont deux grandes forment une sorte d'involucre sous l'inflorescence et paraissent soudées. Tige dressée, ramifiée. *Haut.* 50 cent. Russie, 1823. Plante glabre, glauque et bisannuelle, des plus belles du genre, mais malheureusement un peu délicate, car elle redoute l'humidité et les brusques changements de température. (L. B. C. 1638 ; S. B. F. G. 64 ; A. V. F. 13.)

Fig. 30. — SILENE COMPACTA.

S. Elizabethæ, Jan. * *Fl.* de 4 cent. de diamètre, à calice bordé de pourpre ; pétales rose vif, à onglet blanc à la base et à limbe cunéo-flabelliforme, émarginé ; panicule terminale et dichotome. Juillet. *Flles* lancéolées, aiguës, étalées, les inférieures de 5 à 8 cent. de long, devenant graduellement plus petites vers le sommet. Tiges en touffe, dressées ou ascendantes et pubescentes-visqueuses ainsi que les feuilles. *Haut.* 20 cent. et plus. Italie, 1863. Plante vivace. (B. M. 5400 ; R. G. 1009, 2.)

S. fimbriata, Hort. *Fl.* blanches, réunies en grandes panicules étalées ; calice fortement renflé et à dents larges ; pétales frangés et incurvés après la floraison. Mai-août. *Flles* amples, ovales-lancéolées, ondulées et longuement pétiolées. *Haut.* 60 cent. à 1 m. 20. Caucase, 1803. Plante vivace et pubescente. (B. M. 908.)

S. gallica, Linn. Variété du *S. anglica*, Linn.

S. Hookeri, Nutt. * *Fl.* de 5 à 6 cent. de diamètre, solitaires à l'aisselle des feuilles ou parfois un peu en cymes ; calice de 2 cent. 1/2 de long ; pétales rose pâle, de 5 cent. de long, à lobes très variables, étroits ou larges, égaux ou les externes petits et parfois réduits à l'état de dents ; les deux côtes parallèles et blanches de l'onglet se terminant en une dent blanche sur le limbe. Mai. *Flles* de 5 à 8 cent. de long ; les inférieures elliptiques, spatulées, rétrécies en longs pétioles; les autres elliptiques-lancéolées, aiguës ou acuminées et toutes pubescentes. Tiges nombreuses et retombantes. Californie, 1873. Plante vivace. (B. M. 6051 ; F. d. S. 2093.)

S. inflata, Smith. Behen ; ANGL. Bladder Campion ou Catchfly, Caw Bell, White Ben. — *Fl.* blanches, de 2 cent. de diamètre, pendantes, à pétales profondément échancrés et munis de deux callosités ; cymes dichotomes ; calice glabre, ovale-vésiculeux et renflé. Juin-août. *Capsule* globuleuse. *Flles* de 2 1/2 à 8 cent. de long, de forme variable, ovales, obovales ou oblongues, glabres et glauques. *Haut.* 60 cent. à 1 m. Europe, France, Angleterre, etc. Plante vivace, glauque, glabre ou parfois pubescente et très commune dans les lieux incultes. On peut consommer ses jeunes pousses à l'instar des asperges et des petits pois, car leur saveur tient à la fois des deux. (Sy. En. B. 199.) — La variété *puberula*, Jord., se distingue du type par sa tige couverte à la base de poils crépus ; elle est rare.

S. lacera, Sims. *Fl.* blanches, à calice fortement renflé ; pétales lacérés, à appendice bipartite. Mai-août. *Flles* ovales-lancéolées, ondulées et longuement pétiolées. Caucase, 1818. — Plante bisannuelle, hispide et retombante. (B. M. 2255.)

S. laciniata, Cav. *Fl.* cramoisies, avec une crête blanche et bipartite, très grandes, terminales, un peu pendantes, calice cylindrique et ventru ; pétales un peu quadrilobé; pédoncules uniflores. Juin-juillet. *Flles* amples, lancéolées, aiguës. Tige dressée et ramifiée. *Haut.* 1 m. à 1 m. 20. Mexique et Californie, 1823. Plante vivace, pubescente et demi-rustique. (B. R. 1444 ; P. M. B. 267.)

Fig. 31. — Silene inflata.

S. livida. Willd. *Fl.* vert livide en dessous, blanches en dessus, paniculées, penchées sur un côté ; pétales bilobés et appendiculés. Juin-juillet. *Flles* oblongues-lancéolées. Tiges flexueuses et incurvées. *Haut.* 30 cent. Carniolie, 1816. Plante vivace et pubescente.

S. **maritima**, With. * *Fl.* blanches, solitaires ou peu nombreuses, à pétales courtement bilobés et à segments larges. accompagnés à la base de deux écailles acuminées. Juin-août. *Capsule* globuleuse. *Flles* oblongues, aiguës, un

Fig. 32. — Silene maritima flore-pleno.

peu épaisses, glauques et bordées de petites dents spinuleuses. Tiges diffuses, étalées, très feuillues. Plante ressemblant par son aspect général au *S. inflata*. Europe ; France, Angleterre, etc., sur le littoral. (Sy. En. B. 200.)

S. **m. flore-pleno**, Hort. Variété à fleurs pleines, composées de plusieurs verticilles de pétales résultant de la transformation des étamines et plus décorative que le type.

S. **noctiflora**, Linn. *Fl.* dressées, peu nombreuses, à calice étroit, de 2 cent. de long ; pétales rosés à l'intérieur, jaunes à l'extérieur et bilobés. Juillet-août. *Flles* de 8 à 10 cent. de long, oblongues-lancéolées, aiguës ; les inférieures pétiolées. *Haut.* 30 à 60 cent. Europe ; France, Angleterre, etc. — Plante annuelle, dressée, à tige dressée, simple ou dichotome et mollement pubescente. Les fleurs s'ouvrent à la nuit et sont très odorantes. (Sy. En. B. 209.)

S. **nutans**, Linn. Angl. Nottingham Catchfly. — *Fl.* blanches ou roses, disposées en cymes ou grappes paniculées, pendantes, odorantes le soir ; calice veiné de pourpre, à dents aiguës, pétales bipartites, à lobes divergents. Mai-juillet. *Flles* radicales oblongues-lancéolées, de 5 à 12 cent. de long, pétiolées ; les caulinaires petites, étroites et sessiles. Tiges visqueuses supérieurement. *Haut.* 60 cent. à 1 m. Europe ; France, Angleterre, etc. Plante vivace, pubescente, à souche devenant ligneuse. (Sy. En. B. 207.) Syn. *S. paradoxa*, Linn.

S. **ornata**, Ait. *Fl.* pourpre foncé, paniculées ; calice cylindrique, avec des stries et des veines alternes, pétales bipartites, à lobes larges et appendiculés. Mai-septembre. *Flles* lancéolées, un peu obtuses. Tiges dressées et ramifiées. *Haut.* 60 cent. Cap, 1775. Plante bisannuelle et pubescente. (B. M. 382.)

S. **paradoxa**, Linn. Syn. de *S. nutans*, Linn.

S. **pendula**, Linn. * Silène à fruits pendants. — *Fl.* rose carné, axillaires, sub-terminales, pédonculées et pendantes; calice renflé, vésiculeux, un peu coloré, strié; pétales à limbe bifide et appendiculé. Mai-août. *Flles* inférieures obovales; les caulinaires oblongues-lancéolées et poilues. Tiges très rameuses, étalées, touffues et un peu velues. Annuel et bisannuel. *Haut.* 20 à 30 cent. Italie, Grèce, etc., 1731. (B. M. 114.)

Fig. 33. — Silene pendula ruberrima.

Ce silène est le plus généralement cultivé du genre et une de nos meilleures plantes à floraison printanière ; par la longue culture et la sélection, il a produit un très grand nombre de variétés horticoles différant entre elles par leur port, leur taille, la couleur ou la duplicature de leurs fleurs. Nous citerons les suivantes comme étant les plus importantes et les plus généralement cultivées.

S. **p. alba**, à fleurs blanches. (A. V. F. 4.)

S. **p. ruberrima Bonnetti**, à fleurs rose carminé vif ; les tiges, les rameaux et feuilles sont également fortement empreints de la teinte purpurine, et de plus, la plante est entièrement glabre, ce qui lui donne un aspect très distinct.

S. **p. nana compacta**, Hort. * Race naine, formant des

touffes basses, compactes, de 8 à 10 cent. de haut et 15 cent. de diamètre, se couvrant entièrement de fleurs. C'est une plante très recommandable pour former des bordures, des dessins, pour associer aux Pensées, Myosotis nains, etc. (F. M. n. s. 84.) Il en existe des coloris : *blanc*, *carné*, *rose*, *ruberrima* et à *feuilles jaunes*.

Fig. 34. — SILENE PENDULA NANA COMPACTA.

S. p. flore-pleno, Hort. Dans cette race, les fleurs sont pleines, par suite de la transformation des étamines en organes pétaloïdes plus ou moins parfaits ; elles sont très élégantes et durent plus longtemps que les simples ; la

Fig. 35. — SILENE PENDULA FLORE-PLENO.

plante est en outre très florifère et de bonne tenue, souvent même naine et compacte. On possède des coloris : *blanc*, *carné*, *rose*, *ruberrima* et une sous-race *naine compacte double*, présentant déjà quelques coloris.

(S. M.)

S. pensylvanica, Michx. * ANGL. American Wild Pink. — *Fl.* rose vif, fasciculées, courtement pédonculées ; calice claviforme ; pétales cunéiformes, légèrement échancrés et émarginés. Avril-juin. *Flles* radicales étroitement spatulées, presque glabres, rétrécies en pétioles velus ; les caulinaires lancéolées et au nombre de deux à trois paires. Tiges de 10 à 20 cent. de haut. Amérique du Nord, 1806. Plante vivace et pubescente. (B. R. 247 ; L. B. C. 41.)

S. picta, Pers. *Fl.* rose vif, réunies en panicules lâches ; calice claviforme et strié de rouge ; pétales à nervures rouges et réticulées. Juin-août. *Flles* inférieures obovales, spatulées ; les supérieures linéaires et aiguës. Tiges très ramifiées et à peine pubescentes. *Haut.* 30 à 60 cent. Asie Mineure et Syrie, 1817. Magnifique espèce jonciforme et annuelle. (S. B. F. G. 92.)

S. pusilla, Waldst. et Kit. Petite plante dépassant rarement 4 cent. de haut, formant une touffe dense, dont les fleurs, qui ont environ 6 mm. de diamètre, sont si abondantes qu'elles cachent presque entièrement le feuillage. C'est une charmante petite espèce pour la culture en potées ou pour orner les rocailles, 1887. (G. C. ser. III, vol. II, p. 44.)

S. quinquevulnera, Linn. Variété du *S. anglica*, Linn.

S. regia, Sims. ANGL. Royal Catchfly. — *Fl.* rouge écarlate foncé, nombreuses, courtement pédonculées, fasciculées et formant une panicule rigide ; pétales spatulés-lancéolés, presque tous indivis. Juillet. *Flles* un peu épaisses, ovales-lancéolées et aiguës. Tige un peu rude et dressée, de 1 m. à 1 m. 20 de haut. Sud des Etats-Unis, 1811. Plante vivace et pubescente. (B. M. 1724 ; S. B. F. G. ser. II, 313.)

S. rupestris, Linn. *Fl.* blanches ou rosées, petites mais très nombreuses, longuement pédonculées et disposées en cymes lâches et dichotomes ; pétales échancrés, portant à la gorge deux écailles lancéolées. Juin-août. *Flles* linéaires-

Fig. 36. — SILENE RUPESTRIS.

lancéolées, glabres et glauques ; les inférieures obtuses, les supérieures aiguës. *Haut.* 10 à 15 cent. Europe, France, etc. Plante vivace, gazonnante, très florifère et propre à l'ornement des rocailles. Syn. *S. alpestris*, Willd.

S. Saponaria, Fries. — V. **Saponaria officinalis**.

S. Saxifraga, Linn. * *Fl.* solitaires ou parfois géminées, terminales, rarement axillaires ; calice claviforme ; pétales blancs sur la face supérieure, vert rougeâtre en dessous, échancrés, appendiculés et s'enroulant en dedans ; pédoncules très longs. Juin-août. *Flles* linéaires, aiguës. *Haut.* 8 à 15 cent. Sud de l'Europe ; France, etc. Plante vivace, cespiteuse, gazonnante, glabre, mais un peu visqueuse. (L. B. C. 454.)

S. Schafta, Gmel. * *Fl.* rose purpurin, dressées, en cymes rameuses et solitaires ou géminées au sommet des pédoncules ; calice claviforme, de plus de 2 cent. 1/2 de long ; pétales cunéiformes, échancrés, denticulés et pourvus à la base de petits appendices blancs. Juin-octobre. *Flles* obovales, aiguës. Tiges nombreuses, très simples et ascendantes. Souche ligneuse. *Haut.* 15 cent. au plus. Perse, 1844. Jolie petite plante vivace, dont les rameaux se couvrent graduellement de fleurs. (B. R. 1846; J. H. S. I, 69.)

Fig. 37. — SILENE (*Tunica*) SAXIFRAGA.

S. speciosa, Paxt. *Fl.* écarlates, axillaires ou terminales et paniculées; calice allongé-tubuleux et velu; pétales cinq, oblongs, étalés, quadripartites, à segment médian beaucoup plus long que les latéraux; ces derniers réduits à l'état de dents. Juin. *Flles* opposées, sessiles, lancéolées et un peu obtuses. *Haut.* 30 cent. 1843. Plante vivace, velue, de serre froide, probablement d'origine hybride. (F. d. S. II, 8; P. M. B. x, 219.)

Fig. 38. — SILENE SCHAFTA.

S. supina, Bieb. *Fl.* blanches, à pédicelles courts et alternes; calice allongé, cylindrique-claviforme, tomenteux; pétales longuement onguiculés, bifides et appendiculés. Juin-août. *Flles* linéaires et aiguës. Tiges ligneuses, retombantes et ramifiées. Caucase. 1804. Plante vivace, pubescente et visqueuse. (B. M. 1997.)

S. vespertina, Retz. *Fl.* roses, disposées en grappes unilatérales; calice renflé-claviforme; pétales bipartites, à lobes obtus. Juin-juillet. *Flles* spatulées, aiguës, à pétioles ciliés. Tiges ramifiées, diffuses ou retombantes. *Haut.* 30 cent. Grèce, etc., 1796. Magnifique plante annuelle et pubescente. (B. M. 677; S. B. F. G. 58; S. F. G. 409.) Syn. *S. bipartita*, Desf.

S. virginica, Linn. * Fire Pink. — *Fl.* rouge cramoisi foncé, peu nombreuses et réunies en cymes lâches et pédonculées; calice oblong-cylindrique, devenant bientôt conique; pétales oblongs et bilobés. Juin-août. *Flles* minces, spatulées ou les supérieures oblongues-lancéolées. Tiges grêles, de 30 à 60 cent. de haut. Amérique du Nord, 1783. Plante vivace et pubescente. (B. M. 3342; R. G. 1116.)

S. Zawadzkyi, Lall. *Fl.* blanches, en grappes dichotomes; calice renflé, ovoïde; limbe des pétales presque orbiculaire et muni de deux appendices. Mai-juin. *Flles* radicales en rosette, lancéolées-aiguës; les caulinaires plus étroites. Tiges grêles, dressées. *Haut.* 15 à 20 cent. Galicie. Plante vivace, propre à former des bordures et à orner les rocailles.

Fig. 39. — SILENE VESPERTINA.

SILÈNE à bouquet. — V. **Silene Armeria.**

SILÈNE d'Orient. — V. **Silene compacta.**

SILENOPSIS, Willk. — Réunis aux **Lychnis**, Linn.

SILICE; ANGL. Silica. — Substance minérale, très abondante dans la nature, soit à l'état pur, soit combinée à divers autres éléments et constituant des silicates. La silice pure est formée des deux éléments : silicium et oxygène, dans la proportion de vingt-huit parties en poids du premier et vingt-deux du dernier.

On rencontre la silice sous divers états, dont les plus fréquents sont le quartz et le flint, puis le cristal de roche et le calcédoine, moins communs. L'améthyste et la cornaline sont des formes de silice teintées de rouge par des oxydes de fer. Sous la forme de quartz, la silice est la substance prédominante de tous les sables, les grès ainsi que les granits et les autres minéraux de même structure générale. On rencontre aussi des veines ou masses de quartz pur, ayant parfois des dimensions considérables. Toutefois, les silicates sont plus abondants que la silice, et principalement les silicates d'albumine, de potasse, de soude, de chaux et de magnésie. Ces substances sont connues de tout le monde sous les noms d'argile, mica, feldspath et autres, formant la masse de la plupart des terres.

La silice n'est pas soluble dans l'eau pure, mais celle-ci additionnée d'un peu de gaz acide carbonique en dissout une petite quantité et presque toutes les eaux qui pénètrent dans le tissu des végétaux en contiennent une quantité appréciable, soit pure, soit plus fréquemment combinée à des alcalis. La silice possède les propriétés des acides faibles, en ce qu'elle se combine à divers métaux et cette combinaison a lieu en différentes proportions. La plupart des silicates sont insolubles, mais quelques-uns se dissolvent bien soit dans l'eau pure, soit dans celle chargée d'acide carbonique.

Les silicates dont nous venons de parler et surtout le silicate de potasse basique passent de la terre dans les radicelles des plantes en dissolution dans l'eau qu'elles absorbent et se trouvent ensuite transportés dans la tige, puis dans les rameaux et jusque dans les parties vertes, et cela de la façon dont nous l'avons indiqué à l'article **Sève.** (V. ce nom.) Ils y sont en outre facilement divisés par les acides qui se forment dans les plantes pendant la végétation, tels que les acides citrique, oxalique, etc.; les métaux se combinent alors avec ces acides pour former de nouveaux composés et la silice devient ainsi libre dans les cellules séveuses. N'étant pas soluble comme les silicates, elle se fixe pincipalement aux parois des cellules et abonde le plus fréquemment dans la cuticule, à la face externe des tiges et des feuilles.

Dans certaines plantes, cette couche de silice est continue et si épaisse que toute la substance végétale peut être détruite à l'aide de l'acide nitrique ou du feu, sur une plaque de platine et au-dessus d'une lampe à alcool, sans détruire la continuité ni les marques de la cuticule, qui s'étend jusque sur les poils. Ces dépôts de silice dans l'épiderme s'observent visiblement dans plusieurs Graminées et mieux encore dans les Prêles (*Equisetum*), mais ils existent aussi chez plusieurs autres plantes, notamment le *Deutzia scabra*, où ils forment de très jolis objets lorsque toute la matière végétale de la cuticule a été détruite.

Le rôle que joue la silice dans les plantes est très obscur, bien qu'on la trouve dans les cendres de la plupart des végétaux. Elle est même si abondante chez un grand nombre qu'elle paraît leur être d'une grande utilité; cependant, les résultats de culture expérimentales de plantes dans diverses terres où elle est presque totalement absente, permettent d'en conclure que la végétation des plantes n'est pas beaucoup affectée, même lorsque la quantité de silice qu'elles ont absorbées est bien au-dessous de celle qu'on y rencontre ordinairement. La paille des Graminées, par exemple, est généralement très riche en silice (fréquemment par moitié dans les cendres), lorsque les plantes ont été cultivées en terre ordinaire. Cependant, des Graminées cultivées dans des terres artificielles, dont on avait enlevé la silice aussi complètement que possible et dont les cendres n'en contenaient en conséquence que moins de 1 p. 100, se sont montrées aussi vigoureuses à tous égards que si elles avaient été cultivées dans une terre ordinaire.

Probablement, une grande proportion de silice est absorbée sous forme de silicates alcalins, mentionnés précédemment, et la silice reste à l'état de dépôt, dans les parois des cellules, lorsque les alcalis ont été employés pour la nutrition des plantes.

On a supposé que la silice pouvait être utile aux végétaux de deux façons : 1° pour donner de la force et de la rigidité aux tiges; 2° pour rendre la cuticule plus dure et pour que, lorsque les spores de Champignons parasites y tombent et commencent à germer, les filaments du mycelium y trouvent une plus grande résistance où soient même dans l'impossibilité de pénétrer dans le tissu interne de la plante. La silice peut ainsi devenir un moyen de protection contre les maladies parasitaires, mais seulement bien entendu contre celles dont les Champignons qui les causent percent la cuticule pour pénétrer à l'intérieur et non contre ceux qui s'y introduisent à travers les stomates.

SILICATE. — V. Silice.

SILICULE; Angl. Silicle. — Petite silique presque aussi large ou parfois plus large que longue. V. aussi **Silique.**

SILICULEUSE. — Nom d'un ordre de végétaux de la XVe classe, *Tétradynamie*, du système de Linné, dont le fruit est une silicule.

SILIQUE; Angl. Siliqua. — Fruit sec, plus long que large, cylindrique ou aplati, déhiscent, formé de deux valves recouvrant une cloison placentaire sur laquelle les graines sont insérées et représentant ainsi deux loges, mais cette cloison fait parfois défaut. Ex. *Brassica*, *Cheiranthus*, *Malcolmia*, etc. Quand le fruit est de longueur et largeur à peu près égales, il prend le nom de **Silicule.** (V. ce nom.) Ex. *Bunias*, *Alyssum*, *Lunaria*, etc.

SILIQUEUSE. — Nom d'un ordre de végétaux de la XVe classe, *Tétradynamie* du système de Linné, dont le fruit est une silique.

SILLON. — Ligne plus ou moins profonde que l'on trace à la charrue dans les champs, à la binette dans les jardins, pour y répandre des graines, y repiquer des plants ou pour tout autre usage. On applique aussi ce nom, dans le langage descriptif, aux lignes creuses et plus ou moins nombreuses qu'on observe sur les parties externes des végétaux : tiges, pétioles et notamment sur les pédoncules. (S. M.)

SILLONNÉ; Angl. Furrowed. — Qui porte des sillons.

SILO. — Fosse de dimensions variables et suffisamment profonde, dans laquelle on enfouit, à l'entrée de l'hiver, les légumes-racines que l'on désire conserver. Le silo doit être creusé dans un lieu absolument sain, suffisamment profond et bien recouvert, afin que l'eau des pluies et les gelées ne puissent y pénétrer. Bien que ce procédé de conservation soit plutôt employé en agriculture, il peut cependant être mis à profit lorsqu'il s'agit de conserver une quantité importante de légumes ou de racines et que les locaux propices font défaut. (S. M.)

SILPHA, SILPHE. — Genre de Coléoptères dont les larves vivent ordinairement dans le corps des animaux en putréfaction et qui abondent surtout dans les mulots, campagnols, les oiseaux et autres; les oiseaux que l'on pend comme épouvantails en sont souvent remplis.

Les Silphes sont pour la plupart généralement très déprimés de haut en bas, ovales dans leur contour, de 12 à 15 mm. de long, avec une petite tête et des élytres sillonnées. Ils sont presque entièrement noirs ou brun noirâtre et couverts d'une fine pubescence jaunâtre terne, qui s'enlève facilement par friction.

Les larves sont de forme plus grêle que l'insecte adulte, et tous les anneaux, sauf les trois les plus voisins de la tête, ont leurs bords aigus et prolongés en forme de dents; la queue se termine en deux pointes. Elles sont ordinairement entièrement noires ou étroitement bordées de roussâtre. Ces larves sont très actives; elles se meuvent à l'aide de trois paires de pattes courtes, mais bien conformées, insérées sur la partie antérieure du corps. A leur complet développement, elles forment en terre un cocon pour s'y métamorphoser en nymphe et en sortent par la suite à l'état de Coléoptère parfait.

Quoique essentiellement carnassiers, les Silphes ont depuis longtemps été reconnus comme herbivores et même susceptibles de causer de sérieux dégâts aux végétaux cultivés et en particulier aux Betteraves fourragères et sucrières. Leur présence sur ces plantes fut constatée dès 1844, en France, en Angleterre et jusqu'en Irlande, et pendant certaines années ils devinrent très nuisibles; ce sont uniquement les Betteraves que les Silphes attaquent, car d'autres plantes telles que l'Avoine, le Blé, la Pomme de terre et le Navet, échappent à leurs ravages, même dans les champs où des Betteraves ont été entièrement détruites antérieurement.

Des larves vivant sur les Betteraves, on a obtenu en France et en Irlande le S. *opaca*, désigné chez nous sous le nom de Silphe opaque ou simplement sous celui de Silphe et en Angleterre sous celui de « Carrion Beetle », mais il est probable que d'autres espèces sont également nuisibles aux Betteraves.

Le *Silpha opaca* mesure environ 12 mm. de long; il est aplati, noir brunâtre et rouge terne au sommet du corps, avec les élytres sillonnées. On savait depuis longtemps qu'il vivait dans le corps des animaux crevés.

Remèdes. — Comme moyen préventif, on ne doit employer, dans les champs où l'on veut cultiver des Betteraves que les engrais ne contenant pas de substances susceptibles d'attirer les Silphes (c'est-à-dire les résidus animaux). S'ils font leur apparition et deviennent nuisibles, les résidus de gaz, la suie ou le soufre, répandus sur les feuilles, le matin, alors qu'elles sont encore humides de rosée, rendront probablement des services, comme aussi les solutions de pétrole. Toutefois, de toutes les substances employées à cet effet, le vert de Paris ou de Schele (arseniate de cuivre) est ce qui a donné les meilleurs résultats. Il convient cependant de ne pas oublier que cette substance est excessivement dangereuse et que, du reste, l'usage en est prohibé par la loi, à cause même de sa toxicité. On ne peut s'en servir qu'en vertu d'arrêtés spéciaux; nous en avons indiqué l'emploi à l'article **Betterave** (Silphe des). (V. ce nom.)

Tous les moyens d'activer la végétation et en particulier le développement de nouvelles feuilles sont d'une grande importance; à l'aide d'engrais appropriés, on parvient parfois à leur faire supporter sans de trop grands dégâts une attaque de Silphes. Si toutefois les ravages sont tels que les Betteraves en périssent, il conviendra de cultiver, dans les champs infestées de Silphes, immédiatement après l'enlèvement de cellesci, une autre plante qu'on sait être à l'arbri de leurs attaques.

SILPHE. — V. Silpha.

SILPHE des Betteraves. — V. **Betterave** (Silphe des).

SILPHIUM, Linn. (*Silphion* est l'ancien nom grec employé par Théophraste pour désigner une plante qui produit une gomme-résine, peut-être l'assa fœtida, et qui a été latinisé et appliqué à ce genre par Linné). **Silphe**; Angl. Rosin Plant. Fam. *Composées*. — Genre comprenant une douzaine de grandes et fortes plantes herbacées, vivaces et rustiques, contenant une grande quantité de suc résineux et habitant toutes l'Amérique septentrionale. Capitules jaunes ou blanchâtres, amples et réunis en panicule corymbiforme et terminale; involucre à écailles grandes, planes, imbriquées et multisériées; fleurons rayonnants nombreux et fertiles; ceux du disque stériles; achaines (graines) glabres, munis d'une aile échancrée au sommet. Feuilles alternes, opposées ou verticillées, entières, dentées ou lobées.

Les espèces les plus recommandables sont décrites ci-après. Ce sont de grandes et fortes plantes vivaces, propres à orner le centre ou les rangs de fond des glandes plates-bandes. Toute terre de jardin leur convient et on les multiplie facilement par semis ou par division des touffes.

Le Dr Asa Gray dit du *S. laciniatum*: « Dans les grandes prairies découvertes, les feuilles présentent, *dit-on*, uniformément leurs faces au nord et au sud, d'où son nom de Compass-plant, et, selon certains auteurs, cette particularité est plus évidente dans les jeunes plantes. »

Fig. 40. — Silphium laciniatum.

S. albiflorum, A. Gray. *Capitules* sessiles dans les aisselles des feuilles ou longuement pédonculés, d'environ 4 cent. de diamètre, à involucre sub-globuleux; fleurons rayonnants jaune pâle ou blanc crémeux, étroitement oblongs ou bifides. Septembre. *Flles* ovales ou bipinnatifides, coriaces, à lobes linéaires de 5 à 12 cent. de long; les supérieures linéaires. Tige simple, de 60 cent. à 1 m. 20 de haut. Texas. Plante couverte de courtes épines. (B. M. 6918.)

S. integrifolium, Michx. *Capitules* jaune verdâtre, de 7 cent. de diamètre, longuement pédonculés; écailles de l'involucre étalées ou réfléchies, disposées en quatre-cinq rangées. Juillet-août. *Flles* rugueuses, sessiles, ovales-lancéolées, dentées, opposées ou verticillées par trois. Amérique du Nord.

S. laciniatum, Linn. Angl. Compass Plant, Pilot Weed, Polar Plant. — *Capitules* jaunes, peu nombreux, de 2 1/2 à 5 cent. de diamètre, réunis en une sorte de grappe terminale; bractées de l'involucre à pointe rigide; achaines largement ailés. Juillet. *Flles* caulinaires pinnatipartites, à pétiole dilaté et embrassant la tige à la base; les inférieures ovales, de 30 à 50 cent. de long; divisions lancéolées ou linéaires, aiguës, découpées lobées ou pinnatifides, rarement entières. *Haut.* 1 à 2 m. Plante couverte de gros poils rudes. Amérique du Nord, 1781. (B. M. 6534.)

S. perfoliatum, Linn. *Capitules* jaunes, de 6 à 7 cent. de diamètre, réunis en corymbes; disque jaune et vert; involucre à trois rangées d'écailles ovales-aiguës et glabres; achaines ailés et diversement échancrés. Juillet-août. *Flles* entières, ovales, de 15 à 40 cent. de long, grossièrement dentées; les supérieures graduellement rétrécies en pétioles largement ailés, soudés deux à deux et formant une aile cupulaire autour de la tige; les inférieures brusquement rétrécies en pétioles ailés et soudés à la base. Tiges fortes, quadrangulaires, de 1 m. 50 à 2 m. 50. Amérique du Nord, 1766. (B. M. 3354.)

Fig. 41. — Silphium perfoliatum.

S. terebinthinaceum, Linn. Angl. Prairie Dock. — *Capitules* jaune clair, peu nombreux, de 1 à 5 cent. de diamètre, réunis en panicules lâches; bractées de l'involucre arrondies, obtuses et glabres; achaines étroitement ailés. Juillet-septembre. *Flles* ovales et ovales-oblongues, un peu cordiformes, dentées en scie, rudes, surtout en dessous, de 30 à 60 cent. de long et à pétioles grêles. Tige lisse, de 1 m. 20 à 3 m. de haut, paniculée au sommet. Amérique du Nord, 1765. (B. M. 3525.)

S. trifoliatum, Linn. *Capitules* jaunes, longuement pédonculés, de 5 cent. de diamètre, disposés en panicule lâche; fleurons lancéolés, bidentés, achaines assez largement ailés. Juillet-août. *Flles* caulinaires lancéolées, aiguës, entières ou à peine dentées en scie, rudes sur les deux faces, courtement pétiolées, verticillées par trois-quatre; les plus supérieures opposées. Tige glabre, un peu grêle, de 1 m. 20 à 2 m. de haut et ramifiée supérieurement. Amérique du Nord, 1755. (B. M. 3355.)

SILYBUM, Gærtn. (ancien nom grec, appliqué par Dioscorides à une espèce de Chardon). **Chardon-Marie.** Fam. *Composées.* — La seule espèce de ce genre est une plante vivace, rustique, glabre et dressée, réunie aux *Carduus* par certains auteurs. « Son nom spécifique *Marianum* lui a été donné pour conserver la légende d'après laquelle les taches blanches de ses feuilles auraient été causées par une goutte du lait de la Vierge Marie (Lindley). » La plante était autrefois cultivée pour l'usage culinaire de ses capitules, que l'on consommait comme ceux des Artichauts et de ses feuilles comme salade printanière; la racine était aussi employée bouillie comme herbe officinale. De nos jours, on ne la cultive plus que pour l'effet décoratif que produit son joli feuillage marbré de blanc dans les jardins paysagers et les parties un peu agrestes, mais elle se dénude à la base pendant l'été. Toute terre ordinaire de jardin lui convient et on la multiplie uniquement par semis que l'on fait au printemps ou à l'automne de préférence et en place. Lorsqu'on ne désire pas récolter des graines, il convient de supprimer les tiges florales.

S. Marianum, Gærtn. Chardon-Marie, Chardon argenté; Angl. Blessed, Holy ou Our Lady's Milk Thistle. — *Capitules* purpurins, globuleux, de 5 à 6 cent. de diamètre, à bractées de l'involucre coriaces, fortement apprimées et pourvues d'une très forte épine terminale récurvée; réceptacle charnu, poilu, mais non alvéolé. Juillet-septembre. *Flles* alternes, amples, sinuées-lobées ou pinnatifides, glabres, d'un vert gai, luisantes, relevées de grandes et élégantes marbrures blanches; lobes et dents pourvus d'épines. Tige robuste, ramifiée, pyramidale, épineuse. *Haut.* 1 m. à 1 m. 50. Europe méridionale; France, etc.; adventif en

Fig. 42. — Silybum (*Carduus*) Marianum.
Port et aspect de la plante jeune.

Fig. 43. — Silybum Marianum.
Rameau florifère.

Angleterre, dans les endroits incultes. (Sy. En. B. 681.) Syn. *Carduus Marianus*, Linn.

SIMABA, Aubl. (nom indigène d'une espèce à la Guyane). Syns. *Aruba*, Aubl.; *Zwingera*, Schreb. Fam. *Simarubées*. — Genre comprenant environ quatorze espèces d'arbres ou d'arbustes de serre chaude, toujours verts ou à feuilles caduques, habitant l'Amérique du Sud. Fleurs petites ou assez grandes, disposées en panicules lâches, courtes ou allongées; calice petit, à quatre ou cinq lobes; pétales quatre ou cinq, plus longs que le calice, étalés et valvaires; disque étroit et dressé; étamines huit à dix et incluses. Carpelles un à cinq, drupacés, à endocarpe ordinairement dur. Feuilles alternes, pinnées, avec ou sans impaire, n'ayant rarement qu'une à trois folioles; celles-ci entières et coriaces.

Trois espèces ont été introduites, mais le *S. Cedron* est probablement seul existant aujourd'hui dans les cultures. C'est un petit arbre remarquable par les propriétés fébrifuges de ses graines qui, depuis un temps immémorial, ont aussi été très réputées dans son pays natal contre la morsure des serpents. Il lui faut une bonne terre franche, fibreuse et bien drainée et on le multiplie par boutures de bois mûr, que l'on plante dans du sable, sous cloches et à chaud, ainsi que par semis de graines importées.

S. Cedron, Planch. *Fl.* disposées en grappes de 1 m. à 1 m. 20 de long. Mai. *Fr.* ayant environ la grosseur d'un œuf de Cygne et ne renfermant qu'une seule graine; quatre de ses cinq loges restant stériles. *Flles* amples, pinnées, à vingt folioles ou plus, étroitement elliptiques, vert livide en dessus et plus pâles en dessous. Tronc simple, grêle et dressé. *Haut.* 6 m. Nouvelle-Grenade, 1846.

SIMAROUBA, Hort. — V. Simaruba, Aubl.

SIMARUBA, Aubl. (nom caraïbe du *S. amara*). On écrit fréquemment *Simarouba*. Angl. Bitter Wood. Fam. *Simarubées*. — Petit genre comprenant trois espèces d'arbres toujours verts, de serre chaude, habitant l'Amérique tropicale orientale. Fleurs réunies en fausses cymes axillaires et terminales, formant des panicules ramifiées et allongées; calice petit et à cinq lobes; pétales cinq, imbriqués et étalées au sommet. Feuilles alternes, pinnées sans impaire, à folioles alternes, entières et coriaces.

Le *S. amara*, le plus ancien et pendant longtemps seul introduit dans les serres, fournit la drogue nommée écorce de Simaruba. Pour sa culture V. **Quassia**, genre voisin.

S. amara, Aubl.; Angl. Bitter ou Mountain Damson; Stavewood. — *Fl.* blanc jaunâtre, à pétales étalés; panicule plus courte que les feuilles. *Fr.* de la grosseur d'une olive. *Flles* à folioles oblongues ou oblongues-lancéolées, mucronées mais à pointe obtuse, vertes sur les deux faces et très glabres ou pubescentes en dessous. *Haut.* (en culture) 3 m. Indes occidentales, etc. 1789. (B. M. Pl. 56.) Syns. *S. officinalis*, DC.; *Quassia Simaruba*, Linn.

S. officinalis, DC. Syn. de *S. amara*, Aubl.

S. Tulæ, Urb. *Fl.* rouge carmin vif, d'environ 8 mm. de diamètre, disposées en corymbes ramifiés. *Flles* pinnées, à folioles elliptiques-oblongues et courtement aiguës; pétioles et rameaux des inflorescences teintés de rougeâtre. Arbuste ou arbre. Porto-Rico. (R. G. 1889, 1298.)

SIMARUBÉES. — Famille naturelle de végétaux Dicotylédones polypétales, voisins des *Rutacées* (*Aurantiacées*), renfermant environ cent douze espèces réparties dans deux tribus et trentre-trois genres. Ce sont des arbres ou des arbustes inodores et souvent petits, habitant principalement les régions chaudes et tropicales du globe. Fleurs diclines ou polygames, rarement hermaphrodites, régulières et ordinairement petites, disposées en grappes, en épis ou en panicules, ordinairement axillaires et rarement solitaires. Calice à trois-cinq lobes ou divisions; pétales trois à cinq, très rarement nuls, imbriqués ou valvaires; étamines insérées à la base d'un disque hypogyne, en nombre égal ou double de celui des pétales, rarement indéfini. Le fruit est une drupe, une capsule ou une samare. Feuilles alternes ou rarement opposées, pinnées, rarement à trois folioles, parfois simples, non ponctuées et très rarement glanduleuses; stipules nulles. Ecorce souvent et parfois très amère.

Le Simaruba des officines est l'écorce et le bois du *Simaruba amara* et le *Quassia amara* est le bois en copeau de l'arbre dont il porte le nom. Les genres *Balanites*, *Quassia*, *Simaba* et *Simaruba* appartiennent à cette famille.

SIMETHIS, Kunth. (dédié à la nymphe Simethis, maîtresse d'Acis). Syns. *Morgagnia*, Bubani; *Pogonella*, Salisb. Fam. *Liliacées*. — La seule espèce de ce genre est une plante herbacée, grêle, vivace et à souche formée de racines fibreuses et fasciculées. Linné l'avait comprise dans le genre *Anthericum*. Elle croît spontanément en Europe et en Afrique, et on la rencontre en France dans l'Ouest et le Midi; en Angleterre à Bournemouth, à Derrynane, Irlande, mais elle n'y est que sub-spontanée.

Le *S. bicolor* demande une terre légère ou, à défaut, un compost de terre de bruyère ou de terreau de feuilles et de sable; on le multiplie par division des touffes.

S. bicolor, Kunth. *Fl.* de 2 cent. de diamètre, disposées en corymbe au sommet d'une hampe aussi longue que les feuilles et pourvue de bractées; pédicelles articulés; périanthe à six segments étalés, à cinq-sept nervures, blancs à l'intérieur et purpurins à l'extérieur. Juin. *Flles* de 15 à 45 cent. de long et 6 mm. de diamètre, planes, récurvées, entourées à la base de fibres et de gaines brunes. Europe, nord de l'Afrique; France, Angleterre, etc. (Syn. En. B. 1541.) Syns. *S. planifolia*, Gren. et Godr.; *Anthericum planifolium*, Linn.

S. planifolia, Gren. et Godr. Syn. de *S. bicolor*, Kunth.

SIMMONDSIA, Nutt. (dédié à T. W. Simmonds, botaniste et explorateur qui accompagna lord Seaforth dans les Indes occidentales et qui mourut en 1805). Syn. *Brocchia*, Mauri. Fam. *Euphorbiacées*. — La seule espèce de ce genre est un petit arbuste californien, rustique, toujours vert et très ramifié. Il prospère dans un compost de bonne terre franche, légère et fertile et d'un peu de terre de bruyère. La multiplication s'effectue par boutures.

S. californica, Nutt. *Fl.* vertes, dioïques, apétales, peu voyantes; les mâles réunies en fascicules sub-globuleux, sessiles ou très courtement pédonculés, solitaires ou fasciculés au-dessous d'une petite bractée; les femelles solitaires au sommet de pédicelles courts et ordinairement penchés. *Fr.* mûrs ressemblant à un gland par leur forme et leurs dimensions. *Flles* opposées, sub-sessiles, entières, coriaces et penniveinées. Californie.

SIMPLE. — Ce mot s'emploie par opposition à **Composé** (V. ce nom) pour désigner tous les organes : feuilles, tiges, inflorescences, fleurs, fruits, etc., qui ne sont composés que d'une seule partie distincte. Ex. *Feuille simple*, celle qui n'est pas découpée ou composée de folioles ; *Fruit simple*, celui qui résulte du développement d'un seul ovaire ; *Fleur simple*, celle dont les organes, tous normaux, n'ont subit aucune transformation ; son opposé est **Double** (V. ce nom) ; *Inflorescence simple*, celle qui n'est pas ramifiée et dont toutes les fleurs ainsi que les organes accessoires qu'elle porte sont directement insérés sur le rachis unique. (S. M.)

SINAPIS, Linn. (dérivé du mot grec *Sinapi*, appliqué à la Moutarde par *Théophraste*). **Moutarde**. FAM. *Crucifères*. — Petit genre de plantes herbacées, annuelles et rustiques, très largement dispersées en Europe et en Asie, que Bentham et Hooker ont réuni aux *Brassica*. Fleurs réunies en grappes simples et terminales ; calice à quatre sépales libres et étalés ; pétales en nombre égal ; étamines six, tétradynames ; style allongé. Silique linéaire ou oblongue, légèrement arrondie ou tétragone, à valves munies de trois à cinq nervures saillantes et renfermant des graines globuleuses, unisériées et oléagineuses.

Fig. 44. — SINAPIS ARVENSIS.

Deux espèces sont très communes à l'état spontané et fréquemment cultivées : le *S. alba*, Linn., ou Moutarde blanche et le *S. nigra*, Linn., ou Moutarde noire. Ce sont à la fois des plantes économiques, potagères et fourragères. Réduites en poudre, leurs graines servent à fabriquer la moutarde de table et les sinapismes ; celles du *sinapis alba* se consomment parfois entières, comme médicament. Ces deux plantes sont cultivées comme fourrage temporaire et à développement rapide dans les années où la sécheresse a rendu les foins et autres fourrages artificiels très peu abondants. Les tous jeunes semis du *S. nigra*, n'ayant encore que leurs deux cotylédons, constituent avec ceux du *Lepidium sativum* (Cresson alénois) le *Mustard and Cress*, si populaire en Angleterre, où on les emploie comme salade apéritive. Les graines de toutes les espèces contiennent beaucoup d'huile qu'on extrait parfois ; celles que fournit le *S. arvensis*, Linn., Moutarde sauvage (ANGL. Charlock ou Corn Mustard), est très bonne pour l'éclairage. Certains auteurs considèrent le *S. nigra*, qui atteint en Palestine 3 ou 4 m. de haut, comme étant, de préférence au Salvadora, la Moutarde de l'Écriture Sainte. Aucune des espèces de ce genre n'est douée de qualités horticoles. — V. aussi **Cresson** et **Moutarde**.

SINCLAIRIA, Hook. et Arnott. — Réunis aux **Liabum**, Adans.

SINISTRORSE. — Ce mot s'emploie pour désigner l'enroulement à gauche des tiges des plantes volubiles. Son opposé est *dextrorse*.

SINNINGIA, Nees (dédié à William Sinning, jardinier de l'Université de Bonn, sur le Rhin). SYN. *Gloxinia*, Hort. pr. p. (pour plusieurs espèces cultivées). Comprend les *Biglandularia*, Seem. ; *Ligeria*, Dcne. ; *Rosanovia*, Regel ; *Stenogastra*, Hanst. et *Tapeinotes*, DC. FAM. *Gesnéracées*. — Genre renfermant environ seize espèces de très jolies plantes herbacées, de serre chaude, ordinairement naines, pubescentes ou velues et originaires du Brésil. Fleurs élégantes, assez grandes, rarement un peu petites, solitaires ou fasciculées à l'aisselle des feuilles, au sommet de pédicelles courts ou allongés ; tube du calice court ou largement turbiné, à limbe feuillé et profondément découpé en cinq lobes ou divisions ; corolle à tube sub-régulier ou gibbeux à la base, allongé, largement cylindrique ou campanulé et à limbe à cinq lobes larges et étalés ; étamines incluses. Feuilles opposées, souvent amples, longuement pétiolées ; les florales réduites à l'état de bractées. Tiges naissant d'un rhizome parfois tubéreux, simple ou à peine ramifié et parfois presque nul. Les espèces décrites ci-après sont les plus répandues dans les cultures. Elles demandent le même traitement que les **Gloxinia**. (V. ce nom.)

S. Carolinæ, Benth. et Hook. f. *Fl.* à calice de près de 2 cent. 1/2 de long ; corolle blanche, marquée de rouge intérieurement, très renflée à la base, contractée à la gorge et de 4 cent. de long ; pédoncules de 2 1/2 à 4 cent. de long, axillaires, solitaires ou géminés. Été. *Flles* oblongues ou oblongues-lancéolées, ayant depuis quelques pouces jusqu'à près de 30 cent. de long, atténuées aux deux extrémités, crénelées-dentées, poilues en dessus, cramoisies en dessous ; pétioles de 1 1/2 à 4 cent. de long. Tige retombante ou ascendante. Brésil, 1867. (B. M. 5623 ; F. d. S. 1847 ; F. M. 336, sous le nom de *Tapeinotes Carolinæ*, Wawra.) — La variété *major*, Hort. (I. H. n. s. 506), ne diffère du type que par ses plus grandes proportions.

S. concinna, — * *Fl.* à calice un peu petit et à segments beaucoup plus longs que le tube ; corolle pourpre livide en dessus, jaunâtre en dessous, maculée intérieurement, de 2 cent. 1/2 de long, à tube très dilaté vers la gorge ; pédoncules axillaires, simulant une hampe et un peu plus longs que les feuilles. Été et automne. *Flles* largement arrondies-ovales, profondément crénelées et un peu petites. Tige de 1 1/2 à 2 cent. 1/2 de long, rouge ainsi que les pétioles, les pédoncules et les nervures des feuilles. Brésil, 1860. (B. M. 5253, sous le nom de *Stenogaster concinna*, Hook. f. ; F. d. S. 1533 et I. H. 1864, 390, sous le nom de *Stenogastra concinna*, Hook. f.) —

La variété *multiflora*, Hort. (I. H. 1864. 390. figure de gauche, sous le nom de *Stenogastra multiflora*, Lem.). est une belle plante horticole, à feuilles plus grandes que celles du type et à fleurs bleu-lilas.

S. conspicua, — * *Fl.* à segments du calice lancéolés et étalés ; corolle jaune, plus pâle à l'intérieur qu'à l'extérieur, obliquement infundibuliforme-campanulée, à partie inférieure du tube marquée intérieurement d'élégantes taches et lignes pourpres. Été. *Flles* opposées, ovales-oblongues, courtement acuminées, légèrement cordiformes à la base et dentées. *Rhiz.* tubéreux. *Haut.* 30 cent. Brésil, 1868. Plante poilue et très florifère. Syns. *Biglandularia conspicua*, et *Rosanowia conspicua*, Regel. (R. G. 712.) — Le *Rosanowia ornata*, V. Houtte (F. d. S. 2123-4), est un bel hybride à fleurs blanc pur, rayées de rose clair sur le tube et sur les deux lobes supérieurs de la corolle, avec la gorge légèrement jaune verdâtre.

S. guttata, Lindl. *Fl.* à calice étroitement campanulé ; corolle verdâtre pâle, à tube très fortement chargé de ponctuations pourpres ou fauves ; lèvre supérieure légèrement réclinée ; pédoncules plus courts que le calice et égalant presque les pétioles. Juin. *Flles* oblongues-ovales, acuminées, cunéiformes et entières à la base, crénelées-dentées supérieurement et pubescentes-veloutées. Tige ascendante, grêle et feuillue. *Haut.* 50 cent. Brésil. 1827. — Cette espèce ressemble beaucoup au *S. velutina*. (B. R. 1112 ; P. M. B. II, 4.)

S. Helleri, Nees. *Fl.* à calice rouge, ample, ayant parfois 5 cent. de long ; corolle blanche, à gorge verdâtre et maculée de rouge, ayant souvent 8 cent. de long, renflée à la base et à lobes du limbe larges et arrondis ; pédoncules dressés, ayant à peine 2 cent. 1/2 de long. Juin. *Flles* convexes, ovales-oblongues, de 10 à 15 cent. de long, aiguës, presque toutes cunéiformes à la base, crénelées-dentées, pubescentes-veloutées, plus ou moins rapprochées du sol ; pétioles purpurins ainsi que les pédoncules, les tiges et la face inférieure du limbe. Tige ayant quelques pouces de haut, épaisse et légèrement ligneuse. Brésil, 1820. (B. R. 997 ; B. M. 1212, sous le nom de *S. velutina*.

S. hirsuta, — *Fl.* à calice rouge, de 12 mm. de long, très velu et à segments sub-dressés, corolle lilas, de 30 à 35 cent. de long et autant de large, à limbe ponctué de violet et à lobes sub-émarginés ; tube pâle et poilu extérieurement, maculé de pourpre à l'intérieur ; pédoncules agglomérés ou réunis en fausses grappes, plus courts que les feuilles. Juillet. *Flles* peu nombreuses, largement ovales, obtuses, cordiformes, de 8 à 12 cent. de long, profondément crénelées, purpurines en dessous ; pétioles de 2 1/2 à 4 cent. de long. Tiges ayant quelques pouces de long, couchées et couvertes de longs poils blancs. Brésil, 1824. (B. M. 2690 ; B. R. 1004 et L. B. C. 1296, sous le nom de *Gloxinia hirsuta*, Lindl.)

S. speciosa, Hiern. * *Fl.* à segments du calice ovales-lancéolés, courtement velus ; corolle ordinairement violette chez le type, ample, campanulée. Septembre. *Flles* oblongues, obtuses ou légèrement aiguës, convexes, ordinairement atténuées à la base, crénelées, veloutées et portant des poils épars. Tige courte. Brésil, 1815. — Syns. *Gloxinia Passinghamii*, Paxt. (P. M. B. XII, 267) ; *G. speciosa*, Lodd. (B. 105, 149 ; B. M. 1937 ; B. R. III, 213, XXX, 48 ; L. B. C. 28) ; *Ligeria speciosa*, Dcne.

Un grand nombre de magnifiques variétés et hybrides horticoles ont été obtenus de cette espèce et sont cultivés sous le nom très populaire de **Gloxinia**. Une liste des plus méritantes a été donnée à ce nom. (Vol. II, p. 515.)

Quelques-uns des plus beaux et des plus distincts comme coloris, port et forme de fleurs, ont été figurés sous ce nom de *Gloxinia*, dans les ouvrages suivants : R. G. 1852, 4 et 1853, 44 ; P. M. B. XI, 199 et XV, 169 ; F. d. S. 1885 et 1918. Parmi les variétés les mieux caractérisées, nous mentionnerons :

S. s. albiflora, Hort. *Fl.* blanches. (B. M. 3206, sous le nom de *Gloxinia speciosa albiflora*, Hort.)

S. s. caulescens, Hort. *Flles* plus grandes que dans le type. Tige développée et épaisse. 1826. (B. R. 1127 et L. B. C. 1566, sous le nom de *Gloxinia caulescens*, Hort.)

S. s. macrophylla, Hort. *Flles* très grandes, à nervures blanches. 1844. (B. M. 3934. sous le nom de *Gloxinia speciosa macrophylla variegata*, Hort.)

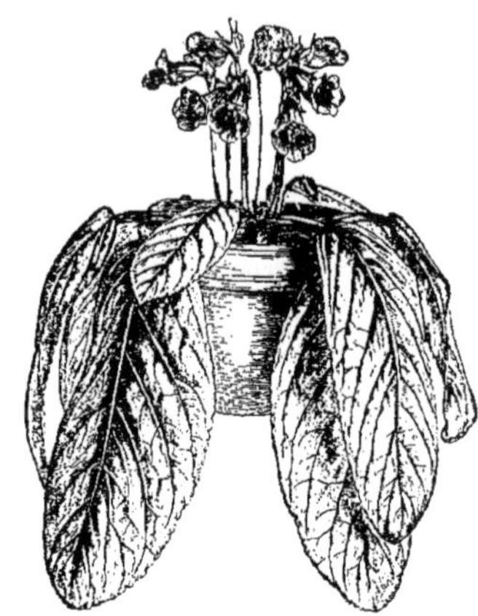

Fig. 45. — Sinningia speciosa.

S. s. Menziesiana, Young. *Fl.* à calice ample et à segments linéaires-lancéolés, très longs et fortement poilus ; corolle ample, à limbe violet et à gorge fortement ponctuée de rouge ; pédoncules plus longs que les pétioles et les fleurs. Août. *Flles* ovales, obtuses, cordiformes, crénelées, velues. Tige courte. B. M. 3943, sous le nom de *Gloxinia speciosa Menziezsii*.)

S. s. rubra, Hort. *Fl.* d'un très beau rouge. (P. M. B. VII, 271, sous le nom de *Gloxinia rubra*, Hort.)

S. velutina, Lindl. *Fl.* à calice infundibuliforme-campanulé, de 2 cent. 1/2 de long, à segments triangulaires, corolle verdâtre pâle, de 4 à 5 cent. de long, gibbeuse à la base, rétrécie à la gorge, à limbe étalé ; pédoncule plus court que le calice. Juin. *Flles* ovales, aiguës, arrondies ou presque cordiformes à la base, de 5 à 10 cent. de long, vertes sur les deux faces, avec les nervures ainsi que les tiges et les pétioles à la fin purpurins, crénelées-dentées en scie, pubérulentes ou souvent presque glabres en dessus. Tige dressée, ayant parfois 50 cent. de haut, grêle et feuillue. Brésil, 1827. (L. B. C. 1398.)

S. villosa, Lindl. *Fl.* à calice ample ou courtement campanulé, étalé, à segments ovales et légèrement aigus ; corolle vert jaunâtre, presque semi-globuleuse, de 4 à 5 cent. de long, à limbe de 2 cent. 1/2 de large, sub-régulier et étalé ; pédoncules plus courts que les pétioles. Juin. *Flles* oblongues-ovales, convexes, acuminées, parfois presque lancéolées, de 8 à 12 cent. de long, ordinairement aiguës à la base et crénelées. Tige dressée, de 4 cent. ou plus de diamètre. *Haut.* 30 cent. Brésil, 1827. (B. R. 1134.)

S. Youngeana, Marnock.* *Fl.* axillaires ou terminales, solitaires ; lobes du calice ovales, acuminés ; corolle violet plus ou moins intense ou pourpre, sauf le tube qui est campanulé, blanc jaunâtre à la base et ponctué à la gorge, avec des lobes arrondis et presque égaux. Été. *Flles* opposées, pétiolées, oblongues ou ovales, crénelées, pâles et presque blanchâtres en dessous. Tige dressée, purpurine, de 30 à 50 cent. de haut. *Rhiz.* tubéreux, de plusieurs pouces de diamètre. Hybride des *S. speciosa* et *S. velutina*. (B. M. 3954.)

SINUÉ; Angl. Sinuate. — Se dit des organes et en particulier des feuilles qui présentent sur les bords de larges découpures arrondies, peu profondes et formant des ondulations.

SINUS. — Angle rentrant formé par deux lobes plus ou moins accentués et soudés inférieurement. C'est une échancrure dont la forme peut être arrondie, aiguë ou obtuse et qu'on observe sur les feuilles, les calices, les corolles et autres organes lobés.

SIPHOCAMPYLUS, Pohl. (de *siphon*, tube, et *campylos*, arqué; allusion à la forme de la corolle). Syn. *Lobelia*, Presl. Fam. *Campanulacées*. — Grand genre comprenant près de cent espèces de très belles plantes herbacées, de sous-arbrisseaux ou d'arbustes, parfois grimpants, de serre chaude ou tempérée, glabres, poilus ou couverts d'une pubescence étoilée, habitant l'Amérique tropicale. Fleurs rouges, oranges ou purpurines, rarement verdâtres, ordinairement grandes; solitaires au sommet de pédoncules dépourvus de bractées ou munis de deux petites bractéoles, axillaires ou formant par leur réunion des corymbes fasciculés ou des grappes lâches au sommet des rameaux; calice à tube soudé à l'ovaire et à limbe à cinq lobes foliacés; corolle droite ou incurvée, à lobes souvent incurvés aussi, égaux ou inégaux, parfois bilabiés; les latéraux quelquefois soudés avec les supérieurs; tube staminal soudé à la base de la corolle. Feuilles alternes, rarement verticillées, entières ou denticulées, rarement incisées-dentées, pinnées-lobées ou disséquées.

Les espèces introduites sont décrites ci-après. Elles prospèrent dans un compost de terre franche, légère et fibreuse et de terre de bruyère. Leur multiplication s'effectue par boutures. Sauf indications contraires, toutes les espèces décrites ci-après sont des plantes herbacées et vivaces.

S. amœnus, Planch. Syn. de *S. villosulus*, Pohl.

S. betulæfolius, DC. * *Fl.* rouges, à segments du calice au nombre de six, plus courts que la corolle; pédicelles axillaires, solitaires, dépassant les feuilles. Juillet. *Flles* pétiolées, ovales, acuminées, sub-cordiformes, triangulaires, de 5 cent. de long, un peu doublement dentées, glabres en dessus, légèrement pubescentes sur les nervures de la face inférieure; pétioles ayant presque 2 cent. 1/2 de long. Tige ramifiée, arrondie et glabre. *Haut.* 1 m. Monts Organ, 1842. Serre chaude. (B. M. 3973; P. M. B. IX. 223.)

S. bicolor, G. Don. — V. **Lobelia laxiflora angustifolia**.

S. canus, Pohl. Syn. de *S. macropodus*, G. Don.

S. coccineus, Hook. * *Fl.* écarlates, penchées, à corolle dilatée supérieurement et arquée, avec le limbe à peine bilabié; pédoncules plus longs que les feuilles, axillaires, solitaires et uniflores. Juillet. *Flles* ovales, aiguës, courtement pétiolées, parfois légèrement lobées et doublement dentées en scie. Monts Organ. 1844. Sous-arbrisseau glabre et de serre chaude. (B. M. 4178; F. d. S. II, 29; P. M. B. XII, 173.)

S. c. leucostomus, Hort. Diffère du type par le limbe de la corolle qui est presque blanc. C'est une variété horticole, obtenue dans les jardins belges, en 1850. Syn. *S. leucostomus*, Hort. (F. d. S. VII, 648.)

S. crenatifolius, Pohl. *Fl.* écarlates, à pointes jaunes, solitaires et axillaires. Eté. *Flles* oblongues-elliptiques, irrégulièrement crénelées, de 12 à 15 cent. de long. *Haut.* 1 m. Brésil, avant 1870. Joli arbuste de serre chaude. (Ref. B. 227.)

S. fimbriatus, Regel. Syn. de *S. longepedunculatus*, Pohl.

S. fulgens, Lebas. Syn. de *S. Humboldtianus*, A. DC.

S. giganteus, Cav. *Fl.* jaune rougeâtre; corolle arquée, veloutée, à tube égalant les lobes du calice; ceux-ci ovales-lancéolés; pédicelles bi-bractéolés à la base, souvent plus longs que les feuilles. Juillet. *Flles* lancéolées, cuspidées-acuminées, de 15 à 22 cent. de long, rétrécies à la base, à peine pétiolées, ridées, crénelées-dentées, glabres en dessus et poilues en dessous. Tige de 4 m. 50 ou plus de haut, à branches pubescentes. Nouvelle-Grenade. Serre chaude.

S. glandulosus, Hook. * *Fl.* roses, penchées, à lobes du calice étalés et à bords réfléchis, profondément dentés-glanduleux; corolle à tube arqué, comprimé, claviforme et à segments du limbe presque égaux, étalés-dressés; pédoncules axillaires, solitaires, plus courts que les feuilles, uniflores, pourvus de deux bractées au-dessous du milieu. Juillet. *Flles* assez longuement pétiolées, cordiformes, ridées, doublement dentées. *Haut.* 1 m. Bogota, 1845. Plante de serre chaude, mollement pubescente. (B. M. 4331; F. d. S. 401.)

S. hamatus, H. Wendl. *Fl.* violettes, réunies en grappes courtes, denses et terminales; calice à lobes crochus, étalés; corolle à tube arqué, latéralement comprimé-anguleux et à lobes presque égaux, allongés; bractées primaires crochues au sommet. Juin. *Flles* alternes, pétiolées, oblongues-ovales ou légèrement cordiformes, acuminées, atténuées vers la base, irrégulièrement dentées, à nervures proéminentes en dessous. *Haut.* 2 m. Brésil, 1849. Plante tomenteuse-pubescente et de serre tempérée.

S. Humboldtianus, A. DC. * *Fl.* écarlates, à lobes du calice ovales-triangulaires, plus courts que le tube; corolle à tube droit et à segments ovales-lancéolés; les supérieurs plus longs; pédicelles axillaires, comprimés et égalant les feuilles. Eté. *Flles* pétiolées, ovales ou lancéolées, aiguës aux deux extrémités, bordées de denticules arqués et glabrescentes en dessus. Branches anguleuses et fortement pubescentes. *Haut.* 1 m. Pérou, 1867. Serre chaude. (B. M. 5631.) Syn. *S. fulgens*, Lebas. (F. M. 313.)

S. lantanifolius, DC. *Fl.* purpurines, réunies par huit-dix; calice velouté; corolle étroite, incurvée, à lobes acuminés; pédicelles réunis en corymbes. Juillet. *Flles* ovales-aiguës, de 4 cent. de long, obtuses à la base parfois légèrement cordiformes, courtement pétiolées, glabres et ridées en dessus, tomenteuses-fauves en dessous et à bords denticulés. Branches droites, simples, arrondies et un peu ligneuses. *Haut.* 1 m. Caracas, 1841. Arbuste de serre chaude.

S. l. glabriusculus, Hort. *Flles*, pédicelles et calices à peine pubescents. (B. M. 4105, sous le nom de *S. lantanifolius*, A. DC.)

S. leucostomus, Hort. Syn. de *S. coccineus leucostomus*, Hort.

S. longepedunculatus, Pohl. *Fl.* purpurines, à pédicelles axillaires, plus longs que les feuilles; calice à segments aigus, beaucoup plus courts que la corolle; celle-ci de près de 5 cent. de long, étroite et sub-arquée. Janvier. *Flles* alternes, ovales, acuminées, de 8 à 10 cent. de long, membraneuses, cordiformes, pétiolées, bordées de dents arquées. Tige arrondie, de 1 m. de haut. Rio-de-Janeiro, 1841. Serre chaude. (B. M. 4015.) Syn. *S. fimbriatus*, Regel. (R. G. 600.)

S. macropodus, G. Don. *Fl.* rouge bleuâtre, à calice velu; corolle quatre fois aussi longue que le calice, à tube ventru supérieurement et à lobes inférieurs réfléchis; pédicelles égalant presque les feuilles et pubérulents. Juin. *Flles* ovales, aiguës, de 8 cent. de long, courtement pétiolées, crénelées, légèrement poilues en dessus et pubescentes en dessous. Tige légèrement ramifiée, poilue, de 60 cent. à 1 m. de haut. Minas Geraës. Serre chaude. Syn. *S. canus*, Pohl.

S. manettiæflorus, Hook. * *Fl.* rouge et jaune, aussi longues que les feuilles, à segments du calice subulés, dentés en scie; corolle comprimée latéralement, à segments presque égaux, étalés-dressés; pédoncules solitaires, axillaires, uniflores, munis de deux bractées et trois ou quatre fois plus longs que les feuilles. Avril. *Flles* très courtement pétiolées, oblongues-ovales, obscurément dentées en scie, réticulées et luisantes en dessus. *Haut.* 30 cent. Nouvelle-Grenade, 1848. Sous-arbrisseau nain, dressé et de serre chaude. (B. M. 4403; P. M. B. XV, 267.) Syn. *S. nitidus*, De Jonghe.

S. microstoma, Hook. *Fl.* écarlates, courtement pédonculées, réunies en ombelles terminales; calice à segments obtus et étalés; corolle pubescente, renflée supérieurement, comprimée latéralement, à segments petits, linéaires, obtus, connivents et poilus. Septembre. *Flles* alternes, courtement pétiolées, ovales, aiguës, de 5 cent. de long, dentées-glanduleuses et glabres. Tige de 60 cent. à 1 m. de haut. glabre, à branches arrondies. Nouvelle-Grenade, 1844. Sous-arbrisseau dressé, de serre chaude. (B. M. 4286; F. d. S. 444; L. et P. F. G. II, 44.)

S. nitidus. De Jonghe. Syn. de *S. manettiæflorus*, Hook.

S. Orbignianus, A. DC. *Fl.* jaune et rouge, nombreuses et insérées à l'aisselle des feuilles supérieures, au sommet de pédicelles n'ayant que la moitié de leur longueur; calice à lobes trois fois aussi longs que le tube; corolle beaucoup plus longue que le calice, à lobes linéaires. Juillet. *Flles* ternées, ovales, acuminées, courtement pétiolées, à dents aiguës et inégales, de 8 à 10 cent. de long et pubérulentes en dessous. Branches dressées et arrondies. *Haut.* 60 cent. et plus. Bolivie, 1849. Serre chaude. (B. M. 4713; F. d. S. 544; L. et P. F. G. I, t. III; L. J. F. IV, 425.)

S. penduliflorus, Dcne. *Fl.* écarlates, penchées, à segments du calice deux ou trois fois aussi longs que le tube; corolle à segments linéaires, dépassant de moitié le tube; pédicelles de 2 cent. 1/2 de long; grappes terminales, solitaires, allongées et lâches. Juin. *Flles* opposées, assez longuement pétiolées, ovales-oblongues, légèrement aiguës, assez épaisses et bordées de denticules espacés. *Haut.* 60 cent. Caracas, 1847. Arbuste grimpant, très glabre et de serre chaude. (F. d. S. 763.)

S. scandens, G. Don. *Fl.* écarlates, éparses, à pédicelles de 5 à 10 mm. de long; corolle à tube ayant presque 2 cent. 1/2 de long, à segments arqués, sub-égaux et réfléchis. Juillet. *Flles* pétiolées, réfléchies, oblongues, obtuses, de 2 1/2 à 4 cent. de long, un peu aiguës à la base, légèrement charnues, à bords très entiers et révolutés. Tige grimpante. Pérou, 1847. Arbuste de serre chaude.

S. surinamensis, G. Don. — V. **Centropogon surinamensis.**

S. villosulus, Pohl. *Fl.* rouge orangé, à corolle petite, presque droite, et à segments étroits et aigus; pédicelles plus longs que le calice; grappes terminales et multiflores. Juin. *Flles* alternes, oblongues-lancéolées, acuminées, rétrécies en pétiolés, soyeuses et d'un vert gai en dessus, très courtement pubérulentes en dessous. Tige ramifiée. *Haut.* 1 m. Brésil, 1832. Serre tempérée. (F. d. S. 619; L. et P. F. G. II, p. 135, sous le nom de *S. amœnus*, Planch.).

SIPHONANDRA, Turcz. — V. **Chicocca**, Linn.

SIPHONANTHA, Linn. — V. **Clerodendron**, Linn.

SIPHONANTHA indica. — V. **Clerodendron Siphonanthus.**

SIPHONIA, Schreb. — V. **Hevea**, Aubl.

SIPHONIOPSIS, Karst. — V. **Cola**, Schott.

SIPHONOPHORA. — Genre d'*Aphis* ou Pucerons comprenant un très grand nombre d'espèces dont plusieurs sont très nuisibles aux végétaux cultivés et en particulier aux Rosiers. On les distingue des *Aphis* par les tubes mellifères ou siphon, longs et grêles, qu'ils portent sur la partie postérieure du corps. Le *S. rosæ*, un des plus communs et des plus nuisibles aux Rosiers, a été décrit et les moyens de le détruire ont été donnés au chapitre qui le concerne. V. **Rosiers** (Insectes).

SIREX. — Genre de Thenthrèdes ou Mouches à scie dont les larves vivent dans le bois des Conifères, où elles creusent des galeries ayant souvent 8 mm. de diamètre. Elles nuisent ainsi à l'arbre et rendent le bois inutilisable pour la charpente ou le charronnage.

Plusieurs espèces vivent en France : nous citerons les *S. juvencus*, *S. spectrum* et *S. gigas*. Ils se ressemblent par leur forme, mais leurs dimensions varient, surtout chez le dernier, qui est le plus grand de tous.

L'adulte a le corps presque cylindrique, long de 15 à 35 mm. chez les différentes espèces, l'oviducte non compris, et 25 mm. en moyenne. Chez la femelle, les derniers anneaux de l'abdomen portent une forte épine dirigée en arrière et la face inférieure se prolonge en une longue tarière ou oviducte également dirigé en arrière et dans lequel est enfermé une « scie » lui servant à perforer profondément le tronc des arbres pour y déposer ses œufs. Cet organe égale environ la moitié de la longueur du corps. Les quatre ailes sont grandes, puissantes et transparentes. Les pattes et les antennes sont aussi bien développées.

Leur mode de développement s'effectue comme suit. La femelle dépose, à l'aide de sa scie, ses œufs dans l'écorce des arbres et de préférence dans ceux qui sont malades ou languissants; elle creuse une cavité pour chaque œuf et celui-ci donne naissance, au bout d'un certain temps, à une larve blanche, cylindrique et molle qui, à l'aide de ses puissantes mandibules, creuse bientôt une galerie profonde, allant jusqu'au cœur du bois. La durée de cet état larvaire est incertaine. Montillot indique deux ans, tandis que certains auteurs croient qu'il ne dure que quelque semaines, mais on a vu des insectes adultes émerger par intervalles et pendant plusieurs années du bois que les femelles ou les jeunes larves n'avaient pas pu attaquer depuis que l'arbre était coupé et débité en planches. Ces larves ont, comme nous l'avons dit, une mâchoire excessivement puissante, si puissante même qu'on a été jusqu'à dire qu'elles avaient perforé des balles de plomb, pendant la guerre de Crimée. Elles sont pourvues de six petites pattes insérées près de la tête et leur extrémité se termine en pointe obtuse. La métamorphose s'effectue dans les galeries mêmes et les adultes se montrent au dehors de juillet en septembre.

S. juvencus ou Sirex bouvillon; Angl. Steel-bleue Sirex. — Comme son nom anglais l'indique, cette espèce est d'un bleu métallique foncé, avec les pattes rouge-brun; chez le mâle, qui est plus petit que la femelle, plusieurs anneaux de l'abdomen sont rouge rouille. Les ailes sont, chez les deux sexes, jaunâtres avec la partie postérieure enfumée. Les femelles atteignent environ 3 cent. de long, tandis que les mâles n'ont guère que 25 mm. Cet insecte n'est pas rare; il préfère le Pin sylvestre, mais vit aussi dans d'autres Conifères.

S. spectrum. — L'adulte est noir, avec les ailes jaunes, il mesure environ 25 mm. On rencontre cette espèce sur l'Epicéa.

S. gigas ou Sirex géant; Angl. Giant Sirex. — C'est le plus grand de tous, car il atteint jusqu'à 4 cent. de long; il diffère en outre de ses congénères par sa teinte jaune, avec deux-cinq anneaux noirs; chez les mâles, la teinte jaune est plus terne que chez les femelles. Cette espèce est moins commune que la première; on dit qu'elle épargne les Pins sylvestres, mais elle attaque les Epicéas, les Sapins argentés, parfois les Melèzes et jusqu'aux Peupliers et aux Hêtres.

Remèdes. — Les Sirex ne sont heureusement pas très nuisibles, à moins cependant qu'ils ne soient excessivement abondants, et, dans ce cas, le mieux est d'abattre les arbres trop infestés et d'exploiter les forêts, afin d'éviter qu'ils ne se propagent davantage et ne gagnent les arbres voisins. Quand quelques-uns seulement sont logés par-ci par-là dans le tronc des arbres, ils ne les font pas périr, ce qui est fort heureux, car on ne connait guère de moyen pratique de détruire les larves dans leurs galeries, si ce n'est cependant d'y enfoncer un fil de fer ou d'y verser une substance insecticide très énergique. Comme ils affectent particulièrement les arbres malades, il faut d'abord enlever tous ceux qui dépérissent, supprimer les branches mortes et enlever tous les bois morts qui trainent à terre, afin que les insectes aillent chercher plus loin un refuge à leur guise. Le bois labouré par les Sirex n'est bon qu'à faire du feu.

SIRIUM, Schreb. — V. **Santalum**, Linn.

SISARUM, Tausch. — V. **Pimpinella**, Linn.

SISEMBRE. — V. **Sisymbrium**.

SISYMBRIUM, Linn. (ancien nom grec appliqué par Théophraste à la Menthe, ou plutôt à une espèce de Cresson). **Sisembre**; Angl. Hedge Mustard. Comprend les *Alliaria*, Adans. Fam. *Crucifères*. — Genre renfer-

Fig. 46. — Sisymbrium Alliaria.

mant quatre-vingt-dix espèces de plantes herbacées, presque toutes annuelles, bisannuelles ou parfois vivaces, rustiques, habitant les régions tempérées et froides de l'hémisphère boréal, mais devenant rares dans la région australe. Fleurs ordinairement jaunes, rarement blanches ou roses, disposées en grappes lâches et terminales ou rarement solitaires et axillaires. Silique cylindrique, à valves convexes et trinervées. Feuilles radicales en rosette; les caulinaires alternes; toutes dentées, lyrées, pinnatifides ou pinnatiséquées.

Fig. 47. — Sisymbrium Sophia.

Douze espèces croissent spontanément en France et cinq en Angleterre; quelques-unes sont des plantes très communes dans les lieux incultes, au pied des murs surtout, notamment les *S. Irio*, Linn., Irio (Angl. London Rocket); *S. Officinale*, Scop., Vélar ou Herbe aux chantres (Angl. Bank Cress, Common Hedge Mustard); *S. Sophia*, Linn., Sagesse des chirurgiens (Angl. Flix weed). Le *S. Alliaria*, Scop., Alliaire (Angl. Garlic Mustard, Jack by the Edge, Sauce Alone), croit au contraire dans les bois et autres endroits frais, parfois très abondamment.

Le *S. Thalianum*, J. Gay (Angl. Thale Cress), se développe dans les champs et lieux sablonneux, souvent dans les moissons. Aucune de ces plantes ne présente d'intérêt horticole et leur usage médical est aujourd'hui entièrement abandonné.

SISYRINCHIUM, Linn. (ancien nom grec appliqué par Dioscorides à l'Iris). Angl. Blue-eyed Grass. Pigroot, Rush Lily, Satin Flower. Syn. *Souza*, Vell. Certaines espèces maintenant comprises dans ce genre faisaient autrefois partie du genre *Bobartia*. Fam. *Iridées*. — Genre renfermant, selon M. Baker, cinquante-huit espèces de plantes vivaces, presque toutes rustiques ou quelques-unes demi-rustiques, dépourvues ou à peu près de rhizome et à racines fibreuses, habitant les régions tropicales et extra-tropicales de l'Amérique; une est naturalisée en Irlande. Fleurs ordinairement bleues ou jaunes, fasciculées en nombre variable à l'aisselle d'une spathe et ces faisceaux sont solitaires, paniculés ou réunis en épi sur la hampe; périanthe à tube presque nul et à lobes sub-égaux, obovales ou oblongs, étalés depuis la base ; étamines insérées à la base du périanthe et à filets plus ou moins soudés; anthères dressées ou versatiles ; ovaire turbiné ou globuleux et à trois loges ; capsule loculicide, déhiscente par trois valves. Feuilles radicales ou fasciculées à la base de la tige, linéaires ou arrondies, parfois plus ou moins ensiformes, mais toujours étroites; les caulinaires peu nombreuses ou nulles. Tige cylindrique ou épaissie à la base.

Toutes les espèces suivantes, les plus belles de celles existant dans les cultures, prospèrent dans un compost de terre franche sableuse et de terre de bruyère. Leur multiplication s'effectue au printemps, par semis ou par éclats.

S. anceps, Cav. Syn. de *S. angustifolium*, Miller.

S. angustifolium, Miller. *Fl.* violettes, jaunes à la base, à segments obovales et distinctement mucronulés, réunies par une-quatre dans les spathes ; celles-ci lancéolées et blanches sur les bords. *Flles* étroites. Tige distinctement ailée, ramifiée supérieurement et à rameaux dressés, portant deux à trois faisceaux de fleurs. Amérique du Nord ; Etats-Unis et Mexique ; naturalisé dans la Nouvelle-Zélande et en Irlande. Il en existe quelques formes botaniques. Syns. *S. anceps*, Cav. (L. B. C. 1220; Sy. En. B. édit. III, 1491); *S. gramineum*, Curt. (B. M. 464 ; R. L. 282.)

S. bermudianum, Linn. ' Bermudienne à petites fleurs. — *Fl.* bleu de ciel, à pétales obovales, étalés, mucronés, réunies jusqu'à six-huit dans les spathes ; celles-ci vertes et lancéolées, avec les bords blancs. Juin-juillet. *Flles* radicales minces, linéaires, presque aussi longues que la tige

Fig. 48. — SISYRINCHIUM BERMUDIANUM.

et de 6 mm. de large. Tige aplatie et largement ailée, à pédoncules dressés, portant deux-trois fascicules de fleurs. *Haut.* 15 à 30 cent. Bermudes. Syn. *S. iridoides*, Curt. (B. M. 94.) — Cette plante diffère du *S. angustifolium* par toutes ses proportions beaucoup plus grandes, surtout par ses feuilles bien plus larges et équitantes à la base. On la cultive le plus souvent comme plante annuelle, bien qu'elle soit vivace et susceptible de persister plusieurs années, mais il faut alors l'hiverner sous châssis, car elle n'est pas rustique sous notre climat.

S. californicum, Dryand. *Fl.* nombreuses et s'épanouissant successivement, inodores, à périanthe d'un jaune uniforme, étalé; segments obovales-oblongs, obtus ; anthères orangées ; spathes lancéolées, renfermant chacune trois à six fleurs. Automne. *Flles* plusieurs, distiques, faibles, linéaires, plus courtes que la tige, de 30 à près de 60 cent. de long et 12 mm. de large. Tige très simple et largement ailée. Californie, 1796. Espèce demi-rustique. Syn. *Marica californica*, Ker. (B. M. 983.)

S. chilense, Hook. *Fl.* lilas, jaunes à la base, à segments oblongs et mucronés ; filets staminaux soudés presque jusqu'au sommet ; bractées foliacées ; spathes linéaires, acuminées, renfermant trois à six fleurs ; pédoncules flexueux et grêles, de 2 1/2 à 3 cent. de long. Juillet. *Flles* radicales très linéaires, ensiformes, striées, de 8 à 30 cent. de long et 2 1/2 à 5 mm. de large, plus courtes que la tige. Celle-ci sub-arrondie à la base et étroitement ailée supérieurement, flexueuse, portant souvent quatre-six et jusqu'à douze verticilles de fleurs et même plus. *Haut.* 20 à 40 cent. de haut. Brésil, etc., 1826. Plante demi-rustique. (B. M. 2786.)

S. Douglasii, Dictr. Syn. de *S. grandiflorum*, Dougl.

S. filifolium, Gaud. ' *Fl.* blanc pur, campanulées, dressées, à segments portant chacun trois raies rouge purpurin tendre et jaunes à la base ; spathes contenant chacune trois à quatre fleurs et accompagnées d'une bractée. Mai. *Flles* radicales trois à six, sub-arrondies et de 10 à 15 cent. de long. Tige arrondie, aphylle, de 15 à 30 cent. de haut, portant au sommet un à deux fascicules de fleurs. Iles Falkland, 1885. Plante ayant l'aspect d'un jonc. (B. M. 6829 ; G. C. n. s. XXIII, 696.)

S. gramineum, Curt. Syn. de *S. angustifolium*, Miller.

S. graminifolium, Lindl. *Fl.* légèrement exsertes au-dessus de la spathe, jaunes, à segments obovales et mucronés, de 12 mm. de long; spathes ventrues, terminales, contenant quatre à huit fleurs, à valves externes oblongues, foliacées, de 35 mm. et les internes de 25 mm. de long. Tige dressée, aplatie et étroitement ailée, simple ou ramifiée supérieurement, de 15 à 25 et jusqu'à 45 cent. de haut. Chili, 1825. Demi-rustique. (B. R. 1067.)

S. g. ascendens, Hort. *Fl.* à spathes très poilues et égales. *Flles* radicales de 10 à 15 cent. de long; les caulinaires de 5 à 8 cent. de long et alternes. Tige simple, de 12 à 25 cent. de haut. (B. R. 1914, sous le nom de *S. g. pumilum*, Hort.)

S. g. maculatum, Hook. *Fl.* à périanthe maculé de rouge sang foncé à la base des segments; fascicules nombreux. Variété vigoureuse. (B. M. 3197, sous le nom de *S. maculatum*, Hook.)

Fig. 49. — SISYRINCHIUM GRANDIFLORUM.

S. grandiflorum, Dougl.' ANGL. Spring Bell. — *Fl.* pourpre foncé, striées, pendantes, à segments obcordés ou obovales, onguiculés, de 2 à 2 cent. 1/2 de long; spathes contenant deux fleurs pédicellées, à deux valves dressées, foliacées, linéaires, de 4 cent. de long. Mai. *Flles* deux ou trois, largement linéaires, étalées, striées, de 15 à 20 cent. de long, engainantes à la base. Tige simple, arrondie, de 20 à 30 cent. de haut. *Rhiz.* rampant. Amérique du Nord; Californie, 1826. Jolie plante rustique. (B. M. 3509; B. R. 1364; G. C. n. s. XXI, p. 216; R. H. 1868, p. 190; S. B. F. G. ser. II, 388.) Syn. *S. Douglasii*, Dietr. (F. d. S. 146.). — Il en existe une variété à *fleurs blanches*.

S. iridifolium, Humb., Bonpl. et Kunth. * *Fl.* blanc jaunâtre, veinées de brun, à segments d'environ 12 mm. de long, cunéiformes-ligulés, légèrement mucronés, pubescents en dessous; filets staminaux soudés presque jusqu'au sommet en tube ventru; pédicelles grêles; spathes contenant quatre à six fleurs, l'externe de 4 cent. et l'interne de 2 cent. 1/2 de long, carénées; pédoncules géniculés. Juin. *Flles* linéaires-ensiformes, incurvées au sommet, scabres-ciliées sur les bords; les radicales faibles, de 10 à 20 cent. de long; les caulinaires deux ou trois, de 5 à 10 cent. de long. Tige distinctement ailée, à deux branches ou plus et de 10 à 30-40 cent. de haut. Largement dispersé dans l'Amérique tropicale, depuis le Brésil jusqu'au Chili, 1822. Demi-rustique. (L. B. C. 1979.) Syns. *S. laxum*, Otto (B. M. 2319); *Marica iridifolia*, Ker. (B. R. 646.)

S. irioides, Curt. Syn. de *S. bermudianum*, Linn.

S. laxum, Otto. Syn. de *S. iridifolium*, Humb., Bonpl. et Kunth.

S. longistylum, Lem. — V. **Solenomelus chilensis.**

S. lutescens, Lodd. — Syn. de *S. striatum*, Smith.

S. micranthum, Cav. *Fl.* trois à dix, petites, pédicellées; périanthe jaune pâle, de 4 à 6 mm. de long; fascicules terminaux, à spathe externe d'environ 2 cent. 1/2 de long; l'interne de 12 mm. de long; filets staminaux soudés jusqu'au milieu en colonne cylindrique. Juin. *Flles* linéaires-ensiformes, striées, glabres; les radicales de 2 1/2 à 10 cent. de long et 2 mm. 1/2 de large; les caulinaires bractéiformes, de 2 cent. 1/2 de long. Tige aplatie, étroitement ailée, glabre, flexueuse, ramifiée très bas et portant plusieurs fascicules de fleurs et plusieurs feuilles. *Haut.* 8 à 15 cent. Mexique, Brésil, etc., 1815, naturalisé en Australie. Demi-rustique. (B. M. 2116.)

S. odoratissimum, Cav. — V. **Symphyostemon narcissoides.**

S. pedunculatum, Gilies. — V. **Solenomelus chilensis.**

S. striatum, Smith. *Fl.* jaune pâle, veinées de brun, à tube de 5 mm. de long et à segments oblancéolés, de 18 mm. de long; filets staminaux soudés jusqu'au milieu; fascicules alternes, sessiles, espacés, composés de douze à vingt fleurs formant un épi terminal et accompagnés chacun d'une grande bractée ovale; spathes à valves de moins de 2 mm. 1/2 de long; les internes entièrement membraneuses. Juin. *Flles* glabres; les radicales huit à dix, d'environ 30 cent. de long, distiques, équitantes et engainantes, fermes, linéaires, de 30 cent. ou plus de long et 12 mm. de large; les caulinaires assez espacées et amplexicaules. Tige forte, étroitement ailée, simple ou ramifiée, portant deux à trois feuilles au-dessous de l'inflorescence et de 30 à 60 cent. de haut, y compris celle-ci. Chili, 1788. Espèce rustique. Syns. *S. lutescens*, Lodd. (L. B. C. 1870); *Marica striata*, Ker. (B. M. 701.)

S. tenuifolium, Humb., Bonpl. et Kunth. *Fl.* jaune pâle, à segments oblongs, aigus, de 8 mm. de long; pédicelles faiblement poilus, plus longs que les spathes; celles-ci ventrues, renfermant trois à quatre fleurs et ovales-lancéolées, de 12 à 18 mm. de long, distinctement bordées de blanc; filets staminaux libres supérieurement. *Flles* linéaires-ensiformes, scabres sur les bords, acuminées, striées, faibles; les radicales de 6 à 18 cent. de long, plus courtes que la tige; les caulinaires de 5 à 10 cent. de long. Tige à deux angles peu prononcés, ascendante, simple ou souvent ramifiée vers la base, portant plusieurs fascicules de fleurs et ayant 4 à 30 cent. de haut. Mexique, 1816. Rustique. (B. M. 2117, 2313.)

SITOCODIUM, Salisb. — V. **Camassia**, Lindl.

SITODIUM, Gærtn. — V. **Artocarpus**, Linn.

SITOLOBIUM, J. Smith. — Réunis aux **Dicksonia**, L'Her.

SITONES. — Ce nom, qu'on écrit encore *Sitona*, est celui d'un genre de petits Coléoptères appartenant à la famille des Curculionides (Charançons) dont les espèces sont nuisibles aux Pois et aux Fèves cultivés dans les champs et attaquant aussi d'autres Légumineuses, notamment le Trèfle. Chez ces Charançons, le rostre est plus court que chez les autres, horizontal au lieu d'être arqué et plan, sauf un léger sillon existant sur sa face supérieure. Les antennes sont coudées. Le corps est oblong, avec le corselet beaucoup plus étroit que l'abdomen. L'adulte mesure environ 4 mm. ou un peu plus de long; il est noir, mais cette teinte est presque toujours plus ou moins cachée par un revêtement de poils et d'écailles jaunâtres, gris ou rosés, susceptibles d'être enlevés par frottement et disparaissant même au bout d'un certain temps.

Les *S. crinita* (Angl. Spotted Pea-weevil), *S. lineata* (Angl. Striped Pea-weevil) et *S. sulcifrons* sont les espèces les plus nuisibles. Ce dernier porte sur ses élytres dix lignes de ponctuations alternativement jaunâtre clair et foncé, et est un peu plus petit. Le *S. lineata* est plus gris ou rosé et porte quelques taches foncées sur ses élytres. Chez ces espèces, les pattes sont le plus souvent rouge terne.

Les insectes parfaits de ce genre vivent sur les Pois, les Fèves et autres Légumineuses, dont ils rongent les feuilles et les folioles, en commençant par les bords; ils détruisent ainsi parfois complètement les plantes, surtout lorsqu'elles sont encore jaunes et que le froid et un temps défavorable viennent arrêter momentanément leur développement. Lorsque la végétation est active et les plantes déjà fortes, les ravages sont au contraire peu importants.

Les mœurs et le développement de ces Charançons ont été étudiés il y a quelques années par MM. Hart et Christy. Les larves vivent sur les racines du Trèfle et probablement aussi sur celles d'autres Légumineuses. On en a observé à l'automne de tous âges et de toutes tailles; beaucoup passent l'hiver à l'état de larves et atteignent leur complet développement au printemps. A cet état, elles sont apodes, blanches et ridées. Elles se transforment en nymphe ovale, dans un cocon de terre, à 3-5 cent. au-dessous de la surface du sol et émergent à l'état parfait au bout de deux à trois semaines. On pourrait croire que la larve est ainsi bien plus nuisible que l'adulte, bien qu'en réalité il en soit tout autrement. Leur présence peut passer inaperçue car, lorsqu'ils sont en danger, ces Charançons se laissent tomber à terre et se cachent dans toutes les cavités présentes, mais lorsqu'on piétine autour des plantes, ils s'envolent en grand nombre. Ils paraissent passer l'hiver dans la partie creuse du sommet des chaumes ou dans toute autre retraite qui leur paraît convenable.

Remèdes. — Le moyen préventif le plus efficace consiste sans doute à rendre les terres destinées à la culture des Légumineuses aussi meubles et fertiles qu'il est possible, afin que les plantes soient vigoureuses et puissent ainsi supporter les attaques de ces Charançons. Dans le même but, il convient aussi d'arroser copieusement les plantes pendant la période de sécheresse. On recommande encore de répandre des cendres de bois ou de charbon de terre sur les sillons de Pois ou de Fèves, car ces substances favorisent la végétation. En passant le rouleau sur la terre, on fait sortir les Charançons et on en écrase beaucoup. Les applications de chaux ou de suie sur les feuilles humides rendent celles-ci désagréables aux insectes, mais le pétrole est sans doute la substance qui a jusqu'ici donné les meilleurs résultats. On en prépare une émulsion aussi parfaite que possible avec du savon noir, à la dose d'environ 15 grammes de pétrole par litre d'eau et 25 grammes de savon noir et on en asperge les plantes.

SIUM, Linn. (de *Sion*, ancien nom grec employé par Dioscorides). Comprend les *Berula*, Koch. **Berle**; ANGL. Water Parsnip. FAM. *Ombellifères*. — Petit genre renfermant six espèces de plantes herbacées, aquatiques ou marécageuses, glabres et rustiques, habitant toutes les régions tempérées de l'hémisphère boréal ainsi que l'Afrique australe et Sainte-Hélène. Fleurs blanches, réunies en ombelles composées, pourvues d'involucres et d'involucelles à plusieurs folioles entières ou incisées. Achaines (graines) comprimés latéralement, presque didymes, à cinq côtes filiformes. Feuilles pinnatiséquées, à folioles dentées.

Fig. 50. — SIUM LATIFOLIUM.

Deux espèces : les *S. latifolium*, Linn. et *S. angustifolium*, Linn. (*Berula angustifolia*, Koch.), croissent spontanément en France, en Angleterre, etc., dans les lieux inondés et ne présentent, ainsi que les autres espèces, aucun intérêt horticole, si ce n'est peut-être, qu'ils peuvent servir par leur grande taille à garnir le bord des lacs, dans les parties agrestes des parcs paysagers. Le *S. Sisarum*, aujourd'hui réuni aux *Pimpinella* par Bentham et Hooker, est seul économique et on le cultive dans certains jardins d'amateurs, sous les noms de Chervis et Chirouis, pour l'usage culinaire de ses racines charnues.

S. Sisarum, Linn. Chervis ou Chirouis; ANGL. Skirret. — *Fl.* blanches, à limbe denticulé ou presque nul ; involucre à cinq folioles réfléchies. Juillet-août. *Flles* pinnatiséquées ; les supérieures à trois folioles oblongues-aiguës et dentées. Tiges cylindriques. Racines allongées, fusiformes, charnues, fasciculées, charnues et comestibles. *Haut.* 30 cent. Chine, 1548. — *Pimpinella* est maintenant son nom correct. Pour sa culture V. **Chervis**. (S. M.)

Fig. 51. — SIUM SISARUM. — Chervis, Chirouis

SKIMMIA, Thunb. (de *skimmi*, mot japonais signifiant : fruit nuisible). FAM. *Rutacées*. — Genre comprenant environ une demi-douzaine d'espèces de jolis arbustes toujours verts, très glabres et rustiques ou demi-rustiques, à ramilles vertes et habitant l'Himalaya et le Japon. Fleurs polygames, blanchâtres, fasciculées et réunies en panicules ramifiées et terminales ; calice court, à quatre ou cinq lobes ; pétales quatre ou cinq, oblongs, beaucoup plus longs que le calice, valvaires ou lâchement imbriqués; disque peu apparent; étamines quatre. Fruit drupacé, ovoïde, charnu, renfermant deux à quatre graines. Feuilles alternes, simples, pétiolées, lancéolées, entières, coriaces et parsemées de ponctuations glanduleuses.

Les *Skimmia* se recommandent par leur port, la beauté de leur feuillage, leurs fleurs odorantes et par leurs fruits; ils font le meilleur effet dans les serres froides et les orangeries, où il convient de les rentrer pendant l'hiver, car leur rusticité ne paraît pas très grande ; certaines espèces résistent cependant en pleine terre à nos hivers moyens, quand elles sont plantées en terrain sain et parmi d'autres arbustes à feuillage persistant, notamment les *Rododendrons*, avec lesquels elles s'accommodent fort bien, surtout dans les corbeilles ombragées et à terre de bruyère qui leurs sont consacrées. Il leur faut un compost de terre de bruyère et de terre franche. Leur multiplication s'effectue par boutures que l'on fait dans du sable, sous cloches et sur une douce chaleur de fond, ainsi que par graines que l'on sème dès leur maturité, dans le compost indiqué plus haut.

S. Foremanni, Foremann. Hybride d'origine horticole.

S. fragrans, Carr. * *Fl.* blanches, odorantes, disposées en panicules terminales. *Flles* elliptiques-oblongues et épaisses. *Haut.* 1 m. environ. (R. H. 1880, 156, fig. 41.) — Il n'existe jusqu'à présent que la plante femelle dans les cultures.

S. fragrantissima, Hort. Syn. de *S. oblata*, T. Moore.

S. intermedia, Carr. *Fl.* blanches, rosées à l'extérieur, odorantes, réunies en panicules spiciformes. Printemps. *Flles* étroitement elliptiques, coriaces et vert foncé. 1870. — Arbuste très ramifié, compact, d'origine horticole, intermédiaire entre les *S. fragrans* et *S. japonica*.

S. japonica, Lindl. * *Fl.* blanches, ressemblant à celles de certains Houx, délicieusement parfumées, à pétales étalés et réunies en panicules thyrsoïdes, pédonculées, largement oblongues et multiflores. *Fr.* arrondis-ovales et rouges. *Flles* alternes, mais fasciculées çà et là sur certains rameaux et paraissant alors verticillées, oblongues, acuminées, entières, rétrécies à la base en pétiole court et parsemées de ponctuations pellucides. *Haut.* Rarement plus de 1 m. à 1 m. 20. Japon, 1845. — Très bel arbuste lorsqu'il est couvert des fruits. (B. M. 4719 ; G. C. n. s. XXV, p. 244 ; 1889, part. I, p. 524 ; I. H. 1854, 13 ; L. et P. F. G. II, 163 ; S. Z. F. J. 68.)

S. j. argentea variegata, Hort. *Flles* oblongues, acuminées, largement et inégalement bordées de blanc. 1875.

S. Laureola, Sieb. et Zucc. * *Fl.* jaune pâle, très odorantes, disposées en corymbes terminaux, très compacts ; rachis et pédoncules ponctués de pourpre. Printemps. *Fr.* ovales, lisses, presque aussi gros qu'une olive. *Flles* rapprochées au sommet des rameaux, sub-opposées ou ternées, oblongues-lancéolées, aiguës, atténuées à la base, entières, de 8 à 12 cent. de long, vert foncé en dessus, jaunâtres en dessous. *Haut.* 1 m. 20. Népaul. Très joli arbuste à fleurs exhalant une odeur de citron. Syn. *Limonia Laureola*. DC.

S. oblata, T. Moore. * *Fl.* rouge vermillon très vif, oblongues, luisantes, réunies en faisceaux paniculés. *Flles* fermes, lisses, elliptiques-obovales et vert gai. Japon, 1864, (G. C. n. s. XXV, p. 245.) — Petit arbuste nain, dense et très remarquable. — La plante à fleurs mâles ou à pollen est connue dans les jardins sous le nom de *S. fragrantissima*, Hort.

S. o. Veitchii, Carr. *Fl.* hermaphrodites ou monoïques, réunies en grappes spiciformes, à pétales blanc sale. Printemps. *Fr.* sphériques, d'un très beau rouge corail. *Flles* planes, elliptiques, obovales, luisantes, rétrécies en pétiole épais. *Haut.* 1 m. (R. H. 1880, p. 57, f. 13.)

Fig. 52. — Skimmia oblata Veitchii.

S. ovata, Hort. Cet arbuste ne paraît être qu'une forme du *S. japonica*, à feuilles plus grandes et plus larges que celles du type.

S. rubella, Carr. * *Fl.* blanc verdâtre, teintées de rouge quand elles sont en boutons, d'où son nom spécifique, odorantes et réunies en thyrses terminaux. *Flles* elliptiques-lancéolées et coriaces. Chine, 1874. (R. H. 1874, 311 ; 1880, p. 57, f. 12 ; 1885, p. 189 ; R. H. B. 1885, p. 253.)

Fig. 53. — Skimmia rubella.

SKINNERIA, Choisy. — Réunies aux **Ipomœa**, Linn.

SKIOPHILA, Hanst. — Réunis aux **Episcia**, Mart.

SLATERIA, Desv. — V. **Ophiopogon**. Ker.

SLOANEA, Linn. (dédié à Sir Hans Sloane, né en Irlande en 1660, président de la *Royal Society*, fondateur du *British Museum* et du jardin botanique de Chelsea, mort en 1753). Fam. *Tiliacées*. — Genre assez important, comprenant environ quarante-cinq espèces d'arbres de serre chaude, habitant l'Amérique tropicale. Fleurs réunies en grappes, en panicules ou en faisceaux axillaires ou terminaux, rarement solitaires; calice à quatre ou cinq lobes ou sépales valvaires, rarement soudés; pétales nuls ou très rarement un à quatre, sépaloïdes; étamines nombreuses. Feuilles alternes ou sub-opposées, entières ou dentées, penninerviées. Les deux espèces décrites ci-après, seules introduites, sont de beaux arbres à grand feuillage. Ils prospèrent dans un compost de terre franche et de terre de bruyère. Leur multiplication s'effectue par boutures de rameaux aoûtés, que l'on fait dans du sable, sous cloches et sur chaleur de fond.

S. dentata, Linn. *Fl.* blanches, grandes. Août-novembre. *Flles* ovales, aiguës, obtusément dentées, accompagnées de stipules cordiformes-triangulaires et dentées en scie. *Haut.* 15 m. Amérique tropicale, 1752.

S. sinemariensis, Aubl. *Fl.* blanches, petites, réunies en grappes axillaires. Juillet-août. *Flles* arrondies-ovales entières, de 30 cent. de long, accompagnées de stipules allongées, acuminées et caduques. *Haut.* 15 m. Amérique tropicale, 1820.

SMEATHMANNIA, Soland. (dédié à Smeathmann, naturaliste qui voyagea en Afrique et récolta beaucoup de spécimens botaniques). Syn. *Bulowia*, Schum. et Thonn. Fam. *Passifloracées.* — Genre comprenant quatre espèces de magnifiques arbustes toujours verts, de serre chaude, à rameaux robustes et arrondis, habitant l'Afrique tropicale occidentale. Fleurs blanches, inodores, assez grandes, courtement pédonculées et bi-bractéolées; calice à tube très court et à cinq lobes oblongs; pétales cinq, légèrement plus longs que le calice; coronule coriace, ciliée, urcéolée, crénulée ou lobée; étamines environ vingt. Feuilles oblongues, coriaces, dentées en scie, à pétioles portant une à quatre glandes au sommet.

Les deux espèces suivantes, seules introduites, sont remarquables par leur port dressé, alors que la plupart des autres membres de la même famille sont des plantes grimpantes ou volubiles. Il leur faut un compost de terre franche, de terre de bruyère et de sable. Leur multiplication s'effectue par boutures de pousses à demi aoûtées, que l'on fait à chaud, dans du sable et sous cloches.

S. lævigata, Soland. *Fl.* courbées vers la base, à pétales oblongs, étalés ainsi que le calice; étamines et pistil allongés et insérés au sommet d'un gynophore court. Juillet. *Flles* alternes, un peu distiques, grossièrement dentées en scie, rétrécies à la base en court pétiole. Rameaux étalés. *Haut.* 2 m. Afrique tropicale. 1823. (B. M. 4194.)

S. pubescens, Soland. *Fl.* grandes, à pédoncules courts et axillaires; sépales et pétales aigus et étalés; stigmates duveteux. Février. *Flles* alternes, courtement pétiolées, oblongues, luisantes, aiguës, penniveinées, sinuées-dentées, obtuses à la base; pétioles ayant à peine 5 mm. de long et portant des glandes très saillantes. Rameaux arrondis, couverts quand ils sont jeunes, ainsi du reste que les pétioles et la nervure médiane de la face inférieure du limbe, les pédoncules et les sépales de poils ferrugineux. *Haut.* 2 m. Afrique tropicale, 1845. (B. M. 4361.)

SMEGMADERMOS, Ruiz et Pav. — V. Quillaja, Molina.

SMILACÉES. — Tribu des Liliacées.

SMILACINA, Desf. (diminutif de *Smilax*, genre auquel ces plantes ressemblent cependant peu). Angl. False Solomon's Seal. Syns. *Asteranthemum*, Kunth; *Jocaste*, Kunth; *Medora*, Kunth; *Neolexis*, Salisb.; *Polygonastrum*, Mœnch.; *Sigillaria*, Raf. et *Tovaria*, Neck. Fam. *Liliacées.* — Genre comprenant plus de vingt espèces de plantes herbacées, vivaces et presque toutes rustiques, habitant l'Amérique centrale et septentrionale et les régions tempérées et montagneuses de l'Amérique.

Fleurs petites, courtement pédicellées, accompagnées ou non de bractéoles et réunies en grappe ou panicule simple, terminale et courtement pédonculée; périanthe à la fin caduc, à six segments oblongs, obtus, étalés, libres ou courtement soudés à la base; étamines six, insérées à la base des segments et beaucoup plus longues qu'eux; ovaire à trois loges bi-ovulées. Le fruit est une baie globuleuse, renfermant une-deux graines arrondies. Feuilles alternes, très courtement pétiolées, ovales, lancéolées et rarement étroites. Rhizome rampant horizontalement; tige feuillée.

Les *Smilacina* sont aujourd'hui peu répandus; les suivants existent cependant dans les cultures. Ils prospèrent en plein air, dans une une terre légère, siliceuse, celle de bruyère de préférence, dans un endroit frais et ombragé. Leur multiplication s'effectue facilement par division des rhizomes.

S. bifolia, Desf. — V. **Maianthemum bifolium.**

S. borealis, Ker. — V. **Clintonia borealis.**

S. canadensis, Pursh. — V. **Maianthemum bifolium.**

S. oleracea, Hook. f. et Thoms.* *Fl.* réunies en panicule deltoïde, terminale et accompagnées de petites bractées; périanthe blanc, teinté de rose à l'extérieur, globuleux, d'environ 6 mm. de long et autant de large; pédicelles ayant environ 6 mm. de long et défléchis ou ascendants. Mai. *Fr.* bacciforme, rose-pourpre et parsemé de taches foncées. *Flles* de 15 à 18 cent. de long, alternes, oblongues-acuminées, finement pubescentes en dessous. Tige sub-dressée et simple. *Haut.* 1 m. 20. Sikkim; Himalaya, 1877. (Gn. 1893, 910; B. M. 6313, sous le nom de *Tovaria oleracea*, Baker.)

S. racemosa, Desf. * Angl. False Spikenard. — *Fl.* solitaires au sommet des pédicelles, à périanthe blanchâtre, de 2 mm. 1/2 de long; panicule oblongue ou deltoïde, courtement pédonculée, de 5 à 15 cent. de long, à rameaux densiflores et ascendants. Mai. *Flles* dix à quinze, ascendantes, oblongues ou lancéolées, acuminées, de 8 à 25 cent. de long et pubérulentes en dessous. *Haut.* 60 cent. à 1 m. Amérique du Nord, 1640. (R. L. 230; B. M. 899, sous le nom de *Convallaria racemosa*, Linn.)

S. stellata, Desf. * Angl. Star flowered Lily of the Valley. — *Fl.* à périanthe blanc, de 5 à 8 mm. de long, disposées par dix à vingt en grappes un peu denses, très courtement pédonculées et de 2 1/2 à 4 cent. de long. Mai. *Flles* six à quinze, ascendantes, oblongues ou lancéolées, de 5 à 15 cent. de long, aiguës ou acuminées, sessiles et semi-amplexicaules, glauques et pubérulentes en dessous. *Haut.* 30 à 60 cent. Amérique du nord-ouest, 1638. (R. L. 185; B. M. 1043 et L. B. C. 1080, sous le nom de *Convallaria stellata*, Linn.)

S. uniflora, Menz. — V. **Clintonia uniflora.**

SMILAX, Linn. (ancien nom grec employé par Théophraste). Salsepareille; Angl. American China Root. — Fam. *Liliacées.* Tribu *Smilacées.* — Genre important,

Fig. 54. — Smilax medica. — Salsepareille.

comprenant aujourd'hui environ deux cents espèces d'arbustes sarmenteux ou rarement de plantes naines et sub-herbacées, rustiques, de serre froide ou chaude, largement dispersées dans les régions tropicales, la région méditerranéenne, l'Asie orientale et l'Amérique septentrionale et centrale.

Fleurs petites, dioïques, pédicellées, réunies en ombelles ou en petites cymes souvent nombreuses, pédonculées ou sessiles, axillaires ou terminales, périanthe caduc, à six divisions étalées; les mâles avec six étamines ou rarement en nombre indéfini; les femelles à six staminodes ou parfois moins, avec un ovaire à trois loges et autant de stigmates. Le fruit est une baie globuleuse. Feuilles alternes, distiques ou rarement opposées, souvent persistantes, à pétioles munis de deux vrilles; les florales souvent réduites à l'état de bractées.

Au point de vue horticole, les *Smilax* sont intéressants par leur feuillage toujours vert et léger, mais quelques-uns seulement sont à peine suffisamment rustiques pour résister à nos hivers; dans le Midi, ils prospèrent au contraire fort bien en plein air et deviennent alors utiles pour tapisser les murs et les treillages. Quelques espèces de serre ont un feuillage élégamment panaché.

L'importance économique de ces plantes est beaucoup plus grande, car plusieurs sont employées comme médicament, comme aliment ou pour fabriquer de la boisson. Les racines de plusieurs espèces, notamment des *S. medica* et *S. officinalis*, constituent la Salsepareille des officines, employée comme dépuratif; celles du *S. China* sont consommées par les Chinois et celles du *S. pseudo-China* sont employées pour fabriquer une sorte de bière dans le sud de la Caroline.

Les espèces décrites ci-après sont les plus répandues dans les jardins. Elles demandent une terre légère et une exposition chaude et ensoleillée. Leur multiplication s'effectue par division des souches ou par boutures faites à l'étouffée et sur chaleur de fond.

S. argyreia, Lind. et Rod. *Flles* très courtement pétiolées, ovales-lancéolées, acuminées, de 12 à 15 cent. de long et 3 à 4 cent. de large, à trois nervures saillantes, vert gai et irrégulièrement panachées de blanc d'argent. Tiges très épineuses. Jolie plante grimpante de serre chaude. Bolivie, 1892. (I. H. 1893, 173 ; vol. 39, p. 51, t. 152 ; R. H. 1893, 201 ; J. 1893, 111.)

S. aspera, Linn. * Angl. Prickly Ivy. — *Fl.* blanchâtres ou carnées, odorantes, en ombelles, réunies en épis plus longs ou plus courts que les feuilles. Septembre. *Fr.* rouges. *Flles* fréquemment cordiformes à la base, hastées ou deltoïdes-lancéolées, acuminées ou cuspidées, coriaces, luisantes, parfois maculées de blanc et épineuses sur les bords et sous la nervure médiane. Tiges épineuses. *Haut.* 1 m. 50 à 3 m. Europe méridionale; France, etc. (S. F. G. 959.)

S. a. angustifolia, Hort. *Flles* étroites et allongées. (L. B. C. 1799, sous le nom de *S. sagittæfolia*, Lodd.)

S. a. mauritanica, Hort. * *Fl.* vert jaunâtre, odorantes, en grappes plus longues que la feuille voisine. *Fr.* rouges, globuleux, en grappes rappelant le raisin et très décoratives. *Flles* profondément ovales-cordiformes, à lobes inférieurs arrondis, aiguës et fortement mucronées, à sept nervures saillantes en dessous, non épineuses et à pétioles glabres et lisses. Très belle plante grimpante, demi-rustique et toujours verte, propre à l'ornementation des jardins d'hiver. Région méditerranéenne. (G. C. n. s. XXII, p. 185. Syn. *S. mauritanica*, Desf.)

S. a. punctata, Hort. Variété à feuilles maculées de blanc. (R. G. 683.)

S. asperrima, Hort. Nom horticole appliqué à une plante qu'on ne peut déterminer actuellement.

S. auriculata, Walt. *Fl.* petites, très odorantes. *Fr.* bacciforme, petit et globuleux. *Flles* vertes, luisantes et élargies-hastées à la base, à lobe antérieur trinervé, avec deux nervures supplémentaires dans les angles de la base. Tige striée, fortement garnie de petites épines courtes et récurvées. Sud des Etats-Unis, 1884. Élégant arbuste grimpant, toujours vert et demi-rustique.

S. australis, R. Br. *Fl.* blanches, vert pâle ou pourpres, disposées en ombelles multiflores sur des pédoncules axillaires. Été. *Flles* variant depuis la forme ovale-lancéolée ou oblongue jusqu'à celle presque orbiculaire, de 5 à 10 cent. de long ou rarement plus grandes, à pétioles courts et tordus. Tiges et rameaux ordinairement armés d'aiguillons épars. *Haut.* 1 m. à 1 m. 50. Australie, 1791. Syn. *S. latifolia*, R. Br.

Fig. 55. — Smilax ornata.

S. Bona-nox, Linn. *Fl.* blanc verdâtre, à pédoncules plus longs que les pétioles. Juin-juillet. *Flles* à la fin caduques, variant depuis la forme cordée-arrondie et légèrement contractée au-dessus de la base dilatée, jusqu'à celles pandurée, hastée ou trilobée, vertes et luisantes sur les deux faces, cuspidées et à bords ciliés ou spinuleux. Rameaux et ramilles garnis de petits aiguillons rigides et épars. *Haut.* 1 m. 50 à 3 m. Amérique du Nord, 1739. Syn. *S. tamnoides*, A. Gray.

S. B.-n. hastata, Hort. *Flles* plus étroites que dans le type, fortement couvertes d'épines sur les bords. 1820.

S. B.-n. rubens, Hort. *Flles* à vrilles purpurines. Rameaux faiblement épineux. (W. D. B. 108, sous le nom de *S. rubens*, Willd.)

S. China, Linn. Angl. China-Root. — *Fl.* blanc verdâtre, à pédoncules beaucoup plus courts que les feuilles et plus longs que les pétioles. Août. *Flles* caduques, ovales-arrondies; les juvéniles brusquement rétrécies et aiguës à la base, puis devenant sub-cordiformes, aiguës, cuspidées ou rétuses au sommet et entières. *Haut.* 6 m. Chine et Japon, 1759. — Les racines de cette espèce sont très grosses, charnues, rougeâtres et comestibles.

S. discolor, Schlecht. *Flles* d'environ 25 cent. de long et 10 cent. de large, oblongues-ovales, brusquement acuminées, fermes, irrégulièrement maculées de brun quand elles sont jeunes et à cinq nervures. Mexique.

S. glauca, Walt. *Fl.* blanc verdâtre, à pédoncules aplatis et plus longs que les feuilles. Juillet. *Flles* à la fin caduques ou partiellement persistantes, ovales, rarement subcordiformes, glauques en dessous et parfois aussi en dessus (ainsi que les ramilles), brusquement mucronées, à bords lisses et nus. Rameaux arrondis, nus ou armés de fortes épines éparses, ainsi que les ramilles qui sont un peu quadrangulaires. *Haut.* 1 m. Amérique du Nord, 1815. (B. M. 1816; W. D. B. 111, sous le nom de *S. Sarsaparilla*, Linn. pr. p.)

S. glycyphylla, Smith.; Angl. Botany Bay Tea ou Tree. — *Fl.* à périanthe presque globuleux en bouton; pédoncules axillaires et simples ou quelques-uns des terminaux ramifiés et paniculés. Eté. *Fr.* noirs, globuleux. *Flles* lancéolées ou ovales-lancéolées, de 4 à 8 cent. de long ou rarement plus, aiguës ou acuminées, rétrécies ou arrondies, rarement presque cordiformes à la base, rigides, souvent glauques ou blanches en dessous, parfois vertes sur les deux faces, à pétioles tordus, portant des vrilles grêles. Australie. Plante glabre et inerme, de serre froide. (R. G. 1888, f. 74.)

S. herbacea, Linn. Angl. Carrion Flower. — *Fl.* à odeur de Campanule, réunies par vingt-quarante au sommet de pédoncules allongés, de 8 à 10 et parfois 15 ou même 20 cent. de long. Juin. *Flles* beaucoup plus courtes que les pédoncules, longuement pétiolées, membraneuses, ovales-oblongues ou arrondies, presque toutes cordiformes, mucronées et glabres. Tiges herbacées, jamais épineuses, dressées, récurvées ou grimpantes. Amérique du Nord, 1699.

S. h. Simsii, Hort. *Flles* petites, ovales-acuminées, subaiguës ou obtuses à la base. (B. M. 1920, sous le nom de *S. herbacea*.)

S. lanceolata, Linn. *Fl.* blanc verdâtre, réunies en ombelles paniculées, à pédoncules courts, atteignant rarement la longueur des pétioles et arrondis. Juin-juillet. *Flles* un peu minces, assez rapidement caduques, variant depuis la forme ovale-lancéolée jusqu'à celle oblongue-lancéolée, rétrécies à la base en courts pétioles, luisantes en dessus, pâles ou glauques en dessous et beaucoup sont dépourvues de vrilles. *Haut.* 5 à 6 m. Amérique du Nord, 1785.

S. latifolia, R. Br. Syn. de *S. australis*, R. Br.

S. macrophylla maculata, Hort. Syn. de *S. ornata*, Lem.

S. marmorea, Hort. Nom horticole d'une plante qui appartient probablement au *S. ornata*.

S. mauritanica, Desf. Variété du *S. aspera*, Lem.

S. officinalis, Humb., Bonpl. et Kunth. *Fl.* inconnues. *Flles* oblongues, légèrement aiguës à la base, brusquement acuminées au sommet, membraneuses, de 12 à 18 cent. de long, à pétioles de 5 à 12 cent. de long, à bords réfléchis et engainants à la base. Jeunes rameaux subcylindriques, devenant un peu quadrangulaires et armés d'épines réfléchies. Chiriqui, etc., vers 1866. (B. M. Pl. 289; B. M. 7054.)

S. ornata, Lem. * *Flles* ovales, acuminées, à la fin cordiformes à la base, fortement maculées entre les nervures de gris argenté sur fond vert foncé; pétioles épineux sur le dos. Rameaux anguleux, armés de courts aiguillons. Mexique, 1865. — Belle espèce panachée, de serre froide. Elle fournit, paraît-il, la véritable Salsepareille des officines. (I. H. 439.) Syn. *S. macrophylla maculata*, Hort.

S. pseudo-China, Linn. *Fl.* verdâtres, à pédoncules deux à quatre fois plus longs que les pétioles. Juillet. *Fr.* noirs. *Flles* de 8 à 12 cent. de long, ovales-cordiformes ou ovales-oblongues sur les ramilles, aiguës-cuspidées, vertes sur les deux faces, souvent ciliées, rudes, minces mais prenant à la fin une texture coriace. Tiges et rameaux inermes ou ne portant que quelques aiguillons faibles. Amérique du Nord. 1739.

S. quadrangularis, Muehl. Syn. de *S. rotundifolia*, Linn.

S. rotundifolia, Linn. * *Fl.* verdâtres, à pédoncules aplatis, un peu plus longs que les pédicelles et pauciflores. Juin. *Fr.* bleu-noir et globuleux. *Flles* minces, ovales ou arrondies-ovales, entières, de 5 à 10 cent. de long, brusquement aiguës, presque toutes arrondies ou légèrement cordiformes à la base. Tiges grimpant très haut et armées d'épines éparses. Amérique du Nord. (T. S. M. 610. Syn. *S. quadrangularis*, Humb., Bonpl. et Kunth. (W. D. B. 109.)

S. salicifolia variegata, Hort. *Flles* elliptiques-lancéolées, finement marbrées de blanc entre les nervures et paraissant ainsi porter quatre bandes blanches, irrégulières et très élégantes. Rameaux anguleux, rarement subarrondis et armés d'aiguillons récurvés. Para, 1867. Serre froide. (I. H. 521, sous le nom de *S. longifolia foliis variegatis*.)

S. Schuttleworthii, Hort. *Flles* amples, cordiformes, acuminées, vert foncé, portant des taches confluentes, gris argenté; les juvéniles purpurines sur le dos; pétioles curieusement défléchis à la base. Colombie, 1877. Plante vigoureuse, grimpante et de serre chaude.

S. tamnoides, A. Gray. Syn. de *S. Bona-nox*, Linn.

SMITHIA, Ait. (dédié à Sir James Edward Smith, fondateur de la *Linnean Society*, auteur de *English Botany*, *Flora Britannica* et autres ouvrages; 1759-1828). Fam. *Légumineuses*. — Genre comprenant environ vingt-cinq espèces de plantes herbacées, d'arbustes ou de sous-arbrisseaux de serre chaude, habitant l'Asie tropicale et l'Afrique tropicale-orientale. Fleurs le plus souvent jaunes, rarement pourpres ou violet strié de jaune et souvent réunies en grappes axillaires et unilatérales; calice profondément découpé, à lobes soudés en deux lèvres; corolle à étendard sub-orbiculaire, courtement onguiculé; carène incurvée, obtuse ou légèrement rostrée; bractées et bractéoles scarieuses ou striées et persistantes. Gousse repliée dans le calice. Feuilles pinnées, avec ou sans impaire, à folioles petites, souvent falciformes, dépourvues de stipelles et à stipules membraneuses ou scarieuses et persistantes.

L'espèce suivante, seule digne d'être décrite ici, se cultive comme les **Mimosa** (V. ce nom.)

S. purpurea, Hook. *Fl.* pourpres, à étendard arrondi, marqué, ainsi que les ailes, de taches blanches; bractées ovales, ciliées; pédoncules ciliés et égalant les feuilles. Eté. *Flles* à folioles oblongues, longuement apiculées, ciliées; stipules soudées, ovales, terminées par une soie. Tige dressée, ramifiée et glabre. *Haut.* 15 à 30 cent. Indes orientales, 1848. Plante annuelle, de serre chaude. (B. M. 4283.)

SMYRNIUM, Linn. (ancien nom grec employé par Dioscorides et dérivé de *smyrna*, un des noms de la myrrhe; allusion à l'odeur de la plante). **Maceron**; Angl. Alexanders. Fam. *Ombellifères*. — Petit genre comprenant six ou sept espèces pour certains auteurs, une seule pour les autres, de plantes herbacées, dressées, glabres, bisannuelles, rustiques et habitant l'Europe, le nord de l'Afrique et l'Asie occidentale. Fleurs jaunes, polygames, à pétales entiers, acuminés et réunies en ombelles composées, dépourvues d'involucre. Fruit noir à la maturité, sub-didyme, à achaines globuleux, contractés et à côtes peu saillantes. Feuilles inférieures bi- ou triternatiséquées, à segments ovales ou oblongs ; les supérieures indivises ou n'ayant que quelques segments.

Avant l'introduction du Céleri, le *S. Olusatrum*, Linn., était cultivé comme salade sous le nom de Maceron potager (Angl. Black Pot-herb ; Common Alexanders ou Alisanders et Horse Parsley) ; sa saveur rappelle en effet celle du Céleri, mais elle est plus forte et moins agréable, on consommait aussi sa racine et ses graines sont carminatives, mais inusitées en médecine. L'usage culinaire de cette plante étant aujourd'hui abandonné et comme elle est, ainsi que ses congénères, dépourvue de qualités ornementales, on ne la rencontre plus guère que dans les jardins botaniques. Elle croît spontanément dans le Midi de la France, ainsi que les *S. perfoliatum*, Linn. et *S. rotundifolium*, DC. (S. M.)

SOBOLE. — Production tenant à la fois du bourgeon et de la graine, résultant de la transformation d'un fruit en une masse charnue, comme on peut l'observer chez certaines Amaryllidées. Horticolement, on applique ce mot à certains rejetons bulbiformes, naissant au-dessous de terre. (S. M.)

SOBOLEWSKYA, Bieb. (nom propre russe). Fam. *Crucifères*. — Genre comprenant quatre espèces de plantes herbacées, rustiques, habitant l'Asie Mineure et dont la suivante paraît seule introduite. Pour sa culture probable, V. **Aubrietia**.

S. **clavata**, Boiss. *Fl.* blanc pur, réunies en corymbes nombreux et se montrant en mai. Jolie plante herbacée, vivace et rustique. Arménie, 1892.

SOBOLIFÈRE ; Angl. Soboliferous. — Qui porte des soboles ou petits rejetons bulbiformes.

SOBRALIA, Ruiz et Pav. (dédié à Don F. M. Sobral, botaniste espagnol). Fam. *Orchidées*. — Genre dont une quarantaine d'espèces ont été aujourd'hui énumérées. Ce sont de grandes plantes terrestres, à tige souvent élevée, feuillues, non tubéreuses, vigoureuses, de serre chaude et habitant les Andes de l'Amérique tropicale, depuis le Pérou jusqu'au Mexique. Fleurs grandes et élégantes, peu nombreuses ou même solitaires au sommet de hampes axillaires ; sépales inégaux, dressés, soudés à la base ; pétales semblables ou plus larges ; labelle dressé à la base de la colonne, autour de laquelle les lobes latéraux se replient ou s'enroulent, à limbe étalé, concave, ondulé ou frangé sur les bords, indivis ou bilobé et à disque muni de crêtes ; colonne non stipitée, allongée, légèrement incurvée, semi-arrondie, à angles aigus ou étroitement ailés ; bractées apprimées ; masses polliniques quatre, pulvérulentes et sans caudicules. Feuilles distiques ou éparses, coriaces, plissées-veinées et sessiles dans les gaines.

« La serre est-indienne ou mexicaine convient à toutes ces plantes ; elles prospèrent dans des pots de grandes dimensions, dans de la terre de bruyère fibreuse, grossièrement concassée... et reposant sur un drainage d'environ 8 cent. d'épaisseur. Il est essentiel que les arrosements soient très copieux aux racines pendant la période de végétation, mais moindres par la suite.

Les tiges se développent en touffe épaisse et, lorsque les plantes deviennent trop fortes, il faut les dépoter et les diviser en plusieurs éclats, qui formeront bientôt des plantes florifères. Ce genre est beaucoup trop négligé par les cultivateurs d'Orchidées (B. S. Williams). »

S. **Amesiana**, Hort. Hybride horticole des *S. xantholeuca* et *S. Wilsoni*, 1895.

S. **Beyeriana**, Hort. *Fl.* de 12 cent. de diamètre, blanc teinté de rose, avec le labelle ample, ondulé, lilas rosé et jaune à la gorge. *Flles* larges. Plante naine, de 45 cent. de haut. Origine non indiquée. 1893.

S. **Brandtiæ**, Kranzl. *Fl.* pourpres, à labelle plus foncé, avec le disque orangé, pétales linéaires-oblongs, deux fois plus larges que les sépales ; labelle cunéiforme à la base, fortement dilaté et muni de deux petits lobes divergents. *Flles* distiques, engainantes, lancéolées, acuminées, de 20 cent. de long et à cinq nervures. Tiges de 1 m. de haut. Origine inconnue. 1896. Magnifique plante.

S. **Cattleya**, Rchb. f. * *Fl.* ressemblant à celles d'un *Cattleya*, à sépales et pétales brun purpurin ; labelle purpurin, avec trois carènes jaunes et crépues, formant un angle aigu par ses lobes latéraux qui enveloppent la colonne ; inflorescences nombreuses et latérales. *Flles* oblongues, acuminées, plissées et luisantes. Tige forte. Colombie, 1877. Plante remarquablement belle.

S. **chlorantha**, Hook. *Fl.* jaunes, entièrement colorées, ayant 8 cent. de long, sessiles, à labelle obovale, strié sur le disque, avec les bords ondulés et une paire de lamelles s'étendant depuis la base jusqu'au sommet. Juin. *Flles* très charnues, à peine plissées, lâchement striées, oblongues ; les supérieures transformées à l'état de bractées ovales et cucullées. *Haut.* 30 cent. Brésil, 1852. (B. M. 4682 ; F. d. S. 840.)

S. **decora**, Batem. « Cette espèce diffère du *S. sessilis*, non seulement parce qu'elle est entièrement dépourvue de la pubescence noirâtre qui caractérise cette espèce, mais encore en ce qu'elle est plus petite, à labelle franchement cunéiforme, à fleurs blanchâtres, avec le labelle rose et à pétales reposant sur les sépales, de telle façon que le dos des pétales correspond à la face supérieure des sépales (Lindley). » Guatémala, 1830. (B. M. 4570 et L. J. F. 104, sous le nom de *S. sessilis*.)

S. **dichotoma**, Ruiz et Pav. * Espagnol Flor del Paradiso. — *Fl.* blanches à l'extérieur, violettes à l'intérieur, parfois rose blanchâtre, avec le labelle pourpre ou entièrement rouge foncé, charnues ; labelle cucullé, trilobé, à segments latéraux entiers ; le médian émarginé, crispé, pourvu de crêtes lacérées au sommet ; grappes latérales, pendantes, dichotomes, flexueuses et multiflores. Janvier mars. *Flles* dures, plissées, acuminées, rétrécies à la base. Tiges de 2 à 6 m. de haut, ressemblant à des Bambous. Pérou. Magnifique espèce.

S. **fragrans**, Lindl. *Fl.* géminées, de 4 cent. de long, délicieusement parfumées, à sépales externes vert purpurin sale et carénés ; pétales jaune pâle, minces, plans, lancéolés ; labelle d'un jaune plus vif, à lobe médian fortement frangé et pourvu de neuf crêtes lacérées. Juillet. *Flles* très lisses, un peu charnues, parfaitement nues et munies d'une courte gaine carénée. Tige à deux angles et atteignant à peine 30 cent. de haut. Nouvelle-Grenade, 1854. (B. M. 4882.)

S. **leucoxantha**, Rchb. f. *Fl.* à sépales blancs, récurvés, oblongs-ligulés ; pétales blancs, un peu plus courts et plus larges que les sépales ; labelle blanc extérieurement, jaune d'or foncé et suffusé d'orange à la gorge et sur le disque, passant au blanc sur les bords, oblong-flabelliforme, enroulé à la base et à partie antérieure étalée, bilobée et crénulée ; bractées de la spathe scarieuses et maculées de brun. Août. *Flles* plissées, cunéiformes-oblongues, longuement acuminées et à gaines verruqueuses. Tiges de 30 cent. ou plus de haut. Costa-Rica. (B. M. 7058.)

S. Liliastrum, Lindl. *Fl.* blanches, veinées de jaune, grandes, pendantes, réunies en grappes terminales, distiques, multiflores et accompagnées de bractées spathacées. Juillet-août. *Flles* lancéolées, très aiguës, striées et engainantes à la base. Tiges de 2 m. 50 à 3 m. de haut. Guyane anglaise, Brésil, 1840. (L. S. O. 29). Syn. *Epidendrum Liliastrum*, Salzm.

S. L. **rosea**, Hort. *Fl.* à pétales et labelle d'un beau rose ; ces derniers veinés de blanc.

S. Lindeni, Hort. *Fl.* de 25 cent. de diamètre, à sépales et pétales blancs, teintés de rosé; labelle cramoisi pourpre sur le devant, portant quelques lignes chocolat à la gorge et blanc sur la partie pliée. Tiges plus courtes que dans le *S. macrantha*. Plante voisine du *S. Ruckeri*. Origine inconnue, 1895.

S. **Lowii**, Rolfe. *Fl.* pourpre vif uniforme. Tiges de 30 à 45 cent. de haut. Nouvelle espèce voisine du *S. sessilis*. Nouvelle-Grenade, 1892.

S. Lucasiana, Hort. C'est sans doute une variété du *S. macrantha*, à fleurs ayant les segments blancs et lilas, avec une tache jaune à la base. Origine non indiquée, 1892.

S. **macrantha**, Lindl. * *Fl.* d'un beau violet rosé, odorantes, de 15 à 18 cent. de diamètre, à sépales oblongs ; pétales plus larges et crispés dans leur partie supérieure ; labelle enroulé autour de la base de la colonne, très large et bilobé au sommet, ondulé sur les bords et portant au centre une tache jaunâtre; grappe courte, s'épanouissant successivement, mais les fleurs ne durent malheureusement que quelques jours. Été. *Flles* ovales, acuminées et plissées. Tiges de 2 m. à 2 m. 50 de haut. Mexique et Guatémala, 1842. C'est la plus belle espèce du genre. (B. M. 4446 ; F. d. S. 669; P. M. B. XIV, 241 ; R. H. B. 36.)

S. m. **albida**, Hort. *Fl.* d'un rose très pâle. (G. C. 1871, p. 906.)

S. m. **Kienastiana**, Hort. *Fl.* grandes, blanc pur, sauf une tache jaune à la base du labelle.

S. m. **nana**, Hort. *Fl.* plus petites que celles du type, à labelle violet foncé et jaune à la base. Variété naine.

S. m. **purpurea**, Hort. *Fl.* d'un beau rouge pourpre.

S. m. **splendens**, Hort. *Fl.* plus foncées que celles du type, mais moins grandes. Juin-août, 1846. Charmante plante. La variété de M. Woolley est une forme très naine, produisant en juin-juillet de magnifiques fleurs.

S. **rosea**, Pœpp. et Endl. * *Fl.* très grandes, à sépales et pétales mauve foncé ; labelle cramoisi, à centre blanc, très ouvert; grappe courte, à rachis flexueux ; bractées grandes et naviculaires. *Flles* ovales, acuminées. Tiges fortes, de 1 m. 20 à 2 m. de haut. Pérou et Nouvelle-Grenade. Très belle espèce dont les épis portent quatre fleurs ouvertes à la fois. Syn. *S. Ruckeri*, Lindl. (R. X. O. 1, 43, W. S. O. III, 19.)

S. Ruckeri, Lindl. Syn. de *S. rosea*, Pœpp. et Endl.

S. Sanderæ, Rolfe. *Fl.* grandes, semblables à celles du *S. leucoxantha*, dont la plante est voisine, mais dépourvues de panachures oranges à la gorge. Amérique centrale, 1890.

S. **sessilis**, Lindl. *Fl.* rose foncé, avec la moitié inférieure du labelle teintée de jaune, solitaires, sessiles, à labelle oblong-rhomboïde, pourvu à la base de deux lamelles; bractées nulles ou quelques-unes seulement et foliacées au sommet. Décembre. *Flles* couvertes en dessous, ainsi que les tiges, d'une pubescence foncée. Guyane anglaise, 1840. (B. R. 841, 17 ; B. M. 7346, non 4570.)

S. **suaveolens**, Rchb. f. *Fl.* blanc jaunâtre, très agréablement parfumées, à labelle blanc, brun sur le disque du lobe médian, avec des carènes jaunes. Amérique centrale, 1878. Cette espèce ressemble beaucoup par son port au *S. decora*.

S. **violacea**, Linden. *Fl.* violet pâle, plus grandes que celles du *S. decora*, à labelle enroulé, rappelant assez celui d'un *Cattleya;* bractées imbriquées et un peu feuillues. Juillet. *Flles* dures, lancéolées, profondément plissées et à gaines légèrement verruqueuses. Nouvelle-Grenade. Plante plus forte que le *S. decora*. (L. 319.) — Il en existe une variété à *fleurs blanches*, avec le disque du labelle jaune.

S. **Wilsoni**, Rolfe. *Fl.* grandes, blanc suffusé de rose et maculées de jaune sur le labelle. Nouvelle espèce voisine du *S. Warscewiczii*. Amérique centrale, 1890.

S. **xantholeuca**, Rchb. f. *Fl.* grandes et belles, défléchies, à sépales et pétales jaune pâle ; les premiers oblongs-lancéolés; les derniers plus larges et ondulés sur les bords ; labelle plus long que les autres segments, jaune plus foncé, fortement ondulé et émarginé. *Flles* lancéolées, acuminées, plissées et à gaines ponctuées de brun. Origine inconnue. (Gn. XXII, 366; R. H. 1890, 12; W. O. A. VI, 250; R. 44; B. M. 7332.)

S. x. **alba**, Hort. Variété à fleurs jaune primevère pâle. 1890.

SOCRATEA, Karst. (dédié à Socrate, grand philosophe grec). Fam. *Palmiers*. — Petit genre aujourd'hui réuni aux *Iriartea*, Ruiz et Pav., ne comprenant que trois à cinq espèces de Palmiers inermes, de serre chaude, habitant le nord du Brésil et la Colombie. Spadice solitaire, en forme de corne et récurvé avant la floraison, entouré de cinq à huit spathes caduques, les supérieures complètes. Fruit ellipsoïde ou oblong-ovoïde, renfermant une ou rarement deux graines. Feuilles peu nombreuses, terminales, régulièrement pinnatiséquées, à segments obliques, cunéo-flabelliformes, profondément laciniés, avec les lobes étroits, sinués-dentés.

L'espèce suivante est seule digne d'être décrite ici. Ses racines aériennes sont couvertes de petits aiguillons et par suite employées par les indiens pour râper la cassave. Pour sa culture, V. **Iriartea**.

S. **exorrhiza**, H. Wendl. Angl. Zanona Palm. — *Fl.* disposées en spadice de 50 cent. de long, étalé durant la floraison, puis pendant à la fructification ; spathes cinq ou six, caduques. *Fr.* jaunâtres ou vert jaunâtre, à peine charnus, ovales-elliptiques, de 2 à 3 cent. de long. *Flles* 4 à 6 m. de long, à pinnules obliques, sub-trapézoïdes, sinuées-dentées, planes, à pétioles cylindriques et enroulés à la base. Tronc de 20 à 30 m. de haut. Racines aériennes au nombre de huit à vingt ou plus, émergeant du tronc à environ 2 m. du sol. Guyane et Amazone, 1849. *Iriartea exorrhiza*, Mart., est maintenant son nom correct.

SOGALGINA Cass. — Réunis aux Tridax, Linn.

S. **trilobata**, Cass. — V. **Tridax trilobata**, Hemsl.

SOIE ; Angl. Seta. — On applique parfois ce nom aux poils gros et raides et dressés ou à des épines très grêles, rappelant les uns et les autres les poils ou soies du Porc.

SOJA hispida. (*Glycine Soja*, Sieb. et Zuc). Pois oléagineux de Chine. — Plante annuelle, vigoureuse, cultivée depuis longtemps en Chine et au Japon, où il en existe de nombreuses variétés, de taille plus ou moins trapue ou élevée et qu'on emploie à divers usages. Les Chinois et les Japonais forment avec le grain sec une sorte de fromage très apprécié. Ils le mangent aussi cuit et apprêté de diverses façons. Les

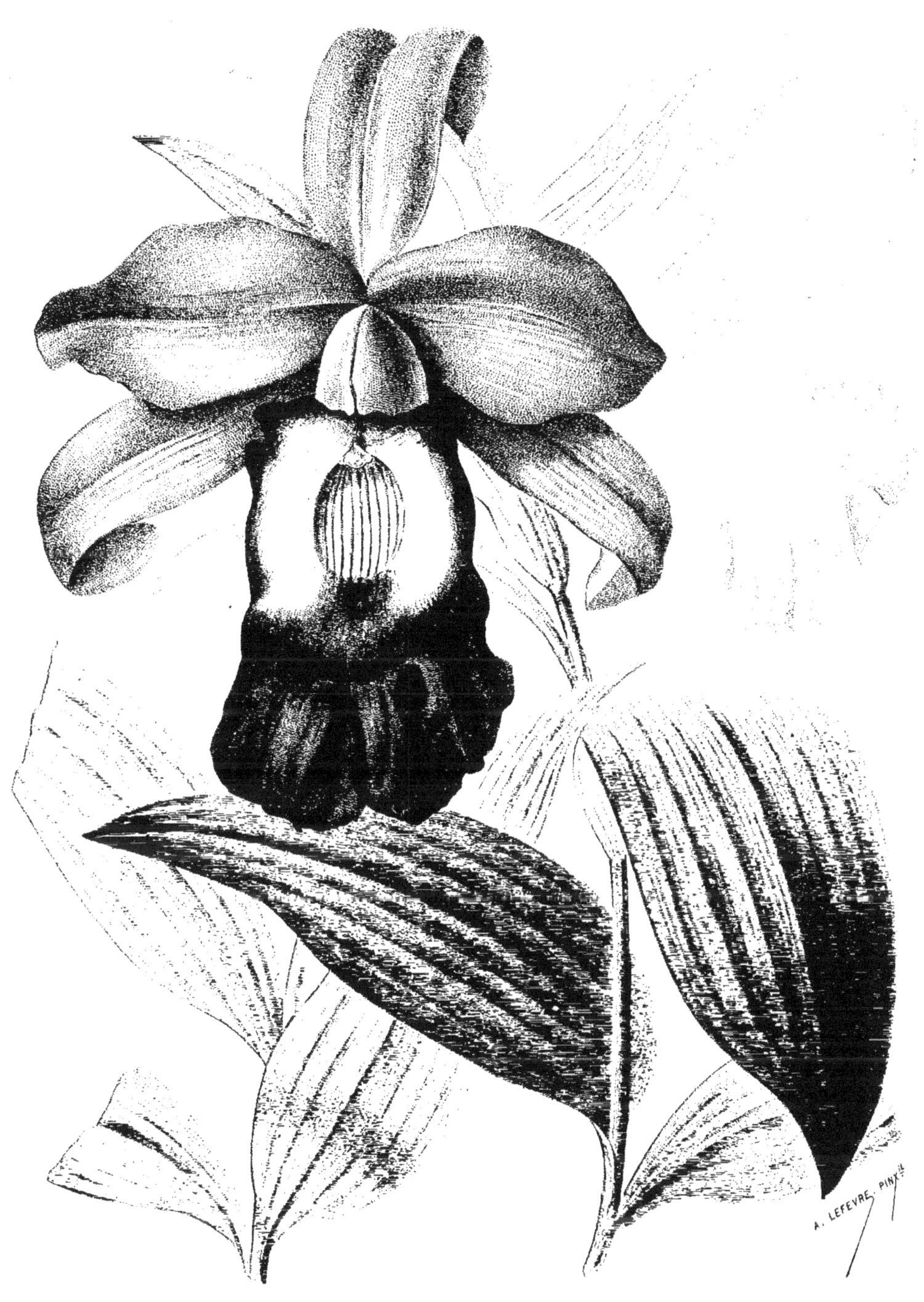

SOBRALIA MACRANTHA

grains de certaines sortes sont plus spécialement réservés à la nourriture du bétail. On en extrait aussi une huile excellente, mais dont la saveur de haricot cru ne plaît pas à tout le monde ; cette huile est également siccative et pourrait être employée dans les arts industriels, à l'instar de l'huile de Lin ; les tourteaux qu'on fabrique avec les déchets de cette fabrication servent pour la nourriture du bétail et aussi comme engrais.

En Europe, le Soja est surtout utilisé comme légume, c'est-à-dire qu'on en mange le grain, frais ou sec, à la façon des haricots. Le grain du Soja est très riche en principes nutritifs ; il contient une quantité beaucoup plus considérable de matières azotées et de matières grasses que le haricot. Malheureusement, la plante est beaucoup plus lente à mûrir, sa saveur n'égale pas celle de ce dernier et la cuisson en est beaucoup plus difficile ; même cuit, le Soja reste plus ferme que le haricot. Voici la recette que donne, pour le faire cuire, M. Blavet, d'Etampes, qui a beaucoup contribué à propager une des meilleures variétés de Soja : « On fait d'abord tremper dans un litre d'eau de pluie, pendant vingt-quatre heures, un demi-litre de Soja qui, après cuisson, donnera un litre et demi. Au bout de ce temps, on le change d'eau, on ajoute dans celle-ci qui est encore de l'eau de pluie, une certaine dose de sucre ou de carbonate de soude (environ 30 grammes) et on laisse tremper pendant vingt-quatre heures encore ; puis on retire, on égoutte, on remet dans une nouvelle eau de pluie, froide, et on porte à la cuisson. Faire bouillir à grande eau pendant trois heures et saler convenablement à mi-cuisson. A ce moment ou un peu après, mettre gros comme une noix de beurre. Enfin, assaisonner au gras ou au maigre. »

On mange également le grain frais, mais il est un peu difficile à écosser. Les cosses dures et velues ne sont pas comestibles.

D'autre part, la très faible proportion d'amidon et de sucre que renferme le grain de Soja a donné l'idée de fabriquer avec sa farine un pain spécial pour les diabétiques. Le Dr Menudier, de Saintes, qui en a recommandé la fabrication et l'emploi dit en avoir obtenu d'excellents résultats. Il faut avoir soin, en ce cas, de ne se servir que de farine fraîchement moulue.

La plante verte peut également être utilisée comme fourrage, lorsque le grain est déjà formé.

Culture. — On ne cultive actuellement et on n'admet comme plantes intéressantes pour notre climat que quelques variétés naines ou demi-naines, à maturité assez hâtive pour qu'on puisse tirer parti de leur grain. Le grand inconvénient du Soja est en effet qu'il mûrit successivement ses gousses et pendant assez longtemps, la plante continuant encore à fleurir et à nouer quand les premières cosses sont déjà mûres.

Le grain du Soja étant assez long à lever, le semis en doit être fait d'assez bonne heure, mais pas avant cependant que le sol soit ne déjà réchauffé par la saison, autrement il risquerait de pourrir en terre. On le sème donc, selon le temps, depuis le 15 avril jusque vers le milieu de mai au plus tard, en lignes espacées de 35 à 40 cent. et en le laissant à la même distance sur le rayon, sauf le Soja d'Etampes, qu'on peut espacer à 50 cent. en tous sens. Le terrain et la culture sont les mêmes que pour les Haricots. La plante étant très vigoureuse, on ne sème habituellement que deux grains par touffe.

Variétés. — Nous ne citerons naturellement que celles qui sont suffisamment précoces pour être avantageusement cultivées sous notre climat.

Soja d'Etampes. — Variété bien ramifiée et extrêmement fertile, n'ayant guère plus de 50 cent. de hauteur et assez hâtive pour mûrir sous notre climat de Paris les trois quarts de ses gousses. Celles-ci, réunies ordinairement par deux, quelquefois même trois, contiennent de un à trois grains arrondis, un peu méplats,

Fig. 56. — Soja d'Etampes.

de couleur fauve clair, à hile blanc et de la grosseur d'un pois ordinaire. C'est cette variété qui a paru jusqu'ici la plus intéressante pour le potager, bien qu'elle soit assez productive pour être cultivée comme plante fourragère ; les bestiaux la mangent volontiers à l'état vert et sec.

Soja hispida à grain noir. — Un peu plus tardif que les autres, convient surtout pour le Midi ; la plante et le grain fournissent une bonne nouriture pour les animaux. Le grain allongé, aplati, d'un noir luisant, à hile grisâtre, est environ moitié plus petit que celui du haricot noir de Belgique.

S. ordinaire à grain jaune. — Un peu plus nain et un peu plus hâtif que le S. d'Etampes. Le grain d'un jaune clair, à hile cerclé de brun, est de forme ovoïde, un peu plus long et un peu plus épais que celui de ce dernier.

S. hispida très hâtif. — Le plus hâtif de ceux que nous connaissions, mûrit complètement son grain sous le climat de Paris. Le grain est arrondi, légèrement méplat, à peu près de même grosseur que le grain du S. d'Etampes, de couleurs brun foncé ; très riche en matières grasses, il constitue à l'état sec un des meilleurs aliments pour les bestiaux. — V. aussi **Glycine Soja.** (G. A.).

SOL. — V. Terre.

SOLAIRE (Chaleur et influence); Angl. Solar influence. — La lumière et la chaleur solaires sont des éléments indispensables à la plupart des êtres organisés, pour l'accomplissement de leurs diverses fonctions vitales.

Tout d'abord, la conversion des composés minéraux et des gaz en substances nutritives pour les plantes ne s'effectue que pendant le jour et dans leurs parties vertes, celles où existe la chlorophylle. Les végétaux qui sont dépourvus de chorophylle, tels que les Champignons et autres Cryptogames, ainsi que quelques rares Dicotylédones, vivent néanmoins de ces mêmes éléments, mais indirectement, car ils les empruntent alors à d'autres plantes qui en sont pourvues, en vivant sur elles en *parasites*, et cela pendant que ces plantes sont en vie, parfois quand elles sont mortes ou sur leurs parties en voie de décomposition. Ces plantes sont dites *saprophytes*, pour les distinguer de celles qui sont *parasites* ou même simplement *épiphytes*.

En outre de cette action, la plus importante de toutes et en outre même de la chaleur qu'il développe, le soleil a encore plusieurs autres influences sur les plantes, et il est nécessaire que le jardinier les connaisse afin d'en faire bénéficier les plantes qu'il cultive ou qu'il les protège au contraire contre son action nuisible.

Nous laisserons de côté l'influence du soleil sur la régularisation des saisons, pour ne nous occuper ici que de ses effets sur les végétaux pendant leur période de végétation active.

Chacun sait que le soleil produit à la fois la lumière et la chaleur. Jusqu'à un certain point, les rayons calorifiques peuvent être transformés en lumière et les rayons lumineux en calorique, mais il est inutile d'entrer ici dans ces détails. Les rayons lumineux sont la principale source de chaleur ou au moins la plus familière à tous et aussi de beaucoup la plus importante pour les végétaux et pour l'horticulture en général.

On produit néanmoins de la chaleur artificielle à l'aide des couches et de chauffages spéciaux, et c'est à l'aide de cette chaleur qu'on cultive dans les serres les plantes des pays bien plus chauds que le nôtre et qu'on obtient certains produits bien plus tôt qu'on ne pourrait les avoir sans son secours. V., à ce sujet, **Couche, Châssis, Chauffage, Forçage, Serre, etc.**

La chaleur solaire est un des deux éléments essentiels qui, au printemps, mettent les graines en germination et qui, chez les végétaux, jusque-là en repos, mettent de nouveau la sève en circulation et fassent par suite gonfler les bourgeons, puis développer de nouvelles feuilles. L'eau est le troisième élément non moins indispensable. Dès que celle-ci vient à faire défaut, ce qui arrive généralement pendant l'été et surtout dans les pays chauds ou dans les endroits les plus exposés au soleil, la végétation se ralentit, les plantes souffrent ou périssent même quand l'humidité vient à leur faire totalement défaut. Toutefois, ce cas extrême se présente rarement sous notre climat pour les plantes en pleine terre et seulement pour les plus délicates ou pour de jeunes semis, car les pluies sont souvent assez fréquentes, même pendant l'été et du reste les rosées et la fraicheur des nuits leur fournissent suffisamment d'humidité pour les empêcher de périr. Mais la végétation reste néanmoins tellement souffrante que la production est annulée et, au point de vue pratique le résultat revient au même. C'est alors que les arrosages et bassinages deviennent d'une impérieuse nécessité dans les pays chauds, et même dans le midi de la France, l'évaporation devient si grande que l'eau administrée à l'arrosoir étant absolument insuffisante, on est obligé d'avoir recours aux arrosages à pleine eau, c'est-à-dire aux irrigations.

Sous l'influence de cette humidité abondante et de la grande chaleur, certaines plantes acquièrent une végétation des plus luxuriantes et un développement excessivement rapide. D'autres en sont cependant affectées, surtout lorsque la grande chaleur se prolonge pendant un certain temps car, par suite de cette excessive stimulation vitale, elles forment des feuilles et des rameaux plus rapidement que les racines ne peuvent fournir les éléments nécessaires à leur formation normale, et elles restent alors grêles et faibles.

Les effets nuisibles les plus importants de la trop grande chaleur et de la lumière solaire ont fait l'objet de l'article **Brûlures**, auquel nous prions le lecteur de se reporter.

Certaines plantes encore, quoique bénéficiant d'une grande chaleur, ne peuvent supporter le plein soleil lorsqu'il est très ardent et ont ainsi besoin d'être ombragées pendant le milieu du jour, mais il faut néanmoins qu'elles reçoivent l'influence bienfaisante de la pleine lumière pendant certaines heures du jour, car si on les en prive d'une façon continue, elles deviennent bientôt pâles, souffrantes et finissent par périr plus ou moins tôt.

Il en est cependant un certain nombre qui ne peuvent aucunement supporter le plein soleil, à moins qu'il ne soit excessivement faible et sans chaleur; ce sont en général des plantes vivant dans les forêts sombres ou dans les anfractuosités des rochers humides et exposés au nord. De ce nombre sont beaucoup de Fougères et même plusieurs plantes florifères. Dans les jardins, on est alors obligé de peindre en vert le vitrage qui les abrite ou mieux encore de tendre sur celui-ci une toile verte, qu'on enlève lorsque le temps est sombre et pluvieux.

Par contre, certaines plantes, les Cactées et diverses Euphorbiacées par exemple, sont d'autant mieux portantes qu'elles sont plus exposées au plein soleil.

En résumé, la somme de lumière qu'exigent les plantes est non moins variable que celle d'humidité et demande, pour qu'elles prospèrent en culture, à être connue et appliquée selon les besoins individuels de chaque espèce.

L'excès de lumière produit, comme l'excès de chaleur, une trop grande stimulation des fonctions vitales, et les plantes qui en souffrent présentent assez fréquemment et surtout dans les serres, des taches sèches, dont le tissu paraît avoir été brûlé. Pour les causes supposées de ces brûlures et les meilleurs moyens de les prévenir, V. aussi **Brûlures.**

SOLANACÉES. — Famille naturelle de végétaux Dicotylédones, renfermant environ quinze cents especes réparties dans cinq tribus et soixante-douze genres. Ce sont des plantes herbacées, des arbustes dressés ou grimpants ou rarement des arbres, très largement dispersés dans les régions chaudes du globe et devenant plus rares dans les régions tempérées, bien qu'environ dix-sept espèces renfermées dans huit genres y compris les *Daturacées*, dont certains auteurs font une famille, croissent spontanément en France. Fleurs hermaphrodites, régulières ou légèrement irrégulières, ordinairement réunies en cymes axillaires; calice persistant, monosépale, à cinq (rarement quatre, six ou sept) divisions, lobes ou dents; corolle monopétale, tubuleuse, en entonnoir, en coupe, campanulée ou rotacée, à cinq (rarement quatre, six ou sept) divisions ou lobes égaux ou obscurément bilabiés; étamines cinq, insérées sur le tube de la corolle et alternes avec ses segments; ovaire simple, à un seul style. Le fruit est une capsule ou plus souvent une baie. Feuilles alternes; les supérieures ordinairement géminées, verticillées dans un seul cas, entières, dentées, lobées ou disséquées et dépourvues de stipules.

Cette famille renferme plusieurs plantes économiques. Parmi celles qui sont alimentaires, la Pomme de terre (*Solanum tuberosum*) est de beaucoup la plus importante par ses tubercules, que tout le monde consomme et cela même presque tous les jours et pendant toute l'année. La Tomate ou Pomme d'amour (*Lycopersicum esculentum*) vient en second par la grande consommation que l'on fait de son fruit cru ou cuit et dans les pays chauds surtout, bien que la plante soit très généralement cultivée chez nous. L'Aubergine (*Solanum Melongena*) fournit également un fruit comestible, surtout estimé dans le Midi et dans les pays étrangers, on mange aussi ceux du *Solanum quitense* et de quelques autres espèces. Enfin, les fruits encore jeunes de certaines variétés de *Capicum annum*, nommé Piment doux ou Poivron sont beaucoup consommés verts et en salade dans le Midi, tandis que ceux d'autres variétés, plus petits, à saveur excessivement chaude et piquante à la maturité, s'emploient frais et mûrs comme condiment, ou secs et réduits en poudre comme épice. Parmi les espèces économiques, aucune n'a une importance plus grande que le Tabac (*Nicotiana Tabacum*) dont on connaît l'usage comme narcotique à fumer, à priser ou mâcher.

La Belladone (*Atropa Belladonna*) est l'espèce médicinale la plus importante, puis viennent la Jusquiame (*Hyosciamus niger*), la Datura ou Stramoine (*Datura Stramonium*), la Mandragore (*Mandragora officinalis*) et quelques autres dont l'usage est de plus en plus abandonné. Chez toutes ces plantes, on retrouve un alcaloïde : la solanine, qui constitue un des principes actifs les plus importants, et les espèces potagères n'en sont même pas totalement dépourvues.

Au point de vue ornemental, la famille des Solanacées renferme plusieurs genres importants et un assez grand nombre de belles espèces. Parmi les plus remarquables, nous citerons les *Pétunia Datura*, *Nicotiana*, *Nicrembergia*, *Salpiglossis*, *Schizanthus*, etc., qui sont des herbes, les *Cestrum*, *Lycium*, *Solandra*, certains *Solanum*, qui sont des arbustes, etc.

SOLANDRA, Swartz. (dédié à Daniel-Charles Solander, suédois, disciple de Linné, qui voyagea avec Sir Joseph Banks et le capitaine Cook; 1736-1782). Fam. *Solanacées*. — Genre comprenant quatre espèces de grands arbustes grimpants, de serre chaude, habitant l'Amérique tropicale. Fleurs grandes, solitaires au sommet de pédoncules épaissis; calice longuement tubuleux et découpé au sommet en quatre à cinq lobes; corolle en entonnoir, à gorge ample, campanulée et à limbe à quatre larges lobes; étamines cinq, déclinées au-dessus du milieu. Fruit bacciforme, globuleux et pulpeux. Feuilles entières, coriaces et luisantes.

Les *Solandra* sont très remarquables pendant leur floraison. Ils poussent avec une grande vigueur quand on leur donne beaucoup d'humidité et d'espace; mais ils ne produisent presque pas de fleurs. Pour les rendre florifères, il faut les planter dans une bonne terre franche, les pousser à la végétation en leur donnant au début de copieux arrosements, puis suspendre complètement les arrosements jusqu'à ce que les feuilles commencent à tomber par suite de la sécheresse, et c'est alors qu'une grande quantité de fleurs se montrent. Leur multiplication s'effectue facilement par boutures que l'on fait à chaud, dans du terreau ou dans le tan. Si l'on désire obtenir de petites plantes fleuries, il faut à cet effet prendre des boutures sur des tiges florifères.

S. grandiflora, Swartz.* Peach-coloured Trumpet Flower. — *Fl.* à calice de 5 à 9 cent. de long et à trois-quatre divisions; corolle blanc verdâtre, de 18 à 25 cent. de long et à lobes ondulés, crénelés. Mars-avril. *Fr.* verdâtres, ovoïdes-globuleux, à saveur à la fois douce et un peu acide. *Flles* elliptiques ou elliptiques-oblongues, de 6 à 12 cent. de long. *Haut.* 5 m. La Jamaïque, 1781. (B. M. 1874.)

S. guttata, D. Don. *Fl.* dressées, terminales, à corolle jaune pâle, portant à la gorge des taches pourpres; grandes en entonnoir, à lobes étalés, crénelés et crispés. Mars. *Flles* largement elliptiques-oblongues, de 8 à 15 cent. de long, aiguës et duveteuses en dessous. *Haut.* 3 m. Mexique, 1830. (B. R. 1551.)

S. lævis, Hook. *Fl.* odorantes, à calice de 10 cent. de long, tubuleux et bilabié au sommet; corolle blanc verdâtre, blanche sur le limbe, de près de 30 cent. de long, grêle à la base, un peu campanulée, à limbe étalé et à cinq lobes crispés, ondulés; pédoncules épais, de 12 mm. de long. Novembre. *Flles* alternes, oblongues-ovales ou un peu obovales, aiguës, pâles en dessous et relativement petites. Rameaux étalés, de 60 cent. de long. Amérique du Sud, 1846. (B. M. 4345.)

S. longiflora, Tussac. *Fl.* à calice d'environ 8 cent. de long; corolle blanche, teintée de purpurin, de 30 cent. de long, à lobes ondulés-dentés. Novembre. *Fr.* de 4 cent. de diamètre. *Flles* elliptiques-lancéolées ou obovales-oblongues, de 6 à 10 cent. de long. *Haut.* 2 m. La Jamaïque, 1846.

S. viridiflora, Sims. — V. **Dissochroma viridiflora.**

SOLANUM, Linn. (ancien nom latin employé par Pline et dérivé de *solari*, consoler; allusion aux propriétés calmantes de certaines espèces). **Morelle**; Angl. Nightshade. Comprend les *Aquartia*, Linn. et *Nycterium* Vent. Fam. *Solanacées*. — Genre très important, dont environ neuf cent cinquante espèces ont été décrites, mais dont environ sept cent cinquante sont seules suffisamment distinctes au point de vue spécifique. Ce sont des plantes herbacées, des arbustes rustiques ou même de petits arbres de serre chaude, froide ou tempérée, parfois rustiques, à port très variable et dont la plupart habitent les régions chaudes et tempérées du globe, celles de l'Amérique surtout; quelques-unes croissent cependant spontanément en Europe, notamment en France, où l'on en compte quatre, dont une (*S. tuberosum*) introduite et sub-spontanée.

Fleurs jaunes, blanches, violettes ou purpurines, réunies en cymes dichotomes ou en grappes axillaires ou terminales; calice campanulé ou étalé, à cinq ou dix dents, lobes ou divisions, rarement quadripartite; non accrescent et appliqué sur le fruit; corolle à tube très courtement rotacé ou rarement largement campanulé, et à limbe à cinq, rarement quatre-six lobes plissés pendant la préfloraison; étamines cinq, rarement quatre à six, à filets très courts et insérés sur le tube de la corolle. Le fruit est une baie globuleuse ou ovoïde, parfois allongée, à deux ou plusieurs loges renfermant de nombreuses graines noyées dans la pulpe. Feuilles alternes ou sub-opposées par paires égales, entières, lobées ou pinnatiséquées, dépourvues de stipules. Tiges dressées ou grimpantes, inermes ou garnies d'épines plus ou moins grandes et fortes ainsi que les nervures principales des feuilles et autres parties vertes.

Les *Solanum* occupent une place importante parmi les végétaux utiles. Le plus grand nombre intéresse cependant l'horticulture d'ornement par leur beau feuillage et leur port majestueux, et quelques espèces sont alimentaires par leurs fruits, notamment le *S. Melongena* ou **Aubergine**. La **Tomate** est encore plus populaire et plus largement cultivée que l'Aubergine pour ses fruits culinaires, mais quoique fort voisine des *Solanum* elle en est aujourd'hui séparée pour former le *Lycopersicum esculentum* et se trouve décrite dans cet ouvrage à ses noms respectifs.

Le *S. tuberosum* ou **Pomme de terre** surpasse et de beaucoup en importance toutes les autres espèces par l'utilité et la popularité de ses tubercules, que presque tout le monde connaît et consomme. Cette importance est telle que, grâce à cette précieuse Solanacée, la famine n'est plus qu'un souvenir d'autrefois, gens et animaux domestiques trouvant dans leur consommation un aliment à la fois sain, agréable et nutritif. Beaucoup d'ouvrages agricoles et autres contiennent l'historique de la Pomme de terre, qui fut primitivement nommée *Parmentière*, du nom de celui qui la vulgarisa. On pourra aussi consulter à ce sujet et non sans intérêt les articles insérés dans le volume XXVI du *Gardeners' Chronicle*. Pour sa culture, choix de variétés ainsi du reste que les deux autres espèces alimentaires citées plus haut, V. leurs noms français, imprimés en caractères gras.

L'usage médical des *Solanum* est aujourd'hui à peu près nul, car le *S. Dulcamara*, connu sous le nom de Douce-Amère, qu'on employait parfois, est à peu près abandonné. Beaucoup d'espèces, notamment le *S. nigrum*, si commun dans les terres cultivées, contiennent un suc narcotique, qui les rend vénéneuses ou au moins suspectes.

Un grand nombre d'espèces ont été introduites dans les cultures et beaucoup sont bien dignes d'y être cultivées pour leur port majestueux et très ornemental. Parmi les espèces les plus remarquables à ce point de vue, nous citerons les *S. giganteum S. marginatum*, *S. robustum*, *S. Warscewiczii*, etc. On les emploie beaucoup pour les garnitures pittoresques des grandes corbeilles. Le *S. pseudocapsicum* ou Pommier d'Amour et certaines variétés à petits fruits de *S. Capsicastrum* ou Piment sont cultivés en pots, à cause de l'abondance et de l'effet décoratif de leurs petits fruits rouges, rappelant des cerises, pour l'ornement des serres froides et des appartements, on en vend encore beaucoup sur les marchés aux fleurs.

Bien qu'on ne cultive d'une façon générale qu'une seule espèce tuberculeuse, le *S. tuberosum*, on en a cependant énuméré vingt, et, de ce nombre, M. Baker (dans le *Journal of the Linnean Society*, vol. XX) est d'avis que « six : *S. tuberosum*, *S. Maglia*, *S. Commersonii*, *S. cardiophyllum*, *S. Jamesii* et *S. oxycarpum* peuvent être considérées comme de bonnes espèces dans un sens large »; sauf l'avant-dernière, toutes existent dans les cultures de collections.

Sauf indications contraires, toutes les espèces décrites ci-après sont des arbustes et toutes fleurissent en été :

S. acanthodes, Hook. f. * *Fl.* à calice hémisphérique et cilié; corolle bleu pourpre pâle, presque plane, lobée presque jusqu'au milieu, de 6 cent. de diamètre et à bords ondulés; cymes latérales, scorpioïdes, composées de six à dix fleurs. *Flles* de 30 cent. ou plus de long, ovales ou obovales-oblongues, lobées-pinnatifides jusqu'au milieu ou au delà, profondément bilobées à la base, à lobes horizontaux, sinués, sub-aigus; nervure médiane et latérales rouge orangé et épineuses ainsi que les pétioles. Tige et rameaux vert foncé et garnis d'épines orange vif. *Haut.* 1 à 2 m. Brésil, 1863. Serre chaude. (B. M. 6283.)

S. æthiopicum, Linn. *Fl.* à calice feuillu, à cinq-sept divisions; corolle blanche, à cinq-sept segments profonds, triangulaires et oblongs; grappes pauciflores et pendantes. *Fr.* rouges, gros, globuleux et comestibles. *Flles* ovales-lancéolées, dentées-anguleuses, solitaires ou géminées, pétiolées, de 12 cent. de long, très inégales à la base, acuminées et plus pâles en dessous. Tige de 30 à 60 cent. de haut. Afrique, 1597. Plante annuelle et rustique.

S. albidum, Dun. **Poortmanni**, Hort. *Fl.* blanches, petites, réunies en cymes nombreuses et se montrant à la fin de la saison sur les jeunes pousses, qui sont blanches-tomenteuses. *Flles* amples, pinnatifides, de 60 cent. de long, vert gai en dessus; blanches-tomenteuses en dessous. Andes. 1886. Belle plante vivace et demi-rustique. (R. H. 1886, p. 232, f. 67; Gn. 1889, part. I, p. 81.)

S. amazonicum, Ker. *Fl.* à calice à cinq divisions; corolle bleue, avec cinq rayons jaunes à l'extérieur, de 5 cent. de diamètre; pédicelles uniflores; pédoncules de 30 cent. de long; grappes réunies en cymes terminales ou latérales, de près de 5 cent. de long. *Flles* solitaires, géminées supérieurement ou rarement ternées, pétiolées, étalées, de 10 à 12 cent. de long; les inférieures plus grandes, atteignant parfois 15 cent. et faiblement épineuses sur les nervures et les pétioles. Tige inerme. *Haut.* 1 m. à 1 m 20. Mexique, 1800. Serre chaude. (B. R. 71; L. B. C. 352.) Syn. *Nycterium amazonicum*, Sims. (B. M. 1801.)

S. Anguivi, Hook. Syn. de *S. indicum*, Linn.

S. anthropophagorum, Seem. Angl. Cannibal's Tomato. — *Fl.* petites, à calice à cinq lobes; corolle blanche, rotacée et pubescente; pédicelles peu nombreux et pendants. *Fr.* rouges, ressemblant à des tomates, obscurément bilobés et mamelonnés au sommet. *Flles* glabres, ovales, acuminées, entières ou les inférieures lobées-anguleuses et longuement pétiolées. *Haut.* 2 m. Iles Fiji. Serre chaude. — Les fruits de cette espèce étaient autrefois consommés par les indigènes avec la chair humaine. (B. M. 5424.)

S. asarifolium, Kunth. et Bouché. *Fl.* à calice tronqué et à cinq dents; corolle blanchâtre, rotacée et à cinq lobes; pédoncules sub-axillaires, solitaires et uniflores. *Flles* géminées, très inégales, membraneuses, glabres, dont une est pétiolée, ovale-cordiforme, arrondie au sommet, entière et légèrement ciliée, tandis que l'autre est sessile, petite et orbiculaire. Tige rampante et ramifiée. Vénézuéla, 1870. Plante vivace et de serre chaude. (Ref. B. 255.)

S. atropurpureum, Schrank. * *Fl.* à calice teinté de pourpre et à cinq divisions profondes ; corolle suffusée de jaune, à cinq divisions obscures, acuminées, de 1 cent. de long ; grappes latérales, composées de six à huit fleurs et ayant près de 2 cent. 1/2 de long. *Fr.* blancs, devenant

Fig. 57. — Solanum atropurpureum.

ensuite jaunes. *Flles* de 15 à 18 cent. de long, longuement pétiolées, inégalement sub-cordiformes, à cinq-sept divisions et armées de robustes épines ayant près de 2 cent. 1/2 de long. Tige dressée, ramifiée, rouge sang foncé ; épines inégales et pourpres à la base. *Haut.* plusieurs pieds. Brésil, 1870. Sous-arbrisseau de serre froide. (Ref. B. 207.)

S. auriculatum, Ait. *Fl.* petites, de 1 cent. 1/2 de diamètre, violettes, avec une étoile centrale blanche. *Fr.* globuleux, jaunâtres, de la grosseur d'une prunelle. *Flles* amples, molles, ovales-oblongues, longuement aiguës, vertes et presque glabres en dessus, tomenteuses et grises en dessous, souvent accompagnées de deux petites feuilles arrondies, obliques, sessiles et simulant des stipules. Madagascar, Ile Bourbon, etc. Plante vivace, mais annuelle en culture et rustique.

S. aviculare, Forst. Angl. Bird Solanum, Kangaroo Apple. — *Fl.* peu nombreuses et réunies en grappes courtes, lâches et pédonculées ; calice à lobes courts ; corolle violette, de

Fig. 58. — Solanum aviculare.

2 ou 2 cent. 1/2 de diamètre, très courtement et largement lobée. *Fr.* verts ou jaunes et assez gros. *Flles* lancéolées, aiguës ou rarement presque obtuses, presque entières sur les spécimens âgés, souvent pinnatifides ; les plus grandes ayant 15 à 25 cent. de long. *Haut.* 1 m. 50 à 2 m. Australie et Nouvelle-Zélande, 1772. Arbuste ou sous-arbrisseau dressé et de serre froide. Syn. *S. laciniatum*, Ait. (B. M. 349.)

S. Balbisii, Dun. Syn. de *S. sisymbriifolium*, Lamk.

S. betaceum, Cav. V. **Cyphomandra betacea**.

S. campanulatum, R. Br. *Fl.* à calice de 10 à 12 mm. de long ; corolle violette ou bleue, largement campanulée ou presque rotacée, de 2 cent. 1/2 de diamètre, très courtement lobée ; grappes lâches et latérales. *Fr.* de 2 à 2 cent. 1/2 de diamètre. *Flles* pétiolées, ovales, sinuées-lobées, à lobes courts, larges ou rarement profondément pinnatifides et de 5 à 10 cent. de long. *Haut.* 60 cent. à 1 m. Australie, 1836. Sous-arbrisseau ou herbe épineuse et de serre froide.

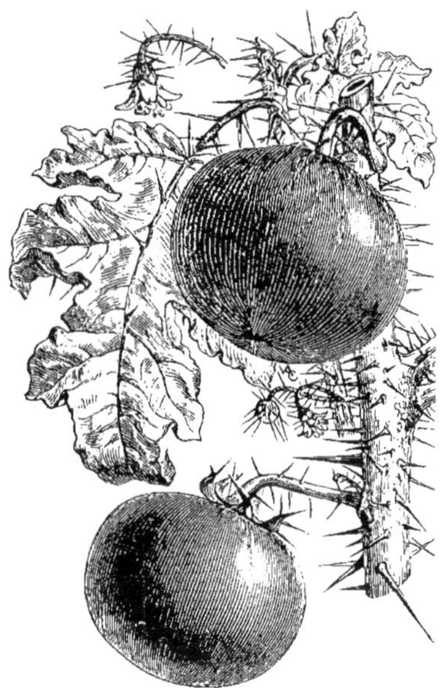

Fig. 59. — Solanum ciliatum macrocarpum.

S. Capsicastrum, Link. Piment. * — *Fl.* petites blanchâtres, semblables à celles du *S. Pseudo-capsicum*, réunies en grappes courtes et presque opposées aux feuilles. *Fr.* écarlates, d'environ la grosseur d'une noisette. *Flles* géminées, dont une beaucoup plus petite que l'autre ; toutes penniveinées, entières ou légèrement dentées ; la plus grande oblongue-lancéolée, de 4 à 5 cent. de long ; la plus petite lancéolée ou obovale. Tige ramifiée. *Haut.* 30 à 60 cent. Brésil et Madère, 1796. Sous-arbrisseau de serre froide très ornemental lorsqu'il est couvert de fruits. — Il en existe une forme *panachée*.

S. cardiophyllum, Lindl. *Fl.* à calice en forme de coupe et cinq dents ; corolle blanc crème, à cinq divisions triangulaires planes, acuminées, à la fin révolutées ; cymes pauciflores, terminales. *Flles* auriculées, pinnées, à deux ou trois paires de folioles non interrompues, un peu arrondies-cordiformes et légèrement charnues. *Haut.* 1 m. Mexique, 1846. — Plante vivace, rustique et tuberculeuse, n'existant plus aujourd'hui dans les cultures en Angleterre et sans doute non plus chez nous. (J. H. S. III, 71.)

S. cernuum, Villoz. *Fl.* blanches. *Flles* de 60 cent. de long, tomenteuses et blanches en dessous. Branches, rameaux et calices couverts de longs poils bruns. Sud du Brésil, 1896. (B. M. 7191.)

S. ciliatum, Lamk. *Fl.* penchées, solitaires ou géminées. à calice à cinq divisions profondes; corolle blanche, à cinq divisions profondes, de 22 à 28 mm. de diamètre, réunies en grappes courtes et souvent même solitaires ou géminées. *Fr.* pourpre écarlate, globuleux, de 4 cent. de diamètre. *Flles* pétiolées, ovales-oblongues, sinuées-lobées, de 3 cent. de diamètre. *Flles* ovales-aiguës, à sept-neuf lobes, épineuses et de 10 à 12 cent. de long. Nyassa-Land, 1894.

S. Commersonii, Dun. *Fl.* réunies en cymes composées et lâches; calice à dents aussi longues que le tube; corolle lilas pâle ou blanche, de 8 à 12 mm. de long. *Flles* parfois, mais pas toujours, sub-stipitées, de 12 à 15 cent. de long, à cinq-neuf folioles oblongues, aiguës ou souvent obtuses,

Fig. 61. — Solanum Commersonii.

ayant ordinairement cinq lobes ou parfois trois-sept, aigus, entiers ou dentés et épineux sur les nervures médiane et latérales. Tige de 30 à 50 cent. de haut, droite, ramifiée et très épineuse. Porto-Rico, 1871. Plante annuelle en culture, mais vivace et de serre froide pendant l'hiver. (F. M. 521 ; F. d. S. 1988.)

S. c. macrocarpum, Hort. Diffère du type par ses fruits plus gros, égalant presque le volume d'une orange de Tangers, globuleux-déprimés, à peau mince, presque sèche, blanc verdâtre quand ils sont jeunes, puis écarlates ou rouge brique à la maturité et se conservant fort longtemps.

S. citrullifolium, Al. Braun. *Fl.* violet rosé, grandes, à lobes de la corolle ovales-lancéolés, aigus, avec des anthères orangées et réunies en cymes pauciflores vers

Fig. 60. — Solanum citrullifolium.

le sommet des rameaux. *Flles* profondément pinnatifides, à cinq-sept lobes obtus et de nouveau dentés-pinnatifides. Tige ramifiée et épineuse. *Haut.* 50 à 60 cent. Texas. Plante annuelle et rustique.

S. chrysotrichum, Wright. *Fl.* pourpres, campanulées, la terminale beaucoup plus longue que les autres; la paire inférieure très réduite; pétioles de 2 1/2 à 4 cent. de long. Souche pourvue de nombreux et gros tubercules. *Haut.* 60 cent. Brésil, 1822. Plante vivace et rustique. Syn. *S. Ohrondii*, Carr. (R. G. 1885, p. 368, et R. H. 1883, p. 498-499.)

S. corniculatum, Hort. Syn. de *S. cornigerum* Dun.

S. cornigerum, Dun. *Fl.* dressées, à calice petit et à corolle violette, étoilée, trois ou quatre fois plus grande que le calice; grappes terminales, lâches et pauciflores. *Fr.* jaunes, pendants, ovales-coniques, portant cinq appendices obtus, simulant autant de petites cornes. *Flles* caulinaires de 1 cent. de long, triséquées, à segments marcescents et caducs; celles des rameaux sessiles, cordiformes, ovales-oblongues, acuminées et presque triangulaires. Brésil, 1868. Plante grimpante et de serre chaude. (R. H. 1868, 33.) Syn. *S. corniculatum*, Hort.

S. coronatum, Vel. *Fr.* panachés, de la grosseur d'une prune. *Flles* nombreuses, pinnatifides, vert foncé, armées d'épines jaunes. Tige très ramifiée et armée ainsi que les rameaux d'épines grises et violettes. *Haut.* 1 m. environ. Origine non indiquée.

S. crinitum, Lamk. *Fl.* à calice à cinq divisions; corolle blanche, de 4 à 5 cent. de diamètre; grappes latérales cymiformes, presque simples, de 10 cent. de long. *Fr.* velus-soyeux, de 18 mm. de long. *Flles* pétiolées, largement ovales, de 30 à 60 cent. de long, inégalement cordiformes, ondulées, sinuées-lobées, velues, veinées de pourpre, à lobes courts, légèrement aigus, tomenteux-laineux sur les deux faces, vert jaunâtre et inermes en dessus, plus blanches et épineuses en dessous. Tige et rameaux garnis de nombreux aiguillons. *Haut.* 1 m. 20 à 1 m. 50. Cayenne. Serre froide.

S. crispum, Ruiz et Pav. * Angl. Potato-tree. — *Fl.* odorantes, à calice à cinq dents; corolle pourpre bleuâtre, à cinq divisions de 2 à 2 cent. 1/2 de diamètre; corymbes de 8 à 9 cent. de long, terminaux et à la fin latéraux. *Fr.* blanc jaunâtre, de la grosseur d'un pois. *Flles* simples, indivises, entières ou légèrement dentées, pétiolées, ovales,

ovales-lancéolées ou sub-cordiformes, de 8 à 10 cent. de long, souvent cuspidées au sommet et lâchement crispées sur les bords. Tige suffrutescente, largement diffuse, à rameaux herbacés. Chili, 1824. Très belle plante rustique, atteignant 4 à 5 m. au pied des murs. (B. M. 3795; B. R. 1516; L. B. C. 1959; P. M. B. III, 1; Gn. 1893, part. II, 919.)

S. c. **ligustrinum**, Hort. *Fl.* réunies en corymbes glabres et pauciflores. *Flles* sub-cordiformes, de 4 cent. de long et très glabres. Rameaux arrondis, verts et glabres. Chili, 1831. (L. B. C. 1963, sous le nom de *S. ligustrinum*, Lodd.)

S. **cyananthum**, Dun. *Fl.* à calice très étalé et à cinq divisions; corolle bleue, de 5 à 6 cent. de diamètre; pédoncules de 5 cent. de long, blanchâtres, épineux et poilus; grappes de près de 10 cent. de long et composées d'environ cinq fleurs. *Flles* pétiolées, cordiformes ou ovales-elliptiques, ondulées, de 35 cent. de long, presque inermes, sinuées-dentées ou sinuées-lobées, à pétioles de 6 à 8 cent. de long, sub-arrondis et velus. Rameaux étoilés, velus, blanchâtres, épineux et poilus. *Haut.* 2 m. Brésil, 1880. Serre froide.

S. **Dammannianum**, Regel. *Fl.* bleu foncé, grandes et réunies en cymes. *Fr.* jaunes, bacciformes. *Flles* amples, ovales-cordiformes, à bords ondulés et sinués et tomenteuses sur les deux faces. Tige couverte de poils ramifiés et étalés. Plante vigoureuse, atteignant 2 m. 50 à 3 m. Origine non indiquée, 1889.

S. **dublosummatum**, Damm. *Fl.* grandes, bleues. *Fr.* blancs. *Flles* amples, pinnatifides, vert gai, suffusées de bronzé et armées d'épines jaunes. Plante vigoureuse et élevée, propre aux garnitures pittoresques. Abyssinie.

S. **Duchartrei**, Heckel. *Fl.* pourpres, velues extérieurement. *Flles* sinuées-lobées. Arbuste de serre chaude, épineux sur toutes ses parties. *Haut.* 6 m. environ. Afrique tropicale occidentale.

S. **Dulcamara**, Linn. Douce-Amère, Loque, Vigne de Judée; ANGL. Dulcamara, Felon-wood, Woody Nightshade. — *Fl.* nombreuses, pendantes, violettes ou parfois blanches,

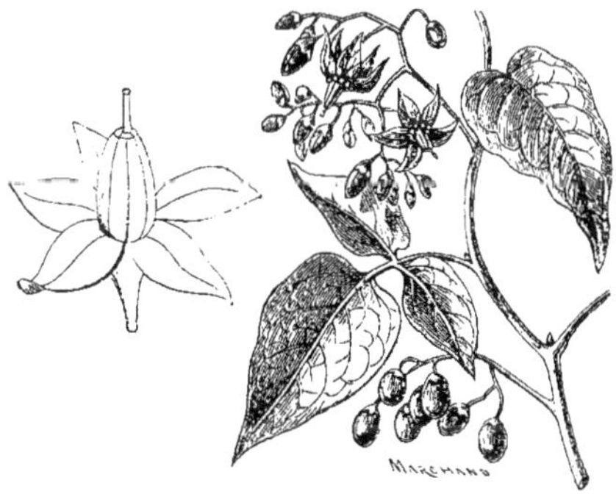

Fig. 62. — SOLANUM DULCAMARA.

disposées en cymes divariquées, paniculées, latérales ou souvent opposées aux feuilles; calice à lobes obtus; corolle de 12 mm. de diamètre, à lobes révolutés. *Fr.* d'un beau rouge, rarement vert jaunâtre, de 12 mm. de diamètre. *Flles* ovales ou cordiformes, présentant parfois trois à cinq divisions de 2 1/2 à 8 cent. de long et acuminées, d'un vert cendré et pubescentes. Tiges ligneuses, de 1 m. 50 à 2 m. de long, sarmenteuses, très ramifiées, grimpantes et traînantes, à saveur successivement amère et sucrée, d'où le nom vulgaire de la plante. Europe; France, Angleterre, etc. Plante vivace et rustique, assez commune dans les lieux incultes et possédant quelques formes botaniques, notamment la suivante et une *à feuilles panachées*. (B. M. Pl. 190; F. D. 607; Sy. En. B. 930.)

S. D. **marinum**, — *Flles* charnues. Tiges couchées et ramifiées. Côtes du sud de l'Angleterre.

S. **esculentum**, Dun. Syn. de *S. Melongena*, Linn.

S. **etuberosum**, Lindl. Variété du *S. tuberosum*, Linn.

S. **ferrugineum**, Jacq. *Fl.* lilas purpurin, grandes, à pédoncules multiflores et formant par leur réunion un grand corymbe d'abord scorpioïde. *Flles* ovales-cordiformes, obscurément lobées ou simplement sinuées, pubescentes-visqueuses, décurrentes et vert clair en dessus, mais ferrugineuses en dessous ainsi que les pétioles et les rameaux. Tige dressée, ramifiée, buissonnante, armée d'épines ainsi que les rameaux et les pétioles. *Haut.* 1 m. 30 Amérique du Sud. Plante vivace et demi-rustique.

S. **Fontanesianum**, Dun. *Fl.* à calice urcéolé et à cinq divisions; corolle jaune, à peine régulière, de 22 à 25 mm. de diamètre, découpée jusqu'au milieu en cinq lobes cuspidés, velus-laineux extérieurement: grappes composées de trois à quatre fleurs et ayant presque 5 cent. de long. *Flles* pétiolées, sub-pinnatipartites, de 15 cent. de long, à lobes inégalement sinués, de 1 1/2 à 6 cent. de long, velus et épineux sur les deux faces; épines jaunes, de 5 à 12 cent. de long. Tige rigide. *Haut.* 1 m. 20. Mexique, 1813. Plante annuelle, armée d'épines recurvées. (B. R. 177.)

S. **fragrans**, Hook. — V. **Cyphomandra betacea**.

S. **giganteum**, Jacq. *Fl.* à corolle bleue, de 1 cent. 1/2 de diamètre et à tube presque aussi long que les lobes, très petites et excessivement nombreuses, réunies en cyme corymbiforme, dense, couverte d'une pubescence étoilée, laineuse et blanche. *Flles* oblongues, cunéiformes à la base et sub-aiguës au sommet, de 20 cent. de long,

Fig. 63. — SOLANUM GIGANTEUM.

ondulées, vert intense en dessus et tomenteuses-blanchâtres en dessous. Tige forte, dressée, rameuse, faiblement épineuse et également tomenteuse-blanchâtre. *Haut.* 1 m. 50 à 3 m. et jusqu'à 8 m. Indes, 1792. Plante vivace, sub arborescente et de serre froide. (B. M. 1921.)

S. **glaucophyllum**, Desf. Syn. de *S. glaucum* Dun.

S. **glaucum**, Dun. *Fl.* à calice en coupe et à cinq divisions; corolle bleue, étoilée, de 25 à 28 mm. de diamètre; corymbes terminaux, puis à la fin latéraux, de 8 cent. de long, sub-trichotomes. *Flles* très courtement pétiolées, lancéolées-oblongues, acuminées, de 12 à 15 cent. de long, glauques et bordées de blanc; pétioles blanchâtres et également marginés-ailés. Tige dressée, simple, lisse et glauque. *Haut.* 2 m. Buenos-Ayres, 1880. Plante vivace et de serre chaude. (B. H. III, p. 165.) Syn. *S. glaucophyllum*, Desf.

S. guineense, Lamk. *Fl.* violettes et petites. *Fr.* bleu noirâtre foncé et luisant. *Flles* ovales. Tiges anguleuses. Plante annuelle, demi-rustique, à végétation rapide et atteignant 1 m. 20 à 2 m. Afrique occidentale, 1889.

S. Hookerianum, Spreng. *Fl.* à calice profondément découpé en quatre segments, dont l'inférieur est évidemment formé de deux segments soudés sur les bords; corolle bleue, de 2 à 4 cent. de diamètre, à cinq lobes plus courts que le tube; cymes corymbiformes, uni- ou pauciflores. *Fr.* bleu foncé. *Flles* lancéolées ou elliptiques-oblongues, un peu obtuses, de 4 à 10 cent. de long, rétrécies en courts pétioles et entières. Tige inerme. *Haut.* 1 m. 20 à 2 m. 30. Mexique, 1793. Arbuste de serre chaude, très variable. (B. M. 2708, sous le nom de *S. coriaceum*, Hook.)

S. hybridum, Jacq. *Fl.* à corolle bleu pâle, à cinq divisions et ayant 18 à 20 mm. de diamètre; cymes en ombelles sessiles ou courtement pédonculées. Fleurit toute l'année. *Flles* persistantes, ovales-cordiformes, sinuées-dentées, de 9 à 10 cent. de long, y compris le pétiole, tomenteuses-étoilées et inermes. Tiges suffrutescentes. *Haut.* 60 cent. Mexique, etc. Serre chaude.

S. indicum, Linn. *Fl.* à lobes du calice de 4 mm. de long, corolle bleue, de 1 1/2 à 2 cent. 1/2 de long, à lobes largement triangulaires, tomenteux extérieurement; grappes latérales, multiflores, à pédoncules courts et extra-axillaires. *Fr.* jaunes. *Flles* ovales, sinuées ou lobées, de 8 à 15 cent. de long, tomenteuses-étoilées en dessous et épineuses sur les nervures; pétioles de 2 cent. 1/2 de long. *Haut.* 30 à 60 cent. Indes, Chine et Malaisie, 1732. Très beau sous-arbrisseau de serre chaude, très ramifié et épineux. Syn. *S. Anguivi*, Hook. (H. E. F. 199.)

S. Jamesii, Torr. *Fl.* à corolle blanche, à segments lancéolés-deltoïdes, égalant le tube; cymes pauciflores. *Fr.* globuleux. *Flles* distinctement pétiolées, à neuf-onze folioles oblongues-lancéolées et acuminées. Tige courte et grêle. Tubercules petits. *Haut.* 20 cent. Sud-ouest des Etats-Unis et Mexique, 1884. Plante vivace et rustique. (B. M. 6766.)

S. jasminoides, Paxt. * *Fl.* à calice court et à cinq dents; corolle blanc bleuâtre, de 18 à 20 mm. de diamètre, profondément découpée en cinq segments étalés; grappes de 2 1/2 à 3 cent. de long et composées d'environ dix fleurs *Flles* pétiolées, presque toutes sub-cordiformes, ovales-acuminées, entières ou sub-dentées et de 5 à 6 cent. de long. Tiges nombreuses, de 1 m. à 1 m. 20 de long, feuillues, effilées et sarmenteuses. Amérique du Sud, 1838. — Magnifique arbuste de serre froide, grimpant et à feuilles caduques. (B. R. XXXIII, 33; P. M. B. VIII, 5; R. H. B. 1893, 61.)

S. j. floribundum, Hort. Plante plus florifère que le type, à feuilles plus petites et moins profondément pinnatifides. Origine horticole, 1886.

S. j. foliis-variegatis, Hort. Variété à feuilles maculées de blanc jaunâtre.

S. laciniatum, Ait. Syn. de *S. aviculare*, Forst.

S. lanceolatum, Cav. *Fl.* à calice à cinq divisions; corolle bleue, de 2 cent. 1/2 de diamètre, découpée jusqu'au milieu en cinq segments ovales-triangulaires; cymes corymbiformes, de 2 1/2 à 5 cent. de long et inermes. *Fr.* orangés, dressés, globuleux. *Flles* lancéolées ou oblongues-lancéolées, de 15 à 20 cent. de long, acuminées, aiguës, inégales à la base, obscurément verdâtres-canescentes en dessus; pétioles de 12 à 25 mm. de long. Tige de 2 m. ou plus de haut et portant quelques épines courtes et droites. Mexique, 1800. Serre chaude. (B. M. 2173.)

S. lycioides, Linn. **Iodasterum**. — *Fl.* à calice découpé en cinq divisions; corolle anguleuse, violette, jaune intérieurement, avec une étoile pourpre foncé et à cinq branches; pédoncules filiformes, uniflores et axillaires. *Flles* elliptiques, obovales-elliptiques ou ovales-lancéolées, entières, cunéiformes à la base, courtement décurrentes sur leurs pétioles, de 1 1/2 à 4 cent. de long. Rameaux nombreux et épineux. *Haut.* 1 m. 20. Pérou, 1791. Serre chaude. (B. R. XXXII, 25, sous le nom de *S. lycioides*, Linn.)

S. macrantherum, Dun. *Fl.* longuement pédicellées et réunies en faux-corymbes, formant une panicule solitaire, de 12 à 20 cent. de long; calice à cinq lobes sinués; corolle violette, à limbe à cinq divisions et ayant 2 1/2 à 3 cent. de diamètre; anthères brunes, épaisses, de 4 mm. de long. *Fr.* rouges, globuleux, de 2 cent. 1/2 de diamètre. *Flles* longuement pétiolées, ovales, acuminées, arrondies-sub-cordiformes à la base, entières ou sub-dentées, pubescentes-poilues et de 8 à 12 cent. de long. Tige ligneuse et grimpante. Mexique, 1838. Serre froide. (B. R. XXVII, 7.)

S. macranthum, Hook. Syn. de *S. maroniense*, Poit.

S. Maglia, Schlecht. *Fl.* à corolle blanche, avec des segments courts et deltoïdes; style allongé. *Flles* distinctement pétiolées, à folioles formant quelques paires et ovales-aiguës. Tubercules gros. *Haut.* 30 à 50 cent. Chili et Pérou, 1860. Vivace et rustique. — Cette plante, dont on s'est préoccupé pour remplacer la Pomme de terre lorsqu'elle était menacée par la maladie n'en est, selon toutes probabilités, qu'une simple variété géographique. (B. M. 6756.)

S. marginatum, Linn. *Fl.* blanches, à calice découpé en cinq ou six divisions, accrescent et épineux ou inerme; corolle blanche, avec un petit œil pourpre et à cinq ou six lobes plissés, grande, de 4 cent. de diamètre, couverte à l'extérieur ainsi que les pédoncules et les pédicelles

Fig. 64. — Solanum marginatum.

d'un tomentum blanc. *Fr.* jaunes, arrondis, gros, de 2 cent. 1/2 de diamètre, un peu déprimés, penchés et lisses. *Flles* sub-cordiformes, sinuées-lobées et à lobes obtus ou sinueux, coriaces, vert brillant et glabres sur la face supérieure, sauf une bordure qui est blanche tomenteuse, aussi du reste que la face inférieure et les pétioles; nervures garnies d'aiguillons gros, raides et piquants. *Haut.* 1 m. et plus. Abyssinie. Plante vivace, de serre froide en hiver, beaucoup employée pendant l'été pour les garnitures florales de plein air. (B. M. 1928.)

S. maroniense, Poit. * *Fl.* à calice de 12 à 18 mm. de diamètre, inerme ou épineux; corolle violette, à cinq-six divisions, de 4 à 6 cent. de diamètre, à segments aigus; cyme racémiforme, de 3 à 12 cent. de long et composée de sept à douze fleurs. *Flles* solitaires, sub-sessiles, atténuées en pétioles ailés, de 25 à 40 cent. de long, cunéiformes, ovales-lancéolées ou lancéolées-elliptiques, sinuées-anguleuses ou sinuées-lobées, à neuf ou dix lobes entiers ou sub-dentés et portant sur les nervures des épines proéminentes. Tige épineuse et ramifiée au sommet. *Haut.* 2 à 4 m. 50. Brésil. Serre chaude. (B. M. 4138 et G. C. 1890, part. I, p. 52, sous le nom de *S. macranthum*, Hook.)

S. Melongena, Linn. * Aubergine; ANGL. Bringall ou Brinjal, Egg Plant, Jew's Apple, Mad Apple. — *Fl.* à lobes du calice de 6 à 12 mm. de long, accrescents et appliqués par la suite sur le fruit; corolle violacée, de 2 1/2 à 3 cent. de diamètre, courtement lobée, plissée et velue extérieurement sur les plis; cymes latérales pauciflores ou parfois solitaires; les premières devenant à la fin insérées

Fig. 65. — SOLANUM MELONGENA OVIGERUM. Plante aux œufs.

à l'aisselle des bifurcations des rameaux; pédoncules courts et à la fin réfléchis. *Fr.* pourpre vineux foncé, blanc ou jaune et luisant, ellipsoïde, arrondi ou allongé selon les variétés, de 2 1/2 à 20 cent. de diamètre et autant ou plus de long. *Flles* ovales, sinuées ou lobées, de 8 à 15 cent. de long, coriaces, étalées, couvertes en dessous d'un tomentum étoilé, un peu épineuses sur les nervures ou rarement toutes inermes. Tige arrondie, luisante et violacée chez les variétés à fruits purpurins. *Haut.* 60 cent. à 2 m. 50. Origine incertaine, mais très largement cultivé dans tous les tropiques et pays chauds, et souvent presque naturalisé, 1597. Syn. *S. esculentum*, Dun. Plante annuelle, demi-rustique. Pour sa culture et la description des meilleurs variétés potagères, V. **Aubergine**. Les deux suivantes sont cultivées comme ornement.

S. M. ovigerum, Lamk. Mélongène à œuf. Plante aux œufs, Pondeuse, etc. — Cette variété diffère du type par ses fruits blancs et très lisses, ayant souvent exactement la forme et la grosseur d'un œuf de poule. *Haut.* 40 cent. Indes. Plante annuelle. Syn. *S. ovigerum*, Dun.

S. M. speciosa atropurpurea, Hort. Aubergine à fruit écarlate. — *Fr.* un peu plus gros que ceux de la variété précédente, de volume variable, parfois un peu sillonnés et d'un beau rouge écarlate. Plante plus élevée que la précédente, atteignant 60 cent. A considérer la forme et la couleur de ces fruits, nous serions tentés d'y voir le produit du croisement de l'Aubergine et de la Tomate. (S. M.)

S Monteiroi, Wright. *Fl.* pourpres, campanulées, de 3 cent. de diamètre. *Fr.* gros, pourpres et comestibles. *Flles* oblongues, minces, de 20 cent. de long. Arbuste. Angola, 1894.

S. muticum, N. E. Brown. *Fl.* à corolle d'un beau violet, campanulée et à cinq plis très apparents; pédoncules axillaires et fasciculés. *Flles* alternes, pétiolées, lancéolées, acuminées et mollement pubescentes. Jolie espèce nouvelle, dressée et rameuse. Buenos-Ayres, 1894. (R. G. 1894, 1401.)

S. myrtifolium, Lodd. *Fl.* à corolle bleue, à cinq divisions largement ovales, ondulées, aiguës; grappes courtes et latérales. *Flles* lancéolées, glabres, atténuées aux deux extrémités. Rameaux verts et arrondis. *Haut.* 1 m. Amérique du Sud. Plante de serre froide.

S. nigrum, Linn. Morelle noire; ANGL. Hound Berry. — *Fl.* blanches, pendantes, réunies en cymes latérales ombelliformes et pauciflores; calice à lobes obtus; corolle de 8 à 15 mm. de diamètre, à lobes ciliés et récurvés. *Fr.* noirs chez le type, jaunes ou rouges chez ses variétés, de 8 mm. de diamètre et de qualités suspectes. *Flles* rhomboïdes-ovales, rétrécies en pétiole, de 2 1/2 à 8 cent. de long, sinuées ou dentées. Tige dressée, rameuse, diffuse, garnie de tubercules, de 15 à 60 cent. de haut. Europe; France, Angleterre, etc. Plante annuelle, commune dans les terres arables et non cultivée dans les jardins. (Sy. En. B. 931.)

S. n. miniatum, Gren. et Godr. *Fr* rouge vermillon. *Flles* ovales-deltoïdes, atténuées, parfois dentées et à odeur musquée. France, Angleterre, etc. (Sy. En. B. 932.)

S. Ohrondii, Carr. Syn. de *S. Commersonii*, Dun.

S. ovigerum, Dun. Syn. de *S. Melongena ovigerum*, Lamk.

S. oxycarpum, Schiede. *Fl.* réunies en cymes lâches et pauciflores. *Fr.* ellipsoïdes et cuspidés. *Flles* distinctement pétiolées, à neuf-onze folioles, oblongues-lancéolées et acuminées. Tige courte et grêle. Tubercules petits. Montagnes du centre du Mexique. Plante vivace et rustique, n'existant sans doute pas encore dans les cultures.

S. pensile, Sendtn. *Fl.* bleu vif, à étamines jaunes et très apparentes, réunies en grandes grappes pendantes. *Flles* cordiformes. Belle et nouvelle espèce grimpante, de serre chaude. Brésil, 1889. (B. M. 7062.)

S. platanifolium, Hook. *Fl.* à calice petit, à cinq divisions et épineux à la fructification; corolle suffusée de violet, de 18 à 20 mm. de diamètre, à cinq divisions; pédoncules ordinairement uniflores et inermes. *Fr.* élégamment panachés de vert et de blanc, devenant jaunes à la fin et ayant 3 cent. de diamètre. *Flles* pétiolées, de 8 cent. de long, à cinq lobes, régulièrement incisées et ciliées sur les bords. Tige velue et faiblement épineuse. *Haut.* 1 m. à 1 m. 20. Nord de l'Amérique centrale. Sous-arbrisseau de serre froide. (B. M. 2618.)

S. pseudo-capsicum, Linn. * Amomon, Cerisier d'amour, Oranger de savetier; ANGL. Jerusalem Cherry. — *Fl.* blanches, solitaires, géminées ou rarement ternées, penchées et à pédoncules très courts; corolle à cinq divisions un peu inégales. *Fr.* rouge vif ou rarement jaunes, globuleux, ayant la grosseur et l'aspect d'une cerise et persistant pendant fort longtemps. *Flles* oblancéolées ou oblongues, un peu sinueuses, rétrécies à la base en courts pétioles et vert gai et luisantes. Tige glabre, à ramifications très nombreuses et buissonnantes. *Haut.* 1 m. à 1 m. 20 et plus. Madère, 1596. — Plante vivace, suffrutescente et de serre froide, qu'on cultive fréquemment en pots pour l'ornementation hivernale et pour la vente sur les marchés aux fleurs. Il en existe quelques hybrides ou variétés, notamment la première décrite ci-après, qu'on emploie de préférence pour la culture en pots, à cause de sa taille plus naine et de son port plus trapu.

S. p.-c. nanum, Hort. Cette variété se distingue surtout du type par sa taille bien plus courte, ne dépassant pas 50 cent. et par son port plus ramifié et plus touffu.

S. p.-c. rigidum, Hort. *Fr.* d'un beau jaune orangé vif et globuleux. Très bel hybride d'origine horticole, 1868.

S. p.-c. Weatherilli, Hort. *Fr.* orangé vif, ovales et aigus. *Flles* fortement veinées et ondulées. Très beau sous-arbrisseau. 1868.

S. pyracanthum, Jacq. * *Fl.* à calice à cinq divisions; corolle violet bleuâtre et étoilée de blanc, de 2 cent. 1/2 de diamètre, à segments cuspidés ; grappes simples, scorpioïdes, multiflores, à pédoncules de 5 cent. de long et épineux. *Flles* pétiolées, oblongues, acuminées, aiguës, sinuées-lobées, inégales à la base, de 12 à 15 cent. de long, pinnatifides, à lobes ovales-lancéolés, aigus, portant sur les nervures de nombreuses et fortes épines couleur feu. Tige de 1 à 2 m. de haut, arrondie, rameuse, garnie, ainsi que les pétioles, de fortes et larges épines vulnérantes, rouge feu. Madagascar, 1789. Belle espèce frutescente et de serre froide. (B. M. 2547 ; F. d. S. 2411.)

Fig. 66. — SOLANUM PSEUDO-CAPSICUM NANUM. Pommier d'amour.

S. quercifolium, Linn. *Fl.* à calice à cinq dents ; corolle violette, quatre ou cinq fois plus longue que le calice et à cinq segments aigus ; grappes terminales, à la fin latérales, de 5 à 8 cent. de long. *Flles* imparipinnatifides, légèrement glabres, à cinq lobes, décurrentes sur leurs pétioles, légèrement ciliées et de 6 à 9 cent. de long, à lobes ovales-oblongs, obtus ou aigus. Tige de 1 m. à 1 m. 50 de haut et scabre. Pérou, 1787. Plante vivace et rustique.

S. quitoense, Lamk. *Fl.* pédicellées, fasciculées et réunies par quatre-cinq en grappes de 2 cent. 1/2 de long ; calice de 18 à 20 mm. de diamètre ; corolle violette et velue à l'extérieur, blanche à l'intérieur, ayant presque 2 cent. 1/2 de diamètre et à cinq divisions. *Fr.* globuleux, de la grosseur d'une petite orange, odorant et comestible. *Flles* grandes, cordiformes, anguleuses-sinuées ; les inférieures longuement pétiolées et ayant 45 cent. de long ; les supérieures géminées, mais dont une est bien plus petite que l'autre ; toute mollement velues ; les supérieures rougeâtres en dessous ; pétioles très velus, de 5 à 6 cent. de long, couverts d'un duvet roussâtre. *Haut.* 1 à 2 m. Tige suffrutescente, ramifiée, couverte de poils noirs. Pérou, Quito. Plante vivace et de serre froide. (B. M. 2739.)

S. racemigerum, Hort. — V. **Lycopersicum esculentum.**

S. robustum, H. Wendl. * *Fl.* fasciculées et réunies en grappes scorpioïdes sur des pédoncules épineux ; calice cyathiforme, presque quinquépartite ; corolle blanche, ovoïde, de 2 cent. 1/2 de diamètre, à lobes lancéolés-aigus, étalés et égalant le calice. *Fr.* petits, globuleux, orangés et couverts de poils ferrugineux. *Flles* très grandes, ovales-elliptiques, acuminées, sinuées-lobées, à huit ou neuf lobes ovales-aigus, dont les supérieurs sont triangulaires ; toutes sont tomenteuses veloutées en dessus, roux-ferrugineux et tomenteuses-laineuses en dessous, épineuses sur les deux faces, de 12 à 20 cent. ou plus de long. Tige forte, à branches robustes, fortement tomenteuses-laineuses et épineuses. *Haut.* 60 cent. à 1 m. 20. Brésil, 1868. Plante vivace et de serre froide, vigoureuse et très ornementale, propre aux garnitures pittoresques. (Ref. B. 37.)

Fig. 67. — SOLANUM ROBUSTUM.

S. rosarigerum, Hort. — V. **Lycopersicum esculentum.**

S. runcinatum, Ruiz et Pav. *Fl.* pendantes, formant dans leur ensemble une cyme composée ; corolle pourpre vif, à cinq pointes rouge sang rayonnants depuis la base des lobes et formant l'étoile ; anthères grandes et jaunes. *Flles* alternes, de 5 à 8 cent. de long, à cinq-neuf segments ondulés sur les bords mais entiers. Tiges retombantes ou ascendantes. *Haut.* 60 cent. Chili, 1839. Plante vivace et de serre froide. (B. M. 5222 ; S. B. F. G. ser. II, 177.)

S. saponaceum, Welw. *Fl.* à calice en coupe, profondément découpé en cinq segments ; corolle violet bleuâtre ou blanche, trois fois aussi longue que le calice, profondément quinquépartite et de 15 mm. de diamètre ; corymbes dichotomes, de 5 à 8 cent. de long et autant de large. *Fr.* oranges et globuleux. *Flles* pétiolées, linéaires-oblongues et entières. Tige dressée, ramifiée et garnie de quelques épines espacées. *Haut.* 1 m. 20. Pérou, 1825. Serre froide. (B. M. 2697.)

S. Seaforthianum, Andr. * *Fl.* à calice petit et finement quinquédenté ; corolle violet pâle ou lilas, profondément découpée en cinq segments ayant à peine 12 mm. de long ; pédicelles divergents, cymes pédonculées latérales et paniculées. *Fr.* rouge jaunâtre et globuleux. *Flles* pétiolées, ovales, aiguës et entières, de 4 à 8 cent. de long ; les inférieures ou parfois toutes pinnées, à segment terminal de 3 à 8 cent. de long. Indes occidentales, 1804. Plante sarmenteuse de plein air pendant l'été et, de serre froide en hiver. (A. B. R. 504 ; B. M. 1982 ; B. R. 969 ; L. B. C. 971 ; Gn. 1892, part. II, 887, 1895, p. 171 ; R. H. 1897, 424 ; B. M. 5823, sous le nom de *S. venustum*, Kunth.)

S. sisymbrifolium, Lamk. * Morelle à feuilles de Sisymbre. — *Fl.* grandes, blanches, parfois lilacées ou violacées, disposées en cymes terminales, presque scorpioïdes ; calice à cinq divisions ; corolle de 2 cent. 1/2 ou plus de diamètre, à cinq lobes inégaux. *Fr.* rouges, ayant la forme et la grosseur d'une cerise bigarreau, partiellement couverts des dents du calice épineuses et appliquées. *Flles* profondément pinnatifides, décurrentes, à cinq-sept lobes oblongs et irrégulièrement dentées ou parfois de nouveau pinnatifides et très épineuses sur les nervures. *Haut.* 1 m. 20.

Fig. 68. — Solanum sisymbrifolium.

Brésil; Amérique du Nord (échappé des cultures). — Plante vivace, de serre froide, très épineuse et velue-glanduleuse. (B. M. 2568; B. 49, sous le nom de *S. Balbisii*, Dun.; B. R. 140, sous le nom de *S. decurrens*, Balb.)

S. s. **acutilobum purpureiflorum**, Hort. *Fl.* pourpres. *Flles* pinnatifides. (B. M. 2828, sous le nom de *S. Balbisii purpureum*, Hort.)

S. s. **bipinnatipartitum**, Hort. *Fl.* blanches ou pourpres. *Flles* bipinnatipartites, c'est-à-dire deux fois découpées jusqu'aux nervures. (B. M. 3954, sous le nom de *S. Balbisii bipinnata*, Hort.)

S. somniculentum, Kunze. *Fl.* à calice presque hémisphérique, petit, à dix divisions; corolle suffusée de violet, de 5 cent. de large, à cinq plis et autant d'angles; pédoncules axillaires et uniflores. *Flles* solitaires ou géminées, pétiolées, ovales, acuminées, obliques et aiguës à la base, de 5 cent. 1/2 de long. Tige dressée, ramifiée et poilue. *Haut.* 50 cent. Mexique. Serre froide. (F. d. S. v, 454.)

S. stelligerum, Smith. *Fl.* un peu petites, réunies en grappes latérales; calice à lobes étroits; corolle bleue et profondément divisée. *Fr.* rouges, petits et globuleux. *Flles* pétiolées, lancéolées ou ovales-lancéolées, aiguës ou acuminées, rarement larges et obtuses, ayant ordinairement 5 à 10 cent. de long. *Haut.* 2 m. ou moins. Australie, 1823. Arbuste dressé, légèrement épineux et de serre froide. (S. E. B. II, 88.)

S. texanum, Delile. * *Fl.* pendantes, solitaires au sommet des pédoncules, mais réunies dans la partie supérieure des rameaux et formant une cyme; calice poilu, à sept-huit divisions étoilées; corolle violacé-blanchâtre, rotacée, profondément découpée en cinq segments. *Fr.* d'un beau rouge écarlate à la maturité, gros, d'environ 5 cent. de diamètre, arrondis ou déprimés, inégalement sillonnés et ressemblant à des tomates. *Flles* longuement pétiolées, inégalement sub-cordiformes, sinuées-dentées, de 12 à 20 cent. de long, à lobes courts, légèrement obtus et portant en dessous des épines violettes. Tige de 30 cent. ou plus de haut, simple ou peu rameuse, violacée, presque inerme et purpurine. Texas, etc., 1861. Plante annuelle et demi-rustique. (F. d. S. 1398.) — « Le *S. texanum* n'est probablement pas originaire du Texas, bien qu'il ait été obtenu de graines récoltées, dit-on, dans le Texas. C'est sans doute le *S. integrifolium*. Poir. (Gray « Synopsis »). »

S. t. ovigerum, Hort. Vilm. Diffère du type par ses fruits très nombreux, ayant la forme et la grosseur d'un œuf et également rouge vif et sillonnés. Tige dressée et ramifiée, buissonnante. 1894.

S. Torreyi, A. Gray. *Fl.* grandes et belles, à calice ayant souvent six lobes; corolle violette, rayée de blanc, de 4 cent. de diamètre, à lobes largement ovales; cymes d'abord terminales, lâches, bi- ou trifurquées. *Fr.* jaunes, globuleux, de 2 cent. 1/2 de diamètre. *Flles* ovales, tronquées ou sub-cordiformes à la base, sinuées et à cinq-sept lobes, de 10 à 15 cent. de long; lobes entiers ou ondulés, obtus et inermes. Aiguillons petits et subulés, rares et parfois presque absents. *Haut.* 30 à 60 cent. Texas et Arkansas, 1878. Plante vivace et demi-rustique. (B. M. 6161.)

Fig. 69. — Solanum texanum ovigerum.

S. trilobatum, Linn. *Fl.* à calice petit, vert et à lobes ovales et sub-aigus; corolle de 2 1/2 à 4 cent. de diamètre, violette, bleue ou blanche, à lobes ovales-oblongs, obtus, ayant tous la nervure médiane blanche à la base, ce qui donne à la fleur un aspect étoilé; pédoncules portant trois à six fleurs, solitaires ou accompagnés d'un pédicelle uniflore. *Fr.* bacciformes, écarlates, globuleux, de la grosseur d'un gros pois. *Flles* de 2 1/2 à 8 cent. de long, oblongues, arrondies ou ovales, sinuées et à trois-cinq lobes, lisses et luisantes. Tige, pétioles, nervures médianes, parfois les nervures secondaires de la face inférieure et souvent les pédoncules armés de forts aiguillons récurvés. *Haut.* 60 cent. à 1 m. 50. Indes orientales, 1759. Sous-arbrisseau couché, traînant ou grimpant et presque glabre (B. M. 6866.)

S. tuberosum, Linn. * Pomme de terre. Parmentière; Angl. Potato. — *Fl.* lilas, violacées ou blanches, assez grandes, à segments deltoïdes et réunies en cymes axillaires, dressées et plus ou moins multiflores. *Fr.* ordinairement verdâtres, globuleux ou ovoïdes. *Flles* courtement pétiolées, bipinnatiséquées, à segments ovales ou oblongs, aigus et glabres. Tiges dressées ou décombantes avec l'âge, anguleuses par la décurrence des feuilles. *Haut.* 1 m. et plus ou moins, selon les variétés. Souche produisant des tubercules souterrains plus ou moins volumineux, portant plusieurs yeux, de forme et de couleur très variables chez ses innombrables variétés. Amérique du Sud, 1597. (J. H. S. 1-4; T. H. S. S. V. 11.) Pour la description, la culture, etc., de ses variétés, dont l'intérêt alimentaire vient aujourd'hui après celui du Blé, V. **Pomme de terre.** — Plusieurs *Solanum* à racines tuberculeuses, élevés au rang d'espèces, ont été rapportés au *S. tuberosum*, comme simples variétés, par M. Baker.

S. t. demissum, Baker. *Fl.* à calice découpé en cinq segments triangulaires et acuminés ; corolle violette, arrondie et à dix dents. *Fr.* sphériques et glabres. *Flles* pinnées et un peu interrompues, à folioles obovales-arrondies. Racines tuberculeuses. Mexique, 1846. Plante vivace, rustique et couchée. (J. H. S. III, 69, sous le nom de *S. demissum*, Lindl.)

S. t. etuberosum, Baker. *Fl.* grandes, réunies en élégants corymbes ; segments du calice non aigus ; corolle d'un beau violet vif, à centre jaune d'or. *Flles* presque glabres. Tubercules absents. Chili, 1833. (B. R. 1712, sous le nom de *S. etuberosum*, Lindl.)

S. t. verrucosum, Hort. *Fl.* grandes et fortement colorées. *Fr.* tout parsemés de ponctuations blanches et proéminentes. *Flles* à folioles moins nombreuses que dans le type, ovales, aiguës, fortement poilues en dessous ; pétioles plus longs. Tubercules plus petits, d'un goût excellent et à chair jaune. Mexique. (R. H. 1853, 6, sous le nom de *S. verrucosum*, Schlecht.)

S. Tweedianum, Hook. *Fl.* grandes, penchées et réunies en grappes ombelliformes ; calice à cinq divisions profondes ; corolle blanche ou bleu pâle, rotacée et découpée jusqu'au milieu en cinq lobes. *Flles* sub-cordiformes, ovales, aiguës, anguleuses, dentées à la base et longuement pétiolées. *Haut.* 50 cent. Buenos-Ayres, 1833. Plante vivace et de serre froide. (B. M. 3385.)

S. uncinellum, Lindl. *Fl.* à calice campanulé et à quatre dents arrondies ; corolle rose, à la fin étalée et à cinq divisions ; panicule simple et terminale. *Flles* entières, ovales-lancéolées, sub-cordiformes et obscurément pubescentes. Tige retombante, filiforme et également pubescente. Brésil, 1837. Plante vivace et de serre chaude. (B. R. 1840, 25.)

S. venustum, Kunth. Syn. de *S. Seaforthianum*, Andr.

Fig. 70. — SOLANUM WARSZEWICZII.

S. Wallisii, Carr. *Fl.* réunies en cymes lâches et pédonculées ; corolle pourpre, de 2 1/2 à 4 cent. de diamètre ; pédoncules violet noirâtre. *Fr.* violets, marbrés et maculés plus pâle, gros, en forme de prune et comestibles. *Flles* simples, lancéolées, acuminées, entières, de 8 à 10 cent. de long et 4 à 5 cent. de large, vert purpurin foncé ; pétioles et nervures (ainsi que les tiges) violet noirâtre. *Haut.* 60 cent. Pérou, 1877. Plante buissonnante, compacte et de serre chaude ou tempérée. (R. H. 1877, 291.)

S. Warszewiczii, Hort. *Fl.* blanches, nombreuses, de près de 4 cent. de diamètre, réunies en grappes scorpioïdes et corymbiformes. *Fr.* glabre, luisant et jaune pâle. *Flles* très grandes, molles, ovales ou subcordiformes, profondément découpées en neuf lobes, vertes en dessus et grisâtres en dessous ; pétioles très forts, couverts, ainsi que les nervures médianes, d'épines fortes, rouges et étoilées. Tige forte, droite, ramifiée, couverte de poils roux et parsemée de fortes épines élargies à la base et recourbées, très vulnérantes. Origine incertaine, probablement Amérique du Sud. Magnifique plante pittoresque et demi-rustique. (R. H. 1865, 430.)

S. Wendlandii, Hook. *Fl.* bleu lilas, de 6 cent. de diamètre, réunies en cymes de 15 cent. ou plus de large ; insérées au sommet de rameaux pendants. Août. *Flles* vert gai, variables, de 5 à 25 cent. de long et 4 à 10 cent. de large ; les supérieures simples, oblongues, acuminées, cordiformes à la base ou trilobées, avec les lobes sub-égaux ou inégaux et parfois lobés latéralement, ou trifoliolées et à folioles égales ou inégales ; les inférieures de 15 à 25 cent. de long, pinnées à la base et pinnatifides supérieurement, avec quatre à six paires de folioles ovales ou oblongues, entières et acuminées ; épines peu nombreuses, éparses sur les tiges, les rameaux et les pétioles, courtes et crochues. Costa-Rica, 1882. Arbuste glabre, grimpant et de serre chaude. (B. M. 6914 ; Gn. 1890 part, I. 708.)

SOLARIA, Phil. (dédié à Francisci de Borja Solar, éminent mathématicien chilien). FAM. *Liliacées*. — La seule espèce de ce genre est une remarquable plante chilienne, bulbeuse et de serre froide. Elle prospère dans un mélange de terre franche siliceuse et de terreau de feuilles. Les bulbes doivent être tenus secs pendant l'hiver et, à cet effet, on diminue progressivement les arrosages lorsque les feuilles commencent à se dessécher. Multiplication par semis ou par séparation des caïeux ou rejetons.

S. miersoides, Phil. *Fl.* vertes, petites et sans effet, pedicellées, dressées et réunies en ombelle terminale ; périanthe à segments soudés en tube courtement campanulé, puis étalé supérieurement ; étamines trois ; bractées involucrales deux ; hampe simple et aphylle. Printemps. *Flles* (toujours ?) radicale, solitaire et largement linéaire. *Haut.* 10 cent. Chili, 1871. Syn. *Symea gilliesioides*, Baker. (R. B. 260.)

SOLDANELLA, Linn. (diminutif de *solidus*, pièce de monnaie, ou de l'italien *soldo* ; allusion à la forme des feuilles). FAM. *Primulacées*. — Petit genre comprenant quatre espèces de très jolies petites plantes herbacées, glabres, vivaces et presque toutes rustiques, habitant les Alpes de l'Europe centrale. Fleurs bleues, violettes ou roses, rarement blanches, penchées, peu nombreuses ou réunies en ombelle multiflore au sommet d'une hampe grêle, dressée et aphylle ; calice quinquépartite et persistant ; corolle hypogyne, infundibuliforme-campanulée, découpée jusqu'au milieu en cinq lobes multifides ; étamines cinq, insérées à la gorge de la corolle et à anthères surmontées d'un prolongement (connectif) aigu ; écailles, cinq. Fruit capsulaire, s'ouvrant par un opercule. Feuilles toutes radicales, longuement pétiolées, épaisses, orbiculaires, cordiformes ou réniformes, entières et persistantes.

Le *S. alpina* est une de nos plus charmantes plantes alpines propres à l'ornementation des rocailles. Il prospère, de même que ses congénères, dans la terre de bruyère additionnée de bonne terre franche et bien drainée, dans les rocailles ou au besoin en pots. M. Correvon recommande « la culture dans le Sphagnum en plein soleil, dans des terrines munies de nombreux trous et fortement drainées ». Multiplication par divisions ou éclats des fortes touffes ou par semis, quoique la germination soit lente.

S. alpina, Linn. * Sodanelle des Alpes; Angl. Blue Moonwort. — *Fl.* violettes, fimbriées, pédicellées et pendantes; écailles soudées aux filets staminaux; style égalant ou dépassant la corolle; pédicelles pubescents et

Fig. 71. — Soldanella alpina.

légèrement glanduleux; hampes portant deux à quatre fleurs. Avril. *Flles* arrondies-réniformes, entières ou subdentées, ou bordées de cils épars, *Haut.* 8 à 10 cent. Alpes; France, etc. (B. M. 49; F. d. S. 994; J. F. A. 118.) La variété *Wheeleri* est la plus florifère.

S. Clusii, Gaud. *Fl.* bleues, campanulées, à bords élégamment échancrés; styles plus courts que la corolle; pédicelles légèrement scabres par la présence de nombreuses petites glandes; hampe uni- ou rarement biflore. Avril. *Flles* cordées-réniformes et légèrement dentées. *Haut.* 5 à 8 cent. Alpes, 1820. (B. M. 2163.) Syn. *S. pusilla*, Baumg. (S. B. F. G. ser. II, 48.)

S. minima, Hoppe. *Fl.* suffusées de lilas, striées de pourpre intérieurement, à segments découpés jusqu'au tiers de leur longueur et étalés; style plus court que la corolle; pédicelles pubescents; hampes uniflores. Avril. *Flles* orbiculaires. *Haut.* 5 cent. Alpes, 1823. (S. B. F. G. ser. II, 53.) — Il en existe une variété à *fleurs blanches*.

S. montana, Willd. *Fl.* lilas, à corolle découpée jusqu'au milieu, égalée ou dépassée par le style; écailles libres, échancrées et à lobes entiers; pédicelles courtement pubescents-glanduleux; hampes portant deux à quatre fleurs. Avril. *Flles* presque rondes, bordées de crénelures espacées. *Haut.* 8 cent. Europe; France, etc. (S. B. F. G. 11.)

S. pusilla, Baumg. Syn. de *S. Clusii*, Gaud.

SOLEA, Spreng. — V. **Ionidium**, Vent.

SOLEIL. — V. **Helianthus**.

SOLEIL commun. — V. **Helianthus annuus**.

SOLEIL miniature. — V. **Helianthus cucumerifolius**.

SOLEIL (petit). — V. **Helianthus lætiflorus** et **H. rigidus**.

SOLEIL du Texas. — V. **Helianthus argophyllus**.

SOLEIL Tournesol. — V. **Helianthus annuus**.

SOLEIL vivace. — V. **Helianthus lætiflorus**, **H. decapetalus multiflorus**, **H. rigidus** et autres.

SOLEIL vivace. — V. **Solaire** (Chaleur et Influence).

SOLENA, Lour. — V. **Posoqueria**, Aubl.

SOLENACHNE, Steud. — V. **Spartina**, Schreb.

SOLENANDRA, P. Beauv. — **Galax**, Linn.

SOLENANTHA, G. Don. — V. **Hymenanthera**, R. Br.

SOLENANTHUS, Ledeb. (de *solen*, tube, et *anthos*, fleur; allusion à la forme de la corolle). Fam. *Boraginées*. — Genre comprenant environ dix espèces de plantes herbacées, vivaces et rustiques, habitant l'Europe méridionale, l'Asie occidentale et la Russie d'Asie. Fleurs bleues ou roses, réunies en grappes scorpioïdes; calice à cinq divisions; corolle tubuleuse ou presque en entonnoir, à limbe découpé en cinq petits lobes. Feuilles alternes.

Le *P. circinatus*, Ledeb, a été introduit dans les cultures, mais il n'y a sans doute pas persisté.

SOLENIDIUM, Lindl. (de *solen*, tube, et *eidion*, aspect; allusion à la forme des fleurs). Fam. *Orchidées*. — La seule espèce de ce genre est une curieuse Orchidée épiphyte, de serre chaude, ayant le port des *Oncidium*. Elle en diffère par les crêtes de son labelle qui constituent une paire de longs appendices plumeux, ainsi que par un ou deux détails botaniques. Pour sa culture, V. **Oncidium**.

S. racemosum, Lindl. *Fl.* jaunes, maculées de rouge, moyennes, longuement pédicellées et réunies en grappe lâche; sépales et pétales libres et étalés; labelle inséré à la base de la corolle, contracté en long onglet, puis étalé; hampes axillaires, simples, naissant au-dessous des pseudo-bulbes. *Flles* assez longues, ensiformes, minces mais coriaces et retrécies à la base. Tige courte et se terminant en un pseudo-bulbe portant une ou deux feuilles. *Haut.* 15 cent. Andes de la Colombie. (L. et P. F. G. III, 102.)

SOLENOMELUS, Miers. (de *solen*, tube, et *melos*, limbe; allusion au périanthe tubuleux). Comprend les *Cruikshanksia*, Miers et *Lechlera*, Griseb. Fam. *Iridées*. — Genre ne renfermant que deux espèces de plantes herbacées, rhizomateuses, demi-rustiques, habitant le Chili. Fleurs, plusieurs dans chaque spathe, courtement pédicellées, formant un ou quelques faisceaux au sommet d'une longue hampe; périanthe jaune, à tube grêle, égalant les segments, ceux-ci étalés et égaux; étamines insérées à la gorge du tube et à filaments entièrement soudés. Feuilles radicales ou fasciculées à la base de la tige et quelques-unes caulinaires, toutes linéaires. Tige parfois un peu épaissie à la base. Port et traitement général des **Sisyrinchium**. (V. ce nom.) L'espèce suivante est seule introduite.

S. chilensis, Miers. *Fl.* jaune foncé, de 2 cent. 1/2 de long, à segments obovales, étalés et un peu concaves dans leur moitié inférieure, puis étroit au-dessous de ce point et portant une macule foncée à leur point d'insertion; spathe renfermant quatre à cinq fleurs, ventrue, de 2 cent. 1/2 de long, à valves externes oblongues, vertes et légèrement membraneuses sur les bords; pédicelles très courts; hampe portant un à trois faisceaux de fleurs longuement pédonculés. Juin. *Flles* radicales de 15 à 20 cent. de long; les caulinaires espacées, graduellement plus courtes supérieurement, linéaires-ensiformes et engainantes à la base. Tiges de 30 à 50 cent. de haut, en zigzag et feuillue. Chili, 1868. (T. L. S. XIX, 8.) Syns. *Sisyrinchium longistylum*, Lem. (F. d. S. 255); *S. pedunculatum*, Gillies. (B. M. 2965.)

SOLENOPHORA, Benth. (de *solen*, tube, et *pherein*,

porter; allusion à la forme tubuleuse de la corolle). Comprend les *Arctocalyx*, Fenzl. Fam. *Gesnéracées.* — Petit genre ne renfermant que quatre espèces d'arbustes de serre chaude, ramifiés, scabres-pubescents et toujours verts, confinés dans le Mexique. Fleurs écarlates ou jaunes, grandes, solitaires ou réunies en petit nombre au sommet de pédoncules courts et axillaires; calice à tube soudé à l'ovaire et à limbe à cinq lobes; corolle à tube allongé, à gorge large et à limbe à cinq lobes courts, larges et sub-dressés. Feuilles opposées, longuement pétiolées, amples, membraneuses et souvent dissemblables.

L'espèce suivante, seule introduite, est une belle plante qui se traite comme les **Gloxinia.** (V. ce nom.)

S. Endlicheriana, Hanst. *Fl.* d'une belle couleur orangée, marquées de pourpre, solitaires ou fasciculées par deux-cinq; corolle infundibuliforme-campanulée, poilue extérieurement, un peu incurvée et de 6 à 8 cent. de long. Avril. *Flles* très étalées, largement elliptiques, acuminées, poilues; les plus grandes ayant 30 à 45 cent. de long; pétioles de 8 à 10 cent. de long. Tige suffrutescente; dressée, purpurine, de 30 à 60 cent. de haut, émettant des racines aériennes. Mexique. 1849. (F. d. S. 546 et L. et P. F. G. I, 69, sous le nom de *Arctocalyx Endlicherianus*, C. Heller.)

SOLENOPSIS, Presl. — V. **Laurentia**, Neck.

SOLIDAGO, Linn. (de *solido* ou *solidum agere*, consolider; allusion aux propriétés vulnéraires de ces plantes). **Verge d'or**; Angl. Golden Rod. Syn. *Doria*, Adans. Fam. *Composées.* — Grand genre comprenant environ quatre-vingts espèces de plantes vivaces, herbacées ou rarement suffrutescentes à la base et presque toutes rustiques, habitant, pour la plupart, l'Amérique du Nord, une ou deux cependant se retrouvent dans l'Amérique du Sud, une est indigène dans l'Asie et l'Europe tempérée et une autre dans les Açores. Capitules jaunes, ordinairement petits, mais très nombreux et disposés en grappe, en panicule ou en faisceaux terminaux; involucre oblong ou étroitement campanulé, formé de bractées nombreuses, multisériées et apprimées; fleurons de la circonférence ligulés, femelles, disposés sur un seul rang et rayonnants ou rarement dressés; réceptacle nu ou alvéolé; achaines sub-arrondis ou munis de côtes et couronnés d'une aigrette de poils unisériés. Feuilles alternes, entières ou souvent dentées.

Les Verges d'or, quoique très décoratives, sont des plantes volumineuses, envahissantes et très voraces, qu'on est obligé, comme leurs voisins les *Aster*, d'exclure des parties les mieux soignées des jardins, mais, par contre, elles trouvent une plante très avantageuse le long des massifs d'arbustes, où leurs fleurs jaunes contrastent agréablement avec le vert du feuillage et le bleu des fleurs d'*Aster*, qu'on leur associe le plus souvent, car leur taille, leur mode de végétation et leur époque de floraison sont à peu près les mêmes. Elles ont aussi leur place tout indiquée dans les grandes plates-bandes de plantes vivaces, sur les rangs du centre ou du fond, ou encore le long des allées.

Toute terre ordinaire de jardin leur convient et leur multiplication s'effectue très facilement par éclat ou division des touffes et si l'on veut par le semis.

Du grand nombre d'espèces introduites, les suivantes sont les plus recommandables et les plus répandues dans les jardins, bien que quelques-unes seulement y soient communes :

S. altissima, Ait. Syn. de *S. rugosa*, Mill.

S. canadensis, Linn. * *Capitules* jaunes d'or, petits, à fleurons rayonnants très courts; panicule ample, compacte, pyramidale et oblique. Août. *Flles* lancéolées, acuminées,

Fig. 72. — Solidago canadensis.

trinervées, finement dentées en scie, parfois entières, plus ou moins pubescentes en dessous et rudes en dessus. Tiges couvertes de poils rudes. *Haut.* 1 m. à 1 m. 50. Amérique du Nord, 1648.

S. Drummondii, Torr. et Gray.* *Capitules* jaunes, petits, à quatre ou cinq rayons courts; bractées de l'involucre oblongues et obtuses; grappes courtes et paniculées. Été. *Flles* largement ou simplement ovales, un peu trinervées, grossièrement et finement dentées, quelques-unes entières, veloutées-pubescentes en dessous ainsi que les tiges. Celles-ci de 30 cent. à 1 m. de haut. Amérique septentrionale, 1885. (B. M. 6805.)

S. elliptica, Ait. **axilliflora**, Hort. *Capitules* jaunes, assez grands, réunis en fascicules étalés ou dressés, presque tous axillaires, plus courts que les feuilles et formant une grappe racémiforme, courte ou un peu allongée. *Flles* variant depuis la forme ovale jusqu'à celle largement lancéolée. Amérique du Nord. — Le *S. fragrans*, Willd. est une forme à feuilles étroites.

S. fragrans, Hort. Syn. de *S. serotina*, Ait.

S. fragrans, Willd. Variété du *S. elliptica axilliflora*, Hort.

S. glabra, Hort. *Capitules* jaunes, formant une vaste panicule corymbiforme. Août. *Flles* linéaires-lancéolées, dentées dans leur moitié supérieure. Tiges glabres, fermes, ramifiées supérieurement, atteignant environ 1 m. 20, Amérique du Nord.

S. lanceolata, Linn. * *Capitules* obconiques, presque tous sessiles, réunis en faisceaux denses et à quinze-vingt fleurons rayonnants. Septembre. *Flles* linéaires-lancéolées, entières, un peu rudes en dessus, pubescentes sur les nervures en dessous. Tiges pubescentes supérieurement et corymbiformes. *Haut.* 60 cent. à 1 m. Amérique du Nord, 1758. (B. M. 2546.) Syn. *Euthamia graminifolia*, Ell.

S. multiflora, Desf. *Capitules* jaunes, petits, nombreux, réunis en grappes spiciformes, formant par leur réunion de grandes panicules terminales. Août-septembre. *Flles* glabres, lancéolées et dentées. Tiges rameuses supérieurement. *Haut.* 60 à 80 cent. Amérique du Nord.

S. multiradiata, Ait. *Capitules* jaunes, amples, réunis en grappes denses, thyrsoïdes ou corymbiformes; bractées involucrales étroites, presque glabres; fleurons rayonnants au nombre de huit à douze. Juillet. *Flles* ciliées oblongues-lancéolées, aiguës ou obtuses et graduellement rétrécies à la base. Tiges velues-pubescentes, simples ou rarement ramifiées au sommet. Amérique du Nord, 1776.

S. **nutans**, Desf. *Capitules* jaunes, réunis en grappes nombreuses, penchées et formant de vastes panicules. Août-septembre. *Flles* linéaires-lancéolées, un peu rugueuses. Tiges un peu velues. *Haut.* 1 m. 50 et plus. Amérique septentrionale.

S. **odora**, Ait. *Capitules* jaunes, à trois ou quatre fleurons rayonnants, assez grands, disposés en grappes étalées, formant par leur réunion de petites panicules unilatérales. Juillet. *Flles* linéaires-lancéolées, entières, un peu épaisses, luisantes et parsemées de ponctuations pellucides. Tige grêle, de 60 cent. à 1 m. de haut, souvent réclinée. Amérique septentrionale, 1699. Les feuilles exhalent, lorsqu'on les écrase, une agréable odeur d'anis.

S. **patula**, Muehl. *Capitules* jaunes, à bractées de l'involucre oblongues et à six ou sept fleurons rayonnants; pédoncules scabres-pubescents; grappes presque toutes courtes et rapprochées sur des branches allongées, un peu feuillues et à la fin étalées ou récurvées. Août-septembre. *Flles* amples, elliptiques, aiguës, dentées en scie, lisses et glabres en dessous. *Haut.* 60 cent. Amérique septentrionale, 1710.

S. **rigida**, Linn. *Capitules* jaunes, amples, réunis en corymbe composé, terminant la tige qui est simple et nullement racémiforme; fleurons rayonnants sept à dix. Septembre. *Flles* ovales ou oblongues, fortement garnies de nervures parallèles, épaisses et rigides; les supérieures très sessiles et à base large, légèrement dentées; les terminales entières. Tige forte, de 1 m. à 1 m. 50 de haut, très feuillue. Amérique septentrionale, 1710.

S. **rugosa**, Mill. *Capitules* jaunes, petits, à bractées de l'involucre linéaires; fleurons rayonnants six-neuf; grappes paniculées et étalées. Août-septembre. *Flles* ovales-lancéolées, elliptiques ou oblongues, souvent un peu épaisses et très rugueuses, bordées de dents grossières et aiguës. Tige de 60 cent. à 2 m. 30 de haut, couverte de poils rudes. Amérique septentrionale, 1686. Syn. *S. altissima* Ait.

S. **sempervirens**, A. Gray. *Capitules* élégants, à fleurons rayonnants dorés, au nombre de huit à dix; grappes courtes, réunies en panicule ouverte ou contractée. Septembre. *Flles* charnues, très lisses, lancéolées, un peu embrassantes ou les inférieures lancéolées-oblongues, obscurément trinervées. Tige forte et lisse. *Haut.* 30 cent. à 2 m. Amérique septentrionale, 1699.

S. **serotina**, Ait. *Capitules* jaunes, à fleurons rayonnants courts; achaines à la fin presque glabres; pédoncules pubescents et un peu rudes; panicule pyramidale, formée de nombreuses grappes récurvées. Août-octobre. *Flles* lancéolées, acuminées, dentées en scie, glabres sauf sur les nervures de la face inférieure, à bords et ordinairement la face supérieure scabres. Tige souvent glauque. *Haut.* 1 m. Amérique septentrionale, 1758. *S. fragrans*, Hort.

S. **speciosa**, Nutt. * *Capitules* jaunes, assez grands, un peu rapprochés et disposés en grappes nombreuses, dressées, formant une panicule ample, pyramidale ou thyrsoïde; fleurons rayonnants environ cinq, amples. Octobre. *Flles* rudes, un peu épaisses, à bords lisses, ovales ou ovoïdes, légèrement dentées en scie; les inférieures de 10 à 15 cent. de long (chez ses plus grandes formes), rétrécies en pétioles marginés; les terminales oblongues-lancéolées. Tige forte, lisse, de 1 à 2 m. de haut. Amérique septentrionale, 1817. Belle espèce. (G. et F. 1890, 561.)

S. **Virgaurea**, Linn. Verge d'or commune; Angl. Common Golden-Rod. — *Capitules* jaunes, petits, très rapprochés, à dix-douze fleurons rayonnants, disposés en grappes allongées, formant une panicule terminale. Juillet-septembre. *Flles* linéaires ou lancéolées-oblongues, de 3 à 10 cent. de long, obscurément dentées, obtuses ou aiguës. Tiges dressées, faiblement ramifiées, mais réunies en touffes. *Haut.* 80 cent. à 1 m. Amérique septentrionale,

Fig. 73. — Solidago Virgaurea.

Europe; France, Angleterre, etc. (Sy. En. B. 778.) — La variété *cambrica* (Sy. En. B. 779) est une plante naine, propre à orner les rocailles et les talus.

SOLIDE. — Ce mot s'emploie familièrement pour désigner tous les objets et par extension les végétaux ou leurs parties qui sont forts et résistants; parfois aussi on lui donne le sens de *plein*, en parlant des hampes ou des tiges qui ne sont pas creuses.

SOLITAIRE; Angl. Solitary. — Se dit des plantes ou plus souvent de leurs parties, telles que les inflorescences, les fleurs, les fruits, etc., qui ne sont pas accompagnés par d'autres sur le point où ils sont insérés.

SOLLYA, Lindl. (dédié à Richard Horsman Solly, physiologiste et anatomiste anglais; 1778-1858). Fam. *Pittosporées*. — Petit genre comprenant deux espèces d'arbustes ornementaux, toujours verts et de serre froide, confinés en Australie. Fleurs bleues, pendantes, à pédicelles grêles et réunies en cymes pauciflores, lâches et terminales ou rarement solitaires; sépales petits et libres, dont un inégal; pétales connivents, étalés depuis la base et campanulés; anthères réunies en cône autour du pistil. Feuilles étroites.

Ces plantes prospèrent en plein air pendant l'été et en serre froide pendant l'hiver. Il leur faut un compost de terre légère et un bon drainage. Leur multiplication s'effectue par boutures que l'on fait dans du sable et sous cloches.

S. **Drummondi**, C. Morr. Syn. de *S. parviflora*, Turcz.

S. **heterophylla**, Lindl. * Angl. Australian Bluebell Creeper. — *Fl.* bleu purpurin, à pétales de 10 à 12 mm. de long; cymes terminales ou opposées aux feuilles, pendantes, ordinairement composées de quatre à huit fleurs, mais en portant parfois douze et plus. Juillet. *Flles* persistantes, variant depuis la forme ovale-lancéolée ou ovale-oblongue et de 4 à 5 cent. ou plus de long jusqu'à celle lancéolée ou oblongue-linéaire et de 2 1/2 à 4 cent. de long, obtuses ou légèrement acuminées, très entières et ordinairement rétrécies en courts pétioles. *Haut.* 2 m. Australie, 1834. (B. M. 3523; B. R. 1466; R. H. B. 1825, 253.)

S. h. **angustifolia**, Hort. *Flles* étroitement lancéolées. Rameaux moins effilés que dans le type. Syn. *S. linearis*, Lindl. (B. R. 1840, 3.)

S. linearis, Lindl. Syn. de *S. heterophylla angustifolia*, Hort.

S. parviflora, Turcz. * *Fl.* bleues, petites, solitaires ou réunies par deux-trois en cymes, sur des pédicelles filiformes, très minces ; pétales d'environ 6 mm. de long. Juillet. *Fr.* de 12 à 18 mm. de long, graduellement rétrécis aux deux extrémités. *Flles* lancéolées ou oblongues-linéaires ; les plus grandes ayant plus de 12 mm. de long, très courtement pétiolées et plus minces que dans le *S. heterophylla*. Australie, 1838. Syn. *Drummondi*, C. Morr. (R. G. 261, f. 1.)

S. **salicifolia,** Marnock. C'est très probablement une variété du *S. heterophylla*, Lindl.

SOMMEIL des plantes. — On désigne ainsi la position particulière qu'affectent pendant la nuit les organes de certaines plantes, les folioles de bien des Légumineuses surtout, position qui indique alors leur état de repos. (S. M.)

SOMMERFELDTIA, Schum. — V. **Drepanocarpus,** G. F. W. Mey.

SOMMET ; Angl. Apex. — Partie terminale de la tige, des rameaux ou de toute autre partie ou organe d'un végétal.

SONCHUS, Linn. (de *Sogchos*, ancien nom grec appliqué par Théophraste et Pline à une plante qu'on croit être un *Sonchus*). **Laitron** ; Angl. Sow-thistle. Comprend les *Atalanthus*, Don. Fam. *Composées*. — Genre renfermant environ trente espèces de plantes herbacées, annuelles ou vivaces, parfois frutescentes à la base, rustiques ou de serre froide, largement dispersées dans l'Europe, l'Asie, l'Afrique et l'Australie. Capitules jaunes, petits, moyens ou assez grands, réunis en corymbe paniculé ou en fausse ombelle, rarement solitaires; involucre conique après la floraison, formé de bractées multisériées et imbriquées; réceptacle plan et nu ; fleurons nombreux, tous ligulés ; achaines nus, non comprimés ni terminés en bec et surmontés d'une aigrette composée de soies longues, très ténues, molles et blanches, réunies en faisceaux à la base. Feuilles radicales ou les caulinaires alternes, souvent amplexicaules, auriculées, entières, dentées, pinnatifides ou disséquées.

La plupart des espèces de ce genre sont dépourvues d'intérêt horticole et les quelques-unes qui ont été introduites dans les jardins n'y occupent qu'une place bien secondaire ; on ne les rencontre même, le plus souvent, que dans les jardins botaniques.

Des six ou sept espèces croissant spontanément en France, aucune n'est digne d'être cultivée pour l'ornement ; plusieurs sont même de mauvaises herbes gênantes dans les jardins et les grandes cultures, notamment les *S. arvensis*, Linn. ou Laitron des champs (Angl. Corn Sow-thistle) ; *S. oleraceus*, Linn. ou Laitron des lieux cultivés (Angl. Hare's Lettuce, Milk Thistle), qui était autrefois employé en médecine ; enfin le *S. asper*, Vill. ou Laitron rude. Le *S. palustris*, Linn. croît sur le bord des eaux et le *S. maritimus*, Linn. sur le littoral.

Les espèces décrites ci-après sont frutescentes et peuvent être cultivées dans les serres froides, à cause de leur beau feuillage. Toute bonne terre ordinaire leur convient et on les multiplie par boutures que l'on fait dans du sable et sous cloches.

S. alpinus, Linn. — V. **Lactuca alpina.**

S. arboreus, DC. *Capitules* jaunes, à quinze-vingt fleurons et réunis en corymbes terminaux. Juillet. *Flles* pinnatipartites, à lobes linéaires-filiformes et entiers. Tige arborescente non épineuse. *Haut.* 1 m. Ténériffe, 1824. Plante vivace et arborescente.

S. gummifer, Linn. * *Capitules* peu nombreux, disposés en corymbes glabres ; bractées de l'involucre noirâtres, légèrement apprimées et acuminées. Eté. *Flles* glabres, pâles en dessous ; les sub-radicales pinnatifides, à lobes triangulaires, légèrement dentés et acuminés ; les terminales lancéolées-oblongues ; les caulinaires auriculées, arrondies et amplexicaules. *Haut.* 60 cent. à 1 m. Iles Canaries, 1861. (B. M. 512.)

S. Jacquini, DC. * Espagn. Lachuza de Pastor ; Angl. Pastor's Lettuce.— *Capitules* jaune d'or foncé, de 5 à 8 cent. de diamètre, à bractées de l'involucre apprimées, obtuses et légèrement laineuses. Avril-juillet. *Flles* rapprochées, de 15 à 30 cent. de long et 5 à 8 cent. de large, étalées et récurvées, cordiformes et semi-amplexicaules oblancéolées, pinnatifides jusqu'au milieu ou au delà, denticulées et ciliées, à lobes triangulaires et aigus. *Haut.* 30 à 60 cent. Iles Canaries, 1882. — Plante forte, dressée, légèrement ramifiée, à tige ligneuse à la base et herbacée supérieurement, faiblement parsemée çà et là de taches de poils laineux et blanc de neige. (B. M. 6142.)

S. **leptocephalus,** Cass. *Capitules* jaunes, nombreux, disposés en panicule terminale et corymbiforme. Juin-juillet. *Flles* pinnatipartites, à segments linéaires-filiformes. Tige frutescente, non épineuse, un peu charnue marquée de cicatrices. Ténériffe.

S. macrophyllus, Willd. — V. **Lactuca macrophylla.**

S. pinnatus, Ait. *Capitules* jaunes, réunis en panicule corymbiforme et ramifiée; bractées de l'involucre apprimées, glabres, acuminées, linéaires ou à peine lancéolées. Eté. *Flles* glabres, pinnatipartites, à lobes linéaires-lancéolés, légèrement dentés ou entiers; le terminal allongé. *Haut.* 1 m. Madère, 1777.

S. Plumieri, Linn. — V. **Lactuca Plumieri.**

S. **radicatus,** Ait. *Capitules* jaunes, disposés en corymbe glabre et irrégulier ; bractées de l'involucre noirâtres ; les externes largement ovales ; les internes linéaires-lancéolées. Eté. *Flles* radicales un peu lyrées, pinnatipartites, glauques en dessous, à lobes ovales-obtus, légèrement dentés; le terminal obtusément triangulaire ; les caulinaires auriculées, arrondies et amplexicaules. *Haut.* 30 cent. Iles Canaries, 1780. (B. M. 5211.)

S. spinosus, DC. *Capitules* jaunes, solitaires au sommet des pédoncules nus. Mars-mai. *Flles* sessiles, linéaires, sinuées-dentées. Tige ligneuse, très rameuse et à rameaux cylindriques, divergents et épineux. *Haut.* 1 m. Espagne, 1640. Syn. *Lactuca spinosa*, Lamk.

SONERILA, Roxb. (de Soolli-Soneri-ila, nom au Khasia d'une des espèces). Fam. *Mélastomacées*. — Genre important, comprenant environ soixante-dix espèces de plantes herbacées ou de petits arbustes de serre chaude, à port variable, glabres ou poilus, parfois légèrement paléacés, caulescents ou acaules et alors scapigères, habitant les régions montagneuses des Indes orientales et les iles Malaises. Fleurs souvent rosées, disposées en grappes ou en épis scorpioïdes ; calice glabre ou cilié, à tube oblong, turbiné ou campanulé et à limbe court, souvent dilaté et trilobé; pétales trois, ovales, obovales ou oblongs, aigus, acuminés ou obtus ; étamines trois, égales ou très rarement six et les alternes alors plus petites. Feuilles égales ou dimorphes, fréquemment membraneuses, entières ou serrulées et à trois-cinq nervures.

Les *Sonerila* demandent une atmosphère humide et un ombrage partiel. Ils prospèrent dans un compost de terre de bruyère fibreuse, de sphagnum haché, d'un peu de sable et entremêlé de quelques morceaux de charbon de bois ou de petits tessons.

Leur multiplication peut s'effectuer par semis des graines qu'ils produisent et mûrissent facilement ou par boutures que l'on fait au printemps, séparément dans des godets, dans une serre à multiplication, sur une douce chaleur du fond et sous cloches.

S. Bensoni, Hook. f. * *Fl.* rose pourpre, à six étamines portant des anthères toutes jaunes et non développées à la base; pédoncules et grappes poilus. Été. *Flles* ovales, denticulées et à sept nervures. Indes orientales, 1856. — « Cette plante ressemble exactement au *S. speciosa*. Le changement d'habitat et la culture en serre chaude et forcée peuvent avoir fait développer les trois étamines qui manquent généralement dans le genre (?) (C. B. Clarke.) » (B. M. 6049.)

S. elegans, Hook. Syn. de *S. speciosa*, Zeuker.

S. grandiflora, R. Br. *Fl.* mauves, à pétales ayant près de 18 mm. de long, elliptiques; grappes denses, à pédoncules courts et terminaux. Été. *Flles* rapprochées sur les ramilles, de 2 1/2 à 5 cent. de long, oblongues ou elliptiques, rétrécies aux deux extrémités, aiguës, glabres et dentées-ciliées. Tige très ligneuse à la base et ramifiée circulairement. *Haut.* 30 cent. Indes orientales, 1856. (B. M. 5354.)

S. margaritacea, Lindl. * *Fl.* roses, réunies par huit-dix en corymbes; pédoncules rouges, terminaux et généralement entourés à la base d'un verticille de feuilles subsessiles. Été. *Flles* opposées, oblongues ou ovales-lancéolées, aiguës ou acuminées, à nervures obliques,

Fig. 74. — Sonerila margaritacea.

parallèles, vert très foncé et luisant en dessus, avec des taches ovales, blanches, simulant des perles et disposées en lignes ou séries solitaires entre les nervures; face inférieure pâle, avec les nervures rouge pourpre. Tiges un peu faibles et retombantes, de 15 à 25 cent. de long, d'un beau rouge écarlate. Indes orientales, 1854. (B. M. 5104; F. d. S. 1126.) — Il en existe plusieurs belles variétés, notamment les suivantes, qui sont les plus répandues.

S. m. **argentea**, Hort. *Flles* à face supérieure à fond gris argenté.

S. m. **Hendersoni**, Hort. * *Fl.* lilas-rose vif, nombreuses et pourvues d'anthères jaune citron, proéminentes et en forme de fer de lance. *Flles* ovales, planes, vert olive foncé, parsemées sur toute leur surface de taches blanches et perlées. *Haut.* 15 à 20 cent. Indes orientales, 1875. Plante compacte et très florifère. (F. M. n. s. 159; J. H. n. s. 230; R. G. 897.)

S. m. **marmorata**, Hort. *Flles* à face supérieure parcourue par des bandes gris argenté.

S. orbiculata, Lindl. Syn. de *S. speciosa*, Zeuker.

S. speciosa, Zeuker. *Fl.* mauves, à pétales de 15 mm. de long, arrondis-elliptiques et aigus; grappe souvent sub-paniculée, composée de huit à quatorze fleurs et très velue. *Flles* de 5 à 8 cent. de long, ovales-elliptiques, aiguës, glabres ou à peu près, denticulées ou légèrement dentées en scie et à pétioles de 2 1/2 à 5 cent. de long. Tige presque ou entièrement glabre à la base, velue supérieurement et se terminant en un long pédoncule. *Haut.* 20 à 30 cent. Indes orientales, 1856. (B. M. 5026; Fr. d. S. 2442.) Syns. *S. elegans*, Hook. (B. M. 4978); *S. orbiculata*, Lindl.

S. stricta, Hook. *Fl.* rose pourpre, petites, à pétales obovales. *Flles* de 6 à 25 mm. de long, lancéolées ou elliptiques, rétrécies aux deux extrémités et portant des poils lâches et épars. Tige de 8 à 18 cent. de haut, dressée, souvent ramifiée, plus ou moins pubérulo-pubescente et portant aussi des poils longs, lâches et épars. Indes orientales, 1848. (B. M. 4394.)

Soit par croisements naturels ou artificiels, soit par sélections, les espèces précédentes ont donné naissance à plusieurs belles variétés horticoles, individuellement nommées, qu'on cultive sous le nom collectif de *S. orientalis*, vars. (Voir à ce sujet : R. H. B. 1887; 1894, 61; I. H. 1889, 92; 1890, 113; 1896, 52; R. H. 1891, p. 463; Kew. Bull. 1891, app. II, p. 53 et les citations des variétés décrites plus haut.)

SONNERATIA, Linn. f. (dédié à Pierre Sonnerat, qui voyagea dans la Nouvelle-Guinée, dans les Indes orientales, dans la Chine et communiqua beaucoup de plantes nouvelles aux botanistes d'Europe). Syn. *Aubletia*, Gærtn. Fam. *Lythrariées*. — Genre comprenant cinq ou six espèces d'arbustes et de petits arbres très glabres, de serre chaude, habitant le bord des mers des tropiques de l'hémisphère oriental. Fleurs amples, dépourvues de bractées, réunies par trois au sommet des ramilles ou solitaires et axillaires; calice épais et coriace, à tube campanulé et à limbe à quatre-huit lobes ; pétales quatre à huit, petits ou nuls; étamines nombreuses. Fruit bacciforme, sub-globuleux, à dix-quinze loges et renfermant de nombreuses graines. Feuilles opposées, pétiolées, coriaces, oblongues, aiguës ou obtuses et entières. Les trois espèces décrites ci-après, les seules introduites dans les cultures, se traitent comme les **Lagerstrœmia**. (V. ce nom pour leur culture.)

S. **acida**, Linn. f. *Fl.* à six divisions et à pétales rouges. Juin. *Fr.* à pulpe âcre. *Flles* ovales-oblongues. Ramilles tétragones. Indes orientales, 1822. — Petit arbre dont les fruits sont consommés comme condiment par les Malais.

S. **alba**, Smith. *Fl.* blanches, à six-huit divisions et apétales. Mai. *Fr.* obconique à la base et déprimé en dessus. *Flles* arrondies-ovales, de 5 à 11 cent. de long, arrondies ou rétuses au sommet. Ramilles arrondies. Indes orientales, 1824. Petit arbre.

S. **apetala**, Hamilt. Angl. Kambala-tree. — *Fl.* blanches, à quatre divisions et apétales. Juin. *Flles* ovales-lancéolées. Indes orientales, 1826. — Arbre atteignant 12 m., croissant en compagnie des Mangliers, dans les marécages inondés par la marée.

SOPHORA, Linn. (altération de *Sophero*, nom arabe

d'un arbre à fleurs papilionacées). Comprend les *Edwardsia*, Salisb. et *Styphnolobium*, Schott. Fam. *Légumineuses*. — Genre renfermant environ trente espèces d'arbres, d'arbustes ou rarement de plantes herbacées, toujours verts ou à feuilles caduques, rustiques ou de serre froide, habitant les régions chaudes du globe. Fleurs blanches, jaunes ou rarement violet bleuâtre, disposées en grappes simples ou en panicules feuillues et terminales ; calice à dents courtes ; corolle papilionacée, à étendard largement ovale ou orbiculaire, dressé ou étalé ; étamines libres ou rarement presque soudées en anneau à la base. Gousse moniliforme et comprimée. Feuilles composées, imparipennées, à folioles en nombre indéfini, petites et dépourvues de stipelles.

Parmi les espèces rustiques, la plus importante et la plus répandue est le S. *japonica*, dont le type constitue avec l'âge un grand et bel arbre d'ornement, assez fréquent dans les jardins paysagers, il supporte sans souffrir nos hivers les plus rudes. Sa variété *pendula* est aussi le plus beau et le plus répandu de tous les arbres pleureurs : il produit le meilleur effet sur les pelouses, en sujet isolé, et, en supportant sa ramure sur une charpente en bois ou en fer, il forme de magnifiques tonnelles ou salles d'ombrage. Tout terrain convient à cette espèce et sa multiplication s'effectue très facilement par le semis ou au besoin par le bouturage. Les variétés *pendula* et *variegata* se propagent par greffe en écusson et en tête sur le type.

Les autres espèces sont de serre froide ou demi-rustiques, telles que les *S. tetraptera* et sa var. *microphylla* qui prospèrent et qui fleurissent en plein air, plantés au pied d'un mur exposé au midi, même en Angleterre, dans le sud-ouest de ce pays et aussi chez nous ; dans le Midi surtout, où ils y prospèrent même en sujets à haute tige et en plein vent.

Les espèces de serre demandent une terre franche, fertile et bien drainée. Toutes se multiplient facilement par semis de graines importées. Les espèces les plus répandues dans les cultures sont décrites ci-après :

S. bifolia, Pall. — V. **Ammodendron Sieversii.**

S. chrysophylla, Seem. *Fl.* jaunes, axillaires et réunies en épis courts et racémiformes : pétales de la carène elliptiques, avec le bord dorsal droit. Mai-juin. *Flles* à dix-sept folioles obovales ; les juvéniles couvertes d'une pubescence jaune et caduque. *Haut.* 2 à 3 m. Iles Sandwich. Arbuste de serre froide et à feuilles caduques. Syn. *Edwardsia chrysophylla*, Salisb. (B. R. 378.)

S. glauca, DC. *Fl.* pourpre pâle, réunies en longs épis racémiformes, pétales imbriqués ; étendard bifide. Mai-juin. *Flles* à vingt-trois folioles alternes, elliptiques, mucronées et veloutées sur les deux faces ainsi que les pédoncules et les rameaux. *Haut.* 1 m. 20 à 2 m. Népaul, 1820. Arbuste très élégant, demi-rustique et à feuilles caduques. Syn. *S. velutina*, Lindl. (B. R. 1185.)

S. heptaphylla, Linn. *Fl.* jaunes, réunies en grappes opposées, égalant environ la longueur des feuilles. Octobre. *Flles* à folioles alternes ou presque opposées, ordinairement au nombre de trois à quatre de chaque côté, oblongues ou obovales-oblongues, légèrement acuminées, arrondies ou un peu aiguës à la base, pubescentes-poilues en dessous, de 2 1/2 à 8 cent. de long. *Haut.* 2 m. Neilgherries, etc., 1830. Arbuste ou petit arbre rustique et à feuilles caduques.

S. japonica, Linn. * Sophora du Japon ; Angl. Chinese ou Japanese Pagoda tree. — *Fl.* blanchâtres ou crème, petites, réunies en grandes panicules ramifiées, lâches et terminales. Août-septembre. *Gousse* glabre et allongée, mûrissant ses graines sous notre climat. *Flles* d'un beau vert tendre ou un peu bleuâtre, pinnées, à onze-treize folioles oblongues-ovales et aiguës. Ecorce des jeunes pousses vert foncé. *Haut.* 10 à 15 m. Chine et Japon, 1763. Très bel arbuste rustique et à feuilles caduques. (A. B. R. 585.) Syn. *Styphnolobium japonicum*, Schott.

S. j. hybrida, Hort. Variété dont les branches principales sont horizontales, fortes et les rameaux seuls pendants, longs et minces. 1893.

S. j. pendula, Hort. * Sophora pleureur. — Très belle variété vigoureuse et à branches, rameaux et feuilles littéralement pendants et venant traîner à terre si on ne les relève pas.

Fig. 75. — Sophora japonica pendula.
État hivernal de l'arbre montrant le port réfléchi de ses branches et de ses rameaux.

S. j. variegata, Hort. *Flles* panachées, mais sans grand effet décoratif.

S. macrocarpa, Smith. *Fl.* jaunes, réunies en grappes courtes et axillaires. Avril. *Gousses* soyeuses et dépourvues d'ailes. *Flles* à treize-dix-neuf folioles elliptiques-oblongues, obtuses, coriaces, soyeuses en dessous et persistantes. *Haut.* 2 m. 50 à 3 m. Chili, 1822. Arbuste élégant, toujours vert et de serre froide. (L. B. C. 1125.) Syn. *Edwardsia chilensis*, Miers. (B. R. 1798.)

S. secundiflora, Lagasc. * *Fl.* violettes, assez grandes, unilatérales et réunies en cymes terminales et compactes. Juin. *Flles* à neuf-treize folioles elliptiques-oblongues, obtuses, coriaces et presque lisses. *Haut.* 2 m. Mexique, 1820. Magnifique arbuste toujours vert et de serre froide. (R. H. 1854, 201.)

S. tetraptera, J. Mill. * *Fl.* jaunes, de 2 1/2 à 5 cent. de long, à ailes linéaires-oblongues ; grappes axillaires et pendantes, composées de quatre à huit fleurs. Mai. *Flles* de 2 1/2 à 15 cent. de long, à six et jusqu'à quarante paires de folioles variant depuis la forme obcordée jusqu'à celle linéaire oblongue, de 6 à 18 mm. de long, arrondies, rétuses ou bilobées au sommet, soyeuses ou fortement velues chez les plantes âgées. *Haut.* 2 à 4 m. Nouvelle-Zélande, 1772. Arbre demi-rustique et à feuilles caduques. (G. C. n. s. IX, 729.)

S. t. grandiflora, Hort. Angl. Kowhai. — *Fl.* de 5 cent. de long, plus étroites que dans le type. *Flles* à dix-trente paires de folioles ordinairement étroites. Tronc atteignant de 30 cent. à 1 m. de diamètre. Nouvelle-Zélande, 1772. Variété forte et robuste. (Gn. 1888, part. I, 518, et B. M. 167, sous le nom de *S. tetraptera*, Linn.)

S. t. microphylla, Ait. Angl. New-Zealand Laburnum. — *Fl.* de 2 1/2 à 4 cent. de long, plus larges que dans le type. *Flles* à folioles au nombre de trente à quarante paires chez les plantes âgées, oblongues-obcordées. Jeunes rameaux très grêles et flexueux, portant quelques folioles obcordées et membraneuses. Nouvelle-Zélande, 1772. Syn. *Edwardsia Macnabiana*, R. Grah. (B. M. 3735) ; *E. microphylla*, Ait.

S. tomentosa, Linn. *Fl.* jaunes, élégantes, disposées en grappes allongées. Août. *Gousses* stipitées, de 12 cent. de long. *Flles* à onze-dix-sept folioles oblongues, coriaces, devenant lisses en dessus. *Haut.* 1 m. 20 à 2 m. Amérique du Nord, etc., 1739. Arbuste demi-rustique, tomenteux-canescent et à feuilles caduques. (B. M. 3390.)

S. velutina, Lindl. *Syn.* de *S. glauca*, DC.

SOPHROCATTLEYA, Hort. — Hybrides bigénériques résultant du croisement des *Sophronitis* et *Cattleya*.

S. Batemanniana, Rolfe. Hybride des *Sophronitis grandiflora* et *Cattleya intermedia*. (R. H. B. 1888, 201.) Syn. *Lælia Batemanniana*, Rchb. f. — V. après la description du premier.

S. Calypso, Hort. Hybride des *Sophronitis grandiflora* et *Cattleya Loddigesii Harrisoniæ*. 1890.

S. Veitchii, Hort. Hybride des *Lælio-Cattleya elegans* et *Sophronitis grandiflora*. 1892.

Sophronanthe, Benth. — V. **Gratiola**, Linn.

SOPHRONITIS, Lindl. (de *sophron*, modeste; allusion aux jolies petites fleurs de la première espèce connue). Fam. *Orchidées*. — Petit genre comprenant quatre ou cinq espèces d'Orchidées épiphytes, touffues, naines et de serre froide, habitant les monts Organ, dans le Brésil. Fleurs très élégantes, écarlates ou violettes, réunies en grappes courtes et pauciflores ou solitaires au sommet des pseudo-bulbes ; sépales libres, égaux, plans et étalés; pétales semblables ou plus larges ; labelle dressé, à lobes latéraux larges et connivents, cachant entièrement la colonne ; le médian sub-récurvé et entier ; colonne courte, un peu épaisse et dilatée en ailes au sommet; masses polliniques huit. Feuilles coriaces ou charnues, compliquées, à la fin étalées. Pseudo-bulbes fasciculés sur un rhizome et pourvus d'une ou deux feuilles.

Les *Sophronitis* sont bien dignes de l'attention des orchidophiles, car ils tiennent peu de place et produisent de jolies fleurs. On les cultive de préférence dans des terrines ou sur des bûches de bois. Il leur faut la terre de bruyère fibreuse, additionnée de charbon de bois écrasé, ainsi qu'un drainage parfait, car, en tout temps, ils demandent beaucoup d'humidité. Leur multiplication s'effectue par division au moment du départ de la végétation.

S. cernua, Lindl. *Fl.* rose rouge, jaunâtres au centre, petites et réunies en grappes courtes, lâches et axillaires ; colonne blanche, à ailes pourpres. Hiver. *Flles* solitaires, ovales, apiculées, ayant un peu plus de 2 cent. 1/2 de long. *Haut.* 8 cent. Brésil, 1827. (B. M. 3677 ; B. R. 1129 ; L. et P. F. G. III, p. 11.)

S. coccinea, Rchb. f. Syn. de *S. grandiflora*, Lindl.

S. grandiflora, Lindl. *Fl.* grandes, rouge écarlate ou vermillon brillant, étoffées, de plus de 8 cent. de diamètre, solitaires, à sépales linéaires-oblongs, obtus et à pétales trois fois aussi larges que les sépales; labelle entier, ovale et cucullé à la base. Hiver. *Flles* solitaires, oblongues, aiguës et vert foncé. Tiges courtes, ovales et arrondies. Très belle espèce. (L. 161 ; O. 1886, 124 ; J. H. 1887, 32.) Syns. *S. coccinea*, Rchb. f. (F. d. S. 1716), et *Cattleya coccinea*, Lindl.

Un remarquable hybride, aujourd'hui nommé *Sophrocattleya Batemaniana*, Rolfe, a été obtenu du croisement de cette espèce avec le *Cattleya intermedia*, il y un peu plus de dix ans, par MM. Veitch. La plante fleurit en 1886, et fut décrite par Reichenbach, dans le *Gard. Chron.* n. s. vol. XXVI, p. 263, sous le nom de *Lælia Batemaniana*.

Cet hybride a le pédoncule d'un *S. sophronitis* et une fleur courtement pédicellée, comme celle d'un *Lælia*; elle est d'un pourpre rose de garance, avec une teinte mauve, mais excessivement claire, qui paraît devenir plus foncée à mesure qu'elle avance en âge. Le lobe médian du labelle est trifide, d'un rouge carmin de *Dahlia* aussi chaud qu'on peut le désirer et très légèrement nuancé de mauve ; les lobes latéraux et le disque sont blancs, avec une légère bordure mauve pourpre. Le changement de nomenclature que cet hybride a occasionné est indiqué comme suit par Reichenbach : « Je dois en conséquence réduire les *Sophronitis* et en faire des *Lælia cernua*, *pterocarpa*, *militaris*, *purpurea*, *grandiflora*, pour ceux qui voudront accepter ces changements et laisser seul le *Sophronitis violacea*, avec des caractères remodelés. »

S. g. aurantiaca, Hort. *Fl.* rouge orangé foncé. 1886. (R. H. 1886, 492.)

S. g. purpurea, Hort. *Fl.* purpurines, à pétales obtus. *Flles* elliptiques-cunéiformes et aiguës. Pseudo-bulbes très courts, épais et fusiformes. 1878.

S. g. rosea, Hort. *Fl.* rose laque clair ou rose carminé. Variété rare. (Gn. XXV, p. 474.)

S. grandiflora, Hook. Syn. de *S. militaris*, Rchb. f.

S. militaris, Rchb. f. * *Fl.* solitaires, ayant 8 cent. de diamètre, à sépales et pétales rouge cinabre vif ou cramoisi foncé ; les premiers oblongs-lancéolés ; les derniers arrondis-elliptiques ; labelle jaune, strié de rouge vif, trilobé, à lobes latéraux incurvés ; le médian plat et acuminé. Novembre-décembre. *Flles* solitaires et elliptiques. Pseudo-bulbes oblonds-cylindriques. *Haut.* 15 cent. Brésil, 1837. — C'est la plus belle espèce du genre ; elle devrait exister dans toutes les collections. Syn. *S. grandiflora*, Hook. (B. M. 3709 ; F. M. 329 ; L. et P. F. G. III, p. 11, f. 237 ; L. S. O. 5 ; P. M. B. IX. 193 ; R. H. B. 1887, 1.)

S. pterocarpa, Lindl. et Paxt. *Fl.* pourpre rosé, à labelle ovale et pourvu de crêtes ; ovaire à six ailes et terminé en long bec ; grappe courte et corymbiforme. Mars. *Flles* coriaces, arrondies-oblongues. *Haut.* 8 cent. Brésil, 1842. Espèce rare dans les collections. (L. et P. F. G. III, f. 239.)

S. violacea, Lindl. * *Fl.* violettes, solitaires, à labelle ovale, aigu, nu, gibbleux à la base ; colonne pourvue d'ailes amples, charnues, arquées et obtuses ; hampe terminale et portant à la base de nombreuses bractées. Pseudo-bulbes petits et ovales. *Haut.* 8 cent. Brésil, 1838. (B. M. 6880 ; L. et P. F. G. III, p. 11, f. 238 ; W. O. A. 7,291.)

SOPUBIA, Ham. (c'est, dit-on, le nom indigène dans les Indes orientales). Syns. *Gerardia*, Presl. et *Raphidophyllum*, Hochst. Fam. *Scrophularinées*. — Genre comprenant huit ou neuf espèces de plantes herbacées, dressées, ordinairement annuelles et de serre chaude, habitant l'Afrique australe et tropicale, Madagascar, les Indes orientales, l'Archipel Malais et l'Australie. Fleurs réunies en épis ou en grappes, accompagnées de bractées et à pédicelles bi-bractéolés ; calice campanulé et à cinq dents ou lobes ; corolle à tube court et à cinq lobes larges et étalés ; étamines quatre, didynames. Feuilles opposées ou les supérieures alternes, étroites et souvent laciniées.

L'espèce suivante paraît seule introduite dans les collections. C'est une plante vivace, prospérant en terre de bruyère et que l'on peut multiplier par boutures faites sous cloches au par semis.

S. delphinifolia, G. Don. *Fl.* roses, sub-sessiles, à corolle sub-campanulée, de 2 1/2 à 4 cent. de long et 2 cent. 1/2 de diamètre. Juillet. *Flles* de 2 cent. 1/2 de long, pinnatiséquées, à segments presque aussi longs, peu nombreux, filiformes et flexueux. Tige dressée, à quatre sillons, maculée de pourpre et atteignant 1 m. à 1 m. 20 de haut.

SORANTHE, Salisb. — V. **Sorocephalus**, R. Br.

SORBIER commun. — V. **Pyrus domestica.**

SORBIER de Laponie. — V. **Pyrus fennica.**

SORBIER des oiseaux. — V. **Pyrus Aucuparia.**

SORBIER pleureur. — V. **Pyrus Aucuparia pendula.**

SORBUS, Linn. — Réunis aux **Pyrus**, Linn.

SORDIDE. — D'aspect ou de couleur sale et repoussante.

SORE ; Angl. Sorus. — Nom donné à chacune des petites taches foncées que l'on observe si communément sur la face inférieure des frondes des Fougères ou sur des organes qui résultent de la modification de celles-ci.

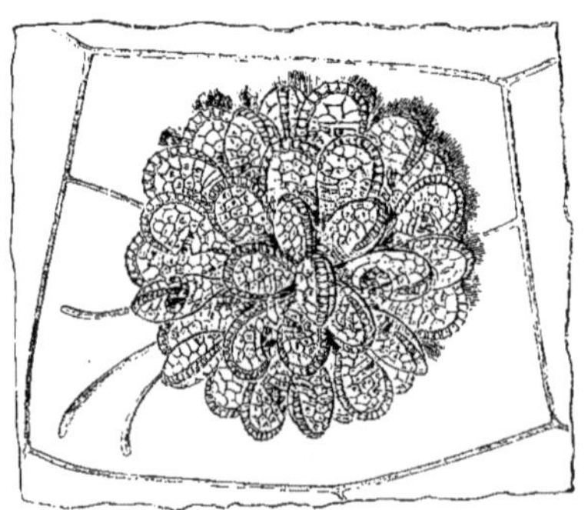

Fig. 76. — Sore très grossi de *Polypodium vulgare.*

Ces sores ne sont autres que des amas d'organes de reproduction. Vus à la loupe, on aperçoit un nombre plus ou moins grand de petites capsules de forme variable, nommées **Sporanges** et qui contiennent les **Spores** ou semences des **Fougères**. (V. ces noms.)

Les sores affectent des formes et des positions diverses : tantôt ils sont solitaires et disposés symétriquement ; tantôt ils sont rapprochés et parfois agglomérés ; les uns sont à peu près circulaires, tandis que d'autres sont très allongés, souvent ils sont fixés sur l'épiderme du limbe, mais parfois ils sont profondément enfoncés dans celui-ci ou au contraire proéminents et stipités.

Tantôt ils sont nus, tantôt ils sont recouverts d'une membrane mince, formée d'un repli de l'épiderme et que l'on nomme *indusie*. Chez certains genres, notamment les *Asplenium*, cette membrane est fixée par un de ses bords le long du sore ; tandis que chez d'autres, tels que chez les *Aspidium*, elle est insérée par son milieu, ressemblant alors à un bouclier ; enfin, chez d'autres encore, notamment les *Hymenophyllum* et *Trichomanes*, elle forme une coupe à la base du sore et on observe même plusieurs autres variations moins importantes dans la forme de cet organe.

Quant à la position des sores, c'est presque toujours sur la face inférieure des frondes qu'ils sont situés et sur les nervures, tantôt au milieu du limbe, avec ou sans symétrie, tantôt à l'extrémité des veinules et sur le bord des frondes qui les recouvrent alors plus ou moins parfaitement ; enfin, chez certains genres, tels que les *Osmunda*, *Botrychium*, *Ophioglossum*, *Struthiopteris* et autres, les frondes qui portent les sores sont plus ou moins complètement dépourvues de limbe foliacé et parfois tellement modifiées qu'elles simulent de véritables inflorescences en épis ou en panicules et d'un aspect entièrement distinct.

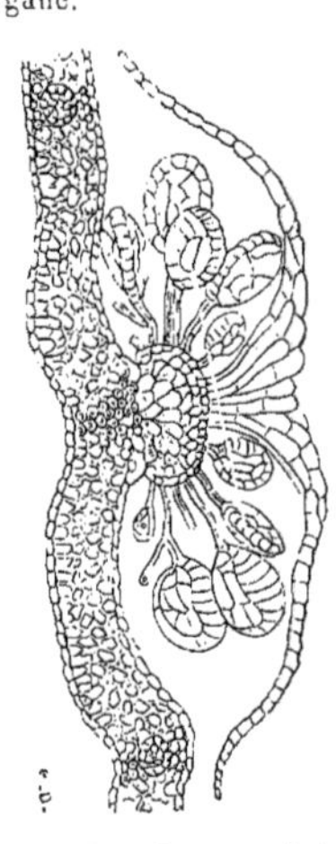

Fig. 77. — Coupe verticale très grossie d'un sore de *Nephrodium Filix-mas.*

Les différences que présentent la position des sores, la forme et la structure de l'indusie ainsi que celles des sporanges fournissent les principaux caractères de distinction et de classification des Fougères. (S. M.)

SORÉDIÉ ; Angl. Sorediate. — Qui porte sur la surface de petites taches ayant l'aspect de verrues et rappelant les sores des Fougères.

SOREMA, Lindl. — V. **Nolana**, Linn.

SOREMA. — Agglomération de carpelles appartenant à la même fleur.

SORGHO. — V. **Sorghum.**

SORGHO blanc. — V. **Sorghum cernuum.**

SORGHO d'Alep. — V. **Sorghum halepense.**

SORGHO à balais. — V. **Sorghum vulgare.**

SORGHO commun. — V. **Sorghum vulgare.**

SORGHO à épi. — V. **Penicillaria spicata.**

SORGHO penché. — V. **Sorghum cernuum.**

SORGHO sucré. — V. **Sorghum saccharatum.**

SORGHUM, Mœnch. (dérivé, dit-on, de *Sorghi*, le nom indien). **Sorgho** ; Angl. Millet Grass. Syn. *Blumenbachia*, Kœler. Fam. *Graminées*. — Genre ne comprenant, selon les auteurs du *Genera plantarum*, que deux espèces de grandes herbes annuelles ou vivaces, rustiques ou demi-rustiques et habitant les régions chaudes du globe et s'étendant plus ou moins loin dans les régions tempérées; une d'elles est presque cosmopolite. Fleurs réunies en épillets nombreux, uniflores, ovales ou oblongs, à glumes tridentées au sommet, mutiques ou aristées, ternes; le central sessile et hermaphrodites, les latéraux pédicellés et mâles, formant dans leur ensemble une panicule terminale ample, dense ou lâche. Feuilles planes, souvent longues, larges, caulinaires et abondantes. Tiges fortes, dressées; souche rhizomateuse chez l'espèce vivace et à racines fibreuses chez celle annuelle.

Le Sorgho commun est cultivé dans le midi de la France pour la production de ses tiges qui servent à faire des balais et pour ses graines qu'on emploie comme aliment dans les Indes, mais qu'on donne chez nous uniquement aux volailles; il fournit aussi un bon fourrage vert et ses tiges contiennent une matière textile propre à faire des cordages grossiers et de la pâte à papier.

Le Sorgho sucré est cultivé dans les pays chauds, en Amérique surtout, pour la matière sucrée que contiennent ses tiges et que l'on transforme plus souvent en alcool qu'en sucre, car une certaine quantité est incristallisable.

Le Sorgho blanc est au contraire cultivé, surtout en Afrique, pour ses graines plus grosses, plus nutritives et employées pour la nourriture de l'homme.

Enfin le Sorgho d'Alep est recommandé comme plante fourragère et on l'emploie surtout dans les jardins pour garnir le centre des grandes corbeilles.

Les Sorghos annuels et en particulier le Sorgho commun, peuvent avantageusement être employés au même usage, à cause de leur végétation luxuriante; ils sont même précieux pour former rapidement de grands rideaux de verdure temporaire.

Toutes ces plantes demandent des endroits chauds; la nature du sol n'a pas grande importance pourvu qu'il soit fertile et frais. Les espèces annuelles se propagent par semis que l'on fait en avril-mai, en place ou mieux sous châssis et en pots, afin d'avoir de bonne heure des plantes déjà fortes. Enfin, le Sorgho d'Alep peut facilement se propager par division en outre du semis.

S. cernuum, Willd. Sorgho blanc. S. penché, Couscou, Doura, etc. — *Fl.* en panicule ovoïde, réfléchie sur son pédoncule à la fructification, dense; glumes des épillets velues et frangées. Grain d'un beau blanc et arrondi. Tige dressée, forte. *Haut.* 2 à 3 m. — Plante annuelle, voisine du *S. vulgare*, dont elle n'est sans doute qu'une race bien distincte. Syn. *Holcus cernuus*, Arduini; *Andropogon cernuus*, Roxb.

S. halepense, Pers.* Sorgho d'Alep. Herbe de Cuba, H. de Guinée. — *Fl.* à épillets purpurins, formant une panicule de 8 à 30 cent. de long, dressée, pyramidale, à rameaux verticillés, rudes et lâches; glumes des épillets hermaphrodites duveteuses, pédicelles poilus. Juillet-août. *Flles* linéaires-lancéolées, planes, parfois assez larges, rudes sur les bords, à nervure médiane ordinairement forte, proéminente et blanche et à ligule ciliée. Tiges dressées, simples, à nœuds glabres et atteignant de 60 cent. à 3 m. de haut. Rhizomes traçants. Plante vivace. Régions tempérées et sub-tropicales du globe; Europe; France méridionale, etc. Syns. *Andropogon halepensis*, Sibth.; *Blumenbachia halepensis*, Kœl.; *Holcus halepensis*, Linn.

S. saccharatum, Mœnch. Sorgho sucré. — *Fl.* à épillets formant une panicule ample et lâche, à rameaux nus dans leur moitié inférieure, étalés horizontalement et subpendants à la fructification; glumes velues; fleur hermaphrodite aristée. Tige riche en matière sucrée. Indes, Arabie, etc. — Plante annuelle, très voisine du *S. vulgare*, dont elle ne constitue sans doute qu'une variété. Syns. *Andropogon saccharatus*, Roxb.; *Holcus saccharatus*, Linn.

S. vulgare, Pers. Sorgho à balais. S. commun, Millet d'Inde. — *Fl.* à épillets formant une panicule allongée, contractée, penchée au sommet à la fructification, de 20 à 30 cent. de long; rameaux duveteux ainsi que les glumes. Juillet. Grain arrondi, jaunâtre ou brunâtre. *Flles* amples, larges, étalées, très finement denticulées sur les bords, à nervure médiane forte, proéminente et blanche. Tiges fortes, simples duveteuses sur les nœuds, atteignant 2 à 4 m. Plante annuelle. Indes. 1596. Syns. *Andropogon Sorghum*, Brot.; *Holcus Sorghum*, Linn.

Fig. 78. — SORGHUM VULGARE. — Sorgho à balais.

(S. M.)

SORINDEIA, D. P. Thou. (c'est, dit-on, le nom indigène à Madagascar). FAM. *Anacardiacées*. — Genre comprenant environ six espèces de petits arbres glabres et de serre chaude, habitant l'Afrique tropicale, Java et Madagascar. Fleurs petites, pourpres ou jaunes, polygames et réunies en panicules terminales, à fleurs éparses et accompagnées de bractées; calice en coupe et à cinq dents; pétales cinq ou rarement plus et valvaires; étamines cinq dans les fleurs hermaphrodites; dix à vingt dans les mâles. Fruit drupacé, comprimé et monosperme. Feuilles alternes, imparipennées et à folioles entières.

L'espèce suivante est seule introduite ; ses fruits ont, dit-on, « une saveur douce-amère, rappelant celle des mangues, mais âcre aussi. Ces fruits se développent d'une façon à la fois remarquable et intéressante, car ils naissent sur les grosses branches et principalement sur le tronc, ressemblant à des racines aériennes portant des fruits ou des parasites. On peut ainsi voir parfois deux cents de ces fruits tentants, réunis en grosses grappes pendantes, atteignant 60 cent. de long ». Pour la culture de cette plante, V. **Anacardium.**

S. madagascariensis. D. C. *Fl.* pourpres, petites et réunies en grappes axillaires. Mai. *Flles* à pétioles ligneux. *Haut.* 3 m. Madagascar, 1828.

SOROCEPHALUS, R. Br. (de *soros*, son, tas, et *kephale*, tête; allusion aux inflorescences fasciculées). Syn. *Soranthe*, Salisb. Fam. *Protéacées*. — Genre comprenant environ dix espèces d'arbustes de serre froide, dressés ou rarement diffus, éricoïdes et très feuillus, confinés dans le sud de l'Afrique. Fleurs disposées en petits bouquets réunis à leur tour en faisceaux corymbiformes ou en épis capités; périanthe grêle, à limbe globuleux ou oblong. Feuilles éparses, fasciculées ou presque imbriquées, lancéolées ou étroites, parfois subulées, entières ou les inférieures disséquées. Les espèces les plus répandues sont décrites ci-après ; quelques-unes devraient exister dans toutes les collections. Pour leur culture, V. **Protea.**

S. diversifolius. R. Br. *Fl.* pourpres, réunies en bouquets de la grosseur d'une petite prune, solitaires, sessiles, ovales et obtus. Juin. *Flles* spatulées-lancéolées, lisses et glabres ; les inférieures de 5 cent. de long, trifides ou pinnatifides, canaliculées ; les supérieures de 12 mm. de long, indivises, imbriquées, légèrement obtuses et sub-concaves. Tige grêle et presque simple, pubescente supérieurement. *Haut.* 60 cent. à 2 m. Australie, 1803.

S. imbricatus. R. Br. *Fl.* lilas, de 10 à 12 mm. de long, à limbe barbu ; capitules sub-ovales, de la grosseur d'une prune, souvent agrégés par deux-trois et à pédoncules ayant à peine 12 mm. de long. Juin. *Flles* imbriquées, oblongues-lancéolées, aiguës, mucronulées, infléchies et la fin un peu étalées, de 10 à 12 mm. de long, scabres et ponctuées sur le dos. Rameaux légèrement poilus et à la fin glabres. *Haut.* 1 m. Australie, 1794. Arbuste élégant, Syn. *Protea imbricata*, Thunb. (A. B. R. 517.)

S. lanatus, R. Br. *Fl.* pourpres, barbues-plumeuses, réunies en bouquets de la grosseur d'une noisette et entourés d'un involucre à cinq-sept folioles colorées ; pédoncule court, muni ou presque dépourvu de bractées. Août. *Flles* imbriquées, linéaires-subulées, de 10 à 20 mm. de long, canaliculées en dessus, obtusément carénées sur le dos ou arrondies, légèrement scabres, ponctuées et poilues-ciliées. Rameaux légèrement poilus. *Haut.* 60 cent. Australie, 1790. Syn. *Protea lanata*, Thunb.

S. setaceus. R. Br. *Fl.* pourpres, à onglet un peu lâchement tomenteux et à limbe barbu ; capitules variant entre la grosseur d'une prune et celle d'une cerise ; épis sessiles et ovales. Juillet. *Flles* sétacées, grêles, lisses, de 2 1/2 à 4 cent. de long, mucronées et pubescentes ainsi que les ramilles. Rameaux droits et légèrement tomenteux. *Haut.* 60 cent. Australie, 1823.

SOROMANES, Fée. — Réunis aux **Acrostichum**, Linn.

SOROSE ; Angl. Sorosis. — Nom donné à une forme de fruit composé, encore nommé *syncarpe*, formé de plusieurs fruits distincts, agglomérés et soudés en une seule masse par les enveloppes florales devenues charnues et entre-greffées. Les fruits des *Artocarpus*, des Mûriers, des Ananas sont des exemples de soroses.
(S. M.)

SOUCHE. — On nomme ainsi la partie souterraine des végétaux située entre la tige proprement dite, quand elle existe, et les racines. Toutes les plantes herbacées ou ligneuses possèdent une souche, mais c'est surtout chez les plantes vivaces et herbacées, perdant toutes leurs parties aériennes chaque année, que cet organe devient le plus important, constituant avec les racines, pendant la période de repos, toute la partie persistante de la plante et qui donne chaque printemps naissance à de nouvelles tiges. La souche peut alors être plus ou moins volumineuse, mince et plus ou moins ligneuse, pourvue de racines charnues, tuberculeuses, ou renflée elle-même en tubercule, rhizome ou bulbe.

Le mot *souche* s'emploie encore dans le sens de *mère*, espèce ou type pour désigner les plantes desquelles sont sorties des formes ou des variétés horticoles.
(S. M.)

SOUCHET. — V. **Cyperus.**

SOUCHET comestible. — V. **Cyperus esculentus.**

SOUCI. — Nom français des **Calendula** et en particulier des variétés du *C. officinalis*.

Malgré leur trivialité, ces plantes, dont on ne cultive guère que les variétés doubles, sont d'une grande utilité pour l'ornementation des jardins qu'on ne peut soigner, à cause de la facilité de leur culture. Il suffit en effet d'en semer les graines au printemps, en place ou en pépinière et de ménager, lors de l'éclaircissage ou du repiquage, environ 30 cent. d'espacement entre les plantes. Autrefois employés pour divers usages économiques, notamment à colorer le beurre, à falsifier le Safran, l'usage des Soucis est aujourd'hui à peu près abandonné. Les Anglais en sèchent cependant les fleurs pour assaisonner les soupes.

SOUCI à bouquets. — V. **Calendula officinalis prolifera.**

SOUCI des champs. — V. **Calendula arvensis.**

SOUCI commun. — V. **Calendula arvensis.**

SOUCI d'eau. — V. **Caltha palustris.**

SOUCI double. — V. **Calendula officinalis flore-pleno,** vars.

SOUCI des jardins. — V. **Calendula officinalis.**

SOUCI mère de famille. — **Calendula officinalis prolifera.**

SOUCI pluvial. — **Dimorphotheca pluvialis.** (S. M.)

SOUCOUPE ; Saucer. — Les soucoupes servent en horticulture à supporter les plantes dans les appartements, afin que les pots ne détériorent pas les meubles sur lesquels on les place. On s'en sert aussi pour les plantes qu'on ne peut pas arroser avec facilité, car elles servent dans ce cas de récipient d'eau. Toutefois, les plantes souffrent et périssent parfois même rapidement par excès d'humidité, la terre devenant bientôt acide, sauf cependant les plantes qui demandent beaucoup d'humidité et sont, par leur nature, marécageuses ou amphibies et pour lesquelles elles deviennent utiles. Les soucoupes se font de bien des modèles et de différentes grandeurs, selon les pots qu'elles doivent supporter. Au point de vue cultural, les soucoupes brutes sont, comme les pots, bien préférables et se trouvent facilement chez les potiers qui fabriquent ceux-ci.

Les soucoupes vernies sont au contraire préférables pour le séjour des plantes en appartement, car elles ne laissent pas l'eau suinter à travers leurs parois. Les soucoupes ont encore un autre usage qui n'est pas à négliger lorsqu'on redoute les ravages des insectes. On y place à cet effet un pot renversé, servant de support pour la plante et l'eau de la soucoupe constitue alors une barrière infranchissable.

SOUDE. — Nom français des **Salsola.** (V. ce nom.)

SOUDE. — Composé oxygéné de sodium, métal qui n'existe jamais à l'état libre dans la nature. On trouve presque toujours de la soude dans les végétaux, mais, malgré cela, la présence de ce corps ne paraît pas indispensable à la vie des plantes. (H. D.)

SOUDE brute ; Angl. Kelp. — Produit résultant de l'incinération de différentes espèces d'Algues ou herbes marines. Il avait autrefois une grande valeur commerciale, parce qu'il constituait la source principale du carbonate de soude, servant à la fabrication du verre et du savon. La quantité de potasse que la soude brute contient (17 p. 100) donne à ce produit une certaine valeur comme engrais chimique. On l'applique avec plus ou moins de succès aux cultures de Pommes de terre, Brocolis, Choux, etc. (S. M.)

SOUDÉ. — Se dit des greffes, lorsque le sujet et le greffon sont réunis en un seul corps, et des organes des végétaux qui adhèrent entre eux ou à leurs voisins.

SOUDURE. — Point par lequel l'union des deux parties des greffes a lieu.

SOUFFLET ; Angl. Bellow. — Le soufflet employé en horticulture n'a lui-même rien de particulier et

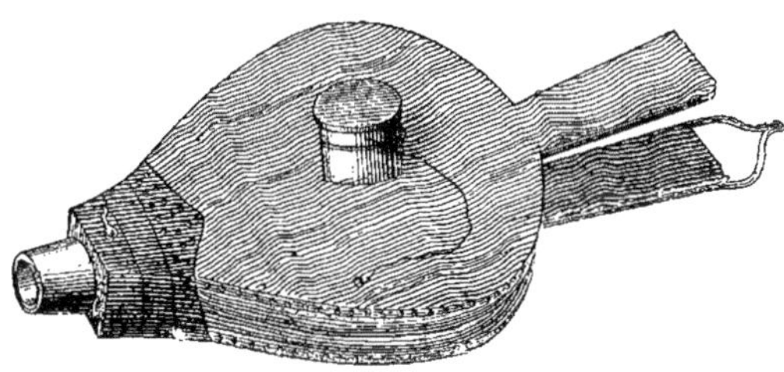

Fig. 79.
Soufflet à soufrer ou fumiger, sans sa boite.

ne diffère nullement de celui dont on se sert dans les ménages pour attiser le feu. L'appareil qu'on place à son extrémité a seul un usage spécial. Tantôt c'est un **fumigateur** ou boîte à feu dans laquelle on brûle des déchets de tabac pour faire de la fumée et détruire les insectes. Tantôt c'est une boîte à **Soufrer**, de laquelle l'air chasse en passant une certaine quantité de soufre pulvérulent, qui va se répandre sur les plantes et sur objets à proximité de l'appareil. (V. ces noms.)

SOUFRE. — C'est un corps simple, solide, d'une couleur jaune citron, insipide et inodore. Il est insoluble dans l'eau et peu soluble dans l'alcool, mais il se dissout facilement dans la benzine, dans les huiles essentielles et principalement dans le sulfure de carbone.

Le soufre existe à l'état natif, quelquefois pur et cristallisé, mais le plus souvent on le trouve mélangé à des matières terreuses. C'est surtout à l'état de combinaison avec les métaux qu'on le rencontre dans la nature : les sulfures de fer, de cuivre, de plomb et de mercure, par exemple, sont très abondants.

Fig. 80. — Soufflet avec boîte mobile à soufrer.

Tous les végétaux renferment du soufre, en plus ou moins grande quantité ; chez certaines plantes même, cet élément joue un rôle physiologique important ; les Crucifères et les Légumineuses, pour ne citer que celles-là, en contiennent des proportions sensibles.

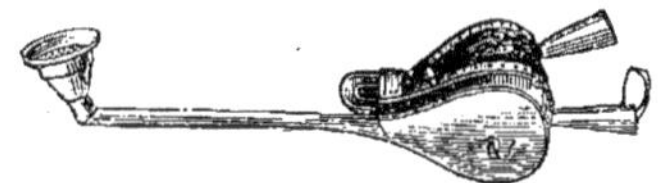

Fig. 81. — Soufflet à soufrer avec boîte fixe, retour d'air et long tube de dispersion.

On n'a pas ordinairement à se préoccuper de l'apport du soufre dans les terres arables ; celles-ci en contenant toujours et le plus souvent à l'état de sulfate de chaux ; en cas d'insuffisance, c'est au sulfate de chaux ou plâtre qu'on devra avoir recours ; cette matière étant celle qui permet de fournir l'**acide sulfurique** (V. ce nom) au plus bas prix possible.

En résumé, le soufre, à l'état d'acide sulfurique, forme sous laquelle il entre dans le cycle de la végétation, a peu d'importance comme engrais ; mais, par contre, il est d'un emploi fréquent et souvent fort utile, comme parasiticide et insecticide. Son action sur l'**Oïdium** (V. ce nom) et autres Champignons microscopiques, ainsi que sur l'Erinose, le Doryphora, la Grise, les Tenthrèdes et divers autres insectes, est bien connue maintenant. Parfois on l'emploie en solution avec d'autres substances, soit à l'état natif, soit sous une autre forme combinée, mais plus souvent on utilise le soufre à l'état de poudre très fine et on se sert alors pour le répandre uniformément d'un soufflet spécial (V. **Souffreur**) ou d'appareils plus puissants, si l'on a à traiter de grandes étendues. Le soufre sublimé ou fleur de soufre et le soufre précipité conviennent particulièrement pour ces usages, et on doit de préférence les appliquer lorsque les plantes sont humides de rosée. (H. D.)

SOUFRE végétal. — Matière pulvérulente, jaunâtre, très fine et rappelant l'aspect du soufre, formée des spores innombrables du *Lycopodium clavatum* et qu'on emploie dans l'hygiène comme siccatif pour la peau. (S. M.)

SOUFRER. — Action de répandre du soufre sur les plantes. (V. les articles précédents et le suivant.)

SOUFREUR. — Appareil servant à répandre le soufre rapidement, uniformément et économiquement sur les plantes. Il en existe de bien des modèles; les plus généralement employés en horticulture sont :

Fig. 82. Boîte ou houppe pour soufrer.

Le soufflet ordinaire (fig. 80), muni à son extrémité d'une boite ovale, pourvue d'un bec aplati, et que l'on remplit de soufre. A l'intérieur, existe un diaphragme en toile métallique qui tamise le soufre en petite quantité et l'air l'entraîne à chaque expulsion.

Le soufflet à retour d'air (fig. 81), est de construction spéciale; sa partie inférieure constitue une sorte de boite ou magasin à soufre, dans lequel l'air passe à sa sortie du soufflet en retournant en arrière, avant de s'engager dans le tube d'expulsion qui, comme on le voit, est relativement long. Ce tube est redressé et pourvu à son extrémité d'une sorte de pomme d'arrosoir, qui a pour mission de diviser la substance à sa sortie en une poussière très fine.

On se servait autrefois et encore aujourd'hui dans certains jardins, d'un autre appareil nommé *boîte* ou *houppe à soufrer* (fig. 82), représenté par un cône en fer-blanc ou en zinc dont la base, plus large que le sommet, est percée de trous à travers lesquels passent des brins de laine, lui donnant l'aspect d'un pinceau à manche très gros, et ayant pour effet de diviser le soufre le plus finement possible au fur et à mesure que des mouvements saccadés le forcent à s'échapper.

La figure 83 représente une boite à soufrer, dont le

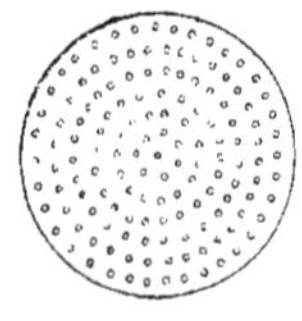

Fig. 83. — Boîte à sablier, pour soufrer. A, son fond percé de trous.

fond est percé de trous fins, laissant échapper le soufre lorsqu'on secoue l'appareil. C'est le plus imparfait des soufreurs, car il ne permet de répandre le soufre que de haut en bas, et, comme on le sait, il est souvent nécessaire que le soufre atteigne la face inférieure du feuillage. A ce point de vue, les soufflets précédents et surtout le dernier sont bien préférables.

Dans les grandes cultures, et surtout pour lutter contre le Mildiou de la Vigne, on emploie des appareils également différents les uns des autres, mais toujours à débit puissant et rapide, et dans lesquels l'air nécessaire pour chasser le soufre est fourni par un petit moulin, qu'on actionne le plus souvent à bras et dont la figure ci-contre montre la construction.

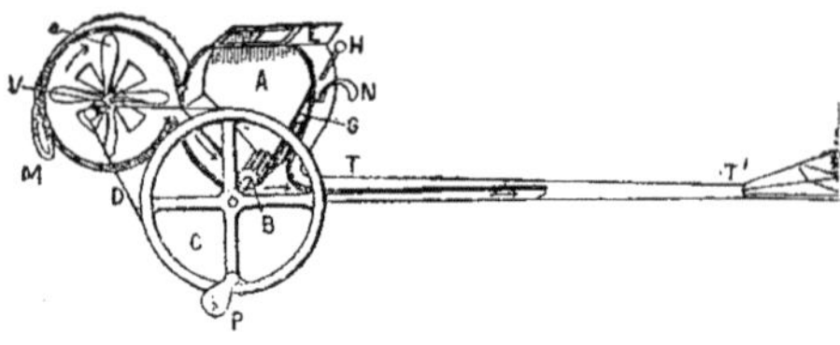

Fig. 84. — Soufreur Trazy.

Cet appareil n'étant guère employé que dans les vignobles importants, il n'y a pas lieu d'entrer ici dans des détails plus circonstanciés. (S. M.)

SOULANGIA, Brongn. — Réunis aux **Phylica**, Linn.

SOURICIÈRE. — Piège servant à capturer les souris. — Il en existe de très nombreux modèles. Un des plus employés et des plus efficaces est celui que forme un bloc de bois dans lequel sont percés, dans le sens de sa longueur, plusieurs gros trous dans lesquels passe transversalement un anneau en fil de fer. Le rongeur engage sa tête dans le trou en traversant l'anneau qui est maintenu par un fil et coupe le fil qui le sépare de l'appât. Aussitôt rendu libre, l'anneau se relève brusquement par l'effet de son ressort, et la souris se trouve ainsi prise et étranglée. Beaucoup de nos aliments peuvent servir d'appâts pour les Souris, mais les substances dont elles sont le plus friandes et par suite les meilleures à employer en la circonstance sont : le lard, les noix, la farine, etc. (S. M.)

SOURIS; Angl. Mouse, Plur. Mice. — Sous ce nom, on comprend, dans un sens large et familier, plusieurs espèces de petits rongeurs rappelant la Souris proprement dite, par leur taille et leur aspect général.

La véritable Souris (*Mus musculus*) est un rongeur domestique, qui ne vit que dans les habitations et aux dépens de nos provisions de bouche; elle ne se rencontre pas dans les jardins, car elle n'est pas herbivore et ne leur cause du tort que très indirectement, en rongeant les semences que nous mettons à l'abri dans la maison.

Les Souris qui vivent dans les jardins et les champs sont très nuisibles, car elles dévorent les bulbes, les rhizomes, les graines, certains fruits secs et jusqu'à l'écorce des arbres; parfois même elles les font périr, en les rongeant tout autour du pied, un peu au-dessous du niveau du sol. Deux espèces, voisines comme apparence entre elles et avec la Souris, quoique appartenant à des genres différents, sont surtout nuisibles et plus abondantes que les autres. Ce sont : **le Campagnol**, Angl. Short-tailed Field Mouse ou Vole (*Arvicola arvalis*) et le **Mulot**, Angl. Long Tailed Field Mouse (*Mus sylvatica*). Tous deux sont communs et habitent les jardins et les champs, mais dans des endroits différents, car le premier recherche les endroits secs, tandis que le dernier se plaît au contraire dans les lieux humides.

Quoique ayant tous deux un pelage très analogue comme teinte, on les distingue cependant très facilement par la différence de longueur de leur queue, qui, chez le Campagnol, est obtuse au sommet, non blanche en dessous, n'atteignant qu'environ un quart de la longueur du corps et obtuse au sommet ; la tête est aussi plus arrondie, les oreilles plus courtes et le pelage est moins fortement teinté de rougeâtre. Chez le Mulot, la queue est longue, graduellement rétrécie et blanche en dessous, la tête est un peu allongée, les oreilles sont très grandes et noires au bout, enfin les yeux sont gros et saillants et le pelage est plus rougeâtre sur les côtés.

Ces deux sortes de Souris, quoique analogues, ont des mœurs différentes. Le Campagnol forme des galeries peu profondes ou même à fleur de terre, dans l'herbe des gazons ou des prés, et va ronger sur place sa nourriture.

Le Mulot est meilleur fouisseur, quoiqu'il n'aille jamais bien profond, mais il enfouit dans ses galeries des provisions de fruits et de graines, pour les ronger à son aise. A défaut de ceux-ci, il ronge l'écorce des arbres, surtout pendant l'hiver, et c'est alors qu'il fait le plus de mal dans les bosquets, les forêts ou les pépinières.

On a vu autrefois et on voit encore partiellement aujourd'hui, des invasions de Campagnols, détruisant tout ce qui est dévorable, causant ainsi, surtout dans les pépinières, des dégâts excessivement importants, ruineux même pour des localités entières.

Quand ces rongeurs abondent au point dont nous venons de parler, les moyens de destruction dont on dispose sont impuissants et ne peuvent servir qu'à diminuer faiblement leur nombre ; mais ils suffisent généralement pour se débarrasser des quelques individus qu'on observe çà et là.

Les Chiens terriers et les Boules-dogues en détruisent beaucoup quand on les laisse librement circuler, moins cependant que les oiseaux nocturnes tels que les Chouettes, Buses, Effraie, Hibou, le Héron et plusieurs autres encore, y compris les Belettes, Fouines et autres petits quadrupèdes. Quant aux Chats, ceux des villes et des maisons bourgeoises surtout, ils les laissent parfaitement vivre en paix, ce qui prouve une fois de plus leur inutilité.

Parmi les meilleurs moyens artificiels, nous citerons tout particulièrement de simples trous qu'on creuse dans le sol, aux endroits qu'ils fréquentent le plus, en leur donnant au moins 30 cent. de profondeur, 10 à 15 cent. de large à l'orifice, et beaucoup plus au fond, afin que les captifs ne puissent s'en échapper. Pour plus de certitude de capture, on emploie avec succès des vases en terre vernissée, à demi remplis d'eau et dans lesquels ceux qui y tombent se noient infailliblement. Dans les deux cas, l'orifice du piège doit être en partie cachée par quelques brins d'herbe posés en différents sens. Enfin, avec de simples pots tenus soulevés par la moitié d'une noix, on les prend facilement.

Les trapes ou pièges de toutes sortes peuvent aussi être mis à contribution. Quand on n'a pas à craindre les conséquences de l'empoisonnement pour les animaux domestiques, on peut avantageusement avoir recours à ce procédé. Le poison le meilleur est le phosphore, qu'on mélange à de la farine ou dans lequel on trempe des couennes de lard, des quartiers de noix, etc. ; on répand alors ces substances empoisonnées vers le soir, dans les endroits où les Souris abondent le plus et surtout autour des semis et des plantes qu'on désire protéger. Parmi les autres substances mortelles et qu'on emploie parfois avec succès, nous citerons en passant la noix vomique ou son dérivé la strychnine, l'arsenic et l'hellébore blanche.

Nous avons cité plus haut quelques ennemis naturels des Rongeurs ; qu'on les protège, même aux dépens de quelques poulets, qu'ils enlèvent quand ils le peuvent, et on verra les rongeurs devenir moins abondants, car la plupart des petits nocturnes leur font une chasse acharnée et en font même leur nourriture principale. (S. M.)

SOUS. — Placé devant un nom ou un adjectif, ce préfixe diminue sa valeur et lui donne un sens d'infériorité. On emploie parfois, dans le même sens, le mot latin *sub*, bien qu'il signifie *presque*. Les mots suivants sont des exemples fréquents de l'adjonction de ces préfixes. (S. M.)

SOUS-ARBRISSEAU ; Angl. Under Shrub. — Petit arbuste buissonnant, ne dépassant guère 50 centimètres, dont les tiges sont ligneuses, tandis que les rameaux sont parfois herbacés et périssent pendant l'hiver. C'est le dernier groupe des plantes ligneuses, celui qui vient après les plantes herbacées ; en somme, les sous-arbrisseaux ne sont guère que des plantes suffrutescentes. (S. M.)

SOUS-ESPÈCE ; Angl. Sub-species. — Plante qui, dans la classification des végétaux, tient le milieu entre l'espèce proprement dite et sa simple variété. On réduit à l'état de sous-espèce les plantes qu'on ne peut logiquement séparer d'un type spécifique bien caractérisé, mais qui présentent néanmoins quelques caractères importants et bien constants. (S. M.)

SOUS-GENRE ; Angl. Sub-genus. — Groupe de végétaux secondaire au genre proprement dit et qui est à celui-ci ce que la sous espèce est à l'espèce admise. (S. M.)

SOUS-LIGNEUX, **SUB-LIGNEUX**. — Végétal qu'on nomme encore *suffrutescent*, dont les tiges n'atteignent jamais, au moins supérieurement, la consistance du bois ; il n'y a qu'un simple durcissement des parties inférieures, lequel leur permet de persister parfois pendant plusieurs années.

SOUS-SOL ; Angl. Sub-soil. — On nomme ainsi la couche de terre située au-dessous de la couche arable, à une profondeur telle qu'on ne la dérange pas pendant les simples labours ; seuls les défoncements l'atteignent et en ramènent, quand il y a intérêt à le faire, la partie supérieure à la surface. La couche arable n'ayant en moyenne que 30 cent. d'épaisseur, le sous-sol commence généralement à cette profondeur.

Dans certaines localités, le sous-sol a presque la même composition que le sol arable de la surface, mais le plus souvent il est de nature bien différente. La raison en est facile à donner par ce fait que le sol de la surface reçoit directement l'influence des agents atmosphériques et qu'il contient tous les résidus organiques, végétaux et minéraux, qui se sont décomposés à sa surface depuis un temps indéterminé. La constitution physique du sol est aussi rendue moins compacte par les nombreuses racines des végétaux qui le sillonnent d'abord de toutes parts et s'y décomposent ensuite, ainsi que par les diverses façons culturales : labours, binages, fumures, etc., qu'on lui fait subir.

Le sol serait donc forcément plus riche en matières assimilables par les plantes, si les récoltes qu'il produit chaque année ne lui enlevaient chacune une partie de ces éléments. Sa perméabilité à l'air et à l'eau active la décomposition des matières organiques et contribue encore à l'appauvrir parce que certains éléments se volatilisent, tandis que d'autres, solubles dans l'eau, se trouvent entraînés jusqu'au sous-sol par les pluies et des arrosements. Lorsque le sous-sol est de nature imperméable, notamment lorsqu'il est argileux, il conserve alors tous ses éléments, qu'ils soient utiles ou nuisibles aux plantes.

Le sous-sol peut ainsi devenir riche en matières fertilisantes et produire de magnifiques récoltes lorsqu'on ramène la partie superficielle à la surface, ou rester à peu près stérile jusqu'à ce que les éléments nuisibles qu'il contient (notamment les oxydes de fer) aient été modifiés par l'action de l'air et de l'eau ou par les opérations culturales.

La nature du sous-sol a une grande influence sur la fertilité de la couche arable. Quand il est siliceux et perméable, l'eau des pluies s'écoule rapidement à travers, et, ne conservant que peu d'humidité, le remplacement par capillarité de l'eau qui s'évapore sans cesse naturellement à la surface se trouve plus ou moins réduit ou parfois nul ; la sécheresse se fait bientôt sentir, les plantes languissent et finissent même par périr quand l'humidité du sol devient sinon totalement absente, du moins trop insuffisante pour leur permettre de résister.

Lorsque le sous-sol est au contraire argileux et imperméable ou à peu près, l'eau s'amasse dans les trous, y séjourne et rend la terre impropre à la culture, par suite des acides que développent au contact de l'eau les matières organiques en voie de décomposition qu'il contient.

L'apport du sous-sol à la surface, soit à la charrue, soit à la bêche, donne souvent d'excellents résultats au point de vue de l'augmentation des récoltes, car, d'après ce que nous avons dit plus haut, il est évident qu'il y a avantage à amener à la portée des racines la terre neuve dans laquelle se trouvent accumulés les éléments fertilisants, si toutefois sa composition physique le permet, et lorsque le sol arable se trouve épuisé par des cultures intensives. De plus, la terre neuve se désagrège sous l'action des gelées et autres agents atmosphériques et certains de ses propres éléments qui étaient insolubles auparavant se modifient et deviennent progressivement assimilables.

Quand le sous-sol est de qualité inférieure à celle de la couche arable, et surtout lorsqu'il est peu perméable, il y a avantage à l'ameublir par des défoncements profonds, mais, dans ce cas, on le laisse en place, c'est-à-dire dans le fond des tranchées. Il faut, toutefois, avoir soin de le drainer un an ou deux avant de pratiquer ce défoncement, car l'argile humide se remet rapidement en masse quand on ne fait que de la couper.

Si, comme nous l'avons dit plus haut, le sous-sol contient des substances nuisibles à la végétation, il ne faut pas le remuer, à moins qu'on ne puisse l'amener à la surface et l'y laisser inculte pendant un an au moins. Pendant ce temps, l'élément nuisible se trouvera probablement enlevé ou modifié par l'action des agents atmosphériques.

Pour s'assurer si le sous-sol est nuisible à la végétation, on emploie avec succès le moyen suivant : On remplit un pot à fleur avec de la terre du sous-sol, et un autre, de même dimension, avec celle de la couche arable, pour servir de point de comparaison. Les deux pots sont ensuite ensemencés de la même sorte de graine, placés côte à côte et soignés d'une façon identique. Selon la façon dont se comportent comparativement les plantes des deux pots, on voit quel parti est le plus avantageux à prendre. Si les plantes végétant dans le sous-sol donnent un bon résultat, on peut sans crainte l'amener à la surface ; si, au contraire, elles restent faibles et maladives, il est évidemment impropre à la végétation, bien qu'en restant exposé à l'air pendant un certain temps il puisse cependant devenir fertile.

SOUS-VARIÉTÉ. — Variété d'une variété, qu'on nomme encore *forme*, bien qu'on emploie fréquemment ce dernier mot sans précision et souvent en lieu et place de *variété*. La sous-variété constitue une variation de troisième ordre, la dernière de l'échelle des variations, qui ne présente plus comme distinction que de légers caractères et parfois une simple différence de coloris. (S. M.)

SOUTERRAIN. — Se dit de tous les organes des végétaux situés au-dessous du niveau du sol.

SOUTHWELLIA, Salisb. — Réunis aux **Sterculia**, Linn.

SOUVENEZ-VOUS-DE-MOI. — Nom familier des **Myosotis** en général et en particulier du *Myosotis palustris*.

SOUZA, Vell. — V. **Sisyrinchium**, Linn.

SOWERBÆA, Smith (dédié à J. Edward Sowerby, éminent artiste botanique ; 1759-1828). Fam. *Liliacées*. — Petit genre comprenant trois espèces de plantes vivaces, touffues, à racines fibreuses et de serre froide, confinées dans l'Australie. Fleurs roses, réunies en ombelles globuleuses au sommet de tiges aphylles, simples ou rarement ramifiées à la base ; périanthe persistant, sans se tordre après la floraison, à six segments oblongs ou ovales, tous libres ou les internes courtement soudés à la base. Feuilles de la base des tiges linéaires-loriformes.

Les deux espèces suivantes existent dans les collections. Elles prospèrent dans un mélange de terre franche siliceuse et de terre de bruyère. On les multiplie facilement par division.

S. juncea, Smith. *Fl.* roses, réunies en ombelles multiflores ; segments du périanthe ovales-oblongs. Mai. *Flles* de la base des tiges un peu distiques, linéaires-filiformes, arrondies, toutes courtes ou quelques-unes presque aussi longues que la tige, pourvues à la base et parfois jusqu'à 5 cent. de haut d'une bordure scarieuse et engainante. Tige simple, grêle, de 30 à 60 cent. de haut. Australie, 1792. (A. B. R. 81, B. M. 1104 ; T. L. S. V, 6.)

S. laxiflora, Lindl. *Fl.* roses, réunies en ombelles lâches ; segments du périanthe ayant environ 6 mm. de long et beaucoup plus étroits que dans le *S. juncea*. Juin. *Flles* rapprochées à la base de la tige et s'insérant parfois jusqu'à une certaine hauteur, à gaines moins proéminentes et nullement scarieuses. Tige de 30 à 60 cent. de haut, parfois légèrement ramifiée à la base. Australie, 1839. (B. R. 1841, 10.)

SOYEUX. — Se dit des poils longs, blancs, fins et mous, rappelant l'aspect de la soie et recouvrant la surface de certains organes de végétaux.

SPADICE ; Angl. Spadix (du grec *spadix*, branche de Palmier en fruits). — Forme d'inflorescence dont le rachis est ordinairement charnu, simple ou ramifié, et sur lequel les fleurs sont en partie enfoncées dans sa masse ou moins souvent simplement sessiles sur sa surface.

Avant l'épanouissement des fleurs, l'inflorescence est ordinairement et presque entièrement enfermée dans une ou plusieurs membranes minces ou char-

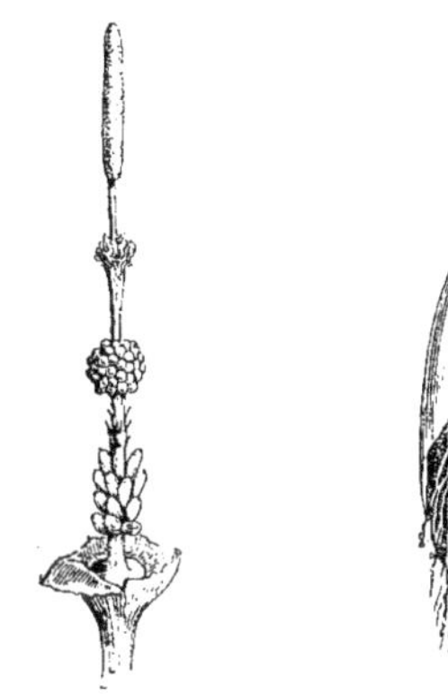

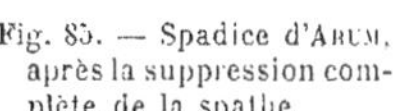

Fig. 85. — Spadice d'Arum, après la suppression complète de la spathe.

Fig. 86. — Spadice de Phoenix, entouré de sa spathe.

nues, que l'on nomme **Spathes** (V. ce nom) et prenant naissance sur le pédoncule, à la base du rachis. Les *Arum*, *Anthurium* et autres en fournissent de bons exemples. Chez les Palmiers, notamment les *Calamus* et autres genres voisins, il existe de nombreuses spathes secondaires, n'enveloppant chacune qu'un groupe de fleurs. Rarement le spadice n'est pas inclus dans la spathe principale ou les secondaires. Ex. *Calamus*. Le spadice est ordinairement simple (*Anthurium*, *Calla* et même certains *Palmiers*), mais chez les *Palmiers* il est fréquemment ramifié et paniculé (V. **Palmiers**) et alors souvent pendant. Dans la famille des Aroïdées et dans la plupart des Palmiers, les fleurs des spadices sont unisexuées, c'est-à-dire individuellement mâles ou femelles, et les deux sexes sont tantôt réunis sur le même spadice, mélangés ou groupés séparément, tantôt insérés sur des spadices différents ou même sur des plantes distinctes. Chez certains Palmiers, on observe simultanément des fleurs hermaphrodites, des fleurs mâles et d'autres femelles.

En résumé, le spadice est, dans un sens large, un épi charnu ou une panicule ordinairement entouré avant l'anthèse par une ou plusieurs membranes et portant des fleurs unisexuées, mais présentant des variations assez considérables.

SPADICIFÈRE ; Angl. Spadiceous. — Qui porte, qui produit des spadices ou qui en présente les caractères.

SPADOSTYLES, Benth. — Réunis aux **Pultenæa**, Smith.

SPADOSTYLES Sieberi, Benth. — V. **Pultenæa euchila.**

SPAENDONCEA, Desf. — V. **Cadia**, Forsk.

SPARAXIS, Ker. (de *sparasso*, déchirer allusion aux spathes qui sont lacérées). Fam. *Iridées.* — Genre ne comprenant plus, selon M. Baker, que trois espèces de jolies petites plantes bulbeuses, de serre froide, toutes originaires du sud de l'Afrique. Fleurs solitaires dans chaque spathe, sessiles, assez grandes et insérées en petit nombre sur une tige florale flexueuse, mais forte, simple ou légèrement ramifiée ; périanthe jaune ou plus ou moins fortement nuancé de rouge, à tube court et droit et à limbe à six segments obovales, étalés-dressés ; étamines insérées à la base de la gorge ; bractées beaucoup plus étroites que la spathe et bidentées ; étamines unilatérales, insérées à la gorge du périanthe et à filets courts et filiformes ; anthères basifixes ; spathes peu nombreuses, éparses, parfois solitaires, larges et scarieuses, striées et souvent marquées de lignes brunes, fimbriées et dentées au sommet. Capsule turbinée, membraneuse et polysperme. Feuilles peu nombreuses, en rosette basale, plates et ensiformes ou largement linéaires, dressées ou arquées. Bulbe solide, globuleux, recouvert de tuniques finement réticulées.

Les espèces et variétés les plus importantes et les plus belles sont décrites ci-après ; toutes sont fort jolies pendant l'époque de leur floraison. Leur culture et leur multiplication sont exactement ceux des **Ixia.** (V. ce nom.)

S. bulbifera, Ker. *Fl.* jaunes, trois à cinq, alternes, espacées, à périanthe en entonnoir, à segments ovales-oblongs, de 2 cent. 1/2 de long ; valves des spathes striées de pourpre au sommet ; hampe simple ou ramifiée, feuillue, de 30 à 60 cent. de haut. Mai. *Flles* lancéolées-ensiformes, distiques, aiguës et de 12 mm. de large. Tige simple ou ramifiée à la base. *Haut.* 15 à 30 cent. Cap, 1758. Syn. *Ixia bulbifera*, Linn. (A. B. R. 48 ; B. M. 545 ; R. L. 198.)

S. grandiflora, Ker. * *Fl.* d'un beau pourpre violet foncé, blanches ou panachées, portant souvent une grande macule blanche à la base de chacune des divisions, alternes et au nombre de trois à cinq ; segments du périanthe de 5 cent. de long, égaux, étalés en étoile, oblongs-cunéiformes et arrondis au sommet ; hampe simple ou dichotome, arrondie et feuillue. *Haut.* 15 à 30 cent. en culture et jusqu'à 60 cent. à l'état spontané. Avril. *Flles* distiques, lancéolées-ensiformes, aiguës, de 12 mm. de large. Cap, 1758. (B. M. 779 ; A. V. B. 28.) Syn. *Ixia grandiflora*, Delar. (B. M. 541 ; R. L. 139, 362.)

S. g. Liliago, Hort. *Fl.* blanches, à périanthe de 5 cent. de long, accompagnées de spathes blanchâtres, subdiaphanes et égalant le tube. *Flles* finement striées et plus courtes que la tige. Cap. Syn. *S. Liliago*, Sweet. (B. R. 258 ; R. L. 109.)

S. g. lineata, Hort. *Fl.* jaunes à la gorge, à segments rayés longitudinalement de lignes rouges et plus ou moins teintés de rose, jaunes à la base et portant une marque brune près du milieu ; partie supérieure blanche ; hampes portant deux à quatre fleurs. *Flles* de 12 à 20 cent. de long. Cap. Syn. *S. lineata*, Sweet. (S. B. F. G. ser. II, 131.)

S. g. stellaris, D. Don.* *Fl.* à périanthe d'un beau pourpre, un peu plus pâle à l'extérieur, à tube court, filiforme et exsert ; gorge pourpre, plus foncée à l'intérieur et entourée d'une large bande blanche, irrégulière et étoilée. *Flles* dressées et aiguës. Syn. *S. stellaris*, D. Don. (S. B. F. G. ser. II, 131.)

S. lineata, Sweet. Syn. de *S. grandiflora lineata*, Hort.

S. Liliago, Sweet. Syn. de *S. grandiflora Liliago*, Hort.

S. pendula, Baker. — V. **Dierama pendula.**

S. pulcherrima, Baker. — V. **Dierama pulcherrima.**

S. stellaris, D. Don. Syn. de *S. grandiflora stellaris*, D. Don.

S. tricolor, Ker. * *Fl.* d'un beau rouge orangé, avec la gorge jaune d'or et une tache centrale brune et triangulaire ; alternes, espacées et réunies par trois-six en épi distique ; segments oblongs, de 2 cent. 1/2 de long ; spathes à valves dressées, maculées de teinte fauve, cuspidées et lacérées ; hampe de 30 à 60 cent. de haut, dressée, simple et feuillue. Mai. *Flles* lancéolées-ensiformes, dressées, distiques, aiguës, striées et de 10 mm. de large. Cap, 1780. (B. M. 1482.) Syn. *Ixia tricolor*, Curt. (B. M. 381 ; R. L. 129.)

S. t. blanda, Hort. *Fl.* à segments du périanthe à fond blanchâtre, suffusés de rose et à gorge jaunâtre. Syn. *S. t. subroseo-albida*, Hort. (B. M. 1482.)

S. t. Griffinii, Sweet. *Fl.* à gorge jaune, avec la partie supérieure des segments violet-pourpre et une tache centrale foncée. Syn. *S. t. violaceo-purpurea*, Hort. (B. M. 1482.)

S. t. subroseo-albida, Hort. Syn. de *S. tricolor blanda*, Hort.

S. t. versicolor, Hort. *Fl.* à segments du périanthe pourpre vif, à bords plus clairs et plus ou moins suffusés ou dilués, portant à la base une tache foncée et jaune vif au-dessous de ce point ; spathe striée de brun et de pourpre. Syn. *S. versicolor*, Sweet. (S. B. F. G. 160.)

S. t. violaceo-purpurea, Hort. Syn. de *S. tricolor Griffinii*, Hort.

S. versicolor, Sweet. Syn. de *S. tricolor versicolor*, Hort.

Variétés. — Les variétés issues par croisements et sélections des espèces et variétés botaniques précédentes sont relativement nombreuses et très recommandables au point de vue décoratif. Bien qu'on les cultive, au moins chez nous, le plus souvent en mélange, nous donnons ci-après une courte liste des variétés les plus remarquables.

Angélique, blanc à centre jaune.
Delicata, jaune clair à centre maculé de brun.
Garibaldi, beau rouge cramoisi à centre jaune.
Joséphine, blanc à centre jaune.
Lady Carey, blanc de craie maculé de pourpre.
Léopard, jaune primevère à centre jaune d'or.
Maculata, blanc, pourpre et jaune primevère.
Nain, blanc et cramoisi, à centre jaune primevère.
Tricolor alba, blanc, noir et jaune.
Tricolor grandiflora, beau rouge cramoisi.
Victor Emmanuel, rouge et jaune.

SPARGANIUM, Linn. (ancien nom grec, probablement appliqué par Dioscorides au *Butomus* et dérivé de *sparganon*, bandelette ; allusion à la forme des feuilles). **Rubanier** ; Angl. Bur Reed. Fam. *Typhacées*. — Petit genre ne comprenant qu'environ six espèces de plantes aquatiques ou marécageuses et rustiques, habitant les régions tempérées de l'hémisphère septentrional et l'Australie. Fleurs monoïques, réunies en capitules globuleux, sessiles, peu nombreux et espacés au sommet d'une hampe simple ou peu rameuse, feuillée aux nœuds. Feuilles radicales, très longues, triquètres à la base, épaisses et spongieuses, dressées ou rarement couchées et submergées. Trois espèces de *Sparganium* croissent spontanément en France et cinq en Angleterre. Tous sont à peu près dépourvus d'intérêt horticole. On peut cependant utiliser le *S. ramosum*, Huds. (Angl. Beber Ledge) pour orner le bord des lacs et des grandes pièces d'eau. Les feuilles séchées sont parfois utilisées comme liens, notamment par certains pépiniéristes, pour attacher les greffes, bien que cette substance soit inférieure au raphia ; on en a également fabriqué du poivre.

Le *S. natans*, Linn. est l'espèce dont on voit fréquemment les feuilles flotter sous forme de longs rubans au cours de l'eau. (S. M.)

SPARGOUTE. — V. **Spergula**.

SPARMANNIA, Linn. f. (dédié au Dr Andrew Sparmann, Suédois, qui voyagea d'abord dans le sud de l'Afrique et accompagna ensuite le capitaine Cook, dans son second voyage ; 1748-1820). Fam. *Tiliacées*. — Petit genre ne comprenant que trois espèces d'arbustes

Fig. 87. — Sparmannia africana.

ou d'arbres couverts d'une pubescence molle et étoilée, habitant l'Afrique tropicale ou australe extra-tropicale. Fleurs blanches, réunies en petites cymes terminales et ombelliformes, accompagnées de courtes bractées involucrantes ; sépales et pétales libres ; étamines nombreuses, discolores ; les externes stériles. Feuilles alternes, pétiolées, cordiformes, dentées ou lobées.

L'espèce suivante, seule existant aujourd'hui dans les cultures, bien que *S. palmata*, Ekl. y ait aussi été introduit, est un bel arbuste atteignant rapidement des proportions arborescentes et qu'on utilise avantageusement pour orner pendant l'été les terrasses et les avenues des grands jardins, à la façon des Orangers, et qu'on hiverne dans le même local. Il prospère dans un mélange de terre franche, de terreau et de terre de bruyère ; quand il atteint de fortes proportions, on le cultive alors en caisse ou en bac. On le multiplie facilement par boutures que l'on fait à chaud, dans de la terre de bruyère siliceuse et sous cloches.

S. africana, Linn. * Angl. African Hemp. — *Fl.* blanches, voyantes, réunies en ombelles multiflores et longuement pédonculées ; sépales quatre, lancéolés ; pétales en nombre égal, obovales ; filets staminaux stériles, jaunes à pointes pourpres ; les fertiles pourpres et à anthères dorées. Mai. *Fr.* capsulaire, hérissé de pointes subulées, à cinq angles et autant de loges. *Flles* longuement pétiolées, cordiformes, acuminées, de 12 à 15 cent. de long et 8 à 10 cent. de large, inégalement dentées et mollement poilues sur les deux faces. Rameaux arrondis et couverts de poils étalés. *Haut.* 3 à 6 m. Sud de l'Afrique, 1790. (B. M. 516 ; Gn. 1894, part. I, 967). Il en existe une jolie variété à *fleurs doubles*.

SPARTE. — Nom français du **Lygeum Spartum**, qu'on applique aussi au **Stipa tenacissima**, par analogie de son produit. (V. ces noms.)

SPARTHIANTHUS, Link. — V. Spartium, Linn.

SPARTINA, Schreb. (de *spartine*, corde ; allusion à l'emploi des feuilles). Syns. *Chauvinia*, Steud. ; *Limnetis*, Pers. ; *Poncelctia*, Thow. ; *Solenachne*, Steud. ; *Trachynotia*, Michx. Fam. *Graminées*. — Genre comprenant sept espèces de grosses Graminées maritimes, traçantes, de serre, chaude, tempérée, ou rustiques, dont deux sont largement dispersées sur les côtes d'Europe, de l'Amérique et de l'Afrique, deux ou trois sont nord-américaines, une habite l'Amérique australe extra-tropicale et une autre les îles Tristan d'Acunha et d'Amsterdam. Epillets uniflores, solitaires, sessiles et unilatéraux, sub-distiques, formant un ou plusieurs épis paniculés, tantôt dressés, tantôt étalés ; tige florifère forte, dressée, à rachis principal de l'inflorescence court ou allongé. Feuilles plus ou moins enroulées, arrondies, jonciformes, piquantes au sommet et élargies à la base.

Les espèces de ce genre ne présentent aucun intérêt horticole, mais elles sont au contraire d'une grande utilité sur les côtes maritimes, pour fixer les sables.

Les trois espèces croissant spontanément en France sont : *S. alterniflora*, Lois. ; *S. stricta*, Roth. (Angl. Cord Grass ; Mat Weed, etc.) et *S. versicolor*, Fabre. Celles croissant en Angleterre sont : les deux premières et le *S. Townsendi*, H. et J. Groves.

SPARTIUM, Linn. (ancien nom employé par Dioscorides et dérivé de *sparton*, cordage ; les rameaux de cet arbuste sont textiles et fournissent, par macération, une bonne fibre que l'on utilise dans l'industrie pour faire des cordes ou du papier). Syn. *Spartianthus*, Link. Fam. *Légumineuses*. — La seule espèce de ce genre est un très bel arbuste méridional, mais rustique jusqu'en Angleterre, très décoratif par ses nombreuses et grandes fleurs jaunes, et d'un aspect particulier, à cause de ses nombreux rameaux dressés, jonciformes et dépourvus de feuilles ou n'en portant que de très petites. On l'emploie avec avantage pour orner les parcs paysagers et surtout les lieux agrestes, les rochers, etc., et en le plantant de préférence dans les endroits chauds et abrités. Les terres légères lui conviennent tout particulièrement. Sa multiplication s'effectue ordinairement par le semis, car ses graines mûrissent abondamment. On peut au besoin le propager par les jeunes boutures que l'on place sous cloches.

S. junceum, Linn. * Genêt d'Espagne (à tort). Angl. Rush ou Spanish Broom. — *Fl.* jaune vif, odorantes, très élégantes, courtement pédicellées et formant de longues grappes lâches ; calice persistant, bilabié, à lèvre inférieure un peu en forme de spathe ; étendard ample ; ailes obovales ; carène incurvée et acuminée ; bractées et bractéoles petites, très caduques. Mai-juillet. *Flles* rares, unifoliolées et dépourvues de stipules. Rameaux verts, épais, moelleux et striés. *Haut.* 2 à 3 m. Région méditerranéenne et îles Canaries ; France, etc. (B. M. 85 ; S. F. G. 671 ; B. R. 1971, sous le nom de *S. acutifolium*, Lindl.). Il en existe une variété à *fleurs doubles*.

SPARTOTHAMNUS, A. Cunn. (de *sparton*, cordage, et *thamnos*, rameau ; allusion à l'usage qu'on fait de la plante). Fam. *Verbénacées*. — La seule espèce de ce genre est un joli arbuste ou sous-arbrisseau australien, toujours vert, glabre ou pubescent. Il faut le tenir dans une serre froide et aérée. Un compost de terre de bruyère siliceuse et de terre franche lui convient parfaitement. Sa multiplication s'effectue par boutures que l'on fait sous cloches et dans du sable.

S. junceus, A. Cunn. *Fl.* blanches, très petites, solitaires à l'aisselle des feuilles et accompagnées de petites bractéoles ; calice et corolle à cinq lobes. Août. *Flles* petites et espacées, souvent réduites à l'état de petites écailles ; toutes opposées ; celles qui sont entièrement développées mesurent 6 à 12 mm. de long et sont lancéolées ou ovales-lancéolées. Branches divariquées et à quatre angles. Arbuste presque aphylle et ayant l'aspect d'un balai. *Haut.* 60 cent. Australie, 1819.

SPARTOTHAMNUS, Webb. — Réunis aux **Cytisus**, Linn.

SPATALANTHUS, Sweet. — Réunis aux **Romulea**, Maratti.

SPATALLA, Salisb. (de *spatalos*, délicat ; allusion à la nature des fleurs). Fam. *Protéacées*. — Genre comprenant dix-sept espèces d'arbustes éricoïdes, de serre froide, confinés dans le sud de l'Afrique. Fleurs un peu petites, solitaires sous les bractées, capitées, sessiles ou courtement pédicellées, formant par leur réunion des épis lâches ou des grappes terminales ; périanthe grêle, à peine dilaté vers la base, à limbe droit ou incurvé, ovoïde ou oblong et accompagné de quatre écailles hypogynes et subulées. Fruits souvent pubescents ou velus. Feuilles éparses, filiformes ou subulées et indivises.

Les espèces décrites ci-après représentent un choix des plus méritantes et des plus répandues. Pour leur culture, V. **Protea**.

S. incurva, R. Br. *Fl.* pourpres, réunies par trois-quatre dans un involucre formé de quatre bractés pubescentes ; grappes solitaires ou souvent agrégées, pédonculées, de 2 1/2 à 5 cent. de long. Mai. *Flles* lâches et étalées, de 1 1/2 à 2 cent. 1/2 de long. incurvées, grêles, mucronées et ciliées sur les bords ; à peine atténuées à la base et glabres ; les juvéniles et les rameaux légèrement poilus. *Haut.* 60 cent. Sud de l'Afrique, 1789.

S. mollis, R. Br. *Fl.* pourpres, entourées d'involucres formés de deux bractées ; épi solitaire, sessile, dressé, dense, oblong-cylindrique, ramifié et dépassant à peine 2 cent. 1/2 de long. Juin. *Flles* étalées-dressées, de 18 à 20 mm. de long, droites et velues, soyeuses ainsi que les ramilles ; celles-ci glabres. *Haut.* 60 cent. Sud de l'Afrique, 1826.

S. nivea, R. Br. *Fl.* pourpres, entourées d'involucres campanulés, ayant un tiers de la longueur du périanthe; épi sub-sessile, dressé, dense, imbriqué, de 2 1/2 à 4 cent. de long. Juin. *Flles* imbriquées, de 20 à 25 mm. de long, grêles, aiguës, droites ou légèrement arquées, les juvéniles et les rameaux légèrement velus-soyeux. *Haut.* 60 cent. Sud de l'Afrique, 1806.

S. pedunculata, R. Br. *Fl.* pourpres, tomenteuses sur l'onglet, entourées d'involucres sub-campanulés, bilabiés, tomenteux-incanes et à la fin glabrescents ; épi solitaire, de 2 1/2 à 5 cent. de long, à la fin un peu lâche ; pédoncule de 2 1/2 à 4 cent. de long, portant quelques bractées apprimées, carénées et subulées. Avril. *Flles* fortement incurvées, ayant près de 2 cent. 1/2 de long, filiformes-triquètres, un peu obtuses, très atténuées à la base, incurvées-falciformes supérieurement; les juvéniles droites et légèrement poilues-soyeuses. *Haut.* 60 cent. Sud de l'Afrique, 1822.

S. prolifera, Knight. *Fl.* pourpres, entourées d'involucres sub-sessiles et à quatre lobes ; épis sessiles, capités-coniques et accompagnés de bractées feuillues. Juillet. *Flles* dressées ou à la fin étalées, fasciculées, imbriquées, de 12 à 20 mm. de long, grêles, droites ou à peine incurvées, sétacées-mucronulées, les juvéniles et les ramilles soyeuses. Rameaux rougeâtres et presque glabres. *Haut.* 60 cent. Sud de l'Afrique, 1800.

S. pyramidalis, R. Br. *Fl.* jaunâtres et pubescentes, entourées d'involucres courtement pédicellés, pubescents et à quatre bractées ; épi de 2 1/2 à 4 cent. de long, solitaire, sessile, dressé, oblong-pyramidal, dense, parfois ramifié à la base. Juin. *Flles* très rapprochées, étalées-dressées, de 15 à 25 mm. de long, grêles, très aiguës, droites, à la fin légèrement récurvées et un peu poilues. Ramilles disposées en ombelle. *Haut.* 1 m. Sud de l'Afrique 1821.

SPATHACÉ; SPATHIFORME, Angl. Spathaceous. — Qui est de la nature ou qui a l'aspect d'une spathe.

SPATHANTHEUM, Schott. (de *spathe*, spathe, et *anthos*, fleur ; les fleurs sont insérées sur le milieu de la spathe). Comprend les *Gamochlamys*, Baker. Fam. *Aroïdées.* — Petit genre ne renfermant que deux espèces de plantes vivaces, de serre chaude, à racine tubéreuse, dont une habite la Bolivie et l'autre l'Afrique. Fleurs dispersées sur toute la longueur du spadice; celui-ci monoïque, cylindrique, dépourvu d'appendice, soudé à la spathe et plus court qu'elle ; spathe oblongue-lancéolée, acuminée, membraneuse, à la fin béante; hampe grêle, égalant presque les feuilles. Celles-ci cordiformes ou ovales-sagittées, entières ou lobées-pinnatifides et à pétioles longs et grêles.

L'espèce suivante, seule introduite, prospère dans un compost de terre franche fertile et de terre de bruyère, avec un bon drainage. Il lui faut beaucoup d'eau pendant sa période de végétation. Multiplication par séparation des rejets ou par division des tubercules.

S. heterandrum, Benth. et Hook. f. *Fl.* à spathe verte, charnue, naviculaire, aiguë, de 10 à 12 cent. de long ; spadice ayant la moitié de la longueur de la spathe, soudé à celle-ci sur toute sa longueur ; hampe un peu plus courte que les pétioles, ferme, sub-arrondie et dressée. *Flle* ovale-cordiforme, vert gai, glabre, un peu charnue, de 30 cent. de long, profondément pinnatifide, à divisions aiguës ; pétiole de 60 cent. de long. Souche ne portant qu'une feuille solitaire. Afrique, 1876. Syn. *Gamochlamys heterandra*, Baker.

SPATHE (de *spathe*, large limbe ; allusion à la forme que cet organe présente chez la plupart des Palmiers). — Grande bractée ou membrane naissant au sommet du pédoncule floral, au-dessous de l'inflorescence et entourant celle-ci pendant son développement

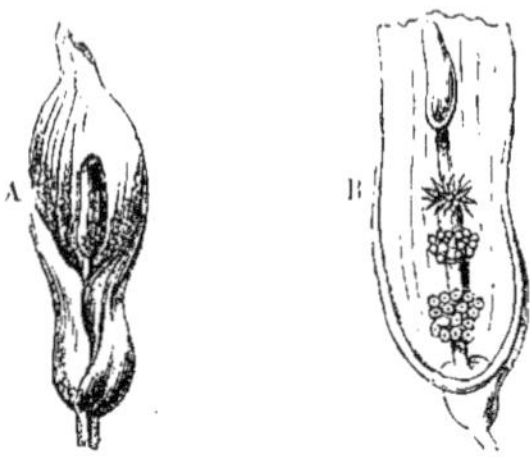

Fig. 88. — Spathe d'Arum.

A, complète et entourant le spadice. — B, en partie coupée pour laisser voir ce dernier dans son entier.

et jusqu'à la floraison, époque à laquelle elle s'ouvre pour laisser les fleurs s'épanouir et se détache alors le plus souvent peu de temps après.

La spathe peut n'être composée que d'une seule bractée ou valve, comme chez les *Narcissus*, *Arum* et autres, ou au contraire de deux ou plusieurs, comme

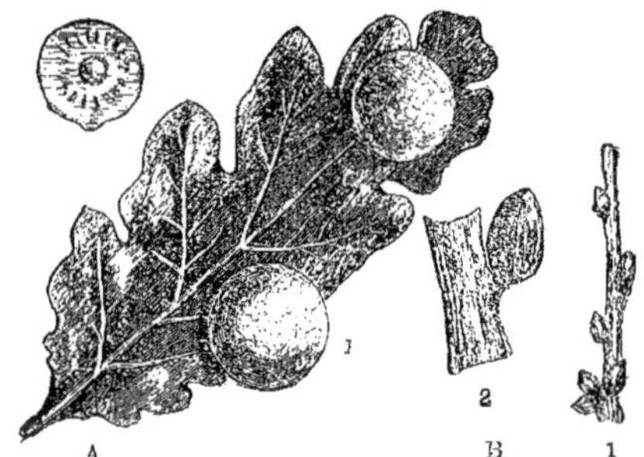

Fig. 89. — Galles de Chêne.

A, 1. galles de *Dryophanta folii* sur la face inférieure d'une feuille légèrement réduites; 2, section transversale montrant la cavité occupée par la larve.

B, 1. galles de *Spathegaster Taschenbergi* sur un jeune rameau ; 2, une galle grossie. Ces galles sont violettes, veloutées, molles, et les larves en mangent le tissu jusqu'à ce que les parois deviennent excessivement minces. Elles se montrent en mai-juin et on croit qu'elles terminent le cycle d'évolution du *Dryophanta folii*.

c'est le cas chez beaucoup de Palmiers; les externes étant souvent plus petites, ouvertes au sommet et nommées incomplètes.

La texture de la spathe est très variable, tantôt elle est membraneuse, mince et papyracée (*Narcissus* et autres *Amaryllidées*), tantôt elle est foliacée (*Arum*, etc.), ou bien encore charnue (*Anthurium*) ou ligneuse, comme on l'observe chez certains grands Palmiers (*Cocos*, *Maximiliana*, etc.), et la partie qui enveloppe les fleurs peut atteindre plus de 1 m. de long et plus de 12 mm. d'épaisseur.

SPATHEGASTER. — Groupe *Cynipidées* composé de

Mouches à galles vivant sur les Chênes. La galle la plus fréquente et la plus apparente causée par les espèces de ce genre est la galle groseille, qu'on rencontre très fréquemment au commencement de l'été, sur les chatons mâles et sur la face inférieure des feuilles du Chêne commun.

Les expériences du Docteur Adleret et autres entomologistes ont donné lieu, dans ces dernières années, de croire que les insectes que l'on groupait dans le genre *Spathegaster*, ne sont que des états de développement de ceux que l'on considérait autrefois comme des espèces distinctes et appartenant au genre *Neuroterus*, qui forment à l'automne des galles d'un aspect très différent de celui des galles de *Spathegaster*.

Pour de plus amples détails sur la relation de ces insectes et de leurs galles, V. Chêne (Galles).

SPATHELIA, Linn. (de *spathe*, organe des Palmiers; allusion à la ressemblance du port). Fam. *Simarubées*. — Genre ne comprenant que trois espèces de grands et beaux arbres toujours verts, de serre chaude, à tronc simple et habitant les Indes occidentales. Fleurs assez grandes, courtement pédicellées et réunies en panicule terminale, ample, à rameaux allongés et à ramilles disposées en fausse cyme; calice à cinq divisions; corolle à cinq pétales à peine plus longs que le calice et imbriqués; étamines cinq. Feuilles alternes, imparipennées, à folioles nombreuses, alternes, linéaires-oblongues ou falciformes, sub-entières ou dentées en scie et à bord glanduleux.

L'espèce suivante, seule introduite, prospère dans un compost de terre franche et de terre de bruyère. On peut la multiplier par boutures aoûtées, que l'on fait dans du sable, sous cloche et à chaud.

S. simplex, Linn. Angl. May Pole, Mountain Green ou Mountain Pride of the West Indies. — *Fl.* rouges, réunies en panicules nombreuses, étalées et ayant plusieurs pieds de long. Avril. *Flles* à vingt-quarante paires de folioles très variables, pubérulentes ou glabrescentes en dessous, oblongues-lancéolées ou linéaires-lancéolées, acuminées ou falciformes, crénelées ou très entières, opposées ou alternes, sessiles ou pétiolulées. Tige grêle, ressemblant à celle d'un Palmier. *Haut.* 6 à 15 m. Indes occidentales, 1778. (B. R. 670.)

SPATHELLE (diminutif de spathe). — Nom employé surtout dans les ouvrages anglais, pour désigner les spathes secondaires ou nombreuses petites spathes qu'on observe sur les *Calamus* et autres genres de Palmiers voisins, et qui remplacent les quelques grandes spathes dont sont pourvus les autres Palmiers.

SPATHICARPA, Hook. (de *spathe*, spathe, et *karpos*, fruit; les ovaires paraissent insérés le long de la nervure médiane de la spathe). Fam. *Aroïdées*. — Genre comprenant huit espèces de plantes herbacées, toujours vertes, à racine tubéreuse, de serre chaude et habitant le Brésil et le Paraguay. Fleurs toutes fertiles, les mâles et les femelles disposées en quelques séries longitudinales sur le spadice qui est semi-cylindrique et dépourvu d'appendice; spathe oblongue-lancéolée, acuminée, membraneuse, à la fin ouverte, enroulée à la base et au sommet et persistante; pédoncules grêles et plus longs que les feuilles. Celles-ci membraneuses, lancéolées-hastées ou sagittées-cordiformes, parfois hastées-triséquées, à pétioles allongés et longuement engainants.

Les deux espèces décrites ci-après ont seules été introduites dans les collections. Elles prospèrent en terre franche, siliceuse et fertile. Leur multiplication peut s'effectuer par le semis.

S. hastifolia, Hook. *Fl.* à spathe verdâtre, élégamment acuminée; spadice allongé. *Flles* tripartites, à lobe médian oblong-ovale et acuminé; les latéraux oblongs ou ovales-lancéolés, légèrement aigus; pétiole deux ou trois fois aussi long que le limbe. *Haut.* 30 cent. Minas Géraès.

S. longicuspis, Schott. Syn. de *S. sagittifolia*, Schott.

S. sagittifolia, Schott. *Fl.* à spathe verte, longuement décurrente à la base, longuement ou rarement cuspidée; spadice grêle, à peine plus court que la spathe. *Flles* sagittées, à lobe antérieur ovale-lancéolé, légèrement allongé; les postérieurs rétrorses, étalés, obtus; pétiole presque deux fois aussi long que le limbe. *Haut.* 15 à 30 cent. Bahia, 1860. Syn. *S. longicuspis*, Schott.

S. s. platyspatha, *Fl.* à spathe dilatée vers le sommet, courtement cuspidée. *Flles* sagittées et profondément cordiformes à la base.

SPATHIPHYLLUM, Schott. (de *spathe*, spathe, et *phyllon*, feuille; allusion à l'aspect foliacé de la spathe). Comprend les *Amomophyllum*, Engl. et *Massowia*, K. Koch. Fam. *Aroïdées*. — Genre comprenant environ vingt espèces de plantes herbacées, vivaces, presque acaules, toujours vertes et de serre chaude, dont deux habitent l'archipel Malais et les autres l'Amérique tropicale. Fleurs toutes fertiles, très rapprochées sur un spadice cylindrique, sessile ou stipité, plus court que la spathe et à pédoncule parfois soudé à celle-ci; spathe foliacée, membraneuse, oblongue ou lancéolée, aiguë, acuminée ou acuminée-caudée, à la fin largement ouverte, accrescente et persistante. Feuilles oblongues ou lancéolées, acuminées ou cuspidées au sommet.

Plusieurs espèces de ce genre ont été introduites dans les serres et sont décrites ci-après. Il leur faut un compost de terreau de feuilles et de terre de bruyère en parties égales, additionné d'un peu de terre franche et de petits morceaux de charbon de bois. On doit les tenir dans une atmosphère humide et les arroser copieusement. Leur multiplication s'effectue parfois par graines que l'on sème sur couche, mais principalement par division des souches.

« Au point de vue décoratif, quelques-unes des petites espèces, telles que les *S. candidum*, *S. cannæfolium*, *S. floribundum* et *S. Patini* sont très utiles et forment un contraste très agréable avec les *Anthurium Andreanum* et *A. Scherzerianum*. » (N. E. Br.)

S. candidum, N. E. Br. * *Fl.* à spathe blanc pur, ovale, acuminée, d'environ 8 cent. de long; spadice blanc, grêle, droit et cylindrique; pédoncule articulé juste au-dessous de la spathe. *Flles* ovales-lancéolées, atténuées et acuminées, de 15 à 30 cent. de long et à pétioles grêles et dressés. *Haut.* 20 cent. Colombie, 1875. Plante voisine du *S. Patini*. Syn. *Anthurium candidum*, W. Bull.

S. cannæfolium, Schott. * *Fl.* à spathe blanche, lancéolée ou elliptique oblongue, sub-sessile et à peine décurrente, courtement cuspidée, de 15 cent. de long et 5 cent. de large; spadice blanc, de 12 cent. de long et 8 cent. de large. *Flles* ovales ou elliptiques-oblongues, courtement acuminées, à pétioles égalant ou plus longs que le limbe et engainés presque jusqu'au milieu. *Haut.* 30 cent. Vénézuéla, Guyane et Brésil. (R. G. 640.) Syns. *S. cannæforme*, Engl.; *Anthurium Dechardi*, Hort. (I. H. 269); *Pothos cannæfolius*, Dryand (B. M. 603; L. B. C. 471.)

S. cannæforme, Engl. Syn. de *S. cannæfolium*, Schott

S. cochlearispathum, Engl. *Fl.* à spathe verte, de 30 cent. de long, ovale ou oblongue-ovale, prolongée en une longue pointe cuspidée et à spadice blanchâtre. *Flles* largement oblongues, ondulées, de plus de 1 m. de long et

Fig. 90. — Spathiphyllum cochlearispathum.

30 cent. de large, arrondies ou sub-cordiformes à la base et vert lustré ; pétioles égalant presque la longueur du limbe. *Haut.* 1 m. 20. Mexique, 1875. Syn. *S. heliconiæfolium*, Schott. (I. H. 189.)

S. commutatum, Schott. *Fl.* à spathe blanche, oblongue-lancéolée, presque plane, cuspidée ; spadice blanc, court, oblong ; hampes élevées et courtement décurrentes. *Flles* ovales-oblongues, vert foncé ; pétioles plus courts que le limbe. *Haut.* 75 cent. Iles Philippines, 1870. — Plante assez élégante, rivalisant en beauté avec le Lis trompette (*Richardia æthiopica*). (R. G. 637, f. 1-3, sous le nom de *S. Minahassæ*, Regel.

S. floribundum, N. E. Br. *Fl.* à spathe blanc d'ivoire, de 5 cent. de long, oblongue-lancéolée et terminée par un long acumen cuspidé. Spadice blanc, stipité, à peine plus court que la spathe ; hampe dépassant beaucoup les pétioles. *Flles* oblongues-elliptiques ou oblongues-lancéolées, acuminées et très aiguës, inéquilatérales, plus pâles en dessous ; pétioles égalant presque le limbe. *Haut.* 30 cent. Nouvelle-Grenade, 1874. (I. H. 1874, 159, sous le nom de *Anthurium floribundum*, Lind. et André.)

S. heliconiæfolium, Schott. Syn. de *S. cochlearispathum*, Engl.

S. hybridum, Hort. Hybride horticole des *S. cannæfolium*, et *S. Patini*, exactement intermédiaire en ses parents. La spathe est aussi large que dans le premier et plus blanche sur les deux faces. (B. H. 1885, p. 89 ; G. C. XIX, p. 500 ; I. H. 450.)

S. Ortgiesii, Regel. *Fl.* à spathe vert gai, oblongue-elliptique ; spadice blanc, oblong, à pédoncule soudé avec la base de la nervure médiane de la spathe. *Flles* largement elliptiques ou elliptiques-oblongues, ondulées et à pétioles largement ailés. *Haut.* 50 cent. Mexique, 1873. (R. G. 738.)

S. Patini, N. E. Br. *Fl.* à spathe blanchâtre, sauf la nervure médiane qui est verte, oblongue-lancéolée, très longuement acuminée, étalée ou réfléchie ; spadice blanchâtre, droit, obtus, assez longuement stipité et un peu plus court que la spathe ; hampes égalant ou dépassant les feuilles. *Flles* allongées-lancéolées, longuement rétrécies aux deux extrémités, très aiguës, défléchies, inéquilatérales et vert pâle ; pétiole deux fois aussi long que le limbe, grêle, dressé et arrondi. *Haut.* 20 cent. Nouvelle-Grenade, 1874. (I. H. 397.) Syns. *Amomophyllum Patini*, Engl. et *Anthurium Patini*, R. Hogg. (G. C. n. s. II, p. 525.)

S. pictum, Hort. — V. **Rhodospatha picta.**

S. Wallisii, Hort. — V. **Stenospermation popayanense.**

SPATHIUM, Edgw. — V. **Aponogeton**, Thunb.

SPATHIUM, Lour. — V. **Saururus**, Linn.

SPATHODEA, P. Beauv. (de *spathe*, spathe ; allusion à la forme du calice). Fam. *Bignoniacées*. — Genre dont l'espèce suivante, sans doute unique, est un arbre de serre chaude, toujours vert et à port majestueux, exigeant le même traitement que les **Bignonia** (V. ce nom et aussi **Newbouldia**.)

S. campanulata, P. Beauv. *Fl.* orange, réunies en grappe courte, terminale et légèrement ramifiée ; calice allongé, spathiforme et fortement tomenteux ; corolle campanulée, de 8 cent. de long et 6 cent. de diamètre, à limbe sub-bilabié et découpé en cinq larges lobes. Juin. *Flles* amples, pinnées, à folioles lancéolées, pétiolulées et entières. *Haut.* 15 m. Afrique tropicale, 1858. (B. M. 5091 ; F. d. S. 830 ; L. et P. F. G. 104 ; L. J. F. 388.)

S. lævis, Beauv. — V. **Newbouldia lævis.**

SPATHOGLOTTIS, Blume. (de *spathe*, spathe, et *glotta*, langue ; allusion à la forme du labelle). Comprend les *Paxtonia*, Lindl. Fam. *Orchidées*. — Genre renfermant environ douze espèces d'Orchidées terrestres, presque toutes de serre chaude, habitant les Indes orientales, le sud de la Chine, l'archipel Malais, les îles de l'Océan Pacifique et l'Australie. Fleurs réunies en grappes au sommet de hampes dressées, garnies seulement de quelques bractées engainantes ; sépales libres, sub-égaux et étalés ; pétales semblables, parfois plus larges ou plus longs, sub-égaux et étalés ; labelle sessile à la base de la colonne, concave ou sacciforme à la base, profondément trilobé et à lobe médian contracté à la base, portant une callosité ou tubercule proéminent ; masses polliniques huit, dont quatre ordinairement plus petites ; bractées dressées ou réfléchies. Feuilles de la tige solitaires ou géminées, allongées ; pétioles à la fin plus ou moins épaissis en pseudo-bulbes ou tubercules.

La liste suivante comprend les espèces les plus importantes. Pour leur culture, V. **Bletia.**

S. augustorum, Lind. et Rod. Syn. de *S. Vieillardii*, Rchb. f.

S. aurea, Lindl. *Fl.* jaune d'or, portant sur le labelle quelques taches rouge sang, grandes, au nombre d'environ six à l'extrémité de la hampe. Juillet. *Flles* étroites, ressemblant à celles d'un *Phaius*. *Haut.* 60 cent. Presqu'île de Malacca, 1849. Plante assez belle. Syn. *S. Kimballiana*, Hort. (G. C. 1884, vol. II, f. 9 ; B. M. 7433.)

S. Fortunei Lindl.* *Fl.* jaunes, à sépales ovales, obtus, pétales plus larges, oblongs, sub-sessiles ; segments latéraux du labelle maculés de rouge, oblongs, dressés ; le médian cunéiforme et émarginé ; colonne remarquablement longue et étroite ; grappe unilatérale, pubescente ; bractées acuminées. Janvier. *Flles* géminées, linéaires-lancéolées, plus longues que la hampe ; celle-ci pubescente. Hong-Kong. Serre tempérée. (B. R. 1845, 19.)

S. gracilis, Rolfe. *Fl.* jaune brillant, peu nombreuses, de 6 à 7 cent. de long, à sépales arrondis ; labelle plus court que les sépales, velu à la base et taché de rouge vers le milieu. Bornéo, 1891. (B. M. 7366.)

S. Kimballiana, Hort. Syn. de *S. aurea*, Lindl.

S. Lobbii, Rchb. f. *Fl.* jaune soufre, d'environ 2 cent. 1/2 de diamètre, longuement pétiolées, à sépales latéraux portant trois ou quatre raies brunes ; pétales plus larges que les sépales ; grappe lâche ; hampe grêle, ferme et lâchement poilue. Burmah, 1876. (G. C. n. s. XVIII, p. 532.)

S. pacifica, Rchb. f. *Fl.* à sépales et pétales lilas blanchâtre, avec les bords plus foncés ; labelle lilas, bordé de jaune, avec les deux lobes latéraux obtus, arqués ; le médian stipité, réniforme, ondulé, avec le disque orange ; pédoncule portant à la base deux tubercules blancs. *Flles* oblongues-lancéolées. Pseudo-bulbes coniques. Iles du Pacifique, 1883.

S. Petri, Rchb. f. * *Fl.* à sépales ligulés, aigus et lilas foncé ainsi que les pétales qui sont beaucoup plus larges ; labelle trifide, pourpre, à disque blanc, avec une callosité rhomboïde, portant trois sillons et deux lignes de longs poils jaune d'ocre entre les lobes latéraux ; bractées amples et apparentes ; hampe de 60 cent. de haut, verte, devenant purpurine au sommet. *Haut.* 60 cent. Iles de la mer du Sud, 1877. Plante intéressante. (B. M. 6354.)

S. plicata, Blume. *Fl.* pourpres, à sépales étalés ; pétales obtus et connivents ; segments latéraux du labelle tronqués, cunéiformes-oblongs ; le médian onguiculé, avec deux tubercules à la base ; bractées pétaloïdes, lancéolées et colorées ; hampe atteignant parfois 60 cent. de haut et multiflore, n'ayant parfois que 45 cent. et alors biflore. Juin. *Flles* nombreuses, ensiformes et plissées. Java, etc., 1844.

S. pubescens, Lindl. *Fl.* jaune sale, légèrement violettes à la base du labelle ; sépales aigus ; pétales obtus ; lobes latéraux du labelle dressés ; le médian à trois carènes et deux tubercules à la base ; grappe composée de deux à huit fleurs unilatérales ; hampe ascendante, pubescente, de 45 cent. de haut. Juin. *Flles* géminées, linéaires-lancéolées, acuminées aux deux extrémités et plus courtes que la hampe. Tubercules de la grosseur d'une noisette. Sylhet, Indes occidentales.

S. Regnieri, Hort. Plante voisine du *S. Lobbii*, dont elle diffère par ses fleurs plus petites, dépourvues de stries sur les sépales latéraux ; ovaire stipité et plus court ; lobes latéraux du labelle plus courts et plus larges ; callosité du lobe médian située plus en arrière ; hampe portant quelques poils courts. *Flles* beaucoup plus larges. Cochinchine, 1887.

S. rosea, — * *Fl.* roses, élégantes, d'environ 4 cent. de diamètre, à sépales et pétales oblongs, aigus ; bractées étalées et aussi longues que les pédicelles ; hampe dressée, grêle, plus longue que les feuilles et portant quelques bractées engainantes et espacées. Juillet. *Flles* lancéolées, plissées, rétrécies à la base et ayant près de 60 cent. de long. Pseudo-bulbes fortement agrégés et portant trois feuilles. Iles Philippines, 1837. Syn. *Paxtonia rosea*, Lindl. (B. R. 1838, 30.)

S. tomentosa, Lindl. *Fl.* cramoisies, à sépales et pétales très obtus ; segments latéraux du labelle dressés et tronqués ; le médian réniforme au sommet, à onglet allongé ; grappe composée de vingt fleurs ; bractées et hampe couvertes d'un duvet très compact. Juin. *Flles* géminées, largement lancéolées et plus longues que la hampe. Manille. (B. R. 1845, 19.)

S. Vieillardii, Rchb. f. *Fl.* lilas pâle, réunies en grappe capitée, labelle tripartite, à lobes latéraux rectangulaires, rétus ; le médian longuement onguiculé, oblong et bilobé au sommet. *Flles* largement cunéiformes-oblongues et aiguës. Pseudo-bulbes ovoïdes, teintés de brun. Iles Sunda, 1886. (B. M. 7013.) Syn. *S. Augustorum*, Lind. et Rod. (L. 25.)

SPATHOTECOMA, Bur. — V. **Newbouldia**, Seem.

SPATHYEMA, Raf. — V. **Symplocarpus**, Salisb.

SPATULE. — Petite lame mince de bois ou de métal graduellement élargie et arrondie au sommet, dont on se sert pour étaler les corps pâteux, notamment la cire à greffer.

SPATULÉ ; Angl. Spathulate et Spatulate. — En forme de spatule, c'est-à-dire oblong et arrondi à l'extrémité, rappelant assez bien à ce point le contour du gros bout d'un œuf. Ce terme s'applique très fréquemment aux feuilles, pétales, bractées et autres organes présentant cette forme.

SPATULARIA, Haw. — Réunis aux **Saxifraga**, Linn.

SPÉCIFIQUE. — Qui a rapport, qui appartient ou dépend de l'espèce (V. ce nom.) Ex. Caractères *spécifiques*, description *spécifique*.

SPECKLINIA, Lind. — Réunis au **Pleurothallis**, R. Br.

SPECULARIA, Heist. (de *Speculum Veneris*, Miroir de Vénus ; nom de l'espèce indigène en Europe). Syns. *Apenula*, Neck. ; *Legouzia*, Durand ; *Prismatocarpus*, L'Her. pr. p. et *Speculum*, Hall. Fam. *Campanulacées*. — Genre comprenant environ huit espèces de plantes herbacées, annuelles, rustiques, dressées, retombantes ou trainantes, glabres ou hispides et habitant l'hémisphère boréal, une se retrouve aussi dans l'Amérique du Sud. Fleurs bleues, violettes ou blanches, sessiles ou courtement pédonculées à l'aisselle des feuilles, accompagnées de deux bractées et les supérieures formant une panicule feuillée ; calice à cinq divisions ; corolle rotacée ou largement campanulée, à cinq lobes peu profonds ; étamines cinq, libres, à filets dilatés à la base ; capsule s'ouvrant par trois pores dorsaux. Feuilles alternes ou dentées.

Quatre espèces de *Specularia* croissent spontanément en France et une seule, le *S. hybrida* en Angleterre. Des espèces décrites ci-après, le *S. Speculum* et ses variétés sont les plus cultivés et les plus répandus dans les jardins. Leur port touffu et étalé et leur culture très facile les rendent précieux pour former des bordures, des touffes sur le bord des plates-bandes ou même garnir entièrement les corbeilles.

Cette espèce ainsi que toutes les autres prospèrent en toute bonne terre de jardin. On les multiplie uniquement par graines que l'on sème à volonté ou plutôt de préférence à l'automne, en place ou en pépinière, et, si l'on repique les plants, on ménage environ 30 cent. entre eux, car ils deviennent bien plus forts, surtout ceux semés à l'automne. Si l'on sème en juin, en place, on obtient encore une assez bonne floraison en septembre. Enfin, on peut très bien cultiver ces plantes en pots pour l'ornementation du bord des terrasses et des balcons, où leurs rameaux retombent alors en élégants festons.

S. hybrida, A. DC. *Fl.* bleues à l'intérieur, violet rougeâtre à l'extérieur, petites, sub-sessiles, à corolle ordinairement fermée, découpée presque jusqu'au milieu et de moitié plus courte que le calice. Mai-juillet. *Flles* petites, oblongues, ondulées sur les bords ; les radicales à pétioles larges, ovales ou spatulées ; les caulinaires sessiles. Tige de 15 à 25 cent. de long, dressée ou retombante et hérissée de poils. Europe ; France, Angleterre, etc. Plante peu décorative et cultivée seulement dans les jardins botaniques. (Sy. En. B. 874, sous le nom de *Campanula hybrida*, Linn.)

S. pentagonia, A. DC. Campanule pentagonale. — *Fl.* bleu pâle lavé de lilas, de 2 cent. de diamètre ; calice très allongé, à divisions linéaires-aiguës, égalant à peu près la corolle. Mai-juillet. *Flles* inférieures obovales, entières ; les caulinaires obovales-oblongues, obtuses, un peu ondulées et légèrement dentées ou presque entières. Tige à ramifications étalées-dressées. *Haut.* 30 cent. Europe ;

Orient; France, etc. Syns. *Campanula pentagonia*, Linn. (B. R. 56); *Prismatocarpus pentagonius*, L'Her. — On en cultive une variété à *fleurs blanches*.

S. **perfoliata**, A. DC. Angl. Venus Looking-glass of North America. — *Fl.* sessiles, solitaires ou réunies par deux-trois; les supérieures ou les dernières seules pourvues d'une corolle apparente bleu purpurin. Mai-août. *Flles* arrondies ou ovales, cordiformes et embrassantes à la base, dentées. *Haut.* 8 à 30 cent. Amérique du Nord, 1680.

S. **Speculum**, Linn.* Campanule Miroir de Vénus; Angl. Speculum Veneris; Common Venus Looking-glass. *Fl.* violet bleu luisant, à corolle rotacée, ayant presque

Fig. 91. — Specularia (*Campanula*) Speculum.

2 cent. de diamètre, se fermant la nuit et formant alors cinq angles saillants; calice glabre ou pubescent, à lobes égalant la corolle et à la fin réfléchis. Juin-juillet. *Flles* obovales-oblongues, crénelées, un peu ondulées, les supé-

Fig. 92. — Specularia (*Campanula*) Speculum flore-pleno.

rieures lancéolées-linéaires. Tige très ramifiée, à rameaux étalés et à ramilles portant chacune trois fleurs. *Haut.* 20 à 30 cent. Europe; France, etc., dans les moissons. Syns. *Campanula Speculum*, Linn. (B. M. 102 et S. B. F. G. 216); *Prismatocarpus Speculum*, L'Her.

Par la culture, cette plante a produit des variétés à *fleurs blanches*, *lilas* ou *doubles*, plus durables, et une forme *procumbens*, plus étalée et formant mieux le tapis que le type. (S. M.)

SPEIRANTHA, Baker. (de *speira*, spirale, et *anthos*, fleur; allusion à l'inflorescence). Fam. *Liliacées*. — La seule espèce de ce genre est une plante acaule, de serre froide, très glabre, à rhizome épais, oblique et stolonifère, comprise autrefois dans le genre **Albuca**. (V. ce nom pour sa culture.)

S. **convallarioides**, Baker. *Fl.* à périanthe blanc ou verdâtre, d'environ 4 mm. de long, à six divisions; étamines six; grappes composées de vingt à trente fleurs, de 2 1/2 à 5 cent. de long; hampe grêle, de 8 à 10 cent. de long. Juin. *Flles* six à huit par rosette, sub-dressées, oblancéolées, sessiles, aiguës, de 12 à 15 cent. de long et 2 1/2 à 4 cent. de large. Chine, 1854. Syn. *Albuca Gardeni*. Hook. (B. M. 4842.)

SPENNERA, Mart. — V. **Aciotis**, Don.

SPERGULA, Linn. (de *spergere*, répandre; allusion aux graines). Fam. *Caryophyllées*. — Petit genre ne comprenant que deux ou trois espèces de plantes herbacées, annuelles et rustiques, habitant les régions tempérées du globe. Fleurs blanches, réunies en panicules divariquées, à sépales, pétales, styles et valves de la capsule, tous au nombre de cinq. Feuilles linéaires, stipulées-fasciculées et sub-verticillées. Tiges articulées, ramifiées supérieurement.

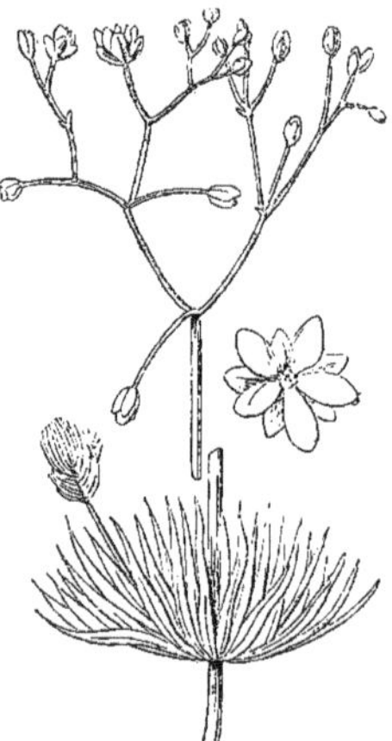

Fig. 93. — Spergula arvensis.

Les Spergules ne présentent aucun intérêt horticole, mais on cultive parfois dans les champs, en récolte dérobée, comme fourrage vert ou pour enfouir, la Spergule ordinaire (*S. arvensis*, Linn.), qui est du reste assez fréquente à l'état spontané dans les terres cultivées. Il en existe une variété *géante* (S. *a. maxima*, Hort.), plus forte que le type et par suite plus productive. (S. M.)

SPERGULA pilifera, Hort. — V. **Sagina subulata**.

SPERGULASTRUM, Michx. — Réunis aux Stellaria, Linn.

SPERLINGIA, Vahl. — V. **Hoya**, R. Br.

SPERMACOCE, Linn. (de *sperma*, graine, et *akoke*, pointe; allusion probable aux dents du calice ou à celles du fruit). Angl. Button Weed. Comprend les *Bigelovia*, Spreng. et *Borreria*, C. F. G. Mey. Fam. *Rubiacées*. — Grand genre renfermant environ cent soixante-quinze espèces de plantes herbacées, basses, annuelles ou vivaces, ou de sous-arbrisseaux de serre chaude ou tempérée, dispersés dans les régions tropicales et sub-tropicales du globe.

Fleurs blanches, roses ou bleues, petites ou très

petites, sessiles, solitaires et axillaires ou réunies en faisceaux, en cymes, en bouquets ou en verticilles subterminaux. Feuilles opposées, sessiles ou pédonculées, membraneuses ou coriaces ; stipules soudées aux pétioles, engainantes et ciliées. Rameaux ordinairement tétragones. Plusieurs espèces, notamment les *S. tenuior*, Linn. et *S. suffrutescens*, Jacq., ont été introduites autrefois, mais ces plantes présentent fort peu d'intérêt au point de vue horticole et n'existent peut-être plus dans les collections.

Les trois espèces ci-après décrites faisaient autrefois partie du genre *Borreria*. On les cultive facilement en serre chaude, dans une terre légère. Les espèces vivaces se propagent par boutures qui s'enracinent rapidement à chaud et dans la même terre. Quant aux espèces annuelles, on les sème en avril, sur couche, dans des pots assez grands, afin de ne pas les repiquer, mais on éclaircit les plants de façon à n'en laisser que trois ou quatre dans chacun.

S. **parviflora**, Hemsl. *Fl.* réunies en petits bouquets verticillés, multiflores et terminaux. *Capsule* couronnée par les dents du calice. *Flles* ovales-oblongues, rétrécies aux deux extrémités, couvertes quand elles sont jeunes de poils épars; stipules bordées de cils. Tiges tétragones, poilues sur les angles. Plante annuelle. La Guadeloupe, 1827. Syn. *Borreria parviflora*, Mey.

S. **stricta**, Hemsl. Arbuste nain, très voisin de l'espèce suivante. Porto-Rico. Syn. *Borreria stricta*, Meyer.

S. **verticillata**, Linn. *Fl.* blanches, sessiles, en faux verticilles globuleux, axillaires et terminaux, accompagnés de feuilles florales plus longues qu'eux. *Capsule* glabre, couronnée par les lobes du calice bidenté. Mai. *Flles* linéaires-lancéolées, acuminées, opposées, mais paraissant verticillées par la présence des faisceaux de petites feuilles qu'elles portent à leurs aisselles ; stipules bordées de longues soies. Ramilles tétragones. *Haut.* 60 cent. Sous-arbrisseau glabre. La Jamaïque, 1732.

SPERMADICTYON, Roxb. — V. **Hamiltonia**. Roxb.

SPERMADICTYON azureum, Wall. — V. **Hamiltonia scabra**.

SPERMAXYRUM, Labill. — V. **Olax**, Linn.

SPERMUM. — Terme qu'on emploie dans les mots composés de grec, comme suffixe, et qui s'emploie dans les descriptions scientifiques pour désigner les graines ou une de leurs parties. Ex. *Macrospermum*, à grosses graines ; *polyspermum*, *oligospermum* et *monospermum*, fruits renfermant, respectivement, beaucoup, peu ou une seule graine.

SPHACELE, Benth. (de *sphakos*, nom grec de la Sauge, à laquelle ces plantes ressemblent par leur feuillage). Syns. *Phytoxis*, Spreng. Fam. *Labiées*. — Genre comprenant environ vingt espèces d'arbustes ou de sous-arbrisseaux de serre chaude ou tempérée, dont un habite les îles Sandwich et les autres principalement l'ouest de l'Amérique, depuis le Brésil et le Chili jusqu'à la Californie. Fleurs réunies par deux-six en verticilles lâches ou par six et plus, denses et formant des grappes ou des épis. Feuilles rouges, violettes, bleues ou blanchâtres ; calice à cinq dents ; corolle à tube ample et à limbe court, à peine bilabié, à quatre lobes larges et étalés-dressés; étamines quatre. Nucules ovoïdes et lisses. Feuilles souvent ridées, bullées, et canescentes en dessous ; les florales réduites à l'état de bractées.

Les trois espèces suivantes ont été introduites dans les collections ; il leur faut la serre tempérée et le même traitement que celui qu'on donne aux **Salvia**. (V. ce nom pour leur culture.)

S. **cærulea**. Hort. *Fl.* bleu lavande pâle, réunies en épis nombreux. *Flles* ovales et dentées en scie. 1866. Sous-arbrisseau à bois mou et fleurissant en hiver. (F. M. 281.)

S. **campanulata**, Benth. *Fl.* à calice de 1 cent. de long; corolle bleuâtre pâle, ayant près de 2 cent. de long, à lobes larges et crénulés; verticilles biflores ; grappes allongées et unilatérales. Juillet. *Flles* courtement pétiolées, oblongues-lancéolées, de 1 1/2 à près de 2 cent. 1/2 de long, rétrécies à la base ; les terminales fortement ridées. *Haut.* 60 cent. à 1 m. Chili, 1795. Arbuste. (B. R. 1382.)

S. **Lindleyi**, Benth. *Fl.* à corolle violet purpurin, deux fois aussi longue que le calice ; pubescente extérieurement : verticilles multiflores ; grappes simples et denses. Juillet. *Flles* ovales, de 4 à 8 cent. de long, cordiformes à la base, fortement ridées et bullées, laineuses et blanches en dessous. *Haut.* 1 m. à 1 m. 20. Chili, 1825. Arbuste. (B. M. 2993.) Syn. *Stachys Salviæ*, Lindl. (B. R. 1226.)

SPHACÉLÉ. — Se dit parfois des squames ou écailles scarieuses et noirâtres.

SPHÆRALCEA, A. St-Hill. (de *sphaira*, globe, sphère, et *Alcea*, genre de Malvacée ; les carpelles sont disposés, comme dans ce genre, en tête arrondie). Angl. Globe Mallow. Syns. *Phymosia*, Desv., et *Sphæroma*, Harv. Fam. *Malvacées*. — Genre comprenant environ vingt-sept espèces de plantes herbacées, de sous-arbrisseaux ou d'arbustes d'ornement, de serre chaude, froide, ou rustiques, ressemblant par leur port aux *Malva* ou *Malvastrum* et dont quatre sont originaires du Cap, tandis que les autres habitent les régions chaudes de l'Amérique. Fleurs violettes ou carnées, rarement rouges, courtement ou rarement longuement pédicellées, solitaires ou fasciculées, axillaires ou disposées en grappes ou en épis terminaux ; calice à cinq divisions; colonne staminale plus ou moins divisée près du sommet en filets nombreux ; bractéoles trois, libres ou soudées à la base. Feuilles généralement anguleuses et lobées.

Les espèces ci-après décrites prospèrent en bonne terre franche fertile et bien drainée et dans un endroit aéré et bien éclairé de la serre. On les multiplie facilement par boutures de jeunes pousses que l'on fait en terre siliceuse, sous cloches et en les tenant ombragées jusqu'à leur reprise.

S. **abutiloides**, G. Don. *Fl.* roses, à pétales deux fois plus longs que le calice ; pédoncules axillaires et portant une à cinq fleurs. Août. *Flles* arrondies, lobées-anguleuses et dentées en scie. *Haut.* 1 m. 20. Bahama, 1725. Arbuste de serre froide. (Gn. 1895, part. II, 1023 et B. M. 2514, sous le nom de *Malva abutiloides*, Linn.)

S. **acerifolia**, Nutt. *Fl.* rose vif, à pédoncules agrégés et terminaux. Juillet. *Flles* sub-cordiformes, à cinq lobes aigus, dentés ou inégalement dentés en scie. *Haut.* 1 m. 20. Amérique du nord-ouest, 1861. Arbuste demi-rustique et couvert d'une pubescence étoilée. (B. M. 5404.)

S. **angustifolia**, G. Don. *Fl.* rose vif, à pédoncules axillaires, solitaires ou géminés, uni- ou pauciflores; folioles de l'involucre ciliées et caduques. Août-septembre. *Flles* lancéolées, dentées et pulvérulentes. *Haut.* 1 m. à 1 m. 20. Mexique, 1780. Arbuste de serre tempérée. (B. M. 2839, sous le nom de *Malva angustifolia*, Cav.)

S. elegans, G. Don*. *Fl.* pâles, à nervures pourpre foncé, naissant à l'aisselle des feuilles supérieures et à pédoncules ordinairement courts et simples. Juillet. *Flles* un peu espacées, profondément trilobées ou tripartites, à pétioles égalant la longueur du limbe et à lobes cunéiformes, incisés, pinnatifides, ondulés, tomenteux-étoilés et obtusément dentés. Tiges nombreuses, retombantes ou étalées, de 60 cent. ou plus de long. Sud de l'Afrique, 1791. Sous-arbrisseau de serre tempérée. Syn. *Malva elegans*, Cav.

S. Emoryi, Torr. *Fl.* rouge orangé, petites, à pédicelles grêles et fasciculées à l'aisselle des feuilles. *Flles* pétiolées, largement ovales, pinnatilobées et dentées. *Haut.* 30 à 60 cent. Plante vivace et rustique. Californie, 1888. (R. G. 1888, 1266. f. 1.)

S. miniata, Spach.* *Fl.* rouge vermillon, à pédoncules axillaires, disposées en grappes pauciflores ou parfois uniflores. Mai-juillet; *Flles* ovales-trilobées, dentées et tomenteuses. Tiges dressées. *Haut.* 30 cent. Amérique du Sud, 1798. Sous-arbrisseau de serre tempérée. (B. M. 5938; S. B. F. G. ser. II, 120.)

S. nutans, Scheidw. *Fl.* pourpre rougeâtre, penchées, à pédoncules axillaires, ordinairement triflores et dépassant les feuilles; bractées de l'involucre subulées. Juillet. *Flles* cordiformes, à cinq lobes, inégalement crénelées-dentées, tomenteuses-étoilées, à lobes très aigus; stipules filiformes. Tiges ramifiées. *Haut.* 60 cent. Guatémala (?), 1852. Arbuste de serre chaude. (F. d. S. 726; L. P. F. G. III, p. 173.)

S. obtusiloba, G. Don. *Fl.* fasciculées, à pétales pourpres, obcordés et à onglet assez foncé; involucre à trois folioles linéaires; pédoncules axillaires et terminaux; grappes corymbiformes et multiflores. Juillet. *Flles* cordiformes, à cinq lobes peu profonds, très obtus et crénelés. *Haut.* 1 m. à 1 m. 20. Chili, 1827. Arbuste de serre tempérée, couvert d'une pubescence étoilée. (B. M. 2787, sous le nom de *Malva obtusiloba*, Hook.)

S. umbellata, G. Don. *Fl.* violet très vif, grandes, à bractées de l'involucre obovales, un peu stipitées et caduques; pédoncules axillaires et réunis en ombelles. Janvier-avril. *Flles* subpeltées, à cinq lobes obtus. *Haut.* 3 m. Mexique, 1814. Arbuste de serre chaude. (L. B. C. 222; B. R. 1068, sous le nom de *Malva umbellata*, Cav.)

SPHÆRENCHYME. — Tissu cellulaire, sphéroïde ou sphérique, comme on l'observe dans la pulpe de certains fruits.

SPHÆRIACÉES. — Grande famille de Champignons inférieurs, appartenant à l'ordre des **Pyrénomycètes** (V. ce nom), dont les périthèces ont une texture coriace, charbonneuse, différente de celle du mycelium et s'ouvrant par un pore circulaire, situé tantôt sur les parois du périthèce, tantôt au sommet d'un long col.

Diverses *Sphæriacées* sont nuisibles aux plantes cultivées (V. **Pleospora**) et plusieurs sont visiblement très polymorphes. Autrefois, cette famille comprenait certains petits groupes qui sont aujourd'hui élevés au rang de familles distinctes, notamment celle des *Dothidiacées*, dont les périthèces sont charnus, souvent vivement colorés et à laquelle appartiennent diverses espèces et entre autres le *Polystigma rubrum*, qui vit sur les feuilles vivantes des Pruniers et les fait parfois périr. Les spores et sporidies des *Sphériacées* varient beaucoup chez les différents genres par leur structure et leur mode de production.

SPHÆROCARPOS, Gmel. — V. **Globba**, Linn.

SPHÆROCARYA, Wall. — V. **Pyrularia**, Michx.

SPHÆROCHLOA, P. Beauv. — **Eriocaulon**, Linn.

SPHÆROCIONIUM, Presl. — Réunis au **Hymenophyllum**, Linn.

SPHÆROGYNE, Naud. — Réunis au **Tococa**, Aubl.

SPHÆROLOBIUM Smith. (de *sphaira*, sphère, et *lobos*, gousse; allusion à la forme globuleuse des gousses). Fam. *Légumineuses*. — Genre comprenant environ treize espèces d'arbustes ou de sous-arbrisseaux de serre froide, à tiges jonciformes, glabres et généralement aphylles, confinés dans l'Australie. Fleurs jaunes ou rouges, disposées en grappes terminales ou en faisceaux axillaires ou terminaux; calice à lobes imbriqués; les deux supérieurs soudés et arqués; pétales à onglet court; étendard orbiculaire ou réniforme et émarginé; ailes un peu courtes. Gousse petite, oblique, globuleuse et comprimée. Feuilles (lorsqu'elles existent) étroites, entières, alternes ou irrégulièrement opposées ou verticillées.

Les espèces suivantes ont été introduites dans les collections; elles prospèrent dans un compost de terre franche et de terre de bruyère. Leur multiplication peut s'effectuer par boutures de jeunes pousses que l'on plante dans du sable et sous cloches.

S. acuminatum. Benth. Syn. de *S. medium*, R. Br.

S. grandiflorum, Benth. *Fl.* jaune vif et rouge, disposées en élégantes grappes terminales. *Flles* petites et linéaires. Rameaux allongés et jonciformes. Plante de serre froide, rappelant l'aspect d'un balai. Ouest de l'Australie, 1894. (B. M. 7308.)

S. medium, R. Br. *Fl.* rouges ou orangées, ordinairement nombreuses, fortement fasciculées et disposées en grappes terminales; étendard orbiculaire, un peu plus long que le calice. Été. *Flles* des branches stériles petites, subulées, souvent opposées ou verticillées par trois. Tiges dressées, de 30 à 60 cent. de haut; les florifères aphylles. Australie, 1803. Syn. *S. acuminatum*, Benth.

S. vimineum, Smith. *Fl.* jaunes, nombreuses, ordinairement fasciculées par deux-trois le long des ramilles et formant des grappes denses, terminales et interrompues; pétales environ deux fois aussi longs que le calice; pédicelles très courts. Été. Tiges ascendantes ou dressées, variant en hauteur entre quelques pouces et deux pieds, à branches grêles et effilées; toutes aphylles ou les stériles portant quelques feuilles éparses, linéaires ou étroitement lancéolées et de 6 mm. de long. Australie, 1802. (B. M. 969; L. B. C. 1753.)

SPHÆROMA, Harv. — V. **Sphæralcea**, Saint-Hill.

SPHÆROPHORA, Blume. — V. **Morinda**, Linn.

SPHÆROPHYSA, DC. (de *sphaira*, sphère et *physa*, vessie; allusion à la forme des gousses). Comprend les *Phyllobium*, Fisch. Fam. *Légumineuses*. — Genre renfermant trois espèces de plantes herbacées vivaces ou de sous-arbrisseaux rustiques, glabres ou canescents, habitant la Russie d'Asie et l'Orient. Fleurs rouges, disposées en grappes axillaires; calice à dents subégales ou les deux supérieures rapprochées; étendard orbiculaire, défléchi latéralement et nu à l'intérieur;

ailes oblongues-falciformes ; carène incurvée au sommet et obtuse. Gousse longuement stipitée et renflée. Feuilles imparipennées, à trois folioles ou plus, entières et dépourvues de stipelles.

Ces plantes, comme la plupart de celles qui sont franchement maritimes et aimant le sel, sont difficiles à conserver dans les jardins. Il faut cultiver l'espèce suivante en terre franche et siliceuse et lui donner de temps en temps des arrosages à l'eau salée. On peut la multiplier par semis ; ses graines mûrissent parfois en Angleterre.

S. caspica, DC. Syn. de *S. salsula*, DC.

S. salsula, DC. *Fl.* pourpre pâle et sale, à nervures plus foncées. Juillet-août. *Flles* composées de huit paires de folioles ovales, obtuses et mucronées. Tiges dressées et couvertes, ainsi que les feuilles, d'une pubescence apprimée. *Haut.* 50 cent. Russie, Sibérie et nord de la Chine, 1818. Syn. *S. caspica*, DC.

SPHÆROPSIDÉES. — Très grande famille de Champignons inférieurs, ressemblant aux *Prénomycètes* par leur aspect externe et dont les périthèces sont semblables, sauf par leur dimension et en ce qu'ils ne renferment pas d'asques ; les sporidies se développent séparément au sommet de pédicules plus ou moins évidents à l'intérieur des pycnidies et celles-ci s'ouvrent presque toujours par un pore ou par une fente. Ces Champignons étaient autrefois considérés comme de vraies espèces, mais maintenant on reconnait et avec raison qu'ils ne constituent que des états imparfaits de certaines espèces de *Pyrénomycètes.*

Beaucoup de Sphæropsidées se développent sur les plantes vivantes, qu'elles détruisent ou affaiblissent beaucoup. Les principaux genres vivant en parasites sur les plantes vivantes sont :

Ascochyta, dont les sporidies sont pâles et à deux cellules transparentes.

Diplodia, à sporidies brunes et à deux cellules.

Hendersonia, à sporidies brunes, oblongues ou lancéolées, formées d'une rangée de trois cellules ou plus.

Phoma et *Phyllosticta*, à sporidies transparentes, elliptiques et unicellulaires.

Septoria, à sporidies pâles, longues, grêles et filiformes.

Sphæropsis, à sporidies elliptiques, brunes et unicellulaires.

Stagnospora, semblables aux *Hendersonia*, mais avec des sporidies pâles.

Les pycnidies sont très semblables dans tous les genres ; mais, chez les *Asçochyta*, *Phyllosticta* et *Septoria*, elles forment ordinairement des taches discolores sur les tiges des plantes dans lesquelles elles sont groupées. Ces taches sont rarement causées par les espèces des autres genres.

SPHÆROPTERIS. (de *sphaira*, sphère, globe, et *Pteris*, genre de Fougère ; allusion à la forme globuleuse des involucres sporifères). FAM. *Fougères.* — La seule espèce de ce genre est une plante de serre chaude. (Pour sa culture, V. Fougères.)

S. barbata. — *Frondes* de 60 cent. à 1 m. de long, tripinnées à pinnules oblongues et profondément pinnatifides ; involucre infère, globuleux, stipité, enfermant d'abord le sore entier et se déchirant par la suite verticalement en deux lobes étalés. Népaul, Sikkim, etc. Syn. *Peranema cyatæoides*

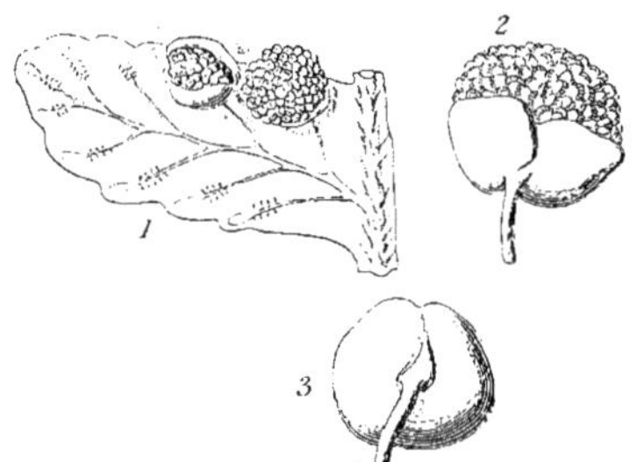

Fig. 94. — SPHÆROPTERIS.
1, pinnule fertile ; 2, sore et indusie stipitée ; 3, les mêmes vus en dessous.

SPHÆROSTEMA. — Réunis aux Schizandra.

SPHÆROSTEPHANOS. — Réunis aux Didymochlæna.

SPHÆROTELE, Link et Otto. — Réunis aux Urceolina.

SPHÆROTELE, Presl. — Réunis aux Stenomesson, Herb.

SPHAGNUM (de *sphagnos*, Mousse). — Genre de mousses marécageuses, que l'on observe dans toutes les zones froides et tempérées. Les espèces en sont nombreuses et toutes vivent dans les endroits humides, inondés en dessous du niveau du sol ; cette aptitude leur a valu les noms de Sphaigne, Mousse des marécages (ANGL. Bog Moss). Les espèces et leurs variétés sont nombreuses ; dix-sept croissent en Angleterre.

Ce genre est si différent des Mousses à plusieurs points de vue qu'on l'a érigé en famille distincte, sous le nom de *Sphagnacées.*

On reconnait facilement les *Sphagnum* à leur habitat marécageux et tourbeux, à leur teinte vert très clair et blanchâtre lorsqu'ils sont secs, à leur consistance molle et à leur texture comme spongieuse. Leurs tiges sont réunies en touffes compactes, dressées, simples, allongées et dépourvues de racines ; elles portent, à de fréquents intervalles, des faisceaux composés de deux à six ramules, les uns étalés, les autres réfléchis.

Les organes mâles sont portés par les ramules latérales et ressemblent à de petits chatons ; les organes femelles, également insérés sur les ramules, ressemblent à des bourgeons ; les capsules fructifères, d'abord apparemment sessiles, deviennent pourvues de courts pédoncules, elles sont voyantes, globuleuses et s'ouvrent (souvent avec force) par un faux opercule, différent de celui des vraies Mousses.

L'examen microscopique de la tige et des feuilles montre aussi une structure particulière, qu'il est bon de mentionner ici, car elle a rapport à l'usage horticole de ces Mousses. La partie centrale de chaque tige est composée d'une masse de petites cellules brunes, entourées d'une couche d'autres cellules plus petites, d'un brun plus foncé et à parois plus épaisses. Cette structure est celle de la plupart des Mousses, mais les *Sphagnum* ont une enveloppe externe, composée de une à quatre couches (selon l'espèce) de cellules beaucoup plus grandes, transparentes et à parois minces et percées de trous les mettant en communication les unes avec les autres.

Les feuilles sont nombreuses, sessiles, petites et plus ou moins aiguës. Elles sont dépourvues de nervure médiane et se composent d'une simple couche de cellules de deux formes très différentes. Les unes sont longues et étroites (renfermant du protoplasme et des corpuscules chlorophylliens), formant un réseau à larges mailles remplies chacune d'une cellule transparente. Les autres présentent ordinairement des parois épaissies par des fibres qui tapissent leur face interne et sont percées de trous comme celles des couches qui entourent les tiges. Comme dans ces dernières aussi, les cellules transparentes des feuilles ne contiennent à maturité ni protoplasme ni chlorophylle. Leur rôle spécial est d'absorber l'eau de la terre humide, à travers les trous de leurs parois, et de la faire monter de l'une à l'autre vers la partie supérieure de la plante.

Fig. 95. — SPHAGNUM ACUTIFOLIUM.

Ces cellules jouent ainsi le rôle des racines capillaires des autres végétaux, lesquelles manquent totalement chez les *Sphagnum*. Cette structure rend ces Mousses presque aussi absorbantes qu'une éponge, ainsi qu'on peut facilement s'en rendre compte en en pressant une poignée et en la plongeant de nouveau dans l'eau. « C'est une faculté remarquable qu'elles possèdent d'absorber l'humidité du sol et celle de l'atmosphère, sorte d'hygroscopicité qui n'est pas sans influence sur la formation des plateaux tourbeux des lieux élevés et sur les réservoirs qui alimentent les sources fournies par les hautes montagnes. » (Gillet et Magne.)

Les Sphagnum forment tous des touffes compactes qui, en se rejoignant, couvrent parfois des espaces considérables. Leur mode de renouvellement n'est pas moins remarquable que celui de leurs propriétés absorbantes. Les tiges s'allongent sans cesse supérieurement et périssent inférieurement en longueur proportionnée à celle de leur allongement. Certaines de leurs ramules deviennent si volumineuses qu'elles paraissent être des bifurcations de la tige, et, lorsque la décomposition, suivant sa marche ascensionnelle les atteint, elles deviennent séparées de la tige principale et forment de nouvelles plantes. Cette séparation des rameaux de la tige constitue un des moyens de multiplication des Sphagnums. « C'est au dépérissement progressif de leur partie inférieure que les tourbières doivent leur existence, car les générations successives et ininterrompues s'accumulent ainsi les unes au-dessus des autres et forment ces couches de tourbe si épaisses qu'on observe dans certaines parties du nord de l'Europe et dont l'origine est sans doute fort ancienne. » (S. M.)

La reproduction normale des *Sphagnum* s'effectue par les spores que renferment les capsules. Elles sont de forme triangulaire. Quand elles tombent ou qu'elles sont apportées sur la terre humide, elles y produisent des membranes ramifiées, minces et vertes, sur lesquelles les plantes véritables se développent. Si les spores tombent dans l'eau, elles y donnent naissance à des filaments verts, grêles et ramifiés, comme ceux des autres Mousses, sur lesquels se forment des bourgeons qui donnent ensuite naissance à des plantes.

« La *tourbe* n'est autre que la partie très inférieure des tiges des *Sphagnum*, modifiée et comprimée par le temps et formant parfois des couches très épaisses. Dans les pays où les tourbières ou marais à *Sphagnum* abondent, on extrait la tourbe pour divers usages, notamment comme chauffage ou pour servir de litière aux animaux ; on en extrait même après une certaine préparation une matière fibreuse, dont on tisse une étoffe grossière, laquelle sert à faire des vêtements soi-disant hygiéniques. » (S. M.)

USAGES. — En horticulture, le *Sphagnum* proprement dit (la partie vivante) est propre à de nombreux usages. Le principal est dû à sa faculté absorbante et conservatrice de l'humidité et à sa longue durée, qui le fait employer dans les serres pour la culture des Orchidées épiphytes et autres plantes analogues, notamment diverses Broméliacées qui demandent, au moins pendant un certain temps, un compost très poreux et constamment humide. Quand on peut l'employer tout frais, sans avoir subi de dessiccation préalable, il n'en est que meilleur, car il conserve alors sa teinte verte et continue même à végéter pendant un certain temps. N'était son prix de revient trop élevé chez nous, le Sphagnum serait bien préférable à la Mousse pour l'emballage et le moussage des plantes, car il est plus souple et conserve mieux l'humidité. Quand il est sec, peu de matières sont plus légères, plus douces et plus élastiques.

SPHENANDRA, Benth. (de *sphen*, coin, et *aner*, *andros*, mâle ; allusion à la forme des anthères). FAM. *Scrophularinées*. — La seule espèce de ce genre est une plante herbacée, annuelle ou vivace, pubescente-visqueuse et de serre froide. Elle prospère en bonne terre franche et se multiplie par semis.

S. viscosa, Benth. *Fl.* violettes, pédicellées, réunies en grappes lâches ; calice à cinq divisions ; corolle largement rotacée, à cinq lobes larges, entiers et étalés ; étamines quatre. Juin. *Flles* presque toutes opposées, oblongues-lancéolées et bordées de quelques dents ; les florales beaucoup plus petites, entières, très aiguës ou bractéiformes. *Haut.* 30 cent. Sud de l'Afrique, 1773. (B. M. 217, sous le nom de *Buchnera rosea*, Humb., Bonpl. et Kunth.)

SPHENODESME, Jacq. (de *sphen*, coin, et *desme*, fascicule ; allusion à la forme de l'inflorescence). SYNS. *Roscœa*, Roxb. pr. p. et *Vitsicastrum*, Presl. FAM. *Verbénacées*. — Genre comprenant environ neuf espèces d'arbustes grimpants, de serre chaude, habitant les provinces orientales des Indes et l'archipel Malais. Fleurs réunies en petites cymes pédonculées ou sessiles ; calice à cinq dents ; corolle à tube court et à limbe étalé, à cinq lobes ovales ou oblongs; étamines cinq. Feuilles opposées et entières.

L'espèce suivante, seule introduite, prospère en terre franche et siliceuse. On la multiplie par boutures que l'on plante dans du sable, sous cloches et sur chaleur de fond.

S. Jackiana, Schau. Syn. de *S. pentandra*, Jack.

S. pentandra, Jack. *Fl.* réunies par six dans chaque bouquet; corolle pourpre, à tube égalant le calice et à gorge blanche et très poilue; panicule ample, feuillue inférieurement; pédoncules filiformes. Juin. *Flles* courtement pétiolées, oblongues, obtuses à la base, atténuées, acuminées au sommet, très glabres et luisantes en dessus, pubescentes en dessous. *Haut.* 1 m. 50. Indes orientales, 1823. Syn. *S. Jackiana*, Schau.

SPHENOGYNE, B. Br. — Réunis aux **Ursinia**, Gærtn.

SPHENOGYNE speciosa, Hort. — V. **Ursinia speciosa**.

SPHENOTOMA, Sweet. — Réunis aux **Dracophyllum**. Labill.

SPHÉRIQUE. — Qui est rond comme une sphère.

SPHÉROIDE; Angl. Spheroidal. — Dont la forme approche de celle d'un hémisphère.

SPHINGIDÉES (Sphinx; Angl. Hawk Moth). — Famille de papillons nocturnes, d'aspect très distinct, caractérisés par leur corps épais, lourd, et des ailes allongées, relativement étroites et aiguës. Grâce aux muscles très puissants qui font mouvoir leurs ailes, le vol est très rapide, malgré les conditions indiquées plus haut, sauf toutefois chez quelques genres (*Smerinthus*) pourvus d'ailes plus larges, mais plus faibles, et, par suite, le vol devient lourd et lent.

Les papillons sont gros ou même très gros chez certaines espèces, notamment le Sphinx à tête de mort, qui est un de nos plus gros Lépidoptères indigènes. Les antennes sont ordinairement épaissies au milieu et se terminent en un appendice crochu.

Les chenilles ont généralement une forme particulière; leur corps est assez épais, rétréci presque depuis le milieu jusque vers la tête, mais brusquement terminé à l'arrière où existe une corne arquée, juste au-dessus du dernier segment qui est obtus; presque toutes portent sur les côtés sept lignes obliques.

Certaines espèces ont l'habitude de retirer et enfoncer leur tête dans le dernier segment qui l'avoisine, et prennent une attitude à laquelle on a attribué une ressemblance imaginaire aux Sphinx égyptiens, et de là sont venus le nom de la famille et celui du genre.

Le vol des Sphingidées est, comme nous l'avons dit plus haut, vif et très rapide; c'est principalement le soir, à la tombée de la nuit, et le matin de bonne heure, qu'on les voit circuler, mais une espèce, le **Macroglossa stellatarum** (V. ce nom) voltige au contraire pendant le milieu du jour.

Plusieurs espèces de *Sphingidées* vivent sur les plantes, les arbres ou les arbustes cultivés dans les jardins.

Le Sphinx à tête de mort (*Acherontia* « *Sphinx* » *Atropos*) est assez commun et vit presque uniquement sur la **Pomme de terre** (V. ce nom, au chapitre Insectes), moins souvent sur d'autres Solanées herbacées, sur le Jasmin et quelques autres arbres. Quoique très grosse, on ne voit pas souvent sa chenille, car elle ne mange que pendant la nuit et se cache en terre pendant le jour.

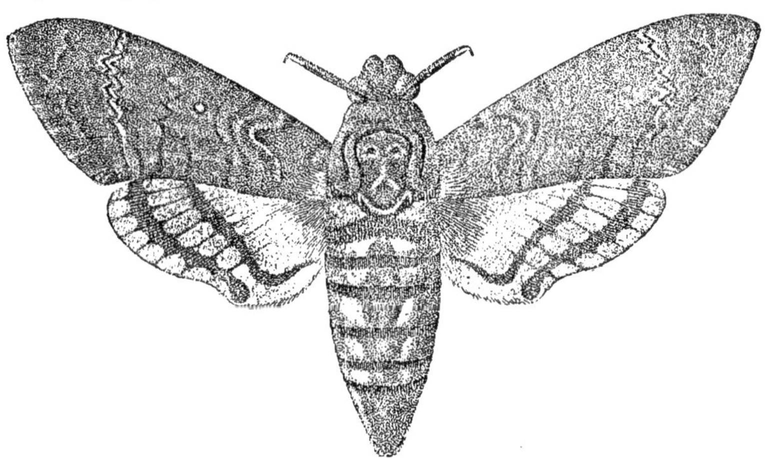

Fig. 95. — Sphinx à tête de mort.

« Dans les Indes orientales, le Sphinx à tête de mort vit aussi sur le Thé, et ce pays, de même que l'Afrique et l'île Maurice, sont ses propres patries. D'après Boisduval, les individus qu'on observe dans l'Europe méridionale, notamment en France et jusqu'en Angleterre, viennent de l'Afrique, mais n'y persistent pas, car ils périssent pendant l'hiver. Dans le midi, ce papillon devient parfois très abondant et alors nuisible. Son nom de *tête de mort* lui vient de l'empreinte bien marquée d'un crâne qu'il porte sur son corselet, et ce signe, joint au cri plaintif qu'il fait entendre lorsqu'il est tourmenté, lui ont donné une certaine célébrité. Dans certains pays, on l'a considéré comme excessivement dangereux, bien qu'il soit parfaitement inoffensif; en Bretagne et même ailleurs, on le regardait comme l'avant-coureur de la mort. » (S. M.)

Les *Sphingidées* qui vivent sur les arbres et les arbustes sont :

Smerinthus ocellatus (Angl. Eyed Hawk Moth), qu'on rencontre sur les Pommiers et autres arbres fruitiers, ainsi que les Saules, les Peupliers, etc. Le papillon atteint 8 cent. d'envergure d'ailes et se reconnaît facilement à ses ailes brun rosé, suffusées de brun olive, et surtout à une grande tache oculaire, bleuâtre, située sur l'angle interne de chaque aile postérieure. La chenille est verte, avec une corne bleue, et les sept stries latérales sont bleues, avec du vert foncé au-dessus.

Le *Sphinx populi* (Angl. Poplar Hawk Moth) vit, comme son nom l'indique, sur les Peupliers et aussi sur les Saules, les Lauriers-Cerises et le Laurier de Portugal. Ses ailes antérieures mesurent environ 8 cent. d'envergure; elles sont grises, avec des bandes plus foncées et une tache au milieu, tandis que les ailes inférieures portent une tache rouge. La chenille est verte, parsemée de jaune, avec la corne postérieure jaune en dessus, rouge en dessous, et les stries latérales sont jaunes. C'est un des Sphinx les plus communs.

Le *Sphinx Tiliæ* (Angl. Lime Hawk.) est moins commun. Le papillon atteint 6 à 8 cent. d'envergure d'ailes; les antérieures ont la partie externe fortement dentée, elles sont brun olive ou rougeâtre pâle avec une large bordure verdâtre sur le côté externe et une bande vert olive foncé au milieu, souvent interrompue et formant alors deux taches; les ailes postérieures sont noirâtres à la base, brunes sur le reste et portent aussi une bande transversale plus foncée. La chenille vit sur les Tilleuls et les Ormes. Elle est verte, parsemée de points jaunes, et les stries latérales sont jaunâtres, parfois bordées de rouge; la corne postérieure est bleue en dessus, jaune en dessous, et, derrière elle, se trouve une écaille plate, pourpre bordé d'orange.

Le *Sphinx Ligustri* (Angl. Privet Hawk Moth) vit sur les Troënes et les Lilas; il est commun chez nous et aussi dans le sud de l'Angleterre. Ses ailes antérieures dépassent souvent 10 cent. d'envergure et sont plus étroites et plus aiguës que celles des espèces mentionnées précédemment; elles sont brun pâle, suffusées de brun plus foncé et striées de noir; les postérieures sont rouge rosé, avec trois raies noires transversales. La chenille est vert gai; sa corne postérieure est noire en dessus et au sommet, jaune en dessous; les stries latérales sont blanches en dessous, pourpre tendre en dessus et la peau est lisse.

Le *Chærocampa elepenor* (Angl. Elephant Hawk Moth) vit sur les Epilobes, sur les *Fuchsia* et sur la Vigne. Le papillon mesure 6 cent. d'envergure d'ailes; elles sont aiguës et vert olive, avec les bords antérieur et postérieur roses ainsi que deux bandes obliques; la base de chaque aile postérieure est noire et le reste rose. La chenille est verte, gris foncé ou brune, avec des panachures noires. Sur chaque côté des cinquième et sixième anneaux existent de larges taches au centre de chacune desquelles se trouve une autre petite tache blanche et réniforme, ressemblant à un œil. La corne postérieure est courte, noire avec le sommet blanc; les anneaux antérieurs sont rétrécis, rétractiles, et lorsqu'ils sont rentrés les uns dans les autres, l'aspect de la chenille a été comparé à celui de la tête d'un Eléphant, les taches que nous venons de mentionner simulant les yeux. Cet insecte est assez commun en France et en Angleterre.

Dans le Midi de la France, il existe encore plusieurs autres espèces de *Sphinx* plus ou moins abondants et nuisibles, notamment le *S. Neri*, qui est un des plus beaux, qui vit sur les Lauriers-roses, là où ils croissent en plein air.

Remèdes. — Les *Sphinx* ne causent, sous notre climat, que des dégâts locaux et de peu d'importance en comparaison de ceux de certains autres insectes. En conséquence, il suffit généralement de faire la chasse directe aux chenilles et de détruire toutes celles qu'on peut voir. Toutefois, et malgré la grosseur de ces chenilles, elles sont assez difficiles à apercevoir, car leur couleur se rapproche plus ou moins de celle de la plante sur laquelle elles vivent et elles se tiennent en outre cachées pendant le jour. C'est la nuit, à la lanterne, qu'il faut faire la chasse à celles du Sphinx à tête de mort, car, comme nous l'avons dit précédemment, elles ne mangent que pendant la nuit et s'enfoncent dans la terre pendant le jour.

Les chenilles de presque toutes les Sphingidées se métamorphosent en terre, dans un cocon grossier, qu'elles tissent à cet effet. On trouve assez fréquemmens les cocons de l'*Atropos* dans les jardins et les champs, au moment de l'arrachage des Pommes de terre.

En dehors de la chasse directe, on ne connaît guère d'autre moyen de détruire ou de diminuer le nombre de ces insectes.

SPHINX Atropos. — **V. Sphingidées.**

SPICIFORME : Angl. Spicate. — Qui ressemble ou qui est disposé comme un Epi. (V. ce nom.) Se dit surtout de diverses inflorescences contractées.

SPICILLARIA, A. Rich. — V. **Petunga**, DC.

SPICULÉ. — Se dit parfois des épis formés d'épillets.

SPIELMANNIA, Medik. — V. **Oftia**, Adans.

SPIGELIA, Linn. (dédié à Adrian Spiegel (en latin, *Spigelius*), professeur d'anatomie et de chirurgie à Padoue et auteur botanique; 1578-1625). Syns. *Canala*, Pohl. et *Cœlostylis*, Torr. et Gray. Fam. *Loganiacées*. — Genre comprenant environ trente espèces de plantes herbacées, annuelles, vivaces ou rarement de sous-arbisseaux rustiques, de serre chaude ou froide, glabres, à peine poilus ou tomenteux-étoilés, habitant l'Amérique septentrionale et tropicale. Fleurs rouges, jaunes ou purpurines, allongées ou petites et réunies en épis unilatéraux, pauciflores ou multiflores; calice à cinq divisions étroites; corolle tubuleuse ou en coupe, à cinq lobes valvaires devenant à la fin étalés; étamines cinq, insérées sur le tube. Feuilles opposées, souvent membraneuses, penninervées ou rarement à trois-cinq nervures, réunies deux à deux par leurs stipules ou par une membrane transversale.

Les trois espèces suivantes ont été introduites, mais elles n'existent guère que dans les collections botaniques, car ce sont des plantes d'intérêt surtout médical. Les rhizomes du *S. marylandica* sont très employés en Amérique, comme vermifuge, sous les noms de « Indian Pink, Pink Root ou Worm grass », mais comme ils perdent leurs propriétés en se séchant, leur usage est très peu répandu chez nous. Le *S. anthelmia* possède des propriétés analogues.

Ces plantes prospèrent dans un compost de terre franche et de terre de bruyère. La première espèce, qui est annuelle, se multiplie par le semis et les deux autres par boutures.

S. Anthelmia, Linn. Brinvillière ; Angl. Pink Root of Demerara. — *Fl.* blanc purpurin, à corolle grêle, de 8 mm. de long ; épis un à quatre à l'aisselle des feuilles supérieures. Juillet. *Flles* à peine pétiolées ; les inférieures opposées ; les terminales verticillées par quatre, ovales-oblongues, acuminées aux deux extrémités. *Haut.* 50 cent. Guatémala et jusqu'au Brésil, 1759. Plante annuelle, de serre chaude. (B. M. 2359 ; K. B. 1886, p. 265.)

Fig. 97. — Spigelia marylandica. — Plante fleurie.

S. marylandica, Linn. * Œillet de la Caroline ; Angl. Indian Pink ; Maryland Pink Root ; Worm Grass. — *Fl.* rouges à l'extérieur, jaunes à l'intérieur, à corolle de 4 cent.

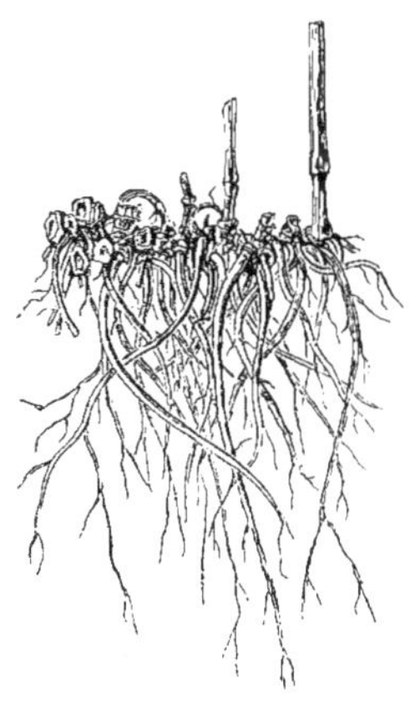

Fig. 98. — Spigelia marylandica. — Souche rhizomateuse.

de long et à lobes ovales-lancéolés ; épis simples ou fourchus et courts. Juillet. *Flles* sessiles, ovales-lancéolées, aiguës. Tige simple et dressée. Souche vivace. *Haut.* 15 à 50 cent. Amérique du Nord, 1694. Jolie plante rustique. (B. M. 80 ; B. M. Pl. 180 ; L. B. C. 930.)

S. splendens, Hort. * *Fl.* écarlate vif, ayant plus de 2 cent. 1/2 de long, à corolle cylindrique, légèrement renflée supérieurement ; épis plusieurs au sommet des tiges et élégamment arqués. Juillet. *Flles* de 10 à 12 cent. de long, contractées en courts pétioles, obovales-oblongues, acuminées et légèrement velues. *Haut.* 50 cent. Mexique et Guatémala, 1860. Magnifique plante vivace et de serre chaude. (B. H. 1862, 65 ; B. M. 5268 ; R. G. 481.)

SPILANTHES, Linn. (de *spilos*, tache, et *anthos*, fleur ; allusion à la première espèce connue, dont les fleurons sont jaunes et le disque brun). On écrit parfois *Spilanthus*. Comprend les *Acmella*, Rich. Fam. *Composées*. — Genre dont environ quarante espèces ont été énumérées, mais une vingtaine seulement sont suffisamment distinctes pour mériter la distinction spécifique. Ce sont des plantes herbacées, annuelles ou rarement vivaces, de serre ou demi-rustiques, habitant

Fig. 99. — Spilanthes oleracea. — Cresson de Parà.

toutes les régions chaudes du globe. Capitules jaunes ou blancs, à disque jaune ou brun, souvent longuement pédonculés, solitaires et terminaux ; involucre formé de bractées appliquées et disposées sur deux rangs ; fleurons hétérogames ou homogames ; ceux de la circonférence ligulés et femelles ; ceux du disque tubuleux et hermaphrodites ; achaines comprimés, dépourvus de bec et souvent ciliés. Feuilles opposées et souvent dentées.

Les *Spilanthes* ne sont pas décoratifs et sont par suite très rares dans les jardins. On n'y rencontre guère, et encore le plus souvent dans les collections botaniques, que le *S. oleracea* qui, dans les tropiques et parfois chez nous, est consommé comme condiment des salades, à cause de son goût piquant. Il lui faut une terre fertile, une exposition chaude et des arrosements copieux. On le sème en place, en mars-avril, et l'on peut commencer à cueillir des feuilles deux mois après.

S. oleracea, Linn. Cresson de Para, C. du Brésil ; Angl. Para Cress. — *Capitules* épais, coniques, jaunes, dépourvus de ligules ; involucre à bractées ovales-oblongues. Juillet-septembre. *Flles* opposées, pétiolées, largement ovales, obtuses, tronquées ou cordiformes à la base et à bords sinués-dentés. *Haut.* 30 à 45 cent. Plante annuelle. Indes orientales, 1770. — *S. Acmella*, Murr., est le nom le plus ancien. (S. M.)

SPILANTHUS. — V. **Spilanthes**, Linn.

SPILOSOMA Menthastri. — Insecte Lépidoptère, de la famille des *Bombicinées*, un des plus communs, au moins à l'état de larve et connu en anglais sous le nom de « White Ermine Moth ». A l'automne, on trouve sa chenille sur presque toutes les herbes basses, y compris les plantes potagères de nos jardins. Elle atteint plus de 2 cent. 1/2 ; son corps est assez fort, couvert de poils épais, bruns ou presque noirs, avec une ligne plus pâle le long du dos. On voit ces chenilles à la fin de l'automne ramper sur les routes, sur les murs et du reste presque partout, à la recherche d'un lieu favorable pour s'y transformer en nymphe.

Le papillon se montre en été. Il a les ailes antérieures assez arrondies et atteignant environ 3 cent. 1/2 d'envergure ; elles sont blanc crème et portent chacune environ trente petits points noirs, formant quatre rangées très irrégulièrement arquées ; les ailes postérieures sont blanc pur, sauf trois ou quatre petites taches noires ; le corps est épais et lourd ; la tête et le corselet sont blancs ; l'abdomen est jaune orangé, avec une rangée de taches noires sur le milieu, ainsi qu'une autre de chaque côté.

Remèdes. — La récolte des chenilles à la main est le moyen de destruction le plus simple et le plus rapide, car on les trouve très facilement. Elles font heureusement peu de dégâts et on peut même les regarder comme indirectement utiles, car elles vivent le plus souvent sur les herbes sauvages et nuisibles.

Le *S. Menthastri* a des congénères qui vivent presque exclusivement sur les mauvaises herbes, notamment le S. *rubricipeda* (Angl. Buff Ermine), dont la teinte est chamois, avec des taches foncées et une raie oblique ; le S. *Urticæ* (Angl. Water Hermine), dont les ailes sont blanc pur, avec deux taches noires, et le *Diaphora mendica* (Angl. Muslin Moth.), dont les ailes de la femelle sont blanches et semi-transparentes, tandis que chez le mâle elles sont enfumées, mais chez tous deux elles portent des taches noires.

SPINACIA, Linn. (de *spina*, épine ; allusion aux appendices épineux des fruits de certaines races). **Epinard** ; Angl. Spinage. Fam. *Chénopodiacées*. — Genre comprenant quatre espèces de plantes annuelles, dressées, glabres et rustiques, originaires de l'Orient, mais aujourd'hui cultivées dans beaucoup de pays et parfois sub-spontanées. Fleurs dioïques ou très rarement hermaphrodites, verdâtres et réunies en glomérules, les mâles terminales et formant de longs épis feuillés, à cinq sépales oblongs, obtus et à quatre ou cinq étamines saillantes ; les femelles axillaires, à calice renflé et à deux quatre dents ou lanières ; styles quatre, très longs et filiformes. Fruit recouvert par les divisions du calice soudées, tantôt sub-globuleux et lisse, tantôt anguleux et à deux-quatre pointes aiguës. Feuilles alternes, pétiolées, triangulaires-ovales ou hastées, entières ou sinuées-dentées.

Le *S. oleracea*, seul digne d'être mentionné dans cet ouvrage, est une excellente plante potagère, dont la culture est très répandue comme herbe à cuire. Pour sa culture et la description de ses variétés, V. **Épinard**.

S. oleracea, Linn. *Fl.* vertes ; les mâles en longs épis terminaux ; les femelles en glomérules axillaires et sessiles. Juin. *Fruit* lisse ou épineux. Feuilles amples, charnues, épaisses, un peu triangulaires et parfois hastées, vert foncé et longuement pétiolées. Tige dressée, forte, arrondie et creuse. *Haut.* 20 cent. en feuilles et 60 à 80 cent. à la floraison. Asie, 1568. — Les variétés de cette espèce forment deux groupes basés sur les différences de la graine. Dans les var. *inermis* (*S. glabra*, Mill.), E. à graine ronde, E. de Flandre ou de Hollande, les graines sont dépourvues d'épines, tandis que dans la var. *spinosa* (*S. spinosa*, Mœnch.), E. commun, E. d'Angleterre ou à graines piquantes, les graines sont en effet armées de trois cornes épineuses ; c'est cette dernière qui paraît se rapprocher le plus du type sauvage. (S. M.)

SPINIFÈRE. — Qui porte des épines.

SPINIFORME. — En forme d'épine.

SPINELLE, SPINULE. — Se dit parfois des très petites épines intermédiaires entre les cils et les épines véritables.

SPINELLÉ. — Se dit des organes qui portent des spinelles.

SPINOVITIS, Romanet. — Réunis aux **Vitis**, Linn.

SPINOVITIS Davidii, Carr. — V. **Vitis Romaneti**.

SPINULEUX, SPINULIFÈRE. — Qui est pourvu ou qui porte des petites épines.

SPIRÆA, Linn. (l'ancien nom grec employé par Théophraste, probablement dérivé de *speira*, *speiraia*, qui se tord ; allusion à la flexibilité des rameaux, qui sont propres à former des guirlandes). **Spirée** ; Angl. Meadow Sweet. Comprend les *Aruncus*, Linn. ; *Filipendula*, Linn. ; *Sorbaria*, A. Braun et *Ulmaria*, Mœnch. Fam. *Rosacées*. — Genre important, renfermant environ cinquante espèces de beaux arbustes ou de sous-arbrisseaux florifères, à feuilles caduques et rustiques, ou de plantes herbacées et vivaces, largement dispersés dans les régions tempérées et presque froides de l'hémisphère septentrional, mais devenant rares dans les tropiques. Fleurs rouges, roses ou blanches, axillaires ou terminales et diversement disposées en grappes, en corymbes, en ombelles ou en panicules ; calice persistant, à tube urcéolé, campanulé ou concave et à limbe à quatre ou cinq lobes imbriqués ou valvaires ; pétales quatre à cinq, libres, arrondis, courtement onguiculés et caducs ; étamines vingt à soixante, disposées en une, deux ou trois séries. Fruit capsulaire ou folliculaire. Feuilles alternes, simples, deux ou trois fois ternées, palmées, digitées ou pinnées, à stipules libres ou soudées en une gaine à la base des pétioles ou rarement manquantes.

Les Spirées herbacées ou arbustives sont toutes de magnifiques plantes presque toutes rustiques ou à peu près, très répandues dans les jardins, où elles jouent un rôle très important au point de vue décoratif.

Elles forment deux groupes bien distincts, selon que leurs parties aériennes sont ligneuses et arbustives ou herbacées et périssant chaque année, tandis que la souche persiste seule.

Les *Spirées arbustives* sont éminemment utiles et beaucoup employées pour l'ornement des bosquets et des massifs d'arbustes. Presque tous les terrains leur conviennent et elles supportent en général assez bien l'ombre quand elle n'est pas absolue et elles ne souffrent pas trop de la taille ou de la tonte répétée. On les multiplie facilement par semis, par éclatage ou division des souches, ou plus souvent par boutures que l'on fait, soit à l'automne à l'état herbacé et sous cloche, soit de préférence au printemps, avec des rameaux ligneux, que l'on plante directement en pleine terre et en pépinière.

Les *Spirées* herbacées font le meilleur effet dans les plates-bandes et surtout dans les endroits frais; les *S. palmata* et *S. Ulmaria* en particulier prospèrent et font très bien sur le bord des eaux. On les multiplie très facilement par division des touffes. Ajoutons, pour terminer, que les fleurs de la plupart des espèces, mais plus particulièrement celles des espèces herbacées, sont d'un emploi facile et très recommandable pour la confection des bouquets et des gerbes de fleurs.

La classification suivante est une modification de la clé analytique de Maximowicz. Certaines sections sont considérées comme des genres distincts par cet auteur.

Aruncus.

Fleurs dioïques; calice se fanant pendant la fructification, hypogyne avec les étamines. Carpelles normalement trois, cartilagineux. Feuilles plusieurs fois ternées.

S. Aruncus.
S. astilboïdes.

Eriogynia.

Fleurs hermaphrodites ou rarement polygames; calice persistant pendant la fructification, périgyne avec les étamines. Carpelles bivalves, membraneux et libres; graines ressemblant à de la sciure de bois. Feuilles deux fois ternées.

S. pectinata.

Spiræa vrais.

Fleurs hermaphrodites ou rarement polygames; calice persistant pendant la fructification, périgyne avec les étamines. Carpelles à une seule valve, cartilagineux et libres; graines plusieurs et plus ou moins appendiculées; albumen nul ou à peu près.

Section I. — Petrophytum.

Fleurs en grappes; pédicelles de longueur égale, parfois très courts.

S. cæspitosa.

Section II. — Chamædryon.

Fleurs non réunies en vraies grappes; pédicelles des corymbes ou des faisceaux uniflores et de longueur inégale.

Série I. — Feuilles des rameaux florifères et stériles un peu dissemblables et ordinairement très courtes.

S. alpina.
S. crenifolia.
S. hypericifolia.
S. prunifolia flore-pleno.
S. Thunbergii.

Série II. — Feuilles des rameaux florifères et stériles semblables et ordinairement allongées.

S. Blumei.
S. cana.
S. cantoniensis.
S. chamædrifolia.
S. chinensis.
S. media.
S. pubescens.
S. trilobata.

Section III. — Spiraria.

Corymbes ou panicules composés.

Série I. — Fleurs en corymbes.

S. bella.
S. bullata.
S. canescens.
S. betulifolia.
S. decumbens.
S. gracilis.
S. japonica.
S. vaccinifolia.

Série II. — Fleurs en panicules.

S. Douglasii.
S. salicifolia.
S. tomentosa.

Sibiræa.

Fleurs dioïques et en panicules.

S. lævigata.

Holodiscus.

Fleurs en panicules terminales, amples et multiflores, étamines plus longues que les pétales.

S. discolor.

Filipendula.

Plantes herbacées et vivaces. Fleurs en cymes axillaires ou terminales. Feuilles interrupti-pinnées.

S. Filipendula.
S. kamtschatica.
S. lobata.
S. palmata.
S. Ulmaria.
S. vestita.

Sorbaria.

Ovules pendants; carpelles coriaces, cohérents à la base, s'ouvrant complètement en deux valves; graines plusieurs. Feuilles amples, membraneuses et pinnées.

S. grandiflora.
S. Lindleyana.
S. sorbifolia.

Chamæbatiaria.

Feuilles bipinnatiséquées, semblables à celles de la Millefeuille.

S. Millefolium.

La liste suivante comprend toutes les espèces et variétés les plus importantes. Sauf indications contraires, toutes sont des arbustes rustiques et à feuilles caduques.

S. acutifolia, Willd. Syn. de *S. hypericifolia acuta*, Ser.

S. alba, Du Roi. Syn. de *S. salicifolia paniculata*, Hort.

S. alpina, Pall. *Fl.* blanches, à sépales ascendants; corymbes terminaux, pédonculés, souvent aphylles et grands en proportions des feuilles. Juin-juillet. *Flles* oblongues-lancéolées, sessiles, serrulées, glabres, à nervures secondaires pinnées. *Haut.* 1 m. 20 à 2 m. Sibérie, 1806.

S. amurensis, Maxim. — V. **Neilia amurensis.**

S. ariæfolia, Smith. Syn. de *S. discolor ariæfolia*, Smith.

S. Aruncus, Linn.* Barbe de Bouc ; Angl. Goat's Beard. — *Fl.* blanchâtres, nombreuses, réunies en épis grêles, réfléchis, formant par leur réunion une grande panicule

Fig. 100. — Spiræa Aruncus.

ramifiée, lâche et terminale. Juin. *Flles* tripinnées, à folioles minces, oblongues-lancéolées ou la terminale ovale-lancéolée, graduellement rétrécies et bordées de dents fines et aiguës. Hémisphère septentrional ; France, etc. Plante herbacée et vivace.

S. A. americana, Steud. Variété à fleurs mâles interrompues et à peine plus grandes que les femelles. *Follicules* plus de deux fois aussi longs que larges. Amérique du Nord, Japon et Chine. Dans les montagnes du Japon, cette plante n'atteint parfois que 30 cent.

S. A. triternata, Wall. *Fl.* à deux carpelles et souvent plus de trois fois aussi longs que larges. *Flles* fréquemment couvertes en dessous d'une pubescence cendrée. Himalaya.

S. astilboides, T. Moore [1]. *Fl.* blanches, réunies en épis formant une panicule allongée, courtement ramifiée. Japon. — Cette plante ressemble au *S. Aruncus* par son aspect général, mais elle est bien plus basse et d'un port plus élégant. C'est une belle plante vivace. (R. H. B. 1884, 132.)

S. a. floribunda, Hort.* Variété plus vigoureuse d'un meilleur port et bien plus floribonde que le type. On la dit hybride entre le *S. astilboides* et l'*Astilbe (Hoteia) japonica*. Elle est aujourd'hui préférée pour le forçage. 1891. (R. H. B. 1891, 115 ; R. H. 1895, f. 184.)

S. a. Lemoinei, Hort. Hybride des *Spiræa (Astilbe) Thunbergii* et *Spiræa astilboides floribunda*, deux fois plus haut que ce dernier, à feuillage et inflorescence plus lâches et en somme intermédiaire entre ses parents. 1895. (R. H. 1895, f. 185.)

S. barbata, Wall. — V. **Astilbe japonica.**

S. bracteata, Zabel. *Fl.* blanches, disposées en corymbes terminaux, multiflores et feuillus ; pétales orbiculaires-tronqués ; étamines vingt. *Flles* obovales, obtuses, crénelées et courtement pétiolées. Japon. (B. M. 7429.) Syns. *S. media*, Hort. ; *S. nipponica*, Hort. ; *S. rotundifolia* flore-albo, Hort.

S. bella, Sims. *Fl.* d'un beau rouge, à lobes du calice défléchis ; cymes terminales, étalées et pubescentes ainsi que les rameaux. Juillet-août. *Flles* ovales, glabres et dentées en scie, pétiolées et glauques en dessous. Tiges glabres et fauves. *Haut.* 60 cent. à 1 m. Himalaya, 1820. (B. M. 2426.) Syn. *S. callosa*, Thunb.

S. betulifolia, Pall. *Fl.* blanc crème, réunies en corymbes amples, plats, plusieurs fois ramifiés. Juin. *Flles* simples, ovales ou oviformes, dentées vers le sommet ; stipules presque nulles. *Haut.* 30 à 60 cent. Nord-ouest de l'Asie et Amérique du Nord, 1819. Arbuste presque glabre. Syn. *S. corymbosa*, Raf. (L. B. C. 671.)

S. Blumei, G. Don. *Fl.* blanches, réunies en cymes pédonculées, terminales et glabres ainsi que les calices. *Flles* obovales, obtuses, profondément dentées au sommet et presque glabres. *Haut.* 1 à 2 m. Japon. (B. H. 18528, 37, f. 2.)

Fig. 101. — Spiræa astilboides.

S. Boursierii, Carr. Syn. de *S. discolor dumosa*, Hort.

S. bullata, Maxim. *Fl.* rose foncé ou rouge vineux, réunies en corymbes terminaux, denses et très ramifiés ; pédicelles courts, velus et bractéolés. Été. *Flles* sub-sessiles, de 12 mm. de long, coriaces, glabres, vert foncé et bullées en dessus, plus pâles en dessous, ovales-oblongues, crénelées, à nervures pinnées, très proéminentes sur la face inférieure. Rameaux dressés, effilés, cylindriques, fortement couverts d'un duvet brun rougeâtre. Japon. Arbuste nain, de 30 à 50 cent. de haut. (R. G. 1215.) Syn. *S. crispifolia*, Hort.

S. Bumalda, Hort. Syn. de *S. japonica Bumalda*, Hort.

S. Bumalda ruberrima, Hort. Hybride horticole des *S. japonica Bumalda* et *S. bullata*. 1891.

S. cæspitosa, Nutt. *Fl.* blanches, réunies en épis de grappes denses. Été. *Flles* petites, entières, soyeuses ; les radicales en rosette, spatulées ; les caulinaires linéaires et très petites. *Haut.* 15 cent. Nord du Mexique, Névada, etc.

S. callosa, Lindl. Syn. de *S. japonica*, Linn. f.

S. c. alba, Hort. Syn. de *S. japonica alba*, Hort.

S. c. rosea, Hort. Syn. *S. japonica splendens*, Hort.

[1] Dans un très intéressant article publié dans la *Rev. Hort.*, 1895, p. 565, M. Emile Lemoine déclare que le *Spiræa astilboides* n'est pas une Rosacée, mais bien une *Saxifragacée* et qu'elle doit rentrer dans le genre *Astilbe*. Il propose pour elle le nom d'*Astilbe aruncoides*, la plante ayant l'aspect du *Spiræa Aruncus*. Il s'hybride facilement avec les *Astilbe* tandis qu'il refuse de s'allier aux *Spiræa*, ce qui confirme l'opinion ci-dessus. De fait, la plante a bien plus le port d'un *Astilbe* que d'un *Spiræa* et ressemble aussi à une grande forme de l'*Astilbe japonica*, très connu sous le nom d'*Hoteia japonica*. Quoi qu'il en soit de sa nomenclature, c'est une plante très belle et utile pour le forçage. On lui donne le même traitement et la préférence aujourd'hui sur l'*Hoteia japonica*. (S. M.)

S. c. superba, Hort. Syn. de *S. japonica superba*, Hort.

S. callosa, Thunb. Syn. de *S. bella*, Sims.

S. cana, Waldst. et Kit. *Fl.* blanches, à sépales étalés ; styles épais ; corymbes un peu spiciformes; les latéraux pédonculés, à fleurs lâches et peu nombreuses. Juin-juillet. *Flles* très entières ou légèrement dentées et velues-incanes. *Haut.* 30 à 60 cent. Croatie, 1825.

S. canescens, D. Don. *Fl.* rose pâle ou blanches, réunies en corymbes compacts et tomenteux ainsi que les rameaux. Eté. *Flles* ovales ou obovales, obtuses, pétiolées, entières et velues. Himalaya, 1879. — Arbuste dressé, ramifié et canescent, ayant le port du *S. hypericifolia.*

S. cantoniensis, Lour.* *Fl.* blanches, élégantes et réunies en ombelles nombreuses et terminales. Commencement de l'été. *Flles* petites, simples, lancéolées, trilobées et profondément dentées. *Haut.* 1 m. à 1 m. 20. Japon, 1843. — Arbuste glabre, toujours vert et rustique. Syns. *S. Reevesiana*, Lindl. (B. R. XXX, 10); *S. lanceolata*, Comm. — Il en existe une variété à *fleurs doubles*, qui est très recommandable. (F. d. S. 1097.)

S. ceanothifolia, Hornem. Syn. de *S. chamædrifolia*, Linn.

S. chamædrifolia, Linn. *Fl.* blanches, réunies en corymbes hémisphériques ; sépales réfléchis ; pédicelles grêles et allongés. Juin-juillet. *Flles* ovales, profondément dentées en scie au sommet et pubescentes. *Haut.* 30 à 60 cent. Sud-est de l'Europe et jusqu'au Japon, 1789. Syn. *S. ceanothifolia*, Hornem.

S. c. flexuosa, Hort. *Fl.* généralement plus petites que celles du type. *Flles* elliptiques-lancéolées, inégalement dentées, à peine incisées. Sibérie orientale, etc. Syn. *S. flexuosa*, Fisch.

S. c. oblongifolia, Waldst et Kit. Syn. de *S. media*, Pursh.

S. culmifolia, Hort. *Fl.* blanches, réunies en corymbes hémisphériques et terminaux ; sépales réfléchis. Juin-juillet. *Flles* ovales-lancéolées, aiguës, planes, finement dentées et glabres. *Haut.* 1 m. à 1 m. 50. Sibérie, etc., 1790. Bel arbuste. (B. R. 1222 et L. B. C. 1042, sous le nom de *S. chamædrifolia*, Jacq.)

S. chinensis, Maxim. *Fl.* blanc pur, petites, légèrement odorantes, réunies en petits corymbes hémisphériques. Mars. *Flles* ovales-oblongues, de 4 cent. de long, aiguës, fortement ridées, profondément dentées en scie, sub-trilobées et pubescentes en dessous ainsi que les rameaux. *Haut.* 60 cent. Chine centrale, 1843. Syn. *S. pubescens*, Lindl. (B. R. 33, 38.)

S. confusa, Regel et Kœrn. Syn. de *S. media*, F. Schmidt.

S. corymbosa, Raf. Syn. de *S. betulifolia*, Pall.

S. crenifolia, C. A. Mey. *Fl.* blanches, réunies en corymbes racémiformes et multiflores, généralement accompagnés de bractées foliacées; étamines plus longues que les pétales. Eté. *Flles* pétiolées, arrondies, ovales, finement dentées ou rarement entières. Nord-est de l'Asie.

S. crispifolia, Hort. Syn. de *S. bullata*, Maxim.

S. decumbens, Koch. *Fl.* blanches, réunies en corymbes terminaux. Eté. *Flles* arrondies-ovales et crénelées-dentées. Tyrol. Arbuste nain, traînant, propre à couvrir les rochers et les talus. (G. C., XII, p. 752.)

S. discolor, Pursh. **ariæfolia**, Smith. *Fl.* blanc terne, réunies en panicules penchées et élégantes. Eté. *Flles* rigides, cunéiformes à la base, vert foncé en dessus, argentées en dessous, celles des jeunes pousses ayant à peu près la forme et la grandeur de celles de l'Aubépine. *Haut.* 1 m. 20 à 3 m. Amérique du nord-ouest. Syn. *S. ariæfolia*, Smith. (B. M. 1365.)

S. d. dumosa, Hort. Cette variété diffère du type par ses panicules moins ramifiées et par sa taille beaucoup plus petite. Syns. *S. Boursierii*, Carr. (R. H. 1859, 519); *S. dumosa*, Nutt.

S. Douglasii, Hook. f.* *Fl.* roses, presque sessiles, réunies en panicule terminale, thyrsoïde et dense, de 15 à 20 cent. de long. Août. *Flles* simples, oblongues-lancéolées,

Fig. 102. — Spiræa Douglasii.

obtuses, serrulées vers le sommet, couvertes en dessous d'un duvet blanc. *Haut.* 1 m. Amérique du nord-ouest. (B. M. 5151 ; L. et P. F. G. II, 178 ; R. H. 1846, 6.)

S. D. Nobleana, Hort. *Fl.* rouge purpurin ; inflorescence plus lâche que dans le type. *Flles* elliptiques ou oblongues, obtuses ou aiguës, plus ou moins dentées, pubescentes ou presque glabres en dessous. Californie, 1859. (B. M. 5169, et I. H. 286, sous le nom de *S. Nobleana*, Hook. f.

S. dumosa, Nutt. Syn. de *S. discolor dumosa*, Hort.

S. Filipendula, Linn.* Filipendule ; Angl. Dropwort. — *Fl.* blanches ou rosées à l'extérieur, petites, mais nombreuses et formant une cyme lâche, paniculée et à rameaux grêles ; calice à cinq divisions ; pétales cinq, obovales et

Fig. 103. — Spiræa Filipendula flore pleno.

courtement onguiculés. Juin-juillet. *Flles* pinnées-interrompues, de 10 à 25 cent. de long, presque toutes radicales et formant une rosette touffue ; folioles nombreuses, sessiles, profondément crénelées, de 8 à 12 mm. de long ; la terminale trilobée. Tige de 60 cent. à 1 m. de haut, dressée, sillonnée et portant quelques folioles réduites. Souche herbacée, à racines grêles, pourvues à leurs extrémités de renflements tuberculeux. Tiges peu rameuses. *Haut.* 40 à 60 cent. Europe, France, Angleterre, etc. Plante herbacée et vivace. Syn. *Filipendula vulgaris*, Mœnch. —

Il en existe une jolie variété à *fleurs doubles*, plus répandue dans les jardins que le type.

S. flagellata, Hort. Syn. de *S. hypericifolia*, Linn.

S. flexuosa, Fisch. Syn. de *S. chamædrifolia flexuosa*, Hort.

S. Fortunei, Planch. Syn. de *S. japonica*, Linn.

S. gigantea, Hort. Variété du *S. kamtschatica*, Linn.

S. gracilis, Maxim. *Fl.* blanches, à pédicelles allongés, capillaires, disposés en corymbes formant par leur réunion une panicule lâche, étalée, arrondie et glabre. Juillet-août. *Flles* obtuses ou orbiculaires, elliptiques, glabres, glauques en dessous et dentées en scie au sommet. Rameaux velus. *Haut.* 60 cent. Népaul, 1820. (L. B. C. 1403, sous le nom de *S. vaccinifolia*, D. Don.)

S. grandiflora, Hort. *Fl.* blanches et réunies en corymbes. Juillet-août. *Flles* pinnées, à folioles incisées-dentées. *Haut.* 60 cent. à 1 m. Sibérie, etc. Sous-arbrisseau ressemblant beaucoup au *S. sorbifolia*, mais ses fleurs sont deux fois aussi grandes et les feuilles plus petites. Syn. *S. Pallasii*, G. Don.

S. grandiflora, Hook. — V. **Exochorda grandiflora**.

S. grandiflora, Lood. Syn. de *S. salicifolia grandiflora*, Hort.

S. hydrangeæfolia, Hort. Syn. de *S. japonica splendens*, Hort.

S. hypericifolia, Linn. *Fl.* blanches, réunies en corymbes sessiles ou pédonculés; pédicelles glabres ou légèrement duveteux. Juin-juillet. *Flles* obovales-oblongues, à trois-

Fig. 104. — SPIRÆA HYPERICIFOLIA.

a, rameaux florifère ; *b*, fleur dépourvue de ses pétales et étamines; *c*, fruit à l'approche de la maturité avec quelques étamines ayant persisté; *d*, un carpelle ; *e*, fleur détachée, grossie.

quatre nervures, entières ou dentées, glabres et légèrement duveteuses. *Haut.* 1 m. 20 à 2 m. Europe, France, etc.; Asie Mineure et jusque dans la Sibérie orientale, etc. Syn. *S. flagellata*, Hort.

S. h. acuta, Ser. *Fl.* réunies en corymbes sessiles. *Flles* spatulées, allongées, aiguës, parfaitement entières ou rarement à trois-cinq dents et un peu glabres. Syn. *S. acutifolia*, Willd.

S. h. Besseriana, Sweet. *Fl.* réunies en corymbes un peu lâches et terminaux. *Flles* presque toutes entières. Plante presque glabre. (L. B. C. 1252.)

S. h. crenata, Ser. *Flles* obovales.

S. h. thalictroides, Hort. *Fl.* réunies en corymbes pauciflores et sessiles ; étamines aussi longues que les pétales. Juin-juillet. *Flles* lisses, glauques, obovales, entières ; celles des rameaux stériles obovales-cunéiformes ou subdeltoïdes. Mongolie. Syn. *S. thalictroides*, Pall.

S. japonica, Linn. f. *Fl.* rouge rosé, disposées en corymbes terminaux, aplatis. Juin. *Flles* glabrescentes, simples, lancéolées, aiguës, finement dentées en scie, à dents épaissies au sommet. *Haut.* 1 m. 20 à 2 m. Chine et Japon, etc., 1859. — Très bel arbuste toujours vert et de serre froide ou à peine rustique. Syn. *S. callosa*, Lindl. (L. et P. F. G. II, 191.) ; *S. Fortunei*, Planch. (B. M. 5164 ; F. d. S. 871.)

S. j. Bumalda, Hort. *Fl.* d'un beau rose foncé vif, réunies en corymbes très amples et excessivement multiflores. Diffère en outre du type par son port beaucoup plus nain, plus dense et en ce qu'il fleurit pendant tout l'été et l'automne. *Haut.* 60 cent. Magnifique variété très recommandable. Syn. *S. Bumalda*, Hort. (R. H. et B. 1891, 12.) — Une sous-variété à fleurs encore plus brillamment colorées a été tout récemment (1894) mise au commerce sous le nom de *S. Anthony Waterer*. (G. C. 1893, part. II, 57 ; I. H. 1894, 8 ; Gn, 1894, part. I, 945.)

S. j. alba, Hort. *Fl.* blanches. Arbuste compact et ne dépassant pas 30 cent. de haut. Syn. *S. callosa alba*, Hort.

S. j. rubra, Hort. Très belle variété à fleurs rouge foncé.

S. j. splendens, Hort. *Fl.* rose pêche. Plante naine, florifère, propre au forçage. Origine horticole. Syns. *S. callosa rubra*, Hort. ; *S. hydrangeæfolia*, Hort. et *S. splendens*, Hort.

S. j. superba, Hort. *Fl.* rose-rouge foncé. Très belle variété d'origine horticole. Syn. *S. callosa superba*, Hort.

S. japonica, Hort. La plante familièrement connue dans les jardins anglais sous ce nom et chez nous sous celui

Fig. 105. — SPIRÆA JAPONICA.

de *Hoteia japonica* a pour nom correct **Astilbe japonica** et est décrite à ce nom.

S. kamtschatica, Pall. (l'auteur a écrit *camtschatica*). *Fl.* blanches, odorantes, plus grandes que celles du *S. Ulmaria*, à sépales réfléchis et poilus; carpelles très poilus. *Flles* palmées-lobées ; les caulinaires supérieures un peu hastées ou lancéolées ; pétioles appendiculés. *Haut.* 2 à 3 m. Kamtschatka et île de Behring.

S. k. gigantea, Hort. Variété très vigoureuse.

S. k. himalensis, Hort. *Flles* duveteuses et blanches en dessous, à segments souvent acuminés. (B. R. 1841,4.)

S. lævigata, Linn. *Fl.* blanches, teintées de rose, dioïques ; les mâles réunies en panicules de grappes interrompues, plus grandes et plus lâches que celles des fleurs femelles ; celles-ci plus petites, en grappes non interrompues et bien plus compactes et plus petites. Juin. *Flles* entières, oblongues-lancéolées, glauques et glabres. *Haut.* 60 cent. à 1 m. Sibérie. (Voy. fig. 105, *a*.)

S. lanceolata, Comm. Syn. de *S. cantoniensis*, Lour.

S. laxiflora, Lindl. Syn. de *S. vaccinifolia*, Don.

S. Lindleyana, Wall. * *Fl.* blanches, réunies en grandes panicules terminales. Septembre. *Flles* amples, inégalement pinnées, à onze-vingt-une folioles sessiles, ovales-lancéolées, grossièrement dentées en scie et glauques en dessous. *Haut.* 1 m. 20 à 2 m. 50. Himalaya. (B. R. 33.)

S. lobata, Jacq. Spirée à fleurs roses; Angl. Queen of the prairies. — *Fl.* rose pêche foncé, très belles; sépales et pétales souvent quatre; panicule composée et glomérulée. Juin. *Flles* pinnées, interrompues, à foliole terminale très grande, à sept-neuf lobes incisés et dentés; stipules réniformes. *Haut.* 60 cent. à 2 m. 50. Amérique du Nord, 1765. — Plante herbacée, vivace et glabre. Le feuillage exhale, lorsqu'on le froisse, une odeur de Bouleau. (R. G. 397.) Syn. *S. venusta*, Hort.

Fig. 106. — Spiræa.
a, lævigata; *b*, sorbifolia.

S. l. albicans, Hort. Variété accidentelle, obtenue près de Metz et différant du type par ses fleurs rose clair. Syn. *S. venusta albicans*, Hort. (R. H. B. 1877, 169.)

S. media, F. Schmidt. *Fl.* blanches, réunies en corymbes, à étamines plus longues que les pétales. Juin-juillet. *Flles* elliptiques-lancéolées, aiguës, plus ou moins dentées en scie, à trois ou quatre nervures, poilues en dessous, rarement entières ou pourvues de quelques grandes dents vers le sommet. Rameaux arrondis et sub-dressés. *Haut.* 60 cent. à 1 m. 20. Nord de l'Asie, etc. Syns. *S. confusa*, Regel et Kœrn.; *S. chamædryfolia oblongifolia*, Waldst. et Kit. et *S. oblongifolia*, Ledeb.

S. m. rotundifolia, Hort. *Fl.* blanc pur, odorantes, réunies en corymbes très nombreux. *Flles* elliptiques, tridentées au sommet. Japon, 1885. Belle variété. (G. C. n. s. XXIII, 56.)

S. media, Hort. Syn. de *S. bracteata*, Zabel.

S. Millefolium, Torr. *Fl.* blanchâtres, réunies en grappes multiflores au sommet des rameaux. Eté. *Flles* glabres en dessus, étoilées-tomenteuses en dessous et ressemblant beaucoup par leurs découpures à celles de la Millefeuille. Californie, etc., 1880. — Arbuste nain et toujours vert. (G. et F. 1889, p. 509.) Syn. *Chamæbatiaria Millefolium*, Maxim.

Fig. 107. — Spiræa lobata.

S. nipponica, Hort. Syn. de *S. bracteata*, Zebel.

S. Nobleana, Hook. f. Variété du *S. Douglasii*, Hook. f.

S. oblongifolia, Waldst. et Kit. Syn. de *S. media*, F. Schmidt.

S. opulifolia, Linn. — V. **Neillia opulifolia**.

S. Pallasii, G. Don. Syn. de *S. grandiflora*, G. Don.

S. palmata, Thunb. * *Fl.* d'un rouge cramoisi clair et brillant, réunies en corymbes composés et assez grands. Juin-Août. *Flles* palmatifides, à cinq-sept lobes oblongs,

Fig. 108. — Spiræa palmata.

acuminés et doublement dentés en scie. Tiges rouge cramoisi, ainsi que les pédoncules. *Haut.* 30 à 60 cent. Japon, 1823. Très belle plante herbacée, vivace, des plus recommandables parmi ses congénères. (B. M. 5726; R. H. B. 1875, 73.)

S. p. alba, Hort. Diffère du type par ses fleurs blanches et par son feuillage d'un vert plus clair.

S. p. elegans, Hort. Très belle plante d'origine horticole, dont les fleurs sont blanches, à anthères rouges et réunies en grands corymbes paniculés. *Flles* pinnatiséquées, 1878. (F. et P. 1878, 463 ; R. H. B. 1878,7.) — Bien que figurée sous ce nom et donnée comme hybride des *Spiræa palmata* et *Astilbe japonica*, elle n'a probablement aucune affinité avec ces deux plantes et pourrait bien, après tout, n'être qu'une forme du *Spiræa Ulmaria*.

S. p. **purpurascens**, Hort. Variété à feuillage teinté de pourpre.

S. **panicula alba**, Hort. Syn. de *S. salicifolia*, Linn.

S. **pectinata**, Torr. et Gray. *Fl.* blanchâtres, réunies en grappes laineuses, souvent composées, un peu capitées et allongées à la fructification. Eté. *Flles* rigides, très atténuées et linéaires à la base, deux ou trois fois trifides, à lobes linéaires et aigus. Tiges en touffe, rampantes, à rameaux courts, dressés et feuillus. *Haut.* 15 à 30 cent. Amérique du Nord. Plante herbacée et vivace. (H. F. B. A. I, 28.)

S. **pinnata**, Mœnch. Syn. de *S. sorbifolia*, Linn.

S. **prunifolia flore-pleno**, Hort. * *Fl.* blanc pur, petites et bien doubles, réunies en faisceaux tout le long des rameaux. Printemps. *Flles* petites, glabres, soudées à la base et irrégulièrement dentées en scie dans leur moitié supérieure. *Haut.* 1 m. Chine et Japon, 1845. — On ne connaît dans les jardins que la forme double, mais elle y est très répandue et constitue un excellent arbuste pour l'ornementation des bosquets. (S. Z. F. J. I. 70.)

S. **pubescens**, Turcz. *Fl.* blanches, réunies en ombelles nombreuses, rapprochées et insérées sur de très courtes pousses latérales, le long de rameaux en zigzag ; sépales dressés. Avril-mai. *Flles* petites, ovales-oblongues, obtuses, dentées au-dessus du milieu et pubescentes en dessous. Joli petit arbuste nain et florifère. *Haut.* 60 cent. Nord de la Chine, Mongolie, 1843. (G. et F. 1888, part. I, f. 52.)

S. **pubescens**, Lindl. Syn. de *S. chinensis*, Maxim.

S. **Reevesiana**, Lindl. Syn. de *S. cantoniensis*, Lour.

S. **reticulata**, Rafin. — V. **Astilbe japonica variegata**.

S. **rhamnifolia**, Wall. Syn. de *S. vacciniifolia*, D. Don.

S. **rotundifolia flore-albo**, Hort. Syn. de *S. bracteata*, Zabel.

S. **salicifolia**, Linn. *Fl.* rose plus ou moins vif, réunies en cymes spiciformes, sub-cylindriques, denses et terminales. Juillet-août. *Flles* oblongues-lancéolées, glabres, de 5 à 8 cent. de long, régulièrement ou irrégulièrement dentées en scie. Tiges de 1 m. à 1 m. 50 de haut et stolonifères. Europe ; France, etc., naturalisé en Angleterre.

S. s. **Billardi**, Hort. *Fl.* rouge vif, plus grandes que dans le type, à épis plus longs et plus forts. Juin-septembre. Variété vigoureuse et florifère.

S. s. **alpestris**, Hort. *Flles* plus courtes que celles du *S. s. carnea*. Rameaux très courts. Petit arbuste.

S. s. **carnea**, Hort. *Fl.* carnées, en panicules composées d'un nombre plus ou moins grand de grappes spiciformes. *Flles* lancéolées. Ecorce des rameaux jaunâtre.

S. s. **grandiflora**, Hort. *Fl.* rose vif, deux fois aussi grandes que celles du type. Arbuste vigoureux et très ornemental. (L. B. C. 1988, sous le nom de *S. grandiflora*, Sweet.)

S. s. **latifolia**, Hort. *Fl.* blanches. *Flles* obovales-oblongues. Ecorce des rameaux rougeâtre.

S. s. **paniculata**, Hort. *Fl.* blanches, réunies en grandes panicules ramifiées. Ecorce des rameaux rougeâtre. Syn. *S. alba*, Du Roi. (R. G. n. s. XII, p. 753 ; W. D. B. 33.) Syn. *S. paniculata alba*, Hort.

S. **sorbifolia**, Linn. *Fl.* blanches, petites, à odeur peu agréable, réunies en grandes panicules thyrsoïdes, terminales, légères et très élégantes. Juillet-août. *Flles* pinnées et stipulées, à folioles sessiles, opposées, lancéolées, doublement et finement dentées. *Haut.* 1 à 2 m. Sibérie, dans les lieux marécageux, 1759. Syn. *S. pinnata*, Mœnch. (Voy. fig. 105, *b*).

S. **splendens**, Hort. Syn. de *S. japonica splendens*, Hort.

S. **thalictroides**, Pall. Syn. de *S. hypericifolia thalictroides*, Hort.

S. **Thunbergi**, Sieb. *Fl.* blanches, axillaires, presque toutes ternées et garnissant le sommet des rameaux ; ovaire libre et non renflé. Printemps. *Flles* dépourvues de stipules, linéaires ou linéaires-lancéolées, atténuées et aiguës aux deux extrémités, presque toutes bordées de petites dents arquées, rarement entières, glabres sur les deux faces et rappelant celles de certains Saules ; rameaux grêles et pendants au sommet. *Haut.* 60 cent. à 1 m. Japon. Jolie espèce herbacée. (S. Z. F. J. I, 69 ; R. H. B. 1876, 97.)

S. **tomentosa**, Linn. *Fl.* roses ou rarement blanches, réunies en courtes grappes formant par leur rapprochement une panicule dense. Juillet. *Flles* simples, ovales ou oblongues, dentées en scie, très laineuses sur la face inférieure, ainsi que les rameaux. *Haut.* 1 m. Amérique du Nord, 1736. (T. S. M, 485.)

S. **trifoliata**, Linn. V. **Gillenia trifoliata**.

S. **trilobata**, Linn. *Fl.* blanc pur, à sépales ascendants ; corymbes nombreux, compacts et ombelliformes. Mai. *Flles* arrondies, lobées, crénelées, glabres, réticulées-veinées. Rameaux montant horizontalement. *Haut.* 30 à 60 cent. Monts Altaï, 1801. — Très bel arbuste nain et dressé. (W. D. B. 68 et G. A. F., 1888, 453, sous le nom de *S. triloba*, Murr.) Sous le nom de *S. Van Houttei*, Zabel, on en cultive une belle variété.

S. **Ulmaria**, Linn. * Ulmaire, Reine-des-prés ; Angl. Queen of the Meadows, Common Meadow-Sweet, etc. — *Fl.* blanches, de 6 à 8 mm. de diamètre, réunies en cymes corymbiformes, très ramifiées, de 5 à 15 cent. de diamètre et pubescentes. Juin-août. *Flles* pinnées, interrompues,

Fig. 109. — Spiræa Ulmaria. — Ulmaire.

blanches et duveteuses en dessous ; les radicales de 30 à 60 cent. de long ; folioles au nombre de cinq à neuf paires ; la terminale de 2 1/2 à 8 cent. de long, à lobes aigus ; les latérales entières, alternes et très petites ; stipules foliolacées, semi-ovales et dentées. Tiges de 60 cent. à 1 m. 20 de haut, dressées et sillonnées. Europe ; France ; Angleterre, etc. Plante herbacée, vivace et rustique, aimant les lieux frais et un peu ombragés. (Sy. En. B. 415.) Syn. *Ulmaria pratensis*, Mœnch. Il en existe une variété *flore-pleno*, à fleurs doubles et une autre à *feuilles panachées*.

S. U. phyllantha, Hort. *Fl.* à sépales distincts, stipités et transformés en appendices foliacés-lancéolés, finement dentés et verticillés ; pétales et étamines nuls ou plus ou moins déformés quand ils existent.

Fig. 110. — Spiræa Ulmaria flore-pleno.

S. ulmifolia, Scop. Syn. de *S. chamædrifolia ulmifolia*, Hort.

S. vaccinifolia, Don. *Fl.* blanches, réunies en grandes panicules lâches et velues. Juillet-août. *Flles* lisses, ovales, crénelées, longuement pétiolées et glauques en dessous. Rameaux faibles, arrondis et duveteux. *Haut.* 30 à 60 cent. Himalaya, 1838. Syn. *S. laxiflora*, Don. (L. et P. F. G. II, 183) ; *S. rhamnifolia*, Wall.

S. venusta, Hort. Syn. de *S. lobata*, Jacq.

S. v. albicans, Hort. Syn. de *S. lobata albicans*, Hort.

S. vestita, Wall. *Fl.* blanches, de 6 mm. de diamètre, à lobes du calice obtus ; cymes oblongues, très ramifiées et excessivement multiflores. Juin. *Flles* pinnatiséquées, parfois couvertes en dessous d'un tomentum épais, blanc et canescent ; folioles latérales petites ou nulles ; la terminale de 5 à 15 cent. de diamètre, à trois-cinq lobes palmés, dentés et à lobules aigus. *Haut.* 30 à 50 cent. Himalaya, 1838. Plante vivace. (B. R. 1841, 4, sous le nom de *S. kamtschatica himalensis*, Hort.)

SPIRALE (en). — Se dit des organes qui s'enroulent comme les tours d'une spire, soit sur eux-mêmes, soit autour d'un objet quelconque.

SPIRANTHERA, A. St.-Hill. (de *speira*, spirale, et *anthera*, anthère ; allusion aux anthères enroulées en spirale). Syn. *Terpnanthus*, Nees et Mart. Fam. *Rutacées*. — La seule espèce de ce genre est un très bel arbuste brésilien, odorant, très glabre, toujours vert et de serre chaude. Il prospère dans un compost de terre de bruyère et de terre franche siliceuse. Sa multiplication s'effectue par boutures de pousses à demi aoûtées, que l'on plante en serre, dans du sable, sous cloches et qu'il faut avoir soin d'aérer et de changer de place de temps à autre, pour éviter qu'elles ne pourrissent.

S. odoratissima, A. St. Hill. *Fl.* blanches, élégantes, odorantes et réunies en corymbes axillaires et terminaux ; calice en coupe et à cinq dents ; pétales cinq, allongés-linéaires, pubescents et imbriqués ; disque épais, dressé, en forme de colonne ; étamines cinq, insérées à la base du réceptacle. *Flles* alternes, pétiolées, trifoliolées, à folioles ponctuées-glanduleuses, acuminées, entières et glauques en dessous. *Haut.* 2 m. Brésil, 1823.

SPIRANTHERA, Hooker. — V. **Pronaya**, Huegel.

SPIRANTHES, L. C. Rich. (de *speiros*, spirale, et *anthos*, fleur ; allusion à la disposition spiraloïde des fleurs sur le rachis de l'inflorescence). Angl. Lady's Tresses. Syns. *Aristotelea*, Lour. ; *Cyclopogon*, Presl. ; *Gyrostachys*, Pers. et *Ibidium*, Salisb. pr. p. Comprend les *Sarcoglottis*, Presl. ; *Sauroglossum*, Lindl., *Stenorhynchus*, L. C. Rich. et *Synassa*, Lindl. Fam. *Orchidées*. — Genre renfermant environ quatre-vingts espèces d'Orchidées terrestres, rustiques, de serre chaude ou tempérée, largement dispersées dans les régions tempérées et tropicales du globe. Fleurs petites ou moyennes, réunies en épi, sessiles et unilatérales ou denses ; sépale dorsal et pétales dressés, connivents ou légèrement cohérents en un capuchon ou parfois libres seulement au sommet ; sépales latéraux libres et plus étalés, presque tous les segments sont égaux entre eux ; labelle sessile ou distinctement onguiculé, embrassant souvent la colonne par sa base élargie, étalé au sommet, entier ou trilobé. Feuilles variables, radicales et caulinaires. Tige feuillue ou aphylle au moment de la floraison. Souche à racines souvent fasciculées sur un court rhizome ou parfois épaissie en un tubercule.

La liste suivante comprend à peu près toutes les espèces cultivées ; quelques-unes sont rustiques, mais la plupart sont de serre chaude ou tempérée et, sauf indications contraires, on doit les considérer comme telles.

Les espèces rustiques prospèrent dans la terre franche et fibreuse, telle que celle de gazon, à laquelle il faut ajouter des plâtras ou des morceaux de pierres calcaires.

Les espèces de serre chaude ou tempérée se cultivent en pots bien drainés et dans un compost de terre de gazon et de terre de bruyère fibreuse. Pendant leur saison de repos, il faut tenir la terre relativement sèche.

Toutes les espèces se multiplient en divisant avec soin les fortes souches au moment où la végétation entre en activité.

S. æstivalis, Rich. *Fl.* et bractées comme dans le *S. autumnalis*, mais un peu plus grandes ; épi légèrement pubescent, grêle et multiflore. Juillet-août. *Flles* de 5 à 15 cent. de long, rétrécies en pétioles ; les inférieures des tiges florifères-linéaires, ressemblant aux feuilles radicales. Tige de 15 à 40 cent. de haut et glabre. Europe occidentale ; France, Angleterre, etc. Plante rustique, croissant dans les gazons humides. (Sy. En. B. 1473.)

S. albescens, Rodrig. Syn. de *S. leucosticta*, Rchb. f.

S. australis, Lindl. *Fl.* généralement roses, à labelle blanc, sessile ; sépales latéraux obscurément dilatés à la base, mais non sacciformes ; labelle à base libre, entièrement sessile ou paraissant parfois porté par un onglet très court, avec un tubercule de chaque côté ; épi à fleurs disposées en spirale lâche ou très dense. Juin. *Flles* inférieures linéaires ou étroitement lancéolées, de 4 à 10 cent. de long ; les supérieures réduites à l'état d'écailles. Australie, Nouvelle-Zélande, Asie tropicale et tempérée et jusqu'à certains points de l'Europe, 1823. Serre froide. Syn. *Neottia australis*, R. Br.

S. autumnalis, Rich. *Fl.* blanches, odorantes, engainées chacune par une bractée cuculée et cuspidée ; labelle canaliculé à la base, à sommet exsert et crénelé ; épi grêle et spiraloïde. Août-septembre. *Flles* petites, courtes, de 2 cent. 1/2 de long, ovales-aiguës, paraissant après la hampe et disposées en rosette latérale; les caulinaires bractéiformes. Tige de 10 à 20 cent. de haut, à partie supérieure de l'inflorescence pubescente. Europe; France, Angleterre, etc. Plante rustique, croissant dans les gazons secs. (Sy. En. B. 1472.)

S. **bicolor**, Griseb. *Fl.* verdâtres, à labelle blanc; sépales gibbeux au-dessous du labelle; celui-ci condupliqué, caréné sur le dos, cucullé et dilaté à la base; épi lâche, spiraloïde, de 5 à 10 cent. de haut, fortement pubescent-glanduleux. Janvier. *Flles* les plus inférieures en rosette, oblongues-lancéolées, acuminées, disparaissant avant la floraison. Tige portant des petites feuilles espacées et engainantes. *Haut.* 30 cent. La Trinité, 1823. (B. R. 794, sous le nom de *Neottia bicolor*, Ker.)

S. **bracteosa**, Lindl. *Fl.* blanc et jaune, à sépales latéraux soudés à la base; lobe médian du labelle trilobé; bractées linéaires-lancéolées, foliacées, plus longues que les fleurs; épi rarement droit. Mai. *Flles* en rosette, oblongues, aiguës. *Haut.* 30 cent. Brésil, 1835. (B. R. 1934.)

S. **cernua**, Rich. *Fl.* blanc pur, odorantes, pubescentes ou presque glabres, à labelle oblong et très obtus lorsqu'il est bien étendu, condupliqué ou à bords fortement incurvés auparavant et à callosités basales proéminentes; épi cylindrique, un peu dense et de 5 à 12 cent. de long. Septembre-octobre. *Flles* linéaires-lancéolées; les radicales allongées, de 10 à 30 cent. de long. Tige feuillue à la base, de 15 à 50 cent. de haut. Amérique du Nord, 1796. Plante rustique. (B. M. 5277; B. R. 823.) Syn. *Neottia cernua*, Swartz. (B. M. 1568; S. B. F. G. 42.)

S. **cinnabarina**, Hemsl. * *Fl.* rose jaunâtre pâle, urcéolées, légèrement tomenteuses, à segments jaunâtres à l'intérieur, rapprochés, réfléchis au sommet; labelle entièrement coloré, ainsi que les bractées; celles-ci aiguës; épi conique, thyrsoïde et tordu en spirale. Juin. *Flles* lancéolées, engainantes, aiguës. Tige cylindrique, rougeâtre pâle, de 60 cent. à 1 m. de haut. Mexique, 1846. Syn. *Stenorhynchus cinnabarinus*, Lindl. (B. R. 1847, 65.)

S. **colorata**, N. E. Br. * *Fl.* écarlates, glabres, de 15 mm. de long, rapprochées, à labelle oblong-linéaire, courtement acuminé; bractées oblongues-lancéolées, acuminées, aussi longues que les fleurs; épi de 5 à 8 cent. de long. Avril. *Flles* elliptiques ou elliptiques-oblongues, aiguës, de 10 à 15 cent. de long. *Haut.* 60 cent. Indes occidentales et Mexique, jusqu'au Vénézuéla, 1790. Syns. *Neottia speciosa*, Jacq. (A. B. R. 1, 3. B. M. 1374; H. E. F. 3, 1; L. B. C. 838); *Stenorhynchus speciosus*, Rich.

S. c. **maculata**, Hort. *Flles* portant des taches vert gai sur un fond vert foncé. 1883.

S. c. **Ortgiesii**, Hort. *Fl.* roses. *Flles* portant de grandes taches blanches. 1873.

S. **elata**, Rich. *Fl.* verdâtres, de 6 mm. de long; labelle linéaire, obtus, entier; épi allongé, spiraloïde, pubescent, de 8 à 20 cent. de long; hampe glabre, engainée par des bractées tubuleuses et acuminées. Juillet. *Flles* en rosette, elliptiques ou elliptiques-oblongues, aiguës, pétiolées, de 5 à 15 cent. de long. *Haut.* 50 à 60 cent. Indes occidentales, 1790. Syns. *Neottia elata*, Swartz (B. M. 2026; L. B. C. 343); *N. minor*, Jacq. (A. B. R. 376.)

S. e. **Lindleyana**, Link, Klotz et Otto. *Fl.* blanc verdâtre, sub-sessiles, géminées et unilatérales; labelle dilaté, à sommet recourbé en dessous et à côtés récurvés. Février. *Flles* panachées, Caracas. — Cette plante ressemble aux *S. bicolor* et *S. cernua*, mais on peut la distinguer du premier par ses feuilles et sa hampe beaucoup plus courte, et du dernier par ses feuilles plus larges et par son labelle obtus.

S. **Esmeralda**, Lind. et Rchb. f. *Fl.* blanc verdâtre, à la fin jaunâtres, à segments externes obliques et couverts de poils à l'extérieur; sépale supérieur ligulé et aigu; les latéraux presque égaux; pétales lancéolés, aigus, inéquilatéraux; labelle oblong, panduré ou ovale, aigu, portant à la base deux callosités coniques et rétrorses; épi spiraloïde, allongé, multiflore, poilu-glanduleux; hampe de 50 cent. de haut, portant plusieurs gaines. *Flles* en rosette, cunéiformes-oblongues, aiguës, vert foncé et maculées de blanc. Brésil, 1862. (Ref. B. 121.) Syn. *S. margaritifera*, Lind. et Rchb. f.

S. **euphlebia**, Rchb. f. *Fl.* peu nombreuses, mais rapprochées, horizontales, courtement pédicellées, à périanthe blanc pur, veiné de rouge et de brun sur la partie libre des sépales et des pétales, pubescentes à l'extérieur; sépales soudés en tube, de 12 mm. de long; pétales semi-lancéolés, dressés; hampe brun verdâtre clair. Novembre. *Flles* toutes radicales, de 12 à 15 cent. de long et 4 à 5 cent. de large, linéaires ou ovales-oblongues. *Haut.* 30 à 50 cent. Brésil, 1882. (B. M. 6690.)

S. **grandiflora**, Lindl. Syn. de *S. picta grandiflora*, Hort.

S. **leucosticta**, Rchb. f. *Fl.* vertes, avec la pointe du labelle brune, poilues, à sépales lancéolées; pétales linéaires, formant l'éperon avec le sépale dorsal; labelle ligulé, dilaté sur le devant, à sommet obtusément triangulaire; grappe pauciflore. *Flles* pétiolées, oblongues, aiguës, maculées de blanc. Colombie, 1885. Syn. *S. albescens*, Rodrig.

S. **margaritifera**, Lind. et Rchb. f. Syn. de *S. Esmeralda*, Lind. et Rchb. f.

S. **orchioides**, A. Rich. *Fl.* livides, pubérulentes, à partie sacciforme développée au delà de la partie soudée en un éperon conique, obtus, égalant la moitié de la longueur de l'ovaire; labelle oblong et aigu; épi de 8 à 12 cent. de long. Novembre. *Flles* paraissant tardivement, allongées, largement lancéolées et aiguës. *Haut.* 60 cent. à 1 m. Indes occidentales et Mexique, jusqu'au Brésil, 1826. Syn. *Neottia orchioides*, Swartz. (B. M. 1036; B. R. 0701.)

S. **picta**, Lindl. *Fl.* blanc verdâtre ou panachées, de 20 à 25 mm. de long, espacées, à sépales et pétales linéaires-oblongs; sépales latéraux décurrents; labelle inclus, oblong, canaliculé au-dessous du sommet et veiné à ce point, dilaté à la base; épi de 10 à 15 cent. de long, poilu; hampe glabre à la base, engainée par des bractées acuminées. Février. *Flles* lancéolées ou elliptiques-oblongues, de 10 à 15 cent. de long, graduellement rétrécies en pétioles. *Haut.* 30 à 60 cent. Indes occidentales, etc. 1843.

S. p. **grandiflora**, Hort. *Fl.* à sépales, pétales et labelle verdâtre intérieurement. *Flles* presque dépourvues de macules. Brésil, Guyane. Syns. *S. grandiflora*, Lindl. (B. R. 1043); *Neottia grandiflora*, Hook. (B. M. 2730, 2956.)

S. p. **variegata**, Hort. *Fl.* à sépales, pétales et labelle blancs intérieurement. *Flles* panachées. Syns. *Neottia acaulis*, Smith. (S. E. B. 105); *N. picta*. (B. M. 1562; L. B. C. 1214.)

S. **Romanzoffiana**, Cham. et Schlecht. *Fl.* blanches, beaucoup plus grandes et plus larges que dans le *S. æstivalis*; labelle linguiforme, contracté au-dessous du sommet, lequel est récurvé, portant à la base des tubercules lisses et luisants; épi de 5 à 8 cent. de long, glanduleux-pubescent. Août-septembre. *Flles* radicales des tiges florifères étroites, obovales-lancéolées, de 8 à 15 cent. de long. Tige de 15 à 25 cent. de haut et feuillue sur toute sa hauteur. Europe; Angleterre. Espèce rustique, mais devenue excessivement rare. (G. C. n. s. XVI, 465; Sy. En. B. 1474; sous le nom de *S. gemmipara*, Smith.)

S. **Sauroglossum**, — *Fl.* à sépales verts, élargis vers le sommet, pétale supérieur agglutiné; les latéraux arqués; labelle blanc, parallèle avec la colonne, linéaire, canaliculé et sessile; grappe de 30 cent. ou plus de long, dense, cylindrique; hampe de près de 60 cent. de haut, garnie de bractées foliacées et engainantes, subulées et espacées. Avril. *Flles* radicales oblongues-lancéolées sub-dressées, charnues, non pliées et ayant le tiers de la longueur de la hampe. Brésil, 1832. Syn. *Sauroglossum elatum*, Lindl. (B. R. 1618.) — Ce genre étant maintenant réuni aux *Spiranthes* et son nom spécifique étant déjà donné à une plante de ce genre, il était nécessaire de baptiser de nouveau la plante, ce qui a été fait.

Fig. 111. — SPIRANTHES ROMANZOFFIANA. — (D'après Correvon.)

S. **Smithii**, Rchb. f. *Fl.* jaunes, avec le labelle portant quelques stries vertes dans une variété ; brunâtres avec le labelle jaunâtre et strié de brun chez une autre variété ; hampe multiflore. Costa-Rica, 1868. — Cette plante est voisine du *S. picta*.

S. **Weirii**, Rchb. f. *Fl.* rougeâtres, réunies en grappe allongée, munie de quelques bractées blanches et cuspidées. *Flles* pétiolées, oblongues, aiguës, pourpre foncé en dessus, assez fortement maculées de blanc crème et purpurines en dessous. Nouvelle-Grenade, 1870.

SPIROCONUS, Stev. — V. **Trichodesma**, R. Br.

SPIRONEMA, Lindl. (de *speira*, spirale, et *nema*, filament ; allusion aux faisceaux d'étamines tordus en spirale). FAM. *Commélinacées*. — La seule espèce de ce genre est une robuste plante herbacée, de serre chaude, rampante ou stolonifère et plus curieuse que belle. Elle prospère en toute terre légère et fertile, et se multiplie par division.

S. **fragrans**, Lindl. *Fl.* blanches, petites, odorantes, réunies en cymes denses, capituliformes, sub-sessiles ou très courtement pédicellées, formant par leur réunion une longue panicule rigide et peu ramifiée ; sépales et pétales sub-égaux, distincts ; étamines six, toutes fertiles. Mai. *Flles* amples, oblongues-lancéolées, sessiles, formant des gaines légèrement imbriquées. Tige feuillue, courte et épaisse. *Haut.* 60 cent. Mexique, 1839. (B. R. 1849, 30.)

SPIROSTEMON, Griff. — V. **Parsonsia**, R. Br.

SPITHAMÆUS. — Mot latin qui signifie **Empan** (V. ce nom), c'est-à-dire la longueur comprise entre le petit doigt et le pouce étendus.

SPLITGERBERA, Miq. — V. **Bœhmeria**, Jacq.

SPODO. — Dans les mots composés de grec, ce terme signifie : gris cendré.

SPONDIAS, Linn. (ancien nom grec appliqué à la prune par Théophraste ; allusion à la ressemblance du fruit de ces arbres). **Monbin** ; ANGL. Hog Plum, Otaheite Apple. Comprend les *Poupartia*, Commers. FAM. *Anacardiacées*. — Genre renfermant environ huit espèces d'arbres de serre chaude, dispersés dans les tropiques. Fleurs polygames, petites, courtement pédicellées ; calice petit, caduc, coloré et à quatre-cinq divisions ; pétales quatre ou cinq, étalés, sub-valvaires et insérés sous le disque ; étamines dix, incluses ; ovaire à cinq loges. Fruit drupacé, charnu, ovale, comestible, couronné des restants des styles.

Feuilles souvent fasciculées près du sommet des ramilles, alternes, imparipennées, à folioles opposées et souvent longuement acuminées. Les principales espèces introduites dans les serres sont décrites ci-après. Elles prospèrent dans un mélange de bonne terre franche et de sable, qu'on tient un peu humide. Multiplication par grandes boutures que l'on fait à chaud, dans du sable ou de la terre de bruyère.

S. **borbonica**, Baker, Poupart de Bourbon. — *Fl.* pourpre foncé, réunies en grappes ramifiées, axillaires et terminales. *Flles* à neuf folioles, nombreuses, entières, acuminées. *Haut.* 12 m. Iles Bourbon et Maurice, 1825. Syn. *Poupartia borbonica*, Gmel.

S. **cytherea**, Sonner. Syn. de *S. dulcis*, Forst.

S. **dulcis**, Forst. Arbre de Cythère ; ANGL. Sweet Otaheite Apple. — *Fl.* vert jaunâtre, petites, réunies en panicules divariquées, axillaires et terminales. Juin. *Fr.* jaune d'or, comestible, pulpeux, ayant un peu le goût de l'ananas et renfermant un noyau filamenteux. *Flles* elliptiques-oblongues, acuminées, obscurément crénelées, lisses et à nervures parallèles. *Haut.* 15 m. Iles de la Société, Taïti, 1793. Syn. *S. cytherea*, Sonner.

S. **lutea**, Linn. Monbin à fruits jaunes ; ANGL. Golden Apple, Jamaica Plum. — *Fl.* blanc jaunâtre, réunies en panicules lâches, terminales, dépassant souvent les fleurs Eté. *Fr.* jaune, taché de roux, ovoïde, de 5 cent. de long, à saveur acide, aromatique et agréable. *Flles* à trois-huit paires de folioles opposées, pétiolulées, ovales-lancéolées ou lancéolées, acuminées, sub-entières ou serrulées. *Haut.* 10 m. Indes occidentales, 1739. Syn. *S. Monbin*, Jacq.

S. **Monbin**, Jacq. Syn. de *S. lutea*, Linn.

S. **Myrobolanus**, Jacq. Syn. de *S. purpurea*, Linn.

S. **purpurea**, Linn. Prunier d'Espagne. — *Fl.* purpurines, petites, réunies en grappes simples, pauciflores, latérales et beaucoup plus courtes que les feuilles. Eté. *Fr.* jaunes ou teintés de pourpre, ovales, à pulpe jaune, odorante et acidulée. *Flles* à huit-dix paires de folioles courtement pétiolulées, elliptiques-oblongues, un peu obtuses et ordinairement dentées en scie. *Haut.* 10 m. Indes occidentales, 1817. Syn. *S. Myrobolanus*, Jacq.

SPONDYLOCOCCA, Mitch. — Réunis aux **Callicarpa**, Linn.

SPONGIEUSE ; Angl. Gipsy Moth. — V. **Liparis dispar**.

SPONGIEUX. — Se dit des corps mous, élastiques et légers, rappelant l'éponge de plus ou moins près, et en particulier des parties des végétaux qui présentent ces caractères.

SPONGIOLE ; Angl. Spongelet, Spongiole. (diminutif de éponge). — Terme qu'on employait beaucoup autrefois pour désigner l'extrémité des radicelles, sous la fausse supposition que cette partie absorbait du sol les sucs nutritifs de la plante, comme l'aurait fait une éponge.

La formation des nouvelles cellules s'effectue très près du sommet, presque entièrement à ce point chez les Monocotylédones et à ce même point pour effectuer l'accroissement en longueur chez les Dicotylédones. Cette couche de nouvelles cellules constitue une sorte de coiffe protectrice, connue sous le nom de **pileorhize** (V. ce nom). Ces nouvelles cellules sont très petites et si remplies de protoplasme qu'elles paraissent très différentes des cellules constituant les parties plus âgées de la racine. Ces dernières sont plus grandes, plus translucides et contiennent moins de protoplasme comparativement à leur dimension.

La petitesse des cellules du sommet des racines et l'abondance de leur contenu rendaient difficile l'examen de leur structure intime avec les microscopes dont on disposait autrefois. On croyait alors que ces cellules formaient un organe analogue à une éponge, dont le rôle était d'absorber les liquides contenus dans le sol, et de là dérive le nom de *spongiole* qui lui a été donné. On sait maintenant que les radicelles et non le sommet des racines absorbent les sucs nutritifs contenus dans le sol et nécessaires à la vie et au développement des plantes. (V. aussi **Sève**.)

SPONTANÉ. — Se dit des plantes qui croissent naturellement dans un endroit déterminé ou de celles qui se montrent là où elles n'ont point été semées.

(S. M.)

SPORADIQUE. — S'emploie dans le même sens que *erratique* et *ubiquiste* pour désigner les plantes spontanées qui sont très largement dispersées et que l'on rencontre incidemment presque partout.

SPORANGE ; Angl. Sporangium (de *spora*, spore ou graine, et *aggeion*, capsule). — On désigne ainsi, chez les Fougères et autres familles de végétaux cryptogames supérieurs, les capsules dans lesquelles les **Spores** ou organes tenant lieu de graines sont enfermés. Chez les Fougères, ces sporanges sont généralement groupés sur la face inférieure des feuilles ou frondes, dans des réceptacles de formes diverses, que l'on nomme **Sores**. (V. ces noms.)

Les sporanges restent parfois à découvert depuis leur formation sur la surface de la fronde (*Polypodiées*), mais, plus généralement, ils sont protégés par une membrane que l'on nomme *indusie*.

Chaque sporange est, presque chez toutes les Fougères, pourvu d'un court pédicelle, qui manque cependant chez quelques-unes. Dans la tribu des *Marattiées*, les sporanges sont partiellement réunis les uns aux autres, et, chez les *Ophioglossées*, ils sont enfoncés dans la substance de la fronde fertile, qui elle-même est modifiée à cet effet.

Chez la plupart des Fougères, les sporanges sont formés d'une simple couche de cellules à parois minces et d'une rangée simple d'autres cellules à parois épaisses, que l'on nomme *anneau*, et qui entoure le sporange horizontalement ou verticalement, ou qui forme un cercle ou une coiffe à son sommet.

Quelle que soit la position de cet anneau, il joue le rôle d'un cercle de renfort à la pression qu'exerce intérieurement les spores. A la maturité, l'anneau se rompt et le sporange se déchire ordinairement sur un point déterminé pour laisser échapper les spores.

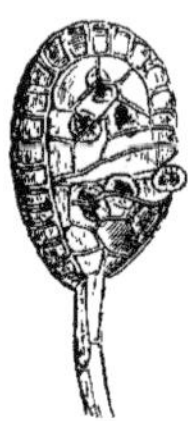

Fig. 112. — Sporange très grossi de *Nephrodium Filix Mas*, laissant échapper ses spores.

Chez les autres familles de Cryptogames vasculaires, les spores sont, comme nous l'avons mentionné au début, également enfermées dans des sporanges, et ce même terme s'emploie parfois pour désigner les organes de structure analogue existant chez les Cryptogames cellulaires. Nous renverrons cependant le lecteur aux ouvrages spéciaux pour les particularités de structure des sporanges chez ces végétaux, car ces détails n'intéressent pas spécialement l'horticulture.

SPORE (de *spora*, graine). — Nom donné aux organes qui, chez les végétaux Cryptogames, ont pour mission de reproduire l'espèce et tenant par suite lieu de graine.

Certaines spores ressemblent aux graines des Phanérogames ou plantes florifères, en ce qu'elles sont sexuellement produites, mais toutes les spores diffèrent des graines véritables en ce qu'elles ne renferment jamais d'embryon ou plantule rudimentaire, qu'on observe dans ces dernières. Les spores correspondent par ce fait à l'embryon lui-même plutôt qu'à la graine entière.

« Chez les Fougères, les spores sont asexuées, c'est-à-dire privées de sexe ; elles produisent en germant une lame verte, nommée *prothalle*, fixée au sol par de fausses racines. C'est sur cette lame que se développent les organes reproducteurs mâles (anthérozoïde) et femelles (archégone). Après la fécondation, l'archégone donne naissance à la jeune plante définitive. » (V. aussi **Fougères**.)

En outre des spores sexuées, la plupart des Cryptogames produisent d'autres spores asexuées, naissant de simples cellules, par bourgeonnement ou par division de la cellule. Ces spores asexuées ressemblent beaucoup en tant qu'aspect aux spores sexuées, mais elles en diffèrent souvent d'une façon très notable, et fréquemment la même plante porte deux ou trois sortes de spores asexuées, résultant de différentes conditions de milieu, tels que ceux de l'alimentation de la plante, de la température ou de son voisinage.

Ces spores asexuées portent, selon leur nature, des noms spéciaux, tels que ceux de : conidies, sporidies, stylospores, zoospores, etc., parmi les Champignons; et stylospores, tétraspores et autres parmi les Algues.

Pour de plus amples détails sur les formes qu'affectent les spores chez les Champignons, V. **Champignons Oïdium, Porenospora, Pleospora** et **Puccinia**. Pour la description du cycle d'évolution des Cryptogames supérieurs, V. **Champignons, Fougères, Lycopodiacées, Equisétacées, Mousses** et **Prothalle**.

SPORIDIE; Angl. Sporidium. — Synonyme ou diminutif de spore.

SPORIFÈRE. — Qui porte ou qui produit des spores.

SPORLEDERA, Bernh. — V. **Ceratotheca**, Endl.

SPOROBOLUS, R. Br. (de *sporos*, graine, et *bolus*, disposition; les graines sont lâches et se dispersent facilement). Syns. *Agrosticula*, Raddi; *Cryptostachys*, Steud. et *Vilfa*, Raddi. Comprend les *Agrostis*, Raddi, pr. p., et *Triachyrum*, Hochst. Fam. *Graminées*. — Genre assez important, renfermant environ quatre-vingts espèces de Graminés à port variable, annuelles ou vivaces, de serre froide ou rustiques, largement dispersées dans les régions chaudes et tempérées du globe, peu nombreuses en Europe et dans la Russie d'Asie, mais surtout abondantes en Amérique. Fleurs réunies en panicule spiciforme, parfois allongée et très grêle; épillets petits, uni- ou rarement biflores, à trois glumes membraneuses. Feuilles planes ou enroulées et arrondies.

Plusieurs espèces ont été introduites dans les cultures, mais comme elles ne présentent pas un grand intérêt horticole, elles en sont disparues ou restent confinées dans les jardins botaniques.

SPORT. — Mot anglais qui signifie *variation* et qu'on emploie assez fréquemment comme synonyme de *variété* ou *forme*, pour désigner les plantes qui présentent des caractères légèrement différents du type.

SPRAGUEA, Torrey. (dédié à Isaac Sprague, botaniste et dessinateur américain). Fam. *Portulacées*. — Petit genre ne comprenant que deux espèces californiennes, herbacées, vivaces et demi-rustiques, d'un caractère nouveau. La suivante convient à l'ornementation des rocailles et peut servir à former des bordures. Toute terre de jardin lui convient et on la multiplie par bouture ou par graines, que l'on sème au printemps, sous un châssis froid.

Fig. 113. — Spraguea umbellata.

S. umbellata, Torr. *Fl.* disposées en épis denses, formant par leur réunion une ombelle terminale et composée, à rayons nombreux; sépales deux, scarieux, blanchâtres, amples et persistants; pétales quatre, rose laque, à peine saillants; anthères pourpres. Juillet. *Flles* radicales en rosette, spatulées, un peu charnues : les caulinaires plus petites et alternes. Californie, 1858. (B. M. 5143.)

SPREKELIA, Heist. (dédié à Sprekelsen, de Hambourg, qui écrivit sur les Liliacées et mourut en 1764; c'est de lui que Linné reçut le *S. formosissima*). Fam. *Amaryllidées*. — Genre ne comprenant plus aujourd'hui, selon M. Baker, que l'espèce ci-après décrite. C'est une belle et singulière plante bulbeuse, cultivable en plein air pendant la belle saison. On plante les bulbes au printemps, en terre légère, saine et à bonne exposition; la floraison s'effectue alors un ou deux mois après. A l'automne, on coupe les feuilles au-dessus du collet, puis on déplante les bulbes, sans couper les racines, et on les conserve ensuite dans un lieu sain et à l'abri des gelées jusqu'au printemps suivant.

Fig. 114. — Sprekelia (*Amaryllis*) formosissima.

Parmi les plantes bulbeuses à plantation printanière, le Lis Saint-Jacques est une de celles qui se prêtent le mieux à la culture sur carafes et en appartement. Lorsque les Jacinthes ont fini de fleurir sur carafes, celles-ci peuvent être de suite utilisées pour recevoir les Lis Saint-Jacques. Après la floraison, il faut remettre les bulbes en terre, sans briser les racines et les conserver ainsi pour l'année suivante. Nous devons ajouter que cette floraison sur carafe n'est pas très certaine, car il arrive parfois que certains bulbes, cependant suffisamment forts, ne fleurissent pas, tandis que d'autres produisent parfois deux hampes.

La multiplication de cette plante s'effectue, comme celle de ses congénères, les *Amaryllis*, c'est-à-dire par séparation des caïeux, qui sont cependant peu abondants.

S. Cybister, Herb. — V. **Hippeastrum Cybister**.

S. formosissima, Herb. * Amaryllis Lis Saint-Jacques, A. à fleur en croix, A. Reine de beauté, Croix de Saint-Jacques; Angl. Jacobean Lily. — *Fl.* d'un beau rouge cramoisi foncé et velouté, rarement plus claire ou blanche, grande, très élégante, courtement pédicellée et solitaire (rarement deux) au sommet de la hampe et entourée d'une spathe à deux valves bractéiformes ; périanthe penché, à tube très court et à six segments peu inégaux, mais très singulièrement disposés ; le postérieur est droit et rejeté en arrière au sommet, deux autres sont étalés et obliquement dressés ; enfin, les trois autres sont rapprochés et forment une sorte de lèvre inférieure, entourant les étamines et le style ; étamines insérées à la base des segments, à filets purpurins et réunis à leur base par une membrane frangée ; hampe fistuleuse, naissant sur le côté du collet et avant les feuilles. Juin-juillet. *Flles* linéaires, loriformes, distiques et peu nombreuses. *Haut.* 60 cent. Amérique du Sud ; Mexique, 1593. (S. B. F. G. ser. II, 144.) Syns. *S. Heisteri*, Trev. et *Amaryllis formosissima*, Linn. (B. M. 47 ; R. L. 5 ; A. V. B. 10.) — On connaît les variétés suivantes :

S. f. glauca, Lindl. *Fl.* plus petites. *Flles* glauques. (B. R. 1841, 6.)

S. f. Karwinskii, Rœm. *Fl.* d'un rouge moins brillant, à segments carénés et bordés de blanc.

S. f. ringens, Morren. *Fl.* pendantes, à segment supérieur portant une bande médiane jaune.

S. Heisteri, Trev. Syn. de *S. formosissima*, Herb.

(S. M.)

SPRENGELIA, Smith. (dédié à Christian Conrad Sprengel, de Bradenbourg, qui publia, en 1793, un ouvrage célèbre sur la fécondation des fleurs ; 1750-1816). Syns. *Poiretia*, Cavan. et *Poncelctia*, R. Br. Fam. *Epacridées.* — Petit genre comprenant trois espèces d'élégants petits arbustes glabres, dressés ou couchés et de serre froide, confinés dans l'Australie autrale et orientale extra-tropicale. Fleurs solitaires et terminales, accompagnées de nombreuses bractées ; calice à cinq sépales ; corolle égalant ou dépassant à peine le calice, à cinq lobes étalés et imbriqués ; étamines courtes et hypogynes. « Feuilles à base membraneuse, courtement engainante et cachant complètement les rameaux, très concaves et embrassantes au-dessus de la base, aiguës ou acuminées avec la pointe étalée, finement nervées ou presque dépourvues de nervures ; les supérieures passant graduellement à l'état de feuilles florales ou bractées ; la base engainante des feuilles caulinaires, tombant avec celles-ci et laissant la tige dénudée et sans cicatrice (Bentham). »

Les deux espèces suivantes ont été décrites. On les multiplie de préférence par graines, que l'on sème dans des pots bien drainés, remplis de terre de bruyère bien foulée ; à défaut de graines, on les propage par boutures, que l'on traite comme celles des **Epacris**. (V. ce nom.)

S. Andersoni, F. Muell. — V. **Andersonia sprengelioides.**

S. incarnata, Smith.* *Fl.* roses, solitaires, à sépales colorés ; corolle égalant le calice, à pétales presque libres, très courtement onguiculés, valvaires et légèrement cohérents. Mai. *Flles* de 6 à 12 mm. de long, rétrécies en pointe étalée ou récurvée ; les florales semblables, mais plus petites. *Haut.* 60 cent. Australie, 1793. (L. B. C. 262 ; B. M. 1719.)

S. Ponceletia, F. Muell.* *Fl.* écarlates, à sépales foliacés, mais plus lancéolés ; corolle égalant à peu près le calice, à tube très court et non séparé en onglets et à lobes beaucoup plus longs. Mai. *Flles* larges, concaves, étalées ou incurvées-acuminées et à pointe piquante, de 5 à 10 mm. de long. *Haut.* 30 cent. Australie, 1826. Syn. *Ponceletia sprengelioides*, R. Br.

SPRENGELIA, Schult. — V. **Melhania**, Forsk.

SPRINGIA, Muell. Arg. — V. **Ichnocarpus**, R. Br.

SPRUCE Fir (des Anglais). — V. **Picea excelsa.**

SPUMESCENT, SPUMEUX ; Angl. Spumose. — Qui a l'aspect de l'écume.

SPYRIDIUM, Fenzl. (de *spyris*, panier, et *eidos*, ressemblance ; allusion à la forme du calice). Fam. *Rhamnées.* — Genre comprenant environ vingt-cinq espèces d'arbustes de serre froide, habitant l'Australie. Fleurs sessiles, entourées de petites bractées brunes, réunies en petits capitules rarement solitaires, ordinairement agglomérés en bouquet composé ou en cyme corymbiforme ; calice à cinq lobes ; pétales cinq, cucullés et recouvrant ordinairement les anthères. Feuilles ordinairement petites.

L'espèce suivante est seule introduite dans les collections ; elle prospère dans un compost de terre de bruyère et de terre franche siliceuse. Sa multiplication peut s'effectuer par boutures de pousses à demi aoûtées, que l'on coupe au-dessous d'un nœud et qu'on laisse un peu se sécher à la base avant de les planter dans du sable et sous cloches.

S. globulosum, Benth. *Fl.* disposées en capitules presque globuleux, nombreux, réunis en cymes denses et corymbiformes à l'aisselle des feuilles et ne les dépassant pas beaucoup. *Flles* ovales, obovales ou oblongues, très obtuses, de 2 1/2 à 4 ou rarement 5 cent. de long, glabres en dessus, blanches ou rarement roussâtres, canescentes en dessous. Australie, 1874. Grand arbuste. (R. G. 795.)

SQUAME ; Angl. Squama. — Se dit des petites écailles ou bractées et des parcelles qui se détachent de l'épiderme de certains végétaux.

SQUAMEUX, SQUAMIFORME. (On écrit aussi ces noms avec deux *m*) ; Angl. Squamate, Squamiferous, Squamose. — Ecailleux ou couvert de petites feuilles ou bractées squamiformes.

SQUAMULE ; Angl. Squamella, Squamula. — Très petites bractées ou écailles.

SQUAMULEUX ; Angl. Squamulose. — Qui est couvert de petites écailles ou squamules.

SQUARREUX, SQUARROSUS ; Angl. Squarrose. — Epithètes qui s'appliquent aux organes couverts de protubérances rudes, d'écailles de bractées ou de folioles à pointes aiguës et retournées en arrière.

SQUARRULEUX ; Angl. Squarrulose. — Qui est légèrement squarreux.

SQUELETTE. — Lorsque, chez une feuille d'arbre détachée, le parenchyme, moins résistant que les nervures, a été artificiellement rongé ou qu'il s'est naturellement décomposé dans l'eau, dans la terre ou sur le sol, il ne reste plus alors que le réseau des nervures dans leur position naturelle ; c'est cette partie restante de la feuille qui en constitue le *squelette*, c'est-à-dire l'ossature, par analogie aux squelettes des animaux.

(S. M.)

SQUILLA, Steinh. — Réunis aux **Urginea**, Steinh.

STAAVIA, Dahl. (dédié à Martin Staaf, correspondant de Linné). Fam. *Bruniacées.* — Genre comprenant environ six espèces d'arbustes de serre froide, ressemblant aux *Erica* ou aux *Epacris* et confinés au Cap de Bonne-Espérance. Fleurs petites, réunies en bouquets terminaux, discoïdes, entourés de nombreuses bractées involucrales blanchâtres, le plus souvent luisantes et plus longues et plus courtes que les feuilles; pétales libres. Feuilles petites, étalées-dressées ou récurvées, linéaires ou aciculaires.

L'espèce suivante est la plus répandue de celles qui ont été introduites. Elle prospère dans la terre de bruyère siliceuse et peut se multiplier par boutures de jeunes pousses, que l'on plante dans du sable et sous cloches.

S. glutinosa, Dahl. *Fl.* blanches, agglutinées par un suc résineux et réunies en capitules ayant ordinairement la grosseur d'une cerise; bractées de l'involucre blanchâtres, verdâtres à la base, de 12 mm. de long, avec un mucron noir. Avril. *Flles* rapprochées, dressées ou étalées, de 15 à 20 mm. de long, linéaires, trigones, obtuses, calleuses et très lisses ainsi que les branches. *Haut.* 1 m. ou plus. Cap, 1793. (L. B. C. 852.)

STACHYOPOGON, Klotz. — V. **Aletris**, Linn.

STACHYS, Linn. (ancien nom grec, appliqué par Dioscorides à ce genre ou à d'autres plantes voisines et dérivé de *stachys*, épi; allusion à l'inflorescence spiciforme). **Epiaire**; Angl. Hedge Nestle, Woundwort. Comprend les *Betonica*, Linn.; *Eriostomum*, Hoffm. et Link.; *Galeopsis*, Mœnch.; *Tetrahitum*, Hoffm. et Link; *Trixago*, Mœnch. et *Zietenia*, Gleditsch. Fam. *Labiées.* — Grand genre dont plus de deux cents espèces ont été énumérées, mais qui, probablement, se réduisent à environ cent soixante suffisamment distinctes. Ce sont des plantes herbacées ou rarement suffrutescentes et arbustives, de serre froide ou rustiques, élevées et vivaces, ou diffuses et annuelles, très largement dispersées, mais habitant principalement les régions tempérées de l'hémisphère boréal et l'Orient.

Fleurs purpurines, écarlates, roses, jaunes ou blanches, petites ou parfois grandes et très élégantes, sessiles ou très courtement pédicellées, verticillées par deux ou plus, axillaires, formant des épis terminaux; calice tubuleux-campanulé et à cinq dents souvent épineuses et sub-égales; corolle cylindrique inférieurement, à tube ordinairement muni à l'intérieur d'un anneau de poils, souvent incurvé supérieurement, non ou à peine dilaté à la gorge et à limbe bilabié; lèvre supérieure étalée ou dressée et concave; l'inférieure plus longue, étalée, trilobée, à lobe médian plus large que les latéraux; étamines quatre, les deux inférieures plus longues. Feuilles opposées, entières ou dentées, pétiolées ou sub-sessiles; les florales semblables aux caulinaires ou réduites à l'état de bractées.

Les *Stachys* sont des plantes très communes, dans les jardins comme dans les champs, car, y compris les *Betonica*, seize espèces croissent spontanément en France et environ une demi-douzaine en Angleterre. Quelques-uns, tels que les *S. annua*, Linn.; *S. recta*, Linn.; *S. arvensis*, Linn.; S. *palustris*, Linn. et *S. sylvatica*, Linn.; sont des plantes très communes, mais sans aucun intérêt horticole ni agricole; ce sont de mauvaises herbes que l'on doit détruire le plus possible. Parmi nos espèces indigènes cultivées dans les jardins, nous citerons les *S. alpina*, *S. Betonica* et *S. germanica*.

En général, les *Stachys* ne sont pas très recherchés pour les décorations florales, car ils n'ont rien d'éminemment ornemental; ils font cependant fort bon effet dans les plates-bandes de plantes vivaces et méritent qu'on y en introduise quelques pieds. Plusieurs ont leur place tout indiquée dans les rocailles et le *S. germanica* et surtout le *S. lanata* sont employés avantageusement pour former de larges bordures de longue durée, dans les grands jardins peu soignés.

Toutes ces plantes prospèrent en toute terre de jardin et demandent fort peu de soins. Elles se multiplient très facilement par division ou par éclats des touffes et par semis pour celles qui produisent des graines.

La liste suivante est un choix des plus belles espèces; sauf indications contraires, toutes sont des plantes herbacées et rustiques :

S. affinis, Hort. non Bunge. Syn. de *S. tuberifera*, Ndn.

S. alopecuros, Benth. Betoine Queue de Renard. — *Fl.* jaunes, réunies par vingt-trente en faux verticilles, formant dans leur ensemble des épis oblongs, interrompus à la base; corolle campanulée, deux fois aussi longue que le calice, pubescente en dehors et à lèvre supérieure échancrée. Juillet. *Flles* largement ovales, obtuses, cordiformes à la base, crénelées, rugueuses; les supérieures bractéiformes, ovales, aiguës et égalant le calice. *Haut.* 50 cent. Pyrénées, 1759. Syn. *Betonica alopecuros*, Linn.

S. albicaulis, Lindl. *Fl.* à calice à dix nervures; corolle violette, deux fois aussi longue que le calice; verticilles composés de six fleurs et espacés; grappes allongées et légèrement ramifiées. Été. *Flles* espacées, de 2 1/2 à 8 cent. de long; les inférieures pétiolées; les supérieures presque sessiles; toutes lancéolées, profondément dentées, arrondies-cunéiformes ou rétrécies à la base. Tiges ramifiées, de 60 cent. à 1 m. de haut, blanche-laineuse à la base. Andes du Chili. (B. R. 1558).

S. alopecuros, Benth. *Fl.* jaunes, en épi terminal, oblong, dense, à verticille inférieur parfois espacé; calice velu, à dents acuminées et ciliées; corolle tube inclus dans le calice, à lèvre ovale, velue et bilobée; l'inférieure à lobe médian obovale un peu crénelé. Juillet-août. *Flles* ovales, profondément dentées, cordiformes, vertes et pubescentes en dessus, pâles et velues en dessous; les radicales longuement pétiolées; les caulinaires sessiles. Tiges dressées, pubescentes. *Haut.* 30 à 50 cent. Europe; France, etc. Syn. *Betonica alopecuros*, Linn.

S. alpina, Linn. *Fl.* à dents du calice épineuses; corolle purpurine ou rouge fauve, laineuse à l'extérieur, à peine deux fois aussi longue que le calice; verticilles espacés et multiflores. Été. *Flles* pétiolées, ovales, obtuses ou légèrement aiguës, crénelées-dentées et cordiformes à la base, velues et à peine ridées. *Haut.* 30 à 60 cent. Europe méridionale; France, etc. Plante très variable.

S. a. intermedia, Hort. *Flles* plus fortement ridées et un peu velues-laineuses en dessous. Plante plus forte. Syn. *S. sibirica*, Link. (S. B. F. G. 100.)

S. angustifolia, Bieb. *Fl.* courtement pédicellées, à corolle purpurine, glabre ou légèrement pubescente et à tube courtement exsert; verticilles espacés, biflores; grappes presque simples et ayant plus de 30 cent. de long. Juillet. *Flles* linéaires, entières, dentées en scie ou les inférieures pinnatifides et toutes aiguës au sommet. Rameaux effilés, diffus, atteignant plusieurs pieds de long. *Haut.* 20 cent. Tauride, 1823. Sous-arbrisseau rustique. (S. B. F. G. 180.)

S. arenaria, Vahl. *Fl.* à calice de 10 mm. de long; corolle purpurine, poilue extérieurement, deux fois aussi longue que le calice; verticilles lâches et espacés, composés de six à dix fleurs; grappes lâches, ascendantes, atteignant presque 30 cent. de long. Juillet. *Flles* sub-sessiles, oblongues-linéaires ou lancéolées, de 2 1/2 à 4 cent. de long, aiguës, légèrement dentées en scie, longuement rétrécies vers la base et entières. Orient, 1804. Plante retombante. (B. M. 1959.)

S. aspera, Michx. *Fl.* sessiles ou à peu près, à corolle purpurine ou rose rouge, entièrement glabre; épis ordinairement très interrompus. Été. *Flles* oblongues-ovales ou oblongues-lancéolées, de 4 à 12 cent. de long, aiguës ou acuminées, un peu obtusément dentées, presque toutes distinctement pétiolées et tronquées ou simplement subcordiformes à la base. *Haut.* 60 cent. à 1 m. 20. Amérique du Nord et Japon. Plante faiblement hirsute ou pubescente-hispide. (L. B. C. 1112.)

S. Betonica, Benth. Bétoine commune, B. officinale; Angl. Bishop's-wort, Wood Betony. — *Fl.* à lobes du calice spinescents; corolle rouge purpurin, rarement blanche, un peu poilue, de 2 cent. de long, à tube exsert; verticilles formant par leur réunion un épi oblong, longuement pédonculé, de 3 à 8 cent. de long. Juin-août. *Flles* inférieures longuement pétiolées, oblongues-cordiformes, obtuses, de 3 à 10 cent. de long, profondément, mais obtusément crénelées; les caulinaires peu nombreuses, bien plus courtement pétiolées et beaucoup plus étroites que les radicales. Tiges dressées, à mérithales allongés, assez fortes, dressées et variant en hauteur entre 15 et 50 cent. Europe; France, Angleterre, etc. — Cette plante était autrefois beaucoup employée en médecine. (Sy. En. B. 1067.) Syn. *Betonica officinalis*, Linn.

S. coccinea, Jacq.* *Fl.* généralement distinctement pédicellées, à corolle rouge écarlate et à tube étroit-cylindrique, deux ou trois fois aussi long que le calice; épi interrompu. Été. *Flles* ovales-lancéolées, cordiformes à la base ou oblongues-deltoïdes, obtuses, crénelées, de 2 1/2 à 5 cent. de long; les caulinaires à pétioles grêles; les florales sessiles. *Haut.* 30 à 60 cent. Depuis le Texas jusqu'à l'Arizona et au Mexique, 1798. Plante herbacée, vivace et de serre froide. (A. B. R. 310; B. M. 666; P. M. B. VIII, 101.)

S. densiflora, Benth. *Fl.* à calice pourvu de dents épineuses et velu au sommet; corolle carnée ou rose, deux fois aussi longue que le calice, velue extérieurement et à tube arqué; épi très court, compact, non interrompu, de 4 à 5 cent. de long. Juin. *Flles* pétiolées, ovales-oblongues, obtuses, de 5 à 8 cent. de long, crénelées, ridées, cordiformes à la base; les florales constamment ovales et à peine sessiles. Tiges dressées, simples ou à peu près, de 30 à 40 cent. de haut et couvertes de poils jaunâtres. Europe méridionale; France, etc. Plante poilue. (B. M. 2125, sous le nom de *Betonica incana.*, Mill.) Syn. *Betonica hirsuta*, Linn.

S. germanica, Linn.* *Fl.* à dents du calice plus longues que le tube; corolle rose pâle, panachée de blanc, portant un anneau transversal de poils dans le tube, de 8 mm. de long; verticilles composés de quinze à vingt fleurs, distincts mais rapprochés en grappe. Juin-octobre. *Flles* grossièrement crénelées-dentées, souvent cordiformes, ovales, épaisses, ridées; les radicales de 5 à 12 cent. de long et assez longuement pétiolées; les caulinaires courtement pétiolées, ovales-oblongues ou lancéolées, toutes couvertes, ainsi que les tiges, d'une épaisse laine molle et blanchâtre. Tiges de 50 cent. à 1 m. de haut, très fortes, dressées, simples ou ramifiées supérieurement. Europe; France, Angleterre, etc. Plante bisannuelle ou vivace. (B. R. 1289; F. D. 684; J. F. A. 319; Sy. En. B. 1068.)

S. grandidentata, Lindl. *Fl.* à dents du calice un peu épineuses; corolle violette, glabre, deux fois aussi longue que le calice, verticilles composés de six fleurs et espacés. Été. *Flles* pétiolées, oblongues-lancéolées, profondément dentées, toutes arrondies-cunéiformes ou rétrécies à la base; les florales plus courtes que le calice. Tige dressée, de 30 cent. à 1 m. de haut. Chili. (B. R. 1080.)

S. grandiflora, Benth.* *Fl.* à calice de 15 à 18 mm. de long, purpurin au sommet, velu; corolle d'un beau rouge violacé, de 3 à 3 cent. 1/2 de long, glabre, dilatée à la gorge, verticilles composés de quinze à vingt fleurs, distincts; les inférieurs espacés. Mai. *Flles* pétiolées, largement ovales, obtuses, crénelées, largement cordiformes à la base, ridées, velues; les florales sessiles; toutes velues sur les deux faces. Tiges de 30 cent. de haut. Plante vivace et velue. Sibérie, 1800. Syn. *Betonica grandiflora*, Willd. (B. M. 700.)

Fig. 115. — Stachys (*Betonica*) grandiflora.

S. inflata, Benth. *Fl.* sessiles, à calice de 12 mm. de long, tomenteux-blanchâtre; corolle rouge, légèrement soyeuse à l'extérieur, de moitié plus longue que le calice; verticilles espacés et composés d'environ six fleurs. Juillet. *Flles* sub-sessiles, oblongues, obtuses, entières, ayant à peine 2 cent. 1/2 de long, blanches-tomenteuses ou laineuses sur les deux faces. Rameaux allongés, légèrement couverts d'un tomentum floconneux. *Haut.* 50 cent. Perse, 1852. Sous-arbrisseau rustique. (B. R. 1697.)

S. lanata, Jacq.* Épiaire laineuse. — *Fl.* lilas violet ou purpurin, parfois striées, réunies en verticilles multiflores, glomérulés; les supérieurs rapprochés en épi. Juin-juillet. *Flles* oblongues-elliptiques, rétrécies aux deux extrémités, à peine crénulées, ridées, paraissant très épaisse par l'abondance du duvet feutré, blanc et soyeux qui les recouvre, ainsi du reste que toute la plante. Tiges fortes, dressées, presque simples, de 30 à 70 cent. de haut. Caucase, Tauride, 1782. Belle plante vivace et rustique, très répandue dans les jardins.

Fig. 116. — Stachys lanata.

S. Maweana, Ball. *Fl.* à calice de 6 mm. de long, laineux ; corolle jaune paille pâle, maculée de pourpre sur la lèvre inférieure, de 12 mm. de long et autant de large ; verticilles réunis en épi étroitement oblong et feuillu. Juillet. *Flles* étalées. d'environ 2 cent. 1/2 de long, ovales-cordiformes, sub-aiguës, profondément crénelées-dentées, vert grisâtre en dessus ; pétioles des feuilles caulinaires plus longs que leur limbe. Rameaux de 30 cent. ou plus de haut. Maroc, 1878. Toute la plante est couverte de poils argentés. (B. M. 6389.)

S. nivea, Labill. *Fl.* roses, grandes, en verticilles multiflores, peu nombreux et distincts ; corolle velue, deux fois plus longue que le calice et dilatée à la gorge. Juin-juillet. *Flles* pétiolées, oblongues-lancéolées, obtuses, profondément dentées, rugueuses, velues-grisâtres en dessus et blanches en dessous. Caucase, 1820. Syn. *Betonica nivea*, Steven.

S. palustris, Linn. Epiaire des marais. — *Fl.* pourpre pâle, tachées de blanc, réunies par six-dix en verticilles distincts ou les supérieurs rapprochés et formant des épis terminaux. Juillet-octobre. *Flles* sub-sessiles, oblongues-lancéolées, sub-dentées, un peu cordiformes à la base ; les supérieures amplexicaules. Tige généralement simple et dressée. Souche pourvue de courts rhizomes annelés, blanc jaunâtre à l'extérieur, rappelant beaucoup ceux du *T. tuberifera*, mais plus gros et que l'on a recommandés comme succédané de ce dernier. Europe, France, etc., dans les lieux humides.

S. Salviæ, Lindl. — V. **Sphacele Lindleyi.**

S. sibirica, Link. Syn. de *S. alpina intermedia*, Hort.

S. tuberifera, Ndn. Epiaire à chapelet, Crosne du Japon. — *Fl.* roses, en épi, se montrant très rarement sous notre climat. *Flles* ovales-aiguës, vert terne, réticulées, poilues

Fig. 117. — Stachys tuberifera. — Crosne du Japon.

et rudes au toucher. Souche pourvue de très nombreux rhizomes coniques, un peu plus petits que le petit doigt et profondément annelés. *Haut.* 30 à 50 cent. Nord de la Chine et Japon, vers 1885. (G. C. 1888, part. I, f. 1 ; R. G. 1890, 47 ; A. V. P. 38.) Syn *S. affinis*, Bunge.

STACHYS. — Dans les mots composés de grec, ce terme signifie *épi*. Ex. : *Phyllostachys*, *Stachytarpheta*, *Stachyurus*, etc.

STACHYS tubéreux ; Angl. Japanese Artichoke (*Stachys tuberifera*, Ndn.). — *L'Epiaire à chapelets* ou *Stachys tubéreux*, auquel on a également donné le nom de Crosne du Japon (de Crosne, petit pays de Seine-et-Oise où la plante a été cultivée en premier lieu), est une plante vivace, introduite du Japon et de la Chine septentrionale il y a à peine dix ans et qui, grâce au zèle infatigable de M. Pailleux, son introducteur, s'est rapidement répandue dans les cultures. Elle se multiplie au moyen de ses rhizomes qui forment des sortes de tubercules annelés, d'un blanc jaunâtre, à peau très fine et chair tendre, longs 5 de 6 à cent.

Ce sont ces tubercules qu'on mange de la façon suivante. On les lave, on les brosse et on les passe de nouveau à l'eau pour qu'il ne reste pas de terre ou de sable aux entre-nœuds, puis on supprime les jeunes pousses, s'il y en a, ainsi que les radicules. Quand ils sont bien nets et propres, on les jette dans l'eau bouillante, avec du sel, et on les y laisse cinq minutes seulement ; on les égoutte alors, on les fait sauter au beurre et on les sert salés et semés de persil haché. On les mange également frits dans la pâte, dans les ragoûts, en quenelles, en salade (cuits dans du bouillon), ou confits au vinaigre.

Culture. — On plante les rhizomes de Stachys en mars-avril, plus tôt même, si le temps le permet, en terre légère et saine, plus ou moins sablonneuse. On met d'un à trois rhizomes à la touffe, en espaçant celles-ci d'environ 30 à 40 cent. en tous sens et on enterre les rhizomes à 10 cent. Il n'y a pas d'autres soins à leur donner que d'arroser en temps de sécheresse et de sarcler, suivant le besoin, pour tenir le terrain propre.

Les rhizomes ne se forment qu'à l'arrière-saison; quand les feuilles et les tiges commencent à se faner, ils sont à leur complet développement et bons à arracher à partir de la fin de novembre. Comme ils se conservent peu de temps à l'air, qu'ils se rident et noircissent assez vite, on ne doit les arracher qu'au fur et à mesure des besoins. Pour pouvoir le faire facilement pendant l'hiver, on couvre la plantation de paille ou de feuilles, afin d'empêcher le sol de durcir par la gelée. (G. A.)

STACHYTARPHA, Link. — V. **Stachytarpheta**, Vahl.

STACHYTARPHETA, Vahl. (de *stachys*, épi, et *tarphys*, épais ; allusion à la forme de l'inflorescence). Angl., Bastard Vervain. Syns. *Abena*, Neck. ; *Cymburus*, Salisb. et *Stachytarpha*, Link. Fam. *Verbenacées.* — Genre comprenant environ quarante-cinq espèces de plantes herbacées, de sous-arbrisseaux ou d'arbustes de serre chaude, glabres ou velus, habitant l'Amérique tropicale et sub-tropicale, et dont un est aussi largement dispersé dans l'Asie et l'Afrique tropicales. Fleurs blanches, bleues, pourpres ou écarlates, solitaires à l'aisselle des bractées, sessiles ou à moitié enfoncées dans le rachis de l'épi; celui-ci terminal ; calice à cinq dents ; corolle à tube droit ou arqué et à limbe à cinq larges lobes obtus ou rétus, égaux ou diversement inégaux ; étamines fertiles deux ; bractées parfois petites ou étroites, lâches ou apprimées, parfois ovales ou lancéolées et imbriquées. Feuilles opposées ou alternes, dentées et souvent ridées.

Toutes ces plantes prospèrent dans un compost de terre franche siliceuse et de terreau de feuilles. Celles qui sont arbustives peuvent se multiplier par boutures que l'on plante dans du sable, sous cloches et sur chaleur de fond ; celles qui sont herbacées et vivaces se propagent par division et les annuelles par semis

Les espèces décrites ci-après sont les plus importantes au point de vue horticole. Le *S. mutabilis* est un bel arbuste à floraison perpétuelle, dont les feuilles ont été importées du sud de l'Afrique pour falsifier le thé.

S. aristata, Vahl. *Fl.* d'un beau pourpre noirâtre, réunies en épis terminaux et très longs, couverts de nombreuses bractées foliacées, brusquement rétrécies en longue pointe ; corolle à tube arqué. Octobre. *Flles* opposées, ovales ou rhomboïdes-ovales, aiguës, grossièrement dentées, ridées, entières à la base et rétrécies à ce point en courts pétioles. *Haut.* 60 cent. Amérique du Sud, 1845. Sous-arbrisseau. (B. M. 4211 ; F. d. S. 55.)

S. bicolor, Hook. f. *Fl.* d'abord pourpres, devenant ensuite et graduellement bleu verdâtre, à gorge de la corolle en entonnoir allongé et restant blanche ; épi terminal, grêle, dépassant les feuilles ; bractées subulées et dressées. Juin. *Flles* variant depuis la forme ovale jusqu'à celle ovale-lancéolée, aiguës, dentées depuis un peu au-dessus de la base. *Haut.* 1 m. Brésil, 1865. Arbuste. (B. M. 5538.)

S. cajanensis, Vahl. *Fl.* bleues, enfoncées dans des sillons du rachis ; bractées linéaires, acuminées, ciliées supérieurement ; épis grêles. Mai. *Flles* ovales, obtuses ou sub-obtuses, contractées en pétioles. *Haut.* 1 m. Cayenne, 1822. Arbuste. Syn. *S. cayennensis*, Schau.

S. cayennensis, Schau. Syn. de *S. cajanensis*, Vahl.

S. crassifolia, Schrad. *Fl.* bleu d'azur ; bractées ovales et coriaces ; épis allongés, grêles, droits, arrondis et glabres. Juin. *Flles* de 5 à 8 cent. de long, elliptiques ou oblongues-obovales, entières à la base, resserrées, sessiles, obtuses, crénelées-dentées, à bords révolutés et pubescentes-tomenteuses en dessous. *Haut.* 60 cent. Brésil, 1826. Arbuste.

S. dichotoma, Vahl. *Fl.* bleues ; bractées très étroites ; épis grêles, de 15 à 45 cent. de long. Juin. *Flles* de 5 à 10 cent. de long, ovales ou ovales-oblongues, resserrées à la base, cunéiformes-décurrentes, aiguës ou acuminées et profondément crénelées-dentées. Rameaux tétragones. *Haut.* 60 cent. Amérique du Sud. Sous-arbrisseau à ramifications dichotomes. (B. M. 1848). Syn. *S. urticifolia*, Dalz.

S. jamaicensis, Vahl. Angl. Brasilian Tea-tree. — *Fl.* bleues, enfoncées dans de profondes excavations de l'épais rachis ; bractées apprimées ; épis ayant environ la grosseur d'une plume d'oie et longs de 15 à 25 cent. Juillet. *Flles* ovales ou oblongues, grossièrement dentées en scie et rétrécies en pétioles. *Haut.* 60 cent. Indes occidentales, 1714. Plante annuelle, mais suffrutescente à la base. (B. M. 1860.)

S. mutabilis, Vahl. * *Fl.* cramoisies, à la fin rosées, grandes, enfoncées dans des sillons du rachis ; bractées lancéolées-subulées, étalées au-dessus du milieu ; épis allongés et dressés. Fleurit toute l'année. *Flles* ovales, contractées en pétioles, scabres en dessus et pubescentes en dessous. *Haut.* 1 m. Amérique du Sud, 1801. Sous-arbrisseau. (A. B. R. 433 ; B. M. 976 ; R. G. 90.) Syn. *Verbena mutabilis*, Jacq.

S. urticifolia, Dalz. Syn. de *S. dichotoma*, Vahl.

STACHYURUS, Sieb. et Zucc. (de *stachys*, épi, et *oura*, queue ; allusion à la forme des chatons). Fam. *Ternstrœmiacées*. — Genre ne comprenant que deux espèces d'arbustes ou de petits arbres glabres et demi-rustiques, dont un habite le Japon et l'autre l'Himalaya, Fleurs petites, réunies en épis ou grappes courtes, latérales ou axillaires ; sépales quatre, fortement imbriqués ; pétales également quatre, libres et imbriqués ; étamines huit, libres. Feuilles membraneuses et dentées en scie.

L'espèce suivante est un arbuste ou petit arbre produisant des fleurs en très grande quantité et cela avant que les feuilles ne soient développées. Il prospère dans toute bonne terre de jardin, mais, sauf dans le centre et l'ouest de la France, il est prudent de le planter dans les endroits chauds et de préférence au pied des murs. On le multiplie facilement par boutures de pousses à demi aoûtées, que l'on fait dans du sable, sous cloches et en serre froide, en ayant soin de les tenir ombragées jusqu'à ce qu'elles soient enracinées.

S. præcox, Sieb. et Zucc. * *Fl.* vert jaunâtre, de 8 mm. de diamètre, sub-globuleuses-campanulées, sessiles ou très courtement pédicellées, à pétales beaucoup plus grands que les sépales ; épis axillaires, de 5 à 8 cent. de long, arqués, courtement pédonculés et multiflores. Mars. *Flles* de 10 à 15 cent. de long, obovales ou ovales-lancéolées, acuminées, serrulées, souvent obliques, minces et vert gai. Rameaux grêles, flexibles. *Haut.* 3 m. Japon, 1864. (B. M. 6631 ; R. H. 1869, 200 ; S. Z. F. J. 18.)

STACKHOUSIA, Smith (dédié à John Stackhouse, botaniste anglais, qui écrivit sur les Algues ; 1740-1819). Fam. *Stackhousiées*. — C'est un des deux genres composant aujourd'hui la petite famille à laquelle il a donné son nom et où l'on trouvera ci-après ses propres caractères. Il se compose d'environ vingt espèces habitant l'Australie, la Nouvelle-Zélande et les îles Philippines. La suivante est la plus répandue dans les collections. Elle prospère en toute terre ordinaire de jardin et se multiplie facilement par boutures de jeunes pousses, que l'on plante en terre siliceuse et dans un châssis froid.

S. linariifolia, A Cunn. Syn. de *S. monogyna*, Labill.

S. monogyna, Labill. *Fl.* blanches, à tube de la corolle de 8 à 10 mm. de long ; grappe d'abord dense, mais atteignant souvent à la longue 10 à 12 cent. de long. Avril. *Flles* linéaires ou lancéolées, aiguës ou obtuses, rapprochées ou peu nombreuses et espacées, de 1 1/2 à 2 cent. 1/2 de long et atteignant parfois chez les sujets très vigoureux jusqu'à 5 cent. Tiges grêles, simples ou légèrement ramifiées. *Haut.* 30 à 50 cent. Plante vivace et rustique. Australie. Syn. *S. linariifolia*, Labill.

STACKHOUSIÉES. — Très petite famille naturelle de végétaux Dicotylédones, ne comprenant qu'environ vingt et une espèces réparties dans les deux genres *Stackhousia* et *Macgregoria*, ce dernier de création récente et encore monotype, non introduit. Souche ordinairement vivace ; tiges grêles, prenant souvent une teinte jaunâtre, rarement naines et touffues. Ces plantes sont presque confinées dans l'Australie, mais une espèce s'étend cependant jusque dans la Nouvelle-Zélande et une autre dans les îles Philippines. Fleurs blanches ou jaunes, réunies en épis terminaux ou rarement solitaires, accompagnés de trois bractées à la base ; calice petit, à cinq lobes ou divisions ; pétales cinq, périgynes, pourvus de longs onglets, ordinairement libres à la base, mais soudés en tube supérieurement et à lobes étalés ; étamines cinq, incluses dans le tube de la corolle et de longueur très inégale. Feuilles alternes, étroites, entières, souvent un peu charnues; stipules nulles ou très petites lorsqu'elles existent.

STÆHELINA, Linn. (dédié à Benedict Stæhelin, botaniste suédois; 1695-1750). Fam. *Composées*. — Genre ne comprenant qu'environ six espèces de sous-arbrisseaux demi-rustiques ou de serre froide, habitant la région méditerranéenne. Capitules purpurins, étroits, solitaires ou réunis en corymbes denses et terminaux; involucre cylindrique, formé de bractées multisériées, aiguës ou obtuses; réceptacle plan, garni de paillettes étroites; achaines ovoïdes, striés, glabres ou velus-soyeux et surmontés d'une aigrette à poils lisses et soyeux.

L'espèce suivante, seule spontanée dans le midi de la France, se rencontre parfois dans les collections botaniques et pourrait avantageusement figurer dans les cultures d'ornement, au même titre que la Santoline, car elle est naine, trapue et fait assez bon effet. Le *S. pubescens*, Linn. a aussi été introduit dans les jardins, mais il n'y a probablement pas persisté. Pour leur culture et multiplication V. **Santolina**.

S. dubia, Linn. *Capitules* purpurins, réunis en corymbes terminaux; involucre rougeâtre. Juin-juillet. *Flles* linéaires, denticulées, enroulées en dessous par leurs bords, rapprochées, vertes en dessus et blanches-cotonneuses en dessous. Rameaux nombreux, courts, dressés et feuillus. *Haut.* 30 cent. Sous-arbrisseau. France méridionale, etc. (S. M.)

STALAGMITES, Roxb. pr. p. — V. **Xanthochymus**, Roxb.

STAMINAL; Angl. Stamineal. — Qui contient, qui a rapport aux étamines.

STAMINIFÈRE; Angl. Staminiferous. — Qui porte les étamines.

STAMINODE. — Étamine avortée, rudimentaire ou transformée en organe ou appendice supplémentaire; les exemples sont fréquents, notamment dans les familles des Orchidées et Scrophularinées. (S. M.)

STAMINODIE; Angl. Staminody. — Nom donné à la transformation d'autres organes en étamines.

STANGERIA, T. Moore. (dédié à William Stanger, intendant général de Natal, mort en 1854). Fam. *Cycadacées*. — La seule espèce de ce genre est une grande et belle plante de serre chaude, dont le feuillage et le port rappellent plus celui de certaines grandes Fougères que celui d'une Cycadacée, bien qu'elle appartienne évidemment à cette famille par les caractères de son inflorescence. Pour sa culture, V. **Zamia**.

S. paradoxa, T. Moore; Angl. Hottentot's head. — *Flles* peu nombreuses, longuement pétiolées, pinnées, très glabres, à pinnules opposées et alternes, linéaires-lancéolées, obtuses, aiguës ou acuminées, denticulées-spinuleuses ou légèrement crénelées, rarement lobées-pinnatifides, parcourues par des nervures parallèles et fourchues, rappelant celles d'un *Lomaria;* les inférieures pétiolulées et parfois bifides à la base; les supérieures sessiles. *Inflorescence* en cône pédonculé, velu, fortement garni d'écailles imbriquées et multisériées; les mâles cylindriques; les femelles plus courts que ceux-ci et oblongs-cylindriques. tronc ou tige de 30 cent. de long, rétréci à la base. *Haut.* 60 cent. Sud-est de l'Afrique sub-tropicale, 1851. (B. M. 5121.)

S. p. Katzeri, Hort. *Flles* peu nombreuses, ovales, à pinnules au nombre d'environ vingt paires, obversement oblongues, arrondies et mucronées au sommet, légèrement ondulées et crénelées-dentées sur les bords. — Cette variété diffère en outre du type par sa taille plus petite. (R. G. 798, sous le nom de *S. Katzeri*, Regel.)

S. p. schizodon, Hort. *Flles* à pinnules irrégulièrement incisées-dentées. 1872. — Cette variété est plus robuste que le type; elle représente une de ses formes extrêmes, tandis que la précédente représente l'autre. (G. C. 1894, part. I, p. 372, cum. tab.)

STANHOPEA, Frost. (dédié au comte Stanhope, président de la société médico-botanique d'Angleterre; 1781-1855). Syn. *Ceratochilus*, Lindl. Fam. *Orchidées*. — Genre comprenant environ une trentaine d'espèces de belles Orchidées épiphytes, de serre chaude, habitant l'Amérique tropicale, depuis le Brésil jusqu'au Mexique. Fleurs grandes, peu nombreuses, pédicellées et réunies en grappe lâche, défléchie ou pendante sous la plante; sépales et pétales libres, sub-égaux, charnus, oblongs et étalés; ces derniers parfois ondulés; labelle inséré à la base de la colonne, continu ou brièvement soudé avec elle, épais, charnu, de structure très variable et remarquable; la partie postérieure (hypochile) est ordinairement sacciforme, globuleuse ou oblongue; la partie médiane (mésochile) est souvent pourvue de deux cornes saillantes et la partie antérieure (épichile) est plus ou moins mobile et entière ou trilobée; colonne dressée ou incurvée, souvent allongée, non stipitée et parfois bi-ailée; masses polliniques deux, à caudicules plans. Feuilles amples, plissées-veinées et rétrécies en pétioles. Tige très courte, couverte de nombreuses gaines, monophylle et ordinairement épaissie à la base en un pseudo-bulbe charnu.

Bien que les fleurs des *Stanhopea* soient éphémères, ne durant que quelques jours en perfection, leur floribondité devrait les faire comprendre dans toutes les collections; les fleurs de plusieurs espèces sont fort belles, toutes de forme très singulière et beaucoup sont très odorantes.

Par suite de la façon particulière dont ils produisent leurs fleurs, les grappes étant pendantes et naissant exactement en dessous de la plante, il faut les cultiver dans des paniers, dont le fond et les côtés soient plus ajourés que pour les autres Orchidées et que l'on suspend à la charpente des serres. La serre aux Orchidées brésiliennes ou des Indes orientales leur convient pendant leur période de végétation, et durant celle-ci, il faut les arroser copieusement. Pendant leur repos, il faut au contraire les tenir presque secs. Comme compost pour leur empotage ou leur rempotage, on emploie du sphagnum frais, un peu de terre de bruyère bien fibreuse et quelques morceaux de charbon de bois. Il est utile de laver les feuilles de temps à autres avec une éponge, car elles sont sujettes à être attaquées par les Thrips et par la Grise. Leur multiplication s'effectue par division des fortes touffes.

S. Amesiana, Hort. *Fl.* blanches, grandes, à labelle épais et dépourvu de cornes. « C'est probablement une variété du *S. Lowii*. » Origine non indiquée, 1893. (G. M. 1893, 352.)

S. aurea, Lodd. Syn. de *S. Wardii aurea*, Hort.

S. bellærensis, G. Mantin et Ed. André. *Fl.* grandes de 12 cent. de long et autant de large, réunies par deux trois sur un pédoncule pendant, à sépales ovales, soudés inférieurement, jaune primevère, fortement tachetés de brun, ainsi du reste que toute la fleur, sauf la colonne; pétales beaucoup plus étroits et plus courts; labelle bipartite, à partie supérieure pourvue de deux cornes charnues; colonne ailée supérieurement, se terminant en deux pointes aiguës, blanc tacheté de rouge. *Flles* solitaires sur les pseudo-bulbes, de 35 à 40 centimètres de long, oblongues et sillonnées. Pseudo-bulbes courts, ovoïdes et sillonnés. Bel hybride des *S. insignis* et *S. oculata*. 1896. (R. H. 1896, 232.)

S. Bucephalus, Lindl. * *Fl.* très odorantes, à sépales, pétales et hypochile d'un beau jaune pâle, ponctuées et maculées de pourpre sur toutes les parties, sauf l'hypochile; celui-ci naviculaire; mésochile à deux cornes; épichile arrondi-ovale et cuspidé; grappe défléchie, composée de plusieurs fleurs. Août. *Flles* pétiolées, oblongues, acuminées et plissées. *Haut.* 60 cent. Sud du Mexique, jusqu'au Pérou, 1843. Très belle Orchidée. (B. M. 5278; B. R. 1845, 24.)

S. B. guttata, Beer. *Fl.* à sépales, pétales et hypochile jaune abricot foncé; chaque pétale et l'hypochile sont marqués de quatre taches brunes.

S. B. Roezlii, Hort. *Fl.* à sépales, pétales et base du labelle jaune safran foncé, maculés de brun; colonne et cornes blanches, la première également maculée. Nicaragua, 1874. (R. G. 785.)

S. cirrhata, Lindl. *Fl.* absolument solitaires, à sépales blancs, obtus, beaucoup plus longs que les pétales; ceux-ci ovales et jaunes; labelle violet et jaune, à cornes naissant sur l'hypochile; celui-ci à trois côtes sur la face interne et arrondi extérieurement; mésochile nul; épichile ovale et indivis; bractées spathiformes, imbriquées, plus longues que les ovaires; colonne non ailée, développée en une paire d'antennes, comme certains *Odontoglossum*. *Haut.* 30 cent. Nicaragua, 1840. (G. C. 1850, p. 295; L. et P. F. G. I, p. 31, 19.)

S. deltoidea, Lem. *Fl.* jaune un peu pâle, ponctuées de cramoisi, grandes, à labelle orangé, brun noirâtre à la base et portant de chaque côté une tache brune. Pérou (?), 1862. (I. H. 1862, 340.)

S. Devoniensis, Lindl. *Fl.* jaune crème pâle, fortement et irrégulièrement maculées de pourpre cramoisi foncé, agréablement parfumées, à sépale dorsal et pétales rayés près de la base; labelle blanchâtre, maculé de pourpre; hypochile sub-globuleux, avec une tache pourpre foncé dans sa moitié inférieure; mésochile court et à deux cornes; épichile obtusément anguleux, rhomboïde et obscurément tridenté au sommet, pédoncules biflores. Juillet-août. *Flles* courtement pétiolées, lancéolées, plissées et vert pâle. Pseudo-bulbes ovales et sillonnés. *Haut.* 50 cent. Guatémala, 1853. (F. d. S. 974; L. S.-O. I.)

S. eburnea, Lindl. *Fl.* blanches, odorantes, à labelle oblong, deux fois aussi long que les pétales; hypochile et mésochile pourpre terne ou maculés de pourpre sur la face supérieure; le dernier plein et devenant tronqué; épichile ovale; colonne très longue; bractées plus courtes que l'ovaire; hampe lâche et pendante. Juin. Vénézuéla, Guyane et Brésil, 1828. (B. M. 3359; B. R. 1529.)

S. e. spectabilis, Hort. *Fl.* jaune paille pâle, très odorantes, à sépales larges; pétales étroits; labelle blanc, vernissé, non maculé, sauf deux lignes cramoisies et quelques petites taches à la base. Vénézuéla, 1868. (I. H. 531.)

S. ecornuta, Lem. *Fl.* géminées, d'environ 11 cent. de diamètre, à hypochile un peu en forme de sabot, extrêmement charnu, orange vif, passant au blanc pur vers le sommet, élégamment maculé de pourpre sur les côtés, dépourvu de cornes, mais portant quatre petites tumeurs; le reste de la fleur est blanc pur, sauf quelques taches pourpres près de la base des pétales; ceux-ci concaves; bractées, plus courtes que l'ovaire; hampe courte et pendante. Amérique centrale, 1854. — Selon le Dr Lindley, cette plante « peut être considérée comme une espèce dont l'hypochile (ou moitié inférieure du labelle) est seul présent. » (B. M. 4885; L. et P. F. G. I. 31; F. d. S. 1846, 181 et R. X. O. I, 43, sous le nom de *Stanhopeastrum ecornutum*, Rchb. f.)

S. florida, Rchb. f. *Fl.* blanches, grandes, à sépales et pétales marqués à l'intérieur de petites taches pourpres; labelle parsemé de petits points pourpres et portant une grande tache de chaque côté, entre les deux carènes. Mexique (?), 1800. (R. G. XVI, p. 561, 565; R. G. II, 39.)

S. gibbosa, Rchb. f. *Fl.* jaune terne, maculées et rayées de cramoisi terne, teinte devenant plus foncée sur les pétales, d'environ 15 cent. de diamètre; hypochile incurvé, caréné de chaque côté, mésochile pourvu de cornes ligulées-falciformes; épichile oblong, aigu. Juin-juillet. Amérique centrale, 1870. Belle espèce ressemblant un peu au *S. Wardii*.

S. grandiflora, Lindl. * *Fl.* blanc pur, sauf quelques ponctuations cramoisies existant sur les parties médiane et basale du labelle, ayant au moins 15 cent. de diamètre quand elles sont épanouies et très odorantes; hypochile arrondi et pourvu de deux cornes sur le devant, mai; obscurément tridenté; épichyle ovale; colonne très longue hampe courte et pendante. *Flles* largement lancéolées et plissées. Pseudo-bulbes ovales et sillonnés. La Trinité, 1824. Syn. *Ceratochilus grandiflorus*, Lodd. (B. IV, 176; L. B. C. 1414.)

S. graveolens, Lindl. *Fl.* exhalant une odeur très forte et désagréable, à sépales et pétales jaune paille tendre, base du labelle et partie centrale de la fleur généralement d'un beau jaune abricot foncé, tandis que les cornes et l'extrémité supérieure du labelle sont ivoire tournant au jaune; colonne très large, ailée presque jusqu'à la base et ayant ainsi presque la forme d'un parallélogramme; bractées étroites, égalant à peine l'ovaire; épi étalé. Guatémala (?), 1843.

S. g. aurita, Hort. *Fl.* entièrement rouge abricot foncé.

S. g. Lietzei, Regel. *Fl.* à sépales et pétales plus jaunâtres et les panachures oranges de l'hypochile du labelle sont remplacées par une bande rouge clair; l'épichile ou lobe antérieur est blanc, ponctué de pourpre. Brésil, 1891. (R. G. 1891, 1345.)

S. guttulata, Lindl. Syn. de *S. oculata*, Lindl.

S. Haseloviana, Rchb. f. *Fl.* très grandes, réunies par cinq à sept en grappes à sépales arrondis, pâles, parsemés de taches rouges; pétales dressés, oblongs et rose pâle; labelle allongé et tacheté de pourpre, à lobes latéraux corniculés; le médian ovale et obtus; colonne ailée et lobulée au sommet. *Flles* pétiolées, oblongues-lancéolées et à sept nervures. Pseudo-bulbes renflés. Pérou. (B. M. 7452.)

S. inodora, Lodd. *Fl.* jaune paille pâle, avec l'hypochile seulement jaune, inodores; ce dernier court et sacciforme; mésochile à deux cornes, profondément sillonné entre les dents; épichile un peu arrondi-ovale, entier, plus long que les cornes incurvées; ailes de la colonne graduellement rétrécies vers la base, où elles disparaissent totalement; bractées oblongues, égalant l'ovaire; épi contracté. Mai. Mexique, 1844. (B. R. 1845, 65; R. X. O. 165.)

S. i. amœna, Hort. * *Fl.* à hypochile jaune foncé, avec des taches oculaires rouge brunâtre; épichile rose et ponctué; cornes ponctuées à l'intérieur et fortement acuminées.

S. insignis, Frost. * *Fl.* jaune pâle et terne, fortement maculées et teintées de pourpre, grandes, odorantes et élégantes; hypochile globuleux, fendu sur le devant; mésochile portant des cornes arquées et falciformes; épichile

STANHOPEA TIGRINA MAJOR

arrondi-ovale, entier, plus court que les cornes; colonne remarquable par ses bords largement ailés, ce qui lui donne presque la forme d'une raquette; épi pendant, composé de trois à quatre fleurs. Août-septembre. *Flles* largement lancéolées, vert foncé et plissées. Pseudo-bulbes fasciculés, ovales et sillonnés. Brésil, 1826. C'est une très belle espèce et le type du genre. (B. M. 2948-9; B. R. 1837; L. B. C. 1985; R. X. O. 164.)

S. i. **flava**, Hort. *Fl.* entièrement jaunâtres et très odorantes.

S. **Lowii**, Rolfe. Espèce très distincte, appartenant au même groupe que le *S. ecornuta*, et différant du *S. Amesiana* par les taches pourpres que porte son hypochile et ses sépales et pétales chamois. Nouvelle-Grenade, 1893. (G. C. 1893, part. II, f. 107.)

S. **macrochila**, Lem. *Fl.* blanches ou jaune crème, portant des taches cramoisies, disposées en ligne. Mexique, 1879. (I. H. VI, p. 71.)

S. **Martiana**, Lindl. *Fl.* à sépales jaune paille, avec quelques petites taches vineuses; pétales blancs, plus largement maculés et portant une autre macule cramoisie à la base; labelle blanc; hypochile court, sessile, scrotiforme; mésochile court, pourvu de cornes presque droites et cirrhiformes; épichile oblong-linéaire, obscurément tridenté; colonne pubescente, à bords à peine dilatés; hampes biflores. Automne. *Flles* lancéolées, plissés-veinées. Pseudo-bulbes ovales et sillonnés. Mexique, 1843. Magnifique et distincte espèce. (F. d. S. 2112-3; B. R. 1843, 44, sous le nom de *S. M. bicolor*, C. Koch.) Syn. *S. velata*, C. Morr.

S. **Moliana**, Rolfe. *Fl.* à sépales blanc jaunâtre et à pétales blanc pur, portant tous des taches roses et annulaires; labelle blanc et ponctué de pourpre. Pérou, 1892. (L. 7, 331.)

S. **oculata**, Lindl. * *Fl.* ordinairement jaune citron, avec un grand nombre de taches lilas sur les sépales, celles-ci moins nombreuses sur les pétales et une tache oculaire jaune foncé et deux ou parfois quatre grandes taches brunes sur la face interne de l'hypochile, qui est très fortement allongé et paraissant onguiculé; cornes semi-arrondies. ascendantes et aiguës; pédoncules portant une grappe pendante, composée d'environ six fleurs. Juillet-novembre. *Flles* amples, largement lancéolées et nervées. Pseudo-bulbes petits. Mexique, 1829. Espèce vigoureuse et très florifère. (B. M. 5300; B. R. 1800; L. 256.) Syn. *S. guttulata*, Lindl. et *Ceratochilus oculatus*, Lodd. (L. B. C. 1764; R. G. 189.) — Il existe dans les collections de nombreuses variétés différant entre elles par leur teinte et les ponctuations du labelle. Presque toutes sont odorantes.

S. o. **Barkeriana**, Hort. — V. *S. o. Lindleyi*, Hort.

S. o. **crocea**, Hort. Syn. de *S. o. Barkeriana*, Hort.

S. o. **Lindleyi**, Hort. *Fl.* rouge vineux terne et légèrement maculées. — Le S. o. **Barkeriana** lui est probablement identique.

S. **ornatissima**, Hort. *Fl.* orange foncé, maculées de rouge et portant vers la base de grandes macules brun rougeâtre; épis pendants, composées de six à sept fleurs. *Flles* plissées. Pérou (?), 1862. (I. H. 325; R. G. 189, sous le nom de *S. oculata crocea*, Hort.)

S. **platyceras**, Rchb. f. *Fl.* jaune nankin, marquées de ponctuations et de cercles de petits points purpurins, grandes, à hypochile portant de chaque côté une grande tache pourpre brunâtre. Nouvelle-Grenade, 1868. Plante voisine du *S. grandiflora*. (Ref. B. 108.)

S. **pulla**, Rchb. f. *Fl.* jaune abricot, petites, à sépales latéraux oblongs, aigus, réfléchis; les supérieurs plus étroits que les inférieurs; pétales jaune très vif, plus courts, plus étroits, ligulés, aigus; labelle très vivement coloré, luisant, en forme de sabot, avec une nodosité arrondie au sommet et une bordure marginale aiguë et semi-oblongue; à l'intérieur existe un appendice presque carré, portant quatre carènes convergeant comme la lettre V; entre celles-ci et la nodosité terminale existe une fente transversale invisible; nodosité blanche; bordure et carènes ayant la forme de lettre V, pourpre brunâtre; hampe courte. forte et biflore. Pseudo-bulbes courts, coniques, sillonnés et foncés. Costa-Rica, 1877. (R. X. O. 205.)

S. **quadricornis**, Lindl. *Fl.* jaune pâle, faiblement maculées de cramoisi; hypochile oblong, portant deux cornes proéminentes, dressées et insérées sur le bord inférieur de la cavité; mésochile également pourvu de deux cornes. charnu et creux; épichile ovale, entier, plus court que les cornes qui sont incurvées et arrondies; bractées très courtes et étroites. Amérique centrale. (B. R. 1838, 5.)

S. **radiosa**, Lem. Syn. de *S. saccata*, Batem.

S. **Reichenbachiana**, Rœzl. *Fl.* d'un blanc luisant et délicat, à sépales et pétales devenant ocreux; hypochile devenant rosé, semi-globuleux, prolongé en angle sur le bord supérieur; mésochile plein, profondément canaliculé. tronqué sur le devant; épichile triangulaire et un peu convexe. Colombie, 1879. — Plante curieuse, ressemblant au *S. eburnea*, mais plus grande et plus remarquable.

S. **Ruckeri**, Lindl. « Espèce majestueuse, ayant le port du *S. Wardii* et sa teinte générale, sauf qu'elle est un peu plus pâle, mais l'épichile est magnifiquement teinté de rose et les yeux de l'hypochile sont très pâles. On la distingue facilement : 1° par la forme particulière de son hypochile, qui, au lieu d'être oblong, est tellement rétréci à la base qu'il devient obovale; 2° par l'absence totale des dents latérales des bords; 3° par la présence d'une très forte dent infléchie, dans laquelle se termine la fissure béante du mésochile (Lindley). » Nicaragua, 1843. (R. H. B. 1888, 249; L. J. F. 375, sous le nom de *S. R. speciosa*.)

S. **saccata**, Batem. *Fl.* jaune verdâtre. régulièrement tachetées, mais non maculées et brun jaune foncé à la base. petites et à sépales et pétales retournés complètement en arrière sur l'ovaire; hypochile très profond et incurvé; mésochile réduit à une surface suffisante pour le développement de deux cornes larges et plates; épichile ovale et trilobé; bractées raccourcies. Guatémala, 1836. Syn. *S. radiosa*, Lem. (I. H. VIII, 270.)

S. **Spendleriana**, Kranzl. Hybride horticole des *S. oculata* et *S. tigrina*. 1890. (R. G. 1890, 1335.)

S. **Shuttleworthii**, Rchb. f. *Fl.* à sépales, pétales et partie basale du labelle jaune abricot, avec des taches pourpres; partie antérieure du labelle jaune blanchâtre, avec des taches purpurines et foncées sur le limbe antérieur; colonne blanchâtre, avec la partie médiane verte et maculée de pourpre à la face interne. Colombie, 1876. Plante voisine du *S. insignis*. (R. ser. I, vol. 1, 35.)

S. **tigrina**, Batem. * Angl. Lynx Flower. — *Fl.* jaune orange foncé, richement maculées de brun purpurin, très odorantes et mesurant jusqu'à 20 cent. de diamètre; hypochile arrondi, jaune, portant des crêtes rayonnantes et dentées à l'intérieur de sa cavité; mésochile à deux cornes; épichile ovale, également trifide et égalant les cornes qui sont plates et falciformes; colonne excessivement large; grappe composée de trois à quatre fleurs. Juillet-septembre. *Flles* grandes, largement lancéolées, vert foncé et plissées. Mexique, 1836. — C'est sans doute la plus belle espèce du genre.

S. t. **lutescens**, Hort. *Fl.* jaune brillant passant à l'orange, rayées de chocolat foncé, très grandes et belles. Guatémala. Magnifique variété pour exposition.

S. t. **grandiflora**, Hort. Variété à fleurs plus grandes que celles du type. (R. H. B. 1884, 49.)

S. t. **nigro-violacea**, Hort. *Fl.* entièrement brun pourpre, sauf les bords des sépales, des pétales et la moitié supérieure du labelle.

S. tricornis, Lindl. *Fl.* blanc ocreux, à pointes plus foncées et portant des taches cramoisies sur le disque et à la base des sépales et des pétales ; sépale dorsal réfléchi sur l'ovaire ; les latéraux étalés ; pétales entiers, couvrant le labelle ; hypochile marqué sur la face externe de lignes longitudinales blanches, rude et ponctué de pourpre à l'intérieur, semi-globuleux ; épichile jaune d'ocre orangé, portant, en outre des deux cornes latérales, une troisième corne à la base ; celles-ci ligulées et aiguës ; hampe pendante et biflore. Pseudo-bulbes petits. Pérou, 1879. (L. et P. F. G. I, p. 31 ; F. M. n. s. 469.)

S. velata, C. Morr. Syn. de *S. Martiana*, Lindl.

S. venusta, Lodd. Syn. de *S. Wardii*, Lodd.

S. Wardii, Lodd. * *Fl.* élégantes et délicieusement parfumées, à sépales et pétales jaune d'or, fortement ponctués de pourpre ; labelle jaune pâle, avec deux grandes taches pourpre velouté et foncé sur le mésochile qui est jaune foncé, oblong, déprimé et pourvu de deux cornes charnues et maculées de pourpre ; épichile arrondi-ovale, aigu, avec deux cornes semi-arrondies, falciformes, simulant des vrilles et fortement maculées de pourpre ; grappes pendantes et composées de plusieurs fleurs. *Flles* larges, acuminées et plissées. Guatémala et Vénézuela, 1836. (B. M. 5289 ; L. S. O. 20 ; L. 315.) — Le *S. venusta*, Lindl. est une variété entièrement colorée, et le *S. graveolens*, C. Morr. (F. d. S. août 1846) en est une autre à fleurs blanc sale, passant au jaune au centre.

S. W. aurea, Hort. *Fl.* orange foncé, grandes et odorantes, à hypochile portant deux taches foncées ; « qui sont en quelque sorte noyées par le jaune qui les environne. (Lindl.) » Été et automne. 1835. Syn. *S. aurea*, Lodd.

S. Warscewicziana, Klotzch. *Fl.* à sépales et pétales blanc sale ; ces derniers très acuminés ; hypochile blanc jaunâtre, globuleux, très glabre intérieurement ; mésochile à deux cornes, profondément sillonné et à dents réfléchies ; épichile finement ponctué de rouge ; cornes très aiguës et incurvées, colonne largement ailée et onguiculée, bractées beaucoup plus courtes que l'ovaire. Monts Chiriqui. (R. X. O. II, 125.)

S. xytriophora, Rchb. f. *Fl.* jaune paille pâle, marquées de pourpre à la base du labelle et portant des ponctuations purpurines sur l'épichile qui est rhomboïde ; hypochile remarquablement court. Pérou, 1868.

STANHOPEASTRUM ecornutum, Rchb. f. — V. **Stanhopea ecornuta.**

STANLEYA, Nutt. (dédié à Edward Stanley, comte de Derby, qui s'intéressa à beaucoup de sciences et surtout à l'ornithologie). Fam. *Crucifères*. — Genre comprenant trois ou six espèces de grandes plantes herbacées, glauques et rustiques, habitant la Californie, le Névada et l'Arizona. Fleurs jaunes, réunies en grappes longues et droites ; sépales courts et étalés ; pétales étroits, allongés et longuement onguiculés. Feuilles indivises ou pinnatifides.

L'espèce suivante, seule introduite dans les cultures, est une jolie plante prospérant en pleine terre, très fertile. On la multiplie par semis ou par division.

S. pinnatifida, Nutt. *Fl.* jaunes, ressemblant beaucoup à celles d'une espèce de *Cleome*. Mai. *Flles* pinnatifides-interrompues, épaisses, semblables à celles d'une espèce de *Brassica*. *Haut.* 1 m. Californie, 1812.

STANNIA, Karst. — V. **Posoqueria**, Aubl.

STAPELIA, Linn. (dédié par Linné à Borderus à Stapel, médecin d'Amsterdam, qui commenta Théophraste et mourut en 1631). Angl. Carrion Flower. Comprend les *Caruncularia*, Haw. ; *Gonostemon*, Haw. ; *Orbea*, Haw. ; *Tridenta*, Haw. et *Tromotriche*, Haw. Fam. *Asclépiadées*. — Grand genre renfermant environ soixante-dix espèces de plantes herbacées, basses, charnues, d'aspect céréiforme et de serre froide, habitant toutes le sud de l'Afrique. Fleurs ordinairement grandes et curieuses ou même élégantes, mais exhalant une odeur fétide de chair corrompue, solitaires, géminées ou rarement fasciculées à la base ou sur la longueur des rameaux et sur des pédoncules courts ou rarement allongés ; calice à cinq divisions et muni intérieurement et à la base de cinq glandes : corolle pourpre livide ou jaune pâle, maculée ou marbrée, parfois poilue intérieurement, à tube très court et à cinq lobes très étalés, larges ou étroits et valvaires ; coronule double ; l'externe horizontalement étalé et à cinq lobes profonds ; l'interne représentée par cinq écailles ; étamines insérées à la base de la corolle. Tiges à quatre angles bien marqués et dentés, portant parfois, chez les jeunes sujets, une feuille rudimentaire et très caduque au sommet des dents.

Les *Stapelia* sont intéressants au même titre que beaucoup de *Cactées*, avec lesquelles ils s'associent très bien par leur aspect et leur traitement général ; leurs fleurs sont généralement très singulières. Malheureusement, ils ont subi le fâcheux abandon qui depuis longtemps a pesé et pèse encore sur les Cactées en général, ce qui fait qu'on en rencontre plus que çà et là quelques rares exemplaires dans les collections particulières et dans les établissements scientifiques.

La liste descriptive suivante représente un choix des espèces les plus belles et les plus recommandables. Toutes ces plantes demandent un drainage parfait et un compost léger et excessivement perméable, l'humidité étant, comme pour la plupart des plantes grasses, leur plus grand ennemi. Pour allégir le compost, le mieux est d'y incorporer une certaine quantité de débris de briques et de plâtras tamisés. Quant à la terre elle-même, on emploie à cet effet de la terre franche fibreuse additionnée d'un peu de terreau de feuilles. Pendant l'hiver, les arrosements doivent être très restreints. Un gradin près du vitrage et un endroit aéré d'une serre froide est la place qui leur convient le mieux. Leur multiplication s'effectue très facilement par boutures qu'on laisse un peu se sécher avant de les planter, et qu'on arrose ensuite très modérément ou même pas du tout jusqu'à leur reprise.

Plusieurs plantes autrefois comprises dans le genre *Stapelia* sont maintenant réunies aux **Duvalia, Huernia, Piaranthus** et **Podanthes**. (V. ces noms.)

S. anguinea, Jacq. *Fl.* glabres, à corolle jaune, marquée de nombreuses taches fauves, grandes, orbiculaires, portant des taches de deux sortes ; celles des bords près de la base jaune brun foncé ; gynécée ponctué de brun foncé ; pédoncules solitaires à l'aisselle des ramilles. Juin-juillet. Rameaux dressés, à dents sub-récurvées. *Haut.* 15 cent. Cap, 1812. (L. B. C. 828 ; B. M. 1169, sous le nom de *S. picta*, Dom.)

S. Asterias, Mass. * Angl. Starfish Flower. — *Fl.* grandes, à corolle violet terne, avec les segments transversalement striés de jaune et le centre pourpre foncé ; segments lancéolés, obliques, à bords révolutés, ciliés et ridés ; pédoncules souvent solitaires. Mai-novembre. Rameaux nombreux, dressés, bordés de dents courtes, dressées ou légèrement incurvées et acuminées. *Haut.* 15 cent. Cap. 1795. C'est une des plus belles espèces. (B. M. 536; L. B. C. 453.)

S. **barbata**, Mass. — V. **Huernia barbata.**

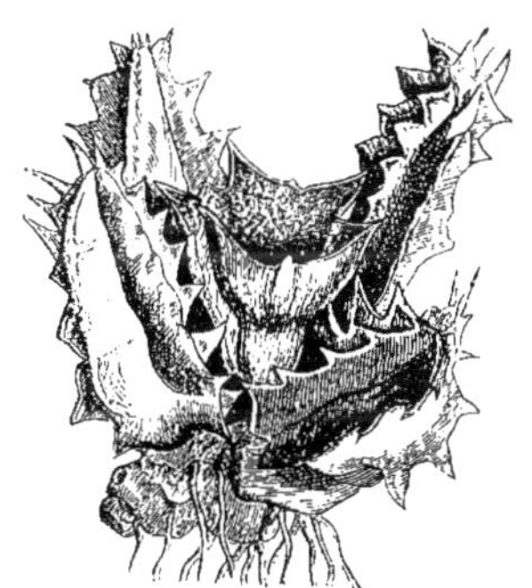

Fig. 118. — Stapelia (*Huernia*) barbata.

S. **Bayfieldii**, N. E. Br. *Fl.* à corolle de 6 à 7 cent. de diamètre, avec ses lobes étendus; face externe pubérulente, verte, teintée de pourpre et à nervures plus foncées; face interne glabre, pourpre rouge, plus foncée vers le sommet, à centre et moitié inférieure des lobes marqués de nombreuses lignes transversales jaune pâle; lamelles rouge brunâtre ou pourpre brun foncé; pédoncules de 5 mm. de long, portant trois-cinq fleurs; pédicelles de 2 à 2 cent. 1/2 de long. Tiges dressées, ramifiées à la base, de 15 à 20 cent. de haut et 16 à 18 mm. d'épaisseur, pubérulentes, à faces concaves et bordées de dents courtes, fortes et presque horizontales. Cap, avant 1877. (G. C. n. s. VII, p. 430.)

S. **bufonis**, Sims. Syn. de *S. normalis*, Jacq.

S. **campanulata**, Mass. — V. **Huernia campanulata.**

S. **Corderoyi**, Hook. f. — V. **Duvalia Corderoyi.**

S. **Courcelli**, Hort. Syn. de *S. patenrinostris*, N. E. Br.

S. **Curtisii**, Schult. Syn. de *S. variegata*, Linn.

S. **deflexa**, Hort. *Fl.* à corolle d'environ 5 cent. de diamètre, à cinq segments profonds, lancéolés, aigus, verdâtre terne ou rougeâtre pâle, ciliés, ridés et à bords révolutés; pédicelles uniflores, très étalés, insérés sur des pédoncules courts et épais. Eté. Rameaux ascendants, dressés, glabres et tétragones, portant sur les angles des dents dressées. Cap, 1815. *Haut.* 10 à 15 cent. (B. M. 1890; L. B. C. 135.)

S. **Desmetiana**, N. E. Br. *Fl.* vert pâle ou purpurines en dehors, rugueuses, pourpre rouge et marquées au centre de la face interne et jusqu'au milieu des lobes de nombreuses lignes transversales jaune pâle, à lobes couverts de poils pourpres, longs et droits; cymes sub-sessiles, composées de huit à dix fleurs; pédicelles d'environ 2 cent. 1/2 de long. Tiges de 15 à 20 cent. de haut, à quatre angles très comprimés, un peu sinués-dentés et portant des rudiments de feuilles quand ils sont jeunes. Cap, vers 1875.

S. **divaricata**, Mass. *Fl.* à corolle brun verdâtre à l'extérieur, carnée à l'intérieur, avec le sommet des divisions vertes, luisantes, à segments lancéolés, étalés à bords révolutés et ciliés; coronule orange, à segments externes mucronés; pédicelles géminés ou ternés. Juin-novembre. Rameaux nombreux, tétragones, glabres, graduellement atténués et bordés de petites dents dressées. *Haut.* 15 cent. Cap, 1793. (B. M. 1007; L. B. C. 941.)

S. **erectiflora**, Hort. *Fl.* petites, solitaires ou réunies par deux-quatre en cymes et à pédicelles dressés, de 5 à 10 cent. de long; corolle à lobes renversés, largement ovales, aigus, pubescents, pourpre brun et fortement couverts de poils blancs sur la face interne; face externe presque invisible. Tiges de 10 à 15 cent. de haut et 10 à 12 cent. d'épaisseur, à quatre angles, avec les faces concaves, ramifiées près de la base et produisant les fleurs sur leur longueur. Cap, vers 1877.

S. **eruciformis**, Hort. Syn. de *S. olivacea*, N. E. Br.

S. **gemmiflora**, Mass. *Fl.* à corolle ample, dont les segments sont fauve foncé, maculés de jaune à la gorge, lâchement et transversalement ridés, ovales et aigus; pédoncules deux à trois. Octobre-novembre. Rameaux nombreux, dressés, tétragones, à dents sub-dressées et aiguës. *Haut.* 15 cent. Cap, 1795. (B. M. 1839.)

S. **gigantea**, N. E. Br. *Fl.* jaunâtre pâle, couvertes de lignes irrégulières et rouge brunâtre, suffusées de rougeâtre autour de la coronule, de dimensions énormes, mesurant jusqu'à 30 ou 35 cent. de diamètre, à surface ridée et portant des poils courts et épars; segments lancéolés, acuminés et à bords garnis de poils semblables; coronule brun purpurin foncé. Tiges ressemblant à celles du *S. Plantii. Haut.* 15 cent. Cap, 1862. — C'est la plus belle espèce du genre. (G. C. n. s. VII, p. 693; B. M. 7068, G. et F. 1895, f. 71.)

S. **glabriflora**, N. E. Br. *Fl.* à corolle à cinq lobes profonds, lancéolés, acuminés, d'abord étalés, mesurant de 8 à 10 cent. de diamètre, puis fortement réfléchis, à face supérieure entièrement glabre, non frangée, pourpre rouge foncé, avec de nombreuses lignes transversales blanc jaunâtre; coronule brun pourpre foncé, à segments linéaires, concaves, récurvés au sommet, obtus avec une petite dent; aile libres jusqu'à la base, divergentes, oblongues et obtuses; pédicelles de 12 mm. de long et pubescents. Tiges pubescentes, dressées, quadrangulaires, de 10 à 20 cent. de haut. Cap, 1862. — Cette plante est connue dans les jardins sous le nom de *S. glabriflora minor*, Hort. (G. C. n. s. VI, p. 809.)

S. **grandiflora**, Mass. *Fl.* grandes, un peu plates, à corolle pourpre foncé à la base, avec les segments ovales-lancéolés, d'un pourpre plus clair, fortement couverts de longs poils grisâtres et striés de blanc; pédoncules biflores. Septembre-décembre. Rameaux quadrangulaires, claviformes, duveteux, à angles bordés de dents ou tubercules espacés. *Haut.* 30 cent. Cap, 1795. Plante grisâtre, à grandes et curieuses fleurs, autrefois répandue dans les cultures. (R. H. 1858, p. 152.)

S. g. **lineata**, Hort. Cette variété ne diffère du type que par les lobes de sa corolle transversalement marqués dans leur moitié inférieure de lignes jaunes. Cap, 1873. (G. C. n. s. VII, p. 559.)

S. g. **minor**, Hort. Syn. de *S. glabriflora*, N. E. Br.

S. **Gussoneana**, Jacq. — V. **Boucerosia europæa.**

S. **hamata**, Jack. *Fl.* à corolle rouge sang, de 8 cent. de diamètre, plane, ciliée, ridée en dessus, poilue au centre, à segments transversalement striés de blanc, acuminés e à bords garnis de cils rouges; segments de la coronule externe émarginés; les internes linéaires-subulés et crochus. Juillet-août. Rameaux dressés, tétragones, vert luisant, sillonnés quand ils sont jeunes; les adultes plus plats, bordés de dents courtes, dressées, incurvées et pâles. *Haut.* 8 cent. Cap. 1820. (L. B. C. 242.)

S. **hirsuta**, Linn.' *Fl.* à corolle jaunâtre, transversalement rayée de violet foncé, à centre rouge pâle et velu et à nectaires rouges, ridés, à segments garnis de cils blancs; coronule externe à segments aigus, lancéolés; les internes étalés. Juillet-août. Rameaux dressés, légèrement velus, vert terne, tétragones-sillonnés, florifères à la base et à angles bordés de dents dressées. *Haut.* 15 cent. Cap.

1710. (H. E. F. 230.) — Sa variété *atra*, a des fleurs pourpre foncé. (B. R. 756.)

S. lævis, Dcne. *Fl.* élégantes, à segments de la corolle lancéolés, aigus, verts en dessous, pourpres en dessus, jaunâtres au sommet, ponctués de rouge foncé ; coronule interne à segments caronculés ; pédoncules allongés et uniflores. Juin-novembre. Rameaux et ramilles forts et oblongs, lisses, obscurément sillonnés et non dentés. *Haut.* 8 cent. Cap, 1790. (B. M. 793, sous le nom de *S. pedunculata*.) Syn. *Caruncularia pedunculata*, Haw.

S. longidens, N. E. Br. *Fl.* disposées en cymes sessiles, de 4 cent. de diamètre, jaune verdâtre et maculées de pourpre. Tiges de 15 cent. de haut, tétragones et à angles bordés de dents ascendantes, de 2 cent. 1/2 de long. Plante voisine du *S. Woodii*. Baie de Delagoa, 1895.

Fig. 119. — Stapelia grandiflora. (*Rev. Hort.*)

S. maculosa, Jacq. *Fl.* exhalant une odeur très fétide, à corolle lisse, ciliée et à segments jaune sale, rouges au sommet et sur les bords et presque couverts par de grandes taches ovales, aiguës, fauves et presque confluentes ; disque ondulé, élevé et duveteux ; pédoncules trois ou quatre, agrégés et insérés à la base des jeunes rameaux. Juin-septembre. Rameaux très nombreux, dressés, glabres, verts ; les adultes lâchement pubescents, tétragones et bordés de dents espacées. *Haut.* 30 cent. Cap, 1804. (B. M. 1833.)

S. Massoni, Haw. *Fl.* de 10 à 11 cent. de diamètre, à corolle pourpre brunâtre, portant sur les lobes quelques lignes étroites et jaunâtres ; disque fortement couvert de poils fins, courts et pourpres. Juillet. Rameaux courts, quadrangulaires et pubescents. Afrique australe. Plante très ancienne dans les collections.

S. mutabilis, Jacq. *Fl.* à corolle jaune verdâtre, portant de nombreuses stries transversales pourpres, garnies de cils rouges, claviformes et tremblotants ; segments internes de la coronule interne claviformes ; lamelles tridentées ; pédoncules ordinairement réunis par deux-trois. Juin-juillet. Rameaux dressés, tétragones, étroits, bordés de dents dressées et obtuses. *Haut.* 15 cent. Cap, 1823.

S. namaquensis, N.-E. Br. * *Fl.* grandes, à corolle jaune vif, couverte de taches brun purpurin, plus ou moins confluentes ; segments fortement ridés et non frangés ; coronule externe à lobes entiers et aigus. Rameaux épais, glabres et très élégamment pommelés. *Haut.* 8 à 10 cent. Cap, 1823. C'est une des plus belles espèces.

S. n. tridentata, Hort. *Fl.* à lobes de la corolle bordés de poils courts, lobes de la coronule externe tronqués et tridentés au sommet. Cap, 1883.

S. normalis, Jacq. *Fl.* à corolle très étalée, de 5 cent. ou plus de diamètre, à segments jaunes, transversalement striés et maculés de rouge sang foncé, ovales, aigus, rayés de jaune soufre pâle à l'extérieur ; pédoncules solitaires, uniflores et très étalés. Juillet-août. Rameaux nombreux, déclinés ou ascendants, glabres, tétragones et bordés de dents très espacées. *Haut.* 15 cent. Cap, 1821. Syn. *S. bufonis*, Sims. (B. R. 755 ; B. M. 1676.)

S. olivacea, N.-E. Br. *Fl.* à odeur très fétide, réunies par deux-six, à la base des jeunes rameaux ; corolle vert terne et pubérulente à l'extérieur, glabre à l'intérieur et garnie de nombreuses rugosités brunes sur un fond vert olive ou parfois pâle, d'environ 4 cent. de diamètre, à écailles de la coronule pourpre brun foncé ; pédoncules de 5 à 8 mm. de long. Septembre. Tiges dressées, un peu grêles, ramifiées à la base, finement pubérulentes, de 8 à 12 cent. de haut et 9 à 12 mm. d'épaisseur, à bords arrondis, devenant maculées de pourpre quand elles sont exposées au plein soleil. Cap, 1874. (B. M. 6212 ; G. C. n. s. III, p. 137.) Syn. *S. cruciformis*, Hort.

S. orbicularis, Andr. *Fl.* à corolle jaune pâle, portant des lignes brunâtres et rapprochées sur les segments qui sont très étalés, cordiformes, récurvés au sommet, acuminés, striés-ridés ; disque jaune, ponctué de brun, renflé ; pédoncules insérés vers la base des ramilles solitaires et uniflores. Juillet-novembre. Rameaux nombreux, étalés-dressés, tétragones et bordés de dents mucronulées. *Haut.* 15 cent. Cap, 1799. (A. B. R. 139 ; F. d. S. 1281 ; L. B. C. 811.)

S. patentirostris, N. E. Br. *Fl.* réunies par une à trois, à pédicelles de 4 cent. de long ; corolle de 6 à 8 cent. de diamètre, à face supérieure ridée, d'un beau pourpre-brun, avec de nombreuses lignes transversales jaunâtres sur la partie inférieure des segments, ceux-ci lancéolés, acuminés, à centre fortement garni de poils d'un beau rouge purpurin ; lobes frangés de longs poils pourpre pâle ; lobules linéaires-lancéolés, obtus, avec une dent centrale; ailes linéaires-oblongues, horizontales; rostre subulé, horizontalement réfléchi sur les ailes et atteignant presque les sinus de la corolle. Automne. Tiges un peu grêles, pubérulentes et dentées. *Haut.* 15 cent. Cap, 1870. Parfois étiquetté dans les collections, *S. Courcelli*, Hort. (G. C. n.s. VII, p. 140 ; B. M. 5963, sous le nom de *S. sororia*, Hook.)

S. pedunculata, Mass. Syn. de *S. lævis*, Dcne.

S. picta, Donn. *Fl.* à corolle jaune soufre, marbrée et maculée de rouge sang foncé ; segments ovales, acuminés, ridés ; disque élevé, fortement ridé, déprimé au milieu ; pédoncules solitaires et uniflores, naissant à la base des ramilles. Juin-septembre. Rameaux simples, dressés, tétragones ou à quatre sillons et légèrement toruleux. *Haut.* 15 cent. Cap, 1799.

S. pilifera, Linn. f. — V. **Trichocaulon piliferum**.

S. planiflora, Jacq. *Fl.* à corolle très étalée, semi-quinquéfide, à segments jaune soufre pâle, rayés et maculés de pourpre foncé, ovales, acuminés, transversalement ridés ; pédoncules naissant à l'aisselle des jeunes ramilles, solitaires ou géminés et uniflores. Juillet-novembre. Rameaux nombreux, ramifiés, ascendants ou presque dressés, glabres et sillonnés, tétragones, bordés de dents très espacées. Cap, 1805. (L. B. C. 191.)

S. Plantii, Hort. *Fl.* à pédoncules forts et pubescents ; corolle de 12 cent. de diamètre, velue autour de la gorge, à lobes brun-purpurin au milieu et transversalement rayés à ce point de bandes ondulées et jaunes, pourpre noirâtre au sommet et sur les bords, de 2 1/2 à 4 cent. de diamètre, ovales-lancéolés et bordés de longs poils. Novembre. Tige forte, traçante, à rameaux duveteux, de 12 à 18 cent. de haut, dressés, columnaires ou sub-claviformes, avec quatre ailes épaisses et garnies de dents espacées. Cap, 1866. (B. M. 5692 ; F. d. S. 2012.)

S. pulvinata, Mass. *Fl.* à corolle violet foncé, grande, plane, élevée et très velue au fond, à segments panachés de rides transversales blanchâtres, fauves et concaves au sommet, roussâtres en dessous, arrondis, brusquement acuminés et ciliés ; pédoncules presque tous solitaires, arrondis, naissant à l'aisselle des ramilles. Juin-novembre. Rameaux et ramilles nombreux, réclinés et bordés de dents vertes et dressées. Cap, 1795. Espèce très élégante. (B. M. 1240 ; L. B. C. 206.)

S. revoluta, Mass. *Fl.* sub-solitaires, à pédoncules très courts ; segments du calice aigus ; corolle rouge, avec des macules blanches, lisse, très charnue, à segments révolutés et frangés sur les bords. Juillet. Rameaux tétragones, dressés, denticulés, à faces creuses. Cap, 1801. (B. M. 724.)

S. rufa, Mass. *Fl.* à corolle glabre, dont les segments sont violet terne, panachés de stries transversales pourpre foncé ou de rouge pâle ; centre de la fleur étoilé, roussâtre et panaché ; bords garnis de poils violet foncé ; pédoncules courts, purpurins et réunis par deux-trois. Juin-novembre. Rameaux dressés, tétragones et bordés de petites dents obtuses. *Haut.* 8 à 15 cent. Cap, 1795. (L. B. C. 239.)

S. Simsii, Schult. *Fl.* à corolle ample, plane, glabre, dont les segments sont violet foncé, avec des lignes grêles et blanchâtres vers la gorge, verdâtres ou obscurément teintés de violet à l'extérieur, ovales, acuminés et à cinq nervures ; pédoncules dressés et insérés au sommet des ramilles. Mai-novembre. Rameaux glabres, à angles obscurément mamelonnés, dentés, avec les dents pourvues d'un acumen vert et caduc. *Haut.* 8 à 15 cent. Cap, 1800. (B. M. 1234, sous le nom de *S. vetula*, Mass.)

S. sororia, Mass. * *Fl.* de 8 à 13 cent. de diamètre ; corolle couverte de longs poils, à lobes pourpre vineux foncé, ovales, acuminés, transversalement ridés, avec des plis jaune orange vif vers la base ; appendices de la colonne pourpre foncé ; pédoncules solitaires ou géminés, de 8 à 10 cent. de long. Juillet. Tiges de 15 à 25 cent. de haut, à rameaux dressés ou horizontaux, de 8 à 15 mm. de diamètre, avec les angles dentés à intervalles de 8 à 15 mm. ; les dents molles et incurvées. Cap, 1797. Plante vert pâle, glabre, de dimensions variables. (L. B. C. 94.)

S. spectabilis, Haw. *Fl.* à corolle grande, plane, dont les segments sont ovales-lancéolés, garnis de longs poils rouges et denses, depuis la base jusqu'au delà du milieu et portant des stries pâles sur la face supérieure, avec les pointes noires. Novembre-janvier. Rameaux quadrangulaires, claviformes, dentés sur les angles, à dents espacées, incurvées et blanchâtres. *Haut.* 30 cent. Cap, 1802. (B. M. 585, sous le nom de *S. grandiflora*, Curt.)

S. stricta, Sims. *Fl.* à segments de la corolle pourpres, avec les bords verdâtre pâle, ovales, acuminés, presque plans, glabres, non ciliés ; pédoncules naissant à la base des rameaux. Juin-novembre. Rameaux tétragones, lisses, simples, droits. *Haut.* 8 cent. Cap, 1814. (B. M. 2037.)

S. tsomoensis, N. E. Br. *Fl.* à lobes du calice de 6 mm. de long ; corolle de 8 cent. de diamètre, à face supérieure entièrement pourpre enfumé, plus foncée au sommet des lobes ou avec quelques côtes verdâtres ou jaunâtre terne ; le disque et la base des lobes couverts de poils pourpres ; lobes ovales-lancéolés ; segments externes de la coronule noir purpurin ; pédicelles de 18 à 25 mm. de long ; cymes sub-sessiles, composées de quatre à neuf fleurs. Été. Tiges de 10 à 15 cent. de haut et 12 à 20 mm. d'épaisseur, à angles comprimés, bordés de dents écartées et très finement pubérulentes. Cap, 1882.

S. unguipetala, N.-E. Br. *Fl.* de 10 à 11 cent. de diamètre ; corolle d'un beau brun pourpre, portant vers les deux tiers de la hauteur des lobes des lignes transversales jaunâtres ; le centre du disque et cinq bandes rayonnant vers les sinus jaune d'ocre pâle ; lobes lancéolés, atténués, incurvés-crochus au sommet, bordés de longs poils purpurins et à disque couvert de longs poils soyeux et rouge purpurin ; le reste glabre ; lobules lancéolés, aigus et pourpre brun foncé ainsi que les ailes qui sont libres, oblongues-deltoïdes et le rostre qui est récurvé. *Haut.* 15 cent. Cap, 1877. Plante voisine du *S. patentirostris*. (G. C. n. s. VII. p. 335.)

S. variegata, Linn. *Fl.* à corolle très étalée, à cinq segments profonds, jaune soufre, avec des taches transversalement oblongues et rouge sang foncé ; ovales, acuminés et glabres ; tube jaunâtre ; pédoncules uniflores et réfléchis. Juin-septembre. Rameaux tétragones, à dents aiguës ou légèrement réfléchies. *Haut.* 30 cent, Cap, 1690. Syn. *S. Curtisii*, Schult.

S. vetula, Mass. Syn. de *S. Simsii*, Schult.

STAPHIDIASTRUM, Naud. — V. Sagræa, DC.

STAPHIDIUM, Naud. — V. Clidemia, D. Don.

STAPHYLEA, Linn. (de *Staphyle*, faisceau ; allusion à la disposition des fleurs et des fruits). **Staphylier** ; Angl. Bladder-nut Tree. Syn. *Bumalda*, Thunb. Fam. *Sapindacées*. — Genre comprenant cinq ou six espèces d'arbustes rustiques, ramifiés et à feuilles caduques, habitant l'Europe, l'Himalaya, le Japon et l'Amérique du Nord. Fleurs blanches, dressées ou pendantes et réunies en grappes ou panicules axillaires ; calice coloré, à cinq sépales égaux et caducs ; pétales cinq, dressés, insérés sur le bord du disque, égalant à peu près le calice et imbriqués ; étamines cinq ; pédicelles articulés et pourvus de bractées. Le fruit est une capsule renflée, vésiculeuse, à parois membraneuses, s'ouvrant en dedans et au sommet, et une à deux graines tronquées à leur point d'insertion. Feuilles opposées, stipulées, à trois-cinq folioles ou pinnées, à folioles stipellées et à préfoliaison involutée.

Les *Staphylea* sont de jolis arbustes rustiques, propres à l'ornement des bosquets, sauf toutefois le *S. Bumalda*, qui est un peu plus délicat et demande la serre froide. Le *S. colchica* se force très facilement au printemps et forme alors un charmant arbuste, surtout lorsqu'il a été préparé à l'avance pour cet usage. Ils prospèrent en tous terrains et se multiplient facilement à l'automne, par séparation des drageons, par marcottes ou par boutures.

S. Bolanderi, A. Gray. *Fl.* blanches, à sépales de 8 mm. de long ; pétales un peu plus longs ; styles et étamines longuement exserts. *Flles* à trois folioles glabres, largement ovales ou orbiculaires, brusquement aiguës et serrulées. Californie, 1883. (G. et F. 1889, 545.)

S. Bumalda, DC. Staphylier du Japon. — *Fl.* blanches, disposées en grappes ; styles velus. Juin-août. *Fr.* capsulaire, à deux lobes pointus. *Flles* à trois folioles oblongues, acuminées, un peu scabres, à dentelures aristées, émergeant des échancrures. *Haut.* 2 m. Japon, 1812. (S. Z. F. J. 95.) Syn. *Bumalda trifoliata*, Thunb.)

S. colchica, Steud. * *Fl.* blanches, de 18 à 20 mm. de long, à sépales et pétales linéaires-spatulés ; les premiers étalés ; grappes terminales, dressées ou légèrement penchées, composées, ovales, corymbiformes. Eté. *Flles* ternées et parfois à cinq folioles pinnées, de 10 à 12 cent. de long ; folioles rapprochées, ovales-oblongues, acuminées, serrulées, pubérulentes en dessous et vers la base. *Haut.* 1 m. à 1 m. 50. Caucase. (G. C. n. s. XI, 117 ; B. G. 837 ; R. H. 1870, 257 ; R. H. B. 1884, 217 ; Gn. 1888, part. II, p. 281.)

S. Coulombieri, Ed. André. Arbuste voisin du *S. colchica*, dont il diffère par ses fleurs plus globuleuses, à sépales plus larges et plus courts et par son époque de floraison plus tardive. Il est intermédiaire entre les *S. colchica* et *S. pinnata*. Origine horticole. 1887.

S. pinnata, Linn. * Faux Pistachier, Nez coupé ; Angl. Job's Tears, St Anthony's Nutt. — ' *Fl.* blanches, réunies en grappes pendantes, axillaires ou terminales, égalant les feuilles. Avril-juin. *Fr.* capsulaire, membraneux, renflé-vésiculeux, renfermant deux ou trois graines sur lesquelles on remarque une cicatrice qui a valu à l'arbuste le nom de Nez coupé. *Flles* à cinq-sept folioles pinnées, oblongues-lancéolées, glabres et finement dentelées. Ecorce blanchâtre. *Haut.* 2 à 4 m. Europe méridionale. 1596. (Sy. En. B. 322.)

S. trifolia, Linn. *Fl.* blanches, à pétales obovales-spatulés, ciliés à la base ; grappes nombreuses, pendantes, plus courtes que les feuilles, pédonculées et accompagnées à la base de bractées sétacées. Mai-juin. *Fr.* vésiculeux, globuleux et à trois lobes. *Flles* à trois folioles ovales, acuminées, régulièrement dentelées, glabres, mais pubescentes en dessous quand elles sont jeunes ; les deux latérales presque sessiles. Ecorce gris cendré. *Haut.* 2 à 4 m. Amérique du Nord. 1640.

STAPHYLÉE. — Tribu des **Sapindacées.**

STAPHYLIN ; Angl. Devil's Coach Horse. (*Gœrius* ou *Ocypus olens*). — Genre type et le plus important d'insectes composant la famille des Staphylinidées,

Fig. 120.
Gœrius (*Ocypus*) olens. — Staphylin odorant.

dont aucune espèce n'est nuisible aux plantes des jardins, toutes étant principalement carnassières, et plusieurs sont même d'utiles auxiliaires, en ce qu'elles détruisent beaucoup d'autres insectes nuisibles.

Le Staphylin odorant (*Gœrius*, *Ocypus* ou *Staphylinus olens*) est l'espèce la plus importante aux différents points de vue de sa fréquence chez nous, de sa taille et des services qu'elle rend ; c'est aussi la plus grande des environs de Paris. L'insecte, représenté ci-contre, est entièrement noir et très finement ponctué, allongé, étroit, avec la tête ovoïde, grosse, séparée du corps par un étranglement ; les antennes sont acticulées, moniliformes et un peu renflées vers le sommet ; le corselet ou thorax est presque carré, arrondi postérieurement, et les élytres, très rudimentaires, recouvrent à peine le tiers de la longueur de l'abdomen ; celui-ci est pourvu à l'extrémité d'un appendice blanc, absolument inoffensif.

Si l'on se baisse vers lui pour l'examiner, lui barrer le chemin, ou si l'on tente d'y toucher, il s'arrête court et, redressant l'extrémité de son abdomen en même temps que dressant sa tête armée de ses deux mandibules crochues, il se tient dans une attitude menaçante, comme pour se défendre de toute attaque ; mais il n'est capable d'aucun acte dangereux.

Le Staphylin érytroptère (*Staphylinus erytropterus*) vient après le précédent par sa fréquence et son utilité ; il est plus petit, plus grêle, également noir, mais avec les pattes et les élytres jaunes.

On rencontre encore plusieurs autres espèces plus petites, de forme analogue et généralement noires, qu'il faut également protéger, car tous ces insectes sont d'utiles auxiliaires des jardiniers et ne causent aucun préjudice appréciable. (S. M.)

STAPHYLINIDÉES. — Famille d'insectes de la grande classe des *Brachylètres* et de l'ordre des Coléoptères. Les espèces de cette famille ont les élytres très courtes, ainsi que l'indique du reste le nom scientifique de *brachyletra*, qui est formé de *brachys*, court, et *elytra*, élytre. Les ailes sont néanmoins grandes et doivent par suite se replier pour être abritées par les élytres. L'extrémité nue de l'abdomen sert à cet usage, car il se redresse et pousse les ailes sous leur carapace.

La famille des *Staphylinidées* renferme plusieurs genres, mais si peu différents entre eux qu'il faut l'œil exercé d'un entomologiste pour les distinguer avec certitude. Peu d'insectes de cette famille mesurent plus de 12 mm. de long, bien qu'un ou deux dépassent 2 ou 3 cent., mais plusieurs sont de proportions microscopiques.

Ils sont très souvent noirs et fréquemment panachés de jaune, de brun rougeâtre ou de rouge-rouille. Leurs mœurs sont très diverses et leur activité généralement grande. Ils sont très abondants, et par suite se rencontrent presque partout. A la fin de l'été, on peut les voir courir sur le sol, grimper sur les murs ou voler, et les petites espèces ne sont que trop connues par suite de la fréquence et de la facilité avec lesquelles ils vous rentrent dans les yeux et dans la bouche.

Plus de deux cents espèces se rencontrent en Angleterre et sans doute aussi chez nous. On les trouve en très grande abondance dans les cadavres des animaux et dans les débris de végétaux en décomposition, et cela tant à l'état de larve qu'à celui d'insecte parfait. Beaucoup de Staphylinidées sont d'utiles auxiliaires dans les jardins, parce qu'elles détruisent divers insectes nuisibles. Aucune d'elles n'est nuisible aux plantes bien portantes, ce n'est que lorsqu'elles sont mortes qu'elles en font leur pâture. Le Staphylin odorant (*Gœrius* ou *Ocypus olens*), figuré dans l'article précédent, donne une idée exacte des caractères de sa famille ; c'est en outre un actif mangeur d'insectes.

STATICE

1. BONDUELLI. 2. SINUATA.

STAPHYSAIGRE. — V. **Delphinium Staphysagria.**

STARKEA, Willd. — V. **Liabum**, Adans.

STATICE, Linn. (nom grec appliqué par Pline à quelque herbe astringente et dérivé de *statikos*, astringent). Angl. Sea Lavender. Syn. *Taxanthema*, Neck. Fam. *Plumbaginées*. — Genre important dont plus de cent vingt espèces ont été décrites, mais dont plusieurs peuvent être réduites à l'état de variétés. Ce sont principalement des plantes herbacées, parfois des sous-arbrisseaux ou même des arbustes rustiques, demi-rustiques ou de serre froide, habitant principalement les régions et les côtes maritimes des climats tempérés du globe, abondants surtout dans la région méditerranéenne et dans l'Asie occidentale. Fleurs solitaires ou géminées à l'aisselle de bractées ou souvent réunies en épillets pauciflores, entourés de nombreuses bractées et formant dans leur ensemble des cymes, des panicules ou des corymbes ramifiés, parfois très amples, caulinaires ou radicaux; calice ordinairement en entonnoir, persistant, scarieux, à limbe étalé et à cinq dents ou lobes; pétales cinq, libres ou soudés en anneau ou rarement en tube; étamines cinq, opposées aux pétales et insérées à la base ou sur le tube fermé par ceux-ci; styles libres ou plus ou moins soudés, à stigmates filiformes; fruit sec et monosperme, tantôt indéhiscent, tantôt s'ouvrant en cinq lobes; bractées entourant les épillets petites et squamiformes; hampes ou pédoncules aphylles. Feuilles des espèces acaules radicales et en rosette; celles des espèces arbustives fasciculées, un peu éparses le long des rameaux chez les plus petites, alternes, planes, parfois entières, linéaires, spatulées, oblongues ou obovales, parfois sinuées, pinnatifides ou disséquées.

Les *Statice* se rencontrent en assez grand nombre sur les côtes de l'Océan et de la Méditerranée; vingt à vingt-cinq espèces y croissent en France et plusieurs en Angleterre; nous citerons, comme habitant les deux pays, les *S. auriculæfolia*, *S. bellidifolia* et *S. Limonium;* ce dernier est une espèce très répandue dans les jardins, ainsi que plusieurs autres.

Les *Statice* sont presque tous vivaces et produisent le meilleur effet dans les plates-bandes, en touffes éparses ou isolées sur les pelouses, ainsi que dans les rocailles. Leurs inflorescences sont très utiles pour la confection des gerbes de fleurs, en ce qu'elles sont légères, raides et tiennent écartées les autres fleurs qu'on leur associe; on les dessèche fréquemment pour servir alors, dans les mêmes conditions, à la préparation des bouquets perpétuels.

Ces plantes aiment les terres légères, siliceuses et fraiches; cependant, elles prospèrent bien dans la plupart des jardins et même dans les parties un peu ombragées. Les espèces annuelles et vivaces se multiplient généralement par le semis; il est bon de débarrasser les graines des bractées qui les entourent, en les frottant dans la main, ce qui facilite leur germination; on les sème au printemps, sous châssis ou en plein air, selon l'époque, en terrines ou en pleine terre.

On repique par la suite les plants en pépinière, puis on les met en place à l'automne ou de préférence au printemps suivant. On peut aussi propager par division les espèces rares ou produisant peu de graines, mais en opérant avec beaucoup de soins et encore les résultats ne sont-ils pas toujours satisfaisants.

Les *Statice* de serre sont très décoratifs en ce qu'ils sont presque toujours en fleurs. Ils demandent une bonne terre franche et fibreuse, additionnée d'un peu de charbon de bois et de sable. Leur multiplication s'effectue par boutures que l'on fait au commencement du printemps, séparément dans des godets et sous cloches.

La liste suivante ne constitue qu'un choix des espèces les plus importantes au point de vue horticole. Sauf indications contraires, toutes sont des plantes vivaces et rustiques.

S. **ægyptiaca**, Pers. Syn. de *S. Thouini*, Viv.

S. **Ararati**, Hort. Angl. — V. **Acantholimon glumaceum.**

S. **arborescens**, Brouss. * *Fl.* bleues; épillets biflores, peu nombreux, réunis en épis courts, unilatéraux et un peu lâches, à rameaux très courts; hampe élevée, ramifiée supérieurement, ample et paniculée, sub-corymbiforme. Juillet. *Flles* amples, ovales-oblongues, pétiolées, obtuses, mucronées, atténuées à la base. Tige ramifiée supérieurement et à la fin feuillue. *Haut.* 60 cent. Ténériffe, 1829. Arbuste de serre froide. (B. 47; B. M. 3776; B. R. XXV, 6 et P. M. B. IV, sous le nom de *S. arborea*, Brouss.)

S. **Armeria**, Smith. — V. **Armeria maritima.**

S. **Bonduelli**, Lestib.* *Fl.* jaunes, réunies par trois-quatre en grappes arquées, dichotomes et formant dans leur ensemble un magnifique corymbe paniculé; pédoncules claviformes, à trois ailes foliacées; bractées scarieuses; calice court, dont un ou deux de ses angles sont développés; ailes dures et piquantes; corolle bien plus

Fig. 121. — Statice Bonduelli.

grande que le calice et frangée au sommet. Juin. *Flles* radicales lyrées, atténuées en pétioles, dilatées au sommet, terminées par un mucron subulé, poilues en dessus et velues en dessous. *Haut.* 40 à 50 cent. Nord de l'Afrique, Algérie, 1859. Plante annuelle ou bisannuelle, de serre froide ou demi-rustique. (B. M. 5158; F. d. S. 2129; R. G. 318; R. H. 1885, 276.)

S. **Bourgæi**, Webb. *Fl.* pourpre et blanc; épillets uni- ou biflores, réunis par deux-trois en faisceaux au sommet des ramilles; bractées inférieures un peu rougâtres; hampe comprimée, de 15 à 30 cent. de haut, corymbiforme et paniculée supérieurement. Août. *Flles* amples, pétiolées, pubérulentes-étoilées, oblongues, atténuées à la base, légèrement sinuées ou souvent lyrées, à lobe terminal ovale, obtus et mucroné. Iles Canaries, 1859. Sous-arbrisseau de serre froide. (B. M. 5153; F. d. S. 2292.)

S. **brassicæfolia**, Webb. et Berth. *Fl.* pourpres; épillets biflores, fasciculés par deux-trois au sommet des ramilles; bractées inférieures rousses, pubérulentes; hampe anguleuse, paniculée et corymbiforme supérieurement. Août. *Flles* peu nombreuses, légèrement ciliées sur les bords, pétiolées et lyrées; lobe terminal ample, arrondi-ovale, souvent irrégulièrement lobé, très obtus, cuspidé, sub-cordiforme à la base; les latéraux deux à quatre, auriculiformes, petits, alternes et souvent confluents à la base. *Haut.* 50 cent. Iles Canaries, 1859. Sous-arbrisseau de serre froide. (B. M. 5162.)

S. callicoma, C. A. Mey. *Fl.* roses; épillets biflores, réunis en épis assez courts, larges et un peu distiques; formant une panicule ovale-triangulaire, sub-unilatérale, à rameaux triquètres et à hampe courte. Juillet. *Flles* oblongues ou oblongues-lancéolées, atténuées en pétioles, mucronées, parsemées de tubercules blancs et pubérulentes ou glabres. *Haut.* 30 cent. Russie, 1804. Plante demi-rustique. (R. G. 1063; B. M. 1629, sous le nom de *S. conspicua*, Sims.)

S. echioides, Linn. *Fl.* bleuâtres, réunies en panicule très rameuse, divariquée, à rameaux effilés, raides, fragiles et arqués en dehors. Juin-juillet. *Flles* petites, en

Fig. 122. — STATICE ECHIOIDES.

rosette, coriaces, obovales-cunéiformes, rétuses et souvent un peu rougeâtres en dessous. Tige grêle et flexueuse. *Haut.* 10 cent. Région méditerranéenne; France, etc.

S. elata, Fisch. * Statice élevé. — *Fl.* bleues ou violet bleuâtre; épillets biflores, formant des épis ovales, distiques, un peu lâches et imbriqués; bractées ovales, bordées de blanc; panicule allongée supérieurement, mucronée au sommet, à rameaux poilus et triquètres. Juillet-septembre. *Flles* obovales, très obtuses, brièvement mucronées, longuement atténuées en pétioles et à limbe ondulé ou même tordu sur son axe. Tiges touffues, de 50 à 75 cent. de haut et autant de diamètre. Russie d'Asie. Magnifique espèce vivace et rustique.

S. eximia, Schrenk. *Fl.* d'abord roses, puis lilas, petites; épillets composés d'environ quatre fleurs, formant des épis très denses, scorpioïdes-capités et fortement imbriqués; bractées pubescentes; hampe élevée, paniculée ou ramifiée supérieurement, excessivement déliée et pubescente. Août. *Flles* oblongues ou obovales, obtuses, courtement pétiolées, rétrécies, légèrement crispées sur les bords et longuement atténuées en pétioles. *Haut.* 30 cent. Songarie, 1844. Plante rustique. (B. R. 1847, 2.)

S. e. turkestanica, Regel. *Fl.* lilas, en épis denses, courts, terminant les rameaux des hampes florifères; celles-ci de 5 à 6 cent. de haut. *Flles* lancéolées, aiguës, de 15 à 20 cent. de long. Turkestan, 1888. Variété ornementale. (R. G. 1888, 1270, d. m.)

S. floribunda, Hort. * *Fl.* violet bleu, réunies en bouquets denses. 1882. Belle plante ressemblant beaucoup au *S. profusa*.

S. Fortunei, Lindl. Syn. de *S. sinensis*, Girard.

S. fruticans, Webb. *Fl.* bleues; épillets uni- ou biflores, très peu nombreux, réunis en épis très courts, unilatéraux et imbriqués; bractées inférieures bordées de cils; hampe de 10 à 15 cent. de haut, paniculée-corymbiforme ou ramifiée supérieurement, pubescente et fortement comprimée. Été. *Flles* insérées près de la base de la hampe, ovales, de 4 à 5 cent. de long, obtuses, mucronées, courtement atténuées en pétioles. Tige courte, nue et arrondie. Iles Canaries, 1847. Arbuste demi-rustique. (R. G. 319; F. d. S. 325, sous le nom de *S. frutescens*, Hort.)

S. Gmelini, Willd. *Fl.* bleuâtres, formant dans leur ensemble un vaste corymbe paniculé, à ramifications serrées. Juin-août. *Flles* presque toutes radicales, glabres, vert intense, ovales ou obovales et très obtuses, courtement pétiolées ou sub-sessiles; hampe cylindrique, un peu anguleuse. *Haut.* 40 à 50 cent. Europe orientale.

S. Halfordi, Hort. Variété ou hybride du *S. macrophylla*, Brouss.

S. imbricata, Webb. *Fl.* bleues; épillets à trois ou quatre fleurs, peu nombreux, fasciculés et disposés en épis formant dans leur ensemble une grande panicule corymbiforme, à rameaux largement ailés et à hampe élevée; bractées veloutées. Été. *Flles* lancéolées, lyrées-roncinées, à huit ou neuf lobes de chaque côté, terminés par un mucron sétacé et de 20 à 25 cent. de long. *Haut.* 50 cent. Ténériffe, 1829. Sous-arbrisseau demi-rustique et légèrement tomenteux. (F. d. S. 320-321.)

S. incana, Bieb. Syn. de *S. tatarica angustifolia*, Hort.

S. incana hybrida, Hort. Race d'origine obscure, dans laquelle on rencontre des fleurs blanc lilacé, rosées, rougeâtres ou cuivrées, formant des panicules ramifiées, rappelant celles du *S. tatarica* par leur forme et leur raideur.

Fig. 123. — STATICE INCANA HYBRIDA.

Ces inflorescences sont très élégantes, des mieux adaptées à la confection des bouquets perpétuels et recherchées pour cet usage. Les plantes sont trapues, de 30 à 35 cent. de haut, à feuillage court, rigide et d'un vert grisâtre.

S. Kaufmanniana, Regel. *Fl.* rose vif, en épis ascendants, plusieurs sur une tige florifère de 15 à 40 cent. de haut. Été. *Flles* toutes radicales, lancéolées, acuminées, crispées et à bords épaissis. *Haut.* 30 cent. Turkestan, 1880. Jolie plante vivace et rustique. (R. G. 996.)

S. latifolia, Smith. * S. pyramidal de Sibérie, S. à larges feuilles. — *Fl.* bleu clair, paraissant grises par les nombreuses bractées du calice; épillets uni- ou rarement biflores, un peu espacés, disposés en épis lâches, très grêles et légèrement récurvés, formant dans leur ensemble une vaste panicule corymbiforme, pyramidale et étalée, à hampe forte et élevée; bractées glabres. Juin. *Flles* radicales très amples, oblongues-elliptiques, obtuses, longuement atténuées en pétioles canaliculés, formant une large rosette. *Haut.* 30 à 60 cent. Russie méridionale, 1791. — Magnifique espèce rustique, des plus répandues dans les jardins.

Fig. 124. — STATICE LATIFOLIA.

S. leptoloba, Regel. *Fl.* à calice pourpre, étoilé, en entonnoir; corolle jaunâtre et petite; épis d'environ 15 cent. de long, pauciflores; hampe grêle, plusieurs fois fourchue. Eté. *Flles* toutes radicales, oblancéolées-spatulées. Turkestan, 1881. Plante touffue et rustique. (R.G. 1045.)

S. Limonium, Linn. *Fl.* lilas, à calice blanc et bleuâtre, petites, mais très nombreuses, formant une panicule corymbiforme, très rameuse, à hampe élevée. Août-octobre. *Flles* presque toutes radicales, amples, oblongues-lancéolées et atténuées en pétioles. Littoral de l'Europe France, etc. Belle plante vivace et rustique, moins décorative cependant que le *S. latifolia*.

Fig. 125. — STATICE SINUATA.

S. macrophylla, Brouss. * *Fl.* blanches, deux fois aussi grandes que celles du *S. arborescens;* épillets biflores, géminés, dressés et insérés au sommet des ramilles; celles-ci très largement ailées; bractées veloutées; les inférieures scarieuses-roussâtres; hampe élevée et très ramifiée supérieurement, formant une panicule corymbiforme. Mai. *Flles* presque glabres, amples, sessiles, obovales-spatulées, très obtuses, à partie inférieure longuement atténuée et obscurément sinuées. *Haut.* 60 cent. Ténériffe, 1824. Sous-arbrisseau demi-rustique. (B. M. 4125; B. R. XXXI, 7.)

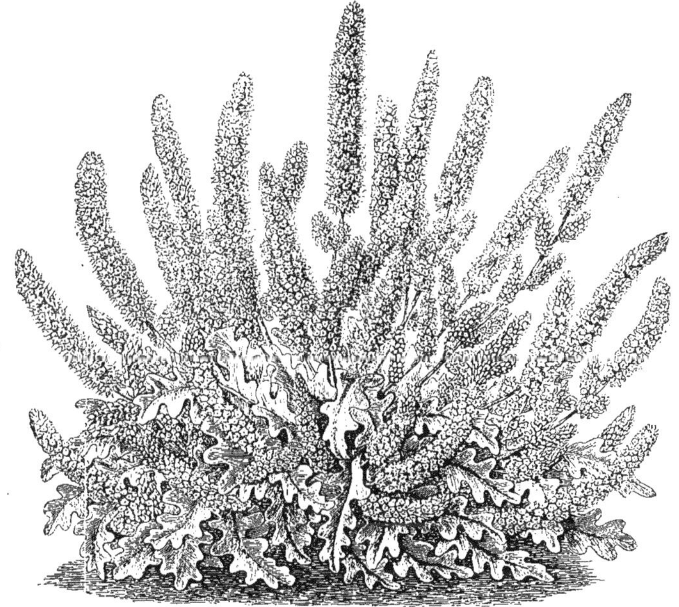

Fig. 126. — STATICE SPICATA.

S. macroptera, Webb. et Berth. *Fl.* pourpres ; épillets biflores, fasciculés par deux-trois au sommet des ramilles ; celles-ci et les rameaux très largement ailés ; hampe élevée, ramifiée, formant une panicule corymbiforme, étalée et très lâche. Eté. *Flles* légèrement pubérulentes, à la fin glabrescentes, amples, coriaces, pétiolées, lyrées, à lobe terminal ample, ovale, légèrement aigu, cilié au sommet et sinué-lobé ; lobes latéraux beaucoup plus petits et confluents. *Haut.* 60 cent. environ. Iles Canaries. Serre froide. (I. H. III, 105.)

S. maritima, Mill. et Laterr. — V. **Armeria maritima.**

S. monopetala, Linn. — V. **Limoniastrum monopetala.**

S. pectinata, Ait. **incompta**, Hort. *Fl.* bleues ; épillets triflores, distiques, réunis en épis oblongs, sub-scorpioïdes, étalés et fortement imbriqués ; bractées inférieures roussâtres ; hampe feuillue et retombante. Septembre. *Flles* en rosette à la base de la hampe, fasciculées ou solitaires à l'aisselle des écailles, obovales, obtuses ou rétuses, mucronées et atténuées en pétioles. Iles Canaries, 1780. Sous-arbrisseau demi-rustique, couvert de ponctuations calcaires. (B. R. XXVI, 65, sous le nom de *S. pectinata*, Ait.)

S. pseudo-armeria, Dorf. — V. **Armeria cephalotes.**

S. profusa, Hort. * *Fl.* disposées en bouquets corymbiformes, très ramifiés ; calice pourpre ; corolle blanche. Août. *Flles* radicales, de 15 à 20 cent. de long, ovales ou un peu spatulées, ondulées, coriaces, luisantes et vert foncé ; les externes étalées. *Haut.* 60 cent. Hybride entre les *S. puberula* et *S. Halfordi.* Serre froide. (F. M. 40.)

S. puberula, Webb. *Fl.* violettes, aussi grandes que celles du *S. arborescens* ; épillets biflores, peu nombreux au sommet des ramilles, sub-distiques et un peu lâchement fasciculés ; bractées scarieuses-roussâtres, pubescentes ; hampe de 8 à 12 cent. de haut, paniculée-corymbiforme. Juillet. *Flles* de 12 à 18 mm. de long, obovales-rhomboïdes, légèrement aiguës, ciliées au sommet et plus longuement ciliées sur les bords, courtement atténuées en pétioles. Graciosa, 1830. Sous-arbrisseau demi-rustique, poilu-blanchâtre ou pubérulent. (B. 182 ; B. M. 3701 ; B. R. 1450.)

S. pumila alba, Hort. Simple nom horticole.

S. rosea, Boiss. * *Fl.* bleues ; épillets uniflores, fasciculés et disposés en épis courts, terminaux et horizontaux, à rachis flexueux ; bractées noirâtres, avec les bords blancs ; hampe arrondie, très ramifiée, paniculée-corymbiforme supérieurement et scabre-tuberculeuse. Mai. *Flles* obovales-oblongues, atténuées en pétioles, tuberculeuses et rudes sur les deux faces. Tige courte et feuillue. *Haut.* 1 m. Port Natal, 1840. Sous-arbrisseau demi-rustique. (B. M. 4055 sous le nom de *S. rytidophylla*, Hook.)

S. rytidophylla, Hook. Syn. de *S. rosea*, Boiss.

S. sinensis, Girard. *Fl.* jaunes ; épillets biflores, disposés en épis courts, sub-unilatéraux et terminaux ; bractées inférieures ovales, obtuses ; hampe élevée, ramifiée-dichotome juste au-dessus de la base et corymbiforme-fastigiée. Avril. *Flles* obovales-lancéolées, obtuses, longuement atténuées en pétioles. Tiges à angles aigus. *Haut.* 30 cent. Chine, 1845. Plante glabre et rustique, Syn. *S. Fortunei*, Lindl. (B. R. 1845, 63 et F. d. S. 28.)

S. sinuata, Linn. * *Fl.* bleu passant au blanchâtre ou au jaune clair, à tube du calice scarieux et blanc ; épillets composés de trois à quatre fleurs, dressés, à trois angles nombreux et fortement imbriqués, formant des épis courts, presque horizontaux ; bractées inférieures rougeâtres ; hampe dichotome, paniculée-corymbiforme et à trois-cinq ailes membraneuses et plus ou moins crispées. Août. *Flles* en rosette, lyrées-pinnatifides, à lobes arrondis ; le terminal cilié au sommet ; les caulinaires réduites à de petites bractées linéaires. *Haut.* 50 à 60 cent. Région méditerranéenne, Orient, 1629. Belle espèce bisannuelle ou vivace et demi-rustique. (B. M. 71, S. F. G. 301.)

S. spathulata, Desf. *Fl.* à calice blanc ; corolle bleuâtre, obcordée, plus grande que le calice ; épis bisériés ; hampe et rameaux parfaitement arrondis. Août. *Flles* radicales, spatulées, obtuses, glauques et entières. *Haut.* 30 cent. Barbarie, 1804. Rustique. (B. M. 1617.)

Fig. 127. — Statice Suworowi.

S. speciosa, Linn. *Fl.* blanches ou rosées ; épillets à trois ou quatre fleurs et formant des épis scorpioïdes, capités, distiques et très fortement imbriqués ; hampe ramifiée et densément corymbiforme supérieurement. Juillet-août. *Flles* presque orbiculaires ou oblongues-obovales, brusquement atténuées, cuspidées, courtement rétrécies à la base, à nervure médiane forte et à limbe contourné sur son axe. *Haut.* 30 à 40 cent. Russie méridionale, 1776. Plante d'un vert glauque et demi-rustique. (B. M. 656 ; L. B. C. 1396.)

S. spicata, Willd. *Fl.* roses ou blanches ; corolle à lobes ovales ; épillets composés de deux à quatre fleurs ; épis terminaux ou souvent plusieurs sessiles, cylindriques et très denses. Eté. *Flles* en rosette, glabres ou légèrement poilues en dessous, oblongues-lancéolées, longuement atténuées en pétioles courts, obtuses-mucronées et entières ou laciniées. *Haut.* 15 cent. Asie, 1819. Jolie plante annuelle.

S. Suworowi, Regel. * *Fl.* d'une jolie teinte lilas, réunies en épis denses et ramifiés, dressés et pédonculés. Eté. *Flles* radicales, oblongues-lancéolées, entières ou grossièrement roncinées. Turkestan, 1883. Espèce particulière, élégante, annuelle et rustique. (G. C. n. s. XX, p. 393 ; R. G. 1095 f. 1-2 ; B. M. 6959.)

S. superba, Regel. Plante ressemblant beaucoup au *S. Suworowi* et comme lui annuelle, mais ses épis sont réunis en panicule dense et pyramidale. 1887. (R. G. 1887. (R. G. 1887 p. 666 f. 170 ; R. H. B. 1883, p. 272.)

S. tatarica, Linn, * S. de Tartarie. — *Fl.* rose vif ou rougeâtres, très nombreuses, géminées ou ternées et réunies en épillets distiques et sub-unilatéraux à l'aisselle de petites bractées scarieuses, dont les intérieures sont terminées par deux ou trois pointes ; calice à cinq côtes se prolongeant en autant de dents scarieuses, oblongues et obtuses ; panicule raide, très rameuse, à rameaux grêles, étalés et divergents ; hampe courte, de 5 à 10 cent. de haut. Juillet-septembre. *Flles* en touffe, de 10 à 15 cent. de long, oblongues, spatulées ou oblancéolées, acuminées, mucronées, rigides, glabres, rétrécies en pétioles. *Haut.* 30 cent. Europe austro-orientale ; Tartarie, 1731. Espèce rustique et une des plus répandues dans les jardins. (B. M. 6537.)

S. t. angustifolia, Boiss. Cette variété diffère surtout du type par ses feuilles plus étroites. Ses fleurs et ses inflorescences sont semblables. Syn. *S. incana*, Bieb.

S. Thouini, Viv. *Fl.* à calice membraneux, bleu pâle ; corolle de même teinte, avec une étoile blanche, à cinq rayons terminés en un appendice bleu pâle, de 4 à 5 mm. de long ; épillets bi- ou triflores ; épis uni-latéraux, très courts, anguleux, droits, formant un corymbe lâchement

Fig. 128. — Statice Thouini.

ramifié, dichotome, à rameaux et ramilles à deux ailes larges, dont une saillante, en forme de dent verticale. Mai. *Flles* sinuées ou lyrées-pinnatifides, à lobes et sinus arrondis, avec les bords courtement ciliés. *Haut.* 30 à 40 cent. Ténériffe, Grèce, Palestine, nord de l'Afrique, etc., 1829. — Belle plante annuelle ou bisannuelle, glaucescente et demi-rustique, dont les inflorescences séchées sont très utiles pour la confection des bouquets perpétuels. Syn. *S. ægyptiaca*, Pers. (B. M. 2 363 ; R. H. 1885, 276).

STATICE, Linn. pr. p. — V. **Armeria**, Linn.

STATICE à larges feuilles. — V. **Statice latifolia**.

STATICE pyramidal de Sibérie. — V. **Statice latifolia**.

STATICE de Tartarie. — V. **Statice tatarica**.

STATUES et **SCULPTURES** ; Angl. Statuary. — Comme beaucoup d'autres ornements, les statues et sculptures diverses demandent à être placées dans des endroits appropriés et, si elles sont accompagnées d'autres accessoires, ceux-ci doivent, comme du reste le site lui-même, s'harmoniser avec elles. Les statues ne sont cependant entièrement à leur place que dans les jardins à style géométrique ou dans le voisinage des constructions architecturales. On trouve des endroits rès appropriés sur les terrasses, le long des avenues très droites ou sur les points de vue, soit encore aux angles d'intersection des allées ou à leur extrémité. Les statues trouvent encore une excellente place dans les grandes serres froides et les jardins d'hiver, surtout lorsque leur tracé est symétrique ; elles y produisent généralement un meilleur effet que les imitations de rocailles et de cascades qu'on s'ingénie à construire et cela très médiocrement, faute d'espace.

Quant aux dimensions des sculptures et le sujet ou les figures qu'on doit adopter de préférence pour un endroit déterminé, c'est naturellement de la nature de cet endroit que dépend le choix du sujet. Toutefois, les proportions de celui-ci ont une grande importance au point de vue de son harmonie avec le site environnant, et on doit tout d'abord déterminer les dimensions les mieux appropriées, en s'aidant au besoin de quelques planches que l'on cloue en différents sens, de façon à pouvoir juger plus sûrement.

Le choix du sujet lui-même dépend en partie du site et en partie du goût de la personne qui en est chargée et souvent aussi de la somme qu'on peut ou veut dépenser à cette acquisition. Lorsque cette somme est trop faible pour songer au marbre ou à la pierre fine, on peut avoir recours aux sujets en ciment ou en terre cuite, dont certaines fabrications ont une assez grande durée et résistent bien aux intempéries. Enfin, les sujets en fonte émaillée ne sont pas à dédaigner. On peut du reste prolonger la durée de ces statues ou sujets en les enduisant d'une des compositions incolores qu'on trouve dans le commerce, pour cet usage, mais il ne faut naturellement pas se servir de peinture.

STAUNTONIA, DC. (dédié à Sir George Staunton, voyageur en Chine). Fam. *Berbéridées*. — Petit genre ne comprenant que deux espèces d'arbustes grimpants, rustiques et toujours verts, habitant la Chine et le Japon. Fleurs monoïques, réunies en grappes axillaires et pauciflores, à six sépales pétaloïdes ; les externes plus larges ; pétales nuls ; étamines six. Feuilles à trois-sept folioles digitées.

L'espèce suivante existe dans les collections ; elle prospère en terre franche siliceuse et se multiplie par boutures de jeunes pousses à demi-aoûtées, que l'on plante dans du sable. A l'automne, on peut supprimer les longues pousses traînantes et ne conserver que celles qu'on désire voir fleurir.

S. hexaphylla, Dne, *Fl.* blanches, odorantes. Avril. *Flles* à six folioles fermes, vert foncé, elliptiques-ovales et aiguës. Chine, 1876. (G. C. n. s. v, 597 ; S. Z. F. J. 1, 76.)

S. latifolia, Wall. V. — **Holbœllia latifolia**.

STAURACANTHUS, Link. — Réunis aux **Ulex**, Linn.

STAURACANTHUS aphyllus, Link. — V. **Ulex genistoides**.

STAURANTHERA, Benth. (de *stauros*, croix, et *anthera*, anthère ; les anthères sont cohérentes en forme de croix). Syns. *Anomorhegmia*, Meisn. ; Fam *Cyananthus*, Griff. ; *Miquelia*, Blume ; *Quintilia*, Endl. *Gesnéracées*. — Petit genre ne comprenant que trois espèces de plantes herbacées, de serre chaude, habitant les Indes orientales et l'archipel Malais. Fleurs bleues, moyennes ou assez grandes, réunies en grappes unilatérales ou en cymes lâches ; calice largement campanulé et à cinq divisions ; corolle un peu rotacée-campanulée, à limbe bilabié et à lèvre postérieure bifide ; étamines fertiles quatre. Feuilles amples, membraneuses, solitaires sur les nœuds ou opposées et stipuliformes. Pour la culture de l'espèce suivante, seule introduite, V. **Klugia**.

S. **grandifolia**, Benth. *Fl.* de 2 cent. 1/2 de long, à calice pubescent; tube de la corolle blanc, teinté de pourpre et jaune pâle; limbe pourpre pâle; gorge blanche, avec une tache jaune foncé sur le côté inférieur; pédoncules se ramifiant en plusieurs panicules. Août. *Flles* ayant souvent 25 cent. de long et 10 cent. de large, oblongues, inéquilatérales, à pétioles forts, de 5 à 10 cent. de long. Tige et rameaux charnus. *Haut.* 30 cent. Moulmein, 1862. (B. M. 5409 ; F. M. 272.)

STAURITIS, Rchb. f. — V. **Stauropsis**, Rchb. f.

STAUROGLOTTIS, Schau. — Réunis aux **Phalænopsis**, Blume.

STAUROPSIS, Rchb. f. (de *stauros*, croix, et *opsis*, ressemblance; allusion à la forme des fleurs). Syns. *Fieldia*, Gaud. et par erreur *Stauritis*, Rchb. f. Fam. *Orchidées*. — Genre comprenant environ huit espèces d'Orchidées épiphytes, de serre chaude, habitant l'archipel Malais et peut-être les Indes occidentales. Fleurs réunies en grappes pauciflores ou multiflores, à hampe latérale; sépales et pétales libres, très étalés; labelle continu avec la colonne, étalé, concave, non éperonné, étroit, à lobes latéraux courts, le médian un peu plus long; masses polliniques deux. Feuilles distiques, étalées, coriaces et planes. Tige feuillue et non speudo-bulbeuse. Pour la culture des espèces suivantes, V. **Vanda**.

S. **Batemanni**, Hort. Syn. de *S. lissochiloïdes*, Pfitzer.

S. **fasciata**, Benth. et Hook. f. * *Fl.* grandes et en épis pauciflores; sépales et pétales blancs, avec des raies jaune cannelle à l'intérieur; cunéiformes-oblongs et aigus; labelle blanchâtre, avec le sommet des lobes latéraux de la partie antérieure jaunes et quelques taches purpu rnes à la face inférieure. sur la carène; lobes de la base presque dolabriformes; pédicelles pédonculés et trigones. *Flles* cunéiformes-ligulées et obtusément bilobées. Asie tropicale orientale. 1872 Syn. *Trichoglottis faciata*, Rchb. f. (W. O. A. 5, 208 ; O. 1885, 282.)

S. **gigantea**, Benth. *Fl.* de 8 cent. de diamètre, à sépales et pétales jaune foncé, avec des taches brun cannelle, oblongs-ovales; labelle blanc, charnu, petit, incurvé, canaliculé, dolabriforme et à oreillettes basales courtes et arrondies; grappes axillaires, atteignant environ la moitié de la longueur des feuilles. Printemps. *Flles* amples, distiques, vert foncé, largement loriformes, récurvées, coriaces, de 50 cent. de long, très obtuses et émarginées. Burmah, 1858. Plante majestueuse. Syns. *Vanda gigantea*, Lindl. et *Fieldia gigantea*, Lindl. (B. M. 5189 ; I. H. 277 ; R. X. O. II, 112 ; L. 474.)

S. **lissochiloides**, Pfitzer. * *Fl.* grandes et étalées, à sépales et pétales jaunes, maculés de cramoisi sur le devant, pourpre rosé en arrière, passant en se fanant au violet sur les bords, épais, charnus et arqués; labelle pourpre cramoisi, sacciforme à la base, à partie antérieure sillonnée et incurvée, avec le disque portant une dent élevée et à la base une crête courte et transversale; hampe allongée et multiflore. Juillet-septembre. *Flles* loriformes, obtuses et obliquement émarginées au sommet, vert gai. Tige forte. Iles Philippines. (L. 500.) Syns. *Fieldia lissochiloides*, Gaud.; *Vanda Batemanni*, Lindl. (B. R. 1846, 59; F. d. S. 1921-22.) ; V. *lissochiloides*, Lindl.

S. **Warocqueana**, Rolfe. *Fl.* réunies en grappes assez grandes, à sépales et pétales jaunes, ponctuées de rouge brun pâle et à labelle blanc, maculé de rosé. Magnifique espèce nouvelle. Nouvelle-Guinée, 1892. (L. vol. 7, 319.)

STAUROSTIGMA, Scheidw. (de *stauros*, croix, et *stigma*, stigmate; allusion à la position en croix ou étoilée des stigmates). Comprend les *Asterostigma*, Schott. et *Rhopalostigma*, Schott. Fam. *Aroïdées*. — Petit genre renfermant environ six espèces de plantes herbacées, tubérifères, stolonifères et de serre chaude, habitant l'Amérique tropicale. Fleurs toutes parfaites; les mâles et les femelles contiguës, sur un spadice dépourvu d'appendice, cylindrique et plus court que sa spathe; celle-ci dressée, lancéolée, enroulée à la base, ouverte ou béante au sommet; hampes solitaires ou fasciculées et égalant les feuilles. Celles-ci longuement pétiolées, hastées-cordiformes, pinnatiséquées ou une à deux fois pinnatipartites, à pinnules sessiles et acuminées. Les espèces décrites ci-après ont été introduites dans les cultures; elles prospèrent dans un compost de terre franche siliceuse et de terre de bruyère, avec un bon drainage. Il leur faut une période de repos, durant laquelle les arrosements doivent être très modérés, sans cependant laisser la terre se sécher entièrement. Leur multiplication peut s'effectuer par graines, que l'on sème à chaud ou par division des tubercules.

S. **concinnum**, C. Koch. *Fl.* à spathe étroitement lancéolée, très aiguë; spadice blanc et pourpre; calice à peine plus court que la spathe, à partie mâle dense; hampe pourpre livide, plus courte que les pétioles. *Flles* jeunes réniformes, pédatiséquées, à segments obovales-lancéolés ; les adultes tripartites, à lobe médian pinnatiséqué, allongé-oblong; les latéraux bi- ou triséqués et formant des espèces de cymes; pétiole presque aussi long que le limbe, panaché de violet et de pourpre foncé. *Haut.* 50 cent. Brésil, 1860 (L. B. C. 1590, sous le nom de *Caladium luridum*, Kunth.)

S. c. **colubrinum**, Hort. *Fl.* à spathe vert grisâtre, marqué de rouge et de pourpre brunâtre; spadice verdâtre et écarlate terne. Rio-de-Janeiro, 1860.

S. c. **Langsdorffii**, Hort. *Fl.* à spathe vert glauque extérieurement, brun terne ou livide à l'intérieur; spadice violet-rose. *Flles* à pétioles verts, plus ou moins visiblement maculés de blanc. *Haut.* 50 cent. Rio-de-Janeiro, 1860.

S. c. **lineolatum**, Hort. *Fl.* à spathe vert grisâtre à l'extérieur, avec des stries ocreuses, pourpre brunâtre à l'intérieur; spadice jaunâtre terne et rose. *Haut.* 50 cent. Rio-de-Janeiro, 1860.

S. **Luschnathianum**, C. Koch. *Fl.* à spathe vert foncé et ponctuée de brun à l'intérieur, réticulée extérieurement, de 5 à 10 cent. de long, dressée, cylindrique et aiguë; spadice cylindrique; anthères écarlates; ovaires blancs; hampe semblable aux pétioles. *Flles* de 30 à 60 cent. de long, vert foncé, pinnatifides, largement ovales; les deux segments inférieurs défléchis, profondément découpés en trois-cinq lobes; les autres segments au nombre de quatre à six paires, sessiles, espacés, irrégulièrement sinués-lobés ou entiers; pétioles de 15 à 30 cent. de long, blanchâtres, avec des stries pourpre noir. Rio-de-Janeiro. (B. M. 5972, sous le nom d'*Asterostigma Luschnathianum*.)

S. **Riedelianum**, Engl. *Fl.* à spathe jaunâtre, verdâtre à l'intérieur, spadice grêle, de un tiers plus court que la spathe; hampes nombreuses et panachées. *Flles* adultes tripartites, à lobe médian pinnatiséqué, avec des segments linéaires-oblongs, sessiles, brusquement et assez longuement cuspidés; les latéraux inférieurs courtement décurrents; pétioles maculés et panachés, à peine plus longs que le limbe. *Haut.* 60 cent. Bahia, 1860.

STEENHAMMERA, Rchb. — V. **Mertensia**, Roth.

STENOGRAMME. — Réunis aux **Polypodium**, Linn.

STEGOSIA, Lour. — V. **Rottbœllia**, Linn. f.

STELEPHUROS, Adans. — V. **Phleum**, Linn.

STELIS, Swartz. (nom grec appliqué par Théophraste à quelque plante parasite). FAM. *Orchidées.* — Grand genre comprenant environ cent soixante-dix espèces d'Orchidées épiphytes, de serre chaude, habitant l'Amérique tropicale, depuis le Brésil et le Pérou jusqu'au Mexique et aux Indes occidentales. Fleurs petites ou parfois très petites, courtement pédicellées, accompagnées de bractées alternes, souvent distiques et réunies en grappes terminales et allongées, rarement sub-distiques, sépales étalés et plus ou moins soudés; pétales beaucoup plus courts, larges, à bords épaissis et cachant souvent la colonne et le labelle; celui-ci sessile à la base de la colonne, ressemblant aux pétales ou rétréci et parfois trilobé; masses polliniques deux; bractées alternes et souvent distiques. Feuilles coriaces, fréquemment contractées en pétioles. Tiges en touffe ou rampantes, à rameaux simples, ne portant qu'une feuille au sommet et souvent une à trois gaines à la base de la feuille, et non pseudo-bulbeux.

Peu de *Stelis* sont réellement décoratifs, mais beaucoup sont, au contraire, très intéressants. La liste suivante comprend les espèces les plus méritantes et les plus répandues dans les collections. Pour leur culture, V. **Pleurothallis**.

S. **atropurpurea**, Hook. Syn. de *S. ciliaris*, Lindl.

S. **Bruchmuelleri**, Rchb. f.* *Fl.* jaunâtres et pourpres à l'extérieur, pourpre pâle à l'intérieur, disposées à intervalle de 3 mm. le long du rachis, sépales largement ovales, aigus, soudés à la base et couverts intérieurement de poils étalés; pétales et labelle très petits; ce dernier indivis; grappes deux ou trois fois plus longues que les feuilles. Décembre. *Flles* de 4 à 5 cent. de long. Probablement originaire des Andes du Mexique. (B. M. 6521.)

S. **canaliculata**, Rchb. f. *Fl.* vert jaunâtre terne, très petites et disposées en grappes lâches et unilatérales; bractées et rachis blanchâtres. *Flles* cunéiformes-oblongues, obtuses, épaisses, visiblement canaliculées au milieu. *Haut.* 15 cent. Bogota, 1872.

S. **ciliaris**, Lindl.* *Fl.* pourpre foncé, à sépales ovales, longuement frangés; pétales obovales-rhomboïdes, charnus; labelle ovale, charnu, canaliculé à la base; épi nu jusqu'au milieu, puis garni de fleurs supérieurement. Février. *Flles* largement oblongues, rétrécies à la base. *Haut.* 15 cent. Mexique, 1842. Syn. *S. atropurpurea*, Hook. (B. M. 3975.)

S. **Endresii**, Rchb. f. *Fl.* blanc verdâtre, à sépales coalescents vers la base; labelle charnu, transversalement sub-rhomboïde et excave; grappe distique. Décembre-juillet. *Flles* cunéiformes, oblongues-ligulées, obtuses, épaisses, émarginées et apiculées. Costa-Rica, 1870.

S. **glossula**, Rchb. f. *Fl.* brunâtres, disposées en deux rangées transversales, à sépale supérieur beaucoup plus long que tous les autres organes de la fleur réunis; labelle charnu et papuliforme. *Flles* cunéiformes, oblongues-ligulées, finement bilobées, avec une petite dent au sommet. Costa-Rica, 1870. Plante fortement touffue.

S. **grandiflora**, Lindl. *Fl.* couleur chocolat, les plus grandes du genre, à sépales égaux et obtus; pétales ovales; labelle ovale, concave et émarginé; épi dense; spathe ample et acuminée. Juillet. *Flles* oblongues, pétiolées, émarginées, de 11 cent. de long et 2 cent. 1/2 de large. Tige de 1 m. de haut. Brésil, 1836.

S. **grossilabris**, Rchb. f. *Fl.* verdâtre clair, petites, à labelle épais et charnu; grappes plus courtes que les feuilles. *Flles* cunéiformes, spatulées et obtuses. Origine inconnue. 1881. Plante touffue.

S. **micrantha**, Rodrig. *Fl.* rougeâtres, rouges à l'intérieur, penchées, distiques et unilatérales; sépales deltoïdes; pétales et labelle tronqués; grappe grêle et spiciforme. Avril. *Flles* lancéolées-oblongues, un peu obtuses, contractées et graduellement rétrécies à la base, de 2 1/2 à 5 cent. de long. *Haut.* 8 à 15 cent. La Jamaïque, 1805. (H. E. F. 158; L. B. C. 1011; S. E. B. 75.)

S. **ophioglossoides**, Swartz. *Fl.* verdâtres, teintées de pourpre, petites, réunies en grappes grêles, unilatérales et pédonculées. Septembre. *Flles* de 6 à 15 cent. de long, oblongues-linéaires, un peu obtuses et longuement rétrécies à la base. Tige plus courte que les feuilles. Indes occidentales, 1791. (B. R. 935, L. B. C. 442.)

S. **sesquipedalis**, Lindl. *Fl.* jaune pâle, grandes et unilatérales; sépales arrondis-ovales et obtus; pétales obovales; labelle cucullé; épi de 18 à 25 cent. de long. Août. *Flles* largement ovales, courtement pétiolées, de 4 à 10 cent. de long. *Haut.* 15 cent. Sierra Nevada, 1845.

S. **zonata**, Rchb. f. *Fl.* jaune d'ocre clair, à sépales bruns à la base; pétales portant au milieu une zone mauve, grappes unilatérales. *Flles* très épaisses, cunéiformes-oblongues et obtuses. Tige courte, Demerara, 1884.

STELLAIRE. — V. **Stellaria**.

STELLARIA, Linn. (de *stella*, étoile; allusion à la forme des fleurs). **Stellaire**; ANGL. Starwort, Stitch Grass, Stitchwort. Comprend les *Larbrea*, St-Hill.; *Malachium*, Fries; *Micropetalon*, Pers. et *Spergulastrum*, Michx. FAM. *Caryophyllées.* — Genre assez important, comprenant environ quatre-vingt-cinq espèces de plantes herbacées, ordinairement diffuses, largement dispersées sur toute la surface du globe et dont sept espèces croissent spontanément en France et en Angleterre. Fleurs blanches, petites ou moyennes, réunies en cymes dichotomes, axillaires et terminales; sépales et pétales cinq, rarement quatre; ces derniers ordinairement bifides ou bipartites, ce qui fait paraître leur nombre double; étamines dix, rarement huit, cinq ou même trois seulement; styles trois; capsule à six valves. Feuilles opposées, pétiolées ou sessiles et parfois embrassantes, étroites ou élargies.

La plupart des Stellaires ne présentent aucun intérêt horticole. Le S. *media*, Vill., est très connu parce qu'il constitue le vulgaire Mouron des oiseaux (ANGL. Common Chickweed), qu'on récolte dans les jardins et dans les champs, où il croît abondamment, pour la nourriture des oiseaux de volière, mais rarement on le cultive. Malgré son peu d'importance économique, il n'en constitue pas moins le gagne-pain de malheureux qui vont le récolter pour le vendre dans les grandes villes.

Dans les bois et en particulier dans ceux des environs de Paris, à l'ombre des haies, croît en abondance, au printemps, le S. *Holostea*, une des plus grandes et des plus belles espèces, qu'on peut avantageusement tenter de naturaliser dans les bosquets des parcs paysagers. Le S. *gramina*, comme du reste la plupart de ses congénères, est dépourvu d'intérêt ornemental, mais il a donné naissance à une variété *aurea*, entièrement d'une teinte vert jaune, qui le fait employer pour former de petites bordures et plus particulièrement pour la mosaïculture. Il faut, pour cet usage, le tondre fréquemment, afin qu'il se ramifie et reste court. Sa multiplication a lieu par boutures que l'on fait à l'automne ou mieux par division des touffes au printemps.

S. graminea, Linn. **aurea**, Hort. *Fl.* blanches, nombreuses, de 12 à 18 mm. de diamètre, en cymes dichotomes; pétales égalant les sépales; ceux-ci trinervés. Mai-juillet. *Flles* très étroites, sessiles, ciliées et d'un vert jaune ou doré pâle. Tiges quadrangulaires, de 30 cent. à 1 m. de long, sub-dressées. Vivace et rustique. Le type est commun dans les bois de l'Europe (France, Angleterre, etc), dans la Sibérie, l'Asie occidentale et jusqu'à l'Himalaya.

S. Holostea, Linn. Langue d'oiseau; Angl. Adder's Meat, Greater Stitchwort, Moon Flower, Satin Flower, etc. — *Fl.* blanches, de 12 à 18 mm. de diamètre, allongés, à pédicelles grêles, axillaires et terminales; pétales bifides,

Fig. 129. — Stellaria Holostea.

deux fois aussi longs que les sépales; ceux-ci presque sans nervure. Avril-mai. *Flles* sessiles, opposées et soudées à la base, lancéolées, de 3 à 10 cent. de long, acuminées, rigides et ciliées. Tiges de 30 à 60 cent. de haut, couchées à la base, puis dressées, diffuses, fragiles aux nœuds et poilues supérieurement. Europe; France, Angleterre, etc., très commun dans les lieux boisés ou ombragés. Vivace. (Sy. En. B. 230.)

STELLERA, Linn. (dédié à G. W. Steller, célèbre botaniste et collecteur russe; 1709-1746). Fam. *Thyméléacées.* — Petit genre dont six ou huit espèces ont été énumérées, mais pas plus de six sont réellement bien distinctes au point de vue spécifique. Ce sont des plantes herbacées, des sous-arbrisseaux ou des arbustes rustiques, habitant l'Asie centrale et occidentale. Fleurs hermaphrodites, réunies en capitules ou en épis denses et sessiles au sommet des rameaux; périanthe à tube cylindrique, se détachant à la fin circulairement au-dessus de l'ovaire et à quatre ou rarement cinq lobes étalés; étamines huit ou rarement dix. Feuilles alternes et planes. Il est douteux que les deux espèces suivantes existent encore dans les cultures. Ce sont des plantes herbacées et vivaces, prospérant en terre ordinaire. Leur multiplication s'effectue par division.

S. Alberti. — V. **Wickstrœmia Alberti.**

S. altaica, Thieb. *Fl.* blanches, à quatre lobes; étamines huit; capitules ovoïdes, composés de dix à quinze fleurs, à la fin allongés en épi oblong, aphylle, d'environ 2 cent. 1/2 de long. Juillet. *Flles* lancéolées ou oblongues, légèrement aiguës, d'environ 2 cent. 1/2 de long. Tiges grêles, plusieurs sur le même rhizome, dressées ou ascendantes. *Haut.* 30 cent. Altaï, 1824.

S. Chamæjasme, Linn. *Fl.* blanches, à cinq lobes; étamines dix; capitules composés de dix à quinze fleurs. Juin. *Flles* lancéolées ou oblongues, légèrement aiguës, de 12 à 25 mm. de long. Tiges souvent nombreuses sur un rhizome épais et grêle. *Haut.* 30 cent. Sibérie, 1817.

STEMMATIUM, Phil. — V. **Tristagma**, Pœpp. et Endl.

STEMODIA, Linn. (de *stemon*, étamine, et *dis*, double; allusion aux anthères composées de deux loges séparées). Syn. *Unanuea*, Ruiz. et Pav. Comprend les *Matourea*, Aubl. Fam. *Scrophularinées.* — Genre renfermant environ trente espèces de plantes herbacées, souvent ou parfois suffrutescentes, aromatiques, de serre chaude, tempérée, ou rustiques, habitant l'Amérique tropicale et australe extra-tropicale, l'Afrique et l'Asie tropicales et l'Australie. Fleurs généralement bleuâtres, solitaires à l'aisselle des feuilles ou les supérieures fasciculées en épi feuillu et muni de bractées; corolle à tube cylindrique, avec la lèvre supérieure large, entière ou émarginée et l'inférieure étalée ou trilobée; étamines quatre, didynames et à anthères à deux loges. Feuilles opposées ou verticillées par trois-quatre.

Les *Stemodia* sont en général peu décoratifs; les deux espèces suivantes sont seules dignes d'être décrites dans cet ouvrage. Elles sont demi-rustiques, prospèrent dans une terre fertile et fraîche et se multiplient facilement par division des racines.

S. chilensis, Benth. *Fl.* bleues, corolle presque deux fois aussi longue que le calice, avec la lèvre inférieure glabre et réunies en épis terminaux, feuillés, à la fin allongés et interrompus. Juillet-août. *Flles* oblongues ou lancéolées, de 2 1/2 à 5 cent. de long, inégalement dentées en scie, aiguës, cordiformes-amplexicaules ou auriculées à la base. Tige de plus de 30 cent. de haut et ramifiée supérieurement. Chili, 1829. Plante très visqueuse. (B. R. 1470).

S. lobelioides, Lehm. *Fl.* d'un bleu intense, à corolle presque deux fois aussi longue que le calice, mais plus petite que celle du *S. chilensis*; épis terminaux, un peu paniculés, feuillus, à la fin légèrement allongés. Août. *Flles* oblongues-lancéolées, aiguës, inégalement dentées en scie, rétrécies vers la base et souvent dilatées-amplexicaules. *Haut.* 30 cent. Brésil, 1830. Plante glabre. (B. M. 3134, sous le nom de *Gratiola tetragona*, Hook.)

Plusieurs autres espèces, notamment les *S. durantifolia*, Swartz; *S. maritima*, Linn.; *S. parviflora*, Ait.; *S. suffruticosa*, Humb. et Bonpl.; *S. trifoliata*, Rchb. et *S. viscosa*, Roxb., ont encore été introduits autrefois dans les cultures, mais ils n'y ont sans doute pas persisté.

STEMONA, Lour. (de *stemon*, étamine; allusion aux étamines foliacées). Syn. *Roxburghia*, Banks. Fam. *Roxburghiacées.* — Petit genre comprenant quatre ou cinq espèces de plantes grimpantes, de serre chaude, habitant les Indes orientales, l'archipel Malais et l'Australie tropicale. Fleurs assez grandes et belles, mais à odeur fétide, axillaires et solitaires ou réunies en petit nombre au sommet des pédoncules; périanthe à quatre segments distincts, bisériés, dressés et acuminés; étamines presque hypogynes. Feuilles alternes, lancéolées, ovales ou cordiformes, un peu luisantes, à veinules transversales épaisses ; pétioles inarticulés. L'espèce suivante est sans doute seule introduite. Elle prospère en bonne terre franche légère et fibreuse et se multiplie facilement par séparation des drageons.

S. gloriosoides, Voigt. Syn. de *S. tuberosa*, Lour.

S. tuberosa, Lour. *Fl.* vertes, campanulées et glabres, à segments étroits et acuminés ; pédoncules solitaires, uni- ou triflores et formant des sortes de grappes. Juillet. *Flles* éparses, très rarement presque opposées, ovales-lancéolées, lâchement cordiformes, acuminées et légèrement mucronées, de 10 à 15 cent. de long. *Haut.* 2 m. Indes orientales, 1803. Syns. *S. tuberosa*, Voigt ; *Roxburghia gloriosa*, Pers. (B. M. 1500.) ; *R. viridiflora*, Smith. (S. E. B. 57).

STENACTIS, Nees. — Réunis aux Erigeron, Linn.

STENACTIS multiradiatus, Lindl. — V. Erigeron multiradiatus.

STENACTIS speciosa, Lindl. — V. Erigeron speciosus.

STENANDRIUM, Nees. (de *stenos*, étroit, et *aner*, *andros*, mâle ; allusion à l'étroitesse des étamines). FAM. *Acanthacées*. — Genre comprenant environ dix-huit espèces de plantes herbacées, de serre chaude ou tempérée, habitant l'Amérique tropicale et sub-tropicale. Leur taille est en général peu élevée et leur port rappelle celui des *Fittonia*, mais leurs affinités les rapprochent des *Aphelandra* et de *Geissomeria*. Au point de vue botanique, on les distingue surtout par leur corolle presque régulière et leurs anthères uniloculaires et tout à fait linéaires. Pour leur culture et leur emploi, V. **Eranthemum** et **Fittonia.**

S. Lindeni, N. E. Br. *Fl.* jaunes, réunies en épis cylindriques et dressés. *Flles* opposées, ovales-elliptiques, obtuses, à limbe décurrent sur le pétiole, vert foncé, cuivré sur les bords, plus pâle vers le centre, qui est en outre élégamment veiné de jaune verdâtre pâle ; face inférieure teintée de pourpre sur les bords et entre les nervures. Petite plante naine, touffue et gazonnante. Pérou, 1892. (I. H. 1893, 166.)

S. Beeckmanianum, Hort. Hybride horticole des *S. pictum* et *S. Lindeni*. 1892. (I. H. 1893, 166.)

S. Goosenianum, Hort. Hybride horticole à feuilles panachées de jaune sur fond vert et marginées de brun. 1893. (I. H. 1893, 168.)

S. igneum, Nees. — V. Chamæranthemum igneum.

STENANTHERA, R. Br. — Réunis aux Astroloma, R. Br.

STENANTHERA ciliata, Lindl. — V. Astroloma longiflorum.

STENANTHERA pinifolia, R. Br. — V. Astroloma pinifolia.

STENANTHIUM, A. Gray. (de *stenos*, étroit, et *anthos*, fleur ; allusion au segment du périanthe et aux panicules). FAM. *Liliacées*. — Genre comprenant cinq espèces de plantes herbacées, bulbeuses et rustiques, dont une habite le nord-ouest de l'Asie et les autres l'Amérique du Nord. Fleurs blanchâtres, verdâtres ou pourpre foncé, réunies en grappes ou en panicules pédonculées, souvent penchées et accompagnées de petites bractées ; périanthe étroitement ou largement campanulé, à segments soudés en tube très court, turbiné, puis étalés supérieurement et étroits ou lancéolés ; étamines six. Feuilles radicales ou insérées à la base de la tige, allongées, linéaires ou linéaires-lancéolées. Tige élevée, dressée, simple, sauf l'inflorescence, et parfois garnie de quelques feuilles.

Les trois espèces suivantes sont seules dignes d'être décrites ici Elles prospèrent dans un mélange de terre franche siliceuse et de terre de bruyère. Multiplication par division des touffes.

S. angustifolium, Kunth. *Fl.* blanc verdâtre ; les inférieures souvent stériles, presque sessiles ; périanthe d'environ 8 mm. de diamètre ; panicule ayant souvent 30 à 60 cent. de long et 8 à 12 mm. de large, composée de grappes simples et spiciformes. Juin-juillet. *Flles* canaliculées, de 30 à 60 cent. de long. Tige de 60 cent. à 1 m. de haut. Amérique du Nord. Plante rustique.

S. a. gramineum, Kunth. *Fl.* moins nombreuses que dans le type. *Flles* plus étroites. Syn. *Helonias graminea*, Pursh. (B. M. 1597.)

S. frigidum, Kunth. *Fl.* à périanthe purpurin, de 12 à 15 mm. de long ; grappes latérales, ascendantes et pauciflores ; panicule lâche, de 30 cent. de long. Juin. *Flles* radicales cinq à six, fermes, linéaires, aiguës, glabres, de 60 cent. de long. Tige de 60 cent. à 1 m. de haut, portant quelques feuilles réduites. Amérique du Nord, 1846. Plante rustique. (F. d. S. 468, L ; J. H. S. I, 32.)

S. occidentale, A. Gray. *Fl.* pourpre foncé, ressemblant un peu à celle d'une Jacinthe, campanulées, disposées en grappe lâche. Été. *Flles* deux à quatre, linéaires. Tige grêle, garnie de quelques feuilles réduites. Amérique du Nord, 1881. Plante rustique. (R. G. 1035, f. 3, et 1132, f. 1.)

STENIA, Lindl. (de *stenos*, étroit ; allusion à la forme des masses polliniques). FAM. *Orchidées*. — Petit genre comprenant trois espèces d'Orchidées épiphytes, de serre chaude, habitant la Guyane, la Colombie et le Pérou. Fleurs assez grandes, à sépales de longueur égale, étalés ; les latéraux un peu plus larges que le dorsal, soudés au pied de la colonne ; celle-ci assez épaisse et dressée ; pétales semblables au sépal dorsal ; labelle continu avec le pied de la colonne, large, charnu, presque sacciforme, à lobes latéraux petits et le médian indivis, ou tous plus larges et fimbriés, avec le disque pourvu de crêtes ; masses polliniques quatre, oblongues-linéaires ; hampe courte, récurvée et uniflore. Feuilles oblongues ou étroites et coriaces. Tiges courtes. Pseudo-bulbes fasciculés et portant une à deux feuilles chacun. Pour la culture de ces plantes, V. Maxillaria.

S. fimbriata, Lind. *Fl.* jaune clair, membraneuses, portant des taches pourpre brunâtre à la base du labelle ; celui-ci élégamment frangé ; hampes dressées. *Flles* cunéiformes, oblongues et aiguës. Colombie, 1869. — *Chondrorhyncha fimbriata*, Rchb. f. (Ref. B. 107) est maintenant son nom correct.

S. guttata, Rchb. f. Cette espèce est très voisine du *S. pallida*, mais elle en diffère par ses sépales et pétales portant des taches pourpres sur un fond jaune paille ; le labelle est également maculé et porte sept carènes. Pérou, 1880.

S. pallida, Lindl. *Fl.* jaune citron pâle, de 4 cent. ou plus de diamètre, à sépales et pétales linéaires et aigus labelle maculé de rouge, sacciforme, entier, charnu et ovale ; hampes radicales et couchées. Août-octobre. *Flles* deux à cinq, oblongues, aiguës, légèrement rétrécies, carénées à la base, et engainées par des écailles brunâtres et spathacées. Tige nulle. Demerara, 1837. (B. R. 1838, 30.)

STENOCARPUS, R. Br. (de *stenos*, étroit, et *karpos*, fruit ; allusion aux follicules ordinairement presque plats). SYNS. *Agnostus*, A. Cunn. et *Cybele*, Salisb. FAM. *Protéacées*. — Genre comprenant environ quatorze espèces d'arbres de serre chaude ou tempérée, dont trois habitent l'Australie et les autres la Nouvelle-Calédonie. Fleurs jaunes, blanches ou rouges, hermaphrodites, légèrement irrégulières et réunies en ombelles ; périanthe à tube allongé, s'ouvrant en long sur le côté inférieur et à limbe sub-globuleux, récurvé, dont les segments finissent par se séparer ; anthères sessiles sur des lames concaves ; bractées petites et très caduques ou nulles. Feuilles alternes ou éparses, entières ou profondément pinnatifides, avec quelques lobes. Les trois espèces suivantes sont seules introduites. Pour leur culture, V. **Lomatia.**

S. Cunninghami, Hook. Syn. de *S. sinuatus*, Endl.

S. Forsteri, R. Br. *Fl.* blanches, à périanthe de 10 à 12 mm. de long ; pédicelles plus longs que le périanthe ; ombellés solitaires, composés de six-huit fleurs ; pédoncules terminaux, égalant les feuilles. Juin. *Flles* oblongues, obtuses, atténuées et légèrement pétiolées, entières, de 2 1/2 à 4 cent. 1/2 de long, 8 à 15 mm. de large et presque dépourvues de nervures. Ramilles grêles. *Haut.* 1 m. Nouvelle Calédonie, 1850. (L. et P. F. G. II, p. 166.)

S. salignus, R. Br. Angl. Beef wood. — *Fl.* verdâtres, à périanthe ayant ordinairement moins de 12 mm. de long ; pédicelles de 6 à 12 mm. de long, irrégulièrement fasciculés ; pédoncules grêles, terminaux ou insérés à l'aisselle des feuilles supérieures, ordinairement plus courts que les feuilles et portant une ombelle composée de dix à trente fleurs. Juin. *Flles* ovales-lancéolées ou elliptiques, aiguës, acuminées ou rarement obtuses, de 5 à 10 cent. de long et rétrécies en courts pétioles. *Haut.* 1 m. 50 et plus. Australie, 1719. (B. R. 441.)

S. sinuatus, Endl.* Angl. Fire-tree ou Tulip-tree of Queensland. — *Fl.* rouge vif, à tube du périanthe de 2 cent. 1/2 ou plus de long, droit, rétréci supérieurement ; pédoncules terminaux, de 5 à 10 cent. de long, portant douze à vingt fleurs disposées en ombelle ou en grappe courte. Juin. *Flles* pétiolées, soit indivises, oblongues-lancéolées et de 15 à 20 cent. de long, soit pinnatifides et de plus de 30 cent. de long, avec un à quatre lobes oblongs de chaque côté. *Haut.* 20 à 30 m. (dans son pays natal). Australie, 1830. *S. Cunninghamii*, Hook. (B. M. 4263 ; F. d. S. III. 7 ; P. M. B. XIV, 1.)

STENOCHILUS, R. Br. — Réunis aux **Eremophila**, R. Br.

STENOCHILUS glaber, R. Br. — V. **Eremophila Brownii.**

STENOCHILUS incanus, Lindl. — V. **Eremophila Brownii.**

STENOCHILUS maculatus, Ker. — V. **Eremophila maculata.**

STENOCHILUS viscosus, R. Grah. — V. **Eremophila, maculata.**

STENOCHLÆNA, J. Smith. — Réunis aux **Acrostichum**, Linn.

STENOCHLÆNA heteromorpha, J. Smith. — V. **Lomaria filiformis.**

STENOCORYNE, Lindl. (de *stenos*, étroit, et *koryne*, massue ; allusion aux éperons claviformes des sépales latéraux). Fam. *Orchidées.* — La seule espèce de ce genre est une Orchidée épiphyte, de serre chaude, aujourd'hui réunie aux *Bifrenaria*, par Bentham et Hooker. Pour sa culture, V. **Maxillaria.**

S. longicornis, Lindl. *Fl.* orange, maculées de brun, à sépales latéraux ovales, aigus, allongés en un long éperon grêle et claviforme ; labelle allongé, onguiculé, trilobé au sommet ; grappe lâche et multiflore. Avril. *Flles* oblongues-lancéolées, sub-plissées et luisantes. Pseudobulbes allongés et tétragones. *Haut.* 30 cent. Demarara, 1843. — *Bifrenaria longicornis*, Lindl., est maintenant son nom correct.

STENOGASTRA, Hanst. — Réunis aux **Sinningia**, Nees.

Fig. 130. — Stenogastra (*Sinningia*) concinna.

STENOGASTRA concinna, Hook. f. — V. **Sinningia concinna.**

STENOGLOSSUM, Humb., Bonpl. et Kunth. (de *stenos*, étroit, et *glossa*, langue ; allusion au labelle allongé et étroit). Fam. *Orchidées.* — La seule espèce de ce genre est une Orchidée épiphyte, de serre chaude, voisine des *Epidendrum*, à fleurs réunies en grappes et à feuilles étroites. Elle habite les Andes de l'Amérique tropicale et n'a pas encore été introduite dans les cultures.

STENOGLOTTIS, Lindl. (de *stenos*, étroit, et *glotta*, langue ; allusion à l'étroitesse du labelle). Fam. *Orchidées.* — Genre comprenant aujourd'hui deux espèces d'Orchidées terrestres, de serre tempérée, voisines des *Habenaria* et habitant l'Afrique australe. Fleurs réunies en épi terminal, à sépales égaux et connivents, tandis que les pétales sont dentelés ; labelle étroit, canaliculé, trifide au sommet et dépourvu d'éperon. Feuilles radicales et en rosette.

Ces plantes prospèrent le mieux en serre tempérée, dans un compost de terre franche et de terreau de feuilles, additionné de petits morceaux de bois à demi décomposés et de charbon de bois. Les arrosements doivent être copieux pendant leur période de végétation. Leur multiplication s'effectue par division.

S. fimbriata, Lindl. *Fl.* rose vif, un peu petites, éparses sur le rachis d'un épi grêle et sub-unilatérales ; sépales libres et sub-égaux, à la fin étalés ; pétales semblables, mais plus petits ; labelle étalé, étroit, aussi long que les sépales, trifide au sommet et dépourvu d'éperon ; colonne très courte. *Flles* fasciculées à la base de la tige et oblongues. Racines tubéreuses ou composées de fibres charnues et fasciculées. Sud de l'Afrique, 1871. (B. M. 5872.)

S. longifolia, Hook. f. *Fl.* pourpre mauve, à labelle frangé, disposées en épi très multiflore, dressé, couvrant la moitié supérieure de la hampe, qui mesure 50 cent. et durant très longtemps. *Flles* en lanière, persistantes, ondulées, vertes et teintées de pourpre, de 20 cent. de long. Natal, 1889. (B. M. 7186, G. C. 1894, part. II, f. 72.)

STENOLOMA, Fée. — Réunis aux **Davallia**, Smith.

STENOMESSON, Herb. (de *stenos*, étroit, et *messon*, milieu ; allusion à la forme du périanthe). Comprend les *Callithauma*, Herb. ; *Carpodetes*, Herb. ; *Chrysiphiala*, Ker. ; *Clinanthes*, Herb. ; *Clinanthus*, Herb. ; *Coburgia*, Sweet ; *Neæra*, Salisb. ; *Sphærostele*, Presl. FAM. *Amaryllidées*. — Genre ne comprenant plus, selon M. Baker (*Hanbook of Amaryllideæ*), que onze espèces de jolies plantes bulbeuses, de serre tempérée, habitant toutes l'Amérique tropicale. Fleurs élégantes, rouges, orangées ou fauves, à pointes vertes, réunies en ombelle multiflore ou très rarement uniflore et à pédicelles souvent pendants ou récurvés ; tube du périanthe allongé, en entonnoir, souvent légèrement contracté au-dessus de la base ou vers le milieu, à lobes subégaux, dressés ou plus ou moins étalés ; étamines insérées à la gorge du tube du périanthe, soudées inférieurement en une coronule distincte, souvent dentée entre les filets et à anthères oblongues et versatiles ; bractées ou spathes involucrales deux, linéaires ou assez larges. Feuilles paraissant avec les fleurs, loriformes, linéaires ou assez larges. Bulbe tuniqué.

La liste suivante comprend toutes les espèces et variétés introduites ; sauf indications contraires, elles demandent à être tenues en serre tempérée. Pour leur culture et multiplication générales, V. **Hippeastrum**.

S. **aurantiacum**, Herb. *Fl.* jaunes, trois à six par ombelle, horizontales ou pendantes, à segments oblongs, cuspidés, égalant la moitié de la longueur du tube ; étamines presque aussi longues que les segments, à filets soudés en coupe, sans dent entre eux ; spathes plus courtes que les pédicelles ; ceux-ci de 2 1/2 à 4 cent. de long. Mai. *Flles* ligulées, linéaires, à bords révolutés, se montrant ordinairement après les fleurs. Bulbe globuleux, de 2 cent. 1/2 de diamètre, brun et à col court. *Haut.* 30 cent. Andes, à Quito, 1843. Syn. *S. Hartwegii*, Lindl. (B. R. 1844, 42 ; R. H. 1883, 396.)

S. **coccineum**, Herb. * *Fl.* rouge cramoisi vif, quatre à huit par ombelle, pendantes, à pédicelles de 2 1/2 à 4 cent. de long ; périanthe de 3 à 4 cent. de long, à segments oblongs, égalant la moitié de la longueur du tube ; filets staminaux soudés inférieurement en coupe distincte, avec une dent entre chacun d'eux ; hampe de 30 cent. ou plus de haut, arrondie, ferme et glauque ; valves de la spathe lancéolées. *Flles* quatre à cinq, de 30 cent. ou plus de long, vert gai, canaliculées et paraissant après les fleurs. (Ref. B. 309.) Syn. *Coburgia coccinea*, Herb. (B. M. 3865.)

S. **croceum**, Herb. *Fl.* jaune d'or, quatre à six par ombelle, à pédicelles de 12 à 30 mm. de long ; périanthe de 4 à 5 cent. de long, à tube grêle, arqué, brusquement dilaté et à segments oblongs, de 12 mm. de long, connivents ; valves de la spathe de 2 cent. 1/2 de long, lancéolées et marcescentes ; hampe de 30 cent. de haut, arrondie et glauque. Mai. *Flle* linéaire-lancéolée ou ovale-lancéolée, solitaire, de 30 cent. de long et environ 6 mm. de large, verte en dessus, blanchâtre en dessous. Pérou, 1820. (R. L. 187, sous le nom de *Pancratium croceum*, Savigny.)

S. **curvidentatum**, Herb. Variété du *S. flavum*, Herb.

S. **flavum**, Herb. *Fl.* jaune vif, quatre à six par ombelle, à pédicelles de 2 cent. 1/2 de long ; périanthe de 4 à 5 cent. de long, à tube dilaté au milieu, puis cylindrique dans sa moitié supérieure et à segments oblongs, de 12 mm. de long ; étamines à peine exsertes, formant inférieurement une coupe indistinctement dentée entre elles ; hampe grêle, de 30 cent. de haut. Printemps. *Flles* oblancéolées, obscurément pétiolées, de 30 cent. de long et 2 cent. 1/2 de large. Bulbe sub-globuleux, de 2 cent. 1/2 de diamètre. Andes du Pérou, 1824. (B. M. 2641 ; B. R. 978, sous le nom de *Chrysiphiala flava*, Gawl.)

S. f. **curvidentatum**, Herb. *Fl.* jaune d'or, verdâtre pâle à la base, courtement pédicellées, à périanthe de 4 cent. de long, arqué et à segments obtus et réfléchis ; dents de la coronule réfléchies ; valves de la spathe de 12 mm. de long, marcescentes ; hampe arrondie, de 15 cent. de haut et biflore. Mai. *Flles* lancéolées-ovales, comprimées et sub-aiguës. Pérou, 1842. (B. M. 2640.)

S. f. **latifolium**, Herb. *Fl.* jaune orangé, courtement pédicellées, presque dressées, à tube du périanthe cylindrique-infundibuliforme et à segments étalés-récurvés ; hampe verte, portant une ombelle composée de cinq fleurs. Mars. *Flles* pétiolées, lancéolées-oblongues, acuminées, rétrécies en pétioles et striées-nervées. *Haut.* 30 cent. Lima, 1837. Serre chaude. (B. M. 3803.)

S. f. **pauciflorum**, Herb. *Fl.* jaunes, à segments verts sur le dos, deux par ombelle, l'une sessile, l'autre pédicellée, presque dressées ; périanthe de 5 cent. de long, contracté au-dessus du milieu ; segments concaves, lancéolés et rigides ; étamines exsertes ; hampe glauque. Mai. *Flles* lancéolées, rétrécies aux deux extrémités et pétiolées. *Haut.* 30 cent. Pérou, 1822. Syn. *Chrysiphiala pauciflora*, Lindl. (H. E. F. 132.)

S. f. **vitellinum**, Lindl. * *Fl.* jaune d'œuf, six par ombelle, courtement pédicellées et à segments dressés ; étamines exsertes ; hampe de 18 cent. de haut. Avril. *Flles* obovales-oblongues, trinervées, pétiolées, à bords récurvés et glauques en dessous. *Haut.* 30 cent. Lima, 1842. Serre chaude. (B. R. 1843, 2.)

S. **Hartwegii**, Lindl. Syn. de *S. aurantiacum*, Herb.

S. **humile**, Baker. *Fl.* écarlate, dressée, de près de 8 cent. de long, à tube cylindrique, élargi supérieurement et à segments oblongs, un peu étalés, de 12 mm. de long ; étamines plus courtes que les segments, soudées en coupe non dentée entre elles ; hampe uniflore. Mars. *Flles* vertes, glabres et luisantes, sub-aiguës, légèrement canaliculées, de près de 30 cent. de long et environ 6 mm. de large. Andes du Pérou, Cordillère, 1841. (R. B. 308.) Syn. *Coburgia humilis*, Herb. (B. R. 1842, 46.)

S. **incarnatum**, Baker. * *Fl.* de couleur variable, ordinairement rouge vif et vertes au sommet des segments, quatre à cinq par ombelle, très courtement pédicellées ; périanthe de près de 12 cent. de long, glabre, à tube arqué, de 6 mm. à la gorge et à segments ovales-elliptiques, légèrement obtus ou cuspidés, maculés, visiblement carénés et ayant près de 5 cent. de long ; étamines soudées à la base en une coronule pourvue d'appendices bifides ; hampe forte, dressée, creuse, à deux angles obscurs et atteignant jusqu'à 60 cent. de haut. Août. *Flles* quatre à six, rétrécies supérieurement, obtuses, entières, charnues, réticulées-veinées, glabres, dressées, de 50 cent. de long et 2 cent. 1/2 de large. Bulbe globuleux, de 5 à 8 cent. de diamètre, à tuniques brunes. Andes de l'Equateur, Pérou et Bolivie, 1826. (Ref. B. 308 ; R. G. 1147 ; I. H. 1891, 123 ; Gn. 1896, part. I, t. 1076). Syn. *Coburgia incarnata*, Sweet. (S. B. F. G. ser. II, 17.) — Les plantes suivantes, élevées au rang d'espèces par certains auteurs, sont considérées par M. Baker comme n'étant apparemment seulement et dans un sens large que des variétés différant principalement par la couleur de leurs fleurs.

S. i. **fulvum**, Baker. *Fl.* jaune de tan, à périanthe de 11 cent. de long ; spathe à valves persistantes ; hampe de plus de 60 cent. de long. *Flles* environ six, linéaires-ligulées, de 50 cent. ou plus de long. Syn. *Coburgia fulva*, Herb. (B. M. 3221. B. R. 1497.)

S. i. **trichromum**, Baker. *Fl.* à tube du périanthe écarlate, de 12 cent. de long, légèrement arqué et à segments du limbe verts au-dessus du milieu, plus pâles intérieurement. *Flles* glauques, obtuses et sub-dressées. Syn. *Coburgia trichroma*, Herb. (B. M. 3867 et 5686 ; R. H. 1890, 108.)

S. i. **versicolor**, Baker. *Fl.* de couleur variant de l'écarlate au fauve blanchâtre, à périanthe arqué et de 2 cent. 1/2 de long dans sa partie inférieure, ventru et de 4 cent. de long dans la supérieure ; limbe de 2 cent. 1/2 de long, à segments aigus, maculés de vert extérieurement et blanchâtres à l'intérieur. *Flles* de 75 cent. de long et 5 cent. de large. Syn. *Coburgia versicolor*, Herb. (B. R. XXVIII, 66).

S. latifolium., Herb. Variété du *S. flavum*, Herb.

S. luteo-viride. Baker, *Fl.* jaune primevère ou verdâtre, vertes au sommet des segments, quatre à six par ombelle, très courtement pédicellées, périanthe à tube cylindrique, de 5 à 8 cent. de long et 8 mm. de diamètre à la gorge et à segments oblongs-cuspidés et distinctement carénés ; coronule staminale verte, à sinus présentant chacun une dent simple ou obscurément deltoïde ; style exsert ; hampe forte, à deux angles et ayant 15 cent. de haut. Printemps. *Flles* environ quatre, linéaires-loriformes, glabres, de 30 cent. de long et 2 cent. 1/2 de large, graduellement rétrécies en pointe. Bulbe à col cylindrique, de 30 cent. de long. Andes de l'Equateur, 1878.

S. pauciflorum, Herb. Variété du *S. flavum*, Herb.

S. Pearcei, Baker. *Fl.* à tube vert jaunâtre, en entonnoir dans sa moitié supérieure, pendant et à segments jaune primevère, teintés de vert extérieurement, oblongs, étalés-dressés ; pédicelles de 5 à 10 cent. de long ; ombelle composée de six à huit fleurs, à valves de la spathe oblongues-lancéolées, de 4 à 5 cent. de long ; hampe de 75 cent. à 1 m. de haut, ferme, un peu glauque et légèrement comprimée. Mai. *Flles* paraissant après les fleurs, loriformes-lancéolées, de 50 cent. de long, graduellement rétrécies supérieurement en pointe aiguë et inférieurement en pétiole aplati, de 5 à 8 cent. de long et à bords un peu révolutés. Bulbe ovoïde, de 5 cent. de diamètre, à tuniques brunes et à col allongé. Andes de la Bolivie et du Pérou, 1872. (Ref. B. 308.)

S. recurvatum, Baker. *Fl.* rouge jaunâtre, deux à six par ombelle, à pédicelles de 2 1/2 à 8 cent. de long ; périanthe de 5 à 6 cent. de long, à tube de 4 mm. de diamètre à la gorge, avec les segments oblongs, de 12 à 15 mm. de long ; étamines plus courtes que les segments à filets obscurément soudés en coupe entre eux ; hampe grêle ; valves de la spathe amples et lancéolées. Feuilles trois à six, linéaires, de 30 cent. de long et 4 à 8 mm. de large, paraissant avec des fleurs. Bulbe ovoïde, de 2 1/2 à 4 cent. de diamètre. Andes du Pérou, Bolivie et nord du Chili.

S. Stricklandi, Baker. — V. **Stricklandia eucrosioides.**

S. suspensum, Baker. *Fl.* rouge écarlate vif, quatre à six par ombelle, pendantes, à pédicelles de 2 1/2 à 4 cent. de long ; périanthe de 4 cent. de long, à segments oblongs, égalant la moitié de sa longueur ; étamines atteignant le milieu des segments, à filets soudés en coupe dans leur moitié inférieure et sans dent entre elles ; hampe ferme, dressée, de 30 cent. de haut ; valves de la spathe deux, lancéolées. Mai. *Flles* deux à trois, paraissant après les fleurs, charnues, linéaires ou lancéolées, aiguës, de 30 cent. de long et 12 mm. de large. Bulbe ovoïde, à col court et à tuniques brunes. Pérou, 1865. (Ref. B. 22.)

S. viridiflorum, Benth. *Fl.* entièrement vertes, très élégantes, environ quatre par ombelle, courtement pédicellées ; tube du périanthe arqué, de 5 cent. de long et 4 à 6 mm. de large à la gorge, à segments oblongs, aigus, de 18 mm. de long, coupe staminale à bords crénelés et un peu infléchis, hampe à deux angles et de 50 à 60 cent. de haut ; valves de la spathe marcescentes, puis caduques. Mai. *Flles* allongées, planes, ensiformes, d'environ 18 mm. de large, étalées-dressées et divergentes. Pérou, 1839. Syns. *Callithauma viridiflorum*, Herb. (B. M. 3866, a.) ; *Pancratium viridiflorum*, Ruiz et Pav.

S. vitellinum, Lindl. Variété du *S. flavum*, Herb.

STENOPTERA, Presl. (de *stenos*, étroit, et *pteron*, aile ; allusion aux segments internes du périanthe, qui sont contractés et linéaires). Syn. *Porphyrostachys*, Rchb. f. Fam. *Orchidées.* — Petit genre ne comprenant que trois espèces d'Orchidées terrestres, de serre chaude, habitant les montagnes de l'Amérique tropicale, depuis le Brésil et la Bolivie jusqu'aux Indes occidentales. Fleurs élégantes ou de peu d'effet et réunies en épi dense. Feuilles fasciculées à la base de la tige. Ces plantes n'existent pas encore dans les cultures.

STENORRHYNCHUS, L. C. Rich. — Réunis aux **Spiranthes**, L. C. Rich.

STENOS. — Dans les mots composés de grec, ce préfixe signifie *étroit*. Ex. *Stenophyllum*, à feuilles étroites. Voy. aussi plusieurs des mots précédents.

STENOSEMIA, Presl. — Réunis aux **Acrostichum**, Linn.

STENOSOLENIUM, Turcz. — V. **Arbenia**, Forsk.

STENOSPERMATION, Schott. (de *stenos*, étroit, et *spermation*, diminutif de *sperma*, graine ; allusion à la gracilité des graines). Fam. *Aroïdées.* — Genre comprenant quatre à sept espèces de plantes herbacées ou de sous-arbrisseaux de serre chaude, habitant l'Amérique tropicale. Fleurs toutes hermaphrodites, insérées sur un spadice longuement stipité, non appendiculé, cylindrique et beaucoup plus court que la spathe ; celle-ci naviculaire, enroulée, à la fin béante, puis caduque ; hampe droite et terminale. Feuilles distiques, coriaces, lancéolées, acuminées, à pétioles courts ou allongés et parfois engainants sur toute leur longueur. Tige allongée, rampante et radicante sur toute sa longueur. Les deux espèces suivantes, seules introduites, se traitent comme les **Spathiphyllum.**

S. multiovulatum, Schott. *Fl.* à spathe et spadice blancs ; pédoncule de 35 à 50 cent. de long. *Flles* coriaces, vert opaque, plus pâle sur la face inférieure, de 35 à 50 cent. de long et 12 à 15 cent. de large ; pétiole de 15 à 20 cent. de long. Tige noirâtre. *Haut.* 1 à 2 m. Colombie, 1896.

S. popayanense, Schott. *Fl.* à spathe blanc d'ivoire, naviculaire, longuement cuspidée ; spadice suffusé de blanc, d'environ 5 cent. de long. *Flles* elliptiques-oblongues ou oblongues-lancéolées, légèrement obtuses à la base ; pétioles égalant les trois quarts de la longueur du limbe et engainants jusqu'au milieu. Tige ascendante. *Haut.* 30 cent. Andes de Popaya, 1875. Plante vivace et toujours verte.

S. Wallisii, Mast. *Fl.* à spathe d'un vert gai, de 13 cent. de long, oblongue-elliptique, arrondie et décurrente à la base, longuement cuspidée au sommet ; spadice cylindrique, atteignant le tiers de la longueur de la spathe. *Flles* de 15 à 18 cent. de long, oblongues-lancéolées, arrondies ou cunéiformes à la base et cuspidées au sommet, avec les bords légèrement crénelés-crispés ; pétioles de 12 à 20 cent. de long. Nouvelle-Grenade. (R. G. 920 ; B. M. 6334 ; G. C. 1875, 116-7.)

STENOSTEMUM, Juss. — V. **Stenostomum**, Gærtn.

STENOSTOMUM, Gærtn. (de *stenos*, étroit, et *stoma*, bouche ; allusion à la forme des fleurs). Syns. *Stenostemum*, Juss. et *Sturmia*, Gærtn. Fam. *Rubiacées.* — Petit genre comprenant environ cinq espèces de jolis petits arbres toujours verts, de serre chaude, habitant les Indes occidentales et maintenant réunis, comme section, au genre *Anthirræa*, Commers., par Bentham et Hooker. Fleurs petites, blanches et réunies en cymes pédonculées et axillaires; calice à cinq dents; corolle en entonnoir, à cinq lobes; étamines cinq. Feuilles opposées, ovales ou oblongues, courtement pétiolées et accompagnées de stipules à la fin caduques. Pour la culture des deux espèces suivantes, seules introduites, V. **Hamiltonia.**

S. lucidum, Gærtn. f. *Fl.* blanches, espacées, à pédoncules une ou deux fois fourchus au milieu ou au-dessous. Mai. *Flles* elliptiques ou elliptiques-oblongues, cartilagineuses, de 5 à 8 cent. de long, obtuses, glabres et luisantes. Indes occidentales, 1818. Petit arbre.

S. tomentosum, DC. *Fl.* blanches, espacées, à pédoncules dépassant un peu les feuilles et une ou deux fois fourchus vers leur milieu. Mai. *Flles* elliptiques, de 8 à 10 cent. de long, glabres en dessus et tomenteuses-veloutées en dessous. Indes occidentales, 1822. Petit arbre.

STENOTAPHRUM, Trin. (de *stenos*, étroit, et *taphros*, entaille; allusion aux cavités du rachis de l'inflorescence, dans lesquelles les épillets sont logés). Syn. *Diastemanthe*, Steud. Fam. *Graminées.* — Petit genre comprenant trois ou quatre espèces de plantes herbacées, vivaces, radicantes et de serre chaude ou tempérée, habitant les régions tropicales et principalement celles avoisinant la mer. Epillets ordinairement réunis par trois-quatre en petits épis très courts, enfoncés dans les échancrures du rachis élargi d'une panicule spiciforme et terminale, à rachis des petits épis allongé en pointe au delà de l'insertion des épillets et à rachis principal se désarticulant fréquemment aux nœuds lorsqu'il devient vieux; glumes et glumelles deux. Feuilles planes ou enroulées et sétacées.

Le *S. americanum*, seul introduit, est une curieuse herbe vivace, prospérant en terre franche et légère, dont la variété à feuilles panachées est la plus répandue dans les serres, où elle sert à garnir les suspensions. Le type a aussi une certaine utilité dans les pays chauds, pour former des gazons, là où les autres Graminées ne peuvent résister à la sécheresse, mais il n'est pas suffisamment rustique pour cela sous notre climat. Le type se multiplie facilement par semis ou par division et sa variété uniquement par séparation des rejets.

S. americanum, Schrank. Australian Buffalo Grass. — *Fl.* réunies en épis solitaires et terminaux, de 5 cent. ou plus de long, à rachis plat, flexueux, se désarticulant en travers et facilement après la maturation. *Flles* obtuses, planes ou enroulées, à gaine ordinairement large, plate et ciliée à l'orifice. Tiges un peu aplaties, rampantes et radicantes, couvrant rapidement le sol. *Haut.* 30 cent. environ. Régions tropicales, etc. Syn. *S. glabrum*, Trin.

S. a. variegatum, Hort.* *Flles* de 5 à 10 cent. de long, obtuses, fortement striées de blanc crème. 1874. — Excellente plante pour orner les suspensions, le devant des banquettes des serres, à la façon du *Panicum imbecile.* C'est probablement elle que certains horticulteurs désignent dans leurs catalogues sous le nom de *Stephanophorum glabrum variegatum*, Hort.

S. glabrum, Trin. Syn. de *S. americanum*, T.

STEPHANANDRA, Sieb. et Zucc. (de *stephanos*, couronne, et *aner*, *andros*, mâle, étamine; allusion à la disposition des étamines). Fam. *Rosacées.* — La seule espèce de ce genre est un arbuste rustique et à feuilles caduques, voisin des **Spiræa.** (V. ce nom pour sa culture.)

S. flexuosa, Sieb. et Zucc. *Fl.* blanches, petites, réunies en panicules ou grappes corymbiformes, à pédicelles grêles et dépourvus de bractées; sépales et pétales cinq; ces derniers spatulés. Juillet. *Flles* alternes, pétiolées incisées ou pinnatifides et incisées-dentées, pubescentes en dessous, accompagnées de stipules persistantes. Rameaux grêles, distiques et flexueux. Japon, 1870. Syn. *S. incisa*, Zabel.

S. incisa, Zabel. Syn. de *S. flexuosa*, Sieb. et Zucc.

S. Tanakæ, Franch. et Savat. *Flles* d'abord grises, puis devenant d'un beau rouge bronzé en vieillissant. Japon, 1896. (Gn. 1896, tab. 1431).

STEPHANIA, Lour. (dédié au professeur Frederick Stephan, de Moscou, mort en 1817). Syn. *Clypea*, Blume. Fam. *Ménispermacées.* — Petit genre comprenant quatre espèces de plantes grimpantes, de serre chaude ou tempérée, habitant l'Afrique et l'Asie tropicales, ainsi que l'Australie tropicale et sub-tropicale. Fleurs dioïques, réunies en ombelles simples ou composées; les mâles à six-dix sépales; les femelles n'en ayant que trois à cinq. Feuilles ordinairement peltées. Pour la culture des espèces introduites, V. **Morisonia.**

S. hernandifolia, Walp. *Fl.* réunies en ombelles capitées, à pédoncules axillaires, courts ou allongés; pétales trois à quatre; rayons huit à douze, accompagnés de bractées subulées. Juin. *Flles* ovales ou sub-deltoïdes, aiguës, obtuses ou acuminées au sommet, tronquées ou sub-cordiformes à la base, de 8 à 15 cent. de diamètre, glabres ou finement pubescentes en dessous ou sur les deux faces; pétioles de 4 à 10 cent. de long. Indes.

S. rotunda, Lour. *Fl.* orangées, en ombelles formant une cyme lâche. Juin. *Flles* largement ovales ou presque arrondies, irrégulièrement sinuées-dentées, glabres et longuement pétiolées. Himalaya, 1866. Serre tempérée ou froide.

STEPHANIA, Willd. — V. **Steriphoma,** Spreng.

STEPHANIUM. Schreb. — V. **Palicourea,** Aubl.

STEPHANOCOMA, Less. (de *stephanos*, couronne, et *kome*, poil, chevelure; allusion à l'aigrette coroniforme). Fam. *Composées.* — La seule espèce de ce genre est une plante herbacée, de serre tempérée, à port de Chardon et demandant le même traitement que les **Berkheya.** (V. ce nom.)

S. carduoides, Less. *Capitules* jaunes, discoïdes, petits et insérés au sommet des rameaux, où ils forment des sortes de corymbes; bractées de l'involucre plus courtes que le disque, subulées, multisériées et bordées d'épines grêles et solitaires. Automne. *Flles* portant des cils épars ou glabres sur les deux faces, dentées-épineuses ou lobées et longuement décurrentes. Tige dressée, striée, presque glabre. *Haut.* 75 cent. Sud de l'Afrique, 1864. (B. M. 5715, sous le nom de *Stobæa sphærocephala*, DC.)

STEPHANOLIRION, Baker. — V. **Tristagma,** Pœpp.

STEPHANOMERIA, Nutt. (de *stephanos*, couronne, et *meris*, partie; nom sans application particulière). Syn. *Jamesia*, Nees. Fam. *Composées.* — Genre comprenant environ huit espèces de plantes herbacées, glabres, annuelles ou vivaces et rustiques, habitant l'Amérique du nord-ouest. Capitules blancs ou roses, radiés, tantôt terminaux et dressés, tantôt fasciculés le long des rameaux, fleurons de la circonférence ligulés, tronqués et à cinq dents au sommet. Feuilles alternes, étroites, entières, bordées de dents espacées et roncinées-pinnatifides ou les caulinaires réduites à l'état de courtes écailles. Tiges dressées, simples ou ramifiées et divariquées. Probablement aucune espèce n'existe à présent dans les cultures.

STEPHANOPHORUM glabrum variegatum, Hort. — V. **Stenotaphrum americanum variegatum**, hort.

STEPHANOPHYSUM, Pohl. — Réunis aux **Ruellia**, Linn.

STEPHANOTIS, D. P. Thou. (de *stephanos*, couronne, et *ous*, *otos*, oreille ; allusion aux auricules de la couronne staminale). SYN. *Jasminanthes*, Blume. FAM. *Asclépiadées*. — Genre comprenant environ quatorze espèces d'arbustes grimpants, souvent très élevés,

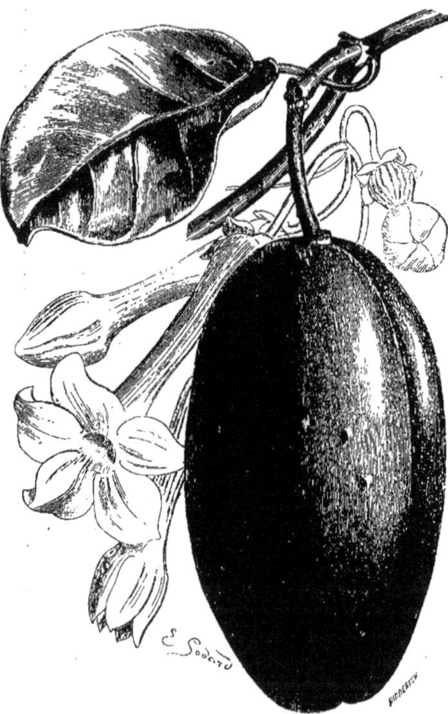

131. — STEPHANOTIS FLORIBUNDA.

glabres, volubiles et de serre chaude, dont cinq habitent Madagascar, cinq l'archipel Malais et le sud de la Chine, trois l'île de Cuba et un le Pérou. Fleurs blanches, grandes, simples, odorantes et réunies en cymes ombelliformes, axillaires ; calice à cinq divisions un peu foliacées ; corolle en coupe ou presque en entonnoir, à tube cylindrique, plus large à la base qu'au milieu et à limbe à cinq lobes tordus dans la préfloraison ; coronule à cinq folioles dressées, courtes, un peu membraneuses et souvent libres au sommet.

Les deux espèces décrites ci-après sont seules introduites et la première est de beaucoup la plus importante et la plus répandue dans les collections. C'est une liane de serre chaude, estimée pour ses belles et abondantes fleurs blanc pur et délicieusement parfumées.

Il lui faut une bonne terre franche et fibreuse, additionnée de terre de bruyère et de terreau de couches. Sa multiplication s'effectue par boutures de pousses de l'année précédente, que l'on fait séparément au printemps, dans des godets et sous un châssis à multiplication, avec une température d'environ 16 deg. Les plantes adultes poussent plus vigoureusement quand on peut les planter en pleine terre, dans le compost ci-dessus, couvrant une surface d'environ un mètre carré. On fait alors filer leurs longs rameaux sur un treillage à proximité, le long des piliers ou des colonnes, ou encore sur des fils de fer tendus au-dessous du vitrage. Il est nécessaire de rabattre les plantes de temps à autre pour en obtenir des pousses vigoureuses. Le **S.** *Thouarsii* se traite de la même manière. La Cochenille est un des insectes qui les attaquent le plus fréquemment ; les lavages au jus de tabac et les moyens indiqués au nom respectif de cet insecte permettent de s'en débarasser si on prend la peine de les appliquer de bonne heure.

S. floribunda, A. Brongn. ' Clustered Wax Flower, Madagascar Chaplet Flower; Madagascar Jessamine. — *Fl.* d'un blanc très pur, très odorantes, réunies en bouquets gros et nombreux ; sépales ovales, obtus, égalant un quart de la longueur du tube de la corolle ; celle-ci longuement et étroitement tubuleuse, à segments étalés et ovales-oblongs ; écailles de la coronule ovales, plus courtes que les anthères ; pédoncules courts, égalant à peine la longueur des pétioles. Mai. *Flles* ovales ou ovales-elliptiques, amples, épaisses, rétuses ou très courtement acuminées et uncinées. *Haut.* 3 m. Madagascar, 1839. (B. V. 203 ; B. M. 4058 ; G. C. n. s. XIV, p. 169 ; P. M. B. XI, 29.) — Il en existe une variété nommée *Elevaston*, plus compacte et plus florifère que le type. (G. C. n. s. XIV, p. 169 ; R. H. B. 1883, 184 et 1885, 25.)

S. Thouarsii, Brongn. *Fl.* à sépales ovales-lancéolés, égalant un tiers de la longueur du tube de la corolle ; écailles de la coronule lancéolées, dépassant les anthères, pédoncules triflores et égalant les feuilles. Mai. *Flles* obovales ou obovales-oblongues et courtement acuminées. *Haut.* 3 m. Madagascar, 1842.

STERCULIER. — V. **Sterculia.**

STERCULIA, Linn. (de *sterculius*, divinité, dérivé de *stercus*, fumier ; les fleurs et les feuilles exhalent une odeur fétide). **Sterculier.** Comprend les *Brachychiton*, Schott. pr. p. ; *Delabechea*, Lindl. ; *Ivira*, Aubl. et *Southwellia*, Salisb. FAM. *Sterculiacées*. — Grand genre dont environ quatre-vingt-cinq espèces ont été décrites, bien qu'une cinquantaine paraissent seules distinctes au point de vue spécifique. Ce sont de beaux arbres toujours verts, de serre chaude ou tempérée, habitant toutes les régions chaudes du globe. Fleurs en panicules ou rarement en grappes et ordinairement axillaires ; calice coriace, à cinq ou rarement quatre lobes ou divisions souvent colorées ; corolle nulle ; étamines six à vingt, disposées en colonne. Fruit composé de cinq follicules distincts, uniloculaires, s'ouvrant par la suture ventrale. Feuilles alternes, entières, lobées ou digitées.

La liste suivante constitue un choix des plus belles espèces introduites. Il leur faut une bonne terre franche et légère ou un compost de terre franche et de terre de bruyère. Multiplication par boutures pourvues de toutes leurs feuilles, qui s'enracinent facilement dans du sable, sous cloches et sur chaleur de fond. Les espèces de serre chaude demandent une atmosphère humide.

S. acuminata. — V. Cola acuminata.

S. austro-caledonica. Hook. f. *Fl.* rouges, de 1 cent. 1/2 de diamètre, odorantes et disposées en thyrses naissant sur le tronc, calice lobulé; anthères disposées en anneau au sommet de l'androcée. *Flles* ovales-cordiformes, puis orbiculaires, palmées, quinquélobées, de 60 centimètres de diamètre, glabres, longuement pétiolées. Tronc presque simple. Nouvelle-Calédonie. (B. M. 7383.)

S. Balanghas, Linn. *Fl.* jaunes ou purpurines, paniculées, à segments du calice au nombre de cinq, linéaires et découpés jusqu'au milieu en lobules connivents. Juin-septembre. *Flles* elliptiques-oblongues, un peu obtuses, entières et presque glabres. *Haut.* 10 m. Malabar et Indes orientales, 1787. Serre chaude.

S. Bidvillii, Hook. *Fl.* rouges, réunies en faisceaux axillaires. *Flles* pétiolées, cordiformes, entières ou trilobées et couvertes d'une pubescence molle. Australie tropicale, 1851. Syn. *Brachychiton Bidwillii,* Hook. (B. M. 5133.)

S. discolor, F. Muell. * *Fl.* réunies en panicules contractées, spiciformes et terminales; calice rouge-rose, tomenteux-roussâtre, de 4 cent. de long, de forme sub-campanulée ou en entonnoir. *Flles* longuement pétiolées, de 12 à 18 cent. de long et de large, vert pâle, cordiformes ou bilobées à la base, avec un sinus large ou étroit, plus ou moins profondément découpées en cinq lobes, mais à découpures ne dépassant jamais le milieu. *Haut.* 12 m. Australie occidentale, 1882. Serre tempérée. (B. M. 6608.)

S. diversifolia, G. Don. Angl. Bottle-tree, à Victoria. — *Flles* coriaces, obtuses, lancéolées, entières ou trilobées, glabres et à lobes acuminés. *Haut.* 6 à 20 m. Australie tropicale, 1824. Syn. *Brachychiton diversifolium,* R. Br.

S. heterophylla, Cunn. *Fl.* jaunes, réunies en panicules terminales, irrégulièrement dentées. Australie, 1824.

S. Ivira, Swartz. *Fl.* jaunâtres, à segments étalés et réunies en panicules; carpelles ciliés. Juillet. *Flles* lisses, ovales, acuminées au sommet, entières ou rarement trilobées. *Haut.* 6 à 20 m. Amérique du Sud, 1793. Serre chaude.

S. lanceolata, Cav. *Fl.* brun rougeâtre, étoilées et réunies en petites panicules axillaires; segments du calice étalés, non cohérents à la base; grappes simples. Été. *Flles* très entières, lisses, ovales-lancéolées. *Haut.* 6 m. Serre froide. (B. R. 1256.)

S. grandiflora, Vent. *Fl.* jaunes, à divisions du calice étalés. *Flles* glabres, ovales, acuminées et entières. *Haut.* 3 m. Arbrisseau. Indes orientales, 1820.

S. macrophylla, Vent. *Fl.* jaunes, calice à cinq divisions étalées; panicules latérales et pendantes. Juillet. *Flles* profondément cordiformes, obtuses, indivises et tomenteuses en dessous. Indes orientales, 1822. Grand arbre de serre chaude.

S. nobilis, Smith. *Fl.* jaunes, fasciculées au sommet des rameaux; carpelles ovales-mucronulés. Mai-juin. *Flles* glabres, ovales-oblongues et entières. *Haut.* 6 à 7 m. Indes orientales.

S. platanifolia, Linn. Angl. Chinese Parasol. — *Fl.* verdâtres, réunies en panicules terminales; calice à lobe réfléchis. Mai-juin. *Flles* amples, très glabres, cordiformes, à trois-cinq lobes se terminant en pointe aiguë et à sinus arrondis, pétioles également arrondis. Tronc nu jusqu'au sommet. Chine, 1757. — Grand arbre dans son pays natal, et chez nous arbrisseau de serre froide, atteignant 3 à 4 m. Il en existe une var. *japonica,* presque rustique sous le climat parisien.

S. pubescens, Mast. Syn. de *S. Tragacantha,* Lindl.

S. rupestris, Benth. Angl. Bottle-tree. — *Fl.* à calice campanulé, profondément lobé; panicule tomenteuse, ordinairement plus longue que les pétioles. Eté. *Flles* glabres, tantôt très entières, oblongues-linéaires ou lan-

Fig. 132. — Sterculia rupestris. — Feuille et fruits.

céolées, de 8 à 15 cent. de long. Australie, 1880. — Arbre de serre froide, d'assez grande taille, dont le tronc se renfle parfois considérablement, d'où son nom vulgaire anglais. Syn. *Delabechea rupestris,* Lindl.

S. Tragacantha, Lindl. Angl. Tragacanth Gumtree of Sierra Leone. — *Fl.* brun pourpre, réunies en panicules contractées, axillaires et tomenteuses; segments du calice égalant le tube et rapprochés au sommet; tube turbiné. Été. *Flles* ovales, aiguës, obtuses à la base et tomenteuses en dessous. Rameaux tomenteux-ferrugineux. *Haut.* 6 m. Guinée, 1793. Serre chaude. (B. R. 1363.) Syn. *S. pubescens,* Mart.

S. urens, Roxb. *Fl.* verdâtres; calice campanulé; carpelles hispides, ovales. *Flles* cordiformes, à cinq lobes acuminés. *Haut.* 3 à 4 m. Indes orientales, 1793. Arbre.

S. villosa, Roxb. *Fl.* à calice duveteux à l'extérieur, rosé à l'intérieur et à cinq segments étalés; style récurvé; panicule composée et pendante. Juin. *Flles* à cinq-sept lobes acuminés, tomenteux et veloutés en dessous. *Haut.* 5 m. Indes orientales, 1805. Serre chaude.

STERCULIACÉES. — Famille naturelle de végétaux Dicotylédones, renfermant environ sept cent trente espèces réparties dans huit tribus, quarante-neuf genres et habitant toutes les régions chaudes et tropicales du globe. Ce sont des plantes herbacées, des arbustes ou des arbres à bois mou. Fleurs régulières, hermaphrodites ou unisexuées, réunies en grappes ou en cymes paniculées, rarement solitaires, axillaires ou rarement terminales; calice gamosépale, ordinairement persistant, plus ou moins profondément découpé en cinq, quatre ou parfois trois lobes valvaires; pétales cinq, hypogynes, libres ou soudés avec la base du tube staminal, souvent persistants et marcescents, tordus-imbriqués ou parfois nuls; étamines très variables, cinq-dix ou en nombre indéfini et souvent soudées à la base; ovaires cinq, uniloculaires, parfois soudés en un seul; styles simples, libres ou soudés. Le fruit est une capsule à cinq loges polyspermes, déhiscentes ou coriaces, charnues et indéhiscentes. Feuilles alternes ou très rarement presque opposées, parfois simples, penninervées ou palmatinervées, entières, dentées ou lobées, parfois à trois-neuf folioles digitées ; stipules présentes et insérées à la base des pétioles ou parfois absentes.

Les *Sterculiacées* contiennent un mucilage abondant, combiné, dans la vieille écorce des espèces ligneuses, à une substance amère, astringente, et leurs propriétés sont émétiques ou stimulantes. Quelques espèces sont très importantes au point de vue économique. Les cotylédons séchés et réduits en poudre du *Theobroma Cacao*, constituent le cacao du commerce et, après une autre préparation et l'addition de différentes substances, notamment du sucre, de l'arrow-root, etc., il constitue le chocolat. La consommation de ces deux aliments est, comme on le sait, d'une importance excessivement grande. Les graines de cet arbre renferment encore une huile solide, connue sous le nom de beurre de cacao, qui est également utilisée. La graine du *Cola acuminata*, nommée noix de Kola, est un fortifiant et tonique des plus puissants que l'on connaisse, les nègres l'emploient comme masticatoire et elle entre dans la préparation des fortifiants. Par contre, les *Sterculiacées* sont peu importantes pour l'horticulture d'ornement, surtout dans nos pays, où la plupart des espèces sont des plantes de serre.

Les genres les plus importants à ce dernier point de vue sont, par ordre de tribus : Sterculiées ; *Sterculia*, *Cola*, *Heritiera* ; Hélictérées ; Hériolinées ; Fremontiées, *Fremontia* ; Dombeyées : *Dombeya*, *Melhania* : Hermanniées, *Hermannia*, *Mahernia* ; Buettnériées : *Abroma*, *Theobroma*, *Buettneria*, *Commersonia* ; Lasiopétalées : *Lasiopetalum*, *Guichenotia*.

STEREOSANDRA, Blume. (de *stereos*, rigide, et *aner*, *andros*, mâle, anthère ; allusion aux étamines dressées). Fam. *Orchidées*. — La seule espèce de ce genre est une Orchidée terrestre, de serre chaude, aphylle, produisant une grappe de fleurs courtement pédicellées et de dimensions moyennes. Elle habite Java et n'a pas encore été introduite dans les collections.

STEREOXYLON, Ruiz et Pav. — V. **Escallonia**, Linn.

STERIGMA, DC. (de *sterigma*, fourche ; les grandes étamines sont soudées à la base, puis libres et écartées supérieurement). Syn. *Sterigmostemon*, Bieberst. Fam. *Crucifères*. — Genre comprenant cinq espèces de plantes herbacées, robustes, bisannuelles, vivaces et rustiques, habitant l'Asie Mineure, la Perse, la région Caspienne et la Sibérie. Fleurs jaunes, assez grandes et réunies en grappes allongées, dépourvues de bractées ; sépales sub-dressés ; pédicelles assez épais et étalés. Feuilles entières ou pinnatifides. Les *S. tomentosum*, DC. et *S. torulosum*, DC., ont été autrefois introduits dans les collections, mais ils en sont très probablement disparus.

STERIGMA. — Epithète que les auteurs anglais appliquent parfois aux appendices foliacés qui prolongent le limbe d'une feuille jusque sur la tige et autour de celle-ci ; la feuille est alors dite : *décurrente*.

STERIGMOSTEMON, Bieberst. — V. **Sterigma**, DC.

STÉRILE ; Angl. Barren. — S'applique aux organes qui n'accomplissent pas les fonctions qui leur sont dévolues ; c'est surtout les fleurs qui ne fructifient pas, les ovaires sans ovules, les étamines sans pollen et parfois les fleurs uniquement mâles qu'on qualifie de *stériles*. Son opposé est *fertile*. (S. M.)

STERIPHOMA, Spreng. (de *steriphoma*, fondation ; allusion à la grosseur des pédoncules fructifères). Syns. *Rœmeria*, Tratt. et *Stephania*, Willd. Fam. *Capparidées*. — Petit genre comprenant trois espèces d'arbustes inermes, de serre chaude, habitant le Pérou, la Nouvelle-Grenade, le Vénézuéla et les îles de la Trinité. Fleurs oranges, élégantes, réunies en grappes terminales, à pédoncules épais ; pédicelles également épais au sommet, infléchis ou récurvés et uniflores ; calice découpé au sommet en deux-quatre lobes irrégulièrement découpés ; réceptacle très court ; pétales quatre, sessiles ; étamines six. Ovaire oblong et stipité. Feuilles longuement pétiolées, à une seule foliole lancéolée, entière ; pétioles épaissis au sommet.

L'espèce suivante, seule introduite, est bien digne d'être cultivée pour ses belles fleurs. Elle prospère dans un compost de terre franche, de terre de bruyère et de sable. Multiplication par boutures de jeunes rameaux, que l'on met en pots, dans du sable, sur chaleur de fond et sous cloches.

S. cleomoides, Spreng. * *Fl.* à calice brun rougeâtre et à pétales ainsi que les étamines jaunes, réunies en grappes terminales. Avril-juillet. *Flles* oblongues-lancéolées, très acuminées et à peine plus longues que les pédicelles. *Haut.* 2 m. Caracas, 1823. Syns. *Capparis paradoxa*, Jacq. ; *Stephania cleomoides*, Willd. ; *Steriphoma paradoxum*, Endl. (B. M. 5788 ; F. d. S. 564-5 ; L. et P. F. G. I, 73, p. 107.)

S. paradoxum, Endl. Syn. de *S. cleomoides*, Spreng.

STERIS, Linn. — Maintenant réunis aux **Hydrolea**, Linn.

STERNBERGIA, Waldst. et Kit. (dédié au comte Caspar Sternberg, célèbre botaniste ; 1761-1838). **Amaryllis** (en partie) ; Angl. Mount Etna Lily. Comprend les *Oporanthus*, Herb. Fam. *Amaryllidées*. — Genre dont une douzaine d'espèces ont été énumérées, mais M. Baker les réduit à quatre suffisamment distinctes pour être considérées comme telles. Ce sont des plantes bulbeuses, rustiques, habitant l'Europe et la région méditerranéenne ; une espèce, le *S. lutea*, croît spontanément dans le midi de la France. Fleurs jaunes, souvent solitaires, courtement pédonculées, à périanthe droit, en entonnoir allongé, à tube court ou assez long et à segments lancéolés ou oblongs, égaux, étalés-dressés et toujours ascendants ; étamines six, insérées à la gorge du tube, à filets longs et filiformes, avec des anthères oblongues et versatiles, bractées membraneuses, hyalines et tubuleuses à la base ; hampe courte ou parfois très courte et pleine ; spathe unique, tubuleuse au-dessous du milieu. Feuilles tardives ou paraissant avec les fleurs. Bulbe à plusieurs tuniques et à col allongé.

Le genre *Sternbergia* est divisé en deux sections : les *Sternbergia vrais*, à fleurs automnales, à tube cylindrique et à feuilles se montrant au printemps ; les *Oporanthus*, à fleurs en entonnoir, avec le tube court et des feuilles se développant en octobre.

La première section comprend les *S. colchiciflora* et *S. macrantha*, J. Gay, et la seconde les *S. lutea* avec ses variétés et *S. Fischeriana*.

Le *S. lutea* est de beaucoup l'espèce la plus répandue dans les jardins, les autres ne sont guère que des plantes de collection. Il est cependant moins cultivé chez nous qu'il le mérite, eu égard à ses jolies fleurs jaunes, qui se développent en automne.

On peut en former de jolies bordures, des groupes dans les plates-bandes, le disperser sur les gazons, où, associé au *Colchicum*, il produit un agréable contraste. Il prospère presque partout, mais surtout dans les sols légers, profonds et un peu abrités. Les bulbes peuvent être plantés à 10-15 cent. de profondeur et il y a avantage à ne les relever que tous les trois ou quatre ans, pour les diviser. La multiplication s'effectue facilement par séparation des bulbes que l'on effectue en juin-juillet.

S. colchiciflora, Waldst. et Kit. *Fl.* sessiles, dressées, odorantes, à tube du périanthe blanc jaunâtre, droit, cylindrique, de 1 1/2 à 2 cent 1/2 de long, partiellement souterrain et à limbe jaune, à segments étalés-dressés, de 2 1/2 à 4 cent. 1/2 de long et à nervures striées; étamines égalant la moitié de la longueur des segments; hampe souterraine et uniflore. Automne. *Flles* se montrant au printemps (ainsi que le fruit) rarement à l'automne, ordinairement au nombre de cinq, dressées, tordues, obtuses et calleuses au sommet, de 10 cent. de long et 5 mm. ou plus de large. Sicile. Asie Mineure, Caucase, etc., 1816. (B. R. 2008.) Syn. *Amaryllis citrina*, Sibth. et Smith. (S. F. G. 311.)

S. Fischeriana, Rœm. *Fl.* jaune pâle, à périanthe ayant à peine 3 cent. 1/2 de long; hampe de 20 cent. de long, presque entièrement souterraine. Printemps. *Flles* dressées, loriformes, entièrement planes. Karabagh; Caucase, 1868. (R. G. 576; B. M. 7331.) — Selon M. Baker, cette espèce diffère surtout du *S. lutea* par sa floraison printanière et par son ovaire et sa capsule stipités.

S. lutea, Rœm. et Schult. * Amaryllis jaune; Angl. Winter Daffodil; Yellow Star Flower. — *Fl.* jaune vif, de 4 1/2 à 5 cent. 1/2 de long, turbinées-campanulées, à tube droit, en entonnoir, de 6 à 8 mm. de long et à segments oblongs, légèrement concaves, obtus ou émarginés, de 3 à 3 cent. 1/2 de long et 12 mm. de large; étamines dépassant le milieu du limbe; stigmate non lobé; hampe de 5 à 10 cent. de haut ou parfois plus et dépassant alors le col; uni- ou rarement biflore; spathe lancéolée. Automne. *Flles* cinq à six ou plus, arquées-réfléchies, loriformes, obtusément carénées, canaliculées, obtuses, vert foncé, de 15 à 30 cent. de long et 10 à 15 mm. de large; région méditerranéenne; France, etc.; Algérie, Syrie et jusqu'en Perse, 1596. Syns. *Amaryllis lutea*, Linn. (B. M. 290; R. L. 418; S. F. G. 310; Gn. 1887, part. I, 602; A. V. B. 9.); *Oporanthus luteus*, Herb. — On croit que cette espèce est le « Lis des champs » de l'Écriture sainte. Les plantes suivantes, considérées comme espèces par certains auteurs, sont réduites à l'état de simples variétés par M. Baker.

S. l. exigua, Hort. *Fl.* dressées, à tube du périanthe campanulé et à segments égaux; hampe de 2 cent. 1/2 de long. *Flles* une à trois, courtes. Nord de l'Afrique, 1820.

S. l. græca, Rchb. Hampe courte. *Flles* courtes au moment de la floraison et atteignant finalement 10 à 12 cent. de long et seulement 2 à 3 mm. de large. Grèce.

S. l. sicula, Tineo. *Fl.* plus grandes que dans le type, mais à segments plus aigus et plus étroits, ainsi que les feuilles. Sicile.

S. macrantha, J. Gay. *Fl.* jaunes, plus grandes que celles du *S. lutea*, plus longuement tubuleuses, d'environ 7 cent. de long. Automne. *Flles* ne se développant qu'au printemps. Asie occidentale 1896. (B. M. 7459; Gn.)

STEUDELIA, Spreng. — V. **Erythroxylon**, Linn.

STEUDNERA, C. Koch. (dédié à Steudner, de Gorlitz, botaniste allemand). Fam. *Aroïdées*. — Petit genre ne comprenant que deux ou quatre espèces de plantes herbacées, vivaces et de serre chaude, habitant les Indes orientales. Fleurs toutes parfaites, densément réunies sur un spadice beaucoup plus court que la spathe, à partie femelle beaucoup plus courte que la partie mâle, partiellement soudée par le dos à la spathe; celle-ci très courtement enroulée à la base, ovale-lancéolée, à la fin réfléchie au-dessus du milieu et marcescente; hampe courte. *Flles* longuement pétiolées-peltées, ovales-oblongues et émarginées à la base. Tige épaisse, allongée, ascendante et garnie de gaines membraneuses.

L'espèce suivante et sa variété sont seules introduites. Elles prospèrent dans un compost fertile de bonne terre franche siliceuse, de terreau de feuilles et de petits morceaux de charbon de bois, avec un bon drainage. Il leur faut une atmosphère humide et une période de repos. Leur multiplication s'effectue par séparation des rejets, par boutures ou par division des vieilles souches.

S. colocasiæfolia, C. Koch. *Fl.* à spathe jaunâtre à l'extérieur et pourpre plus ou moins foncé à l'intérieur, se renversant de façon à laisser le spadice à découvert; celui-ci blanchâtre, dressé et égalant le tiers de la longueur de la spathe. *Flles* vert obscur en dessus, plus pâles en dessous et à pétioles parfois violets. Tige courte, épaisse et charnue. Indes orientales, 1869. (I. H. n. s, 90; R. G. 633.)

S. c. discolor, Hort. Bull. *Fl.* à spathe jaunâtre sur les deux faces et rouge purpurin à la base. *Flles* marquées en dessus et entre les nervures primaires de séries de larges taches pourpre brunâtre. *Haut.* 30 cent. Indes orientales, 1874. (B. M. 6076 et F. d. S. 2201, sous le nom de *S. colocasiæfolia*.)

STEVENIA, Adams. — Réunis aux **Arabis**, Linn.

STEVENSONIA, J. Duncan. (dédié à Stevenson, ex-directeur de l'île Maurice et de ses dépendances). Syn. *Phœnicophorium*, Wendl. Fam. *Palmiers*. — La seule espèce de ce genre est un majestueux Palmier de serre chaude, prospérant dans une serre chaude et tenue sans cesse très humide. Si ces deux éléments viennent à lui faire défaut, il souffre et ne tarde pas à périr. Il aime surtout la terre de bruyère fibreuse, additionnée d'un peu de sable et de quelques morceaux de charbon de bois, avec un bon drainage. Multiplication par semis des graines importées.

S. grandifolia, J. Dunc. * *Fl.* à spathes inférieures de 40 cent. de long; les supérieures claviformes, lisses, de 60 cent. à 1 m. 15 de long; spadice de 1 à 2 mm. de long; pédoncule de 30 cent. à 1 m. de long, comprimé à la base, *Fr.* rouge orangé, de 8 à 10 mm. de long. *Flles* cunéiformes-obovales, bifides, obliques à la base, profondément laciniées sur les côtés et à segments incisés; pétioles de 22 à 45 cent. de long, vert pâle, convexes en dessous; gaines de 60 cent. à 1 m. de long, canescentes et épineuses. Tige très épineuse quand elle est jeune, mais le devenant moins à l'état adulte. *Haut.* 12 m. Seychelles. 1865. (B. M. 7277.) Syns. *Areca Sechellarum*, Hort.; *Astrocaryum Borsignyanum*, Hort. et *A. pictum*, Hort.; *Phœnicophorium Sechellarum*, H. Wendl. (I. H. 433.)

STEVIA, Cav. (dédié à Peter James Esteve, professeur de botanique à Valence, en Espagne, au XVIe siècle). Fam. *Composées*. — Genre dont plus de cent espèces ont été énumérées par les divers auteurs; mais ce nombre peut se réduire à quatre-vingts suffisamment distinctes. Ce sont des plantes herbacées ou suffrutescentes et rarement diffuses, habitant les régions chaudes de l'Amérique. Capitules blancs ou purpurins, réunis en panicules ou en corymbes axillaires et sub-terminaux; involucre cylindrique, formé de cinq à six bractées; réceptacle plan et nu; fleurons cinq, tous tubuleux, égaux, réguliers et à cinq lobes. Achaines étroits, surmontés d'une aigrette de paillettes scarieuses, tantôt toutes planes, tantôt quelques-unes aristées. Feuilles opposées; les supérieures alternes, souvent trinervées et dentées en scie, parfois triséquées ou entières.

Les *Stevia* sont d'assez jolies plantes herbacées et vivaces; sauf indications contraires, toutes les suivantes sont rustiques et prospèrent dans les plates-bandes. Les *S. purpurea* et surtout le *S. serrata* sont les plus répandus, car ils font beaucoup d'effet lorsqu'ils forment de fortes touffes et leurs longues tiges fleuries sont particulièrement convenables pour la confection des bouquets. Quoique à peu près rustiques, il est prudent de couvrir les touffes d'une couche de litière à l'approche des grands froids, car il arrive parfois qu'ils périssent pendant les hivers exceptionnellement rigoureux. Leur multiplication s'effectue très facilement par semis, par boutures ou par division des pieds.

S. **breviaristata**, Hook. et Arnott. *Capitules* d'un beau rose, réunis en corymbes denses; fleurons longuement tubuleux et à limbe à cinq segments étalés; aigrette formée de trois coronules assez fortes, rigides et courtes. Juillet. *Flles* opposées, presque glabres, grossièrement dentées en scie, atténuées, non pétiolées et les supérieures lancéolées. Rameaux duveteux. *Haut.* 60 cent. à 1 m. Tucuman, 1836. Serre chaude. (B. M. 3792.)

S. **Eupatoria**, Willd. *Capitules* réunis en cymes fastigiées et assez lâches; fleurons blancs, carnés sur le tube et deux fois aussi longs que l'involucre. Août. *Flles* lancéolées, un peu atténuées en pétioles, trinervées et les supérieures obscurément dentées en scie. *Haut.* 50 cent. Mexique, 1826. (B. M. 1849.) Syn. *S. punctata*, Pers.

S. **fascicularis**, Less. Syn. de *S. rhombifolia*, Humb., Bonpl. et Kunth.

S. **hyssopifolia**, Sims. Syn. de *S. paniculata*, Lag.

S. **ivæfolia**, Willd. Syn. de *S. serrata*, Cav.

S. **odorata**, Damm. *Capitules* blancs, odorants, réunis en cymes corymbiformes et terminales, *Flles* lancéolées, étroites et acuminées. *Haut.* 40 cent. 1890.

S. **ovata**, Lag. *Capitules* blancs, réunis en corymbes fastigiés et compacts. *Flles* ovales, dentées en scie, cunéiformes à la base et entières. Les supérieures oblongues et sub-entières. Tiges dressées et paniculées. *Haut.* 60 cent. Mexique, 1816.

S. **paniculata**, Lag. *Capitules* blancs, à tube des fleurons rayonnants purpurins et plus longs que l'involucre; pédoncules légèrement ramifiés, portant trois à quatre capitules et disposés en corymbes. Août. *Flles* inférieures opposées, ovales; les supérieures alternes, ovales-oblongues, dentées en scie, cunéiformes à la base, entières et les supérieures linéaires-lancéolées. Tiges dressées, courtement pubescentes et paniculées. *Haut.* 50 cent. Mexique, 1824. Syn. *S. hyssopifolia*, Sims. (B. M. 1861.)

S. **pedata**, Cav. *Capitules* réunis en corymbes lâches; involucre purpurin; fleurons blancs, tous tubuleux; anthères pourpre foncé. Juillet-septembre. *Flles* alternes, pédalées, généralement à sept divisions linéaires, entières, et à bords révolutés; pétioles canaliculés et trifides. Tige dressée, ramifiée vers le sommet. *Haut.* 30 cent. Mexique, 1803. (B. M. 2040.) — *Florestina pedata*, est maintenant le nom correct de cette plante.

S. **pubescens**, Lag. *Capitules* pourpres, entourés d'un involucre pubescent; aigrette paléacée; corymbes fastigiés et assez compacts. Août. *Flles* inférieures opposées, sub-spatulées, dentées au sommet et atténuées en pétioles; les supérieures éparses, linéaires et sub-entières. Tige simple, un peu dressée et pubescente. *Haut.* 50 cent. Mexique, 1823.

S. **punctata**, Pers. Syn. de *S. Eupatoria*, Willd.

S. **purpurea**, Pers. *Capitules* pourpre rose, à cinq fleurons et réunis en corymbes resserrés; involucre cylindrique, à quatre-six écailles vert grisâtre, linéaires et appliquées; aigrette paléacée et à trois gros cils. Juin-octobre. *Flles* alternes, lancéolées; les inférieures obovales, canaliculées, rétrécies en pétioles et serrulées au sommet. Tige dressée, très ramifiée et pubescente, velue ainsi que les rameaux. *Haut.* 50 à 60 cent. Mexique, 1812. (B. R. 93, sous le nom de *S. Eupatoria*, Ker.)

Fig. 133. — Stevia purpurea.

Fig. 134. — Stevia serrata.

S. **rhombifolia**, Humb., Bonpl. et Kunth. *Capitules* blanc et jaune ou blancs, rarement rouges, fasciculés au sommet des rameaux. Septembre. *Flles* inférieures rhomboïdes-ovales, crénelées-dentées; les supérieures souvent alternes, plus étroites et plus entières. *Haut.* 50 cent. Mexique. 1827. (B. R. XXIV, sous le nom de *S. fascicularis*, Less.)

S. **salicifolia**, Cav. *Fl.* blanches, réunies en corymbes étalés, terminaux; aigrette formée de paillettes les unes scarieuses et les autres sétiformes. Juin-septembre. *Flles* opposées, étroitement lancéolées, courtement pétiolées, entières ou obscurément dentées, atténuées aux deux extrémités et un peu visqueuses en dessous. Mexique, 1803. Sous-arbrisseau de serre froide ou demi-rustique.

S. serrata, Cav. *Capitules* blancs ou rarement rosés. réunis en corymbes fastigiés et compacts; aigrette sétiforme, à deux ou trois arêtes. Août. *Flles* alternes, un peu fasciculées, linéaires-lancéolées, légèrement glabres, dentées en scie et atténuées en pétioles. Tiges dressées, ramifiées et pubescentes. *Haut.* 50 cent. Mexique, 1827. Syn. *S. ixæfolia*, Willd.

S. trachelioides, DC. *Capitules* pourpres, entourés d'un involucre à bractées acuminées-mucronées et duveteuses; aigrette coroniforme et très courte; corymbes fasciculés et formés de nombreux capitules. Août. *Flles* des rameaux inférieurs opposées, cunéiformes à la base ou entières et sessiles; les autres largement ovales, légèrement aiguës, profondément crénelées-dentées et poilues sur les deux faces. Tiges dressées et fortement pubescentes-veloutées. *Haut.* 75 cent. Mexique, 1830. Serre froide. (B. M. 3856.)

Parmi les espèces également introduites autrefois, nous citerons simplement les *S. laxiflora*, DC.; *S. lucida*, Lag.; *S. microphylla*, Humb., Bonpl. et Kunth.; *S. mollis*, Schrad.; car ils sont sans doute disparu des cultures.

STEWARTIA, Auct. — V. **Stuartia**.

STIBASIA, Presl. — Réunis aux **Marattia**, Smith.

STICHUS. — Suffixe employé dans les mots composés de grec et qui veut dire *ligne* ou *rangée*. Ex.: *distique*, à deux rangs.

STIKMANNIA, Neck. — V. **Dichorisandra**, Mikan.

STIFFTIA, Mikan. (dédié à A. J. Stifft, médecin impérial en Autriche). SYNS. *Aristomenia*, Vell.; *Augusta*, Leandro et *Sanhilaria*, Leandro. FAM. *Composées*. — Genre comprenant cinq espèces d'arbres et d'arbustes glabres et de serre chaude, habitant le Brésil et la Guyane. Capitules jaunes ou orangés, amples et solitaires ou réunis en petit nombre, ou plus petits et alors paniculés; involucre formé de bractées multisériées, imbriquées, obtuses et apprimées; les externes graduellement raccourcies; réceptacle nu et alvéolé; fleurons tous tubuleux, à limbe à cinq lobes étroits et révolutés. Achaines (graines) allongés, surmontés d'une aigrette de cils multisériés. Feuilles alternes, coriaces et entières.

L'espèce suivante est un bel et élégant arbuste toujours vert, prospérant dans une bonne terre franche et dans un endroit éclairé et aéré. On le multiplie par boutures de jeunes pousses, que l'on fait dans du sable, sous cloches et sur chaleur de fond.

S. chrysantha, Mikan. *Capitules* orangés, de 5 cent. de diamètre, solitaires, terminaux, pédonculés, courts et pourvus de bractées coriaces et obtuses; fleurons en nombre indéfini; aigrettes jaune safran. Février-avril. *Flles* oblongues-lancéolées, acuminées, entières, glabres, luisantes et persistantes, de 10 cent. de long et 7 cent. de large. *Haut.* 3 à 5 mm. Brésil, 1840. (B. M. 4138.)

STIGMAPHYLLON, A. Juss. (de *stigma*, stigmate et *phyllon*, feuille; le stigmate est foliacé). FAM. *Malpighiacées*. — Genre comprenant environ cinquante espèces de beaux arbustes grimpants et de serre chaude, habitant l'Amérique tropicale. Fleurs jaunes, réunies en corymbes ombelliformes, sur des ramilles ou des pédoncules axillaires et terminaux; pédicelles pourvus à la base de petites bractées, articulés et bibractéolés au-dessous du milieu; calice à cinq divisions et huit glandes; pétales onguiculés, inégaux et glabres; étamines dix, inégales, dont six fertiles. Feuilles généralement opposées, de deux formes, entières ou denticulées, rarement lobées; à pétioles biglanduleux et accompagnés de petites stipules.

Les espèces les plus répandues dans les cultures sont décrites ci-après. Elles prospèrent dans un mélange de terre franche, de terreau de feuilles et de terre de bruyère, additionné de sable grossier. Leur multiplication s'effectue par boutures de pousses aoûtées, qui s'enracinent facilement en terre siliceuse, sous cloches et à chaud, au bout de trois à quatre semaines.

S. aristatum, Lindl. *Fl.* jaunes, à pétales fimbriés; ombelles pédonculées et pauciflores. Juin-août. *Flles* caulinaires glabres, sagittées-hastées, anguleuses, aiguës; celles des jeunes rameaux souvent oblongues, entières, à pétioles portant deux glandes au sommet. *Haut.* 5 m. Brésil, 1832. (B. R. 1659.)

S. ciliatum, A. Juss. * ANGL. Golden Vine. — *Fl.* jaunes, trois à six par ombelle, à pétales frangés et longuement onguiculés. Octobre. *Flles* opposées, cordiformes, obliques à la base, lisses, ciliées et glauques. Brésil, 1796. Grande plante grimpante. (P. M. B. XV, 77; Gn. 1888, part. 1, 637.)

S. diversifolium, A. Juss. *Fl.* à pédicelles articulés à la base. Juin. *Flles* luisantes en dessus, pubescentes ou tomenteuses en dessous, ovales ou oblongues-linéaires, arrondies ou presque cordiformes à la base et à pétioles glanduleux près du limbe. Indes occidentales, 1826. Plante grimpante, atteignant une grande hauteur.

S. fulgens, A. Juss. *Fl.* jaunes, insérées sur des pédoncules ramifiés. Été. *Flles* glabres, couvertes en dessous d'un duvet soyeux, arrondies-cordiformes, mucronulées, entières ou obscurément et lâchement dentées; à sinus basilaire ouvert et à pétioles biglanduleux un peu au-dessous du sommet. Indes occidentales, etc., 1759. Grande plante grimpante.

S. heterophyllum, Hook. *Fl.* jaunes, réunies en ombelles multiflores ou solitaires et à pédoncules axillaires; sépales dressés; pétales orbiculaires. Décembre. *Flles* opposées, presque toutes ovales, ondulées, entières, très obtuses et mucronées, parfois plus larges, presque cordiformes, profondément trilobées et à lobes obtus, mucronés; les latéraux étalés. Buenos-Ayres, 1842. Grande plante grimpante. (B. M. 4014.)

S. jatrophæfolium, A. Juss. *Fl.* jaunes, à pétales fimbriés, en forme de coquille; ombelles multiflores. Été. *Flles* à cinq-sept lobes ou divisions palmées, aiguës, dentées-ciliées, cordiformes, vert gai et à pétioles biglanduleux au sommet. *Haut.* 2 m. Uruguay, 1841. (B. R. XXX, 7.)

S. littorale, A. Juss. * *Fl.* jaunes, à pédicelles de 1 1/2 à 4 cent. de long; corolle de 2 cent. 1/2 de diamètre; onglets des pétales plus longs que les sépales; pédoncules axillaires, solitaires et multiflores; corymbes terminaux, simples ou composés. Automne. *Flles* opposées et alternes, longuement pétiolées, de 5 à 12 cent. de long et de forme variable. Sud du Brésil, 1882. Grande plante grimpante et feuillue. (B. M. 6623.)

STIGMAROTA, Lour. — V. **Flacourtia**, Commers.

STIGMATE; ANGL. Stigma. (de *stigma*, marque; de ce que le stigmate constitue un point marquant du style). — On désigne sous ce nom la partie terminale du pistil d'une fleur, destinée à recevoir le pollen ou matière fécondante mâle et à la transmettre aux ovules, soit directement, soit par l'intermédiaire d'un support nommé **Style**. (V. ce nom.) Sa surface est formée de longues cellules particulières, lâchement insérées par leur extrémité inférieure à celles placées au-dessous, tandis que l'autre extrémité est libre. Ces cellules sécrètent un liquide visqueux, destiné à fixer les grains de pollen qui y tombent et aussi à leur faciliter l'émission de leur boyau pollinique. (V. à ce sujet l'article **Pollen.**) Ces boyaux pénètrent facilement entre les cellules lâches de la surface du stigmate, puis à travers le « tissu conducteur » du style et atteignent enfin l'ovaire, puis les ovules.

Le stigmate est dépourvu d'épiderme, ce qui, en outre de la forme particulière de ses cellules, le différencie des autres parties de la plante. Il est ordinairement situé au sommet du style, parfois latéralement

Fig. 135. — Stigmates.
1, Iris. — 2, Croton.

sur sa longueur, ou bien, lorsque le style manque totalement, il est directement inséré au sommet de l'ovaire. Il perd cependant quelquefois cette position par suite de l'accroissement inégal des côtés de l'ovaire. Chaque carpelle ou fruit simple est surmonté d'un stigmate ; mais, lorsque deux ou plusieurs carpelles sont fortement soudés entre eux, les stigmates le sont également et paraissent alors ne plus former qu'un seul corps.

La forme du stigmate est excessivement variable ; tantôt il affecte la forme d'une tête de champignon, tantôt il est creusé en entonnoir ; parfois encore il est plumeux, c'est-à-dire formé de papilles ayant l'aspect de poils, comme on peut l'observer chez les Graminées et autres fleurs fécondées par les vents. Chez d'autres encore, et en particulier celles qui sont fécondées par les insectes, ainsi que chez les fleurs cléistogames, le stigmate est ordinairement petit et confiné au sommet du style ou formant une ligne étroite sur le côté de celui-ci.

STIGMATIFÈRE ; Angl. Stigmatiferous. — Qui porte le stigmate.

STIGMATIQUE ; Angl. Stigmatic, Stigmatose. — Qui appartient ou qui a rapport au stigmate.

STIGMATOÏDE ; Angl. Stigmatoid. — Qui ressemble au stigmate.

STILAGINÉES. — Réunies aux **Euphorbiacées.**

STILBÉES. — Tribu des **Verbénacées.**

STILLINGFLEETIA, Boj. — V. **Sapium**, P. Browne.

STILLINGIA, Linn. (dédié à Benjamin Stillingfleet, éminent botaniste anglais). Fam. *Euphorbiacées.* — Genre comprenant treize espèces d'arbustes glabres, de serre chaude ou tempérée, habitant les deux Amériques, les îles Mascareignes et celle de l'Océan Pacifique. Fleurs monoïques, apétales ; les mâles souvent réunies par trois sous chaque bractée et subsessiles ; les femelles solitaires sous les bractées inférieures, sessiles ou très courtement pédicellées, peu nombreuses dans chaque épi ou certains de ceux-ci parfois entièrement mâles ; épis simples et terminaux ; bractées courtes, larges et biglanduleuses. Feuilles alternes ou rarement opposées, courtement pétiolées, entières ou denticulées-glanduleuses.

Le *S. sebifera*, Michx. (Syn. *Excœcaria sebifera*, F. Muell.) ou Arbre à suif, de la Chine, et dont le nom correct est aujourd'hui *Sapium sebiferum*, Roxb., est la seule espèce digne d'être mentionnée ici, pour ses diverses propriétés économiques, mais elle est dépourvue de qualités décoratives et n'existe guère que dans les serres renfermant des collections scientifiques. Son bois est très dur et employé pour la gravure par les Chinois ; ses graines et ses feuilles servent aussi pour teindre en noir ; mais son produit le plus important réside dans la matière grasse qui enveloppe ses graines, qu'on enlève à la vapeur et dont on fait ensuite des bougies, très employées en Chine. L'arbre est rustique sous le climat de l'Oranger, mais il n'y constitue qu'un objet de curiosité.

STIPA, Linn. (de *stipe*, filasse ou substance soyeuse ou plumeuse ; allusion à l'inflorescence ou à la consistance des feuilles). Comprend les *Aristella*, Bertol. ; *Lasiagrostis*, Link ; *Macrochloa*, Kunth ; *Streptachne*, R. Br. ; etc. Fam. *Graminées.* — Grand genre renfermant environ cent espèces d'herbes vivaces, élevées ou rarement naines, rustiques ou de serre tempérée ou chaude et largement dispersées dans les régions chaudes et tempérées du globe, abondantes surtout en Amérique. Fleurs disposées en épillets uniflores, étroits, formant par leur réunion des panicules plus ou moins lâches et souvent grêles, peu ramifiées ; rachis des épillets articulés sous les glumes ; celles-ci au nombre de deux, carénées, plus longues que la fleur ; glumelles deux, coriaces, enroulées ; l'inférieure velue à la base, poilue sur le dos et terminée par une très longue arête tordue à la base, genouillée au milieu, glabre ou velue-plumeuse ; cariopse (graine) oblong-linéaire, légèrement sillonné. Feuilles enroulées et arrondies ou rarement planes.

Quatre espèces de *Stipa* croissent spontanément dans le midi de la France ; mais, sauf le *S. pennata*, qui est le plus beau et le plus cultivé de tous, ils sont, comme la plupart de leurs congénères, sans grand intérêt horticole. Les espèces les plus intéressantes et les plus méritantes au point de vue décoratif sont décrites ci-après. Le *S. pennata* doit sa popularité aux longues barbes plumeuses qui surmontent ses graines et que l'on emploie beaucoup, naturelles ou plus souvent teintes, pour confectionner des bouquets perpétuels ou orner seules les vases des appartements. La plante fait en outre bon effet dans les plates-bandes lorsqu'elle est chargée de ses longues barbes grisâtres.

Le *S. tenacissima* est beaucoup cultivé industriellement en Algérie pour ses feuilles coriaces et très résistantes, qui constituent l'Alfa du commerce ; produit très analogue à la véritable Sparte (*Lygeum Spartum*) et comme lui employé pour les ouvrages dits : en sparterie.

Sauf le *S. elegantissima*, toutes les espèces mentionnées ci-après sont rustiques. Elles aiment les terrains légers, bien ensoleillés et plutôt un peu secs mais elles prospèrent néanmoins bien presque partout. Leur multiplication s'effectue le plus généralement par semis que l'on fait en pépinière et au besoin par division des touffes.

S. capillata, Linn. *Fl.* réunies en panicule lâche, à rameaux inégaux; glumes plus longues que la fleur, faiblement nervées; glumelle inférieure velue à la base, munie au sommet d'une arête capillaire, nue, tordue à la base et

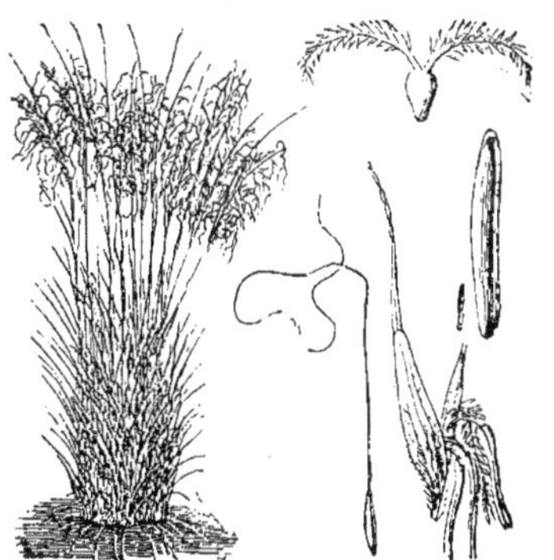

Fig. 136. — STIPA CAPILLATA.

Port de la plante; épillet; ovaire surmonté de ses stigmates, fruit enveloppé de sa glumelle à longue arête; cariope, de grandeur naturelle et grossi.

ayant plus de 10 cent. de long. *Flles* glauques, raides, enroulées, dressées, pubescentes en dessus, à ligule lancéolée. Chaumes dressés et couverts de gaines. *Haut.* 50 cent. à 1 m. Plante vivace et cespiteuse. France méridionale, etc.

S. elegantissima, Labill. *Fl.* formant une panicule très lâche, de 15 à 20 cent. de long, à la fin largement étalée; rameaux allongés, filiformes, couverts ainsi que le rachis de longs poils fins, étalés, simulant des plumes élégantes. *Flles* étroites, presque toutes dressées, enroulées quand elles sont sèches. Tiges naissant d'un rhizome horizontal, mais elles-mêmes dressées, ramifiées, de 60 cent. à 1 m. de haut. Australie. Serre froide.

S. gigantea, Lag. *Fl.* à glumes des épillets subulées, beaucoup plus longues que les glumelles; celles-ci de 12 mm. de long, nues supérieurement; arête flexueuse, très légèrement pubescente et cinq fois plus longue que les glumes. *Haut.* 1 m. Espagne, 1823.

S. juncea, Linn. *Fl.* courtement stipitées, à glumes subulées, d'un tiers plus longues que les glumelles; l'inférieure légèrement plus grande; glumelles ayant presque 12 mm. de long, nues supérieurement; arête tordue, plissée et poilue dans le bas, nue dans le haut, très grêle et six fois plus longue que les glumes; anthères barbues; panicule lâche, allongée, à rameaux dressés. Mai-juin. *Flles* enroulées, très étroites et d'un vert glauque. Tiges dressées, raides. *Haut.* 50 cent. à 1 m. Sud-ouest de l'Europe; France, etc. (S. F. G. 85.)

S. Lasiagrostis, — * *Fl.* en épillets uniflores, formant une panicule très rameuse, lâche et inclinée; glumes lancéolées, acuminées, finement ponctuées et rudes; glumelle inférieure chargée de longs poils blancs et terminée par une arête seulement deux fois plus longue qu'elle. Juin-août. *Flles* allongées, d'abord planes, étroitement linéaires, canaliculées et à la fin enroulées; ligule tronquée et très courte. Tiges dressées, grêles, raides et parfois ramifiées dans le bas. *Haut.* 1 m. Europe méridionale; France, etc. Jolie plante vivace. Syns. *Agrostis Calamagrostis*, Linn.; *Calamagrostis argentea*, DC.; *Lasiagrostis Calamagrostis*, Link.

S. pennata, Linn. * Stipe plumeuse, Herbe aux plumets; ANGL. Feather Grass. — *Fl.* en épillets peu nombreux, formant une panicule étroite et médiocrement rameuse glumes étroites; sub-égales, prolongées en pointe étroite, plus de deux fois plus longues que les glumelles; glumelle inférieure pointue par le bas et présentant à la maturité un anneau de poils étalés, tandis que l'extrémité supérieure est très allongée et terminée par une arête tordue et glabre dans son tiers inférieur, articulée, puis

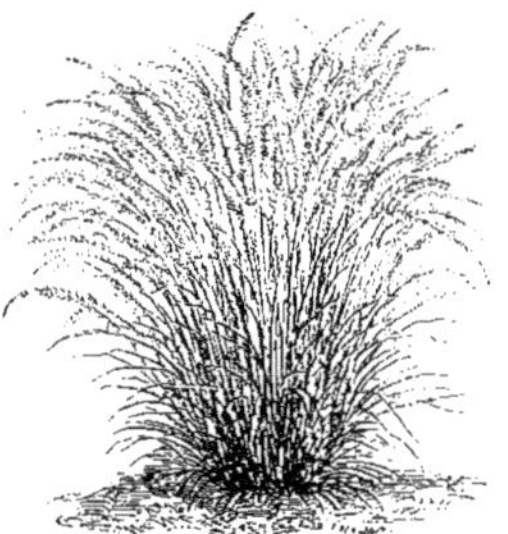

Fig. 137. — STIPA PENNATA.

fortement plumeuse dans toute la partie supérieure, qui atteint 20 cent. et plus de long; anthères nues. Juin. *Flles* longues, dressées, enroulées-filiformes. Tiges dressées et raides. *Haut.* 50 cent. environ. Europe, France, etc. et jusqu'en Sibérie. — Cette plante est cultivée depuis fort longtemps dans les jardins, car Gérarde dit que les dames portaient ses belles arêtes plumeuses en guise de plumes véritables : de nos jours, on les emploie beaucoup pour l'ornementation des appartements.

S. tenacissima, Linn. Alfa; ANGL. Esparto Grass. — *Fl.* stipitées, en épillets nombreux, jaunâtres, formant une panicule resserrée, spiciforme; glumes lancéolées, aiguës-subulées, concaves, membraneuses; glumelles membraneuses, poilues, l'inférieure bifide au sommet de l'échancrure de laquelle sort une arête très longue et articulée à la base, de 5 à 6 cent. de long et glabre supérieurement; étamines surmontées d'une houppe de poils. *Flles* longues, dures, enroulées-filiformes et très tenaces. Europe méridionale; Espagne, nord de l'Afrique, où il est cultivé, etc. — Grande plante croissant dans les lieux secs et incultes. Ses feuilles constituent l'Alfa, produit textile, très semblable à la véritable Sparte et qu'on emploie comme elle. Syn. *Macrochloa tenacissima*, Kunth.

STIPE. — V. Stipa.

STIPE (de *stipes*, pédoncule). — Terme sous lequel on désigne différents organes des végétaux :

1° La tige ou tronc dressé et cylindrique des Palmiers et des Fougères arborescentes, portant le restant des pétioles ou présentant des cicatrices résultant de la chute de ceux-ci; dans ce sens, il est égal à *tige* ou *caudex*.

2° Le prolongement de l'axe d'une fleur entre deux verticilles de ses organes, par exemple entre le calice et la corolle (comme dans les *Silene*) et on le désigne alors avec plus de précision sous le nom de *Anthophore*, ou entre les étamines et le pistil (comme dans le *Geum rivale*), et il forme alors ce qu'on nomme le *Gynophore*, ou bien, lorsque le fruit est mûr, un *Carpophore*.

3° Le support des organes de la fructification chez les champignons.

4° (En anglais). L'organe qui supporte le chapeau des **Champignons supérieurs** (V. ce nom.) et que nous nommons *pilier*.

5° Le pétiole proprement dit des feuilles des Fougères et parfois aussi, mais à tort, les pétioles et même les pédoncules d'autres plantes florifères ou non.

Fig. 138. — Palmier (*Caryota sobolifera*) pourvu d'un long *stipe* ou tronc.

6° Le col de l'ovaire et différents organes appendiculaires des fleurs, tels que les squamules, papilles, paléoles, etc.

STIPELLE. — Stipules secondaires, insérées à la base des folioles de certaines feuilles composées, telles que celles des Haricots, mais solitaires à la base des folioles latérales, tandis que la foliole terminale en présente deux. Les folioles qui en sont pourvues sont dites *stipellées*. Chez certaines plantes, notamment les *Erythrina*, elles sont remplacées par de petites glandes et dans d'autres elles constituent des épines.

STIPELLÉ; Angl. Stipellate. — Qui est pourvu de stipelles.

STIPITÉ; Angl. Stipitate. — S'applique aux organes pourvus de supports qui ne sont ni des pédoncules ou pédicelles ni des pétioles, et en particulier aux ovaires présentant cette particularité.

STIPITIFORME. — Se dit parfois des organes ayant la forme d'un stipe ou support.

STIPULAIRE; Angl. Stipulaceous, Stipular. — Qui appartient aux stipules.

STIPULÉ; Angl. Stipulate. — Qui est pourvu de **Stipules**. (V. ce nom.)

STIPULE (de *stipula*, petite feuille dressée). — Organes appendiculaires des feuilles, presque toujours au nombre de deux, insérés à la base du pétiole des feuilles de beaucoup de plantes florifères et d'une ou deux Fougères. Les stipules varient beaucoup par leur aspect, leur forme, leurs dimensions et même leur nature, mais elles sont toujours égales deux à deux sur les mêmes pétioles et généralement de forme constante chez la même plante et aussi chez celles de la même espèce.

Fig. 139. — Rameau très jeune de Rosier, dont les *stipules* des feuilles sont très apparentes et soudées aux pétioles.

Elles ressemblent souvent de très près à des folioles, notamment chez les *Lathyrus* et les *Lotus* et elles n'adhèrent alors qu'à la tige. Chez ces plantes, elles remplissent les fonctions de folioles véritables et les remplacent même totalement chez une espèce de Pois (*Lathyrus aphaca*), qui croît spontanément dans les champs et les lieux herbeux.

Chez beaucoup de plantes, notamment les Rosiers, les stipules sont relativement étroites et soudées le long de chaque côté de la base du pétiole ; on les dit alors *adnées*.

Chez d'autres plantes, elles ressemblent aux écailles des bourgeons et jouent le même rôle protecteur à l'égard des bourgeons; c'est le cas du Frêne, du Chêne, etc. Chez quelques plantes, les stipules sont soudées deux à deux et forment un seul organe opposé au pétiole de la feuille (*Platanus*) ou situé entre lui et la tige (*Potamogeton*) et parfois même elles forment une gaine ou *ochrea* autour de la tige (*Polygonum* et *Rumex*).

Dans le genre *Galium*, les stipules ressemblent tellement aux feuilles véritables qu'on ne distingue celles-ci que par la présence d'un bourgeon à leur aisselle et les stipules forment alors avec les feuilles véritables un verticille de quatre à huit feuilles.

Fréquemment, les stipules sont si petites qu'elles passent inaperçues, et dans beaucoup de plantes elles tombent si tôt qu'on ne constate que difficilement leur présence. Enfin, chez certaines plantes, notamment les

Acacia, *Mimosa*, *Robinia*, etc., elles sont transformées en épines parfois très dures et acérées. Pour terminer, faisons encore remarquer que, dans beaucoup de genres, leur présence n'est pas constante et que chez d'autres elles font totalement défaut. La nature, la forme et les

Fig. 140. — Rameau de Pois présentant de grandes stipules embrassantes.

dimensions des stipules, de même que leur absence, fournissent de bons caractères pour la détermination des familles, des genres et des espèces ; caractères que l'on met souvent à contribution pour cet usage.

STIPULIFÈRE. — Qui porte ou qui est pourvu de stipules.

STIRPE. — Terme très peu employé et qui est synonyme de *race*, c'est-à-dire une variété fixée, comprenant parfois plusieurs formes, comme les Choux rouges, par exemple.

STISSERA, Giseke. — V. **Curcuma**, Linn.

STIZOLOBIUM, Pers. — V. **Mucuna**, Adams.

STOBÆA, Thunb. — Réunis aux **Berkheya**, Ehrh.

STŒCHAS, Mill. — Réunis aux **Lavandula**, Linn.

STOKESIA, L'Herit. (dédié à Jonathan Stokes, coadjuteur de Withering dans sa classification des plantes anglaises). Syn. *Cartesia*, Cass. Fam. *Composées*. — La seule espèce de ce genre est une plante herbacée, vivace, dressée, faiblement ramifiée et de serre froide. Elle prospère toutefois en plein air et en pleine terre pendant la belle saison. Sa multiplication s'effectue par semis ou par division des touffes.

S. **cyanea**, L'Hérit. Angl. Stokes'Aster. — *Capitules* bleus, de 2 cent. 1/2 de diamètre, pédonculés, peu nombreux ou solitaires au sommet des rameaux ; involucre sub-globuleux, à écailles externes prolongées en un appendice foliacé et cilié ; les internes lancéolées et entières ; fleurons à cinq divisions étroites ; aigrette composée de quatre à cinq paillettes écailleuses. Août. *Flles* alternes, lisses, lancéolées, entières, ciliées-spinuleuses à la base ; les inférieures pétiolées ; les supérieures amplexicaules.

Fig. 141. — Stokesia cyanea.

Tige de 30 à 50 cent. de haut. Amérique du Nord, 1766. (B. M. 4966.)

STOLON. — V. Coulant.

STOLONIFÈRE ; Angl. Stoloniferous. — Qui produit des stolons ou coulants.

STOMATE ; Angl. Stoma et Stomata (au pluriel) (de *stoma*, bouche). — On nomme ainsi de très petites ouvertures existant dans l'épiderme ou tissu externe des parties vertes des plantes et à travers lesquelles s'effectue la transpiration et l'échange gazeux avec l'air extérieur. L'air qui pénètre par ces ouvertures dans le limbe de la feuille y apporte du gaz acide carbonique, qui se trouve divisé par les cellules contenant de la chlorophylle ou matière verte. Tout le carbone et la moitié de l'oxygène sont absorbés par la plante, pour former de l'amidon et autres substances alimentaires. L'autre moitié de l'oxygène s'échappe de nouveau dans l'air à travers les stomates. Cet air qui s'échappe au dehors est plus ou moins chargé des vapeurs qu'exsudent les cellules de la feuille et il existe ainsi une évaporation constante de l'eau contenue dans les parties vertes des plantes.

La forme et la structure des stomates ne varient pas beaucoup chez les plantes vasculaires, bien que certaines familles ou tribus présentent diverses particularités de forme et de disposition des cellules de l'épiderme entourant les stomates et que l'on nomme parfois cellules accessoires. Toutefois, il ne nous paraît pas nécessaire d'entrer ici dans des détails descriptifs de ces dernières.

Chaque stomate est entouré de deux cellules spéciales en forme de bourrelet, qui se rejoignent aux deux extrémités et qui laissent entre elles un espace constituant l'ouverture du stomate, nommée *ostiole*. Cette ouverture correspond à une cavité ou sorte de chambre aérifère située au-dessous de l'épiderme et de laquelle partent dans toutes les directions des interstices entre les cellules lâchement disposées et s'ouvrant parfois dans de plus grands méats intercellulaires. L'entrée et la sortie des gaz que nous avons signalés plus haut s'effectue continuellement à travers les parois minces des cellules qui bordent les méats intercellulaires, si toutefois les parties vertes sont exposées à la lumière du jour.

Les deux cellules entourant l'ostiole sont ordinairement vertes, par suite des corpuscules chlorophylliens qu'elles renferment et elles diffèrent ainsi des autres cellules de l'épiderme, qui ne contiennent que peu ou même pas de chlorophylle chez les plantes terrestres, sauf toutefois chez les Fougères et quelques autres. Ces cellules régularisent mécaniquement l'évaporation, car, lorsque la plante contient beaucoup d'eau de végétation et que l'évaporation lui est très favorable, elles se remplissent elles-mêmes de sève, se renflent, deviennent plus convexes, raides, et rendent ainsi l'ouverture plus largement béante. Lorsqu'il fait sec et que l'évaporation a déjà été très grande, le contraire se présente, car ces mêmes cellules sont alors moins pleines de suc, plus droites et rétrécissent d'autant l'ostiole.

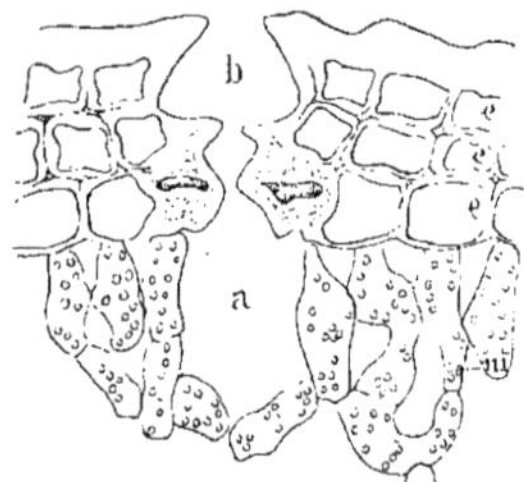

Fig. 142. — Coupe verticale d'un stomate de Figuier (d'après Crié).

a, ostiole; *b*, chambre respiratoire; *c*, *c*, *c*, cellules épidermiques.

Les stomates existent rarement sur les parties des plantes souterraines ou plongées dans l'eau, bien qu'on ait cité de nombreux exemples du contraire. Elles n'existent pas non plus, au moins généralement, sur les parties des fleurs présentant une coloration autre que verte. C'est sur les feuilles qu'elles sont le plus abondantes, mais toutes les autres parties vertes, telles que les jeunes rameaux, les rachis d'inflorescences, les pédoncules et les pétioles peuvent en présenter un certain nombre. La face inférieure du limbe est ordinairement celle où les stomates sont situées, sauf chez les Conifères et quelques autres plantes dans lesquelles elles sont plus abondantes sur la face supérieure que sur l'inférieure. Lorsque les feuilles sont verticales et sur les phyllodes, dont les deux faces sont alors exposées à la lumière, elles portent des stomates sur les deux faces, en nombre à peu près égal. Chez les feuilles flottantes, comme celles des *Nymphæa*, elles n'existent que sur la face supérieure, seule exposée à la lumière.

Le nombre des stomates sur une surface donnée varie chez les différentes plantes d'une façon considérable. D'après M. Weiss, 54 espèces sur 167, c'est-à-dire un peu plus du tiers, en présentent de 1 à 100 par millimètre carré ; 38 en ont de 100 à 200, 39 de 200 à 300 et les autres de 300 à 500 sur la même surface minuscule. M. Weiss conclut, de ses observations, que le nombre des stomates n'est en rapport direct ni avec les groupes naturels, ni avec la structure anatomique des feuilles en particulier.

En outre des stomates normales et affectées au passage de l'air et de l'eau sous forme de vapeur, beaucoup de plantes possèdent d'autres stomates de dimensions bien plus grandes, situées, séparément ou en groupes le long des bords des feuilles, au-dessus des nervures. Elles ressemblent aux stomates précédentes par leur forme ; mais les deux cellules spéciales qui entourent leur orifice sont immobiles, c'est-à-dire qu'elles ne peuvent modifier les dimensions de l'orifice

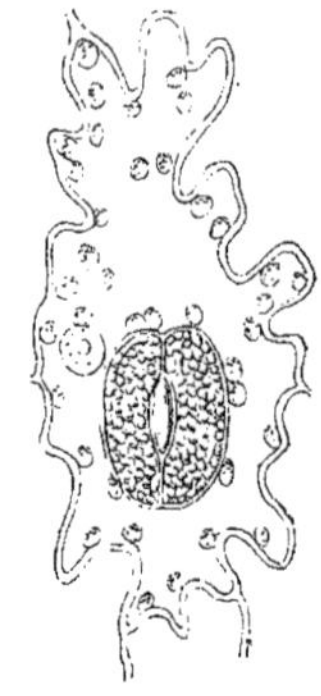

Fig. 143. — Stomate d'une feuille de Fougère.

de l'ostiole. Ces stomates servent à laisser l'eau de végétation s'échapper sous forme de gouttelettes au lieu de vapeur. On peut facilement observer ce phénomène sur le *Richardia africana*, dont le sommet des feuilles laisse souvent tomber des gouttelettes de liquide. Le fait se présente aussi chez le Blé et autres Céréales à l'état jeune et surtout pendant les après-midi obscures et humides, alors que l'évaporation est lente. L'eau ainsi exsudée contient en solution du carbonate de chaux et, lorsqu'elle s'évapore, cette substance se dépose en croûte blanche autour de ces *pores aquifères*, nom sous lequel on le désigne parfois.

STOMATIFÈRE ; Angl. Stomatiferous. — Qui porte des stomates.

STRAMINEUS ; Angl. Stramineous. — Qui est de couleur jaune paille.

STRAMOINE. — V. **Datura Stramonium.**

STRAMOINE d'Egypte. — V. **Datura fastuosa.**

STRAMONIUM, Bernh. — V. **Datura**, Linn.

STRANGEA, Meisn. — Réunis aux **Grevillea**, R. Br.

STRANWÆSIA, Lindl. (dédié à W. Fox Strangways, savant investigateur de la Flore d'Europe). Fam. *Rosacées.* — La seule espèce de ce genre est un arbre d'ornement ramifié, toujours vert et presque rustique. Il prospère en plein air au pied d'un mur exposé au midi et à l'aide d'une légère protection pendant l'hiver. Sa multiplication peut s'effectuer par greffe en fente ou en écusson sur l'Aubépine commune.

S. **glaucescens**, Lindl. *Fl.* blanches, à la fin floconneuses, réunies en corymbes axillaires, multiflores et terminaux ; calice persistant, à tube campanulé et à limbe à cinq lobes dressés ; pétales cinq, sessiles, étalés et poilus à la base. Juin. *Fr.* petits et orangés. *Flles* alternes, pétiolées, simples, coriaces, ovales-lancéolées, serrulées et accompagnées de stipules sétiformes. *Haut.* 6 m. Himalaya tempéré et monts Khasia. (B. R. 1956.)

STRATE; Angl. Strata, et Stratum au pluriel (de *stratus*, couche). — On désigne ainsi, en géologie, la partie d'une masse minérale qui se trouve comprise entre les fissures ou joints. Les éléments minéraux, tels que les roches, le sable, l'ardoise et la marne, forment des strates lorsque leur longueur et la largeur du banc sont beaucoup plus considérables que celui de leur épaisseur ; les deux faces d'une strate sont ordinairement parallèles. Ces couches, de natures parfois différentes, sont souvent séparées par une étroite lame d'une autre matière et souvent superposées en grand nombre, comme on peut s'en apercevoir lorsqu'on fait des fouilles, dans les carrières à jour, où les faces sont coupées perpendiculairement ou bien lorsqu'on enlève chaque couche avec soin.

La plupart des pierres sont disposées par strates, mais quelques-unes, telles que le granit, ne le sont pas. Tous les géologistes admettent maintenant que les strates proviennent des sables et autres substances dont les roches sont formées, étendues par les eaux au fond des mers, des lacs ou des rivières, ou moins souvent par les vents sur les terres sèches. Graduellement, ces couches se trouvèrent comprimées par celles qui s'ajoutaient sans cesse à la surface et se convertirent souvent en pierre. L'âge des strates se détermine souvent par la présence des plantes et animaux fossiles qui vivaient au temps où elles étaient en voie de formation et qui se sont trouvés ensevelis avec elles. Les roches qui ne se présentent pas sous forme de strates ont subi l'influence d'une grande chaleur qui les a fondues et a ainsi détruit leur disposition primitive, le calcaire cristallin en est un exemple.

STRATIFICATION. — Opération qui consiste à mettre temporairement en terre et par conséquent en activité les graines ou les noyaux dont la conservation est de courte durée ou lente, et parfois certains autres organes servant de multiplications, tels que les bulbes ou tubercules, des rameaux, etc. En ce qui concerne les graines, la stratification a pour avantage d'éviter que le sol ne soit inutilement occupé pendant toute la durée de la germination, de mettre les semences à l'abri des insectes destructeurs, de permettre de leur fournir le degré d'humidité et de chaleur qui leur convient, d'assurer le succès du semis définitif et dans certains cas de permettre d'époínter le pivot, pour favoriser le développement du chevelu.

C'est généralement dès la maturité qu'on met les graines en stratification ; le principe du procédé consiste simplement à les placer dans une quantité suffisante de terre légère ou même de sable un peu humide. Selon la quantité de graines et leur grosseur, on les place dans des récipients : pots à fleurs, caisses, tonneaux, etc., ou dans des trous ou fosses qu'on creuse en plein air, de préférence au nord d'un mur ou d'une haie et surtout dans un endroit bien sain. Il y a avantage à se servir de récipients, car il est alors plus facile de les placer dans le milieu qui leur convient et de les protéger. Dans l'un comme dans l'autre cas, voici comment on procède :

Après avoir préparé la quantité de terre suffisante, on draine fortement le fond des récipients ou des trous, afin que l'eau ne puisse jamais y séjourner, ce qui ferait presque toujours pourrir les graines ; on étend un lit de terre de quelques centimètres d'épaisseur, puis une mince couche de graines, un autre lit de terre, des graines et ainsi de suite jusqu'au sommet des récipients. On place ensuite ceux-ci dans une cave, une orangerie, sous un châssis ou sous les banquettes d'une serre froide, mais jamais à la chaleur, à moins qu'il ne s'agisse cependant de plantes exigeant une température élevée. Par la suite, il faut entretenir la terre modérément humide. Pour les graines stratifiées en fosse, on forme au-dessus de celle-ci une butte conique de terre, qu'on recouvre ensuite d'un capuchon de paille, pour éviter l'excès d'humidité, et on protège au besoin pendant les grands froids.

Pour les plantes aquatiques, dont les graines restent enfouies au fond de l'eau jusqu'au réveil de la végétation, on les place dans un milieu analogue, en employant à cet effet des bocaux ou des vases remplis d'eau.

Faisons remarquer, en faveur de ce procédé, que dans la nature presque toutes les graines se stratifient d'elles-mêmes, puisqu'elles tombent généralement à terre à la maturité, le plus souvent entre le commencement de l'été et la fin de l'automne, et qu'elles y restent inertes jusqu'au printemps suivant.

M. Baillon a démontré que la germination des graines de l'*Eranthis hyemalis* ne pouvait avoir lieu immédiatement après leur chute parce que l'embryon n'était pas entièrement développé au moment du détachement de la graine du péricarpe et qu'il n'atteignait même son état parfait et germable qu'au bout de plusieurs mois. Ce cas, qui n'est sans doute pas isolé, explique pourquoi la germination n'a pas lieu, mais il ne saurait s'appliquer à la généralité, et pour ces dernières on ne peut guère que formuler des hypothèses, car beaucoup tombent à un moment où la température et l'humidité sont bien suffisantes pour favoriser la germination, mais elles restent néanmoins inertes.

Certains semis qu'on fait en place dès l'automne, pour que la germination ait lieu au printemps, constituent une véritable stratification ; mais chaque fois que la chose est possible et pratique, il y a avantage à opérer la stratification en vase.

C'est dans les pépinières qu'on stratifie le plus de graines, car celles de beaucoup d'arbres et d'arbustes, tels que les *Cratægus*, *Cotoneaster*, *Cornouiller*, *If*, *Genévriers*, sont longues à germer, ou bien elles sont de peu de durée, comme celles des *Chênes*, *Marronnier*, *Châtaignier*, *Amandier*, *Noisetier*, *Noyer*, *Cerisier*, *Pêcher* et autres noyaux. Parmi les plantes herbacées qu'on traite ainsi, citons le *Cerfeuil tubéreux*.

Ce n'est pas tout ; beaucoup de graines qu'on nous envoie des colonies, notamment celles de la plupart des Palmiers, seraient perdues si, en outre des boîtes hermétiques dans lesquelles on doit toujours les enfermer, on n'avait soin de les stratifier au départ ; mais on emploie alors du poussier de charbon de bois, qui a pour mission, non plus de les mettre en végétation, mais bien de les tenir dans un état latent, en évitant qu'elles ne s'échauffent, ne s'altèrent ou ne se dessèchent. Pour celles qui sont précieuses, on obtient encore de meilleurs résultats en les enveloppant d'une mince couche de cire.

Enfin, il est souvent nécessaire pour les conserver, d'enfouir complètement dans le sable les bulbes ou tubercules de certaines plantes pendant leur période de repos. Souvent aussi on est obligé d'enterrer complètement, c'est-à-dire stratifier les boutures ou les

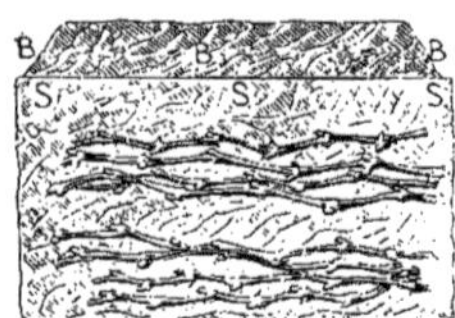

Fig. 144. — Boutures de Vigne mises en stratification.

greffes, afin de les conserver, de les préparer à l'enracinement ou d'assurer leur reprise.

En géologie, on nomme *stratification* la disposition des diverses matières minérales par couches superposées et plus ou moins épaisses, que l'on nomme **Strate.** (V. ce nom.) (S. M.)

STRATIFORME. — Se dit de ce qui est disposé par couches superposées.

STRATIOTES, Linn. (de *stratiotes*, soldat; allusion aux feuilles ensiformes). Fam. *Hydrocharidées.* — La seule espèce de ce genre est une plante herbacée, aquatique, submergée et stolonifère, habitant les étangs et autres eaux tranquilles de l'Europe. Son port rappelle celui d'un Aloès ou plus exactement encore de certaines *Broméliacées*. Comme elle se propage avec rapidité

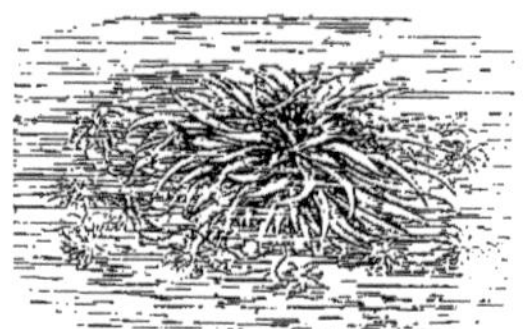

Fig. 145. — Stratiotes aloides.

dans les eaux qui lui conviennent, son introduction n'est pas à recommander dans les endroits où l'on craint qu'elle y devienne obstruante; étant entièrement plongée dans l'eau, elle ne produit pour ainsi dire aucun effet décoratif, mais dans les petites pièces d'eau claire et dans les aquariums d'appartement, où les plantes se voient par transparence, elle y produit au contraire un très bon effet et mérite qu'on l'y place. Sa multiplication s'effectue très facilement par division.

S. aloides, Linn. Angl. Crab's Claw; Freshwater Soldier. — *Fl.* blanches, dioïques, les femelles solitaires, et les mâles plusieurs dans une spathe à deux valves, sur un pédoncule radical, plus court que les feuilles; périanthe longuement tubuleux et à six divisions; les trois externes herbacées et les trois internes pétaloïdes. Juin-août. *Flles* nombreuses, en rosette, sessiles, linéaires-lancéolées, raides, canaliculées, acuminées-étalées et dentées-épineuses sur les bords. Rhizome épais. France, etc.

STRAVADIUM, Juss. (de *tsjeria samstravadi*, nom au Malabar d'une des espèces). Fam. *Myrtacées.* — Petit genre comprenant cinq espèces d'arbres d'ornement, habitant l'Asie et l'Océanie tropicales, que Bentham et Hooker ont maintenant réunis aux *Barringtonia*, Forst. Calice à trois quatre divisions et à lobes imbriqués.

Les deux espèces décrites ci-après sont les plus répandues dans les collections. Elles prospèrent dans un compost de deux parties de terre franche, une de terre de bruyère et une autre de sable. Il leur faut une atmosphère continuellement humide, des arrosements copieux et une température de 18 à 25 deg. Leur multiplication s'effectue rapidement par boutures de pousses latérales, pourvues de toutes leurs feuilles, coupées au-dessous d'un nœud lorsqu'elles sont bien aoûtées et que l'on plante dans du sable, sous cloches et à chaud.

S. album, Pers. *Fl.* blanches, réunies en très longues grappes. Juin. *Fr.* ovales. *Flles* cunéiformes-oblongues, acuminées et obscurément serrulées. *Haut.* 6 m. Polynésie, etc., 1850. — *Barringtonia racemosa*, Roxb.. est maintenant le nom correct de cette plante.

S rubrum, Pers. *Fl.* rouges, réunies en très longues grappes pendantes. Juin. *Fr.* à quatre angles aigus. *Flles* cunéiformes-oblongues, acuminées et obscurément serrulées. *Haut.* 6 à 10 m. Indes orientales, 1822. Syn. *Barringtonia acutangula*, Gærtn.

STREBLANTHERA, Steud. — V. **Trichodesma**, R. Br.

STREBLORHIZA, Endl. (de *streblos*, tordu, et *rhiza*, racine; allusion à la forme des racines). Fam. *Légumineuses.* — La seule espèce de ce genre est un élégant arbuste grimpant, glabre et demi-rustique, voisin des *Clianthus*. La bonne terre franche additionnée d'un peu de terreau de feuilles et de charbon de bois forme le compost le mieux approprié à la culture de cette plante. Ce compost ne doit pas être criblé, mais simplement concassé à la main et foulé fortement pendant le rempotage. Lorsque celui-ci est effectué, il faut placer les plantes dans une bâche et tenir celle-ci fermée pendant quelques semaines pour faciliter la reprise, en seringuant tous les jours.

Si on désire tenir les plantes en pots, on peut les faire filer sur trois longs tuteurs formant un cône, sur un treillage, sur les piliers ou sur les murs, usage pour lesquels ils sont très convenables. Quand on les met en pleine terre, il faut leur ménager un bon drainage et employer le compost indiqué ci-dessus, pour leur culture en pots, et lui donner alors une épaisseur d'environ 50 cent. Les arrosements doivent être très copieux et les seringages fréquents.

Les plantes cultivées en pots doivent être rempotées chaque année en mars-avril, mais auparavant, il faut rabattre fortement les pousses latérales et raccourcir aussi les rameaux de prolongation. Multiplication par semis ou par boutures.

S. speciosa, Endl. *Fl.* carnées, assez grandes, réunies en grappes axillaires; calice ayant les deux dents supérieures très courtes; étendard ovale, étalé-dressé et subsessile; ailes courtes. Mai. *Flles* imparipennées, à folioles peu nombreuses, assez grandes, entières, dépourvues de stipelles; stipules petites. *Haut.* 1 m. Ile Norfolk, 1840. (B. R. 1841, sous le nom de *Clianthus carneus*, Lindl.)

STREBLUS, Lour. (de *streblos*, tordu; allusion à la torsion des branches). Syn. *Epicarpurus*, Blume. Fam. *Urticacées.* — La seule espèce de ce genre est un arbrisseau ou même un arbre glabre, inerme et de serre chaude, habitant l'Asie tropicale. Il prospère dans un mélange de bonne terre franche fibreuse et de terre de bruyère. On le multiplie par semis ou par boutures que l'on fait à chaud, dans du sable et sous cloches.

S. asper, Lour. Angl. Paper-tree. — *Fl.* dioïques; les mâles en bouquets fasciculés; les femelles solitaires sur leurs pédoncules. *Flles* alternes, courtement pétiolées, légèrement dentées, un peu rigides, scabres et penniveinées; stipules latérales, petites et caduques. *Haut.* parfois plus de 6 m. Asie tropicale.

STRELITZIA, Ait. (dédié à la reine Charlotte de Mecklenbourg-Strelitz, femme de Georges III d'Angleterre) Angl. Bird of Paradise Flower; Bird's-tongue Flower. Fam. *Scitaminées.* — Genre comprenant aujourd'hui cinq espèces de grandes plantes herbacées, vivaces et de serre chaude ou au moins tempérée, confinées dans le sud de l'Afrique. Fleurs grandes et très élégantes, peu nombreuses dans une ou rarement quelques grandes spathes obliques et terminales; courtement pédicellées, à périanthe longuement exsert; sépales trois, sub-égaux, ovales-lancéolés, longs et libres, l'antérieur caréné; pétales inégaux, les deux latéraux et antérieurs soudés et lobés chacun sur le bord externe de la partie supérieure, de telle façon que ces deux pétales ont la forme d'une hallebarde et cachent, dans un pli interne, les cinq étamines; le troisième ou pétale postérieur est beaucoup plus petit que les deux autres et un peu cucullé; bractées amples, spathiformes et acuminées; hampe terminale ou insérée à l'aisselle des feuilles supérieures et courtement exserte des gaines. Feuilles distiques, sessiles ou longuement pétiolées, engainantes à la base et à limbe ovale-oblong, cordiforme ou obtus à la base. Rhizome tantôt souterrain, tantôt dressé et devenant alors une tige ligneuse.

Les *Strelitzia* sont de belles plantes de serre, dont le *S. Reginæ* est le plus beau et sans doute le plus répandu. Ils prospèrent dans un mélange de deux parties de bonne terre franche, une de terre de bruyère et d'un peu de sable. Pendant l'été, les arrosements doivent être très copieux, mais au contraire très restreints pendant l'hiver. Leur multiplication s'effectue principalement par séparation des rejets ou par division des vieilles plantes, mais lorsqu'ils produisent des graines ou qu'on peut s'en procurer d'importation, on peut les employer à la multiplication et, dans ce cas, il faut les semer en pots ou en terrines, en terre légère et sur une chaleur de fond douce et humide.

S. **Augusta**, Thunb. * *Fl.* blanchâtres, grandes, à calice et corolle blanc pur; pétales latéraux à lobe très court et arrondi; le postérieur petit et acuminé; spathe naviculaire, aiguë et pourpre foncé; hampe courte, sortant à l'aisselle d'une feuille inférieure. Mars. *Flles* vert foncé, distiques, oblongues, aiguës au sommet et sub-cordiformes à la base, de 60 cent. ou plus de long et 3 à 4 cent. de large et à pétioles de 1 à 2 m. de long, légèrement glauques et dépassant la spathe. *Haut.* 3 à 6 m. Cap, 1791. Plante majestueuse. (B. M. 4167, S; F. d. S. 173, 4.)

S. **farinosa**, Dryand. *Fl.* jaune et bleu, semblables à celles du *S. Reginæ*, ainsi que la spathe; hampe un peu plus longue que les pétioles. Février-mars. *Flles* oblongues, à côtés inégaux à la base et à pétioles des deux tiers plus longs que le limbe et couverts d'une poussière farineuse. *Haut.* 1 m. 20. Cap, 1795.

S. **humilis**, Link. Lyn. *S. Reginæ humilis*, Hort.

S. **Nicolai**, Regel et C. Koch. *Fl.* à calice blanchâtre; pétales bleus; les latéraux sagittés et assez grands, triangulaires-ovales; le postérieur presque arrondi, long et brusquement acuminé; spathes quatre par hampe, alternes, vert livide et purpurin, atteignant à la fin 45 cent. de long; hampes plus courtes que les pétioles. Mai. *Flles* oblongues et obtuses à la base. *Haut.* 8 m. Afrique australe. — Superbe plante considérée par les auteurs du *Genera Plantarum* comme étant spécifiquement identique avec le *S. Augusta*. (R. G. 235; B. M. 7038.)

S. **parvifolia**, Dryand.; juncea, Link. *Fl.* bleu et jaune, à hampe égalant les pétioles. Mai. *Flles* à limbe absent ou à peu près (linéaires-lancéolées et à bords plans chez le type), à pétioles ressemblant aux tiges de certains grands Joncs ou *Scirpus* et égalant la hampe. *Haut.* 1 m. 20. Afrique australe. (B. R. 516.)

S. p. **angustifolia**, Dryand. *Flles* à limbe lancéolé et égalant un septième des pétioles. Mai-juin. *Haut.* 1 m. à 1 m. 30. Cap, 1778.

S. **Nivenii**, Hort. *Flles* lancéolées et très étroites. Hybride horticole. 1888.

S. **Reginæ**, Banks * *Fl.* d'un beau jaune orangé et bleu, huit à dix dans une ou rarement deux grandes spathes obliques, aiguës et insérées au sommet d'une hampe libre, égalant ou dépassant un peu les feuilles et de 1 m. à 1 m. 30 de haut. Avril-mai et à autres moments de l'année. *Flles* très belles, distiques, longuement pétiolées, dressées, sub-égales à la base, à limbe ovale ou oblong, canaliculé au milieu et en dessus, coriace, trois fois plus courts que les pétioles, largement ondulé et crispé sur les bords. *Haut.* 1 m. 50 à 2 m. Cap, 1773. Les graines sont consommées par les Kaffirs. — C'est l'espèce la plus belle et la plus répandue du genre; elle est éminemment décorative par son port majestueux. (R. L. 77-78; A. B. R. 442; B. M. 119-20; R. G. 1877, 216.)

Fig. 146. — Strelitzia Reginæ.

S. R. citrina, Hort. Syn. de *S. R. flava*, Haw.

S. R. flava, Hort. *Fl.* à sépales d'un jaune citron. Syn. *S. R. citrina*, Hort.

S. R. Lemoinieri, Miellez. *Fl.* à sépales jaune d'or, 1880. (F. d. S. 2378-1.)

S. R. humilis, Hort. *Fl.* à sépales d'un jaune orangé un peu moins vif que dans le type. Diffère surtout par sa taille bien plus réduite. Syn. *S. humilis*, Link. *S. R. pumila*, Hort.

S. R. prolifera, Carr. Diffère surtout du type par ses hampes portant deux spathes entourant chacune un faisceau de fleurs. *Flles* plus longuement pétiolées et à limbe plus court.

S. R. pumila, Hort. Syn. de *S. R. humilis*, Hort.

STREPTANTHERA, Sweet. (de *streptos*, tordu, et *anthera*, anthère ; allusion à la forme de ces dernières). Fam. *Iridées*. — Petit genre ne comprenant que deux espèces de plantes naines, bulbeuses et de serre froide, habitant le sud de l'Afrique. Fleurs solitaires et sessiles dans chaque spathe ; celles-ci au nombre de une à trois et sessiles le long de la hampe ; périanthe à tube très court, campanulé et à limbe étalé, à segments obovales, imbriqués et rotacé ; étamines insérées à la gorge du tube et à filets aplatis ; spathes amples, membraneuses, ponctuées et striées de brun ; hampes deux ou trois à l'aisselle des feuilles supérieures. Feuilles ensiformes, lancéolées et dressées ou arquées-étalées et en éventail. Bulbe solide et recouvert de tuniques fibreuses.

Ces deux plantes, décrites ci-après sont très jolies pendant leur floraison. Elles prospèrent en terre légère, dans une serre froide et se multiplient par éclat ; leur culture est du reste très analogue à celle de leurs voisins les **Ixia**. (V. ce nom.)

S. cuprea, Sweet. *Fl.* à tube du périanthe pourpre et à segments d'un jaune cuivré, pourpres à la base, avec une tache jaune de chaque côté ; spathes à deux valves légèrement laciniées au sommet ; hampe lisse, simple, un peu flexueuse et portant deux à quatre fleurs. Juin. *Flles* distiques, aiguës, mucronées ; les inférieures plus petites que les supérieures. Tige d'environ 20 cent. de haut, produisant deux ou trois hampes. Cap, 1825. (P. M. B. I, 8 ; S. B. F. G. ser. II, 122.) Syn. *Sparaxis cuprea*, Klatt.

S. elegans, Sweet. *Fl.* à périanthe blanc pur, très légèrement carné, avec une tache centrale pourpre vif, au-dessus de laquelle existe un cercle noir velouté, interrompu et portant aussi de grandes taches jaune vif ; tube plus court que la spathe ; segments obovales, étamines de moitié plus courtes que ceux-ci ; spathe striée de lignes irrégulières ; hampes deux ou trois, un peu plus longues que les feuilles, portant une à deux fleurs chacune. Printemps. *Flles* cinq à six, distiques, sub-obtuses et très courtement mucronées, se rétrécissant et paraissant comme coupées depuis un peu au-dessus du milieu. Tige ou col du bulbe d'environ 20 cent. de haut. Cap, 1827. (L. B. C. 1359 ; S. B. F. G. 209.)

STREPTANTHUS, Nutt. (de *streptos*, tordu, et *anthos*, fleur ; allusion aux pétales de certaines espèces dont l'onglet est tordu). Fam. *Crucifères*. — Genre comprenant environ seize espèces de plantes herbacées, glabres, annuelles ou vivaces et rustiques, habitant principalement l'Amérique du nord-ouest. Fleurs pourpres, rarement roses ou blanches, munies ou dépourvues de bractées, parfois pendantes et réunies en grappes simples ou parfois paniculées ; sépales tous ou parfois seulement deux, sacciformes à la base, souvent colorés et parfois très larges ; pétales pourvus d'un onglet droit ou tordu. Feuilles entières ou les inférieures lyrées-pinnatifides ; les caulinaires sessiles ou amplexicaules.

Les deux espèces décrites ci-après existent dans les collections ; toutes deux sont annuelles. On peut les semer en mai, en pleine terre et en place, ou plus tôt et en pépinière, sous châssis et sur une petite couche.

S. hyacinthoides, Hook. *Fl.* pourpre bleuâtre foncé, à sépales lancéolés, acuminés ; pétales linéaires-spatulés et à limbe réfléchi. Septembre. *Flles* sessiles, étroites inférieurement, mais embrassantes, oblongues-linéaires et acuminées. Tige simple ou ramifiée. *Haut.* 60 cent. à 1 m. Amérique du nord-ouest, 1834. (B. M. 3516.)

S. maculatus, Nutt. *Fl.* très élégantes, disposées en grappes simples ou paniculées ; calice purpurin ; pétales pourpre velouté foncé au milieu, plus clairs vers les bords qui sont crénulés ; pédicelles de 8 à 10 cent. de long et étalés. Août. *Flles* ovales-oblongues, de 8 à 15 cent. de long, glauques, un peu aiguës ; les caulinaires embrassantes par des lobes allongés et obtus. Tige de 50 cent. ou plus de haut. Amérique du nord-ouest, 1833. Syn. *S. obtusifolius*, Hook. (B. M. 3317.)

S. obtusifolius, Hook. Syn. de *S. maculatus*, Nutt.

STREPTOCALYX, Beer. (de *streptos*, tordu, et *calyx*, calice ; allusion à la torsion de cet organe). Fam. *Broméliacées*. — Genre maintenant admis par M. Baker, dans son *Handbook of Bromeliaceæ* et comprenant, selon lui, huit espèces habitant l'Amazone, le Brésil, la Guyane, etc. Elles diffèrent des *Æchmea* par leurs sépales fortement contournés et par leurs pétales plus saillants et presque dépourvus de squamules ; la distinction générique est en somme peu saillante. Les deux espèces décrites ci-après paraissent seules introduites dans les collections. Pour leur culture, V. **Æchmea**.

S. Fuerstenbergii, E. Morren. *Fl.* à pétales violets, oblongs, accompagnés de petites bractées ovales et réunies en panicule centrale, sessile, presque strobiliforme, de 45 à 50 cent. de long et 8 à 10 cent. de diamètre, garnie de bractées lancéolées, rosées et couvertes d'une poudre blanchâtre. Octobre. *Flles* trente à quarante, en rosette dense, uniformes, arquées, de texture ferme, dilatées à la base, longues de 60 à 75 cent. et larges d'environ 8 cent. à la base et 4 cent. au milieu, rétrécies en pointe, vert sombre et canaliculées, finement lignées et bordées de petites épines deltoïdes et crochues. Brésil, 1882. Syn. *Æchmea Fuerstenbergii*, E. Morren et Wittm. (B. H. 1879, 2) ; *Tillandsia Fuerstenbergii*, Hort.

S. Valerandi, E. Morren. *Fl.* à pétales violets, oblongs, plus longs que les sépales, réunies en panicule dense, dressée, oblongue-cylindrique, de 30 à 50 cent de long, à bractées oblongues-aiguës, dentées et rouge vif ; bractées florales petites et longuement cuspidées ; hampe, y compris la panicule, de 50 à 60 cent. de haut. *Flles* environ quarante, en rosette dense, ovales et larges de 8 à 10 cent. à la base, longues de 1 m. à 1 m. 20 et larges de 4 cent. au milieu, graduellement rétrécies en pointe, vert gai et canaliculées en dessous, grises et finement lignées sur le dos, bordées d'épines petites, deltoïdes et rapprochées.

(S. M.)

STREPTIUM, Roxb. — V. **Priva**, Adans.

STREPTOCARPUS, Lindl. (*streptos*, tordu, et *karpos*, fruit ; la capsule est tordue en spirale) ; Angl. Cape Primrose. Fam. *Gesnéracées*. — Genre comprenant aujourd'hui environ vingt espèces habitant l'Afrique australe et tropicale et Madagascar. Ce sont de belles plantes herbacées, de serre chaude ou tempérée, souvent velues ou laineuses, acaules et à feuilles radicales, étalées ou rarement caulescentes et alors à feuilles opposées. Chez certaines espèces, il n'existe qu'une seule feuille à l'état adulte, laquelle est en réalité un des cotylédons, qui s'est développé d'une façon démesurée. Fleurs accompagnées de petites bractées, rarement solitaires et plus fréquemment disposées en cyme plus ou moins ramifiée et multiflore, parfois très étalée et à pédoncule radical dressé et simulant une hampe; calice persistant et à cinq divisions; corolle pâle, purpurine, rougeâtre ou bleu violacé, élégante, à tube deux fois plus long que le calice, droit, décliné ou incurvé et à limbe obliquement bilabié, étalé, avec la lèvre postérieure bifide et dressée, tandis que l'antérieure ou inférieure est trilobée; étamines cinq, dont deux fertiles antérieures et à anthères glabres; les stériles trois, tuberculiformes au sommet et soudées au tube de la corolle. Le fruit est une sorte de silique allongée et fortement tordue en spirale, contenant des graines nombreuses et très fines.

Presque toutes les espèces connues sont aujourd'hui, introduites et constituent d'intéressantes plantes de collection, dont quelques-unes ont un aspect singulier, grâce à leur grande feuille unique, tandis que d'autres, et en particulier les *S. kewensis* et les races hybrides, sont éminemment décoratives et ont acquis en fort peu de temps un grand intérêt horticole. Toutes ces plantes prospèrent dans une terre légère et meuble, notamment le terreau de feuilles et la terre de bruyère et se multiplient facilement par semis ou par division des touffes, et même par boutures de feuilles, comme pour les *Gloxinia*, avec lesquels leur traitement général a du reste beaucoup d'analogie, sauf toutefois la durée de floraison des races hybrides qui est beaucoup plus prolongée. Sauf indications contraires, toutes les espèces et variétés suivantes sont vivaces.

Fig. 147. — Streptocarpus kewensis. (D'après Veitch.)

S. bifloro-polyanthus, Hort. *Fl.* bleu-lilas pâle, réunies par deux-quatre au sommet des pédoncules. *Flles* en rosette, oblongues, rugueuses et crénelées. Sud de l'Afrique, 1882. Hybride horticole, de serre tempérée. (F. d. S. 2429.)

S. Bruanti, Carr. Hybride des *S. Rexii* et *S. polyanthus.* 1890.

S. caulescens, Watke. *Fl.* à corolle lilas pâle, de 12 mm. de diamètre et réunies en cymes pédonculées. Eté. *Flles* géminées, courtement pétiolées, elliptiques et obtuses. Tige curieuse par son renflement, poilue et émettant des rameaux feuillus. Asie tropicale orientale, 1885. Serre chaude. (B. M. 6814.)

S. **Dyeri**, Hort.* Magnifique hybride obtenu du croisement des *S. Dunnii* et *S. Wendlandii*. La feuille unique est aussi grande que celle de ses parents et les fleurs, réunies en panicule compacte et dressée, sont d'un beau rouge pourpre vif. — On considère ce nouveau *Streptocarpus* comme étant le plus beau du genre.

S. **Dunnii**, Hook. *Fl.* de 4 cent. ou plus de long, à la fin pendantes, à corolle rose vif ou pâle et teintée de rouge vif, de forme intermédiaire entre tubuleuse et en entonnoir, à lobes arrondis; hampes six à huit et plus, dressées, de 30 cent. de haut, portant chacune une panicule très ramifiée. Mai-juin. *Flle* solitaire, de 50 cent. à 1 m. de long, sessile, horizontale et décurve, largement oblongue, obtuse, arrondie à la base, finement pubescente en dessus et tomenteuse en dessous. Tige très courte. Transvaal, 1884. (B. M. 6903.)

S. **Galpini**, Hook. f. *Fl.* d'un beau bleu mauve, avec une tache centrale blanche, campanulées et ayant près de 4 cent. de diamètre. *Flle* unique. Transvaal, 1891. (Gn. 1892, part. 1, 849; B. M. 7230.)

S. **Gardenii**, Hook. *Fl.* à corolle de 5 cent. 1/2 de long, à tube blanchâtre ou vert pâle, modérément courbé vers le bas; limbe lilas pâle, avec les trois lobes inférieurs striés de rouge sang; hampes biflores. Eté. *Flles* toutes radicales et apprimées sur le sol, ovales-oblongues, cordiformes à la base, assez courtement pétiolées, crénelées, duveteuses et crispées. *Haut.* 15 cent. Sud de l'Afrique. 1854. Plante voisine du *S. Rexii* et de serre tempérée. (B. M. 4862; F. d S. 1214.)

S. **Greenii**, Hort. Hybride horticole des *S. Rexii* et *S. Saundersii*, nain, compact et très florifère. 1882. Serre chaude. (G. C. n. s. XVII, p. 303.)

S. **kewensis**. N. E. Br. *Fl.* à corolle mauve pourpre, d'environ 5 cent. de long, striée de pourpre brunâtre à la gorge, solitaires ou réunies par deux à huit au sommet des tiges florales et formant une masse assez compacte.

Fig. 148. — Streptocarpus kewensis hybride.

Automne et hiver. *Flles* deux ou trois, grandes, oblongues ou allongées-ovales, vert gai, moins grandes que celles du *S. Dunnii*. Bel hybride entre le *S. Dunnii* et le *S. Rexii*. 1887.

Cette plante s'est très rapidement répandue et a donné naissance à une race très importante au point de vue décoratif par sa floraison hivernale, qui va sans cesse en s'améliorant et dans laquelle existent actuellement plusieurs nuances allant du blanc pur au lilas ou mauve foncé et au lilas violacé ou gris de lin, qu'on désigne sous le nom de *Streptocarpus hybrides*. (I. H. 1891, 133, 134; C. M. O. 1891, 160; R. H. B. 1890, 169; Gn. 1892, part. I, 843; R. H. 1896, 12.)

S. **Kirkii**, Hook. f. *Fl.* à corolle de 12 mm. de long, réunies en cymes lâches, axillaires et pédonculées. Eté. *Flles* pétiolées, cordiformes-elliptiques, obtuses et pubescentes. Tige distincte, dressée et pubescente. Afrique tropicale orientale, 1884. Serre chaude. (B. M. 6782.)

S. **lutea**, C. B. Clarke. *Fl.* nombreuses, sub-paniculées, à corolle blanche, avec de faibles stries purpurines sur les trois lobes inférieurs, à tube de 18 mm. de long et à lobes longs de 6 mm.; hampe plus longue ou plus courte que les feuilles, grêle et poilue. Juin. *Flles* sub-dressées, nombreuses, en touffe, de 12 à 20 cent. de long et 4 à 5 cent. de large, sessiles, oblongues, ovales ou lancéolées-oblongues, obtuses, crénulées, ridées et fortement velues. Sud de l'Afrique, 1882. Serre tempérée. (B. M. 6636.)

S. **parviflorus**, E. Mey. *Fl.* à calice quinquépartite; corolle à tube violet pâle à l'intérieur et à l'extérieur, d'environ 18 mm. de long; limbe étalé, ayant environ autant de diamètre, blanc avec un peu de jaune sur le côté inférieur de la gorge; cymes pédonculées, composées de trois à dix fleurs. *Flles* en rosette dense, allongées-oblongues ou lancéolées-oblongues, rétrécies à la base, sub-sessiles, obtuses au sommet, de 18 cent. de long, crénelées, mollement velues et laineuses en dessous. Sud de l'Afrique. (B. M. 7036.)

S. **polyanthus**, Hook. *Fl.* paniculées, à corolle bleu pâle, de 4 cent. de long, à tube fortement arqué et à limbe très oblique, avec des lobes dentés; hampes une à trois, de 30 cent. et plus de haut. Eté. *Flles* peu nombreuses, environ deux paires, apprimées sur le sol, de grandeur inégale, une paire ayant 30 cent. de long et celle opposée à peine 5 cent., toutes deux cordiformes-oblongues, ridées et duveteuses. Sud de l'Afrique, 1854. Serre tempérée. (B. M. 4850; F. d. S. 1168; R. G. 206; R. H. 1862, 250 et 1879, 398.)

S. **Rexii**, Lindl. *Fl.* bleuâtres, à lobes du calice légèrement obtus, de 6 mm. de long; corolle de 4 cent. de long, hampes munies de deux bractées au-dessus du milieu et uni- ou parfois biflores. Juin. *Flles* toutes radicales, couchées, obovales-oblongues, crénelées, pubescentes, fortement ridées et plus pâles en dessous. *Haut.* 15 cent. Sud de l'Afrique, 1824. Serre chaude. (B. R. 1173; B. G. 204.) Syn. *Didymocarpus Rexii*, Hook. (B. M. 3005; H. E. F. III, 227.)

S. **Saundersii**, Hook. *Fl.* bleu pâle, pendantes, à pédicelles de 2 cent. 1/2 de long; corolle de 4 cent de long, en entonnoir, à tube large et presque droit et à limbe très oblique; cymes composées; hampes nombreuses. Eté. *Flle* solitaire, radicale, de 30 cent. de long et 20 à 22 cent de large, cordiforme, obtuse, veloutée, grossièrement dentée en scie, vert jaunâtre, pâle en dessus, rose pourpre et très tomenteuse en dessous. *Haut.* 30 cent. Sud de l'Afrique, 1860. Serre chaude. (B. M. 5251; F. d. S. 1802; R. G. 826.)

S. **Watsoni**, N. E. Br. *Fl.* à corolle pourpre mauve vif, d'environ 3 cent. de long et 2 cent. 1/2 de diamètre, à gorge blanche, striée de pourpre brunâtre; tiges nombreuses, portant dix à seize fleurs. Automne et hiver. *Flles* solitaires, semblables, mais un peu plus petites que celles du *S. kewensis*, dont il est un hybride avec le *S. parviflorus*. 1887. (G. C. ser. III, vol. II, p. 215.)

S. **Wendlandii**, Sprenger. Belle espèce à feuille unique, mais très grande, de 60 cent, à 1 m. de long et 20 à 30 cent. de large, étalée horizontalement un peu au-dessus de terre, de forme ovale-arrondie, ondulée, crénelée, vert sombre et à nervures creuses sur la face supérieure, tandis que l'inférieure est rouge pourpre et faiblement poilue. A la base de cette feuille, naît une tige florale élevée, robuste, portant une belle panicule de fleurs tubuleuses, évasées, horizontales ou pendantes, à tube en entonnoir et à limbe dont les deux lobes postérieurs sont

Fig. 149. — STREPTOCARPUS WENDLANDI.

ovales et violacés, tandis que les trois inférieurs sont blancs et marginés de violet. Natal, 1890.

STREPTOPUS, Michx. (de *streptos*, tordu, et *pous*, pied ou tige ; allusion aux pédoncules brusquement courbés ou contournés vers le milieu) ; ANGL. Twisted Stalk. SYNS. *Hekorima*, Kunth. et *Hexorima*, Raf. FAM. *Liliacées*. — Genre comprenant quatre espèces de plantes herbacées, vivaces, rustiques ou de serre froide, habitant l'Europe, l'Asie tempérée et montagneuse et l'Amérique du Nord. Fleurs moyennes, solitaires ou géminées à l'aisselle des feuilles et penchées ; périanthe rose ou blanchâtre, campanulé ou ouvert, caduc, à segments libres ou à peine soudées à la base et sub-égaux ; étamines six ; bractées petites ou nulles. Feuilles alternes, ovales ou lancéolées, membraneuses, sessiles ou amplexicaules. Les trois espèces suivantes existent dans les cultures. Elles sont intéressantes et prospèrent en terre ordinaire. Leur multiplication s'effectue facilement par semis ou par division des touffes.

S. **amplexifolius**, DC. Syn. de *S. distortus*, Michx.

S. **amplexicaulis**, Poir. Syn. *S. distortus*, Michx.

S. **distortus**, Michx. *Fl.* à pédoncules longs, brusquement redressés au-dessus du milieu ; périanthe blanc verdâtre, à segments de 12 mm. de long ; anthères graduellement rétrécies en pointe ; stigmate entier. Juin. *Flles* très lisses, glauques en dessous et embrassant fortement la tige. Tige de 60 cent. à 1 m. de haut, très lisse, sauf à la base. Amérique du Nord, Europe, France, etc., 1752. Plante rustique. Syns. *S. amplexicaulis*, Poir. ; *S. amplexifolius*, DC.

S. **roseus**, Michx. * *Fl.* à périanthe rose pourpre, plus long que la moitié des pédoncules ; ceux-ci légèrement arqués ; anthères pourvues de deux cornes ; stigmate à trois divisions. Mai. *Flles* vertes sur les deux faces, finement ciliées. Rameaux faiblement garnis de poils courts et sétacés. *Haut.* 50 cent. Amérique du Nord, 1896. Plante rustique. Syn. *Uvularia rosea*, Pers. (B. M. 1489.)

S. **simplex**, D. Don. *Fl.* presque toutes solitaires, rarement géminées, à périanthe blanchâtre, largement en entonnoir, de 12 à 15 mm. de long ; pédicelles de 5 à 8 cent. de long. Juin. *Flles* oblongues, acuminées, profondément cordiformes-amplexicaules, de 5 à 10 cent. de long et glaucescentes en dessous. *Haut.* 60 cent. à 1 m. Népaul, 1822. Serre froide.

STREPTOSOLEN, Miers. (de *streptos*, tordu, et *solen*, tube ; allusion à la forme du tube de la corolle). FAM. *Solanacées*. — La seule espèce de ce genre est un très bel arbuste toujours vert, scabre-pubescent et de serre froide. Il prospère en terre ordinaire et de préférence légère. Sa multiplication s'effectue par boutures que l'on fait dans du sable et sous cloches.

S. **Jamesonii**, Miers. * *Fl.* oranges, pédicellées et réunies en panicules terminales, corymbiformes ; calice tubuleux-campanulé, à cinq divisions courtes ; corolle à tube allongé, tordu en spirale à la base et élargi supérieurement ; limbe à cinq larges lobes bilabiés ; étamines fertiles quatre. Juin. *Flles* entières, pas très grandes, ovales, aiguës aux deux extrémités, bullées et rugueuses, longuement pétiolées. *Haut.* 1 m. 20. Colombie, 1847. (G. C. n. s. XXI, p. 797 ; R. H. 1883, 36 ; B. M. 4605 ; F. d. S. 436 et P. M. B. XVI, p. 6, sous le nom de *Browallia Jamesonii*, Benth.)

STRICKLANDIA, Baker. (dédié à Sir C. W. Strickland, amateur et botaniste anglais). FAM. *Amaryllidées*. — La seule espèce de ce genre est une plante bulbeuse, voisine du genre *Eucrosia*, démembrée des **Stenomesson** pour quelques légers caractères botaniques mais exigeant le même traitement. (V. ce dernier nom.)

S. **eucrosioides**, Baker. *Fl.* trois à quatre par ombelle, de 2 1/2 à 3 cent. de long, horizontales ou penchées, à tube vert, de 4 à 6 mm. de long et à segments rouges, finement nervés et non carénés ; étamines insérées à la gorge du tube et à peine exsertes, à filets calleux à la base, soudés en coupe jusqu'au milieu ; hampe grêle, arrondie, de 30 cent. de long ; valves de la spathe linéaires. *Flles* deux par tige, paraissant après les fleurs, à limbe oblong, vert, mince, de 15 à 20 cent. de long et à pétioles plus courts que le limbe. Bulbe ovoïde, de 5 cent. de diamètre, à tuniques brunes et membraneuses. Andes de l'Equateur, 1883. Syns. *Leperiza eucrosioides*, Baker ; *Phædranassa eucrosioides*, Benth. et *Stenomesson Stricklandi*, Baker.

STRICTUS ; ANGL. Strict. — Très droit et dressé.

STRIÉ ; ANGL. Striate. — Qui porte des stries.

STRIES. — Lignes longitudinales plus ou moins fines et de teinte particulière ou faisant saillie et qu'on observe sur divers organes des végétaux.

STRIGILIA, Cav. — V. **Styrax**, Linn.

STRIGILLEUX ; ANGL. Strigilleux. — Finement striguleux.

STRIGULEUX ; ANGL. Strigose (*Strigosus*). — Se dit des organes couverts de gros poils ou cils pointus, rigides et rapprochés.

STROBILA, G. Don. — V. **Arnebia**, Forsk.

STROBILACÉ, STROBILIFORME ; ANGL. Strobilaceous, Strobiliform. — Qui se rapproche ou qui ressemble à un **Strobile**. (V. ce nom.)

STROBILANTHES, Blume. (de *strobilos*, strobile ou cône et *anthos*, fleur ; allusion à la forme de l'inflorescence, surtout lorsqu'elle est jeune). ANGL. Cone Head. Comprend les *Goldfussia*, Nees. FAM. *Acanthacées*. — Grand genre renfermant environ cent quatre-vingts espèces de plantes herbacées ou suffrutescentes, ordinairement dressées et de serre chaude ou tempérée, habitant pour la plupart les Indes orientales; quelques-unes s'étendent jusqu'en Chine, dans le Japon et dans l'Archipel Malais, et une se rencontre dans l'Afrique tropicale. Fleurs bleues, violettes ou blanches, très rarement jaunes, capitées, réunies en épis strobiliformes ou interrompus, parfois paniculés, sessiles ou parfois pédicellées ; calice profondément et presque régulièrement quinquépartite ou bilabié, avec une lèvre à trois dents très courtes; corolle tubuleuse-ventrue, droite ou arquée, à cinq lobes ovales ou arrondis et presque égaux; étamines deux ou quatre. Feuilles opposées, souvent inégales, apparemment alternes dans le *S. anisophyllus*, dentées ou presque entières, portant souvent des raphides.

Les espèces décrites ci-après, sont de très beaux sous-arbrisseaux de serre chaude ou tempérée, parfois même demi-rustiques, comme l'est le *S. Dyerianus*, et qui sont bien dignes de figurer dans les collections. Leur culture est facile; toute terre légère leur convient et leur multiplication s'effectue par boutures que l'on fait dans la même terre, à chaud et sous cloches.

S. anisophyllus, T. Anders. * *Fl.* bleu lavande, à corolle de 3 cent. de long; bractées elliptiques, obtuses ; capitules petits, souvent réunis en cyme. Juin. *Flles* très inégales ou faussement alternes, lancéolées, acuminées aux deux extrémités, glabres, de 8 cent. de long et 15 mm. de large ; feuille opposée de chaque paire de 3 cent. de long et 4 mm. de large ou nulle. *Haut.* 1 m. Indes, 1823. Syns *Goldfussia anisophylla*, Nees. (B. M. 3404) ; *Ruellia anisophylla*, Wall. (H. E. F. 191) ; *Ruellia persicifolia*, Lindl. (B. R. 955.)

S. attenuatus, Jacq. *Fl.* violet-bleu, portant une tache jaune à la gorge et réunies en panicules lâches ; corolle de 2 cent. 1/2 de long ; pédoncules axillaires ou terminaux, trifides et poilus. *Flles* cordiformes, dentées en scie, coudées-acuminées, plus ou moins poilues, de 10 cent. de long, 6 cent. de large et vert foncé ; pétioles de 8 à 10 cent. de long. Tige quadrangulaire, plus ou moins poilue. Himalaya, 1886. Belle plante suffrutescente et de serre tempérée. (R. G. 1243 ; B. M. 6922.)

Fig. 150. — Strobilanthes Dyerianus. (D'après Veitch.)

S. coloratus, E. Anders. *Fl.* pourpre bleuâtre pâle, de 4 cent. de long, courtement pédicellées, à sépales dressés, linéaires, de 12 mm. de long ; corolle à tube court et ventru et à lobes arrondis ; panicules de 15 à 30 cent. de haut, fortement ramifiées et très étalées. Janvier. *Flles* 12 à 18 cent. de long, ovales ou elliptiques, acuminées, parfois prolongées en longues queues, dentées en scie, vert foncé en dessus et pourpre rougeâtre en dessous. *Haut.* 1 m. 20 à 2 m. Mont Khasya, 1886. (R. G. 1243 ; B. M. 6922.)

S. consanguineus, E. Anders. *Fl.* bleues, réunies en épis composés, axillaires et terminaux ; corolle de 15 mm. de long, à lobes ovales et aigus. Juin. *Flles* ovales-acuminées, obscurément dentées, presque glabres, visiblement linéolées en dessus. *Haut.* 60 cent. 1 m. 50. Indes, 1873.

S. Dyerianus, Hort. * *Fl.* violet-bleu, de 2 cent. 1/2 de long, en entonnoir et réunies en épis dressés. *Flles* opposées, sessiles et coudées à la base, oblongues, spatulées, aiguës, ridées, hispides ainsi que toute la plante, d'un beau pourpre lilacé tendre quand elles sont jeunes, puis violacées à l'état adulte, veinées et bordées de vert foncé. Tige cylindrique, renflée aux nœuds. Indes orientales, 1893. — Magnifique plante à feuillage, de serre tempérée et même de plein air pendant l'été. (R. H. 1893, 201; 1894, 459.)

S. flaccidifolius, Nees. *Fl.* pourpre lilacé, réunies en épis lâches, feuillus et paniculés; tube de la corolle courbé, à lobes profondément échancrés. *Flles* de 5 à 10 cent. de long, elliptiques-lancéolées, arquées, rétrécies jusqu'aux pétioles, dentées en scie, glabres et vert gai. Indes, Chine, 1887. Joli arbuste produisant une teinture bleue.

S. glomeratus, T. Anders. * *Fl.* purpurines, à corolle de 3 à 5 cent. de long, glabre; capitules ovoïdes, sub-sessiles, velus, souvent faussement axillaires. Novembre. *Flles* ovales, de 11 cent. de long, aiguës, dentées en scie, rétrécies ou arrondies à la base, velues sur les deux faces, mais moins en dessous qu'en dessus et à pétioles de 6 à 24 mm. de long. *Haut.* 60 cent. à 2 m. Indes, 1838. (B. 155 et B. M. 3881, sous le nom de *Goldfussia glomerata*, Nees.)

S. g. speciosus, Hort. *Fl.* pourpre franc sinon vif et très élégantes. (B. M. 4767, sous le nom de *Goldfussia glomerata speciosa*, Hook.)

S. isophyllus, T. Anders. *Fl.* bleu lavande, semblables à celles du *S. anisophyllus*. Automne. *Flles* opposées, presque égales, linéaires-lancéolées, atténuées aux deux extrémités, glabres, de 8 cent. de long et à pétioles de 6 mm. ou moins de long et parfois nuls. *Haut.* 30 à 60 cent. Indes, 1845. (B. R. 244 et B. M. 4363, sous le nom de *Goldfussia isophylla*, Nees.)

long, presque droite, légèrement poilue à l'intérieur et à l'extérieur; épis de 2 1/2 à 5 cent. de long, cylindriques et exactement strobiliformes. Avril. *Flles* sessiles, ovales, aiguës, poilues, de 2 à 4 cent. de long, arrondies ou presque cordiformes à la base. Tiges nombreuses, dressées, de 30 à 50 cent. de haut. Indes, 1833. (B. M. 3902.)

S. Wallichii, Nees.* *Fl.* bleues, solitaires ou géminées, à corolle de 3 cent. de long, presque droite et à segments courts et arrondis; bractées inférieures foliacées; épis de 2 1/2 à 15 cent. de long, souvent flexueux ou en zigzag. Octobre. *Flles* elliptiques, acuminées, de 8 cent. de long, pubérulentes ou glabres, à pétioles de 2 cent. de long; les supérieures sessiles et cordiformes. *Haut.* 15 à 60 cent. Indes, 1858. (B. M. 5119, sous le nom de *Goldfussia Thomsoni*, Hook.)

STROBILE, (de *strobilos*, cône de Sapin). — Fruit composé, écailleux, formé de bractées qui se recouvrent les unes les autres comme les tuiles d'un toit. Lindley le définit comme suit : « Inflorescence écailleuse, imbriquée, dont les écailles sont dures et recouvrent des fleurs distinctes, disposées en spirale,

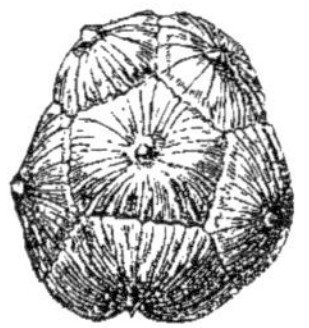

Fig. 151. — Strobile de *Cupressus*.

mais très rapprochées. » Toutefois, ce terme s'emploie rarement pour l'inflorescence elle-même, qui est plutôt un chaton, mais qui, chez certains Conifères et autres, devient un strobile véritable à l'approche de la maturité.

Fig. 152. — PICEA EXCELSA. — Epicea.
1, rameau fructifère; 2, écaille du cône avec ses deux graines; 3, graine.

S. Sabinianus, Nees. *Fl.* bleu lavande, à corolle de 3 cent. de long, arquée, fortement ventrue et presque glabre; épis de 5 à 10 cent. de long, pubescents et presque solitaires. Mars. *Flles* pétiolées, largement elliptiques, courtement acuminées aux deux extrémités, de 16 cent. de long, presque entières; les terminales souvent sessiles et cordiformes. *Haut.* 60 cent. à 1 m. 50. Indes, 1826. (B. R. 1238, sous le nom de *Ruellia Sabiniana*, Lindl.)

S. scaber, Nees. *Fl.* jaunes, à corolle symétrique, de 20 à 25 mm. de long, très poilue à l'intérieur; bractées de 2 cent. 1/2 de long; épis de 2 1/2 à 5 cent. de long, denses, souvent fasciculés et poilus. Mai. *Flles* elliptiques ou obovales, acuminées, de 11 cent. de long, grossièrement scabres ou presque lisses, à pétioles de 18 mm. de long. *Haut.* 30 cent. à 1 m. Indes, 1836. Arbuste pubescent ou poilu. (B. R. XXVII, 32.)

S. sessilis, Nees. *Fl.* lilas pâle, à corolle de 3 cent. de

Le mot *cône* s'emploie presque avec la même signification que *strobile*, bien que ce dernier soit plus particulièrement réservé aux Conifères à petits fruits globuleux, ainsi qu'aux fruits du Houblon et de quelques autres plantes.

Le strobile résulte de la fécondation de plusieurs fleurs (il en existe généralement une ou deux et parfois plus à la base de chaque écaille qui le compose), mais ces fleurs sont dans la plupart des cas complètement cachées par les écailles.

Ces écailles s'accroissent parfois beaucoup pendant la maturation chez certains genres, tandis qu'elles restent minces et membraneuses chez d'autres, notamment chez le Houblon. Chez les Conifères, elles deviennent ligneuses et dures. Dans certains genres, elles restent relativement minces, notamment chez les

Cedrus, tandis que chez d'autres et en particulier les *Cupressus*, chacune d'elles se développe supérieurement en un large appendice plat, simulant un petit bouclier.

Dans le genre *Juniperus*, ces écailles deviennent molles, charnues, se soudent par leurs bords et forment ainsi un fruit que l'on pourrait prendre pour une baie, à laquelle il ressemble beaucoup. Cette sorte de fruit se nomme parfois *galbule*.

Chez les Conifères, les graines ne sont pas enfermées dans des carpelles, car chez la plupart, elles sont nues et placées, comme le montre la figure 152, par paires à la face interne de chaque écaille, dont une existe à l'aisselle de chaque bractée.

On a beaucoup discuté la nature véritable de ces écailles, et il y a eu beaucoup de controverse, mais une opinion généralement acceptée est qu'elles représentent deux feuilles naissant d'un rameau axillaire non développé, soudées seulement par leur côté interne et représentant ainsi un carpelle ouvert.

En ce qui concerne leur forme, les strobiles ne sont en réalité que des cônes de petites dimensions, globuleux, ovales ou coniques et parfois grêles. Les figures et les exemples précédents suffisent du reste pour bien faire connaître cette sorte de fruit composé.

STROBILORACHIS, Link. (de *strobilos*, cône, et *rachis*, tige florale ; allusion à la forme de l'inflorescence). Fam. *Acanthacées*. — Petit genre ne comprenant que deux espèces d'arbustes brésiliens, toujours verts et de serre chaude, maintenant réunis aux *Aphelandra*, R. Br., par les auteurs du *Genera Plantarum*. Bractées amples, légèrement coriaces et colorées ; épis allongés. Pour la culture de l'espèce suivante, seule digne d'être décrite ici, V. **Ruellia**.

S. glabra. Klotzsch. Syn. de *S. prismatica*, Nees.

S. prismatica, Nees. *Fl.* jaunes, à corolle de 3 cent. de long, glabre, en entonnoir ; bractées jaunes, ovales, de 2 cent. 1/2 de long, rigides et à pointe aiguë. Juin. *Flles* oblongues, de 2 à 30 cent. de long et 6 à 8 cent. de large, aiguës à la base, atténuées au sommet ; pétioles de 4 cent. de long et glabres. *Haut.* 60 cent. à 1 m. Syns. *S. glabra*, Klotzsch. et *Hydromestus maculatus*, Scheidw. (B. M. 4556.)

STROMA ; Angl. Struma. — Tubercule plus ou moins saillant servant de support aux fructifications de certains champignons.

STROMANTHE, Loud. (de *stroma* couche, lit, et *anthos*, fleur ; allusion à la forme de l'inflorescence). Syn. *Maranta*, Linn. pr. p. Fam. *Scitaminées*. — Petit genre ne renfermant que six espèces de belles plantes herbacées, vivaces et de serre chaude, habitant le Brésil. Fleurs réunies sur des pédoncules allongés et assez lâches, plus ou moins composés, souvent ramifiés depuis la base, rarement étroits et presque racémiformes et souvent entièrement rouge sang ; sépales trois, libres, ovales-oblongs, grêles et égalant la corolle ; celle-ci à trois pétales légèrement plus étroits que les sépales ; bractées et bractéoles spathiformes, colorées et étalées. Feuilles pétiolées et à gaines très courtes. Tige feuillue, dressée, légèrement ramifiée et portant de longues gaines foliaires.

Pour la culture et l'emploi de ces plantes, V. **Calathea**, dont elles sont du reste voisines.

S. amabilis, Hort. *Flles* défléchies, oblongues-ovales, acuminées, à côtés inégaux et ornées sur la face supérieure de bandes étroites, vert foncé et vert clair, suivant la direction des nervures, avec des espaces séparatifs beaucoup plus larges et gris argenté ; pétioles assez longs et cylindriques. Brésil, 1875. Plante à feuillage très ornemental. (B. H., 1875, 15-17, f. 2.)

S. Lubbersiana, E. Morren. *Flles* oblongues, acuminées, irrégulièrement cunéiformes, lisses, grisâtres en dessous, avec la face supérieure élégamment marbrée de jaune pâle et de vert foncé, formant des taches et des bandes irrégulières. Brésil, 1880. Bonne plante à feuillage. (B. H., 1882, I.)

S. Porteana, A. Gris. *Fl.* en épis simples ou composés, solitaires ou géminés, à rachis géniculé et velu ; bractées distiques et imbriquées. *Flles* ovales ou lancéolées, pubescentes ou velues, d'un vert gai en dessus et transversalement striées et d'un beau pourpre en dessous. *Haut.* 1 m. Bahia, Brésil, 1859. Belle plante naine et dressée. Syn. *Maranta Porteana*, Horan.

S. sanguinea, Sond. *Fl.* d'un beau rouge sang, à sépales externes libres jusqu'à la base et dressés ; les internes soudés entre eux sur une bonne partie de leur longueur ; hampe de 30 à 50 cent. de haut, dressée, terminée par une grappe composée. Hiver et printemps. *Flles* de 25 à 30 cent. de long, oblongues, acuminées, vert foncé en dessus, d'un beau pourpre en dessous et courtement pétiolées. Origine inconnue, 1845. Plante acaule ou caulescente. Syn. *Phrynium sanguineum*, Hook. (B. M. 4646) et *Thalia sanguinea*, Lem. (L. J. F. M., 268.)

S. spectabilis, Lem. *Fl.* à bractées, pédicelles et calice rouge foncé ; corolle blanchâtre ; pédoncule principal grêle, plus long que les feuilles, portant trois-cinq ramifications fasciculées, composées, sub-ombelliformes et paniculées au sommet. *Flles* ovales-oblongues, arrondies à la base, glabres, d'un vert gai en dessus et plus pâles dessous. Syn. *Thalia spectabilis*, Lem. (L. J. F. IV, 401.)

S. Tonckat, Eichl. *Fl.* bleuâtre pâle, en panicule lâche et en zigzag. Juillet. *Flles* plus petites que celles du *M. arundinacea* et rétrécies à la base ; la plante est aussi plus petite ; La Trinité. Syn. *Maranta angustifolia*, Sims. (B. M. 2398.)

STROMATOPERIS. — Maintenant réunis aux **Gleichenia**, Smith.

STRUMBILIFÈRE, STRUMBILIFORME ; Angl. Strumbuliferous, Strumbuliform. — Se dit parfois des organes des végétaux tordus en spirale, comme un tire-bouchon, ainsi que le sont les gousses de certains *Medicago* et autres plantes.

STROMIFÈRE ; Angl. Strumose, Strumiferous. — Qui porte, qui est pourvu du **Stroma**.

STROPHANTHUS, DC. (de *strophos*, corde tordue, et *anthos*, fleur ; allusion aux longs segments tordus de la corolle). Fam. *Apocynacées*. — Genre comprenant environ vingt espèces d'arbustes ou de petits arbres de serre chaude ou tempérée, glabres, pubescents ou velus et souvent grimpants, habitant l'Asie et l'Afrique tropicales et un le sud de l'Afrique. Fleurs blanches, jaunâtres, oranges, rouges ou pourpres, élégantes, rarement petites, réunies en cymes terminales, parfois denses et pauciflores, parfois corymbiformes et multiflores. Feuilles opposées et penniveinées.

Les *Strophanthus* sont à la fois très élégants et intéressants par les propriétés économiques de certaines espèces ou par la forme de leurs fleurs. Chez plusieurs d'entre elles, les fleurs sont en effet faiblenent colorées et d'aspect très étrange par suite du développement des lobes de la corolle en appendices simulant de longues queues. Les graines de certaines espèces contiennent une grande quantité de principe vénéneux, nommé strophantine, et qu'on a employé avec succès dans les maladies du cœur, principalement dans la dégénérescence graisseuse de cet organe.

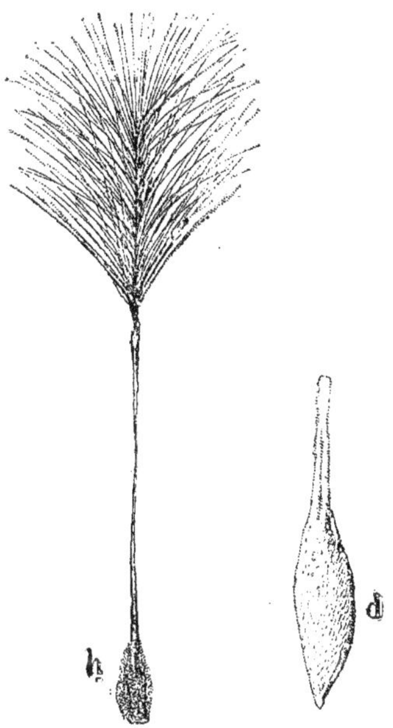

Fig. 153. — STROPHANTHUS HISPIDUS.
d, graine ; *h*, la même surmontée de son aigrette.

Le *Kombe* ou poison à l'aide duquel les indigènes de la Sénégambie et autres empoisonnent leurs flèches est fourni par les S. *hispidus* et DC. *S. dichotomus*, DC.

Toutes les espèces de *Strophanthus* introduites dans les serres sont décrites ci-après. Elles y font très bonne figure et se cultivent facilement dans un compost de terre franche siliceuse et de terre de bruyère. Leur multiplication s'effectue facilement par boutures que l'on fait dans du sable, sous cloches et à chaud.

S. **Bullenianus**, Mast. *Fl.* en coupe, à tube rosé et à limbe jaune, marqué de taches purpurines, avec l'extrémité des segments très long et pourpre ; cymes lâchement ramifiées. Été. *Flles* elliptiques-oblongues, courtement pétiolées. Afrique tropicale occidentale, 1870. Plante grimpante, hispide et de serre chaude. (G. C. 1870, p. 1471.)

S. **capensis**, A. DC. *Fl.* jaunâtres, à lobes de la corolle de 4 cent. de long ; pédoncules terminaux, plus longs que les feuilles et portant deux à quatre fleurs. Juin. *Flles* rapprochées, ternées, oblancéolées, obtuses ou sub-aiguës, de 4 cent. de long, atténuées en pétioles de 5 mm. de long. Rameaux dressés et glabres. *Haut.* 1 m. Cap, 1860. Serre froide. (B. M. 5713.)

S. **dichotomus**, DC. *Fl.* blanchâtres, à queue des segments de la corolle pourpres, de 8 cent. de long ; écailles enroulées. Février-mars. *Flles* oblongues ou oblongues-obovales, de 10 cent. de long, aiguës et rétrécies à la base, brusquement acuminées au sommet ; pétioles de 8 à 10 mm. de long. Rameaux et pédoncules dichotomes. *Haut.* 1 m. Indes orientales, 1816. Serre chaude.

S. **divergens**, R. Grah. *Fl.* verdâtres, à gorge de la corolle striée de rouge et à lobes de 4 à 5 cent. de long ; cymes pauciflores. Juin. *Flles* elliptiques-oblongues, presque aiguës aux deux extrémités, mucronulées au sommet et glabres. *Haut.* 1 m. 20. Chine, 1816. Serre chaude. (B. 150 et B. R. 469, sous le nom de *S. dichotomus chinensis*.)

S. **Ledienii**, Stein. *Fl.* réunies en ombelles terminant les rameaux ligneux ; corolle jaune buffle, étoilée, à cinq lobes prolongés chacun en une très longue et étroite languette simulant un ruban ; coronule et étamines violettes, avec cinq rayons blancs. *Flles* presque sessiles, obovales, brusquement prolongées en courtes pointes, avec les bords entiers et les deux faces mollement poilues. Congo. 1887. Arbuste de serre chaude. (R. G. 1241.)

S. **Petersianus grandiflorus**, N. E. Br. *Fl.* d'un jaune terne, striées de rouge, en entonnoir, à lobes, atteignant jusqu'à 25 cent., en forme de lanière et pendants, rouge terne à l'extérieur, Baie de Delagoa, 1894. (B. M. 7390.)

S. **sarmentosus**, DC. *Fl.* pourpre rougeâtre, fasciculées ou ternées, latérales et terminales ; lobes du calice de 8 mm. de long ; ceux de la corolle ayant presque 5 cent. Juin. *Flles* elliptiques-acuminées, légèrement aiguës à la base. Rameaux cylindriques et sarmenteux. *Haut.* 1 m. 50. Sierra Leone, 1824. Serre chaude.

STROPHIOLE. — Appendice calleux, que l'on observe autour de l'ombilic de certaines graines, notamment des *Robinia*, *Wistaria*, etc.

STROPHOLIRION, Torr. (de *strophos*, corde tordue, et *lirion*, Lis ; allusion à la forme de la tige florale et aux affinités de la plante). SYN. *Rupalleya*, Morière. FAM. *Liliacées*. — La seule espèce de ce genre est le *S. californicum*, Torrey, décrit dans le vol. I, p. 416 de cet ouvrage, sous le nom de **Brodiæa volubilis**, Baker. (V. ce nom.)

STRUKERIA, Vell. — V. Vochysia, Juss.

STRUMARIA, Jacq. (de *struma*, tubercule ; allusion au style qui est renflé au milieu). SYNS. *Eudolon*, *Hymenetron*, *Pugionella* et *Stylago*, tous de Salisb. FAM. *Amaryllidées*. — Petit genre dont six espèces ont été énumérées, mais que M. Baker réduit à quatre, toutes originaires du sud de l'Afrique. Ce sont de jolies plantes bulbeuses, de serre froide. Fleurs blanchâtres ou rougeâtres, réunies en ombelle multiflore ; pédicelles filiformes et à peine étalés ; périanthe campanulé, à tube presque nul et à segments égaux, étalés-dressés ; filets staminaux filiformes, insérés à la base des segments et plus ou moins soudés entre eux et avec le style ; celui-ci dilaté à la base ; spathe à deux valves ; bractées petites ; hampe pleine, arrondie et grêle. Feuilles loriformes, paraissant avec les fleurs ; bulbe tuniqué.

Plusieurs plantes autrefois comprises dans ce genre sont maintenant réunies aux **Hessea**, botaniquement voisins. Les *Strumaria* prospèrent dans une bonne terre franche siliceuse et surtout bien drainée. Lorsque les feuilles jaunissent, il faut suspendre les arrosages et mettre les plantes entièrement au repos, sans les dépoter. Multiplication par séparation des caïeux ou par semis. Leur traitement général est du reste très analogue à celui des **Hippeastrum**. (V. aussi ce nom.)

S. **angustifolia**, Jacq. *Fl.* rose pâle et uni à l'extérieur, carnées à l'intérieur, à odeur de Lis Martagon, huit à dix par ombelle et à segments oblancéolés, égaux et très étalés; étamines exsertes, soudées au style vers la base; valves de la spathe lancéolées; hampe latérale, dressée, grêle, de 30 cent. de long. Avril. *Flles* deux, linéaires, un peu obtuses, planes, entières, luisantes, de 15 cent. de long, engainées par des tuniques brun rougeâtre. Bulbe ovoïde, de 12 mm. de diamètre. Cap, 1795.

S. crispa, Ker. — V. **Hessea crispa.**

S. filifolia, Jacq. — V. **Hessea filifolia.**

S. gemmata, Ker. — V. **Hessea gemmata.**

S. rubella, Jacq. *Fl.* rougeâtres et carnées, inodores, six à dix par ombelle, à segments lancéolés, très étalés; étamines exsertes, à filets soudés au style; valves de la spathe lancéolées et purpurines; hampe latérale, grêle, arrondie, de 30 à 45 cent. de haut. Mai. *Flles* trois à quatre, linéaires, sub-dressées, obliques, légèrement obtuses, entières, de 12 à 20 cent. de long et 8 mm. de large, non entourées de gaines. Bulbe ovoïde. Cap. 1795.

S. spiralis, Ait. — V. **Carpolysa spiralis.**

S. stellaris, Ker. — V. **Hessea stellaris.**

S. truncata, Jacq. *Fl.* blanches et rougeâtres à la base, six à quinze par ombelle, à pédicelles de 2 1/2 à 4 cent. de long, grêles et dressés; segments du périanthe oblancéolés et très étalés; étamines exsertes et soudées au style; valves de la spathe lancéolées et vertes ou purpurines et dressées; hampe grêle, de 30 cent. de haut. Avril. *Flles* trois à six, linguiformes, obtuses, presque dressées, de 15 à 20 cent. de long et 12 mm. de large, toutes incluses à la base dans une gaine rouge sang foncé. Bulbe globuleux. Cap. 1795.

STRUTHIOLA, Linn. (de *struthion*, petit Moineau; allusion à la ressemblance des graines au bec de cet oiseau). Syn. *Belvala*, Adans. Fam. *Thyméléacées*. — Genre comprenant environ vingt espèces de jolis petits arbustes ou de sous-arbrisseaux éricoïdes, toujours verts et de serre froide, confinés dans le sud de l'Afrique. Fleurs blanches, rouges ou jaunes, subsessiles à l'aisselle des feuilles supérieures, solitaires ou rarement géminées; périanthe à tube grêle et à quatre lobes étalés; étamines quatre, incluses dans le tube; bractéoles deux, courtes, étroites et stipitées. Fruit petit et sec. Feuilles opposées ou rarement éparses, un peu petites, coriaces, souvent lâchement imbriquées.

Les espèces suivantes sont les plus répandues dans les cultures. Elles prospèrent en terre de bruyère siliceuse et se multiplient facilement par boutures que l'on fait dans du sable et sous cloches.

S. erecta, Linn. *Fl.* roses ou blanches, de 12 à 15 mm. de long et à lobes acuminés. Juin. *Flles* fasciculées, linéaires-lancéolées, aiguës, étalées, avec une à trois nervures sur le dos et non ciliées. Rameaux grêles et droits. *Haut.* 50 cent. Sud de l'Afrique. 1798. Arbuste très glabre. (B. M. 2138; L. B. C. 74).

S. lineariloba, Meissn.; **glabra**, Hort. *Fl.* rougeâtres ou blanches, ayant à peine 12 mm. de long, à lobes linéaires et obtus. Juin. *Flles* à demi-étalées, aciculaires, convexes sur le dos, presque dépourvues de nervures et glabres. *Haut.* 60 cent. Sud de l'Afrique, 1820. (B. M. 222, 75, sous le nom de *S. erecta*, Curt.; L. B. C. 75, sous le nom de *S. juniperina*, Retz.)

S. longiflora, Lamk. *Fl.* rougeâtres ou jaunâtres, densément tomenteuses, de 2 à 2 cent. 1/2 de long, à lobes ovales-oblongs. Juillet. *Flles* imbriquées, ovales ou linéaires-lancéolées, légèrement acuminées, un peu obtuses, légèrement striées, glabres, ciliées, puis nues à la fin, ayant la moitié ou le tiers de la longueur des fleurs. Rameaux pubérulents. *Haut.* 60 cent. Sud de l'Afrique, 1819. (B. M. 1212, sous le nom de *S. pubescens*, Sims.)

S. lucens, Poir. *Fl.* jaunes, de 12 à 18 mm. de long, pubescentes, à lobes ovales-oblongs. Juin. *Flles* imbriquées, lancéolées ou oblongues, acuminées et aiguës, embrassantes, de 15 à 25 mm. de long, luisantes, ciliées, puis à la fin glabres. Rameaux effilés et pubescents supérieurement. *Haut.* 60 cent. Sud de l'Afrique, 1817.

S. ovata, Thunb. *Fl.* blanches ou carnées, plusieurs fois plus longues que les feuilles, à lobes ovales et acuminés. Avril. *Flles* ovales ou oblongues, légèrement aiguës, presque planes, avec une à trois nervures obscures sur le dos. *Haut.* 60 cent. Sud de l'Afrique, 1792. (A. B. R. 119; L. B. C. 141.)

S. striata, Lamk. *Fl.* jaunes, poilues-canescentes, à peine plus longues que les feuilles et à lobes oblongs, aigus. Juillet. *Flles* ovales ou oblongues, sub-aiguës, planes ou les supérieures un peu embrassantes, aiguës, striées-veinées, ciliées et glabres. Ramilles pubescentes. *Haut.* 60 cent. Sud de l'Afrique, 1820. (A. B. R. 113, sous le nom de *S. imbricata*, Andr.)

S. **tomentosa**, Andr. *Fl.* jaunes, tomenteuses-incanes, de 12 mm. de long, à lobes oblongs et obtus. Août. *Flles* imbriquées, ovales-oblongues, un peu obtuses, de 8 à 12 mm. de long, avec trois à cinq nervures sur le dos et légèrement poilues; les supérieures plus larges, à demi embrassantes; les inférieures planes, linéaires-lancéolées; les juvéniles et les ramilles fortement velues-incanes. *Haut.* 60 cent. Sud de l'Afrique, 1799. (A. B. R. 334.)

S. virgata, Linn. *Fl.* rouges, à tube couvert de poils apprimés et à lobes ovales et un peu obtus. Juin. *Flles* opposées, de 8 à 15 mm. de long, fasciculées, à demi étalées, linéaires ou lancéolées-linéaires, obtuses, ciliées ou pubescentes ainsi que les rameaux. *Haut.* 60 cent. Sud de l'Afrique, 1799. (B. R. 139, sous le nom de *S. ciliata*, Andr.)

S. v. incana, Hort. *Fl.* blanches, à tube fortement pubescent et à limbe glabrescent. *Flles* ciliées et pénicillées. Ramilles fortement canescentes ou velues-soyeuses au sommet. (L. B. C. 11, sous le nom de *S. incana*, Lodd.)

STRUTHIOPTERIS, Willd. — V. **Onoclea**, Linn.

STRUTHIOPTERIS germanica, Will. — V. **Onoclea germanica**.

STRUTHIOPTERIS pensylvanica. — V. **Onoclea germanica**.

STRUTHIUM, Ser. — V. **Gypsophila**, Linn.

STRYCHNOS, Linn. (ancien nom grec appliqué par Théophraste à quelques plantes de la famille des Solanacées. Syns. *Brehmia*, Harv.; *Ignatia*, Linn. f.; *Lasiostoma*, Schreb.; *Narda*, Vell.; *Rouhamon*, Aubl.; *Unguacha*, Hochst. Fam. *Loganiacées*. — Genre comprenant environ soixante-cinq espèces d'arbres et d'arbustes souvent grimpants et très élevés, toujours verts et de serre chaude, très largement dispersés dans les tropiques. Fleurs petites ou assez allongées, ordinairement blanches, en cymes et à quatre ou cinq divisions; corolle à lobes valvaires. Fruit bacciforme, le plus souvent globuleux et indéhiscent. Feuilles opposées, à trois-cinq nervures à ou au-dessus de la base, membraneuses ou coriaces.

« Les espèces de *Strychnos* contiennent dans l'écorce de leur racine et dans leurs graines deux alcaloïdes (strychnine et brucine) combinés à un acide particulier (acide igasurique) dont les propriétés sont excessivement énergiques; leur action sur le système nerveux est très puissante, soit comme excellent remède, soit comme poison mortel. »

« Les graines du *S. Nux vomica* constituent la Noix vomique du commerce, qui agit comme un puissant excitant sur la moelle épinière et stimule les fonctions de la marche, dans les cas de paralysie qui ne proviennent pas du cerveau, cas dans lesquels on emploie la graine elle-même ou son extrait, soit son alcaloïde, la strychnine..... « Ces graines sont en outre employées en horticulture comme poison, pour détruire divers animaux nuisibles. »

Le *S. Ignatia*, Berg. produit la *Fève de Saint-Ignace* (Angl. Ignatius Bean of India), qu'on emploie comme remède contre le choléra.

Le *S. potatorum*, Linn. f., fournit des graines nommées en anglais « Clearing Nut of India », qui ont la propriété de clarifier les eaux impures lorsqu'on les met dans un récipient dont les parois en ont été frottées au préalable (Le Maoût et Decaisne). Le bois, très amer, possède, paraît-il, la même propriété.

Le *S. colubrina*, Linn., qui habite le Malabar, fournit une sorte de *Lignum colubrinum*, Bois ou racine de couleuvre, qui est vermifuge et émétique.

Bien que la plupart des graines de ces arbres soient vénéneuses, la pulpe des fruits de plusieurs espèces n'en est pas moins comestible. Une demi-douzaine d'espèces environ ont été introduites dans les cultures, mais comme elles sont dépourvues de qualités horticoles et ne présentent qu'un intérêt scientifique, on ne les rencontre guère que dans les serres des jardins botaniques.

STUARTIA, Linn. (dédié à John Stuart, Lord Bute, zélé protecteur de la botanique; 1713-1792). Quelques auteurs écrivent ce nom *Stewartia*. Comprend les *Malachodendron*, Cav. Fam. *Ternstrœmiacées*. — Genre renfermant aujourd'hui environ six espèces de beaux arbustes rustiques, habitant l'Amérique du Nord et le Japon. Fleurs grandes ou moyennes, solitaires à l'aisselle des feuilles et courtement pédonculées ; sépales et pétales cinq ou rarement six, ces derniers imbriqués et cohérents vers la base; étamines nombreuses. Feuilles membraneuses et caduques.

Les espèces décrites ci-après méritent une place dans les collections d'arbustes d'ornement. Bien que suffisamment rustiques pour supporter nos hivers en plein air, leurs jeunes pousses souffrent souvent pendant les hivers exceptionnels, nos étés n'étant pas assez longs pour leur permettre de s'aoûter parfaitement et en outre la floraison en souffre. En conséquence, il est préférable, sous notre climat, de les hiverner en serre froide ou en orangerie, sauf dans le centre et le midi de la France. La terre de bruyère additionnée d'un peu de terre franche constitue le meilleur compost pour leur culture. Leur multiplication s'effectue facilement par marcottes ou par bouturage des pousses, aoûtées, que l'on fait dans du sable et sous cloches.

S. grandiflora, Carr. Syn. de *S. pseudo-camellia*, Maxim.

S. pentagyna, L'Hérit. * *Fl.* blanc crème, plus grandes que celles du *S. virginica*, à cinq ou six sépales et pétales; ces derniers obovales et à bords laciniés ; étamines plus longues que dans le *S. virginica*. Mai-juillet. *Flles* ovales-aiguës, également plus grandes que dans cette dernière espèce. *Haut.* 3 m. Amérique du Nord, 1785. (B. M. 3918.) Syn. *Malachodendron ovatum*, Cav. (B. R. 1104.)

S. pseudo-camellia, Maxim. *Fl.* blanc crème, à sépales brun rougeâtre terne en dessus et finement serrulés. Été. *Flles* ovales-elliptiques, courtement dentés, acuminés, rétrécies à la base en pétioles rougeâtres. Rameaux dressés et flexueux. *Haut.* 4 m. Japon. Syn. *S. grandiflora*, Carr. (R. H. 1879, 430 ; G. C. 1888, part. II, f. 28 ; Gn. part. I, 899; B. M. 7045.)

S. virginica, Cav. *Fl.* blanches, à sépales ovales; pétales cinq, arrondis-ovales, de 2 cent. 1/2 de long. Avril-mai. *Flles* oblongues-ovales, serrulées, mollement duveteuses en dessous. *Haut.* 2 m. 50. Amérique du Nord, 1743. (Gn. 1888, part. II, p. 280; G. C. ser. II, VIII, 433; A. B. R. 73, sous le nom de *S. marylandica*, Andr.)

STURMIA, Rchb. — V. **Liparis**, L. C. Rich.

STYLAGO, Salisb. — V. **Strumaria**, Jacq.

STYLANDRA, Nuss. — V. **Podostigma**, Ell.

STYLANDRA pumila, Nutt. — V. **Podostigma pubescens**.

STYLE. (de *stylos*, colonne; allusion à la forme la plus fréquente de cet organe). — Dans une fleur, on désigne ainsi la partie qui surmonte généralement l'ovaire et porte le stigmate à son sommet. Son rôle est

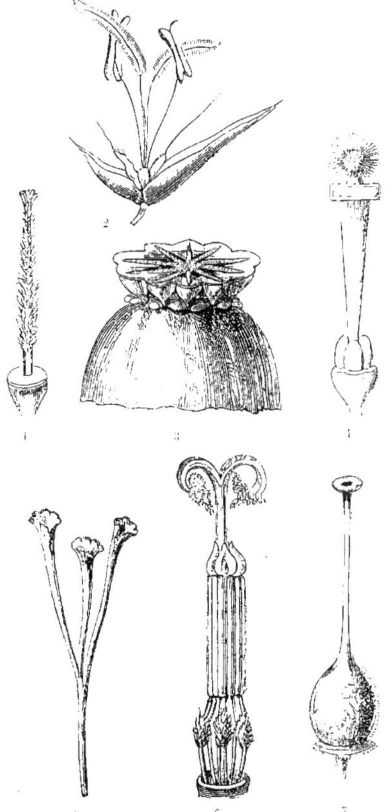

Fig. 154. — Styles divers.
1, *Campanula* ; 2, *Anthoxanthum* ; 3, *Papaver* ; 4, *Vinca* ; 5, *Crocus* 6, *Composée* ; 7, *Primula*.

de tenir le stigmate à la hauteur la plus favorable à la fécondation de la fleur. Les cellules intérieures sont très lâchement réunies, laissant entre elles des méats ou cavités intercellulaires formant un tissu conducteur, à travers lequel passent les boyaux polliniques qu'émettent les grains de pollen reposant sur le stigmate, et qui descendent ensuite jusqu'aux ovaires pour les féconder.

Cet organe, comme du reste la plupart des autres, est excessivement variable; tantôt il est très court et parfois même nul, tantôt il est allongé et parfois excessivement long. La même fleur peut renfermer un ou plusieurs styles et, dans ce dernier cas encore, ils peuvent être soudés en un seul qui se ramifie parfois au sommet et dont le nombre de branches indique ordinairement le nombre de styles réels. La longueur des

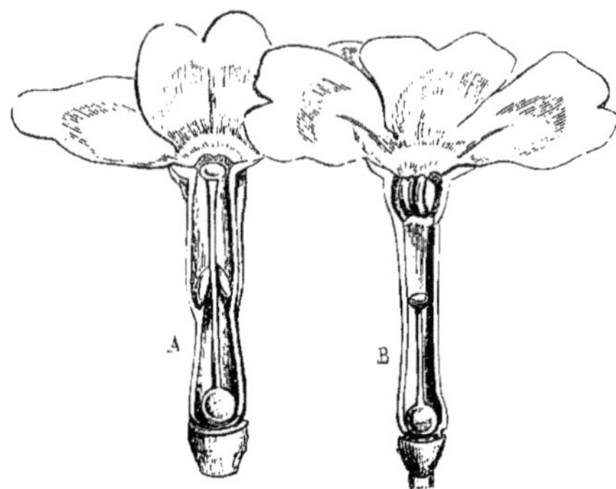

Fig. 155. — PRIMULA. — Corolles coupées longitudinalement pour montrer la longueur variable du style et la position des étamines, relativement à ce dernier.

styles est variable non seulement chez les espèces d'un même genre ou les individus d'une même espèce, mais aussi dans les fleurs des mêmes plantes. La plupart des Primevères en fournissent un exemple classique et facile à observer. Chose digne de remarque, lorsque le style affleure le sommet du tube, les étamines sont insérées très bas dans celui-ci, donc invisibles et la fleur est dite *stylée*. Lorsque au contraire ce sont les étamines qui affleurent le sommet du tube, le style est très court et à son tour inclus et caché dans celui-ci ; la fleur est dans ce cas dite *non stylée*.

Cette disposition et bien d'autres encore non moins curieuses et remarquables, dans lesquelles le style joue toujours son rôle, ont pour but de prévenir la fécondation directe ou auto-fécondation et de faciliter au contraire la fécondation croisée, de favoriser la pénétration dans la fleur de certains insectes et d'en empêcher certains autres, etc. Nous n'avons pas à envisager ici les organes placés au-dessus et au-dessous du style et qui sont le **Stigmate** et l'**Ovaire** ; l'étude de ces organes ayant fait l'objet d'articles spéciaux nous prions le lecteur de bien vouloir s'y reporter.

(S. M.)

STYLIDIÉES. — Petite famille naturelle de végétaux Dicotylédones, à laquelle certains auteurs ont donné le nom de *Candolléacées* et renfermant environ cent cinq espèces réparties dans cinq genres, dont les *Stylidium* comptent pour environ quatre-vingt-sept. Ce sont des plantes herbacées ou rarement suffrutescentes, habitant principalement l'Australie. Quelques-unes se rencontrent dans l'Asie tropicale, dans la Nouvelle Zélande et dans l'Amérique antarctique. Fleurs hermaphrodites ou très rarement unisexuées, réunies en grappes ou en panicules thyrsoïdes ou corymbiformes, rarement réduites à l'état d'épi ou à des fleurs solitaires, l'inflorescence primaire est ordinairement centripète et la secondaire souvent et parfois toutes deux centrifuges ; calice à tube soudé à l'ovaire et à limbe à cinq divisions toutes libres ou plus ou moins soudées en deux lèvres, la supérieure en comprenant trois ; corolle ordinairement irrégulière, profondément divisée en cinq lobes dont un, l'inférieur, parfois nommé labelle est beaucoup plus petit ou différent des autres ; rarement la corolle et le calice sont à cinq-six lobes réguliers ; étamines deux, à filets soudés avec le style en une colonne non adhérente à la corolle. Capsule à deux valves. Feuilles radicales ou éparses, parfois réunies en touffes verticillées, entières, souvent étroites ou petites. Après le genre *Stylidium*, viennent les *Forstera*, *Levenkookia*, *Oreostylidium* et *Phyllachne*, qui composent la totalité de la famille.

STYLIDIUM, Swartz. (de *stylos*, colonne; les étamines et styles forment une colonne au centre de la fleur). SYNS. *Candollea*, Labill. pr. parte et *Ventenatia*, Smith. (indiqués à tort au genre *Candollea*, Labill. pr. parte, dans le vol. I, p. 490.) FAM. *Stylidiées*. — Genre comprenant quatre-vingt-sept espèces de belles mais rares plantes herbacées, vivaces et de serre froide, dont une habite les Indes orientales et toutes les autres l'Australie (une est en outre très largement dispersée dans l'Asie tropicale). Fleurs réunies en grappes, en panicules ou en cymes corymbiformes, sur des pédoncules terminaux ou sur des hampes radicales ; calice à cinq lobes plus ou moins soudés en deux lèvres ; corolle irrégulière, dont un des lobes (le labelle) est beaucoup plus petit et recourbé ou rarement aussi long et redressé ; les quatre autres sont ascendants par paires ; colonne allongée, recourbée ou pliée et élastique. Fruit capsulaire, à deux loges, globuleux, linéaire ou lancéolé.

Les espèces suivantes sont les plus répandues dans les cultures. Elles prospèrent dans compost de terre de bruyère et de terre franche siliceuse. Leur multiplication s'effectue par semis ou, dans quelques cas, par division des racines et quelques espèces frutescentes peuvent aussi se propager par boutures :

S. **adnatum**, R. Br. *Fl.* roses, réunies en bouquets presque sessiles le long du rachis; panicule spiciforme ou formée de grappes denses, ordinairement courtes et presque sessiles, mais atteignant parfois 15 à 25 cent. de long. Juillet. *Flles* éparses le long de la tige ; les supérieures rapprochées en touffe terminale, simulant un faux verticille, parfois toutes très étroites ou, chez d'autres individus, assez larges et mesurant de 1 1/2 à 4 cent. de long. Tige ayant de 5 à presque 25 cent. de long. Australie, 1824. (B. M. 3816 et B. R. 1459, sous le nom de *S. fasciculatum*, Lindl.)

S. a. **abbreviatum**, Hort. Inflorescence ayant rarement plus de 5 cent. de long et très dense. *Flles* larges ou étroites. (B. M. 2598 et B. R. 941, sous le nom de *S. adnatum*.)

S. **Armeria**, Labill. Syn. de *S. graminifolium*, Swartz.

S. **Brunonianum**, Benth. *Fl.* rose vif, calice à lobes libres, corolle pourvue d'appendices à la gorge ; grappe lâche, de 5 à 10 cent. de long et multiflore ; hampes de 30 à 50 cent. de haut, portant deux à cinq verticilles de feuilles étroites. Juin. *Flles* radicales variant depuis la forme linéaire jusqu'à celle oblancéolée, aiguës ou rarement presque obtuses, de 2 1/2 à 5 cent. ou plus de long et un peu flasques. Australie, 1841. (B. R. 1841, 15.)

S. **bulbiferum**, ; Benth.; **macrocarpum**, Hort.* *Fl.* pourpre verdâtre, à lobes du calice libres et très obtus ; corolle dépourvue d'appendices ; hampes de 1 1/2 à 4 cent. de long et portant une grappe lâche, presque corymbiforme et composée de trois à sept fleurs. Mai. *Fr.* presque sessile, de 20 à 22 mm. de long. *Flles* très étroites, linéaires, à peine aiguës, de 6 à plus de 12 mm. de long, réunies en touffe dense au sommet de la base des rameaux. *Haut.* 15 cent. Australie, 1840. (B. M. 3913, sous le nom de *S. recurvum*, R. Grah.)

S. **ciliatum**, Lindl. *Fl.* jaunes, parfois blanches ou roses, à corolle de dimension variable, avec des appendices petits ou nuls ; panicule ou grappe courte et pyramidale ou étroite et de 8 à 10 cent. de long ; hampe de 15 à 30 cent. de haut. Juin. *Flles* linéaires, de 2 1/2 à 4 cent. de long, se terminant en pointe sétacée. Australie, 1842. (B. M. 3883 ; B. M. 4529 et L. J. F. 34, sous le nom de *S. saxifragoides*, Lindl.)

S. **dichotomum**, DC. *Fl.* jaunes, réunies en panicule ou en grappe plus ou moins thyrsoïde ; hampe de 5 à 10 cent. de haut, pubescente-glanduleuse. Avril. *Flles* rapprochées à la base ou au sommet des rameaux et éparses entre les faisceaux, ayant parfois 2 cent. 1/2 ou plus de long, étroites-linéaires et aiguës. Australie, 1850. (B. M. 4538 ; F. d. S. 606 et L. J. F. 59, sous le nom de *S. mucronifolium*, Hook. ; F. d. S. 229, sous le nom de *S. Hookeri*, Planch.)

S. **graminifolium**, Swartz. * Angl. Grass-leaved Trigger Plant. — *Fl.* rose vif, presque sessiles ou courtement pédicellées ; lobes de la corolle presque égaux ; labelle assez long ; hampe de 15 à 50 cent. de haut, portant une grappe simple, étroite ou un épi interrompu. Juillet. *Flles* linéaires, un peu rigides, aiguës ou obtuses, presque plates, de largeur variable, ayant 5 à 15 ou même 20 cent. de long et parfois cartilagineuses et denticulées sur les bords. Australie, 1803. (B. M. 1918 ; B. R. 90) Le *S. armeria*, Labill. (L. J. F. 286), est une forme à large feuille.

S. **hirsutum**, R. Br. *Fl.* rose vif ou rouges, presque sessiles, formant par leur réunion une grappe dense, oblongue et spiciforme, ayant rarement plus de 2 cent. 1/2 de long et très poilue ; corolle dont les grands lobes sont presque égaux ; labelle à bords crispés et ordinairement pourvu de courts appendices; hampe ayant de 15 à plus de 30 cent. de haut et garnie de poils étalés. Juin. *Flles* étroitement linéaires-acuminées et aiguës, de 5 à 15 ou même 20 cent. de long, glabres ou pubescentes-glanduleuses. Australie, 1830. (B. M. 3914.)

S. **Hookeri**, Planch. Syn. de *S. dichotomum*, DC.

S. **laricifolium**, Rich. *Fl.* rose vif, à lèvre de la corolle pourvue d'appendices, tandis que la gorge en est ordinairement dépourvue ; panicule ou grappe lâche, pédonculée et ayant souvent plus de 15 cent. de long. Juillet. *Flles* éparses, un peu rapprochées le long des rameaux, mais non réunies en touffes terminales, étroites-linéaires, mucronées, de 1 1/2 à 2 cent. 1/2 de long. *Haut.* 30 cent. Australie, 1818. Sous-arbrisseau. (B. R. 550 ; H. E. F. 32 ; B. M. 2249, sous le nom de *S. tenuifolium*, R. Br.)

S. **mucronifolium**, Hook. Syn. de *S. dichotomum*, DC.

S. **reduplicatum**, R. Br. *Fl.* blanc jaunâtre ou rose pâle, les inférieures longuement pédicellées; corolle dont les deux plus grands lobes mesurent 12 à 18 mm. de long et sont soudés jusqu'au milieu ; grappe courte et lâche ; hampe aphylle, de 15 à 45 cent. de long, garnie de poils étalés. Novembre. *Flles* toutes radicales, linéaires, acuminées, rétrécies en longs pétioles, tantôt larges et planes, tantôt étroites et à bords révolutés, de 8 à 10 et parfois presque 30 cent. de long, glabres ou finement pubescentes glanduleuses. Australie, 1841. (B. 213, sous le nom de *S. Drummondii*, R. Grah. ; B. R. 1842, 41, sous le nom de *S. pilosum*, Sond.)

S. **saxifragoïdes**, Lindl. Syn. de *S. ciliatum*, Lindl.

S. **scandens**, R. Br. *Fl.* rose vif, à corolle munie sur le labelle et à la gorge d'appendices plus ou moins proéminents ; grappes terminales, solitaires ou réunies par deux trois et courtement pédonculées. Juin. *Flles* toutes réunies en faux verticilles denses, linéaires, de 2 1/2 à 5 cent. ou plus de long. *Haut.* 60 cent. Australie, 1803. Plante grimpante. (B. M. 3136 ; P. M. B. XV, p. 149.)

S. **spathulatum**, R. Br.* *Fl.* jaune pâle, petites, à corolle munie d'appendices à la gorge et sur le labelle ; grappe simple, lâche et allongée ; hampes glabres ou pubescentes, ayant parfois 50 cent. de haut. Été. *Flles* radicales, en rosette, obovales ou oblongues-spatulées, obtuses ou aiguës, plus ou moins pubescentes ou parsemées de poils glanduleux sur les deux faces, de 1 1/2 à 2 cent. 1/2 de long, y compris le pétiole. *Haut.* 15 cent. Australie, 1872. (B. M. 5953.)

STYLIDIUM, Lour. — V. **Marlea**, Roxb.

STYLIFÈRE ; Angl. Styliferous. — Qui porte le ou les styles.

STYLIFORME. — Qui a la forme d'un style.

STYLIMNUS, Raf. — V. **Pluchea**, Cass.

STYLIS, Lamk. — V. **Marlea**, Roxb.

STYLOCORYNE, Cavan. — V. **Randia**, Linn.

STYLOCORYNE, Wight et Arnott. — V. **Webera**, Schreb.

STYLOGLOSSUM, Breda. — V. **Calanthe**, R. Br.

STYLOLEPIS, Lehm. — Réunis aux **Podolepis**, Labill.

STYLOPHORUM, Nutt. (de *stylos*, style, et *phero*, je porte ; allusion à un des caractères distinctifs du genre). Fam. *Papavéracées.* — Genre comprenant aujourd'hui quatre à cinq espèces de plantes herbacées, voisines des *Chelidonium*, dont elles diffèrent principalement par leur port, à rhizome persistant et à suc jaune, habitant l'Amérique septentrionale, l'Himalaya, la Mandschourie et le Japon. Fleurs jaunes ou rouges, à deux sépales ; pétales quatre ; étamines nombreuses ; pédoncules allongés, solitaires ou sub-fasciculées et à la fin pendants. Feuilles radicales pinnatifides ou nulles ; les caulinaires peu nombreuses, alternes ou les florales presque opposées, lobées ou disséquées.

Les deux espèces suivantes ont été introduites ; elles prospèrent en toute terre légère de jardin. Leur multiplication s'effectue par semis, que l'on fait en plein air, en avril ou par division des souches.

S. **diphyllum**, Nutt. * Angl. Celandine Poppy. — *Fl.* jaune foncé, de 5 cent. de large, à pédoncules égalant les pétioles. Mai. *Flles* pâles ou glauques en dessous, presque glabres, profondément pinnatifides et à cinq-sept divisions oblongues et sinuées-lobées ; feuilles radicales souvent pourvues d'une paire de petites folioles distinctes. *Haut.* 30 cent. Amérique du nord-ouest, 1874.— Le feuillage et les fleurs de cette plante ressemblent à ceux de la Chélidoine commune. (B. M. 4867.) Syn. *S. ohioense*, Spreng.

S. **japonicum**, Miq. *Fl.* jaunes, axillaires, ressemblant à celles d'un Pavot. Mai. *Flles* radicales longuement pétiolées et pinnatiséquées. Tige grêle, de 30 à 50 cent. de haut et portant deux à trois feuilles. Japon et nord-ouest de l'Asie, 1870. Plante élégante. (B. M. 5830.) Syn. *Chelidonium japonicum*, Thumb.

S. ohioense, Spreng. Syn. de *S. diphyllum*, Nutt.

STYLOPODE. — Nom donné à un élargissement en forme de disque de la base du style de certaines fleurs et en particulier des Ombellifères.

STYLOSANTHES, Swartz. (de *stylos*, style, et *anthos*, fleur ; allusion au style qui est très long). Angl. Pencil Flower. Fam. *Légumineuses*. — Genre comprenant environ vingt et une espèces de plantes herbacées, vivaces et de serre chaude ou tempérée, habitant l'Asie, l'Afrique, l'Amérique du Nord et le Brésil. Fleurs jaunes ou blanches, réunies en épis denses et terminaux ou diversement disposées, à tube du calice filiforme et lobes du limbe membraneux ; pétales et étamines insérés au sommet du tube du calice ; étendard orbiculaire. Feuilles pinnées, trifoliolées, dépourvues de stipelles et à stipules soudées à la base des pétioles.

Plusieurs espèces de ce genre ont été introduites, notamment les *S. guyanensis*, Swartz ; *S. procumbens*, Swartz et *S. viscosa*, Swartz ; mais, comme elles sont peu décoratives, elles sont sans doute disparues des jardins ou n'existent plus du moins que dans les collections botaniques.

STYLURUS, Salisb. — Réunis aux Grevillea, Linn.

STYPANDRA, R. Br. (de *types*, étoupe, et *aner*, *andros*, mâle, anthère ; allusion à l'aspect duveteux des étamines). Fam. *Liliacées*. — Petit genre ne comprenant que trois espèces de plantes herbacées, vivaces et à racines fibreuses, demi-rustiques ou de serre froide, habitant l'Australie. Fleurs bleues, réunies en cymes très lâches, terminales et dichotomes ; périanthe à la fin caduc, à six segments étalés, tous égaux ou les internes plus larges ; étamines six, à pédicelles filiformes, bractées petites ou nulles ; les inférieures foliacées chez les espèces feuillues. Feuilles toutes radicales ou caulinaires, distiques et étalés. Tige dressée ou ascendante et parfois ligneuse à la base.

Ces plantes, toutes décrites ci-après, prospèrent en serre ou sous châssis froid et même dans une platebande abritée, si on a soin de les protéger pendant l'hiver. Un compost de terre franche siliceuse et de terre de bruyère leur convient parfaitement. Leur multiplication s'effectue par divisions.

S. cæspitosa, R. Br. *Fl.* à pédicelles dressés, de 2 1/2 à 5 cent. de long, ordinairement au nombre de trois à quatre par ombelle ; périanthe bleu ou jaunâtre à l'intérieur, rarement blanc, dressé, à segments ayant près de 12 mm. de long. Juin. *Flles* presque toutes radicales, avec des gaines très courtes et distiques, dressées, rigides, de 15 à 30 cent. de long et 3 à 6 mm. de large. Tiges dressées, de 30 à 60 cent. de haut. Australie, 1824.

S. glauca, R. Br. *Fl.* ordinairement réunies en cyme lâche et feuillue à la base ; périanthe bleu, à segments très aigus, d'environ 12 mm. de long ; pédicelles récurvés, de 1 1/2 à 2 cent. 1/2 de long et presque tous solitaires. Juin. *Flles* distiques, à gaines cachant ordinairement la tige, dressées ou étalées, linéaires ou lancéolées, ayant ordinairement 8 à 10 et parfois 15 ou même 20 cent. de long et 5 à 10 mm. de large. Tige basse ou ascendante, de 30 cent. à 1 m. de haut. Australie, 1823. (B. M. 3147 sous le nom de *S. propinqua*, A. Cunn.)

S. umbellata, R. Br. *Fl.* à segments du périanthe blancs ou jaunâtres, ayant environ 12 mm. de long. Juin. *Flles* radicales, nombreuses, de 12 à 20 cent. de long et 2 1/2 à 5 mm. de large. Tiges de 20 à 30 cent. de haut, y compris l'inflorescence, qui est souvent réduite à une simple ombelle composée de deux à quatre fleurs ; hampe simple. Australie, 1826. Espèce très voisine du *S. cæspitosa*.

STYPHELIA, R. Br. (de *styphelos*, dur ; allusion au port de la plante). Fam. *Epacridées*. — Genre comprenant onze espèces de magnifiques arbustes toujours verts, dressés ou retombants et de serre froide, confinés dans l'Australie. Fleurs axillaires, solitaires, avec le rudiment d'une seconde fleur ou très rarement réunies par deux-trois sur des pédoncules très courts ; calice ordinairement coloré, à cinq divisions, accompagné de nombreuses bractées et de deux bractéoles ; corolle à tube allongé, cylindrique ou légèrement ventru, poilu à l'intérieur de la gorge ; limbe à cinq lobes linéaires et fortement révolutés ; étamines cinq, libres. Feuilles sessiles ou à peine pétiolées, petites ou allongées, acuminées, striées-veinées.

Les quatre espèces décrites ci-après sont les plus répandues dans les collections. Elles prospèrent dans la terre de bruyère fibreuse additionnée d'environ un sixième de sable blanc. Il faut placer un bon drainage dans le fond des pots et, lors des rempotages, fouler la terre assez fortement autour de la motte ; on doit éviter de la briser et de déranger les racines pendant l'opération. Les arrosements doivent être suspendus pendant quelques jours, de légers seringages sont suffisants. Lorsque les plantes sont en voie de développement, on peut leur donner davantage d'air et de lumière et, vers la fin de juin, on les met en plein air, en enterrant les pots dans des scories. Les arrosements doivent toujours être administrés avec beaucoup de modération. Pendant l'hiver, une serre froide ou tout autre local dans lequel la gelée ne pénètre pas suffit pour leur conservation. La multiplication de ces plantes s'effectue par boutures, comme pour les Bruyères ; mais, comme cette opération est assez longue, il est plus simple d'acheter des jeunes plantes chez les horticulteurs spécialistes.

S. amplexicaulis, Rudge. — V. **Leucopogon amplexicaulis**.

S. longifolia. R. Br. *Fl.* vertes, solitaires, axillaires, presque sessiles, à tube de la corolle ayant près de 2 cent. 1/2 de long et pourvu au-dessus de la base de cinq touffes de poils denses. Juin. *Flles* longuement lancéolées, graduellement rétrécies en pointe fine et rigide, concaves, de 2 1/2 à 5 cent. de long ou les inférieures un peu plus longues. Rameaux effilés et mollement pubescents. *Haut.* 1 m.

S. triflora, Andr. *Fl.* rose pâle et jaune, très courtement pédicellées, solitaires ou très rarement deux (ou trois ?) à l'aisselle des feuilles inférieures ; tube de la corolle ayant ordinairement 2 cent. de long. Juillet. *Flles* variant depuis la forme obovale-oblongue jusqu'à celle oblongue-lancéolée, très courtement rétrécies en pointe rigide, planes ou plus ou moins concaves et ayant rarement plus de 2 cent. 1/2 de long. *Haut.* 1 m. 50. Australie, 1796. (A. B. R. 72 ; B. M. 1297 ; L. B. C. 426.)

S. tubiflora, Smith. * *Fl.* rouges, solitaires à l'aisselle des feuilles, presque sessiles ou courtement pédonculées ; corolle à tube de 2 cent. 1/2 de long, à lobes étroits, très longs et révolutés. Juillet. *Flles* oblongues-linéaires, parfois légèrement cunéiformes, brusquement mucronées, à bords révolutés et d'environ 12 mm. de long. *Haut.* 1 m. 50. Australie, 1802. (B. 142 ; L. B. C. 1938 ; P. M. B. XII. 29.)

S. viridis, Andr. *Fl.* vertes, solitaires à l'aisselle des feuilles et presque sessiles ; corolle à tube ayant près de 2 cent. de long, pourvu intérieurement de touffes de poils au-dessus de la base. Mai. *Flles* oblongues-lancéolées ou obovales-oblongues, brusquement rétrécies en pointe courte et rigide, planes ou légèrement convexes et ayant moins de 2 cent. 1/2 de long. *Haut.* 1 m. 20. Australie, 1791. (A. B. R. 312 ; S. F. A. 50, sous le nom de *S. viridiflora.*)

STYPHNOLOBIUM, Schott. — Réunis aux Sophora, Linn.

STYPHNOLOBIUM japonicum, Schott. — V. Sophora japonica.

STYRACÉES. — Famille naturelle de végétaux Dicotylédones, renfermant environ deux cent trente-cinq espèces réparties dans sept genres et habitant principalement les parties chaudes de l'Asie, de l'Australie et de l'Amérique; quelques-unes se rencontrent aussi dans les régions tempérées septentrionales. Ce sont des arbres ou des arbustes à fleurs ordinairement blanches, rarement rougeâtres, régulières, hermaphrodites ou rarement polygames-dioïques et généralement réunies en grappes ou parfois solitaires et axillaires. Calice gamosépale, à cinq ou rarement quatre dents ou lobes, corolle à cinq ou rarement quatre pétales libres ou soudés vers la base ; étamines en nombre égal ou double de celui des lobes de la corolle et parfois en nombre indéfini, libres, soudées ou réunies en faisceaux ; disque nul ; ovaire infère ou partiellement soudé avec le calice, rarement libre, à deux-cinq loges multiovulées ; style simple, à stigmate capité ou lobé. Fruit souvent bacciforme ou drupacé, rarement nu, uniloculaire ou monosperme par avortement. Feuilles alternes, dépourvues de stipules ou celles-ci simplement rudimentaires, entières ou dentées en scie, membraneuses ou coriaces et penniveinées.

Plusieurs Styracées possèdent des propriétés économiques. Deux espèces de *Styrax* sont balsamiques : le *S. officinalis*, qui fournit la résine de Storax vrai et le *Benzoin*, qui fournit le Benjoin. Plusieurs espèces sont employées comme succédané du thé ou comme teinture dans l'Himalaya. Les *Halesia*, *Styrax* et *Symplocos* sont les genres les plus importants de la famille.

STYRANDRA, Reaf. — V. **Maianthemum**, Wigg.

STYRAX, Linn. (ancien nom grec appliqué par Théophraste à l'arbre qui produit la résine de ce nom ; pour certains auteurs, c'est une altération de l'arabe, *assthirak*). **Alibouflier** ; Angl. Storax. Syns. *Cyrta*, Lour. ; *Foveolaria*, Ruiz et Pav. ; *Strigilia*, Cav. et *Tremanthus*, Pers. Fam. *Styracées*. — Genre comprenant près de soixante espèces d'arbres ou d'arbustes presque tous lépidotes, de serre froide ou rustiques, habitant les parties chaudes de l'Asie et de l'Amérique et quelques-uns se rencontrant aussi dans l'Asie et dans l'Europe tempérée. Fleurs ordinairement blanches et réunies en grappes axillaires ou terminales, courtes, lâches, simples ou légèrement ramifiées, souvent pendantes ; calice campanulé, petit, à cinq dents ou presque entier ; corolle monopétale, à cinq segments deux ou trois fois plus longs que le calice, étalés-dressés, lancéolés ou oblongs ; étamines dix, rarement plus ou moins, à filets soudés à la base de la corolle, et poilus en dehors ; ovaire ovoïde, pubescent, soudé avec le calice. Fruit globuleux ou oblong, ne renfermant par avortement qu'une ou très rarement deux graines. Feuilles alternes, courtement pétiolées ou dentées.

Le *S. Benzoin* fournit un baume-résine odorant, connu sous le nom de Benjoin, employé à divers usages, notamment à la préparation du lait virginal et des pastilles du sérail, que l'on fait brûler pour masquer les mauvaises odeurs. Le *S. officinale* est la source du Storax des officines, qui sert de cordial, de détersif, etc.

Les *Styrax* sont peu répandus dans les jardins du Nord, parce qu'ils n'y sont guère rustiques et qu'il leur faut une exposition abritée et une protection pendant les hivers rigoureux. Quelques espèces seulement sont introduites dans les cultures et y constituent de charmants arbustes à fleurs blanches et à feuilles caduques, très décoratifs pendant la durée de leur floraison et très propres à la garniture des massifs d'arbustes. Ils aiment une terre légère et un endroit chaud. Leur multiplication s'effectue au printemps ou à l'automne, par marcottes assez difficiles cependant à faire enraciner. Les graines, qu'on ne peut récolter que dans leur pays natal, peuvent, lorsqu'on en possède, servir à les multiplier, mais elles mettent généralement deux ans à germer. Sauf indications contraires, les espèces suivantes sont à peu près rustiques :

S. americanum, Lamk. *Fl.* solitaires ou réunies en très petit nombre et formant des grappes penchées ; pétales lancéolés-oblongs, de 8 à presque 12 mm. de long. Été. *Flles* de 2 1/2 à 8 cent. de long, vert gai, ordinairement entières, oblongues ou ovales, presque toutes aiguës aux deux extrémités et souvent acuminées. *Haut.* 1 m. 20 à 2 m. 50. Amérique du Nord.

S. Benzoin, Bryand. Benjoin. — *Fl.* de 12 mm. de long, à pédicelles trois fois aussi longs qu'elles ; grappes composées, axillaires, un peu plus courtes que les feuilles et tomenteuses-canescentes. Été. *Fr.* globuleux, indéhiscent, de 18 mm. de large. *Flles* de 10 cent. de long, oblongues, acuminées, blanches-tomenteuses en dessous. Rameaux couverts d'un tomentum blanc-roussâtre. Sumatra. Serre chaude. (B. M. Pl. 169.)

S. californicum, Torr. *Fl.* blanches, à pédicelles finement canescents ainsi que le calice et la corolle ; style atteignant 2 cent. 1/2 de long. *Fr.* osseux, de la grosseur d'une petite cerise. *Flles* ovales, entières ou faiblement ondulées, de 2 1/2 à 5 cent. de long et courtement pétiolées. *Haut.* 1 m. 50 à 2 m. 50. Californie. — Arbuste couvert d'une pubescence écailleuse et étoilée, d'abord canescent, mais devenant bientôt vert et glabre sur les parties adultes.

S. grandifolium, Ait.* *Fl.* réunies en grappes allongées ; corolle de 8 mm. de long, imbriquée-involutée en bouton. Printemps. *Flles* obovales, aiguës, de 8 à 15 cent. de long et blanches-tomenteuses en dessous. *Haut.* 2 m. Amérique du Nord, 1765. (L. B. C. 1016.)

S. japonicum, Sieb. et Zucc. Variété du *S. serrulatum virgatum.*

S. officinalis, Linn. Alibouflier. — *Fl.* blanches, réunies par trois-cinq en grappes plus courtes que les feuilles, corolle souvent découpée en six-sept divisions. Juillet. *Flles* ovales ou obovales, de 4 à 5 cent. de long, souvent arrondies au sommet, sub-aiguës à la base et tomenteuses-canescentes en dessous. *Haut.* 3 m. Orient, 1597, naturalisé dans le sud-ouest de l'Europe, notamment dans le midi de la France. (A. B. R. 631 ; Fl. Ment. 60 ; L. B. C. 928.)

S. Obassia, Sieb et Zucc. *Fl.* blanches, odorantes, nombreuses, de 2 1/2 à 3 cent. de diamètre et réunies en grappes. *Flles* elliptiques ou arrondies, cuspidées, de 8 à 20 cent. de long et autant de large, pétiolées et denticulées. Japon, 1888. (G. C. 1888, part. II, f. 134 ; B. M. 7039.)

S. pulverulenta, Michx. *Fl.* blanches, de 12 mm. de long, solitaires ou réunies par deux-trois à l'aisselle des feuilles du sommet des rameaux et odorantes. Printemps. *Flles* ovales ou obovales, d'environ 2 cent. 1/2 de long, faiblement pubérulentes en dessus et tomenteuses-écailleuses en dessous. *Haut.* 1 m. à 1 m. 20. Sud des États-Unis, 1794.

S. serrulatum, Roxb. ' *Fl.* blanches, à corolle à cinq ou six lobes et pubescente ; grappe terminant les ramilles latérales et plus courtes que les feuilles. Printemps. *Flles* oblongues, acuminées, de 6 cent. de long, aiguës à la base, serrulées et glabrescentes. Rameaux, pétioles, grappes et calices tomenteux et fauves. Indes et jusqu'au Japon. Arbuste ou arbre atteignant parfois 12 m. de haut. (B. M. 5950.)

S. s. **virgatum**, Wall. *Flles* graduellement rétrécies, acuminées, ayant ordinairement leur plus grand diamètre

Fig. 156. — Styrax serrulatum virgatum. (*Rev. Hort.*)

au-dessous du milieu. — Le S. *japonica*, Sieb. et Zucc. (R. G. 583 ; S. Z. F. J. 23) ne diffère de cette variété que par ses bourgeons légèrement teintés de rose et par ses calices glabrescents.

SUŒDA, Forsk. (de *Suaed*, qui est, dit-on, le nom arabe d'une des espèces). Fam. *Chénopodiacées.* — Genre comprenant environ quarante-cinq espèces d'herbes ou d'arbustes maritimes, très largement dispersés le long des côtes. Fleurs très petites et sans effet. Feuilles alternes, entières et charnues. Quatre espèces croissent spontanément en France et deux d'entre elles en Angleterre. Le S. *fruticosa*, Forsk. et le S. *maritima*, Dumort. (Angl. Sea Blite, Seaside Goosefoot, etc.) sont communs, le dernier surtout, s'employait autrefois dans l'Europe australe pour fabriquer le Barille. (V. les indications à l'article **Salicornia.**) Ces plantes ne présentent aucun intérêt horticole.

SUB. — Préfixe qui, dans les termes botaniques, composés de latin, signifie : *presque, un peu, légèrement.* Ex. *Sub-arrondi*, presque rond ; *Sub-cordiforme*, presque ou légèrement cordiforme ; *Sub-divisé*, presque divisé ; *Sub-sessile*, presque sessile, etc.

SUBÉREUX ; Angl. *Suberose.* — Qui a l'aspect du liège ou dont la nature s'en rapproche.

SUBLIMIA, Commers. — V. **Hyophorbe**, Gærtn.

SUBMERGÉ ; Angl. Submerged et Submersed. — S'emploie par opposition à *émergé* et *flottant*, pour désigner les végétaux aquatiques qui vivent entièrement plongés dans l'eau.

SUB-PÉTIOLAIRE ; Angl. Sub-petiolar. — Se dit des organes tels que les stipules ou les épines placées au-dessous des pétioles.

SUB-SPECIES. — Terme latin qui signifie *sous-espèce* et s'applique aux plantes dont l'importance taxonomique est intermédiaire entre une espèce véritable et sa ou ses variétés, et par conséquent de valeur botanique moindre que celle d'une espèce.

SUBULARIA, Linn. (de *subula*, alène ; allusion à la forme des feuilles). Angl. Awlwort. Fam. *Crucifères.* — Le S. *aquatica*, Linn., est la seule espèce de ce genre. C'est une herbe aquatique et annuelle, indigène en Europe (France, Angleterre, etc.), en Sibérie et dans l'Amérique du Nord, mais ne présentant aucun intérêt horticole.

SUBULÉ ; Angl. Subulate, Subuliform. — En forme d'alène.

SUCCI ; Angl. Succise. — Terme qu'on applique très rarement aux organes brusquement terminés à leur extrémité inférieure.

SUCCOVIA, Médik. dédié au professeur Suckow, botaniste de Heidelberg ; 1751-1813). Fam. *Crucifères.* — Le S. *balearica*, Medik., est la seule espèce de ce genre. C'est une plante annuelle, à fleurs jaunes et à feuilles pinnatiséquées, habitant les îles Canaries et la région méditerranéenne, mais qui n'existe probablement pas dans les cultures.

SUCCULENT. — Se dit des parties des végétaux qui renferment beaucoup de suc et aussi des aliments de qualité supérieure.

SUCCUTA, Desmoul. — V. **Cuscuta**, Linn.

SUFFRUTESCENT ; Angl. Suffruticose. — Se dit des végétaux herbacés et vivaces dont la partie inférieure de la tige et des rameaux peut persister pendant plusieurs années et acquérir alors presque la consistance du bois. Toutefois, la rigueur de nos hivers empêche beaucoup de plantes de se comporter ainsi, et c'est pourquoi les plantes suffrutescentes sont surtout abondantes dans les pays où il ne gèle que très légèrement.

(S. M.)

SUJET; Angl. Stock. — Dans la greffe des végétaux, on nomme ainsi la plante qui reçoit le greffon et doit lui fournir par la suite la sève nécessaire à son développement. V. aussi **Greffe**. (S. M.)

SUGEROKIA, Mik. — V. **Heloniopsis**, A. Gray.

SUIE; Angl. Soot. — Cette substance, trop connue pour qu'il soit nécessaire de parler ici de son origine, est utilisable en horticulture comme engrais ou comme insecticide et parfois simultanément pour ces deux usages. Dans la plupart des cas, on l'obtient des cheminées où l'on brûle du charbon de terre. Celle provenant de cette source contient ordinairement 12 p. 100 d'eau, 35 à 50 p. 100 de cendres et le reste est un composé de substances volatiles, qui se brûlent pendant la combustion.

Ces dernières substances sont principalement composées d'ammoniaque, qui leur donne une odeur forte, laquelle acquiert encore une bien plus grande intensité lorsqu'on ajoute de la chaux vive et de l'eau à la suie. Cette substance contient aussi diverses substances hùileuses, à odeur particulière, ainsi que certains acides qui se forment pendant la combustion du charbon et que la chaleur enlève et mêle à la suie.

Les cendres de la suie renferment de la chaux, du fer, de la magnésie, de la potasse et de la soude, diversement combinés avec les acides sulfuriques et phosphoriques : on y trouve aussi une petite quantité de silice et de silicate.

L'effet fertilisant de la suie répandue en couverture est très visible; il paraît attribuable en grande partie au sulfate et au chlorure d'ammoniaque, mais d'autres substances concourent également à ses bons effets. On a remarqué que la suie était très profitable aux pommes de terre, lorsqu'on la répand dans les sillons au moment de l'ensemencement. Elle donne en général une teinte vert foncé au feuillage des plantes, surtout aux Chrysanthèmes; son emploi est très fréquent pour cet usage.

En tant qu'insecticide, la suie est très utile pour détruire les larves des insectes qui se cachent pendant le jour au pied des plantes et n'en sortent qu'à la nuit pour aller les ronger. Si on en forme une couche assez épaisse autour des pieds, elle active en outre la végétation d'une façon bien évidente. Souvent aussi, on ne la répand qu'à l'époque de l'accouplement des insectes ou de la ponte des œufs et, dans ce cas, elle agit comme un remède préventif très efficace. De même aussi elle joue le rôle de poudre insecticide, car on la répand avec succès sur le feuillage de diverses plantes, pour en détruire les chenilles qui les rongent, notamment la Tenthrède du Groseillier, ou bien certains Coléoptères adultes, tels que le Charançon du Navet, le Tiquet ou Puce de terre, etc. Il ne faut appliquer cette substance sur les plantes potagères que lorsqu'il reste un temps suffisamment long avant l'époque de leur consommation pour que son odeur forte et peu agréable ait le temps de disparaître.

Pour nettoyer les murs envahis par l'Araignée rouge, l'eau dans laquelle on a fait dissoudre de la suie en aussi grande quantité qu'elle a pu en absorber et additionnée d'argile pour lui donner à peu près l'épaisseur de la peinture, puis d'environ une livre de fleur de soufre et 60 grammes de savon noir pour 4 litres d'eau, constitue une excellente composition qu'on applique à l'aide d'un pinceau chaque année au printemps, en ayant soin de bien en imprégner toutes les crevasses des murs.

SUKANA, Raf. — V. **Celosia**, Linn.

SULCATUS; Angl. Sulcate. — Mot latin qui signifie *sillonné*.

SULFATE. — Corps résultant de la combinaison de l'acide sulfurique avec une base. Le *sulfate de chaux*, par exemple, provient de la combinaison de l'acide sulfurique avec la chaux, le *sulfate de fer* et le *sulfate de cuivre*, de l'union du même acide avec l'oxyde de fer et l'oxyde de cuivre. Régulièrement, on devrait dire pour ces deux derniers : sulfate d'oxyde de fer et sulfate d'oxyde de cuivre, puisque la combinaison n'a pas lieu avec le métal, mais avec son oxyde. Toutefois, pour simplifier, on a adopté les deux premières dénominations, comme d'ailleurs pour tous les sulfates dont l'oxyde du radical métallique n'a pas de nom particulier.

Plusieurs sulfates sont employés comme engrais ou amendement, tels sont le sulfate d'ammoniaque, le sulfate de potasse, la kaïnite ou sulfate double de potasse et de magnésie, le sulfate de chaux.

Nous ne nous occuperons ici que des sulfates employés comme parasiticides ou destructeurs de mauvaises herbes, renvoyant les lecteurs pour ceux employés comme engrais à l'important article **Engrais**. (H. D.)

SULFATE d'ammoniaque. — V. **Ammoniaque**.

SULFATE de chaux. — V. **Plâtre**.

SULFATE de cuivre ou Couperose verte. — C'est le plus puissant agent destructeur des parasites Cryptogames ou du moins le plus usité, par suite de son prix peu élevé. On ne l'emploie jamais seul, mais mélangé à diverses matières sous forme de bouillies.

La composition et la préparation de ces bouillies ont été traitées spécialement au mot **Bouillie**. (V. ce nom.) Nous croyons donc inutile d'y revenir et nous nous bornerons à ajouter à celles indiquées dans l'article précité la *Bouillie sucrée*, dite au *saccharate de cuivre*, qui vient d'être recommandée à cause de son adhérence parfaite aux feuilles. En voici la composition :

Eau	100 litres.
Sulfate de cuivre.	1 kil.
Chaux vive	1 —
Mélasse	1 —

Les traitements par les bouillies se font ordinairement à l'aide d'un pulvérisateur, et cela à la dose de 15 à 20 hectolitres à l'hectare.

On doit traiter préventivement, c'est-à-dire avant le développement de la maladie. Pour la Pomme de terre, la Tomate, la Vigne par exemple, si l'on attendait que l'affection se soit déclarée, on s'exposerait pour le moins à une diminution sensible de récolte. En tout cas, il va sans dire que le traitement préventif ne s'impose que lorsqu'on a de bonnes raisons de craindre une invasion. (H. D.)

SULFATE de fer ou Couperose bleue. — C'est le destructeur par excellence de la mousse des prairies; on l'emploie dans ce but soit en poudre, soit en solution. V. **Mousse**.

Ce sel donne aussi de bons résultats pour la destruction de la Cuscute du Trèfle ou de la Luzerne. Pour cela, après avoir fauché la partie infestée et enlevé et brûlé les tiges, on arrose l'emplacement avec une solution à 5 ou 10 p. 100, c'est-à-dire contenant 5 ou 10 kilogr. de sulfate pour un hectolitre d'eau.

La solution faible, à 5 p. 100, devra être employée dans les sols siliceux ou argileux, mais dans les terres calcaires, il faudra donner la préférence à la solution forte.

On a conseillé aussi le sulfate de fer comme remède contre la chlorose des plantes, la Gomme et la Cloque des Pêchers, l'Anthracnose, ainsi que pour la destruction des vers et limaces.

Quant à son emploi comme engrais, nous renvoyons le lecteur à ce qui a été dit à ce sujet au mot **Engrais**. (H. D.)

SULFURE de carbone. — C'est un composé liquide qui s'obtient par la combinaison directe du soufre et du charbon. Son véritable nom devrait être *bisulfure de carbone*, pour le distinguer du *protosulfure de carbone* qui est solide, rouge et moins riche en soufre, mais il est admis partout que la dénomination de *sulfure de carbone* s'applique exclusivement au corps liquide ayant pour formule $C^2 S^4$, c'est-à-dire comprenant deux équivalents de carbone contre quatre de soufre. Le protosulfure de carbone $C^2 S^2$ n'est d'ailleurs employé que dans les laboratoires.

On désigne quelquefois aussi le sulfure de carbone sous le nom d'*acide sulfo-carbonique*, à cause de la propriété qu'il possède de jouer le rôle d'acide vis-à-vis des sulfures alcalins et aussi en raison de l'analogie qui existe entre lui et l'acide carbonique. Le *sulfo-carbonate de potassium*, employé dans le traitement des vignes phylloxérées, montre un exemple de combinaison entre le *sulfure de carbone* ou *acide sulfo-carbonique* et le *sulfure de potassium*, sulfure alcalin.

Le sulfure de carbone est éminemment combustible ; en outre, sa vapeur produit avec l'air un mélange qui détone violemment à l'approche d'une flamme. Il faut donc être très prudent dans le maniement de ce liquide et éviter surtout d'entrer avec une lumière dans un local où l'on a mis ce corps à évaporer.

C'est un insecticide puissant en même temps qu'un antiseptique ; sa vapeur ou sa dissolution aqueuse sont mortelles pour les insectes et même pour des organismes plus élevés, et, sous leur influence, les fermentations cessent de se développer. (H. D.)

On met à profit ces aptitudes en agriculture, en horticulture et aussi dans l'industrie, pour détruire les insectes nuisibles. En agriculture, c'est contre le redoutable Phylloxera qu'on l'emploie le plus et on en a obtenu des résultats satisfaisants en l'injectant dans le sol à dose bien réglée et à une profondeur régulière, à l'aide d'un **pal injecteur**. Toutefois, la dose doit être relativement faible, car, étant volatile, il se répand autour des racines et il peut parfois faire périr les plantes en même temps que les insectes. Son efficacité n'a en outre qu'une durée limitée et l'on est obligé, pour obtenir un résultat bien marqué, de répéter l'opération plusieurs fois par an.

En horticulture, on s'en sert pour détruire les larves telles que les vers blancs, les vers gris et autres insectes qui vivent en terre, aux dépens des racines des végétaux. On l'applique également à l'aide d'un pal injecteur et souvent aussi enveloppé dans des capsules de gélatine, dites capsules Jamain, qui, en se dissolvant progressivement, modèrent sa volatilisation et prolongent par suite la durée de son efficacité. Le sulfure de carbone entre aussi dans la préparation de diverses solutions **insecticides**. (V. ce nom.)

Dans l'industrie, on s'en sert parfois pour détruire radicalement tous les insectes, leurs larves et leurs œufs, qui ont envahi et qui détruisent certains objets, notamment les herbiers, les collections entomologiques, ornithologiques et autres. Les marchands de grains et notamment de semences s'en servent pour détruire les insectes qui rongent les graines, tels les Charançons des Pois, l'Alucite des céréales, etc. L'opération est excessivement simple et peu coûteuse, car il n'est pas nécessaire de délier les sacs et il faut très peu de sulfure. Il suffit de posséder une chambre qu'on puisse fermer hermétiquement et dans laquelle on dépose les objets ou graines à débarrasser de leurs parasites. On verse du sulfure dans des assiettes qu'on suspend au plafond, parce que les vapeurs qui s'en dégagent sont plus lourdes que l'air et pénètrent partout en descendant. On ferme la porte, on calfeutre les joints avec du papier et on laisse les graines un à deux jours dans l'empoisonneur ; puis on les sort et l'odeur *sui generis* dont elles sont imprégnées disparaît bientôt sans que les facultés germinatives en soient aucunement affectées.

A cause des dangers que présente cette substance par son inflammabilité, on ne doit pas faire cette opération dans une habitation, mais bien dans un endroit écarté et dehors ; il ne faut jamais s'en approcher avec de la lumière, pas même avec une pipe allumée. Les établissements qui se servent souvent du sulfure de carbone possèdent une construction en plein air et spéciale à cette opération ; mais, à défaut, on peut rendre une grande caisse hermétique à l'aide de calfeutrements en papier ou en la faisant doubler de fer-blanc à l'intérieur avec la fermeture plongeant dans une gouttière remplie d'eau. On met alors la caisse en plein air pendant le temps qu'elle doit être en usage. (S. M.)

SULLA. — V. **Hedysarum coronarium.**

SUMAC. — V. **Rhus.**

SUMAC des corroyeurs. — V. **Rhus coriaria.**

SUMAC à feuilles de Myrte. — V. **Coriaria myrtifolia.**

SUMAC odorant. — V. **Rhus aromatica.**

SUMAC à perruques. — V. **Rhus cotinus.**

SUMAC faux-vernis. — V. **Rhus succedanea.**

SUMAC vénéneux. — V. **Rhus toxicodendron.**

SUMAC de Virginie. — V. **Rhus typhina.**

SUMBUL. — V. **Ferula Sumbul.**

SUNIPIA, Lindl. (c'est, dit-on, le nom local de la plante au Népaul). Fam. *Orchidées.* — La seule espèce de ce genre est une Orchidée épiphyte, de serre chaude, à petites fleurs réunies en grappes au sommet de hampes latérales, allongées et aphylles, avec des feuilles grêles et veinées. Elle habite Java et attend encore son introduction dans les collections.

SUPÈRE ; Angl. Superior. — Terme employé pour désigner la position de l'ovaire relativement à celle des autres organes de la fleur. On le dit *supère* lorsque ceux-ci sont insérés au-dessous de lui, comme dans les *Légumineuses*, les *Crucifères* et beaucoup d'autres familles. Son opposé est **infère**. (V. ce nom.) Lorsque, au contraire, ces organes sont insérés autour de lui, à peu près à mi-hauteur, l'ovaire est dit *semi-infère*. Quand l'ovaire est supère, l'insertion des autres organes est dite *hypogyne; épigyne* au contraire lorsque l'ovaire est infère et *périgyne* lorsque ces organes s'insèrent autour de lui. (S. M.)

SUPÉRIEUR. — Se dit des organes des végétaux et du reste de tous les objets placés au-dessus d'autres. Dans les fleurs divisées en deux lèvres, la *supérieure* se désigne fréquemment sous le nom de *postérieure* par opposition à l'*inférieure*, qui est alors dite *antérieure*.

SUPERPOSÉ; Angl. Superposed. — Se dit des organes placés verticalement les uns au-dessus des autres.

SUPERVOLUTIF. — Se dit des feuilles qui, pendant la préfoliaison, ont un côté du limbe enroulé en dedans et enveloppé par l'autre côté du limbe qui s'enroule également sur lui en sens contraire. Ex. les feuilles de l'*Abricotier*.

SUPER, SUPRA. — Dans les mots composés de latin, ce préfixe signifie *en dessus, supérieurement*. Ex. *super-axillaire*, qui est inséré au-dessus des axes, c'est-à-dire des nœuds; *super-foliacé*, au-dessus des feuilles.

SUPINUS. — Terme latin qui s'applique à des plantes ou à leurs organes couchés, aplatis et la face supérieure tournée vers le haut.

SUPRA-DÉCOMPOSÉ; Angl. Supra-decompoud. — Plusieurs fois décomposé, c'est-à-dire découpé en segments très nombreux, comme les feuilles des Carottes, du Fenouil, etc.

SUPPORT. — Nom général des parties qui en supportent d'autres, sans égard à leur propre nature, tels que les tiges, pétioles, pédoncules, pédicelles, stipes, etc. On l'applique souvent au pilier ou pédicule des Champignons.

SURCULUS. — Mot latin qui signifie **Drageon**. (V. ce nom.)

SURGEON. — V. **Drageon**.

SURCULOSUS. — Qui produit des drageons.

SUREAU. — V. **Sambucus**.

SUREAU commun. — V. **Sambucus nigra**.

SUREAU à feuilles laciniées.— V. **Sambucus nigra laciniata**.

SUREAU à grappes. — V. **Sambucus racemosus**.

SUREAU en herbe. — V. **Sambucus Ebulus**.

SUREAU noir. — V. **Sambucus nigra**.

SUREAU Yèble. — V. **Sambucus Ebulus**.

SURELLE. — Nom français des **Oxalis**, appliqué aussi à diverses Oseilles spontanées.

SUSPENSION; Angl. Hanging Basket. — On nomme ainsi et d'une façon générale les récipients que l'on suspend au faîtage ou à la charpente des serres, au plafond et autres supports, et dans lesquels on cultive généralement des plantes retombantes. Ces récipients sont de nature et de formes très variables; les uns sont en bois ou en liège et rectangulaires, hexagones ou coniques; les autres sont en poterie plus ou moins décorée, circulaires et très évasés; d'autres enfin sont en simple fils de fer, comme un panier à salade.

Ces derniers sont naturellement très légers et élégants lorsqu'ils sont bien garnis de plantes, mais ils nécessitent de fréquents arrosages, par suite de leur grande porosité. Les suspensions en poterie se dessèchent moins rapidement, mais il faut néanmoins qu'elles soient munies au fond d'un ou plusieurs trous pour l'écoulement de l'eau en excès; on les emploie beaucoup pour orner les appartements. Les suspensions en bois ou en liège rustique sont également propres aux garnitures florales; celles en bois scié (Teck ou Pitchpin) sont beaucoup employés pour la culture des Orchidées; on les nomme généralement paniers.

Quelle que soit leur nature et leur forme, peu d'objets sont plus utiles pour décorer les fenêtres, les balcons, couloirs, vérandas et surtout les jardins d'hiver et autres grandes serres.

Une bonne partie du succès final dépend du choix primitif des plantes les mieux appropriées pour garnir telle ou telle suspension. Afin de faciliter ce choix, nous donnons ci-après une petite liste des plantes les plus généralement employées et les plus recommandables pour orner les suspensions de plein air ou de serre:

Les plantes aimant le plus l'ombre et une atmosphère humide sont marquées × ; celles résistant à la sécheresse et au plein soleil sont précédées d'un O, enfin celles qu'on multiplie de semis au printemps sont désignées =.

Plantes rustiques.

× Convolvulus arvensis (Liseron des champs).
× Lysimachia Nummularia aurea.
O Mesembrianthemum crystallinum (Glaciale).
= Fragaria indica.
= × Linaria Cymbalaria.
× Vinca major (Pervenche grande).
O Calistegia pubescens.
= Capucine hyb. de Lobb ou de Mme Gunter.
× Campanula fragilis.
× Lierre (les variétés horticoles).
= Clintonia pulchella.

Plantes d'orangerie.

Fuchsia procumbens et certaines variétés hybrides retombantes.
× Tradescantia zebrina et ses variétés.
O Cereus flagelliformis.
Saxifraga sarmentosa.
Pelargonium hederæfolium (Geranium à feuilles de Lierre et ses nombreuses variétés).
O Sedum Sieboldii et sa variété panachée.
O Othonna crassifolia.
× Chlorophytum elatum variegatum.
Tropæolum pentaphyllum, *T. tricolor* (bulbeux).

Plantes de serre.

× Ficus repens.
× Isolepis gracilis.
× Panicum (Oplismenus) imbecile variegatum.
× Selaginella Kraussiana et autres (Lycopode).
Orchidées diverses.

× Fougères diverses, telles que certains Adiantum, Asplenium, Davallia, Nephrolepis, etc.

Ces plantes ont chacune des exigences et un traitement particuliers, que l'on trouvera indiqués à leur nom respectif; nous ne pouvons donc donner ici que des indications générales.

Pour garnir les suspensions, il faut d'abord tapisser les parois d'une substance fibreuse, afin que la terre tienne à l'intérieur et que l'eau des arrosements ne puisse l'emporter; pour cela, des mottes de terre de bruyère très fibreuse ou du sphagnum sont ce qu'il y a de meilleur. Dans les interstices de ces mottes, on pique des pincées de *Selaginella Kraussiana* (vulg. Lycopode) qui formera bientôt une mousse d'un vert très gai. On remplit ensuite la cavité interne avec le compost que nécessite la plante qu'on a l'intention d'y planter. Quant à leur disposition, il n'est pas inutile de placer au milieu des grandes suspensions une plante dressée, telle qu'un petit *Dracæna indivisa* ou autre plante à feuillage léger et formant la pyramide; puis, autour de celle-ci, on met quelques autres plantes moins élevées et enfin sur les bords les plantes franchement pendantes, afin que le tout prenne un aspect agréable.

Dans les petites suspensions, on ne met généralement qu'une seule espèce de plante pendante. L'arrosage des suspensions est un des soins dont la régularité est des plus nécessaires et aussi des plus absorbants. car il ne faut pas laisser les plantes souffrir de la soif; lorsque cet accident arrive cependant et que les plantes ne sont pas trop fanées, il suffit de plonger la suspension pendant quelques instants dans l'eau pour les faire redevenir fraîches. En général et sauf pour les plantes grasses qui supportent facilement la sécheresse, il faut arroser copieusement ou au moins visiter les suspensions tous les deux jours et, pendant la belle saison, les seringuer matin et soir. Il faut en outre descendre les suspensions au moins toutes les semaines, les nettoyer, c'est-à-dire enlever les feuilles mortes et autres débris, détruire au besoin les insectes et si les plantes paraissent souffrir de la soif, les plonger dans l'eau. Pour ces arrosages et bassinages, il faut toujours employer de l'eau bien propre et, comme pour la plupart des autres plantes, ayant la même température que celle du lieu où se trouvent les suspensions. (S. M.)

SUSARIUM. Phil. — V. Symphyostemon, Miers.

SUSUM, Blume. (dérivation inconnue). Fam. *Flagellariées.* — Genre comprenant deux espèces dont la suivante est une plante herbacée, de serre chaude, ornementale par son beau feuillage et ses inflorescences, très intéressante par ses caractères botaniques, particuliers qui en font un genre de passage voisin de plusieurs autres, dans lesquels les auteurs l'ont successivement placé. Pour sa culture probable, V. **Astelia**, genre dont la plante a le port général.

S. anthelminticum, Blume. Fleurs vertes, dioïques, en épis formant des demi-verticilles le long d'une hampe dressée et radicale, de 70 cent. de haut; calice et corolle à trois segments petits et écailleux; étamines six, disposées en deux verticilles; ovaire de la grosseur d'un petit pois, rose verdâtre et à trois stigmates. Novembre-janvier. *Flles* nombreuses, dressées, à pétiole dilaté et embrassant à la base, puis élargi supérieurement en un limbe lancéolé, de 30 à 40 cent. de long et 10 à 12 cent. de large. Tige très courte. Sumatra, 1888. (R. H. 1889, p. 23.) (S. M.)

SUTHERLANDIA, R. Br. (dédié à James Sutherland, directeur du jardin botanique d'Edimbourg, qui publia un *Hortus Medicus Edimburgensis*, en 1683). Fam. *Légumineuses.* — La seule espèce de ce genre est un sous-arbrisseau de serre froide, dressé et velu-incane, très décoratif pendant sa période de floraison, qui est de longue durée. Quoique rustique et persistant pendant plusieurs années dans le Midi, il est plus simple de le cultiver comme plante annuelle ou bisannuelle sous notre climat; mais on peut parfaitement hiverner les pieds en orangerie ou en serre froide. On le sème en mars-avril, sur couche; on repique les plants également sur couche, puis on les met en pleine terre en mai, ou bien on les élève en pots, en les rempotant alors dans des pots de 12 à 15 cent., ce qui permet de les utiliser pour orner les terrasses ou garnir temporairement les appartements. En semant en juin-juillet et en hivernant les plants en godets et sous châssis froid, on obtient, après un bon rempotage au printemps, des plantes vigoureuses, dont la floraison s'effectue d'avril en juin. Le pincement de la tige principale rend la plante plus plus rameuse et plus touffue. Le bouturage peut également être pratiqué, mais les graines en étant abondantes, le semis est le mode de propagation le plus simple et le plus généralement employé.

S. frutescens, R. Br. * Baguenaudier d'Ethiopie; Angl. Bladder Senna of the Cape. — *Fl.* rouge écarlate, très belles, réunies par huit à dix en petites grappes axillaires et nombreuses; calice à cinq dents lancéolées-aiguës; corolle très irrégulière, à étendard oblong, replié

Fig. 157. — Sutherlandia (*Colutea*) frutescens.

sur les côtés et plus court que la carène; celle-ci oblongue et naviculaire: ailes très courtes; étamines diadelphes. Juin-août. *Fr.* curieux par sa forme capsulaire, renflée, membraneuse, polysperme et indéhiscente. *Flles* alternes, imparipennées, à folioles petites, mais nombreuses, oblongues ou elliptiques, soyeuses et blanchâtres, entières, dépourvues de stipelles et à stipules petites et étroites. *Haut.* 70 cent. à 1 m. Sud de l'Afrique. 1683. Syn. *Colutea frutescens*, Linn. (B. M. 181.) — Il en existe des variétés *alba*, à fleurs blanches et *grandiflora*, à fleurs plus grandes; cette dernière ne fleurit qu'à la seconde année.

S. f. microphylla, Burch. *Fl.* réunies par deux-trois sur chaque pédoncule. *Flles* à folioles oblongues-linéaires, glabres en dessus et pubescentes en dessous. Cap, 1816.

SUTRINA, Lindl. (c'est, dit-on, le nom indigène au Pérou). Fam. *Orchidées.* — La seule espèce de ce genre, le *S. bicolor*, Lindl., est une Orchidée naine, épiphyte et de serre chaude, habitant le Pérou. Ses fleurs sont moyennes, réunies en grappe lâche, sur une hampe simple et dressée. Ses feuilles sont coriaces, très courtes et ses tiges munies d'une à deux gaines. La plante n'existe pas encore dans les collections.

SUTTONIA, A. Rich. — Réunis aux **Myrsine**, Linn.

SUTTONIA australis, A. Rich. — V. **Myrsine Urvillei**.

SUTURAL. — Qui a des rapports, qui dépend d'une suture.

SUTURE. — On nomme ainsi la ligne de jonction de deux parties d'un même organe physiologiquement distinctes. Cette ligne est tantôt saillante et très distincte, tantôt elle est fort peu apparente, tant que le fruit n'est pas mûr. Chez les fruits, la déhiscence s'opère parfois à ce point, et on la dit alors *déhiscence suturale;* lorsque le contraire se présente la déhiscence est alors dite *ventrale.* On se sert parfois de ce caractère pour déterminer les genres et les espèces.

SWAINSONA, Salisb. (dédié à Isaac Swaison, célèbre cultivateur de plantes de la fin du siècle dernier, à Twickenham, en Angleterre). Comprend les *Cycloygne*, Benth. et *Diplolobium*, Benth. Fam. *Légumineuses.* — Genre renfermant environ vingt-huit espèces de plantes herbacées ou de sous-arbrisseaux très élégants, dont un habite la Nouvelle-Zélande et les autres l'Australie. Fleurs violet-bleuâtre, pourpres, rouges ou plus rarement jaunes ou blanches, réunies en grappes axillaires, souvent pédonculées; calice urcéolé-campanulé et à cinq dents sub-égales ou les deux supérieures parfois plus courtes ; étendard orbiculaire ou réniforme, étalé, dressé ou réfléchi ; ailes oblongues, falciformes ou légèrement tordues et souvent plus courtes que la carène ; celle-ci large, obtuse et incurvée ; bractées membraneuses, ordinairement étroites ou petites. Gousse ovoïde ou oblongue, renflée, mucronée et monosperme. Feuilles imparipennées, à folioles nombreuses, entières et dépourvues de stipelles ; stipules ordinairement herbacées, rarement sétacées.

Les espèces suivantes sont les plus répandues dans les collections, bien qu'elles n'y soient pas malheureusement très fréquentes, car ce sont de charmantes plantes qui mériteraient d'être bien plus cultivées qu'elles ne le sont. Elles prospèrent dans un mélange de bonne terre franche siliceuse et de terre de bruyère. Pendant l'été, elles prospèrent en plein air et pendant l'hiver on les hiverne en orangerie ou en serre froide. Leur multiplication s'effectue facilement par semis ou par boutures herbacées, que l'on fait enraciner dans du sable et sous cloches ou par semis.

S. atrococcinea, Hort. Probablement une forme du *S. galegifolia*.

S. canescens, F. Muell. *Fl.* bleues ou violet pourpre, panachées de rose, avec une macule verte à la base de l'étendard et presque sessiles ; calice poilu-soyeux ; carène fortement arquée ; grappes multiflores, à pédoncules allongés et velus-soyeux. Mai. *Flles* à neuf-quinze folioles obovales ou oblongues-elliptiques, obtuses ou rétuses, de 1 1/2 à 2 cent. 1/2 de long, presque glabres en dessus, mollement pubescentes en dessous. Souche ligneuse, à tiges dressées, mais herbacées, de 30 à 60 cent. de haut. Australie. (P. M. B. VII, 199, sous le nom de *Cyclogyne canescens*, Benth.)

S. Ferrandi alba, Carr. *Fl.* blanc jaunâtre en boutons, à corolle blanc de neige quand elle est entièrement épanouie ; étendard large et étalé ; carène petite ; ailes fortement réduites. C'est probablement une autre variété horticole du *S. galegifolia.*

S. coronillæfolia, R. Br. Variété du *S. galegifolia*, R. Br.

S. galegifolia, R. Br. * *Fl.* rouge foncé, assez grandes, à étendard portant des callosités proéminentes au-dessus de l'onglet ; grappes pédonculées, dépassant les feuilles et parfois deux fois aussi longues. Juillet. *Flles* à onze-vingt-une folioles ou rarement plus, oblongues, obtuses ou émarginées, ayant presque toutes 8 à 15 mm. de long. Australie, 1880. Sous-arbrisseau ou plante herbacée, glabre, à rameaux dressés, flexueux, de 30 cent. de haut ou grimpant parfois à plusieurs pieds de haut. (L. J. F. 304, sous le nom de *S. Osbornii ;* A. B. R. 319, sous le nom de *Vicia galegifolia*, Sims.) — Le *S. albiflora*, G. Don. (B. R. 994 ; L. B. C. 1642) est une variété à fleurs blanc pur, et le *S. coronillæfolia*, R. Br. (B. M. 1725 ; R. H. B, 1892, 156) a des fleurs d'un beau rouge purpurin clair; on en a aussi cité une variété à *fleurs blanches.* — Les plantes connues dans les jardins sous les noms de *S. atrococcinea, S. Ferrandi alba, S. magnifica* et *S. purpurea*, sont probablement aussi des variétés de cette espèce.

S. Greyana, Lindl. * Angl. Darling River ou Poison Pea. — *Fl.* rose vif, grandes et réunies en grappes longuement pédonculées et dressées ; calice fortement cotonneux et blanc, plus long que les pédicelles ; étendard de 2 cent. de diamètre. Juillet. *Flles* à onze-vingt-une folioles oblongues, obtuses et retuses, de 2 à 2 cent. 1/2 de long ou parfois 4 cent. Tiges dressées ou ascendantes, de 60 cent. à 1 m. de haut. Australie, 1844. Plante herbacée et vivace ou sous-arbrisseau. (B. M. 4416 ; B. R. 1846, 66.)

S. lessertiæfolia, DC. *Fl.* violet-pourpre, un peu petites, réunies en grappes courtes, parfois ramassées à l'état d'ombelles ou de bouquets ; pédoncules plus longs que les feuilles ; étendard dépourvu de callosités. Juillet. *Flles* à neuf-quinze folioles ou rarement plus, oblongues, obtuses, mucronées ou presque aiguës, de 1 1/2 à 2 cent. 1/2 de long. Tiges diffuses ou ascendantes, de 30 à 50 cent. de haut. Australie, 1824. Plante herbacée et vivace.

S. magnifica, Hort. Probablement une variété du *S. galegifolia*, R. Br.

S. occidentalis, F. Muell. *Fl.* pourpres, nombreuses et réunies en longues grappes pédonculées ; calice portant des poils épars ; étendard de 12 mm. de large et un peu moins long. Été. *Flles* à onze-dix-sept folioles ou parfois plus, oblongues, obtuses ou aiguës, de 6 à 25 mm. de long. Tiges ordinairement dressées et penchées en zigzag aux nœuds. *Haut.* 60 cent. à 1 m. Plante glabre ou pubescente. (B. M. 5490.)

S. procumbens, F. Muell. *Fl.* violettes ou bleues, grandes et odorantes, disposées en grappes lâches et à pédoncules atteignant 30 cent. ; étendard d'environ 2 cent. 1/2 de long, profondément émarginé et dépourvu de callosités ; carène fortement incurvée. Été. *Flles* à onze-vingt et une folioles ou plus, variant depuis la forme oblongue ou presque linéaire et de 6 à 12 mm. de long, jusqu'à celle lancéolée ou linéaire, aiguë et de plus de 2 cent. 1/2 de long. Tiges retombantes, ascendantes ou dressées. Australie, 1852. Plante herbacée et vivace. Syn. *S. violacea*, Henders.

S. purpurea, Hort. C'est probablement une variété du *S. galegifolia*, R. Br.

S. violacea, Henders. Syn. de *S. procumbens*, F. Muell.

SWAMMERDAMIA, DC. — Maintenant réunis aux **Helichrysum**, Gærtn.

SWARTZIA, Schreb. (dédié à Olaf Swartz, de Stockholm, qui résida longtemps dans les Indes occidentales et publia une *Flora Indiæ Occidentalis;* 1760-1818). Fam. *Légumineuses.* — Genre comprenant plus de soixante espèces d'arbres inermes, de serre chaude, dont un habite l'Afrique tropicale et les autres l'Amérique tropicale. Fleurs solitaires ou réunies en grappes axillaires; calice fortement fermé, mais s'ouvrant à la fin et alors à cinq sépales réfléchis; corolle nulle ou réduite à un seul pétale; l'étendard ou rarement deux ou trois; étamines en nombre indéfini et libres. Gousse ovoïde ou allongée, renflée ou sub-arrondie et contenant peu de graines. Feuilles imparipennées ou uni-foliolées.

Les espèces suivantes sont sans doute seules introduites; elles prospèrent dans un mélange de terre franche siliceuse et de terre de bruyère. On les multiplie par boutures pourvues de toutes leurs feuilles et on les plantes dans du sable, sous cloches et sur chaleur de fond.

S. apetala, Raddi. *Fl.* réunies par vingt-trente en épis axillaires. *Flles* pinnées, à folioles ovales-lancéolées, acuminées et glabres. *Haut.* 2 m. Brésil, 1839.

S. grandiflora, Willd. *Fl.* jaunes, réunies par trois-cinq en corymbes, à pétale unique, de 2 cent. 1/2 ou plus de diamètre. Juin. *Flles* à foliole unique, de 8 à 12 cent. de long, elliptique-oblongue, avec une pointe obtuse, glabre et ondulée; pétioles courts. *Haut.* 2 m. Indes occidentales, 1821. Syn. de *S. simplicifolia*, Willd.

S. Langsdorffii, Raddi. *Fl.* blanches, réunies par cinq-six en grappes axillaires. *Flles* pinnées, à folioles ovales, aiguës, veinées-réticulées et glabres; pétioles ailés. *Haut.* 2 m. Brésil, 1839.

S. pinnata, Willd. *Fl.* jaunâtres, à pétale unique, arrondi, glabre, de moitié plus long que le calice; pédicelles fasciculés; grappes allongées, tomenteuses-pubescentes, plus longues que le calice. Juin. *Flles* à cinq folioles de 15 à 30 cent. de long, elliptiques-oblongues, aiguës et glabres. *Haut.* 2 m. Indes occidentales, 1817.

S. simplicifolia, Willd. Syn. de *S. grandiflora*, Willd.

SWERTIA, Linn. (dédié à Iman Swert, célèbre cultivateur hollandais de plantes bulbeuses et autres, auteur d'un *Florilegium;* 1612). Angl. Felwort. Syns. *Agathotes*, Don.; *Henricea*, Lem.; *Monobothrium*, Hochst. Comprend les *Ophelia*, Don et *Stellera*, Turcz. Fam. *Gentianées.* — Genre renfermant environ cinquante-cinq espèces de plantes herbacées, dressées, annuelles ou vivaces, rustiques ou de serre froide, habitant l'Europe, l'Asie et l'Afrique, principalement les régions montagneuses. Fleurs bleues, rarement jaunes, fasciculées, en cymes ou lâchement pédicellées et réunies en grappes racémiformes, thyrsoïdes ou en panicules lâchement corymbiformes; calice à quatre-cinq divisions; corolle rotacée, à tube très court et à lobes tordus à droite; étamines quatre ou cinq, insérées à la base de la corolle. Feuilles opposées ou radicales chez les espèces vivaces, longuement pétiolées et les caulinaires parfois alternes.

Sauf le *S. perennis*, qui est indigène et vivace, toutes les espèces décrites ci-après sont annuelles et originaires des Indes, mais peu répandues dans les jardins. Les graines se sèment au printemps, sur couche; on y repique également les plants, puis, lorsque les froids ne sont plus à craindre, on les transplante définitivement en pleine terre et en place.

S. alata, Royle. *Fl.* vert-jaune livide, veinées de pourpre, quadripartites et réunies en grandes panicules; corolle à lobes souvent plus courts que le calice. Été. *Flles* caulinaires sub-sessiles, ovales et aiguës. Tige quadrangulaire et souvent ailée. *Haut.* 30 à 60 cent. Indes, 1868. (B. M. 5687; f. 12, sous le nom de *Ophelia alata*, Griseb.)

S. angustifolia, Hamilt. *Fl.* ordinairement blanches, ponctuées de bleu ou de noir, à sépales souvent plus longs que la corolle. Été. *Flles* étroitement lancéolées et rétrécies à la base. *Haut.* 30 à 60 cent. Indes, 1868. (B. M. 5687, fig. 3, 4, sous le nom de *Ophelia angustifolia*, D. Don.)

S. corymbosa, Wight. * *Fl.* bleu pâle ou blanches, avec les nervures bleues, réunies en cyme formant un corymbe aplati au sommet. Mai. *Flles* caulinaires inférieures de 18 mm. de long, spatulées-obovales, obtuses, légèrement pétiolées; les supérieures sessiles, ovales ou oblongues, de 12 mm. de long et sub-aiguës. Tige de 20 à 50 cent. de haut, quadrangulaire ou à quatre ailes. Indes, 1836. (B. M. 4489, sous le nom de *Ophelia corymbosa*, Griseb.)

S. paniculata, Wall. * *Fl.* à sépales oblongs, aigus et à lobes de la corolle blancs en dessus, avec deux taches purpurines ouvert livide à la base; panicule ramifiée. Été. *Flles* oblongues ou lancéolées. *Haut.* 30 cent. Indes, 1868. (B. M. 5687, fig. 5, 6 sous le nom de *Ophelia paniculata*, D. Don.)

S. perennis, Linn. Angl. Marsh Felwort. — *Fl.* dressées, à corolle bleue, avec des taches foncées et à segments elliptiques-oblongs et légèrement aigus. Juillet. *Flles* inférieures oblongues-elliptiques, longuement pétiolées;

Fig. 158. — Swertia perennis.

les caulinaires opposées, ovales-oblongues, un peu obtuses. Tiges ascendantes et multiflores. *Haut.* 20 à 30 cent. Europe; France, etc. — Plante vivace et rustique, croissant dans les lieux marécageux et demandant à être cultivé au moins dans des endroits humides. (F. D. 2047; R. G. 1885, 274.)

S. purpurascens, Wall. *Fl.* pourpres ou rouge foncé, à sépales oblongs; corolle à lobes de 6 mm de long, ovales, fortement réfléchis; panicules divariquées, multiflores et feuillues. Juin. *Flles* oblongues ou lancéolées, de 4 cent. de long, rétrécies à la base; les plus inférieures presque obtuses; les terminales aiguës et glabres. Tiges de 20 cent. à 1 m. de haut. Indes, 1840.

S. trichotoma, Wall. *Fl.* blanches, à lobes de la corolle souvent allongés en queues, pédicelles de 3 mm. à 3 cent. de long, nombreux, ombellés ou fasciculés au sommet des rameaux des cymes. Été. *Flles* caulinaires supérieures elliptiques-lancéolées. *Haut.* 30 à 50 cent. Indes, 1863. Espèce très voisine du *S. corymbosa*. (B. M. 5397, sous le nom de *Ophelia umbellata*, C. B. Clarke.)

SWTIEENIA, Linn. (dédié à Gérard van Swieten,

botaniste et auteur hollandais; 1700-1772). Fam. *Méliacées.* — La seule espèce de ce genre est un grand arbre américain, de serre chaude, qui doit toute sa popularité à son bois de cœur richement veiné et d'un rouge fauve à l'état brut et qui constitue l'*Acajou* véritable, un des plus beaux et des meilleurs bois d'œuvre dont les ébénistes en font, comme on le sait, beaucoup de meubles divers. Il prend très bien le poli, devient d'un très beau rouge brun sous le verni et s'emploie surtout en placage, à cause de son prix élevé ; il ne se fend pas et n'est pas rongé par les vers. Dans les serres, ce n'est qu'un arbre de collection, relativement rare et prospérant dans un compost de terre franche et de sable. On peut le multiplier par boutures pourvues de toutes leurs feuilles, que l'on fait dans du sable, sous cloches et à chaud ou par semis de graines importées.

S. **Chloroxylon**, Roxb. — V. **Chloroxylon Swietenia.**

S. **Mahagoni**, Jacq. Acajou ; Angl. Mahagoni-tree. — *Fl.* jaune-rougeâtre, petites, réunies en panicules axillaires et sub-terminales ; calice petit, à cinq lobes ; pétales cinq, imbriqués ; étamines dix, soudées en tube à la base. Mai. *Fr.* capsulaire, de la grosseur du poing, ligneux, s'ouvrant en cinq valves. *Flles* imparipennées, à huit folioles ovales-lancéolées, longuement acuminées, entières, obliques, opposées, pétiolulées. *Haut.* 25 m. Amérique centrale, Antilles, 1734.

SYAGRUS, Mart. (ancien nom grec d'un Palmier mentionné par Pline). Fam. *Palmiers.* — Petit genre de Palmiers inermes et de serre chaude, aujourd'hui réunis aux *Cocos*, par Bentham et Hooker. Inflorescence ou régime enveloppé dans une spathe double. Fruit entouré d'une écorce fibreuse, à noyau dur, osseux, portant trois larges bandes ou sillons lisses, partant de chacun des trois pores et se rejoignant au sommet; graine huileuse et parfois creuse. Feuilles terminales et pinnatiséquées. Pour la culture des espèces suivantes, V. **Cocos.**

S. **amara**, Mart. *Fl.* à segments internes des mâles linéaires-oblongs, ceux des femelles ovales-globuleux. *Fr.* ovoïde-oblong, obtus aux deux extrémités, de 8 cent. de long. *Flles* à segments linéaires et acuminés. Tronc de 15 à 30 m. ou plus de haut. La Jamaïque. Ce Palmier ressemble beaucoup au *Cocos nucifera* par son port.

S. **botryophora**, Mart. *Fl.* à spathe unilatérale, aussi longue que le spadice et sillonnée ; spadice de 50 cent. ou plus de long. *Flles* étalées-dressées, de 3 m. à 3 m. 30 de long, à pinnules opposées ou groupées, de 50 à 60 cent. de long, linéaires, acuminées, obliquement soudées et légèrement crispées. Tronc droit, de 15 à 18 m. et plus de haut et 15 à 25 cent. de diamètre. Bahia, 1836. Syn. *Attalea grandis*, Hort.

S. **campestris**, — * *Fl.* à spathe aussi longue que le spadice ; celui-ci de 50 cent. de long, étalé durant la floraison et pendant à la fructification. *Flles* étalées, de 60 cent. à 2 m. et plus de long, à pinnules de 50 à 60 cent de long et n'ayant pas plus de 12 mm. de large ; pétioles largement engainants et très épais, couverts sur les bords de fibres brunes, ligneuses et armés de quelques fortes épines brun-rougeâtre foncé sur la partie nue. Tronc renflé à la base. Brésil. Plante élégante et hautement ornementale.

S. **cocoides**, Mart.* *Fl.* blanc jaunâtre, assez grandes ; spathe externe de 30 cent. de long, obtuse, naviculaire, ferrugineuse-tomenteuse à l'extérieur, d'abord jaunâtre à l'intérieur, puis devenant fauve à la fin ; spathe interne ainsi que le pédoncule arrondi-comprimé, de 50 cent. de long ; spadice légèrement et simplement ramifié, d'abord penché puis pendant, de 45 cent. de long et atteignant à la maturité 60 cent. de long. *Flles* toutes terminales, un peu lâches, étalées-dressées, arquées, en touffe, de 1 m. 20 à 2 m. de long, à pinnules linéaires, étroites, légèrement frisées ; les adultes de 20 à 30 cent. de long, linéaires-lancéolées, acuminées et très glabres. Tronc de 2 m. 50 à 3 m. de haut et 5 à 8 cent. de diamètre. Brésil, 1823.

S. **comosa**, Mart. *Fl.* à spathe fusiforme, sillonnée ; spadice de 30 cent. ou plus de long, avec cinq à six ou de nombreux rameaux flexueux. *Fr.* fibreux, oblong ou ovale-oblong et glabre. *Flles* de 1 m. à 1 m. 20 de long, étalées, à pinnules dressées, rapprochées, lancéolées et obliquement soudées. Tronc de 3 m. de haut ou rarement plus et annelé inférieurement. Brésil.

S. **Mikaniana**, Mart. *Fl.* insérées sur un spadice de 60 cent. à 1 m. de long. *Fr.* d'environ 5 cent. de long. *Flles* denses, légèrement crispées, de 2 m. 50 à 3 m. de long, à pinnules linéaires-lancéolées et acuminées. Tronc de 12 à 15 m. de haut et presque 30 cent. de diamètre, irrégulièrement annelé. Brésil.

S. **Sancona**, Karst. *Fl.* à spathe externe petite, l'interne fusiforme, de 1 m. de long, s'ouvrant sur le dos ; spadice simplement ramifié ; inflorescence monoïque et axillaire. *Fr.* orange, ovoïde, glabre et lisse. *Flles* de 2 m. 50 de long, réticulées et engainantes à la base, étalées, à folioles au nombre d'environ cent quatre-vingts de chaque côté, agrégées par trois à cinq, linéaires, aiguës, glabres, papyracées, de 60 cent. de long et 5 cent. de large. Tronc de 18 à 24 m. de haut et 2 m. d'épaisseur. Brésil.

SYCHINIUM, Desv. — V. **Dorstenia**, Linn.

SYCOMORE. — V. **Acer pseudo-Platanus.**

SYCOMORE (Figuier). — V. **Sycomorus antiquorum.**

SYCOMORE (faux). — V. **Acer platanoides.**

SYCOMORUS, Gaspar. (ancien nom grec employé par Dioscorides et dérivé de *sycos*, figue, et *moros*, mûre). Fam. *Urticacées.* — Genre comprenant une vingtaine d'espèces d'arbres de serre chaude ou tempérée, confinés dans l'Ancien Monde et maintenant réunis aux *Ficus*, par les auteurs du *Genera Plantarum.* Fleurs mâles sessiles, à périanthe à trois ou quatre divisions; les femelles sessiles ou pédicellées, à périanthe tri- ou multipartite. Feuilles alternes, arrondies cordiformes ou oblongues, entières ou dentées en scie, glabres, pubérulentes ou rudes.

Les deux espèces suivantes sont seules dignes d'être décrites ici. Elles prospèrent dans la terre franche siliceuse additionnée d'un peu de terreau de feuilles et ne demandent que de petits pots en comparaison de leur taille. Les arrosements ne sauraient être trop copieux et fréquents ; il faut aussi les seringuer fortement et les laver à l'éponge de temps à autre. La multiplication s'effectue facilement au printemps, par boutures de tête ou d'un seul œil accompagné de sa feuille, comme pour les *Ficus*, et que l'on plante dans un châssis à multiplication, sur chaleur de fond.

S. **antiquorum**, Gasp. Figuier de Pharaon, F. Sycomore, Sycomore des anciens ; Angl. Sycomore Fig tree, Pharao's Fig. — *Fl.* à réceptacles verdâtres ou jaunâtres, turbinés, pédonculés, disposés en grappes sur des ramules aphylles, d'environ 3 cent. de long, naissant sur le tronc et sur les grosses branches. *Flles* pétiolées, ovales-obtuses, cordiformes à la base, à quatre-cinq nervures de chaque côté, entières, sinuées ou obscurément anguleuses, à la fin presque glabres et lisses, de 12 à 13 cent. de long et 9 à

10 cent. de large ; pétioles et ramilles légèrement velus. Egypte. Syn. *Ficus Sycomorus*, Linn. — Arbre de fortes proportions, dont les branches s'étalent et couvrent avec l'âge une surface atteignant parfois plus de 40 m. de diamètre. Très répandu en Egypte, où on le plante sur le bord des routes et des habitations ; son bois est de très longue durée.

S. capensis, Miq. *Flles* ovales ou oblongues, atténuées et légèrement obtuses au sommet, arrondies ou subémarginées et entières à la base, le reste profondément denté en scie, glauques, lisses et trois ou quatre fois aussi longues que leurs pétioles. Cap, 1816.

SYLVATIQUE. — Se dit parfois des plantes qui croissent spontanément dans les forêts.

SYLVESTRE, SYLVESTRIS. — Se dit des plantes qui croissent spontanément dans les lieux sauvages et principalement boisés.

SYKESIA, Arnott. — V. **Gærtnera**, Lamk.

SYLVIE. — V. **Anemone nemorosa.**

SYMEA, Bak. — V. **Solaria**, Philippi.

SYMEA gillesioides, Baker. — V. **Solaria miersoides.**

SYMETRIA, Blume. — V. **Carallia**, Roxb.

SYMÉTRIE végétale. — Façon de voir de certains botanistes, notamment de De Candolle, qui considèrent tous les végétaux comme primitivement symétriques et attribuent les irrégularités que certains d'entre eux présentent à des soudures, à des dégénérescences ou avortements. L'étude détaillée de ce sujet appartient tout entière au domaine de la botanique morphologique et serait sans grand intérêt pour les jardiniers. Nous ferons toutefois remarquer que tous les organes des végétaux affectent une disposition propre à l'espèce ; disposition qui se reproduit à peu près exactement chez tous les individus, mais qui, si on envisage l'ensemble des végétaux, présente les plus grandes variations, et c'est justement sur ces variations que les meilleurs caractères distinctifs sont fondés.

En ce qui concerne la fleur, les organes qui la composent forment normalement plusieurs verticilles et sont toujours disposés comme suit : inférieurement, c'est-à-dire en procédant de l'extérieur à l'intérieur, on trouve les bractées ou calicule floral (quand il en existe) le calice, la corolle, les étamines et au centre le ou les ovaires. Chez les Dicotylédones, ces organes sont en général, mais avec de nombreuses exceptions, au nombre de cinq ou en nombre multiple de ce chiffre, tandis que chez les Monocotylédones, ils se présentent le plus souvent au nombre de trois ou en nombre multiple, souvent six. (S. M.)

SYMÉTRIQUE ; Angl. Symetrical. — Se dit des organes réguliers entre eux, quant au nombre, à leur forme et à leur position. Une fleur à cinq pétales, cinq sépales égaux et cinq, dix ou quinze étamines est dite symétrique.

SYMPÉTALIQUE, Angl. Sympetalous. — Syn. de Monopétale. (V. ce nom.)

SYMPHACHNE, P. Beauv. — V. **Eriocaulon**, Linn.

SYMPHORIA, Pers. — V. **Symphoricarpos**, Juss.

SYMPHORICARPOS, Juss. (de *symphoreo*, porter ensemble, et *karpos*, fruit ; allusion aux baies fasciculées.) **Symphorine** ; Angl. St-Peter's Wort, Snowberry-tree Syn. *Symphoria*, Pers. Fam. *Caprifoliacées.* — Genre comprenant environ six espèces de beaux arbustes nains, rustiques et à feuilles caduques, habitant l'Amérique du Nord et le Mexique. Fleurs blanches ou roses, petites, réunies en grappes ou en épis courts et axillaires ; calice à tube sub-globuleux et à limbe à quatre ou cinq dents un peu irrégulières ; corolle à tube campanulé ou en entonnoir et à limbe à quatre ou cinq lobes ; étamines quatre ou cinq. Le fruit est une drupe blanche ou rouge, bacciforme, ovoïde ou globuleuse, charnue et renfermant quatre à cinq noyaux. Feuilles opposées, courtement pétiolées, ovales, entières ou sinuées-dentées sur les jeunes plantes.

Quatre espèces sont introduites dans les jardins, où on les emploie principalement à l'ornementation des bosquets et à la garniture des massifs d'arbustes. Leur culture est très simple, car ces arbustes sont très rustiques et prospèrent en toute terre ordinaire. On les multiplie facilement par séparation des drageons qu'ils produisent en abondance. Les fleurs du S. *racemosus*, le plus répandu, sont très visitées par les Abeilles et ses fruits constituent une nourriture excellente pour le gibier.

S. acutus, — *Flles* oblongues-lancéolées, aiguës ou acuminées, mollement tomentuleuses, aiguës à la base et parfois dentées. Amérique du nord-ouest, 1889. Syn. *S. mollis acutus*, A. Gray.

S. microphyllus, Humb., Bonpl. et Kunth. *Fl.* blanches, axillaires et solitaires. Août. *Flles* arrondies-ovales, légèrement obtuses et pubescentes. *Haut.* 1 m. 20. Mexique, 1829. (B. M. 4975.) Syn. *S. montanus*, Humb., Bonpl. et Kunth. (B. I. 20.)

S. montanus, Humb., Bonpl. et Kunth. Syn. de *S. microphyllus*, Humb., Bonpl. et Kunth.

S. occidentalis, Hook.* Angl. Wolf Berry. — *Fl.* blanches, teintées de rose, plus grandes et plus en forme d'entonnoir que dans le *S. racemosus*, et réunies en épis denses, terminaux et axillaires ; corolle fortement barbue à l'intérieur ; étamines et style exserts. Eté. *Fr.* blancs. *Flles* ovales, courtement pétiolées, duveteuses en dessous et ondulées-dentées ou lobées sur les jeunes pousses. Amérique du Nord. (G. et F. 1890. p. 297.)

S. o. Heyeri, Dieck. *Fl.* rosées. *Flles* rhomboïdes, de texture ferme et à nervures proéminentes. Colorado, 1888.

S. parviflorus, Desf. Syn. de *S. vulgaris*, Michx.

S. puniceus, Stend. — V. **Lonicera punicea.**

S. racemosus, Michx.* Symphorine à grappes ; Arbre aux perles ; Angl. Common Snow Berry. — *Fl.* roses, réunies en épis lâches, un peu feuillés, interrompus et insérés au sommet des rameaux ; corolle barbue intérieurement. Juillet-septembre. *Fr.* blancs, gros et persistant pendant une grande partie de l'hiver. *Flles* glauques en dessous. *Haut.* 1 m. 20 à 2 m. Amérique du Nord, 1817. (B. M. 2211 et L. B.C. 230, sous le nom de *Symphoria racemosa*, Pursh.)

S. r. pauciflorus, Hort. *Fl.* réduites au nombre de une à deux sur chaque épi et ceux-ci insérés à l'aisselle des feuilles terminales. *Flles* d'environ 2 cent. 1/2 de long.

S. vulgaris, Michx. Symphorine à petites fleurs ; Angl. Coral Berry, Indian Currant, Common Saint-John's Wort. — *Fl.* rouge et jaune, petites et réunies en faisceaux lâches, à l'aisselle de toutes les feuilles ; corolle faiblement barbue à l'intérieur. Juillet-septembre. *Fr.* rouge foncé, de la grosseur d'un grain de chènevis. *Flles* elliptiques-ovales, obtuses, glauques et pubescentes en dessous. *Haut.* 1 à

2 m. Amérique du Nord, 1730. Syn. *S. parviflorus*, Desf. — Il en existe une variété à feuilles élégamment *panachées de vert et de jaune*.

SYMPHORINE. — V. Symphoricarpos.

SYMPHYANDRA, A. DC. (de *symphio*, pousser ensemble, et *aner, andros*, anthère ; les anthères sont soudées). Fam. *Campanulacées*. — Genre comprenant aujourd'hui huit espèces de plantes herbacées, vivaces, habitant l'Orient et se distinguant des *Campanula* par leurs anthères soudées. Fleurs blanches, jaunes ou bleues, souvent penchées, assez grandes et réunies en grappes ou en panicules lâches ; calice et corolle quinquépartites ; inflorescence centrifuge. Feuilles larges, souvent cordiformes et dentées ; les radicales longuement pétiolées ; les caulinaires alternes, peu nombreuses ou petites.

Les quatre espèces suivantes ont été introduites dans les collections. Elles prospèrent dans une bonne terre franche et siliceuse, avec un bon drainage. On les multiplie au printemps, par division des racines, par jeunes boutures ainsi que par semis.

S. Armena, A. DC. *Fl.* bleues, terminales, solitaires et dressées ; calice canescent, à segments triangulaires ; corolle tubuleuse et veloutée. Juin. *Flles* ovales, aiguës, profondément dentées en scie et veloutées-canescentes. *Haut.* 60 cent. Orient, 1836.

S. Hoffmanni, Pantoz. *Fl.* blanches, pendantes, de 2 1/2 à 4 cent. de long, à lobes du calice ovales-lancéolés, aigus et entiers. *Flles* lancéolées, aiguës et dentées. *Haut.* 30 à 60 cent. Plante voisine du *S. pendula*, mais plus robuste et plus florifère. Bosnie, 1888. (G. C. 1888, f. 107 ; B. M. 7298.)

S. pendula, A. DC. *Fl.* crèmes, réunies en panicules ; calice à lobes lancéolés, corolle en entonnoir et veloutée.

Fig. 159. — Symphyandra pendula.

Juillet. *Flles* ovales, aiguës, crenelées-dentées et veloutées. Tige ramifiée, pendante, un peu ligneuse et poilue. *Haut.* 60 cent. Orient, 1823. (S. B. F. G. ser. II, 66.)

S. Wanneri, Heuff. *Fl.* bleues, pédonculées, naissant à l'aisselle des feuilles caulinaires et terminales ; calice à lobes acuminés, aigus ; corolle de 2 cent. 1/2 de long, de moitié plus longue que le calice, dressée, campanulée et à lobes larges et courts. Eté. *Flles* lancéolées-aiguës, inégalement dentées, velues-pubescentes ; les inférieures pétiolées. Tige dressée, de 15 cent. de haut, arrondie, striée et pubescente. Alpes, 1887, Syn. *Campanula Wanneri*, Rochel. (R. G. 1887. f. 112.)

SYMPHYOGLOSSUM, Turcz. — V. Cynanchum, Linn.

SYMPHYOSTEMON, Miers. (de *symphyo*, souder, et *stemon*, étamine ; les étamines sont soudées à la base en tube cylindrique). Syns. *Psithyrisma*, Herb. et *Susarium*, Philippi. Fam. *Iridées*. — Petit genre comprenant trois espèces de plantes herbacées, demi-rustiques ou de serre froide et à racines fibreuses, habitant l'Amérique australe extra-tropicale ou les Andes. Fleurs plusieurs dans chaque spathe, formant une grappe interrompue, au sommet d'une hampe parfois très courte, parfois très élevée et aphylle ou pourvue d'une feuille florale ; périanthe jaune, blanchâtre ou strié de pourpre, à tube en entonnoir et assez long, avec des segments oblongs, sub-égaux et étalés-dressés ; étamines insérées à la gorge du tube, à filets soudés à la base et anthères versatiles. Capsule sub-globuleuse et à trois loges loculicides. Feuilles radicales, linéaires et fasciculées. Port général des *Sisyrinchium*, dont ils diffèrent par le tube du périanthe.

L'espèce suivante est seule introduite ; elle prospère dans un compost de terre franche siliceuse et de terreau de feuilles. Multiplication par semis ou par séparation des rejets au printemps.

S. narcissoides, Phil. *Fl.* blanc sale, veinées de pourpre brunâtre, très odorantes, penchées, courtement pédicellées, en entonnoir, réunies par quatre-huit dans les spathes, et formant un ou deux faisceaux pédonculés ; périanthe de 3 à 4 cent. de long et à segments oblongs, aigus et égalant le tube qui est en entonnoir ; spathes formées de bractées membraneuses sur les bords et dont l'inférieure est plus aiguë que les autres. Juin. *Flles* nombreuses, très étroites, glauques, subulées au sommet. Hampe arrondie, de 30 à 50 cent. de haut. Côtes australes de l'Amérique du Sud, Chili et Magellan, 1828. Syns. *Sisyrinchium odoratissimum*, Lindl. (B. R. 1283.)

SYMPHYOSTEMONE ; Angl. Symphiostemonous. — Se dit parfois des fleurs dont les filets staminaux sont soudés en tube.

SYMPHYSIS. — Se dit parfois des organes qui se développent ensemble.

SYMPHYTUM, Linn. (ancien nom grec employé par Pline et dérivé *symphuo*, je fais pousser ; allusion aux propriétés imaginaires de ces plantes de guérir les plaies). **Consoude** ; Angl. Comfrey. Fam. *Boraginées*. — Genre comprenant environ dix-sept espèces de fortes plantes herbacées, dressées, rustiques, à rhizomes parfois tubéreux et habitant l'Europe, le nord de l'Afrique et l'Asie occidentale. Fleurs jaunâtres, bleues ou purpurines, pédicellées, réunies en grappes ou en cymes ou en grappes unilatérales ; calice à cinq lobes ou divisions linéaires ; corolle tubuleuse, élargie supérieurement, pourvue de cinq écailles à la gorge et à cinq lobes très courts, dressés et dentiformes ou à peine étalés ; étamines cinq, insérées au milieu du tube. Nucules (graines) quatre, ovoïdes et lisses. Feuilles alternes ou presque toutes radicales ; les caulinaires parfois décurrentes et les terminales parfois très rapprochées et presque opposées.

Les Consoudes sont peu employées comme plantes d'ornement, en raison de leur aspect un peu grossier. Le *S. officinale*, bien connu, est une plante commune le long des cours d'eau et dans les endroits frais de la plupart des contrées de l'Europe ; ses propriétés médicales, bien qu'on ne l'emploie guère, se rapprochent beaucoup de celles de la Bourrache ; elle possède des variétés à feuilles panachées, plus décoratives qu'elle et bien dignes de figurer dans les jardins, au voisinage des cours et des pièces d'eau. Le *S. peregrinum* est l'espèce que l'on cultive sous le nom erroné de *S. asperrimum* ou Consoude à feuilles rudes, comme plante propre à fournir une grande abondance de fourrage vert, dont les qualités nutritives ont été très discutées et que les animaux ne consomment en tout cas qu'après y être habitués. Certains agriculteurs l'ont cependant chaudement recommandée.

rentes sur les côtés de la tige. Celle-ci rameuse et hérissée. *Haut.* 60 cent. Caucase, 1835. (S. B. F. G. ser. II, 294, sous le nom de *S. caucasicum*, Don.)

S. officinale, Linn. Consoude officinale, C. commune. Grande Consoude ; Angl. Alum, Black Root, Common Comfrey, Knitback, etc. — *Fl.* blanc crème, souvent géminées, pendantes et réunies en cymes scorpioïdes calice

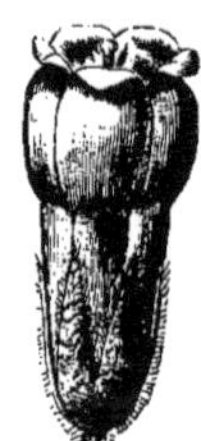

Fig. 160. — Symphytum officinale.

à lobes étroits et lancéolés ; corolle de 2 cent. de long, à cinq dents recourbées et à appendices lancéolés, à peine plus longs que les étamines. Eté. *Flles* lancéolées, décurrentes ; les radicales de 10 à 20 cent. et plus de long, à pétioles ailés ; les caulinaires courtement pétiolées ; les supérieures et les florales lancéolées. Tige rameuse, poilue, rude, de 30 cent. à 1 m. et plus de haut. Europe ; France, Angleterre, etc. (Sy. En. B. 1115.)

Toutes les espèces décrites ci-après prospèrent presque en tous terrains, sauf ceux qui sont trop secs et s'accommodent de toutes les expositions, même celles qui sont ombragées et fleurissent pendant l'été. Leur multiplication s'effectue facilement par division des souches, par séparation des turions ou rejets souterrains, ainsi que par semis lorsqu'on peut en obtenir des graines.

S. asperrimum, D. Don. Consoude à feuilles rudes, C. rugueuse ; Angl. Prickly Comfrey, Trottles. — *Fl.* pourpre bleuâtre, à corolle campanulée, quatre fois aussi longue que le calice ; appendices lancéolés, papilleux, aussi longs que les étamines ; grappes unilatérales. Eté. *Flles* ovales-lancéolées, très aiguës aux deux extrémités, scabres ; les inférieures pétiolées ; les terminales sub-sessiles. Tige ramifiée, hérissée de poils sétacés et raides. *Haut.* 1 m. 20 jusqu'à 2 m. Caucase, 1799. — Il en existe une variété *aureovariegatum*, à feuilles bordées de jaune. Syn. *S. asperum*, Lepech.

S. asperum, Lepech. Syn. de *S. asperrimum*, D. Don.

S. bohemicum, F. W. Schmidt. Syn. de *S. officinale bohemicum*, Hort.

S. caucasicum, Bieb.* Consoude du Caucase. — *Fl.* bleues, réunies en grappes unilatérales ; corolle parfois trois fois aussi longue que le calice, campanulée, à appendices un peu plus courts que le limbe ; calice à cinq dents obtuses. Eté. *Flles* ovales-lancéolées, hérissées de poils raides ; les inférieures atténuées en longs pétioles ; les supérieures presque opposées et courtement décurrentes sur les côtés de la tige. *Haut.* 1 m. et plus. Caucase, 1820. (B. M. 3188.)

S. Donii, DC. *Fl.* bleues, souvent géminées, à lobes du calice lancéolés, subulés et scabres ; corolle à tube égalant le calice et à limbe campanulé, avec des appendices linéaires et obtus, égalant les étamines. Eté. *Flles* scabres ; les inférieures ovales-lancéolées, longuement atténuées en pétioles ; les supérieures lancéolées, étroites et décur-

Fig. 161. — Symphytum officinale luteo-marginatum.

S. o. bohemicum, Hort.* *Fl.* rouges ou pourpre rougeâtre, disposées en grappes géminées, dressées, mais révolutées au sommet. *Flles* à limbe décurrent sur les pétioles. Bohème, 1810. (S. B. F. G. ser. II, 304.) Syn. *S. bohemicum*, F. W. Schmidt.

S. o. luteo-marginatum, Hort. *Flles* marginées de jaune. 1870. Syn. *S. o. variegatum*, Hort.

S. o. patens, Libth. *Fl.* roses ou pourpre bleuâtre. Commun avec le type en France, etc. (Sy. En. B. 1116.) Syn. *S. purpureum*, Pers.

S. purpureum, Pers. Syn. de *S. o. patens*, Sibth.

S. o. variegatum, Hort. Syn. de *S. o. luteo-variegatum*, Hort.

S. orientale. Linn. *Fl.* blanchâtres, à corolle deux fois aussi longue que le calice, en entonnoir supérieurement et à appendices linéaires, étroits, obtus, un peu plus longs que les étamines; calice à cinq dents. Été. *Flles* oblongues-ovales, aiguës, rétrécies à la base; les inférieures alternes, pétiolées, sub-cordiformes; les supérieures presque opposées et sessiles. Tige ramifiée, très pubescente. *Haut.* 1 m. Orient, 1752.

S. o. angustior, Hort. *Flles* oblongues ou ovales-lancéolées, ondulées. (B. M. 1912, sous le nom de *S. orientale*.)

S. peregrinum, Ledeb. * *Fl.* rougeâtres ou purpurines, réunies en grappes lâches; calice découpé presque jusqu'à la base en cinq segments acuminés et hispides; corolle trois ou quatre fois plus longue que le calice, sub-campanulée supérieurement au-dessus du milieu, courtement

Fig. 162. — SYMPHYTUM PEREGRINUM.

quinquéfide et à appendices linéaires et obtus au sommet. Été. *Flles* inférieures longuement pétiolées, elliptiques-lancéolées, acuminées; les supérieures sessiles. Tige élevée et ramifiée. Ibérie, etc., 1816. (B. M. 6466.) — Cette plante est cultivée comme plante fourragère, ainsi que nous l'avons indiqué précédemment, sous le nom erroné de *S. asperrimum*. Certains auteurs la considèrent comme un hybride des *S. asperrimum* et *S. officinale*.

S. tauricum, Willd. *Fl.* blanchâtres; calice profondément divisé en cinq lobes aigus au-dessus du milieu; corolle deux fois aussi longue que le calice, à lobes obtus et à appendices linéaires, obtus et égalant les étamines. Été. *Flles* aiguës, légèrement ondulées; les inférieures alternes et pétiolées, ovales-cordiformes; les supérieures opposées, sessiles. Tige ramifiée, hérissée de poils. *Haut.* 1 m. Tauride, 1806. Plante poilue. (B. M. 1787.)

S. tuberosum, Linn. * *Fl.* jaune d'ocre, pendantes, réunies en grappes unilatérales; calice à lobes linéaires-lancéolés; corolle deux ou trois fois plus longue que le calice, à dents courtes et à appendices longuement lancéolés, inclus et un peu plus longs que les étamines. Tige de 30 à 60 cent. de haut. Souche courte, à racines horizontales, charnues et noueuses. Europe; France, Angleterre, etc. — Cette espèce ressemble au *S. officinale*, mais ses fleurs sont plus petites, ses feuilles radicales plus longuement pétiolées et sa souche sub-tubéreuse. (J. F. A. 225; Sy. En. B. 1137.)

SYMPIEZA, Lichtenst. (de *sympiezo*, presser; allusion aux étamines qui adhèrent au tube de la corolle). FAM. *Ericacées*. — Petit genre comprenant cinq espèces de petits arbustes à port de Bruyère, de serre froide et confinés dans le sud de l'Afrique. Fleurs petites, fasciculées et réunies en bouquets terminaux, dépourvues ou munies de trois bractées; calice un peu épais, aplani et bilabié ou tubuleux-campanulé et à quatre dents; corolle marcescente, oblique ou arquée, à limbe courtement bifide et à lobes larges et connivents; étamines quatre, exsertes. Feuilles verticillées par trois, petites ou très petites, linéaires ou elliptiques, et sillonnées sur le dos.

L'espèce suivante, seule introduite dans les collections, est un joli petit arbuste prospérant dans un compost de terre de bruyère tourbeuse et de sable. On le multiplie par jeunes boutures que l'on plante dans du sable et sous cloches.

S. capitellata, Licht. *Fl.* roses, réunies en bouquets sub-globuleux et pendants; corolle trois fois aussi longue que le calice; celui-ci comprimé, courtement cilié et bilobé. Juillet. *Flles* linéaires-trigones ou dressées-incurvées; les florales à peine plus longues que le calice. *Haut.* 50 cent. Cap, 1812.

SYMPLOCARPUS, Salisb. (de *symploke*, réunion, et *karpos*, fruit; allusion à la réunion des ovaires en un fruit composé). SYNS. *Ictodes*, Bigel. et *Spathyema*, Rafin. FAM. *Aroïdées*. — La seule espèce de ce genre est une grande et robuste plante vivace, aquatique, exhalant la même odeur fétide que celle du Putois d'Amérique. Elle prospère dans les endroits marécageux et bourbeux. On la multiplie par division.

S. fœtidus. Nutt. ANGL. Meadow ou Skunk Cabbage, etc. — *Fl.* toutes fertiles; spathe maculée et striée de pourpre et de vert jaunâtre, ventrue ou conchoïde, arquée au sommet, épaisse, coriace et persistante; spadice violet, inclus dans la spathe, globuleux, courtement stipité et entièrement couvert de fleurs très compactes; pédoncule très court. Mai. *Flles* de 30 à 60 cent. de long, amples, ovales-cordiformes, aiguës, épaisses, coriaces et à nervures épaisses; pétioles courts, forts et longuement engainants. Souche ascendante. *Haut.* 30 cent. Amérique nord-est de l'Asie et Japon. (B. M. 3224.) Syn. *Pothos fœtidus*, Ait. (B. M. 836.)

SYMPLOCOS, Linn. (de *symploke*, réunion; les étamines sont soudées à la base). Comprend les *Hopea*, Linn. FAM. *Styracées*. — Grand genre renfermant environ cent soixante-cinq espèces d'arbres et d'arbustes ordinairement glabres, rarement pubescents ou velus, de serre chaude ou tempérée, largement dispersés dans les parties chaudes de l'Asie, de l'Amérique et de l'Australie. Fleurs réunies en grappes ou en épis axillaires, lâches ou denses, parfois réduits à quelques faisceaux pauciflores et même uniflores; calice à cinq lobes imbriqués; corolle à cinq lobes ou segments unisériés ou six à dix et alors bisériés, libres ou plus ou moins soudés; étamines souvent nombreuses et multisériées. Feuilles alternes, coriaces ou membraneuses. Les cinq espèces introduites prospèrent dans un compost de terre franche, de terre de bruyère et de sable. On peut les multiplier par boutures que l'on plante dans du sable et sous cloches; celles des *S. coccinea* et *S. Summatia* se font à chaud.

S. **coccinea**, Humb. et Bonpl. *Fl.* rouges, axillaires, sessiles, de 2 cent. 1/2 de large; corolle à dix lobes étalés; pétales presque soudés à la base. Mai. *Flles* elliptiques-oblongues, de 8 à 10 cent. de long, acuminées, obtuses à la base, crénulées, glabres en dessus, poilues en dessous; pétioles de 8 mm. de long. *Haut.* 3 m. Mexique, 1825. Arbre de serre chaude.

S. **cratægoides**, Hamilt. *Fl.* blanches, petites et réunies en panicules de 2 1/2 à 12 cent. de long, formant des cymes multiflores. Avril. *Flles* de 6 cent. de long et 2 1/2 à 4 cent. de large, variant depuis la forme lancéolée et acuminée jusqu'à celle largement obovale-elliptique et presque obtuse, finement dentées en scie au sommet. *Haut.* 1 à 12 m. Himalaya et Japon, 1824. Arbuste ou arbre de serre froide.

S. **japonica**, A. DC. *Fl.* jaune pâle, sub-sessiles, réunies en grappes composées, axillaires, simples, plus courtes que les pétioles et composées de trois à cinq fleurs. Juin. *Flles* oblongues ou obovales-elliptiques, de 5 cent. de long, aiguës aux deux extrémités, glabres et dentées en scie; pétioles de 8 mm. de long. *Haut.* 3 m. Japon, 1850. Arbre de serre froide. (S. Z. F. J. 24, sous le nom de *S. lucida*, Sieb. et Zucc.)

S. **sinica**, Ker. *Fl.* blanches, odorantes, réunies en grappes composées, terminales et axillaires, aussi longues que les feuilles. Mai. *Flles* elliptiques, de 4 à 5 cent. de long, aiguës aux deux extrémités, dentées en scie et pubescentes ainsi que les rameaux et les ramilles. *Haut.* 1 m. Chine, 1822. Arbuste de serre froide. (B. R. 710.)

S. **Summatia**, Hamilt. *Fl.* blanchâtres, petites, réunies en épis courts et pauciflores. Eté. *Flles* étroitement elliptiques, aiguës, serrulées et cunéiformes à la base. Himalaya, 1883. Arbuste de serre chaude, sans effet décoratif. (R. G., 1073, f. c. g.)

S. **tinctoria**, L'Hérit. Angl. Horse Sugar, Sweet-Leaf. — *Fl.* jaunes, odorantes, réunies par six à quatorze en faisceaux compacts et pourvus de bractées. Avril. *Flles* allongées, oblongues, de 8 à 12 cent. de long, aiguës, obscurément dentées, un peu épaisses, presque persistantes, finement pubescentes et pâles en dessous. *Haut.* 1 m. Sud des Etats-Unis, 1780. Arbuste de serre froide. — Les feuilles sont sucrées et les animaux domestiques les mangent avec avidité; on les emploie aussi, après dessiccation, pour teindre en jaune.

SYMPODE, SYMPDODIUM. — « Tige formée de séries de branches superposées, de façon à imiter un axe simple; on dit parfois une tige sympodiale (A. Gray). »

SYN. — Dans les mots composés de grec, ce préfixe signifie *union, adhésion*, ou *qui pousse ensemble*. Ex. *Synanthérée*, plante dont les étamines sont soudées par leurs anthères; *Syncarpe*, fruit formé de deux ou plusieurs carpelles soudés.

SYNADENIUM, Boiss. (de *syn*, soudé, et *aden*, glande; les glandes de l'involucre sont soudées et forment un disque ou une coupe). Angl. African Milk Bush. Fam. *Euphorbiacées.* — Petit genre comprenant deux ou trois espèces d'arbustes de serre chaude, à branches arrondies et légèrement charnues, habitant l'Afrique australe et orientale tropicale. Fleurs unisexuées, peu apparentes, réunies en cymes lâchement corymbiformes, ramifiées, di- ou trichotomes, lâches et terminales; involucre campanulé, régulier, à cinq lobes et autant de glandes insérées sur une cupule aplatie et concave; les mâles (sur des inflorescences séparées) réunies par vingt à trente en cinq faisceaux; les femelles solitaires, à stigmates bifides et récurvés. Feuilles éparses, obovales, entières et un peu épaisses.

L'espèce suivante est probablement seule introduite. Elle prospère dans la terre franche additionnée d'un peu de fumier de vache bien décomposé; on doit avoir soin de drainer parfaitement le fond des pots. Sa multiplication peut s'effectuer par boutures dont on laisse bien sécher la coupe et que l'on plante ensuite dans du sable tenu très légèrement humide.

S. **Grantii**, Hook f. *Fl.* rouge pourpre, involucre de 6 mm. de diamètre; pédicelles purpurins; cymes axillaires, ramifiées-corymbiformes, de 15 à 20 cent. de long, vertes; bractées apprimées. Novembre. *Flles* de 8 à 10 cent. de long, obtuses, peu charnues, vert foncé en dessus et plus pâles en dessous. Tige forte et arrondie. *Haut.* 2 à 3 m. Afrique centrale, 4867. (B. M. 5633.)

SYNANDRA, Nutt. (de *syn*, ensemble, et *aner, andros*, mâle, anthère; les anthères postérieures et stériles sont soudées). Fam. *Labiées.* — La seule espèce de ce genre est une plante bisannuelle, rustique, poilue et à racines fibreuses, ayant le port des *Lamium* et se cultivant comme beaucoup d'autres plantes analogues.

S. **grandiflora**, Nutt. *Fl.* blanches ou à peu près, solitaires à l'aisselle des bractées; corolle de 4 cent. de long; filets staminaux barbus. Juin. *Flles* membraneuses, cordiformes, grossièrement crénelées, toutes, sauf les florales, longuement pétiolées et ces dernières réduites à l'état de bractées ovales et sessiles. *Haut.* 30 à 60 cent. Amérique du Nord, 1827.

SYNANDRA, Schrad. — V. **Aphelandra**, R. Br.

SYNANTHÉRÉES. — V. **Composées.**

SYNANDROSPADIX, Engler. (de *syn*, union, et *spadix*, spadice). Fam. *Aroïdées.* — La seule espèce, décrite ci-après, est une nouvelle et rare plante de serre chaude, pour laquelle le genre a été créé. Pour sa culture probable, V. **Anthurium.**

S. **vermitoxicus**, Engl. *Fl.* réunies sur un spadice aussi long que la spathe; celle-ci ovale, ouverte, de 15 cent. de long et 10 cent. de large, vert, grisâtre à l'extérieur et carnée à l'intérieur; hampe de 30 cent. de haut. *Flles* amples, hastées, vertes et très charnues, de durée annuelle. Souche tubéreuse. Tucuman, 1892. (B. M. 7242.)
(S. M.)

SYNANTHERIAS sylvatica, Schott. Syn. de **Amorphophallus zeylanicus.**

SYNAPHLEBIUM, J. Smith. — Réunis aux **Davallia**, Smith et **Lindsaya**, Dryand.

SYNARRHENA, Fish et Mey. — V. **Mimusops**, Linn.

SYNCARPE; Angl. Syncarpium. — Fruit multiple, formé d'un grand nombre de carpelles agrégés, charnus, comme l'est celui du Mûrier, de la Ronce; ou sec, comme celui des *Magnolia*. Certains auteurs lui ont encore donné le nom de *Sorose*.

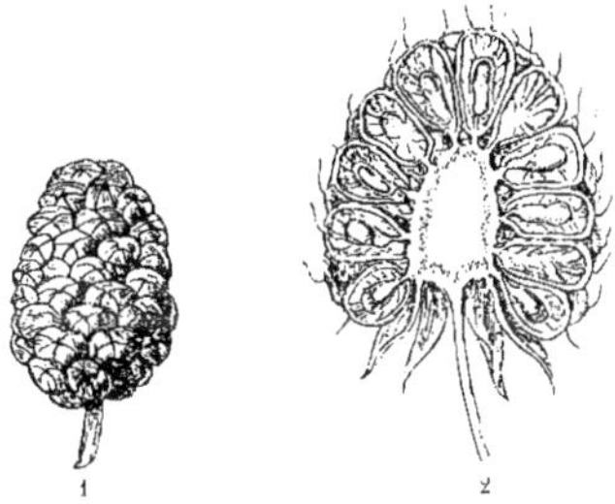

Fig. 163. — Syncarpes.
1, *Morus* ; 2, *Rubus*.

SYNECHANTHUS, Wendl. (de *syneches*, continu, et *anthos*, fleur ; allusion à la disposition de l'inflorescence). Syns. *Rathea*, Karst. et *Reineckea*, Karst. Fam. *Palmiers*. — Petit genre ne comprenant que deux ou trois espèces de Palmiers inermes, vivant en groupes, de serre chaude, dont deux habitent l'Amérique centrale et le troisième la Colombie. Fleurs unisexuées, verdâtres ou les mâles purpurines, petites, réunies en spadices nombreux, sur des pédoncules longs et grêles, dressés pendant la floraison et à rameaux droits, comprimés et à deux angles ; spathes nombreuses, tubuleuses, membraneuses et persistantes. Fruits jaune rougeâtre, luisants, ellipsoïdes et monospermes. Feuilles terminales, régulièrement pinnatiséquées, à segments larges ou étroits, membraneux, acuminés, plissés-nervés et souvent interrompus, avec les bords récurvés à la base ; rachis convexe sur le dos, profondément canaliculé en dessus ; gaines courtes et béantes. Tronc grêle, annelé et souvent stolonifère.

L'espèce décrite ci-après et seule introduite est un Palmier excessivement élégant, demandant le même traitement que les **Chamædorea**.

SYNGÉNÈSE ; Angl. Syngenesious. — Se dit parfois des fleurs dont les étamines sont soudées par leurs anthères.

SYNGÉNÉSIE. — Classe du système de Linné dont les plantes qu'elle renferme sont caractérisées par des étamines soudées par leurs anthères, comme dans les *Synanthérées* et que cet auteur a partagée en six différents ordres, selon que les fleurs du même capitule sont hermaphrodites, fertiles ou stériles, monoïques ou polygames. (S. M.)

SYNGONIUM, Schott. (de *syn*, confluent et *gone*, sein ; allusion à la cohésion des ovaires). Fam. *Aroïdées*. — Genre comprenant environ huit espèces d'arbustes grimpants, de serre chaude, habitant l'Amérique tropicale. Fleurs monoïques, les mâles et les femelles espacées sur un spadice inappendiculé, beaucoup plus court que la spathe; celle-ci à tube ovoïde, accrescent, persistant, contracté à la gorge et à limbe concave, à la fin caduc ; pédoncules fasciculés ou solitaires et courts. Feuilles pétiolées; les primaires sagittées ; les adultes pédalées, à trois-neuf divisions ; pétioles allongés ; gaines persistantes et accrescentes.

Les espèces décrites ci-après existent dans les collections. On les cultive facilement dans une serre don la température est maintenue très élevée et humide. Il leur faut un compost perméable de terre franche et de terreau de feuilles, additionné de sable grossier; toutefois, les plantes ne sont pas très exigeantes sous ce rapport. Des arrosements copieux et des seringages fréquents leur sont nécessaires pendant leur période de végétation, et on ne doit les ombrer que tout juste ce qu'il faut pour empêcher le soleil de brûler les feuilles à travers le vitrage. Leur multiplication s'effectue facilement par la division des tiges en fragments composés d'environ trois nœuds et que l'on met en pots et ensuite sur une vive chaleur de fond ; ces tronçons s'enracinent rapidement et émettent bientôt une jeune pousse au sommet. On peut aussi faire de grandes boutures avec la partie supérieure des vieilles plantes devenues trop hautes et dont le sommet touche le vitrage ; elles s'enracinent facilement et forment bientôt de belles plantes.

S. **affine**, Schott. *Fl.* à tube de la spathe vert et à limbe jaunâtre à l'intérieur ; pédoncules très nombreux, deux à sept sur le même nœud, grêles et égalant presque la spathe. *Flles* aiguës, à lobes antérieurs oblongs-triangulaires ; les postérieurs triséqués, sub-auriculés ou auriculés ; pétioles deux ou trois fois aussi longs que les feuilles, engainés jusqu'au-dessus du milieu. Brésil. Syn. *S. gracile*, Schott.

S. **auritum**, Schott. Angl. Five Fingers. — *Fl.* à tube de la spathe purpurin, cylindrique et à limbe ovale-oblong, courtement cuspidé, purpurin à la gorge, le reste jaune ; pédoncules courts. *Flles* à trois ou presque cinq divisions ; segment médian plus grand que les autres, largement ovale-oblong, arrondi et courtement cunéiforme vers la base ; les latéraux à côtés inégaux, falciformes-oblongs et auriculés. Rameaux verts. La Jamaïque.

S. **gracile**, Schott. Syn. de *S. affine*, Schott.

S. **podophyllum**, Schott.; **albo-lineatum**, Hort. *Fl.* à tube de la spathe oblong ovoïde et à limbe cuspidé ; pédoncules nombreux. *Flles* d'abord sagittées ; les adultes composées de cinq-sept segments espacés, oblongs-lancéolés et aigus ; nervures médianes et latérales blanchâtres ; pétioles allongés. Amérique centrale. Syn. *S. Seemanni*, Hort.

S. **Seemanni**, Hort. Syn. de *S. podophyllum albo-lineatum*, Hort.

S. **Vellozianum**, Schott. *Fl.* à tube de la spathe vert, ovale, acuminé et à limbe vert jaunâtre pâle à l'extérieur, blanc verdâtre à l'intérieur; pédoncules nombreux, assez longs et grêles. *Flles* d'abord assez largement sagittées ; pétiole à peine plus long que le limbe, engainé jusqu'au dessus du milieu. Jeunes rameaux grêles. Rio-de-Janeiro. — Le *S. Reidelianum* est une forme à tube de la spathe oblong et à pédoncules plus courts.

S. **Wendlandii**, Schott. *Fl.* à tube de la spathe un peu plus court que le limbe ; celui-ci oblong-lancéolé et acuminé-cuspidé ; spadice d'un sixième plus court que la spathe ; pédoncule égalant la longueur du tube de la spathe. *Flles* à limbe un peu plus long que le pétiole, triséqué, à segments oblongs-lancéolés ; jeunes feuilles sagittées. Tige ascendante, à entre-nœuds verts. Costa Rica.

SYNGRAMME, J. Smith. — Réunis aux **Gymnogramme**, Desv.

SYNNETIA, Sweet. — V. **Synnotia**, Sweet.

SYNNOTIA, Sweet. (dédié à W. Synnos, qui récolta beaucoup de plantes au Cap). On écrit parfois, mais à tort, *Synnetia*. Fam. *Iridées*. — Petit genre ne comprenant que deux ou trois espèces de jolies plantes bulbeuses, de serre froide, habitant le sud de l'Afrique. Fleurs assez grandes, sessiles et en épi terminal; périanthe à tube allongé, cylindrique inférieurement, puis en entonnoir et à segments du limbe oblongs, inégaux, étalés-dressés, sauf le supérieur; étamines unilatérales, insérées à la base de la gorge, à filets filiformes et à anthères linéaires-oblongues; spathes éparses le long du rachis, assez larges, dentées ou fimbriées au sommet et uniflores. Feuilles peu nombreuses, planes, linéaires-ensiformes et flasques. Tige simple ou très légèrement ramifiée.

Ces plantes ont le port général des *Sparaxis*, dont elles diffèrent principalement par des détails botaniques. On les multiplie facilement par semis ou par séparation des caïeux qu'elles produisent en abondance. Les graines doivent être semées en septembre, dans des terrines remplies de terre siliceuse et que l'on place ensuite sous châssis froid. Les jeunes semis peuvent rester pendant un an dans les terrines, puis on les empote séparément ou bien on les met en pleine terre, sous châssis. La floraison n'a lieu toutefois que trois ou quatre ans après le semis. La multiplication par séparation des caïeux est beaucoup plus rapide, car les plantes fleurissent généralement dès la seconde année.

Les *Synnotia* cultivés en pots sont très propres à décorer au printemps les serres froides et les jardins d'hiver. Les bulbes doivent être empotés en octobre, dans un compost de terre franche siliceuse et de terreau de feuilles, que l'on foule assez fortement. On emploie à cet effet des pots de 12 cent. de diamètre, dans lesquels on place six ou huit bulbes et on recouvre ceux-ci d'environ 2 cent. 1/2 de terre. On place ensuite les pots sous un châssis froid et on les arrose très modérément pendant l'hiver. Quand les fleurs se montrent, on arrose plus copieusement et on donne alors aux plantes beaucoup d'air et de lumière, en évitant cependant les courants d'air. Lorsque la floraison est terminée, on amène graduellement les plantes à l'état de repos, en réduisant de plus en plus les arrosements. Enfin, quand les feuilles se dessèchent, on enlève les bulbes de terre et on les conserve au sec jusqu'à la saison suivante, ou bien on peut, si on le désire, les laisser dans la terre que l'on tient alors très sèche.

S. bicolor, Sweet. *Fl.* violet plus ou moins suffusé de jaune, alternes, espacées, à tube du périanthe cylindrique, arqué, de 12 mm. de long, dilaté et largement en entonnoir au sommet, avec le limbe découpé en segments ovales; spathes de 16 mm. de long, ovales, membraneuses, profondément lacérées et brunes; hampe dressée, de 15 à 25 cent. de haut, simple ou ramifiée, portant deux à six fleurs lâches. Mars. *Flles* cinq à six, distiques striées, aiguës, minces, ensiformes, de 15 mm. de large. Cap, 1786. (B. H. II, 25; B. M. 548, sous le nom de *Ixia bicolor*, Ker.). Syns. *Gladiolus bicolor*, Thunb.; *Sparaxis bicolor*, Ker.

S. b. galeata, Hort. *Fl.* à périanthe béant, dont les trois segments inférieurs sont jaunâtres et les deux supérieurs blancs et teintés de rouge. *Flles* ovales, ensiformes. Syn. *S. galeata*, Sweet.

S. galeata, Sweet. Syn. de *S. bicolor galeata*, Hort.

S. variegata, Sweet. * *Fl.* violet foncé, suffusé de jaune sur le segment inférieur, alternes, espacées, à tube cylindrique, arqué et largement en entonnoir, avec le limbe de 2 cent. 1/2 de long, dont les deux segments supérieurs sont dressés, de 12 mm. de large et les latéraux récurvés; l'inférieur plus court et plus étroit; hampe simple, arrondie, de 50 cent. de haut; le reste comme dans le *S. bicolor*. Mai. *Flles* ovales-lancéolées, ensiformes, les inférieures distiques; les supérieures alternes. Cap. 1825. (S. B. F. G 150.)

SYNONYME. — En botanique, on désigne ainsi les différents noms qui ont été donnés à une plante et qui sont aujourd'hui subordonnés au nom admis par priorité ou autre raison. « Ainsi, presque toutes les espèces ont plusieurs noms, soit parce que des botanistes ont cru les découvrir, tandis qu'elles avaient déjà été décrites, ou bien, ce qui revient au même, qu'ils n'aient pu les reconnaître faute de connaissances, ou à cause de mauvaises descriptions; soit que le premier nom ait été trouvé mauvais par quelque autre botaniste phytographe, ou bien, ce qui est le cas le plus rare, qu'il ait été essentiel de le changer pour éviter des méprises. Connaître la *synonymie* d'une espèce est donc connaître les différents noms qui lui ont été assignés par divers auteurs, ce qui souvent est un travail d'une extrême difficulté (Lecoq et Juillet). »

SYNSÉPALE; Angl. Synsepalous. — V. **Gamosépale.**

SYNTHYRIS, Benth. (de *syn*, ensemble, et *thyris*, petite porte; allusion aux valves fermées de la capsule). Fam. *Scrophularinées*. — Genre comprenant environ sept espèces de plantes herbacées, rustiques, glabres poilues, à rhizomes épais et habitant l'Amérique du nord-ouest. Fleurs bleuâtres ou rougeâtres, réunies en grappes ou en épis au sommet de pédoncules scapiformes, simples et pourvus de bractées foliacées, alternes et amplexicaules; calice à quatre segments étroits; corolle à tube très court ou nul et à lobes étalés-dressés et imbriqués; étamines deux. Feuilles radicales, pétiolées, ovales ou oblongues et crénelées ou incisées-pinnatiséquées. Pour la culture des deux espèces suivantes, seules introduites, V. **Veronica.**

S. pinnatifida, Watson. *Fl.* bleu foncé, formant de beaux épis. *Flles* bipinnatifides, coriaces et vert foncé. *Haut.* 15 à 20 cent. Montagnes rocheuses, 1889.

S. reniformis, Benth. *Fl.* violet pâle, d'environ 6 mm. de long, à lobes de la corolle oblongs-lancéolés et inégaux; grappes dressées, de 10 à 15 cent. de long, nombreuses, mais non denses; pédoncules forts, de 12 à 25 cent. de long. Avril. *Flles* de 4 à 6 cent. de diamètre, orbiculaires-cordiformes, coriaces et doublement dentées. Amérique du nord-ouest, 1885. (B. M. 6860.)

SYRINGA, Linn. (de *syrin*, *syringos*, tuyau; les rameaux sont longs, droits et pourvus d'une moelle simulant le trou d'un tuyau). **Lilas**; Angl. Lilac; Pipe-tree. Comprend les *Ligustrina*, Ruprecht. Fam. *Oléacées*. — Genre très connu, comprenant une dizaine d'espèces de très beaux arbustes d'ornement, rustiques, glabres ou pubescents et à feuilles caduques, habitant l'Europe orientale et l'Asie tempérée. Fleurs blanches, lilacées ou rougeâtres, réunies en panicules terminales ou sub-terminales, trichotomes ou thyrsoïdes, d'abord centripètes, puis souvent et à la fin centrifuges; calice petit, persistant, campanulé et à quatre petites dents irrégulières; corolle à tube cylindrique, plus long que le calice ou rarement raccourci, brusquement dilaté en un limbe étalé en roue, à quatre lobes indupliqués, valvaires, plus ou moins concaves et plus longs ou plus courts que le tube ; étamines deux, insérées au sommet du tube de la corolle, incluses ou saillantes et à filets courts ou filiformes. Fruit sec, capsulaire et s'ouvrant en deux valves. Feuilles opposées, entières ou rarement découpées, pinnatifides.

Le sous-genre *Ligustrina*, aujourd'hui réuni aux *Syringa*, en diffère par ses fleurs blanches, rappelant celles des *Ligustrum*, ainsi que le port général de la plante, mais le fruit est sec et capsulaire, comme dans les véritables *Syringa*, tandis qu'il est bacciforme chez les *Ligustrum*.

Tous les Lilas sont de magnifiques arbustes rustiques et propres à l'ornementation des jardins; plusieurs espèces et leurs variétés y sont très répandues, mais le S. *vulgaris* ou Lilas commun, avec ses nombreuses formes horticoles, est de beaucoup le plus important.

Nous n'aurons à parler ici ni de son historique ni des divers procédés culturaux qu'on lui applique, ni de sa multiplication, puisqu'ils ont fait l'objet de l'important article **Lilas**. (V. vol. III, p. 131.) Toutes les espèces se multipliant et se cultivant de la même manière, nous prions les lecteurs de bien vouloir se reporter à cet article pour leur traitement général.

Les personnes désirant de plus longs détails historiques et descriptifs que ceux donnés ici consulteront avec fruits la série d'intéressants articles publiés dans divers périodiques horticoles, notamment dans le *Garden et Forest*, année 1888 ; dans la *Revue Horticole*, année 1891, par M. Franchet ; dans *Le Jardin*, années 1894 et 1895, par M. L. Henry et un article de M. Grosdemange sur les *Ligustrina*, publié également dans *Le Jardin*, année 1894.

Fig. 164. — SYRINGA AMURENSIS. — Rameaux, florifère et fructifère. (*Rev. Hort.*)

S. amurensis, Rupr. *Fl.* blanc jaunâtre, petites, rappelant celles des Troènes, à odeur forte, réunies en panicules compactes, de 25 à 30 cent. de long et fréquemment géminées ; calice très court ; corolle à tube très court et à divisions devenant récurvées; étamines longuement saillantes. Mai-juin. *Flles* ovales, allongées, plus ou moins acuminées au sommet, atténuées à la base, épaisses, subcoriaces, vert foncé, luisantes et glabres sur les deux faces, de 8 à 12 cent. de long et 4 à 6 cent. de large. Rameaux brun-grisâtre, couverts de lenticelles et à écorce s'exfoliant au bout de deux ans. *Haut.* 2 à 3 m. Mandchourie, Amour, 1857. (G. et F. 1889, p. 271.) Syn. *Ligustrina amurensis*, Rupr.

S. Bretschneideri, Hort. Syn. de *S. Emodi rosea*, M. Cornu.

S. chinensis, Willd. Lilas de Rouen, L. Varin ; ANGL. Rouen Lilac. — *Fl.* d'un violet intense, mais variable, de 12 à 20 mm. de diamètre, à limbe plan, avec des divisions pointues, étamines non saillantes ; corymbes petits mais nombreux, plus légers que dans le *S. vulgaris* et atteignant 30 cent. de long. Mai-juin. *Fr.* complètement stériles.

Flles de 15 à 18 mm. de long y compris les pétioles, ovales-lancéolées, légèrement à la base, acuminées au sommet, très glabres, moins grandes et plus étroites que dans le *S. vulgaris*. *Haut.* 1 m. 20, 1795. — Certains auteurs considèrent ce Lilas comme un hybride des *S. persica* et *S. vulgaris*. Syn. *S. dubia*, Pers.; *S. rothomagensis*, Hort.

Fig. 165. — SYRINGA CHINENSIS.

S. dubia, Pers. (Nommé à tort *S. persica*, dans les jardins.) Syn. de *S. chinensis*, Willd.

S. Emodi, Wall. * Lilas de l'Himalaya. — *Fl.* purpurines ou blanches, à odeur presque désagréable, rappelant celle des Troënes, souvent fasciculées, réunies en panicules peu fournies, étroites, de 15 cent. de long; corolle à tube de 8 mm. de long et à divisions petites et courtes, souvent au nombre de trois. Juin. *Flles* de 10 à 14 cent. de long et 8 à 10 cent. de large, elliptiques ou ovales, aiguës aux deux extrémités, épaisses, glabres, rougeâtres sur les bords à la base ainsi que les pétioles, vert foncé en dessus, blanchâtres et à nervures secondaires proéminentes en dessous ; pétioles de 12 à 18 mm. de long. *Haut.* 2 m. Himalaya, 1840. (B. R. XXXI, 6; R. H. nov. 1888.)

S. E. aurea, Hort. Cette variété ne diffère du type que par ses feuilles maculées de jaune terne. 1886.

S. E. rosea, M. Cornu. Lilas de Bretschneider. — *Fl.* rose clair et frais, à odeur peu agréable, rappelant celle des Troënes, réunies en panicules grandes et fortes, atteignant jusqu'à 30 cent. de long ; corolle à tube fin, de 8 à 12 mm. de long et à limbe de 8 à 12 mm. de diamètre, ayant souvent cinq à six divisions. Fin mai. *Fr.* gros, longs, contenant constamment quatre graines. *Flles* très grandes, de 16 à 20 cent. de long et 8 à 12 cent. de large, ovales, plus ou moins allongées, épaisses, fortement réticulées, surtout sur la face inférieure, où elles sont légèrement pubescentes et vert foncé sur la supérieure ; pétioles courts et violacés. Rameaux forts et dressés, couverts de enticelles. Chine, 1888. (R. H. 1888, 492.) — Selon le *Garden and Forest* (1888, p. 250), ce Lilas parait être le même que le *S. villosa*. — Syn. *S. Bretschneideri*, Hort.

S. E. variegata, Hort. Diffère du type par ses feuilles maculées de jaune terne.

S. japonica, Maxim. *Fl.* blanc crème, à odeur presque désagréable, réunies en thyrses très grands, bien fournis, de plus de 30 cent. de long ; divisions de la corolle mucronées et récurvées ; calice très courtement denté ; étamines saillantes. Eté. *Flles* largement ovales-acuminées, arrondies ou sub-cunéiformes à la base, épaisses, gaufrées, de 15 à 17 cent. de long et 8 à 10 cent. de large, glabres en dessus, à nervures pubescentes en dessous. Espèce vigoureuse et sub-arborescente. *Haut.* jusqu'à 10 m. Japon, etc., 1888. (G. C. n. s. XXX, 561 ; R. G. 1888, p. 217 ; G. et F. 1889, p. 290-293 ; R. H. 1894, p. 124.) Syn. *Ligustrina japonica*.

Fig. 166. — SYRINGA EMODI.

S. Josikæ, Jacq. * Lilas de Josika ou L. de Hongrie. — *Fl.* violet-bleuâtre, inodores, à pédicelles pas plus longs que les calices, réunies en panicules étroites et maigres ; corolle à tube allongé, de 8 à 9 mm. et à limbe de moitié plus court, avec des divisions courtes et pointues, concaves au sommet ; étamines non saillantes. Fin mai. *Flles* elliptiques-lancéolées, aigues, ridées, de 9 à 12 cent. de long et 4 à 5 cent. de large, glabres sur les deux faces, vert intense et luisant en dessus, blanchâtres en dessous ; pétioles des feuilles supérieures de 5 à 8 mm. de long. *Haut.* 1 m. 50 à 3 m. Hongrie, 1835. (B. 24 ; B. M. 3278 ; B. R. 1753.)

S. oblata, Forst. Lilas de Fortune. — *Fl.* purpurines, à odeur fine et agréable, réunies en panicules nombreuses, élégantes, courtes ou allongées et plus ou moins compactes ; corolle à tube d'environ 1 cent. de long et à limbe ayant à peu près le même diamètre, avec des divisions arrondies ; calice à dents plus aiguës que dans le Lilas commun. Fin avril. *Flles* grandes et excessivement larges, de diamètre plus grand que leur longueur, cordiformes-arrondies, un peu charnues, luisantes et vert foncé en dessus, vert gai en dessous et très glabres. Chine, 1859. Arbre ayant à peu près la taille du Lilas commun, mais plus arborescent. (G. et F. 1888, 221.) — Il en existe une variété à *fleurs blanches*.

S. pekinensis, Rupr. *Fl.* blanc pur, assez grandes, à odeur peu prononcée, réunies en panicules assez grandes, élargies, peu compactes, atteignant 20 à 30 cent., parfois un peu infléchies; corolle à tube à peine plus long que le calice; pédoncules secondaires aussi longs que le pédoncule principal, devenant rougeâtres ainsi que le calice. Fin mai. *Flles* opposées, à pétioles de 2 cent. 1/2 de long, pourpre noirâtre ainsi que la nervure médiane ; limbe de forme variable, lancéolé ou élargi, arrondi sub-cordiforme à la base, longuement atténué en pointe, finement cilié sur les bords, glabre sur les deux faces ou parfois un peu pubescent-velouté en dessus. Rameaux grêles, flexibles, rougeâtres, souvent arqués et pendants. Arbuste buissonnant ou parfois arborescent. *Haut.* 4 à 5 m. Nord de la Chine, 1886. (G. et F. 1890, 165, 1894, 62.) Syn. *Ligustrina pekinensis*, Rupr.

S. p. pendula, Hort. Ne diffère du type que par ses rameaux pendants.

S. persica, Linn.* Lilas de Perse. — *Fl.* violet-bleuâtre ou blanches, à odeur agréable et pénétrante, réunies en thyrses lâches et peu fournis, mais généralement assez nombreux au sommet des rameaux ; corolle à tube fin, de 10 à 12 mm. de long et à limbe de même diamètre, avec des divisions étroites, s'étalant tardivement ; étamines non saillantes. Mai-juin. *Flles* étroites, lancéolées, aiguës, rétrécies à la base et longuement atténuées en pointe, parfois lobées ou sub-pinnatifides, glabres et vert gai, mais plus pâles en dessus qu'en dessous. Rameaux grêles, un peu anguleux et couverts de lenticelles. *Haut.* 1 m. 50 à 2 m. 50. Perse, 1640. — C'est la plus petite espèce du genre ; elle présente les deux variétés suivantes :

S. p. integrifolia, Hort. *Flles* tout entières. (B. M. 486, sous le nom de *S. persica*, Linn.)

S. p. laciniata, Hort. *Fl.* en thyrses plus petits et plus grêles que dans le type, très nombreux et espacés le long des rameaux, formant aussi de longs épis atteignant parfois jusqu'à 40 cent. Mai. *Flles* toutes ou presque toutes incisées-pinnatifides. (L. B. C. 1107.)

S. pubescens, Turcz. Lilas pubescent. — *Fl.* rose pâle, très odorantes, réunies en thyrses maigres et petits, mais formant tantôt des bouquets fournis, tantôt de longues grappes à l'extrémité des rameaux ; corolle à tube fin, très allongé, mesurant 12 à 15 mm., renflé supérieurement, avec un limbe étroit, de 5 à 10 mm. de diamètre, à divisions courtes et pointues. Mai. *Flles* plutôt petites, de 4 1/2 à 5 cent. 1/2 de long et 3 à 4 cent. de large, courtement pétiolées, ovales-arrondies, aiguës, ciliées sur les bords, pubescentes et blanchâtres sur la face inférieure, surtout à l'insertion des nervures, vert gai sur la supérieure. Rameaux grêles, allongés, ascendants et rougeâtres quand ils sont jeunes. *Haut.* 1 m. à 1 m. 50. Nord de la Chine, 1888. Magnifique arbuste compact et florifère. (G. et F. 1888, part. I, f. 67.)

S. rothomagensis, Hort. Syn. de *S. chinensis*, Willd.

S. villosa, Vahl. *Fl.* violet bleuâtre, à tube de la corolle grêle et à lobes du limbe oblongs et réfléchis. Mai. *Flles* ovales ou ovales-elliptiques, un peu obtuses, glabres en dessus, couvertes en dessous sur les nervures principales de longs poils blancs. *Haut.* 1 à 2 m. Nord de la Chine, 1880. (G. et F. p. 250, f. 83 ; B. M, 7064.) — Selon le journal cité en première référence, le *S. Emodi rosea*, décrit précédemment, serait identique avec cette espèce.

S. vulgaris, Linn.* Lilas commun ; Angl. Common Lilac, Pipe-tree. — *Fl.* lilas, purpurines ou blanches, à odeur agréable et forte, réunies en beaux thyrses fournis, plus ou moins allongés et généralement géminés ; corolle à tube un peu court, renflé supérieurement et à limbe plus grand que celui-ci, avec des divisions étalées et légèrement concaves, Mai. *Flles* cordiformes ou ovales-cordiformes, un peu acuminées, molles, glabres et d'un vert gai, un peu plus pâles en dessous qu'en dessus. Rameaux

Fig. 167. — Syringa vulgaris. — Lilas commun.

forts et dressés. *Haut.* 3 à 6 m. Perse, Hongrie, 1597, naturalisé en Europe, en France, etc. — Cette espèce est sans contredit la plus belle et au moins la plus répandue du genre ; elle compte plusieurs formes botaniques mentionnées ci-après et un assez grand nombre de variétés horticoles qui ont fait, ainsi que les divers procédés de culture qu'on leur applique, l'objet de l'important article **Lilas**. (V. ce nom.)

S. v. alba, Hort.* *Fl.* blanches, réunies en thyrses amples et fasciculés. Rameaux et bourgeons verdâtres. *Haut.* 4 à 5 m. Il en existe des sous-variétés : *major*, à fleurs plus grandes et *flore-pleno*, à fleurs doubles.

S. v. cærulea, Hort. *Fl.* légèrement rosées, devenant à la fin bleues ; thyrses faiblement fasciculés. *Haut.* 4 m. Une sous-variété a les *feuilles* imparfaitement *panachées*.

S. v. chamæthyrsus, E. André. Forme anormale et curieuse par ses rejets souterrains qui, à peine sortis de terre et avant même de développer des feuilles, se couronnent d'une inflorescence analogue à celles du type. 1894. (R. H. 1894, f. 1378.)

S. v. grandiflora, Hort. *Fl.* rouges et grandes.

S. v. purpurea, Hort. *Fl.* violet purpurin ; thyrses amples et fasciculés. Rameaux et bourgeons purpurins.

S. v. violacea, Hort. Angl. Scotch Lilac. — *Fl.* d'un beau violet ou lilas, réunies en thyrses faiblement fasciculés. Rameaux et bourgeons purpurins. *Haut.* 3 m. (B. M. 183.)

SYRINGAT (Pour Seringat). — V. **Philadelphus coronarius.**

SYRINGODEA, D. Don. (de *syringodes*, fistuleux ; allusion au tube grêle du périanthe). Fam. *Iridées*. —

Petit genre comprenant, selon M. Baker, sept espèces de jolies plantes bulbeuses, naines et de serre froide, habitant toutes le sud de l'Afrique et intermédiaires entre les genres *Crocus* et *Romulea*. Fleurs solitaires dans les spathes, à pédoncules courts et cachés par celles-ci, comme dans les *Crocus;* périanthe à tube long et très grêle, et à limbe à six segments oblongs, sub-égaux, entiers ou émarginés; étamines insérées à la gorge, à filets courts, libres et à anthères sagittées; spathes sub-sessiles entre les feuilles, étroites et hyalines. Feuilles ordinairement plusieurs, filiformes et éparses, Bulbe plein, à tuniques membraneuses.

L'espèce typique, ci-après décrite, est seule introduite. Pour sa culture V. **Ixia**.

S. pulchella, D. Don. *Fl.* à tube du périanthe cylindrique, de 4 à 5 cent. de long, très exsert, épaissi supérieurement et à limbe pourpre pâle, avec des segments obovales-cunéiformes, profondément émarginés, étalés, de 8 à 12 mm, de long; spathes à valves lancéolées, de 12 à 18 mm. de long. Automne. *Flles* quatre à six, sétacées, falciformes, glabres, de 8 à 10 cent. de long. Bulbe globuleux, épais, de 12 mm. de diamètre, uni- ou biflore et à tuniques brunes. Cap, 1873. Très jolie plante bulbeuse. (B. M. 6072, F. d. S. 2096.)

SYRINGODEA, Don. — V. **Erica**, Linn.

SYRPHUS, **Syrphe**; Angl. Hawkfly. — Genre d'insectes Diptères, devenant à l'état adulte des Mouches à deux ailes et à vol très rapide. Ces Mouches se posent de préférence sur les fleurs et sont très voyantes par les taches jaunes dont elles sont parsemées et les reflets verts métalliques et autres qu'elles produisent. Leur taille varie entre celle de la Mouche commune et celle de la Mouche bleue, et certaines d'entre elles ont une forme très analogue à celle de cette dernière. Les Syrphes sont presque tous glabres, mais dans certains genres voisins des *Syrphus* vrais (Ex. *Volucella*) les espèces sont velues et se rapprochent beaucoup, comme aspect, des petits Bourdons.

Les espèces de Syrphes sont nombreuses et beaucoup habitent la France et l'Angleterre; leurs larves sont éminemment utiles en ce qu'elles dévorent beaucoup de Pucerons. Ces larves sont très semblables entre elles; toutes sont charnues, rétrécies depuis la partie postérieure jusqu'à l'antérieure, qui est pointue et où se trouve la bouche. Leur corps est annelé et elles se meuvent d'une façon très analogue à celles des sangsues, c'est-à-dire en contractant et allongeant successivement leur corps.

La femelle pond ses œufs sur les rameaux infestés de Pucerons et, dès que les larves sont écloses, elles commencent à dévorer les Pucerons. Elles les saisissent un par un, les tiennent un instant dans l'air, suçent rapidement leur contenu, puis elles les lâchent et en saisissent un autre. Arrivées à leur complet développement, elles se fixent aux rameaux des plantes, par la queue, à l'aide d'une sorte de ciment, puis, au bout de quelques jours, elles émergent à l'état de Mouche. Les Syrphes ne doivent naturellement pas être détruits par les jardiniers, mais au contraire protégés le plus possible, car ce sont pour eux de précieux auxiliaires, notamment pour débarrasser les Rosiers de leurs plus redoutables ennemis.

SYSTÈME. — En histoire naturelle, on désigne ainsi l'ensemble des organes qui concourent à l'accomplissement de certaines fonctions ayant un même rôle. C'est ainsi qu'en botanique on parle des *systèmes ligneux*, *cortical*, *floral*, *foliaire*, *radiculaire* et *vasculaire*. Pour la définition des organes qui accomplissent ces fonctions, V. **Bois**, **Ecorce**, **Fleur**, **Feuille**, **Racine** et **Vaisseaux**.

On désigne encore, sous le nom de *système*, les classifications des végétaux, telles que celle de Linné, qui reposent sur les caractères que représente un petit nombre d'organes (principalement les étamines et les styles) et cela pour les distinguer des autres classifications naturelles qu'on nomme *méthodes*, telles que celle de Jussieu et de Candolle, parce qu'elles embrassent la plupart des caractères que présentent les plantes et qu'elles les groupent d'après l'importance et les affinités de ces caractères. V. aussi **Classification**.

(S. M.)

SYSTREPHIA, Curch. — V. **Ceropegia**, Linn.

SYZYGIUM, Gærtn. — V. **Eugenia**, Linn.

SZOWITZIA, Fisch. et Mey. (dédié à M. Szowitz, botaniste et voyageur hongrois, mort en 1831). Fam. *Ombellifères*. — La seule espèce de ce genre est une herbe annuelle, glabre et rustique, habitant le sud de la région caucasienne. Ses fleurs sont blanches, réunies en ombelles composées, et ses feuilles sont ternées-disséquées. La plante étant peu décorative, aussi est-elle probablement disparue des cultures.

T

TABAC. — V. **Nicotiana**.

TABAC blanc odorant. — V. **Nicotiana affinis.**

TABAC commun. — V. **Nicotiana Tabacum**. Var.

TABAC géant à grandes fleurs pourpres. — V. **Nicotiana Tabacum macrophylla.**

TABAC gigantesque. — V. **Nicotiana tomentosa.**

TABAC de la Havane. — V. **Nicotiana Tabacum.**

TABAC du Maryland. — V. **Nicotiana Tabacum macrophylla.**

TABAC rustique. — V. **Nicotiana rustica.**

TABAC de Virginie. — V. **Nicotiana fruticosa.**

TABAC vrai. — V. **Nicotiana Tabacum.**

TABEBUIA, Gomez. (c'est, dit-on, le nom indigène au Brésil). Fam. *Bignoniacées.* — Genre comprenant environ soixante espèces d'arbres ou d'arbustes de serre chaude, glabres, pubescents ou velus et habitant l'Amérique tropicale. Fleurs souvent amples et réunies en grappes ou en cymes; calice tubuleux, d'abord fermé, puis diversement découpé au sommet; corolle à tube allongé, droit ou à peine incurvé; limbe étalé, sub-bilabié et à cinq lobes arrondis et presque égaux; étamines quatre, didynames. Capsule oblongue ou allongée et sub-arrondie. Feuilles opposées ou légèrement éparses, simples (unifoliolées?), trifoliolées ou souvent à cinq-sept folioles digitées, pétiolulées, entières ou dentées.

Quelques espèces existent dans les cultures et demandent exactement le même mode de traitement que les **Tecoma** (V. ce nom), genre auquel on les réunit parfois.

T. æsculifolia, Hemsl. *Fl.* à corolle orangée, sub-campanulée, avec les trois lobes inférieurs marqués de taches jaunes; panicule terminale et sub-corymbiforme. Juin. *Flles* digitées, à sept folioles obovales-oblongues, courtement acuminées, rétrécies à la base, membraneuses, pubescentes en dessus et canescentes-tomenteuses en dessous. Ramilles pubescentes. *Haut.* 6 m. Mexique. Arbre. Syn. *Bignonia æsculifolia*, Humb., Bonpl. et Kunth.

T. **leucoxyla**, DC. Nom correct de la plante décrite dans le vol. 1, p. 365, sous le nom de *Bignonia pallida*, Lindl. Syn. *Bignonia leucoxyla*, Vell.

TABERNÆMONTANA, Linn. (dédié à Jacques Théodore Tabernæmontanus, de Heidelberg, célèbre médecin et botaniste qui mourut en 1590). Syns. *Pandaca*, D. P. Thou. et *Reichardia*, Dennst. Comprend les *Conopharyngia*, G. Don. Fam. *Apocynacées.* — Genre renfermant environ cent cinquante espèces d'arbres ou d'arbustes de serre chaude, souvent glabres et toujours verts, largement dispersés dans les régions tropicales et dans Madagascar. Fleurs blanches ou jaunâtres, réunies en cymes à peine ramifiées; calice ordinairement petit, à cinq lobes ou divisions; corolle en coupe, dépourvue d'écailles à la gorge et à lobes contournés; anthères sagittées, très aiguës. Baies ou follicules deux, globuleux, oblongs, ovoïdes ou récurvés-réniformes, lisses ou à trois côtes. Feuilles opposées, grêles ou coriaces et penniveinées.

Ce sont des plantes intéressantes, dont quelques-unes sont décrites ci-après. Le *T. utilis* (qui n'existe probablement pas dans les collections) fournit par incision un suc abondant, laiteux et sucré, analogue par son aspect au lait de vache, mais un peu gluant, par suite du caoutchouc qu'il contient.

Les *Tabernæmontana* prospèrent dans un mélange de terre franche, de terre de bruyère et de sable. On les multiplie par boutures que l'on plante dans du sable, sous cloches et sur chaleur de fond humide. Sauf indications contraires, toutes les espèces suivantes sont de serre chaude.

T. **Amsonia**, Linn. — V. **Amsonia Tabernæmontana.**

T. **amygdalæfolia**, Jacq. *Fl.* très odorantes, à segments de la corolle obovales, ondulés, égalant presque le tube; cymes dichotomes, égalant un tiers de la longueur des feuilles. *Flles* ovales-lancéolées ou obovales-oblongues, aiguës aux deux extrémités, de 5 à 12 cent. de long, luisantes; pétioles de 6 à 12 mm. de long. *Haut.* 2 m. Amérique du Sud, 1870. (R. R. 338.)

T. **Barteri**, Hook. * *Fl.* de 2 cent. 1/2 de long, à tube de la corolle dilaté à la base et au sommet, à segments oblongs-obovales, obtus, presque plus courts que le tube; pédoncules à ramifications dichotomes, pauciflores, plus courts que les feuilles. Eté. *Flles* oblongues, atténuées aux deux extrémités; les supérieures de 5 à 8 cent. de long, disposées en verticilles inégaux; pétioles dilatés et légèrement connés. Rameaux pâles. *Haut.* 2 m. Ouest de l'Afrique tropicale, 1870. (B.M. 5859.)

T. **contorta**, Stapf. *Fl.* blanches, de 7 cent. de long. *Flles* de 20 à 30 cent. de long et 12 à 18 cent. de large. Afrique tropicale, 1894.

T. **coronaria**, Willd. * Angl. Adam's Apple; Angl. East

Indian Rose Bay. — *Fl.* odorantes le soir, à tube de la corolle de 18 mm. de long; segments oblongs, obtus, un peu plus longs que le tube; pédoncules géminés dans l'angle de bifurcation des rameaux, dressés, dichotomes et portant quatre à six fleurs. Juillet. *Flles* opposées, inégales, elliptiques-oblongues, aiguës à la base, obtuses et acuminées au sommet, de 8 à 10 cent. de long et membraneuses. Rameaux dichotomes. *Haut.* 1 m. 20. Origine inconnue, mais cultivé dans les Indes, 1770. (B. R. 1064; L. B. C. 406.) — Il en existe une variété *flore-pleno*, à fleurs doubles. (B. M. 1865, sous le nom de *Nerium coronarium*, Jacq.)

T. densiflora, Wall. — V. **Rauwolfia densiflora.**

T. dichotoma, Roxb. *Fl.* légèrement odorantes, de 2 cent. 1/2 de long, à segments de la corolle un peu plus longs que le tube; cymes terminales, ramifiées-dichotomes, multiflores et égalant presque les feuilles; pédoncules nus, de 8 à 15 cent. de long. Septembre. *Flles* oblongues, aiguës à la base, obtuses au sommet, de 6 à 12 cent. de long; pétioles de 15 à 25 mm. de long, embrassés par les stipules engainantes. Rameaux arrondis. *Haut.* 2 m. Indes, 1840. (B. R. 1841, 53.) Syn. *Cerbera dichotoma*, Lood. (L. B. C. 1516.)

T. durissima, Stapf. *Fl.* odorantes, de 5 à 6 cent. de long et réunies en corymbes. *Flles* de 18 à 27 cent. de long et 9 à 12 cent. de large. Gabon, 1894.

T. grandiflora, Jacq. *Fl.* jaunes, inodores, à lobes du calice de 15 mm. de long, foliacés, portant une glande vers la base; corolle à tube de 3 cent. 1/2 de long et à lobes obovales, très obtus et plus courts; pédoncules terminaux, deux fois bifurqués et pauciflores. Été. *Flles* ovales ou elliptiques-obovales, aiguës à la base, longuement et finement cuspidées au sommet, de 5 à 10 cent. de long, une de chaque paire plus petite et glabres. Ramilles dichotomes. *Haut.* 2 m. Guyane anglaise et Vénézuéla, 1823. (B. M. 5226.)

T. gratissima, Lindl. Syn. de *T. recurva*, Roxb.

T. eglandulosa, Stapf. *Fl.* blanches, très agréablement parfumées, à tube de 4 à 7 cent. de long et à lobes de même longueur environ. *Flles* de 15 à 18 cent. de long et 6 à 9 cent. de large. Niger et Gabon, 1894. Plante grimpante.

T. elegans, Stapf. *Fl.* petites, blanc jaunâtre et très nombreuses. *Flles* de 12 à 15 cent. de long et très étroites. Zambèze.

T. laurifolia, Linn. *Fl.* jaunes, à lobes de la corolle linéaires-oblongs, plus courts que le tube; cymes contractées, égalant environ la longueur des pétioles. Mai. *Flles* ovales ou ovales-oblongues, de 10 à 20 cent. de long, obtuses aux deux extrémités. *Haut.* 3 m. Indes occidentales, 1768. Arbuste de serre chaude.

T. longiflora, Benth. *Fl.* à tube de la corolle très long, légèrement renflé au-dessous du milieu; pédoncules lâches, portant environ trois fleurs. Eté. *Flles* oblongues-elliptiques, brusquement acuminées, aiguës à la base et à pétioles dilatés à la base. Sierra Leone, 1849. Arbre. (B. M. 4484; F. d. S. 534.)

T. longifolia, Benth. *Fl.* de 15 mm. de long, à lobes de la corolle obovales-oblongs, égalant le tube; cymes axillaires, dichotomes, multiflores, beaucoup plus courtes que les feuilles et à pédoncules épais. Juillet. *Flles* sub-sessiles, oblongues, acuminées, longuement rétrécies à la base, de 15 à 25 cent. de long et 4 à 6 cent. de large, membraneuses. *Haut.* 2 m. Guyane anglaise, 1849.

T. recurva, Roxb. *Fl.* odorantes, à tube de la corolle glabre, à gorge charnue et à segments de 20 à 22 mm. de long, obtus; cymes géminées à l'aisselle des bifurcations des rameaux, étalées, récurvées, beaucoup plus courtes que les fleurs et multiflores. Juin. *Flles* largement lancéolées, aiguës à la base, obtuses et acuminées au sommet, de 10 cent. de long; pétioles de 10 à 15 mm. de long. Rameaux arrondis. *Haut.* 2 m. Chittagong et Tenasserim, 1824. Syn. *T. gratissima*, Lindl. (B. R. 1084.)

T. Wallichiana, Steud. *Fl.* à pédicelles deux fois aussi longs que les calices; corolle à tube de 10 à 12 mm. de long, avec des lobes étroits, arqués, un peu obtus; pédoncules géminés à l'aisselle des bifurcations des rameaux, étalés-récurvés, dichotomes et portant trois à cinq fleurs. Été. *Flles* largement lancéolées, très courtement rétrécies en pétioles, obtuses et acuminées au sommet, de 8 à 10 cent. de long; pétioles très courts et canaliculés. *Haut.* 60 cent. à 1 m. Sumatra, 1873.

TABLETTE. — On désigne sous ce nom et plus correctement sous celui de *banquette* (Angl. Stage), les sortes de tables fixes et horizontales que l'on construit dans les serres pour supporter les plantes et les tenir près du vitrage, afin qu'elles reçoivent le plus de lumière possible. Ces tables ont parfois la charpente, c'est-à-dire les pieds, les barres de support et les traverses en bois, ainsi que la planche du devant, mais plus souvent, et surtout dans les serres bien construites, toute cette charpente est en fer, peinte au même ton que les fers de la serre elle-même, c'est-à-dire en gris plus ou moins foncé. On garnit ensuite le fond d'ardoises ou de tuiles plates et sur celui-ci on étend enfin et selon la nature des plantes envisagées, une couche de quelques centimètres de scories, de tan, de sable ou autre matière appropriée.

Les véritables tablettes (Angl. Shelves) sont les planches de diverses largeurs, mais ayant ordinairement 2 cent. 1/2 d'épaisseur, sur lesquelles on place dans les serres une ou deux rangées de plantes en pots, selon les dimensions de ceux-ci. Ces tablettes sont fixes ou mobiles sur leurs supports, également peintes de même couleur que les fers de la serre et situées à différentes hauteurs sur le mur d'appui des serres adossées ou suspendues par des brides en fer à la charpente.

Ces tablettes sont souvent d'une grande utilité pour tenir très près du vitrage et cultiver ou hiverner certaines plantes de dimensions moyennes ou petites qui ont besoin de beaucoup de lumière.

TABLIER. — Nom familier que l'on donne parfois au *Labelle* des Orchidées et à la lèvre inférieure de certaines fleurs bilabiées.

TACAMAHAC. — V. **Populus balsamifera.**

TACAMAQUE de Bourbon. — V. **Calophyllum Calaba.**

TACCA, Forst. (le nom malais du genre). Syn. *Ataccia*, Presl. Fam. *Taccacées.* — Genre comprenant environ neuf espèces de plantes herbacées, vivaces et de serre chaude, dont trois habitent l'Amérique tropicale et les autres diverses contrées des tropiques. Fruit bacciforme et indéhiscent (toujours ?). Pour les autres caractères génériques, V. **Taccacées**, dont ce genre est le type de la famille.

Les espèces décrites ci-après sont les plus répandues dans les cultures. Les tubercules du *T. pinnatifida* contiennent une grande quantité d'amidon, connu sous le nom anglais de « South Sea Arrowroot » et très employé comme aliment dans les tropiques. Ces plantes prospèrent dans un compost de terre franche, de terre de bruyère et de sable. Pendant leur période de repos, il faut les arroser avec beaucoup de modération. Leur

TACCA CRISTATA

multiplication peut s'effectuer par division des racines ou par séparation des rejets, et leur traitement général se rapproche du reste beaucoup de celui des Aroïdées de serre chaude.

T. artocarpifolia, Seem. *Fl.* très nombreuses, à pédicelles de 2 1/2 à 8 cent. de long; les stériles pendants et filiformes; périanthe brun à la base, le reste vert, glabre, à segments largement ovales, involucre formé de six à sept feuilles; hampe de 1 m. 50 à 2 m. de haut. Mai. *Flles* environ trois, de 60 cent. à 1 m. de diamètre, triséquées, à segments pinnatifides et pétiolulés; pétioles de 60 cent. de long, forts et dressés; souche tubéreuse. Madagascar, etc., 1872. (B. M. 6124.)

T. aspera, Roxb. Syn. de *T. integrifolia*, Ker.

T. cristata, Jack. **Fl.* pourpre brun noirâtre, nombreuses, réunies en ombelle latérale et pendante, entremêlée de nombreux et longs pédicelles stériles et pendants; involucre à quatre folioles; les deux inférieures petites et sessiles; les deux supérieures amples, planes,

Fig. 168. — TACCA CRISTATA.

dressées, pétiolulées et de couleur pourpre; hampe robuste et dressée. Eté. *Flles* lancéolées-oblongues, de 30 cent. de long et 12 cent. de large, toutes radicales, très entières, fortement veinées, à pétioles allongés, cylindriques et canaliculées. *Rhiz.* tubéreux, conique, produisant de petits tubercules latéraux. *Haut.* 50 à 60 cent. Malaisie, 1812. — Cette espèce est la plus répandue dans les cultures. (B. M. 4589.) Syn. *Ataccia cristata*. Kunth. (F. d. S. 860-1; F. M. 388; L. J. F. 186-7; R. H. 1866,51.)

T. integrifolia, Ker. **Fl.* quatre à onze par ombelle, longuement pédicellées, d'abord sub-dressées, puis à la fin pendantes; périanthe vert, panaché de pourpre et de jaune; spathes ovales, tordues; hampe axillaire et solitaire. Juin. *Flles* vert luisant, récurvées, oblongues, acuminées, glabres, d'environ 30 cent. de long. Tige nulle. Silhet, Khasya, Birma, etc., 1820. (B. M. 1488.)

T. pinnatifida, Forst. *ANGL. Otahiete Salap Plant, South Sea Arrow-plant. — *Fl.* réunies en ombelle dense et entourée de plusieurs bractées foliacées; périanthe purpurin, en entonnoir et à six segments sub-égaux. Juin. *Fr.* un peu pyriforme, à côtes proéminentes. *Flles* longuement pétiolées, amples, tripartites, à divisions fourchues, pinnatifides, ne laissant qu'une aile étroite le long du rachis et à lobes irréguliers, ovales et aigus. Tige nulle. *Rhiz.* tubéreux. Indes orientales et îles de la Société, 1793. (L. B. 692; R. G. 582; B. M. 7299.)

TACCACÉES. — Petite famille naturelle de végétaux Monocotylédones, aujourd'hui placée entre les *Amaryllidées* et les *Liliacées* et ne comprenant que dix espèces environ, réparties dans les deux genres *Tacca* et *Schizocapra*, dont le premier compte pour neuf. Ce sont des plantes herbacées, vivaces, à rhizome tubéreux ou rampant et habitant les régions tropicales de la Chine. Fleurs presque régulières, hermaphrodites, réunies en ombelle dense, insérée au sommet d'une hampe dressée et aphylle, accompagnée d'un involucre formé de plusieurs bractées foliacées, vertes ou colorées et entremêlées de pédicelles ou bractées internes allongées et filiformes; périanthe souvent brun, livide ou vert supérieurement, inséré au-dessus de l'ovaire, largement urcéolé ou globuleux-campanulé, à tube court et large; limbe à six segments bisériés, subégaux ou les internes plus larges, tous connivents en globe ou les externes et parfois tous étalés; étamines six, à filets très courts et à anthères à deux loges; ovaire infère; style court, columnaire. Fruit globuleux, ovoïde, turbiné ou allongé, souvent triangulaire ou à six côtes, bacciforme, indéhiscent ou s'ouvrant rarement et à la fin en trois valves. Feuilles radicales, amples, pétiolées, tantôt indivises et entières, tantôt diversement lobées et disséquées.

TACCARUM, Brongn. (nom dérivé de *Tacca;* allusion à la ressemblance des plantes des deux genres). SYNS. *Endera*, Regel et *Lysistigma*, Schott. FAM. *Aroïdées.* — Petit genre comprenant trois ou quatre espèces (ou une seule pour certains auteurs) de grandes plantes herbacées, tubéreuses et de serre chaude, habitant le Brésil. Fleurs monoïques; spathe dressée, à tube court, enroulé et à limbe béant ou étendu, oblong et aigu; spadice dépourvu d'appendice, plus court que la spathe, courtement stipité, à fleurs lâches; inflorescence mâle ovoïde ou allongée et plus longue que les pétioles. Feuilles longuement pétiolées, largement ovales-hastées, bipinnatifides et à pinnules ondulées.

Les deux espèces décrites ci-après sont introduites et demandent le même traitement que les **Staurostigma**, dont elles sont très voisines :

T. cylindricum, Arcang. *Fl.* à spathe vert olive, ovale, acuminée, dépassant légèrement le spadice; celui-ci subcylindrique, atténué depuis la base jusqu'au sommet, couvert de fleurs sur toute sa longueur; inflorescences mâle et femelle de longueurs égales. *Flle* solitaire, paraissant avec les fleurs, grande, tripartite, pinnatifide-décomposée, à pétiole allongé, arrondi, maculé, de 1 m. de long. Tubercule hémisphérique. Brésil, 1873. Syns. *T. peregrinum*, Engl.; *Endera conophalloides*, Regel. (R. G. 1872, 732); *Lysistigma peregrinum*, Schott.

T. peregrinum, Engl. Syn. de *T. cylindricum*, Arcang.

T. Warmingii, Engl. *Fl.* à spathe teintée de brun cuivré clair, de 45 cent. de long, enroulée à la base, ouverte supérieurement; spadice plus court que la spathe; ovaire vert, entouré de quatre staminodes charnus et brun terne; étamines des fleurs mâles réunies en une masse charnue, columnaire, rosée et arrondie au sommet; hampe de 20 cent. de long. Octobre-janvier. *Flle* solitaire, vert gai, de 60 à 75 cent. de diamètre, à trois divisions principales bipinnatifides; pétiole de 1 m. de haut, vert clair et marqué de nombreuses lignes blanches. Brésil, 1882. (G. C. n. s. XVI, p. 661; R. G. 1124.)

TACHIA, Pers. — V. **Tachigalia**, Aubl.

TACHIADENUS, Griseb. (de *Tachia*, genre de la même famille, et *aden*, glande; l'ovaire est entouré d'un anneau de glandes, comme dans les *Tachia*). Fam. *Gentianées*. — Genre comprenant cinq espèces de plantes herbacées ou de sous-arbrisseaux endémiques à Madagascar. Fleurs roses ou blanches, parfois violettes, à tube blanc ample et réunies en petit nombre et en cyme terminale ou solitaires; calice tubuleux, portant plusieurs glandes à l'intérieur, à cinq dents au sommet et à cinq carènes ou ailes; corolle en coupe ou en entonnoir, à tube allongé et à cinq lobes tordus; étamines cinq. Feuilles sessiles ou pétiolées et souvent trinervées.

L'espèce décrite ci-après est seule introduite. Elle prospère dans un mélange de terre franche, de terre de bruyère et de sable, et demande à être tenue presque sèche pendant l'hiver. On la multiplie par boutures que l'on fait dans du sable, sous cloches et à chaud.

T. carinatus, Griseb. **Fl.* à calice de 15 mm. de long, avec cinq ailes obverses, demi-lancéolées et à lobes linéaires; corolle à tube blanc, de 5 cent. de long, renflé au sommet et à lobes violets, arrondis, obtus, de moins de 2 cent. 1/2 de long; cyme terminale, deux fois dichotome. Octobre. *Flles* ovales, sessiles et trinervées. Tige suffrutescente et tétragone. Madagascar, 1858. (B. M. 5094; G. C. 1889, part. I, f. 5.)

TACHIGALIA, Aubl. (de *Tachigali*, le nom indigène à la Guyane). Syns. *Cubæa*, Schreb; *Tachia*, Pers. Fam. *Légumineuses*. — Petit genre comprenant quatre ou cinq espèces d'arbres inermes et de serre chaude, habitant l'Amérique tropicale. Fleurs jaunes (?), très courtement pédicellées et réunies en grappes; calice à cinq segments inégaux; pétales cinq, à peine inégaux; étamines dix. Feuilles pinnées sans impaire.

Les *T. bijuga*, DC. et *T. paniculata*, Aubl. ont été introduits dans les cultures, mais ils n'y ont sans doute pas persisté.

TACSONIA, Juss. (de *Tacso*, le nom péruvien d'une des espèces). Fam. *Passifloracées*. — Genre comprenant environ trente espèces d'arbustes grimpants et souvent pubescents, de serre chaude ou tempérée, habitant l'Amérique tropicale, sauf le Brésil. Ils diffèrent principalement des *Passiflora* par leur tube calycinal ordinairement allongé, pourvu de deux couronnes annulaires, entières ou filamenteuses et insérées l'une à la gorge, l'autre près de la base; pétales cinq, souvent plus petits que les lobes du calice; étamines cinq; styles trois, capités; fruit bacciforme, pulpeux et sub-globuleux. Feuilles alternes. Vrilles latérales et simples.

Les espèces suivantes sont les plus répandues dans les collections. Pour leur culture et emploi, V. **Passiflora**.

T. Buchanani, Lem. — V. **Passiflora vitifolia**.

T. insignis, Mast. **Fl.* solitaires, axillaires, de 15 à 20 cent. de diamètre, à tube de 5 cent. de long, avec un renflement déprimé à la base; sépales violet-cramoisi, linéaires-oblongs, concaves, avec une carène verte, se terminant à la base en un éperon de même teinte et long de 2 cent. 1/2; pétales cramoisi plus foncé et plus courts que les sépales, presque plans; coronule externe de 12 mm. de long, formée d'une série de filaments blancs, bigarrés de bleu; coronule interne représentée par une membrane infléchie et insérée au-dessus du renflement du tube. Été et automne. *Flles* de 12 à 18 cent. de long, ovales ou oblongues, parfois ovales-lancéolées et cordiformes à la base, obscurément lobées et dentées; pétioles courts, forts, glanduleux; stipules petites, pinnatiséquées. Parties herbacées, pétioles, pédoncules et face inférieure des feuilles couverts d'une villosité laineuse, brun roussâtre pâle ou foncé. Pérou (?). Serre tempérée. (B. H. 1874, 10; F. M. n. s. 89; G. C. 1873, 1112; R. H. B. 1877, 217.) Syn. *Passiflora insignis*, Hook. (B. M. 6069; F. d. S. 2083-4.)

T. Jamesoni, Mast. *Fl.* d'un beau rose vif, grandes, à tube cylindrique, de 10 cent. de long et à pédoncules plus longs que les feuilles. *Flles* glabres, sub-orbiculaires, trilobées, de 5 cent. de long et 6 cent. de large. Équateur. Serre tempérée.

T. manicata, Juss. *Fl.* à pédoncules plus longs que les pétioles; tube renflé à la base, à dix lobes et à limbe écarlate brillant, de 10 cent. de diamètre; coronule double; l'externe insérée à la gorge du tube et formée de filaments nombreux, courts et bleus; l'interne insérée au-dessus du renflement de la base du tube; bractées elliptiques-ovales et pubescentes. Juillet. *Flles* d'environ 10 cent. de long, coriaces, découpées jusque vers le milieu en trois lobes largement oblongs, obtus ou sub-aigus, pâles en dessous et finement dentés en scie; pétioles d'environ 2 cent. 1/2 de long, portant trois ou quatre glandes. Tige, face inférieure des feuilles, stipules, bractées et extérieur du périanthe finement pubescents. Pérou, avant 1850. Plante de serre chaude ou tempérée. (L. et P. F. G. I, 26.) Syn. *Passiflora manicata*, Pers. (B. M. 1629.)

T. mixta, Juss. *Fl.* roses, à tube cylindrique, de 10 à 12 cent. de long, glabre ou pubescent; sépales et pétales obtus; bractées oblongues, de 4 à 5 cent. de long, herbacées ou colorées, réunies en une sorte d'involucre. Fin de l'été. *Flles* coriaces, orbiculaires, trilobées jusqu'au milieu, à lobes ovales-oblongs, aigus et dentés en scie; pétioles de 2 1/2 à 4 cent. de long, avec six à huit glandes sessiles ou stipitées. Tige anguleuse. Andes. Plante glabre ou plus ou moins pubescente, de serre tempérée.

T. m. eriantha, Hort. *Fl.* rose vif, à bractées réticulées-nervées. Plante pubescente et canescente. (B. M. 5750, sous le nom de *T. eriantha*, Benth.)

T. m. quitensis, Hort. *Fl.* à involucre pubescent, cylindrique, régulièrement ou rarement irrégulièrement trilobé au sommet. *Flles* presque glabres en dessus, veloutées en dessous, à trois lobes ovales ou ovales-oblongs; glandes pétiolaires sessiles. Tige veloutée. (I. H. XVI, 595, sous le nom de *T. quitensis*, Benth.; *eriantha*, Hort.)

T. m. speciosa, Hort. *Fl.* à involucre pubescent et à deux ou trois lobes inégaux au sommet. *Flles* glabres en dessus, pubescentes en dessous, trilobées, à lobes oblongs-lancéolés, roncinés-dentés; glandes pétiolaires stipitées. Tige sub-arrondie et glabre.

T. mollissima, Humb. et Bonpl. * *Fl.* rose vif, à tube cylindrique, de 10 à 12 cent. de long, très glabre; bractées de 2 cent. 1/2 de long, formant un involucre urcéolé et irrégulièrement découpé au sommet. Août. *Fr.* jaunâtre, ellipsoïde, de 10 cent. de long. *Flles* de 10 à 12 cent. de long et 12 à 15 cent. de large, cordées-trilobées, à lobes divergents, ovales-lancéolés, dentés en scie; pétioles de 4 cent. de long, glanduleux; stipules de 15 à 20 mm. de long, profondément dentées en scie. Quito, 1845. Plante entièrement couverte d'une pubescence molle. Serre tempérée. (B. M. VII, p. 142; B. M. 4187; B. R. XXXII, 11; F. d. S. II, 70; P. M. B. XIII, 25.)

T. Parritæ, Mast. *Fl.* à tube long et grêle; sépales cinq, rose orangé, oblongs, cucullés et aigus au sommet;

pétales d'une belle teinte orange, oblongs, plans ; coronule composée d'un rang externe d'appendices dentiformes et d'une membrane interne repliée en dedans ; pédoncules plus longs que les feuilles. *Flles* trilobées, glabres en dessus, poilues en dessous, à pétioles canaliculés en dessus et à stipules entières, subulées-acuminées. Tolima, 1882, Serre chaude ou tempérée. (G. C. n. s. XVII, p. 225 ; I. H. 1888, 41.)

T. pinnatispinula, Juss. *Fl.* rose pâle, de 10 à 15 cent. de long, à tube cylindrique, dilaté à la base ; coronule à filaments de moitié plus courts que les sépales et les pétales ; bractées de 2 cent. 1/2 de long, dentées en scie ; pédoncules de 10 cent. de long. Septembre. *Fr.* sub-globuleux, tomenteux et comestibles. *Flles* coriaces, tomenteuses en dessous, tripartites, de 8 à 12 cent. de long et 9 à 10 cent. de large, à lobes lancéolés, dentés en scie ; pétioles de 2 cent. 1/2 de long ; stipules de même longueur que les pétioles et pinnatiséquées. Chili et Pérou, 1828. Serre froide. (B. IV, 171 ; B. M. 4062 ; S. B. F. G. ser. II, 156.) Syn. *Passiflora pinnatispinula*, Cav. (B. R. 1536.) — Le *Poggendorffia rosea*, Karst., est simplement une forme monstrueuse de cette espèce.

T. Smythiana, Hort. Hybride ou semis horticole très semblable au *T. mollissima*, mais à fleurs plus vivement colorées, 1892.

T. Van-Volxemii, Hook. * *Fl.* écarlates, très élégantes, à tube cylindrique, de 4 cent. de long, dilaté à la base et à limbe de 10 à 12 cent. de diamètre ; sépales et pétales linéaires-oblongs ; pédoncules grêles, deux fois aussi longs que les feuilles ; bractées de 2 cent. 1/2 de long, dentées en scie. Fin de l'été. *Fr.* ellipsoïde et comestible. *Flles* glabres, de 10 à 12 cent. de long et autant de large, tripartites, à lobes lancéolés, rétrécis à la base ; pétioles de 4 cent. de long, portant de nombreuses glandes ; stipules linéaires. Nouvelle-Grenade, 1866. Serre chaude ou tempérée. (B. M. 5571 ; F. M. 289 ; G. C. 1866, p. 171 ; I. H. X. 381.) C'est une des plus belles espèces.

TÆNIOCARPUM, Desv. — V. **Pachyrhizus**, Rich.

TÆNIOPHYLLUM, Blume (de *tainia*, bande, et *phyllon*, feuille ; allusion aux feuilles linéaires). Fam. *Orchidées*. — Genre comprenant environ six espèces d'Orchidées naines, épiphytes et de serre chaude ou tempérée, habitant les Indes orientales, l'Archipel Malais, les îles de l'Océan Pacifique et l'Australie. Ce sont des plantes presque acaules, aphylles et pourvues d'une touffe de feuilles linéaires, à fleurs petites et réunies en petites grappes ; sépales et pétales presque égaux, dressés ou connivents, soudés à la base ; labelle soudé à la base de la colonne et développé en un éperon ou poche courte ; masses polliniques quatre, formant deux paires. Aucune espèce de ce genre n'a encore été introduite.

TÆNITIS, Swartz. (de *tainia*, filet ou ruban ; allusion aux pinnules linéaires des frondes). Comprend les *Cuspidaria*, Fée ; *Neurodium* ; *Pallonium* et *Pteropsis*, Desv. Fam. *Fougères*. — Petit genre ne renfermant que cinq espèces de Fougères intéressantes et de serre chaude, habitant toutes les tropiques et peu voisines les unes des autres. Sores linéaires, formant une ligne parfois interrompue et centrale ou marginale.

Certaines espèces diffèrent à peine des *Tæniopsis* (réunis aux *Vittaria*) par leurs fructifications, mais chez toutes les espèces décrites ci-après, les nervures sont anastomosées. Pour leur culture, V. **Fougères**.

T. angustifolia, — Frondes de 30 à 50 cent. de long et 6 à 12 mm. de large, très graduellement rétrécies supérieurement en pointe aiguë et inférieurement en court pétiole, flasques, à nervure médiane distincte, avec des veines enfoncées et formant deux ou trois rangées d'aréoles hexagones. *Sores* enfoncés dans un sillon situé à une faible distance du bord. Cuba et jusqu'au nord du Brésil, 1816. Syn. *Pteropsis angustifolia*, Desv.

T. blechnoides, — *Rhiz.* rampant. *Pétioles* de 20 à 30 cent. de long, fermes, nus et luisants. *Frondes* de 30 à 60 cent. de long et 20 à 30 cent. de large, simplement pinnées, à pinnules des frondes stériles au nombre de deux ou trois de chaque côté, de 15 à 22 cent. de long et 2 1/2 à 5 cent. de large, oblongues-lancéolées, acuminées, cunéiformes à la base, à bords épais et ondulés ; les inférieures pétiolées ; pinnules fertiles plus étroites et plus nombreuses que les stériles. *Sores* formant une ligne continue vers le milieu de chaque côté du limbe. Malacca et Philippines.

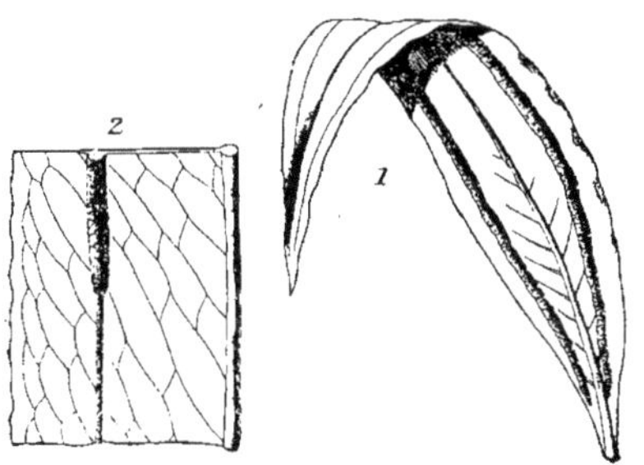

Fig. 169. — Tænitis.
1, pinnule fertile ; 2, partie de la même grossie, montrant la nervation.

T. b. interrupta, — *Frondes* à pinnules plus petites que celles du type. *Sores* interrompus et beaucoup plus rapprochés des bords.

T. furcata, — *Rhiz.* un peu rampant, fortement tomenteux. *Frondes* de 15 à 45 cent. de long, une ou deux fois dichotomes ou sub-pinnatifides, à lobes linéaires-étalés-dressés, fortement acuminés, entiers, de 10 à 20 cent. de long et 6 à 12 mm. de large, coriaces et finement écailleuses en dessous. *Sores* sub-marginaux, continus ou interrompus. Indes occidentales, etc., 1824. Syns. *Cuspidaria fragrans*, Fée et *Pteropsis furcata*, Desv.

T. lanceolata, — *Rhiz.* rampant et très fort. *Pétioles* de 2 1/2 à 5 cent. de long, fermes et dressés. *Frondes* de 15 à 30 cent. de long et 2 1/2 à 5 cent. de large, graduellement rétrécies depuis le centre jusqu'aux deux extrémités, à bords entiers, mais souvent crispés, fermes, coriaces, à nervure médiane distincte et à aréoles enfoncées. *Sores* disposés en lignes continues ou interrompues près des bords du tiers ou du quart supérieur des frondes contractées. Indes occidentales et Guatémala, 1818. Syns. *Neurodium lanceolatum* et *Paltonium lanceolatum*.

TÆTSIA, Medik. — V. **cordyline**, Commers.

TAGASASTE. — V. **Cytisus proliferus**.

TAGÈTE. — V. **Tagetes**.

TAGETES, Linn. (nom mythologique, dérivé de *Tagus*, une des divinités étrusques). Tagète ; Angl. Marigold. Fam. *Composées*. — Genre comprenant une vingtaine d'espèces de plantes herbacées, annuelles, presque toutes rustiques, dressées, ramifiées ou diffuses et habitant les régions chaudes de l'Amérique. Fleurs réunies en capitules radiés, jaunes ou orangés, longuement pédonculés ou réunis en corymbes denses et terminaux ; fleurons rayonnants unisériés, solitaires ou rarement nuls ; ceux du disque tubuleux et hermaphrodites ; involucre formé de bractées unisériées ; réceptacle plan, souvent petit ; pédoncule renflé et creux sous le réceptacle ; achaines linéaires, noirâtres, glabres ou poilus. Feuilles opposées, pinnées-disséquées ou rarement indivises et serrulées, exhalant une odeur forte.

Trois espèces de *Tagetes* : les *T. erecta*, *T. patula* et *T. signata* sont très populaires, connus de tout le monde et au nombre de nos meilleures plantes annuelles cultivées dans les jardins, tant pour leur vigueur et leur rusticité que pour leur floribondité et la longue durée de leur floraison. Il est à regretter qu'une sorte de trivialité, non justifiée et comparable à celle des Soucis, pèse sur ces plantes et les fasse parfois négliger. L'odeur forte et peu agréable qu'elles exhalent lorsqu'on les manipule et l'impossibilité d'utiliser leurs fleurs pour la confection des bouquets sont à peu près tout ce qu'on peut leur reprocher, mais ces petits inconvénients sont largement compensés par les qualités indiquées plus haut et en outre par l'avantage précieux de ne jamais être dévorées par les insectes, de rester bien verts pendant les plus fortes chaleurs de supporter facilement la sécheresse et de ne nécessiter aucun tuteurage. A ces divers titres, les *Tagetes* sont donc des plantes très méritantes et nous ne saurions trop les recommander à l'attention de ceux qui recherchent des plantes demandant peu de soins et faisant beaucoup d'effet.

Par suite de leur vigueur et de leur voracité, les Tagètes sont principalement des plantes de pleine terre, propres à la décoration des jardins, mais elles supportent très facilement la transplantation très tardive ; on peut parfaitement, si besoin est, les relever de pleine terre, même en pleine floraison, et les mettre alors en pots, à la condition de leur ménager une bonne motte, de les ombrager et de les arroser copieusement pendant quelques jours, afin de faciliter leur reprise. A cet état, on les utilise pour orner temporairement les terrasses et les balcons et on les vend même parfois sur les marchés aux fleurs, bien qu'ils n'y trouvent qu'un prix peu rémunérateur et un écoulement fort restreint, à cause de leurs fleurs jaunes et de leur mauvaise odeur.

C'est surtout pour l'ornement des jardins que ces plantes sont précieuses, car tous les endroits non ombragés peuvent avantageusement recevoir des Tagètes ; les espèces et variétés de grande taille, telles que les Roses d'Inde, forment de magnifiques touffes au centre des grandes corbeilles, dans les plates-bandes ou le long des massifs d'arbustes. Les variétés naines et surtout celles très naines du *T. patula* ou Œillet d'Inde et du *T. signata*, conviennent à la formation des bordures et sont beaucoup employées pour la garniture des corbeilles, où on les disperse fréquemment avec beaucoup de succès parmi les autres plantes florifères.

Par la généralité et la longue durée de sa culture, l'Œillet d'Inde a produit un assez grand nombre de coloris et plusieurs races aujourd'hui bien fixées et souvent très différentes du type par leur taille, la duplicature et la coloration de leurs fleurs, nous les décrirons à la suite du type spécifique.

Les Tagètes sont on ne peut plus faciles à cultiver, car ils prospèrent dans tous les terrains, pourvu qu'ils ne soient pas ombragés, mais naturellement ils deviennent d'autant plus vigoureux et plus beaux que la terre est plus fertile et plus fraîche.

Leur multiplication s'effectue uniquement, mais très facilement par le semis, qu'on fait au printemps, en pépinière et sur couche si on désire obtenir des plantes fleuries de bonne heure, puis successivement jusqu'en mai, et les derniers semis peuvent être faits en plein air et en pleine terre. Il y a avantage à repiquer une fois les plantes en pépinière, au moins pour les semis précoces, mais généralement on les met directement en place lorsqu'ils sont suffisamment forts. La distance à observer entre les plantes varie, selon les dimensions qu'elles sont susceptibles d'atteindre. Les Roses d'Inde et Œillets d'Inde grands peuvent être espacés de 60 cent. environ, tandis que les variétés très naines de ces derniers, ainsi que le *Tagetes signata pumila* se placent à 40 cent. environ et même un peu moins quand on en forme des bordures.

T. corymbosa, Sweet. Syn. de *T. patula*, Linn.

T. erecta, Linn. * Rose d'Inde double ; Angl. African Marigold. — *Capitules* jaune citron, deux fois aussi grands que ceux du *T. patula*, toujours doubles et formant de

Fig. 170. — Tagetes erecta flore-pleno.

gros pompons frisés ; involucre campanulé, ventru, sillonné, à angles arrondis ; pédoncules uniflores et épaissis au sommet. Juillet octobre. *Flles* pinnatiséquées, à segments lancéolés, serrulés, avec les dents supérieures terminées en arête. Tige robuste, dressée, à rameaux forts et dressés. *Haut.* 80 cent. à 1 m. Mexique, 1596.

La Rose d'Inde est bien moins riche en variations et surtout en coloris que l'Œillet d'Inde, car on n'en possède qu'une demi-douzaine de variétés allant du jaune citron clair (A. V. F. 8.) à l'orange foncé. Les unes sont *grandes* (1 m. à 1 m. 20), les autres sont *naines* (40 cent.) (A. V. F. 8.), et leurs fleurs sont moins abondantes, mais plus grosses. Par leur taille et leur port, par la grosseur de leurs fleurs, les Roses d'Inde sont surtout propres à grouper dans les plates-bandes, à former des touffes isolées sur les pelouses ou à garnir le centre des grandes corbeilles.

Fig. 171. — TAGETES ERECTA.
Rose d'Inde double naine tuyautée.

T. florida, Sweet. Syn. de *T. lucida*, Cav.

T. gigantea, Hort. *Capitules* inconnus. *Flles* opposées, pinnées, exhalant une odeur balsamique, à folioles molles, étroitement elliptiques et dentées. Tige forte et pruineuse, de 2 à 3 m. de haut. Bolivie, 1886. Forte plante herbacée et demi-rustique.

Fig. 172. — TAGETES ERECTA.
Rose d'Inde double naine hâtive.

T. glandulifera, Schrank. *Capitules* jaune pâle, fasciculés-corymbiformes et à involucre cylindrique. Octobre. *Flles* alternes, pinnatiséquées, à treize-dix-sept segments linéaires-sub-lancéolés, acuminés aux deux extrémités et de 4 cent. ou plus de long. Tige et rameaux dressés ; ces derniers courts. *Haut.* 1 m. 20. Amérique du Sud, 1826.

T. lucida, Cav. Tagète luisante ; ANGL. Sweet-scented Mexican Marigold. — *Capitules* jaune orangé vif, petits, ordinairement à trois languettes étalées et arrondies, très nombreux et réunis en grand nombre en corymbes terminaux ; involucre cylindrique. Juillet-octobre. *Flles* opposées, parfois alternes, lancéolées, régulièrement dentées en scie et à dents aristées à la base, exhalant une odeur très agréable, surtout lorsqu'on le froisse. Tiges dressées, ramifiées et touffues. *Haut.* 30 à 40 cent. Mexique et Amérique du Sud, 1798. (A. B. R. 359 ; B. M. 740 ; A. V. F. 7.) Syn. *T. florida*, Sweet. (S. B. F. G. ser. II, 35.)

Cette espèce varie par ses feuilles inférieures parfois obtuses tandis que les supérieures sont aiguës et étroites, Son odeur agréable et sa saveur aromatique, rappelant de très près celle de l'Estragon, lui donnent une certaine importance en ce sens qu'on l'emploie comme succédané de ce dernier ; l'Estragon ne donnant, comme on le sait, pas de graines et étant en outre assez difficile à obtenir dans certains pays.

T. patula, Linn. * Œillet d'Inde, Passe-velours ; ANGL. French Marigold. — *Capitules* jaune brun velouté ou fauve, de 3 à 4 cent. de diamètre, à involucre sub-anguleux, formé de bractées soudées et aiguës ; fleurons de la circonférence développés en languettes étalées, tandis que

Fig. 173. — TAGETES PATULA FLORE-PLENO.

ceux du centre sont tubuleux et petits ; pédoncules uniflores, de 6 à 8 cent. de long, épaissis, renflés et creux sous le réceptacle. Juillet-septembre. *Flles* glabres, pinnatiséquées, à segments linéaires-lancéolés, aigus, dentés en scie, avec les dents supérieures terminées en arête. Tige dressée, ramifiée, buissonnante, à rameaux étalés. *Haut.* 50 à 60 cent. Mexique, 1573. (B. M. 150.) Syn. *T. corymbosa*, Sweet (B. M. 3830 ; S. B. F. G. 151.)

Par la culture, les fleurs ont depuis longtemps *doublé*, et cela de la façon dont la duplicature s'effectue le plus souvent chez les *Composées* [1], c'est-à-dire que les fleurons

[1] Il est à remarquer que la plupart des Composées dites *doubles* ne le sont point dans le sens strict du mot, car il n'y a qu'une simple transformation des fleurons tubuleux en languettes, ainsi que les Reines-Marguerites, Zinnias, Dahlias en fournissent des exemples familiers. Nous ne connaissons guère de Composée réellement double que les *Cinéraires hybrides doubles*, dont plusieurs des fleurons de chaque capitule se présentent sous la forme de petites rosettes d'organes pétaloïdes. (S. M.)

tubuleux du centre se sont transformés en languettes plates ou à peu près dans les races anciennes, et au contraire enroulées en larges tuyaux, comme dans les Dahlias, dans les races modernes ; ces dernières variétés sont dites tuyautées. Les coloris se sont aussi multipliés, sans cependant sortir de la gamme jaune et vont à présent du

Fig. 174. — TAGETES PATULA.
Œillet d'Inde très nain double jaune d'or à centre brun.

jaune pur et vif à l'orange et au brun foncé velouté, avec de nombreux tons intermédiaires et souvent des panachures de brun sur jaune. La plupart des meilleurs coloris sont aujourd'hui bien fixés et se reproduisent assez franchement par le semis ; on les désigne par le nom de leur couleur et de leur port.

Fig. 175. — TAGETES PATULA.
Œillet d'Inde nain double tuyauté.

Selon la taille des plantes, on en forme trois races qu'on désigne sous les noms respectifs d'Œillets d'Inde *grands* (60 cent.), *nains* (30 cent.) et *très nains* (15 à 20 cent.). Les variétés très naines conviennent surtout à la formation des bordures, à la garniture partielle des corbeilles ou à la mise en pots ; parmi les meilleurs nous citerons les *Œillets d'Inde très nain double jaune, très nain double jaune d'or à centre brun et nain double tuyauté brun* (A. V. F. 10.) Les Œillets d'Inde grands ont leur place tout indiquée dans les plates-bandes et le long des massifs d'arbustes.

On cultive en outre deux variétés à *fleurs simples.*

Fig. 176. — TAGETES PATULA.
Œillet d'Inde nain simple de la Légion d'honneur.

L'une, désignée sous le nom d'*Œillet d'Inde rayé grand simple* (A. V. F. 6), se fait remarquer par ses grandes fleurs à languettes plates, largement bordées de chaque côté de jaune vif, tandis que le centre est brun velouté ; cette curieuse disposition des deux coloris produit un effet charmant. L'autre est une variété naine, mise au commerce il y a quelques années par la maison Vilmorin, sous le nom de *La Légion d'honneur*. Cette variété, si bien représentée ci-contre qu'il devient inutile de la décrire, s'est rapidement répandue et est aujourd'hui très cultivée pour l'ornementation des corbeilles, à cause de son port ramassé et de son extrême floribondité.

T. signata, Bartl. Tagète tachée ; ANGL. Striped Mexican Marigold. — *Capitules* petits, mais excessivement nombreux, d'à peine 3 cent. de large, n'ayant que quatre à

Fig. 177. — TAGETES SIGNATA PUMILA. — Port.

cinq languettes étalées, jaune orangé avec une petite macule basale purpurine et un tout petit centre jaune ; involucre oblong-obovale et à cinq angles ; pédoncules courts, uniflores et à peine épaissis sous le réceptacle. Juillet-octobre. *Flles* pinnatiséquées, à cinq-six paires de segments oblongs-lancéolés, incisés-dentés, avec les dents inférieures aristées. Tiges très ramifiées, à rameaux étalés-dressés. *Haut.* 50 à 70 cent. Mexique, 1838.

T. s. pumila, Hort. Variété naine, excessivement ramifiée, touffue, compacte, n'atteignant que 30 cent. environ de haut, mais presque le double en largeur et se couvrant littéralement de fleurs jusqu'aux gelées. Obtenu vers 1860.

Fig. 178. — TAGETES SIGNATA PUMILA. — Fleur détachée.

(R. H. 1863, 11 ; A. V. F. 13.) — On emploie beaucoup cette plante pour faire des bordures. La maison Vilmorin en a récemment mis au commerce une sous-variété *très naine orange*, plus naine, encore plus trapue et à fleurs jaune orangé uni.

T. tenuifolia, Cav. * *Capitules* jaunes, non maculés, à languettes amples et presque arrondies ; involucre obovale, lisse et plus court que le disque ; achaines (graines) noirs. Août. *Flles* opposées ou alternes, pinnatiséquées, à treize-dix-sept segments linéaires, dentés en scie, avec les dents des feuilles supérieures aristées. *Haut.* 60 cent. Mexique et Pérou, 1797. Plante dressée et légèrement ramifiée. (B. M. 2045 ; S. F. G. 141.)

Quelques autres espèces ont encore été introduites autrefois dans les jardins, mais comme elles ne présentaient pas d'avantages horticoles sur les précédentes, elles en ont sans doute disparu depuis longtemps. (S. M.)

TAILLE. — Dans le sens large du mot, la taille est une opération qui a pour objet le retranchement de certaines parties d'un végétal, soit les rameaux, soit les grosses branches et parfois les racines, dans le but de modifier son développement naturel ou de diriger la sève dans d'autres parties mieux placées ou mieux douées pour l'accomplissement des fonctions naturelles.

La taille, envisagée surtout au point de vue des arbres fruitiers, a deux buts principaux : 1° donner à l'arbre une forme déterminée ; 2° assurer et régulariser sa production fruitière. Chez les arbres et arbustes d'ornement, le premier but reste le même, tandis que le second vise au contraire l'abondance et la beauté des fleurs.

Cette opération est une des plus importantes parmi les divers travaux horticoles, et bien qu'assez compliquée pour les arbres fruitiers, elle est en réalité moins difficile qu'on ne le croit généralement quand on connait parfaitement la nature et le mode de traitement des essences auxquelles on l'applique.

La taille est indispensable aux arbres auxquels on veut donner une forme déterminée ou encore pour les tenir dans les limites prévues et parfois fort restreintes, comme c'est souvent le cas dans les jardins. C'est grâce à elle que nous donnons à certains arbres fruitiers, les Poiriers et les Pêchers par exemple, ces formes symétriques et compliquées, telles que les espaliers et qui font l'objet de notre admiration dans les jardins fruitiers les mieux tenus.

Les diverses formes qu'on donne le plus généralement aux arbres fruitiers ont fait l'objet de l'article **Forme**, auquel nous prions le lecteur de se reporter et sur le compte duquel nous n'avons par conséquent pas à revenir ici. Ces formes, souvent si remarquables, sont le résultat d'une combinaison de la taille, du dressement, du pinçage et de quelques autres opérations secondaires, concourant dans leur ensemble à forcer l'arbre à s'y soumettre et à remplir l'espace qui lui est alloué.

Il y a plusieurs choses à observer dans la taille raisonnée, et les résultats varient beaucoup selon l'époque et la façon dont elle est exécutée, selon l'application plus ou moins prolongée du même système de taille, selon la nature des arbres eux-mêmes et aussi selon d'autres causes secondaires, dont l'origine de quelques-unes n'est pas très connue.

La suppression ou le raccourcissement des branches et des rameaux morts, malades, gênants, superflus ou inutiles permettant le libre accès de l'air, de la lumière et de la chaleur est d'une grande importance au point de vue de la vigueur et de la productivité des arbres fruitiers. La taille facilite et fait même naître des bourgeons à fleurs et à fruits sur des sujets restés stériles jusque-là. Elle modifie ou donne la forme aux arbres auxquels on l'applique augmente, la grosseur, la beauté et la qualité des fruits et régularise leur production.

Un des effets les plus immédiats de la taille est d'interrompre le cours normal de la sève et de faire passer dans des parties conservées de l'arbre la sève que les parties enlevées auraient absorbée pour leur développement, et, naturellement, ce supplément d'éléments nutritifs active leur développement et leur fait prendre de plus fortes proportions.

En arboriculture fruitière, l'art de la taille a une très grande importance, car dans les jardins fruitiers les arbres y sont presque tous soumis à une forme déterminée et à un traitement méthodique, qui a pour objet de leur donner cette forme, de régler leur développement et d'assurer autant que possible la production des fruits. Or, de toutes les diverses opérations que nécessite leur entretien, la taille est de beaucoup la plus importante. Toutefois, certaines opérations, telles que l'ébourgeonnement, le palissage, le pincement, etc., la complémentent très utilement, et sans leurs secours, ses bons effets seraient considérablement diminués.

L'importance et la sévérité de la taille dépendent beaucoup de la nature de l'espèce d'arbre envisagée, des conditions de vigueur et de santé de l'individu et de plusieurs autres circonstances locales. Certains praticiens et parmi eux quelques-uns des plus habiles, taillent très rigoureusement, pincent, palissent de même et ne laissent presque aucune liberté à l'arbre. D'autres, au contraire, taillent modérément et quelques-uns même se contentent, après la formation de la charpente, d'entretenir la forme donnée à l'arbre aussi régulière que possible et de le ramener sans cesse dans les limites qui lui sont assignées. Cela n'a rien de surprenant si on envisage combien de modes et d'applications différentes la taille est susceptible de présenter et cela non seulement en raison de l'opinion de l'opérateur, mais encore en raison de la nature des variétés mêmes, de la nature du sol dans lequel elles croissent, de l'exposition, du climat, de la contrée et d'autres circonstances.

La taille rigoureuse n'est pas plus recommandable que l'abandon des arbres fruitiers à eux-mêmes, et, si l'on veut donner aux arbres une forme déterminée, celle en espalier par exemple, force est bien de la mettre à contribution pour cet usage, mais une fois la forme donnée, ce qui demande cependant parfois de nombreuses années, il faut tailler modérément pour conserver la symétrie et tenir toutes les parties de l'arbre en équilibre relatif, chercher à ce que les branches charpentières soient bien garnies sur toute longueur de rameaux fruitiers; puis éviter le plus possible l'allongement de ceux-ci.

Les jeunes arbres produisent toujours beaucoup plus de bois qu'on ne peut en conserver pour la formation de leur charpente ; on doit en conséquence supprimer tous les rameaux faibles ou mal placés et laisser alors aux rameaux de prolongation presque toute leur longueur, afin que la sève abondante y trouve un emploi dans la formation des rameaux à fruits.

Lorsque, par suite de la mauvaise position des rameaux, on ne peut commencer à donner à un jeune arbre la forme désirée avec les rameaux qu'il possède, il faut les supprimer radicalement, afin que la sève, ayant besoin d'issues, en fasse naître d'autres sur le ou les points voulus. Toutefois, quand on peut parvenir à dresser un jeune arbre et à l'amener à l'état fructifère sans qu'il ait supporté de trop nombreuses amputations, ses branches charpentières n'en sont que plus nettes, plus vigoureuses et plus favorables à la fructification, quelque nécessaires que puissent être les amputations pour lui donner la forme désirée. Ceci nous amène à dire que les formes les plus simples sont les meilleures, et les plus rationnelles sont celles qui ne sont pas trop restreintes et qui laissent place pour l'allongement indéterminé des branches charpentières.

La taille se pratique à deux époques : pendant le cours de la végétation et pendant la période de repos des arbres. La première est dite : *taille en vert* et se pratique à différentes époques de l'été, selon l'état d'avancement des rameaux. La *taille hivernale*, qui est la plus importante, se fait depuis novembre jusqu'en mars, selon l'état de la température et aussi selon le degré d'endurance des arbres aux froids.

La taille en vert est une sorte de travail préparatoire de la taille hivernale, qui facilite la mise à fruit et aide les rameaux conservés à se mieux aoûter. Si on lui joint en outre l'ébourgeonnement printanier et les pincements successifs des rameaux qui tendent à s'emporter, la taille hivernale se trouve considérablement réduite et cela pour le plus grand bien de l'arbre.

Quand on livre l'arbre à lui-même pendant le cours de sa végétation, il arrive souvent que certains rameaux s'emportent, absorbent une grande quantité de sève au détriment des autres parties et ne peuvent eux-mêmes se transformer en rameaux fruitiers, par suite de l'exubérance de leur végétation. L'équilibre se trouve ainsi rompu et leur suppression radicale s'impose à la taille hivernale suivante, d'où il en résulte de larges plaies et une grande perte de sève ; mais, et qui plus est, la sève ayant pris son cours vers ces parties, d'autres gourmands parfois même plus vigoureux que les précédents se développent sur les points où leurs prédécesseurs ont été supprimés.

La taille estivale s'impose donc comme opération complémentaire et préparatrice de la taille hivernale, et on doit la pratiquer dès que les rameaux ont acquis une force suffisante pour qu'on puisse juger leur position et l'allure de végétation qu'ils vont prendre par rapport à leurs voisins, puis la continuer à différents intervalles pendant le reste de l'été, selon la nature de l'arbre et son mode de fructification.

Le mode de fructification des arbres est en effet un des points les plus importants à observer pour la façon dont on doit pratiquer la taille ; mais le mode de production des bourgeons à fleurs étant le même pour toutes les variétés d'une espèce ou d'un genre même, il s'en suit que les principes de taille fruitière sont eux-mêmes peu nombreux.

Chez certains arbres à noyaux, tels que le Pêcher, les bourgeons à fruits se forment l'année qui précède leur épanouissement et le même rameau n'en produit qu'une seule fois ; par suite, on doit toujours en taillant veiller à la production d'un rameau dit *de remplacement*, parce que celui qui a fructifié est invariablement supprimé.

Chez les arbres à pépins et en particulier les Poiriers, les choses se passent autrement, car les bourgeons mettent normalement trois ans à se former et ne se développent en outre que sur de courts rameaux latéraux que l'on nomme *coursonnes*, qui fructifient successivement pendant un nombre d'années indéterminé, et que l'on conserve avec le plus grand soin.

C'est pour ces arbres que la taille en vert et les pincements ont une grande utilité, car, pratiqués en temps voulu, ils aident et obligent même les yeux de la base des rameaux conservés à se transformer en futurs bourgeons à fruits. Toutefois, si on opère trop tôt, ces mêmes yeux se développent en rameaux à bois, par excès de sève, et l'on perd ainsi un an. Juillet est généralement le meilleur mois pour la taille en vert. A cette époque, le bois est en partie formé, la sève est moins liquide, moins abondante et plus apte à se solidifier. D'autre part, les fruits que porte l'arbre et les rameaux de prolongation qu'on laisse ordinairement intacts absorbent facilement le supplément.

Lorsque la taille n'est pas continuellement pratiquée par une main expérimentée, il arrive fréquemment que les coursonnes ou branches fruitières s'allongent démesurément, se ramifient, s'entre-croisent même et forment parfois une masse confuse. Pour éviter cela, le mieux est d'y veiller sans cesse et de raccourcir chaque année à la taille d'hiver celles qui montrent des tendances à trop s'allonger et à supprimer radicalement celles qui forment confusion.

Dans la plupart des cas, de jeunes rameaux se montrent aux endroits où de vieilles coursonnes ont été enlevées ; on supprime alors radicalement ces sortes de gourmands s'ils sont gênants, ou bien on les pince si l'on peut les conserver.

La taille estivale des arbres à fruits à noyaux repose, par suite de la différence du mode de production des fruits, sur un principe entièrement différent, et cela surtout pour le Pêcher, car sur les Abricotiers et les Pruniers, on remarque fréquemment des rameaux raccourcis, rappelant assez bien les coursonnes des Poiriers. Donc, pour les Pêchers surtout, la taille estivale se réduit à la suppression totale de tous les rameaux inutiles, dans le but de favoriser le développement et la maturation de ceux qu'il faut conserver. L'ébourgeonnement printanier abrège beaucoup et très avantageusement la taille estivale, car il supprime de bonne heure, et au profit des autres, les rameaux qui deviendraient par la suite inutiles et qu'on serait forcé de retrancher tôt ou tard ; en outre, les parties conservées jouissent pendant ce temps plus parfaitement de l'influence bienfaisante du soleil, de l'air et de la lumière.

Tous les arbres, quelle que soit leur forme, doivent être examinés complètement à la fin de l'hiver et, pendant la taille proprement dite de leurs rameaux de l'année, toutes les parties malades, lésées ou formant confusion, doivent être supprimées, les rameaux faibles ou mal placés doivent subir le même sort ; les attaches qui étranglent doivent être déliées ; en un mot, la taille hivernale est la toilette principale de l'arbre, car il est bon de détruire aussi à ce moment les insectes, les Mousses et les Lichens qui se logent dans les anfractuosités de l'écorce et de badigeonner ensuite celle-ci à l'aide d'un bon lait de chaux.

Quand la taille en vert et les pincements ont été appliqués avec soin, la taille d'hiver se trouve, comme nous l'avons déjà dit, considérablement réduite, et l'opérateur voit alors très facilement ce qu'il doit faire des rameaux déjà amputés et de ceux qui ont été laissés intacts. Tous les rameaux grêles et faibles doivent être supprimés, mais on doit autant que possible ménager les yeux de leur base pour fournir, si possible, l'année suivante, un rameau plus vigoureux, plus fort et que l'on puisse conserver.

En général, les arbres fruitiers ont une bien plus grande tendance à rendre leur ramure trop touffue que trop claire, surtout vers le centre. On doit donc y veiller de près et supprimer sans crainte toutes les branches qui forment confusion, afin que l'air et la lumière pénètrent le plus possible à l'intérieur, pour y mûrir les fruits et aoûter parfaitement les jeunes rameaux.

Quand on taille de jeunes arbres pour leur donner une forme particulière, cette forme doit être bien préconçue par l'opérateur, afin qu'il conserve les rameaux les mieux placés et aux distances voulues pour former les branches charpentières.

Les arbres arrivés à leur formation complète sont par suite très faciles à tailler, car cette opération se réduit alors au raccourcissement des rameaux de prolongation, à celui des coursonnes fruitières et au besoin à la suppression totale de celles qui forment excédent.

Certaines variétés d'arbres fruitiers demandent parfois un mode de dressement, une forme ou un procédé de taille bien différents de ceux qu'on applique à ses congénères. C'est le cas des Cerisiers à fruits doux, comparativement aux Griottiers ; les premiers produisent leurs fruits sur des sortes de coursonnes, tandis que les derniers les donnent le long des rameaux de l'année.

Nous n'avons pas à entrer autrement dans les procédés de taille propres à chaque essence d'arbre fruitier, car tous ont fait l'objet d'articles spéciaux très détaillés et précis, que l'on trouvera à leur nom respectif. — Voir à ce sujet **Abricotier, Amandier, Cerisier, Figuier, Groseillier, Pêcher, Poirier, Pommier, Prunier** et **Vigne**.

Quoique peu pratiquée, la taille des racines a une très grande importance sur la végétation aérienne des arbres et en particulier sur leur production fruitière. Mais, d'autre part, la nature du sujet sur lequel la variété fruitière a été greffée présente une influence presque aussi grande sur ces mêmes points. Certains sujets montrent, comme on le sait, des préférences marquées pour certains sols et, selon la nature de ceux-ci, leurs racines sont plus ou moins fibreuses, leur végétation plus ou moins luxuriante, leur durée plus ou moins longue, etc. Par exemple, le Pommier Paradis et le Cognassier sont des sujets sur lesquels le Pommier et le Poirier, respectivement, s'emportent moins, restent plus trapus, se plient mieux à la taille et au dressement, fructifient beaucoup plus tôt et donnent de plus beaux fruits.

Les arboriculteurs modernes mettent toutes ces particularités à profit, et ce qu'ils n'obtenaient autrefois qu'au seul aide de la taille, ils l'obtiennent ainsi de différentes façons, plus rapidement, plus facilement et plus sûrement, en employant la sorte de sujet qui favorise une végétation modérée et une grande fécondité, plutôt qu'une grande vigueur de développement de bois, qu'accompagne souvent une stérilité plus ou moins complète.

Il n'est cependant pas toujours avantageux de cultiver certaines variétés greffées sur des sujets qui les nanifient et c'est alors que les bons effets de la taille des racines se font nettement sentir. Cette opération se fait de préférence à l'automne, mais on peut néanmoins la pratiquer, dans certaines conditions, presque en toute saison, sauf au printemps et jusqu'à ce que les feuilles soient bien développées. Il n'est pas possible d'indiquer précisément les cas où la taille des racines serait judicieuse ; mais, en général, elle donne de bons résultats lorsque les arbres ont une végétation luxuriante et produisent relativement peu de fruits.

Quand on pratique cette taille à l'automne, il faut ouvrir une tranchée autour de l'arbre, à une distance proportionnée à sa grosseur, puis labourer le sol depuis la motte en allant vers l'extrémité des racines et les examiner pendant cette opération. Si on les trouve allongées et dépourvues de ramifications, il faut couper les principales, afin de les faire ramifier et faire naître des radicelles. Cette opération produira sans doute, par la suite, le résultat désiré, c'est-à-dire que la vigueur de la végétation aérienne sera modérée au profit de la fertilité.

La végétation aérienne étant réglée par celle du système radiculaire, la taille aérienne se trouve ainsi réduite à son minimum lorsque, par une taille souterraine, les racines principales ont été empêchées de s'étendre au loin et qu'on a ainsi forcé le chevelu à acquérir un plus grand développement. La nécessité de la taille des racines peut se juger d'après l'allure de végétation de la partie aérienne. Si l'opération n'est pas recommandable en elle-même et applicable seulement d'une façon très circonspecte, elle n'en constitue pas moins un excellent moyen de réduire l'excès de vigueur de certains arbres au profit de leur fertilité, et cela d'une façon plus ou moins permanente, car lorsque la fructification a une fois commencé et que l'arbre est bien pourvu de coursonnes, sa fertilité se continue d'année en année, et cela d'autant plus que les fruits eux-mêmes, absorbant une grande quantité de sève, diminuent d'autant plus la vigueur qu'ils sont plus nombreux.

Les indications que nous venons de donner s'appliquent exclusivement aux arbres fruitiers, mais la taille méthodique n'est pas restreinte à ces seuls arbres. Beaucoup de végétaux ligneux d'ornement supportent avec profit pour leur beauté de forme et l'abondance de leur floraison une taille plus ou moins raisonnée et répétée à intervalles à peu près réguliers. La plupart des arbres et arbustes d'ornement à feuilles caduques et beaucoup de ceux à feuilles persistantes demandent une certaine attention et une taille plus ou moins sévère, surtout lorsqu'ils sont jeunes, en vue de leur donner la forme préférée ou de celle la plus propice à leur mode de développement naturel. Les arbres en pyramide, par exemple, nécessitent en général quelques coups de sécateur chaque année, pour arrêter certaines branches latérales qui prennent un trop grand développement au détriment de leurs voisines et rompent la régularité de forme ; de même aussi on est parfois obligé de supprimer certaines branches qui forment confusion. Quand on veut dresser certains sujets en tête, il faut faire choix d'une tige forte inférieurement et ne garder que les trois ou quatre rameaux terminaux pour former la tête. Par la suite, on doit tailler cette tête chaque année, pour lui donner et lui conserver une forme bien ronde ou au moins symétrique, et ses dimensions doivent être proportionnées à la force de la tige. Du reste, il faut toujours, et surtout pendant les premières années, munir cette tige d'un solide tuteur.

Beaucoup d'arbustes toujours verts ou à feuilles caduques ont besoin d'être raccourcis pour qu'ils restent dans les limites qui leur sont assignées, sans quoi ils deviendraient bientôt trop volumineux, informes et étoufferaient alors les plus faibles de leurs voisins. Dans les bosquets et les massifs d'arbustes, on est ainsi obligé de passer chaque année pour effectuer cette taille et en même temps pour faire une sorte de nettoyage général, qui consiste à supprimer tout le bois mort, les branches malades, mal placées ou formant excédent.

Cette opération se fait généralement après les grands froids, mais il est nécessaire de tenir compte du mode de développement des bourgeons à fleurs de certaines essences, telles que les Lilas, qui forment leurs bourgeons à fleurs dès l'année précédente, car, si on les taillait avant la pousse, on détruirait infailliblement toutes les fleurs. Pour ces espèces, on doit donc attendre que la floraison soit terminée et leur taille devient ainsi estivale ; du reste, il est très utile d'examiner plusieurs fois les arbres d'ornement pendant le cours de l'été et de supprimer ou de raccourcir tous les rameaux gênants ou en trop. Cependant, lorsqu'il devient nécessaire de tailler sévèrement ou de rabattre même les arbres d'ornement, on ne doit y procéder qu'au printemps, avant le départ de la végétation, et cela surtout pour les essences à feuillage persistant, comme les Aucubas, Ifs, Buis, Lauriers-Cerises, etc. A cette époque, les arbres supportent assez facilement les amputations rigoureuses et s'en remettent même rapidement.

Parmi les plantes de serre, d'innombrables espèces reçoivent avantageusement les bienfaits de la taille, soit pour leur forme, soit pour l'abondance de leur floraison. Les unes nécessitent chaque année un rabattage sévère, dont on obtient des pousses vigoureuses et, selon les cas, garnies de belles feuilles, de grandes fleurs ou de beaux fruits; d'autres, au contraire, ne demandent qu'un simple éclaircissage des rameaux grêles ou mal placés. Du reste, les indications que nous venons de donner pour les arbres et arbustes d'ornement rustiques s'appliquent d'une façon générale aux plantes de serre. Il nous est impossible, faute d'espace, de donner ici des indications plus précises ; le lecteur trouvera du reste celles propres à chaque espèce, à l'article inséré dans cet ouvrage à son nom générique. Il pourra en outre consulter très fructueusement, une série d'intéressants articles publiés par M. Fernand Lequet, dans la *Revue horticole*, 1894.

TAINIA, Blume. (de *tainia*, bande ou filet; allusion à la forme du labelle). SYNS. *Ania*, Lindl. et *Mitopetalum*, Blume. FAM. *Orchidées*. — Petit genre comprenant six ou sept espèces d'Orchidées de serre chaude, habitant les Indes orientales, le sud de la Chine et l'archipel Malais. Fleurs pédicellées, éparses, assez grandes ou moyennes, à sépales et pétales étroits, légèrement aigus ou longuement acuminés; labelle dressé; colonne assez longue; masses polliniques huit; hampe élevée, aphylle et pourvue à la base de quelques gaines; grappe terminale, simple. Tiges à la fin épaissies en pseudo-bulbes. Les deux espèces suivantes sont seules dignes d'être décrites ici. Pour leur culture, V. Calanthe.

T. bicornis, Rchb. f. *Fl.* à sépales et pétales verts, distinctement teintés de rouge; labelle jaune, maculé de rouge, à lobe médian émarginé, apiculé, non éperonné et pourvu de deux lamelles à la base; anthères à deux cornes. Mars. *Flles* oblongues-lancéolées, charnues et plus courtes que la hampe. Ceylan, vers 1842. Syn. *Ania bicornis*, Lindl. (B. R. XXX, 8.)

T. latifolia, Rchb. f. *Fl.* vert et brun, à pétales légèrement étalés; labelle onguiculé, développé avec la colonne en un sac soudé et trilobé; lobes latéraux obtus; le médian plus court que la hampe. Sylhet; Indes orientales, 1852. Syn. *Calanthe viridi-fusca*, Hook. (B. M. 4669.)

TALAUMA, Juss. (nom vulgaire des espèces sud-américaines). FAM. *Magnoliacées*. — Genre comprenant environ seize espèces d'arbres toujours verts, très voisins des *Magnolia* et presque tous de serre chaude, dont trois ou quatre habitent l'Amérique tropicale et les autres l'Asie tropicale et le Japon. Fleurs et feuilles semblables à celles des *Magnolia*, mais les fruits en diffèrent par la fusion des carpelles qui les composent et par leur mode de déhiscence irrégulièrement circulaire.

Les espèces suivantes sont bien dignes d'être cultivées pour leurs belles fleurs odorantes. Un compost de terre franche, de terre de bruyère et de sable leur convient parfaitement. Leur multiplication s'effectue par le marcottage ou par le greffe en approche sur les espèces de *Magnolia* les plus vigoureuses. Les boutures de pousses aoûtées et pourvues de toutes leurs feuilles s'enracinent parfois dans du sable, en pots, sous cloches et sur chaleur de fond.

T. Candollei, Blume. *Fl.* blanc crème, grandes, à neuf-douze pétales, dont les externes plus courts; pédoncules uniflores, un peu pendants et couverts de poils fauves ainsi que les pétioles et les jeunes feuilles. Juin-juillet. *Flles* oblongues, acuminées aux deux extrémités. *Haut.* 2 m. Java, 1828. (B. M. 4251; B. R. 1709.)

T. C. Galeottiana, Hort. *Fl.* jaune terne, de 8 cent. de diamètre, à sépales et pétales plus étroits que dans le type. *Flles* de 10 à 18 cent. de long, étroitement elliptiques-lancéolées. (B. M. 6614.)

T. Hodgsoni, Hook. f. et Thoms. *Fl.* blanc crème, grandes, terminales et solitaires, de 18 à 20 cent. de diamètre; sépales trois à cinq, teintés de rougeâtre à l'extérieur et épais; pétales six, dont les internes plus petits et exhalant une odeur épicée. Hiver et printemps. *Fr.* gros, formés de carpelles sub-tétragones et surmontés d'un bec arqué. *Flles* amples, obovales-oblongues, coriaces, glabres et à bords légèrement sinués. Himalaya; vers 1850. Arbre de taille moyenne. (I. H. 1857, 141; B. M. 7392.)

T. Plumierii, DC. *Fl.* blanches, grandes, terminales et solitaires; pétales dix à douze. Fleurit toute l'année. *Flles* ovales-oblongues, glabres, de 15 cent de long, variant en largeur entre 8 et 12 cent. et coriaces. *Haut.* 4 m. Indes occidentales, 1829.

T. pumila, Blume. — V. **Magnolia pumila.**

TALBOTIA elegans, Balf. — V. **Vellozia elegans.**

TALIERA, Mart. — V. **Corypha**, Linn.

TALIGALEA, Aubl. — V. **Amasonia**, Linn.

TALIGALEA punicea, Poir. — V. **Amasonia punicea.**

TALINUM, Adans. (c'est, dit-on, le nom donné à une des espèces de ce genre par les nègres du Sénégal, qui la mangent comme salade, mais c'est peut-être bien aussi un nom inventé par Adanson). Fam. *Portulacées*. — Genre comprenant environ onze espèces de plantes herbacées ou parfois suffrutescentes, charnues et très glabres, de serre chaude, habitant les régions chaudes et tropicales, dont deux sont africaines et asiatiques et les autres américaines. Fleurs disposées en panicules, en cymes ou en grappes terminales, rarement solitaires, axillaires ou latérales; sépales deux, caducs ou rarement sub-persistants; pétales cinq, hypogynes, éphémères; étamines cinq ou nombreuses. Feuilles alternes ou presque opposées, planes; stipules nulles.

Les espèces décrites ci-après sont les plus répandues dans les collections. Elles prospèrent dans la terre de bruyère siliceuse. Les espèces frutescentes se multiplient facilement par le bouturage et le *T. reflexum* peut se propager par le semis.

T. Arnotii, Hook. f. * *Fl.* jaune d'or pâle, de 2 cent. 1/2 de diamètre, à pétales obovales, aigus; pédoncules axillaires, uniflores, plus longs que les feuilles, étalés et pourvus d'une petite bractée au-dessus du milieu. Été. *Flles* atténuées, presque sessiles, de 4 cent. de long et presque autant de large, orbiculaires-oblongues, arrondies aux deux extrémités, apiculées au sommet, charnues et à bords très entiers. Rameaux de 30 cent. de long et charnus. Tronc ou souche cylindrique, ligneuse, de 12 à 20 cent. de long. Sud de l'Afrique, 1867. Sous-arbrisseau de serre froide. (B. M. 6220.)

Fig. 179. — Talinum teretifolium.

T. cuneifolium, Willd. *Fl.* violet rougeâtre, réunies en panicules terminales; pédoncules inférieurs triflores. Juillet-août. *Flles* planes, cunéiformes, obtuses et mucronées. Tige dressée, de 50 cent. de haut. Indes, Arabie et Afrique, 1820. Sous-arbrisseau de serre froide.

T. patens, Willd. Puchero. — *Fl.* carmin, à pétales obovales, de 6 mm. de long; étamines quinze à vingt; panicule terminale, allongée et aphylle, composée de cymes dichotomes. Août-octobre. *Flles* presque toutes opposées, ovales, brusquement rétrécies en une base pétioliforme. Tige dressée, presque simple, de 30 à 60 cent. de haut. Indes occidentales, 1776. Sous-arbrisseau de serre chaude. (A. B. R. 253.)

T. reflexum, Cav. *Fl.* jaunes, réunies en panicules terminales; pédoncules ordinairement opposés, dichotomes et dépourvus de bractées. Août-octobre. *Flles* planes, lancéolées ou ovales, obtuses, ordinairement opposées. Tige dressée, de 30 cent. de haut. Amérique du Sud, 1800. Plante bisannuelle et de serre chaude. (B. M. 1543.)

T. teretifolium, Pursh. Angl. Flame Flower. — *Fl.* rose vif, de 15 mm. de diamètre; étamines quinze à vingt; pédoncules de 8 à 15 cent. de long, nus, portant une cyme étalée. Juin-août. *Flles* linéaires, cylindriques. Tige feuillue, basse et tubéreuse à la base. Amérique du Nord, 1823. Plante vivace et de serre froide. (B. R. XXIX, 1; L. B. C. 819.)

T. triangulare, Willd. *Fl.* rouges ou blanches, réunies en cymes terminales et corymbiformes; pétales arrondis, de 12 mm. de long; étamines environ trente. Août-septembre. *Flles* alternes, obovales-lancéolées, graduellement rétrécies vers la base et sub-sessiles. Tige simple, d'environ 30 cent. de haut. Indes occidentales, 1739. Sous-arbrisseau de serre chaude.

T. t. crassifolium, Hort. *Flles* ordinairement plus larges, souvent émarginées et mucronées. Tige plus haute et ramifiée.

TALIPOT. — V. **Corypha umbraculifera.**

TALISIA, Aubl. (c'est, dit-on, le nom indigène de quelque espèce du genre à la Guyane). Syn. *Comatoglossum*, Karst. Fam. *Sapindacées*. — Genre comprenant environ trente-deux espèces d'arbres toujours verts, de serre chaude, habitant l'Amérique australe-tropicale, notamment le Brésil, la Nouvelle-Grenade et la Guyane. Fleurs moyennes ou petites, disposées en panicules ramifiées; sépales dressés et bisériés; pétales cinq ou rarement plus, onguiculés et velus sur les bords; étamines huit ou rarement cinq à sept. Feuilles alternes, dépourvues de stipules, pinnées sans impaire, à folioles alternes, opposées, coriaces, oblongues, acuminées et entières.

L'espèce suivante, seule introduite, prospère dans un mélange de terre franche fibreuse et de terre de bruyère. On la multiplie par grandes boutures pourvues de toutes leurs feuilles, que l'on plante dans du sable, sous cloche et dans une chaleur humide.

T. guianensis, Aubl. *Fl.* roses, réunies en grappes décomposées; calice plus court que les pétales. Juin. *Flles* à nombreuses paires de folioles ovales-lancéolées, acuminées, coriaces et très lisses sur les deux faces. *Haut.* 1 m. 20. Guyane et Cayenne, 1821. (A. G. 136.)

T. princeps, Oliver. *Fl.* blanchâtres, petites et réunies en grandes panicules. *Flles* pinnées, d'environ 2 m. de long, formant une couronne étalée, au sommet d'une tige non ramifiée. Vénézuéla. 1888. Syns. *Theophrasta pinnata*, Jacq., et *Brownea erecta*, Hort.

Fig. 180. Bouture à talon de Rosier.

TALON; Angl. Heel. — On nomme ainsi la partie qui, chez les boutures, constitue la base, c'est-à-dire l'empâtement ou élargissement du point d'insertion du rameau dont elle provient. Beaucoup de boutures, notamment celles des essences ligneuses et surtout celles à bois dur, s'enracinent beaucoup plus facilement avec un talon, car cette partie est plus abondamment pourvue de fibres, plus large que le reste du rameau et offrant par suite une plus grande surface en contact avec le sol que la coupe d'une bouture simple, prise dans la longueur ou au sommet de ce même rameau. (S. M.)

TALPA Europæa. — V. **Taupe.**

TALUS. — V. **Pentes.**

TAMARIN, TAMARINIER. — V. **Tamarindus indica.**

TAMARINDUS, Linn. (dérivé de l'arabe *tamr*, datte mûre, et *Hind*, Indes, littéralement datte des Indes). Fam. *Légumineuses*. — La seule espèce de ce genre est un grand arbre indien, inerme et de serre chaude.

Les propriétés rafraîchissantes et même laxatives de ses fruits sont très connues et beaucoup mises à contribution dans les pays chauds; on les emploie aussi comme aliment et on en importe assez fréquemment en Europe, notamment en France, où on peut en trouver chez les marchands de produits des colonies. La plupart des autres parties de l'arbre, telles que l'écorce, le bois, les feuilles et les fleurs sont également douées de propriétés économiques.

Dans nos serres, le Tamarinier n'existe qu'à l'état de plante de collection, pour l'intérêt qu'il présente. Il prospère dans un mélange de terre franche fibreuse et de sable; ses graines, qu'on importe annuellement des Indes orientales et occidentales, doivent être semées sur couche. Lorsque les jeunes plantes qui en résultent ont acquis 8 cent. de haut, il faut les empoter séparément dans des godets. On peut aussi en faire des boutures qui s'enracinent facilement dans du sable, sous cloche et à chaud.

T. indica, Linn. Tamarin, Tamarinier; Angl. Tamarind-tree. — *Fl.* disposées par sept-huit en grappes lâches, au sommet des ramilles; pétales jaunes, striés de rouge, ayant moins de 12 mm. de long et dont les trois supérieurs sont seuls développés; pédicelles articulés à la base du calice. Juin-juillet. *Fr.* ou gousse stipitée, de 8 à 15 cent. de long et 2 cent. 1/2 ou plus de large, comprimée, à chair pulpeuse entre les deux enveloppes et renfermant trois à dix graines ligulées. *Flles* pinnées sans impaire, à vingt-quarante paires de folioles opposées, rapprochées, oblongues, obtuses et glabrescentes. *Haut.* 12 à 20 m. Tropiques (probablement indigène en Afrique). 1633. (B. F. S. 184; B. M. Pl. 92.) Syns *T. occidentalis*, Gærtn. et *T. officinalis*, Hook. (B. M. 4563.) — Les gousses qu'on récolte dans les Indes occidentales sont généralement plus courtes que celles venant des Indes orientales.

T. occidentalis, Gærtn. Syn. de *T. indica*, Linn.

T. officinalis, Hook. Syn. de *T. indica*, Linn.

TAMARISC. — Mauvaise orthographe de **Tamarix.** (V. ce nom.)

TAMARISCINÉES. — Petite famille naturelle de végétaux Dicotylédones, ne comprenant qu'environ quarante-cinq espèces réparties dans les cinq genres *Fouquiera*, *Hololachne*, *Myricaria*, *Reaumuria* et *Tamarix*, formant néanmoins trois tribus et habitant principalement les régions chaudes et tempérées de l'hémisphère boréale, ainsi que le sud de l'Afrique. Ce sont des arbustes, des sous-arbrisseaux, rarement des arbres ou des plantes herbacées et vivaces. Fleurs souvent blanches ou roses, régulières, hermaphrodites, charnues, petites ou voyantes et diversement disposées; calice à trois ou rarement quatre sépales libres ou soudés à la base et fortement imbriqués; pétales cinq ou rarement quatre; insérés sous le disque, imbriqués ou cohérents en tube à la base; disque hypogyne ou lâchement périgyne, à dix angles, crénelé, anguleux ou rarement nul; étamines cinq ou nombreuses, insérées sur le disque, libres ou diversement soudées à la base; anthères à deux loges; ovaire libre. Le fruit est une capsule coriace et déhiscente. Feuilles alternes, entières, petites, parfois en forme d'écaille, entières et souvent charnues ou portant des ponctuations concaves; stipules nulles.

Les *Tamariscinées* contiennent du tanin, de la résine et une huile volatile qui les rend amères et astringentes.

TAMARIX, Linn. (ancien nom latin employé par Pline; dérivé, pour certains auteurs, de *tamarisci*, nom des peuples qui habitaient le revers des Pyrénées, où cet arbrisseau croît abondamment). On écrit parfois, mais à tort, Tamarisc. Angl. Tamarisk. — Fam. *Tamariscinées.* — Genre dont plus de soixante espèces ont été enumérées, mais que les auteurs modernes ont réduit à une vingtaine. Ce sont de petits arbres ou des arbrisseaux buissonnants, très élégants et d'un aspect tout particulier, rustiques ou de serre froide, habitant toutes les régions indiquées à la description de leur famille. Fleurs blanches ou roses, très petites, réunies en petits épis latéraux, formant sur les rameaux de longues grappes feuillées; calice à quatre ou cinq, rarement six sépales libres; pétales en nombre égal, insérés sous le disque, libres ou légèrement soudés à la base; étamines quatre, cinq, huit ou dix, à anthères apiculées; disque plus ou moins lobé; styles trois, à stigmates tronqués et dilatés. Feuilles petites, squamiformes, amplexicaules ou engainantes.

La manne, dont les Hébreux se nourrirent sur le mont Sinaï, était presque entièrement composée d'un mucilage sucré, produit par une variété du *T. gallica.* Cet arbre et quelques-uns de ses congénères sont très répandus dans les jardins, où ils produisent un effet très pittoresque, dans les parcs paysagers surtout. On les plante de préférence dans les endroits frais ou sur le bord des pièces d'eau; bien qu'ils puissent néanmoins vivre dans les terres ordinaires, l'ombrage ne les affecte pas trop. Le *T. gallica* prospère en outre fort bien au voisinage de la mer et existe en quantité innombrable tout le long de nos côtes, car c'est une des essences ligneuses les plus précieuses pour ces régions. La terre franche et siliceuse est le sol qui convient le mieux aux espèces de serre. Toutes les espèces rustiques se propagent très facilement par boutures que l'on fait au printemps, en pleine terre et dans un endroit frais. Celles des espèces de serre se font dans du sable, sous cloches, en serre et à chaud. Le semis est rarement employé.

T. africana, Poir. Syn. de *T. parviflora.*

T. articulata, Vahl. *Fl.* roses, de 3 mm. de diamètre, sub-sessiles; épis grêles, plus ou moins interrompus et ordinairement sessiles. Juillet. *Flles* réduites à de très courtes gaines surmontées d'une petite dent. Rameaux fastigiés, allongés, grêles, cylindriques et articulés. *Haut.* 3 à 8 m. Indes. Arbuste de serre froide, ayant l'aspect d'une Conifère. Syn. *T. orientalis*, Forsk.

T. dioica, Roxb. *Fl.* rose vif, de 3 mm. de diamètre, dioïques, réunies en épis denses, paniculés, de 2 cent. 1/2 à 5 cent. de long, égalant environ leurs pédoncules. Juin. *Flles* engainantes, glabres, vertes, obliquement tronquées et acuminées. Rameaux pendants à leur extrémité; dernières ramifications allongées, étalées-fastigiées. *Haut.* 2 m. Indes, 1823. Petit arbre de serre froide.

T. gallica, Linn. *T. commun. — *Fl.* blanches ou roses, très petites, réunies en épis de 2 cent. 1/2 de long, très nombreuses et insérées le long des rameaux; étamines saillantes, disque à cinq angles aigus. Juillet-septembre. *Flles* alternes, persistantes; celles des rameaux extrêmement petites, fortement imbriquées, triangulaires, auriculées et carénées; celles des branches âgées de 3 mm. de long et subulées. Ramilles excessivement grêles, donnant à l'arbre un aspect plumeux. *Haut.* 2 à 5 m. et plus. Europe et jusqu'aux Indes, France, etc. Bel arbrisseau rustique et très répandu.

Fig. 181. — Tamarix tetrandra.

T. g. indica, Ehrenb. *Fl.* à lobes du disque entiers ou à peu près. *Flles* semi-amplexicaules. Ramilles divariquées. Indes. Arbrisseau de serre chaude. Syn. *T. indica*, Willd.

T. g. Pallasii, Desv. *Fl.* rose vif, à lobes du disque profondément émarginés. *Flles* courtement décurrentes. Ramilles dressées. Thibet, etc.

T. indica, Willd. Syn. de *T. gallica indica*, Ehrenb.

T. orientalis, Forsk. — Syn. de *T. articulata*, Vahl.

T. germanica, Linn. — V. **Myricaria germanica.**

T. hispida, Willd. *Fl.* rose vif, petites, courtement pédicellées, compactes, à bractées un peu plus courtes que le calice; pétales étroitement ovales et dressés; étamines un peu plus longues que ces derniers; épis nombreux, compacts, de 6 à 7 cent. de long. Août-septembre. *Flles* cordiformes, sessiles, sub-engainantes, glauques et couvertes d'une pubescence très courte et veloutée. *Haut.* 1 m. 20 et sans doute plus. Mer Caspienne, Oural, 1894. Nouvelle espèce rustique. (R. H. 1894, 352.)

T. kashgarica, Hort. *Fl.* inconnues. *Flles* très petites, glauques, imbriquées et apprimées. Asie centrale, 1893. Plante très distincte.

T. parviflora, — *Fl.* roses, réunies en épis ou grappes latérales, fasciculés, de 2 à 2 cent. 1/2 de long.; pétales dépassant les étamines. Été. *Flles* petites, amplexicaules, imbriquées, lancéolées, subulées, un peu carénées et aiguës. Europe médidionale. France, etc., jusqu'en Orient Syns. *T. africana*, Poir.; *T. tetrandra*; Hort. (R. H. 1855, 401.)

T. tetrandra, Pall. *Fl.* roses, petites, réunies en épis latéraux, relativement grands, ayant environ 4 cent. de long; bractées plus longues que les pédicelles. Juillet-août. *Flles* lancéolées, amplexicaules; les adultes transparentes sur les bords du sommet. *Haut.* 2 m. à 2 m. 50. Caucase, 1821. Arbuste rustique.

T. tetrandra, Hort. Syn. de *T. parviflora*.

TAMIER, TAMINIER. — V. Tamus communis.

TAMNUS, Juss. — V. Tamus, Linn.

TAMONEA, Aubl. pr. p. (de *Tamone*, nom du genre à la Guyane). Syns. *Ghinia*, Schreb.; *Ischnia*, DC.; *Kæmpfera*, Houst. et *Leptocarpus*, Willd. Fam. *Verbénacées*. — Petit genre comprenant quatre espèces de plantes herbacées, dressées ou de sous-arbrisseaux de serre chaude, habitant l'Amérique tropicale. Fleurs petites et réunies en épis pauciflores; corolle à limbe étalé et à cinq divisions. Feuilles opposées, petites et sub-sessiles.

Les *T. spicata*, Aubl. et *T. verbenacea*, Swartz ont été introduits dans les cultures, mais ils en sont sans doute maintenant disparus.

TAMONEA, Aubl. pr. p. — Réunis aux *Miconia*, Ruiz et Pav.

TAMUS, Linn. (ancien nom latin employé par Pline et d'origine obscure). Syn. *Tamnus*, Juss. Fam. *Dioscoréacées*. — Petit genre ne comprenant que deux espèces de grandes plantes herbacées, très volubiles, vivaces et à racine tubéreuse, dont une habite les îles Canaries et l'autre est largement dispersée en Europe, dans le nord de l'Afrique et dans l'Asie tempérée. Fleurs dioïques, sans effet décoratif, réunies en grappes axillaires; les mâles souvent allongées, lâches, à fleurs formant des épillets pauciflores ou solitaires et pédicellés le long du rachis; grappes femelles très courtes, pauciflores, parfois réduites à l'état de faisceaux sessiles. Fruit bacciforme, sub-globuleux, charnu et indéhiscent. Feuilles alternes, cordiformes, entières ou trilobées.

L'espèce suivante est seule digne d'être décrite ici. Elle peut avantageusement être utilisée dans les parcs paysagers, pour garnir les abris rustiques, le tronc des vieux arbres, etc. Elle aime les terrains frais et les endroits ombragés. On peut la multiplier par divisions ou par éclats de souche et par semis que l'on fait alors sous châssis froid et à l'ombre.

T. communis, Linn. Tame ou Tamne, Tamier, Taminier, Herbe aux femmes battues; Sceau de Notre-Dame; Angl. Black Bryony, Lady Seal, Murrain Berry. — *Fl.* petites, verdâtres, de 4 mm. de diamètre; les femelles en grappes de 2 cent. 1/2 de long, plus courtes que les mâles, récurvées et pauciflores. Mai-juin. *Fr.* bacciformes, rouges, oblongs, de 1 cent. de long. *Flles* ovales-cordiformes, acuminées, de 5 à 8 cent. de long, longuement pétiolées, obscurément lobées sur les côtés, à cinq-sept nervures, acuminées et sétacées au sommet, minces et luisantes. Tiges très grêles, allongées, volubiles, anguleuses et ramifiées. *Haut.* 2 à 3 m. Souche ovoïde, charnue et noire. Europe, France, Angleterre, etc. Vivace. (Sy. En. B. 1508.)

TAN ou **TANNÉE**; Angl. Tan ou Tanners, waste. — Cette substance est l'écorce concassée de différents arbres, principalement celle du Chêne et parfois celle du Mélèze, du Saule, de certains *Acacia* et même d'autres genres, notamment du Sumac des corroyeurs.

On sait que le principe actif du tan est le tanin, à l'aide duquel on tanne les peaux. Cette substance est ainsi employée en très grande quantité. Après l'opération, le tan n'a perdu que son principe actif et le résidu est aussi volumineux que le produit neuf, ce qui fait qu'il est excessivement abondant dans les endroits où il existe des tanneries.

Tant à cause de son peu de valeur que de la lenteur qu'il met à se décomposer, le tan est employé en horticulture pour faire des couches donnant une chaleur faible, mais très soutenue et de longue durée. On l'emploie surtout dans les serres, pour garnir les banquettes ou les bâches profondes et surtout celles destinées à la culture des Palmiers, des *Pandanus*, etc. Pour la culture sous châssis, la chaleur que dégage le tan est trop faible et lorsqu'on a besoin d'une couche de longue durée, on fait de préférence un mélange de fumier et de feuilles mortes. De plus, lorsqu'une couche de fumier ou de feuilles est usée, on en retire d'excellent terreau, dont on trouve toujours très facilement l'emploi, tandis que le tan a peu de valeur comme engrais, même après être resté longtemps dans les bâches; sa décomposition est en outre fort lente.

L'analyse montre que l'azote que contenait l'écorce fraîche est presque entièrement disparue pendant l'extraction du tanin, tandis qu'on y trouve encore des traces de cette dernière substance, et c'est justement elle qui rend la décomposition du tan si lente.

Le tan contient presque la moitié de son poids d'eau et les cendres ou composés minéraux qu'il renferme consistent principalement en carbonate de chaux et silice; les phosphates et la potasse, si utiles comme engrais, n'y existent qu'en très petite quantité.

Pour employer les résidus de tan comme engrais, il faut les additionner de terre, de chaux et de fumier de ferme, et en faire un compost qu'on arrose ensuite de purin, pour hâter la fermentation; cependant, la décomposition se fait encore longtemps attendre.

TANACETUM, Linn. (c'est, dit-on, une altération de *Athanasia*, dérivé de *athanatos*, Immortelle; allusion aux fleurs persistantes). **Tanaisie**; Angl. Tansy. Fam. *Composées*. — Genre comprenant environ trente espèces de plantes herbacées, dressées, souvent odorantes, annuelles ou vivaces et souvent frutescentes à la base, presque toutes rustiques, habitant l'Europe, le nord de l'Afrique, l'Asie centrale et septentrionale ainsi que l'Amérique du Nord. Capitules jaunes, petits ou moyens, réunis en corymbes ou rarement solitaires et longuement pédonculés, dépourvus de fleurons ligulés et en forme de disque, à involucre hémisphérique ou campanulé, rarement ovoïde et formé de bractées multisériées; réceptacle plan ou légèrement convexe et nu; achaines et fleurons souvent glanduleux. Feuilles alternes, diversement disséquées ou rarement entières et dentées.

Les Tanaisies n'étant pas très décoratives, elles sont peu répandues dans les jardins. On y rencontre surtout le *Tanacetum vulgare crispum*, comme plante d'ornement des plates-bandes et le *T. Balsamita*, à cause de ses propriétés économiques utilisées autrefois.

Toute terre ordinaire convient à ces plantes vivaces et de longue durée. Leur multiplication s'effectue facilement par division des touffes.

T. annuum, Linn. *Fl.* jaunes, en capitules arrondis, solitaires à l'extrémité de pédoncules de longueur variable; involucre à écailles externes aiguës; les internes

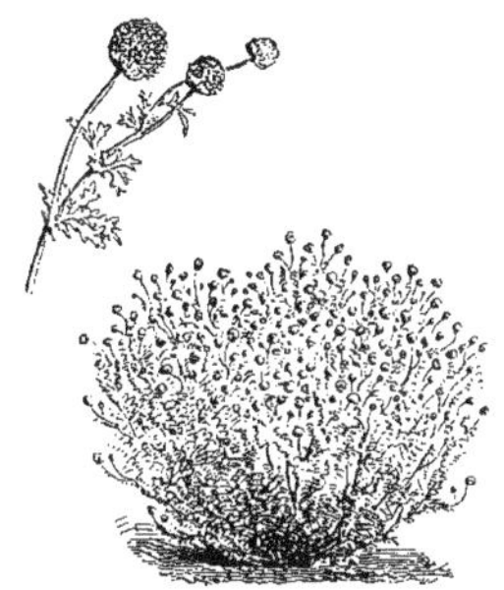

Fig. 182. — TANACETUM ANNUUM.

obtuses et membraneuses. *Flles* inférieures bi- ou tripinnatiséquées; les caulinaires simplement pinnées; segments mucronés, aigus. Tige dressée, très ramifiée, touffue. *Haut.* 30 cent. Europe méridionale. Plante annuelle.

T. Balsamita, Linn. Baume-Coq, Coq, Menthe-Coq; ANGL. Costmary ou Alecost. — *Capitules* jaunes, de 6 à 8 mm. de diamètre, réunis en corymbes ramifiés, rarement très petits ou nuls. Août-septembre. *Flles* simples, elliptiques, obtuses, finement et régulièrement crénelées-dentées, d'un vert blanchâtre; les radicales longuement pétiolées et souvent sub-cordiformes. Tiges fermes, sub-ligneuses et un peu velues. *Haut.* 60 cent. à 1 m. Orient, naturalisé sur plusieurs points de l'Europe, notamment en France. Syns. *Balsamita vulgaris*, Willd.; *Chrysanthemum Balsamita*, Linn. — V. aussi **Baume-Coq.**

T. elegans, Hort. Syn. de *T. huronense*, Nutt.

T. huronense, Nutt. *Capitules* jaunes d'or, géminés ou réunis en petits corymbes, à involucre campanulé; fleurons épaissis à la base et au sommet. Été. *Flles* bipinnées, à lobes courts, arrondis et entiers ou trilobés, avec les bords révolutés. Tige dressée, ramifiée et couverte d'un duvet velouté et argenté ainsi que les jeunes feuilles. *Haut.* 50 cent. Amérique du Nord. Syn. *T. elegans*, Hort. (F. d. S. 1191.)

T. leucophyllum, Regel. * *Capitules* jaune d'or, réunis en corymbe; involucre hémisphérique, formé de bractées imbriquées; fleurons un peu plus longs que l'involucre; pédoncules solitaires à l'aisselle des feuilles supérieures. Été. *Flles* sessiles ou courtement pétiolées, arrondies-ovales; les inférieures bipinnatiséquées; les supérieures simplement pinnatiséquées. Tiges ascendantes. *Haut.* 20 cent. Turkestan. Plante soyeuse-argentée. (R. G. 1064.)

T. vulgare, Linn. Tanaisie commune; ANGL. Buttons, Common Tansy. — *Capitules* jaune vif, de 8 mm. de diamètre, réunis en corymbes terminaux, presque plats et parfois très multiflores; pédoncules forts et dressés. Juillet-septembre. *Flles* de 5 à 12 cent. de long, une ou deux fois pinnatifides, oblongues, à segments lancéolés, denticulés et aigus, pourvus de ponctuations glanduleuses; les supérieures semi-amplexicaules; les inférieures pétiolées. Tiges fortes, simples, de 60 cent. à 1 m. de haut, anguleuses, sillonnées et feuillues. Europe, France, Angleterre, etc. (F. d. S. 1871; Syn. En. B. 716.) — Toute la plante exhale une odeur forte et peu agréable.

T. v. crispum, Hort. * Tanaisie à feuilles crispées. — *Flles* profondément, finement et très élégamment découpées. — La plante est plus méritante que le type au point de vue décoratif et ses feuilles servent parfois à garnir les mets.

Fig. 183. — TANACETUM VULGARE. — Tanaisie.

Plusieurs autres espèces ont encore été introduites dans les collections, mais comme elles présentent peu d'intérêt au point de vue décoratif, elles en sont sans doute disparues ou n'existent peut-être plus que dans les jardins botaniques.

TANAISIE. — V. Tanacetum.

TANAISIE à feuilles crispées. — V. **Tanacetum vulgare crispum.**

TANAISIE commune. — V. **Tanacetum vulgare.**

TANGHIN de Madagascar. — V. **Tanguinia venenifera.**

TANGHINIA, D.-P. Thou. (*Tanghin* est le nom indigène de cet arbre à Madagascar). **Tanghin.** FAM. *Apocynacées.* — L'espèce décrite ci-après est un petit arbre toujours vert, glabre et de serre chaude, que Bentham et Hooker ont réuni aux *Cerbera*, Linn. Les fruits, très vénéneux, sont connus sous le nom anglais de Ordeal Nut of Madagascar. Pour sa culture V. **Cerbera.**

T. venenifera, D.-P. Thou. — Tanghin de Madagascar; ANGL. Ordeal-tree. — *Fl.* grandes, réunies en cymes di- ou trichotomes, terminales, accompagnées chacune d'une paire de bractées ovales, aiguës et étalées; corolle en coupe, à lobes roses et à tube vert, en entonnoir et velu à l'intérieur, de 20 à 25 mm. de long. Mai. *Fr.* purpurin, teinté de vert, ellipsoïde, de 5 à 8 cent. de long, renfermant un noyau dur, très vénéneux. *Flles* rapprochées au sommet des rameaux et dressées, alternes, lisses, lancéolées, un peu épaisses et d'environ 15 cent. de long. Suc laiteux et blanc-verdâtre. *Haut.* 6 m. Madagascar, 1826. (B. M. 2968, sous le nom de *Cerbera Tanghin*, Hook.) — Les graines de cet arbre sont très vénéneuses et étaient beaucoup employées autrefois par les rois madécasses, comme épreuve judiciaire. Pour l'historique complet et fort intéressant de l'usage de ces graines, voir la lettre de M. Telfair, insérée dans le *Botanical Magazine*, à la figure précitée.

TANKERVILLIA, Link. — V. **Phaius**, Lour.

TANNÉE. — V. **Tan.**

TAPEINANTHUS. Herb. (de *tapeinos*, bas, et *anthos*, fleur; allusion au port nain de la plante). SYNS. *Carregnoa*, Boiss.; *Gymnoterpe*, Salisb. et *Tapeinægle*, Herb. FAM. *Amaryllidées.* — La seule espèce de ce genre est une petite plante bulbeuse, fort rare dans les collections, car on n'est pas encore parvenu à la cultiver convenablement.

T. humilis, Herb. *Fl.* solitaires ou géminées, de 2 cent. de diamètre, à périanthe jaune, en entonnoir, à tube très court et à segments étroitement oblongs, étalés-dressés, sub-égaux, avec de petites écailles à leur base ; hampe très grêle, de 8 à 10 cent. de haut. *Flles* parfaites se développant très tard, filiformes, avec de petites gaines stipitées à leur base. Espagne, Tangers, 1887.

TAPEINOPHALLUS, H. Bn. — Réunis aux **Amorphophallus**, Blume.

TAPEINÆGLE, Herb. — V. **Tapeinanthus**, Herb.

TAPERIER. — V. **Caprier**.

TAPIER. — V. **Cratæva sativa**.

TAPIOCA (Plante au). — V. **Manihot utilissima**.

TARASPIC. — Corruption de **Thlaspi**. (V. ce nom.)

TARAXACUM, Hall. (de *tarasso*, modifier, altérer ; allusion aux propriétés de ces plantes sur le sang). **Pissenlit** ; Angl. Dandelion. — Syn. *Leontodon*, Adans. Comprend les *Lasiopus*, Don. Fam. *Composées*. — Genre dont plus de quarante espèces et de nombreuses formes ont été décrites, mais que certains auteurs réduisent à une douzaine, Bentham et Hooker à une demi-douzaine. Ce sont des plantes herbacées, acaules ou à peu près, vivaces et presque toutes rustiques, très largement dispersées dans l'hémisphère boréale. Capitules jaunes, homogames, solitaires au sommet de hampes radicales, aphylles ou rarement celles-ci ramifiées et portant alors deux ou trois capitules ; fleurons tous ligulés, ceux de la circonférence tronqués et à cinq dents ; involucre campanulé ou oblong, formé de bractées multisériées, les internes unisériées, les externes plus courtes et multisériées ; réceptacle plan et nu ; achaines glabres, surmontés d'une aigrette stipitée et plumeuse. Feuilles radicales, en rosette, entières, dentées, sinuées ou roncinées-pinnatifides.

Deux espèces sont seules dignes d'être décrites ici. La première est une plante ornementale fort peu répandue dans les jardins ; la deuxième est le vulgaire Pissenlit, si commun partout et dont tout l'intérêt qu'il présente réside dans la consommation de ses jeunes feuilles comme salade printanière, que l'on va récolter dans les champs, mais on le cultive aujourd'hui très fréquemment chez nous dans les jardins, pour cet usage. On en a obtenu des variétés améliorées, bien plus volumineuses que le type. Pour leur culture et leur description, V. **Pissenlit**. Quant à la première espèce, on la propage par division.

T. montanum, DC. *Capitules* solitaires ou géminés sur des hampes poilues ; bractées de l'involucre aiguës et récurvées au sommet. Août. *Flles* étalées, oblongues, sub-roncinées et dentées-épineuses. Arménie, 1834. Syn. *Lasiopus sonchoides*, D. Don. (S. B. F. G. ser. II, 346.)

T. officinale, Linn. Pissenlit commun ; Angl. Common Dandelion. — *Capitules* jaunes, de 1 à 2 cent. 1/2 de diamètre ; solitaires au sommet de longs pédoncules radicaux et fistuleux ; fleurons externes souvent brunâtres sur le dos ; involucre campanulé, formé de bractées multisériées, dont les extérieures sont étalées et récurvées et les intérieures dressées. Mars-octobre. *Flles* oblongues-obovales ou spatulées, dentées, sinuées ou roncinées-pinnatifides. Racine simple, longue, forte et pivotante. Europe ; France, Angleterre, etc. S. En. B. 802.) On emploie parfois cette plante comme diurétique et rafraîchissant.

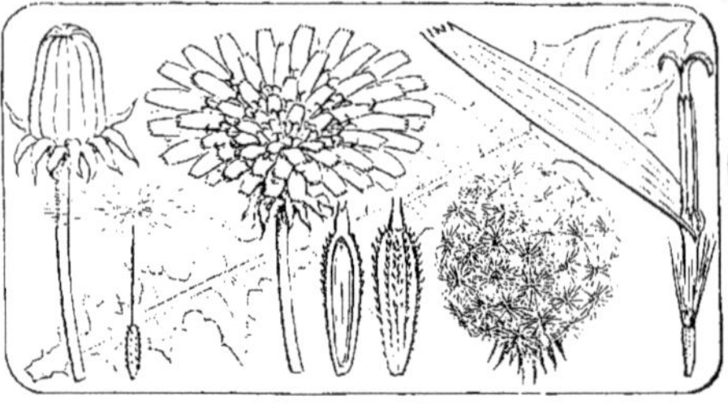

Fig. 184. — Taraxacum officinale.

Feuille, bouton et capitule épanoui ; fleuron détaché ; capitule fructifère ; graine surmontée de son aigrette ; graines, entière et coupée longitudinalement.

TARCHONANTHUS, Linn. (de *Tarchon*, nom arabe de l'*Artemisia Dracunculus*, et *anthos*, fleur ; allusion à la ressemblance des capitules à ceux de cette plante). Angl. Fleabane. Fam. *Composées*. — Petit genre ne comprenant que trois espèces de petits arbres tomenteux et de serre froide, habitant le sud de l'Afrique. Capitules petits, sessiles ou courtement pédonculés et réunis en panicules axillaires ou terminales ; involucre des capitules mâles formé de cinq écailles soudées jusqu'au milieu, celui des capitules femelles à écailles nombreuses, libres et bisériées ; réceptacle poilu. Feuilles alternes, pétiolées, entières ou lobées au sommet et un peu épaisses.

L'espèce suivante, seule introduite, prospère dans un mélange de terre franche, fibreuse et siliceuse et d'un peu de terreau de feuilles. On la multiplie par boutures que l'on fait au commencement de l'été, dans du sable, sous cloches et à chaud.

T. camphoratus, Linn. *Capitules* pourpres ; les femelles composées de trois à cinq fleurons ; panicules terminales et multiflores. Juin-octobre. *Flles* lancéolées-oblongues ou obovales, aiguës à la base, sub-aiguës ou obtuses au sommet, de 8 à 12 cent. de long, entières ou denticulées ; les juvéniles fortement veloutées ; les adultes glabres et réticulées en dessus et tomenteuses en dessous. *Haut.* 2 m. Sud de l'Afrique, 1690. (L. B. C. 382.)

TARENNA, Gærtn. — V. **Webera**, Schreb.

TARO. — Nom indigène du **Colocasia antiquorum**.

TARTREUX ; Angl. Tartareous. — Se dit des organes couverts d'une croûte rude et ressemblant à du tartre.

TARET ; Angl. Teredo. — Genre de petits mollusques marins qui rongent les bois et en particulier ceux des navires, et dont les dégâts n'ont pas de relation avec l'horticulture ; aussi ne nous en occuperons-nous pas autrement. Dans un sens large et vague on donne parfois ce nom à certaines maladies des plantes causées par les perforations des insectes. (S. M.)

TASMANNIA, R. Br. — Réunis aux **Drimys**, Forst.

TAUPE ; Angl. Mole. — Genre d'animaux insectivores fouisseurs, dont on ne connaît que deux espèces fort voisines et dont la Taupe commune (*Talpa vulgaris*) est de beaucoup la plus répandue, très commune même dans presque toute l'Europe et connue de tout le monde. Sa description scientifique nous paraît inutile, mais nous croyons utile de faire remarquer les points les plus remarquables de sa structure et de l'adaptation de ses organes pour le creusement des galeries souterraines dans lesquelles elle passe presque toute son existence et se meut très rapidement.

La partie antérieure du corps est bien plus puissante que la postérieure, sans être cependant sensiblement plus grosse. Les pattes sont très courtes et les antérieures sont rapprochées de la tête, courtes et très fortes, avec les os curieusement modifiés pour supporter des muscles excessivement puissants. C'est à l'aide de ses pattes de devant qu'elle creuse facilement et rapidement ses galeries souterraines et rejette derrière elle la terre détachée de la masse, car la patte est tournée en dehors, large, solide, pourvue d'un os supplémentaire sur le côté interne, avec des doigts courts, à peine distincts, terminés par des ongles plats et tranchants. Ce sont pour elle deux pelles puissantes, faites pour fouir bien plus que pour marcher, car hors de ses galeries, elle se traîne le ventre à terre et se meut bien plus lentement que chez elle.

Le pelage de la Taupe est gris fauve, très compact, velouté et reste lisse dans quelque direction qu'on le tourne. Les yeux sont excessivement petits, si petits même que certains auteurs ont nié leur existence chez la deuxième espèce du genre (*Talpa cæca*) d'où son nom de Taupe aveugle, bien qu'elle soit réellement pourvue d'yeux. Toutefois, les yeux sont pratiquement inutiles aux Taupes; mais en revanche ces animaux sont doués d'un puissant odorat et d'une ouïe d'une grande finesse, malgré leurs petites oreilles. Leurs dents sont celles des autres animaux carnivores; elles ne vivent cependant que d'insectes, principalement de larves d'insectes et de vers de terre, rarement de quelques fragments de végétaux, qu'elles avalent en coupant les racines qu'elles rencontrent en creusant leurs galeries.

La Taupe établit d'ordinaire son quartier général dans un endroit bien caché, sous une grosse pierre, sous la souche d'un gros arbre, pour s'y réfugier en cas de danger. De ce point, elle creuse, en rayonnant en plusieurs sens, des galeries dans lesquelles elle capte les larves qui lui servent de nourriture. De loin en loin, elle amène ses galeries au niveau du sol, pousse alors au dehors la terre qui l'encombre et en forme ces gros monticules que l'on nomme *taupinières* et qui décèlent sa présence. La femelle fait son nid à l'aide d'herbes sèches et autres au point central de ses galeries et y dépose quatre à cinq petits d'abord nus et relativement très gros pour sa taille.

La Taupe fait en réalité plus de bien que de mal par les insectes qu'elle dévore, mais, dans les jardins et en particulier dans les gazons, dans les semis et parmi les jeunes plantes, elle devient très nuisible, parce qu'elle y déracine ou coupe les plantes; ses monticules de terre sont en outre désagréables à l'œil et surtout très gênants pour la tonte des gazons. On est obligé de lui faire la chasse, ce qui n'est pas toujours très facile, car la Taupe est très fine. Dans certains pays où les Taupes abondent, des hommes spéciaux et habiles que l'on nomme taupiers, se chargent de leur destruction, ils y parviennent le plus souvent et en font de véritables hécatombes. Dans les jardins, on se sert ordinairement de pièges de différents modèles, que l'on pose avec beaucoup de soins dans les galeries nouvellement creusées, mais il est en outre nécessaire de prendre certaines précautions, afin que les mains ne laissent pas d'odeur sur les pièges. (S. M.)

TAUPE-GRILLON. — V. Courtilière.

TAUPIN; Angl. Click Beetle, Wire-Worm (*Agriotes*). — Genre de Coléoptères de la tribu des Elatérides dont les larves sont très nuisibles aux végétaux en général et en particulier aux Céréales et aux Graminées fourragères.

Les larves causent le plus grand mal car, outre qu'elles sont très destructrices, elles mettent plusieurs années, cinq, dit-on, à atteindre leur état parfait. Elles sont brun jaunâtre plus ou moins pâle, grêles, pourvues d'une peau coriace, très dure et ressemblent à la vue et au toucher à des morceaux de fil de fer assez épais, aplatis en dessus et d'épaisseur uniforme. Cette conformation particulière leur a valu le nom populaire de *Corde à boyau*. Leur corps est découpé en une

Fig. 185. — Larve de Taupin.

douzaine d'anneaux ou segments de longueurs un peu inégales. La tête est petite, aplatie et un peu plus foncée que le reste du corps. Les trois segments antérieurs sont pourvus chacun d'une paire de pattes véritables, courtes et brunes, et le dernier segment postérieur est conique et en forme de pince rudimentaire.

Ces larves vivent un peu au-dessous de la surface du sol et par conséquent cachées, rongeant les racines et le collet des plantes, qu'elles font périr ou qu'elles affectent au moins si fortement que leur culture cesse d'être profitable.

Les dimensions des larves des Taupins sont assez variables, car elles représentent plusieurs espèces de divers genres appartenant tous cependant à la famille des *Elatérides;* toutefois, leur longueur moyenne est d'environ 2 à 3 cent. Elles vivent aux dépens de presque toutes les plantes herbacées, mais on a remarqué qu'elles évitaient la Moutarde, ce qui a fait recommander de semer cette plante dans les terrains qui en sont fortement infestés, et cela afin de les affamer et de les faire périr.

Arrivés à leur complet développement, ces larves s'enterrent très profondément dans le sol et y forment chacune un cocon terreux, dans lequel elles se transforment en nymphe, ordinairement à la fin de l'été.

Beaucoup arrivent à l'état parfait au bout d'une quinzaine, mais d'autres passent probablement l'hiver en terre et ne se montrent alors qu'au printemps ou au commencement de l'été suivant.

A ce dernier état, elles se présentent sous la forme d'un petit Coléoptère noirâtre, allongé, avec les côtés presque parallèles, pointu en arrière, arrondi en avant, et épais au milieu. La tête est profondément enfoncée dans le thorax ou corselet et celui-ci se prolonge en arrière et aux angles internes en deux pointes aiguës, qui empêchent les mouvements latéraux de l'abdomen; il est en outre pourvu en dessous et en avant d'une autre forte pointe saillante, encastrée dans un sillon entre les pattes médianes, et cet organe sert à exécuter les sauts si caractéristiques dont nous parlerons plus loin. Les antennes sont souvent dentées et peuvent rentrer, pour se mettre à l'abri, dans deux sillons de la face inférieure de la tête, un de chaque côté. Les pattes sont courtes, mais les ailes sont grandes et puissantes.

Ces insectes sont ordinairement noirs, avec les deux tiers inférieurs des élytres souvent couleur de rouille ou rouge sang et moins souvent parsemés de poils fauves ou jaunâtres, parfois réunis en forme de taches bien définies. Leur taille dépasse rarement 2 cent. et diminue jusqu'à 5 mm. de longueur.

Le nombre des espèces de Taupins vivant en Europe et notamment en Angleterre est très considérable. On les voit fréquemment courir çà et là à l'automne, mais quelques espèces seulement sont suffisamment grosses pour être remarquées et connues du public; les autres sont du domaine des entomologistes.

Quand ils se croient en danger, les Taupins se laissent tomber ou exécutent de petits sauts excessivement curieux, mais il arrive fréquemment qu'ils retombent sur leur dos et, comme leurs pattes sont trop courtes pour leur permettre de se remettre d'aplomb, ils recommencent leur même exercice et au besoin plusieurs fois de suite jusqu'à ce qu'ils soient parvenus à tomber sur leurs pattes. C'est à l'aide de la pointe située à la partie inférieure du corselet, ainsi que de la tête, qu'ils parviennent à se lancer en l'air. Pour cela, l'insecte se renverse en arrière jusqu'à ce que sa tête touche la pointe de l'abdomen et, dans cette position, la pointe sort de son enchassure, l'insecte ramène alors vivement sa tête en avant, et la pointe rentrant brusquement dans son enchassure fait frapper le dos de l'insecte si violemment contre la surface sur laquelle il repose qu'il saute à quelques centimètres de hauteur et parvient plus ou moins tôt à se remettre sur ses pattes. C'est par allusion à la façon dont ils frappent leur point d'appui et au bruit qu'ils produisent simultanément que les noms de *Maréchaux* et de *Marteaux* leur ont été donnés ; les larves sont parfois désignées sous le nom de *Corde à boyau*, sans doute à cause de la dureté de leur peau et de leur aspect. Les Anglais nomment les adultes : « Skipjack, Click Beetle, Spring Beetle, Snap Beetle », et les larves : « Wire-Worm ».

Le genre *Agriotes* contient de nombreuses espèces, formant aujourd'hui plusieurs genres, mais ceux-ci ne diffèrent, il est vrai, entre eux que par des détails d'importance très secondaire, car les larves et les insectes parfaits se ressemblent tellement par leur aspect et par leurs mœurs, qu'on les reconnaît facilement pour des membres de la grande famille des *Elatérides*.

Quelques espèces d'*Agriotes* seulement sont connues comme très nuisibles dans les jardins et dans les champs et au moins quelques-unes vivent des matières végétales en décomposition. D'après les observations des entomologistes qui ont le plus étudié les Taupins, voici les espèces les plus nuisibles : *A. sputator*, *A. lineatus* et *A. obscurus*.

Le premier, l'*A. sputator* ou Taupin cracheur, mesure environ 6 mm. de long ; il est noir, légèrement luisant et pubescent, le bord et l'angle postérieur du corselet ainsi que la plus grande partie des élytres sont brun jaunâtre terne et enfumé ; les pattes et les antennes sont plus pâles et les élytres sont ponctuées-striées. La larve est, comme la plupart de ses congénères, commune dans les jardins maraîchers, où elle se montre très friande des salades et autres plantes.

Les deux autres espèces sont plus grandes, ayant 8 à 9 mm. de long ; elles sont considérées par certains auteurs comme des formes d'une seule et même espèce.

L'*A. lineatus* est fauve avec une pubescence grisâtre ; le corselet est presque noir ; les élytres ponctuées-striées, avec les stries grisâtres, réunies par paires et les espaces entre elles bruns, de sorte que les élytres sont longitudinalement striées de gris et de brun ; les pattes sont rouge rouille.

L'*A. obscurus* est brun noir, avec une pubescence foncée, les élytres sont faiblement ponctuées-striées et presque noires ; les cuisses sont presque noires et le reste des pattes ainsi que les antennes sont rouge rouille terne.

Un quatrième Taupin est parfois plus nuisible aux plantes cultivées que les précédents. C'est l'*Athous hæmorrhoidalis*. L'adulte mesure 12 à 15 mm. de long; il est noir roussâtre, avec les élytres brunâtres ; les pattes sont rouge terne, sauf les cuisses qui sont noires.

A l'état parfait, les Taupins sont parfaitement inoffensifs, leurs larves font tout le mal et, comme leur état larvaire est très prolongé (cinq ans chez l'*A. lineatus*), on conçoit l'importance des dégâts qu'elles causent pendant leur existence, et cela surtout lorsqu'elles abondent.

Il serait trop long et sans doute inutile d'énumérer toutes les plantes sur lesquelles on a observé les larves des Taupins, mais parmi celles qu'elles dévorent le plus fréquemment, nous citerons les : Choux, Carottes, Dahlias, Iris, Laitues, Oignons, Œillets, Pommes de terre, Navets et autres. Souvent aussi elles font beaucoup de tort aux gazons. Lorsque la terre reste sans être façonnée pendant un certain temps, les Taupins s'y multiplient rapidement et s'étendent alors dans le voisinage; de même aussi les plantes ensemencées dans les terrains où il existait auparavant du pré ou du gazon sont susceptibles de souffrir fortement des ravages de ces larves.

Remèdes. — Lorsque les larves des Taupins abondent, il faut labourer et retourner fréquemment la terre, afin de les mettre à découvert et permettre aux oiseaux de les dévorer. On a encore recommandé de défoncer profondément la terre en enfouissant le plus possible la couche superficielle. Lorsqu'on le peut, un des meilleurs moyens consiste à les réduire par la faim et pour cela il n'y a qu'à tenir la surface nette, soit en coupant, soit en détruisant par des binages toutes les mauvaises herbes qui y croissent spontanément. Ou bien, et pour utiliser le terrain, on peut y semer de la Moutarde blanche ; les Taupins évitant cette plante finissent par périr. Fréquemment aussi le passage d'un rouleau pesant ou des labours fréquents diminuent beaucoup leur nombre. Diverses compositions chimiques ont également été employées avec succès. Sur les terres qu'on laisse incultes pendant un an, les résidus d'usines à gaz étendus en épaisse couverture produisent un excellent résultat. Dans les terres où les cultures ne subissent pas d'interruption, la suie et le guano mélangés, puis répandus avant ou pendant la pluie sont préférables. Le mélange d'une partie de nitrate de soude et deux de sel est également efficace. Dans les jardins, on s'est servi du pétrole en solution, à la dose de 1/15e, pour asperger les plantes ou arroser le sol entre les rangées de Carottes, etc.

Lorsqu'on voit des plantes se faner sans cause apparente, il faut les enlever, examiner les racines et le sol avoisinant, détruire les larves des Taupins ou autres qui s'y trouvent et appliquer, selon le cas, un des remèdes que nous venons d'indiquer, ou bien on peut leur tendre des appâts consistant en Laitues, Carottes ou autres végétaux, dont elles sont friandes. Ces appâts doivent être légèrement enterrés et visités chaque jour, pour recueillir toutes les larves qui se trouvent autour et les détruire.

TAUSCHERIA, Fisch. (dédié à Ignatius Frederick Tauscher, professeur de botanique à Prague et mort en 1848). Fam. *Crucifères*. — La seule espèce de ce genre est une petite plante annuelle, dressée, ramifiée et rustique, habitant l'Asie centrale et le nord des Indes. Ses fleurs sont jaunes et ses feuilles entières, mais la plante n'a aucun mérite horticole.

TAVERNIERA, DC. (dédié à J.-B. Tavernier, célèbre voyageur en Orient; 1605-1689). Fam. *Légumineuses*. — Petit genre comprenant huit espèces, que l'on pourrait cependant réduire à trois ou quatre. Ce sont des sous-arbrisseaux glabres ou canescents et de serre froide, habitant l'Orient et les Indes orientales. Fleurs roses ou blanches, papilionacées, réunies en grappes pauciflores, axillaires et pédonculées ; calice à dents sub-égales ou les deux supérieures espacées des autres ; corolle à étendard largement orbiculaire, rétréci à la base et à peine onguiculé ; bractées petites ou caduques. Gousse aplatie et indéhiscente. Feuilles peu nombreuses, uni-foliolées ou à trois folioles souvent obovales ou orbiculaires et accompagnées de stipules caduques. Les deux espèces décrites ci-après existent dans les collections. Pour leur culture, V. **Desmodium**.

T. lappacea, DC. *Fl.* jaunes, solitaires ou géminées, axillaires et courtement pédicellées. Juillet-août. *Fr.* ou gousse couverte de poils raides et crochus au sommet. *Flles* à trois folioles charnues, obcordées et velues. Tiges retombantes, ramifiées, divariquées et arrondies. Arabie heureuse, 1820.

T. nummularia, DC. ; Angl. East Indian Moneywort. — *Fl.* rouges, glabres, de 9 à 12 mm. de long, réunies en grappes pauciflores ou multiflores et ordinairement plus longues que les feuilles. Juin-juillet. *Flles* courtement pétiolées, ayant ordinairement trois folioles obovales-oblongues ou presque arrondies, épaisses, de 6 à 25 mm. de long et finement canescentes en dessous; stipules libres. Rameaux nombreux. *Haut.* 30 à 60 cent. Indes, Afghanistan et Orient, 1826.

TAXANTHEMA, Neck. — V. **Statice**, Linn.

TAXÉES. — Tribu des Conifères.

TAXODIUM, L.-C. Rich. (de *Taxus*, If, et *eidos*, ressemblance ; allusion à l'aspect général de ces arbres). Cyprès chauve. — Syns. *Cuprespinnata*, Senil. ; *Glyptostrobus*, Endl. et *Schubertia*, Mirb. Fam. *Conifères*. — Petit genre ne comprenant que trois espèces d'arbres résineux d'ornement, à ramifications lâches, rustiques ou demi-rustiques, habitant l'Amérique du Nord, le Mexique et la Chine. Fleurs monoïques ; les mâles réunies en chatons spiciformes, ramifiés et pyramidaux ; les femelles réunies par deux-trois auprès des épis mâles. Cônes durs, globuleux ou ovoïdes, à écailles contractées, stipitées à la base, ligneuses et peltées au sommet ; graines dressées, anguleuses et dépourvues d'ailes. Feuilles caduques ou partiellement persistantes, alternes, mais presque insérées en spirale, parfois linéaires, distiques et étalées, rarement petites, apprimées et squammiformes. Rameaux étalés ou pendants.

Le *T. distichum*, plus connu sous le nom de Cyprès chauve, parce qu'il perd annuellement ses feuilles, est un des plus beaux arbres nord-américain et si abondant dans certaines régions qu'on s'en sert comme bois d'œuvre, notamment pour les toitures; à la Louisiane, on l'emploie dans presque tous les travaux où le bois d'œuvre est nécessaire. « Les racines des gros arbres, surtout de ceux habitant les endroits sujets aux inondations, se couvrent de protubérances coniques, atteignant communément 50 à 60 cent. de haut, et toujours creuses... Les habitants des États du sud des États-Unis s'en servent comme ruches (Loudon). Ces protubérances se développent assez fréquemment en Europe, mais elles atteignent rarement ces dimensions. Un des plus beaux spécimens en ce sens est sans doute celui de « Syon House Garden » en Angleterre, mais on peut aussi s'en faire une idée par les arbres qui croissent sur le bord du lac du parc de Trianon, à Versailles, au Raincy et dans certaines propriétés privées.

En tant qu'arbre d'ornement, le *T. distichum* est certainement une de nos plus belles Conifères, tant par son port symétrique et majestueux que par la belle teinte vert tendre et la légèreté de son feuillage, aussi est-il commun dans les jardins et surtout dans les parcs paysagers où on le plante de préférence dans le voisinage des eaux, car il est semi-aquatique. Du reste, toutes les espèces du genre demandent des terrains frais. Leur multiplication peut s'effectuer par semis, par marcottes et très facilement par boutures pourvues de toutes leurs feuilles et qui s'enracinent en quelques semaines; en plongeant leur base dans un vaste empli d'eau.

T. distichum, Richard. * Cyprès chauve; Angl. Bald. Black, Deciduous ou White Cypress. — *Fl.* mâles réunies en chatons pendants et flexibles ; les femelles en très petits bouquets. Mai. *Cônes* arrondis ou arrondis-ovales, ayant environ la grosseur d'un œuf de pigeon, à écailles épaisses et brun terne. *Flles* bisériées, planes, un peu espacées, pectinées, étalées horizontalement, tordues à la base, linéaires, rétrécies en pointe aiguë, de 12 mm. de long et 2 mm. 1/2 de large, vert gai et prenant à l'automne une teinte rougeâtre. Branches fortes et raides, horizontales ou ascendantes au sommet; les latérales un peu pendantes ; ramilles très grêles, élégamment pinnées. Tronc droit et fort. *Haut.* 40 m. Sud des États-Unis, 1640. (G. C. 1890, part. I, f. 49-50 et tab. ; 1893, part. II, 105.) Parmi ses variétés horticoles, nous citerons :

T. d. denudatum, Hort. Branches grêles, allongées, horizontales ou pendantes vers le sommet, irrégulièrement et peu ramifiées, à rameaux garnis de feuilles éparses, variables et irrégulièrement espacées.

T. d. fastigiatum, Carr. *Flles* bisériées, ressemblant à celles du type. Rameaux courts, dressés et légèrement étalés au sommet. Petit arbre pyramido-conique et d'aspect très distinct. Syn. *Glyptostrobus columnaris*, Carr.

T. d. microphyllum, Parlat. *Flles* plus courtes que dans le type, distiques, un peu imbriquées, ovales-lancéolées. Ramilles dressées, ascendantes ou pendantes. Syns. *T. d. pendula*, Veitch. ; *Glyptostrobus pendulus*, Endl. (B. M. 5603.)

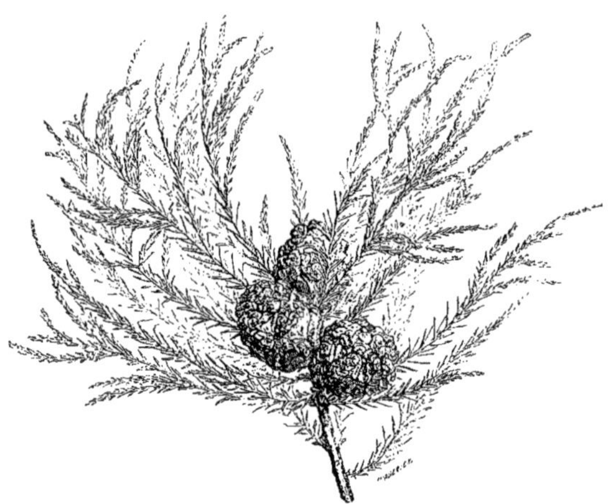

Fig. 186. — Taxodium distichum. — Cyprès chauve. (*Rev. Hort.*)

T. d. nanum, Hort. Rameaux nombreux, courts et presque horizontaux. Cette variété a le port du type, mais elle s'en distingue facilement par ses très petites dimensions, formant un buisson très compact, de 3 à 4 m. de haut.

T. giganteum. Hort. — V. **Sequoia sempervirens.**

T. heterophyllum, Brongn. Angl. Embossed Cypress. — *Fl.* mâles réunis en petits chatons. *Cônes* terminaux, claviformes ou cylindriques, à écailles claviformes, mais à peine aussi peltées que dans les autres espèces et canaliculées à l'intérieur. *Flles* variables, alternes, un peu squamiformes, petites, ovales, aiguës ou obtuses, parfois bien plus longues, fortement apprimées et décurrentes sur les pousses, parfois bisériées, régulièrement tortueuses et presque aciculaires et de 8 à 20 mm. de long. Rameaux dressés et étalés au sommet, à ramilles alternes. *Haut.* 2 m. 50 à 3 m. Sud de la Chine. Syn. *Glyptostrobus heterophyllus*, Endl.

T. mexicanum, Carr. Syn. de *T. mucronatum*, Tenore.

T. mucronatum, Tenore. Angl. Montezuma Cypress. — *Cônes* assez gros, à écailles fortement mucronées. *Flles* linéaires, aiguës, presque persistantes, bisériées, droites, planes, rétrécies en pointe et plus grêles que dans le *T. distichum*. Rameaux grêles et étalés. *Haut.* 40 m. Mexique. Syn. *T. mexicanum*, Carr. — Cette espèce est délicate sous notre climat, où elle souffre et périt assez facilement du froid. — On la distingue facilement du *T. distichum* par ses feuilles sub-persistantes.

T. sempervirens, Lamb. — V. **Sequoia sempervirens.**

TAXONOMIE. — V. **Botanique.**

TAXUS, Linn. (ancien nom latin de l'If, employé par Virgile et Pline et voisin du mot grec *Taxos*, dont s'est servi Dioscorides ; certains auteurs le font dériver de *toxicus* ou *taxicus*, poison ; allusion aux propriétés vénéneuses de ces arbres). If ; Angl. Yew. Syn. *Veratoxus*, Senil. Fam. *Conifères*. — Genre ne comprenant que six à huit espèces (probablement des variétés d'une seule), de petits arbres ou rarement des arbrisseaux rustiques et toujours verts, dispersés dans les régions tempérées de l'hémisphère septentrionale. Fleurs dioïques : les mâles en petits chatons entourés d'écailles sub-sessiles à l'aisselle des feuilles ; les femelles solitaires ou très rarement réunies par deux-trois et également axillaires. Fruit ou cône solitaire et monosperme, de forme très particulière ; la graine est en effet nue, entourée à la base d'une sorte de cupule ou arille charnue, rouge, douceâtre et comestible. Feuilles

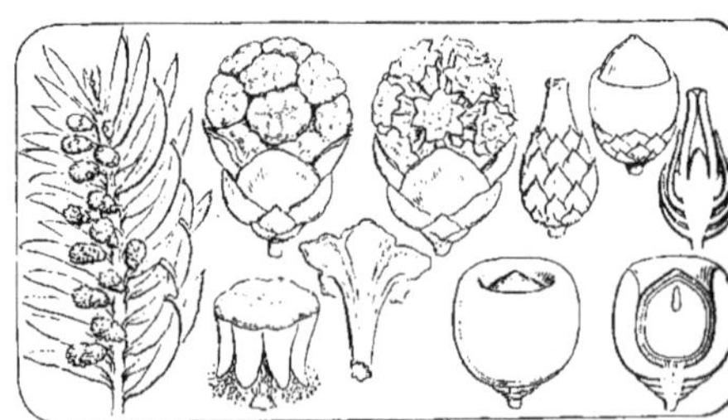

Fig. 187. — Taxus.

Rameau florifère vu en dessous ; cône mâle, avant et pendant l'anthèse ; anthères, avant et pendant leur déhiscence : fleur femelle, jeune et coupée longitud. ; fruit jeune, complètement développé et coupé longitud., pour montrer l'arille qui l'entoure et l'embryon.

persistantes, linéaires, planes, souvent arquées, très courtement pétiolées, ordinairement distiques et étalées, mais presque insérées en spirale sur les rameaux.

Historique. — L'If est indigène en Europe et « d'antiquité géologique ; il formait une partie des forêts de

Angleterre à une période préhistorique. On en trouve es troncs enfouis dans les couches profondes sur les tes du comté de Norfolk, près de Cromer. Il abon- t aussi dans une autre forêt maintenant située sous canal de Bristol, où, si l'on s'en rapporte aux émoignages que fournissent les ossements, les Éléhants, les Rhinocéros et les Castors vivaient contemoraînement. » (G. C. n. s. VI, p. 99.)

Le bois de l'If est dur et compact, mais néanmoins astique et flexible et s'employait beaucoup dans ancien temps pour fabriquer les arcs. Toutes ses arties vertes sont fortement vénéneuses pour l'homme les animaux; il faut en conséquence prendre soin ue les enfants et les animaux n'y touchent pas et viter aussi d'en laisser séjourner des fragments dans s abreuvoirs, car les mêmes effets pernicieux ne anqueraient pas de se produire si l'eau en était ssez fortement saturée.

Culture et emploi. — L'If croît dans tous les terains, à toutes les expositions et il reste insensible ix plus grands froids, mais sa végétation est relatiement lente. Son port très touffu, son beau feuillage ersistant et la facilité avec laquelle il supporte la nte l'ont fait beaucoup employer autrefois dans les rdins, pour former des haies, des colonnades, des yramides et imiter du reste une foule de sujets dont i voit encore dans certains jardins, notamment ceux e Versailles et en particulier ceux d'Elevaston Castle, i Angleterre, des spécimens merveilleusement forés. L'art de dresser les Ifs sous ces formes spéciales reçu le nom de travaux **Topiaires** et fera l'objet d'un ticle spécial à ce nom.

Multiplication. — L'If commun, qui sert aussi de ijet pour la greffe de ses variétés ou formes horticoles, multiplie presque uniquement par le semis. Les raines doivent être mises en stratification dans du ible dès leur récolte, et on peut les laisser en cet état endant un an à dix-huit mois, car elles ne germent u'à la deuxième ou même à la troisième année. Après ette longue stratification, on les sème généralement u printemps, en pépinière et à la volée, puis on reique les plants en pépinière, un an ou deux après, 'abord près les uns des autres, puis on les translante successivement à de plus grandes distances, au ir et à mesure de leur développement.

On peut aussi propager par le bouturage certaines ariétés horticoles, mais pour cet usage, comme pour i greffe, on n'emploie que des sommités de tiges. On it ces boutures en août, dans de la terre siliceuse, à 'oid, sous cloches ou sous châssis, et on a soin de s ombrager lorsque le soleil est ardent, et cela tant u'elles ne sont pas enracinées. Le marcottage peut vantageusement être mis à contribution, comme rocédé fort simple et certain. La greffe s'emploie our propager les variations délicates, à feuillage oré, à rameaux pendants ou autres formes et on se ert alors du type comme sujet. Ces greffes se font en lacage et à l'étouffée, en pied ou en tête, sur de forts ujets vigoureux et bien droits pour les variétés penantes.

Insectes. — Les rameaux des Ifs portent souvent au ommet des galles causées par une Cécidomye (*Cecidomya Taxi*). La femelle pond ses œufs dans le bour- eon terminal des rameaux; la larve éclot et le résultat de son œuvre se présente sous la forme d'une galle entourée de bractées vertes, imbriquées, qui lui donnent beaucoup l'aspect d'un petit cône de Conifère. La larve se tient à l'aisselle des bractées. Les galles sont ordinairement solitaires, mais on en remarque parfois deux ou même trois placées côte à côte au sommet des rameaux, dont elles arrêtent totalement l'allongement; elles ne causent heureusement pas beaucoup de dommage aux arbres. Quand on désire les en débarrasser, il n'y a qu'à les récolter à la main, ce qui est facile, car elles sont très voyantes, puis à les jeter dans le feu; toutefois, il faut avoir soin de les récolter alors qu'elles renferment encore les larves qui leur ont donné naissance.

La Mite de l'If (*Phytoptus Taxi*) est un parasite bien plus dangereux; elle attaque les bourgeons à bois, ainsi que les fleurs mâles et femelles, les fait renfler au point qu'ils atteignent 5 mm. de diamètre et ils prennent en même temps une teinte jaune ou rouge. Ces organes deviennent charnus et se couvrent de petites verrues translucides, entre lesquelles vivent les nombreuses petites Mites, et les galles persistent sur les arbres pendant tout l'hiver, afin de protéger leurs hôtes. Au printemps, les Mites sortent et vont ronger de nouveaux bourgeons. M. Murray qui, le premier, a étudié et décrit ces sortes de galles, d'après des échantillons communiqués par le professeur Thistleton Dyer et récoltés près de Londres, en 1875, dit que les rameaux ressemblent à ceux qui auraient été grillés par le froid.

Le moyen le plus efficace et sans doute le seul certain, pour la destruction de ce parasite, consiste à recueillir les rameaux infestés alors que les Mites y sont encore, puis à les jeter dans le feu.

T. baccata, Linn. If commun; Angl. Common Yew. — *Fl.* mâles réunies en chatons de 6 mm. de long, fasciculés; les femelles petites et situées dans leur voisinage. Mars. *Fr.* de 8 mm. de long, composé d'une seule graine nue supérieurement et entourée dans toute sa partie inférieure d'une cupule ou arille rouge et mucilagineuse. *Flles* persistantes, linéaires, planes, plus ou moins arquées, distiques, aiguës, de 1 à 4 cent. de long, coriaces, luisantes en dessus et plus pâles en dessous. Tronc ramifié depuis la base, de 5 à 15 m. de haut et ayant parfois jusqu'à 9 m. de circonférence, canaliculé et à branches étalées. Europe; France, Angleterre, etc., et jusqu'aux Indes. Bel arbre toujours vert, à végétation lente, mais de fort longue durée, dont Gordon énumère les variétés suivantes, dans son *Pinetum*.

T. b. adpressa, Hort. *Fr.* semblable à celui du type, mais un peu plus petit. *Flles* oblongues ou obtusément ovales, arrondies aux deux extrémités sur les ramilles, mais beaucoup plus longues et plus aiguës sur les pousses principales, plus ou moins distiques, planes, un peu espacées, très courtement pétiolées, de 5 à 10 mm. de long, vert foncé et luisant en dessus, glauques en dessous. Branches nombreuses, très divisées, étalées horizontalement et parfois verticillées; les rameaux et les ramilles distiques. *Haut.* 2 à 2 m. 50. Arbuste buissonnant, compact, étalé et déprimé. Il a été obtenu de semis par M. Dickson, de Chester, en Angleterre, il y a plus d'un demi-siècle. Syns. *T. tardiva*, Laws. et *Cephalotaxus tardiva*, Hort. — Il en existe une sous-variété *erecta*, à port dressé.

T. b. argentea, Hort. *Flles* striées de blanc d'argent et devenant parfois jaunes. Très belle variété.

T. b. cheshuntensis, Hort. Variété intermédiaire entre le type et sa variété *fastigiata*.

T. b. Dovastoni, Hort. * Branches principales horizontales ou penchées, à ramilles tout à fait pendantes. Variété très caractérisée. Il en existe une sous-variété *variegata*, dont toutes les feuilles sont largement bordées de jaune d'or quand elles sont jeunes, puis prenant à l'état adulte une teinte vert gai, avec les bords blanc d'argent. Syn. *T. baccata pendula*, Hort.

T. b. elvastonensis, Hort. *Flles* des jeunes rameaux entièrement orange vif.

T. b. epacrioides, Hort. *Flles* vert gai et petites. Jolie petite variété naine et un peu étalée.

T. b. erecta, Hort. * Angl. Fulham Yew, Upright Common Yew. — Variété grêle, à feuillage plus petit que dans le type, mais à port plus raide et plus dressé. — Sa forme *Crowderi* en diffère très légèrement.

ou gris glauque en dessous. Écorce des jeunes rameaux brun rougeâtre. Variété très vigoureuse.

T. b. Jacksoni, Hort. Angl. Jackson's Weeping Yew. — *Flles* vert gai, larges, toutes plus ou moins incurvées, arquées et couvrant fortement la partie supérieure des rameaux; ramilles brun rougeâtre, nombreuses, courtes obliques et plus ou moins arquées. Jolie variété pendante.

T. b. monstruosa, Hort. Branches plus grosses et plus fortes que dans le type, produisant très facilement des tiges verticales.

T. b. nana, Hort. *Flles* plus longues, d'un vert plus foncé et plus luisant que celles du type. Variété très recommandable, formant un buisson nain, conique et dense.

T. b. nidpathensis, Hort. Variété plutôt columnaire que

Fig 188. — Taxus baccata Dovastoni.

pyramidale, ayant cependant une tendance à s'étaler au sommet.

T. b. ericoides, Hort. *Flles* vert foncé et très petites. Ramilles grêles, courtes et dressées. Variété grêle et à végétation lente. *Haut.* 30 à 60 cent. Syn. *T. empetrifolia*, Hort.

T. b. fastigiata, Loud. * Irish ou Florence Court Yew. — *Fr.* oblong. *Flles* en touffes ou éparses le long des rameaux, mais non bisériées comme dans le type. Rameaux dressés, fortement comprimés, formant une tête pyramidale. Variété très distincte et d'aspect singulier, dont il existe plusieurs formes, notamment celles : *aurea variegata*, avec des feuilles panachées de jaune ; *variegata*, dont une partie du feuillage est striée et marginée de taches blanc d'argent ou jaune pâle.

T. b. Foxii, Hort. *Flles* beaucoup plus petites et plus foncées que dans le type. Plante très naine, ne dépassant pas 60 cent. de haut.

T. b. fructu-luteo, Hort. * *Fr.* d'un beau jaune d'or et très décoratifs.

T. b. glauca, Hort. *Flles* vert foncé en dessus, bleuâtres

T. b. pendula, Hort. Syn. de *T. baccata Dovastoni*, Hort.

T. b. recurvata, Hort. *Flles* plus longues et plus droites que celles du type, avec les bords révolutés. Rameaux allongés et divariqués, peu ramifiés et souvent réfléchis.

T. b. sparsifolia, *Flles* éparses autour des rameaux, comme dans le *T. b. fastigiata*. Branches étalées.

T. b. variegata, Hort. *Flles* presque toutes bordées de jaune d'or. Variété très élégante. Le *T. Barroni* en est une belle forme fructifère.

T. b. Wallichiana, Hort. *Flles* vert foncé et luisant en dessus, beaucoup plus pâles et non luisantes en dessous. Branches allongées, grêles, étalées, brun clair, à rameaux plus ou moins pendants. Certains auteurs, notamment Gordon, lui accordent la distinction spécifique. Syn. *T. Wallichiana*, Zucc.; *T. nucifera*, Wall.

T. Boursierii, Carr. Syn. de *T. brevifolia*, Nutt.

T. brevifolia, Nutt. Angl. Western ou Californian Yew.

— *Fr.* ressemblant à ceux du *T. baccata fastigiata*. *Flles* distiques, planes, étroites, aiguës, un peu arquées sur les ramilles, plus ou moins éparses sur les rameaux principaux, de 2 à 2 cent. 1/2 de long, linéaires-falciformes, rarement droites, luisantes et vert jaunâtre en dessus, glauques en dessous, avec un pétiole jaunâtre de 2 cent. 1/2 de long. Branches grêles, très longues, pendantes et à écorce jaunâtre. *Haut.* 10 à 12 m. Californie. Bel arbre. Syns. *T. Lindleyana*, A. Murr. et *T. Boursierii*, Carr. (R. H. 1854, 228.)

T. canadensis, Willd. Angl. American Yew, Ground Hemlock. — *Fr.* ayant la forme de celui de l'If commun, mais beaucoup plus petits. *Flles* linéaires, rapprochées, un peu étroites, presque toutes droites, un peu distiques, à bords révolutés, décurrentes à la base, à pétioles très courts, brusquement rétrécies au sommet, épineuses, de 2 à 2 cent. 1/2 de long, vert jaunâtre pâle et luisant en dessus, légèrement roussâtres en dessous. Branches grêles, étalées horizontalement, rarement ascendantes et à ramilles distiques. *Haut.* 1 m. à 1 m. 20. Amérique du Nord, 1800. Arbuste buissonnant et étalé.

T. c. variegata, Hort. *Flles* du sommet des jeunes rameaux blanchâtres; celles de la base plus ou moins marginées de blanc; les adultes semblables à celles du type.

T. cuspidata, Zieb. et Zucc. * *Flles* linéaires, arquées supérieurement, alternes, raides, éparses, mais un peu distiques sur les pousses principales, plus denses sur les ramilles, de 2 à 2 cent. 1/2 de long, assez longuement pétiolées, largement décurrentes à la base, brusquement terminées en pointe vert foncé et luisantes en dessus, vert-jaunâtre pâle, mais non glauques en dessous. Branches nombreuses, étalées, à ramilles un peu raides et anguleuses. *Haut.* 5 à 6 m. Japon. Grand et bel arbrisseau.

T. empetrifolia, Hort. — Syn. de *T. baccata ericoides*, Hort.

T. Fortunei, Hort. — V. **Cephalotaxus pedunculata fastigiata**.

T. globosa, Schlecht. Angl. Mexican Yew. — *Fl.* latérales et solitaires insérées sur la face inférieure des ramilles. *Fr.* à graine globuleuse. *Flles* linéaires, légèrement arquées ou falciformes, étroites, rapprochées, distiques, rétrécies aux deux extrémités, épineuses au sommet, de 2 à 2 cent. 1/2 de long, à pétioles assez longs et tordus, décurrentes à la base et beaucoup plus pâles en dessous. Branches allongées, étalées, très ramifiées, à ramilles plus ou moins pendantes et presque toutes fourchues. Mexique. Grand et bel arbuste ou petit arbre.

T. Harringtoniæ, Knight. — V. **Cephalotaxus pedunculata**.

T. Lindleyana, A. Murr. Syn. de *T. brevifolia*, Nutt.

T. Makoyana, Forbes. — V. **Podocarpus chinensis**.

T. nucifera, Wall. Syn. de *T. baccata Wallichiana*, Hort.

T. tardiva, Lasw. Syn. de *T. baccata adpressa*, Hort.

T. Wallichiana, Zucc. Syn. de *T. baccata Wallichiana*, Hort.

TCHIHATCHEWIA, Boiss. (dédié à Tchihatcheff, botaniste russe). Fam. *Crucifères*. — La seule espèce de ce genre est une jolie plante arménienne, herbacée, bisannuelle, nouvellement introduite et éminemment propre à la décoration des rocailles. Multiplication probable par le semis, qu'on fera en terrines et sous châssis froid.

T. isatidea, Boiss. *Fl.* rose lilacé, très odorantes, formant une grande grappe composée, très multiflore, atteignant plus de 20 cent. de diamètre; calice à quatre sépales obovales, dressés, dont les latéraux bossués à la base; pétales onguiculés et à limbe ovale; étamines six; les quatre plus longues à filets élargis. Mai. *Fr.* ou silicule aplatie, largement ailée, de 10 à 12 mm. de long et 8 à 10 mm. de large, renfermant une ou deux graines. *Flles* allongées, roncinées, sessiles, les radicales disposées en rosette, à pétioles ailés, de 10 à 12 cent. de long, couvertes ainsi que toute la plante de poils blancs et raides. *Haut.* 30 à 40 cent. Arménie, 1893. (Gn. 1893, 12 août; R. H. 1895, f. 116-117.) Intéressante plante bisannuelle. (S. M.)

TECK. — V. **Tectona grandis**.

TECOMA, Juss. (abréviation du nom mexicain *Tecomaxochitl*). **Bignone** (en partie); Angl. Trumpet Creeper, Trumpet Flower. — Comprend les *Campsidium*, Seem. et *Pandorea*, Seem. Fam. *Bignoniacées*. — Genre renfermant environ vingt-cinq espèces de beaux arbustes dressés, arborescents ou grimpants, volubiles ou radicants, de serre chaude, tempérée, froide ou rustiques, dispersés dans les régions chaudes et sub-tempérées du globe, notamment en Amérique. Fleurs souvent rouge fauve ou orangées et réunies en grappes ou en panicules au sommet des rameaux; calice tubuleux-campanulé et à cinq dents sub-égales; corolle à tube allongé, droit ou arqué, parfois légèrement élargi et sub-ventru, parfois dilaté, ample et campanulé à la gorge; limbe oblique, sub-bilabié et à cinq lobes à peine inégaux, larges, étalés-dressés ou largement étalés; étamines quatre, didynames, insérées au-dessous du milieu du tube, incluses ou exsertes. Capsule linéaire ou étroitement elliptique, droite ou arquée et souvent aiguë aux deux extrémités. Feuilles opposées ou rarement éparses, pinnées ou indivises, à folioles imparipennées, opposées et souvent dentées.

Les *Tecoma* sont de magnifiques arbustes, dont les espèces grimpantes et de serre sont propres à orner les murs, les piliers ou les treillages des serres, tandis que les espèces rustiques, notamment les *T. radicans* et *T. grandiflora*, plus connus sous le nom de *Bignonia* sont on ne peut plus recommandables pour garnir les murs des chalets, les ruines, les troncs des vieux arbres. Le premier surtout atteint, avec l'âge et un milieu favorable, de très fortes proportions et produit au moment de sa floraison un effet très remarquable. C'est en outre un des rares arbustes grimpants dont les rameaux soient pourvus, comme ceux du Lierre commun et de la Vigne Vierge de Veitch, de racines adventives ou suçoirs qui leur permettent de se fixer d'eux-mêmes aux murs ou autres objets voisins. Tous les terrains frais et de préférence exposés au midi conviennent à ces deux belles espèces.

Les *Tecoma* de serre prospèrent dans un compost de bonne terre franche et de terreau, avec un bon drainage. Il leur faut des arrosements très copieux pendant l'été et l'on doit au contraire les tenir un peu secs pendant l'hiver. Ces plantes s'accommodent d'un traitement ordinaire et poussent même vigoureusement; toutefois, pour les rendre florifères, il convient de les exposer en plein air et au soleil pendant leur période de végétation, afin que leurs rameaux s'aoûtent le mieux possible. Les espèces de serre chaude peuvent être cultivées à chaud pendant tout l'été, en ayant soin toutefois de les placer à l'automne dans une température plus basse, pour les laisser mûrir leurs pousses. Les espèces de serre froide demandent au contraire beaucoup d'air et de lumière pendant tout l'été.

Les *Tecoma* se multiplient par boutures de racines ou de jeunes pousses à demi aoûtées, que l'on fait sous cloches, à froid ou à chaud, selon les exigences de l'espèce, ainsi que par marcottes ou par semis en pépinière lorsqu'on en possède des graines ; on greffe aussi à chaud certaines espèces et variétés sur les racines du *T. radicans*.

La liste suivante constitue un choix des plus belles espèces. Plusieurs d'entre elles, autrefois comprises dans ce genre, sont maintenant réunies au **Tabebuia**. (V. ce nom.)

T. amboinensis, Hort. *Fl.* rouge orangé, de 8 à 12 cent. de long, nombreuses et réunies en grappes axillaires. *Flles* pinnées. Amboine, 1886. Belle plante grimpante et de serre chaude.

T. australis, R. Br. * Angl. Wonga-Wonga Vine. — *Fl.* réunies en panicules terminales; corolle blanc jaunâtre, teinté de pourpre ou de rouge à l'intérieur, à tube de 12 à 18 mm. de long et à lobes larges. n'ayant pas le tiers de la longueur du tube. Juin. *Flles* ayant ordinairement cinq folioles ovales-oblongues ou presque linéaires, entières ou grossièrement crénelées çà et là, variables, de 2 1/2 à 8 cent. de long. Australie. 1793. Grand arbrisseau demi-grimpant. (B. 8.) Syns. *T. diversifolia*, G. Don. et *Bignonia Pandorea*, Andr. (A. B. R. 86; B. M. 865.) Le *T. Manglesii*, Hort. Angl., est une forme de cette espèce.

T. austro-caledonica, Bur. *Fl.* petites, réunies en cymes opposées et composées; panicules terminales. Été. *Flles* imparipennées, à deux ou trois paires de folioles: les supérieures trifoliolées; folioles très largement elliptiques, obtuses, avec deux ou trois dents au-dessous de l'acumen ou parfois presque rondes. Nouvelle-Calédonie, 1870. Élégante plante grimpante.

T. capensis, Lindl. * *Fl.* fasciculées et réunies en grappes pédonculées; corolle écarlate orangé, de 5 cent de long, incurvée, à étamines exsertes. Août. *Flles* à quatre paires de folioles et une terminale, ovales et dentées en scie. *Haut.* 5 m. Cap, 1823. Belle plante grimpante, de serre froide ou demi-rustique, devenant arbustive quand on pince chaque année ses rameaux pendant le cours de la végétation. (B. R. 1117: L. B. C. 1672; R. H. 95 f. 28.) Syn. *Bignonia capensis*, Thunb.

T. chrysantha, DC. *Fl.* terminales. nombreuses. à corolle jaune, de 5 cent. de long. Mai. *Flles* à cinq folioles ovales, acuminées, tomenteuses, à pétiolules de 12 cent. de long. *Haut.* 3 à 8 m. Caracas, 1823. Arbre. Syn. *Bignonia chrysantha*, Jacq.

T. diversifolia, G. Don. Syn. de *T. australis*, R. Br.

T. filicifolium, Hort. * *Flles* opposées, imparipennées, de 12 cent. de long, y compris le pétiole, ayant une grande ressemblance avec les frondes grêles et pinnées de certaines petites Fougères, à neuf ou douze paires de folioles petites, ovales, profondément découpées de chaque côté en deux ou trois lobes dont les plus grands sont parfois inégalement dentés. Tige grêle et ligneuse. Iles Fiji, 1874. Plante de serre chaude, très élégante. Syn. *Campsidium filicifolium*, Van Geert. (F. et P. 1874, p. 280.)

T. fulva, G. Don. *Fl.* réunies en grappes par sept à huit et à pédicelles munis de deux bractees; corolle fauve à l'extérieur, jaune à l'intérieur et de 4 cent. de long Juillet. *Flles* éparses, imparipennées, multijugées, à folioles ovales-cunéiformes, sub-sessiles, dentées en scie au sommet, velues quand elles sont jeunes, mais devenant glabres par la suite et à pétiolules articulés. Rameaux arrondis et glabres. *Haut.* 5 m. Pérou, 1865. Arbuste dressé et de serre chaude.

T. grandiflora, Loisel. * Bignone de la Chine. — *Fl.* réunies en panicules lâches et terminales; corolle écarlate orangé clair, plus courte et plus large que celle du *T. radicans*, à tube à peine plus long que le calice, avec la gorge évasée et des lobes larges et arrondis; pédicelles penchés et biglanduleux. Juillet-août. *Flles* imparipennées. à trois-cinq paires de folioles ovales, acuminées et dentées. *Haut.* 10 m. Chine et Japon, 1800. Magnifique arbuste, à fleurs plus belles que celles du *T. radicans*, mais un peu plus délicat et seulement demi-rustique. (G. et F. 1890, 393.) Syns. *Bignonia chinensis*, Lamk. et *B. grandiflora*, Thunb. (A. B. R. 493; B. M. 1398; F. d. S. 1124-25.)

T. g. Madame Galen, Hort. Sahut. Hybride des *T. grandiflora rubra* et *T. Manglesii*: très florifère et seul réellement remontant. 1889.

T. g. rubra, Hort. Sahut. *Fl.* rouges: plante plus florifère que le type. Hybride des *T. radicans rubra* et *T. grandiflora atropurpurea*). 1883.

T. g. sanguinea *vel* **atropurpurea**, Hort. *Fl.* d'un beau pourpre foncé, avec un tube un peu plus long que dans le type ordinaire.

M. Lavallée cite encore les variétés *amabilis* et *multiflora*, qui sont sans doute fort peu répandues.

T. jasminoides, Lindl. * *Fl.* réunies en panicules corymbiformes, compactes et terminales; corolle blanche. striée de rouge à la gorge. à tube de plus de 2 cent. 1/2 de long, avec des lobes très larges et ayant plus de 12 mm. de long. Août. *Flles* ayant ordinairement cinq à sept folioles ovales-acuminées ou ovales-lancéolées. de 2 1/2 à 5 cent. de long et tout entières. *Haut.* 6 mètres. Australie. Arbuste glabre, grimpant et de serre chaude. (B. M. 4004; B. R. 2002; P. M. B. VI. 199; R. H. 95 f. 29.) Syn. *Bignonia jasminoides*, A. Cunn.

T. Mackenii, Wats. Syn. de *T. Ricassoliana*, Tafani.

T. Manglesii. Hort. Angl. Variété du *T. australis*, R. Br.

T. mirabilis, Hort. Syn. de *T. valdiviana*, Phil.

T. mollis. Humb., Bonpl. et Kunth. *Fl.* réunies en panicule terminale; corolle jaune ou rougeâtre. Juillet. *Flles* imparipennées, à quatre paires de folioles opposées (ou dans certaines formes les deux ou quatre supérieures seules opposées), oblongues, acuminées. presque entières, légèrement dentées en scie et veloutées sur les deux faces. Rameaux arrondis et comprimés. *Haut.* 2 m. Mexique et Colombie. Pérou et Chili. 1824. Arbuste dressé, pubescent-tomenteux et de serre froide.

T. pentaphylla. Juss. *Fl.* roses ou purpurines. grandes, en panicules dichotomes, pédonculées; corolle glabre en dedans et poilue en dehors. Juillet-août. *Flles* à cinq folioles digitées (parfois trois ou même une seule), elliptiques ou obovales, obtuses, pétiolulées, recouvertes sur les deux faces d'une pubescence écailleuse. *Haut.* 5 m. La Martinique, 1733. Serre chaude. Syn. *Bignonia pentaphylla*, Linn.

T. radicans. Juss. * Bignone radicant, Jasmin trompette, J. de Virginie; Angl. Common Trumpet Flower. — *Fl.* réunies en corymbes terminaux. compacts et courtement pedicellées: corolle rouge orangé brunâtre, de 5 à 8 cent. de long, à tube trois fois aussi long que le calice, un peu arqué, élargi à la gorge et à limbe à divisions courtes, inégales et étalées. Juillet-septembre. *Fr.* stipité, de 9 cent. de long. *Flles* imparipennées. à quatre ou cinq paires de folioles ovales. acuminées. dentées en scie, pubérulentes sur les côtés des nervures de la face inférieure et courtement pétiolulées. *Haut.* 8 à 10 m. Rameaux émettant des racines adventives, qui leur permettent facilement de s'accrocher aux objets voisins. Amérique du Nord, 1640. Bel arbrisseau très grimpant, rustique, atteignant avec l'âge de fortes proportions et susceptible de couvrir alors une très grande surface. Syn. *Bignonia radicans*, Linn. Les variétés suivantes sont cultivées dans les jardins.

T. r. aurantiaca, — *Fl.* un peu plus petites que dans le type et rouge orangé pâle.

T. r. flava, — *Fl.* presque jaunes.

T. r. major, — *Fl.* plus grandes que celles du type.

T. r. minor, — *Fl.* moins grandes, mais de couleur plus foncée.

T. r. præcox, — *Fl.* plus précoces.

T. r. Princei, — *Fl.* très grandes et d'un rouge vif; feuillage petit; variété américaine ayant le facies du *B. grandiflora*.

T. r. speciosa, peu grimpant et devenant arbustif quand il manque de support, très florifère.

T. r. rubra, *vel* **coccinea**, — *Fl.* presque rouge vif.

T. r. Thunbergii, Sibth (*ut spec.*). — *Fl.* petites, rouge foncé et tardives. Variété introduite du Japon, sans doute à l'état cultivé, car le type est nord-américain. Peu grimpant.

T. Ricasoliana, Tafani. *Fl.* réunies en panicules terminales; corolle d'un rose vif et délicat, avec des veines plus foncées, à tube un peu renflé ou étroitement en entonnoir et à limbe étalé. *Flles* pinnées, à folioles ovales, aiguës, dentées. Sud de l'Afrique, 1887. Belle espèce de serre froide. Syn. *T. Mackeni*, Wats.

des *T. capensis* et *T. velutina*, obtenue en Australie en 1890. (G. C. 1893, part. II, 104; Gn. 1895, part. II, 1022.)

T. spectabilis, Planch. et Lind. *Fl.* à corolle pourpre, de 8 cent. de long, presque coriace, glabre; grappes terminales, courtes, dont les deux pédicelles inférieurs sont triflores, les autres uniflores. *Flles* conjuguées, à folioles ovales, oblongues, acuminées, obtuses. Santa-Cruz, etc., 1820. (F. d. S. 1853, 948.) Syns. *Bignonia spectabilis*, Vahl.

T. stans, Griseb. Angl. Yellow Elder. — *Fl.* réunies en grappes ou panicules terminales; corolle jaune, de 4 cent. de long. Eté. *Flles* imparipennées, à cinq-onze folioles lancéolées, acuminées et profondément dentées en scie. Rameaux arrondis. *Haut.* 4 m. Indes occidentales, depuis le Mexique jusqu'au Pérou, etc., 1730. Arbuste dressé, glabre et de serre froide. Syn. *Bignonia stans*, Linn.

T. s. apiifolia, Hort. *Flles* à folioles profondément incisées et presque pinnatifides. Mexique. Serre chaude. (B. M. 3191.) Syn. *Bignonia incisa*, Hort.

Fig. 189. — Tecoma radicans.
Bignone de la Virginie.

T. rosæfolia, Humb., Bonpl. et Kunth. *Fl.* réunies en grappes terminales et sub-spiciformes; corolle jaune, glabre, en entonnoir. Juillet. *Flles* imparipennées, à deux paires de folioles opposées, oblongues, obtuses et dentées en scie. Rameaux arrondis et un peu striés. *Haut.* 2 m. Pérou, 1824. Arbuste dressé, glabre et de serre chaude.

T. sambucifolia Humb., Bonpl. et Kunth. *Fl.* réunies en panicules terminales; corolle jaune, en entonnoir. Juillet. *Flles* imparipennées, à deux ou trois paires de folioles oblongues, acuminées et dentées en scie. Rameaux légèrement comprimés. *Haut.* 2 m. Pérou, etc., 1824. Arbuste glabre, dressé et de serre chaude.

T. serratifolia, G. Don. *Fl.* à corolle jaune, glabre, de 5 à 6 cent. de long, étroitement en entonnoir; corymbes contractés. *Flles* cartilagineuses, dépourvues d'écailles, à cinq folioles de 8 à 12 cent. de long, oblongues-lancéolées, courtement acuminées et sub-entières. *Haut.* 6 m. Indes occidentales, 1822. Arbre.

T. Smithi, Hort. *Fl.* d'un beau jaune teinté d'orange, réunies en grappes composées, terminales; corolle tubuleuse, arquée, de 4 à 5 cent. de long, à lobes réfléchis. Septembre-janvier. *Flles* pinnées, à folioles de 2 1/2 à 5 cent. de long, oblongues et dentées en scie. Tiges fortes et dressées. Belle plante nouvelle, indiquée comme hybride

T. undulata, G. Don. *Fl.* à corolle orange, ample, campanulée; grappes pauciflores, terminant les rameaux latéraux. Eté. *Flles* pétiolées, simples, linéaires-lancéolées, obtuses, ondulées, entières, souvent presque alternes, de 15 à 18 cent. de long et à pétioles ayant près de 2 cent. 1/2 de long. Indes et Arabie. Grand arbuste dressé, glabre et de serre chaude. Syn. *Bignonia undulata*, Smith. (S. E. B. 19.)

T. valdiviana, Phil. *Fl.* réunies par quatre-neuf en grappe simple et terminale; corolle orangée, velue intérieurement vers la base. Printemps. *Flles* imparipennées, à neuf-quinze folioles ovales-oblongues ou elliptiques, souvent mucronées, à bords dentés ou presque entiers et pâles en dessous. Rameaux anguleux. Chili, 1870. Arbuste grimpant et de serre chaude. Syns. *T. mirabilis*, Hort.; *Campsidium chilense*, Reiss et Seem. (G. C. 1870, 1182.)

TECOPHILÆA, Bert. (dédié à Tecophyla, fille de Billotti, botaniste). Syns. *Distrepta*, Miers.; *Phyganthus*, Pœpp. et Endl. et *Pœppigia*, Kunze. Fam. *Hæmodoracées*. — Petit genre ne comprenant que deux espèces de plantes bulbeuses, de serre tempérée, habitant le Chili. Fleurs assez longuement pédicellées, solitaires ou réunies en petit nombre et lâches au sommet d'une hampe aphylle, incluse à la base dans les gaines des feuilles ; périanthe courtement et étroitement tubuleux au-dessus de l'ovaire, qui est semi-infère ; lobes beaucoup plus longs, obovales-oblongs, plans et subégaux. Feuilles radicales, peu nombreuses ou solitaires, étalées, linéaires ou lancéolées, à base incluse dans une longue gaine scarieuse. L'espèce suivante, seule introduite, prospère dans un compost de terre franche siliceuse et fertile. Les bulbes doivent être tenus au sec pendant leur période de repos. Multiplication par semis ou par séparation des rejets.

T. cyano-crocea, Baker. Angl. Chilian Crocus. — *Fl.* à périanthe d'un bleu magnifique, blanchâtre à la gorge, de 3 à 4 cent. de long, à segments ovales et multinervés ; pédoncules un à trois, dressés, simples, uniflores et

Fig. 190. — Tecophilæa cyano-crocea.

dépourvus de bractées, de 2 1/2 à 5 cent. de long. *Flles* radicales, une à trois, linéaires, acuminées, canaliculées, ondulées, de 8 à 15 cent. de long et de 6 à 12 mm. de large. Chili, 1872.

T. c.-c. Leichtlinii, Hort. *Fl.* d'un bleu foncé, comme celui du *Gentiana verna* et sans aucune trace de jaune. Chili, 1886.

T. c.-c. Regelii, Hort. *Fl.* à segments du périanthe plus étroits que dans le type, de 2 cent. 1/2 de long, oblongs et à pédoncules plus longs. *Flles* plus étroites et non ondulées. (R. G. 718, sous le nom de *T. cyano-crocca.*)

TECTONA, Linn. f. (*Tekka* est le nom du *T. grandis* au Malabar). **Teck** ; Angl. Teak. Syn. *Theca*, Juss. Fam. *Verbénacées.* — Petit genre comprenant trois espèces de grands arbres économiques, de serre chaude, habitant l'Asie, les Indes et l'archipel Malais, et cultivés dans d'autres pays. Fleurs blanches ou bleuâtres, petites, réunies en cymes dichotomes, formant d'amples panicules terminales ; calice campanulé, à cinq ou six divisions courtes. Feuilles opposées ou verticillées par trois, amples et entières.

Le bois du *T. grandis*, connu sous le nom de bois de Teck, est de très longue durée, presque indestructible et employé dans l'industrie à divers usages, notamment à la construction des navires. Cet arbre a été introduit dans les collections, mais comme il atteint 25 à 50 m. de haut, il est difficile ou du moins trop coûteux de construire des serres suffisamment hautes et spacieuses pour l'abriter.

T. grandis, Linn. f. Chêne de l'Inde, Teck ; Angl. Indian Teak-tree. — *Fl.* blanches, petites, réunies en très grandes panicules terminales, tomenteuses-blanchâtres. *Fr.* drupacé, spongieux, laineux, de la grosseur d'une cerise. *Flles* très larges, ovales ou sub-elliptiques, acuminées, courtement pétiolées, scabres et brillantes en dessus, tomenteuses, blanchâtres en dessous. Indes orientales, 1777.

TEEDIA, Rudolph. (dédié à J.-G. Teede, botaniste et voyageur allemand, qui mourut à Surinam). Syn. *Borkhausenia*, Roth. Fam. *Scrophularinées.* — Petit genre ne comprenant que deux espèces d'arbustes de serre froide, glabres ou pubescents, habitant le sud de l'Afrique. Fleurs roses, un peu petites, réunies en cymes pauciflores, pédonculées, insérées à l'aisselle des feuilles supérieures et formant des thyrses feuillus et terminaux ; calice profondément quinquépartite ; corolle à tube cylindrique et à limbe à cinq lobes courts, arrondis et sub-égaux ; étamines quatre, didynames.

Ces arbustes sont assez décoratifs pendant leur floraison. Ils prospèrent dans une terre riche et légère. Leur multiplication s'effectue par semis ou par boutures.

T. lucida, Rudolphi. *Fl.* roses, à corolle de 10 à 12 mm. de long ; pédoncules de 12-18 mm. de long, portant trois à sept fleurs. Avril. *Flles* ovales ou ovales-lancéolées, rétrécies à la base et embrassant la tige, de 3 à 10 cent. de long, luisantes sur la face supérieure, aiguës et serrulées. Rameaux tétragones. *Haut.* 60 cent., Sud de l'Afrique, 1774. Plante glabre. (B. R. 209.)

T. pubescens, Burch. *Fl.* roses, à corolle de 12 mm. de long. Mai. *Flles* ovales ou elliptiques, souvent plus larges que celles du *T. lucida*, arrondies ou rétrécies à la base et embrassant la tige. *Haut.* de 60 cent. Sud de l'Afrique, 1816. Plante velue ou couverte d'une pubescence roussâtre. (B. R. 214.)

TEESDALIA, R. Br. (dédié à Robert Teesdale, botaniste habitant le comté du Yorkshire en Angleterre et qui publia un « Catalogue of plants growing about Castle Howard »). Fam. *Crucifères.* — Genre ne comprenant que deux espèces de petites plantes herbacées, glabres, annuelles, à fleurs blanches et à feuilles en rosette, habitant l'Europe occidentale, la région méditerranéenne et l'Asie Mineure.

Le *T. nudicaulis*, R. Br. (Angl. Pepper Cress) croît spontanément et communément en France, en Angleterre, etc., dans les terrains siliceux et, comme son congénère le *T. Lepidium*, DC., également français, il ne présente aucun intérêt horticole.

TEGANIUM, Schmid. — V. **Nolana**, Linn.

TEIGNE. — V. **Tinéides**.

TEIGNE de la Carotte. — V. **Carotte** (Teigne de la).

TEIGNE des Légumineuses et autres. — V. **Cuscuta**.

TEIGNE du Panais. — V. **Panais** (Teigne du).

TEGMEN. — Nom donné à la membrane interne du sac embryonnaire des ovules, que certains auteurs ont encore désigné sous les noms d'*endoplèvre* et de *périsperme immédiat*.

TÉGUMENT. — On applique ce nom à différents organes qui en recouvrent d'autres, mais en particulier aux propres enveloppes des graines qu'on désigne encore sous le nom de *test* ou *testa*.

TELANTHERA, R. Br. On écrit parfois *Teleianthera*,

Endl. — Genre maintenu par Bentham et Hooker au point de vue botanique, mais réuni dans cet ouvrage aux **Alternanthera**, Forsk., à cause de leur similitude d'aspect et d'emplois. (V. ce nom.)

TELEIANTHERA, Endl. — V. **Alternanthera**, R. Br.

TELEKIA, Baumg. (dérivation obscure). Fam. *Composées*. — Petit genre ne comprenant que deux espèces de plantes herbacées, vivaces et rustiques, habitant l'Europe méridionale et orientale. Très voisins et souvent réunis aux **Buphthalmum**, Linn. pr. p., ils en diffèrent surtout par leurs étamines munies de longues arêtes, mais leurs emplois et traitement sont les mêmes. (V. ce nom.)

T. cordifolia, DC. *Capitules* jaunes, de plus de 6 cent. de diamètre, à disque roussâtre ; pédoncules sub-terminaux, peu nombreux et dressés au sommet des tiges. Juin-août. *Flles* alternes, cordiformes ou largement ovales,

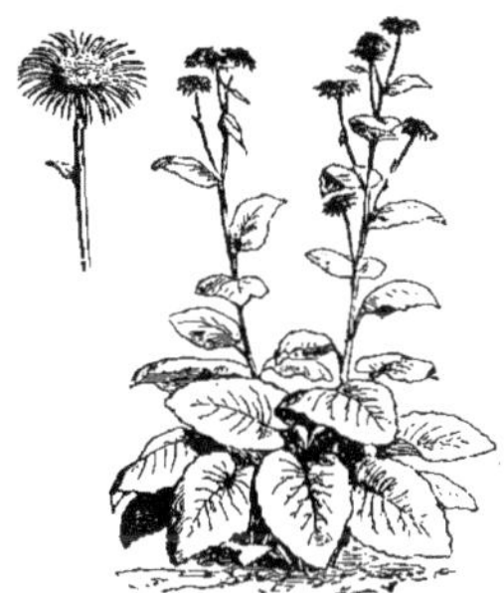

Fig. 191. — Telekia speciosa.

aiguës, doublement dentées, pubescentes ; les inférieures pétiolées ; les supérieures sub-sessiles. Tiges raides et peu rameuses. *Haut.* 1 m. 20. Tauride, Perse. Syns. *Telekia speciosa*, Baumg. ; *Buphthalmum cordifolium*, Waldst et Kit. ; *B. speciosum*, Schreb.

T. speciosissima, DC. Nom correct de la plante décrite dans le volume I. page 432 de cet ouvrage, sous le nom de **Buphthalmum speciosissimum**. (Voir ce nom.)

TELEPHIUM, Linn. (ancien nom grec employé par Hippocrates pour une plante semblable et peut-être dédié par Auge à *Telephus*, fils d'Hercules). Angl. Orpine. Fam. *Ficoïdées*. — Genre comprenant une (ou trois) espèces de plantes herbacées, souvent vivaces, diffuses et rustiques, habitant la région méditerranéenne. Fleurs blanches, petites, réunies en cymes terminales, sub-capitées ; sépales, pétales et étamines chacun au nombre de cinq. Feuilles alternes, géminées ou opposées, ovales ou oblongues, obtuses ou aiguës et dépourvues de nervures. L'espèce suivante, seule introduite, se traite comme la plupart des autres plantes vivaces, mais elle est peu décorative et par suite fort peu répandue dans les jardins.

T. Imperati, Linn. Angl. Tree Orpine. — *Fl.* blanches, petites, réunies en glomérules terminaux. Juin-août. *Flles* alternes, ovales, arrondies et vert glauque. *Haut.* 30 à 40 cent. Europe méridionale ; France, etc.

TELFAIRIA, Hook. (dédié à Charles Telfair, botaniste écossais, mort à l'ile Maurice ; 1778-1833). Syn. *Joliffia*, Bojer. Fam. *Cucurbitacées*. — Petit genre ne comprenant que deux espèces d'arbustes grimpants et de serre chaude, habitant l'Afrique tropicale. Fleurs mâles moyennes ou assez grandes, à pédicelles pourvus de bractées et réunies en cymes ; calice à tube court et à lobes lancéolés, dentés en scie ou crénelés ; corolle pourpre pâle, rotacée, quinquépartite, à segments bordés de longs cils ; étamines trois. Fleurs femelles solitaires, à étamines rudimentaires ou nulles ; ovaire oblong, renflé et lobé à la base, à trois ou cinq loges. Fruit gros, orbiculaire, comprimé ; graines comestibles. Feuilles à trois-cinq folioles oblongues, auriculées à la base, dentées en scie ou découpées.

Les graines du *T. pedata* fournissent par pression une excellente huile blanche, et, lorsqu'elles sont fraiches, on les dit aussi bonnes à manger que des amandes.

Les *Telfairia* produisent en abondance de grandes et belles fleurs, mais il leur faut beaucoup de place pour se développer et encore est-il nécessaire de les tailler fréquemment et cela avant leur époque de floraison. Un mélange de bonne terre franche siliceuse et de terre de bruyère convient à ces plantes. On les multiplie par boutures de pousses florifères, qui s'enracinent rapidement dans du sable, sous cloches et à chaud.

T. occidentalis, Hook. f. *Fl.* de 4 à 5 cent. de diamètre, à corolle blanche, avec un œil central pourpre ; étamines cinq ; grappes mâles de 30 cent. de long, composées de six à dix fleurs. Septembre. *Fr.* jaune et vert, de 5 cent. de long, avec dix ailes épaisses, de 2 cent. 1/2 d'épaisseur et une chair pulpeuse, jaune d'or. *Flles* alternes, pétiolées, à cinq folioles pédalées, de 8 à 15 cent. de long, courtement pétiolulées, elliptiques-ovales, obtusément acuminées et sinuées-dentées. Vrilles bifides. Afrique occidentale, 1870. (B. M. 6272.) — Cultivé, dit-on, pour ses graines que les nègres mangent après les avoir fait bouillir.

T. pedata, Hook. *Fl.* 2 cent. 1/2 et plus de long, à calice ample et duveteux ; corolle purpurine ; grappes mâles composées de six à huit fleurs ; pédoncules de 15 à 20 cent. de haut. Juillet. *Fr.* toujours vert, de 50 cent. à 1 m. de long et souvent 20 cent. de diamètre, avec dix à douze sillons profonds. Graines de la grosseur d'une grosse fève. Zanzibar, 1825. (B. M. 2751-2.) Syns. *Fevillea pedata*, Smith. (B. M. 2681) ; *Joliffia africana*, Delile.

TELI (des Portugais). — V. **Erythroxylon guineense**.

TELIPOGON, Humb., Bonpl. et Kunth. (de *telos*, sommet, et *pogon*, barbe ; la colonne est barbue au sommet). Syn. *Thelypogon*, Spreng. Fam. *Orchidées*. — Genre comprenant plus de quarante espèces d'Orchidées épiphytes, de serre chaude, habitant les Andes de la Colombie et du Pérou ; il est cependant douteux que plusieurs soient spécifiquement bien distinctes. Fleurs élégantes, peu nombreuses et formant des grappes lâches au sommet de pédoncules sub-terminaux, assez longs, simples et dressés ; sépales sub-égaux, libres, étalés et étroits ; pétales beaucoup plus larges ; labelle sessile, très étalé, indivis, rarement petit ; colonne très courte et épaisse, ciliée ou hispide ; masses polliniques quatre. Feuilles distiques, courtes, coriaces ou charnues.

L'espèce suivante est seule digne d'être décrite ici. Elle prospère en paniers remplis de terre de bruyère fibreuse, de tessons et de sphagnum ou fixée à un morceau de bois de teck, avec un peu de sphagnum frais, fixé à la base de la plante avec du fil de laiton.

T. Crœsus, Rchb. f. *Fl.* jaunes, avec des réticulations foncées, de 4 cent. de diamètre, à sépales triangulaires, acuminés, aristés, trinervés, carénés à l'extérieur sur le milieu de la nervure médiane ; pétales cunéiformes, rhomboïdes, à angles obtus et à cinq nervures ; labelle très large, flabelliforme, arrondi, multinervé et velouté à la base. *Flles* distiques. Tiges étroites et minces. Colombie, 1877.

TELLIMA, R. Br. (anagramme de *Mitella*, genre auquel ces plantes étaient autrefois réunies). Fam. *Saxifragées.* — Genre comprenant environ sept espèces de plantes herbacées, annuelles ou vivaces, rustiques, poilues ou glanduleuses, habitant l'Amérique du nord-ouest. Fleurs verdâtres ou blanches, pédicellées, bractéolées et penchées ; calice à tube ample et à limbe à cinq dents ou divisions ; pétales cinq, rarement rougeâtres, insérés à la gorge du calice, entiers, trifides ou pinnatifides ; étamines dix ; grappes terminales, allongées et multiflores. Feuilles pétiolées, arrondies-cordiformes, lobées, dentées, à stipules nulles ou soudées à la base des pétioles. L'espèce suivante, seule introduite, est une belle plante vivace. Pour sa culture, V. **Mitella**.

T. grandiflora, R. Br. *Fl.* verdâtres, d'environ 12 mm. de long et autant de large, à pétales laciniés-pinnatifides et sessiles ; grappes un peu spiciformes. Avril. *Flles* palmées-lobées, découpées-dentées ; les caulinaires semblables, au nombre de deux à quatre, alternes ; pétioles un peu stipuliformes à la base. Tige forte, d'environ 60 cent. de haut. Amérique du nord-ouest, 1826. Plante hirsute. (B. R. 1178.)

TELOPEA, R. Br. (de *telopas*, voir à distance ; allusion à la grande distance à laquelle on peut apercevoir les fleurs cramoisies dans leur pays natal). Syn. *Hylogyne*, Salisb. Fam. *Protéacées.* — Genre comprenant deux espèces de grands arbustes de serre froide, habitant l'Australie. Fleurs rouges, élégantes, géminées sur les pédicelles et réunies en grappes denses, terminales, sub-globuleuses ou ovoïdes, entourées d'un involucre de grandes bractées colorées ; celles de l'intérieur de la grappe plus petites ; périanthe légèrement irrégulier, à tube ouvert de bonne heure sur le côté inférieur, rétréci et récurvé sous le limbe, avec la languette large et oblique. Follicules stipités, obliques et récurvés. Feuilles alternes, entières et dentées.

L'espèce suivante, seule introduite, est une des plus belles plantes de sa famille. Elle demande la serre tempérée et, si l'atmosphère est tenue très humide, la plante croît avec vigueur, mais cela même au détriment de la floraison. On peut l'arroser copieusement pendant l'été, mais en hiver il faut tenir la plante presque sèche. La plate-bande d'une grande serre, à sol léger et bien drainé lui convient parfaitement, et si on la tient en pots, on emploiera de la bonne terre franche et siliceuse. La multiplication s'effectue en hiver par marcottage des rejets, que l'on fait en petits pots, et on les laisse ainsi jusqu'à ce qu'ils soient bien enracinés.

T. speciosissima, R. Br. Angl. Waratah, Warratau. — *Fl.* cramoisies, à périanthe glabre, d'environ 2 cent. 1/2 de long ; pédicelles épais, récurvés, de 6 à 12 mm. de long ; bouquets réunis en grappe dense, d'environ 8 cent. de diamètre ; bractées de l'involucre ovales-lancéolées ; les internes de 5 à 8 cent. de long. Juin. *Fr.* de 8 à 10 cent. de long, contenant dix à vingt graines. *Flles* cunéiformes-oblongues ou presque obovales, de 12 à 25 cent. de long, presque toutes dentées dans leur partie supérieure, rétrécies en pétioles assez longs et rarement quelques-unes très entières. *Haut.* 2 m. à 2 m. 50. Australie, 1789. (J. H. 1887, ser. 5, 29 ; G. C. n. s. XVII, p. 677 ; B. M. 1128, sous le nom de *Embothrium speciosissimum*, Smith.

TEMPÉRATURE. — L'étude des variations journalières de la température et de leurs effets sur les végétaux cultivés forme une partie importante des connaissances nécessaires aux jardiniers qui ont à diriger des cultures en général et en particulier celles des plantes de serres ou délicates. Il est à peine nécessaire de faire remarquer que, sous nos climats, la température est excessivement variable, parfois dans ses limites extrêmes et cela même en fort peu de temps. Ces brusques changements de température affectent plus ou moins tous les êtres organisés, les plantes comme les animaux, et le jardinier attentif doit observer le degré d'endurance des plantes qu'il cultive et protéger celles qui sont le plus susceptibles d'en souffrir. Le degré de la température étant étroitement lié avec l'état de l'atmosphère d'une part et en rapport avec la saison de l'autre, le jardinier doit posséder certaines connaissances météorologiques qui lui permettent de prévoir au moins approximativement la température probable de la journée ou de la nuit, afin qu'il puisse prendre les mesures nécessaires pour parer, le cas échéant, à ses mauvais effets.

Le degré d'intensité de la chaleur et du froid se mesure par l'expansion ou la contraction du mercure ou de l'alcool dans un tube gradué et que l'on nomme **Thermomètre**. (V. ce nom pour de plus amples détails.)

La longue culture d'un grand nombre de plantes a permis de connaître les points extrêmes de la température, le froid surtout, qu'elles peuvent supporter sans souffrir, mais plusieurs causes et en particulier celle de l'état de sécheresse ou d'humidité de l'atmosphère et du sol, peuvent faire varier considérablement ce degré de résistance et l'on voit fréquemment périr des plantes sans que la température en soit aucunement la cause.

Toutefois et surtout dans la culture des plantes des pays chauds, que l'on tient ainsi en serre, il est de la plus grande importance de connaître aussi exactement que possible la température moyenne en chaque saison, dans le pays où elle croît spontanément, et cela afin de pouvoir lui donner cette même température dans nos cultures.

C'est à l'aide de chauffages, la plupart au thermosiphon, c'est-à-dire à l'eau chaude, qu'on obtient et maintient cette température dans les serres ; production à la fois coûteuse et minutieuse, car il suffit de quelques heures d'oubli par les grands froids pour perdre la plupart des plantes d'une serre, dont la valeur est parfois très grande. Toutefois, la régularité de la température demande des soins plus particuliers encore pour les plantes en voie de forçage, fleurs ou fruits, que pour celles qu'on ne fait que protéger ; la chaleur étant, de tous les éléments, celui qui joue le rôle le plus important dans le forçage. D'autre part, le maintien d'une température élevée est d'autant plus difficile qu'il fait plus froid à l'extérieur, car alors les variations, même de quelques degrés, deviennent d'autant plus sensibles qu'on approche davantage du point extrême de résistance.

La longue pratique et l'attention continuelle sont indispensables en horticulture et, même lorsque le jardinier applique journellement ses connaissances d'une façon intelligente, il éprouve encore bien des déceptions, causées souvent par des phénomènes d'ordre supérieur et au delà de ses moyens d'action, mais les brusques variations de température sont sans doute pour lui les plus terribles.

TEMPS; Angl. Weather. — L'influence prépondérante de l'état du temps sur les végétaux est un fait trop connu pour qu'il soit nécessaire d'insister; chacun sait que les récoltes des jardins et des champs sont en grande partie à sa merci. Mais c'est justement en raison de l'importance des phénomènes météorologiques sur la végétation que le jardinier doit les observer attentivement, les contrôler méthodiquement quand il le peut et s'appliquer à en déduire les meilleures conséquences de façon à pouvoir faire profiter les plantes le plus parfaitement possible des conditions favorables que présente le temps à certains moments et réduire autant qu'il le peut les mauvais effets qu'il produit à d'autres moments.

Ceux qui ont charge de l'entretien d'un jardin doivent sans cesse se préoccuper de l'état présent du temps et de ce qu'il pourra être dans un moment plus ou moins proche, afin de diminuer autant que possible les risques de l'imprévu et de prendre en conséquence les mesures nécessaires pour ou contre le temps à venir. C'est ainsi qu'on doit se préoccuper le matin de ce qu'il adviendra dans la journée, et le soir de ce que sera la nuit.

« Le baromètre est l'instrument à l'aide duquel on obtient certaines indications relatives au temps probable; il en existe de bien des modèles et plusieurs sont basés sur des principes entièrement différents : notamment les baromètres anéroïdes et les baromètres à mercure; mais ils n'indiquent que le degré de pression atmosphérique : plus celle-ci est grande, plus les orages et les pluies sont imminents. Toutefois, ces indications sont loin d'être absolues et d'une importance sérieuse au point de vue horticole. Soit parce que les appareils ne sont pas réglés pour le lieu où l'on s'en sert, soit par suite de leur fonctionnement défectueux, ou encore parce que le contraire de ce qu'ils indiquent se produit trop souvent, les jardiniers n'y attachent pas grande importance et ne les consultent presque pas. Les vieux praticiens préfèrent de beaucoup s'en rapporter à leur expérience et de fait, pour leur contrée et leurs besoins, les prévisions qu'ils font se confirment souvent. Toutefois, ce n'est pas sans raison qu'un vieux proverbe dit : « Qui veut mentir n'a qu'à parler du temps. » (S. M.)

Le temps affecte la végétation de plein air, selon la localité et la nature du sol et du sous-sol. Quand ce dernier est graveleux ou sableux, c'est-à-dire très perméable, les effets de la sécheresse s'y font le plus rapidement et le plus durement sentir; s'il est au contraire argileux et imperméable, l'effet contraire se produit et les résultats culturaux sont d'autant plus mauvais que la saison est plus humide.

Pour les plantations et transplantations ainsi que pour les semis, après l'époque favorable, l'état du temps a une très grande importance sur le succès de l'opération. C'est naturellement et quand on le peut, un temps sombre et humide qu'il faut choisir, car alors les plantes reprennent très vite et il vaut souvent mieux attendre même plusieurs semaines que de semer ou repiquer pendant une période de sécheresse. Quelque copieux que puissent être les arrosements, ils ne valent jamais la pluie; on doit donc faire profiter les plantes de celle-ci chaque fois qu'on le peut.

Lorsque la terre est profondément gelée et par suite très dure, c'est le moment de transporter des engrais, de la terre, du bois ou d'autres matériaux dans les endroits où l'on ne pourrait circuler que très difficilement dans les temps ordinaires. Il ne faut pas bêcher la terre lorsqu'elle est gelée, ni enterrer la neige quand on comble des trous ou des feuilles. Mais si on a pu bêcher la terre avant la gelée et qu'on l'ait laissée en grosses mottes, le froid la désagrège et la réduit en poussière au printemps suivant, tout en faisant périr une grande quantité d'insectes. Quand la neige couvre la terre et rend tout travail extérieur impossible, c'est le moment de pourvoir à une foule de petits travaux d'intérieur, tels que la fabrication des tuteurs et des étiquettes, la réparation des outils, etc. Dans les jardins, on est souvent obligé, bien qu'on l'ait prévu longtemps à l'avance, de choisir et de faire tel ou tel travail, selon l'état du temps. Les saisons aussi sont très variables et on doit les bien étudier afin de réduire le plus possible, le cas échéant, leurs mauvais effets sur les cultures. Par suite, les travaux dépendent ainsi de l'état du temps et des changements qui se produisent.

L'observation de l'état du temps a une bien plus grande importance pour la conduite des serres et en général des plantes en pots, car celles-ci demandent des soins beaucoup plus attentifs. Les serres les mieux construites sont rapidement affectées par un changement de température extérieure et, comme les plantes qu'elles renferment sont souvent très tendres et incapables de supporter sans souffrir les variations que les plantes de plein air endurent, il faut surveiller le temps et le thermomètre presque constamment.

Un des points importants en ce qui concerne la relation des travaux avec l'état du temps, est de faire en sorte qu'on puisse toujours utiliser chaque heure de travail, quelque temps qu'il fasse. Il est également très important de faire chaque chose à l'époque voulue. La conduite des travaux de jardinage donne à celui qui en a la charge, et cela surtout dans les grands jardins, beaucoup de préoccupations et demande de lui une grande expérience pratique, car presque chaque sorte de plante exige des soins spéciaux et ces soins varient continuellement selon l'état du temps, qui est lui-même on ne peut plus variable.

TEMPLE. — Construction architecturale que l'on édifie dans les grands jardins paysagers, comme ornement contribuant beaucoup à augmenter la beauté du site et servant généralement d'abri et de lieu de repos. Le style des temples proprement dits comporte des colonnes, et leur forme peut être circulaire, octogone ou autrement, mais il faut éviter de les surcharger d'ornements, comme on le fait trop souvent de nos jours, car ces ornements sont souvent de mauvais goût. On voit dans de grandes propriétés d'anciens édifices avec des ornements massifs peut-être, mais présentant de belles lignes architecturales et des proportions en rapport avec celles de l'habitation principale. Il y a souvent plus d'avantage à copier ces modèles qu'à vouloir en créer d'autres, mais dans tous les cas, on ne doit employer que des matériaux de bonne qualité et bien travaillés, afin d'obtenir une grande résistance aux intempéries ainsi qu'une longue durée.

L'emplacement le mieux approprié à l'érection d'un temple est un des points les plus importants de leur effet décoratif. Selon la nature des lieux, on choisira l'extrémité d'une avenue, d'une île ou d'un îlot, le sommet d'un monticule ou tout autre endroit élevé, assez éloigné de l'habitation, d'où la vue sera la plus étendue et sur une des plus belles perspectives de la propriété. En tout cas, on ne doit pas abuser de ces sortes de constructions et, du reste, elles sont toujours très coûteuses à édifier.

TEMPLETONIA, R. Br. (dédié à John Templeton, botaniste irlandais). Fam. *Légumineuses*. — Genre comprenant sept espèces d'arbustes ou de sous-arbrisseaux glabres, parfois aphylles et de serre froide, habitant l'Australie. Fleurs rouges ou jaunes, axillaires, solitaires ou réunies par deux-trois ; calice ayant les deux dents ou lobes supérieurs soudés ou rarement libres ; corolle à étendard orbiculaire ou obovale, ordinairement réfléchi; ailes étroites; étamines toutes soudées en un tube ouvert sur le côté supérieur; bractées ordinairement très petites. Feuilles (lorsqu'elles existent) alternes, simples, entières, accompagnées de stipules petites ou spinescentes. L'espèce suivante, seule introduite, est une plante intéressante, prospérant dans un mélange de terre franche siliceuse et de terre de bruyère. On la multiplie par boutures herbacées, que l'on plante dans du sable et sous cloches.

T. glauca, Sims. Syn. de *T. retusa*, R. Br.

T. retusa, Br. Angl. Coral Bush. — *Fl.* à pétales rouges ou rarement blancs, de 2 1/2 à 4 cent. de long, tous étroits, courtement onguiculés et de longueur égale ; pédicelles rigides, portant au milieu des bractéoles obtuses. Mars-juin. *Flles* largement obovales ou étroitement cunéiformes-oblongues, de 2 à 3 cent. de long, obtuses, émarginées ou finement mucronées, presque sessiles ou courtement pétiolées. *Haut.* 1 m. et plus. Australie, 1803. (B. M. 2334; R. R. 383; L. B. C. 526.) Syn. *T. glauca*, Sims. (B. M. 2088; B. R. 859; L. B. C. 644.)

TENAGEIA, Rchb. — Réunis aux **Juncus**, Linn.

TENAILLES; Angl. Pincers. — Les tenailles ont leur utilité dans les jardins pour couper, tendre et tordre les fils de fer des espaliers, contre-espaliers, etc., pour arracher les clous des murs, ouvrir les boîtes sans casser ou fendre leur couvercle, etc. et, ne serait-ce que pour ce dernier usage, il est nécessaire d'en avoir toujours une paire sous la main car, avec le marteau, c'est un des outils dont on peut le moins se dispenser.

TENARIS, E. Mey. (c'est, dit-on, le nom indigène dans le sud de l'Afrique). Fam. *Asclépiadées*. — Petit genre ne comprenant qu'une ou deux espèces de plantes herbacées, vivaces, dressées, grêles et presque simples, habitant le sud de l'Afrique. Fleurs roses ou blanchâtres et réunies en cymes; calice à cinq divisions profondes et aiguës; corolle en tube courtement campanulé et à cinq lobes allongés, linéaires-spatulés; coronule à dix écailles insérées sur le tube staminal; étamines insérées à la base de la corolle et à filets soudés en tube court. Feuilles opposées, étroites-linéaires. L'espèce suivante est seule introduite. Pour sa culture, V. **Ceropegia**.

T. rostrata, N. E. Br. *Fl.* à corolle blanchâtre, fortement couverte à la base de petites ponctuations pourpres, rotacées, de 2 cent. de diamètre ; coronule externe à cinq petits lobes jaunâtres ; l'interne à cinq segments rosés; pédoncules uniflores ou parfois biflores et de 8 à 12 mm. de long. *Flles* environ quatre paires, espacées, linéaires, aiguës, de 5 à 8 cent. de long, 3 mm. de large et arquées. Tige de 50 cent. de haut et grêle. Est de l'Afrique tropicale, 1885.

TENDANA, Rchb. f. — V. **Micromeria**, Benth.

TENTHRÈDE, Angl. Sawfly. — Groupe important d'insectes Hyménoptères, représentant le grand genre *Tenthredo*, de Linné, qui est aujourd'hui divisé en un très grand nombre d'autres genres secondaires, basés sur des caractères scientifiques relativement peu importants, mais cependant aujourd'hui admis dans les ouvrages d'entomologie.

Les Tenthrèdes sont presque toutes nuisibles et parfois très destructrices, vivant, selon les espèces, aux dépens des arbres et arbustes fruitiers ou d'ornement, des plantes herbacées, potagères ou autrement; elles méritent en conséquence que nous nous étendions assez longuement sur leur compte.

Les Tenthrèdes doivent leur nom familier de *Mouches à scie* à un des caractères les plus importants et les plus spéciaux de leur organisation, mais ce caractère n'existe que chez la femelle. Celle-ci est pourvue à l'extrémité de l'abdomen d'une petite scie double, qui lui sert à entamer l'épiderme des parties vertes des végétaux, pour déposer ensuite un œuf dans chaque entaille. Cette scie est un ovipositeur modifié; elle se compose de deux lames formées chacune d'un support le long du dos et de la partie tranchante ou scie proprement dite insérée sur un côté. Les deux scies sont exactement semblables; chacune d'elles est dentée et présente une barre transversale souvent pourvue de petites dents et ces deux pièces agissent à la fois comme scie et comme lime. Les dents des scies et des limes diffèrent chez les diverses espèces. Ces organes sont ordinairement enfermés dans une gaine à deux valves

Les Tenthrèdes adultes ont l'aspect de Mouches relativement petites, mais quelques-unes des plus grosses atteignent à peu près la taille du Bourdon. Elles sont épaisses et lourdes, avec l'abdomen réuni au corselet par toute sa largeur, ce qui les différencie de la plupart des autres genres de la même famille, dont les représentants ont, comme on le sait, le corp, resserré et très étroit au milieu. La tête est toujours plus large que longue, mais pas plus large que le thorax ou corselet. Le corps est lisse, parfois poilu ou rarement ponctué, sa couleur est noire ou du moins foncée, avec certains reflets métalliques : vert cuivré bleu vert pur, jaune ou rouge. Les pattes sont souvent rouge de rouille, même lorsque le corps est d'une autre couleur, de longueur bien proportionnée à celle du corps et toutes leurs parties sont bien développées. Chaque patte est pourvue de deux éperons aigus au sommet du tibia. La conformation des ailes est très semblable à celle des autres Hyménoptères, mais la nervation est caractérisée par la forme allongée d'une des cellules de la partie postérieure des ailes antérieures, que l'on nomme « cellule lancéolée » et qui ne s'observe dans aucun autre genre d'Hyménoptère. Généralement, les ailes sont transparentes et à reflets plus ou moins irisés. Les organes de la bouche sont faits pour couper les végétaux. Il existe ordinairement une petite différence d'aspect entre les deux sexes, due à de légères modifications des pattes, du corps et des organes de la tête.

Les Tenthrèdes abondent depuis mai jusqu'à la fin de juillet et quelques espèces ont une nouvelle génération à l'automne. Les mouches des Tenthrèdes sont lourdes et paresseuses; quand le temps est sombre, elles restent en repos des heures entières sur l'herbe et cela souvent sans changer de position. Peu d'espèces sont agiles et cela seulement lorsque le temps est clair et chaud. Elles visitent fréquemment les fleurs pour en recueillir le pollen et le nectar et vivent parfois des petits insectes qui s'y trouvent ; les fleurs très ouvertes, telles que celles des Renoncules et des Ombellifères, sont celles qu'elles préfèrent.

Fig. 192. — Tenthrède du Groseillier (*Nematus Ribesii*). Larve et insecte parfait.

Les larves, qu'on nomme *fausses chenilles*, parce qu'elles ont beaucoup de ressemblance avec les vraies chenilles, vivent sur les végétaux. La femelle pond ses œufs sur les feuilles, à la face inférieure et fréquemment le long des nervures, chacun séparément dans une entaille que la femelle fait à cette intention avec sa scie. Plusieurs Tenthrèdes sont parthénogéniques, c'est-à-dire qu'on a observé des femelles pondant des œufs fertiles sans l'intervention du mâle, lequel est en réalité encore inconnu chez certaines espèces.

Les larves des Tenthrèdes ont des mœurs très variables. La plupart vivent à nu sur la surface ou sur les bords des feuilles dont elles se nourrissent, les unes en groupes ou sociétés et les autres séparément. Certaines Tenthrèdes (*Lyda*) tissent une toile commune, dans laquelle chaque individu vit ensuite séparément dans un tube particulier. Quelques-unes enroulent ou plient les feuilles pour s'en faire un lieu de retraite. D'autres vivent dans des galeries qu'elles creusent à cet effet dans les rameaux. Il en est encore qui s'enfoncent dans le parenchyme des feuilles (*Fenusa Ulmi*), tandis que d'autres vivent dans des galles en forme de pois, sur les feuilles (*Nematus gallicola*) ou sur les rameaux des Saules. La forme de ces larves varie avec leur mode d'existence, mais la plupart sont cependant cylindriques. Elles affectent parfois des poses aussi curieuses que caractéristiques. Une pose très commune à ces larves, quand elles mangent comme lorsqu'elles sont au repos, est d'avoir la moitié antérieure du corps droite et la moitié postérieure enroulée en spirale à l'intérieur ; quelques-unes cependant se tiennent sans cesse allongées, comme de véritables chenilles.

Ces larves ressemblent tellement aux chenilles que le vulgaire les confond généralement; elles ressemblent plus particulièrement aux chenilles des papillons nocturnes ou Noctuidées, ayant comme elles trois paires

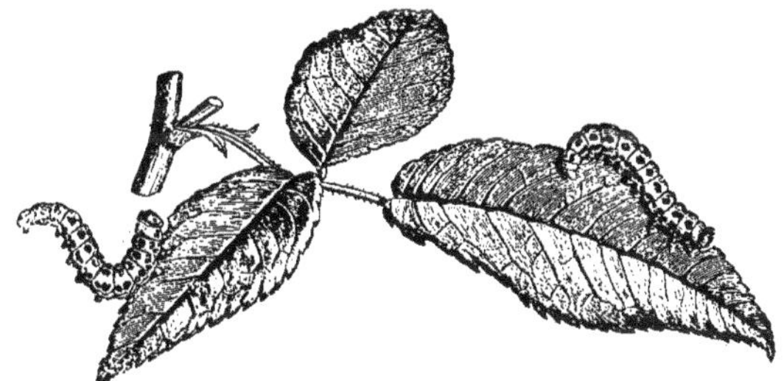

Fig. 193. — Tenthrèdes du Rosier (*Hyloloma rosæ*).

de vraies pattes, mais elles ont toujours plus de seize pattes membraneuses (de dix-huit à vingt-deux), tandis que les Noctuidées n'en ont que dix, et le cinquième segment (lorsqu'il existe) porte toujours des pattes membraneuses chez les larves des Tenthrèdes, alors qu'il en est toujours dépourvu chez les Noctuidées; de plus, la tête est arrondie et pourvue de deux yeux, tandis que, chez les chenilles véritables, elle est un peu triangulaire et dépourvue d'yeux.

Ces fausses chenilles sont protégées contre les animaux destructeurs par leur couleur, qui se rapproche souvent de celle des feuilles et qui lui est parfois identique, ainsi que par leur forme grêle, ou bien, quand elles se croient en danger, elles se laissent glisser à

Fig. 194. — Ver limace (*Eriocampa limacina*). Insecte parfait.

terre le long d'un fil. D'autres sont, comme nous l'avons dit, enfermées dans des toiles ou dans le tissu des feuilles, tandis que d'autres encore sécrètent une substance glutineuse (*Eriocampa limacina*) ou se couvrent d'une matière floconneuse, etc.

Arrivées à leur complet développement, la plupart de ces larves descendent à terre pour s'y transformer en nymphes, dans un cocon qu'elles tissent à cet effet ; quelques-unes cependant se fixent après les rameaux de la plante qui les a nourries (*Trichiosoma lucorum* et *Lyda*) ou bien elles le tissent dans les débris et parmi les feuilles mortes qui jonchent le sol. Les figures ci-jointes montrent bien l'aspect ordinaire des Tenthrèdes, à leurs divers états.

Beaucoup de Tenthrèdes sont très nuisibles aux végétaux. Parmi les plantes qui souffrent le plus des ravages des Tenthrèdes, il faut citer les Ancolies, diverses Conifères, les Groseilliers, l'Aubépine, les Rosiers, divers arbres fruitiers, les Navets, les Saules, etc. Du reste, relativement peu de plantes échappent entièrement à leurs déprédations. Les espèces les plus nuisibles

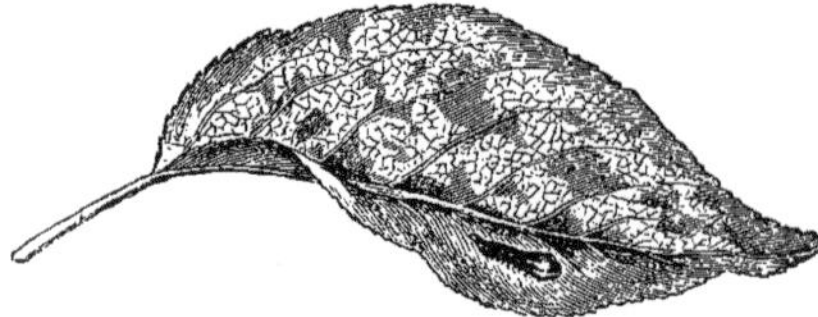

Fig. 195. — Ver-limace (*Eriocampa limacina*). Larve sur une feuille de Poirier.

ont fait l'objet d'articles spéciaux dans cet ouvrage ; le lecteur les trouvera aux renvois suivants : **Groseillier** (Tenthrèdes du) ; **Lophyrus, Lyda, Nematus, Pin** (Tenthrèdes du); **Navet** (Tenthrèdes du); **Poirier** (Insectes); **Rosier** (Tenthrèdes du) ; **Ver-limace.**

Remèdes. — On trouvera aux articles précités les moyens de détruire ou au moins de diminuer le nombre de ces insectes. Quand il ne s'agit que de protéger quelques plantes ou que ces larves ne sont pas très nombreuses, on peut les récolter à la main, seringuer les plantes à l'aide d'un insecticide liquide ou les saupoudrer de poudre de Pyrèthre, d'Hellébore ou autre. Quant à celles qui vivent en société, leur destruction est des plus faciles, il n'y a qu'à enlever les nids. Lorsque les Tenthrèdes ont sévi durement, on se trouvera bien de recueillir à l'automne les débris qui jonchent le sol et de les brûler, afin de détruire du même coup toutes les nymphes qui s'y trouvent.

TENTHRÉDINÉES. — Famille importante d'insectes Hyménoptères, renfermant les espèces autrefois comprises dans le grand genre *Tenthredo*. Pour tous détails, V. **Tenthrède.**

TENTHREDO cerasi. — Ancien nom de l'*Eriocampa limacina*. V. **Poirier** (Insectes) et **Ver-limace.**

TENTHREDO grossulariæ. — Ancien nom du *Nematus Ribesii*. — V. **Nematus** et **Groseillier** (Insectes).

TENUIFLORE. — A petites fleurs.

TEPHRITIS onopordinis. — V. **Céleri** (Mouche du) et **Panais** (Insectes).

TEPHRO. — Dans les mots composés de grec, ce préfixe signifie *gris cendré*.

TEPHROSIA, Pers. (de *tephros*, gris cendré; allusion à la couleur des feuilles). Angl. North American hoary Pea. — Comprend les *Requienia*, DC. Fam. *Légumineuses*. — Grand genre renfermant environ cent vingt-cinq espèces de plantes herbacées, de sous-arbrisseaux ou rarement d'arbustes de serre chaude, tempérée ou demi-rustiques, très largement dispersés dans les régions chaudes du globe. Fleurs rouges, pourpres ou blanches, solitaires ou géminées à l'aisselle des feuilles ou réunies en grappes opposées à celles-ci; calice à tube campanulé, à dents libres et sub-égales ; pétales onguiculés; étendard sub-orbiculaire ; carène incurvée, mais non mucronée ; étamines diadelphes. Gousse aplatie et à deux valves. Feuilles ordinairement imparipennées, à folioles opposées et souvent soyeuses en dessous.

Plusieurs espèces de ce genre présentent un intérêt économique, mais peu sont très ornementales. Les suivantes sont les plus importantes à ce point de vue. Toutes prospèrent dans un compost de terre de bruyère siliceuse et de terreau de feuilles. Multiplication facile par semis ou par boutures que l'on plante dans du sable et sous cloches ; celles des espèces de serre chaude sur chaleur de fond.

T. candida, DC. *Fl.* rougeâtres ou blanches, de 2 à 2 cent. 1/2 de long ; étendard fortement soyeux ; grappes nombreuses, terminales et latérales, allongées, de 15 à 20 cent. de long. Juillet. *Flles* courtement pétiolées, de 15 à 20 cent. de long, à dix-neuf-vingt-cinq folioles ligulées, aiguës, de 4 à 5 cent. de long. Indes, 1816. Arbuste nain et de serre froide.

T. capensis, Pers. * *Fl.* pourpres, de 6 mm. de long, à étendard pubescent, grappes interrompues, atténuées, multiflores, mais lâches; pédoncules allongés et grêles. Juillet. *Flles* assez longuement pétiolées, à trois-six paires de folioles elliptiques, cunéiformes-oblongues ou lancéolées, obtuses ou aiguës. Tiges retombantes ou traînantes, de 60 à 1 m. de long. Sud de l'Afrique, 1825. Sous-arbrisseau de serre froide.

T. grandiflora, Pers. *Fl.* rouges, fauves à l'extérieur, de 1 à 2 cent. 1/2 de long ; pédoncules terminaux et opposés aux feuilles, fasciculés-corymbiformes au sommet. Juin. *Flles* courtement pétiolées, à cinq-sept paires de folioles cunéiformes ou linéaires-oblongues, obtuses ou aiguës, rétuses ou mucronulées. *Haut.* 30 à 60 cent. Sud de l'Afrique, 1774. Arbuste dressé et de serre froide. (B. R. 769, sous le nom de *Galega grandiflora*, Valh.)

T. macrantha, — *Fl.* pourpre et blanc, ayant la grandeur et le parfum de celles du Pois de Senteur, réunies en panicules terminales, de 30 cent. de long. *Haut.* 2 à 3 m. Arbuste. Mexique, 1894. (G. et F. 1894, f. 32.)

T. pallens, Pers. *Fl.* rose vif, de 10 à 12 mm. de long, à étendard pubescent; les autres pétales glabres; grappes denses et multiflores; pédoncules arqués, 10 à 15 cent. de long. Juillet. *Flles* courtement pétiolées, très étalées ou récurvées, à cinq-neuf paires de folioles étroites, cunéiformes-oblongues, de 2 cent. de long, aiguës et récurvées au sommet. Sud de l'Afrique, 1787. Sous-arbrisseau dressé, ascendant et de serre froide.

T. purpurea, Pers. *Fl.* rouge pâle, de 6 à 9 mm. de long, soyeuses, réunies en grappes nombreuses, allongées, toutes opposées aux feuilles, de 8 à 15 cent. de long, lâches; les inférieures souvent fasciculées. Juillet. *Flles* courtement pétiolées, de 8 à 15 cent. de long, à treize-vingt-une folioles étroites, oblancéolées, obtuses, glabrescentes en dessus, obtusément soyeuses en dessous. *Haut.* 30 à 60 cent. Tropiques, 1768. Plante vivace et de serre chaude.

T. suberosa, DC. *Fl.* rose vif, à étendard pourvu d'un onglet très court et calleux, puis largement ovale ; pédoncules terminaux et axillaires, portant des grappes plus courtes que les feuilles. Juillet. *Flles* courtement pétiolées, de 10 à 15 cent. de long, à folioles de 2 1/2 à 4 cent. de long, oblongues-lancéolées ou lancéolées, très pâles, soyeuses-canescentes en dessous. *Haut.* 1 m. 20. Sud de l'Afrique, 1818. Arbuste de serre froide. — *Mundulea suberosa*, Benth. est maintenant le nom correct de cette plante.

T. virginiana, Pers. * *Fl.* blanc jaunâtre, marquées de pourpre, grandes et nombreuses, fasciculées et réunies en grappes ou panicules denses, oblongues et terminales. Juin-juillet. *Flles* à dix-sept et jusqu'à vingt-une folioles linéaires-oblongues. Tige dressée, simple, de 30 à 60 cent. de haut et feuillée au sommet. Amérique du Nord, 1765. Plante vivace et demi-rustique.

TERAMNUS, Swartz. (de *teramnos*, doux ; allusion au toucher des gousses et des feuilles). SYN. *Glycine*, Wight et Arnott. FAM. *Légumineuses*. — Petit genre comprenant quatre espèces de plantes herbacées, grêles et volubiles, habitant l'Asie, l'Afrique et l'Amérique tropicales. Fleurs petites, fasciculées ou en grappes, à étendard ovale, rétréci à la base et dépourvu d'appendice. Feuilles pinnées, à trois folioles et dépourvues de stipelles. Deux espèces ont été introduites dans les cultures ; mais, comme elles ne sont pas très décoratives, elles en sont sans doute disparues.

TERATOLOGIE. — V. **Botanique**.

TERATOPHYLLUM. — Réunis aux Acrostichum, Linn.

TÉRASPIC. — Corruption de **Thlaspi**. (V. ce nom.)

TÉRÉBINTHE. — V. **Pistacia Terebinthus**.

TEBEBINTHUS, Tournf. — V. **Pistacia**, Linn.

TÉRÉBENTHINE de Bordeaux. — Produit extrait du *Pinus Pinaster*.

TÉRÉBENTHINE de Venise. — Produit extrait du *Larix europæa*.

TERET ; ANGL. Terete. — Mot très peu employé pour désigner les organes dépourvus d'angles et arrondis ou à peu près.

TERGÉMINÉ ; ANGL. Tergeminate. — Se dit des feuilles « lorsque chacun des deux pétioles secondaires porte vers son sommet une paire de folioles et que le pétiole commun en porte une troisième paire au point de naissance des deux pétioles secondaires, comme dans le *Mimosa tergemina* (Lindley) ».

TERMINAL. — Qui est inséré au sommet d'un organe.

TERMINALIA, Linn. (de *terminus*, sommet ; allusion à l'insertion des feuilles). **Badamier** ; ANGL. Mirobalan-tree. Comprend les *Badamia*, Gærtn. ; *Buceros*, P. Browne ; *Bucida*, Benth. et Hook. ; *Catappa*, Gærtn. ; *Fatræa*, Juss. ; *Myrobalanus*, Gærtn. et *Pentaptera*, Roxb. FAM. *Combrétacées*. — Grand genre renfermant environ quatre-vingt-dix espèces d'arbres ou d'arbustes toujours verts et de serre chaude, très largement dispersés dans les tropiques du globe. Fleurs vertes ou blanches, rarement autrement colorées, petites, sessiles et réunies en bouquets ou en épis axillaires ou terminaux ; calice à cinq dents ou divisions ; pétales nuls ; étamines dix, bisériées. Feuilles alternes, rarement presque ou entièrement opposées, souvent fasciculées au sommet des rameaux, généralement pétiolées et entières.

L'écorce du *T. Buceras* est très estimée par les tanneurs. Quelques-unes des espèces introduites sont décrites ci-après. Elles prospèrent dans un mélange de terre franche et de terre de bruyère. On les multiplie par boutures que l'on fait dans du sable, à chaud et sous cloches. Sauf le *T. sericea*, toutes les espèces décrites ici sont des arbres.

T. angustifolia, Jacq. Syn. de *T. Benzoin*, Linn. f.

T. Arjuna, Wight et Arnott. *Fl.* blanches, en épis ordinairement paniculés. *Flles* sub-opposées, oblongues ou elliptiques, ayant ordinairement 10 à 15 cent. et parfois 25 cent. de long, brusquement rétrécies à la base, souvent cordiformes, obtuses ou très courtement aiguës au sommet, presque glabres en dessous à l'état adulte ; pétioles ayant rarement plus de 12 mm. de long et pourvus de deux glandes près du sommet. *Haut.* 20 à 25 m. Indes. (B. F. S. 28.) Syn. *Pentaptera Arunja*, Roxb.

T. Benzoin, Linn. f. *Fl.* blanches, réunies en grappes axillaires, pedonculées, aussi longues que les feuilles. *Flles* fasciculées au sommet épaissi des rameaux, oblongues-lancéolées, crénelées, obtuses ou cuspidées, glabres, subcoriaces, de 8 à 10 cent. de long et rétrécies en pétioles glanduleux. *Haut.* 10 à 12 m. Ile Maurice, 1824. — On dit que cet arbre laisse s'écouler un suc laiteux, dont le résidu est employé comme encens à l'Ile Maurice lorsqu'il est désséché. Syn. *T. angustifolia*, Jacq.

T. Buceras, Wight. *Fl.* blanches, assez espacées, formant par leur réunion des épis cylindriques, soyeux ou velus-pubescents. *Flles* de forme variable, obovales ou spatulées-lancéolées, glabres en dessus, soyeuses ou glabrescentes en dessous. *Haut.* 6 à 8 m. Indes occidentales, 1793. — Il en existe une forme *monstrueuse*, remarquable par ses fleurs transformées en longs organes cylindriques et arqués. Syn. *Bucida Buceras*, Linn. (B. R. 907.)

T. Catappa, Linn. Badamier du Malabar ; ANGL. Olive Bark Tree ; Malabar Almond-tree. — *Fl.* blanches, réunies en grappes spiciformes, grêles, courtement pédonculées et axillaires. *Flles* rapprochées au sommet des ramilles, courtement pétiolées, obovales, obtuses, entières, membraneuses, de 15 à 30 cent. de long, glabres ou poilues en dessous, avec deux glandes près de la base de la nervure médiane. *Haut.* 20 à 25 m. Asie tropicale, etc., 1778. (B. M. 3004.)

T. Chebula, Retz. Negroes Olive-tree. — *Fl.* blanches, en épis terminaux, souvent paniculés. *Flles* non fasciculées, souvent sub-opposées, ovales ou elliptiques, ordinairement aiguës et arrondies à la base, de 10 à 12 cent. de long, plus ou moins poilues quand elles sont jeunes ; pétioles d'environ 2 cent. 1/2 de long, portant souvent deux glandes près du sommet. *Haut.* 25 à 30 m. Indes, 1796. (B. F. F. 29 ; B. F. S. 27.)

T. elegans, Linden. — V. **Polyscias paniculata**.

T. latifolia, Swartz. *Fl.* blanches, réunies en épis simples, cylindriques et pédonculés. *Flles* rapprochées au sommet des rameaux, obovales-oblongues, de 15 à 30 cent. de long, glabres ou pubescentes en dessous, rétrécies en pétioles de 2 cent. 1/2 de long, portant souvent des petites glandes ou des touffes de poils à l'aisselle des nervures de la face inférieure. *Haut.* 25 à plus de 30 m. Indes occidentales, etc., 1800.

T. sericea, Burch. *Fl.* blanches, réunies en épis soyeux, pédoncules, mais plus courts que les feuilles. *Flles* alternes, rapprochées au sommet des rameaux, oblongues ou obovales-oblongues, de 6 à 8 cent. de long, mucronulées, très entières, couvertes de poils soyeux et apprimés sur les deux faces et rétrécies en courts pétioles. Sud de l'Afrique, 1816. Arbuste.

TERMINALIS, Medic. — V. **Dracæna**, Vand.

TERMITE ; ANGL. White Ants. (*Termes*). — Genre d'insectes ressemblant aux Fourmis par leur aspect et leurs mœurs sociétaires, mais en différant entièrement par leur structure ; les Termites appartenant à l'ordre des *Neuroptères*, tandis que les vrais Fourmis sont des *Hyménoptères*. (V. **Insectes**.)

Fort heureusement, ces insectes n'habitent pas le nord de l'Europe, car dans les pays chauds, où ils sont très répandus et abondants, ils causent de très grands dégâts dans les bois d'œuvre de toutes sortes, peu sont suffisamment durs pour résister à leurs puissantes mâchoires.

Ils ont été introduits dans certaines villes ports de mer des côtes de l'Océan, notamment à Bordeaux et à La Rochelle et s'y sont bientôt fait remarquer par des dégâts sérieux aux charpentes et autres boiseries des édifices publics et des habitations particulières; la presse en a parlé plusieurs fois.

Les Termites ressemblent aux Fourmis en ce qu'ils vivent comme elles en sociétés très nombreuses, comprenant des individus mâles, femelles et neutres. Parmi ces derniers, on distingue des ouvriers et des soldats; ces derniers n'ayant que la garde et la défense de la communauté, tandis que les premiers font tout l'ouvrage.

Leur structure les éloigne au contraire des véritables Fourmis. Les mâles adultes et les femelles sont ailés. Leurs ailes, au nombre de quatre, sont membraneuses; elles ont à peu près le double de la longueur du corps, leur longueur entre elles est à peu près égale et elles sont munies en avant d'une bordure forte et épaisse et d'un certain nombre d'autres nervures beaucoup plus grêles, parcourant les autres parties; pendant le repos, elles reposent à plat sur le dos de l'insecte. Les segments du thorax sont libres; l'abdomen est aplati, la tête également plate et les mâchoires coupantes; enfin, les pattes sont courtes et grêles. Les neutres sont dépourvus d'ailes ou n'en présentent que des rudiments. Certains entomologistes ont considéré ces derniers comme des larves ou des nymphes de mâles et de femelles; d'autres croient qu'ils n'atteignent jamais l'état de développement complet.

Les espèces de Termites sont très nombreuses. Celles qui se montrent dans l'Europe méridionale sont : *Termes lucifugus* et *T. ruficollis*. Certaines espèces tropicales forment, à l'aide de boue de terre, un nid qui atteint de 3 à 5 m. de hauteur et si dur qu'il faut une pioche pour briser ses parois externes. D'autres forment, avec de l'argile, leur nid dans les branches des grands arbres. Les Termites travaillent toujours à couvert, soit sous des galeries, soit dans le bois, parce qu'ils craignent la lumière.

Lorsque les mâles et les femelles deviennent ailés, ils quittent le nid et s'accouplent. La femelle perd alors ses ailes peu de temps après et les ouvriers la ramènent dans le nid. Là, elle est enfermée, toujours par les ouvriers, dans une cellule d'argile qu'ils construisent autour d'elle. Son abdomen se remplit d'œufs et acquiert des proportions énormes. Chaque femelle peut pondre environ 80.000 œufs, et cela en moins de vingt-quatre heures.

Ces œufs sont alors emportés par les ouvriers qui en prennent le plus grand soin, comme cela a lieu chez les Abeilles, les Guêpes et les Fourmis. Le nombre des individus dans un gros nid de Termites devient ainsi énorme.

Fig. 196. — Ternstroemia elliptica.

Les Termites n'étant pas susceptibles de se propager sous notre climat du nord ni d'y devenir nuisibles, il n'y a pas lieu de donner ici les moyens de les détruire.

TERNATEA, Tournf. — Réunis aux **Clitoria**.

TERNATEA vulgaris, Humb., Bonpl. et Kunth. — V. **Clitoria ternatea**.

TERNÉ; Angl. Ternate. — Se dit des organes des végétaux disposés trois par trois.

TERNÉ DÉCOMPOSÉ; Angl. Ternately-decompound. — Se dit des feuilles décomposées, avec les divisions ternées.

TERNÉ-VERTICILLÉ; Angl. Ternately-verticillate. — Se dit des feuilles verticillées par trois.

TERNSTRŒMIA, Linn. f. (dédié à Christopher Ternstrœm, naturaliste suédois qui voyagea en Chine et mourut en 1745). Syn. *Taonabo*, Aubl. Comprend les *Reinwardtia*, Korth. Fam. *Ternstrœmiacées*. — Genre pour lequel certains auteurs adoptent le nom de *Dupinia*, Scop. et renfermant environ quarante espèces d'arbres ou d'arbustes toujours verts et de serre chaude, dont une demi-douzaine habite les parties chaudes de l'Asie et l'Archipel Indien et les autres l'Amérique tropicale. Fleurs solitaires au sommet de pédoncules récurvés, axillaires ou latéraux, solitaires ou sub-fasciculés et bi-bractéolés; calice à cinq sépales fortement imbriqués; pétales cinq, imbriqués et soudés à la base; étamines en nombre indéfini, soudées à la base de la corolle. Feuilles coriaces, entières ou crénelées-dentées.

Les espèces décrites ci-après représentent un choix de celles qui ont été introduites. Toutes sont des arbustes prospérant en terre franche fibreuse et bien drainée et se multiplient rapidement par boutures de pousses à demi aoûtées, que l'on fait sous cloches et à chaud.

T. elliptica, Swartz. *Fl.* blanches, à sépales arrondis et à pédoncules pendants. Juillet. *Flles* de forme variable, spatulées ou elliptiques, de 8 cent. de long, un peu obtuses, très entières et obscurément veinées. *Haut.* 2 m. Indes occidentales, 1818. Syn. *T. peduncularis*, DC.

T. peduncularis, DC. Syn. de *T. elliptica*, Swartz.

T. sylvatica, Choisy. *Fl.* blanches, à pétales non bordés; anthères apiculées; bractées situées sous le calice ovales et aiguës. Juillet. *Flles* lancéolées, obtusément acuminées. Rameaux lisses. *Haut.* 60 cent. Mexique, 1840.

T. venosa, Spreng. *Fl.* blanches, à pédicelles axillaires, agrégés et un peu plus courts que les pétioles. Juin-août. *Flles* oblongues, serrulées et veinées. *Haut.* 2 m. Brésil, 1824.

Quelques autres espèces ont encore été introduites, mais elles sont sans doute disparues des cultures ou n'existent plus que dans les établissements scientifiques.

TERNSTRŒMIACÉES. — Famille naturelle de végétaux Dicotylédones, polypétales, comprenant environ trois cent dix espèces réparties dans quarante et un genres et trois tribus. Ce sont des arbres ou des arbustes rarement grimpants, habitant principalement l'Amérique tropicale et l'Asie orientale. Fleurs régulières, hermaphrodites ou rarement dioïques, élégantes ou de peu d'effet, rarement petites à pédoncules axillaires, uni ou multiflores, ou les fleurs parfois disposées en grappes terminales, plus rarement en panicules allongées; calice souvent pourvu en dessous de deux bractéoles, à cinq ou rarement quatre, six ou sept sépales libres ou courtement soudés à la base; inégaux, les internes souvent plus grands; pétales cinq, rarement quatre, six ou neuf, hypogynes, libres ou souvent soudés à la base en anneau ou en tube court, imbriqués ou tordus; étamines ordinairement nombreuses, à anthères basifixes, dressées ou versatiles et à deux loges; disque nul; ovaire libre. Fruit parfois charnu, capsulaire, coriace ou légèrement ligneux, indéhiscent, loculicide ou septicide. Feuilles alternes ou très rarement opposées, simples et indivises ou rarement à trois-cinq folioles digitées, entières ou souvent dentées en scie, coriaces ou très rarement membraneuses, penniveinées; stipules nulles ou très rarement petites et très caduques.

Le thé est le produit économique le plus important que fournit cette famille; il provient d'une espèce de *Camellia*, le *C. theifera*, Link. (*Thea chinensis*, Linn.), arbuste asiatique de la plus grande utilité pour les Chinois et même pour les Anglais, qui font de ses feuilles une boisson journalière; chez nous, l'usage du thé est assez général, mais seulement comme digestif et réconfortant. Bien qu'il n'y ait pas encore deux siècles que l'usage du thé se soit répandu en Europe, l'importation annuelle dépasse aujourd'hui le chiffre énorme de vingt millions de kilos.

Parmi les genres de cette famille, les plus importants au point de vue horticole, nous citerons les : *Camellia*, *Caryocar*, *Freziera* et *Ternstrœmia*.

TERPNANTHUS, Nees et Mart. — V. **Spiranthera**, Saint-Hill.

TERRAIN. — On entend par terrain un espace de terre, quelle que soit sa surface ou sa forme, d'un seul tenant, cultivé ou non, clos ou sans clôture; en un mot, c'est une pièce de terre quelconque. (S. M.)

TERRAINS incultes. — Pièces de terre laissées à l'abandon et qui ne produisent rien. La quantité de terres ainsi délaissées est très grande, même dans le voisinage des grands centres, soit par suite de leur mauvaise qualité, soit parce que les propriétaires ne veulent pas faire les frais nécessaires pour les mettre en culture, sous le prétexte qu'ils n'en tireraient aucun bénéfice. Cela est peut-être vrai dans certains cas, mais il est bien certain aussi qu'il est très peu de terres absolument impropres à quelque genre de culture, ne serait-ce même qu'à la création de bosquets ou de bois d'exploitation.

Ne voit-on pas très souvent de magnifiques jardins établis sur des terrains de qualités des plus mauvaises? Pour les maraîchers parisiens, par exemple, la nature du sol n'a pas une grande importance, ils le font avec le terreau de leurs couches. Certains amateurs zélés ne parviennent-ils pas à établir leur jardin dans des sols absolument ingrats! Tout réside donc dans la somme de travail et de soins qu'on dépense sur un terrain donné, et à cet égard les résultats sont presque toujours en rapport direct avec les efforts.

Le bon La Fontaine avait donc bien raison de dire :

« Travaillez, prenez de la peine,
C'est le fond qui manque le moins. »

Il serait à souhaiter que l'on mît en culture ou qu'on plantât d'arbres les espaces de terrains, parfois très étendus, qu'on observe dans bien des localités; il ne s'agirait que d'en opérer le défrichement primitif, et l'on y parviendrait plus ou moins économiquement, selon leur état, à l'aide des machines agricoles, aujourd'hui si perfectionnées. Le drainage, l'irrigation, les fumures et les façons arables venant ensuite, on parviendrait dans beaucoup de cas à tirer un parti avantageux de milliers d'hectares à peu près incultes et qui fourniraient, à l'aide d'une culture judicieuse et bien comprise, des revenus assez rémunérateurs.

(S. M.)

TERRASSE. — Espace de terre élevé au-dessus du niveau général et retenu par un ou deux murs solides ou des talus, qu'on édifie sur le côté d'une habitation ou sur un terrain en pente, pour former une allée plane et d'où la vue perspective est généralement étendue. Les terrasses ne se construisent qu'au voisinage des châteaux ou au moins des grandes habitations bourgeoises et cela lorsque leur site naturel s'y prête. C'est surtout dans les terrains en pente que les terrasses sont les plus utiles et produisent le meilleur effet, parce qu'elles permettent de mettre certaines allées de niveau avec l'habitation, d'agrandir les terrains avoisinant celle-ci, d'obtenir parfois une vue ravissante et souvent d'augmenter le bel aspect de l'ensemble de la construction. On ne saurait cependant étudier de trop près le projet de construction d'une terrasse, car on a vu certains exemples ne pas produire tout l'effet désiré ni procurer tout le plaisir qu'on en attendait.

Les terrasses tombent aujourd'hui en désuétude, parce qu'elles ne s'harmonisent plus avec le style paysager des parcs modernes ni avec celui des constructions. Lorsque la conformation du sol le permet et qu'on désire créer une allée longeant un terrain en pente, il vaut mieux établir un talus gazonné pour retenir les terres qu'un mur formant une sorte d'arête qui coupe la continuité du paysage.

Dans certains cas cependant, la création d'une ou même de plusieurs terrasses étagées en gradins est le seul moyen d'utiliser un terrain en pente raide et aride et de le transformer en parterre fleuri. On adopte alors le style géométrique comme genre de tracé du sol des terrasses, parce qu'il s'harmonise mieux avec les constructions et aussi avec les petites surfaces. Quant au mur de soutènement des terres, on l'élève ordinairement jusqu'à hauteur d'appui et à claire-voie depuis le niveau du sol de remblai, soit en balustrade de pierre, soit par un arrangement de briques. Sur l'appui, on place de distance en distance des vases de style, soit en pierre, soit en fonte, que l'on garnit pendant l'été de plantes retombantes qui produisent le plus charmant effet. Certaines statues peuvent aussi trouver une place bien appropriée sur les terrasses et, lorsqu'elles sont bien exposées, les Orangers, Grenadiers, Lauriers-Roses et autres arbres d'orangerie élevés en caisses y sont du plus bel effet.

On nomme encore *jardins en terrasses* ceux dont le sol naturel, trop en pente pour qu'on puisse y établir des cultures, est relevé en gradins et soutenu par des murs maçonnés ou souvent en pierre sèche. Ces jardins étagés ont un aspect très pittoresque et sont, surtout lorsqu'ils sont orientés au midi, beaucoup plus chauds que les endroits environnants, ce qui rend possible la culture de certains végétaux qu'on ne pourrait espérer voir prospérer ailleurs. Leur plus grand défaut réside dans l'intensité de la sécheresse qui devient parfois si grande que tout y périt. C'est surtout dans les régions montagneuses qu'on observe le plus de jardins en terrasses, et sur certains points de la France, ils constituent les seules terres cultivables. (S. M.)

TERRASSEMENT. — On désigne ainsi l'ensemble des travaux nécessaires pour effectuer des mouvements de terrains importants, soit en vue de constructions, creusements ou remblais quelconques, soit pour la création d'un jardin. C'est sans doute de terrasse qu'est dérivé ce terme et aussi l'épithète de *terrassier*, qu'on applique aux hommes de profession qui les exécutent. Si le travail lui-même exige peu de connaissances, la direction du travail demande souvent une grande expérience et certaines données géomériques, l'usage de divers instruments de précision, tels que la mire, le niveau, l'équerre, etc. Quant à la conception des terrassements importants, elle appartient aux architectes et ingénieurs. En ce qui concerne les petits mouvements de terrains, l'établissement d'avenues, allées, etc., qu'on exécute fréquemment après coup dans les jardins, V. **Allées, Avenues, Mire, Nivellement.**

(S. M.)

TERRE. — Couche d'éléments inorganiques et organiques plus ou moins pulvérisés, qui couvre la surface du globe et dans laquelle les végétaux plongent leurs racines pour en tirer les éléments nécessaires à leur vie et à leur développement.

Le mot *sol* a une signification très analogue, mais en pratique on l'emploie généralement pour désigner la masse, lorsqu'on envisage ses qualités productives; quand on parle de sa nature, on emploie de préférence le mot *terre*. C'est du reste de lui dont on se sert généralement dans le langage familier et en jardinage en particulier; c'est lui aussi que nous adoptons de préférence pour titre de l'étude générale et spéciale qui va suivre.

Nous parlerons plus loin des diverses natures de terres, de leur origine et de leur mode de formation.

Il est très important de connaître la composition chimique et les propriétés physiques du sol où l'on établit des cultures, afin de savoir à quelles plantes il est le plus favorable et quels sont les éléments qu'il faudrait y ajouter pour l'adapter aux besoins de plantes déterminées.

Analyse. — Analyser une terre, c'est déterminer scientifiquement quels sont les éléments qui la composent et quelle est la quantité de chacun d'eux pour une quantité totale donnée. En ce qui concerne sa composition générale, voici une moyen d'en faire l'analyse élémentaire, de laquelle on peut tirer de très utiles indications : on dessèche de la terre entièrement à une température de 80 deg. environ. On prend une quantité déterminée de terre, soit 250 gr., puis on la fait bouillir dans de l'eau distillée jusqu'à ce que tous les molécules dont elle est formée se détachent. Les substances solubles dans l'eau pure se trouveront ainsi dissoutes; on filtre alors la solution avec soin à travers un papier à filtrer et on la conserve pour en faire une analyse chimique. Le résidu insoluble est soigneusement lavé deux ou trois fois dans de l'eau distillée et sur un filtre, afin d'en séparer toutes les substances solubles et l'eau de ces lavages est ajoutée à la solution précédente. On dessèche ensuite le résidu solide à la température indiquée plus haut et on le pèse ; la différence en moins avec les 250 grammes pris au début de l'analyse indique la quantité de matières solubles qui se trouvent dans le sol.

Les matières solides sont soumises à un nouveau lavage qui entraîne lorsque l'on décante toutes les particules les plus légères, et la même opération est répétée plusieurs fois jusqu'à ce qu'il ne reste plus que le sable et le gravier. Ces deux substances sont alors séparées par un tamisage à travers une gaze.

Les substances entraînées par l'eau de ces lavages doivent aussi être recueillies et desséchées. Le gravier, le sable et autres fins débris qui forment la masse de la terre sont alors pesés séparément et leur poids relatif est ainsi déterminé. A l'aide d'une bonne loupe, on examine encore chacune de ces substances, afin de savoir approximativement la quantité de sable de quartz (silice), de mica, de débris de roches volcaniques de pierres calcaires et autres minéraux qu'elles contiennent. Cet examen sera plus facile si on verse préalablement sur ces substances un peu d'acide chlorhydrique (esprit de sel); le sable de quartz reste intact, la chaux se dissout et forme des bulles de gaz acide carbonique, le fer se dissout lentement et l'acide devient brun, donnant ainsi une preuve très caractéristique de la présence du fer en devenant bleu lorsqu'on y ajoute une solution de prussiate de potasse. La présence des autres minéraux de la terre est moins évidente sous l'influence de l'acide.

L'analyse chimique des éléments solubles que contient l'eau ayant servi à ces lavages, de même que l'analyse complète et exacte des matières solides, demandent de grandes connaissances chimiques, et le mieux est de confier ce soin à un chimiste analyseur de profession.

La quantité de matières organiques, c'est-à-dire de résidus végétaux et animaux que le sol contient influe considérablement sur sa valeur culturale. Pour en connaître la quantité, on peut prendre une quantité déterminée de terre entièrement desséchée, comme nous l'avons dit plus haut, la peser soigneusement, puis la brûler sur un disque de platine, au-dessus d'une lampe à alcool et en plein air, en continuant la cuisson jusqu'à ce que toute trace de noir soit disparue ou autrement dit que le carbone ait été entièrement brûlé.

On pèse alors rigoureusement le résidu; la différence de poids représente la quantité de matières organiques détruites et par conséquent celles que contient le sol. Il est également bon de connaître dans quelles conditions les matières organiques se présentent dans le sol, mais l'analyse exacte demande, comme nous l'avons dit plus haut, des connaissances que les chimistes seuls possèdent d'une façon parfaite.

Les matières organiques se présentent ordinairement sous la forme d'acides humiques, ulmiques (ainsi que de petites quantités d'autres acides organiques) et de matières végétales insolubles, contenant souvent une assez forte proportion de tanin; des nitrates se présentent aussi dans les résidus organiques.

Les personnes que cette importante question intéresse consulteront avec fruits le *Traité de chimie agricole*, par M. P. Deherain; *Les engrais* (3 vol.), par A. Muntz et A. C. Girard, ainsi que beaucoup d'autres ouvrages qui se rapportent à la chimie agricole et aux engrais, et les nombreux articles spéciaux que publient fréquemment les divers journaux agricoles. A ceux qui lisent l'anglais, nous recommanderons : Johnston, *Analysis of Soils* et Johnston et Cameron, *Elements of Agricultural Chemistry and Geology*.

Propriétés physiques. — Certaines propriétés physiques du sol ne sont pas moins importantes à connaître que sa composition chimique. Les principales de ces propriétés sont celles de certains de ses composés chimiques, l'aptitude du sol à retenir ou à laisser s'écouler l'eau, la faculté de s'échauffer plus ou moins rapidement sous l'influence des rayons solaires, la densité et la faculté de cohésion des éléments qui composent le sol et son degré de condensation, de resserrement pendant la sécheresse. Ces différentes conditions varient beaucoup selon la nature du sol; nous allons les étudier successivement d'une façon générale.

Absorption et rétention de l'eau. — Pour qu'une terre soit capable de fournir aux plantes l'humidité dont elles ont besoin, il est très important qu'elle possède ces aptitudes d'absorption et de rétention de l'eau. Toutes les terres absorbent l'eau plus ou moins rapidement, mais lorsqu'elle tombe en très grande quantité, une partie seulement est absorbée et le reste séjourne à la surface où s'écoule d'autant plus rapidement que la pente est plus forte.

La faculté que présentent les terres d'absorber l'eau et de la conserver ensuite à la disposition des racines des plantes varie beaucoup selon leur composition chimique et la grosseur des molécules qui la composent. Les sols siliceux absorbent l'eau très rapidement, mais ils la laissent s'évaporer ou s'enfoncer presque aussitôt dans les couches profondes et les plantes qui s'y développent souffrent souvent de la sécheresse. Le sable fin retient environ deux fois plus d'eau que celui qui est grossier et l'argile en retient environ deux ou trois fois plus que le sable fin. La terre végétale ou humus absorbe et retient deux ou trois fois plus d'eau que l'argile et devient deux fois et demi ou trois fois plus lourde lorsqu'elle en est saturée que lorsqu'elle est sèche. Les sols qui retiennent le mieux l'eau sont ceux qui en perdent le moins et aussi le moins rapidement par évaporation.

Presque tous les sols contiennent une plus ou moins grande quantité d'eau, et celle-ci se trouve en nappe à une profondeur qui varie selon la nature du sol et du sous-sol, la saison et le climat. L'eau contenue à à quelques pieds sous terre est amenée à la portée des racines par ce phénomène connu sous le nom d'*attraction capillaire*, l'eau montant ainsi d'elle-même entre les interstices très ténus qui séparent les molécules. Lorsque l'eau en nappe se trouve trop près de la surface, il se forme dans le sol, par manque d'aération et par décomposition des matières organiques, des substances qui diminuent sa fertilité et qui sont même nuisibles aux plantes. Il est donc nécessaire de drainer les terres argileuses ou tourbeuses pour en écouler l'eau en excès.

Certains sols ont aussi la propriété d'absorber une grande quantité de vapeur atmosphérique, de la condenser entre leurs molécules, et cette quantité augmente en proportion directe de l'humidité de l'air. Des expériences ont montré que l'humus peut absorber, d'un air saturé de vapeur, environ la moitié de son propre poids d'eau; l'argile n'en absorbe que de 1/10e à 1/5e de son poids, et le sable de quartz n'absorbe que très peu ou même aucune humidité de cette façon. Plus la température de l'air devient élevée, moins les sources d'humidité terrestre et aérienne deviennent abondantes, et lorsque les pluies font défaut pendant un certain temps, la sécheresse se fait bientôt sentir. Pendant la nuit et lorsque l'air est frais, il est probable que la terre absorbe beaucoup d'humidité aérienne, mais lorsque l'air est au contraire plus chaud et plus sec que la terre, celle-ci perd son humidité par évaporation, et ce qu'elle perd ainsi est remplacé à son tour par l'eau souterraine montant par capillarité, jusqu'à épuisement.

L'évaporation refroidit les surfaces sur lesquelles elle s'effectue, et, par suite, les sols humides sont plus froids que ceux qui sont bien drainés ou naturellement sains. A conditions égales, l'humus produit l'évaporation la moins grande, tandis que le contraire a lieu pour le sable de quartz.

Faculté d'absorption et de conservation des composés chimiques. — Cette faculté, que tous les sols présentent à un degré plus ou moins élevé, est, on le comprend, une des plus importantes pour la nutrition des plantes. Si l'on fait passer à travers une couche de terre modérément épaisse des solutions de diverses substances fertilisantes, telles que du nitrate d'ammoniaque ou de potasse, du phosphate de potasse ou de chaux, etc., on remarque que l'eau qui s'écoule pendant un certain temps est presque dépourvue de ces substances après son passage dans la terre, mais lorsque celle-ci devient saturée de ces substances, les solutions restent au contraire presque intactes pendant leur passage. Il s'opère donc au début un véritable filtrage. C'est à cette faculté remarquable que les sols doivent la possibilité d'emmagasiner les engrais solubles, tels que l'ammoniaque et les nitrates que contient l'atmosphère et d'autres substances qui se forment pendant les changements que le temps laisse se produire sur les roches et dans la terre. C'est de ces réserves souterraines que les plantes tirent les éléments nutritifs nécessaires à leur existence et à leur développement.

Grâce à la faculté filtrante que présentent toutes les terres, à un degré plus ou moins fort, selon leur nature, et plus particulièrement celles qui sont finement siliceuses, on les emploie souvent pour en séparer les impuretés que contiennent certaines eaux, notamment les eaux d'égouts, avant de les envoyer dans les ruisseaux, et les terres qui ont ainsi filtré des eaux impures deviennent alors très fertiles et susceptibles même de servir d'engrais.

Faculté d'absorption et de conservation de la chaleur. — Cette faculté varie selon la couleur et la composition moléculaire de la terre, selon son degré d'humidité et d'évaporation, selon l'angle sous lequel sa surface se trouve par rapport aux rayons du soleil. La température dépend naturellement aussi de l'abri que lui fournissent les constructions, les massifs d'arbres, les haies, etc., situés dans le voisinage.

La chaleur de fond, c'est-à-dire celle qui vient de dessous terre et atteint par conséquent les racines en premier lieu a une grande action bienfaisante sur le développement des plantes et en particulier sur la rapidité de celui-ci ; mais on ne peut la produire qu'artificiellement, soit à l'aide de couches de fumier, feuilles, etc., en fermentation, soit à l'aide d'un chauffage au thermosiphon, comme cela a lieu dans les serres. Nous ne nous en occuperons pas autrement ici, l'ayant déjà étudiée à l'article spécial **Chaleur de fond.** (V. ce nom.)

La chaleur que développent les rayons solaires est la seule source naturelle qui réchauffe la terre et par suite celle dont nous ayons uniquement à nous occuper ici. Toutefois, l'air qui a été réchauffé par les rayons solaires en d'autres lieux concourt également à l'échauffement de la terre lorsque celle-ci se trouve momentanément dans l'ombre ou dans l'obscurité. Plus les rayons solaires qui tombent sur la terre se rapprochent de la ligne perpendiculaire, plus direct et plus actif est leur effet réchauffant. Mais, comme nous l'avons dit au début, l'évaporation abaisse la température ; on a remarqué que les terres humides sont toujours de 5 à 8 deg. plus froides que celles qui sont sèches, tout en ayant la même composition. Par suite, le drainage rend les terres plus chaudes et hâte ainsi la maturation des récoltes.

Les sols absorbent d'autant plus de chaleur solaire qu'ils sont de couleur plus foncée. Les terres noires en absorbent par suite le plus, et les sables blancs et les argiles jaunâtres le moins. La température de la terre exerce une influence des plus évidentes sur la végétation des plantes, mais lorsque l'atmosphère devient brusquement chaude au printemps, alors que la terre est encore froide, les plantes souffrent parce que leurs racines ne sont pas encore en état de leur fournir la sève nécessaire aux organes aériens qui se trouvent stimulés par la chaleur et qui perdent leur sève par évaporation.

Densité et faculté de cohésion. — La façon dont les molécules de terre s'agglomèrent est intéressante à connaître, par suite de son influence sur la plus ou moins grande facilité à absorber l'humidité, les engrais chimiques et la chaleur. Les sables purs présentent fort peu de cohésion ou même n'en présentent aucune, et leur volume diminue peu sous l'influence de la sécheresse. Les argiles sont au contraire très cohérents et perdent jusqu'à un cinquième de leur volume lorsqu'ils se dessèchent, et les terres tourbeuses se condensent encore davantage. Dans les terres argileuses, il se forme, par suite de cette condensation, des fentes ou crevasses parfois profondes, à travers lesquelles l'évaporation continue ; les racines se trouvent parfois cassées et exposées à l'air ou écrasées par la condensation moléculaire.

« C'est dans ce cas que les binages ont une action des plus salutaires ,en ce qu'ils interceptent l'ascension de l'eau par capillarité et par suite l'évaporation superficielle. De plus, les terres bien binées restent meubles, ne se croûtent ni ne se fendent pas et les racines des plantes les pénètrent bien plus facilement. »

La nature d'une terre peut, lorsque la superficie n'est pas très grande, fréquemment être modifiée et amenée à de bonnes conditions culturales par l'addition des éléments qui y font défaut. Les terres sableuses sont avantageusement amendées par l'incorporation de terre argileuse ; celle-ci peut recevoir avec profit de la terre de bruyère et du sable et enfin, dans les terres calcaires, il convient d'y incorporer de la terre argileuse, du sable et de la terre de bruyère. Pour de plus amples détails sur ce sujet, V. **Amendement.**

Origine. — Toutes les terres ont été formées et se forment encore de deux manières : 1° par l'usure que le temps et les agents atmosphériques font subir aux pierres ; 2° par les débris animaux et végétaux qui se décomposent. Les deux phénomènes se produisent fréquemment simultanément, bien que le premier soit la source principale de la plus forte proportion des terres, sauf celles de bruyère.

Dans certaines localités, il n'est pas difficile de reconnaître que la terre a la même composition que la roche sur laquelle elle repose et que celle-ci s'est graduellement effritée sous l'action corrosive du temps, des pluies et des gelées. Avec le temps, les générations de plantes qui se succèdent et se décomposent sur la terre ajoutent à celle-ci une certaine quantité d'humus. Sur certains points cependant, le sol a une composition différente de celle des roches sur lesquelles il repose; il y a été apporté d'une plus ou moins grande distance. Dans les vallées, le fait s'explique très facilement par la pente que présentent les côtés sur lesquels le propre poids de la terre qui s'en détache, aidée par les pluies et les vents, glisse naturellement dans le fond. Le même fait a lieu dans les champs et les prairies longeant les rivières, dans les terres basses sujettes aux inondations; l'eau arrachant alors des parties où son courant est rapide tout ce qu'elle peut entraîner et le déposant plus loin, dans les endroits où elle s'arrête et repose pendant un certain temps. Les particules les plus fines, l'humus et autres matières organiques solubles ou non étant celles que l'eau entraîne en premier lieu, il s'en suit que ces dépôts, qu'on nomme *terres d'alluvion*, présentent une grande fertilité et sont en outre, par leur composition, d'excellentes terres pour les cultures maraîchères et florales.

Le froid est le plus puissant désagrégeant des roches, il fait fendre et détacher en morceaux plus ou moins volumineux celles qui sont exposées à son action directe; ceux-ci roulent dans les vallées où l'humidité, les gelées subséquentes et les façons que l'on donne au sol les réduisent bientôt en poussière. Toutefois, une couche de terre de quelques pouces d'épaisseur suffit pour protéger beaucoup, sinon entièrement, les roches contre l'action désagrégeante du froid, des pluies et de l'air. Ces éléments ne paraissent pas cependant suffisamment puissants pour expliquer la présence d'une épaisseur de terre telle que celle qu'on observe sur certains points où la relation entre la terre et la roche sous-jacente ne paraît pas évidente, comme on l'observe dans bien des régions montagneuses. Une force bien plus puissante que celle dont nous venons de parler existait dans le nord de l'Europe, notamment en Angleterre, à une période géologique relativement récente. Cette force, c'est la *glace*, qui couvrait et couvre encore la terre sur les hauts sommets des Alpes, dans le Groenland, etc., d'une couche perpétuelle. Formée et sans cesse renouvelée sur les points les plus élevés, elle s'étendait dans les vallées, n'épargnant que les plus hauts points. Les terres basses de l'Écosse ou du nord de l'Angleterre furent ainsi recouvertes par la glace des montagnes de Norvège, descendant vers l'Océan. A cette époque, la mer du Nord était probablement bloquée par les glaces et celles de l'Écosse s'étendaient sur l'île de Man, sur le nord de l'Irlande, sur les Hébrides et jusqu'à une grande distance dans l'Océan Atlantique. En descendant des montagnes, les glaces écrasèrent par leur poids énorme les roches les plus proéminentes et les moins solides, poussèrent devant elles la terre, les blocs de pierres détachées et tout ce qui s'y trouvait dans la direction de la pente qu'elles suivaient, et les déposèrent dans les cavités et sur les points où des monticules, des saillies résistantes les mirent à l'abri. Lorsque le climat devint plus chaud, la glace diminua jusqu'à ce qu'elle n'atteignit plus la mer, elle se réduisit ensuite graduellement dans les terres basses, n'exista bientôt plus que dans les vallées montagneuses et finalement elle disparut des régions aujourd'hui tempérées, même du nord de l'Angleterre, ne laissant que des traces de son passage sur les rochers où elle avait glissé, et des monceaux de pierr es et de terre (moraines) dans les endroits d'où les glaciers s'étaient retirés.

Les terres qui s'étaient formées avant l'âge de glace furent enlevées par les glaces mouvantes des endroits où elles avaient pris naissance et poussées sur d'autres roches de nature différente; elles y furent tellement mélangées qu'il est parfois bien difficile aujourd'hui de retrouver leur origine; mais par ce mélange, leur valeur culturale y a beaucoup gagné; l'argile, le sable et le calcaire étant mélangés, les propriétés de chacun d'eux se trouvent réunies en un seul compost.

Terre végétale ou humus. — Cette terre est formée en grande partie du résidu de la décomposition des matières végétales et pour une partie moindre de matières animales; mais à ces deux substances se trouve en outre mélangée une certaine quantité de terre d'origine purement minérale, ainsi que nous l'avons indiqué plus haut.

Les sols cultivés depuis longtemps contiennent une assez forte proportion d'humus, substance qui leur donne une teinte noirâtre très caractéristique et d'autant plus foncée qu'elle est plus abondante. Lorsque les organes végétaux se décomposent dans un milieu relativement sec, la terre qui en résulte prend le nom de terreau; les terres qui contiennent plus de 6 p. 100 de débris organiques sont très favorables à la culture, mais cette proportion est souvent beaucoup plus élevée. Dans les jardins maraîchers des environs de Paris, la quantité d'humus est telle qu'il forme à lui seul presque la totalité de la couche arable. Ce terreau peut être argileux, siliceux ou calcaire, selon la nature de la terre qui s'y trouve mélangée en plus ou moins grande quantité.

Terre de bruyère. — « On nomme ainsi la terre végétale qui se forme dans les bois siliceux, ombragés, où croissent souvent en abondance les bruyères en compagnie d'autres plantes, dont les parties qui se décomposent : feuilles, ramilles, souches et racines forment, avec le temps et l'addition de la terre naturelle, une couche plus ou moins épaisse qu'on peut soulever en plaques assez homogènes. Cette terre abonde dans certains bois de la région parisienne, notamment dans ceux de Fontainebleau, Versailles, Rambouillet, etc., où on la trouve dans les parties plus ou moins montueuses et relativement sèches. Elle contient une assez forte proportion de sable, ce qui la rend très poreuse et convenable pour la culture en général et la multiplication en particulier. Elle est dite *siliceuse*.

La terre de bruyère *tourbeuse* provient des lieux bas ou humides où croissent beaucoup de plantes aimant l'humidité, parfois même du sphagnum; elle est formée des débris et surtout des innombrables radicelles de ces plantes plus ou moins décomposées et formant une masse spongieuse, brun-noirâtre, ne contenant presque pas de terre ni de sable. Cette terre convient à beaucoup de plantes de serre, celles surtout qui vivent en épiphytes, telles que les Orchidées, Broméliacées, etc. Elle est excessivement poreuse, absorbe et retient une grande quantité d'eau et est recherchée pour la culture de ces plantes.

La terre de bruyère convient particulièrement aux plantes qui redoutent le calcaire et du reste à toutes celles qui demandent une terre légère et très poreuse. On en fait une très grande consommation en horticulture, pour la préparation des composts, pour les semis et pour le bouturage d'une foule de plantes délicates.

L'exigence de cette terre, celle siliceuse surtout, est si impérieuse pour certains arbustes rustiques, tels que les *Camellia*, *Azalées*, *Rhododendron*, *Kalmia*, *Andromeda*, etc., que ces arbustes forment, au point de vue horticole, une section dite : *des plantes de terre de bruyère*, parce qu'on les cultive généralement ensemble sur le point où on a apporté de la terre de bruyère à leur intention. Mais beaucoup d'arbustes, de plantes herbacées ou bulbeuses du Cap et d'Australie, et qu'on tient en serre et en pots, ont également besoin de la terre de bruyère pour prospérer.

Tourbe. — Cette terre végétale se forme dans les zones tempérées, sous l'eau, dans des mares et marécages que l'on nomme *tourbières*. La tourbe se trouve fréquemment à plusieurs pieds de profondeur, jusqu'à 2 mètres, et même, dans certaines tourbières d'Irlande elle se trouve à 12 mètres de profondeur. Elle est formée des débris des plantes aquatiques et marécageuses.

Les tourbières paraissent avoir pris naissance dans les forêts, là ou des arbres tombés obstruent l'écoulement des eaux à la surface du sol. La terre, saturée d'eau, se couvrit alors, comme elle fait encore aujourd'hui, d'une végétation luxuriante de plantes aquatiques et de mousse des marécages ou sphaignes (*Sphagnum*). Ces plantes pourrissant à la base au fur et à mesure qu'elles s'allongent supérieurement forment la tourbe qui, avec le temps, atteint parfois une épaisseur considérable.

La tourbe est très abondante dans le nord, notamment dans certains Comtés de l'Angleterre; sa formation principale sinon totale remonte à l'âge de glace : elle semble maintenant disparaître, par suite de causes naturelles, plus rapidement qu'elle ne se reforme. La tourbe de formation récente ne contient généralement que 1 à 2 p. 100 de matières minérales dérivée des plantes; elle est brune, légère, poreuse et fibreuse. La tourbe plus ancienne et provenant de couches plus profondes est beaucoup plus lourde, plus compacte et perd graduellement toutes traces de son origine végétale ; les cendres peuvent atteindre de 10 à 30 p. 100 de son poids.

La tourbe proprement dite est d'un emploi peu fréquent chez nous, du moins en horticulture, on ne s'en sert guère que pour la culture des Orchidées et autres plantes épiphytes que l'on tient en paniers. Dans les pays où elle abonde, on s'en sert comme chauffage, comme litière pour les animaux ; elle est aussi excellente pour absorber les engrais liquides, et on en a même fabriqué des vêtements soi-disant hygiéniques.

Les tourbières et les lieux marécageux en général ne se prêtent pas facilement à la culture d'autres plantes que celles qui y croissent spontanément, bien que celles-ci soient souvent abondantes. parfois fort belles et constituent une flore particulière, que les botanistes aiment beaucoup à explorer.

Pour rendre fertiles les endroits marécageux ou simplement humides, il faut d'abord les drainer pour en écouler l'eau en excès, puis y ajouter du sable, de la chaux et au besoin de l'argile. Le sol étant assaini, il devient plus chaud, les acides organiques nuisibles se trouvent détruits par la chaux, le sable le rend perméable, accessible à l'air et l'argile lui donne du corps s'il en manque. On peut ainsi, au bout d'un certain temps, transformer en jardin des endroits qui étaient auparavant humides, incultivables et par suite improductifs ; mais le travail et la dépense qu'occasionne cet assainissement sont ordinairement considérables.

Classification. — Nous venons d'étudier d'une façon assez détaillée les sortes de terres les plus importantes ; il ne sera pas sans doute inutile de résumer leurs principales différences :

Terres siliceuses. — Lorsque ces terres contiennent beaucoup de sable, — comme on l'observe sur les dunes au bord de la mer ou sur certains monticules où le sable de quartz pur atteint parfois jusqu'à 80 p. 100, — elles deviennent très pauvres en matières nutritives pour les plantes, elles souffrent très rapidement de la sécheresse, présentent fort peu de cohésion et les vents les transportent très facilement ; enfin, elles ne peuvent guère produire que des récoltes printanières, mais en revanche très précoces, parce que les pluies printanières ne font généralement pas défaut et qu'elles s'échauffent aux moindres rayons de soleil. On peut améliorer les terres siliceuses en y ajoutant de la terre argileuse et de la chaux sous forme de marne. Certaines plantes prospèrent plus particulièrement dans ces sortes de terre et leur système radiculaire pouvant s'étendre avec facilité y devient très développé. Dans les années humides, les Navets y donnent souvent de très belles récoltes.

Terres argileuses. — Ces terres, dans lesquelles l'argile (silicate d'alumine) dépasse parfois 40 p. 100, résultent du détachement du feldspath du granit et des roches qui le contiennent. Ce sont des terres lourdes, compactes, très cohérentes et retenant longtemps l'eau, mais par suite de leur humidité parfois excessive, elles restent froides et très tardives ; écoulement inférieur faisant défaut, l'évaporation s'effectue par la surface et nous avons vu précédemment que l'évaporation refroidissait considérablement les corps. Pendant la sécheresse, ces terres se condensent, se fendillent et les racines des plantes sont alors incapables de les percer et d'en tirer les éléments minéraux nécessaires à leur développement ; elles ne peuvent non plus atteindre le sous-sol, où séjourne cependant l'humidité. On améliore ces terres par le drainage, l'apport de sables ou de balayures de routes, le chaulage, l'ameublissement pendant la période où elles sont saines et enfin par la mise en billons à l'automne, pour que la gelée, ce puissant agent désagrégeant, la pénètre plus profondément.

Terres calcaires. — Les terres ainsi nommées sont celles dans lesquelles existe plus de 20 p. 100 de carbonate de chaux, soit sous la forme de *craie*, soit mêlé à de l'argile, sous forme de *marne*.

Dans le premier cas, ces terres sont sèches et friables ; dans le second, c'est-à-dire lorsqu'elles contiennent de l'argile, elles deviennent au contraire compactes et présentent, mais à un plus faible degré, les inconvénients de l'argile. La productivité de ces terres est très variable, selon que la chaux et l'argile y sont plus ou moins prédominants.

Terre franche. — Cette terre, que l'on nomme encore *terre à blé*, constitue la terre arable la plus parfaite au point de vue cultural ; elle résulte du mélange des trois terres que nous venons d'énumérer, en proportions variables et inégales, comme tout ce qui est œuvre de la nature. L'argile y entre pour 30 à 50 p. 100, le calcaire pour environ 5 p. 100 et le sable fin ou grossier constitue le reste. La terre franche est excellente, facile à travailler, perméable et d'autant plus productive qu'elle est plus riche en humus et en matières minérales solubles.

Terre de bruyère et *tourbe*. — Ces deux sortes de terre ont fait précédemment l'objet d'un chapitre spécial ; il serait inutile d'y revenir ; toutefois, la terre de bruyère siliceuse peut, lorsqu'elle abonde, être avantageusement employée comme amendement pour les terres fortes et recevoir elle-même, si besoin est, de la terre franche, qui lui donne du corps ; ce mélange se fait généralement dans la préparation des composts pour les cultures en pots.

Terres végétales (*humus*). — Ces terres étant formées de matières minérales et de matières organiques, leur fertilité dépend de la richesse et de la quantité de ces dernières. On les emploie surtout comme engrais ; elles retiennent une très grande quantité d'eau.

Terres graveleuses. — Ce terme graveleux n'indique que la présence dans le sol de pierres ou de graviers plus ou moins abondants et plus ou moins gros, tandis que la terre elle-même peut être une des trois premières énumérées ci-dessus. Les pierres diminuent selon leur quantité le volume de terre utilisable par les racines, rendent les labours et autres façons plus pénibles et plus difficiles, mais, d'autre part, elles assainissent le sol et le réchauffent même à la surface, par suite de la chaleur solaire qu'elles accumulent et lui cèdent ensuite partiellement.

Les terres siliceuses, argileuses et calcaires dont nous avons parlé plus haut sont des composés dans lesquels le sable, l'argile ou la chaux dominent respectivement, et comme les quantités qu'elles en contiennent sont très variables, elles arrivent à passer graduellement de l'une à l'autre, selon que tel ou tel élément y prédomine ; on observe ainsi une série de terres de nature intermédiaire, auxquelles on a donné des noms en rapport avec les éléments principaux qui les composent. M. Dehérain en forme les dix groupes que voici :

1° Terres franches.	6° Terres sablo-argileuses.
2° Terres argilo-siliceuses.	7° Terres sablo-calcaires.
3° Terres argilo-calcaires.	8° Terres sablo-humifères.
4° Terres argilo-humifères.	9° Terres sablonneuses.
5° Terres argileuses.	10° Terres calcaires.

Les indications que nous avons données précédemment paraissant suffisantes pour faire comprendre la nature de ces sortes de terre, nous ne croyons pas devoir entrer dans de plus longs détails. (S. M.)

TERREAU ; Vegetable Earth ou Vegetable Mould. — Terre renfermant une grande quantité d'humus, c'est-à-dire de résidus de composés de végétaux ou matières organiques. (V. **Humus.**)

Le terreau est ordinairement très noir, mais sa couleur varie selon la quantité d'humus et autres éléments qu'il contient. Cette quantité varie de 3 à 25 p. 100. Il est ordinairement très fertile, mais lorsque la quantité d'humus est trop forte, il se forme alors certains acides qui s'accumulent dans le sol au détriment de la plupart des plantes ; cependant, quelques plantes sauvages s'en accommodent, tandis que d'autres préfèrent la terre de bruyère.

En horticulture, on obtient ce terreau végétal des couches composées de feuilles mortes, mais la quantité produite et consommée est très minime en comparaison de celle fournie par les couches de fumier, que pour cette raison on nomme :

Terreau de couches. — Il résulte, comme nous venons de le dire, de la décomposition plus ou moins complète du fumier des animaux domestiques et en particulier de celui du cheval, qui est presque exclusivement employé à la confection des couches. C'est en effet lorsqu'une couche a développé toute sa chaleur que le fumier dont elle est formée commence à se décomposer, à devenir noirâtre et former du terreau quelques mois après. C'est donc un composé des déjections des animaux et de la paille qui leur a servi de litière, contenant parfois une certaine quantité de terre ou du compost qui recouvrait la couche.

Le terreau de couches est un des éléments fertilisants les plus utiles et des plus employés en horticulture, pour la culture des fleurs, pour les semis et quand on en possède suffisamment, pour fertiliser la terre. Il entre dans la plupart des composts de terres pour le rempotage d'une foule de végétaux, il sert, mélangé à de la vieille terre, pour garnir les couches, etc. Jamais un jardin n'en reçoit trop abondamment ; dans les terres fortes, il modifie très favorablement leur nature. En somme, c'est à la fois une terre et un engrais, dont l'emploi ne saurait être copieux. Heureusement qu'il abonde dans la région parisienne, la culture maraîchère sur couches et sous châssis en produisant d'énormes quantités.

Terreau de feuilles ; Angl. Leaf Mould. — Résidu résultant de la décomposition des feuilles et constituant un engrais précieux pour amender et fertiliser en même temps les terres fortes et aussi des plus utiles pour la culture des plantes en pots. Lorsque ce terreau est de bonne qualité et exempt de Champignons inférieurs, on peut l'employer en grande quantité et souvent en lieu et place de terre de bruyère pour les semis, pour l'éducation des jeunes plants ainsi que pour l'empotage et les rempotages de la plupart des plantes herbacées. Le système radiculaire de ces plantes s'y développe plus abondamment et plus rapidement que dans toute autre terre.

La qualité du terreau de feuilles dépend beaucoup de la nature des feuilles dont il est formé et de la manière de le préparer. Le meilleur est celui qu'on ramasse dans les bois composés principalement de Hêtre et de Chêne, où les feuilles couvrent parfois de grandes surfaces et s'accumulent années sur années jusqu'à ce que celles du fond soient décomposées et presque transformées à l'état de terreau. Dans bien des cas, on ne peut se procurer ainsi le terreau de feuilles, soit parce que les grands bois font défaut dans le voisinage, soit parce qu'on est obligé de tenir propres les futaies des parcs paysagers qu'on a à sa disposition ; dans d'autres cas, et c'est le plus fréquent, les grands arbres font défaut ou n'existent pas en quantité suffisante.

Néanmoins, on ne tient généralement pas assez compte de la valeur des feuilles comme engrais, paillis ou terreau, aussi ne saurions-nous trop engager les jardiniers soucieux d'obtenir de belles plantes, de récolter avec le plus grand soin toutes les feuilles qu'ils possèdent, quelle que soit leur nature et de faire leur possible pour en ramasser dans les bois chaque fois et le plus qu'ils peuvent.

Le bon terreau de feuilles peut entrer pour un tiers dans la préparation des composts pour les plantes dites de terre de bruyère, telles que les Azalées, les Rhododendrons, les Bruyères et presque toutes les Ericacées ainsi que beaucoup d'autres plantes à racines ténues.

On peut encore avantageusement l'enfouir dans le sol des corbeilles et, pour pailler ces mêmes corbeilles, les plates-bandes, les arbres délicats ou nouvellement plantés, les feuilles à demi décomposées valent autant, sinon mieux, que le fumier de couches.

Pour transformer les feuilles en terreau, il faut en faire des tas pas trop épais, afin d'éviter qu'elles ne s'échauffent d'un façon excessive. Il faut en outre brasser et retourner les tas de temps à autre, pour que toutes les parties soient successivement exposées pendant un certain temps aux influences de l'air et de l'atmosphère. Lorsque les feuilles de consistance épaisse et coriace ne sont pas exposées à l'air, leur décomposition devient fort lente, à moins qu'on ne les mélange à d'autres substances qui se décomposent plus rapidement et les forcent à en faire autant. On peut les arroser à cet effet, mais les résultats ne valent pas ceux que la pluie permet d'obtenir, surtout quand les feuilles sont étendues en couche mince ; si le tas est épais, la pluie n'y pénètre pas et l'on est alors forcé d'avoir recours à des mouillages copieux. On doit, autant que cela se peut, éviter de récolter les brindilles mortes avec les feuilles, car elles facilitent le développement des Champignons et lorsque ceux-ci abondent dans le terreau, il devient presque inutilisable. Le temps que mettent les feuilles à se transformer en terreau fin dépend beaucoup de la nature des feuilles elles-mêmes, de l'épaisseur des tas qu'on en fait, du nombre de manipulations qu'on leur fait subir, en un mot des soins qu'on leur donne à cet effet. On peut obtenir un degré respectable de décomposition en un an et même moins, mais il vaut mieux que celle-ci s'effectue plus lentement.

« Nous avons indiqué à l'article **Feuille** (V. ce nom) les divers usages qu'on en fait avant qu'elles soient décomposées et dont le plus important est la confection de couches développant une chaleur douce, un peu faible, il est vrai, mais très prolongée. Le fumier neuf présentant des propriétés exactement opposées, on y ajoute fréquemment des feuilles pour combiner les bons effets des deux, en tant que degré de chaleur et durée, et le terreau qui résulte de ces couches mixtes partage aussi les qualités qui sont propres à chacun des éléments. (S. M.)

TERREAUTER ; Angl. Dressing. — Action de répandre du terreau sur le sol, au pied des plantes, pour les fertiliser et rendre aussi la terre plus perméable et faciliter dans certains cas la germination des graines. Pour de plus amples détails, V. **Terreau**. (S. M.)

TERRESTRE. — Se dit des plantes qui croissent sur la terre.

TERRINE. — Sorte de vase à fleur très peu profond par rapport à sa largeur, dont le fond est percé de plusieurs trous et qu'on emploie beaucoup en jardinage, pour faire des semis délicats, pour repiquer des petits plants, faire des boutures, etc.

Les terrines sont de même fabrication que les pots à fleurs, de différentes grandeurs, mais elles n'ont, en moyenne, que 8 à 10 centimètres de profondeur. Autrefois, les terrines étaient toutes circulaires, mais on en fabrique aujourd'hui de carrées, qu'il y a avantage à adopter, parce qu'elles se placent plus facilement sous les châssis ou sur les banquettes et qu'elles ne laissent pas de vides entre elles quand on les place les unes contre les autres. Les terrines rondes ont cependant leur utilité quand on doit les placer sous des cloches.

Quant aux divers détails concernant la façon d'utiliser les terrines, V. **Pots** et **Empotage**. (S. M.)

TERTIAIRE. — Se dit des organes dont l'importance ne vient qu'en troisième lieu, des ramifications de troisième ordre, des inflorescences composées.

TESSARIA, Ruiz et Pav. (dédié à Luis Tessari, professeur de botanique à Ancone, et auteur d'ouvrages sur la *Materia Medica*). Syn. *Gynheteria*, Willd. ; *Gyneteria*, Spreng. ; *Phalacromesus*, Cass. ; *Polypappus*, Nutt. Fam. *Composées*. — Petit genre comprenant cinq espèces d'arbustes rustiques, habitant l'Amérique occidentale, depuis le Chili jusqu'au Mexique. Capitules petits, en cymes formant parfois des corymbes amples ; involucre formé de bractées multisériées ; fleurons rayonnants purpurins, pâles à l'extérieur. Feuilles alternes, entières ou dentées. Probablement aucune espèce n'existe aujourd'hui dans les cultures.

TESSELLATUS. — Mot latin qui s'applique aux couleurs disposées en damier, c'est-à-dire en petits carrés alternatifs, comme dans le *Fritillaria meleagris*.

TESSON. — Débris de pots à fleurs concassés dont on se sert généralement pour couvrir les trous des pots à fleurs, pour éviter qu'ils ne se bouchent et pour former un drainage. Les tessons se placent le côté bombé en dessus et ils doivent toujours être bien plus grands que le trou lui-même. Il y a souvent avantage à en placer plusieurs dans chaque pot, surtout lorsqu'on doit y mettre des plantes craignant l'humidité stagnante.

TESTACÉ ; Angl. Testaceous. — Se dit parfois des parties des végétaux de couleur jaune brunâtre, rappelant celle des vases en terre.

TEST, TESTA. — Nom donné aux enveloppes des graines et qu'on désigne aussi sous le nom de *Tégument interne* ou *externe*, selon leur position.

TESTACELLA (diminutif de *testa*, coquille ; allusion à la petitesse de cet organe). — Genre de mollusques ayant l'aspect des Limaces, mais qu'il faut considérer comme utiles, en ce qu'ils vivent exclusivement de vers de terre, les poursuivant jusque dans leurs galeries. Leur corps est long et étroit, de façon à circuler facilement dans ces galeries. Sur le dos, à la partie postérieure du corps, existe une petite coquille en forme d'oreille, d'environ 6 mm. de long, et qui sert à protéger la partie extérieure de l'animal lorsqu'il est dans les galeries. Cette coquille permet de distinguer immédiatement les Testacelles des véritables Limaces qui, comme on le sait, sont très nuisibles dans les jardins.

Deux espèces existent en France et probablement aussi en Angleterre, ou au moins une. Ce sont :

T. haliotidea, jaune terne, avec des taches brunes, rarement jaune pâle, parfois entièrement noir, mesurant, lorsqu'il est allongé, environ 8 cent. de long. On dit que ce mollusque avale les Vers vivants. Cette espèce existe sur plusieurs points du sud de l'Angleterre, et on l'a observé au nord jusqu'à Kirkcaldy, dans le Fifeshire.

T. Maugei, qui habite le sud de l'Europe, mais qui s'est naturalisé près de Bristol. Il est brun foncé et sa coquille est plus grande que celle du *T. haliotidea*.

TESTUDINARIA, Salisb. (de *testudo*, Tortue ; allusion à la ressemblance de l'extérieur du tubercule à la carapace de certaines Tortues). Fam. *Dioscoréacées*. — Petit

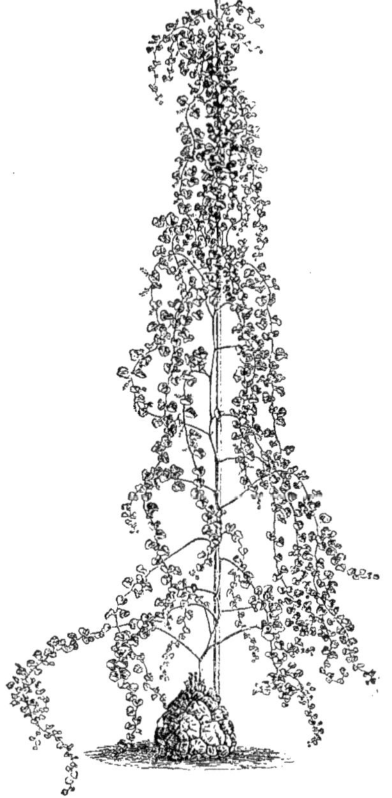

Fig. 197. — Testudinaria elephantipes.

genre ne comprenant que deux espèces de plantes bulbeuses, à tige grimpante, de serre froide et habitant le sud de l'Afrique. Fleurs dioïques, petites, réunies en grappes axillaires, ressemblant à celles des *Dioscorea*. Capsule à trois angles et autant de loges. Feuilles alternes, cordiformes et sub-deltoïdes et à nervures réticulées.

L'espèce suivante est seule et assez répandue dans les serres, où on l'estime pour la singularité de son port et l'aspect étrange de son tubercule. Elle prospère en terre franche, siliceuse, bien drainée et dans un endroit ensoleillé.

Les arrosements doivent être modérés et même suspendus entièrement pendant sa période de repos, car elle craint l'humidité. Sa propagation est sans doute impossible en culture, mais on importe ses tubercules de son pays natal.

T. elephantipes, Burch. Pied d'Éléphant ; Angl. Elephant's Foot, Hottentot Bread, Tortoise Plant. — *Fl.* jaune verdâtre, portant parfois des taches foncées et assez longuement pédicellées ; périanthe turbiné ou en entonnoir, à six divisions ; les mâles à six étamines et réunies en grappes axillaires, solitaires, de 3 à 4 cent. de long, simples ou parfois simplement ramifiées à la base ; les femelles à étamines rudimentaires, à trois stigmates et disposées en grappes solitaires, axillaires, pauciflores, ayant à peine 2 cent. 1/2 de long. Juillet. *Flles* largement cordiformes-ovales, sub-réniformes et terminées par un fort mucron, à sept-neuf nervures et compliquées. Tige persistante, grêle et volubile, à rameaux grêles et pendants. Tubercule arrondi, recouvert d'une épaisse couche de matière subéreuse, fendillée en losanges et formant des sortes d'aréoles. *Haut.* 3 m. Sud de l'Afrique, 1774. (B. R. 921 ; B. M. 1347, sous le nom de *Tamus elephantipes*, Ait.)

TETA, Roxb. — V. Peliosanthes, Andr.

TÊTARD. — On applique ce nom aux arbres dont le tronc est brusquement terminé, à 1 ou 2 m. du sol, par une touffe compacte de rameaux, que l'on coupe tous les ans ou à peu près, pour certains usages. Avec l'âge et par suite de ces coupes successives, le sommet du tronc grossit et simule alors une sorte de tête. Ce sont surtout les Saules destinés à fournir de l'osier que l'on soumet à cette forme, pour couper facilement pendant l'hiver les longues pousses qu'ils ont développé dans le cours de l'année. (S. M.)

TÊTE. — Par ce terme, on désigne familièrement l'ensemble de la ramure d'un arbre, c'est-à-dire toute la partie située au-dessus du tronc et qui, en effet, simule la partie supérieure, c'est-à-dire la tête du végétal. Plus correctement, on lui donne encore le nom de *cime*. (S. M.)

TETRA. — Dans les mots composés de grec, ce préfixe signifie *quatre* : Ex. *Tétragone*, à quatre angles ; *tétraphylle*, à quatre feuilles ; *tetrapyrena*, à quatre noyaux.

TETRACARPUM, Mœnch. — V. Schkuhria, Roth.

TETRACERA, Linn. (de *tetras*, quadruple, et *keras*, corne ; allusion à la forme arquée des quatre capsules). Syns. *Euryandra*, Forst. et *Wahlbomia*, Thunb. Fam. *Dilléniacées*. — Genre comprenant environ trente-six espèces d'arbustes ou rarement d'arbres grimpants, glabres ou scabres-pubescents et de serre chaude, dispersés dans les régions tropicales du globe. Fleurs réunies en panicules, à quatre-six sépales étalés et à pétales en nombre égal ou rarement moindre ; carpelles trois à cinq, rarement un ou deux ? Feuilles à nervures parallèles. Les quelques espèces introduites ne présentant guère qu'un intérêt botanique, elles sont sans doute disparues des cultures.

TETRACHOTOME; Angl. Tetrachotomous. — Se dit des tiges et rameaux qui se ramifient successivement quatre par quatre.

TETRADENIA, Nees. — Réunis aux **Litsea**.

TETRADIUM, Lour. — Réunis aux **Evodia**, Forst.

TETRADIUM trichotomum, Lour. — V. **Evodia fraxinifolia**.

TETRADYNAME, Angl. Tetradynamous. — Se dit des fleurs ayant « six étamines, dont deux plus courtes

Fig. 198. — Etamines tétradynames de Crucifère (*Cheiranthus*).

que les quatre autres et opposées sur les côtés de l'ovaire, comme on peut l'observer chez les *Crucifères* (Lindley) ».

TETRADYNAMIE. — Nom d'une classe du système de Linné renfermant les plantes à étamines **tétradynames**. (V. ce nom.)

TETRAGASTRIS, Gærtn. — V. **Hedwigia**, Swartz.

TÉTRAGONE. — A quatre angles, comme la tige de beaucoup de *Labiées*.

TÉTRAGONE cornue; Angl. New Zealand Spinach. (*Tetragonia expansa*, Linn.).—Plante annuelle, rustique, introduite par sir Joseph Banks, de la Nouvelle-Zélande, où elle croit spontanément ainsi que dans plusieurs autres endroits. On la cultive dans les jardins comme plante potagère, pour ses feuilles qu'on emploie en guise d'Epinards pendant l'été, alors que ceux-ci montent à graine et deviennent inutilisables.

La Tétragone a l'avantage de croître vigoureusement pendant l'été, de bien supporter la sécheresse et de ne pas monter à graines. Ses feuilles cuites n'égalent peut-être pas tout à fait en qualité celles de l'Epinard, mais elles n'en constituent pas moins une très bonne herbe acceptée par la plupart des gens. On les prépare exactement de la même manière.

La Tétragone se multiplie uniquement par semis. Les graines sont grosses, dures et germent plus rapidement et plus facilement si on a soin de les faire tremper au préalable dans de l'eau tiède. On les sème en mars, sur couche, on repique les plantes sous châssis, où on les protège jusqu'en mai, époque à laquelle on les met en pleine terre, à environ 80 cent. ou 1 m. de distance si la terre est exceptionnellement riche. Cette plante aime les terres légères, fertiles, un peu fraîches et de préférence exposées en plein soleil. On récolte les feuilles sans couper les tiges, au fur et à mesure qu'elles se développent, et la production se prolonge ainsi pendant toute la belle saison. (S. M.)

TETRAGONIA, Linn. (de *tetra*, quatre, et *gonia*, angle; allusion à la forme des fruits). Syn. *Demidovia*, Pall. Fam. *Ficoïdées*. — Genre comprenant une vingtaine d'espèces de plantes herbacées ou de sous-arbrisseaux couchés ou un peu grimpants, rustiques ou de serre froide, habitant principalement le Sud de l'Afrique, mais dont quelques-uns se rencontrent aussi sur les côtes de l'Asie orientale, dans l'Australie et dans la partie tempérée de l'Amérique du Sud. Fleurs vertes, jaunâtres ou rougeâtres, axillaires, peu nombreuses, sessiles ou longuement pédicellées, parfois presque réunies en épis; calice à trois-cinq lobes; pétales nuls. Feuilles alternes, oblongues, linéaires, ovales ou deltoïdes, entières, un peu épaisses et dépourvues de stipules. L'espèce suivante, seule introduite, est cultivée comme succédané de l'Epinard. Pour sa culture, V. **Tétragone cornue**.

T. expansa, Murr. * Épinard de la Nouvelle-Zélande, Tétragone; Angl. New Zealand Ice-plant, New Zealand Spinach. — *Fl.* jaunes, petites, très courtement pédicellées ou sessiles à l'aisselle des feuilles et solitaires ou géminées. *Fr.* assez gros, obconique, spongieux à l'extérieur, à quatre petites cornes au sommet et contenant cinq

Fig. 199. — Tetragonia expansa. — Tétragone cornue.

graines farineuses, enfermées dans un testa dur et osseux. *Flles* pétiolées, les plus grandes ovales, triangulaires, largement hastées, de 5 à 10 cent. de long, entières, obtuses ou aiguës; les plus petites plus étroites. Australie, Nouvelle-Zélande. Plante annuelle, rustique, retombante ou couchée et atteignant souvent plusieurs pieds de long. (B. M. 2362.)

TETRAGONIACÉES. — Réunies aux **Ficoïdées**.

TETRAGONOLOBUS, Scop. — Réunis aux **Lotus**, Linn.

TETRAGONOLOBUS purpureus, Mœnch. — V. **Lotus Tetragonolobus**.

TETRAGONOTHECA, Linn. (de *tetragonos*, quadrangulaire, et *theke*, capsule; allusion aux achaines tétragones). Fam. *Composées*. — Petit genre ne comprenant que trois espèces de plantes herbacées, dressées, élevées et rustiques, habitant l'Amérique du Nord. Capitules jaunes, assez grands, solitaires ou réunis en corymbes lâches, hétérogames, à fleurons rayonnants étalés; involucre également étalé, à quatre bractées unisériées; achaines (graines) épais, triangulaires, glabres ou légèrement poilus. Feuilles opposées, amplexicaules, profondément dentées ou incisées pinnatifides.

L'espèce suivante est seule introduite. C'est une plante intéressante, prospérant en toute terre légère et fertile. Sa multiplication peut s'effectuer par division ou par semis.

T. helianthoides, Linn. Capitules jaune pâle, amples, pédonculés et terminant les rameaux ; involucre de 5 cent. ou plus de diamètre. Août. *Flles* de 8 à 15 cent. de long, lâchement et inégalement dentées ou bordées de dents grossières, aiguës et saillantes. Tiges de 60 cent. à 1 m. de haut et arrondie. Amérique du Nord, 1726.

TÉTRAGYNE, TÉTRAGYNIE. — On désigne ainsi les fleurs à quatre styles. Linné a donné le nom de *Tétragynie* aux classes de son système qui renferment les plantes ainsi caractérisées.

TETRAHIT, Mœnch. — V. **Galeopsis**, Linn.

TETRAHITUM, Hoffmsg. et Link. — V. **Stachys**, Linn.

TETRAMERIUM, Gærtn. — V. **Faramea**, Aubl.

TETRAMICRA, Lindl. (de *tetra*, quatre, et *micros*, petit; allusion aux quatre petites divisions de l'anthère). Comprend les *Leptotes*, Lindl. Fam. *Orchidées*. — Genre renfermant environ six espèces d'Orchidées épiphytes ou terrestres, de serre froide ou chaude et habitant l'Amérique tropicale, depuis le Brésil jusqu'aux Indes occidentales. Fleurs moyennes, pédicellées et réunies en grappe simple et lâche, au sommet d'une hampe terminale, allongée, grêle et rigide, à sépales et pétales sub-égaux, libres et étalés ; labelle inséré à la base de la colonne, libre, étalé, à lobes latéraux courtement onguiculés ; le médian large et entier ; colonne dressée et munie supérieurement de deux grandes ailes ou commençant dès la base. Feuilles linéaires, charnues, semi-arrondies ou très courtes et épaisses. Tige feuillue à peine épaissie et dépourvue de pseudo-bulbe.

Les espèces les plus répandues sont décrites ci-après. Elles s'accommodent du traitement général des *Sophronitis*. On peut les cultiver sur des troncs de Fougères, avec un peu de sphagnum autour du collet de la plante ou dans des paniers remplis de terre de bruyère fibreuse, de sphagnum, de tessons et de quelques morceaux de charbon de bois. Ces plantes ne demandent pas beaucoup de chaleur, mais la pleine lumière ; elles se plaisent en serre froide et suspendues à la charpente. On les multiplie par divisions.

T. bicolor, Rolfe. *Fl.* solitaires, à sépales et pétales blancs, linéaires-oblongs ; labelle pourvu de deux lobes latéraux très courts ; le médian oblong et presque aussi long que les pétales, blanc et strié de pourpre sur le disque ; ovaire très long et pédonculiforme. Hiver. *Flles* solitaires, terminant les tiges, récurvées et canaliculées en dessous. *Rhiz.* rampant, donnant naissance à plusieurs tiges grêles, d'environ 2 cent. 1/2 de long et presque cylindriques. Brésil, 1831. Syn. *Leptotes bicolor*, Lindl. (B. R. 1625 et B. M. 3734. *var.* ; L. 157.)

T. b. brevis, Rolfe. Diffère du type par ses segments plus courts et son labelle blanc. 1892.

T. rigida, Lindl. *Fl.* à sépales et pétales verdâtres ; labelle rosé, strié de pourpre, exsert, à segments latéraux étalés ; le médian arrondi-obovale, ample ; hampe garnie de gaines espacées et simple ou faiblement ramifiée au sommet. Mars. *Flles* peu nombreuses, de 10 à 20 cent. de long, demi-cylindriques, linéaires, canaliculées, acuminées et récurvées. *Haut.* 30 à 60 cent. Indes occidentales. Plante rigide. Syn. *Brassavola elegans*, Lindl. (B. M. 3098.)

T. serrulata, — *Fl.* comme celles du *T. bicolor*, mais trois ou quatre fois plus grandes ; labelle blanc, avec des lignes rouge laque brillant, rayonnant depuis la base, où il porte deux oreillettes courtes et arrondies ; hampe terminale, axillaire et pourpre. Avril-mai. *Flles* cylindriques, fusiformes, canaliculées et vert glauque, ponctuées de pourpre. Tige parfois garnie de deux feuilles. Brésil. Syn. *Leptotes serrulata*, Lindl. (L. S. R. 11.)

TETRANEMA, Benth. (de *tetra*, quatre, et *nema*, filet; les quatre étamines constituent un caractère du genre). Fam. *Scrophularinées*. — La seule espèce de ce genre est une jolie petite plante mexicaine, naine, vivace et de serre froide ou tempérée. Elle prospère dans un compost de terre franche siliceuse et de terreau de feuilles. Il faut la rempoter au printemps et la placer en serre froide, où elle fleurit abondamment pendant la plus grande partie de l'été. Pendant l'hiver, il lui faut la serre tempérée. Sa multiplication s'effectue par semis ou par division.

T. mexicana, Benth. Angl. Mexican Foxglove. — *Fl.* violet pourpre, panachées de teinte plus pâle, courtement pédicellées, un des pédoncules est axillaire et simule une hampe ; calice à cinq divisions ; corolle tubuleuse, évasée à la gorge et à cinq lobes obliques, inégaux

Fig. 200. — Tetranema mexicana.

et bilabiés ; étamines quatre. Été. *Flles* sub-radicales, opposées, obovales ou oblongues, lâchement crénelées-dentées, anguleuses à la base et glabres. Tiges très courtes ou parfois légèrement allongées et ascendantes dans les cultures. Mexique, 1843. (B. H. 1879, 16 ; B. M. 4070 ; B. R. XXIX, 52.)

TETRANTHERA, Jacq. — V. **Litsea**, Lamk.

TETRANTHUS, Swartz. (de *tetra*, quatre, et *anthos*, fleur ; allusion aux quatre fleurs, deux mâles et deux femelles dans chaque capitule). Fam. *Composées*. — Petit genre ne comprenant que deux espèces de plantes herbacées, naines, rampantes et de serre chaude, confinées à Saint-Domingue. Capitules blanchâtres, très petits et solitaires au sommet de pédoncules filiformes. Feuilles opposées, pétiolées et ovales. Le *T. littoralis*, seul introduit, est maintenant sans doute disparu des cultures.

TETRANYCHIDÉES. — Famille de très petits insectes, connus sous le nom familier de Mites, et qui vivent aux dépens des plantes vivantes, sur lesquelles ils tissent de petites toiles pour se protéger. Le *Tetranychus telarius* est de beaucoup l'espèce la plus commune et la plus nuisible ; elle est bien connue des jardiniers sous le nom familier de *Grise* et fait l'objet de l'article suivant.

TETRANYCHUS telarius ou Grise. — Cet insecte n'est pas une Araignée, ainsi que le ferait croire le nom d'*Araignée rouge* (Angl. Red Spider), qu'on lui applique fréquemment, mais bien une véritable Mite. Chez nous, les jardiniers la désignent plus souvent sous le nom de *Grise* que sous celui d'*Araignée rouge*, qui prévaut en Angleterre. Ce nom de *Grise* fait sans doute allusion à la teinte grise que prennent les parties vertes des végétaux envahis, tandis que le nom d'Araignée rouge se rapporte à sa couleur.

Ce petit insecte, de proportions microscopiques, est excessivement fréquent et très nuisible à une foule de végétaux cultivés en plein air ou en serre et en particulier à certains arbres fruitiers, tels que les Pruniers. On ne sait pas exactement s'il n'existe qu'une seule espèce variable en couleur et autres petits détails, ou bien s'il y en a plusieurs qui seraient alors très voisins les unes des autres. Cette question a du reste peu d'importance au point de vue horticole, si toutefois il y a plusieurs espèces, elles ont toutes les mêmes mœurs et aptitudes nuisibles et les moyens de les détruire sont aussi appliquables à toutes; ils seront indiqués plus loin, comme pour une seule espèce.

Ces insectes sont, comme nous l'avons dit, de proportion microscopique; c'est à peine si on peut à l'œil nu les apercevoir comme autant de petits points mouvants sur les endroits où ils se sont établis, mais leur nombre est parfois tel que ces endroits deviennent très apparents par la teinte grisâtre qu'ils revêtent. Leur couleur individuelle est ordinairement une teinte intermédiaire entre le rouge brique et le rouge rouille, mais quelques individus (probablement imparfaits) sont verdâtres, avec des ponctuations brunes sur les côtés. Leur corps est ovale, sans aucun étranglement entre le thorax et l'abdomen, différant ainsi notablement de la structure propre des Araignées, qui sont, comme on le sait, fortement étranglées au milieu. Ils ont quatre paires de pattes presque égales, dont deux paires sont dirigées en avant et les deux autres en arrière. La partie antérieure porte en dessus deux petits yeux et en dessous un bec ou suçoir à l'aide duquel l'animal perce l'épiderme des tissus et suce la sève contenue dans le tissu des végétaux. Près de l'extrémité et sur la face inférieure, se trouve une sorte de verrue conique, qui sert à tisser les toiles. Des œufs que pondent les femelles, naissent des larves ne différant des insectes adultes que par leur taille plus petite et en ce qu'elles n'ont seulement que six pattes. Ces Mites, tissent une toile très fine sur la face inférieure des feuilles sur lesquelles elles se sont établies, puis elles percent l'épiderme à l'aide de leur suçoir et en tirent la sève pour se nourrir. Les feuilles ainsi attaquées deviennent jaunâtres ou vert jaunâtre, se couvrent de taches pâles sur la face supérieure et les toiles et les déjections des insectes rendent la face inférieure grisâtre. Lorsque l'invasion est très forte, les feuilles tombent de bonne heure, ce qui anéantit ou diminue la récolte et affaiblit les plantes en ce que leurs pousses, ne pouvant plus se développer faute de sucs convenablement élaborés, restent courtes et s'aoûtent fort mal.

Prévention. — Comme il est plus facile de prévenir le mal que de le réparer, surtout chez les végétaux, on doit, à l'égard de la Grise, éviter le plus possible qu'elle ne se montre. Pour cela, le meilleur moyen consiste à seringuer les plantes fréquemment, à les arroser copieusement et à les tenir en bon état de végétation; ce sont surtout les plantes chétives ou qui souffrent de la sécheresse de la terre et de l'atmosphère qui sont le plus fréquemment et fortement atteintes.

Les plantes qui présentent des traces d'infection doivent être immédiatement séparées de leurs congénères et spécialement traitées. Il faut d'abord les placer dans un endroit frais et bien aéré et les seringuer fortement. Pour protéger les plantes saines, on peut répandre au pied de la suie, de la chaux ou du sable imprégné de goudron ou autre substance capable d'empêcher les Mites de monter dans leur ramure. Les pieux, tuteurs et autres accessoires doivent aussi être lisses, afin qu'elles ne puissent s'abriter dans les crevasses, et on doit en outre les tremper dans une substance insecticide.

Remèdes. — Le soufre sublimé, connu sous le nom de *fleur de soufre*, ainsi que le soufre précipité, constitue le remède le plus efficace, on peut presque dire radical pour la destruction de la Grise ainsi que de divers Champignons, notamment l'Oïdium de la Vigne. On le répand généralement à l'état pulvérulent et à l'aide de soufflets spéciaux, sur les feuilles, mais on peut aussi l'employer très avantageusement en solution, à raison de 500 gr. de soufre et 1 kilo de chaux vive bouillie dans 18 à 20 litres d'eau. Ou bien, on peut employer du barège (sulfure de calcium) à raison de 125 gr. de sulfure et 60 gr. de savon noir pour 4 litres 1/2 d'eau bouillante. Il faut mélanger intimement le sulfure et le savon, puis remuer la solution à mesure qu'on y ajoute l'eau chaude. On peut ensuite, mais bien entendu lorsque le liquide est froid, y tremper les plantes ou les en laver à l'aide d'une éponge ou d'une brosse s'il s'agit de l'écorce des arbres ou de surfaces dures et rugueuses. D'autres substances insecticides, notamment l'insecticide Fichet, le Gishurt Compound, ainsi que la décoction de copeaux de Quassia, donnent souvent de bons résultats. Les fumigations de tabac ainsi que les vaporisations de liquides sulfureux ont été recommandées et s'effectuent économiquement dans les serres, en répandant le liquide sur les tuyaux de chauffage. Pour désinfecter les murs, on emploie avec succès le moyen suivant : Faire une solution d'eau de suie, puis y ajouter de l'argile jusqu'à ce qu'elle ait la consistance d'une peinture épaisse, et y ajouter enfin 500 gr. de fleur de soufre et 60 gr. de savon noir par 4 litres 1/2 d'eau de suie. Mélanger le tout bien intimement et enduire de cette composition la surface entière du mur.

TETRAPASMA, Don. — V. **Discaria**, Hook.

TETRAPELTIS, Wall. — V. **Otochilus.**

TÉTRAPHYLLE. — A quatre feuilles ou folioles.

TETRAPOGON, Desf. (de *tetra*, quatre, et *pogon*, barbe; allusion aux fleurs barbues). Fam. *Graminées.* — Genre comprenant huit espèces de plantes herbacées, touffues, vivaces et stolonifères, habitant le nord de l'Afrique, l'Abyssinie et l'Asie occidentale. Fleurs réunies par deux-trois dans les épillets et ceux-ci solitaires, géminés ou ternés au sommet des pédoncules ; glumes ou glumelles deux ; étamines trois. Feuilles planes. Le *T. villosus*, Desf., a seul été introduit dans les cultures, mais il ne présente presque aucun intérêt horticole.

TÉTRAPTÈRE. — Se dit des fruits et autres organes pourvus de quatre ailes.

TETRAPTERYS, Cav. (de *tetra*, quatre, et *pteron*, aile ; les fruits (samaroïdes) sont pourvus de quatre ailes). Fam. *Malpighiacées.* — Genre comprenant environ huit espèces d'arbustes ordinairement grimpants, de serre chaude, habitant l'Amérique tropicale et principalement le Brésil. Fleurs jaunes ou rougeâtres, réunies en grappes ou en ombelles souvent paniculées, terminales ou rarement sub-sessiles ; calice à cinq divisions et huit glandes, rarement dix ou aucune ; pétales onguiculés ; étamines dix, toutes fertiles ; les alternes plus longues que les autres. Feuilles opposées, entières, souvent transparentes, non glanduleuses et accompagnées de deux stipules variables.

Les espèces décrites ci-après sont assez décoratives, mais il est excessivement difficile de les faire fleurir et il est douteux qu'elles existent encore dans les cultures. Il leur faut un compost de terre de bruyère et de sable, et leur multiplication s'effectue par boutures, que l'on fait dans du sable, sous cloches et à chaud.

T. citrifolia, Swartz. Syn. de *T. inæqualis*, Cav.

T. discolor, DC. *Fl.* jaunes, à pédicelles pubescents-incanes et articulés au milieu ; ombelles à quatre fleurs et paniculées. Mai. *Flles* elliptiques ou elliptiques-oblongues, un peu obtuses ou légèrement aiguës, coriaces, glabres ; stipules interpétiolaires et caduques. Guyane et La Trinité, 1827.

T. inæqualis, Cav. *Fl.* jaunes, à pétales articulés à la base ou au milieu ; ombelles composées de quatre fleurs et paniculées. Mai. *Flles* ovales ou elliptiques, aiguës, coriaces, à stipules interpétiolaires et caduques. Brésil et la Jamaïque, 1818. Syn. *T. citrifolia*, Swartz.

TÉTRAQUÈTRE ; Angl. Tetraquetrous. — A quatre angles très aigus et presque ailés.

TÉTRASTIQUE. — Se dit parfois des épis à quatre angles.

TETRATHECA, Smith. (de *tetra*, quatre, et *theke*, capsule ; les anthères ont parfois quatre angles). Fam. *Trémandrées.* — Genre comprenant environ vingt-quatre espèces de très jolis petits arbustes glabres ou poilus-glanduleux et habitant l'Australie. Fleurs à quatre-cinq divisions, rarement tripartites, présentant la particularité de ne s'épanouir que lorsque le temps est beau et que le soleil luit, mais se fermant vers le soir ou lorsque la pluie est imminente. Étamines subbisériées. Feuilles alternes, verticillées ou éparses, éricoïdes et entières ou planes et dentées, parfois réduites à l'état de petites écailles.

Les espèces suivantes sont les plus intéressantes parmi celles qui ont été introduites. Elles sont assez difficiles à cultiver et demandent un compost de terre de bruyère fibreuse, fortement additionné de sable blanc. Les arrosements doivent toujours être très modérés et on ne doit employer que de l'eau très pure et si possible de l'eau de pluie. Leur multiplication peut s'effectuer par boutures de jeunes pousses, que l'on plante dans du sable, sous cloches et dans un endroit bien ombragé.

T. ciliata, Lindl. *Fl.* rose vif, à sépales portant quelques poils ou cils glanduleux ; pétales d'environ 12 mm. de long. Juillet. *Flles* presque toutes verticillées par trois-quatre, largement ovales ou presque orbiculaires, obtuses ou légèrement aiguës, dépassant rarement 12 mm. de long, à bords plans ou à peine récurves, ciliées ou presque glabres. Tiges grêles, dressées ou diffuses, de 30 cent. à 1 m. de haut. Australie.

T. ericifolia, Smith. *Fl.* rose vif, à pédicelles grêles et ordinairement plus longs que les feuilles ; sépales non réfléchis. Juillet. *Flles* presque toutes verticillées, étroites-linéaires, à bords fortement revolutés ou rarement oblongues-lancéolées et plus étalées, ayant presque toutes moins de 12 mm. de long. *Haut.* 30 cent. ou moins. Australie, 1820. Plante diffuse. (S. E. B. I, 20.)

T. ericoides, Planch. Syn. de *T. pilosa*, Labill.

T. glandulosa, Smith. Syn. de *T. pilosa denticulata*, Hort.

T. hirsuta, Lindl. * *Fl.* rose vif, assez grandes, à pédicelles grêles, de 2 à 2 cent. 1/2 de long, à sépales lancéolés et à pétales oblongs. Mars. *Flles* presque toutes alternes ou quelques-unes verticillées, variant depuis la forme ovale-lancéolée jusqu'à celle oblongue-linéaire, obtuses, de 1 1/2 à 2 cent. 1/2 de long, à bords récurvés, plus ou moins hirsutes en dessus, velues ou pubescentes en dessous. Tige rigide et dressée, de 15 à 45 cent. de haut, souvent garnies de poils rougeâtres et hispides. Australie, 1843. (B. R. 1844, 67 ; P. M. B. XIII, p. 53.)

T. juncea, Smith. *Fl.* pourpres, à quatre petits sépales ovales et obtus ; pétales quatre, d'environ 8 mm. de long ; pédicelles insérés à l'aisselle des feuilles supérieures. Juillet. *Flles* peu nombreuses, petites et espacées, squamiformes, ayant rarement 6 mm. de long. Tiges dressées ou ascendantes, grêles, junciformes ou filiformes et rigides, de 30 à 60 cent. de long, à deux ou trois angles aigus ou très étroites. Australie, 1803.

T. nuda, Lindl. *Fl.* cramoisies, à pédicelles grêles ; sépales et pétales tous au nombre de cinq. Mai. *Flles* très petites et espacées, ou un très petit nombre linéaires ou oblongues et de 5 à 8 mm. de long. *Rhiz.* ligneux, garnis de nombreuses tiges dressées, grêles, rigides, jonciformes, de 20 à 50 cent. de haut et se terminant souvent en pointe piquante. Australie, 1843.

T. pilosa, Labill. * *Fl.* pourpres, assez petites, à pédicelles ordinairement plus courts que les feuilles et à pétales étroits. Juillet. *Flles* ordinairement linéaires, à bords fortement révolutés, de 10 à 15 mm. de long ou devenant parfois, sur les pousses très luxuriantes, largement lancéolées ou oblongues et à base obtuse. *Haut.* 30 à 50 cent. Australie, 1823. Plante ayant l'aspect d'une Bruyère. Syn. *T. ericoides*, Planch. (F. d. S. 1065 et Gn. 1894, part. II, 977.)

T. p. denticulata, Hort. *Fl.* à calice et pédicelles légèrement poilus-glanduleux. *Flles* étroites, révolutées, parfois opposées. Australie, 1822. Syn. *T. glandulosa*, Smith. (S. E. B. I, 22.)

T. thymifolia, Smith. *Fl.* pourpres, à sépales ovales-lancéolés, rarement réfléchis. Juillet. *Flles* presque toutes verticillées par trois ou quatre, ovales-elliptiques ou lancéolées et à bords plus ou moins récurvés ou révolutés. *Haut.* 30 cent. à 1 m. Australie, 1804. Plante très pubescente ou poilue. (S. E. B. I, 22.)

T. verticillata, Paxt. — V. **Platytheca galioides.**

TETRAZYGIA, L.-C. Rich. (de *tetra*, quatre, et *zugos*, joug ; allusion à la disposition par quatre des parties de la fleur). Fam. *Mélastomacées.* — Genre comprenant environ treize espèces d'arbres ou d'arbustes ordinairement furfuracés et de serre chaude, habitant les Indes occidentales. Fleurs réunies en panicules ou corymbes terminaux et multiflores ; calice à tube urcéolé ou globuleux, rétréci au-dessus de l'ovaire et à limbe à quatre ou cinq lobes; pétales quatre ou cinq, obovales et obtus ; étamines huit ou dix, égales, à filets subulés. Feuilles pétiolées, oblongues, ovales ou ovales-lancéolées, entières ou denticulées et à trois-cinq nervures. Les espèces décrites ci-après sont bien dignes d'être cultivées. Elles demandent le même traitement que les **Melastoma**. (V. ce nom pour leur culture.)

T. angustiflora, Griseb. *Fl.* blanches, grandes, mais à calice étroit, pétales cinq, rarement quatre, de 10 à 12 mm. de long, panicule racémiforme, oblongue, à ramifications primaires terminées par des cymes corymbiformes. Mai. *Flles* elliptiques ou elliptiques-lancéolées, brusquement acuminées, de 8 à 12 cent. de long, entières et blanches-duveteuses en dessous. Ramilles et inflorescence duveteuse-poudreuse. *Haut.* 6 m. Indes occidentales, 1823. Arbre. (B. M. 4383, sous le nom de *T. elæagnoides*, Hook.)

T. discolor, DC. *Fl.* blanches, petites, réunies en panicules corymbiformes et compactes; pétales ovales. Mai. *Flles* ovales ou ovales-lancéolées, entières, aiguës, de 8 à 12 cent. de long et couvertes en dessous d'écailles duveteuses, apprimées et blanches. *Haut.* 1 m. Indes occidentales, 1793.

T. elæagnoides, DC. *Fl.* roses ou blanches, réunies en panicules corymbiformes ou parfois racémiformes; pétales quatre, de 8 à 10 mm. de long. Juin. *Flles* elliptiques-lancéolées ou lancéolées, fortement acuminées, plus étroites que celles du *T. angustiflora* et couvertes en dessous d'un duvet tomenteux et blanc. *Haut.* 60 cent. et plus. Indes occidentales, 1818. Arbuste.

TEUCRIELLE. — V. Veronica Teucrium.

TEUCRIUM, Linn. (ancien nom grec employé par Dioscorides et probablement dédié à Teucer, roi de Troy, qui, le premier, employa, dit-on, ces plantes en médecine). **Germandrée** ; Angl. Germander. Comprend les *Chamædrys*, Mœnch. ; *Polium*, Mœnch. ; *Scordium*, Cav. et *Scorodonia*, Mœnch. Fam. *Labiées.* — Grand genre renfermant environ cent espèces de plantes herbacées, de sous-arbrisseaux ou d'arbustes à port variable et rustiques ou à peu près, dispersés dans les régions tempérées et chaudes du globe. Fleurs blanches, rouges ou jaunes, réunies en verticilles biflores ou rarement multiflores, axillaires ou formant dans leur ensemble des épis, des grappes ou des bouquets terminaux. Calice tubuleux ou campanulé, rarement renflé et à cinq dents presque égales ou la supérieure plus large ; corolle caduque, presque unilabiée, à cinq lobes obliques ; les deux supérieurs très petits et rejetés vers la lèvre inférieure ; celle-ci à trois lobes, avec le médian plus grand ; étamines quatre, saillantes et parallèles. Nucules (graines) ovoïdes et réticulés-ridés. Feuilles entières, dentées ou incisées, parfois multifides ; les florales conformes ou réduites à l'état de bractées.

Fig. 201. — Teucrium. — Fleur détachée.

Les *Teucrium* sont communs chez nous, car une quinzaine d'espèces y croissent spontanément ; notamment plusieurs des espèces décrites ci-après et en particulier les *T. Chamædrys*, *T. Botrys*, *T. Marum*, *T. pyrenaicum*, *T. Scordium*, qui, au contraire, deviennent rares ou manquent en Angleterre.

Quoique intéressantes, ces plantes sont en réalité peu décoratives et par suite peu répandues dans les jardins, mais plusieurs ont été ou sont encore employées en médecine. Le *T. Chamædrys* est le plus commun, parce qu'en outre de l'usage médical pour lequel on l'emploie parfois, il forme de magnifiques bordures rappelant celles de Buis. Les autres espèces sont surtout propres à orner les rocailles.

Les *Teucrium* sont des plantes peu délicates, rustiques ou quelques-unes de serre froide, prospérant en tout terrain léger et sain, et aimant beaucoup les endroits chauds et ensoleillés. On les multiplie facilement par semis, quand on peut s'en procurer des graines, par boutures que l'on fait au printemps ou en été, en terre très siliceuse, à froid et sous cloches, ainsi que par division des touffes pour les espèces vivaces.

T. betonicum, L'Herit. *Fl.* purpurines, à tube de la corolle exsert, pubescent à l'extérieur et à gorge renflée et incurvée; verticilles biflores, unilatéraux et formant des grappes lâches, de 8 à 15 cent de long. Mai-août. *Flles* ovales-oblongues, de 2 1/2 à 4 cent. de long, assez longuement pétiolées, crénelées, laineuses en dessous ou sur les deux faces; les florales plus courtes que les calices. Rameaux tomenteux-incanes. *Haut.* 50 cent. Madère, 1775. Arbuste toujours vert et de serre froide. (B. M. 1114.)

T. bicolor, Smith. *Fl.* bleues, à pédoncules courts, axillaires et uniflores ; les supérieures formant presque des grappes. Juillet. *Flles* ovales, oblongues ou lancéolées, de près de 2 cent. 1/2 de long, entières ou découpées, parfois trifides; les juvéniles souvent linéaires, entières ou trifides; les florales dépassant ordinairement les fleurs. Rameaux de 30 à 60 cent. de long et à quatre angles aigus. *Haut.* 30 cent. Chili, 1826. Plante glabre, vivace et de serre froide. Syn. *T. orchideum*, Lindl. (B. R. 1255.)

T. Botrys, Linn. Germandrée femelle. — *Fl.* purpurines, à pédicelles égalant les calices, géminées ou ternées et formant un épi unilatéral et feuillu ; calice renflé et gibbeux. Juillet-septembre. *Flles* pétiolées, bipinnatifides, à segments oblongs. Tiges basses, nombreuses, herbacées, dressées. *Haut.* 15 à 25 cent. Europe, France, etc. Plante herbacée et annuelle.

T. Chamædrys, Linn. * Germandrée Petit chêne ; Angl. Wild Germander. — *Fl.* rose vif, de 2 cent. de long, à lèvre inférieure maculée de rouge et de blanc, axillaires, géminées ou ternées et formant des verticilles composés d'environ six fleurs qui, dans leur ensemble constituent des grappes ou des épis terminaux et feuillus. Juin-septembre. *Flles* pétiolées, ovales, incisées-crénelées, de 1 1/2 à 4 cent. de long, graduellement rétrécies en pétioles, un peu épaisses, coriaces et vert luisant en dessus. Tiges de 15 à

50 cent. de haut, ascendantes, très ramifiées et devenant avec l'âge ligneuses à la base. Souche à rhizomes rampants Europe, France, etc., naturalisé en Angleterre. Sous-arbrisseau poilu, hispide et rustique. (Sy. En. B. 1094.)

Fig. 202. — Teucrium Chamædrys.

T. fruticans, Linn. * Germandrée en arbre; Angl. Tree Germander. — *Fl.* bleues, solitaires au sommet de pédoncules plus courts que les calices; ceux-ci tomenteux; grappes terminales ou latérales sur de courtes ramilles et pauciflores. Été. *Flles* ovales, obtuses, entières, planes, très courtement pétiolées, glabres en dessus, blanches ou tomenteuses-rufescentes en dessous. Rameaux divariqués. *Haut.* 60 cent. à 1 m. Europe méridionale; France, etc. Sous-arbrisseau toujours vert, demi-rustique ou d'orangerie. (Ref. B. 204; S. F. G. 527.) Syn. *T. latifolium*, Linn. (B. M. 245.)

Fig. 203. — Teucrium Marum.

T. hircanicum, Linn. *Fl.* pourpres, à pédicelles courts, dressés et velus; corolle velue extérieurement; épis simples, denses, de 8 à 10 cent. de long. Septembre. *Flles* pétiolées, ovales-cordiformes, de 2 1/2 à 8 cent. de long, profondément crénelées, obtuses, à peine pubescentes en dessus et mollement sub-canescentes en-dessous. Tiges de 30 à 60 cent. de haut, pubescentes et à peine ramifiées. Perse, 1763. Plante vivace et rustique. (B. M. 2013.)

T. latifolium, Linn. Syn. de *T. fruticans*, Linn.

T. Marum, Linn. Thym de Chat; Angl. Cat Thyme. — *Fl.* pourpre rougeâtre, géminées à l'aisselle des feuilles supérieures, formant une inflorescence oblongue, assez compacte et presque unilatérale; corolle à lobe médian sub-orbiculaire; calice poilu, à dents courtement acuminées, lancéolées et presque égales. Été. *Flles* courtement pétiolées, entières, ovales ou lancéolées, vertes, pubescentes en dessus et blanches-laineuses en dessous. Tige frutescente et dressée. *Haut.* 30 cent. Région méditerranéenne. Plante rustique ou à peu près, que les chats recherchent à cause de son odeur.

T. orchideum, Lindl. Syn. de *T. bicolor*, Smith.

T. orientale, Linn. *Fl.* bleues, réunies en panicules lâches et parfois poilues-hispides; pédicelles ou pédoncules uniflores, presque deux fois aussi longs que les calices; ceux-ci à dents aiguës. Juillet. *Flles* une ou deux fois pinnatiséquées; les inférieures de 4 à 5 cent. de long, largement ovales dans leur contour; les florales petites, segments linéaires, entiers ou incisés. *Haut.* 30 cent. Orient, 1725. Plante vivace, dressée, parfois mollement pubescente ou canescente. (B. M. 1279; L. B. C. 1871.)

T. pyrenaicum, Linn. *Fl.* à lobes supérieurs purpurins, amples et à lobe médian blanc jaunâtre, ovale et concave; calice velu, bossu à la base, à dents un peu inégales, triangulaires et acuminées; capitules sub-globuleux, denses et entourés de feuilles rapprochées. Juin-juillet. *Flles* courtement pétiolées, sub-orbiculaires, cunéiformes à la base, profondément crénelées, vertes et velues sur les deux faces. Tiges nombreuses, nues, couchées et radicantes. Souche rampante. Europe, France, etc.

T. Scordium, Linn. Germandrée aquatique. — *Fl.* petites et pourpre pâle ou violacées, à pédicelles égalant les calices, solitaires ou géminées à l'aisselle des feuilles supérieures et unilatérales. Juillet-septembre. *Flles* toutes sessiles, oblongues, fortement crénelées; les caulinaires un peu embrassantes. Tiges rameuses et ascendantes. Souche rampante. *Haut.* 30 à 40 cent. Europe, France, etc., lieux humides.

TEYSMANNIA, Rchb. f. et Zoll. (dédié à J.-E. Teysmann, botaniste hollandais qui publia un *Catalogus Plantarum*, en 1858). Fam. *Palmiers.* — La seule espèce de ce genre est un Palmier nain, inerme, de serre chaude et habitant Sumatra. Il est voisin des *Corypha* et en diffère principalement par son port. Les indigènes de son pays natal emploient les feuilles de ce Palmier pour couvrir leurs habitations, usage pour lequel leurs grandes dimensions et leur forme entière les rendent admirablement propices. Pour sa culture, V. **Corypha**.

T. altifrons, Rchb. f. et Zoll. *Fl.* à spathes papyracées et coriaces, engainant le pédoncule tomenteux-fauve et le spadice; celui-ci assez court et à rameaux défléchis. *Fr.* de la grosseur d'une pomme, globuleux ou déprimé, globuleux, unicellulaire et monosperme. *Flles* dressées, allongées-rhomboïdes, obtuses, aiguës à la base, de 2 m. à 2 m. 30 de long et 45 cent. de large, indupliquées, plissées et laciniées sur les bords, à segments obtusément bifides; pétioles carénés sur le dos, obscurément concaves sur le devant, à angles arrondis et bordés d'épines uncinées. Tige souterraine. Sumatra.

THALAMIA, Spreng. — V. **Thyllocladus**, L.-C. Rich.

THALAMIFLORES; Angl. Thalamiflorous. — Nom employé par De Candolle pour une classe importante de sa classification, renfermant les plantes à fleurs pourvues d'un **thalamus**. (V. ce nom.)

THALAMUS. — Nom donné au réceptacle d'un grand nombre de fleurs, lorsque tous les autres organes sont directement insérés sur lui en verticilles superposés, ainsi qu'on peut facilement s'en rendre compte dans les fleurs des *Renonculacées* et autres familles voisines. (S. M.)

THALASIUM, Spreng. — V. **Panicum**, Linn.

THALIA, Linn. (dédié à J. Thalius, botaniste et médecin allemand, mort en 1588). Syn. *Peronia*, DC. Fam. *Scitaminées*. — Genre comprenant environ six espèces de plantes herbacées, de serre chaude, tempérée ou rustiques, habitant l'Amérique tropicale; une espèce s'étend jusqu'aux Etats-Unis et une autre habite l'Amérique tropicale. Fleurs géminées, pédicellées et réunies en grappes lâches, formant une panicule terminale; sépales trois, égaux, membraneux, égalant la corolle ou beaucoup plus courts qu'elle; pétales trois, libres ou très courtement soudés à la base, égaux ou le dorsal à peine plus large; androcée à tube court et à lobes pétaloïdes, très irréguliers; bractées étalées sous les ramilles et caduques. Feuilles peu nombreuses, amples, les florales parfois caduques.

Le *T. dealbata* est seul digne d'être décrit ici. C'est une des plus belles plantes aquatiques que l'on puisse cultiver pour la décoration des pièces d'eau; mais il lui faut une exposition bien ensoleillée et très chaude, avec un sol limoneux et très fertile. Elle n'est susceptible de résister à nos hivers en plein air que si ses tubercules sont suffisamment profonds pour que la glace ne les atteigne pas, soit au moins 50 cent. Cependant, il est préférable de cultiver ces *Thalia* dans des bacs qu'on immerge au printemps et qu'on retire à l'automne pour les hiverner soit dans un bassin de serre, soit au besoin sous un châssis ou en cave et presque au sec. Au printemps, on divise les tubercules s'il y a lieu, puis on les met en végétation sur couche ou en serre chaude et on ne les livre en plein air qu'en mai, alors que les plantes ont déjà pris un certain développement.

T. dealbata, Fras. *Fl.* bleu et purpurin, petites, penchées, panicule rameuse, dressée, entourée d'une spathe à deux valves inégales, ovales, coriaces et à rameaux pas

Fig. 204. — Thalia dealbata.

plus longs que les bractées dont ils sont munis à leur base; pétales latéraux onguiculés; le médian muni à la base de petits appendices filiformes et cucullé au sommet; hampe arrondie, jonciforme, de 1 m. à 1 m. 50 de haut. Juin-septembre. *Flles* longuement pétiolées, distiques, à pétioles arrondis, fermes, de 30 à 60 cent. de long et à limbe cordiforme-ovale, aigu, de 20 à 30 cent. de long. Souche rampante. Sud de la Caroline, 1791. Plante glabre, couverte sur toutes ses parties d'une fine pruine blanche.

T. sanguinea, Lem. — V. **Stromanthe sanguinea**.

T. spectabilis, Lem. — V. **Stromanthe spectabilis**.

THALICTRUM, Linn. (ancien nom grec employé par Dioscorides et probablement dérivé de *thallo*, croître vert; allusion à la teinte très verte des jeunes pousses). **Pigamon**; Angl. Meadow Rue. Fam. *Renonculacées*. — Genre comprenant aujourd'hui soixante-dix espèces de plantes herbacées, vivaces, rustiques et à tiges persistantes, habitant presque toutes les régions tempérées et froides de l'hémisphère boréale. Fleurs vertes, jaunes mauves, purpurines ou blanches, souvent polygames, réunies en panicules ou rarement en grappes terminales, ordinairement petites, dépourvues de pétales et d'involucre, mais munies de quatre à cinq sépales pétaloïdes et à étamines nombreuses, visiblement exsertes, rarement grandes et alors à anthères petites; achaines souvent comprimés. Feuilles ternées-décomposées, très glabres, les caulinaires (lorsqu'elles existent) alternes et à pétioles parfois engainants.

Les *Thalictrum* sont assez communs en France, car seize espèces y croissent spontanément, notamment plusieurs de celles décrites ci-après; l'Angleterre n'en compte que cinq espèces, dont trois cultivées. Les *Thalictrum* sont bien dignes de figurer dans les jardins, à cause de leur beau port touffu et de leurs fleurs très légères et élégantes, surtout en fleurs coupées. A cet état, on les emploie très avantageusement pour la confection des bouquets et surtout des gerbes de fleurs. Toute bonne terre de jardin substantielle et un peu fraîche leur convient. Ils prospèrent volontiers dans les endroits à demi ombragés. Leur multiplication s'effectue facilement par semis ou par division des touffes.

T. adianthifolium, Bess. Variété du *T. minus*, Linn.

T. alpinum, Linn. *Fl.* peu nombreuses, à quatre sépales purpurins; grappe simple, d'abord pendante, puis dressée. Juillet-août. *Flles* biternées, à folioles de 4 mm. de long, sub-orbiculaires, glauques en dessous et obtusément lobulées. Tiges de 10 à 25 cent. de long, souvent stolonifères. Europe; France. Angleterre, etc. Asie et Amérique du Nord. (B. M. 2237; Sy. En. B.)

T. angustifolium, Linn. *Fl.* vert jaunâtre clair, très nombreuses, réunies en panicules à rameaux grêles et très légères. Juin-juillet. *Flles* décomposées, d'environ 25 cent. de long et 8 à 10 cent. de large, à segments longuement linéaires, de 2 à 5 cent. de long et 3 mm. de large. Tiges fortement feuillées, de 1 m. de haut. Europe; France, etc.

T. anemonoides, Michx. * Angl. Rue Anemone. — *Fl.* blanches ou rarement rosées, plusieurs dans chaque ombelle et à cinq-dix sépales ovales, de 12 mm. de long. Commencement du printemps. *Flles* bi- ou triternées, à folioles arrondies, cordiformes à la base et longuement pétiolulées. Tige naissant d'un faisceau de racines épaissies et tubéreuses. *Haut.* 15 cent. Amérique du Nord, 1768. (I. H. 1829, 211; S. B. F. G. ser. II. 150; B. M. 866, Gn. 1885, part. I. 500; 1889, part. I. 699 et L. B. C. 964, sous le nom de *Anemone thalictroides*, Linn.)

T. a. flore pleno, Hort. Cette variété diffère du type par ses fleurs doubles. (F. d. S. 1155; L. B. C 770; R. H. B. 1886, 205.)

T. aquilegifolium, Linn.* Pigamon ou Thalictrum à feuilles d'Ancolie; Angl. Feathered ou Tuffed Columbine. — *Fl.* blanches, réunies en panicules multiflores, compactes et terminales; sépales quatre ou cinq, petits et fugaces; étamines très nombreuses, lilacées ou blanchâtres, disposées en houppe, Mai-juillet. *Flles* bi- ou tripinnatiséquées, à folioles suborbiculaires, lisses, profondément dentées ou lobées et d'un vert gai ; stipules ovales et géminées. Tiges fistuleuses, purpurines, farineuses, simples ou peu ramifiées. *Haut.* 50 cent. à 1 m. Europe (France, etc.) et Asie. —

Fig. 205. — THALICTRUM AQUILEGIFOLIUM.

C'est une des plus belles espèces du genre et sans doute la plus répandue dans les jardins. (B. M. 1818; J. F. A. 318.) Il en existe quelques formes différant surtout entre elles par leur couleur, ce sont :

T. a. atropurpureum, Hort, *Fl.* à étamines et tiges d'une belle teinte lilas purpurin.

T. a. formosum, Hort. * *Fl.* à étamines pourpre foncé et dilatées au sommet. (B. M. 2025.)

T. a. roseum, Hort. *Fl.* à sépales rose lilacé.

T. Delavayi, Franch. * *Fl.* lilas purpurin, réunies en panicules lâches et terminales; sépales de 12 mm. de long; elliptiques-ovales et obtus. Juin. *Flles* ternées-décomposées, de 25 à 30 cent. de large, à folioles cordiformes à la base et à trois-cinq lobes obtus, ressemblant à celles de certains *Adiantum*. Tiges de 60 cent. à 1 m. de haut. Yunnan, Chine. Charmante espèce nouvelle, vivace, rustique et très recommandable. (G. C. 1890, part. II, f. 19; B. M. 7152.)

T. flavum, Linn. ANGL. False Rhubarb ; False Rue, etc. — *Fl.* souvent réunies en ombelles agglomérées et formant des panicules corymbiformes, pyramidales, dressées et compactes; sépales jaune pâle et petits; anthères jaune vif. *Fr.* sub-globuleux, arrondis aux deux extrémités. *Flles* bi- ou triternatipinnées, à folioles amples, de 2 1/2 à 4 cent. de long et tri- ou quinquéfides ou sub-entières. Tiges fortes, dressées, cannelées, creuses, de 60 cent. à 1 m. 50 de haut. Souche jaune et rampante. Europe; France, Angleterre, etc., dans les lieux humides ; Asie. (Sy. En, B. 8.)

T. glaucum, Desf. *Fl.* réunies en panicules composées, dressées et compactes ; sépales quatre ou cinq, jaunes. Juin-juillet. *Flles* à folioles ovales-orbiculaires et trilobées, à lobes profondément dentés. Tige dressée, arrondie, striée et farineuse. *Haut.* 60 cent. à 1 m. 50. Europe méridionale ; France, etc.

T. minus, Linn. *Fl.* jaune et vert, petites, pendantes, réunies en panicules grêles, pyramidales et pauciflores. Juillet-septembre. *Flles* triangulaires, trois ou quatre fois pinnées, à folioles variables, aiguës ou à deux ou trois dents obtuses et glauques. Tiges grêles, nues à la base, plus ou moins rameuses. Souche grêle et stoloniforme. *Haut.* 15 à 25 cent. Hémisphère boréale; France, Angleterre, etc. (Sy. En. B. 3.) Syn. *T. sylvaticum*, Koch. — Certaines formes de cette variable espèce constituent de bonnes plantes pour les plates-bandes ou la culture en pots, à cause de leur beau feuillage, qui rappelle celui de certains *Adiantum*.

T. petaloideum, Linn. *Fl.* réunies en corymbes, à sépales blancs, presque ronds; filets staminaux carnés et anthères jaunes. Juin-juillet. *Flles* ternées-décomposées, à folioles lisses, ovales, obtuses, entières ou trilobées. Tige arrondie et presque nue. *Haut.* 50 cent. Espagne, 1713.

T. rhynchocarpum, Dillon et A. Rich. *Fl.* non décrites. *Fr.* à longs pédoncules filiformes. Été. *Flles* semblables à celles de certains *Adiantum*. Tige de 1 m. de haut et paniculée. Espèce nouvelle, très remarquable et des plus élégantes. Transvaal, 1892.

T. sylvaticum, Koch. Syn. de *T. minus*, Linn.

T. tuberosum, Linn. * *Fl.* réunies en corymbes lâches, à cinq sépales blancs, ovales et obtus. Juin. *Flles* rapprochées, pétiolées, bi-ou tripinnées, à folioles orbiculaires, trilobées et lisses. Racines grumeleuses. *Haut.* 30 cent. France, Espagne, etc.

THALLE ; ANGL. Thallus. — On désigne ainsi toute la partie foliacée ou crustacée des Lichens, c'est-à-dire la plante entière, sauf les organes de la fructification qui y sont insérés. Par extension, on l'applique aux organes analogues d'autres Cryptogames, dont les organes du premier développement se présentent sous une forme et un aspect analogues et qui résultent de la fusion des feuilles et de la tige en une masse générale.

THAMNEA, Soland. (de *thamnos*, arbuste ; allusion à la nature de la plante). FAM. *Bruniacées*. — La seule espèce de ce genre est un joli petit arbrisseau de serre froide, décrit ci-après. Il lui faut un compost de terre de bruyère et de sable. Multiplication par boutures que l'on fait dans du sable et sous cloches.

T. uniflora, Soland. *Fl.* blanches, petites, terminales et solitaires; calice soudé à l'ovaire et à cinq lobes; pétales cinq, à onglet portant deux carènes et à limbe ovale et étalé; étamines cinq, incluses. Avril. *Flles* très petites, un peu rhomboïdes, courtes, obtusément carénées, très rapprochées, insérées en spirale; les supérieures un peu plus longues, formant un involucre à la fleur. Rameaux filiformes, dressés et fastigiés. *Haut.* 30 cent. Sud de l'Afrique, 1810.

THAMNOCHORTUS, Berg. (de *thamnos*, arbuste, et *chortos*, Graminée ; allusion au port de la plante). ANGL. Shrubby Grass. FAM. *Restiacées*. — Genre comprenant dix espèces de plantes herbacées, vivaces et de serre froide, confinées dans le sud de l'Afrique. Fleurs dioïques, réunies en épillets. Tiges florifères naissant sur des rhizomes rampants ou courts, dressés, jonciformes et indivis. Le *T. dichotomus*, Spreng. a été introduit, mais il ne présente aucun intérêt horticole.

THAMNOPTERIS, Presl. — Réunis aux **Asplenium**, Linn.

THAMNOPTERIS australasicum. — V. **Asplenium Nidus australasicum**.

THAPSIA, Linn. (ancien nom grec employé par Théophraste et dérivé du nom de l'île de *Thapsos*, voisine de la Sicile). ANGL. Deadly Carrot. Comprend les *Melanoselinum*, Hoffm. et *Monizia*, Lowe. FAM. *Ombellifères*. — Petit genre ne comprenant que quatre espèces de grandes plantes herbacées, parfois pourvues d'une très longue tige frutescente, vivaces (ou annuelles?) et habitant la région méditerranéenne et Madère. Fleurs jaunâtres, blanc terne ou purpurines, disposées en ombelles composées et à rayons nombreux ; calice à dents petites ; pétales infléchis au sommet et courtement acuminés ; involucre souvent nul ou à un petit nombre de folioles caduques. Achaines à neuf côtes; les primaires et les secondaires dorsales filiformes ; les secondaires marginales ailées. Feuilles pinnées-décomposées, à segments incisés-pinnatifides.

Les *Thapsia* sont peu décoratifs et par suite peu répandus dans les jardins. Le *T. garganica* est l'espèce à laquelle on attribuait autrefois des propriétés médicales merveilleuses; elle était célèbre chez les Maures et les Romains, qui l'employaient beaucoup pour guérir divers maux, sous le nom de *sylphion;* les anciens estimaient non moins la racine du *T. sylphium*. La science a eu raison de ces prétendues propriétés, car on ne les emploie plus de nos jours.

Ces plantes demandent une bonne terre franche, fertile et bien exposée. Pendant l'hiver, il est prudent de couvrir leurs racines. On les multiplie par semis ou par éclats des rejetons, auxquels les racines napiformes donnent naissance.

T. decipiens, Hook. f. Angl. Black Parsley. — *Fl.* blanches, à pétales obovales et émarginés; involucre composé de plusieurs folioles découpées. Juin-juillet. *Flles* tripinnées, à folioles obovales, acuminées, dentées en scie; les dernières ordinairement confluentes; pétioles engainants. Tige arrondie, simple, nue inférieurement et frutescente. *Haut.* 2 m. Madère, 1867. (B. M. 5670.)

T. edulis, — *Fl.* blanches, petites, disposées en ombelles composées, à rayons nombreux, pourvues d'involucres et d'involucelles à folioles entières. Mai. *Flles* amples, décomposées, ayant l'aspect de celles de certaines Fougères, réunies en touffe, de 30 cent. à 1 m. de long, y compris les pétioles. *Haut.* 1 m. 20. Madère, 1857. — Les racines sont munies de longues ramifications arquées, ayant l'aspect de cornes; leur écorce est noire et la chair blanche; on les consomme à Madère. Syn. *Monizia edulis*. (B. M. 5274.)

T. garganica, Linn. Angl. Drias-plant. — *Fl.* jaunes, réunies en ombelles, à involucre composé d'un petit nombre de folioles. Juillet-août. *Flles* bi- ou tripinnatiséquées, luisantes, à segments linéaires, aigus, allongés, décurrents ou confluents et à bords très entiers. Tige arrondie et glabre. *Haut.* 50 cent. à 1 m. 20. Région méditerranéenne, 1683. (B. M. 6923; S. F. G. 287.)

T. villosa, Linn. *Fl.* jaunes, en ombelles composées, presque dépourvues d'involucres et d'involucelles; ombelles latérales plus petites que les terminales et souvent stériles. Juin-juillet. *Flles* tripinnées; les inférieures velues, ainsi que leurs pétioles, à folioles oblongues ou ovales, sinuées-pinnatifides; les inférieures défléchies; les supérieures avortées. Tige arrondie et glabre. *Haut.* 60 cent. à 1 m. Europe méridionale; France, etc.

THÉ. — Sous ce simple nom, on désigne le produit représenté par les feuilles préparées du *Camellia theifera*, qui servent à fabriquer une boisson chaude, très populaire et d'une très grande consommation chez les peuples de l'Orient et même dans certains pays européens, tels que l'Angleterre et la Russie. Par allusion à ce produit, on donne familièrement le nom de *thé*, suivi d'une autre épithète, à un grand nombre de plantes les plus diverses, dont on peut faire des infusions et dont nous citerons ci-après les principales :

T. algérien. — V. **Paronychia argentea.**

T. arabe. — V. **Paronychia argentea.**

T. de Brousse. — V. **Arctostaphyllos Uva-Ursi.**

T. du Canada. — V. **Gaultheria procumbens.**

T. d'Europe. — V. **Veronica officinalis.**

T. de France. — V. **Salvia officinalis.**

T. de Grèce. — V. **Salvia officinalis.**

T. du Labrador. — V. **Gaultheria procumbens et Ledum latifolium.**

T. du Mexique. — V. **Chenopodium ambrosioides.**

T. de montagne. — V. **Gaultheria procumbens.**

T. de la Nouvelle-Hollande. — V. **Leptospermum flavescens.**

T. d'Oswego. — V. **Monarda didyma.**

T. du Paraguay. — V. **Ilex paraguayensis.**

T. de Pensylvanie. — V. **Monarda didyma.**

T. rouge. — V. **Gaultheria procumbens.**

T. de Terre-Neuve. — V. **Gaultheria procumbens.**

T. de Sibérie. — V. **Saxifraga crassifolia et Verbascum phœniceum.**

THEA, Linn. — **Réunis aux Camellia**, Linn.

THECA, Juss. — V. **Tectona**, Linn. f.

THECOSTELE, Rchb. f. (de *theke*, réceptacle, et *stele*, colonne; allusion à la forme du gynostème). Fam. *Orchidées*. — La seule espèce de ce genre est une Orchidée épiphyte et de serre chaude, habitant la presqu'île de Malacca et l'archipel Malais. Ses fleurs sont de moyennes dimensions et réunies en grappe simple. La plante n'est, du reste, pas encore introduite dans les collections.

THELA, Lour. — V. **Plumbago**, Linn.

THELEBOLUS (du grec *thele*, tétine, et *ballo*, je jette; allusion à la forme du Champignon et à son mode de dispersion des spores, décrit ci-après). — Petit genre de Champignons croissant sur les feuilles et les brindilles en décomposition ainsi que sur la terre des bois, pendant l'hiver. Une seule espèce, le *T. terrestris*, existe en Angleterre et le *T. hirsutus* se rencontre chez nous, mais ces Champignons sont peu communs.

Le premier forme des taches jaunâtres, ayant parfois plusieurs pouces de large, composées d'un mycelium laineux, sur lequel se développent des corps lisses et hémisphériques; chacun d'eux mesure environ 4 mm. de diamètre et est surmonté d'une ouverture proéminente et arrondie. Les spores se forment dans ces corps et, à la maturité, elles sont poussées au dehors en une masse ressemblant à une tétine (d'où son nom). Lorsque ces spores sont toutes dispersées, le sommet de ce réceptacle rentre en dedans et il prend alors l'aspect d'une coupe.

Les autres espèces présentent des caractères analogues. Les taches jaunes que forme le mycelium de ces Champignons les rendent très voyants, mais ils n'intéressent pas autrement les jardiniers.

THELEPHORA (de *thele*, tétine, et *phero*, porter; allusion aux excroissances mamelonnées qui se développent sur la surface de l'hyménium de certaines espèces). — Genre de Champignons croissant principalement sur le sol, dans les bois; quelques-uns s'observent sur le tronc des arbres ou sur les vieilles souches et nuisent parfois aux bois en enfonçant leur mycelium entre leurs couches annuelles.

Les *Telephora* appartiennent à la classe des Champignons par la structure de la partie sur laquelle se forment les spores; celles-ci sont réunies par quatre dans chaque grande cellule de l'hyménium (V. **Champignons**), mais ils diffèrent des vrais Champignons par leur hyménium lisse ou portant de simples sillons ou encore des excroissances verruqueuses, tandis que les Champignons sont pourvus de lamelles ou de tubes sporifères ; de plus, leur texture est ferme, sèche et presque coriace.

Chez le *T. laciniata*, les organes reproducteurs se développent sur les troncs d'arbres, sous la forme de membranes semi-circulaires, attachées par leur milieu à l'écorce ou au bois ; ces membranes existent souvent en nombre sur le même point et, en se réunissant ou en se recouvrant les unes les autres, elles forment une masse de 10 cent. ou plus de diamètre. Ces membranes sont couvertes supérieurement de poils fibreux ou écailleux, qui se prolongent autour des bords ; chacune d'elles est garnie inférieurement d'un hyménium verruqueux et duveteux, et toute la masse est d'un brun de rouille terne.

Ce Champignon se rencontre ordinairement dans les bois, parmi les feuilles et autres débris morts des plantes ; cependant, on le voit souvent se développer autour des tiges ou sur les branches des jeunes arbres. Il fait ainsi périr les jeunes arbres, bien qu'il ne soit pas franchement parasite. Il faut éviter d'établir des pépinières dans les endroits où le *T. laciniata* abonde, mais il est rarement dangereux pour les arbres âgés.

Le Dr Hartig, l'écrivain bien connu sur les maladies des arbres, a décrit, dans le *Lehrbuch der Baumkrankheiten*, une maladie du tronc des Chênes, que l'on observe sur différents points de l'Allemagne et qu'il attribue à un Champignon auquel il a donné le nom de *T. Perdrix*. Son nom spécifique latin lui a été donné par allusion aux panachures que présente le bois envahi par le mycelium et qui ressemblent au plumage de la Perdrix. Le bois infesté devient rouge brun foncé, avec de nombreuses taches blanches, constituant le mycelium. Ces taches deviennent bientôt des cavités sans ouverture, tapissées de filaments de teinte pâle. Le bois devient alors brun foncé, et les parois des cellules ainsi que leur contenu se décomposent.

Les organes reproducteurs, qui sont la partie que l'on reconnaît le plus facilement, sont des membranes semi-circulaires, de 2 à 12 mm. de diamètre et de couleur jaune brun. Ces membranes se développent sur la surface des branches mortes ou dans les parties creuses des troncs et s'agrandissent d'année en année. Quoique très fréquent en Allemagne, le *T. Perdrix* ne paraît pas avoir encore été observé en Angleterre.

Un autre Champignon, connu autrefois sous le nom de *T. hirsuta*, mais maintenant nommé *Stereum hirsutum*, est très fréquent en Angleterre et sans doute aussi chez nous, sur les souches mortes de diverses espèces d'arbres. Le Dr Hartig le considère aussi comme étant parfois très nuisible aux Chênes. Son aspect général rappelle beaucoup celui d'un vrai *Telephora*, mais il en diffère en ce qu'il présente entre son hyménium et son support (pilier) une couche de fibres qui n'existe pas chez les *Telephora*. Les organes reproducteurs du *Stereum hirsutum* sont assez semblables par leur forme générale à ceux du *T. laciniata*, mais ils sont ordinairement pâles et couverts en dessus d'un duvet gris ou pâle, tandis que l'hyménium est jaunâtre.

Sur les points des troncs des Chênes où ce Champignon peut pénétrer, le bois devient brun, d'abord sur un côté, puis graduellement tout autour, en couches concentriques. Dans les parties brunes, se montrent ensuite des stries longitudinales blanc de neige ou jaunâtres qui, sur des coupes transversales du tronc se présentent sous la forme de petites taches. Quand l'eau pénètre facilement dans le bois, à travers les fentes ou autres fissures, le bois peut devenir uniformément jaunâtre, la couche médiane des cloisons qui sépare les cellules est dissoute et la ténacité du bois se trouve détruite par suite de la séparation des cellules.

Le *Stereum hirsutum* n'attaque pas souvent les arbres bien portants. Cette circonstance est fort heureuse, car, comme pour la plupart des parasites qui vivent dans les tissus, il y a fort peu à faire pour en débarrasser les arbres. Cependant, en supprimant de bonne heure les branches malades, on empêchera le mycelium d'atteindre le tronc et l'arbre en sera quitte pour la perte d'un de ses membres. Néanmoins, lorsque les arbres envahis n'ont pas une grande valeur individuelle, le plus simple et le plus certain est de les arracher et de les brûler le plus tôt possible, afin d'éviter que les spores ne se répandent et ne contaminent les arbres voisins.

THELESPERMA, Less. (de *thele*, tétine, et *sperma*, graine ; allusion aux protubérances qu'on observe sur les achaines). Syn. *Cosmidium*, Nutt. Fam. *Composées*. — Petit genre ne comprenant que quatre ou cinq espèces de plantes herbacées ou de sous-arbrisseaux glabres,

Fig. 206. — Thelesperma (*Cosmidium*) filifolium Burridgeanum.

rustiques ou de serre, dont un habite l'Amérique australe extra-tropicale et les autres le Mexique et le Texas. Capitules moyens, hétérogames (radiés), solitaires au sommet de longs pédoncules sub terminaux ; involucre formé de deux rangs de bractées ; fleurons rayonnants jaunes, mais parfois absents ; disque souvent purpurin ; achaines (graines) glabres, lisses ou tuberculeux. Feuilles opposées ou les supérieures alternes, linéaires, souvent filiformes, une ou deux fois pinnatipartites ou les supérieures indivises.

L'espèce suivante est sans doute seule introduite et cultivée dans les jardins sous le nom de *Cosmidium Burridgeanum*. C'est une assez jolie plante herbacée, annuelle, rappelant certains *Coreopsis* et susceptible des mêmes emplois. Sa culture est facile, car toute bonne terre de jardin lui convient. On sème ses graines au printemps, en pépinière, puis on repique les plants en place en mai. On peut aussi semer à l'automne et hiverner alors les plants sous châssis.

T. filifolium, A. Gray; **Burridgeanum**, Hort. * Capitules à rayons jaune orangé, avec une large tache basale pourpre brun foncé, couvrant les deux tiers de leur surface, de 2 cent. 1/2 de long, largement obovales, trilobés, à lobe médian dentelé; pédoncules allongés, grêles et nus. Juin-septembre. *Flles* découpées en lanières linéaires, glabres et d'un vert gai. Tiges rameuses, buissonnantes. *Haut.* 70 à 80 cent. Texas, 1857. Syn. *Cosmidium Burridgeanum*, Hort. (A. V. F. 9.)

THELIGONUM, Hort. — V. **Thelygonum**, Linn.

THELYGONUM, Linn. (ancien nom grec dérivé de *thelygonos*, filles fécondes; Pline disait que cette plante donnait la faculté de créer des filles). On écrit parfois *Theligonum*, Hort. SYN. *Cynocrambe*, Gærtn. FAM. *Urticacées*. — Le *T. Cynocrambe*, Linn. (ANGL. Dog's Cabbage), la seule espèce de ce genre, est une plante herbacée, annuelle, rustique, un peu charnue et largement dispersée dans la région méditerranéenne, notamment dans le sud de la France. On la cultive en Angleterre, comme plante officinale, mais elle ne présente aucun intérêt horticole.

THELYMITRA, Forst. (de *thelys*, femme, et *mitra*, coiffe ; allusion à la colonne en forme de capuchon). ANGL. Woman's-cap Orchid. Comprend les *Macdonaldia*, Lindl. pr. p. FAM. *Orchidées*. — Genre renfermant environ vingt espèces d'Orchidées terrestres, à tubercules ovoïdes et de serre froide ; dont une est largement dispersée dans l'Australie, la Nouvelle-Zélande et l'archipel Malais; trois ou quatre sont indigènes dans la Nouvelle-Zélande et les autres habitent toute l'Australie. Fleurs bleues, purpurines, rouges ou jaunes et parfois blanches, ordinairement réunies en grappes terminales et multiflores ; sépales, pétales et labelle tous presque égaux et étalés ; colonne un peu courte, dressée et largement ailée ; masses polliniques granuleuses ; bractées plus courtes que les fleurs. Feuilles linéaires, lancéolées ou rarement ovales, parfois un peu épaisses, mais non arrondies. Tiges simples et monophylles. La liste suivante constitue un choix des plus belles espèces. Pour leur culture V. **Bletia**.

T. carnea, R. Br. *Fl.* roses, une à trois ; sepales et pétales ovales-elliptiques, oblong ou obtus, ayant ordinairement 1 cent. de long. Mai. *Flles* étroitement linéaires. Tige grêle, souvent flexueuse, de moins de 15 cent. jusqu'à près 30 cent. de haut. Australie, 1820.

T. Forsteri, Swartz. Syn. de *T. longifolia*, Forst.

T. graminea, Lindl. Syn. de *T. longifolia*, Forst.

T. ixioides, Swartz. *Fl.* bleues, pédicellées, formant ordinairement une grappe de 10 à 15 cent. de long, à sépales, pétales et labelle elliptiques-oblongs, de 20 à 22 mm. de long. Mai. *Flles* longuement linéaires ou linéaires-lancéolées, planes ou canaliculées, accompagnées de une ou deux autres plus courtes. Tige ayant ordinairement plus de 30 cent. de haut. Australie, 1810. (S. E. B. 29.)

T. longifolia, Forst. *Fl.* bleues, lilas ou rose vif, assez grandes, réunies en grappes multiflores ; colonne à ailes prolongées au delà de l'anthère en un large appendice cucullé, ordinairement apparent, à cause de sa couleur foncée. Mai. *Flles* longues et étroites. *Haut.* variable, ordinairement environ 30 cent. Australie, 1824. Syns. *T. Forsteri*, Swartz; *T. graminea*, Lindl. et *T. pauciflora*, R. Br.

T. pauciflora, R. Br. Syn. de *T. longifolia*, Forst.

T. variegata, Lindl. *Fl.* pourpres, deux à quatre grandes, à sépales et pétales lancéolés, courtement acuminés ou aigus, de 20 à 25 mm. de long et panachés Mai-juin. *Flles* à gaines velues et à limbe ordinairement glabre, linéaire, fortement dilaté à la base et souvent ondulé. Tige pas très forte, de 30 cent. de haut ou un peu plus. Australie. Syns. *Macdonaldia spiralis*, Lindl. et *M. variegata*, Lindl.

T. venosa, R. Br. *Fl.* bleues, six à dix ; sépales et pétales de 12 mm. de long ; colonne largement ailée. Avril. *Flles* allongées et étroites. Tige de 30 à 60 cent. de haut. Australie, 1826. Syn. *Macdonaldia venosa*, Lindl.

THELYPOGON, Spreng. — V. **Telipogon**, Humb., Bonpl. et Kunth.

THEMISTOCLESIA, Klotz. (dédié à Thémistocles, homme d'État de la Grèce). FAM. *Vacciniacées*. — Petit genre ne renfermant que quatre espèces d'arbustes toujours verts, velus ou pubescents, à ramilles pendantes et de serre chaude, habitant le Pérou, la Bolivie et le Vénézuéla. Fleurs réunies en grappes courtes ; calice à tube continu avec le pédicelle, campanulé ou obconique, à limbe à quatre ou cinq dents ; corolle à tube légèrement renflée à la base ou au milieu et à limbe petit, avec cinq dents récurvées; étamines dix, aussi longues que la corolle. Feuilles alternes, sub-sessiles, arrondies ou cordiformes à la base, ovales, longuement acuminées-caudiculées et coriaces.

L'espèce suivante, seule digne d'être décrite ici, prospère dans un compost de terre franche et fibreuse, de terre de bruyère et de sable. On peut la multiplier par boutures que l'on fait dans du sable ou de la terre siliceuse, sous cloches ou non.

T. coronilla, Linden et André. *Fl.* à calice court et vert pâle ; corolle rouge foncé et luisante, glabre, étroitement urcéolée ou tubuleuse et renflée au-dessous, à cinq angles obscurs ; pédicelles axillaires, solitaires ou géminés. Janvier. *Flles* nombreuses, étalées et défléchies, de 12 mm. de long, obtuses, entières, souvent glabrescentes en dessus et pâles en dessous. Branches fortes et couvertes de poils mous, ainsi que les feuilles, les pédoncules et les calices. Vénézuéla, 1866. Petit arbuste. (I. H. n. s. 33. Syn. *Thibaudia coronaria*, Hook. f. (B. M. 5575.)

THENARDIA, Humb., Bonpl. et Kunth (dédié à L.-J. Thenard, français, ami de Kunth, qui écrivit sur la chimie physiologique des plantes). FAM. *Apocynacées*. — La seule espèce de ce genre est un intéressant arbuste grimpant, glabre et de serre chaude, demandant le même traitement que les **Dipladenia**. (V. ce nom.)

T. floribunda, Humb., Bonpl. et Kunth. *Fl.* rose vif, larges et réunies en cymes presque ombelliformes ; calice presque quinquépartite ; corolle à tube très court, subrotacé et à cinq lobes larges, étalés et tordus ; pédicelles allongés. Juin. *Flles* opposées, de 6 à 9 cent. de long. Rameaux grêles et arrondis. *Haut.* 3 m. Mexique, 1823.

THEOBROMA, Linn. (de *theos*, Dieu, et *broma*, aliment; allusion au produit alimentaire et bien connu *T. Cacao*). **Cacaoyer**. SYN. *Cacao*, Gærtn. FAM. *Sterculiacées*. — Genre comprenant environ quinze espèces d'arbres de serre chaude, habitant les parties chaudes de l'Amérique tropicale. Fleurs presque petites, solitaires, fasciculées ou réunies en grappes multiflores, au sommet de pédoncules axillaires ou latéraux ; calice à cinq lobes ou divisions; pétales cinq, concaves et contractés en onglet à la base, développés supérieurement en une sorte de capuchon; étamines dix, dont cinq fertiles, opposées aux pétales. Le fruit est une grosse drupe ovale, aiguë, à cinq loges et devenant à la fin ligneuse, renfermant plusieurs graines noyées dans la pulpe; celles-ci ont un albumen rouge brun. Feuilles amples, oblongues, indivises, penniveinées ou à trois-cinq nervures à la base.

Les Cacaoyers sont fort peu intéressants au point de vue décoratif et n'existent dans les serres que pour l'intérêt économique qu'ils présentent. A ce dernier point de vue, chacun connait le produit du *T. Cacao*, soit sous forme de chocolat, soit sous celle de poudre brune qui porte son nom. Ces deux substances, éminemment nutritives, font, comme bien on pense, l'objet d'un commerce excessivement important, tant en Europe que dans l'Amérique tropicale. La consommation européenne du cacao, sous toutes ses formes, est estimée à 20.000.000 de kilos environ et les Espagnols sont le peuple qui en consomme le plus. Les graines sont, on le sait, la partie alimentaire; réduites en poudre et parfois additionnées d'autres substances, telles que de l'Arrow-root, elles constituent le cacao du commerce, et le chocolat s'obtient en réduisant cette poudre en pâte et en y ajoutant du sucre et sans doute quelques autres produits secondaires. On extrait encore des graines de cacao une huile blanchâtre, odorante et concrète, culinaire et adoucissante, connue sous le nom de *beurre de caco*. L'usage alimentaire du cacao remonte, dit-on, à la découverte de l'Amérique, car les Indiens qui le consommaient déjà le firent connaître aux Espagnols qui vinrent dans le pays.

Quoique fort simple, la culture industrielle de cet arbre n'est possible que dans les tropiques. Dans nos serres, le *T. cacao*, seule espèce digne d'être décrite ici, se traite comme les **Ticorea**. (V. ce nom.)

T. Cacao, Linn. Cacaoyer; Angl. Cacao ou Cocoa Plant, Chocolate Nut-tree. — *Fl.* jaunâtres et ponctuées au fond de la corolle, petites, fasciculées; calice rose, à segments lancéolés, acuminés et plus longs que la corolle. Mai. *Fr.* jaune ou rougeâtre, ovoïde-oblong, de 15 à 20 cent. de long, contenant cinquante à cent graines arrondies et assez grosses. *Flles* oblongues, acuminées, glabres, très entières, lisses et vertes sur les deux faces. *Haut.* 5 à 6 m. La Trinité, cultivé dans divers pays de l'Amérique australe et jusque dans le Mexique, 1739. (L. B. C. 515.)

THÉODOLITE. — Instrument de précision compliqué, employé par les géomètres pour effectuer les travaux de nivellement importants et mesurer la hauteur relative des objets très éloignés les uns des autres. Il est muni d'un télescope pouvant être placé à n'importe quel angle, d'un niveau à alcool et d'une vis d'ajustement pour le fixer dans la position convenable lorsqu'on s'en sert. Le maniement de cet appareil ne peut guère être effectué avec certitude que par un homme expérimenté; du reste, son prix fort élevé fait que les ingénieurs qui entreprennent de grands travaux sont à peu près les seuls qui s'en servent.

THEOPHRASTA, Juss. (dédié à Théosphaste, célèbre botaniste grec, qui vécut environ 370 à 285 ans avant Jésus-Christ). Fam. *Myrsinées*. — La seule espèce de ce genre est un arbuste toujours vert, glabre, de serre chaude, à tige presque simple, robuste, dressée et décrite ci après. Cet arbre prospère dans un compost de terre de bruyère et de terre franche. Multiplication par boutures de pousses à demi aoûtées, que l'on fait dans la terre franche siliceuse et recouverte de sable, sur chaleur de fond et sous cloches.

T. imperialis, Linden. — Nom maintenant correct de la plante décrite dans le vol. I, p. 680, sous le nom de *Chrysophyllum imperiale*, Benth. (V. ce nom.)

T. Jussiæi, Hook. *Fl.* blanches, assez grandes, réunies en courtes grappes multiflores; calice à cinq segments; corolle cylindrique-campanulée et à cinq lobes étalés; étamines cinq, insérées à la base de la colonne. *Flles* subterminales, fasciculées, étalées, très courtement pétiolées, linéaires-oblongues, dentées-épineuses et veinées-réticulées. *Haut.* 1 m. Saint-Domingue, 1818. (B. M. 4239.)

T. longifolia, Jacq. — V. **Clavija ornata**.

T. macrophylla, Link. — V. **Clavija Reideliana.**

T. smaragdina, Hort. — V. **Deherainia smaragdina**.

THEOPHRASTA, Linn. — V. **Clavija**, Ruiz et Pav.

THÈQUE; Angl. Theca. — Dans son sens actuel et le plus général, ce mot sert à désigner des organes de formes différentes, renfermant les spores chez diverses plantes qui sont toutes des Cryptogames. Certains auteurs ont appliqué ce nom à certaines formes de fruits et même aux loges des fruits. (S. M.)

THERA. — Petit genre de papillons nocturnes, à corps grêle, avec des ailes antérieures de 2 1/2 à 3 cent. d'envergure, grises, avec une large bande brune traversant le centre. Les chenilles vivent sur les feuilles des *Conifères*, mais elles leur causent rarement un dommage appréciable. V. aussi **Pinus** (Insectes).

THERESIA, C. Koch. — Réunis aux **Fritillaria**, Linn.

THÉRÉBINTHE. — V. **Pistacia Therebinthus**.

THERMIA, Nutt. — V. **Thermopsis**, R. Br.

THERMOSIPHON. — V. **Chauffage**.

THERMOMÈTRE; Angl. Thermometer. — Instrument servant à mesurer la température. Dans sa forme la plus simple, le thermomètre se compose d'un tube capillaire de verre, avec une bulbe à la base, et que l'on ferme à l'extrémité, après y avoir introduit du mercure ou de l'alcool teinté et fait le vide à l'intérieur. Ces liquides augmentant ou diminuant en volume selon les variations de la température, ils montent ou descendent dans le tube capillaire. Celui-ci étant gradué, on peut ainsi se rendre compte d'une façon exacte soit de l'intensité, soit des variations que la température présente.

Il est indispensable de retirer du tube, avant de le fermer, l'air contenu dans la partie supérieure, non occupée par le liquide, parce que cet air, se trouvant comprimé par l'ascension du liquide, lui opposerait sa résistance, l'empêcherait de monter librement et finirait même, si la pression devenait très forte, par faire éclater le tube. Il en serait de même de la condensation, c'est-à-dire de la descente du liquide. Le vide se fait à l'aide d'une pompe à air, et la fermeture se fait facilement par la fusion du verre aminci à cet effet au point voulu du tube.

Pour se rendre exactement compte des variations de la température, le tube du thermomètre est divisé en degrés marqués, soit sur le tube lui-même, soit et plus souvent sur la table verticale sur laquelle est fixé l'appareil. Il y a plusieurs systèmes de division de l'échelle des températures; on les désigne respectivement sous les noms de : *Centigrade*, *Fahrenheit* et *Réaumur*.

Dans le *thermomètre centigrade*, le point de congélation de l'eau pure est représenté par 0 et celui de son ébullition par 100. L'espace ascensionnel que parcourt le liquide entre ces deux points est divisé en 100 degrés, d'où son nom de centigrade ; au-dessous comme au-dessus du zéro, l'échelle se prolonge avec la même graduation. C'est ce thermomètre qu'on emploie le plus généralement en France et celui dont nous avons fait usage pour les indications données dans cet ouvrage.

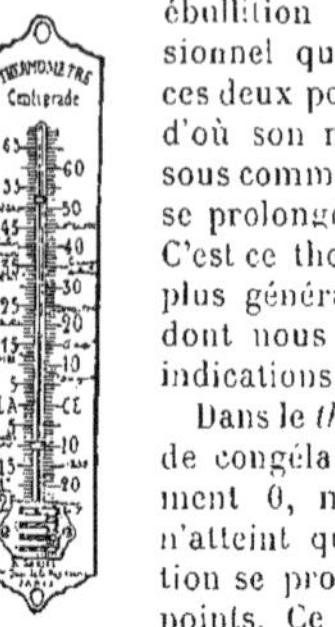
Fig. 207. Thermomètre centigrade.

Dans le *thermomètre Réaumur*, le point de congélation de l'eau pure est également 0, mais son point d'ébullition n'atteint que 80 et la même graduation se prolonge au delà de ces deux points. Ce thermomètre est peu employé aujourd'hui.

Dans le *thermomètre Fahrenheit*, le point de congélation de l'eau pure est à 32 et celui de son ébullition à 212, le 0 de cette échelle équivaut au 18 au-dessous de 0 de l'échelle centigrade. Ce thermomètre est le plus employé en Angleterre, en Amérique et du reste par tous les peuples parlant l'anglais.

Pour nous comme pour eux, l'emploi de ces deux échelles rend les comparaisons difficiles, mais on peut assez facilement se rendre compte du degré correspondant à un degré donné en comptant un peu moins de deux degrés Fahrenheit pour un degré centigrade ; 100 degrés Fahrenheit valent 56 degrés centigrades. Voici du reste le moyen de traduire mathématiquement les uns des autres :

Pour convertir les degrés centigrades en Fahrenheit : — Doublez le nombre de degrés centigrades, retranchez 1/10 du produit et ajoutez 32 au chiffre obtenu.

Ex. : 32 cent. × 2 = 64, moins 1/10 = 6,4, ôté de 64 = 57,6 plus 32 = 89,6 deg. Fahr.

Pour convertir les degrés Fahrenheit en centigrades : — Retranchez 32 du nombre de degrés Fahrenheit ; ajoutez 1/9 au restant et divisez par 32.

Ex. : 89.6 Fahr. moins 32 = 57.6 plus 1/9 = 64, divisé par 2 = 32 deg. cent.

Pour convertir les degrés Fahrenheit en Réaumur : — Retranchez 32 du nombre de degrés Fahrenheit, multipliez le restant par 4 et divisez le produit par 9.

Ex. : 97 Fahr., retranché 32, reste 65, × 4, = 260, divisé par 9 = 28, 88 Ré.

Pour convertir les degrés Réaumur en Fahrenheit : — Divisez le nombre de degrés Réaumur par 4, multipliez le quotient par 9 et ajoutez 32.

Ex. : 28, 88 Ré., divisé par 4 = 7. 22, × 9 = 64. 98, moins 32 = 96. 98. Ré.

Le thermomètre dont nous venons de parler est le plus simple, mais il en existe plusieurs autres formes, donnant des indications spéciales ou complémentaires, selon les circonstances.

Un des plus en usage dans les jardins est le thermomètre à *maxima* et *minima*, indiquant respectivement le degré le plus haut et le plus bas que la température a atteint depuis le dernier moment où l'appareil a été réglé. Il se compose toujours d'un tube capillaire, dans lequel se trouve du mercure, mais ce tube est courbé deux fois et forme trois branches verticales, le sommet supérieur du tube est muni d'un bulbe remplie d'alcool, tandis que l'inférieur est un tube en verre plein sur quelques centimètres. Le mercure occupe toute la branche du milieu et se prolonge dans les latérales en montant dans l'une et en descendant dans l'autre ; dans celle où il monte, il indique les degrés en montant et constitue le côté *maxima*, tandis que celle dans laquelle il descend, il indique les degrés en descendant et constitue le côté *minima*. Dans chacun de ces tubes, il existe, dans la partie vide, une petite tigelle métallique, ayant tout l'aspect d'une petite épingle bleue et ne circulant dans le tube qu'en frottant assez fort contre ses parois. C'est ce petit organe qui indique le degré maxima dans un tube et minima dans l'autre, car le mercure le pousse devant lui et, quand il vient à se retirer, il reste ensuite arrêté au point le plus élevé qu'il a atteint. Les degrés étant disposés en sens contraire, on obtient ainsi simultanément les deux températures extrêmes. Chaque fois qu'on veut obtenir une nouvelle indication, il faut régler l'appareil, c'est-à-dire faire redescendre dans un tube et remonter dans l'autre la petite épingle bleue dont nous venons de parler, et cela jusqu'à ce qu'elle repose exactement sur le mercure. Cette mise au point s'effectue à l'aide d'un aimant, dont les branches sont évidées en bout et qu'on applique sur le tube, où on le fait monter et descendre, selon le besoin. Cet aimant doit accompagner tout thermomètre maxima et minima ; il ne faut pas oublier de le réclamer au fournisseur.

Il y a aussi des thermomètres à minima seulement. Ici, le tube est dans une position fortement inclinée, presque horizontale, une tigelle métallique indique également la plus basse température de la nuit, en restant au point où est descendu le liquide ; celui-ci l'entraîne dans son mouvement de rétraction ; mais n'ayant pas assez de force pour la faire remonter avec lui, elle reste en place et le liquide passe sur ses côtés. Pour lui faire atteindre le niveau du liquide, il suffit de décrocher le thermomètre et de le mettre la tête en bas ; l'aiguillette descend alors d'elle-même jusqu'au niveau du liquide. Comme le précédent, ce thermomètre doit être réglé avant chaque observation.

Signalons encore le thermomètre dit de *couches*, qui sert à mesurer la chaleur de fond que développent les couches ou les bâches chauffées. C'est un thermomètre simple, enfermé dans un tube à jour du côté gradué et muni à la base d'une douille métallique, permettant de l'enfoncer dans le sol, pour y prendre contact et en indiquer exactement la température. Il en existe divers modèles.

Enfin et pour terminer, disons quelques mots du *thermomètre enregistreur*, dont le mécanisme est cependant trop compliqué pour que nous entreprenions de le décrire ici. Il suffira de dire qu'une tige munie au sommet d'une pointe encrée se meut de bas en haut, selon les variations de la température et frotte sur un cylindre de papier qui se déroule lentement par un mouvement d'horlogerie et emporte le trait ondulé qu'y a tracé la pointe. Ce trait indique, par les graduations imprimées sur le papier, les différents degrés de température qui ont été atteints.

Dans ces dernières années, on a mis l'électricité à contribution, comme moyen d'avertissement lorsque la température descend ou monte au delà de degrés prévus et devient par suite dangereuse pour la vie des plantes. Ce système peut présenter un grand intérêt pour la conduite des serres, mais comme l'installation en est assez compliquée et coûteuse, il n'est pas d'un usage général.

Nous n'insisterons pas sur l'utilité d'un thermomètre pour la culture des plantes en plein air et surtout en serre, où il devient même à peu près indispensable. Il y a même un grand intérêt à posséder un thermomètre à maxima et minima, afin de pouvoir se rendre exactement compte des plus hauts points atteints dans les deux sens. Il faut toujours, et surtout en plein air, placer un thermomètre dans un endroit bien aéré et de préférence exposé au nord ou au moins à l'abri du soleil. (S. M.)

THERMOPSIS, R. Br. (de *Thermos*, Lupin, et *opsis*, ressemblance; ces plantes ont le port et l'aspect des Lupins). Syn. *Thermia*, Nutt. Fam. *Légumineuses*. — Genre comprenant environ treize espèces de plantes herbacées, vivaces et rustiques, habitant l'Amérique du Nord et l'Asie (la Sibérie et l'Himalaya). Fleurs jaunes ou rarement purpurines, assez grandes et réunies en grappes terminales ou opposées aux feuilles; calice à dents ou lobes sub-égaux, ou les deux supérieurs soudés en un seul; corolle papilionacée, à étendard sub-orbiculaire; carène égalant les ailes ou un peu plus longue qu'elles; étamines libres; pédicelles solitaires. Gousse sub-sessile ou courtement stipitée. Feuilles parfaitement alternes, à trois folioles digitées et accompagnées de stipules foliacées.

Les espèces suivantes ont été introduites dans les cultures, mais elles y sont fort peu répandues. Ce sont cependant de jolies plantes, bien dignes de figurer dans les plates-bandes des jardins, surtout le *T. montana*, qui est du reste le plus répandu. Elles aiment les terres légères et fertiles. Le meilleur moyen de multiplication est le semis, mais les graines en sont rares et les plants mettent deux ou trois ans à atteindre leur taille florifère. On est ainsi obligé d'avoir recours à la division des pieds, qu'on fait alors avec précaution, à l'automne ou au printemps, mais les divisions périssent souvent et, lorsqu'on possède de belles touffes, le mieux est de se contenter d'en enlever des éclats.

T. barbata, Benth.* *Fl.* pourpre foncé, courtement pédicellées, opposées ou ternées et au nombre de six à douze; corolle de 2 cent. 1/2 de long. Juin. *Flles* sessiles, presque glabres, souvent opposées, à folioles ob-lancéolées; stipules ressemblant aux folioles par leur forme et leur texture. Tiges de 30 cent. ou plus de haut, fortement ramifiées par dichotomie. Souche ligneuse. Himalaya, 1851. (B. M. 4868.)

T. corgonensis, DC. *Fl* jaunes, géminées sur les grappes, presque sessiles, à calice velu. Juin-juillet. *Flles* sessiles ou très courtement pétiolées, à folioles ovales, aiguës; stipules formant, avec les folioles, une sorte de demi-verticille. *Haut.* 30 à 60 cent. Corgon, Alpes, 1820.

T. fabacea, Hook. f. Syn. de *T. montana*, Nutt.

T. lanceolata, R. Br. *Fl.* jaunes, géminées ou sub-verticillées; calice découpé jusqu'au milieu; bractées amples; grappes terminales. Juin-juillet. *Flles* presque sessiles, les inférieures et les terminales presque simples; folioles oblongues-lancéolées, soyeuses et pubérulentes sur les deux faces; stipules n'ayant que la moitié de la longueur des folioles. *Haut.* 30 cent. Kamtschatka, 1779. Syn. *Podalyria lupinoides*, Willd. (B. M. 1389.)

T. montana, Nutt.* *Fl.* jaune verdâtre, alternes, solitaires ou géminées à l'aisselle des bractées et réunies en longues grappes lâches, spiciformes et terminales, de 10 à 15 cent. de long; étendard dressé et échancré; ailes appliquées contre la carène et aussi longues qu'elle;

Fig. 208. — Thermopsis montana.

bractées arrondies et plus courtes que le calice. Juin-juillet. *Flles* pétiolées, à trois folioles largement ovales, glabres en dessus, poilues et blanchâtres en dessous; stipules ovales ou orbiculaires, embrassant la tige. *Haut.* 30 à 60 cent. Amérique du Nord, 1818. (B. M. 3611, B. R. 1272; L. B. C. 1856.) Syn. *T. fabacea*, DC.

T. nepaulensis, DC. — V. **Piptanthus nepalensis.**

THEROLEPTA, Raf. — V. **Marshalia**, R. Br.

THEROPOGON, Maxim. (de *theros*, été, et *pogon*, barbe; allusion à l'époque de floraison et à l'aspect touffu de la plante). Fam. *Liliacées*. — La seule espèce de ce genre est une plante herbacée, vivace et touffue, à feuilles graminiformes, ayant le port général des *Anthericum* et commune dans les monts Himalaya. La terre franche siliceuse et le terreau de feuilles mélangés constituent le compost qui lui convient le mieux. Sa multiplication peut s'effectuer par graines que l'on sème au printemps, sur couche ou par division des fortes touffes.

T. pallidus, Maxim.* *Fl.* à périanthe blanc, parfois un peu teinté de rouge, de 8 à 10 mm. de long, à segments larges et imbriqués; pédicelles solitaires; grappe terminale, lâche, de 5 à 8 cent. de long et composée de dix à vingt fleurs; hampe grêle, ferme et plus courte que les feuilles. Printemps. *Flles* six à huit, ayant presque 30 cent de long, persistantes, glabres, de 5 à 8 mm. de large, distinctement sillonnées, vertes en dessus et glauques en dessous. Himalaya, 1875. (B. M. 6151.)

THESIUM, Linn. (*Thesion* est l'ancien nom grec employé par Théophraste pour cette plante ou une autre analogue, et probablement dérivé de *Theseus* nom d'un héros légendaire). Fam. *Santalacées*. — Grand genre comprenant plus de cent espèces de plantes herbacées, annuelles ou vivaces, rustiques, de serre chaude ou tempérée et habitant les régions tempérées et tropicales du globe; deux se rencontrent dans le Brésil, mais les autres sont totalement absentes de l'Amérique. Fleurs petites, verdâtres, insignifiantes et réunies en grappes ou en épis, parfois solitaires ou formant une cyme composée et terminale. Feuilles alternes, linéaires, souvent petites, parfois réduites à

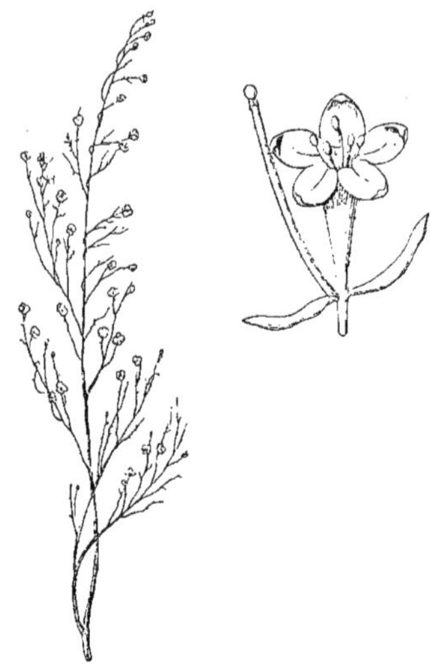

Fig. 209. — THESIUM HUMIFUSUM.

l'état de petites écailles. Six espèces croissent spontanément en France et quelques espèces exotiques ont été introduites dans les cultures, mais les unes comme les autres sont dépourvues d'intérêt horticole.

THESPESIA, Corr. (de *thespesios*, divin ; le *T. populnea* est fréquemment planté autour des églises dans les tropiques). FAM. *Malvacées.* — Petit genre comprenant environ six espèces de grandes plantes herbacées ou d'arbres de serre chaude, habitant l'Asie tropicale, les îles de l'Océan Pacifique et Madagascar. Fleurs souvent jaunes et élégantes ; calice obscurément ponctué, tronqué, rarement à cinq divisions ; ovaire à cinq loges. Feuilles entières ou lobées et anguleuses. Les deux espèces décrites ci-après ont été introduites ; toutes deux sont des arbres prospérant dans un compost de terre franche et de terre de bruyère. On les multiplie par boutures qui s'enracinent facilement dans de la terre légère, sous cloches et à chaud.

T. grandiflora, DC. *Fl.* rouges, de 10 à 12 cent. de diamètre, à pédicelles de 10 cent. de long. Mai. *Flles* ovales, un peu cordiformes et légèrement acuminées. *Haut.* 10 m. Porto-Rico, 1827. Par son port, cette espèce ressemble au *T. populnea.*

T. populnea, Soland. ANGL. Mahoe, Portia-nut Oil Plant, Umbrella-tree. — *Fl.* d'abord jaunes, avec une tache centrale pourpre, mais devenant entièrement pourpres avant qu'elles se fanent dans la soirée ; pédicelles de 4 cent. de long ; pédoncules égalant les pétioles. Juin. *Flles* arrondies-cordiformes, acuminées, à cinq-sept nervures et couvertes en dessous d'écailles punctiformes. *Haut.* 12 m. Tropiques de l'Ancien Monde, 1770.

T. p. guadalupensis, Hort. *Fl.* à pétales plus étroits que dans le type et frangés à la base ; pédicelles de 2 cent. 1/2 de long. Cultivé à la Guadeloupe.

THEVETIA, Linn. (dédié à André Thevet, moine français qui voyagea dans le Brésil et dans la Guyane ; 1502-1590). FAM. *Apocynacées.* — Genre comprenant environ huit espèces d'arbustes ou de petits arbres glabres et de serre chaude, habitant l'Amérique, depuis le Paraguay jusqu'au Mexique, ainsi que l'Asie tropicale, les îles de l'Océan Pacifique et Madagascar. Fleurs jaunes, grandes et réunies en cymes terminales ; calice à cinq divisions aiguës et étalées ; corolle en entonnoir, à tube cylindrique, brusquement dilaté en une gorge campanulée et à lobes larges et tordus ; étamines insérées au sommet du tube. Le fruit est une drupe vénéneuse, globuleuse ou obovoïde, à peine charnue, à noyau ligneux, renfermant quatre graines. Feuilles alternes, simples, étroites, uninervées ou légèrement penniveinées.

Les *Thevetia* sont des arbustes très décoratifs. Ils prospèrent dans un mélange de terre de bruyère et de terre franche, avec des arrosements modérés. Multiplication par boutures que l'on fait à chaud, dans du sable et sous cloches.

T. Ahouai, A. DC. *Fl.* jaune pâle, à pédicelles épais ; corolle sillonnée, à lobes étalés ; pédicelles épais, aussi longs que les calices ; cymes terminales, contractées et multiflores. Juin. *Flles* oblongues-obovales, aiguës, acuminées à la base, de 10 cent. de long, très glabres en dessus et portant des poils épars en dessous. *Haut.* 6 m. Brésil, 1739. Syn. *Cerbera Ahouai*, Linn. (A. B. R. 231 ; B. M. 737).

T. nereifolia, Juss. ANGL. Exile Oil Plant. — *Fl.* jaune safran, d'environ 8 cent. de long, à segments du calice égalant environ le tiers de la corolle ; celle-ci à lobes trois fois aussi longs que le tube ; cymes terminales, beaucoup plus courtes que les feuilles, pauciflores et parfois même uniflores. Juin. *Flles* linéaires-acuminées, glabres, luisantes en dessus, à bords un peu enroulés, avec des nervures peu apparentes en dessous et de 8 à 15 cent. de long. *Haut.* 4 m. Amérique tropicale et Indes occidentales, 1735. Syn. *Cerbera Thevetia*, Linn. (B. M. 2309.)

T. Yccotli, A. DC. *Fl.* semblables à celles du *T. nereifolia*, de 8 cent. de long ; lobes de la corolle trois fois aussi longs que le tube ; cymes sub-terminales, uni- ou triflores. Juin. *Fr.* vert, verruqueux, de la grosseur d'une petite pomme. *Flles* étroitement-linéaires, acuminées aux deux extrémités, à bords révolutés, glabres en dessus et légèrement poilues en dessous. *Haut.* 2 m. 50. Mexique, 1800.

Les *T. cuneifolia*, A. DC. et *T. ovata*, A. DC., tous deux mexicains, ont aussi été introduits, mais ils n'ont peut-être pas persisté dans les cultures.

THIBAUDIA, Pav. (dédié à Thibaud de Berneaud, secrétaire de la Société Linnéenne de Paris et écrivain botanique). FAM. *Vacciniacées.* — Petit genre auquel Bentham et Hooker ne rapportent que deux espèces. Ce sont de très élégants arbustes de serre chaude, habitant les Andes de la Nouvelle-Grenade et du Pérou. Fleurs écarlates, pédicellées, nombreuses et réunies en grappes axillaires ; calice à tube continu avec son pédicelle, arrondi et à limbe court, à cinq lobes obtus ou à cinq dents ; corolle tubuleuse, arrondie, à limbe à cinq petits lobes sub-dressés ; étamines dix, aussi longues que le tube de la corolle ; pédicelles munis de bractées à la base et parfois de bractéoles. Feuilles alternes, persistantes, pétiolées ou sub-sessiles, coriaces, penniveinées et entières.

Ces plantes prospèrent dans un compost de terre

franche fibreuse, de terre de bruyère et de sable. Multiplication rapide par boutures que l'on fait dans du sable ou en terre siliceuse, sous cloches, dans un châssis à multiplication ou même en plein air dans la serre. Certaines espèces, autrefois comprises dans ce genre, sont maintenant réunies aux genres **Proclesia**, **Psammisia**, **Themistoclesia**, etc. (V. ces noms.)

T. floribunda, Humb., Bonpl. et Kunth. *Fl.* écarlates, glabres, très longuement pédicellées et réunies en grappes solitaires, ayant près de 5 cent. de long et pourvues à la base de bractées imbriquées. *Flles* oblongues-lancéolées, acuminées, réticulées-veinées. Rameaux presque arrondis, lisses et grisâtres. Nouvelle-Grenade.

T. pichinchensis, Benth. *Fl.* écarlates, de 18 mm. de long, à calice furfuracé-tomenteux, avec des dents mucronulées ; corolle glabre ; grappes plus courtes que les feuilles. *Flles* très courtement pétiolées, ovales-oblongues ou sub-lancéolées, obtuses et acuminées, arrondies à la base, de 8 à 10 cent. de long. *Haut.* 2 à 4 m. Pichincha, 1849.

THIEBAUTIA, Colla. — V. **Bletia**, Ruiz et Pav.

THLADIANTHA, Bunge. (de *thladias*, comprimé, et *anthos*, fleur; nom donné, dit-on, à la plante de ce que la première description en fut faite d'après un spécimen

Fig. 210. — Thladiantha dubia. — Rameau florifère et fleur détachée.

aplati). Fam. *Cucurbitacées*. — Genre comprenant environ cinq espèces de plantes herbacées, grimpantes, rustique ou de serre froide, habitant le nord de la

Fig. 211. — Thladiantha dubia. — Fruit.

Chine, Java et les monts Himalaya. Fleurs monoïques ; les mâles jaunes d'or, assez grandes ou réunies en grappes ; calice à tube courtement campanulé, fermé au fond par une écaille horizontale et à cinq segments lancéolés ; corolle campanulée, à cinq divisions connivertes dans leur moitié inférieure et révolutées dans la supérieure ; étamines cinq. Fleurs femelles solitaires, à calice et corolle comme chez les fleurs mâles ; ovaire oblong ; style profondément trifide, avec trois stigmates réniformes. Fruit vert, oblong, charnu et parcouru par des bandes ou des sillons longitudinaux. Feuilles ovales-cordiformes, avec un profond sinus basal et à bords denticulés.

L'espèce suivante, seule introduite, est une bonne plante grimpante, vivace et tuberculeuse, propre à garnir les treillages, les berceaux, les troncs des vieux arbres, etc., mais de préférence les endroits chauds et ensoleillés. Elle aime les terrains fertiles et un peu frais, mais sains. Sa multiplication s'effectue très facilement par le semis, qu'on fait au printemps, sur couche, ou par séparation de ses nombreux tubercules.

T. dubia, Bunge. *Fl.* toutes jaunes : les mâles réunies en petites grappes de 5 à 8 cent. de long, avec des bractées foliacées et saillantes sur des pédoncules axillaires ; calice à dents très étroites : pétales de 2 cent. de long ; filets staminaux finement poilus ; fleurs femelles solitaires ou réunies en grappes munies de pédoncules de 5 à 8 cent. de long, plus ou moins poilues et à ovaire oblong, fortement poilu-laineux. Juin-septembre. *Fr.* ovoïdes-allongés, de la grosseur d'un œuf de poule, glabres, obtus aux deux extrémités, de 6 à 8 cent. de long et 3 à 4 cent. de large, parcourues par huit ou neuf lignes très étroites et de couleur plus foncée. *Flles* profondément cordiformes-ovales, aiguës, indivises, de 10 cent. de long et 6 cent. de large, denticulées, non anguleuses et ordinairement velues en dessous ; pétioles de 2 1/2 à 4 cent. de long. Souche à racines traçantes, portant des renflements tuberculeux, ressemblant un peu à des pommes de terre. Plante dioïque, vivace et rustique. Indes et Chine, 1864. (B. H. 1872, 6. B. M. 5469; dans ces deux figures, le fruit appartient cependant à une autre espèce.)

THLASPI, Linn. (probablement dérivé de *Thlaspis*, ancien nom grec du Cresson, employé par Dioscorides et dérivé de *thlas*, broyer; on broie les graines pour les consommer comme condiment). Angl. Bastard Cress, Besom Weed, Penny Cress. Fam. *Crucifères*. — Genre comprenant une trentaine d'espèces de plantes herbacées, annuelles ou vivaces, scapigères et très largement dispersées dans les régions tempérées et froides ou alpines. Fleurs blanches, roses ou purpurines, réunies en grappes ombelliformes. Feuilles alternes, entières ou dentées, les radicales en rosette ; les caulinaires hastées-auriculées.

Ce genre se distingue de celui des *Iberis*, dont il est très voisin, par ses fleurs à pétales à peine inégaux, par ses filets staminaux non appendiculés, par ses silicules obovales, à valves ailées supérieurement et contenant deux ou quatre graines. La plupart des *Iberis* sont familièrement désignés sous le nom de **Thlaspi** (V. ci-après), mais on ne cultive aucun *Thlaspi* véritable, quoique dix ou onze espèces croissent spontanément en France et trois en Angleterre, notamment les *T. alpestre*, Linn., *T. arvense*, Linn. et *T. perfoliatum*, Linn., qui sont aussi communs chez nous, ainsi que plusieurs autres.

THLASPI. — V. **Iberis**.

THLASPI arabicum. — V. **Æthionema arabicum**.

THLASPI blanc. — V. **Iberis amara**.

THLASPI blanc Julienne. — V. **Iberis amara hesperidifolia.**

THLASPI de Gibraltar. — V. **Iberis gibraltarica.**

THLASPI jaune. — V. **Alyssum saxatile.**

THLASPI lilas. — V. **Iberis umbellata.**

THLASPI odorant. — **Iberis pinnata.**

THLASPI toujours fleuri. — V. **Iberis semperflorens.**

THLASPI toujours vert. — V. **Iberis sempervirens.**

(S. M.)

THOMASIA, J. Gay. (dédié à Peter Abraham Thomas, collecteur de plantes suisses, au temps de Haller). Fam. *Sterculiacées.* — Genre comprenant vingt-cinq espèces de très élégants arbustes de serre froide, habitant tous l'Australie. Ils ont le port des *Lasiopetalum*, mais leurs feuilles sont souvent lobées ou découpées. Fleurs souvent tomenteuses, réunies en grappes opposées aux feuilles, simples ou rarement ramifiées en cymes; calice ordinairement pourpre, bleuâtre ou blanc et à cinq lobes; pétales nuls ou petits et écailleux; étamines cinq, alternes avec les sépales ou à filets légèrement soudés entre eux à la base; bractées étroites et caduques; bractéoles au nombre de trois et insérées sous le calice. Stipules foliacées.

Les espèces décrites ci-après sont bien dignes d'être cultivées, elles prospèrent dans un compost de terre franche, de terre de bruyère et de sable. Leur multiplication s'effectue facilement par boutures de pousses aoûtées, que l'on plante dans du sable et sous cloches.

T. foliosa, J.-Gay. *Fl.* pourpres, petites, à pédicelles grêles; pétales nuls; grappes nombreuses, souvent ramifiées, grêles et hirsutes. Juin. *Flles* pétiolées, ovales-cordiformes, profondément sinuées-lobées, ayant rarement plus de 2 cent. 1/2 de long, parsemées en dessus de poils étoilés et plus fortement hirsutes en dessous. *Haut.* 1 m. Australie, 1823.

T. glutinosa, Lindl. **latifolia**, Hort. *Fl.* rose vif, élégantes, réunies en grappes, à étamines brunâtre foncé, ainsi qu'une macule à la base des pétales. Été. *Flles* pétiolées, cordiformes, aiguës et couvertes de poils étoilés. Australie, 1885. Plante décorative. (R. G. 1186.)

T. grandiflora, Lindl. *Fl.* à calice rouge, étalé, d'environ 2 cent. 1/2 de diamètre, non divisé jusqu'au milieu; pétales nuls; grappes terminales. Juin. *Flles* presque toutes ovales-lancéolées ou oblongues, parfois les plus inférieures ovales, obtuses, de 1 1/2 à 2 cent. 1/2 de long, entières, cordiformes ou obscurément trilobées à la base, glabres ou parsemées de quelques poils étalés. *Haut.* 1 m. Australie, 1840.

T. macrocarpa, Hort. * *Fl.* à calice rouge, étoilé, de près de 2 cent. 1/2 de diamètre, lâchement velu-laineux à l'extérieur; grappes tomenteuses-hirsutes et pauciflores. Juin. *Flles* largement ovales-cordiformes, obtuses, de 4 à 5 cent. de long, irrégulièrement anguleuses-dentées ou courtement lobées, pubescentes quand elles sont jeunes et à la fin glabres en-dessus, mais tomenteuses en dessous. *Haut.* 1 m. et plus. Australie, 1842. Syn. *T. stipulacea*, Hook. (B. M. 4111.)

T. purpurea, J. Gay. *Fl.* un peu petites et très courtement pédicellées, à calice pourpre, d'environ 12 mm. de diamètre; pétales petits et parfois nuls; grappes plus longues que les feuilles. Juin. *Flles* oblongues ou presque linéaires, obtuses, de 12 mm. de long, entières, parsemées en dessus de poils étoilés, plus hirsutes en dessous ou rarement presque glabres. *Haut.* 60 cent. Australie, 1803. Syn. *Lasiopetalum purpureum*, Dryand. (B. M. 1755.)

T. quercifolia, J. Gay. *Fl.* un peu petites, à calice pourpre, avec des lobes larges, obtus et n'atteignant pas le milieu; pétales nuls; grappes simples. Mai. *Flles* ovales, ordinairement profondément trilobées, à lobes latéraux courts, divariqués et souvent trilobés; toute la feuille dépassant rarement 2 cent. 1/2 de long, parsemée en dessus de poils étoilés et couverte en dessous de poils rigides. *Haut.* 60 cent. Australie, 1803. Syn. *Lasiopetalum quercifolium*, Andr. (A. B. R. 459; B. M. 1485.)

T. solanacea, J. Gay. *Fl.* à calice blanc, plus ou moins tomenteux, d'environ 12 mm. de diamètre et divisé presque jusqu'au milieu; pétales ordinairement nuls; grappes pedonculées, pluriflores et parfois ramifiées. Juin. *Flles* profondément cordiformes-ovales, obtuses, ayant presque toutes de 4 à 8 cent. de long, assez profondément sinuées-lobées, scabres ou hirsutes en dessus, fortement et mollement tomenteuses ou hirsutes en dessous. *Haut.* 1 m. et plus. Australie, 1803. Syn. *Lasiopetalum solanaceum*, Sims. (B. M. 1486.)

T. stipulacea, Hook. Syn. de *T. macrocarpa*, Hort.

THOMSONIA, Wall. (dédié au Dr A. T. Thomson, auteur de *An Introduction to Botany*). Syns. *Allopythion* et *Pythonium*, Schott. Fam. *Aroïdées.* — Genre ne comprenant que les deux espèces ci-après décrites. Ce sont des plantes herbacées, vivaces, tuberculeuses et de serre chaude, habitant l'Himalaya et les monts Khasia. Fleurs monoïques, les mâles et les femelles presque contiguës; spathe coriace, caduque, oblongue naviculaire et à tube indistinct; spadice sessile et égalant la spathe; hampe allongée. Feuilles longuement pétiolées, tripédatiséquées, à segments pinnatipartites; pinnules oblongues-lancéolées et acuminées. Pour leur culture, V. **Caladium.**

T. Hookeri, Engl. *Fl.* femelles occupant une partie de l'inflorescence un peu plus courte que celle des mâles; hampe grêle et allongée. *Flles* à sept divisions pédatiséquées, oblongues-lancéolées, acuminées, cunéiformes et rétrécies vers la base, espacées, devenant graduellement plus petites, à pétioles allongés, grêles et maculés. Tubercule petit. *Haut.* 60 cent. Churra, 1840.

T. nepalensis, Wall. *Fl.* à spathe verdâtre, oblongue-corymbiforme, obtuse, coriace et épaisse; spadice vert, à fleurs mâles fertiles jaune purpurin; les stériles jaunes. *Flles* triséquées, à segment médian faussement dichotome, avec des divisions pinnatipartites; segments alternes, oblongs-lancéolées, acuminés, cunéiformes à la base et décurrents; nervures des segments latéraux nombreuses et étalées; pétioles rougeâtres en dessous, irrégulièrement maculés et bigarrés de vert fauve. Tubercule volumineux. *Haut.* 60 cent. Népaul, 1816. (B. M. 7312.)

THORA. — V. **Aconitum Napellus.**

THOUINIA, Poit. (dédié à André Thouin, professeur d'agriculture à Paris; 1747-1824). Syns. *Thyana*, Hamilt. et *Vargasia*, Bert. Fam. *Sapindacées.* — Genre comprenant environ treize espèces d'arbustes ou d'arbres dressés ou grimpants, de serre chaude, habitant les Indes occidentales et le Mexique. Fleurs petites ou très petites, réunies en grappes, en cymes ou en panicules; calice à cinq divisions; pétales quatre ou cinq ou parfois nuls; étamines huit à dix. Feuilles alternes, trifoliolées ou pinnées, rarement monophylles et dépourvues de stipules. L'espèce suivante est seule introduite. Pour sa culture, V. **Tricorea.**

T. pinnata, Turpin. *Fl.* blanches, réunies en panicules terminales, à cinq pétales et huit étamines. Juin. *Flles* pinnées, à folioles oblongues et légèrement émarginées. *Haut.* 2 m. 50. Saint-Domingue, 1823. Arbuste dressé.

THRINAX, Linn. f. (de *thrinax*, éventail; allusion à la forme des feuilles). FAM. *Palmiers.* — Genre comprenant environ dix espèces de beaux Palmiers nains ou de taille moyenne, inermes et de serre chaude, dont un habite la Floride et les autres les Antilles. Fleurs parfois longues et grêles, pédicellées, réunies sur un spadice allongé, à rachis couvert de gaines tubuleuses, avec les rameaux primaires alternes, paniculés et des ramilles grêles; spathes nombreuses, papyracées-coriaces et découpées. Fruit petit, pisiforme. Feuilles terminales, orbiculaires ou tronquées à la base, flabelliformes, plissées et multifides, à segments indupliqués et bifides; pétioles grêles et biconvexes. Troncs solitaires ou réunis en touffe, annelés à la base et couverts supérieurement de la base persistante des feuilles tombées.

Fig. 212. — THRINAX ARGENTEA.

Le genre *Thrinax* comprend plusieurs espèces hautement décoratives, et les plus remarquables en ce sens sont décrites ci-après. Quand les plantes sont jeunes, elles préfèrent un compost de terre franche et de terreau de feuilles; plus tard, un mélange de bonne terre franche fibreuse et de sable leur est préférable. On les multiplie uniquement par graines, qui, comme toutes celles des Palmiers, doivent être d'importation le plus récente possible.

On les sème en pots ou en terrines, dans la terre franche siliceuse, additionnée au besoin de terre de bruyère, puis on enterre les récipients sur une bonne couche chaude ou bien on les place dans un châssis à multiplication. Plus tard, lorsque les plants commencent à se gêner, on les repique séparément dans des godets, puis on les empote ensuite dans de plus grands pots et successivement au fur et à mesure de leurs besoins.

T. argentea, Lodd. ANGL. Broom Palm, Silver Thatch, etc. — *Fl.* à spadice entouré seulement de trois ou quatre spathes partielles, de 30 cent. de long et légèrement paniculé. *Fr.* petit. *Flles* plus courtes que les pétioles et soyeuses-argentées en dessous; divisions soudées à la base, ligule concave et un peu en forme de croissant. Tronc de 4 à 5 m. de haut et de 5 à 8 cent. d'épaisseur. Indes occidentales, 1830.

T. barbadensis, Lodd. * *Fl.* à spadice paniculé, de 60 cent. de long. *Fr.* de 6 mm. de diamètre. *Flles* vertes, glabres, très grandes, en éventail ou digitées-multipartites, à segments lancéolés et acuminés; pétioles couverts d'un épais feutrage formé de petites écailles blanches et bordés d'épines noires, ascendantes et crochues. Tronc de 4 m. de haut. Barbades, 1875.

T. elegans, Hort. Syn. de *T. radiata*, Lodd.

T. excelsa, Lodd. *Fl.* à spathes tomenteuses-roussâtres; spadice à rameaux étalés et récurvés, avec un axe de 30 cent. de long et nu inférieurement. *Fr.* globuleux, de 6 mm. de diamètre. *Flles* de 1 m. 20 à 1 m. 50 de long, vert pâle en dessus, glauques-canescentes en dessous par la présence d'un petit duvet apprimé, à environ cinq divisions d'à peu près 60 cent. de long et 2 1/2 à 8 cent. de large, soudées entre elles sur un tiers de leur longueur. *Haut.* 2 m. 20 et plus. La Jamaïque, 1800. (B. M. 7088.)

T. gracilis, Hort. Syn. de *T. radiata*, Lodd.

T. graminifolia, Hort. Syn. de *T. multiflora*, Mart.

T. microcarpa, Sargent. *Fl.* en spadice allongé, à rameaux grêles et entouré de spathes coriaces, profondément divisées au sommet. *Fr.* pisiformes, de teinte fauve. *Flles* orbiculaires, coriaces, vert pâle argenté à la face inférieure, plissées et multifides; pétioles grêles, flexibles. Tronc élancé, atteignant 10 mètres. Floride, 1896.

T. multiflora, Mart. * *Fl.* à spathes primaires au nombre de douze à quinze, tubuleuses, s'ouvrant obliquement, aiguës, nervées longitudinalement; spathes secondaires en entonnoir, étalées-dressées, soudées entre elles jusqu'au milieu; les médianes de 65 cent. à 1 m. de long et 6 cent. de large à la base, avec la partie libre ensiforme, longuement acuminée, plane, aiguë et bifide au sommet; gaines de 15 à 20 cent. de long. Tronc de 2 m. à 2 m. 50 de haut et 10 à 12 cent. d'épaisseur, profondément et irrégulièrement annelé. Haïti. Syn. *T. graminifolia*, Hort.

T. Morisii, Wendl. Petite espèce nouvelle ne dépassant pas 1 m. de haut. Anguilla. (G. C. 1891, part. 1, f. 134.)

T. parviflora, Swartz. * ANGL. Palmetto Thatch, Royal Palmetto Palm. — *Fl.* à périanthe petit; spadice de 60 cent. à 1 m. de long et paniculé. *Fr.* sec, un peu rude, de 6 mm. de diamètre. *Flles* pubérulentes, presque glabres et vertes en dessous, de 25 à 60 cent. de long, avec des divisions soudées entre elles sur un sixième ou un quart de leur longueur; ligule deltoïde. Tronc de 3 à 4 m. de haut. La Jamaïque, 1778.

T. pumilio, Lodd. *Flles* digitées-multipartites, à segments ensiformes, acuminés, verts sur les deux côtés, avec la nervure médiane couverte en dessous d'écailles scarieuses et ferrugineuses; les secondaires six à huit, enfoncées sur les deux côtés du limbe; ligule triangulaire. Tronc court ou moyen. La Trinité, 1830.

T. radiata, Lodd. * *Fl.* réunies sur un spadice paniculé et de 60 cent. à 1 m. de long. *Flles* vertes, glabres ou pubérulentes en dessous, de 30 à 60 cent. de long et à divisions soudées jusque ou au delà du tiers de leur longueur; ligule largement arrondie, avec un appendice médian court et obtus. Tronc court La Trinité, 1838. Syns. *T. elegans*, Hort. et *T. gracilis*, Hort.

THRINCIA, Roth. — Réunis aux **Leontodon,** Linn.

THRIPS. (nom grec d'un papillon nocturne). — Genre de petits insectes souvent très nuisibles aux végétaux cultivés, en rongeant la surface des fleurs, des feuilles et des jeunes rameaux, où il se forme alors des taches tortueuses.

Le genre *Thrips* constitue, avec quelques autres genres voisins, la famille désignée sous le nom de *Thysanoptères* (de *thysanoeis*, frangé, et *ptera*, ailes) ou sous celui de *Physopoda* (de *physa*, vessie, et *poda*, pied). Ces deux noms font allusion aux caractères les plus importants de la structure de ces insectes à l'état adulte.

Les *Thrips* sont très communs dans les fleurs; on les voit souvent se promener dans ou sur le tube de la corolle; on les rencontre aussi sur les fruits et sur la face inférieure des feuilles. Ils vivent des parties les plus tendres et les plus délicates, ce qui les fait faner ou les rend difformes par la suite.

Ces insectes sont très petits et noirs ou de teinte foncée à l'état adulte. Leur corps est long et étroit, pourvu de quatre ailes également étroites, bordées de longs poils simulant une frange et à peine pourvues

Fig. 213. — Thrips.

de quelques nervures obscures. Ils ont trois paires de pattes, dont le dernier article est une sorte de renflement vésiculeux, dépourvu d'ongle. La bouche est munie des organes nécessaires pour percer les tissus délicats et en sucer ensuite les sucs.

Dans leurs premiers états de développement, les Thrips sont presque comme à l'état adulte, sauf leur couleur qui est ordinairement jaune foncé; à l'état larvaire, les ailes sont entièrement absentes et à l'état de nymphe elles ne sont représentées que par de courtes élytres. Leur structure les rend ainsi intermédiaires entre les *Orthoptères* et les *Hémiptères*. V. aussi **Insectes**.

Plusieurs espèces de Thrips ont été décrites, mais elles se ressemblent tant qu'il est très difficile de les distinguer. Du reste, il est peu nécessaire, au point de vue horticole, de déterminer leur identité spécifique, car leurs mœurs sont les mêmes ainsi que les moyens de les détruire. Les sous-genres qui ont été établis se distinguent principalement entre eux par la présence ou l'absence des veines sur les ailes, par la pilosité du corps et autres différences d'importance secondaire.

L'*Heliothrips hæmorrhoidalis* (? *H. Adonidum*, Hal.) est un des plus nuisibles, car il détériore beaucoup les plantes de serre chaude et des jardins d'hiver. Les feuilles qu'il ronge deviennent plus pâles ou même noires et tombent rapidement. Les jeunes rameaux sont fréquemment attaqués et subissent le même sort. Ce Thrips est brun foncé, avec l'extrémité du corps rouge brun et les yeux ainsi que les pattes sont jaune pâle; il ne mesure qu'environ 1 mm. de longueur.

Remèdes. — Les fumigations de tabac, faites comme pour les Pucerons, de même que les seringages ou les lavages au jus de tabac, sont des remèdes qui donnent de bons résultats. On se trouve bien aussi de tremper les plantes dans de l'eau de savon noir et de les laisser ensuite pendant quelques jours en plein air, mais seulement pendant la belle saison.

On ne connaît pas de remède efficace contre les Thrips qui vivent sur les plantes cultivées en plein air, mais heureusement leurs attaques ne sont qu'exceptionnellement très sérieuses. On peut cependant en débarrasser les plantes de choix en passant les feuilles entre les doigts avec une pression suffisante pour écraser les larves molles, mais trop légère pour meurtrir les tissus.

On a remarqué aux États-Unis que le *T. Phylloxeræ* déposait ses œufs dans les galles du *Phylloxera vastatrix* (V. **Phylloxera**) et que les larves qui en naissaient détruisaient des multitudes de *Phylloxera*.

THRIXSPERMUM, Lour. — V. **Sarcochilus**, R. Br.

THRYALLIS, Mart. (ancien nom grec appliqué par Théophraste à une espèce de *Verbascum*, et qui signifie mèche; nom assez approprié à l'espèce originale, mais non à la présente). Fam. *Malpighiacées*. — Petit genre comprenant trois espèces d'arbustes grimpants, de serre chaude, couverts d'une pubescence tomenteuse, étoilée et canescente. Fleurs jaunes, réunies en corymbes terminaux et axillaires, paniculés et étalés; calice à cinq divisions et dépourvu de glandes; pétales courtement unguiculés, glabres et à limbe frangé; étamines dix, toutes fertiles, pédicelles pourvus de deux bractéoles et articulés au-dessous de la base. Feuilles opposées, entières, glabres en dessus, blanchâtres en dessous; pétioles biglanduleux; stipules très peu apparentes. L'espèce suivante est seule introduite. Elle prospère dans un compost de terre franche et de terre de bruyère. Multiplication par boutures aoûtées, qui s'enracinent dans du sable, sous cloches et à chaud.

T. brachystachys, Lindl. *Fl.* jaunes, réunies en courtes grappes paniculées. Août. *Flles* ovales-lancéolées, vert glauque en dessus et blanches en dessous. Brésil, 1823. (B. R. 1162.)

THRYPTOMENE, Endl. (de *thrypto*, casser ou écraser; allusion à l'aspect humble et éricoïde de la plante). Fam. *Ericacées*. — Genre comprenant environ vingt-six espèces d'arbustes de serre froide, glabres et à port de Bruyère, habitant tous l'Australie. Fleurs petites, axillaires, solitaires ou rarement réunies par deux-trois; calice à cinq lobes persistants; pétales cinq, également persistants, connivents au-dessus des étamines; celles-ci au nombre de cinq ou dix. Feuilles opposées, petites et entières. L'espèce suivante, seule introduite, était autrefois réunie aux **Bæckea**. (V. ce nom pour sa culture.)

T. saxicola, Schau. *Fl.* blanches, à pédicelles grêles, de 3 mm. de long, insérées à l'aisselle des feuilles supérieures. Juillet. *Flles* obovales-oblongues, planes, obtuses ou légèrement aiguës, de 3 à 6 mm. de long, avec la nervure médiane à peine apparente. *Haut.* 1 m. à 1 m. 20 (rarement diffus et couché). Australie, 1824. Syn. *Bæckea saxicola*, A. Cunn. (B. M. 3160.)

THUJA, Auct. — V. **Thuya**, Linn.

THUNBERGIA, Linn. f. (dédié à C. P. Thunberg

voyageur célèbre à Batavia et surtout dans le Japon, puis plus tard professeur à Upsala). Comprend les *Hexacentris*, Nees et *Meyenia*, Nees. Fam. *Acanthacées*. — Genre renfermant environ quarante-cinq espèces de magnifiques plantes volubiles ou naines et sub-dressées, annuelles ou vivaces, de serre chaude ou parfois demi-rustiques et habitant l'Afrique australe, tropicale, Madagascar et les parties chaudes de l'Asie. Fleurs pourpres, bleues, jaunes ou blanches, courtement pédicellées et solitaires à l'aisselle des feuilles ou réunies en grappes terminales; calice annulaire, court, tronqué ou à dix-quinze dents; corolle très apparente, à tube ventru, arqué et à limbe oblique, à cinq lobes arrondis et tordus à gauche dans le bouton; étamines quatre, didynames, insérées près de la base du tube de la corolle; disque en forme de coussinet ou annulaire; bractées insérées à la base des pédicelles, foliacées; bractéoles amples, à bords cohérents, au moins quand elles sont jeunes. Capsule épaisse, coriace, brusquement rétrécie en bec ensiforme. Feuilles opposées, ovales, lancéolées, cordiformes ou hastées.

Presque tous les *Thunbergia* sont de charmantes plantes grimpantes de serre et quelques-unes prospèrent en plein air pendant l'été. La plupart fleurissent pendant cette dernière période, mais certaines espèces ligneuses fleurissent à la fin de l'hiver ou au printemps. Ces plantes sont faciles à cultiver, car elles prospèrent en toute bonne terre, mais un compost de terre franche fibreuse et de sable, auquel on peut ajouter un peu de terreau de feuilles leur convient tout particulièrement.

En cultivant les *Thunbergia* en serre chaude et sur une vive chaleur de fond, on est à peu près certain de les voir prospérer, en ayant soin toutefois de drainer convenablement le fond des pots. Il faut aussi supprimer les longs rameaux stériles au printemps, avant qu'ils commencent à pousser, sans quoi ils prennent un aspect dégingandé. Leur multiplication s'effectue par semis ainsi que par boutures, que l'on fait avec de jeunes rameaux, dans un châssis à multiplication et sur une température de fond de 16 à 20 degrés.

Le *T. alata* et ses variétés est l'espèce la plus rustique, celle qu'on emploie le plus fréquemment pour la décoration estivale des treillages, berceaux, balustrades, etc., où on peut facilement le laisser retomber et en obtenir un effet tout particulièrement élégant.

On peut aussi s'en servir pour décorer les serres froides et les jardins d'hiver ainsi que les suspensions. Il se multiplie facilement par semis, que l'on fait en mars-avril, en terrines ou en pots, sur couche ou en serre à multiplication Lorsque les plants sont suffisamment forts, on les empote séparément dans des godets, en attendant leur mise en place, qui doit avoir lieu en mai, ou bien on les place directement dans les suspensions ou en pleine terre dans les serres, aux endroits qu'ils doivent occuper. On emploie de préférence, comme compost pour les empotages, un mélange de terre franche et de terreau de couches ou de préférence de feuilles, dans la proportion de une partie de la première pour deux de la dernière substance. Tant que les plantes sont jeunes, il faut les tenir en serre chaude ou au moins sur couche.

Pendant sa période de floraison ce *Thunbergia* fait le meilleur effet en groupes dispersés parmi les autres plantes naines des plates-bandes ainsi qu'en bordure de corbeilles, mais on doit de préférence choisir pour lui les endroits chauds et ensoleillés.

La liste suivante comprend toutes les espèces les plus décoratives et les plus répandues dans les cultures; sauf indications contraires, toutes sont vivaces et de serre.

T. affinis, S. Moore. *Fl.* amples, sub-solitaires; corolle violette, à tube jaune à l'intérieur et teinté de jaune à l'extérieur, deux fois aussi long que les bractées, récurvé au-dessus de la base, à lobes amples, arrondis et rétus. Septembre. *Flles* courtement pétiolées, elliptiques-aiguës ou obtuses au sommet, entières et obtuses à la base. Tige quadrangulaire et trainante. Zanzibar, 1886. « C'est peut-être une forme amplifiée du *T. erecta*. » (Sir J. D. Hooker). (B. M. 6975.)

T. alata, Bojer. *Fl.* jaune nankin, avec une tache noire et arrondie à la gorge, solitaires au sommet des pédoncules axillaires; calice à dix-douze divisions atteignant le milieu de sa longueur et plus courtes que les deux bractées qui les accompagnent; corolle en entonnoir, de 4 cent. de long, à tube arqué et à limbe campanulé, à cinq lobes arrondis et sub-égaux; étamines quatre, dont deux plus grandes; stigmate en entonnoir, entier et cilié.

Fig. 214. — Thunbergia alata.

Été. *Flles* cordiformes-sagittées, aiguës, presque hastées, avec un assez grand sinus et des lobes basals aigus ou mucronés et divergents; pétioles ailés. Tiges volubiles. *Haut.* 1 m. à 1 m. 50. Sud de l'Afrique, 1823. Plante annuelle ou vivace en serre, mollement velue-incane. (B. M. 2591; H. E. F. 17; A. V. F. 2.) On en cultive plusieurs variétés, notamment celles : *alba*, à fleurs *blanc pur* (B. M. 3512; P. M. B. II, 2 et III, 28; S. B. F. G. ser. II, 392); à fleurs *blanches à œil noir; aurantiaca*, à fleurs *orange à œil noir* (L. B. C. 1045; H. E. F. 177; B. v, 238; A. V. F. 2); à fleurs *jaune foncé; Fryeri*, à fleurs jaune orangé ou doré et sans tache; *unicolor*, à fleurs jaune pâle et uni.

T. a. Doddsii, Paxt. *Fl.* orange jaunâtre, avec une grande tache violet purpurin. *Flles* irrégulièrement bordées de blanc. (F. d. S. 415.)

T. angulata, Hilsenb. et Bojer. *Fl.* à calice à douze divisions; corolle bleu pâle, avec la gorge jaune, de 2 cent. 1/2 de long, à tube très court et à limbe campanulé-infundibuliforme, avec des segments arrondis; bractées ovales et acuminées. *Flles* longuement pétiolées, cordées-sagittées, de 3 cent. 1/2 de long et 18 mm. de large, avec un sinus profond; segments tronqués et longuement acuminés. Madagascar, 1823. Plante grimpante, scabre-pubescente. (H. E. F. 166 et 177, f. 3; L. B. C. 1044.)

T. capensis, Retz. *Fl.* jaunes, à limbe du calice multidenté; corolle tubuleuse-campanulée. *Flles* presque arrondies, légèrement dentées-obtuses, très courtement pétiolées et poilues ainsi que les tiges ; celles-ci retombantes. Cap, 1824. Plante annuelle. (L. B. C. 1529.)

T. chrysops, Hook. *Fl.* à calice légèrement charnu et tronqué ; corolle campanulée-infundibuliforme, à tube jaune, fortement contracté à la base, ouvert supérieurement et à limbe d'un beau pourpre, avec un anneau bleu ; pédoncules axillaires, solitaires, uniflores et plus courts que les pétioles. *Flles* cordiformes, anguleuses, un peu obtuses, mucronées et légèrement scabres-pubescentes. Tige grêle et pubérulente. *Haut.* 1 m. Sierra-Leone. Plante annuelle. (B. M. 4119 ; F. d. S. I, 5 ; P. M. B. 221.)

T. coccinea, Wall. *Fl.* à calice pourvu d'un petit rebord ; corolle variant du rouge au rose orangé, de 2 cent. 1/2 de long, à lobes arrondis, de 6 mm. ; grappes de 15 à 45 cent. de long ; lâches et pendantes ; bractées et bractéoles de 1 1/2 à 2 cent. 1/2 de long. Printemps. *Flles* de 12 à 20 cent.

Fig. 215. — Thunbergia coccinea.

de long, les inférieures ovales ; les supérieures oblongues, obtuses, cordiformes ou anguleuses à la base, acuminées, dentées ; pétioles de 12 mm. de long ou presque nuls chez les feuilles supérieures. Branches pendantes, ayant souvent 3 à 8 mm. de long. Indes, etc., 1823. Grande plante grimpante et presque glabre. (B. M. 5124 ; F. d. S. 2447 ; H. E. F. 195 ; L. B. C. 1195 ; R. H. 1890, 197.)

T. erecta, T. Anders.* *Fl.* axillaires et solitaires ; corolle bleu foncé, avec la gorge d'une belle couleur orangée et le tube jaune pâle, quatre fois aussi longues que les bractées. Juillet. *Flles* opposées, ovales ou oblongues, lisses et vert foncé. *Haut.* 2 m. Afrique occidentale, 1857. — Plante très florifère, produisant des fleurs pendant presque toute l'année. Syn. *Meyenia erecta*, Benth. (B. H. VII, 18 ; B. M. 5013 ; F. d. S. 1093 ; I. H. III, 99 ; R. H. 1863, 251.) — Il en existe une variété *alba*, à fleurs blanches, avec tube jaune, mais semblable au type par ses autres caractères.

T. fragrans, Roxb.* *Fl.* à calice de 3 mm. de long, à douze-quinze dents ; corolle blanc pur, odorante, de 3 cent. de long ; pédicelles de 2 1/2 à 8 cent. de long, solitaires ou rarement géminées à l'aisselle des feuilles ; bractées de 2 cent. de long, largement falciformes-oblongues. *Flles* ovales ou oblongues, aiguës ou obtuses, cordiformes ou hastées à la base, dentées, glabres à l'état adulte, de 5 à 8 cent. de long ; pétioles de 1 1/2 à 2 cent. 1/2 de long. Tige grêle, grimpante, garnie de poils rétrorses ou presque glabre. Indes, etc., 1796. (A. B. R. 123 ; F. M. 325 ; L. B. C. 1913.)

T. f. lævis, Wall. *Fl.* à corolle non odorante, à tube souvent verdâtre ; pédicelles souvent géminés, axillaires et fortement épaissis supérieurement à la fructification. Plante glabre ou pubérulente grisâtre. (B. M. 1881, sous le nom de *T. fragrans*.)

T. grandiflora, Roxb. *Fl.* à calice presque entier ; corolle bleue, de 5 à 8 cent. de long et autant de large ; pédicelles de 1 1/2 à 8 cent. de long, opposés ou fasciculés ; grappes ordinairement fortes, rarement grêles et allongées, presque glabres ; bractées inférieures souvent pétiolées et foliacées. *Flles* ovales ou les supérieures lancéolées, de 15 cent. de long, aiguës, cordiformes à la base, dentées, souvent lobées-anguleuses, pubescentes, rarement presque glabres ; pétioles de 8 cent. de long. Indes, etc., 1820. Grande plante grimpante. (B. H. 76 ; B. M. 2366 ; B. R. 495 ; L. B. C. 324 ; P. M. B. VII, 221 ; Gn. 1883, part. I, 91 ; 1895, part. I, 1003 ; I. H. 1895, 32.) — Une variété à *fleurs blanc pur* a été signalée en 1892.

T. Harrisii, Hook. f. Syn. de *T. laurifolia*, Lindl.

T. Hawtayneana, Wall. *Fl.* axillaires, à calice réduit à l'état d'un simple anneau ; corolle violet pourpre, à tube jaunâtre, de 4 cent. de long et presque glabre ; pédicelles courts, solitaires, avec une touffe de poils à la base ; bractéoles de 2 à 2 cent. 1/2 de long, ovales-oblongues. *Flles* sessiles, cordiformes-elliptiques ou cordiformes-ovales, aiguës, entières, de 8 cent. de long et 3 cent. de large. Tige grêle. Indes, etc., 1839. Belle plante grimpante et presque glabre. Syn. *Meyenia Hawtayneana*, Nees. (B. IV, 188 ; P. M. B. VI, 147.)

T. laurifolia, Lindl.* *Fl.* semblables à celles du *T. grandiflora* (auquel cette espèce ressemble). *Flles* elliptiques ou oblongues, acuminées, sinuées ou denticulées et à trois nervures palmées. Indes, etc., 1856. Plante vivace, glabre ou pubérulente sur les parties jeunes. (B. M. 4985 ; I. H. 1857, 151 ; R. G. XIV, 475.) Syn. *T. Harrisii*, Hook. f. (B. M. 4998 ; F. d. S. 1275 ; R. G. IX, 281 ; Gn. 1886, part. I, 563.)

T. mysorensis, T. Anders. *Fl.* à corolle de 4 cent. de long ; à gorge de 5 cent. de diamètre, à tube purpurin, avec le limbe jaune (ou parfois bordé de rouge en culture comme il est figuré dans le L. et P. F. G. III, 88) ; pédicelles de 6 mm. à 4 cent. de long ; grappes allongées,

Fig. 216. — Thunbergia (*Hexacentris*) mysorensis.

pendantes, bractéoles de 2 cent. 1/2 de long, elliptiques-arquées, souvent cohérentes sur un côté et vert purpurin sur l'autre. Printemps. *Flles* elliptiques, acuminées, dentées, cunéiformes ou arrondies à la base, de 15 cent. de long et à trois nervures palmées. Rameaux pendants. Mysore, 1854. Grande plante grimpante. Syn. *Hexacentris mysorensis*, Wight. (B. M. 4786 ; F. d. S. 752, 942 ; L. J. F. III, 285 ; R. G. 280.)

T. natalensis, Hook. *Fl.* horizontalement pendantes,

grandes et belles; corolle à tube jaune, de 5 cent. de long, arqué supérieurement, limbe bleu, ample, à lobes obcordés, étalés horizontalement, pédoncules axillaires, solitaires, dressés et uniflores. Juillet. *Flles* opposées, par paires assez rapprochées, sessiles, ovales, aiguës ou sub-acuminées, sinuées-dentées en scie, glabres en dessus, poilues sur les nervures en dessous. Tige dressée, de 60 cent. ou plus de haut et frutescente à la base. Natal, 1857. (B. M. 5082.)

T. Vogeliana, Benth. *Fl.* bleu violet foncé, à gorge jaune, à peu près aussi grandes que celles du *T. erecta*, mais plus étoffées. Été. *Flles* amples, ovales ou oblongues, rétrécies ou arrondies à la base, vert foncé. Fernando-Po, 1863. Belle espèce dressée. Syn. *Meyenia Vogeliana*, Benth. (B. M. 5389.)

THUNIA, Rchb. f. — Réunis aux **Phaius**, Lour.

THUYA, Linn. (*Thuia*, ancien nom grec employé par Théophraste, sans doute dérivé de *Thus*, encens; le bois de cet arbre était brûlé comme parfum dans les sacrifices). Angl. Arbor Vitæ. On écrit parfois *Tuja*, Auct. Comprend les *Biota*, Endl. Le genre *Chamæcyparis*, Spach., est réuni aux *Thuya* par Bentham et Hooker, mais dans certains ouvrages, notamment l'*Index* du *Genera Plantarum*, il est maintenu séparé; cette distinction a été maintenue dans le présent ouvrage, au point de vue horticole. Fam. *Conifères*. — Genre important et ne comprenant cependant, selon l'opinion des auteurs, que quatre à douze espèces de beaux arbres ou d'arbustes toujours verts et rustiques ou à peu près (pour quelques-uns), habitant l'Amérique et l'Asie extra-tropicale. Fleurs monoïques; les mâles en chatons ovoïdes, très petits, solitaires et terminant des ramilles latérales; les femelles en chatons ovoïdes, oblongs ou rarement globuleux, solitaires. Cônes ovoïdes ou oblongs, rarement globuleux, dépassant rarement 12 mm. de long, composés de huit à dix écailles opposées, décurves, sessiles, oblongues, élargies à la base, épaissies supérieurement, mais non peltées, comme dans les *Cupressus*, parfois mucronulées et les extérieures seules fertiles. Graines lenticulaires, également ailées des deux côtés; cotylédons deux à cinq. Feuilles petites, opposées, squamiformes, apprimées, imbriquées quatre par quatre, toutes sub-égales ou celles des rameaux aplaties, fortement carénées. Ramilles ordinairement disposées en éventail sur les rameaux latéraux.

Les *Thuya* sont de magnifiques arbres toujours verts, rustiques, très décoratifs, surtout le *T. gigantea*, qui forme de magnifiques sujets isolés. Le *T. orientalis* est aussi très beau et s'emploie beaucoup pour faire des haies vives et surtout des abris dans les pépinières, pour protéger du soleil et des vents les arbustes délicats et en général les plantes dites de terre de bruyère. C'est l'essence qui forme les haies les plus hautes par rapport à leur faible épaisseur, les plus régulières parce qu'elle supporte facilement la tonte, les plus efficaces parce qu'elle est très touffue et aussi du plus beau vert.

Ces arbres sont peu délicats et prospèrent à peu près partout, mais les terrains profonds, fertiles et frais sont ceux où ils viennent les plus beaux.

Les *Thuya* se multiplient facilement par semis; on sème les graines au printemps, en pépinière abritée ou en terrines et sous châssis; on repique les plants en plein air et en pépinière, puis successivement une ou deux autres fois au fur et à mesure qu'ils se gênent; on les met enfin en place entre la troisième et la cinquième année. Toutes ces transplantations doivent toujours, et de même que pour toutes les autres Conifères, être faites en motte et avec soin. Pour les espèces dont on ne possède pas de graines et surtout pour les variétés horticoles, on a recours au bouturage. On fait les boutures en août, à froid, à l'aide de pousses à demi aoûtées, sous châssis et sous cloches, où elles s'enracinent facilement, mais on peut aussi les faire à

Fig. 217. — Thuya gigantea.

chaud. On greffe fréquemment en placage et sous cloches les variétés naines, panachées ou rares, en employant de préférence de jeunes semis du *T. orientalis*. (S. M.)

T. acuta, Mœnch. Syn. de *T. orientalis*, Linn.

T. chilensis, D. Don. — V. **Libocedrus chilensis.**

T. Craigana, Hort. Syn. de *T. gigantea*, Nutt.

T. Craigana, Murr. — V. **Libocedrus decurrens.**

T. dolobrata, Linn. — V. **Thuyopsis dolobrata**, Sieb. et Zucc.

T. Doniana, Hook. — V. **Libocedrus Doniana.**

T. gigantea, Carr. — V. **Libocedrus decurrens.**

T. gigantea, Nutt. * Angl. White Cedar. — *Cônes* petits, ovales, rétrécis aux deux extrémités, pendants et solitaires à l'extrémité de ramilles grêles. *Flles* opposées et disposées par paires alternes, fortement imbriquées; celles des rameaux plus espacées, décurrentes et aiguës, celles des ramilles très plates, irrégulièrement imbriquées sur quatre rangs, beaucoup plus courtes, arrondies et épineuses au sommet. Branches étalées, irrégulièrement dispersées; ramilles aplaties, courtes, grêles, flexibles et indivises. *Haut.* 15 à 50 m. Amérique du nord-ouest. Bel arbre très élégant. (G. et F. 1891, 11 mars.) Syns. *T. Craigana*, Hort. : *T. Lobbii*, Hort. : *T Menziesii*, Dougl.

T. g. atrovirens, Hort. Branches étalées, à ramilles ouvertes, larges et plates. Belle variété robuste, à feuillage vert très foncé et luisant.

T. g erecta, Hort. Variété plus dressée et beaucoup plus compacte que le type.

T. g. pumila, Hort. Variété distincte du type par son port plus diffus et toutes ses parties bien plus petites; les ramilles sont aussi plus rapprochées et d'un vert plus gai.

T. g. variegata, Hort. Belle variété à feuillage panaché.

T. japonica, Maxim, *Fl.* mâles réunies en chatons; les femelles solitaires au sommet des ramilles. *Cônes* ovoïdes, pointus, de 10 à 12 mm. de large, composés de huit-dix écailles valvaires, soudées inférieurement. *Flles* ovales, obtuses, disposées par paires opposées et fortement imbriquées sur quatre rangs le long des ramilles, vert jaunâtre et luisantes en dessus, blanc-glauque terne en dessous. Branches éparses, espacées, étalées, à ramilles disposées en éventail, alternes, à deux angles et très droites. Japon, 1861. Arbre buissonnant, pyramidal, à écorce subéreuse. Syns. *T. Standishii*, Carr. ; *Thuyopsis Standishii*, Gordon. (R. H. 1896, 160.)

T. lætevirens, Hort. — V. **Thuyopsis dolobrata lætevirens.**

T. Lobbii, Hort. Syn. de *T. gigantea*, Nutt.

T. Menziesii, Dougl. Syn. de *T. gigantea*, Nutt.

T, occidentalis, Linn.* Angl. American Arbor Vitæ; White Cedar. — *Cônes* ovales ou obovales, coniques, acuminés, dressés, de 8 mm. de long, portés sur des ramilles très courtes et mûrissant la première année. *Flles* très petites, réunies par paires opposées, ovales-rhomboïdes, obtuses, fortement imbriquées et aplaties, très apprimées le long des ramilles sur quatre rangs; celles des rameaux âgés plus espacées, aiguës, décurrentes et vert jaunâtre terne. Branches espacées, horizontales, irrégulièrement dispersées le long de la tige; ramilles étalées latéralement. *Haut.* 12 à 15 m. Amérique du Nord, 1596. Arbre ou grand arbrisseau, dont Gordon énumère dans son *Pinetum* les variétés suivantes :

T. o. alba, Hort. Sommet des jeunes ramilles blanc d'argent au printemps et pendant l'été.

T. o. argentea, Hort. Certaines ramilles de cette variété sont blanc d'argent.

T. o. aurea, Hort. Jolie variété jaune d'or uni, d'origine américaine.

T. o. compacta, Hort. Angl. Bagshot Park Arbor Vitæ. — Variété de forme conique et très compacte.

T. o. cristata, Hort. Ramilles petites, vert foncé, rapprochées, étalées, fréquemment récurvées et groupées en forme de crête de coq vers le sommet des rameaux.

T. o. densa, Hort. *Flles* régulièrement imbriquées, ovales, comprimées, vert luisant et disposées sur quatre rangs. Branches courtes, fortes, compactes, à ramilles horizontales, planes, en éventail et d'un beau vert luisant.

T. o. Elwangeriana, Hort.* *Flles* dimorphes, squamiformes, fortement imbriquées sur quatre rangs ou linéaires, aiguës et étalées. Branches sub-dressées, à ramilles grêles. Plante naine, buissonnante et compacte.

T. o. globosa, Hort. Variété formant un buisson dense et globuleux, ressemblant au type, sauf par sa taille.

T. o. gracilis, Hort. Branches longues et grêles, pendant régulièrement de tous les côtés; ramilles ouvertes, assez espacées, garnies de ramuscules assez longs, grêles et vert gai. Variété très distincte.

T. o. Hoveyi, Hort. *Flles* ovales, vert gai, fortement imbriquées. Branches nombreuses et plates; faisceaux en forme de lanière.

T. o. pendula, Hort. Branches principales pendantes, à rameaux plus fortement fasciculés ou touffus vers le sommet de celles-ci et plus pendants que dans le type.

T. o. Spæthii, Hort. Variété dont les jeunes pousses sont filiformes la première année et deviennent plumeuses la seconde. 1890. (R. G. 1890, f. 54.)

T. o. variegata, Hort. Certaines ramilles de cette variété sont jaune pâle.

T. o. Vervaeneana, Hort.* Belgian Variegated Arbor Vitæ. — Très jolie variété à ramilles grêles et dorées.

T. o. walthamensis, Hort.* Variété formant un beau buisson pyramidal, très dense et de 2 m. à 2 m. 50 de haut.

T. orientalis, Linn.* Thuya d'Orient, T. de la Chine; Angl. Chinese Arbor Vitæ. — *Cônes* ovales-elliptiques, solitaires au sommet de petites ramilles, de 12 mm. de long, composés de six écailles coriaces. *Flles* des sujets adultes très petites, disposées sur quatre rangs, ovales-rhomboïdes, aiguës, imbriquées, apprimées, décurrentes; les externes ou marginales embrassantes des deux côtés. Branches d'abord un peu verticales, puis horizontales et à la fin fastigiées; ramilles distiques, aplaties, fortement rapprochées au sommet des rameaux. Écorce brune, se détachant à la fin en lames fibreuses. *Haut.* 6 à 7 m. Chine et Japon, 1752. — Très bel arbre peu élevé, formant parfois un magnifique arbrisseau touffu et pyramidal. Syn. *T. acuta*, Mœnch. — *Biota orientalis*, Endl., est le meilleur nom au point de vue horticole. — Gordon mentionne les variétés suivantes, mais il élève la var. *pendula* au rang d'espèce.

Fig. 218. — Thuya orientalis. — Ramille fructifère.

T. o. argentea, Hort. Cette variété ne diffère de celle *variegata* que par la couleur blanche d'une partie de ses ramilles.

T. o. ascotiensis, Hort. Très belle forme panachée, dont une bonne partie des rameaux dressés est jaune d'or vif.

T. o. athrotaxoides, Hort. Plante naine, buissonnante et compacte, à ramilles curieusement contournées.

T. o. aurea, Hort. * Thuya Boule. — Rameaux courts, grêles, prenant pendant l'hiver et jusqu'au printemps une

Fig. 219. — THUYA ORIENTALIS AUREA

teinte jaune d'or. Très bel arbuste nain et compact, dépassant rarement 1 m. 20 de haut.

T. o. elegantissima, Hort. * Le sommet des jeunes pousses est jaune d'or pendant l'été et l'automne. C'est la plus belle des variétés teintées or.

T. o. falcata, Hort. *Cônes* gros. Forme très dressée, pyramidale, admirablement propre à former des haies, usage pour lequel s'en servent les Japonais.

T. o. funiculata, Hort. *Flles* petites, écartées et aiguës. Ramilles grêles, peu divisées, vert gai et peu garnies de feuilles. On croit cette forme hybride du type avec la var. *pendula*.

T. o. glauca, Hort. *Flles*, ainsi que les ramilles, couvertes d'une fine pulvérulence glauque, donnant un très bel aspect argenté à la plante.

T. o. gracilis, Hort. Diffère du type par son port dressé, beaucoup plus grêle, plus compact et par ses feuilles bien plus petites et plus aiguës. Népaul.

T. o. laxenburgensis, Hort. Autre récente variété horticole.

T. o. macrocarpa, Hort. Branches pendantes, grêles, à rameaux assez espacés, alternes, aplatis, régulièrement garnis sur les côtés de petites ramilles vert gai. Plante naine, lâche, dont l'on croit les cônes plus gros que ceux du type.

T. o. meldensis, Hort. Forme curieuse par son port compact et son feuillage aciculaire, rougissant l'hiver comme chez un *Retinospora*, dont elle a tout l'aspect. 1852.

T. o. monstrosa, Hort. *Flles* épaisses, ovales, obtuses ou rarement aiguës. Ramilles peu nombreuses, grossières, fortement contournées et souvent tétragones.

T. o. pekinensis, Hort. *Flles* très petites ; les marginales recouvrant les autres des deux côtés. *Cônes* petits, globuleux, de 12 mm. de diamètre, presque tous composés de huit écailles. Branches assez longues et un peu étalées, à rameaux grêles. *Haut.* 15 à 18 m. Pékin, 1861. Arbre magnifique.

T. o. pendula, Hort. Thuya pleureur; ANGL. Weeping Arbor Vitæ. — *Flles* réunies par paires opposées, très petites, un peu espacées, squamiformes ou ovales-lancéolées, lâchement imbriquées. Cônes globuleux ou ovales-oblongs. Branches étalées, grêles, très longues, récurvées, à ramilles filiformes, parfois fourchues et lâchement pendantes. *Haut.* 3 à 5 m. Japon. Syns. *T. pendula*, Lamb. et *Biota pendula*, Endl.

T. o. pyramidalis, Hort. Très belle variété à grande cime étroite, élevée et fastigiée, dont les feuilles et les branches sont plus robustes que dans le type. *Haut.* 6 à 9 m.

T. o. semper-aurescens, Hort. Cette variété recommandable ressemble au *T. o. aurea*, mais elle conserve sa teinte dorée pendant toute l'année.

T. o. Sieboldii, Hort. Ramilles courtes, nombreuses et vert gai. Plante naine, conique et compacte.

T. o. triangularis, Hort. Ramilles disposées en triangle, non planes ni en éventail, comme d'ordinaire.

T. o. variegata, Hort. Variété très décorative, dont les ramilles sont jaune d'or et vert régulièrement mélangés sur toutes les parties de la plante.

T. o. Zuccariniana, Hort. Forme élégante, naine et compacte, de forme globuleuse et vert gai, teinte qu'elle conserve pendant tout l'hiver.

T. pendula, Lamb. Syn. de *T. orientalis pendula*, Hort.

T. plicata, Don. *Cônes* petits, solitaires, pendants, épars et ovales-oblongs. *Flles* des sujets adultes ovales, obtuses, régulièrement imbriquées sur quatre rangs, tout à fait planes, lisses, vert gai en dessus et vert glauque terne en dessous ; celles des jeunes plantes très aiguës. Branches horizontales, un peu courtes, étalées, éparses, à ramilles allongées, droites, linéaires et régulièrement aiguës. *Haut.* 6 m. Gorges du Nootka, 1796. Arbre.

T. p. minima, Hort. Variété miniature et compacte. Sa végétation annuelle ne dépasse pas 2 cent. 1/2.

T. p. variegata, Hort. Cette variété diffère du type par une partie de ses feuilles et de ses petites frondes jaune pâle, dispersées sur toute la plante et la rendant ainsi panachée.

T. Standishii, Carr. Syn. de *T. japonica*, Maxim.

T. tatarica, Hort. *Cônes* semblables à ceux du *T. occidentalis*. *Flles* opposées par paires alternes et fortement imbriquées sur quatre rangs, obtusément ovales et un peu aplaties. Rameaux rapprochés, un peu horizontaux, presque plats, denses, compacts, en éventail et placés en deux rangées horizontales sur les petites frondes. *Haut.* 2 m. 50 à 3 m. Plante buissonnante, dense et conique, d'origine horticole. Syn. *T. Wareana*, Hort.

T. t. compacta, Hort. Nouvelle variété à port étroit, conique, compacte. 1886.

T. tetragona, Hook. — V. **Libocedrus tetragona.**

T. Wareana, Hort. Syn. de *T. tatarica*, Hort.

THUYA de la Chine. — V. Thuya orientalis.

THUYA Boule. — V. Thuya orientalis aurea.

THUYOPSIS, Sieb. et Zucc. (de *Thuya*, et *opsis*, ressemblance ; allusion aux affinités du genre avec les *Thuya*). — On écrit parfois *Thuiopsis*, Auct. Syn. *Platycladus*, Spach. pr. p. FAM. *Conifères*. — La seule espèce de ce genre est un grand et bel arbre toujours vert, que les auteurs du *Genera Plantarum* et autres ont réuni au *Thuya*, dont il ne diffère, du reste, que par de légers caractères botaniques. Pour sa culture et ses emplois horticoles, V. **Thuya**.

T. borealis, Hort. — V. **Cupressus nootkaensis.**

T. dolobrata, Sieb. et Zucc. * *Fl.* monoïques, en chatons solitaires, terminaux. *Cônes* petits, ovales, sessiles, rudes, mûrissant à la deuxième année, composés de huit à dix écailles ligneuses, persistantes, décussées, sub-orbiculaires, concaves et cunéiformes à la base; graines pourvues d'une aile membraneuse. *Flles* disposées sur quatre rangs, squamiformes, étroitement imbriquées, larges, épaisses, arrondies au sommet, imbriquées, canaliculées au milieu, vert foncé et luisant en dessus, blanches-argentées en dessous. Branches verticillées, écartées, dressées, pendantes au sommet, à rameaux bi-anguleux, très nombreux et alternes. *Haut.* 12 à 15 m. Japon. Bel arbre rustique. Syns. *Thuya dolobrata*, Thunb.; *Platycladus dolobrata*, Spach.

T. d. lætevirens, Hort. *Flles* ainsi que les ramilles très petites et d'un vert clair et luisant. Plante buissonnante, dressée, très régulière, dense, dépassant rarement à 1 m. 20 à 1 m. 50. Syn. *Thuya lætevirens*, Hort.

T. d. nidifera, Hort. Variété à ramilles plumeuses. 1890.

T. d. variegata, Hort. Forme dont une partie de ses ramilles porte des feuilles d'un jaune pâle.

T. standishii, Gord. — V. **Thuya japonica**, Maxim.

THYANA, Hamilt. — V. **Thouinia**, Poit.

THYLACANTHA, Nees et Mart. — V. **Angelonia**, Humb., Bonpl. et Kunth.

THYLACOPTERIS. — Réunis aux **Polypodium**, Linn.

THYM, Angl. Thyme (*Thymus*). — On cultive surtout, dans les jardins, pour l'usage condimentaire, le Thym commun (*T. vulgaris*), parfois le Thym citronné (Angl. Lemon Thyme. — *T. citriodorus*) et même le Thym Serpollet (*T. Serpyllum*). Le premier présente deux formes : l'une méridionale ou Thym français, à petites feuilles grisâtres et très finement aromatique; l'autre,

Fig. 220. — Thym ordinaire.

dite Thym d'hiver ou d'Allemagne, est une plante un peu plus forte, à feuilles plus larges, verdâtres, à saveur plus amère. Les sommités feuillues sont la partie utilisée, fraîche ou plus souvent sèche. Il est à peine besoin de faire remarquer que le Thym est un des assaisonnements les plus employés pour la préparation de bien des mets, surtout les ragoûts. Le Thym citronné a une saveur fine et aromatique, des plus agréables, mais il est peu répandu, au moins chez nous. Le Thym Serpollet est inférieur aux précédents.

En outre de son usage culinaire, le Thym ordinaire forme, surtout dans les terres légères et sèches, des bordures touffues et régulières, qui peuvent durer trois ou quatre ans sans qu'il soit besoin de les refaire. Une légère tonte, chaque année au printemps, suffit pour conserver à la bordure une forme régulière. La récolte du Thym pour la dessiccation doit se faire au moment de la floraison; on met les branches en petites bottes et on les fait sécher la tête en bas, à l'ombre.

Tous les Thyms aiment les terres légères, calcaires au besoin, mais surtout sèches, chaudes et bien ensoleillées. Leur multiplication s'effectue très facilement par semis ou par division. Le Thym commun prospère néanmoins dans tous les jardins et dans presque tous les sols. Le semis se fait en avril, en pépinière ou au besoin en place; dans le premier cas, on repique les plants en place lorsqu'ils sont suffisamment forts, en les espaçant de 10 à 15 cent. La division des touffes se fait également au printemps et les branches, quoique peu ou même dépourvues de racines, en émettent néanmoins facilement. On peut, du reste, leur en faire développer en les buttant légèrement un certain temps avant leur division. Ce moyen est le seul employé pour propager le Thym citronné et autres espèces ornementales qui ne produisent pas de graines. (S. M.)

THYM commun. — V. **Thym** et **Thymus vulgaris.**

THYM d'hiver. — V. **Thym.**

THYM Serpollet. — V. **Thym** et **Thymus Serpyllum.**

THYM vulgaire. — V. **Thym** et **Thymus vulgaris.**

THYMÉLÉE. — V. **Thymelæa.**

THYMELÆA, Endl. (de *Thymos*, Thym, et *Elaia*, Olivier, allusion au feuillage de la plante ressemblant à celui du Thym et à ses petits fruits qui rappellent des olives par leur forme). **Thymélée.** Fam. *Thyméléacées.* — Genre comprenant une vingtaine d'espèces de plantes herbacées et vivaces, de sous-arbrisseaux ou de petits arbustes rustiques ou demi-rustiques, habitant principalement l'est de la région méditerranéenne et s'étendant jusqu'aux îles Canaries et à la Perse; quelques-uns se rencontrent aussi dans l'Asie centrale, notamment en France et en Europe, où deux espèces, souvent réunies au *Passerina*, croissent spontanément.

Fleurs petites, sessiles à l'aisselle des feuilles, solitaires ou fasciculées, hermaphrodites ou polygames par avortement; périanthe urcéolé ou rarement (et surtout chez les fleurs mâles) à tube grêle et cylindrique, avec quatre lobes étalés; étamines quatre, à filets très courts; bractées petites. Feuilles éparses, souvent petites ou étroites.

Les deux espèces décrites ci-après sont les plus répandues dans les cultures, et encore n'y figurent-elles guère que comme plantes de collections, dans le Nord surtout, car elles ne sont pas rustiques. Dans le Midi, au contraire, elles sont cultivées en pleine terre et, par suite, plus fréquentes. Sous notre climat, il faut les cultiver en pots ou en caisses, dans un compost de bonne terre franche et de terre de bruyère en parties égales et les rentrer en orangerie pendant l'hiver.

Leur multiplication s'effectue à l'automne, par boutures de pousses latérales aoûtées, que l'on plante dans des pots remplis de terre de bruyère et qu'on place ensuite sous cloches. Pendant l'hiver, on les tient en serre froide et au printemps, époque à laquelle elles auront formé leur bourrelet, on les placera sur une douce chaleur de fond, pour exciter leur végétation et faciliter le développement des racines. Les jeunes plantes seront ensuite empotées séparément et tenues sous châssis froid, puis endurcies en les aérant fortement à l'automne, afin qu'elles s'aoûtent convenablement.

T. **hirsuta**, Endl. *Fl.* blanches, petites et réunies par deux-six en faisceaux axillaires ou terminaux et égalant les feuilles. Juillet dans le Nord et hiver dans le Midi. *Flles* petites, nombreuses, rapprochées, coriaces, ovales, presque rondes, concaves, glabres et vertes en dessus, mais fortement laineuses et blanches en dessous. Tiges de 30 à 60 cent. de haut, grêles et à rameaux fastigiés. Région méditerranéenne; France, etc. Arbuste retombant, demi-rustique ou de serre froide. Syn. *Passerina hirsuta*, Linn. (B. M. 1949; S. F. G. 360.)

T. **Tartonraira**, All. *Fl.* blanches, nombreuses, sessiles, fasciculées par deux-cinq à l'aisselle des feuilles supérieures et entourées de bractées courtes et tomenteuses, Juin. *Flles* coriaces, obovales ou obovales-oblongues, nervées, rapprochées et imbriquées vers le sommet des rameaux, duveteuses, soyeuses, bien plus longues que les fleurs, de 12 à 25 mm. de long. Branches nombreuses, divariquées et rigides. Petit arbuste rustique, soyeux-canescent et blanchâtre ou fauve. Europe méridionale; France, etc. Syns. *Daphne Tartonraira* Linn. et *Passerina Tartonraira*, DC.

THYMÉLÉACÉES. — Famille naturelle de végétaux Dicotylédones, renfermant environ quatre cents espèces réparties dans trois tribus, environ trente-huit genres et largement dispersées dans les régions tempérées, chaudes et tropicales du globe. Ce sont des arbres, des arbustes ou très rarement des plantes herbacées et annuelles. Fleurs hermaphrodites ou rarement polygames ou dioïques par avortement, régulières, capitées ou réunies en courtes grappes ou en épis, rarement solitaires; périanthe infère, pétaloïde ou rarement herbacé, persistant, à quatre ou cinq lobes ou segments imbriqués pendant leur préfloraison, égaux ou les deux internes rarement un peu plus petits; écailles en nombre égal, souvent double ou rarement triple de celui des divisions du périanthe; étamines huit, bisériées, à filets courts, filiformes et insérés sur le périanthe et à anthères à deux loges; disque hypogyne, annulaire ou en coupe; ovaire sessile ou courtement stipité, libre, uniloculaire et à un seul style parfois très court; stigmate capité; bractées variables. Le fruit est une baie, une noix ou une capsule uniloculaire et monosperme, toujours indéhiscente. Feuilles opposées, souvent alternes ou éparses, entières, parfois nombreuses et petites, parfois amples; stipules nulles. La famille des *Thyméléacées* fournit à nos jardins un assez grand nombre de belles plantes. Parmi les genres les plus importants à ce point de vue, nous citerons; *Daphne*, *Gnidia*, *Lagetta*, *Phalaria*, *Pimelea* et *Thymelæa*.

THYMUS, Linn (de *Thymos*, ancien nom grec appliqué par Théophraste à cette plante ou à la Sarriette). **Thym**; Angl. Thyme. Fam. *Labiées*. — Genre dont le nombre d'espèces varie, selon l'appréciation des différents auteurs, entre quarante et quatre-vingts ou même cent. Ce sont de petits arbustes ou des sous-arbrisseaux parfois simplement suffrutescents, habitant les régions septentrionales tempérées, mais principalement le voisinage de la Méditerranée. Fleurs petites, réunies en verticilles souvent pauciflores, espacés et axillaires ou formant de courts épis; calice ovoïde, tubuleux, à dix-treize nervures, bilabié et à lèvre supérieure, à trois dents, l'inférieure bifide; corolle à tube nu à l'intérieur et à limbe obscurément bilabié, avec la lèvre supérieure droite et échancrée; l'inférieure trifide; étamines quatre, ordinairement exsertes; verticilles souvent pauciflores, axillaires et espacés ou formant de petits épis. Feuilles petites, entières; les florales conformes ou réduites à l'état de bractées quand les feuilles sont réunies en épis.

Les Thyms sont plus utiles que décoratifs; le *T. vulgaris* forme cependant des bordures très durables; ses tiges feuillues sont, on le sait, très employées comme condiment. Les autres espèces trouvent assez avantageusement leur place dans les rocailles et les endroits secs et ensoleillés, qu'ils préfèrent du reste. Ils aiment les terres légères, mais ils s'accommodent cependant assez bien de toute terre de jardin qui n'est pas trop humide. Leur multiplication s'effectue par semis, par division ou par boutures. V. aussi **Thym**.

Diverses espèces, autrefois comprises dans ce genre, sont maintenant réunies aux **Calamintha**.

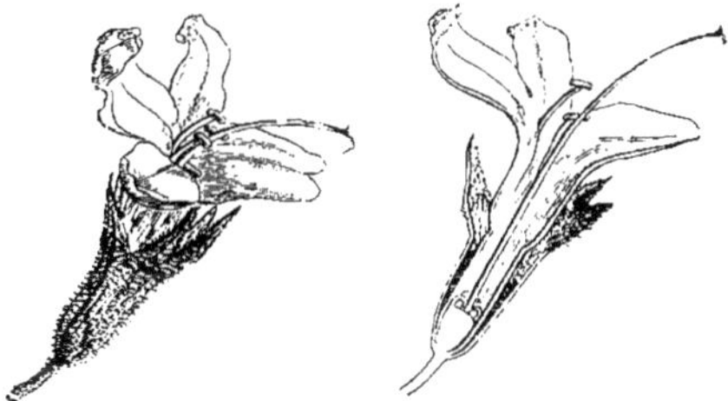

Fig. 221. — Thymus Serpyllum.
Corolles, entière et coupée longitudinalement.

T. **Acinos**, Linn. — V. **Calamintha Acinos**.

T. **alpinus**, Linn. — V. **Calamintha alpina**.

T. **Chamædrys**, Fries. *Fl.* roses ou rouges, assez grandes, réunies en faux capitules, généralement accompagnés de plusieurs verticilles séparés au-dessous du bouquet terminal. Été et automne. *Flles* ovales, elliptiques, ovales ou oblongues-elliptiques, généralement brusquement contractées en pétioles. Tiges rigides, ascendantes, légèrement ramifiées et velues sur deux faces. Europe; France, Angleterre, etc. (Sy. En. B. 1044.)

T. C. **lanuginosus**, Hort. Jolie forme remarquable par ses petites feuilles arrondies, couvertes, ainsi que les jeunes pousses, de longs poils laineux. Tiges traînantes et radicantes. Plante robuste, vigoureuse, très propre à garnir les rocailles et à former des petits tapis. Syn. *T. lanuginosus*, Schrank.

T. C. **montanus**, Waldst. et Kit. *Flles* plus grandes que celles du type. Rameaux plus longs et plus dressés. Syn. *T. nummularius*, Bieb. (B. M. 2606.)

T. **citriodorus**, Schreb. Syn. de *T. Serpyllum citriodorus*.

T. **lanuginosus**, Schrank. Syn. de *T. Chamædrys lanuginosus*, Hort.

T. **nummularius**, Bieb. Syn. de *T. Chamædrys montanus*, Waldst. et Kit.

T. **Serpyllum**, Linn. * Serpollet. Thym Serpollet; Angl. *Fl.* purpurines, de 16 à 18 mm. de long, à pédicelles très courts, réunies en petits capitules axillaires, accompagnés de bractées foliacées. Juin-août. *Flles* petites, vertes, planes, entières, obovées, de 3 à 6 mm. de long. Tiges couchées, trainantes-radicantes. Souche ligneuse. Europe, France, Angleterre, etc. (Sy. En. B. 1043.)

Fig. 222. — Thymus Serpyllum. — Serpolet.

T. S. **atropurpureus**, Backh. Plante d'un pourpre foncé. 1889.

T. S. **citriodorus**, DC. Thym citronné. — *Flles* ovales-arrondies, fortement marginées de jaune et exhalant une

Fig. 223. — Thymus serpyllum citriodorus.

agréable odeur de citron. La plante est aussi plus dressée que le type et employée pour former des bordures.

T. S. **vulgaris**, Biel. Angl. Lemon Thyme. — *Flles* plus petites et à nervures très proéminentes. Les Anglais désignent parfois cette variété sous le nom de *T. citriodorus*. V. aussi **Thym**.

T. **striatus**, Rchb. *Fl.* à calice pourvu de dents rigides et piquantes; verticilles très rapprochés et formant des bouquets oblongs. *Flles* sub-sessiles, linéaires, rigides, rétrécies à la base, glabres, ciliées; les florales largement ovales-cordiformes, striées et pubescentes. Rameaux florifères ascendants. Arbuste retombant et demi-rustique. Grèce. Syn. *T. Zygis*, Sibth. et Smith.

T. **vulgaris**, Linn. Thym commun, ordinaire ou vulgaire, Farigoule ou Barigoule ; Angl. Garden Thyme. — *Fl.* purpurines, très petites, à corolle dépassant à peine le calice et réunies en glomérules axillaires. Juin. *Flles*

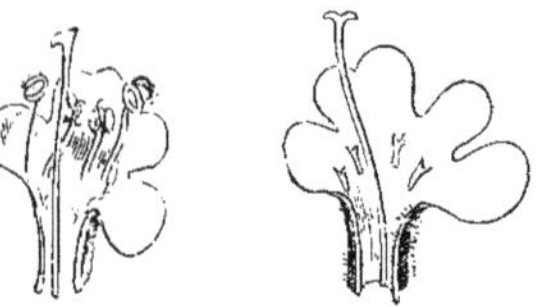

Fig. 224. — Thymus vulgaris.
Corolles ouvertes, l'une pourvue et l'autre dépourvue d'étamines et par conséquent stérile.

sessiles, de 6 à 12 mm. de long, linéaires ou ovales-lancéolées, aiguës, à bords enroulés en dessous et couvertes d'une pubescence grisâtre. Europe méridionale ; France, etc.

Fig. 225. — Thymus vulgaris.

Haut. 15 cent. Sous-arbrisseau dressé et compact. Pour sa culture et ses emplois. V. **Thym**.

T. **Zygis**, Sibth. et Smith. Syn. de *T. striatus*, Rchb.

THYRSACANTHUS, Nees. (de *thyrsos*, thyrse, et *Acanthus*, Acanthe; allusion à la forme de l'inflorescence). Angl. Thyrse Flower. Syn. *Odontonema*, Nees. Fam. *Acanthacées*. — Genre comprenant environ vingt espèces de plantes herbacées ou d'arbustes dressés et de serre chaude, habitant l'Amérique tropicale. Fleurs rouges, pédicellées, fasciculées à l'aisselle de bractées et formant des thyrses ; calice court et un peu quinquépartite, corolle à tube allongé et à limbe à quatre divisions sub-bilabiées ; étamines deux, insérées au-dessus du milieu du tube. Feuilles opposées, entières et souvent amples.

Les espèces décrites ci-après existent dans les cultures. Elles prospèrent dans un compost de terre franche et de terreau de feuilles en parties à peu près égales. Multiplication par boutures que l'on fait au printemps, de préférence séparément en godets, sous cloches et dans un châssis à multiplication. Il faut ensuite pincer les jeunes plantes pour les faire ramifier. Quelques espèces peuvent être tenues sous châssis pendant l'été, mais elles demandent la serre chaude pendant l'hiver.

T. barlerioides, Nees. *Fl.* à corolle de 2 1/2 à 4 cent. de long, glabre, à lobes ovales, obtus ; thyrses sessiles, composés de verticilles rapprochés, de 5 à 18 cent. de long, multiflores, denses, interrompus à la base ; bractées de 12 mm. de long, subulées-acuminées. *Flles* 15 à 22 cent. de long et 4 cent. 1/2 à 8 cent. de large, sessiles, courtement atténuées au sommet, bordées de dents acuminées et arquées, terminales. Tige dressée et charnue. Minas Geraes. Plante vivace et pubescente. (F. d. S. 986.)

T. bracteolatus, Nees. * *Fl.* à corolle de 12 mm. de long, pubescente-visqueuse, à lèvre supérieure bifide ; thyrses pubescents, étroits et terminaux ; bractées-lancéolées subulées ; bractéoles subulées ; pédoncules inférieurs tri- ou multiflores ; les supérieurs uniflores. Juillet-août. *Flles* oblongues-lancéolées, longuement acuminées, courtement pétiolées, glabres, luisantes, subulées, de 10 à 15 cent. de long et 2 1/2 à 5 cent. de large. Rameaux à quatre angles aigus. *Haut.* 60 cent. Nouvelle-Grenade, 1823. Arbuste. (B. M. 4441.)

T. callistachyus, Nees. * *Fl.* à sépales pubescents, acuminés-sétacés ; corolle glabre, à segments glanduleux à l'intérieur ; lèvre supérieure bilobée ; l'inférieure fortement défléchie ; inflorescence droite, nue, à axe tomenteux. Juillet-août. *Flles* oblongues, pétiolées, ridées, aiguës, tomenteuses en dessous ainsi que les rameaux. Mexique. *Haut.* 60 cent. Arbuste. (L. J. F. 165 ; L. et P. F. G. II, 53 ; R. G. 1054.) Syns. *T. lilacinus*, Lindl. et *Justicia lilacina*, Hort.

T. coccineus, Regel. Syn. de *T. strictus*, Nees.

T. indicus, — *Fl.* à calice profondément quinquépartite, avec les segments dressés ; corolle blanche, avec quelques lignes pourpres, en entonnoir, à gorge oblique et à limbe obscurément bilabié, avec les segments étalés-réfléchis ; thyrses terminaux. Avril. *Flles* opposées, d'environ 8 cent. de long, oblongues-lancéolées, à nervures pinnées, acuminées, entières, vert foncé et graduellement rétrécies à la base en courts pétioles. Tige et rameaux tétragones. *Haut.* 60 cent. Bhotan, 1857. Arbuste. (B. M. 5062.) — *Asystasia bengalensis* est maintenant le nom correct de cette plante.

T. Lemaireanus, Nees. Syn. de *T. strictus*, Nees.

T. lilacinus, Lindl. Syn. de *T. callistachyus*, Nees.

T. nitidus, Nees. *Fl.* à corolle de 12 mm. de long, légèrement bilabiée, à lobes pendants, sub-égaux, oblongs, un peu obtus et égalant environ le tube ; faisceaux de fleurs un peu espacés ; grappe ramifiée à la base. *Flles* oblongues ou oblongues-lancéolées, acuminées, de 8 à 20 cent. de long, rétrécies en courts pétioles. *Haut.* 1 m. à 1 m. 20. Indes occidentales. Arbuste. Syn. *Justicia nitida*, Jacq. (A. B. R. 570.)

T. rutilans, Planch. * *Fl.* solitaires à l'aisselle des bractées ; corolle tubuleuse, ventrue, à lobes sub-égaux, mordillés ; grappes terminales ou axillaires, de 20 à 25 cent. de long et composées de douze à seize fleurs penchées. Hiver et printemps. *Flles* sessiles, oblongues-lancéolées, acuminées, aiguës, rétrécies à la base, obscurément mordillées ou denticulées sur les bords, pâles en dessous et faiblement poilues sur les deux faces. *Haut.* 60 cent. Colombie, 1851. Arbuste. (R. H. 1889, 413.)

T. rutilans, Hort. Syn. de *T. Schomburgkianus*, Nees.

T. Schomburgkianus, Nees. * *Fl.* d'un beau cramoisi brillant, espacées-opposées, à corolle de 2 cent. 1/2 de long, avec un limbe presque régulier et des segments ovales, à peine étalés ; grappes terminales, allongées, longuement pédonculées et pubescentes-glanduleuses. Hiver et printemps. *Flles* ovales-oblongues, cuspidées-acuminées, de 20 à 30 cent. de long. Rameaux sub-tétragones, à angles lisses. *Haut.* 1 m. Nouvelle-Grenade, 1855. Arbuste. (B. M. 4851.) Syn. *T. rutilans*, Hort. (B. H. 1865, p. 97 ; F. d. S. 732 ; L. et P. F. G. III, p. 75.)

T. strictus, Nees. *Fl.* toutes fasciculées, à corolle de près de 2 cent. 1/2 de long, à limbe oblique et presque régulier et à segments oblongs, aigus ; verticilles rapprochés, apprimés ; thyrses terminaux, allongés, droits, simples, étroits, de 30 cent. de long ; bractées subulées, égalant presque les pédicelles. Février-mars. *Flles* oblongues, acuminées, aiguës à la base, courtement atténuées en pétioles. Tige simple, allongée. *Haut.* 1 m. Honduras, 1840. Arbuste glabre. (B. M. 4378.) Syns. *T. coccineus*, Regel ; *T. Lemaireanus*, Nees ; *Aphelandra longiscapa*, Hort. ; *Eranthemum coccineum*, Lem. (F. d. S. 240) ; *Justicia longiracemosa*, Hort. ; *Salpinganthus coccinea*, Hort.

THYRSANTHUS, Ell. — V. **Wistaria**, Nutt.

THYRSE. — Inflorescence en grappe, ayant son plus grand diamètre entre la base et le sommet, comme l'est celle du Lilas.

THYRSOÏDE. — En forme de thyrse.

THYRSULE. — Petits thyrses comme ceux que portent la plupart des Labiés aux aisselles de leurs feuilles.

THYRSOPTERIS, Kunze. (de *thyrsos*, grappe ou thyrse, et *Pteris*, Fougère ; allusion à la disposition en grappe des fructifications). Fam. *Fougères*. — La seule espèces de ce genre, décrite ci-après, est une belle mais très rare Fougère de serre tempérée. Pour sa culture générale, V. **Fougères**.

T. elegans, Kunze. *Stipe* arborescent. *Frondes* décomposées, atteignant 1 m. 50 à 2 m. de long, nues sur un tiers de leur longueur ; partie stérile bipinnée, à pinnules

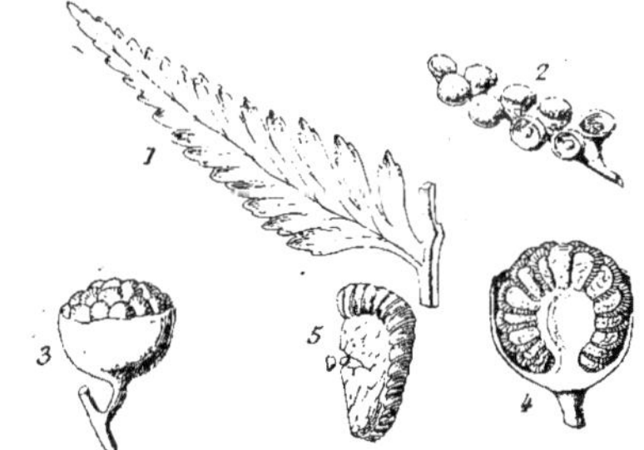

Fig. 226. — Thyrsopteris elegans.
1, pinnule stérile ; 2, pinnule fertile ; 3, sore et indusie ; 4, le même coupé verticalement ; 5, sporange déhiscent.

incisées, lancéolées ; partie fertile tripinnée, chaque pinnule devenant une grappe de sores stipités. *Sores* globuleux, à involucre en coupe. *Haut.* 5 m. Juan Fernandez, 1854.

THYSANOTUS, R. Br. (de *thysanotos*, frangé ; allusion aux trois segments internes du périanthe, qui sont élégamment frangés). Angl. Fringe-Violet, Fringe Lily. Syn. *Chlamysporum*, Salisb. Comprend les *Isandra*, Salisb. Fam. *Liliacées*. — Genre renfermant vingt-deux espèces de plantes herbacées et vivaces, toutes australiennes, mais dont une s'étend jusqu'aux îles Philippines et au sud de la Chine. Fleurs réunies en ombelles ou rarement solitaires au sommet d'une hampe aphylle ou à peu près, simple ou diversement ramifiée; périanthe persistant et marcescent, à six segments, dont les externes sont étroits et les internes pourvus de larges bords colorés et frangés; étamines six ou parfois seulement trois; bractées courtes et imbriquées. Feuilles radicales et graminiformes. Les espèces suivantes ont été introduites et sont très élégantes pendant leur période de floraison. Elles prospèrent en terre franche siliceuse et se multiplient par éclats.

T. dichotomus, R. Br. *Fl.* solitaires, géminées ou rarement ternées et en ombelles terminales; périanthe à segments pourpres; étamines six. Juillet. *Flles* radicales peu nombreuses, courtes, disparaissant de bonne heure. Tiges très variables, parfois dressées, ramifiées, de 30 à 60 cent. de haut, rarement presque volubiles. *Rhiz.* épais et fibreux. Australie, 1838. Syn. *T. intricatus*, Lindl. (B. R. 1840, 14.) — Le *T. tenuis*, Endl. n'est probablement qu'une forme réduite de cette espèce. (B. R. 1838, 50.)

T. elatior, R. Br. Syn. de *T. tuberosus*, R. Br.

T. intricatus, Lindl. Syn. de *T. dichotomus*, R. Br.

T. isantherus, R. Br. Syn. de *T. tuberosus*, R. Br

T. junceus, R. Br. * *Fl.* solitaires, géminées ou ternées, en ombelles terminales et parfois deux ou trois, sessiles le long des branches inférieures; périanthe à segments pourpres, de 12 à 15 mm. de long; étamines six. Août. *Flles* radicales peu nombreuses, étroites-linéaires, courtes, périssant rapidement. Tiges grêles, lâchement ramifiées, dressées ou flexueuses, de 30 à 60 cent. de haut, portant parfois une courte feuille près de la base. *Rhiz.* court et fibreux. Australie, 1804.

T. multiflorus, R. Br. *Fl.* à segments du périanthe pourpres; les externes très aigus; les internes un peu courts; étamines trois; hampes simples, de 15 à 50 cent. de haut, portant une seule ombelle terminale de fleurs ou parfois un second verticille inférieur. Août. *Flles* toutes radicales, en touffe dense, dressées, rigides, beaucoup plus courtes que la hampe. Souche fortement touffue, à racines fibreuses. Australie.

T. m. prolifer, Hort. Variété vigoureuse, portant une grande ombelle terminale et fréquemment une seconde en dessous, avec des feuilles dépassant parfois la hampe. Australie. Syn. *T. proliferus*, Lindl. (B. R. 1838, 8 et F. d. S. 191.)

T. proliferus, Lindl. Syn. de *T. multiflorus prolifer*, Hort.

T. tenuis, Endl. — Variété *dichotomus*, R. Br.

T. tuberosus, R. Br. * *Fl.* à périanthe pourpre, ayant parfois 15 à 18 mm. de long; étamines six; hampe dressée, rigide, arrondie, de 15 à plus de 30 cent. de haut, se ramifiant en une panicule terminale, irrégulièrement dichotome, dont chaque rameau porte une ombelle de une à quatre fleurs et parfois une latérale et sessile. Juin. *Flles* toutes radicales, peu nombreuses, étroites-linéaires, très courtes ou aussi longues que la hampe. Racines fibreuses, renflées en tubercules. Australie, 1825. Syn. *T. isantherus*, R. Br. (B. R. 655.) — Le *T. elatior*, R. Br., est une forme vigoureuse et multiflore de cette espèce.

TIARELLA, Linn. (de *tiara*, tiare ou mitre à trois couronnes; allusion à la forme des capsules). Fam. *Saxifragées*. — Genre comprenant cinq espèces de plantes herbacées, vivaces, rustiques, grêles et dressées, dont une habite l'Himalaya et les autres l'Amérique du Nord. Fleurs blanches, à pédicelles courts, grêles et réunies en épis à pédoncules nus et dressés; calice à tube court et à limbe à cinq lobes; pétales cinq et entiers; étamines dix, à filets allongés. Feuilles presque toutes radicales, longuement pétiolées, simples ou trifoliées; stipules petites et soudées au pétiole.

Le *T. cordifolia* est l'espèce la plus connue. Il prospère en toute bonne terre de jardin et convient particulièrement à l'ornement des rocailles ou à garnir le devant des plates-bandes à fleurs. Sa multiplication s'effectue facilement par division.

T. cordifolia, Linn. * Angl. False Mitre Wort. — *Fl.* blanches, petites, en épis ovales, au sommet de hampes de 15 à 30 cent. de haut; pétales ovales-lancéolés, étoilés;

Fig. 227. — Tiarella cordifolia.

étamines à filets grêles et à anthères rouge brique. Avril-mai. *Flles* toutes radicales, pétiolées, cordiformes, à cinq lobes aigus, inégalement dentées-mucronées, hirsutes en dessus et pubescentes en dessous. Souche épaisse, émettant des stolons après la floraison. Amérique du Nord, 1731. (B. M. 1589.)

T. Menziesii, Pursh. — V. **Tolmiea Menziesii**.

TIARIDIUM, Lehm. — Réunis aux **Heliotropium**, Linn.

TIBOUCHINA, Aubl. — Réunis aux **Pleroma**, D. Don.

TICOREA, Aubl. (nom du *T. fœtida* à la Guyane). Syn. *Ozophyllum*, Schreb. Fam. *Rutacées*. — Genre comprenant une demi-douzaine d'espèces d'arbres ou d'arbustes de serre chaude, habitant le Brésil et la Guyane. Fleurs blanches, blanc jaunâtre ou écarlates, à pédicelles pourvus de bractées et réunies en panicules ou en cymes terminant les ramilles ou rarement axillaires et aphylles; calice court, à quatre ou cinq lobes; corolle en entonnoir, à tube allongé et à limbe à cinq lobes ovales; disque en coupe ou urcéolé; étamines cinq à huit. Feuilles opposées ou alternes, simples ou composées de une à trois folioles entières ou garnies de ponctuations pellucides.

Les deux espèces suivantes ont été introduites. Elles prospèrent dans un compost de terre de bruyère, de terre franche et de sable. Multiplication par boutures aoûtées, que l'on fait dans du sable, sous cloches et à chaud.

T. fœtida, Aubl. *Fl.* blanches, réunies par six-sept en corymbes sessiles le long des rameaux; pétales six fois plus longs que le calice. Février. *Flles* composées de trois folioles égales, presque sessiles, exhalant une odeur désagréable quand on les froisse. *Haut.* 3 m. Guyane, 1825. Arbuste. (A. G. 277.)

T. jasminiflora, A. St-Hill. *Fl.* blanches, sessiles le long des rameaux un peu lâche de la panicule. Septembre.

Flles composées de trois folioles lancéolées, acuminées et graduellement rétrécies. *Haut.* 6 m. Brésil, 1827. Arbre.

TIGAREA, Pursh. — V. **Purshia**, DC.

TIGE ; Angl. Stem. — La tige est la partie de la plante qui, placée au-dessus des racines, dont elle est séparée par le nœud vital, supporte toute la partie aérienne, c'est-à-dire les branches, les feuilles, les fleurs, etc.

Elle est toujours présente chez les végétaux vasculaires, mais elle est parfois si réduite, si courte, qu'elle paraît absente et la plante est alors dite *acaule*, c'est-à-dire sans tige apparente, bien qu'elle existe en réalité, ainsi qu'on peut toujours l'observer au-dessus des vraies racines.

Fig. 228. — Tige arborescente de Pin.

Chez certains végétaux *Cryptogames*, tels que les Algues, les Champignons et les *Lichens*, il n'y a pas de tige ni de feuilles distinctes, ces deux organes étant remplacés par un *thalle* ou organe d'aspect foliacé et verdâtre.

La tige de la plupart des plantes s'élève verticalement ou du moins vers la lumière et, tant qu'elle reste herbacée, elle est verte par suite de la présence de la chlorophylle dans le tissu de son épiderme, lequel porte aussi des stomates. Sur sa longueur, s'insèrent des nœuds, au niveau desquels existent parfois des feuilles ou au moins des bourgeons qui s'atrophient ou se développent en rameaux, selon les circonstances.

Chez les plantes bulbeuses telles que les Lis, la tige se trouve réduite à l'état de plateau sur la partie supérieure duquel s'insèrent les écailles, puis la hampe, tandis que la face inférieure donne naissance aux racines.

Il existe aussi des tiges souterraines, qu'on nomme *rhizomes*, parce qu'elles s'allongent horizontalement à une faible profondeur et qu'elles sont dépourvues d'organes foliacés et de chlorophylle mais ces rhizomes présentent tous les caractères anatomiques des tiges véritables et, de fait, lorsqu'ils émergent de terre, ils en revêtent alors tous les caractères complémentaires.

Fig. 229. — Plante herbacée (*Listera bifolia*). La tige est la partie située sous les feuilles.

Comme on le voit, la tige est un des organes les plus essentiels des végétaux, mais revêtant les formes les plus diverses et dont l'aspect est aussi excessivement varié. En tant que dimensions, on peut se faire une idée de cette variabilité en comparant un *Centunculus minimus*, qui ne dépasse guère 15 mm., à un de ces colosses australiens, tels que l'*Eucalyptus amygdalina*, qui atteint jusqu'à 150 m. de hauteur, ou bien encore la tige grêle et filiforme du *Radiola millegrana*, au tronc énorme des *Sequoia* (*Wellingtonia*) *gigantea*, de la Californie, qui atteint chez quelques-uns des plus âgés, jusqu'à 50 m. et plus de circonférence.

Nous ne pouvons ici, faute d'espace entrer dans de plus longs détails sur les grandes différences que présentent les tiges quant à leurs dimensions, leur forme externe, leur mode de ramification et beaucoup d'autres caractères. L'examen de la plupart des très nombreuses figures qui illustrent cet ouvrage, notamment celles des articles **Agave, Cereus, Coreopsis, Fragaria, Hedera, Fougères, Palmiers, Orchidées, Pinus**, etc., le fera mieux comprendre qu'une plus longue description.

La structure anatomique n'est pas moins variable que son aspect externe, mais, après la première année de végétation, on observe deux types bien caractérisés, selon que les plantes appartiennent à l'une ou l'autre des deux grandes divisions du règne végétal : les Dicotylédones et les Monocotylédones.

Chez les *Dicotylédones*, lorsque la tige à quelques années d'existence et est devenue du bois, on voit, sur la section transversale, des anneaux concentriques représentant les couches de bois qui se sont formées chaque année et constituant ainsi par leur nombre l'âge de la plante ; les couches internes sont les plus âgées, les plus fermes et aussi les plus foncées. Il existe en outre une écorce bien définie et séparée du bois par une couche de cambium ou bois en voie de formation. La plupart des Dicotylédones sont pourvues au centre de la tige d'un tube rempli de moelle tant que celle-ci est jeune. De ce tube, partent des lignes de tissu cellulaire, qu'on nomme rayons médullaires, et qui atteignent la circonférence, coupant le bois en tranches ayant la forme de coins.

Chez les *Monocotylédones*, l'organisation de la tige est toute différente. Sur la section transversale, on ne voit pas d'anneaux concentriques, le faisceaux de fibres vasculaires sont noyés dans un tissu cellulaire, où on n'observe pas non plus de moelle ni d'écorce, pas plus du reste que de rayons médullaires, de cambium, de liber ni d'aubier. Une fois formée, la tige ne s'accroît pas en épaisseur, mais simplement en longueur.

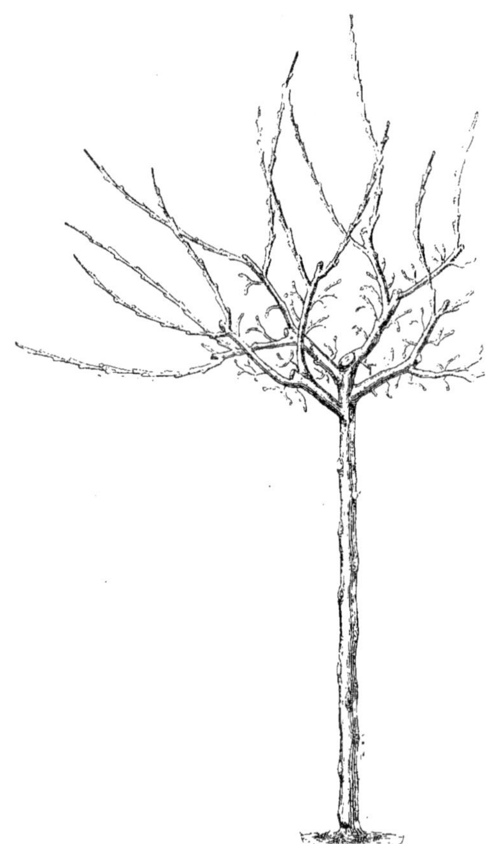

Fig. 230. — Poirier à haute tige.

Certaines formes de tiges ont reçu des noms spéciaux, qui indiquent d'une façon générale leur aspect et facilitent la compréhension des descriptions. C'est ainsi qu'on désigne généralement sous les noms de :

Caudex ou *Stipe*, les tiges simples, dressées et columnaires de certains Palmiers et des Fougères arbores-

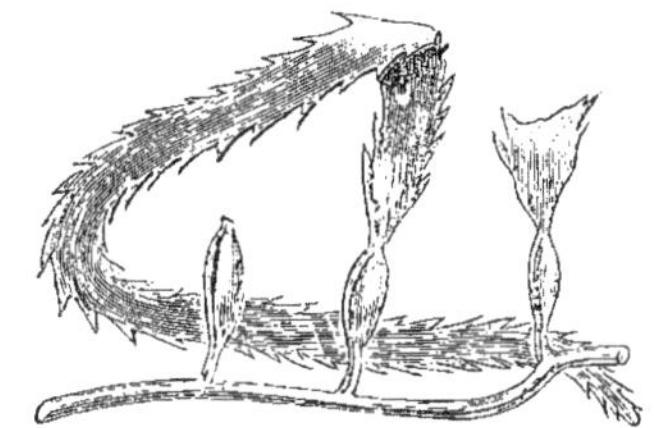

Fig. 231. — Thale d'Algue (*Macrocystis pyrifera*).

centes, souvent chargées, chez les premiers, des restants des pétioles des anciennes feuilles ou des cicatrices résultant du détachement de ceux-ci.

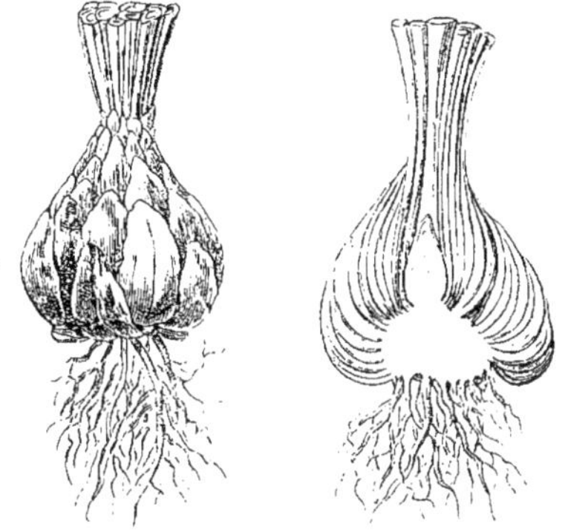

Fig. 232. — Bulbes de LILIUM, dont un coupé longitudinalement, chez lesquels la tige est réduite au plateau que supporte les écailles.

Chaume, la tige des Graminées et autres plantes voisines, pourvue de nœuds saillants, articulée et ordinairement creuses à l'intérieur.

Fig. 233. — Tiges traçantes de POTENTILLA.

Hampe, la tige simple, dressée et nue, portant à son sommet un groupe de fleurs.

Les tiges ou branches latérales, retombantes ou trainantes et parfois souterraines, ont aussi reçu des noms spéciaux qui déterminent leur position et leur nature ; les principaux sont :

Coulant ou *stolon*, les tiges grêles qui rampent à la surface du sol et émettent de distance en distance des bourgeons qui s'enracinent et forment bientôt une plante nouvelle, comme chez les Fraisiers.

Drageon, les tiges grêles et souterrains qui sortent de terre à une certaine distance du pied mère et forment alors une plante nouvelle, comme chez les *Polygonum cuspidatum* et divers *Helianthus* ;

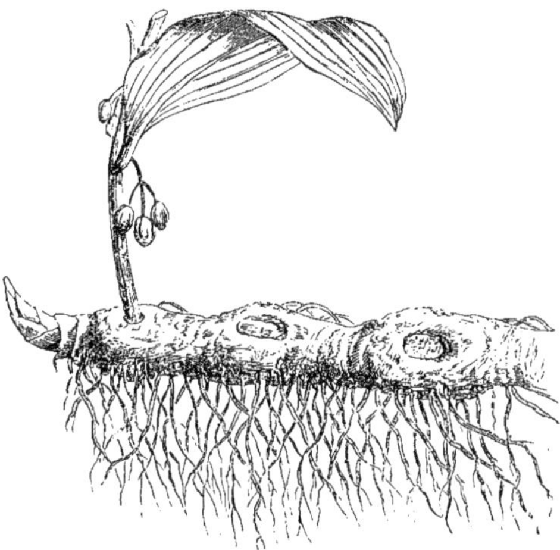

Fig. 234. — Tige rhyzomateuse de POLYGONATUM.

Rejeton, un drageon court et moins nettement caractérisé que le drageon rhizome.

Rhizome, les tiges souterraines, épaisses, charnues, présentant des écailles ou des cicatrices résultant de la disparition de celles-ci, des racines et un bourgeon terminal qui donne naissance à la tige florale et aux

Fig. 235. — Section transversale d'une tige âgée ou tronc de Dicotylédone, sur laquelle on voit la moelle, d'où partent les rayons médullaires, les zones concentriques de duramen ou bois de cœur, l'aubier ou bois blanc, le liber et l'écorce.

feuilles, lesquelles sont tantôt radicales (*Iris*), tantôt caulinaires (*Canna*).

Les tiges ou leurs ramifications sont parfois profondément modifiées et doivent ainsi remplir certaines fonctions particulières. Parmi les plus remarquables, nous citerons les épines et les vrilles. Les épines sont des branches restées courtes, mais dont le tissu ligneux s'est très développé est devenu dur, rigide et terminé en pointe, souvent acérée. Ces épines servent à protéger la plante contre la dent des animaux et divers accidents. Certains *Cratægus, Gleditschia Ononis* et beaucoup d'autres Légumineuses en fournissent d'excellents exemples.

Les vrilles de certaines plantes, notamment celles

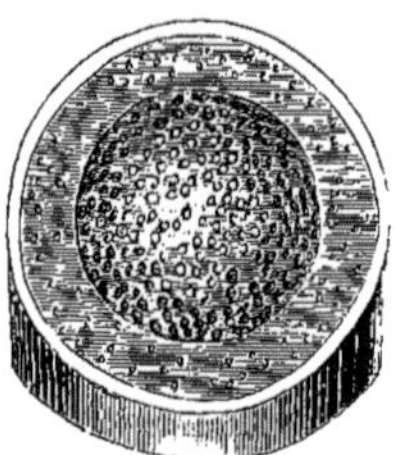

Fig. 236. — Section transversale d'une tige de Monocotylédone (Palmier) montrant la profonde différence de constitution avec celle des Dicotylédones; les faisceaux fibro-vasculaires sont épars dans un tissu cellulaire, sans apparence de couches concentriques, pas d'écorce proprement dite.

des Passiflores, des Vignes, etc., sont des rameaux grêles, avortés et doués de la faculté de s'enrouler en spirale autour des objets environnants, dans un sens déterminé pour chaque essence, pour donner un appui

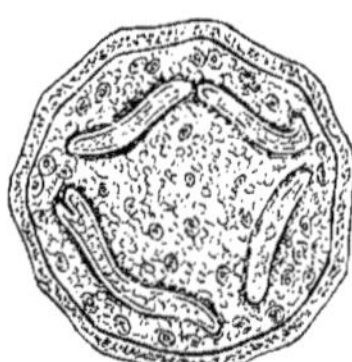

Fig. 237. — Section transversale d'un tronc ou stipe d'Acotylédone vasculaire (Fougère arborescente); les faisceaux vasculaires sont groupés en lames contournées et de couleur très foncée.

efficace aux tiges principales. Les tiges volubiles forment la transition entre les vrilles et les tiges ordinaires. (S. M.)

TIGELLE ; Angl. Stemlet. — Diminutif de tige ; petite tige.

TIGLIUM, Klotz. — Réunis aux **Croton**, Linn.

TIGRE (*Tingis*). — Nom d'un genre d'insecte de l'ordre des Hémiptères, très voisin des Kermès et ayant à peu près les mêmes mœurs. Une espèce surtout, le Tigre du Poirier (*Tingis pyri*), est très commune et excessivement nuisible à cet arbre. Le Tigre, qu'il ne faut pas confondre avec les Kermès ou Punaises des branches, se fixe sur la face inférieure des feuilles, parfois en très grand nombre, les perce de nombreux trous pour en sucer la sève. A la suite de ces piqûres, il se forme des petites galles et les feuilles ne tardent pas à jaunir, puis à tomber. L'arbre, privé de ses organes d'élaboration, ne nourrit plus ses fruits, ses pousses s'aoûtent mal et il devient rachitique s'il n'en périt pas.

A l'état adulte, le Tigre du Poirier est noir, aplati, avec les ailes blanches, très réticulées et dilatées sur les côtés, ainsi que le corselet ; les pattes sont également blanches. La larve est de même teinte, mais tachetée plus foncé.

C'est en juin, alors que la sève abonde, que cet insecte exerce ses plus grands ravages. Sa destruction

Fig. 238. — Tingis Pyri. — Tigre du Poirier.
La ligne tracée à gauche montre la grandeur naturelle de l'insecte.

est nécessaire dès qu'on constate sa présence, mais relativement difficile. On emploie à cet effet divers moyens, notamment plusieurs de ceux indiqués aux articles **Puceron**, **Kermès, Cochenille**, etc. (V. ces noms et aussi **Poirier**, Insectes.) (S. M.)

TIGRIDIA, Ker. (de *tigris*, Tigre, et *eidos*, semblable; allusion aux curieuses panachures des fleurs, rappelant l'aspect de la peau d'un Tigre). Angl. Mexican Tiger Flower, Tiger Iris. Syns. *Beatonia*, Herb. et *Hydrotænia*, Lindl. Fam. *Iridées*. — Genre comprenant, selon le *Handook of Irideæ*, de M. Baker, huit espèces, non compris les *Hydrotænia* qui, pour lui, forment un genre distinct renfermant quatre autres espèces. Toutes sont de jolies plantes bulbeuses, demi-rustiques ou de serre froide, habitant le Mexique, l'Amérique centrale, le Pérou et le Chili. Fleurs fugaces, réunies en petit nombre dans une spathe terminale ou deux à l'aisselle des feuilles florales et alors longuement et inégalement pédonculées ; périanthe rotacé, concave au centre ou campanulé chez les *Hydrotænia*, à tube nul et à six segments libres, connivents et en coupe à la base, puis étalés; les externes très larges et onguiculés; les internes beaucoup plus petits et étalés-dressés, souvent obtus et plus ou moins ondulés ; étamines à filets soudés jusqu'au sommet en tube cylindrique et à anthères linéaires et étalées-dressées ; ovaire claviforme et à trois loges multiovulées; capsule s'ouvrant en trois valves au sommet. Feuilles radicales peu nombreuses, ensiformes, étroites ou larges et fortement plissées-veinées; les caulinaires souvent au nombre de deux ou trois, plus courtes et éparses. Tige simple ou fourchue. Bulbe ovoïde, plein et entouré de tuniques brunes et membraneuses.

Les *Tigridia* sont assez généralement cultivés dans les jardins pour la grandeur et la beauté exceptionnelle de leurs fleurs; le *T. pavonia* et ses variétés, qui est un des plus beaux, est le plus répandu. Leur culture est à peu près celle des Glaïeuls de Gand, quoiqu'un peu plus rustiques, mais aussi un peu plus délicats sur la nature du sol. Dans le Midi et le centre de la France, ils peuvent passer l'hiver en pleine terre, à l'aide d'une bonne couverture, mais dans le nord il est préférable de les relever à l'automne pour les replanter de nouveau au printemps.

Les *Tigridia* demandent un endroit bien aéré et de préférence ensoleillé, bien qu'ils soient néanmoins susceptibles de prospérer à mi-ombre. En tant que sol, il leur faut une terre très légère et bien saine ou de préférence un compost de terreau de feuilles et de terre de bruyère. Les bulbes doivent être plantés au printemps, à 15-20 cent. de distance et à environ 6-8 cent. de profondeur.

Leur multiplication s'effectue par séparation des caïeux ou jeunes bulbes ainsi que par le semis. Les caïeux se plantent en pépinière, à une distance et une profondeur proportionnée à leur grosseur; ils fleurissent en général à la deuxième année.

Le semis se fait au printemps, en pots ou en terrines, sur couche et en terre de bruyère. On repique ensuite les plants en pépinière et en plein air en mai-juin, après les avoir endurcis au préalable.

Dans de bonnes conditions, quelques-uns fleurissent dès la première année, mais plus généralement, c'est à la deuxième ou même à la troisième année pour quelques-uns que leur première floraison a lieu.

T. atrata, Baker.* *Fl.* à périanthe pourpre foncé, de 4 cent. de long, avec les segments externes vert pâle et finement ponctués de purpurin et à limbe pourpre brun foncé; les internes plus courts, à onglet étroit, avec le limbe pâle et brun pourpre au sommet; spathe à deux valves de 6 cent. de long. Avril. *Flles* plissées, lancéolées, de 30 à 45 cent. de long et 4 à 5 cent. de large au milieu. Tige de 60 cent. de haut, portant deux ou trois feuilles réduites. Sud du Mexique, 1843. Serre froide.

T. bucifera, S. Wats. *Fl.* de 5 cent. de diamètre, à périanthe vert jaunâtre, ponctué de pourpre à la base, avec le limbe des segments externes obovale et pourpre, celui des internes tubuleux et plié au milieu, avec les bords dilatés, formant deux proéminences en forme de joues au-dessous du limbe; celui-ci petit, pourpre, arrondi et concave; anthères presque sessiles; spathes à deux valves inégales, de 4 à 5 cent. de long. *Flles* radicales, égalant à peu près la tige, linéaires et plissées. Tige ramifiée, de 30 cent. de haut. Monts Jalisco, Mexique, 1889. (G. et F. 1889, f. 125.)

T. conchiflora. Sweet. — Syn. de *T. pavonia conchiflora*, Hort.

T. curvata, Baker. *Fl.* à périanthe de plus de 2 cent. 1/2 de long, avec les segments externes jaunâtres et ponctués sur l'onglet et à limbe pourpre et sub-orbiculaire; les internes à limbe rouge brun et à onglet plus concave; pédoncules arqués; spathe à une valve et de 4 cent. de long. Avril. *Flles* environ trois, plissées, linéaires et d'environ 20 cent. de long. Tige grêle, d'environ 30 cent. de haut. Rea del Monte; Mexique central, 1843. Serre froide.

T. grandiflora alba, Hort. *Fl.* blanc de perle, grandes, portant à la base des segments du périanthe de grandes taches brun rougeâtre sur un fond jaunâtre. 1882. — Cette plante a le port général du *T. pavonia conchiflora*, dont on croit qu'elle est sortie.

T. lobata, — *Fl.* à périanthe jaunâtre, avec les segments externes oblongs-cunéiformes, fortement maculés de brun à la base; les internes plus étroits, pourvus au-dessus de la base d'une bande transversale. *Flles* linéaires, vertes, plissées et de 30 cent. de long. Tige de 30 cent. ou plus de haut. Pérou, 1844. Syn. *Hydrolænia lobata*, Herb.

T. lutea, Link., Klotz et Otto. *Fl.* pédicellées, odorantes, à périanthe jaune pâle, obscurément ponctué; segments externes obovales, de 2 cent. 1/2 de long à limbe orbiculaire et obscurément crénelé sur les bords; les internes de forme semblable, mais un peu plus petits, avec une bande transversale et cristalline sur les bords; spathe terminale, à deux valves et contenant cinq ou six fleurs. Juin. *Flles* ensiformes, amplexicaules et très longuement acuminées. Tige arrondie, glabre, arquée, de 20 à 25 cent. de long. Pérou, 1843. Demi-rustique. (B. M. 6295.)

T. Meleagris, — * *Fl.* semblables par leur forme et leur couleur à celles du *Fritillaria pyrenaica*, campanulées, assez longuement pédicellées et pendantes, réunies par cinq à huit à l'aisselle d'une spathe terminale, foliacée, convolutée et de 6 cent. de long; segments presque égaux entre eux, légèrement onguiculés, bordés de jaune, blanchâtres à l'intérieur, avec de petites taches pourpres; les internes

Fig. 239. — Tigridia Meleagris.

portant au-dessus de la base une large bande deltoïde et aqueuse. Printemps. *Flle* solitaire, linéaire, veinée et plissée. Tige de 30 à 45 cent. de haut, arrondie, portant un seul faisceau de fleurs. Mexique, 1838. Serre froide. Syn. *Hydrotænia Meleagris*, Lindl. (B. R. XXVIII, 39.)

T. pavonia, Ker. * Tigridie Œil de Paon; Angl. Flower of Tigris, Peacock Tiger Flower. — *Fl.* à pédicelles non

Fig. 240. — Tigridia pavonia.

exserts et réunies par une-quatre en un faisceau terminal, entouré d'une spathe de 8 à 10 cent. de long, à valves externes vertes et membraneuses; périanthe à divisions très inégales; les externes violettes à la base, zonées de jaune et mouchetées de pourpre, de 8 cent. de long et largement ovales; les internes jaune tacheté de pourpre, concaves et canaliculées dans leur partie inférieure; de 4 cent. de long, ovales, aiguës et mucronées au sommet. Juin. *Flles* nombreuses, lancéolées-ensiformes, plissées, aiguës; les radicales distiques, de 25 à 45 cent. de long et engainantes à la base. Tige cylindrique, flexueuse, feuillue et de 30 à 60 cent. de haut. Mexique, 1796. — Belle espèce demi-rustique. (A. V. B. G.) Syns., *Ferraria Pavonia*, Linn. f. (A. B. R. 178; R. L. G; L. B. C. 1424; I. H. 1891, 142); *F. Tigridia*, Keer. (B. M. 532.)

T. p. albiflora, Hort. * *Fl.* à fond d'un beau blanc pur sur lequel ressortent admirablement les panachures. (Gn. janv. 1884.)

T. p. conchiflora, Hort. *Fl.* à fond d'un beau jaune uni, tigré et maculé de pourpre. Syn. *T. conchiflora*, Sweet. (F. d. S. 908, fig. 2; S. B. F. G. 128.)

T. P. flava, Hort. *Fl.* jaunes. (Gn. 1896. part II. 1074.)

T. p. grandiflora, Hort. Variété à fleurs plus grandes que celles du type, qu'elle tend à supplanter dans les cultures. (A. V. F. 6.)

T. p. lilacea, Hort. *Fl.* grandes, à segments bigarrés de blanc sur l'onglet; les externes à limbe ample, étalé et d'un magnifique rose carminé. 1893. (Gn. 1894, part. I. 955.) Supposé hybride des *T. Pavonia* et *T. P. alba*.

T. p. rosea. Hort. *Fl.* à segments bigarrés de jaune sur l'onglet; les externes à limbe rose. Supposé hybride des *T. Pavonia* et *T. P. conchiflora*, 1893.

T. p. speciosa, Hort. *Fl.* un peu plus grandes, à fond plus foncé et plus vif que dans le type. (F. d. S. 908, fig. 1.) On en cultive une sous-variété *rubra*, Hort., à fleurs d'un rouge brillant.

T. p. Wheeleri, Hort. *Fl.* très larges, où le rouge éclatant domine.

T. p. Watkinsoni. Hort. Forme intermédiaire entre les *T. pavonia* et *T. p. conchiflora*, dont on la croit hybride. Obtenu vers 1835, mais sans doute aujourd'hui disparu des cultures.

T. Pringlei, S. Wats. *Fl.* à périanthe campanulé à la base, maculées de carmin intérieurement, à segments externes de 6 cent. de long, à onglet ample et à limbe ample, ovale, réfléchi et rouge écarlate; segments internes à onglet ample, cordiforme et à limbe très petit, ovale, aigu et non maculé; spathe cylindrique, de 8 cent. de long. Juillet-août. *Flles* deux ou trois, linéaires et plissées. Tige grêle, de 30 à 60 cent. de haut, simple et uniflore. Bulbe petit, à racines fusiformes. Sud du Mexique, 1888. (G. et F. I, 1888; B. M. 7089.)

T. Van-Houttei, Roelz. * *Fl.* naissant de spathes terminant les rameaux de la hampe; périanthe campanulé, d'environ 4 cent. de diamètre, à segments externes amples, oblongs, très obtus, jaunes, avec une large tache basale et des veines marginales pourpres, verdâtres à l'extérieur; les internes de moitié plus courts, sub-orbiculaires, lilas pâle et moins fortement veinés de pourpre; spathes vertes, ventrues, de 5 cent. de long. Mai. *Flles* peu nombreuses, ensiformes, lancéolées, plissées-veinées; les inférieures de 30 cent. de long et 2 cent. 1/2 de large au milieu; les supérieures plus courtes. Tige de 60 cent. à 1 m. de haut. Sud du Mexique, 1875. Serre froide. (F. d. S. 2174.) Syns. *Beatonia Van-Houttei*, Klatt, et *Hydrotænia Van-Houttei*, Baker.

T. violacea, Schiede. *Fl.* à périanthe violet, pendant, avec le limbe des segments externes rose pourpre et l'onglet blanc, ponctué de rose pourpre et de 18 mm. de long; segments internes de forme semblable mais plus petits, défléchis, blancs, ponctués au milieu; spathes à deux valves lancéolées, de 5 cent. de long et renfermant trois ou quatre fleurs. Mai. *Flles* basales deux ou trois, plissées-veinées, linéaires, de 20 à 35 cent. de long. Tige arrondie, grêle, dressée, de 20 à 35 cent. de haut, ramifiée-dichotome supérieurement. Sud du Mexique, 1838. Serre froide. (F. d. S. 998.) Syn. *Beatonia purpurea*, Herb.

TILESIA, G. F. Mey. — V. **Wulffia**, Neck.

TILIA, Linn. (ancien nom latin de ces arbres, employé par Virgile et Pline). **Tilleul**; Angl. Lime-tree, Linden. Fam. *Tiliacées*. — Genre comprenant environ douze espèces de grands et beaux arbres d'ornement, rustiques, à feuilles caduques et couverts d'une pubescence simple ou étoilée, habitant l'Europe, l'Asie tempérée et l'Amérique septentrionale. Trois espèces croissent spontanément chez nous et une en Angleterre. Fleurs blanches ou jaunâtres, petites et de peu d'effet, réunies en petites cymes axillaires et terminales, à longs pédoncules soudés sur la moitié de la longueur de la grande bractée foliacée qui les accompagne; calice à cinq sépales caducs; pétales cinq, nus ou portant des écailles pétaloïdes sur leur face interne; étamines nombreuses, libres ou irrégulièrement réunies en faisceaux; ovaire globuleux, velu et à cinq loges. Fruit globuleux, nuciforme, indéhiscent et renfermant une ou deux graines. Feuilles alternes, pétiolées, souvent obliquement cordiformes et à bords dentés.

Les fleurs des Tilleuls sont très riches en matières sucrées, que les Abeilles sucent avidement; le miel qu'elles en fabriquent est de qualité supérieure. Les Tilleuls constituent ainsi des arbres mellifères au plus haut degré; leurs fleurs possèdent en outre des propriétés calmantes bien connues, qui les font beaucoup employer en infusions, comme remède populaire contre les indispositions légères. La partie interne de l'écorce ou liber de plusieurs espèces fournit une fibre assez résistante, qu'on emploie à différents usages industriels, notamment à fabriquer des cordes, des liens et surtout des nattes dites de « Russie » qui servent aux emballages. Le bois des Tilleuls et en particulier celui des *T. platyphyllos* et *T. vulgaris* est léger, d'un beau blanc très uniforme et utilisé pour fabriquer divers objets, notamment des instruments de musique, pour les ouvrages de tour et surtout pour la gravure sur bois.

La plupart des espèces de ce beau genre sont cultivées comme arbres d'ornement.

Emplois horticoles. — Les Tilleuls ont un port régulier, élancé, touffu et une végétation assez rapide. On les emploie beaucoup pour former des avenues, des salles d'ombrage et aussi comme arbres isolés ou dispersés dans les futaies des grands parcs. Ils se prêtent facilement à la taille et prennent sans difficulté les formes qu'on leur assigne, une fois celle-ci obtenue, il n'y a plus qu'à les tondre chaque année; on en forme ainsi de magnifiques et immenses rideaux de verdures, des berceaux, etc. Le Tilleul argenté (*T. argentea*) est une, sinon la plus belle des espèces du genre, à cause de son feuillage ample et abondant d'une belle teinte blanchâtre et à reflets argentés sur la face supérieure, qu'il laisse facilement voir lorsque le vent l'agite, formant alors un contraste saillant avec le vert de la face supérieure ou celui des arbres environnants. C'est le plus beau et le meilleur à employer comme arbre isolé.

Culture et multiplication. — Les Tilleuls aiment les bonnes terres profondes, fertiles et un peu fraîches. Dans les sols secs et médiocres, ils y vivent tout de même, mais ils n'atteignent jamais de grandes dimensions et ils perdent leurs feuilles plus tôt que la plupart des autres arbres. Les Tilleuls habitant, à l'état spontané plutôt les plaines que les montagnes, il ne faut pas les planter dans les endroits très exposés aux intempéries. Ils supportent la transplantation alors qu'ils sont déjà très forts, mais il faut alors couper les racines à 1 m. ou 1 m. 20 de distance du tronc, c'est-à-dire les cerner un an avant de les déplanter, afin d'arrêter l'exubérance de leur végétation et d'obliger les racines à émettre du chevelu.

Les Tilleuls se multiplient facilement et à l'aide de divers procédés. Généralement, on les propage par marcottes que l'on fait à l'automne et pendant l'hiver; elles s'enracinent pendant le cours de l'année et peuvent ainsi être sevrées à l'automne suivant. Les graines, surtout celles des espèces étrangères, mûrissent difficilement dans le nord. Lorsqu'on en possède, il faut les semer ou de préférence les mettre en stratification dès qu'elles sont récoltées. Leur germination est lente et par suite la multiplication à l'aide de ce procédé est peu employée. Du Hamel de Monceau dit que « lorsque les jardiniers français ont besoin de jeunes Tilleuls, ils coupent un vieil arbre au niveau du sol; il émet alors un grand nombre de jeunes pousses qu'ils buttent avec de la terre, et au bout de un, deux ou trois ans, ces pousses sont bien enracinées et suffisamment fortes et hautes pour être plantées immédiatement là où ils doivent rester ». Ce procédé, qui n'est autre que le marcottage en cépée, c'est-à-dire le marcottage réduit à sa plus simple expression est en effet employé de nos jours chez nous, en Belgique et probablement ailleurs, non seulement pour le Tilleul mais aussi pour l'Orme et diverses autres essences.

La greffe est beaucoup employée par les pépiniéristes pour multiplier les différentes variétés horticoles à feuillage découpé ou panaché, ainsi que certaines espèces qui croissent ainsi plus vigoureusement que lorsqu'elles sont franches de pied. On se sert comme sujet des espèces communes, telles que les *T. platyphyllos* et *T. vulgaris*.

Insectes et maladies. — Parmi les insectes qui attaquent les Tilleuls, quelques-uns seulement sont suffisamment nuisibles pour qu'il soit nécessaire d'en parler ici.

L'écorce et le bois sont exposés aux attaques de divers Coléoptères, mais les arbres vigoureux en souffrent rarement.

Les Chenilles de divers Papillons, presque tous de petite taille, déparent souvent le feuillage, en réunissant les feuilles plusieurs ensemble dans une toile ou en les enroulant en tube pour les dévorer ensuite à leur aise et à l'abri. La plus nuisible est la **Phalène hyémale** (V. ce nom et aussi **Hybernia**), dont la femelle est dépourvue d'ailes ou n'en présente du moins de si petites qu'elles lui sont absolument inutiles pour le vol.

On peut diminuer le nombre de ces chenilles en secouant les branches des arbres, en récoltant les feuilles empaquetées ou mieux encore en mettant pendant l'automne et l'hiver un obstacle, tel qu'un anneau de goudron liquide à la base du tronc, afin d'empêcher les femelles d'aller pondre leurs œufs dans la ramure.

Les parties jeunes des Tilleuls sont souvent envahies par des galles. La *Cecidomyia floricola* forme les siennes sur les rameaux ou sur les pétioles; elles ont la grosseur et la forme d'un petit pois et renferment toutes un ver au centre.

Les feuilles sont souvent aussi infestées par des Mites du genre *Phytoptus*. Ces Mites sont extrêmement petites et demandent un fort grossissement pour les apercevoir, mais le genre *Phytoptus* se distingue facilement des autres Mites en ce que les individus de cette espèce n'ont que quatre pattes au lieu de six. Les Mites ne présentent pas beaucoup de caractères qui permettent de les distinguer facilement entre elles, mais leurs galles ont une forme et un aspect très constants, qui permettent de les reconnaître à coup sûr.

Sur les feuilles des Tilleuls, on peut en trouver au moins trois bien distinctes les unes des autres. La première est très commune et ressemble à des petits clous, d'où son nom anglais « Nail Gall » et en latin on la désigne sous celui de *Ceratoneon extensum*. Fréquemment, plusieurs de ces galles se trouvent réunies sur la même feuille. La deuxième galle est petite, de forme arrondie, dure et verruqueuse, insérée à l'angle de bifurcation des plus grosses nervures, tandis que la troisième forme, sur la face inférieure des feuilles, des taches veloutées, de 6 à 18 mm. de diamètre et ressemblant tellement à un Champignon qu'on l'a autrefois nommée *Erineum tiliaceum*. Ces taches sont composées de filaments tissés par les Mites et dans lesquels elles vivent; leur teinte est d'abord blanche, mais elles finissent par devenir brunes.

Ce n'est guère que lorsque ces galles deviennent excessivement nombreuses qu'on peut les considérer comme nuisibles aux arbres; ce qui est fort heureux, car les moyens de les détruire font à peu près défaut. Le plus pratique, si toutefois on peut l'appliquer, est de couper les rameaux qui portent des galles et cela dès qu'on constate la présence de celles-ci, afin d'éviter qu'elles ne se multiplient; il va sans dire qu'il est nécessaire de brûler toutes les parties qu'on aura supprimées.

T. alba, Hort. (non Ait). Syn. de *T. argentea*, Desf.

T. a. pendula, Hort. Syn. de *T. petiolaris*, DC.

T. americana, Linn. Tilleul d'Amérique; Angl. American Baswood ou Witewood. — *Fl.* blanc jaunâtre, à pétales tronqués et crénelés au sommet, égalant le style et pourvus d'écailles. Juillet-août. *Fr.* jaunes, égalant un gros pois. *Flles* profondément cordiformes, brusquement acuminées, finement dentées, un peu coriaces, glabres, devenant blanc jaunâtre en se décomposant. *Haut.* 18 à 20 m. Amérique du Nord, 1752.

T. a. pendula, Koch. Syn. de *T. petiolaris*, DC.

T. a. pubescens, Hort. Syn. de *T. pubescens*, Ait.

T. argentea, Desf.* Tilleul argenté; Angl. White ou Silver Lime. — *Fl.* blanc jaunâtre, très odorantes, à pétales pourvus chacun d'une écaille à la face interne. Juin-août. *Fr.* jaunes, visiblement sillonnés. *Flles* cordiformes, un peu acuminées, presque inégales à la base, dentées en scie, lisses et vertes en dessus, mais tomenteuses et argentées en dessous et à pétiole quatre fois plus court que le limbe. *Haut.* 10 à 15 m. Europe orientale, Hongrie,

1767. Syn. *T. alba*, Hort. non Ait. (W. D. B. 71.) Très bel arbre vigoureux et d'un beau rapport.

T. a. orbicularis, Carr. *Flles* épaisses, coriaces, orbiculaires ou rhomboïdes, cordiformes à la base et argentées en dessous. Branches pendantes.

T. a. pendula, Hort. Syn. de *T. petiolaris*, DC.

T. cordata, Mill. Tilleul des bois, T. à petites feuilles. — *Fl.* blanc jaunâtre, à pétales dépourvus d'écailles à leur base. Eté. *Fr.* pubescents-crustacés, globuleux ou ellipsoïdes et faiblement sillonnés. Eté. *Flles* glabres, glauques et pubescentes à l'aisselle des nervures de la face inférieure. Europe, France, Angleterre et jusqu'en Sibérie. —

Fig. 241 — Tilia cordata.
Inflorescences, florifère et fructifère. fleur coupée longitudinalement.

Petit arbre à feuilles généralement plus petites que celles des *T. platyphyllos* et *T. vulgaris*; c'est aussi celui des trois dont la floraison est la plus tardive. On le trouve dans les bois ; les Anglais le considèrent comme vraiment indigène chez eux. Syns. *T. microphylla*, Vent. ; *T. parvifolia*, Ehrh. (Sy. En. B. 287); *T. sylvestris*, Desf et *T. ulmifolia*, Scop. (G. et F. 1889, part. II, 111.)

T. dasystyla, Stev. *Fl.* à partie inférieure du style pyramidale, tomenteuse et persistante à l'état de pointe. Été. *Flles* amples, obliquement tronquées à la base ou parfois sub-cordiformes, légèrement velues en dessous et barbues à l'aisselle des nervures. Bourgeons glabres. *Haut.* 10 à 20 m. Sud de la Tauride, 1884.

T. europæa, Linn. Syn. de *T. platyphyllos*, Scop. et *T. vulgaris*, Hayne.

T. e. laciniata, Hort. Syn. de *T. platyphyllos asplenifolia*.

T. e. variegata, Hort. Syn. de *T. vulgaris variegata*, Hort.

T. grandifolia, Ehrh. Syn. de *T. platyphyllos*, Scop.

T. heterophylla, Vent. Angl. American White Basswood -- *Fl.* jaune verdâtre, peu nombreuses et en cymes lâches ; pétales obtus et crénulés. Juillet-août. *Flles* de 10 à 20 cent. de diamètre, très obliques, plus ou moins cordiformes, brusquement acuminées, vertes et un peu luisantes en dessus, veloutées-tomenteuses. très blanches et visiblement veinées en dessous. *Haut.* 10 à 15 m. Amérique du Nord, 1811.

T. intermedia, DC. Syn. de *T. vulgaris*, Hayne.

T. microphylla, Vent. Syn. de *T. cordata*, Mill.

T. Miqueliana, Max. Nouvelle espèce voisine du *T. argentea*. Europe orientale. (G. et F. 1893. part. II, f. 19.)

T. parvifolia, Ehrh. Syn. de *T. cordata*, Mill.

T. petiolaris, Desf. * *Fl.* vert jaune, avec cinq écaille pétaloïdes insérées entre les étamines. Juillet. *Fr.* déprimés globuleux, à cinq lobes, verruqueux et de 8 mm. de diamètre. *Flles* vert pâle en dessus. blanches et pubescentes-incanes en dessous, à pétioles aussi longs que le limbe ou plus long que lui. Ramilles pendantes et feuillues. Tronc dressé. *Haut.* 15 m. Crimée? Cette espèce ressemble beaucoup au Tilleul argenté, mais on la reconnaît facilement à ses pétioles beaucoup plus longs et à ses fruits verruqueux. (B. M. 6737.) Syns. *T. alba pendula*, Hort. ; *T. americana pendula*, Hort., et *T. argentea pendula*, Hort.

T. platyphyllos. Scop. * Tilleul de Hollande. — *Fl.* blanc jaunâtre, à pétales dépourvus d'écailles à leur base. Juin. *Fr.* obovales, globuleux, à trois-cinq nervures proéminentes à la maturité. *Flles* amples, arrondies-cordiformes, inéquilatérales, aiguës, concolores, duveteuses parfois sur les deux faces mais toujours sur l'inférieure. *Haut.* 20 à 25 m. Europe ; France, Angleterre, etc. Cette espèce fleurit la première. (G. et F. 1889, part. II, f. 109.) Syns. *T. europæa*, Linn. (pr. p.); *T. grandifolia*, Ehrh. (Sy. En. B. 285.)

T. p. asplenifolia, Hort. *Flles* curieusement laciniées. L'arbre est cependant moins vigoureux et moins élevé que le type. Syns. *T. europæa laciniata*, Hort. *T. p. laciniata*, Hort.

T. p. aurantia. Hort. Variété dont l'écorce des jeunes rameaux est jaune orangé.

T. p. Blechiana, Hort. *Flles* très grandes. Variété distincte et vigoureuse, d'origine horticole.

T. p. corallina, Hort. Jeunes rameaux devenant d'un rouge intense pendant l'hiver.

T. p. laciniata, Hort. Syn. de *T. p. asplenifolia*, Hort.

T. p. macrophylla, Hort. *Flles* excessivement grandes.

T. p. pendula, Hort. Rameaux pendants.

T. p. pyramidalis. Hort. Port distinctement pyramidal.

T. p. vitifolia, Hort. * Jolie variété à feuilles profondément dentées, presque lobées. Syn. *T. vitifolia*, Hort.

T. pubescens, Ait. *Fl.* jaune pâle. Juin. *Flles* de 8 à 10 cent. de diamètre, pubescentes, un peu plus pâles sur la face inférieure quand elles sont jeunes, mais prenant à la fin la même teinte, sur les deux faces et bordées de dents larges et courtes. Syn. *T. americana pubescens*.

T. ulmifolia, Scop. Syn. de *T. cordata*, Mill.

T. sylvestris, Desf. Syn. de *T. cordata*, Mill.

T. vulgaris, Heyne. * Tilleul commun ; Angl. Lime, Lin. Linden ou Lime tree. — *Fl.* blanc jaunâtre, à pétales dépourvus d'écailles à la base. *Fr.* ligneux, pubescents et non sillonnés à la maturité. Eté. *Flles* glabres en dessus et pubescentes en dessous à l'aisselle des nervures. Europe, Caucase ; France, etc., naturalisé en Angleterre. Cette espèce fleurit lorsque la floraison du *T. platyphyllos* est presque passée. Syns. *T. europæa*, Linn. (pr. p.) et *T. intermedia*, DC. (Sy. En. B. 286.)

T. v. variegata, Hort. Cette variété ne diffère du type que par ses feuilles maculées de blanc crème. Syn. *T. europæa variegata*, Hort.

T. vitifolia, Hort. Syn. de *T. platyphyllos vitifolia*, Hort.

TILIACÉES. — Famille naturelle de végétaux Dicotylédones, renfermant environ quatre cent soixante-dix espèces réparties en cinquante et un genres, sept tribus et dispersées sur toute la surface du globe. Ce sont des arbres, des arbustes ou des plantes herbacées, annuelles ou vivaces, rustiques ou de serre. Fleurs régulières, hermaphrodites ou rarement unisexuées, axillaires ou terminales et souvent réunies en petites cymes ; calice à cinq sépales libres, rarement trois ou quatre et alors libres et soudés ; pétales en nombre égal, moins nombreux ou nuls, libres, alternes avec les sépales, insérés autour du thalamus ou réceptacle, entiers ou incisés, à préfloraison diversement imbriquée, contournée, induplíquée ou valvaire ; étamines en nombre ordinairement indéfini, hypogynes, libres ou courtement soudées en anneau et formant cinq à dix faisceaux ; anthères à deux loges ; ovaire libre, sessile, à cinq loges biovulées et à style simple, divisé supérieurement en cinq branches stigmatiques. Fruit ligneux, indéhiscent, à cinq-dix loges ou une-deux par destruction des cloisons et poly-, di- ou monosperme. Feuilles alternes, opposées ou à peu près chez quelques espèces, penniveinées ou palmativeinées, entières, dentées ou rarement lobées, stipules géminées, ordinairement petites et caduques, rarement grandes et persistantes ou parfois même entièrement nulles.

Les Tiliacées présentent certaines propriétés économiques. Les espèces du genre *Tilia* fournissent un bois industriel, beaucoup de miel aux Abeilles, des fleurs calmantes, très employées en infusion, et enfin une fibre grossière, mais néanmoins utilisée pour faire des nattes, des cordages, etc. La Jute est la fibre que fournit le *Corchorus capsularis*, son usage s'est répandu dans ces temps derniers au point qu'elle rivalise aujourd'hui avec le chanvre sur le marché anglais, il s'en importe chaque année plusieurs milliers de tonnes des Indes.

Parmi les genres de Tiliacées, les plus intéressants au point de vue horticole, nous citerons les : *Aristotelia*, *Corchorus*, *Prockia*, *Tilia*, *Triumfetta*, etc.

TILIACORA, Colebr. (son nom au Bengale). Syn. *Braunea*, Willd. pr. p. Fam. *Ménispermacées*. — La seule espèce de ce genre est un arbuste toujours vert et de serre chaude. Il prospère dans un compost de terre franche siliceuse et de terre de bruyère. On le multiplie par boutures, qui s'enracinent rapidement dans du sable, sous cloches et à chaud.

T. racemosa, Colebr. *Fl.* jaunes, réunies en panicules axillaires, de 15 à 30 cent. de long, canescentes, mais à la fin glabres, à rameaux de 2 cent. 1/2 de long ; les mâles à trois-sept fleurs ; les femelles simples et uniflores. Mai. *Fr.* drupacé, de 12 mm. de long, obovoïde, pédonculé, subcomprimé et rouge. *Flles* de 8 à 15 cent. de long, ovales, acuminées, glabres, aiguës, tronquées, arrondies ou subcordiformes à la base, minces et à bords ondulés ; pétioles de 1 1/2 à 2 cent. 1/2 de long. Indes orientales, 1820.

TILLÆA, Linn. dédié à M. A. Tilli, botaniste italien ; 1653-1740). Comprend les *Bulliarda*, DC. Fam. *Crassulacées*. — Genre renfermant environ vingt-six espèces de plantes herbacées, aquatiques ou terrestres et largement dispersées dans les régions tempérées et tropicales du globe. Fleurs blanches ou rougeâtres, petites et diversement disposées. Feuilles opposées, cylindriques, subulées ou planes et entières. Deux espèces, les *T. muscosa*, Linn. (Angl. Redshanks) et *T.* (*Bulliarda*) *Vaillantii*, Willd., croissent spontanément en France et la première aussi en Angleterre, mais ces espèces, comme du reste celles qui ont été introduites, ne présentent qu'un intérêt purement botanique.

TILLANDSIA, Linn. (dédié à Elias Tillands, botaniste suédois et professeur de médecine à l'Université de Abo). Syn. *Renealmia*, Plum. Comprend les *Allardtia*, Dietr. ; *Anoplophytum*, Beer ; *Bonapartea*, Ruiz et Pav. ; *Cyathophora*, Baker ; *Conostachys*, Baker ; *Diaphoranthema*, Beer ; *Phytarrhiza*, Visian ; *Platystachys*, Beer ; *Pityrophyllum*, Beer ; *Pseudo-Catopsis*, Baker ; *Strepsia*, Nutt. ; *Vriesia*, Lindl. et *Wallisia*, Regel. Fam. *Broméliacées*. — Très grand genre dans lequel les auteurs du *Genera Plantarum* ont distingué environ cent vingt espèces, tandis que Durand, dans son *Conspectus*, en indique environ deux cent vingt et M. Baker, dans son récent *Handbook of Bromeliaceæ* en décrit trois cent vingt-trois.

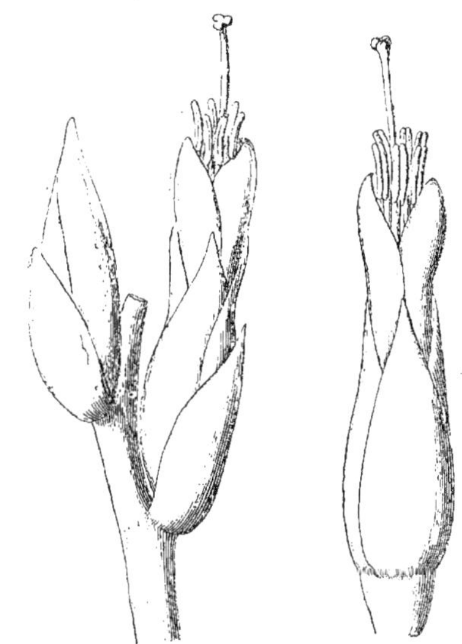

Fig. 212. — Tillandsia. — Partie d'inflorescence et fleur détachée. (D'après le Dr F. Heim.)

Ce sont de très belles plantes herbacées, épiphytes ou aimant les rocailles, très rarement terrestres, glabres ou souvent plus ou moins lépidotes-furfuracées, de serre chaude ou tempérée, habitant toutes l'Amérique tropicale ou sub-tropicale. Fleurs blanches, jaunes ou violet pourpre, solitaire à l'aisselle de bractées et réunies en épis terminaux, simples ou ramifiés, rarement solitaires au sommet des pédoncules; sépales libres ou à peu près jusqu'à la base, rigides, oblongs et souvent imbriqués; pétales libres, caducs, à onglet dressé, connivent en tube et à limbe étalé, nu ou muni à la base de deux écailles; étamines hypogynes, à filets filiformes, libres ou soudés à la base des pétales, plus courts ou plus longs qu'eux et à anthères linéaires ou oblongues-linéaires, dorsifixes; bractées variables. Capsule oblongue ou linéaire et à trois valves septicides. Feuilles ordinairement réunies en rosette dense, étroites, entières, épaisses et fortement lépidotes ou minces et presque nues.

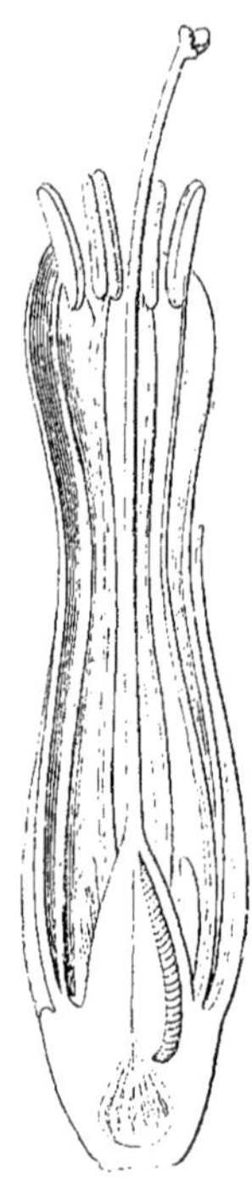

Fig. 243. — TILLANDSIA. — Fleur coupée longitudinalement. (D'après le Dr F. Heim.)

A l'état spontané, la plupart des espèces de ce genre croissent en épiphytes sur les arbres, mais en culture, il est préférable de cultiver la majorité des *Tillandsia* en pots, sauf toutefois ceux, tels que les *T. bulbosa*, *T. Gardneri*, *T. ixioides* et *T. usneoides* (Fille de l'air; ANGL. Old Man's Beard), ce dernier surtout ne pourrait être cultivé en pots, car il n'a pas de racines et n'a, par suite, pas besoin de terre. Ilfaut les fixer sur des morceaux de liège ou de bois tendre, avec un peu de sphagnum pour abriter leurs quelques racines.

Cultivées en pots, les espèces les plus volumineuses, telles que les *T. corallina*, le gigantesque *T. regina* et le *T. splendens* demandent une terre forte, telle que la bonne terre franche fibreuse, additionnée de terreau ou un mélange de terre franche, de terre de bruyère et de terreau.

Le *T. Lindeni* et toutes les espèces de la section *Vriesia* demandent un mélange de terre franche, de terre de bruyère et de terreau de feuilles, additionné d'un peu d'os brisés. Les espèces graminiformes, dont les *T. angustifolia* et *T. virginalis* sont des exemples, peuvent être cultivées dans la terre de bruyère et le sphagnum.

Tous les *Tillandsia* aiment la pleine lumière, une

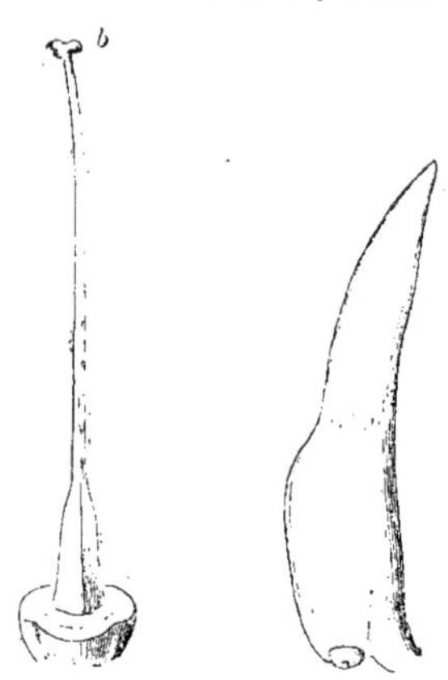

Fig. 244. — TILLANDSIA.
a. Ovaire et style; *b*. Ovule (grossie).

température élevée pendant l'été, des arrosements copieux (bien que la terre ne doive pas être saturée d'eau), ainsi que des seringages appliqués deux fois par jour. Pendant l'hiver, il ne faut pas laisser la terre se sécher, mais il convient de suspendre les arrosements.

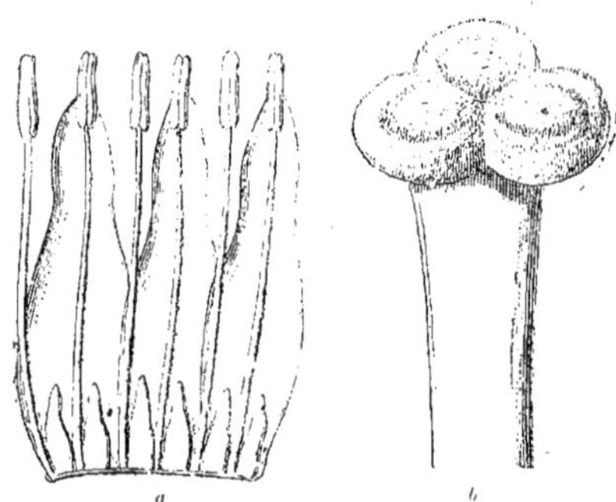

Fig. 245. — TILLANDSIA.
a. Corolle fendue et étalée; *b*. Style et stigmates (très grossis).

Peu de plantes et surtout de Broméliacées sont plus belles que les *Tillandsia*, surtout lorsqu'ils sont en bonne santé et qu'ils portent leurs épis de fleurs à bractées richement colorées. Parmi les plus beaux à ce dernier point de vue, nous citerons surtout le *T. Lindeni*, qui n'a peut-être pas d'égal, puis les *T. carinata*, *T. Morreni*, *T. psittacina* et *T. splendens*.

Leur multiplication s'effectue par semis et principalement par séparation de leurs rejetons. Il faut les laisser atteindre une assez forte taille avant de les détacher du pied mère, puis les empoter séparément dans des pots n'ayant que les dimensions strictement nécessaires pour les contenir et employer, pour leur empotage, un compost de terre franche, de terre de bruyère et de terreau de feuilles. Il ne faut pas étouffer ces rejetons dans un châssis à multiplication, dans le but de les faire enraciner, mais les tenir simplement dans la serre à multiplication, modérément humides et bien ombragé. Le printemps est la meilleure époque pour les détacher des pieds mères.

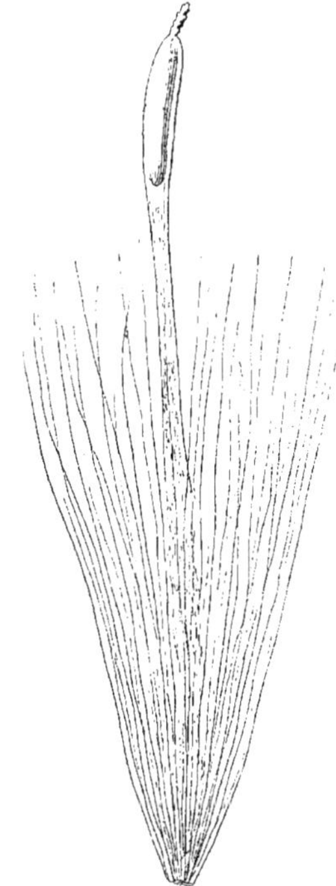

Fig. 246. — TILLANDSIA. — Graine très grossie. (D'après le Dr F. Heim.)

« Depuis quelques années, l'horticulture s'est enrichie d'un certain nombre d'hybrides des meilleures espèces, qui réunissent à un plus ou moins haut degré les qualités de leurs parents, c'est-à-dire un beau port, un élégant feuillage, une inflorescence ample, très vivement colorée et surtout de longue durée. M. Duval, de Versailles, est un de ceux qui se sont le plus adonnés à ces améliorations ; il a déjà obtenu plusieurs plantes remarquables. Presque toutes étant issues de *Vriesia*, elles ont été décrites et sont aujourd'hui connues sous ce nom générique. Afin de faciliter les recherches et éviter la confusion, nous donnerons, après la classification méthodique, une liste de la plupart des hybrides mentionnés dans les publications horticoles, et on trouvera les noms des parents dont ils sont issus ainsi que les citations bibliographiques à leur propre nom dans la liste descriptive générale. »

« On remarquera que ce sont presque toujours les mêmes espèces, notamment les *T. Barilleti*, *T. Morreniana* (*T. Lindeni*), *T. carinata*, *T. stricta*, qui ont été employés comme parents ».

« A l'aide de la classification méthodique suivante, limitée aux espèces existant dans les cultures et décrites ci-après, on pourra plus facilement vérifier la détermination, classer dans leur propre sous-genre les nombreuses espèces de *Tillandsia* ou les déterminer au besoin en lisant attentivement les descriptions de celles comprises dans le même sous-genre. Nous avons emprunté cette classification à l'excellent livre spécial de M. Baker : *Handbook of Bromeliaceæ*, qui nous a du reste servi à remanier la nomenclature et les descriptions de toutes les nombreuses *Broméliacées* insérées dans ce *Dictionnaire* ». (S. M.)

CLASSIFICATION MÉTHODIQUE

Feuilles espacées sur une longue tige . . . . STREPSIA.

Feuilles rapprochées en rosette, coriaces, acuminées et fortement lépidotes . . . .

- Inflorescence distique . . . { DIAPHORANTHEMA. PHYTARRHIZA. PLATYSTACHYS. PSEUDO-CATOPSIS.
- Inflorescence multisériée . . { ANOPLOPHYTUM. PITHYROPHYLLUM.

Feuilles en rosette, plus larges, plus minces que celle des espèces précédentes et obscurément lépidotes . . . .

- Inflorescence distique . . . { ALLARDTIA. WALLISIA. VRIESEA.
- Inflorescence multisériée. . { CYATHOPHORA. CONOSTACHYS.

Sous-genre I. — STREPSIA.

Fleurs solitaires à l'aisselle des feuilles caulinaires. Tiges pendantes et filiformes.

usneoides.

Sous-genre II. — DIAPHORANTHEMA.

Fleurs solitaires ou peu nombreuses ; style et étamines courts. Feuilles sub-arrondies. Tige feuillue et courte.

bryoides.
recurvata.

Sous-genre III. — PHYTARRHIZA.

Fleurs solitaires ou réunies en panicules ; pétales à limbe ample et étalé ; style et étamines courts. Feuilles en rosette.

crocata.
Duvalii.
ixioides.
Reichenbachii.
xiphioides.

Sous-genre IV. — PLATYSTACHYS.

Fleurs réunies en épis ou en panicules; pétales à limbe oblong-lingulé, ordinairement lilas; étamines et styles plus longs que le calice. Feuilles en rosette.

anceps.
angustifolia.
Balbisiana.
bulbosa.
Caput-Medusæ.
distachya.
filifolia.
flexuosa.
foliosa.
glaucophylla.
Karwinskiana.
Leiboldiana.
Lorentziana.
Makeyana.
narthecioides.
polystachya
pruinosa.
setacea.
streptophylla.
tectorum.
vernicosa.
vestita.
xiphostachys.

Sous-genre V. — PSEUDO-CATOPSIS.

Diffèrent des *Platystachys* par leurs fleurs petites et leurs capsules trois ou quatre fois aussi longues que les sépales.

monadelpha.

Sous-genre VI. — ANOPLOPHYTUM.

dianthoidea.
Gardneri.
geminiflora.
Krameri.
microxiphion.
pulchra.
stricta.

Sous-genre VII. — PITYROPHYLLUM.

Fleurs réunies en capitule au centre de la rosette de feuilles.

brachycaulos.
ionantha.

Sous-genre VIII. — ALLARDTIA.

Ne diffèrent des *Platystachys* que par leurs feuilles.

cyanea.
Roezlii.
virginalis.

Sous-genre IX. — WALLISIA.

Ne diffèrent des *Phytarrhiza* que par leurs feuilles.

Hamaleana.
Lindeni.
umbellata.

Sous-genre X. — VRIESIA.

Pétales blancs ou jaunes, amples, portant deux écailles sur l'onglet. Feuilles larges et ordinairement loriformes.

Épi simple, dense.

Barilleti.
Billbergiæ.
carinata.
chrysostachys.
Duvaliana.
gladioliflora.
heliconioides.
incurvata.
splendens.
viminalis.
viridiflora.

Épi simple, lâche.

amethystina.
corallina.
ensiformis.
fenestralis.
guttata.
Jonghei.
Lubbersii.
parabaiea.
Pastuchoffiana.
Platzmanni.
psittacina.
scalaris.
Warmingii.
Wawrana.

Épis disposés en panicule.

hieroglyphica.
Morreni.
Philippo-Coburgi.
procera.
regina.
reticulata.
Rodigasiana.
sanguinolenta.
tessellata.

Sous-genre XI. — CYATHOPHORA.

Diffère des *Allardtia* par l'inflorescence.

utriculata.

Sous-genre XII. — CONOSTACHYS.

Diffèrent des *Vriesea* par leur inflorescence.

Malzinei.
Saundersii.

HYBRIDES HORTICOLES

Alberti.
Andreana.
aurora.
bijou.
Cappei.
cardinalis.
Closoniana.
Devansayana.
Donneaiana.

Duchartrei.
Dufricheana.
Duvaliana.
elegans Elmireana.
fenestrato-fulgida.
fulgida.
furcata.
gemma.
gloriosa.
gracilis.
Gravisiana.
Henrici.
insignis.
intermedia.
Keitteliana.
Kramero-fulgida.
leodiensis.
Leopoldiana.
Magnusiana.
Mariæ.
Marechaliana.
minima.
Moensii.
Morreniana.
Morreno-Barilleti.
Nanoti.
obliqua.
Pommer-Escheana.
psittacino-picta.
psittacino-carinata.
psittacino-fulgeda.
psittacino-scalaris.
psittacino-spendens.
pulverulenta.
retroflexa.
Rex.
Sanderiana.
Sphinx.
splendida.
versaillensis.
Weyringeriana.
Wittmackiana.

T. acaulis, Beer. — V. **Cryptanthus undulatus.**

T. Albertii, Hort. Truffaut. Hybride horticole des *T. incurvata*, et *T. Morreniana*. 1889. Syn. *Vriesia Alberti*, E. André. (R. H. 1889, f. 73.)

T. aloifolia, Hook. — Syn. de *T. flexuosa*, Swartz.

T. amethystina, Baker. *Fl.* jaunes, de 6 cent. de long, distiques, espacées, sub-sessiles, tubuleuses, à pétales deux fois aussi longs que les sépales; anthères exsertes; bractées jaune verdâtre, petites; épi distique, à rachis pulvérulent; hampe grêle, dressée, dépassant les feuilles et pourvue de bractées. *Flles* de 30 à 40 cent. de long, lingulées, acuminées, luisantes en dessus et bleu améthyste en dessous. Sud du Brésil, 1884. Syn. *Vriesia amethystina*, E. Morren. (B. H. 1884, 15-16; B. M. 7121.)

T. anceps, Lodd. *Fl.* de 5 cent. de long, à sépales jaunes, carénés, imbriqués; pétales blancs et purpurins, deux fois aussi longs que les sépales; bractées jaune verdâtre, bordées de rouge, cymbiformes, obtusément mucronées; épi oblong, solitaire; hampe de près de 30 cent. de haut. Juin. *Flles* nombreuses, imbriquées, d'environ 30 cent. de long, arquées sur un côté, larges, engainantes, très concaves à la base, devenant subulées supérieurement, vert terne et couvertes d'écailles blanchâtres à l'extérieur. Indes occidentales et Mexique central, 1824. Syn. *T. setacea*, Hook. (B. M. 3275); *T. tricolor*, Cham. et Schlecht. (B. H. 1879, 10-11); *Phytarrhiza anceps*, E. Morren. (B. H. 1879, 210.)

T. Andreana, Hort. Duval. Hybride horticole des *T. Morreno-Barilleti* et *T. splendens major*. 1894. (I. H. 1895, 217.)

T. angustifolia, Swartz. *Fl.* bleues, à sépales de moitié plus longs que les sépales; ceux-ci dressés; bractées imbriquées, distiques; épi central de 10 cent. de long; les latéraux de 4 à 5 cent. de long. Août. *Flles* linéaires, subulées à la base, convolutées, arquées, environ aussi longues ou plus longues que la tige et lépidotes. *Haut.* 30 à 60 cent. Indes occidentales, 1822.

T. argentea, Hort. Syn. de *T. Gardneri*, Lindl.

T. argentea, K. Koch. Syn. de *T. tectorum*, E. Morren.

T. aurora, Hort. Leod. Hybride horticole des *T. Lindeni* et *T. Warmingii*. 1891.

T. Balbisiana, Schult. f. *Fl.* à sépales dépassant de moitié les pétales et tous libres; ceux-ci violets, dressés, enroulés, spatulés-linéaires, de 3 cent. de long; stigmates exserts; bractées vert, rouge et jaune, imbriquées-distiques, oblongues-lancéolées, acuminées, de 2 cent. 1/2 de long; épi composé, comprimé; épis latéraux trois à huit, de 5 à 8 cent. de long, apprimés, alternes. *Flles* lancéolées-linéaires, subulées à la base, enroulées, récurvées, plus courtes que la tige et lépidotes. *Haut.* 30 à 50 cent. Indes occidentales, 1874. (B. H. 1879, 6-7.)

T. Barilleti, Baker. *Fl.* jaunes, à bractées vert jaunâtre; très fortement maculées de rouge sang foncé, distiques, fasciculées, condupliquées, naviculaires et équitantes; épi simple, allongé, à deux angles; hampe égalant environ la longueur des feuilles. *Flles* vertes, à bords lisses, de 40 à 50 cent. de long, courtement acuminées et à bords enroulés au milieu. Andes de l'Équateur, 1886. Syn. *Vriesia Barrilleti*, E. Morr. (B. H. 1883, 3.)

T. bijou, Hort. Duval. Hybride horticole des *T. Morreno-Barilleti* et *T. fulgida*, 1893.

T. Billbergiæ. — *Fl.* tricolores: vert, jaune et rouge, sessiles, à corolle dilatée. *Flles* ressemblant à celles d'un *Billbergia*, très glabres, en rosette, imbriquées, dilatées, amplexicaules à la base, très minces, légèrement récurvées, oblongues-lingulées, obliques, très courtement et brusquement apiculées, sub-coriaces, vert pâle et furfuracées à l'extérieur. *Haut.* 25 cent. Mexique.

T. brachycaulos, Schlecht. *Fl.* pourpres, environ douze dans l'inflorescence qui est presque sessile au centre des feuilles. *Flles* linéaires, canaliculées, récurvées, de 15 à 20 cent. de long, rouges sur la face supérieure, vert grisâtre et légèrement écailleuses sur l'inférieure. Mexique central, 1878. Belle espèce naine. (B. H. 1878, 11.)

T. brachystachys, Hort. Syn. de *T. carinata*, Baker.

T. bryoides, Griseb. *Fl.* réunies par trois-quatre en petits épis distiques; style et étamines courts; hampe capillaire, de 5 cent. de long. *Flles* petites, lancéolées-subulées. Tiges grêles, ramifiées. Sud du Brésil, etc., 1880. Petite plante d'aspect moussu. Syn. *T. polytrichioides*, E. Morren.

T. bulbosa, Hook. *Fl.* à sépales libres; pétales de 3 cent. de long, violets, blancs et récurvés au sommet, enroulé et spatulés-linéaires; bractées de 20 à 25 mm. de long, imbriquées-distiques; épis au nombre de cinq ou six, sub-égaux, rapprochés, étalés, de 5 à 8 cent. de long. Novembre. *Flles* enroulées-filiformes, verdâtres, finement lépidotes; celles en rosette dilatées et engainant la base bulbeuse de la tige, puis flexueuses supérieurement; les supérieures dépassant les épis. *Haut.* 20 à 30 cent. Indes occidentales, Buenos-Ayres, etc., 1823. (H. E. F. 173.) Syns. *T. paucifolia*, Baker. — Les *T. eminens*, Lindl.;

T. erythræa, Lindl.; *T. insignis*, Lindl. et *T. pumila*, Lindl., ne sont que de simples variétés de cette espèce.

T. Cappei, Hort. Duval. Hybride horticole des *T. Van Geertii* et *T. cardinalis*. 1894.

T. Caput-Medusæ, E. Morren. *Fl.* six ou sept par épi; bractées vertes; épis au nombre d'environ quatre, formant une panicule composée; hampe plus courte que les feuilles, couverte de bractées allongées. *Flles* renflées à la base, où elles forment une sorte de bulbe, puis lancéolées, épaisses, canaliculées, divariquées, arquées, ondulées, inégales, luisantes et d'un gris luisant. Mexique, 1880.

Fig. 247. — TILLANDSIA (*Vriesea*) CARDINALIS. (*Le Jardin.*)

T. cardinalis, Hort. Duval. Hybride horticole des *T. brachystachys* et *T. Krameri*. 1891. Syn. *Vriesea cardinalis*, Hort. Duval. (I. H. 38, 125.).

T. carinata, Baker. * *Fl.* émergeant des bractées d'environ 12 mm., à sépales jaune pâle, carénés; pétales jaunes, deux fois aussi longs que ces derniers, cohérents presque jusqu'au sommet, où ils sont vert foncé; bractées vertes au-dessus du milieu, écarlates au-dessous, de 5 cent. de long, fortement imbriquées et très comprimées latéralement; épi de 12 cent. de long, largement ovale, à rachis écarlate ainsi que la hampe; celle-ci de 15 cent. de long, forte, cylindrique, à gaines à pointe verte. Novembre. *Flles* de 10 à 15 cent. de long et 2 1/2 à 4 cent. de large, étalées et récurvées, vert pâle, dilatées et engainantes à la base, puis en lanière large supérieurement. Sud du Brésil, 1866. Très belle espèce. Syns. *T. brachystachys*, Hort.; *Vriesia brachystachys* (B. M. 6014; R. G. 1866, 518); *V. psittacina brachystachys*, E. Morren (B. H. 1870, 8) et *V. p. carinata*, E. Morren (B. H. 1882, 10-12).

T. chrysostachys, Baker. *Fl.* jaunes, régulières, à sépales libres, lancéolés; pétales plus longs qu'eux, lingulés, obtus; bractées jaunes, condupliquées; épi simple, distique, elliptique, allongé; hampe également allongée, dressée et dépourvue de bractées. *Flles* nombreuses, en rosette, lâches, arquées, coriaces, courtes et larges, loriformes, lingulées à la base, d'un vert gai, mais rosées et glaucescentes en dessous et vers la base. Tige courte. Andes du Pérou, 1881. (B. M. 6906.

T. circinalis, Griseb. Syn. de *T. Duratii*, Visian.

T. circinata, Schlecht. Syn. de *T. streptophylla*, Scheidw.

T. Closoniana, Hort. Leod. Hybride horticole des *T. Morreniana* et *T. Barilleti*. 1890.

T. complanata, E. Morren. Syn. de *T. xiphostachys*, Griseb.

T. corallina, K. Koch. * *Fl.* nombreuses, réunies en épi distique sur une hampe dressée, plus longue que les feuilles, d'un beau rouge cramoisi brillant ainsi que les longues bractées qui accompagnent chaque fleur; sépales jaunâtres ou verdâtres, épais, luisants, exsudant une substance diaphane et gommeuse; pétales jaune pâle, plus longs que les sépales, amples, pourvus de deux bractées sur l'onglet; bractées pourpre violacé, foliacées, semi-amplexicaules. *Flles* très entières, oblongues-lingulées, canaliculées, obtuses, mais mucronées, de 50 cent. de long et 5 cent. de large, violet glauque en dessous et bleu verdâtre en dessus, transversalement rayées de lignes foncées et ondulées. Minas Geraes, 1871. Syns. *Encholirion corallinum*, Linden. (I. H. n. s. 70; F. M. 116); *Vriesea corallina*, Regel (R. G. 1870, 671.)

T. c. rosea. Hort. Diffère du type par ses fleurs teintées de rose. Syn. *Encholirion roseum*, Hort.

T. c. rosea-variegata, Hort. *Flles* striées de bandes jaunâtres. 1884. Plante d'origine horticole et très décorative.

T. c. splendens, Hort. *Flles* plus compactes, plus larges et plus obtuses que dans le type. 1885.

T. cordobensis, Hieron. Syn. de *T. recurvata*, Linn.

T. crocata, Baker. *Fl.* jaune safran, réunies par environ cinq en épi court, elliptique et distique, hampe allongée, grêle, velue et presque nue. *Flles* distiques, allongées, linéaires-subulées, récurvées et couvertes de poils blancs et soyeux. Tige ondulée et ramifiée. Sud du Brésil, 1880. Syn. *Phytarrhiza crocata*, E. Morren.

T. cyanea. E. Morren. *Fl.* bleues, réunies en panicule ramifiée au centre de la rosette de feuilles. *Flles* en lanière et entières. *Haut.* 75 cent. pendant la floraison. Guatémala, 1852. Syns. *Allardtia cyanea*, Dietr. et *Platystachys cyanea*, K. Koch.

T. Devansayana. Hort. Duval. *Fl.* disposées en une inflorescence plate, très large et à longues bractées étroitement imbriquées et d'un beau rouge carmin vif. *Flles* petites, vert pâle et circinées. Hybride horticole des *T. carinata* et *T. Barilleti*. 1894. Syn. *Vriesia Devansayana*, Hort. Duval.

T. D. Rex. Hort Duval. *Fl.* jaunes. Inflorescence moins plate, ovale, rouge foncé brillant, hampe plus robuste que dans le type. *Flles* formant une touffe plus forte. 1893.

T. dianthoidea. Rossi. *Fl.* à tube de la corolle cylindrique et à limbe bleu, étalé ou réfléchi; bractées rose purpurin, ovales-lancéolées, aiguës, persistantes; épi lâche, composé de six à dix fleurs. *Flles* amplexicales; les externes récurvées; les internes dressées ou infléchies, coriaces, rigides, triquètres vers le sommet, aiguës, entières et soyeuses-glaucescentes. Tige presque arrondie, simple, ascendante, de 8 à 12 cent. de long. Uruguay, etc., 1810. (R. G. 85.) Syn. *T. stricta*, Lindl. (B. R. 1338); *Anoplophytum strictum*, Beer. (R. G., 1886, 1214.)

T. d. rosea, Hort. *Fl.* blanches, sortant de bractées rose vif; hampe courte. *Flles* glauques, lancéolées-subulées, récurvées et canaliculées. 1861. Syns. *T. recurvifolia*, Hook. (B. M. 5216.) ; *T. rosea*, Lindl. (B. R. 1357.)

T. didisticha, Baker. Syn. de *T. Lorentziana*. Griseb.

T. distachya, Baker. *Fl.* à sépales de 18 mm. de long, libres jusqu'à la base ; pétales blancs, deux fois aussi longs que les sépales, oblancéolés et longuement onguiculés; bractées vertes, oblongues-lancéolées, d'environ 2 cent. 1/2 de long ; épis deux, distiques, composés de six à douze fleurs ; hampe dressée, de 15 cent. de long, cachée par les bractées linéaires et arquées. *Flles* douze à quinze, en rosette sessile, lancéolées, acuminées, d'environ 30 cent. de long, dilatées à la base, où elles mesurent 2 cent. 1/2 de large et seulement 12 mm. au milieu de leur longueur, vert pâle en dessus, concaves et glabres supérieurement, finement lépidotes vers la base, convexes sur le dos et du reste lépidotes sur toutes leurs parties. *Haut.* 30 cent. Honduras anglais, 1879.

T. Donneaiana, Hort. Mackoy. Hybride horticole des *T. Barilleti* et *T. guttata*. 1889.

T. Duchartrei, Hort. Duval. Hybride horticole des *T. Morreno-Barilletti* et *T. splendida*. 1894.

T. Dufricheana, Hort. Duval. Hybride horticole des *T. Duvaliana* et *T. psittacina*. 1890.

T. Dugesii, Baker. *Fl.* pourpres, de 2 cent. 1/2 plus longues que le calice ; panicule de 30 cent. de long, à rachis cramoisi foncé et luisant; hampe plus courte que les feuilles, fortement engainée par des bractées cramoisies et luisantes à la base. *Flles* glauques, couvertes de petites écailles lépidotes. Santa-Rosa; Mexique central, 1897. (G. et F. 1897 f. 7.)

T. Duratii, Visian. *Fl.* violet mauve pâle, à odeur agréable de Giroflée, entourées chacune d'une grande bractée ovale et aiguë ; panicule compacte, de 8 à 10 cent. de long, composée de plusieurs épis denses et pauciflores ; hampe de 8 à 15 cent. de long, forte, garnie de feuilles bractéales embrassantes. *Flles* douze à vingt, étalées, linéaires-lancéolées, de 25 à 35 cent. de long et de 15 à 25 mm. de large, canaliculées, lépidotes et grisâtres, graduellement rétrécies en pointe épaisse, subulée et enroulée à plusieurs tours de spire. Uruguay, 1855 et 1879. (R. H. 1892, f. 130-1 1895, 184.) Syn. *T. circinalis*, Griseb. ; *T. revoluta*, Burb. ; *Phytarrhiza Duratii*, Visian. ; *Wallisia Duratii*, Hort.

T. Duvaliana, Baker. *Fl.* jaunes, vertes au sommet ; bractées écarlates à la base, vertes supérieurement, condupliquées, carénées, rétrécies en bec au sommet et équitantes; épi simple, allongé-elliptique, composé d'environ quinze fleurs ; hampe dressée, d'environ 30 cent. de haut. *Flles* membraneuses, courtes, lancéolées, vertes en dessus, teintées de rouge en dessous et à gaines larges. Sud du Brésil. 1884. Syns. *Tillandsia circinalis*, Griseb. (R. H. 1892, f. 130-1.) *Vriesea Duvalliana*, E. Morren. (B. H. 1884, 7-8.)

T. elegans, Hort. Duval. Hybride horticole des *T. Morreno-Barilleti* et *T. Duvaliana*. 1893.

T. Elmireana, Hort. Duval. Hybride horticole des *T. splendida* et *T. splendens*. (I. H. 1895, 207.)

T. eminens, Lindl. Variété du *T. bulbosa*, Hook.

T. ensiformis, Vell. *Fl.* rouge jaunâtre, réunies en épi simple, dressé, distique, 15 à 45 cent. de long et 8 cent. de diamètre ; bractées ovales, aiguës, rougeâtres, de 4 à 5 cent. de long et 2 cent. 1/2 de large. Juin. *Flles* linguiformes, vert jaunâtre, environ vingt, ovales à la base, de 50 à 60 cent. de long et 4 cent. de large au milieu, minces et flexibles, à bords entiers. Sud du Brésil.

T. erubescens, Hort. Syn. de *T. ionantha*, Planch.

T. erythræa, Lindl. Syn. de *T. bulbosa*, Hook.

T. fenestralis, Hook. f. *Fl.* à sépales allongés, elliptiques, enroulés en tube ; pétales jaune pâle, plus longs que les sépales et très larges ; épi distique, allongé; hampe dressée, allongée et robuste. *Flles* coriaces, d'environ 30 cent. de long, larges, arquées, concaves, pâles, magnifiquement panachées de réticulations pellucides dans leur moitié supérieure, arrondies-mucronées au sommet et légèrement maculées de rouge à la base. Parana, 1875. Plante touffue. (B. M. 6898.) Syn. *Vriesia fenestralis*, Lind. et André. (B. H. 1884, 4-5 ; I. H. n. s. 215 ; B. M. 6898.)

T. fenestrato-fulgida, Hort. Duval. Hybride horticole dont le nom indique les parents. 1894.

T. filifolia, Cham. et Schlecht. *Fl.* bleu pâle, petites, distiques, à pétales réfléchis ; inflorescence paniculée, rappelant d'assez près celle de certains *Statice*, et à rameaux lâches et pendants. *Flles* subulées, filiformes et étalées. Mexique, La Vera-Cruz, etc., 1871. Très belle plante naine et très touffue. Syn. *T. staticiflora*, E. Morren. (B. H. 1871, 12.)

T. flexuosa, Swartz. *Fl.* rosées, espacées, à sépales de 2 cent. 1/2 de long, pétales de 5 cent. de long, linéaires, étalés au sommet ; bractées rosées, distiques, étalées, oblongues-lancéolées, un peu obtuses ; épi simple ou pourvu de quelques longues ramifications. *Flles* linéaires, acuminées, subulées à la base, récurvées, plus courtes que la tige, garnies de petites écailles ou verdâtres et transversalement zonées en dessous. *Haut.* 50 cent. à 1 m. Indes occidentales, etc., 1790. (B. R. 749.) Syns. *T. aloifolia*, Hook. (H. E. F. 205) ; *T. tenuifolia*, Jacq.

T. foliosa, Mart. et Gal. *Fl.* d'un beau violet, en épillets denses, distiques, de 4 à 5 cent. de long, formant une panicule courte et dense ; bractées oblongues-aiguës, de 20 à 25 mm. de long ; hampe plus courte que les feuilles. *Flles* en rosette dense, ovales à la base, acuminées, de 30 cent. de long et 12 à 18 mm. de large au milieu, rigides, coriaces et finement lépidotes. Amérique centrale, 1873. Belle plante voisine du *T. polystachya*.

T. Fuerstenbergii, Mart. et Gal. — V. **Streptocalyx Fuerstenbergii**.

T. fulgida, Hort. Hybride horticole des *T. incurvata* et *T. Duvaliana*. 1888. (I. H. 35, 67.)

T. Gardeni, Lindl. *Fl.* à sépales glabres ; pétales purpurin pâle et petits ; épis au nombre de quatre à huit, courts, distiques et rapprochés ; bractées lépidotes ; hampe de 5 à 10 cent. de haut, fortement engainée par des feuilles bractéales linéaires-subulées et lépidotes. *Flles* de 15 à 20 cent. de long, planes dans leur partie inférieure, larges de 12 mm. à la base, puis rétrécies en pointe subulée, réfléchie, enroulée et fortement couvertes sur toutes leurs parties d'écailles argentées. Sud du Brésil, etc. 1879. Syns. *T. argentea*, Hort. ; *Anoplophytum incanum*, E. Morren. (B. H. 1881, 11.)

T. Geissei, Philip. *Fl.* rosées, entourées de bractées vertes à la base et carminées supérieurement, réunies en épi lâche, simple et pauciflore, hampe de 15 à 20 cent. de haut. *Flles* linéaires-subulées, canaliculées et argentées. Chili, 1889. Petite espèce nouvelle. (R. G. 1889, 1302, 2.)

T. geminiflora, Brongn. *Fl.* rouge garance, à sépales plus courts que les pétales, avec le limbe réfléchi ; filets staminaux sigmoïdes vers le sommet ; bractées rouges, lancéolées, mucronées et un peu plus longues que les sépales ; épi oblong, sub-composé ; hampe dressée, couverte de gaines acuminées, rouges et à pointe verte. Février. *Flles* ovales-lancéolées, canaliculées, acuminées ; les externes étalées-récurvées. Sud du Brésil, etc. 1840. Syns. *T. rubida*, Lindl. (B. R. 1842, 63) ; *Anoplophytum geminiflorum*, E. Morren. (B. H. 1880, 11.)

T. gemma, Hort. Duval. Hybride horticole des *T. Morreno-Barilleti* et *T. fulgida*. 1893.

T. gigantea, Lem. Variété du *T. regina*, Well.

T. gladioliflora, Wendl. *Fl.* violet verdâtre, réunies en épi simple, lancéolé, dense, de 50 à 60 cent. de haut, à bractées ovales, aiguës, vertes et de 4 à 5 cent. de long; hampe égalant les feuilles et garnie de bractées apprimées et imbriquées. *Flles* quinze à vingt, en rosette, ovales à la base, puis loriformes, de 50 à 60 cent. de long et 4 à 5 cent. de large au milieu, minces, flexibles, vertes en dessus et brun purpurin sur le dos. Costa-Rica, 1863.

T. glaucophylla, Baker.* *Fl.* à sépales blanc verdâtre, pétales pourpres et presque blancs au sommet, enroulés et dressés; filets staminaux portant des bandes pourpres, bractées inférieures rouges, les autres vertes, teintées de jaune et de rouge; épis au nombre de quatre ou cinq, de 22 cent. de long; hampe rouge, de 30 cent. et plus de haut. Août. *Flles* imbriquées, arrondies et renflées à la base, puis étalées, récurvées, de 30 à 45 cent. de long, graduellement rétrécies depuis leur base large et concave en pointe grêle, sub-farineuses ou floconneuses. Sainte-Marthe, 1847. Syn. *Vriesia glaucophylla*, Hook. (B. M. 4415; F. d. S. 432.)

T. gloriosa, Hort. Duval. Hybride horticole des *T. Barilleti* et *T. incurvata*. 1894.

T. gracilis, Griseb. Syn. de *T. procera*, Mart.

T. gracilis, Wittm. Hybride de *T. amethystina* et *T. psittacina*.

T. Gravisiana, Hort. Colson. Hybride horticole des *T. psittacino-Morreniana* et *T. Barilleti*. 1890. Syn. *Vriesia Gravisiana*, Colson. (R. H. B. 1890, 49; R. G. 1890, f. 81.

T. guttata, Baker. *Fl.* nombreuses, distiques, rapprochées, à sépales jaune citron, avec des panachures rougeâtres et elliptiques; pétales jaunes, obovales-ligulés; bractées rose clair, larges, condupliquées, égalant presque le calice et farineuses; épi simple, très long, pendant, à hampe arquée. *Flles* courtes, légèrement aiguës, mucronées, vert olive, richement maculées de pourpre foncé. Sud du Brésil, 1875. Syn. *Vriesia guttata*, Lind. et André. (B. H. 1880, 1-3; I. H. n. s. 200.)

T. Hamaleana, E. Morren.* *Fl.* sessiles, bisériées, odorantes, à sépales verts, ovales-lancéolés; pétales à onglet linéaire, blanc et canaliculé, avec le limbe d'un beau violet et blanc de neige à la base, dilaté-rhomboïde, étalé réfléchi et obcordé; bractées vert et purpurin, lépidotes et condupliquées; inflorescence composée, à rameaux distiques; portant des épis dressés, plus longs que les feuilles et garnis de bractées rougeâtres et espacées. *Flles* rapprochées, divariquées; les inférieures arquées-défléchies; les supérieures dressées, linéaires, concaves, à sommet unciné-révoluté, inermes et lépidotes. Andes du Pérou, 1870. Syns. *Phytarrhiza Hamaleana*, E. Morren; *Wallisia Hamaleana*, E. Morren. (B. H. 1870, 5.)

T. heliconioides, Humb., Bonpl. et Kunth. *Fl.* sessiles, espacées, à sépales blanchâtres, striés, lancéolés, acuminés, concaves; corolle blanche, tripartite, à segments lancéolés-linéaires, bractées striées, ovales, aiguës, carénées, étalées, de 2 cent. 1/2 ou plus de long; épi de 10 à 15 cent. de long. *Flles* linéaires-lancéolées, subulées au sommet, presque planes, glabres, coriaces, striées, récurvées, de 50 cent. de long. Tige simple, ayant à peine 30 cent. de long et feuillue. Vallée du Rio Magdalena. Syns. *Vriesia bellula*, Hort.; *V. Falkenbergii*, Hort. et *V. heliconioides*, Lindl. (G. C. n. s. XXI, p. 140; J. H. n. s. 490.)

T. Henrici, Hort. Duval. Hybride horticole des *T. splendida* et *T. spendens*. 1890 (I. H. 1895, 217).

T. hieroglyphica, Baker. *Fl.* réunies en panicule lâches; bractée ovales, condupliquées et courtes; panicule à rameaux courts, étalés, nus à la base et portant supérieurement sept à huit fleurs pédicellées. *Flles* formant une touffe de 1 m. à 1 m. 20 de diamètre, allongées, loriformes, larges surtout à la base, glabres, mucronées, obtuses, vertes, très élégamment panachées en dessus de vert foncé et en dessous de pourpre noirâtre. Sud du Brésil. — Très belle plante à feuillage. Syns. *Massangea hieroglyphica*, Carr. (R. H. 1878, p. 175; 1891, p. 400); *Vriesia*

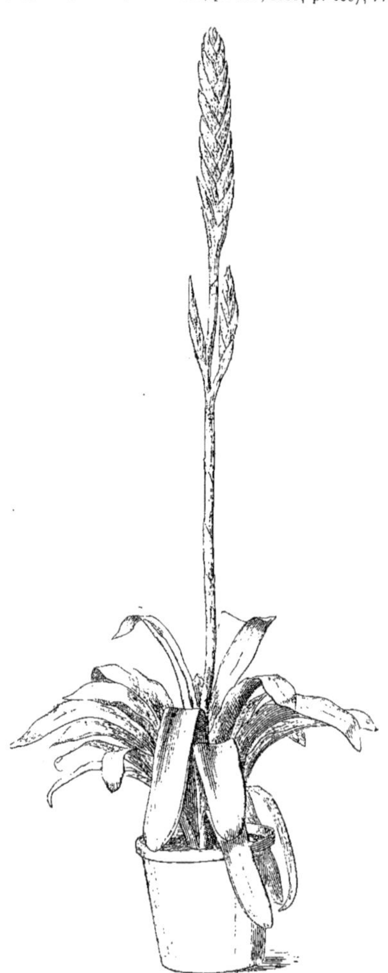

Fig. 248. — Tillandsia (*Vriesea*) Henrici. (D'après L. Duval.)

hieroglyphica, E. Morren. (B. H. 1885, 10-12; I. H. 1884, 514.) — Les fleurs de cette espèce sont restées inconnues pendant un certain temps après son introduction. Elle fleurit cependant pour la première fois au jardin botanique de Bruxelles en 1885, et l'on vit alors qu'elle n'était pas du tout un *Massangea* et par suite cette plante ne pouvait plus être réunie aux *Caraguata*, comme le sont ces derniers. Elle est ici à sa véritable place.

T. inanis, Lindl. Variété du *T. bulbosa*, Hook.

T. **incurvata**, Baker. *Fl.* jaunes, à pointes vertes, subsessiles, longuement tubuleuses, à pétales ligulés, obtus et récurvés ; bractées d'une belle nuance orange et rouge, condupliquées, carénées, ovales-lancéolées ; épi dense, fort, distique. *Flles* vertes, loriformes, courtement acuminées et élargies à la base. Sud du Brésil, 1882. Syns. *T. inflata*, Baker. (B. M. 6882); *Vriesia incurvata*, Gaud. (B. H. 1882, 2.)

T. **inflata**, Baker. Syn. de *T. incurvata*, Baker.

T. **insignis**, Hort. Mackoy. Hybride horticole des *T. Barilleti* et *T. splendens*. 1891. Syn. *Vriesia insignis*, Wittm. (R. G. 1362.)

T. **intermedia**, Hort. Leod. Hybride horticole des *T. fenestralis* et *T. Barilleti*.

T. **juncifolia**, Regel. Syn. de *T. setacea*, Swartz.

T. **Karwinskiana**, Rœm. et Schult. *Fl.* une à douze, disposées en épi lâche, simple, étroit, distique ; sépales vert luisant, glabres, pétales violets; hampe de 20 à 30 cent. de haut. Hiver. *Flles* vingt à trente, en rosette dense, de 30 cent. de long et 2 cent. 1/2 de large à la base, puis rétrécies en longue pointe, vert pâle, lépidotes sur le dos et presque ou entièrement nues sur la face supérieure. Mexique. 1878.

T. **Kirchoffiana**, Wittm. *Fl.* bleues, à bractées rouge corail, réunies en panicule grêle. *Flles* formant à la base un renflement d'aspect bulbeux, puis tubulées, vertes et récurvées. Mexique, 1889. (R. G. 1889, f. 22.)

T. **Kitteliana**, Hort. Kittel. Hybride horticole des *T. Barilleti* et *T. Saundersii*. 1890. Syn. *Vriesia Kitteliana*, Wittm. (R. G. 1890, f. 62-3.)

Fig. 249. — Tillandsia hieroglyphica. — (*Rev. Hort.*)

T. **ionantha**, Planch.* *Fl.* sessiles et rapprochées au sommet des rameaux ; pétales violet pâle, enroulés sur leur large onglet linéaire ; bractées lancéolées et égalant les sépales. *Flles* nombreuses, fortement imbriquées, de 5 à 6 cent. de long, récurvées, subulées-lancéolées, très coriaces, concaves en dessus, presque piquantes au sommet, à bords ciliés ; les supérieures plus dressées, rose vif et à la fin entièrement vertes. *Haut.* 8 à 10 cent. Mexique central, avant 1857. Plante touffue. (B. M. 5892 ; F. d. S. 1006.)

T. **ixioides**, Griseb. *Fl.* trois à cinq par épi, sub-distiques, à sépales égalant l'onglet des pétales ; ceux-ci orangés, à limbe n'ayant que la moitié de la longueur de l'onglet ; anthères incluses. *Flles* imbriquées, linéaires, acuminées, légèrement dilatés à la base, avec des écailles argentées sur la nervure médiane. *Haut.* 15 cent. Uruguay, 1872.

T. **Jonghei**, K. Koch. *Fl.* jaune cuir, assez espacées, horizontales, à sépales verdâtres, avec les bords fauves, ovales, convexes, bidentés au sommet ; corolle campanulée, à pétales obtus, émarginés ; bractées vert fauve, condupliquées, plissées, gibbeuses à la base, plus courtes que les sépales ; épi simple, à deux angles et à rachis distique et pourvu de coussinets ; hampe dressée, simple, plus longue que les feuilles, à bractées lancéolées et feuillues. *Flles* loriformes, récurvées, purpurin fauve en dessous. Minas Geraes, 1874. (B. H. 1874, 12-13 ; B. M. 5945.) Syn. *Vriesia Jonghei*, E. Morren.

T. **Krameri**, Schlecht. *Fl.* à calice blanc rosé ; corolle blanche dans sa moitié inférieure et violet clair dans la supérieure ; épi simple, multisérié ; bractées oblongues, aiguës, rouge vif ; les inférieures cuspidées. *Flles* linéaires, subulées, de 10 à 15 cent. de long, dilatées à la base, fermes, rétrécies en pointe longue, grêle et finement lépidotes. Plante acaule. Sud du Brésil, 1888. Syn. *Anoplophytum Krameri*, E. Morren et *A. strictum Krameri*, E. André.

T. **Kramero-fulgida**, Hort. Duval. Hybride horticole des espèces qu'indique son nom. 1893.

T. **Leiboldiana**, Schlect. *Fl.* violettes, éphémères, réunies par trois-cinq en épillets accompagnés chacun d'une grande bractée de 10 à 15 cent. de long, engainante, puis étalée et décurve au sommet, d'un beau rouge écarlate orangé, sauf le tiers supérieur qui est vert ; hampe de 40 à 50 cent. de haut. *Flles* en rosette dense, ensiformes acuminées, ventrues à la base, étalées-dressées et parsemées de macules rouge sang. Mexique central, 1883. Magnifique espèce. (R. H. 1894, 378.)

T. **leodiensis**, Hort. Mackoy. Hybride horticole des *T. psittacina Morreniana* et *T. Barilleti*. 1890. Syn. *Vriesia leodiense*, Mackoy. (R. H. B. 1892, 3.)

T. **Leopoldiana**, Hort. Leod. Hybride horticole des *T. splendens* et *T. Malzinei*.

T. Lindeni, E. Morren. *Fl.* axillaires, sessiles, à sépales verts, rougeâtres au sommet, lancéolés, acuminés, canaliculés; pétales spatulés, à onglet linéaire et à limbe d'un beau pourpre bleuâtre, étalé, ovale, sub-acuminé, cymbiforme, caréné, entier, tronqué au sommet, lisses, verdâtres dans leur partie basale incluse et d'un beau rouge carmin sur la face externe; épi terminal, simple, ovale, comprimé, un peu plus court que les feuilles et composé d'environ vingt fleurs. *Flles* en rosette, de 20 à 30 cent. de long et 12 à 18 mm. de large, étalées-récurvées, atténuées, acuminées, entières. Andes du Pérou, 1867. Très belle espèce répandue dans les cultures. (B. H. 1869, 18; F. M. 1872, 44; I. H. 1869, 610; R. H. B. 1887, 97.) Syns. *T. Morreniana*, Regel; *Phytarrhiza Lindeni*, E. Morren; *Vriesia Morreniana*, Hort. (R. G. 1888, 416.)

T. L. intermedia, Hort. *Fl.* à bractées vertes, légèrement teintées de rose; hampe plus longue que celle du type. 1871. Forme intermédiaire entre le type et le *T. L. Regeliana*. (F. M. 1871, 529.)

T. L. luxurians, Hort. Hampes nombreuses, axillaires et allongées. 1871. (B. H. 1871, 20-21.)

T. L. major, Hort. *Fl.* bleu d'azur vif, à centre blanc, beaucoup plus grandes que celles du type. 1871. (F. M. n. s. 529.)

T. L. Regeliana, E. Morren. *Fl.* à bractées vertes, épi plus étroit que celui du type; hampe allongée. 1877. (G. C. n. s. XII, 461.) Syn. *T. Lindeniana*, Regel. (R. G. 1869, 619.)

T. Lindeniana, Regel. Syn. de *T. Lindeni Regeliana*, E. Morren.

T. (*Vriesia*) **longebracteata**, Mez. *Fl.* jaunes, à sépales lancéolés et biligulés; épi distique, de 30 cent. de long, à bractées fortement carénées, non ponctuées, lancéolées-aiguës, rouge orangé; hampe plus courte que les feuilles garnie de bractées engainantes. *Flles* allongées, obtuses ou aiguës de 5 à 6 cent. de large, pourpre foncé et transversalement zonées à la face externe. Vénézuéla. 1897.

T. Lorentziana, Griseb. *Fl.* à pétales blancs, oblongs, de 12 mm. de long, réunies en épis distiques, de 5 à 8 cent. de long, formant une panicule courte et compacte; bractées florales oblongues, aiguës, verdâtres, de 12 à 18 mm. de long; hampe de 15 à 20 cent. de haut, arquée et couverte de bractées. *Flles* environ vingt, en rosette dense, lancéolées-acuminées, rigides, coriaces, égalant la hampe, dilatées à la base et finement lépidotes sur les deux faces. Sud du Brésil, 1881. Syns. *T. didisticha*, Baker; *Anoplophytum didistichum*, E. Morren.

T. Lubbersii, Baker. *Fl.* à pétales blancs, ligulés; calice un peu plus long que les bractées; celles-ci oblongues, lancéolées, rouge verdâtre; épi lâche, simple, distique de 5 à 8 cent. de long; hampe grêle, égalant les feuilles. *Flles* douze à vingt, en rosette dense, ensiformes, ovales à la base, de 15 à 20 cent. de long et 2 cent. 1/2 de large, fermes et vert pâle. Sud du Brésil, 1882.

T. (*Vriesia*) **magnifica**, Ed. Morren. Belle plante d'origine sans doute horticole.

T. Magnusiana, Hort. Kittel. Hybride horticole des *T. Barilletii* et *T. fenestralis*. 1889. Syn. *Vriesia magnisiana*, Kittel et Wittm. (R. G. 1889, f. 56-58.)

T. Makoyana, Baker. *Fl.* à corolle violette, plus longue que le calice; bractées ovales, vertes, de 2 cent. 1/2 de long; épi simple, lâche, de 12 à 15 cent. de long, à fleurs apprimées et à rachis flexueux; hampe de 30 cent. de haut. *Flles* en rosette dense, lancéolées-acuminées, de 50 cent. de long et 5 cent. de large, graduellement rétrécies en longue pointe et canaliculées en dessus. Mexique. 1879.

T. Malzinei, Baker. *Fl.* à pétales blancs, lingulés, de 2 cent. 1/2 de long: calice un peu plus long que les bractées; épi simple, dense, de 15 à 20 cent. de long; hampe égalant les feuilles, accompagnée de bractées lancéolées, libres au sommet. *Flles* quinze à vingt, en rosette dense, ovales à la base, lancéolées supérieurement, de 30 cent. de long, minces, flexibles, glabres, teintées de pourpre, surtout sur le dos. Cordova, 1872. (B. M. 6495.) Syn. *Vriesia Malzinei*, E. Morren. (B. H. 1874, t. XIV.)

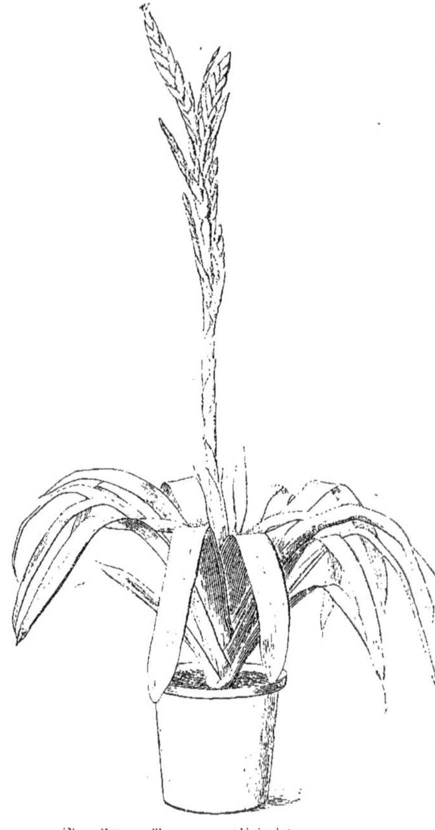

Fig. 250. — Tillandsia (*Vriesia*) magnifica.
(D'après L. Duval.)

T. Marechaliana, Hort. Mackoy. Hybride horticole des *T. incurvata* et *T. Morreni*. 1889.

T. Mariæ, Hort. Truffaut. Hybride horticole des *T. Barilleti* et *T. brachystachys*. 1889. Syn. *Vriesia Mariæ*, E. André. (R. H. 1889, 300; J. S. N. H. 1889, 577.)

T. microxiphion. Baker. *Fl.* bleu foncé, à bractées rose vif, réunies en épi dressé et pauciflore. *Flles* linéaires, de 2 cent. 1/2 de long et lépidotes. Tiges courtes, dressées et touffues. Nouvelle espèce voisine du *T. stricta*. Montévideo, 1893. (B. M. 7320.)

T. minima, Hort. Duval. Hybride horticole des *T. Morreniana* et *T. Duvali*. 1893.

T. Moensii, Hort. Veitch. « Espèce nouvelle, à feuillage élégamment incurvé, veiné ou bigarré de vert pâle sur un fond vert jaunâtre. » 1892.

T. monadelpha, Baker. *Fl.* environ vingt, blanchâtres, teintées de pourpre clair, un peu espacées, sub-sessiles, à pétales spatulés, avec le limbe étalé; étamines monadelphes à la base; bractées condupliquées, vertes, teintées de jaune, luisantes; épi simple, lâche, à rachis garni de coussinets bien distincts et vert; hampe dressée, plus longue que les feuilles. *Flles* nombreuses, larges et vertes à la base, arquées supérieurement, lancéolées, aiguës et pourpres sur les deux faces. Guyane, 1882. Syn. *Phytarrhiza monadelpha*, E. Morren. (B. H. 1882, 7.)

Fig. 251. — TILLANDSIA (*Vriesia*) MAGNUSIANA. (D'après L. Duval.)

T. Morreni, Baker. *Fl.* unilatérales, solitaires et sessiles à l'aisselle de chaque bractéole visqueuse; calice brun clair, environ deux fois aussi long que la bractéole qui l'accompagne; pétales vert jaunâtre et très étroits; panicule pyramidale; bractées jaune paille. *Flles* deux, de 5 cent. 1/2 de large, dressées, de 45 cent. de long, subcoriaces, avec des panachures formant des lignes transversales interrompues et en zigzag, arrondies et finement mucronées au sommet. *Haut.* 50 cent. Brésil.

T. Morreno-Barilleti, Hort. Duval. Hybride horticole des *T. Barilleti* et *T. psittacina Morreniana*. 1889. Syn. *Vriesia Morreno-Barilletiana*, Duval. (I. H. 1889, 91.)

T. Morreniana, Regel. Syn. de *T. Lindeni*, E. Morren.

T. musaica, Hort. — V. **Caraguata musaica.**

T. muscosa, Hort. — V. **Pitcarnia muscosa.**

T. Nanoti, Hort. Duval. Hybride horticole des *T. Morreniana* et *T. fulgida*. 1894.

T. narthecioides, Presl. *Fl.* blanc jaunâtre, peu voyantes, espacées, presque horizontalement étalées; bractées glabres, aussi longues que le calice, oblongues et striées; épi de 10 cent. de long, dressé et simple; hampe de 15 cent. de haut, dressée. *Flles* linéaires, planes, de 20 cent. de long et 6 mm. de large, subulées au sommet et dilatées à la base. Guayaguil, 1878.

T. nitida, Hook. — V. **Catopsis nitida.**

T. obliqua, Quintus. Hybride horticole de parenté douteuse. (R. G. 1369.)

T. parabaica, Baker. *Fl.* réunies en épi fortement imbriqué et distique; bractées amples, rouge pourpre, aussi longues que le calice qui est jaune d'or; pétales jaunes, beaucoup plus longs que les sépales. Été. *Flles* vertes, luisantes, lingulées, de 15 à 20 cent. de long et environ 2 cent. 1/2 de large et égalant environ la hampe. *Haut.* 15 à 20 cent. Brésil, 1885.

T. Pastuchoffiana, Hort. *Flles* larges, récurvées, acuminées, vert clair et luisant, irrégulièrement parcourues par des lignes en mosaïque et vert foncé. Brésil, 1885. — Plante imparfaitement connue, que l'on croit voisine du *T. fenestralis*, mais que M. Baker rapporte avec doute au *T. Morreni*.

T. pauciflora, Baker. Syn. de *T. bulbosa*, Hook.

T. Peetersiana, Hort. Hybride horticole des *T. guttata* et *T. Barilleti*. 1895. (R. G. 1895, f. 92.)

T. Philippo-Coburgi, Baker. *Fl.* espacées et unilatérales, à calice jaune d'or; pétales verdâtres, dépassant le calice d'un tiers de leur longueur, à partie incluse enroulée en tube très étroit; panicule pyramidale, à rameaux rouges; bractées inférieures amples et rouge foncé; bractéoles rouge vif, scarieuses, embrassantes à la base, oblongues-lancéolées et très aiguës. *Flles* de 6 cent. 1/2 de large, membraneuses, rigides, vert clair, luisantes, brun rougeâtre au sommet, à gaines dilatées et panachées de taches pourpre pâle. *Haut.* 50 cent. Brésil. Syn. *Vriesia Philippo-Coburgi*, Wavra.

T. picta, Hort. — Syn. de *T. splendens*, Brongn.

T. Platzmanni, Baker. *Fl.* jaunes, distiques, assez espacées, courtement pédicellées, tubuleuses, à sépales fauves à la base, enroulés en tube; pétales également enroulés; bractées purpurines, naviculaires; épi simple, unilatéral, composé d'environ dix fleurs; hampe de 1 m. à 1 m. 20 de haut, grêle, dressée et garnie de bractées. *Flles* lingulées, larges à la base, vertes et marginées de rouge. Sud du Brésil, 1875. Syn. *Vriesia Platzmanni*, E. Morren. (B. H. 1875, 23.)

T. polystachya, Linn. *Fl.* sessiles, à calice bipartite; pétales bleus, rarement blancs, linéaires, canaliculés-concaves et acuminés; bractées écarlates, imbriquées supérieurement; épis nombreux; les latéraux d'environ 30 cent. de long, alternes. Juin. *Flles* linéaires-subulées, acuminées, entières, canaliculées, larges et ventrues à la base; les inférieures de 60 cent. de long. Tige feuillue et dressée, de 1 m. de haut. Indes occidentales, etc. 1825.

T. polytrichioides, E. Morren. Syn. de *T. bryoides*, Griseb.

T. Pommer-Escheana, Hort. Hybride horticole des *T. Morreniana* et *T. splendens*, 1893. Syn. *Vriesia hybrida Pommer-Escheana*, Hort. (R. G. 1893, 1388.)

T. procera, Mart. *Fl.* espacées, sessiles, distiques, à pétales oblongs, légèrement dilatés et à peine étalés au sommet; bractées rougeâtres à la base, verdâtres vers le sommet ; panicule lâche, dressée, à rameaux étalés-dressés, portant cinq à huit fleurs et de 15 à 20 cent. de long ; hampe de 60 à 75 cent. de haut. *Flles* entières, d'un vert gai, de 25 à 30 cent. de long, larges et semi-amplexicaules à la base, atténuées et aiguës au sommet. Forêts du sud du Brésil, 1886. Syns. *T. gracilis*, Griseb. ; *Vriesia gracilis*, Gaud. (R. G. 1886, p. 163.)

T. pruinosa, Swartz. *Fl.* à sépales de 18 à 20 mm. de long, tous libres ; pétales bleus, de 3 1/2 à 4 cent. de long, enroulés, étalés au sommet, spatulés au-dessus de l'onglet ; bractées roses, de 2 cent. 1/2 de long, distiques, rapprochées, ovales-oblongues et aiguës ; épi simple, de 5 à 8 cent. de long. *Flles* enroulées-filiformes, subulées à la base, récurvées et aussi longues que la hampe. *Haut.* 10 à 15 cent. Indes occidentales, Brésil, etc. Plante entièrement couverte d'écailles blanches et étalées. (B. H. 1876, 16-17.)

T. psittacina, Hook. * *Fl.* grandes, espacées, distiques, à pétales verts au sommet et un peu plus longs que les bractées ; celles-ci rouge vif dans leur partie inférieure et jaune foncé dans la supérieure ; rachis rouge ; hampe de 30 cent. et plus de haut. Juillet. *Flles* radicales, de 15 à 20 cent. de long, linéaires-ligulées, très fortement renflées inférieurement, puis récurvées, aiguës, entières, vert jaune, minces et plus ou moins ondulées. Forêts du voisinage de Rio-de-Janeiro, 1828. (B. M. 2841.) Syn. *Vriesia psittacina*, Lindl. (B. H. 1882, 10-12 ; B. R. XXIX. 10.) — E. Morren réunit cette plante comme variété au *T. carinata*.

T. psittacino-carinata, Hort. Bel hybride horticole dont les fleurs sont plus nombreuses et plus rapprochées que dans le *T. psittacina*. 1883. Syn. *Vriesia Morreniana*, Hort. (B. H. 1887, 10-12, f. 2.)

T. psittacino-fulgida, Hort. Duv. Hybride horticole des espèces qu'indique son nom. 1893.

T. psittacino-picta, Hort. Leod. Hybride horticole des *T. Morreni* et *T. Barilleti*. 1890.

T. psittacino-scalaris, Hort. *Fl.* semblables à celles du *T. psittacina*, réunies par dix-douze sur un rachis réfléchi, à entre-nœuds courts ; hampe arquée et retombante. 1885. Plante plus forte que le *T. scalaris*, dont elle est un hybride. Syn. *Vriesia retroflexa*, E. Morren. (B. H. 1884, 10.)

T. psittacino-splendens, Hort. Duv. Hybride horticole des espèces qu'indique son nom. 1894.

T. pulchella, Hook. Syn. de *T. pulchra*, Hook.

T. pulchra, Hook. * *Fl.* à calice blanc verdâtre ; pétales très blancs, bractées d'un beau rouge tendre, imbriquées et engainantes, cachant presque entièrement les fleurs ; hampe égalant environ les feuilles, y compris l'épi. *Flles* de 10 à 15 cent. de long, fortement subulées, canaliculées, couvertes d'une pubescence finement écailleuse et canescente, surtout vers la base. Sud du Brésil, 1840. Plante touffue. Syns. *T. pulchella*, Hook. (H. E. F. 154 ; B. H. IX, 322 ; B. M. 5229) ; *Pourretia surinamensis*, Hort.

T. p. amœna, Hort. *Fl.* à sépales rose vif ; pétales beau

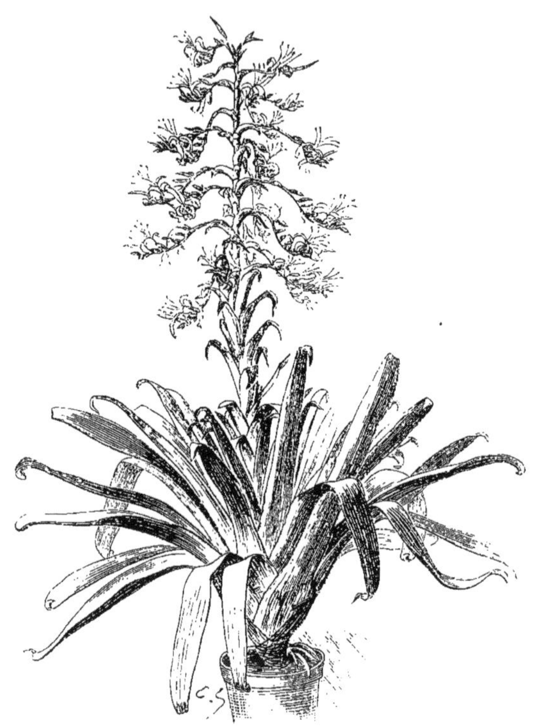

Fig. 252. — TILLANDSIA REGINA. — (*Rev. Hort.*)

coup plus longs, à onglet blanc et à limbe lilas ; épi pauciflore ; hampe dressée, garnie de bractées rose vif et engainantes. *Flles* étroites et subulées. Tige ramifiée et flexueuse. Syn. *Anoplophytum amœnum*, E. Morren. (B. H. 1883, 17.)

T. pulverulenta lineata, Hort. *Fl.* inconnues. *Flles* formant une grande rosette de 2 m. à 2 m. 20 de diamètre, ascendantes, à pointes récurvées, très larges à la base et graduellement rétrécies en pointe aiguë, vertes, pruineuses et longitudinalement striées de jaune. Brésil, 1888. Syn. *Vriesia pulverulenta lineata*, Carr. (R. H. 1888, f. 20.)

T. pumila, Lindl. Variété du *T. bulbosa*, Hook.

T. recurvata, Linn. *Fl.* à sépales atteignant les trois quarts de la hauteur des pétales ; ceux-ci bleus, nus intérieurement et étalés au-dessus du calice ; hampes axillaires ou terminales, sub-solitaires, exsertes, portant deux à cinq fleurs ; épi inclus par des bractées engainantes et chaque fleur est accompagnée d'une petite bractée ; les supérieures un peu espacées. *Flles* de 5 à 8 cent. de long, filiformes et récurvées. Tiges en touffe ; pubescence écailleuse et étalée. *Haut.* 15 cent. environ. Amérique tropicale, 1793. Syn. *T. cordobensis*, Hieron.

T. recurvifolia, Hook. Syn. de *T. dianthoidea rosea*, Hort.

T. Reichenbachii, Baker. *Fl.* à pétales obovales-cunéiformes, de 2 cent. 1/2 de diamètre, solitaires et terminales ; hampe plus courte que les feuilles. *Flles* peu nombreuses, en rosette, étalées, linéaires-acuminées, de 10 à 12 cent. de long et 6 à 8 mm. de large vers la base. Tucuman, 1884.

T. regina, Well. * *Fl.* blanches, exhalant une forte odeur de Jasmin, entourées de bractées roses, réunies en une grande panicule pyramidale, de 1 m. 20 à 1 m. 50 de haut, à rameaux nombreux, espacés, étalés et redressés au sommet, garnis de bractées vertes, ovales, cuspidées ; les inférieures de 15 à 20 cent. de long ; sépales de 5 cent. de long, oblongs, obtus ; pétales lancéolés, atteignant à la fin 6 à 8 cent. de long ; étamines égalant les pétales ; hampe se développant très rapidement et atteignant environ 2 m. 50 de haut, y compris l'inflorescence. *Flles* trente à cinquante, très amples, d'environ 1 m. 20 de long et 8 à 10 cent. de large au milieu, dilatées-ovales à la base, assez fermes, pliées en gouttière arrondie, nues et d'un vert glauque sur les deux faces, rétrécies en pointe et récurvées au sommet. Sud du Brésil, 1867. — Magnifique plante d'un port majestueux et une des plus grandes Broméliacées cultivées dans les serres. Syns. *Vriesia gigantea*, Lem. (I. H. 516) ; *V. Glazioviana*, Lem. ; *V. regina*, Bur. (G. C. n. s. III, p. 235.) — Le *T. gigantea*, Haage et Schmidt n'en est qu'une simple forme.

T. r. imperialis, Baker. *Fl.* inconnues. *Flles* formant une rosette de 1 m. 50 de diamètre, épaisses, au nombre de dix-huit à vingt, ascendantes, légèrement récurvées, canaliculées en dessous et graduellement rétrécies depuis la base en pointe épineuse. Tige très forte. Brésil, 1888. Syn. *Vriesia regina*, Carr.

T. reticulata, Baker. *Fl.* réunies en panicule de 30 cent. et plus de long ; calice verdâtre, de 4 cent. de long ; pétales blanc laiteux, de 6 mm. plus longs que le calice ; étamines plus longues que les pétales. Printemps. *Flles* loriformes-lancéolées, de 4 à 5 cent. de long, en rosette dense, de 8 cent. de large au-dessus de leur base dilatée, de texture assez ferme, presque nues sur les deux faces, copieusement réticulées de fines lignes transversales vert foncé sur fond vert pâle. *Haut.* 50 à 60 cent. Rio-Grande do Sul, 1870. Syns. *Guzmannia reticulata*, Hort., et *Vriesia reticulata*, Hort.

T. retroflexa, Hort. *Fl.* jaunes, à pointes vertes, étalées et distiques ; bractées écarlates, ainsi que la hampe ; celle-ci pendante et portant dix à quinze fleurs. 1885. Hybride horticole ressemblant au *T. scalaris*, mais plus fort.

T. revoluta, Burb. Syn. de *T. Durati*, Visian.

T. Rex, Hort. Duval. Très bel hybride horticole des *T. Morreno-Barilleti* et *T. cardinalis*, eux-mêmes hybrides. 1894. Syn. *Vriesia Rex*, Duval. (R. H. B. 1894, 217.)

T. Rodigasiana, Baker. *Fl.* jaune citron, distiques, espacées, sub-sessiles, étalées, tubuleuses, à sépales obtus ; pétales trois fois aussi longs que les sépales, à limbe arqué ; bractées teintées de rouge, striées, ovales, courtes ; panicule lâche, allongée, elliptique, à rameaux étalés, pauciflores, presque sessiles, naissant chacune d'une courte spathe écarlate ; hampe allongée, dressée, grêle, à bractées étroites. *Flles* courtes, arquées, étalées, largement engainantes et fauves à la base, puis loriformes, légèrement canaliculées, arrondies-cuspidées, vertes et portant quelques taches rouge sang foncé. Sud du Brésil. Espèce voisine du *T. procera*. Syn. *Vriesia Rodigasiana*, E. Morren.

T. Roezlii, E. Morren. *Fl.* rosées, réunies en épis distiques, à deux angles, elliptiques et formant par leur réunion une grande panicule. *Flles* amples, linéaires, aiguës, vert foncé, avec de grandes taches noires dans leur partie supérieure et à bords incurvés. Andes du nord du Pérou, 1877. Plante majestueuse. (B. H. 1877, 15.)

T. rosea, Lindl. Syn. de *T. dianthoidea rosea*, Hort.

T. rubida, Lindl. Syn. de *T. geminiflora*, Brongn.

T. Sanderiana, Hort. Kittel. Hybride horticole des *T. guttata* et *T. Wittmackiana*. 1897. (R. G. 1897, f. 51.)

T. sanguinolenta, Baker. *Fl.* réunies en épis au nombre d'environ trois, assez denses, pédonculés, de 15 à 20 cent. de long, avec des bractées ovales, vertes, de 3 cent. de long et 2 cent. 1/2 de large ; sépales oblongs, de 5 cent. de long ; pétales courts, larges, blanchâtres et arqués ; hampe égalant les feuilles et garnie à la base de grandes feuilles bractéales. *Flles* en rosette dense, de 60 cent. à 1 m. de long et 8 cent. de large au milieu, ovales à la base, minces, flexibles, défléchies au sommet, presque glabres et portant sur les deux faces de nombreuses taches irrégulières et rouge sang foncé. *Haut.* 20 à 30 cent. Nouvelle-Grenade, 1875. Syns. *Encholirion sanguinolenta*, Hort. et *Vriesia sanguinolenta*, Cogn. et March.

T. Saundersii, K. Koch. * *Fl.* jaune soufre, à sépales équitants, oblongs, concaves ; panicule lâche, à rameaux primaires pauciflores, divariqués et garnis de bractées ; hampe dressée, luisante, anguleuse et blanc jaunâtre. *Flles* en rosette, courtes, fortement et largement engainantes à la base, linéaires, obtuses, décurves, coriaces, vert grisâtre et légèrement ponctuées de blanc en dessus ; striées et maculées de rouge en dessous. *Haut.* 50 cent. Brésil, 1872. Syn. *Encholirion Saundersii*, Ed. André. (I. H. n. s. 132.)

T. scalaris, Baker. *Fl.* à sépales jaunes, de 6 cent. de long et à pétales verdâtres, ligulés, de 6 mm. plus longs que les sépales ; bractées oblongues-aiguës, rouge vif, de 3 cent. de long ; épi lâche, de 30 cent. de long, à rachis rougeâtre, hampe grêle, de 50 à 60 cent. de long, pendante comme une corde et un peu plus longue que les feuilles. *Flles* douze à quinze, ovales à la base, puis loriformes et de 2 à 2 cent. 1/2 de large au milieu, d'environ 25 cent. de long, flexibles, presque glabres et vertes sur les deux faces. Sud du Brésil, 1879. Syn. *Vriesia scalaris*, E. Morren. (B. H. 1880, 15.)

T. setacea, Swartz. *Fl.* à sépales ayant la moitié de la longueur des pétales ; ceux-ci pourpre bleuâtre, spatulés, de 2 cent. 1/2 de long, étalés au sommet, bractées lépidotes, imbriquées, distiques, ovales-oblongues, aiguës et aussi longues que les sépales ; épi de 5 à 8 cent. de long, comprimé, simple ou accompagné à la base de quelques rameaux courts et apprimés. *Flles* enroulées-filiformes, peu ou graduellement dilatées à la base, sub-dressées, égalant ou dépassant la hampe. *Haut.* 20 à 50 cent. Depuis les Indes occidentales jusqu'au Brésil, 1825. (Ref. B. 288.) Syns. *T. juncifolia*, Regel. (R. G. 811); *T. tenuifolia*, Linn. pr. p. (B. H. 1876, 14.)

T. setacea, Hook. Syn. de *T. anceps*, Lodd.

T. speciosa, Hort. Syn. de *T. splendens*, Brongn.

T. Sphinx, Hort. Duval. Hybride horticole des *T. fenestralis* et *T. splendens*. 1893.

T. splendens, Brongn.* *Fl.* à sépales libres, oblongs-lancéolés; pétales jaunes, libres, linéaires ou linéaires-oblongs, légèrement dilatés-spatulés au sommet, trois fois aussi longs que le calice; bractées pourpre feu, lancéolées, aiguës, carénées, obliques, fortement imbriquées;

Fig. 253. — Tillandsia (*Vriesia*) splendens major. (D'après L. Duval.)

épi simple, distique, comprimé, à deux angles, linéaire-lancéolé, plus long que la hampe; celle-ci simple, dressée, plus longue que les feuilles, garnie de bractées vertes, maculées de teinte fauve et fortement apprimées. *Flles* huit à douze, linéaires-oblongues, concaves à la base, ayant près de 60 cent. de long et 8 cent. de large, planes, brusquement rétrécies et récurvées au sommet, d'un vert gai en dessus, plus pâles en dessous, avec des zones transversales fauves. Guyane française. (F. d. S. mai, 1846, 4.) Syns. *T. picta*, *T. speciosa* et *T. zebrina*, Hort.; *Vriesia splendens*, Lem. et *V. speciosa*, Hook. (B. M. 4382.)

T. splendida, Hort. Duval. Hybride horticole des *T. Duvali* et *T. incurvata*. 1889.

T. s. superba, Hort. « Belle plante vigoureuse, à feuillage maculé et transversalement rayé de teinte bronzée sur un fond plus pâle. 1892.

T. staticiflora, E. Morren. Syn. de *T. filifolia*, Cham. et Schlecht.

T. streptophylla, Scheidw. *Fl.* à calice de 12 mm. de long, caché par les bractées; corolle lilas vif, cylindrique, de 4 cent. de long; bractées fortement lépidotes et très imbriquées; épis au nombre de quatre à huit, en panicule courte, au sommet d'une hampe également courte et cachée par de nombreuses feuilles bractéales teintées de rouge, lépidotes et imbriquées. *Flles* en rosette dense, dressées, dilatées à la base, où elles mesurent 8 cent. de long et autant de large, avec le limbe de 15 à 20 cent. de long et 2 cent. 1/2 de large à la base, graduellement rétréci en longue pointe, fortement enroulées depuis la base et très lépidotes. La Jamaïque, etc., 1878. (B. M. 6757.) Syn. *T. circinata*, Schlecht.

T. stricta, Soland. *Fl.* étroitement cylindriques, d'environ 18 mm. de long; sépales brun rougeâtre; pétales violet bleu foncé au-dessus des sépales, finalement rouge foncé; bractées blanches, teintées de rouge, légèrement pellucides; hampe d'environ 18 cent. de haut. Novembre. *Flles* naissant d'une souche courte et charnue, d'environ 15 cent. de long, ayant presque 12 mm. de large à la base et couvertes d'une pubescence canescente. Brésil, etc., 1810. (B. M. 1529.) Syn. *Anoplophytum strictum*, Beer. (B. H. 1878, 13.)

T. s. caulescens, Hort. Ne diffère du type que par sa tige plus longuement développée et par suite sa taille est plus élevée.

T. stricta, Lindl. Syn. de *T. dianthoidea*, K. Koch.

T. tectorum, E. Morren. *Fl.* à sépales libres, lancéolés, condupliqués; pétales blancs, bleus au milieu, enroulés en tube s'élargissant vers le sommet; bractées vert clair, teintées de rose, lancéolées, condupliquées, un peu plus courtes que les sépales; épis distiques, à deux angles, courts, formant une courte panicule contractée; hampe dressée, élevée, à bractées rosées à la base. *Flles* très nombreuses, imbriquées, lancéolées-linéaires, étalées, arquées, poilues-scarieuses; gaines très larges, graduellement atténuées en limbe. Tige allongée, ascendante et feuillue. Andes du Pérou. 1865. (B. H. 1877, 18.) Syns. *T. argentea*, K. Koch et *Pourretia nivosa*. Hort.

T. tenuifolia, Jacq. Syn. de *T. flexuosa*, Swartz.

T. tenuifolia, Linn. Syn. de *T. setacea*, Swartz.

T. tessellata, Lind. et André. *Fl.* à sépales verts, glutineux; pétales jaunes, formant une corolle campanulée; bractées vertes; panicule élevée, dressée, lâche, à rameaux dressés, arqués, portant chacun neuf à douze fleurs subsessiles; hampe égalant les feuilles et pourvue de bractées naviculaires. *Flles* coriaces, rigides, canaliculées et bigarrées de vert et de jaune, presque glauques, acuminées au sommet et à gaines larges et fauve foncé. Sud du Brésil, 1882. (R. H. 1889, 572; I. H. 1874, 179.) Syn. *Vriesia tessellata*, E. Morren. (B. H. 1882, 14-16.)

T. t. Sanderæ, Hort. Variété à feuilles élégamment panachées de bandes blanches et jaunes sur un fond vert zoné. Sud du Brésil, 1893.

T. tricolor, Cham. et Schlecht. Syn. de *T. anceps*, Lodd.

T. umbellata, E. André.* *Fl.* bleu saphir, blanches au centre, cinq ou six s'épanouissant à la fois; calice vert, bractées vert clair, aussi grandes que les sépales; épi très court et à deux angles. Hiver. *Flles* de 20 à 30 cent. de long et 2 cent. de large, vert gai, courtement engainantes à la base, ascendantes, puis étalées, filiformes, aiguës au sommet, lisses et luisantes. *Haut.* 30 cent. Equateur, 1882. (R. H. 1886, 60.) Plante voisine du *T. Lindeni.*

T. usneoides, Linn. Fille de l'air; Angl. Long Moss; Old Man's Beard, Spanish Moss, des Indes occidentales. — *Fl.* vertes, solitaires, terminales, d'environ 8 mm. de long, à sépales teintés de rouge. Juillet. *Flles* alternes, bisériées, uniformes sur toute leur longueur, étalées, de 2 1/2 à 8 cent. de long, filiformes, canaliculées supérieurement; gaines de 12 mm. à 5 cent. de long, cylindriques. Amérique tropicale, 1877. — Plante formant des touffes pendantes, moussues, atteignant parfois 60 cent. de long et couvertes sur toutes leurs parties d'une pubescence écailleuse et argentée. (B. H. 1877, 17; B. M. 6309; Gn. 1890, part. I, 221.)

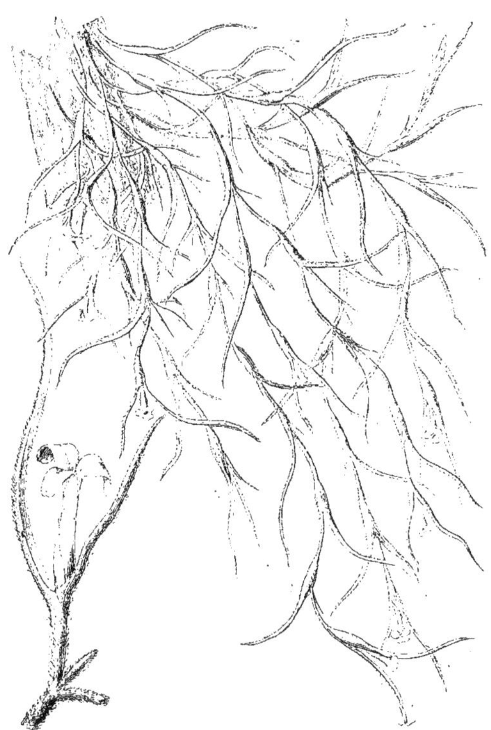

Fig. 254. — Tillandsia usneoides. (D'après L. Duval.)

T. utriculata, Linn. *Fl.* à sépales verts, bordés de rougeâtre, ayant la moitié de la longueur des pétales; ceux-ci blanc verdâtre et étalés au sommet; bractées vertes, bordées de rougeâtre, distiques, dressées, oblongues, obtuses, plus longues que les entre-nœuds; épi composé, à rameaux espacés et allongés. *Flles* linéaires, acuminées, ovales à la base, graduellement rétrécies, étalées, récurvées au sommet et plus courtes que la tige. Indes occidentales, etc., 1793. Syn. *T. flexuosa pallida*, Lindl. (B. R. 749.)

T. vernicosa, Baker. *Fl.* blanches, réunies en trois-quatre épis denses, rapprochés, de 3 à 4 cent. de long et 8 mm. de diamètre; bractées oblongues, obtuses, rigides, de 12 mm. de long; hampe de moins de 15 cent. de long. *Flles* environ trente, en rosette dense, ensiformes, acuminées, de 15 à 20 cent. de long, à peine dilatées à la base, très épaisses, rigides et profondément canaliculées en dessus, vert pâle, luisantes et finement lépidotes. Parana, 1861.

T. versaillensis, Hort. Truffaut. Hybride horticole des *T. psittacina Duvaliana* et *T. brachystachys*. 1889. Syn. *Vriesia versaillensis*, Truffaut. (I. H. 1889, 87.)

T. vestita, Cham. et Schlecht. *Fl.* jaunes, à épi simple, dense, de 4 à 5 cent. de long et 8 mm. de large; bractées oblongues-lancéolées, rouge brique, de 2 cent. 1/2 de long; pétales enroulés en tube cylindrique, de 2 cent. 1/2 plus long que le calice; hampe de 5 à 8 cent. de long. Mai. *Flles* espacées sur la tige, embrassantes, puis subulées, de 15 à 20 cent. de long et 12 mm. de large, rigides, coriaces, étalées, lâchement pubescentes et lépidotes. Tige de 8 à 10 cent. de long. Mexique, 1886.

T. viminalis, Hemsl. *Fl.* blanches, de 4 cent. de long et 12 mm. de diamètre, à pétales oblongs, obtus, formant une corolle campanulée; bractées vertes; épi simple, distique, dense, fusiforme; hampe effilée, de 60 cent. de haut, couverte de bractées scarieuses. *Flles* en large rosette, membraneuses, luisantes, ligulées, aiguës, récurvées, entières, de 30 cent. de long et 4 à 5 cent. de large. Costa Rica, 1878. Syns. *T. viridiflora*, Hort.; *Vriesia viminalis*, E. Morren. (B. H. 1878, 14-15.)

T. virginalis, E. Morren.* *Fl.* sessiles, à sépales verts, incluses dans les bractées et réunies en épi simple, distique, elliptique et à deux angles; corolle claviforme, ample, à pétales blancs, obovales; bractées vertes, condupliquées, amples, farineuses. *Flles* primordiales filiformes ; les autres loriformes, à gaines larges, vert pâle et également farineuses. Mexique, 1873.

T. viridiflora, Baker. *Fl.* à pétales verdâtres, fugaces et plus courts que les sépales; épi simple, dense, de 20 à 30 cent. de long et 5 cent. de large; bractées oblongues-lancéolées, aiguës, de 5 à 6 cent. de large; hampe raide, dressée, de 50 à 60 cent. de haut. Été. *Flles* douze ou plus, en rosette, utriculaires à la base, de 30 cent. de long et 2 cent. 1/2 de large au milieu, minces, flexibles et presque glabres. Mexique 1887. Syn. *Platystachys viridiflora*, Berr.

T. viridiflora, Hort. Syn. de *T. viminalis*, Hemsl.

T. Warmingii, Baker. *Fl.* jaunes, un peu espacées, nombreuses, distiques, étalées-dressées, tubuleuses, à pétales ligulés, révolutés au sommet ; bractées jaune d'or, à pointes vertes, coriaces, ovales, couvrant fortement les fleurs; épi allongé, simple, à rachis rigide; hampe de 1 m. à 1 m. 20 de haut. *Flles* coriaces, d'environ 1 m. de long et 5 cent. de large, légèrement étalées, vertes, marbrées et teintées de rose foncé, surtout dans leur partie inférieure et à gaines larges. Sud du Brésil, 1884. Syn. *Vriesia Warmingii*, E. Morren. (B. H. 1884, 12-33.)

T. Wawranea, Baker. *Fl.* dix à douze, distiques au sommet de la hampe qui est couverte de bractées apprimées, vertes et un peu plus courtes que les feuilles ; calice vert ; pétales jaune de cire, aigus, récurvés, filets staminaux et pistil plus courts que les pétales. Été. *Flles* douze à vingt, en rosette, de 50 cent. de long et 6 à 8 mm. de large, glauques, vert bleuâtre, avec de belles lignes transversales, ondulées, une tache brun foncé située juste au-dessous du mucron et une autre brun châtaigne à la base. *Haut.* 50 cent. Probablement originaire du Brésil.

T. Weyringeriana, Hort. Weyringer. Hybride horticole des *T. Barilleti* et *T. scalaris*. 1890. Syn. *Vriesia Weyringeriana*, Wittm. (R. G. 1890, f. 1.)

T. Wittmackiana, Hort. Hybride horticole des *T. Barilleti* et *T. Morreniana*. 1888. Syn. *Vriesia Wittmackiana*, Kittel. (R. G. 1888, 1283.)

T. xiphioides, Ker. * *Fl.* blanc de neige, nombreuses, à sépales linéaires-lancéolées, acuminées ; pétales à onglet grêle, linéaire, de 2 cent. 1/2 de long et à limbe largement obovale, acuminé, réfléchi, crispé ; bractées de 5 cent. de long, fortement imbriquées ; épi de 8 à 10 cent. de long, réfléchies, distiques ; hampe courte ou allongée. Mai. *Flles* rapprochées, en rosette, de 10 à 15 cent. de long et 12 mm. de large à la base, largement subulées, à bords récurvés et involutés au sommet. République Argentine et Uruguay, 1810. Plante couverte d'un tomentum gris argenté, très élégante et à fleurs délicieusement parfumées. (B. M. 5562 ; B. R. 105.)

T. x. arequitæ, E. André. Diffère du type par ses feuilles beaucoup plus grandes, plus régulières et plus blanches; par ses hampes beaucoup plus hautes, portant un plus grand nombre de fleurs également blanches et inodores, tandis qu'elles sont très odorantes dans le type. Uruguay, grotte d'Aréquita, 1893. (R. H. 1893, 156.)

T. xiphostachys, Griseb. * *Fl.* d'un beau pourpre foncé, ne s'épanouissant que les unes après les autres ; bractées vertes, devenant teintées de jaune vif et rouges vers la base, rapprochées et fortement cymbiformes ; épi très aplati, solitaire, de 15 cent. de long et 2 cent. 1/2 de large. Août. *Flles* de 20 à 30 cent. de long, larges et convexes à la base, graduellement rétrécies en pointe subulée, entières, vert glauque foncé ; les inférieures purpurines à la base. Mexique et Vénézuéla, 1861. Syn. *T. complanata*, E. Morren. (B. H. 1872, 23); *Vriesia xiphostachys*, Hook. (B. M. 4287.)

T. zebrina, Hort. Syn. de *T. splendens*, Brongn.

TILLETIA (dédié à Mathieu Tillet, botaniste français du XVIIIe siècle). — Genre de Champignons inférieurs vivant en parasites sur les *Graminées*. Le *T. Caries* ou *T. Tritici* est l'espèce la plus fréquente et la plus nuisible. Il cause la redoutable maladie des céréales, connue sous le nom de **Carie** (V. ce nom) ; (ANGL. Bunt, Stinking Rust, Stinking Smut, Pepper Brand). C'est sur le Blé qu'il est le plus fréquent et aussi le plus nuisible. On le trouve dans les ovaires et les grains. Extérieurement, le grain paraît sain ou se distingue à peine par sa couleur un peu plus terne, mais tout l'intérieur est rempli de spores du Champignon et lorsqu'on l'écrase, la farine est remplacée par une substance granuleuse, grisâtre ou noirâtre et exhalant une odeur désagréable de poisson pourri.

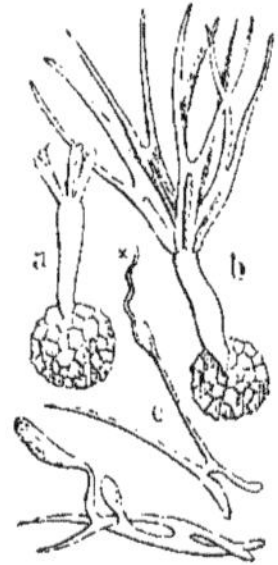

Fig. 255. — TILLETIA CARIES. — Carie. (D'après Baillon.)
a, spore germant ; *b*, formation de faisceaux de sporidies ; *c*, sporidies géminées.

Examinées au microscope, les spores se montrent de forme grisâtre et couvertes de petites côtes réticulées. Chacune de ces spores émet en germant un filament de mycélium qui porte à son sommet un cercle de conidies grêles, réunies par une paire de branches croisées. Ces conidies se dispersent, produisent un mycélium sur lequel se développent d'autres conidies; celles-ci produisent un autre mycélium qui donne cette fois naissance aux spores.

Plusieurs autres espèces de *Tilletia* se développent dans les ovaires des Graminées, notamment le *T. Lolii*, sur le Ray Grass (*Lolium perenne*) ; le *T. Secalis*, sur le Seigle (*Secale cereale*), etc. D'autres forment des stries brun foncé sur les feuilles des Graminées ; le *T. striæformis* est le plus commun de ces derniers. On a affirmé, sans cependant que le fait soit confirmé, que le pain fait avec le Blé carié occasionnait certaines maladies. En tout cas, il est d'un goût désagréable et le Blé qui en est infesté doit subir une forte épuration avant sa mouture.

REMÈDES. — Le seul traitement applicable consiste à préserver la semence de son infection par les spores qui existent à terre. Pour cela, on immerge le grain pendant quelques heures et peu avant de le semer, dans une solution de diverses substances, telles que l'acide phénique à 1 p. 100, le permanganate de potasse ou le sulfate de soude; dans ce dernier cas, il faut le saupoudrer de chaux vive et le laisser se sécher avant de le semer. Mais, de toutes ces substances, la plus efficace, et, au moins, la plus généralement employée, est le sulfate de cuivre, à la dose de 2 ou 3 p. 100 d'eau. Plus la solution est forte, moins l'immersion doit être prolongée, 5 à 10 minutes suffisent avec une solution forte. L'opération se nomme sulfatage.

TILLEUL. — V. **Tilia.**

TILLEUL argenté. — V. **Tilia argentea.**

TILLEUL commun. — V. **Tilia vulgaris.**

TILLEUL d'Amérique. — V. **Tilia americana.**

TILLEUL de Hollande. — V. **Tilia platyphyllos.**

TILLEUL des bois. — V. **Tilia cordata.**

TIMMIA, Gmel. — V. **Cyrtanthus,** Ait.

TINANTIA, Scheidw. (dédié à Tinant, botaniste belge). Fam. *Commélinacées.* — Petit genre comprenant trois espèces de plantes herbacées, dressées, demi-rustiques ou de serre chaude, habitant l'Amérique tropicale. Fleurs pédicellées sur les rameaux d'une cyme ou d'un pédoncule terminal. Feuilles amples ou moyennes.

L'espèce suivante est une plante herbacée, demi-rustique, voisine des *Tradescantia.* Elle prospère en toute bonne terre franche et bien drainée. On peut la multiplier par graines, que l'on sème au printemps, sur couche ou dans un endroit abrité et ensoleillé ; dans le premier cas, on endurcit les plants avant de les transplanter en place. La plante prospère aussi en serre tempérée.

T. fugax, Scheidw. **erecta,** Schlecht. *Fl.* à pétales bleus ou purpurins ; pédicelles visiblement pourvus de bractéoles à la base ; pédoncules velus, simples ou tripartites au sommet et à rameaux ombellés. Juillet. *Flles* ovales-lancéolées, poilues en dessus, glabres en dessous, rétrécies à la base, courtement pétiolées et striés longitudinalement. Tige glabre. *Haut.* 50 cent. Amérique tropicale. 1794. Syn. *Tradescantia erecta*, Jacq. (B. M. 1340) ; *T. latifolia*, Ruiz et Pav. (L. B. C. 1300) ; *T. undulata*, Humb. et Bonpl. (B. R. 1103.)

TINEA, Spreng. — V. **Prockia,** Linn.

TINÉIDES (de *tinea*, Teigne, ou papillon à ver). — Importante tribu de papillons microlépidoptères, de très petite taille, qui se distinguent très facilement des *Tortricides* par leurs ailes étroites, presque toujours frangées de longues écailles sur les bords intérieurs et postérieurs, par leurs yeux dépourvus de poils, par leurs antennes épaissies à la base et par l'article terminal de leur palpe qui est redressé.

Les *Tinéides*, qu'on désigne souvent sous le nom familier de *Teigne*, varient beaucoup entre elles par leur forme, par leur couleur, leurs mœurs et même par leurs dimensions. Les plus grands mesurent jusqu'à 2 cent. 1/2 d'envergure sur les ailes antérieures, tandis que beaucoup ne dépassent pas 6 mm. ; c'est, du reste, à cette tribu qu'appartiennent les plus petits papillons connus. Le nombre des espèces est si grand qu'il n'est pas possible d'entrer ici dans des détails individuels. Nous restreindrons donc nos indications aux espèces les plus importantes au point de vue horticole.

La plupart des chenilles des Tinéides ont six pattes véritables et dix fausses pattes ou pattes membraneuses ; mais, chez un genre, elles présentent douze pattes membraneuses et chez d'autres huit seulement ; enfin, certaines de ces chenilles sont entièrement apodes et vivent alors dans des galeries qu'elles creusent dans le tissu des feuilles et autres organes des végétaux. Tantôt ces chenilles vivent à la surface des feuilles et alors exposées aux regards, tantôt elles sont efficacement protégées par une sorte d'étui étroit. Cependant, la plupart sont enfermées dans des toiles ou dans des agglomérations de fleurs ou de fruits réunis ensemble par les fils de leurs toiles, ou bien, et comme nous l'avons déjà dit, elles creusent des galeries dans les feuilles, dans les tiges ou dans les fruits. Pour terminer, faisons encore remarquer que quelques Tinéides sont particulièrement nuisibles dans les habitations, où elles rongent les vêtements de laine et autres.

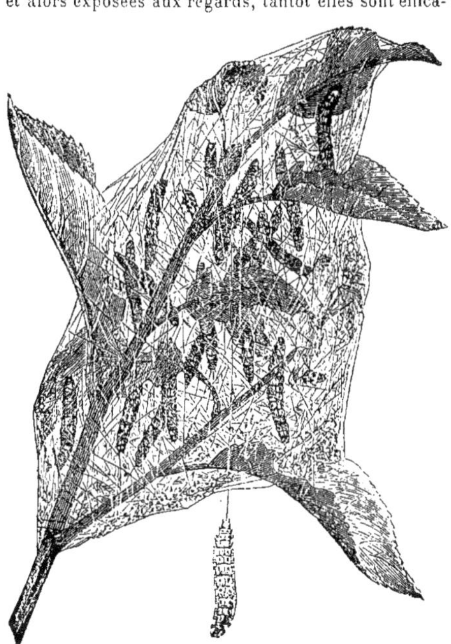

Fig. 256. — Tinéides. — *Yponomeuta.*

Parmi les genres des Tinéides les plus nuisibles dans les jardins, nous citerons surtout les *Depressaria*, dont plusieurs espèces vivent sur les **Carottes**, les **Panais** (V. ces noms) et sont sans doute leurs plus redoutables ennemis. Certaines espèces ont des ailes atteignant presque 2 cent. 1/2 d'envergure et sont ainsi au nombre des plus grandes Tinéides. Le genre *Tinea* comprend un grand nombre d'espèces, dont plusieurs vivent, comme nous l'avons déjà dit, dans les vêtements et les étoffes d'ameublement ou dans

Fig. 257. — Hyponomeuta padella. (Double de grandeur.)

les céréales emmagasinées, mais aucune n'est réellement nuisible dans les jardins.

Nous avons déjà parlé de l'*Hyponomeuta padella* et de ses ravages à l'article **Aubépine** (Chenilles de l' — V. ce nom). Ce genre *Hyponomeuta* comprend quelques espèces, toutes facilement reconnaissables aux trois rangées longitudinales de points noirs qu'elles portent sur leurs ailes antérieures, dont le fond est blanc, mais les chenilles de l'*Hyponomeuta padella* seulement sont sérieusement nuisibles dans les jardins. Vivant en société, dans une toile enveloppant en paquet un certain nombre de feuilles du sommet des rameaux, on constate très facilement leur présence et leur destruction totale est également très facile; il n'y a qu'à couper le rameau envahi et à jeter toute la colonie dans le feu.

Le **Plutella cruciferarum** (V. ce nom) est parfois très nuisible aux **Choux** et aux **Navets**. (V. aussi ces noms.)

L'*Endrosis fenestrella* est un des papillons les plus abondants dans les habitations, où on le voit voltiger pendant presque toute l'année. On le reconnait à sa tête et son corselet blanc de neige, tandis que ses ailes sont gris terne et lavées de teinte plus foncée.

Les espèces vivant dans le parenchyme des feuilles sont excessivement nombreuses; il y a même peu d'arbres et d'arbustes qui ne soient pas infestés par quelques ou même plusieurs espèces. Les plantes herbacées n'en sont pas non plus exemptes, car plusieurs vivent sur l'*Epilobium angustifolium* et ses congénères. Les galeries et les taches qui résultent du rongement du parenchyme se décèlent à l'extérieur par leur teinte blanchâtre et donnent aux feuilles un aspect très désagréable à l'œil, mais elles sont rarement abondantes au point de nuire à la santé de la plante. (V. aussi **Feuilles**, Insectes qui labourent les.)

Remèdes. — Lorsque les plantes sont envahies par ces chenilles mineuses au point de devenir très laides, il faut récolter les feuilles à la main, alors que les chenilles y sont encore enfermées, puis les brûler. Lorsqu'il s'agit de plantes de choix qu'on ne veut pas priver de leur verdure, on en est réduit à écraser les chenilles dans leurs galeries, entre le pouce et l'index. Ces remèdes ne sont guère pratiques, mais il n'en existe pas de meilleur et force est bien d'y avoir recours quand on ne veut pas voir ses plantes abîmées.

Les mœurs des autres Tinéides sont si diverses que des indications générales pour leur destruction ne seraient pas de grande utilité; mieux vaut prendre la peine de se reporter aux articles dont les renvois ont été donnés précédemment.

TINNEA, Kotz. et Peyr. (dédié à Mlle Tinné, qui voyagea sur le Nil). Fam. *Labiées*. — Petit genre comprenant six espèces de grandes plantes herbacées ou de sous-arbrisseaux pubescents ou laineux et de serre chaude, habitant l'Afrique tropicale. Fleurs fauves ou violet-pourpre, odorantes, réunies en verticilles souvent lâches, biflores, axillaires ou formant des grappes terminales; pédicelles pourvus de deux bractées; calice ovoïde ou bilabié, corolle à tube court et large; limbe sub-bilabié à lèvre supérieure émarginée ou bilobée; l'inférieure beaucoup plus longue et étalée; étamines quatre. Feuilles entières; les florales souvent conformes et les supérieures réduites à l'état de bractées.

L'espèce suivante est seule introduite. Elle prospère en toute terre légère et fertile. Les plantes doivent être tenues dans un endroit aéré et fréquemment pincées pour les faire ramifier. La multiplication peut s'effectuer par boutures qui s'enracinent rapidement.

T. æthiopica, Kotzchy et Peyr. * *Fl.* réunies en grand nombre à l'aisselle des feuilles supérieures et par deux trois sur chaque pédoncule; corolle pourpre-marron foncé, à tube large, un peu plus long que le calice. Hiver. *Flles* à pétiole court et grêle et à limbe ovale, aigu ou sub-aigu, très entier et rétréci à la base. Tige et rameaux dressés, arrondis, sillonnés et effilés. *Haut.* 1 m. 20 à 2 m. Afrique tropicale, 1867. Sous-arbrisseau canescent. (B. M. 5637.)

T. æ. dentata, Hort. *Fl.* à calice ample, cylindrique, bilabié, cachant tout le tube de la corolle. *Flles* opposées, elliptiques et légèrement dentées. Afrique tropicale, 1884. (B. M. 6744.)

TINUS, Tournf. — Réunis aux **Viburnum**, Linn.

TIPULA, Tipule. — V. **Tipulides** et **Chou** (Tipule du).

TIPULARIA, Nutt. (de *Tipula*, Tipule; allusion à la forme des fleurs). Syns. *Anthericlis*, Raf. et *Plectrurus*, Raf. Fam. *Orchidées*. — Petit genre comprenant deux espèces voisines d'Orchidées terrestres, dont une habite l'Amérique du Nord et l'autre l'Himalaya. Fleurs presque petites, pédicellées et réunies en grappes lâches; sépales et pétales étroits et libres; labelle sessile, à lobes latéraux petits et le médian plan. Feuilles ovales. Ces Orchidées sont dépourvues d'intérêt horticole.

TIPULIDES. — Tribu d'insectes de la famille des Diptères, dont le genre *Tipula* est le plus important et constitue aussi le type. Ce sont des Mouches à deux ailes longues, étroites et veinées, avec un corps allongé, grêle, et des pattes démesurément longues. Elles portent en outre un sillon distinct sur le dos, entre la

Fig. 258. — Tipula oleracea. — Larve et nymphe.

partie antérieure du corselet et les segments du milieu du corps. La tête est ordinairement petite, arrondie, pourvue de longues antennes, à six-dix-neuf articles et la trompe est très courte et imparfaitement développée.

La Tipule des jardins; Angl. Crane Fly ou Daddy Long-legs (*Tipula olearcea*) est une des plus communes et des plus nuisibles; en voici une brève description :

Le mâle est assez gros, mesurant presque 2 cent. 1/2 de long et 5 cent. d'envergure d'ailes. Sa couleur est brun cuir, mais d'aspect poudreux. Les ailes sont enfumées et un peu plus longues que le corps. Les pattes postérieurs sont épaissies au sommet. La tête est petite, avec des yeux noirs, hémisphériques et de courtes antennes grêles, à treize articles. Le thorax est roussâtre, grand, ovale et allongé, composé de trois segments et beaucoup plus élevé que la tête.

La femelle se distingue du mâle par son corps qui est allongé et rétréci en forme de fuseau à l'extrémité, tandis que chez le mâle il est au contraire claviforme à ce même point.

Les larves sont bien connues et au nombre des insectes les plus nuisibles aux récoltes et aux prairies. Elles sont de couleur gris terne, cylindriques, sans pattes ni tête distinctes et mesurent à leur complet développement environ 3 cent. 1/2 de long et 5 mm. de diamètre. Les segments sont séparés par des sillons peu profonds et leur extrémité présente six petits tubercules charnus. Elles possèdent une paire de mâchoires puissantes et une peau excessivement coriace,

Fig. 259. — Tipula oleracea. — Adulte.

d'où leur nom anglais de « Leather Jackets ». Quoique lentes à se mouvoir, ces larves sont très nuisibles, car elles vivent dans le sol, à une faible profondeur, aux dépens des racines et en particulier dans les prairies et les gazons, ainsi que sur les Choux et autres Crucifères.

Arrivées à leur complet développement, ces larves se transforment en nymphes, dont les dimensions sont presque égales à celles de ces dernières, mais la partie antérieure du corps est enveloppée d'une membrane protégeant les ailes et les pattes de la Tipule future. Les anneaux de l'abdomen portent aussi chacun une rangée transversale d'épines courtes et raides, à l'aide desquelles la nymphe peut s'élever partiellement hors de terre lorsque sa métamorphose touche à sa fin, pour faciliter ensuite sa mise en liberté quand elle atteint l'état adulte.

Nous ne parlerons pas des autres Tipules, car elles ressemblent à la précédente par leurs caractères, leurs mœurs et n'en diffèrent guère que par leur taille ; les moyens de les détruire sont aussi les mêmes.

Remèdes. — On ne connait malheureusement pas de moyen de détruire radicalement cette peste et tous les efforts se réduisent à diminuer leur nombre le plus possible à l'aide des procédés suivants : On a remarqué que les larves résistaient aux compositions qui ne détruisent pas en même temps l'herbe des prés ou des gazons, mais on peut au moins empêcher les femelles de pondre dans certains endroits en répandant sur ceux-ci des résidus de gaz et autres substances odorantes qui déplaisent à ces insectes. On a tiré de bons résultats de l'emploi du sel ordinaire, dans la proportion de 1000 kilos environ à l'hectare, que l'on répand avant de labourer. Les labours profonds donnent aussi satisfaction dans le même sens. Afin de permettre aux plantes de mieux résister aux attaques de ces insectes, on se trouvera bien de stimuler leur végétation par des additions supplémentaires d'engrais chimiques ou de ferme. Enfin, on a recommandé de passer un rouleau très lourd sur les pelouses, afin d'écraser les vers qui se trouvent à la surface, mais grâce à la dureté de leur peau, ces larves souffrent peu de la pression, à moins qu'elle ne soit très grande.

Pièges. — Ceux-ci consistent simplement en des tranches de Navets, de Pommes de terre, de Carottes ou autres tubercules charnus, que l'on enterre à quelques centimètres, parmi les plantes de choix qu'on tient absolument à protéger. Il faut ensuite visiter ces pièges tous les deux ou trois jours et tuer sur place ou ramasser toutes les larves qui sont venues s'y loger.

Certains oiseaux tels que les Étourneaux, les Corneilles, sont très friands de ces larves et en détruisent de grandes quantités lorsqu'on ne les chasse pas ; il faut donc au contraire les protéger et faire même le possible pour qu'ils séjournent dans les terres infestées. Pour terminer, faisons remarquer que les endroits incultes, où l'herbe pousse d'année en année sans jamais être détruite, sont ceux où les Tipules, comme du reste beaucoup d'autres insectes, se développent en plus grand nombre. Il faut donc éviter, autant que cela est possible, de laisser des terrains en friches.

TIQUES ; Angl. Ticks. — Groupe de petits animaux voisins des Mites et appartenant comme elles à la famille des *Acariens*. Ce ne sont point des insectes au sens propre du mot. Les espèces sont assez nombreuses et forment plusieurs genres compris dans la famille des *Ixodides*, qui tire son nom du genre *Ixodes*, le plus important. A ce genre appartiennent sans doute la plupart des espèces françaises et toutes celles qui vivent en Angleterre.

Les Tiques vivent dans les bois, dans les broussailles, les haies et sur les herbes, paraissant vivre, au moins pendant un certain temps, du suc des végétaux, mais toutes s'attachent aux animaux qui passent à proximité, enfoncent leur rostre dans la peau et restent immobiles pendant le restant de leur vie. Elles vivent alors du sang de leur hôte et se développent ainsi très rapidement.

On a supposé que chaque espèce de Tique était parasite sur une seule espèce d'animal, mais bien qu'elles préfèrent ordinairement une espèce déterminée, elles sont susceptibles de vivre sur d'autres animaux et tous, jusqu'à l'homme, peuvent être infestés par elles. Les chiens sont cependant ceux qui en souffrent le plus : une espèce l'*Ixodes erinaceus*, est commune sur eux ainsi que sur les autres animaux domestiques, notamment les Moutons, les Bœufs, etc.

Les Tiques se ressemblent beaucoup entre elles par leur aspect extérieur ; leur peau est coriace et ne présente aucune des divisions ou anneaux qu'on observe chez les insectes. Leur corps est ordinairement ovale ou elliptique ; chaque patte est terminée par une sorte de ventouse et deux ongles, ce qui leur permet de s'accrocher solidement, et la tête porte une sorte de museau barbu qui, lorsqu'il est enfoncé dans la peau, ne peut plus en sortir. Les palpes, situés sur le côté de la bouche, contiennent deux tubes qui servent à sucer les aliments liquides. Les unes sont pourvus d'yeux, tandis que les autres en manquent; toutes portent une sorte de petit bouclier de consistance cornée sur le dos, derrière la tête. Les plus grosses espèces peuvent devenir, à leur complet développement, de la grosseur d'une fève, mais peu atteignent cette dimension.

Les Tiques tracassent parfois les jardiniers à l'automne en se fixant après eux, de la façon indiquée plus haut. Ils peuvent s'en débarrasser en lavant la partie envahie avec une décoction de tabac, ce qui étourdit les Tiques, leur fait lâcher prise et permet de les extraire facilement de la peau. Lorsque au contraire leur rostre et leurs pattes y restent enfermées, il en résulte une plaie qui suppure et devient douloureuse et longue à se guérir.

TIQUET. — V. **Haltica, Phyllotreta, Chou** et **Navet** (ALTISE DU).

TISSU. — Substance qui constitue la masse principale de toutes les parties des végétaux. Cette substance est tantôt uniquement composée de cellules de formes variables et diversement disposées et elle prend alors le nom de *tissu cellulaire*, tantôt elle est formée de vaisseaux seuls ou entremêlés de cellules et on la nomme alors *tissu vasculaire*. Suivi d'un qualificatif, les botanistes se servent encore de ce nom pour désigner la composition particulière de certaines parties des végétaux. (S. M.)

TITHONIA, Desf. (nom d'origine mythologique, dérivé de *Tithonus*, favori d'Aurore). FAM. *Composées*. — Petit genre comprenant quatre ou cinq espèces de robustes plantes herbacées, demi-rustiques, annuelles ou parfois vivaces et frutescentes à la base, habitant

Fig. 260. — TITHONIA TAGETIFLORA.

le Mexique, l'Amérique centrale et Cuba. Capitules amples, radiés, hétérogames, à pédoncules allongés et épaissis; fleurons rayonnants ligulés, étalés, entiers ou obscurément bidenticulés; involucre sphérique ou largement campanulé, formé de bractées bisériées; réceptale convexe; achaines légèrement poilus. Feuilles alternes, pétiolées, entières ou trilobées.

Les espèces décrites ci-après sont fort peu répandues dans les jardins. Elles prospèrent en terre légère et se multiplient par semis.

T. excelsa, DC. *Capitules* jaunes; achaines généralement pourvus de deux arêtes; involucre formé de plusieurs rangs de bractées appliquées et ciliées. Juillet-septembre. *Flles* elliptiques, aiguës, denticulées au sommet, rudes sur les deux faces. Tiges garnies de deux lignes de poils. *Haut.* 2 m. Mexique. Syn. *Helianthus giganteus*, Cav.

T. ovata, Hort. — V. **Ximenia ovata**.

T. speciosa, Hook. — *Capitules* à fleurons rayonnants d'un beau rouge, au nombre de douze à trente; bractées de l'involucre foliacées; pédoncules uniflores et épaissis supérieurement. Août. *Flles* pétiolées, cordiformes, indivises ou crénelés trilobées. Tige dressée et arrondie. *Haut.* 1 m. 20. Mexique, 1833. Syn. *Helianthus speciosus*, Hook. f. (B. M. 3295.)

T. tagetiflora, Desf. *Capitules* jaune orangé, à fleurons rayonnants ovales-oblongs; involucre à bractées bisériées, dressées et veloutées; pédoncules épaissis supérieurement. Août. *Flles* ordinairement trilobées. *Haut.* 2 m. La Vera Cruz, 1818. (B. R. 591; R. H. 1858, f. 64.)

T. tubæformis, Cass. *Capitules* à fleurons rayonnants oblongs, involucre poilu, un peu étalé; achaines ordinairement pourvus de deux arêtes, pédoncules épaissis au sommet. Juillet. *Flles* toutes indivises. *Haut.* 1 m. 50. Mexique, 1799 (B. R. 1519), sous le nom de *Helianthus tubæformis*, Ortega.

TITHYMALUS, Gærn. — V. **Euphorbia**, Linn.

TITRAGYNE, Salisb. — V. **Rhodea**, Roth.

TITTMANNIA, Rchb. — V. **Vandellia**, Linn.

TOCOCA, Aubl. (*Tococo* est le nom du *T. guianensis* à la Guyane). Comprend *Sphærogyne*, Naud. FAM. *Mélastomacées*. — Genre renfermant environ trente-cinq espèces d'arbustes glabres ou poilus-hispides et de serre chaude, habitant le nord du Brésil, le Vénézuéla et la Guyane. Fleurs blanches ou roses vif, assez grandes, paniculées, nues ou incluses dans de grandes bractées; calice à tube arrondi ou côtelé et à limbe dilaté et à cinq ou six lobes; pétales cinq ou six, obovales ou oblongs, obtus ou rétus et à dix-douze étamines égales entre elles. Feuilles pétiolées, amples, membraneuses, rarement coriaces, entières ou denticulées, à cinq nervures, souvent pourvues à la base ou sur le pétiole d'une vessie bilobée et renflée.

Les espèces décrites ci-après existent dans les cultures. Elles prospèrent dans un compost de une partie de terre franche et siliceuse et deux de terre de bruyère grossièrement concassée. Multiplication par boutures de pousses latérales, que l'on fait en février, en serre chaude et sous cloches.

T. ferruginea, — *Flles* à trois nervures, elliptiques-oblongues, courtement acuminées, ombrées de vert sur la face supérieure, plus pâles en dessous; les juvéniles teintées de rouge. Tige arrondie, couverte d'une poussière écailleuse et jaune cannelle. Amérique du Sud, 1868. Syn. *Sphærogyne ferruginea*.

T. guianensis, Aubl. *Fl.* courtement pédicellées ou sessiles, à limbe du calice entier; pétales rose blanchâtre, obovales-cordiformes, inéquilatéraux, panicule terminale. Août-septembre. *Flles* de forme et de dimensions très variables, largement elliptiques ou ovales, courtement acuminées, arrondies à la base, très légèrement denticulées, à pétioles ayant à peine 6 mm. de long au-dessous de la vessie. *Haut.* 1 m. à 1 m. 20. Guyane, 1826.

T. imperialis, — *Flles* amples, elliptiques, d'un beau vert foncé, à face supérieure ayant des reflets soyeux ou veloutés et à nervures principales rougeâtres à la base. Pérou, 1869. Très belle plante. Syn. *Sphærogyne imperialis*, Lind.

T. platyphylla, Benth. *Fl.* très courtement pédicellées, à pétales d'un beau rose ou rouges ; panicule terminale, plus ou moins contractée et à rameaux grêles. *Flles* longuement pétiolées, largement ovales, apiculées, entières ou obscurément dentées-ciliées au-dessous du sommet. Tige simple. Amérique équinoxiale, 1862. Syn. *Sphærogyne latifolia*, Naud.

TOCOYENA, Willd. (c'est, dit-on, le nom indigène de certaines de ces plantes à la Guyane). SYN. *Ucriana*, Willd. FAM. *Rubiacées*. — Genre comprenant environ huit espèces d'arbustes de serre chaude, dressés, glabres ou tomenteux et habitant le Brésil et la Guyane. Fleurs blanches ou jaunes, élégantes et réunies en cymes sub-sessiles, au sommet de pédoncules courts et épais ; calice à cinq dents et persistant; corolle en entonnoir, à tube grêle et à gorge nue, avec un limbe à cinq lobes étalés, obtus et contournés; étamines cinq, insérées à la gorge de la corolle. Le fruit est une baie oblongue et polysperme. Feuilles opposées ou à peu près, courtement pétiolées, ovales ou lancéolées ; stipules petites et aiguës.

L'espèce suivante, seule introduite, prospère dans la terre de bruyère additionnée d'un peu de terre franche concassée, de sable et de charbon de bois. On peut la multiplier par boutures de pousses à demi aoûtées, que l'on fait en mai, dans du sable, sous cloches et à chaud.

T. longiflora, Aubl. *Fl.* sub-sessiles, agrégées, à tube du calice turbiné ; corolle de 20 à 22 cent. de long, à tube jaune et à limbe blanc. *Flles* lancéolées-oblongues, acuminées aux deux extrémités, glabres, de 30 cent. de long et 10 à 12 cent. de large; stipules triangulaires. Tige tétragone et très simple. *Haut.* 2 m. Guyane, 1826.

TODAROA, A. Rich. — V. **Campylocentrum**, Benth.

TODAROA micranthum, Steud. — V. **Campylocentrum micranthum**.

TODDALIA, Juss. (*Kaka Toddale* est le nom du *T. aculeata* au Malabar). Comprend les *Scopolia*, Smith. et *Vepris*, Commers. FAM. *Rutacées*. — Petit genre renfermant environ huit espèces d'arbustes de serre chaude, inermes ou épineux, grimpants ou sarmenteux, dispersés dans les tropiques de l'ancien monde et habitant notamment l'Asie, l'Afrique tropicale, le Cap et les îles Mascareignes. Fleurs réunies en cymes ou en panicules axillaires ou terminales; calice à deux-cinq dents, lobes ou divisions; pétales deux à cinq, imbriqués ou valvaires; réceptacle peu visible ou légèrement allongé. Feuilles alternes, à trois folioles sessiles, lancéolées, coriaces, entières ou crénelées et parsemées de ponctuations pellucides.

Les trois espèces suivantes ont été introduites. Ce sont d'intéressants arbustes prospérant en serre chaude, dans un compost de terre franche, de terre de bruyère et de sable. Multiplication rapide par boutures que l'on fait dans du sable, sous cloches et à chaud.

T. aculeata, Pers. ANGL. Lopez Root. — *Fl.* blanches, réunies en panicules plus courtes que les feuilles, poilues et multiflores. Mai. *Flles* à folioles oblancéolées-oblongues, aiguës, de 1 1/2 à 2 cent. 1/2 de large, entières ou obscurément crénelées et à bords ridés ; pétioles de 2 cent. 1/2 de long, aplatis supérieurement. Tropiques, 1790. Plante grimpante, souvent armée d'épines crochues. (B. M. Pl. 49.)

T. angustifolia, Lamk. *Fl.* blanches, réunies en petites grappes courtes et axillaires. *Flles* à trois folioles lancéolées, un peu aiguës, entières et luisantes en dessus. Rameaux un peu grêles, inermes et pubescents quand ils sont jeunes. Tropiques, 1790.

T. lanceolata, Lamk. *Fl.* blanches, courtement pédicellées, réunies en panicules multiflores, thyrsoïdes, axillaires et terminales. Mai. *Flles* à folioles oblongues-lancéolées, de 5 à 8 cent. de long, aiguës, entières et à bords ondulés ; pétioles de 2 1/2 à 5 cent. de long, non aplatis. *Haut.* 1 m. 20 et plus. Tropiques, 1824. Arbuste dressé. Syn. *Vepris lanceolata*, G. Don.

T. paniculata, Lamk. *Fl.* blanc verdâtre, réunies en nombreuses panicules terminales, deltoïdes, à branches étalées ou ascendantes. Mai. *Flles* à trois folioles ovales-oblongues, obtuses ou sub-aiguës, de 2 1/2 à 4 cent. de large, vert gai, pétioles de 2 1/2 à 4 cent. de long et subarrondis. *Haut.* 6 à 10 m. Tropique, 1824. Arbuste dressé et inerme.

TODEA, Willd. (dédié à Henry Julius Tode, de Mecklenbourg, savant mycologiste; 1733-1797); ANGL. Crape Fern. Comprend les *Leptopteris*, Presl. FAM. *Fougères*. — Genre renfermant environ cinq espèces de belles Fougères de serre froide, presque confinées dans l'hémisphère austral tempéré. Leur port est celui des *Polypodium* et leurs fructifications sont celles des *Osmunda*. Les sores sont insérés sur le dos des parties foliacées des frondes.

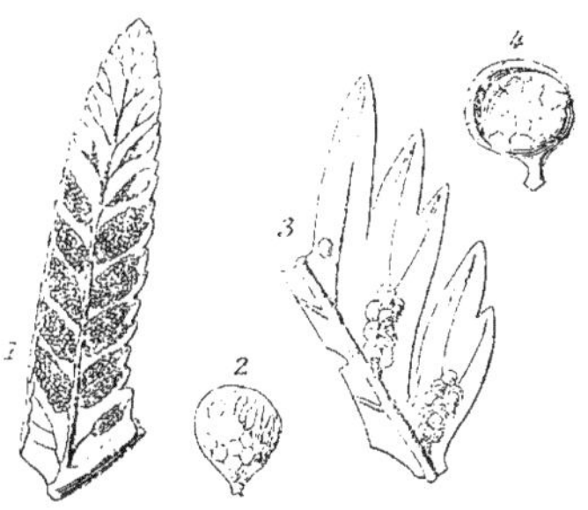

Fig. 261. — TODEA.
1, *Eutodea*, partie de fronde fertile ; 2. Sporange détaché ; 3, *Leptopteris*, partie de fronde détachée ; 4, Sporange détaché.

Les *Todea* prospèrent dans les serres froides et dans les jardins d'hiver et sont très décoratifs quand on a soin de les planter en pleine terre, dans les parties humides et abritées. Si on désire les faire pousser rapidement, il faut les tenir en serre chaude et dans des vitrines fermées et ombragées, qu'on entretient très humides par de fréquents bassinages. Le compost qui leur convient le mieux est un mélange de terre de bruyère fibreuse et de sable blanc. L'ombrage et l'humidité constante sont les deux points essentiels de leur culture. V. aussi **Fougères**.

T. africana, Willd. — Syn. de *T. barbara*, Moore.

T. barbara, Moore.* *Stipe* sub-arborescent. *Pétioles* de 30 cent. ou plus de long, forts, dressés, quadrangulaires et entièrement nus. *Pétioles* de 1 m. à 1 m. 20 de long, forts, dressés, quadrangulaires et très nus. *Frondes* de 1 m. à 1 m. 20 de long et souvent 30 cent. de large, à pinnules rapprochées, étalées-dressées, de 2 1/2 à 4 cent. de long et 3 à 6 mm. de large, avec les bords plus ou moins distinctement dentés; les supérieures soudées à la base. *Sores* denses, couvrant à la maturité toute la face inférieure des pinnules sur lesquelles elles sont insérées. Australie et Nouvelle-Zélande, 1869. (B. M. 5954.) Syns. *T. africana*, Willd. et *T. rivularis*, Sieb.

T. Fraseri, Hook. et Grev. *Stipe* dressé, ligneux, de 50 à 60 cent. de haut et 4 à 5 cent. de diamètre. *Pétioles* de 15 à 20 cent. de long, fermes, dressés et nus. *Frondes* de 30 à 60 cent. de long et 20 à 30 cent. de large, bipinnées; pinnules rapprochées, lancéolées, de 10 à 15 cent. de long et 2 cent. de large, avec le rachis étroitement ailé; les inférieures égalant environ les autres; segments secondaires linéaires-oblongs, de 12 mm. de long et 3 mm. de large, finement dentés et à rachis nu. Australie, 1861. Syn. *Leptopteris Fraseri*, Presl.

T. F. Wilkesiana, Brack. *Frondes* plus grandes que celles du type, à pinnules inférieures un peu plus courtes que les autres et défléchies; rachis légèrement poilu. Iles Fiji et Nouvelles-Hébrides, 1870.

T. grandipinnula, Moore. Syn. de *T. Moorei*, Baker.

T. hymenophylloides, R. et L.* *Pétioles* en touffe, de 15 à 30 cent. de long, fermes, nus et dressés. *Frondes* de 30 à 60 cent. de long et 20 à 30 cent. de large, tripinnatifides, à pinnules rapprochées, lancéolées, de 10 à 15 cent. de long et 2 à 3 cent. de large, à rachis ailé seulement vers le sommet; les inférieures égalant à peu près les autres; segments secondaires linéaires-oblongs, de 12 à 18 mm. de long et 6 mm. de large, découpés presque jusqu'au rachis en segments linéaires, étalés-dressés, simples ou fourchus; rachis nu ou légèrement tomenteux. Nouvelle-Zélande. (H. G. F. 54). Syn. *T. pellucida*, Carm.

T. h. compacta, Hort. Variété bien plus ramassée et plus compacte que le type.

T. Moorei, Baker. *Stipe* de 40 à 50 cent. de haut et 50 cent. de diamètre. *Frondes* ovales, tripinnées, de 30 à 50 cent. de long et 20 à 22 cent. de large, glabres, pellucides-membraneuses, à pinnules sessiles, rapprochées, oblongues-ovales, avec des segments secondaires se recouvrant, de 3 cent. de long, ovales, pinnatifides. 1886. Ile du Lord Howe; Nouvelle-Zélande, 1886. Syn. *T. grandipinnula*, Moore.

T. pellucida, Carm. Syn. de *T. hymenophylloides*. R. et L.

T. rivularis. Sieb. Syn. de *T. barbara*. Moore.

T. superba, Col.* *Stipe* dressé, ligneux, de 30 à 50 cent. de haut. *Pétioles* de 5 à 8 cent. de long, fermes, dressés et nus. *Frondes* de 60 cent. à 1 m. 20 de long et 15 à 25 cent. de large, tripinnatifides, à pinnules rapprochées, étroitement lancéolées; les centrales de 10 à 12 cent. de long et 15 mm. de large; les inférieures graduellement réduites; segments primaires rapprochés, linéaires-oblongs, de 6 à 9 mm. de long, découpés presque jusqu'au rachis en lobes linéaires, simples ou fourchus; rachis fortement tomenteux. Nouvelle-Zélande, 1861. Magnifique plante très décorative et utile pour les expositions.

TOFIELDIA, Huds. (dédié à Tofield, botaniste du Yorkshire). Angl. False Asphodel. Syns. *Hebelia*, Gmel.; *Heriteria*, Schrank. Fam. *Liliacées*. — Genre comprenant environ quatorze espèces de plantes herbacées, vivaces, presque toutes rustiques, dont deux habitent les Andes de l'Amérique australe et les autres sont largement dispersées dans les régions tempérées de l'hémisphère boréale. Fleurs petites, courtement pédicellées ou sub-sessiles et réunies en épis terminaux; périanthe à six segments libres ou très courtement soudés près de la base; étamines six. Feuilles radicales ou fasciculées à la base de la tige, courtes, linéaires, sub-distiques; les caulinaires peu nombreuses ou nulles.

Le *T. calyculata*, Wahl, croît spontanément en France, dans les marécages, et le *T. palustris*, Huds., en Angleterre, mais ces deux plantes sont peu intéressantes au point de vue horticole. De même que le *T. pubens*, elles prospèrent en terre légère et humide. On peut les multiplier par semis ou par division des souches.

T. calyculata, Wahl. *Fl.* petites, verdâtres, à pédicelles très courts, pourvus de trois bractéoles au-dessous de la fleur et réunies en épi terminal, interrompu. Eté. *Flles* étroites, aiguës, distiques, engainantes et gazonnantes. *Haut.* 30 à 60 cent. Alpes, Pyrénées.

T. pubens, Willd. *Fl.* à périanthe blanchâtre, de 5 mm. de long, réunies en grappes lâches, de 5 à 10 cent. de long. *Flles* radicales, étroitement linéaires, un peu rigides, glabres, de 15 à 30 cent. de long. Tige grêle, de 30 à 60 cent. de haut. Amérique du Nord, 1840. (B. M. 3859.)

TOILE. — Nom donné à une redoutable maladie parasitaire occasionnée par un Champignon inférieur, qui se développe surtout dans les serres à multiplication et fait périr un grand nombre de boutures, de semis, etc.

Cette maladie a été récemment étudiée scientifiquement par MM. Prillieux et Delacroix, qui en ont fait l'objet d'une communication à l'Académie des sciences. Ils y ont reconnu l'œuvre « du *Botrytis cinerea*, qui est la forme conidienne d'une Pézize à sclérotes, le *Sclerotiana Fuckeliana*, dont les sclérotes peuvent produire aussi bien des conidiophores de *Botrytis cinerea* que des apothécies de Pézize ».

Ce Champignon se développe sur un très grand nombre de plantes, tant de plein air que de serre, depuis des plantes potagères, telles que les Laitues et diverses plantes florales, jusqu'aux arbustes, notamment les Rosiers, la Vigne, etc., mais il est incomparablement plus destructeur dans les serres à multiplication.

Les filaments du mycelium rampent généralement sur la terre, s'entre-croisent, y forment une sorte de ouate blanche, adhérente à la terre, qui enveloppe le collet des jeunes plantes et pénètre dans leur tissu. Celles-ci commencent alors à jaunir, puis elles noircissent et tombent bientôt en putréfaction. Le mycélium se couvre ensuite de fructifications du *Botrytis*. On savait depuis longtemps que ce Champignon se développait sur les raisins de certains cépages, notamment le Sauterne et y était favorable à la vinification, mais depuis qu'on emploie la bouillie bordelaise, pour la destruction du *Mildiou*, on a remarqué que le *Botrytis* ne se développait plus régulièrement comme autrefois et c'est de cette remarque qu'est sans doute venue l'idée de l'emploi du sulfate de cuivre pour sa destruction. Les divers essais qui ont été faits ont donné des résultats satisfaisants et il ne parait pas douteux qu'on soit aujourd'hui en possession d'un remède efficace, alors que tant d'autres ont échoué. Le sulfate de cuivre a déjà donné de si bons résultats pour la destruction de tant de Champignons parasites, qu'on est en droit d'espérer qu'il sera non moins efficace.

Quant à son mode d'emploi, on le préparera sous forme de **Bouillie**, d'après une des formules données à ce nom, en modérant au besoin la dose de cuivre s'il s'agit de traiter des plantes délicates, et on les aspergera alors à l'aide d'un pulvérisateur. La dose pourra au contraire être plus forte lorsqu'on répandra le liquide sur la terre nue ou qu'on s'en servira pour imprégner les coffres, les pots, etc. (S. M.)

TOILE-ABRI. — On désigne ainsi la toile grossière, à mailles un peu écartées et presque à claire-voie, dont on se sert très généralement en horticulture pour abriter les arbres fruitiers et surtout ceux en espalier des dernières gelées printanières, pour ombrager les serres ainsi que pour protéger légèrement certaines plantes, soit contre les gelées blanches, soit contre les ardeurs du plein soleil. C'est cette même toile qui sert aux emballages, pour couvrir les ballots ou garnir le dessus des paniers. Quand on s'en sert comme abri, il est avantageux de la tremper dans un bain de sulfate de cuivre, comme on le fait parfois pour les **paillassons**. (V. ce nom pour le mode d'opération.) afin de prolonger sa durée. (S. M.)

TOLMIEA, Torr. et Gray. (dédié à Tolmie, chirurgien de la Compagnie de la baie d'Hudson, à Puget Sound). Fam. *Saxifragées*. — La seule espèce de ce genre est une plante herbacée, à rhizome vivace, autrefois réunie aux **Tiarella** et exigeant le même traitement qu'eux. (V. ce nom pour sa culture.)

T. Menziesii, Torr. et Gray. *Fl.* verdâtres, assez grandes penchées et réunies en grappe allongée ; calice à nervures pourpres ; pétales cinq, capillaires. Avril. *Flles* radicales pétiolées, alternes, incisées, lobées ; les caulinaires alternes. Tige de 30 à 60 cent. de haut, portant trois-cinq feuilles poilues. Amérique du nord-ouest, 1812. Syns. *Heuchera Menziesii* et *Tiarella Menziesii*. (H. F. B. A. I. 80.)

TOLPIS, Adans. (nom probablement sans signification, comme le sont beaucoup de ceux du même auteur). Fam. *Composées*. — Genre comprenant environ dix-huit espèces de jolies plantes herbacées, rustiques, annuelles ou vivaces, à tige parfois ligneuse et habitant la région méditerranéenne et les îles Canaries. Capitules jaune pâle ou vif, homogames, à fleurons tous ligulés, tronqués et à cinq dents au sommet ; involucre campanulé, formé de bractées étroites, les inférieures uni- ou bisériées ; les supérieures multisériées ; réceptacle nu ou alvéolé. Feuilles presque toutes radicales ou alternes dans la partie inférieure de la tige, entières, dentées ou pinnatifides ; les supérieures souvent étroites.

Les espèces suivantes, et surtout le *T. barbata*, sont les plus répandues et aussi les plus dignes d'être cultivées. Elles aiment les terres légères, chaudes et bien ensoleillées, car elles demandent le grand soleil pour épanouir leurs fleurs. On peut les employer à l'ornementation des corbeilles et des plates-bandes. Leur multiplication s'effectue par semis que l'on fait au printemps, en pépinière, puis on repique les plants en place quand ils sont suffisamment forts.

T. barbata, Gærtn. Crépide barbue ; Angl. Yellow Garden Hawk Weed. — *Capitules* à rayons jaune soufre, dentés au sommet et à disque brun velouté, de 3 cent. de diamètre ; involucre légèrement farineux, à bractées externes subulées et arquées. Juin. *Flles* oblongues-spatulées ; les caulinaires-lancéolées. Tige dressée, pubérulente, ramifiée et feuillue. *Haut.* de 30 à 50 cent. Europe méridionale, France, etc. Syn. *Crepis barbata*, Linn. (B. M. 35.) — Il en existe une jolie variété *naine compacte*.

T. macrorhiza, DC. *Capitules* jaunes, presque aussi grands que ceux du *T. barbata* et réunis en panicule ample ; involucre pubescent-farineux ; aigrette composée de quinze à vingt soies ; pédicelles squamulleux. *Flles* indivises, oblongues, dentées, sessiles, légèrement charnues, coriaces. Tige frutescente, ramifiée ; racine épaisse et charnue. Madère. Plante très glabre. Syn. *Crepis macrorhiza*, Banks. (B. M. 2988.)

T. umbellata, Bertol. *Capitules* jaune pâle, de moitié plus petits que ceux du *T. barbata* ; pédoncules tomenteux au sommet. *Flles* oblongues-linéaires, dentées ; les supérieures entières. Tige dressée, ramifiée et presque nue. *Haut.* 60 cent. Europe méridionale, France, etc.

T. virgata, Bivona. *Capitules* jaunes, petits à aigrettes composées de six à dix soies ; involucre et pédicelles pubescents farineux. *Flles* allongées, linéaires-lancéolées, dentées ; les supérieures linéaires, entières. Tige dressée, ramifiée et glabre. *Haut.* 1 m. Europe méridionale, France, etc.

T. v. grandiflora. Hort. *Capitules* jaune citron ; involucre farineux, à bractées externes courtes et subulées. *Flles* radicales, lancéolées, dentées, garnies de poils épars et fortement velues vers la base. Sud de l'Italie, Sicile, etc. 1830.

TOLU (**Arbre au baume de**). — V. **Myroxylon toluiferum**.

TOLUIFERA, Linn. — V. **Myroxylon**, Linn.

TOMATE. Angl. Tomato, Love-apple (*Solanum Lycopersicum*, Linn.). — D'origine américaine ; une de ses formes à petits fruits se retrouve à l'état sauvage au Pérou. La Tomate, qui appartient à la famille des Solanacées est une plante annuelle, sarmenteuse, dont les tiges vertes, épaisses et rudes ont besoin de tuteur pour se maintenir droites. Les fruits, qui affectent diverses formes : rondes, obovales, en cerise, en poire, etc., sont généralement de grosses baies arrondies, un peu méplates, unies ou plus ou moins côtelées et à peau très lisse ; les graines, dispersées au centre de la pulpe, sont plus rares dans les races améliorées que dans les autres. Ces fruits sont de couleur vermillon, écarlate, rouge violacé ou jaune franc, suivant les variétés.

On fait avec les Tomates cuites d'excellentes sauces, des potages, des conserves, etc. Les fruits crus s'emploient le plus souvent en salade ; dans certaines contrées, on les mange tout simplement comme des pommes.

Culture. — La Tomate étant une plante d'origine méridionale, elle ne peut pas être cultivée entièrement à l'air libre sous notre climat. On ne peut la mettre en pleine terre que vers la fin d'avril ou dans la première quinzaine de mai, lorsque les gelées ne sont presque plus à craindre. Il est donc nécessaire, si on veut voir la plante produire de bonne heure et assez longtemps, de l'avancer le plus possible dès le début et jusqu'à cette époque, en la semant de bonne heure sur couche, en la repiquant à chaud également et en fortifiant le plant le plus possible.

Dans la culture en grand, telle que la pratiquent certains spécialistes dans la banlieue de Paris, le semis se fait sous châssis froid ou presque froid. La graine lève de suite, en trois jours. Au premier repiquage, qui se fait au bout de trois semaines, on repique 140 pieds par châssis ; le second repiquage se fait également sous châssis, à raison de 80 pieds par châssis. On a soin d'aérer progressivement, de façon à obtenir des plants trapus et robustes, déjà habitués à l'air lors de la mise en place, laquelle a lieu habituellement du 20 avril au 1er mai.

La Tomate demande une terre substantielle, ayant

du fond, labourée profondément et parfaitement nettoyée. Si le terrain n'a pas été suffisamment fumé avant la plantation, on fait un trou à la place de chaque plant, on y met du fumier consommé ou du terreau et on recouvre de terre. On plante en lignes distantes de 1 mètre, en espaçant les pieds de 60 cent. sur la ligne. Ceux-ci doivent être bien enfoncés, afin de favoriser le développement de racines adventives au bas de la tige. On arrose pour la reprise si la pluie fait défaut. Quand les plants ont de 30 à 40 centimètres, on plante à côté d'eux les échalas qui doivent les soutenir.

La taille la plus généralement pratiquée dans cette culture consiste à ne garder que deux branches principales, qui se développent après la suppression de la première inflorescence portée par le jeune pied ; on les attache en cinq ou six endroits différents, au fur et à mesure qu'elles montent et on les arrête quand elles ont atteint le haut du tuteur, c'est-à-dire à environ 1 m. ou 1 m. 20. Pour favoriser la mise à fruit, il faut avoir soin d'ébourgeonner tous les rameaux latéraux aussitôt qu'ils se montrent le long des deux tiges principales ; mais à part cela, on doit se garder d'enlever la moindre feuille pour découvrir le fruit, un feuillage étoffé et vigoureux étant absolument nécessaire à la vigueur des plantes et par conséquent à l'abondance comme à la qualité du produit.

Dans cette culture, en année normale, on commence à cueillir régulièrement dès la seconde quinzaine de juillet et la récolte se continue jusqu'aux gelées. Lorsque celles-ci sont à craindre, on peut cueillir tous les fruits qui sont suffisamment développés et on les rentre soit sous châssis, soit dans un local chaud et sain, où ils achèvent de mûrir.

Dans les jardins particuliers, on peut palisser la Tomate le long d'un mur au midi ou le long de treillages en fil de fer allant de l'est à l'ouest. On ne laisse alors aussi et le plus souvent que deux branches par pied.

Depuis que les Tomates sont expédiées de bonne heure du Midi, de l'Algérie et de l'Espagne, leur culture forcée dans le Nord a beaucoup diminué. Là où on la pratique, on sème en janvier, sur couche chaude et on repique également sur couche quand les plants ont 5 ou 6 centimètres On met en place en mars, sur couche et sous châssis, en plantant quatre pieds par châssis. La taille se fait en gardant deux branches seulement, qu'on peut soutenir au moyen de tuteurs inclinés dans le sens du verre ou encore de fils de fer s'étendant dans le même sens. A mesure que la plante prend du développement, on doit relever les coffres, pour que le vitrage ne l'arrête pas. Il ne faut pas non plus oublier de donner de l'air autant que le temps le permet et surtout au moment de la floraison. La récolte commence à la fin d'avril.

Fig. 262. — Tomate en arbre rouge lisse. — (D'après L. Lille.)

C'est la tomate naine hâtive qui est généralement cultivée ainsi et c'est elle également qu'on emploie dans le procédé de culture hivernale suivant [1].

On sème sous châssis, très clair, dans la première quinzaine d'août. On pince les jeunes plants dès qu'ils ont deux feuilles au-dessus des cotylédons et on procède ensuite au repiquage sous châssis, à 10 cent. en tous sens. Vers le 25 septembre, quand les plants ont cinq à six feuilles, on les met en place, en mottes, à raison de dix par panneau. Ils émettent alors en haut de la tige une première hampe florale qui est

[1] V. *Revue Horticole* 1891, p. 181.

destinée à porter fruit. On a donc ainsi une tige unique, qu'il faut avoir soin d'ébourgeonner soigneusement. La floraison du bouquet terminal s'opère vers le 20 octobre. Il est nécessaire alors d'aérer suffisamment, pour que la fécondation se fasse et en même temps de maintenir la température à un degré suffisant, au moyen de réchauds, si c'est nécessaire. Une fois la floraison terminée, on rempote dans des pots de 18 cent. et on porte ceux-ci dans une serre très saine, où la température se maintient entre 16 et 20 degrés.

VARIÉTÉS :

T. en arbre rouge lisse. — Cette variété se recommande par ses tiges courtes, très fortes, se tenant droites d'elles-mêmes et ses fruits moyens, lisses et d'un beau rouge.

T. Champion. — Race à tige très raide, vigoureuse, demi-hâtive, portant de beaux fruits de grosseur moyenne, bien unis, ronds, un peu aplatis, d'un rouge violacé. — Il en existe une variété à fruits écarlates.

T. Chemin. — Très belle variété haute, vigoureuse, fleurissant d'assez bonne heure et à production soutenue. Les fruits réunis par grappes de sept ou huit, mais dont on ne garde que trois ou quatre par bouquets,

Fig. 263. — Tomate Chemin.

pour qu'ils deviennent plus beaux, sont très régulièrement arrondis, nets et lisses, d'un beau rouge vif, à chair pleine, ferme, de toute première qualité et excellents pour le marché et pour conserves. (A. V. P. 41-3.)

T. jaune ronde. — Très jolis fruits un peu petits, mais bien arrondis, lisses, réguliers et d'un beau jaune d'or, réunis en grappes de cinq ou six. (A. V. P. 19-7.)

T. jaune grosse lisse. — Fruits plus gros, plus aplatis que les précédents et, comme eux, d'aussi bonne qualité que les Tomates rouges. (A. V. P. 5-5.)

T. Mikado. — Grande race tardive, convenant surtout pour les pays méridionaux. Très gros fruits, un peu aplatis, lisses et d'un rouge violacé, qui les fait apprécier par les Américains. (A. V. P. 43-1.)

T. Mikado écarlate. — Belle sous-variété de la précédente, plus précoce et à fruit d'un beau rouge écarlate vif, ce qui la fera préférer chez nous. (A. V. P. 43-2.)

T. Perfection. — Productive, de seconde saison, sans être précisément tardive. Beaux fruits rouge écarlate foncé, déprimés, très lisses, à chair bien pleine. (A.V.P. 372.)

T. pomme rouge. — Variété assez hâtive, à fruits moyens ou un peu petits, en grappes de trois à six, très ronds, très pleins, absolument lisses, se conservant bien. (A. V. P. 36-1.)

Fig. 264. — Tomate jaune ronde.

T. pomme violette. — Belle race tardive, à fruits aussi réguliers et un peu plus gros que les précédents, réunis par deux à quatre, prenant à la maturité une couleur presque violette.

Fig. 265. — Tomate Perfection.

T. Ponderosa. — Variété américaine, d'obtention toute récente, donnant des fruits énormes, méplats, lisses, charnus et d'un rouge violacé. C'est la variété qui produit les plus gros fruits ; ceux-ci atteignant jusqu'à 800 grammes. Une variété à *fruits écarlates*, déjà obtenue, plaira mieux chez nous que le type.

T. Reine des hâtives. — Très vigoureuse, extrêmement précoce, donnant des fruits nombreux, arrondis et fermes, de couleur écarlate.

Fig. 266. — Tomate pomme.

T. Roi Humbert. — Très jolis fruits oblongs, aplatis aux deux bouts, souvent réunis sur deux rangs en

Fig. 267. — Tomate Reine des hâtives.

grappes de dix ou douze, d'un beau rouge vermillon, à chair pleine et ferme, excellente ; très bons à manger crus. Race vigoureuse et très productive. (A. V. P. 37-1.)

T. rouge à tige raide de Laye. — Remarquable par la force de ses tiges courtes et raides, qui peuvent se passer de tuteurs. Fruits rouges, gros, à maturité tardive.

Fig. 268. — Tomate Roi Humbert.

T. rouge grosse. — Race productive, un peu tardive, à fruits gros, déprimés, côtelés, rouge foncé ; se fait surtout dans le Midi. (A. V. P. 12-6.)

T. rouge grosse hâtive. — C'est une simple variété de la précédente, mais plus hâtive de quinze jours à trois semaines.

Fig. 269. — Tomate à tige raide de Laye.

T. rouge grosse lisse. — Plus tardive que la rouge grosse et à fruits un peu plus lisses, mais la race est peu fixe. (A. V. P. 30-6.)

T. rouge naine hâtive. — Variété précoce et de petite taille, à fruits côtelés, moyens ou petits, convient surtout pour la culture forcée.

T. très hâtive de pleine terre. — Excellente variété très répandue aujourd'hui, aussi hâtive et un peu moins naine que la précédente, vigoureuse et fertile ; les fruits, en grappes nombreuses, sont moyens, déprimés, un peu côtelés sur la face du pédoncule, d'un très beau rouge vif; la chair est pleine et ferme, de très bon goût et la peau fine et solide.

Les plus connues parmi les variétés à petits fruits sont les suivantes, qui rentrent un peu dans les légumes de fantaisie.

T. cerise. — Fruits ronds ou légèrement aplatis, réunis en grappes de huit à douze, lesquelles peuvent être au nombre d'une vingtaine sur chaque pied. (A. V. P. 8-6.)

Fig. 270. — Tomate rouge grosse hâtive.

T. groseille. — Fruits très petits, ronds, écarlates, réunis par douze-quinze ou même plus, en longues grappes un peu lâches; comestibles, mais surtout employés comme ornement.

Fig. 271. — Tomate cerise.

T. poire. — Très hâtive et très vigoureuse, haute de 1 m. 20 à 1 m. 30. Chaque plante peut porter de vingt à vingt-cinq grappes de petits fruits longs de 4 à 5 centimètres sur 3 cent. de large, en forme de poire et d'un beau rouge, réunis par six à dix; excellents à manger crus et se conservant très bien. (A. V. P. 8-5., G. A.)

Maladies. — Les plantations de Tomate sont fréquemment envahies par la même maladie qui attaque la Pomme de terre et qui est due au Champignon nommé *Peronospora infestans*; c'est surtout dans les années humides qu'il se propage rapidement. Il faut agir préventivement contre lui, en employant la bouillie bordelaise (V. ce nom, t. I, p. 307) dès qu'on voit apparaître les premiers points noirs ou mieux avant l'apparition de la maladie. On peut en asperger les plantes à deux reprises différentes, à intervalles assez éloignés.

Fig. 272. — Tomate groseille.

Le Blanc ou Meunier, occasionné par un champignon du genre *Erisyphe*, exerce aussi ses ravages sur les Tomates, principalement dans les cultures sous verre. C'est le soufre qu'on emploie en ce cas, après avoir

Fig. 273. — Tomate poire.

enlevé avec soin toutes les feuilles et parties malades. On le combat également au moyen de seringages au sulfure de calcium.

TOMENTEUX. — Qui est couvert de **Tomentum.** (V. ce nom.)

TOMENTUM. — Duvet court, épais, rigide et sensible au toucher qui couvre la surface de certaines parties d'un grand nombre de végétaux.

TOMEX, Thunb. — Réunis aux **Litsæa**, Lamk.

TOMICIDES. — Nom parfois appliqué à un groupe d'insectes de la famille de Coléoptères, que l'on désigne plus fréquemment aujourd'hui sous celui de **Scolytidées.** (V. ce nom.) Ce nom de *Tomicides* est dérivé de *Tomicus*, celui d'un des principaux genres de la famille.

TONDEUSE; Angl. Lawn-Mower. — Machine servant à couper l'herbe des gazons et des pelouses, et que l'on meut à bras, en la poussant devant soi. Bien que l'invention n'en soit pas encore très ancienne, elle présente tant d'avantages au point de vue de la perfection du travail et de la rapidité de son exécution, qu'elle est devenue aujourd'hui d'un usage général dans les grands jardins et même dans les petits; elle a presque complètement remplacé la faux. Celle-ci a néanmoins encore son utilité pour tondre les parties ou la tondeuse ne peut passer.

Il existe aujourd'hui un très grand nombre de modèles de tondeuses et aussi des dimensions très différentes, mais le plus grand nombre est de marque et d'origine anglaises ou américaines, pays où la tondeuse a été inventée. Ces modèles diffèrent entre eux par les détails de leur construction, mais les parties essentielles du mécanisme sont les mêmesdans toutes.

Ces parties essentielles sont : une large lame transversale ou couteau fixe, tranchant sur le devant, trainant sur le gazon et tenu à la hauteur voulue par

Fig. 274. — Tondeuse « Enterprise ».

deux petits rouleaux placés à l'avant de la machine, mais s'élevant ou s'abaissant à volonté, pour modifier le niveau de coupe. D'autres lames coupantes, en nombre variable, sont courbées en spirale et fixées sur un cylindre qui, en tournant rapidement, les fait passer, avec un léger frottement, les uns après les autres et en biais sur le couteau fixe et l'herbe se trouve ainsi coupée comme par des lames de ciseaux. Le mouvement rotatif des lames est donné par deux larges roues sur lesquelles repose toute la machine; ces roues sont pourvues à l'intérieur d'un engrenage sur lequel bat un cliquet arrêtant le mouvement rotatif des lames lorsqu'on tire la machine en sens contraire, c'est-à-dire en arrière. Une sorte d'anse, prenant la machine sur l'axe des deux grosses roues et se prolongeant en arrière en un manche au bout duquel se trouve une large poignée transversale sert à pousser et diriger la machine. Enfin, un gros rouleau en bois placé en arrière et servant de point d'appui, tout en roulant le gazon, complète les pièces principales d'une tondeuse. Du reste, l'examen des machines figurées ci-contre feront mieux comprendre la composition d'une tondeuse qu'une longue description technique.

La plupart des tondeuses sont mues à bras, soit à un seul homme, soit à deux, l'un tirant en avant, à l'aide d'une corde et l'autre poussant et dirigeant la machine par le manche; mais, pour tondre les grandes pelouses, on se sert parfois de machines que l'on fait trainer par un cheval ou par un âne. Dans ce cas, la machine est pourvue d'un dispositif permettant d'arrêter la rotation des lames, quand cela est nécessaire, et de les faire tourner à blanc pendant qu'on les roule d'un endroit à l'autre, sur les routes ou dans les allées. Enfin, certaines machines à bras ou à cheval sont pourvues, à l'avant, d'une boîte ou hôte dans laquelle l'herbe coupée vient tomber, ce qui évite l'embarras de balayer les pelouses après leur tonte et aussi l'engorgement des roues par l'herbe.

Le nombre des couteaux tournants varie dans les différents modèles de machines; dans quelques-unes, ils sont très espacés, dans le but de pouvoir couper l'herbe longue.

L'*Archimédienne*, de construction américaine, a été spécialement remarquée pour cette disposition, lors de son introduction; elle est aujourd'hui assez répandue. Une forme améliorée, fabriquée par MM. Williams et Cie, d'Angleterre, a toutes ses parties susceptibles de travailler séparément, et ses couteaux tournent avec une grande rapidité quand elle est en mouvement, ce qui est très précieux pour la bonne coupe de l'herbe.

L'*Excelsior*, autre machine américaine, fabriquée par la compagnie Chadborn et Codwell, est surtout remarquable par la légèreté de son fonctionnement, coupant l'herbe sans trainer, par son nouveau et facile mode d'ajustement, et enfin par la complète protection des roues et du mécanisme, tant contre les chocs que contre leur engorgement par l'herbe. A l'inverse des autres machines, l'ajustement du couteau inférieur n'est pas fixe, car on peut, à volonté, l'approcher ou l'écarter des couteaux rotatifs et le fixer ensuite en place à l'aide d'écrous ordinaires. Chacun des quatre couteaux rotatifs est complet en lui-même et peut facilement être rechangé en cas d'accident.

L'*Automaton* est une excellente tondeuse pour l'usage ordinaire ; elle existe en différentes largeurs; celles de 30 à 50 cent. de large sont les plus recommandables.

Plusieurs des machines de la marque Green sont mues par une chaine plate au lieu de roues à engrenage, mais diverses personnes s'en plaignent, car la chaine est susceptible de glisser dans les terrains en pente. Il est cependant reconnu que ces machines sont de longue durée et font un excellent travail.

Dans la tondeuse Shanks, le couteau est à double tranchant réversible, ce qui lui permet de durer plus longtemps que la plupart des autres modèles. Cette machine est surtout recommandable dans les grandes dimensions, mues par un cheval, car elle est très solidement construite, renvoie bien l'herbe dans la boîte de réception, et celle-ci a un excellent système d'enlèvement pour la vider quand elle est pleine.

L'*Invincible*, de Edwards, fabriquée par J. Croley et Cie, a des lames réversibles et coupe l'herbe très uniformément; les rouleaux peuvent à volonté être fixés devant ou derrière les lames, dans les deux positions, et la machine peut même fonctionner sans aucun rouleau. Enfin elle fait peu de bruit et son mécanisme est simple et facile à comprendre.

Il existe encore beaucoup d'autres modèles de

toudeuses, trop nombreux même pour que nous entreprenions de les citer, bien que quelques-uns puissent présenter un avantage particulier sur ceux que nous venons d'énumérer. En France, nous avons plusieurs modèles de fabrication française, mais on emploie beaucoup aussi les machines de marque anglaise ou américaine. *La Bérichonne*, figurée ci-contre, est très estimée pour l'usage dans les petits jardins, car elle est très simple, légère et peu coûteuse; il en existe de plusieurs dimensions.

Fig. 275. — Tondeuse pour gazon « la Berrichonne ».

Presque toutes les machines anglaises et américaines sont construites de façon à pouvoir placer à l'avant la boîte recevant l'herbe et celle-ci s'enlève très facilement pour pouvoir la vider quand elle est pleine. L'usage de cette boîte est très général en Angleterre, tandis qu'il est à peu près inconnu chez nous, ce qui, selon nous, est regrettable, car son emploi simplifie considérablement le travail et le fonctionnement de la machine n'est pas beaucoup plus pénible, surtout lorsque sa dimension n'est pas grande. Certains Anglais préfèrent cependant faire comme nous et se passent de la boîte.

Comme tout ce qui est mécanisme, il est très important de tenir sans cesse une tondeuse en parfait état de propreté et surtout de ne pas négliger de la nettoyer à fond chaque fois qu'on a fini de s'en servir. La rouille et la poussière abîment beaucoup plus les lames et le mécanisme que l'usage, même constant, de la machine, quand on a soin de la tenir bien propre. Les couteaux doivent toujours être ajustés très régulièrement et de façon à ce qu'ils coupent une feuille de papier sur toute leur longueur.

Il ne faut pas fixer trop bas le niveau de coupe de l'herbe, car certaines Graminées délicates périssent lorsqu'elles sont rasées de trop près et la pelouse se trouve en outre bien dénudée pendant plusieurs jours, tant que l'herbe n'a pas repoussé.

Il existe encore en Angleterre des petites machines nommées « Lawn-edge Clipper », faites pour suivre la tondeuse et couper l'herbe sur le bord des pelouses. Certains modèles sont pourvus d'une roue à engrenage qui fait mouvoir tout le mécanisme lorsqu'on pousse la machine en avant.

Le modèle de M. Green est pourvu d'une chaîne prenant sa force sur la roue motrice; une lame est fixe et glisse le long de la bordure, tandis qu'un tranchoir à plusieurs lames tourne contre elle et coupe l'herbe.

Le modèle « Adie's Patent Clipper » a des lames rappelant celles d'une cisaille; la pointe de la lame inférieure est réglée pour glisser à environ 12 mm. au-dessous du niveau du gazon. Par une pression de quelques livres exercée de haut en bas ou en avant, les lames s'ouvrent, mais un puissant ressort les referme brusquement et l'herbe se trouve ainsi coupée.

Les tondeuses de bordures sont peu employées par suite de la difficulté à les conduire bien droit ou à suivre les contours irréguliers de certaines pelouses. Si l'on pouvait perfectionner ces machines au point de les rendre réellement pratiques, on économiserait ainsi la somme considérable de travail que nécessite la tonte des bordures à la cisaille ou au volant.

TONNEAUX d'arrosage. — Ce sont des récipients en bois ou en fer, fixes ou mobiles, servant à contenir ou transporter l'eau destinée aux arrosages.

Les tonneaux en bois s'emploient comme récipients pour recevoir et conserver l'eau dans les endroits des jardins où elle est la mieux à portée de la main. On les enfonce généralement en terre jusqu'aux deux tiers environ de leur hauteur, afin de pouvoir puiser l'eau facilement avec les arrosoirs; leur contenance ne peut guère être moindre de 225 litres, c'est-à-dire une pièce, ni supérieure à 500 litres. Ce sont généralement des tonneaux à huile ou pétrole, parfois des tonneaux à vin déjà endommagés par les voyages et les manipulations ou ayant pris un mauvais goût et qu'on se procure à peu de frais chez les marchands de futailles; ils ne valent pas les premiers; à cause des matières grasses dont ceux-ci sont imprégnés et qui prolongent considérablement leur durée. Les tonneaux à pétrole, quoiqu'un peu petits sont très recherchés par les amateurs. Avant d'enterrer ces tonneaux et afin de prolonger le plus possible leur durée, il est bon, après avoir défoncé le côté le plus mauvais, de les enduire au moins à l'extérieur d'une bonne couche de goudron.

On emploie aussi et fréquemment aujourd'hui des tonneaux cylindriques, faits en ciment, avec une armature et bordure en fer. Ces récipients, lorsqu'ils sont bien fabriqués et avec du bon ciment, ont une très longue durée. (V. aussi **Arrosements**.)

Les tonneaux mobiles, servant au transport de l'eau sont généralement en fer ou plus exactement en forte tôle, cylindriques et souvent munis d'une petite pompe aspirante et refoulante, servant à les vider et répandre l'eau où elle est nécessaire, soit en jet, soit en pluie, comme un arrosoir. Ils sont montés à l'aide de fortes brides sur un chariot à deux roues et, selon leurs dimensions, mus à bras ou par un cheval. Leurs dimensions, et par suite leurs prix, sont très variables. On les trouve facilement faits d'avance dans le commerce.

Les tonneaux à purin sont semblables par leur mode de construction, mais la pompe, dont ils sont généralement munis, est spécialement faite pour aspirer les liquides épais, comme l'est le purin.

(S. M.)

TONNELLE. — V. **Berceau** et **Kiosque**.

TONIQUE. — Se dit des remèdes et en particulier des plantes qui possèdent la faculté de fortifier le corps, tels que le Quinquina (*Cinchona officinalis*, *C. calisaya*, etc.), le Colombo (*Chasmanthera palmata*), la Cola (*Kola acuminata*), etc. (S.M.)

Fig. 276. — Travaux topiaires. — Le jardin des Ifs au château d'Elvaston, en Angleterre. (D'après Weith « Manual of Coniferæ ».)

TOPIAIRES (Travaux). Angl. Topiary works. — Sous ce nom, peu employé de nos jours, on désignait autrefois l'ensemble des travaux consistant à donner aux arbres d'ornement qui s'y prêtent des formes symétriques ou plus ou moins fantastiques, tels qu'on en voit encore des spécimens dans les vieux jardins à la française, notamment à Versailles. Ce style de dressement des arbres est heureusement abandonné, mais, comme il a pendant longtemps été considéré comme la perfection du jardinage, il ne sera pas inutile d'en dire ici quelques mots, afin d'éviter les recherches dans les vieux livres, devenant rares aujourd'hui.

Il est sans doute bien difficile de savoir à qui est dû ce style et l'époque exacte à laquelle il fut mis en pratique, mais il devint très populaire et atteint son apogée vers le XVIe siècle ; il la conserva presque intacte jusque dans le siècle dernier, époque à laquelle le style paysager vint détrôner le style géométrique, et avec lui disparut graduellement la pratique des travaux topiaires. Aujourd'hui, il n'en reste plus que des vestiges dans les anciens jardins. Nous avons cité ceux de Versailles et de Trianon, mais les plus remarquables spécimens se trouvent en Angleterre, au chateau d'Elvaston, près Derby. « Une grande partie du parc est garni de haies ornementales d'If commun, séparant les carrés les uns des autres ou entourant des espaces de terrains où se trouvent des sujets isolés, soit du type commun, soit de sa jolie variété dorée et dressés sous la forme pyramidale-conique; on peut en compter plus de mille semblables par leur hauteur et leur forme symétrique. Il y a relativement peu d'arbres dressés sous la forme d'oiseaux et d'animaux ; l'œuvre principale représente les murs avec leurs meurtrières et les bastions d'un château fort de Normandie ; on y remarque aussi des arcades, des alcôves, des berceaux, etc. La grande importance des travaux topiaires du château d'Elvaston a eu pour but d'exciter bien plus la surprise que l'admiration, mais l'effet pittoresque de cette scène excessivement symétrique et imposante est beaucoup rehaussé par les majestueuses Conifères des genres Pin, Sapin et *Araucaria* qui ont été plantés en abondance sur certains points et autour de l'emplacement, ainsi que par la vue de la belle rivière Derwent, qui la traverse en décrivant de gracieux contours.» (Weitch, *Manual of the Coniferæ.*) (V. aussi *Revue Horticole*, 1890, p. 297, fig. 83.) La figure ci-contre donne une idée assez exacte de cette scène pittoresque au dernier point.

Le château de Levens Hall, dans le Westmoreland, également en Angleterre, est encore plus fameux pour ses travaux topiaires que celui d'Elevaston. Une figure et un article des curiosités de ce jardin ont été publiés dans l'*Archeological Journal*, vol. XXVI. Deux illustrations des groupes des sujets les plus remarquables ont paru dans le *Gardener'Chronicles*, 1874, vol. II, p. 264. On peut y voir la figure du Lion des armoiries anglaises, celles de la Reine Elisabeth et de ses dames de cour, la perruque d'un juge et un groupe d'Ifs plantés en hémicycle, formant un berceau par leurs branches arquées et se rejoignant vers le centre. Ces arbres ainsi dressés montrent combien est grande la durée de l'If et surtout sa ténacité vitale par ce fait que, les figures que nous venons de mentionner (à Levens), ont été formées au commencement du XVIIIe siècle, que toutes leurs jeunes pousses ont été coupées sans doute chaque année depuis plus de cent quatre-vingts ans, afin de conserver les dimensions et la forme naturelles aux personnages et objets qu'ils représentent.

En dehors même d'une question de goût personnel, la somme énorme de travail que la formation et l'entretien d'arbres ainsi dressés nécessite, empêchera sans doute ce style original de jamais revenir à la mode, et de fait, on n'en voit plus aujourd'hui que de rares épaves et plus rarement encore des spécimens en voie de formation.

Les essences toujours vertes presque exclusivement employées pour les travaux topiaires et, du reste, celles qui s'y prêtent le mieux sont : d'abord l'If, puis le Buis et enfin le Houx. Chez nous, le Charme, essence à feuilles caduques, a beaucoup été employé pour former des rideaux, des salles de verdure, etc., qu'on nomme alors *Charmille* et dont on trouve encore d'assez fréquents exemples, notamment au parc de Versailles et surtout au petit Trianon, dans la partie sud.

Pour la formation des colonnes et autres figures à lignes simples, il suffisait d'appliquer les opérations qu'on fait de nos jours subir aux simples haies de ces mêmes essences. On rabattait les branches qui prenaient une trop grande allure, et on les laissait ensuite pousser lorsqu'elles étaient devenues moins vigoureuses jusqu'à ce qu'elles aient atteint les dimensions nécessaires à la forme voulue. Par la suite et pendant toute leur existence, on les tondait très soigneusement chaque année au printemps, dès que les jeunes pousses commençaient à se montrer.

Pour les formes compliquées, on peut réunir plusieurs arbres sur le même point et greffer ensuite ensemble leurs branches principales à l'aide de la greffe en approche, jusqu'à ce qu'il en résulte un fourré régulier et compact de ramifications entrelacées, sur lequel on découpe ensuite la forme du sujet choisi. Par ce moyen, on évite ainsi les risques de voir les branches cassées sous le poids de la neige ou par les ouragans. Dans un jardin d'Europe, on voyait, il y a quelques années encore plusieurs jeunes pieds de Frêne commun, dirigés de façon à former, entre autres, une couronne plus ou moins parfaite, et cela simplement pour montrer, comme l'indiquait l'étiquette, ce qu'on peut faire à l'aide de la greffe. Une demi-douzaine de jeunes et beaux Frênes étaient plantés en cercle et l'un d'eux avait été greffé par approche sur les cinq autres, à environ 2 m. de haut, de façon à représenter un cercle supporté par une demi-douzaine de tiges ; sur ce cercle, on avait laissé une série de rameaux se développer puis on les avait arqués et réunis en une seule tige par une nouvelle greffe. Plus haut, ces branches étaient de nouveau séparées puis dirigées sous des formes fantastiques.

On peut voir au Jardin d'acclimatation de Paris plusieurs Frênes plantés dans une grande caisse et traités d'une façon exactement semblable, sauf toutefois la forme des figures qu'ils représentent qui sont des lignes géométriques entre-croisées et sur un même plan vertical et greffées à chaque angle d'intersection des branches.

De tels arbres demandent à être ébourgeonnés et taillés très attentivement, surtout lorsqu'on a affaire à des essences aussi vigoureuses que l'est le Frêne, sans quoi des branches gourmandes ou tortueuses se développent, détruisent la symétrie des lignes que forme le dessin et, au bout de quelques années, la nature reprenant ses droits, on n'a bientôt plus que des sujets déformés, disgracieux et laissant à peine entrevoir ce qu'ils auraient dû être.

TOPINAMBOUR ; Angl. Jerusalem Artichoke (*Helianthus tuberosus*, Linn.). — Grande plante vivace, à souche tuberculeuse, à tige forte, simple, se terminant en septembre par un corymbe de fleurs jaunes, relativement petites, souvent imparfaites et ne produisant que très rarement des graines fertiles, au moins en France. Ses tubercules, qui constituent toute la partie utile, rappellent un peu certaines pommes de terre, mais ils sont beaucoup plus informes et chargés de nombreux yeux ou bourgeons saillants. La plante est originaire du Brésil, mais naturalisée en Europe depuis plusieurs siècles et fréquemment cultivée dans les champs pour la nourriture du bétail et pour l'extraction de l'alcool. V. aussi **Helianthus tuberosus.**

Ces tubercules sont très mangeables et même recherchés par certaines personnes, mais cependant délaissés par la plupart, à cause de leur pulpe un peu aqueuse et à saveur sucrée. Ils ne se forment que très tardivement, et on ne peut guère les arracher que lorsque la végétation est à peu près terminée, c'est-à-dire en novembre. La production est considérable. Les tiges fraîches constituent un bon fourrage pour les Vaches et les Moutons, et la plante forme en outre d'excellentes remises à gibier.

Le Topinambour est un peu exigeant sur la nature du sol; ceux de nature siliceuse sont cependant ceux qu'il préfère; il s'y perpétue naturellement pendant plusieurs années et il devient même parfois difficile à l'en extirper.

Fig. 277. — Topinambour commun.

La plantation des tubercules, qui doivent être entiers, se fait en février-mars, sur un terrain labouré et fumé dès l'automne précédent, en lignes espacées d'environ 1 m. et à 50 cent. de distance sur les rangs.

Les autres soins se bornent à des binages, pour tenir le terrain meuble et propre jusqu'à l'arrachage. Le mieux est de n'effectuer celui-ci qu'au fur et à mesure des besoins, jusqu'en mars, sauf à l'approche des grands froids, où il est peut-être nécessaire d'en faire une certaine provision. Tant qu'ils sont en terre, ils résistent impunément aux gelées, mais ils gèlent au contraire lorsqu'on les met à nu, ou bien ils se rident et noircissent rapidement. Pour pouvoir les conserver pendant un certain temps, il faut les rentrer dans une cave saine et les couvrir de sable, ce qu'on est obligé de faire pendant la période de gelées, ainsi qu'au printemps, pour prolonger leur durée, autrement ils noircissent assez vite et sont alors à peu près immangeables.

Variétés. — Elles sont malheureusement peu nombreuses, peu distinctes du type et peu répandues jusqu'à présent. Le Topinambour commun (A.V.P. 12) est de beaucoup le plus généralement cultivé. La Maison Vilmorin a cependant obtenu une variété à *tubercule jaune*, d'un goût plus fin et meilleur, et en 1893, elle a mis au commerce le *T. Patate*, qui se distingue nettement du précédent par ses tubercules plus volumineux, bien plus réguliers, plus lisses, également jaunes, plus abondants et de qualité industrielle sensiblement supérieure à celle du type. Enfin on a encore signalé le *T. blanc*, caractérisé par ses tubercules blanchâtres.

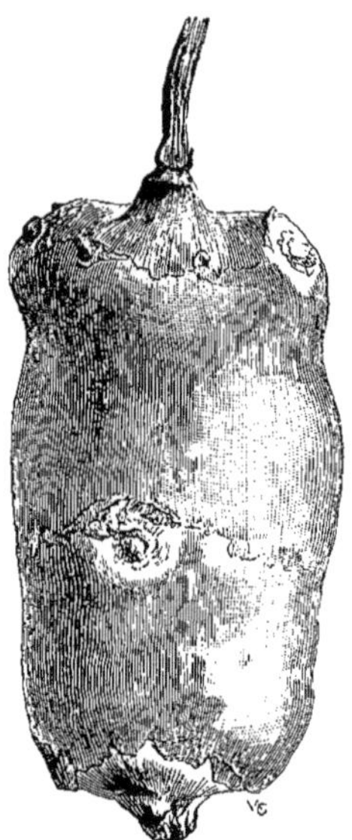

Fig. 278. — Topinambour patate.

Maladies. — Jusqu'ici, les Topinambours étaient restés remarquablement indemnes de maladies cryptogamiques et des attaques des insectes, mais voici qu'une maladie sérieuse les envahit et fait pourrir les tubercules. Elle est occasionnée par une forme du *Peziza sclerotiorum*, qu'on avait déjà observé sur les Soleils annuels. A l'époque où se forment les tubercules, on remarque que certaines tiges sont envahies à la base, sur une trentaine de centimètres de hauteur, par une moisissure blanche, qui les fait périr. A l'arrachage, on trouve un plus ou moins grand nombre de tubercules pourris et la pourriture se continue et augmente beaucoup pendant leur conservation en silos. Les variétés améliorées sont les plus fortement atteintes, surtout lorsque leurs tubercules ne sont pas enfouis dans du sable.

Les sulfatages à la bouillie bordelaise ou autre seront, sans doute, comme pour les Pommes de terre le remède le plus efficace. (S. M.)

TOQUE. — V. **Scutellaria.**

TORCHON. — V. **Luffa cylindrica.**

TORDYLIUM, Linn. (ancien nom grec employé par Dioscorides). Angl. Hartwort. Fam. *Ombellifères.* — Genre comprenant une douzaine d'espèces de plantes herbacées, annuelles et rustiques, habitant l'Europe, le nord de l'Afrique et l'Asie centrale et tempérée.

Fleurs blanches ou purpurines, réunies en ombelles composées, à rayons nombreux. Feuilles entières ou pinnées. Deux espèces, les *T. Apulum*, Linn., et *T. maximum*, Linn., croissent spontanément en France, mais ces plantes, ainsi que leurs congénères, sont dépourvues de beauté et par suite d'intérêt horticole.

TORENIA, Linn. (dédié à Olef Toren, prêtre suédois qui découvrit le *T. asiatica* et autres plantes en Chine, et mourut en 1753). Syns. *Nortenia*, D. P. Thou ; *Pentsteria*, Griff. Fam. *Scrophularinées*. — Genre comprenant environ vingt espèces de plantes herbacées, glabres, pubescentes ou poilues et de serre chaude ou tempérée, habitant l'Asie tropicale et orientale extra-tropicale, ainsi que l'Afrique tropicale; une se trouve aussi dans l'Amérique du Sud, où elle a probablement été introduite. Fleurs réunies en grappes courtes et pauciflores, fasciculées ou rarement allongées, parfois même solitaires et axillaires; calice tubuleux, plissé ou à trois-cinq ailes, à trois-cinq dents obliques ou bilabié au sommet; corolle à tube cylindrique ou élargi supérieurement et à limbe bilabié ; lèvre supérieure large, émarginée ou bifide ; l'inférieure étalée, à trois larges lobes sub-égaux ; étamines quatre, fertiles, à pédicelles dépourvus de bractées. Feuilles opposées, entières, crénelées ou dentées en scie.

Les espèces décrites ci-après sont les plus répandues dans les cultures, surtout le *T. Fournieri*, qui est une fort belle plante à cultiver en pots, où elle forme des touffes à rameaux dressés, buissonnants, demandant à peine l'appui de quelques tuteurs. Presque tous les autres ont des rameaux étalés, traînants et pendants, qui les rendent éminemment propres à la garniture des suspensions.

Les *Torenia* sont faciles à cultiver. Ils prospèrent dans un mélange de terre franche et de terreau de feuilles, additionné d'un peu de sable ou même dans toute autre terre légère et fertile.

Les espèces annuelles, donnant des graines, peuvent se multiplier par le semis, qu'on fait en mars-avril, en pépinière et en terrines que l'on place ensuite sur couche ou en serre à multiplication. Quand les plants sont suffisamment forts, on les empote séparément, dans des petits pots, pour les rempoter ensuite au fur et à mesure des besoins, ou bien on les repique directement dans des godets. A défaut de graines, on les propage aussi facilement par boutures de jeunes pousses herbacées, que l'on place sur une douce chaleur de fond et sous cloches.

La *Grise* est un des insectes des plus nuisibles à ces plantes, surtout quand elles sont jeunes ; les fumigations de tabac, appliquées de temps à autres et surtout comme préventif, constituent le meilleur remède.

T. asiatica, Linn.* *Fl.* à pédicelles axillaires et réunis en fausses ombelles ; calice de 2 cent. 1/2 de long et à peine ailé ; corolle bleue, de 3 à 4 cent. de long, à lobes latéraux violet très foncé. Juin. *Flles* ovales-cordiformes ou ovales-lancéolées, dentées en scie, de 4 à 5 cent. de long. Rameaux de 15 à 25 cent. de long, grêles et diffus. Indes, etc., 1845. (B. M. 4249; F. d. S. X, 5, 1312 ; I. H. 199.) Plante annuelle.

T. a. hirsuta, Hort. Syn. de *T. hirsuta*, Willd.

T. auriculæfolia. — V. **Craterostigma pumilum**.

T. Bailloni, Godefroy. Syn. de *T. flava*, Hamilt.

T. concolor, Lindl. *Fl.* grandes, à pédoncules axillaires, plus longs que les feuilles ; corolle violet-bleu et concolore. Été. *Flles* pétiolées, ovales-cordiformes, aiguës et dentées en scie. *Haut.* 15 à 30 cent. Chine, 1844. Plante herbacée, glabre ou faiblement pubescente, à rameaux allongés et diffus. (I. H. 1878 ; 324, B. M. 6797; B. R. 62.)

Fig. 279. — Torenia flava.

T. cordifolia, Roxb. *Fl.* axillaires et réunies en fausses ombelles ; corolle bleu pâle, de 15 mm. de long ; pédicelles souvent plus longs que les feuilles. Juillet. *Flles* pétiolées, ovales, dentées en scie, de 2 1/2 à 4 cent. de long, cunéiformes ou très rarement cordiformes à la base ; pétiole rarement aussi long que le limbe. *Haut.* 10 à 20 cent. Indes, etc., 1811. Plante annuelle, sub-dressée et portant des poils épars. (B. M. 3715.)

T. edentula, Benth. Syn. de *T. peduncularis*, Benth.

Fig. 280. — Torenia Fournieri.

T. flava, Hamilt. * *Fl.* axillaires et réunies par paires espacées ; corolle jaune, de 12 à 18 mm. de long, avec une tache oculaire pourpre ; pédicelle ordinairement plus court que le calice. Été. *Flles* sessiles ou pétiolées, ovales ou oblongues-ovales, obtuses, entières ou crénelées. *Haut.* 15 à 25 cent. Indes, etc., 1878. Plante dressée ou retombante, glabre ou faiblement poilue. (B. M. 6700.) Syn. *T. Bailloni*, Godefroy. (B. R. XXIX, 1, f. 2 ; I. H. XXV, 324 ; R. H. 1879, 45.) Plante annuelle.

T. Fordii, Hook. f. *Fl.* à pédicelles axillaires, courts et sub-terminaux ; calice à dents presque triangulaires ;

corolle petite, à tube exsert et à limbe jaune paille, avec les lobes latéraux maculés de violet. Été. *Flles* courtement pétiolées, largement ovales-arrondies ou cordiformes. *Haut.* 15 à 30 cent. Plante herbacée, pubescente et dressée. Chine. (B. M. 6797, B.)

T. **Fournieri**, Linden. * *Fl.* à corolle en entonnoir, irrégulière, arquée, à tube violet pâle et jaune sur le dos, de 2 cent. 1/2 de long ; limbe bilabié, de 4 cent. de diamètre, à lèvre supérieure en casque, bleu faïence, obscurément bilobée ; l'inférieure à trois lobes beaucoup plus petits, arrondis, bleu indigo foncé ; le central portant une tache jaune à la base ; calice de 2 cent. de long, à cinq larges ailes ; cymes dichotomes, longuement pédonculées, terminales et dressées. Été. *Flles* opposées, de 4 à 5 cent. de long, ovales ou ovales-cordiformes, aiguës, crénelées, vert gai et ponctuées de blanc sur les bords. Ramifications nombreuses, anguleuses, étalées-dressées. *Haut.* 15 à 25 cent. Cochinchine, 1876. Plante annuelle, très glabre et des plus décoratives. (B. H. 1879, 1 ; B. M. 6747 ; Gn. décembre. 1877 ; I. H. 1876, 219 ; R. G. 927 ; R. H. 1876, 465 ; A. V. F. 27.) — Une variété *compacta* a été récemment signalée.

T. **hirsuta**, Willd. Plante voisine du *T. asiatica*, dont certains auteurs en font une variété à filets staminaux pourvus d'une très petite dent ; la plante est aussi davantage pubescente. Indes orientales. (B. M. 5167.) Syn. *T. asiatica hirsuta*, Hort.

T. **peduncularis**, Benth. *Fl.* ordinairement bleu pâle, avec des taches jaunes, intermédiaires entre celles des *T. asiatica* et *T. cordifolia*, mais les filets staminaux ne sont pas dentés comme dans ces espèces. Juin. *Flles* pétiolées, ovales, crénelées-dentées. *Haut.* 15 cent. Indes, îles Philippines, etc., 1845. Plante retombante ou presque dressée, glabre ou mollement poilue. Syn. *T. edentula*, Benth. (B. M. 4229.)

TORMENTILLA, Linn. — V. **Potentilla**, Linn.

TORMENTILLE. — V. **Potentilla Tormentilla**.

TORNELIA, Gutierez. — V. **Monstera**, Adans.

TORNELIA musaica. — V. **Monstera deliciosa**.

TORRESIA, Ruiz et Pav. — V. **Hierochloe**, S.-G. Gmel.

TORREYA, Arnott. (dédié au Dr John Torrey, botaniste américain et un des auteurs de la *Flora of North America* ; 1796-1873). Angl. Stinking Yew. Syns. *Caryotaxus*, Zucc. et *Fœtataxus*, Senil. Fam. *Conifères*. — Petit genre ne comprenant que quatre espèces d'arbres rustiques et toujours verts, émettant une odeur désagréable sur toutes leurs parties lorsqu'on les froisse et habitant l'Amérique du Nord, le nord de la Chine et le Japon. Fleurs dioïques ; les mâles solitaires et sub-sessiles à l'aisselle des feuilles ; les femelles également solitaires, sessiles et axillaires. Fruit drupacé, ovoïde, assez gros, de 2 à 4 cent. de long, charnu et vert extérieurement à la maturité, renfermant une graine de la grosseur d'une noix, avec un albumen ruminé, comme celui de la noix muscade. Feuilles presque disposées en spirale, écartées, étalées, distiques, très courtement pétiolées, longuement linéaires, planes et semblables à celles des Ifs, mais plus longues et plus lâches.

Les *Torreya* n'atteignent pas sous nos climats la taille et le beau port majestueux qu'ils revêtent dans leur pays natal. Ils prospèrent néanmoins dans la plupart des terrains de qualité ordinaire et se multiplient facilement par le semis. Les graines doivent être stratifiées dans du sable dès leur récolte, puis semées au printemps, en pépinière. Le bouturage fournit aussi un moyen de propager rapidement les *Torreya*. On fait ces boutures en août, en terre légère et sous cloches ou dans un châssis froid et on les tient bien ombragées jusqu'à ce qu'elles soient bien enracinées. On peut aussi avoir avantageusement recours au marcottage.

T. **californica**, Torr. Angl. Californian Nutmeg. — *Fr.* ovale, à enveloppe coriace. *Flles* allongées, étroites et opposées sur les ramilles, mais sub-alternes ou éparses

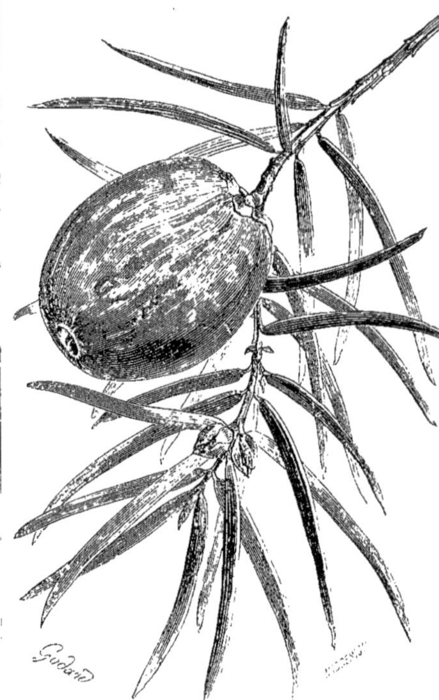

Fig. 281. — Torreya californica. (*Rev. Hort.*)

sur les branches principales, linéaires-lancéolées, aiguës épineuses, courtement pétiolées, décurrentes à la base, de 5 à 6 cent. de long, vert jaunâtre pâle. *Haut.* 6 à 12 m. Californie, 1851. Syn. *T. Myristica*, Hook. (B. M. 4780 ; F. d. S. 925, n. s. XXII, p. 681.)

T. **grandis**, Fortune. * *Fr.* verts, de la grosseur d'une petite noix. *Flles* très rigides, linéaires-lancéolées, aiguës-épineuses, un peu courtes et presque falciformes, de 2 à 2 cent. 1/2 de long, vert clair et luisant en dessus, beaucoup plus pâles et portant en dessous deux lignes grisâtres, à pédoncules très courts, tordus en spirale et plus ou moins opposés. Branches verticillées, étalées horizontalement, à rameaux latéralement distiques. *Haut.* 20 à 25 m. Chine, 1847. (G. C. n. s. XXII, p. 681 ; R. H. 1879, 173.) Syn. *Cephalotaxus umbraculifera*, Sieb.

T. **Myristica**, Hook. Syn. de *T. californica*, Torr.

T. **nucifera**, Sieb. et Zucc. *Fr.* de 18 cent. de long et

E. Godard

TORENIA FOURNIERI

12 mm. de large, ovales ou ovales-oblongs et luisants. *Flles* linéaires, arrondies à la base, très droites, planes, coriaces, aiguës-épineuses, presque toutes récurvées, de 1/2 à 3 cent. de long, très courtement pétiolées, vert ncé et luisant en dessus et blanc-glauque en dessous. Branches nombreuses, verticillées, alternes ou éparses le long de la tige et étalées horizontalement. *Haut.* 6 à 10 m. Japon. (R. H. 1873, 315 ; S. Z. F. J. 129.)

T. taxifolia, Arnott. * Angl. Stinking Cedar. — *Fr.* ovale, un peu aigu, presque aussi gros qu'une noix. *Flles* arrondies à la base et un peu récurvées au sommet, linéaires, fréquemment arquées, raides, coriaces, très courtement pétiolées, tordues et décurrentes à la base, aiguës-épineuses au sommet, de 2 1/2 à 4 cent. 1/2 de long, convexes et vert luisant en dessus, gris glauque pâle en dessous et portant de chaque côté de la nervure médiane deux bandes étroites, enfoncées et rougeâtres. Branches presque toutes verticillées, étalées et à rameaux horizontaux. *Haut.* 12 à 15 m. Floride, 1840. (G. C. n. s. IV, 291.)

TORRUBIA, dédié par Léveillé à un écrivain espagnol, auteur d'un livre sur les Guêpes des légumes (voy. plus loin). On nommait ainsi autrefois les Guêpes de ce genre attaquées par les Champignons de cette espèce. — Groupe de Champignons inférieurs dont la plupart des espèces sont parasites sur les insectes, les Araignées et autres, tandis que quelques-unes vivent sur d'autres Champignons. *Torrubia* (Léveillé) est le nom le plus généralement employé pour désigner ce genre, mais il doit céder le pas à celui de *Cordyceps*, appliqué antérieurement à ce même groupe de Champignons, par l'éminent mycologiste suédois Elias Fries.

Le genre *Cordyceps* appartient à la nombreuse famille des **Pyrénomycètes** (V. ce nom), mais il est très spécial par les substances sur lesquelles les diverses espèces vivent, ainsi que par ses masses charnues et claviformes de mycélium, que l'on nomme *stroma*, qui ont l'aspect de petites cornes simples ou fourchues supérieurement.

Sur ces cornes enfoncées dans leur tissu, se trouvent des périthèces en forme de bouteille et renfermant des asques. Chacun de ceux-ci contient huit spores réunies sur un filament qui se brise bientôt aux articulations.

Chacune de ces spores est capable de reproduire l'espèce en passant par le même cycle d'évolution, si toutefois elle tombe sur un stratum qui lui soit favorable, c'est-à-dire le corps d'un insecte. Toutefois, ces Champignons ne reproduisent pas les organes caractéristiques des Pyrénomycètes, mais bien un petit stroma ou sorte de sclérote vertical, simple ou ramifié, formé de faisceaux de filaments du mycelium et qui porte de nombreuses petites conidies ou spores arrondies ou elliptiques et pâles.

A cet état, ces Champignons furent autrefois considérés comme un groupe distinct (*Hyphomycètes*), dépourvu d'asques, et les diverses formes étaient groupées sous le nouveau nom générique d'*Isaria*. Ce genre ressemble aux *Cordyceps* par ses stromas dressés et claviformes, mais au lieu de renfermer des périthèces avec des asques, les filaments du mycelium se terminent en pointe libre, portant chacune des petites conidies ovales ou globuleuses et pâles, capables de reproduire soit un *Cordyceps*, soit un *Isaria*.

Pour plus de facilité, le genre *Isaria* est encore conservé, car l'état adulte ou de complet développement d'un grand nombre des Champignons qu'il renferme n'a pas encore été reconnu, et si l'on supprimait ce genre, il en résulterait une confusion et une incertitude pour ces espèces. De plus, il y a lieu de croire que plusieurs Champignons compris dans le genre *Isaria*, n'appartiennent pas aux *Cordyceps*, mais bien à d'autres genres, car ils vivent sur des matières très diverses ; quelques-uns attaquent probablement aussi les plantes vivantes, notamment l'*Isaria fuciformis*, qui détruit les Graminées en Australie et aussi dans le sud de l'Angleterre, tandis que les *Cordyceps* ne sont pas connus comme parasites sur les plantes vivantes.

La plupart des espèces de ce dernier genre abondent dans les régions tropicales, mais plusieurs ont aussi été observées sur notre continent, et notamment en Angleterre, à tous les états de développement et sur des insectes morts.

Les *Cordyceps entomorrhiza* et *C. militaris* sont les plus connus ; ils donnent naissance à des stromas ou tigelles de 3 à 5 cent. de haut, grêles, dressées, terminées par une masse claviforme, ovoïde ou globuleuse. En suivant inférieurement ces tigelles, on trouve qu'elles prennent naissance sur le corps de larves ou de nymphes enfoncées dans la terre.

Ces Champignons doivent être considérés comme utiles en ce qu'ils font périr les insectes qui vivent sur les plantes de nos jardins. Mais comme on ne les rencontre pas souvent, on ne peut guère leur accorder une grande importance à ce point de vue. « Cependant, on a préconisé et même employé avec succès, sous le nom de *Botrytis tenella*, un Champignon appartenant très probablement à ce groupe et qui a depuis reçu le nom d'*Isaria densa*. C'est pour la destruction des redoutables vers blancs ou larves des **Hannetons** (V. ce nom) qu'on l'a mis à contribution ; il les tue en effet, presque infailliblement, mais toute la difficulté réside à obtenir un nombre suffisant de vers malades pour aller contaminer ceux qui dévastent les cultures. »

(S. M.)

L'espèce de *Cordyceps* la plus populairement connue est sans doute celle qu'on désigne sous le nom de « Chenille végétale » et qu'on nous envoie souvent de Nouvelle-Zélande. Son stroma atteint 15 à 20 cent. de haut et la partie renflée en massue a 8 à 10 cent. de long et 3 mm. d'épaisseur. Ce curieux organe fructifère de Champignon se développe sur une grosse chenille envahie par le mycelium (ordinairement celle d'un papillon voisin de l'Hépiale du Houblon ; *Hepialus Humuli*). Ceux qui les recueillent supposent généralement, mais à tort, que c'est une chenille en train de passer à l'état de Champignon.

Ce Champignon est le *Cordyceps Hugelii*, Corda, mais on le trouve souvent désigné dans les ouvrages anglais sous celui de *C. Robertsii*, que lui donna le Rev. M. J. Berkeley, à une date postérieure à celle de Corda. M. Berkeley a décrit, sous le nom de *Sphæria Taylori*, une espèce originaire de l'Australie et plus grande encore que la précédente.

TORRUBIA, Vell. — V. **Pisonia**, Plum.

TORTRICIDES (de *torqueo*, tordre). — Famille de Lépidoptères nocturnes, connus sous les noms de *Pyrales* ou *Tordeuses* (Angl. Leaf-rollers), à cause de l'habitude qu'ont les chenilles de plusieurs espèces d'enrouler en tube les feuilles des plantes sur lesquelles elles vivent, pour se mettre à l'abri des insectes et autres ennemis, et ronger ainsi en paix les feuilles qui leur servent de protection. Cependant, lorsqu'on secoue la plante sur laquelle elles sont installées, elles sortent de leur tube et descendent le long d'un fil jusqu'à terre, ou bien elles restent suspendues dans l'air. Quand le danger leur semble passé, elles remontent le long de leur fil et réintègrent leur tube. Beaucoup de ces chenilles se métamorphosent dans leur tube. Certaines espèces vivent dans les racines ou dans les rameaux (V. **Retinia**) et d'autres dans les fruits encore verts. (V. **Pommier**, PYRALE DU).

Les *Tortricides* sont toutes de petite taille, leurs ailes antérieures atteignant à peine 2 cent. 1/2 d'envergure. Leur corps est grêle, mais les ailes sont grandes comparativement à celui-ci et quand l'insecte est au repos elles s'allongent sur son dos en forme de toit. Chez

Fig. 282. - TORTRIX POMONANA. — Pyrale des pommes.

beaucoup d'espèces, la côte ou bordure antérieure est arquée d'une façon toute particulière, qui donne à l'insecte au repos, lorsqu'on le regarde par-dessus, les contours d'une cloche. Chez la plupart des espèces, les ailes antérieures ont une teinte presque uniforme, généralement brunâtre, avec des bandes ou des ponctuations plus foncées. Quelques-unes portent des taches à reflets métalliques, tandis que d'autres ont les ailes panachées de noir et de blanc, et il y en a même qui les ont d'un vert uniforme. Les palpes sont courts et peu visibles.

Les chenilles n'ont jamais moins de huit paires de pattes membraneuses ou fausses pattes, insérées sur les anneaux postérieurs.

Beaucoup de membres de cette famille sont nuisibles aux plantes cultivées, souvent en rongeant les feuilles, comme le fait le *Tortrix viridana*, qui dépouille parfois complètement les Chênes de leur plus belle parure. Les *Rosiers* souffrent souvent beaucoup des ravages de plusieurs espèces de ces Lépidoptères, qui vivent dans les folioles enroulées par elles ou à l'intérieur des bourgeons ou des boutons. La plupart des arbres fruitiers en sont aussi plus ou moins affectés, et les Conifères ont parfois leurs rameaux percés au centre par ces chenilles. Enfin, les plantes herbacées n'en sont pas exemptes, mais elles sont bien moins souvent sérieusement endommagées que les arbres et les arbustes.

REMÈDES. — Les moyens de destruction de ces insectes varient selon la façon dont les diverses Tortricides exercent leurs dégâts. Pour les chenilles qui vivent dans des feuilles enroulées en tube, le mieux est de secouer les arbres ou arbustes au-dessus de récipients enduits de goudron à cet effet, afin d'empêcher qu'elles ne s'enfuient. On les écrase ensuite sur place. Celles qui vivent dans les rameaux sont plus difficiles à détruire, car on est obligé de supprimer ceux-ci en même temps; mais il n'y a pas beaucoup à le regretter, car ils sont déjà malades et en tout cas incapables de constituer par la suite une branche forte et vigoureuse.

Les fruits véreux qui tombent prématurément doivent être récoltés dès leur chute, pour ne pas donner le temps aux chenilles de s'en échapper et d'aller se transformer en nymphes dans le sol; on peut, du reste, les utiliser crus ou cuits pour la nourriture des animaux ou bien les transformer en alcool.

Pour de plus amples détails, V. **Chêne** (INSECTES) et **Tortrix**.

TORTRIX (de *torqueo*, tordre; allusion à l'habitude qu'ont les chenilles de certaines espèces d'enrouler en tube les feuilles des rameaux, pour y vivre en paix et à l'abri de leurs ennemis). — Genre principal de la famille des petits papillons nocturnes étudiés dans l'article précédent sous le nom de **Tortricides**. Les sous-genres de ce groupe important se distinguent difficilement les uns des autres, de sorte qu'il est très difficile, pour tout autre qu'un entomologiste expérimenté, de déterminer sûrement le sous-genre auquel appartient une espèce donnée.

Le genre *Tortrix* proprement dit est voisin de plusieurs autres genres et son étendue est aujourd'hui un peu confuse. Certains entomologistes forment plusieurs genres d'un groupe d'espèces que d'autres maintiennent au contraire réunies. Ce genre, même réduit à son plus petit nombre d'espèces, renferme encore plusieurs insectes nuisibles aux plantes des jardins ainsi qu'aux arbres.

Le *Tortrix viridana* est un des plus nuisibles. Le papillon a les ailes antérieures vert pâle, avec le bord antérieur jaune soufre, et elles mesurent de 15 à 25 mm. d'envergure. Les chenilles de cette espèce vivent dans les feuilles de presque tous les arbres et arbustes, qu'elles enroulent pour leur servir de protection; mais elles sont surtout nuisibles aux Chênes, qu'elles dépouillent parfois entièrement.

Le *T. icterana* a des ailes jaune d'ocre pâle et de mêmes dimensions que celles du *T. viridana*. Ses chenilles vivent dans les feuilles d'herbes, également enroulées en tube; mais on peut presque les considérer comme inoffensives, car elles se tiennent presque toujours sur les mauvaises herbes.

Les *T. heparana* et *T. ribeana* sont tous deux bruns,

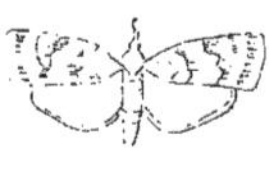

1 2

Fig. 283. — Pyrale de la Vigne (*Tortrix pilleriana*) de grandeur naturelle.

1, mâle au repos ; 2, le même les ailes étendues.

avec des panachures plus foncées. Leurs chenilles vivent des feuilles de divers arbres et sont parfois nuisibles aux arbres fruitiers. Le *T.* (*Œnectra* ou *Œnophthira*) *Pilleriana*, est la redoutable Pyrale de la Vigne, dont elle ronge les feuilles, chez nous et dans d'autres pays, mais elle est très rare en Angleterre. Les chenilles passent l'hiver sous la vieille écorce et en sortent au printemps, pour ronger les bourgeons et les jeunes feuilles; ses ailes sont jaune d'ocre pâle, avec une tache brune près de la base et une barre transversale de même teinte vers le milieu. V. aussi **Vigne** (Pyrale de la).

Le *T. Bergmanniana* est une des Pyrales les plus nuisibles aux Rosiers; ses chenilles réunissent ensemble les jeunes feuilles et les rongent ensuite à leur aise. Le papillon a des ailes jaune mêlé de brun, parcourues par trois raies transversales argentées et mesurant 15 mm. d'envergure.

Remèdes. — Voyez les indications données à la fin de l'article **Tortricides**. Plusieurs autres espèces que nous ne pouvons citer ici sont néanmoins mentionnées dans cet ouvrage au nom des plantes qu'elles ravagent.

TORTUEUX; Angl. Tortuous. — Se dit des organes tels que les branches et les pédoncules irrégulièrement tordus en différents sens.

TORTULA, Roxb. — V. **Priva**, Adans.

TORULEUX, Angl. Torulose. — Se dit des organes renflés de distance en distance, comme une corde sur laquelle on aurait fait des nœuds.

TORUS. — Nom donné au *réceptacle* et en particulier à celui de certaines polypétales; on désigne aussi cet organe sous le nom de **Thalamus** (V. ce nom.)

TOUFFE. — Groupe de plusieurs plantes, souvent issues d'une seule, très rapprochées et formant une masse généralement compacte. Beaucoup de plantes vivaces, à souche persistante, donnent naissance, au bout de quelques années, à un grand nombre de tiges qui forment alors une touffe. Certains arbrisseaux et arbustes, à rejets nombreux, forment aussi des touffes. Enfin, les bractées réunies parfois en grand nombre au sommet des rameaux sont dites en touffe. Le terme est, du reste, d'un usage général et très fréquent en horticulture. (S. M.)

TOURNEFORTIA, Linn. (dédié à Joseph Pitton de Tournefort, célèbre botaniste français, dont l'ouvrage le plus important est son *Institutiones Rei Herbariæ*, dans lequel il classa les plantes d'après sa propre méthode; il publia aussi une *Histoire des plantes qui croissent aux environs de Paris* et fut longtemps professeur de botanique au Jardin des plantes de la capitale; 1656-1708). Comprend les *Messerchmidia*, Murr. Fam. *Boraginées*. — Grand genre renfermant environ cent espèces d'arbres ou d'arbustes de serre chaude ou tempérée, parfois sarmenteux ou volubiles, très rarement suffrutescents et demi-rustiques ou de serre froide, largement dispersés dans les régions chaudes du globe.

Fig. 284. — Tournefortia cordifolia. (*Rev. Hort.*)

Fleurs un peu petites mais nombreuses et réunies en grappes ou en cymes scorpioïdes; calice à cinq divisions; corolle à tube cylindrique et à cinq lobes indupliqués dans la préfloraison; étamines cinq, insérées sur le tube de la corolle et incluses. Feuilles alternes et entières.

Les *Tournefortia* ne présentent pas un grand intérêt horticole, mais les suivants sont cependant dignes d'être cultivés, le *T. heliotropioides* surtout, car c'est le plus joli du genre. Toute bonne terre légère et fertile convient à ces plantes. Leur multiplication s'effectue principalement par boutures, que l'on fait dans du sable, sous cloches et à chaud.

T. cordifolia, E. André. *Fl.* blanches, petites, mais réunies en grandes cymes terminales et corymbiformes. *Flles* opposées, de 30 cent. de long, cordiformes et aiguës; pétioles de 8 à 12 cent. de long. Amérique tropicale, 1887. — Arbuste demi-rustique ou de serre froide, à port ample et couvert de poils courts. (R. H. 1887, p. 128, f. 26-7; Gn. 1889, part. I, p. 223.)

T. fruticosa, Ortega. *Fl.* odorantes, à corolle jaune, en coupe et à tube beaucoup plus long que le calice; cymes terminales, lâchement corymbiformes et trichotomes. Juin. *Flles* pétiolées, lancéolées ou allongées, ovales-lancéolées, acuminées, un peu obtuses à la base et de 8 cent. de long. *Haut.* 1 m. 20. Iles Canaries, 1800. Arbuste de serre froide. (B. R. 464.)

T. heliotropioides, Hook. Faux héliotrope; Angl. Summer Héliotrope. — *Fl.* violettes, rappelant exactement par leur forme et leur couleur celles de l'Héliotrope (*Heliotropium peruvianum*), mais inodores, sessiles, nombreuses, réunies en grappes au sommet de pédoncules

Fig. 285. — Tournefortia heliotropioides.

deux ou trois fois bifurqués; calice à quatre-cinq divisions égalant la corolle. Juillet-septembre. *Flles* ovales-lancéolées ou elliptiques, obtuses, ondulées sur les bords et pubescentes sur les deux faces. Rameaux arrondis et pubescents ainsi que les pétioles. *Haut.* 60 cent. Buenos-Ayres, 1829. Jolie plante vivace et de serre tempérée, prospérant en plein air pendant l'été, très convenable pour orner les rocailles. (B. M. 3096.) — D'après l'*Index Kewensis*, *Heliotropium anchusæfolium*, Poir., est maintenant le nom correct de cette plante.

TOURNESOL. — V. **Crozophora tinctoria** et **Helianthus annuus**.

TOURRETIA, Fouger. (dédié à Marc-Antoine Louis de la Tourette, botaniste, ami de Rousseau et auteur de plusieurs ouvrages botaniques). Syns. *Dombeya*, L'Herit. et *Medica*, Corthen. Fam. *Bignoniacées*. — La seule espèce de ce genre est une plante herbacée (ou un sous-arbrisseau?) grimpante et rustique, ordinairement traitée dans les jardins comme plante annuelle. Les graines se sèment au commencement du printemps, sur couche. Lorsque les jeunes plantes sont suffisamment fortes pour qu'on puisse les manipuler, on les plante en place, dans une terre légère et au pied d'un mur.

T. lappacea, Willd. Syn. de *T. volubilis*, J. F. Gmel.

T. volubilis, J. F. Gmel. *Fl.* réunies en longues grappes spiciformes, terminales et pédonculées; calice bipartite et caduc; corolle violet-pourpre, à limbe très inégalement bilabié; étamines quatre, didynames. Juillet. *Flles* opposées, di- ou trichotomes, à segments pétiolulés, membraneux et dentés en scie; pétioles développés en vrille ou en foliole. Rameaux grêles et tétragones. *Haut.* 2 m. Montagne de l'Amérique tropicale, 1788. (B. M. 3749.) Syn. *T. lappacea*, Willd.

TOUTE-BONNE. — V. **Salvia Sclarea** et **Sclarée**.

TOUTE-ÉPICE. — V. **Nigella sativa**.

TOUTE SAINE. — V. **Hypericum Androsæmum**.

TOVARIA, Neck. — V. **Smilacina**, Desf.

TOVOMITA, Aubl. (*Tovomite* est le nom caraïbe du *T. guianense*). Syns. *Beauharnoisia*, Ruiz et Pav.; *Marialva*, Vand. et *Micranthera*, Choisy. Fam. *Guttiférées*. — Genre comprenant environ vingt et une espèces d'arbres ou d'arbustes de serre chaude et à suc résineux, habitant l'Amérique tropicale. Fleurs souvent un peu petites, réunies en cymes ombelliformes ou en panicules denses; sépales deux ou quatre; pétales quatre à dix, imbriqués, souvent bisériés; étamines en nombre indéfini. Fruit souvent obovoïde-oblong ou pyriforme. Feuilles penniveinées.

Les trois espèces suivantes, seules introduites, sont de beaux arbres prospérant dans un mélange de terre franche, de terre de bruyère et de sable. Multiplication par boutures, qui s'enracinent facilement dans du sable, sous cloches et à chaud.

T. Choisyana, Planch. et Triana. *Fl.* jaunes, à quatre sépales, dont les deux internes pétaloïdes; pétales huit à onze; pédicelles plus courts que les fleurs; cymes mâles terminales et pauciflores. Mai. *Flles* oblongues, aiguës à la base, courtement et obtusément acuminées au sommet et entières. *Haut.* 6 m. Cayenne, 1823. Syns. *Micranthera clusiæfolia*, DC. et *M. clusioides*, Choisy.

T. fructipendula, G. Don. *Fl.* jaunâtres, à pédicelles articulés; sépales deux; pétales quatre; pédoncules filiformes, axillaires et terminaux, bi- ou triflores et allongés. Janvier-février. *Fr.* turbinés, pendants, couronnés par les styles persistants. *Flles* oblongues, bordées de dents fines et aiguës, de 8 cent. de long. *Haut.* 6 m. Pérou. Syn. *Beauharnoisia fructipendula*, Ruiz et Pav.

T. guianensis, Aubl. *Fl.* dioïques, à deux sépales; pétales quatre, verts; anthères blanches: pédicelles articulés; inflorescences dichotomes et corymbiformes, à pédoncules épais et terminaux. Juin. *Flles* ovales-oblongues, obtusément acuminées, embrassant un peu la tige, coriaces, de 10 à 12 cent. de long et blanches en dessous. *Haut.* 3 m. Guyane et Brésil, 1827. (A. G. 364.) Syn. *Marialva guianensis*, Choisy.

TOXICODENDRON, Thunb. (de *toxicon*, toxique, et *dendron*, arbre; allusion aux propriétés vénéneuses des fruits). Syn. *Hyænachne*, Lamb. Fam. *Euphorbiacées*. — Petit genre ne comprenant que deux espèces de petits arbres rigides, très ramifiés et de serre froide, endémiques dans le sud de l'Afrique. Fleurs dioïques, apétales, axillaires; les mâles en petites cymes denses, courtement pédonculées ou formant des grappes lâches; les femelles solitaires et courtement pédicellées. Capsule sub-globuleuse, épaisse et dure. Feuilles opposées ou souvent verticillées, entières, rigides et coriaces.

L'espèce suivante, seule introduite, prospère en terre franche, siliceuse et bien drainée. Pendant l'hiver, sa période de repos, les arrosements doivent être modérés. Multiplication par boutures que l'on plante dans du sable et sous cloches.

T. capense, Thunb. *Fl.* mâles réunies en panicules égalant à peu près le tiers de la longueur des feuilles, légèrement pubérulentes et à fleurs fasciculées; bractées épaisses et ovales-lancéolées. Juin. *Flles* presque lancéolées, linéaires, étroitement oblongues ou elliptiques, cunéiformes à la base, arrondies et obtuses au sommet, glabres et plus pâles en dessous qu'en dessus. Branches florifères arrondies. *Haut.* 1 m. 50 à 2 m. Sud de l'Afrique, 1783. Syn. *Hyænachne globosa*, Lamb.

TOXICOPHLÆA, Harv. (de *toxicon*, toxique, et *phlo-*

ros, écorce ; allusion aux propriétés vénéneuses de l'écorce). SYN. *Acokanthera*, G. Don. FAM. *Apocynacées*. — Petit genre ne comprenant que deux ou trois espèces de grands arbrisseaux ou petits arbres très vénéneux et de serre froide ou tempérée, dont deux habitent le sud de l'Afrique et le troisième l'Abyssinie. Fleurs blanches ou roses à l'extérieur, odorantes, réunies en cymes racémiformes, denses et sub-sessiles à l'aisselle des feuilles; calice à cinq divisions non glanduleuses; corolle en coupe, à tube cylindrique et à cinq lobes contournés. Le fruit est une baie globuleuse ou monosperme. Feuilles opposées, épaisses, coriaces et obliquement penniveinées.

Les deux espèces suivantes, seules introduites, prospèrent dans une terre légère, en leur donnant de temps à autre quelques doses d'engrais liquide. Multiplication facile par boutures faites sous cloches et à chaud.

T. cestroides, A. DC. Syn. de *T. Thunbergii*, Harv.

T. spectabilis, Sond. * ANGL. Winterset. — *Fl.* blanches, réunies en corymbes axillaires et terminaux, formant de très grandes inflorescences atteignant fréquemment plus de 60 cent. de long, exhalant un parfum puissant et agréable. Printemps. *Flles* elliptiques. *Haut.* 1 m. 20 à 2 m. Sud de l'Afrique, 1872. (G. C. 1872, 363, 1894, part. I, f. 23 ; Gn. Juillet 1877 ; R. H. B. 1876, 49.)

T. Thunbergii, Harv. *Fl.* jaunâtres, à pointes brunes, s'épanouissant dans l'après-midi ; corymbes sessiles, axillaires, composés d'environ huit fleurs. Février-avril. *Flles* oblongues-lancéolées, coriaces. *Haut.* 2 m. à 2 m. 20. Cap, 1787. Syn. *T. cestroides*, A. DC. (B. G. 940 ; R. H. 1880, 370.) — *Acokanthera venerata*, Don. (I. H. 1885, 543) est maintenant le nom correct de cette plante.

TOXOSTIGMA, A. Rich. — V. **Arnebia**, Forsk.

TRAÇANT. — On désigne ainsi les végétaux pourvus de rhizomes allongés, plus ou moins racineux et donnant naissance à leur sommet à une jeune plante qui, à son tour, émet d'autres rhizomes et la plante s'étend ainsi progressivement en différents sens, parfois très loin. (S. M.)

TRACÉ des jardins. — V. **Jardin**.

TRACHEA (dérivation obscure). — Petit genre de Lépidoptères nocturnes, de la tribu des Noctuides, dont le *T. piniperda* (ANGL. Pine Beauty Moth) est le plus répandu et, du reste, le seul qu'on rencontre en Angleterre.

Le papillon a le corps court et épais ; les ailes antérieures, qui mesurent près de 4 cent. de diamètre, sont rouge brique ou brun rougeâtre, panachées de gris et d'orange pâle, avec des lignes tranversalement obliques plus foncées et des taches blanches vers le milieu de chaque aile, dont la plus grande est gris orangé au centre. Ce papillon se montre au commencement du printemps.

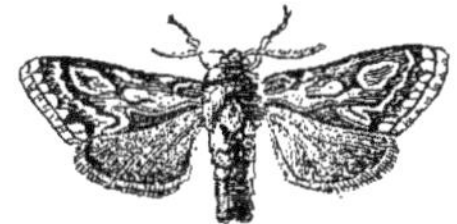

Fig. 286. — TRACHEA PINIPERDA.

La chenille est grêle, vert jaunâtre à son complet développement, avec une ligne blanche sur le milieu du dos et une double ligne (blanche en dessus, orange en dessous), sur chaque côté, au-dessus des pattes; quand elle est jeune, elle est, au contraire, d'un vert uni. Elle vit sur les Conifères pendant l'été, et, arrivée à son complet développement, elle tisse un léger cocon entre les crevasses de l'écorce ou dans la terre et s'y transforme en nymphe.

Lorsque ces chenilles deviennent abondantes et évidemment nuisibles aux Conifères, on peut diminuer leur nombre en secouant les arbres pour les faire tomber, et en enduisant le tronc d'un anneau de goudron pour les empêcher de remonter dans la ramure. Il faut aussi faire la chasse aux nymphes dans les fissures de l'écorce et retourner la terre à 8-10 cent. de profondeur au-dessous des arbres. Heureusement, cet insecte n'est qu'exceptionnellement abondant au point de devenir très nuisible et nécessiter qu'on lui fasse la chasse.

TRACHÉE ; ANGL. Trachea, Trachenchyma. — Vaisseaux spiraloïdes ou sortes de tubes, qu'on a dit être aérifères et contenant un filament en spirale, très dur et élastique.

TRACHÉLIE. — V. **Trachelium**.

TRACHELIUM, Linn. (de *trachelos*, col ou cou ; allusion à la longueur du tube de la corolle et peut-être aussi à l'efficacité imaginaire de la plante pour guérir les maladies du cou). **Trachélie** ; ANGL. Throatwort. FAM. *Campanulacées*. — Petit genre comprenant aujourd'hui huit espèces de plantes vivaces, rustiques, herbacées ou suffrutescentes, habitant la région méditerranéenne. Fleurs réunies en corymbes ombelliformes ou ramifiés, paniculés et en pyramide ; calice à tube soudé à l'ovaire et à limbe à cinq divisions ; corolle à tube étroit, allongé et à limbe à cinq petites divisions étalées ; étamines cinq, libres ; style longuement saillant, filiforme et à stigmate capité. Feuilles dépourvues de stipules.

Fig. 287. — TRACHELIUM CÆRULEUM.

L'espèce suivante, seule digne d'être décrite ici, est

une intéressante et élégante plante vivace ou bisannuelle en culture, propre à orner les plates-bandes et les rocailles. Elle aime surtout les terrains très sains, légers, perméables et se cultive facilement en pots. Pour avoir de belles plantes, il faut les renouveler après leur première floraison, qui a lieu à la deuxième année, à dater de celle du semis. Sa multiplication s'effectue principalement par le semis, qu'on fait en juin-juillet, en pépinière, en pleine terre ou en terrines, on repique les plants en godets, on les hiverne sous châssis froid, puis on les met en place au printemps, ou bien on les rempote dans de plus grands pots, si on désire les élever ainsi. Souvent les graines, qui se répandent naturellement sur le sol des tablettes et des pots y forment des plantes remarquables par leur développement. On peut également propager cette plante par le bouturage des racines ou des rameaux feuillus fait au printemps.

T. cæruleum, Linn.' Trachélie bleue. — *Fl.* bleu violacé, petites, mais très nombreuses, courtement pédicellées, à calice à cinq divisions aiguës : corolle à tube grêle, très long et limbe à cinq petites divisions linéaires et étalées en roue ; cymes nombreuses, formant un vaste corymbe terminal. Juin-août. *Flles* ovales-aiguës, grossièrement dentées et courtement pétiolées : les supérieures plus petites. Tige dressée, ramifiée dès la base et formant la pyramide. *Haut.* 40 à 60 cent. Italie, Espagne, nord de l'Afrique, 1640. (B. R. 72.)

T. c. album, Hort. Cette variété ne diffère du type que par ses fleurs d'un blanc un peu verdâtre et par ses tiges et rameaux vert blond au lieu de violet noirâtre qu'ils sont dans le type.

TRACHELOSPERMUM, Lem. (de *trachelos*, cou, et *sperma*, graine; allusion à l'allongement apical des graines). Syns. *Parechites*, Miq. et *Rhynchospermum*, Lindl. Fam. *Apocynacées*. — Petit genre comprenant six espèces d'arbustes de serre chaude ou tempérée, habitant les Indes orientales, l'archipel Malais, l'Asie orientale et s'étendant jusqu'au Japon. Fleurs blanches, réunies en petites cymes lâches, terminales ou faussement axillaires ; calice petit, à cinq divisions et pourvu intérieurement de cinq à dix écailles glanduleuses à la base ; corolle à tube cylindrique, rétréci à la gorge et à limbe en coupe, à cinq lobes oblongs et tordus ; étamines cinq, à filets très courts ; disque annulaire, tronqué ou à cinq lobes. Feuilles opposées ou éparses, simples et penniveinées.

L'espèce décrite ci-après est la plus répandue dans les cultures. C'est un joli arbuste volubile, susceptible de résister en plein air, au pied des murs bien exposés et sous une bonne couverture de litière, mais qu'on cultive généralement en serre froide ou tempérée, en pots ou souvent en pleine terre, pour tapisser les murs, garnir les colonnes, etc. Il lui faut une terre légère, telle qu'un mélange de terre de bruyère et de terre franche et un bon drainage, car la plante redoute surtout l'humidité pendant l'hiver. Sa multiplication s'effectue facilement par boutures qu'on fait sous cloches et à chaud.

T. jasminoides, Lem. ' *Fl.* blanches, nombreuses et exhalant un fort parfum de Jasmin, réunies en cymes ; corolle à tube contracté au-dessous du milieu, poilu intérieurement à la gorge et à cinq lobes étalés, ondulés et à bords réfléchis ; pédoncules solitaires, axillaires ou terminaux et beaucoup plus longs que les feuilles. Fleurit tout l'été. *Flles* opposées, très courtement pétiolées, ovales-lancéolées, aiguës, épaisses, lisses et d'un beau vert à l'état adulte, mais vert jaune pâle quand elles sont jeunes. Shanghaï, 1846. (L. J. F. 1851, 61.) Syn. *Rhynchospermum jasminoides*, Lindl. (B. M. 4737 ; I. H. S. 1, p. 7 L. et P. F. G. II, 147.)

T. j. angustifolium, Hort. Variété à feuilles plus petites et plus étroites que dans le type, moins florifère, mais aussi paraissant un peu plus rustique, puisqu'elle résiste en plein air dans le sud de l'Angleterre. Syn. *Rhynchospermum angustifolium*, Hort.

T. j. variegatum, Hort. *Flles* panachées de blanc. La plante est moins vigoureuse que ses congénères.

TRACHYCARPUS, H. Wendl. (de *trachys*, rude, et *karpos*, fruit ; allusion probable aux fruits rudes et velus). Fam. *Palmiers*. — Petit genre ne comprenant que quatre espèces de beaux Palmiers inermes, de serre froide ou demi-rustiques, dont deux habitent les montagnes du nord des Indes et Burmah, le troisième est chinois et le quatrième japonais. Fleurs jaunâtres, petites, réunies sur de nombreux et robustes spadices courts ou allongés et lâches ou denses ; spathes plusieurs, assez grandes, comprimées, coupées obliquement, épaisses, coriaces et tomenteuses. Fruits jaunâtres, petits, globuleux, ellipsoïdes ou sub-réniformes et monospermes. Feuilles formant une grosse touffe terminale, à limbe orbiculaire ou semi-orbiculaire, profondément plissé, découpé jusqu'au milieu et à chaque pli en segments indupliqués, bifides ; rachis nul ; ligule très courte ; pétioles convexes sur les deux faces et à bords inermes ou plus ou moins fortement épineux. Tronc solitaire et élevé, ou court et alors plusieurs en touffe.

Les *Trachycarpus*, plus connus sous le nom de *Chamærops*, sont de beaux Palmiers d'ornement, de serre froide ou presque rustiques, décoratifs et très faciles à cultiver. Ils prospèrent, en effet, dans un compost consistant et durable, formé de bonne terre franche un peu forte, de terreau de feuilles et de sable. Il leur faut, en outre, un drainage parfait et de copieux arrosements pendant l'été. Une serre froide, une orangerie ou tout autre local à l'abri des gelées leur suffit. Multiplication facile par semis et au besoin par séparation des rejetons qui, ordinairement, se montrent en quantité.

Le *T. excelsus* est le plus répandu du genre et aussi le plus rustique de tous les Palmiers, plus résistant même que le *Chamærops humilis*, car il supporte mieux l'humidité ; il vit fort bien et fructifie même en pleine terre, sur le littoral de l'Océan et aux environs de Paris il résiste souvent à des températures très basses, s'il est dans un endroit abrité et qu'on ait soin d'empailler fortement son tronc et couvrir son pied à l'approche de l'hiver.

T. excelsus, Wendl. ' *Fl.* réunies en spadices pendants, de 30 cent. de long, à branches dichotomes ; spathes membraneuses, fauves, tubuleuses et bifides au sommet. *Flles* des jeunes plantes oblongues, celles des adultes transversalement oblongues, concaves, digitées-multipartites, de 50 cent. de diamètre, à segments variant entre quinze et soixante, linéaires, un peu obtus, bidentés ou courtement bifides au sommet, avec les dents ou segments obtus ; pétioles étalés-dressés, légèrement concaves en dessus, convexes en dessous, de 50 cent. de long, à bords lisses ou armés de petites dents. Tronc fort, épais, fortement garni de fibres entre-croisées et du restant des pétioles des feuilles mortes. *Haut.* 8 m. Chine et Japon, 1844. (F. d. S. 2368.) Syn. *Chamærops excelsa*, Thunb. Beau Palmier presque rustique et très répandu dans les cultures.

T. Fortunei, H. Wendl. * *Fl.* jaunes, en spadice de plus de 20 cent. de long, densément paniculé. *Flles* à limbe semi-orbiculaire, en éventail, de 50 cent. de long et autant de large, découpé jusqu'au milieu ou au delà en segments de 20 à 25 mm. de large, pendants au sommet; pétioles de 50 cent. ou plus de long, inermes ou à bords très obscurément dentés. Tronc de 2 m. 50 à 4 m. de haut, présentant dans sa partie inférieure des cicatrices des feuilles tombées et densément couvert de fibres supérieurement. Chine, 1849. — Avec les fibres coriaces des gaines des vieilles feuilles qui entourent son tronc, les Chinois font des chapeaux, des sandales, des brosses, des balais, des cordages et même des vêtements entiers. (G. C. n. s. XXIV, p. 305.) Syn. *Chamærops Fortunei*, Hook. (B. M. 5221.)

Fig. 288. — Trachycarpus (*Chamærops*) excelsus.

T. Griffithii, Hort. Syn. de *T. khasianus*, H. Wendl.

T. khasianus, H. Wendl. *Fl.* réunies en spadice de 60 cent. de long, dont la moitié inférieure est cachée par les trois spathes, rameaux des spadices exserts et entièrement nus. *Flles* flabelliformes-réniformes, de 60 cent. de long et plus de 1 m. de large, à environ soixante-cinq segments, dont les latéraux sont les plus courts, n'ayant que 30 à 35 cent. de long, mais plus profondément divisés que les autres, linéaires, à lobes de 6 à 8 cent. de long, étroits et aigus; pétioles de 50 cent. de long, à bords irrégulièrement denticulés. Tronc de 12 cent. de diamètre. *Haut.* 3 m. Monts Khasia. (B. M. 7128.) Syn. *T. Griffithii*, Hort. et *Chamærops khasyana*, Griff.

T. Martianus, H. Wendl. *Fl.* réunies en spadices nombreux, les adultes très ramifiés, etalés et multiflores. *Fr.* ovales, presque solitaires et couverts d'une poussière écailleuse. *Flles* palmées-multifides, à segments bifides au sommet; gaines cylindriques et obliquement tronquées. Tronc de 8 m. de haut, cylindrique supérieurement, de 10 à 15 cent. de diamètre, de couleur cendrée fauve et marqué des cicatrices des anciennes feuilles tombées. Himalaya. Syn. *Chamærops Martiana*, Wall.

TRACHYMENE, Rudge. (de *trachys*, rude, et *hymen*, membrane; allusion aux sillons des fruits). Syns. *Didiscus*, DC. et *Huegelia*, Reichb. — Fam. *Ombellifères*. — Genre comprenant environ quatorze espèces de plantes herbacées, annuelles ou vivaces, demi-rustiques ou de serre chaude ou tempérée, dont une habite la Nouvelle-Calédonie, une deuxième Bornéo, et les autres sont endémiques en Australie. Fleurs blanches ou bleues, réunies en ombelles simples, entourées d'un involucre formé de bractées linéaires et souvent soudées; calice à dents obscures ou nulles; pétales entiers, obtus et imbriqués. Feuilles ternées-disséquées ou rarement indivises, dentées et dépourvues de stipules.

L'espèce suivante est seule digne d'être décrite dans cet ouvrage. C'est une plante annuelle, assez décorative et intéressante en outre parce qu'elle est la seule de sa famille qui présente des fleurs bleues. Ce qu'elle redoute surtout, c'est l'humidité; il lui faut absolument un endroit sain et bien ensoleillé et une terre très perméable, siliceuse. On la multiplie par semis faits à l'automne, en pépinière ou de préférence en avril en place; si on sème à l'automne, il faut hiverner les plants sous châssis froid.

T. cærulea, R. Grah. *Fl.* bleu céleste, réunies en ombelles simples, très multiflores, de 3 à 5 cent. de diamètre et longuement pédonculées, involucre formé de bractées linéaires et poilues, ciliées sur les bords; corolle à cinq pétales entiers, obtus et inégaux. Juillet. *Fr.* formé de deux carpelles accolés, comprimés et hérissés. *Flles* une ou deux fois tripartites, à lobes linéaires-cunéiformes, trifides ou incisés et aigus; feuilles florales petites, simples ou trifides. Tige dressée, rameuse supérieurement. *Haut.* 30 à 60 cent. Ouest de l'Australie, 1827. (B. R. 1225.) Syns. *Didiscus cæruleus*, Hook. (B. M. 2875); *Huegelia cærulea*, Hort. (A. V. F. 7), et *H. cyanea*, Rchb.

TRACHYMENE, DC. — V. Siebera, Rchb.

TRACHYNOTIA, Michx. — V. Spartina, Schreb.

TRACHYSTEMON, Don. (de *trachys*, rude, et *stemon*,

étamine; allusion aux filets staminaux velus d'une espèce.) Syns. *Nordmannia*, Ledeb. et *Psilostemon*, DC. Fam. *Borraginées*. — Petit genre ne comprenant que deux espèces de plantes herbacées, vivaces, rustiques, dressées, ramifiées et hispides, habitant l'Orient. Fleurs roses ou blanches, pédicellées et réunies en cymes un peu lâches et fasciculées; calice à cinq divisions; corolle à tube cylindrique, pourvu intérieurement de cinq écailles et à limbe à cinq lobes linéaires, étalés ou à la fin révolutés; étamines cinq. Nucules quatre, dressés. Feuilles radicales souvent amples, longuement pétiolées; les caulinaires peu nombreuses et alternes.

L'espèce suivante, seule introduite, prospère en terre ordinaire et se multiplie par semis ou par divisions.

Fig. 289. — Trachymene cærulea.

T. orientale, D. Don. *Fl.* pourpre bleuâtre, nombreuses, longuement pédicellées et réunies en cymes scorpioïdes; lobes de la corolle révolutés et poilus extérieurement au sommet. Mars-mai. *Flles* larges, hispides; les inférieures cordiformes; les caulinaires supérieures ovales-lancéolées et rétrécies à la base. Tige hispide. *Haut.* 30 à 60 cent. Orient, 1752. (G. C. n. s. XIV, p. 17.) Syn. *Borago orientalis*, Linn. (B. R. 288; S. F. G. 175.)

TRACHYTELLA, DC. — V. **Delima**, Linn.

TRADESCANTIA, Linn. (dédié à John Tradescant, jardinier de Charles Ier, mort en 1638.) Angl. Spiderwort. Syn. *Ephemerum*, Mœnch. Comprend les *Descantaria*, Schlecht et *Pyrrheima*, Hausskn. Fam. *Commélinacées*. — Genre renfermant environ trente-cinq espèces de plantes herbacées, vivaces, de serre chaude, tempérée ou rustiques, habitant les régions chaudes de l'Amérique septentrionale et les régions tropicales. Fleurs plus ou moins longuement ou courtement pédicellées, réunies en cymes pauciflores ou multiflores, simples, diversement disposées ou très rarement solitaires; sépales libres, concaves, verts ou colorés; pétales également libres, obovales ou orbiculaires et sub-égaux; étamines six, ordinairement toutes fertiles. Tige simple ou ramifiée, diffuse, ascendante ou dressée.

Il est à remarquer que les deux plantes les plus répandues dans les cultures sous les noms de *Tradescantia discolor* et surtout de *T. zebrina*, n'appartiennent point à ce genre et sont en conséquence décrites à leurs véritables noms génériques indiqués plus loin, à leur place respective.

Les espèces mentionnées ci-après sont les plus méritantes du genre. Toutes sont excessivement faciles à cultiver. Toute terre légère et fertile leur convient parfaitement. La plupart demandent la serre chaude ou tempérée. Quelques-unes cependant sont demi-rustiques ou rustiques et parmi cesdernières le *T. virginiana* est une des plus belles et sans doute la plus connue du genre. C'est une jolie plante bien digne de figurer dans les jardins, parmi les autres plantes vivaces et même à l'ombre, où elle vient assez bien. On la multiplie facilement au printemps ou à l'automne, par division des touffes. Quant aux autres espèces, on les propage également sans difficulté par boutures, dont l'enracinement est rapide presque en toute saison.

T. caricifolia, Hook. Syn. de *T. virginiana*, Linn.

T. crassifolia, Cav. *Fl.* ressemblant à celles du *T. virginiana*, à sépales blanchâtres et laineux; pétales rose purpurin ou bleus; ombelles au nombre de trois à six sur chaque rameau de l'inflorescence, sessiles, axillaires; les supérieures pourvues de deux bractées; les inférieures d'une seule. Août. *Flles* elliptiques ou étroitement lancéolées et velues-laineuses en dessous. Tige à peine ramifiée. Souche tuberculeuse et volumineuse. *Haut.* 60 cent. Mexique, 1796. Plante demi-rustique. (B. M. 1598.)

T. c. acaulis, Hort. Tige courte ou presque nulle. Syn. *T. iridescens*, Humb., Bonpl. et Kunth. (B. R. 1840, 34.)

T. c. glabrata, Hort. *Fl.* à sépales blancs laineux. *Flles* glabres sur les deux faces et à bords blancs laineux. Syn. *T. speciosa*, Humb., Bonpl. et Kunth.

T. crassula, Link. et Otto. *Fl.* à sépales poilus-laineux; pétales blancs; ombelles multiflores, lâches, presque toutes terminales, rarement une ou deux à l'aisselle des feuilles; pédicelles glabres. Juillet. *Flles* oblongues, un peu obtuses, de 10 cent. de long, ciliées-poilues sur les bords. Tige glabre, ramifiée, à rameaux sub-corymbiformes. *Haut.* 50 cent. Brésil, 1825. Plante de serre chaude. (B. M. 2935; L. B. C. 1560.)

T. decora, Hort. Bull. *Flles* allongées, lancéolées, vert olive foncé, avec une bande gris argenté. Brésil, 1892. Plante à feuillage ornemental.

T. dilecta, Hort. Lind. *Flles* vert foncé, avec des stries blanches sur la face supérieure et pourpre foncé sur l'inférieure; pétioles cylindriques, vert foncé et maculées de pourpre. Nouvelle espèce dont l'origine n'est pas indiquée. 1897. — Cette plante ne parait pas être un vrai *Tradescantia*, mais plutôt un *Rhoeo*. (S. M.)

T. discolor, L'Herit. — V. **Rhoeo discolor**.

T. elata, Lodd. Syn. de **T. virginiana**, Linn.

T. elongata, Lind. (non Mey. ?) *Flles* oblongues-acuminées, plus longues et plus étroites que dans le *T. Reginæ*, vert foncé, portant sur les côtés de la nervure médiane des bandes d'un blanc argenté et pourpre violacé au milieu. Plante vigoureuse et élégante. Origine non indiquée, 1892.

T. erecta, Lodd. — V. **Tinantia fugax erecta**.

T. fuscata, Lodd. — *Fl.* à sépales un peu épais, fortement poilus-roussâtres à l'extérieur; pétales pourpre bleuâtre, arrondis; pédoncules axillaires, fasciculés et portant une à trois fleurs. Septembre. *Flles* de 15 à 20 cent. de long, oblongues, aiguës, à peine acuminées, rétrécies ou atténuées à la base et plus ou moins longuement pétiolées. Tige courte ou presque nulle, garnie de poils rouge sang foncé. Brésil, 1820. Serre chaude. (B. M. 2330; B. R. 482; L. B. C. 374.) Syn. *Pyrrheima Loddigesii*, Hort.

T. glabra, C. B. Clarke. Syn. de *T. virginiana*, Linn.

T. iridescens, Lindl. Syn. de *T. crassifolia acaulis*, Hort.

T. latifolia, Ruiz et Pav. — V. **Tinantia fugax erecta**.

TRADESCANTIA VIRGINICA

T. multiflora, Swartz. *Fl.* à sépales ovales, poilus, égalant les pétales; ceux-ci blancs; ombelles terminales et axillaires; pédoncules poilus et plus courts que les feuilles. Juin. *Flles* ovales, sub-cordiformes-arrondies à la base, aiguës au sommet, de 2 1/2 à 5 cent. de long. Tige ascendante. La Jamaïque, 1824. Serre chaude. Syn. *T. procumbens*, Willd.

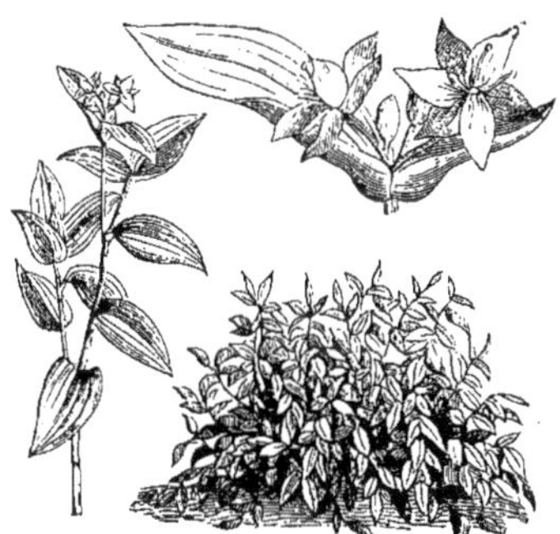

Fig. 290. — TRADESCANTIA MULTIFLORA.

T. multicolor, Hort. — V. **Zebrina pendula**.

T. navicularis, Ortgies. *Fl.* semblables à celles du *T. virginiana*, à pétales d'un beau rose vif, deux fois aussi longs que les sépales; ceux-ci naviculaires; ombelles terminales; solitaires et multiflores. Eté. *Flles* de 2 cent. de long, sessiles charnues, naviculaires, ovales, aiguës, ciliées sur les bords et très fortement ponctuées en dessous. Tige stolonifère à la base et à peine ramifiée; branches géniculées, ascendantes. Pérou. Serre chaude. (R. G. 901.)

T. pilosa, Lehm. Syn. *T. virginiana pilosa*, Hort.

T. procumbens, Willd. Syn. de *T. multiflora*, Swartz.

T. pulchella, Humb., Bonpl. et Kunth. *Fl.* à sépales et pédicelles presque glabres; pétales roses ou bleuâtres. Juillet. *Flles* elliptiques-lancéolées ou lancéolées, sessiles, de 5 cent. de long, aiguës, souvent arrondies et un peu embrassantes à la base, glabres. Tige retombante, à branches sub-dressées et glabres. Mexique, 1825. Plante de serre froide.

T. Reginæ, Lind. et Rod. *Flles* distiques, acuminées, de 10 à 15 cent. de long et 4 à 5 cent. de large, violet foncé en dessous, blanc verdâtre en dessus et panachées longitudinalement de stries purpurines, vertes, jaunâtres, etc., avec des hachures marginales vert foncé. Tige dressée. Pérou, 1892. (I. H. vol. 39, 147; G. C. 1892, part. II, 102; 1893, part. I. 70; J. 1893, p. 111; R. H. B. 1893, 113). — M. André suppose que c'est un *Dichorisandra*.

T. rosea, Vent. *Fl.* de 12 mm. de diamètre, à pétales rose vif, trois fois aussi longs que les sépales; ceux-ci ovales-lancéolés; cymes solitaires ou géminées et pauciflores; pédoncules terminaux, de 8 à 15 cent. de long. Juin-août. *Flles* linéaires-lancéolées et frangées sur les bords. Tige simple, grêle, lisse, de 15 à 20 cent. de haut. Nord de la Caroline, 1802. Plante rustique. (L. B. C. 370; S. B. F. G. 483.)

T. speciosa, Humb., Bonpl. et Kunth. Syn. de *T. crassifolia glabrata*, Hort.

T. striata, Nob. *Flles* rapprochées, engainantes, à limbe ovale, aigu, arqué, vert métallique, parcouru par des lignes blanches, interrompues. Origine non indiquée, 1892. Syn. *T. velutina*, Linden. — M. André dit que « ce pourrait bien être aussi un *Dichorizandra* et qu'en tout cas elle ne peut porter ce nom de *velutina*, qui a été donné antérieurement à une autre espèce ». Nous l'avons en conséquence changé pour celui de *striata*, qui fait allusion aux panachures linéaires, (S. M.)

T. sub-aspera, Gawl. Syn. de *T. virginiana*, Linn.

T. superba, Lind. et Rod. *Flles* ovales, oblongues, aiguës, blanchâtres de chaque côté de la nervure médiane et pourpre en dessous. Pérou, 1892. (I. H. 1893, 155.) — Cette plante ne paraît pas non plus être un vrai *Tradescantia*, mais plutôt un *Rhoeo*. (S. M.)

T. tricolor, Hort. — V. **Zebrina pendula**.

T. tumida, Lindl. Syn. de *T. virginiana tumida*.

T. undata, Humb. et Bonpl. — V. **Tinantia fugax erecta**.

T. velutina, Kunth. et Bouché. *Fl.* à sépales et pédicelles mollement pubescents; pétales rose purpurin, ombelles multiflores, axillaires et terminales. Mai. *Flles* de 12 cent. de long, sessiles, oblongues-lancéolées, aiguës, fortement et mollement poilues en dessus et très courtement velues-soyeuses en dessous. Tige ramifiée et mollement velue-blanchâtre. *Haut.* 50 cent. Guatémala, 1850. Serre chaude.

T. Velutina, Linden. Syn. de *T. striata*, S. Mot.

T. virginiana, Linn. * Ephémère de Virginie; ANGL. Flower of a Day; Common Spiderwort. — *Fl.* de 2 cent. 1/2 de diamètre, disposées en deux séries compactes pendant la préfloraison et accompagnées chacune à la base d'une bractée ovale et scarieuse; pétales trois, bleu-violet, purpurins ou blanchâtres, très minces, courtement onguiculés, d'environ 1 cent. de long; style et étamines violets; celles-ci à filets fortement barbus, deux fois aussi longs que les sépales; ceux-ci ovales-lancéolés, velus ainsi que les pédicelles; cymes axillaires et terminales, sessiles, multiflores. Mai-juillet. *Flles* alternes, engainantes à la base, linéaires-lancéolées, aiguës et un peu ciliées sur les bords. Tiges dressées, noueuses, de 15 à 60 cent. de haut. Amérique septentrionale; Floride et plus au nord, 1629. Belle plante vivace et rustique. (B. M. 105.) Syns. *T. caricifolia*. Hook. (B. M. 3546); *T. elata*, Lodd. (L. B. C. 1513); *T. glabra*, C. B. Clarke; *T. sub-aspera*, Ker. (B. M. 1597.) — Il existe plusieurs variétés horticoles à fleurs *blanches* (B. M. 3501), *lilas*, *roses*, et une à fleurs *doubles violettes*, ainsi que diverses formes botaniques, notamment les suivantes :

Fig. 291. — TRADESCANTIA VIRGINIANA.

T. v. pilosa, Hort. *Fl.* à ombelles supérieures nombreuses, sessiles à l'aisselle des feuilles; les inférieures pédonculées et accompagnées de deux bractées linéaires-lancéolées. (B. R. 1055.) Syn. *T. pilosa*, Lehm.

T. v. tumida, Hort. *Fl.* réunies en ombelles sessiles à l'aisselle des feuilles. Tige épaissie. Syn. *T. tumida*, Lindl. (B. R. 1840, 42.)

T. Warszewicziana, Kunth. et Bouché. *Fl.* nombreuses, en ombelles fortement rapprochées et formant une panicule ramifiée ; sépales et pédicelles lilas ; pétales pourpres. Mai. *Flles* étroites-oblongues, d'environ 20 cent. de long, acuminées, sessiles. Tige robuste, dressée, de 10 à 40 cent. de haut. Guatémala. Plante de serre chaude. (B. M. 5188.)

T. zebrina, Hort. — V. **Zebrina pendula.**

TRAGACANTHE. — V. **Astragalus Tragacantha.**

TRAGIA, Linn. (dédié à Jérome Bock, généralement nommé *Tragus* : traduction grecque de Bock Buch), botaniste allemand, 1498-1554). Fam. *Euphorbiacées.* — Grand genre comprenant environ cinquante espèces de plantes herbacées ou de sous-arbrisseaux de serre chaude, habitant les régions chaudes du globe. Fleurs monoïques, apétales et réunies en grappes. Feuilles alternes, pétiolées, dentées ou lobées. Ces plantes, dont quelques-unes ont été introduites dans les cultures, sont peu décoratives et presque dépourvues d'intérêt horticole.

TRAGIUM, Spreng. — Réunis aux **Pimpinella**, Riv.

TRAGOPOGON, Linn. (de *tragos*, Chèvre, et *pogon*, barbe ; allusion à la longue aigrette soyeuse qui surmonte les graines). **Salsifis** ; Angl. Goat's Beard. Comprend les *Geropogon*, Linn. Fam. *Composées.* — Genre dont environ cinquante espèces ont été décrites, mais ce nombre peut être considérablement réduit. Ce sont des plantes herbacées, rustiques, annuelles, bisannuelles ou vivaces, habitant l'Europe, le nord de l'Afrique et l'Asie tempérée et sub-tropicale. Capitules jaunes, bleus (ou pourpres ?) terminaux, homogames, c'est-à-dire à fleurons tous ligulés, tronqués et à cinq dents ; involucre cylindrique ou étroitement campanulé, formé de bractées unisériées, souvent très allongées ; réceptacle plan ou à la fin convexe et alvéolé ; achaines glabres ou légèrement hispides, surmontés d'un long bec terminé par une aigrette à poils nombreux, longs, inégaux, unisériés et barbus. Feuilles alternes, linéaires, entières, amplexicaules et souvent graminiformes.

Les *Tragopogon* sont peu décoratifs et, par suite, fort peu répandus dans les jardins, sauf toutefois le *T. porrifolius*) qui y est au contraire très cultivé pour ses longues racines alimentaires et que l'on consomme comme celles de la Scorsonère. Pour sa culture, V. **Salsifis.**

Les espèces décrites ci-après sont les plus méritantes. Elles prospèrent en toute terre ordinaire de jardin et se multiplient par semis, que l'on fait en place, au printemps.

T. crocifolius, Sibth et Smith. *Capitules* à fleurons du disque violet-pourpre, ceux du centre jaunes, plus courts que l'involucre ; celui-ci formé de cinq à six feuilles ; achaines muriqués et scabres. Juin. *Flles* droites, étroitement linéaires et à peine élargies à la base. *Haut.* 30 cent. France, Italie, etc. Plante glabre et bisannuelle.

T. glaber, Hill. * *Capitules* purpurins, solitaires au sommet de la tige et de ses ramifications, à pédoncules à peine renflés ; involucre formé de huit bractées aussi longues que les rayons. Juillet. Achaines tuberculeux et prolongés en bec. *Flles* très longues, linéaires, semi-amplexicaules. Tige simple ou rarement ramifiée et arrondie. *Haut.* 50 cent. Europe méridionale ; France, etc. Plante glabre et bisannuelle. Syn. *Geropogon glabrum*, Linn. (B. M. 479.)

T. major, Jacq. *Capitules* jaunes, amples, solitaires au sommet de pédoncules fortement et longuement renflés, fistuleux au sommet ; involucre formé de douze à quinze bractées ; les externes bien plus longues que les fleurons. Mai. *Flles* droites, linéaires-lancéolées, ondulées, acuminées au sommet, dilatées et embrassantes à la base. Tige forte. *Haut.* 1 m. et plus. Autriche, France, etc. Plante glabre, vivace ou bisannuelle. (J. F. A. 29.)

T. porrifolius, Linn. Salsifis ; Angl. Salsafy, Vegetable Oyster, etc. — *Capitules* très allongés, à fleurons rose terne ou violacés, rétrécis au sommet ; involucre formé de huit écailles ; pédoncules allongés, renflés, obconiques et creux au sommet sous le capitule. Mai-juin. *Flles* droites, très longues, linéaires-lancéolées, acuminées, avec une ligne médiane blanche, élargis et formant à la base une gaine légèrement renflée. Tige droite, ramifiée supérieurement. *Haut.* 1 m. Racine pivotante, jaunâtre et charnue. Europe septentrionale ; France, etc. ; naturalisé en Angleterre. Plante glabre, bisannuelle, très cultivée dans les jardins comme plante potagère. Pour sa culture, V. **Salsifis.**

T. pratensis, Linn. Salsifis des prés ; Angl. Common Goat's Bird ; Noon flower ; Shepherd's Clock ; Star of Jerusalem, etc. — *Capitules* jaunes, de 1 1/2 à 5 cent. de diamètre ; solitaires au sommet de pédoncules à peine renflés supérieurement ; involucre obconique, composé d'environ huit bractées souvent striées de brun. Juin-juillet. *Flles* flexueuses, graduellement rétrécies supérieurement ; les radicales canaliculées en dessus. Tige forte, dressée, de 30 à 60 cent. de haut. Europe ; France, Angleterre, etc. Plante bisannuelle, glabre, à involucre légèrement cotonneux. (Sy. En. B. 798-800.)

T. roseus, Trévir. Syn. de *T. ruber*, S.T. Gmel.

T. ruber, S. T. Gmel. *Fl.* roses ou lavées de pourpre, à pédoncules arrondis ; involucre composé d'environ huit bractées. Mai. *Flles* linéaires-lancéolées, légèrement ondulées et glauques. Tiges dressées, feuillues et glauques. *Haut.* 50 cent. Sibérie, 1826. Plante vivace, couverte de poils aranéeux quand elle est jeune. Syn. *T. roseus*, Trévir.

TRAGOPYRUM, M. Bieb. — V. **Atraphaxis**, Linn.

TRAGOPYRUM buxifolium, Bieb. — V. **Atraphaxis buxifolia.**

TRAMETES (de *trame*, trame ; couche de tissu qui, chez les Champignons *Hyménomycètes*, supporte l'hymenium ou membrane qui tapisse la surface des lames ou l'intérieur des tubes sporifères). — Genre de Champignons très voisins de **Polyporus** (V. ce nom), dont ils diffèrent fort peu, car, chez les *Trametes*, la substance de la trame est semblable à celle du pilier, tandis qu'elle est différente chez les *Polyporus*.

La forme générale et l'aspect de ces Champignons sont ceux des *Polyporus* ; comme eux, ils sont pourvus de tubes sporifères sur la face inférieure. On en connaît plusieurs espèces croissant en France (neuf en Angleterre), sur différents arbres et arbustes, mais la plupart sont rares.

Cependant, le *T. Pini* est parfois commun dans certaines localités et y fait alors beaucoup de mal aux Conifères vivants, principalement aux Pins et aux Mélèzes, mais fréquemment aussi aux Epicéas et moins souvent aux Sapins argentés.

Son mycelium, qui se présente sous diverses formes analogues à celles de l'**Agaricus melleus**, produit la maladie connue sous le nom de *Pourriture rouge des Pins* ; il s'enfonce à travers les crevasses jusqu'au cœur du bois, y forme des membranes minces, tandis qu'au dehors se développe un volumineux Champignon brun roussâtre et de 8 à 15 cent. de diamètre, composé de feuillets superposés, qui augmentent lentement mais progressivement en nombre et en dimensions, et vivent en se régénérant graduellement pendant de longues années. Le bois qu'envahit le mycelium est rapidement désorganisé et quand le Champignon a attaqué le tronc, l'arbre ne tarde pas à périr totalement ; la maladie gagne alors les arbres voisins, qui subissent souvent le même sort. On a remarqué que ce redoutable Champignon n'atteignait que les arbres âgés d'au moins soixante à soixante-dix ans et que c'était toujours à travers les cassures, les crevasses ou les fissures des rayons médullaires qu'il pénétrait.

Le *Trametes radiciperda*, de Hartig, est synonyme de *Polyporus annosus*. C'est un Champignon parasite, également très nuisible aux Conifères ainsi qu'à divers arbres Dicotylédones, quoique bien moins souvent. Il est très

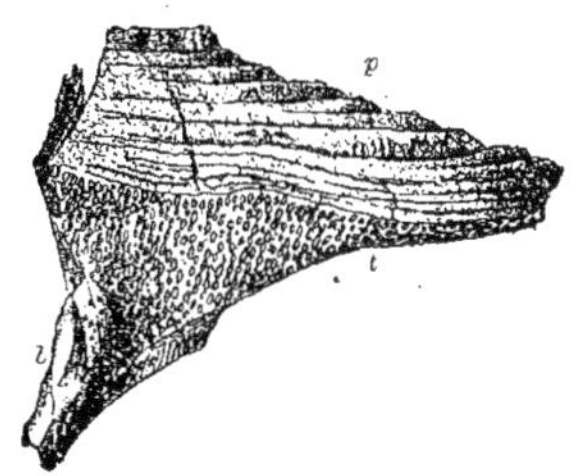

Fig. 292. — Trametes Pini.
p, pilier ; *t*, ouverture des tubes sporifères ; *b*, écorce du sapin.

commun et meurtrier, car il tue les arbres jeunes ou vieux en peu de temps. C'est surtout la souche et les racines qu'il envahit. Son appareil fructifère est de forme très irrégulière et généralement très blanc ; le mycélium s'étend d'abord sur les racines, gagne ensuite le bois du tronc et fait alors périr l'arbre, puis il gagne, toujours par les racines, les autres arbres du voisinage et finit par produire dans les forêts des clairières qui s'élargissent sans cesse.

Remèdes. — Il n'y a pas moyen de sauver les arbres atteints, car lorsque se montrent les organes fructifères, le mycelium a envahi une bonne partie du bois ; le mieux est ainsi de les arracher et les brûler, puis de creuser un fossé autour de l'endroit infesté afin que le mycélium n'aille pas envahir les arbres voisins. Pour de plus amples détails, V. **Polyporus**.

TRANSPLANTER ; Angl. Transplanting. — Opération qui consiste à enlever un végétal de l'endroit où il se trouve, pour le replanter ailleurs et qu'il continue à s'y développer.

La transplantation est une des opérations les plus importantes de la pratique du jardinage, qu'on effectue pour ainsi dire tous les jours et qui s'applique à presque tous les végétaux cultivés, un très petit nombre seulement refusant de s'y prêter.

Grâce à cette heureuse faculté qu'ont les végétaux de continuer à vivre et à croître lorsqu'on les change de place et de sol, leur éducation horticole est considérablement simplifiée. Beaucoup de semis se font en pépinière, et les jeunes plantes se trouvent ainsi réunies en très grand nombre dans un espace restreint de terrain, ce qui permet de les soigner bien plus économiquement et plus attentivement. Au fur et à mesure qu'elles prennent du développement, on les transplante, au besoin plusieurs fois successivement, pour leur donner l'espace qu'elles exigent. Plus tard, lorsque les arbres ont déjà atteint des dimensions relativement fortes, il est encore possible, sinon pour tous, au moins pour beaucoup, de les transplanter avec succès, en prenant toutefois les précautions que leur taille exige. On obtient ainsi un effet immédiat, ce qui est fréquemment d'une grande importance pour garnir les vides ou pour créer à neuf des avenues ou même des jardins entiers. La plupart des arbres fruitiers se prêtent avec la même facilité que les autres à la transplantation, ce qui permet de les élever, de commencer à les former en pépinière et de les planter ensuite dans les jardins avec beaucoup plus de chances de succès, si toutefois l'opération est faite avec soin et à l'époque favorable, c'est-à-dire à l'automne, alors qu'ils sont prêts à commencer à fructifier.

La transplantation des jeunes plantes provenant de semis, de boutures ou autres, de diverses espèces et de forces différentes constitue, pendant presque toute l'année mais surtout au printemps et au commencement de l'été, une partie importante du travail journalier.

Les points les plus importants à observer pour transplanter les végétaux avec succès sont : le choix de la saison et du moment les plus favorables, la préparation préalable du terrain qui doit les recevoir, les soins que nécessite la déplantation, le transport des plantes à leur lieu de destination, leur emballage quand il est nécessaire, l'habillage des racines, c'est-à-dire la suppression des parties meurtries ou malades et enfin les soins qu'ils nécessitent jusqu'à ce qu'ils soient définitivement repris.

Il est à peine nécessaire de faire remarquer que la transplantation, surtout lorsqu'on la fait sur une grande échelle, demande beaucoup de connaissances et un grand jugement pour être pratiquée avec toutes les chances désirables de succès, et il est nécessaire de tenir compte des conditions particulières que présente presque chaque jardin.

Il est à peu près impossible de déplanter une plante qui est depuis un certain temps à la même place et de la replanter ailleurs sans casser ou couper un certain nombre de ses racines qui sont, surtout lorsque la plante est jeune, très délicates et tendres. Si la plante a beaucoup de radicelles, la suppression d'un certain nombre n'a pas grande importance, tandis que lorsqu'elles sont peu nombreuses, il faut au contraire les ménager le plus possible ; on sait en effet que c'est à l'aide des spongioles qui terminent les radicelles que les végétaux absorbent dans le sol les éléments, liquides surtout, qui sont nécessaires à leur développement ; or, quand elles sont très abondantes, la suppression d'une partie de ces radicelles n'a pas un grand inconvénient et devient même parfois avantageuse, tandis que, dans d'autres cas, c'est justement le contraire qui a lieu.

L'époque la plus propice pour effectuer la transplantation dépend principalement de la nature des plantes et du climat de la région envisagée, s'il s'agit de plantes de plein air. Les plantes herbacées en général supportent la transplantation bien plus facilement que les végétaux ligneux ; on peut la faire à différentes époques et même plusieurs fois successives quand on y met tous les soins nécessaires.

Les légumes et les fleurs que l'on sème de bonne heure au printemps, en pépinière et souvent sous verre, demandent généralement à être transplantés, ou, comme on dit généralement, repiqués dès qu'ils sont suffisamment forts pour qu'on puisse les manipuler, et cela afin qu'ils aient un espace suffisant pour développer sans gêne leur tige, leurs feuilles et leurs racines. Cette opération peut même, pour certaines plantes, se répéter deux ou trois fois successives avant leur mise en place définitive, ces plantes supportant très facilement la transplantation ; il suffit de leur ménager une bonne motte et de les tenir bien arrosées et un peu ombragées pendant quelques jours pour que leur reprise soit assurée. Le repiquage des jeunes plantes est une opération favorable à leur développement, parce qu'il leur fait développer un plus grand nombre de radicelles, et les transplantations futures deviennent ainsi bien plus certaines par suite de l'abondance même des racines.

Pour toutes sortes de transplantation, un temps sombre, frais et humide est le meilleur moment qu'on puisse choisir ; l'évaporation est bien moins grande et la terre est bien plus facile à travailler. Un temps chaud et sec présente des aptitudes tout opposées ; on doit l'éviter le plus possible, à moins qu'on y soit forcé, et, dans ce cas, on préparera d'abord le terrain, puis on transplantera le soir ou le matin et on arrosera copieusement. Lorsqu'il gèle, il faut également s'abstenir de transplanter, car les racines mises à nu sont sensibles au froid, et quand elles ont été gelées la reprise est beaucoup plus improbable.

Le développement des racines s'effectuant plus facilement et plus rapidement dans les terres légères que dans celles qui sont lourdes et compactes, il est souvent nécessaire de donner aux jeunes plantes et surtout aux semis une terre de nature ou un compost plus légers que le sol dans lequel elles seront plantées plus tard.

La transplantation des arbres fruitiers, d'ornement ou forestiers, de même que celle des arbrisseaux ou des arbustes, dans leur place plus ou moins définitive, constitue le travail hivernal le plus important des pépiniéristes et des jardiniers des propriétés que l'on modifie ou agrandit d'une façon quelconque. Les arbres que l'on emploie proviennent généralement des pépinières et supportent parfois de longs trajets avant d'arriver à destination. Ce voyage est toujours nuisible aux plantes, et cela d'autant plus que l'emballage est moins soigné, la durée plus longue, la température plus sèche, etc. Lorsque les arbres qui ont besoin d'être transplantés avec une bonne motte perdent la terre qui entoure leurs racines ou que celles-ci restent exposées à l'air, leur reprise devient très incertaine. Il y a une très grande différence de succès de reprise entre les arbres qu'on transplante dans le même jardin et ceux qu'on fait venir d'une pépinière, souvent fort éloignée. Dans le premier cas, et si l'opération est bien faite, les racines ne restent que fort peu de temps exposées à l'air, et si on a soin en outre de choisir un temps sombre et humide, on peut l'effectuer à des époques où, dans d'autres conditions, l'insuccès serait à peu près assuré. Dans le second cas, les arbres, même quand ils sont bien emballés, restent souvent avec leurs racines à nu pendant plusieurs jours et elles se sèchent alors plus ou moins fortement ou gèlent parfois en route, ce qui diminue d'autant les chances de succès. Quand un envoi d'arbres ou d'arbustes arrive gelé, il faut, non pas le déballer, mais bien le placer intact dans un local dont la température se maintient à quelques degrés au-dessus de zéro et attendre que les arbres soient entièrement dégelés, puis les *praliner*, c'est-à-dire les tremper dans un bain d'argile et de bouse de vache, et les mettre alors sinon de suite en place, au moins en jauge en plein air.

La transplantation fréquente des arbres et arbustes dans les pépinières tient les racines courtes, les fait ramifier et rend leur déplantation, replantation emballage et surtout leur reprise beaucoup plus faciles et plus certaines. Les pépiniéristes désignent sous le nom de *contreplantés*, les arbres qui ont subi une ou plusieurs transplantations successives ; leur prix est toujours bien plus élevé que celui des autres arbres, par suite du travail et aussi de la perte que cette opération occasionne.

Quand des plantes, de quelque nature que ce soit, ont à supporter un voyage, on doit s'efforcer de le rendre aussi court que possible, et dès leur arrivée (sauf le cas indiqué précédemment), il faut les déballer et les mettre au moins en jauge, c'est-à-dire couvrir de terre leurs racines, si on ne peut les mettre en place de suite. Chez beaucoup de plantes, l'activité des racines recommence graduellement de suite ou très peu de temps après leur transplantation ; il est donc important de planter dès qu'on le peut les arbres définitivement, afin d'éviter de les déranger à nouveau.

Les détails de la transplantation varient considérablement selon les différentes plantes et la façon dont leurs racines sont naturellement disposées. Chez les unes, elles sont profondément enfouies dans le sol, tandis que chez les autres elles sont superficielles et plus ou moins horizontales. Il est parfois avantageux, notamment pour certains arbres fruitiers, d'arrêter au moment de la transplantation la tendance naturelle des racines à s'enfoncer profondément. Pour cela, il faut d'abord couper le pivot, puis étendre presque horizontalement les racines latérales. Il y a certaines précautions qu'on peut appliquer indistinctement à toutes les plantes qu'on transplante, tandis que d'autres dépendent de la sorte, de la nature des plantes que l'on transplante, mais ces précautions ne peuvent s'indiquer que lorsqu'on envisage les plantes séparément. Quant aux applications générales, les voici :

Il faut, chaque fois qu'on le peut, ouvrir d'abord les trous destinés à recevoir les arbres, si possible longtemps à l'avance, leur donner une largeur et une profondeur plus grandes que le diamètre des racines, afin qu'on puisse facilement les étaler dans toutes les directions. Si le sol de la surface est différent de celui du fond, il faut le mettre de côté pour l'employer à couvrir les racines ou l'additionner au besoin d'une autre sorte de terre si sa nature ne correspond pas à celle que la plante exige. Arrivé à la profondeur voulue, il faut bêcher profondément le fond, l'ameublir et le disposer un peu en monticule au centre. Il n'est pas inutile de s'assurer si la profondeur du trou est exacte, en tendant un cordeau ou une baguette droite au travers du trou, puis en mesurant verticalement les deux côtés.

Les trous étant bien préparés, on peut commencer la plantation. Il faut d'abord, et comme nous l'avons dit précédemment, procéder à l'habillage des racines, c'est-à-dire couper bien nettement toutes celles qui sont cassées, meurtries ou malades. Ceci fait, on descend l'arbre dans le trou et on cherche la meilleure position à donner à sa ramure, soit pour l'effet d'alignement, soit pour son développement futur, le côté le plus faible devant toujours être placé au midi, et l'arbre entier légèrement incliné du côté où les vents prédominent et un peu vers le nord, ceux-ci, avec l'aide du soleil, le ramènent facilement dans la verticale.

Le tronc des arbres ne doit jamais être enterré ; on peut cependant placer le collet un peu au-dessous du niveau du sol, afin que la cuvette qu'on ménage pour les arrosements ne mette pas les racines à découvert et aussi que celles-ci soient mieux à l'abri de la chaleur et de la sécheresse. La baguette qui a servi à prendre le niveau pour mesurer la profondeur du trou indiquera de nouveau, en la plaçant en travers et contre la tige, si l'arbre est trop bas ou trop haut. Quand l'arbre est bien en place, il faut étendre soigneusement ses racines, faire glisser de la terre fine et l'aider au besoin avec les mains, en soulevant légèrement l'arbre, à bien remplir toutes les cavités. Il est très important que la terre employée à cet usage soit très friable et de bonne qualité, car les mottes laissent entre elles des cavités très préjudiciables à la reprise. Lorsque les racines sont couvertes, on commence à fouler modérément la terre à l'aide des pieds, puis progressivement à mesure qu'on comble le trou.

Lorsque ces arbres sont élevés et qu'ils risquent d'être ébranlés par les vents, il faut les munir, aussitôt après leur transplantation, chacun d'un solide tuteur, sans quoi les racines souffrent beaucoup de la tension causée par le balancement de la tête, l'air pénètre dans les fissures qui en résultent dans le sol et leur reprise devient très incertaine. Pour les gros arbres qu'on transplante pour produire leur effet immédiat ou fructifier peu après, on remplace avantageusement le tuteur par trois fils de fer reliés à un collier entourant l'arbre et fixés à terre à autant de solides piquets placés en triangle et à quelques mètres de distance du tronc. Dès que les arbres sont de nouveau bien établis et en mesure de résister aux vents, on peut supprimer cette armature.

Pour déplanter les arbres ramifiés dès la base, tels que le sont beaucoup de Conifères, il est nécessaire de relever les branches avec une corde, puis de tracer un cercle à la distance nécessaire du tronc, pour lui réserver une bonne motte. A l'aide de la bêche, on ouvre ensuite une tranchée tout autour, en coupant verticalement les racines que l'on rencontre, et, arrivé à la profondeur voulue, on donne quelques coups de bêche en dessous, pour trancher les racines qui peuvent s'y trouver; on fait tomber la terre de dessus la motte jusqu'au niveau des premières racines. On tâche enfin de le sortir du trou sans briser la motte et on enveloppe alors immédiatement celle-ci d'une coiffe de paille, qu'on nomme *calotte* ou *tontine*. Si la motte est grosse et qu'on ne puisse la bouger sans risquer de la briser, on la ligature alors sur place, puis on tâche de la soulever pour la faire entrer dans un panier de dimension correspondante. Ce système est celui que les pépiniéristes emploient le plus généralement pour les gros Conifères.

Pour les arbres qu'on transplante à nu, le travail est beaucoup plus simple, il suffit d'éviter de meurtrir les racines, de les couper nettement à la longueur voulue et d'éviter de coucher ou de tirer l'arbre tant que toutes ses racines ne sont pas tranchées, autrement on tord ou casse celles sur lesquelles l'arbre s'appuie. Nous avons dit précédemment qu'avant de planter les arbres, il était nécessaire de supprimer toutes les parties des racines meurtries ou malades et d'aviver les sections qui ont été mâchées par la bêche.

La nécessité des arrosements pour les arbres nouvellement plantés dépend beaucoup de la saison et de la nature du sous-sol. Lorsque celui-ci est graveleux ou siliceux, un arrosement, même en temps inopportun, est nécessaire, car l'eau est le meilleur élément pour tasser la terre et consolider les racines. Pendant l'automne et l'hiver, les arrosements ne sont pas nécessaires, mais au printemps et surtout en été, ils deviennent d'autant plus indispensables que la sécheresse est plus grande, et il faut encore leur adjoindre un bon paillis placé sur une assez grande surface du pied de l'arbre, car il empêche l'évaporation excessive et tient la terre fraîche quand il fait très chaud.

Les remarques précédentes s'appliquent en général à la transplantation des arbres fruitiers, d'ornement ou forestiers, ainsi qu'aux arbrisseaux et arbustes qui peuvent supporter cette opération. On sait, en effet, que certaines plantes herbacées ou ligneuses la supportent très difficilement, et cela principalement parce qu'elles n'ont pas suffisamment de racines latérales et n'ont qu'un pivot principal descendant très profondément dans le sol et n'ayant que quelques grosses racines plus ou moins pivotantes elles-mêmes. C'est le cas des Noyers, des Chênes et beaucoup d'autres arbres. On est alors obligé de les semer en place ou de couper le pivot après leur première année de développement, puis de les transplanter fréquemment en attendant leur mise en place; mais ces arbres deviennent fort chers par suite de leur éducation.

La meilleure époque pour la transplantation des végétaux varie selon leur nature et leur espèce. Certaines plantes peuvent être transplantées avec succès presque en toutes saisons, si toutefois on leur donne les soins nécessaires, tandis que d'autres doivent être transplantées à des époques déterminées de l'année. En général, tous les arbres et arbustes à feuilles caduques se transplantent de préférence à l'automne, dès que la plupart de leurs feuilles sont tombées. De même que les Conifères, on peut donc les déplanter en toute sécurité, depuis la fin d'octobre et pendant presque tout le mois de novembre, car il reste encore dans la terre une chaleur suffisante pour exciter le développement de nouvelles racines, ce qui est un grand avantage. La transplantation peut aussi se continuer pendant tout l'hiver, lorsque le temps est propice, c'est-à-dire quand il ne gèle pas, mais les saisons où la sève a encore une certaine activité, comme le mois d'octobre et le commencement de novembre, ainsi que la période précédant le départ de la végétation, sont bien préférables; la période qui s'étend depuis décembre jusqu'en février est la plus mauvaise pour la transplantation, parce que la végétation est à peu près complètement suspendue et que la température est souvent excessivement basse ; il faut donc éviter autant qu'on le peut de faire des plantations pendant cette période.

Les arbres et arbustes à feuilles persistantes peuvent être transplantés plus tard que ceux à feuilles caduques, et les Houx notamment reprennent mieux quand on les transplante en mai, juste au moment de leur entrée en végétation. Les *Rhododendrons* gagnent à être transplantés en mars-avril, et, du reste, comme pour tous les autres arbustes dits : de terre de bruyère, il est indispensable de leur ménager une bonne motte.

Les plantes annuelles que l'on sème sous verre au printemps, pour hâter leur développement, en vue de l'ornementation estivale des jardins, gagnent à être transplantées plusieurs fois, ce qui fait beaucoup augmenter l'abondance de leur chevelu ; mais leur mise en place doit toujours être effectuée avant qu'elles ne commencent à montrer leurs tiges florales. Pour les plantes vivaces, la transplantation peut s'effectuer depuis l'automne jusqu'au printemps, et même souvent pendant le cours de la végétation, si on a soin de leur ménager une bonne motte ; mais pour les espèces délicates, qui risquent de fondre pendant l'hiver, il est préférable d'attendre au printemps.

Pour les plantes tenues en pots, on peut naturellement les transplanter, soit en pleine terre, soit dans d'autres pots plus grands à toute époque de l'année, alors même qu'il serait dangereux de déranger leurs congénères en pleine terre; si cependant on est obligé de réduire la motte et supprimer un certain nombre de racines, il faut alors attendre l'époque ordinaire.

Comme on le voit, la transplantation est une opération excessivement variable dans son mode d'application; elle demande une grande expérience pour être faite avec discernement et donner les bons résultats qu'on en attend. Pour nous résumer, voici les points les plus importants à observer : Froisser le moins possible les racines pendant la déplantation; faire un trou suffisamment grand pour qu'elles puissent s'y étaler facilement et de toute leur longueur, les placer dans la meilleure position, éviter qu'elles ne se croisent ou se redoublent en dessous, les couvrir de terre fine et meuble, ne jamais enterrer une plante beaucoup au-dessus de son collet, celui-ci devant toujours être presque au niveau du sol; fouler la terre convenablement; fixer la tige à un solide tuteur si elle risque d'être balancée par les vents; enfin pailler le sol pour le tenir frais et arroser au besoin, pour que les racines ne manquent jamais d'humidité.

La transplantation des arbres et arbrisseaux de très fortes dimensions est encore possible moyennant certaines précautions et avec le secours d'instruments mécaniques spéciaux pour soulever et transporter ces arbres. Quels que soient le travail et les frais que cette transplantation occasionne, on peut encore s'estimer heureux de pouvoir l'effectuer quand il s'agit de garnir les vides qui se produisent accidentellement dans les avenues ou d'orner immédiatement un endroit quelconque. Ce système, d'une grande utilité, est beaucoup employé à Paris, pour le remplacement des arbres d'avenues et même leur création entière.

Les arbres destinés à cette transplantation doivent être de nature à s'y prêter, comme le Platane, le Tilleul ou le Marronnier, par exemple; ils doivent être à une distance le plus rapprochée possible de leur lieu de destination, dans un endroit d'où on puisse les sortir, puis les transporter facilement. Afin d'augmenter les chances de succès, il est bon, surtout si les arbres sont très gros, de leur faire subir une certaine préparation préalable, laquelle consiste à ouvrir, un an avant la transplantation, une tranchée autour de l'arbre, à la distance qu'on donnera à la motte, et à couper nettement toutes les grosses racines que l'on rencontrera. On comblera ensuite et peu après cette tranchée avec de la terre légère et fertile, dans laquelle des radicelles viendront pénétrer, pour fournir à la plante les sucs qui lui sont nécessaires. L'année suivante, on ouvrira la tranchée d'arrachage en dehors de celle qui a été faite l'année précédente, afin de conserver à l'arbre toutes les jeunes racines qu'il a émises et qui lui seront de la plus grande utilité pour assurer son existence. La suppression des racines cause naturellement un arrêt de la végétation, qui peut parfois menacer de devenir trop grand et de compromettre la vie de l'arbre; il faut alors, si on a des craintes à cet égard, opérer la préparation en deux années et ne couper que la moitié des racines à chaque printemps. Quand on opère ainsi, il faut diviser la circonférence en quatre parties égales et trancher les racines sur deux parties opposées à chaque printemps.

Les principes d'opération que nous avons indiqués précédemment pour les arbres et arbustes de taille moyenne s'appliquent également aux gros arbres, sauf toutefois que le travail est plus laborieux et demande beaucoup plus de précautions, par suite du poids du sujet et surtout de sa motte de terre.

On se sert à cet effet de machines ou plus exactement de voitures à quatre roues, munies de deux solides cabestans servant à soulever l'arbre de son trou, à le tenir en suspension pendant le transport et à le déposer enfin à la place qu'il doit occuper. Il en existe plusieurs modèles, différant entre eux par des détails de construction, mais tous se ressemblent dans leur principe de construction. Toutefois, de tels travaux ne peuvent être entrepris avec chances de succès que par des hommes expérimentés, soigneux, qui ont déjà fait de semblables opérations et sachant prendre toutes les précautions en vue d'éviter les accidents.

Nous parlerons ici de deux des meilleures machines à transplanter, celle de M. Mac Nab et celle de M. Barron.

Dans celle de M. Mac Nab, le diamètre de la motte est limité à celui de la partie intérieure de la machine, qui voyage sur deux grandes roues sans essieu, ressemblant en cela à celle de Michaux, et qui est pourvue de deux brancards pour l'attelage de la bête de trait. L'arrière s'enlève pour laisser placer l'arbre au milieu de la machine.

La motte a au préalable été réduite à la dimension nécessaire, puis entourée de lames de bois ou d'une épaisse couche de petits branchages solidement serrés contre la terre par deux ou trois cordes auxquelles on imprime, sur un point, un mouvement de tourniquet. On place ensuite sous la motte et en les rapprochant le plus possible du centre, deux solides pièces de bois appartenant à la machine, et en dessous de celles-ci passent deux grosses cordes ou des chaînes, une à chaque extrémité, qui vont ensuite s'enrouler sur les cabestans précités. Lorsque tout est bien en place, qu'on a pris toutes les précautions nécessaires, on fait manœuvrer les cabestans; la plante et sa motte se trouvent hissées verticalement, d'abord hors du trou, puis jusqu'à la hauteur nécessaire pour pouvoir voyager sans toucher terre.

Cette machine présente l'inconvénient de laisser tomber la terre de la partie inférieure de la motte, mais ceci dépend beaucoup de la nature de la terre et de la quantité des racines de l'arbre. Les planches sont aussi susceptibles de se déplacer et de laisser l'arbre tomber, ce qui cependant n'arrive qu'exceptionnellement et quand on n'a pas pris toutes les précautions nécessaires.

La machine de M. Barron peut servir à enlever de gros arbres avec une très forte motte de terre. Comme dans la précédente, l'arbre conserve la position verticale, mais elle est à quatre grandes roues munies d'essieux; l'avant est pourvu aussi d'un brancard d'attelage et l'arrière s'ouvre également pour laisser l'arbre se placer au milieu. Deux forts cabestans placés, l'un à l'avant, l'autre à l'arrière, servent d'engin d'élévation; les côtés sont constitués par deux solides poutres d'environ 6 m. de long et reliant l'arrière de la machine à l'avant. On passe également deux solides planches sous la motte et quelques-unes en travers pour bien soutenir la terre, puis les chaines étant placées sous les planches principales et reliées aux cabestans, on fait tourner ceux-ci à l'aide de fortes tiges de fer et le solide cliquet s'engageant dans la roue à crans dont chacun d'eux est pourvu afin de les empêcher de tourner en arrière sous l'effort du poids. Les cordes ou chaines, comme du reste toutes les autres parties de la machine, ont besoin d'être très fortes, soigneusement visitées avant l'emploi et, pendant la durée de l'opération, il faut être très attentif et très soigneux, afin d'éviter les accidents. Lorsque l'arbre est élevé à la hauteur voulue, il faut le fixer dans sa position verticale à l'aide de quatre cordes passées au sommet du tronc et allant s'attacher chacune à un angle de la machine. Si le sol sur lequel doivent passer les roues de la machine chargée pendant son trajet n'est pas très ferme, il est nécessaire d'y mettre des madriers de 6 à 8 cent. d'épaisseur et d'une vingtaine de cent. de largeur. Ce système de machine à quatre roues est celui que l'on emploie aujourd'hui le plus généralement. La ville de Paris s'en sert dans ses services de plantations d'arbres des boulevards. On l'emploie également pour le transport des grosses caisses à Orangers et autres arbres d'avenues.

Le trou destiné à recevoir l'arbre doit être creusé à l'avance et sa largeur calculée sur celle de la motte, mais beaucoup plus grande, afin que les jeunes racines qui se développeront puissent s'y étendre facilement. Pour éviter les éboulements, les côtés du trou doivent être garnis des mêmes madriers sur lesquels passeront les roues de la machine.

Lorsque l'arbre est arrivé à destination, on l'amène au-dessus du trou, en faisant rouler les roues de la machine sur les madriers, puis on l'y descend par le même procédé, en opérant naturellement en sens inverse. Cette opération demande non moins de soins que son enlèvement, car il y a plus de danger pour les hommes d'être enlevés par le poids lorsqu'ils le descendent que lorsqu'ils l'élèvent, les cliquets ne les protégeant plus contre la chute précipitée.

Il n'est guère possible de donner par écrit des détails plus précis sur les machines à transplanter et sur leur manœuvre; il faut pour cela voir la machine et assister à une opération, et dans ce cas, comme dans beaucoup d'autres, l'expérience que donne la pratique est le meilleur guide, non seulement pour mener l'opération à bien, mais aussi pour mettre les ouvriers à l'abri des accidents qui peuvent résulter d'une mauvaise conduite de l'opération.

Pour d'autres détails sur la transplantation en général, V. aussi **Arracher** et **Déplanter**.

TRANSPLANTOIR; Angl. Trowel. — Outil à main, rappelant assez comme forme et dimensions la truelle des maçons, sauf toutefois que la lame est cintrée au lieu d'être plane. Il en existe plusieurs modèles; les figures ci-jointes montrent les formes les plus répandues; celle dont la lame est attachée à une tige de fer coudée, comme dans la truelle des maçons, est la plus généralement employée de nos jours.

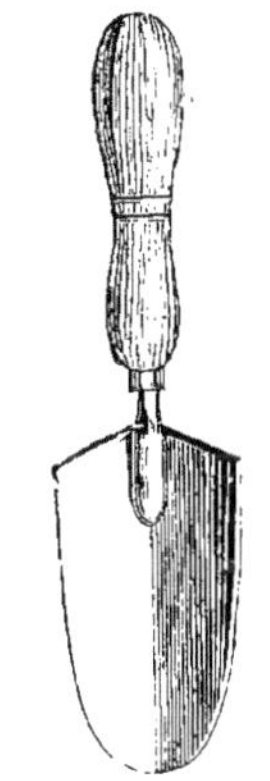

Fig. 293. — Transplantoir.

Le transplantoir est un des outils de jardinage les plus utiles, car son usage est presque journalier et à peu près indispensable pour déplanter les jeunes plantes en motte et les replanter ensuite ailleurs, pour mettre

Fig. 294. — Transplantoir.

en pleine terre les plantes en pots, comme par exemple au printemps, au moment de la garniture des corbeilles, pour enfoncer les pots dans la terre lorsqu'il y a lieu et pour une foule d'autres petits travaux.

Il est toujours préférable de se servir du transplantoir en lieu et place du plantoir, parce qu'on peut ainsi faire un trou plus grand, sans comprimer la terre sur les côtés et que l'on peut alors placer les racines des plantes dans leur position presque naturelle.

Les botanistes se servent aussi de ce transplantoir ou plus souvent d'un autre modèle à lame plus réduite et à tige bien plus forte, pour arracher les plantes qu'ils vont récolter dans les endroits où elles croissent spontanément.

TRAPA, Linn. (abréviation de *calcitrapa*, nom latin d'une arme ancienne, la chausse-trape, qu'on jetait dans les rangs ennemis pour enferrer les hommes et la cavalerie; allusion aux épines des fruits). Mâcre ; Angl. Water Caltrops. — Fam. *Onagrariées*. — Petit genre comprenant environ trois espèces de curieuses plantes herbacées, aquatiques, rustiques ou de serre, habitant l'Europe centrale et australe ainsi que l'Asie et l'Afrique tropicales et sub-tropicales. Fleurs axillaires, solitaires et pédonculées ; calice à tube court et à limbe à quatre divisions persistantes, dont deux ou toutes les quatre deviennent épineuses à la fructification ; pétales et étamines quatre. Fruit gros, obovoïde, ligneux, corné, uniloculaire et monosperme, indéhiscent et à quatre angles terminés chacun par un bec gros, court et presque épineux. Feuilles dimorphes ; les submergées opposées ; pinnatipartites, à segments filiformes, simulant des racines ; les flottantes en rosette terminale, étalées sur l'eau, à pétioles longs, renflés au-dessus du milieu et à limbe rhomboïde et épais.

Les Mâcres sont à la fois ornementales et alimentaires par leurs fruits. Ceux du *T. natans* se mangent fréquemment chez nous à l'instar des châtaignes, dans les régions telles que l'Ouest, où la plante abonde. Le fruit du *T. verbanensis*, remarquable en ce qu'il ne présente que deux cornes au lieu de quatre et qui croît spontanément dans les grands lacs du nord de l'Italie, y est employé à confectionner des chapelets recherchés des touristes. Au Cashmire et dans bien d'autres pays de l'Inde, les gros fruits du *T. bispinosa*, en Chine ceux du *T. bicornis*, constituent un aliment d'un usage commun ; on les désigne sous le nom anglais de « Singhara Nuts ».

La Mâcre commune propère chez nous en plein air et constitue une intéressante plante aquatique, propre à orner les bassins, les lacs et autres pièces d'eau. Les espèces de serre se cultivent en pots ou en terrines, que l'on plonge dans des bassins, qu'elles ornent fort bien ; du reste, à défaut de bassins, on peut facilement les élever dans de grands pots ou dans des caisses étanches, telles que des tonneaux sciés en deux. Leur multiplication s'effectue uniquement par le semis, que l'on fait au printemps, en place, en enfouissant la graine dans la vase, au fond de l'eau.

T. bispinosa, Roxb. Angl. Singhara Nut-plant. — *Fr.* de 2 cent. de long et autant de large, glabre ou poilu, à deux angles opposés se terminant par une épine souvent scabre et rétrorse; les deux autres angles parfois nuls. *Flles* flottantes de 5 cent. de long et 6 à 8 cent. de large, très velues en dessous, à bord postérieur entier, l'antérieur crénelé ; pétioles de 10 à 15 cent. de long et crénelés. Indes et Ceylan, 1822. Serre chaude. Il est douteux que cette plante soit spécifiquement distincte du *T. natans*.

T. natans, Linn. * Macre, Châtaigne d'eau, Truffe d'eau, Cornuelle ; Angl. Jesuit's Nut, Ling, Water Caltrops, Water Chestnut. — *Fl.* sub-sessiles à l'aisselle des feuilles et fort peu apparentes ; pétales blancs, chiffonnés. *Fr.* ligneux, noirâtre, de 2 cent. environ de large, portant quatre gros mucrons opposés deux à deux et épineux, les latéraux un peu plus courts. *Flles* flottantes en rosette et étalées sur l'eau, à limbe rhomboïde, de 2 cent. 1/2 de long, denté ou incisé denté sur le bord antérieur et faiblement velu sur les nervures de la face inférieure ; pétioles de 5 à 10 cent. de long, d'abord cylindrique puis

Fig. 295. — Trapa natans. — (Mâcre.)

renflés vers le milieu et glabrescents. Europe ; France, etc., Perse et Haut Nil. (B. R. 259 ; G. C. n. s., p. 212.)

T. verbanensis, De. Not. * *Fr.* trigone, comprimé et ne présentant que deux cornes courtes. *Flles* deltoïdes, dentées sur les deux côtés supérieurs et avec des dents bi-mucronulées. Verbano, Lac Majeur, Italie, 1886. — Plante rustique, entièrement glabre, bien plus forte que notre Mâcre indigène et nettement différente. Les fruits sont comestibles et employés en Italie pour confectionner des chapelets. (R. H. 1896, fig. 2-3.)

TRAPÉZIFORME, TRAPÉZOIDE. — En forme de trapèze, c'est-à-dire à quatre faces, dont deux seulement sont parallèles. Cette épithète s'applique fréquemment à divers organes des végétaux, notamment aux feuilles dont les contours se rapprochent de cette forme plus que d'une autre. (S. M.)

TRAPPE. — V. Piège.

TRATENIKIA, Pers. — V. Marshallia, Schreb.

TRAUTVETTERIA, Fisch. et Mey. (dédié au professeur Ernest Rud. Trautvetter, botaniste russe de notre siècle). Fam. *Renonculacées*. — La seule espèce de ce genre est une plante vivace, rustique, prospérant en terre ordinaire. On peut la multiplier par divisions.

T. palmata, Fisch. et Mey. Angl. False Bugbane. — *Fl.* blanches, petites, réunies en corymbes paniculés ; sépales trois à cinq, mais ordinairement quatre, concaves, pétaloïdes et très caducs ; pétales nuls. Juillet-août. *Flles* palmées-lobées ; les radicales amples, à lobes dentés et découpés : les caulinaires peu nombreuses et alternes. Tige de 60 cent. à 1 m. de haut. Amérique du Nord et Japon. (B. M. 1630, sous le nom de *Cimicifuga palmata*, Michx.) Syn. *Actæa palmata*, DC.

TRECULIA, Dcne. (dédié à Auguste Trécul, botaniste parisien, qui publia, en 1843, une étude du *Nuphar luteum*). Fam. *Urticacées*. — Petit genre comprenant aujourd'hui environ cinq espèces d'arbres ou d'arbustes de serre chaude, habitant l'Afrique tropicale. Fleurs dioïques, réunies en bouquets sessiles ou courtement pédonculés, insérés sur des nœuds dépourvus de leurs feuilles et accompagnés de quelques petites bractées sub-bisériées, mais ne formant nullement un véritable involucre. Feuilles alternes, courtement pétiolées, entières, coriaces, penniveinées, pourvues de stipules presque petites, lancéolées et caduques.

Le *T. africana* est un arbre toujours vert et probablement le seul existant dans les cultures. Il prospère dans un compost de bonne terre franche et de terreau de feuilles et demande une atmosphère humide. La multiplication peut avoir lieu par boutures de pousses aoûtées, que l'on plante dans de la terre siliceuse, sous cloches et sur chaleur de fond.

T. africana, Dcne. Angl. African Bread-fruit Tree, Okwa-tree. — *Fl.* vertes, réunies en bouquets globuleux et courtement pédonculés. Septembre. *Fr.* en bouquets de 30 cent. et plus de diamètre. *Flles* alternes, très courtement pétiolées, épaisses, coriaces, de 15 à 35 cent. de long et parfois de 18 à 20 mm. de large, oblongues-ovales ou lancéolées, brusquement et obtusément acuminées, aiguës ou plus souvent cordiformes à la base ; stipules de 2 cent. 1/2 de long et caduques. *Haut.* 20 à 25 m. Afrique tropicale, 1872. (B. M. 5986.)

Le *Kew Bulletin* a récemment décrit (1894, p. 360-1) quatre espèces nouvelles, les *T. acuminata*, Baillon ; *T. affona*, N. E. Br. ; *T. madagascarica*, N. E. Br. et *T. obovoida*, N. E. Br. ; mais ces espèces, dont la deuxième est alimentaire, comme le *T. africana*, n'existent sans doute pas encore dans les collections. (S. M.)

TRÈFLE. — V. Trifolium.

TRÈFLE d'Alsike. — V. Trifolium hybridum.

TRÈFLE anglais. — V. Trifolium incarnatum.

TRÈFLE blanc. — V. Trifolium repens.

TRÈFLE bleu. — V. Trigonella cærulea.

TRÈFLE de Bokhara. — V. Melilotus alba.

TRÈFLE d'eau. — V. Menyanthes trifoliata.

TRÈFLE à feuilles pourpres. — V. Trifolium repens purpureum.

TRÈFLE hybride. — V. Trifolium hybridum.

TRÈFLE jaune. — V. Medicago Lupulina.

TRÈFLE jaune des sables. — V. Anthyllis vulneraria.

TRÈFLE des marais. — V. Menyanthes trifoliata.

TRÈFLE musqué. — V. Trigonella cærulea.

TRÈFLE noir. — V. Medicago Lupulina.

TRÈFLE odorant. — V. Melilotus officinalis.

TRÈFLE petit. — V. Trifolium repens.

TRÈFLE des prés. — V. Trifolium pratense.

TRÈFLE à quatre feuilles. — V. Marsilea quadrifolia.

TRÈFLE rampant. — V. Trifolium repens.

TRÈFLE rouge. — V. Trifolium rubens.

TRÈFLE rouge des prés. — V. Trifolium pratense.

TRÈFLE de Sibérie. — V. Melilotus alba.

TREISIA, Haw. — Réunis aux Euphorbia, Linn.

TREILLAGE. — Clôture faite de lames ou petites tiges de bois fendu, le plus souvent de châtaignier, dont la hauteur et l'espacement varie selon les besoins et reliés entre eux soit par d'autres lames de bois horizontales, sur lesquelles on les cloue ou les fixe avec du fil de fer souple, soit par des fils de fer tordus mécaniquement. Tous les mètres ou un peu plus, le treillage est soutenu et fixé à de solides pieux, également en bois de

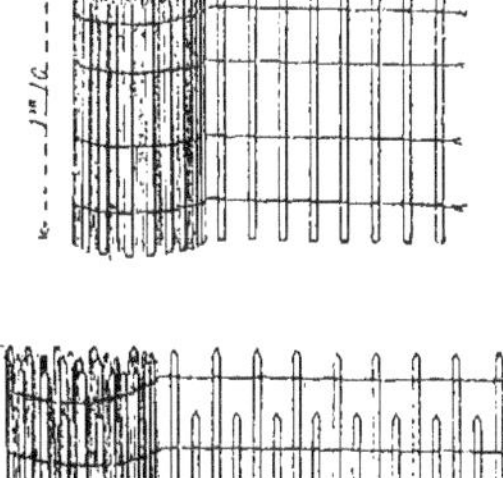

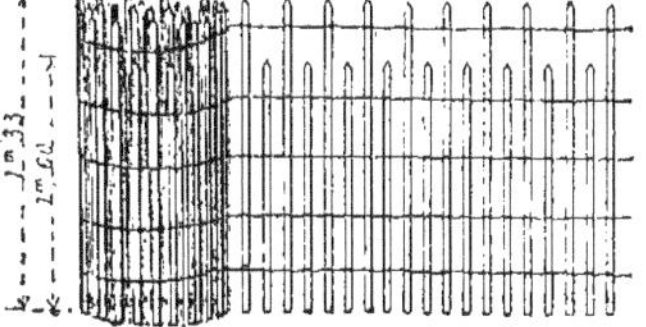

Fig. 296. — Treillages en bois de châtaignier.

châtaignier, enfoncés en terre. Cette clôture, d'un usage très général, une fois posée, prend le nom de *palissade*, tandis qu'avant la pose on la désigne sous le nom de *treillage*, comme du reste sous celui de *treillageurs* les ouvriers qui fabriquent toutes sortes de treillages.

Les véritables treillages sont cependant ceux formés par de minces lames de bois posées sur les murs, en

Fig. 297. — Pieu rond, en châtaignier, pour treillage.

lignes parallèles, obliques ou entre-croisées et plus ou moins rapprochés, servant tantôt à donner aux arbres la forme désirée, en y attachant leurs branches charpentières, tantôt à supporter des plantes grimpantes sans symétrie, ou encore à cacher la nudité d'un mur et l'orner même par les dessins que peut former le treillage.

Dans les serres, les treillages sont très utiles pour garnir les murs de fond, les piliers, etc. ; dans les serres à fruits, les treillages s'emploient aussi pour tuteurer les arbres et leur donner la forme projetée, mais, plus souvent et afin de ne pas encombrer inutilement la serre et intercepter la lumière, on se contente souvent de placer de simples fils de fer galvanisés là où doivent passer les branches charpentières.

Pour la culture en pots de certaines plantes grimpantes, telles que les *Stephanotis*, *Bougainvillea*, *Rosiers grimpants*, *Clématites*, etc., on se sert fréqemment de treillages fabriqués spécialement pour cet usage; ils affectent diverses formes telles que celles d'un éventail, un parapluie, un cylindre ou un ballon; on choisit alors la forme la mieux appropriée à la plante qu'on envisage. (S. M.)

TREMANDRE, R. Br. (de *tremo*, trembler, et *andros*, mâle; les anthères se meuvent aux moindres vibrations de l'air). Fam. *Trémandrées*. — Petit genre ne comprenant que deux espèces de petits arbustes australiens, de serre froide et plus ou moins couverts d'une pubescence étoilée. Fleurs à cinq divisions; étamines apparemment unisériées; disque crénelé et presque à cinq lobes. Feuilles opposées et dentées. Pour la culture de l'espèce suivante, seule introduite, V. **Tetratheca** (genre très voisin).

T. stelligera, R. Br. *Fl.* à pédicelles plus courts que les feuilles; sépales tomenteux ou velus, de 5 à 8 cent. de long; pétales à peine un peu plus longs; anthères pourpre foncé. Eté. *Flles* opposées, courtement pétiolées, ovales, obtuses, de 2 1/2 à 4 cent. de long, grossièrement et irrégulièrement dentées ou rarement entières. *Haut.* 60 cent. et plus. Australie. Plante fortement couverte d'une villosité étoilée.

T. verticillata, Hueg. — V. **Platytheca galioides.**

TRÉMANDRÉES. — Petite famille naturelle de végétaux Dicotylédones, ne renfermant que vingt-sept espèces réparties dans les trois genres *Platytheca*, *Tetratheca* et *Tremandra*, et habitant toutes l'Australie extratropicale. Ce sont des arbustes ordinairement éricoïdes, glabres ou poilus-glanduleux, à fleurs ordinairement rouges ou pourpres, régulières et solitaires au sommet de pédicelles axillaires; sépales quatre ou cinq, très rarement trois, libres, valvaires pendant la préfloraison; pétales en nombre égal à celui des sépales, hypogynes, étalés, indupliqués-valvaires pendant la préfloraison; étamines en même nombre que les organes précédents, hypogynes, libres, à filets courts; anthères à deux-quatre loges s'ouvrant par un seul pore terminal; réceptacle ou thalamus petit ou rarement développé en disque entre les pétales et les étamines. Capsule ordinairement aplatie, à deux loges, à déhiscence loculicide, s'effectuant sur les bords. Feuilles petites, alternes, opposées ou verticillées, rarement amples et couvertes d'un tomentum étoilé.

TREMANTHUS, Pers. — V. **Styrax**, Tournf.

TREMEX. — Genre de Tenthrèdes si voisines des **Sirex** et leur ressemblant tellement par leurs mœurs et leur aspect, qu'il est inutile d'entrer dans de longs détails à leur égard. Les membres de ce genre n'ont pas encore été observés en Angleterre ni peut-être chez nous, mais une espèce, le Tremex Pigeon (*T. Columba*) est nuisible au bois des Poiriers, des Ormes et des Erables, dans le Canada et dans les États-Unis, et il se pourrait, si cela n'est déjà fait, qu'on l'introduisit un jour avec des arbres venant de ces pays.

La femelle a le corps d'environ 4 cent. de long et porte à l'arrière un oviducte d'environ 12 mm. de long; ses ailes ont environ 6 cent. d'envergure et sont brun enfumé; la tête et le corselet sont brun rougeâtre, avec des taches noires et l'abdomen est également noir, mais avec sept barres transversales jaunes, sauf les deux premières qui sont brunes au milieu. Le mâle est un peu moins de la moitié plus petit que la femelle et ses panachures sont moins apparentes; son corps est rougeâtre, panaché de noir et ses ailes sont un peu moins transparentes.

Si on constatait un jour l'importation de cet insecte dans les cultures, on lui appliquerait les moyens de destruction indiqués pour les **Sirex**.

TREMBLE. — V. **Populus Tremula**.

TREMBLE (faux). — V. **Populus tremuloides.**

TREMBLETTE. — V. **Briza**.

TRENTEPOHLIA, Bœck. — Réunies aux **Cyperus**, Michx.

TREVESIA, Visian. (dédié à la famille Trèves de Boufigli, de Padoue, qui aida les recherches botaniques). Fam. *Araliacées*. — Genre comprenant huit ou neuf espèces d'arbustes ou de petits arbres de serre chaude, épineux ou inermes, habitant l'Asie tropicale, la Malaisie et les îles de l'Océan Pacifique. Fleurs polygames, réunies en ombelles paniculées; pétales huit à douze, souvent soudés en coiffe dans les fleurs fertiles; étamines en nombre égalant celui des pétales; pédicelles non articulés; bractées petites ou nulles. Feuilles amples, palmatifides ou composées et digitées ou pinnées.

Les deux espèces décrites ci-après prospèrent dans un compost de terre franche, de terreau de feuilles et de sable. On les multiplie facilement par boutures que l'on fait dans du sable, sous cloches et à chaud.

T. eminens, W. Bull. *Flles* longuement pétiolées, à contour arrondi, palmatifides, à limbe découpé jusqu'au deux tiers du centre en neuf lobes lancéolés, pourvus chacun d'une nervure proéminente et à bords garnis de dents petites, distinctes et aiguës. Iles Philippines, 1882. C'est probablement une simple forme du *T. palmata*. (R. H. B. 1884, 272.)

T. palmata, Visian. *Fl.* blanc verdâtre, réunies en panicules de 30 cent. de long, divariquées, couvertes d'un tomentum brun rougeâtre quand elles sont jeunes. Mars. *Flles* très grandes, atteignant parfois 60 cent. de long, palmées ou digitées, presque glabres, à segments lobés ou subpinnatifides. Rameaux couverts de poils rougeâtres et de nombreuses épines. *Haut.* 3 à 5 m. Indes, 1818. Arbre. (B. M. 7008.) Syns. *T. sundaica*, Miq. et *Gastonia palmata*, Roxb. (B. R. 814.)

T. sundaica, Miq. Syn. de *T. palmata*, Roxb.

TREVIRANA, Willd. — V. **Achimenes**, P. Browne.

TREVOA, Miers. (dédié à Trevo, botaniste espagnol). Fam. *Rhamnées*. — Genre comprenant aujourd'hui six espèces d'arbustes très ramifiés, de serre froide, habitant l'Amérique du Sud. Fleurs fasciculées au dessous d'épines axillaires; calice à quatre ou cinq lobes; pétales quatre ou cinq, crochus; étamines en nombre égal à celui des organes précédents, à filets poilus; pédoncules courts et uniflores. Feuilles opposées, ovales ou obovales, à trois nervures et serrulées.

Le *T. trinervia*, Miers, a été introduit dans les cultures, mais il en est probablement disparu.

TREVORIA, Lehm. (dédié à sir Trevor Lawrence; grand amateur anglais d'Orchidées). Fam. Orchidées. Nouveau genre créé pour une Orchidée colombienne épiphyte, se rapprochant des *Coryanthes* et *Stanhopea*, et qui demandera sans doute un traitement analogue.

T. Chloris, Lehm. *Fl.* réunies par trois-cinq en épi pendant, rappelant l'aspect des sceaux d'une drague, entièrement vertes, sauf le disque et l'appendice basal du labelle qui sont blancs; sépale dorsal oblong, acuminé, renversé; les latéraux ovales, obliquement acuminés, de 5 cent. de long; pétales ligulés, falciformes, tordus; labelle charnu, concave, dressé, articulé avec la base de la colonne, trilobé, à lobes latéraux dolabriformes, le médian continu, linéaire, hasté, acuminé; appendice basal épais, charnu, égalant la colonne, parallèle et fortement appliqué contre elle. *Flles* oblongues-lancéolées, plissées et longuement pétiolées. Pseudo-bulbes longuement pyriformes. Colombie, 1896. (G. C. 1897, part. I, p. 345, f. 128.) (S. M.)

TREWIA, Linn. (dédié à C. J. Trew, de Nuremberg, auteur botanique; 1695-1769). Syn. *Rottlera*, Willd. Fam. *Euphorbiacées*. — Genre comprenant aujourd'hui quatre espèces d'arbres de serre chaude, souvent ramifiés depuis la base et à bois mou, habitant les Indes orientales. Fleurs dioïques, apétales et dépourvues de disque; les mâles s'épanouissant à la pousse des feuilles, assez grandes, solitaires, pédicellées et accompagnées d'une bractée, réunies en grappes longues et lâches; les femelles solitaires et insérées sur un pédoncule axillaire, formant parfois une grappe indéfinie. Feuilles opposées, pétiolées, larges, entières et à trois-cinq nervures. L'espèce suivante, seule introduite, prospère dans un compost de terre de bruyère et de terre franche. On peut facilement la multiplier par boutures que l'on fait dans du sable, sous cloches et à chaud.

T. nudiflora, Linn. *Fl.* réunies en grappes axillaires; les mâles dépassant souvent les feuilles et garnies de fleurs presque sur toute leur longueur; inflorescences femelles pauciflores. Mai. *Flles* largement ovales, aiguës ou acuminées, cordiformes, obtuses ou contractées et sub-crénelées à la base, à cinq nervures entières. Ramilles glabres ou pubescentes quand elles sont jeunes. *Haut.* 1 m. 50 et plus. Indes orientales, 1796. (B. F. S. 281.)

TRI. — Dans les mots composés, ce préfixe signifie trois. Ex. *Trilobé*, à trois lobes; *Trigone*, à trois angles; *Triadelphe*, à trois étamines.

TRIACHYRUM, Hochst. — V. Sporobulus, R. Br.

TRIADELPHE; Angl. Triadelphous. — Se dit des fleurs dont les étamines sont réunies en trois faisceaux.

TRIADICA, Lour. — V. Sapium, P. Browne.

TRIANDRE. — Fleur à trois étamines.

TRIANDRIE. — Nom d'une des classes du système de Linné renfermant les plantes dont les fleurs ont trois étamines.

TRIANEA, Karst. — V. Limnobium, Rich.

TRIANEA bogotensis Karst. — V. **Limnobium bogotense.**

TRIANGULAIRE. — A trois angles.

TRIANTHEMA, Sauvag. (de *treis*, trois, et *anthos*, fleur; allusion à la fréquente disposition des fleurs par trois). Fam. *Ficoïdées*. — Genre comprenant environ douze espèces de plantes herbacées, couchées ou diffuses, rarement suffrutescentes et de serre chaude ou tempérée, habitant les régions chaudes de l'Asie, l'Afrique, l'Australie et les Indes occidentales. Fleurs axillaires, solitaires ou réunies en cymes ou en faisceaux sessiles ou pédonculés ou rarement sub-spiciformes sur les rameaux terminaux; calice à cinq lobes; pétales nuls; étamines cinq ou en nombre indéfini. Feuilles opposées, inégales, pétiolées, obovales, ovales ou linéaires et entières. Trois espèces ont été introduites, mais elles ne présentent guère qu'un intérêt botanique.

Fig. 298. — Trianea (*Limnobium*) bogotensis.

TRIAS, Lindl. (de *treis*, trois; allusion à la disposition des enveloppes florales). Fam. *Orchidées*. — Petit genre ne comprenant que deux ou trois espèces d'Orchidées naines, touffues ou rampantes et de serre chaude, dont deux habitent le Moulmein et l'autre la péninsule des Indes orientales. Fleurs solitaires au sommet de hampes grêles, latérales et aphylles; sépales subégaux et étalés; les latéraux soudés à la base avec le pied de la colonne; pétales petits, oblongs ou linéaires; labelle légèrement étalé au sommet, étroit et un peu épais. Pseudo-bulbes presque petits, sub-globuleux et surmontés d'une seule feuille.

Les espèces suivantes, probablement seules existantes dans les cultures, prospèrent en serre tempérée, dans des petites terrines remplies de terre de bruyère et de sphagnum ou sur des bûches, avec un peu de tourbe et de sphagnum entre les racines.

T. oblonga, Lindl. *Fl.* vert fauve, à labelle purpurin; hampe dressée et beaucoup plus courte que les feuilles. Avril. *Flles* petites, oblongues, aiguës et coriaces. *Haut.* 8 cent. Moulmein, 1837.

T. picta, Rolfe. *Fl.* charnues, de 2 cent. de diamètre, jaune de miel et fortement maculées de pourpre rougeâtre. *Flles* étroitement ovales-acuminées et charnues. Pseudo-bulbes à quatre angles. Petite plante. Burmah, 1888.

T. vitrina, *Fl.* vert pâle, avec quelques taches brunes sur le labelle, solitaires, courtement pédicellées. *Flles* de 8 cent. de long. Pseudo-bulbes monophylles. Petite plante à rhizome rampant. Tenasserim, 1897.

TRIBLEMMA. — V. Asplenium, Linn.

TRIBRACHIUM, Benth. et Hook. — V. Bulbophyllum, D. P. Thou.

TRIBU. — Groupes de végétaux constituant des

coupes établies dans les familles importantes, pour faciliter l'étude et le groupement des espèces.

(S. M.)

TRIBULUS, Tournf. (*Tribolos* est l'ancien nom grec employé par Théophraste, dérivé de *treis*, trois, et *bolos*, pointe ; chaque carpelle est souvent armé de trois à quatre grandes épines). Herse ; Angl. Caltrops. Fam. *Zygophyllées*. — Genre dont trente-cinq espèces ont été décrites, mais ce nombre est aujourd'hui réduit à environ quinze. Ce sont des plantes herbacées, lâchement ramifiées, rustiques et de serre tempérée ou chaude, habitant les régions chaudes et tempérées du globe. Fleurs blanches ou jaunes, solitaires, pédonculées et axillaires. Feuilles opposées ou alternes par avortement, imparipennées et pourvues de stipules. Plusieurs espèces de ce genre ont été introduites, mais, comme, du reste, la plupart de leurs congénères, elles ont un aspect herbeux, fort peu décoratif, qui ne les rend intéressantes qu'au point de vue botanique. Le *T. terrestris* croît dans l'Europe méridionale et notamment en France.

TRICEPHALE. — Se dit parfois des fruits à trois têtes ou sommets.

TRICERAIA, Willd. — V. **Turpinia**, Vent.

TRICHÆTA, P. Beauv. — V. **Trisetum**, Pers.

TRICHANTHA, Hook. (de *thrix*, *trichos*, poil, et *anthos*, fleur ; allusion à la gracilité des pédicelles). Fam. *Gesnéracées*. — Petit genre ne comprenant que deux espèces d'arbustes traînants ou grimpants et de serre chaude, habitant la Colombie. Fleurs solitaires ou fasciculées à l'aisselle des feuilles, pédicellées et dépourvues de bractées ; calice libre, coloré, cilié-plumeux et à cinq divisions ; corolle violet terne et à limbe et tube strié ou marqué de cinq angles longitudinaux et jaunes ; limbe lâchement oblique, à cinq lobes courts et égaux. Feuilles opposées, mais très différentes à chaque paire, l'une oblongue, ovale ou oblongue et acuminée, l'autre petite.

L'espèce suivante, seule introduite dans les jardins, prospère en pots bien drainés, dans un mélange de terre de bruyère, de terreau de feuilles et de sable. On la multiplie facilement par boutures que l'on met en pots, dans de la terre siliceuse et sur chaleur de fond.

T. minor, Hook. *Fl.* à corolle de 5 cent. de long, tubuleuse, presque ventrue, garnie de poils crépus, rétrécie au-dessus de la base, à limbe à quatre lobes obliques ; le supérieur bifide, avec un appendice en massue ; pédoncules uniflores. *Flle* la plus grande courtement pétiolée, ovale, acuminée, entière, poilue en dessous et un peu charnue. Tige grimpante, radicante, glabre ou couverte de poils apprimés. Colombie, 1864. (B. M. 5428 ; G. C. 1864, p. 172.)

TRICHARIS, Salisb. — V. **Dipcadi**, Medik.

TRICHILIA, Linn. (de *tricha*, par trois ; les ovaires et les capsules sont ordinairement triloculaires). Fam. *Méliacées*. — Genre important, comprenant environ cent douze espèces d'arbres ou d'arbustes de serre chaude, habitant l'Afrique et l'Amérique tropicales. Fleurs assez grandes pour la famille et réunies en panicules multiflores et axillaires ; calice découpé en quatre ou cinq dents ou lobes ; pétales quatre ou cinq, imbriqués ; tube staminal à huit ou dix divisions ou rarement entier. Feuilles trifoliolées ou imparipinnées, à folioles alternes ou réunies par paires ordinairement nombreuses, très rarement deux seulement. Les espèces les plus importantes sont décrites ci-après ; elles sont assez rares dans les cultures et y fleurissent rarement. Il leur faut un compost de terre franche et de terre de bruyère. Leur multiplication s'effectue par boutures de pousses aoûtées, pourvues de toutes leurs feuilles et que l'on plante dans du sable, sous cloches et sur chaleur de fond.

T. glabra, Linn. *Fl.* blanches, longuement pédicellées et réunies en panicules très courtes et ombelliformes. Juin. *Flles* courtement pétiolées, à trois folioles sessiles, opposées, obovales, cunéiformes à la base, arrondies ou obtuses, parfois légèrement acuminées, fermes, opaques et un peu luisantes. *Haut.* 6 m. La Havane, 1791. Arbuste ou arbre. Syn. *T. havanensis*, Jacq.

T. havanensis, Jacq. Syn. de *T. glabra*, Linn.

T. hirta, Linn. Angl. Bastard Ironwood. — *Fl.* blanchâtres, réunies en panicules pubérulentes, deux à quatre fois plus courtes que les feuilles. Juin. *Flles* à cinq folioles variables, elliptiques ou oblongues-lancéolées, graduellement rétrécies à la base, glabres ; les inférieures plus petites. *Haut.* 4 m. Indes occidentales, 1800. Arbre.

T. odorata, Andr. *Fl.* jaunâtres, odorantes, à pédicelles beaucoup plus longs qu'elles et réunies en cymes glabres et multiflores. Juin. *Flles* à cinq folioles elliptiques ou oblongues, de 6 à 15 cent. de long ; pétioles nus. *Haut.* 4 à 8 m. Indes occidentales, 1801. Arbre peu élevé ou arbuste. (A. B. R. 637 ; H. E. F. 128.)

T. spondiodes, Jacq. Angl. White Butterwood. — *Fl.* jaune verdâtre, réunies en panicules pubérulentes, égalant un quart de la longueur des feuilles et à rameaux portant trois à onze fleurs. Juin. *Flles* à sept-onze folioles ovales-oblongues, obliques à la base, aiguës au sommet, glabres, les inférieures plus petites. *Haut.* 5 à 6 m. Amérique tropicale. 1870. Arbre. (Ref. B. 293.)

TRICHINIUM, R. Br. (de *trichinos*, couvert de poils ; allusion à l'aspect poilu des fleurs). Fam. *Amarantacées*. — Genre comprenant environ cinquante espèces de plantes herbacées, de sous-arbrisseaux ou rarement de petits arbustes de serre froide, confinés en Australie. Fleurs réunies en épis denses, globuleux, ovoïdes ou cylindriques, très rarement allongés et interrompus ; périanthe ordinairement rose vif ou paille, à tube court, dur et à cinq segments poilus ; étamines cinq, mais dont une, deux ou trois, sont généralement dépourvues d'anthères. Feuilles alternes, étroites ou rarement obovales.

Les trois espèces suivantes sont seules introduites ; toutes sont vivaces et prospèrent en serre froide, dans une terre fertile. Un mélange de terre franche, de terreau et de sable leur convient parfaitement. Ces plantes demandent à être placées de préférence sur une tablette, dans un endroit aéré et exposé en pleine lumière. Pendant leur période de végétation, les arrosements doivent être copieux, mais pendant celle de leur repos il faut au contraire les supprimer presque totalement. Leur multiplication s'effectue facilement par boutures des grosses racines, que l'on coupe en fragments d'environ 2 cent. 1/2 de long et que l'on plante dans du sable et sur chaleur de fond.

T. alopecuroideum, Lindl. Syn. de *T. exaltatum*, Benth.

T. exaltatum, Benth. *Fl.* à périanthe d'environ 2 cent.

de diamètre, à segments jaunes et rouge terne au sommet; épis dressés, longuement pédonculés, à la fin oblongs-cylindriques, d'environ 5 cent. de diamètre. Juin. *Flles* radicales et inférieures oblongues-lancéolées, de 8 à 12 cent. de long, contractées en longs pétioles; les supérieures petites et sessiles. *Haut.* 60 cent. à 1 m. Australie, 1838. Forte plante. Syn. *T. alopecuroideum*, Lindl. (B. R. 1839, 28.)

T. Manglesii, Lindl. * *Fl.* à périanthe de 20 à 25 mm. de long, à segments roses ou blanchâtres au sommet; épis globuleux ou ovoïdes, d'environ 5 cent. de diamètre, la partie colorée du sommet du périanthe dépassant les longs poils blancs. Juin. *Flles* radicales longuement pétiolées, variant depuis la forme ovale jusqu'à celle linéaire, obtuses ou aiguës, de 2 1/2 à 8 cent. de long; les caulinaires peu nombreuses, étroites, très aiguës. Tiges retombantes, ascendantes ou rarement dressées, de 15 à 30 cent. de long. Australie, 1838. (B. M. 5448; F. d. S. 2396; G. C. 1864, p. 555; I. H. 464; R. H. 1866, p. 291.)

T. Stirlingii, Lindl. *Fl.* à périanthe ayant à peine 12 mm. de long, à segments plumeux et à pointes roses; épis solitaires au sommet des tiges, globuleux ou lâchement paniculés. Juin. *Flles* lancéolées, oblongues ou presque linéaires; les inférieures obtuses, courtement pétiolées; les supérieures petites, plus aiguës et sessiles. Tiges longues, retombantes ou ascendantes et couvertes de poils blancs; ainsi que les feuilles. Australie, 1838.

TRICHOCARPA, J. Smith. — Réunis aux Deparia, Hook. et Grev.

TRICHOCAULON, N. E. Br. (de *thrix*, *trichos*, poil, et *caulon*, tige; allusion aux soies qui terminent chaque tubercule). Fam. *Asclépiadées.* — Petit genre ne comprenant que deux espèces de plantes grasses, peu élevées, habitant le sud de l'Afrique. Feurs petites, naissant sur les angles de la partie supérieure de la tige et sub-solitaires; calice à cinq divisions acuminées; corolle à cinq lobes profonds; coronule externe profondément bilobée. Feuilles nulles. Tiges courtes, fortes, charnues, avec de nombreux angles portant des tubercules terminés par une soie. Pour leur culture, V. **Stapelia.**

T. piliferum, N. E. Br. *Fl.* de 12 à 18 mm. de diamètre, sessiles dans les sillons de la tige; corolle de forme intermédiaire entre en entonnoir et campanulée, jaune rougeâtre pâle à l'extérieur et pourpre foncé à l'intérieur. Rameaux touffus, droits, cylindriques, simples, dressés, naissant d'une souche courte et forte. Sud de l'Afrique, 1882. (B. M. 1759.) Syns. *Piaranthus piliferus*, Sweet; *Stapelia pilifera*, Linn. f.

TRICHOCENTRUM, Pœpp. et Endl. (de *thrix*, *trichos*, poil, et *kentron*, éperon; allusion à l'éperon allongé et grêle dont est pourvu le labelle). Fam. *Orchidées.* — Genre comprenant environ quatorze espèces d'Orchidées épiphytes et de serre chaude, habitant l'Amérique tropicale, depuis le Brésil jusqu'à l'Amérique centrale. Fleurs grandes ou moyennes, à sépales et pétales sub-égaux, libres et étalés; labelle soudé avec la base de la colonne et formant une urne dressée, puis développé au-dessus de l'urne en un éperon descendant, biauriculé ou nu, à lobes latéraux à peine dilatés et presque dressés; colonne courte et épaisse; masses polliniques deux, ovoïdes; hampes courtes, garnies de nombreuses gaines et uni- ou rarement biflores. Feuilles coriaces. Tiges très courtes, monophylles, à la fin épaissies en petits pseudo-bulbes charnus.

Ces plantes prospèrent en serre tempérée, dans un endroit ombragé et humide; attachées à des morceaux de bois tendre ou à des tranches de troncs de Fougères arborescentes. Il faut les arroser toute l'année, mais on doit éviter que les racines restent en contact avec de l'humidité stagnante. Leur multiplication s'effectue par divisions.

T. albiflorum, Rolfe. *Fl.* d'environ 2 cent. 1/2 de diamètre, blanches et teintées de pourpre à la base du labelle et à éperon court et bidenté; grappes égalant à peu près les feuilles. *Flles* ovales, d'environ 2 cent. 1/2 de long. Mexique, 1893. Plante voisine du *T. candidum.*

T. albo-purpureum, Rchb. f. * *Fl.* grandes, très nombreuses, à sépales et à pétales brun cinabre vif, jaune de tan à l'intérieur; labelle blanc, avec deux grandes taches pourpres près de la base et à disque veiné de rose pourpre, passant au jaune et portant une crête composée de quatre carènes rose pourpre. *Flles* sessiles, oblongues, aiguës, vert luisant, de 10 à 15 cent. de long. Brésil, 1866. (B. M. 5688; G. C. 1866, 219; W. O. A. 204; L. 85.)

T. a.-p. striatum, Linden. *Fl.* portant une grande tache pourpre de chaque côté de la base du labelle et strié de pourpre au sommet.

T. capsicastrum, Lind. et Rchb. f. *Fl.* solitaires sur les pédoncules, à sépales et pétales jaunes; labelle ponctué de blanc et maculé de pourpre, remarquable par sa base développée en cinq éperons courts. *Flles* oblongues-lancéolées et purpurines. Costa Rica, 1871.

T. Cornucopiæ, Lind. et Rchb. f. Petite plante à fleurs blanc jaunâtre, plus intéressante au point de vue botanique qu'horticole. Rio-Negro (?), 1866. (Ref. B. 77; R. X. O. 177.)

T. fuscum, Lindl. *Fl.* courtement pédonculées, à sépales et pétales vert pupurin et étalés; labelle beaucoup plus long que les pétales, cunéiforme, ondulé, pourvu inférieurement d'un éperon grêle et bilobé au sommet, marbré de rose et maculé de rouge vers la base. *Flles* oblongues-aiguës, étalées, un peu tordues et vert purpurin, finement ponctuées. Mexique, 1841. (B. M. 3969; B. R. 1951.)

T. f. Krameri, Hort. Variété à fleurs plus grandes et à éperon plus mince que dans le type. Brésil, 1885.

T. Hartii, Rolfe. *Fl.* jaune clair, à labelle blanc, avec quelques stries rouge brun sur le disque; éperon droit, plus long que le labelle. Vénézuela, 1894. Plante voisine du *T. fuscum.*

T. Hœgei, Rchb. f. *Fl.* très grandes, insérées sur des pédoncules en zigzag; sépales et pétales jaune verdâtre, avec une tache centrale pourpre; labelle blanc, avec des lignes et des macules pourpre brillant et deux callosités jaunes à la base, panduré, ondulé, échancré au sommet; éperon claviforme et échancré au sommet. *Flles* robustes, cornées, cunéiformes-oblongues et aiguës. Mexique, 1882. Plante petite mais distincte (R. X. O. 234.)

T. ionophthalmum, Rchb. f. *Fl.* à sépale supérieur et pétales marron, brun jaunâtre très clair, avec des taches brunes au sommet, onguiculés-obtus; sépales latéraux entièrement bruns; labelle blanchâtre, avec une grande tache violette sur chaque angle basilaire et panduré. *Flles* plus larges et plus courtes que celles du *T. albo-purpureum*, auquel cette plante ressemble. Amazone, 1876.

T. maculatum, Lindl. *Fl.* grandes, à pétales blancs, maculés de pourpre, oblongs, obtus; labelle portant une crête jaune, obovale, bilobé, très obtus et à éperon très long. Février. *Flles* très épaisses, charnues, linéaires-oblongues, obtuses, maculées de rouge. Sierra Nevada, 1844.

T. orthoplectron, Rchb. f. * *Fl.* grandes, à sépales et à pétales brun cannelle clair, à pointes jaunes, cunéiformes-oblongs ; labelle blanc, avec une tache laque cramoisie de chaque côté de la base et cinq barres ou crêtes à demi-avortées, de même couleur entre les macules ; disque de la crête située en avant jaune ; éperon rétréci en pointe aiguë. Octobre. Brésil. Belle et curieuse Orchidée épiphyte. (W. O. A. 272.)

T. Pfavii, Rchb. f. * *Fl.* géminées et disposées en grappes, aussi grandes que celles de l'*Oncidium Gardneri* ; sépales et pétales moitié bruns, moitié blancs, spatulés, obtus ; labelle blanc, avec une tache rouge au milieu de son onglet, cunéo-flabelliforme, bilobé et crispé. Amérique centrale, 1881. (G. C. n. s. XVII, 117 ; I. H. ser. III, 587 ; R. G. 1103.)

T. P. zonale, Hort. *Fl.* à sépales et pétales entièrement bruns à la base ou simplement maculés de cette même teinte, obtus ou aigus ; labelle portant une grande tache pourpre ou deux plus foncées devant sa base. Amérique centrale, 1838. Variété intéressante, mais variable.

T. Porphyrio, Rchb. f. *Fl.* solitaires, d'environ 5 cent. de diamètre, à sépales et pétales bruns, inégalement marginés et pointés de jaune, cunéiformes-oblongs et aigus ; labelle d'un beau pourpre magenta, faiblement marginé de blanc vers la pointe et portant une tache rectangulaire et jaune soufre sur le disque, devant les trois lignes pourpres de la crête. *Flles* cunéiformes-oblongues. Amérique du Sud, 1884. Très belle espèce. (I. H. ser. III, 508.)

T. pulchrum, Pœpp. et Endl. *Fl.* jaune et blanc, à sépales fortement étalés, ovales-elliptiques ; labelle dressé, obovale, cunéiforme à la base et émarginé au sommet. Juillet. *Flles* deux ou trois, épaissies à la base, oblongues, obtuses ou aiguës et parfois mucronées. Pérou.

T. purpureum, Lindl. *Fl.* à sépales et pétales vert olive terne ; labelle pourpre, obovale-oblong, émarginé ; éperon épais, arqué ; hampes petites, radicales et uni- ou biflores. Demerara.

T. tenuiflorum, Lindl. *Fl.* brun terne et blanc, petites, à sépales et pétales étroits ; les premiers aigus ; les derniers obtus ; labelle linéaire-obovale, avec deux disques occupant toute sa surface. Bahia.

T. tigrinum, Lind. et Rchb. f. * *Fl.* solitaires ou géminées sur les pédoncules, à sépales et pétales vert jaunâtre, transversalement rayés et distinctement maculés de brun purpurin ; labelle blanc pur, de 4 cent. de long, dilaté au sommet et ayant presque 5 cent. de diamètre à ce point, portant une crête jaune sur le disque et une tache pourpre et cunéiforme de chaque côté de la base. *Flles* oblongues, plus ou moins ponctuées de rouge foncé. Equateur, 1869. Espèce remarquable et très recommandable, fleurissant alors qu'elle est encore toute jeune. (I. H. ser. III, 282 ; B. M. 7380.)

T. t. splendens, Hort. Très belle variété dont la base du labelle est obcordée, ample et d'un beau pourpre. 1886. (L. 24.)

T. t. triquetrum, Rolfe. *Fl.* jaunes, panachées d'orange sur le labelle, pourvues d'un ovaire triquètre et d'un éperon de 3 cent. de long. *Haut.* 15 cent. Pérou, 1892. Nouvelle espèce ayant le port d'un *Iris*. (L. 311.)

TRICHOCEPHALUS, Brongn. — V. Phylica, Linn.

TRICHOCEROS, Humb., Bonpl. et Kunth. (de *thrix*, *trichos*, poil, et *keras*, corne ; allusion aux deux appendices antenniformes de la colonne). Fam. *Orchidées*. — Petit genre comprenant sept espèces d'Orchidées épiphytes et de serre chaude, habitant le Pérou et la Colombie. Fleurs réunies en grappes lâches au sommet des pédoncules, moyennes ou petites et assez longuement pédicellées ; sépales sub-égaux, libres et étalés, plus grands que les pétales ; labelle sessile à la base de la colonne et également étalé ; masses polliniques quatre ; bractées plus courtes que les pédicelles. Feuilles peu nombreuses, distiques, coriaces ou charnues.

L'espèce suivante, seule introduite, prospère dans de petites terrines ou dans des paniers remplis de terre de bruyère fibreuse et de sphagnum.

T. parviflorus, Humb., Bonpl. et Kunth. *Fl.* vertes, marquées de taches et de raies pourpres, petites, à labelle tripartite, finement cilié ; pédoncules grêles, axillaires et presque arrondis. Pseudo-bulbes petits, portant une seule feuille charnue. Colombie, 1870. (R. X. O. I, 9.)

TRICHODESMA, R. Br. (de *thrix*, *trichos*, poil, et *desma*, lien ; les anthères sont reliées les unes aux autres par des poils). Syns. *Borraginoides*, Mœnch. ; *Friedrichthalia*, Fenzl. ; *Leiocarya*, Hochst. ; *Pollichia*, Medic. ; *Spiroconus*, Stev. et *Streblanthera*, Steud. Fam. *Boraginées*. — Genre comprenant une dizaine d'espèces de fortes plantes herbacées, rustiques ou demi-rustiques, habitant l'Afrique, l'Asie centrale et tropicale et l'Australie. Fleurs réunies en grappes terminales ; calice à cinq divisions profondes ; corolle à cinq lobes, souvent longuement acuminés ; étamines cinq ; anthères réunies par des poils. Feuilles opposées ou alternes et entières.

Le *T. zeylanicum* est une forte plante annuelle, qui s'accommode du traitement qu'on donne ordinairement aux plantes analogues.

T. physaloides, A. DC. *Fl.* blanc pur, à calice pourpre. *Flles* glauques. Tiges dressées, annuelles. Souche charnue et vivace. Nouvelle espèce herbacée. Sud de l'Afrique, 1892. (G. C. 1892, part. II, fig. 31.)

T. zeylanicum, R. Br. Angl. Ceylon Borage. — *Fl.* bleu pâle, réunies en grappes simples ; segments du calice de 6 à 12 mm. de long ; lobes de la corolle larges et plus longs que le calice. *Flles* variant depuis la forme linéaire jusqu'à celle oblongue-lancéolée, ayant souvent 8 à 10 cent. de long et à bords ordinairement récurvés. *Haut.* plusieurs pieds. Sud des Indes, Ceylan, Iles Mascareignes et Australie. (B. M. 4820.)

TRICHODIUM, Michx. — Réunis aux Agrostis, Linn.

TRICHOGLOTTIS, Blume. (de *thrix*, *trichos*, poil, et *glottis*, langue ; allusion aux poils fins que porte le labelle). Fam. *Orchidées*. — Petit genre comprenant, d'après l'*Index Kewensis*, neuf espèces de très petites Orchidées de serre chaude, habitant principalement l'Archipel Malais. Fleurs petites ou moyennes, solitaires ou réunies en petit nombre sur des pédoncules courts et latéraux ; sépales étalés ; les latéraux très larges et soudés au pied de la colonne ; le dorsal et les pétales oblongs ; lobes latéraux du labelle courts et dressés ; le médian un peu plus large ; colonne courte et sans ailes. Feuilles distiques, éparses sur la tige et étroites. Tige feuillue, allongée, non pseudo-bulbeuse.

Les espèces décrites ci-après prospèrent dans des petites terrines remplies de terre de bruyère et de sphagnum, en serre froide et demandent beaucoup d'humidité pendant leur période de végétation.

T. cochlearis, Rchb. f. *Fl.* blanches, avec des raies pourpres sur les deux faces des sépales et des pétales, plus petites que celles du *Saccolabium violaceum* ; éperon conique ; labelle en forme de cuillère, très épais, avec quelques taches pourpres ; inflorescence très courte et en zigzag, composée de quatre fleurs. *Flles* semblables à celles du *Sarcanthus rostratus*, mais plus épaisses, avec des pointes beaucoup plus longues sur un côté que sur l'autre. *Haut.* 20 cent. Sumatra, 1883.

T. fasciata, Rchb. f. — V. Stauropsis fasciata.

TRICHOLÆNA, Schrad. (de *trichos*, manteau d'hiver, et *læna*, chevelure ; allusion aux poils soyeux qui couvrent les glumes). Fam. *Graminées*. — Genre comprenant une dizaine d'espèces de Graminées vivaces et demi-rustiques ou de serre froide, habitant l'Afrique tropicale et australe, les Indes orientales et la région méditerranéenne. Bentham et Hooker et plus récemment Jackson, dans l'*Index Kewensis*, forment de ce genre une section des *Panicum*, tandis que d'autres, notamment Durand, dans son *Conspectus* du *Genera Plantarum*, lui conservent la distinction générique. Nous pensons que cette dernière opinion est préférable, au moins au point de vue horticole, par suite de l'aspect particulier de l'espèce suivante, sans doute seule introduite. C'est une plante vivace, à tiges radicantes, prospérant pendant la belle saison en plein air, en toute bonne terre de jardin, mais qu'il faut hiverner en orangerie ; sa multiplication peut s'effectuer par semis lorsqu'on peut s'en procurer des graines, ou plus facilement par sectionnement de la base radicante des tiges. Ses jolies inflorescences sont propres à la confection des bouquets perpétuels et la plante peut servir à orner les rocailles.

T. rosea, Nees. *Fl.* réunies en épillets multiflores, de 6 à 8 mm. de long, à pédicelles très grêles et disposés en panicule rameuse et pyramidale : glumes couvertes sur le dos de longs poils luisants, d'abord blancs, puis prenant avec l'âge une agréable teinte cuivrée. Tiges feuillées, couchées et radicantes à la base, puis dressées. Plante vivace et d'orangerie. Cap. Syn. *Panicum teneriffæ*, R. Br.

(S. M.)

TRICHOMANES, Smith. (ancien nom grec employé par Théophraste, dérivé de *thrix*, *trichos*, poil, et *manos*, mou ; allusion à la nature délicate des frondes). Angl. Bristle Fern. Comprend les *Feea*, Bory ; *Hymenostachys*, Bory ; *Involucraria ; Lacostea ; Lecanium*, Presl. ; *Microgonium* et *Phlebiophyllum*. Fam. *Fougères*. — Genre important, renfermant environ cent espèces de belles Fougères presque toutes de serre chaude, habitant les régions tropicales et tempérées du globe ; frondes variant depuis la forme simple jusqu'à celle décomposée-multifide, membraneuses et pellucides, lisses ou portant des poils simples, fourchus ou étoilés. Sores marginaux, terminant toujours une nervure, plus ou moins enfoncés dans le tissu de la fronde ; involucre monophylle, tubuleux, correspondant beaucoup à la texture de la fronde, à gorge tronquée, ailée ou légèrement bilabiée ; réceptacle filiforme, allongé, souvent beaucoup au delà de la gorge de l'involucre et capsulifère, principalement à la base ; sporanges ou capsules sessiles, déprimés, entourés d'un large anneau entier, presque transversal et s'ouvrant verticalement.

La plupart des espèces de *Trichomanes* introduites sont décrites ci-après et, sauf indications contraires, elles demandent la serre chaude. Il faut les « cultiver dans des terrines carrées ou des caissettes peu profondes, bien drainées, comme la plupart des autres récipients et remplies d'un compost d'environ deux parties de terre de bruyère et une de sable et de petits tessons ; le sable de grès est le meilleur pour cet usage.

« Pour les espèces rampantes, la terre doit être élevée en monticule et pour celles ayant des rhizomes qui s'allongent longuement, il convient d'y placer quelques pierres tendres ou, à défaut, de mettre sens dessus dessous une terrine ou un pot ordinaire, de le garnir ensuite d'une couche de terre formant un monticule autour duquel les plantes grimperont, se fixeront et formeront bientôt une touffe de verdure. Un petit tronc d'arbre convient aussi pour cet usage, mais, dans une atmosphère humide, chaude et étouffée, le bois se

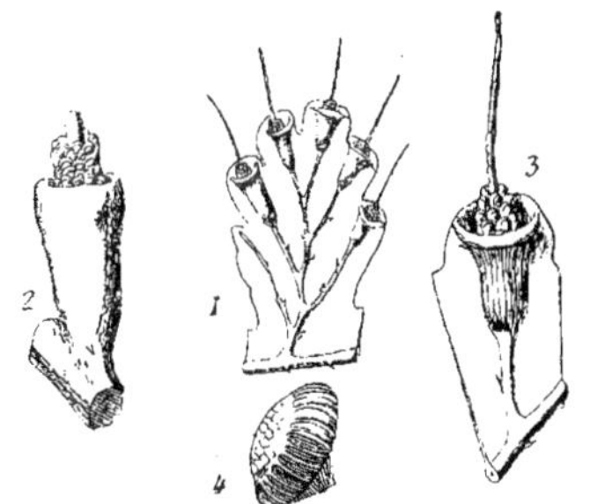

Fig. 299. — Trichomanes.
1, partie de fronde stérile. — 2, 3, sore, indusie et réceptacle. 4. sporange.

pourrit rapidement et oblige à déranger toute la masse des rameaux de la plante (J. Smith) ». V. aussi **Fougères**.

T. **achillæfolium**, Van den Bosch. Syn. de *T. rigidum*, Swartz.

T. **alatum**, Swartz. * *Pétioles* en touffe, de 5 à 10 cent. de long, ailés supérieurement. *Frondes* de 8 à 20 cent. de long et 2 1/2 à 10 cent de large, lancéolées ou ovales-lancéolées, bi- ou tripinnatifides, à rachis principal ailé sur toute sa longueur, pinnules lancéolées, aiguës, découpées jusqu'au delà du milieu et parfois même jusqu'au rachis et à lobes souvent finement dentés. *Sores* deux à douze sur chaque pinnule, terminant les segments et à ouverture béante. Indes occidentales. 1824. Syn. *T. attenuatum*, Hook. (H. S. F. I, 39, C.) Serre tempérée.

T. **anceps**, Hoook. Syn. de *T. maximum*, Blume.

T. **angustatum**, Carm. Syn. de *T. tenerum*, Spreng.

T. **apiifolium**, Presl. * *Pétioles* en touffe, de 10 à 15 cent. de long, forts, dressés, fibrilleux ainsi que le centre de la touffe. *Frondes* de 20 à 45 cent. de long et 10 à 20 cent. de large, ovales, quadripinnatifides, à rachis principal seulement légèrement ailé vers le sommet ; divisions primaires de 10 à 15 cent. de long et 2 1/2 à 4 cent. de large, lancéolées, acuminées ; pinnules portant de nombreux segments de nouveau découpés en lobules d'environ 2 cent. 1/2 de long. *Sores* deux à douze sur chaque division primaire ; involucre court et turbiné. Iles Philippines, etc. Syn. *T. meifolium*, Hort. Serre tempérée.

T. **attenuatum**, Hook. Syn. de *T. alatum*, Swartz.

T. **auriculatum**, Blume. *Rhiz.* forts, longuement rampants et tomenteux. *Frondes* presque sessiles, de 15 à 30 cent. de long et 4 à 5 cent. de large, bipinnatifides ; rachis effilé, très légèrement ailé sur toute sa longueur ou simplement supérieurement, divisions primaires courtement pétiolées, ovales, rhomboïdes, obliquement cunéiformes à la base, irrégulièrement pinnatifides jusqu'au milieu ou plus, à lobes les plus inférieurs parfois longuement prolongés au delà des autres. *Sores* deux à douze sur chaque division et à gorge tronquée. Japon, etc., 1871. Syn. de *T. dissectum*.

T. **Bancroftii**, Hook. et Grev. * *Pétioles* de 2 1/2 à

4 cent. de long, largement ailés jusqu'à la base. *Frondes* de 8 à 15 cent. de long et 2 cent. 1/2 de large, ovales-oblongues, profondément pinnatifides et ne laissant qu'une aile étroite le long du rachis; segments oblongs, obtus, crénelés, imbriqués ou laissant entre eux de petits espaces. *Sores* deux à six sur chaque segment, à gorge un peu dilatée; réceptacle allongé et filiforme. Amérique tropicale. (II. G. F. 56.) Serre froide.

T. bipunctatum, Poir. *Rhiz.* longuement rampants, tomenteux et un peu grêles. *Pétioles* de 2 1/2 à 5 cent. de long, nus et légèrement ailés supérieurement. *Frondes* oblongues-lancéolées ou oblongues-deltoïdes, de 5 à 8 cent. de long et environ 2 cent. 1/2 de large, tripinnatifides, à rachis ailé sur toute sa longueur; pinnules lancéolées, découpées à la base sur leur côté inférieur; derniers segments en lanière, de 3 à 4 mm. de long. *Sores* un ou plus sur chaque segment, à involucre ailé. Ile Maurice. Syn. *T. filicula*, Bory.

T. Bojeri, Hook. Syn. de *T. cuspidatum*, Willd.

T. botryoides, Kaulf. *Stipes* dressés et touffus. *Frondes stériles* de 5 à 8 cent. de long et 2 cent. ou plus de large, très courtement pétiolées, pinnatifides, à rachis légèrement ailé et à lobes linéaires-oblongs et profondément dentés, radicants et assez fortement prolifères au sommet. *Frondes fertiles* à pétioles de 2 1/2 à 5 cent. de long, étroitement linéaires et foliacées au sommet. *Sores* inférieurs stipités, ordinairement libres: les supérieurs réunis à la base. Amérique tropicale. Syn. *Feea nana*.

T. brevisetum. — Syn. de *T. radicans*, Swartz.

T. concinnum, Mett. *Rhiz.* filiformes et tomenteux. *Pétioles* de 8 à 10 mm. de long, prolifères et ailés supérieurement. *Frondes* ovales, de 12 à 18 mm. de long, arrondies au sommet, cunéiformes à la base, bipinnatifides, à pinnules inférieures pinnatifides et en éventail, à lobes les plus inférieurs bifides. *Sores* ordinairement latéraux, rarement terminaux; involucres enfoncés. Tahiti.

T. crinitum, Swartz. *Pétioles* en touffe, de 2 1/2 à 8 mm. de long, grêles et velus. *Frondes* de 5 à 10 cent. de long et 12 à 18 mm. de large, ovales-lancéolées ou linéaires, oblongues, bipinnatifides, à pinnules atteignant presque le rachis; les inférieures ovales-oblongues, découpées environ jusqu'au milieu en segments largement linéaires, légèrement poilus sur leur surface et à bords ciliés. *Sores* un à deux sur chaque segment, terminaux et à gorge dilatée. Indes occidentales.

T. crispum, Linn. *Rhiz.* courts ou un peu allongés, forts et tomenteux. *Frondes* de 10 à 30 cent. de long et 4 à 5 cent. de large, lancéolées, pinnatiséquées ou pinnatifides presque jusqu'au rachis; pinnules inférieures de 2 à 2 cent. 1/2 de long, oblongues, obtuses, étalées ou même défléchies, souvent incurvées et crispées; rachis couvert de poils brun rougeâtre. *Sores* un à huit autour du sommet de chaque pinnule et à gorge bilabiée; réceptacle allongé et exsert. Amérique tropicale, 1828.

T. c. pilosum, Hort. *Frondes* couvertes de poils rougeâtres. 1863.

T. curvatum. — Syn. de *T. javanicum*, Blume.

T. cuspidatum, Willd. *Frondes* très courtement et presque indistinctement pétiolées, d'environ 12 mm. de large, à bord externe arrondi et plus ou moins lobé, tronquées et plus ou moins cunéiformes à la base. *Sores* un à six sur chaque fronde, avec le tube plus ou moins enfoncé et à gorge dilatée et à peine bilabiée. Ile Maurice. Syn. *T. Bojeri*, Hook.

T. dissectum, J. Smith. Syn. de *T. auriculatum*, Blume.

T. elongatum, Cunn. Variété du *T. rigidum*, Swartz.

T. erosum. Van den Bosch. *Rhiz.* filiformes. *Pétioles* également filiformes, de 6 à 12 mm. de long. *Frondes* de forme très variable, variant depuis celle lancéolée jusqu'à celle semi-circulaire, entières ou dentées-pinnatifides, de 2 1/2 à 5 cent. de long, fortement veinées. *Sores* un ou plusieurs, placés sur le bord supérieur des frondes; involucre enfoncé, cylindrique, avec un grand limbe en forme de collerette. Iles Seychelles. Syn. *T. muscoides*, Van den Bosch.

T. exsectum, Kunze. *Rhiz.* longuement rampants, grêles, tomenteux. *Pétioles* grêles, nus, de 2 1/2 à 8 cent. de long. *Frondes* de 15 à 30 cent. de long, 2 1/2 à 5 cent. de large, pendantes, flasques, lancéolées, tripinnatifides, à rachis principal étroitement ailé dans sa partie supérieure; divisions primaires flasques; les supérieures ayant souvent 8 à 10 cent. de long; les inférieures ovales ou lancéolées: découpées jusqu'à une étroite aile bordant le rachis et portant quelques pinnules profondément dentées ou pinnatifides. *Sores* un à quatre sur chaque pinnule, à gorge tronquée. Chili.

T. filicula, Bory. Syn. de *T. bipunctatum*, Poir.

T. fimbriatum, Backh. Syn. de *T. superbum*, Van den Bosch.

T. floribundum, Humb., Bonpl. et Kunth. Syn. de *T. pinnatum*, Hedw.

T. Fraseri. Jenm. Nouvelle espèce voisine des *T. parvulum* et *T. pusillum*. Antilles, 1896.

T. gemmatum, Smith. *Rhiz.* forts, effilés, tomenteux, couverts de nombreuses fibrilles longues et noires. *Pétioles* de 2 1/2 à 8 cent. de long, nus, effilés et ailés supérieurement. *Frondes* de 5 à 15 cent. de long et 2 1/2 à 5 cent. de large, dressées, un peu rigides, ovales-oblongues, bipinnatifides, à rachis étroitement ailé; pinnules étalées-dressées, découpées jusqu'à une aile étroite bordant le rachis principal; pinnules inférieures profondément fourchues, à segments linéaires, filiformes. *Sores* un à huit sur chaque pinnule, petits, axillaires et à tube stipité. Amérique du Sud.

T. Hartii. — *Stipe* court, grêle et sub-dressé. *Pétioles* en touffe, de 5 à 10 cent. de long, ailés dans leur partie supérieure. *Frondes* deltoïdes, de 8 à 15 cent. de long, tripinnatifides, à rachis principal distinctement ailé; pinnules à huit-douze divisions rapprochées, sessiles, toutes lancéolées, sauf les inférieures; la dernière paire du bas lancéolée et deltoïde; derniers segments oblongs, obtus et étalés-dressés. *Sores* ordinairement solitaires sur les segments secondaires, sauf sur les plus grands segments profondément pinnatifides que porte sur son côté inférieur la paire de pinnules la plus inférieure. Sierra-Leone, 1882.

T. humile, Forst. *Rhiz.* rampants et fortement entre-croisés. *Pétioles* de 6 à 12 mm. de long, grêles et ailés supérieurement. *Frondes* de 2 1/2 à 5 cent. de long et 12 mm. de large, bipinnatifides, lancéolées-oblongues, découpées jusqu'à une aile étroite bordant le rachis; segments pinnatifides à lobes simples ou fourchus et linéaires. *Sores* solitaires sur le côté supérieur des pinnules, à tube plus ou moins exsert et à gorge bilabiée. Java, etc.

T. incisum, Kaulf. Syn. de T. *sinuosum*, Reich.

T. javanicum, Blume. *Stipes* en touffe, avec de nombreuses et fortes racines effilées. *Pétioles* de 2 1/2 à 10 cent. de long, effilés, dressés, nus ou velus. Frondes de 5 à 10 cent. de long et 2 1/2 à 5 cent. de large, ovales-lancéolées, acuminées, une fois entièrement pinnées, à pinnules inférieures ayant souvent 2 cent. 1/2 de long et 6 mm. de large, obtuses ou aiguës et finement dentées. *Sores* un à quatre, insérés dans les aisselles des segments linéaires de la partie supérieure des pinnules; réceptacle très exsert. Indes, Java, etc. Syns. *T. curvatum* et *T. rhomboideum*.

T. Kaulfussii, Hook. f. *Rhiz.* longuement rampants, forts.

tomenteux. *Pétioles* de 5 à 10 cent. de long, forts, comprimés et ailés supérieurement. *Frondes* de 10 à 30 cent. de long et 4 à 5 cent. de large, ovales-lancéolées, acuminées, simplement pinnatifides jusqu'à une large aile bordant le rachis ; segments linéaires-oblongs, arrondis ou aigus, dentés, les plus grands de 2 cent. 1/2 de long et 6 mm. de large; rachis principal fortement poilu, mais légèrement sur la surface. *Sores* deux à douze par pinnule, à tube plus ou moins exsert ; réceptacle allongé et filiforme. Indes occidentales, 1862.

T. Kraussii, Hook et Grev. * *Rhiz.* longuement rampants et tomenteux. *Frondes* sessiles ou à peu près, de 2 1/2 à 8 cent. de long et 12 mm. de large, oblongues atténuées ou cunéiformes à la base, une fois profondément pinnatifides jusqu'à une large aile bordant le rachis ; lobes linéaires-oblongs, presque entiers, dentés ou sinués-pinnatifides. *Sores* un à six au sommet des frondes, à tube plus ou moins exsert et à gorge fendue en deux larges lèvres. Indes occidentales. Serre tempérée.

T. labiatum. — *Frondes* de forme variable, arrondies et cordiformes à une ou aux deux extrémités ou subovales et rétrécies à la base et au sommet, vert foncé et pellucides ; les fertiles à nervure médiane distincte. *Sores* confinés au sommet, ordinairement solitaires ou rarement deux à quatre ; involucre tubuleux, libre ou légèrement enfoncé, avec des touffes de poils sur les bords marginés et des lèvres larges, étalées et arrondies. Guyane anglaise, 1885.

T. Luschnatianum, Presl. Variété du *T. radicans*, Swartz.

T. maximum, Hort. * *Rhiz.* forts et rampants. Pétioles allongés, dressés, de 8 à 15 cent. de long. Frondes de 30 à 50 cent. de long et 15 à 20 cent. de large, ovales, quadripinnatifides ; divisions primaires étalées-dressées, ovales-lancéolées, les plus grandes ayant 10 à 15 cent. de long et 5 cent. de large ; pinnules lancéolées-deltoïdes, de 2 cent. 1/2 et plus de long, découpées jusqu'au rachis en segments de nouveau pinnatifides ; dernières divisions de 3 à 4 mm. de long. *Sores* deux à huit sur chaque pinnule ; involucre cylindrique et à gorge bilabiée. Java, 1863. Syn. T. *anceps*, Hook. (H. S. F. 1, 40 c, 3.) Serre tempérée.

T. meifolium, Hort. Syn. de *T. apiifolium*, Presl.

T. membranaceum, Linn. *Frondes* sub-sessiles, membraneuses, sub-orbiculaires, de 5 à 8 cent. de large, plus ou moins profondément découpées depuis la circonférence vers le centre ; lobes larges, arrondis ou étroits ; à bords frangés d'une double série d'écailles peltées. Involucres nombreux, insérés autour des bords de la fronde, à tube enfoncé et à gorge bilabiée. Amérique tropicale. (H. E. F. 76.)

T. muscoides, Van den Bosch. Syn. de *T. erosum*, Van den Bosch.

T. obscurum, Van den Bosch. Syn. de *T. rigidum*, Swartz.

T. parvulum, Poir. *Rhiz.* longuement rampants, entrecroisés. *Pétioles* de 2 cent. 1/2 de long, effilés, grêles et tomenteux inférieurement. Frondes de 6 à 12 mm. dans les deux sens, ondulés, orbiculaires, découpés en éventail presque jusqu'au milieu sur le bord externe, en allant vers la base en segments étroits et irréguliers. *Sores* quatre à six insérés, au sommet du segment central. Chine, Japon, etc. Serre froide. (H. S. F. 394.)

T. Petersii, A. Gray. *Pétioles* de 2 1/2 à 5 mm. de long. *Frondes* de 6 à 12 mm. de long, variant depuis la forme linéaire jusqu'à celle obovale-spatulée, crénelées ou légèrement lobées. *Sores* solitaires, terminaux, à tube enfoncé dans le tissu et à gorge fortement dilatée mais entière. États-Unis, 1875. Serre froide.

T. pinnatinerva. — *Rhiz.* foncés, tomenteux et filiformes. *Pétioles* d'environ 2 mm. 1/2 de long. *Frondes* éparses, ovales, de 3 à 8 mm. de long et 2 1/2 à 5 mm. de large, pellucides, vert clair et gai. Guyane anglaise, 1886. Très petite Fougère membraneuse.

T. pinnatum, Hedw. Stipes dressés et touffus. *Pétioles* forts, effilés, dressés, nus ou légèrement poilus, de 8 à 30 cent. de long. *Frondes* simplement pinnées dans la forme typique, de 10 à 20 cent. de long et 8 à 30 cent. de large, souvent radicantes et prolifères au sommet ; divisions primaires formant deux à dix paires opposées ou alternes, plus une terminale, de 5 à 15 cent. de long, linéaires, obtuses ou aiguës, fortement et finement dentées, à bord supérieur ordinairement non adhérent à la base avec la tige ; l'inférieur adhérent et souvent pourvu de deux larges ailes décurrentes. *Sores* insérés tout autour des segments ; réceptacle allongé et exsert. Amérique tropicale, 1825. Syn. T. *floribundum*, Humb., Bonpl. et Kunth.

T. Pluma. *Rhiz.* courtement rampants, couverts d'écailles brun vif. *Pétioles* de 5 à 10 cent. de long, arrondis et effilés. *Frondes* lancéolées, de 10 à 15 cent. de long et 2 1/2 à 3 cent. de large, décomposées ; rachis raide, arrondi sur toute sa longueur ; divisions primaires rapprochées, formant vingt à trente paires étalées, de moins de 12 mm. de large ; pinnules inférieures faiblement pinnatifides, découpées en lobes espacés, sétacés et dichotomes-fourchus, de 3 à 6 mm. de long. *Sores* peu nombreux, insérés près de la base des divisions primaires ; réceptacle très long. Iles Malaises.

T. punctatum, Poir. *Frondes* pétiolées ou sub-sessiles, de 6 à 12 mm. de large, sub-orbiculaires ou obovales, ondulées ou légèrement lobées sur les bords. *Sores* un à quatre, insérés sur le bord externe et plus ou moins exserts, à gorge distinctement bilabiée. Amérique tropicale.

T. pusillum, Swartz. *Rhiz.* longuement rampants et tomenteux. *Frondes* presque sessiles, de 5 à 8 cent. de long et 1 1/2 à 2 cent. 1/2 de large, oblongues ou obovales, atténuées-cunéiformes inférieurement, une fois profondément pinnatifides jusqu'à une large aile bordant le rachis ; lobes linéaires ou oblongs, dentés ou profondément pinnatifides. *Sores* un à quatre, insérés autour du sommet des frondes, à tube exsert et à gorge pourvue de deux larges lobes arrondis. Amérique tropicale. Syn. *T. quercifolium*, Hook. et Grev.

Fig. 300. — TRICHOMANES RADICANS.

T. pyxidiferum, Linn. * *Rhiz.* longuement rampants, tomenteux et un peu grêles. *Pétioles* de 2 1/2 à 5 cent. de long, nus, ailés supérieurement. *Frondes* de 2 1/2 à 15 cent; de long et 2 1/2 à 4 cent. de large, ovales-oblongues, tripinnatifides et à rachis principal très étroitement ailé.

divisions primaires ovales-rhomboïdes, pinnatifides jusqu'au rachis et à pinnules inférieures de nouveau profondément pinnatifides; derniers segments profondément émarginés au sommet. *Sores* un à quatre par pinnule, axillaires, à tube plus ou moins ailé; réceptacle filiforme et ailé. Amérique tropicale. Serre tempérée.

T. quercifolium, Hook et Grev. Syn. de *T. pusillum*, Swartz.

T. radicans, Swartz. * Angl. Cup Goldilocks, Killarney Fern. — *Rhiz.* effilés, longuement rampants et tomenteux. *Pétioles* forts, effilés, ascendants, de 5 à 15 cent. de long, nus ou à peu près, à partie supérieure parfois ailée. *Frondes* de 10 à 30 cent. de long et 5 à 15 cent. de large, tripinnatifides, à rachis principal très étroitement ailé, souvent libre, sauf près du sommet; divisions primaires inférieures de 2 1/2 à 10 cent. de long, ovales-rhomboïdes, découpées jusqu'à une aile étroite bordant le rachis; pinnules de nouveau profondément pinnatifides, ovales-rhomboïdes, avec les segments inférieurs profondément dentés. *Sores* latéraux, un à quatre sur chaque pinnule, à tube petit, plus ou moins exsert; réceptacle grêle et allongé. Europe; Angleterre. Rustique. Syn. *T. brevisetum*.

T. r. Andrewsii, Newm. *Frondes* vert foncé, étroitement lancéolées, à pinnules plus espacées que dans le type, plus étroites et plus dressées. Belle et distincte variété rustique, d'origine irlandaise.

T. r. dilatatum, Hort. *Frondes* vert très foncé, beaucoup moins divisées que dans le type, à pinnules et segments largement ailés. Rustique.

T. r. Luschnatianum, Presl. *Frondes* lancéolées, acuminées et très sessiles. Brésil. Serre chaude.

T. reniforme, Forst. *Pétioles* de 10 à 20 cent. de long, nus et effilés. *Frondes* orbiculaires-réniformes, entières, avec un sinus profond à la base, de 5 à 10 cent. de large. *Sores* entourant tout le bord externe; réceptacle fortement exsert, fort et couvert de capsules. Nouvelle-Zélande. Serre froide.

T. reptans, Swartz. *Pétioles* de 6 mm. de long. *Frondes* de 6 à 12 mm. de long en chaque sens, obovales-cunéiformes, avec des lobes courts et obtus. *Sores* un à quatre, insérés sur le bord externe, à tube partiellement ou entièrement exsert et à gorge distinctement bilabiée. Amérique tropicale. Cette espèce est très voisine du *T. punctatum*.

T. rhomboideum. — Syn. de *T. javanicum*, Blume.

T. rigidum, Swartz.* *Pétioles* dressés, effilés, de 5 à 20 cent. de long, nus ou très légèrement ailés supérieurement. *Frondes* de 5 à 20 cent. de long et 5 à 15 cent. de large, deltoïdes ou ovales, acuminées, tri- ou quadripinnatifides, à rachis principal ordinairement ailé seulement un peu vers le sommet; divisions primaires inférieures de 5 à 8 cent. de long, étalées-dressées, ovales ou lancéolées, rhomboïdes, découpées presque jusqu'au rachis qui est très étroitement ailé sur toute sa longueur ou libre à la base; pinnules profondément pinnatifides, à lobes profondément dentés ou même pinnatifides; lobes linéaires. *Sores* deux à douze par pinnule, petits, axillaires et à tube plus ou moins exsert. Nouvelle-Zélande, etc. Serre chaude ou tempérée. Syns. *T. achilleæfolium*, Van den Bosch et *T. obscurum*, Van den Bosch.

T. r. elongatum, Cunn. *Frondes* deltoïdes, à segments plus larges; divisions primaires et pinnules souvent imbriquées.

T. roraimiense, Jenm. Nouvelle espèce à frondes mesurant 12 à 15 centimètres de long. Guyane, 1896.

T. rufum. — *Pétioles* et face inférieure des frondes très profusément couverts de long poils fauves et laineux. *Frondes* vert pâle supérieurement, d'environ 25 cent. de long et 4 cent. de large, à divisions primaires se recouvrant mutuellement, avec les nervures exsertes au sommet. Demerara. Très rare et distincte Fougère dressée.

T. saxatile. — *Pétioles* dressés et poilus. *Frondes* en touffe, triangulaires-ovales, pinnées inférieurement, à divisions primaires bipinnatifides; les supérieures décurrentes; pinnules ovales, à bords plus ou moins décurves, donnant à la surface un agréable aspect plus ou moins ondulé; derniers segments larges, courts et obtusément aigus. Involucres cylindriques et supra-axillaires, légèrement bilabiés. Bornéo, 1862. Plante naine et très élégante.

T. scandens. Linn. *Rhiz.* effilés et longuement rampants. *Pétioles* forts, dressés, nus, de 5 à 10 cent. de long. *Frondes* de 15 à 45 cent. de long et 8 à 15 cent. de large, entièrement pinnatiséquées ou à rachis très légèrement ailé supérieurement, ovales, acuminées, à divisions primaires inférieures ovales-lancéolées et presque pinnées, de 5 à 10 cent. de long; pinnules découpées jusqu'à une aile étroite bordant le rachis; segments de nouveau pinnatifides presque jusqu'au milieu et à bords finement poilus. *Sores* un à quatre par pinnule, à gorge pourvue de deux appendices latéraux proéminents. Mexique, etc., 1862.

T. Sellowianum. — *Pétioles* couverts de poils courts. *Frondes* vert gai, linéaires-lancéolées et profondément pinnatifides, à segments oblongs, obtus, ondulés sur les bords où existent quelques poils. Brésil. Plante extrêmement rare dans les cultures.

T. setigerum. — *Pétioles* entièrement arrondis, de 5 à 15 cent. de long, garnis de quelques écailles sétacées. *Frondes* en touffe, de 20 à 45 cent. de long, linéaires ou linéaires-lancéolées, pinnées, lisses, arquées, à divisions primaires bipinnatifides; pinnules palmées; derniers segments allongés et très étroits, presque capillaires; les inférieurs incurvés et sub-dressés. Involucres supra-axillaires, petits, sub-cylindriques, terminant les segments étroits. Bornéo, 1862.

T. sinuosum, Rich. *Rhiz.* longuement rampants, sinueux et assez forts. *Pétioles* variant depuis leur absence presque complète jusqu'à 5 cent. de long. *Frondes* de 5 à 20 cent. de long et 2 1/2 à 4 cent. de large, linéaires-lancéolées, très graduellement décurrentes inférieurement, pinnatifides jusqu'à une large aile bordant le rachis; lobes oblongs, obtus, crénelés-marginés. *Sores* deux à quatre sur chaque lobe; réceptacle très exsert. Amérique tropicale. Syn. *T. incisum*, Kaulf.

T. spicatum, Hedw. *Stipes* dressés et touffus. *Frondes* stériles de 10 à 15 cent. de long et 2 1/2 à 4 cent. de large, à pétioles de 2 1/2 à 5 cent. de long, pinnatifides presque jusqu'au rachis et à sommet non radicant; segments incisés-crénelés, linéaires-oblongs. *Frondes fertiles* composées d'un rachis et de deux ou trois sores, sans membrane de réunion. Indes occidentales. (H. G. F. 60.) Syn. *Feea polypodina*.

T. superbum, Van den Bosch. *Rhiz.* forts et longuement rampants. *Pétioles* de 5 à 12 cent. de long, forts, ailés presque jusqu'à la base. *Frondes* de 10 à 20 cent. de long et 5 à 10 cent. de large, largement ovales, pinnatifides jusqu'à un rachis étroitement ailé; divisions primaires inférieures divisées jusqu'au milieu du limbe en lobes oblongs et crénelés. *Sores* deux à six sur chaque lobe; réceptacle allongé et filiforme. La Trinité, 1863. Syn. *T. fimbriatum*, Backh.

T. tenerum. Spreng. *Rhiz.* rampants, tomenteux, très grêles. *Pétioles* de 2 1/2 à 5 cent. de long, grêles et nus. *Frondes* de 8 à 20 cent. de long et 2 1/2 à 4 cent. de large, pendantes, flasques, lancéolées, tripinnatifides, à rachis principal seulement très étroitement ailé vers le sommet; divisions primaires espacées, flasques, découpées jusqu'à une aile étroite bordant le rachis, avec des pinnules espacées, profondément incisées ou pinnatifides; derniers segments ayant environ 5 mm. de long. *Sores* un à quatre

TRICHOPILIA SUAVIS

sur chaque pinnule et à tube exsert. Amérique tropicale. Syn. *T. angustatum*, Carm.

T. trichoideum, Swartz. * *Rhiz.* rampants et grêles. *Pétioles* de 2 1/2 à 5 cent. de long, très grêles et nus. *Frondes* de 10 à 20 cent. de long et 2 1/2 à 5 cent. de large, pendantes, flasques, lancéolées, tripinnatifides, à rachis principal seulement légèrement ailé au sommet ; divisions primaires flasques, de 2 1/2 à 5 cent. de long, à rachis simplement ailé supérieurement ; pinnules profondément découpées, à segments espacés, linéaires-filiformes, de 2 1/2 à 5 mm. de long. *Sores* un à quatre par pinnule, à tube exsert et parfois stipités. Indes occidentales, 1862. Serre tempérée.

T. trichophyllum, Moore. *Pétioles* fortement touffus, effilés, arrondis, de 2 1/2 à 5 cent. de long. *Frondes* de 5 à 10 cent. de long et 2 1/2 à 5 cent. de large, oblongues, décomposées, à rachis raide, arrondi sur toute sa longueur ; divisions primaires au nombre de douze à quinze paires, fortement imbriquées, dont beaucoup sont deltoïdes, de 12 mm. de large ; pinnules inférieures fortement pinnatifides ; dernières divisions sétacées, de 3 à 6 mm. de long et étalées dans toutes les directions. *Sores* nombreux, libres, insérés près de la base des pinnules sur le côté supérieur. Bornéo et Nouvelle-Calédonie, 1862.

T. venosum, R. Br. *Rhiz.* grêles et longuement rampants. *Pétioles* 2 1/2 à 5 cent. de long, très grêles et presque nus. *Frondes* de 2 1/2 à 5 cent. de long et 2 1/2 à 4 cent. de large, pinnatifides, à nervures principales libres dans leur moitié inférieure, largement ailées supérieurement; divisions primaires inférieures d'environ 15 cent. de long, variant depuis la forme linéaire et presque simple jusqu'à celle lancéolée et profondément pinnatifide inférieurement. *Sores* solitaires sur les pinnules, axillaires sur le bord supérieur et à gorge légèrement bilabiée. Australie et Nouvelle-Zélande. Serre froide.

TRICHONEMA, Keer. — V. **Romulea**, Maratti.

TRICHOPETALUM, Lindl. — V. **Bottionæa**, Colla.

TRICHOPETALUM stellatum, Lindl. — V. **Bottionæa thysanotoides.**

TRICHOPHORUM, Pers. — Réunis aux **Eriophorum**, Linn.

TRICHOPHYLLUM, Nutt. — V. **Bahia**, Lag.

TRICHOPILIA, Lindl. (de *thrix*, *trichos*, poil, et *pilion*, coiffe ; l'anthère est cachée par une coiffe surmontée de trois touffes de poils). SYNS. *Leucohyle*, Klotz et *Pilumna*, Lindl. Comprend les *Helcia* Lindl. et *Oliveriana*, Rchb. f. FAM. *Orchidées*. — Genre renfermant environ vingt espèces de magnifiques Orchidées épiphytes, de serre tempérée, habitant les régions chaudes de l'Amérique. Fleurs élégantes, pédicellées, à sépales sub-égaux, libres, étalés-dressés et souvent tordus ; pétales semblables ; labelle soudé à la colonne, à onglet dilaté latéralement, entourant celle-ci complètement, limbe tantôt courtement tubuleux-campanulé, tantôt à lobes latéraux légèrement dilatés, connivents ; le médian continu et ondulé ; masses polliniques deux, obovoïdes-oblongues, dépourvues d'appendices ; bractées petites ; hampe naissant d'un court rhizome aphylle, souvent pendante, pourvue de quelques gaines et portant une ou deux et rarement trois à cinq fleurs. Feuilles charnues, dressées, compliquées à la base, étroites ou assez larges. Pseudo-bulbes monophylles.

Les *Trichopilia* peuvent être cultivés en pots, mais c'est dans les paniers suspendus qu'ils produisent le meilleur effet, car leurs fleurs sont, comme nous l'avons dit, souvent pendantes et naissent parfois entièrement en dessous de la plante. Quand on les rempote, il faut les placer au-dessus des bords des pots ou des paniers, afin de leur donner un bon drainage. La terre de bruyère fibreuse, le sphagnum vivant et des morceaux de charbon de bois constituent un excellent compost pour leur culture. Pendant leur période de végétation, il faut les arroser modérément, mais au contraire très peu pendant l'hiver, sans cependant les laisser trop souffrir de la sécheresse.

Les *Trichopilia* bien portants sont très florifères et à la fois curieux et décoratifs par leurs fleurs ; une serre tempérée leur convient particulièrement. Les plantes malades, qu'on rencontre fréquemment dans les cultures, ont généralement été tenues dans une température trop élevée. Leur multiplication s'effectue par division des fortes touffes, qu'on fait avec beaucoup de soins.

T. albida, H. Wendl. *Fl.* à sépales et pétales vert jaunâtre pâle, presque droits, à bords légèrement hyalins ; labelle un peu plus long que les pétales et à quatre lobes blanchâtres, avec la gorge parsemée de taches jaune ocreux ; capuchon recouvrant la colonne, trilobé ; grappe pendante, composée d'environ trois fleurs. *Flles* oblongues-lancéolées, planes, sub-cordiformes à la base, acuminées au sommet et récurvées. Caracas, 1851.

T. Backhousiana, Rchb. f. *Fl.* plus charnues que celles du *T. fragrans*, auquel cette espèce ressemble ; labelle beaucoup plus étroit et lobé vers chaque extrémité, mais deux fois aussi large au milieu que celui du *T. fragrans*. *Flles* faiblement maculées et lavées de nuance plus foncée. Nouvelle-Grenade, 1876. — La plante entière est d'un vert plus pâle que celle précitée.

T. brevis, Rolfe. *Fl.* à sépales et pétales étroits, jaune terne et maculés de rouge brun ; labelle enroulé inférieurement en tube court et campanulé, blanc et taché de jaune sur le devant ; hampes courtes, bi- ou triflores. *Flles* lancéolées-aiguës. Pseudo-bulbes allongés et étroits. Pérou, 1892. Serre tempérée. (L. III, 332 ; Gn. 1897, tab 1109.)

T. coccinea, Hort. Syn. de *T. marginata*, Henfr.

T. crispa, Lindl. * *Fl.* à sépales et pétales rouge cerise et cramoisi clair, faiblement bordés de blanc et crispés-crénelés sur les bords ; labelle blanc extérieurement, un peu plus foncé intérieurement que les pétales, ample, à bords irrégulièrement crispés et à gorge d'un beau rouge cramoisi foncé. Avril-juin. Amérique centrale, 1877. — Charmante mais rare espèce ressemblant au *T. marginata*.

T. c. marginata, Hort. *Fl.* grandes et très élégantes, à sépales et pétales rouge purpurin pâle et bordés de blanc ; labelle blanc à l'extérieur et à lobe médian cramoisi terne ; gorge d'un beau rouge cramoisi foncé et à limbe étroitement bordé de blanc. (F. d. S. 1925-6 ; W. S. O. 1, 5.)

T. fragrans, Rchb. f. * *Fl.* délicieusement parfumées, à sépales et pétales vert jaunâtre pâle, de 6 à 8 cent. de long, ondulés et légèrement tordus ; labelle blanc pur, maculé d'orange vers la base ; grappes pendantes, réunies par trois à quatre. Hiver. *Flles* largement oblongues-lancéolées. Pseudo-bulbes oblongs, de 10 à 15 cent. de long et légèrement comprimés. Nouvelle-Grenade, 1858. Syn. *Pilumna fragrans*, Lindl. (B. M. 5035.)

T. fragrans, Hort. Syn. de *T. nobilis*, Rchb. f.

T. Galeottiana, A. Rich. et Gal. * *Fl.* à sépales et pétales cunéiformes-lancéolés, aigus ; ces derniers un peu plus larges et vert pâle, avec une raie centrale brun olive ; labelle fortement enroulé autour de la colonne et à lobe antérieur ob-réniforme ; disque jaune pâle, avec des raies et des lignes pourpre cramoisi et les bords passant au blanc ; pédoncules uniflores. Août-septembre. *Flles* cunéiformes-oblongues, aiguës et vert foncé. Pseudo-bulbes élevés, ligulés et à deux angles. Mexique, 1860. Syns. *T. picta*, Lem. (I. H. 225.) ; *T. Turialvæ*, Batem. (B. M. 5550.)

T. grata, Rchb. f. *Fl.* odorantes, à sépales et pétales vert jaunâtre ; labelle étalé, blanc et maculé de jaune de chaque côté de la carène ; grappes pauciflores. *Flles* oblongues-ligulées. Pseudo-bulbes allongés, à deux angles et portant deux feuilles. Pérou, 1868. Plante voisine du *T. fragrans*.

T. hymenantha, Rchb. f. *Fl.* blanches, petites, à sépales et pétales légèrement tordus ; labelle sessile, presque plan, à bords érodés, parsemé de taches pourpre sanguin foncé vers la base et sur les côtés ; grappes pendantes et composées de six à huit fleurs. Été. *Flles* épaisses, charnues, allongées-ensiformes, acuminées, rétrécies à la base et dont la partie inférieure ressemble à une tige ou à un pseudo-bulbe. Nouvelle-Grenade, 1854. (B. M. 5949 ; R. X. O. I, 7.)

T. Kienastiana, Rchb. f. *Fl.* blanches, avec quelques lignes ou taches jaunes sur le disque du labelle ; sépales et pétales linéaires-ligulés ; lobes latéraux moyens, obtusément anguleux ; les antérieurs porrigés, ondulés et émarginés ; pédoncules ordinairement biflores. *Flles* et pseudo-bulbes très semblables à ceux du *T. suavis*. Habitat inconnu, 1883.

T. laxa, Rchb. f. *Fl.* réunies en grappes lâches et dressées, naissant de bractées courtes mais larges, membraneuses et maculées ; sépales et pétales pâles, vert d'eau, faiblement teintés de pourpre, dressés, linéaires-lancéolés, égaux ; labelle crème. *Flles* linéaires-oblongues. Syn. *Pilumna laxa*, Lindl. (B. R. 1846, 57.)

T. l. flaveola, Hort. *Fl.* à sépales et pétales blanc jaunâtre. 1884.

T. Lehmanni, Regel. *Fl.* blanches, avec des taches jaunes à la gorge du labelle, à sépales et pétales linéaires-lancéolés, aigus, de 4 cent. de long ; labelle à lobe antérieur largement oblong ; hampe de 5 à 8 cent. de haut, garnie de bractées et uniflore. *Flles* solitaires, oblongues-lancéolées et obtuses. Plante rappelant un peu le *T. fragrans*. Origine non indiquée. 1888. (R. G. 1888, 1276, f. 2.)

T. lepida, Hort. *Fl.* belles, de 10 à 12 cent. de diamètre, à sépales et pétales lilas rosé et irrégulièrement marginés de blanc ; labelle fimbrié, pourpre cramoisi foncé sur le devant et à bords irrégulièrement marginés de blanc ; hampes défléchies. Printemps. *Flles* oblongues-ovales, aiguës et coriaces. Pseudo-bulbes oblongs, obtus et à deux angles. Costa Rica, 1873. (F. M. n. s. II, 98 ; W. O. A. V, 197.)

T. marginata, Henfr. * *Fl.* de 10 à 12 cent. de diamètre, à sépales et pétales brun rougeâtre, bordés de jaune verdâtre, étroits, simplement tordus ; labelle blanc extérieurement et à gorge trilobée, avec les lobes latéraux arrondis et ceux du centre émarginés, ondulés, pourpre rougeâtre, parfois bordés de blanc, devenant cramoisi foncé à la gorge, ou à limbe blanc, avec la gorge seulement cramoisi foncé ; hampes pendantes et uniflores. Mai-juin. *Flles* lancéolées, courtement acuminées et récurvées au sommet. Pseudo-bulbes fasciculés, oblongs, sillonnés et récurvés au sommet. Amérique centrale, 1880. (G. M. III, 185.) Syn. *T. coccinea*, Hort. (B. M. 4857 ; L. J. F. 184 ; L. et P. F. G. II, 54.)

T. m. flaveola, Hort. *Fl.* à sépales et pétales jaune verdâtre ; labelle et colonne blancs. 1880.

T. mutica, Rchb. f. *Fl.* blanc terne, légèrement teintées de rouge, à sépales et pétales linéaires, aigus ; labelle parallèle avec la colonne, ovale-cordiforme, cucullé à la base ; grappe pauciflore et faible. Août. *Flles* linéaires-lancéolées, convexes sur le dos. Indiqué comme originaire de la Trinité ; 1821. Syn. *Macradenia mutica*, Lindl.

T. nobilis, Rchb. f. * *Fl.* plus grandes que celles du *T. fragrans*, odorantes, à sépales et pétales blancs et ondulés ; lobes supérieurs du labelle arrondis et se rejoignant au-dessus de la gorge ; l'antérieur blanc de neige pur, de 4 cent. de large, portant de chaque côté de la gorge une tache orange, et ces deux taches se rejoignent, formant ainsi une tache oculaire centrale ; hampes dressées, composées de quatre à cinq fleurs. *Flles* largement oblongues et aiguës. Pseudo-bulbes allongés, oblongs, comprimés et fasciculés. Colombie. Belle plante constituant peut-être une variété du *T. fragrans* (nom sous lequel elle est figurée dans le F. M. ser. II, 21 et I. H. ser. III, 94.) Syn. *Pilumna nobilis*, Rchb. f. (W. O. A. III, 128 ; L, 59.)

T. picta, Lem. Syn. de *T. Galeottiana*, A. Rich. et Gal.

T. punctata, Rolfe. Nouvelle espèce « remarquable par ses sépales et pétales parsemés de nombreuses taches pourpre rougeâtre ». Costa Rica, 1890.

T. rostata, Rchb. f. *Fl.* à sépales et pétales vert blanchâtre pâle, linéaires, aigus, à pétales doublement tordus ; labelle blanc, avec des rayons orange pâle, flabelliforme et trifide vers le sommet. *Flles* largement lingulées et aiguës. Pseudo-bulbes linéaires-lingulés, à écailles basilaires légèrement ponctuées. Nouvelle-Grenade, 1872.

T. sanguinolenta, Rchb. f. *Fl.* assez élégantes, de 6 cent. de diamètre, à sépales et pétales vert olive jaunâtre, marqués de bandes transversales ou de taches ocellées et cramoisi brunâtre ; labelle émarginé, récurvé, blanc, à nervures disposées en éventail et marqué dans sa moitié inférieure de lignes cramoisies. *Flles* ondulées, pétiolées, de 10 à 15 cent. de long. Pseudo-bulbes ovales et allongés. Equateur, 1843. Syn. *Helcia sanguinolenta*, Lindl. (I. H. ser. III, 21 ; et L. P. F. G. II, 182 ; B. M. 7281.)

T. suavis, Lindl. et Paxt. * *Fl.* blanches ou crème, délicatement parfumées d'odeur d'aubépine, à sépales rétrécis jusqu'à la base et à peine tordus ; labelle jaune à la gorge, maculé de violet-rose pâle sur le devant et sur les côtés, fortement enroulé à la base, puis graduellement élargi en entonnoir, trilobé sur le devant ; hampes portant trois à cinq fleurs. Mars-avril. *Flles* amples, largement oblongues, aiguës, ondulées et presque sessiles. Pseudo-bulbes oblongs-obcordés, à deux angles et fasciculés. Costa Rica, 1850. Très belle espèce et une des plus répandues dans les collections. (B. M. 4654 ; F. d. S. 761 ; L. J. F. 227 ; L. et P. F. G. I, II ; W. S. O. III, 8 ; R. H. 1887, 454 ; L. 423.)

T. s. alba, Warner. *Fl.* à sépales et pétales blanc pur ; labelle blanc, portant à la gorge une tache jaune. Mai-juin. (W. O. A. I, 14 ; L. 2 ; R. 31.)

T. s. grandiflora, Hort. *Fl.* plus fortement colorées que celles du type et s'épanouissant mieux, à sépales et pétales blancs ; labelle de plus de 8 cent. à diamètre, blanc, avec de grandes taches cramoisies et à gorge orangée. *Flles* très grandes ainsi que les pseudo-bulbes. Charmante variété.

T. tortilis, Lindl. *Fl.* pendantes, grandes et élégantes, à sépales et pétales vert jaunâtre, avec des taches pourpre brunâtre et livides sur le milieu, tordus en spirale et étroitement lancéolés ; labelle blanc à l'extérieur, blanc jaunâtre ou blanc intérieurement, fortement maculé de rose et bigarré de jaune vers la gorge, à base fortement enroulée, la partie antérieure étalée et trilobée ; hampes uniflores. *Flles* oblongues et aiguës. Pseudo-bulbes oblongs ou ligulés, comprimés, de 5 à 10 cent. de long. Mexique, 1835. Intéressante espèce. (B. III. 122 ; B. M. 3739 ; B. R. 1863.) — Il en existe plusieurs variétés, notamment une :

candidum, à fleurs blanches, et une autre à fleurs au contraire vivement colorées.

T. Turialvæ, Rchb. f. Syn. de *T. Galeottiana*, A. Rich. et Gal.

TRICHOPTERIS. — Réunis aux **Alsophila**, R. Br.

T. lanata, Zucc. *Fl.* pourpres, moyennes ou un peu petites, réunies par six à dix en cymes ombelliformes; calice à cinq segments lancéolés; corolle à tube court et rotacé et à lobes émarginés, avec les dents développées en longs appendices filiformes; pédoncules opposés aux feuilles. Juillet. *Flles* opposées, pétiolées, cordiformes à la base, elliptiques ou oblongues, obtuses ou légèrement aiguës. Mexique. 1850. (F. d. S. 1123; L. et P. F. G. 1, 105.)

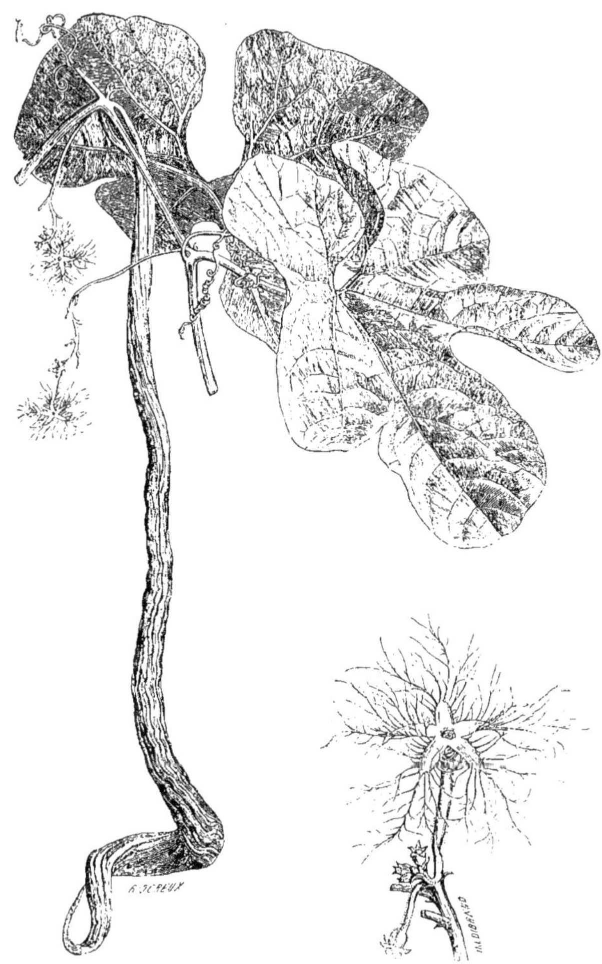

Fig. 301. — Trichosanthes anguina. (*Rev. Hort.*)

TRICHOS. — Préfixe grec qui signifie *poilu* ou en forme de *poil* : Ex. *Trichocentron*, *Trichomanes*, *Trichopilia*, etc.

TRICHOSACME, Zucc. (de *thrix*, *trichos*, poil, et *acme*, pointe; allusion aux appendices poilus de la corolle). Fam. *Asclépiadées*. — L'espèce suivante, la seule de ce genre, est un arbuste grimpant, de serre chaude, fortement laineux et blanchâtre sur toutes ses parties, sauf sur la corolle. Pour sa culture, V. **Stapelia**.

TRICHOSANTHES, Linn. (de *thrix*, *trichos*, poil, et *anthos*, fleur; allusion aux franges de la corolle). **Serpent végétal**; Angl. Snake Gourd. Comprend les *Anguina*, Micheli; *Eopepon*, Ser. Fam. *Cucurbitacées*. — Genre renfermant environ quarante-deux espèces de plantes herbacées, grimpantes, annuelles ou vivaces, de serre chaude, froide ou demi-rustiques et parfois frutescentes à la base ou à racine tubéreuse, et habitant l'Asie tropicale, le nord de l'Australie et la Polynésie. Feurs blanches, dioïques ou moins souvent monoïques; les mâles réunies en grappes ou en cymes axillaires, longuement pédonculées; les femelles solitaires et sessiles à la base des pédoncules mâles, calice longuement tubuleux, campanulé à la gorge et à cinq petits segments réfléchis; corolle blanche, divisée presque jusqu'à la base en cinq lobes allongés, délicatement et longuement frangés-ciliés sur les bords; androcée ou organes des fleurs mâles composé de trois étamines; gynécée ou ovaire infère, inséré à la base du calice, uniloculaire et surmonté d'un style à trois ou parfois six divisions; bractées parfois nulles. Fruit généralement allongé, parfois très long et contourné ou rarement globuleux, glabre, sillonné. Feuilles alternes, pétiolées, à trois ou neuf lobes denticulés; vrilles di- ou trichotomes et enroulées en tire-bouchon.

Le nom d'*Anguina*, appliqué à l'espèce la plus répandue, fait allusion aux fruits très longs, rappelant une anguille ou une couleuvre par leur longueur et leur teinte vert panaché de blanc. Ces fruits se consomment comme aliment dans les Indes.

Ces plantes sont peu cultivées parce qu'elles n'ont rien d'absolument méritant au point de vue décoratif; leur beau feuillage et leurs curieux fruits constituent tout l'intérêt qu'elles présentent. Leur emploi est analogue à celui de beaucoup d'autres plantes grimpantes herbacées et leur culture est celle des Concombres. Il faut cependant choisir pour eux les murs les mieux exposés au midi. On les sème sur couches, de préférence en godets, en mars, on les y laisse jusqu'à la fin de mai, époque à laquelle on les met en place et en pleine terre. Celle-ci doit être meuble et très fertile et les arrosements copieux pendant les chaleurs.

T. anguina, Linn.* Serpent végétal, Couleuvre végétale ; Angl. Common Snake ou Viper Gourd ; Serpent Cucumber. — *Fl.* à tube du calice de 2 cent. 1/2 de long et à lobes de la corolle garnis sur les bords de cils fins, allongés et ramifiés ; pédoncules des inflorescences mâles longs de 12 à 15 cent., les plus précoces caducs et parfois suivis d'une fleur femelle. Juin-août. *Fr.* allongé-cylindrique, atteignant jusqu'à 1 m. 20, flexueux, terminé en pointe, sillonné, vert panaché de blanc, contourné sur lui-même, parfois en différents sens et comestible. *Flles* cordées-sub-réniformes, à trois-sept lobes ou à cinq angles, pubescentes ou pubérulentes sur les deux faces et à lobes non acuminés. Tiges volubiles, plus ou moins pubescentes. *Haut.* 2 m. et plus. Indes, 1735. Plante annuelle et demi-rustique. (B. M. 722.) Syn. *T. colubrina*, Jacq. (B. R. XXXII, 18.)

T. colubrina, Jacq. Syn. de *T. anguina*, Linn.

T. japonica. *Fl.* mâles réunies en grappes pauciflores, accompagnées de grandes bractées ovales, profondément subulées-dentées ; pédoncules robustes et sillonnés. *Fr.* ovoïde, légèrement aigu à la base et au sommet. *Flles* membraneuses, largement ovales, glabres et lisses, à trois-cinq lobes triangulaires aigus, entiers ou ondulés-denticulés sur les bords. Tiges grêles. Japon, 1872. Serre froide. (R. G. 714.)

T. Kirilowii, Maxim. *Fl.* dioïques ; les mâles réunies en grappes pauciflores, accompagnées de bractées à angles aigus. *Fr.* ovoïdes ou ovoïdes-oblongs. *Flles* sub-orbiculaires, profondément palmées, souvent à cinq-sept lobes oblongs ou oblongs-lancéolés, aigus, profondément incisés-dentés ou lobulés. Tige annuelle, ramifiée. Souche vivace. Chine, 1872. Serre froide. Syn. *Eopepon vitifolius*, Naud.

T. palmata, Linn.* *Fl.* mâles réunies en grappes d'abord courtes et capituliformes, puis allongées et accompagnées d'une grande bractée dentée ou lacérée, ayant au moins 2 cent. de long ; pédoncules longs et forts ; fleurs femelles courtement pédicellées. *Fr.* presque globuleux, de 5 à 8 cent. de diamètre. *Flles* larges, à trois-sept lobes palmés et pubescents. Indes et nord de l'Australie, 1825. Serre chaude. (B. M. 6873.)

T. tuberosa, Willd. *Fl.* à corolle blanche, à tube inclus dans celui du calice et étroitement soudé avec lui ; limbe libre, à cinq segments allongés, profondément bifides et à divisions fourchues au sommet. Septembre *Flles* espacées, profondément découpées en trois lobes linéaires-oblongs, divariqués, aigus ; les inférieurs pourvus à la base d'un lobule unidenté. Tiges vertes, grimpantes. Souche composée d'un gros tubercule arrondi. Indes occidentales. Serre chaude. (B. M. 2703.) — *Ceratosanthes tuberosa*, J. F. Gmel. est maintenant le nom correct de cette plante.

TRICHOSMA, Lindl. (de *treis*, trois et *chosma*, division; allusion aux trois lobes du labelle). Fam. *Orchidées*. — La seule espèce de ce genre est une rare Orchidée épiphyte, très distincte et de serre chaude. On peut la cultiver en terrines ou en pots bien drainés, dans de la terre de bruyère fibreuse et du sphagnum. Pendant la période de végétation active, il faut la tenir modérément humide, et comme elle est dépourvue de pseudo-bulbe, il ne faut pas la laisser souffrir de la sécheresse.

T. suavis, Lindl. Angl. Hair Orchid. — *Fl.* odorantes, assez grandes et réunies en grappes courtes et terminales ; sépales et pétales blanc crème, lancéolés, à labelle trilobé, avec les lobes latéraux blancs, striés de cramoisi brunâtre ; le médian ondulé, récurvé, jaune, marginé de cramoisi et portant plusieurs crêtes crispées sur le disque. Printemps. *Flles* deux, largement lancéolées et obscurément trinervées. Tiges minces, en touffe, arrondies, de 20 à 25 cent. de haut. Monts Khasya, 1840. (B. R. 1842, 21 ; W. O. A. III. 114.) Syns. *Cœlogyne coronaria*, Lindl. ; *Eria coronaria*, Rchb. f. et *E. suavis*, Lindl.

TRICHOSORUS. — Réunis aux *Alsophila*, R. Br.

TRICHOSPORUM, D. Don. — V. **Æschynanthus**, Jack.

TRICHOSEMA, Linn. (de *thrix*, *trichos*, poil, et *stema*, étamine ; allusion aux filets staminaux qui sont capillaires). Angl. Blue Curls. Fam. *Labiées*. — Genre comprenant environ huit espèces de plantes herbacées, rustiques et habitant l'Amérique du Nord. Deux espèces, les *T. linearis*, Nutt. et *T. trichotoma*, Linn., ont été introduites dans les cultures au siècle dernier (1759), mais elles en sont sans doute disparues et la suivante y est actuellement seule existante. Pour sa culture, V. **Salvia**.

T. Parishii, Vasey. Syn. de *T. lanatum*, Benth.

T. lanatum, Benth. *Fl.* pourpre bleuâtre, à étamines très longuement exsertes et disposées en longs épis effilés et interrompus ; inflorescence entièrement couverte de poils courts et laineux. *Flles* entières et linéaires. Tiges simples. *Haut.* 50 cent. Sud de la Californie. Sous-arbrisseau demi-rustique et intéressant. Syn. *T. Parishii*, Vasey.

TRICHOTOME. — Se dit des tiges dont les inflorescences et autres ramifications se divisent successivement trois par trois.

TRICLISSA, Salisb. — V. **Kniphofia**, Salisb.

TRICOCCUS. — Mot latin qui signifie *à trois coques* et qui s'applique parfois aux fruits ainsi caractérisés.

TRICOLOR. — De trois couleurs.

TRICONDYLUS, Salisb. — V. **Lomatia**, R. Br.

TRICORYNE, R. Br. (de *treis*, trois, et *koryne*, massue; allusion à la forme de la capsule). Fam. *Liliacées.* — Genre comprenant six espèces de plantes herbacées, vivaces, à racines fibreuses et de serre froide, confinées en Australie. Fleurs réunies en ombelles terminales et accompagnées de petites bractées scarieuses et imbriquées; périanthe tordu en spirale après la floraison, mais à la fin caduc, composé de six segments étroits et à trois-cinq nervures; étamines six, hypogynes. Feuilles peu nombreuses et graminiformes ou toutes réduites à l'état de bractées scarieuses. Tiges ordinairement effilées et ramifiées, à rameaux souvent fasciculés.

Il est douteux qu'aucune espèce de ce genre existe encore dans les cultures. Le *T. elatior* prospère dans toute terre légère et se multiplie par divisions.

T. elatior, R. Br. *Fl.* à périanthe blanc, ayant ordinairement 8 mm. de long; ombelles composées de trois-quatre à huit fleurs. Juin. *Flles* inférieures souvent graminiformes, de 5 à 10 cent. de long; les supérieures et parfois toutes réduites à l'état de courtes écailles. Tige de 30 à 60 cent. de haut. Australie, 1824.

TRICRATUS, L'Hérit. — V. **Abronia**, Juss.

TRICRATUS admirabilis, L'Hérit. — V. **Abronia umbellata**.

TRICUSPIDARIA, Ruiz et Pav. (de *tricuspis*, à trois pointes; allusion aux pétales). Syn. *Tricuspis*, Pers. Fam. *Tiliacées.* — Petit genre ne comprenant que deux espèces d'arbres de serre froide, habitant le Chili. Fleurs assez grandes, solitaires au sommet de pédoncules axillaires; calice campanulé, tronqué, d'abord à cinq dents obscures, puis découpé et caduc; pétales cinq, à trois dents ou lobes indupliqués-valvaires; étamines nombreuses, insérées au-dessus du réceptacle. Feuilles alternes et opposées, dentées en scie. L'espèce suivante, seule introduite, est un très bel arbuste de serre froide. Pour sa culture, V. **Correa**.

Fig. 302. — Tricuspidaria hexapetala.

T. hexapetala, Turcz. *Fl.* rouges, longuement pédonculées. *Fr.* capsulaire, sub-arrondi et poilu soyeux. *Flles* oblongues-lancéolées, dentées en scie ou rarement entières (Gn. 1895, part. II, f. 129 et 1880, nov.), sous le nom de *Crinodendron Hookerianum*.

TRICUSPIS, P. Beauv. — Réunis aux **Triodia**.

TRICUSPIS, Pers. — V. **Tricuspidaria**, Ruiz. et Pav.

TRICYRTIS, Wall. (de *treis*, trois et *kyrtos*, gibbeux, convexe ; allusion aux gibbosités que portent à la base les trois segments externes du périanthe.) SYNS. *Compsanthus*, Spreng.; *Composa*, Don. FAM. *Liliacées*. — Petit genre renfermant cinq espèces de plantes herbacées, vivaces et demi-rustiques, à rhizomes courtement rampants, habitant l'Himalaya, la Chine et le Japon. Fleurs peu nombreuses, assez grandes, à pédicelles allongés, solitaires à l'aisselle des feuilles du sommet des tiges ou formant par leur réunion une panicule dressée et lâchement dichotome ; périanthe

Fig. 303. — TRICYRTIS HIRTA.

souvent élégamment maculé à l'intérieur, campanulé, à six segments lancéolés et libres jusqu'à la base ; les externes sacciformes à la base ; les internes plans et étalés supérieurement ; étamines six, hypogynes. Feuilles alternes, ovales ou oblongues, contractées, sub-sessiles ou cordiformes et amplexicaules à la base. Tiges dressées, simples jusqu'au-dessous de l'inflorescence et feuillues.

Les trois espèces décrites ci-après sont introduites dans les jardins et, quoique presque rares, elles n'en sont pas moins intéressantes et assez ornementales. Elles prospèrent en terre légère, telle qu'un mélange de terre franche siliceuse et de terre de bruyère et demandent à être hivernées en orangerie ou sous châssis. Le *T. hirta* peut résister en pleine terre avec l'abri d'une couverture de litière et se plaît surtout autour des massifs de terre de bruyère et à mi-ombre. Multiplication par division des pieds.

T. elegans, Wall. Syn. de *T. pilosa*, Wall.

T. hirta, Hook. * ANGL. Japanese Toad Lily. — *Fl.* au nombre de six à quinze au sommet des tiges, où elles forment une grappe feuillée ou une sorte de corymbe ; périanthe à six divisions libres, dressées et arquées en dehors, ovales-lancéolées, d'environ 2 cent. 1/2 de long ; les trois externes courtement éperonnées ; toutes à fond blanchâtre, curieusement et fortement parsemé sur la face interne de taches irrégulières violettes ou purpurines et foncées. Septembre-novembre. *Flles* oblongues, cuspidées au sommet, cordées et amplexicaules à la base, bisériées, de 10 à 15 cent. de long, nervées-gaufrées et légèrement poilues ainsi du reste que toute la plante. Tiges simples ou à peu près, fortes, dressées, de 30 cent. à 1 m. de haut, garnies de poils étalés. Japon, 1863. (B. M. 5355 ; Gn. 1896, tab. 1062.) — On peut rendre la plante naine et ramifiée en pinçant ses tiges en été. Il en existe une variété à floraison plus précoce.

T. macropoda, Miq. * *Fl.* à pédicelles de 12 à 18 mm. de long, réunis en corymbes lâches ; périanthe pourpre blanchâtre, avec des petites taches pourpres et long de 20 à 25 mm. Mai. *Flles* oblongues, aiguës, de 10 à 12 cent. de long et 4 à 5 cent. de large, sessiles ou très courtement pétiolées, arrondies à la base, pubescentes en dessous, glabres en dessus. Tiges de 60 cent. à 1 m. de haut. Japon et Chine, 1869. (B. M. 6544 ; R. G. 613.)

T. m. striata, Hort. Très jolie plante à feuilles panachées de blanc. (F. d. S. 1820, sous le nom de *T. foliis albostriata*, Hort.)

T. pilosa, Wall. *Fl.* nombreuses, réunies en corymbes lâches ; périanthe de 20 à 22 mm. de long, à segments blanchâtres, marqués de grandes taches pourpres. Mai. *Flles* oblongues, cuspidées, cordées-amplexicaules, de 10 à 15 cent. de long et légèrement poilues. Tige de 60 cent. à 1 m. 20 de haut et poilue. Himalaya, 1851. (B. M. 4955 ; F. d. S. 1219.) Syn. *T. elegans*, Wall.

TRIDAX, Linn. (ancien nom grec appliqué par Dioscorides à la Laitue et dérivé de *treis*, trois, et *akis*, pointe ; allusion aux fleurons rayonnants). SYNS. *Balbisia*, Willd. et *Bartolina*, Adans. Comprend les *Galinsogea* et *Philostephium*, Humb., Bonpl. et Kunth. FAM. *Composées*. — Genre renfermant sept espèces de plantes herbacées, vivaces et demi-rustiques, habitant l'Amérique tropicale et dont une est cultivée dans les Indes orientales et à l'île Maurice. Capitules jaunes ou à disque verdâtre, moyens, longuement pédonculés, hétérogames, c'est-à-dire radiés, à fleurons rayonnants ligulés ou sub-bilabiés, à lèvre externe ample, parfois tridentée, triséquée ou tripartite ; l'interne plus

Fig. 304. — TRIDAX TRILOBATA.

petite ou menue, bilobée ou bipartite et parfois presque nulle ; involucre formé de bractées multisériées ; réceptacle plan ou convexe ; achaines (graines) turbinés et velus-soyeux. Feuilles opposées, incisées-dentées ou pinnatiséquées, à segments peu nombreux et étroits.

Les *Tridax* sont peu décoratifs et par suite peu répandus dans les cultures ; les suivants sont les plus intéressants. Ils s'accommodent du traitement qu'on donne aux autres plantes et se multiplient par divisions ou par semis.

Le *T. bicolor* « a été traité comme plante demi-rustique, mais il prospérerait sans doute en le traitant omme plante annuelle, si on ne le semait pas trop tôt » W. Thompson).

T. bicolor rosea, A. Gray. *Capitules* de 4 à près de ...nt. de diamètre, à fleurons rayonnants roses, au nombre de douze à quinze, assez larges et tridentés; disque jaune. Été. *Flles* de la base un peu triangulaires, de ... cent. de long et 2 cent. 1/2 de large, fortement nervées, ... bords largement dentés; les supérieures devenant graduellement plus étroites, plus petites et presque toutes entières. *Haut.* 30 à 50 cent. Amérique du Nord, 1887. G. C. ser. III, vol. II, p. 553.)

T. coronopifolia, Hemsl. *Capitules* jaunes, à fleurons rayonnants découpés en cinq dents inégales; bractées externes de l'involucre obtuses ou mucronées. Juin. *Flles* diversement pinnatifides ou trifides, à lobes linéaires et aigus. *Haut.* 30 cent. Mexique. Syn. *Ptilostephium coronopifolium*, Humb., Bonpl. et Kunth.

T. trilobata, Hemsl. *Capitules* jaunes, à fleurons rayonnants découpés en cinq dents; soies de l'aigrette très courtes et à peine pinnées lobées ou plus longues et imbriquées-plumeuses; pédoncules pubescents ou glanduleux-pubérulents au sommet. Juin. *Flles* trilobées ou incisées-pinnées. *Haut.* 30 cent. Mexique. Syn. *Galinsogea trilobata*, Cav. (B. M. 1895; S. B. F. G. 56.)

TRIDENS, Rœm. et Schult. — Réunis aux Triodia. R. Br.

TRIDENTÉ; ANGL. Tridentate. — A trois dents.

TRIDENTEA, Haw. — Réunis aux **Stapelia**, Linn.

TRIDIA, Korth. — Réunis aux **Hypericum**, Linn.

TRIÈDRE. — A trois côtés. — Se dit des feuilles, comme celles de certaines Ficoïdes et autres, qu'on nomme aussi trigones.

TRIENNAL. — Qui dure trois ans. Se dit des **Assolements**. (V. ce nom.)

TRIENTALIS, Linn. (épithète latine qui signifie : *le tiers d'un pied*; allusion à la taille de la plante); ANGL. Chickweed, Wintergreen. FAM. *Primulacées*. — Petit genre ne comprenant que deux espèces de plantes herbacées, très glabres, à rhizomes rampants, vivaces et rustiques, habitant l'Europe centrale et boréale, le nord de l'Asie et l'Amérique du nord-ouest. Fleurs blanches, solitaires ou réunies par trois au sommet de pédoncules filiformes, dépourvus de bractées; calice à cinq-neuf divisions persistantes; corolle hypogyne, à tube très court et à limbe rotacé et à cinq-neuf divisions elliptiques-lancéolées; étamines cinq-neuf. Fruit capsulaire, sub-charnu et à autant de divisions qu'il y a de pétales. Feuilles presque toutes réunies en un seul verticille au-dessous des fleurs et en nombre correspondant à celui des pétales, obovales-elliptiques ou lancéolées et entières. Tiges grêles, simples et dressées.

Ces jolies petites plantes sont propres à l'ornementation des rocailles. Elles aiment une terre légère, fertile et une exposition ombragée. Multiplication au printemps, par semis que l'on fait sous cloches ou par divisions.

T. americana, Pursh. ANGL. Star Flower. — *Fl.* blanches, à divisions de la corolle finement acuminées. Mai. *Flles* lancéolées, acuminées aux deux extrémités. Tiges très nues inférieurement, de 20 cent. de haut et portant au sommet cinq-neuf feuilles inégales et verticillées. Amérique du nord-ouest, 1816.

T. europæa, Linn. *Fl.* blanches, peu nombreuses, dressées, assez longuement pédicellées; corolle de 12 à 18 mm. de diamètre, à lobes ovales-aigus. Juin-juillet. *Flles* obovales ou obovales-lancéolées, de 4 à 6 cent. de long, luisantes, rigides, obtuses ou aiguës, rétrécies en courts pétioles et verticillées au sommet de la tige, en nombre souvent correspondant à celui des pétales. Tiges dressées, grêles, de 10 à 20 cent. de haut. Europe; France, Angleterre, etc. (L. B. C. 105; Sy. En. B. 1139.)

TRIFÈRE; ANGL. Trifarious. — Se dit parfois des organes disposés en trois rangées.

TRIFIDE. — Découpé jusqu'au milieu en trois lobes.

TRIFLORE; ANGL. Triflorous. — A trois fleurs réunies sur un même point ou sur un même pédoncule.

TRIFOLIÉ; ANGL. Trifoliate. — A trois feuilles.

TRIFOLIOLÉ; ANGL. Triofoliolate. — A trois folioles insérées sur un même pédoncule, comme dans les Trèfles.

TRIFOLIUM, Linn. (de *treis*, trois, et *folium*, feuille; la plupart des espèces ont des feuilles trifoliolées). **Trèfle**; ANGL. Clover, Trefoil. Comprend les *Lupinaster*, Pers. et *Pentaphyllon*, Pers. FAM. *Légumineuses*. — Grand genre dont plus de trois cents espèces ont été décrites, mais qui, probablement, se réduisent à environ cent soixante-dix réellement distinctes. Ce

Fig. 303. — TRIFOLIUM PRATENSE. — Fleur détachée.

sont des plantes herbacées, rustiques, annuelles ou vivaces, très largement dispersées dans les régions tempérées et sub-tropicales de l'hémisphère boréale; quelques-unes se rencontrent aussi dans les montagnes des tropiques de l'Amérique, de l'Afrique et dans l'Amérique australe extra-tropicale. Près de soixante espèces croissent spontanément en France et dix-huit de celles-ci en Angleterre. Fleurs souvent pourpres, rouges, blanches ou plus rarement jaunes, réunies en épis, en capitules ou en ombelles, rarement solitaires; calice persistant et parfois accrescent, à dent ou lobes sub-égaux ou les inférieurs plus longs et parfois subépineux; corolle papilionacée, également persistante et marcescente, à pétales tous longuement onguiculés et les quatre inférieurs plus ou moins soudés entre eux et avec le tube staminal; étendard oblong ou ovale; ailes étroites; carène plus courte que les ailes et obtuse; étamines diadelphes. Gousse oblongue et sub-arrondie ou obovale et comprimée, incluse dans le calice ou légèrement exserte, indéhiscente et renfermant une à quatre graines. Feuilles à trois quelquefois cinq-sept folioles digitées ou rarement pinnées et accompagnées de stipules soudées avec le pétiole.

Ce genre intéresse beaucoup plus l'Agriculture que l'Horticulture, car il renferme plusieurs espèces d'une grande valeur fourragère, notamment les *T. incarnatum*, *T. hybridum*, *T. pratense*, *T. repens*. Néanmoins, certaines espèces sont assez élégantes et dignes de figurer dans les grands jardins, le long des plates-bandes, dans les rocailles ou les parties agrestes.

Fig. 306. — Trifolium hybridum.

Celles décrites ci-après sont les plus intéressantes à ces divers points de vue.

Les Trèfles sont d'excellentes plantes mellifères, que les Abeilles visitent beaucoup. Les Trèfles à quatre folioles sont considérés comme porte-bonheur et recherchés pour mettre dans certains bijoux ; quoique rares, on en trouve cependant assez fréquemment quand on se donne la peine de les chercher.

Toutes les espèces suivantes sont rustiques; elles prospèrent dans presque tous les terrains et doivent, sauf indications contraires, être considérées comme vivaces. Tous se multiplient facilement par semis en place, mais à défaut de graines, on peut, pour les espèces vivaces, avoir recours à la division des fortes touffes.

T. alpestre, Linn. * Angl. Owl-headed Clover. — *Fl.* pourpres, à segments inférieurs du calice plus long que la corolle, qui est gamopétale; les supérieurs courts et dentiformes; capitules globuleux. Juin-juillet. *Flles* à folioles lancéolées, coriaces, serrulées-ciliées; stipules étroites, allongées-filiformes et presque sessiles. Tige dressée, simple. *Haut.* 15 à 30 cent. Alpes d'Europe et de l'Asie occidentale ; France etc. (B. M. 2779.)

T. aurantiacum, Boiss. et Sprun. *Fl.* petites, jaune orangé vif, réunies en capitules arrondis ou ovoïdes, à pédoncules grêles, de 5 à 7 cent. de long ; calice à divisions inégales ; étendard obovale, beaucoup plus grand que les ailes. Juillet-septembre. *Flles* à trois folioles ovales, dentées ; la supérieure pétiolulée. Tige très ramifiée dès la base. *Haut.* 15 à 25 cent. Grèce. Jolie plante annuelle.

T. cæruleum, Viv. — V. **Trigonella cærulea.**

T. canescens, Willd. *Fl.* blanc crème, à calice lisse, avec les segments inférieurs un peu plus longs que les supérieurs ; corolle gamopétale, beaucoup plus longue que les segments du calice ; capitules terminaux, amples, oblongs et presque sessiles. Mai-juin. *Flles* à folioles obovales, émarginées, velues ; stipules lancéolées-subulées. Tiges ascendantes et couvertes de poils apprimés. Cappadoce, etc., 1803. (B. M. 1168.)

T. fimbriatum, Lindl. *Fl.* pourpres, à dents du calice épineuses, égalant la moitié de la longueur de la corolle qui est grêle ; capitules de 2 cent. 1/2 de diamètre. Septembre-octobre. *Flles* à folioles oblongues ou légèrement cunéiformes, de 2 cent. 1/2 ou plus de long, visiblement frangées et bordées de dents sétacées et spinuleuses. Tiges longues, épaisses, couchées et glabres. Amérique du Nord, 1825. (B. R. 1070 ; L. B. C. 1421.)

T. fucatum, Lindl. *Fl.* blanc crème mêlé de rouge ; corolle plusieurs fois plus longue que le calice ; capitules de 2 1/2 à 5 cent. de diamètre, un peu hémisphériques et pauciflores ; pédoncules axillaires, presque tous plus longs

Fig. 307. — Trifolium incarnatum. — Trèfle incarnat.

que les feuilles. Juin. *Flles* à folioles arrondies, cunéiformes, finement denticulées, un peu épaisses ; stipules amples, entières et mucronées. *Haut.* 15 cent. Californie, 1824. Plante annuelle. (B. R. 1883.)

T. hybridum, Linn. Alsike ; Angl. Bastard Clover. — *Fl.* blanches ou rosées, de 8 mm. de long, étalées ou réfléchies et réunies en capitules axillaires, pédonculés, globuleux, de 20 à 25 mm. de diamètre ; dents du calice peu inégales ; les supérieures une fois plus longues que le tube. Juin-août. *Flles* longuement pétiolées, à folioles obovales ou oblongues, de 12 à 18 mm. de long, dentées ; stipules oblongues-allongées, triangulaires supérieurement. Tiges fistuleuses, flexueuses, de 15 à 30 cent. de haut. Europe ; France, etc. ; naturalisé en Angleterre. Cultivé comme plante fourragère. (B. M. 3702.)

T. incarnatum, Linn. Trèfle incarnat, Farouche, etc. ;

Angl. Crimson Clover. — *Fl.* d'un beau rouge écarlate vif, de 25 mm. de long, nombreuses et réunies en épis ovoïdes ou allongés, cylindriques, de 3 à 5 cent. de diamètre et jusqu'à 10 cent. de long; calice longuement velu, à dents non ascendantes et à gorge béante. Juin-juillet. *Flles* courtement pétiolées, à folioles largement obovales ou obcordées, de 2 à 4 cent. de long; stipules obtuses. Tiges dressées, un peu grêles et couvertes de poils étalés. *Haut.* 30 à 40 cent. Europe méridionale; France, etc. (B. M. 328.) Annuel.

Il en existe une var. *Molineri*, Balb., à fleurs blanc rosé et quelques formes agricoles car cette belle plante,

Fig. 308. — Trifolium pannonicum.

bisannuelle en culture, est beaucoup cultivée pour le fourrage très précoce qu'elle fournit après l'hiver et que l'on fait consommer en vert aux animaux.

T. Lupinaster, Linn. * Angl. Bastard Lupine. — *Fl.* pourpres, grandes, à ailes et carène plus pâles que l'étendard; capitules ombelliformes, pédonculés et dépourvus de bractées. Juin-août. *Flles* sessiles, à cinq folioles linéaires-lancéolées, mucronées, finement dentées; stipules larges et acuminées. *Haut.* 30 à 50 cent. Sibérie, 1741. (B. M. 879.) — Il en existe une var. *albiflorum*, à fleurs blanches.

T. olympicum, Hornem. *Fl.* jaunâtres, réunies en épis oblongs et solitaires; calice poilu; étendard très long. Juillet. *Flles* à folioles elliptiques-lancéolées, entières, sessiles et poilues; stipules subulées et engainantes. Tige dressée et poilue. *Haut.* 30 cent. Mont Olympe, 1817. (B. M. 2790.)

T. pannonicum, Linn. *Fl.* blanc jaunâtre pâle, grandes, réunies en gros capitules ovoïdes; calice glabre ou hérissé de poils, à divisions sétacées, l'inférieure égalant la corolle. Mai-juin. *Flles* à folioles lancéolées-aiguës, entières et ciliées; stipules amples à la base, acuminées, nervées, plus longues que les pétioles. Tiges épaisses et peu rameuses. Hongrie, 1752. Cette espèce a été récemment recommandée comme plante fourragère.

T. polyphyllum, C. A. Mey. Plante analogue au *T. alpinum*, mais à folioles plus nombreuses. Caucase, 1897.

T. pratense, Linn. — Trèfle des prés, T. violet. — *Fl.* rose purpurin ou violacées, rarement blanches, réunies en capitules sub-globuleux, calice à tube velu, resserré à la gorge et à divisions sétacées, inégales. Mai-septembre. *Flles* inférieures seules pétiolées, à folioles oblongues, flasques, obscurément denticulées; stipules membraneuses, triangulaires, rayées de violet. Tiges dressées, simples ou

Fig. 309. — Trifolium pratense. — Trèfle violet.

rameuses. *Haut.* 20 à 50 cent. Europe; France, Angleterre, etc.

T. reflexum, Linn. Angl. Buffalo Clover. — *Fl.* élégantes, à étendard rose rouge, largement ovale; ailes et carène blanches; capitules sub-ombellés, denses, à pédoncules deux fois aussi longs qu'eux. Avril-juin. *Flles* à folioles obovales ou obovales-oblongues, parfois émarginées, crénelées-serrulées; stipules foliacées et acuminées. Tiges ascendantes ou retombantes, de 30 à 50 cent. de long. Amérique du Nord, 1794. Plante annuelle. (B. M. 3471.)

T. repens, Linn. * Trèfle blanc, T. rampant. — *Fl.* blanches, petites, pédicellées, réfléchies, réunies en capitules lâches, sub-globuleux et souvent longuement pédonculés; calice élargi et nu à la gorge, à divisions lancéolées; les supérieures rapprochées. Mai-septembre. *Flles* longuement pétiolées, à folioles obovales, denticulées, obtuses ou émarginées; stipules ovales et subulées. Tiges étalées ou couchées et souvent même traînantes. Europe; France, Angleterre, etc.; très commun dans les lieux herbeux, les pelouses et les pâturages. On le mêle fréquemment en petite quantité aux semences de gazon, à cause de sa résistance et de sa durée, mais il est envahissant et susceptible d'étouffer l'herbe.

T. r. atropurpureum, Hort. * Trèfle rampant à feuilles

pourpres. — Cette variété ne diffère du type que par ses feuilles souvent composées de quatre ou cinq folioles obovales ou obcordées, portant une grande tache centrale pourpre brunâtre, couvrant presque toute la surface du limbe, et par son port un peu plus réduit. Elle convient à l'ornementation des rocailles et à la formation des tapis et de petites bordures. On ne la multiplie que par divisions.

Fig. 310. — TRIFOLIUM REPENS. — Trèfle blanc.

T. rubens, Linn. *Fl.* rouge carmin ou purpurines, réunies en gros capitules ovoïdes ou oblongs, cylindriques, souvent allongés; calice à tube resserré et velu à la gorge, à divisions très inégales, sétacées et ciliées. Juin-juillet. *Flles* courtement pétiolées, à folioles oblongues-lancéolées, veinées, denticulées; stipules amples, lancéolées, dentées. Tiges fortes, dressées. *Haut.* 30 cent. et plus. Europe centrale et australe; France, etc. (R. G. 1886, 243.) — Il en existe une variété à *fleurs blanches*.

T. spadiceum, Thuill. Angl. Brown Clover. — *Fl.* jaunes, à étendard légèrement ferrugineux et obcordé; capitules ovoïdes et pédonculés. Juin-août. *Flles* pétiolées, à folioles oblongues-ovales, sessiles, denticulées; stipules foliacées, acuminées. Tiges dressées. *Haut.* 60 cent. Europe; France, etc.

Fig. 311. — TRIFOLIUM RUBENS.

T. uniflorum, Linn.* *Fl.* axillaires, solitaires, courtement pédonculées; corolle très longue, à étendard bleu, avec les ailes et la carène pourpres. Mai-septembre. *Flles* à trois folioles ovales, acuminées-dentées, nervées; stipules engainantes, longuement acuminées. Tiges très courtes. Syrie, etc. 1800. Plante touffue, rampante. (L. B. C. 1882; S. B. F. G. ser. II, 200.) Sa variété *Sternbergianum* a des fleurs blanches.

T. vesiculosum, Savi. *Fl.* rougeâtres, à calice scarieux renflé, avec des segments subulés, beaucoup plus courts que la corolle; capitules ovales, épais et longuement pédonculés. Juin-juillet. *Flles* à folioles lancéolées, aiguës, fortement serrulées; stipules étroites, longuement acuminées. Tiges dressées, fermes, de 20 cent. de haut. Europe méridionale; France, etc. (B. R. 1408.)

TRIFURCIA, Herb. — V. **Alophia**, Herb.

TRIGLOCHIN, Linn. (de *treis*, trois, et *glochin*, angle tranchant; allusion aux angles de la capsule). Fam. *Naiadacées*. — Genre comprenant une douzaine d'espèces de plantes herbacées, marécageuses, rustiques ou de serre froide, dressées, scapigères et largement dispersées, mais habitant principalement les régions tempérées et froides. Fleurs petites ou assez grandes, en épis ou courtement pédicellées et réunies en grappes dressées et dépourvues de bractées et de bractéoles; périanthe à trois-six segments, rarement moins, squamiformes; étamines six. Feuilles allongées, planes ou un peu arrondies et parfois flottantes.

Fig. 312. — TRIGLOCHIN PALUSTRE. — Épi florifère.

Les *T. maritimum*, Linn., et *T. palustre*, Linn., croissent spontanément en France et en Angleterre, mais ne présentent aucun intérêt horticole, et c'est à peine si le suivant est digne d'être décrit ici. On peut les cultiver dans des pots remplis de terre tourbeuse et dont on tient la base plongée dans l'eau.

T. Barrelieri, Lois. Syn. de *T. bulbosum*, Linn.

T. bulbosum, Linn. *Fl.* purpurines, nombreuses et très variables, pédicellés, disposées en grappe simple et allongée au sommet d'une hampe dressée et lisse. Octobre. *Flles* semi-cylindriques, linéaires, bilobées, aplanies ou canaliculées supérieurement; les externes souvent réduites à l'état de gaines. Rhizome court et plus ou moins tubéreux, entouré de tuniques entrelacées. *Haut.* 30 cent. Europe. Asie Mineure et sud de l'Afrique; France, etc., régions maritimes. (B. M. 1445; L. B. C. 1151.) Syn. *T. Barrelieri*, Lois.

TRIGLOSSUM, Fisch. — V. **Arundinaria**, Michx.

TRIGONE; Angl. Trigonal. — A trois angles ou trois faces planes.

TRIGONELLA, Linn. (de *treis*, trois, et *gonu*, genou, angle; l'étendard est plan, tandis que les ailes de la corolle sont étalées, ce qui donne à la fleur un aspect triangulaire). Angl. Fenugreck. Comprend les *Pocockia*, Seringe. Fam. *Légumineuses*. — Genre renfermant environ soixante espèces de plantes herbacées, annuelles ou vivaces, rustiques et exhalant souvent une odeur forte. Sept espèces croissent spontanément en France et une en Angleterre. Ce sont des plantes largement dispersées dans l'Europe, l'Asie et l'Afrique et une habite l'Australie. Fleurs bleues, jaunes ou blanches, diversement disposées, mais souvent en grappes axillaires et papilionacées; calice à tube court et à cinq dents ou lobes sub-égaux, pétales libres d'adhérence au tube staminal; étendard obovale ou oblong, sessile ou contracté en un large onglet; ailes oblongues; carène obtuse; gousse polysperme, exserte et plus ou moins comprimée ou arquée. Feuilles à trois folioles pinnées et pourvues de stipules soudées au pétiole.

La plupart des espèces de ce genre sont dépourvues d'intérêt horticole; le *T. cærulea*, le plus important à ce point de vue, est cependant assez joli et digne de figurer dans les jardins; c'est en outre une excellente plante mellifère, très recherchée par les Abeilles.

Le *T. fœnum-græcum* exhale une odeur excessivement pénétrante et persistante lorsqu'il est sec; il est surtout cultivé pour ses graines, que l'on donne parfois aux animaux, notamment aux Chevaux, pour leur faire prendre un embonpoint passager; on leur attribuait autrefois de grandes vertus médicinales et même culinaires, mais leur usage est depuis longtemps tombé en désuétude. Le fourrage que fournit la plante n'a même qu'une valeur très contestée. Ces plantes sont des plus faciles à cultiver, car elles prospèrent en tous terrains et se sèment au printemps, simplement à la volée et en place.

T. cærulea, Seringe. Mélilot bleu. Baume du Pérou. Lotier odorant. Trèfle musqué. — *Fl.* bleuâtres, réunies en bouquets denses et longuement pédonculés; pétales obscurément rayés de bleu; carène très petite. Juillet-août. *Gousse* petite, arrondie. *Flles* à trois folioles oblongues; les inférieures arrondies-ovales et denticulées; les supérieures plus étroites; stipules lancéolées et dentées à la base. Tiges dressées, un peu ramifiées. *Haut.* 30 à 50 cent. Bohême, Hongrie et Suisse. 1562. Plante annuelle. Syn. *Trifolium cæruleum*, Bieb. (B. M. 2283); *Melilotus cærulea*, Lamk.

T. Fœnum-Græcum, Linn. Fenugrec, Senegrain. — *Fl.* blanches, solitaires ou géminées, axillaires, sessiles, à calice poilu, avec des dents subulées, aussi longues que le tube. Juin-août. *Gousse* comprimée, très longue, terminée par un bec aigu, de moitié plus court qu'elle. *Flles* à folioles obovales, obscurément dentées, accompagnées de stipules lancéolées, arquées et entières. Tige simple, dressée. *Haut.* 30 à 60 cent. Sud de la France. Plante annuelle. (B. M. Pl. 71; S. F. G. 766.)

T. ruthenica, Linn. *Fl.* jaunes, réunies en grappes capitées. *Gousse* oblongue, droite ou un peu arquée. *Flles* lancéolées, très obtuses, finement serrulées, accompagnées de stipules presque entières. Tiges couchées, puis ascendantes, de 50 cent. de haut. Sibérie, 1741. Plante vivace. (L. B. C. 1391.) — *Medicago ruthenica*, Trautv. est maintenant le nom correct de cette plante.

Beaucoup d'autres espèces ont encore été introduites dans les jardins, mais comme elles sont peu décoratives, elles n'y ont sans doute pas persisté.

TRIGONIA, Aubl. (de *treis*, trois, et *gonu*, angle, genou; allusion aux fruits triangulaires). Syn. *Mainea*, Vell. Fam. *Vochysiacées*. — Genre comprenant environ vingt-cinq espèces d'arbustes grimpants ou sarmenteux et de serre chaude, habitant le Brésil et la Guyane. Fleurs souvent petites, réunies en grappes ou panicules terminales; sépales et pétales au nombre de cinq; étamines cinq à douze. Feuilles opposées, courtement pétiolées et pourvues de stipules caduques.

Les *T. lævis*, Aubl.; *T. mollis*, DC. et *T. villosa*, Aubl. ont été introduits dans les cultures, mais ils en sont sans doute disparus.

TRIGONIDIUM, Lindl. (de *trigona*, trigone, triangle, et *eidos*, semblable; allusion à la forme triangulaire de plusieurs parties de ces plantes). Fam. *Orchidées*. — Petit genre comprenant sept ou huit espèces de curieuses Orchidées épiphytes et de serre chaude, habitant l'Amérique tropicale, depuis le Brésil jusqu'à l'Amérique centrale. Fleurs assez grandes, courtement pédicellées à l'aisselle de grandes bractées spathacées et solitaires au sommet des hampes; sépales sub-égaux, connivents ou cohérents à la base en tube triquètre et turbiné, libres supérieurement et étalés; pétales semblables mais beaucoup plus petits; labelle inséré à la base de la colonne, dressé, beaucoup plus court que les sépales et à lobes latéraux dressés, embrassant la colonne; le médian étalé; masses polliniques quatre; hampes garnies de nombreuses gaines. Tige très courte, le plus souvent pseudo-bulbeuse.

Les espèces décrites ci-après sont les plus intéressantes parmi celles introduites dans les jardins. Elles prospèrent sur des bûches ou dans des paniers remplis de fibres de bruyère et de sphagnum et demandent à être placées près du vitrage, afin de recevoir la pleine lumière.

T. acuminatum. Batem. *Fl.* jaune paille terne à l'extérieur, élégamment striées de beau brun à l'intérieur, à sépales acuminés et récurvés au sommet, pétales ovales-lancéolés et mucronés. *Flles* linéaires et plus longues que les pédoncules. Pseudo-bulbes ovales, aigus, sillonnés et monophylles. Demerara, 1834.

T. Egertonianum, Batem. *Fl.* couleur de foie pâle, éclaboussées et veinées de brun, à sépales aigus; les latéraux réfléchis; pétales légèrement aigus. *Flles* étroites, ayant souvent 50 cent. de long, ensiformes. Pseudo-bulbes fasciculés, ovales, comprimés et à deux feuilles. Honduras, 1834. Espèce très distincte.

T. obtusum, Lindl.* *Fl.* à sépales jaune rougeâtre, obovales; pétales blancs, veinés de rose, bruns au sommet et obtus; labelle blanc, tuberculeux au sommet, à lobes latéraux marginés de rouge et le médian jaune sur le devant. *Flles* linéaires-lancéolées. Demerara, 1834. (B. R. 1923.)

T. tenue, Lodd. *Fl.* pourpre brunâtre, à sépales réfléchis, très acuminés; labelle obtus, glabre, réfléchi au sommet; hampe dressée et grêle. *Flles* ensiformes, très aiguës et plus longues que la hampe. Pseudo-bulbes-ovales, comprimés et monophylles. Demerara, 1830.

TRIGUERA, Cav. — V. Hibiscus, Linn.

TRIGYNE; Angl. Trigynous. — A trois styles.

TRILISA, Cass. (de *trilix*, triple; allusion aux divisions de l'aigrette). Fam. *Composées*. — Petit genre ne comprenant que deux espèces de plantes herbacées, dressées, vivaces et rustiques, habitant l'Amérique du Nord. Capitules purpurins ou blancs, un peu petits, paniculés, à fleurons tous tubuleux, réguliers, égaux et à cinq divisions; involucre formé de bractées disposées en deux ou trois séries; réceptacle plan et nu. Feuilles alternes, entières, amplexicaules; les radicales allongées. L'espèce suivante est seule digne d'être décrite ici. Elle prospère en terre légère et fertile. Multiplication au printemps, par division des plus fortes touffes ou par semis que l'on fait au commencement de l'automne.

T. odoratissima, Cass. Angl. Vanilla Plant. — *Capitules* pourpre vif, nombreux, pédicellés, entourés d'un involucre d'écailles glanduleuses. Septembre. *Flles* épaisses; les radicales amples, obovales-spatulées, rétrécies à la base, souvent légèrement et obscurément dentées ; les caulinaires oblongues, embrassantes à la base ; les supérieures petites et éparses. Tige de 60 cent. à 1 m. 20 de haut, ramifiée et corymbiforme au sommet. Amérique du Nord, 1786. — Les feuilles de cette plante exhalent, lorsqu'on les froisse, un parfum de vanille. Syn. *Liatris odoratissima*, Willd. (A. B. R. 633 ; S. B. F. G. ser. II, 184.)

TRILIX, Linn. — V. **Prockia**, Linn.

TRILLIACÉES. — Réunies aux Liliacées.

TRILLIUM, Linn. (de *trilix*, triple ; allusion au nombre trois des parties de la fleur et des feuilles). Angl. American Wood Lily, Indian Shamrock ; Three-leaved Nightshade. Fam. *Liliacées*. — Genre comprenant environ une douzaine d'espèces de plantes herbacées, vivaces et rustiques, à rhizome court et épais, habitant l'Amérique du Nord, les régions montagneuses et tempérées de l'Asie, depuis l'Himalaya jusqu'au Japon. Fleur unique, dressée, penchée ou pendante au sommet de la tige, sessile ou pédicellée et insérée au centre de l'unique rosette de feuilles ; périanthe violet, livide, blanc ou verdâtre et persistant, composés de six segments libres, étalés et différents ; les externes grêles et herbacés, verts ou rarement colorés ; les internes souvent bien plus grands, pétaloïdes, colorés, moins étalés ou parfois récurvés au sommet ; étamines six ; style profondément trifide ou tripartite dès la base. Le fruit est une baie globuleuse ou ovoïde et indéhiscente. Feuilles trois par tige et verticillées au sommet, larges, sub-sessiles ou assez longuement pétiolées, à trois-cinq nervures et réticulées penniveinées. Tige simple, dressée, pourvue à la base de quelques bractées scarieuses et engainantes.

Les espèces existant dans les cultures sont décrites ci-après. Toutes sont américaines et possèdent des rhizomes violemment émétiques. Elles prospèrent de préférence dans la terre de bruyère et dans un endroit ombragé. Pendant l'été, il leur faut de copieux arrosements. Leur multiplication est assez lente ; elle peut s'effectuer par divisions ou par semis.

Le *T. grandiflorum* est le plus méritant et constitue une excellente plante vivace et rustique à introduire dans les collections.

T. Catesbæi, Ell. Syn. de *T. stylosum*, Nutt.

T. cernuum, Linn. *Fl.* petites, à segments internes du périanthe blancs, de 2 à 2 cent. 1/2 de long, oblongs-ovales, ondulés, récurvés, un peu plus longs que les externes, ceux-ci lancéolés ; pédoncule ordinairement plus court que la fleur. Avril-mai. *Flles* largement rhomboïdes, de 5 à 15 cent. de long, brusquement acuminées et courtement pétiolées. Tiges deux ou trois, de 50 cent. de haut. Amérique septentrionale, 1758. (B. M. 954.)

T. discolor, Wray. *Fl.* à segments internes du périanthe pourpre foncé, variant jusqu'au vert, de 4 à 5 cent. de long, dressés, oblongs, obtus, rétrécis inférieurement ; les externes plus courts, lancéolés et étalés. Février-mars. *Flles* sessiles, de 5 à 8 cent. de long, variant depuis la forme ovale-lancéolée jusqu'à celle largement ovale, graduellement rétrécies depuis la base jusqu'au sommet, panachées en dessus de vert et de brun ou de pourpre foncé. Tige forte, solitaire, de 15 à 25 cent. de haut. Amérique septentrionale, 1831. (B. M. 3097.) — Selon Sereno Watson, *T. sessile Wrayi* est le nom correct de cette plante.

T. erectum, Linn. * Angl. Beth-root, Birth-root, Lamb's Quarters. — *Fl.* de 2 1/2 à 4 cent. de long, étalées, fétides, à segments internes du périanthe pourpre foncé, ovales ou oblongs, un peu plus longs que les externes ; ceux-ci lancéolés-ovales ; pédoncules de 4 à 8 cent. de long, à la fin déclinés. Mai. *Flles* sessiles, largement rhomboïdes brusquement acuminées et aiguës à la base. Tige solita[ire]

Fig. 313. — Trillium erectum.

de 30 cent. de haut. Amérique septentrionale, 1759. (B. M. 470 ; F. d. S. 990 ; L. B. C. 1838.) Syns. *T. fœtidum*, Salisb. (G. C. n. s. XIX, p. 605) ; *T. pendulum*, Willd. ; *T. rhomboideum*, Michx. (B. 138.)

T. e. album, Hort. *Fl.* à segments internes du périanthe blanc verdâtre ou rarement jaunâtres. (B. M. 1027 ; L. B. C. 1850.)

T. e. ochroleucum, Hort. *Fl.* à segments internes du périanthe blanc jaunâtre. (B. M. 3250, sous le nom de *T. e. viridiflorum*.)

T. erythrocarpum, Michx. * Angl. Painted Wood Lily. — *Fl.* de 2 à 2 cent. 1/2 de long, à segments internes du périanthe blancs, striés de pourpre à la base, oblongs, ondulés, beaucoup plus longs que les externes ; ceux-ci lancéolés ; pédoncules de 2 1/2 à 5 cent. de long, dressés. Avril-mai. *Fr.* rouges. *Flles* ovales, de 8 à 12 cent. de long, longuement acuminées, arrondies à la base, courtement pétiolées. Tige solitaire, de 30 cent. de haut. Amérique septentrionale, 1811. (B. M. 3002 ; L. B. C. 1232 ; S. B. F. G. 212.)

T. fœtidum, Salisb. Syn. de *T. erectum*, Linn.

T. grandiflorum, Salisb. * Angl. Wake Robin. — *Fl.* de 5 cent. de long, à segments internes du périanthe blancs, passant au rose, obovales, beaucoup plus longs et plus larges que les externes, ceux-ci lancéolés ; pédoncule plus long que la fleur, dressé ou légèrement décliné. Mai. *Flles* de 8 à 12 cent. de long, rhomboïdes-ovales, brusquement acuminées et presque sessiles. Tige solitaire, de 30 à 50 cent. de haut. Amérique septentrionale, 1799. Très belle plante. (F. d. S. 991 ; L. B. C. 1349 ; R. G. 575 ; Gn. 1891, 821 ; B. M. 855, sous le nom de *T. erythrocarpum*, Curt.)

T. nervosum, Ell. Syn. de *T. stylosum*, Nutt.

T. nivale, Riddell. * *Fl.* à segments internes du périanthe blancs, oblongs, obtus, de 2 cent. 1/2 de long, à peine ondulés, dressés à la base, puis étalés supérieurement, égalant le pédoncule; segments externes lancéolés et obtus. Avril. *Flles* de 2 1/2 à 5 cent. de long, ovales, obtuses, arrondies à la base, et distinctement pétiolées. Tige de 60 cent. à 1 m. 20 de haut. Amérique septentrionale, 1879. (B. M. 6449.)

T. obovatum, Pursh. *Fl.* à segments internes du périanthe roses, de plus de 2 cent. 1/2 de long, elliptiques-ovales, obtus; les internes plus courts, oblongs; pédoncule dressé, de 2 cent. 1/2 de long. Avril. *Flles* sessiles, arrondies-rhomboïdes, brusquement acuminées, vertes en dessus, à peine un peu plus pâles en dessous, glabres, de 6 cent. de long. Tige dressée, de 20 à 25 cent. de haut. Amérique septentrionale occidentale, 1810. — Cette plante est considérée par S. Watson comme probablement identique avec le *T. erectum*.

Fig. 314. — TRILLIUM GRANDIFLORUM.

T. pendulum, Willd. Syn. de *T. erectum*, Linn.

T. rhomboideum, Michx. Syn. de *T. erectum*, Linn.

T. sessile, Linn. *Fl.* de 2 1/2 à 3 cent. 1/2 de long, sessile, dressée, à segments internes du périanthe pourpre foncé, dressés et beaucoup plus longs que les externes; ceux-ci lancéolés et étalés. Mars-avril. *Flles* sessiles, de 2 1/2 à 8 cent. de long, largement ovales, ayant leur plus grand diamètre au milieu, brusquement aiguës, rétrécies à la base, panachées en dessus de vert pâle sur vert foncé. Tiges grêles, de 15 à 30 cent. de haut, ordinairement deux ou trois par touffe. Amérique septentrionale, 1759. (B. M. 40; F. d. S. 2311; L. B. C. 875.)

T. s. californicum, Hort. Variété robuste et à grandes fleurs. Californie, 1890. (G. et F. 1890, p. 321, f. 44.)

T. s. Wrayi, Hort. — Voy. *T. discolor*, Wray.

T. stylosum, Nutt. *Fl.* de 4 à 5 cent. de long, à segments internes du périanthe teintés de rose, oblongs, beaucoup plus longs et plus larges que les sépales; styles soudés depuis la base jusqu'au milieu; pédoncule de 4 à 5 cent. de long. Avril-mai. *Flles* ovales ou oblongues, de 10 cent. de long, aiguës et courtement pétiolées. Tige solitaire, grêle, de 30 à 45 cent. de haut. Amérique septentrionale, 1823. Syns. *T. Catesbæi*, Ell. et *T. nervosum*, Ell.

TRILOBÉ; ANGL. Trilobate. — Se dit des feuilles et autres organes foliaires plus ou moins profondément découpés en trois lobes ou segments.

TRILOCULAIRE; ANGL. Trilocular. — A trois loges; se dit surtout des ovaires et des fruits.

TRIMERISMA, Presl. — V. **Platylophus**, D. Don.

TRIMETRIS. — Mot latin qui signifie : *trois mois* et qui a été appliqué, comme nom spécifique à quelques plantes, notamment à une Lavatère, le *Lavatera trimestris*.

TRIMEZA, Salisb. (de *treis*, trois, et *merizo*, diviser; allusion aux divisions trimères des fleurs). SYNS. *Lambergia*, de Vriese; *Pourchon*, Allem.; *Remaclea*, C. Morren et *Xanthocromyon*, Karst. FAM. *Iridées*. — Genre comprenant une demi-douzaine d'espèce (quatre selon M. Baker) de plantes bulbeuses, de serre chaude, habitant les Indes occidentales et l'Amérique centrale. Elles sont voisines des *Cypella*, dont elles diffèrent principalement par leurs feuilles non plissées et par leurs petits styles en crêtes. Fleurs plusieurs dans la même spathe et pédicellées; spathes solitaires et terminales ou réunies par deux-trois à l'aisselle des feuilles florales; périanthe à tube nul et à segments bisériés et très dissemblables, libres, courtement onguiculés; les externes obovales, avec un large onglet concave; les internes beaucoup plus petits, enroulés et à limbe défléchi; étamines courtes, dressées, à filets libres et opposés aux segments externes; ovaire oblong, à styles subulés à la base, se terminant en trois mucrons portant horizontalement les stigmates. Capsule oblongue. Feuilles peu nombreuses, insérées à la base de la tige, longues, planes et garnies de nervures proéminentes, parfois arrondies et jonciformes; hampe entièrement nue ou garnie d'une seule feuille florale. L'espèce suivante est une seule introduite. Pour sa culture, V. **Iris**.

T. lurida, Salisb. *Fl.* fasciculées par quatre-six, à segments du périanthe jaune vif, très fugaces, les trois externes de 15 à 18 mm. de long, bigarrés à la gorge; les trois internes beaucoup plus petits; hampe égalant les feuilles et portant une seule feuille réduite et embrassante. Avril. *Flles* radicales environ six, dressées, étroitement linéaires, de 30 cent. de long et 8 à 10 mm. de large, graduellement rétrécies en pointe. Indes occidentales, etc., 1848. Syns. *T. martinicensis*, Herb.; *Cipura martinicensis*, Humb., Bonpl. et Kunth. (Ref. B. 310); *Iris martinicensis*, Linn. (B. M. 415); *Lansbergia caracasana*, De Vriese; *Marica semiaperta*, Lodd. (L. B. C. 685.)

T. martinicensis, Herb. Syn. de *T. lurida*, Salisb.

TRINIA, Hoffm. (dédié au Dr Karl B. Trinius, botaniste russe; 1778-1844). FAM. *Ombellifères*. — Genre comprenant sept ou huit espèces de plantes herbacées, vivaces, très ramifiées et rustiques, habitant la région méditerranéenne et l'Asie tempérée. Une espèce, le *T. vulgaris*, DC., croît spontanément en France et en Angleterre. Fleurs jaunâtres ou blanches, réunies en ombelles composées, mais à rayons souvent peu nombreux. Feuilles pinnées ou sub-ternées et décomposées. Ces plantes ne présentent aucun intérêt au point de vue horticole.

TRINERVÉ; ANGL. Triple nerved. — Se dit des feuilles et autres organes portant trois nervures.

TRIODIA, R. Br. (de *treis*, trois, et *odous*, dent; allusion aux glumes tridentées). SYN. *Uralepis*, Spreng. (On écrit parfois mais à tort *Uralepsis*, Nutt.) Comprend les *Tricuspis*, P. Beauv. et *Tridens*, Ræm. et Schult. FAM. *Graminées*. — Genre renfermant environ vingt-six espèces de Graminées vivaces, rustiques ou de serre froide, habitant l'Europe, l'Amérique extra-tropicale, l'Afrique australe et sub-tropicale, ainsi que l'Australie et la Nouvelle-Zélande; quelques-unes se retrouvent aussi dans l'Amérique tropicale. Deux espèces croissent spontanément en France et le T. (*Danthonia* vel *Sieglingia*, Auct.) *decumbens*, P. Beauv., le plus commun chez nous, se rencontre aussi en Angleterre. Fleurs réunies en épillets multiflores, ordinairement dressés, formant une panicule terminale, étroite ou ample; glumes égales, un peu ventrues et égalant les fleurs; glumelle inférieure convexe, bifide et aristée ou trifide et mutique. Feuilles étroites. Plusieurs espèces de ce genre ont été introduites dans les cultures, mais elles ne présentent pas d'intérêt horticole.

TRIOECIE; Angl. Triœcious. — Nom d'un ordre du système de Linné renfermant les pantes à fleurs trioïques.

TRIOIQUE; Angl. Trioicus. — Epithète servant à désigner le petit nombre de plantes dont les fleurs sont mâles sur un individu, femelles sur un autre et hermaphrodites sur un troisième.

TRIOLENA, Naud. (de *treis*, trois, et *olene*, bras; allusion aux trois appendices existant à la base des anthères). Fam. *Mélastomacées*. — Petit genre ne comprenant que trois espèces de plantes herbacées, de serre chaude, presque glabres, poilues ou paléacées et habitant le Mexique, le Vénézuela, et la Nouvelle-Grenade. Fleurs réunies en grappes scorpoïdes ou en épis; calice à tube court, à la fin pourvu de trois ailes et à cinq lobes; pétales cinq, obovales; étamines dix, sub-égales, à anthères dissemblables. Feuilles amples, pétiolées, ovales ou oblongues.

Le *T. scorpioides*, seul introduit, est une plante vivace, ayant le port d'un *Bertolonia*. Il prospère dans un compost fertile de terre franche siliceuse, de terreau de feuilles et demande de la chaleur et de l'humidité. Sa multiplication peut s'effectuer par semis ou par boutures que l'on fait dans du sable, sous cloches et sur chaleur de fond.

T. scorpioides, Naud. *Fl.* réunies en grappes scorpioïdes au sommet de pédoncules axillaires; pétales oblongs-obovales. *Flles* un peu acuminées et légèrement serrulées. Tige de 2 cent. 1/2 ou un peu plus de haut et un peu ligneuse. *Haut.* 15 cent. Chiapas, 1859.

TRIONUM, Linn. — V. **Hibiscus**, Linn.

TRIOPTERIS, Linn. (de *treis*, trois, et *pteron*, aile; allusion aux samares pourvues de trois ailes). Syn. *Triopterys*, A. Juss. Fam. *Malpighiacées*. — Petit genre comprenant trois espèces (huit selon l'*Index Kewensis*) d'arbustes grimpants, de serre chaude, habitant les Indes occidentales et le Mexique.

Fleurs bleues ou violettes; calice à cinq divisions et huit glandes; pétales onguiculés; étamines dix, toutes fertiles; les alternes plus longues; grappes ou panicules axillaires et terminales; pédoncules pourvus de bractées et de deux bractéoles à la base. Feuilles opposées, très glabres, transparentes, veinées, pétiolées, dépourvues de glandes ou de stipules.

Il est douteux que les plantes décrites ci-après existent encore dans les cultures, car elles sont très peu florifères. Il leur faut un compost de terre de bruyère et de sable. Leur multiplication peut s'effectuer par boutures de pousses aoûtées, que l'on fait dans du sable, sous cloches et à chaud.

T. rigida, Swartz. *Fl.* bleues, réunies en grappes espacées, formant dans leur ensemble une panicule lâche. Mai. *Flles* rigides, coriaces, orbiculaires-obovales, elliptiques ou oblongues-linéaires, luisantes, avec de nombreuses nervures parallèles et anastomosées. Indes occidentales, 1822.

T. r. jamaicensis, Linn. (*ut spec*). *Flles* de 12 à 25 mm. de long et 6 à 12 mm. de large, Indes occidentales.

T. r. lucida, Hort. *Fl.* rétuses ou obtuses, de 4 cent. de long et 2 à 4 cent. de large. Cuba.

TRIOPTERIS, A. Juss. — V. **Triopterys**, Linn.

TRIOSTEUM, Linn. (de *treis*, trois, et *osteon*, os; allusion aux trois graines ou nucules osseux que renferment les fruits). Angl. Feverwort, Horse Gentian. — Fam. *Caprifoliacées*. — Genre comprenant environ cinq espèces de plantes herbacées, vivaces et rustiques, dont l'une habite l'Himalaya et les autres l'Amérique du Nord. Fleurs blanc terne, jaunes ou pourpres, souvent axillaires, solitaires ou fasciculées, rarement réunies en épis; calice à tube ovoïde et à limbe à cinq lobes persistants; corolle tubuleuse-campanulée, à tube gibbeux à la base et à limbe oblique, à lobe inégaux et imbriqués; étamines cinq. Le fruit est une drupe à deux ou rarement cinq noyaux. Feuilles opposées, légèrement soudées à la base, sessiles, un peu pandurées ou obovales et entières.

L'espèce suivante, la plus connue, prospère en terre légère et siliceuse, additionnée d'un peu de terreau de feuilles. On peut la multiplier au printemps, par division des touffes, ou en été, par boutures de jeunes pousses, que l'on fait sous cloches.

T. perfoliatum, Linn. *Fl.* pourpre brunâtre, presque toutes fasciculées et sessiles. Juin. *Fr.* orange, de 12 mm.

Fig. 315. — Triosteum perfoliatum.

de long. *Flles* ovales, brusquement rétrécies inférieurement et duveteuses en dessous. *Haut.* 60 cent. à 1 m. 20. Amérique du Nord. 1730. Plante mollement poilue. (S. B. F. ser. II, 45.)

TRIPARTITE; Angl. Triparted. — Se dit des feuilles et autres organes foliaires divisés jusqu'à la base en trois divisions.

TRIPETALEIA, Sieb. et Zucc. — V. **Elliottia**, Muell.

TRIPETALUS, Lindl. — V. **Sambucus**, Tournf.

TRIPHÆNA. — V. **Tryphæna**.

TRIPHASIA, Lour. (de *triphasios*, triple; allusion au nombre des sépales et des pétales). Fam. *Rutacées*. — La seule espèce de ce genre est un arbuste épineux, toujours vert et de serre froide. Ses fruits mûrs ont une saveur douce et agréable; on les fait quelquefois confire entiers, dans du sirop; et on en envoie quelquefois de Manille en Europe, sous le nom anglais de « Lime berries ».

L'arbuste prospère dans un compost de terre franche fibreuse et de terre de bruyère et demande à être arrosé modérément pendant l'hiver. Sa multiplication s'effectue par boutures que l'on fait dans du sable, sous cloches et à chaud.

T. aurantiola, Lour. Angl. Lime-berry tree, of Manilla. — *Fl.* blanches, odorantes, solitaires, axillaires, à calice trilobé ; pétales trois, libres, imbriqués ; étamines six, libres, sub-égales. Mai-juillet. *Fr.* rouge, ovoïde, de la grosseur d'une noisette, à une ou deux loges par avortement et ne contenant alors qu'une ou deux graines. *Flles* alternes, à trois folioles ovales, obtuses, souvent crénelées ; les latérales plus petites que la centrale. *Haut.* 1 m. 50. Chine (et cultivé dans beaucoup d'autres pays), 1798. Syn. *T. trifoliata*, DC.

Fig. 316. — Triphasia aurantiola. — (*Rev. Hort.*)

T. trifoliata, DC. Syn. de *T. aurantiola*, Lour.

TRIPHORA, Nutt. — Réunis aux **Pogonia**. Juss.

TRIPHYSARIA, Fisch. et Mey. Réunis aux *Orthocarpus*, Nutt.

TRIPHYSARIA versicolor, Fisch. et Mey. — V. **Orthocarpus erianthus roseus**.

TRIPINNÉ; Angl. Tripinnate. — Se dit des feuilles trois fois pinnées, c'est-à-dire que les rachis portant les folioles représentent des ramifications de troisième ordre.

TRIPLADENIA, Don. — V. **Kreisigia**. Rchb.

TRIPLARIS, Lœfl. (de *triplex*, triple; les parties des fructifications sont disposées par trois). Syn. *Velasquezia*, Bert. Fam. *Polygonacées*. — Genre dont les vingt-cinq espèces citées se réduisent à environ dix. Ce sont des arbres de serre chaude, largement dispersés dans les régions tropicales de l'Amérique australe. Fleurs dioïques, sessiles ou à peu près à l'aisselle de bractées et réunies en épis allongés, moellement poilus ou soyeux, simples ou souvent ramifiés; périanthe à six divisions; les mâles en entonnoir; les femelles étroites. Nucules trigones, à angles aigus et proéminents.

Le *T. americana*, Linn., a été introduit dans les cultures, mais il est douteux qu'il y existe encore.

TRIPLEURA, Lindl. — V. **Zeuxine**. Lindl.

TRIPLO. — Triple, trois.

TRIPOLIUM, Nees. — Réunis aux **Aster**, Linn.

TRIPSACUM, Linn. (de *tribo*, *tripeo*, battre; allusion à l'usage qu'on peut faire des graines). Fam. *Graminées*. — Genre ne comprenant que deux espèces d'assez grandes Graminées rustiques ou de serre froide, habitant l'Amérique, depuis le Mexique jusqu'au Texas. Fleurs réunies en épillets monoïques, souvent deux ou trois, rarement quatre, plusieurs ou parfois un seul au sommet de l'épi dont la partie supérieure est mâle, tandis que l'inférieure est femelle; glumes et glumelles deux; pédoncules solitaires ou géminés à l'aisselle des feuilles supérieures. Feuilles allongées et subulées-acuminées. Ces plantes sont utilisées comme fourrage dans leur pays natal, mais elles sont trop sensibles pour nos climats.

TRIPTEROSPERMUM. Blume. — V. **Crawfurdia**. Wall.

TRIPTERYGIUM, Hook. f. (de *treis*, trois, et *pterygion*, petite aile; allusion aux fruits courtement ailés). Fam. *Célastrinées*. — La seule espèce de ce genre est un arbuste très glabre, sub-grimpant et rustique. Pour sa culture, V. **Celastrus**.

T. Wilfordii, Hook. f. *Fl.* blanches, petites ; calice à cinq dents; pétales cinq, insérés à la base du disque ; étamines cinq, également insérées sur les bords du disque et à filets subulés ; disque formant une large coupe ; grappes courtes, axillaires et terminales. Juin. *Fr.* de 12 mm. de long, sec, indéhiscent, à trois ailes et monosperme. *Flles* alternes, pétiolées, ovales-oblongues, atténuées au sommet, dentées en scie, fortement veinées et dépourvues de stipules. *Haut.* 60 cent. à 1 m. Japon, Formose et Corée, 1867. (B. G. 612.)

TRIPTILION, Ruiz et Pav. (de *treis*, trois, et *ptilon*, aile; allusion aux trois divisions de l'aigrette). Fam. *Composées*. — Genre comprenant environ une demi-douzaine de plantes herbacées, rustiques ou demi-rustiques, annuelles ou vivaces et habitant le Chili. Capitules bleus ou blancs, un peu petits, homogames, c'est-à-dire à fleurons tous ligulés et formant un corymbe ou une panicule feuillue au sommet des rameaux; fleurons bilabiés, à languette externe entière ou tridentée ; l'interne entière ou bifide; involucre formé de bractées peu nombreuses, très aiguës et spinescentes; les externes plus courtes que les internes; réceptacle nu ou garni de paillettes fibrilleuses; achaines finement papilleux. Feuilles alternes, éparses, dentées et ciliées ou épineuses, ou pinnatifides.

Les deux espèces décrites ci-après ont été introduites dans les cultures. Elles demandent une terre légère et fertile; on peut les multiplier par semis et par divisions pour le *T. spinosum*. Le semis se fait au printemps, sur couche ; on repique ensuite les jeunes plants en pépinière abritée, puis en place à la fin de mai, ou bien on les met en pots, pour les y élever et les faire fleurir en serre froide.

T. cordifolium, Lag. *Capitules* blancs, sub-ternés, fasciculés au sommet des rameaux et des ramilles ; aigrette composée de trois soies ciliées au sommet. Juillet. *Flles* sessiles, cordées-amplexicaules, presque arrondies, à bords dentés et pourvus d'épines espacées. Tige dressée et ramifiée au sommet. *Haut.* 15 cent. Chili, 1824. Plante annuelle. (B. R. 853.)

T. spinosum, Ruiz. et Pav. *Capitules* à fleurons bilabiés, ayant la lèvre externe bleue, tandis que l'interne est blanche ; involucre glabre. Juillet. *Flles* pinnées-lobées, à lobes terminés par un mucron épineux. Tige ramifiée corymbiforme au sommet. *Haut.* 15 cent. Plante vivace. (B. 224 ; B. R. XXVII, 22 ; P. M. B. X, 269.)

TRIQUE-MADAME. — V. **Sedum album.**

TRIQUÈTRE ; Angl. Triquetrous. — A trois angles.

TRISÉQUÉ ; Angl. Trisected. — Se dit des organes et surtout des feuilles profondément découpées en trois parties.

TRISETUM, Pers. (de *treis*, trois, et *seta*, soie, cil ; allusion aux trois arêtes de fleurs). Comprend les *Rostraria*, Trin. et *Trichæta*, P. Beauv. Fam. *Graminées.* — Genre renfermant environ cinquante espèces de plantes herbacées, rustiques, touffues, vivaces ou ou rarement annuelles. largement dispersées dans les régions tempérées et montagneuses du globe. Cinq ou six espèces croissent spontanément en France et une en Angleterre. Fleurs réunies par deux-six en épillets comprimés, formant une panicule rameuse, souvent luisante, tantôt lâche et étalée, tantôt spiciforme, ovale ou oblongue, glumes carénées et inégales ; glumelle inférieure carénée, munie au sommet d'une arête droite ou genouillée et tordue. Feuilles planes.

Ces plantes ne présentent aucun intérêt horticole, mais l'espèce décrite ci-après est une excellente plante fourragère, qui entre fréquemment dans la composition des mélanges pour prairies et pelouses ; elle est aussi très commune à l'état spontané et dans les situations et les sols les plus divers.

T. flavescens, P. Beauv. *Fl.* en panicules dressées ou un peu penchées, à épillets jaunâtres, un peu panachés de blanc et de violet ; rachis des épillets barbu ; glumelle inférieure pourvue d'une longue arête. Juin-juillet. *Flles* planes, à gaines pubescentes. Chaumes dressés, grêles, noueux et feuillus. Souche stolonifère. *Haut.* 20 à 50 cent. Europe, France, Angleterre, etc. Syn. *Avena flavescens*, Linn.

TRISIOLA, Raf. — V. **Uniola**, Linn.

TRISMERIA. — Réunis aux **Gymnogramme**, Desv.

TRISTAGMA, Pœpp. (de *treis*, trois, et *stagma*, goutte ; allusion aux trois glandes mellifères). Syns. *Stemmatium*, Phil. ; *Stephanio*, Willd. et *Stephanolirion*, Baker. Fam. *Liliacées.* — Genre ne comprenant que trois espèces de plantes bulbeuses et de serre froide, habitant le Chili. Fleurs peu nombreuses, pédicellées et réunies en ombelles terminales ; périanthe en coupe, à tube cylindrique et à limbe à six segments sub-égaux et étalés ; coronule formée de trois à six écailles libres ou un peu soudées, ou parfois entièrement absentes ; étamines six ; bractées de l'involucre deux ; hampe simple et aphylle. Feuilles radicales peu nombreuses et étroitement linéaires. Bulbe sub-globuleux et tuniqué.

L'espèce suivante, seule introduite, est une plante intéressante, ressemblant un peu à un *Narcisse.* Elle prospère dans un compost de terre franche fertile et siliceuse et ne demande que peu d'eau. On la multiplie par semis ou par séparation des rejets.

T. narcissoides, Benth. et Hook. f. *Fl.* à tube du périanthe blanc terne, ayant à peine 12 mm. de long, avec six bandes vertes ; segments blanc pur sur la face supérieure, avec une carène à deux nervures et verdâtre ; coronule orange vif, dressée ; ombelle composée de cinq à six fleurs ; hampe grêle, arrondie, pourpre, de plus de 30 cent. de haut. Septembre. *Flles* environ quatre, dressées, de 15 cent. de haut, étroitement linéaires, glabres et acuminées. Bulbe globuleux, de moins de 2 cent. 1/2 de diamètre, avec plusieurs tuniques membraneuses et brunes. Chili, 1875. (R. G. 1889, 1302.) Syns. *Stemmatium narcissoides*, Phil. ; *Stephanolirion narcissoides*, Baker.

TRISTANIA, R. Br. (dédié à Jules M. C. Tristan, botaniste français ; 1776-1861). Fam. *Myrtacées.* — Genre comprenant une douzaine d'espèces de grands arbrisseaux ou d'arbres de serre chaude ou tempérée dont quatre habitent l'Archipel indien, deux la Nouvelle-Calédonie et les autres l'Australie. Fleurs jaunes ou blanches, souvent un peu petites et disposées en cymes axillaires et pédonculées ; calice à cinq divisions ; pétales cinq, étalés ; étamines en nombre indéfini. Feuilles alternes ou rapprochées au sommet des rameaux, un peu verticillées ou rarement opposées.

Les espèces décrites ci-après existent dans les cultures. Ce sont de très jolies plantes prospérant dans un compost de terre franche, de terre de bruyère et de sable. On les multiplie par boutures qui s'enracinent facilement dans du sable et sous cloches.

T. conferta, R. Br. Angl. Australian Turpentine-tree. — *Fl.* jaunes, réunies par trois-sept en cymes naissant ordinairement sur le jeune bois, au-dessous du faisceau de feuilles ; pédoncules de 6 à 12 mm. de long ou rarement allongés. Juillet-septembre. *Flles* alternes, rapprochées au sommet des rameaux où elles paraissent verticillées, ovales-lancéolées, acuminées ou rarement presque obtuses, de 8 à 15 cent. de long. Australie, 1805. Grand arbre. (R. G. 1188.) Syn. *T. macrophylla*, A. Cunn. (B. R. 1839.)

T. depressa, Hort. Syn. de *T. suaveolens*, Smith.

T. macrophylla, A. Cunn. Syn. de *T. conferta*, R. Br.

T. nereifolia, R. Br. Angl. Water Gum tree. — *Fl.* jaunes, réunies en cymes axillaires et opposées, mais formant ordinairement dans leur ensemble un corymbe terminal et la pousse centrale ne se développe ordinairement que lorsque la floraison est terminée. Juin-septembre. *Flles* opposées, lancéolées, aiguës et rétrécies en courts pétioles, de 4 à 8 cent. de long, sans nervures, sauf la médiane qui est proéminente. Australie, 1804. Grand arbuste grêle ou petit arbre. (L. B. C. 157.) Syns. *Melaleuca neriifolia*, Sims. (B. M. 1058) ; *M. salicifolia*, Andr. (B. R. 485.)

T. suaveolens, Smith. *Fl.* jaunes, ordinairement petites et réunies en cymes axillaires ; pédoncule commun de 6 à 12 mm. de long et plus ou moins aplati. Août. *Flles* alternes, pétiolées, ovales-elliptiques, ovales-lancéolées ou elliptiques-oblongues, obtuses ou acuminées, plus ou moins distinctement penniveinées et réticulées, de 4 à 15 cent. de long. Australie, 1820. Arbuste ou arbre. Syn. *T. depressa*, Hort.

TRISTIQUE ; Angl. Tristichous. — Se dit parfois, quoique rarement, des organes disposés en trois rangées ou séries.

TRITELEIA, Dougl. (de *treis*, trois, et *teleios*, complet; allusion à la disposition parfaitement ternaire des parties de la fleur). Angl. Triplet Lily. Fam. *Liliacées*. — Genre comprenant environ neuf espèces de plantes bulbeuses, demi-rustiques, toutes américaines et que Bentham et Hooker ont réunies aux *Brodiæa*. Toutefois, elles en diffèrent suffisamment au point de vue horticole pour qu'on puisse les maintenir séparées. Etamines insérées sur le tube ou à la gorge de la corolle, à filets filiformes et tous pourvus d'anthères.

Les espèces suivantes sont les plus répandues dans les jardins, où on les confond souvent avec les *Milla*. Toutes prospèrent en terre légère et bien drainée, à une exposition ensoleillée. Leur multiplication s'effectue par séparation des caïeux ou jeunes bulbes ainsi que par semis.

Le *T. uniflora* est le plus généralement cultivé, il résiste parfaitement à nos hivers et forme de charmantes bordures qui se couvrent au printemps d'une grande quantité de fleurs. On peut aussi le cultiver en potées de cinq à six bulbes et l'utiliser alors pour l'ornementation des serres froides et des vérandas. Enfin, on le disperse parfois en Angleterre sur les pelouses, mais il n'y résiste guère plus d'une saison ou deux, car les Graminées finissent pas l'étouffer. Ses fleurs ne s'épanouissent que pendant le plein soleil; lorsque le temps est sombre, elles restent au contraire entièrement ou à peu près fermées.

T. aurea, Lindl. *Fl.* à périanthe jaune, de 12 à 15 mm. de long, à segments striés de vert, oblongs-spatulés, légèrement étalés; ombelles composées de deux à six fleurs et entourées de deux valves soudées à la base; hampes une à trois, dressées, de 5 à 8 cent. de haut. Avril. *Flles* six à huit, filiformes, de 8 à 10 cent. de long. Bulbe blanchâtre et tuniqué. Montevideo, 1838. (Ref. B. 42.)

T. grandiflora, Lindl. — V. **Brodiæa grandiflora**.

T. laxa, Benth. * Angl. Ithuriel's Spear. — *Fl.* à périanthe bleu, en entonnoir, de 3 à 4 cent. de long, avec des segments lancéolés, aigus, étalés-dressés; ombelles composées de huit à vingt fleurs et entourées d'une spathe à valves nombreuses; hampes fragiles, dressées, de 30 à 50 cent. de haut. Juillet. *Flles* presque planes, de 30 à 50 cent. de long et 5 à 10 mm. de large. Bulbe globuleux, de 12 à 18 mm. de diamètre. Californie, 1832. (B. R. 1685.) Syn. *Milla laxa*, Baker.

T. Leichtlinii, Hort. *Fl.* légèrement odorantes, à périanthe de 4 à 5 cent. de long, avec le tube verdâtre, cylindrique, deux fois aussi long que les segments, ceux-ci oblongs et étalés, blanc pur sur la face supérieure et portant sur le dos une carène verte et distincte; ombelles deux ou trois et composées chacune de une à huit fleurs. Janvier. *Flles* environ six par faisceau, dépassant les fleurs, dressées, glabres, obtuses, de 8 à 10 cent. de long. Andes du Chili, 1873. Syn. *Milla Leichtlini*, Baker (B. M. 6236.)

T. porrifolia, Pœpp. * *Fl.* à périanthe violet blanchâtre, en entonnoir, de 18 à 20 mm. de long, à segments lancéolés-spatulés, ayant presque trois fois la longueur du tube; ombelle composée de quatre à six fleurs et entourée d'une spathe à deux valves soudées à la base; hampe égalant les feuilles. Juillet. *Flles* quatre ou cinq, de 15 à 20 cent. de long et 2 1/2 à 5 mm. de large. Bulbe ovoïde, de 20 à 25 mm. de diamètre. Chili, 1868. Syn. *Milla porrifolia*, Baker. (B. M. 5977; G. C. 1868, p. 990.)

T. uniflora, Lindl. * Angl. Spring Starflower. — *Fl.* odorantes, à périanthe blanc légèrement lilacé à l'intérieur et portant à l'extérieur une tache violette, qui se prolonge sur le tube, de 2 à 3 cent. 1/2 de long, à divisions soudées en tube inférieurement, lancéolées-spatulées et étalées supérieurement; pédicelles de 2 1/2 à 5 cent. de long dressés, solitaires ou géminées au sommet des pédoncules, rarement ternés; spathe à deux valves lancéolées, de 2 à 3 cent. 1/2 de long; hampes de 10 à 15 cent. de haut, uniflores. Avril-mai, *Flles* six à neuf, de 15 à 30 cent. de long et 3 à 4 mm. de large, vert glauque, à nervure médiane très marquée inférieurement. Bulbes ovoïdes, allongés, à tuniques blanchâtres et exhalant une odeur alliacée. Buenos-Ayres. (B. R. 1921; Gn. 1885, part. I, 521; A. V. B. 14.) Syn. *Milla uniflora*, R. Grah. (B. M. 3327.)

Fig. 317. — Triteleia uniflora.

T. u. cœrulea, Ed. André. * Variété ne différant du type que par la teinte bleu assez intense de ses fleurs, ce qui est cependant suffisant pour constituer une plante intéressante et décorative. Elle a été introduite, déjà cultivée, de Montevideo, 1893. (R. H. 1893, 256.)

T. u. conspicua, Hort. *Fl.* à divisions oblongues-spatulées et largement imbriquées lorsque la fleur est épanouie; pédicelles souvent plus long que dans le type. Syn. *T. conspicua*, Baker. (Ref. B. 43.)

T. u. Stella, Hort. Dam. Variété améliorée, d'origine horticole.

TRITERNÉ; Angl. Triternate. — Se dit des feuilles « dont le pétiole commun se divise en trois pétioles secondaires, qui, à leur tour, se divisent encore en trois pétioles tertiaires portant les folioles ». (Lindley).

TRITHRINAX, Mart. (de *treis*, trois, et *thrinax* éventail; allusion à la forme et au mode de division des feuilles). Fam. *Palmiers*. — Petit genre ne comprenant que trois espèces de Palmiers inermes, de serre chaude, habitant le Brésil, le Chili et la République Argentine. Fleurs petites, hermaphrodites, réunies en spadices étalés, à pédoncules épais et à rameaux flexueux, entourés de plusieurs spathes, dont les inférieures sont insérées sur le pédoncule, oblongues, obliquement découpées et les supérieures obliquement tronquées. Fruit bacciforme et monosperme. Feuilles terminales; orbiculaires-ovales, multifides-flabelliformes et glabres; gaines fibreuses et épineuses, dressées ou défléchies. Pour leur culture, V. **Thrinax**.

T. acanthocoma, Drude. *Fl.* réunies en spadice ramifié. *Flles* amples, flabelliformes, découpées jusqu'aux deux tiers en segments nombreux, linéaires et bifides. Tronc court, couvert de gaines entrelacées, persistantes et armé de nombreuses épines fortes et réfléchies. Rio Grande, 1879. (R. G. 959; G. C. n. s. IX, p. 661.)

T. aculeata, Liebm. — V. **Acanthorhiza aculeata**.

T. brasiliensis, Mart. *Fl.* réunies en spadice très ramifié, naissant entre les feuilles supérieures. *Flles* amples, de 1 m. et plus de long, flabelliformes, presque orbiculaires, pourvues à la base de gaines composées de fibres d'abord parallèles et longitudinales, puis obliquement entrelacées et finalement tressées ensemble, à angles droits, comme les nattes de *Pandanus* de l'île Bourbon, dans lesquelles on envoie le café ; ces bandes se réunissent au sommet et

Fig. 318. — Trithrinax brasiliensis.

y forment une série d'épines très longues et fortes brusquement récurvées. Tronc grêle, de 2 à 3 m. de haut et 5 à 8 cent. d'épaisseur. Brésil, 1875. (I. H. 203.)

T. campestris, Drude et Griseb. Nouvelle espèce voisine du *T. brasiliensis* par ses folioles courtement bifides, blanches-tomenteuses en dessus et glabrescentes en dessous, ainsi que par les rameaux du spadice plus forts. Sud de la République Argentine. 1889.

T. mauritiæformis, Karst. — V. **Sabal mauritiæformis.**

TRITICUM, Linn. (ancien nom latin du Blé, probablement dérivé de *tritus*, écraser, moudre; allusion à la première préparation que les graines subissent avant leur emploi comme aliment). **Blé, Froment** ; Angl. Wheat, Wheat Grass. Comprend les *Ægilops*, Linn. Fam. *Graminées*. — Genre dont le nombre d'espèces est très variable selon la façon dont les auteurs les envisagent ; les uns ne reconnaissent qu'une demi-douzaine d'espèces, d'autres en acceptent environ quinze, enfin l'*Index Kewensis* en indique plus de cinquante, mais dans ce nombre les *Ægilops* (qui n'ont qu'un intérêt purement botanique) entrent pour la plus grosse part.

Les *T. caninum*, Huds. ; *T. junceum*, Linn. ; *T. repens*, Linn. (Chiendent ; Angl. Creeping Couch Grass) et autres espèces du même groupe, sont maintenant réunis aux *Agropyrum*, Gærtn., sous les mêmes noms spécifiques; mais, de même que les *Ægilops* ils ne présentent aucun intérêt horticole. Restreint au sens Blé, les *Triticum* sont des Graminées annuelles, cespiteuses, à fleurs réunies par deux-cinq dans des épillets courts et sessiles, alternativement placés à droite et à gauche d'un rachis grêle et en zigzag, continu articulé, formant un épi simple (ou très rarement ramifié; Blé de miracle Epeautre rameux), compact et dressé ; glumes deux, concaves, sub-égales et mutiques; glumelles inégales ; l'inférieure concave, canaliculée, mutique, mucronée ou aristée ; la supérieure plane, plus courte et concave ; cariopse (grain) allongé, portant un profond sillon longitudinal et duveteux à l'extrémité supérieure. Feuilles alternes, planes, étalées, engainantes à la base. Tiges ou chaumes noueux, creux et dressés. L'origine primitive du Blé est dans l'obscurité complète, car bien que cultivé presque partout, nulle part on ne l'a observé avec tous les caractères et des preuves suffisantes de spontanéité.

Certains auteurs n'admettent qu'une seule espèce comme type primitif (*T. vulgare*, Vill.) de tous les Blés cultivés, tandis que d'autres en reconnaissent au contraire sept. Cette dernière opinion est généralement adoptée aujourd'hui, parce qu'elle permet de grouper assez naturellement les diverses formes. Toutefois, M. de Vilmorin, un des hommes les plus autorisés en matière de céréales et de Blés plus particulièrement, pense qu'on pourrait les réduire à cinq, en réunissant le *T. polonicum* au *T. durum* et le *T. amyleum* au *T. Spelta*. Préoccupé de la valeur botanique de ces types, il a entrepris dès 1880 et dans les années successives une série nombreuse de croisements botaniques entre les variétés de ces types. Beaucoup de ces croisements ont donné naissance à des formes tout à fait inattendues, dont les plus singulières ont été de voir sortir de ces croisements les types considérés jusque-là comme entièrement indépendants. Par exemple, le Chiddam d'automne à épi blanc (*T. sativum*) croisé par le Poulard rouge velu de Beauce (*T. turgidum*) a donné un vrai Epeautre (*Triticum Spelta*). Mais le croisement qui a donné les descendants à la fois les plus divers et les plus curieux est celui du Blé de Pologne (*T. polonicum*) croisé par la Pétanielle blanche (*T. turgidum*). Il en est sorti des Blés blancs et rouges, barbus ou imberbes (*T. sativum*), un Engrain

Fig. 319. — Triticum sativum.
Épillets détachés, l'un normal, l'autre ouvert pour montrer les glumes, les glumelles et les grains.

(*T. monococcum*), des Epeautres (*T. Spelta*), des Poulards (*T. turgidum*), des Blés durs (*T. durum*) et des formes intermédiaires non moins singulières. Beaucoup de ces hybrides se sont fixés et sont conservés

Fig. 320. — Triticum amyleum. — Blé Amidonnier blanc.

d'année en année, ne différant plus de leurs congénères que par leur origine hybride. Les résultats sont si concluants qu'ils permettent de considérer tous les Blés comme descendant d'un seul et même type spécifique, dont les formes les plus distinctes ont été fixées par la longue culture. La collection scientifique et commerciale de ce savant agronome est une des plus importantes que l'on connaisse, car elle se compose de plusieurs milliers de variétés. Il a publié un *Catalogue méthodique et synonymique des Froments* qui la composent et un important ouvrage intitulé : *Les meilleurs Blés*, contenant la description ainsi que des planches en couleurs des meilleures variétés agricoles.

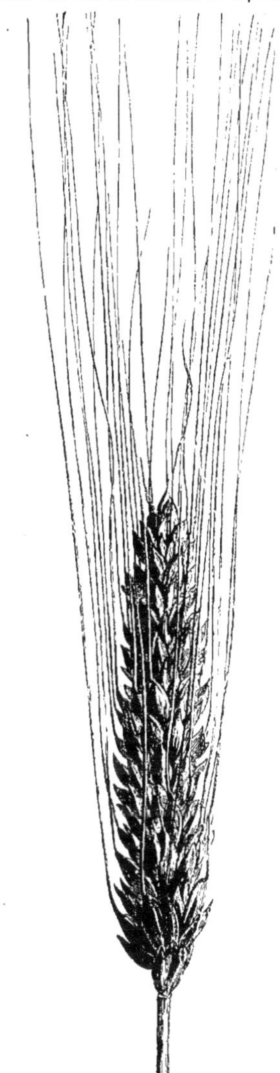

Fig. 321. — Triticum durum. — Blé dur de Médéah.

Nous empruntons à ce dernier ouvrage les descriptions spécifiques qui suivent, et au *Catalogue synonymique* les belles figures noires qui l'illustrent.

Il est à peine besoin de faire ressortir ici l'importance du Blé au point de vue alimentaire. La culture

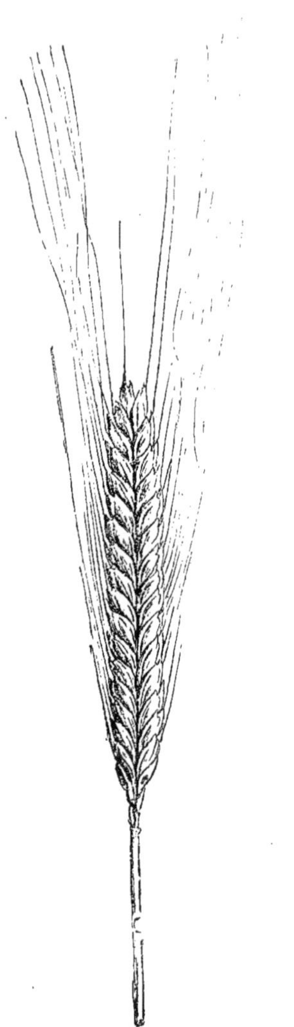

Fig. 322. — Triticum monococcum. — Engrain commun.

de cette précieuse céréale, qui est pour nous et pour tous les peuples de race blanche ce que le Riz est pour ceux de race jaune, une des principales préoccupations agricoles, en France où l'on consomme le plus de pain, car nous en faisons notre nourriture principale et quotidienne. La production totale de l'Europe est d'environ cinq cent trente millions d'hectolitres et, dans ce chiffre, la production française entre pour cent dix mil-

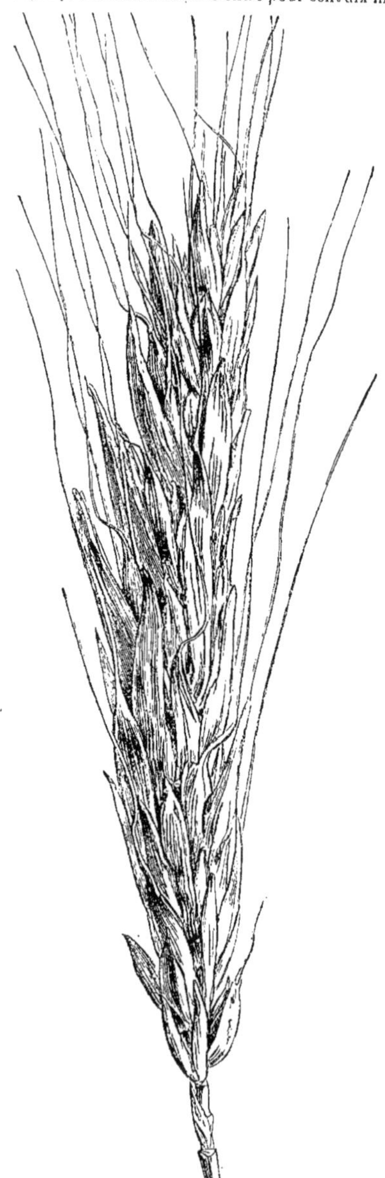

Fig. 323. — Triticum polonicum. — Blé de Pologne.

lions ; la consommation est de cent six millions d'hectolitres. Indépendamment des douze à quinze millions d'hectolitres que la France est obligée d'importer, c'est encore le Blé qui couvre la plus grande superficie des terres cultivées. Et pourtant, le croirait-on, c'est elle qui est peut-être la moins rémunératrice, au point même que les agriculteurs renonceraient en ces dernières années à ensemencer de grandes surfaces et quelques-uns allaient même jusqu'à faire consommer

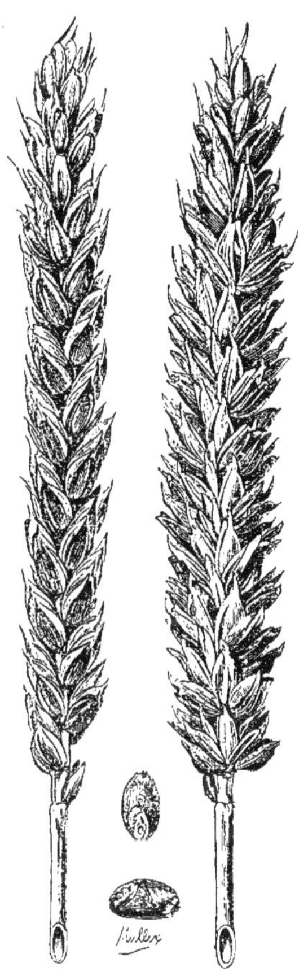

Fig. 324. — Triticum sativum. — Blé Dattel.

leur Blé par les animaux de la ferme. Il y a surproduction, ce qui est peut être un bien pour l'humanité, en ce qu'elle la met à l'abri de ces épouvantables famines d'autrefois, mais un mal pour l'agriculture, car les blés étrangers, produits à des conditions plus économiques, viennent faire une concurrence redoutable aux Blés de production locale. Il est à espérer que les cultivateurs feront les plus grands efforts pour sortir de cette situation, et cela en adoptant les systèmes perfectionnés, les races à grands rendements et en employant d'une manière raisonnée les engrais chimiques et organiques mis à la disposition de l'agriculture.

Les *Triticum* étant absolument dépourvus d'intérêt au point de vue horticole, nous n'avons pas à entrer dans les détails de leur culture et terminerons ici ces quelques indications générales, renvoyant pour de plus

Fig. 325. — Triticum Spelta. — Epeautre sans barbe.

amples détails aux ouvrages précités et en général à tous ceux qui ont l'agriculture pour objet.

T. æstivum, Linn. Epithète qu'on applique aux variétés estivales des diverses espèces, c'est-à-dire à celles qu'on sème au printemps.

T. amyleum, Seringe. Amidonnier. — *Epi* compact, à rachis aplati, beaucoup plus large sur le profil que sur la face ; glumelle inférieure longuement aristée, à arête appliquée contre l'épi ; grain étroitement enveloppé par ses glumelles, comprimé, à pellicule très mince. Chaumes ou

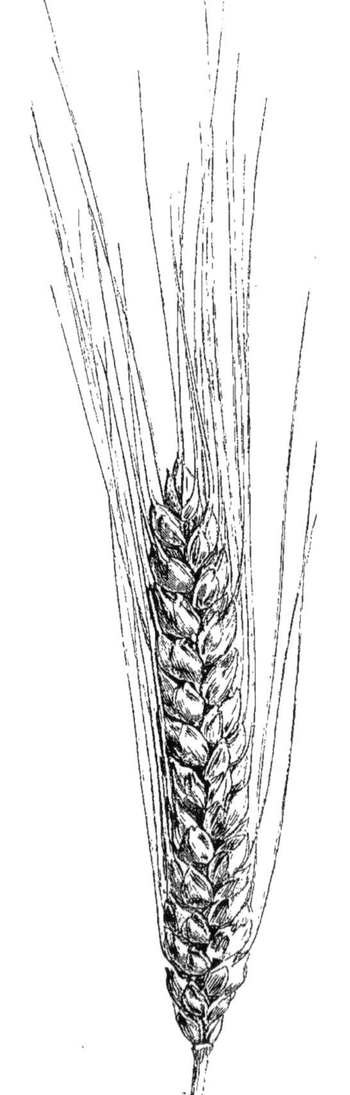

Fig. 326. — TRITICUM TURGIDUM. — Pétanielle blanche.

tiges très nombreux, à paille fine et creuse. Cultivé dans les régions montagneuses de l'Europe centrale.

T. durum, Desf. Blé dur. — *Epi* de forme et de couleur très variables, à glumelles glabres ou velues, l'inférieure fortement carénée et toujours munie d'une longue arête : grain nu, allongé, très dur, d'aspect glacé, à cassure cornée et à farine très riche en gluten. Chaumes pleins. Cultivé dans le sud de l'Europe, le nord de l'Afrique, l'Asie Mineure, l'Egypte, etc.

T. hybernum, Linn. Epithète qu'on applique aujourd'hui aux variétés des diverses espèces qu'il faut semer dès l'automne.

T. monococcum, Linn. Engrain. — *Epi* grêle, comprimé, à épillets très rapprochés, contenant trois fleurs, dont une seule fertile, à glumelle aristée, tandis que celle des deux autres est mutique ; glumes à trois pointes ; grain enveloppé de ses glumelles, comme dans le *T. Spelta*. Chaumes grêles et nombreux. — Le *T. dicoccum*, Schrank. ou Engrain double, en diffère surtout par ses épillets à deux fleurs fertiles et contenant par suite deux grains chacun. Cultivé dans le Berry, en Hongrie et en Russie.

T. polonicum, Linn. Blé de Pologne. — *Epi* très ample, à glumes très grandes, lâches, striées-bidentées ; glumelles également très amples, l'inférieure atteignant jusqu'à 4 cent. de long et mutique ou courtement aristée ; grain nu, allongé, glacé, semi-transparent, à cassure cornée et à farine riche en gluten. C'est un des Blés les plus facilement reconnaissables. Cultivé dans le nord de l'Afrique et aux Etats-Unis.

T. sativum, Linn.' Blé tendre. Blé ordinaire. — *Epi* de forme et de longueur très variables, à rachis continu ; épillets espacés ou rapprochés, à glumes courtes, ventrues, mutiques et à glumelle inférieure mutique ou longuement aristée, glabre ou rarement velue ainsi que les glumes ; grain nu, court, renflé, blanc, jaune ou rouge, à cassure farineuse ou cornée. Chaumes ou tiges creuses et feuillues. — Cette espèce est de beaucoup la plus importante au point de vue économique, car elle renferme le plus grand nombre de variétés, donnant les plus forts rendements, mais aussi les plus délicates sous le rapport de la résistance au froid et les plus exigeantes quant à la richesse du sol. L'aire de dispersion de cette espèce est très vaste, car on la cultive, sous ses diverses formes, dans toutes les régions tempérées et froides du globe et beaucoup dans le nord de l'Europe.

T. Spelta, Linn. Epeautre. — *Epi* long et mince, à rachis fragile et à épillets glabres ou velus et de nuances variables, très écartés, avec les glumes tronquées et la glumelle inférieure mutique ou aristée ; grain revêtu de ses glumelles, rougeâtre, semi-glacé et à peau fine, avec la cassure également cornée. Chaumes ou tiges nombreux, minces et très creux. Cultivé dans les régions montagneuses et froides, en Europe, en Asie, en Afrique, etc.

T. turgidum, Linn. Blé Poulard. — *Epi* gros, court, carré, glabre ou velu, souvent penché (ramifié dans une var. *compositum*, Linn. « Blé de Miracle »), à épillets pourvus de glumes courtes, renflées, carénées et mutiques : glumelle inférieure pourvue d'une arête longue et forte ; grain gros, court, renflé sur le dos, souvent rougeâtre, à cassure farineuse et à farine inférieure à celle des précédents. Chaumes ou tiges forts, grossiers, pleins au-dessus du dernier nœud. Cultivé dans le centre de la France et plus rustique que le précédent.

T. vulgare, Vill. Nom sous lequel les auteurs n'admettant qu'une espèce désignent le type, qui correspond au *T. sativum*, Lamk. (S. M.)

TRITOMA, Ker. — V. **Kniphofia**, Mœnch.

TRITOMANTHE, Link. — V. **Kniphofia**, Mœnch.

TRITOMIUM, Link. — V. **Kniphofia**, Mœnch.

TRITONIA, Ker. (de *triton*, girouette ; allusion à la direction variable des étamines chez les différentes espèces). SYN. *Waitzia*, Rchb. Comprend botaniquement les *Montbretia*, DC. Fam. *Iridées*. — Genre renfermant environ trente-quatre espèces de plantes herbacées, bulbeuses, rustiques ou de serre froide, habitant toutes le sud de l'Afrique. Fleurs solitaires, sessiles dans des spathes courtes, brunes, membraneuses et souvent tridentées, et réunies en épi simple, lâche ou en panicule faiblement ramifiée ; périanthe à tube court, grêle, droit, parfois très court, parfois allongé et rarement un peu incurvé au sommet, à limbe concave ou largement campanulé, presque régulier ou légèrement oblique, à lobes larges, tous semblables ou les trois inférieurs épaissis ou marqués d'une tache à la base et parfois un peu plus petits ; étamines insérées à la base du limbe, à filets filiformes, libres et à anthères versatiles; ovaire à trois loges, surmonté d'un style à branches simples et étalées. Capsule oblongue, à trois loges polyspermes et loculicides. Feuilles peu nombreuses, radicales et caulinaires, étroitement linéaires ou plus larges et alors ensiformes et souvent arquées. Bulbe plein et recouvert de tuniques fibreuses ou réticulées.

Les espèces les plus importantes au point de vue horticole sont décrites ci-après. Sauf indications contraires, ces plantes doivent être cultivées en pots et en serre froide. Certains *Tritonia* sont néanmoins susceptibles de prospérer en plein air pendant la belle saison, en les plaçant alors dans un endroit sain, chaud et abrité, tel que le pied d'un mur exposé au midi ; quelques-uns peuvent même passer l'hiver en pleine terre, en les recouvrant au besoin d'une couche de litière. Par croisement avec le *Crocosma aurea*, le *T. Pottsii* a donné naissance, vers 1880, à un remarquable hybride, qui est aujourd'hui beaucoup répandu dans les cultures sous le nom de **Montbretia crocosmæflora** (V. ce nom) et beaucoup plus cultivé que toutes les autres espèces des genres dont il est sorti, car c'est une excellente plante d'ornement et rustique.

Les *Tritonia* rustiques se traitent d'une façon très analogue. Quant à ceux de serre, on les cultive en potées que l'on tient dans un endroit aéré et bien éclairé de la serre, en leur donnant de copieux arrosements pendant leur période de végétation. On emploie comme compost un mélange en parties égales de bonne terre franche et de terreau de couches, en y ajoutant au besoin un peu de sable pour le rendre plus léger. Quand les feuilles jaunissent, il faut réduire graduellement les arrosements, puis les supprimer totalement jusqu'au nouveau départ de la végétation. On les multiplie par séparation des rejets bulbifères ou par semis.

T. aurea, Poppe. — V. **Crocosma aurea.**

T. capensis, Ker. *Fl.* trois à cinq, rougeâtre pâle ou blanc jaunâtre, à tube du périanthe rose pâle, deux fois aussi long que les segments; ceux-ci inégaux; les inférieurs maculés de rouge; spathes à valves inégales, jaune paille; hampe de 30 cent. de haut, arrondie, simple ou ramifiée et flexueuse au sommet. Septembre. *Flles* linéaires-ensiformes, nervées, atténuées, longuement engainantes à la base et plus courtes que la hampe. Cap. 1811. (B. M. 618; 1531.) Syn. *Montbretia capensis*, Baker. — *Acidanthera capensis*, Benth., est maintenant admis par M. Baker.

T. crispa, Keer. *Fl.* quatorze à onze, unilatérales, à périanthe blanc jaunâtre, en entonnoir, à tube trois fois aussi long que les segments ; ceux-ci irréguliers ; les supérieurs légèrement béants, oblongs-ovales, obtus, onguiculés, plans; les inférieurs plus étroits, obtus, ligulés, légèrement ventrus, connivents, maculés de pourpre au milieu; hampe de 15 à 25 cent. de haut, arrondie, flexueuse et portant six feuilles. Avril. *Flles* largement lancéolées-ensiformes, ondulées-crispées et bordées de petits cils. Cap, 1787. (B. M. 678.) Syn. *Gladiolus crispus*, Thunb. (A. B. R. 142.) — Il en existe plusieurs variétés botaniques.

T. crocata, Keer. * *Fl.* sept à neuf, distiques, à périanthe jaune safran, campanulé, de 2 cent. 1/2 de long et à tube égalant la spathe, sub-dressé, avec des segments presque égaux, obovales, panachés en damier de teinte hyaline à la base ; hampe arrondie, flexueuse, feuillue à la base et ayant presque 60 cent. de long. Juin. *Flles* largement linéaires-ensiformes, arquées, striées, aiguës et plus courtes que la hampe. Cap. 1758. Syn. *Ixia crocata*, Linn. (B. M. 184.)

T. c. miniata, Hort. Syn. de *T. miniata*, Keer.

T. crocosmæflora, Hort. — V. **Montbretia crocosmæflora.**

T. deusta, Keer. *Fl.* cinq à dix, unilatérales et en épi. à périanthe rouge cinabre, de 2 cent. 1/2 de long, campanulé en entonnoir, à tube court et dressé ; segments largement ovales; les trois internes carénés et maculés de pourpre foncé en dessous ; spathes scarieuses ; hampe arrondie, flexueuse, de 15 à 30 cent. de long. Mai. *Flles* largement lancéolées-ensiformes, aiguës, plus courtes que la hampe et engainantes à la base. (B. M. 622.) Syns. *Ixia crocata nigro-maculata*, Hort. (A. B. R. 134) ; *I. miniata*, Red. (R. L. 89.)

T. fenestralis, Keer. Syn. de *T. hyalina*, Baker.

T. flava, Keer. *Fl.* trois à quatre, unilatérales, irrégulièrement en entonnoir, à périanthe jaune, de 2 cent. 1/2 de long, avec le tube cylindrique, dressé et élargi ; segments ovales, aigus ; les inférieurs plus étroits ; hampe de 15 à 20 cent. de haut, arrondie et feuillue à la base. Février. *Flles* lancéolées-ensiformes, aiguës, arquées, de 5 mm. de large, engainantes à la base et plus courtes que la hampe. Cap, 1780. (B. R. 747.) Syn. *Montbretia flava*, Klatt.

T. hyalina, Baker. *Fl.* sept à neuf, en épi, distiques, à périanthe rose, de 2 cent. 1/2 de long, à tube court et dressé ; segments irrégulièrement étalés, arrondis et onguiculés au sommet ; hampe arrondie, de 30 cent. de long, arquée supérieurement et feuillue à la base. Mai. *Flles* largement lancéolées-ensiformes, aiguës et fortement striées. Cap, 1801. Syn. *T. fenestralis*, Ker. (B. M. 704.)

T. lineata, Ker. *Fl.* deux à sept, en épi, à périanthe jaune paille, veiné et taché d'orange, de 2 cent. 1/2 de long, à tube court et sub-dressé ; segments sub-égaux, elliptiques ; les latéraux rétus ; les internes portant trois lignes jaunes et parallèles ; hampe de 20 à 45 cent. de haut, arrondie, dressée, arquée au sommet et feuillue à la base. Mai. *Flles* lancéolées-ensiformes, aiguës, avec des côtes et la bordure blanches. Cap, 1774. Syns. *Gladiolus lineatus*, Salisb. (B. M. 487 ; R. L. 55 et 400); *Montbretia lineata*, Baker.

T. miniata, Ker. * *Fl.* deux à quatorze, unilatérales ou distiques, à périanthe écarlate, en entonnoir, étalé, de 15 à 25 mm. de long, avec le tube court, dressé, élargi et les segments ovales et presque égaux ; hampe arrondie, de 20 à 30 cent. de long, dressée, arquée au sommet et portant six à huit feuilles à la base. Août. *Flles* largement lancéolées-ensiformes, longuement acuminées et striées de jaune. Cap, 1795. (B. M. 609.) Syn. *T. crocata miniata*, Hort. et *Ixia crocata*, Red. (R. L. 335.) — M. Baker en fait une variété du *T. crocata*, Ker.

T. Pottsii, Benth. *Fl.* à périanthe jaune vif, suffusé de rouge brique à l'extérieur, d'environ 2 cent. 1/2 de long, en entonnoir, avec des segments sub-égaux, oblongs-obtus, égalant environ la moitié de la longueur du tube ;

celui-ci cylindrique à la base, brusquement dilaté au milieu; épis de 15 à 20 cent. de long, équilatéraux, composés de douze à vingt fleurs et ayant 5 cent. de diamètre à l'épanouissement. Août. *Flles* environ quatre, distiques et en rosette à la base de la tige, linéaires-ensiformes, de 50 à 60 cent. de long et 12 à 18 mm. de large. Tige de 1 m. à 1 m. 20 de haut. Bulbe globuleux. Transvaal, 1877.

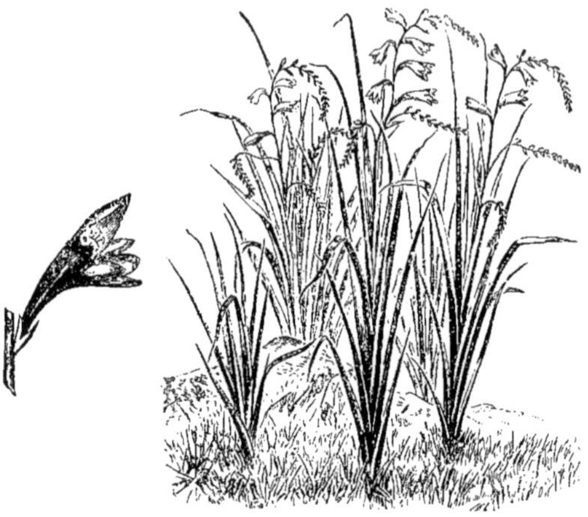

Fig. 327. — TRITONIA POTTSII.

Très belle plante d'ornement et rustique, qui est un des parents du *Montbretia crocosmiæflora*. (B. M. 6722.) Syn. *Montbretia Pottsii*, Baker. (Gn. 1880, p. 84.)

T. scillaris, Baker. *Fl.* inodores, à périanthe rougeâtre, passant au blanc, avec des segments égaux et équidistants; tube capillaire, deux ou trois fois aussi long que la spathe. Mai. *Flles* étroites, graminiformes. Syns. *Ixia polystachya*, Jacq. (B. M. 629); *I. p. incarnata*, Hort. (A. B. R. 128); *I. reflexa*, Andr. (A. B. R. 14); *I. scillaris*, Linn. (B. L. 127.)

T. securigera, Ker. *Fl.* en épi ou unilatérales, à périanthe brun, de 2 cent. 1/2 de long, avec le tube dressé, élargi et des segments ovales et obtus; hampe arrondie, de près de 30 cent. de long, arquée au sommet et feuillue à la base. Mai. *Flles* lancéolées-ensiformes, planes, aiguës, striées, plus courtes que la hampe et engainantes à la base. Cap, 1774. Syn. *Gladiolus securiger*, Ait. (B. M. 383); *Montbretia securigera*, DC. (B. L. 58.)

T. undulata, Baker. *Fl.* trois ou quatre, inodores, à périanthe rouge (mais variant, dit-on, du blanc au bleu); segments obovales, obtus et étalés; spathes membraneuses. Juin. *Flles* six, linéaires, élégamment ondulées et ayant la moitié de la longueur de la hampe. Bulbe un peu oblong, atténué supérieurement. *Haut.* 30 cent. Cap, 1787. Syn. *Ixia crispa*, Linn. f. (B. M. 599; B. L. 433.)

T. viridis, Ker. *Fl.* quatre à huit, à périanthe vert, avec le tube deux fois aussi long que les segments, un peu arqué et réfléchi; segments linéaires-oblongs, subégaux, obliquement penchés, rotacés-réfléchis; hampe triquètre, ayant presque 30 cent. de haut, dichotome et flexueuse au sommet. Juillet. *Flles* distiques et disposées en éventail, ondulées-crispées sur les bords, aiguës et plus courtes que la hampe. Cap, 1788. (B. M. 1275.)

T. Wilsoni, *Fl.* à périanthe blanc, suffusé de pourpre, avec des segments obovales, cuspidés, deux fois aussi longs que le tube; épi simple ou fourchu, lâche, à quatre ou sept fleurs; hampe de 60 cent. de haut, non compris l'épi. *Flles* cinq ou six, étroitement linéaires, de 30 à 50 cent. de long et à section transversale presque quadrangulaire, Cap. 1886. Serre froide.

TRIUNFETTA, Plum. (dédié à Giov. Batt. Trionfetti, botaniste et auteur italien; 165-81708); ANGL. Jamaican Paroquet-Bur. FAM. *Tiliacées*. — Genre comprenant environ cinquante espèces de plantes herbacées, de sous-arbrisseaux ou d'arbustes couverts d'une pubescence étoilée, de serre froide ou tempérée et très largement dispersés dans les régions chaudes. Fleurs jaunes, axillaires ou opposées aux feuilles, à sépales et pétales au nombre de cinq; étamines nombreuses. Feuilles entières ou à trois-cinq lobes et dentées en scie. Plusieurs espèces ont été introduites, mais aucune n'est digne d'être cultivée comme plante d'ornement.

TRIURIDÉES. — Petite famille de végétaux Monocotylédones, placée entre les Lemnacées et les Alismacées, ne renfermant guère que seize espèces réparties dans les deux genres *Sciaphila* et *Triuris*, et habitant les forêts de l'Asie et de l'Amérique. Ce sont des plantes herbacées, très grêles, blanches ou discolores, à petites fleurs réunies en grappes ou en épis, monoïques ou rarement unisexuées et à pédicelles pourvus de bractées; périanthe à trois, quatre, six ou huit divisions hyalines, soudées à la base, valvaires et souvent rétrécies en queue au sommet; étamines en petit nombre, mais variable, à anthères à quatre loges bivalves. Carpelles nombreux, devenant à la maturité obovoïdes, coriaces et indéhiscents ou à deux valves et monospermes. Feuilles nulles ou bractéiformes, alternes et dépourvues de nervures. Tige simple, rarement ramifiée, filiforme, droite ou flexueuse et dressée.

TRIXAGO, Mœnch. — V. **Stachys, Linn.**

TRIXIS, P. Browne. (de *trixos*, triple; allusion à la capsule triangulaire et à trois loges). SYNS. *Castra*, Vell. et *Perdicium*, Linn. pr. p. FAM. *Composées*. — Genre comprenant environ trente espèces de plantes herbacées ou d'arbustes à port variable, de serre chaude ou tempérée et habitant l'Amérique centrale et australe ainsi que les Indes occidentales. Capitules jaunes ou blanchâtres, à fleurons bilabiés, avec la lèvre externe tri-dentée et l'interne bifide ou bipartite; involucre formé de bractées souvent bisériées; réceptacle petit; aigrette à soies nombreuses. Feuilles alternes et parfois décurrentes.

Les deux seules espèces introduites sont décrites ci-après. Elles prospèrent dans un compost de terre franche siliceuse et de terreau de feuilles. Le *T. divaricata auriculata* demande à être tenu en serre tempérée pendant l'hiver et se multiplie par boutures que l'on fait en mai, dans du sable et sous cloches. Quant au *T. senecioides*, il se propage par semis que l'on fait en avril, en pleine terre, dans un endroit abrité.

T. auriculata, R. Grah. Syn. de *T. divaricata auriculata*, R. Grah.

T. auriculata divaricata, R. Grah. *Capitules* blancs ou blanc jaunâtre; bractées de l'involucre acuminées. Août-septembre. *Flles* sessiles, ovales-lancéolées, acuminées, denticulées, presque glabres, dilatées à la base en auricules obtuses. Tiges grimpantes et suffrutescentes. *Haut.* 50 cent. Brésil, 1827. Syn. *T. auriculata*, R. Grah. (B. M. 2765.)

T. senecioides, Hook. *Capitules* blancs, solitaires,

longuement pédonculés; bractées de l'involucre bi- ou trisériées. Août-septembre. *Flles* toutes sessiles et amplexicaules, oblongues, sinuées-lobées, dentées; poilues-glanduleuses en dessus, légèrement laineuses en dessous. Tiges ramifiées depuis la base, à rameaux paniculés, pubescents et poilus-glanduleux. *Haut.* 30 cent. Chili, 1821. (H. E. F. 101.)

TRIXIS, Gærtn. — V. **Proserpinaca**, Linn.

TRIZEUXIS, Lindl. (de *treis*, trois, et *zeuxis*, union; allusion à la cohésion des trois sépales). Fam. *Orchidées.* — La seule espèce de ce genre est une Orchidée épiphyte, peu décorative, mais remarquable par son labelle qui est supérieur et par conséquent dans sa position normale, l'ovaire n'étant pas tordu sur lui-même, comme c'est le cas pour la plupart des Orchidées, chez lesquelles le labelle devient par suite inférieur. La plante prospère sur une bûche. On peut la multiplier par division.

T. falcata, Lindl. *Fl.* vertes, petites, disposées en grappes denses le long des rameaux d'une hampe grêle, de 15 à 30 cent. de haut. *Flles* en rosette et distiques, oblongues-linéaires, acuminées, légèrement arquées, de 8 à 15 cent. de long et 8 mm. de large. Andes de la Colombie et La Trinité, 1820. (H. E. F. 126; L. B. C. 975; L. C. B. 2.)

TROCHETIA, DC. (dédié à R. I. G. du Trochet, physiologiste français et écrivain sur la botanique; 1771-1847). Fam. *Sterculiacées.* — Genre comprenant une demi-douzaine d'arbustes ou d'arbres toujours verts et de serre chaude ou tempérée, habitant les îles Maurice, Sainte-Hélène et Madagascar. Fleurs assez grandes, souvent pendantes, solitaires, géminées ou ternées au sommet de pédoncules axillaires; calice à cinq divisions coriaces; pétales cinq, plans, larges et persistants; colonne staminale courte, portant cinq staminodes ligulés; bractéoles nulles ou petites et caduques. Feuilles entières et coriaces.

Les espèces suivantes ont été introduites; elles prospèrent dans un compost bien drainé de terre franche, de terreau de feuilles et de sable. On les multiplie par boutures qui s'enracinent dans du sable et sous cloches.

Le *T. erythroxylon*, connu aussi sous le nom de *Melhania*, est un bel arbuste ou petit arbre de serre tempérée, dont il n'existe plus maintenant que quelques exemplaires dans son pays natal.

T. Blackburniana, Boyer. *Fl.* blanc et cramoisi, de 2 cent. 1/2 de diamètre, en coupe, axillaires et pendantes. *Flles* obovales. Nouvelle espèce à port d'*Hibiscus*. Ile Maurice, 1891. (B. M. 7209.)

T. erythroxylon, Benth. *Fl.* d'abord blanc pur, passant le lendemain au rose et devenant rouge brunâtre quand elles commencent à se faner. Juin. *Flles* ovales-cordiformes, un peu peltées, acuminées, crénulées et tomenteuses en dessous. *Haut.* 5 m. Sainte-Hélène, 1772. Le bois de cet arbre est dur et d'un brun terne. — *Melhania erythroxylon*, R. Br. (B. M. 1000) est maintenant le nom correct de cette plante.

T. grandiflora, Boyer. Syn. de *T. triflora*, DC.

T. triflora, DC. *Fl.* blanc et jaune, à sépales acuminés, de 2 cent. 1/2 de long; pétales obovales, de 4 cent. de long; colonne staminale cylindrique; pédoncules fortement défléchis, plus longs que les pétioles et triflores. Décembre. *Flles* oblongues, rapprochées au sommet des rameaux, de 10 à 15 cent. de long, aiguës, sub-entières ou dentées, largement arrondies à la base, coriaces, tomenteuses et brunes en dessous; pétioles dressés, de 2 1/2 à 5 cent. de long. *Haut.* 3 m. Ile Maurice, 1842. Serre chaude. Syn. *T. grandiflora*, Bojer. (B. R. 1844, 21.)

TROCHISCANTHES, Koch. (de *trochiskos*, petite roue, et *anthos*, fleur; allusion à la forme des ombelles). Fam. *Ombellifères.* — La seule espèce de ce genre est le *T. nodiflorus*, Koch, grande plante herbacée, vivace et rustique, à petites fleurs blanches, polygames et réunies en ombelles. Les feuilles radicales ou inférieures sont amples ou ternées-décomposées. Elle croît spontanément dans le midi de la France et dans les Alpes, mais elle ne présente aucun intérêt horticole.

TROCHLÉAIRE; Angl. Trochleate. — Se dit de l'embryon court, cylindrique, tordu et rétréci au milieu, rappelant la forme d'une bobine ou d'une poulie.

TROCHOCARPA, R. Br. (de *trochos*, roue, et *karpos*, fruit; allusion à la disposition rayonnante des cellules du fruit). Syn. *Decaspora*, R. Br. Fam. *Epacridées.* — Genre comprenant une demi-douzaine d'espèces d'arbustes ou de petits arbres diffus et de serre froide, confinés en Australie. Fleurs réunies en épis, accompagnées chacune d'une bractée et deux bractéoles; calice à cinq divisions; corolle à tube cylindrique ou campanulé, glabre ou garni à l'intérieur de poils réfléchis et à lobes récurvés, ordinairement plus courts que le tube; étamines à filets courts et filiformes. Le fruit est une drupe globuleuse ou déprimée, contenant dix noyaux ou moins par avortement. Feuilles ordinairement pétiolées, planes ou convexes.

Le *T. laurina*, seul introduit, est un bel arbre prospérant dans la terre franche et fibreuse. On le multiplie au printemps ou en été, par boutures du sommet des rameaux ou des jeunes pousses latérales, déjà fermes à la base et que l'on plante dans du sable, sous cloches et dans un châssis à multiplication. Après sa période de floraison, il faut lui donner plus de chaleur qu'en d'autres temps et beaucoup d'air et de lumière avant la fin de l'automne.

T. laurina, R. Br. *Fl.* blanches, petites, réunies en épis solitaires ou fasciculés et interrompus, de 2 à 2 cent. 1/2 de long, terminaux, solitaires ou fasciculés. Juin. *Flles* ordinairement fasciculées au sommet des rameaux de l'année et paraissant presque verticillées, pétiolées, largement ovales ou elliptiques, acuminées, luisantes, à cinq-sept nervures sur les deux faces et ayant presque toutes 4 à 5 cent. de long. *Haut.* 6 à 12 m. Australie, 1829. (B. M. 3324.)

TROCHODENDRON, Sieb. et Zucc. (de *trochos*, roue, et *dendron*, arbre; les fleurs ont un peu l'aspect d'une roue; les étamines simulant les rais). Syn. *Gymnanthus*, Jungh. Fam. *Magnoliacées.* — La seule espèce de ce genre, décrite ci-après, est un arbuste rustique, toujours vert, habitant les bois humides du Japon. Sa culture est probablement celle des **Magnolia** ou des **Hamamelis** (V. ces noms.)

T. aralioides, Sieb. et Zucc. *Fl.* vertes, de 2 à 2 cent. 1/2 de diamètre, fasciculées au sommet des rameaux et les inflorescences rappellent celles des *Aralia* ou des *Hedera*; périanthe nul; étamines en nombre indéfini, entourant six carpelles légèrement concrescents et monospermes. *Fr.* charnu (?). *Flles* rapprochées au sommet des rameaux, épaisses, coriaces, courtement pétiolées, ovales-lancéolées, aiguës, nervées, persistantes et d'un beau vert. Arbre ou arbuste. (G. C. 1894, part. 1, p. 716, f. 91; B. M. 7375.)

(S. M.)

TROCHOSTIGMA, Sieb. et Zucc. — V. **Actinidia**, Lindl.

TROENE. — V. **Ligustrum**.

TROENE commun. — V. **Ligustrum vulgare**.

TROENE de Californie. — V. **Ligustrum ovalifolium**.

TROLLE. — V. **Trollius**.

TROLLIUS, Linn. (dérivé, dit-on, de l'allemand, *trol*, *trolin*, globe rond ; allusion à la forme globuleuse des fleurs). Trolle ; Angl. Globe Flower ; Globe Ranunculus. Fam. *Renonculacées*. — Genre comprenant environ dix espèces de plantes herbacées, dressées, vivaces et rustiques, habitant les régions froides et tempérées de l'hémisphère boréale. Fleurs jaunes ou lilas, amples, solitaires ou réunies en petit nombre dans la partie supérieure des tiges et longuement pédonculées ; calice à cinq sépales ou plus, pétaloïdes, colorés, égaux et ordinairement caducs ; pétales cinq à huit ou rarement en nombre indéfini, petits, onguiculés, longuement linéaires et nectarifères à la base ; étamines en nombre indéfini ; follicules sessiles et verticillés. Feuilles alternes, longuement pétiolées, palmées-lobées ou longuement disséquées.

Les *Trollius* sont de jolies plantes rustiques et faciles à cultiver ; les plus intéressants sont décrits ci-après ; ils aiment les terrains un peu consistants, mais sains et frais et ne redoutent pas un peu d'ombre ; néanmoins, ils prospèrent presque partout et font le meilleur effet dans les plates-bandes, parmi les autres plantes vivaces ainsi qu'au long des massifs d'arbustes et même dans les rocailles. Les Trolles sont très florifères, car ils remontent fréquemment et sont parfois encore en pleines fleurs quand les premières gelées arrivent. Leur multiplication s'effectue principalement à l'automne ou au printemps, par division des touffes, car leurs graines sont rares et de germination lente et capricieuse ; le semis doit se faire de préférence en septembre et la germination n'a souvent lieu qu'au printemps suivant.

T. acaulis, Linn. *Fl.* jaune d'or, de 5 cent. de diamètre, à sept sépales largement ovales, obtus ; pétales quatorze, étroitement cunéiformes, de 6 mm. de long et courtement onguiculés. Juillet. *Flles* à cinq divisions et à découpures arquées. Tiges courtes et feuillues supérieurement. Himalaya occidental, 1841. (B. R. XXIX. 32.)

T. altaicus, C. A. Mey. *Fl.* jaunes ou orange pâle, de 5 cent. de diamètre, à dix sépales ou souvent quinze à vingt, larges, obtus ou rarement aigus et parfois crénulés ; pétales cinq à quinze, étroitement linéaires et obtus. *Flles* fortement divisées, semblables à celles du *T. europæus*. *Haut.* 30 à 50 cent. Monts Altaï, 1857. (R. G. 188.)

T. americanus, Muehl. Syn. de *T. laxus*, Salisb.

T. asiaticus, Linn. *Fl.* d'un beau jaune, plus petites et plus ouvertes que celles du *T. europæus*, à dix sépales étalés ; pétales également dix, plus longs que les étamines. Mai-juin. *Haut.* 30 à 50 cent. Sibérie, 1817. Il se distingue en outre du *T. europæus* par ses tiges ordinairement uniflores. (B. M. 235 ; R. G. 403.) — On en connait une var. *major*, à fleurs plus grandes et une autre nommée *albus* (Syn. *T. Loddigesii*, Hort.), à fleurs d'un jaune très pâle.

T. caucasicus, Stev. *Fl.* jaune orangé, grandes, à sépales connivents ; pétales plus courts que les étamines. Mai-juin. Par ses autres caractères, cette plante ressemble au *T. asiaticus*. Caucase, 1817.

T. chinensis, Bunge. *Fl.* jaune brillant, grandes, à dix-douze sépales étalés ; pétales nombreux, linéaires, beaucoup plus longs que les étamines. Mai-juin. *Flles* vert foncé, à cinq-sept divisions. *Haut.* 30 à 40 cent. Chine. Syns. *T. Fortunei*, Hort. et *T. sinensis*, Hort.

T. europæus, Linn. * Trolle d'Europe, Boule d'or ; Angl. Boils ; Common Globe Flower, Golden Ball, etc. — *Fl.* jaune doré, grandes, odorantes, globuleuses, de 2 1/2 à 4 cent. de diamètre, à douze-quinze sépales ovales-elliptiques, concaves et connivents ; pétales oblongs, égalant les étamines ; celles-ci courtes et nombreuses. Mai-août et parfois jusqu'à la fin de l'automne. *Flles* presque toutes radicales, longuement pétiolées, à limbe sub-orbiculaire, à cinq divisions découpées en segments cunéiformes, incisés-dentés à leur tour ; les caulinaires plus petites et sub-sessiles. Tiges simples ou légèrement ramifiées au sommet, dressées, feuillues. *Haut.* 20 à 40 cent. Europe arctique ; France, Angleterre, etc. Sy. En. B. 42 : Gn. 1891, t. 816.) Les fleurs paraissent semi-doubles. — On en connait quelques variétés dont une *albidus*, Hort., à fleurs d'un jaune très pâle et une autre *giganteus*, Hort., beaucoup plus forte dans toutes ses parties.

T. Fortunei, Hort. Syn. de *T. chinensis*, Bunge.

T. laxus, Salisb. *Fl.* jaune verdâtre pâle ou presque blanches, deux fois aussi grandes qu'une Renoncule des prés, à cinq-six sépales étalés ; pétales quinze à vingt-cinq, peu visibles et beaucoup plus courts que les étamines. Mai. *Flles* palmatiséquées. *Haut.* 15 à 20 cent. Amérique du Nord, 1805. Syn. *T. americanus*, Muehl. (B. M. 1988 ; L. B. C. 56.)

T. patulus, Salisb. *Fl.* jaune d'or, à cinq sépales étalés ; pétales un à cinq, égalant les étamines. *Haut.* 80 à 30 cent. Sibérie, 1800.

T. sinensis, Hort. Syn. de *T. chinensis*, Bunge.

TROMOTRICHE, Haw. — V. **Stapelia**, Linn.

TROMPETTE de Méduse. — V. **Narcissus Bulbocodium**.

TRONC ; Angl. Trunck. — Chez les végétaux ligneux, on nomme tronc la tige ou partie de la plante comprise entre les racines et les branches, lorsqu'elle atteint un fort développement, et les végétaux qui en sont pourvus son désignés sous le nom d'arbres. Les exemples sont si nombreux partout qu'il est inutile d'en citer. On sait aussi que chez quelques arbres de longue durée, le tronc atteint des proportions énormes, notamment chez les Chênes et les Châtaigniers chez nous, les *Eucalyptus* en Australie, les *Sequoia* en Amérique, etc. C'est presque uniquement du tronc des arbres qu'on retire, en le sciant en différentes dimensions, tout le bois employé dans l'industrie, et la quantité absorbée annuellement est énorme et presque incalculable.

TRONQUÉ ; Angl. Truncate. — Se dit des organes, tels que les feuilles, les sépales, pétales, fruits, etc., brusquement rétrécis au sommet et dont la partie terminale semble avoir été cassée.

TROPÉOLÉES. — Réunies aux **Géraniacées**.

TROPÆOLUM, Linn. (de *tropaion*, trophée ; les feuilles ont la forme d'un bouclier et les fleurs ressemblent à un casque). **Capucine** ; Angl. Golden Nasturtium, Idian Cress, Yellow Larkspur. Syn. *Chymocarpus*, Don. Fam. *Géraniacées*. — Genre comprenant environ quarante espèces de très jolies plantes herbacées, volubiles ou rarement diffuses, annuelles ou vivaces et alors quelquefois tuberculeuses, de serre froide ou rustiques, habitant l'Amérique australe, centrale et le Mexique.

Fleurs oranges, jaunes, rarement pourpres ou bleues, solitaires au sommet de pédoncules axillaires et irrégulières; calice à cinq sépales inégaux, lâchement imbriqués ou sub-valvaires, courtement soudés à la base, le dorsal prolongé en éperon libre; pétales cinq ou moins par avortement, irréguliers, lâchement périgynes, tordus en spirale dans la préfloraison, les deux supérieurs amples; les trois inférieurs petits ou nuls; étamines huit, libres et inégales. Fruit composé de une à trois coques ou achaines charnus et ridés à la maturité, monospermes et indéhiscents. Feuilles alternes, peltées, palmées, anguleuses, lobées ou disséquées; stipules nulles ou rarement petites.

Fig. 328. — TROPÆOLUM. — Fleur coupée longitudinalement.

Les *Tropæolum* sont de charmantes plantes grimpantes dont quelques espèces sont très populaires, connues de tout le monde et cultivées presque partout. Ce sont surtout les *T. Lobbianum*, *T. majus* et *T. peregrinum*, qui ont du reste fait l'objet de l'article **Capucine**. (V. ce nom pour leur culture et leurs emplois.) Il en existe un grand nombre de coloris et variétés hybrides, ainsi qu'une race *naine* mentionnés dans l'article précité. On en a aussi obtenu des formes doubles, peu répandues parce qu'elles sont plus curieuses que décoratives et une variété *Lobbianum variegatum*, à feuilles très élégamment panachées, mais plus délicate que les autres et qu'on cultive généralement en serre. Elle ne se propage que par boutures, mais celles-ci s'enracinent facilement sous cloches et à chaud en serre.

Les espèces tuberculeuses, telles que les *T. azureum* et *T. tricolorum*, prospèrent dans un compost de terre de bruyère et de terreau de feuilles et de préférence en serre froide; on peut même les tenir en plein air et les mettre en pleine terre pendant l'été. Toutefois, on en forme de charmants et intéressants petits sujets en les cultivant en pots et en les faisant alors filer sur un petit ballon ou autre treillage en fil de fer.

Pendant leur période de végétation, il leur faut beaucoup d'eau et de copieux arrosements; lorsque les tiges périssent et que la plante entre en repos, il faut alors mettre les pots dans un endroit sec et simplement à l'abri des gelées, d'où on les sort lorsque la végétation recommence. Ces espèces tuberculeuses peuvent se multiplier par le semis, lorsqu'on en possède des graines, ou alors par boutures de jeunes pousses, faites sous cloches et à chaud; elles s'enracinent rapidement et forment un petit tubercule la même année.

Le *T. speciosum* demande la terre de bruyère et un endroit humide et ombragé; une fois installé, il ne faut pas le déranger. Sa multiplication s'effectue par semis ou par séparation de ses rhizomes souterrains longuement rampants.

Le *T. polyphyllum* demande un endroit chaud, ensoleillé et plutôt sec qu'autrement. En général, les *Tropæolum* ne demandent pas une terre très riche et fleurissent plus abondamment lorsqu'on ne les pousse pas à la végétation.

Sauf indications contraires, toutes les espèces suivantes sont vivaces et grimpantes.

T. aduncum, Smith. Syn. de *T. peregrinum*, Linn.

T. albiflorum, Lem. *Fl.* à pétales blanchâtres, rayés et ponctués intérieurement de jaune d'or et de pourpre, amples, plissés, ondulés; les inférieurs très longs et étroitement onguiculés. Été. *Flles* petites, glauques, digitées, à trois-cinq segments. Tiges très grêles et allongées, Pérou ou Chili. Serre froide. (F. d. S. 241.)

T. azureum, Miers. *Fl.* à peine odorantes, à pétales d'un beau bleu d'azur, égaux, obovales, atténués en onglet allongé, blanc verdâtre et profondément émarginés au sommet. Octobre. *Flles* peltées, à cinq lobes profonds, obovales ou oblancéolés, le médian ample et mucroné. Chili, 1842. Serre froide. (B. R. XXVIII, 65; F. d. S. mai, 1846; P. M. B. IX, 247; R. H. B. 1894, 157.) — Le *T. grandiflorum*, Hort. en est une variété à grandes fleurs. (F. d. S. 1160; I. H. III, 85.)

T. azureum, Hook. Syn. de *T. violæflorum*, A. Dietr.

T. Benthii, Klotz. *Fl.* à segments du calice apiculés, égalant l'éperon qui est droit; pétales jaunes; pédoncules filiformes, deux fois aussi longs que les feuilles. Juin. Feuilles vert pâle en dessous, sub-orbiculaires, profondément découpées en cinq ou six lobes obovales, peltés; le médian plus ample que les autres et rétus-apiculé; souche tuberculeuse. Bolivie, 1850. Demi-rustique.

T. brachyceras, Hook. et Arnott. *Fl.* à segments du calice obtus; éperon très court, obtus; pétales jaunes et semblables. Juin. *Flles* découpées en six ou sept segments peltés; oblongs-obovales, entiers et sessiles. Souche tuberculeuse. Chili, 1830. Demi-rustique. (B. M. 3851; B. R. 1926; F. d. S. 368; P. M. B. IX, 55; S. B. F. G. ser. II, 370.)

T. chrysanthum, Planch. et Lind. *Fl.* à pétales jaune d'or, dont les deux supérieurs sont cunéiformes, plus courts que le calice et veinés en dessous de rouge orangé, tandis que les trois autres sont plus longs, onguiculés et plissés en éventail. Été. *Flles* peltées, orbiculaires-triangulaires; tronquées à la base, à trois lobes anguleux au sommet, avec les bords obscurément crénelés-dentés. Nouvelle-Grenade, 1874. Serre froide. (F. d. S. X, 1005; I. H. XIX, 102.)

T. crenatiflorum, Hook. *Fl.* à pétales jaunes, obovales, étalés, sub-égaux, tronqués et un peu bicrénelés au sommet; les deux supérieurs rayés de rouge sang. Juin. *Flles* peltées, semi-orbiculaires, à cinq lobes obtus ou rétus et mucronulés. Pérou, 1844. Serre froide. (B. M. 4245; F. d. S. 166.)

T. Deckerianum, Moritz. et Karst. *Fl.* à calice pubescent, plus long que l'éperon, celui-ci droit et pourpre; pétales bleus, inégaux, dentés, fimbriés-ciliés; filets staminaux et anthères bleus; styles jaunes. Juillet. *Flles* peltées, triangulaires, à cinq-sept lobes transversalement tronqués à la base. Vénézuéla 1849. Serre froide. (B. H. II, p. 245; F. d. S. 490; L. et P. F. G. I, 16.)

T. digitatum, Karst. *Fl.* à sépales appendiculés à la base; pétales jaunes d'or, dentés-ciliés. Juillet. *Flles* peltées, à cinq-sept lobes arrondis et entiers. Vénézuéla, 1850. Plante annuelle et rustique. (R. G. 1146, sous le nom de *T. Gærtnerianum*, mais sous celui de *T. digitatum* dans le texte.)

T. edule, Paxt. *Fl.* à éperon acuminé, à sépales orangés et verts, presque conformes, obcordés et égalant les sépales. Mars. *Flles* presque composées, peltées, à six lobes ou segments oblongs-lancéolées, atténués aux deux extrémités et glabres. Tiges arrondies. Chili, 1841. Demi-rustique. (B. 248 ; P. M. B. IX, 127).

T. Gærtnerianum, Haage et Schmidt. Syn. de *T. digitatum*, Karst.

T. Jarrattii, Paxt. * *Fl.* à calice écarlate orangé vif, maculé de jaune à la base ; pétales jaune vif, dont les deux supérieurs sont rayés de beau brun ; pédicelles de 6 à 8 cent. de long. Juin. *Flles* alternes, à six ou sept obes ; pétioles de 2 cent. 1/2 de long, grêles et enroulées. Santiago, 1836. Serre froide. (P. M. B. V, 29.)

T. Leichtlini, Hort. *Fl.* très nombreuses, formant de longues grappes feuillées, jaune orangé vif et ponctuées de rouge. Mai-juin. *Flles* glauques, profondément découpées en lanières étroites. Tiges trainantes. Tubercule de la grosseur d'une petite pomme de terre. Intéressant hybride des *T. polyphyllum* et *T. edule*. 1897. (R. H. 1897, 400.)

T. Lindeni, G. Wall. *Fl.* petites, à éperon ample, rose, droit et conique, de 3 à 4 cent. de long ; divisions du calice vertes, courtement triangulaires ; pédoncules filiformes, brunâtres et souvent enroulés en spirale. Septembre. *Flles* amples, peltées, obcordées, de 8 à 12 cent. de long et 7 à 9 cent. de large, à fond vert brun foncé, parcouru par un réseau de nervures entre-croisées, de teinte rosée et saillantes sur la face inférieure. Tiges grêles, longuement volubiles et couvertes de poils duveteux. Colombie, 1894. (I. H. 1894, 17.) Serre chaude.

Fig. 329. — Tropæolum Lobbianum. — Capucine de Lobb.

T. Lobbianum, Hort. Veitch. * Capucine de Lobb. — *Fl.* à calice longuement éperonné, pubescent ; pétales orangés, obovales ; les deux supérieurs entiers, à peine lobés ; les trois inférieurs plus petits, profondément dentés, frangés à la base et longuement onguiculés. Novembre. *Flles* orbiculaires et peltées, obscurément lobées, glauques en dessous, à lobes mucronulés ; pétioles, pédoncules, calices et jeunes pousses plus longuement velus. *Haut.* 3 à 5 m. ou moins. Colombie, 1843. Plante annuelle, rustique. (B. M. 4097 ; F. d. S. II, 3 ; P. M. B. XI, 271 ; A. S. F. 19.) — Cette espèce a produit, par croisement avec le *T. majus*, un grand nombre de variétés très grimpantes, excessivement florifères et de nuances variées, qu'on désigne aujourd'hui sous le nom de *Capucines hybrides de Lobb* et qu'on trouvera décrites à l'article **Capucine**.

T. L. fimbriatum, Hort. *Fl.* à pétales frangés. *Flles* lobées. Hybride horticole. (R. H. 1856, 10.)

T. majus, Linn. * Capucine grande, Cresson d'Inde ; C. du Pérou ; Angl. Great Indian Cress ou Nasturtium. — *Fl.* d'un beau rouge orangé, dont les deux pétales supérieurs sont parcourus par des lignes brun rougeâtre foncé et tous obtus ; les trois inférieurs nus ou munis à la base de poils

Fig. 330. — Tropæolum majus, Var. *Madame Gunter*.

Fig. 331. — Tropæolum majus nanum. — Capucine naine.

dirigés vers le centre. Juin-octobre. *Flles* alternes, entières presque arrondies et peltées, parfois ondulées et à cinq lobes anguleux et superficiels. Pérou 1686. (B. M. 23.) — Plante annuelle et rustique, très cultivée et dont il existe un grand nombre de variétés de coloris différents et une race *naine*, également variée. Les planches suivantes représentent certaines de ces variétés. (R. H. 1888, 284; *nanum*, F. d. S. 1286; B. M. 3375; P. M. B. I, 176; S. B. F. G. ser. II, 204; *plenissimum*, Gn. X, 398.)

T. minus, Linn. Capucine petite; Angl. Small Indian Cress ou Nasturtium. — *Fl.* jaune foncé, striées d'orangé et de rouge, à pétales se terminant chacun en une pointe sétacée, ayant rarement plus de 3 cent. de diamètre. Juin-

Fig. 332. — Tropæolum minus. — Capucine petite.

octobre. *Flles* peltées, un peu dentelées. *Haut.* 30 à 60 cent. Pérou, 1596. Plante annuelle et rustique, ressemblant au *T. majus*, mais plus petite dans toutes ses parties. Ses fruits étant plus petits sont généralement préférés pour confire au vinaigre. Il en existe une variété *coccineus*, à fleurs écarlates. (B. M. 98; A. V. F. 6.)

T. Moritzianum, Klotz. *Fl.* à éperon jaune terne, verdâtre vers le sommet et droit; pétales jaunes; les supérieurs marginés et nervés de rouge cinabre et incisés-ciliés. Juillet. *Flles* peltées, transversalement tronquées à la base, glabres et à sept lobes arrondis et obscurément mucronés. Caracas, 1839. Serre froide. (B. v, 221; B. M. 3844; P. M. B. VIII, 199.)

T. pendulum, Klotz. *Fl.* pendantes, à calice jaune et à éperon droit; pétales jaunes, spatulés, dont les deux supérieurs sont marqués de lignes parallèles rouges et d'une tache violet terne, tandis que les trois inférieurs sont unicolores. Juillet. *Flles* peltées, glauques en dessous, arrondies, tronquées à la base et à cinq lobes, dont le médian est mucroné. Rameaux arrondis. Amérique centrale, 1852. Serre froide.

T. pentaphyllum, Lambe. ' Capucine à cinq feuilles; Angl. Five-fingered Indian Cress. — *Fl.* à calice en forme d'éperon et renflé au sommet, pourpre terne, de 3 cent. de long et à limbe verdâtre, marqué de pourpre foncé à l'intérieur; pétales rouge vermillon vif, petits, arrondis et sub-onguiculés; pédoncules de 10 cent. de long, solitaires et axillaires. Juin-juillet. *Flles* d'environ 5 cent. de diamètre, à cinq folioles digitées, oblongues, entières, pétiolulées, souples, glabres et étalées; pétioles pourpres, de 5 cent. de long, enroulés en vrilles. Tiges pourpres, grêles, très allongées, ramifiées et légèrement enroulées. Tubercule gros et oblong. Buénos-Ayres, 1829. Plante demi-rustique. (B. M. 3190.) Syn. *Chymocarpus pentaphyllus*, Don.

T. peregrinum, Linn. ' Capucine des Canaris; Angl. Canary-bird Flower, Canary Creeper. — *Fl.* jaune soufre, petites, à pétales à peine plus longs que le calice, élégamment frangés, surtout les deux supérieurs, qui sont bien plus grands, relevés et étendus comme les ailes d'un oiseau, d'où son nom familier; éperon crochu, égalant à la fin la longueur des pétales supérieurs. Juin-octobre. *Flles* peltées-nervées, presque réniformes et découpées en cinq

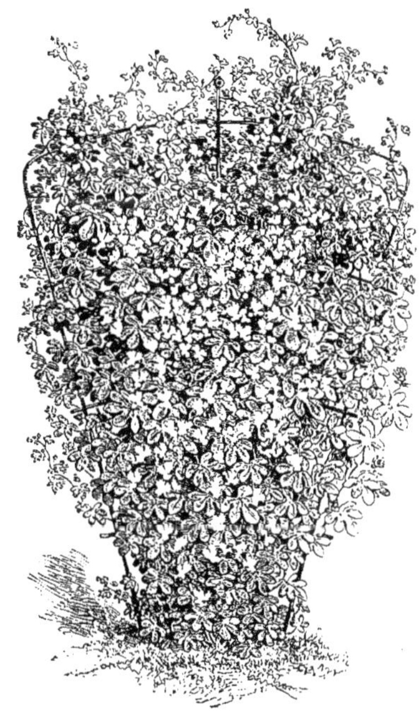

Fig. 333. — Tropæolum peregrinum. Capucine des Canaris.

à sept lobes entiers et mucronés. Pérou et Mexique, 1810. Plante annuelle et rustique ou de serre et alors vivace. (A. B. R. 597; B. M. 1351; B. R. 718; S. B. F. G. ser. II, 134; A. V. F. 3.) Syn. *T. aduncum*, Smith.

T. pinnatum, Andr. *Fl.* pinnées, à pétales jaunes, cunéiformes et dentés au sommet. Juin-novembre. *Flles* un peu peltées, à lobes obtus et inégaux. Hybride obtenu en 1800. Serre froide. (A. B. R. 535.)

T. polyphyllum, Cav. ' Angl. Yellow Rock Indian Cress. — *Fl.* à calice pourvu d'un éperon atténué; pétales jaunes, plus longs que le calice, obcordés; les supérieurs obovales, sessiles; les latéraux émarginés et onguiculés. Juin. *Flles* à dix-douze folioles digitées, charnues, oblongues, entières, la médiane trifide. Chili, 1827. Plante couchée et rustique. (B. M. 4042; F. d. S. 2066; G. C. n. s. XX, p. 241; P. M. B. X, 175.)

T. sessilifolium, Pœpp. et Endl. *Fl.* solitaires ou géminées au sommet des pédoncules; calice longuement éperonné; pétales rouges, ombrés de violet, conformes, obovales-spatulés, émarginés et plus longs que le calice. Été. *Flles* sessiles, à cinq lobes oblongs, glabres et glauques. Chili, 1868. Plante couchée. Serre froide. (G. C. 1868, p. 842.)

T. Smithii, DC. *Fl.* à éperon du calice droit, deux fois aussi long que la corolle; pétales jaunes, tous lobés ou frangés. Juin. *Flles* peltées-nervées et à cinq lobes profonds. Nouvelle-Grenade, 1775. Plante annuelle ou vivace en serre froide. (B. M. 4385; F. d. S. 384.)

T. speciosum, Pœpp. et Endl. ' Angl. Flame-flowered

Nasturtium. — *Fl.* à éperon allongé; pétales écarlates, obcordés, plus longs que le calice; les supérieurs étroitement cunéiformes; les inférieurs sub-orbiculaires. Juin. *Flles* sub-peltées, à six lobes oblongs, obtus et pubescents poilus en dessous, ainsi que les tiges. Chili, 1846. Plante rustique. (B. M. 4323; F. d. S. 281; P. M. B. XIV, 173.)

œuf de Pigeon, jaune moucheté de rouge, comestibles quand ils sont cuits, mais peu délicats. *Haut.* 1 m. Pérou 1827. Demi-rustique. (B. H. II, 36; B. M. 3714; F. d. S. 452; P. M. B. V. 49; R. H. 1853. 18.)

T. umbellatum, Hook. *Fl.* réunies en ombelles; calice cylindrique, plus long que l'éperon; celui-ci légèrement

Fig. 334. — TROPÆOLUM SESSILIFOLIUM.

T. tricolorum, Sweet. * *Fl.* solitaires, beaucoup plus courtes que les pédicelles, à calice turbiné, écarlate feu, avec les bords des divisions noirs; pétales jaune orangé, obovales, entiers et égaux, plus courts que l'éperon; celui-ci grêle et atténué. Juin-octobre. *Flles* à cinq-six divisions peltées, obovales ou oblongues et obtuses. Chili, 1828.

Fig. 335. — TROPÆOLUM TRICOLORUM.

Plante tuberculeuse, demi-rustique et très élégante (B. M. 3169; B. R. 1935; F. d. S. 369, 1881; P. M. B. II. 123; S. B. F. G. 270.) — Il en existe des variétés *grandiflorum*, à fleurs plus grandes (A. V. B. 14): *Regelianum Schultzii* (R. G. 428) à fleurs jaune et vert.

T. tuberosum, Ruiz et Pav. Capucine tubéreuse; ANGL. Peruvian Nasturtium. — *Fl.* à pétales jaune et rouge, égalant presque le calice, entiers ou dentés. Septembre. *Flles* peltées-nervées, à cinq lobes transversalement tronqués à la base et glabres. Tiges ramifiées et grêles. Racines tuberculeuses, déprimées ou coniques, de la grosseur d'un

arqué et obtus; pétales rouge orangé, spatulés, droits aigus, dont trois plus longs que le calice et les deux autres petits et squamiformes. Juin. *Flles* un peu peltées, cordiformes et à cinq lobes. Quito, 1846. Serre froide. (B. M. 4337; F. d. S. 302.)

Fig. 336. — TROPÆOLUM TUBEROSUM.

T. violæflorum, A. Dietr. *Fl.* à éperon court, légèrement arqué; pétales d'abord d'un beau bleu d'azur, devenant ensuite plus pâles, étalés, égaux, obovales, profondément émarginés au sommet et atténués en longs onglets blanchâtres. Octobre. *Flles* peltées, à cinq lobes profonds, inégaux, obovales ou obversement lancéolés, obtus; le médian plus ample et mucronulé. Racine tubéreuse. Chili. Plante de serre froide. (B. M. 3985, sous le nom de *T. azureum*, Hook.)

T. Wagnerianum, Karst. *Fl.* à éperon rose vif et droit, tubuleux, de 2 1/2 à 4 cent. de long ; pétales violets, cunéiformes, présentant sept dents vers le sommet ; pédicelles très grêles et d'environ 5 cent. de long. Juillet. *Flles* peltées, oblongues-triangulaires, un peu obliquement hastées, tronquées à la base, acuminées au sommet et pâles en dessous. Vénézuéla, 1850. Serre froide. (B. H. II, 1 ; F. d. S. 553.)

Fig. 337. — TROPÆOLUM TUBEROSUM. — Tubercules.

TROPHIANTHUS, Scheidw. — V. **Aspasia**, Lindl.

TROPHIS, P. Browne. (de *trophe*, aliment; allusion à l'usage des espèces de ce genre). ANGL. Ramon tree. SYN. *Bucephalon*, Linn. FAM. *Urticacées.* — Petit genre comprenant cinq ou six espèces d'arbres ou d'arbustes de serre chaude, habitant les Indes occidentales, le Mexique et les Andes de l'Amérique du Sud. Fleurs sessiles ou courtement pédicellées et réunies en grappes solitaires ou géminées à l'aisselle des feuilles; les mâles lâchement fasciculées; les femelles en faisceaux plus courts et pauciflores. Feuilles alternes, pétiolées, entières ou bordées de quelques dents; celles des rameaux stériles parfois lobées. Les feuilles du *T. americana*, Linn., sont parfois données aux animaux comme fourrage dans les Indes occidentales. Une ou deux espèces ont été introduites dans les cultures, mais elles en sont probablement disparues.

TROPIDIA, Lindl. (de *tropis*, *tropidos*, carène; allusion à la forme du labelle). SYNS. *Cnemidia*, Lindl.; *Decaisnea*, Lindl.; *Govindovia*, Wight et *Ptychochilus*, Schau. FAM. *Orchidées.* — Genre comprenant aujourd'hui huit espèces de grandes Orchidées terrestres, élevées, feuillues, souvent ramifiées et de serre chaude, habitant les Indes orientales, l'Archipel Malais et les îles de l'Océan Pacifique. Fleurs moyennes, réunies en courts épis, à sépales connivents; labelle sessile à la base de la colonne et dressé. Feuilles amples ou jonciformes. Aucune des espèces de ce genre n'est probablement encore introduite dans les cultures.

TROPIS. — Dans les mots composés de grec, ce suffixe désigne la carène d'une fleur papilionacée ou toute autre partie qui lui ressemble.

TROS, Haw. — Réunis aux **Narcissus**, Tournf.

TROXIMON, Nutt. (de *troximos*, comestible, ce que ces plantes ne sont cependant pas). SYN. *Agoseris*, Rafin. Comprend les *Ammogeton*, Schrad. et *Macrorhynchus*, Less. FAM. *Composées.* — Genre renfermant environ seize espèces de plantes herbacées, presque acaules, annuelles ou vivaces et rustiques, habitant l'Amérique septentrionale-occidentale et australe extra-tropicale. Capitules jaunes ou orangés, homogames, c'est-à-dire à fleurons tous ligulés, tronqués et à cinq dents au sommet; involucre formé de bractées multisériées, les externes graduellement plus courtes et plus larges; réceptacle plan, nu ou alvéolé, portant rarement quelques paillettes entre les fleurons; achaines glabres, surmontés d'une aigrette à soies nombreuses; hampe dressée, aphylle et uniflore. Feuilles radicales, entières, profondément dentées ou pinnatifides.

L'espèce suivante et sa variété sont probablement les seules existant aujourd'hui dans les cultures, bien que d'autres y aient également été introduites. Ce sont des plantes vivaces, prospérant en terre franche et siliceuse. Leur multiplication peut s'effectuer par division.

T. glaucum, Sims. *Capitules* jaune vif, ayant près de 2 cent. 1/2 de diamètre ; bractées de l'involucre lâchement imbriquées et disposées sur trois ou quatre rangs. Mai-juin. *Flles* linéaires-lancéolées, aiguës, entières ou rarement pourvues de une à deux dents. *Haut.* 30 cent. Etats-Unis, 1811. (B. M. 1667.)

T. g. dasycephalum, Hort. *Capitules* à réceptacle portant souvent entre les fleurons quelques paillettes écailleuses ; involucre laineux quand il est jeune. *Flles* souvent un peu pubescentes ainsi que la hampe. (B. M. 3462.) Syn. *Ammogeton scorzoneræfolius*, Schrad.

TRUFFE; ANGL. Truffle. (*Tuber*). — Genre de Champignons vivant entièrement sous terre, parfois assez profondément ou rarement à la surface du sol. Leur forme et leur grosseur rappellent un peu des Pommes de terre et autres tubercules, d'où leur nom latin de *Tuber*, mais ils en diffèrent totalement par leur nature, car la Truffe, telle qu'on la connaît, n'est en réalité que l'appareil fructifère du Champignon. Le mycélium ou partie végétative existe, c'est certain, mais il est si ténu qu'il est très difficile à observer.

La Truffe se compose d'une enveloppe externe coriace formée de cellules épaissies et à surface lisse ou plus souvent finement mamelonnée. A l'intérieur, on observe un tissu ferme, peu aqueux, réticulé de veines ou cordons anastomosés, de teinte plus pâle que le reste et découpant la masse en parties ordinairement pleines, mais qui sont parfois creuses et renfermant des asques. Ceux-ci contiennent un nombre déterminé, ordinairement quatre à huit spores globuleuses ou elliptiques, lisses ou souvent élégamment marquées ou sillonnées et ordinairement colorées. Les *Tuber* et genres voisins (*Terfezia*, *Tirmania*) appartiennent ainsi à la tribu des *Ascomycètes*. Tant que les Truffes sont jeunes, leur texture reste charnue et ferme, mais avec l'âge, l'intérieur devient brun noirâtre et pulvérulent et, à cet état, elles ressemblent aux Vesses de Loup (V. **Lycoperdon**), bien qu'elles n'en soient pas scientifiquement voisines.

Le nom de Truffe est parfois appliqué à un autre groupe de Champignons souterrains, d'aspect très semblable et ce groupe a reçu le nom d'*Hypogés*. Dans ces derniers, il n'existe pas d'asques, et les spores se développent séparément à l'extrémité de pédicules naissant au sommet de grandes cellules (basides), comme dans les Champignons proprement dits, mais ces basides tapissent les parois des cavités internes au lieu d'être insérées sur la face externe, comme elles le sont dans les **Champignons**. (V. ce nom.) « C'est probablement à ce groupe qu'appartiennent certaines Truffes du nord de l'Afrique, dont les botanistes ont fait les genres *Terfezia* et *Tirmania*, car ils restreignent aujourd'hui le genre *Tuber* aux espèces à spores enfermées dans des asques.

Il existe un assez grand nombre d'espèces de Truffes, dont plusieurs spéciales à l'Europe, australe surtout, tandis que d'autres se rencontrent en Asie, en Afrique, en Amérique et jusqu'en Australie, mais ces dernières sont moins méritantes au point de vue culinaire. Les Truffes se distinguent entre elles par leur grosseur, qui va de 1 à 10 cent. de diamètre à leur complet développement, par leur forme irrégulièrement globuleuse et parfois bosselée, par la forme des mamelons ou petits tubercules qui couvre la surface externe de leur enveloppe (*peridium*), enfin par celle des asques et des spores.

Nous n'entreprendrons pas de décrire ici les différentes espèces de Truffes, même les plus importantes, l'espace nous faisant défaut; nous renverrons pour cela les lecteurs à divers ouvrages spéciaux, notamment à : *La Truffe*, par Chatin, 1869; *La Truffe*, par Mouillefert, et aux nombreux articles insérés dans les périodiques, notamment celui publié, avec figures, par M. D. Bois, dans la *Revue Horticole*, 1894, p. 206-210, f. 76-81.

Les espèces les plus estimées sont : la Truffe du Périgord (*Tuber melanosporum*), la Truffe d'hiver (*Tuber brumale*), la Truffe d'été (*Tuber æstivum*), la Truffe de Dijon (*T. uncinatum*), la Truffe de montagne (*Tuber montanum*) et quelques autres, notamment la Truffe blanche (*Choiromyces albus*), qui est grosse, mais de qualité inférieure à celle des précédentes.

Le mode de végétation souterrain et l'aspect noirâtre et terreux des Truffes a donné lieu à de fantastiques superstitions, car leur origine véritable est restée longtemps ignorée. Elles étaient déjà consommées au temps de Théophraste, mais du ve au xive siècle, elles paraissent avoir été totalement négligées, et pendant le xve siècle, l'usage s'en répandit de nouveau dans la classe riche. Aujourd'hui, la Truffe forme l'objet d'un commerce important, dont la France a, sinon le monopole, du moins la production la plus grande et la qualité la plus recherchée. On évalue à plus de cinquante millions de francs la récolte annuelle; la Dordogne et le Lot sont les départements les plus importants par leurs célèbres Truffes du Périgord.

Il est à peine nécessaire de parler ici de l'usage culinaire des Truffes; on sait qu'on ne les emploie en réalité que comme condiment, à cause de leur goût fin et leur parfum musqué, pour aromatiser les mets, les volailles et les pâtés surtout, en les coupant à cet effet en minces tranches; mais leur prix élevé empêche les bourses modestes d'en user.

« La récolte des Truffes n'est pas chose facile, car elles sont enfouies dans le sol; on est obligé d'avoir recours à l'odorat très sensible des animaux et en particulier du Chien et du Porc pour signaler leur présence. Ces animaux, dressés à ce genre de chasse, vont le museau traînant à terre et s'arrêtent sur l'endroit où la Truffe se trouve; il est très intéressant de voir le Chien marquer la place de sa patte et regarder ensuite son maître, attendant sa modeste récompense : un petit morceau de pain; le Porc est plus vorace, ce n'est pas pour son maître qu'il chasse, mais bien pour lui, car, si on le laissait faire, il creuserait le sol avec son grouin et mangerait bel et bien la Truffe. »

(S. M.)

La Truffe croît presque toujours dans les terrains légers, souvent crayeux ou au moins à sous-sol perméable et plutôt sec qu'humide. Bien qu'on n'ait pu encore établir nettement la relation des Truffes avec les arbres au pied desquels elles croissent, on admet parfaitement que la présence de ceux-ci est plus que favorable à leur développement, les diverses espèces de Truffes se rencontrant principalement dans le voisinage de certains arbres. Le plus important, à ce point de vue, est sans contredit le Chêne et plusieurs de ses espèces, telles que le Chêne Rouvre, Ch. vert, Ch. au Kermès, etc., qui abritent les *T. macrosporum* et *T. brumale*, puis viennent le Hêtre, le Châtaignier, le Noisetier, le Charme, etc., au pied desquels on trouve souvent le *T. æstivum*.

On a depuis longtemps tenté de cultiver ou plus exactement de favoriser le développement des Truffes, en leur consacrant pour cela des terrains appropriés, c'est-à-dire sains et de nature un peu calcaire, qu'on laisse incultes et qu'on ensemence de Chênes à cet effet. Lorsque les Chênes, qui ne doivent pas être trop épais, ont dix à douze ans et que l'herbe commence à ne plus pousser à leur pied, les Truffes sont généralement assez abondantes pour qu'on puisse commencer à les chercher et la production peut alors se prolonger pendant vingt à trente années consécutives, sans aucune espèce de soin, si ce n'est toutefois d'éclaircir et d'élaguer les arbres pour éviter qu'ils ne forment une ombre épaisse et pour favoriser le développement de

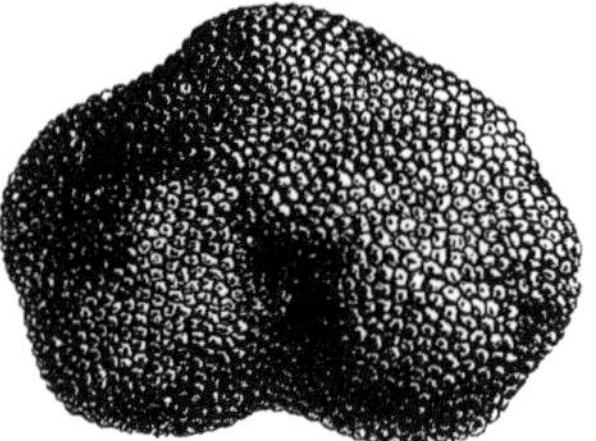
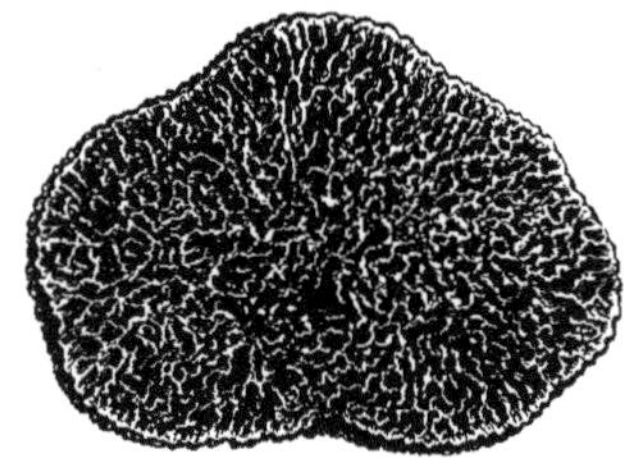

Fig. 338. — Truffes. (*Tuber cibarium*). — Entière et coupée longitudinalement.

nouvelles racines aux dépens desquelles vit sans doute le mycelium.

On a observé en Angleterre, à Salisbury Plain, que les plantations uniquement formées de Hêtres ou entremêlées de Fougères contenaient des Truffes au bout de quelques années et que ces plantations demeuraient productives pendant dix à quinze ans.

On a conseillé, pour ensemencer des truffières, d'y répandre de la terre provenant d'endroits où elles abondent, mais l'épandage des débris et raclures de truffes, de même que l'arrosage du sol avec de l'eau dans laquelle on a laissé tremper des tranches de truffes n'ont donné aucun résultat satisfaisant.

TRUFFE. — Nom familier sous lequel on désigne quelquefois les **Pommes de terre**. (V. ce nom.)

TRUFFE d'eau. — V. **Trapa natans.**

TRUNCARIA, DC.— V. **Adelobotrys**, DC.

TRYMALIUM, Fenzl. (de *trymalia*, perforation ; allusion aux petits pores qui existent au sommet de la capsule. Fam. *Rhamnées.* — Petit genre comprenant environ six espèces habitant l'Australie. Ce sont des arbustes de serre froide, ayant le port et les stipules caduques des *Pomaderris*, mais des fleurs plus petites et réunies en inflorescences plus grêles. Calice découpé jusqu'à la base en cinq lobes ; pétales cinq, cucullés, entiers ou trilobés, mais n'enfermant pas ordinairement les anthères ; étamines cinq, à filets ordinairement courts ; panicule ordinairement étroite ou formant une cyme pauciflore.

Les *Trymalium* ne sont pas très décoratifs, le *T. Billiardieri* est cependant cultivé. Il prospère dans un mélange de terre franche et de terreau de feuilles et peut se multiplier par boutures que l'on fait dans la même terre et sous cloches.

T. Billardieri, Fenzl. *Fl.* nombreuses, réunies en panicules lâches et étroites, de 5 à 15 cent. de long. *Flles* parfois largement ovales ou obovales, très obtuses, de 2 1/2 à 5 cent. de long, parfois ovales ou ovales-lancéolées, plus ou moins acuminées, de 5 à 8 cent. de long, entières ou crénelées, glabres ou pubescentes en dessus, blanches, canescentes ou velues en dessous. Grand arbuste. Australie.

TRYPHÆNA (dérivé d'un nom propre grec). — On écrit aussi *Triphæna.* — Genre de Lépidoptères nocturnes, du sous-ordre **Noctuina** (V. ce nom) et très voisins des *Noctua* et *Agrotis*, mais dont ils se distinguent facilement par leurs ailes postérieures jaunes ou orangées, avec une bande noire près du bord postérieur, dont elle n'est séparée que par une frange de même teinte que le centre de l'aile. Il existe en outre ordinairement une tache foncée, en forme de croissant, située vers le milieu de chacune de ces mêmes ailes.

Les ailes antérieures sont un peu étroites et leur couleur de fond varie depuis le gris jusqu'au vert olive et le beau brun ombré ; parfois elles sont pâles et portent plusieurs raies transversales, dont les unes sont plus pâles et les autres plus foncées que la couleur de fond et deux taches bordées de gris insérées vers le milieu de chaque aile.

Six espèces existent en Angleterre et probablement aussi chez nous. L'envergure de leurs ailes antérieures varie de 3 à presque 6 cent. Elles diffèrent aussi entre elles par la bande de nuance noire et la teinte plus ou moins foncée de la couleur de fond des ailes postérieures.

Les chenilles ont l'aspect et les mœurs de celles des Noctuelles. Leur corps est lisse, cylindrique et la tête est petite. Leur couleur varie depuis le jaune ocreux terne au vert jaunâtre et jusqu'au brun foncé ; elles portent ordinairement une ligne plus pâle sur le dos, ainsi que des panachures pâles et foncées.

Nous donnerons maintenant quelques indications caractéristiques des espèces les plus importantes ; mais le manque d'espace nous oblige à négliger les détails secondaires.

Le *T. pronuba*, désigné familièrement sous le nom de Fiancée ou Noctuelle Fiancée (Angl. Common Yellow Underwing) est très commun ; ses ailes antérieures ont 5 à 6 cent. d'envergure ; les ailes postérieures sont assez étroites, jaunes, avec la bande marginale mentionnée précédemment noire, mais elles sont dépourvues de la tache centrale noire. La chenille ronge le collet de beaucoup de plantes potagères, telles que les Choux, les Laitues, etc., ainsi que de diverses fleurs. Elle s'enfonce dans la cavité qu'elle creuse en rongeant la racine, souvent juste au-dessous du niveau du sol. A son complet développement, qui arrive au printemps, elle tisse une sorte de cocon terreux et s'y transforme en nymphe.

Le *T. ianthina* (Angl. Lesser Broad-bordered Yellow Underwing) a environ 3 cent. 1/2 d'envergure d'ailes ; les antérieures sont d'un beau brun teinté de pourpre et portent trois taches grises, cunéiformes, s'étendant intérieurement depuis le bord antérieur. Les ailes postérieures sont noires à la base et la bande marginale est large, noir velouté intense, tandis que la crête de chaque aile est orange. Les chenilles vivent pendant l'hiver sur les Primevères et autres fleurs des jardins et se transforment au printemps, dans un cocon qu'elles tissent en terre.

Le *T. interjecta* (Angl. Least Yellow Underwing) n'atteint que 3 cent. d'envergure d'ailes ; les antérieures sont brun roussâtre ou rouge terne, avec des lignes plus foncées et une bande enfumée près du bord postérieur. Les ailes postérieures sont foncées à la base, avec une bande marginale noir enfumé, ombrées de même teinte le long du bord interne et ornées d'une tache foncée sur le milieu, dont le fond est jaune. Les chenilles vivent pendant l'hiver et au printemps sur les plantes basses, telles que l'Oseille et autres herbes sauvages déjà mentionnées.

Le *T. fimbriata* (Angl. Broad-bordered Yellow Underwing) a 5 à 6 cent. d'envergure d'ailes ; on le reconnait facilement à sa taille ainsi qu'à la très large bande marginale, d'un noir intense et à la teinte orange foncé, non maculée, s'étendant jusqu'à la base de ses ailes postérieures. Sa chenille vit à l'automne des feuilles des Bouleaux, des Saules et autres arbres, passe l'hiver et dévore les feuilles de ces mêmes arbres ; elle y monte le soir, le long du tronc et en descend le matin avant le jour, pour se cacher à terre pendant le jour.

Le *T. orbona* (Angl. Lesser Yellow Underwing) a des ailes antérieures variant entre 3 1/2 à 4 cent 1/2 d'envergure et leur couleur est plus ou moins foncée, les ailes postérieures sont jaunâtres, nuagées de gris à la base et portent au milieu une tache en forme de croissant, gris foncé, avec une bande marginale noirâtre assez étroite. Les chenilles vivent à l'automne sur le Mouron des oiseaux et autres plantes basses, mais, après leur hivernage, elles montent au printemps dans la ramure des Aubépines, des Saules, etc., et en rongent les jeunes feuilles.

Le *T. subsequa* est trop rare pour qu'il soit nécessaire d'en parler ici.

Remèdes. — Les moyens de destruction des chenilles et papillons sont les mêmes que ceux donnés pour les Noctuelles. (V. **Noctuina.**)

TSIANA, J. F. Gmel. — V. **Costus**, Linn.

TSUGA, Carr. (nom japonais de ces arbres). **Sapin** (en partie). Fam. *Conifères*. — Petit genre comprenant huit espèces d'arbres résineux toujours verts, à dernières ramifications grêles et souvent pendantes; deux sont asiatiques et les autres nord-américains. Fleurs monoïques ; les mâles sub-sessiles, solitaires à l'aisselle des feuilles supérieures ; les femelles réunies en chatons solitaires, terminaux, globuleux, avec quelques écailles stériles et stipitées. Cônes subglobuleux, souvent réfléchis, de 2 cent. 1/2 ou un peu moins de long ou même allongés chez une espèce, à écailles persistantes et plus ou moins ligneuses. Feuilles aciculaires, anguleuses, à coussinets proéminents, disposées en spirale, parfois étalées et distiques ou au moins apparemment planes, convexes en dessus chez une espèce.

Les *Tsuga* sont de belles Conifères dont la classification a été longtemps controversée et que l'on confond fréquemment dans les jardins avec les *Abies*, dont ils constituent en réalité, ainsi que quelques autres genres, un démembrement. Pour leur culture et leurs emplois, V. **Pinus**.

T. Brunoniana, Carr. *Cônes* terminaux, de 2 cent. 1/2 de long. solitaires, sessiles. Branches nombreuses, grêles et pendantes. *Flles* solitaires, un peu distiques ou éparses, planes, linéaires-étalées, obtuses ou légèrement aiguës, finement denticulées vers le sommet, réfléchies sur les bords, vert luisant en dessus, blanches-farineuses en dessous. *Haut.* 20 à 25 m. Himalaya central et occidental; Bhotan, 1838. (G. C. n. s. XXVI, p. 73, 501.) Syns. *Abies Brunoniana*, Lindl. et *A. dumosa*, Loud.

T. canadensis, Carr. * Angl. Hemlock Spruce. — *Cônes* pendants au sommet des rameaux, de 15 à 20 mm. de long, ovales. *Flles* solitaires, planes, irrégulièrement distiques, de 12 à 18 mm. de long, duveteuses quand elles sont jeunes, rudes sur les bords, obtuses, d'un vert clair et gai en dessus, avec deux stries argentées en dessous. Branches nombreuses, grêles et duveteuses quand elles sont jeunes, étalées et à ramifications planes. *Haut.* 18 à 20 m. Amérique du Nord, 1736. Syns. *Abies canadensis*, Desf. ; *Pinus canadensis*, Linn. — Les variétés suivantes sont énumérées par Gordon, dans *The Pinetum*.

T. c. alba-spica, Hort. Assez jolie forme différant du type par les feuilles de l'extrémité de ses jeunes rameaux qui sont blanchâtres.

T. c. gracilis, Hort. *Flles* linéaires, obtusément aiguës, luisantes en dessus, glauques en dessous, plus ou moins obliquement insérées autour des rameaux et ayant rarement plus de 2 cent. 1/2 de long. Branches très grêles peu ramifiées et plus ou moins pendantes au sommet.

T. c. milfordensis, Hort. Variété naine, de forme globuleuse, à rameaux grêles et pendants et à feuilles beaucoup plus petites que celles du type, mais néanmoins très distinct du *T. gracilis*.

T. c. nana, Hort. Variété naine, ne dépassant pas 1 m. de haut et étalée sur le sol, avec le feuillage plus touffu que chez le type.

T. caroliniana, Engelm. *Cônes* plus gros que ceux du *T. canadensis*, ayant 2 1/2 à 4 cent. de long, à écailles oblongues, plus longues que larges, étalées à angle droit à la maturité; bractées larges, légèrement cuspidées; graines n'ayant pas la moitié de la longueur de l'aile étroite. *Flles* également plus grandes et plus foncées que celles du *T. canadensis*, de 15 à 25 mm. de long et presque 2 mm. 1/2 de large, rétuses ou souvent échancrées au sommet. *Haut.* 15 à 20 m. Nord de la Caroline, 1886. Arbre compact, pyramidal, à rameaux des branches aplanis. (G. C. n. s. XXVI, p. 781 ; G. et F. 1889, 267.)

T. Hookeriana, Carr.* *Cônes* ovoïdes-cylindriques, de 4 à 5 cent. de long et 12 mm. de large, pendants, pourpre foncé, jaune tan pâle à la maturité ; écailles coriaces et imbriquées ; bractées courtes et persistantes. *Flles* rapprochées, linéaires-mucronées et dressées, d'une teinte pâle et légèrement glauque ; Californie, 1851. Arbre très élégant, distinct et fortement ramifié.

T. Mertensiana, Carr.* Arbre très semblable au *T. canadensis*, mais dont il se distingue cependant facilement par ses feuilles plus courtes et plus grêles, par sa végétation plus robuste et rapide, par ses branches plus étalées, par son écorce d'un rouge plus foncé, par les écailles de ses cônes plus allongées et enfin par les ailes de ses graines proportionnément plus longues. *Haut.* 30 à 45 m. Californie, Colombie, Orégon, 1851. Syns. *Abies Albertiana*, Murr. (G. C. 1863, p. 340, fig.) ; *A. Mertensiana*, Lindl. (G. C. 1885, fig. 35.)

T. Pattoniana, Engelm. * Angl. Californian Hemlock Spruce. — *Cônes* cylindriques-oblongs, de 5 à 8 cent. de long. *Flles* anguleuses, un peu aiguës, atténuées à la base, souvent arquées, de 1 1/2 à 2 cent. 1/2 de long. Sierra Nevada, 1851. — Décrit par Engelman, comme « un grand arbre pyramidal, de 30 à 45 m. de haut et 60 cent. à (rarement) 1 m. 20 de diamètre, d'un port élégant, à ramilles grêles, pubescentes et à feuillage d'un vert gai. » Syns. *Abies Pattoniana*, Jeffr. ; *A. Williamsoni*, Newber. ; *Pinus Pattoniana*, Parlat.

Pendant longtemps on a douté de la valeur spécifique de cette espèce, que l'on croyait être une forme du *T. Hookeriana*. Le Dr Masters dit à ce sujet : « La structure des feuilles est la même que dans les autres *Tsuga*. La forme à feuilles planes, ne portant des stomates que sur la face inférieure des feuilles et cultivée dans certains jardins sous ce nom (*Pattoniana*) est supposée, par Engelman, n'être qu'une forme du *T. Mertensiana*, Engelmann, et plus récemment Van Tieghem, après l'examen anatomique, considèrent le *T. Pattoniana* comme représentant une section ou même un genre ; ses feuilles sont presque réunies en touffes non distiques, convexes, carénées sur la face supérieure, sub-aiguës, garnies de stomates sur les deux faces ; grains de pollen bilobés ; cônes plus gros que dans les vrais *Tsuga* et écailles récurvées au sommet. Lemmon en fait aussi le représentant d'un genre distinct. » Enfin, l'*Index Kewensis* l'élève au rang d'espèce de ce genre.

T. Roezlii, Carr. *Cônes* ayant environ 5 cent. de long, à écailles amples, entières et minces; graines rouge foncé, très petites, bordées d'une grande aile membraneuse. *Flles* éparses, courtes, légèrement tordues, planes en dessus, arrondies en dessous et vertes sur les deux faces. Branches pendantes. *Haut.* 15 à 30 m. Nord de la Californie. Curieuse espèce ayant le port du *Cedrus Deodara*. (R. H. 1870, 21.)

T. Sieboldii, Carr. * *Cônes* terminaux, de 2 cent. 1/2 de long ; elliptiques, obtus. *Flles* solitaires, un peu distiques, très rapprochées sur les branches, fréquemment alternes, planes, légèrement linéaires, obtuses, rarement aiguës, entières, vert foncé en dessus, avec deux bandes blanc glauque en dessous. Branches irrégulièrement étalées, pendantes à l'extrémité, à rameaux grêles et récurvés. *Haut.* 25 à 30 m. Japon. Syns. *Albies Tsuga,* Sieb. et Zucc. (S. Z. F. J. II, 106); *Pinus Tsuga,* Antoine. — On a cité une var. *nana.*

3° De la racine principale proprement dite, qui est simple et pivotante, comme chez plusieurs de nos meilleures plantes potagères telles que la Betterave, la Carotte, le Panais, les Radis, etc.

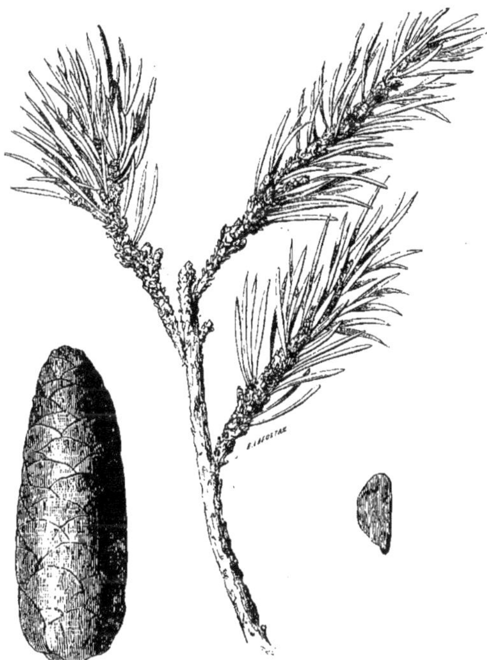

Fig. 339. — Tsuga Roezlii. — (*Rev. Hort.*)

TUBÆFORME. — Creux et dilaté à une extrémité, comme le pavillon d'une trompette.

TUBE. — Partie inférieure d'un calice ou d'une corolle formée par la soudure, par leurs bords, des sépales ou des pétales en un cylindre ou tube plus ou moins large et long, comme chez les Labiées, les Scrophularinées, etc. Lorsque les étamines sont également soudées entre elles par leurs filets, on les dit monadelphes, comme c'est le cas de beaucoup de Papilionacées.

TUBER. — V. Truffe.

TUBERCULE. — Dans un sens large, on désigne ainsi les renflements de diverses formes et grosseurs existant sur les parties souterraines de certains végétaux et provenant de l'épaississement :

1° Des racines proprement dites, comme chez le *Dahlia*, certains *Orchis*, etc., et ne présentant des bourgeons qu'au sommet (Angl. Tubercule).

2° De la base de la tige ou plus exactement du collet, comme dans les *Amorphophallus*, *Begonia*, etc. le bourgeon principal est central, mais il en existe, d'autres secondaires plus ou moins latents et susceptibles de se développer dans certaines circonstances.

4° De tiges souterraines et portant alors sur leur surface des bourgeons nus, comme chez la Pomme de terre ou parfois couverts d'une petite écaille

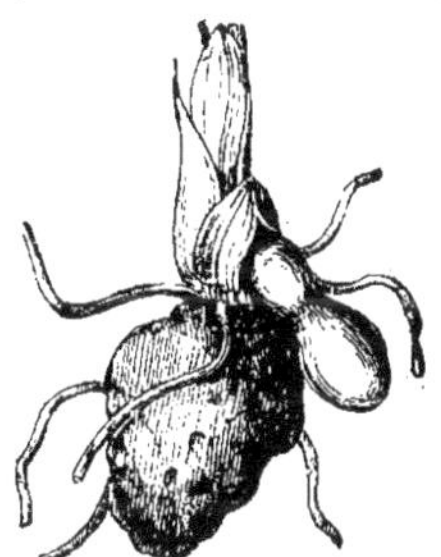

Fig. 340. — Tubercules vrais d'*Orchis.*

comme chez la Capucine tubéreuse, le *Stachys tuberifera* et autres (Angl. Tuber). Dans ce dernier cas, le tubercule tient beaucoup du rhizome par son origine et sa constitution et n'en diffère en somme que par sa forme plus courte, plus épaisse, charnue et son point d'attache généralement grêle ; le pas-

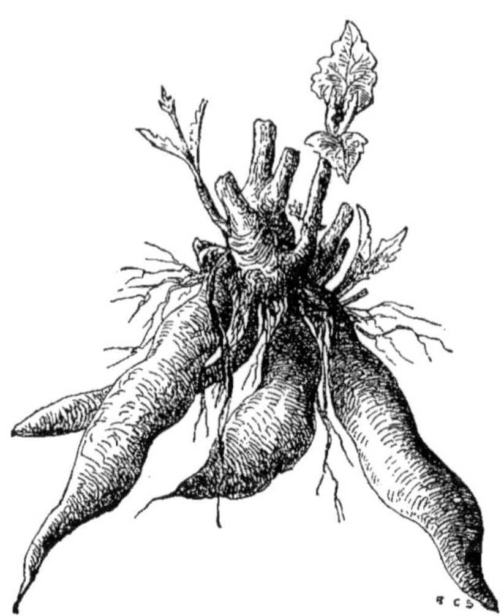

Fig. 341. — Souche tuberculeuse de *Polymnia edulis*.

sage de l'un à l'autre s'effectue par diverses formes intermédiaires.

Pour la plante, la tubercule remplit les mêmes fonctions que le bulbe ou le rhizome ; c'est à la fois un organe reproducteur et un réservoir de substances nutritives pour la jeune plante qui en naîtra.

Fig. 342. — Tubercules pivotants de Radis.

Un grand nombre de plantes herbacées sont tuberculeuses et parmi elles plusieurs ont leurs tubercules comestibles, comme la Carotte, la Pomme de terre, les Radis, etc., tandis que d'autres sont nuisibles ou même très vénéneux.

Enfin, on applique encore le nom de tubercule à diverses excroissances qui se développent généralement ou accidentellement sur diverses parties des végétaux, notamment sur l'écorce, le limbe des feuilles, les fruits et parfois même sur les fleurs.

Le mot tubercule a donc un sens vague, très large, qu'on interprète plus facilement qu'on ne peut le définir. (S. M.)

TUBERCULEUX. — Qui est pourvue ou qui porte de tubercules. (V. ce nom.)

Fig. 343. — Tubercules rhizomateux d'*Oxalis crenata*.

TUBÉREUSE. — V. **Polianthes tuberosa**.

TUBÉREUSE bleue. — V. **Agapanthus umbellatus**.

TUBÉREUX. — S'emploie familièrement dans le même sens, en lieu et place de **tubercule**. Mais on devrait le réserver aux plantes à tiges souterraines renflées, arrondies et garnies d'yeux, que nous avons mentionnées au paragraphe 4 de l'article précédent. (S. M.)

TUBIFORME. — En forme de tube.

TUBULÉ, TUBULEUX. — Se disent des organes ayant la forme d'un tube, notamment des fleurons cylindriques des *Composées-Radiées*.

TUBULIFLORE. — Se dit parfois des Composées dont les capitules sont entièrement composés de fleurons tubuleux, comme c'est le cas chez les *Carduacées*. (S. M.)

TUCKERMANNIA, Klotz. — V. **Corema**, D. Don.

TUE-CHIEN. — V. **Colchicum autumnale**.

TUE-LOUP. — V. **Aconitum Lycoctonum**.

TULBAGHIA, Linn. (dédié à Tulbagh, gouverneur hollandais au Cap, mort en 1771). Syn. *Omentaria*, Salisb. Fam. *Liliacées*. — Genre dont une douzaine d'espèces ont été décrites, mais M. Baker n'accorde la distinction spécifique qu'à neuf et l'*Index Kewensis* à dix, plus le *T. natalensis*, tout récemment décrit. Ce sont des plantes herbacées, vivaces, rhizomateuses, à odeur alliacée et de serre froide, habitant l'Afrique australe et tropicale. Fleurs nombreuses, pédicellées et réunies en ombelles terminales; périanthe urcéolé ou presque en coupe, à six lobes sub-égaux et étalés ; coronule presque charnue et plus courte que les lobes ; étamines six ; bractées de l'involucre deux, larges et scarieuses; hampe simple et aphylle. Feuilles radicales, ligulées, dont les gaines de celles qui sont fanées forment parfois avec le rhizome un bulbe imparfait.

Les espèces existant dans les collections sont décrites ci-après; elles sont assez intéressantes pendant leur floraison. Les *Tulbaghia* prospèrent dans un compost de terre franche et de terre de bruyère. Leur multiplication s'effectue par éclats ou par semis.

T. affinis, Link. Variété du *T. alliacea*, Linn.

T. alliacea, Linn. *Fl.* à périanthe pourpre verdâtre, de 12 à 15 mm. de long ; coronule rouge obscur, charnue, entière ou crénelée ; ombelles composées de quatre à cinq fleurs ; hampes de 20 à 45 cent. de haut. *Flles* cinq à six, de 15 à 20 cent. de long et 5 à 8 mm. de large. Afrique australe, 1820. (Ref. B. 349.)

T. a. affinis, Hort. *Fl.* à segments du périanthe ayant la moitié de la longueur du tube et plus étroits que dans le type. *Flles* de 30 cent. et plus de long et 8 à 15 mm. de large. Plante plus robuste que le type dans toutes ses parties. *S. T. affinis*, Link.

T. a. Ludwigiana, Hort. *Fl.* à hampe de 45 à 60 cent. de haut. *Flles* loriformes, de 15 à 20 cent. de long et 20 à 22 mm. de large. Syn. *T. Ludwigiana*, Harv. (B. M. 3547.)

T. alliacea, Ker. Syn. de *T. capensis*, Linn.

T. capensis, Linn. *Fl.* à périanthe pourpre verdâtre, avec les segments ayant la moitié de la longueur du tube; staminode pourpre obscur et profondément émarginé; ombelle composée de six à huit fleurs; hampes de 50 à 60 cent. de haut. Juin. *Flles* dix à douze, de 30 cent. et plus de long et 10 à 15 mm. de large. Afrique australe, 1774. (B. M. 806, sous le nom de *T. alliacea*, Ker.)

T. Ludwigiana, Harv. — Variété du *T. alliacea*, Linn.

T. natalensis, Baker. Nouvelle espèce, « voisine du *T. alliacea* par son port et son feuillage, mais à fleurs blanc verdâtre, odorantes et à segments du périanthe plus longs que le tube. Natal, 1891.

T. violacea, Harv. *Fl.* à périanthe violet purpurin, de 20 à 22 mm. de long, à segments lancéolés, n'ayant que la moitié de la longueur du tube cylindrique; staminode ligulé; émarginé; ombelles composées de huit à vingt fleurs; hampes de 30 à 60 cent. de haut. Mars. *Flles* six à dix, vertes, de 20 à 30 cent. de long et 5 à 8 mm. de large. Afrique australe, 1838. (B. M. 3555.)

TULIPA, Linn. (forme italienne du mot turc *tulbend*, turban, auquel la fleur ressemble, ou bien dérivé de *Thoulyban*, nom persan de ces plantes). **Tulipe**; Angl. Dalmatian Cap, Tulip. Comprend les *Orithyia*, D. Don. Fam. *Liliacées*. — Genre très important, comprenant, selon la monographie de M. Baker (1883), plus de soixante espèces, mais depuis cette époque plusieurs autres espèces (ou du moins données comme telles) ont été décrites. Ce sont de magnifiques plantes bulbeuses et rustiques, habitant l'Europe, le nord de l'Afrique, l'Asie occidentale et centrale, jusqu'au Japon. Les cinq espèces classiques croissant spontanément en France et surtout dans le Midi sont: *T. Celsiana*, *T. Clusiana*, *T. gallica*, *T. sylvestris* et *T. Oculus solis*. Mais on a vu surgir dans cette même région, en Savoie et surtout à Florence, un grand nombre d'espèces inconnues des anciens et de dix-sept existant au temps de Gesner on est arrivé aujourd'hui au moins à trente-cinq.

Fleurs blanches, rouges ou jaunes, de diverses nuances et fréquemment panachées de plusieurs couleurs, dressées ou très rarement penchées, grandes, élégantes, vivement colorées et solitaires ou très rarement deux-trois au sommet d'une hampe plus longue ou plus courte que les feuilles, dressée, garnie inférieurement de quelques feuilles et aphylle supérieurement; périanthe caduc, campanulé ou presque en entonnoir, à six segments entièrement libres, dressés ou étalés-dressés, connivents au moins inférieurement, subégaux et souvent discolores intérieurement, près de la base et parfois accrescents pendant l'anthèse; étamines six, hypogynes, plus courtes que le périanthe, d'abord plus longues que le stigmate, puis plus courtes que lui après la déhiscence, à filets plus ou moins aplatis et à anthères basifixes, oblongues-linéaires, dressées, à loges déhiscentes latéralement. Feuilles peu nombreuses, linéaires ou ovales-lancéolées et presque toutes radicales. Bulbe irrégulièrement ovale-aigu, plein à l'intérieur, entouré d'une tunique sèche, brune, parfois laineuse du côté interne.

La Tulipe est une des plantes bulbeuses les plus importantes au point de vue horticole, allant de pair avec la Jacinthe. Sa culture remonte au delà de plusieurs siècles. Sa popularité a toujours été fort grande, grâce à sa beauté et à la facilité de sa culture et peut-être plus que pour toute autre plante des sommes folles ont été payées pour certains bulbes. Mais laissons parler Lindley et Moore à cet égard.

« Au milieu du xviie siècle, les Tulipes devinrent l'objet d'un trafic tel qu'il n'a pas d'égal dans l'histoire du commerce et il fit monter leur prix au delà de celui des métaux les plus précieux. Cependant, c'est une erreur de croire que les prix très élevés qui ont été payés pour des bulbes — atteignant dans certains cas 5.000 et même 9.200 francs — représentaient la valeur estimative d'un bulbe, ces sommes passaient souvent de mains en mains sans transfert de propriété. Les bulbes étaient achetés et vendus sans les voir et même sans exister. Par le fait, ils formaient l'objet d'une spéculation comparable à celle des actions d'une compagnie de chemin de fer, et cela, à une date qui n'est pas encore très éloignée. »

De nos jours, la Tulipe n'a point perdu de sa popularité, bien au contraire, mais les prix en sont tombés à leur juste et minime valeur, car un bulbe ne vaut aujourd'hui que quelques sous. Il en existe un grand nombre d'espèces ou formes botaniques et un bien plus grand nombre encore de variétés horticoles, simples ou doubles, groupées en plusieurs sections et dont nous citerons plus loin quelques-unes des plus belles.

Les Tulipes horticoles, dites des fleuristes, descendent principalement sinon uniquement du *T. Gesneriana*, mais il se pourrait que quelques autres espèces botaniques aient eu une influence quelconque dans leur production. Les Tulipes dites: Duc de Thol et Tulipes Tournesol, très précoces, sont attribuées au *T. suaveolens* ou Tulipe odorante et, dans les Tulipes Perroquet, les botanistes, voient le *T. Gesneriana Dracontia* (vel *T. turcica*).

La Tulipe ne présente pas, comme la Jacinthe de Hollande, l'inconvénient de dégénérer en cultures, ou bien, si elle le fait, c'est par pauvreté du sol et manque de soins; néanmoins, pour une cause ou pour une autre, la multiplication et la culture commerciale des Tulipes ne sont généralement pas pratiquées en France; sauf quelques races ou variétés telles que les T. parisiennes; les autres races nous viennent de la Hollande où, comme on le sait, la culture des plantes bulbeuses en général est la principale branche commerciale de l'horticulture, grâce au sol et au climat exceptionnels de ce pays.

Multiplication. — La Tulipe ne se propage que de deux manières: à l'aide du semis et par la séparation des caïeux ou jeunes bulbes, qu'on détache des bulbes mères. Le semis s'emploie surtout pour obtenir de nouvelles variétés, mais on peut aussi l'employer pour propager les variétés qui ne donnent qu'un très petit nombre de caïeux. Toutefois, la séparation des caïeux est le moyen le plus généralement employé pour la multiplication générale et en particulier pour toutes les variétés horticoles qu'on doit conserver pures.

Les graines se sèment de préférence en septembre-octobre ou alors au printemps, dans des terrines remplies d'une terre légère et siliceuse, que l'on place sous châssis froid ou bien en plein air, dans un endroit abrité, où on les enterre en les couvrant aussi de feuilles sèches pour les garantir contre les gelées. La germination a lieu au printemps. Lorsque les jeunes plantes qui en résultent ont accompli leur première année de végétation; elles ont formé à leur base de jeunes bulbes qu'on peut déplanter ou laisser en terre pour l'année suivante, mais il est préférable de les replanter en pépinière, dans une planche du jardin, pour qu'ils y acquièrent leur taille florifère. Cette période est fort longue, car on ne compte pas moins de quatre à cinq années avant que les bulbes soient de force à fleurir et leur première floraison, quoique belle et jugeable sous divers rapports, ne l'est pas sous celui de la coloration, car elles sont généralement unicolores; on les nomme alors *baguettes* ou *mères*. Ce n'est qu'au bout d'une autre période de culture dont la durée est très incertaine, demandant deux ou parfois plusieurs années, que les panachures se montrent, puis se fixent ainsi que la couleur de fond et permettent alors de les classer dans la section horticole à laquelle elles appartiennent. La multiplication des Tulipes par le semis est, comme on le voit, un procédé beaucoup trop long pour que les amateurs puissent y avoir recours; seuls les spécialistes s'en servent pour l'obtention de nouveautés.

Les caïeux se détachent des bulbes adultes au moment de l'arrachage; on les conserve alors séparément, à nu ou recouverts d'un peu de sable sec et on les plante enfin en pépinière et en planches, comme les jeunes bulbes issus de semis. On choisit à cet effet un endroit chaud, bien exposé au soleil, aéré et de préférence abrité des grands vents, qui fatiguent ou cassent même les feuilles. Le sol devra être bien sain et de nature légère ou alors bien drainé et composé d'un mélange de terre franche siliceuse, de terreau de feuilles et au besoin d'un peu de sable.

Culture en pleine terre. — La culture des Tulipes est excessivement simple et ne demande aucuns soins spéciaux en culture courante, mais pour celles des collections on prend diverses précautions que l'on néglige généralement quand on ne vise qu'à obtenir des fleurs ordinaires. Presque tous les terrains conviennent aux Tulipes, mais on doit leur choisir de préférence un sol léger et surtout bien sain; quoique très rustiques, l'humidité stagnante leur est, comme pour toutes les plantes bulbeuses, du reste, très nuisible.

Si le sol naturel paraissait trop compact, on l'allégirait avec du sable, des balayures de routes ou autres matières légères, et cela surtout pour les espèces ou variétés rares et précieuses. Pour les plantes de collection, on se trouve généralement bien de choisir un endroit abrité, mais bien ensoleillé, aéré, dégagé du voisinage des arbres et d'en exhausser le sol à l'aide d'un compost approprié, qu'on retient au besoin sur les bords à l'aide de planches. Les engrais sont utiles aux Tulipes, mais pas en trop grande abondance, car les plantes s'emportent aux dépens de la forme, de la régularité et des coloris de la fleur. On doit accorder la préférence au fumier de vache; il ne faut l'enfouir que lorsqu'il est bien décomposé, presque à l'état de terreau et, si l'on peut, longtemps à l'avance.

La plantation des bulbes s'effectue uniquement ne automne, de septembre en décembre, mais de préférence en octobre, car plus on la retarde, plus les bulbes souffrent et plus la floraison se trouve compromise; on sait que la fleur est déjà formée dans le bulbe, avant sa plantation. Selon l'emplacement, on dispose les bulbes soit en lignes, soit en groupes de quatre à cinq; la distance à ménager entre eux varie de 15 à 20 cent., selon la force et la vigueur des plantes; la profondeur à laquelle il convient de les placer varie aussi de 8 à 12 cent., selon la nature du sol; plus il est léger, plus la profondeur doit être grande. Cette plantation doit être effectuée à l'aide du transplantoir, afin d'éviter d'enfoncer de force les bulbes dans la terre; si celle-ci est un peu forte, il y aura avantage à noyer les bulbes dans une poignée de sable. Bien que cela ne soit pas indispensable, on se trouvera bien de couvrir le sol pendant les grands froids d'une couche de litière, qui empêchera souvent la gelée d'atteindre les bulbes.

Au printemps, lorsque les tiges se montrent, on enlève la litière grossière et on la remplace par un paillis plus propre. Les pluies froides nuisent à la floraison, surtout lorsque l'eau séjourne dans le cœur des feuilles et y gèle parfois; aussi les amateurs passionnés prennent-ils soin d'abriter leurs Tulipes de collection à l'aide de toiles légères, sur une charpente légère et volante, construite *ad hoc*, qu'ils maintiennent pour abriter plus tard les fleurs contre le grand soleil, qui les fatigue et en raccourcit la durée. Pour les plantes garnissant les corbeilles ou les plates-bandes, cet abri étant disgracieux, on les laisse généralement à l'air libre.

Lorsque la floraison est terminée, on casse généralement les tiges, sans les supprimer toutefois, afin d'éviter le développement des capsules et l'épuisement de la plante; la sève qu'elle possède encore reste dans le bulbe et le fait grossir au profit de la floraison suivante, en hâtant sa maturité.

Il n'est pas indispensable d'arracher chaque année les bulbes des Tulipes ordinaires, on peut parfaitement les laisser quelques années en terre sans les transplanter et, si on a eu soin de les planter au début assez profondément, on peut même planter au-dessus des plantes annuelles, pour garnir le sol pendant l'été. Mais pour les Tulipes de choix ou de collection et surtout quand on veut avoir de grandes et belles fleurs et les conserver pures, il est nécessaire de déplanter les bulbes pour les conserver au sec jusqu'à l'époque de leur nouvelle plantation. Cet arrachage doit se faire lorsque les feuilles jaunissent et que la tige n'est pas assez sèche pour se casser sous la torsion. On choisit pour cela un temps clair et sec, et on les met ensuite dans des tablettes, en couche peu épaisse, sous un hangar ou tout autre lieu sec et aéré. Lorsque la dessiccation de toutes les parties accessoires est complète, on débarrasse les ognons de leur tige, racines, vieilles tuniques etc., et on les met enfin dans des sacs, des boîtes, ou autres et dans une pièce saine, où on les laisse jusqu'au moment de la plantation.

Quant aux caïeux ou jeunes bulbes qui se développent latéralement, il faut les supprimer chaque année au moment du nettoyage des bulbes, soit pour les conserver dans du sable sec si on désire propager la variété, soit pour s'en débarrasser. Cette suppression est une des raisons qui engagent à arracher les bulbes annuellement, car si on les laisse, ils épuisent le bulbe mère et se gênent en outre mutuellement.

Pour les plantes de collection comme pour celles destinées à l'ornementation des corbeilles, il est utile de se préoccuper de la taille des plantes et de la disposition des coloris, ainsi que de l'époque de floraison ; ce sont là des indications qu'il faut tâcher de se faire donner ou de recueillir soi-même afin d'en tirer le meilleur parti décoratif. Les oignons les plus volumineux produisent souvent les plantes les plus vigoureuses et par suite les plus élevées, mais il y a de si nombreuses exceptions qu'on ne peut s'y fier d'une façon absolue. Pour la décoration des corbeilles, les Tulipes en mélange, hâtives et tardives, simples ou doubles, que l'on trouve dans le commerce, conviennent parfaitement. Il y a toutefois avantage à accorder la préférence aux doubles, parce que leurs fleurs résistent mieux aux intempéries et sont ainsi de plus longue durée.

Parmi les Tulipes méridionales, il en est quelques-unes d'une grande beauté, notamment les *T. Oculus-solis* et *T. præcox*, qu'on voit maintenant fréquemment dans les villes du nord, à Paris entre autres, en fleurs coupées venant du versant méditerranéen. Mais ces Tulipes ne sont pas facilement cultivables dans le Nord, car elles n'y résistent pas ou fleurissent fort peu ; de plus, leurs bulbes ; de même que ceux du *T. Greigii*, se déplacent assez rapidement, à l'aide de rhizomes parfois assez longs, au sommet desquels vont se développer les jeunes bulbes ; en outre, ils n'aiment pas à être dérangés ni relevés et restent souvent très profondément enfouis en terre. Toutes ces circonstances rendent leur culture méthodique et leur conservation dans les collections assez difficultueuse; aussi ne les rencontre-t-on qu'exceptionnellement dans les jardins botaniques ou dans les jardins d'amateurs les plus passionnés.

Culture en pots. — Comme la plupart des plantes bulbeuses, les Tulipes horticoles se cultivent facilement en pots et se forcent même facilement, au moins les variétés hâtives et elles sont aussi précieuses que les Jacinthes pour cet usage ; il s'en cultive ainsi de très grandes quantités, pour l'ornementation des appartements, des balcons, et des fenêtres. Pour cette culture en pots, on emploie presque exclusivement les Tulipes simples hâtives et en particulier les Tulipe Duc de Thol et Tulipes Tournesol, qui sont très précoces et se forcent facilement. Les autres races pourraient aussi être cultivées en pots, mais comme elles sont plus hautes, elles forment des potées moins gracieuses et leur floraison plus tardive les rend moins méritantes pour cet usage.

Le meilleur compost pour la culture en pots est celui qui se compose de deux parties de bonne terre franche siliceuse et une de terreau de fumier de vache si possible ou de terreau de feuilles, en y ajoutant au besoin un peu de sable, pour le rendre bien perméable.

L'empotage doit se faire dès qu'on peut se procurer les bulbes, soit au commencement de septembre, car les bulbes qu'on emploie pour cet usage nous parviennent, comme les Jacinthes et en même temps qu'elles, principalement de la Hollande. Selon la force qu'on désire donner aux potées, on emploie des pots de 8 à 15 cent. de diamètre, et on y place trois à cinq ou même huit bulbes s'ils sont petits, comme ceux des Tulipes Duc de Thol ; ces bulbes doivent être recouverts de 1 à 2 cent. de terre. Une fois l'empotage terminé, on creuse légèrement une planche du jardin, on y place les pots les uns près des autres, puis on les recouvre avec la terre qu'on a extraite et qui doit former une épaisseur de quelques centimètres. S'il fait encore sec à cette époque, on arrose la plantation pour mettre les bulbes de suite en végétation. Il faut en effet que la Tulipe ait développé de bonnes et nombreuses racines avant qu'elle commence à pousser, et le forçage ne doit jamais être commencé tant que les plantes ne sont pas pourvues de bonnes racines. En général, ce développement demande six semaines à deux mois, ce qui porte le commencement du forçage à la fin de novembre.

On rentre alors, dans une serre d'abord très modérément chauffée, la quantité de potées qu'on désire obtenir fleuries en même temps et on les place très près du jour. Par la suite, on élève progressivement la température jusqu'à environ 15 degrés, et vers la fin de l'année on obtient les premières fleurs. Les forçages successifs se font selon les besoins, dans les mêmes conditions. Au mois de mars, on peut parfaitement faire fleurir les dernières potées sous châssis froid ou même les laisser s'épanouir en plein air si on le désire. Pendant la période des grands froids, il est très important de couvrir les potées qui restent encore dehors, afin que les gelées ne les atteignent pas, ce qui ferait fendre les pots et fatiguerait beaucoup les plantes. Pour éviter cet inconvénient, il est préférable de placer les potées sous un châssis, où on les garde ainsi en sûreté et toujours à sa disposition. Pour le forçage, on n'emploie que des bulbes jeunes ; on ne les force jamais deux fois ; après leur première floraison en pots, on peut les utiliser pour garnir par la suite les plates-bandes et le bord des massifs d'arbustes. On peut les y planter dès que leur floraison est terminée ou les conserver au sec pendant l'été et attendre pour cela l'automne suivant. Du reste, la culture en pots et le forçage des Tulipes sont à peu près les mêmes que pour les **Jacinthes** (V. ce nom). — On trouvera après la description des espèces botaniques qui suivent, un choix des plus belles races et variétés horticoles.

Les Tulipes Duc de Thol et Tournesol sont très convenables pour garnir, en guise de *Crocus*, les vases artistiques ainsi que les coupes qui portent leur nom. Dans ces dernières, on peut placer jusqu'à vingt bulbes dans les plus grandes et on obtient ainsi une touffe fleurie de toute beauté, bien supérieure comme effet décoratif aux *Crocus* et peut-être encore plus facile à obtenir. (V. aussi **Jacinthe** pour les détails de cette petite culture de fantaisie.) (S. M.)

Les espèces décrites ci-après sont les plus connues et les plus récemment introduites dans les jardins; leurs descriptions sont basées sur l'excellente monographie du genre, publiée par M. Baker, dans le *Gardeners' Chronicle*, 1883, et dont nous donnons ci-après le *Synopsis*, mis à jour et adapté aux besoins de cet ouvrage.

Sous-genre I. — **Tulipa**, Vrais

Section I. *Euriobulbæ*. — Périanthe rouge vif ; filets staminaux dépourvus de touffes de poils à la base. Feuille inférieure ordinairement oblongue-lancéolée. Tunique externe du bulbe fortement garnie à l'intérieur de poils mous, entrelacés et cotonneux.

T. maleolens.
T. montana.
T. Oculus-solis.
T. præcox.

Section II. *Clusianæ* (Type : *T. Clusiana*). — Fleurs principalement blanches, de forme intermédiaire entre en entonnoir et campanulée, à filets staminaux dépourvus de touffes de poils à la base. Feuilles étroites et graminiformes. Tuniques externes du bulbe fortement velues à l'intérieur.

T. Clusiana.
T. Leichtlini.
T. stellata.

Section III. *Gesnerianæ* (Type : *T. Gesneriana*). — Périanthe ordinairement rouge vif, campanulé, à filets staminaux dépourvus de touffes de poils à la base. Feuille inférieure large, sauf deux ou trois exceptions. Tuniques externes du bulbe glabres à l'intérieur ou ne présentant du moins que quelques poils. — Cette section est la plus grande et la plus importante du genre en ce qu'elle renferme les plus belles espèces au point de vue horticole. On peut avantageusement la diviser en plusieurs groupes d'après les caractères que fournissent la forme du périanthe et la vestiture de la hampe.

Groupe I. — Segments du périanthe tous uniformes et acuminés.

T. acuminata.
T. elegans.
T. retroflexa.

Groupe II. — Segments du périanthe tous ou les trois externes oblongs et aigus ; hampe glabre.

T. brachy temon.
T. ciliatula.
T. concinna.
T. cruciata.
T. Dammanni.
T. Didieri.
T. Elwesii.
T. Kesselringii.
T. Kolpakowskiana.
T. libanotica.
T. linifolia.
T. Sintenesi.
T. triphylla.
T. undulatifolia.

Groupe III. — Segments du périanthe tous largement arrondis au sommet, avec un petit mucron au centre ; hampe glabre.

T. Borszczowi.
T. Gesneriana.
T. macrospeila.
T. Ostrowskiana.

Groupe IV. — Segments du périanthe tous rétrécis en pointe aiguë.

T. altaica.
T. Kaufmanniana.
T. strangulata.
T. suaveolens.

Groupe V. — Segments du périanthe tous obtus ; hampe garnie d'une pubescence persistante.

T. Alberti.
T. Eichleri.
T. Greigii.
T. iliensis.
T. maculata.
T. pubescens.

Section IV. *Saxatiles.* — Périanthe rouge ou lilas ; filets staminaux pourvus d'une touffe de poils à la base. — C'est un petit groupe de belles espèces appartenant à la flore orientale et toutes peu répandues jusqu'à présent dans les cultures.

T. Aucheriana.
T. Hageri.
T. pulchella.
T. saxatilis.
T. Sprengeri.

Section V. *Sylvestres.* — Périanthe toujours jaune ou blanc jaunâtre, à filets staminaux pourvus d'une touffe de poils à la base. Les espèces de cette section sont relativement peu cultivées et bien moins intéressantes au point de vue horticole que les précédentes. On peut les diviser en trois groupes d'après la couleur de la fleur.

Groupe I. — Périanthe jaune vif, suffusé de vert sur la face externe.

T. Batalini
T. Biebersteinia.
T. fragans.
T. Grisebachiana.
T. sylvestris.

Groupe II. — Périanthe jaune vif, suffusé de rouge sur la face externe.

T. australis.
T. humilis.
T. Orphanidea.

Groupe III. — Périanthe jaune pâle ou blanchâtre à l'intérieur, teinté de vert ou rougeâtre sur la face externe.

T. biflora.
T. patens.
T. primulina.
T. turkestanica.

Sous-genre II. — **ORITHYIA**.

Ovaire graduellement rétréci en style distinct, terminé par trois petits stigmates. Les espèces de ce sous-genre sont toutes des plantes délicates, naines, à petite fleur et peu intéressantes au point de vue horticole ; elles habitent la Sibérie, la Chine et le Japon. On peut en former trois groupes, d'après leur feuillage.

Groupe I. — Feuilles deux, sub-opposées, insérées au milieu de la tige.

T. uniflora.

Groupe II. — Feuilles trois, rapprochées près de la base de la tige.

T. thianschanica.

Groupe III. — Feuilles, deux grandes, insérées vers la base de la tige et deux à quatre petites près de chaque fleur.

T. edulis.

T. acuminata, Vahl. Tulipe cornue, T. à pétales étroits ; Angl. Turkish Tulip. — *Fl.* à périanthe de couleur variable, blanc carné ou rose rougeâtre, parfois strié de rose carminé, de 8 à 10 cent. de long, à segments tous semblables, très étroits, lancéolés et graduellement rétrécis en très longue pointe ; hampe glabre. Avril. *Flles* et bulbe comme dans le *T. Gesneriana*, dont certains auteurs ne le considèrent que comme une monstruosité de la var. *Dracontia* (T. Dragonne). Perse ? Thrace ? Plante très dislincte. Syns. *T. cornuta*, Red. (R. L. 445 ; B. R. 127); *T. stenopetala*, Delaun.

T. Alberti, Regel. *Fl.* à périanthe écarlate orangé, faiblement maculé rouge brun à la base sur un fond jaune, campanulé, de 5 cent. de long, avec les trois segments nternes obtus, tandis que les trois externes sont subaigus ; filets staminaux jaunes, plus longs que leurs anthères ; celles-ci pourpre foncé ; hampe dressée, pubescente, de 15 à 20 cent. de long. Avril. *Flles* vert glauque, ancéolées et non maculées. *Haut.* 60 cent. Asie centrale, 1877. (B. M. 6761 ; R. G. 912.)

Fig. 344. — Tulipa acuminata.

T. altaica, Pall. *Fl.* à périanthe ordinairement jaune ou arement rouge, de 2 1/2 à 4 cent. de long chez les spécimens sauvages, à segments oblongs et visiblement aigus, ans tache basale ; hampe pubescente, de 8 à 10 cent. de aut. Avril. *Flles* ordinairement trois ; l'inférieure lancéolée, d'environ 2 cent. 1/2 de large. Tige de 15 à 20 cent. e haut. Bulbe de 2 à 2 cent. 1/2 de diamètre, à tuniques xternes dépourvues de poils à l'intérieur. Sibérie austro-entrale. — (Une variété à *fleurs rouges* est figurée dans R. G. 942.)

T. Aucheriana, — *Fl.* fortement odorantes, à périanthe oblong-infundibuliforme, de 2 1/2 à 3 cent. de long, dont us les segments sont lilas, presque semblables, oblongs, gus, de 12 mm. de large, avec un onglet jaune vif ; amines de 18 mm. de long, à filets jaunes, deux fois ussi longs que les anthères et fortement poilus à la ase ; hampe grêle et glabre. Avril. *Flles* trois ou quatre, néaires, glabres, aiguës, de 10 à 15 cent. de long et mm. de large, graduellement rétrécies depuis le milieu squ'à la base et au sommet. Tiges de 10 à 20 cent de ng, grêles, glabres et uniflores. Bulbe ovoïde et moyen. éhéran, 1880.

T. australis, Link. * Cette espèce se distingue du *T. sylvestris* par son périanthe plus en entonnoir et suffusé de ouge à l'extérieur, de 2 1/2 à 3 cent. de long, par ses uilles plus étroites et par son port plus grêle. Savoie. n. 1887, part. II, 627 ; 1894, part. I, 965, 3.) Syns. *T. Breyniana*, Ker. (B. M. 717) et *T. Celsiana*, DC. (R. L. 38). — *T. humilis*, Herb., est une espèce voisine et originaire es montagnes de la Perse.

T. Batalini, Regel. *Fl.* à périanthe jaune pâle et à filets aminaux glabres. *Flles* linéaires-lancéolées. Bulbe garni l'intérieur d'une laine brune. Buchara ; Orient, 1889. R. G. 1889, 1307.)

T. Biebersteiniana. Schult. f. Cette espèce ressemble au *T. sylvestris*, mais le périanthe est plus petit, plus en ntonnoir et la plante est moins robuste, Asie Mineure, bérie, etc., 1820.

T. biflora, Pall. *Fl.* à périanthe blanc à l'intérieur, avec n œil jaune, teinté de vert à l'extérieur, oblong, en entonnoir, à segments oblongs et aigus ; anthères petites. Avril. *Flles* deux ou trois, de 6 à 12 mm. de large. Tige de 8 à 15 mm. de haut, portant souvent deux-trois ou rarement quatre-cinq fleurs. Bulbe ovoïde, à tuniques externes laineuses à l'intérieur. Caucase, 1806. — Cette plante constitue un lien de réunion entre le sous-genre *Orithyia* et les *Tulipa* vrais. (B. M. 6518 ; B. R. 535 ; R. G. 239.)

T. Billietiana, Jord. — Variété du *T. Didieri*, Jord.

T. Bonarotiana, Reboul. — Variété du *T. strangulata*, Reboul.

T. Borszczowi, Regel. *Fl.* à périanthe rouge vif, de 30 à 50 cent. de long, dont tous les segments sont obovales-oblongs, obtus, avec un mucron au sommet et une large tache basale brun noir, marginée de jaune, comme dans le *T. Oculus-solis* ; hampe glabre. Printemps. *Flles* quatre, distinctement cartilagineuses et crispées sur les bords ; l'inférieure lancéolée. Plante plus naine que le *T. Gesneriana*. Asie centrale. (R. G. 1175.) — La variété figurée dans le B. M. 6635, a des fleurs jaunes, dépourvues de macules basales.

T. brachystemon, Regel. Plante très voisine du *T. Kesselringii*, dont elle ne diffère, dit-on, que par ses fleurs plus petites, à segments plus aigus et ses feuilles plus étroites, au nombre de deux seulement. Turkestan. (R. G. 1099. f. 2.)

T. Breyniana, Ker. Syn. de *T. australis*, Link.

T. camptopetala, Hort. — Variété du *T. Didieri*, Jord.

T. Celsiana, DC. Syn. de *T. australis*, Link.

T. ciliatula, Baker. *Fl.* rouge cramoisi vif. Plante voisine du *T. undulatifolia*, dont elle diffère principalement par son périanthe à segments plus courts et plus obtus et du *T. præcox* par ses bulbes à tuniques presque glabres. Asie Mineure, 1890.

T. Clusiana, DC. Tulipe de l'Ecluse ; Angl. Lady Tulip. — *Fl.* petites, allongées, pointues avant l'épanouissement, de 3 à 5 cent. de long, puis campanulées-infundibuliformes, à segments externes acuminés, d'un beau rose bordé de blanc à l'extérieur et blancs à l'intérieur ; les internes plus courts et blancs sur les deux faces, tous munis d'une macule basale noir violacé ; anthères et filets noirs. Juin. *Flles* quatre ou cinq, longuement linéaires, acuminées, canaliculées, étalées, distantes ; les supérieures n'atteignant pas la fleur. Bulbe petit, sub-arrondi, à tuniques fortement laineuses à l'intérieur. Région méditerranéenne, France, etc. Plante très anciennement connue. (B. M. 1390 ; R. L. 37 ; S. F. G. 329 ; Fl. Ment. cum tab.) — Une variété *alba* a été récemment signalée. (G. C. 1897, part. I, p. 13, f. 20.)

T. concinna, Baker. *Fl.* à périanthe cramoisi. Plante voisine des *T. undulatifolia*, *T. ciliatula* et *T. Dammanni*. Tauride, 1893.

T. cornuta, Red. Syn. de *T. acuminata*, Vahl.

T. cruciata, Hort. *Fl.* à périanthe rouge cerise vif à l'intérieur, campanulé, de 3 à 4 cent. de long, avec les segments externes aigus ; les internes obtus, tous pourvus à la base d'une grande tache noire et bordée de jaune, couvrant tout l'onglet ; étamines noires, de 12 mm. de long ; pédoncules obscurément pubescents-glanduleux. Printemps. *Flles* quatre ou parfois cinq, rapprochées, étalées, linéaires ; la plus inférieure de 15 à 22 cent. de long et 12 mm. de large. Bulbe moyen, à col allongé. Asie Mineure, 1874.

T. Dammanni, Regel. *Fl.* à périanthe pourpre, avec une tache noire au centre ; filets staminaux glabres. *Flles* linéaires-lancéolées et ciliolées sur les bords. Bulbe velu intérieurement. Plante rappelant le *T. linifolia*. Mont Liban, 1880. (R. G. 1889, 1300, f. r.)

T. Didieri, Jor. *Fl.* à périanthe rouge vif, campanulé, de 5 à 6 cent. de long, avec une tache noire de 12 à

18 mm. de long, bordée de jaune ou de blanchâtre et couvrant tout l'onglet ; segments externes oblongs aigus ; les internes plus obovales et obtus ; étamines pourpre noirâtre ; à anthères égalant la longueur des filets ; ceux-ci glabres. Mai. Bulbe à tuniques à peine velues intérieurement. Port, taille, feuilles et hampe comme dans le *T. Gesneriana*. Alpes. (B. M. 6639.) Syn. *T. Fransoniana*, Parlat.

T. D. Billietiana, Hort. * Tulipe du Cardinal Billiet. — *Fl.* grandes, accrescentes, atteignant jusqu'à 8 cent. de long, à segments d'abord entièrement jaune vif, puis prenant avec l'âge et surtout sur les bords une magnifique teinte

Fig. 345. — TULIPA DIDIERI BILLIETIANA.

rouge orangé vif. *Flles* amples et très fortement ondulées sur les bords. Alpes de la Savoie, 1887. Syn. *T. Billietiana*, Jord. (R. H. 1887, 700.) — Magnifique plante vigoureuse et employée pour l'ornementation des corbeilles.

T. Dracontia, Hort. Syn. de *T. Gesneriana Dracontia*, Hort.

T. edulis, Baker. *Fl.* à périanthe jaune pâle, parfois suffusé de rouge, fortement teinté de vert à l'extérieur, en entonnoir, de 2 à 2 cent. 1/2 de long et dont tous les segments sont aigus. Mai-juin. *Flles* dont les deux inférieures sont linéaires, flasques, de 15 à 30 cent. de long et les deux insérées sous la fleur petites, linéaires et étalées-dressées. Bulbe ovoïde, à tuniques externes fortement laineuses à l'intérieur. Japon.

T. Eichleri, Regel. * *Fl.* à périanthe rouge cramoisi vif, avec une tache distincte, noire et bordée de jaune, couvrant tout l'onglet de chaque segment ; ceux-ci obovales et obtus. Avril-mai. Georgie, 1874. — Cette belle plante ressemble beaucoup au *T. Gesneriana*, mais elle en diffère par sa hampe velue. (B. M. 6191 ; R. G. 799.)

T. elegans, Hort. * *Fl.* à périanthe rouge vif, campanulé, avec un œil jaune et dont les six segments sont oblongs et graduellement rétrécis en pointe très aiguë ; stigmate assez grand ; hampe très finement duveteuse. C'est probablement un hybride des *T. acuminata* et *T. suaveolens*. (Gn. 1887, part. II, 626.)

T. Elwesii, *Fl.* à périanthe écarlate vif, dressé, campanulé, de 4 cent. de long, dont tous les segments portent à la base une petite tache noire et bordée de jaune, couvrant tout l'onglet ; les trois externes oblongs, aigus ; les trois internes obovales ; étamines pourpre foncé ; hampe dressée et glabre. Commencement d'avril. *Flles* trois, un peu glauques, glabres, la plus inférieure lancéolée, de 12 à 15 cent. de long et 12 à 18 mm. de large, concaxe en dessus ; les deux supérieures beaucoup plus petites et l[illegible] néaires. Tige grêle, de 15 à 20 cent. de haut. Bulbe ovoïde, de 12 mm. de diamètre, à tuniques brun foncé glabres à l'intérieur. Téhéran. (R. G. 1147.)

T. fragrans, Munby Syn. de *T. sylvestris*, Linn.

T. Fransoniana, Parlat. Syn. de *T. Didieri*, Jord.

T. fulgens, Hort. Syn. de *T. sylvestris*, Jord.

T. Gesneriana, Linn. * Tulipe de Gesner, T. des jardins. — *Fl.* à périanthe ample, campanulé, à segments de teinte très variable et présentant seulement une tache basale obscure quand ils sont rouges ; largement arrondis au sommet,

Fig. 346. — TULIPA GESNERIANA. — Tulipe de Gesner.

stigmates crispés, de 12 mm. de diamètre; hampe glabre et dressée. Mai-juin. *Flles* trois ou quatre à l'état spontané souvent plus quand la plante est cultivée ; les inférieures largement ovales, aiguës, engainantes à la base ; les caulinaires plus petites et plus étroites ; toutes épaisses, glabres et d'un vert glauque. Tige cylindrique, ferme, dressée. Bulbe gros, à tuniques brunes ou roux fauve, luisantes et portant à l'intérieur quelques poils appliqués. *Haut.* 60 cent. Orient, Asie, Russie méridionale. Syn. *T. Schrenkii* Regel. « C'est évidemment de cette espèce que descendent la plupart des Tulipes horticoles à floraison tardive. (Baker.) » (B. R. 380 et XXIV, 46 ; F. et P. 537, sous le nom de *T. G. Strangwaysii*, Hort. ; R. L. 447-478 ; B. R. 380. — Le *T. fulgens*, Hort., est une forme botanique à fleur écarlate vif, avec le centre et les étamines jaunes.

Par la culture, cette plante a beaucoup varié dans sa forme et surtout dans la diversité de ses coloris ; elle a produit un nombre immense de variétés simples ou doubles, hâtives ou tardives, dont on trouvera plus loin un choix des plus belles, groupées en plusieurs sections.

T. G. Dracontia, Hort. Tulipe Dragonne, T. flamboyante, T. perroquet, T. turque, etc. — *Fl.* de nuances diverses et des plus singulièrement bariolées de diverses couleurs, très grosses, à pétales allongés, déjetés, très irrégulièrement découpés ou déchiquetés ou parfois munis d'excroissances en forme de pointes ou éperons ; hampe relativement grêle et faible, souvent penchée. *Haut.* 20 à 25 cent. Thrace, Turquie. (S. B. F. G. 186 ; A. V. B. 15.) Syn. *T. turcica*, Auct. — Pour le choix des plus belles variétés horticoles, V. plus loin.

T. G. spathulata, Hort. * Cette variété diffère du type par ses fleurs plus grandes, d'un rouge brillant et portant une grande tache noir purpurin à la base de ses segments. Italie. — C'est probablement la plus grande de toutes les Tuipes sauvages. (*Flora Haarl.* 14.) Syn. *T. spathulata* Bertol. Plusieurs spécialistes annoncent cette plante dans leurs catalogues sous le nom de *T. G. vera*.

T. G. Strangwaysii, Hort. Syn. de *T. Gesneriana*, Linn.

T. G. vera, Hort. Syn. de *T. G. spathulata*, Hort.

T. G. **viridiflora**, Hort. Tulipe à fleur verte. — *Fl.* grande, jaune verdâtre, parfois striée de jaunâtre. Plante intéressante par la couleur anormale de sa fleur, dont l'origine est inconnue et fleurissant plus tôt que le type. « Quoique dépourvue de beauté, elle est encore intéressante en ce qu'elle pourrait bien être le type des Tulipes Perroquet, si estimées (D. Dewar). » (Gn. 1887, part. II. p. 514, t. 626.)

T. **Greigi**, Regel. * *Fl.* très grande, d'un beau rouge vermillon très vif, campanulées, de 5 à 8 cent. de long et atteignant parfois jusqu'à 15 cent. de diamètre à l'épanouissement complet; segments très obtus et portant une tache noire, linéaire-oblongue, ayant jusqu'à 2 cent. 1/2 de long et bordée de jaune sur les segments internes; ceux-ci plus courts; anthères jaune vif, courtement pédicellées; stigmates amples; hampe pubescente. Avril. *Flles* largement oblongues, glanques, fortement parsemées de taches brunes, linéaires; les radicales atteignant 12 à 15 cent. de

Fig. 347. — Tulipa Greigi.

long et 4 à 5 cent. de large, obtuses. Bulbe pyriforme, à enveloppes brunes et émettant ses bulbilles à l'extrémité de rhizomes et à l'aide desquels il se déplace *Haut.* 25 cent., parfois 15 à 20 cent. seulement. Turkestan, 1873. Magnifique et robuste espèce n'aimant pas à être déplantée. (R. G. 773; B. M. 6177; F. d. S. 2261; F. et P. 1876, 217.) Plusieurs variétés horticoles ont été décrites dans le (G. C. 1888, p. 333.)

T. **Greigi pulchella**, Hort. Dam. Supposé hybride des *T. Greigi* et *T. Kaufmanniana*. 1895.

T. **Grisebachiana**, Pantoč. *Fl.* faiblement odorantes, à périanthe jaune citron, de moins de 5 cent. de long; hampe de 60 cent. de haut, uniflore et glauque. Printemps *Flles* trois, très glauques, dressées, de 15 à 18 cent. de long et 8 à 18 mm. de large, concaves. Bulbe ovoïde, à tuniques externes brunes et glabres. Herzegovine, 1884. Plante voisine du *T. sylvestris*.

T. **Hageri**, Heldr. *Fl.* à périanthe campanulé, de 4 à 5 cent. de long, avec les segments rouge vif, souvent teintés de jaune à l'extérieur, oblongs, aigus, de 12 à 18 mm. de large, portant sur l'onglet une grande tache rhomboïde et bleu noir, bordée de jaune; étamines pourpre noirâtre, de moins de 2 cent. 1/2 de long, à filets fortement poilus à la base; hampe glabre, raide et dressée. Avril. *Flles* trois ou quatre, linéaires, vertes, aiguës, canaliculées en dessus; l'inférieure de 15 à 20 cent. de long et 12 mm. de large. Tige uniflore, de 30 cent. de haut. Bulbe moyen et ovoïde. Attique, 1874. (B. H. 1877, 2; B. M. 6242; R. G. 790.)

T. **humilis**, Herb. Syn. de *T. australis*, Link.

T. **iliensis**, Regel. Angl. Cowslip-scented Tulip. — *Fl.* à périanthe jaune citron, n'ayant que 2 cent. 1/2 de long et dont tous les segments sont obtus; stigmates petits; étamines à filets du double plus longs que les anthères qui sont jaunes; hampe grêle et poilue. Printemps. *Flles* quatre, linéaires, agrégées près de la base de la hampe et ayant toutes moins de 12 mm. de large. Bulbe petit, ovoïde, à tuniques externes légèrement poilues à l'extérieur. Asie, 1879. (B. M. 6518 B; R. G. 975, 982.)

T. **Kaufmanniana**, Regel. *Fl.* à périanthe jaune vif, légèrement teinté de rouge à l'extérieur vers le sommet, ayant près de 8 cent. de long, à segments oblongs, aigus, dépourvus de tache basale; hampe dressée, duveteuse, de 12 à 15 cent. de haut. Printemps. *Flles* trois, glauques; l'inférieure oblongue-lancéolée, de 4 à 5 cent. de large. Port et taille du *T. Gesneriana*. Asie centrale, 1877. (B. M. 6887; R. G. 906, f. 6-10.)

T. K. **albo-variegata**, Hort. *Fl.* à périanthe blanc à l'intérieur et jaune vers la base; les trois segments externes roses sur le dos et bordés de blanc. 1877.

T. K. **luteo-variegata**, Hort. *Fl.* à périanthe jaune pâle à l'intérieur, avec une tache rouge au-dessous du milieu; les trois segments externes roses sur le dos et bordés de jaune. 1877.

T. **Kaufmanniana pulcherrima**, Hort. Leicht. Supposé hybride des *T. Kaufmanniana* et *T. Greigi*. 1895.

T. **Kesselringi**, Regel. *Fl.* à périanthe jaune vif, oblong, de 4 à 5 cent. de long, dont les six segments sont tous oblongs et sub-aigus; les trois externes suffusés de rouge sur le dos; étamines jaune vif; hampe obscurément pubérulente. Avril. *Flles* quatre, linéaires, canaliculées, glabres, non ondulées; l'inférieure de 15 cent. de long. Plante plus naine que le *T. Gesneriana*, à bulbe plus petit, avec les tuniques externes légèrement rugueuses à l'intérieur Turkestan, 1879. (B. M. 6754; R. G. 964.)

T. **Kolpakowskiana**, Regel. *Fl.* à périanthe faiblement odorant, campanulé, de 5 à 6 cent. de long, dont les six segments varient depuis l'écarlate vif jusqu'au jaune vif et, lorsqu'ils sont rouges, ils ne portent qu'une petite tache basale jaune noirâtre, sans bordure distincte, oblongue, aiguë; les trois segments externes sont étalés et écartés des trois internes; filets staminaux glabres dans la forme à fleurs rouges et plus courts que les anthères qui sont pourpre foncé; hampe de 15 à 20 cent. de long et obscurément pubescente. Avril. *Flles* trois ou quatre, lancéolées, l'inférieure de 20 cent. de long et finement ciliée sur les bords. *Haut.* 60 cent. Asie centrale, 1877. Très belle espèce. (B. M. 6710; G. C. n. s. XIII, p. 652; R. G. 951; Gn. 1891, 819.)

T. **Leichtlini**, Regel. *Fl.* grande, à segments externes d'un beau rouge pourpre, largement marginés de blanc et plus courts que les internes; ceux-ci blanc jaunâtre et ob-lancéolés; hampe de 30 cent. de haut. *Flles* linéaires-lancéolées, dressées ou récurvées. Belle espèce nouvelle, voisine du *T. stellata*. Kashmir, 1889. (Gn. 1891, 819.)

T. **libanotica**, Regel. *Fl.* à segments oblancéolés, poupres et portant une tache basale noirâtre; anthères plus courtes que leurs filets; hampe glabre. *Flles* linéaires, flasques, ondulées et ciliées sur les bords. Plante voisine des *T. Boissieri* et *T. linifolia*. Origine non indiquée, 1888.

T. **linifolia**, Regel. *Fl.* à périanthe écarlate vermillon magnifique, de près de 6 cent. de diamètre, avec une tache centrale noire; segments étalés, alternativement obcordés et cunéiformes; anthères jaunes; hampe de 15 cent. de haut. *Flles* environ trois, lancéolées, graduellement rétrécies, naviculaires, à bords crénelés et révolutés. Bokhara, 1776. (R. G. 1885, d. f.)

T. macrospeila, — * *Fl.* à périanthe cramoisi vif, campanulé, de 6 à 8 cent. de long, dont tous les segments sont visiblement obtus, de 3 à 4 cent. de large et portent une grande tache presque noire, largement bordée de blanc jaunâtre, cunéiforme, très apparente et couvrant presque tout l'onglet ; étamines noires, d'un tiers plus longues que le périanthe ; stigmates de 12 mm. de diamètre et fortement crispés ; hampe glabre. Mai. Port du *T. Gesneriana*. Origine inconnue ; probablement hybride du *T. Gesneriana* et de quelque autre espèce.

T. maculata, Hort. Variété horticole bien distincte, ayant le port du *T. Gesneriana*, mais en différant par ses fleurs à périanthe rouge vif, avec une large tache basale noire, par ses petits stigmates et par sa hampe pubescente. Fin de mai.

T. maleolens, Reboul. « Cette espèce ressemble au *T. Oculus-solis* par son bulbe, par ses feuilles, par sa taille et par sa hampe, mais la tache noire de la base des segments du périanthe couvre tout l'onglet (Baker.) » Les fleurs ont une odeur faible et désagréable. Italie, 1827. (B. R. 1839, 66.) Il en existe une var. *variegata*, qui est panachée. (S. B. F. G. ser. II, 153.)

T. Maximowiczii, Regel. *Fl.* écarlate pourpre, à segments externes portant à la base une tache bleu noir, bordée de blanc. *Flles* caulinaires alternes, linéaires, à bords rouges et finement ciliolés. Tige feuillue. Bulbe à tuniques poilues intérieurement. Plante voisine du *T. linifolia*. Bokhara, 1889. (R. G. 1889, 7307.)

Fig. 348. — Tulipa Oculus-solis.

T. montana, Lindl. *Fl.* à périanthe rouge vif, dressé, de 4 à 5 cent. de long, à segments oblongs ; les externes aigus et les internes souvent obovales et portant tous une tache basale noire, très distincte ; hampe glabre. Juillet. *Flles* trois ou rarement quatre, souvent arquées et fortement crispées sur les bords ; l'inférieure ayant 15 cent. ou plus de long et 2 cent. 1/2 de large. Tige d'environ 15 cent. de haut. Bulbe gros, ovoïde. Perse, etc., 1826. (B. R. 1106.) — Il existe plusieurs variétés de cette espèce, présentant des différences bien marquées dans la couleur de leurs fleurs.

T. neglecta, Reboul. Variété du *T. strangulata*, Reboul.

T. Oculus-solis, Saint-Am. * Tulipe Œil du soleil. — *Fl.* inodores, de 6 à 8 cent. de long, campanulées, à divisions presque égales ; les internes cependant un peu plus courtes, sub-obtuses ; les externes acuminées ; toutes d'un beau rouge carminé clair à l'intérieur, plus terne à l'extérieur et jaune verdâtre à la base, portant une macule basilaire noir violacé foncé, étroite, allongée, atteignant presque le milieu, à bords laciniés et finement bordés de jaune. Avril. *Flles* trois ou quatre, espacées, étalées-dressées ; les inférieures d'environ 25 cent. de long et 4 cent. de large, acuminées-aiguës ; les caulinaires plus étroites et dépassant souvent la tige ; toutes plus ou moins ondulées et ciliolées sur les bords. Tige et hampe de 30 à 50 cent. de haut. Bulbe pyriforme, à tuniques laineuses à l'intérieur et stolonifère. Europe méridionale ; France, etc. (R. L. I, 209.) (S. M.)

T. Orphanidea, Boiss. et Heldr. *Fl.* à périanthe jaune vif, de 5 à 8 cent. de long, avec des segments aigus, teintés de rouge à l'extérieur ; anthères oblongues, de 6 mm. de long ; hampe allongée et uniflore. Mai. *Flles* trois, linéaires, canaliculées. Tige de 30 à 60 cent. de haut. Montagnes de la Grèce, 1862. (B. M. 6310 ; R. G. 373.)

T. Ostrowskiana, Regel. *Fl.* à périanthe rouge vif, de 5 cent. ou plus de diamètre, dont chaque segment porte à la base une tache noire ; filets staminaux très courts, dilatés et pourpres ainsi que les anthères. Printemps. *Flles* linéaires-lancéolées et glaucescentes. (B. M. 6895 ; R. G. 1144, f. 1-2 ; Gn. 1894. part. II, 965.)

T. patens, Agardh. *Fl.* à périanthe blanchâtre, oblong-infundibuliforme, de 2 à 2 cent. 1/2 de long, avec un œil jaune à l'intérieur ; teinté de vert à l'extérieur ; étamines atteignant la moitié de la longueur du périanthe. Avril. *Flles* deux ou trois, de 6 à 12 mm. de large. Tiges de 8 à 20 cent. de long, portant ordinairement une ou rarement deux fleurs. Bulbes à tuniques obscurément poilues à l'intérieur et vers le sommet. Sibérie centrale, 1817. Syns. *T. sylvestris tricolor*, Hort. (R. G. 827) ; *T. tricolor*, Ledeb. (B. M. 3887.)

Fig. 349. — Tulipa præcox.

T. præcox, Ten. * *Fl.* grande, de 5 à 9 cent. de long, conique et très aiguë avant l'anthèse, à divisions très inégales ; les externes longues, larges et graduellement acuminées ; les internes d'environ 2 cent. de moins, ovales et arrondies au sommet ; toutes d'un beau rouge cocciné à l'intérieur, plus pâle à l'extérieur et jaune verdâtre à la base, avec une macule basilaire noir violacé, courtement triangulaire, ne couvrant que le tiers de la longueur totale, crénelée et assez largement bordée de jaune ; les internes portent en outre une bande médiane de même teinte. Avril. *Flles* ordinairement quatre, espacées, étalées-dressées ; l'inférieure d'environ 8 cent. de large ; pubérulentes au sommet, les supérieures plus étroites, égalant la tige ou dépassant rarement la fleur ; toutes ondulées et ciliolées sur les bords. Tige forte, épaisse, glabre ou poilue, de 30 à 50 cent. de haut. Bulbe gros, sub-arrondi, à tuniques fortement laineuses intérieurement. Europe méridionale ; France, etc. (S. B. F. G. 157 ; B. R. 380, sous le nom de *T. Gesneriana* ; B. R. 204, 1143, 1419, sous le nom de *T. Oculus-solis.*) — Selon M. Baker, cette plante « ne peut, dans un sens large, être considérée comme distincte du *T. Oculus-solis*, dont elle diffère par sa végétation plus robuste, par sa floraison plus précoce, par ses segments du périanthe ovales et plus imbriqués et par leur macule basale moins visiblement marquée ». Néanmoins, il est impossible de les confondre quand on les connaît et les examine comparativement. (S. M.)

T. primulina, Baker. *Fl.* fortement odorantes, à périanthe jaune primevère pâle, en entonnoir, de 2 cent. 1/2 de long, à segments externes lancéolés ; entièrement teintés de rouge vif sur le dos ; les internes oblongs ; hampe glabre, de 5 à 8 cent. de long. Printemps. *Flles* quatre ou six, rapprochées et situées près du niveau du sol, linéaires, vertes, glabres, canaliculées sur la face supérieure ; les inférieures de 8 à 10 cent. de long. Tige de moins de 15 cent. au-dessus du sol et uniflore. Bulbe ovoïde, de 2 cent. 1/2 de diamètre, avec les tuniques externes rouge brun. Est de l'Algérie, 1882. (B. M. 6786.)

T. pubescens, Willd. * *Fl.* faiblement odorantes, à périanthe de couleur très variable. C'est probablement un hybride des *T. Gesneriana* et *T. suaveolens*. Il a le grand stigmate et les six segments obtus du premier et la hampe duveteuse du dernier ; les formes à fleurs rouge vif sont dépourvues de macule à la base des segments. (S. B. F. G. 78 ; B. M. 2388, sous le nom de *T. suaveolens latifolia*.) De cette plante, sont sorties plusieurs variétés de Tulipes simples hâtives, telles que : *Bride of Haarlem*, *Duc d'York* et les *Potier*.

T. pulchella, Fenzl. *Fl.* à périanthe en entonnoir, de 4 cent. de long, à segments rouge mauve dans leurs deux tiers supérieurs, presque égaux, oblongs, aigus, à onglet violet ardoisé et jaune à la base ; filets staminaux blanchâtres, fortement poilus à la base ; hampe grêle, glabre, de 2 1/2 à 5 cent. de long. Avril. *Flles* trois, rapprochées et insérées près de la surface du sol, vertes, canaliculées sur la face supérieure, obscurément ciliées ; les inférieures d'environ 8 cent. de long et 12 mm. de large ; les supérieures plus étroites. Bulbe ovoïde, de 2 cent. 1/2 de diamètre, à tuniques externes rigides et brun châtaigne foncé. Cilicie, Tauride, 1877. (B. M. 6304.)

T. retroflexa, Hort. * *Fl.* à périanthe jaune vif, d'environ 8 cent. de long, à six segments oblongs, aigus, graduellement rétrécis en pointe aiguë ; étamines jaunes. Commencement de mai. Plante horticole, probablement hybride des *T. acuminata* et *T. Gesneriana*. (Gn. 1887, II, 626.)

T. saxatilis, Sieb. *Fl.* exhalant une faible odeur de Primevère, à périanthe oblong-infundibuliforme, de 5 à 6 cent. de long, à segments mauve pourpre vif dans leurs deux tiers supérieurs et jaune vif sur l'onglet ; sans macule basale ; les internes obovales-cuspidés, de 3 cent. de large ; les externes oblongs, de moins de 2 cent. 1/2 de large ; étamines ayant près de 2 cent. 1/2 de long, à filets jaune vif, deux fois aussi longs que les anthères noirâtres ; hampe glabre. Mars. *Flles* trois ou quatre, lancéolées ou linéaires, glabres ; l'inférieure de plus de 30 cent. de long et 2 1/2 à 4 cent. de large. Tige de 30 cent. et plus de haut, souvent biflore. Bulbe moyen et ovoïde. Crète. 1827. (B. M. 6371.)

T. Schrenkii, Regel. Syn. de *T. Gesneriana*, Linn.

T. Sintenesii, Baker. *Fl.* rouge glauque pâle et écarlate, avec une tache noire sur l'onglet, à segments obtus. Mars. *Flles* planes. Arménie, 1891. Plante curieuse, voisine du *T. undulatifolia*. (B. M. 7193.)

T. spathulata, Berthol. Syn. de *T. Gesneriana spathulata*, Hort.

T. Sprengeri, Baker. *Fl.* d'un beau rouge cocciné, non maculées à la base des segments ; étamines glabres. Plante voisine par ses autres caractères du *T. Hageri*. Arménie, 1894.

T. stellata, Hook. Plante presque voisine du *T. Clusiana* à port et feuilles semblables, mais les segments du périanthe sont plus obtus et dépourvus de la tache basale noir purpurin qui existe chez cette espèce. Février. Himalaya, 1827. (B. M. 2672.) — Il en existe une variété à fleurs jaune vif, tantôt uni, tantôt suffusé de rouge à l'extérieur.

T. stenopetala, Delaun. Syn. de *T. acuminata*, Vahl.

T. strangulata, Reboul. *Fl.* à segments du périanthe portant à la base une grande macule noire, tant chez le type que chez sa forme à fleurs rouges, ainsi que chez certaines formes à fleurs jaunes. Avril. Cette plante est très voisine du *T. suaveolens*, mais beaucoup plus élevée. Les *T. Bonarotiana*, Reboul, *T. neglecta*, Reboul et *T. variopicta*, Reboul, ne sont sans doute que de simples variations de couleur. Quatre de ces formes sont figurées dans le B. R. 1990, sous le nom de *T. scabriscapa*. Strangs.

T. suaveolens, Roth. * Tulipe Duc de Thol. — *Fl.* très odorante, à périanthe assez ample, de 4 à 5 cent. de long, à six segments égaux, oblongs, aigus, de 15 à 20 mm. de large, d'un beau rouge cocciné foncé, jaunes à l'onglet ainsi que sur les bords, surtout vers le sommet ; stigmate ample ; hampe courte, très duveteuse. Mars-avril. *Flles*

Fig. 350. — Tulipa suaveolens. — Tulipe Duc de Thol.

larges, aiguës au sommet, très glauques et ondulées. *Haut.* 15 cent. Europe méridionale, 1603. (B. M. 839 ; F. d. S. 1223.) — Très jolie plante naine et précoce, que M. Baker considère comme le type originel de beaucoup de nos variétés à floraison précoce et en particulier des Tulipes Duc de Thol, les plus hâtives de toutes.

T. s. latifolia, Hort. Syn. de *T. pubescens*, Willd.

T. sylvestris, Linn. * Tulipe sauvage ; Angl. Wild Tulip. — *Fl.* odorantes, penchées avant la floraison, jaune vif, à segments externes lancéolés, acuminés, un peu barbus au sommet et verdâtres sur le dos ; les internes plus larges, ovales-lancéolés et brusquement rétrécis, filets staminaux fortement barbus à la base. Avril-mai. *Flles* peu nombreuses, de 15 à 25 cent. de long, linéaires-lancéolées, de 1 1/2 à 2 cent. 1/2 de large, glauques. Tige de 30 à 60 cent. de haut, arrondie et flexueuse. Bulbe petit, ovoïde, stolonifère, à écailles brunes et à peine poilues au sommet. Europe, France, Angleterre, etc. (F. D. 375 ; B. M. 1202 ; Sy. En. B. 1520 ; R. H. 165.) Syn. *T. fragrans*, Munby. Gn. 1894, part. I, 965.) — Les formes à hampes biflores ne sont pas rares dans les cultures.

T. s. tricolor, Hort. Syn. de *T. patens*, Agardh.

T. thianschanica, Regel. *Fl.* à segments du périanthe obovales-oblongs, obtusément ou finement apiculés, de moins de 2 cent. 1/2 de long ; hampe glabre et beaucoup plus courte que les feuilles. *Flles* trois, linéaires-lancéolées, falciformes et finement denticulées sur les bords. Bulbe à tuniques externes barbues vers le sommet. Monts Thianschan.

T. tricolor, Ledeb. Syn. de *T. patens*, Aghard.

Fig. 351. — Tulipa sylvestris.

T. triphylla, Regel. *Fl.* à périanthe jaune citron vif à l'intérieur, teinté de vert à l'extérieur, un peu en entonnoir, dressé de 3 cent. de long, à segments externes oblongs et sub-aigus ; les trois internes plus obtus ; étamines de moins de 12 mm. de long; hampe glabre et très grêle. Mars. *Flles* trois ou quatre, rapprochées près de la base de la hampe, falciformes, linéaires de 8 à 10 cent. de long et 6 à 12 mm. de large. Bulbe petit, à tuniques externes portant quelques poils sur la face intérieure. *Haut.* 15 à 20 cent. Asie centrale. (B. M. 6459; R. G. 912.)

T. t. Hoeltzeri, Hort. *Fl.* petites, à périanthe jaune et purpurin sur les trois segments externes. *Flles* linéaires-oblongues, glauques, ondulées, étalées sur le sol. Turkestan. 1881. (R. G. 1114, f. 3-4, a-b.)

T. turcica, Auct. Syn. de *T. Gesneriana Dracontia*, Hort.

T. turkestanica, Regel. *Fl.* une à six. *Flles* deux, falciformes et lancéolées. Bulbe petit, ovoïde, à tuniques externes fortement poilues à l'intérieur. Chiva, Turkestan. — Espèce voisine du *T. biflora*, dont elle diffère principalement par les longs mucrons des valves de sa capsule (R. G. 1050, f. 2.)

T. undulatifolia, Boiss. *Fl.* à périanthe rouge cramoisi

Fig. 352. — Tulipa undulatifolia.

vif à l'intérieur, rouge verdâtre à l'extérieur, campanulé, de 4 à 5 cent. de long, à segments égaux, graduellement rétrécis en pointe aiguë et portant à la base une macule noire, couvrant tout l'onglet; étamines de 12 mm. de long, à filets noirs et à anthères très petites; hampe glabre ou pubescente. Mai. *Flles* trois, glauques, la plus inférieure lancéolée, de 15 à 20 cent. de long. Smyrne, 1877. (B. M. 6308.) — Il existe une forme à segments du périanthe aigus.

T. u. Harmonia, Sprenger. Variété précoce, à grande fleur dont les segments portent une grande macule basale noire et bordée de jaune Tauride.

T. uniflora, Bess. *Fl.* à segments du périanthe jaune pâle à l'intérieur, oblancéolés, obtus, de 2 à 2 cent. 1/2 de long ; les trois externes fortement teintés de vert à l'extérieur et étalés quand la fleur est bien épanouie; hampe dressée. Avril. Tige grêle, uniflore, portant vers son milieu une paire de feuilles lancéolées. Bulbe petit, ovoïde, à tuniques membraneuses, longuement prolongées au-dessus du sommet. Monts Altaï. Syn. *Orithyia uniflora*, G. Don. (R. G. 906, f. 25; S. B. F. G. ser. II, 336.)

T. variopicta, Reboul. Syn. de *T. strangulata*, Reboul.

T. violacea, Boiss. et Buhse. *Fl.* campanulée, odorante, rouge cramoisi foncé, teintée de pourpre sur les nervures et les bords supérieurs des segments, avec une tache noire bordée de blanc sur l'onglet; hampe de 30 cent. de haut. Nord de la Perse, 1895. (B. M. 7440.)

T. viridiflora, Hort. Variété du *T. Gesneriana*, Linn.

T. vitellina, Hort. *Fl.* grande, d'un jaune tendre, ou couleur beurre frais, à segments ovales et obtus. *Flles* ovales-lancéolées, aiguës et glauques. C'est probablement un hybride entre une des formes des *T. Gesneriana* et *T. suaveolens*. 1889. (Gn. 1889, part. II, 730.)

VARIÉTÉS HORTICOLES

Le nombre des variétés horticoles de Tulipes existantes ou ayant existé est très grand et, comme chez toutes les autres plantes horticoles, beaucoup de ces variétés ont entre elles une grande ressemblance; de plus, elles sont susceptibles de varier ; ce nombre embarrassait plus les amateurs et les collectionneurs même qu'il ne leur était utile ; aussi les spécialistes hollandais ont-ils eu la bonne idée de le réduire à quelques centaines des plus belles et des plus distinctes, nombre qui peut paraître encore très élevé, mais qui est en somme raisonnable, si on envisage le nombre des groupes qu'elles forment. Elles sont en effet groupées d'après leur origine, leurs caractères propres, leur simplicité ou leur duplicature et leur précocité ou tardiveté.

Les Tulipes simples tardives sont celles qui ont le plus passionné les amateurs et aujourd'hui encore celles qui forment le fond de leurs collections. On les désigne fréquemment sous le nom de Tulipes des fleuristes. Elles présentent en effet une grande perfection de forme et des coloris et des panachures surtout d'une élégance et richesse incomparables. Les Anglais, très amateurs de Tulipes, divisent cette importante section en six groupes caractérisés par leurs panachures ; chez nous, on n'en admet guère que deux : les *flamandes* à fonds blancs et les *bizarres* à fond jaune ; néanmoins, nous maintiendrons les six sections anglaises et le choix des variétés qu'elles renferment. Nous donnerons aussi un choix des plus belles variétés composant les autres sections généralement admises.

T. simples hâtives. — Dans cette section, prise dans un sens large, rentrent toutes les variétés à floraison précoce, dont les fleurs, peut-être de durée un peu éphémère, ont des fleurs grandes, diversement colorées et parfois panachées, principalement sur les bords, d'une couleur plus vive ou plus foncée et souvent très distincte, comme le blanc ou le jaune sur rouge et produisant un

TULIPES SIMPLES TARDIVES

contraste des plus agréables. Ces variétés diffèrent souvent beaucoup entre elles sous le rapport de la taille; tandis que les unes sont très grandes, d'autres sont au contraire très naines, et bien que toutes puissent être cultivées en pots, quelques-unes se prêtent plus facilement encore que les autres au forçage. C'est en outre parmi ces variétés que l'on trouve les meilleures pour l'ornementation des corbeilles et pour la fleur à couper en général, quoique sous ce rapport, les doubles hâtives aient plus de durée, mais elles sont aussi plus lourdes et sujettes à être couchées ou même cassées par les vents, alors que les simples se tiennent bien sans tuteur. Voici un choix des plus recommandables :

American Lac, *fl.* jaune chamois, striée de lilas pâle et de blanc; distincte et élégante.

Archiduc d'Autriche, *fl.* rouge bordé jaune, grande et des plus belles. (R. H. 1890, 420.)

Artus, *fl.* écarlate brillant, grande et très belle.

Bacchus, *fl.* beau rouge cramoisi foncé; magnifique variété pour corbeilles.

Belle Alliance, *fl.* écarlate cramoisi; plante naine, hâtive et de longue durée.

Bird of Paradise, *fl.* d'un beau jaune et très grande.

Bride of Haarlem, *fl.* carmin, striée de blanc pur.

Canarie Vogel, *fl.* jaune pur.

Canary Bird, *fl.* d'un beau jaune clair.

Chrysolora, *fl.* jaune foncé, grande et une des plus belles.

Cottage Maid, *fl.* rose et blanc, très élégante.

Couleur Cardinal, *fl.* cramoisi écarlate, très belle, extra.

Crimson King, *fl.* cramoisi vif, d'un grand effet.

Duc de Thol, *fl.* écarlate, odorante, de grandeur

Fig. 353. — Tulipes Duc de Thol.

moyenne, mais très précoce et des meilleures pour le forçage, la culture en pots, en coupes, etc. Il existe les coloris suivants :

Duc de Thol blanc pur.

Duc de Thol blanc rosé.

Duc de Thol jaune.

Duc de Thol orange.

Duc de Thol violette. (A. V. B. 27; *Flora Haarl.*, 9, 114.)

De Gesner, *fl.* très grande et d'un beau rouge écarlate brillant, avec une grande macule noire à l'onglet. V. aussi **T. Gesneriana spathulata.**

Duchesse de Parme, *fl.* rouge, à onglet jaune et mordorée sur les bords.

Gladstone, *fl.* carmin, grande et bien faite.

Jean Linken, *fl.* d'un très beau rose rouge, à centre jaune.

Jost van Vondel, *fl.* blanc et rouge cramoisi.

Lac van Rhein, *fl.* violet foncé; *fl.es* élégamment bordées de blanc. (R. H. 1890, 420.)

La Reine, *fl.* blanc nuancé de rose.

La Grandeur, *fl.* rouge vermillon; grande plante.

Keizerskron, *fl.* écarlate intense, bordée de jaune, immense et se conservant longtemps fraîche.

Le Matelas, *fl.* rose foncé, suffusé de blanc; très belle et se forçant bien.

L'Immaculée, *fl.* blanc pur, très précoce et se forçant bien.

Ophir d'or, *fl.* jaune foncé; très belle.

Parisienne La Candeur, *fl.* blanc pur, très belle, beaucoup cultivée pour la fleur à couper.

Fig. 354. — Tulipe parisienne.

Parisienne jaune pur, cultivée pour le même usage que la précédente.

Paul Potter, *fl.* d'un très beau rose magenta; distincte et belle.

Potier (Pottebakker), *fl.* blanc pur, grande et belle; plante naine et se forçant bien.

Potier jaune, *fl.* de même forme; plante de même mérite.

Princesse Marianne, *fl.* blanc crème, grande et belle.

Proserpine, *fl.* d'un très beau rose violet.

Prince d'Orange (Angl. *Yellow Prince*), *fl.* jaune et très bien faite.

Queen Victoria, *fl.* blanc rosé; bonne variété pour corbeilles.

Queen of the Violets (Syn. *Président Lincoln*), *fl.* lilas pourpré suffusé de blanc sur les bords.

Rembrandt, *fl.* d'un beau rouge cramoisi, grande et précoce.

Rose aplati, *fl.* rose, très grande et belle.

Rose gris de lin, *fl.* rose teinté de blanc, très belle.

Rouge luisante, *fl.* d'un beau rose foncé, très belle.

Royal Standaart, *fl.* blanc strié de rouge cramoisi.

Thomas Moore, *fl.* écarlate orangé, très belle et distincte.

Van der Neer, *fl.* pourpre violet foncé.

Vermillon brillant, *fl.* écarlate, grande et bien faite.

Wouvermann, *fl.* violet pourpre et grande.

Variétés diverses figurées (A. V. B. p. 8; *Flora Haarlem*, 24, 36, 49, 70, 73, var. Gn. 1893. part. II, 939).

T. simples tardives. — Nous avons dit précédemment que ce sont celles qui composent le fond des collections d'amateurs, mais ceux-ci se montrent très exigeants sur la forme et la beauté de la fleur et, comme pour toutes les fleurs poussées à un haut degré de perfection, ils ont émis la règle d'admission que voici :

La fleur doit être bien droite, à segments arrondis ou obtus, non échancrés, ni incurvés, ni récurvés, mais formant la cloche dressée et leur substance doit être forte et épaisse. Sur la couleur de fond, blanc ou jaune pur et non teinté à la base (d'où les deux sections mentionnées précédemment), les panachures de deux ou trois couleurs, ordinairement en forme de bandes, stries, flammes, etc., doivent se détacher bien nettement; les étamines ne doivent pas dépasser les segments; enfin le port, la tenue et même le feuillage doivent être irréprochables. Toutes celles dont les pétales sont plus ou moins pointus et surtout dont les couleurs des panachures se brouillent, se fondent les unes dans les autres ou déteignent sur le fond sont écartées des collections et cultivées en mélange ou même jetées.

I. — Bizarres ou a fond jaune strié ; Angl. Feathered Bizarres.

Commander (Marsden) *fl.* à fond entièrement jaune foncé, avec de fortes stries presque noires; ces couleurs s'améliorent à mesure que la fleur s'épanouit.

Démosthènes (Headly), *fl.* à fond d'un beau jaune brillant, avec des stries rouge brunâtre et teintées de jaune plus foncé à la base de la coupe, ce qui est cependant un défaut.

Garibaldi (Ashmole), *fl.* à fond jaune orangé, avec des stries du plus beau brun châtaigne; très distincte.

Masterpiece (Slater), *fl.* à fond jaune pur, élégamment striée de noirâtre luisant; magnifique variété.

Sir Joseph Paxton (Willison), *fl.* à fond d'un beau jaune foncé et pur, magnifiquement striée de brun rougeâtre foncé.

William Wilson (Hardy), *fl.* à fond jaune citron clair, largement et richement striée de noir.

II. — Bizarres ou a fond jaune flammé ; Angl. Flamed Bizarres. — Nous ferons remarquer ici que les mêmes variétés de Tulipes s'observent à l'état flammé et strié et qu'une variété peut être préférée sous sa forme flammée que striée, tandis qu'une autre sera plus belle à l'état inverse.

Ajax (Hardy), *fl.* à fond jaune citron, flammé de rouge vin; variété très distincte et d'un grand effet décoratif.

Dr Hardy (Storer), *fl.* d'un beau jaune orangé foncé, flammé d'écarlate rougeâtre très vif; s'observe rarement à l'état strié.

Orcoin (Storer), *fl.* d'un beau rouge orangé et flammé d'écarlate; de forme parfaite et à pétales très étoffés.

Sir Joseph Paxton, *fl.* à fond d'un beau jaune foncé, flammée de beau brun rougeâtre foncé; c'est la plus belle des Tulipes flammées.

Surpasse Polyphème (Barlow), *fl.* à fond jaune citron, fortement flammée de noir luisant; probablement distincte et bien supérieure à l'ancienne *Polyphème flammée*, car la base de la coupe et les étamines sont toujours de couleur pure.

William Lea (Storer), *fl.* à fond jaune citron clair, flammé presque noir, très distincte et constante, mais seulement de taille moyenne.

III. — Byblœmens ou a fond blanc strié de violet ; Angl. Feathered Byblœmens.

Adonis (Headly), *fl.* à fond blanc, moins clair cependant que dans certaines variétés, mais avec de très élégantes stries presque noires; belle fleur.

Alice Gray (Walker), *fl.* à fond d'un beau blanc, strié de lilas foncé, avec une teinte bleuâtre; variété rare, car elle ne se multiplie presque pas.

Friar Tuck (Slater), *fl.* à fond d'un très beau blanc, avec des stries épaisses pourpre pâle; grande et majestueuse.

Marten's n° 101, *fl.* à fond blanc pur, très élégamment strié de chocolat pourpre; variété à pétales allongés et étroits.

Mrs Cooper (Boardman), *fl.* à fond blanc pur, avec des stries chocolat foncé, passant au noir à mesure que la fleur vieillit; c'est la plus belle du groupe et le modèle des Tulipes striées.

Talismann (Hardy), *fl.* à fond blanc pur, richement striée de bleu noirâtre; cette variété passe souvent de l'état strié à l'état flammé et reste alors ainsi.

(*Flora Haarl.* 11, et *Gn.* 1888, part. II, 669, vars.)

Variétés diverses figurées :

IV. — Byblœmens ou a fond blanc flammé de violet ; Angl. Flamed Byblœmens.

Adonis, *fl.* à rayons de la flamme d'un beau pourpre foncé, avec des flaques d'un beau rouge vif vers le centre; très belle à l'état flammé.

Bacchus, *fl.* à fond blanc, flammée de pourpre vif; ancienne variété hollandaise, qu'on n'observe jamais à l'état strié et très rare parce qu'elle se multiplie fort lentement.

Carbuncle (Headly), *fl.* à fond d'un beau blanc, flammé de rouge vin foncé; magnifique mais rare variété dans le genre d'*Adonis*.

David Jackson (Jackson), *fl.* à fond blanc très pur, fortement flammé de noir presque franc; belle et distincte variété.

Duchesse de Sutherland (Walker), *fl.* à fond blanc pur, largement flammé de pourpre clair et foncé, avec de longs pétales.

Talisman (Hardy), *fl.* à fond blanc pur, flammé de pourpre noirâtre et ombré de bleu dans la flamme; c'est la plus belle de cette section.

V. — Flamandes ou striées de rose ; Angl. Feathered Roses

Annie Mac Gregor (Martin), *fl.* à fond blanc très pur, avec des stries écarlate brillant; c'est la plus vivement colorée de cette magnifique section.

Charmer, *fl.* à fond d'un beau blanc, avec des stries rose clair ; c'est la meilleure forme de la variété nommée *Mabel*.

Fig. 355. — Tulipes flamandes.

Héroïne, *fl.* à fond blanc blanc très pur, striée de rose foncé; pétales un peu trop longs et les externes presque pointus; très ancienne variété.

Industry (Lea), *fl.* à fond d'un beau blanc très pur, avec de larges et nombreuses stries écarlate carminé vif.

Manny Gibson (Hepworth), *fl.* à fond blanc presque pur, mais un peu jaunâtre à la base de la coupe quand elle est jeune, striée d'une nuance distincte de vermillon écarlate; variété très rare, sans grand mérite à l'état flammé.

(Variétés diverses figurées : A. V. B. J; *Flora Haarl.* 26, 81, 107, vars.)

Modesty (Walker), *fl.* à fond d'un beau blanc très élégamment strié d'écarlate, de dimension moyenne, mais sans mérite à l'état flammé.

VI. — Flamandes ou striées de rose ; Angl. Flamed Roses.

Aglaia, *fl.* à fond d'un beau blanc, flammé de cramoisi-écarlate foncé, avec des rayons rose vif et clair; pétales allongés; variété très ancienne et constante.

Annie Mac Gregor (Martin), *fl.* à fond et base de la coupe blanc pur, flammée d'écarlate intense; variété très élégante et la plus belle de cette section.

Lucrèce (Syn. *Madame Saint-Arnaud*) (Martin), *fl.* à fond blanc pur, mêlé d'écarlate et de rose vif. (*Mrs Lomax* et *Prety Jane* sont d'autres synonymes et de simples variations de *Mabel*.)

Mrs Lea (Lea), *fl.* à fond blanc très pur; variété extrêmement rare et distincte, supérieure à toutes les autres par le beau rouge sang cramoisi de sa flamme; elle est en outre très remarquable à l'état strié.

Triomphe Royal, *fl.* à fond blanc pur, fortement flammé de cramoisi écarlate foncé; pétales un peu aigus; c'est une des plus belles Tulipes cultivées.

Tulipes Dragonnes ou Perroquet. — Ces Tulipes, toujours simples, sont très estimées et fréquemment cultivées pour l'extrême singularité de forme de leurs fleurs et leurs coloris non moins bizarres : elles sont généralement grandes, d'une tenue défectueuse, car elles se penchent et s'évasent outre mesure, mais c'est là sans doute ce qui leur donne ce cachet si artistique; leurs pétales sont généralement allongés et très profondément et irrégulièrement découpés en lobes, dents, franges, etc.; enfin, leur coloris est à fond jaune ou parfois rouge, très curieusement panaché, rayé, strié, maculé ou taché de deux ou trois nuances, dont le vert gai fait souvent partie.

Fig. 356. — Tulipe Dragonne.

Amiral de Constantinople, *fl.* rouge à pointes jaunes.

Aurantiacum, *fl.* orange panaché.

Cramoisi brillant, *fl.* écarlate vermillon foncé et brillant : extra.

Feu brillant, *fl.* cramoisie.

Lutea major, *fl.* jaune, légèrement striée de cramoisi et de vert.

Mark Graaf, *fl.* jaune, striée d'écarlate et de vert.

Monstre, *fl.* rouge, énorme et très curieuse.

Perfecta, *fl.* jaune écarlate et vert.

Variétés diverses figurées : (A. V. B. 15; *Flora Haarl.* 6, vars.).

Tulipes doubles hâtives. — Les variétés de cette section présentent les mêmes caractères et les mêmes aptitudes que leurs congénères simples et, comme nous l'avons déjà dit, elles ont l'avantage d'être d'une plus longue durée; quelques-unes sont très remarquables par la richesse de leur coloris, leur taille naine et les magnifiques potées qu'elles forment quand elles sont bien cultivées.

Agnès, *fl.* écarlate cramoisi vif, grande et précoce.

Blanc bordé de pourpre, *fl.* violet pourpre à bords blancs.

Couronne des roses, *fl.* rose nuancé, très belle.

Cramoisi superbe, *fl.* rouge cramoisi, bonne variété à corbeilles.

Duc de Bordeaux, *fl.* écarlate orangé et jaune; très belle.

Duc de Thol semi-double, rouge et jaune, très précoce et recommandable pour potées et pour la garniture des coupes; se force facilement. (A. V. B. 27.)

Duc d'York, *fl.* rose foncé bordé de blanc; très élégante et à floraison tardive.

Gloria Solis, *fl.* cramoisi orangé, à bords jaune d'or.

Epaulette d'or, *fl.* écarlate élégamment striée de jaune d'or.

Imperator Rubrorum, *fl.* cramoisi écarlate, très belle.

Leonardo di Vinci, *fl.* jaune d'or, à bords cramoisis; très belle.

La Candeur, *fl.* blanche, très double et belle, mais à floraison un peu tardive. (A. V. B. 2.)

Murillo, *fl.* blanc rosé tendre; bien double, naine et très belle. (R. H. 1890, 420.)

Pæony Gold, *fl.* jaune d'or, striée de cramoisi : très belle mais un peu tardive. (A. V. B. 2.)

Princesse Alexandra, *fl.* cramoisi à bords jaune d'or.

Purple Crown, *fl.* d'un beau cramoisi purpurin : grande et très belle, mais un peu tardive.

Rex rubrorum, *fl.* écarlate cramoisi brillant, très belle en corbeilles, mais un peu tardive.

Rose blanche, *fl.* blanc pur.

Rosine, *fl.* rose vif, très bonne pour corbeilles.

Salvator Rosa, *fl.* rose foncé, une des meilleures doubles roses.

Tournesol semi-double, *fl.* écarlate bordé de jaune, grande, belle et très précoce, se force facilement et convient bien à la culture en pots et en coupe; fait aussi très bien en corbeille et s'emploie beaucoup pour cet usage.

Fig. 357. — Tulipe double hâtive.

Tournesol jaune, *fl.* jaune suffusé d'orangé rougeâtre; possède les mêmes aptitudes que la précédente.

Yellow-rose, *fl.* jaune d'or vif; floraison tardive.

Vuurbaack, fl. écarlate luisant, très belle.

Variétés diverses figurées : (A. V. B. 2; *Flora Haarl.*, 1, 28, 54, 64, 101, vars.).

Tulipes doubles tardives.

Admiraal Kingsbergen, *fl.* jaune et rouge.

Grand Alexandre, *fl.* rouge foncé, flammée citron.

Hercule, *fl.* blanche, panachée, tardive, superbe.

Incomparable, *fl.* blanche, striée rouge.

Lord Wellington, *fl.* bleue, tardive.

Madame Bonaparte, *fl.* brun violet, tardive.

Mariage de ma fille, *fl.* blanc et cerise, magnifique variété (*Flora Haarl.*, 3.)

Rhinocéros, *fl.* violette.

Rose de Provence, *fl.* jaune pur ou rose jaune.

TULIPE Dragonne. — V. Tulipa Gesneriana Dracontia.

TULIPE Duc de Thol. — V. Tulipa suaveolens.

TULIPE flamande. — V. Tulipa Gesneriana var.

TULIPE flamboyante. — V. Tulipa Gesneriana Dracontia.

TULIPE des fleuristes. — V. Tulipa Gesneriana.

TULIPE à fleurs vertes. — V. Tulipa Gesneriana viridiflora.

TULIPE de Gesner. — V. Tulipa Gesneriana.

TULIPE monstrueuse. — V. Tulipa Gesneriana Dracontia.

TULIPE odorante. — V. Tulipa suaveolens.

TULIPE Œil du soleil. — V. Tulipa Oculus-solis.

TULIPE Perroquet. — V. Tulipa Gesneriana Dracontia.

TULIPE à pétales étroits. — V. Tulipa acuminata.

TULIPE précoce. — V. Tulipa præcox.

TULIPE sauvage. — V. Tulipa sylvestris.

TULIPE Tournesol. — V. Tulipa suaveolens var.

TULIPE turque. — V. Tulipa Gesneriana Dracontia.

TULIPIER de Virginie. — V. Liriodendron tulipifera.

TUMBOA, Welw. — V. Welwitschia, Hook. f.

TUNGA, Roxb. — V. Hypolythrum, Rich.

TUMEUR. — Se dit parfois des excroissances qui se développent accidentellement sur les diverses parties des végétaux, notamment sur le tronc et les grosses branches de certains arbres et qu'on nomme plus généralement *loupes*.

TUNICA, Scop. (de *tunica*, tunique ; allusion aux enveloppes florales qui recouvrent l'ovaire). Fam. *Caryophyllées*. — Genre comprenant environ douze espèces de plantes herbacées, rustiques, annuelles ou

Fig. 358. — Tunica Saxifraga.

vivaces, habitant principalement l'Europe et l'Asie occidentale. Fleurs plus petites que celles des *Dianthus*, dont ces plantes sont très voisines et réunies en cymes paniculées, glomérulées ou capitées ; calice à cinq dents obtuses ; pétales cinq, longuement onguiculés et à limbe rétus, émarginé ou bifide ; étamines dix. Feuilles étroites.

L'espèce suivante, la plus connue et la plus répandue, aime les terres légères et sèches ; elle croît souvent sur les rochers, les vieux murs, les ruines, etc., et convient ainsi à orner ces endroits ainsi que les rocailles ; elle prospère néanmoins dans les plates-bandes. On la multiplie facilement par semis fait en place ou en pépinière.

T. Saxifraga, Scop. Casse-pierres. — *Fl.* roses ou rougeâtres, petites, à calice campanulé, avec des dents triangulaires-ovales, fortement membraneuses sur les bords ; calicule atteignant presque le sommet du calice ; pétales courts, rétus ou émarginés. Été. *Flles* étroitement linéaires-aiguës et ciliées-scabres. Tiges nombreuses, touffues, ascendantes ou diffuses et paniculées. Europe centrale et australe ; France, etc. Plante vivace et très ramifiée. Syn. *Dianthus Saxifragus*, Linn.

TUNIQUE ; Angl. Tunic. — Dans un sens large, on désigne ainsi des membranes de nature et de consistance diverses qui enveloppent certains organes, tels que les graines et en particulier les bulbes ; chez ceux-ci, les tuniques sont généralement minces, scarieuses, lisses ou réticulées et rarement charnues.

TUNIQUÉ ; Angl. Tunicated. — Qui est recouvert par des tuniques.

TUPA, G. Don. — Réunis aux Lobelia, Plum.

TUPA Feuillei, G. Don. — V. Lobelia Tupa.

TUPELO. — V. Nyssa.

TUPIDANTHUS, Hook. f. Thoms. (de *tupis*, *tupidos*, maillet, et *anthos*, fleur ; allusion à la forme des bourgeons à fleurs). Fam. *Araliacées*. — La seule espèce de ce genre est un petit arbre glabre et dressé, devenant par la suite une gigantesque liane grimpante. Il prospère en terre franche et siliceuse. Sa multiplication s'effectue par boutures que l'on fait dans du sable, sous cloches et à chaud.

T. calyptratus, Hook. f. et Thoms. *Fl.* vertes, à boutons de 15 mm. de diamètre, presque globuleux ; étamines quinze à vingt ; ombelle principale à trois rayons de 8 cent. de long, très forts et pourvus à la base de grandes bractées ; ombellules à cinq-sept rayons. *Flles* digitées, à sept-neuf folioles entières, de 18 cent. de long et 6 cent. de large, étroitement oblongues, courtement acuminées et rétrécies à la base ; pétiolules de 5 cent. de long. Indes, 1856. (B. M. 4908.)

TUPISTRA, Ker. (de *tupis*, maillet, et *anthos*, fleur ; allusion à la forme particulière du stigmate). Angl. Mallet Flower. Syn. *Platymetra*, Noronha. Comprend les *Macrostigma*, Kunth. Fam. *Liliacées*. — Genre renfermant aujourd'hui six espèces de plantes herbacées, vivaces et de serre chaude, habitant l'Himalaya, Amboine, Burma et Singapoure. Fleurs sessiles et fasciculées en épi terminal, dense, à hampe simple, courte ou allongée, dressée ou récurvée au sommet ; périanthe violet ou livide, campanulé, à tube large, à peine contracté et à six ou rarement huit lobes courts, étalés et sub-égaux ; étamines six ou huit. Feuilles radicales, allongées, amples et contractées supérieurement en pétioles. Rhizomes épais.

Les deux espèces décrites ci-après, seules introduites dans les cultures, prospèrent en bonne terre franche et fertile ; on peut les multiplier par séparation des drageons ou par division des touffes au printemps.

T. macrostigma, Baker. *Fl.* à périanthe pourpre foncé, de 12 mm. de diamètre, campanulé ; épi pendant, lâche, de 5 à 8 cent. de long ; pédoncule pourpre foncé, dressé et aussi long que l'épi. Décembre. *Flles* lancéolées, aiguës, cartilagineuses, de plus de 30 cent. de long, vert gai ; pétioles dilatés à la base, fermes, dressés, de 15 cent. ou plus de long. Rhizome rampant et très ramifié. Monts Khasia, 1876. (B. M. 6280.) Syn. *Macrostigma tupistroides*, Benth. (R. G. 192.)

T. nutans, Wall. Syn. de *T. squalida*, Ker.

T. squalida, Bak. *Fl.* à périanthe violet livide ou à tube verdâtre, de 15 à 20 mm. de long ; bractées amples, scarieuses, deltoïdes ; épi dense, penché, de 8 à 15 cent. de long ; hampe de même longueur. Mars. *Flles* oblancéolées, dressées, de 60 cent. à 1 m. de long et 5 à 10 cent. de large, longuement pétiolées et rétrécies aux deux extrémités. Rhizome charnu. Himalaya, 1820. (B. M. 1655 ; B. R. 704 ; L. B. C. 515 ; R. H. 1893 f. 132.) Syn.

T. nutans, Wall. (B. M. 3054 ; B. R. 1223.) — Belle plante à port d'*Aspidistra*.

TURBINÉ ; Angl. Turbinate. — En forme de toupie ; se dit surtout des fruits, des bulbes, tubercules, etc.

TURF. — Mot anglais qui signifie *gazon* et qu'on emploie parfois surtout en langage de sport, pour désigner les grandes pelouses. V. **Gazon.**

TURGIDE. — Synonyme de *renflé*.

TURGOSEA, Haw. — Réunis aux *Crassula*, Dill.

TURION ; Angl. Turio. — Nom qu'on applique parfois aux bourgeons ou plus exactement aux jeunes pousses d'abord allongées et écailleuses, telles que celles des Asperges, des Hellébores, *Polygonum cuspidatum*, etc., et qui deviennent par la suite des tiges feuillées. (V. aussi **Drageon.**)

TURNEP. — V. **Navet Turnep.**

TURNERA, Linn. (dédié à William Turner, auteur du *New Herbal*, publié en 1551 et mort 1568). Comprend les *Piriqueta*, Aubl. Fam. *Turnéracées*. — Genre renfermant environ soixante-dix espèces de plantes herbacées, de sous-arbrisseaux ou d'arbustes de serre chaude, habitant tous les tropiques de l'Amérique, sauf un qui croît dans le sud de l'Afrique. Fleurs jaunes, axillaires, solitaires ou rarement réunies en grappes ou en faisceaux ; calice à cinq divisions ; pétales cinq, insérés à la gorge du calice ; pédoncules libres ou soudés avec les pétioles. Feuilles éparses, entières, dentées en scie ou sub-pinnatifides, souvent pourvues de deux glandes à la base.

La plupart des *Turnera* ont un aspect herbeux, mais ceux décrits ci-après sont assez jolis pendant leur floraison. Ils prospèrent en toute terre légère. Leur multiplication s'effectue par semis de graines qu'ils produisent en abondance ; les espèces frutescentes peuvent aussi se propager par boutures que l'on fait sous cloches et à chaud ; enfin, les espèces herbacées ou vivaces se font par boutures ou par divisions.

T. angustifolia, Mill. Syn. de *T. ulmifolia angustifolia*, Hort.

T. trioniflora, Sims. Syn. de *T. ulmifolia elegans*, Hort.

T. ulmifolia, Linn. * Angl. West Indian Holly ou Sage Rose. — *Fl.* presque sessiles, ayant à peu près la grandeur de celles du *Reinwardtia trigynum* ; pédoncules pourvus de deux bractées et soudés avec les pétioles. Juin-septembre. *Flles* oblongues, aiguës, dentées en scie, pubescentes en dessus, blanches tomenteuses en dessous et pourvues de deux glandes à la base. *Haut.* 60 cent. à 1 m. 20. Amérique du Sud, 1733. Plante herbacée et vivace. (B. M. 4137.)

T. u. **angustifolia**, Hort. *Flles* oblongues-lancéolées. (B. M. 281, sous le nom de *T. angustifolia*, Mill.)

T. u. **cuneiformis**, Hort. *Fl.* à onglet des pétales brunâtre. *Flles* obovales-cunéiformes et grossièrement dentées en scie. *Haut.* 30 cent. à 1 m. Brésil, 1821.

T. u. **elegans**, Hort. *Fl.* sessiles, aussi grandes que celles de l'*Hibiscus Trionum*, à pétales jaune pâle ou soufre, avec l'onglet brun purpurin. Fleurit toute l'année. *Flles* oblongues-lancéolées, grossièrement dentées-cunéiformes à la base, très entières et pubescentes. *Haut.* 30 à 60 cent. Brésil, 1812. Syn. *T. trioniflora*, Sims. (B. M. 2106.)

Fig. 350. — Turnera ulmifolia.

TURNÉRACÉES. — Famille naturelle de végétaux Dicotylédones, placée entre les *Lousées* et les *Passifloracées*, renfermant environ quatre-vingt-cinq espèces réparties dans six genres et habitant principalement l'Amérique, quelques-unes l'Afrique et une est largement dispersée dans l'Asie, mais elle n'y est pas indigène. Fleurs régulières, hermaphrodites, axillaires, solitaires ou réunies en petit nombre, sessiles ou pédonculées et rarement disposées en grappes ; calice caduc, tubuleux et à cinq divisions imbriquées ; pétales cinq, insérés à la gorge du calice, onguiculés, membraneux, tordus, caducs, nus ou pourvus d'une écaille au sommet de l'onglet ; étamines cinq, très rarement hypogynes, à filets libres, plans-subulés et à anthères oblongues ; ovaire libre, uniloculaire, surmonté de trois styles filiformes ; pédoncules libres ou soudés avec les pétioles, parfois articulés et souvent bibractéolés. Capsule uniloculaire. Feuilles alternes, pétiolées, simples ou pinnatifides, souvent bordées de dents arquées et fréquemment accompagnées de deux glandes à la base; stipules petites ou nulles. Les genres *Erblichia*, *Turnera* et *Wormskioldia* sont les plus importants.

TURPINIA, Vent. (dédié à P. Turpin, artiste botanique et naturaliste français, mort en 1840). Syn. *Dalrymplea*, Roxb.; *Eyera*, Champ.; *Lacepedea*, Humb., Bonpl. et Kunth; *Ochranthe*, Lindl. et *Triceraia*, Willd. Fam. *Sapindacées*. — Genre comprenant aujourd'hui environ dix espèces d'arbres ou d'arbustes glabres, de serre chaude ou tempérée, habitant les Indes, l'Archipel Indien, la Chine, les Indes occidentales et les provinces septentrionales de l'Amérique du Sud. Fleurs blanches, petites, réunies en panicules étalées, axillaires et terminales; calice à cinq divisions; pétales cinq, orbiculaires, sessiles et imbriqués; étamines cinq. Fruit presque globuleux et à trois loges. Feuilles opposées, dépourvues de stipules, imparipennées ou très rarement simples, à folioles opposées, serrulées, coriaces et parfois munies de stipelles. Ramilles arrondies.

Les espèces introduites dans les jardins sont décrites ci-après. Elles prospèrent dans un compost de terre de bruyère, de terre franche et de sable. Leur multiplication s'effectue par boutures que l'on fait dans du sable, sous cloches et à chaud.

T. arguta, Seem. *Fl.* blanc terne ou purpurines en boutons, à sépales internes et pétales oblongs-ovales, à peu près égaux; les deux sépales externes un peu plus petits; panicule dense et terminale. Mars. *Flles* légèrement crénelées, de 8 à 15 cent. de long, glabres. *Haut.* 1 m. à 1 m. 30. Chine, 1826. Arbuste de serre froide. Syn. *Ochranthe arguta*, Lindl. (B. R. 1819.)

T. insignis, Tul. *Fl.* odorantes, à segments du calice inégaux; pétales très courtement onguiculés; panicule terminale. Mai. *Flles* serrulées. *Haut.* 6 m. Mexique, 1847. Bel arbre de serre chaude. Syn. *Lacepedea insignis*, Humb., Bonpl. et Kunth.

T. nepalensis, Wall. Syn. de *T. pomifera*, DC.

T. occidentalis, G. Don. Angl. Cassava Wood. — *Fl.* à divisions primaires de la panicule racémiformes, opposées et portant de petits corymbes, dont les supérieurs sont ordinairement alternes. Mai. *Fr.* bleu foncé. *Flles* à deux ou trois paires de folioles elliptiques-oblongues, crénelées ou dentées en scie, glabres, pétiolulées et pourvues de stipelles. *Haut.* 5 à 10 m. Indes occidentales, 1824. Arbre de serre chaude.

T. pomifera, DC. *Fl.* à divisions primaires de la panicule opposées. Mai. *Fr.* rouges, purpurins, jaunes ou verts, de 8 à 12 mm. de diamètre. *Flles* de 12 à 25 cent. de long, à trois-neuf folioles elliptiques, oblongues ou ovales, acuminées, de 6 à 20 cent. de long. *Haut.* 8 m. ou moins. Indes et Chine, 1820. Arbuste ou arbre de serre chaude. (B. F. S. 159, sous le nom de *T. nepalensis*, Wall.)

TURPINIA, Pers. V. **Poiretia,** Vent.

TURPINIA punctata, Pers. — V. **Poiretia scandens.**

TURQUETTE. — V. **Herniaria.**

TURRÆA, Linn. (dédié à George Turra, professeur de botanique à Padoue et auteur de plusieurs ouvrages; 1607-1688). Fam. *Méliacées*. — Genre comprenant aujourd'hui environ trente espèces d'arbres ou d'arbustes de serre chaude ou tempérée, habitant l'Afrique tropicale et australe, l'Asie tropicale et l'Australie. Fleurs blanches, allongées et réunies en petit nombre au sommet de pédoncules axillaires et pourvus de nombreuses bractées; calice à quatre ou cinq dents ou divisions; pétales quatre ou cinq, allongés, libres ou tordus; tube staminal cylindrique, à quatre ou cinq dents; anthères quatre ou cinq, incluses ou exsertes; disque nul. Feuilles alternes, pétiolées, entières ou obtusément lobées.

Les espèces les plus connues sont décrites ci-après. Elles prospèrent dans un compost de terre franche et de terre de bruyère. Leur multiplication peut s'effectuer par boutures de pousses aoûtées et pourvues de toutes leurs feuilles, que l'on fait dans du sable, sous cloches et à chaud.

T. heterophylla, Smith. *Fl.* fasciculées au sommet des rameaux, à pétales de 2 1/2 à 3 cent. 1/2 de long, plus courts que le style; pédoncules tomenteux et soyeux, de 8 à 20 mm. de long. Mai. *Flles* courtement pétiolées, ovales, aiguës ou obtusément pointues, de 5 à 8 mm. de long, indivises ou sub-trilobées, pubescentes en dessous quand elles sont jeunes. Haute Guinée, 1843. Arbuste de serre chaude. (B. R. XXX, 4, sous le nom de *T. lobata*, Lindl.)

T. obtusifolia, Hochst. * *Fl.* solitaires au sommet de pédoncules axillaires, de 15 à 25 mm. de long; pétales glabres, ligulés, de 2 1/2 à 4 cent. de long. Mai. *Flles* obovales, de 2 1/2 à 3 cent. de long, rétrécies en courts pétioles, entières ou obtusément lobées, à bords révolutés, glabres sur les deux faces et plus pâles en dessous. Branches glabres. *Haut.* 1m. 20 à 2 m. Sud de l'Afrique, 1872. Arbuste de serre froide. (B. M. 6267.)

T. rigida, Vent. *Fl.* réunies en faisceaux sessiles sur les nœuds des branches et sur le vieux bois; corolle de 2 à 2 cent. 1/2 de long, tubuleuses et soyeuses sur les deux faces quand elles sont jeunes. Avril. *Flles* alternes, courtement pétiolées, entières, fermes, obtuses ou aiguës, de 10 à 15 cent. de long et penniveinées. Ile Maurice, 1816. Arbre ou arbuste glabre et de serre chaude. — *Quivisia chilosantha*, Boj. est maintenant le nom correct de cette plante.

TURRITIS, Tournf. — Réunis aux **Arabis,** Linn.

TUSSACA, Rafin. — V. **Goodyera,** R. Br.

TUSSACIA, Rchb. (dédié à R. F. Tussac, botaniste français, qui a publié une *Flore des Antilles* en 1808). Syn. *Chrysotemis*, Dcne. Fam. *Gesnéracées*. — Petit genre comprenant aujourd'hui six espèces de plantes herbacées, de serre chaude, à rhizomes traçants, simples ou ramifiés, habitant les Indes occidentales, la Guyane et la Colombie. Fleurs disposées en ombelles sur des pédoncules insérés à l'aisselle des feuilles supérieures et formant un corymbe terminal; calice souvent écarlate, libre, ample, campanulé, à cinq angles ou ailes; corolle jaune, nuancée de pourpre, à tube assez largement cylindrique et à limbe oblique, étalé-dressé et à cinq larges lobes; étamines incluses. Feuilles opposées, souvent amples; les florales supérieures souvent réduites à l'état de bractées.

Les espèces décrites ci-après sont seules introduites. Toutes deux sont vivaces et se traitent comme les **Gesnera.** (V. ce nom.)

T. pulchella, Rchb. * *Fl.* à calice rouge, avec des lobes deltoïdes et dentés en scie; corolle presque régulière, de 2 1/2 à 3 cent. de long, à tube dressé, cylindrique, de moitié plus long que le calice. Juillet. *Flles* ovales ou ovales-oblongues, aiguës, de 8 à 15 cent. de long, crénelées-dentées au-dessus de la base qui est cunéiforme et à peine pétiolées. *Haut.* 30 cent. Indes occidentales, 1830. Syn. *Besleria pulchella*. Don. (BM. 1146; L. B.C. 1028.)

T. semi-clausa, Hanst. *Fl.* à calice rouge cinabre, campanulé, tronqué ; corolle jaune d'or, ornée de stries pourpre cramoisi, rayonnantes ; ombelles réunies en panicules courtes et terminales. *Flles* largement ovales, pubescentes, dentées-ciliées et vert gai. Tiges ramifiées, charnues et maculées de rouge. Brésil, 1870. Plante décorative. (I. H. III, 28.) Chez certaines variétés, les tiges et les pétioles sont teintés de violet.

TUSSACIA, Klotz. — V. **Catopsis**, Griseb.

TUSSACIA nitida, Beer. — V. **Catopsis nitida.**

TUSSILAGE commun. — V. **Tussilago Farfara.**

TUSSILAGE odorant. — V. **Petasites fragrans.**

TUSSILAGO, Linn. (ancien mot latin employé par Pline, dérivé de *tussis*, toux ; allusion à l'usage médical des feuilles). Pas d'Ane ; Angl. Coltsfoot. Fam.

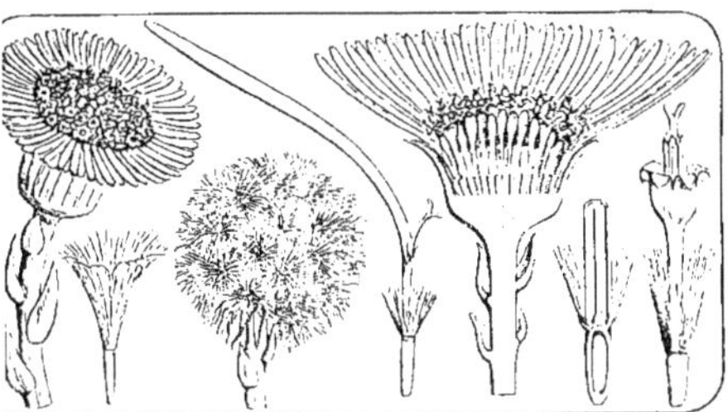

Fig. 360. — Tussilago.

Capitules florifères, entier et coupé longitudinalement ; capitule fructifère ; fleurons, ligulé et tubuleux, ce dernier coupé longitudinalement ; fruit mûr surmonté de son aigrette.

Composées. — La seule espèce restant aujourd'hui dans ce genre est le *T. Farfara*. C'est une grosse plante herbacée, acaule, rhizomateuse, vivace et rustique, très largement dispersée et commune chez nous

Fig. 361. — Tussilago Farfara.

dans les endroits incultes, argileux ou calcaires. Ses fleurs sont jaunes, de peu d'effet, réunies en petit nombre au sommet d'une hampe aphylle, mais garnie de bractées, qui s'allonge après la floraison et porte à la maturité des houppes formées d'aigrettes à poils soyeux. La plante a joui autrefois de propriétés médicales, cathartiques notamment ; on faisait alors des cigares à l'aide de ses feuilles et on les fumait dans les cas d'asthmes. Elle ne présente aucun intérêt horticole et est même difficile à détruire dans les endroits humides qu'elle envahit, mais sa variété décrite ci-après est assez intéressante par son feuillage panaché et peut servir à former des bordures. Elle prospère en tous terrains et se multiplie facilement par séparation et au besoin par sectionnement de ses longs rhizomes traçants. Les espèces autrefois comprises dans ce genre sont maintenant réunies aux genres **Homogyne** et **Petasites**. (V. ces noms.)

T. **Farfara**, Linn. **variegata**, Hort.* Pas d'Ane ou Tussilage à feuilles panachées. — *Flles* amples, largement cordiformes, anguleuses ou lobées, dentées-marginées ou maculées de blanc crémeux. Très jolie plante vivace et rustique, mais envahissante et qu'il ne faut pas laisser s'étendre outre mesure, car il devient parfois difficile de la détruire.

T. **fragrans**, Vill. — V. **Petasites fragrans.**

T. **hybrida**, Linn. — V. **Petasites officinalis.**

T. **nivea**, Will. — V. **Petasites niveus.**

T. **Petasites**, Linn. — V. **Petasites officinalis.**

TUTEURS ET TUTEURAGE ; Angl. Stakes et Staking. — Les tuteurs, que l'on désigne fréquemment aussi sous les noms de *piquets*, *baguettes*, *échalas*, sont des tiges de bois proportionnées à la force et à la hauteur des plantes auxquelles on les applique. Ils sont destinés à soutenir les plantes qu'on y attache, pour qu'elles ne soient pas brisées par les vents ou ne se couchent et traînent plus ou moins à terre. Il est indispensable d'en munir les plantes qui présentent de telles dispositions et il est nécessaire d'en avoir toujours à l'avance un certain nombre de forces et de longueurs différentes, pour pouvoir les utiliser dès que le besoin s'en fait sentir. La nature des tuteurs n'a pas d'importance pourvu qu'ils soient solides et droits ; néanmoins, pour les plantes de choix et en particulier celles en pots, il faut qu'ils soient propres. On emploie à cet effet des rameaux de divers arbustes et en particulier ceux de Noisetiers et autres arbustes ou arbres qu'on a à sa disposition ; les tiges du Roseau des étangs (*Phragmites communis*) s'emploient avantageusement pour cet usage de même que celles du grand Roseau (*Arundo Donax*), et celles-ci entières ou fendues en plusieurs pièces. On en fait aussi avec du sapin fendu à la grosseur voulue, puis arrondi ; ces tuteurs, qui sont très propres et convenables pour les plantes en pots, se vendent également tout préparés et assortis par grosseurs et longueurs, mais on peut parfaitement les confectionner soi-même pendant les soirées d'hiver, à l'aide de vieilles planches qu'on fend à cet effet. On accorde aujourd'hui la préférence aux tiges de Bambou, importées, mises aujourd'hui à la disposition des horticulteurs à des prix modérés. Ces tiges ont l'avantage d'être minces relativement à leur longueur, très fortes, bien droites, de longue durée et d'aspect agréable, étant naturellement très lisses et comme vernissées. Les rameaux de taille des arbres fruitiers peuvent aussi être utilisés lorsque leur aspect brut ne constitue pas un empêchement. Pour les forts tuteurs destinés aux arbres fruitiers et d'ornement, les jeunes tiges de Frênes et de Châtaigniers sont très convenables, car elles sont généralement assez droites et durent longtemps. Celles que fournissent les Noisetiers déjà forts sont beaucoup employées comme tuteurs et aussi pour les emballages, car lorsqu'elles sont encore un peu vertes, elles se plient facilement si besoin est. Du reste, les tiges de beaucoup d'autres essences peuvent, faute de mieux, être employées pour cet usage.

On trouve dans le commerce diverses sortes de tuteurs ou plutôt de petits appareils en fer et fil de fer de diverses formes et figurés ci-contre qui sont à la fois élégantes et très utiles pour supporter les plantes grimpantes dans les jardins d'agrément, celui en forme d'éventail est souvent utilisé et très avantageusement pour le tuteurage des *Œillets*, des *Phyllocactus*, etc., le tuteur en spirale convient aux arbres fruitiers élevés en pots, sa forme allongeant la tige sans augmenter sa hauteur. Le grand tuteur en parasol convient à diverses plantes sarmenteuses et en particulier aux Clématites.

Tous les tuteurs doivent nécessairement être apointés à la partie inférieure destinée à être enfoncée en terre, afin d'en faciliter la pénétration dans le sol.

Le *tuteurage* est une occupation presque journalière dans les jardins, car on l'applique à une foule de végétaux herbacés ou ligneux, soit simplement pour les soutenir temporairement, soit pour leur donner une forme déterminée ou encore pour éviter que les vents ne les balancent et ne les fatiguent. C'est le cas des arbres fruitiers nouvellement plantés, car le tuteurage facilite beaucoup leur reprise. Quand on le peut,

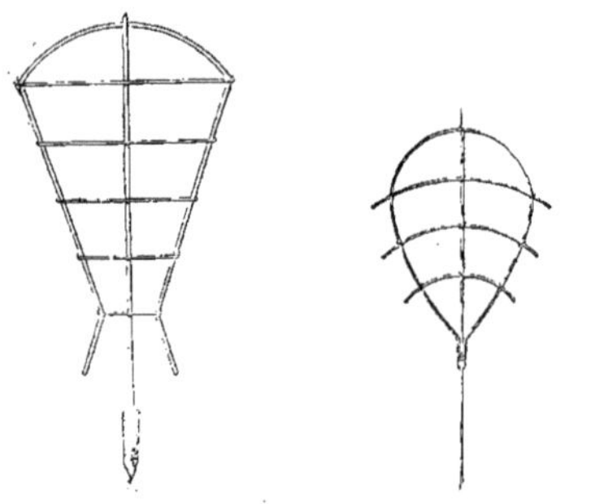

Fig. 362. — Tuteurs de fil de fer, en forme de raquette et en cerf-volant, pour Œillets, Phyllocactus et autres plantes.

il est bien préférable d'enfoncer les tuteurs au moment même de la plantation, car on évite ainsi de meurtrir ou de casser les racines qui se trouvent sur le passage de la pointe. Dans tous les cas, il faut enfoncer les tuteurs avec soin et ne pas persister lorsqu'on sent qu'une racine forme résistance; on doit alors essayer de l'enfoncer sur un autre point. Quand un tuteur ne suffit pas pour assujettir complètement un jeune arbre, on peut en placer trois en triangle, à une certaine distance de la base de la tige et en biais, puis les réunir vers leur sommet et serrer la tige avec eux; afin de ne pas l'écorcher, il n'est pas inutile d'envelopper celle-ci, au point de contact, d'un morceau de vieux tapis, de chiffon quelconque ou de paille à défaut.

Le séjour prolongé des tuteurs dans la terre amène fatalement leur pourriture, au moins dans la partie qui est enterrée, et l'on est ainsi obligé de les remplacer souvent. Pour éviter cet inconvénient, ou du moins, pour les conserver le plus longtemps possible, on se trouve bien d'en tremper le bout apointé dans une solution de sulfate de cuivre à 15 ou 20 p. 100, qu'on laisse sécher pour les retremper une ou deux fois. Le goudron de Norvège rend à peu près le même service. Les vieux praticiens se contentent de brûler le bout à enterrer jusqu'à ce qu'il soit bien calciné superficiellement et un peu au-dessus du niveau du sol, car c'est surtout ce point du tuteur que la pourriture atteint le plus rapidement.

Les liens sont le complément indispensable des tuteurs. On emploie à cet effet diverses substances, selon la force que l'attache doit avoir et aussi selon la

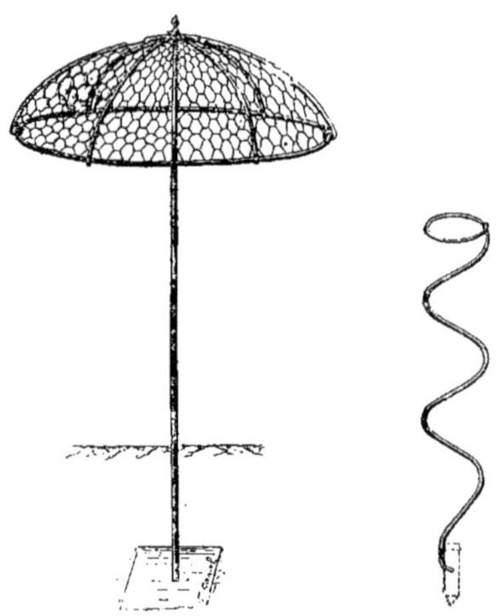

Fig. 363. — Grand tuteur parasol, pour Clématites, Rosiers et autres plantes grimpantes. — Tuteur fer en spirale, pour arbres fruitiers en pots.

force des plantes; cependant, les plus généralement employées sont le **Rafia**, l'**Osier**, le **Jonc**, etc. — Pour les détails concernant ces sortes de liens, V. ces noms et aussi **Attachage**, **Lien** et **Ligature**. (S. M.)

TWEEDIA, Hook. et Arnott. — V. **Oxypetalum**, R. Br.

TYCHIUS QUINQUEMACULATUS. — Coléoptère dont la larve vit, comme la **Bruche** (V. ce nom), avec laquelle il ne faut pas la confondre, dans les graines des Pois et autres *Légumineuses*. A son complet développement, qui arrive pendant l'été, cette larve descend à terre et s'y transforme en nymphe. Elle en sort à l'automne, passe l'hiver cachée dans des crevasses du sol, et au printemps, la femelle se réveille de nouveau et va pondre ses œufs dans les fleurs ou plus exactement dans les ovaires des plantes qu'elle affectionne.

L'insecte parfait mesure environ 5 mm. de long et est de forme allongée-ovale; son rostre est allongé et recourbé. Il est de couleur noire, avec des écailles rouge vif ou jaunes sur le dos et porte une ligne blanche sur le milieu du corselet ainsi qu'une tache blanche et une bordure de même teinte sur le côté interne de chaque élytre; le dessous du corps est blanc pur; les cuisses sont dentées et noires; le reste des pattes et les antennes sont rouge terne.

Cet insecte, autrefois nommé *Curculio*, n'est pas très commun chez nous ni en Angleterre, ce qui est très heureux, car il est difficile à détruire, au moins tant qu'il est enfermé dans les gousses. La suie répandue ntre les lignes de Pois vers la fin de l'été ou en automne rendrait probablement des services pour la destruction des larves qui sont cachées à la surface du sol.

TYDÆA, Dcne. (nom mythologique, dérivé de *Tydeus*, nom du fils d'Œnée, roi de Calydon). FAM. *Gesnéracées*. — Genre de jolies plantes herbacées et de serre chaude aujourd'hui réunies aux **Isoloma**. (V. ce nom.)

T. amabilis, Planch et Lind. — V. **Isoloma amabile**.

TYLACANTHA, Nees et Mart. — V. **Angelonia**, Humb., Bonpl. et Kunth.

TYLENCHUS Tritici. — V. **Nématode**.

TYLOCHILUS, Nees. — V. **Cyrtopodium**, R. Br.

TYLOGLOSSA, Hochst. — V. **Justicia**, Houst.

TYLOPHORA, R. Br. (de *tylos*, renflement, et *phoreo*, porter; allusion probable aux lobes de la coronule). Comprend les *Hybanthera*, Endl. FAM. *Asclépiadées*. — Genre renfermant environ quarante espèces de plantes volubiles ou rarement de sous-arbrisseaux sub-dressés ou d'herbes de serre chaude, habitant l'Afrique tropicale et sub-tropicale, l'Asie et l'Australie, ainsi que la Nouvelle-Zélande et l'île Norfolk. Fleurs petites ou parfois très petites, réunies en cymes ombelliformes ou en grappes courtes; calice profondément quinquéfide ou quinquépartite; corolle à tube court et subrotacé, profondément quinquépartite; à lobes assez larges; coronule à cinq lobes charnus. Feuilles opposées. Les espèces de ce genre ne sont pas très ornementales. Les trois suivantes sont seules dignes d'être décrites; toutes trois sont des arbustes grimpants. Pour leur culture, V. **Hoya**.

T. asthmatica, Wight et Arnott. ANGL. East Indian Ipecacuanha. — *Fl.* vertes, assez grandes, longuement pédicellées; corolle à segments aigus; pédoncules plus courts que les feuilles et portant vers leur sommet deux ou trois ombelles sessiles et pauciflores. Novembre. *Flles* ovales ou presque arrondies, acuminées, souvent cordiformes à la base, glabres en dessus; pétioles arrondis et dépourvus de glandes. *Haut.* 1 m. 50. Indes, 1814. (B. M. Pl. 177; B. M. 1929, sous le nom de *Cynanchum viridiflorum*, Sims.)

T. barbata, R. Br. *Fl.* pourpre terne, peu nombreuses et réunies en une ou rarement deux ombelles; corolle de 2 cent. de large, légèrement barbue à l'intérieur. Juillet. *Flles* à pétioles grêles, ovales ou ovales lancéolées, aiguës, non cordiformes, de 2 1/2 à 5 cent. de long. *Haut.* 3 m. Australie, 1822.

T. grandiflora, R. Br. *Fl.* pourpres, une à trois sur des pédoncules courts et interpétiolaires; corolle de 2 cent. 1/2 de diamètre, à lobes obtus. Juillet. *Flles* à pétioles grêles, ovales ou ovales-lancéolées, à lobes courts et finement acuminés, plus ou moins cordiformes, de 2 1/2 à 5 cent. de long et pubescentes. *Haut.* 3 m. Australie, 1822.

T. oculata, N. E. Br. *Fl.* pourpres réunies en cymes courtes, ombelliformées, de 12 mm. de diamètre. *Flles* oblongues-lancéolées, de 8 cent. de long. Tiges grimpantes. Sierra Leone, 1895.

TYMPANANTHE, Hausskn. — V. **Dictyanthus**, Dcne.

TYPE. — Ce terme s'emploie, en botanique comme en horticulture, pour désigner certaines plantes présentant bien les caractères désirés et qu'on envisage alors comme point de comparaison. Le type d'une famille est l'espèce qui en représente le mieux les caractères et sur laquelle elle a été principalement fondée; le type d'un genre est également l'espèce qui le représente le mieux; enfin, en jardinage, on applique le nom de type aux individus d'une race ou d'une variété qui sont de même les mieux caractérisés ou qui se rapprochent le plus de la forme désirée.

(S. M.)

TYPHA, Linn. (ancien nom grec employé par Théophraste, dérivé de *tiphos*, marais; allusion aux lieux où croissent ces plantes). **Massette**; ANGL. Bullrush, Cat's Tail, Club-rush, Reed Mace. FAM. *Typhacées*. — Genre comprenant environ dix espèces de plantes herbacées, marécageuses, grêles ou robustes, rustiques ou de serre chaude ou tempérée et habitant toutes les régions tropicales et tempérées du globe. Fleurs monoïques, réunies en deux épis superposés, très compacts, cylindriques et espacés ou contigus, nus, enveloppés au début dans une spathe stipitée et très caduque, insérés au sommet d'une longue tige scapigère, dressée, arrondie, nue, simple, grêle ou robuste; partie mâle supérieure et caduque, sauf le rachis, l'inférieure femelle et persistante; les autres caractères sont ceux de la famille. Feuilles radicales, allongées-linéaires, un peu épaisses et spongieuses, fortes, dressées; les caulinaires peu nombreuses et plus courtes.

Les espèces suivantes, seules cultivées, sont aussi celles qui croissent spontanément en France et les deux premières en Angleterre, dans les étangs et les marécages. Elles sont très convenables, le *T. latifolia* surtout, pour orner les pièces d'eau, les lacs, etc., peu profonds et vaseux. On peut les propager par séparation des rhizomes ou par division des touffes, ainsi que par graines que l'on sème en pots et que l'on plonge ensuite dans l'eau, à peine au-dessous de son niveau. Quand les plants sont suffisamment développés, on les transplante en place.

Fig. 364. — TYPHA LATIFOLIA.

T. angustifolia, Linn. Massette à feuilles étroites; ANGL. Small Bullrush. — *Fl.* en épis de 12 à 18 mm. de diamètre; les deux parties séparées par un espace de 12 à 25 mm.; la partie femelle roux châtain, grêle, à poils blancs, épaissis et colorés au sommet. Juillet-août. *Flles* de 6 à 18 mm. de large, vert foncé, non glauques, convexes en dessous, canaliculées en dessus vers la base et presque aiguës au sommet. Plante plus petite et plus grêle dans toutes ses parties que le *T. latifolia*. Europe; France, Angleterre, etc. (Sy. En. B. 1386.)

T. latifolia, Linn. * Massette à larges feuilles. — ANGL. Cat-o'nine-tails; Marsh-Beetle, Reed-Mace, etc. *Fl.* brun foncé, de 15 à 30 cent. de long et 2 cent. 1/2 de diamètre, à partie mâle et femelle contiguës ou à peu près; cette dernière garnie de nombreux poils blancs, soyeux et non épaissis au sommet. Juillet-août. *Flles* distiques, fortes,

2 à 4 cent. de large et 1 à 2 m. de long, linéaires, obtuses, presque planes et un peu glauques. Tige forte, arrondie, de 1 à 2 m. et plus de haut. Europe ; France, Angleterre, etc. (Sy. En. B. 1385.)

T. **minima**, Hoffm. *Fl.* brunes ; épi femelle séparé de l'épi mâle et devenant à la fin globuleux. *Flles* des tiges stériles allongées et étroites ; celles des tiges fertiles plus courtes. *Haut.* 50 à 80 cent. Plante beaucoup plus grêle et plus petite que les précédentes et peu décorative. Europe ; France, etc. — *T. Laxmanni*, Lepech. est, d'après l'*Index Kewensis*, le nom correct de cette plante.

TYPHACÉES. — Petite famille naturelle de végétaux Monocotylédones, ne comprenant qu'environ seize espèces réparties dans les deux genres *Typha* et *Sparganium*, et habitant l'Europe, l'Asie tropicale et tempérée, l'Australie et la partie tempérée de l'Amérique du Nord. Fleurs petites, monoïques ou dioïques par avortement, réunies en têtes ou épis denses, unisexués; périanthe nul ; fleurs mâles une-quatre; étamines réunies par leurs filets et entremêlées de soie ou d'écailles membraneuses ; anthères à deux loges déhiscentes longitudinalement; fleurs femelles sessiles ou longuement pédicellées à la maturité, à ovaire supère, uniloculaire, accompagné de soies ou d'écailles nombreuses. Fruit membraneux ou sub-drupacé, uniloculaire, indéhiscent, sessile ou stipité. Feuilles alternes, linéaires, dressées et émergées ou plus rarement flottantes, engainantes à la base; les caulinaires accompagnant les inflorescences et parfois involucrantes avant la floraison. Tiges cylindriques, noueuses, pleines, simples ou peu ramifiées.

Les Typhacées sont peu utiles; on emploie cependant leurs feuilles à quelques usages secondaires, et au point de vue décoratif, elles n'ont pas non plus une grande valeur. En Australie, les indigènes font une sorte de pain avec le pollen des *Typha*.

TYPHONIUM, Schott. (de *Typhon*, nom d'un géant mythologique; ce nom a aussi été appliqué par les anciens à une certaine Aroïdée). Comprend les *Heterostalis*, Schott. Fam. *Aroïdées*. — Genre renfermant environ treize espèces de plantes herbacées, vivaces, tubéreuses et de serre chaude, habitant l'Asie tropicale, l'Australie et les îles de l'Océan Pacifique. Fleurs monoïques; les mâles et les femelles espacées sur un spadice sessile ou stipité, à appendice variable, souvent stipité, inclus dans une spathe à tube enroulé, accrescent, persistant, rétréci à la gorge et à limbe ovale ou lancéolé, aigu ou acuminé, dressé ou récurvé et caduc; pédoncule ordinairement court. Feuilles paraissant avec les fleurs, sagittées ou hastées, à trois-cinq lobes ou divisions ou pédatiséquées et à pétioles allongés.

Les espèces existant dans les cultures sont décrites ci-après. Elles prospèrent en terre légère et fertile et demandent de copieux arrosements pendant leur période de végétation ; mais, lorsque les feuilles périssent, il faut suspendre les arrosements jusqu'au nouveau départ de la végétation. Les pots contenant les tubercules peuvent alors être placés intacts dans un endroit froid et sec. La multiplication s'effectue par division des tubercules.

T. **Brownii**, Schott.* *Fl.* à partie enroulée de la spathe ovoïde et à limbe de 10 à 12 cent. de long, très large et pourpre foncé à l'intérieur ; épis mâles et femelles d'environ 12 mm. de long et espacés d'environ 2 cent. 1/2 ; hampe plus courte que les pétioles. Avril. *Flles* divisées en trois lobes ou segments étroits ou largement lancéolés ; les latéraux divariqués horizontalement, de 10 à 15 cent. de long ; le médian ordinairement plus long et plus étroit ; pétioles de 15 à 30 cent. de long. Australie, 1875. (B. M. 6180.)

T. **cuspidatum**, Dcne. *Fl.* à tube de la spathe vert, ovoïde ou oblong et à limbe lancéolé ; spadice blanchâtre, plus court ou plus long que le limbe de la spathe, parfois très long, à appendice très courtement stipité, conico-subulé ; pédoncule grêle, ayant à peine un tiers de la longueur des pétioles. *Flles* sagittées ou hastées, oblongues ou à peine cordiformes à la base, trilobées ou tripartites ; pétiole trois ou quatre fois plus long que le limbe. *Haut.* 30 cent. Bengale, Java, etc., 1819. Syn. *Arum flagelliforme*, Roxb. (L. B. C. 396.)

T. **divaricatum**, Dcne. *Fl.* à tube de la spathe oblong-ovoïde et à limbe pourpre foncé, ovale, longuement acuminé ; pédoncule ordinairement court. Juillet. *Flles* cordiformes ou hastées-sagittées, un peu trilobées, à lobe médian ovale ou oblong-ovale, aigu ou acuminé, deux fois aussi long que les lobes latéraux ; ceux-ci ovales ou lancéolés ; pétioles grêles, deux fois aussi longs que le limbe. *Haut.* 60 cent. Indes orientales, 1759. Syn. *T. trilobatum*, Curt. ; *Arum divaricatum*, Linn. ; *A. trilobatum*, Linn. (B. M. 339 ; L. B. C. 516) ; *A. t. auriculatum*, Hort. (B. M. 2324.)

T. **diversifolium**, Wall. **Huegelianum**, Schott. *Fl.* à spathe dressée, de 10 à 18 cent. de long, à limbe d'un beau brun purpurin et velouté à l'intérieur ; réticulé de vert pâle à la base et au sommet ; spadice plus court que la spathe; appendice de 5 à 6 cent. de long, noirâtre ; ovaires pourpres ; stigmates blancs. *Flles* une-deux, de forme très variable, sagittées, hastées ou à cinq lobes ; ceux de la base dirigés supérieurement. Himalaya, 1879. Syn. *Heterostalis Huegeliana*, Schott.

T. **trilobatum**, Shcott. *Fl.* à tube de la spathe oblong et à limbe verdâtre à l'extérieur, rose pourpre à l'intérieur, oblong-ovale, acuminé, quatre fois aussi long que le tube ; spadice à appendice arrondi, conique et courtement stipité ; pédoncule grêle, ayant un tiers de la longueur des pétioles. *Flles* hastées, sub-tripartites, à lobes tous largement ovales, acuminés ; pétioles près de deux fois aussi longs que le limbe. *Haut.* 50 cent. Indes orientales, 1714. Syn. *Arum orixense*, Roxb. (A. B. R. 356 ; B. R. 450 ; L. B. C. 422.)

T. **trilobatum**, Curt. Syn. de *T. divaricatum*, Dcne.

TYTONIA, G. Don. (dédié à Arthur Tyton, qui conserva beaucoup de nos plus anciennes plantes des jardins). Syn. *Hydrocera*, Blume. (nom cependant admis comme correct par les auteurs du *Genera plantarum* et de l'*Index Kewensis*). Fam. *Géraniacées*. — La seule espèce de ce genre est une belle plante aquatique, de serre chaude, aimant une bonne terre franche et fertile et prospérant dans de grands pots ou dans des terrines que l'on place dans les bassins des serres chaudes ou dans d'autres terrines remplies d'eau. On peut la multiplier par graines, que l'on sème au printemps.

T. **natans**, G. Don. Angl. Water Balsam. — *Fl.* très élégamment panachées de rouge, de blanc et de jaune, grandes, irrégulières, à cinq sépales colorés ; pétales cinq, les antérieurs plus grands et concaves ; étamines cinq ; pédoncules axillaires, courts et portant une à trois fleurs. Juillet-septembre. *Flles* alternes et étroites. Asie tropicale, 1810. Syn. *Hydrocera triflora*, Whight et Arnott.

U

UBIQUISTE. — Les botanistes appliquent cette épithète aux plantes qui croissent et qu'on rencontre à peu près partout, telles que le *Poa annua*, le *Mercurialis annua*, l'*Alsine media* (Mouron des oiseaux), le *Senecio vulgaris*, etc. (S. M.)

UCRIANA, Willd. — V. **Tocoyena**, Aubl.

UDORA, Nutt. — V. **Elodea**, Michx.

UGENA, — Réunis aux **Lygodium**, Swartz.

UGNI, Turcz. — Réunis aux **Myrtus**. Linn.

ULEX, Linn. (ancien nom latin appliqué par Pline à quelque autre arbuste analogue; dérivé de *uligo*, marais; allusion à l'habitat de l'*U. nanus*). **Ajonc, Genêt épineux.** Angl. Furze, Gorse, Whin. Comprend

Fig. 365. — Ulex.
Rameau florifère; fleur coupée longitudinalement; androcée séparée; anthères, vues de face et par le dos; gousse entourée à la base du calice persistant et bilabié; graine.

les *Stauracanthus*, Link. Fam. *Légumineuses.* — Genre ne renfermant guère qu'une douzaine de bonnes espèces d'arbustes toujours verts, presque tous rustiques, à ramilles épineuses habitant l'Europe occidentale et le nord-ouest de l'Afrique. Fleurs jaunes, solitaires ou réunies en grappes courtes et pauciflores, à l'aisselle des feuilles bractéales du sommet des ramilles; calice membraneux, coloré, persistant et à deux lèvres libres jusqu'à la base; corolle à peine plus longue que le calice, à pétales courtement onguiculés et à étendard ovale; anthères inégales; bractées deux, petites, insérées sous le calice; gousse renflée, à peine plus longue que le calice. Feuilles linéaires, spinescentes ou réduites à l'état de petites écailles.

Les Ajoncs sont bien plus intéressants pour l'agriculture que pour l'horticulture. A ce dernier point de vue, on ne peut guère les utiliser que pour garnir les parties agrestes des parcs, les rocailles, etc. L'*U. europæus* et l'*U. nanus* sont les plus connus; le premier aime les terres siliceuses et saines, tandis que le dernier croît au contraire dans les endroits humides et tourbeux. Au point de vue agricole, l'*U. europæus* constitue une excellente plante fourragère par ses jeunes tiges que l'on broie avant de les donner aux animaux, tandis que l'*U. nanus* sert surtout de litière. Toutes les espèces se propagent par le semis et au besoin par le bouturage.

U. europæus, Smith. Ajonc commun, Genêt épineux,

Fig. 366. — Ulex europæus. — Ajonc commun.

Lande, Thuie, Bois-jonc, Dorne, etc; Angl. Common, Furze, Gorse, Thorn. Broom, etc. — *Fl.* jaune vif, de 2 cent. de long, odorantes; ailes aussi longues que la carène; calice à lobes couverts extérieurement de poils noirâtres ; bractées ovales, plus larges que le pédicelle. Février-mars et souvent août-septembre. *Flles* petites, à folioles poilues. Epines parfois accompagnées de petites feuilles unifoliolées. Branches et rameaux divariqués. *Haut.* 1 à 2 m. Europe occidentale ; France, Angleterre, etc. (Sy. En. B. 323.) — Il en existe une variété *flore-pleno*, à belles fleurs doubles. On a aussi obtenu des formes *inermes*, qui n'ont cependant pas pu se perpétuer, malgré tout l'intérêt qu'elles présentaient comme plantes fourragères.

U. e. strictus, Hort. * Ajonc pyramidal, A. queue de Renard ; Angl. Irish Furze. — Diffère du type par son port pyramidal et ses branches plus dressées, garnies de nombreuses ramifications courtes et formant la pyramide.

U. Gallii, Planch. *Fl.* jaune orangé, à ailes égalant au moins la carène. Epines primaires rigides, plus longues que celles de l'*U. nanus* et étalées. Branches ascendantes ; France ; littoral de la Manche. (A. S. N. ser. III, XI, 9 ; F. d. S. 441, b. ; Sy. En. B. 324.)

U. genistoides, Brot. Angl. Portuguese Furze. — *Flles* axillaires ou terminales, solitaires, à étendard et carène tomenteux à l'extérieur ; ailes étroites et très étalées. Août. *Flles* petites, squamiformes, épineuses et glabres. Rameaux rigides et décussés. *Haut.* 30 cent. à 1 m. Région méditerranéenne, 1823. Demi-rustique. (B. R. 1452.) Syn. *Stauracanthus aphyllus*, Link.

U. nanus, Forst. Ajonc nain, Thuie fine ; Angl. Cat Whin, Tam Furze. — *Fl.* jaune clair, veinées de rouge sur l'étendard, petites, de 12 mm. de long, mieux réunies en grappes que chez l'*U. europæus* ; carène courbée et plus longue que les ailes ; calice couvert d'une pubescence apprimée et couvrant toute la gousse ; bractées plus étroites que le pédicelle. Juillet-novembre. *Gousse* persistant jusqu'à la saison suivante. Epines de 1 1/2 à 4 cent. de long. Tiges de 30 cent. à 1 m. de haut, à branches pendantes. Angleterre, Belgique, France, etc.

ULIGINEUX, ULIGINOSUS ; Angl. Uliginose. — Se dit et s'applique parfois comme nom spécifique aux plantes qui croissent dans les marais.

ULLOA, Pers. — V. **Juanulloa**, Ruiz et Pav.

ULLUCUS, Lozano. (de *Ulluco*, le nom vulgaire à Quito). **Olluco**. Syn. *Melloca*, Lindl. Fam. *Chénopodiacées*. — La seule espèce de ce genre est une plante herbacée, demi-rustique, à tige anguleuse, charnue, retombante et alors radicante ou volubile et à rhizomes ou coulants rampants, émettant bientôt des tubercules arrondis, très lisses et jaune vif. On cultive beaucoup cette plante dans la Bolivie et le Pérou pour l'usage culinaire de ses petits tubercules. On l'a introduite en Europe et essayée sans succès comme succédané de la Pomme de terre. Elle prospère en toute terre légère et se multiplie par ses tubercules.

U. tuberosus, Lozano. *Fl.* verdâtres, petites, réunies en grandes grappes axillaires et lâches ; périanthe rotacé, à cinq divisions et à tube très court ; pédicelles pourvus à la base de bractées lancéolées et persistantes et sous la fleur de bractéoles très apparentes. Juin. *Flles* alternes, à pétioles épaissis et à limbe arrondi-cordiforme, aigu et entier. Tige radicante, ramifiée, à rhizomes produisant des tubercules arrondis, jaunes, de la grosseur d'une noix et comestibles. *Haut.* 30 cent. Andes de l'Amérique du Sud, 1846. (B. M. 4617 ; G. C. n. s. ; XXIII, p. 216 ; L. J. F. 221.)

ULMARIA, Mœnch. — Réunis aux **Spiræa**, Linn.

ULMAIRE. — V. **Spiræa Ulmaria**.

ULMÉES. — Tribu des **Urticacées**.

ULMUS, Linn. (ancien nom latin employé par Virgile et d'autres auteurs). **Orme** ; Angl. Elm. Fam. *Urticacées*. — Genre important, comprenant environ seize espèces d'arbres rustiques, inermes et à feuilles caduques, largement dispersés dans les régions tempérées de l'hémisphère septentrionale et s'étendant jusqu'aux montagnes de l'Asie tropicale. Fleurs paraissant avant les feuilles, polygames, mais plus souvent hermaphrodites fasciculées sur les rameaux, à périanthe marcescent, turbiné ou campanulé, découpé en quatre-neuf, mais plus souvent cinq lobes égaux et imbriqués ; étamines également quatre à huit, mais plus souvent cinq, à filets grêles, insérés à la base du périanthe, dressés et à la fin exserts et à anthères introrses et biloculaires ; ovaire comprimé et à deux loges uniovulées ; styles deux, divergents. Le fruit (samare) est sec, indéhiscent, monosperme et bordé d'une grande aile membraneuse, réticulée et échancrée au sommet. Feuilles alternes, distiques, dentées en scie, penniveinées, caduques ou sub-persistantes et accompagnées de stipules très caduques. Ecorce du tronc et des branches principales souvent épaisse, très crevassée et tubéreuse.

Les Ormes sont de beaux arbres forestiers et d'avenue, très fréquemment cultivés dans les parcs et les villes. Ils croissent assez rapidement, supportent facilement l'air vicié des villes et leur bois acquiert avec l'âge une belle teinte rougeâtre et s'emploie dans l'industrie. On considère que les Ormes atteignent leur complet développement à environ 150 ans, mais ils vivent beaucoup plus longtemps : on en connaît qui ont quatre fois cet âge. Ils étaient beaucoup estimés des anciens, non seulement pour leurs feuilles, qu'ils recueillaient comme fourrage pour les animaux, mais ils utilisaient aussi ces arbres comme soutien pour la Vigne.

L'*Ulmus campestris* ou Orme commun croît plus rapidement dans les terres légères et fertiles, mais son bois est alors relativement léger et poreux en comparaison de celui des sujets qui sont plantés dans les terres fortes, où il est alors bien plus compact, plus fort et le cœur acquiert presque la couleur et la dureté du fer.

L'*U. montana* aime les bonnes terres franches et fertiles, mais son bois n'acquiert aussi toute sa valeur que lorsqu'il croît dans les endroits secs et rocheux.

L'*U. americana* se plaît au contraire dans les endroits bas et humides, mais son bois est bien inférieur à celui de l'Orme commun.

Sous le nom d'*Orme Dumont*, on emploie beaucoup maintenant en Belgique et en France, pour la plantation des avenues dans les villes, une variété d'Orme très vigoureuse et à végétation régulière et rapide.

Pour de plus amples détails, la culture et la multiplication des diverses espèces et variétés d'Ormes décrites ci-après, V. **Orme**.

U. alata, Michx. Angl. Wahoo ou Winged Elm. — *Fl.* à pédicelles ou pédoncules grêles, pendants et articulés ; segments du périanthe obovales. *Fr.* obovales ou ovales, duveteux sur la face, au moins quand ils sont jeunes et à bords frangés-ciliés. *Flles* ovales-oblongues ou oblongues-lancéolées, aiguës, un peu épaisses, de 2 1/2 à 6 cent. de long, lisses ou à peu près en dessus et duveteuses en dessous. Rameaux (au moins quelques-uns) à écorce subéreuse et ailée et à ramilles et bourgeons presque glabres. *Haut.* 10 à 13 m. Amérique du Nord, 1820.

U. americana, Linn. Orme d'Amérique, Orme commun à larges feuilles ; Angl. American ou White Elm. — *Fl.*

réunies en glomérules compacts et rapprochés, grêles, et articulés au-dessus du milieu; périanthe à sept-neuf lobes. *Fr.* ovale ou elliptique, glabre, sauf sur les bords et 12 mm. de long. *Flles* obovales-oblongues ou ovales, brusquement aiguës, finement et souvent doublement dentées, de 5 à 10 cent. de long; glabres ou à peu près en dessus, mollement pubescentes ou bientôt glabres en dessous. Rameaux non subéreux; ramilles et bourgeons glabres. *Haut.* 25 à 30 m. Amérique du Nord, 1752. Bel arbre ornemental. (T. S. M. p. 322.)

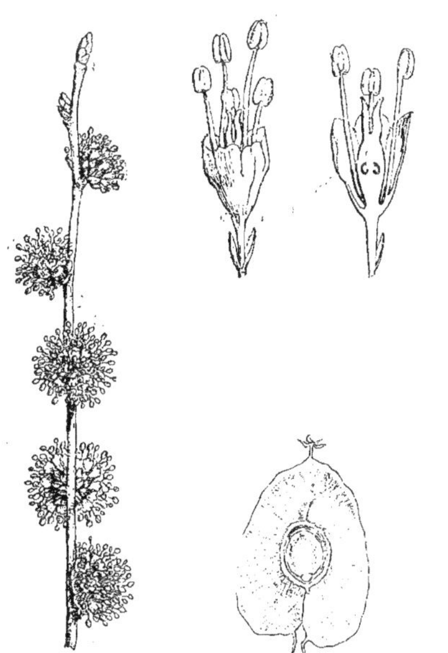

Fig. 367. — ULMUS CAMPESTRIS. — Rameau florifère; fleurs, entière et coupée longitudinalement; fruit.

U. campestris, Linn. * Orme commun, Ormeau; ANGL. Alme, Aume-tree Common Elm. — *Fl.* à périanthe plus petit que celui de l'*U. montana*, très courtement pédicellées; étamines souvent quatre. *Fr.* ordinairement obovales, glabres et profondément échancrés au sommet, à graine placée immédiatement au-dessous de l'échancrure. *Flles* de 5 à 8 cent. de long, ovales-elliptiques, moins longuement cuspidées que dans l'*U. montana*, obliques et souvent étroites à la base, doublement dentées, scabres en dessus et pubescentes ou presque glabres en dessous. Tronc atteignant 6 m. de haut, à écorce rugueuse; racines superficielles, émettant de nombreux rejets. *Haut.* 40 m. Syn. *U. carpinifolia*, Borkh. — Les *U. glabra* et *U. suberosa* ne sont considérés par Hooker et d'autres auteurs que comme des variétés de cette espèce, mais au point de vue horticole, ils sont maintenus séparés dans cet ouvrage. Il en existe un très grand nombre de variétés, notamment les suivantes :

U. c. acutifolia, Hort. *Flles* des spécimens âgés plus rétrécis et à branches plus pendantes que dans l'*U. c. alba*, auquel cette variété ressemble par ses autres caractères.

U. c. antarctica, Hort. Élégante forme à petites feuilles ressemblant un peu à l'*U. c. viminalis*. — Le nom de cette variété est mal approprié, car il n'existe pas d'Orme dans l'hémisphère austral.

U. c. aurea, Hort. C'est une des formes d'Ormes les plus recommandables parmi les variétés d'ornement; son feuillage est comme celui de l'*U. c. antarctica*, mais d'une belle teinte bronze doré uniforme. (B. H. 1866, 19; I. H. 513.) Syn. *U. Roseelsii*, Hort.

U. c. Berardi, Carr. Très jolie et distincte forme un peu dressée, à feuilles petites et un peu rigides. Elle a été obtenue de semis par MM. Simon Louis frères, à Plantières-les-Metz.

U. c. betulæfolia, Lodd. *Flles* ressemblant un peu à celles du Bouleau commun.

U. c. chinensis, Hort. Arbuste nain et assez délicat.

U. c. concavæfolia, Hort. Variété à peine distincte de l'*U. c. cucullata*.

U. c. cornubiensis, Hort. Orme d'Oxford; ANGL. Cornish Elm. — *Flles* petites, fortement veinées et coriaces. Rameaux brun vif, lisses, un peu flexueux quand ils sont jeunes, très compacts et devenant dressés avec l'âge. « Cette variété est, sous le climat de Londres, de quinze jours plus tardive que l'Orme commun à se couvrir de feuilles; elle en diffère ainsi que de toutes les autres variétés, par l'écorce des vieux sujets qui ne s'écaille jamais, mais se déchire séparément, laissant alors voir sa constitution fibreuse, analogue à celle du Châtaignier, ce qui permet de le distinguer rapidement. Il existe plusieurs beaux exemplaires de cette variété dans les jardins de Kensington, à Londres (Loudon).

U. c. crispa, Hort. *Flles* crépues.

U. c. cucullata, Hort. *Flles* curieusement courbées, un peu en forme de capuchon, c'est-à-dire cucullées.

U. c. Dumontii, Hort. Orme Dumont. — Arbre très vigoureux, à tige très droite, recouverte d'une écorce lisse et grisâtre, à rameaux de grosseur moyenne, semi-érigés, formant une cime très élancée et prenant d'elle-même une forme pyramidale; ses feuilles sont de moyenne grandeur; le bois est très dur et de première qualité. Trouvé à Tournay, vers 1865, par M. Dumont.

U. c. foliis-variegatis, Hort. *Flles* striées de blanc. Arbre très ornemental au printemps.

U. c. latifolia, Hort. *Flles* plus larges que dans le type et se développant au printemps.

U. c. Modiolina, Hort. Syn. de *U. c. tortuosa*, Hort. Dum. Cours.

U. c. nana, Bork. Variété très distincte, que l'on dit ne pas atteindre plus de 60 cent. en dix à douze ans.

U. c. parvifolia, Hort. Variété très commune dans tous les bois du sud de la Russie et dont la hauteur varie, selon le sol et le climat, depuis celle d'un arbre moyen jusqu'à un petit arbuste.

U. c. planifolia, Hort. Beau petit arbre ressemblant beaucoup à l'*U. c. parvifolia*.

U. c. rotundifolia, Hort. Forme caractérisée par ses feuilles arrondies-ovales et sub-orbiculaires.

U. c. sarniensis, Hort, ANGL. Jersey Elm. — Variété vigoureuse et différant peu du type,

U. c. stricta, Hort. Ormille; ANGL. Red English Elm. — C'est un des meilleurs arbres de fût, appartenant au groupe des petites feuilles; ses pousses sont très rigides. Le bois est d'excellente qualité et forme des pieux de dimension égale sur toute leur longueur.

U. c. tortuosa, Hort. Orme tortillard; ANGL. Twisted Elm. — *Flles* larges et arrondies. Fibres du bois contournées. La partie tortueuse de son tronc est précieuse pour faire des moyeux de roues. C'est le seul Orme qui s'enracine facilement de boutures. Syn. *U. Modiolina*, Dum. Cours.

U. c. umbraculifera, Hort. Forme compacte, formant

de lui-même une cime dense, en forme de parasol, rappelant l'Acacia boule et à rameaux fins et nombreux.

U. c. viminalis, Hort. *Flles* petites. Branches nombreuses, grêles et effilées. Variété très distincte et élégante.

U. c. virens, Hort. ANGL. Kidbrook Elm. — « Arbre à feuilles presque persistantes pendant les hivers doux, et en cet état, c'est le plus ornemental du groupe. On ne peut pas cependant le considérer comme un arbre de fût, parce que pendant certains hivers les pousses sont détruites par les froids. L'écorce est rouge et la cime de l'arbre étalée. Comme l'*U. c. stricta*, il croît bien sur le calcaire. » (Loudon.)

U. carpinifolia, Borkh. Syn. de *U. campestris*, Linn.

U. effusa, Welld. Syn. de *U. pedunculata*, Fouger.

U. fulva, Michx. Orme rouge; ANGL. Slippery ou Red Elm. — *Fl.* presque sessiles, à segments du périanthe et étamines au nombre de huit à neuf. *Fr.* orbiculaire, de 20 à 22 mm. de diamètre, non cilié et à cellules pubescentes. *Flles* ovales-oblongues, acuminées, doublement dentées en scie, de 10 à 20 cent. de long, très rudes en dessus, mollement pubescentes en dessous et légèrement rudes à rebours, devenant odorantes en se séchant. Ramilles duveteuses; bourgeons couverts avant leur épanouissement de poils roussâtres et mollement duveteux. Amérique du Nord. — Arbre petit ou de taille moyenne, à bois dur et rougeâtre, avec l'écorce interne très mucilagineuse. (B. M. Pl. 233; T. S. M. 334.) Syn. *U. rubra*, Michx.

U. glabra, Mill. ANGL. Wych Elm. — *Fl.* presque sessiles, à cinq divisions. *Fr.* obovales, nus, profondément échancrés et plus petits que ceux de la plupart des autres espèces. *Flles* elliptiques-oblongues, doublement dentées en scie, glabres, très inégales à la base et non allongées au sommet. *Haut.* 20 à 25 m. Europe, Angleterre, etc. (Sy. En. B. 1286, sous le nom de *U. suberosa glabra*, Hort.)

U. g. glandulosa, Hort. *Flles* très glanduleuses en dessous.

U. g. latifolia, Hort. *Flles* oblongues, aiguës et très larges.

U. g. major, Hort. ANGL. Canterbury Seedling Elm. — Forme plus vigoureuse que le type.

U. g. microphylla, Hort. *Flles* petites.

U. g. pendula, Hort. Downton Elm. — Variété pendante.

U. g. variegata, Hort. *Flles* panachées.

U. g. vegeta, Hort. * ANGL. Chichester ou Hulingdon Elm. — C'est la variété d'Orme la plus vigoureuse, cultivée dans les pépinières anglaises, ses rameaux atteignent souvent 2 à 3 m. en une seule saison. L'arbre peut atteindre 10 mètres en dix ans à dater de la greffe.

U. major, Smith. Variété de l'*U. montana*, With.

U. modiolina, Dum. Cours. Syn. de *U. c. tortuosa*, Hort.

U. montana, With. * Orme à larges feuilles; ANGL. Scotch ou Wych Elm. — *Fl.* courtement pédicellées et à cinq-sept divisions; étamines cinq-six. *Fr.* oblongs ou presque ronds, glabres et légèrement échancrés; à graine éloignée de l'échancrure, placé au-dessous du milieu du fruit. *Flles* de 8 à 15 cent. de long et souvent 8 cent. de diamètre, doublement ou triplement dentées en scie, cuspidées, inégalement arrondies ou cordiformes à la base, rudes en dessus, pubescentes ou presque glabres en dessous. Rameaux allongés et étalés, velus quand ils sont jeunes. *Haut.* 25 à 35 m. Europe; France, Angleterre, etc.; Sibérie. (Sy. En. B. 1287.) — La plupart des variétés suivantes constituent de beaux arbres distincts et bien dignes d'être cultivés pour l'ornement ou l'exploitation.

U. m. cebennensis, Audib. Variété à port étalé, mais bien moins vigoureuse que le type.

U. m. crispa, Hort. *Flles* crispées, fortement plissées-rugueuses, irrégulièrement incisées-pinnatifides. Plante grêle et touffue. S. *U. urticæfolia*, Audib.

U. c. fastigiata, Hort. Orme pyramidal; ANGL. Exeter ou Ford's Elm. — *Flles* particulièrement tordues, très rudes, à nervures pinnées, entourant un côté des rameaux et conservant leur teinte verte jusqu'à ce qu'elles tombent. Variété pyramidale et très remarquable.

U. m. major, Smith. *Flles* tombant presque un mois plus tôt que celles de l'*U. m. minor*. Cet arbre est dressé, vigoureux, peu ramifié et son port s'approche, à certains états, de celui du type, mais il est plus graduellement rétréci.

U. m. minor, Hort. Comparé avec l'*U. m. major*, cette variété est plus ramifiée et plus étalée, plus basse et à rameaux plus effilés et plus fortement feuillus.

U. m. nigra, Hort. ANGL. Black Irish Elm. — Arbre étalé, ayant le port du type normal, mais à feuilles plus étalées.

U. m. pendula, Lodd. Orme pleureur. — « Arbre magnifique et très caractérisé, développant généralement ses branches d'un seul côté en éventail et les étalant parfois horizontalement, tandis que chez d'autres individus, elles pendent presque perpendiculairement, de sorte que la cime de l'arbre prend un grand nombre de formes. » (Loudon.)

U. m. rugosa, Lodd. Arbre à écorce rougeâtre, se fendant en morceaux courts, réguliers, comme ceux de l'*Acer campestre*.

U. parvifolia, Jacq. Orme de la Chine. — *Fl.* courtement pédicellées, à périanthe à quatre-cinq divisions. *Fr.* petit et cilié. *Flles* petites, étroitement lancéolées, obliques à la base, légèrement aiguës ou à peine acuminées au sommet, simplement dentées en scie; les adultes coriaces, très glabres ou à nervure médiane et face inférieure portant des poils épars. Rameaux effilés et souvent arqués-défléchis. Chine et Japon. Arbuste moyen ou petit, selon la nature du sol dans lequel il croît. Syn. *Microptelea parvifolia*, Spach.

U. pedunculata, Fouger. *Fl.* à périanthe oblique; étamines six à neuf, souvent huit, courtement exsertes; pédicelles grêles, allongés et articulés; inflorescences pendantes. *Fr.* glabres, sauf sur les bords où ils sont fortement ciliés. *Flles* ovales ou obovales, acuminées, profondément et doublement dentées en scie, légèrement membraneuses et mollement pubescentes en dessous. *Haut.* 15 à 18 m. Europe, 1800. Syn. *U. effusa*, Willd.

U. pumila, Linn. *Fl.* petites, très courtement pédicellées et réunies par cinq-sept, à quatre-cinq lobes obtus et non ciliés. *Fr.* petits, obovales, inégaux à la base et courtement émarginés au sommet. *Flles* petites, ovales-lancéolées, simplement dentées en scie, visqueuses quand elles sont jeunes, puis à peu près glabres, d'environ 3 cent. de long. Arbrisseau à rameaux grêles et à écorce grise. Sibérie.

U. Roseelsii, Hort. Syn. de *U. campestris aurea*, Hort.

U. rubra, Michx. Syn. de *U. fulva*, Michx.

U. suberosa, Mœnch. Orme liège, O. subéreux; ANGL. Cork-barked Elm. — *Fl.* pédicellées et à quatre-cinq divisions. *Fr.* presque orbiculaires, profondément échancrés et glabres. *Flles* plus petites que dans le type, aiguës, rudes, doublement et finement dentées en scie. Branches étalées, à écorce garnie d'ailes ou crêtes de nature subéreuse. *Haut.* 20 à 30 m. et souvent arbuste buissonnant. Europe; France, Angleterre, etc. Selon Hooker et d'autres auteurs, ce n'est qu'une forme de l'*U. campestris*. (Sy. En. B. 1285.)

U. s. erecta, Hort. Arbre à cime élevée, étroite, ressemblant à celle de l'*U. c. cornubiensis*, mais en différant par ses feuilles beaucoup plus larges et par son écorce subéreuse.

U. s. foliis variegatis, Hort. Cette variété ne se distingue du type que par ses feuilles panachées.

U. urticæfolia, Hort. Syn. de *U. montana crispa*, Hort.

ULOSTOMA, D. Don. — V. **Gentiana**, Tournf.

ULUXIA, Juss. — V. **Columellia**, Ruiz et Pav.

UMBELLULARIA, Nutt. (diminutif de *umbella*, ombelle; allusion à la forme de l'inflorescence). SYNS. *Drimophyllum*, Nutt. FAM. *Laurinées*. — Petit genre comprenant aujourd'hui deux espèces américaines. La suivante, seule introduite dans les jardins, est un grand arbre toujours vert ou un arbuste (sur les montagnes) émettant une forte odeur de camphre. Pour sa culture, V. **Laurus**.

U. californica, Nutt. ANGL. Californian Sassafras. — *Fl.* jaune-verdâtre, courtement pédicellées et réunies en ombelles glabres ou incanes-pubescentes; périanthe à tube très court et à limbe à six segments; involucres pédonculés, solitaires à l'aisselle des feuilles supérieures ou fasciculés au sommet des rameaux et très caducs. Juin. *Flles* alternes, très odorantes, oblongues-lancéolées, légèrement rétrécies aux deux extrémités, de 5 à 11 cent. de long, penniveinées et singulièrement réticulées. Ramilles effilées, grêles et presque toutes glabres. *Haut.* parfois jusqu'à 30 m. Californie, 1862. Syn. *Ocotea californica*, Hort.; *Oreodaphne californica*, Nees.

UMBILICUS, DC. — Réunis aux **Cotyledons**.

UMBILICUS pendulinus, DC. — V. **Cotyledon Umbilicus**.

UMBO. — Proéminence arrondie et mucronée, c'est-à-dire terminée au centre en pointe saillante, comme le milieu de certains boucliers anciens. Ex.: le chapeau de divers Champignons du groupe Agaric.

UMBONÉ; ANGL. Umbonate. — Qui est pourvu d'un mucron central ou umbo.

UMBRACULIFÈRE, UMBRACULIFORME. — En forme d'ombrelle ou de parapluie.

UNANUEA, Ruiz et Pav. — V. **Stemodia**, Linn.

UNCARIA, Schreb. (de *uncus*, crochet; les anciens pétioles sont transformés en épines crochues). SYNS. *Agylophora*, Neck. et *Ourouparia*, Aubl. FAM. *Rubiacées*. — Genre comprenant environ trente-cinq espèces d'arbustes grimpants et de serre chaude, habitant toutes les régions tropicales de l'Asie, sauf une qui croît en Afrique et une autre en Amérique. Fleurs jaunâtres, réunies en bouquets axillaires et pédonculés, solitaires ou paniculés; calice à tube fusiforme et à limbe à cinq lobes ou divisions; corolle à tube allongé, en entonnoir et à limbe à cinq lobes valvaires; étamines cinq, insérées sur la gorge de la corolle qui est glabre; pédoncules souvent dépourvus d'inflorescence par avortement de celle-ci et alors transformés en vrilles crochues. Feuilles opposées, courtement pétiolées, à stipules entières ou bifides.

L'espèce suivante, seule digne d'être décrite ici, prospère dans un compost de terre franche, de terre de bruyère et de sable. Sa multiplication peut s'effectuer par boutures que l'on fait à chaud, dans du sable et sous cloches.

U. Gambier, Roxb. Gambier; ANGL. Gambier, Catechu. — *Fl.* pédicellées, à calice tomenteux; corolle de 12 mm. de long; pédoncules tous axillaires, pourvus de bractées au milieu, ayant rarement plus de 2 cent. 1/2 de long. Mai. *Flles* ovales ou ovales-lancéolées, rétrécies supérieurement en queue courte ou acuminées, 10 à 12 cent. de long, coriaces, glabres. *Haut.* 3 m. Indes, 1825. — Le Gambier du commerce est extrait de cette espèce. (B. M. Pl. 139.)

UNCARIA, Burch. — V. **Harpagophytum**, DC.

UNCIFERA, Lindl. (de *uncus*, crochet, et *fero*, porter; allusion aux appendices crochus après lesquels les masses polliniques sont accrochées). FAM. *Orchidées*. — Petit genre ne comprenant que trois espèces d'Orchidées épiphytes, de serre chaude, habitant les monts Khasya. Fleurs un peu petites ou moyennes, très courtement pédicellées et réunies en grappes spiciformes, denses et latérales; sépales sub-égaux et libres; pétales semblables ou un peu plus petits; labelle inséré à la base de la colonne et prolongé inférieurement en un éperon assez long et arqué; lobes latéraux petits; le médian entier ou légèrement trilobé; masses polliniques deux. Feuilles distiques; gaines persistantes, garnissant la tige.

L'espèce suivante, seule introduite, est une plante d'intérêt botanique, prospérant sur une bûche ou dans un panier.

U. heteroglossa, Rchb. f. *Fl.* blanches (?), à sépales et pétales oblongs, obtus; labelle concave, à bord antérieur épaissi; éperon ascendant et crochu; grappe un peu courte, pâle, fortement ponctuée de rouge. Monts Khasya, 1878.

UNCINÉ, UNCIFORME; ANGL. Uncinate. — Se dit des organes, tels que les aiguillons et les épines lorsqu'ils sont recourbés et crochus au sommet.

UNEDO, Hoffmsg. — V. **Arbutus**, Linn.

UNGNADIA, Endl. (dédié au baron von Ungnad, l'introducteur du Marronnier d'Inde). FAM. *Sapindacées*. — La seule espèce de ce genre est un arbuste

Fig. 369. — UNGNADIA SPECIOSA.

ou un petit arbre voisin des *Pavia*. On le cultive de préférence en plein air pendant l'été, mais il lui faut la serre froide ou l'orangerie pendant l'hiver. Presque toute terre lui convient et on le multiplie par marcottes ou par semis de graines importées.

U. speciosa, Endl. *Fl.* rose vif, polygames, réunies en faisceaux ou corymbes latéraux ou agrégés; calice subégal, à quatre ou cinq divisions; pétales quatre ou cinq, sub-égaux, à onglets portant au sommet des crêtes soudées; étamines sept à dix. Juin. *Flles* alternes, dépourvues de stipules, imparipennées, à six ou sept paires de folioles de 10 cent. de long, très courtement pétiolulées, ovales-lancéolées, obtuses et acuminées; la terminale longuement pétiolulée. Texas, 1850. (F. d. S. 1059.)

UNGUACHA, Hochst. — V. **Strychnos**, Linn.

UNI. — Préfixe signifiant *un*. Ex. suivants :

UNIFLORE. — A une seule fleur.

UNIJUGUÉ. — A une seule paire de folioles.

UNILABIÉ. — A une seule lèvre.

UNILATÉRAL; Angl. Secund. — Tourné d'un seul côté, comme cela s'observe fréquemment chez les fleurs d'une inflorescence, les feuilles d'un rameau, les rameaux d'une branche, etc.

UNILOCULAIRE. — A une seule tige.

UNIOVULÉ. — A ovaire ou à loges ne renfermant qu'un seul ovule.

UNISEXUÉ, UNISEXUEL. — Se dit des plantes et des fleurs d'un seul sexe; c'est-à-dire mâle ou femelle.

UNIOLA Linn. (de *unus*, un; allusion à la soudure des glumes). Angl. Spike Grass. Syns. *Chasmanthium*, Link. et *Trisiola*, Raf. Fam. *Graminées*. — Petit genre comprenant environ une demi-douzaine d'espèces de Graminées vivaces, rustiques ou demi-rustiques et habitant l'Amérique du Nord. Epillets multiflores, très plats et à deux angles aigus, formant par leur réunion une panicule parfois allongée, parfois ample, lâche ou dense; glumes lancéolées, fortement comprimées; étamines trois. Feuilles planes ou enroulées, parfois assez larges.

Fig. 370. — Uniola latifolia.

Les deux premières espèces sont les plus connues, mais la première est seule cultivée et susceptible de prospérer dans les jardins; elle y fait très bon effet par son feuillage ample et ses inflorescences. On sème ses graines au printemps, en pépinière, puis on repique les plants dans un terrain meuble, fertile et bien exposé. L'*U. paniculata* donne de grandes et belles panicules qu'on emploie dans le commerce pour la confection des bouquets perpétuels, mais il n'est sans doute cultivé que dans les collections botaniques.

U. latifolia, Michx. *Fl.* toutes, sauf l'inférieure, parfaites et monandres, à glumelles aiguës et ciliées sur la carène; épillets à la fin oblongs, de 4 à 5 cent. de long, longuement pédicellés et penchés ou pendant et formant une panicule lâche. Août. *Flles* ayant près de 2 cent. 1/2 de large, planes. Chaumes de 60 cent. à 1 m. 20 de haut. Amérique du Nord. (B. H. VII, p. 192.)

U. paniculata, Linn. *Fl.* inférieures stériles; les supérieures fertiles, à trois étamines; épillets ovales, glabres, de 4 à 5 cent. de long, un peu obtus, courtement pédicellés et formant par leur réunion une panicule allongée. *Flles* étroites et enroulées quand elles sont sèches. Chaumes forts et allongés. *Haut.* 1 m. 20 à 2 m. 50. Amérique du Nord.

U. Palmeri, Vasey. *Fl.* dioïques; celles de la plante staminée à épillets composés de sept à neuf fleurs et réunis en panicule de 15 à 20 cent. de long, à rameaux géminés ou ternés; panicule de la plante fertile plus dense, de 10 à 15 cent. de long et à rameaux presque sessiles. *Flles* dressées, enroulées, rétrécies supérieurement en longue pointe piquante. Tiges ou chaumes forts comme une canne, rigides, de 60 cent. à 1 m. 20 de haut, et feuillus jusqu'au sommet. Rivière du Colorado; Amérique du Nord. (G. et F. 1889. 401.)

UNISEMA, Raf. — V. **Pontederia**, Linn.

UNONA, Linn. f. (modification probable de *Anona*, nom d'un genre voisin). Fam. *Anonacées*. — Genre important comprenant environ vingt-cinq espèces d'arbres ou arbustes grimpants et de serre chaude, dont une demi-douzaine environ habite l'Afrique et les autres l'Asie tropicale et l'Australie. Fleurs presque toutes solitaires, axillaires ou extra-axillaires, assez grandes, à trois sépales valvaires; pétales six, valvaires ou ouverts pendant la préfloraison et bisériés; étamines nombreuses, tétragones-cunéiformes. Fruits carpellaires, secs, indéhiscents, ovales ou oblongs et mono- ou polyspermes. Feuilles alternes, entières et dépourvues de stipules. Plusieurs espèces ont été introduites dans les cultures, mais elles en sont sans doute disparues ou peut-être quelques-unes sont-elles reléguées dans les collections botaniques.

U. esculenta, Dun. — V. **Artabotrys odoratissima**.

UPAS. — V. **Antiaris toxicaria**.

URALEPIS, Spreng. — V. **Triodia**, R. Br.

URALEPSIS, Nutt. — V. **Triodia**, R. Br.

URANANTHUS, Benth. — V. **Eustoma**, Salisb.

URANIA, Schreb. — V. **Ravenala**, Adans.

URANIA speciosa, Willd. — V. **Ravenala madagascariensis**.

URANTHERA, Naud. — **Acisanthera**, P. Browne.

URARIA, Desv. (de *oura*, queue; allusion aux bractées). Syn. *Doodia*, Roxb. Fam. *Légumineuses*. — Genre comprenant environ huit espèces de plantes vivaces, suffrutescentes et de serre chaude, habitant l'Asie tropicale, l'Afrique et l'Australie. Fleurs très nombreuses, petites et réunies en grappes; calice à tube très court, à cinq dents; les deux supérieures courtes; les trois inférieures ordinairement allongées; étendard ample, ailes adhérant à la carène; celle-ci obtuse; étamines diadelphes. Feuilles à une-neuf folioles pourvues de stipelles.

Plusieurs espèces ont été introduites dans les cultures, mais la plupart en sont sans doute disparues. Les deux suivantes prospèrent dans un compost de terre franche, de terre de bruyère et de sable. On peut les multiplier par boutures que l'on fait dans du sable, sous cloches et à chaud.

U. crinita, Desv. *Fl.* rose purpurin, de 6 mm. de long, réunies en grappes denses et dressées, de 30 cent. de long; bractées roses et apparentes. Juillet. *Flles* supérieures à trois-sept folioles oblongues, sub-coriaces, vertes et lisses en dessus, plus pâles et réticulées-veinées en dessous, de 10 à 15 cent. de long et 4 à 5 cent. de large, arrondies à la base. *Haut.* 1 à 2 m. Indes et Chine. Plante vivace et dressée. (B. M. 7377.)

U. picta, Desv. *Fl.* pourpres, à corolle légèrement exserte; grappes denses, cylindriques, de 15 à 30 cent. de long. Juillet. *Flles* à quatre-six folioles, rarement neuf, linéaires, rigides, sub-coriaces, glabres en dessus, finement pubescentes en dessous. Tiges robustes et finement duveteuses. *Haut.* 1 à 2 m. Himalaya, Iles Philippines, etc., 1788.

URCEOCHARIS, Masters. (nom composé de *Urceolaria* et *Eucharis;* allusion à l'origine de la plante). Fam. *Amaryllidées.* — Nouveau genre créé pour l'hybride décrit ci-après, aussi beau qu'intéressant par son origine bigénérique et dû à M. Clibran, d'Angleterre. Pour sa culture probable, V. **Eucharis**.

U. Clibrani, Masters. *Fl.* blanches, pédicellées, dressées ou étalées, réunies en ombelle multiflore au sommet d'une hampe ascendante; périanthe d'environ 6 cent. de long, à tube très grêle, souvent arqué, puis brusquement dilaté en six lobes sub-égaux, ovales, légèrement aigus, connivents inférieurement, puis étalés au sommet; étamines six, insérés à la gorge du tube, à filets pourvus à la base d'appendices longuement linéaires et pétaloïdes; anthères appauvries; ovaire à trois loges profondément séparées à l'extérieur. *Flles* larges et amples, comme dans les *Eucharis* Hybrides des *Urceolina pendula* et *Eucharis grandiflora*. 1892. (G. C. 1892, part. II, f. 36.) (S. M.)

URCEOLARIA, Cothen. — V. **Schradera**, Vahl.

URCEOLARIA, Herb. — V. **Urceolina**, Rchb.

URCÉOLÉ; Angl. Urceolate. — Se dit des organes, tels que les calices, les corolles, rétrécis au-dessous de la gorge, puis élargis en forme d'urne.

URCEOLINA, Rchb. (de *urceolus*, petite urne; allusion à la forme du périanthe). Comprend les *Collania*, Schult. et *Urceolaria*, Herb. Syns. *Leperiza*, Herb. (*pr. parte*); *Pentlandia*, Herb et *Sphærotele*, Link. Fam. *Amaryllidées.* — Petit genre ne renfermant que trois espèces de plantes bulbeuses, de serre froide, habitant les Andes de l'Amérique du Sud. Fleurs jaunes ou rouges, réunies en ombelles multiflores, assez longuement pédicellées, à périanthe dressé, à la fin récurvé ou pendant, contracté au-dessus de l'ovaire, puis élargi en un limbe oblong-tubuleux ou urcéolé, à lobes sub-égaux, connivents ou soudés inférieurement et courtement étalés au sommet; étamines uniformément insérées à la gorge et dépassant souvent le périanthe, à filets droits, obscurément appendiculés au sommet; involucre formé de deux bractées scarieuses; hampe pleine. Feuilles planes, minces, ovales-oblongues ou étroites et contractées en pétioles. Bulbe tuniqué. Pour la culture des espèces décrites ci-après, V. **Hippeastrum**.

U. aurea, Lindl. Syn. de *U. pendulina*, Herb.

U. latifolia, Benth. et Hook. f. *Fl.* à segments du périanthe jaune rougeâtre, verdâtres au sommet, ovales, finement acuminés, connivents, égaux; hampe dressée, de 30 cent. et plus de haut, solitaire et arrondie. Avril. *Flles* pétiolées, oblongues, aiguës, de 30 cent. de long et 5 à 8 cent. de large, striées en dessus, luisantes, nervées en dessous et glabres. Amérique du sud. Syn. *Leperiza latifolia*, Herb. (B. M. 4952.)

U. miniata, Benth. et Hook. *Fl.* pendantes, à périanthe rouge cinabre ou écarlate, de 4 cent. de long, glabre, à segments largement ovales, aigus; hampe dressée, légèrement tordue supérieurement, de 20 à 30 cent. de haut. Septembre. *Flles* une-deux, lancéolées, aiguës, rétrécies et sub-pétiolées, de 15 à 20 cent. de long, striées en dessus et à bords réfléchis. Bulbe aussi gros qu'une noix. Amérique du Sud, 1836. Syns. *Pentlandia miniata*, Herb. (B. R. 1839, 68); *Sphærostele miniata*, Link, Klotz et Otto.

U. pendula, Herb. * Angl. Droping Urn-Flower. — *Fl.* pendantes, à périanthe jaune dans sa moitié inférieure, vert dans la supérieure et marginé de blanc, de 5 cent.

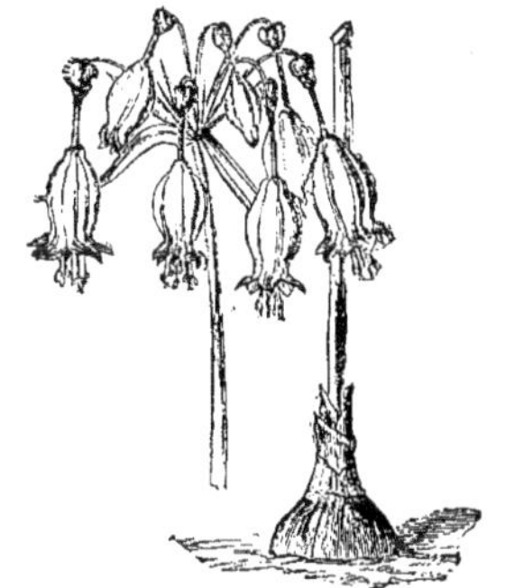

Fig. 371. — Urceolina pendula.

de long; segments lancéolés, concaves; les trois externes plus longs. Juin. *Flles* solitaires ou géminées, longuement pétiolées, dressées, multinervées, glabres, à pétioles arrondis et comprimés supérieurement. (B. M. 5464; G. 1888, part. I, 648.) Syns. *U. aurea*, Lindl.; *Collania urceolata*, Schult. — Il en existe une variété *fulva*.

URECHITES, Muell. Arg. (de *oura*, queue, et *Echites*, genre voisin; allusion aux appendices tordus que porte la corolle). Fam. *Apocynacées.* — Petit genre comprenant trois ou quatre espèces de sous-arbrisseaux couchés ou volubiles, glabres ou pubérulents et de serre chaude, habitant les Indes occidentales et le Mexique. Fleurs ordinairement amples, réunies en grappes simples, souvent pauciflores et parfois réduites à une-deux fleurs; calice à cinq divisions et glanduleux à l'intérieur à la base; corolle en entonnoir, à tube court, cylindrique, à gorge tubuleuse-campanulée et à cinq lobes tordus; étamines insérées au sommet du tube. Feuilles opposées et penniveinées. Une espèce seulement est digne d'être décrite ici. Pour sa culture, V. **Dipladenia**.

U. sub-erecta, Muell. *Fl.* jaune franc, grandes, courtement pédicellées; pédoncule terminal, poilu, portant une cyme lâche, composée de quatre à six fleurs. Mai. *Flles* courtement pétiolées, ovales ou presque elliptiques, un peu aiguës aux deux extrémités, mollement poilues quand elles sont jeunes ainsi que les rameaux. Tige frutescente à la base. Nouvelle-Grenade, 1845. Syns. *Dipladenia flava* (B. M. 4702); *Echites sub-erecta*, Vell. (B. M. 1064.)

URÉDINÉES. — Groupe de Champignons inférieurs connus sous le nom familier de **Rouilles** et décrits à ce nom.

UREDO. — V. **Puccinia** et **Rouille.**

URENA, Dill. (de *Urena*, leur nom au Malabar). Angl. Indian Mallow. Fam. *Malvacées*. — Petit genre comprenant quatre à six espèces de plantes herbacées ou de sous-arbrisseaux de serre chaude, habitant les régions tropicales des deux hémisphères. Fleurs petites, sessiles ou courtement pédonculées, ordinairement fasciculées; bractéoles cinq, soudées au calice; celui-ci à cinq divisions ou dents; pétales cinq; tube staminal tronqué ou finement denté. Feuilles souvent anguleuses ou lobées.

La plupart de ces plantes sont dépourvues d'intérêt. La suivante, seule digne d'être décrite ici, prospère en toute terre légère et fertile. On la multiplie par semis.

U. lobata, Linn. *Fl.* rose vif; bractéoles oblongues-lancéolées, égalant le calice. Été. *Flles* cordiformes, à cinq-sept lobes aigus ou obtus; pétioles ordinairement plus courts que le limbe. Plante herbacée, annuelle, très variable et plus ou moins poilue. (B. M. 3043.)

URGINEA, Steinh. (dérivé de Ben Urgin, nom en Algérie d'une tribu arabe). Comprend les *Squilla*, Steinh. Fam. *Liliacées*. — Genre renfermant environ vingt-cinq espèces de plantes bulbeuses, rustiques, de serre tempérée ou chaude, habitant la région méditerranéenne, les Indes orientales et l'Afrique australe et tropicale. Fleurs petites ou moyennes, mais ordinairement nombreuses, réunies en grappes terminales, et à pédicelles articulés; périanthe blanchâtre ou rarement jaunâtre ou rose, à la fin caduc; segments six, libres et presque égaux, campanulés, connivents ou étalés; étamines six; hampe simple et aphylle; bractées petites et scarieuses. Feuilles radicales, parfois très étroitement linéaires, parfois largement loriformes ou presque oblongues.

L'*Urginea Scuilla* (*maritima*) est l'espèce employée dans les officines sous le nom de Scille maritime, comme diurétique très actif; c'est aussi la plus connue, quoique peu cultivée, ainsi, du reste, que ses congénères, car ces plantes ne sont pas très décoratives. Les suivantes sont les plus répandues dans les jardins. Toutes sont de serre froide et se traitent comme les **Scilla**. (V. ce nom.) Sauf l'*U. maritima*, qui croît sur le littoral de la Méditerranée et dans le nord de l'Afrique, tous les autres sont originaires du sud de l'Afrique.

U. altissima, Baker. *Fl.* à périanthe presque campanulé, de 8 à 10 mm. de long, à segments blanchâtres, avec la carène vert purpurin et ligulés; pédicelles légèrement étalés ou ascendants; les inférieurs de 15 à 20 mm. de long; grappe cylindrique, dense, de 30 à 60 cent. de long et 4 à 5 cent. de diamètre; hampe de 60 cent. à 1 m. de haut et 12 mm. et plus d'épaisseur. Mai. *Flles* cinq à six, loriformes-lancéolées, glabres, de 30 à 50 cent. de long et 4 à 5 cent. de large à la base, aiguës au sommet. Bulbe globuleux, de 10 à 15 cent. de diamètre. Sud de l'Afrique, 1789. Syn. *Drimia altissima*, Hook. f. (B. M. 1074.)

U. eriospermoides, Baker. *Fl.* à périanthe oblong, de 4 mm. de long, à segments blanchâtres, avec une large carène brune et réunis en grappe de 30 cent. de long, à hampe grêle, dressée, de 30 cent. de haut. Juillet. *Flles* deux, paraissant avec les fleurs, mais une seule est entièrement développée, cylindrique, luisante et de 4 mm. de diamètre. Bulbe ovoïde, de 4 mm. de diamètre. Sud de l'Afrique, 1887.

U. exuviata, Steinh. *Fl.* à périanthe de 12 à 15 mm. de long, à segments blanchâtres, avec la carène pourpre; pédicelles ascendants; les inférieurs de 10 à 15 mm. de long; grappe un peu dense, composée de dix à vingt fleurs et longue de 5 à 10 cent. Juin. *Flles* deux à quatre, dures, semi-arrondies, glabres, flexueuses, de 2 1/2 à 4 cent. de long et 12 à 18 mm. de large. Bulbe globuleux, de 2 1/2 à 4 cent. 1/2 de diamètre, à tuniques externes longuement prolongées et striées en travers. Sud de l'Afrique, 1795. — Ce nom d'*exuviata* a été donné à la plante par rapport à la ressemblance des tuniques du bulbe à la peau que perdent chaque année les serpents. Syn. *A. exuviata*, Ker. (B. M. 871.)

U. filifolia, Steinh. *Fl.* à périanthe de 8 à 12 mm. de long et à segments blanchâtres, avec la carène pourpre, oblongs; pédicelles de 8 à 15 mm. de long; grappe un peu dense, composée de six à vingt fleurs; hampe dressée, grêle, de 15 à 35 cent. de long. Juin. *Flles* huit à quinze, filiformes, dures, glabres, flexueuses, de 20 à 35 cent. de long et 6 à 12 mm. de diamètre. Bulbe globuleux, de 2 cent. 1/2 de diamètre, à tuniques fauves. Sud de l'Afrique. 1820. Syn. *Albuca filifolia*, Ker. (B. R. 557.)

U. fragrans, Steinh. *Fl.* odorantes, à périanthe de 12 à 15 mm. de long, avec des segments blanchâtres oblongs, à carène pourpre; pédicelles de 10 à 15 mm. de long; grappe un peu lâche, composée de douze à vingt fleurs, de 10 à 15 cent. de long; hampe grêle, arrondie, glauque, de 30 cent. de long. Juillet. *Flles* douze à vingt, semi-arrondies, glabres, persistantes, de 15 à 20 cent. de long et 12 mm. de large. Bulbe globuleux, de 4 à 5 cent. de diamètre. Sud de l'Afrique, 1791. Syn. *Albuca fugax*, Ker. (B. R. 311.)

Fig. 372. — Urginea Scilla.

U. macrocentra, Baker. (*Scilla maritima.*) *Fl.* à périanthe de 4 mm. de long, à segments blancs, avec la pointe verte; bractées les plus inférieures enroulées à la base en éperon scarieux, de 2 à 2 cent. 1/2 de long; grappe dense, de 12 à 15 cent. de long et 2 cent. 1/2 de diamètre; hampe forte, dressée, de 75 cent. à 1 m. de haut. Mai. *Flle* solitaire, cylindrique, dressée, de 50 cent. de long. Sud de l'Afrique, 1887.

U. maritima, Baker. Syn. de *U. Scilla*, Steinh.

U. physodes, Baker. *Fl.* à périanthe de 6 mm. de long, à segments blanchâtres, avec la carène pourpre; pédicelles de 8 à 25 mm. de long; grappe assez dense, composée de trente à soixante fleurs et de 8 à 12 cent. de long, cylindrique; hampe grêle, de 15 cent. de long. Juin. *Flles* cinq à six, lancéolées, herbacées, charnues, glabres, de 15 à 20 cent. de long et 2 1/2 à 3 cent. de large. Bulbe purpurin, de 4 à 4 cent. 1/2 de diamètre. Sud de l'Afrique, 1804. Syn. *Albuca physodes*, Ker. (B. M. 1046.)

U. Scilla, Steinh. * Scille maritime; Angl. Sea Onion, Squill. — *Fl.* à périanthe de 8 à 10 mm. de long, à segments blanchâtres, avec la carène vert purpurin; pédicelles de 15 à 20 mm. de long; grappe dense, de 30 cent. ou plus de long; hampe de 1 m. à 1 m. 50 de haut, arrondie et rougeâtre. Automne. *Flles* paraissant au printemps, au nombre de dix à vingt, lancéolées, herbacées-charnues, vert glauque et glabres. Bulbe ovoïde, très gros, de 10 à 15 cent. de diamètre. Région méditerranéenne; France, etc. Demi rustique. (B. M. Pl. 281.) Syns. *U. maritima*, Baker; *Ornithogalum Squilla*, Ker. (B. M. 918) et *Scilla maritima*, Linn.

URINE. — Excrément liquide de l'homme et des animaux en général. — On sait que cette substance constitue un excellent engrais à cause des éléments qu'elle renferme. Le plus important est l'ammoniaque, combiné ou non avec d'autres acides et formant dans ce dernier cas divers composés. Les plantes tirent de ces substances l'azote qui leur est nécessaire pour le développement de leur protoplasme. L'urine contient aussi différents composés minéraux en solution, sous une forme assimilable par les plantes. Par le fait, l'urine de la plupart des animaux est plus utile comme engrais pour les plantes que leurs excréments solides.

Les analyses des différentes urines donnent les résultats suivants :

Urine des bestiaux en général,	8	p. 100 de matières solides.
Urine des chevaux	— 11	— — —
Urine des moutons	— 13	— — —
Urine des porcs	— 25	— — —
Urine de l'homme	— 3 à 6	— — —

Parmi les substances minérales les plus importantes que contient l'urine, nous citerons les carbonates, phosphates, chlorures et sulfates d'ammoniaque et autres alcalis, ainsi qu'une assez grande quantité d'urée et d'acide urique. Ces deux dernières subissent rapidement des transformations chimiques en ammoniaque et ses composés. L'addition de gypse ou plâtre à l'urine ou d'acide sulfurique non rectifiée la transforme en sulfate d'ammoniaque, ce qui empêche la volatilisation et par suite la perte de cette dernière substance.

Avant que l'urine puisse être appliquée aux plantes avec bénéfice, il faut qu'elle se décompose, vieillisse, passe graduellement du jaune au brun et devienne ce qu'on nomme alors du *purin*. A ce dernier état, c'est un puissant engrais favorable à la plupart des plantes de jardins ainsi qu'aux arbres fruitiers et d'ornement, mais il faut pour cela la diluer dans trois ou quatre fois son volume d'eau ou mieux encore la faire absorber par une substance poreuse et en former un compost. Toutes sortes de débris végétaux, mais de préférence ceux qu'on ne peut guère utiliser comme litière, sont propres à cet usage. Lorsque ces matières en sont bien saturées, on les met en tas, pour favoriser leur fermentation et enfin quand elles sont suffisamment décomposées, on les répand sur le sol et on les y enfouit comme du fumier de ferme.

L'urine répand, surtout lorsqu'elle est décomposée, une odeur forte et désagréable, qui oblige à ne pas la répandre au voisinage des habitations. Malgré sa grande valeur comme engrais, on ne prend généralement pas assez de soins pour la recueillir, surtout dans les campagnes, où elle serait cependant de la plus grande utilité comme engrais. Dans bien des fermes, on la laisse inconsciemment se répandre sans profit dans le voisinage des étables, voire même dans les abreuvoirs et dans les mares, qui deviennent ainsi de véritables foyers pestentiels, alors qu'il serait si facile de la recueillir dans un bassin étanche et couvert, afin de pouvoir l'utiliser quand on en a besoin.

URNE; Angl. Pitcher. — Nom familier sous lequel on désigne fréquemment les **ascidies** des **Sarracenia**, **Cephalotes** et en particulier des **Nepenthes** (V. ces noms), c'est-à-dire leurs feuilles dilatées au sommet en un récipient de forme conique. Sir Joseph Hooker a démontré que cet appendice ne résulte pas de la dilatation du pétiole, mais qu'il constitue bien un organe spécial, représenté par une glande insérée au sommet de la nervure médiane qui se dilate par la suite.

UROCYSTIS (de *oura*, queue ou pédoncule, et *kystis*, kyste ou vessie; allusion aux spores vésiculeuses et stipitées). — Genre de Champignons inférieurs parasites sur les végétaux, que les mycologistes comprennent dans les Ustilaginées et qu'on désigne familièrement sous les noms de **Fumagine, Noir, Charbon** (V. ces noms); leurs spores noires et écartées donnant aux plantes sur lesquelles vivent ces Champignons un aspect noirâtre et sale.

Les *Urocystis* sont parasites; ils vivent pendant un certain temps enfermés dans le tissu des végétaux, puis, lorsque leurs spores mûrissent, elles forment des renflements foncés et leur développement fait à la fin éclater l'épiderme de la plante, et la masse poudreuse de spores reste alors à découvert. Les parties sur lesquelles ces groupes de spores se sont développés sont généralement très renflées et contournées.

Les spores des *Urocystis* varient beaucoup dans leur forme et leur grosseur; mais elles consistent ordinairement en une couche de petites cellules entourant une autre cellule centrale plus grande, qui est celle dans laquelle se développe le nouveau mycélium lorsque la spore est tenue dans une atmosphère humide et chaude. Ces spores sont insérées au sommet de ramifications et elles s'en détachent à leur maturité.

Les *Urocystis* sont nuisibles à diverses plantes cultivées; parmi les espèces les plus importantes à ce point de vue, nous citerons *U. Violæ*, qui se développe sur les pétioles et autres organes des Violettes; *U. Anemones*, très commun sur diverses espèces d'Anémones et autres plantes voisines; *U. sorosporioides*, sur les feuilles et les fleurs des *Thalictrum*. Pour les moyens de destruction de ces parasites, V. **Ustilago**.

UROPEDIUM, Lindl. — Réunis aux **Selenipedium**, Rchb. f.

UROPEDIUM, **Lindeni**, Lindl. — V. **Selenipedium Lindeni**.

UROPETALON, Keer. — V. **Dipcadi**, Medic.

UROSKINNERA, Lindl. (dédié à G. Ure Skinner, marchand et collecteur de plantes dans l'Amérique centrale). Fam. *Scrophularinées*. — Genre ne comprenant que deux espèces de plantes herbacées, mollement velues, de serre chaude, habitant l'Amérique centrale et le Mexique. Fleurs violet rosé, assez grandes, déclinées, courtement pédicellées, avec deux bractées sétacées à la base; calice tubuleux-campanulé, à quatre ou cinq dents courtes et sétacées; corolle à tube allongé, élargi supérieurement et à limbe à cinq lobes à peine inégaux et étalés; étamines quatre, incluses; style allongé, très courtement bifide; épi ou grappe terminale, dense et unilatérale. Feuilles opposées, pétiolées, molles et crénelées.

L'espèce suivante, seule introduite, prospère en terre franche siliceuse. On peut la multiplier par boutures que l'on fait dans du sable, sous cloche et à chaud.

U. spectabilis, Lindl. *Fl.* réunies en épis sessiles, terminaux, très compacts et d'environ 8 mm. de long; calice petit, poilu, à quatre dents; corolle glabre, de 4 cent. de long, en entonnoir. Juillet. *Flles* oblongues, dentées, de 5 à 10 cent. de long. *Haut.* 30 à 50 cent. Mexique, 1856. Plante couverte de poils gris. (B. M. 5009; F. d. S. 1433.)

UROSPATHA, Schott. (de *oura*, queue, et *spatha*, spathe; allusion à la spathe longuement acuminée chez la plupart des espèces). Fam. *Aroïdées*.— Genre comprenant environ dix espèces de plantes herbacées, marécageuses, à rhizomes épais et de serre chaude, habitant l'Amérique tropicale. Fleurs hermaphrodites; les inférieures stériles, réunies sur un spadice sessile ou à peu près, inappendiculé, beaucoup plus court que la spathe; celle-ci dressée, d'abord fermée à la base, puis à la fin ouverte, longuement rétrécie supérieurement, droite, décurve ou tordue et persistante; hampe allongée; périanthe à segments et étamines au nombre de quatre à six. Feuilles peu nombreuses, hastées-sagittées, à nervures divergentes ou presque parallèles; pétioles allongés et engainants à la base.

Les deux espèces suivantes, seules introduites, prospèrent en terre franche et légère et demandent de copieux arrosements pendant leur période de végétation. On peut les multiplier par division de la souche.

U. desciscens, Schott. *Fl.* à spathe brun et rouge vin, enroulée inférieurement, béante supérieurement, longuement acuminée, incurvée ou arquée; spadice sessile, cylindroïde, obtus, plus court que le tube de la spathe; hampe égalant les pétioles. *Flles* largement lobées, à lobe antérieur triangulaire, acuminé; le postérieur assez long, oblong, acuminé, très inéquilatéral; pétioles glabres, presque deux fois aussi longs que leurs limbes. *Haut.* 1 m. Brésil, 1860.

U. sagittæfolia, Schott. *Fl.* à spathe vert jaunâtre ou vert foncé, maculée ou bigarrée de gris ou de rouge rosé, lancéolée, longuement acuminée; spadice vert, cylindrique, ayant un quart ou un cinquième de la longueur de la spathe. *Flles* largement lobées, hastées-sagittées, à lobe antérieur lancéolé-triangulaire, acuminé; les inférieurs un peu plus longs, oblongs-lancéolés; pétioles légèrement scabres et verruqueux. Para, 1866. — Les *U. elegans*, Hort.; *U. grandis*, Schott; *U. picturata*, Hort.; *U. spectabilis*, Hort. et *U. splendens*, Hort., tous originaires de Para, ne sont probablement que des variétés de cette espèce.

UROSPERMUM, Scop. (de *ouros*, queue, et *spermum*, graine; allusion aux graines terminées en bec). Angl. Sheep's Beard. Syn. *Arnopogon*, Willd. Fam. *Composées*. — Petit genre ne comprenant que deux espèces de plantes herbacées, rustiques, légèrement ramifiées, annuelles ou bisannuelles, habitant la région méditerranéenne. Capitules jaunes, longuement pédonculés et insérés au sommet des rameaux; involucre campanulé, formé de sept ou huit bractées unisériées et épineuses extérieurement; réceptacle conique et nu; fleurons rayonnants ligulés, tronqués et à cinq dents au sommet; achaines rétrécis en bec et surmontés d'une aigrette. Feuilles radicales ou alternes, profondément dentées ou lyrées-pinnatifides; les caulinaires amplexicaules. Deux espèces croissent spontanément en France, mais la suivante est seule digne d'être décrite ici. Elle est bisannuelle et se cultive en terre ordinaire.

U. Dalechampii, F. W. Schmidt. *Capitules* jaunes, à pédoncule très long, nu et épaissi; involucre pubescent-velouté. Juin. *Fr.* à bec graduellement rétréci et à aigrette rousse. *Flles* nombreuses, en rosette radicale, diversement roncinées-pinnatifides et dentées. Souche grosse et noirâtre. *Haut.* 50 cent. Europe méridionale, France, etc. Syn. *Arnopogon Dalechampii*, Willd. (B. M. 1623; S. F. G. 780.)

URSINIA, Gærtn. (dédié à John Ursinus, de Regensbourg, qui publia un *Arboretum Biblium*; 1608-1660). Comprend les *Sphenogyne*, R. Br. Fam. *Composées*. — Genre renfermant environ trente espèces de plantes herbacées, annuelles ou vivaces et de sous-arbrisseaux demi-rustiques ou de serre froide, habitant le sud de l'Afrique, mais dont une s'étend jusqu'en Abyssinie. Capitules solitaires ou lâchement paniculés, hérétogames, c'est-à-dire radiés; involucre hémisphérique ou largement campanulé, formé de bractées multisériées ou imbriquées; réceptacle paléacé; fleurons rayonnants entièrement jaunes ou purpurins à l'extérieur; disque jaune; achaines glabres ou pubescents. Feuilles alternes, dentées en scie, pinnatifides ou souvent pinnées-disséquées.

Les espèces les plus intéressantes sont décrites ci-après. Les *U. anthemoides* et *U. speciosa* peuvent se multiplier par le semis. Ce dernier est assez répandu dans les cultures. C'est une belle plante annuelle, propre à former des touffes dans les plates-bandes ou dans les corbeilles ainsi que de charmantes potées. Il se traite comme la plupart des autres plantes annuelles.

Quant aux autres espèces, ce sont des arbustes de serre froide, qu'on propage facilement par boutures que l'on fait sous cloches et dans du sable.

U. abrotanifolia, Spreng. *Capitules* solitaires, à pédoncules tomenteux, de 15 à 20 cent. de long; fleurons rayonnants entièrement jaunes. Juillet. *Flles* bi- ou tripinnatiséquées, de 4 à 5 cent. de long, à segments étroitement linéaires, divergents, aigus; les plus inférieurs presque simples. Rameaux dressés, arqués, feuillus, couverts de poils laineux et pâles. *Haut.* 30 à 60 cent. Sud de l'Afrique, 1789. Syn. *Sphenogyne abrotanifolia*, R. Br.

U. anthemoides, Gærtn. *Capitules* à pédoncules allongés, nus et pendants; fleurons rayonnants purpurins à l'extérieur. Août. *Flles* pinnatipartites ou à peu près, à lobes linéaires-filiformes, aigus ou mucronés; l'inférieur court ou très petit; le supérieur trifide ou spinuleux et étalé. *Haut.* 8 à 15 cent. Sud de l'Afrique, 1774. Plante annuelle et demi-rustique Syn. *Arctotis anthemoides*, Linn.; *Sphenogyne anthemoides*, R. Br.

U. crithmifolia, Spreng. * *Capitules* de 2 1/2 à 4 cent. de diamètre, à pédoncules de 8 à 25 cent. de long; fleurons rayonnants entièrement jaune vif. Juillet. *Flles* pinnatipartites ou trifides, de 4 à 5 cent. de long, à lobes linéaires-filiformes, semi-arrondis, aigus; les inférieurs courts ou obscurs ; les autres allongés. *Haut.* 30 à 60 cent. Sud de l'Afrique, 1768. Plante dressée et fortement feuillue. Syn. *Sphenogyne crithmifolia*. R. Br. (B. M. 3042.)

U. dentata, Poir. *Capitules* un peu petits, à fleurons rayonnants cuivrés en dessous; pédoncules de 15 à 20 cent. de long; lobes courts, entiers ou trifides, à dents terminées par un poil sétacé. Rameaux arqués et fortement feuillus. *Haut.* 30 à 60 cent. Sud de l'Afrique, 1787. Syn. *Sphenogyne dentata*, R. Br.

U. pilifera, Gærtn. *Capitules* à pédicelles allongés et sub-hispides ; fleurons rayonnants purpurins à l'extérieur. Décembre. *Flles* pinnatiséquées, charnues, étalées, courtement hispides, à lobes linéaires, terminés par une soie. Sud de l'Afrique, 1821. Arbuste diffus. Syn. *Sphenogyne pilifera*, Ker. (B. R. 604.)

U. pulchra, Gærtn. Hort. Syn. de *U. speciosa*, DC.

U. speciosa, DC. * *Capitules* jaune orangé vif, à fleurons ligulés, lancéolés, de 15 à 18 mm. de long, bi- ou tridentés au sommet et portant une petite tache noire à la base; disque jaune ou purpurin ; pédoncules allongés, nus et dressés. Juin-juillet. *Flles* pinnatifides, à segments linéaires, aigus, un peu arqués et inégalement dentés. Tiges arrondies, légèrement déclinées à la base, puis ascendantes, ramifiées et glabres. Probablement originaire du Mexique, 1836. Plante annuelle et rustique Syn. *Sphenogyne speciosa*, Hort. (P. M. B. VI, 77, Gn. 1890, part. I, 750, var. *aurea*.)

Fig. 373. — Ursinia (*Sphenogyne*) speciosa.

URTICA, Linn. (ancien nom latin employé par Horace et Pline, dérivé de *uro*, brûler; allusion aux piqûres cuisantes que causent la plupart des espèces lorsqu'on les touche). **Ortie** ; Angl. Nettle. Fam. *Urticacées*. — Genre comprenant environ trente espèces de plantes herbacées ou rarement suffrutescentes à la base, armées de poils piquants et brûlants, rustiques ou de serre froide, très largement dispersées dans les régions tempérées et sub-tempérées du globe. Fleurs petites, verdâtres et sans effet, monoïques ou dioïques, fasciculées et réunies en cymes, en épis, en grappes ou en panicules unisexuées ou androgynes et présentant les caractères de la famille. Feuilles opposées, pétiolées, dentées ou incisées lobées.

Les Orties sont dépourvues d'intérêt horticole, mais plusieurs produisent une excellente fibre textile et plusieurs sont considérées comme douées de propriétés médicales, quoique fort peu employées. L'Ortie dioïque ou Grande Ortie (*Urtica dioica*, Linn.), abondante chez nous dans les lieux incultes, est fourragère et recherchée par les animaux lorsqu'elle est à demi fanée, mais elle est néanmoins peu employée ; on s'en sert surtout pour la nourriture des Dindons.

Plusieurs espèces croissent spontanément en France ; en outre de la précédente, nous citerons l'*U. urens*, Linn.

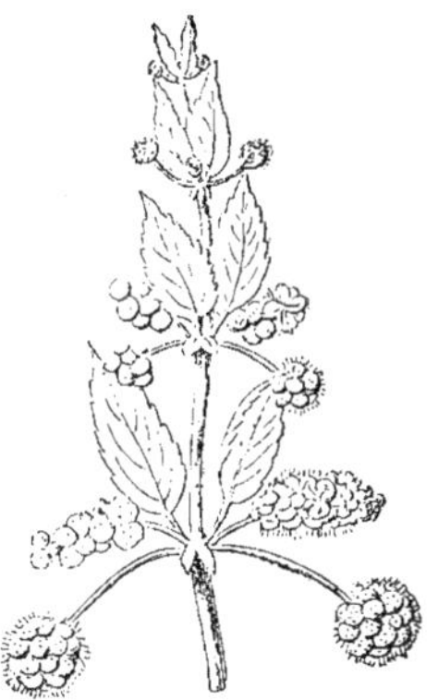

Fig. 374. — Urtica pilulifera.

ou Ortie brûlante, qui est annuelle et trop commune dans les terres cultivées, puis l'*U. pilulifera*, Linn. ou Ortie romaine, la plus virulente des espèces indigènes, les *U. grandidentata* Miq. et *U. membranacea*. Poir; font aussi partie de notre flore : L'*urentissima*, Commers. (Devil's Leaf.), originaire de Timor (Amérique australe) est si virulente que sa piqûre se ressent, dit-on, pendant douze mois et cause parfois la mort.

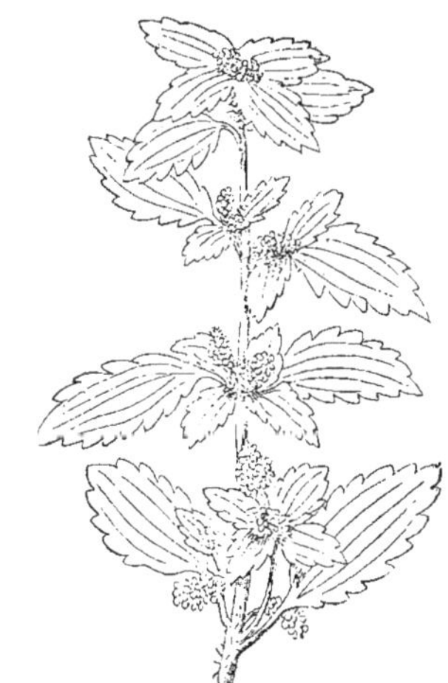

Fig. 375. — Urtica urens.

U. involucrata, Sims. — V. **Pilea pubescens.**

U. reticulata, Swartz. — V. **Pilea reticulata.**

URTICACÉES. — Importante famille naturelle de végétaux Dicotylédones, renfermant aujourd'hui près de seize cents espèces réparties dans cent neuf genres et huit tribus et très largement dispersées dans les régions tempérées et chaudes du globe.

Les huit tribus dont cette famille est composée sont : *Artocarpées*, *Celtidées*, *Cannabinées*, *Conocéphalées*, *Morées*, *Thelygonées*, *Ulmées* et *Urticées*.

Plusieurs de ces tribus, telles que les *Celtidées*, *Artocarpées*, *Cannabinées*, *Morées*, étaient autrefois élevées au rang de famille par les auteurs. Fleurs unisexuées ou rarement polygames, régulières ou irrégulières par avortement, réunies en cymules formant par leur réunion des panicules, des grappes ou des épis axillaires et insérés sur les nœuds, mais terminaux ; inflorescence primaire centripète ; dernières inflorescences ou cymules normalement centrifuges ; bractées souvent petites ou nulles ; bractéoles également petites ou nulles, mais parfois apparentes ; périanthe simple, calicinal, à segments en nombre variable ; les mâles à étamines en nombre égal à celui des divisions du périanthe, très rarement moins ou plus, à anthères ovales ou oblongues ; les femelles rarement pourvues de staninodes et à ovaire supère ou dans quelques genres plus ou moins infère. Fruit nu ou enfermé dans le périanthe, sec et rarement charnu, indéhiscent et monosperme. Feuilles alternes ou rarement opposées, entières, dentées, lobées ou palmatipartites, non pinnées et très rarement pinnatifides.

Parmi les espèces les plus importantes de cette famille, nous citerons les suivantes : *Artocarpus incisa* (Jacquier, Arbre à pain), *Broussonnetia*, *Celtis* (Micocoulier) *Ulmus* (Orme), *Ficus Carica* (Figuier), *Cannabis sativa* (Chanvre), *Humulus Lupulus* (Houblon), *Ficus elastica* (Caoutchouc), *Morus alba* (Mûrier) ; les *Urtica* (Ortie), quoique peu importants au point de vue économique, sont néanmoins le type de cette famille.

URVILLEA. Humb., Bonpl. et Kunth. (dédié au capitaine Dumont D'Urville, de la marine française et botaniste expérimenté, qui fut envoyé à la recherche de La Pérouse ; 1790-1842). Fam. *Sapindacées.* — Genre comprenant environ quinze espèces d'arbustes grimpants ou volubiles et de serre chaude, habitant l'Amérique tropicale. Fleurs blanchâtres, réunies en grappes axillaires, à pédoncules portant deux vrilles au sommet. Feuilles alternes, stipulées, à folioles entières ou profondément dentées, parfois parsemées de glandes pellucides. Deux ou trois espèces ont été introduites dans les cultures, mais elles sont à peu près dépourvues d'intérêt. L'*U. ferruginea*, Lindl. (*Serjania cuspidata*, Cambess., est maintenant son nom correct) se rencontre parfois dans les jardins botaniques et présente un certain intérêt par la structure particulière de sa tige triquètre.

USTERIA, Cavan. — Réunis aux **Maurandia**, Ortega.

USTILAGINÉES (dérivé de *Ustilago*, nom du genre le plus important). — Nom scientifique de la famille de Champignons inférieurs que l'on désigne familièrement sous le nom de **Charbon** (V. ce nom, où l'on trouvera les indications concernant les meilleurs caractères qui permettent de distinguer les genres les uns des autres.) Le mycelium parait pénétrer dans les plantes alors qu'elles sont jeunes, encore à l'état de plantules et s'étend ensuite dans toutes les parties, entre les cellules ; mais, alors que les organes de reproduction (spores) de certaines espèces peuvent se former en masses dans presque toutes les parties de la plante infestée, les spores de certaines autres ne se développent que dans les organes de reproduction (étamines et ovaires) ou dans les feuilles. On trouvera, à l'article **Charbon**, plusieurs espèces mentionnées. V. aussi **Ustilago**.

USTILAGO (de *ustus*, brûlé ; allusion à l'aspect des parties des plantes dans lesquelles les spores se sont développées). — Genre de Champignons inférieurs appartenant à la famille des *Ustilaginées*. (V. ce nom et **Charbon**.) Il se distingue des autres genres voisins par ses spores formées d'une simple cellule isolée, arrondie ou anguleuse, qui émet sur un côté un filament de mycélium. Ces spores paraissent ordinairement brunes, pourpre foncé ou presque noires quand on les voit en masse.

Les *Ustilago* peuvent être à peu près considérés comme le type des *Ustilaginées*. Quarante espèces environ sont connues en Europe et plusieurs se rencontrent même communément en France et en Angleterre.

Fig. 376. — Effets de l'Ustilago Maydis ou Charbon sur un épi de Maïs. — (*Rev. Hort.*)

Un certain nombre d'*Ustilago* vivent dans les feuilles et les fleurs des Graminées, notamment les *U. longissima*, qui forme des stries noires sur les feuilles du *Glyceria fluitans* et autres Graminées marécageuses, l'*U. hypodytes*, croît au-dessous des gaines de plusieurs Graminées et en particulier des espèces ornementales, telles que les *Stipa pennata* et *S. capillata ;* l'*U. segetum* désorganise les ovaires de l'Avoine, de l'Orge et de plusieurs autres Graminées ; l'*U. Carbo* infeste le Blé et autres Céréales ; l'*U. Maydis* attaque les épis de Maïs, transforme un grand nombre de grains en une matière noirâtre, qui prend un grand développement et se répand en poussière quand il fait sec, ou qui se laisse entrainer par l'eau des pluies et coule alors le long de la tige sous forme de liquide noirâtre d'aspect repoussant; l'*U. Caricis* (*U. urceolorum*) est très commun sur les *Carex*, dont il infeste les ovaires et les transforme en globules de matière pulvérulente ; l'*U. utriculosa* et certaines formes voisines détruisent les ovaires de diverses formes de *Polygonum* ; l'*U. violacea* (*U. antherarum*) est excessivement commun dans les fleurs des *Lychnis*, *Silene*, *Stellaria graminea* et autres *Caryophyllées*, dont il remplit les anthères de ses spores violet rougeâtre et rend ainsi les fleurs stériles l'*U. flosculorum* en fait de même sur les fleurs des *Scabiosa arvensis*, *S. Columbaria* et *S. Succisa* ; l'*U. Tragopogi-pratensis* (*U. receptaculorum*) se loge dans les capitules des *Tragopogon pratensis* et *T. porrifolium*, en détruit les fleurons et les remplace par ses spores ayant l'aspect de la suie.

En outre de ces espèces communes, nous citerons l'*U. ornithogali*, qui, en Allemagne, forme des renflements d'environ 12 mm. de long dans les feuilles des *Ornithogalum* et *Gagea*, ainsi que l'*U. Tulipæ*, qui donne naissance à des renflements semblables sur les Tulipes.

Quand les spores sont mûres, l'épiderme de la partie infestée éclate sous leur pression et les laisse alors à nu ; le vent se charge ensuite de les disperser.

Remèdes. — On ne peut débarrasser les plantes infestées par ces Champignons, car, comme nous l'avons dit précédemment, le mycélium est enfoncé dans leur tissu; mais fréquemment, quelques-unes seulement des tiges ou parties d'une plante laissent voir leur présence alors que les autres sont restées saines. Il faut donc supprimer de suite toutes les parties infestées et les brûler en tout cas avant que les spores du Champignon n'aient eu le temps de se répandre au dehors.

Pour empêcher ou au moins diminuer les ravages de l'*U. segetum*, le Charbon du Blé, on asperge parfois les semences avec du purin et on les frotte ensuite dans de la chaux délitée jusqu'à ce qu'elles deviennent blanches, ou bien on les plonge plus simplement dans un lait de chaux, d'où le nom de *chauler* qu'on applique à l'opération elle-même. Mais elle est infiniment moins efficace que lorsqu'on y ajoute environ 1 p. 100 de sulfate de cuivre. On sait en effet que ce produit est un des plus puissants parasiticides. C'est du reste ce même traitement qu'on emploie contre la Carie (V. ce nom), qui est elle-même voisine du Charbon. Le but du chaulage-sulfatage est de détruire les spores qui se trouvent dans les semences, sans bien entendu affecter leur vitalité ni leurs facultés germinatives; on l'atteint généralement d'une façon efficace. Ce remède donnerait sans doute aussi de bons résultats pour préserver les graines potagères de l'envahissement des *Urocystis* et autres *Ustilaginées*.

UTANIA, G. Don. — V. Fagræa, Thunb.

UTRICULAIRE, UTRICULÉ, UTRICULEUX, UTRICULIFORME; Angl. Utricular, Utriculate, Utriculiform, Utriculose. — Se dit des organes ayant la forme et l'aspect d'une utricule.

UTRICULAIRE. — V. Utricularia.

UTRICULE; Angl. Utricle. — Petite vessie remplie d'air, servant à soutenir près de la surface de l'eau les feuilles et les racines de certaines plantes, telles que les *Utricularia*. On désigne aussi sous ce nom l'enveloppe du fruit des *Carex*, et, dans un sens large et général, on applique ce nom à divers organes de forme analogue, c'est-à-dire renflés, creux et à parois minces, tels que certains fruits.

UTRICULARIA, Linn. (de *utriculus*, utricule, ou petite outre ; allusion aux renflements ou vessies natatoires que portent les feuilles et les racines de ces plantes). Syn. *Lentibularia*, Vaill. **Utriculaire**; Angl. Bladderwort, Hooder Water Millfoil. Fam. *Lentibulariées*. — Grand genre renfermant environ cent soixante espèces de plantes herbacées, aquatiques, flottantes ou submergées (*U. vulgaris*), épiphytes (*U. montana*) ou terrestres, de serre chaude, tempérée ou rustiques et très largement dispersées dans les régions tempérées et chaudes du globe. Fleurs solitaires ou réunies en grappes ou en épi au sommet d'une hampe simple ou légèrement ramifiée; calice à deux lèvres plus ou moins profondes et entières ou à peu près; corolle irrégulière (personée), éperonnée, bilabiée, à gorge ordinairement fermée; lèvre supérieure dressée, entière, émarginée ou bifide; l'inférieure souvent ample et étalée, à trois-six lobes; étamines deux. Le fruit est une pyxide. Feuilles des espèces flottantes multipartites, à segments capillaires, pourvus de vésicules operculées, dans lesquelles pénètrent des animalcules et qui jouent en outre le rôle de vessies natatoires, c'est-à-dire soutenant la plante à la surface de l'eau ; feuilles des espèces terrestres entières et dressées.

Les *U. intermedia*, *U. minor*, *U. neglecta* et *U. vulgaris* sont des espèces indigènes, aquatiques et assez intéressantes par leur aspect et leur végétation. La première espèce peut se cultiver dans une terrine remplie d'eau et de sphagnum vivant; les trois autres demandent des récipients plus profonds ou même des bassins à fond vaseux. A l'approche de l'hiver, ces quatre plantes forment des bourgeons hivernals au sommet des tiges, et ces bourgeons se détachent, à leur complet développement, descendent au fond de l'eau et y restent jusqu'au printemps suivant.

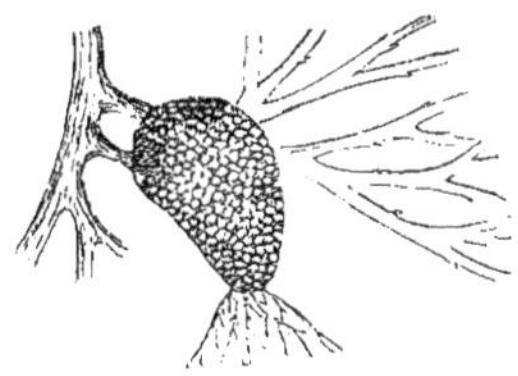

Fig. 377. — Vésicule d'Utricularia vulgaris.

Les *U. Endresii* et *U. montana* prospèrent dans des paniers remplis de terre de bruyère fibreuse et de sphagnum, que l'on suspend à la charpente des serres. Les *U. Humboldtii* et *U. reniformis* se plaisent dans de grands pots remplis de ces mêmes substances et dont on tient la partie inférieure plongée dans l'eau. Enfin l'*U. bifida* demande à être mis en pots avec de la terre ordinaire et le pot enfoncé à quelques centimètres audessous du niveau de l'eau d'un bassin de serre chaude.

U. bifida, Linn.* *Fl.* à corolle jaune vif, à palais très grand, proéminent hémisphérique et jaune orangé ; lèvre supérieure réfléchie; l'inférieure très courte et bilobée; hampes nombreuses, dressées, deux à cinq fois aussi longues que les feuilles. Septembre. *Flles* dressées, de 2 1/2 à 5 cent. de long, filiformes ou légèrement épaissies supérieurement et vert gai. Hong-Kong, 1882. — Plante fortement touffue. Serre froide. (B. M. 6689.)

U. Endresii, Rchb. f. * *Fl.* pendantes, à pédicelles très grêles; sépales verdâtre pâle ou rougeâtre, de 12 à 18 mm. de long; corolle lilas pâle, avec le palais jaune, de 4 à 5 cent. de diamètre, élégamment ciliolé autour; hampe deux fois aussi longue que les feuilles, dressée, composée d'environ cinq fleurs. Printemps. *Flle* solitaire, de 2 1/2 à 8 cent. de long, étroitement elliptique, rétrécie en pétiole raide et de même longueur. *Rhiz.* grêles, rampants, portant des tubercules ovoïdes, de 6 mm. de long. Costa-Rica, 1874. Serre chaude (B. M. 6056.) Syn. *U. montana rosea*, Hort.

U. ianthina, Hook. f. *Fl.* bleu pâle, disposées en grappes; lèvre supérieure de la corolle hémisphérique, concave, renfermant le labelle supérieur, dressé, arrondi et orné de deux bandes verticales jaune d'or et bordées de violet foncé; labelle inférieur très large, plié au milieu et muni d'un éperon. *Flles* réniformes, entières, ondulées, de 10 à 12 cent. de diamètre, à pétioles rouge foncé. Brésil, 1896. Plante voisine de l'*U. reniformis*. (B. M. 7466.)

U. Humboldtii, Rob. Schomb. * *Fl.* bleu lavande, plus grandes que celles de l'*U. montana*, courtement pédicellées; sépales fauve foncé, foliacés, convexes, ovales et aigus; lèvre supérieure de la corolle petite, entière, légèrement infléchie au sommet; l'inférieure dilatée, tronquée, jaune et creuse à la base; éperon subulé, ascendant et décurve; hampe très longue, glabre, garnie de quelques bractées. *Flle* ordinairement solitaire, obcordée, atténuée en pétiole de 15 cent. de long. Racines fibreuses. Guyane anglaise, 1886. Serre chaude. (F. d. S. 1390.)

U. longifolia, Gardn. Probablement identique à l'*U. rhyterophylla*, Hort.

U. intermedia, Hayne. *Fl.* jaune pâle, à lèvre supérieure de la corolle beaucoup plus longue que le palais; l'inférieure plane et étalée; éperon égalant presque la corolle; hampe assez forte, portant deux-cinq fleurs; anthères libres. Juin-août. *Flles* dimorphes; les unes distiques, rapprochées, de 6 à 12 mm. de large, orbiculaires, dichotomes-multifides, à segments subulés, distinctement ciliés; les autres réduites à un-trois segments terminés par une grosse vésicule de 3 à 8 mm. de long. Tiges grêles, de 12 à 20 cent. de long. Europe; France, etc. (Sy. En. B. 1127.)

U. major, Schmidel. *Fl.* jaune pâle, à lèvre supérieure de la corolle une fois plus longue que le palais; l'inférieure plane et à bords étalés; anthères libres ou agglutinées; hampe très grêle. Juin-août. *Flles* plus petites que celles de l'*U. vulgaris*, un peu espacées, presque orbiculaires, à segments entiers et à vésicules également plus petites. Plante plus grêle, à tiges capillaires, de 15 à 20 cent. de long. Europe; France, Angleterre, etc. (Sy. En. B. 1125 *bis*.) Syn. *U. neglecta*, Lehm.

U. minor, Linn. *Fl.* jaune pâle, petites, à corolle de 8 mm. de long, avec un petit éperon obtus, aussi large que long; lèvre supérieure égalant le palais et émarginée au sommet; hampe de 5 à 15 cent. de long, portant deux à six fleurs. Juin-juillet. *Flles* conformes, lâches, largement orbiculaires, dichotomes-multifides, à segments subulés, très entiers; vésicules insérées à l'aisselle des feuilles, de 2 mm. 1/2 de long. Tiges capillaires, de 8 à 25 cent. de long. Europe; France, Angleterre, etc. (Sy. En. B. 1126.)

U. montana, Poir. * *Fl.* une à quatre, de 4 cent. de diamètre, à lobes du calice vert pâle, ovales-cordiformes et obtus; corolle blanche, à palais jaune ainsi que le disque de la lèvre inférieure; la supérieure à bords récurvés, deux fois plus courte que l'inférieure; éperon fort, d'aspect cornu; hampe beaucoup plus longue que les feuilles et dressée. Juillet. *Flles* de 10 à 15 cent. de long, dressées, elliptiques-lancéolées, rétrécies en pétioles. Tubercules ovoïdes, stipités, creux, verts et de 8 à 12 mm. de long. Indes-occidentales, 1871. Plante épiphyte et de serre chaude. (B. M. 5293; F. d. S. 1942; F. M. n. s. 83; G. C. 1871, 1039; J. H. n. s. 64.)

U. m. rosea, Hort. Syn. de *U. Endresii*, Rchb. f.

U. neglecta, Lehm. Syn. de *U. major*, Schmidel.

U. reniformis, St. Hill. *Fl.* roses, avec deux lignes foncées, de 2 1/2 à 4 cent. de diamètre; hampe de 50 à 60 cent. de haut et multiflore. *Flles* réniformes, ayant parfois 8 cent. de diamètre; pétioles de 15 à 30 cent. de long. Brésil, etc., 1886. Espèce gigantesque.

U. rhyterophylla, Hort. *Fl.* violettes, marquées de jaune sur le palais; hampe courte et dressée. *Flles* en lanière. Plante semi-aquatique. Guyane anglaise, 1889. Syn. *U. longifolia*, Gardn. (G. C. 1893, part. I, f. 107.)

U. vulgaris, Linn. *Fl.* jaunes, grandes, à corolle de 12 à 18 mm. de long et à éperon conique, trois ou quatre fois plus long que large, égalant environ la moitié de la longueur de la corolle; lèvre supérieure entière, égalant à peu près le palais; l'inférieure à bords réfléchis; hampe de 10 à 20 cent. de haut et composée de deux à huit fleurs. Juin-août. *Flles* étalées, de 2 à 2 cent. 1/2 de long, largement ovales, pinnatiséquées, multifides, à segments garnis de dents espacées; vésicules insérées à la base et au sommet des segments, de 3 à 6 mm. de long et courtement stipitées. Tiges de 15 à 50 cent. de haut et feuillées. Europe; France, Angleterre, etc. (Sy. En. B. 1125.)

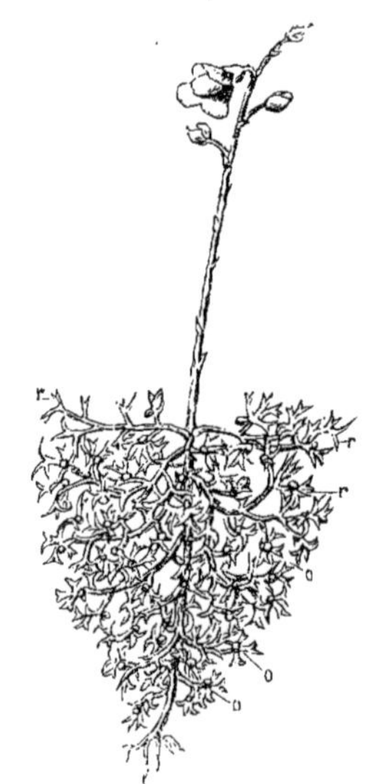

Fig. 378. — Utricularia vulgaris.

UTRICULARIÉES. — Réunies aux Lentibulariées.

UVA (Palmes d'). — Panicules du Gynerium saccharoides.

UVARIA, Linn. (de *uva*, faisceau ou grappe; allusion à la disposition des fruits de certaines espèces). Fam.

Anonacées. — Genre comprenant environ quarante-cinq espèces d'arbustes ou de sous-arbrisseaux grimpants ou sarmenteux et de serre chaude, habitant l'Asie et l'Australie tropicales, ainsi que l'Afrique tropicale et australe. Fleurs jaunes, pourpres ou brunes, hermaphrodites, terminales ou opposées aux feuilles, rarement axillaires; sépales trois, souvent soudés inférieurement, larges et valvaires; pétales six, imbriqués sur deux rangs, parfois soudés à la base; étamines en nombre indéfini. Feuilles alternes, entières et dépourvues de stipules.

. Plusieurs espèces autrefois comprises dans ce genre sont maintenant réunies à d'autres. L'*U. Kirkii* est un sous-arbrisseau de taille moyenne et l'*U. zeylanica*, une grande plante ligneuse et grimpante. Tous deux prospèrent dans un compost de terre franche siliceuse et de terre de bruyère. On les multiplie par boutures que l'on fait dans du sable, sous cloches et à chaud.

U. Kirkii, Oliver. *Fl.* de 8 cent. de diamètre, solitaires, axillaires et sub-terminales; pétales jaune paille pâle et terne, suffusés de vert de gris. Octobre. *Flles* de 4 à 12 cent. de long, elliptiques-oblongues et très poilues, roussâtres en dessous quand elles sont jeunes, puis oblongues, obtuses ou aiguës et glabres en dessous à l'état adulte ou portant encore des poils épars sur la nervure médiane; pétioles très courts. Ramilles poilues-ferrugineuses. *Haut.* 1 m. à 1 m. 20. Zanzibar, 1868. (B. M. 6006.)

U. zeylanica, Linn. *Fl.* rouge terne, solitaires ou géminées, de 2 cent. 1/2 de diamètre, à pédoncules de 12 mm. de long et tomenteux. Mai. *Flles* lancéolées ou oblongues-lancéolées, aiguës ou acuminées, de 6 à 9 cent. de long, vert foncé et luisant sur la face supérieure, rouges ou pâles sur l'inférieure. *Haut.* 6 m. Ceylan, etc., 1794.

UVETTE. — V. Ephedera vulgaris.

UVULARIA, Linn. (de *uvula*, diminutif de *uva*, grappe ou bouquet de grappes; allusion à la disposition des fruits); Angl. Bellwort. Comprend les *Oakesia*, Wats. Fam. *Liliacées.* — Petit genre ne renfermant que cinq espèces de plantes bulbeuses et rustiques, habitant l'Amérique du Nord. Fleurs solitaires ou géminées au sommet des ramilles, à pédicelles assez longs et pendants; périanthe ordinairement jaune pâle, campanulé, caduc, à segments libres, dressés ou étalés supérieurement; les externes portant une fossette à la base du côté interne; étamines six. Feuilles alternes, sessiles ou perfoliées, ovales ou lancéolées.

Ces plantes prospèrent en terre légère et siliceuse et se multiplient facilement par divisions. L'*U. grandiflora* est le plus répandu, quoique peu en réalité; son aspect rappelle assez celui des *Polygonum.* Il aime l'ombre et la terre de bruyère et peut avantageusement être utilisé, ainsi que ses congénères, pour orner le dessous et le devant des massifs d'Azalées et de *Rhododendron.*

U. flava, Smith. Syn. de *U. perfoliata*, Linn.

U. grandiflora, Smith.* *Fl.* jaune clair, une à trois sur des pédoncules de 12 à 18 mm. de long et exactement pendantes au sommet des tiges; périanthe de 3 à 4 cent. de long, à six segments étroitement lancéolés, de 8 à 10 mm. de large, aigus, connivents, papilleux à l'intérieur; anthères de 15 à 18 mm. de long; style droit et trifide. Printemps. *Flles* oblongues, membraneuses, perfoliées, glabres, de 5 à 10 cent. de long. Amérique septentrionale, 1802. Plante ayant le port de l'*U. perfoliata*, mais un peu plus robuste. (B. M. 1112; S. E. B. I, 51.)

Fig. 379. — Uvularia grandiflora.

U. lanceolata, Ait. Syn. de *U. perfoliata*, Linn.

U. perfoliata, Linn. *Fl.* solitaires ou géminées, pendantes, terminales, à périanthe de 2 à 3 cent. de long avec les segments lancéolés, aigus et papilleux intérieurement. *Flles* six à douze, perfoliées, oblongues, sub-aiguës, membraneuses, de 4 à 8 cent. de long, vertes en dessus, plus pâles en dessous. Tige fourchue supérieurement. *Haut.* près de 30 cent. Amérique septentrionale, 1710. (B. M. 955; S. E. B. I, 49.) — L'*U. flava*, Smith., est une variété à fleurs plus grandes et plus fortement colorée. — L'*U. lanceolata*, Ait., n'est qu'une simple forme à feuilles étroites.

U. puberula, Michx. *Fl.* peu nombreuses, axillaires ou terminales, à pédicelles de 6 à 18 mm. de long; périanthe ayant près de 2 cent. 1/2 de long. *Flles* six à quinze, oblongues, sessiles, de 4 à 5 cent. de long, aiguës ou cuspidées, plus fermes que celles des autres espèces, vertes sur les deux faces et à bords ciliés. Tige ayant près de 30 cent. de haut, avec deux à quatre branches. Amérique du Nord, 1824. (S. B. F. G., ser. II, 21.)

U. rosea, Pers. — V. Streptopus roseus.

U. sessilifolia, Linn.* *Fl.* solitaires ou ternées, axillaires ou terminales, à pédicelles de 12 à 18 mm. de long; périanthe de 1 1/2 à 2 cent. 1/2 de long, à segments lancéolés. *Flles* six à quinze, oblongues, sessiles, membraneuses, aiguës, de 4 à 8 cent. de long, rétrécies à la base et légèrement glauques en dessous. Tige glabre, ayant presque ou exactement 30 cent. de haut et pourvue de deux à quatre branches. Amérique septentrionale, 1790. (B. M. 1402; L. B. C. 1262; S. E. B. I, 52.)

V

VACCARIA, Médic. — Réunis aux **Saponaria**, Linn.

VACCINIACÉES. — Famille naturelle de végétaux Dicotylédones, voisine des *Ericacées*, renfermant environ trois cent cinquante espèces réparties dans vingt-sept genres, deux tribus et habitant principalement les régions septentrionales tempérées, mais beaucoup se rencontrent dans l'Amérique du Sud et les Indes, ainsi que dans l'Asie, l'Afrique, Madagascar et l'Australie. Fleurs hermaphrodites, diversement disposées, à tube du calice soudé à l'ovaire et à limbe à cinq ou rarement quatre à sept divisions ; corolle gamopétale, globuleuse, campanulée, tubuleuse ou renflée, à cinq ou rarement quatre à sept lobes ou rarement à quatre-cinq divisions ou lobes imbriqués ou rarement valvaires; étamines en nombre double ou égal à celui des lobes de la corolle, épigynes ou adhérant à base de la corolle, à filets libres ou soudés et à anthères à deux loges. Fruit drupacé, rarement charnu ou sec et souvent très charnu. Feuilles alternes ou éparses, parfois distiques, sessiles ou pétiolées, ordinairement persistantes, entières, crénelées ou dentées en scie et à dents ordinairement glandulifères.

Les Vacciniacées sont relativement peu répandues dans les cultures et peu utiles au point de vue économique, exception faite cependant des baies des *Vaccinium* et *Oxycoccus*, connues sous le nom familier d'Airelle, qui sont comestibles, à la fois douces et acidulées, assez agréables et légèrement astringentes. On en fait diverses conserves et on les emploie dans certains pays comme antiscorbutiques. Les fruits de l'*Oxycoccus macrocarpus* font l'objet d'un certain commerce dans l'Amérique du nord, pour la confection des tartes et surtout pour la fabrication des confitures. Parmi les genres les plus importants, nous citerons : *Cavendishia*, *Psammisia*, *Themistoclesia*, *Thibaudia* et *Vaccinium*.

VACCINIUM, Linn. (ancien nom latin appliqué par Virgile et Pline à une plante inconnue). **Airelle, Myrtille** ; Angl. Bilberry, Blueberry, Cranberry, Huckleberry. Comprend les *Epigynium*, Klotz. Fam. *Vacciniacées*. — Genre important, renfermant environ cent dix espèces d'arbustes ramifiés ou rarement d'arbres presque tous rustiques, terrestres ou très rarement épiphytes, habitant les régions septentrionales tempérées et les montagnes des tropiques. Trois espèces seulement croissent spontanément en France. Fleurs blanches, roses ou rouges, réunies en grappes ou en faisceaux axillaires et terminaux, rarement solitaires, souvent pourvues de bractées parfois foliacées et de deux bractéoles ; calice à tube arrondi, globuleux, hémisphérique ou turbiné et à limbe à quatre ou rarement cinq lobes courts, très rarement inégaux ; corolle urcéolée, campanulée ou rarement presque tubuleuse ou conique, arrondie, très rarement côtelée ou anguleuse, à limbe à quatre-cinq dents ou lobes courts ou rarement allongés et révolutés ; étamines huit-dix, libres ou courtement adhérentes au tube de la corolle, à filets courts ou allongés, souvent poilus ; anthères appendiculées ou non sur le dos ; style filiforme, à stigmate simple. Le fruit est une baie globuleuse, ombiliquée ou couronnée par les dents du calice, à quatre-cinq (ou apparemment huit-dix) loges renfermant quelques graines. Feuilles alternes, simples, persistantes, rarement membraneuses ou caduques, souvent épaisses et coriaces, entières ou dentées.

Tous les *Vaccinium* sont des plantes calcifuges, exigeant par suite la terre de bruyère pour leur culture et des eaux douces pour leur arrosage. Les espèces rustiques sous notre climat aiment en général les endroits humides et prospèrent souvent bien dans les plates-bandes dites : de terre de bruyère. On les multiplie très facilement par semis que l'on fait au printemps, sous cloches, puis on endurcit graduellement les plants et on les repique en place quand ils sont suffisamment forts.

Les espèces de serre froide doivent être mises en plein air pendant l'été, afin que leurs pousses s'aoûtent complètement. Les espèces suivantes sont les plus répandues dans les cultures; sauf indications contraires, ce sont des arbustes rustiques à feuilles caduques, fleurissant au printemps et dont les baies doucereuses et parfois acides sont presque toutes comestibles et employées en médecine pour faire un sirop antidiarrhéique, pour colorer le vin et pour d'autres petits usages domestiques.

V. albiflorum, Hook. Syn. de *V. corymbosum pallidum*, Hort.

V. amœnum, Ait. Syn. de *V. corymbosum amœnum*, Hort.

V. angustifolium, Ait. Variété du *V. pensylvanicum*, Torr.

V. arboreum, Marsh. Angl. Farkleberry. — *Fl.* nombreuses, axillaires et formant des grappes feuillées corolle blanche, à cinq lobes moyens. *Fr.* noir, petit et globuleux. *Flles* variant depuis la forme obovale ou arrondie-ovale jusqu'à celle oblongue, un peu minces et coriaces, très lisses et luisantes en dessous, réticulées-veinées, obscurément denticulées-glanduleuses ou entières. Rameaux étalés, glabres ou un peu pubescents. *Haut.* 2 à 8 m. Amérique du Nord, 1765. (L. B. C. 1885.) Syn. *V. diffusum*, Ait.

V. Arctostaphyllos, Willd. Syn. de *V. maderense*, Link.

V. brasiliensis, Spreng. — V. **Gaylussacia pseudo-Vaccinium.**

V. cæspitosum, Michx. *Fl.* solitaires à l'aisselle des premières feuilles, ordinairement à cinq divisions; corolle rose ou presque blanche, ovale ou ovoïde-oblongue. *Fr.* bleus et pruineux, relativement gros et doux. *Flles* variant depuis la forme obovale jusqu'à celle cunéiforme-oblongue, obtuses ou rarement un peu aiguës, fortement serrulées, vert gai sur les deux faces et réticulées-veinées. *Haut.* 8 à 15 cent. Amérique du Nord, 1823. (B. M. 3429; H. F. B. A. II, 126.)

V. canadense, Kalm. *Fl.* fasciculées en petit nombre, blanc verdâtre, à corolle courte et ouverte-campanulée. *Flles* elliptiques ou oblongues-lancéolées, entières et couvertes ainsi que les ramilles d'une pubescence veloutée. Ressemble par ses autres caractères au *V. pensylvanicum*. Amérique du Nord, 1825. (B. M. 3446.)

V. caracasanum, Humb., Bonpl. et Kunth. * *Fl.* unilatérales, à huit-dix anthères; corolle blanc rougeâtre, campanulée; grappes axillaires, deux fois aussi longues que les feuilles; bractées lancéolées et égalant presque les pédicelles. Juillet. *Flles* elliptiques, aiguës, crénulées, coriaces, glabres et luisantes en dessus. Tige frutescente et dressée. *Haut.* 1 m. 20. Caracas, 1825. Serre froide.

V. corymbosum, Linn. * *Fl.* formant plus souvent des grappes que des corymbes sur des rameaux nus; corolle blanche ou obscurément rosée, renflée-ovale ou cylindracée-campanulée, de 8 à 10 mm. de long. *Fr.* ordinairement bleu-noir et fortement pruineux. *Flles* variant depuis la forme ovale ou oblongue jusqu'à celle elliptique-lancéolée. Ramilles vert jaunâtre et devenant brunâtres. *Haut.* 1 m. 50 à 3 m. Amérique du Nord, 1765.

V. c. amœnum, Hort. *Flles* serrulées-ciliées ou bordées de cils raides, d'un vert assez gai, faiblement pubescentes. Syns. *V. amœnum*, Ait. (A. B. R. 138; B. R. 400); *V. fuscatum*, Ait. (B. M. 3433.)

V. c. pallidum, Hort. Variété pâle, très glauque ou glaucescente, pubescente ou non, généralement basse, mais presque semblable à la précédente par ses autres caractères. Syn. *V. albiflorum*, Hook. (B. M. 3428.)

V. crassifolium, Andr. *Fl.* peu nombreuses, presque sessiles et réunies en petits faisceaux axillaires; corolle presque blanche, globuleuse et campanulée. *Fr.* Noirs. *Flles* de 6 à 12 mm. de long, variant depuis la forme ovale jusqu'à celle étroitement oblongue, faiblement serrulées-mucronées ou entières et luisantes. Tiges grêles et traînantes, de 60 cent. à 1 m. de long. Amérique du Nord, 1787. Arbuste toujours vert. (A. B. R. 105; B. M. 1152.)

V. diffusum, Ait. Syn. de *V. arboreum*, Marsh.

V. dumosum, Andr. — V. **Gaylussacia dumosa.**

V. erythrinum, Hook. * *Fl.* nombreuses, assez grandes, unilatérales et pendantes; corolle rouge corail foncé, urcéolée, à limbe à cinq petits segments réfléchis; pédicelles rouges; grappes fasciculées, terminales, de 6 à 8 cent. de long, sessiles ou à peu près. Octobre. *Flles* alternes, coriaces, luisantes, de 4 à 5 cent. de long, ovales, un peu obtuses, très entières et teintées de rouge quand elles sont jeunes, ainsi que les jeunes rameaux. *Haut.* 50 cent. Java, 1852. Bel arbuste toujours vert et de serre tempérée. (B. M. 4688; F. d. S. 1115; L. J. F. IV, 364.)

V. erythrocarpum, Michx. *Fl.* rosées, solitaires, axillaires et pendantes. *Fr.* d'abord rouges, puis bleu noirâtre à la maturité et insipides. *Haut.* 1 m. à 1 m. 30. Amérique septentrionale, 1806, puis de nouveau en 1894. (B. M. 7413.)

V. formosum, Andr. * *Fl.* réunies en faisceaux lâches; calice et bractées rouges ou rougeâtres, celles-ci tombant tardivement; corolle rose rouge, de 10 à 12 mm. de long et cylindrique. *Fr.* bleus et doux. *Flles* ovales ou oblongues, entières, de 30 à 60 cent. de long, lisses et vert gai en dessus, glabres ou pubescentes en dessous et de texture assez ferme. *Haut.* 60 cent. à 1 m. Amérique du Nord. (A. B. R. 97.)

V. frondosum, Ait. — V. **Gaylussacia frondosa.**

V. fuscatum, Ait. Variété du *V. virgatum*, Ait.

V. Imrayi, Hook. — V. **Hornemannia martinicensis.**

V. leucobotrys, — * *Fl.* glabres, à corolle blanche, céracée, sub-diaphane, conico-urcéolée; grappes nombreuses, naissant entre les feuilles et plus longues qu'elles, pendantes, unilatérales et multiflores. Eté. *Fr.* blanc pur, avec cinq taches foncées, disposées en cercle au-dessous du sommet, nombreux et ayant environ la grosseur d'un pois. *Flles* oblongues-lancéolées, profondément dentées en scie et très courtement pétiolées. Branches verticillées. *Haut.* 1 m. 20 à 2 m. 20. Bengale, 1859. Arbuste toujours vert et de serre froide. (B. M. 5103, sous le nom de *Epigynium leucobotrys*).

V. leucostonium, Lindl. *Fl.* fasciculées par trois-quatre et réunies en faisceaux courts et dressés; corolle écarlate, à pointes blanches; urcéolée-campanulée et à limbe court; bractées petites et subulées. *Flles* oblongues, presque sessiles, épaisses, légèrement crénelées, obscurément nervées et de 1 1/2 à 2 cent. 1/2 de long. Branches anguleuses et dressées. Andes du Pérou, 1848. Arbuste glabre et toujours vert. (G. C. 1848, p. 7.)

Fig. 380. — OXYCOCCUS (*Vaccinium*) MACROCARPUS.

V. macrocarpum, Ait. — V. **Oxycoccus macrocarpus.**

V. maderense, Link. *Fl.* à pédicelles axillaires et pendants; corolle blanc-verdâtre, campanulée, sub-cylindrique; grappes feuillées. *Flles* oblongues, atténuées aux deux extrémités, serrulées et pubescentes en dessous. Tige arborescente. *Haut.* 2 m. Madère, 1777. Syn. *V. Arctostaphyllos*, Willd. (A. B. R. 30; B. M. 974.)

V. Mortinia, Benth. * *Fl.* réunies en grappes très courtes et pendantes; rapprochées, courtement pédicellées; corolle rose vif, de 8 mm. de long, avec cinq petites dents récurvées. *Flles* assez rapprochées, de 12 à 18 mm. de long, étalées et réfléchies, ovales ou lancéolées, oblongues, aiguës, épaisses et coriaces, légèrement dentées en scie; pétioles très courts. Rameaux pubescents ou presque glabres. *Haut.* 60 cent. à 1 m. Andes, 1884. Arbuste demi-rustique. (B. M. 6872.)

V. **Myrsinites**, Lamk. *Fl.* réunies en faisceaux ou en très courtes grappes, courtement pédicellées; corolle blanche ou rose, à cinq dents, à la fin cylindracée, de 5 à 8 mm. de long; bractées rougeâtres, tombant tardivement. *Fr.* bleus et globuleux. *Flles* variant depuis la forme obovale et obtuse jusqu'à celle oblongue-lancéolée, aiguës et spatulées, souvent cuspidées, de 1 à 2 cent. 1/2 de long, parfois denticulées, presque toutes luisantes en dessus, ternes ou plus pâles et parfois glauques en dessous. Ramilles pubérulentes quand elles sont jeunes, *Haut.* 20 à 60 cent. Amérique du Nord, 1794. Arbuste toujours vert. (B. M. 1550, sous le nom de *V. nitidum decumbens.*) Syn. *V. Sprengeli*, Hort.

V. **myrtilloides**, Hook. *Fl.* solitaires à l'aisselle des premières feuilles et ordinairement à cinq divisions; corolle blanc jaunâtre ou blanc verdâtre, teintée de pourpre; globuleuse-urcéolée, ayant presque 5 mm. de long. *Fr.* pourpre noirâtre et un peu acides. *Flles* ovales ou ovales-oblongues, finement serrulées, membraneuses, vertes sur les deux faces mais non luisantes, de 2 cent. 1/2 ou plus de long; les plus grandes ou les dernières presque toutes aiguës ou acuminées. Ramilles légèrement anguleuses. *Haut.* 30 cent. à 1 m. 50. (B. M. 3447.)

V. **Myrtillus**, Linn. Airelle commune, Myrtille, Raisin des bois; Angl. Bibberry, Bleaberry, Blueberry, Common

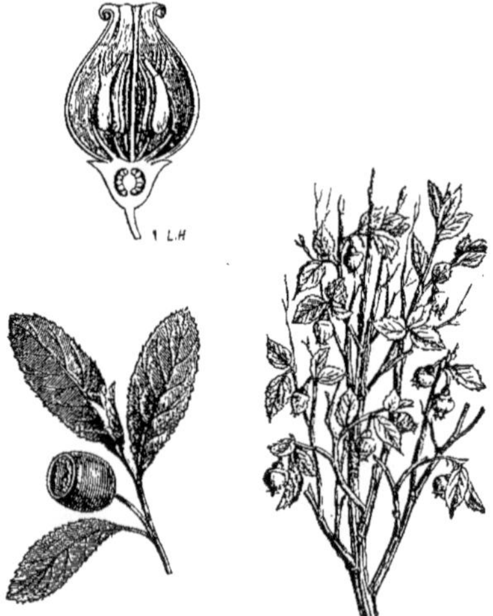

Fig. 381. — Vaccinium Myrtillus.
Rameau florifère, fleur coupée longitudinalement, rameau avec fruit mûr.

Whortleberry, etc. — *Fl.* solitaires à l'aisselle des feuilles et à pédoncules nus, de 6 mm. de long; corolle rosée, teintée de vert, globuleuse, de 6 mm. de diamètre. *Fr.* bleu foncé, de 8 mm. de diamètre et glauques. *Flles* caduques, ovales, de 1/2 à 2 cent. 1/2 de long, dentées en scie, veinées-réticulées et rosées quand elles sont jeunes. Tiges nombreuses, dressées, de 15 à 60 cent. de haut, à rameaux ailés, anguleux. Europe; France, Angleterre, etc. Asie et Amérique; bois secs et silicieux (F. D. 974; Sy. En. B. 874.)

V. **nitidum**, Andr. *Fl.* réunies en faisceaux ou en très courtes grappes; calice à dents très obtuses ainsi que les bractées; celles-ci presque persistantes; corolle rose rouge, passant au blanc, assez large et de 5 mm. de long. *Fr.* noirs et parfois pyriformes. *Flles* variant depuis la forme obovale jusqu'à celle oblancéolée-oblongue, de 6 à 12 mm. de long, épaisses et coriaces, luisantes, au moins en dessus, obscurément denticulées et glanduleuses. *Haut.* 30 à 60 cent. Amérique du Nord. Arbuste diffus, très ramifié, fortement feuillu et toujours vert. (A. B. R. 480.)

V. **ovatum**, Pursh. *Fl.* réunies en faisceaux courts, compacts et axillaires; corolle rose ou carnée, campanulée, de 5 mm. de long, à cinq divisions. *Fr.* rougeâtres, devenant noirs, un peu petits et doucereux. *Flles* épaisses et fermes, très nombreuses, variant depuis la forme oblongue-ovale jusqu'à celle oblongue-lancéolée, aiguës, bordées de dents fines et aiguës, glabres ou à peu près et vert gai sur les deux faces. Ramilles pubescentes. *Haut.* 1 m. à 1 m. 50. Amérique du Nord, 1826. Arbuste dressé, rigide et toujours vert. (B. R. 1354; L. B. C. 1605; L. J. F. IV, 424.)

V. **Oxycoccos**, Linn. — V. **Oxyccocus palustris.**

V. **pensylvanicum**, Lamk. * *Fl.* très courtement pédicellées et réunies en faisceaux ou en courtes grappes; corolle blanche ou rose terne, campanulée, à orifice légèrement contracté, ayant à peine 5 mm. de long. *Fr.* noir bleuâtre et glauques, gros et doux, mûrissant de bonne heure. *Flles* oblongues-lancéolées ou oblongues, vertes et un peu luisantes sur les deux faces, glabres ou parfois poilues sur la nervure médiane de la face inférieure, distinctement serrulées et à dents munies d'une pointe sétacée. Tiges vertes et verruqueuses, presque toutes glabres. *Haut.* 20 à 30 cent. et plus. Amérique du Nord, 1772. (B. M. 3434.)

V. p. **angustifolium**, Hort. Angl. Bluets. — Forme naine, de 20 cent. ou moins de haut, à feuilles lancéolées. Syn. *V. angustifolium*, Ait.

V. **reflexum**, Hook. f. *Fl.* à corolle rouge, coriace, à cinq angles un peu aigus; corymbes petits, courts, pauciflores ou multiples et alors sub-globuleux, sub-terminaux et axillaires. Janvier. *Flles* petites, réfléchies ou horizontalement étalées, de 12 à 18 mm. de long, presque sessiles, oblongues-lancéolées, aiguës, finement dentées en scie, sauf à la base, rouge pâle et vif quand elles sont jeunes. Tige ramifiée dès la base, à rameaux de 30 à 60 cent. de long, faiblement divisés, feuillés et pendants. Bolivie, 1869. Arbuste toujours vert et de serre froide. (B. M. 5761.)

V. **resinosum**, Ait. — V. **Gaylussacia resinosa.**

V. **Rollisoni**, Hook. *Fl.* à pédicelles étalés et pendants; corolle d'un beau rouge écarlate, à limbe à cinq lobes aigus; grappes toujours terminales, presque sessiles et composées de quatre à six fleurs. *Flles* d'environ 2 cent. de long, obovales, sub-cunéiformes, coriaces, luisantes, entières et parfois rétuses. Ramilles anguleuses. *Haut.* 60 cent. ou plus. Java, 1851. Arbuste dressé, très ramifié, légèrement velu, feuillu, toujours vert et de serre chaude. (B. M. 4612.)

V. **rugosum**, Hook. f. et Thoms. — V. **Pentapterygium rugosum.**

V. **Sprengeli**, Hort. Syn. de *V. Myrsinites*, Lamk.

V. **stamineum**, Linn. * Angl. Deerberry, Squaw, Huckleberry. — *Fl.* presque toutes axillaires, à corolle purpurin terne ou vert jaunâtre, à cinq divisions profondes; appendices des anthères beaucoup plus courts que les tubes allongés. *Fr.* verdâtres ou jaunâtres, gros, pyriformes ou globuleux et fades. *Flles* pâles et ternes ou glauques, surtout en dessous et variant depuis la forme ovale jusqu'à celle lancéolée-oblongue. Rameaux divergents, finement pubescents ou à la fin glabres. *Haut.* 60 cent. à 1 m. Amérique du Nord, 1772. (A. B. R. 263.)

V. tenellum, Ait. Variété du *V. virgatum*, Ait.

V. uliginosum, Linn. *Fl.* à corolle rose pâle, de 4 mm. de long, sub-globuleuse; solitaires ou réunies par deux-trois sur des pédicelles de 3 mm. de long et uniflores. *Fr.* plus petits mais de même teinte que ceux du *V. Myrtillus*. *Flles* variant depuis la forme oblongue jusqu'à celle obovale, de 1 1/2 à 2 cent. 1/2 de long, obtuses ou aiguës, très entières, coriaces, glauques en dessous. Tiges de 15 à 25 cent. de long, nues inférieurement, retombantes, à rameaux ascendants, arrondis, non ailés. Régions arctiques de l'hémisphère boréale; France, Angleterre, etc., dans les lieux humides. (F. D. 231; Sy. En. B. 878.)

V. virgatum, Ait. *Fl.* à pédicelles courts; corolle rose, de 3 à 8 mm. de long; fascicules parfois effilés, insérés sur des rameaux nus. *Fr.* noirs et parfois pruineux. *Flles* variant depuis la forme obovale-oblongue jusqu'à celle cunéiforme-lancéolée ou oblongues-lancéolées, ordinairement aiguës et finement serrulées, un peu minces, de 2 cent. 1/2 ou plus de long. *Haut.* 1 m. Amérique du Nord. Arbuste plus ou moins pubescent. (A. B. R. 181; B. M. 3522; W. D. B. 1, 33-34.)

V. v. fuscatum, Ait. Forme à fleurs rose foncé et à pédicelles et bractées rouge foncé, se rapprochant du *V. formosum*. (B. R. 302.)

V. v. tenellum, Ait. *Fl.* presque blanches, réunies en faisceaux plus courts et plus denses; corolle ayant à peine 6 mm. de long. *Flles* presque toutes petites. Plante noire.

V. Vitis-Idæa, Linn. * Myrtille rouge, Vigne du Mont Ida; Angl. Browlins, Cowberry et Flowering Box, etc. — *Fl.* rapprochées en grappes courtes, terminales et pendantes; corolle blanche ou rose, campanulée; anthères dépourvues d'appendice. *Fr.* rouges, globuleux, de 8 mm. de diamètre, à saveur acide. *Flles* persistantes, obovales, de 1 1/2 à 2 cent. 1/2 de long, vertes en dessus (comme celles de Buis), mais ponctuées en dessous, très coriaces, bisériées, à bords révolutés, épaissies, entières ou finement serrulées. Tiges effilées, tortueuses, retombantes; branches arrondies, pubescentes, de 15 à 40 cent. de long, traînantes ou ascendantes. Europe; France, Angleterre, etc., dans les bois siliceux. (F. D. 40; Sy. En. B. 877.)

VACILLANT. — Se dit des anthères insérées par le milieu sur leur filet et se balançant à droite et à gauche au moindre choc.

VACOUA, VACOUANG, VACQUOIS. — V. **Pandanus**.

VACUUS. — Mot latin parfois employé pour désigner les organes qui ne contiennent pas ce qu'ils renferment habituellement, comme par exemple les bractées florales lorsqu'elles ne présentent pas de fleur à leur aisselle.

VAGARIA, Herb. (dérivation obscure). Fam. *Amaryllidées*. — La seule espèce de ce genre est une plante bulbeuse, de serre froide, séparée du genre *Pancratium* tant par suite de la position différente des ovaires et quelques autres caractères, tels que l'absence de coupe staminale, que pour son origine orientale. La plante n'existe du reste dans les cultures qu'à l'état de sujets de collection. Pour son traitement général, V. **Pancratium**.

V. parviflora, Herb. *Fl.* petites, pédicellées et réunies par sept-huit en ombelle au sommet d'une hampe grêle, à deux angles et plus courte que les feuilles; périanthe à tube d'environ 12 mm. de long, en entonnoir et à segments égaux, lancéolés, avec une large carène verte; filets staminaux carrés à la base, avec une dent de chaque côté et beaucoup plus courts que les segments. Automne. *Flles* quatre à six, largement linéaires, paraissant après les fleurs et atteignant jusqu'à 60 cent. de long. Bulbe globuleux, de 4 cent. de diamètre. Syrie, 1815 et 1885. Syn. *Pancratium parviflorum*, Desf. (R. L. 471. (S. M.)

VAGIFORME. — Se dit parfois des organes de forme vague, indéterminée.

VAGINANT, VAGINIFORME. — Se dit parfois des organes qui forment une gaine autour de la partie qui les porte, comme c'est le cas des pétioles de diverses plantes. *Engainant* a la même signification et est d'un usage bien plus général et presque exclusif. (S. M.)

Fig. 382. — Vagaria parviflora.

VAGINÉ; Angl. Vaginate. — Syn. de **Engainé**.

VAGINULE. — Petite gaine.

VAGINULARIA, Fée. — V. **Monogramme**, Schrank.

VAILLANTIA, DC. (dédié à Sébastien Vaillant, éminent botaniste français, qui publia un *Botanicon Parisiense*; 1669-1722). Syn. *Valantia*, Linn. Fam. *Rubiacées*. — Genre comprenant deux ou trois espèces de petites plantes herbacées, annuelles, ramifiées et rustiques, habitant l'Europe méridionale, la région méditerranéenne et l'Asie occidentale. Fleurs blanches ou jaunes, petites et ternées. Feuilles verticillées par quatre, lancéolées ou obovales. Le *V. muralis*, Linn., croît spontanément en France, mais, pas plus que ses congénères, il ne présente d'intérêt horticole.

VAISSEAUX; Angl. Vessels. — On nomme ainsi les canaux ou sortes de conduits dans lesquels circule, chez beaucoup de plantes, la sève et autres substances liquides qui leur sont propres. La présence ou l'absence des vaisseaux dans le tissu des végétaux est très constante et a fourni aux botanistes le caractère général qui détermine les deux premiers embranchements de la classification du règne végétal : les plantes *vasculaires*, ou pourvues de vaisseaux, et les plantes *cellulaires*, qui en sont dépourvues. Le premier groupe est seul en cause ici ; il comprend toutes les plantes *Cotylédonées*, c'est-à-dire pourvues de un ou deux cotylédons et une partie des *Acotylédonées*, dépourvues de cotylédons comme le sont les Fougères, les Lycopodes et genres voisins, que l'on nomme pour cette raison *cellulo-vasculaires*, ou *Cryptogames vasculaires* ou *supérieurs*.

Chez toutes ces plantes, les vaisseaux existent en grand nombre dans leurs tissus, mais dans tous les groupes de végétaux plus inférieurs que les Fougères et leurs voisins, ils manquent totalement, bien que les cellules lacticifères de quelques Champignons leur ressemblent beaucoup.

On peut grouper les vaisseaux comme suit :

1° Les vaisseaux proprement dits, ou faisceaux fibro-vasculaires qui constituent le **Système vasculaire.** (V. ce nom.) Ils comprennent (*a*) les vaisseaux du bois (*xylem*) et (*b*) ceux du liber (*phlœm*) ou tubes cribreux, encore nommés cellules grillagées.

2° Les vaisseaux du tissu cellulaire ou tissu fondamental, dispersés dans la moelle, dans l'écorce des racines et des tiges ainsi que parmi les parties vertes et cellulaires des feuilles.

Ces deux sortes de vaisseaux diffèrent matériellement par leur nature, leur contenu et leurs fonctions. Les deux sortes de vaisseaux vrais existent dans tous les faisceaux fibro-vasculaires et sont toujours formés par l'absorption des parois qui séparent des cellules allongées, placées en file, soit bout à bout, soit en s'emmanchant plus ou moins les unes dans les autres par leurs

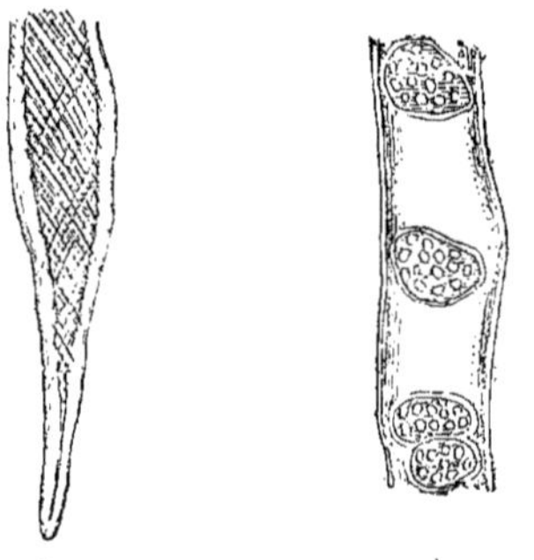

Fig 383. — *a*, Vaisseau libérien strié de *Vincetoxicum*. — *b*, Vaisseau cribreux de *Larix*, portant des plaques de ponctuations.

extrémités rétrécies, de telle façon qu'elles forment des tubes de longueur indéfinie. Chez la plupart des vaisseaux, il est facile de reconnaître la nature des cellules dont ils sont formées, aux marques qui restent sur les parois, aux points où les cellules se rejoignent.

Les vaisseaux du bois diffèrent de ceux de l'écorce par plusieurs caractères importants. Mais, avant d'indiquer ces différences, il convient de donner d'abord une brève description de la structure ordinaire des faisceaux fibro-vasculaires, afin de mieux élucider ce sujet.

Nous choisirons pour cette description un faisceau que l'on puisse facilement trouver dans la tige de beaucoup de Monocotylédones. Chez ces plantes, les faisceaux restent ordinairement pendant toute leur existence séparés les uns des autres par le tissu cellulaire dans lequel ils sont noyés et après leur formation ils ne subissent en outre pas de changement; par suite, les cellules et les vaisseaux dont ils sont formés sont peu ou même nullement altérés pendant la végétation.

Les plus simples faisceaux de cette nature se composent d'un groupe de vaisseaux du bois nommés *trachées*, réunis à un autre groupe de vaisseaux du liber (tubes cribreux), mais dans la plupart des plantes, ces vaisseaux sont accompagnés de cellules dont quelques-unes sont allongées et grêles (cellules fibreuses ou *prosenchyme*), tandis que les autres ne sont pas ou du moins à peine plus longues que larges, (*parenchyme*). Les parois de certaines de ces cellules restent ordinairement minces, mais celles des autres s'épaississent beaucoup par suite des dépôts qui s'accumulent sur leur face interne, et ce tissu prend alors le nom de *sclérenchyme*. Ce tissu augmente la force des faisceaux, car il est disposé le long des vaisseaux (sous forme de fibres ligneuses ou libériennes scléreuses) ou formant une gaine complète ou partielle autour des faisceaux. La position la plus commune du bois et du liber, que l'on voit facilement sur une coupe transversale, est celle dans laquelle le bois se trouve du côté du centre et le liber du côté de la circonférence ; mais chez certaines plantes, on observe du liber à l'intérieur du bois tandis qu'il manque à l'extérieur ; ou bien, le liber peut encore se présenter à l'intérieur et à l'extérieur, ou même tout autour du bois. Le moins souvent le liber se trouve au centre et le bois à la circonférence.

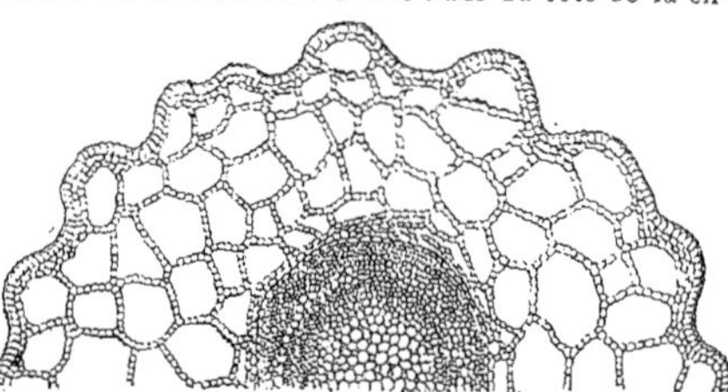

Fig. 384. — Partie d'une coupe transversale d'une tige d'*Hippuris*, présentant un faisceau central de vaisseaux et de grandes cavités sur la circonférence.

Le mode d'insertion des feuilles correspond à ces dispositions dans la tige. Si l'on dresse une feuille et qu'on applique sa face supérieure contre la tige, cette face est la plus près du centre de la tige, tandis que l'inférieure en est au contraire la plus éloignée. En conformité avec cette position relative des deux faces du limbe, les vaisseaux ligneux de chaque faisceau sont le plus près de la face supérieure et les vaisseaux libériens sont également plus rapprochés de la face inférieure que de celle opposée.

Chez les racines, les premiers faisceaux qui se montrent, et que l'on nomme faisceaux ligneux primaires, se composent entièrement de vaisseaux ligneux, qui se forment successivement de plus en plus près du centre de la racine et augmentent en volume à mesure qu'ils s'approchent du centre. Entre eux et à même distance que celle qui les sépare du centre, se trouve le liber, ce qui fait que la disposition des faisceaux des racines diffère évidemment de celle de ces mêmes organes dans les tiges.

Dans les tiges et les racines de Monocotylédones, les faisceaux acquièrent de bonne heure l'aspect et la structure qu'ils conservent ensuite d'une façon définitive; mais dans les Dicotylédones ligneuses et dans les Conifères, des changements ont lieu après la première année de végétation et ces changements affectent beaucoup l'aspect primitif des faisceaux. Dans chaque faisceau de la tige, le bois et le liber sont séparés par une couche de cellules à parois minces, nommée *cambium*, qui continue à former de nouvelles cellules par des divisions parallèles à sa surface, produisant du bois nouveau à l'extérieur du bois ancien et du nouveau liber à l'intérieur du liber ancien.

Le cambium forme un cylindre complet autour du bois des tiges de ces plantes et donne naissance à des anneaux de bois se superposant les uns autour des autres, ordinairement un chaque année de végétation. Les faisceaux deviennent si volumineux qu'ils ne sont plus séparés que par d'étroites bandes de cellules (rayons médullaires) dont les plus anciennes vont depuis la moelle au centre jusqu'à l'écorce en dehors du liber ; pendant ce temps, d'autres rayons se forment annuellement du bord interne des anneaux de bois jusqu'à l'écorce.

Au bout d'un certain temps, on peut à peine séparer les faisceaux fibro-vasculaires les uns des autres ; mais le bois et le liber se désunissent au contraire très facilement chez la plupart des Dicotylédones au point où se trouve le cambium, car les cellules qui composent cet anneau cèdent facilement, et l'écorce se détache aussi très facilement du bois. Le liber forme, comme on le sait, la couche la plus interne de l'écorce, sa connexion avec elle tend à devenir moins évidente qu'elle l'était avant que les faisceaux fussent unis par la continuité du cambium.

Dans les racines des Dicotylédones et des Conifères, les premiers faisceaux ligneux qui se forment ne s'accroissent pas ; mais il existe une couche de cambium à l'intérieur de chaque faisceau libérien, et ce cambium commence bientôt à former du nouveau bois à sa face interne et du liber à l'externe. Au bout d'un peu de temps, le cambium forme une couche continue, comme celle de la tige et les racines montrent, sur leur coupe transversale, une conformation qui rappelle beaucoup celle des tiges, sauf que la moelle centrale est beaucoup plus petite ou même nulle ; un observateur expérimenté peut encore y remarquer que les faisceaux ligneux primaires sont rapprochés du centre et libre d'adhérence aux faisceaux formés par le cambium.

Nous examinerons maintenant les diverses sortes de vaisseaux qu'on observe dans le bois et dans le liber.

Dans le bois de tous les faisceaux existe des vaisseaux *spiralés* ou *annelés*, que l'on nomme *trachées*. Ces vaisseaux sont de longs tubes dont la section transversale paraît ronde. Ils présentent très fréquemment de légères traces des cellules dont ils sont formés. Leur point caractéristique réside toutefois dans la présence d'un dépôt épais dans le tube qui, vu en coupe longitudinale, rappelle soit des anneaux, soit une spirale de fil de fer qu'on aurait placés dans un tube de verre, ou à un tuyau de caoutchouc dans lequel auraient été placés ces mêmes anneaux ou la spirale pour empêcher de l'aplatir.

Les faisceaux ligneux contiennent encore très généralement d'autres vaisseaux que ceux que nous venons de signaler et on observe aussi dans ces vaisseaux des dépôts sous forme d'un réseau plus ou moins régulier ; on les nomme *vaisseaux réticulés*, ou bien rappelant les degrés d'une échelle, d'où leur nom de *vaisseaux scalariformes* (Fougères et leurs voisins), mais couvrant parfois toutes les parois et ne laissant que d'étroites fentes ou de petits trous, ce qui les a fait nommer *vaisseaux sillonnés* ou *ponctuées*. Tous ces vaisseaux sont anguleux, ce dont on s'aperçoit facilement en faisant une coupe transversale. Ils sont plus grands que les vaisseaux spiralés et montrent en outre distinctement les bouts des cellules dont ils sont formés, bien que les ouvertures de ces bouts soient relativement grandes. Les vaisseaux spiralés et annelés se forment très rarement dans le cambium ; par suite, ils n'existent, chez les Dicotylédones et les Conifères que dans le

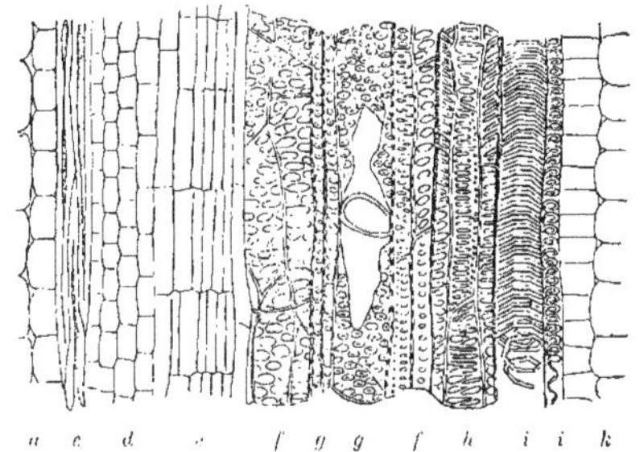

Fig. 385. — Coupe longitudinale d'un faisceau de vaisseaux libériens du Ricin (d'après Crié).

a, écorce ; *c*, fibres libériennes ; *d*, parenchyme libérien ; *e*, cambium ; *f*, *f*, fibres ligneuses ; *g*, *g*, vaisseaux ponctuées ; *h*, vaisseau scalariforme ; *ii*, trachées ; *k*, moelle.

bois primitif des tiges et des racines c'est-à-dire autour de la moelle. On a cru à une certaine époque qu'ils formaient un organe particulier, auquel on avait donné le nom de *gaine médullaire*.

Chez les Dicotylédones, les vaisseaux du bois formés par le cambium sont presque tous réticulés, ponctués ou sillonnés. Chez les Conifères, le cambium ne donne naissance qu'à un très petit nombre de vaisseaux, leurs fonctions étant remplies par des cellules ligneuses d'une nature particulière et s'ouvrant les unes au bout des autres. Tous les vaisseaux du bois bien caractérisés perdent rapidement leur protoplasme et ne contiennent plus alors que de l'air ou de la sève, ou plus généralement l'un et l'autre. Les parois des vaisseaux ligneux complètement développés sont ligneux et fermes.

Les vaisseaux du liber sont très distincts de ceux du bois. Ils existent toujours dans le liber jeune, bien qu'il ne soit pas toujours facile de les observer, sauf pour un micrographe expérimenté ; mais on peut aussi en trouver quelques-uns dans la moelle ou dans l'écorce de certaines plantes. Ces vaisseaux affectent la forme de tubes grêles, à parois minces, flexibles et dépourvues de dépôts épais. Les parois séparant les cellules formant ces vaisseaux ne sont pas entièrement absorbées, comme c'est le cas chez les vaisseaux ligneux. On peut toujours y remarquer des cloisons transversales ; mais ils sont percés de nombreuses petites ouvertures qui les font ressembler à un crible, d'où leur nom de tubes cribreux ou cellules grillagées.

Souvent, les parois des tubes voisins présentent aussi des perforations. Les tubes cribreux conservent leur protoplasme et celui-ci s'étend à travers les perforations du grillage. Sachs pense que le protoplasme se forme en abondance dans ces tubes cribreux et il ne paraît pas douteux que ces tubes soient les principaux canaux par lesquels le protoplasme est principalement sinon entièrement transporté d'une partie de la plante à l'autre, selon le besoin.

Les vaisseaux du tissu fondamental sont bien moins fréquents que ceux du système vasculaire, et ils en diffèrent en outre beaucoup par leur nature, sauf toutefois les petits faisceaux épars de tubes cribreux qui traversent le tissu fondamental de certaines plantes.

La seule forme de vaisseaux du tissu fondamental qu'il soit nécessaire de mentionner ici est celle dans lesquels circule le *latex* ou suc laiteux que l'on nomme pour cette raison *vaisseaux lactifères*. Ces vaisseaux n'existent que dans certaines familles de plantes, principalement parmi les Dicotylédones, notamment dans les *Campanulacées*, beaucoup de *Composées, Euphorbiacées, Ficoïdées*, *Papavéracées*, etc. Parmi les Monocotylédones, on peut à peine dire qu'ils s'y présentent sous leur forme caractéristique ou avec leur contenu laiteux.

Les vaisseaux lacticifères varient dans leur mode d'origine chez les différentes plantes. Chez la plupart, (Pavot, Pissenlit), ces vaisseaux sont formés comme les autres par la réunion de cellules dont les parois séparatrices sont partiellement ou totalement absorbées. Ils sont aussi très irréguliers et se réunissent fréquemment les uns aux autres par de nombreuses ramifications et forment ainsi un fin réseau, ayant d'abondantes communications intérieures.

Les parois de ces vaisseaux présentent rarement des dépôts épaissis. Dans quelques familles, les vaisseaux lacticifères se forment probablement, non pas par la réunion des cellules, mais par l'allongement et la ramification de cellules non divisées par des cloisons transversales et qui atteignent ainsi une très grande longueur. Beaucoup de botanistes croient que les vaisseaux lacticifères de certaines plantes, des *Rhus* notamment, sont réellement des espaces ou méats intercellulaires dans lesquels circule le latex. Ces vaisseaux sont fréquemment accompagnés de tubes cribeux, qui parfois même les remplacent dans une certaine mesure.

Chez les Monocotylédones qui possèdent du latex, ce liquide circule dans des rangées de grandes cellules séparées, dans les parois desquelles il n'existe pas de perforations bien évidentes (*Allium Cepa*); ou bien, chez les plantes (*Galanthus*) dans lesquelles les vaisseaux se composent de cellules à parois perforées, le liquide qui y circule ne ressemble pas à du latex, mais bien à de la sève claire, et on y observe en outre des raphides, c'est-à-dire de fins cristaux d'oxalate de chaux.

Le latex des Dicotylédones est un fluide spécial qui, chez les plantes qui en contiennent, s'épanche immédiatement au dehors lorsqu'on casse ou incise n'importe quelle partie de la plante. Ce fluide est clair tant qu'il circule dans les tissus de la plante, mais dès qu'il se répand à l'extérieur, par suite d'une plaie de l'écorce, il se trouble et s'épaissit bientôt au contact de l'air. Chez la plupart des plantes qui en sont pourvues, le latex est généralement d'un blanc de lait, d'où son nom du reste, mais chez quelques-unes, notamment les *Chelidonium*, il est jaune ou orange, par suite de la présence de pigments de ces couleurs.

Le microscope montre que le latex est formé de sève aqueuse, dans laquelle flottent des myriades de granules extrêmement petits; ces granules lui donnent, comme au lait, sa teinte blanche et le rendent opaque quand il est exposé à l'air. En restant longtemps exposé à l'air, ou à l'aide d'une addition d'alcool, d'acide ou autre réactif, certaines de ces substances se séparent du latex, se condensent en masses, sous forme de *coagulum* ou caillé, qui acquiert alors une couleur foncée. Cette substance fournit, selon les plantes dont elle provient, des produits économiques ou industriels ayant parfois une très grande importance commerciale, comme l'opium, le caoutchouc, la gutta-percha, etc.

Le latex renferme généralement, à l'état de dissolution, de petites quantités de sucre, de gomme, de protoplasme et divers alcaloïdes. On observe aussi des granules d'amidon dans le latex de certaines plantes, telles que les *Euphorbia*. Le Papayer (*Carica Papaya*) contient, dissoute dans son latex, une substance particulière (la papayotine), qui exerce une action digestive sur les fibres musculaires de l'estomac.

Beaucoup de botanistes croient que les vaisseaux lactifères remplissent chez les plantes le même rôle que les veines chez les animaux; mais les plantes qui en possèdent sont comparativement peu nombreuses et il n'existe pas de foyer central imprimant au latex un mouvement circulatoire, comme le fait le cœur au sang des animaux. Comme lui aussi, le latex contient les éléments nécessaires à la nutrition des plantes, ainsi que des substances qu'on peut considérer comme de simples excrétions produites pendant le développement et qui deviendraient même nuisibles si elles restaient dans les cellules.

Les vaisseaux lacticifères ne s'observent, comme nous l'avons déjà dit, que chez les végétaux supérieurs, mais il existe néanmoins des cellules lacticifères chez certains Cryptogames cellulaires, notamment dans les *Lactarius*, parmi les Champignons.

VALLANTIA, Linn. — V. **Vaillantia**, DC.

VALDESIA, Ruiz et Pav. — V. **Blakea**, P. Browne.

VALDIVIA, Rémy. (dérivé de Valdivie, nom d'une ville du Chili, dans le voisinage de laquelle croît cette plante). Fam. *Saxifragées*. — La seule espèce de ce genre est un petit arbuste toujours vert et demi-rustique, à tiges courtes et arrondies et d'aspect à la fois singulier et ornemental; il est maintenant probablement disparu des cultures.

V. Gayana, Rémy. *Fl.* rouges, pédicellées, réunies en petit nombre en grappes courtes, axillaires et poilues; calice à cinq à six lobes et à tube soudé avec l'ovaire; pétales cinq, périgynes, linéaires, acuminés, barbus à l'intérieur à la base; étamines cinq-sept. *Flles* amples, alternes et sub-opposées, obovales-lancéolées, aiguës, emarginées ou bordées de dents arquées et membraneuses; stipules nulles. *Haut.* 15 cent. Depuis le Chili jusqu'en Valdivie, 1863.

VALERIANA, Linn. (nom du moyen âge, dérivé de *valere*, être bien portant; allusion aux propriétés médicinales de certaines espèces). **Valériane** ; Angl. Valerian.

FAM. *Valérianées*. — Grand genre renfermant environ cent cinquante espèces de plantes herbacées et vivaces, de sous-arbrisseaux ou d'arbustes presque tous rustiques, habitant principalement les régions septentrionales tempérées, les régions extratropicales de l'Amérique du Sud et quelques-unes sont originaires du Brésil ou des Indes occidentales. Fleurs blanches ou roses, hermaphrodites ou dioïques, réunies en corymbes ordinairement trichotomes ou rarement en panicules terminales; calice à limbe d'abord replié en dedans, mais se développant par la suite en longues aigrettes plumeuses, couronnant le fruit; corolle à tube court ou rarement allongé, régulier ou bossu à la base et à limbe à cinq lobes étalés; étamines trois, rarement une ou deux par avortement. Le fruit est une capsule comprimée et uniloculaire. Feuilles, surtout les radicales, entières ou dentées, les caulinaires ou parfois toutes pinnatifides ou une à trois fois pinnatiséquées.

Les Valérianes sont peu décoratives et par suite peu répandues dans les jardins. Le *Valeriana pyrenaica* est cependant une grande et belle plante, bien digne de prendre place dans les endroits pittoresques et en particulier dans les rocailles. Le *V. officinalis* surtout possède des propriétés antispasmodiques bien connues, qui le font beaucoup employer en médecine; les racines sont la partie la plus active. Elles exhalent une odeur particulière, qui a la propriété d'attirer les chats. Ceux-ci éprouvent une véritable jouissance à les sentir, à se rouler dessus en écumant de plaisir. Aussi se sert-on souvent de leurs racines pour les attirer dans des pièges, lorsque ces animaux deviennent nuisibles aux jardins.

Toutes les espèces décrites ci-après sont vivaces et rustiques; elles prospèrent en toute terre ordinaire de jardin et se multiplient facilement par division des touffes ou par semis.

V. angustifolia, Mill. — V. **Centranthus angustifolius**.

V. Calcitrapa, Linn. — V. **Centranthus Calcitrapa**.

V. Cornucopiæ, Linn. — V. **Fedia Cornucopiæ**.

Fig. 386. — VALERIANA MONTANA.

V. dioica, Linn. Valériane dioïque; ANGL. Marsh Valerian. — *Fl.* rose pâle, dioïques; les mâles du double plus grandes que les femelles et réunies en corymbes terminaux, beaucoup plus lâches; tube de la corolle court. Mai. *Flles* radicales et celles des drageons longuement pétiolées, ovales ou elliptiques et entières, de 1 1/2 à 2 cent. 1/2 de long; les caulinaires peu nombreuses, courtement pétiolées, presque toutes pinnées, à segments latéraux étroits; le terminal plus grand et plus large, tous entiers. Tiges florifères de 15 à 20 cent. de haut. Souche presque inodore et stolonifère. Europe; France, Angleterre, etc., dans les lieux humides. (Sy. En. B. 668.)

V. montana, Linn. *Fl.* rose vif, dioïques, réunies en corymbes à la fin paniculés. Juillet. *Flles* inférieures oblongues ou obovales, sub-orbiculaires, obtuses et légèrement dentées; les supérieures lancéolées, acuminées et dentées. Souche ligneuse. *Haut.* 20 cent. Plante glabre ou légèrement poilue, dressée. (J. F. A. 269; L. B. C. 317.)

V. m. rotundifolia, Will. *Flles* inférieures presque rondes. Tiges plus courtes que dans le type. (B. M. 1825.)

V. officinalis, Linn. Valériane officinale, Herbe aux Chats; ANGL. All Heal; Common Valerian; Saint-George's

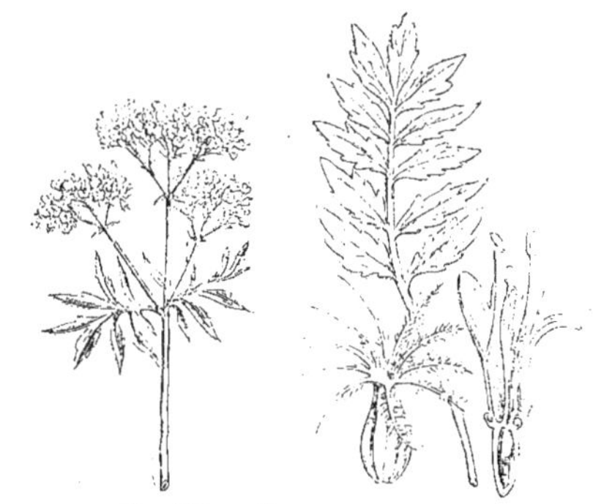

Fig. 387. — VALERIANA OFFICINALIS.
Inflorescence, feuille, fleur coupée longitudinalement et fruit mûr.

Herb, etc. — *Fl.* roses, hermaphrodites, réunies en corymbes contractés ou lâches et à la fin sub-paniculés. Mai-juin. *Flles* toutes ou à peu près toutes pinnatiséquées,

Fig. 388. — VALERIANA OFFICINALIS.

à sept ou huit paires de segments lancéolés et dentés en scie. Tiges sillonnées. Souche fétide. *Haut.* 1 m. Plante vivace, très variable. (B. M. Pl. 146; F. D. 570; Sy. En. B. 666.)

V. Phu, Linn. *Fl.* blanches, réunies en corymbes paniculés. Août. *Flles* radicales-oblongues ou elliptiques, spatulées, entières; les caulinaires, pinnatilobées, à lobes oblongs. Tige arrondie et lisse; racine pivotante. *Haut.* 60 cent. Caucase; échappé des cultures et sub-spontané en Europe. Plante glabre et dressée.

V. P. aurea, Hort. Diffère du type par ses jeunes pousses jaune d'or au printemps.

V. pyrenaica, Linn. *Fl.* carnées, nombreuses, réunies en larges corymbes trichotomes. Mai-juin. *Flles* radicales amples, cordiformes, dentées en scie, longuement pétiolées, d'un vert gai ; les caulinaires opposées, plus courtement pétiolées. Tiges fortes, dressées, arrondies, creuses, simples. *Haut.* 80 cent. à 1 mètre. Souche vivace, non stolonifère et odorante. Pyrénées.

V. rhutenica, Willd. — V. **Patrinia sibirica**.

V. sibirica, Linn. — V. **Patrinia sibirica**.

V. tripteris, Linn. *Fl.* rosées, polygames, disposées en petites cymes trichotomes, terminales ; accompagnées de bractées linéaires et scarieuses. Mai-juin. — *Flles* radicales simples, ovales-cordiformes, dentées à la base ; les caulinaires ternées, composées, à segments latéraux plus petit que le terminal. Tige simple, dressée, glabre. *Haut.* 15 à 20 cent. Souche vivace, cupiteuse. Alpes.

Les *V. tuberosa*, Linn., *V. supina*, Linn. et quelques autres espèces naines sont encore cultivées dans les rocailles comme plantes de collection.

VALÉRIANÉES. — Famille naturelle de végétaux Dicotylédones, renfermant environ deux cent soixante-quinze espèces réparties dans neuf genres et habitant principalement les régions froides de l'hémisphère boréale, abondantes surtout dans l'Amérique occidentale et les Andes, mais devenant rares dans l'Asie tropicale, le Brésil, la Guyane et les Indes occidentales. Ce sont des plantes herbacées, annuelles ou vivaces, des sous-arbrisseaux ou rarement des arbustes. Fleurs régulières ou irrégulières, hermaphrodites ou unisexuées, solitaires ou réunies en cymes terminales ou axillaires, en panicules ou corymbes terminaux, souvent lâches ; calice persistant, à tube soudé avec l'ovaire, souvent petit et parfois nul ; corolle blanche, bleu pâle ou rouge, jaune dans le genre *Patrinia*, supère, gamopétale, tubuleuse et souvent atténuée, gibbeuse ou éperonnée à la base ; limbe étalé, à trois-cinq divisions ou bilabié ; étamines une à quatre, insérées sur la corolle, au-dessous ou au-dessus du milieu du tube et souvent exsertes, à filets libres et à anthères à deux loges ; style simple, à un-trois stigmates. Fruit indéhiscent, à trois loges, dont deux stériles par avortement ou uniloculaire et monosperme par suite de la disparition des cloisons et couronné par les dents ou les aigrettes plumeuses du calice. Feuilles opposées, dépourvues de stipules, souvent presque toutes radicales ou fasciculées à la base de la tige, entières ou dentées, les caulinaires parfois peu nombreuses et entières ou souvent aussi grandes que les radicales et dentées, pinnatifides et même parfois une à trois fois pinnatiséqués.

Certaines Valérianées possèdent des propriétés médicinales très anciennement connues ; aujourd'hui, on les emploie beaucoup comme puissants antispasmodiques dans les maladies nerveuses ; c'est surtout du *Valeriana officinalis* qu'il s'agit. L'horticulture emprunte à cette famille une plante potagère : la Mâche (*Valerianella*) et quelques plantes d'ornement. Parmi les genres plus importants nous citerons : *Centranthus Fedia*, *Nardostachys*, *Patrinia*, *Valeriana*, *Valerianella*, etc.

VALERIANELLA, Tourn. f. (diminutif de *Valeriana*). **Mâche.** Syns. *Fedia*, Gærtn. ; *Odontocarpa*, Neck. ; *Polypremum*, Adans. Fam. *Valérianées*. — Genre comprenant environ cinquante espèces de petites plantes herbacées, rustiques, annuelles ou bisannuelles, ramifiées-dichotomes et habitant l'Europe, le nord de l'Afrique, l'Asie occidentale et l'Amérique du Nord. Fleurs blanchâtres, bleuâtre pâle ou roses, petites et réunies en cymes corymbiformes-paniculées, fastigiées ou parfois densément globuleuses et insérées au sommet des rameaux ; bractées libres ; calice à limbe denté, lobé ou nul ; corolle à tube court ou rarement allongé et à limbe étalé, à cinq divisions ; étamines trois. Fruit recouvert par le calice persistant et surmonté d'une coronule diversement dentée, triloculaire, mais généralement monosperme. Feuilles radicales en rosette, entières, spatulées ; les caulinaires plus petites, entières, dentées ou rarement incisées-pinnatifides.

Les Mâches ne sont intéressantes qu'au point de vue potager ; elles nous fournissent, comme on le sait, une excellente salade d'hiver. Des quatorze espèces croissant spontanément en France, toutes ou à peu près sont propres à cet usage, souvent récoltées dans les champs et les deux espèces décrites ci-après sont beaucoup cultivées dans les jardins, le *V. olitoria* surtout ; il a du reste donné naissance à plusieurs variétés horticoles que l'on trouvera décrites ainsi que leur culture à l'article **Mâche**.

V. carinata, Lois. Angl. Corn Salad. — *Fl.* bleu pâle, en cymes compactes, sub-globuleuses ; calice fructifère à limbe presque nul. Avril-mai. *Fr.* glabre ou velu, subtétragone, concave sur une face, caréné sur l'autre. *Flles* radicales spatulées, entières et obtuses. Tige rameuse, dichotome. Europe, France, Angleterre, etc. — Sir J. D. Hooker considère cette plante comme une variété probable du *Fedia olitoria*, auquel il semble par tous ses caractères, sauf ceux du fruit.

V. eriocarpa, Desv. Mâche d'Italie, Régence, Grosse Mâche, Mâche à feuilles de Laitue. — *Fl.* bleu pâle, réunies en cymes compactes ; calice fructifère évasé et obliquement tronqué et denticulé, égalant presque le fruit. Mai-Juin. *Fr.* velu, hérissé ou parfois glabre, ovoïde, comprimé, avec une fossette ventrale ; loge fertile bien plus grande que les stériles. *Flles* inférieures oblongues-spatulées, entières, obtuses ; les supérieures étroites et souvent dentées inférieurement ; toutes d'un vert blond et tendre. Tige tétragone et ramifiée dichotome. Europe méridionale : France, etc.

Fig. 389. — Valerianella olitoria.
Jeune plante en feuilles.

V. olitoria, Pollich. Mâche commune, M. ronde ; Doucette ; Angl. Common Corn Salad, Lamb's Lettuce, White Potherb. — *Fl.* lilas pâle, petites, réunies en cymes compactes, sub-sphériques ; calice fructifère à limbe presque nul. Avril-mai. *Fr.* petit, glabre ou pubescent, sub-globuleux, comprimé, sillonné sur le dos et portant deux côtes sur chaque face; loge fertile épaissie, subéreuse sur le dos; les stériles confluentes. *Flles* radicales de 2 1/2 à 8 cent. de long, linéaires oblongues ou oblongues-lancéolées, très entières ou dentées; les caulinaires semi-amplexicaules, étroites et aiguës. Tige souvent ramifiée-dichotome dès la base. *Haut.* 15 à 30 cent. Europe, France, Angleterre, etc., commun dans les champs. Il en existe plusieurs variétés horticoles. V. **Mâche**.

VALLARIS, Burm. (probablement dérivé de *vallo*, j'enferme; les plantes sont, dit-on, employées à Java, pour former des haies défensives). Syns. *Emericia*, Rœm. et Schult.; *Peltanthera*, Roth. Fam. *Apocynacées*. — Genre renfermant une demi-douzaine d'arbustes volubiles, de serre chaude, habitant l'Asie tropicale et l'Archipel Malais. Fleurs blanches, réunies en cymes ou fasciculées; calice à cinq divisions glanduleuses ou non à l'intérieur; corolle en coupe, à tube court et à gorge nue, avec de larges lobes; étamines insérées au sommet du tube, à filets très courts et claviformes. Feuilles opposées et finement ponctuées. Pour la culture de l'espèce suivante, seule introduite, V. **Vallesia**.

V. **Pergulana**, Burn. *Fl.* exhalant une odeur désagréable, rappelant celle de la Chèvre; cymes glabres ou pubérulentes. *Flles* largement elliptiques-obovales ou brusquement arrondies, courtement aiguës, membraneuses, de 10 à 15 cent. de long et 8 à 10 cent. de large, glabres ou pubérulentes en dessous; pétales de 2 1/2 à 4 cent. de long. Ecorce pâle. Indes, 1818.

VALÉRIANE. — V. **Valeriana**.

VALÉRIANE d'Alger. — V. **Fedia Cornucopiæ**.

VALÉRIANE bleue. — V. **Polemonium cæruleum**.

VALÉRIANE grecque. — V. **Polemonium cæruleum**.

VALÉRIANE à grosse tige. — V. **Centranthus macrosiphon**.

VALÉRIANE des jardins. — V. **Centranthus ruber**.

VALÉRIANE à long éperon. — V. **Centranthus ruber**.

VALÉRIANE rouge. — V. **Centranthus ruber**.

VALLÉCULES. — Intervalles qui séparent les côtes les fruits des Ombellifères et dans lequels se trouvent généralement des canaux gommo-résinifères colorés, que l'on nomme bandelettes.

VALLESIA, Ruiz et Pav. (dédié à Francisco Valles, médecin de Philippe II d'Espagne, mort en 1592). Fam. *Apocynacées*. — Genre comprenant aujourd'hui cinq espèces d'arbustes ou de petits arbres très ramifiés, glabres et de serre chaude, habitant l'Amérique centrale et australe. Fleurs petites et réunies en cymes; calice à cinq divisions et dépourvu de glandes; corolle en coupe, annelée ou poilue à l'intérieur et à cinq lobes ovales ou lancéolés et tordus; étamines incluses au-dessous du sommet du tube. Feuilles alternes, lancéolées ou oblongues.

Il est douteux que l'espèce suivante existe encore dans les cultures. Elle prospère dans un compost de terre franche siliceuse et de terre de bruyère. On peut la multiplier par boutures que l'on fait dans du sable, sous cloches et à chaud.

V. **cymbæfolia**, Ortega. *Fl.* blanches, nombreuses, de 8 mm. de long, réunies en cymes dichotomes, ayant la moitié de la longueur des feuilles. Mai. *Flles* ovales-oblongues, aiguës, obtuses à la base, de 5 à 6 cent. de long, tuberculeuses-rugueuses et garnies de ponctuations pellucides, pubescentes quand elles sont jeunes. Branches dichotomes et arrondies. *Haut.* 1 m. Pérou, 1822. Syn. *V. dichotoma*, Ruiz et Pav.

V. **dichotoma**, Ruiz et Pav. Syn. de *V. cymbæfolia*, Ortega.

VALLISNERIA, Michx. (dédié à Antonio Vallisneri, botaniste italien et professeur à Padoue; 1661-1730). Fam. *Hydrocharidées*. — La seule espèce de ce genre (l'*Index kewensis* en indique cependant deux autres) est une curieuse plante herbacée, aquatique, submergée et rustique ou à peu près, habitant les lacs et autres eaux tranquilles des régions chaudes et tempérées; on la rencontre cependant dans le Midi de la France. Cette plante est fréquemment cultivée dans les petits aquariums et aussi dans les pièces d'eau, bien plus dans ce dernier cas pour l'intérêt que son mode de fécondation présente que pour l'effet décoratif, car elle reste enfoncée au fond de l'eau, sauf pendant la fécondation.

Elle prospère facilement dans les aquariums; il suffit pour cela de placer un peu de terre ou même du sable dans le fond et de l'y planter; toutefois, pour qu'elle puisse y fleurir, il faut qu'elle soit couverte d'au moins 30 à 40 cent. d'eau; dans les bassins en plein air, on ne doit pas craindre de la placer à cette profondeur. Elle s'y propage rapidement et sa multiplication s'effectue alors facilement par division des pieds.

V. **spiralis**, Linn. Vallisnère: Angl. Eel Grass. — *Fl.* dioïques, petites, blanc verdâtre: les mâles nombreuses, insérées sur un réceptacle conique et formant un petit bouquet ovoïde ou globuleux, entouré d'une spathe à trois valves inégales; hampe courte et radicale; périanthe à trois divisions concaves; étamines sept, dont quatre stériles et trois fertiles; fleurs femelles insérées au sommet d'un très long pédoncule filiforme, fortement enroulé en spirale et restant au fond de l'eau avant et après la fécondation; spathe tubuleuse et bivalve; périanthe à trois divisions; stigmates trois, ovoïdes. Juillet-septembre. *Flles* linéaires, très longues et minces quand l'eau est profonde, courtes dans le cas contraire, obtuses ou aiguës et plus ou moins finement dentées aux extrémités ou parfois entières. Tiges très courtes et stolonifères. Régions chaudes et tempérées; France méridionale et jusqu'aux environs de Paris, où la plante femelle s'est naturalisée. — Tout l'intérêt de cette petite plante réside dans son mode de fécondation excessivement curieux. Au moment pro-

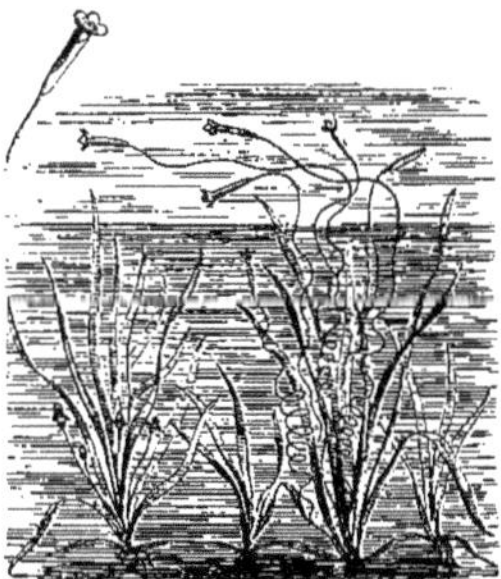

Fig. 390. — Vallisneria spiralis.

pice, les fleurs mâles étant très courtement pédonculées, se détachent de la plante qui les a produites et viennent flotter à la surface de l'eau, où elles répandent alors leur pollen. En même temps, les fleurs femelles déroulent leur très long pédoncule et viennent rejoindre les fleurs mâles. Après la fécondation, leur pédoncule s'enroule de nouveau et elles redescendent alors au fond de l'eau, où elles développent leurs fruits et mûrissent leurs graines.

(S. M.)

VALLONNEMENT. — Dans les jardins tracés en style paysager, on nomme ainsi les ondulations que l'on donne artificiellement au sol, ou qu'on accentue ou modifie selon le tracé quand il est déjà naturellement ondulé, et cela de façon à créer des perspectives où la vue s'étende pour ainsi dire naturellement, à mettre certains points en relief et à donner à l'ensemble un aspect plus élégant et plus gracieux.

Le vallonnement est le complément indispensable d'un tracé paysager; il en constitue même une partie importante et non la moins délicate de la conception tout entière. Il n'y a point de règle absolue; cela est affaire de goût, de tact, de la part de l'architecte paysagiste qui conçoit le plan. Le vallonnement dépend beaucoup aussi de la configuration naturelle du sol, car on doit profiter le plus possible des éminences et dépressions qu'il peut présenter, de façon à réduire à leur minimum les travaux de terrassement ; ceux-ci étant naturellement longs et coûteux, quand il s'agit de déplacer, parfois à de longues distances, de grandes quantités de terres.

En général, les vallonnements rendent toujours creuse ou largement déprimée la partie centrale des grands motifs et simulent un peu le lit d'une large rivière qui aurait passé par là à un moment donné, faisant place nette sur son passage ; ces sortes de coulées se nomment points de vue ou perspectives, elles partent toutes plus ou moins exactement d'un point central, l'habitation principale, et se dirigent en divergeant vers les endroits les plus beaux et aussi les plus éloignés, de façon à allonger la vue. Sur les côtés de ces coulées, se trouvent alors des éminences que l'on forme avec la terre prise au centre et sur lesquelles on place les massifs d'arbres, d'arbustes ou les corbeilles de fleurs. Pour de plus amples détails sur ce sujet, V. **Jardins** et **Pentes**. L'exécution des vallonnements d'après un plan donné est une opération délicate, sinon pour le terrassier, du moins pour le conducteur des travaux ; elle exige de lui certaines connaissances géométriques, de **nivellement** surtout. On trouvera des renseignements sur ce sujet à ce dernier mot.

(S. M.)

VALLOTA, Herb. (dédié à Pierre Valot, botaniste français qui publia une description des jardins royaux, en 1623). FAM. *Amaryllidées*. — La seule espèce du genre est une belle plante bulbeuse et de serre froide, assez répandue dans les cultures. Dans le Midi, la plante peut rester en pleine terre pendant l'hiver, mais dans le nord il lui faut l'orangerie ou la serre froide pendant l'hiver et, pour cette raison, on la cultive le plus souvent en pots. Elle forme alors de magnifiques touffes si on lui donne des pots suffisamment grands et si on laisse ses bulbes plusieurs années sans les séparer ; il y a, du reste, avantage à les traiter ainsi, car ils n'ont pas de période de repos absolu et, de même que pour la plupart des *Amaryllidées*, on doit bien se garder de meurtrir ou de supprimer les racines et de les laisser se sécher. On les plante de préférence dans un compost de bonne terre franche et fibreuse, de terreau de feuilles et de sable en parties égales. Les bulbes doivent être placés assez profondément dans des pots assez grands, ou bien il faut alors rempoter les touffes au fur et à mesure qu'elles prennent du développement. Dans le midi, dans les serres froides et aussi dans les endroits biens sains et abrités, on peut mettre les bulbes en pleine terre dans le compost ci-dessus, à 15 à 20 cent. de profondeur et en ayant soin de les couvrir d'abord de sable, puis du compost que l'on foule assez fortement. On les laisse ainsi pendant longtemps sans les déranger ; ils s'établissent alors et produisent chaque année de magnifiques fleurs. Juin-juillet est le meilleur moment pour faire cette plantation, car le développement des racines commence à cette époque et peu après les hampes florales se montrent. On peut couvrir le sol de Saxifrages ou de Sédums, pour cacher sa nudité quand les plantes ne sont pas en fleur. Pendant la période de végétation et lorsqu'il fait sec, on se trouvera bien d'arroser les plantes et même de leur donner de temps à autres quelques doses d'un engrais liquide.

V. purpurea, Herb. * Amaryllis pourpre. ANGL. Scarborough Lily. — *Fl.* de 8 à 10 cent. de long, sessiles, courtement pédicellées, dressées et réunies par six-dix en ombelle ; périanthe en entonnoir, droit, à tube court, à gorge élargie et à lobes égaux, oblongs, connivents, ascen-

Fig. 391. — VALLOTA (*Amaryllis*) PURPUREA.

dants et réunis à la base par une courte callosité ; étamines six, dressées, égales, à filets filiformes ; involucre formé de deux ou trois bractées membraneuses ; hampe forte, obscurément bi-anguleuse, creuse et de 60 cent. à 1 m. de haut. Juillet-août. *Flles* sub-distiques, égalant la hampe, linéaires-lancéolées ou loriformes, entières et obscurément réticulées-veinées. Bulbe moyen, arrondi, à tuniques brunes. Sud de l'Afrique, 1774. (R. H. 1870, 50 ; R. H. B. 1882, 7.) Syn. *Amaryllis purpurea*, Ait.

V. p. alba, Hort. Rare variété à fleurs blanches.

V. p. delicata, Hort. *Fl.* rose pâle. 1893.

V. p. elata, Baum. *Fl.* rouge cerise et plus petites.

V. p. eximia, Hort. * *Fl.* de même teinte que celles du type, de 10 cent. de diamètre, mais s'en distinguant principalement par leur gorge blanche et striée, comme dans certains Glaïeuls. (F. M. ser. 1, 225.)

V. p. **magnifica**, Hort. Cette variété se distingue à peine du *V. p. eximia*, bien que ses obtenteurs la disent à fleurs plus grandes, plus vivement colorées et plus vigoureuse que les autres. On en a exposé des fleurs de 12 cent. de diamètre. (Gn. XXX, p. 245.)

V. p. **major**, Hort. *Fl.* à périanthe écarlate rougeâtre et à gorge hyaline-fenestrée ; anthères plus longues. (B. M. 1430.)

V. p. **minor**, Ker. *Fl.* à périanthe rouge cerise et à gorge opaque-fenestrée : anthères plus courtes. (B. R. 552.)

VALONIA. — Nom commercial appliqué aux cupules du *Quercus Ægilops*.

VALORADIA, Hochst. — V. **Ceratostigma**, Bunge.

VALVAIRE ; Angl. Valvate. — Se dit des fleurs dont les sépales et les pétales se touchent par leurs bords pendant la préfloraison, c'est-à-dire pendant l'anthèse, ainsi que des fruits dont les feuilles carpellaires ou valves sont également soudées par leurs bords.

VALVE. — S'applique aux parties qui composent certains fruits secs et qui représentent chacun une feuille profondément modifiée, mais dont l'origine est souvent très reconnaissable, comme dans les capsules, les siliques, etc., ainsi qu'aux diverses ouvertures par lesquelles les graines s'échappent au moment de la déhiscence comme chez les Campanules ; certains botanistes ont désigné sous ce nom les glumes et glumelles des Graminées et même la volva des Champignons. V. **Fruit**. (S. M.)

VALVICIDE. — Mode de déhiscence de certains fruits et en particulier des capsules dont les valves ne s'écartent qu'au sommet, pour laisser les graines se répandre au dehors. V. **Fruit**. (S. M.)

VALVULAIRE, Angl. Valvular. — Diminutif de valvaire.

VALVULE. — Petite valve. — Se dit parfois des petites ouvertures à travers lesquelles s'échappe le pollen de certaines anthères.

VANDA, Jones. (nom indien de l'espèce typique). Fam. *Orchidées*. — Genre comprenant environ trente-cinq espèces de très belles Orchidées épiphytes, de serre chaude, habitant les Indes orientales et l'archipel Malais ; une se retrouve aussi dans l'Australie tropicale. Fleurs moyennes ou rarement petites, ordinairement odorantes, courtement pédicellées, accompagnées de courtes bractées et réunies en grappes simples, lâches, au sommet de pédoncules latéraux ; sépales et pétales libres, sub-égaux, très étalés et souvent rétrécis ou presque onguiculés à la base ; labelle continu avec la colonne, étalé, sacciforme ou obtusément éperonné à la base, à lobes latéraux dressés, arrondis ou réduits à l'état d'auricule ; le médian étalé ; colonne courte, épaisse, non ailée ; masse polliniques deux. Capsule souvent assez longuement pédicellée. Feuilles distiques, étalées, coriaces ou légèrement charnues, souvent émarginées ou courtement bilobées au sommet, planes ou arrondies dans les *V. Hookeriana* et *V. teres*. Tige feuillue et non pseudo-bulbeuse.

Les *Vanda* demandent plus de lumière que la plupart des autres Orchidées, beaucoup d'orchidophiles très habiles ne les ombrent même pas du tout. Pendant leur période de végétation, soit de mars ou avril jusqu'en octobre, une température élevée et beaucoup d'humidité leur sont essentielles. Le thermomètre ne doit pas descendre au-dessous de 22 ou 20 deg. pendant le jour et il peut monter à 30 deg. et même plus haut lorsqu'il fait du soleil. Pendant la nuit et durant leur période de végétation, il ne faut pas laisser la température descendre à plus de 5 deg. au-dessous de celle qu'on maintient pendant le jour. Durant l'hiver, 15 à 18 deg. suffisent pendant la nuit et les arrosages doivent aussi être moins copieux, il faut même bien éviter éviter que l'eau ne puisse se loger dans les aisselles des feuilles.

La méthode de culture la plus rationnelle des *Vanda* consiste à les placer dans des paniers remplis aux trois quarts de leur profondeur avec des tessons bien propres et le reste avec du sphagnum frais. Quand on fixe les plantes sur des bûches, l'entretien devient plus difficile, surtout l'arrosage, car si on les laisse souffrir de la soif, elles se rident et sont même susceptibles de se détacher de leur support. Comme les pots sont plus faciles à transporter que les paniers, les spécialistes leur accordent souvent la préférence ; on opère alors l'empotage et les rempotages comme il vient d'être dit pour les paniers.

Le *V. cærulea* demande moins de chaleur que les autres espèces, il peut même s'accommoder d'une culture presque à froid. Le *V. teres* doit être placé dans une serre chaude, près du verre et bien ensoleillé, en lui donnant aussi de copieux arrosements pendant sa période de végétation ; en d'autres temps, il lui en faut moins.

Lorsque les grandes espèces deviennent trop hautes pour la serre dont on dispose ou pour leur bon effet décoratif, on peut couper la partie supérieure à la hauteur propice et l'empoter dans des tessons et du sphagnum. Les vieilles plantes donnent souvent naissance à leur base à de jeunes pousses que l'on peut détacher quand elles sont suffisamment fortes et empoter séparément pour propager l'espèce ; on opère de même à l'égard des rameaux qui se développent généralement sur les tiges rabattues.

V. **alpina**, Lindl. *Fl.* vert pâle, petites, à sépales et pétales oblongs ; labelle jaunâtre, strié de pourpre terne, gibbeux au-dessous du sommet et émarginé ; cavité basale pourpre foncé ; grappe sub-sessile, dressée et portant deux à trois fleurs. *Flles* canaliculées et récurvées, obliquement bilobées et à lobes parfois aigus. Monts Khasya, 1837. Syn. *Luisia alpina*, Lindl.

V. **Amesiana**, Rchb. f. *Fl.* blanc crème, richement teintées d'une belle teinte rosée, principalement sur le labelle (qui passe au jaune clair lorsque les fleurs commencent à se faner), délicieusement parfumées, minces et de texture délicate ; sépales et pétales cunéiformes-oblongs, obtusément aigus ; lobes latéraux du labelle petits, presque carrés ; le médian réniforme et bilobé ; éperon conique et creux ; inflorescence composée de une à douze fleurs. *Flles* loriformes et compliquées. Indes, 1887. (B. M. 7139.)

V. **amœna**, O. Brien. Supposé hybride des *V. cærulea* et *V. Roxburghii*, mais différant très peu de ce dernier, 1897. (L. 591 ; G. C. 1897, p. 11, f. 69.)

V. **arbuthnotiana**, Kranzl. *Fl.* jaune d'or, avec des stries pourpres. *Flles* vert gai et bilobées. Nouvelle espèce voisine du *V. Roxburghii*. Malabar, 1892.

V. **Batemanni**, Lindl. — V. **Stauropsis lissochiloides.**

V. Bensoni, Batem. *Fl.* blanches à l'extérieur, d'environ 5 cent. de diamètre, à sépales et pétales vert jaunâtre, ponctués de rouge brun à l'intérieur, obovales, obtus; labelle rose vif, à sommet violet et réniforme, convexe, portant trois lamelles sur le disque, avec les auricules basales et l'éperon blanc et conique; hampe rigide, de 50 cent. de haut. *Flles* coriaces, loriformes, canaliculées et dentées au sommet. Rangoon, 1866. (B. M. 5611; F. d. S. 2329; G. C. 1867, 180.)

V. bicolor, Griff. *Fl.* blanches à l'extérieur, brun jaunâtre à l'intérieur, avec des panachures obscurément livides et disposées en damier, ayant moins de 2 cent. 1/2 de diamètre, à sépales et pétales falciformes; labelle lilas, avec de grandes auricules blanches, donnant à la base un aspect largement cordiforme; ponctué de lilas et teinté de jaune; grappe dressée, rigide, pauciflore et plus longue que les feuilles. *Flles* loriformes, coriaces, à demi tordues au milieu, très obliques et un peu tridentées au sommet. Bohtan, 1875.

V. cærulea, Griff. * *Fl.* ayant jusqu'à 12 mm. de diamètre, à sépales et pétales bleu pâle, membraneux, oblongs, obtus, courtement stipités; labelle bleu foncé, petit, coriace, oblong-linéaire, à pointe obtuse, avec deux lobes divergents; grappe composée de dix fleurs ou plus; hampe dressée et beaucoup plus longue que les feuilles. Automne. *Flles* loriformes, canaliculées, coriaces, inégalement tronquées et à lobes latéraux aigus. Tige dressée, de 60 cent. à 1 m. de haut. Monts Khasya, 1849. Très belle plante. (F. d. S. 609; I. H. 246; L. J. F. 102; L. et P. F. G. 1, 36; R. X. O. 1, 5; W. S. O. 18; R. G. 1890, 1332; R. H. B. 1891, 265; R. 57; O. 1890, 368; L. 160.)

V. c. Peetersiana, Cogn. Variété à grandes fleurs blanches, teintées de rose et dépourvues de toute nuance bleue. Monts Khasia, 1897.

V. cærulescens, Griff. *Fl.* réunies par dix à vingt sur une hampe grêle et axillaire; sépales et pétales bleu mauve pâle; cunéiformes-ovales, onguiculés et tordus à la base; labelle violet, ob-cunéiforme, dilaté et émarginé, à oreillettes pourpre lilas et à pointe de l'éperon verte. Printemps. *Flles* coriaces, ligulées, vert foncé, de 12 à 18 cent. de long et tronquées-bilobées. (B. M. 5834; F. M. ser. II, 256; G. C. 1870, p. 529; W. O. A. I. 48; O. 92.)

V. c. Boxallii, Hort. *Fl.* à sépales et pétales blancs, teintés de lilas; lobe antérieur du labelle dilaté, violet foncé, bordé de blanc et à disque strié de bleu foncé; grappe un peu compacte et à hampe courte. *Flles* obliquement émarginées au sommet. 1877.

V. c. Lowiana, Hort. Variété semblable au *V. c. Boxallii*, mais à lobe médian du labelle bleu améthyste et portant un point de même teinte au sommet de chaque sépale. 1877.

V. Cathcarti, Lindl. — V. **Arachnanthe Cathcartii**.

V. Clarkei, N. E. Br. — V. **Arachnanthe Clarkei**.

V. concolor, Blume *Fl.* un peu espacées, nombreuses et réunies en grappes allongées et latérales; sépales et pétales blancs à l'extérieur, brun cannelle à l'intérieur, oblongs-obovales et ondulés; labelle trilobé, duveteux à la base, à lobes latéraux blancs, avec des ponctuations rosées; éperon atténué. *Flles* membraneuses, persistantes, lâches, obliquement tridentées au sommet. Tiges dressées, de 1 m. 50 à 2 m. de haut. Chine, 1850. (O. 1887, 144; B. M. 3416, sous le nom de *V. Roxburghii unicolor*.)

V. cristata, Lindl. *Fl.* à sépales et pétales vert jaunâtre, oblongs, obtus; pétales incurvés; labelle chamois, strié de beau pourpre, divisé au sommet en deux ou trois lobes étroits, aigus, divergents et inégaux; grappes dressées, composées de trois à six fleurs et plus courtes que les feuilles. Mars-juillet. *Flles* canaliculées, récurvées, tronquées et tridentées au sommet. Tiges dressées. Népaul, 1818. (B. M. 4304; B. R. 1842; R. G. 680.)

V. Dearei, Rchb. f. *Fl.* jaunes, à sépales et pétales courtement onguiculés, elliptiques, obtus; labelle pourvu de petits lobes latéraux carrés et à lobe médian ample, transversal et panduré; éperon conique, muni sur le devant de la gorge d'une crête courte, arrondie et sillonnée. Iles Sunda, 1886. Plante voisine du *V. tricolor*.

V. Denisoniana, Benson et Rchb. f. *Fl.* épaisses et charnues, de dimensions moyennes, à sépales et pétales blancs, légèrement teintés de vert; sépale dorsal et pétales spatulés; labelle panduré, bilobé au sommet, à auricules basales presque quadrangulaires; éperon court et conique; grappes axillaires, composées de cinq à six fleurs, à hampes fortes et ascendantes. Avril. *Flles* loriformes, rigides, récurvées, fortement bilobées au sommet et vert foncé. Tiges dressées. Monts Arraca, 1869. (B. M. 5811; F. et P. 1869, p. 250; G. C. n. s. XXIV, p. 105; I. H. ser. III, 105; L. 21.)

V. D. hebraica, Hort. *Fl.* à sépales et pétales jaune soufre sur les deux faces, mais plus foncés à l'intérieur, avec des taches et des lignes ressemblant aux hiéroglyphes hébreux; partie antérieure du labelle vert olive; éperon orangé intérieurement. Juillet. Burmah, 1885. (W. O. A. 248.)

V. D. punctata, Hort. *Fl.* jaune soufre, avec quelques taches brunes sur les sépales et le pétale impair, avec le milieu et la base du labelle blancs.

V. densiflora, Lindl. Nom maintenant correct de la plante décrite, vol. IV, p. 598, sous le nom de **Saccolabium giganteum**.

V. furva, Lindl. *Fl.* d'environ 4 cent. de long, exhalant une légère odeur de poisson; sépales et pétales brun terne, légèrement bordés de jaune verdâtre; pétales onguiculés, falciformes, plus larges que les sépales; labelle vert jaunâtre pur, tomenteux à la base, à cinq sillons et bilobé; éperon cylindrique; grappe courte et pauciflore. Printemps. *Haut.* 30 cent. Java, 1848. Syn. *V. fusco-viridis*, Lindl. (G. C. 1848, p. 351; L. et P. F. G. II, p. 20.)

V. fusco-viridis, Lindl. Syn. de *V. furva*, Lindl.

V. gigantea, Lindl. — V. **Stauropsis gigantea**.

V. Goweræ, Hort. Syn. de *V. undulata*, Lindl.

V. Griffithii, Lindl. *Fl.* jaune, brun et lilas, beaucoup plus petites que celles du *V. cristata* (auquel elles ressemblent); sépales linéaires-oblongs, récurvés; pétales acuminés; labelle ovale, allongé, sillonné, concave à la base. *Flles* canaliculées, récurvées, finement et inégalement trilobées. Bhotan.

V. hastifera, Rchb. f. *Fl.* réunies en grappes lâches et multiflores; sépales et pétales jaune clair, maculés de rouge à l'intérieur: labelle blanc, marqué de brun et de mauve, à lobes latéraux semi-oblongs, triangulaires; le médian en forme de hallebarde et couvert de poils à la base. *Flles* linéaires-ligulées et émarginées au sommet. Archipel de la Sonde, 1884. Grande et rare Orchidée.

V. helvola, Blume. *Fl.* rouge vin, passant au pourpre pâle; sépales latéraux connivents sous le labelle; celui-ci à lobes latéraux pourpre vif, courts; le médian triangulaire-hasté, renflé à l'intérieur et un peu sillonné, concave en dessous, à partie sacciforme portant une paire de callosités sur le côté opposé à la colonne; grappe dressée, plus courte que les feuilles et composée d'environ trois fleurs. Mars-avril. *Flles* rigides, légèrement ondulées, carénées à la base, obliques et obtuses au sommet. Java, 1850.

V. Hookeriana, Rchb. f. * *Fl.* de 5 cent. de diamètre, membraneuses, à sépales blancs, teintés de rose, pétales plus grands, blancs, maculés de magenta, ondulés, spatulés-oblongs ; labelle cunéiforme à la base, trilobé, de 4 cent. de large, blanc, ligné et maculé de pourpre magenta, avec une grande oreillette pourpre foncé de chaque côté de la colonne ; grappe composée de deux à cinq fleurs ; hampe oppositifoliée. Septembre. *Flles* dressées, de 5 à 8 cent. de long, arrondies, vert pâle, à pointe subulée. Tiges radicantes, allongées et arrondies. Bornéo. (I. H. ser. III, 484 ; W. O. A. II, 73 ; R. 74.)

V. insignis, Blume. * *Fl.* de 6 cent. de diamètre, à sépales et pétales brun clair, maculés de brun chocolat à l'intérieur, blanc jaunâtre à l'extérieur, obovales-spatulés ; labelle ample, presque panduré, à six lobes blancs, courts, l'antérieur brusquement développé en un limbe semi-lunaire, rose purpurin clair ; grappes environ aussi longues que les feuilles et composées de cinq à sept fleurs. Mai-juin. *Flles* canaliculées, rigides, linéaires-ligulées, arquées, inégalement découpées ou denticulées au sommet. Tiges sub-dressées. Iles Moluques, 1846. (B. M. 5759 ; L. et P. F. G. II, p. 19 ; W. O. A. IV, 172 ; W. S. O. 3.)

V. i. Schrœderiana, Hort. *Fl.* à sépales et pétales jaune clair ; labelle blanc pur, avec le limbe antérieur ample et concave. Automne. Iles Malaises, 1883. Très belle variété d'un coloris délicat.

V. Kimballiana, Rchb. f. *Fl.* blanc pur, à labelle rosé, de 6 cent. 1/2 de diamètre, réunies en épi multiflore, dressé, d'environ 30 cent. de long. *Flles* subulées, vert foncé, ayant environ 22 cent. de long et de la grosseur d'une plume de corbeau. Burmah, 1889. Magnifique et distincte espèce voisine du *V. Amesiana*. (B. M. 7112 ; Gn. 1890, part. I, 747 ; L. 204 ; R. H. 1897, 352 ; R. G. 1896, 1428.)

V. K. Lachneræ, Kranzl. *Fl.* blanc de neige, avec quelques petites taches blanches à l'insertion de l'éperon.

V. lamellata, Lindl. *Fl.* jaune pâle, striées de rouge pâle et terne et réunies en longues grappes dressées et lâches ; sépales et pétales obovales, ondulés ; les inférieurs plus grands et légèrement incurvés ; labelle pourvu de deux lignes proéminentes et divergentes, aigu, ob-cunéiforme, rétus, pourvu de petites oreillettes arrondies ; éperon court ; cylindro-conique et poilu à l'intérieur. Août. *Flles* coriaces, bidentées et à lobes aigus. Iles Philippines, 1837.

V. l. Boxallii, Hort. * *Fl.* à sépale dorsal blanc crémeux ; les latéraux à partie interne brun rougeâtre teinté de pourpre ; pétales blancs ; limbe du labelle d'un beau rose magenta sur le devant, avec le disque portant six stries pourpre rougeâtre se prolongeant jusqu'à la gorge du tube ; grappes composées de quatorze à vingt fleurs. Novembre et décembre. *Flles* fortement récurvées. Tiges dressées. 1880. (G. C. n. s. XV, p. 87 ; Gn. XIX, 287.)

V. l. B. superba, Hort. Belle forme à sépale supérieur et pétales blancs, ponctués au sommet de rouge vin tandis que le dernier sépale et le labelle sont principalement rouge vin avec les bords et des macules blanches. Syn. *V. superba*, Linden. (L. 136.)

V. limbata, Blume. *Fl.* de 5 cent. de diamètre, à sépales et pétales brun cannelle, maculés et bigarrés de brun rougeâtre plus foncé, bordé de jaune et teinté de lilas à l'extérieur ; labelle lilas rosé, à disque renflé, avec cinq-sept sillons parallèles ; grappes lâches, dressées, composées d'environ vingt fleurs. Juin. *Flles* de 20 à 25 cent. de long, canaliculées, coriaces, obliquement rétuses au sommet. Tiges fortes, à racines allongées et épaisses. Java, 1875. (B. M. 6173 ; W. S. O. ser. III, 9.)

V. Lindeni, — *Fl.* réunies en élégantes grappes, à sépales et pétales jaune clair, avec des ponctuations rouges sur le disque ; cunéiformes-oblongs et ondulés ; labelle jaune blanchâtre, avec des lobes latéraux presque carrés, tandis que le médian est triangulaire et développé en un angle aigu sous les deux tumeurs qu'il porte au sommet, sillonné en dessous, avec une auricule linéaire, veloutée et ascendante de chaque côté de la base et trois sillons sur le disque, lequel porte en outre trois lignes pourpres ; les tumeurs et les lobes latéraux sont maculés de pourpre et le sommet, sous les tumeurs, est brunâtre ; éperon conique et poilu à l'intérieur. Iles de la Sonde, 1886. (L. 56.)

V. longifolia, Lindl. — V. **Acampe longifolia**.

V. Lowei, Lindl. — V. **Arachnanthe Lowii**.

V. Moorei, Rolfe. Supposé hybride naturel des *V. Kimballiana* et *V. cærulea*. Burna, 1897.

V. Parishii, Rchb. f. * *Fl.* grandes, à sépales et pétales vert jaunâtre, maculés de brun rougeâtre, cunéiformes oblongs et aigus ; labelle exhalant une odeur forte et particulière, à lobe médian rouge magenta pâle, étroitement marginé de blanc, rhomboïde, gibbeux au-dessous du sommet, avec une carène médiane et une callosité conique et violette à la base ; éperon court et gibbeux ; auricules blanches, striées d'orangé ; hampe dressée et multiflore. Eté. *Flles* largement ligulées, obtuses, inégalement bilobées, charnues et vert gai. Moulmein, 1870. Belle espèce naine. (W. O. A. I, 15.)

V. P. Marriottiana, Rchb. f. *Fl.* non odorantes, à sépales et pétales brun bronzé, suffusés de magenta ; labelle à lobe antérieur rhomboïde et d'un beau rouge magenta, avec des auricules basales blanches ; grappe composée d'environ six fleurs. *Flles* légèrement émarginées. Tige fortement feuillue. 1880. (L. 438.)

V. parviflora, Lindl. *Fl.* à sépales et pétales jaune pâle, ovales ; labelle en entonnoir, à lobe antérieur largement oblong, arrondi et blanc, portant des crêtes pourpres sur le disque qui est charnu et ponctué de lilas : éperon court et conique ; grappe courte, dressée et multiflore. Eté. *Flles* loriformes, obliquement et obtusément bilobées au sommet, avec un mucron dans le sinus. Indes. Magnifique petite plante. Syns. *V. testacea*, Rchb. f. ; *Ærides testaceum*, Lindl. et *A. Wightianum*, Lindl. (B. M. 5138 ; F. d. S. 1452.)

V. Rœblingiana, Rolfe. *Fl*, réunies par environ huit en épi ; sépales et pétales brun foncé et irrégulièrement veinés de jaunâtre ; labelle à lobes latéraux blancs, striés de pourpre ; le médian brun, avec des veines jaunâtres rayonnantes. Archipel Malais, 1894.

V. Roxburghii, R. Br. * *Fl.* à sépales et pétales vert pâle, avec des lignes interrompues et brun olive, oblongs-obovales et à face externe blanche ; labelle pourpre violet et convexe sur le devant, pourpre plus foncé vers le sommet et à lobes latéraux blancs, lancéolés ; éperon rosé et court ; grappes composées de six à douze fleurs et à pédoncules dressés. Eté. *Flles* ligulées, récurvées, canaliculées, coriaces, obliquement tridentées au sommet. Tiges dressées, fortes et presque courtes. Bengale, 1850. (B. M. 2245 ; B. R. 506 ; F. d. S. fevr. 1846, 641, f. 2 ; L. et P. F. G. II, 42, f. 2 ; W. O. A. 59.) — Il existe plusieurs variétés de cette espèce, dont une à labelle bleu foncé et une autre (*V. tessellata*, Hook.) à labelle rose. (B. M. B. VII, 265 ; I. H. n. s. 579, *V. R. rubra*.)

V. Sanderiana, Rchb. f. * *Fl.* planes, d'environ 10 cent. de diamètre, à sépale dorsal et petits pétales rose vif, légèrement teintés de jaune buffle ; sépales latéraux de 5 cent. de diamètre, jaune nankin pâle à l'extérieur, jaune verdâtre à l'intérieur, réticulés de cramoisi terne ; labelle petit, concave, rouge purpurin pâle à la base, à pointe pourpre chocolat, fortement récurvée, avec trois carènes proéminentes, s'étendant depuis la base jusqu'au sommet ; grappes axillaires et multiflores. Septembre-octobre. *Flles* largement ligulées, coriaces, récurvées, de

20 à 30 cent. de long, profondément canaliculées. Iles Philippines, 1881. (G. C. n. s. XX, p. 440-1 ; I. H. ser. III, 532 ; W. O. A. III, 124 ; B. M. 6983 ; R. 62.) Syn. *Esmeralda Sanderiana*, Rchb. f.

V. S. albata, Rchb. f. *Fl.* à sépale supérieur et pétales entièrement blancs, avec quelques taches pourpres à la base ; sépales latéraux nervés de rouge ; hypochile jaune soufre, strié de pourpre brunâtre ; lobe antérieur pourpre brunâtre (parfois strié de pourpre) à la base. 1887.

V. S. labello-viride, Lind. et Rod. Variété distincte, à labelle vert. Mindanao, 1886. (L. 40.)

V. spathulata, Spreng. *Fl.* jaune d'or disposées en belles grappes. Belle espèce originaire de Ceylan, mais paraissant nouvelle dans les cultures. 1895. (L. 491).

V. Stangeana, Rchb. f. *Fl.* réunies en grappes par quatre-cinq ; sépales et pétales d'abord verdâtres à l'intérieur, devenant ensuite ocreux, bigarrés de pourpre brun foncé ; oreillettes du labelle obtuses, blanches, avec du jaune et quelques tâches bleu mauve ; lobe médian blanc panaché de bleu-mauve ou entièrement bleu-mauve et cordiforme-triangulaire. Assam, 1885.

V. suavis, Lindl. * *Fl.* grandes et belles, très nombreuses, odorantes, à sépales et pétales blanc pur à l'extérieur, maculés et rayés de pourpre sang à l'intérieur ; le sépale dorsal et les deux pétales latéraux sub-lobés ; labelle convexe et trilobé, à lobe médian pourpre rosé pâle, étroit, profondément bifide ; les latéraux pourpre rosé plus foncé, ovales et plans ; grappes amples, allongées, à pédoncules axillaires. *Flles* loriformes, flasques, récurvées, vert foncé, obliquement dentées au sommet. Java, 1847. Magnifique plante. (B. M. 5174 ; F. d. S. 641, f. 3 (*Hrubyana*), 1604-5 ; G. C. n. s. XXII, p. 237, Wingate's var. ; L. et P. F. G. II, 42, f. 3 ; R. X. O. I, 12 ; W. O. A. IV, 180 ; R. H. B. 1890, 157 ; O. 1886, 301, 1 ; Gn. 1894, part. I, 1010.)

V. s. flava, Hort. *Fl.* jaunes, avec de belles et grandes taches oblongues et d'un beau brun. (B. M. 4432, sous le nom de *V. tricolor* ; O. 1886, 301, 2.)

V. s. Gottschalckei, Hort. *Fl.* délicieusement parfumées, plus grandes et plus étoffées que dans le type ; à sépales et pétales plus ou moins fortement maculés ; labelle pourpre rosé vif, à pointe blanche ; pédicelles fortement teintés de rose. *Flles* et tige plus fortes que dans le type. 1869.

V. s. Lindeni, Hort. *Fl.* à sépales, pétales et base du labelle blancs, maculés de pourpre et le reste du labelle est entièrement pourpre. 1886. (L. 60.)

V. s. magnificens, Hort. Variété à fleurs plus grandes et plus richement colorées que celles du type. 1897. (L. 587.)

V. s. Veitchii, Hort. *Fl.* excessivement parfumées, à segments jaune cannelle, ornés de taches plus foncées et légèrement rosés sur les bords ; lobe médian du labelle d'un beau rose vif. Variété très florifère, 1894.

V. superba, Lind. Syn. de *V. lamellata Boxalli superba*, Hort.

V. teres, Lind. * *Fl.* grandes, à sépales oblongs ; le dorsal blanc, légèrement teinté de rose ; les latéraux blanc crémeux, tordus, parallèles avec le labelle ; pétales rose magenta, plus clairs vers les bords, plus grands, sub-orbiculaires, ondulés ; labelle rose magenta vif, cucullé, ample, fortement veiné, à gorge orange, strié et maculé de cramoisi, dilaté et émarginé au sommet ; éperon conique ; grappes opposées aux feuilles et presque toutes biflores. Juin-août. *Flles* et tiges arrondies et vert foncé. Burmah, etc., 1828. Belle espèce grimpante ou traînante et atteignant plusieurs pieds de haut. (B. M. 4114 ; B. R. 1809 ; P. M. B., v, 193 ; R. H. 1856, 22 ; R. G. 1894, juillet 1 ; Gn. 1892, part. II, p. 876 ; R. 27.)

V. t. alba, Hort. Variété à fleurs blanc pur.

V. t. Andersoni, Hort. *Fl.* plus foncées et plus richement colorées que dans le type, nombreuses et réunies en grappes de 25 cent. de long, composées de cinq à six fleurs. (W. S. O. ser. III, 2.)

V. t. aurora, Hort. *Fl.* à sépales blancs, ainsi que les pétales ; ceux-ci légèrement teintés de rose ; gorge jaune d'ocre clair, à lobes rosés, portant deux rangées de petites taches pourpres ; colonne rose pourpre clair. 1884.

V. t. candida, Hort. *Fl.* blanches.

V. teretifolia, Lindl. — **V. Sarcanthus teretifolius.**

V. tessellata, Hook. Variété du *V. Roxburghii*, R. Br.

V. testacea, Rchb. f. Syn. de *V. parviflora*, Lindl.

V. tricolor, Lindl * *Fl.* blanches à l'extérieur, élégantes et odorantes, à sépales et pétales jaune pâle, maculés de brun rougeâtre à l'intérieur, oblongs-obovales, obtus ; labelle trilobé, à lobe médian rose magenta, plus pâle au sommet, convexe, cunéiforme, profondément émarginé ; disque portant cinq lignes blanches et à lobes basals blancs, dressés et arrondis ; éperon blanc, court et comprimé ; colonne blanche, courte et épaisse ; grappes courtes et denses, à pédoncules axillaires. *Flles* loriformes, canaliculées, récurvées, obliquement bilobées et un peu émarginées au sommet. Tiges dressées et élevées. Java, 1846. (F. d. S. 641 ; L. J. F. 136 ; L. et P. F. G. II, 42 ; W. O. A. II, 77 ; L. 167.)

Les variétés suivantes sont énumérées par B. S. Williams dans la sixième édition de son *Orchid Grower's Manual* : *Dalkeith*, forme très fortement colorée ; *Downside*, à fleurs grandes, très richement colorées et panachées.

V. t. Corningii, Hort. *Fl.* à sépales et pétales d'un beau jaune, maculés et striés de cramoisi foncé et bordés de pourpre rosé sur les deux faces ; labelle violet prune foncé, nuancé de rose pâle vers la base. *Flles* très larges, vert foncé et fortes.

V. t. Dodgsoni, Hort. *Fl.* très fortement parfumées, disposées en grappes très multiflores, à sépales et pétales jaune d'ambre clair, striés et maculés de brun rougeâtre et marginés de violet ; labelle d'un beau violet-pourpre, avec quelques taches blanches près de la base.

V. t. Howeæ, Lind. *Fl.* à sépales jaunâtres et à pétales fortement ponctués de rouge, tandis que le labelle est cramoisi. 1893. (L. 396.)

V. t. insignis, Hort. *Fl.* à sépales et pétales jaune clair, maculés de cramoisi ; labelle lilas pâle. Fleurit généralement au printemps et à l'automne. Cette belle variété était autrefois connue dans les jardins sous le nom de *V. insignis*, Hort.

V. t. Lewisii, Hort. Variété à grandes fleurs richement colorées et mesurant jusqu'à 10 cent. de diamètre.

V. t. Patersoni, Hort. *Fl.* d'environ 5 cent. de diamètre, se montrant sur des plantes encore très petites, à sépales et pétales amples, blanc crémeux, fortement maculés de brun cannelle ; labelle rouge magenta vif. (G. C. n. s. XXII, p. 236.)

V. t. planilabris, Lindl. *Fl.* plus grandes et plus vivement colorées que dans le type ; sépales et pétales jaune citron, fortement maculés de beau brun, très larges, onguiculés ou rétrécis à la base ; labelle rose, marginé de mauve purpurin et strié de pourpre chocolat sur le disque, ample et plan. W. O. A. II, 87.)

V. t. Russeliana, Hort. *Fl.* très richement colorées et réunies en longues grappes. Magnifique variété à végétation pendante, très particulière et aussi très robuste.

V. t. Wallichii, Ed. André. *Fl.* à fond jaune maculé de brun, avec le labelle lilas rosé. (R. H. 1893, 328.)

V. t. Warneri, Hort. *Fl.* à sépales et pétales distinctement marginés de rose foncé ; labelle rose pourpre foncé.

Flles linéaires, loriformes et particulièrement côtelées. W. S. O. ser. II, 39.)

V. undulata, Lindl. *Fl.* blanches, réunies en grappes très nombreuses; sépales et pétales lancéolés, fortement ondulés; labelle à lobes latéraux verdâtres et marqué de lignes oranges sur le disque. *Flles* coriaces, ligulées et inégalement bilobées. Indes, 1875. — Cette plante a été vendue sous le nom de *V. Gowerii* : d'après l'*Index Kewensis*, ce serait une espèce de *Stauropsis*.

V. violacea, Lindl. Nom correct de la plante décrite dans le volume IV, p. 599, sous le nom de *Saccolabium violaceum*.

V. Vipanii, Rchb. f. *Fl.* à sépales et pétales obtus, rhomboïdes, blancs à l'extérieur, pâles intérieurement à la base et marqués de courtes lignes pourpre brunâtre : le reste des sépales est olive brunâtre et celui des pétales passe au jaune d'ocre ; tous sont striés de brun pourpre foncé; lobe médian du labelle vert-olive, avec les auricules basales jaunes. *Flles* très longues et étroites. Burmah, 1882.

V. vitellina, Kranzl. Nouvelle espèce ressemblant au *V. cærulescens*, mais à fleurs plus petites et d'un jaune d'œuf. 1892.

VANDELLIA, Linn. (dédié à Dominico Vandelli, professeur de botanique à Lisbonne, qui publia un ouvrage sur les plantes portugaises, en 1826). Comprend les *Tittmannia*, Rchb. Fam. *Scrophularinées*. — Genre renfermant environ trente espèces de plantes herbacées, ramifiées, souvent annuelles, de serre chaude, tempérée ou rustiques, habitant les régions chaudes. Fleurs un peu petites, solitaires à l'aisselle des feuilles, sessiles ou pédicellées, ou réunies en grappes terminales ; calice à cinq divisions ou dents ; corolle bilabiée, à lèvre supérieure émarginée ou courtement bifide ; l'inférieure ample et trilobée : étamines cinq, toutes fertiles. Feuilles opposées, souvent dentées. Les quelques espèces introduites dans les cultures en sont aujourd'hui disparues.

VANDESIA, Salisb. — V. **Bomarea**, Mirb.

VANESSA, **VANESSE**. — Genre de papillons diurnes, de l'ordre des *Rhopalocères*, très voyants, tant par leurs dimensions qui sont de 5 à 7 cent. d'envergure sur les ailes antérieures que par les vives couleurs et les panachures caractéristiques dont elles sont parées sur la face antérieure, tandis que l'inférieure est ordinairement terne, ce qui leur permet de se soustraire aux regards pendant le repos.

Les ailes antérieures portent une dent distincte sur le bord externe, tandis que le bord interne est presque droit et les ailes postérieures portent aussi une dent sur le bord postérieur ; elles forment en outre une sorte de gouttière sur le côté interne, pour la réception du corps et présentent sur leur milieu un espace entouré de tous côtés par des veines, mais la sixième et la septième veines ne sont pas unies ; elles naissent directement de la veine entourant l'espace circonscrit. Les antennes sont, comme dans les autres Rhopalocères, terminées en massue, mais non aplaties. Les pattes antérieures sont petites et inutiles pour la marche.

Les chenilles sont longues, vermiformes et toutes couvertes de poils raides et épineux, sauf sur le premier anneau. Les nymphes sont anguleuses et se pendent après les plantes par leur extrémité postérieure ; elles portent fréquemment çà et là ou sur toute leur surface des taches argentées ou dorées à reflets métalliques. Quelques espèces, notamment le *V. Urticæ*, ont deux ou trois générations par an, tandis que les autres espèces n'en ont qu'une. La plupart passent l'hiver à l'état de papillon et se montrent temporairement en hiver, lorsque le temps est chaud mais l'accouplement n'a lieu qu'au printemps. Les espèces les plus connues sont : *Vanessa Antiopa* (Angl. Camberwell Beauty), *V. Atalanta* (Angl. Red Admiral), *V. Io* (Angl. Peacok), *V. polychoros* (Grande Tortue ; Angl. Great Tortoiseshell, et *V. Urticæ* (Petite Tortue ; Angl. Small Tortoiseshell). Ces espèces s'observent également en Angleterre. Le *V. Antiopa* vit sur divers Saules, le *V. polychloros* sur les Ormes et les autres sur les Orties. On les distingue facilement entre eux par la coloration et les élégantes panachures de leurs ailes antérieures.

Fig. 392. — Vanessa atalanta.
Chenille sur une tige de *Lamium*.

V. Antiopa, qui est rare en Angleterre, mesure environ 8 cent. d'envergure sur les ailes antérieures, qui sont d'un beau brun purpurin foncé et velouté, avec une large bordure jaune ou blanc jaunâtre, bordée elle-même sur le côté interne d'une large bande noire, dans laquelle existe six à sept taches bleues.

V. Atalanta a la forme et les dimensions figurées ci-contre ; a les ailes antérieures presque noires, avec une large bande rouge foncé les traversant au milieu, et les ailes postérieures portent aussi sur le bord postérieur une bande de même teinte, dans laquelle se trouvent quatre taches noires sur chacune. Les ailes antérieures présentent en outre six taches blanches, près du sommet, et les postérieures portent aussi chacune une tache bleu et noir à l'angle postérieur.

V. Io est commun dans les jardins et les champs à la fin du printemps et en été ; la couleur de fond de ses quatre ailes est rouge terne, avec les bords bruns et chacune d'elles porte une grande tache oculaire diversement panachée de noir, de lilas, de rouge, de jaune et de blanc; celles des ailes postérieures sont en outre bordées de gris brun.

Les *V. polychloros* et les *V. Urticæ* se ressemblent beaucoup; tous deux ont les ailes de couleur orange ou jaune de tan, avec une large bordure foncée, dans laquelle se trouvent des taches bleues; toutes deux aussi portent sur le bord antérieur des ailes de devant trois grandes taches noires, séparées par d'autres taches jaunes et deux petites taches noires vers le milieu; enfin, la partie basale des ailes postérieures est noire. Ces deux espèces diffèrent entre elles par les caractères suivants.

Fig. 393. — Vanessa atalanta. — Papillon.

Le *V. polychloros* a ordinairement plus de 6 cent. et le *V. Urticæ* moins d'envergure sur les ailes antérieures. Cette dernière espèce porte une tache blanche vers le sommet du bord antérieur des ailes de devant, tandis que chez la première cette tache est jaune; le *V. polychloros* porte une tache noire de plus que l'autre sur le bord interne des ailes antérieures et les taches bleues situées dans la bordure foncée de ces mêmes ailes sont obscures ou absentes. Le *V. Urticæ* est un des premiers à paraître au printemps et commun presque partout. Les *V. Vanessa* qui vivent sur les Orties sont utiles, puisque ces plantes sont des mauvaises herbes et celles qui vivent sur les plantes cultivées ne sont jamais ou du moins rarement suffisamment nombreuses pour causer de sérieux dégâts et nécessiter leur destruction.

VANGUERIA, Juss. (*Voa-Vanguer* est le nom indigène à Madagascar du *V. edulis*). Syns. *Meynia*, Roxb.; *Rytigynia*, Blume; *Vanguiera*, Pers. et *Vavanga*, Rohr. Fam. *Rubiacées*. — Genre comprenant environ quarante espèces d'arbustes ou de petits arbres parfois épineux, habitant les régions tropicales et sub-tropicales du globe, sauf l'Australie. Fleurs blanches ou verdâtres, petites, réunies en cymes ou fasciculées; calice à tube court et à limbe à cinq ou rarement quatre lobes ou dents, parfois à cinq-dix dents irrégulières; corolle à tube court ou moyen et à limbe à cinq, rarement quatre ou six lobes ovales, aigus, acuminés ou appendiculés et à la fin réfléchis; étamines cinq. Le fruit est une drupe charnue ou sèche, parfois comestible et assez grosse. Feuilles opposées, coriaces ou membraneuses; stipules interpétiolaires, fréquemment soudées et formant un anneau persistant.

Les deux espèces suivantes sont seules dignes d'être décrites ici. Elles prospèrent dans un mélange de terre franche et de terre de bruyère. On peut les multiplier par boutures que l'on fait dans la même terre, sous cloches et à chaud.

V. edulis, Vahl. Syn. de *V. madagascariensis*, J.-F. Gmel.

V. madagascariensis, J.-F. Gmel. *Fl.* vertes, réunies en cymes naissant au-dessous des feuilles. Juin. *Fr.* ressemblant à une pomme, mais non couronné, succulent, comestible et contenant cinq noyaux. *Flles* ovales, membraneuses et glabres. *Haut.* 4 m. Madagascar, 1809. Petit arbre inerme. Syn. *V. edulis*, Vahl.

V. velutina, Hiern. *Fl.* vert jaunâtre pâle, réunies en cymes denses, courtes et insérées à l'aisselle des feuilles inférieures. Mai. *Flles* grandes, opposées, nervées, courtement pétiolées, cordiformes-ovales, un peu aiguës, entières, fortement ondulées et presque toutes duveteuses en dessous. *Haut.* 1 m. Madagascar, 1829. Arbuste mollement tomenteux.

VANGUIERA, Pers. — Syn. de **Vangueria**, Juss.

VAN-HOUTTEA, Lem. — Syn. de **Houttea**, Dcne.

VANILLA, Plum. (dérivé de l'espagnol *Vainilla*, petite gaine; allusion à la forme du fruit). Syn. *Myrobroma*, Salisb. Fam. *Orchidées*. — Genre comprenant, selon l'*Index Kewensis*, une trentaine d'espèces de grandes Orchidées de serre chaude, ramifiées et grimpantes, dispersées dans les régions tropicales du globe.

Fig. 394. — Vanilla planifolia.

Fleurs relativement grandes, mais ordinairement ternes, sans intérêt décoratif et souvent réunies en grappes ou en épis courts et axillaires; sépales et pétales sub-égaux, libres et étalés; labelle onguiculé et soudé à la colonne, à limbe ample, concave et enroulé à la base autour de la colonne; celle-ci non ailée, allongée et non stipitée; masses polliniques granuleuses, bractées florales ovales. Le fruit est une capsule souvent allongée, siliquiforme, charnue, non déhiscente ou s'ouvrant à peine à la fin par de légères fentes longitudinales. Feuilles coriaces ou charnues, nervées, sessiles ou courtement pétiolées.

Le genre *Vanilla* est remarquable parce qu'il est à peu près le seul de sa famille possédant des propriétés économiques très appréciables; on sait, en effet, que le fruit de quelques espèces constitue, après de légères préparations, la vanille du commerce, beaucoup employée à cause de son parfum à la fois puissant et très éable, soit comme parfum de toilette ou médicamen-ıx, soit et surtout pour parfumer différents mets, les tisseries, les crèmes, le chocolat, etc. Le *V. planifolia* t sinon le seul, du moins celui qui produit la vanille plus appréciée et la plus cultivée. Cette culture se ait dans les pays tropicaux, à Bourbon, à la Guyane t au Mexique. Elle n'est pas sans demander certains oins, que nous ne croyons pas toutefois devoir indiquer ans cet ouvrage, qui ne traite point des cultures coloiales. Les quelques personnes que ce sujet intéressera ourront du reste se reporter pour cela au *Manuel pratique des cultures tropicales*, par Raoul et Sagot, ainsi u'à un intéressant article du *Kew Bulletin*, 1888, p. 76, t à l'excellent ouvrage de M. D. Bois : *Les Orchidées.*

Dans nos serres, les *Vanilla* ne présentent qu'un intéêt scientifique et celui que leur valeur économique leur onne ; néanmoins, on les utilise avantageusement our orner les piliers et on les fait surtout filer le long de ls de fer au-dessous du vitrage. Les espèces suivantes t surtout le *V. planifolia* sont les plus répandues. lles prospèrent en pots ou de préférence plantées à lein sol dans une étroite banquette, dans un compost e terre de bruyère et de sphagnum. On fait ensuite ler leurs tiges radicantes le long du mur, sur un épais ıorceau de bois ou sur tout autre rapport, en le garnisant au besoin de sphagnum. Une forte chaleur de ond est très favorable à leur développement. Leur ıultiplication s'effectue facilement par sectionnement es tiges, qui développent un certain nombre de racines dventives. (S. M.)

V. bicolor, Lindl. *Fl.* très odorantes, de 8 cent. de ong, à sépales et pétales rouge terne, aigus et étalés ; ıbelle jaune crème, à moitié libre, enroulé, apiculé et ndulé ; colonne barbue. *Flles* ovales-oblongues, sub-sesiles, aiguës, striées et rougeâtres sur les bords. Demerara.

V. Humblotii, Rchb. f. *Fl.* très grandes, à sépales ligulés, igus ; pétales rhomboïdes, largement acuminés : labelle galement rhomboïde, obtusément anguleux, ondulé sur devant, avec une zone rubanée et foncée située en avant u disque et de nombreux poils forts et tordus, épars epuis la base jusqu'au disque ; grappe multiflore. frique tropicale (on ne connait pas d'indication plus récise), 1885. Plante aphylle.

V. lutescens, Moq. Syn. de *V. Pompona*, Schiede.

V. Phalænopsis, Rchb. f. *Fl.* de 8 cent. de diamètre, éunies par six ou sept en ombelle ; sépales blanc carné âle, carénés sur le dos, aigus ; les deux latéraux divisés usqu'à la base sur le côté inférieur ; pétales de même einte, mais moins aigus et canaliculés ; labelle rose carné âle à l'extérieur, orange brunâtre à l'intérieur, de plus de cent. 1/2 de long, largement en entonnoir. Tige allongée, adicante et aphylle. Madagascar, 1869. Intéressante spèce. (F. d. S. 1769.)

V. planifolia, Andr. *Fl.* entièrement vertes ou blanches l'intérieur, à labelle parfois blanc, de 5 cent. de diamètre, à sépales et pétales lancéolés-oblongs ; labelle errulé-denté au sommet, calleux au-dessous de ce point t portant au milieu une crête formée de petites écailles. *Fr.* de 15 cent. environ de long, sub-cylindrique, pendant, ıoirâtre à maturité et exhalant un parfum des plus suaves. *Flles* épaisses et charnues, de 12 à 18 cent. de long, ıblongues ou ovales-oblongues, aiguës, contractées à la ıase, vertes et très lisses. Tiges cylindriques, volubiles t radicantes. Indes occidentales 1800. On croit que c'est ette espèce et ses variétés qui fournissent la vanille du commerce. (A. B. R. 538 ; B. M. Pl. 272 ; L. B. C. 733.)

V. Pompona, Schiede. *Fl.* de 15 cent. de diamètre, élégantes, naissant par deux-trois à l'aisselle des feuilles et ressemblant un peu comme aspect général à celles du *Cattleya citrina*, à sépales et pétales vert jaunâtre et à labelle jaune très vif. La Guayra, 1859. Syn. *V. lutescens*, Moq. (R. H. 1856, 27 ; F. d. S. 2218.)

VANILLE. — V. Vanilla et V. planifolia.

VANNE ; Angl. Valve. — C'est ainsi qu'on désigne : 1° une sorte de disque carré, rectangulaire ou hémisphérique, fixe ou mobile, en bois ou en fer, servant à diriger les eaux des canaux en interceptant leur passage dans les branchements où l'on veut éviter qu'elles s'écoulent ; 2° une sorte d'obturateur à clef servant aussi à intercepter la circulation de l'eau chaude dans les tuyaux de chauffage des serres où la chaleur serait inutile ou même nuisible. Ces vannes se composent également d'un disque circulaire placé dans l'ouverture du tuyau et qu'on manœuvre de l'extérieur à l'aide d'une clef ; elles sont d'une grande utilité pour distribuer à volonté la chaleur dans les endroits où elle est nécessaire. Il existe aussi des vannes hermétiques, que l'on ouvre et ferme à l'aide d'une vis et que l'on place au départ et à l'entrée de l'eau dans la chaudière, entre les chaudières accouplées ou les tuyaux en communication. Elles servent à intercepter au besoin toute communication ou à empêcher l'eau, soit des tuyaux, soit de la chaudière, à se répandre lorsque celle-ci ou ceux-là ont besoin de réparations. Ces vannes sont d'une grande utilité sur les grands thermosiphons, où la quantité d'eau est considérable, car elles permettent de faire une réparation urgente en peu de temps et sans perdre l'eau chaude que contient l'appareil quand il est en fonctions. Quant aux vannes ordinaires, on ne doit pas hésiter à en placer partout où elles paraissent nécessaires, pour faciliter la direction de l'eau dans les tuyaux et par suite de la chaleur, là où elle est la plus utile.

VAPEUR. — Eau transformée en gaz par la chaleur et que le froid ramène ensuite à l'état liquide. Cette transformation s'effectue mécaniquement partout où existe de l'eau et d'autant plus rapidement que la chaleur est plus grande. C'est à ce phénomène naturel que nous devons l'humidité dont l'air est toujours plus ou moins saturé et lorsque la quantité est très grande et que la température aérienne est plus basse que celle de l'atmosphère, la vapeur se condense et retombe alors de nouveau sur la terre sous forme de pluie, de rosée ou de brouillard. Nous n'insisterons pas sur l'influence bienfaitrice de la vapeur sur la végétation ; on sait que, sans elle, la terre deviendrait pendant certaines périodes excessivement sèche et beaucoup de plantes refuseraient de croître et périraient même fréquemment. Elle est si utile même pour certaines plantes, que l'on mouille, pour la produire artificiellement, les murs, les allées, la terre des banquettes et on place même à cet effet des sortes de récipients larges et peu profonds dans certaines serres ; par suite, les serres chauffées présentent toujours une plus grande humidité que l'air extérieur, mais celui-ci en est toujours plus ou moins saturé, car la vapeur s'échappe de toutes les surfaces humides lorsque leur température est plus élevée que celle de l'air.

(S. M.)

VAPEUR (Chauffage à la). — On nomme ainsi un système de chauffage des serres applicable aux habitations où, la vapeur circulant dans des tuyaux spéciaux, chauffe directement ou transmet sa chaleur à l'eau contenue dans les tuyaux. Ce système n'est guère avantageux que pour le transport économique de la chaleur à grande distance ; on lui préfère généralement le thermosiphon ou chauffage à eau chaude, qui est plus économique. Pour de plus amples détails sur cette intéressante question, V. **Chauffage**. (S. M.)

VAPORISATEUR. — Appareil servant à vaporiser les liquides, principalement le jus de tabac, dans les serres, pour la destruction des insectes, notamment des Pucerons. La vaporisation de cet insecticide a, sur son emploi en aspersion, l'avantage d'atteindre exactement toutes les faces des plantes et des objets environnants, sans les tacher ni les brûler, ce qui arrive parfois lorsqu'on emploie le tabac sous forme de fumigation. La vapeur saturée de nicotine se dépose et se condense partout, détruisant les insectes par asphyxie et par contact sur leur corps. Certains horticulteurs se contentent, pour vaporiser le jus de tabac, de plonger dans des récipients contenant le liquide et placés dans les serres à cet effet, des briques très chaudes ou des barres de fer rouge. Mais ce moyen est peu commode, lent et pénible, car il faut sans cesse rentrer dans la serre pour y porter les objets rougis au feu à l'extérieur.

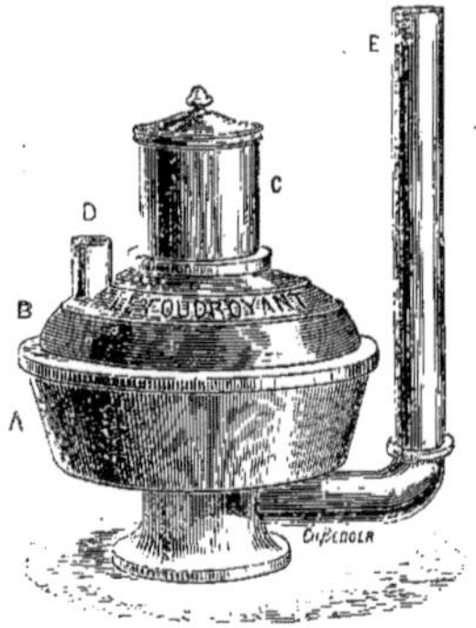

Fig. 395. — Vaporisateur « le Foudroyant » de M. Mathian.

A, foyer monté sur son pied. — B, chambre à vaporisation. — C, réservoir contenant le jus de tabac. — D, sortie de la vapeur de jus de tabac. — E, cheminée du foyer.

C'est pour obvier à ces inconvénients que M. Mathian a construit l'appareil figuré ci-contre et qu'il nomme « le Foudroyant ». Le principe en est très simple. Le liquide à vaporiser est contenu dans un réservoir supérieur C, d'où il s'écoule lentement dans la chambre à vaporisation B, et tombe sur une plaque rougie par le feu du foyer placé en dessous. La vaporisation est immédiate et la vapeur produite s'échappe par l'ouverture D, à laquelle on adapte un tuyau pour la conduire à l'intérieur de la serre, l'appareil étant placé au dehors et près de celle-ci.

Le « Foudroyant » est en fonte, peu volumineux, peu coûteux et très pratique. (S. M.)

VAQUOIS. — V. **Pandanus**.

VARAIRE. — V. **Veratrum**.

VARGASIA, Bert. — V. **Thouinia**, Poit.

VARIATION. — On entend par variation un simple jeu de la nature, qui, chez les plantes, se traduit par une légère différence accidentelle de forme, de coloration ou autre sur certains individus d'une même espèce, race ou variété et parfois même sur certaines parties seulement d'un même individu. On désigne aussi ces accidents tératologiques sous le nom de *dimorphisme* s'ils affectent les formes et *dichroïsme* quand ils portent sur les couleurs. Lorsqu'ils présentent un intérêt horticole, on parvient fréquemment à les fixer, puis à les propager à l'aide d'un moyen approprié à la plante, soit le bouturage, soit le greffage. (S. M.)

VARIÉ. — Expression d'un usage très fréquent en jardinage, pour désigner un mélange de plusieurs variétés, races ou plus souvent de divers coloris d'une même sorte de plante. (S. M.)

VARIÉTÉ ; Angl. Variety. — Modification ou déviation de l'espèce insuffisamment caractérisée pour être séparée et présentant peu de fixité reproductrice. La variété se distingue néanmoins de l'espèce par des caractères secondaires, tels que la forme et la couleur des fleurs et des fruits, la forme du feuillage, la taille, la précocité ou autres aptitudes culturales. Le nom de *forme* s'emploie fréquemment dans le même sens, mais il convient plutôt de le réserver aux simples variations accidentelles ou d'une importance inférieure à la variété proprement dite. Les plantes sauvages produisent des variétés, comme celles qui sont cultivées, en moins grand nombre cependant, parce que le milieu dans lequel elles végètent est beaucoup plus stable et les circonstances qui concourent à la production des variétés bien moins fréquentes.

En principe, la variété est une variation accidentelle qui retourne vers son type spécifique lorsque, livrée à elle-même, elle se reproduit par ses propres moyens. Il existe cependant des variétés spontanées, qu'on retrouve çà et là depuis fort longtemps, avec les mêmes caractères et auxquelles on donne avec raison le nom de *sous-espèces*, quand toutefois elles présentent des différences suffisantes. Les variétés obtenues en culture ne présentent pas au début cette fixité, mais elles peuvent l'acquérir par une sélection judicieuse et longtemps pratiquée dans le même sens. Quand elles se reproduisent d'une façon à peu près constante, elles prennent alors le nom de *race*. Néanmoins, et c'est surtout chez ces *races* horticoles ou agricoles que s'observe le plus l'instabilité de la variété, si on les livre à elles-mêmes, c'est-à-dire si on cesse de les sélectionner, elles retournent plus ou moins rapidement vers le type primitif dont elles sont sorties. On dit alors qu'elles dégénèrent.

Les variétés non fixées ne peuvent se propager que par sectionnement de leurs parties : boutures, marcottes, greffes, rhizomes, tubercules, bulbes, etc. (S. M.)

VARIOLÉ. — Se dit des surfaces des végétaux couvertes de pustules ou petites dépressions rappelant les cicatrices de la petite vérole.

VARRONIA, P. Browne. — V. **Cordia**, Linn.

VASCOA, DC. — Réunis aux **Rafnia**, Thunb.

VASCONCELLA, A. St-Hil. — Réunis aux **Carica**, Linn.

VASCULAIRE. — Se dit des parties des végétaux pourvues de vaisseaux ou tubes conducteurs.

VASCULAIRE (Système). — Sous ce nom, on comprend toutes les parties des plantes dans lesquelles existent de véritables **Vaisseaux**. (V. ce nom.) Les végétaux cotylédonés ou autrement dit florifères et les Cryptogames vasculaires (Fougères, Prêles, Lycopodes et leurs voisins) en sont tous pourvus, tandis qu'ils font défaut chez les autres groupes de Cryptogames (Characées, Mousses, Hépatiques, Algues, Lichens et Champignons).

Chez les Mousses et certaines espèces des autres familles, les faisceaux vasculaires sont souvent représentés ou plutôt remplacés par des faisceaux ou sortes de cordes formées de longues cellules rétrécies, qui, dans une certaine mesure, remplissent les mêmes fonctions.

Fig. 396. — Bouquet de Chrysanthème dans un vase japonais.

Le système vasculaire existe dans les racines, la tige, les branches, les rameaux et les feuilles de toutes les plantes mentionnées plus haut et qu'on nomme pour cela *vasculaires*. Par un séjour prolongé dans l'eau ou par une longue exposition aux alternatives de l'humidité et de la sécheresse, toutes les parties celluleuses se trouvent détruites ; le système vasculaire seul persiste et représente alors la charpente, l'ossature en quelque sorte de la partie qui a été ainsi traitée. On voit surtout et le plus facilement cette charpente dans les parties herbacées dont les faisceaux vasculaires sont séparés les uns des autres par du tissu cellulaire, comme c'est le cas des feuilles des Monocotylédones et des Fougères et même des jeunes tiges herbacées des Dicotylédones. Les feuilles tombées en fournissent un exemple qu'on peut trouver en hiver dans tous les bois, sans aucune préparation préalable.

Dans les tiges et les racines des Dicotylédones ligneuses, il est plus difficile d'observer la conformation exacte du système vasculaire, par suite des anneaux ou couches annuelles de bois et de liber que forme le cambium placé juste entre eux.

Le rôle et les utilités prépondérantes du système vasculaire sont multiples :

1° Il constitue la charpente, le canevas en quelque sorte sur lequel s'étend et s'appuie le tissu cellulaire, dans lequel a lieu la prépararàtion des substances nutritives et la formation de nouvelles cellules.

2° Le système vasculaire ligneux sert, en outre, de canal de transport jusqu'aux feuilles à la sève brute que pompent les racines. Elle en descend principalement, croit-on, par les faisceaux que contient le liber, après s'être chargée dans les feuilles des matières protoplasmiques qui y sont élaborées, pour les transporter ensuite vers les sommités en voie de développement ou dans les réservoirs (bulbes, tubercules, etc.) où elles sont emmagasinées pour un usage ultérieur. V. aussi **Sève**.

VASE. — Ce sont des récipients de formes très diverses et plus ou moins richement décorés, que l'on

Fig. 397. — Vases à Jacinthe.

emploie pour la conservation des fleurs coupées, pour le rangement des plantes en pots dans les endroits qu'elles doivent orner et souvent même aux lieu et place des pots à fleurs ordinaires.

Peu d'objets ont des formes et des dimensions plus variées que les vases à fleurs, et les matériaux dont ils sont fabriqués sont eux-mêmes très nombreux. On en fait en terre cuite et vernissée, en terre fine, en porcelaine, en faïence émaillée, en fonte brute ou émaillée et aussi en pierre de taille, en marbre, granit, etc.

Les vases servant de pot de culture doivent de préférence être en terre brute ou vernissée seulement en dehors et naturellement percés de un ou plusieurs trous dans le fond, pour laisser s'écouler l'excédent de l'eau des arrosements; leur forme doit être généralement simple et leur décoration nulle ou très sobre; ils sont du reste peu coûteux et se désignent généralement sous le nom de **Pots** (V. ce nom).

Les vases servant de récipients pour les pots de culture se nomment généralement *cache-pots*, leurs formes sont très variées, plus ou moins élégantes et leur décor plus ou moins riche, selon le prix qu'ils coûtent; ils sont généralement en porcelaine vernie et

Fig. 398. — Vase Médicis en fonte pour orner les piliers.

peinte, mais on en fait aussi en métal : bronze, cuivre, nickel et même en argent.

Les vases qu'on emploie pour contenir les fleurs coupées, bouquets, gerbes, etc., ont des formes encore plus variées, plus bizarres que les précédents et des décors non moins variés et artistiques; ils sont en porcelaine, en métal ou très souvent en verre ou en cristal, uni, moulé, taillé ou peint. Ces derniers sont les meilleurs pour les garnitures d'appartements et des tables de festins; cependant, certains vases de Chine,

Fig. 399. — Vase dit : coupe à Crocus.

aux formes et décors très bizarres, font souvent bien ressortir certaines fleurs. Les dimensions et les formes de ces vases sont à peu près infinies et l'on peut facilement se procurer, même à bas prix, ceux qui paraissent les mieux appropriés à l'usage envisagé. Néanmoins, la forme a une certaine importance pour l'effet décoratif et surtout pour la facilité de disposition des fleurs. Ceux en cristal et en forme de trompette sont les plus pratiques sous ce rapport et ceux que les fleuristes emploient le plus généralement pour orner leur devanture de magasin.

Les vases et coupes en fonte brute ou émaillée sont très utiles et s'emploient beaucoup pour la décoration permanente des perrons, des piliers de grilles et autres endroits où il faut des objets à la fois décoratifs et résistant aux intempéries.

Les vases ou carafes à Jacinthes sont des récipients en verre, de formes très diverses, mais ayant tous une ouverture évasée, suffisamment large pour qu'on puisse y placer un ognon de Jacinthe; les racines poussent alors dans l'eau située en dessous et la plante fleurit à peu près comme si elle était en terre.

Sous le nom de *vases à Crocus*, on emploie des récipients en terre fine ou vernissée ayant une forme globuleuse et percés de plusieurs gros trous, devant lesquels on place un ognon de Crocus, de Tulipe ou de Scille, tandis qu'on garnit le centre de terre végétale.

Enfin, on nomme *coupes à Crocus* des vases ayant exactement la forme d'une coupe, c'est-à-dire très larges et peu profonds, dans lesquels on plante également des ognons à fleurs. Les figures ci-contre montrent du reste nettement la forme de ces différents vases.

Quelle que soit la forme d'un vase à fleur, le col doit toujours être assez large pour permettre d'y faire passer la tige d'un gros bouquet; sa capacité doit être suffisante pour contenir la quantité d'eau nécessaire pour alimenter les fleurs pendant quelques jours; enfin

Fig. 400. — Vase à trous garni de Jacinthe.

le pied doit être assez large pour que le vase ne puisse se renverser sous le poids souvent mal équilibré des fleurs. (S. M.)

VASISTAS; Angl. Sash. — Dans les serres, on désigne ainsi des châssis vitrés et ouvrants, permettant de renouveler l'air intérieur quand on le désire et même d'une façon plus ou moins rapide selon la grandeur qu'on juge à propos de donner à l'ouverture, et cela à l'aide d'une crémaillère graduée. Les vasistas sont indispensables dans les serres pour abaisser la température intérieure lorsqu'elle s'élève trop, soit par excès de chaleur artificielle, soit par le rayonnement du soleil. Leur position varie selon l'opinion des constructeurs et des horticulteurs. Aujourd'hui, on place très fréquemment des vasistas au faîte de la serre, afin de permettre à la chaleur qui s'y accumule de s'échapper librement quand on les ouvre. On en met aussi dans le bas du vitrage, à hauteur des banquettes, et parfois même au milieu quand la serre est très élevée. Dans les serres chaudes, on place très avantageusement ces derniers dans le mur d'appui, au-dessous du niveau des banquettes, afin que l'air s'échauffe en passant d'abord sur les tuyaux, avant d'arriver sur les plantes. Ce ne sont plus alors des vasistas proprement dits, mais plutôt des soupiraux, qui se ferment par une porte à charnière ou de préférence à glissière. Quand les vasistas sont au delà de la portée de la main, les constructeurs disposent un petit agencement à levier ou bascule qui permet de les manœuvrer facilement à l'aide d'une corde et parfois plusieurs ensemble. Pour de plus amples détails, V. **Serre**. (S. M.)

VAUANTHES, Haw. — V. **Grammanthes**, DC.

VAVANGA, Rohr. — V. **Vangueria**, Juss.

VÉGÉTAL. — Terme qu'on emploie dans un sens vague et indéfini pour désigner une plante quelconque. Le végétal est un être organisé, doué de vie, des facultés d'accroissement et de reproduction, mais privé de locomobilité, de volonté et peut-être de sensibilité. Il tient le milieu, comme degré de perfection naturelle, entre les minéraux et les animaux.

On nomme *règne végétal* l'ensemble des végétaux qui croissent sur la surface du globe. La cellule est l'élément principal de leur constitution ou même exclusif chez la plupart des Cryptogames; les autres sont formés à la fois de cellules et de vaisseaux. Les parties essentielles des premiers sont : la *racine*, la *tige* et sa *ramure*, les *feuilles*, les *fleurs*, les *fruits* et les *graines*.

La vie d'un végétal est limitée, comme celle d'un animal, mais sa durée est excessivement variable; les uns n'ont que quelques mois d'existence, tandis que les autres durent parfois des siècles. Tant que la vie organique existe dans un végétal, la plupart de ses parties restent vivantes elles-mêmes, s'accroissent et accomplissent simultanément leurs fonctions alimentaires et reproductrices; mais dès que cette vie s'éteint la désorganisation commence alors et la plante entière redevient, au bout d'un temps plus ou moins long, ce qu'elle était primitivement : de l'humus, de la poussière que le vent emporte. N'est-ce pas aussi de la même façon que se termine la vie animale? (S. M.)

Fig. 401. — Veitchia Joannis. — (*Rev. Hort.*)

VÉGÉTATION. — Ensemble des phénomènes qui concourent à l'accroissement des plantes; ce terme s'emploie aussi pour désigner des excroissances adventives et non caractérisées.

VEINATION; Angl. Venation. — S'emploie parfois comme synonyme de *nervation*.

VEINE. — S'emploie beaucoup dans un sens familier comme synonyme de *nervure*, pour désigner principalement les ramifications secondaires du système vasculaire, chez les feuilles surtout, dans lesquelles circule la sève pour se répandre dans le parenchyme.

VEINÉ. — Parcouru par des nervures.

VEINULE; Angl. Veinlet.— S'applique aux dernières ramifications filiformes des nervures.

VEITCHIA, H. Wendl. (dédié à feu James Veitch, célèbre horticulteur anglais, dont l'établissement est encore de nos jours un des plus renommés). Fam. *Palmiers.* — Genre imparfaitement connu, dont quatre espèces ont été mentionnées. Ce sont des Palmiers de serre chaude, habitant les îles Fiji et les Nouvelles-Hébrides. Fleurs mâles beaucoup plus petites que les femelles, réunies sur un spadice à pédoncule court, épais et à branches allongées, fastigiées et épaissies à la base; spathes trois(?) caduques. Fruit ayant environ 60 cent. de long, ellipsoïde ou fusiforme, ovoïde et légèrement rétréci en bec ou sub-globuleux. Feuilles terminales, régulièrement pinnatiséquées, à pinnules linéaires ou acuminées, inégalement tronquées et à bords épaissis. Les deux espèces suivantes sont à présent seules cultivées dans les serres. Pour leur culture, V. **Kentia**.

V. Canterburyana, F. Muell. — V. **Hedyscepe Canterburyana.**

V. Johannis, H. Wendl.* *Fl.* petites, disposées sur un spadice très ramifié, à branches portant de gros bouquets. *Fr.* d'abord verts, puis devenant à la fin orange vif, rouges à la base et ovales-ellipsoïdes. *Flles* à pinnules fortement dentées, avec la nervure médiane se terminant en un petit crochet à son sommet obliquement tronqué. Iles Fiji, 1868. — « Les jeunes plantes de semis présentent d'abord une tige droite, à gaines, pétioles et rachis rouge sang foncé et couverts, quand ils sont jeunes, d'un tomentum gris entremêlé de petites écailles en forme de lancette, minces et rouge foncé. » (Wendland, *in* Seemann, *Flora Vitiensis.*) Syn. *Kentia Johannis*, F. Muell.

V. Storckii, H. Wendl. *Fl.* réunies en un spadice ressemblant à celui du *Cocos nucifera* et plusieurs fois ramifiée, à branches principales triangulaires; les inférieures portant jusqu'à douze ramilles. *Fr.* ellipsoïde, à pointe grêle et obtuse. *Flles* à pinnules coriaces, glabres sur les deux faces, fortement plissées vers la base et pourvues de trois nervures longitudinales proéminantes, dont les deux latérales sont situées près des bords. Tronc dur et lisse, brun foncé inférieurement et brun clair dans sa partie supérieure. *Haut.* 12 m. Iles Fiji. Syns. *Kentia elegans*, Hort.; *K. Storckii*, F. Muell.

VEITCHIA, Lindl. — Réunis aux **Picea**, Link.

VELAGA, Adans. — V. **Pterospermum**, Schreb.

VELANI. — V. **Quercus Ægilops.**

VELASQUEZIA, Pritz. — V. **Triplaris**, Linn.

VELEZIA, Linn. (dédié à Franc. Velez de Arciniega, écrivain espagnol sur la médecine botanique). Fam. *Caryophyllées.* — Genre comprenant cinq espèces de plantes herbacées, annuelles et rustiques, habitant la région méditerranéenne et l'Asie occidentale. Fleurs sub-sessiles, solitaires à l'aisselle des feuilles ou fasciculées au sommet des ramilles; calice à cinq dents aiguës; pétales cinq, petits et peu visibles. Feuilles subulées. Deux espèces ont été introduites, mais elles sont dépourvues d'intérêt horticole.

VELLA, Linn. (dérivation incertaine; c'est, dit-on, la forme latine de *Veler*, nom celtique d'une plante analogue). Fam. *Crucifères.* — Petit genre ne comprenant que trois espèces de petits arbustes très ramifiés et demi-rustiques, habitant l'Espagne. Fleurs jaunes, assez grandes, presque réunies en épis; les inférieures pourvues de bractées; sépales dressés, égaux à la base. Feuilles entières.

L'espèce suivante, seule digne d'être décrite ici, est parfois cultivée en serre froide, quoique suffisamment rustique pour résister en plein air, si on la place dans un endroit sec et chaud. On peut la multiplier par boutures que l'on fait dans du sable et sous cloches.

V. pseudo-cytisus, Linn. Angl. Cress. et Rocket. — *Fl.* à pétales jaunes et à long onglet pourpre; pédicelles très courts. Avril-mai. *Flles* alternes, obovales, entières et couvertes de poils rudes. *Haut.* 60 cent. à 1 m. Espagne, 1759. (B. R. 293.)

VELLEIA, Smith. (dédié au Major Velley, qui s'intéressa beaucoup aux Algues et mourut en 1806). Comprend les *Euthales*, R. Br. Fam. *Goodénoviées.* — Genre renfermant aujourd'hui une quinzaine d'espèces de plantes herbacées, vivaces et de serre froide, toutes australiennes (sauf le *V. macrophylla*), ayant une souche courte, épaisse et des feuilles radicales. Fleurs jaunes, semblables à celles des *Goodenia*, mais le calice n'est pas adhérent à l'ovaire; hampes (ou pédoncules dans le *V. macrophylla*) dressées ou ascendantes, ramifiées, di- ou trichotomes et multiflores; bractées opposées, libres ou soudées.

Les quatre espèces suivantes existent dans les cultures et se traitent comme les **Goodenia**. (V. ce nom.)

V. lyrata, R. Br. *Fl.* à trois sépales; corolle d'environ 12 mm. de long, à lobes largement ailés; hampes de 15 à 30 cent. de haut, dichotomes et à branches étalées. Avril. *Flles* oblongues-spatulées, profondément dentées au-dessous du milieu ou lyrées pinnatifides et ayant souvent plusieurs pouces de long. Australie, 1819. (B. R. 551; H. E. F. 24.)

V. macrophylla, Benth. *Fl.* réunies en grandes panicules dichotomes; pédoncules axillaires. Juillet. *Flles* caulinaires ayant ordinairement 5 à 15 cent. de long; dentées et rétrécies en pétiole assez long. Tige dressée, feuillue, ramifiée, de 1 m. à 1 m. 20 de haut. Australie, 1839. Plante voisine des grandes formes du *V. trinervis*. Syn. *Euthales macrophylla*, Lindl. (B. 209; B. R. 1841, 3.)

V. paradoxa, R. Br. *Fl.* à cinq sépales libres; corolle pubescente à l'extérieur, parfois éperonnée; hampes de 15 à 45 cent. de haut, ramifiées, di- ou dichotomes. Juillet. *Flles* pétiolées, variant depuis la forme largement ovale et de moins de 5 cent. de long jusqu'à celle étroitement oblongue et de plus de 10 cent. de long, grossièrement dentées ou presque entières et parfois très entières. Australie, 1824. (B. R. 971.)

V. trinervis, Labill. *Fl.* à calice companulé et à cinq lobes inégaux; corolle de 12 à 15 mm. de long, à lobes tous largement ailés; hampes dichotomes, courtes et ascendantes ou ayant plus de 30 cent. de haut. Juillet. *Flles* longuement pétiolées, largement ou étroitement oblongues, entières ou bordées de dents espacées. Australie, 1803. Syns. *Goodenia tenella*, Andr. (A. B. R. 446; B. M. 1137); *Euthales trinervis*, R. Br.

VELLOZIA, Vand. (dédié à Velloz, naturaliste portugais, qui publia les ouvrages sur le Brésil de Vandelli). Syn. *Xerophyta*, Juss. Fam. *Amaryllidées.* — Genre comprenant environ cinquante espèces de plantes de serre chaude ou tempérée, à tige fibreuse, ligneuse, dressée et parfois arborescente, habitant l'Afrique australe et tropicale, Madagascar et le Brésil. Fleurs blanches, jaune soufre, violettes, rouge orangé ou bleues, souvent élégantes, solitaires au sommet de pédoncules terminaux; périanthe campanulé ou en entonnoir, presque dépourvu de tube, à segments égaux, étalés-dressés, ovales, oblongs ou longuement acuminés à la base; étamines six, parfois en nombre indéfini et réunies en faisceaux. Feuilles fasciculées au sommet des rameaux, parfois courtes, étroites, droites, parfois allongées, étroitement ou largement linéaires, rigides et souvent aiguës.

Les espèces suivantes sont les plus connues. Elles prospèrent dans un compost bien drainé de terre de bruyère siliceuse; il ne faut pas les arroser trop copieusement. Leur multiplication peut s'effectuer par semis ou par séparation des rejets.

V. candida, Mikan. *Fl.* à périanthe blanc pur, très élégant; étamines quatorze, réunies en six faisceaux; pédoncules allongés, scabres-glanduleux supérieurement, ainsi que l'ovaire et le périanthe. Été. *Flles* linéaires, graminiformes, filiformes-acuminées, carénées-rigides et bordées de dents spinuleuses. Branches courtes et feuillues au sommet. Brésil, 1865. Très belle plante touffue et de serre chaude. (B. M. 5514.)

V. elegans, Talbot. *Fl.* à périanthe lilas pâle en bouton, puis blanc pur, de 3 cent. de diamètre, à segments étalés; pédoncules terminaux, engainés à la base et divisés en trois-cinq pédicelles grêles, de 5 à 15 cent. de long. Mai. *Flles* tristiques, récurvées, de 10 à 20 cent. de long, linéaires-lancéolées, acuminées, fortement carénées, dentées en scie vers le sommet. Tige rigide, flexueuse, de 15 cent. de haut. Natal, 1866. Serre froide. (B. M. 5803.) Syn. *Talbotia elegans*, Balf.

V. retinervis, — *Fl.* à périanthe bleu, de 4 cent. de diamètre et à segments de 3 à 4 cent. de long et 8 à 10 mm. de large, nus à l'extérieur; anthères de 12 mm. de long, presque sessiles; pédoncules foncés supérieurement, avec quelques sétules au-dessous de l'ovaire; celui-ci oblong et fortement couvert de gros poils bruns et ascendants. *Flles* longuement linéaires-recurvées, rigides et glabres. Tronc de 4 m. de haut, couronné d'une touffe dense de feuilles. Natal et Transvaal, 1877. Serre froide. Syn. *Xerophyta retinervis*, Baker. (G. C. n. s. VI, p. 837; R. G. 903.)

V. squamata, Pohl. *Fl.* à périanthe d'un beau rouge orangé, à tube légèrement élargi supérieurement et à segments modérément étalés; hampe plus longue que les feuilles. Été. *Flles* terminales, de 10 à 15 cent. de long, étalées, glauques, linéaires, acuminées et carénées. Tige courte, dichotome, couverte des restants squamiformes des anciennes feuilles tombées. Monts Organ, 1841. Serre chaude. Syn. *Barbacenia squamata*. Paxt. (B. M. 4136; P. M. B. XI, 75; G. C. 1890, part. II, f. 81.)

VELLOZIÉES. — Tribu des Amaryllidées.

VELOUTÉ. — Se dit des parties couvertes de poils très courts, fins et nombreux, leur donnant l'aspect et le toucher du velours.

VELTHEIMIA, Gled. (dédié à Aug. Ferd. comte Veltheim, protecteur allemand des études botaniques; 1741-1801). Fam. *Liliacées*. — Petit genre comprenant aujourd'hui quatre espèces de plantes bulbeuses, herbacées, demi-rustiques ou de serre froide, confinées dans le sud de l'Afrique. Fleurs élégantes, réunies en épi ou grappe dense ou terminale, courtement pédicellées ou sub-sessiles, penchées ou à la fin pendantes; périanthe tubuleux, cylindrique, régulier ou légèrement élargi supérieurement, persistant, à six lobes égaux, très courts et dentiformes; étamines six, régulièrement insérées au-dessus du milieu du tube et incluses; hampe radicale, simple et aphylle. Feuilles radicales, nombreuses, oblongues ou loriformes, herbacées-charnues.

Les deux espèces suivantes existent dans les cultures, mais le *V. viridifolia* est le plus connu. Il se prête assez bien à la culture en appartements et sur carafes, comme les Jacinthes. Ces deux plantes aiment une bonne terre franche et légère. Leur multiplication s'effectue facilement par séparation des drageons ou par feuilles qu'on arrache des plantes adultes, en les détachant avec toute leur base; mises en pots remplis de terre très siliceuse, elles produisent un bulbe à la base.

V. capensis. DC. Syn. de *V. viridifolia*, Jacq.

V. glauca, Jacq. *Fl.* à périanthe maculé de rouge ou de jaunâtre, de 12 à 18 mm. de long; pédicelles ayant à peine 2 mm. 1/2 de long; grappes ayant 5 à 15 cent. de long et 4 à 5 cent. de diamètre; hampe de 30 cent. ou plus de haut; bractées linéaires, de 8 à 10 mm. de long. Mars. *Flles* plus étroites que dans le *V. viridifolia*, glauques et fortement ondulées. Sud de l'Afrique, 1781. (B. M. 1091.) Une variété *rubescens*, Hort., à fleurs rougeâtres, est figurée dans le B. M. 3456.

V. viridifolia, Jacq. *Fl.* à périanthe rougeâtre ou jaunâtre et maculé, de 3 à 4 cent. de long; pédicelles de 5 à 8 mm. de long; grappes de 8 à 10 cent. de long et 8 mm. de diamètre, composée de quarante à soixante fleurs; hampes de 30 à 45 cent. de haut; bractées lancéolées, de 10 à 15 mm. de long. Août. *Flles* dix à douze, loriformes, de 20 à 30 cent. de long et 6 à 8 mm. de large, vertes et à bords ondulés. Sud de l'Afrique, 1768. (L. B. C. 1245.) Syn. *Aletris capensis*, Linn. (B. M. 501); *V. capensis*, DC. (R. L. 186.)

Fig. 402. — Veltheimia viridifolia.

VELU; Angl. Villose, Villous. — S'applique aux parties des végétaux couvertes de poils.

VELUTINEUX. — Se dit des surfaces couvertes de poils très fins, courts et nombreux, leur donnant l'aspect et le toucher du velours.

VENANA, Lamk. — V. Brexia, Neronh.

VENIDIUM, Less. (probablement dérivé de *vena*, veine; allusion aux nervures des tiges). Syn. *Cleitria*, Schrad. Fam. *Composées*. — Genre comprenant une vingtaine d'espèces de plantes herbacées, annuelles ou vivaces, tomenteuses-incanes ou laineuses et de serre froide ou demi-rustiques, confinées dans le sud de l'Afrique. Capitules radiés, assez grands, solitaires au sommet de longs pédoncules axillaires; involucre formé de bractées multisériées; fleurons rayonnants entiers ou à peine dentés. Feuilles alternes, entières, sinuées-dentées ou pinnatiséquées.

Des espèces décrites ci-après, le *V. calendulaceum* est de beaucoup le plus répandu. C'est une belle plante annuelle, dont le port et les fleurs rappellent beaucoup un Souci et dont la floraison se prolonge pendant toute la belle saison. Il fait beaucoup d'effet et convient particulièrement, à cause de son port nain, à l'ornementation des corbeilles et à la formation de charmantes bordures; on en fait aussi de très jolies potées. Sa culture est en outre facile; on peut la semer en septembre et hiverner alors les plants sous châssis pour les mettre en place au printemps; on en obtient ainsi une floraison précoce. mais il est plus simple d'en faire le semis en mars-avril, si on le peut sur une petite couche, ou plus tard dans un endroit abrité, et de mettre les plants en place dès qu'ils sont suffisamment forts.

Quant aux autres espèces, on les traite comme les Arctotis (V. ce nom).

V. calendulaceum. Less. Vénidium à fleurs de Souci. — *Capitules* rappelant ceux du Souci officinal simple, grands, de 6 cent. de diamètre, à fleurons rayonnants, unisériés, d'un jaune orangé vif et verdâtres à la base;

Fig. 403. — Venidium calendulaceum.

disque brun presque noir; bractées de l'involucre ovales-lancéolées, réfléchies au sommet et disposées en deux ou trois séries. Juin-octobre. *Flles* radicales lyrées, pétiolées-étalées, à lobes terminal très ample: les caulinaires sessiles et auriculées; toutes vertes et glabres en dessus, mais couvertes en dessous d'un duvet blanc et cotonneux. Tiges et ramifications étalées-dressées. *Haut.* 15 à 30 cent. Afrique australe. Harvey et Sonder considèrent cette plante comme une variété du *V. decurrens*, Less. (A. V. F. 3.)

V. fugax, Harv. *Capitules* de 4 cent. de diamètre, à rayons orange vif, un peu plus pâles en dessous; disque noirâtre. *Flles* radicales pétiolées, elliptiques, obtuses. sinuées, lobées ou sub-lyrées, généralement non auriculées; les supérieures sessiles, parfois légèrement auriculées à la base, entières ou sinuées-dentées; les inférieures un peu pandurées. *Haut.* 50 cent. Afrique australe, 1887. Tige, feuilles et bractées de l'involucre courtement poilues.

V. hirsutum, Harv. *Capitules* de 3 1/2 à 4 cent. de diamètre, à rayons jaune orangé vif, mais moins foncé que chez le *V. fugax* et à disque noirâtre. *Flles* lyrées-pinnatifides; les radicales pétiolées, à lobe terminal largement elliptique-oblong et profondément lobé; les supérieures beaucoup plus petites, sessiles et pinnatifides; pétioles nullement ou à peine auriculés. Tige, feuilles et bractées externes de l'involucre poilues. *Haut.* 25 à 30 cent. Sud de l'Afrique, 1887.

VENT; Angl. Wind. — Les divers points d'où vient le vent et son degré de force demandent une attention quotidienne pour la bonne conduite des serres et la protection des arbres et des plantes en plein air. Les dommages que causent les vents impétueux deviennent parfois des désastres; on ne le sait que trop par expérience. Qui n'a vu, à la suite d'un de ces terribles ouragans, de magnifiques arbres entièrement déracinés ou privés de leurs branches principales, voire même entièrement décapités! Ainsi mutilés, la régularité de leur charpente est détruite pour toujours. Dans certaines localités et situations particulières, certains vents prédominent d'une façon notable, notamment sur les bords de la mer, sur les collines, dans certaines vallées, etc.; on est alors obligé de prendre ces vents en considération lors de la plantation des arbres, des arbustes ou même plantes d'ornement et d'en opérer le choix et la disposition en conséquence. Ces vents soufflent le plus souvent dans la même direction. Aux environs de Paris, c'est le vent d'ouest qui prédomine; cependant, notre région n'est pas une des plus éprouvées. Moins favorisé est le Midi, qui reçoit par instant le terrible mistral ou vent du nord-ouest; en Algérie c'est le siroco, ou vent du sud; les Anglais ont le vent du sud-ouest. Les forêts, les montagnes et même souvent de simples massifs de grands arbres brisent l'impétuosité des vents et abritent parfois d'une façon complète certains points de régions très exposées.

La quantité de fruits que le vent fait prématurément tomber et le préjudice qu'il cause ainsi dans les jardins fruitiers et les vergers sont choses trop connues pour qu'il soit nécessaire d'insister davantage. L'action des vents sur les arbres nouvellement plantés est non moins néfaste, car s'ils ne sont pas arrachés, ils sont au moins si fréquemment secoués que leur reprise devient souvent impossible. Il ne faut donc pas négliger de les munir de tuteurs dès leur plantation, même lorsque cela ne serait pas indispensable; si l'arbre offre une grande prise aux vents et si le tuteur ne parait pas suffisant, on fera bien de lui adjoindre trois bons fils de fer placés en triangle, fixés à une certaine hauteur autour d'un fort coussin de paille et amarrés, à une assez grande distance du pied, à de solides pieux enfoncés en terre. C'est surtout pour les arbres à feuilles persistantes et notamment les Conifères que cette disposition est utile, sinon même indispensable. Les plantes herbacées en pleine terre ou en pots ne demandent pas moins de précautions pour leur protection contre les vents, et c'est souvent bien plus contre eux que pour supporter la plante elle-même qu'on les munit de tuteurs.

Les vents ont encore sur les végétaux d'autres effets plus ou moins pernicieux, causés par leur température ou leur degré de siccité ou d'humidité; les vents froids sont très nuisibles aux plantes sous verre et non moins aux plantes de plein air, surtout au printemps, alors que la végétation est en activité; ceux venant de l'est, du nord-est et du nord sont les plus nuisibles sous ce rapport; le froid qu'ils apportent arrête ou au moins ralentit considérablement la végétation et, lorsque la température descend trop bas, les jeunes feuilles, les fleurs et les jeunes fruits se trouvent saisis, roussissent et tombent bientôt. Les vents humides et froids ont à peu près les mêmes propriétés nuisibles; ils font en particulier pourrir les jeunes plantes ou leurs parties délicates. Les vents secs et chauds sont moins mauvais, mais ils dessèchent rapidement la terre, occasionnent une évaporation excessive chez les parties élaborantes, les feuilles principalement, et celles-ci ne tardent pas à se faner. Les vents chauds et humides sont les seuls qui soient favorables à la végétation, si toutefois ils ne sont pas trop forts; ils précèdent généralement la pluie, qui vient ensuite compléter leur influence bienfaitrice.

Dans les endroits découverts, il ne faut jamais négliger de prendre préventivement, même lorsque le temps est parfaitement calme, les mesures nécessaires contre l'influence fâcheuse des vents possibles, surtout à l'égard des arbres nouvellement plantés, et toujours plus que moins, car une tempête peut arriver brusquement et détruire en un clin d'œil ce qu'on aura fait pousser avec beaucoup de peine et d'attention.

VENTILAGO, Gærtn. (de *ventilo*, ventiler, exposer aux vents; allusion aux ailes linéaires de la partie supérieure du fruit). Fam. *Rhamnées*. — Genre comprenant une dizaine d'espèces d'arbustes grimpants, de serre chaude, dispersés dans les tropiques. Fleurs petites, disposées en panicules axillaires et terminales, ordinairement aphylles, rarement axillaires; calice à cinq lobes étalés; pétales cinq, ob-triangulaires ou cucullés; étamines cinq. Feuilles alternes, sub-distiques. L'espèce suivante est seule introduite. Pour sa culture, V. **Berchemia**.

V. maderaspatana, Gærtn. *Fl.* vertes et réunies en épis grêles, simples ou paniculés. Juin. *Flles* de 5 à 10 cent. de long, oblongues-lancéolées ou ovales, aiguës ou subacuminées, crénelées ou entières. Jeunes rameaux et feuilles glabres ou légèrement pubescents. Indes, 1822.

VENTILATION. — V. **Aération**.

VENTRAL. — Qui tient à la partie antérieure ou interne d'un carpelle; côté opposé à la face dorsale.

VENTRICULEUX; Angl. Ventriculose. — Qui forme un ventricule, c'est-à-dire un petit renflement; ce mot est peu employé.

VENTRU; Angl. Ventricose. — Inégalement renflé sur un côté, comme la corolle de beaucoup de plantes *Labiées* et *Scrophularinées*.

VEPRIS, Commers. — V. **Toddalia, Juss.**

VER; Angl. Worm. — Sous ce nom, on désigne, dans un sens très large et confus, des insectes dont le corps allongé et mou est formé d'anneaux réunis par une peau souple, rétractile et qui sont, les uns pourvus, les autres dépourvus de pattes; leur teinte et souvent blanc jaunâtre. Or, ces petits animaux, qui ne présentent que leur premier état de développement, l'état *larvaire*, appartiennent à des classes très différentes d'insectes. Les vers munis de pattes sont des larves de Coléoptères, d'Orthoptères, de Névroptères ou de certains Hyménoptères, et celles qui présentent en outre des vraies pattes un certain nombre de pattes membraneuses ou fausses pattes sont des Lépidoptères, auxquels on applique plus correctement le nom de chenille. Néanmoins, certaines de ces chenilles étant de très petite taille et d'aspect vermiforme (Micolépidoptères) sont fréquemment nommées vers; témoin le ver de la Pomme, qui est la chenille d'un tout petit papillon nommé *Carpocapsa pomonana*. C'est aux larves des Diptères, toutes apodes, qu'il convient de réserver le nom de ver. Enfin, on nomme encore *ver de terre* ou tout simplement *ver*, les Lombrics qui font l'objet d'un des articles suivants. (S. M.)

VER gris; Angl. Surface Caterpillar ou Grub. — Nom familier sous lequel on désigne les chenilles des diverses espèces de Noctuelles, principalement les *Triphæna pronuba*, *Agrotis segetum* et *A. exclamationis*. Leur nom français est tiré de leur couleur grise et leur nom anglais vient de l'habitude qu'ont ces chenilles de s'enfouir pendant le jour juste au-dessous de la surface du sol, au pied des plantes herbacées basses. Ces chenilles sont très destructrices et causent souvent des dommages sérieux en rongeant les plantes cultivées au niveau du sol, juste au collet. Les Betteraves, les Laitues, Navets et autres en souffrent souvent fortement; on ne s'aperçoit ordinairement de leurs dégâts que lorsque les plantes fanent. Pendant l'hiver, ces chenilles creusent souvent des galeries dans les racines et les tubercules, tels que ceux des Pommes de

Fig. 404. — Noctuelle des moissons (*Agrotis segetum*). Papillon du Ver gris,

terre, les Navets, Choux-Navets, Betteraves, etc., elles rongent aussi à cette époque les souches de diverses plantes herbacées, notamment des *Aster* et beaucoup d'autres herbes. Au printemps, ces chenilles se transforment en nymphes, dans un cocon terreux, et le papillon en sort dans le cours de l'été.

C'est surtout pendant les étés secs que les plantes souffrent le plus ou que les dégâts sont les plus appréciables, parce qu'alors la végétation est lente; pendant les étés pluvieux, la végétation étant plus active, les plantes reconstituent plus rapidement les parties qui ont été rongées. Pour de plus amples détails sur ces insectes nuisibles et les moyens de les détruire, V. **Noctuelle** et **Noctuina**.

VER Limace. — On désigne sous ce nom familier les larves de certaines Tenthrèdes ou Mouches à scie appartenant au genre *Eriocampa*, et ressemblant par leur forme, leur aspect et leurs mœurs à de petites Limaces. Ces larves se couvrent d'une sécrétion blanche, floconneuse ou poudreuse chez les unes, tandis qu'elle est vert foncé ou noire chez les autres; elles ont tout à fait l'aspect de petites Limaces. Chez d'autres enfin, cette sécrétion est jaunâtre et très peu abondante.

L'insecte adulte, c'est-à-dire la Tenthrède, est petit, avec le corps court, épais, noir et luisant; les pattes sont noires, avec les tibias et les tarses portant des anneaux variant du blanc au jaune plus ou moins foncé; les antennes sont courtes et épaissies au milieu; la disposition des cellules entre les nervures des ailes est aussi caractéristique. Les espèces les plus communes sont :

E. annulipes, qui vit sur la face inférieure des feuilles des Bouleaux, Chênes, Saules et Tilleuls.

E. limacina (*Selandria limacina* et *S. Cerasi*, Miss Ormerod), commun sur divers arbres fruitiers mentionnés plus loin.

Fig. 405. — Ver-limace (*Eriocampa limacina*) Larve sur une feuille de Poirier.

E. ovata, qui abonde souvent sur les Aulnes.

E. Rosæ, dont les larves se tiennent sur la face supérieure des feuilles des Rosiers et en rongent l'épiderme.

C'est surtout aux larves de l'*E. limacina* que s'applique principalement le nom de *Ver Limace*, à cause de leur forme, de leur couleur noirâtre, de leur aspect et surtout de la sécrétion visqueuse qui les recouvre et les fait ressembler, à s'y méprendre, à une petite Limace. Ces larves sont souvent très abondantes sur les arbres fruitiers et causent alors des dégâts assez sérieux, en rongeant l'épiderme des feuilles.

La Tenthrède ou Mouche mesure environ 5 mm. de long; elle est noire, luisante et poilue; ses pattes sont brun jaunâtre ou brunâtres; ses ailes sont transparentes, sauf une large bande médiane de teinte enfumée. Elle dépose ses œufs sur la face inférieure des feuilles. Les larves qui en éclosent sont d'abord blanches, mais elles deviennent jaune verdâtre, avec la tête noire et tout leur corps se couvre d'une sécrétion résineuse et foncée; leur forme est conique, avec un léger étranglement derrière la tête, qui est surmontée d'une bosse; leur corps se rétrécit ensuite rapidement depuis ce point jusqu'à l'extrémité. A la dernière mue, ces larves se débarrassent de leur enduit visqueux et la tête devient de la même couleur que le corps.

Ces larves vivent sur un grand nombre d'arbustes et à leurs dépens; ce sont principalement ceux appartenant à la famille des *Rosacées*, notamment les Amandiers, Aubépines, Cerisiers, Poiriers, Pommiers, Pruniers, Ronces, etc.; on les observe aussi parfois sur les Chênes, les Hêtres, etc. Elles vivent généralement en société, sur la face supérieure des feuilles, dont elles ne rongent que l'épiderme, mais toute la feuille ne tarde pas à devenir brune, puis à se faner, se rider et finir par tomber au bout de peu de temps. Les Vers-Limaces sont très voraces et destructeurs, malgré la lenteur de leurs mouvements. C'est à l'automne qu'ils exercent leurs déprédations. Arrivés à leur complet développement, ils descendent à terre, s'y enfoncent

Fig. 406. — Eriocampa limacina. — Ver-limace. Insecte parfait.
a, ligne montrant sa grandeur naturelle.

pour y former chacun un cocon noirâtre, dans lequel ils se transforment en nymphe.

Remèdes. — On en a déjà recommandé un grand nombre. Un des meilleurs est une solution d'hellébore, dont on asperge les plantes entières et surtout les larves à l'aide d'une seringue ou d'un arrosoir à pomme fine. Une solution un peu forte de jus de tabac, d'eau de chaux et de savon noir, à raison d'environ 500 gr. de ce dernier pour 50 litres d'eau, appliquée de la même manière, a souvent donné de bons résultats.

On peut détruire les nymphes pendant l'hiver, en enlevant 8 à 10 cent. de la couche superficielle du sol au pied des arbres qui ont été infestés et en brûlant ensuite ces résidus dans une fournaise.

Les Tenthrèdes elles-mêmes sont assez lourdes, on peut facilement en capturer un grand nombre en battant ou secouant les plantes, de préférence le matin de bonne heure au-dessus d'un parapluie renversé ou d'une toile étendue au pied, ou encore d'une grande planche fraîchement enduite de goudron. Cette Tenthrède est très abondante en Europe et dans l'Amérique du Nord on croit qu'elle y a été introduite de la Nouvelle-Zélande.

VER de la Pomme — V. **Pomme** (Ver de la).

VER Nématoïde. — V. **Nématode.**

VER à soie. — C'est la chenille d'un Lépidoptère nommé *Bombyx Mori*, d'une grande importance économique, car le cocon qu'elle tisse pour se métamorphoser fournit la plus belle soie du commerce. Il n'appartient point à cet ouvrage d'étudier cet insecte utile, qui n'existe en Europe que dans les importantes éducations qui en sont faites dans le Midi de la France, en Italie et dans d'autres parties de la région méditerranéenne. On sait que cet insecte est d'origine asiatique et qu'on le nourrit exclusivement chez nous avec les feuilles des Mûriers cultivés en grand nombre dans les régions d'éducation, en vue de cet usage. On fait coïncider l'éclosion avec celles des feuilles et les chenilles qui ont quatre mues, mettent environ un mois à atteindre leur complet développement. Elles sont alors grosses comme le petit doigt, blanc farineux, avec la tête plus grosse que le corps et elles tissent un cocon de la grosseur du bout du pouce, blanc, jaune ou vert, selon la race, ovale, étranglé ou non dans son milieu. Pour que l'insecte parfait ne coupe pas la soie de son cocon en voulant en sortir après sa métamorphose, on passe les cocons peu de jours après leur achèvement dans un étouffoir à vapeur, où la chrysalide périt. Les cocons secs sont livrés aux filatures, qui en dévident la soie.

Le papillon est gros, court, épais et lourd, avec des ailes blanches, poudreuses, ainsi que tout son corps, à peine capable de voler, il périt au bout de peu de jours après l'accouplement et la ponte des œufs.

L'éducation des vers à soie, qu'on nomme *sériciculture*, était autrefois une des industries les plus prospères de la Provence, donnant en quelques semaines de beaux deniers à ceux qui s'y livraient, mais diverses maladies des vers sont survenues, les détruisant parfois totalement, puis la concurrence étrangère est arrivée, les importations de cocons, de soies de Chine et du Japon ont fait baisser les prix de vente, si bien que cette éducation, autrefois source d'un revenu

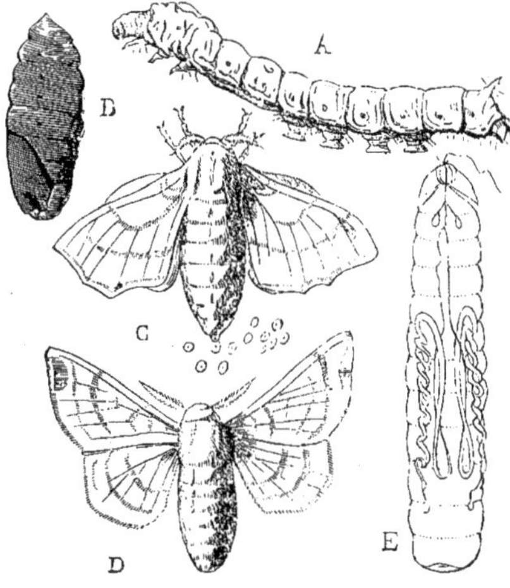

Fig. 407. — Ver à soie du Mûrier (*Bombyx Mori*), à ses divers états.

A, chenille ; B, chrysalide retirée de son cocon : C, papillon femelle pondant ses œufs ; D, le mâle ; E, appareil producteur de la soie dans le corps de la chenille.

certain et très élevé, est devenue très aléatoire et que pour ne pas la laisser tomber en désuétude et arracher les Mûriers, le gouvernement s'est vu obligé d'accorder une prime à ceux qui font encore des vers à soie.

Nous avons indiqué à l'article Mûrier (V. ce nom) pourquoi l'éducation des Vers à soie était impossible dans le nord, alors que l'arbre qui nourrit les vers est absolument rustique. L'éducation de ceux-ci se fait partout dans de vastes locaux chauffés à 15-20 degrés et qu'on nomme *magnaneries*. Inutile donc d'insister davantage sur ce sujet qui n'est pas du reste du domaine de l'horticulture proprement dite.

(S. M.)

VER (Végétal). — Fruits ou gousse de l'**Astragalus hamosus.** (V. ce nom.)

VER de terre (Lombric). Angl. Worm. — Ces animaux, au sens propre du mot, appartiennent tous au genre *Lumbricus*, le seul dont nous nous occuperons ici. Plusieurs espèces ont été décrites par les naturalistes. Leur forme et leur aspect général sont trop connus pour qu'il soit nécessaire de les décrire. Ils possèdent deux rangées de soie le long du corps, mais elles sont raides et si courtes qu'on ne les voit presque pas. Ces soies servent à l'animal pour prendre appui sur les parois avoisinantes et se mouvoir en avant; on constate leur présence et leur raideur en passant le doigt le long du corps, d'arrière en avant.

Les Vers de terre passent la plus grande partie de leur vie enfouis dans le sol, à une profondeur variable, relativement faible. En été, dans les jours sombres et humides et pendant la nuit, ils sortent de leurs galeries, s'allongent sur le sol pour saisir leur nourriture et ils l'emportent ensuite dans leurs galeries. Les trépidations que cause la marche sur le sol, les éclairs, etc., les font rentrer rapidement chez eux. Pendant l'hiver et lorsque la terre se dessèche sous l'influence de la chaleur, ils s'enfoncent profondément, au delà des atteintes de la gelée et de la sécheresse.

Les Vers de terre vivent des substances végétales en décomposition; ils absorbent beaucoup de terre, afin d'en extraire les résidus qu'elle contient et, lorsque ceux-ci ont été digérés, ils rejettent alors la terre au dehors, à l'ouverture de leur galerie, sous une forme bien connue des jardiniers et presque de tout le monde.

Dans la plupart des cas, les Vers de terre devraient être considérés comme utiles en ce qu'ils amènent constamment à la surface du sol de la terre provenant du sous-sol, très finement pulvérisée ; leurs galeries facilitent en outre la pénétration de l'air et de l'eau dans le sol et le sous-sol; ils activent la décomposition des matières végétales. Par contre, leurs déjections déparent la surface des pelouses, des corbeilles et plates-bandes bien nivellées et les morceaux de feuilles de papiers et autres qu'ils traînent çà et là et enterrent partiellement dans leurs galeries sont assez désagréables à la vue. Ils détériorent aussi certaines petites plantes en tirant en terre les pointes de leurs feuilles inférieures. Quand ils pénètrent dans les pots à fleurs, ils en labourent tellement la terre que les racines ne peuvent plus y prendre pied ; il faut donc les extraire dès qu'on constate leur présence ou mieux encore les empêcher d'y pénétrer, en garnissant pour cela le fond des pots de tessons et de mâchefer.

Remèdes. — Le plus simple consiste à les chercher lorsque le temps est sombre, humide ou pendant la nuit à la lanterne, alors qu'ils sont sortis de leurs galeries ; il faut les saisir rapidement, car ils rentrent prestement dans leur galerie lorsqu'on les inquiète. En arrosant le sol ou la terre des pots à fleurs d'une solution faible de sels odorants, tels que le carbonate d'ammoniaque ou d'une infusion de feuilles de Noyer, ils sortent de terre suffoqués et se laissent prendre très facilement. Il faut faire cette opération dans la soirée. Lorsque les Vers de terre deviennent trop abondants, on peut encore réduire leur nombre en tenant dans les jardins certains animaux tels que des Grenouilles, des Hérissons, des Musaraignes, des *Testacella*, qui en dévorent de grandes quantités.

VÉRANDA. — On désigne ainsi une construction légère et vitrée, placée plus ou moins en saillie sur la façade d'une maison, un peu pour l'ornement extérieur et beaucoup pour jouir à l'intérieur, pendant les mauvais jours d'une abondante lumière et des faibles rayons du soleil qui brille pendant l'hiver. Il y en a de toutes formes et de toutes dimensions. Elles servent souvent de jardin d'hiver : ce sont autant des pièces d'agrément, des salons fleuris en quelque sorte, que des sortes de serres propres à la conservation et à l'hivernage des plantes qui ne pourraient résister à nos rudes hivers. Il n'est guère possible d'y cultiver convenablement des plantes, mais on peut au moins les y conserver ou les y placer pendant leur période de floraison et en jouir aussi bien qu'en appartement proprement dit, sans qu'elles y souffrent autant et périssent aussi rapidement. On ne saurait trop insister sur le plaisir que peut procurer une véranda garnie de plantes bien soignées et sur les services qu'elle peut rendre à l'amateur qui ne possède pas d'autre abri pour l'hivernage des plantes délicates. Quant aux soins à donner aux plantes qu'on y place, ils dépendent de leur nature même; mais, en général, ce sont ceux qu'on donne aux plantes mises en orangerie ou en serre froide, selon l'intensité d'éclairage et selon le degré de chaleur qu'on y maintient. Pour de plus amples détails, V. **Jardin d'hiver**, **Orangerie** et **Serre**. (S. M.)

VERATAXUS, Senil. — V. **Taxus**, Linn.

VERATRUM, Linn. (ancien nom latin employé par Lucrèce et Pline, dérivé de *vere*, vrai, et *ater*, *atrum*, noir; allusion à la couleur des racines). **Varaire**; ANGL. White ou False Hellebore. FAM. *Liliacées*. — Genre comprenant une douzaine d'espèces de plantes herbacées, vivaces et rustiques, habitant l'Europe, la Russie d'Asie et l'Amérique du Nord. Fleurs nombreuses, courtement pédicellées et réunies en longues panicules spiciformes et terminales; périanthe purpurin, verdâtre ou blanchâtre, persistant, largement campanulé ou étalé, à segments soudés vers la base en tube très court chez les fleurs femelles, oblongs, étalés et sub-égaux chez les fleurs fertiles, à peine contractés à la base et multinervés; étamines six; styles trois; capsule formée de trois carpelles; graines ailées. Feuilles souvent amples, plissées-veinées et contractées inférieurement en gaine ample; les supérieures rarement toutes étroites; les florales bractéiformes. Tige dressée et feuillue. Rhizome épais, très vénéneux, à racines fibreuses, douées des mêmes propriétés, mais moindres. On emploie le *V. album* réduit en poudre pour détruire les chenilles.

Les espèces décrites ci-après sont les plus répandues dans les cultures. Elles ont un port majestueux, qui les fait avantageusement utiliser pour décorer les pelouses. Les *Veratrum* préfèrent une exposition un peu ombragée et une terre forte, un peu tourbeuse, mais ils prospèrent néanmoins dans presque tous les bons terrains. Leur multiplication s'effectue facilement par division des fortes touffes ou par semis, mais les plants mettent alors plusieurs années à atteindre leur force florifère.

V. album, Linn. * Varaire blanc, Hellébore blanc; ANGL. Langwort; Lyngwort. — *Fl.* à périanthe blanchâtre intérieurement, verdâtre extérieurement à la base, étalé, de 8 à 12 mm. de long et à segments crispés-denticulés; pédicelles très courts ou presque nuls; grappes denses, à rachis pubescent; panicule de 30 à 60 cent. de long. Juillet. *Flles* amples, alternes, assez fermes, plissées, pubérulentes en dessous; les radicales oblongues, de 30 cent. de long et 12 à 15 cent. de large; les caulinaires plus petites et plus étroites. Tige forte, ample, dressée, portant dix à douze feuilles. *Haut.* 1 m. à 1 m. 20. Europe et Sibérie; France, etc. (F. D. 1120; J. F. A. 335.) — Les plantes suivantes, autrefois élevées au rang d'espèces, sont maintenant réduites à l'état de simples variétés par M. Baker.

Fig. 408. — VERATRUM ALBUM.

V. a. Lobelianum, Bernh. *Fl.* à périanthe entièrement verdâtre et à segments plus étroits que dans le type; grappes latérales denses, étalées-dressées. France.

V. a. viride, Roehl. *Fl.* à périanthe verdâtre et à segments lancéolés-aigus; pédicelles inférieurs de 5 à 8 mm. de long; grappes latérales lâches et souvent réfléchies. Amérique du Nord, 1742. Syn. *Helonias viridis*, Ker. (B. M. 1096.)

Fig. 409. — VERATRUM NIGRUM.

V. Maackii, Regel. *Fl.* à périanthe pourpre foncé, de 5 à 6 mm. de long, à segments oblongs, noirâtres à la base; pédicelles inférieurs de 10 mm. de long; grappes latérales ascendantes; panicule très lâche, de 15 à 30 cent. de long. Eté. *Flles* inférieures lancéolées, de 15 cent. de long et 2 cent. 1/2 de large au milieu; distinctement pétiolées; les caulinaires supérieures sessiles. Tige grêle, de 60 cent.

de haut, peu feuillées et légèrement épaissies à la base. Est de la Sibérie, 1883. (R. G. 1070.)

V, nigrum, Linn. * Varaire noir. — *Fl.* à périanthe pourpre noirâtre, de 5 à 8 mm. de long, à segments oblongs, obtus; pédicelles inférieurs de 3 à 8 mm. de long; grappes denses; les latérales courtes; panicule étroite, de 30 cent. à 1 m. de long. Juin. *Flles* inférieures oblongues, de 30 cent. de long et 15 à 20 cent. de large, rétrécies à la base et plissées. Tige dressée, de 60 cent. à 1 m. de haut, fortement feuillée et légèrement renflée à la base. Europe centrale; France, etc. (B. M. 963; J. F. A. 336.)

V. Wiedemannianum, Fisch. et Mey. *Fl.* passant du bleu indigo au lilas purpurin. Nouvelle espèce vivace. Nord du Kurdistan, 1893.

VERBASCÉES. — Tribu des **Scrophularinées.**

VERBASCUM, Tournf. (ancien nom latin employé par Pline). **Molène** ; Angl. Mullein. Fam. *Scrophularinées.* — Genre important, dont plus de cent quarante espèces ont été décrites, mais que les auteurs modernes réduisent à une centaine. Ce sont principalement des plantes herbacées, bisannuelles, rarement vivaces ou suffrutescentes, plus ou moins tomenteuses ou laineuses et floconneuses, habitant l'Europe, le nord de l'Afrique et l'Asie occidentale et centrale. Quatorze espèces et un grand nombre de supposés hybrides croissent spontanément en France et cinq en Angleterre. Fleurs jaunes, fauves, pourpres ou rouges, rarement blanches, à pédicelles ordinairement très courts, dépourvus de bractées et réunies en grappes ou en épis terminaux ; calice persistant, à cinq divisions

Fig. 410. — Verbascum. — Fleur.

profondes ; corolle gamopétale, à tube presque nul et à cinq lobes larges et sub-égaux ; étamines cinq, insérées sur le tube et à filets souvent barbus. Fruit capsulaire. Feuilles toutes alternes, entières, crénelées, sinuées-dentées ou pinnatifides, dépourvues de stipules, pubescentes ou couvertes d'un duvet incane et floconneux.

Peu d'espèces sont réellement intéressantes au point de vue horticole ; le *V. phœniceum* est même à peu près le seul qui soit généralement cultivé dans les jardins. Néanmoins, certaines espèces et en particulier celles décrites ci-après peuvent trouver place dans les plates-bandes, les rocailles ou au moins dans les lieux agrestes.

Le *V. Thapsus* est un des plus communs et des plus distincts par l'épais duvet blanc et laineux qui recouvre toutes ses parties. C'est en outre une plante médicinale dont les fleurs sont fréquemment prises en infusion, sous le nom de Bouillon blanc, comme calmant, émollient et pectoral ; elles entrent dans la composition des quatre fleurs.

Le *V. phœniceum* est une jolie plante qui a produit en cultures divers coloris ; elle convient surtout à l'ornementation des plates-bandes ; ses longues tiges fleuries sont très utilisables pour orner les grands vases et confectionner des gerbes de fleurs.

Cette Molène est vivace, mais elle ne persiste pendant longtemps que lorsque le terrain est exceptionnellement sain, car elle craint surtout l'humidité stagnante. On la multiplie facilement par semis fait en été, en pépinière, on repique les plants en godets, on les hiverne sous châssis, puis on les met en place au printemps suivant et ils fleurissent alors dans le courant de l'été. Toutes les autres espèces sont rustiques et se multiplient par semis ou par division des pieds.

V. bipinnatifidum, Sims. Syn. de *V. pinnatifidum*, Vahl.

V. Blattaria, Linn. Blattaire, Herbe aux Blattes. Angl. Moth Mullein. — *Fl.* jaune vif, rarement jaune crème, de 2 à 3 cent., à pédicelles de 6 à 25 mm. de long et réunies en panicules grêles et glanduleuses. *Flles* radicales de 10 à 25 cent. de long, oblongues-lancéolées, obtuses, crénelées, lobulées ou sub-pinnatifides; les caulinaires petites, sessiles, ovales ou oblongues, dentées ou sub-crenelées. Tige de 20 cent. à 1 m. 20 de haut, simple ou ramifiée. Europe; France, Angleterre, etc. (Sy. En. B. 942.)

Fig. 411. — Verbascum Blattaria.

V. Boerhavii, Linn. Angl. Annual Mullein. — *Fl.* jaunes, sessiles, fasciculées ou rarement solitaires, à corolle ample; grappe simple ou rarement légèrement ramifiée. *Flles* crénelées, laineuses; les inférieures pétiolées, obovales ou oblongues; les supérieures cordiformes-amplexicaules, rarement et très courtement sub-décurrentes, aiguës ou longuement acuminées. *Haut.* 60 cent. Europe méridionale, 1731. Jolie espèce.

V. Chaixii, Vill. * Angl. Nettle-leaved Mullein. — *Fl.* jaunes, à segments du calice lancéolés, subulés; fascicules lâches et multiflores; grappe paniculée. *Flles* vertes ou tomenteuses en dessous, crénelées; les inférieures pétiolées, cunéiformes à la base, tronquées ou incisées; les supérieures sessiles et arrondies à la base. *Haut.* 1 m. Europe centrale et australe; Pyrénées, etc.

V. cupreum, Sims. Hybride des *V. ovalifolium* et *V. phœniceum.*

V. ferrugineum, Andr. — V. *V. phœniceum*, Linn.

V. formosum, Fisch. Syn. de *V. ovalifolium*, Donn.

V. Myconi, Linn. — V. **Ramondia pyrenaica.**

V. nigrum, Linn. Molène noire; Angl. Dark. Mullein. *Fl.* nombreuses à l'aisselle de chaque bractée, plus ou moins longuement pédicellées; corolle jaune, à gorge violette, à filets staminaux garnis de poils pourpres; grappes spiciformes. Eté et automne. *Flles* crénelées, presque glabres sur la face supérieure; légèrement laineuses en dessous; les inférieures amples, oblongues-cordiformes, longuement pétiolées; les supérieures presque sessiles, petites et aiguës. Tige faiblement couverte de poils laineux, de 60 cent. à 1 m. de haut, se terminant en une longue grappe simplement ramifiée. Europe; France, Angleterre, etc., et jusqu'en Asie occidentale. Jolie plante bisannuelle ou vivace.

V. olympicum, Boiss. * *Fl* jaune d'or vif, de 2 1/2 à 4 cent. de diamètre. *Flles* en rosette, largement lancéolées, acuminées et laineuses. Tige de 1 m. 50 à 2 m. de haut, ramifiée dès la base et à branches formant le candélabre. Orient, 1883. Plante bisannuelle. (R. G. 1078.)

Fig. 412. — Verbascum olympicum.

V. ovalifolium, Donn. *Fl.* orangées, grandes, solitaires, réunies en épi simple et dense; filets staminaux supérieurs laineux et orangés ou pourpres. *Flles* ovales; les inférieures doublement dentées ou incisées-crénelées; les supérieures cordiformes-amplexicaules. *Haut.* 30 cent. Tauride, 1804. (B. M. 1037.) Syn. *V. formosum*, Fisch. (B. R. 558.) — Le *V. cupreum*, Sims., est un hybride entre cette espèce et le *V. phœnicum*.

V. phlomoides, Linn. *Fl.* jaunes, fasciculées, à pédicelles plus courts que le calice; grappes presque simples et allongées; étamines inférieures à filets glabres. Eté. *Flles* crénulées ou les radicales doublement dentées, subincisées-crénelées; ces dernières oblongues-ovales, contractées en pétioles; les supérieures courtes, obtuses ou les intermédiaires un peu anguleuses et décurrentes. *Haut.* 1 m. Europe méridionale; France, etc. (S. F. G. 224; G. n. 1885, part. II, 481.)

V. phœniceum, Linn. Molène de Phénicie, M. bleue, M. pourpre. — *Fl.* violettes ou bleu purpurin, assez grandes, à pédicelles solitaires, espacés, plusieurs fois plus longs que le calice et formant de longues grappes grêles, simples ou légèrement ramifiées et poilues-glanduleuses. Eté. *Flles* glabres en dessus, pubescentes en dessous; les radicales disposées en rosette, pétiolées-ovales ou oblongues, entières ou grossièrement crénelées; les caulinaires peu nombreuses et petites. *Haut.* 1 m. Europe méridionale; France, etc. (B. M. 885; L. B. C. 637; R. G. 436 f. 2; A. V. F. 13.) Syn. *V. ferrugineum*, Andr. (A. B. R. 163.) — On en cultive aujourd'hui un grand nombre de coloris dits : *hybrides* et mélangés.

V. pinnatifidum, Vahl. *Fl.* jaunes, disposées en faisceaux pauciflores, parfois sub-solitaires; grappe légèrement ramifiée et rigide. Eté. *Flles* presque toutes glabres et vertes; les radicales bipinnatifides; les caulinaires pinnatifides, à segments oblongs et dentés; les supérieures dentées ou sub-pinnatifides. Tiges de 30 cent. et plus de haut. Tauride, etc. 1813. Sous-arbrisseau. (S. F. G. 228.) Syn. *V. bipinnatifidum*, Sims. (B. M. 1777.)

V. pyramidatum, Bieb. *Fl.* jaunes, réunies en panicules pyramidales, canescentes, de 30 à 60 cent. de long, à ramilles courtes, portant des faisceaux de fleurs ou, dans les jardins, souvent des grappes allongées. Eté. *Flles* doublement crénelées; les inférieures amples, longuement

Fig. 413. — Verbascum phœniceum.

rétrécies à la base; les supérieures sessiles et cordiformes-auriculées. *Haut.* 1 m. et plus. Caucase, 1804. Jolie espèce. (S. B. F. G. 31.)

V. rubiginosum, Waldst et Kit. *Fl.* jaune et rouge, à pédicelles géminés ou ternés, rarement solitaires, deux ou plusieurs fois aussi longs que le calice; grappe lâche, ramifiée et sub-paniculée. Eté. *Flles* pubescentes en dessous, crénelées; les inférieures pétiolées; les supérieures sessiles ou cordiformes-amplexicaules. *Haut.* 60 cent. Hongrie, 1817.

V. r. tauricum, Hort. *Fl.* plus grandes et à pédicelles plus courts que dans le type; grappes moins ramifiées. (B. M. 3709, sous le nom de *V. tauricum*, Hook.)

V. speciosum, Schrad. *Fl.* jaunes, à pédicelles plus longs que le calice; faisceaux lâches et souvent multiflores; panicules très longues et ramifiées. Eté. *Flles* épaisses, entières ou les inférieures crénelées, oblongues, allongées, longuement rétrécies en pétioles; les supérieures sessiles ou cordiformes-amplexicaules. *Haut.* 2 m. Hongrie, 1818.

V. spectabile, Bieb. *Fl.* jaune et pourpre, à pédicelles solitaires ou réunis en petit nombre; grappe allongée, presque simple et velue-visqueuse. *Flles* doublement crénelées, glabres ou poilues en dessus; légèrement tomenteuses en dessous; les inférieures pétiolées, oblongues-ovales, cordiformes à la base; les supérieures sessiles et semi-amplexicaules. *Haut.* 60 cent. Tauride, 1820.

V. Thapsus, Linn. Bouillon blanc, Molène commune; Angl. Aaron's Rod, Adam's Flannel, Blanket Leaf, Cow's Lungwort, Hag ou Hig Taper, Jacob's Staff, Shepherd's Club, Torches, etc. — *Fl.* jaune pâle, grandes, de 2 à 2 cent. 1/2 de diamètre, laineuses extérieurement et réunies en épi simple, fort, compact et de 15 à 25 cent.

de long; étamines supérieures à filets barbus tandis que les inférieurs sont nus. Juillet-août. *Flles* très longuement décurrentes; les radicales de 15 à 20 cent. de long, obovales-lancéolées, entières ou crénelées; les caulinaires oblongues et aiguës et les supérieures acuminées. Tige forte, de 60 cent. à 1 m. de haut. Plante toute couverte d'un duvet épais, feutré et blanc jaunâtre. Plante bisan-

Fig. 414. — VERBASCUM THAPSUS. — Bouillon blanc.

nuelle. Europe; France, Angleterre, etc.; Orient et Himalaya. (F. D. 631; Sy. En. B. 937.)

VERBENA, Linn. (ancien nom latin employé par Virgile et Pline, probablement dérivé de *Ferfaen*, nom celtique du *V. officinalis*). **Verveine**; ANGL. Vervain. FAM. *Verbénacées.* — Genre comprenant environ quatre-vingts espèces de plantes herbacées, annuelles, bisannuelles, vivaces ou suffrutescentes, rustiques, demi-rustiques ou de serre froide et habitant principalement l'Amérique tropicale et extra-tropicale; une espèce est cosmopolite, une autre croît dans la région méditerranéenne et une troisième se rencontre en Australie. Fleurs petites ou moyennes, solitaires à l'aisselle de bractées souvent étroites et réunies en épis allongés ou courts, ombelliformes et terminaux ou rarement axillaires; calice tubuleux, à cinq côtes et autant de dents inégales, corolle à tube droit ou incurvé, régulier, légèrement élargi supérieurement, à limbe subbilabié et à cinq lobes oblongs ou élargis, obtus ou rétus; étamines quatre, didynames, très rarement deux, insérées au-dessus du milieu du tube et incluses. Fruit sec, se divisant à la maturité en quatre nucules monospermes. Feuilles opposées, rarement verticillées par trois ou alternes, dentées ou souvent incisées disséquées et rarement entières.

Le *V. officinalis* est le seul représentant du genre en France et en Angleterre, mais il y est très commun et il a joui autrefois d'importantes propriétés médicinales qui lui ont valu des anciens le nom d'*herbe sacrée.* Elle est amère, aromatique et astringente; on ne l'emploie plus guère de nos jours.

Parmi les espèces décrites ci-après, les *V. Aubletia*, *V. tenera* et sa jolie variété *Mahonetti*, *V. teucrioides*, *V. venosa*, etc., sont les plus répandues et les plus importantes, mais elles le sont fort peu en comparaison des belles races de Verveines hybrides que les fleuristes ont obtenues par croisements successifs et longtemps répétés entre diverses espèces. Ils les améliorent encore sans cesse, car, chaque année voit, en effet, naître de nouvelles variétés supérieures aux précédentes.

L'origine primitive des Verveines hybrides des jar-

Fig. 415. — Verveine hybride à grandes fleurs.

dins est très obscure et remonte en tout cas à une date déjà très reculée; toutefois, on croit que les *V. chamædryfolia*, *V. incisa*. *V. melindres*, *V. teucrioides* et peut-être aussi le *V. phlogiflora* en sont les principaux parents.

Quoi qu'il en soit de leur origine, les Verveines hybrides sont aujourd'hui des plantes de toute beauté, à floraison se prolongeant tout l'été et dont les coloris sont aussi variés que les plantes sont variables elles-mêmes. Sauf le jaune et le noir, toutes les couleurs fondamentales s'y rencontrent, soit pures et plus ou moins claires ou foncées, soit fondues en une infinité de nuances intermédiaires, unies ou souvent panachées d'une façon très heureuse. Bien que l'on ait réuni jusqu'ici et nommé un assez grand nombre de belles variétés, on les groupe généralement en trois races, dont nous parlerons spécialement plus loin au chapitre des variétés.

Il est peu nécessaire de faire ressortir les multiples emplois horticoles de ces belles plantes; chacun sait quelles ravissantes corbeilles et bordures elles forment dans les jardins; on peut aussi les disperser dans les plates-bandes, en garnir le dessous des corbeilles où l'on plante des plantes pittoresques, telles que les *Musa*, *Aralia*, etc., on peut même les cultiver en pots, pour orner le bord des balcons et des terrasses, les grands vases, le dessus des caisses, etc., où leurs fleurs retombent alors en élégants festons.

VARIÉTÉS HORTICOLES. — Comme pour toutes les

belles plantes dont les fleuristes se sont occupés, les Pétunias, les Reines-Marguerites, par exemple, un assez grand nombre de variétés remarquables par la beauté de leurs fleurs et la richesse de leurs coloris ont été nommées et collectionnées, mais leur propagation nécessite le bouturage et leur conservation hivernale la serre froide ou de bons châssis et encore n'est-on pas sans éprouver certaines pertes. Ces variétés sont de courte durée, généralement peu répandues, bientôt remplacées par d'autres plus nouvelles, souvent difficiles à se procurer parce que chaque spécialiste obtient et vend surtout les siennes et encore plus difficiles à conserver ou à multiplier en nombre suffisant. D'autre part, les Verveines hybrides se propagent aujourd'hui très facilement par le semis et les jeunes

Fig. 416. — Verveine hybride panachée striée.

plantes ainsi obtenues fleurissent aussi bien et presque aussitôt que celles obtenues de boutures, si on a soin toutefois de faire le semis de bonne heure, sur couche. Enfin, certains coloris sont aujourd'hui suffisamment fixés pour se reproduire à peu près franchement par le semis.

Ce sont là autant de raisons qui nous engagent à ne citer aucune de ces variétés nommées, que l'on trouvera au besoin dans les catalogues de certains horticulteurs. Du reste, ces diverses difficultés font qu'on les abandonne de plus en plus, au moins chez nous, au profit du semis, qui est beaucoup plus simple, plus rationnel et donne en outre des plantes plus vigoureuses. Du reste, on a remarqué en Angleterre que les boutures étaient sujettes à une certaines maladie qui en fait périr beaucoup pendant l'hiver.

Nous ne parlerons donc ici que des trois races dans lesquelles on groupe généralement les innombrables variétés de ce beau genre ; ce sont :

Verveine hybride à grandes fleurs. — Cette race, qui remplace progressivement l'ancienne, est remarquable par ses fleurs grandes, bien ouvertes, nombreuses et formant de larges bouquets bombés, compacts sans être trop serrés et dont la durée de floraison est prolongée. Les couleurs sont très variées, mais généralement unies, avec ou sans tache blanche à la gorge. Certains coloris rouges, notamment celui de la nouvelle variété *Aurore boréale*, sont excessivement éclatants et d'un grand effet décoratif. (A. V. F. 13.)

Verveine hybride panachée-striée (*V. italienne*). — D'origine italienne, cette belle race présente des fleurs également grandes et aussi élégamment que curieusement striées, dans le sens de la longueur des lobes, de rouge, de rose ou de bleu sur fond blanc, mais parfois certaines fleurs ou même des ombelles entières redeviennent totalement ou partiellement unicolores et prennent alors soit la teinte de la panachure, soit celle du fond. Toutes ces variations sont extrêmement intéressantes et du plus joli effet, mais elles ont besoin d'être vues de près, c'est donc dans les corbeilles rapprochées des allées ou de l'habitation qu'il convient de placer cette belle race. Les panachures ne peuvent se conserver que par une sélection très rigoureuse, sans quoi les plantes retournent rapidement aux types unicolores.

Verveine hybride à fleurs d'Auricule. — Race remarquable par la grandeur exceptionnelle de ses fleurs qui atteignent jusqu'à 1 cent. de diamètre, avec un limbe plan, bien tendu et très régulier, formant par leur réunion de larges ombelles assez aplaties. Les

Fig. 417. — Verveine hybride à fleur d'Auricule.

coloris sont généralement foncés, unis, avec le centre ou œil très souvent blanc. Ces différents caractères les ont fait comparer avec raison aux fleurs des Auricules, dont elles ont du reste conservé le nom. (F. d. S. 1862 ; R. H. B. 1879, p. 12.)

Les trois races précédentes sont celles que l'on cultive le plus généralement ; toutes trois se reproduisent assez franchement par le semis, mais il faut naturellement choisir les porte-graines avec beaucoup de soins. Plusieurs coloris de la première ont en outre été fixés et se reproduisent assez fidèlement par le semis pour que l'on puisse se contenter de les propager par ce procédé. Néanmoins, lorsqu'on aura obtenu quelque variété exceptionnellement méritante que l'on jugera digne d'être conservée exactement pure, on devra recourir au bouturage, au moins pour en obtenir un nombre de pieds suffisants pour pouvoir en récolter des graines et essayer de la fixer.

Culture. — Les Verveines prospèrent dans tous les bons terrains meubles et fertiles ; elles demandent surtout un endroit aéré et bien ensoleillé. Une fois mises en place, les soins d'entretien sont à peu près ceux que réclament toutes les autres fleurs de pleine terre : bon paillis, arrosages selon le besoin et enlèvement des fleurs fanées, si toutefois on ne désire pas obtenir des graines. La sève n'étant pas inutilement absorbée par la maturation des graines, la floraison devient plus abondante.

Les tiges des Verveines hybrides sont naturellement traînantes et s'enracinent facilement d'elles-mêmes sur le sol, mais, tant pour faciliter cet enracinement adventif, qui leur donne un surcroit d'alimentation, que pour tenir les plantes plus basses et mieux tapisser le sol, il n'est pas inutile de fixer çà et là les rameaux principaux, à l'aide de petits crochets de bois.

Multiplication. — Les Verveines se multiplient par le semis et par le bouturage, mais on a, pour les raisons indiquées précédemment, le plus généralement recours au semis ; le bouturage ne s'emploie guère que pour propager les variétés nommées ou celles présentant un mérite exceptionnel et que l'on désire conserver absolument franches.

Le semis peut se faire en août-septembre, mais il faut alors hiverner sous châssis les jeunes plantes, ce qui revient aux mêmes difficultés que le bouturage. On le fait donc le plus souvent en mars, sous châssis et sur couche tiède, en pépinière. Quand les plants sont suffisamment forts, on les repique de préférence dans des godets, qu'on tient ensuite sous châssis jusqu'au moment de leur mise en pleine terre et en place, à la fin de mai. On peut, il est vrai, semer jusqu'en mai et alors sous châssis froid, mais la floraison ne commence alors qu'en août-septembre.

Les boutures peuvent se faire presque en toute saison, sous cloches, à chaud ou à froid, selon l'époque, mais plus généralement on les fait en septembre, avec des rameaux vigoureux que l'on sectionne au besoin en plusieurs parties munies chacune d'au moins deux bons bourgeons. On les repique sous cloches, dans un endroit ombragé et dans du sable. L'enracinement est généralement bon et rapide, par suite de la grande disposition des rameaux à émettre des racines adventives. On peut aussi faire des boutures de bonne heure au printemps, sur une bonne couche ou en serre à multiplication et toujours sous cloches, en prenant alors les boutures à l'état herbacé sur des pieds hivernés à cet effet et qu'on a soin de rentrer au préalable en serre chaude pour activer la végétation.

Lorsque ces deux sortes de boutures sont enracinées, on les empote séparément et, dans le premier cas, on les endurcit progressivement, afin que les jeunes plantes puissent mieux supporter l'hivernage sous châssis, tandis que celles provenant de boutures du printemps sont placées sur une petite couche, pour activer leur développement jusqu'à ce que le moment de les mettre en pleine terre soit venu. La distance à ménager entre les plantes est d'environ 25 à 30 cent.

Toutes les autres espèces et variétés s'accommodent du même traitement et se multiplient aussi par les mêmes procédés. Leurs emplois sont aussi très analogues.

Maladies. — Pendant l'été, les Verveines souffrent parfois des attaques de la **Grise** et d'une sorte de **Mildew** qu'il faut combattre, dès qu'on constate leur présence, sans quoi ils détériorent rapidement les plantes, au point même de les faire périr ou de nécessiter leur arrachage prématuré. On trouvera à leurs noms respectifs les moyens de les détruire. (S. M.)

V. **alata**, Cham. *Fl.* rosées, réunies en épis courts, denses, sub-cylindriques; panicule terminale, en forme de cyme et sub-fastigiée. Été. *Flles* sessiles, de 1 1/2 à 2 cent. 1/2 de long, ovales ou triangulaires-oblongues, aiguës, entières ou bordées de dents arquées, trinervées, ridées et couvertes de poils scabres. Tiges sub-fastigiées. *Haut.* 1 m. 20. Brésil, 1828. Plante demi-rustique. (S. B. F. G. ser. II, 41.)

V. **amœna**, Paxt. *Fl.* pourpre rosé, à lobes de la corolle bifides; épis allongés, denses et dressés. *Flles* stipulées, pinnatifides, à lobes oblongs, aigus, couverts d'une pubescence fortement apprimée ; stipules beaucoup plus poilues que le limbe. Tiges partiellement réfléchies et couvertes de poils blanchâtres et raides. *Haut.* 30 cent. Mexique. Plante vivace, demi-rustique. (P. M. B. VII, 3.)

V. **Aubletia**, Jacq. * Verveine de Miquelon; Angl. Rose Vervain. — *Fl.* pourpre rougeâtre, lilacées ou rarement blanches; corolle à tube plus long que le calice et à limbe de 12 à 18 mm. de large, avec un anneau de poils blancs

Fig. 418. — Verbena Aubletia.

à la gorge; épis pédonculés et allongés à la fructification. Été. *Flles* de 2 1/2 à 5 cent. de long, ovales ou ovales-oblongues, incisées-lobées ou dentées, souvent plus profondément découpés en trois lobes à la base; celle-ci tronquée ou largement cunéiforme et rétrécie en pétiole marginé. Tiges rameuses dès la base, à rameaux tétragones. *Haut.* 30 cent. ou moins. Amérique du Nord, 1774. Plante annuelle, rustique. (B. M. 308; B. R. 294, var. 1925.) — Le *V. Drummondii*, Lindl., a des fleurs lilas violet. Le *V. Lambertii*. Sims, est une forme à feuilles plus étroites et plus profondément incisées (B. M. 2200) ; enfin le *V. L. rosea* a des fleurs de couleur claire, odorantes et à corolle de 2 cent. de diamètre.

V. **bracteata**, Cav. *Fl.* purpurines ou bleues, très petites, dépassées par certaines des bractées feuillues ; épis compacts, terminaux. Été. *Flles* cunéiformes-oblongues ou cunéiformes-obovales, presque toutes rétrécies en pétioles courtement marginés, à limbe incisé-pinné ou trilobé et grossièrement denté. Amérique du Nord, 1820. Plante diffuse et retombante, hirsute, annuelle ou persistante à la base et rustique. Syn. *V. bracteosa*, Michx. (B. M. 2910.)

V. **bracteosa**, Michx. Syn. de *V. bracteata*, Cav.

V. **chamædrifolia**, Juss. *Fl.* d'un beau rouge écarlate, grandes et élégantes, réunies en épis solitaires, à pédoncules allongés et ascendants. Été. *Flles* oblongues ou ovales, largement cunéiformes à la base, crénelées ou un peu incisées-dentées, ciliées en dessus, poilues en dessous, courtement pétiolées. Tiges filiformes, ramifiées, dichotomes et rampantes. Brésil, 1827. Sous-arbrisseau demi-rustique. (B. 129; B. M. 3333; S. B. F. G. ser. II, 9.) Syn. *V. melissoides*, Sweet.

V. c. **Melindres**, Hort. *Flles* oblongues ou oblongues-lancéolées, inégalement incisées-dentées et moins poilues.

(P. M. B., I, 173; B. R. 1184 et L. B. C. 1514, sous le nom de *V. Melindres*, Gill.)

V. elegans, Humb., Bonpl. et Kunth. *Fl.* bleues, à limbe de la corolle ample, à lobes émarginés ; épis terminaux et pyramidaux. Été. *Flles* courtement pétiolées, pinnatifides-laciniées, cunéiformes à la base, légèrement scabres-hispides, à segments entiers, linéaires-oblongs, à bords légèrement révolutés. Tiges ramifiées et retombantes. Mexique, 1826. Plante annuelle et rustique.

V. erinoides, Lamk. *Fl.* violet rougeâtre, à corolle courtement exserte ; épis terminaux, pédonculés, solitaires et allongés, fastigiés et poilus-incanes. Été. *Flles* cunéiformes à la base, décurrentes, tripartites-pinnatifides ou laciniées, à lobes lancéolés, légèrement aigus, entiers ou un peu dentés et à lobules légèrement révolutés. Tiges poilues, fortement ramifiées, retombantes et radicantes, à rameaux ascendants. Pérou, 1818. Plante annuelle et rustique. Syn. *V. multifida*, Hort.

Fig. 419. — Verbena chamædrifolia.

V. e. contracta, Hort. *Flles* tripartites, à lobes incisés-pinnatifides et à derniers segments linéaires-oblongs et aigus. (B. R. 1766, sous le nom de *V. multifida contracta*, Hort. ; S. B. F. G. ser. II. 347, sous le nom de *V. e. Sabini*, Hort.)

V. hastata, Linn. Angl. Blue Vervain, Simpler's Joy ; Wild Hyssop. — *Fl.* bleues, réunies en épis denses, raides, nus à la base ou plus ou moins longuement pédonculés et réunis en grand nombre en panicule. Été. *Flles* oblongues-lancéolées, graduellement acuminées, grossièrement dentées ou incisées-dentées et pétiolées ; quelques-unes des inférieures souvent hastées et trilobées à la base. Tige dressée, de 1 à 2 m. de haut. Amérique du Nord, 1810. Plante vivace et rustique. — Le *V. paniculata*, Lamk., est une forme dépourvue de feuilles trilobées. (B. R. 1102.)

V. incisa, Hook. *Fl.* pourpre rose, calice de 12 mm. de long ; épis pédonculés, sub-ternés au sommet des rameaux et formant par leur réunion des panicules corymbiformes. Été. *Flles* inférieures oblongues-triangulaires, cunéiformes, tronquées ou sub-cordiformes à la base, atténuées en pétioles, lobées-pinnatifides, profondément incisées-pinnatifides. Tige ascendante, à branches dressées. *Haut.* 60 cent. Brésil, 1826. Sous-arbrisseau de serre froide. (B. M. 3628.)

V. Lamberti, Sims. Variété du *V. Aubletia*, Jacq.

V. Melindres, Gill. Syn. de *V. chamædrifolia Melindres*, Hort.

V. mellissoides, Sweet. Syn. de *V. chamædrifolia*, Juss.

V. multifida, Hort. Syn. de *V. erinoides*, Lamk.

V. mutabilis, Jacq. — V. **Stachytarpheta mutabilis**.

V. officinalis, Linn. Verveine officinale, V. commune ; Angl. Common Vervain, Holy Herb, Juno's Tears ; Pigeon's Grass, Simpler's Joy. — *Fl.* lilas, petites, de 4 mm. de diamètre, disposées en épis denses, à la fin allongés et très longuement pédonculés. Été. *Flles* opposées, oblongues peu abondantes, surtout dans la partie supérieure où elles sont, en outre, plus étroites ; les inférieures pinnatifides ou tripartites, à lobes aigus ou obtus. Tige tétragone, de 30 à 60 cent. de haut, effilée, ramifiée supérieurement. Europe, France, etc. Plante vivace, hispide-pubescente. (F. D. 628 ; Sy. En. B. 1018). Syn. *V. sororia* D. Don. (S. B. F. G. 202.)

Fig. 420. — Verbena officinalis.

V. paniculata, Lam. Variété du *V. hastata*, Linn.

V. phlogiflora, Cham. *Fl.* pourpres ou lilas, variant du rouge au bleu en culture, à corolle de 20 à 22 mm. de long ; épis terminaux, pédonculés, solitaires ou ternés et réunis en cymes paniculées. Été. *Flles* oblongues-triangulaires ou lancéolées-triangulaires, aiguës-cunéiformes à la base, entières, longuement atténuées en pétiole, incisées-dentées, ridées, ciliées et scabres en dessus, poilues en dessous et à bords légèrement révolutés. Tiges ascendantes, à rameaux dressés. *Haut.* 50 cent. Brésil, 1834. Sous-arbrisseau de serre froide.

V. p. vulgaris, Hort. *Fl.* réunies en épis terminaux, solitaires. Tiges grêles, retombantes, à rameaux très étalés, diffus, puis ascendants. (B. 60 ; B. M. 3541 ; P. M. B. IV, 5 et S. B. F. G. II, 391, sous le nom de *V. Tweediana*, Niven.)

V. pulchella, Sweet. Syn. de *V. tenera*, Spreng.

V. radicans, Gill. et Hook. *Fl.* lilas, odorantes, à corolle deux fois aussi longue que le calice qui est pubescent ; épis courts et sub-capités. Été. *Flles* trifides, à segments presque tous de nouveau trifides, à lobules oblongs-linéaires, légèrement charnues et très glabres. Tiges retombantes et radicantes. Andes, 1832. Sous-arbrisseau de serre froide.

V. rugosa, Mill. Syn. de *V. venosa*, Gill. et Hook.

V. sororia, D. Don. Syn. de *V. officinalis*, Linn.

V. stricta, Vent. *Fl.* bleues, à corolle de 10 à 12 mm. de long ; épis relativement épais, denses, incanes, presque tous sessiles ou pourvus d'une bractée foliacée à la base. *Flles* presque sessiles, ovales ou oblongues, bordées de dents fines, rapprochées et presque toutes doubles, rarement incisées, veinées-rugueuses et couvertes d'une pubescence dense, veloutée et cendrée. *Haut.* 30 à 60 cent. Amérique du Nord. Plante vivace et rustique. (B. M. 1976.)

Fig. 421. — Verbena pulchella.

V. sulphurea, D. Don. *Fl.* jaune soufre pâle, à limbe de la corolle assez large ; épis pédonculés, capités et multiflores. Eté. *Flles* pinnatipartites ou à peu près, pétiolées, scabres-hispiduleuses sur les deux faces, à lobes très étalés, linéaires, obtus et révolutés. Tiges retombantes, à rameaux ascendants ou dressées. *Haut.* 60 cent. environ. Chili, 1832. Sous-arbrisseau poilu et de serre froide. (B. R. 1718 ; S. B. F. G. sér. II, 221.)

Fig. 422. — Verbena pulchella, var. Mahoneti.

V. tenera, Spreng. Verveine élégante, V. gentille. — *Fl.* rose violet, à tube de la corolle aussi long que le calice ; épis terminaux, pédonculés, solitaires ou ternés fastigiés, à la fin allongés et lâches, légèrement canescents. Eté. *Flles* rétrécies en courts pétioles, lacinées-pinnatifides, à segments linéaires, légèrement aigus, entiers, à bords un peu révolutés. Rameaux étalés-dressés et radicants. *Haut.* 15 à 20 cent. Brésil, 1827. Sous-arbrisseau très ramifié et de serre froide. Syn. *V. pulchella*, Swet. (S. B. F. G. 295.)

V. t. Mahoneti, Hort. Vilm. * *Fl.* d'un joli rose carminé, à segments bordés de blanc. Variété très élégante. (R. H. 1870, 6 ; F. d. S. 1129 ; R. G. 142, f. 1.)

V. teucrioides, Gill. et Hook. Verveine odorante. — *Fl.* blanches ou rosées, très odorantes le soir, à calice de 12 mm. de long, réunies en grappes simples ou ternées, d'abord ombelliformes, puis allongées et accompagnées de bractées subulées et ciliées. Eté. *Flles* ovales ou oblongues-triangulaires, courtement cunéiformes à la base, entières, courtement rétrécies en pétioles, obtuses, un peu sinuées-dentées, fortement ridées, à bords révo-

Fig. 423. — Verbena teucrioides.

lutés, poilues en dessus et tomenteuses en dessous. Tiges touffues, radicantes à la base, ascendantes et couvertes de poils étoilés. *Haut.* 30 à 40 cent. Brésil, 1837. Sous-arbrisseau de serre froide. (B. M. 3694 ; P. M. B. 5,243.)

V. trifida, Humb., Bonpl. et Kunth. *, *Fl.* pourpres, réunies en nombreux épis terminaux, sub-sessiles, courts, très denses et fasciculés en bouquets. Eté. *Flles* fasciculées, cunéiformes à la base, sessiles, de 1 1/2 à 2 cent. 1/2 de long, scabres-hispiduleuses, trifides ou à peu près, portant à leur aisselle des ramilles fasciculées ; segments lancéolés, acuminés, à bord révolutés. Rameaux tétragones et poilus ainsi que les épis. *Haut.* 1 m. Mexique, 1818. Remarquable sous-arbrisseau de serre froide. (L. et P. F.-G. I, p. 169.)

V. triphylla, L'Herit. — V. **Lippia citriodora**.

V. Tweediana, Niven. Syn. de *V. phlogiflora vulgaris*, Niven.

V. venosa, Gill. et Hook. * Verveine à feuilles rugueuses. — *Fl.* violet ou lilas bleuâtre, à tube de la corolle grêle, trois fois aussi long que le calice et réunies en épis terminaux, ternés ; les latéraux pédonculés, plus petits, fasti-

Fig. 424. — Verbena venosa.

giés ; d'abord ombelliformes, puis à la fin allongés-cylindriques et imbriqués. Eté. *Flles* rapprochées, rigides, oblongues, sub-cunéiformes, entières, semi-amplexicaules à la base, aiguës, incisées-dentées, étalées, inégales, à bords révolutés, ridées et scabres ou rugueuses en dessus, hispiduleuses sur les nervures de la face inférieure. Tiges simples, touffues, ascendantes. *Haut.* 40 à

60 cent. Brésil, 1830. Elégante espèce assez répandue, demi-rustique, employée pour la décoration des corbeilles et plates-bandes, surtout avec les Pélargoniums à feuilles panachées. Syn. *V. rugosa*, Mill. (S. B. F. G. sér. II, 318. (B. M. 3127 ; S. B. F. G. ser. II, 207.)

V. xutha, Lehm. *Fl.* pourpres ou bleues, plus rapprochées en épis raides et plus grandes que dans le *V. officinalis*. *Flles* incisées-pinnatifides, laciniées, ou quelques-unes des inférieures tripartites, plus ou moins canescentes et à lobes profondément dentés. *Haut.* 60 cent. à 1 m. Amérique du Nord, 1824. Plante demi-rustique.

VERBÉNACÉES. — Famille naturelle de végétaux Dicotylédones renfermant environ sept cent cinquante espèces réparties dans huit tribus, soixante-cinq genres et très largement dispersées dans les régions chaudes du globe, mais particulièrement abondantes dans la région australe tempérée.

Ce sont des plantes herbacées, des arbustes ou des arbres à fleurs hermaphrodites ou rarement polygames par avortement et très diversement disposées ; calice à tube campanulé, tubuleux ou rarement presque nul et à limbe découpé en cinq, quatre, rarement six-huit dents, lobes ou segments rarement obscurs ; corolle gamopétale, à tube souvent arqué et à limbe découpé en quatre ou cinq lobes égaux ou plus ou moins bilabiés, rarement multifides ; étamines fertiles quatre, didynames ou deux et dans quelques genres en nombre égal de celui des lobes du calice, à filets non appendiculés et à anthères à deux loges ; bractées variables, souvent petites. Fruit plus ou moins drupacé ou sub-capsulaire. Feuilles généralement opposées ou verticillées, entières, dentées ou incisées-multifides, pinnées chez un genre et composées-digitées chez un autre ; stipules nulles.

Les Verbénacées nous fournissent diverses plantes économiques et plusieurs jolies plantes et arbustes d'ornement. Le bois de Teck, un des bois industriels les plus importants, est fourni par le *Tectona grandis*, un des membres de cette famille. Le *Lippia citriodora* et plusieurs espèces de *Lantana* sont employés en infusions théiformes. Parmi les genres les plus importants au point de vue horticole, nous citerons les : *Clerodendron*, *Lantana*, *Verbena* et *Vitex*.

VERBESINA, Linn. (altération de *Verbena*, genre de plantes avec lesquelles certains *Verbesina* ont une ressemblance imaginaire). Angl. Crown Beard. Comprend les *Platylepis*, Humb., Bonpl. et Kunth. et *Ximenesia*, Cav. Fam. *Composées.* — Genre renfermant environ cinquante-cinq espèces de plantes herbacées, annuelles ou vivaces, de sous-arbrisseaux ou rarement d'arbustes rustiques, de serre tempérée ou chaude, habitant les régions chaudes de l'Amérique. Capitules radiés, jaunes ou à fleurons rayonnants blancs, souvent solitaires et terminaux ; involucre formé de bractées oblongues ou linéaires, disposées sur deux ou plusieurs rangées ; réceptacle convexe ou conique, chargé de paillettes plus ou moins pliées longitudinalement et entourant les fleurons du disque ; ceux de la circonférence rayonnants, ligulés, étalés, entiers ou présentant deux à trois dents au sommet ; achaines (graines) glabres ou poilus, comprimés, à angles ailés, sans bec et couronnés par deux cils raides. Feuilles opposées ou les supérieures et parfois toutes alternes, pétiolées, sessiles, décurrentes, dentées, lobées ou rarement entières. Peu d'espèces de ce genre sont intéressantes au point de vue horticole ; les suivantes sont les plus méritantes à ce point de vue. Le *V. pinnatifida*, le plus répandu, est parfois employé comme plante pittoresque pour orner les pelouses pendant la belle saison. Sauf le *V. encelioides*, qui est annuel, tous les autres sont vivaces. Ils prospèrent en toute terre fertile et se multiplient par le semis ; les espèces vivaces se multiplient en outre par la division des pieds.

V. alata, Linn. *Capitules* sub-globuleux, solitaires, terminaux ; fleurons rayonnants jaune orangé, nombreux ; sub-bisériés. Août. *Flles* alternes, longuement décurrentes, oblongues ou obovales, obtuses, ondulées et sinuées-dentées, presque glabres. Tige ailée. *Haut.* 60 cent. Indes occidentales, etc., 1699. Serre chaude. (B. M. 1716.)

V. aurea, DC. — **Zexmenia aurea.**

V. Coreopsis, Michx. — **V. Actinomeris squarrosa.**

V. crocata, Less. Capitules jaune orangé, solitaires, globuleux. Eté. *Flles* opposées, décurrentes, irrégulièrement pinnatilobées, à lobes ovales, émarginés-dentés ; le terminal un peu deltoïde. Branches à quatre ailes. *Haut.* 60 cent. Mexique, 1812. Serre chaude. Syns. *Platypteris crocata* Humb., Bonpl. et Kunth. et *Spilanthes crocata*, Sims. (B. M. 1627.)

V. encelioides, Benth. et Hook. f. *Capitules* jaunes, disposées un peu en corymbe. *Achaines* des fleurons rayonnants non ailés, tridentés ; ceux du disque ailés et pourvus de deux arêtes. Août. *Flles* obovales ou oblongues, grossièrement dentées en scie, à pétioles largement ailés et auriculés à la base, Tige dressée, de 60 cent. à 1 m. de haut. Mexique, 1785. Plante annuelle, incane et de serre froide. Syn. *Ximenesia encelioides*, Cav.

V. Mameana, Ed. André. *Capitules* inconnus. *Flles* alternes, à limbe de 85 cent. de long et 60 cent. de large, ovale-aigu, cunéiforme à la base, découpé de chaque côté en lobes larges et lâchement dentés, face supérieure ridée et un peu poilue. Grande plante arbustive, à tige robuste. *Haut.* 2 m. Demi-rustique. Equateur, 1895. (R. H. 1895. f. 101.)

V. pinnatifida, Cav. *Capitules* jaune pâle ; bractées de l'involucre noirâtres, linéaires-lancéolées et aiguës ; fleurons rayonnants au nombre d'environ douze, oblongs ; panicules opposées, ramifiées et corymbiformes au sommet. Août. *Flles* opposées, cunéiformes, longuement décurrentes à la base, pinnatifides, longuement poilues-pubérulentes sur les deux faces, mais surtout sur les nervures. Tiges à quatre ailes et tomenteuses. *Haut.* 1 m. Mexique, 1826. Serre froide.

V. sativa, Roxb. — **V. Guizotia oleifera.**

V. virginica, Linn. *Capitules* blancs, réunis en corymbes composés ; fleurons rayonnants au nombre de trois à quatre, ovales. Août. *Flles* alternes, ovales-lancéolées, penniveinées, dentées ou lobées, décurrentes, à face inférieure pubescente-duveteuse ainsi que les ailes étroites et interrompues qui garnissent la tige. *Haut.* 60 cent. Amérique du Nord, 1812. Plante rustique.

Les *V. atriplicifolia*, Poir. ; *V. buphthalmoides*, Link. et Otto ; *V. gigantea*, Jacq ; *V. ilicifolia*, Poir. ; *V. Phætusa*, Cass. ; *V. pinnata*, Clarke ; *V. Siegesbrechia*, Michx. ; *V. serrata*, Cav. et *V. virgata*, Cav., ont aussi été introduits dans les cultures, mais ils en sont sans doute aujourd'hui disparus. (S. M.)

VERDEDIER. — **Salix viminalis.**

VEREIA, Andr. — **V. Kalanchoe**, Adans.

VERGE-D'OR. — **V. Solidago.**

VERGE-D'OR du Canada. — V. **Solidago canadensis.**

VERGE-D'OR commune. — V. **Solidago Virga-aurea.**

VERGER; Angl. Orchard. — On nomme ainsi un espace de terrain généralement étendu, clos ou non et planté d'arbres fruitiers à haute tige et en plein vent. Ces arbres ne sont pas soumis à une taille annuelle et méthodique; après les soins que la formation de leur charpente exige, on les livre à eux-mêmes et on se contente alors de les tenir, par quelques raccourcissements judicieux, dans une forme à peu près régulière et d'élaguer les branches mortes ou formant confusion. Ce sont là les principaux caractères qui différencient le verger du jardin fruitier proprement dit.

Au voisinage des villes, où le terrain est cher et fait défaut, la plupart des jardins attenant aux habitations ne sont pas suffisamment spacieux pour qu'on puisse y cultiver une quantité assez grande d'arbres fruitiers, tels que Poiriers, Pommiers, Pruniers, etc., pour approvisionner complètement le ménage ; tout au plus peut-on y établir un petit jardin fruitier et souvent même les arbres sont plantés le long des allées et des murs ; ils y sont alors soumis à une forme stricte et une taille raisonnée, car on vise alors beaucoup plus à la qualité du produit et à la belle forme des arbres qu'à la quantité des fruits.

Ce n'est donc qu'à dans les localités où le terrain est spacieux et d'un prix d'achat ou de location peu élevé, c'est-à-dire dans les campagnes, qu'on peut établir un verger. C'est alors dans le voisinage de l'habitation, au delà des murs du jardin ou du parc qu'on le place le plus fréquemment.

Fig. 425. — Poirier à haute tige, en gobelet.

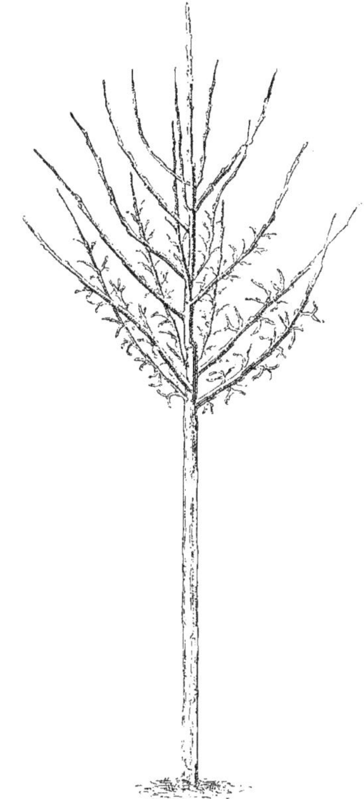

Fig. 426. — Poirier à haute tige, en pyramide.

Les vergers ne sont pas seulement destinés à fournir des fruits pour la maison, souvent ils sont établis en vue de la vente des fruits ou de leur utilisation pour la fabrication du cidre, du poiré, ou de leur dessiccation, comme les prunes à pruneaux.

Les vergers destinés à pourvoir aux besoins domestiques doivent être établis aussi près que possible de l'habitation et placés sous la direction du jardinier.

Ils peuvent contenir, au moins autant que la nature du sol le permet, diverses sortes d'arbres et arbustes à petits fruits et mêmes certains arbres formés et taillés comme ceux des jardins fruitiers et qu'on ne pourrait admettre dans les vergers installés en plein champ.

On installe les vergers de maisons bourgeoises destinés à l'approvisionnement du ménage aussi près que possible de l'habitation, afin d'abréger les va et vient, de faciliter le transport des fruits et aussi de pouvoir les surveiller plus attentivement. Il y a avantage à confier le verger aux soins du jardinier. Les variétés fruitières sont alors choisies en vue de leur qualité et de leur production successive, et surtout de leur conservation hivernale. On peut y introduire, autant que la nature du sol le permet, diverses sortes d'arbres secondaires et de petits arbustes fruitiers et même certains arbres formés et taillés comme ceux des jardins, ce qu'on ne pourrait faire dans les vergers de campagne et ceux en plein champ.

Les vergers destinés à fournir des fruits à l'industrie, au pressoir, au séchage et à la distillation notamment, sont installés en plein champ ; les arbres y sont plantés à de grandes distances, parfois d'une seule ou d'un petit nombre de variétés et les façons culturales se font généralement à la charrue. Tantôt on y pratique diverses cultures intercalaires, tantôt on y établit une prairie ou de préférence un pâturage, comme c'est généralement le cas en Normandie, dans les vergers de Pommiers à cidre.

L'ensemencement en prairie est très recommandable, car l'entretien du sol devient presque nul, mais il faut autant que possible éviter d'en faire une prairie à faucher, car la fenaison affecte, paraît-il, la floraison des arbres fruitiers ; il est bien préférable d'en faire un gazon, dont l'herbe reste courte, ou une prairie que l'on fait alors pâturer par les animaux domestiques, tels que les moutons. Si l'on veut y faire pâturer des Vaches ou des Chevaux, il faut que les arbres soient suffisamment élevés pour que leurs branches inférieures soient hors de leurs atteintes, et que le tronc soit suffisamment gros pour résister à leur frottement, ou bien on doit les entourer de branchages épineux ou d'un corset métallique et les munir chacun d'un solide tuteur.

En général, les arbres fruitiers plantés en verger sont beaucoup plus exposés aux intempéries, aux accidents et aux mauvais traitements que ceux des jardins fruitiers, souvent bien clos et abrités de murs. Il ne faut en conséquence choisir que des variétés rustiques, vigoureuses et qu'on sait prospérer et fructifier convenablement dans la localité envisagée. Il est bien reconnu que le même climat ne convient pas indifféremment à toutes les variétés d'arbres fruitiers, de Poiriers surtout, et cela principalement dans le Nord, où, greffées sur franc et dressées en plein vent, il n'y a même qu'un petit nombre de variétés qui forment de beaux arbres et donnent de beaux et bons fruits. Le Poirier est moins rustique que le Pommier ; le nombre des variétés réellement convenables à ce genre de culture est très limité, surtout dans le Nord.

Le Pommier est l'arbre par excellence, et du reste, le plus cultivé dans les vergers, et cela d'autant plus qu'en outre des variétés à fruits de pressoir, il existe aujourd'hui un assez grand nombre de variétés à fruits de table, rustiques et vigoureuses, dont les fruits sont gros, beaux et d'excellente qualité ; on doit naturellement ne planter que ces dernières. Néanmoins et comme il est certain que toutes ces variétés ne prospéreraient pas dans le même lieu et sous le même traitement, il faut encore faire un choix judicieux, non seulement à ce nouveau point de vue, mais encore à celui de l'utilisation domestique des fruits dans la maison ou de leur vente sur les marchés, selon le cas.

Dans les vergers plantés en vue de la vente des fruits, le choix est basé sur la facilité de l'écoulement des produits aux environs ou sur le marché d'une grande ville, et l'on doit alors se préoccuper au moment du choix des variétés qui sont le plus recherchées et qui se vendent le plus cher, sans pour cela négliger les considérations culturales qui doivent même toujours les faire prévaloir.

Lorsque le sol des vergers doit être ensemencé en pâturage, on ne peut naturellement y planter que des arbres à haute tige et en plein vent. La distance ménagée entre eux est calculée sur l'espace strictement nécessaire. Si, au contraire, le terrain doit produire des cultures intercalaires, potagères par exemple, ou des arbustes, tels que les Groseilliers, Cassissiers ou Framboisiers, les arbres doivent être plantés à une distance plus grande que celle qui leur est nécessaire pour que ces derniers reçoivent la quantité de soleil et d'air nécessaires à leur bonne végétation. Néanmoins, et bien que les arbres bénéficient des fumures et labours que ces cultures intercalaires occasionnent, leur revenu ne compense pas toujours suffisamment les frais de culture, sauf toutefois pendant les premières années qui suivent la plantation.

A moins que l'espace ailleurs fasse défaut ou pour toute autre raison, il est bien préférable de laisser à nu le sol du verger ou de le gazonner et de cultiver les légumes dans le terrain spécialement affecté à cet usage, c'est-à-dire dans le potager.

Les Poiriers et les Pommiers ne sont pas, on le sait, les seuls arbres qu'on plante en vergers, plusieurs autres et en particulier les Cerisiers, les Pruniers, les Abricotiers et les Amandiers y sont fréquemment introduits lorsque le sol et le climat de la région leur sont favorables ; mais c'est surtout la température moyenne qui détermine leur emploi. Sous le climat parisien, le Cerisier vient bien en plein vent et certaines variétés, la Montmorency notamment, sont très cultivées en verger ; plus au Nord, sa culture devient incertaine à cause des froids tardifs qui détruisent parfois les fleurs ; dans le Midi, le Cerisier est au contraire dans son meilleur milieu et y devient très productif, en même temps qu'il y est bien plus précoce ; ce sont les Bigarreautiers et les cerises anglaises hâtives qui y prédomident.

Le Prunier vient bien en verger, mais outre qu'il est de durée relativement courte et de petite taille, sa ramure s'étale et reste souvent trop basse pour qu'on puisse l'introduire dans les vergers en pleins champs, où circulent des animaux. Néanmoins, dans les pays où l'on transforme ses fruits en pruneaux, c'est uniquement en verger qu'on le cultive, mais alors seul, en lui donnant les soins nécessaires et en excluant naturellement les animaux. Du reste, les Pruniers aiment à être cultivés en groupes, leur floraison étant précoce et le bois assez fragile ; ils s'abritent mutuellement et résistent ainsi bien mieux aux intempéries que lorsqu'ils sont isolés. Cependant, le nombre des variétés de Pruniers propres à la culture en verger est relativement restreint; il comprend surtout les variétés à fruits à cuire, à sécher ou à distiller, notamment les Quetsches, les Mirabelles et les fameux Damsons (variétés du *Prunus insititia*) qui produisent dans certaines années des quantités énormes de petits fruits dont on fait surtout d'excellentes compotes, des tartes, etc. Les belles prunes de table sont principalement des variétés de jardins.

L'Abricotier est également un arbre de verger, mais de petite taille et présentant à peu près les mêmes aptitudes que le Prunier, dont il est du reste botaniquement très voisin, mais il se montre bien plus exigeant que lui sur la nature du sol, et il est aussi bien moins rustique. Sous le climat parisien, il ne prospère que sur certains points et encore ses fruits sont-ils tardifs, de grosseur et de qualité médiocres; il lui faut le centre et le midi de la France pour atteindre sa perfection. On l'y cultive beaucoup en vergers en pleins champs, principalement en vue de la vente et l'expédition de ses fruits.

L'Amandier est aussi un arbre de verger, mais seulement dans le Midi, car nos climats sont trop froids et humides pour lui; il lui faut les coteaux et le chaud soleil de la Provence. Dans cette région, l'Olivier et même le Figuier deviennent aussi des arbres de vergers, mais pour lesquels une simple mention suffit dans cet ouvrage. Il n'est pas jusqu'au Noyer, qu'on ne puisse aussi considérer comme arbre de verger dans certaines régions montueuses, mais on ne l'introduit pas généralement dans ceux établis en vue de la production fruitière commerciale. Dans les vergers privés, il est au contraire agréable et utile même d'y planter diverses essences, voire même quelques Cognassiers et Nèfliers, bien que leurs fruits ne soient pas très recherchés. Ils ne nécessitent pas plus de soins que les autres arbres et y apportent leur note ornementale par leurs fleurs et leurs fruits; le feuillage du Nèflier prend à l'automne une belle couleur.

Le Pêcher étant un arbre méridional, dont les exigences climatériques sont à peu près celles de la Vigne, sa culture en plein vent, dans les vergers du nord de la France, ne peut pas y être considérée, d'une façon générale, comme pratique ni rémunératrice. Ce n'est que dans le centre et dans le Midi surtout qu'il y devient réellement de plein vent et qu'il y vit et fructifie abondamment, presque sans aucun soin.

On sait comment les vignerons plantent des Pêchers dans leurs Vignes : — un coup de talon de botte sur le noyau d'une bonne pêche qu'on vient de manger et le Bon Dieu se charge de l'éducation de l'arbre. S'il vit peu, il n'en donne pas moins des fruits excellents et en grande abondance. Qu'il y a loin de ces sauvageons fructifères venus sans aucuns soins aux Pêchers du nord, dont la conduite est une véritable science, mais ici comme en toutes choses les bons soins se traduisent par des fruits d'une grosseur et couleur qu'on ne trouverait pas dans le Midi; seule la qualité des pêches méridionales ne le cède aucunement, si même elle n'est pas supérieure à celle des pêches d'espaliers du nord; les chaudes effluves du soleil provençal font évidemment sentir leurs bons effets.

Les Pêchers des vergers méridionaux ne sont pas ceux du Nord. Ils ne sont pas généralement greffés, car ils se reproduisent assez franchement par le semis. Ce sont simplement des races sélectionnées par le choix continuel des plus beaux fruits. La *Pêche* dite de *Vigne* est très commune, on y distingue la *rouge*, la *blanche* et la *jaune;* le fruit est moyen, à peau duveteuse et à noyau libre. La *Pavie* est une excellente race propre au Midi, dont le fruit est gros, à chair ferme, rougeâtre ou blanche et très adhérente au noyau. Dans l'*Alberge*, le fruit est gros, tendre, à chair jaune, fondante et également adhérente. Il existe encore plusieurs autres races locales, telles que la *Pêche d'Oignies*, cultivée en Belgique, la *Turenne*, la *Niçarde*, etc. On cultive aussi en plein vent l'*Amsden*, à maturité très précoce, la *Reine des vergers*, la *Mignonne hâtive* et quelques autres variétés, principalement pour l'expédition dans le Nord.

En résumé, ce n'est que dans les endroits très chauds, sains et bien abrités, qu'on peut, dans le Nord, tenter avec succès la culture du Pêcher en plein vent, et encore son existence est-elle exposée aux rigueurs de l'hiver, sa floraison aux gelées tardives et sa fructification au manque de chaleur estivale. Si on voit assez fréquemment des Pêchers en plein vent dans les jardins des amateurs, on ne peut pas en conclure que sa culture est pratique, car elle est exposée à de nombreux inconvénients, dont nous n'avons cité que les principaux. (S. M.)

Sujets. — Les arbres de vergers, comme ceux des jardins fruitiers, sont toujours greffés, mais le plus souvent en tête, c'est-à-dire à la hauteur où doivent se développer les premières branches principales, soit à 2 m. 50 environ. La nature du sujet a, on le sait, une grande importance sur le développement, la grosseur et la durée que l'arbre atteindra par la suite. Or, pour les arbres de vergers, les proportions devant devenir très fortes et la durée très longue, on emploie uniquement des arbres greffés sur le sujet qui se prête le mieux à l'obtention de ces conditions.

Pour le Poirier de verger, c'est toujours sur *franc* qu'on le greffe, c'est-à-dire sur un Poirier sauvage, obtenu de semis et qu'on nomme familièrement *Egrain*, pour cette raison, c'est-à-dire « né d'un grain ». Il en est de même du Pommier. Pour le Prunier de verger, c'est le Damas et le Saint-Julien qu'on emploie de préférence comme sujet. Le grand Cerisier de plein vent se greffe toujours sur Merisier, et les petites espèces telles que la Montmorency sur Sainte-Lucie, l'Abricotier sur Amandier ou Prunier Saint-Julien, l'Amandier sur franc, c'est-à-dire sur lui-même. Toutefois, la nature du sujet varie pour ces dernières essences, selon la composition chimique du sol et l'opinion des personnes intéressées. Pour de plus amples détails sur ce sujet, consulter les articles spéciaux de cet ouvrage concernant les arbres fruitiers envisagés ici.

Sol et exposition. — Ces deux points, mais le premier surtout, sont les plus importants pour la création d'un verger; l'exposition a cependant, pour certaines variétés, une importance non moins grande, sinon prépondérante. Lorsque le sous-sol n'est pas de nature perméable ou au moins en pente, il faut le drainer artificiellement, afin d'en écouler les eaux, sans quoi les arbres ne tarderaient pas à y périr, étouffés ou pourris par l'humidité stagnante.

En ce qui concerne la nature du sol, certains arbres, tels que les Abricotiers et Amandiers, se montrent assez exigeants, tandis que d'autres, notamment le Pommier, qui est le plus important de tous les arbres de verger, et même le Poirier, le sont au contraire fort peu sous ce rapport. Les grandes quantités de ces deux arbres cultivées un peu partout dans des sols de natures les plus variées en sont du reste une preuve évidente. Néanmoins, les terres qui leur sont les plus favorables, celles dans lesquelles on obtient les arbres les plus beaux, les plus fertiles et de durée plus longue, sont les terres profondes, un peu fortes et dont le sous-sol est bien perméable. Dans les terres légères ou siliceuses, les arbres y produisent aussi de belles récoltes, mais pendant moins longtemps que dans celles de nature plus consistante. Dans certaines localités, il n'est pas souvent possible de choisir un terrain parfaitement propice; tandis que dans d'autres on trouve des sols de natures très différentes, même à une faible distance les uns des autres. Quand le sous-sol est graveleux et poreux, il n'y a pas naturellement besoin de placer des drains, car on retirerait alors l'humidité nécessaire aux racines et les arbres souffriraient de la sécheresse pendant l'été.

Quant à l'exposition, on prendra, si on a la possibilité du choix, celle orientée au midi, au sud-ouest ou à l'ouest. Sous notre climat, le côté est n'est pas à recommander. Bien que le soleil du matin soit favorable aux végétaux en général, il contribue au printemps à augmenter les dégâts causés par le froid, car les plantes dégèlent alors trop rapidement; on sait qu'il faut au contraire les garantir de son influence funeste à ce moment; en outre, les vents de l'est sont presque aussi froids que les vents du nord. L'abri naturel que peut fournir une colline, un bois ou autre est très utile à un verger, on doit donc chercher à en profiter lorsqu'il existe dans l'endroit où l'on a l'intention d'établir un verger. On peut du reste créer cet abri simultanément avec le verger, en plantant sur le côté d'où viennent le vent et le froid une ceinture de quelques rangées d'arbres forestiers à croissance rapide, tels que des Conifères, des Peupliers, des Frênes, etc. Il faut alors avoir soin de les placer à une distance suffisante du verger pour que leurs racines ne viennent pas se mêler à celles des arbres et épuiser inutilement le sol. Du reste, les arbres fruitiers, comme tous les autres, s'abritent mutuellement quand ils sont forts et d'autant plus qu'ils sont plantés plus près les uns des autres. C'est surtout quand ils sont jeunes et en voie de formation qu'ils ont le plus besoin d'abri, mais principalement quand l'endroit est exposé aux vents. Il suffira souvent de planter, à cet effet, une ou deux rangées d'arbres qu'on laissera monter et qui joueront alors le rôle de brise-vent. L'exposition au midi et en plein soleil est très favorable en ce qu'elle contribue beaucoup à l'aoûtement des rameaux, à la fécondation des fleurs, à la coloration des fruits et à la production des matières sucrées dans leurs tissus. De plus, les arbres et en particulier les bourgeons à bois et à fleurs bien mûris par le soleil d'automne sont beaucoup moins sensibles aux froids de l'hiver et du printemps que ceux placés dans des conditions inverses.

Plantation. — Cette opération dépend, dans une certaine mesure, de la façon dont on a l'intention d'utiliser par la suite le sol entre les rangs. Si, par exemple, on plante un verger dans une pièce de terre déjà occupée par une prairie ou un pâturage, on se contentera d'ouvrir de larges trous d'au moins 2 m. de large, permettant d'étendre les racines de toute leur longueur. S'il reste de la terre en excès après la plantation, on l'étend en couche mince sur toute la surface, afin de ne pas étouffer l'herbe sur aucun point.

Si le sol doit être occupé, au moins pendant les premières années, par des cultures intercalaires, ce qui est bien préférable au point de vue de la reprise et de la bonne végétation des arbres, il y a avantage à le défoncer profondément sur toute la surface, soit à la charrue, soit à bras. Tant que les arbres sont jeunes et que leur ramure ne couvre qu'une faible surface, on peut alors cultiver entre les rangs et presque jusqu'à leur pied des gros légumes tels que des Pommes de terre, Navets, Artichauts, Asperges, etc. Plus tard, à mesure que la ramure s'étend et forme ombrage, les racines envahissent aussi progressivement le sol; on réduit la largeur des bandes de cultures intercalaires et, à la fin, on les supprime totalement. On sème alors de la prairie à pâturer sur toute la surface.

Dans les vergers où les animaux ne devront jamais pâturer, on peut avantageusement et plus économiquement que par des cultures potagères occuper les entre-rangs par les arbustes fruitiers dont nous avons déjà parlé, ou bien, si on ménage une distance suffisante entre les pleins vents, on peut fort bien y planter des arbres nains, à forme symétrique, telle que la pyramide ou le gobelet. La combinaison des arbres à haute tige et des arbres dressés peut donner d'excellents résultats pécuniaires, car il est ainsi possible de cultiver sur le même emplacement des variétés de fruits qu'on ne pourrait obtenir seules en plein vent.

L'espacement nécessaire entre les arbres à haute tige varie selon leur nature et aussi selon la fertilité du sol. Pour les essences susceptibles d'atteindre de fortes proportions, notamment les Poiriers et Pommiers, elle ne doit pas être inférieure à 8 ou 10 m. et peut aller jusqu'à 12 et 15 m. ; la hauteur du tronc doit avoir au moins 2 m. 50. Certains cultivateurs recommandent des distances bien plus grandes, mais à moins qu'on ne veuille faire des cultures intercalaires d'arbustes ou de légumes pendant très longtemps, il n'est pas nécessaire de dépasser beaucoup ces chiffres, car la ramure reçoit suffisamment d'air et de lumière et plus les arbres sont écartés, moins ils s'abritent mutuellement et moins la production totale est grande.

La disposition des arbres est une question dont on doit naturellement se préoccuper avant la plantation proprement dite. Deux modes sont généralement employés : la plantation en *carrés* et la plantation en *quinconce*. Dans la première, les arbres sont placés à angles droits et forment des lignes parallèles et transversales, tandis que dans la deuxième, ils sont placés en obliques et forment des lignes diagonales. Pour de plus amples détails sur ces deux modes de disposition, V. **Plantation**.

Lorsque les arbres sont placés à une grande distance les uns des autres et qu'on a l'intention de planter entre eux des arbustes ou d'y faire des cultures intercalaires, la disposition en *carrés* est la meilleure; si, au contraire, les arbres sont rapprochés et qu'on désire en mettre le plus grand nombre possible, la disposition en quinconce est préférable, parce qu'elle permet aux arbres de mieux utiliser le sol et l'espace.

Lorsque le temps et les circonstances le permettent, le mois de novembre est l'époque que l'on choisira de préférence pour la plantation, mais on peut parfaitement l'effectuer, lorsque le temps est doux, à tout autre moment et jusqu'au mois de février. Les soins de plantation des arbres de verger sont les mêmes que ceux qu'on donne à tous les autres arbres. Quand on le peut, les trous doivent être ouverts longtemps à l'avance. Au moment de la plantation, toutes les parties des racines cassées, meurtries ou malades doivent être supprimées et mises à vif avec la serpette. La terre dont on garnit les racines doit être fine et pas trop humide, afin qu'elle glisse mieux dans les interstices. Il ne faut jamais enterrer les arbres profondément, sous le prétexte de leur donner une plus grande résistance aux vents; un solide tuteur, enfoncé au besoin au moment de la plantation, pour ne pas s'exposer à meurtrir les racines par la suite, remplit parfaitement ce rôle.

La même profondeur que celle à laquelle l'arbre était précédemment planté peut servir en général de guide, mais le collet, qui doit toujours être placé un peu au-dessous du sol, fournit un point de niveau bien plus certain; du reste, les premières racines ne doivent pas être couvertes de plus de 12 à 15 cent. de terre.

Il est très important de ne pas laisser les vents ébranler les arbres nouvellement plantés; tous ceux qui ne présentent pas suffisamment de solidité par eux-mêmes ou qui sont plantés dans des endroits exposés, doivent être munis d'un solide tuteur contre lequel on a soin de les fixer à l'aide d'un collier garni intérieurement de jonc, de paille ou autre substance empêchant de meurtrir l'écorce. Lorsque le vent ballotte les arbres nouvellement plantés, les jeunes racines sont cassées dès qu'elles s'allongent, l'air descend par le vide qui se forme autour du pied et la reprise devient sinon impossible du moins très incertaine. Si les arbres sont forts, ce qui n'est pas à recommander pour la plantation d'un verger, et que le tuteur ne suffise pas on lui adjoindra trois fils de fer placés en triangle à son sommet et allant s'attacher en oblique, à une certaine distance du pied, à autant de pieux solidement enfoncés en terre. Il ne faut jamais mettre de fumier, même bien fait autour des racines au moment de la plantation; il nuirait beaucoup à la reprise en séchant le sol et occasionnerait le blanc des racines; ses bienfaits seront au contraire des plus évidents en le plaçant en couche épaisse à la surface du sol, où il maintiendra la fraîcheur. Pendant l'été, s'il vient à faire sec, ce qui est le plus souvent le cas, il faudra, autant qu'on le peut, arroser, peu souvent si l'on veut, mais copieusement les arbres nouvellement plantés et tenir le sol du pied bien couvert de litière ou d'un paillis quelconque. Si la reprise était pénible, on pourrait entourer le tronc des sujets les plus souffrants d'une bonne corde de paille ou de mousse tenue par une bande de toile et dont le rôle est de préserver l'écorce de la dessiccation par le soleil.

Pour activer la végétation dans les années ultérieures, on peut avantageusement arroser les jeunes arbres avec de l'engrais liquide; toutefois, il ne faut pas pousser la végétation à l'excès, car ce serait au détriment de la formation des jeunes rameaux de la charpente et aussi de la fructification.

Nous avons dit au début que les arbres de vergers ne se taillaient pas; néanmoins, il faut, quand ils sont jeunes, veiller à la bonne formation de leur charpente; on doit alors supprimer au printemps toutes les jeunes branches grêles, mal placées ou formant confusion et n'en laisser la première année que trois ou quatre, destinées à former les principales branches, raccourcir l'année suivante et par la suite les ramifications et branches qui s'emportent au détriment des autres, équilibrer cette jeune charpente afin qu'elle prenne et conserve toujours une forme régulière et symétrique. Plus tard, il faut surtout veiller à ce que l'intérieur de la ramure ne soit pas buissonneux et confus, car l'air, le soleil et la lumière doivent y circuler librement; c'est le moyen d'obtenir de beaux et bons fruits et d'éviter ou d'atténuer certaines maladies. En hiver, on doit aussi enlever les nids de chenilles, le Gui, la Mousse, le bois mort, etc., parer ou reboucher les les plaies, faire en un mot chaque année aux arbres une toilette aussi parfaite que cela est possible.

CHOIX DE VARIÉTÉS D'ARBRES A FRUITS

CONVENABLES POUR LA CULTURE EN VERGERS

Nous avons dit précédemment que toutes les variétés n'étaient pas, à beaucoup près, indifféremment propres à cette culture; un petit nombre même de certaines essences sont seules utilisables, car il faut que ces arbres soient vigoureux, robustes et suffisamment rustiques pour résister aux intempéries de la localité envisagée. Le choix de ces variétés est donc très important. Pour venir en aide aux lecteurs dans ce choix, nous donnons ci-après une liste restreinte des meilleures variétés de chaque essence, tant sous le rapport de la vigueur et de la rusticité des arbres que sous celui de leur abondante production et la qualité de leurs fruits.

Abricotiers. — Commun, Gros de la Saint-Jean, Royal ou Orange, Rouge hâtif.

Cerisiers. — Anglaise hâtive, Anglaise tardive, Bigarreau Elton, Bigarreau Napoléon, Bigarreau noir gros, Griotte Noire, Guigne à courte queue, Guigne Aigle noir, Guigne Downton, Guigne de Gascogne, Montmorency à courte queue, Reine Hortense, Royale.

Poiriers. — Bergamotte Esperen, Bon Chrétien, William, Beurré d'Amanlis, Beurré d'Angleterre, Beurré Diel ou B. Magnifique, Beurré Hardy, Catillac (à cuire), Curé, Doyenné d'Alençon, Doyenné du Comice, Duchesse d'Angoulême, Louise Bonne, Epargne, Martin sec (à cuire), Passe Colmar, Triomphe de Jodoigne.

Pommiers. — La plupart des variétés greffées sur franc et en haute tige peuvent être cultivées en verger, car le Pommier est robuste et demande surtout le grand air; toutefois, les variétés suivantes sont tout particulièrement adaptées à l'usage qui nous concerne : — Baldwin, Beauté de Kent, Châtaignier, Court pendu plat, Doux d'argent, Fenouillet gris, Royale d'Angleterre, Reinette de Blenheim, Reinette du Canada, Reinette grise, Reinette franche, Reine des Reinettes, Reinette très tardive, Rambour d'été, Rambour d'hiver, Ribston Pippin et, en outre, toutes les variétés à cidre.

Pruniers. — Comme le Pommier et sauf quelques variétés de choix et à très gros fruits, le Prunier se cultive surtout en plein vent; nous ne citerons donc ici que les mieux adaptées au verger; ce sont : Bleue de Belgique, Mirabelles diverses, Princesse de Galles, Quetche d'Allemagne et autres, Reines Claudes diverses, Reine Victoria, et toutes les Prunes à pruneaux.

(S. M.)

VERMICULAIRE ; Angl. Vermicular. — Qui a la forme et l'aspect d'un ver.

VERMICULAIRE. — Cette épithète s'applique assez fréquemment aux organes des végétaux, notamment aux fruits dont la grosseur, la forme et l'aspect général rappellent ceux d'un ver, notamment les gousses de l'*Astragalus hamosus.* (S. M.)

VERMIFUGA, Ruiz et Pav. — V. **Flaveria**, Juss.

VERNAL. — Qui vient au printemps.

VERNATION. — S'emploie dans le même sens que *préfoliaison*, en parlant de la disposition des feuilles, lorsqu'elles sont déjà formées, mais encore enfermées dans les écailles des bourgeons.

(S. M.)

VERNE. — V. **Alnus.**

VERNIS. — Nom vulgaire donné à divers arbres, notamment aux *Melanorrha usitatissima*, *Rhus vernicifera*, etc.

VERNIS du Japon. — V. **Rhus vernicifera.**

VERNIS du Japon (Faux). — V. **Ailantus glandulosa.**

VERNISSÉ ; Angl. Vernicose. — Se dit des surfaces de végétaux couvertes d'une sorte de vernis naturel, qui les rend lisses et luisantes.

VERNONIA, Schreb. (dédié à William Vernon, botaniste anglais qui voyagea dans l'Amérique du Nord). Angl. Ironweed. Comprend les *Ascaricida*, Cass. et *Webbia*, DC. Fam. *Composées.* — Genre important renfermant environ cinq cents espèces de plantes herbacées ou arbustives, annuelles ou vivaces, rustiques, de serre tempérée ou chaude. largement dispersées dans les tropiques, mais abondantes surtout dans les parties chaudes de l'Amérique. Capitules pourpres, rougeâtres, bleuâtres ou rarement blancs, terminaux, solitaires ou réunis en cymes ou en panicules et homogames ; involucre formé de bractées multisériées, dont les internes sont les plus longues ; réceptacle nu ou alvéolé, parfois courtement poilu ; fleurons tous égaux, tubuleux, grêles, à cinq divisions étroites ; achaines striés, côtelés ou anguleux, rarement arrondis, surmontés d'une aigrette de poils courts ou souvent entourés d'un rang de poils courts ou de cils aplatis. Feuilles alternes (opposées dans une espèce brésilienne), entières ou dentées, penninervées, sessiles ou pétiolées.

La plupart des *Vernonia* sont dépourvus d'intérêt horticole et quelques-uns seulement sont, par suite, introduits dans les cultures. Les espèces suivantes sont les plus intéressantes au point de vue décoratif, mais elles sont relativement peu répandues dans les cultures. Ce sont en général de grandes et fortes plantes, à port majestueux, qu'on emploie pour orner les bords des massifs d'arbres ou d'arbustes, le voisinage des pièces d'eau ou pour isoler sur les pelouses. Ils poussent d'autant plus vigoureusement que la terre est plus riche, fraîche et l'exposition plus chaude. Leur multiplication s'effectue facilement par le semis, par division des touffes, par éclats ou par boutures, selon la nature de l'espèce envisagée.

V. acutifolia, Hook. Syn. de *V. sericea*, Rich.

V. altissima, Nutt. Syn. de *V. præalta*, Willd.

V. axilliflora, Mart. Syn. de *V. Cotoneaster*, Less.

V. Calvoana, Hook. f. *Capitules* de 5 cent. de large, à centre pourpre ; bractées de l'involucre amples, étalées et multisériées ; corymbes amples, ramifiés et étalés, pourvus de bractées foliacées et dentées. Janvier. *Flles* sessiles, oblongues-lancéolées, acuminées, de 20 à 35 cent. de long, dentées, très rétrécies et inégalement auriculées à la base. Tige forte, sillonnée, ramifiée et tomenteuse-pubescente. *Haut.* 2 m. 50 à 4 m. Cameroons, 1861. Magnifique arbuste de serre chaude.

V. centriflora, Link. et Otto. Syn. de *V. scorpioides*, Pers.

V. Cotoneaster, Less. *Capitules* violet-pourpre, sessiles, beaucoup plus courts que les feuilles florales ; cymes allongées, scorpioïdes et terminales. Septembre. *Flles* courtement pétiolées, oblongues-elliptiques, aiguës aux deux extrémités, presque entières, scabres et poilues en dessus, velues-tomenteuses en dessous. Rameaux arrondis et velus. *Haut.* 50 cent. Brésil. Arbuste de serre chaude. Syn. *V. axilliflora*, Mart. (L. B. C. 1690.)

V. flexuosa, Sims. *Capitules* pourpres ou blancs, à fleurons ligulés rayonnants ; involucre campanulé, formé de bractées mucronées-acuminées ; cymes terminales. Septembre. *Flles* radicales sessiles, en rosette, oblongues ou linéaires-lancéolées, presque entières et scabres-poilues sur les deux faces ; les caulinaires plus petites. Tige herbacée, naissant d'un rhizome tubéreux. *Haut.* 50 cent. Sud du Brésil, 1823. Plante herbacée, demi-rustique. (B. M. 2477 ; L. B. C. 1880 ; R. H. 1896, sous le nom erroné de *V. axilliflora.*)

V. noveboracensis, Willd. *Capitules* pourpres, semblables à de petits pompons ; bractées de l'involucre appliquées, colorées, terminées par un long appendice aciculaire ou simplement aiguës chez certaines variétés ; grappes scorpioïdes et formant par leur réunion une vaste panicule corymbiforme. Septembre-octobre. *Flles* lancéolées ou oblongues et un peu velues en dessous. Tige robuste, droite, simple ou peu ramifiée. *Haut.* 1 m. 50 à 2 m. Amérique du Nord, 1710. Plante vivace et rustique.

V. odoratissima, Humb., Bonpl. et Kunth. Syn. de *V. scabra*, Pers.

V. pinifolia, Less. *Capitules* pourpre vif, à bractées de l'involucre mucronées et incanes ; corymbes de 8 à 20 cent. de diamètre, presque tous multiflores et aplatis en dessus. Été. *Flles* sessiles, rapprochées, linéaires, aiguës, de 2 cent. 1/2 à 10 cent. de long et 2 à 10 mm. de large, devenant glabres en dessus et à bords révolutés. Tiges de 30 à 60 cent. de haut, presque toutes fortement feuillues sur toute leur longueur. Sud de l'Afrique, 1863. Plante vivace et de serre froide. Syn. *Webbia pinifolia*, DC. (B. M. 5112.)

V. podocoma, Schultz. *Capitules* rose pourpre, lâches, à fleurons de 12 mm. de long, réunis en grandes panicules terminales, atteignant jusqu'à 1 m. de long et presque autant de large chez les fortes plantes. *Flles* amples et coriaces. Grande plante de serre froide. Sud de l'Afrique, 1892. (B. M. 7255.)

V. præalta, Michx. *Capitules* pourpre violet, à écailles ovales, aiguës-ciliées, appliquées et réunies en corymbes composés, irréguliers. Septembre-novembre. *Flles* lancéolées, denticulées, courtement pétiolées, glabres en dessus et pubescentes en dessous. Tiges herbacées, dressées, striées. *Haut.* 1 m. 50 à 2 m. Amérique septentrionale, 1820. Vivace et rustique. Syn. *V. altissima*, Nutt.

V. scabra, Pers. *Capitules* pourpres, à bractées de l'involucre acuminées ; cymes réunies en panicules. Octobre. *Flles* courtement pétiolées, rigides, obovales, cunéiformes à la base, légèrement dentées au sommet, scabres en dessus, réticulées et pubescentes-poilues en dessous. Tige arrondie et frutescente. *Haut.* 1 m. 20. Caracas, 1817. Plante de serre chaude. Syn. *V. odoratissima*, Humb., Bonpl. et Kunth.

V. scorpioides, Pers. *Capitules* rose lilacé, sessiles et contigus ; bractées de l'involucre poilues ; les internes acuminées ; les externes ovales ; cymes scorpioïdes, récurvées, aphylles et rapprochées. Eté. *Flles* pétiolées, elliptiques, aiguës et pubescentes en dessous. *Haut.* 30 cent. Brésil et Indes occidentales, 1874. Arbuste de serre chaude. (B. H. 1: 74, 231.) Syn. *V. centriflora*, Link et Otto.

Fig. 427. — VERNONIA PRÆALTA.

V. sericea, Rich. *Capitules* pourpres ou blancs, sessiles, solitaires ou géminés dans les aisselles ; involucre campanulé, à bractées externes récurvées, mucronées ; les internes obtuses. Décembre. *Flles* très courtement pétiolées, lancéolées-acuminées, sub-obtuses à la base, subentières, presque glabres en dessus et couvertes en dessous d'une pubescence apprimée. Tiges arrondies, striées et très légèrement pubérulentes. *Haut.* 1 m. 20. Brésil, 1823. Arbuste de serre chaude. (B. R. 522.) Syn. *V. sericea*, Rich.

Les *V. anthelmintica*, Willd. ; *V. arborescens*, Swartz ; *V. eminens*, Bisch. ; *V. pauciflora*, Less. ; *V. serratuloides*, Humb., Bonpl. et Kunth. et *V. teres*, Wall., ont aussi été introduits dans les cultures et quelques-uns y existent même encore ; mais, ainsi que plusieurs des précédents, ils y sont fort peu répandus.

VERONICA, Linn. (nom du moyen âge dont la dérivation est douteuse ; pour les uns, c'est une altération de *Betonica* ; pour les autres, il est composé de *hiera eicon* ; image sacrée ; allusion au mouchoir avec lequel sainte Véronique essuya le visage du Christ et sur lequel son image resta imprimée). **Véronique** ; ANGL. Cancerwort, Speedwell. Comprend les *Diplophyllum*, Lehm. et *Leptandra*, Nutt. FAM. *Scrophularinées.* — Genre dont plus de deux cent vingt espèces ont été décrites, mais on les réduit aujourd'hui à environ cent quatre-vingts. Ce sont des plantes herbacées, des arbustes ou rarement des arbres, rustiques ou de serre froide, très largement dispersés dans les régions tempérées et froides des deux hémisphères, mais devenant rares dans les tropiques. Fleurs de couleur variable chez la même espèce, violettes, bleues, pourpres, carnées ou blanches, disposées en grappes ou épis terminaux ou axillaires, accompagnées de bractées, rarement solitaires à l'aisselle de feuilles alternes ; calice à quatre-cinq ou rarement trois divisions, à segments à peine imbriqués ; corolle à tube court, dépassant rarement le calice et à limbe étalé, découpé en quatre ou rarement cinq lobes profonds, dont le supérieur est plus large que les autres ; étamines deux, exsertes ; pédicelles dépourvus de bractées. Fruit capsulaire, aplati et émarginé. Feuilles opposées, rarement verticillées ou parfois presque éparses ; les caulinaires très rarement alternes ; les florales toujours alternes, semblables aux caulinaires ou réduites à l'état de bractées. Trente-six espèces croissent spontanément en France et seize en Angleterre ; parmi leur nombre, nous mentionnerons les *V. Beccabunga*, Linn. (ANGL. Brooklime), qui croît dans les ruisseaux et dont les feuilles et tiges charnues, un peu épaisses, sont considérées comme antiscorbutiques ; *V. Chamædrys*, Linn., une des plus jolies fleurettes de nos bois où elle est commune ; *V. officinalis*, Linn., également commun dans les bois siliceux et qui possède certaines propriétés médicinales de peu d'importance ; *V. spicata*, Linn., la plus belle de nos espèces indigènes, fréquemment cultivée dans les jardins ; le *V. Teucrium* et ses variétés *prostrata* et *latifolia* sont aussi de jolies plantes ; enfin, le *V. maritima* est, avec quelques autres, au nombre de nos plus grandes espèces indigènes.

Parmi les plus belles espèces rustiques et étrangères, nous citerons en passant les *V. incisa*, *V. incana*, *V. gentianoides*, *V. virginica*, etc., qui sont assez élevées ; tandis que d'autres sont de taille très réduite ; enfin, le *V. syriaca* est une des rares espèces annuelles cultivées.

Parmi les Véroniques de serre froide nous trouvons plusieurs espèces australiennes qui sont généralement arbustives ou suffrutescentes et la plupart des Véroniques à feuilles opposées, sessiles, persistantes et à fleurs en épis latéraux qui constituent les Véroniques des fleuristes, très cultivées dans les jardins, soit en pleine terre, soit en pots pour la vente sur les marchés ; ce sont principalement les *V. Andersoni*, *V. Lindleyana*, *V. perfoliata*, *V. salicifolia* et *V. speciosa*. Les *V. Traversi*, *V. Lyalli* et quelques autres espèces de même origine australienne forment de charmants arbustes, de forme très régulière et à feuillage persistant.

Selon leur constitution, leur port et leur rusticité, les Véroniques sont propres à de nombreux usages. Les grandes espèces vivaces et rustiques forment de belles touffes dans les plates-bandes ; celles de taille plus humble et souvent traçantes conviennent à l'ornementation des rocailles. Enfin, les espèces de serre précitées, quoique généralement cultivées en pots pour la vente sur les marchés aux fleurs et en particulier pour garnir les tombes, prospèrent fort bien en pleine terre pendant toute la belle saison et y forment de charmantes lignes le long des massifs d'arbustes et même des corbeilles, seules ou associées à d'autres plantes. Les espèces arbustives rentrent avantageusement dans les collections de plantes d'orangerie, qu'on tient en plein air et en pots pendant toute la belle saison ; on peut même les employer comme plantes à isoler sur les pelouses.

Toutes les Véroniques vivaces et rustiques prospèrent en terre ordinaire de jardin et se multiplient facilement par la division des pieds ou par semis lorsqu'on en possède des graines. Le semis se fait alors au printemps, en pépinière ; on repique les plants également en pépinière, puis on les met en place à l'automne ou au printemps, comme du reste pour la plupart des autres plantes vivaces. Toutefois, la division des pieds est plus simple et plus rapide lorsqu'on ne désire obtenir qu'un petit nombre de pieds, et il est même utile de diviser les vieilles souches qui ont alors perdu une grande partie de leur vigueur.

Les espèces annuelles, telles que le *V. syriaca*, ne se multiplient que par le semis, que l'on fait au printemps, en place.

Quant aux espèces frutescentes de serre froide et que l'on cultive généralement en pots, un compost de terre franche et de terreau de couches avec un bon drainage leur convient parfaitement. Leur multiplication s'effectue facilement par boutures que l'on fait en été, à froid, dans du sable et sous cloches. Après leur enracinement, on les empote séparément dans des godets et on les hiverne sous châssis froid. Au printemps suivant, on les rempote dans de plus grands pots et on les traite alors comme des plantes adultes.

(S. M.)

La liste suivante comprend les espèces les plus intéressantes et les plus répandues dans les jardins. Sauf indications contraires, toutes sont vivaces et rustiques.

V. alpina, Linn. *Fl.* bleues ou violettes, à corolle de 5 à 8 mm. de diamètre; grappe spiciforme ou un peu capitée, dense ou interrompue à la base. Mai. *Flles* presque toutes plus courtes que les entre-nœuds de la tige (qui est simple), de 1 1/2 à 2 cent. 1/2 de long, ovales ou oblongues, crénulées-dentées ou entières. *Haut.* 20 à 30 cent. Europe, France, Angleterre, etc., Asie et Amérique du Nord. (F. D. 16; Sy. En. B. 980.)

V. a. Wormskioldii, Rœm. et Schult. Variété pubescente-velue et à feuillage plus ample. 1819. (B. M. 2975.)

V. amethystina, Willd. Syn. de *V. spuria*, Linn.

Fig. 428. — VERONICA ANDERSONII.

V. amplexicaulis, Armst. *Fl.* réunies en épis courts, coniques, denses, de 2 à 2 cent. 1/2 de long, à pédoncules poilus, de 2 1/2 à 3 cent de long, réunis près du sommet des ramilles; corolle blanche, à tube de 6 mm. de long et à limbe de même diamètre. *Flles* lâchement imbriquées, amplexicaules ou sub-amplexicaules, oblongues, obtuses, de 12 mm. de long et 8 mm. de large, glauques, coriaces, entières et légèrement concaves. *Haut.* 30 à 60 cent. Nouvelle-Zélande. Arbuste retombant ou sub-dressé. (B. M. 7370.)

V. Andersonii, Hort. * *Fl.* violet bleuâtre, parfois blanchâtres à la base de l'inflorescence; grappes axillaires, courtement pédonculées, étroitement oblongues et un peu plus longues que les feuilles. Juillet. *Flles* opposées, sessiles, oblongues, de 8 à 10 cent. de long, un peu obtuses, entières, pubérulentes sur les bords et assez épaisses. *Haut.* 50 cent. Arbuste de serre froide, demi-rustique et obtenu dans les jardins par croisement des *V. salicifolia* et *V. speciosa*. (F. d. S. 658; L. J. F. 103; L. et P. F. G. 38.)

V. A. variegata, Hort. Variété caractérisée par son feuillage élégamment panaché.

V. anomala, Armst. *Fl.* blanches, très courtement pédicellées ou sessiles, à tube de la corolle de 6 mm. de long et à limbe de 6 à 12 mm. de large, avec des lobes presque égaux, deux ou trois inégaux, étalés et étroits; grappes rapprochées, sub-terminales et composées de cinq à dix fleurs. *Flles* décussées, de 1 1/2 à 2 cent. 1/2 de long et 4 à 6 mm. de large, linéaires ou linéaires-oblongues, étalées, souvent rougeâtres, coriaces, très glabres sur la face supérieure, parfois ciliées sur les bords, concaves, entières et courtement pétiolées. Branches allongées, grêles, purpurines ou rougeâtres vers le sommet. *Haut.* 1 à 2 m. Nouvelle-Zélande. Arbuste compact.

V. Armstrongii, T. Kirk. *Fl.* blanchâtres, réunies par trois-huit en bouquets terminaux. *Flles* petites, dimorphes; les unes allongées et aiguës, les autres largement ovales et sub-aiguës, fortement apprimées et coriaces, soudées avec le rameau sur la moitié de leur longueur, à bords faiblement ciliés. *Haut.* 30 cent. à 1 m. Iles de la mer du Sud. Nouvelle-Zélande, 1888. Arbuste très ramifié.

V. Balfouriana, Hook. *Fl.* bleu violet pâle, en grappes axillaires et multiflores. *Flles* ovales-elliptiques, coriaces, étroitement bordées de brun. Nouvelle-Zélande, 1897. (B. M. 7556.) Plante voisine du *V. Traversii.*

V. Buxbaumii, Tenore. *Fl.* bleu vif, à corolle de 12 mm. de diamètre, pédoncules solitaires à l'aisselle de bractées foliacées et alternes. Avril-septembre. *Flles* courtement pétiolées, oblongues ou ovales-cordiformes, de 1 à 3 cent. de long, grossièrement dentées; les florales-semblables et plus courtes que les pédicelles qui sont décurves. Branches de 15 à 30 cent. de long. Europe ; France, naturalisée en Angleterre. Plante annuelle et couchée. (F. D. 1982; Sy. En. B. 973.)

V. buxifolia, Benth. *Fl.* blanches, à tube de la corolle court et à limbe de 6 à 8 mm. de diamètre ; grappes très courtes, denses, rapprochées au sommet des rameaux et sub-capitées, pubérulentes ou glabres; pédicelles courts; bractées aussi grandes que les sépales. *Flles* de 6 à 8 mm. de long et 5 à 6 mm. de large, largement oblongues-obovales, obtuses, brusquement tronquées ou cordiformes à base, excessivement épaisses, coriaces, concaves et à pétioles très courts et épais. *Haut.* 60 cent. à 1 m. Nouvelle-Zélande. Petit arbuste robuste et glabre.

V. carnosula, Hook. f. * *Fl.* blanches, à anthères jaune rougeâtre; corolle à tube très court et à limbe de 6 à 8 mm. de diamètre; épis courts, poilus et pubescents, très denses, rapprochés et formant des bouquets au sommet des rameaux. Eté. *Flles* fortement imbriquées, sub-dressées, de 8 à 15 mm. de long, largement obovales, oblongues ou orbiculaires, arrondies au sommet, entières, très épaisses et coriaces, presque sessiles ou pourvues de larges pétioles. Nouvelle-Zélande. Arbuste robuste et souvent couché.

V. cataractæ, Forst. *Fl.* blanches ou rosées, de 12 à 18 mm. de diamètre, à pédicelles très grêles, de 1 1/2 à 2 cent. de long; grappes axillaires, grêles, de 8 à 20 cent. de long, très multiflores; bractées linéaires, subulées. *Flles* sessiles ou pétiolées, de 12 mm. à 12 cent. de long, ovales-oblongues ou étroitement lancéolées, acuminées, à bords garnis de dents profondes, aiguës et coriaces. Tiges sub-dressées ou couchées à la base, puis ascendantes, de 30 à 60 cent. de long, ramifiées et un peu grêles, Nouvelle-Zélande. Arbuste.

V. caucasica, Bieb. *Fl.* rouge pâle, à pédicelles filiformes et réunies en grappes multiflores au sommet de pédoncules grêles. Juin. *Flles* sub-sessiles, une ou deux fois pinnatiséquées, à segments oblongs ou linéaires-cunéiformes, rétrécis à la base et entiers ou incisés. Tiges ascendantes ou dressées et poilues. Caucase, 1816. (L. B. C. 1369.)

V. Chamædrys, Linn. Angl. Angel's Eyes, Birds'Eyes, Germander Speedwell, God's Eye. — *Fl.* bleu clair, à division inférieure blanche; corolle de 8 à 12 mm. de diamètre; grappes lâches, opposées ou alternes, de 5 à 12 cent. de long, y compris le pédoncule grêle; pédicelles fructifères plus longs que le calice. Mai-juin. *Capsule* ciliée, cordiforme, plus courte que le calice. *Flles* toutes opposées, sub-sessiles, ovales-cordiformes, de 1 1/2 à 4 cent. de long, profondément dentées Branches de 20 à 60 cent. de long, grêles, étalées-dressées et poilues sur deux lignes. Europe: France, Angleterre, etc., commun dans les bois. (F. D. 448; L. B. C. 53; Sy. En. B. 986.)

V. chathamica, Buch. *Fl.* pourpre foncé, grandes, nombreuses et rapprochées, à pédicelles de 12 mm. de long et pubescents; grappes de 2 1/2 à 4 cent. de long, insérées à l'aisselle des dernières feuilles des rameaux. *Flles* étalées, sessiles, de 8 mm. à 4 cent. de long et 5 à 12 mm. de large, obovales-oblongues ou ovales-oblongues, acuminées, entières, planes et à peine coriaces. Branches effilées et pubescentes. Iles Chatham. Petit arbuste couché-traînant, très propre à l'ornementation des rocailles et des talus.

V. Colensoi, Hook. f. *Fl.* blanches, roses ou bleuâtres, à tube de la corolle court et à limbe de 3 à 6 mm. de diamètre; grappes sub-terminales, souvent composées, pédonculées, à peine plus longues que les feuilles et pubérulentes. Eté. *Flles* étalées ou étalées-dressées, presque sessiles, de 1 1/2 à 2 cent. 1/2 de long, très coriaces, linéaires-oblongues ou étroitement oblongues-obovales, aiguës, entières et parfois glauques. Nouvelle-Zélande. Petit arbuste glabre et demi-rustique, voisin du *V. Traversii*. (B. M. 7296.)

V. cupressoides, Hook. f. *Fl.* violettes, de 1 mm. 1/2 de diamètre, réunies par trois-quatre au sommet de ramilles grêles; bractées plus grandes que les sépales, toutes deux largement oblongues, obtuses et non ciliées. *Flles* de 1 mm. 1/2 de long, ovales-oblongues, obtuses, pas plus larges que la branche, réunies par paires opposées et soudées à la base, dressées ou apprimées, glabres et charnues. Ile du Milieu; Nouvelle-Zélande, etc. Arbuste dense et très ramifié. *Haut.* 15 cent. à 1 m. et 1 m. 20 de haut. Syn. *V. salicornioides*, Hort.

V. decumbens, Armst. *Fl.* blanches, à tube de la corolle de 6 mm. de long, très aplati sur le côté interne; grappes composées de douze à seize fleurs, courtement pédicellées, géminées vers le sommet des rameaux. *Flles* entières, très glabres, très courtement pétiolées, ovales ou lancéolées, obtuses, planes ou légèrement concaves, non carénées, obscurément trinervées, vert terne avec les bords rouge vif. Rameaux noirs et luisants; ramilles pubescentes. Nouvelle-Zélande, 1888. Petit arbuste retombant et très élégant.

V. decussata, Soland. Syn. de *V. elliptica*, Forst.

V. Derwentia, Andr. *Fl.* bleu clair ou blanches, assez rapprochées en grappes ayant souvent 15 à 20 cent. de long, insérées à l'aisselle des feuilles supérieures; lobes de la corolle larges, aigus, de 6 mm. de long et obscurément bilabiés. Juin. *Flles* sessiles, largement lancéolées, acuminées, de 8 à 10 cent. de long et dentées en scie. Tiges de 60 cent. à 1 m. 20 de haut. Australie, 1802. Plante de serre froide. (A. B. R. 531.) Syn. *V. labiata*, R. Br. (B. M. 1660, 3461.)

V. diosmæfolia, R. Cunn. *Fl.* lilas, de 4 à 6 mm. de diamètre, à pédicelles grêles et réunies en corymbes terminaux, déprimés, multiflores. Juillet. *Flles* pétiolées, rapprochées, étalées, rigides et coriaces, de 12 à 18 mm. de long et 4 mm. de large, linéaires-oblongues, aiguës aux deux extrémités, entières, non luisantes, à nervure médiane finement carénée sur la face inférieure. Branches un peu grêles. *Haut.* 1 à 12 m. Nouvelle-Zélande, 1835. Arbuste de serre froide.

V. d. trisepala, Colenso. *Fl.* à segments du calice plus larges, dont deux souvent soudés. *Flles* moins aiguës. Plante plus grêle. Nouvelle-Zélande, 1897. (B. M. 7539.)

V. elliptica, Forst. * *Fl.* blanches, grandes, à limbe de la corolle de 8 à 15 mm. de large; grappes très courtes et pauciflores, formant par leur réunion un bouquet lâche et sub-corymbiforme au sommet des ramilles. Juillet. *Flles* rapprochées, étalées, uniformes, pétiolées, de 8 à 15 mm. de long, linéaires ou obovales-oblongues, tronquées à la base, entières, planes et non luisantes. *Haut.* 1 m. 50 à 6 m. Nouvelle-Zélande, Chili, Fuégie et îles Falkland, 1776. Arbuste ou arbre demi-rustique. (L. et P. F. G. III, p. 101.) Syn. *V. decussata*, Soland. (B. M. 242.) Le *V. Purple Queen* (Gard. 1894, 16 juin) est un bel hybride de cette espèce avec le *V. speciosa*.

V. epacridea, Hook. f. *Fl.* blanches, réunies en bouquets ovoïdes, feuillus et terminaux; corolle à tube allongé et à limbe de 2 mm. de diamètre. *Flles* sessiles, de 10 cent. de diamètre, fortement imbriquées, étalées et recurvées, de 3 à 4 mm. de long, très largement ovales-oblongues, concaves, rigides, glabres, arrondies ou sub-aiguës au sommet. Tige très ramifiée, rigide et tortueuse. Nouvelle-Zélande. Arbuste demi-rustique.

V. excelsa, Desf. Syn. de *V. longifolia excelsa*, Hort.

V. Fairfieldii, Hook. f. *Fl.* bleu lavande, réunies en grappes courtes et ramifiées. *Flles* ayant moins de 2 cent. 1/2 de long, ovales et dentées. Rameaux courts. C'est peut-être un hybride naturel voisin du *V. Hulkeana*. Nouvelle-Zélande, 1894. (B. M. 7323.)

V. formosa, R. Br. *Fl.* bleu pâle, réunies en grappes lâches, courtes, insérées à l'aisselle des feuilles supérieures et formant des corymbes feuillus et terminaux; corolle à lobes de 6 mm. ou plus de long. Juillet. *Flles* assez rapprochées, ovales-oblongues ou lancéolées, entières ou rarement obscurément dentées, épaisses, souvent récurvées, de 6 à 12 mm. de long. *Haut.* 60 cent. à 1 m. 20. Australie, 1835. Magnifique arbuste de serre froide, à ramifications corymbiformes. (B. M. 4512; L. J. F. 3; L. et P. F. G. 95.)

V. gentianoides, Vahl. *Fl.* bleues, assez grandes, à pédicelles ayant à la fin 8 à 12 mm. de long; grappes à la fin allongées, lâches, multiflores et pubescentes. Juin. *Flles* un peu épaisses, entières ou bordées de quelques crénelures, de 2 1/2 à 8 cent. de long; les inférieures en rosette, obovales ou oblongues; les autres espacées, oblongues ou lancéolées. Tiges touffues, dressées, simples, de 15 à 30 cent. ou plus de haut. Caucase, 1748. (B. M. 1002; S. F. G. 5.) — Il en existe une jolie variété *alba*, à fleurs blanches, et une autre *pallida*, Hornem., à fleurs plus pâles que celles du type.

V. glauco-cærulea, Armst. * *Fl.* bleu foncé, passant au pourpre, disposées en courts épis pauciflores et réunis au sommet des ramilles; corolle à limbe de 6 à 12 mm. de diamètre; pédoncules couverts de poils blancs et mous. *Flles* fortement imbriquées, de 8 mm. de long, obovales-oblongues, aiguës, un peu concaves et à pétioles courts et larges. Nouvelle-Zélande. — Petit mais robuste arbuste retombant ou sub-dressé, très ramifié, très glauque sur toutes ses parties et à rameaux légèrement poilus.

Fig. 429. — VERONICA GENTIANOIDES.

V. Godefroyana, Carr. *Fl.* blanches, très nombreuses et réunies en grappes axillaires et compactes. *Flles* de 12 mm. de long et 6 mm. de large, oblongues, obtuses, rétrécies à la base, de texture épaisse, concaves et vert glauque. Arbuste toujours vert, formant un buisson sphérique, de 50 cent. à 1 m. de haut. Nouvelle-Zélande. 1888. — M. N. E. Brown considère cette plante comme très voisine du *V. carnosula*.

V. Grievei, Hort. Hybride horticole voisin du *V. saxatilis* et lui ressemblant, mais à fleurs plus vivement colorées. Il convient surtout à l'ornement des plates-bandes à fleurs.

V. Guthrieana, Hort. Hybride horticole dont le *V. saxatilis* est un des parents.

V. Hectori, Hook. f. * *Fl.* rose et blanc, réunies en bouquets ovales, terminaux, à rachis velu. *Flles* rapprochées, mais non fortement imbriquées, extrêmement épaisses et coriaces, plus larges que longues, largement ovales ou orbiculaires, très obtuses, ayant presque 3 mm. de diamètre, réunies par paires opposées et soudées jusqu'au milieu, pubérulentes sur les bords, luisantes et non carénées. Rameaux feuillus, obscurément tétragones ou arrondis. *Haut.* 15 à 60 cent. Montagnes méridionales de l'île du Milieu; Nouvelle-Zélande, 1888. Sous-arbrisseau petit mais ramifié et robuste. (B. M. 7101.)

V. Hulkeana, F. Muell. * *Fl.* lilas, sessiles, à corolle de 6 mm. de large; épis étalés, pubérulents et glanduleux, formant par leur réunion des panicules terminales, de 10 à 25 cent. de long, à branches opposées. Eté. *Flles* réunies par paires espacées, de 2 1/2 à 4 cent. de long, oblongues-ovales, obtuses ou aiguës, grossièrement dentées en scie, un peu coriaces, à pétioles de 6 à 18 mm. de long. Tige presque simple et arrondie. *Haut.* 30 cent. à 1 m. Nouvelle-Zélande, 1865. Arbuste demi-rustique. (B. M. 5484.)

V. incana, Linn. * *Fl.* bleues, à pédicelles beaucoup plus courts que le calice; celui-ci laineux; grappes dressées, grêles, simples ou parfois ramifiées. Juillet. *Flles* pétiolées, oblongues ou lancéolées, rétrécies à la base; les inférieures obtuses et crénelées; les supérieures aiguës et dentées en scie ou entières au sommet et tomenteuses-incanes sur les deux faces ainsi que les tiges; celles-ci étalées, dressées. *Haut.* 40 à 60 cent. Russie, 1759. Syn. *V. neglecta*, Vahl. (S. B. F. G. 55.)

V. incisa, Ait. *Fl.* bleues, à pédicelles un peu plus longs que le calice et réunies en grappes grêles, solitaires ou

Fig. 430. — VERONICA INCISA.

paniculées. Juillet. *Flles* éparses, découpées jusqu'au milieu et parfois même au delà en lobes lancéolés et aigus. Tiges glabres ou pubescentes incanes. *Haut.* 40 à 60 cent. Sibérie, 1739. (L. B. C. 1397.)

V. Kirkii, Armst. *Fl.* blanc pur, courtement pédicellées et réunies en grappes grêles, insérées à l'aisselle des feuilles supérieures; corolle à tube de 5 mm. de long et à limbe de 6 mm. de diamètre; grappes de 10 à 20 cent. de long et compactes. *Flles* de 2 1/2 à 4 cent. de long et 8 mm. de large, lancéolées, décussées ou lâchement imbriquées, entières, presque aiguës, sessiles et élargies à la base, légèrement concaves et récurvées. *Haut.* 2 à 4 m. Nouvelle-Zélande. Grand et bel arbuste à branches brun foncé et luisantes.

V. labiata, R. Br. Syn. de *V. Derwentia*, Andr.

V. lævis, Benth. *Fl.* blanches, de 6 mm. de diamètre, disposées en grappes deux fois aussi longues que les feuilles, ordinairement réunies au sommet des rameaux et pubérulentes. *Flles* dressées et apprimées, rarement étalées, de 8 à 12 mm. de long et 6 à 18 mm. de large, largement obovales-oblongues, obtuses ou aiguës, extrêmement coriaces, entières, concaves, à nervure médiane forte, proéminente et carénée; pétioles très courts et très forts. *Haut.* 60 cent. à 1 m. 20. Nouvelle-Zélande. Arbuste glabre.

V. latifolia, Linn. Variété du *V. Teucrium*, Linn.

V. ligustrifolia, A. Cunn. *Fl.* blanches, assez grandes, à pédicelles grêles et réunies en grappes environ deux fois aussi longues que les feuilles, un peu grêles, lâches et pubérulentes. *Flles* de 4 à 8 cent. de long, ordinairement très étroites, linéaires-lancéolées, acuminées, de 4 à 6 mm. et parfois 12 à 18 mm. de large, planes ou concaves et carénées sur le dos, très entières et obtuses. Nouvelle-Zélande. Grand arbuste de serre froide, glabre et à ramifications diffuses.

V. Lindleyana, Hort. Variété du *V. salicifolia*, Forst.

V. longifolia, Linn. * *Fl.* bleu lilacé, à pédicelles souvent plus courts que le calice, réunies en grappes denses, multiflores, solitaires ou peu nombreuses au sommet des tiges;

la centrale plus longue. Août. *Flles* courtement pétiolées, opposées ou verticillées par trois, ovales ou cordiformes à la base, puis ovales ou oblongues-lancéolées, acuminées et bordées de dents arquées. Tiges simples, feuillées, glabres ou pubérulentes. *Haut.* 50 à 60 cent. Europe centrale, France, etc. Syn. *V. maritima*, Linn. — Plante herbacée, vivace et rustique, très variable, dont il existe des variétés à fleurs blanches, roses, ainsi que les suivantes :

Fig. 431. — VERONICA LONGIFOLIA.

V. l. excelsa, Hort. *Fl.* bleu clair, réunies en grappes très allongées, simples ou paniculées, la centrale atteignant 20 à 30 cent. de long. *Flles* verticillées par trois. Tiges de 1 m. à 1 m. 50 de haut.

V. l. subsessilis, Miq. * *Fl.* d'un beau bleu améthyste, réunies en longs épis terminaux très multiflores et à rachis couvert d'une pubescence apprimée. *Flles* très courtement pétiolées, de 5 à 10 cent. de long, simplement dentées et couvertes en dessous d'une pubescence apprimée. *Haut.* 60 cent. à 1 m. 20. Japon, 1878. Magnifique plante vivace. (B. M. 6407 ; G. C. n. s. XXI, p. 789; R. H. 1881, p. 270.)

V. loganioides, Armst. *Fl.* blanches, striées de rose, très fugaces, à lobes du calice lancéolés, aigus, carénés et ciliés; corolle à lobes largement ovales; anthères brunes. *Flles* fortement imbriquées, apprimées sur les branches, ovales, acuminées, à pointe étalée, ordinairement entières, portant parfois une à deux dents de chaque côté, de 6 mm. de long, sessiles, très fortement carénées en dessous, glabres, sauf sur les bords où elles sont ciliées. *Haut.* 15 cent. Vallée de Rangetala; Nouvelle-Zélande, entre 1.600 et 2.000 mm. d'altitude, 1888. Petit arbuste toujours vert, retombant et radicant aux nœuds. (B. M. 4704.)

V. Lyallii, Hook. f. *. *Fl.* blanches, avec des nervures roses près de la gorge; corolle ayant presque 12 mm. de long; pédicelles grêles; les inférieurs de 12 mm. de long; pédoncules axillaires, grêles, de 8 à 20 cent. de long, glabres et multiflores. Été. *Flles* courtement pétiolées, de 6 à 12 mm. de long, ovales ou ovales-lancéolées, obtuses ou aiguës, glabres et bordées de quelques dents grossières. Tiges grêles, couchées et radicantes, de 8 à 35 cent. de long et à ramifications diffuses. Nouvelle-Zélande. 1879. Arbuste. (B. M. 6456.)

V. lycopodioides, Hook. f. *Fl.* blanches, sessiles, réunies en petits bouquets oblongs, denses, insérés au sommet des rameaux ; sépales linéaires-oblongs, obtus, ciliés ; corolle à tube très court et à limbe de 5 mm. de diamètre. *Flles* très compactes et fortement imbriquées, épaisses, coriaces, très largement réniformes-ovales, beaucoup plus larges que longues, brusquement rétrécies en pointe, aiguës, d'environ 2 mm. 1/2 de large et réunies par paires opposées et soudées à la base. Nouvelle-Zélande. Fort arbuste dressé et très ramifié.

V. maritima, Linn. Syn. de *V. longifolia*, Linn.

V. monticola, Trautv. *Fl.* bleues, petites et réunies en épis. *Flles* oblongues-lancéolées et glabres. Plante traînante et gazonnante. Abchasie. 1892.

V. multifida, Linn. *Fl.* bleu clair, à pédicelles dépassant à peine le calice ; grappes denses. Juin. *Flles* ayant rarement plus de 12 mm. de long, une ou deux fois pinnatiséquées, à segments linéaires ou subulés, rarement oblongs et rétrécis à la base. Tiges retombantes ou diffuses, ligneuses à la base, pubescentes-incanes et de 15 cent. de long. Asie centrale et orientale, 1748. (B. M. 1679; J. F. A. 329.)

V. neglecta, Vahl. Syn. de *V. incana*, Linn.

V. officinalis, Linn. Véronique officinale ; ANGL. Medicinal-tea Speedwell; Fluellen, Ground-hele. — *Fl.* bleu

Fig. 432. — VERONICA OFFICINALIS. — Rameau florifère. Fleur et fruit.

pâle ou lilas, très courtement pédicellées et réunies en épis denses, multiflores, alternes ou rarement opposés; corolle de 4 mm. de diamètre. Mai-juillet. *Flles* toutes opposées, de 6 mm. à 2 cent. 1/2 de long et dentées en scie. Tiges poilues, retombantes, à branches de 5 à 15 cent. de long et ascendantes, Europe; France, Angleterre, etc., commun dans les bois ombragés. (F. D. 248; Sy. En. B. 984-5.)

V. orchidea, Crantz. Variété du *V. spicata*, Linn.

V. orientalis, Mill. *Fl.* carnées, petites et courtement pédicellées, ou bleues et alors plus grandes et plus longuement pédicellées; toutes réunies en grappes lâches. Juillet. *Flles* linéaires-lancéolées ou cunéiformes-oblongues, entières, dentées ou pourvues de quelques divisions pinnatifides et rétrécies à la base. Tiges retombantes ou diffuses, ligneuses à la base, pubescentes incanes ou glabres. Orient, 1748. (L. B. C. 415.) Syn. *V. taurica*, Willd. (L. B. C. 911.)

V. paniculata, Linn. Syn. de *V. spuria*, Linn.

V. parviflora, Vahl. *Fl.* bleues, petites, à corolle de 3 à 4 mm. de diamètre; grappes généralement droites, environ deux fois aussi longues que les feuilles, densiflores et pubescentes. Mai. *Flles* dressées ou étalées, de 2 1/2 à 8 cent. de long, lancéolées ou lancéolées-linéaires, planes ou concaves et carénées, très entières, aiguës ou acuminées. *Haut.* 1 m. 20 à 2 m. Nouvelle-Zélande, 1822. Arbuste demi-rustique.

V. p. angustifolia, Hort. Variété à fleurs lilas et à feuilles étroites. (B. M. 5965.)

V. pectinata, Linn. Fleurs bleues, à corolle ample et à pédicelles à peine plus longs que le calice; grappes atteignant à la fin jusqu'à 30 cent. de long. Mai. *Flles* souvent petites, obovales ou oblongues-linéaires, crénelées ou à peine incisées et rétrécies à la base. Tiges couchées pubescentes-incanes ou velues. Syrie, etc. 1819.

V. p. **rubra**, Hort. Très belle variété à fleurs rose rougeâtre.

V. perfoliata, R. Br. Angl. Degger's Speedwell. — *Fl.* violet bleu, striées de pourpre et réunies en grappes longues et grêles à l'aisselle des feuilles supérieures; lobes de la corolle presque rotacés et obcurément labiés. Août. *Flles* amplexicaules et souvent plus ou moins longuement soudées par leur large base, ovales ou ovales-lancéolées, acuminées ou aiguës, entières ou bordées de de quelques dents et de 2 1/2 à 8 cent. de long. Tiges simples ou légèrement ramifiées. *Haut.* 1 m. environ. Australie, 1815. Plante vivace ou suffrutescente et de serre froide. (B. M. 1936; B. R. 1930; L. B. C. 781.)

V. pimeleoides, Hook. f. *Fl.* pourpre foncé, opposées et insérées à l'aisselle de grandes bractées foliacées et ciliées, formant des épis courts, très pubescents ou tomenteux et sub-distiques. *Flles* sessiles, imbriquées, étalées-dressées, de 4 à 6 mm. de long, largement obovales-oblongues, obtuses, un peu concaves, obtusément carénées et légèrement glauques. Branches dressées, portant des cicatrices transversales. *Haut.* 10 à 25 cent. Nouvelle-Zélande. Arbuste de serre froide.

V. pinguifolia, Hook. f. *Fl.* blanches, à sépales obtus et ciliés; épis très courts, poilus et pubescents, très compacts et réunis en bouquets au sommet des fleurs. Juin. *Flles* sessiles, imbriquées, de 4 à 12 mm. de long, obovales-oblongues, obtuses, entières, très épaisses et coriaces, concaves, non carénées. Branches pubescentes en dessus et portant des cicatrices transversales. *Haut.* 12 cent. à 1 m. 20. Nouvelle-Zélande, 1870. Arbuste robuste, dressé ou retombant. (B. M. 6147; B. M. 6587, sous le nom de *V. carnosula*, Hook. f.

V. pinnata, Linn. *Fl.* bleues, petites, à pédicelles égalant le tube de la corolle et réunies en grappes solitaires ou paniculées. Juin-juillet. *Flles* découpées en lobes linéaires; les caulinaires moins profondément pinnatifides ou même entières et subulées. Tiges étalées-dressées. *Haut.* 40 à 50 cent. Sibérie. Plante vivace et rustique.

V. prostata, Sibth. et Smith. Syn. de *V. Teucrium prostrata*, Coss. et Germ.

V. salicifolia, Forst. *Fl.* pourpre bleuâtre ou blanches, de grandeur très variable ainsi que la longueur du tube de la corolle; pédicelles très grêles; grappes beaucoup plus longues que les feuilles, simples, très multiflores, pubescentes ou presque glabres. Juin. *Flles* sessiles, de 5 à 15 cent. de long, linéaires ou oblongues lancéolées, acuminées, entières et glabres. Branches arrondies, de la grosseur d'une plume d'Oie. Nouvelle-Zélande. Grand arbuste glabre et demi-rustique.

V. s. **Lindleyana**, Hort. *Fl.* blanc lilacé, en épis cylindriques, très longs et pendants. Été. *Flles* oblongues-lancéolées. C'est sans doute un hybride des *V. speciosa* et *salicifolia*. (P. M. B. XII, 247.)

V. salicornioides, Hort. La plante cultivée sous ce nom dans les jardins anglais et probablement aussi chez nous est le *V. cupressoides;* le vrai *V. salicornioides*, Hook. f. ne paraît pas encore avoir été introduit.

V. satureioides, Visian. *Fl.* bleues, à calice à cinq divisions inégales; corolle à limbe sub-bilabié; grappe spiciforme, de 12 mm. de long. Mai. *Flles* opposées, décussées, rapprochées, oblongues ou obovales, de 8 mm. de long et à pointe légèrement dentée. Tiges cespiteuses et ligneuses à la base. *Haut.* 8 cent. Dalmatie, 1885. (R. G. 1192, fig. 3.)

V. saxatilis, Jacq. Angl. Rock Speedweell. — *Fl.* bleu vif, très élégantes, à corolle de 12 mm. de diamètre et réunies en grappes sub-corymbiformes, terminales et pauciflores. Juillet-septembre. *Flles* de 6 à 12 mm. de long ; les

Fig. 433. — Veronica saxatilis.

inférieures obovales; les supérieures oblongues, coriaces, ne présentant qu'un très petit nombre de dents ou même entières. Tige ligneuse, fortement ramifiée, à branches de 5 à 10 cent. de long, avec de nombreuses pousses feuillues et stériles. Europe; France, Angleterre, etc. Plante vivace et retombante. (L. B. C. 704; Sy. En. B. 981.) Syn. *V. fruticulosa*, Linn.

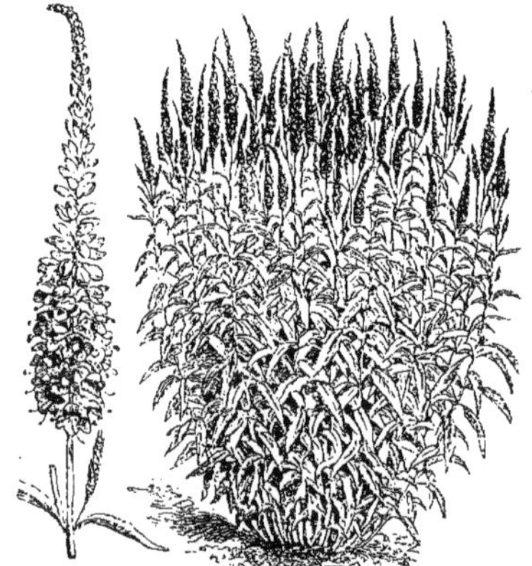

Fig. 434. — Veronica spicata.

V. speciosa, R. Cunn. *Fl.* bleu pourpre foncé, à corolle de 8 mm. de diamètre; grappes denses, de 2 cent. 1/2 de diamètre, pas plus longues que les feuilles, fortes et dressées. Mai. *Flles* opposées, sessiles ou à pétioles très courts et épais, de 5 à 10 cent. de long, obovales-oblongues, arrondies au sommet, très coriaces, luisantes, entières, duveteuses sur la nervure médiane de la face supérieure. Rameaux anguleux. *Haut.* 50 cent. Nouvelle-Zélande, 1835. Arbuste demi-rustique. (B. M. 4057; P. M. B. X. 247.)

V. s. **imperialis**, Hort. Très belle variété horticole produisant de grands épis de fleurs pourpres, 1878. (F. d. S. 2317.)

V. s. rubra, Hort. Variété différant du type par ses fleurs roses. (F. d. S. 196.)

V. spicata, Linn. * Véronique en épi. — *Fl.* d'un beau bleu vif, assez grandes, à tube plus long que large, mais plus court que le calice; pédicelles bien plus courts que le calice; celui-ci à quatre divisions ovales-aiguës; étamines saillantes, très longues et purpurines; épi dense, allongé, de 5 à 8 cent. ou plus de long, solitaire ou rarement accompagné de quelques autres. Juillet-septembre. *Flles* opposées ou verticillées, de 2 1/2 à 4 cent. de long, étroitement oblongues ou oblongues-lancéolées, dentées au-dessus du milieu; les inférieures atténuées en pétioles; les supérieures sub-sessiles. Tiges simples, dressées, pubescentes-glanduleuses, de 15 à 50 cent. de haut. feuillues. Souche émettant des rejets stériles. Europe; France, Angleterre, etc., dans les lieux secs. (F. D. 52; Sy. En. B. 982.)

V. s. orchidea, Crantz. Variété à segments de la corolle étroits et tortueux. (B. M. 2210.)

V. spuria, Linn. *Fl.* bleues, à pédicelles plus longs que le calice; grappes nombreuses, lâches, multiflores et paniculées. Juin. *Flles* presque toutes opposées ou verticillées par trois, lancéolées, aiguës, crénelées-dentées, rétrécies à la base, pétiolées ou rarement sub-sessiles, un peu épaisses, pâles, glabres ou à peine pubérulentes. Tiges de 30 cent. à 1 m. de haut. glabres ou pubescentes-incanes. Europe australe-orientale, 1797. Syns. *V. amethystina*, Willd. et *V. paniculata*, Linn.

V. syriaca, Rœm. et Schult. *Fl.* bleu clair ou lilas pâle, avec la division inférieure blanche, à pédicelles plusieurs fois plus longs que le calice et fasciculées ou réunies en

Fig. 435. — Veronica syriaca.

grappes lâches. Juin. *Flles* opposées; les inférieures pétiolées; les supérieures sessiles, ovales ou ovales-lancéolées; les florales inférieures dentées ou incisées; les autres petites et entières. Tiges très rameuses, diffuses, étalées-dressées. *Haut.* 10 à 15 cent. Syrie, 1857. — Jolie petite plante annuelle, dont il existe une variété à fleurs blanches. (B. H. XII, 42; F. d. S. 1259.)

V. taurica, Willd. Syn. de *V. orientalis*, Mill.

V. Teucrium, Linn. Véronique femelle, V. Germandrée; Angl. Hungarian ou Saw-leaved Speedwell. — *Fl.* bleu clair, à segments du calice très inégaux, obtus, ciliés, avec le supérieur plus court; grappes axillaires, multiflores, compactes, puis très allongées et lâches. Mai-juillet. *Flles* sessiles ou les inférieures courtement pétiolées, ovales-oblongues, arrondies ou cordiformes à la base, plus ou moins dentées ou sub-pinnatifides; les supérieures lancéolées ou presque linéaires, toutes réticulées et au moins dentées. Tiges stériles couchées; les florales retombantes à la base, puis ascendantes et velues ainsi du reste que toute la plante ou pubescentes-incanes. Europe méridionale; France, etc. Plante très variable. (B. H. XXX, 7, J. L. B. C. 425.)

V. T. latifolia, Hort. Grande et belle variété, à fleurs en beaux épis et à feuilles plus larges que dans le type; la plante est du reste plus forte dans toutes ses parties. (S. B. F. G. 23, sous le nom de *V. latifolia*, Linn.)

V. T. prostrata, Vill. Plante plus petite et surtout plus naine que le type, à fleurs bleues, en grappes plus courtes, compactes et se succédant pendant fort longtemps. *Flles* lancéolées-linéaires et à bords réfléchis en dessous. Tiges grêles, couchées et gazonnantes. *Haut.* 10 à 15 cent. Europe; France, Angleterre, etc. Syn. *V. prostrata*, Linn. (B. M. 3683.) — Il en existe des variétés à

Fig. 436. — Veronica Teucrium prostrata.

fleurs blanches et *roses* et une autre *pulchella*, Hort., intermédiaire par ses proportions entre le type et cette dernière variété.

V. Traversii, Hook. f. * *Fl.* blanches, à lobes de la corolle de 6 mm. de diamètre et réunies en grappes plus longues que les feuilles, sub-terminales, de 2 1/2 à 5 cent. de long, pubérulentes et multiflores. Été. *Flles* étalées, sessiles, de 2 à 2 cent. 1/2 de long, obovales ou linéaires-oblongues, aiguës ou obtuses, entières, coriaces et planes. Branches arrondies. *Haut.* 75 cent. Nouvelle-Zélande, 1873. Arbuste. (B. M. 6390; R. H. B. 1883, 193.)

V. vernicosa, Hook. f. *Fl.* blanches, disposées en grappes rapprochées au sommet des rameaux, pubérulentes, de 2 1/2 à 4 cent. de long, souvent pédonculées, graduellement rétrécies en pointe longue et grêle; bractées très petites. *Flles* rapprochées, étalées, pétiolées, de 8 à 12 mm. de long et 6 à 8 mm. de large, obovales-oblongues, obtuses ou apiculées, luisantes et vernissées sur la face supérieure, entières, planes ou un peu concaves. Nouvelle-Zélande. Arbuste nain, mais fort et glabre.

Fig. 437. — Veronica virginica.

V. virginica, Linn. * Angl. Culver's Physic, Great Virginian Speedwell. — *Fl.* blanches ou parfois bleuâtres, à corolle en coupe et réunies en épis terminaux, de 15 à

25 cent. de long, généralement accompagnés de plusieurs autres épis plus courts, insérés à l'aisselle des feuilles supérieures. Juillet. *Flles* verticillées par trois à neuf, lancéolées, légèrement acuminées, parfois oblongues, bordées de dents fines et très rapprochées, et longues de 8 à 12 cent. Tiges simples, de 60 cent. à 2 m. de haut. Amérique du Nord, 1714. (B. M. Pl. 196.) Syn. *Leptandra virginica*, Nutt.

VÉRONIQUE. — V. **Veronica**.

VÉRONIQUE couchée. — V. **Teucrium prostrata**.

VÉRONIQUE en épi. — V. **Veronica spicata**.

VÉRONIQUE femelle. — V. **Veronica Teucrium**.

VÉRONIQUE Germandrée. — V. **Veronica Teucrium**.

VÉRONIQUE officinale. — V. **Veronica officinalis**.

VÉRONIQUE Petit Chêne. — V. **Veronica Chamædrys**.

VERRE ; Angl. Glass. — Aujourd'hui que la culture sous abri est pratiquée plus intensivement que jamais, le verre en est le principal facteur : il remplit dans ces cultures le rôle le plus important, celui de laisser passer à travers lui les deux principaux éléments de la végétation : la lumière et la chaleur ; de plus, il ne laisse cette dernière s'échapper que très lentement, par le contact du froid sur ses parois. Sans le verre, les serres n'existeraient pas, et sans elles nous ne posséderions pas vivantes sous nos yeux toutes les merveilles végétales des tropiques et autres régions plus chaudes que la nôtre ; sans lui, point de forçage, aucune fleur en hiver, aucun de ces beaux et bons fruits que nous obtenons à notre gré en plein frimas.

Nous pourrions encore nous étendre bien longuement sur l'importance et l'utilité horticole du verre, mais chacun la connaît et la devine ; revenons donc à des indications pratiques.

Le verre doit beaucoup de son immense emploi horticole aux perfectionnements des procédés de sa fabrication, procédés qui ont non seulement permis de lui donner presque toutes les qualités désirables, mais encore un bon marché excessif. C'est à ces deux conditions que la culture sous verre doit son essor et aujourd'hui les surfaces vitrées qu'emploie l'horticulture couvrent dans leur ensemble des milliers d'hectares. Grâce à sa solidité, on emploie aujourd'hui des feuilles de verre bien plus grandes que celles d'autrefois et la construction des serres y a trouvé à la fois l'élégance et l'économie dans l'établissement de la charpente, bois ou fer, destinée à le supporter. Toutefois, un des plus gros inconvénients du verre est d'être fragile et incapable de supporter les chocs, même légers ; sa fragilité est du reste devenue proverbiale ; ce n'est pas sans raison que l'on dit : « fragile comme du verre ». Les progrès en ce sens sont relativement peu importants ; on a bien trouvé des moyens chimiques de le rendre moins cassant, mais ils ne peuvent s'appliquer qu'à de petites quantités et pratiquement, on n'augmente guère la résistance du verre à vitre qu'en lui donnant un surcroît d'épaisseur. La qualité du verre se juge à la pureté de sa transparence, à l'uniformité de son épaisseur et surtout à l'absence de défauts, c'est-à-dire de bulles d'air, qui, formant lentille, condensent les rayons solaires et les envoient ensuite sur les plantes, qu'ils brûlent sur les points où porte le foyer lumineux.

On a depuis longtemps essayé diverses sortes et épaisseurs de verre sans grand succès ; celui qui donne les meilleurs résultats et qui revient le meilleur marché est toujours le verre transparent ordinaire. On désigne son épaisseur par les termes : *simple*, *demi-double* et *double*.

Le verre simple remplit le même office que le verre plus fort, mais il est beaucoup plus fragile et ne peut s'employer en aussi grandes feuilles que le verre demi-double ou double. Quoique le meilleur marché, son emploi revient plus cher que celui des autres qualités, par suite des réparations incessantes qu'il nécessite ; aussi ne l'emploie-t-on qu'exceptionnellement en horticulture.

Le verre demi-double est celui que l'on emploie le plus généralement, car il tient le milieu comme solidité et prix entre le verre simple et le double ; son épaisseur est d'un peu plus de 2 mm.

Le verre double serait bien préférable aux précédents, n'était sa différence de prix trop sensible pour qu'on puisse l'utiliser pour couvrir économiquement de grandes surfaces. Néanmoins, on l'emploie assez souvent pour vitrer les grandes serres, car, avec lui, on peut donner jusqu'à 1 m. de long et 30 cent. de largeur aux feuilles. La charpente fer ou bois se trouve ainsi diminuée, la pose plus rapide et plus économique, les risques de la grêle et accidents de toute nature bien moins grands, et, somme toute, il finit par ne pas coûter beaucoup plus cher que les verres plus faibles et causer moins de tracas. Lorsque le chiffre de dépenses n'est pas absolument limité, on fera donc bien de lui accorder la préférence.

En outre de sa qualité, c'est-à-dire de la pureté et de la blancheur de sa substance, le verre du commerce a un poids *minimum*, *au mètre carré*, de : 4 kilog. pour le simple ; 6 kilog. 250 pour le demi-double et 8 kilog. pour le double.

On a essayé à diverses reprises le verre cathédrale ou verre rugueux, ainsi que le verre dépoli pour le vitrage des serres, dans le but de tamiser la lumière ; mais on a reconnu qu'il n'est pas suffisamment opaque pour protéger les plantes pendant le plein soleil et que, lorsqu'il fait sombre, il les prive d'une partie de la lumière qui, à ce moment, leur est cependant si utile. Néanmoins, un des principaux horticulteurs versaillais a fait vitrer, il y a quelques années, un grand nombre de nouvelles serres avec du verre cathédrale, en feuilles très épaisses, de 3 m. de long sur environ 40 cent. de large ; nous devons cependant faire remarquer que ces serres sont principalement consacrées à la culture de plantes dures, telles que Palmiers, Broméliacées, Fougères, etc., qui supportent plus facilement que les plantes herbacées un peu d'obscurité.

Cet horticulteur a déjà remarqué une bien moins grande déperdition de chaleur, qu'il évalue à environ 5 deg. d'où il résulte une notable économie de température ; il espère pouvoir protéger suffisamment ses nouvelles serres à l'aide des claies d'été et éviter ainsi l'emploi coûteux et ennuyeux des paillassons. Du reste, on nous affirme que plusieurs serres des grands établissements du nord sont vitrées avec le même verre.

On emploie parfois le verre vert pour certaines serres où il est avantageux d'obtenir une lumière diffuse, notamment dans les serres à Fougères, mais il faut néanmoins les ombrager pendant le plein soleil.

Pour certaines parties très courbes des serres curvilignes, il est parfois nécessaire d'avoir des verres cintrés à la demande; mais, outre que ces verres coûtent presque le double du verre ordinaire, les réparations ultérieures deviennent coûteuses et souvent très ennuyeuses, car on ne trouve pas partout ce genre de verre; on fera donc bien de prévoir ces inconvénients au moment de la construction de la charpente et d'en éviter alors l'emploi autant que cela est possible.

(S. M.)

VERRINE. — V. Cloche.

VERRUCIFORME; Angl. Verrucæform. — En forme de verrue.

VERRUE; Wart. — Excroissance arrondie, un peu molle et coriace, que l'on observe sur l'épiderme de diverses plantes.

VERRUQUEUX; Angl. Verrucose. — Se dit des surfaces des végétaux chargées de verrues.

VERSATILE. — Ce terme s'emploie en botanique dans le même sens que *vacillant* et plus fréquemment que lui, pour désigner les anthères de certaines fleurs qui, étant insérées par leur milieu au sommet de leur filet, se balancent à droite et à gauche au moindre choc.

(S. M.)

VERSCHAFFELTIA, H. Wendl. (dédié à Ambroise Verschaffelt, horticulteur bien connu, qui publia un ouvrage sur les *Camellia*, en 1848). Syn. *Regelia*, Wendl Fam. *Palmiers*. — La seule espèce de ce genre est un beau Palmier de serre chaude, demandant le même traitement que les **Stevensonia**. (V. ce nom.)

V. melanochætes, H. Wendl. — V. **Roscheria melanochætes.**

V. splendida, H. Wendl. * *Fl.* réunies en spadice de 1 à 2 m. de long, à hampe comprimée, de 1 m. à 1 m. 20 de

Fig. 438. — Verschaffeltia splendida.

long et entouré de trois spathes; rameaux florifères de 18 à 20 cent. de long. *Flles* de 1 m. 20 à 2 m. 20 de long et 1 m. à 1 m. 50 de large, cunéiformes-obovales, vert gai, bifides, à bords profondément incisés, avec les nervures primaires proéminentes sur les deux faces; pétioles de 15 à 30 cent. de long, vert pâle, semi-arrondis, canaliculés sur la face supérieure et à gaines de 75 à 1 m. 10 de long, blanches-granuleuses. Tige de 15 à 30 cent. de diamètre et très épineuse quand elle est jeune, ainsi que les gaines et les pétioles. *Haut.* 25 m. Iles Seychelles, 1864. (F. d. S. 1597-8; I. H. 430; R. G. 1875, p. 308; R. K. 1869, 148.) — Ce Palmier a reçu les noms horticoles de *Regelia magnifica*, *R. majestica* et *R. princeps*.

VERT; Angl. Green. — Couleur normale des parties herbacées des végétaux. Le vert est chimiquement formé d'un mélange de jaune et de bleu. Chez les plantes, la teinte verte est due à la présence de corpuscules nommés *pigments*, enfermés dans les cellules; ils constituent la chlorophylle. Cette substance joue un rôle des plus importants dans l'élaboration de la sève, en ce qu'elle absorbe l'acide carbonique contenu dans l'atmosphère et dégage l'oxygène qui se forme dans les tissus. La lumière est le principal agent producteur de la **Chlorophylle.** (V. aussi ce nom.)

La couleur verte présente, comme toutes les autres couleurs, de nombreuses nuances qu'on désigne sous des noms appropriés. C'est la teinte propre des parties herbacées des végétaux, mais elle est au contraire relativement rare chez les fleurs pourvues d'un grand périanthe; les *Ixia viridiflora*, *Narcissus viridis*, *Tulipa viridiflora*, certaines *Orchidées*, etc., en sont cependant des exemples. Dans certaines familles, telles que les *Amentacées* et ses voisines, les fleurs sont petites et verdâtres, mais sans effet. Accidentellement, le vert se présente chez des fleurs normalement parées d'autres couleurs; la Rose verte et le Dahlia vert sont des accidents fixés. On pense que ce phénomène tératologique est un retour à la couleur primitive des parties dont sont formées les fleurs, c'est-à-dire de feuilles profondément modifiées.

(S. M.)

VERTÉBRÉ; Angl. Vertebrate. — Se dit parfois ds certains organes des végétaux contractés et articulé de distance, en distance rappelant ainsi les vertèbres d'un animal, comme certaines feuilles et en particulier les tiges et rameaux des *Equisetum*, des *Casuarina*, etc.

VERTEX. — S'emploie parfois pour désigner le sommet d'un organe.

VERTICAL. — Qui monte droit depuis la base jusqu'au sommet, c'est-à-dire sans pencher dans aucun sens, ni décrire aucune courbe.

VERTICILLE; Angl. Verticil, Whorl. — Réunion d'organes sur un même plan, autour d'un axe commun, c'est-à-dire formant un cercle ou anneau autour de la tige qui les porte; cette disposition est très fréquente chez les végétaux, en particulier chez les feuilles et les parties dont les fleurs sont composées.

VERTICILLÉ; Angl. Verticillate. — Terme d'un usage fréquent pour désigner les organes disposés en verticille, c'est-à-dire en un ou plusieurs anneaux autour de l'axe qui les porte.

VERTICILLE (Faux); Angl. Verticillaster. — Réunion de fleurs en petites cymes courtement pédonculées et insérées chacune à l'aisselle de feuilles opposées, où elles simulent ainsi un verticille; cette disposition s'observe très fréquemment chez les *Labiées*.

VERTICORDIA, DC. (de *verto*, tourner, et *cor*, *cordis*, cœur; titre de Vénus à qui le Myrte fut sacré). Angl. Juniper Myrtle. Comprend les *Chrysorrhoe*, Lindl. Fam. *Myrtacées*. — Genre renfermant une quarantaine d'espèces d'arbustes de serre froide, ayant ordinairement l'aspect des Bruyères ou des *Diosma*, glabres, sauf sur les bords des feuilles, qui sont garnis de cils. Ces arbustes tous confinés en l'Australie. Fleurs blanchâtres, roses ou jaunes, ordinairement pedicellées et insérées à l'aisselle des feuilles supérieures, où elles forment souvent un corymbe, un épi ou une grappe; calice à cinq lobes souvent colorés, élégamment plumeux et rayonnants; pétales cinq, entiers, frangés ou digités; étamines dix, alternant avec autant de staminodes. Feuilles petites, opposées ou très rarement alternes et entières.

Parmi les espèces introduites, les suivantes sont les plus intéressantes et les plus recommandables. Elles sont faciles à cultiver et prospèrent dans un compost de terre franche siliceuse et de terreau de feuilles. Pendant l'été, il faut les arroser copieusement et les seringuer fréquemment et, même en hiver, il ne faut jamais les laisser souffrir de la soif. Leur multiplication s'effectue rapidement par boutures de pousses déjà fermes ou à demi aoûtées, que l'on fait sous cloches ou dans un châssis à multiplication.

V. Brownii, DC. *Fl.* blanches, petites, mais très nombreuses et réunies en larges corymbes denses, terminaux, feuillus, plus ou moins pédonculés et à pétales plus courts que les lobes du calice. Avril. *Flles* obovales ou oblongues, très obtuses, carénées ou triquètres, de 2 à 3 mm. de long. *Haut.* 1 m. Australie, 1842. Arbuste dressé, très ramifié et buissonnant.

V. densiflora, Lindl. *Fl.* blanches ou rose vif, réunies en corymbes terminaux, denses, feuillus et ordinairement pédonculés; pétales courts, presque orbiculaires et frangés. Juin. *Flles* linéaires, semi-arrondies ou triquètres, grêles, de 6 à 12 mm. de long, rapprochées sur de courts rameaux latéraux, de façon à former des faisceaux axillaires, comme dans le *V. Fontanesii*, mais ordinairement plus espacés sur les tiges principales. *Haut.* 60 cent. à 1 m. Australie, 1860. Arbuste dressé et buissonnant.

V. Fontanesii, DC. *Fl.* blanches ou rose vif, réunies en corymbes terminaux et feuillus ou en panicules denses et arrondies, au-dessus des dernières feuilles ou courtement pédonculées; pétales aussi longs que les lobes du calice et légèrement pubescents. Avril. *Flles* linéaires, semi-arrondies ou triquètres, ordinairement grêles, obtuses ou mucronées, de 8 à 10 mm. de long, fortement rapprochées sur de courtes pousses latérales ou ayant rarement 12 mm. de long et alors lâches. *Haut.* 1 m. à 1 m. 20. Australie, 1826. Arbuste dressé et buissonnant. Syn. *Chamælaucium plumosum*, Desf.

V. insignis, Endl. *Fl.* rose vif, à pédicelles ayant souvent plus de 12 mm. de long et réunies en corymbes lâches, irréguliers, terminaux et feuillus; pétales orbiculaires et ciliés. Avril. *Flles* largement ovales ou oblongues, très obtuses ou presque mucronées, de 5 à 10 mm. de long; les inférieures et celles des rameaux stériles souvent comprimées latéralement ou verticales. *Haut.* 30 à 60 cent. Australie, 1839. Arbuste dressé et ramifié depuis la base.

V. nitens, Schau. *Fl.* jaune d'or, à pédicelles grêles et réunies en large corymbe terminal; pétales égalant environ le calice et irrégulièrement dentés. Avril. *Flles* linéaires, semi-arrondies, un peu grêles, aiguës ou mucronées, ayant presque toutes 12 à 18 mm. de long et les inférieures, parfois plus de 2 cent. 1/2 de long. *Haut.* 60 cent. Australie, 1862. Arbuste à ramifications corymbiformes. (B. M. 5286.) Syn. *Chrysorrhoe nitens*, Lindl.

VERULAMIA, DC. — V. **Pavetta**, Linn.

VERVEINE. — V. **Verbena**.

VERVEINE en arbre. — V. **Lippia citriodora**.

VERVEINE citronelle. — V. **Lippia citriodora**.

VERVEINE commune. — V. **Verbena officinalis**.

VERVEINE élégante. — V. **Verbena tenera**.

VERVEINE gentille. — V. **Verbena tenera**.

VERVEINE de Miquelon. — V. **Verbena Aubletia**.

VERVEINE odorante. — V. **Verbena teucrioides**.

VERVEINE officinale. — V. **Verbena officinalis**.

VERVEINE à feuilles rugueuses. — V. **Verbena venosa**.

VESCE. — V. **Vicia**.

VESCE blanche. — V. **Vicia sativa alba**.

VESCE commune. — V. **Vicia sativa**.

VESCE écarlate. — V. **Vicia fulgens**.

VESCE à feuilles dentées. — V. **Vicia serratifolia**.

VESCE multiflore. — V. **Vicia Cracca**.

VESCE de Narbonne. — V. **Vicia narbonnensis**.

VESCE de Sibérie. — V. **Vicia biennis**.

VESCE velue. — V. **Vicia villosa**.

VESICARIA, Tournf. (de *vesica*, vessie, ampoule; allusion aux siliques renflées). **Vésicaire**; Angl. Bladder Pod et Bladder Seed. Fam. *Crucifères*. — Genre comprenant plus de trente espèces de plantes herbacées, annuelles ou vivaces, ramifiées et presque toutes rustiques, habitant les régions tempérées de l'Amérique du Nord, l'Europe australe, la Syrie, la Perse et les Andes de l'Amérique du Sud. Une seule, le *V. utriculata*, croit spontanément en France. Fleurs jaunes ou purpurines, de forme variable, grandes ou rarement petites, à sépales égaux ou les latéraux bossus et sacciformes à la base, et réunies en grappes dépourvues de bractées. Silicule globuleuse, déhiscente, à valves très convexes. Feuilles entières, sinuées ou pinnatifides.

Les espèces décrites ci-après sont propres à l'ornementation des rocailles. Toutes les suivantes sont vivaces, rustiques et des plus faciles à cultiver; leur multiplication s'effectue par semis ou par division des pieds. Le *V. utriculata* est le seul qui croisse spontanément en France.

V. arctica, Richards. *Fl.* jaunes, réunies en grappes denses et multiflores. Août. *Flles* oblancéolées et linéaires-spatulées, fasciculées et d'une belle couleur argentée. *Haut.* 30 cent. Amérique du Nord, 1828. Plante vivace. (B. M. 2882.)

V. gracilis, Hook. *Fl.* jaunes, à pétales étalés, obcordés, presque sessiles et réunies en grappes allongées. Juin. *Flles* lancéolées, entières ou légèrement anguleuses, presque nues; les inférieures sub-spatulées et pétiolées. Tiges nombreuses, filiformes, rigides et légèrement scabres. *Haut.* 15 cent. Texas, 1834. Plante annuelle. (B. M. 3533.)

V. græca, Reut. *Fl.* à pétales presque deux fois aussi longs que le calice, elliptiques et à limbe jaune. Été. *Flles* des branches stériles épaisses, oblongues-spatulées, légèrement aiguës; celles des tiges florifères sessiles, dressées, aiguës, à bords ciliés et souvent denticulés. Grèce. Plante vivace. Syn. *Alyssum utriculatum*, Sibth. et Sm.

V. grandiflora, Hook. *Fl.* jaunes, grandes, à pétales arrondis, étalés, très courtement onguiculés; grappes allongées et multiflores. Juillet. *Flles* oblongues; les radicales sub-lyrées-pinnatifides et pétiolées; les caulinaires sinuées-dentées et sessiles. Tige dressée et flexueuse. *Haut.* 30 cent. Texas, 1835. Plante annuelle, couverte d'une pubescence étoilée. (B. M. 3464 ; S. B. F. G. ser. III, 401.)

V. utriculata, DC. * *Fl.* jaunes, ressemblant beaucoup à celles de la Giroflée jaune ; calice à sépales latéraux bossus à la base. Avril-juin. *Fr.* à valves très convexes. *Flles* inférieures oblongues, spatulées, atténuées en longs pétioles, entières, velues et ciliées ; les supérieures lancéolées, sessiles et presque glabres. Tiges sub-ligneuses à la base. *Haut.* 20 à 30 cent. Europe australe ; France, etc., sur les coteaux calcaires. Plante vivace.

Fig. 439. — Vesicaria utriculata.

VÉSICULE ; Angl. Vésicle. — Nom donné aux petits corps renflés, creux et remplis d'air que l'on observe sur diverses plantes, aquatiques surtout, telles que certains *Fucus*, *Utricularia*, où elles remplissent le rôle de vessies natatoires. On nomme aussi *vésicule embryonnaire* le corpuscule microscopique qui, dans un ovule, formera plus tard l'embryon. (S. M.)

VÉSICULAIRE, VÉSICULEUX ; Angl. Vesicular, Vésiculose, Vesiculæforme. — S'applique aux organes, tels que les fruits et autres, renflés en forme de vésicule ou petite vessie.

VESLINGIA, Visian. — V. **Guizotia**.

VESLINGIA sativa, Visian. — V. **Guizotia oleifera**.

VESPA. — V. Guêpe.

VESPERTINUS ; Angl. Vespertine. — S'applique aux fleurs qui se montrent ou s'épanouissent le soir, telles que celles du *Lychnis vespertina*.

VESPUCCIA, Parlat. — V. **Hydrocleis**, L. C. Rich.

VESPUCCIA Humboldtii, Parlat. — V. **Hydrocleis Commersoni**.

VESSE-LOUP. — V. **Lycoperdon**.

VESTIA, Willd. (dédié à L. C. de Vest, professeur à Gratz ; 1776-1840). Fam. *Solanacées*. — La seule espèce de ce genre est un intéressant arbuste dressé, glabre, ramifié et de serre froide, se traitant comme les **Cestrum**. (V. ce nom.)

V. lycioides, Willd. Angl. Chilian Box Thorn. — *Fl.* jaunes, pendantes et solitaires ou réunies en petit nombre au sommet des rameaux ; calice à cinq dents courtes, de 8 mm. de long ; corolle à tube de 2 cent. 1/2 de long et à limbe à cinq lobes valvaires et indupliqués ; étamines cinq, exsertes. Juin. *Flles* entières, oblongues ou obovales, luisantes, un peu charnues, de 3 à 8 cent. de long ; pétioles d'environ 6 mm. de long et canaliculés supérieurement. *Haut.* 1 m. Chili, 1815. (B. M. 2412 ; B. R. 299.)

VESTITURE. — Ce terme signifie couverture et s'emploie surtout en parlant des poils abondants qui couvrent certaines parties des végétaux, les feuilles notamment, comme une sorte de vêtement ; il dérive du reste du même radical latin : *vestis*, qui veut dire vêtir.

VETIVER. — V. **Andropogon muricatus**.

VEXILLAIRE (Angl. Vexillary). — Mode de préfloraison dans laquelle une des pièces florales, la postérieure, est beaucoup plus grande que les autres et pliée sur son milieu, recouvrant toutes les autres qui sont placées face à face, comme on l'observe facilement dans les Papilionacées. *Vexillaire* s'applique aussi au pétale supérieur des Papilionacées; on le nomme plus généralement **étendard**. (V. ce nom.)

VEXILLUM. — S'emploie parfois pour désigner l'**Etendard** des Papilionacées. (V. ce nom.)

VIBORGIA, Spreng. — V. **Wiborgia**, Thunb.

VIBURNUM, Linn. (ancien nom latin employé par Virgile et autres auteurs, dérivé de *viere*, lier; allusion à la flexibilité des rameaux). **Viorne**. Comprend les *Opulus*, Tournf. et *Tinus*, Linn. Fam. *Caprifoliacées* — Genre renfermant environ quatre-vingts espèces d'arbres et d'arbustes presque tous rustiques et à feuilles caduques ou rarement persistantes, habitant les régions septentrionales tempérées et sub-tempérées, ainsi que les Andes, mais devenant rares dans les Indes occidentales et à Madagascar. Fleurs blanches ou rosées, à pédicelles articulés, pourvus de une à deux bractéoles et disposées en corymbes ou panicules sub-ombelliformes, axillaires ou terminales, hermaphrodites ou parfois celles situées au pourtour des inflorescences neutres et à corolle bien plus amples que chez les fleurs fertiles; calice à tube turbiné ou ovoïde et à limbe court, à cinq dents égales et persistantes ; corolle rotacée, campanulée ou tubuleuse et à cinq lobes égaux et imbriqués ; étamines cinq, insérées sur le tube de la corolle (bisériées chez une espèce), à filets courts ou allongés et à anthères oblongues et exsertes ; disque nul ; stigmates trois, sessiles. Le fruit est une drupe sèche ou charnue, ovoïde ou globuleuse, arrondie ou comprimée, à une ou deux-trois fausses loges monospermes et couronné des dents du calice. Feuilles opposées, très rarement verticillées par trois, pétiolées, entières ou dentées, caduques ou rarement persistantes; stipules peu apparentes ou nulles, ou amples dans quelques cas. Trois espèces croissent spontanément en France.

Les Viornes sont en général de jolis arbrisseaux propres à garnir les massifs d'arbustes. Tous sont faciles à cultiver et prospèrent presque partout, mais de préférence en terrains légers et frais et, en général, ils ne redoutent pas trop l'ombre. Leur multiplication s'effectue facilement par marcottes, par boutures et au besoin par semis, lorsqu'on en possède des graines. Les marcottes s'enracinent dès la première année et les boutures se font avec des rameaux ligneux pour quelques espèces, ou de préférence et pour la généralité à la fin de l'été, avec des pousses à demi aoûtées, que l'on plante en terre très légère, sous cloches et dans un endroit ombragé.

Le *V. Tinus* ou Laurier-Tin est un des plus populaires et des plus beaux arbustes par son joli feuillage persistant et ses ombelles de fleurs blanches, qu'il développe en plein hiver : on l'emploie beaucoup pour l'ornementation des cimetières et on le vend beaucoup en jeunes plantes en pots sur les marchés aux fleurs ; malheureusement, il n'est pas absolument rustique sous notre climat et périt parfois pendant les hivers exceptionnels, mais il suffit de couvrir son pied pour le voir repartir de nouveau ; dans le Midi, son pays natal, il résiste naturellement et y forme de grands buissons de toute beauté.

Le *V. Opulus sterilis* ou Boule de neige est non moins populaire, mais plus rustique et se fait remarquer au printemps par ses grosses boules de fleurs blanches, formées de fleurs toutes neutres et grandes ; c'est en outre un des quelques arbustes qui se forcent exactement comme le Lilas ; il donne alors en plein hiver ses fleurs que les fleuristes emploient assez fréquemment pour orner les grands vases.

Les espèces suivantes sont les plus intéressantes et les plus répandues dans les cultures ; sauf indications contraires, toutes sont rustiques.

V. acerifolium, Linn. Angl. Dockmackie. — *Fl.* réunies en petites cymes à pédoncules grêles. Mai-juin. *Fr.* cramoisis, passant au pourpre et à graines aplaties. *Flles* grossièrement dentées et un peu trilobées, arrondies et tronquées ou cordiformes à la base, avec la pointe des lobes divergente. *Haut.* 1 à 2 m. Amérique du Nord, 1736. (W. D. B. 118.)

V. cotinifolium, D. Don. Angl. Indian Wayfaring-tree. — *Fl.* petites, réunies en corymbes de 5 à 8 cent. de diamètre, généralement terminaux denses, à ramifications couvertes d'un tomentum étoilé. Juin. *Flles* ovales ou elliptiques, obtuses à la base, presque entières, rarement grossièrement crénelées et ordinairement laineuses en dessous. *Haut.* 1 m. 50 à 3 m. Himalaya, 1830. (B. R. 1650.)

V. davuricum, Pall. *Fl.* blanches, réunies en corymbes pauciflores, dichotomes. Juin-juillet. *Fr.* d'abord rouges, puis noirs, contenant cinq à sept graines. *Flles* ovales, échancrées à la base, crénelées-dentées et couvertes de poils étoilés. Rameaux pubescents. *Haut.* 1 m. environ. Dahourie, 1785.

V. dentatum, Linn.* Angl. American Arrow-wood. — *Fl.* réunies en cymes pédonculées. Juin. *Fr.* bleus ou purpurins, petits, ovoïdes. *Flles* largement ovales, légèrement cordiformes à la base, très fortement et finement dentées, pâles et portant souvent des touffes de poils à l'aisselle des nervures droites ; pétioles grêles. *Haut.* 1 m. 50 à 3 m. Amérique du Nord. 1763.

V. dilatatum, Thunb.* *Fl.* de 8 cent. de diamètre, très courtement pédicellées et réunies en cymes sessiles, sur des pédoncules forts et très ramifiés, de 5 à 15 cent. de diamètre. Juin. *Flles* de forme variable, de 5 à 12 cent. de long, orbiculaires ou obovales, ordinairement brusquement terminées en pointe, grossièrement dentées, arrondies ou cordiformes à la base, légèrement poilues et à pétioles de 12 mm. de long. *Haut.* 3 m. Japon, 1845. Très bel arbuste. (B. M. 6215.)

V. edule, Rafin. Syn. de *V. Opulus*, Linn.

V. Fortunei, Hort. Syn. de *V. macrocephalum*, Fortune.

V. Keteleeri, Carr. Syn. de *V. macrocephalum Keteleeri*, Hort.

V. lævigatum, Willd. *Fl.* blanches, disposées en corymbes sessiles. Juin-juillet. *Fr.* bruns. *Flles* oblongues-lancéolées, irrégulièrement dentées, cunéiformes et très entières à la base, pétiolées, glabres. Rameaux tétragones et ancipités. *Haut.* 4 à 5 m. Arbre très rameux, à rameaux étalés et divergents. Amérique septentrionale, 1724.

V. Lantana, Wall. Viorne commune, V. cotonneuse, V. Mansienne, Mantianne ; Angl. Common Wayfaring-tree. — *Fl.* blanches, de 6 mm. de diamètre, toutes fertiles, réunies en larges corymbes terminaux, aplatis supérieurement, pédonculés et à ramifications fortes. Mai-juin. *Fr.* d'abord rouges, puis noirs, aplatis, de 8 mm. de long. *Flles* largement oblongues-cordiformes, de 5 à 10 cent. de long, serrulées, épaisses, rugueuses, obtuses, cotonneuses en dessous, pétiolées et dépourvues de stipules. *Haut.* 2 à 6 m. Europe ; France, Angleterre, etc. Arbrisseau couvert d'une pubescence étoilée. (J. F. A. 341 ; Sy. En. B. 640.)

V. L. foliis-variegatis, Hort. *Flles* panachées de blanc et de jaune.

V. lantanoides, Michx. Viorne à feuilles de Lantana ; Angl. American Wayfaring-tree ; Angl. Hobble Bush. — *Fl.* blanches, élégantes, disposées en corymbes très larges, plats en dessus, sessiles et dont les fleurs externes sont beaucoup plus grandes que les internes. Mai. *Fr.* rouges et devenant ensuite plus foncés et ovoïdes. *Flles* arrondies-ovales, de 10 à 20 cent. de diamètre, brusquement acuminées, cordiformes à la base, fortement dentées en scie, à nervures pinnées et couvertes sur la face inférieure d'une pubescence écailleuse ainsi que les pétioles et les ramilles. *Haut.* 2 m. Arbuste traînant, à branches déclinées et souvent radicantes. Amérique du Nord, 1820. (L. B. C. 1570 ; G. et F. 1889, 535.)

V. Lentago, Linn. Angl. Sheep Berry, Sweet Viburnum. — *Fl.* blanches, toutes fertiles et réunies en cymes sessiles. Mai-juin. *Fr.* noirs ou couverts d'une pruine bleue, ovales, de 12 mm. ou plus de long, doux et comestibles. *Flles* ovales, fortement aiguës, fortement et très finement dentées en scie, à pétioles allongés et marginés. *Haut.* 5 à 10 m. Amérique du Nord, 1761. Arbre. (W. D. B. 21.)

V. L. subpedunculatum, Zabel. Variété dont les pédoncules floraux n'ont qu'environ 8 mm. de long. 1889.

V. macrocephalum, Fortune.* *Fl.* réunies en cymes composées et sub-pyramidales, à fleurs stériles grandes. Juin. *Flles* ovales, planes, obtuses, denticulées, légèrement scabres et couvertes en dessous, ainsi que les rameaux, les pédoncules et les pétioles, d'une pubescence purpuracée-étoilée. *Haut.* 6 m. Chine. 1844. (B. R. 1847, 43 ; F. d. S. 263, 264.) Syn. *V. Fortunei*, Hort.

V. m. Keteleeri, Hort. C'est le type sauvage qui est au *V. macrocephalum* ce que le *V. Opulus* est à sa variété horticole *sterilis*. Syn. *V. Keteleeri*, Carr. (R. H. 1863, 31.)

V. molle, Michx. *Fl.* blanches, réunies en cymes pédonculées et couvertes d'une pubescence étoilée. Juillet. *Fr.* pourpre ou bleus, petits, ovoïdes et huileux. *Flles* largement ovales ou obovales, à peine acuminées, légèrement cordiformes à la base, grossièrement crénelées ou dentées et couvertes sur la face inférieure ainsi que les pétioles un peu grêles et les ramilles d'un fin duvet. *Haut.* 2 à 4 m. Amérique du Nord. 1812.

V. nitidum, Ait. Syn. de *V. nudum*, Linn.

V. nudum, Linn. Angl. American Withe Rod. — *Fl.* toutes semblables et fertiles, réunies en cymes courtement pédonculées. Mai-juin. *Fr.* noirs ou couverts d'une pruine bleue, globuleux ou arrondis-ovoïdes, doux, de 6 mm. de long. *Flles* un peu épaisses, ovales, oblongues ou lancéolées, non luisantes, à bords entiers, dentés ou crénelés. *Haut.* 2 à 3 m. Amérique du Nord, 1752. (B. M. 2281 ; W. D. B. 20. Syn. *V. nitidum*, Ait.

V. n. cassinoides, Hort. *Flles* plus opaques, souvent dentées. 1761. (W. D. B. 24, sous le nom de *V. squammatum*, Muhl.)

V. n. Claytoni, Hort. *Flles* presque entières, à nervures un peu proéminentes en dessous.

V. obovatum, Walt. *Fl.* réunies en petites cymes subsessiles. Mai. *Fr.* noirs ou couverts d'une pruine bleue, doux et ovoïdes-oblongs. *Flles* obovales ou spatulées, obtuses, entières ou denticulées, un peu épaisses, de 2 1/2 à 4 cent. de long et luisantes. *Haut.* 60 cent. à 2 m. 50. Amérique du Nord, 1812. (L. B. C. 1476.)

V. odoratissimum, Keer.* *Fl.* blanches, exhalant un parfum analogue à celui de l'*O. fragrans*, réunies en corymbes de 5 à 10 cent. de haut, ordinairement pédonculés. Mai. *Fr.* ovoïdes-oblongs, de 8 mm. de long et 5 mm. de large, à peine comprimés. *Flles* elliptiques, de 13 cent. de long, aiguës, cunéiformes à la base, entières ou faiblement sinuées-dentées, coriaces, glabres, à pétioles forts, de 12 mm. à 2 cent. 1/2 de long. *Haut.* 2 à 3 m. Monts Khasia, Chine, etc., 1818. Plante demi-rustique. (B. R. 456.)

V. Opulus, Linn. * Viorne Obier, Obier; Angl. Cranberry-tree, Dog Elder; Dog Rowan-tree, Guelder Rose, Marsh ou Water Elder, Snow-ball-tree. — *Fl.* blanches, les externes stériles et rayonnantes, de près de 2 cent. de diamètre; les internes fertiles plus petites, blanc crème, n'ayant que

Fig. 440. — Viburnum Opulus sterilis. — Boule de neige.

6 mm. de diamètre; corymbes sub-globuleux, pédonculés, de 5 à 10 cent. de diamètre. Mai-juin. *Fr.* rouges, globuleux, translucides, de 8 mm. de diamètre. *Flles* de 5 à 8 cent. de long, trilobées, à lobes inégaux, dentés en scie, duveteuses quand elles sont jeunes et accompagnées de stipules sétacées, glanduleuses et soudées au pétioles. Rameaux grêles, à écorce parsemée de lenticelles. *Haut.* 2 m. à 2 m. 50. Europe, France, Angleterre, etc. et Amérique du Nord. (F. D. 661; Sy. En. B. 639.) Syn. *V. edule*, Raffin. et *V. Oxycoccos*, Pursh. (L. B. C. 1123.)

V. O. foliis-variegatis, Hort. *Flles* panachées de blanc et de jaune.

V. O. nana, Hort. Petite plante très distincte, dépassant à peine 30 cent. de haut.

V. O. sterilis, Hort. * Boule de neige, Rose de Gueldres; Angl. Garden Guelder Rose, Snowball-tree. — *Fl.* blanc parfois un peu verdâtre, presque toutes stériles, réunies en corymbes globuleux, compacts et pendants. Bel arbuste rustique et très répandu. Origine horticole.

V. orientale, Pall. *Fl.* blanches, réunies en corymbes terminaux non rayonnants. Juillet. *Fr.* oblongs, comprimés. *Flles* à trois lobes acuminés, bordés de dents grossières et obtuses; pétioles glabres et non glanduleux. *Haut.* 2 à 3 m. Caucase, 1827 et 1868. (R. G. 567.)

V. Oxycoccos, Pursh. Syn. de *V. Opulus*, Linn.

V. pauciflorum, La Pylaie. Nouvelle espèce ayant le port et l'aspect du *V. Opulus*, mais plus naine. Est des Etats-Unis, 1890. (G. et F. III, fig. 1.)

V. plicatum, A. Gray. * *Fl.* rayonnantes et toutes stériles chez la plante cultivée, dilatées et réunies en corymbes globuleux, ressemblant à ceux de la Boule de neige. Mai. *Flles* arrondies à la base, ovales ou parfois ovales-orbiculaires, cuspidées, grossièrement dentées en scie, un peu plissées, vert foncé, glabres en dessus et tomenteuses en dessous. *Haut.* 1 m. 20 à 2 m. Japon, 1846. (B. R. 1874, 51; F. d. S. 278; G. C. n. s. VI, p. 141; L. J. F. 88; L. et P. F. G. 29; S. Z. F. J. 37.)

V. p. tomentosum, Hort. Plante différant du type par ses feuilles poilues et par ses fleurs stériles qui sont généralement confinées à la partie extérieure de l'inflorescence. Syn. de *V. tomentosum*, Thunb. (S. Z. F. J. 38.)

V. prunifolium, Linn. Angl. American Black Haw. — *Fl.* blanches, réunies en cymes sessiles. Mai. *Fr.* semblables à ceux du *V. Lentago* ou un peu plus petits, ovales et d'un bleu foncé. *Flles* ovales-obtuses ou légèrement aiguës, finement et fortement dentées en scie, de 2 1/2 à 5 cent. de long. Amérique du Nord, 1731. Grand arbuste ou petit arbre. (W. D. B. 23.) Syn. *V. pyrifolium*, Poir.

V. pubescens, Pursh. *Fl.* blanches, réunies en corymbes pédonculés et un peu aplatis supérieurement. Juin-juillet. *Fr.* petits, pourpre foncé et ovoïdes. *Flles* ovales ou oblongues-ovales, aiguës ou acuminées, à nervures et dents moins nombreuses et moins apparentes que dans le *V. pubescens*, avec la face inférieure et les très courts pétioles mollement duveteux, au moins quand ils sont jeunes. Arbuste bas et traînant. *Haut.* 1 m. Amérique du Nord, 1736. (G. et F. 1890, 125.)

V. pyrifolium, Poir. Syn. de *V. prunifolium*, Linn.

V. rigidum, Vent. *Fl.* blanches, toutes fertiles, disposées en corymbes non rayonnants et entourés d'un involucre à sept feuilles. Décembre-mars. *Fr.* ovales-oblongs. *Flles* largement ovales, ridées et poilues. *Haut.* 1 m. 20 à 2 m. Iles Canaries, 1796. Arbuste toujours vert, demi-rustique, très semblable au *V. Tinus*, mais à feuilles plus grandes et poilues sur toute leur surface (B. M. 2082; B. R. 376; L. B. C. 859.) Syn. *V. rugosum*, Pers.

V. rugosum, Pers. Syn. de *V. rigidum*, Vent.

V. Sandankwa, Hausskn. *Fl.* blanches, réunies en corymbes presque tous terminaux ou parfois axillaires, courts, petits, dressés et trichotomes. Juin. *Fr.* rouges et globuleux. *Flles* courtement pétiolées, ovales ou ovales-oblongues, obtuses ou sub-aiguës, à bords légèrement révolutés et crénelés-serrulés. Branches arrondies et dressées. *Haut.* 2 m. à 2 m. 30. Japon, 1875. (B. M. 6172.)

V. Sieboldi, Miq. *Flles* opposées, vert foncé, planes, épaisses, coriaces, oblongues-ovales, obscurément et obtusément dentées vers le sommet. Japon. (G. et F. 1889, p. 529.)

V. stellatum, Hemsl. *Flles* oblongues-ovales, d'environ 15 cent. de long et 8 cent. de large, épaisses, rugueuses et fortement veinées. Amérique du Nord, 1889.

V. Tinus, Linn. * Laurier Tin; Angl. Laurustinus. — *Fl.* blanches, rosées avant leur épanouissement ou même un peu après, à peine odorantes, presque toutes rayonnantes et réunies en élégants corymbes dressés, aplatis supérieurement. Décembre à mars. *Fr.* bleu foncé et ovales. *Flles* ovales-oblongues, très entières, épaisses, coriaces, persistantes, vert luisant en dessous et à ramifications des nervures de la face inférieure poilues-glanduleuses ainsi que les ramilles. *Haut.* 2 m. 50 à 3 m. Europe méridionale, France, etc. Bel arbuste toujours vert, mais à peine rustique sous notre climat (B. M. 38.)

V. T. Frœbelii, Hort. Variété compacte, à feuillage d'un vert plus clair et à fleurs plus blanches que celles du type.

V. T. hirtum, Hort. *Fl.* se montrant à l'automne et persistant pendant tout l'hiver. *Flles* ovales-oblongues, poilues en dessous et sur les bords.

V. T. lucidum, Mill.* *Fl.* et inflorescences plus grandes que celles du type. Printemps. *Flles* également plus grandes, ovales-oblongues, glabres et luisantes. Monts Atlas. Il en existe une forme à feuilles plus ou moins fortement *panachées de blanc.*

Fig. 441. — Viburnum pubescens.

V. T. strictum, Hort. Plante à port plus dressé que dans le type et un peu fastigiée. Il en existe aussi une *sous-variété panachée.*

V. tomentosum, Thunb. Syn. de *V. plicatum tomentosum*, Hort.

V. T. virgatum, Hort. *Flles* oblongues-lancéolées, poilues en dessous et sur les bords. Italie.

V. Vetteri, Zabel. Hybride horticole entre les *V. Lentago* et *V. nudum*. 1889.

V. villosum, Swartz. *Fl.* blanches, réunies en corymbes pédonculés. *Fr.* ovales-oblongs. *Flles* ovales, acuminées, entières, glabres en dessus et pubescentes en dessous. Rameaux couverts de poils étoilés. *Haut.* 2 m. La Jamaïque, 1824.

VICIA, Linn. (ancien nom latin employé par Virgile, dérivé de *vincere*, enlacer; allusion aux tiges grimpantes et aux vrilles de la plupart des espèces). **Vesce**; Angl. Tare, Vetch. Comprend les *Ervum*, Linn. Les *Faba*, Tournf. y ont aussi été réunis par les auteurs du *Genera Plantarum*, au point de vue botanique, mais ils ont été maintenus séparés dans cet ouvrage. Fam. *Légumineuses.* — Genre assez important, dont plus de deux cents espèces ont été décrites par les auteurs, mais ce nombre est aujourd'hui réduit à environ cent. Ce sont des plantes herbacées, presque toutes rustiques, annuelles ou vivaces, à port variable, mais souvent grimpantes à l'aide de vrilles et largement dispersées dans les régions tempérées de l'hémisphère boréal et dans l'Amérique du Sud. Une quarantaine d'espèces et diverses variétés croissent spontanément en France et une douzaine en Angleterre ; plusieurs sont d'utiles plantes fourragères, mais peu sont ornementales.

Fleurs souvent bleues, violettes, blanches, blanc jaunâtre, jaunes ou purpurines, solitaires, géminées ou réunies en grappes axillaires, plus ou moins longuement pédonculées ; calice en dents sub-égales ou l'inférieure plus longue ; corolle papilionacée, à étendard obovale ou oblong et émarginé ; ailes soudées à la carène ; étamines diadelphes. Gousse comprimée, bivalve et contenant un petit nombre de graines arrondies. Bractées très caduques. Feuilles pinnées, sans impaire, ordinairement nombreuses, entières ou dentées au sommet ; rachis terminé en vrille généralement rameuse.

Parmi les espèces fourragères les plus importantes et faisant l'objet de grandes cultures, nous citerons principalement les *V. sativa* et *V. villosa* ; plusieurs autres sont encore cultivées, mais bien moins généralement. Du reste, toutes les espèces sont volontiers broutées par les animaux domestiques et facilement consommées à l'état sec, mais leur production est généralement beaucoup plus restreinte que celle des précédentes, et la rareté de leurs graines dans le commerce empêche souvent de les employer autant qu'on le voudrait. Plusieurs des espèces décrites ci-après et en particulier les *V. fulgens*, *V. oroboides* (plus connu sous le nom d'*Orobus lathyroides*) sont assez décoratives pour qu'on puisse en recommander la culture.

Toutes les Vesces sont faciles à cultiver, car elles prospèrent en toute bonne terre de jardin. Les espèces grimpantes conviennent à l'ornementation des treillages et celles qui sont dressées ont leur place tout indiquée dans les plates-bandes. Quant à leur multiplication, elle s'effectue très facilement par semis en place pour les espèces annuelles et en outre par division des pieds pour celles qui sont vivaces.

V. argentea, Lapey. * *Fl.* rosées, à sommet de la carène maculé de noir et réunies en grappes lâches, unilatérales, multiflores et pédonculées. Juin. *Flles* d'une teinte blanc cendré et argenté, dépourvues de vrilles et à folioles oblongues-linéaires et mucronées. Tiges tétragones. *Haut.* 30 cent. Pyrénées, Espagne, 1827. Plante vivace. (B. M. 2946.)

V. atropurpurea, Desf. *Fl.* pourpre foncé, réunies en grappes multiflores, compactes, pédonculées et égalant à

Fig. 442. — Vicia atropurpurea.

peine la longueur des feuilles ; calice à dents setacées et poilues, plus longues que le tube. Juin. *Flles* à folioles oblongues, mucronées, opposées ou alternes ; stipules semi sagittées, lancéolées et souvent dentées inférieurement. Tiges tétragones. *Haut.* 1 m Algérie, 1815. Plante annuelle et velue. (B. R. 871.)

V. biennis, Linn. Vesce de Sibérie. — *Fl.* pourpres, réunies en grappes multiflores au sommet de pédoncules dépassant à peine les feuilles ; calice à dents inégales. Juillet-septembre. *Flles* à environ douze folioles lancéolées, glabres, à pétiole sillonné et terminées en vrille. *Haut.* 60 cent. Sibérie, 1753.

V. Cracca, Linn. Vesce multiflore ; Cow Vetch, Tufted Vetch. — *Fl.* violet clair, de 12 mm. de long, réunies au nombre de dix à trente en grappes denses, allongées, multiflores, unilatérales et dressées au sommet de pédoncules plus longs que les feuilles. Juin-août. *Flles* de 5 à 10 cent. de long, à folioles nombreuses, sessiles, opposées, linéaires-oblongues, aiguës ou mucronées, presque glabres et terminées en vrilles ; stipules semi-sagittées-linéaires. Tige de 60 cent. à 1 m. 20 de haut, grimpantes ou couchées faute de support et diffuses. Europe, France, Angleterre, etc. Plante vivace. (F. D. 804 ; Sy. En. B. 385.)

V. Denessiana, Wats. *Fl.* variant du brun pâle au violet pourpre, de 2 cent. 1/2 de long, à étendard plus court que les ailes qui sont un peu réfléchies au-dessus du milieu ; grappes denses et aussi longues que les feuilles. Mai. *Flles* sessiles, à quinze vingt-quatre folioles alternes ou presque opposées, oblongues, obtuses, mucronulées et pubescentes-soyeuses en dessous. Açores. Plante vivace. (B. M. 6967.)

V. fulgens, Battand. * Vesce écarlate. — *Fl.* rouge presque écarlate, striées de pourpre, rose purpurin à la base, de 10 à 12 mm. de long, courtement pédicellées et

Fig. 443. — Vicia fulgens. (*Rev. Hort.*)

réunies par vingt à trente en épis compacts, dressés, de 10 à 12 cent. de long, pédonculés et un peu plus courts que les feuilles. Juin-août. *Flles* de 12 à 15 cent. de long, à huit-douze paires de folioles opposées ou alternes, très courtement pédicellées, pétiolulées, oblongues ou lancéolées-linéaires, de 2 à 3 cent. de long, mucronées, un peu poilues-cendrées et terminées en vrille très rameuse. Tiges striées et pubescentes, atteignant jusqu'à 1 m. 50. Algérie, 1892. Jolie espèce annuelle.

V. galegifolia, Andr. — V. **Swainsona galegifolia**.

V. lathyroides, Linn. Angl. Spring Vetch, Strangle Tare. — *Fl.* lilas ou purpurines, solitaires, sessiles, de 6 à 8 mm. de long ; calice à dents subulées et presque égales. Mai-juin. *Flles* de 1 1/2 à 2 cent. 1/2 de long, à deux ou trois paires de folioles linéaires-oblongues ou obovales, aiguës, obtuses ou échancrées. Tiges de 15 à 20 cent. de long, rameuses et étalées. Europe ; France, Angleterre, etc. Plante annuelle et pubescente. (Sy. En. B. 395.)

V. monanthos, Desf. Lentille à une fleur, Jarosse d'Auvergne. — *Fl.* pourpres, solitaires au sommet de pédoncules égalant presque les fleurs : calice à divisions linéaires, égales et plus longues que le tube. Juin-juillet. *Flles* à folioles nombreuses, linéaires, tronquées et mucronées ; vrilles presque simples ; stipules inégales, l'une linéaire-lancéolée et entière ; l'autre très étroite et fimbriée. Tiges grêles et diffuses. *Haut.* 30 cent. Europe, France, etc. Plante annuelle. Syn. *Ervum monanthos*, Linn.

V. narbonnensis, Linn. *Fl.* pourpres, pédicellées et réunies par trois-quatre à l'aisselle des feuilles ; calice campanulé, à dents ovales et trinervées. Juin-juillet. *Flles* à folioles amples, ovales, entières ou denticulées ; rachis terminé en vrille ; stipules semi-sagittées, dentées ; tiges tétragones, poilues et striées. *Haut.* 1 m. Région méditerranéenne et Orient ; France, etc. Plante annuelle. (B. M. 7220.)

V. n. serratifolia, Seringe. Vesce à feuilles dentées. — Diffère surtout du type par ses feuilles à folioles assez profondément dentées. Syn. *V. serratifolia*, Jacq.

V. oroboides, Wulf. * *Fl.* d'un beau bleu violacé, petites, très courtement pédicellées et réunies en grappes multi-

Fig. 444. — Vicia oroboides.

flores, axillaires et souvent réunies par trois-quatre. Juin-juillet. *Flles* à trois-cinq paires de folioles ovales-lancéolées, aiguës et d'un vert terne. Tiges dressées, ramifiées supérieurement. *Haut.* 30 à 60 cent. Sibérie, 1758. Très jolie plante vivace. Syn. *Orobus lathyroides*, Linn. (B. M. 2098 ; A. V. F. 37.)

V. pisiformis, Linn. *Fl.* jaune pâle, réunies en grappes multiflores au sommet de pédoncules plus longs que les feuilles; calice à dents sub-égales et plus courtes que le tube. Juin-août. *Flles* à huit folioles espacées, ovales-cordiformes, obtuses, réticulées-veinées ; stipules petites et semi-sagittées, dentées. *Haut.* 60 cent. Plante glabre et vivace. Europe méridionale ; France, etc.

V. polysperma, Tenore. — *Fl.* bleu pâle, réunies par huit à dix en grappes lâches, dressées, pédonculées et plus longues que les feuilles ; calice à dents inégales. Juin. *Gousse* linéaire-lancéolée et contenant quatorze à vingt graines. *Flles* à quatorze-seize folioles ovales-oblongues, obtuses, entières, mucronées et glabres ; vrilles décomposées. Tiges de 2 m. à 2 m. 50 de long et très ramifiées. Naples, 1833. Plante annuelle et grimpante. (S. B. F. G. ser. II, 274.)

V. sativa, Linn. Vesce commune, V. cultivée. — *Fl.* purpurines, presque sessiles et ordinairement géminées à l'aisselle des feuilles ; calice à divisions linéaires-lancéolées, sub-égales. *Gousse* étroite et allongée, un peu bosselée, à graines globuleuses et brunes. *Flles* à dix-douze folioles obovales, légèrement échancrées, mucronées, glabres ou un peu poilues ; stipules semi-sagittées et dentées ; vrilles rameuses. Tiges peu rameuses. *Haut.* 1 m. Europe : France, Angleterre, etc. Plante annuelle ou bisannuelle, très cultivée comme fourrage.

Fig. 445. — Vicia sativa. — Vesce commune.

V. s. alba, Hort. Vesce blanche, Lentille du Canada. — *Fl.* violettes. *Grain* blanc, plus gros que celui de la Vesce commune. Taille moins élevée.

V. s. macrocarpa, Hort. Vesce à gros fruits. — *Gousse* verte, de la grosseur du petit doigt, épaisse, cylindrique et renflée. *Grain* plus gros. *Flles* à folioles moins nombreuses et plus larges. Plante plus forte et plus robuste dans toutes ses parties. Algérie. Syn. *V. macrocarpa*, Bertol.

V. serratifolia, Jacq. Syn. de *V. narbonnensis serratifolia*.

V. sicula, Guss. *Fl.* d'un beau pourpre foncé, grandes, réunies en grappes multiflores, unilatérales et pédonculées. Mai. *Flles* à folioles linéaires, sub-obtuses, mucronulées et un peu soyeuses en dessous. Tiges tétragones, presque simples et rampantes. Sicile, 1827. (B. M. 4943 et S. B. F. G. 289, sous le nom de *Orobus Fischeri*, Sweet.)

V. sylvatica, Linn. *Fl.* blanches, à étendard strié de violet, réunies en grappes multiflores, unilatérales, longuement pédonculées. Juin-Juillet. *Flles* composées de sept à huit paires de folioles presque opposées, petites, oblongues arrondies, mucronées, courtement pétiolulées, vert gai ; rachis terminé en vrille rameuse ; stipules petites, laciniées. Tiges anguleuses. *Haut.* 1 m. Europe, France, etc. Plante vivace.

V. tenuifolia, Roth. *Fl.* violettes, réunies en grappes denses, unilatérales, pédonculées et plus longues que les feuilles ; calice à dents inégales. Juin-juillet. *Flles* à folioles nombreuses, linéaires, mucronées, presque glabres ; stipules linéaires-lancéolées et les supérieures sétacées ; vrilles rameuses. Tiges ramifiées. *Haut.* 50 cent. Europe, France, Allemagne, Tauride. Plante vivace et grimpante. (B. M. 2141.)

V. villosa, Roth. Vesce velue. —*Fl.* bleu violet pâle, plus clair à la base, velues, disposées en longues grappes unilatérales et égalant les feuilles ; calice à dents sétacées et poilues. *Gousse* comprimée, à graines globuleuses, petites, glauques et marquées d'une petite cavité. *Flles* à folioles nombreuses, oblongues, mucronées et velues ; vrilles simples ; stipules semi-sagittées, lancéolées et entières. Tiges de 1 m. à 1 m. 30 de haut. Autriche et Orient ; naturalisé en France. — Belle plante annuelle ou bisannuelle, excessivement vigoureuse, qui s'est rapidement répandue dans les grandes cultures en ces dernières années, à cause de sa production fourragère considérable et précoce.

Fig. 446. — VICIA VILLOSA. — Vesce velue.

VICTORIA, Lindl. (dédié à Sa Majesté la reine Victoria d'Angleterre). FAM. *Nymphéacées.* — La seule espèce de ce genre est une belle et gigantesque plante aquatique, herbacée, à rhizome épais, épineuse et de serre chaude. C'est en outre une des plus remarquables plantes du globe, tant par ses grandes proportions que par la beauté exceptionnelle de ses fleurs. Elle croît dans les eaux tranquilles de l'Amérique équinoxiale, où la profondeur n'est que de 1 m. 20 à 2 m. La forme particulière de la face inférieure de ses feuilles, où les nervures sont fortement saillantes, leur donne une grande force de flottaison ; elles peuvent, par exemple, supporter un enfant déjà âgé, assis sur une chaise, pourvu toutefois que les pieds de celles-ci reposent sur des planches minces, les empêchant de crever le limbe et répartissant la pression sur toute sa surface.

Quoique vivace, il est préférable de traiter en culture la *Victoria regia* comme plante annuelle, car, sous nos climats brumeux, il est difficile de conserver sain son rhizome pendant l'hiver. Les graines, qui mûrissent en culture, doivent être conservées dans un vase que l'on tient constamment plein d'eau. En janvier, moment de les semer, on les place dans un pot rempli de bonne terre franche, et on plonge celui-ci dans un bassin de serre, à environ 5 cent. au-dessous du niveau de l'eau et on maintient celle-ci à une température constante d'environ 28°. Le bassin doit être situé aussi près que possible du verre. Dès que la germination a eu lieu et que les jeunes plants se montrent, on les empote séparément dans de petits pots qu'on plonge de suite au-dessous du niveau de l'eau, puis on rempote successivement les plantes dans de plus grands pots, au fur et à mesure de leur développement. Au commencement de mai, les plus fortes plantes seront probablement en état d'être mises en place, dans le grand bassin destiné à les recevoir. Ce bassin doit avoir au moins 1 m. 50 de profondeur et une cinquantaine de mètres de superficie.

On prépare à cet effet un compost de bonne terre franche additionnée d'une assez forte quantité de fumier de vache entièrement décomposé, pour que la plante atteigne son maximum de développement. On en forme un monticule au milieu du bassin ; on place la plante au milieu et on élève le niveau de l'eau au fur et à mesure de son développement, jusqu'à ce qu'il atteigne les bords du bassin. Quand la plante est bien établie et en pleine voie de développement, on peut laisser la température descendre jusqu'à 25°, mais pas au-dessous. Toute la lumière du plein soleil est nécessaire à la plante pour qu'elle soit robuste et vigoureuse, il ne faut donc pas ombrer la serre, même légèrement, et tenir au contraire le vitrage en parfait état de propreté. Dans de bonnes conditions, la plante développe une demi-douzaine environ de feuilles à bords relevés, ressemblant à d'immenses tourtières, et, dans le courant de l'été, ses énormes et admirables fleurs viennent s'épanouir à la surface de l'eau.

Il n'est pas absolument indispensable de posséder un aquarium de serre chaude pour cultiver avec succès la Reine des eaux. Si on possède un grand bassin bien abrité des vents et exposé en plein soleil, on peut l'y cultiver avec succès et la voir fleurir. L'essentiel est de maintenir l'eau à la température indiquée plus haut, mais pour cela il faut disposer dans le bassin les tuyaux

d'un chauffage au thermosiphon, permettant de lutter efficacement contre les variations de température. Les innombrables visiteurs de l'exposition de 1889 à Paris ont vu la *Victoria regia* en fleur dans l'aquarium en plein air du pavillon du Brésil.

Pour mieux garnir la surface de l'eau et faire en quelque sorte ressortir l'ampleur et la majesté de cette belle *Nymphéacée*, on cultive souvent dans le même bassin, surtout quand il est suffisamment vaste pour cela, quelques *Nymphæa*, l'*Euryale ferox*, les *Pontederia crassipes*, *Pistia Stratiotes*, etc.

V. regia, Lindl.* Angl. Queen Victoria's Water Lily, Royal Water Lily, Water Maize, Water Platter. — *Fl.* de 30 cent. et plus de diamètre, à calice profondément quadrifide, à tube fauve, turbiné, très épineux, soudé avec l'ovaire et à segments pourpre-brun, concaves, caducs et plus courts que les pétales ; réceptacle annulaire ; pétales très nombreux ; les externes blancs, étalés, oblongs, concaves, obtus ; les internes passant graduellement à l'état de filaments et devenant fortement purpurins ou entièrement roses ; étamines parfaites formant environ deux séries, grandes, charnues, subulées, élégamment incurvées à la base, droite supérieurement ; pédoncules radicaux, uniflores, plus longs que les pétioles et s'élevant un peu au-dessus de l'eau au moment de la floraison, arrondis et épineux. Été. *Fr.* bacciforme, gros, cyathiforme, tronqué, vert, charnu, contenant plusieurs petites graines ovales et d'un brun très foncé. *Flles* ordinairement flottantes, ayant 1 m. 20 et jusqu'à 2 m. de diamètre, d'abord ovales, avec un sinus profond et étroit à la base, mais devenant à la fin peltées, presque exactement orbiculaires, planes et étalées sur l'eau, avec les bords relevés perpendiculairement de 5 à 10 cent. de haut ; face supérieure d'un vert franc et réticulée ; l'inférieure pourpre foncé ou parfois verte, spongieuse-pubescente, à nervures très fortement saillantes et plus ou moins garnies d'épines aiguës, cornées et piquantes ; pétioles arrondis, radicaux et fortement épineux. Rhizome épais. Amérique équinoxiale, Guyane, Brésil, etc., 1838. (B. M. 4275-4278.)

VICTORIPERREA, Homb. et Jacquinot. Syn. de Freycinetia, Gaud.

VIDANGE. — Excréments humains que l'on retire des fosses d'aisances. C'est un des plus riches engrais que l'on puisse employer pour fertiliser les terres ; mais on ne peut l'appliquer pur qu'au moment des labours et un certain temps avant l'ensemencement ou repiquage des plantes, et encore, il pousse tellement la végétation que certaines plantes s'emportent et ne développent que du feuillage, les tiges se couchent par suite de leur grande hauteur et les plantes pourrissent sans produire. Pendant le cours de la végétation, la vidange est un puissant stimulant, mais ce n'est que sous forme de *bouillon*, c'est-à-dire diluée dans une très forte proportion d'eau que l'on peut l'appliquer avec avantage. (S. M.)

VIDE ; Angl. Vacuous. — Se dit des organes qui ne renferment pas ceux qui devraient normalement s'y trouver.

VIEUSSEUXIA, D. Delar. — Réunis aux **Moræa**, Linn.

VIEUSSEUXIA tripetaloides, DC. — V. **Moræa tripetala.**

VIGIERIA, Vell. — V. **Escallonia**, Linn.

VIGNA, Savi. (dédié à Dominic Vigni, professeur à Padoue, qui écrivit un commentaire sur Théophraste en 1625). Syns. *Callicysthus*, Endl. et *Scytalis*, E. Mey. Fam. *Légumineuses*. — Genre comprenant environ quarante-cinq espèces de plantes herbacées, volubiles ou couchées, de serre chaude ou tempérée et habitant toutes les régions chaudes du globe. Fleurs jaunâtres ou rarement purpurines, réunies en faisceaux racémiformes au sommet de pédoncules axillaires ; calice à cinq dents ou lobes, dont les deux supérieurs sont soudés ou courtement bifides ; corolle papilionacée, pourvue de deux appendices auriculiformes ; étendard orbiculaire; ailes falciformes-obovales ; étamines diadelphes ; bractées et bractéoles petites et caduques. Gousse linéaire, droite ou à peine incurvée, partagée en plusieurs loges par des cloisons transversales spongieuses. Feuilles à trois folioles pourvues de stipules.

Le *V. Catjang* est très cultivé en Orient ; les Chinois mangent ses gousses comme nous le faisons de celles des Haricots. Les espèces décrites ci-après se cultivent comme la plupart des plantes herbacées de serre ou demi-rustiques. On sème les graines au printemps, en toute bonne terre et leur traitement est analogue à celui des Haricots, mais ces graines demandent plus de chaleur pour germer.

V. Burchellii, Harv. *Fl.* pourpres, réunies en ombelles sur des pédoncules axillaires, de 8 à 12 cent. de long ; ailes munies sur l'onglet d'un appendice auriculiforme. Été. *Flles* de 2 1/2 à 6 cent. de long, à pétioles de 6 à 12 mm. de long ; folioles ovales-lancéolées ou lancéolées, rigides, glabres et terminées par un mucron sétacé. Tige ligneuse, diffuse, à branches rigides et sub-dressées. Cap, 1816. Serre tempérée. Syn. *Otoptera Burchellii*, DC.

V. Catjang, Walp. *Fl.* jaunes ou rougeâtres, à corolle deux fois aussi longue que le calice : celui-ci n'ayant que 12 mm. de long ; grappes pauciflores et longuement pédonculées. Juillet-août. *Gousse* de 30 à 60 cent. de long et moins de 12 mm. de large, comestible, droite et cylindrique-linéaire. *Flles* à folioles membraneuses, ovales-rhomboïdes, entières ou légèrement lobées. Indes orientales, etc., 1776. Plante annuelle, basse et sub-dressée ou élevée et volubile. Syn. *Dolichos Catjang*, Linn. et *D. sinensis*, Linn. (B. M. 2232.) — Cette plante a été cultivée chez nous sous le nom de *Phaseolus Ricciardianus*, Tenore.

V. glabra, Savi. *Fl.* jaunes, fasciculées et réunies en grappes sur de forts pédoncules plus longs que les feuilles. Juillet-septembre. *Gousses* poilues. *Flles* à folioles ovales, ou ovales-lancéolées. Sud des États-Unis, 1685. Plante annuelle, rustique et volubile. Syn. *Dolichos luteolus*, Jacq.

V. strobilophora, Sargent. *Fl.* à étendard blanc rosé, avec la carène et les ailes pourpres, réunies en grappes axillaires, ayant au début l'aspect de cônes ou strobiles de la grosseur du doigt, formés de larges bractées imbriquées, prenant plus tard l'aspect des grappes de la Glycine. Fin de l'été. *Flles* à trois folioles rappelant d'assez près celles des Haricots. Tiges volubiles, atteignant plusieurs mètres de haut. Souche formée de gros tubercules. Nouvelle espèce rustique dans le midi de la France. Mexique, 1893. (G. et F. 1894, p. 113, f. 30.)

VIGNALDIA, A. Rich. — V. **Pentas**, Benth.

VIGNE ; Angl. Vine (*Vitis*, Linn.) — Des diverses espèces auxquelles ce nom générique s'applique, le *Vitis vinifera*, la Vigne à vin ou Vigne cultivée est de beaucoup la plus importante et celle qui formera l'objet principal de cet article. Son importance est telle que, malgré le but essentiellement horticole et pratique de ce qui va suivre, nous ne pouvons nous dispenser d'entrer dans quelques détails historiques.

L'origine de la Vigne cultivée est très obscure et par suite très controversée; longtemps on a cru qu'elle nous venait des régions tempérées de l'Asie occidentale et que ce furent les Phocéens qui l'importèrent en fondant Marseille, mais les recherches paléontologiques ont démontré que certains types primitifs existaient spontanément en Europe à des époques préhistoriques et que l'homme primitif lui-même, l'homme des cités lacustres, connaissait déjà la Vigne, la cultivait peut-être ou en mangeait au moins les fruits. Néanmoins, il se peut que certaines variétés fruitières nous soient venues des régions comprises entre l'Asie Mineure, le sud du Caucase et la mer Caspienne, les peuples de ces régions faisant du vin bien avant nous. Selon De Candolle, dans l'*Origine des Plantes cultivées*, « elle y croit avec toute la végétation luxuriante et sauvage d'une liane des tropiques, grimpant sur les grands arbres et produisant beaucoup de fruits sans le secours de taille ni d'aucuns soins de culture... Sa dispersion par l'intermédiaire des oiseaux et autres agents a dû commencer de très bonne heure, peut-être avant l'existence de l'homme en Europe ou même en Asie... Des graines de Vignes ont été trouvées dans les habitations lacustres de Castione, près de Parme, qui datent de

Fig. 448. — Vitis vinifera. — Vigne sauvagée, du Cher, dite : Embrunche (Grappes de grandeur naturelle).

l'âge du bronze... et des feuilles de Vigne ont été observées dans les tufs, aux environs de Montpellier, probablement déposées avant l'époque historique. Les mentions de la culture de la Vigne en Egypte remontent à 5 ou 6.000 ans. »

Pour certains auteurs, le *Vitis vinifera* est l'état moderne, adapté au milieu actuel, des espèces préhistoriques dont on a retrouvé des traces certaines dans toute l'Europe. D'autres, au contraire, acceptent la conception de Regel, le fameux directeur du jardin botanique de Saint-Pétersbourg, qui y a vu le produit du croisement du *Vitis vulpina* et du *Vitis labrusca*, pris dans un sens large et qu'il a ainsi résumé :

Vitis vinifera, Linn. = *V. vulpina* × *V. labrusca*, c'est-à-dire un hybride. D'autres admettent, comme autant de types spécifiques, certaines des formes les mieux caractérisées, qui ne sont pour les premiers que des variétés culturales. Quoi qu'il en soit, l'origine de la Vigne se perd dans la nuit des temps, car nulle part on ne l'a trouvée avec tous les caractères nécessaires de spontanéité. On la rencontre néanmoins sur beaucoup de points du globe, notamment en France, croissant à l'état sauvage, comme dans le Cher, par exemple. On la désigne alors sous les noms d'*Embrunche* et *Lambrousque*. Mais elle n'y est, en réalité, qu'échappée des cultures et livrée à elle-même. Elle reprend alors son caractère primitif, son allure exubérante et devient une grande liane grimpante, capable de couvrir de sa ramure de grands arbres ou de former d'elle-même d'immenses fourrés presque impénétrables, tels que ceux de San Lucar, dans l'Andalousie.

« L'introduction de la Vigne en Angleterre est généralement attribuée aux Romains, sous le règne de l'empereur Auguste (vers l'an 610 av. J.-C.). Des vignobles existaient en Angleterre à une période historique très reculée. On les trouve mentionnés dans le *Domesday-Book*, ainsi que dans Bede, qui écrivit en 731. L'île d'Ely était nommée l'île des Vignes par les Normands; il est aussi question des Vignes sous le règne de Henry III, d'Angleterre. Malmesbury mentionne le comté de Gloucester comme très riche en vignobles et il en reste encore des traces à Tortworth. Le premier comte de Salisbury planta un vignoble à Hatfield qui fut mentionné comme existant encore lorsque Charles Ier fut fait prisonnier. Il est aussi fait mention de plusieurs vignobles dans diverses parties du comté de Surrey, notamment de celui qui existe partiellement encore et qui prospérait autrefois à Bury St-Edmunds. » Les vignobles semblent avoir été communs autrefois en Angleterre dans les établissements religieux, mais la facilité et le bon marché des transports ont fait négliger la culture de la Vigne dans ce pays ; culture qui ne devait pas être très avantageuse sous le rapport de la qualité et quantité du produit. Peut-être aussi faut-il voir dans la disparition des cultures anglaises l'effet d'une modification du climat, si, comme l'affirment les astronomes, la terre se refroidit progressivement.

Le *Vitis vinifera*, pris dans un sens large, est sans doute la plante dont l'aire de dispersion est la plus grande. On peut dire qu'aujourd'hui il est répandu sur toute la surface du globe. Toutefois, il ne prospère normalement en plein air que dans la zone tempérée, et cette zone décrit, en France, une ligne oblique, allant de l'est au nord-ouest, depuis la Loire, au sud, passant au nord de la région parisienne et jusqu'au Rhin au nord. Dans le sud, en Algérie, par exemple, la zone de la Vigne cesse où la région des Dattiers commence. Dans les tropiques, elle ne vient plus que sur les montagnes et si, chez nous, les coteaux exposés au midi lui sont les plus favorables, c'est au contraire le côté nord qu'elle préfère dans ces dernières régions. Pour mûrir son fruit, il lui faut, pendant l'été, une température moyenne d'environ 20 degrés ; au-dessous de ce chiffre, sa culture n'est possible que sous abri, car, en plein air, son fruit reste verdâtre, aigre et à peu près inutilisable.

La rusticité de la Vigne ne va guère au delà d'une quinzaine de degrés de froid ; elle gèle même souvent à moins, selon les variétés, l'aoûtement de leur bois, la nature du sol et son exposition. C'est donc essentiellement une plante des régions tempérées, pour laquelle la moitié australe de notre pays est des plus favorables ; aussi les produits qu'elle nous donne ont-ils acquis une réputation universelle.

Tout le monde sait aujourd'hui que l'Amérique du Nord possède plusieurs espèces de Vignes indigènes et un grand nombre de variétés, mais ces espèces forment un groupe absolument distinct des Vignes de l'ancien Continent. Les ampélographes les désignent sous le nom de *extroflexes*, par opposition à celui d'*introflexes*, qu'ils appliquent au groupe des *Vitis vinifera*. Les caractères des deux groupes sont fournis par la forme et la position des lobes basilaires des feuilles, qui diffèrent complètement, et souvent aussi par le goût particulier des raisins et du vin, goût qu'on désigne généralement sous le nom de *foxé*.

Depuis l'invasion en Europe du terrible Phylloxera, les Vignes américaines ont acquis chez nous une grande popularité et un usage général comme porte-greffe de nos variétés indigènes ou comme producteur direct. On sait aussi que nos Vignes à vin sont infiniment supérieures à celles des Américains, mais ce qu'on sait moins généralement, c'est que nos variétés ne peuvent prospérer en Amérique ; les innombrables essais d'acclimatation qui ont été tentés pendant de longues années et sur différents points en ont fourni une preuve irréfutable. La cause en est restée obscure pendant longtemps, mais on sait depuis une vingtaine d'années qu'elle est due au Phylloxera qui, comme il le fait chez nous, les envahit à plaisir et les fait périr en peu de temps.

La durée de la Vigne est très variable, mais en tout cas fort longue et, par suite, les dimensions qu'elle peut atteindre varient aussi beaucoup ; dans les vignobles, la durée de sa croissance dépend de la région et surtout du mode de plantation. Dans le Nord, la Vigne étant plantée très près, on la conserve peu de temps, cinq à dix ans ; dans le Midi, au contraire, l'espacement étant très grand, elle reste productive pendant fort longtemps et les Vignobles ayant plus de cinquante ans sont chose très fréquente ; moins cependant maintenant, par suite des ravages du Phylloxera ; avant son apparition on en trouvait même qui étaient plus que centenaires.

En tant que dimensions, on voyait alors, surtout autour des habitations, des ceps couvrir de leurs longs bras de très grandes surfaces de treillages rudimentaires faits de pieux enfoncés dans les murs et supportant des lattes ou du fil de fer. Voici du reste à ce sujet un passage de l'article *Vigne* du *Dictionnaire d'histoire naturelle*, de C. D'Orbigny (vol. XIII, p. 239). « On cite des treilles sur lesquelles on a compté plus de 4.000 grappes et notamment un cep situé à Cornillon, dans le département du Gard, dont la tige égale en grosseur le corps d'un homme, qui couvre entièrement un vieux Chêne et duquel on a obtenu jusqu'à 350 bouteilles d'un vin très agréable. »

« Il est à remarquer que dans le Nord et malgré la rigueur du climat, certains pieds de Vigne y ont atteint un âge et des dimensions notables. En Angleterre notamment, Speechly, qui écrivit sur la Vigne, à la fin du siècle dernier, cite un pied de Vigne qui poussait à Northallerton, dans le Yorkshire, en 1789; il avait couvert un espace de 132 pieds carrés et on le supposait âgé de 150 ans.

« Plusieurs exemples remarquables existent encore actuellement en Angleterre, notamment le pied de Black Hambourg à Valentines Ilford, dans le comté d'Essex, que Gilpin, dans son *Forest Scenery*, dit avoir été planté en 1758. C'est, dit-on, la Vigne la plus âgée en Angleterre et la mère d'une autre Vigne plus célèbre encore et qu'on vient admirer de tous les points du monde : celle de Hampton Court, plantée en 1769 et qui couvre maintenant une surface de 2.220 pieds carrés. Elle occupe à elle seule une vaste serre ; ses branches principales s'étendent à plus de 60 m. de long et elle produit jusqu'à 2.500 grappes de raisin pendant les meilleures années.

« Parmi les autres Vignes plus modernes, les plus remarquables sont : celle de Cumberland Lodge, à Windsor, qui produit annuellement 1.000 kilog. de raisin ; celle de M. Kay, à Finchley, qui couvre une serre de 30 m. de long et 6 m. de large et celle de Manresa Lodge, à Roehampton, dont la serre qui l'abrite a 80 m. de long et ses branches ont une longueur totale de 455 m. »

Nous terminerons là ce résumé des points historiques les plus importants du plus précieux des arbustes fruitiers, afin de nous occuper plus longuement de sa culture pratique. Toutefois, aux personnes que ces questions d'intérêt scientifique peuvent intéresser, nous recommanderons tout particulièrement l'important ouvrage de MM. Portes et Ruyssen : *Traité de la Vigne et de ses produits*, dans le premier volume duquel ils trouveront de longs détails sur l'origine et l'histoire de la Vigne et du vin dans tous les temps et dans tous les pays, tandis que les deuxième et troisième volumes sont consacrés à la viticulture pratique.

Multiplication. — La Vigne est très facile à multiplier, et cela à l'aide de tous les procédés employés pour la propagation des végétaux en général, semis, bouturage, marcottage et greffage sont mis à contribution selon les circonstances et le but qu'on se propose. Nous étudierons donc successivement ces différents procédés, mais aussi succinctement que possible et en envisageant toujours la Vigne principalement au point de vue fruitier.

Semis. — Le semis n'est guère employé, comme du reste pour la plupart des autres arbres fruitiers, qu'en vue de l'obtention de nouvelles variétés ou du moins d'un très grand nombre de plants destinés à servir de sujets pour la greffe des meilleures variétés. On l'a plus que jamais mis à contribution dans ces dernières années, par suite des prohibitions phylloxériques, qui empêchaient absolument d'introduire dans certains pays des plants de Vigne, et le semis était alors le seul moyen d'obtenir des Vignes américaines résistant au Phylloxera. Voici la méthode que les praticiens expérimentés recommandent :

Les graines doivent être stratifiées pendant l'hiver dans du sable, sur lequel on verse, pendant le courant du mois de mars, quelques gouttes d'eau. Cette précaution est indispensable pour avoir une levée régulière. Le semis s'exécute au mois d'avril, de manière à ce que les jeunes plantes n'aient rien à redouter des gelées. Les graines sont semées sur une plate-bande convenablement fumée et recouverte de 5 à 6 cent. de terreau et de sable, si le sol est un peu compact. On les dispose en lignes espacées de 30 à 40 cent. et à 15 cent. au plus dans la ligne. Le développement, pendant la première année, est toujours proportionnel à l'écartement laissé entre les plants; on recouvre enfin la planche d'un léger paillis.

Les soins d'entretien consistent en bassinages donnés tous les deux ou trois jours avec un arrosoir muni d'une pomme finement percée et en sarclages exécutés avec précaution.

La levée a généralement lieu au bout d'un mois environ. Les jeunes plants sont alors assez sensibles à l'action du soleil ; il faut éviter de les arroser aux heures des grandes chaleurs; on peut même, au besoin, les abriter légèrement avec des branches feuillues.

Bouturage. — La Vigne émet ou ne peut plus facilement des racines sur toutes ses parties enterrées mais surtout sur ses rameaux d'un an. Par suite, le bouturage, et à plus forte raison le marcottage, en sont des plus faciles. Les boutures se font toujours avec des rameaux d'un an, bien aoûtés et pendant l'hiver ou au moins avant le départ de la végétation. La longueur à donner à ces boutures varie beaucoup selon les usages locaux, le but qu'on se propose et aussi selon l'abondance ou la rareté du bois. Dans les vignobles, on leur donne généralement une longueur d'environ 50 cent. et on les plante souvent directement en place, à l'aide d'un simple pal ou pieu en fer. Dans les pépinières, où le sol est plus meuble et plus frais, les boutures sont faites plus courtes et plantées en

Fig. 119. — Bouture simple de Vigne, complètement enterrée.

lignes espacées d'environ 40 cent. Dans certains cas, on ne laisse que deux yeux aux boutures, et on peut

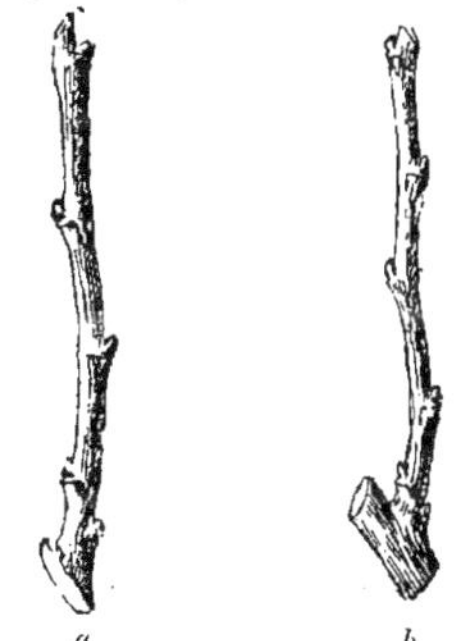

Fig. 450. — Boutures de Vigne.
a. à talon; b, à crossette.

même en faire à l'aide d'un seul œil, comme nous le verrons du reste plus loin au chapitre de la « Culture de

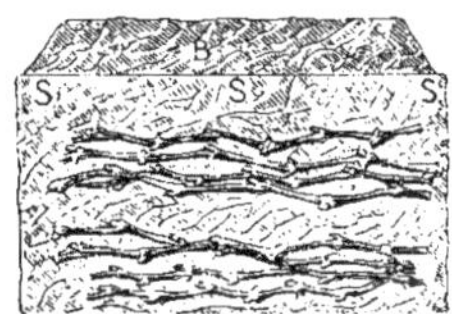

Fig. 451. — Boutures de Vigne, mises en stratification.

a Vigne en serre ». Les boutures doivent être taillées au-dessous d'un œil, et, quand on le peut, il convient

Fig. 452. — Boutures de Vigne à un seul œil.
A, avec coupes transversales; D, avec coupes obliques.

le leur laisser la partie du sarment qui leur a donné naissance, comme le montre la figure ci-contre, et la

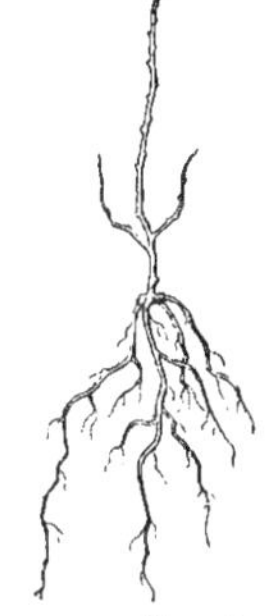

Fig. 453. — Développement d'une bouture à un seul œil.

bouture est dite : *à crossette*, ou au moins un *talon*, c'est-à-dire l'empâtement de la base du rameau. A la plantation, il ne faut laisser que le dernier œil au-dessus de terre.

Marcottage. — De toutes les pratiques de multiplication de la Vigne, le marcottage est le plus simple et le plus rapide. Il consiste simplement à enterrer une branche, jeune ou vieille, encore adhérente au pied

Fig. 454. — Marcotte simple ou couchage de Vigne.

mère et pendant la période de repos, puis de la relever à l'automne suivant pour qu'elle soit amplement pourvue de racines, capable d'être alors séparée du

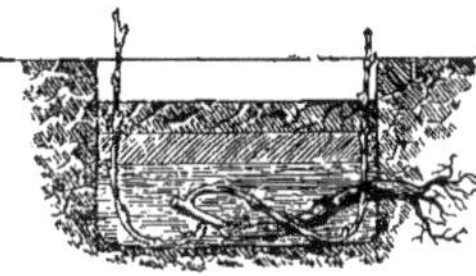

Fig. 455. — Marcotte double ou provin de Vigne, dont le pied mère est enfoui et remplacé par une marcotte.

pied mère, de reprise certaine et de former au bout de deux à trois ans un pied vigoureux et fructifère.

Sous les noms de *provignage*, *provin*, etc., le marcottage s'emploie dans les vignobles pour remplacer

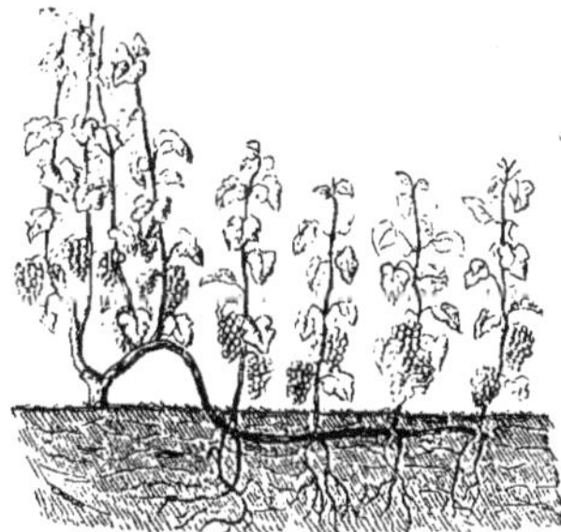

Fig. 456. — Marcotte multiple, dite : chinoise, de Vigne.

les ceps manquants. On ouvre pour cela une tranchée dans laquelle on couche et enterre le pied le plus voisin en ne laissant sortir à la place qu'il occupait et à celle du pied à remplacer que l'extrémité d'un sarment, qu'on taille à deux yeux, et, dès la première année, les provins produisent une abondante récolte de raisins ; aussi les vignerons trouvent-ils là un ample dédommagement aux peines que les provins leur occasionnent.

Dans les pépinières, on marcotte le Chasselas plutôt qu'on ne le bouture, parce qu'on obtient ainsi la même année des plants fortement enracinés et très vigoureux, qui forment plus rapidement de beaux espaliers ou ceps. Ces marcottes, qu'on nomme familièrement *chevelées*, se font à nu ou dans des petits

Fig. 457. — Marcotte de Vigne enracinée.

paniers grossiers, afin de conserver aux marcottes une motte de terre qui rend leur reprise encore plus facile.

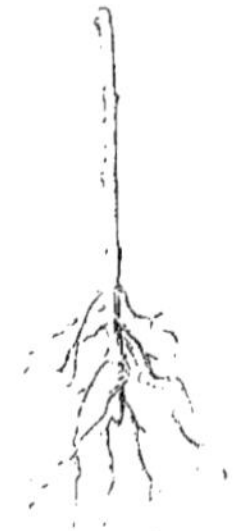

Fig. 458. — Marcotte habillée, prête à être replantée.

GREFFAGE. — Sans le Phylloxera, la greffe ne serait, comme du reste avant son apparition, qu'exception-

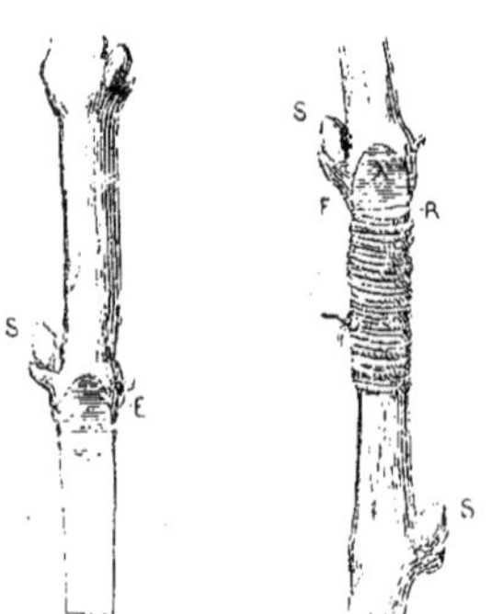

Fig. 459. — Greffe en fente pleine, de Vigne. — Le sujet est lié après avoir été fendu et avant l'introduction du greffon.

nellement employée pour la Vigne, les différents procédés de multiplication que nous venons d'énumérer étant beaucoup plus simples et plus pratiques.

Mais, hélas ! il a fallu compter avec ce redoutable insecte, et si sérieusement même que sans la greffe et les plants américains, il resterait bien peu des beaux vignobles de notre pays. Grâce à elle, on a pu reconstituer, en employant comme sujet des espèces américaines réfractaires à ses attaques, une grande partie des vignobles détruits.

L'importance de cette opération viticole est telle qu'elle a fait verser des flots d'encre ; aussi les lecteurs

Fig. 460. — Greffe de Vigne, en approche simple.

ne doivent-ils espérer trouver ici qu'un résumé très succinct des procédés les plus pratiques, le cadre et la portée de cet ouvrage ne nous permettant pas du reste d'entrer dans de plus longs détails.

La Vigne n'est pas très facile à greffer. Des nombreux modes de greffage connus, quelques-uns seulement lui sont applicables et notamment : la greffe en approche, celle en navette, celle en fente et celle dite : à l'anglaise. On a aussi parlé dans ces dernières années de la greffe en écusson. La greffe en fente et surtout la greffe à l'anglaise sont les plus employées ; la

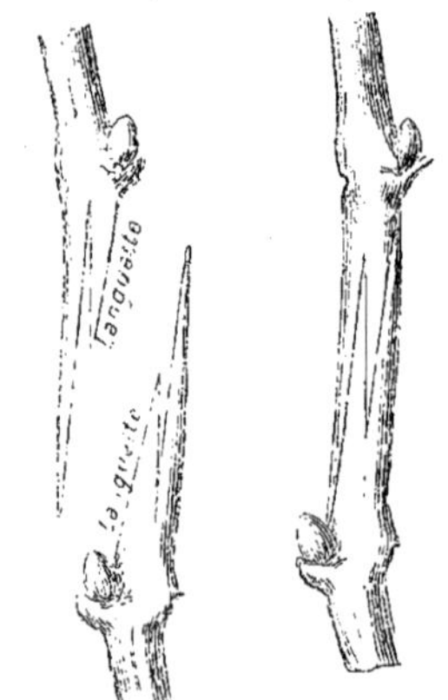

Fig. 461. — Greffe à l'anglaise, de Vigne.

greffe en fente ne servant guère que pour la greffe de ceps âgés.

Cette dernière se pratique de la façon ordinaire et au printemps, avant le départ de la sève ; mais elle doit être faite en pied, c'est-à-dire un peu au-dessous du niveau du sol, afin que la greffe proprement dite soit recouverte de terre, le dernier bourgeon du greffon, auquel on ne donne que deux yeux, devant seul émerger à fleur de terre.

Quant à la greffe à l'anglaise, il y a plusieurs manières de la pratiquer, sinon dans l'opération proprement dite, du moins dans la façon de soigner et d'assurer la reprise de la greffe. Nous avons décrit cette greffe au chapitre **Greffe** ; aussi n'y reviendrons-nous pas ici, la figure ci-contre la montrant du reste très nettement, mais nous devons néanmoins faire remarquer que, chez la Vigne, elle ne supporte pas de médiocrité ; il faut que les deux biseaux soient courts, aient une inclinaison absolument semblable et que les deux parties se recouvrent parfaitement, au moins sur un

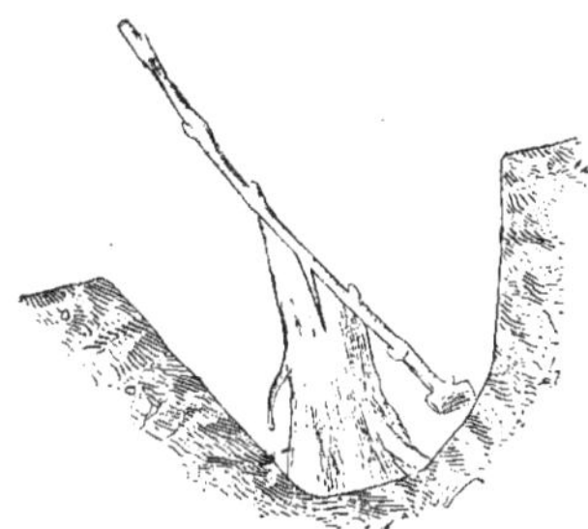

Fig. 462. — Greffe-bouture de Vigne.

côté, même sans le secours de la ligature, qu'on pratique néanmoins pour bien assujetir les deux parties et éviter les risques de déplacement pendant la plantation. C'est dans la ligature et la façon de faire reprendre ces greffes que résident les principales différences du procédé.

Cette ligature se fait soit avec du raphia ou de la

Fig. 463. — Greffoir Renaud, pour exécuter la greffe à l'anglaise de la Vigne.

sphaigne, soit avec toute autre matière souple et ne coupant pas, soit encore avec un bouchon coupé en deux et qu'on ligature à l'aide de fil de fer et d'une pince spéciale, d'où le nom familier de *greffe au bouchon*, enfin on a encore parlé de la reprise de ces greffes sans ligature et dans la mousse.

Le masticage est inutile, puisqu'il ne reste pas à nu de parties entamées, mais il est indispensable que ces greffes soient stratifiées, c'est-à-dire mises à l'abri de l'influence desséchante de l'air, et cette condition s'obtient en cachant toute la greffe et le greffon dans un cône de terre si elle est faite sur des sujets plantés en place, ou bien, lorsqu'on greffe à l'atelier, sur des plants enracinés ou sur de simples boutures, en enterrant ceux-ci presque horizontalement et par lignes dans du sable et si possible sous châssis. La greffe à l'atelier pouvant être commencée de très bonne heure, dès janvier-février, lorsque l'époque de la mise en place des sujets greffés, c'est-à-dire le mois d'avril-mai est arrivé, la soudure est souvent effectuée ou à peu près.

Cette greffe se pratique, comme nous l'avons déjà dit, très en grand, pour la reconstitution des vignobles et sur des Vignes américaines, soit à l'état de simples boutures, soit et de préférence sur des boutures d'un an et qu'on nomme *racinés*.

Nos Vignes à raisin de table, pas plus que celles à raisin de cuve ne sont exemptes de l'invasion du Phylloxera ; aussi, dans les régions où sévit ce détestable parasite, dans tout le Midi notamment, est-on dans la nécessité de les greffer sur plants américains ; dans le Nord et en particulier dans la région parisienne, il n'a pas encore été nécessaire d'avoir recours à ce long procédé, mais ce sera le moyen radical de conserver la Vigne dans les jardins ; aussi ne devra-t-on pas hésiter à y avoir recours, pour la culture en serre, comme pour celle en plein air, dès qu'on constatera la présence du Phylloxera, et peut-être ferait-on bien d'agir préventivement, si l'on voulait établir une culture industrielle sur une base sérieuse. A ce titre, il ne sera pas inutile que nous disions quelques mots des plants américains.

Vignes américaines les plus employées comme sujet résistant au Phylloxera. — La résistance des Vignes américaines au Phylloxera n'est pas égale pour toutes les espèces ; il en est plusieurs, telles que les *V. riparia*, *V. rupestris*, *V. æstivalis*, qui y sont absolument réfractaires, tandis que d'autres, notamment le *Jacquez*, le *Franklin*, le *Catawba*, le *Taylor*, etc., ne le sont que d'une façon relative, et cette résistance varie encore selon la nature des sols où sont plantées ces Vignes. Sous ce rapport, les Vignes américaines sont bien plus exigeantes que les Vignes européennes ; les unes, notamment les *V. riparia*, *Jacquez*, demandant les bonnes terres d'alluvion, les autres, telles que les *V. rupestris* et *Solonis* pouvant vivre sur les coteaux secs, mais aucune d'elles n'est susceptible de prospérer dans certaines terres crayeuses et fortement calcaires, telles que celles de la Champagne, dont nos Vignes indigènes s'accommodaient cependant fort bien ; le *V. rupestris* et ses descendants sont ceux qui y prospèrent encore le mieux.

Malgré le goût plus ou moins musqué, qu'on nomme familièrement *foxé*, que présentent les raisins de la plupart des Vignes américaines : certaines variétés et en particulier les *Jacquez*, *Clinton*, *Herbemont*, *Taylor*, etc., mais surtout les deux premières, sont beaucoup cultivées comme *producteurs directs*, c'est-à-dire non greffées, mais leur vin, quoique foncé et alcoolique, a ce même goût foxé, acceptable il est vrai, mais qui ne plaît pas à tout le monde et demande au moins qu'on s'y habitue. Ajoutons, pour terminer ce chapitre, qu'il existe parmi les Vignes américaines un assez grand nombre d'hybrides, dont quelques-uns sont très méritants par leurs diverses qualités, mais surtout comme producteurs directs ; l'énumération ne saurait trouver place ici. Ceux que ces questions intéressent trouveront ces renseignements dans les nombreux ouvrages de Viticulture et en particulier dans ceux cités précédemment. Réservons l'espace disponible qui nous reste à la culture de la Vigne en plein air et sous abri, cette dernière ayant acquis dans ces dernières années une importance industrielle très grande dans le Nord.

(S. M.)

Culture en plein air. — Nous avons dit, dans le chapitre précédent, que la culture fruitière de la Vigne touchait sa limite nord un peu au-dessus de Paris et s'étendait obliquement jusque vers le Rhin. Les trois quarts de la France sont, à quelques rares exceptions près, des régions où la Vigne est cultivée pour la production de son fruit et surtout en vue de la fabrication du vin. Malgré le haut intérêt que présente la Vigne à ce dernier point de vue, nous nous voyons forcé de laisser de côté cette question pour ne nous occuper que de la production du raisin comme fruit de table. La portée essentiellement horticole de ce Dictionnaire d'une part, et de l'autre l'exiguité du cadre nous y obligent; du reste, le lecteur n'a que l'embarras du choix entre les nombreux traités de viticulture existant aujourd'hui.

On ne peut pas dire que la Vigne ne mûrit pas son fruit aux environs de Paris, puisqu'on y fait du vin; mais, outre qu'on en fait peu, sa qualité, quoi qu'on en dise, laisse beaucoup à désirer et encore n'emploie-t-on pour cet usage que quelques variétés très précoces. Or, le raisin de table qui exige plus de chaleur et de soleil pour atteindre toutes les qualités requises y mûrit bien moins encore en plein air. Ce n'est en somme qu'au pied des murs bien exposés, qui l'abritent des vents froids, arrêtent les moindres rayons de soleil et conservent la chaleur, qu'il y acquiert une qualité très respectable ou même parfaite sur certains points, tels que Thomery, près Fontainebleau, mais en l'entourant alors des soins les plus minutieux.

Nous envisageons surtout ici le Chasselas, dont la réputation est universelle comme fruit de table et, par suite, de beaucoup le plus généralement cultivé. Ses formes et quelques autres variétés sont aussi cultivées de la même manière sous le climat parisien, mais leurs produits sont moins abondants, moins beaux et moins bons, et, pour cette raison, on ne les rencontre qu'exceptionnellement dans les jardins.

Toutefois, la portée de cet ouvrage n'étant pas exclusivement limitée à la région parisienne, nous parlerons à la fois de la culture de la Vigne en ceps, en treille, en cordons et en espaliers, dits à la Thomery.

Sol. — Sous ce rapport, la Vigne est fort peu exigeante, puisqu'elle croît partout, dans les terres basses comme sur les collines, dans celles qui sont lourdes comme dans celles qui sont légères. Mais, si elle y vit et fructifie, c'est dans la qualité de son produit, raisin et vin, que se montre de la façon la plus évidente l'influence du milieu. C'est surtout au sol et au climat, autant et plus peut-être qu'à la variété, que nous devons la qualité des crus qui ont rendu les vins de France célèbres dans le monde entier.

De tous les agents atmosphériques, l'eau en excès, c'est-à-dire l'humidité, lui est le plus funeste; elle réclame avant tout un sol exempt d'humidité souterraine, bien perméable à l'eau, à l'air et à la chaleur. Quant à sa nature, elle l'accepte telle qu'elle est, mais c'est surtout l'élément calcaire qui lui est le plus favorable; les fameux vins de Bourgogne et bien d'autres lui doivent toute leur qualité. Aussi, il ne faut pas craindre d'ajouter des marnes et plâtras aux sols destinés à la culture de la Vigne, surtout lorsqu'on pratique des défoncements.

Plantation. — La plantation de la Vigne n'a rien de particulier quant au mode d'opération, on l'effectue comme celle de tous les autres arbres et arbustes à feuilles caduques, pendant sa période de repos hivernal, soit de novembre à mars, de préférence à l'automne, en évitant toutefois de mettre ses racines à nu pendant les gelées. La distance à ménager entre les pieds est excessivement variable, selon la forme qu'on désire lui donner; cette distance va de 50 cent. à 2 m. On sait que ces dimensions ne sont pas moins variables dans la culture en grand, selon les régions et les coutumes, mais il est à remarquer que l'espacement diminue progressivement du midi au nord et avec lui la durée sinon normale, du moins pratiquement rémunératrice de la Vigne.

Comme nous l'avons dit précédemment, la Vigne est excessivement facile à propager par sectionnement de ses rameaux et, par suite, la nature des plants varie selon le genre de culture, les régions et les usages. Dans les vignobles, on plante généralement en place de simples sarments-boutures, longs de 50 cent. environ, à l'aide d'un pal en fer; dans la culture en serre, on emploie des plants provenant de boutures à un œil, et dans notre région, pour la culture en espalier, on se sert de préférence de *chevelées*, c'est-à-dire de marcottes d'un an bien enracinées, faites à nu ou dans des petits paniers spéciaux.

Culture en ceps. — On nomme *ceps* les pieds de Vignes plantés en plein air et toujours tenus nains, c'est à-dire formés d'une souche informe, ne dépassant pas 50 cent. de hauteur et de laquelle on supprime chaque année à la taille tous les sarments de l'année, sauf un petit nombre (un à quatre ou cinq suivant la force du pied), dont on conserve quelques bourgeons de

Fig. 464. — Jeune cep de Vigne.

la base et que l'on nomme alors *coursonnes* ou plus simplement *porteurs*, c'est-à-dire rameaux porte-fruits.

La culture en cep est celle la plus généralement adoptée dans les vignobles. Mais pour la culture du raisin de table sous notre climat, on ne l'emploie qu'exceptionnellement et alors sur des coteaux ou des talus bien exposés et abrités. Le raisin de cep est moins beau et mûrit plus tardivement que celui d'espalier, par suite de sa proximité du sol, et c'est pourquoi on cultive de préférence en espalier la Vigne à raisin de table dans tout le nord de la France.

Fig. 465. — Vieux cep de Vigne avant et après la taille.

Culture en treille. — Le mot *treille* vient de *treillage* et indique déjà de lui-même la position qu'occupe la Vigne ainsi cultivée. Tantôt la treille est en plein air, tantôt adossée perpendiculairement contre un mur, mais la véritable treille est celle qui repose sur un treillage placé sur des pieux enfoncés horizontalement dans un mur, à une hauteur d'environ 2 m. On en voit partout dans les pays viticoles; c'est un moyen très judicieux d'utiliser les murs. Le raisin de treille est principalement du raisin de table; Chasselas ou autre; il mûrit naturellement plus tôt que celui de plein air. La treille ne diffère en somme de l'espalier que par le manque de symétrie de sa charpente; on s'applique cependant à étendre les branches de prolongement en différents sens, de façon à couvrir avec le temps la surface disponible aussi parfaitement qu'on le peut.

Culture en cordons. — Les Vignes ainsi dirigées sont plantées en plein air, souvent le long des allées, à environ 1 m. de distance, et leur charpente forme un cordon simple, double ou triple et alors superposés le long de fils de fer tendus à cet effet, comme pour les autres arbres fruitiers, notamment les Pommiers, que l'on peut dresser sous cette forme. La formation et la

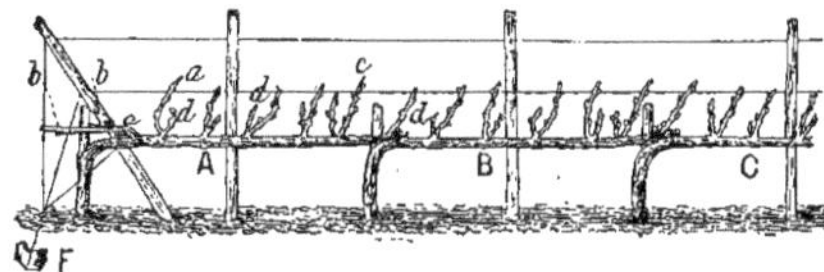

Fig. 466. — Vigne en cordon simple, horizontal.

taille des cordons de Vignes reposent sur les mêmes principes que celles des espaliers à la Thoméry, que nous indiquons plus loin. La qualité du raisin et l'époque de sa maturation en cordons tiennent le milieu entre celles du cep et celles de l'espalier proprement dit. Ce mode de culture donne d'assez bons résultats sous le climat parisien, surtout dans les jardins abrités et bien exposés; il constitue en outre un excellent moyen de cultiver de la Vigne dans les jardins où les murs font défaut ou lorsqu'ils sont affectés à d'autres arbres fruitiers, tels que des Pêchers.

Les *cordons verticaux*, encore nommés *palmettes*, sont, comme le montrent les figures suivantes, des Vignes dirigées verticalement le long des murs et portant à droite et à gauche les coursonnes fruitières, espacées de 15 à 20 cent. Lorsque la hauteur du mur est considérable, on les fait alterner, comme on le voit dans la figure 469, garnissant alternativement, l'un la partie inférieure du mur, l'autre la partie supérieure. La dis-

Fig. 467. — Cep de Vigne taillé à deux longs bras palissés.

tance à ménager entre les pieds est de 80 cent. à 1 m. Les principes de dressement et de taille sont aussi les mêmes que ceux indiqués ci-après.

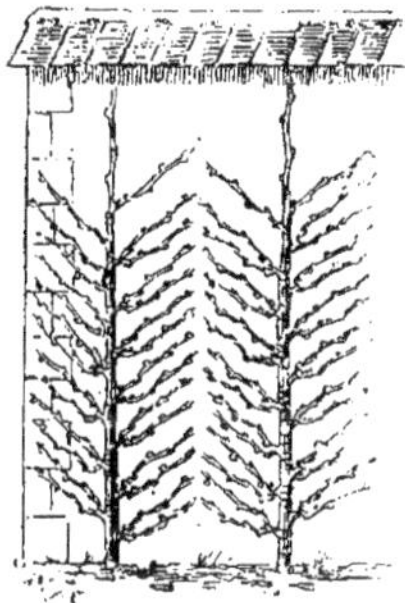
Fig. 468. — Vignes en palmettes verticales.

Culture en espalier dit : a la Thoméry. — Cette méthode de dressement de la Vigne est la plus compliquée et la plus longue à obtenir complète; on en voit rarement de beaux exemples ailleurs que dans son pays d'origine. On ne la pratique que contre des murs exposés au midi de préférence. La figure 470 montre nettement la forme et la disposition des ceps. Chacun d'eux est partagé en deux bras de longueur égale, sauf aux extrémités de l'espalier, situés à une hauteur variable, et ces bras forment plusieurs cordons horizontaux et superposés, dont le nombre varie, selon la hauteur du mur, entre trois et cinq cordons.

Le premier cordon est établi à 40 cent. du sol, les suivants à 50 cent. les uns au-dessus des autres et le dernier à environ 60 cent. au-dessous du sommet du mur. La distance à ménager entre les pieds varie selon le nombre de cordons à former; plus ils sont nombreux, plus les ceps doivent être rapprochés. Pour trois cordons, on les met à 1 m. de distance, à 75 cent. pour quatre et à 60 cent. pour cinq. Ce rapprochement est nécessité par la longueur à donner aux branches charpentières, qui ne doivent guère dépasser 1 m. 50, soit 3 m. pour chaque pied. La même figure montre le rang de cordon que doit garnir chaque cep.

Il est utile de prévoir ce rang à l'avance et dans ce but on tend sur le mur les fils de fer qui supporteront les cordons, puis un autre entre chacun, lequel

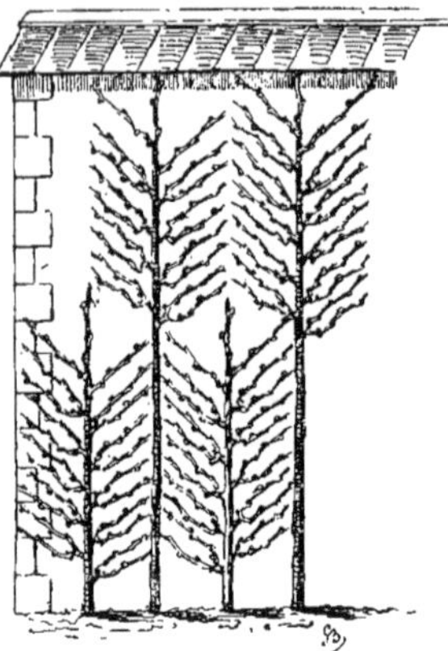

Fig. 169. — Vignes en palmettes, à ceps alternes.

servira à attacher les branches fruitières pendant l'été. Sur ces fils de fer, on fixe alors au pied de chaque cep une baguette verticale dont le sommet indiquera le cordon sur lequel aura lieu la bifurcation et s'étendront par la suite les deux bras.

Comme pour tous les autres arbres dressés en espalier contre les murs, il ne faut pas placer les Vignes immédiatement contre ceux-ci, mais au moins à 30 cent. en avant, et les racines plus avant encore, on peut même avantageusement les placer beaucoup plus loin et les amener ensuite contre le mur par un ou deux couchages successifs, qui augmenteront l'abondance des racines.

La première année, les jeunes ceps sont taillés à 2 yeux, dont on ne conserve par la suite qu'un seul rameau. L'année suivante, les rameaux conservés sont taillés à hauteur du premier cordon. Des sarments qui en résultent, on n'en conserve qu'un seul comme prolongement. Ceux devant former le premier cordon sont palissés horizontalement le long du fil de fer, à droite

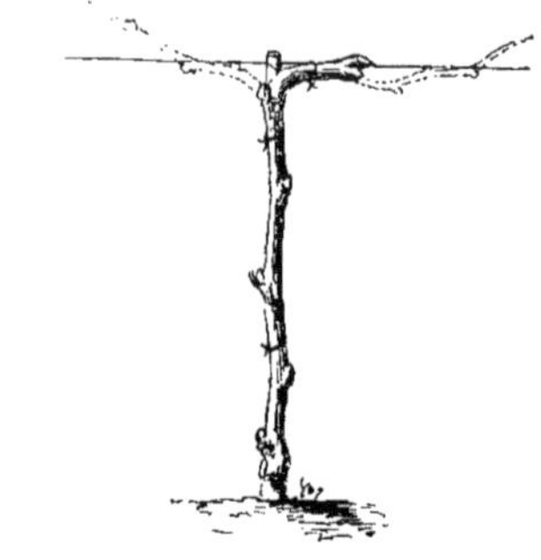

Fig. 171. — Formation des bras d'un cordon de Thoméry.

ou à gauche, peu importe, tandis que les autres sont dirigés verticalement et taillés encore à 50 cent. chaque année, jusqu'à ce qu'ils aient atteint le cordon où ils doivent se bifurquer. On ne peut former qu'un cordon par année et il faut ainsi autant d'années qu'il y a de cordons pour que le l'espalier soit formé, sauf toutefois la longueur totale des branches charpentières qui s'obtient toujours à raison de 50 cent. par an.

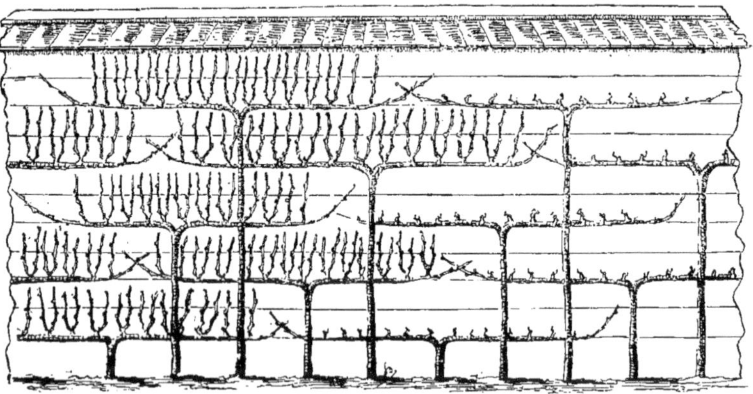

Fig. 170. — Vignes en espalier, dit : à la Thoméry.

La bifurcation du rameau de prolongement s'obtient de plusieurs manières, mais la plus simple est celle qui consiste à étendre ce rameau, comme nous l'avons dit, le long du fil de fer qu'il doit garnir et en faisant son possible pour qu'un bourgeon se trouve au niveau et en dehors de la courbure. C'est ce bourgeon qui formera l'autre branche latérale. A la taille, on coupe le sarment étendu sur son premier œil. La sève affluant alors au printemps dans ces deux yeux, et l'avant-dernier étant placé dans une position très favorable pour la recevoir directement, les deux se développent simultanément et à peu près également. On peut du reste ralentir au besoin l'allongement de celui qui viendrait à s'emporter à l'aide d'un pincement fait au delà du point de taille de l'année suivante, soit 30 cent.

Tant que les ceps n'ont pas atteint le cordon qu'ils

Fig. 472. — Vigne dressée sur de hautes perches.

doivent garnir, on peut leur laisser produire du raisin le long de la tige, mais lorsque les branches latérales sont formées et qu'elles commencent à fructifier, il faut supprimer toutes les coursonnes latérales.

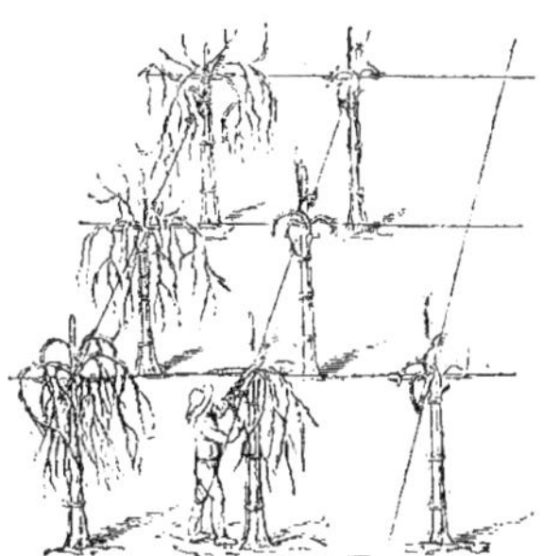

Fig. 473. — Vignes dressées en hautains.

Comme on le voit, un espalier de Vignes à la Thoméry est long et minutieux à former, aussi beaucoup d'amateurs préfèrent-ils les cordons verticaux simples ou alternes, mentionnés précédemment, et qui s'obtiennent d'une façon semblable quant au mode de taille, mais dont la formation est beaucoup plus simple.

Taille de la Vigne. — Quelle que soit la forme donnée à la Vigne, il faut forcément la tailler si on veut en obtenir de beaux et bons fruits, sans quoi elle pousse follement à bois et ne donne plus, au moins sous notre climat, que des grappillons à petits grains et mûrissant trop tard.

Comme chez le Pêcher, le même bois ne fructifie qu'une seule fois, l'année même de sa formation, car les fleurs se montrent avec les feuilles sur les jeunes bourgeons auxquels les rameaux de l'année précédente donnent naissance. La taille a donc deux buts : 1° de réduire le nombre des sarments fruitiers ; 2° de pourvoir à la production d'un sarment remplaçant l'année suivante celui qui a porté fruit.

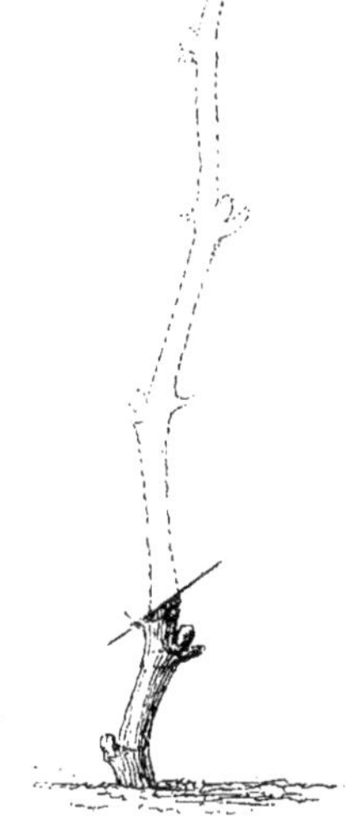

Fig. 474. — Première taille à deux yeux d'un jeune plant de Vigne.

On sait en outre que ce sont les yeux de la partie moyenne de ces sarments qui produisent les raisins ; ceux de l'empattement et ceux du sommet sont généralement stériles. La longueur à donner aux branches fruitières dépend en outre de la nature de la variété envisagée, de la forme donnée à la plante, de la vigueur du cep surtout et beaucoup aussi de l'opinion de l'opérateur.

Pour la Vigne en vignoble, il y a plusieurs procédés de taille préconisés par les auteurs et employés dans les différentes régions viticoles, mais nous ne croyons pas devoir entrer dans les détails de description de ces procédés. Il suffira d'indiquer le mode de taille le plus généralement appliqué aux Vignes de vergers et à celles plantées en treilles ou en espaliers. Ces indications se trouvent considérablement réduites par les nombreuses figures ci-contre, qui représentent des coursonnes fruitières de différents âges.

Nous envisageons ici la taille de la branche fruitière, quelle que soit la forme donnée à la Vigne. Cette branche, qu'on désigne sous le nom de *coursonne*, se compose toujours de deux sarments, dont le plus inférieur constitue le rameau de remplacement, mais il peut porter du fruit comme le supérieur, qui sera totalement supprimé à la taille hivernale. Tout le principe de la taille des branches fruitières se résume à ces quelques mots : toujours ménager le plus près possible de la base un rameau dit : *de remplacement*. Ce rameau se taille généralement à deux yeux au-dessus de ceux de l'empattement, qui sont généralement stériles. C'est à ce mode de taille, le plus généralement employé, que l'on donne le nom de taille en crochet. Pour certaines variétés, il est cependant nécessaire, pour avoir du fruit, de tailler plus long, à trois ou quatre yeux, et même de laisser un long rameau, que l'on nomme *arquet*,

Fig. 475. — Coursonne de Vigne en espalier, avant et après la taille.

arceau ou *long-bois*, parce qu'on lui fait décrire une courbe. Ce rameau est toujours supprimé radicalement à la taille d'hiver.

Le nombre des coursonnes à ménager sur chaque

Fig. 476. — Ceps taillés d'après le système du Dr Guyot : un long bois et une coursonne pour fournir des rameaux de remplacement.

pied de Vigne varie selon la forme et la vigueur du cep envisagé. Sur les Vignes en ceps, on laisse généralement deux à six coursonnes, tandis que sur celles en treilles, en cordons ou en espaliers, le nombre des coursonnes dépend de la longueur des branches, les coursonnes devant être espacées de 15 à 20 cent. et naturellement placées sur la partie supérieure. Si l'œil est situé dans une position anormale, on peut au besoin tordre légèrement le sarment pour le ramener au point voulu.

Ébourgeonnement. — Cette opération consiste, comme pour les autres arbres fruitiers, à supprimer, alors qu'ils n'ont encore que quelques jeunes feuilles, tous les bourgeons ou jeunes rameaux mal placés ou formant excédent. Généralement on les détache facilement avec les doigts, mais lorsqu'ils sont gros et qu'ils laissent des plaies, on les tranche à l'aide de la serpette ou d'un greffoir. Tous les bourgeons qui se montrent adventivement sur la tige et les branches charpentières doivent être supprimés, à moins qu'ils ne soient utiles pour remplacer un bras, une coursonne manquant ou former un long-bois. Sur les coursonnes, on ne doit garder que le rameau fruitier et celui de remplacement. Si la coursonne est âgée, longue et qu'un rameau adventif se développe à sa base, il faudra le conserver comme rameau de remplacement et rabattre alors la coursonne au-dessus de lui à la taille d'hiver.

Fig. 477. — Cep taillé à long bois, dont l'extrémité de celui-ci a été enterré, s'est enraciné et peut devenir un plant indépendant.

Pincement. — Malgré de nombreuses controverses dans le détail desquelles nous n'entrerons pas, le pincement est, comme pour les autres arbres fruitiers, favorable à la Vigne, en ce qu'il refoule la sève sur les fruits et sur la base des rameaux et fait grossir les bourgeons qui seront conservés à la taille d'hiver. Pour la culture des Vignes en espaliers ou en cordons,

Fig. 478. — Pincement d'une branche fruitière de Vigne.

on conseille de ne laisser que deux grappes sur chaque sarment et de pincer celui-ci à une ou deux feuilles au-dessus de la deuxième grappe. On ne doit pas regretter de supprimer au besoin des jeunes grappes, la perte n'est qu'illusoire, car celles qui sont conservées, profitant de toute la sève, deviennent plus grosses et plus belles. Quant aux sarments stériles, il faut aussi les pincer à environ 50 à 60 cent. de long. A la suite de ce pincement, il se développe généralement un rameau anticipé, que l'on pince à son tour s'il prend trop de développement; sur les cordons superposés, comme dans les espaliers à la Thomery, on les coupe un peu au-dessous du cordon supérieur; ou bien, dans le cas de cordons verticaux, on les pince au milieu de la distance qui sépare deux ceps. Le premier pincement doit de préférence être fait avant la floraison.

Incision annulaire. — Cette opération a pour but d'interrompre la circulation de la sève descendante et de la faire ainsi passer dans les grappes qui, sous son influence, deviennent plus grosses, plus belles, plus sucrées et mûrissent aussi plus tôt. Elle consiste à enlever sur les sarments fructifères, à l'aide d'un ins-

Fig. 479. — Incision annulaire sur une branche fructifère de Vigne.

trument spécial, nommé *inciseur* ou coupe-sève, un anneau d'écorce de 5 à 8 mm. de large au-dessous de la première grappe. A la suite de cette mutilation, il se forme sur le bord supérieur de l'incision un bourrelet qui finit par rejoindre l'autre bord. On doit l'en empêcher par une nouvelle incision, afin que la sève ne reprenne pas son cours normal. La partie située au-dessous de l'incision reste généralement faible; on doit donc ne l'appliquer qu'aux sarments qui seront supprimés à la taille d'hiver et ménager au contraire le plus possible le rameau de remplacement, dont le développement normal assure la production fruitière de l'année suivante.

Palissage. — Le palissage est nécessaire à la Vigne sous toutes les formes qu'on lui applique. Dressée en cep, on la munit d'un solide tuteur ou échalas contre lequel on attache ses sarments. En cordons verticaux, il faut solidement assujettir sa tige le long du mur, en cordons horizontaux, il faut de même fixer ses branches charpentières le long des fils de fer qui les dirigent et attacher aussi les sarments de ses coursonnes sur le fil de fer intermédiaire dont nous avons parlé à propos de la Vigne à Thoméry. Le sarment de remplacement doit cependant, surtout s'il est faible, être traité avec plus de ménagement, afin qu'il prenne le plus de force possible.

Cisellement. — Pendant cette opération proprement dite, on procède aussi à la suppression, s'il y a lieu, des grappes trop nombreuses. On ne doit pas regretter de ne laisser qu'une grappe ou deux au plus sur chaque sarment fruitier, car alors la grappe conservée devient beaucoup plus grosse et plus belle. Si le rameau de remplacement est faible, il vaut même mieux ne pas lui laisser porter de fruit, afin qu'il acquière le plus grand développement possible. Quant au cisellement proprement dit, il consiste à supprimer à l'aide de ciseaux spéciaux et aussi délicatement qu'on le peut, un certain nombre de grains mal conformés, en excédent ou trop serrés, afin que ceux conservés puissent se développer sans gêne et qu'ils arrivent à peine à se toucher à la maturité. On pratique

Fig. 480. — Aspect d'une grappe après le cisellement.

le cisellement à plusieurs reprises; la première opération se fait lorsque les grains ont à peine la grosseur d'un petit pois; la suppression des grappes peut au besoin se faire un peu plus tôt. Faisons remarquer que cette opération minutieuse ne s'applique qu'aux plus beaux raisins de table et ne se pratique guère que dans les établissements produisant les fruits de choix, destinés à la vente.

Effeuillage. — Cette dernière opération consiste à supprimer autour des grappes un certain nombre de feuilles à l'approche de la maturité, pour permettre à l'air et surtout à la lumière d'atteindre plus directement les raisins. Mais hâtons-nous de dire qu'on doit agir avec une certaine circonspection, surtout lorsque le raisin est encore vert, sans quoi on s'expose à le voir brûler par le soleil. Il n'est pas inutile de faire cette suppression à plusieurs reprises et de préférence lorsque le temps est couvert.

Variétés a fruit de table pour la culture en plein air. — Dans les endroits abrités et bien exposés au midi, presque toutes les variétés de Vignes peuvent parvenir à mûrir leurs fruits dans la région parisienne. sinon parfaitement et pratiquement, du moins au point de vue des collections. Mais, au point de vue de la qualité du raisin et surtout de sa vente commerciale, le nombre des variétés recommandables est au contraire extrêmement restreint et se réduit même le plus généralement à l'emploi du *Chasselas doré* ou *Chasselas de Fontainebleau* ; tous les autres *Chasselas* et en particulier les *Ch. rose* et *Ch. Vibert* peuvent être employés avec un égal succès. Ce dernier a, paraît-il, des grains plus gros et mûrit quinze jours plus tôt. Parmi les raisins noirs, les *Gamay*, *Madeleine royale*, *Morillon noir*, *Précoce de Malingres* et *Muscat noir* sont les plus méritants ; les *Muscats blancs* et *rouges* sont sujets à la coulure et mûrissent difficilement dans le Nord. Dans le centre et surtout le Midi, on cultive avec succès, pour la table : *Malvoisie blanc et rose*, *Clairette blanche et rose*, tous les *Muscats*, *Œillade* ou *Passerille noire* et *blanche*, *Portugais bleu*, *Sauvignon*, etc. Néanmoins et comme nous l'avons dit au début, on trouvera dans la liste descriptive placée plus loin beaucoup d'autres variétés pouvant être cultivées avec succès dans les meilleures conditions possibles de milieu et pendant certaines années.

Récolte. — Soit que le temps ne le permette pas, soit par manque de précaution, on la fait pas toujours avec tout le soin qu'elle comporte, surtout lorsqu'on a en vue la conservation du raisin. Dans ce dernier but, il faut laisser les raisins sur pied le plus tard possible, presque jusqu'à la fin d'octobre, selon l'état du temps.

La récolte se fait de préférence le matin, après la disparition de la rosée et avant que le soleil n'ait eu le temps de réchauffer les grains, mais jamais lorsqu'il fait humide ou qu'il pleut. A mesure qu'on cueille les grappes, on les dépose dans un panier plat, sur un lit de paille sèche et sur un seul rang, puis on les rentre dans la maison ou dans le fruitier s'ils sont destinés à la conservation.

Conservation. — La conservation du raisin cueilli est chose difficile, bien plus difficile que celle de la plupart des autres fruits de table, mais par contre il persiste longtemps sur le cep après sa maturation et, si les conditions atmosphériques sont favorables, il peut s'y conserver assez longtemps, recevant alors une certaine quantité de sève de son cep qui l'entretient dans un état de fraîcheur continuelle. Coupé, il perd plus ou moins rapidement son suc par évaporation, se ride et si l'humidité du milieu favorise le développement des moisissures, il ne tarde pas à pourrir. Le moyen rationnel de la conservation du raisin consiste donc : 1° à lui laisser recevoir la sève de sa souche, c'est-à-dire à le laisser sur pied, ou bien, si on le cueille, à l'alimenter artificiellement en plaçant son sarment dans l'eau ; 2° à tenir l'atmosphère du milieu dans lequel il est placé dans un état de siccité convenable. Dans les serres, il est possible de laisser le raisin sur pied fort longtemps, mais en plein air, il faut le cueillir dès que la température lui devient défavorable. On parvient néanmoins et même parfaitement à le conserver fort longtemps à l'aide de divers procédés et de soins minutieux.

La première des conditions est que le raisin présente toutes les qualités nécessaires à cette conservation. Il doit être absolument mûr, d'une belle teinte blonde, sans être dorée, car la peau des grains qui présentent cette couleur d'ambre si agréable à l'œil est très mince et se fend ou se mortifie rapidement. Les grappes doivent être de grosseur moyenne, sans taches et suffisamment lâches pour que l'air puisse circuler librement entre les grains et que ceux-ci se touchent à peine.

L'essentiel pour la conservation du raisin est de le placer dans un lieu sain, obscur, à température basse, aussi uniforme que possible, et dont l'air ne se renouvelle pas ou du moins très lentement. Certaines variétés se conservent mieux et plus longtemps que les autres ; ce sont en général celles à maturité tardive ou à peau épaisse et dure.

Ajoutons à cela qu'on pratique maintenant en serre des cultures retardées et, soit d'une façon, soit de l'autre, on peut aujourd'hui se procurer du raisin pendant toute l'année, et cela même à un prix abordable. Les serres destinées à cette culture tardive et à la conservation du raisin sur pied sont construites et aménagées de façon à remplir certaines conditions spéciales, notamment celles de l'uniformité de la température et de la siccité de l'air, que l'on obtient par le chauffage et l'aération parfaite.

Les raisins de serre destinés à la conservation ne doivent pas arriver à maturité avant la fin de septembre ou même plus tard. A ce moment, la période de végétation la plus active de la Vigne est passée, mais on ne doit pas pour cela, bien que ce soit une vieille coutume, tenir la terre sèche. La sécheresse artificielle est nuisible à la Vigne, même à ce moment, car ses racines ont encore une certaine activité et plus longtemps le feuillage se conserve vert et frais, mieux cela vaut pour la conservation du raisin. Il est nécessaire d'examiner constamment l'état des grappes, d'en enlever soigneusement toutes les baies qui pourrissent et la température doit être tenue aussi près que possible de 5 deg.

Dans ces conditions, on peut conserver sur pied du raisin en bon état jusqu'en mars et même plus tard si on a soin d'ombrer soigneusement et de maintenir l'atmosphère basse et sèche. Mais si le raisin reste ainsi jusqu'à l'ascension de la nouvelle sève, la taille devient nuisible à la Vigne en ce sens qu'elle « pleure » beaucoup.

Le raisin coupé se conserve par divers procédés, dont beaucoup sont locaux et d'usage fort ancien. Dans le Midi, par exemple, on attache les raisins après des perches pendues horizontalement au plafond, ou bien on les place en un seul lit, sur de la paille sèche, dans de larges paniers très peu profonds. Certaines ménagères parviennent ainsi à conserver du raisin bien au delà du nouvel an, mais naturellement avec une perte considérable. Toutefois, il convient de faire remarquer que ce n'est pas le *Chasselas* qu'elles emploient de préférence pour cet usage, mais bien des variétés telles que l'*Œillade* ou la *Clairette*, dont les grains ont une peau très dure et sont par suite moins sensibles à la pourriture.

Dans les maisons où il existe un fruitier, on se contente souvent de placer les raisins sur les étagères, mais ceux qui ne veulent épargner aucun frais et aucune peine pour cette conservation emploient de préférence le procédé de conservation dit : à *rafle humide*.

Ce procédé, le plus parfait à tous les points de vue,

n'est pas d'application très ancienne; le début de son emploi ne remontant qu'un peu au delà de 1870. On l'attribue à M. Rose-Charmeux, un des principaux viticulteurs de Thoméry, qui, à cette époque, avait aménagé une chambre pour cet usage.

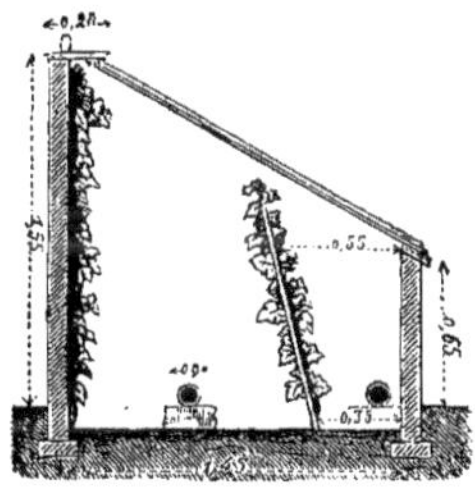

Fig. 481. — Bâche pour le forçage de la Vigne, à Thoméry. (D'après A. Cordonnier.)

Il consiste à cueillir, aussi tard que possible en saison, les raisins les plus beaux et les moins serrés en coupant, non pas la grappe, mais bien le sarment qui la porte à deux ou trois yeux en dessous du point d'insertion de celle-ci et à quelques centimètres au-dessus, puis en tenant ensuite son extrémité inférieure constamment plongée dans l'eau. Ce procédé de conservation est le meilleur parce qu'il est le plus naturel, celui qui se rapproche le plus des conditions dans lesquelles le raisin se conserve sur pied dans les serres.

Quand il ne s'agit que d'une petite quantité de grappes, les bouteilles sont disposées dans un fruitier ou dans une chambre dont on exclut l'air et la lumière

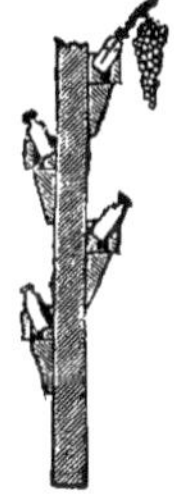

Fig. 482. — Etagère et ses supports pour carafes devant contenir des sarments chargés de leur grappe de raisin.

et dont on maintient la température entre 4 et 6 deg.; mais, s'il s'agit d'une grande quantité, il est nécessaire de choisir ou de faire construire un local spécial pour cela et de l'aménager spécialement en vue du placement du plus grand nombre possible de flacons. Un fruitier ordinaire, où l'on conserve d'autres fruits, n'est pas très favorable, car le raisin demande, pour se conserver longtemps, une atmosphère sèche et étouffée. La sécheresse de l'air étant la condition la plus importante, il faut donc tout faire pour l'obtenir. Si on construisait un fruitier spécialement en vue de la conservation du raisin, il conviendrait de faire des murs creux et de placer des doubles portes et fenêtres, afin de parer aux effets pernicieux des fluctuations de la température et l'humidité extérieure.

Des étagères construites à cet effet supportent des flacons penchés en avant et remplis d'eau, comme le montre la figure ci-contre. On y place dans chacun un rameau portant une grappe, la base plongeant dans l'eau et la grappe pendant au-dessous. L'absorption du liquide par endosmose ou capillarité fait que les râfles et les grains restent frais et gonflés, comme si on venait de les cueillir. Il faut, pendant la période de conservation, visiter fréquemment les grappes et en enlever, à l'aide de ciseaux à pointes rondes tous les grains tachés ou commençant à se décomposer et remplacer l'eau des bocaux au fur et à mesure qu'elle s'évapore.

Certaines personnes pensent que le raisin qu'on conserve ainsi perd de ses qualités, d'autres sont d'avis contraire. Ce qui est évident, c'est que le raisin ne se maintient frais et gonflé qu'en remplaçant par de l'eau les sucs qu'il perd par évaporation et ce remplacement ne peut guère faire autrement que de diminuer les matières sucrées qu'il contient. Pour cette conservation en flacons, c'est de préférence le *Chasselas doré* qu'on choisit chez nous; mais d'autres variétés de serre, ayant la peau dure, telles que : *Alnwick Seedling*, *Gros Colman*, *Gros Guillaume*, *Lady Downe's Seedling*, *Muscat d'Alexandrie*, *Trebbiano*, *West's St-Peters* et *Tokay blanc* sont employées en Angleterre pour la conservation sur pied en serre. Le *Black Hamburgh* est difficile à conserver sur pied après la Noël, mais si on le cueille avant cette époque et qu'on le place dans des bouteilles remplies d'eau, comme nous venons de l'indiquer, on peut le prolonger jusqu'en janvier et à l'aide de la culture retardée on l'obtient encore plus tard.

Mentionnons pour terminer un procédé tout nouveau de conservation et même encore à l'étude, dû à M. Petit, de l'Ecole d'horticulture de Versailles. Il consiste à placer les raisins sous l'influence continue d'une atmosphère basse et chargée de vapeurs d'alcool, afin d'empêcher le développement des moisissures. Pour cela, des cases en maçonnerie et cimentées intérieurement, avec une porte fermant aussi hermétiquement que possible, ont été construites dans une cave. Les raisins y ont été placés sur un lit de frisure de bois et on y a introduit un petit bocal renfermant presque un litre d'alcool à 96°. En décembre les raisins étaient parfaitement frais et savoureux, ils n'avaient encore perdu que quelques grains. Il y a lieu de croire que ce nouveau procédé, que l'expérience perfectionnera bientôt, pourra donner d'excellents résultats et peut-être même remplacer ceux actuellement en usage ; il est du reste basé sur ce fait important que les vapeurs d'alcool ont une action énergique contre le développement de toutes les moisissures et végétaux inférieurs en général.

CULTURE DE LA VIGNE EN SERRES

SERRES. — Il est à remarquer que sous le rapport de la forme des serres affectées à sa culture, la Vigne est fort peu exigeante, car elle peut prospérer dans n'importe quel local suffisamment éclairé et surtout aéré. Cependant, on a remarqué que certaines formes de serres étaient mieux appropriées que les autres à des cultures spéciales faites en vue d'atteindre tel ou tel but. Ainsi, pour les premiers forçages, par exemple, les serres adossées sont reconnues comme étant préférables; ces serres, étant naturellement plus chaudes, par suite de l'abri que fournit le mur du fond et plus faciles à chauffer. Pour la culture ordinaire, les serres à demi adossées (c'est-à-dire celles dont le côté nord n'a qu'une faible longueur et repose sur un mur bien

Fig. 483. — Abri volant, pour Vignes en cordon horizontal.

plus haut que celui de devant, sont tres estimées parce qu'elles réunissent les avantages des serres adossées regardant le midi et de celles à deux versants regardant l'est et l'ouest.

Néanmoins, les serres à deux versants sont les plus

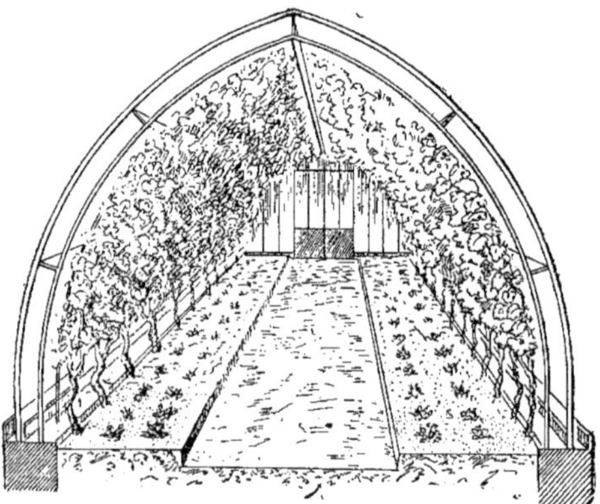

Fig. 484. — Grande serre à Vignes, tout en fer, à deux versants curvilignes.

généralement employées par ceux qui cultivent industriellement la Vigne en serre. Ces serres peuvent avoir les dimensions que l'on désire ou que les conditions de lieu permettent de leur donner; mais pour l'obtention du raisin très précoce, ainsi que pour sa conservation au delà de l'époque normale, les serres de moyennes dimensions et peu élevées sont préférées à celles dont les conditions sont opposées.

Chauffage. — Toutes les serres à Vignes ont besoin d'être munies d'un chauffage d'autant plus puissant que le forçage devra être plus intensif. Les anciens fourneaux à chauffage direct, dits à fumée, sont aujourd'hui à peu près exclus de toutes sortes de serres, à cause de l'espace qu'ils occupaient et surtout parce que la chaleur très aride qu'ils dégageaient favorisait chez la Vigne l'apparition et la propagation de la Grise. Le chauffage par le thermosiphon est bien préférable, et, du reste, le plus employé pour toutes sortes de cultures en serre. La puissance de l'appareil et en particulier la quantité de tuyaux sont basées sur les dimensions de la serre et la température qu'on désire maintenir à l'intérieur pendant les temps les plus rigoureux. Néanmoins, il vaut mieux en placer une quantité plus que suffisante, afin de ne pas être obligé de tenir l'eau à une température très élevée.

Fig. 485. — Serre tout en fer, à demi adossée et à versants curvilignes, avec banquette et gradin à l'intérieur pour la culture de la Vigne en pleine terre et en pots, et autres plantes ou arbres fruitiers.

Culture. — La Vigne est une plante très vigoureuse, qui demande naturellement une grande quantité d'éléments nutritifs, dont les principaux sont le sol, les engrais et l'eau. La préparation du sol de la plate-bande dans laquelle les Vignes seront plantées demande à être faite très soigneusement. Tantôt cette plate-bande est à l'intérieur de la serre, tantôt à l'extérieur et parfois à cheval, c'est-à-dire moitié en dedans, moitié en dehors; le mur est alors construit sur des cintres prenant appui sur des piliers, afin que les racines puissent s'étendre librement des deux côtés. Pour les Vignes destinées aux premiers forçages, la plate-bande doit être intérieure, afin que le sol soit à l'abri des gelées, le contraire serait un sérieux obstacle au forçage.

Les terrains un peu en pente et dont le sous-sol est naturellement bien perméable sont ceux auxquels on doit, quand on le peut, accorder la préférence; si le sous-sol est graveleux, il est alors peu nécessaire de le drainer artificiellement, mais lorsque le terrain est bas et humide et repose sur un sous-sol compact et froid, il faut, si on ne peut abandonner l'endroit, drainer ce dernier artificiellement et copieusement. Néanmoins, il n'est pas inutile, lorsqu'on prépare le terrain, de placer au-dessous de la couche de terre végétale un lit de 30 à 40 cent. de débris de briques, plâtras, etc., et dans bien des cas il y a avantage à durcir au préalable le fond de la tranchée, afin d'empêcher les racines de descendre plus profondément.

La longueur de cette planche est naturellement basée sur celle de la serre, mais sa largeur peut varier; les racines de la Vigne étant susceptibles de s'étendre à une grande distance. En général, cette largeur correspond à celle de la serre; c'est-à-dire que, si celle-ci a 5 mètres de large, la plate-bande devra en avoir autant, quelle que soit sa position. Quant à l'épaisseur de la couche de terre végétale, elle doit être de 60 cent. à 1 m. au plus.

Fig. 486. — Serre à Vignes, de M. A. Cordonnier, à la première année de plantation.

Sol. — Si la Vigne croît en plein air dans les sols les plus divers, il faut, pour sa culture en serre, que la terre s'approche au contraire le plus possible de celle qui lui est la plus favorable. Sous ce rapport, c'est la terre jaune calcaire et fibreuse, telle que celle provenant de la couche superficielle (8 à 10 cent.) de vieilles pelouses ou de pâturages dont la nature se rapproche le plus possible de celle que nous venons d'indiquer. Il faut concasser finement ces plaques de gazon et y ajouter 1/5 ou 1/6 de plâtras ou de fins débris de briques, ainsi qu'une petite quantité de débris de charbon de bois, de cendres de bois ou de terre de fournaise et environ 100 kilos d'os concassés pour un volume de 5 à

Fig. 487. — La même serre à Vignes trois ans plus tard, en pleine production.

6 mètres cubes de compost. Ces substances bien mélangées constitueront la masse principale de terre végétale, mais leur proportion peut être modifiée selon la nature de la terre franche. Si celle-ci est de nature siliceuse, on réduira la quantité de plâtras car ceux-

ci ont pour but principal d'augmenter sa perméabilité.

Le rechaussage (Top-dressing) des plates-bandes à Vignes a une grande influence sur la végétation et doit être effectué tous les ans au printemps, avant que les plantes entrent en végétation. Plus la quantité de terre neuve sera forte, mieux s'en trouveront les Vignes, surtout après une forte récolte de raisins. Le compost employé pour cet usage peut être un peu plus fertile que celui que nous avons indiqué plus haut pour la masse de terre. Si on ne pouvait opérer ce rechaussage, il faudrait le remplacer par une forte fumure de fumier ou d'engrais chimique, qu'on enfouit à la même époque, à la fourche ou du moins peu profondément.

Fig. 488. — Coin d'une serre à Vignes, de M. A. Cordonnier.

Engrais. — Quel que soit le genre de culture qu'on lui applique et même la nature du sol, la Vigne est très avide d'engrais et demande, surtout en serre, de copieuses fumures. On emploie fréquemment le fumier de ferme, mais, comme il se décompose rapidement, son influence fertilisante n'a qu'une durée relativement courte; on ne peut guère le recommander que pour pailler le sol. Les os, qui contiennent beaucoup de phosphate de chaux, constituent une des meilleures substances fertilisantes pour mélanger à la terre; la décomposition étant très lente, ils ne cèdent que très successivement leurs éléments à la terre et encore faut-il qu'ils soient pulvérisés ou sinon concassés, car si on les enfouissait entiers, leur effet serait à peu près nul. Les os dissous par les acides ainsi que les raclures de cornes sont des substances de propriétés analogues qui cèdent bien plus rapidement à la terre leurs principes fertilisants. Les engrais potassiques sont aussi très favorables à la Vigne ; un mélange en parties égales de superphosphate de chaux et de nitrate de potasse appliqué à la dose de 500 grammes par mètre carré a donné de très bons résultats. Des diverses compositions d'engrais chimiques appropriées à la culture de la Vigne, celle connue en Angleterre sous le nom de « Thomson's Vine Manure » est la plus estimée. « Chez nous, on recommande depuis peu l'engrais dit des « Grapperies du nord ». D'après MM. G. Ville et G. Truffaut fils, les engrais dans lesquels entrent du carbonate de potasse ont une grande supériorité, mais leur prix de revient étant trop élevé, l'emploi en devient très onéreux; enfin, pour l'abbé Vigneron, la silice est un élément des plus utiles au développement de la Vigne parce qu'elle entre en moyenne pour 65 p. 100 dans la composition chimique de ses feuilles et il fait ainsi entrer presque 50 p. 100 de silicate de potasse dans la composition de sa formule pour la Vigne. Pour de plus amples détails sur cette importante question, on consultera fructueusement les *Engrais en Horticulture*, par MM. Joulie et Desbordes, *Sols, terrains et composts*, par G. Truffaut, ainsi que les *Engrais pratiques en Horticulture*, par M. Anatole Cordonnier, où l'on trouvera d'utiles indications générales sur la culture pratique de la Vigne en serre, au point de vue industriel.

Paillis. — Une bonne couverture de fumier gras est très nécessaire pendant la saison chaude et sèche, non seulement pour fertiliser la terre, mais encore pour empêcher l'évaporation excessive et maintenir dans le sol une humidité plus grande et plus constante. Il n'est pas nécessaire de couvrir autrement les plates-bandes à Vignes, sauf pour les forçages très précoces.

Arrosements. — C'est une des opérations les plus importantes et des plus nécessaires de la culture de la Vigne en serre, car c'est plutôt au manque d'humidité qu'à toute autre cause qu'il faut attribuer les insuccès dans cette culture. Pendant la période de végétation, les Vignes ne sauraient être arrosées trop copieusement. Ce sont surtout celles plantées à l'intérieur des serres qui en ont naturellement le plus besoin, car elles ne reçoivent pas les eaux des pluies ni l'action bienfaisante des rosées; c'est donc au cultivateur d'y suppléer par des arrosements copieux et des bassinages judicieux et fréquents. Lorsque les raisins sont mûrs, on peut réduire graduellement les arrosements; mais, même à cette époque, on ne doit pas laisser la terre se dessécher trop fortement.

PLANTATION. — On peut planter la Vigne en serre pendant toute sa période normale de repos, c'est-à-dire depuis octobre jusqu'au printemps et même pendant toute l'année si les jeunes plantes ont été élevées en pots et qu'on prenne toutes les précautions nécessaires pour cela. Octobre est cependant une époque très recommandable, la terre étant généralement dans un état propice, les racines s'installent et commencent même à pousser avant le printemps; janvier-février est aussi favorable. Quand on plante des Vignes à racines nues, il faut avoir soin d'étendre les racines de toute leur longueur et aussi près que possible de la surface du sol.

Une autre méthode de plantation fréquemment employée de nos jours est celle qui consiste à planter de mai en juillet des boutures à un seul œil, faites en pots et à chaud de très bonne heure. Bien arrosées et régulièrement bassinées, elles forment par la suite les meilleures plantes. Quant à l'espacement qu'il convient de ménager entre les ceps, cela dépend uniquement de la forme qu'on désire leur donner. Cet espacement ne doit guère être inférieur à 1 m. et dans bien des cas 1 m. 40 est préférable, afin que les rameaux latéraux aient un espace suffisant pour se développer sans gêne.

FORME ET TAILLE. — Nous avons parlé précédemment des formes qu'on donne à la Vigne en plein air, nous n'avons donc à nous occuper ici que de celle qu'il convient de lui appliquer en serre. Le plus souvent, on la dresse en cordon simple, étendu sur un treillage de fils de fer, à environ de distance 50 cent. du vitrage; mais on peut néanmoins la dresser sous telle autre forme qu'on désire : cordons doubles, verticaux ou obliques, en candélabre ou autrement, de façon à ce que les branches charpentières soient espacées ; le développement des racines est alors proportionné à celui de la charpente. On a vu, en effet, certains pieds de Vignes prendre un développement extraordinaire et couvrir à eux seuls une grande serre tout entière; celui de Hampton Court, mentionné précédemment, et celui de M. Kay, en Angleterre, qui garnit une serre entière de 20 m. de long sur 6 m. de large, en sont d'excellents exemples.

Quant à la taille proprement dite, elle est la même que sur les Vignes en plein air, c'est-à-dire qu'on ménage sur la longueur des branches charpentières des coursonnes espacées de 25 à 30 cent., ou bien on laisse à chaque taille un ou deux rameaux dont la longueur est réduite proportionnellement à la vigueur de la plante. Chacun de ces deux modes de taille est susceptible d'être modifié en différents sens, selon les circonstances ou les goûts et les appréciations individuelles. Toutefois, la méthode de taille dite à coursonnes est la plus généralement pratiquée. La voici du reste depuis la plantation :

Les Vignes plantées à la distance voulue sont taillées à trois ou quatre bons yeux au-dessus du sol et le rameau provenant du bourgeon terminal est dirigé verticalement; il formera la tige charpentière. Pendant l'hiver suivant, cette tige est taillée à 1 m. ou un peu plus de long, selon sa vigueur. A la deuxième année de végétation, les bourgeons de cette tige se développent en rameaux, dont quelques-uns portent du fruit ; on les pince alors à deux ou trois feuilles au-dessus de la grappe, ou bien à 50-60 cent. de long, tandis qu'on laisse le rameau de prolongement se développer librement, comme auparavant. A l'hiver suivant, les rameaux latéraux sont taillés au-dessus de un à deux bons yeux qui, en se développant, constituent la coursonne ; la branche de prolongement peut, cette fois, être taillée plus longue, jusqu'à 2 m. si le cep est très vigoureux. Pendant le cours de la troisième année, chaque coursonne donne naissance à un ou plusieurs rameaux, dont le plus fort et le mieux placé est seul conservé et taillé à l'hiver à un ou deux yeux, comme précédemment; le rameau de prolongement est à son tour taillé à la longueur proportionnée à sa vigueur. Pendant les années suivantes, la taille est pratiquée d'une façon identique et les ceps atteignent le faîte du vitrage et garnissent alors totalement l'espace qui leur est alloué dans une période de quatre à six ans, selon leur vigueur et la hauteur de la serre.

Dans la taille à long bois, on laisse chaque année un ou parfois deux rameaux très longs pour donner du fruit, et on les supprime ensuite à la taille suivante, pour en laisser d'autres dont on a favorisé le développement. Ce procédé de taille, quoi peu employé, est préférable au précédent pour certaines variétés.

Quelle que soit la forme donnée à la Vigne, la position des branches charpentières, dont le nombre peut devenir très grand, si la plante a un espace suffisant pour développer ses racines à son aise, le mode de taille des coursonnes reste le même.

EBOURGEONNEMENT. — Pour la Vigne en serre, l'ébourgeonnement doit être pratiqué bien plus attentivement que lorsqu'elle est en plein air. Dès la deuxième année de plantation, il faut l'appliquer au début de la végétation. Nous avons dit précédemment que cette opération consistait à supprimer tous les jeunes rameaux mal placés ou superflus. Du soin qu'on y apporte dépend beaucoup la forme future de la charpente et la position définitive des coursonnes. En fait, l'ébourgeonnement est la première opération du dressement ; après la formation des ceps, il se pratique, du reste, chaque année de la même manière. Dès que les bourgeons ont atteint 2 à 3 cent. de long, c'est-à-dire dès qu'on peut distinguer sûrement ceux qui doivent être supprimés, il faut ébourgeonner; le plus tôt est le meilleur, on évite ainsi une perte de sève dont profiteront les rameaux conservés.

Chez les jeunes Vignes, on doit surtout veiller à la conservation du bourgeon terminal, celui qui formera le rameau de prolongement, et pour cela il faut le tuteurer avec soin. On règle aussi la position et l'espacement des coursonnes futures, espacement qui ne doit pas être moindre de 25 à 30 cent. et même plus. C'est surtout sur les Vignes à végétation lente ou dont les entre-nœuds sont courts que les bourgeons latéraux sont le plus nombreux. Il ne faut pas craindre alors de supprimer tous ceux qui ne sont pas à la distance indiquée. Rien n'est plus nuisible à la Vigne que le trop grand rapprochement des rameaux et des feuilles. Le mieux est de bien débuter, et c'est par l'ébourgeonnement qu'on commence.

L'ébourgeonnement tient aussi parfois lieu de taille. Si les bourgeons inférieurs d'un rameau de prolongement ne se développent pas vigoureusement, il faut supprimer quelques-uns de ceux du haut, ce qui les fera pousser plus vigoureusement. En outre, si la taille a été négligée jusqu'à une époque où il devient dangereux de la pratiquer par suite de l'épanchement de la sève, le mal peut être rectifié dans une certaine mesure en détruisant les bourgeons de la partie supérieure des rameaux jusqu'au point où ils auraient dû être taillés. Lorsque les feuilles sont entièrement développées, la sève ayant pris son cours, on peut alors raccourcir les branches au point voulu sans grand danger.

Pincements. — Cette opération est nécessaire pendant le cours de la végétation pour maintenir les rameaux dans les limites voulues et éviter ainsi leur trop grand rapprochement et la confusion. Les branches charpentières étant, dans la taille à coursonnes, espacées d'environ 1 m., les rameaux fruitiers ne peuvent guère s'étendre obliquement à plus de 60 cent. sans chevaucher les uns sur les autres. C'est donc à cette longueur qu'on doit pratiquer le premier pincement. Cependant, la longueur donnée à ces rameaux est généralement basée sur la position de la grappe, car il est d'usage de pincer au moins à la deuxième feuille au-dessus de la grappe, si on ne peut donner au rameau une plus grande extension. Pratiquement, plus grande est la longueur qu'on peut laisser à ces rameaux, mieux cela vaut, car la quantité de feuilles primaires étant plus grandes, la vigueur du cep l'est aussi.

L'opération elle-même est fort simple ; il suffit de pincer et d'enlever avec les ongles le sommet du rameau dès qu'il a atteint la longueur désirée ; la suppression étant alors fort peu importante en tant que quantité, la végétation n'en subit presque pas d'arrêt. C'est une très mauvaise habitude que de laisser les rameaux atteindre une grande longueur sans les pincer et d'être alors obligé de se servir pour cela de la serpette. Enfin, c'est au moment du pincement qu'il convient de supprimer les vrilles que portent parfois certaines grappes, ainsi que les grappes superflues ; une ou deux au plus par coursonne sont bien suffisantes.

Après ce premier pincement, les bourgeons du sommet se développent bientôt en rameaux qu'on nomme *anticipés*, et *latéraux* ou *terminaux* par rapport à leur position respective. Ces rameaux anticipés doivent être pincés au-dessus de la première feuille, de même que tous ceux qui se montrent ultérieurement pendant le cours de la végétation.

Quant au rameau de prolongement, il ne faut pas le pincer, mais s'il produit des rameaux anticipés, on doit alors traiter ceux-ci comme les autres branches latérales, c'est-à-dire les pincer dès qu'ils ont couvert l'espace qui leur est alloué.

On doit toujours se rappeler que plus grande est la quantité de rameaux et de feuilles, plus puissante est l'activité des racines et par suite plus grande est la vigueur de la plante. Le pincement de la Vigne n'est pas une répression de sa vigueur, mais une sorte de conduite, de direction de sa sève dans certaines parties où elle est plus utile que celles où elle se porterait d'elle-même.

Fécondation. — Lorsque la fécondation est imparfaite, les fleurs tombent ou bien elles ne forment que de petites baies, et, comme les graines ne peuvent se développer quand la fécondation n'a pas eu lieu, les baies n'atteignent en tout cas pas leur volume normal.

La fécondation consiste, on le sait, au point de vue mécanique, à l'arrivée du pollen sur le stigmate des fleurs. Cette fonction s'effectue naturellement, car lorsque la « coiffe » se détache, les étamines se tendent brusquement et la petite secousse qui en résulte disperse le pollen.

Il suffit généralement, pour favoriser la fécondation, de maintenir l'atmosphère de la serre chaude et relativement sèche. Certains cultivateurs croient qu'il est nécessaire d'élever beaucoup la température (18 et 20 deg. pendant la nuit) pour favoriser la fécondation et le nouement du fruit. Alors même que cette température élevée conviendrait au forçage de la Vigne, elle n'est pas nécessaire pour assurer la fertilité des fleurs. Par exemple, dans les serres à production tardive et du reste en plein air, les fleurs « nouent » parfaitement à une température beaucoup plus basse, qui descend même fréquemment jusqu'à 6 ou 8 deg. Une température de 12 à 15 deg. pendant la nuit est bien suffisante pour assurer la fécondation, pourvu qu'elle s'élève suffisamment pendant le jour ; cet acte ayant lieu de bonne heure, la température doit toujours être élevée, car les rayons du soleil, auxquels se joint une brise légère et chaude, sont les éléments qui concourent le plus puissamment à la fécondation ; il faut donc à ce moment laisser la serre découverte et l'aérer copieusement, afin que l'air vienne aider à la dispersion du pollen.

Parfois, lorsque le soleil ne se montre pas, il devient judicieux d'aider manuellement à l'accomplissement de cet acte important. Pour cela, on élèvera au besoin la température au degré voulu, on tiendra l'atmosphère relativement sèche et on effectuera artificiellement la fécondation à l'aide d'un pinceau de poils de blaireau, qu'on passe délicatement sur les fleurs, ou bien on se contente de tapoter les branches des Vignes pour faire voltiger le pollen sous forme de poussière nuageuse ; la plus petite parcelle de pollen est suffisante pour féconder une fleur. Un autre procédé qu'on applique fréquemment aux variétés sujettes à la coulure est celui qui consiste à passer délicatement chaque grappe dans la main à demi fermée.

Tout le monde sait que certaines variétés nouent leurs fleurs très facilement à toute époque et dans toutes les conditions culturales favorables à la Vigne, tandis que d'autres sont au contraire très délicates sous ce rapport. Chez certaines variétés, le pollen et les stigmates n'arrivent pas en même temps au moment propice à la fécondation et celle-ci ne peut alors avoir lieu que sous l'influence d'un pollen étranger, qu'il devient alors indispensable de se procurer. Dans d'autres cas, le pollen est stérile et, chez certaines variétés, notamment le *Black Mococco*, le sommet du stigmate est si humide que la fécondation ne paraît pas pouvoir avoir lieu, bien qu'on considère généralement cette humidité comme une aptitude à l'imprégnation.

On a aussi fait remarquer récemment que certaines variétés telles que *Alnwick Seedling*, *Chaouch* et autres sortes américaines ont les étamines défléchies ou s'écartant du stigmate, ce qui constitue un obstacle à la fécondation. Chez la Vigne ordinaire, les étamines sont dressées et pressées autour du stigmate. Dans ces cas, la coulure étant due à un défaut de structure ou constitution, la fécondation artificielle devient encore le seul remède à y apporter.

Eclaircissage et cisellement des grappes. — La Vigne est une plante excessivement fructifère, les grappes qu'elle produit, lorsqu'elle est généreusement traitée, sont si nombreuses qu'elle finirait par en périr si on les lui laissait toutes ou ne donnerait plus, du moins, que des grains petits, mûrissant difficilement et sans qualités. Il est impossible de déterminer d'une façon rigoureuse le nombre de grappes que doit produire un pied de Vigne, cela dépend, en effet, de sa vigueur, de la qualité du milieu dans lequel elle se développe et du traitement qu'on lui applique. On pourrait cependant établir une règle basée sur l'importance de la surface totale des feuilles normalement développées. On sait qu'il faut tant de bonnes feuilles pour chaque livre de raisin, donc, plus la surface foliaire sera grande, mieux cela vaudra au point de vue de la fructification. Si on tient compte que toutes les matières colorantes sucrées et autres qui constituent la qualité des raisins doivent passer d'abord dans les feuilles pour y être élaborées, on comprendra que, sans un certain nombre de feuilles normales et bien portantes on ne peut espérer obtenir du beau et bon fruit.

Une Vigne dont le feuillage est petit et maladif ne peut donner beaucoup de fruit, et il en est de même lorsqu'il est endommagé ou détruit par les insectes ou les maladies.

Une grappe sur chaque coursonne peut être considérée comme une forte récolte et 1 k. 500 environ de raisin par mètre de branche charpentière est à peu près la quantité de fruit à conserver ; elle constitue une production moyenne. Sur les variétés aussi productives que l'est le *Black Hamburgh*, il faut supprimer la deuxième grappe de chaque coursonne avant l'épanouissement des fleurs et toutes les autres qu'il convient aussi de supprimer doivent l'être dès que la fécondation est assurée. L'éclaircissage des grappes, de même que le cisellement des baies, doivent être effectués de bonne heure. Plus on retarde ces opérations, plus grande est la perte de force végétative. Par conséquent, dès que les grains sont suffisamment bien formés, supprimez toutes les grappes superflues et commencez le cisellement de celles qui sont conservées.

Le cisellement des grappes, c'est-à-dire l'éclaircissage des baies, ou plus familièrement des grains de raisins, est une opération délicate et qui exige beaucoup de patience et d'attention. Elle consiste, comme son nom l'indique, à supprimer, à l'aide de petits ciseaux à pointes fines mais émoussées, tous les grains petits, mal placés ou superflus. Ce travail, pour être bien fait, demande une grande pratique et une certaine dextérité de main ; c'est pourquoi on le confie souvent à des femmes. Sur des grappes bien nouées, de variétés telles que le *Black Hamburgh*, il faut supprimer environ un tiers des baies, tandis que, sur d'autres, telles que le *Chasselas de Fontainebleau*, il faut agir avec modération ; cela dépend naturellement de la grosseur que les baies sont susceptibles d'atteindre. Cette suppression paraît être un grand sacrifice aux yeux de ceux qui ne sont pas initiés à la culture de la Vigne en serre ; les grappes ayant, après l'opération, l'aspect de squelettes, mais, en réalité, chaque baie atteint, à son complet développement, près de 3 cent. de diamètre. On retrouve ainsi ce qui aurait été absorbé par les grains supprimés et le produit est beaucoup plus beau ; il n'y a donc rien à gagner à ciseler avec parcimonie. Il faut d'abord habiller ou parer la grappe, c'est-à-dire lui donner une forme régulière, en supprimant à cet effet les parties trop longues ou formant confusion, puis couper toutes les baies intérieures qui paraissent inutiles et enfin les plus petites. Les ciseleurs habiles coupent celles-ci par deux ou trois à la fois. Il ne reste plus ensuite qu'à repasser une ou deux fois pour supprimer encore quelques baies sur les parties où elles sont trop nombreuses.

Chez les grosses grappes, il est souvent nécessaire de relever les ramifications latérales, soit en les accrochant au treillage à l'aide de fils de fer tordus en forme d'S et de la longueur voulue, soit en les faisant porter sur un petit morceau de bois, si un point d'appui se trouve à proximité. Les baies en grossissant se soulèvent mutuellement et la grappe prend ainsi une forme régulière et compacte, sans que les baies se trouvent comprimées.

Il ne faut cependant pas pousser le ciselage à l'excès, car les grappes resteraient claires et paraîtraient alors mal nouées. Tout en restant fermes et compactes, les baies doivent avoir chacune un espace suffisant pour se développer sans gêne. En général, le ciselage se fait à deux reprises, d'abord avant la formation des pépins, puis une autre fois pendant la seconde période du renflement, afin d'enlever toutes les petites baies et régulariser définitivement la forme de la grappe. Dans les grandes grapperies, le ciselage est principalement fait par des femmes et des jeunes gens.

Forçage. — Depuis la création des serres-vergers, des bâches et autres constructions affectées à la culture de la Vigne sous verre, le terme forçage, autrefois très défini, l'est beaucoup moins aujourd'hui. En effet, on peut qualifier de forçage tous les moyens employés pour avancer la végétation. Pratiquement, on désigne sous le nom de *culture hâtée* ou *avancée* celle qui se pratique sans autre chaleur que celle du soleil ; le mot *forçage* est réservé à une culture qui se fait à l'aide de la chaleur artificielle, enfin on a attribué, à tort, le nom de *culture retardée*, à celle qui consiste non pas à obtenir le produit plus tard qu'en raison normale, mais simplement à le conserver sur pied le plus longtemps possible ; cette dernière culture peut nécessiter un peu de chaleur artificielle à l'automne, pour sécher l'atmosphère et aider le fruit à se conserver.

On peut forcer la Vigne à entrer en végétation et fructifier en toute saison, pourvu que ses rameaux aient été convenablement aoûtés. Les Vignes forcées de bonne heure une année se forcent plus facilement la suivante et les vieilles Vignes se forcent aussi plus facilement que celles qui sont jeunes.

Pour obtenir des raisins de bonne heure, en avril, par exemple, il faut mettre les Vignes en végétation en novembre. Le temps nécessaire depuis le départ de la végétation jusqu'à la maturité du fruit est, pour le *Black Hamburg*, d'environ cinq mois. Ainsi, une Vigne mise en végétation au commencement de mars, mûrira ses fruits à la fin de juillet, et celles qui partent normalement en plein air en avril, auront leurs fruits mûrs en août-septembre.

Le *Muscat d'Alexandrie*, le *Gros Colman*, le *Black Alicante*, *Lady Downes' Seedling* et autres variétés tardives demandent presque six mois pour arriver à maturité complète.

Si, par exemple, nous mettons une serre à Vignes en végétation au 1er janvier, pour en obtenir les raisins dans le mois de juin, le traitement général pour y parvenir sera le suivant :

Température. — Au commencement, 15 deg. seront suffisants pendant la nuit jusqu'à ce que les Vignes soient entrées en activité. La chaleur sera ensuite élevée à 20 deg. au moment de la floraison. Lorsque la fécondation aura eu lieu et que les baies seront bien nouées, on pourra, jusqu'à la formation des pépins, maintenir une température moyenne un peu plus basse, en la laissant cependant s'élever un peu plus si l'humidité devient trop grande. Lorsque la coloration des grains commence, la température peut encore être légèrement abaissée, mais un peu de chaleur artificielle est presque toujours nécessaire, pour maintenir l'atmosphère suffisamment sèche.

Pendant le jour, on élèvera la température d'environ 3 deg. au-dessus de celle de la nuit durant les journées sombres et froides, et on pourra lui laisser atteindre 5 deg. et plus sous l'influence des rayons du soleil et jusqu'à 25 ou 30 deg. selon l'avancement de la saison. Lorsque le temps est très froid, il est cependant préférable de laisser la température s'abaisser que de vouloir la maitenir au degré ordinaire en surchauffant.

Aération. — L'aération n'a pas seulement pour but de régulariser la température, mais aussi de renouveler l'air intérieur de la serre. Pendant la nuit, on règle principalement la température par l'activité du chauffage, tandis que dans le jour on modère au besoin l'échauffement produit par les rayons solaires à l'aide de la ventilation. Dans les serres à Vignes, il faut donner un peu d'air par les ventilateurs du faitage ou du haut du vitrage de bonne heure le matin ou dès que l'on remarque que la température s'est élevée au-dessus du point nécessaire, et l'on augmente ensuite graduellement l'aération au fur et à mesure que la température extérieure augmente. On la réduit ensuite de la même manière en fermant totalement un peu à l'avance, de façon à obtenir ensuite une légère élévation. Cette petite manœuvre est très judicieuse, car les derniers rayons solaires sont les plus bienfaisants. Lorsque les raisins commencent à se colorer, il faut aérer copieusement pendant le jour et un peu pendant la nuit, en chauffant au besoin.

Humidité. — L'humidité du sol et celle de l'atmosphère sont indispensables pour que la Vigne végète avec vigueur. Elle est d'abord très favorable au départ des bourgeons, puis à l'accomplissement normal des fonctions élaboratrices des feuilles. Elle empêche en même temps les insectes de prendre pied.

Depuis le début du forçage jusqu'à la maturité, l'atmosphère doit en conséquence être entretenue humide. Plus la température est élevée, plus l'évaporation est grande et plus la somme d'humidité est considérable. Lorsque les Vignes sont en végétation, il faut les seringuer régulièrement plusieurs fois par jour, surtout quand le temps est clair et chaud ; il faut commencer à les seringuer dès qu'on s'aperçoit que la température commence à s'élever, puis successivement selon l'état du temps et la saison. Ce traitement peut être continué jusqu'à la floraison, période pendant laquelle il faut les suspendre, pour maintenir l'atmosphère un peu plus sèche, afin de faciliter la fécondation. Les seringages doivent être arrêtés peu après cette époque, parce que la chaux que contiennent presque toutes les eaux tache les raisins. Néanmoins, toutes les parties de la serre, les allées et les plates-bandes, doivent être fréquemment arrosées afin d'entretenir l'atmosphère constamment chargée d'humidité.

Lorsque les raisins commencent à se colorer, l'air doit être maintenu un peu plus sec; à complète maturité, il faut le tenir très sec et le renouveler aussi fréquemment qu'on le peut. Après la récolte des raisins, il faut, si on est encore dans la période de végétation de la Vigne, faire de nouveau copieusement fonctionner la seringue, afin de nettoyer complètement les feuilles et le bois, et continuer son usage jusqu'à ce que le bois soit complètement aoûté.

Variétés pour la culture en serre. — Quoique aujourd'hui nombreuses, beaucoup des variétés propres à cette culture sont d'obtention relativement récente ; leur apparition a suivi, quant au nombre, les progrès de cette culture qui a, comme on le sait, pris un développement énorme depuis une vingtaine d'années, et exclusivement dans le nord de l'Europe.

Voici quelques indications relatives à leur nombre : Miller en décrivit 18 variétés en 1768 ; Speechly, 50 variétés en 1791, Forsyth, 53 en 1810, Thompson, 182 dans le Catalogue des fruits de la Société d'horticulture ; Dr Hogg, 143 dans le *Fruit Manual* et A. Barron en a complètement décrit 100 variétés dans son *Vines et Vine Culture ;* presque toutes y sont figurées et toutes ont été cultivées au jardin de la Société d'horticulture de Londres, dont il était le jardinier en chef. C'est dans cette liste, qui comprend à peu près toutes les meilleures variétés, que nous avons effectué le choix de celles mentionnées ci-après et que nous avons puisé les description données à la liste générale.

Black Hambourg ou *Frankenthal.*
Buckland Sweetwater.
Canon Hall Muscat.
Foster's White Seedling.
Gros Golman.
Gros Guillaume.
Lady Downes' Seedling.
Madresfield Court.
Muscat d'Alexandrie.

Ces variétés sont exclusivement à fruit de table, beaucoup d'entre elles ont été obtenues dans les serres, à l'aide de sélections et croisements judicieux, mais, étant particulièrement appropriées à l'usage pour lequel elles ont été créées, elles sont plus ou moins dépourvues d'intérêts pour la culture en plein air.

Cultures en pots, en serre. — La culture de la Vigne en pots a deux buts : 1° l'éducation de plantes destinées à être mises ensuite en pleine terre pour former des Vignes permanentes ; 2° de produire des plantes destinées à fructifier en pots.

Certains cultivateurs font fructifier la même année des Vignes obtenues de boutures à un œil au commencement du printemps, tandis que d'autres bouturent et cultivent leurs plantes sans les pousser pendant la première année, puis ils les rabattent et les rempotent au printemps suivant, pour les faire alors fructifier dans le courant de l'année. Cette culture occupe ainsi deux ans pour arriver au même résultat.

Bien cultivées, les jeunes boutures de l'année sont généralement considérées comme étant préférables, mais on ne peut les obtenir qu'à l'aide de conditions absolument favorables, et il faut pour cela des soins très minutieux et une attention des plus soutenues; leur prix de production revient ainsi peut-être plus cher que celui des plantes multipliées l'année précédente.

Rempotages. — Il est nécessaire de donner beaucoup de place aux racines des jeunes boutures destinées à cette culture intensive. En conséquence, dès que l'on remarque que les racines ont atteint les parois et le fond de la motte, il faut les rempoter dans des pots de 12 cent.

Fig. 489. — Vigne en pot.

de diamètre; puis dès qu'elles ont envahi la nouvelle terre, on les place dans des pots de 20 cent., puis dans ceux de 25 cent. et enfin dans ceux de 30 cent. de diamètre, où on les laissera fructifier. Les pots de cette dernière dimension sont bien suffisants au point de vue pratique. Les plantes qui ne doivent fructifier que l'année suivante ne doivent pas être empotées dans des pots de plus de 20 cent. de diamètre. Après le dernier rempotage (qui ne doit pas être effectué plus tard que le commencement de juillet et lorsque la terre est complètement envahie et épuisée), il faut rechausser les plantes de temps à autres; on remarquera alors que la terre est bien vite envahie par les racines fibreuses.

Terre. — Pour le premier rempotage, il faut employer la meilleure terre franche et fibreuse que l'on peut se procurer et y ajouter du charbon de bois concassé et une certaine quantité de poudre d'os et de fumier bien décomposé; plus la terre franche sera finement concassée, meilleur sera le compost. Les pots doivent être fortement et soigneusement drainés. Pour les deuxième et troisième rempotages, la terre devra être un peu plus riche en matières fertilisantes.

La terre à employer pour les rechaussages doit se composer de terre franche et de raclures de cornes. Il faut, autant qu'on le peut, effectuer ces rempotages dans la serre même où se trouvent les plantes, ou du moins ne les exposer que le moins possible à une température plus basse que celle qu'on entretient dans la serre; l'arrêt de végétation qui résulterait de l'exposition au froid serait très préjudiciable aux plantes à cet état de leur développement.

Arrosements et bassinages. — Beaucoup d'eau est nécessaire en tout temps pour la culture de la Vigne en pots. Il faut la seringuer plusieurs fois par jour et tenir l'atmosphère continuellement chargée d'humidité. Lorsque les pots dans lesquels la Vigne doit fructifier sont garnis de racines, il faut les arroser fréquemment à l'engrais liquide, afin de soutenir la vigueur de la végétation.

Température. — Dès leur bouturage, les Vignes destinées à la culture en pots doivent être plongées dans une couche de tannée ou de fumier chaud ayant environ 27 deg. et la température de l'atmosphère doit être maintenue entre 18 et 20 deg., elle peut même monter, sous l'influence du soleil, jusqu'à 35 et même 40 deg. C'est à peine si l'on peut dire que la chaleur risque d'être nuisible à la Vigne tant que l'atmosphère reste abondamment chargé d'humidité. Lorsque les plantes atteignent un état suffisamment avancé, la chaleur de fond devient à peu près inutile, mais il convient de maintenir, jusqu'à complète maturité, la température aux mêmes degrés que ceux que nous venons d'indiquer.

Dressement, forme, etc. — A mesure que le sarment principal s'allonge, il faut lui donner un bon tuteur et supprimer les pousses latérales qu'il pourrait émettre, ainsi que les vrilles. Cette pousse ne doit pas être arrêtée avant qu'elle ait atteint la longueur voulue, soit 2 à 3 m. selon le cas, mais il faut au contraire l'arrêter et supprimer les pousses latérales au fur et à mesure qu'elles se montrent, au-dessus de leur première feuille, comme nous l'avons du reste indiqué pour les Vignes plantées en place. Lorsque les sarments sont aoûtés, ce qui arrive en novembre, il faut les tailler de suite, c'est-à-dire qu'il faut supprimer toutes les pousses latérales et raccourcir le sarment conservé à la longueur voulue, soit 1 m. 50 à 2 m. 50, selon sa force.

Pendant leur période de végétation, il faut tenir ces jeunes Vignes aussi près du verre qu'on le peut, et, comme elles s'allongent beaucoup, le devant d'une serre basse constitue une bonne place pour elles, car on fait alors filer les sarments sur un treillage au dessous du vitrage. De cette façon, toutes les feuilles et autres parties vertes sont entièrement exposées à l'influence solaire et de bons bourgeons à fruits se forment tout le long des sarments.

Aoûtement des sarments. — Pour cela, le moyen ordinairement employé à la fin de la saison, lorsque les Vignes ont terminé leur végétation et qu'elles entrent dans la période de repos, est celui qui consiste à aérer plus copieusement, à diminuer les arrosements et à les laisser exposées en plein soleil. Les plantes ne doivent cependant jamais souffrir de la soif ni se faner.

Production de Vignes fructifères en deux ou plusieurs années. — Le mode de traitement de ces Vignes est pratiquement le même que celui que nous venons de recommander pour leur obtention en un an, avec cette différence que, au lieu de commencer avec des boutures à deux yeux, on emploie de jeunes plantes.

En hiver, ces jeunes Vignes sont taillées à un ou deux yeux, et mises en végétation en janvier-février. Dès qu'elles sont en activité, les plantes sont rempotées en secouant toute la vieille terre qu'on remplace par de la neuve, mais plus les pots seront petits mieux cela vaudra. On les place ensuite sur une douce chaleur de fond et on les rempote au fur et à mesure des besoins, comme nous l'avons déjà indiqué, en tenant toujours les pots plongés sur une douce chaleur de fond.

Ces Vignes rabattues et recevant à peu près les mêmes soins que les boutures, forment généralement les plus fortes plantes. On peut et on leur laisse même parfois atteindre une grande dimension, en les plaçant alors dans de plus grands pots. Elles produisent ainsi une grande quantité de fruits ; MM. Lane et Son, de Berkhamsted, en Angleterre, ont souvent exposé des ceps portant jusqu'à vingt-cinq et trente grappes. Ces grosses Vignes peuvent être cultivées pour leurs fruits pendant plusieurs années.

Traitement des Vignes fructifères. — Le forçage des Vignes en pots peut commencer depuis novembre jusqu'au printemps. Les pieds destinés aux premiers forçages doivent être pris parmi ceux les premiers et les mieux aoûtés et les sarments doivent avoir été taillés au moins un mois à l'avance. L'emploi de Vignes parfaitement aoûtées est très important pour le forçage précoce.

Une serre basse ou une bâche convient parfaitement pour la culture des Vignes en pots. On les y place sur le devant, soit sur une tablette, soit et de préférence en enfonçant les pots dans une petite couche. Au début, la température artificielle ne doit pas dépasser 10 deg., mais on peut l'élever jusqu'à 15 deg. lorsque les bourgeons s'ouvrent et commencent à pousser, et à environ 20 deg. pendant la floraison. La chaleur solaire peut naturellement s'élever beaucoup plus haut, mais le traitement des Vignes en pots, en ce qui concerne les conditions atmosphériques de la serre, son aération, etc., est exactement semblable à celui des autres Vignes en serre.

Lorsqu'on chauffe les Vignes en pots, les arrosements doivent être très modérés au début et jusqu'à ce que les racines commencent leurs fonctions, sans quoi la terre se sature d'eau et les fait pourrir ; il est donc préférable de tenir la terre plutôt un peu sèche que trop mouillée. Quand les plantes sont bien feuillées, les arrosements doivent naturellement être plus copieux. Pendant la période de maturation des raisins, il est très important de veiller à ce que les Vignes restent en pleine vigueur, surtout si la récolte est abondante.

Il est rarement nécessaire de rempoter les plantes, mais le meilleur moment pour cette opération correspond à la floraison ; les racines étant à ce moment en activité, elles prennent rapidement possession de la terre neuve. Par contre, il y a tout avantage à rechausser fréquemment les plantes avec un compost dans lequel on fait entrer une certaine quantité de raclures de corne.

Voici maintenant quelques indications concernant la capacité fruitière des Vignes en pots. Un cep de *Black Hamburgh* élevé dans un pot de 30 cent. peut produire 4 à 5 kilos de raisins ou huit à dix grappes de belles dimensions. Le *Chasselas de Fontainebleau* peut porter de dix à douze grappes, mais cela dépend de la force et de la vigueur de la plante.

Forme et dressement. — Le mode de dressement ordinaire des Vignes en pots est celui qui consiste à fixer la branche charpentière après le treillage dont le dessous de la charpente de la serre est pourvu et à environ 50 cent. les unes des autres, de façon à ce que les rameaux latéraux ne soient pas gênés, mais qu'ils couvrent cependant toute la surface restée libre pour eux. Un autre mode de dressement, très en usage et préférable lorsque les Vignes doivent être vendues avec leurs fruits ou transportées à la maturité, est celui qui consiste à contourner en spirale le sarment charpentier autour de trois ou quatre tuteurs enfoncés sur les bords du pot et reliés entre eux au sommet par un cercle de fil de fer ; la plante prend alors l'aspect que montre la figure précédente. Enfin, on peut de même étaler les sarments en forme de parapluie, et les grappes pendent alors en dessous ; cette forme convient surtout pour les garnitures de table.

Variétés. — Les variétés les mieux appropriées à la culture en pots sont celles les plus fructifères, telles que : *Black Alicante*, *Black Hamburg*, *Chasselas* divers, *Foster's White Seedling*, *Madresfield Court* et *Royal Ascot*. Le *Muscat d'Alexandrie* est difficile à cultiver en pots et le *Gros Guillaume* ne produit presque rien.

Liste générale des meilleures variétés de Vignes américaines et européennes.

Dans aucune autre essence fruitière les variétés ne sont plus nombreuses que dans la Vigne. A l'état sauvage, elle présente de grandes variations, et sous l'influence de la culture et des différents climats où on la cultive, elle a produit un nombre considérable de variétées, appropriées au milieu où elles sont nées ou au but qu'on s'est proposé en les cherchant. C'est ainsi que, dans certains pays, les raisins à peau mince prédominent, tandis que dans d'autres, à climat plus chaud et plus sec, les variétés à peau épaisse sont les plus fréquentes.

Ce sont surtout les variétés de Vigne d'Europe qui sont les plus abondantes, chaque pays et chaque région même en ayant adopté un certain nombre et en ayant souvent quelques-unes qui lui sont propres. C'est donc par plusieurs centaines que l'on pourrait compter les Vignes à vin, mais cet ouvrage étant essentiellement horticole, nous n'aurons pas à nous en occuper ou du moins, nous ne mentionnerons dans les listes suivantes que quelques-unes des plus connues et des meilleures comme raisin de table. D'autre part, depuis l'emploi des Vignes américaines, un assez grand nombre de variétés hybrides ont été obtenues chez nous ou introduites de leur pays d'origine, et quelques-unes sont cultivées comme producteurs directs. Toutefois, leurs raisins, quoique acceptables comme fruits de table, sont bien inférieurs aux nôtres et, pour cette raison, nous n'en mentionnerons qu'un très petit nombre de variétés, en en formant une section spéciale. La liste suivante comprend, par ordre alphabétique, les meilleures variétés intéressant l'horticulture au point de vue des divers modes de culture qu'on applique à cette plante.

VARIÉTÉS EUROPÉENNES

(*Vitis vinifera.*)

Aleppo. — *Baies* diversements colorées, les unes noires, les autres vertes ou striées de noir, petites, arrondies et d'aspect singulier ; chair molle, douce et aqueuse ; *grappe* petite et lâche. Variété de serre, hâtive.

Alicante ou **Grenache**. — *Baies* noires, couvertes d'une épaisse pruine, grosses, de forme exactement ovale; chair pâteuse; saveur un peu terreuse, à moins que la maturité ne soit parfaite; peau épaisse et coriace; *grappe* grosse, élargie, atteignant en serre 1 à 3 kilos, avec de très fortes ramifications supérieures, conique et régulière, compacte et à pédoncule très court. Maturation tardive. — Très belle variété se cultivant facilement en serre. Dans le Midi, c'est une excellente Vigne à vin, qui a donné naissance, par croisements ou sélections, à de nombreuses formes ou hybrides, désignés sous le nom de *Alicante-Bouschet*.

Alnwick Seedling. — *Baies* noires, couvertes d'une pruine épaisse, grosses, arrondies-ovales; chair ferme; saveur forte, assez agréable et douce; peau épaisse et coriace; *grappe* grosse, large du haut, obtusément conique, mais nouant mal. Bonne variété de serre, très productive, tardive et de bonne conservation.

Aramon. — *Baies* noires, grosses, arrondies, écartées; chair ferme, à saveur fine et agréable; *grappe* grosse, allongée, à pédoncule très fragile. — Variété tardive et de second mérite pour la culture en serre, mais très productive et beaucoup cultivée dans le midi de la France, pour la fabrication du vin, quoique celui-ci soit léger et peu coloré.

Aspiran noir. — *Baies* noir purpurin foncé, moyennes, arrondies ou un peu oblongues, très pruineuses; pulpe ferme, un peu acide, mais bonne; *grappe* petite, rétrécie et assez serrée. — Bonne variété de plein air, à maturité moyenne, dont il existe une variété à *grains gris rosé*.

Barbarossa. — Syn. de *Gros Guillaume*.

Black Hamburgh ou **Frankental**. — *Baies* noir purpurin foncé, couvertes d'une fine pruine, très grosses, arrondies-ovales; chair ferme, quoique tendre, juteuse, à saveur fine et agréable; *grappe* moyenne ou grosse, ovale, large du haut et compacte. — Variétés de demi-saison la plus généralement cultivée en serre, mais médiocre pour le plein air, sauf dans le Midi, où on la place au pied des murs exposés en plein soleil.

Black July. — *Baies* pourpre foncé, petites, arrondies; pulpe douce et juteuse; *grappe* petite et lâche. Variété hâtive.

Black Monukka. — *Baies* rouge purpurin, petites, allongées-ovales ou ayant la forme d'un gland; pulpe ferme, tendre, sans pépins, très douce et agréable; *grappes* très grosses, allongées et graduellement rétrécies. — Variété très distincte, d'origine indienne.

Black Morocco. — *Baies* rouge purpurin, grosses, allongées-ovales; pulpe très ferme, juteuse, à saveur relevée; *grappe* grosse, graduellement rétrécie et allongée, généralement mal nouée. — Belle variété tardive.

Black Prince. — *Baies* pourpre bleuâtre foncé, couvertes d'une pruine épaisse, de moyenne grosseur, ovales; pulpe dure, juteuse et douce, mais non parfumée; grappe très longuement rétrécie et toujours bien garnie. — Très belle variété de serre, hâtive et productive.

Blanquette. — Syn. de *Clairette blanche*.

Bourdalès. — Syn. de *Cinsaut*.

Buckland Sweetwater. — *Baies* vert pâle, devenant presque blanches quand elles sont trop mûres, grosses, arrondies; pulpe juteuse, à saveur aqueuse, quoique douce et agréable; grappe moyenne, courte, mais large du haut. Variété de serre, nouant bien, productive et de moyenne saison.

Calabre (de). — *Baies* blanches, moyennes, arrondies, à pulpe ferme et peu savoureuse; *grappe* allongée et rétrécie. — Variété tardive et se conservant bien.

Chaouch. — *Baies* jaune paille clair, ovales, moyennes; pulpe tendre juteuse, très douce et parfumée; peau mince; *grappe* moyenne, un peu lâche et souvent dégarnie. — Variété hâtive, très estimée à Constantinople.

Chaptal. — *Baies* blanc verdâtre, petites, arrondies; pulpe ferme, douce et aqueuse; *grappe* longuement rétrécie et un peu lâche. — Variété très vigoureuse, de moyenne saison, ressemblant à un gros Chasselas.

Chasselas d'Alger. — Syn. de *Panse jaune*.

Chasselas doré ou **de Fontainebleau**; Angl. Royal Muscadine. — *Baies* rondes, vert d'ambre plus ou moins rosé du côté du soleil et acquérant, lorsque l'insolation est intense et la maturité passée, une teinte dorée très remarquable; pulpe ferme, croquante, juteuse, très sucrée à ce dernier état, d'un goût fin et des plus agréables; *grappe* moyenne, allongée, compacte ou lâche. — Excellente variété pour la culture en treilles, la plus répandue et la plus estimée, du reste, dans le nord de la France.

Chasselas de Falloux. — *Baies* rose clair, arrondies, assez grosses; pulpe juteuse et de bonne qualité; *grappe* forte et peu serrée. — Variété de demi-saison, très productive, différant surtout du Chasselas rose par sa teinte un peu plus pâle.

Chasselas fendant roux. — *Baies* rose roussâtre, arrondies, moyennes, de bonne qualité; grappe assez forte. — Variété fertile, mais peu vigoureuse et à production régulière.

Chasselas à feuilles laciniées. — Syn. de *Ciotat*.

Chasselas de Florence. — *Baies* jaune pâle ou presque blanches, dont beaucoup prennent une teinte violacée et d'autres une nuance brun doré, petites et arrondies; pulpe ferme, douce et agréable; *grappe* longue, moyenne et bien garnie. — Variété hâtive.

Chasselas musqué. — *Baies* blanc verdâtre pâle, passant au jaune d'ambre, petites, arrondies; pulpe ferme, juteuse, à saveur exquise; peau mince, très sujette à se fendre à l'approche de la maturité et se détériorant ainsi parfois complètement; *grappe* longuement rétrécie et bien garnie. — Variété hâtive et bien musquée.

Chasselas Napoléon. — Syn. de *Panse jaune*.

Chasselas rose. — *Baies* rose-rouge clair, arrondies, petites; pulpe ferme, juteuse, douce et très agréable; grappe allongée, cylindrique et bien garnie. — Bonne variété de moyenne saison, à cultiver en treille, contre un mur bien exposé. Il en existe une forme nommée *Chasselas rose royal*, qu'on considère comme le plus fin de tous les raisins de table.

Chasselas Vibert. — *Baies* blanc verdâtre clair, moyennes, arrondies; pulpe ferme, tendre, douce et agréable; *grappe* petite, compacte et bien garnie. — Variété estimée pour sa précocité, qui devance d'une quinzaine celle du Chasselas doré.

Cinsaut. — *Baies* grosses, oblongues, noir-violet pruineux, à peau dure; pulpe ferme, juteuse et parfumée; grappes grosses et très belle. — Beau cépage à vin, vigoureux et productif, très cultivé dans le Languedoc, où on le désigne aussi sous le nom de *Bourdalès*. On le confond souvent avec l'*Œillade*, duquel il se rapproche du reste beaucoup, mais c'est plutôt un raisin de cuve que de table.

dans les ménages pour fabriquer de la boisson. Il en existe une forme à *grains blancs*.

Cornichon blanc. — *Baies* blanc jaunâtre, allongées, crochues; pulpe charnue, peu aqueuse, de qualité médiocre; grappes très grosses. Variété peu recommandable, mais curieuse par la forme de ses grains; il en existe une forme à *grains violets*.

Fig. 490. — Grappe et feuille de Frankental ou Black Hamburgh. (D'après A.-F. Barron.)

Ciotat. — *Baies* blanc verdâtre clair, petites et arrondies; pulpe ferme, douce et agréable; *grappe* petite et compacte. *Feuilles* très fortement découpées ou laciniées, d'où le nom de *Chasselas à feuilles laciniées* qu'on lui donne parfois. Variété précoce, mais peu productive et très caractérisée par son feuillage.

Citronelle d'Ascot. — *Baies* jaune verdâtre pâle, petites, arrondies, ovales; pulpe molle, juteuse, très douce et savoureuse. — Variété musquée, mûrissant en serre plusieurs semaines avant le *Black Hamburgh*.

Clairette blanche ou **Blanquette.** — *Baies* blanc verdâtre, transparentes, oblongues, un peu petites; peau mince, mais dure; pulpe ferme, croquante, douce à complète maturité; grappe moyenne, allongée, peu serrée. — Variété tardive, de longue conservation, donnant un vin blanc très renommé.

Clairette musquée. — Syn. de *Musqué Talbot*.

Clairette rose. — Cette variété diffère surtout de la précédente par la jolie teinte rose de ses baies; elle est aussi un peu plus fertile.

Corinthe noir. — *Baies* rouge purpurin, très petites, arrondies; pulpe très juteuse et dépourvue de pépins; grappes petites et graduellement rétrécies. C'est cette variété qui produit, dans certaines parties de la Grèce, le raisin de Corinthe du commerce, qui s'importe en grande quantité à l'état sec et s'emploie

Dodrelabi. — Syn. de *Gros Colman*.

Dr Hogg. — *Baies* blanc verdâtre clair, moyennes, arrondies; pulpe ferme, très douce et à saveur musquée, très agréable; *grappe* longuement rétrécie et nouant bien. Maturité moyenne.

Duc de Malakoff. — *Baies* blanc doré, à peau fine et ferme; pulpe croquante et sucrée; *grappe* bien faite, se conservant longtemps sur pied. Excellente variété de table, obtenue à Angers, vers 1864. (R. H. 1892, 444.)

Duchess of Buccleuch. — *Baies* blanc verdâtre, passant au jaune quand elles sont très mûres, petites et arrondies; pulpe tendre, juteuse, très bonne et ayant une forte saveur musquée; *grappe* très longue, cylindrique et bien garnie. Maturité moyenne.

Dutch Hamburgh. — *Baies* noir purpurin foncé et fortement pruineuses, très grosses, rondes; pulpe grossière et à saveur âpre; *grappe* moyenne, courte, élargie du haut, nouant souvent imparfaitement. Très belle variété de Vigne à vin à maturité moyenne.

Dutch Sweetwater. — *Baies* blanc verdâtre clair, moyennes, rondes, à pulpe ferme, juteuse, douce et agréable; *grappe* courte, petite, souvent peu garnie. Ancienne variété à fruit de table, qu'on recommande pour la culture en plein air dans le nord.

Ferdinand de Lesseps. — *Baies* vert jaunâtre clair,

transparentes, petites, ovales, à pulpe très tendre, fondante, juteuse et douce, ayant une forte saveur de fraise; *grappe* petite, rétrécie.

Foster's Seedling. — *Baies* jaune verdâtre clair, moyennes, ovales, à pulpe tendre, fondante et aqueuse; *grappe* moyenne, élargie du haut et bien garnie. Variété hâtive et de serre.

Fig. 491. — Grappe et baies de Chasselas doré de Fontainebleau. (D'après A.-F. Barron.)

Frankental. — Syn. de *Black Hamburgh.*

Frontignan blanc. — Syn. de *Muscat blanc.*

Frontignan noir. — Syn. de *Muscat noir.*

Gamay. — *Baies* noires, moyennes, ellipsoïdes; pulpe molle, juteuse et sucrée; *grappe* cylindrique et assez serrée. — Variété précoce, cultivée dans le Beaujolais et donnant un vin très fin. On le nomme aussi *Bourguignon noir.*

Golden Hamburgh. — *Baies* jaune verdâtre, grosses, arrondies; pulpe molle, fondante et aqueuse; *grappe* moyenne, très élargie du haut. — Variété de table, à maturité moyenne.

Golden Queen. — *Baies* jaune verdâtre, dorées quand elles sont très mûres, grosses, allongées-ovales; pulpe molle, pâteuse, faiblement musquée; grappe moyenne, longuement rétrécie et bien garnie. — Variété tardive.

Grenache. — Syn. de *Alicante.*

Gros Colman ou Dodrelabi. — *Baies* noires, fortement pruineuses, grosses, arrondies, à pulpe épaisse et grossière, de saveur aqueuse et médiocre; *grappe* moyenne, très élargie du haut et bien garnie. — Très belle variété de longue garde, tardive et vineuse. (I. H. 1893, 185.)

Gros Guillaume. — *Baies* noir foncé, couvertes de pruine glauque, moyennes, arrondies; pulpe tendre, juteuse, mais peu savoureuse, *grappe* très grosse, atteignant parfois jusqu'à près de 10 kilos en serre, graduellement rétrécie et bien garnie. — Variété tardive, connue aussi sous le nom de *Barbarossa.*

Gros Maroc. — *Baies* presque noir de Geai, fortement pruineuses, grosses, exactement ovales; pulpe ferme, juteuse, à saveur relevée et agréable; *grappe* moyenne et bien garnie.

Fig. 492. — Grappe et baies de raisin de Corinthe. (D'après A.-F. Barron.)

Lady Downes' Seedling. — *Baies* noires, un peu pruineuses, grosses, arrondies; pulpe très ferme, juteuse, à saveur un peu âpre; *grappe* moyenne, allongée et toujours bien garnie. — Bonne variété de serre se conservant longtemps.

Lignan blanc. — *Baies* vertes et nacrées, transparentes, moyennes ou assez grosses et obtuses; *grappe* assez grosse et compacte. Mûrit en septembre. — Bonne variété de table et de cuve, très répandue sous de nombreux synonymes.

Lombardie (de). — *Baies* noires ou grisâtres, moyennes, arrondies; pulpe tendre, à saveur douce et agréable; *grappe* très élargie du haut et bien garnie. — Variété demi-hâtive.

Madeleine noire. — Syn. de *Morillon hâtif.*

Madeleine Royale. — *Baies* jaune verdâtre clair, moyennes, ovales; pulpe tendre, juteuse, sucrée et agréable; *grappe* petite, élargie du haut et bien garnie. — Variété vigoureuse et très hâtive.

Madresfield Court. — *Baies* noir purpurin, à pruine grise, grosses, ovales; pulpe ferme, mais néanmoins juteuse, agréable et très fortement musquée; *grappe* grosse, allongée et bien garnie. — Très belle variété de serre, à maturité de moyenne saison.

Malaga. — *Baies* blanches, très grosses, ovoïdes; pulpe très sucrée et de bonne qualité; *grappe* grosse, très ramifiée. Variété tardive, ne mûrissant bien que dans le Midi, le long des murs ensoleillés. Il en existe des formes à graines *noirs* et *roses*.

Malbeck. — *Baies* noires, arrondies, à pulpe un peu molle, juteuse et très sucrée; *grappe* longue et élargies du haut. Maturité hâtive. — Excellente variété de table et de cuve, très répandue dans les vignobles du Midi sous de nombreux noms locaux.

Malingres (Précoce blanc de). — *Baies* vert d'eau clair, un peu allongées, moyennes, à pulpe sucrée et très bonne; *grappe* moyenne. Mûrit à la fin de juillet. Variété de table, très précoce, recommandable pour le nord.

Malvoisie blanc. — *Baies* petites, arrondies, à pulpe juteuse, aromatique; *grappe* moyenne et assez peu fournie. Maturité très tardive; se conserve bien l'hiver. Il en existe une sous-variété *rose*.

Miller's Burgundy. — *Baies* noir de Geai, finement pruineuses, petites, à pulpe foncée, avec une saveur aqueuse, mais douce et agréable; *grappe* très petite, cylindrique et compacte. Feuilles fortement duveteuses sur la face inférieure, d'où son nom anglais. Maturité précoce.

Morillon hâtif ou **Madeleine noire.** — *Baies* noires, rondes, un peu petites, fermes et de bonne qualité; *grappe* moyenne ou assez forte. Maturité précoce, arrivant en août dans le Nord, où elle est cultivée en treilles.

Muscat blanc, M. commun ou **Frontignan blanc.** — *Baies* moyennes, devenant jaune doré à la maturité; peau épaisse et ferme; pulpe juteuse, sucrée et fortement musquée; *grappe* moyenne, compacte, rarement élargie du haut, parfois un peu coularde. Bon raisin de table, donnant un vin de dessert très fin.

Muscat d'Ascot. — *Baies* blanc verdâtre pâle, petites, arrondies; pulpe ferme, douce et fortement musquée; *grappe* petite, un peu lâche. — Variété hâtive.

Muscat d'Alexandrie. — *Baies* jaune verdâtre, devenant dorées quand elles sont très mûres, grosses, allongées-ovales, à peau dure; pulpe ferme, juteuse, douce, parfumée et fortement musquée; *grappe* grosse, allongée. — Cette excellente variété est cultivée en Orient pour le séchage et est des plus estimées dans le nord pour la culture en serre. On la désigne fréquemment sous les noms de *Panse musquée* et *Muscat d'Espagne*.

Muscat Champion. — *Baies* rouges ou grisâtres, grosses, rondes, à pulpe ferme, juteuse, parfumée et fortement musquée; grappe courte et très élargie du haut. Variété de moyenne saison.

Muscat de Hambourg. — *Baies* noir purpurin, grosses, allongées-ovales; pulpe ferme, juteuse et franchement musquée; grappe moyenne, lâche, très élargie du haut et souvent peu garnie. Variété de moyenne saison.

Muscat de Hongrie. — *Baies* jaune verdâtre, petites, courtement ovales; pulpe ferme, douce et nettement musquée; *grappe* petite et graduellement rétrécie. Maturité précoce.

Muscat noir ou **Frontignan noir.** — *Baies* noir violacé, arrondies, moyennes; pulpe ferme, rougeâtre, juteuse, sucrée et fort agréablement musquée; *grappe* petite ou moyenne, allongée, parfois élargie du haut et assez compacte. — Variété hâtive, répandue dans les vignobles et estimée pour la culture en serre froide.

Muscat rouge ou **M. gris.** — *Baies* rouge pâle, à peau dure et à pulpe ferme, musquée et très agréable. Ne se distingue guère autrement du précédent.

Muscat de Syrie ou **de Smyrne.** — *Baies* blanches, moyennes, musquées; *grappe* assez forte. Mûrit en septembre.

Muscat violet. — *Baies* d'un rouge violacé foncé, pruineuses, rondes et à peau ferme; pulpe musquée et de très bonne qualité. Syn. *Raisin de Madère*.

Musqué Talabot ou **Clairette musquée.** — *Baies* jaune d'ambre, ovoïdes, assez grosses; pulpe fondante, juteuse, sucrée et musquée; *grappe* allongée, élargie du haut et un peu lâche. Excellente variété demi-hâtive; c'est le plus précoce de tous les Muscats.

Œillade. — *Baies* assez grosses, ovales, noir violacé et luisant, fortement pruineuses, à peau épaisse et dure; pulpe ferme, croquante, juteuse, douce et parfumée; *grappe* grosse, allongée, élargie du haut et un peu lâche. Maturité un peu tardive et exigeant beaucoup de chaleur, supporte bien le transport et se conserve assez longtemps. — Cette variété est très répandue dans tout le Midi, où on la cultive surtout pour la table; ses raisins s'expédient en quantité dans le Nord. On la connaît aussi sous les noms de: *Passerille*, *Prunelas*, etc. Il en existe une forme *blanche*.

Panse jaune. — *Baies* grosses, ovoïdes, blanc doré, transparentes, à peau dure; pulpe ferme et peu sucrée; *grappe* forte. — Variété demandant beaucoup de chaleur pour mûrir, cultivée pour confire à l'eau-de-vie et pour faire des raisins secs. Elle possède plusieurs noms locaux, notamment ceux de *Raisin de dames*, *Chasselas d'Alger*, *Ch. Napoléon*.

Panse musquée. — Syn. de *Muscat d'Alexandrie*.

Passerille. — Syn. de *Œillade*.

Pineau noir. — *Baies* noires, pruineuses, moyennes, arrondies, à peau épaisse; pulpe juteuse, sucrée et parfumée; *grappe* petite. Maturité précoce. — Il en existe plusieurs formes, car c'est un des cépages qui donne les vins les plus fins, notamment ceux de Bourgogne, et c'est aussi un excellent raisin de table.

Portugais bleu. — *Baies* d'un beau bleu noirâtre, moyennes, arrondies, à peau mince, mais néanmoins résistante; pulpe assez ferme, juteuse, sucrée, douce et agréable; *grappe* moyenne, élargie du haut et compacte. Maturité précoce. — Bonne variété de table et de cuve, estimée en Allemagne et en Autriche pour ce dernier usage.

Prunelas. — Syn. de *Œillade*.

Sauvignon blanc. — *Baies* blanc verdâtre, dorées à la maturité, à peau épaisse, mais peu résistante; pulpe assez ferme, juteuse, à saveur fine et aromatique Maturité moyenne. Bonne variété de table et de cuve

Tokay blanc. — *Baies* blanc verdâtre, grosses ovales; pulpe ferme, à saveur douce et très agréable à complète maturité ; *grappe* grosse, élargie au sommet et bien garnie. — Variété tardive, fournissant un vin blanc généreux.

Trebbiano. — *Baies* blanc verdâtre, passant au jaune d'ambre pâle à la maturité complète, grosses et ovales ; pulpe ferme, douce, mais peu savoureuse ; *grappe* très grosse (on en a obtenu en serre qui pesaient jusqu'à 12 kilos), très élargie du haut et bien garnie. Variété tardive de serre.

Trentham Black. — *Baies* noir de Geai, grosses, ovales ; pulpe extrêmement tendre et juteuse, à saveur très agréable ; *grappe* grosse, lâche, étalée et souvent peu garnie. *Variété* de table, à maturité précoce.

VARIÉTÉS AMÉRICAINES

Les Vignes américaines forment dans leur ensemble un groupe tout à fait distinct des Vignes européennes, ainsi du reste que nous l'avons vu précédemment. Elles sont, en général, remarquablement vigoureuses et surtout résistantes aux maladies ; les grappes, de même que les baies, sont petites, moyennes ou grosses selon les variétés, à pulpe parfois verdâtre et de texture mucilagineuse. Chez certaines variétés et en particulier celles dérivées du *Vitis Labrusca*, la saveur est musquée, doucereuse et particulière, quoique variable d'intensité ; on la désigne sous le nom de foxée, cette saveur persiste et se retrouve dans le vin qu'elles fournissent. Les feuilles sont souvent amples, épaisses, coriaces, très duveteuses ou pubescentes sur la face inférieure et diversement lobées mais souvent peu profondément. Du reste, si on envisage les hybrides obtenus par croisements, on trouvera presque tous les intermédiaires entre les deux formes extrêmes, comme cela a lieu dans les Vignes européennes.

Nous avons indiqué précédemment l'importance qu'ont prise ces Vignes en Europe depuis l'invasion du *Phylloxera ;* elles y servent, on le sait, de porte-greffe ou de producteurs directs pour la fabrication du vin.

Ces variétés sont excessivement nombreuses en Amérique et aussi chez nous, car on a créé beaucoup d'hybrides, mais elles sont fort peu estimées comme raisin de table. L'*Isabelle* est cependant connue en Europe, notamment en France, depuis fort longtemps et très estimée par certaines personnes pour sa saveur très prononcée de framboise ou de fraise, qui lui a valu le nom anglais de *Strawberry Grape.*

Ne pouvant entrer ici dans l'étude de ces Vignes, qui intéressent presque uniquement la viticulture, nous ne mentionnerons que quelques-unes des meilleures variétés à production directe, dont les raisins sont en somme très mangeables. Quant aux espèces porte-greffe, ce sont surtout les *V. æstivalis, V. riparia, V. rupestris,* types ou variétés, et l'on trouvera les premiers décrits à l'article **Vitis.**

Autuchon. — C'est un croisement de *Clinton* par *Chasselas doré :* feuillage vert foncé, profondément découpé ; grain blanc, de grosseur moyenne et de bonne qualité.

Black Defiance. — Excellent producteur direct, résistant à toutes les maladies cryptogamiques ; ses raisins sont encore plus beaux que ceux de l'*Othello*. Vin riche en couleur et en alcool, très franc de goût.

Black Eagle. — Excellente variété, magnifique raisin qui a le défaut d'être un peu sujet à la coulure ; feuillage d'un beau vert brillant. Frère cadet du *Black Defiance*, dont il possède une partie des qualités.

Brighton. — Grains petits, noirs, à pulpe tendre et très douce ; *grappe* petite.

Catawba (*Hyb. Labrusca*). — Variété très vigoureuse, parfois très productive ; petite grappe à gros grains roses, fermes et parfumés.

Concord (*Labrusca*). — Très beau raisin noir, à goût foxé, excellent pour la table, mais donnant un vin médiocre. Il a servi à produire de nombreux hybrides.

Delaware. — Grappes petites, à grains moyens, rose vif, tendre et à pulpe aqueuse et très parfumée ; bon raisin de table.

Duchess. — Le plus beau et le meilleur des raisins de table américains ; *grappe* longue et lâche, à grains blancs, moyens, parfumés et d'un goût délicat, se conservant fort longtemps. (R. H. 1893, 352.)

Eldorado. — *Grains* jaune d'or foncé, petits, arrondis, très parfumés ; *grappe* petite.

Herbemont (*Æstivalis*). — Cépage très recommandable, tenant la meilleure place parmi les producteurs directs par sa vigueur et sa fertilité, aussi bien pour la région du Midi que pour celle du Nord ; vient bien dans les terrains secs et pierreux ; très bon porte-greffe.

Isabelle (*Labrusca*) ; Angl. Strawberry. — *Grains* rouge purpurin, moyens, arrondis-ovales, à pulpe foncée, pâteuse ou mucilagineuse et d'un parfum et goût très fortement musqués, rappelant celui des fraises ou des framboises. — C'est le premier cépage américain, introduit vers 1840, mais peu résistant au Phylloxera. Il abonde dans les vignobles et sa saveur particulière lui a fait donner plusieurs noms y faisant allusion.

Jacquez (*Æstivalis*). — Excellent comme cépage à production directe pour les régions du Midi et un des plus résistants ; se produit assez franchement par le semis ; excellent porte-greffe ; vin très chargé en couleur mais changeant.

Jefferson. — *Grains* rosés, gros et arrondis, à chair fondante, douce, parfumée et agréable ; *grappe* petite.

Othello. — Producteur direct de premier mérite ; *grains* noirs, un peu foxés, surtout dans les terrains secs. Sa fertilité, la facilité avec laquelle il reprend de bouture dans presque tous les sols, même les plus argileux et les plus compacts, le désignent comme une variété hors ligne.

Secretary. — Hybride recommandable pour le centre, à grande production ; il prospère dans les sols les plus argileux ; il est tellement fertile que les gourmands mêmes se couvrent de fruits. Beau raisin noir mûrissant de bonne heure, mais pouvant se conserver tout l'hiver et gardant son parfum léger, délicat et finement musqué.

Triomphe. — Cépage à production directe, à fruit blanc, très vigoureux, très fertile et à beau feuillage ; son vin est meilleur et plus fin de goût que celui du *Noah ;* paraît résister au phylloxera.

York Madeira. — Paraît très résistant et très rustique; cépage à production directe et qui semble appelé à jouer le rôle de porte-greffe dans les terrains secs, siliceux et caillouteux; il a le privilège presque exclusif de convenir pour le nord comme pour le midi; se reproduit assez franchement par le semis.

MALADIES, CHAMPIGNONS ET ANIMAUX NUISIBLES

Nombreux et divers sont les ennemis du plus utile des arbustes fruitiers. Toutes ses parties, à tous les âges et en toutes saisons, sont exposées aux ravages d'une foule d'agents destructeurs qui, s'ils ne la font pas périr, l'appauvrissent, la déparent, diminuent ou détruisent la récolte de ses fruits. Nous consacrerons donc un chapitre aux uns et aux autres, mais nous n'en ferons, faute d'espace, qu'une revue succincte, ne nous étendant un peu que sur les plus importants, en renvoyant les lecteurs, pour de plus amples détails, aux nombreux articles spéciaux contenus dans cet ouvrage. Du reste, les ouvrages spéciaux à ce sujet et à la viticulture en général sont aujourd'hui si nombreux qu'on n'a que l'embarras du choix, et nulle part plus qu'en France, les ennemis de la Vigne n'ont été étudiés plus minutieusement, la Vigne à vin y étant, on le sait, une des principales sources de richesse.

MALADIES

Les maladies proprement dites ne proviennent pas de l'envahissement accidentel d'un agent destructeur, animal ou végétal; elles résultent de l'inappropriation permanente ou passagère du milieu dans lequel la Vigne végète, soit de la composition chimique du sol ou de son degré d'humidité, soit de son exposition ou de l'état de l'atmosphère. Nous en excluons cependant les gelées hivernales qui la font périr quand elles dépassent 15 à 20 deg. ou les gelées printanières qui détruisent parfois ses jeunes pousses et avec elles la récolte de l'année, ainsi que la grêle et autres phénomènes météorologiques contre lesquels l'homme ne peut presque rien.

Les grandes chaleurs de l'été affectent peu la Vigne en plein air, tant qu'elle a à sa disposition de l'humidité en quantité suffisante, mais l'humidité stagnante lui est funeste, surtout pendant sa période de repos.

Néanmoins, elle est plus exposée aux coups de soleil dans les serres qu'en plein air, mais elle n'a pas à y craindre l'influence pernicieuse des divers phénomènes que nous venons d'énumérer. Deux de ces maladies ont déjà été étudiées aux articles **Brûlures du Soleil** et **Fruits** (Recroquevillage des). La première est due au manque d'eau, soit qu'elle manque dans le sol, soit que les racines ne remplissent pas normalement leurs fonctions. Dans ce dernier cas, les racines peuvent être en trop petit nombre ou réduites à l'inaction par le refroidissement du sol après le départ de la végétation.

Dans les serres mal aérées, il peut se produire des coups de soleil et des petites parties du limbe peuvent à la suite se dessécher, comme nous l'avons du reste indiqué à l'article précité.

Pleurs. — On désigne ainsi la sève qui s'écoule parfois en abondance des parties amputées par la taille faite trop tardivement, au moment où la végétation entre en activité et cet écoulement se prolonge jusqu'à la foliaison. Lorsque les pleurs deviennent très abondants, il en résulte une sorte d'épuisement de la Vigne, bien qu'elle produise une énorme quantité de sève aqueuse. Il n'y a pas moyen d'arrêter les pleurs quand ils ont commencé à se montrer. Pour les éviter il n'y a qu'à tailler de bonne heure.

Coulure; Angl. Shanking. — La coulure est sinon une maladie, du moins une sérieuse défectuosité heureusement très variable selon les variétés, et principalement attribuable, lorsqu'elle se présente tous les ans avec autant d'intensité, à une imperfection des organes sexuels de la fleur. Les pluies froides et persistantes pendant la floraison et parfois les vents desséchants ou l'insolation ardente, font avorter une plus ou moins grande quantité de fleurs.

Dans ce dernier cas, il n'y a pas de remède, sauf peut-être l'usage des auvents pour les espaliers; mais, lorsque la variété est de nature coularde, le mieux est de l'abandonner.

Dessèchement des grappes. — Dans les serres comme en plein air, les pédoncules ou les pédicelles se dessèchent parfois sans cause apparente. Tantôt on n'observe que quelques grains atteints, tantôt une partie de la grappe ou la grappe entière et même jusqu'à la totalité de la récolte est détruite.

En France, on a attribué cette maladie à un Champignon, qui a reçu le nom de *Coniothyrium diplodiella*. M. Planchon dit à son sujet : « Les pédicelles des grains attaqués, les rameaux de la grappe et le pédoncule tout entier pourrissent, prenant une teinte jaunâtre avant que le mal ait évolué dans les grains eux-mêmes. De là vient que les graines, les portions de grappe ou les grappes entières se détachent et tombent à terre, si bien que la maladie pourrait s'appeler maladie des grains caducs... Les grains malades, d'abord fauves, prennent bientôt une teinte livide et se creusent ensuite en formant des saillies ridées et prennent souvent une teinte gris de plomb... Les raisins pourris par le *Coniothyrium* ou Rot livide, ou Rot blanc (V. ce nom et les figures 501 et 502, p. 489) exhalent, le plus souvent, quand on les écrase, une odeur spéciale, qui tient de la putridité et du moisi, mais ce caractère est parfois peu marqué.

En Angleterre et par conséquent dans les serres, le mal est très analogue, sinon exactement le même, mais on l'attribue à diverses causes exemptes cependant de parasite. On croit notamment qu'elle peut provenir de l'épuisement de la Vigne, d'un mauvais état ou d'un accident survenu aux racines ou aux feuilles, soit que le feuillage ait été endommagé par les insectes, tels que la Grise, qu'on ait supprimé une trop grande quantité de feuilles à la fois ou qu'elles aient été saisies par un brusque changement de température; soit que les racines aient atteint un mauvais sous-sol, que la terre se soit saturée d'eau, qu'elle se soit desséchée au point de sécher les radicelles ou encore qu'elle soit trop riche en éléments nutritifs. Ce sont là autant d'accidents que l'on doit naturellement éviter.

Racines adventives. — Leur production n'a lieu que dans les serres. Elles se développent accidentellement sur la tige ou sur les branches charpentières et pendent en l'air, comme autant de filaments blanchâtres. Ces racines ont la même constitution que les racines souterraines et tendent à remplir les mêmes fonctions, ce qu'elles font du reste lorsqu'elles viennent à toucher terre. Elles se développent parfois en grande abondance sur toutes les parties de la tige, atteignant fréquemment 30 cent. et plus de long et donnent ainsi à la Vigne un aspect excessivement étrange.

Leur développement ne cause aucun tort à la Vigne, mais leur présence indique naturellement que les racine véritables ne remplissent pas normalement leurs fonctions. Elles constituent souvent le signe précurseur du dessèchement des grappes et indiquent clairement que les racines ne sont pas en état de fournir au feuillage la grande quantité de sève qui lui est nécessaire. Aidée par l'atmosphère chaude et humide qui règne dans la serre, la nature cherche à pourvoir à cette insuffisance en poussant à leur développement.

Lorsque les racines sont en bon état et que l'entretien de la serre ne laisse rien à désirer, aucune racine adventive ne se montre. Pour éviter leur formation, il faut donc fournir aux Vignes ce dont elles ont besoin pour pousser normalement et pour en débarrasser les tiges sur lesquelles elles se montrent, il faut les déplanter pendant leur période de repos, examiner la nature du sol et en particulier celle du drainage, améliorer ou renouveler totalement l'un ou l'autre et les deux s'il en est besoin. Certaines variétés, telles que le Frontignan, plus délicates que les autres, sont plus sujettes que les autres à la formation de racines adventives. Quand elles se montrent, il n'est pas nécessaire de les couper, sauf pour faire disparaître leur aspect étrange, car elles périssent d'elles-mêmes à la chute des feuilles.

CHAMPIGNONS

La liste des Champignons vivant en parasites sur la Vigne, en Europe et dans l'Amérique du Nord est malheureusement fort longue, si longue même qu'on en connait plus de cent. Nous omettrons donc de cette étude ceux qui actuellement sont rares ou qui ne causent que des dommages inappréciables, chez nous du moins. Leur fréquence et surtout leur nocivité sont excessivement variables, car, alors que beaucoup sont, sinon ignorés ou passant du moins presque inaperçus, d'autres causent, comme on le sait trop bien, des dégâts excessivement graves dans les vignobles. La culture industrielle de la Vigne ayant chez nous une importance exceptionnelle, on s'en est occupé partout et d'une façon toute particulière.

Nombreux sont les ouvrages spéciaux aux maladies de la Vigne et le lecteur en quête de renseignements plus complets que ceux que nous pouvons donner ici, tant sur les Champignons que sur les insectes, n'aura que l'embarras du choix. Il consultera cependant avec fruits l'important ouvrage de M. Pierre Vialla, *les Maladies de la Vigne;* celui de MM. Portes et Ruyssen, *la Vigne* (vol. III), déjà mentionné précédemment, enfin les *Ravageurs de la Vigne*, par le Dr Henri Jolicœur.

Sous le nom de **Mildew**, dans son sens anglais, on comprend, ainsi que nous l'avons du reste indiqué à ce nom, la série des espèces qui couvrent les feuilles et les jeunes rameaux d'un feutrage ou d'une pulvérulence blanchâtre ou grisâtre, soit sous forme de ponctuations ou taches, soit sous forme de plaques plus ou moins grandes et dont voici les principaux :

L'**Oïdium** est un des plus connus dans toute l'Europe et, s'il est peu nuisible maintenant, il n'en a pas moins été redoutable autrefois, dans nos vignobles ainsi qu'à Madère et ailleurs.

Fig. 493. — Aspect d'une partie de grappe envahie par l'Oïdium.

L'*Oïdium Tuckeri*, fut reconnu par le Rev. M. J. Berkeley, d'après des spécimens que lui envoya, en 1847, M. Tucker, jardinier à Ramsgate, en Angleterre. Sa présence en France fut constaté en France en 1848. En 1851, il s'était répandu sur tous les vignobles de l'Europe et, l'année suivante, on l'observa à Madère.

Fig. 494. — Filament conidifère d'Erysiphe Tuckeri.

Ce Champignon se montre sur les feuilles, sur les jeunes rameaux et sur les fruits, sous forme d'une fine toile ou pulvérulence blanche. Les parties infestées pâlissent, se contournent plus ou moins; le tissu du mycélium s'épaissit, puis les taches brunissent et la partie malade périt. L'examen microscopique montre le mycélium rampant sur l'épiderme des parties malades, et les filaments qui le composent émettent sur un côté des suçoirs qui pénètrent dans les cellules et en absorbent les sucs nécessaires à son développement. De l'autre côté des filaments, se montrent des ramules dressées, formées chacune d'une rangée de cellules dont celles du sommet des ramifications (conidies) sont ovales et se détachent pour aller reproduire le Champignon quand elles tombent sur les parties appropriées de la Vigne. On ne connait pas d'autre mode de reproduction de ce Champignon, bien qu'il appartienne sans doute à une forme plus parfaitement développée, telle que celles décrites aux articles **Mildew** et **Oïdium.** (V. ces noms.) M. Berkeley suppose qu'il appartient à l'*Erisyphe communis*.

Un autre *Oïdium*, l'*O. Balsamii*, à conidies plus grêles, se montre parfois sur la Vigne. Lorsque le temps est chaud et humide, la maladie se répand très rapidement, tandis que l'atmosphère sèche paralyse son développement, et les pluies très fortes entraînent les spores répandues sur les feuilles.

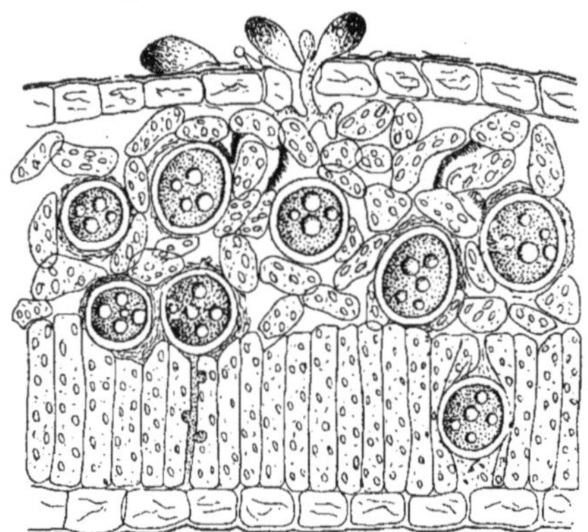

Fig. 495. — Peronospora viticola. — Mildiou. Coupe d'une feuille montrant les oospores dans l'intérieur du tissu.

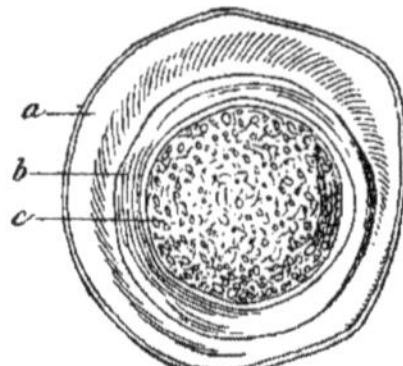

Fig. 496. — Peronospora viticola. — Mildiou. Œuf d'hiver ou oospore.

Remèdes. — Il est utile de recueillir les feuilles mortes et autres débris des Vignes infestées et de les détruire par le feu, bien qu'on possède heureusement un remède radical, celui de la fleur de soufre, qu'on applique à l'aide d'un soufflet spécial, à plusieurs reprises successives. La première application doit avoir lieu dès que les bourgeons ont développé quelques feuilles, puis après la floraison et enfin à l'approche de la maturité, mais pas trop tard, afin que les raisins ne présentent plus de trace de soufre au moment de leur consommation. Ces applications doivent être faites de préférence le matin, à la rosée ou lorsque le feuillage est humide, afin que le soufre y adhère plus parfaitement.

Fig. 497. — Feuille de Vigne envahie par le Mildiou, qui forme des taches blanchâtres sur la face inférieure.

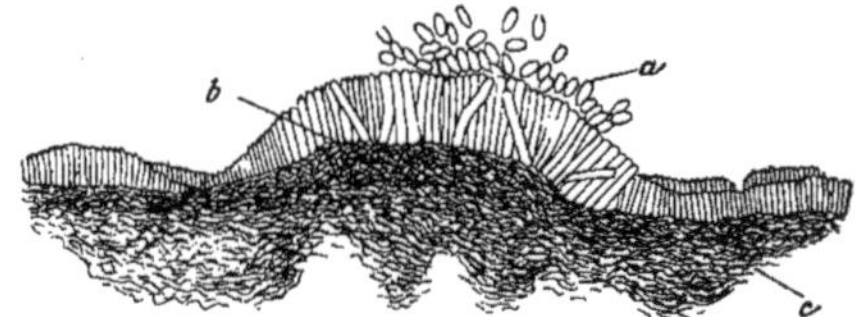

Fig. 498. — Glæosporium ampelophagum. — Coupe d'un rameau infesté.

a, spores ; *b*, mycélium.

Mildiou. — Parfois nommé *Rot-gris* (de Grey Rot son nom américain) et très connu aussi sous son nom scientifique : *Peronospora viticola*, ce Champignon est certainement, chez nous, le plus redoutable de ceux qui infestent la Vigne. Sa connaissance remonte à 1834, comme parasite sur presque toutes les Vignes de l'Amérique du Nord, mais son introduction en Europe ne date que de 1878. Elle eut lieu avec des plants importés de l'Amérique, pour remplacer les Vignes que le *Phylloxera* avait détruites. Maintenant, le Mildiou est malheureusement répandu dans tous les Vignobles de France, ainsi qu'en Algérie, en Tunisie et ailleurs. L'étude de ce redoutable parasite donnée à l'article **Mildiou** et les nombreuses figures qui illustrent l'article **Peronospora** nous dispensent d'indiquer ici ses caractères botaniques et distinctifs.

Remèdes. — Comme pour le Champignon précédent, on possède un moyen certain de mettre les Vignes à l'abri de ses terribles ravages. Ce remède, c'est le cuivre, qu'on emploie en dissolution et accompagné de substances secondaires, telles que la chaux, l'ammoniaque ou le carbonate de soude, destinés à le fixer et à réduire son action corrosive. Pour la préparation de ces compositions et les époques de leur application, V. **Bouillies** et, pour leur mode d'épandage, V. **Pulvérisateur**.

Black-Rot. — C'est le nom américain employé pour désigner une autre maladie parasitaire de la Vigne, qu'on nomme aussi *Rot noir* et qui a reçu les noms scientifiques de *Phoma uvicola*, *Glæosporium ampelophragum*. Également d'origine américaine, ce parasite n'apparut qu'en 1885, dans le Midi de la France et s'y répandit très rapidement. On reconnaît sûrement sa présence aux taches qu'il forme d'abord sur les feuilles. Ces taches sont généralement arrondies, à contour d'abord très net et de couleur feuille morte, se réunissant parfois avec l'âge et portant alors des fructifications ou sortes de pustules noires, rappelant des petits grains de poudre. Plus tard, le parasite se montre sur les grains de raisin, où il forme toujours des taches circulaires, décolorées qui grandissent, deviennent rouge livide, puis le grain entier se raccornit, se dessèche et prend la teinte noir bleuâtre qui caractérise la maladie. On voit alors de nouveau apparaître les petites fructifications noires. Le grain reste ainsi adhérent à son pédicelle et, comme tous les grains ne sont pas envahis au même moment, la grappe présente divers états d'avancement et un plus ou moins grand nombre de grains sains. (R. H. 1895, 404.) Le *Black-Rot* sévit dans le Midi avec des importances variables, selon que les saisons sont plus ou moins favorables à son développement ; en 1895, ses ravages ont eu une importance excessive.

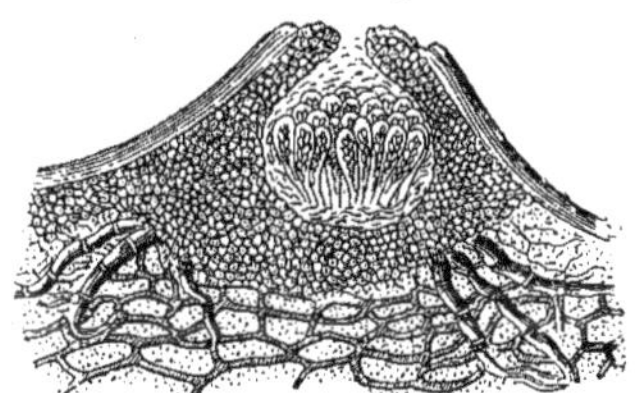

Fig. 499. — PHOMA UVICOLA. — Black-Rot. Coupe d'un périthèce montrant les asques.

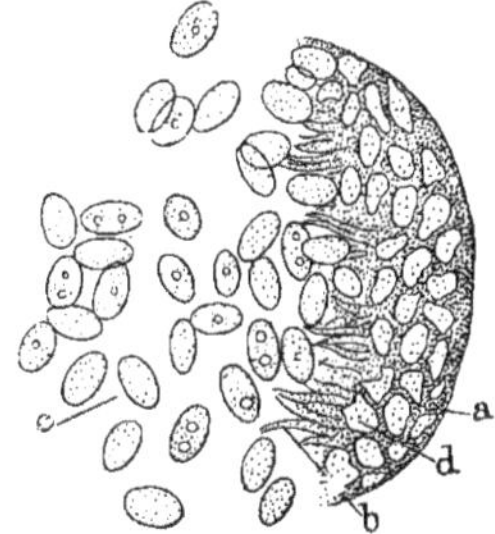

Fig. 500. — PHOMA UVICOLA. — Black-Rot. Coupe transversale d'une pycnidie.

REMÈDES. — Le traitement aux sels de cuivre est, comme pour le Champignon précédent, celui qui a donné les meilleurs résultats; toutefois, il convient d'appliquer les pulvérisations de bouillie de très bonne heure, car, lorsque la maladie a envahi les grains, il est absolument trop tard. On doit, en outre, recueillir avec soin toutes les grappes détruites par le Champignon et les brûler de suite, au lieu de les laisser pendre sur les ceps, ce qu'on fait trop généralement.

Rot blanc. — Scientifiquement nommé *Coniothyrium Diplodiella* et *Phoma Diplodiella*, ce Champignon a causé des dommages sérieux dans certains vignobles du Midi, où sa présence a été constatée en 1887 ; son origine, également américaine, ne paraît faire aucun doute, puisque, d'après M. Viala, on l'a observé en Amérique, dans des régions où aucune Vigne européenne n'a jamais existé.

Il se rapproche beaucoup du mode d'évolution du *Black-Rot* et ses dégâts sont très analogues, mais les grappes infestées se détachent du cep et tombent à terre au lieu de rester pendues sur les sarments. Ce détachement, qui se produit surtout sur les variétés à râfle tendre, est causé par des groupes de fructifications naissant sur le pédoncule ou sur certains points de la râfle. Les grains et même les sarments portent en même temps des taches d'abord livides, dans lesquelles se montrent plus tard des pustules de couleur saumon, contenant des groupes de fructifications et, comme chez le *Black-Rot*, les taches cryptogamiques sur les feuilles et les sarments précèdent l'apparition de celles sur les grains de raisin.

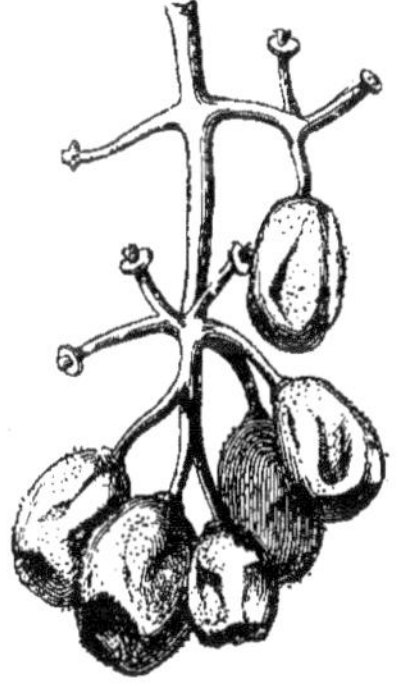

Fig. 501. — CONIOTHYRIUM DIPLODIELLA. — Rot blanc. Fragment de grappe infesté.

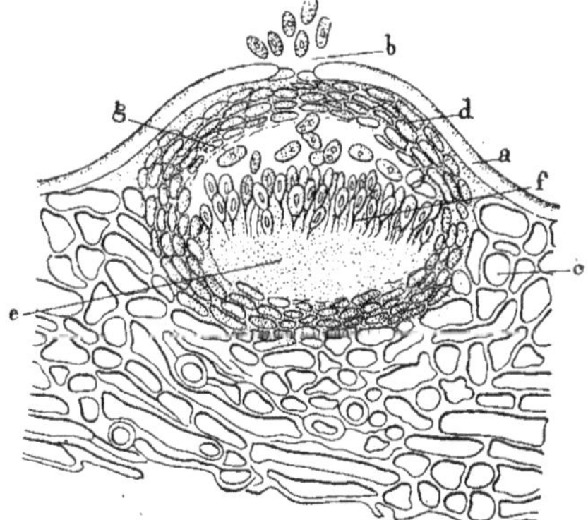

Fig. 502. — CONIOTHYRIUM DIPLODIELLA. — Rot blanc. Coupe d'une pycnidie.

REMÈDES. — De même que les précédents, ce Champignon cède ou diminue au moins d'insensité après des applications de bouillie à base de cuivre, faites surtout au début de l'apparition des taches sur le feuillage ; mais on doit aussi, afin d'éviter son retour, recueillir toutes les parties envahies, notamment les grappes tombées et les détruire par le feu. Comme on le voit, les Champignons précédents, familièrement désignés sous le mot de *Rot*, ont d'étroites affinités et constituent en quelque sorte un groupe de parasites contre lesquels les composés cuivreux sont le remède le plus efficace. Soit pour les uns, soit pour les autres, le sulfatage des Vignes doit aujourd'hui être régulièrement appliqué, sinon comme curatif, au moins comme préventif.

Anthracnose. — D'après l'origine grecque de son nom (*Anthrax*, charbon, et *nosos*, maladie), ce Champignon pourrait être nommé le *Charbon de la Vigne*,

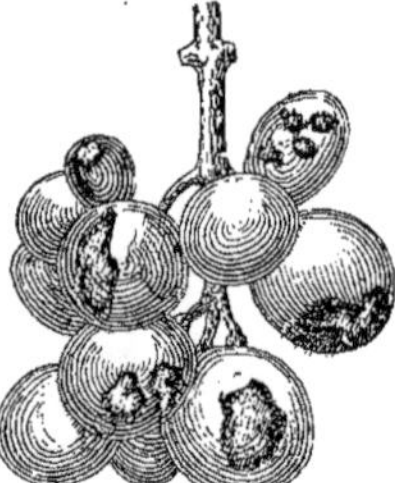

Fig. 503. — Sphaceloma Ampelinum. — Anthracnose. Fragment de grappe envahi.

parce qu'il forme, en effet, sur toutes les parties jeunes et sur les grappes, des taches d'un brun noirâtre, et que le raisin envahi devient tout noir en peu de jours. Il porte le nom scientifique de *Sphaceloma*

Fig. 504. — Rameau envahi par l'Anthracnose.

Ampelinum. On en distingue plusieurs formes différant par la couleur des taches, mais toutes produisent les mêmes et désastreux effets. Comme chez le précédent

Fig. 505 — Feuille envahie par l'Anthracnose.

Champignon, le mal se montre d'abord sur les parties jeunes des rameaux et sur les feuilles, puis sur les raisins, dont il arrête le développement. (R. H. 1895, 404.)

Remèdes. — Comme préventif, on conseille de ne pas planter de Vignes dans les endroits bas et humides, ou du moins de les assainir autant qu'on le peut par des drainages. Comme moyen efficace de destruction, on applique en hiver, sur les souches, une solution concentrée de sulfate de fer, dont voici la formule d'après M. Foëx :

Sulfate de fer	100 kilos.
Acide sulfurique	1 litre.
Eau	100 —

On verse d'abord l'acide sur le sulfate, on mélange, puis on y ajoute l'eau et on étend la composition sur les ceps à l'aide d'un pinceau.

Pour le traitement de la maladie sur les feuilles, on emploie le soufre et la chaux en poudre, mélangés en proportions égales. On pulvérise cette poudre sur les feuilles dès l'apparition du mal, de préférence lorsqu'elles sont encore humides de rosée, puis on renouvelle l'application à huit jours d'intervalle et jusqu'à ce que le développement du parasite soit arrêté.

Pourridié. — Cette maladie, très anciennement connue, tire son nom de l'état de pourriture dans lequel on trouve les racines des Vignes qui en sont atteintes. Le mal se manifeste dans la partie aérienne par une végétation languissante, rabougrie, par la petitesse et la compacité du feuillage, parfois par la fructification

Fig. 506. — Dematophora necatrix. — Pourridié. Fragment de racine portant des sclérotes ayant des filaments fructifères.

exceptionnellement abondante et enfin par le peu de résistance du cep à l'arrachage; les racines étant pourries et présentant des traces évidentes de leur envahissement par le mycélium de Champignons.

Le pourridié est en effet l'œuvre de divers Champignons, dont on cite surtout le *Dematophora necatrix*, **l'Agaricus melleus** (parasite redoutable plusieurs fois mentionné dans cet ouvrage, notamment à son nom respectif et à l'article **Pinus**), enfin le *Ræsleria hypogæa*, qui, d'après M. Foëx, « paraît cependant se développer souvent sur des tissus déjà altérés », ainsi qu'un mycélium imparfait qui enveloppe les radicelles et que Persoon a nommé *Fibrillaria xylotricha*.

On attribue le Pourridié à l'humidité stagnante du sol, de sorte que le remède s'indique de lui-même, c'est-à-dire qu'il faut drainer ou au moins défoncer avant la plantation des terres qu'on sait être naturellement humides. Quant aux ceps atteints du Pourridié, le mieux est de les arracher et de les détruire. Le mal se présentant surtout par taches, on a conseillé de cerner les parties envahies par un fossé, afin que le mycélium des Champignons ne puisse aller envahir les ceps voisins.

Plusieurs autres espèces de Champignons ont été encore observées en France et ailleurs sur les Vignes; on les trouvera presque toutes citées dans le grand ouvrage de Saccardo : *Sylloge Fungorum*, notamment les *Fusarium Zavianum*, *Pionnotes Biasolettiana*, qui sont parfois plus ou moins nuisibles. Enfin, on a signalé, depuis longtemps déjà, une maladie des feuilles de la Vigne, que M. Roze a depuis nommé Brunissure (*Pseudocommis Vitis*) en l'observant aussi sur

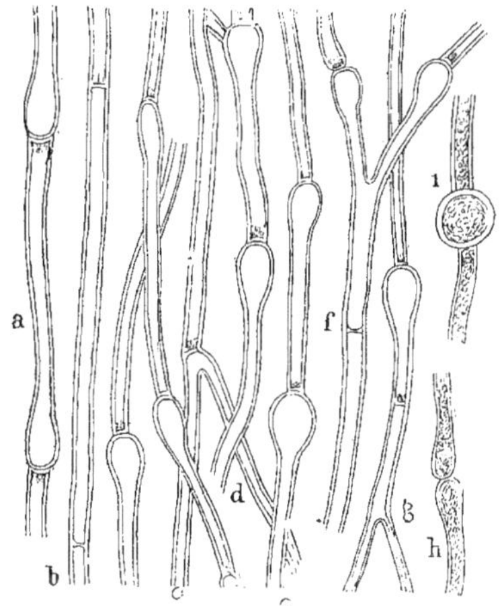

Fig. 507. — DEMATOPHORA NECATRIX. — Pourridié. Filaments de mycélium.

un grand nombre d'autres plantes. Probablement un des remèdes indiqués précédemment aura de l'efficacité pour la destruction de ces parasites et autres qu'on pourrait observer à l'avenir.

ANIMAUX NUISIBLES

Pris dans le sens large du mot nuisible, les animaux vivant sur la Vigne sont excessivement nombreux, plus peut-être en Amérique qu'en Europe, et chaque année encore on en cite quelques nouveaux. Comme pour les Champignons, nous ferons ici une étude générale de ces animaux, en restreignant les citations et les remarques à ceux qu'il importe le plus de connaître, à cause des dégâts qu'ils infligent aux vignobles.

Hémiptères. — En tête de la liste, plaçons le **Phylloxera**, dont l'importance destructrice, malheureusement trop connue est telle que nous lui avons consacré dans cet ouvrage un article spécial, à son nom respectif, auquel les lecteurs voudront bien se reporter.

A côté de lui se place une série d'autres insectes de la tribu des *Homoptères*, bien moins nuisibles, il est vrai, mais qu'il est utile de signaler. Ce sont :

ERINOSE. — Petite Mite qui a reçu les noms de *Erineum Vitis*, *Phytocoptes epidermi*, *Phytoptus Vitis*, plus effrayante que nuisible par la similitude que les taches efflorescentes et blanches qu'elle produit sur la face inférieure des feuilles présentent avec celles du *Mildiou*. Ces taches, toujours placées aux points de bifurcation des nervures de la face inférieure, ressemblent à des amas feutrés, d'abord roses, puis blancs et brillants au soleil. L'insecte qui les cause est un petit Acarien que montre la figure 512 et que l'on n'aperçoit qu'à un assez fort grossissement. Ces taches se traduisent sur la face supérieure des feuilles par une boursouflure souvent accentuée, mais qui ne se dessèche pas. Chez le Mildiou, au contraire, les taches n'ont pas cet aspect de concrétions salines, elles ne se boursouflent pas et se dessèchent rapidement. (R. H. 1887, 180.)

Fig. 508. — AGARICUS MELLEUS.
Le mycélium sous-cortical et rhizomorphe porte des organes fructifères ou champignons.

La maladie se montre surtout au printemps; elle ne présente aucune gravité, car elle ne nuit qu'en obstruant les stomates, et la surface qu'occupent les taches, quoique nombreuses, est toujours restreinte comparativement à la totalité du limbe. La végétation devenant plus luxuriante à mesure que l'été approche, elles disparaissent dans la masse de feuillage et font qu'on ne s'en préoccupe pas autrement.

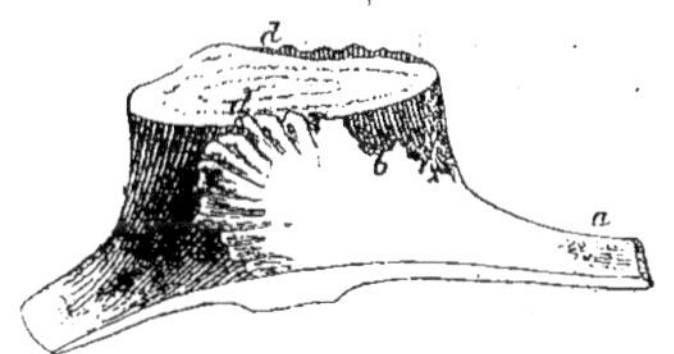

Fig. 509. — AGARICUS MELLEUS.
Base d'un tronc d'arbre envahi par le mycélium sous sa forme sous-corticale et dont l'écorce a été enlevée pour laisser voir ce dernier en *a*, *b*, *c*.

Deux autres sortes de galles sont encore dignes d'être citées comme existant en Europe. L'une produit un renflement des rameaux et est causée par une Mite (*Cecidomyia*), d'espèce indéterminée; on la rencontre dans le sud de la France et dans le sud de la

Russie. L'autre (*Cecidomyia œnophila*) cause sur les feuilles des galles qui rappellent celles du *Phylloxera*. Elles ont environ 2 mm. 1/2 de diamètre et sont coniques sur la face supérieure et arrondies sur l'inférieure. Plusieurs s'observent parfois sur la même feuille. Cette galle a été observée en Autriche.

Les galles qu'on observe sur les Vignes dans l'Amérique du Nord sont beaucoup plus diverses comme formes et dimensions que celles d'Europe et plusieurs d'entre elles atteignent de fortes proportions. Toutes celles dont il va être question sont l'œuvre de Mites du genre *Cecidomyia*.

La *Galle noisette* se forme aux dépens d'un bourgeon et forme une masse de 4 à 6 cent. de diamètre ; elle est formée de dix à quarante galles laineuses, verdâtres

Fig. 510. — Feuille de Vigne atteinte d'Erinose, vue en dessus.

et juteuses, occupées chacune par une larve jaune orange.

La *Galle tomate* se compose d'une masse irrégulière et juteuse de renflements irréguliers, vert jaunâtre ou rouges, divisés chacun en quatre ou cinq loges, dans chacune desquelles vit une larve jaune orangé de *Lasioptera Vitis*. La masse entière peut atteindre de 2 1/2 à 4 cent. de diamètre.

La *Galle pomme* se forme sur le cep et a la forme de la Galle noisette. Elle atteint presque 2 cent. 1/2 de diamètre et porte sur sa surface huit à neuf sillons qui correspondent aux cloisons d'autant de loges disposées en deux séries superposées. Chacune de ces loges est occupée par une larve jaune vif de Cécidomie. La galle est juteuse et la surface couverte de poils courts et duveteux.

La *Galle trompette* naît à la face supérieure (rarement l'inférieure) des feuilles. En général, plusieurs se montrent sur chaque feuille et deux ou trois sont souvent soudées à la base. Ces galles ont environ 8 mm. de long et 6 mm. de large dans leur plus grand diamètre; elles se rétrécissent graduellement de ce point vers la base, tandis que l'autre extrémité est aiguë; leur couleur varie du rouge vif au vert.

Remèdes. — Les galles précédentes n'ont pas encore été observées en Angleterre, ni peut-être chez nous, ce qui serait fort heureux. S'il en était autrement, il faudrait les recueillir quand elles sont encore jeunes et molles et les brûler; aucun autre remède ne sera nécessaire.

Parmi les Mites, il faut encore citer la terrible *Grise* des jardiniers (*Tetranychus telarius*), qui est aussi un Acarien attaquant la Vigne, surtout en serre, au moment où l'on restreint les bassinages pour favoriser la fécondation des grappes. Les ravages sont parfois si sérieux que le feuillage est très endommagé et la fructification s'effectue alors dans de très mauvaises conditions. Afin de prévenir son apparition, il faut tenir le sol et l'atmosphère suffisamment humides pendant la formation des raisins et ne réduire l'humidité qu'à l'approche de la maturité. Pour de plus amples détails sur cet insecte, V. **Tetranychus telarius**.

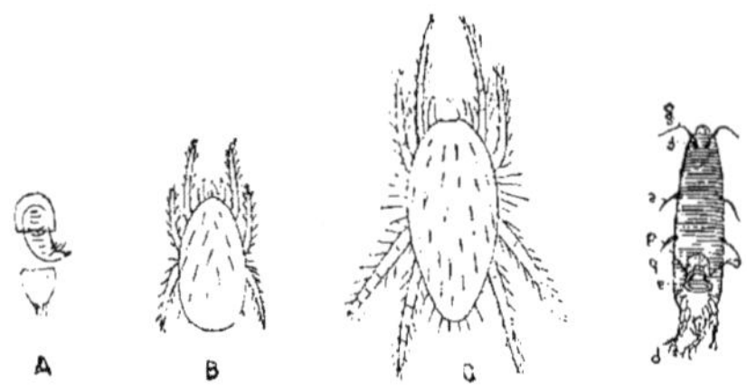

Fig. 511. — PHYTOPTUS VITIS. — A ses divers états. Cause de l'ERINOSE.

Les Pucerons sont aussi des ennemis de la Vigne, car, dans Buckton « British Aphides » on trouve l'*Aphis* (*Hyalopterus*) *Pruni*, mentionné comme vivant sur cet arbuste, ainsi que sur d'autres plantes. Pour les moyens de le détruire, V. **Puceron**.

Un autre animal nuisible, quoique de proportions microscopiques est un **Nématode** (V. ce nom), voisin de l'*Heterodera Schachtii*, qui a reçu le nom de *Heterodera radicicola*. Comme ce dernier, il fait naître de petits renflements sur les racines d'un grand nombre de plantes, y compris la Vigne, ce qui l'affaiblit beaucoup et la fait même périr. Le seul remède est celui qui consiste à arracher soigneusement toutes les racines des plantes infestées et à les détruire par le feu, afin d'éviter que le mal ne se répande.

KERMÈS OU COCHENILLE. — Plusieurs espèces se rencontrent sur la Vigne, mais la plus fréquente est le *Lecanium Vitis*, encore nommé *Coccus Vitis*. Comme chez les autres espèces de ce grand genre, la femelle se couvre d'une petite carapace ovale, convexe, un peu rétrécie en avant, brun rougeâtre, avec des ponctuations noires et bordée d'une excrétion cotonneuse, dans laquelle sont enfoncés les œufs. Le mâle est très petit, rouge brique, avec le corselet noir, des antennes brunes et deux ailes transparentes, épaissies et rouges sur le devant, tandis que l'extrémité du corps est terminée par deux longs cils. Ce Kermès vit sur les parties ligneuses des Vignes, de préférence sur celles qui sont malades et, soit isolément, soit en groupes. Les piqûres et ponctions qu'il exerce contribuent naturellement à affaiblir encore les ceps. Le

Lecanium cymbiforme est très voisin et a les mêmes mœurs.

Le *Mytilaspis Vitis* est un autre Kermès qui se rencontre en Allemagne et sans doute aussi chez nous. Il ressemble beaucoup au Kermès du **Pommier** (V. ce nom) avec lequel on l'a même confondu, mais les deux espèces diffèrent par de légers détails spécifiques. Les larves vivent sur les rameaux de la seconde année.

Remèdes. — Les branches et autres parties infestées doivent être bien nettoyées en hiver, à l'aide d'une brosse dure et d'une solution de cendres, d'acide phénique, de créosote et autres substances et moyens indiqués à l'article **Kermès**, où l'on trouvera, du reste, de plus amples détails sur ces insectes.

Coléoptères. — Nombreux et très divers sont aussi les insectes de cette section qui vivent sur la Vigne et quelques-uns sont très redoutables.

Vers blancs. — Ils sont naturellement du nombre de ces derniers, puisqu'ils s'attaquent à tout. Pour leurs mœurs et moyens de destruction, se reporter à l'article **Hanneton**.

Les *Anomala Frischii* et *A. Vitis* ressemblent beaucoup au Hanneton, mais ils ne mesurent guère que 12 mm. de long. Leur couleur est ordinairement vert ou bleu métallique ou satiné, avec des bandes jaune terreux sur les côtés du corselet. On les trouve assez fréquemment dans les serres à Vignes et probablement aussi dans nos vignobles, où ils sont susceptibles de devenir nuisibles.

Enfin, M. Montillot cite, comme très nuisible en Autriche, le *Lethrus cephalotes*, d'origine asiatique. Ses affinités le rapprochent beaucoup des Bousiers. Il vit en terre, entre les racines et va chaque jour plusieurs fois, lorsque le temps est beau, couper l'extrémité d'un rameau ou un bourgeon à fruit et l'entraîne à reculons dans sa demeure pour y servir de nourriture aux jeunes larves qui résultent de la ponte de la femelle. La position souterraine de cet insecte rend sa destruction très difficile; heureusement qu'il ne paraît pas encore être introduit en France.

Attelabe. — C'est un membre du grand groupe Charençon, qui a reçu le nom de *Rynchites Betuti*.

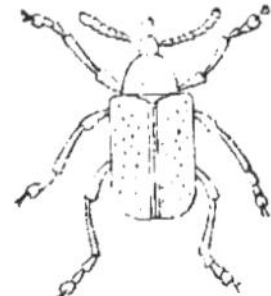

Fig. 512. — Attelabe. — Rynchites Betuti.

L'insecte parfait est d'un vert doré et mesure 5 à 6 mm. de long et glabre; le rostre est bronzé, le corselet porte une épine latérale et les élytres sont couvertes de ponctuations creuses. Sa larve vit du parenchyme des feuilles et, arrivée à son complet développement, la femelle coupe partiellement le pétiole pour flétrir la feuille et pouvoir l'enrouler, afin de protéger sept ou huit œufs qu'elle y a déposés au préalable. Ces œufs éclosent en peu de temps et, en une quinzaine de jours, les larves ont atteint leur complet développement. Elles se laissent alors tomber à terre pour s'y métamorphoser dans une coque et y passer l'hiver.

Remèdes. — Les dégâts résident dans la suppression des feuilles et ne sont importants que lorsque cet insecte abonde. Le seul moyen de destruction connu consiste à recueillir à la main les feuilles enroulées, afin de diminuer leur nombre pour la saison suivante.

Fig. 513. — Feuille enroulée en cornet par l'Attelabe.

Plusieurs autres Charançons des genres *Otiorhynchus* et *Rhynchites* sont fréquents sur la Vigne et en particulier les *O. Ligustici*, qui est noir avec des squamules grisâtres; *O. picipes*, de couleur terreuse; *O. sulcatus*, noir ou brun foncé, avec des touffes de poils gris sur les élytres. — Voy. du reste, pour de plus amples détails et les moyens de les détruire, **Otiorhynchus** et **Rynchites**.

Fig. 514. — Otiorhynchus sulcatus.

Eumolpe. — Connu aussi sous les noms familiers d'*Ecrivain*, *Gribouri*, *Diablotin*, etc., et en latin sous ceux d'*Adoxus* et *Eumolpus vitis*, ce Coléoptère est très commun et facile à reconnaître aux lignes sinueuses que l'adulte trace sur les feuilles en les rongeant pour se nourrir, mais il attaque aussi la peau des grains, ce qui les fait fendre et pourrir par la suite. La ponte a lieu en juillet, en terre, où les jeunes larves, qui atteignent leur complet développement en octobre, en rongeant les racines, passent l'hiver et remontent au printemps, sur le jeune feuillage, qu'elles dévorent ainsi que les grappes jusqu'à leur complète métamorphose, qui a lieu en mai.

L'adulte est long d'environ 6 mm., noir, couvert d'une pubescence grisâtre, avec la tête et le corselet et les élytres finement ponctués. Il ne vole pas, mais au moindre bruit, il rassemble ses pattes, se laisse tomber et fait le mort jusqu'à ce que le danger lui paraisse passé, ce qui rend sa capture assez difficile.

L'Eumolpe est ainsi nuisible à ses deux états principaux, mais c'est surtout sur les racines qu'il exerce les ravages les plus sérieux. Pour le détruire ou au moins le chasser, on a obtenu de bons résultats de l'emploi des tourteaux de Colza enfouis au printemps, à la dose de 1.200 kilos à l'hectare. Quant à l'adulte, on le prend à l'aide d'un entonnoir muni d'une poche et fendu sur un côté, afin de pouvoir le passer sous le cep; au moindre choc, les Eumolpes s'y laissent tomber; on les détruit ensuite par le feu ou l'eau bouillante. Les poulets en sont friands et l'on a souvent obtenu d'excellents résultats de leur passage dans les vignobles infestés.

Altise (*Graptodera ampelophaga*). — Comme ses congénères et plus peut-être, l'Altise est pour la Vigne un ennemi redoutable. L'adulte est un petit Coléoptère d'un vert brillant ou parfois bleu foncé, d'environ 4 mm. de long, avec des cuisses fortes et puissantes, qui, comme chez ses congénères, lui permettent de sauter. Il y a deux générations par an, l'une en mai, l'autre à la fin de l'été.

La femelle pond ses œufs en groupes, sur la face inférieure des feuilles, et une semaine après il en éclôt des petites larves passant successivement du jaune au noir qui, en rongeant l'épiderme des feuilles et des parties jeunes des sarments, causent ainsi de sérieux ravages lorsqu'elles abondent. Les larves de la seconde génération hivernent au pied des ceps et dans les fissures et aspérités de l'écorce.

Remèdes. — Pour la capture de l'insecte parfait, on emploie avec succès l'entonnoir que nous avons indiqué précédemment pour l'Eumolpe et pour la destruction des larves sous les feuilles, on les saupoudre de plâtre, de chaux délitée ou de soufre. Depuis l'application des bouillies contre le Mildiou, on a remarqué que ce ravageur devenait bien moins abondant.

Hyménoptères. — De cette famille, nous ne voyons guère qu'une Tenthrède, un Ver Limace, le *Selandria Vitis*, rare chez nous, mais très commun aux États-Unis, où il dévaste parfois le feuillage des Vignes. L'insecte parfait est une mouche à quatre ailes brun enfumé, mais semi-transparentes, avec des veines brunes; le corselet est rouge et le reste du corps noir, tandis que les pattes antérieures et le côté inférieur des autres pattes sont jaunes ou blanchâtres. La femelle a 6 mm. de long, mais le mâle est un peu plus court. Au printemps et au commencement de l'été, la femelle pond ses œufs en petits groupes sur la face inférieure des feuilles du sommet des rameaux.

Les larves qui en éclosent vivent par groupes de quinze à vingt, bien rangées côte à côte et rongent très régulièrement le limbe, en commençant par le bord, jusqu'à la nervure médiane, puis elles en font de même de l'autre côté. A leur complet développement, ces larves ont un peu plus de 12 mm. de long, avec leur plus grande épaisseur derrière la tête, d'où leur corps se rétrécit ensuite graduellement vers l'extrémité postérieure. Elles sont jaune pâle, avec le dos plus foncé ou verdâtre; chaque anneau porte deux rangées transversales de petites ponctuations noires. A la dernière mue, ces larves deviennent entièrement jaunes; elles descendent alors à terre où elles s'enfoncent et y forment un cocon terreux, ovale, pour s'y métamorphoser. A l'automne, les Mouches adultes se montrent au bout d'une quinzaine de jours et de leur ponte naît une nouvelle génération de larves.

Remèdes. — Comme les trop nombreux insectes qui nous sont déjà venus de l'Amérique, celui-ci est susceptible d'être importé un jour ou l'autre avec des plants de Vignes. Dès qu'on constatera sa présence, il faudra l'asperger avec une solution contenant 30 grammes de poudre d'Hellébore ou la valeur d'une cuillère à café de vert de Paris (arséniate de cuivre) par 10 litres d'eau. (Il ne faut pas oublier que cette dernière substance est excessivement dangereuse et demande à être maniée très prudemment; son emploi est du reste prohibé.)

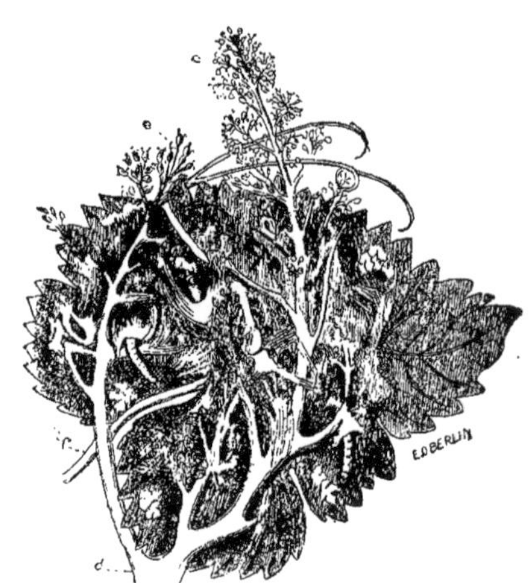

Fig. 515. — Jeune grappe de Vigne envahie par les Pyrales.

Lépidoptères. — Dans cette famille, nous trouvons un grand nombre d'ennemis de la Vigne et quelques-uns aussi redoutables et plus même que les Coléoptères; nous allons les passer en revue en insistant sur les plus nuisibles.

Plusieurs espèces de **Sphingidées** (V. ce nom) s'observent accidentellement sur la Vigne; les *Sphinx* (*Deilephila*) *Elpenor* et *S. Porcellus* sont les plus communs. Viennent ensuite l'*Arctia caja* ou **Écaille Martre** (décrite à ce nom); puis diverses Noctuelles (V. **Noctuina**), notamment les *Agrotis Tritici*, *Triphæna pronuba* et *Nænia typica*. Toutes trois vivent sur diverses plantes, les deux premières étant presque omnivores et bien que les mœurs de leurs chenilles soient très différentes, toutes rongent les jeunes rameaux et les feuilles de la Vigne. Les chenilles des *Agrotis Tritici* et *Triphæna pronuba* se cachent dans la terre pendant le jour et rongent les jeunes pousses situées près du sol; il est ainsi difficile de les découvrir. (V. à ce sujet **Vers gris.**) Les chenilles du *Nænia typica* vivent à l'automne, sur la face supérieure des feuilles de la plupart des arbres fruitiers, y compris la Vigne. Tant qu'elles sont jeunes, elles se tiennent en groupe, côte à côte, immobiles, rongeant régulièrement l'épiderme et ne laissant derrière elles que des parties brunes et desséchées. Au bout d'une quinzaine, elles descendent à terre et y vivent ensuite sur les herbes basses, jusqu'à ce que l'arrivée des froids les fasse enfoncer en terre pour y passer l'hiver. Elles en sortent au printemps suivant et vivent alors sur les herbes, pour y achever leur état larvaire. Ces chenilles sont brun terne, avec une ligne plus foncée sur le dos et sur chaque côté, ainsi que de courtes lignes obliques et blanches dans la partie inférieure de chaque côté. Lorsque ces chenilles deviennent par trop nuisibles, il est relativement facile d'en réduire le nombre en recueillant les feuilles portant des groupes d'insectes.

A la tribu des Teignes (*V. Tortricides*) appartiennent les espèces les plus nuisibles de la famille des Lépidoptères, et cela surtout en France et en Allemagne, bien que d'autres pays, notamment en Angleterre, les serres à Vignes n'en soient pas exemptes. Ce sont :

Pyrale de la Vigne (*Œnectra*, *Œnophthira*, vel *Tortrix Pilleriana*). — C'est le plus nuisible de tous les Lépidoptères qui vivent sur la Vigne; on le connaît depuis plusieurs siècles et son abondance a pris plusieurs fois le caractère d'un véritable fléau dans certaines régions, pour disparaître ensuite presque totalement sous l'action d'autres insectes parasites et réapparaître de nouveau.

Fig. 516. — Pyrale de la Vigne (*Tortrix Pilleriana*), de grandeur naturelle.

1, mâle au repos ; 2, le même les ailes étendues.

L'insecte parfait est un petit papillon dont les ailes antérieures sont jaune pâle, avec trois bandes transversales brunes et mesurent à peine 2 cent. d'envergure ; les postérieures sont plus petites et gris brunâtre, avec le bord inférieur un peu plus clair. La femelle dépose ses œufs sur les feuilles en juin-juillet, et les jeunes chenilles qui en naissent se suspendent au bout d'un fil, afin que le vent les balance et les fasse heurter un objet après lequel elles s'accrochent. Là, elles choisissent une cavité quelconque, le plus souvent une anfractuosité de l'écorce d'un cep, s'y entourent d'un léger cocon de soie et passent ainsi l'hiver. Au printemps, elles sortent de leur retraite dès que les bourgeons commencent à se développer, enveloppent les premières pousses de fils de soie, en dévorent les jeunes feuilles et passent successivement aux supérieurs qui se sont développés pendant ce temps; certains sarments se trouvent ainsi privés de leurs feuilles et de leurs grappes, que n'épargnent pas non plus ces chenilles. Arrivées à leur complet développement, elles ont environ 3 cent. de long et sont de couleur verdâtre, avec la tête noire et les côtés jaunâtres. La métamorphose s'effectue en peu de temps. La chrysalide est brune et l'insecte parfait en sort à l'époque sus-indiquée pour recommencer le même cycle d'évolution. Telle est d'une façon succincte les mœurs de cette Pyrale, qui a tant préoccupé les viticulteurs et les entomologistes et fait couler des flots d'encre; aussi, ses mœurs sont-elles parfaitement connues et les moyens de destruction proposés exces-

Fig. 517. — Pyrales accouplées, le mâle à droite.

sivement nombreux. Nous n'indiquerons ici que ceux qui ont donné les meilleurs résultats.

Remèdes. — Le plus efficace est celui qui consiste à tuer sur place, à l'aide de l'eau bouillante, chenilles, œufs et cocons, alors qu'ils sont engourdis et cachés dans les fisssures de l'écorce des ceps. Le procédé est en lui-même fort simple, mais l'application difficile sur les grands vignobles. Néanmoins, on y parvient aujourd'hui à l'aide d'un agencement approprié à cet usage. Le matériel se compose d'un fourneau et d'une chaudière mobiles qu'on transporte de place en place, dans les vignobles, et de cafetières à l'aide desquels on verse soigneusement et lentement l'eau bouillante sur toutes les parties de chaque cep. En opérant entre février-mars, il n'y a aucun danger pour la végétation.

Les lavages et brossages des ceps à l'eau de chaux, à celle de savon noir ou de plusieurs autres substances insecticides donnent aussi de bons résultats. Enfin, on a appliqué avec succès l'empoisonnement des insectes, toujours pendant la période de repos, à l'aide de vapeurs sulfureuses et sous vases clos. Pour cela, on couvre les ceps d'une cloche spéciale à cet usage ou d'une moitié de barrique renversée, et on fait brûler dessous du soufre en canons ou un morceau de mèche soufrée; dix minutes d'exposition aux vapeurs sulfureuses suffisent pour faire périr tous les insectes.

Cochylis (*Cochylis* (*Tortrix*) *roserana*). — Cette Tordeuse est très voisine de la précédente tant par ses caractères et ses mœurs que par ses moyens de destruction, mais peut-être encore plus nuisible, parce

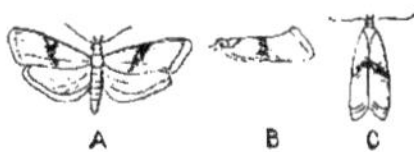

Fig. 518. — Cochylis de la Vigne (*Tortrix* ou *Cochylis ambiguella* vel *roserana*) de grandeur naturelle.

A, vue en dessous les ailes étendues ; B, vue au repos et de profil ; C, vue au repos et en dessus.

qu'elle s'attaque directement aux raisins et en détruit une grande quantité; elle est heureusement moins fréquente que la Pyrale.

Le papillon est jaune paille, à reflets argentés, avec les ailes antérieures de 1 cent. 1/2 d'envergure, traversées par une large bande brun foncé; les ailes postérieures sont gris clair et plus petites. Il y a deux générations par an. La première, qui résulte de nymphes ayant hiverné, se montre à l'état parfait à la fin d'avril. Après l'accouplement, la femelle pond ses œufs sur les pousses ou les jeunes grappes. L'éclosion, qui a lieu une quinzaine après, donne des petites chenilles qui rongent les fleurs non encore épanouies, entourent les grappes de fils de soie et continuent en paix et sûreté leurs déprédations. A leur complet développement, ces petites chenilles sont rosées et longues d'à peine 12 mm. Elles se métamorphosent dans un cocon brunâtre et en sortent au commencement d'août, pour s'accoupler, pondre et périr ensuite. Les chenilles de cette deuxième génération sont les plus redoutables, car elles vivent exclusivement de la pulpe du grain de raisin, dévorant la plus grande partie des grappes. En septembre,

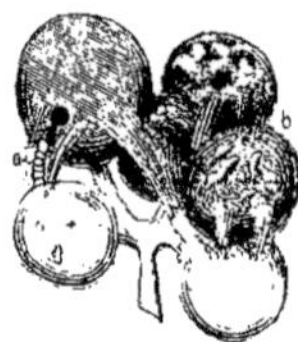

Fig. 519. — Fragment de grappe envahi par la Cochylis.

elles se retirent dans les fissures de l'écorce, le long des échalas, sous les liens ou dans les feuilles enroulées en cigare à cet effet, s'y transforment en nymphes et passent l'hiver en cet état, pour se montrer en papillons au printemps et recommencer le même cycle d'évolution.

Remèdes. — Lorsqu'une Vigne a ses raisins envahis par la Cochylis, on recommande de vendanger le plus tôt possible, afin de réduire d'autant l'importance des ravages des chenilles et de détruire en même temps celles-ci dans les grappes.

L'ébouillantage des ceps pendant l'hiver, pratiqué comme nous l'avons indiqué précédemment pour la Pyrale, donne de bons résultats; on l'applique en outre aux échalas. Par contre, les vapeurs sulfureuses sont sans effet ou à peu près. Enfin, on pratique aussi avec succès le brossage vigoureux des ceps ou même leur décorticage, et cela à l'aide de divers instruments, tels que gant de fer, brosse, raclette, etc., dont nous ne pouvons entreprendre ici la description.

« L'*Eupæcilia ambiguella* est une autre Tordeuse très voisine des précédentes et presque aussi nuisible qu'elles, car ses chenilles vivent des bourgeons et des jeunes grappes et, comme elles, les enveloppent aussi d'une toile, les rongent, arrêtent leur développement et les font pourrir. Les ailes antérieures du papillon ont environ 12 mm. d'envergure; elles sont jaune d'ocre, avec une strie grisâtre sur la moitié inférieure du bord antérieur et une large bande gris foncé sur le milieu; la tête et le corselet sont également ocreux.

« Le *Lobesia reliquana* (Syns. *Tortrix vitisana* et *Grapholitha botrana*) partage les mœurs destructrices de ce dernier et, comme lui, enveloppe les jeunes grappes d'une toile. La récolte se trouve parfois réduite de moitié. Cet insecte s'est montré très nuisible en Autriche. Il n'est pas rare chez nous et il est assez fréquent dans le sud de l'Angleterre, où il fait naturellement peu de dégâts, la Vigne n'y étant pas cultivée en plein air. L'adulte a un peu plus de 12 mm. d'envergure sur les ailes antérieures, qui sont rouge brun, marbrées de jaune chamois pâle; avec deux taches triangulaires brun foncé, bordées de blanc sur le bord postérieur de chacune d'elles. Sa métamorphose s'effectue dans la terre, au pied des ceps.

« Les moyens de destruction indiqués précédemment s'appliquent également à ces deux espèces et, lorsque la quantité de ceps est restreinte, on peut éplucher les grappes à la main ou secouer les ceps au-dessus d'une planche ou d'une feuille de carton enduite de goudron, ou tout autre récipient susceptible de capturer les insectes.

« L'*Œnectra Pilleriana* et le *Lobesia reliquana* sont figurés et décrits sous ces noms par le professeur Westwood, dans le *Gardeners' Chronicle*, 1882, 23 septembre et un mois plus tard, un autre ennemi de la Vigne y a été mentionné sous le nom de *Ditula angustiorana* (Syn. *Tortrix angustiorana*).

« Ce dernier est assez voisin du *Lobesia reliquana*, mais il est plus gros; ses ailes antérieures mesurent de 12 à 18 mm. d'envergure et sont de couleur ocreuse chez le mâle, brun rougeâtre chez la femelle, et chez les deux elles portent une tache plus foncée à la base et une autre tache brun foncé allant du milieu de l'aile vers l'angle interne, ainsi que d'autres ponctuations irrégulièrement dispersées sur la moitié extérieure, dont la plus saillante est celle de forme triangulaire, située sur le bord antérieur. Les chenilles de cette Tordeuse ont été observées sur la plupart des arbres fruitiers ainsi que sur les Troënes, les Aubépines et autres arbustes. Dans ces dernières années, on l'a observé sur les Vignes cultivées en serre, en Angleterre, mais heureusement pas en nombre tel que les plantes en aient été sérieusement affectées. Quoique abondant en Angleterre, le *Ditula angustiorana* y vit ordinairement sur diverses plantes, de préférence à la Vigne.

« Parmi les *Tinéides*, quelques espèces sont dangereuses pour la Vigne. Un des plus petits Lépidoptères, l'*Antispila Pfeifferela* vit à l'état de chenille sur les feuilles de l'Eglantier, mais il laboure parfois les feuilles des Vignes et, arrivée à son complet développement, la chenille forme, à l'aide de deux morceaux de feuille, une retraite qu'elle pend aux feuilles ou aux branches et dans laquelle elle effectue sa métamorphose. La nymphe y reste ainsi abritée jusqu'à son éclosion en papillon. Celui-ci ne mesure que 8 mm. d'envergure d'ailes antérieures, lesquelles sont brunes, à reflet cuivré ou doré et luisant; elles portent vers le milieu deux étroites bandes transversales jaunes, dont l'extérieure est interrompue au milieu. Les dégâts que cause cette chenille sont rarement appréciables, bien qu'elle ne soit pas rare en Angleterre. Si tel était le cas, on serait obligé de recueillir à la main les feuilles infestées, car on ne connait pas d'autre moyen de détruire cet insecte.

« Lorsque les divers insectes dont nous venons de parler sévissent dans les serres à Vignes, il faut recueillir à la fin de la saison tous les débris qui jonchent le sol et même une certaine épaisseur de la surface de celui-ci et brûler le tout dans une fournaise. Enfin, on a obtenu de bons résultats de l'application d'une solution de sulfate de potasse à 1 p. 100 sur les grappes lorsque la première génération de papillons s'envole et quand ceux de la deuxième se préparent à pondre. »

Nous terminons ici l'importante étude culturale du plus précieux des arbustes fruitiers, renvoyant les lecteurs pour tout ce qui concerne l'étude botanique du genre et les descriptions des principales espèces du genre à l'article **Vitis**. (S. M.)

VIGNE blanche. — V. **Bryonia dioica**.

VIGNE Concord. — V. **Marsdenia Cundurango**.

VIGNE de Judée. — V. **Solanum Dulcamara**.

VIGNE noire. — V. **Tamus communis**.

VIGNE de Salomon. — V. **Clematis Vitalba**.

VIGNE-VIERGE. — V. **Ampelopsis quinquefolia**.

VIGNE-VIERGE de Veitch. — V. **Ampelopsis tricuspidata**.

VIGUIERA, Humb., Bonpl. et Kunth. (dédié à Alexandre Viguier, libraire de Montpellier, qui publia un ouvrage sur les Pavots, en 1814). Fam. *Composées*. — Genre comprenant plus de soixante-dix espèces de plantes herbacées, annuelles ou vivaces, rarement arbustives, dressées et ramifiées et habitant les parties chaudes de l'Amérique. Capitules moyens ou rarement grands, hétérogènes, pédonculés et insérés au sommet des rameaux; involucre largement campanulé ou hémisphérique, formé de bractées disposées en deux, trois ou plusieurs séries; réceptacle convexe, conique ou à la fin oblong, garni de paillettes persistantes; fleurons de la circonférence ligulés et neutres; ceux du disque tubuleux et hermaphrodites; achaines souvent pubescents ou plus ou moins poilus et couronnés par quatre petites écailles ovales, denticulées et deux arêtes. Feuilles inférieures ou rarement toutes opposées; les supérieures ordinairement alternes. Ces plantes ont le port, le mode d'emploi et de traitement des **Helianthus** vivaces, dont elles sont du reste très voisines. (V. ce nom pour leur culture.) — Bien que deux autres espèces : les *V. helianthoides*, H.-B. Kunth. et *V. prostrata*, DC. aient été aussi introduits dans les cultures, la suivante est seule digne d'être décrite ici.

V. linearis, Schult. Bip. *Capitules* jaunes; bractées de l'involucre oblongues et munies au sommet d'un appendice foliacé. Septembre. *Flles* sessiles, alternes ou rarement opposées, linéaires, entières, uninervées, à bords révolutés et scabres-hispides sur les nervures. *Haut.* 60 cent. Mexique, 1823. Plante vivace et demi-rustique. Syn. *Helianthus linearis*, Cav. (B. R. 523.)

V. rigida, Hort. — V. **Helianthus rigidus**.

VILFA, Adans. — V. **Agrostis**, Linn.

VILFA, P. de Beauv. — V. **Sporobolus**, R. Br.

VILLANOVA, Lag. (dédié à Thomas M. Villanova, professeur de botanique à Valence, en Espagne; 1757-1802). Fam. *Composées*. — Petit genre comprenant huit espèces de plantes herbacées, diffuses, pubescentes, glanduleuses et rustiques ou de serre froide, habitant le Pérou, la Colombie et le Mexique. Capitules jaunes, hétérogames, pédonculés et disposés en panicules ou corymbes irréguliers; involucre campanulé, formé de quelques bractées sub-égales; réceptacle petit et nu; fleurons rayonnants ligulés et tridentés, ceux du disque à cinq divisions, achaines glabres. Feuilles inférieures ou toutes opposées, les supérieures souvent alternes, ternées ou pinnées, disséquées et souvent découpées en quelques lobes. L'espèce suivante, seule introduite, est une plante annuelle et rustique, qu'on sème au printemps en pépinière et qu'on traite ensuite comme la plupart des autres plantes analogues.

V. chreysanthemoides, A. Gray. *Capitules* jaunes, de 2 cent. 1/2 de diamètre, à fleurons rayonnants au nombre de quinze à vingt, pédoncules forts, glanduleux, nus ou portant une ou plusieurs feuilles rudimentaires. Septembre. *Flles* alternes, pétiolées, de 5 cent. de long et autant de large, biternées, à lobes linéaires ou obovales, laciniés et récurvés. Tige sillonnée, feuillue et dressée. *Haut.* 30 à 60 cent. Montagnes Rocheuses, 1878. (B. M. 6422.)

VILLANOVA, Ortega. — V. **Parthenium**, Linn.

VILLAREZIA, Ruiz et Pav. (dédié à Mathias Villarez, botaniste espagnol, directeur des jardins de Santa Espina). Syn. *Citronella*, D. Don. Fam. *Olacinées*. — Genre comprenant aujourd'hui douze espèces d'arbustes ou de petits arbres grimpants, toujours verts et de serre chaude, habitant les tropiques des deux hémisphères. Fleurs blanches, réunies en petites cymes formant dans leur ensemble des panicules ou des grappes; calice à cinq divisions; pétales cinq, sillonnés intérieurement. Feuilles alternes, oblongues, entières ou bordées de dents spinuleuses, épaisses, coriaces et de teinte claire. L'espèce suivante est seule introduite. Pour sa culture, V. **Olax**.

V. mucronata, Ruiz et Pav. *Fl.* odorantes, sessiles réunies en grappes et insérées au sommet des rameaux et à l'aisselle des dernières feuilles, solitaires ou rarement réunies par deux-trois, de 5 cent. de long. Septembre-octobre. *Flles* courtement pétiolées, ovales ou oblongues, mucronées, très glabres, luisantes en dessus, plus petites en dessous, bordées de dents épineuses chez les jeunes sujets et entières chez ceux des adultes. Tronc dressé et arrondi. Chili. Arbre.

Fig. 520. — Villarezia mucronata.

VILLARIA, DC. — V. **Berardia**, Vill.

VILLARSIA, Vent. (dédié à Dominique Villars, professeur à Grenoble, qui publia une *Flore du Dauphiné*; 1745-1814). Syn. *Renealmia*, Houtt. Fam. *Gentianées*. — Genre comprenant une douzaine d'espèces de plantes herbacées, marécageuses et de serre froide, habitant l'Afrique et l'Australie. Fleurs jaunes ou blanches, réunies en cymes; calice quinquéfide ou à cinq divisions profondes; corolle largement campanulée, sub-rotacée, à lobes valvaires; étamines cinq, insérées sur le tube et à filets filiformes. Feuilles radicales longuement pétiolées, entières ou à bords irrégulièrement sinués-dentés. Tiges simples et aphylles ou légèrement ramifiées et garnies de quelques feuilles.

Les espèces suivantes ont été introduites dans les cultures et sont très élégantes pendant la floraison. Il leur faut un mélange de terre de bruyère et de sable et les pots dans lesquels on les cultive doivent être tenus plongés dans l'eau. Leur multiplication s'effectue par division ou par semis.

V. capitata, Nees. *Fl.* jaunes, réunies en bouquets compacts, globuleux ou déprimés, d'environ 12 mm. de diamètres et longuement pédonculés. Été. *Flles* longuement pétiolées, largement ovales, orbiculaires ou réniformes, grossièrement sinuées-dentées ou entières et n'ayant pas 2 cent. 1/2 de long. Tiges légèrement ramifiées, feuillues et de 15 cent. de haut. Australie, 1879. (B. M. 6420.)

V. Crista-galli, Hook. — V. **Menyanthes Crista-galli.**

V. Humboldtiana. Hort. — V. **Limanthemum indicum.**

V. nymphæoides, Vent. — V. **Limnanthemum nymphæoides.**

Fig. 521. — VILLARSIA (*Limnanthemum*) NYMPHÆOIDES.

V. ovata, Vent. *Fl.* jaune citron, à segments de la corolle crénelés-fimbriés sur les bords et poilus intérieurement à la base; cymes terminales et racémiformes. Juin. *Flles* fasciculées, coriaces, ovales et entières. Tiges ascendantes et presque nues. *Haut.* 15 cent. Cap, 1786. Syn. *Menyanthes ovata*, Linn. f. (B. M. 1909.)

V. parnassifolia, R. Br.* *Fl.* jaunes, à lobes dépassant courtement le calice. Août. *Flles* longuement pétiolées, ovales ou presque orbiculaires, entières ou sinuées, crénelées, légèrement cordiformes ou arrondies à la base et ayant presque toutes moins de 2 cent. de long. Tiges florifères de 30 à 60 cent. de haut, lâchement paniculées, aphylles, sauf de petites bractées ou une feuille solitaire insérée à leur première ramification. Australie, 1823. (B. R. 1533, sous le nom de *V. reniformis*, R. Br.)

V. reniformis, Nees. * *Fl.* jaunes, à corolle étalée, de 2 à 2 cent. 1/2 de diamètre, avec les lobes fortement barbus ou frangés intérieurement à la base. Juillet. *Flles* réunies en touffe dense, longuement pétiolées, ovales-orbiculaires ou réniformes, plus ou moins cordiformes à la base, entières ou légèrement sinuées-dentées et ayant presque toutes plus de 2 1/2 à 5 cent. de long. Tiges florifères comme celles du *V. parnassifolia*. *Haut.* 15 cent. à 1 m. Australie, 1820. Syn. *Menyanthes exaltata*, Sims. (B. M. 1029.) — La plante figurée dans le B. M. 1328, sous le nom de *Menyanthes sarmentosa* n'est qu'une forme stolonifère de cette espèce.

VILLOSITÉ. — Ensemble des poils longs et mous qui couvrent la surface de certains organes, tels que les feuilles, les pétioles, la tige, etc.

VILMORINIA, DC. (dédié à Pierre-Philippe-André de Vilmorin (1776-1862), le second de sa branche, qui fit faire de notables progrès à la pratique de l'agriculture par ses expériences agronomiques sur les céréales, sur les plantes fourragères et en particulier sur les Légumineuses; il fut un des principaux rédacteurs du *Bon jardinier*, de la *Maison rustique*, et donna une grande impulsion à sa Maison de graines, universellement connue aujourd'hui sous la raison sociale de Vilmorin-Andrieux et Cie. FAM. *Légumineuses*. — La seule espèce de ce genre est un arbuste dressé, de serre chaude et habitant Saint-Domingue. Son traitement cultural est celui indiqué pour les **Clitoria** (V. ce nom), mais il n'existe peut-être plus actuellement dans les cultures.

V. multiflora, DC. ANGL. Vilmorin's Purple Pea Flower. — *Fl.* pourpres, réunies en grappes axillaires; calice cylindrique, à quatre dents obtuses et sub-bilabiées; corolle papilionacée, à pétales étroitement oblongs; ailes plus courtes que la carène; étamines diadelphes. Mai. *Flles* imparipennées, à cinq ou six paires de folioles ovales, pubescentes en dessous et plus longues que les inflorescences; stipules assez larges à la base et longuement subulées. Tige glabre et dressée. *Haut.* 2 m. Saint-Domingue, 1826. Syn. *Clitoria multiflora*, Swartz.

VIMINARIA, Smith. (de *vimen*, verge; allusion à l'aspect grêle et effilé des rameaux aphylles). ANGL. Rush Broom. FAM. *Légumineuses*. — La seule espèce de ce genre est un arbuste de serre froide, à tiges et rameaux dconciformes. Il prospère dans un mélange de terre franche et de terre de bruyère et peut se multiplier par boutures de pousses à demi aoûtées, que l'on fait en avril, dans du sable et sous cloches, ainsi que par graines que l'on sème sur une petite couche.

V. denudata, Smith. ANGL. Australian Rush Broom, Victorian Swamp Oak. — *Fl.* jaune orangé, petites et réunies en longues grappes terminales; calice à dents courtes et égales; pétales assez longuement onguiculés; ailes plus courtes que l'étendard; étamines libres. Août. *Flles* alternes, presque toutes réduites à l'état de pétioles filiformes, de 8 à 20 cent. de long; les inférieurs, chez les spécimens luxuriants, portant parfois à l'extrémité une à trois folioles herbacées, ovales-oblongues ou lancéolées et ayant 1 1/2 à 4 cent. de long. *Haut.* 3 à 6 m. ou parfois retombant et nain. Australie. 1780. (B. M. 1190; P. M. B. XIV, 123.)

VIMINEUS. — Mot latin qui signifie *allongé*, *grêle*, *flexible*, et s'applique aux rameaux qui présentent ces particularités, tels que ceux des divers Saules qu'on nomme en général Osiers.

VINAIGRE (Ferment ou mère de). — Lorsqu'on laisse les liquides contenant du sucre exposés à l'air, leur composition chimique subit en peu de temps une transformation importante. Les spores microscopiques de divers Champignons y tombent, germent rapidement et se développent aux dépens du sucre qu'ils transforment alors en un composé plus simple. Le gaz acide carbonique se dégageant, le sucre se transforme en alcool. Si le liquide reste un temps suffisamment long sans être remué, il est attaqué à son tour et transformé en vinaigre par l'addition d'oxygène. Pendant ces changements, il se forme au niveau du liquide une couche de matière gluante, ordinairement mince, qui couvre toute sa surface.

En examinant une partie de cette croûte, on voit qu'elle est formée de plusieurs couches superposées, séparables les unes des autres, et dont la plus inférieure pend en flocons dans le liquide. Le microscope montre que cette masse est principalement formée de filaments translucides du Champignon, composés de cellules allongées, en forme de bâtonnets, réunies bout à bout et noyées dans une substance gélatineuse. Certaines de ces cellules sont renflées de distance en distance. Toutes sont très petites, mais capables de se développer et de se reproduire si le filament de mycélium vient à se casser. D'autres cellules de formes différentes s'y trouvent ordinairement mélangées. Il est même fort difficile, sinon impossible, d'obtenir une culture pure de Champignons d'aussi petites proportions.

Des observations et expériences dignes de foi ont prouvé que la transformation normale de l'alcool en vinaigre ne s'effectuait que sous l'action de ce Champignon, sauf toutefois artificiellement par l'usage de produits et manipulations chimiques. C'est pourquoi l'on nomme *mère de vinaigre* la masse visqueuse que forment ces Champignons.

On y a observé diverses espèces de Champignons, mais il y a lieu de croire que celui qui produit le vinaigre est un membre du groupe des Bactéries. Il a reçu divers noms; ceux d'un usage fréquent sont : *Mycoderma Aceti*, Pasteur et *Bacteria Aceti*, Kuetz. Ce Champignon forme la plus grande partie de la mère de vinaigre et ses cellules varient beaucoup dans leur forme. Elles sont globuleuses et très petites (*Micrococcus*), allongées (*forma Bacterium*), en bâtonnets (*forma Bacillus*) ou en filaments, comme nous les avons mentionnés précédemment (*forma Leptothrix*) et tous réunis entre eux par la substance gélatineuse et gluante, que l'on nomme souvent *Zooglœa*.

Entremêlés à ceux du *Mycoderma* ou formant parfois des groupes séparés, se trouvent des filaments et faisceaux de cellules du *Saccharomyces Mycoderma*, Champignon assez voisin de celui qui constitue la levure de bière, et certains mycologistes le considèrent comme jouant un certain rôle dans la production du vinaigre.

Le *Mycoderma Aceti* a la faculté d'absorber l'oxygène de l'air et d'effectuer son union avec l'alcool, pour former le vinaigre, et les cellules de Champignon qui se trouvent en contact immédiat avec l'air, peuvent effectuer la division du vinaigre en eau et acide carbonique en poussant l'oxydation à l'excès.

Ce Champignon s'emploie pour la fabrication commerciale du vinaigre. On met à cet effet des copeaux couverts de *Mycoderma Aceti* dans un liquide contenant des substances sucrées en solution, tel que la bière, le cidre, le moût de fruits, le vin surtout et même dans l'eau-de-vie. Il faut ensuite maintenir une température de 28 à 30 degrés pour obtenir les meilleurs résultats tant en rapidité qu'en qualité et quantité.

Le *Mycoderma Aceti* ne se développe pas bien dans les vins ou autres liquides très acides, il ne s'y montre généralement que lorsqu'ils ont été rendus moins acides par la présence, pendant un certain temps, du *Saccharomyces Mycoderma*. Si on laisse le Champignon séjourner sur le liquide lorsque tout le sucre qu'il contenait a été transformé en acide par lui, la surface se couvre au bout d'un certain temps d'une moisissure bleue, verte ou jaune, due au *Penicilium glaucum* ou à d'autres petits Champignons. On croyait autrefois qu'ils représentaient un état de développement plus avancé du *Mycoderma Aceti*, mais on les considère aujourd'hui comme vivant à ses dépens, lorsqu'il est affaibli par manque d'éléments nutritifs.

VINAIGRIER. — V. Rhus glabra et Rhus typina.

VINCA, Linn. (de *Vinca* ou *Pervinca*, ancien nom latin employé par Pline). **Pervenche**; Angl. Periwinckle. Comprend les *Catharanthus*, G. Don. Fam. *Apocynacées*. — Genre comprenant environ dix espèces de jolies plantes herbacées, annuelles, vivaces ou

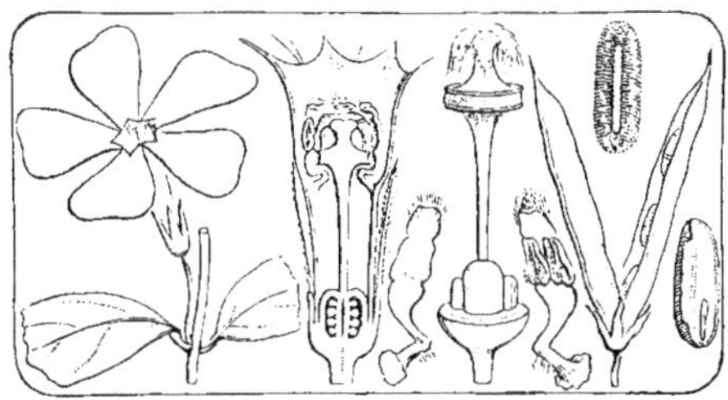

Fig. 522. — Vinca. — Fleurs entière et coupée longitudinalement : gynécée ; étamines, vues de face et par le dos ; fruit déhiscent : graines, entière et coupée longitudinalement.

suffrutescentes, dressées ou retombantes, rustiques, de serre tempérée ou chaude, très largement dispersées dans les régions chaudes et tempérées du globe. Fleurs assez grandes, axillaires, pédonculées et solitaires; calice à cinq divisions profondes, dépourvu de glandes et à lobes étroits; corolle en coupe, à tube étroit, cylindrique et à cinq lobes amples; étamines insérées au-dessus du milieu du tube, incluses et surmontées d'un appendice membraneux; style à stigmate entier ou bilobé. Fruit formé de deux carpelles libres ou réunis au sommet et uniloculaires. Feuilles opposées, simples, entières, persistantes et dépourvues de stipules.

Des espèces cultivées comme annuelles, le *V. rosea* est sinon le seul, du moins le plus répandu. C'est une fort belle plante à végétation rapide, mais aimant beaucoup la chaleur. On ne peut le cultiver en plein air que pendant les mois les plus chauds de l'année et dans les endroits les plus abrités; dans le Midi, il constitue une excellente plante à corbeilles et dans le Nord on le cultive facilement et fréquemment en pots, pour l'ornementation des serres ou la vente sur les marchés aux fleurs. On peut le multiplier facilement par boutures de jeunes pousses que l'on fait au printemps, sous cloches et à chaud, mais le semis est plus généralement employé. On le fait de bonne heure, au printemps, sur couche chaude ; lorsque les plants sont suffisamment forts, on les repique en godets, puis on les empote successivement dans de plus grands pots, au fur et à mesure de leur développement et on les pince une ou deux fois pour les faire ramifier et rendre les plantes plus trapues. Un compost de bonne terre de gazon décomposé ou, à défaut, de terre de bruyère et de terreau convient à cette belle plante. On peut la conserver en serre pendant l'hiver, mais il est préférable d'élever chaque année des jeunes plantes de semis ou de boutures.

Les Pervenches rustiques sont des plus convenables pour orner les rocailles, les pentes et les autres lieux agrestes, mais surtout pour tapisser le sol des bosquets et des parties ombragées ou exposées au nord et même pour former de larges bordures. Elles prospèrent presque dans tous les sols et s'étendent rapidement une fois établies. On les multiplie très facilement par divisions ; les plus petits éclats pourvus de quelques racines reprennent facilement à l'automne ou au printemps et se repiquent généralement en place.

V. acutiflora, Bertol. Syn. de *V. media*, Hoffmsg.

V. herbacea, Waldst. et Kit. *Fl.* bleu violet foncé, à pédicelles dressés et formant une seule ligne sur la partie supérieure des rameaux; corolle de 20 à 22 mm. de long.

Fig. 523. — VINCA HERBACEA.

à lobes obliquement ovales-acuminés, barbus au milieu et à la gorge. Juin-juillet. *Flles* elliptiques ou lancéolées, un peu obtuses, de 2 cent. 1/2 de long, à bords révolutés et légèrement ciliés. Tiges toutes fertiles, herbacées, glabres, déclinées, simples, radicantes, s'allongeant beaucoup et courant en tous sens sur le sol. Europe orientale; Hongrie, 1816.

V. major, Linn. * Grande Pervenche, Pucelage, Pucelle; ANGL. Band-Plant. Cut'finger. — *Fl.* bleu clair, assez grandes; calice à lobes ciliés et égalant le tube de la corolle. Avril-mai. *Flles* largement ovales ou ovales-lancéolées, cordiformes à la base, vert foncé, luisantes et ciliées. Tiges stériles couchées et radicantes au sommet seulement; les fertiles dressées et s'allongeant ensuite. Europe; France, Angleterre, etc. Plante plus forte dans toutes ses parties que le *V. minor*.

V. m. alba Hort. *Fl.* blanches.

V. m. elegantissima, Hort. *Flles* très élégamment mais irrégulièrement bordées et maculées de blanc crémeux.

V. m. reticulata, Hort. *Flles* ayant les nervures panachées de jaune et formant un réseau doré, d'un très joli effet.

V. media, Hoffmsg. *Fl.* bleues, à corolle de 2 cent. 1/2 de long, à lobes obliquement ovales-acuminés. Août. *Flles* ovales, rétrécies aux deux extrémités, très glabres, de 2 1/2 à 5 cent. de long et 12 à 18 mm. de large. Tiges stériles couchées; les fertiles presque dressées, de 30 cent. et plus de haut. Région méditerranéenne. Plante vivace et rustique. Syn. *V. acutiflora*, Bertol.

Fig. 524. — VINCA MAJOR. — Grande Pervenche.

V. minor, Linn. Petite Pervenche, Petit Pucelage, Violette de serpent, Violette des sorciers. — *Fl.* bleues, de 2 cent. 1/2 de diamètre, à lobes du calice glabres, atteignant le tiers de la longueur du tube de la corolle; celle-ci à lobes cunéiformes et tronqués au sommet. Avril-mai. *Flles* de 2 1/2 à 4 cent. de long, elliptiques-ovales, très courtement pétiolées et à bords glabres, coriaces, vert foncé, luisantes et persistantes. Tiges coriaces; les florales courtes et dressées; les stériles couchées, radicantes, de 30 à 60 cent. de long. *Haut.* 15 à 20 cent. Europe;

Fig. 525. — VINCA MINOR. — Petite Pervenche.

France, Angleterre, etc. (F. D. 1813; Sy. En. B. 906.) — Il en existe plusieurs variétés différant par la couleur de leurs fleurs qui est *violacée*, *pourpre* ou *blanche*; on possède aussi des variétés *à fleurs doubles* de ces mêmes nuances et une à *feuilles panachées*, très élégante et formant de charmantes suspensions, ou très convenable pour garnir les vases ou coupes décoratives surmontant les piliers ou les colonnes.

V. rosea, Linn. * Pervenche de Madagascar, P. du Cap; ANGL. Madagascar Periwinckle, Old Maid. — *Fl.* presque sessiles à l'aisselle des feuilles; corolle à tube de 2 cent. 1/2 de long, à gorge présentant une callosité annulaire et une autre plus petite à l'étroit orifice du tube sommet des étamines velu; limbe étalé en roue, à cinq lobes obovales, obtus, roses, avec une tache foncée à la gorge; étamines insérées vers le sommet du tube; stigmate capité et glanduleux. Mars-octobre. *Flles* courtement ou longuement pédonculées, à limbe oblong-aigu, d'un vert gai et luisant en dessus. Plante ramifiée, buissonnante, dressée, pubérulente, annuelle en cultures, mais devenant

Fig. 526. — VINCA ROSEA. — Pervenche de Madagascar.

vivace et sub-ligneuse avec l'âge et en serre. Serre tempérée et pleine terre pendant l'été. *Haut.* 30 à 40 cent. (B. M. 248.) Syns. *Catharanthus roseus*, G. Don; *Lochnera rosea*, Rchb. — Il en existe des variétés à *fleurs entièrement blanches* ou avec une *tache purpurine* à la gorge.

VINCETOXICUM, Ruppr. (de *vincere*, conquir, et *toxicum*, poison; allusion aux propriétés antidotes des poisons de ces plantes). FAM. *Asclépiadées.* — Genre comprenant environ soixante-dix espèces de plantes herbacées, vivaces ou suffrutescentes, dressées ou volubiles, rustiques, de serre tempérée ou chaude et habitant les régions chaudes et tempérées du globe, mais devenant rares dans les tropiques. Fleurs ordinairement jaune verdâtre ou purpurines, parfois presque noires et réunies en cymes axillaires, de forme variable; calice à cinq divisions, corolle un peu rotacée-campanulée, profondément quinquépartite; coronule insérée sur le tube staminal, sub-entière, dentée, à cinq-dix lobes courts ou profonds. Feuilles simples, opposées ou rarement quaternées, verticillées ou alternes.

Les espèces les plus connues sont décrites ci-après. Sauf le *V. pilosum*, toutes sont rustiques et vivaces. Elles faisaient autrefois partie du genre **Cynanchum** et se traitent de la même manière. (V. ce nom pour leur culture.)

V. fuscatum, Rchb. *Fl.* jaunes, à corolle barbue; ombelles simples. Juillet. *Flles* ovales. Tiges volubiles au sommet. *Haut.* 60 cent. à 1 m. Sud-est de l'Europe, 1817. Syn. *Cynanchum minus*, C. Koch.

V. japonicum, C. Morr. et Dcne. *Fl.* blanchâtres, à pédicelles grêles; segments de la corolle glabres; cymes lâches et plus courtes que les feuilles. Été. *Flles* arrondies, courtement acuminées ou rétuses, très courtement mucronées, pâles en dessous, à nervures mollement pubérulentes et peu veloutées. Japon. Plante un peu volubile supérieurement. (L. et P. F. G. III, p. 150.)

V. medium, Dcne. *Fl.* blanches, à corolle non barbue; pédicelles à peine plus longs que les pédoncules; ombelles souvent ramifiées. Mai. *Flles* largement ovales, obtuses ou ovales-lancéolées et aiguës. Tiges volubiles au sommet. *Haut.* 60 cent. à 1 m. Europe orientale, etc.

V. nigrum, Mœnch. *Fl.* pourpre noir; corolle barbue, avec les lobes des appendices à sinus dentés; pédicelles à peine plus longs que les pédoncules; ombelles souvent ramifiées. Mai. *Flles* ovales-lancéolées, acuminées, à bords finement ciliés et plus étroites. Tiges volubiles au sommet. *Haut.* 60 cent. à 1 m. Europe orientale; France, etc. Syn. *Cynanchum nigrum*, Pers. (B. M. 2390.)

V. officinale, Mœnch. Dompte-venin; ANGL. Tame Poison. — *Fl.* blanches, un peu épaisses, non barbues; pédicelles trois fois plus longs que les pédoncules; ombelles

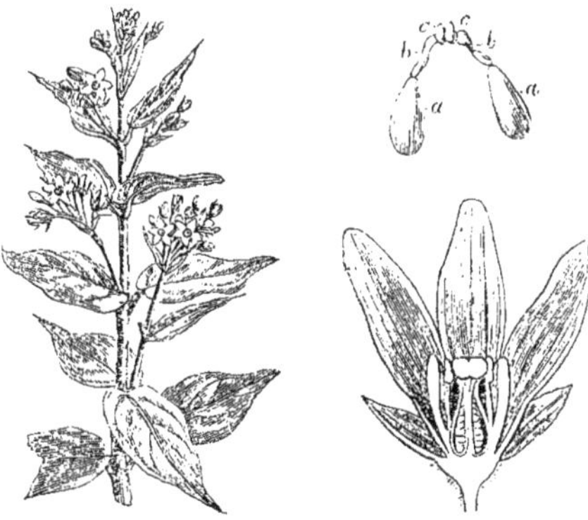

Fig. 527. — VINCETOXICUM OFFICINALE. — Rameau florifère, fleur coupée longitudinalement et masses polliniques.

simples. Mai. *Flles* ovales, acuminées et finement ciliées sur les bords quand elles sont jeunes et tomenteuses-blanchâtres en dessous. Tiges dressées, robustes, portant une ligne duveteuse de chaque côté. *Haut.* 30 cent. à 1 m. Europe; France, etc. Syn. *Cynanchum Vincetoxicum*, Pers.

V. pilosum. — *Fl.* blanches, courtement pédicellées; pédoncules multiflores et égalant presque les feuilles. Juillet. *Flles* ovales-arrondies et mucronées au sommet, arrondies ou sub-cordiformes à la base. Cap, 1726. Sous-arbrisseau volubile et de serre froide. Syn. *Cynanchum pilosum*, R. Br. (B. R. 111.)

V. purpurascens, C. Morr. et Dcne. *Fl.* pourpre terne, à pédicelles grêles et réunies en cymes multiflores au sommet de longs pédoncules naissant à l'aisselle des fleurs supérieures. *Flles* étroitement oblongues, mucronées, devenant plus petites à mesure qu'elles s'approchent du sommet des rameaux, où les fleurs se montrent. Tiges, ainsi que toutes les autres parties, vertes, légèrement duveteuses, devenant grêles au moment de la floraison et présentant alors une tendance à s'enrouler. Japon, 1850. Plante vivace, rustique ou à peu près.

VINÉAL. — Se dit des plantes qui croissent dans les Vignes.

VINETTIER. — V. **Berberis vulgaris.**

VIOLA, Linn. (ancien nom latin employé par Virgile et autres auteurs, dérivé de *Ion*, violet, allusion à la couleur des fleurs des espèces principales). **Violette, Pensée** ; Angl. Heartsease, Pansy, Violet. Comprend les *Erpetion*, DC. Fam. *Violariées.* — Grand et important genre dont plus de deux cent cinquante espèces ont été décrites, mais ce nombre est réduit aujourd'hui à environ cent espèces. Ce sont des plantes herbacées, presque toutes vivaces et rustiques, rarement suffrutescentes, dont près de soixante habitent les régions tempérées de l'hémisphère boréal (trente la France et six l'Angleterre), une trentaine l'Amérique du Sud, deux l'Afrique australe et orientale et huit l'Australie et la Nouvelle-Zélande. Certaines de nos espèces indigènes sont très polymorphes et présentent un très grand nombre de formes. Fleurs solitaires ou rarement géminées, axillaires et pédonculées, tantôt toutes fertiles, tantôt les vernales grandes et souvent stériles, les estivales, petites, cléistogames, c'est-à-dire à pétales petits ou nuls, ne s'ouvrant pas, autofécondées et fertiles, comme c'est le cas pour le *V. odorata* et pour plusieurs autres, sauf celles du groupe *tricolor*, dont le type peut être considéré comme représentant bien le genre ; calice à cinq sépales subégaux, libres ou à peu près ; persistants et développés à la base en un petit appendice ; corolle à cinq pétales inégaux, plans, libres, marcescents, imbriqués-contournés dans la préfloraison ; les supérieurs dressés, les latéraux étalés latéralement, l'inférieur ou antérieur élargi, arrondi et prolongé inférieurement en un éperon ; étamines cinq, à filets libres, courts, souvent dilatés, prolongés inférieurement en un appendice qui s'enfonce dans l'éperon ; anthères conniventes en tube, biloculaires, à connectif prolongé en appendice membraneux. Fruit capsulaire, polysperme et s'ouvrant en trois valves. Feuilles alternes ou souvent sub-radicales, pétiolées, accompagnées de stipules libres ou soudées au pétiole et souvent foliacées.

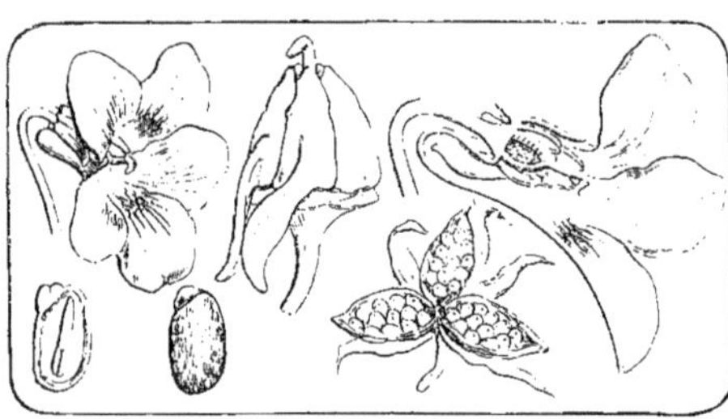

Fig. 528. — Viola. — Fleurs, entière, coupée longitudinalement et dépourvue de ses pétales, pour montrer les étamines, dont deux sont éperonnées ; fruit ouvert ; graines, entière et coupée longitudinalement.

Le genre *Viola* intéresse hautement l'Horticulture ; il lui a fourni deux sortes de plantes d'un grand mérite : les **Pensées** et les **Violettes**, qui, à cause de la place importante qu'elles occupent dans les cultures sont longuement décrites à leurs noms respectifs.

Quelques autres espèces sont encore assez fréquemment cultivées et de ce nombre sont les *V. cucullata*, *V. cornuta*, *V. Munbyana*, mais le plus grand nombre de celles introduites dans les jardins sont de petites plantes herbacées, rustiques et ne dépassant guère 15 cent., intéressant particulièrement les amateurs et ayant leur place tout indiquée dans les rocailles, parmi les collections de plantes alpines, dans les plates-bandes et les lieux agrestes.

Certaines espèces sont très naines, touffues et compactes, il faut en conséquence, surtout lorsqu'elles sont rares ou délicates, les planter dans des endroits choisis et abrités, où l'on peut leur donner les soins qu'elles exigent. Leur culture générale est celle des Violettes et leur multiplication s'effectue selon les cas, par semis, par séparation des drageons ou par division des touffes.

V. acuminatum, Morr. et Dcne. *Fl.* blanc crème, étoilées, restant épanouies pendant plusieurs semaines. Japon.

V. altaica, Ker. *Fl.* jaunes, grandes, à sépales aigus et denticulés ; éperon à peine plus long que les appendices des sépales ; stigmate urcéolé. Mars-juin. *Flles* ovales ; stipules cunéiformes, à dents aiguës. Tige courte. Rhizomes radicants, grêles et durs. Monts Altaï, 1805. (B. M. 1776 ; B. R. 54 ; R. G. 1071.)

V. arenaria, DC. *Fl.* bleu pâle, insérées sur des rameaux courts, axillaires, naissant d'une rosette compacte ; sépales aigus ; pétales larges ; éperon court. Mai-juin. *Flles* orbiculaires-ovales, obtuses. Europe ; France, Angleterre, etc. Petite plante pubescente, formant une touffe de 5 à 15 cent. de diamètre. (Sy. En. B. 174. *bis.*)

V. biflora, Linn. *Fl.* jaunes, à pétale inférieur strié de noir, petites ; sépales linéaires ; pétales lisses ; éperon très court ; stigmate bifide ; pédoncules uni- ou biflores. Avril-mai. *Flles* réniformes, dentées en scie, lisses et à stipules ovales. Souche traçante. Europe, Sibérie : France, etc. 1752. (B. M. 2089 ; F. D. 46.) Syn. *V. lutea*, Lamk.

Fig. 529. — Viola biflora.

V. blanda, Willd. *Fl.* blanches, petites, faiblement odorantes, à pétales presque tous non barbus ; les latéraux veinés de lilas ; éperon court. Commencement du printemps. *Flles* arrondies-cordiformes ou réniformes et finement pubescentes. Rhizomes rampants. Amérique du Nord, 1802.

V. calcarata, Linn. Violette éperonnée. — *Fl.* bleues ou blanches, à sépales denticulés-glanduleux ; éperon filiforme, plus long que le calice. Mars-juillet. *Flles* arrondies-spatulées ou allongées et crénelées ; stipules palmatifides ou trifides. Tiges courtes, simples et touffues.

Racines fibreuses et diffuses. Autriche, Alpes, Pyrénées. Espèce très variable.

V. c. albiflora, Hort. *Fl.* blanches, grandes. *Flles* à stipules découpées et à peine ciliées. Tige courte. (R. G. 1028.)

V. c. flava, Hort. *Fl.* jaunes. Syn. *V. Zoysii*, Wulf. ; *V. grandiflora*, Linn.

V. c. Halleri, Hort. *Fl.* bleues, grandes. Semblable à la variété précédente par ses autres caractères. (R. G. 1028.)

V. canadensis, Linn. Violette du Canada. — *Fl.* blanches ou blanchâtres en dedans, presque toutes striées ou veinées de violet en dehors sur les pétales supérieurs et les

Fig. 530. — VIOLA CANADENSIS.

latéraux barbus; éperon très court; stigmate non terminé en bec. Mai-août. *Flles* largement cordiformes, aiguës, dentées en scie; stipules ovales-lancéolées et entières. Tiges étalées-dressées. *Haut.* 30 à 60 cent. Amérique du Nord, 1783. (S. B. F. G. ser. II, 62.)

V. canina, Cham. et Schlecht. Violette des chiens. — *Fl.* bleu pâle, parfois grises ou blanches, inodores, de 1 1/2 à 3 cent. de diamètre, à pédoncules caulinaires: sépales étroits, acuminés; éperon obtus; style claviforme et crochu. Mai juin. *Flles* longuement pétiolées, glabres, étroitement ovales, obtuses, cordiformes à la base; stipules lancéolées et ciliées. Europe: France, Angleterre, etc. Plante très variable dans sa taille, son port et la couleur de ses fleurs. (F. D. 2010.)

V. c. lactea, — *Fl.* grises, à pétales étroits; éperon très court. *Flles* ovales-lancéolées, arrondies ou cunéiformes à la base. Souche courte et dépourvue de stolons. Plante très grêle. (Sy. En. B. 176, sous le nom de *V. lactea*, Smith.)

V. c. persicæfolia, — *Fl.* lilas pâle ou blanches; éperon très court. *Flles* oblongues-lancéolées, tronquées à la base: les supérieures plus étroites. Souche allongée, émettant des stolons.

V. capillaris, Pers. *Fl.* bleu pâle, à pétales latéraux fortement barbus; éperon court, obtus et verdâtre: pédicelles axillaires, solitaires, grêles, quatre à six fois plus longs que les feuilles. Mai-août. *Flles* pétiolées, ovales ou ovales-oblongues, de 8 à 15 mm. de long, obtuses à la base, cunéiformes-décurrentes, légèrement aiguës au sommet et garnies sur les bords de dents glanduleuses et espacées. Tiges nombreuses, touffues, retombantes et feuillues. Chili. (F. d. S. 983.)

V. cenisia, Linn. Violette du Mont-Cenis. — *Fl:* violettes, à éperon très grêle et arqué: sépales lancéolés, à peine deux fois plus longs que leur prolongement. *Flles* ovales-elliptiques ou ovales-lancéolées, très entières et hispides. Alpes.

V. cornuta, Desf. * Violette cornue. — *Fl.* bleu lilas, sépales lancéolés-aigus; éperon plus long que le calice, aciculaire, obtus, droit ou légèrement arqué, pédoncules caulinaires; plus longs que les feuilles, arrondis et glabres. Mars-juillet. *Flles* cordiformes-ovales, crénelées, ciliées,

Fig. 531. — VIOLA CORNUTA ALBA.

courtement pétiolées; stipules amples, obliquement cordiformes, profondément dentées-ciliées. Tiges ascendantes et diffuses. Racines fibreuses. Suisse, Pyrénées. — Plante touffue. (B. M. 791; A. V. F. 40; B. H. 1871, 9, représentant une de ses nombreuses formes horticoles à grandes fleurs.

Fig. 532. — VIOLA CORNUTA MAGNIFICENS.

V. c. alba, Hort. *Fl.* blanc pur, grandes et élégantes. Semblable au type par ses autres caractères. (A. V. F. 40.)

V. cucullata, Ait. * Violette à feuilles en cuiller. — *Fl.* bleu pâle ou violet-bleu, fréquemment striées de blanc ou parfois entièrement blanches, grandes, très nombreuses à la fois, longuement pédonculées, dressées, inodores, à pétales latéraux et souvent l'inférieur barbus; éperon court et épais; stigmate légèrement ou non acuminé; pédoncules de 8 à 25 cent. de long. Avril-mai. *Flles* longuement pétiolées, dressées, cordiformes, avec un large sinus basal, enroulées inférieurement en cornet ouvert, surtout quand elles sont jeunes, acuminées, parfois presque réniformes ou dilatées-triangulaires, lisses et luisantes ou un peu pubescentes. Souche touffue, compacte, à rhizomes épais et sans stolons. (B. M. 1795; S. B. F. G. ser. II, 298. — Cette espèce est cultivée aux environs de Paris pour ses grandes et belles fleurs qu'on mélange à celles de la Violette odorante. Sa forme à *fleurs striées* est fréquente dans les cultures.

V. c. palmata, Hort. *Flles* diversement lobées ou découpées en trois à sept divisions; les premières entières sur les mêmes plantes. (B. M. 535, sous le nom de *V. palmata*, Linn.)

V. declinata, Waldst. et Kit. *Fl.* bleu pourpre foncé et vif, avec des taches plus foncées autour de l'œil jaune. Mai. *Flles* ovales, obtusément dentées. *Haut.* 15 cent. Transylvanie, 1892.

Fig. 533. — Violla cucullata striata.

V. dentata, Pursh. Syn. de *V. sagittata*, Ait.

V. elatior, Fries. Syn. de *V. montana*, Linn.

V. eriocarpa, Schwein. Syn. de *V. pubescens*, Ait.

V. flabellata, Sweet. Syn. de *V. pedata*, Linn.

V. flabellifolia, Lodd. Syn. de *V. pedata*, Linn.

V. grandiflora, Linn. Syn. de *V. calcarata flava*, Linn.

V. hederacea, Labill. * Violette à feuilles de Lierre. — *Fl.* bleues, rarement blanches, ordinairement petites, mais atteignant parfois 2 cent. de large, à pétales glabres ou les latéraux légèrement pubescents à l'intérieur; éperon réduit à une légère concavité. Juillet. *Flles* réniformes, orbiculaires ou spatulées, ayant ordinairement moins de 12 mm. de long, mais atteignant chez les individus très luxuriants 2 1/2 jusqu'à 4 cent. de large et entières ou dentées. Australie, 1823. Plante touffue et demi-rustique. (H. E. F. 111, 225; L. B. C. 1133.) Syns. *Erpetion hederacea*, G. Don; *E. reniformis*, Sweet.

V. hirta, Linn. *Fl.* printanières violettes, grandes, inodores, toutes stériles, à longs pédoncules radicaux; éperon allongé et crochu; bractées insérées dans la partie inférieure des pédoncules; appendices des anthères lancéolés; fleurs estivales petites, apétales, cléistogames et fertiles. Mars-mai. *Flles* ovales-cordiformes, obtuses, longuement pétiolées et plus ou moins velues; stipules courtes, lancéolées et ciliées. *Rhiz.* épais, noueux et dépourvu de stolons. Europe; France, Angleterre, etc. Plante voisine du *V. odorata*. (Sy. En. B. 172.)

V. lactea, Smith. Variété du *V. canina*, Linn.

V. lanceolata, Linn. *Fl.* blanches, petites, à pétales non barbus; les inférieurs veinées de lilas. Commencement du printemps. *Flles* lancéolées, dressées, obtuses, rétrécies en longs pétioles marginés et presque entières. Rhizomes rampants. Amérique du Nord, 1759. (L. B. C. 211; S. B. F. G. 174.)

V. lutea, Smith. * Violette jaune. — *Fl.* grandes, atteignant jusqu'à 5 cent., d'un beau jaune vif, uni, à peine lignées de brun à l'onglet, parfois violettes ou lilas, à pétale inférieur largement arrondi, prolongé inférieurement en éperon grêle, droit, aigu ou obtus, dépassant parfois 1 cent. de long. Juin-juillet. *Flles* ovales-cordiformes, les supérieures lancéolées, à stipules multifides, avec le lobe médian plus ou moins dilaté en spatule et denté sur les bords. Tiges ascendantes ou couchées. Europe, France, etc., régions montagneuses. Vivace. Il en existe quelques formes botaniques.

V. lutea, Lamk. Syn. de *V. biflora*, Linn.

V. mirabilis, Linn. *Fl.* bleu pâle, odorantes, à pétales entiers; les latéraux barbus, l'inférieur terminé en éperon obtus; les vernales grandes et stériles; les estivales apétales et fertiles. Avril-mai. *Capsule* glabre, acuminée. *Flles* réniformes, acuminées; les inférieures longuement pétiolées; les caulinaires presque sessiles; stipules largement lancéolées, entières et ciliées. Tiges se développant pendant le cours de la végétation. Europe, France, etc., régions alpines. Vivace.

Fig. 534. — Viola mirabilis.

V. montana, Linn. *Fl.* blanches, à la fin bleuâtres; éperon conique, droit, tronqué, verdâtre et plus court que les sépales; stigmate papilleux et légèrement réfléchi. Mai-juillet. *Flles* inférieures cordiformes; les supérieures ovales, aiguës; pétioles marginés; stipules oblongues, dentées ou incisées. Tige simple et dressée. *Haut.* 30 cent. Europe et Sibérie; France, etc. (B. M. 1595.) Syn. *V. elatior*, Fries.

V. m. Ruppii, — *Flles* cordiformes ou lancéolées. Tiges retombantes. (A. F. P. 25 et L. B. C. 686, sous le nom de *V. Ruppii*, All.)

V. Munbyana, Boiss. et Reut. * Violette de Munby,

Fig. 535. — Viola Munbyana.

Violette-Pensée.— *Fl.* d'un beau violet franc, grandes, très nombreuses, naissant par une à trois à l'aisselle des feuilles inférieures, rappelant par leur forme celles des petites Pensées; éperon droit, presque deux fois aussi long que le calice; pédoncules dressés et dépassant longuement les feuilles. Fleurit presque toute l'année, mais surtout au printemps et à l'automne. *Flles* ovales-cordiformes, obtuses et obtusément crénelées, glabres ou légèrement ciliées sur les bords. Tiges retombantes, grêles, ramifiées et très touffues. Algérie. Très jolie plante. (A. V. F. 39.)

V. M. lutea, Hort. *Fl.* jaune clair et uni, sauf sur le pétale inférieur qui porte quelques stries purpurines.

V. odorata, Linn. * Violette odorante. — *Fl.* printanières bleues, blanches ou purpurines, odorantes, stériles, à longs pédoncules radicaux; pétales latéraux munis ou dépourvus de touffes de poils; éperon presque droit, court et obtus; appendice des anthères linéaire-oblong; style crochu; stigmate oblique; bractées insérées vers le milieu des pédoncules; fleurs estivales petites, apétales, cléistogames et fertiles. Mars-mai et de nouveau à l'automne. *Flles* profondément cordiformes à la base, à sinus fermé, obtuses, denticulées, stipules glanduleuses; pétioles allongés et couverts de poils défléchis. *Rhiz.* courts, noueux et émettant de très longs stolons. Europe; France, Angleterre, etc. (B. M. PL. 25; Sy. En. B. 171.) — Plante très répandue et beaucoup cultivée dans les jardins sous ses nombreuses formes horticoles décrites à l'article Violette. (V. ce nom.)

V. o. alba. — *Fl.* blanches.

V. o. pallida-plena, Hort. Violette de Naples ou V. de Parme. — *Fl.* bleu lavande ou bleu gris, doubles, grandes et très odorantes.

V. o. permixta, — *Fl.* bleu pâle, inodores. Stolons non radicants.

V. o. sepincola. — *Fl.* foncées et inodores. Stolons radicants. Plante plus poilue que le type.

V. o. semperflorens, Hort. * Violette odorante des quatre saisons. — *Fl.* un peu plus grandes et un peu plus odorantes que dans le type. La plante est surtout caractérisée par son aptitude à refleurir plusieurs fois dans l'année et surtout à l'automne. C'est d'elle que sont sorties la plupart des Violettes remontantes.

V. o. sulfurea, Cariot. *Fl.* jaune pâle, avec un peu d'orangé à la gorge, petites et peu ou pas odorantes, mais bien distinctes par leur couleur unique. *Flles* moins velues et d'un vert plus luisant que dans le type. France centrale, 1896.

V. palmata, Linn. Variété du *V. cucullata*, Linn.

V. palustris, Linn. Violette des marais. — *Fl.* blanches ou lilas et veinées, de 12 mm. de diamètre, inodores, à longs pédoncules tous radicaux; sépales latéraux presque glabres; éperon court et obtus; stigmate obliquement tronqué. Avril-juillet. *Flles* cordées-réniformes, légèrement crénelées, grandissant après la floraison, longuement pétiolées et toutes radicales; stipules glanduleuses. *Rhiz.* blancs, souterrains, grêles, courtement rampants, ramifiés et aphylles. Europe; France, Angleterre, etc. (Sy. En. B. 170.)

V. pedata, Linn. * *Fl.* ordinairement bleu vif, parfois pâles ou même blanches, très grandes, à pétales tous glabres; éperon très court; stigmate grand, épais, marginé et obliquement tronqué. Mai-juin. *Flles* à environ sept divisions pédalées, fermes, linéaires-lancéolées, entières ou incisées-tridentées au sommet, parfois très étroites et laciniées; stipules ciliées. *Rhiz.* épais. Amérique du Nord, 1759. (A. B. R. 153; F. M. 350; L. B. C. 536; S. B. F. G. 69; Gn. 1887, par I, 384.) Syns. *V. flabellifolia*, Lodd. (L. B. C. 777); *V. flabellata*, Sweet. (S. B. F. G. ser. II, 247.)

V. p. atropurpurea, Hort. *Fl.* pourpre foncé; pistil pubescent. *Flles* à segments cunéiformes et incisés. (F. d. S. 1361; R. G. 1110, f. a.)

V. p. bicolor, Hort. * Très belle variété dont les deux pétales supérieurs sont violet foncé et veloutés comme chez une Pensée.

Fig. 536. — VIOLA PEDATA.

V. pedunculata, Torr. et Gray. * *Fl.* jaune foncé, grandes, à pétales largement obovales; les deux supérieurs visiblement onguiculés; les latéraux barbus à la base; éperon très court; pédoncules deux ou trois fois aussi longs que les feuilles. Printemps. *Flles* rhomboïdes-ovales, ayant à peine 2 cent. 1/2 de long, un peu épaisses, grossièrement et obtusément dentées et brusquement rétrécies à la base. Californie, 1856. Plante demi-rustique. (B. M. 5004; F. d. S. 2426.)

V. pinnata, Linn. *Fl.* violettes, à pédoncules radicaux. Juin-juillet. *Flles* palmatipartites, à segments bi- ou tridentés. Alpes.

V. præmorsa, Dougl. *Fl.* jaunes, assez grandes, à pétale inférieur veiné de brun et émarginé; éperon très court; pédoncules presque tous plus courts que les feuilles. Printemps. *Flles* ovales-lancéolées, lâchement denticulées ou presque entières, stipules entières. Tiges courtes et dressées. Amérique du Nord, 1828. Plante ordinairement très hirsute. (B. R. 1254.)

V. pubescens, Ait. *Fl.* jaunes, à pétales inférieurs veinés de pourpre; éperon extrêmement court. Printemps et commencement de l'été. *Flles* très largement cordiformes, dentées, un peu aiguës; stipules amples, ovales ou ovales-lancéolées. Tige simple, nue inférieurement et portant supérieurement trois ou quatre feuilles. *Haut.* 15 à 30 cent. Amérique du Nord, 1772. Plante mollement pubescente. (L. B. C. 1249; S. B. F. G. 223.)

V. p. eriocarpa, Hort. Variété plus forte et plus pubescente, de 30 à 60 cent. de haut, à capsule laineuse. (B. R. 390; S. B. F. G. 102, sous le nom de *V. eriocarpa*, Schwein.)

V. pyrolæfolia, Poivr. *Fl.* jaunes, à sépales acuminés; pétales fortement barbus à l'intérieur; éperon court et obtus; étamines émarginées au sommet. Janvier. *Flles* ovales, parfois obtusément cordiformes; stipules frangées au sommet. Patagonie, 1851. (F. d. S. 665.)

V. Riviniana, Rchb. f. Variété du *V. sylvestris*, Lamk.

V. rothomagensis, Desf. * Violette de Rouen. — *Fl.* bleues ou violet-mauve très clair, petites, à pétales latéraux et l'intérieur striés de noir; éperon tubuleux, obtus, beaucoup plus court que les sépales; bractées insérées près de la fleur, lancéolées et pourvues d'une dent de chaque côté. Mai-août. *Flles* ovales; les inférieures presque cordiformes, crénelées, frangées; stipules pinnatifides, presque lyrées. Tiges ramifiées, en zigzag et diffuses. Racine presque fusiforme. Plante velue-hérissée, vivace et redoutant beaucoup l'humidité. France et Belgique, sols calcaires. (B. M. 1498.)

Fig. 537. — VIOLA ROTHOMAGENSIS.

V. rotundifolia, Michx. *Fl.* jaunes, à pétales latéraux barbus et marqués de lignes brunes. Commencement du printemps. *Flles* arrondies-ovales, cordiformes, légèrement crénelées, de 2 cent. 1/2 de large au moment de la floraison, grandissant pendant l'été et atteignant jusqu'à 8 ou 10 cent., reposant sur le sol et luisantes en dessus. *Rhiz.* rampants. Amérique du Nord, 1800.

V. Ruppii, All. Variété du *V. montana*, Linn.

V. sagittata, Ait. *Fl.* pourpre bleu, assez grandes, à pétales latéraux et parfois tous barbus; éperon court et épais; stigmate terminé en bec. Printemps et commencement de l'été. *Flles* à pétioles petits et marginés ou ceux des feuilles estivales nus; limbe variant depuis la forme oblongue-cordée jusqu'à celle hastée, sagitté, oblong-lancéolé ou ovale, denticulé, parfois découpé jusqu'à la base. Amérique du Nord, 1775. Plante presque glabre ou poilue. (L. B. C. 1171. Syn. *V. dentata*, Pursh. (L. B. C. 1485.)

V. s. emarginata, — *Fl.* à pétales émarginés ou bidentés. *Flles* presque triangulaires, lacérées, dentées presque jusqu'à la base.

V. Selkirkii, Pursh. *Fl.* violet pâle; éperon très grand, presque aussi long que les pétales et épaissi au sommet. Printemps et commencement de l'été. *Flles* arrondies-cordiformes, crénelées, de 1 1/2 à 4 cent. de long, finement poilues en dessus et portant un sinus étroit et profond; pétioles et pédoncules de 2 1/2 à 5 cent. de long. *Rhiz.* filiformes et à racines fibreuses. Amérique du Nord, 1873. Plante petite et délicate. (R. G. 752.) Syn. *V. umbrosa*, Fries.

V. striata, Ait. *Fl.* blanc crème ou pur, à pétales latéraux barbus; les inférieurs portant des stries purpurines; éperon assez épais et beaucoup plus court que les pétales; stigmate se terminant en bec. Avril-octobre. *Flles* cordiformes, finement dentées en scie, souvent aiguës; stipules amples, oblongues-lancéolées et fortement frangées-dentées. Tiges anguleuses, ascendantes, de 15 à 25 cent. de haut. Amérique du Nord, 1772.

V. suavis, Bieb. Violette russe; ANGL. Russian Violet. — *Fl.* bleu pâle, blanches à la base, odorantes, à sépales obtus; pétale inférieur plus large que les autres et émarginé; les latéraux portant une ligne poilue; stigmate crochu et nu. Mars-mai. *Flles* cordées-réniformes, crénelées et pubescentes. Stolons allongés, rampants et radicants. Tauride. 1820. S. B. F. G. ser. II, 126.)

V. sylvatica, Auct. Syn. de *V. sylvestris*, Lamk.

V. sylvestris, Lamk. Violette des bois; ANGL. Wood Violet. — *Fl.* violet bleuâtre, grandes, inodores, à pédoncules naissant sur la tige; sépales aigus, à appendice très développé et persistant sur le fruit; pétales amples, obovales: éperon court, gros, comprimé, canaliculé et ordinairement pâle. Mars-mai. *Flles* largement ovales-cordiformes, obtuses: stipules lancéolées, aiguës, fimbriées ou dentées. *Rhiz.* grêle, tortueux, produisant des tiges étalées-dressées, naissant à l'aisselle de feuilles radicales. Plante glabre. Europe; France, Angleterre, etc. Syn. *V. sylvatica*, Auct.

V. s. Reichenbachiana, Jord. *Fl.* plus pâles et plus petites que dans le type, plus précoces, à pétales étroits; éperon violacé, allongé et entier au sommet; sépales à peine développés à la fructification. France, Angleterre, etc. (Sy. En. B. 174.)

V. s. Riviniana, Coss. et Germ. *Fl.* pourpre bleuâtre ou lilas, inodores, de 1 1/2 à 2 cent. 1/2 de large, à pétales obovales-oblongs: l'inférieur beaucoup plus large que les autres; pédoncules allongés et pourvus de deux petites bractées. Été. *Flles* inférieures aussi larges ou plus larges que longues; les supérieures un peu plus étroites que longues. (Sy. En. B. 173, sous le nom de *V. Riviniana*, Rchb.)

Fig. 538. — VIOLA TRICOLOR. — Pensée sauvage.

V. tricolor, Linn. Violette tricolore, Pensée sauvage, Herbe de la Trinité; ANGL. Heartsease, Pansy. — *Fl.* de 6 à 30 mm. de large, de couleur très variable chez ses nombreuses formes, lilacées, blanchâtres ou jaune d'or, parfois multicolores, toutes fertiles, à pédoncules caulinaires et anguleux; sépales aigus, largement auriculés; les quatre pétales supérieurs dressés; stigmate épaissi et urcéolé au sommet. Mai-septembre. *Flles* longuement pétiolées, ovales-oblongues ou lancéolées, de 2 1/2 à 4 cent. de long, lyrées, crénelées-dentées, plus ou moins décurrentes sur le pétiole; stipules amples, de 8 à 12 mm. de large, pinnatifides, à lobe médian foliacé et crénelé. Tiges de 10 à 40 cent. de long, ramifiées, dressées ou étalées-ascendantes, flexueuses et anguleuses. Racine grêle et fibreuse. Plante annuelle ou bisannuelle, glabre ou pubescente. Europe; France, Angleterre, etc. (Sy. En. B. 178.) — Plante commune dans les champs, très variable et que l'on considère comme la souche principale des **Pensées des jardins**. (V. ce nom.)

V. t. arvensis, Hort. *Fl.* blanches ou jaunâtres, à

pétales ordinairement plus courts que les sépales ou nuls. Tige allongée et ramifiée. (Sy. En. B. 179,)

V. t. Curtisii, T. Forst. *Fl.* bleues, purpurines ou jaunes, à pétales étalés, un peu plus longs que les sépales. Souche ramifiée, touffue et stolonifère. (Syn. En. B. 180.)

V. t. lutea, Hort. Angl. Mountain Vine. — *Fl.* bleues, pourpres ou jaunes, à pétales étalés, beaucoup plus longs que les sépales. Souche ramifiée, à rameaux grêles, émettant de courts stolons souterrains. (Sy. En. B. 181.)

Fig. 539. — Viola tricolor. — Pensée cultivée.

V. umbrosa, Fries. Syn. de *V. Selkirkii*. Pursh.

V. variegata, Fisch. *Fl.* violet pâle, à éperon cylindrique, droit et aussi long que les sépales. Mai-juin. *Flles* cordiformes-ovales ou arrondies, violacées en dessous, obscurément vertes en dessus, avec les nervures blanches, un peu hispides, grandes et presque glabres chez les plantes fructifères ; stipules lancéolées et denticulées. Racines dures et subdivisées. Dahourie, 1817. (R. G. 1852, 20.)

V. Zoyzii, Wulf. Syn. de *V. calcarata flava*. Hort.

VIOLACE ; Angl. Violaceous. — Couleur violette mélangée d'une autre couleur.

VIOLARIÉES. — Famille naturelle de végétaux Dicotylédones polypétales, renfermant aujourd'hui environ deux cent soixante-quinze espèces réparties dans vingt-cinq genres, quatre tribus et dispersées dans toutes les régions tempérées de l'hémisphère septentrionale. Ce sont des plantes herbacées ou des arbustes; les premières abondantes dans les régions tempérées et les derniers plus nombreux dans les tropiques. Fleurs hermaphrodites ou rarement polygames, parfois dimorphes, les unes stériles, les autres fertiles (cleistogames), axillaires, solitaires ou réunies en cymes, en grappes ou en panicules; pédoncules et pédicelles ordinairement pourvus de deux bractéoles; calice à cinq sépales, imbriqués, caducs ou persistants, libres ou un peu soudés à la base, corolle cinq pétales hypogynes ou légèrement périgynes, inégaux ou subégaux, imbriqués et souvent contournés dans la préfloraison, l'antérieur ou inférieur parfois prolongé à la base en un éperon sacciforme; étamines cinq, à filets libres, courts, souvent dilatés et les inférieurs parfois prolongés en un appendice qui s'enfonce dans l'éperon; anthères biloculaires, à connectif parfois prolongé en appendice membraneux; ovaire uniloculaire, multi-ovulé, à placentas pariétaux. Le fruit est une capsule s'ouvrant souvent avec élasticité en autant de valves qu'il y a de placentas, ou parfois une baie indéhiscente. Feuilles alternes ou rarement opposées, simples, entières ou rarement laciniées, accompagnées de stipules foliacées ou petites, persistantes ou généralement caduques chez les espèces frutescentes.

Cette famille intéresse surtout l'horticulture par son genre type : *Viola*, qui fournit aux jardins les Pensées et les Violettes. Les *Hymenanthera*, *Sauvagesia* et *Cephaelis*, qui donne l'Ipécacuanha, appartiennent aussi à cette famille. (S. M.)

VIOLETTE ; Angl. Violet (*Viola*, Linn.). — Nom français appliqué aux espèces du genre *Viola* et en particulier aux nombreuses races et variétés du *V. odorata* ou Violette odorante, dont nous allons faire ici une étude générale.

La Violette odorante ordinaire est une plante vivace, herbacée, traçante et rustique, commune dans les bois et les prés de toute l'Europe. La précocité de ses fleurs, leur belle couleur typiquement violette et plus encore leur suave parfum, l'ont fait rechercher de tout temps et depuis fort longtemps cultiver dans les jardins. A demi cachées sous le feuillage, leur parfum pénétrant laisse deviner leur présence et leur a valu l'emblème de la modestie.

Pour ces différentes raisons, les dames recherchent beaucoup la Violette comme bouquet de corsage. Sa popularité est si grande que, dans le monde des fleurs, elle vient sans doute immédiatement après la rose. La consommation de ces petits bouquets de corsage est si importante qu'on peut les évaluer à plusieurs millions chaque année, et le commerce auquel ils donnent lieu devient ainsi une branche importante du commerce des fleuristes et des horticulteurs. Ceux du Midi surtout, favorisés par la douceur hivernale du climat, cultivent en grand la Violette en plein air et en cueillent les fleurs pour l'exportation dans le Nord bien longtemps avant qu'elles soient épanouies chez nous. Grâce aux trains rapides et aux prix réduits des transports, elles se vendent très fraîches et à un prix constituant une sérieuse concurrence pour les violettes de production locale; aussi, le forçage a-t-il à peu près disparu ou du moins se trouve-t-il confiné dans quelques rares établissements ou jardins d'amateurs.

Culture. — La Violette n'est pas difficile sur la nature du sol; elle croît à peu près partout; toutefois, les terrains un peu frais et consistants sont ceux qui lui conviennent le mieux. Elle se plaît dans les haies, sur la lisière des bois, dans les prés, etc., et aussi bien à l'ombre qu'en plein soleil, mais de préférence dans les endroits à demi ombragés, où l'air n'est pas trop desséchant. Dans les cultures industrielles, faites en vue de la fleur à couper pour bouquets ou pour la parfumerie, les plantations sont faites en pleins champs, en lignes espacées de 30 cent. environ et un peu moins sur les lignes. Leur durée est de quatre à cinq ans.

Pendant l'été et lorsque les plantes ne souffrent pas trop de la sécheresse, elles produisent (au moins certaines variétés) quelques fleurs, puis plus abondamment à l'automne; mais la floraison principale s'effectue, comme on le sait, au printemps, de février à avril, selon la température de la saison, l'exposition et le traitement appliqué. Il ne s'agit ici, bien entendu, que des variétés remontantes, dites : des *Quatre saisons*, presque seules cultivées aujourd'hui. On trouvera plus loin l'énumération et la description des plus méritantes

Multiplication. — La multiplication des Violettes est des plus faciles; elle s'effectue par le semis ou par la séparation de ses nombreux stolons.

Semis. — Le semis ne s'emploie guère que pour obtenir des plantes plus vigoureuses, destinées à régénérer la variété ou pour en obtenir de nouvelles. La germination des graines est malheureusement lente, capricieuse et irrégulière. Le mieux est de les semer dès leur maturité si on le peut, c'est-à-dire en août-septembre; la germination ayant alors lieu au printemps suivant. Quand on sème au printemps, quelques graines lèvent dans le courant de l'année et d'autres au printemps suivant. Le semis se fait comme celui de la plupart des autres plantes vivaces et rustiques, c'est-à-dire en pépinière, dans un endroit ombragé, en pleine terre ou au besoin en terrines, si on possède peu de graines. On repique ensuite les plants d'abord en pépinière ou directement en place quand ils sont suffisamment forts, à l'automne ou au printemps, selon leur état d'avancement.

Séparation des coulants. — Cette opération se fait à toute époque de l'année, mais de préférence de suite après la floraison, et l'on repique les divisions directement en place. Les vieilles souches ayant plusieurs années d'existence doivent être rejetées, car elles ont perdu leur vigueur. La reprise des coulants est rapide et bonne surtout lorsqu'ils sont déjà pourvus de racines et que la saison est pluvieuse; on pourvoit au besoin au manque d'humidité par quelques arrosements si on le peut.

Culture forcée. — Cette culture, autrefois très pratiquée aux environs des grands centres, diminue de plus en plus par suite de l'importance des cultures méridionales et de la facilité du transport des fleurs et de leur prix très minime.

On ne fait plus guère aujourd'hui que la Violette de Parme, pour la vente en pots sur les marchés aux fleurs. Cependant, dans certaines maisons bourgeoises, on force encore un peu de Violettes simples pour le plaisir que cause cette floraison précoce et pour les besoins personnels.

Qu'il s'agisse de variétés simples ou doubles, le traitement reste le même. Il se réduit, dans son principe, à obtenir à l'automne des jeunes pieds forts et vigoureux, à les abriter des froids et à leur donner d'autant plus tôt et plus de chaleur qu'on désire que la floraison en soit plus précoce.

Les pieds destinés à cet usage proviennent de semis ou de stolons repiqués en planche au printemps, bien soignés pendant l'été, c'est-à-dire terreautés, paillés et arrosés selon le besoin. Afin que la souche principale acquière plus de force, on supprime les stolons pendant le cours de la végétation ou du moins on n'en laisse que quelques-uns, qu'on aide alors à s'enraciner en les enfonçant un peu en terre autour de la touffe, pour la grossir.

Le forçage sur place est le plus généralement pratiqué. A cet effet, on place simplement, vers novembre, des coffres sur les planches de Violettes et on les couvre de châssis à l'approche des froids. On garnit ensuite le tour des coffres avec des feuilles ou de la litière et, si l'on veut avancer la floraison, on emploie des acots en fumier chaud. Afin d'éviter la pourriture et l'étiolement, il faut arroser très modérément et donner le plus d'air et de lumière qu'on le peut, mais lorsqu'il fait très froid, il est nécessaire de couvrir les châssis de paillassons pendant la nuit.

Lorsque, pour une cause quelconque, on ne peut pratiquer le forçage sur place, il est facile de relever les plantes de pleine terre avec une bonne motte et de les replanter à plein sol sous des châssis dont la terre a été au préalable ameublie et terreautée à cet effet. Si on désirait obtenir une floraison très précoce, on pourrait parfaitement les planter sur une petite couche dont la chaleur serait très modérée; il faudrait aussi placer les plantes très près du verre et les aérer copieusement, car la Violette ne supporte guère la chaleur.

Pour le forçage en pots, on relève les plantes de pleine terre à la même époque, en leur ménageant une bonne motte, et on les empote dans des pots de 10 à 12 cent. de diamètre, en mettant au besoin deux ou trois plantes dans chaque pot si elles ne sont pas suffisamment fortes pour les bien garnir. On place ensuite les pots sous châssis, on arrose copieusement et on tient ceux-ci fermés pendant quelques jours, pour faciliter la reprise, puis on leur donne de nouveau le plus d'air possible et en résumé les mêmes soins qu'aux plantes forcées sur place.

Du reste, on peut hâter la floraison de la Violette de plusieurs autres manières, soit en la plantant au pied de murs exposés au midi ou en la couvrant de cloches, soit en la rentrant en serre ou en la plaçant sur couches; l'essentiel est de lui fournir la chaleur nécessaire pour qu'elle entre en végétation, mais cette chaleur doit être peu élevée

Insectes et maladies. — A part les Limaces qui

rongent parfois les boutons et les fleurs épanouïes, on ne connaît guère d'autre insecte nuisible aux Violettes que le suivant, dont les ravages dans les cultures du Midi sont assez récents.

C'est un acarien du genre *Tetranychus*, auquel appartient la redoutable Grise et qui, comme elle, pique les

L'*Urocystis Violæ* cause sur les tiges et les feuilles du *Viola odorata* et autres espèces un épaississement et la contorsion des parties qu'il infeste. Au bout d'un certain temps, l'épiderme des parties renflées se déchire çà et là et laisse voir des masses noires de spores. Chacune de celles-ci se compose d'une grande cellule cen-

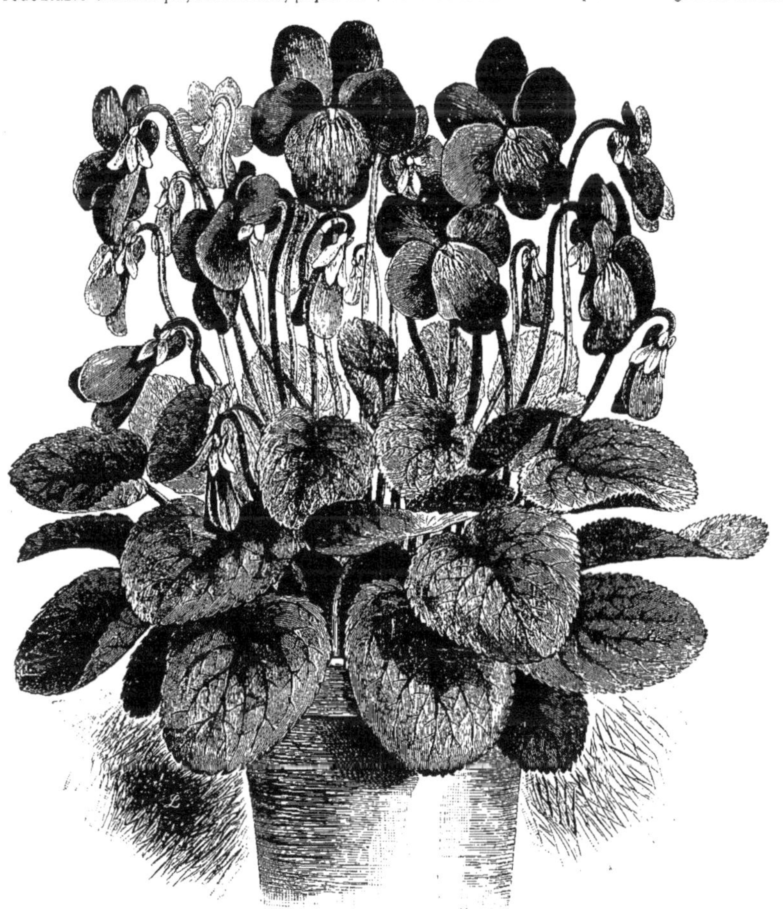

Fig. 540. — Violette Amiral Avellan. (D'après L. Lille.)

feuilles des Violettes, en suce la sève et provoque leur dessèchement prématuré. On le combat en fauchant et brûlant les feuilles après leur floraison et en aspergeant ensuite les plantes, à quatre reprises espacées de quatre jours d'une solution à 4 p. 100 de savon noir et autant de pétrole.

Si les Violettes souffrent peu des ravages des insectes, « elles sont par contre exposées aux ravages de plusieurs Champignons qui vivent en parasites sur les feuilles, sur les tiges et même sur les sépales et les pétales ».

trale (qui donne naissance à un filament de mycelium à la germination) et une enveloppe de cellules plus petites.

Le *Puccinia Violæ* est très fréquent sur les feuilles et les pétioles de plusieurs Violettes, y compris la Violette odorante des bois et la plupart de ses formes cultivées dans les jardins. Il se montre au commencement de l'été, sous forme de faisceaux de cupules (*Æcidium Violæ*) et se reconnaît facilement à ses petites cupules jaunes, fortement parsemées sur des taches renflées et rouge orangé. Chaque cupule présente une bordure de petites dents presque blanches, formée par la déchirure de l'enveloppe externe (*peridium*) et renferme une multitude de petites spores orangées. Plus tard, ces cupules sont remplacées par de petits amas de matière poudreuse, irrégulièrement dispersés ou disposés en cercle. Ces amas se composent de spores pédonculées, arrondies ou ovales, brunes, épineuses, unicellulaires et de spores de vrai *Puccinia*, assez longuement pédonculées, également brunes, mais formées de deux cellules placées bout à bout.

Le *Puccina ægra* est une autre espèce également parasite sur les Violettes et en particulier sur le *V. cornuta*, qu'il affaiblit beaucoup ; on l'a aussi observé sur le *V. lutea*. Sa forme d'Æcidie a reçu le nom de *Æcidium depauperans*, parce qu'elle appauvrit la plante qu'elle infeste. On la distingue de l'*Æ. Violæ* à ses cupules éparses et non groupées en taches épaisses. Ces deux espèces diffèrent en outre entre elles par des détails microscopiques de leurs spores.

Le *Puccinia Fergussonni* se développe aussi sur les feuilles et les pétioles du *V. palustris*, dont il épaissit le tissu et les parties envahies renferment des spores brunes et bicellulaires. On ne connaît pas d'autre forme de ce Champignon.

La présence d'un autre cryptogame a été constatée dans les cultures méridionales de Violettes. (Voir *Rev. Sc. nat. appl.*, décembre 1895.) Ce Champignon, nommé *Phyllosticta Violæ*, forme d'abord sur les feuilles des petits points blancs, cerclés de noir, qui s'étendent rapidement et se dessèchent et laissent des trous paraissant faits à l'emporte-pièce. Ces trous s'agrandissent, se rejoignent et la feuille finit par disparaître.

« Assez fréquemment, les feuilles des Violettes portent des taches discolores qui, à l'examen microscopique, semblent dues à la présence d'espèces de *Ramularia* (*R. agrestis* et *R. lactea*) ou de *Cercospora* (*C. Violæ*), etc. Ce sont des petites moisissures qui produisent, au sommet de pédicelles grêles, des spores allongées, multicellulaires et transparentes ou brunes. Ces taches sont parfois parsemées de petits périthèces noirs du *Laestadia Violæ*, une des Sphæriacées, dont les asques renferment chacun huit spores ovales et unicellulaires.

« De tous les Champignons qui se montrent sur les Violettes, les *Puccinia ægra*, *P. Violæ*, *Urocystes Violæ* et *Phyllosticta Violæ* sont les plus nuisibles.

« Tous ces parasites se développent dans le tissu interne des plantes et ne poussent au dehors que leurs organes de reproduction. Les moyens de destruction sont en conséquence fort restreints et de peu d'effet, sauf toutefois l'emploi des solutions cupriques, qui a donné pour la destruction d'autres parasites de si merveilleux résultats ; on pourrait les essayer avec certaines chances de succès, au moins comme préservatifs. Quand les plantes sont fortement infestées, il y a peu de chances de les sauver ; le mieux est alors de les arracher ou de faucher les feuilles le plus tôt possible et de les brûler afin d'éviter que les spores ne se répandent et que le mal n'envahisse les plantes encore saines. »

VARIÉTÉS

Le nombre des variétés simples et doubles est relativement grand et les différences que présentent celles d'obtention récente sur leurs congénères est si grand que beaucoup de ces dernières sont abandonnées et

Fig. 541. — Violette Le Czar.

disparaissent progressivement des jardins, nous restreindrons donc cette liste aux variétés les plus méritantes, celles que l'on cultive aujourd'hui plus ou moins abondamment.

Fig. 542. — Violette de Luxonne.

SIMPLES

Amiral Avellan. — *Fl.* violet purpurin vif, assez grandes, à pétales arrondis et longuement pédonculées. Variété très florifère et bien distincte par son coloris spécial.

California. — Variété d'origine américaine, que l'on disait surpasser en grandeur et perfection toutes les autres, mais elle n'a pas maintenu sa réputation, au moins en France.

Explorateur Dybowski. — *Fl.* mauve foncé, grandes et à longs pédoncules, mais à pétales un peu étroits.

Gloire d'Hyères. — *Fl.* bleu foncé et luisant, à larges divisions et bien ouvertes.

Gloire de Bourg-la-Reine. — *Fl.* violet rosé, grandes et nombreuses. Bonne variété précoce et très florifère, remontant pendant presque toute l'année. (R. H. 1887, 492.)

Le Czar. — *Fl.* d'un beau violet foncé, avec quelques lignes violet noir, de grandeur moyenne et très odorantes. Cette variété est très répandue et estimée dans le Nord, à cause de sa vigueur et de sa rusticité. On la désigne fréquemment sous le nom de *Violette russe.* Il en existe une variété à *fleurs blanches.*

La France. — *Fl.* violet foncé et luisant, parfois un peu ombrées de rougeâtre, très grandes, à très longs pédoncules et odorantes, aussi grandes et un peu plus foncées que celles de la *Princesse de Galles*, dont la plante a été donnée comme un hybride tout nouveau avec la *Gloire de Bourg-la-Reine.* (R. H. 1897, 472.)

Luxonne. — *Fl.* très grandes, mais moins foncées que celles du *Czar*, à pédoncules très longs et forts. On la cultive beaucoup en Provence, où elle fleurit depuis septembre jusqu'en mars.

Madame Arène. — *Fl.* violet plus foncé et plus velouté que chez la *Luxonne* et également très grandes. Originaire du Midi où elle est cultivée en grand.

Princesse Béatrice. — *Fl.* violet foncé, à centre plus clair, très grandes, très odorantes, arrondies et munies de longs et forts pédoncules.

Princesse de Galles. — *Fl.* d'un beau bleu violet assez foncé, très grandes, à pétales très amples, arrondis et des plus odorantes, avec de longs et forts pédoncules. La plante est très vigoureuse, touffue et excessivement florifère. C'est une des plus cultivées dans le Midi et assurément une des plus belles. Violette à grandes fleurs.

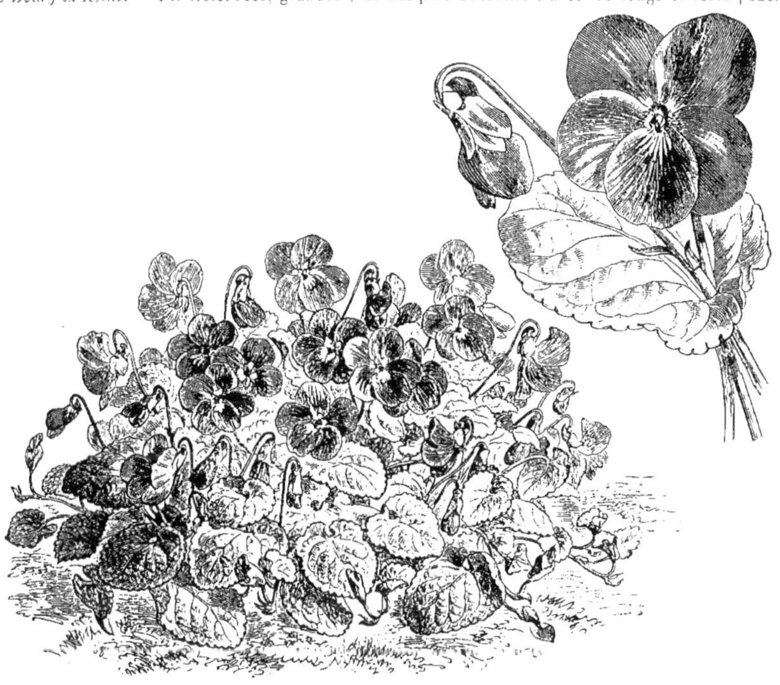

Fig. 543. — Violette Princesse de Galles.

Princesse de Sumonte. — *Fl.* blanc maculé et strié de violet pâle, relativement petites, mais d'un coloris tout à fait distinct. La plante est toute nouvelle et plus intéressante pour les collections que méritante pour la culture industrielle.

Reine Victoria. — *Fl.* bleu clair, grandes, à divisions arrondies et parfumées. Variété anglaise aussi vigoureuse que le *Czar*, mais plus tardive et qui, comme cette dernière, s'abandonne au profit des plus nouvelles, bien supérieures.

Violette Pensée. — Cette variété est la plus remontante de toutes, car elle donne, même en pleins champs, des fleurs pendant toute l'année. Elle est cultivée sous ce nom impropre sur plusieurs points de la région parisienne; c'est elle qui fournit les quelques petits bouquets que les fleuristes vendent pendant l'été.

Welsiana. — *Fl*. violet rosé, nombreuses et très précoces. Bonne variété, mais peu répandue.

Wilson. — *Fl*. grandes et à longs pédoncules, mais d'un violet pâle, avec le centre blanchâtre et se fanant vite, ce qui fait délaisser cette variété, bien qu'elle soit très florifère et très remontante.

DOUBLES

De Bruneau (*V. Bruneauniana*, Hort.). — *Fl*. très doubles et odorantes, à pétales extérieurs violets, tandis que les intérieurs, contournés en forme de cœur, sont panachés de blanc et de violet rougeâtre. C'est une ancienne variété.

Comte de Brazza. — *Fl*. blanches, grandes, odorantes et bien doubles; extra. (Gn. 1885, part. II, 498; R. H. 1887, 492.)

Napolitaine. — *Fl*. bleu lavande, doubles et odorantes; ancienne variété. (Gn. 1885, part. II, 498.)

Marie-Louise. — *Fl*. bleu lavande et blanc, avec quelques petites taches rougeâtres au centre, très grandes, bien doubles et très parfumées. — Ancienne variété très estimée et que certains spécialistes préfèrent à la *Parme* pour le forçage et la culture en pots. (Gn. 1885, part. II, 498.)

De Parme. — *Fl*. bleu lavande plus ou moins foncé, grandes, bien doubles et excessivement parfumées. Il en existe plusieurs formes différant par la nuance de leurs fleurs, notamment celles : *à fleurs très pâles*, dite *Parme grise*; *à fleurs roses* (Mme Millet; « R. H. 1887, 492 ») et *à fleurs blanches*. — Cette race est très répandue et très cultivée pour le forçage et la vente en pots, ainsi que pour l'extraction de son parfum, qui est distinct et plus puissant que celui des autres Violettes. (S. M.)

Fig. 544. — Violette de Parme.

VIOLETTE. — V. **Viola**.

VIOLETTE du Cap. — V. **Ionidium capense**.

VIOLETTE des Chiens. — V. **Viola canina**.

VIOLETTE marine. — V. **Campanula Medium**.

VIOLETTE odorante. — V. **Viola odorata** et **Violette**.

VIOLETTE russe. — V. **Viola suavis** et **Violette odorante Le Czar**.

VIOLETTE de serpent. — V. **Vinca minor**.

VIOLETTE des sorciers. — V. **Vinca minor**.

VIOLIER. — V. **Giroflée**.

VIOLIER d'été. — V. **Giroflée quarantaine**.

VIOLIER des fenêtres. — V. **Giroflée grosse espèce cocardeau**.

VIOLIER jaune, V. **des murailles**. — V. **Giroflée jaune**.

VIORNA, Spach. — Réunis aux **Clematis**, Linn.

VIORNE. — V. **Viburnum** et **Clematis Viorna**.

VIORNE Aubier. — V. **Viburnum Opulus**.

VIORNE Boule de neige. — V. **Viburnum Opulus sterilis**.

VIORNE Mancienne. — V. **Viburnum Lantana**.

VIPÉRINE. — V. **Echium**.

VIRAYA, Gaud. — V. **Waitzia**, Wendl.

VIRESCENCE. — Verdissement accidentel de certaines parties des végétaux, notamment les pétales des fleurs qui présentent normalement une autre couleur.

VIREYA, Blume. — Réunis aux **Rhododendrons**, Linn.

VIRGATUS. — Mot latin qui signifie *allongé*, *grêle*, *souple*, *effilé* comme un manche de fouet et qui s'applique aux rameaux des plantes qui présentent ce caractère.

VIRGILIA, Lamk. (dédié au poète Virgile). **Virgilier**. Fam. *Légumineuses*. — La seule espèce de ce genre est un arbre de serre froide, demandant le même traitement que celui indiqué pour les **Viminaria** (V. ce nom); mais ce n'est pas l'arbre rustique répandu sous le nom de *Virgilier* et dont le renvoi en est donné ci-après.

V. capensis, Lamk. *Fl*. pourpre rosé, de 12 mm. de long; calice soyeux, largement campanulé et formant deux lèvres courtes; corolle à étendard orbiculaire, fortement réfléchi, grappes latérales, plus longues que les feuilles et multiflores. Juillet. *Flles* à six-dix paires de folioles, dépourvues de stipules, linéaires-oblongues, mucronées ayant presque 2 cent. 1/2 de long, à bords légèrement révolutés; soyeuses sur les deux faces quand elles sont jeunes, puis glabres et luisantes en dessus à l'état adulte. Sud de l'Afrique, 1767. (B. M. 1590.) Syn. *Podalyria capensis*, Andr. (A. B. R. 347.)

V. lutea, Michx. f. — V. **Cladrastis tinctoria**.

VIRGILIER. — V. **Virgilia**.

VIRGILIER à bois jaune. — V. **Cladrastis tinctoria**.

VIRGULARIA, Ruiz et Pav. — V. **Gerardia**, Linn.

VIRIDESCENT. — De couleur verdâtre, qui devient vert.

VIRIDIS. — Mot latin qui veut dire *vert*.

VIROLA, Aubl. — Réunis aux **Myristica**, Linn.

VISCARIA, Rœhl. — Réunis aux **Lychnis**, Linn.

VISCIDE, VISQUEUX; Angl. Clammy. — Se dit des substances gluantes, collantes et des parties qui en sont recouvertes.

VISCUM, Linn. (ancien nom latin employé par Virgile et Pline, dérivé de *viscus*, visqueux; allusion à la nature du fruit et au produit nommé *glu*, qu'on retirait autrefois de son écorce). **Gui**; Angl. Mistletoe. — Fam. *Loranthacées*. — Genre comprenant près de trente espèces d'arbustes de serre chaude, tempérée ou rustiques, vivant en parasites sur les arbres des régions chaudes et tempérées du globe. Fleurs dioïques ou monoïques, insérées à l'aisselle des nœuds ou au sommet des branches, fasciculées par trois-cinq ou rarement solitaires; faisceaux sessiles ou courtement pédonculés; fleurs mâles à calice tubuleux, puis découpé en quatre lobes; corolle nulle; étamines quatre, soudées aux divisions du calice; fleurs femelles à tube de calice soudé à l'ovaire et à limbe très court, également à trois ou quatre dents; stigmate sessile; bractées souvent petites. Le fruit est une baie renfermant une seule graine nue et dépourvue d'enveloppe ou couronnée du périanthe. Feuilles parfois planes et un peu épaisses, parfois réduites à de petites dents ou écailles.

Le *V. album* est l'espèce indigène la plus répandue et du reste presque le seul connu en Europe, mais très généralement sous le nom familier de **Gui**. On sait qu'il n'est que trop commun sur divers arbres, notamment les Peupliers, Pommiers et autres, qu'il épuise inutilement.

Sa popularité est grande, et depuis les temps les plus reculés il est l'objet d'un véritable culte. Au temps des Gaulois, l'histoire rapporte que les Druides allaient en grande cérémonie le couper sur les Chênes, avec des serpettes d'or à l'occasion du jour de l'an. De nos jours, il est encore d'usage en Angleterre d'en suspendre les touffes dans les habitations pendant la durée de ces

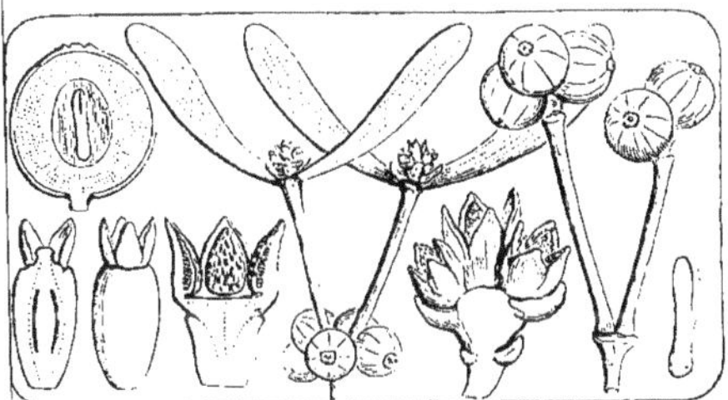

Fig. 545. — Viscum. — Rameaux, florifère et fructifère, groupe de fleur; fleurs, mâle coupée longitudinalement, femelle entière et coupée longitudinalement; fruit coupé longitudinalement et embryon isolé.

mêmes fêtes. « L'origine de cet usage n'est pas très claire, on ne peut guère faire que des suppositions. Serait-ce la continuation de l'usage des Gaulois? On accordait aussi autrefois au Gui certaines propriétés médicinales dont la science moderne a eu raison et qui l'ont fait exclure de notre pharmacopée. Ce n'est pas qu'il soit malfaisant; ses graines servent de nourriture aux oiseaux et ses jeunes branches et feuilles constituent un fourrage récemment recommandé pour les moutons et autres animaux de la ferme.

On peut faire pousser le Gui sur les Pommiers et autres arbres, en faisant une entaille sur la partie inférieure d'une branche et en y plaçant des graines avec soins. Deux précautions sont surtout nécessaires: l'une a pour but de placer la graine dans une position telle que l'embryon soit dirigé vers le centre de la branche et l'autre consiste à ne pas écraser la graine.

On peut aussi se contenter d'écraser ses fruits mûrs sur les branches des Pommiers et des Épines. La pulpe visqueuse dont ils sont entourés se durcit bientôt et protège suffisamment la graine contre les oiseaux, tout en lui fournissant un point assez résistant pour permettre à la radicule de percer l'écorce. Néanmoins, il n'est pas inutile de les protéger à l'aide d'une toile ou autre matière analogue.

Le Pommier est l'arbre sur lequel le Gui se développe le plus abondamment; certains vergers de la Normandie en sont infestés au point que sa destruction y est obligatoire et le même fait se présente en Angleterre, notamment dans le Herefordshire. Toutefois, il a dans ce pays une certaine valeur compensatrice, car on en recueille chaque année des centaines de tonnes à l'approche de la Noël, pour les vendre dans les grandes villes telles que Londres. Certaines variétés de Pommiers sont plus infestées que d'autres, tandis que les Poiriers ne le sont que très rarement, et ce fait est même des plus singuliers. Après le Pommier, viennent par ordre de fréquence d'envahissement : le Peuplier, bien qu'on ne l'observe pas sur le Peuplier d'Italie; les Aubépines, les Tilleuls, les Erables et le Sorbier des oiseaux sont aussi ses essences favorites et on l'a même observé sur le Cèdre du Liban et sur le Mélèze, mais rarement sur les Chênes. Le Dr Bull mentionne, dans un article du *Journal of Botany* (vol. II, p. 73) sept cas authentiques de développement du Gui sur le Chêne (Dr Masters). » Une quinzaine d'autres cas ont été constatés en Bretagne. On l'observe par contre assez fréquemment sur les Chênes d'Amérique. Un massif de cette essence, situé au bois de Boulogne près de la pépinière d'Auteuil en fournit plusieurs exemplaires; nous l'avons aussi observé sur un Chêne hétérophylle dans le parc de M. H. L. de Vilmorin à Verrières. (S. M.)

V. album, Linn. Gui commun; Angl. Common Mistletoe. — *Fl.* verdâtres, insignifiantes, ternées et axillaires ou terminales. Mars-avril. *Fr.* blanc hyalin, de près de 12 mm. de diamètre, ovoïdes ou globuleux et visqueux. *Flles* opposées ou verticillées par trois, de 2 1/2 à 8 cent. de long, obovales-lancéolées, obtuses, épaisses, à trois-cinq nervures et persistantes. Rameaux arrondis, dichotomes, noueux, formant une touffe arrondie, parfois pendante ou horizontale, de 30 cent. jusqu'à 1 m. de long. Arbuste toujours vert, glabre et d'un vert jaunâtre, vivant en parasite sur quelques arbres. France, Angleterre, etc. (F. D. — 1657; Sy. En. B. 635.)

VISIANIA, DC. — V. **Ligustrum**, Linn.

VISMIA, Vell. (dédié à M. de Visme, marchand à Lisbonne). Syn. *Acrossanthes*, Presl. Fam. *Hypéricinées*. — Genre comprenant environ vingt-sept espèces d'arbres ou d'arbustes de serre chaude, habitant principalement d'Amérique tropicale, mais dont quatre se rencontrent dans l'Afrique tropicale occidentale. Fleurs jaunes ou blanchâtres, disposées en cymes terminales, tantôt pauciflores, tantôt panniculées et multiflores, à cinq sépales; pétales également cinq, souvent velus en dessus; étamines réunies en cinq faisceaux. Le fruit est une baie indéhiscente. Feuilles entières, souvent amples et tomenteuses ou canescentes en dessous, ponctuées-glanduleuses ou rarement très glabres.

Les espèces suivantes sont seules dignes d'être décrites ici. Elles prospèrent dans un mélange de terre franche et de terre de bruyère et peuvent se multiplier par boutures que l'on fait dans du sable, sous cloches et à chaud. Toutes sont des arbustes.

V. glabra, Ruiz et Pav. *Fl.* à calice ovale-oblong, obtus et glabre; panicule lâche. Juillet. *Flles* elliptiques-lancéolées, glabres, à pétioles courts et comprimés ainsi que les ramilles. *Haut.* 2 m. Pérou, 1824.

V. **guianensis**, DC. Angl. American Gamboge ou Gutta-Gum Tree. *Fl.* à calice velu et réunies en corymbes. Août. *Flles* ovales-lancéolées, acuminées, dilatées à la base, glabres en dessus et rufescentes en dessous; pétioles courts. Tiges quadrangulaires. *Haut.* 2 m. Guyane, 1824.

V. **guineensis**, Choisy. *Fl.* à calice ovale-lancéolé; corolle glabre; panicule étalée. Mai. *Flles* ovales-lancéolées, aiguës, ponctuées et mollement duveteuses en dessous; pétioles grêles. Tiges arrondies, à branches divariquées. *Haut.* 2 m. Guinée, 1823.

VITEX, Linn. (ancien nom latin appliqué par Pline à ces arbustes ou à d'autres analogues et probablement dérivé de *Vitis*, Vigne; allusion à la ressemblance des feuilles.) **Gattilier**. Syns. *Limia*, Vent.; *Nephrandra*, Willd.; *Psilogyne*, DC. et *Wallrothia*, Roth. Fam. *Verbénacées*. — Genre comprenant environ soixante-quinze espèces d'arbres ou d'arbustes rustiques, de serre tempérée ou chaude, largement dispersés dans les régions chaudes du globe, quelques-uns s'étendant jusqu'à l'Asie tempérée et l'Europe australe; un, le *V. Agnus-castus*, croît spontanément dans le Midi de la France. Fleurs blanches, bleues, violettes ou jaunâtres, diversement disposées en cymes ou en grappes axillaires et terminales; calice petit, campanulé, à cinq dents ou lobes plus ou moins profonds; corolle à tube droit, légèrement incurvé, ordinairement court, à limbe oblique, étalé, sub-bilabié et à cinq lobes, dont l'inférieur plus ample que les autres; étamines quatre, didynames; bractées petites ou rarement plus longues que le calice. Feuilles opposées, souvent composées-digités, rarement unifoliolées ou simples, généralement à trois-sept folioles pétiolulées, entières ou dentées.

Les espèces décrites ci-après sont les plus recommandables. Les *V. Agnus Castus* et *V. incisa* sont rustiques

Fig 546. — Visnea Mocanera.

VISNEA. Linn. (peut-être dérivé du nom du même personnage que le genre précédent). Syn. *Mocanera*, Juss. Fam. *Ternstrœmiacées*. — La seule espèce de ce genre est un arbuste toujours vert et de serre tempérée, ayant le port et l'inflorescence des **Eurya** et demandant aussi le même traitement. (V. ce nom pour sa culture.)

V. **Mocanera**, Linn. f. (ainsi nommé à cause de son fruit que certains auteurs supposent être le Mocan, dont les aborigènes des iles Canaries fabriquent une sorte de sirop, dont ils font grand usage). — *Fl.* un peu petites, sub-sessiles, à sépales fortement imbriqués; pétales soudés à la base; étamines nombreuses. *Fr.* bacciforme et indéhiscent. *Flles* alternes, elliptiques ou lancéolées et lisses. Iles Canaries et Madère, 1815. (R. H. 1882, p. 212.)

VITELLARIA, Gærtn. f. — V. **Lucuma**, Molina.

et entrent fréquemment dans la composition des massifs d'arbustes ; ils prospèrent dans tous les terrains et de préférence dans ceux légers et sains. On les multiplie facilement par boutures ou par semis. Les autres espèces sont de serre chaude ou tempérée et demandent un compost de terre franche et de terre de bruyère. Leur multiplication s'effectue par boutures que l'on fait dans du sable, sous cloches et à chaud.

V. Agnus-castus, Linn. * Gattilier commun, Agneau-chaste, Arbre au poivre ; Angl. Chaste-tree, Hemp-tree, Monk's Pepper-tree, Tree of Chastity. — *Fl.* lilas pâle, disposées en cymes sub-sessiles, agglomérées en verticilles et formant des panicules axillaires et terminales ; bractéoles très petites, à peine visibles ; corolle trois fois plus longue que le calice, à gorge renflée et glabre ; étamines très saillantes. Août. *Flles* longuement pétiolées, presque toutes à cinq folioles lancéolées, acuminées, atténuées à la base, sub-pétiolulées, entières ou dentées et pubescentes-blanchâtres en dessous, ainsi que les jeunes rameaux et les calices. Arbrisseau buissonneux, rustique. *Haut.* 2 à 3 m. Europe méridionale ; France, etc. (S. F. G. 609.) — Il existe des variétés à *fleurs blanches* et à *grandes feuilles*.

V. arborea, Desf. Syn. de *V. Negundo*, Linn.

V. bicolor, Willd. Syn. de *V. Negundo*, Linn.

V. bignonioides, Kunth. *Fl.* bleues, réunies en cymes capitulées, à pédoncules de 5 à 8 cent. de long ; tube de la corolle cylindrique et beaucoup plus long que le calice. Juin. *Flles* pétiolées, à cinq folioles oblongues, acuminées, cuspidées, rétrécies à la base, entières ou obscurément crénelées, de 5 cent. ou plus de long, glabres, sub-égales, pétiolulées, de 6 cent. de long et à pétiole commun de 4 cent. ou plus de long. *Haut.* 2 m. 50. Vénézuéla, 1826. Arbre de serre chaude.

V. Doniana, Sweet. Angl. Black Plum. — *Fl.* réunies en panicule moyenne. *Flles* à cinq folioles obovales. Sierra Leone. Grand arbre de serre chaude.

V. ilicifolia, A. Rich. *Fl.* réunies en cymes axillaires, plus longues que les feuilles, à longs pédoncules ramifiés, trichotomes et pubescents-roussâtres. Été. *Flles* simples, très courtement pétiolées, largement ovales, sub-aiguës au sommet, aiguës ou cordiformes et émarginées à la base, très légèrement réticulées-veinées, à bords sinués-dentés et épineux. Indes occidentales. — Arbuste de serre chaude. Indes occidentales.

V. incisa, Lamk. * *Fl.* bleuâtres, réunies en panicules interrompues, axillaires et terminales, composées de petites cymes corymbiformes ; bractéoles linéaires ; calice obconique ; corolle à tube en entonnoir, deux fois aussi long que le calice et à lèvre inférieure concave et laineuse ; étamines saillantes. Juillet-septembre. *Flles* à cinq-sept folioles pétiolulées, lancéolées, acuminées, atténuées à la base, profondément incisées-pinnatifides, blanchâtres en dessous, puis presque glabres. *Haut.* 1 m. 50. Mongolie, Chine, 1758. — Arbuste couvert sur ses parties jeunes d'un duvet pulvérulent. Syn. *V. laciniata*, Hort. Certains auteurs en font une variété du *V. Negundo*, Linn. (L. E. M. B. 511 ; B. M. 364, sous le nom de *V. Negundo*.)

V. laciniata, Hort. Syn. de *V. incisa*, Lamk.

V. Lindeni, Hook. f. * *Fl.* lilas pâle, striées de rouge à l'intérieur du tube, courtement pédicellées ou sessiles, réunies par trois-six en cymes axillaires et pédonculées ; corolle à tube trois fois aussi long que le calice et à limbe plan, bilabié, avec la lèvre supérieure formée de deux petits lobes et l'inférieure de trois grands lobes arrondis. Mai. *Flles* à trois-cinq folioles digitées, sessiles, elliptiques ou elliptiques-ovales, brusquement acuminées, vert pâle et glabres ; pétioles grêles. Branches étalées, à rameaux et inflorescences pubescents-incanes. Colombie, 1876. — Arbuste ou petit arbre de serre chaude. (B. M. 6230.)

V. Negundo, Linn. Gattilier en arbre. — *Fl.* blanc bleuâtre, réunies en panicules terminales, compactes, composées de cymes courtement pédicellées, divariquées, dichotomes, tomenteuses-blanchâtres et accompagnées de bractéoles subulées ; calice de 2 mm. de long, obconique et à cinq dents aiguës ; corolle de 6 à 8 mm. de long, pulvérulente à l'extérieur, à tube en entonnoir, deux fois aussi long que le calice ; lèvre inférieure laineuse à la base ; étamines saillantes. Septembre-octobre. *Flles* longuement pétiolées, à trois-cinq folioles digitées, de 6 à 11 cent. de long, lancéolées, acuminées, entières ou crénelées, presque glabres en dessus et blanches-tomenteuses en dessous. *Haut.* 1 m. 20. Indes, 1812. — Arbuste ou petit arbre de serre chaude, voisin du *V. trifoliata*. Syns. *V. arborea*, Desf. ; *V. bicolor*, Willd.

V. trifolia, Linn. Angl. Indian Wild Pepper. — *Fl.* variant du bleu lavande au bleu foncé ou purpurin, réunies en panicules terminales de 2 1/2 à 5 cent. de long, souvent feuillues à la base, formées de cymes pédonculées et dressées ; calice en coupe, à cinq petites dents ; corolle pubérulente extérieurement, de 8 à 12 mm. de long, deux fois aussi longue que le calice, à lèvre inférieure étalée et velue à l'onglet ; étamines saillantes. Juillet. *Flles* simples et trifoliolées, à folioles sessiles, obovales ou obovales-oblongues, entières, de 2 1/2 à 8 cent. de long, sub-obtuses, atténuées à la base, presque glabres en dessus, couvertes en dessous, ainsi que les rameaux, de poils feutrés, à peine étoilés et blanchâtres. *Haut.* 1 m. 20 à 2 m. Indes, Polynésie, etc., 1739. — Arbuste ou petit arbre de serre chaude. (B. M. 2187.)

V. t. variegata, Hort. *Fl.* violet purpurin. *Flles* opposées et bordées de blanc. Iles de la mer du Sud. 1786. Arbuste à rameaux grêles et duveteux.

Les *V. altissima*, Linn. ; *V. alata*, Heyne : *V. capitata*, Vahl. ; *V. heterophylla*, Roxb. et *V. umbrosa*, Swartz, ont aussi été introduits anciennement dans les cultures, mais ils n'y ont sans doute pas persisté.

VITICASTRUM, Presl. — V. **Sphenodesma**, Jacq.

VITICELLA, Mœnch. — V. **Clematis**, Linn. et **C. Viticella**.

VITICULEUSES. — Nom appliqué par certains auteurs à la famille des *Ampelidées*, et dérivé de *Vitis*, par allusion aux rameaux allongés et sarmenteux de ces arbustes.

VITIS, Linn. (c'est l'ancien nom latin employé par Virgile et autres auteurs, peut-être dérivé de *vieo*, attacher ; allusion aux vrilles accrochantes de ces plantes). **Vigne** ; Angl. Vine. Les *Ampelopsis*, Michx et *Cissus*, Linn., ont été réunis à ce genre par Bentham et Hooker, mais ils sont maintenus séparés au point de vue horticole de cet ouvrage et décrits à leurs noms respectifs. Fam. *Ampélidées*. — Pris dans un sens large, les *Vitis* constituent un grand genre renfermant environ deux cent trente espèces, tandis que, dans son sens restreint, il n'en comprend qu'une trentaine.

Ce sont des arbustes sarmenteux, grimpants à l'aide de vrilles, atteignant souvent une grande hauteur, rustiques, de serre tempérée ou chaude, très largement dispersés dans les régions chaudes et tempérées de l'hémisphère boréale.

Fleurs petites, parfois polygames, verdâtres, dépourvues de bractées et réunies en ombelles, en cymes, en grappes, en panicules ou en épis ; calice à quatre ou cinq dents très courtes ; pétales en nombre égal, valvaires, sessiles, caducs, libres ou souvent cohérents ou infléchis au sommet; disque hypogyne, annulaire, entier ou lobé sur les bords; étamines quatre-cinq, opposées aux pétales, à filets libres ou légèrement soudés et à anthères biloculaires; ovaire sub-globuleux, appliqué sur le disque, à quatre ou plus souvent deux loges contenant deux ovules et surmonté d'un style simple, court, à stigmate capité. Le fruit est une baie plus ou moins succulente, uni- ou biloculaire et contenant deux graines, même parfois

Fig. 547. — VITIS VINIFERA. — Fleur coupée longitudinalement; baies entières, coupées longitudinalement et transversalement pour montrer la position des graines.

une seule par avortement: pédoncules floraux opposés aux feuilles ou très rarement axillaires, souvent insérés vers le sommet des rameaux de l'année. Feuilles pétiolées, simples ou composées, très rarement bipinnées, mais généralement palmées-lobées, dentées et parfois parsemées de ponctuations pellucides, opposées dans le bas des rameaux, puis alternes dans le haut et alors opposées aux inflorescences, qui sont très fréquemment avortées et transformées en vrilles rameuses et accrochantes.

Il est peu utile de faire ressortir ici l'importance de la Vigne à vin (*Vitis vinifera*), sa culture se perd dans la nuit des temps et chacun sait qu'elle nous fournit d'abord le plus délicieux fruit de table, puis le vin et plusieurs autres produits qui en dérivent, notamment l'eau-de-vie. Plusieurs espèces de Vignes américaines partagent ces mêmes propriétés économiques, quoique à un moindre degré peut-être, comme qualité de produits.

Au point de vue décoratif, plusieurs espèces constituent des lianes vigoureuses, capables de garnir d'une masse de verdure la cime des grands arbres ou les rochers, les ruines, les lieux agrestes, les murs, les treillages, etc., des jardins ou des parcs paysagers et, à ce titre, elles intéressent tout particulièrement l'horticulture d'ornement. Certaines espèces américaines ont un feuillage très décoratif, qui prend à l'automne une teinte rouge ou cuivrée très remarquable.

Toutes les espèces rustiques sont très faciles à cultiver et à propager. Étant très vigoureuses, elles aiment les terres substantielles, profondes et les endroits frais, mais bien drainés. Celles qui ne sont pas rustiques peuvent être cultivées en grands pots et en serre ou simplement hivernées sous abris, mais il est préférable de les y planter en pleine terre. Quant à leur multiplication, on l'effectue par boutures ou par marcottes de rameaux ligneux et aoûtés de l'année précédente, qui s'enracinent très facilement en plein air ou en serre. Du reste, leur traitement est très analogue à celui que nous avons longuement décrit à l'article **Vigne**. (V. ce nom pour de plus amples détails.)

La liste suivante comprend les espèces botaniques, rustiques ou de serre, intéressantes par leur rôle comme sujets pour la greffe ou par leur production directe pour la table et, du reste, par leurs emplois horticoles, économiques ou décoratifs.

V. acuminata, Carr. *Fr.* à grains gros et noirs, en longues grappes étroites. *Flles* étroitement ovales, entières, arrondies ou légèrement cordiformes à la base, graduellement atténuées en pointe aiguë au sommet, à peine dentées, glabres en dessus et couvertes en dessous d'une pubescence courte et glauque. Asie orientale, 1890.

V. ægirophylla, Boiss. *Flles* de forme très variable, irrégulièrement et très finement dentées. Turkestan, 1892.

V. æstivalis, Michx. * ANGL. American Summer Grappe. —

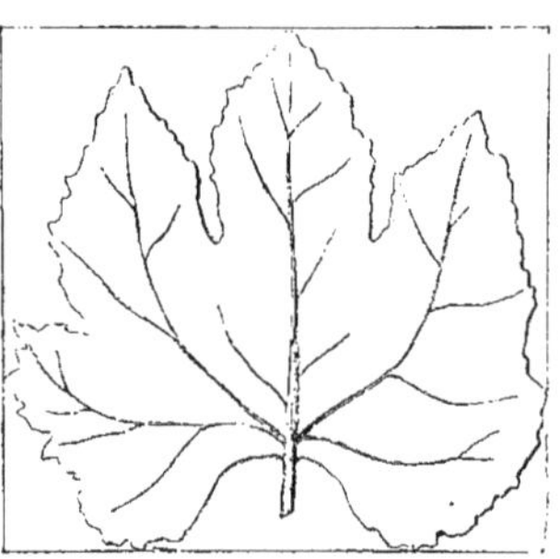

Fig. 548. — VITIS ÆSTIVALIS. — Feuille.

Fl. exhalant un parfum rappelant celui du Réséda. Mai-juin. *Fr.* en grappe longue et ramifiée, à grains petits, noirs et pruineux. *Flles* simples, arrondies-cordiformes, souvent diversement lobées, laineuses en dessous et souvent rouge clair quand elles sont jeunes, puis glabrescentes à l'état adulte. *Haut.* 6 m. Amérique du Nord, 1866. Espèce très difficile à bouturer, mais ayant concouru à la production d'un grand nombre de variétés vinifères à production directe.

V. albo-nitens, Hort. *Flles* ovales-oblongues, acuminées, cordiformes à la base, luisantes sur la face supérieure et suffusées de brillants reflets argentés. Brésil, 1871. — Plante grimpante et de serre chaude. Syn. *Cissus albo-nitens*, Hort.

V. amazonica, — *Flles* amples, ovales-acuminées, glabres et glauques, rouges en dessous, avec des nervures argentées en dessus, presque linéaires et à nervures très fortement marquées quand elles sont jeunes. Amazone, 1866. Jolie plante grimpante et de serre chaude. Syn. *Cissus amazonica*, Lind.

V. amurensis, Rupr. — Variété du *V. vinifera*, Linn.

V. antartica, Benth. ANGL. Kangoroo Vine. — *Fl.* tomenteuses-pubescentes, réunies en grappes denses, largement corymbiformes. plus courtes que les pétioles. Juillet. *Fr.* ou grains globuleux. *Flles* simples. pétiolées, ovales ou oblongues. presque toutes acuminées et légèrement cordiformes, de 8 à 10 cent. de long et 4 à 5 cent. de large, entières, sinuées ou irrégulièrement dentées, assez fermes ou presque coriaces. Australie, 1790. — Grande plante grimpante et de serre froide. Syn. *Cissus antartica*, Vent. (B. M. 2488.)

V. Bainesii, Hook. *Fl.* à pédicelles glanduleux et réunies en grappes terminales, à pédoncule égalant la tige. Juillet. *Flles* ternées, assez courtement pétiolées ; les inférieures parfois simples ; folioles ovales ou oblongues, inégalement dentées en scie, penniveinées et à stipules géminées. Souche napiforme, de 30 à 50 cent. de circonférence. *Haut.* 1 m. 50. Afrique tropicale occidentale, 1864. Plante charnue, naine, glauque et de serre chaude. (B. M. 5472.)

blanc et compact. Plante grimpante, d'une grande vigueur et excessivement productive, très résistante au Phylloxera, mais difficile à bouturer et constituant une des plus belles espèces du genre au point de vue décoratif.

V. capensis, Thunb. *Fl.* tomenteuses, réunies en grappes courtes. *Fr.* rouge noirâtre, déprimés-globuleux. *Flles* réniformes, obtusément anguleuses et sinuées-dentées. Sud de l'Afrique. 1887. Plante traînante et de serre froide. R. H. 1887. 372.)

V. capreolata, D. Don. *Fl.* à pédicelles de 6 à 18 mm. de long, réunies en cymes axillaires ou terminant de courtes branches latérales et à pédoncules visiblement pourvus de bractées. *Fr.* à grains noirs, globuleux, de la grosseur d'un grain de groseille. *Flles* à cinq folioles de 4 à 8 cent. de long et 1 1/2 à 4 cent. de large. lancéolées ou étroitement ovales ou sub-ovales, aiguës ou sub-acuminées. pourvues de dents ciliées dans les échancrures ; pétioles de 4 à 6 cent. de long. Himalaya tempéré. Espèce rustique au pied d'un mur dans le sud de l'Angleterre.

Fig. 549. — Vitis Coignetiæ. — (*Le Jardin.*)

V. Berlandieri, Planch. *Fr.* en grappes pédonculées, à grains petits, noir violacé, pruineux et à pulpe peu abondante. Maturité tardive. *Flles* moyennes ou petites. orbiculaires ou cordées, entières ou trilobées, bordées de dents largement triangulaires, épaisses, rigides, vertes en dessus, plus pâles en dessous, glabres ou duveteuses. Rameaux nettement anguleux. Nouveau Mexique, 1834. Plante intéressante seulement comme porte-greffe.

V. californica, Benth. *Fr.* en grosses grappes mais à grains petits et noirs, d'un goût assez agréable. *Flles* petites, arrondies, cordiformes, vert lustré en dessus et portant des touffes de poils sur les nervures de la face inférieure. Espèce très vigoureuse. Californie.

V. candicans, Engelm. Mustang, Raisin de cheval. — *Fr.* en grappes petites, irrégulières, à grains gros, serrés, d'un goût âcre et brûlant. *Flles* cordées, entières ou profondément lobées, obscurément dentées, glabres sauf les nervures qui portent des poils blanc argenté sur la face supérieure, tandis que l'inférieure est couverte d'un duvet

V. chontalensis, Seem. *Fl.* écarlates, réunies en cymes composées. *Flles* à trois folioles d'un vert très gai ; les latérales obliquement ovales, acuminées ; la terminale elliptique et toutes dentées. Ramilles anguleuses. Monts Chontales ; Nicaragua, 1869. — Élégante plante glabre, grimpante et de serre chaude. Syn. *Cissus chontalensis*, Hort.

V. cinerea, Noronha. *Grappes* à pédoncules très longs et s'enroulant comme des vrilles, à grains noirs, très petits et à gros pépins. *Flles* atteignant jusqu'à 30 cent. de diamètre. boursouflées et luisantes en dessus. Rameaux à quatre ou cinq angles bien marqués. Amérique du Nord, dans les lieux frais ou humides. — Bon porte-greffe pour de tels sols et aussi très décoratif comme plante d'ornement. On en connait une variété *canescens*, à feuilles plus petites et plus ornementales encore que le type.

V. cirrhosa, Thunb. *Fl.* petites et réunies en cymes denses. *Flles* à trois-sept folioles digitées, succulentes, sub-sessiles, obovales, bordées de dents espacées et très glabres en culture. Rameaux allongés, faibles, cassants, charnus, pourvus de longues vrilles bifides. Sud de l'Afrique, 1866. Arbuste de serre froide, traînant, glabrescent ou poilu.

V. Coignetiæ, Pulliat.* *Fl.* souvent polygames. *Fr.* ronds et petits, dit-on. *Flles* à pétioles atteignant jusqu'à 30 cent. de long et à limbe orbiculaire, très amples, pouvant atteindre jusqu'à 30 cent. de diamètre, avec trois lobes plus ou moins nets et à bords fortement dentés, mucronés ; sinus basilaire très variable, tantôt profond et étroit, tantôt superficiel et ouvert ; parenchyme épais, ferme, fortement gaufré et nervé en dessus, couvert en dessous d'un tomentum blanc, avec les nervures saillantes et prenant à l'automne une teinte rouge ou bronzée du plus bel effet ; sarments très longs, forts, à nœuds très espacés et à vrilles rosées quand elles sont jeunes, puis atteignant jusqu'à 30 cent. de long. Japon, 1884. Nouvelle espèce entièrement rustique, très décorative et se rapprochant du *V. Labrusca*, avec lequel on l'a d'abord confondue. (J. 1895, f. 101.)

V. cordifolia, Lamk. Angl. Chicken Frost ou Winter Grape. — *Fl.* très parfumées. Mai-juin. *Fr.* bleus ou noirs, pruineux, petits, très acerbes et mûrissant après les gelées ; grappe ramifiée, longue et lâche. *Flles* minces, non luisantes, cordiformes, acuminées, finement et grossièrement dentées, obscurément trilobées, lisses ou à peu près et vert gai sur les deux faces. *Haut.* 4 m. Amérique du Nord, 1806. — Plante grimpante, rustique, utilisée comme porte-greffe. — Le *V. riparia*, considéré au début comme une forme de cette espèce, en est aujourd'hui complètement séparé.

V. Davidiana, — *Fl.* petites. *Fr.* violets, non comestibles. *Flles* palmées-lobées, à bords des larges lobes dentés ; pétioles rouges et allongés. Chine. Plante rustique, vigoureuse, couvrant rapidement de grandes surfaces. Syn. *Cissus Davidiana*, Cav. (R. H. 1868, p. 29, f. r.) ; *C. platanifolia*, Carr. et *C. rubricaulis*, Hort.

V. Davidiana, Hort. Syn. de *V. Romaneti*, Rom. du Cail.

V. dissecta. — V. **Ampelopsis aconitifolia**.

V. Endresii, Hort. *Flles* cordiformes, vert velouté foncé, à nervures brun purpurin foncé. Costa-Rica, 1875. Plante très vigoureuse et de serre chaude.

V. gongylodes, Baker. Syn. de *V. pterophora*, Baker.

V. heterophylla, Thunb. ; **humulifolia**, Hort. Angl. Turquoise-berried Vine. — *Fl.* petites, sub-ombellées et réunies en cymes à pédoncules grêles et faiblement ramifiés. *Fr.* à grains globuleux, d'un beau bleu de chine pâle et ponctuées de noir. *Flles* à pétioles grêles, rouges et à trois-cinq lobes, avec un grand sinus basal, bordés de dents aiguës, vert foncé et rugueuses en dessus, pâles en dessous, avec les nervures pubescentes. Tiges de 60 cent. à 1 m. 50 de long. Nord de la Chine et Japon, 1868. Plante grimpante et rustique. (B. M. 5682.)

V. hypoglauca, F. Muell. *Fl.* jaunes, petites, mais élégantes et disposées en nombreuses cymes axillaires. *Flles* à cinq folioles digitées, ovales ou oblongues, vert clair en dessus et d'un beau glauque en dessous quand elles sont jeunes. Vrilles nulles. Australie. Arbuste de serre froide ou d'orangerie et d'ornement.

V. inconstans, Miq. C'est maintenant le nom correct de la plante décrite sous le nom de *Ampelopsis tricuspidata*, Sieb et Zucc. dans le vol. I, p. 138.

V. indivisa, Willd. *Fl.* réunies en petites panicules lâches. *Baies* ayant environ la grosseur d'un pois. *Flles* cordiformes, dentées en scie et de 10 à 12 cent. de long. Amérique du nord-est. Arbuste d'ornement, rustique et propre à tapisser les treillages et les murs.

V. japonica, Thunb. *Fl.* vertes, disposées en panicules. *Flles* composées, à cinq folioles pétiolulées ; les quatre inférieures bijuguées, glabres, arrondies-ovales, denticulées ; l'impaire ou terminale plus grande, ovale-elliptique et acuminée. Japon, 1875. Plante grimpante, demi-rustique, à végétation vigoureuse. Syn. *Cissus japonica*, Willd.

V. j. crassifolia, Hort. *Flles* amples, très épaisses, coriaces, trilobées, vert gai en dessus et couvertes en dessous d'un tomentum aranéeux. Sud de l'Afrique, 1887. Plante sarmenteuse et de serre froide. (R. H. 1887, 372.)

V. j. marmorata, Hort. *Flles* portant de larges taches jaunes.

V. japonica, Hort. — V. **Ampelopsis tricuspidata**.

V. javalensis, Seem. *Fl.* écarlate vif, réunies en cymes composées. *Flles* beaucoup plus belles que celles du *V. chontalensis*, simples, cordiformes, acuminées, dentées-mucronées, vertes, très élégamment pubescentes-veloutées et à nervrues médiane et latérales purpurines en dessus, glabres et purpurines en dessous. Monts Chontales, Nicaragua, 1869. Plante très ornementale. Syn. *Cissus javalensis*.

V. Labrusca, Linn. * Vigne Isabelle ; Raisin cassis ; R. framboise ; R. fraise ; Angl. American Plum Grape, Isabella Grape, Northern Fox Grape. — *Fl.* à odeur de Réséda. Mai-juin. *Fr.* à grains gros, arrondis, bleu foncé ou jaune d'ambre, à pulpe ferme, ayant un goût musqué très prononcé et rappelant celui du Cassis ; grappes courtes. Septembre-octobre. *Flles* amples, simples, cordiformes-arrondies, parfois à trois lobes superficiels, vertes en dessus, mais couvertes en dessous d'un duvet épais, blanchâtre ou rouillé et pourvues d'une vrille opposée à leur pétiole sur tous les nœuds où il n'y a pas d'inflorescence. Ramilles et jeunes feuilles très velues. *Haut.* 4 m. et beaucoup plus quand elle est livrée à elle-même, surtout dans son pays natal, où elle atteint le sommet des plus grands arbres. Amérique du Nord, 1656 et introduit dans les vignobles vers 1840, comme cépage résistant à l'oïdium, où il s'est très répandu et y forme des souches aussi ornementales que productives. C'est la première espèce introduite d'Amérique au point de vue viticole. (R. G. 765, 1.) Syn. *V. Thunbergii*, Sieb. et Zucc. (R. G. 424.)

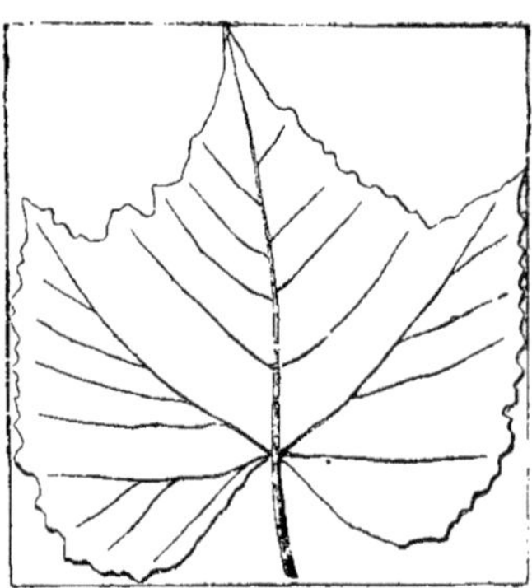

Fig. 550. — Vitis Labrusca. — Feuille.

V. lanata, Roxb. *Fl.* vertes, petites, formant une cyme paniculée et thyrsoïde. Mai. *Fr.* à grains pourpres, arrondis, de la grosseur d'un gros pois et renfermant quatre graines. *Flles* cordiformes-ovales, courtement acuminées, ayant ordinairement 8 à 15 cent. de long et 4 à 8 cent. de large, parfois plus grandes, ordinairement mollement pubescentes, mais parfois feutrées ou presque glabres en dessous. Chine ; Himalaya, 1824. Espèce rustique, dont les feuilles prennent à l'automne une magnifique couleur écarlate.

V. Lindeni, Hort. *Flles* vert gai, copieusement bigarrées de blanc entre les nervures. Rameaux arrondis et munis de vrilles. Etats-Unis de la Colombie, 1871. Plante glabre, grimpante et de serre froide. Syn. *Cissus Lindeni*, Hort. (I. H. III, 2.)

V. macropus, Hook. *Fl.* à quatre divisions, réunies en corymbes assez larges. Avril-mai. *Fr.* violet rougeâtre, de la grosseur d'un pois. *Flles* d'abord plissées et tomenteuses-incanes, longuement pétiolées ; les inférieures d'une branche à trois folioles, les autres à cinq ; folioles ovales-elliptiques ou obovales, courtement pétiolulées, dentées et pubescentes-aranéeuses. Tronc formant une grosse souche pseudo-bulbeuse, à deux ou trois lobes et couverte d'une écorce vert foncé et lisse. *Haut.* 30 à 75 cent. Sud du Bengale. 1864. Arbre nain, de serre chaude, plus curieux que beau. (B. M. 5479.)

V. mexicana, Hemsl. *Fr.* à grains blancs ou rouges, à saveur agréable et réunis en grosses grappes. *Flles* rappelant celles du *V. vinifera*. *Rameaux* annuels, caducs. Souche tubéreuse. Linalva, Mexique, 1888.

V. monticola, Buckl. *Fr.* à grains moyens, blancs ou jaune d'ambre, à saveur agréable et réunies en grappes

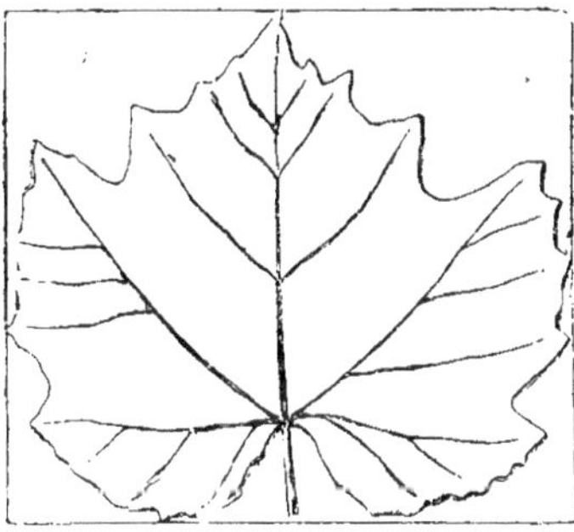

Fig. 551. — VITIS MONTICOLA. — Feuille.

fortes et ramifiées. *Flles* cordiformes, à sinus basal profond, ouvert ou étroit, parfois un peu trilobées, à bords dentés et couvertes ainsi que les jeunes rameaux d'un duvet aranéeux. — Espèce très voisine du *V. æstivalis*, dont on l'a longtemps considérée comme une forme et à rameaux traînant à terre ou sur les buissons. Nord du Texas.

V. multifida gracilis, Carr. *Fr.* à grains noirs et réunis en petites grappes. *Flles* très profondément lobées. Rameaux nombreux et très grêles. Chine, 1891.

V. planicaulis, Hook. f. *Fl.* à quatre divisions ; cymes sub-corymbiformes, à branches divariquées. Mai-juin. *Fr.* à grains rouges (?), de la grosseur d'une cerise. *Flles* à pétioles de 10 à 18 cent. de long ; folioles de 12 à 20 cent. de long, à pétiolules de 2 à 4 cent. de long, oblongues-lancéolées, légèrement acuminées et bordées de dents obtuses. Indes, etc. Grande plante grimpante, glabre et de serre chaude. (B. M. 5685.)

V. pseudospina, Carr. Syn. de *V. Romaneti*, Rom. du Cail.

V. pterophora, Baker. *Fl.* réunies en cymes pédonculées, à rameaux épais et divariqués. Automne. *Flles* longuement pétiolées, trifoliolées, à folioles amples, sessiles, rugueuses, ondulées, trapézoïdes ou rhomboïdes-ovales, acuminées, dentées en scie, à nervures enfoncées et réticulées ; la terminale un peu trilobée ; les latérales obliques ou dimidiées, ovales, avec le bord inférieur développé en lobe ; stipules pourpre fauve et amples. Chaque rameau porte à son extrémité (lorsque la végétation annuelle est terminée, un tubercule charnu, de 12 à 15 cent. de long, qui se détache finalement et forme à terre, sous l'influence de conditions favorables, une nouvelle plante. Brésil. Plante velue, grimpant très haut, de serre chaude et unique dans son genre. (B. M. 6803.) Syn. *V. gongylodes*, Baker. (G. C. n. s. XIX, p. 53 ; G. et F. 1888, 1273.)

V. quadrangularis, Wall. *Fl.* vertes, réunies en cymes glabres et courtement pédonculées. Eté *Fr.* à baies globuleuses, rouges, de la grosseur d'un pois et très âpres. *Flles* (quand il en existe) largement cordiformes et réniformes. Tiges glabres, à quatre ailes, très épaisses et charnues, fortement contractées aux nœuds et généralement aphylles. Indes, Java, etc. Plante grimpante, de serre chaude, à la fois curieuse et intéressante.

V. reniformis violacea, Carr. *Fl.* mâles réunies en petites panicules à pédoncules grêles et rouge foncé. *Flles* amples, arrondies-réniformes, obtuses, crénulées, vert foncé en dessus, plus pâles en dessous, fortement réticulées et à pétioles ainsi que les nervures couverts de poils cotonneux. Chine. (R. H. 1888, f. 132.)

V. riparia, Michx. Vigne odorante ; ANGL. Sweet scented grappe, River Grape, etc. — *Fl.* odorantes. *Fr.* en grappe volumineuse, à grains noirs, plus petits et moins musqués que dans le *V. cordifolia*, dont cette espèce est très voisine. *Flles* à trois-cinq lobes plus ou moins profonds, irrégulièrement incisés-dentés, glabres sur les deux faces ou présentant parfois quelques poils épars sur les nervures de la face inférieure. Rameaux grêles, allongés, à nœuds espacés. Amérique du Nord, Bas Canada. — Espèce aujourd'hui très répandue dans les vignobles, parce qu'elle y constitue un des meilleurs porte-greffes ; elle a en outre concouru à la production de nombreux hybrides. Certains auteurs l'ont réduite à l'état de variété du *V. cordifolia*, mais cette opinion n'est pas généralement acceptée. (B. M. 2429.)

V. Romaneti, Rom. du Cail. *Fl.* petites, monoïques ou polygames. *Fr.* à grains noirs ou blancs, petits, de la grosseur d'un grain de cassis et formant des grappes longues et lâches. *Flles* polymorphes, longuement cordiformes, présentant parfois deux ou trois lobes superficiels, profondément échancrées à la base, régulièrement acuminées en pointe obtuse, atteignant jusqu'à 25 cent. de long et 12 à 15 cent. de large, vertes en dessus, avec des nervures rouges ainsi que les pétioles, ceux-ci couverts, de même que les sarments, de fausses épines élargies à la base, relativement fortes, droites ou arquées, dures et blanc jaunâtre. Plante très vigoureuse, sarmenteuse, rustique et couvrant de grandes surfaces. Chine, vers 1890.

Syns. *Vitis Davidiana*, Hort. *V. pseudospina*, Carr., *Spinovitis Davidii*, Carr. (R. H. 1890, p. 465, f. 135.) — On a décrit des var. *obtusifolia*, à feuilles cordées, presque entières et couvertes en dessous d'un tomentum blanc ; *serotina*, « qui paraît simplement être la plante femelle, qui mûrit ses fruits tard en saison » (R. H. 1891, fig. 135-136) ; enfin, on a tout récemment signalé, sous le nom de *Madame Coplat*, une variété à *feuilles panachées*. (R. H. 1897, 232.)

V. rotundifolia, Michx. Syn. de *V. vulpina*, Linn.

V. rupestris, Scheele. *Fr.* à grains noir-bleu, petits, en grappes courtes et lâches. *Flles* réniformes ou cordées, parfois à trois lobes assez prononcés, inégalement dentées, glabres des deux côtés, sauf sur les nervures quand elles sont jeunes et toujours pliées et gouttière. Arbuste très buissonnant, souvent dépourvu de vrilles et parfois légèrement grimpant. Montagnes rocheuses. Comme la précédente, cette espèce est très répandue dans les vignobles, où on l'estime surtout et même de préférence à cause de sa grande résistance à la sécheresse. Il en existe également des hybrides.

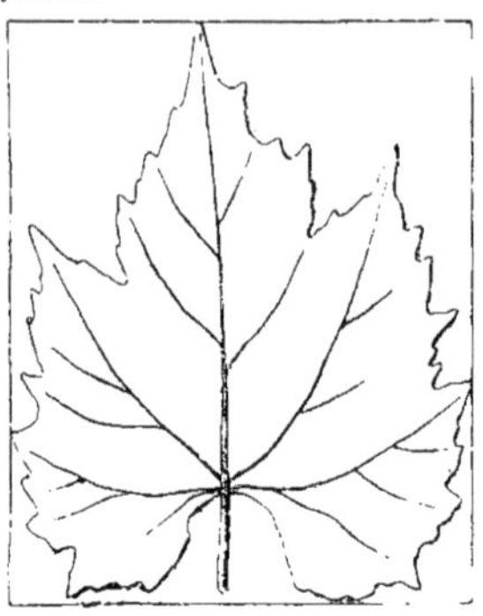

Fig. 552. — Vitis riparia. — Feuille.

V. rutilans, Carr. *Fl.* dioïques, en grappes relativement fortes, très rouges quand elles se développent. *Flles* à pétioles charnus, cylindriques, complètement couverts, ainsi que les jeunes rameaux, de gros poils raides et d'un rouge très intense, d'où le nom spécifique de l'espèce; limbe d'abord très mou, doux au toucher, velu-tomenteux, surtout à la face inférieure, qui est d'abord rose et parsemée de poils; luisant en dessus à l'état adulte et alors très ample, cordiforme, profondément échancré à la base, atteignant jusqu'à 25 cent. de long et 15 à 20 cent. de large. Sarments gros et couverts de poils raides, comme dans le *V. Romaneti*. Chine, 1890. — Espèce rustique, ornementale et unique par la couleur rouge intense des parties jeunes. (R. H. 1890, 414.)

Brésil et Uruguay, 1881. Belle plante grimpante, toujours verte et rustique.

V. Thunbergii, Sieb. et Zucc. Syn. de *V. Labrusca*, Linn

V. vinifera, Linn. Vigne commune, V. à vin; Angl. Common Grape Vine. — *Fl.* verdâtres, petites, odorantes, disposées en grappe compacte, ovale ou cylindrique et pendante. Juin. *Fr.* à baies globuleuses ou ovales, verdâtres, jaunes, violacées ou noires, à pulpe tendre, aqueuse et à suc

Fig. 553. — Vitis vinifera. — Sommité d'un rameau vigoureux.

sucré, musqué ou acide. Septembre-octobre. *Flles* à pétiole renflé à la base et à limbe cordiforme à la base, découpé en trois-cinq lobes plus ou moins profonds, dentés, glabres ou tomenteux. Sud de la mer Caspienne, cultivé dans toute l'Europe, souvent naturalisé dans les bois et les buissons. — C'est à cette espèce qu'appartiennent les innombrables variétés de Vignes à fruits de table et à vin cultivées depuis des siècles en Europe. (B. M. Pl. 667; S. F. G. 242.) — Pour sa culture et autres détails historiques V. Vigne.

V. v. amurensis, Rupr. *Flles* entières ou à trois-cinq

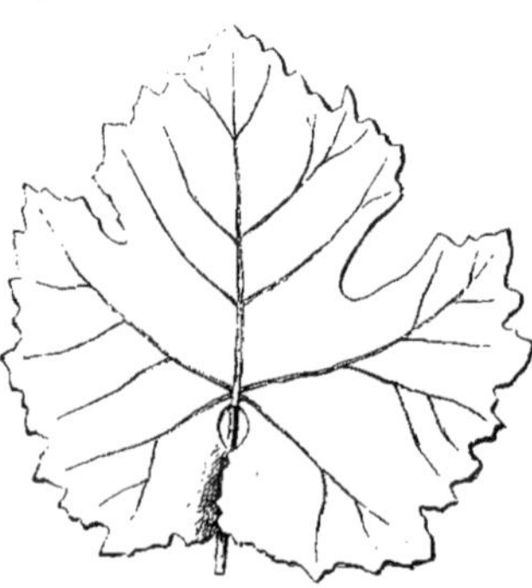

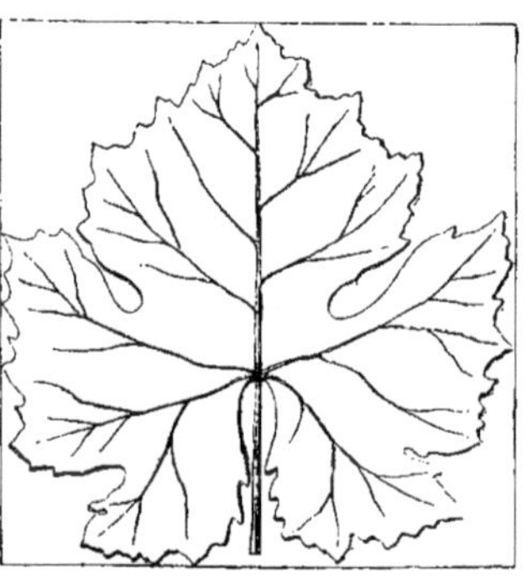

Fig. 554. — Vitis vinifera. — Feuilles de diverses variétés montrant les découpures et la forme des lobes inférieurs.

lobes et laineuses sur les deux faces quand elles sont jeunes.

V. striata, Miq. *Fl.* verdâtres, petites, réunies en cymes opposées aux feuilles. *Fr.* à grains rougeâtres, de la grosseur d'un petit pois. *Flles* un peu épaisses, vert foncé, digitées, à folioles sessiles, oblancéolées, cunéiformes à la base et dentées en scie. Tiges et vrilles glabres. Sud du

V. Voinieriana, — *Fl.* inconnues. *Fr.* devenant, dit-on, de grosses grappes à saveur spéciale. *Flles* à quatre folioles pédicellées au sommet d'un pédoncule commun, long de 8 à 10 cent., limbe des folioles long de 15 cent. et large de 8, ovales, obtuses, épaisses, vert foncé et luisant en dessus, vert pâle et pubescentes en dessous, parcourues par des nervures couvertes ainsi que les pédicelles, pétioles, tiges et toutes les parties jeunes d'un épais duvet feutré de couleur roussâtre. Tiges grosses comme le petit doigt, très longuement sarmenteuses, grimpantes à l'aide de vrilles simples, longues de 20 à 30 cent.; bourgeons gros, arrondis, saillants, couverts d'écailles duveteuses. Chine, 1897. — Il est douteux que cette plante rentre réellement dans le genre *Vitis*, même pris dans son sens le plus large.

Fig. 555. — VITIS VINIFERA. — Grappe entière.

V. vulpina, Linn. ANGL. Bullace, Muscadine. — *Fl.* disposées en petites panicules denses. Mai. *Fr.* à baies purpurines, non pruineuses, musquées, de 12 à 18 mm. de diamètre, à peau épaisse et coriace, mûrissant de bonne heure. *Flles* luisantes sur les deux faces, petites, arrondies, cordiformes à la base, bordées de dents grossières et obtuses ou rarement lobées. Ramilles petites et verruqueuses. Amérique du Nord. Syn. *V. rotundifolia*, Michx. — Plante grimpante, rustique, très résistante au Phylloxera, employée et recommandable comme porte-greffes.

VITMANNIA, Turra. — V. **Oxybaphus**, Pahl.

VITRAGE; ANGL. Glazing. — Le verre qu'on emploie pour le vitrage des serres et des châssis est le plus souvent demi-double, plus rarement double, mais presque jamais simple, car ce dernier est trop fragile. La largeur des feuilles est variable, subordonnée qu'elle est à l'espacement des petits bois, quoique ceux-ci n'aient ordinairement qu'environ 30 cent. Quant à leur longueur, elle est au contraire très variable; sur les parties courbes, on emploie des feuilles courtes, de 20 à 30 cent., tandis que sur les parties planes on pose parfois et surtout lorsque le verre est fort, des feuilles ayant jusqu'à 1 m. de long. Plus les feuilles sont grandes, plus étanche, plus clair et plus propre est le vitrage, mais aussi plus il est fragile et coûteux à réparer en cas d'accident. La grêle cause parfois de sérieux dégâts sur les vitrages, et à ces dégâts s'ajoutent encore les dommages que les débris de verre font aux plantes en tombant dessus. Les vents impétueux et la neige même exercent à certains moments une grande pression sur les surfaces vitrées et peuvent occasionner des bris de verre si celui-ci ou la charpente ne sont pas assez forts pour résister. Ces diverses raisons militent en faveur de l'emploi du verre fort et en feuilles moyennes, sinon petites. V. aussi **Verre**. (S. M.)

Le vitrage ordinaire des serres et châssis s'effectue comme celui des parties vitrées des bâtiments, c'est-à-dire en fixant des feuilles de verre à l'aide de petits clous ou de crochets en lamelles de zinc et en garnissant les côtés avec du mastic.

Il existe néanmoins plusieurs autres procédés employés en Angleterre surtout, où plusieurs sont brevetés et donnés comme plus économiques, plus durables, laissant plus libre accès à la lumière et rendant les réparations plus faciles.

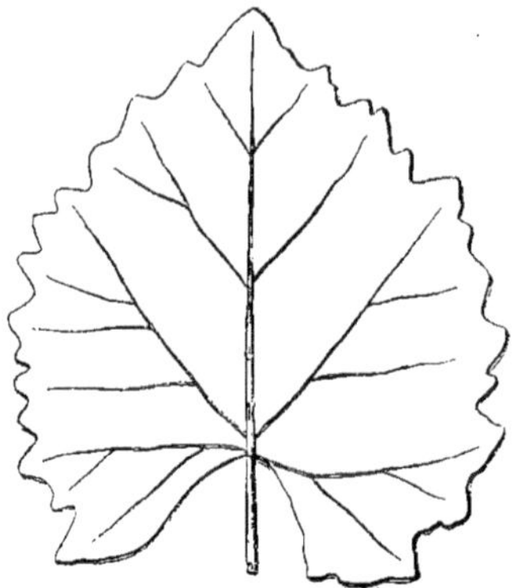

Fig. 556. — VITIS VULPINA. — Feuille.

Bien que ces procédés soient beaucoup employés, surtout lorsqu'il s'agit de vitrer des grandes surfaces, leur emploi horticole est loin d'être général. Un des meilleurs systèmes brevetés est celui qui porte le nom de son inventeur, M. Rendle. Les feuilles de verre sont enchâssées à la base et au sommet dans une gouttière horizontale en zinc plié et chevauchent légèrement les unes sur les autres sur les côtés. Les gouttières en zinc conduisent l'eau à l'extérieur et recueillent aussi celle qui se forme par condensation à l'intérieur, ce qui a une grande importance pour les cultures sous verre. On n'emploie pas de mastic et les feuilles sont tenues en place à l'aide de coins en caoutchouc. Ce procédé s'applique indifféremment aux surfaces planes et curvilignes. « Dans les serres en bois à double vitrage, il n'est pas non plus fait usage de mastic pour le vitrage intérieur ; les feuilles de verre double et relativement grandes sont simplement glissées dans deux rainures que portent les traverses sur les côtés ; laissant entre les feuilles de verre un espacement de 4 à 6 cent., où se loge une couche d'air formant un matelas protecteur. Les feuilles chevauchent d'environ 2 cent. et sont tenues en place à l'aide de petits crochets en lamelles de zinc posés sur les côtés. » Il y a encore plusieurs autres procédés, notamment celui où l'on place une bande de feutre sur les côtés des feuilles et une lame métallique sur les traverses que l'on visse ensuite sur le feutre suffisamment serré pour tenir les feuilles en place. L'emploi du mastic est indispensable pour le vitrage des vasistas, châssis et autres parties mobiles ; les feuilles de verre étant mastiquées, elles ne peuvent ainsi se déplacer par suite des manipulations.

VITRIOL. — V. **Acide sulfurique.**

VITRIOL bleu. — V. **Sulfate de cuivre.**

VITRIOL vert. — V. **Sulfate de fer.**

VITTADINIA triloba, Hort. — V. **Erigeron mucronatus.**

VITTÆ, VITTATE. — Se dit des bandes ou stries longitudinales qu'on observe sur certaines parties des végétaux.

VITTARIA, Smith. (de *vitta*, ruban ; allusion aux frondes étroites). Comprend les *Tæniopsis*, J. Smith. FAM. *Fougères.* — Genre renfermant environ treize espèces de Fougères tropicales, à cultiver en serre chaude. Frondes graminiformes, sub-coriaces, à nervures libres. Sores en lignes continues, marginales ou légèrement intramarginales. Les espèces existant dans les collections sont décrites ci-après. Pour leur culture générale, V. **Fougères.**

V. elongata, Swartz. *Frondes* de 15 à 45 cent. de long et 3 à 6 mm. de large, aiguës ou obtuses au sommet, très graduellement rétrécies à la base, avec la nervure médiane obscure ou distincte et les veines latérales simples et enfoncées. *Sores* très enfoncés dans un sillon marginal, avec deux lobes presque égaux, s'ouvrant en dehors. Himalaya, Australie, etc. Syns. *V. ensiformis*, Auct. ; *V. zosteræfolia*, Auct.

V. ensiformis. Auct. Syn. de *V. elongata*, Swartz.

V. lineata, Swartz. ANGL. Florida Ribbon Fern. — *Frondes* de 15 à 45 cent. de long et 3 à 9 mm. de large, graduellement rétrécies vers la tige, qui est forte, comprimée et passe graduellement à l'état de fronde, avec les bords souvent réfléchis ; nervure médiane distincte, proéminente ; veines latérales parallèles et enfoncées. *Sores* formant une ligne légèrement intra-marginale, dans un sillon superficiel, que couvrent au début les bords de la fronde. Indes occidentales, Côtes de Guinée, etc. 1793. Syn. *Tæniopsis lineata*, J. Smith.

V. scolopendrina, Thwaites. *Frondes* de 30 à 50 cent. de long et 12 à 18 mm. de large, à pointe aiguë, avec les bords entiers et la partie inférieure très graduellement rétrécie jusqu'à la base ; nervure médiane noirâtre, épaisse, canaliculée en avant ; veines fines, parallèles et obliques. *Sores* disposés en larges lignes marginales, continues, couvertes au début par les bords de la fronde, qui restent fermes et intacts. Nouvelle-Guinée, Ceylan, etc. Syn. *Tæniopsis scolopendrina*, Smith.

V. zosteræfolia, Auct. Syn. de *V. elongata*, Swartz.

VITTMANNIA, Wight. et Arnott. — V. **Willemetia**, Brongn.

VIVACE ; ANGL. Perennial. — Dans son sens strict, on applique ce terme à tous les végétaux qui vivent plus de deux ans et qui fructifient plusieurs fois ; c'est, du reste, de cette aptitude qu'est tiré le mot *polycarpique*, sous lequel on les désigne scientifiquement. Dans son sens pratique, on réserve le mot vivace aux plantes herbacées, rustiques, dont la durée est indéterminée et dont les tiges périssent à chaque hiver. Le nombre des plantes ainsi caractérisées est très grand et beaucoup sont très répandues dans nos jardins. Nous les avons déjà longuement étudiées à l'article **Plantes vivaces**, où nous renvoyons le lecteur. (S. M.)

VIVIANIA, Cav. (dédié à Dominico Viviani, professeur de Botanique à Genève, etc. ; 1772-1840). SYN. *Macræa*, Lindl. FAM. *Géraniacées.* — Genre comprenant environ huit espèces de plantes herbacées, de sous-arbrisseaux ou de petits arbustes de serre chaude ou tempérée, habitant l'Amérique du Sud, sub-tropicale et extra-tropicale. Fleurs régulières, sub-fasciculées ou réunies en corymbes paniculés à l'aisselle des feuilles supérieures ; calice à cinq ou rarement quatre lobes valvaires ; pétales cinq ou rarement quatre, hypogynes et tordus ; étamines dix, rarement huit, libres, toutes pourvues d'anthères. Feuilles opposées, entières, souvent crénelées ou profondément dentées et ordinairement blanches-tomenteuses en dessous.

Il est peu probable que les espèces suivantes existent encore dans les cultures ; ce sont cependant d'élégants arbustes de serre chaude, prospérant dans un compost de terre franche, de terre de bruyère et de sable. Leur multiplication peut s'effectuer par boutures que l'on fait dans du sable et sous cloches.

V. grandifolia, Hook. et Arnott. *Fl.* blanches ou rouges ; pédoncules plus courts que les feuilles. Juillet. *Flles* grises et glanduleuses en dessous, avec des nervures proéminentes. Branches pubescentes. *Haut.* 30 à 60 cent. Chili, 1832.

V. parvifolia, Klotz. *Fl.* roses, à pédoncules plus courts que les feuilles. Juillet. *Flles* blanc de neige en dessous et à nervures obscures. Rameaux aranéeux. *Haut.* 30 à 60 cent. Chili, 1832.

VIVIPARE. — Ce terme sert à désigner :

1° Les feuilles sur lesquelles il se développe des bourgeons, tantôt adventivement sur celles qui sont intactes, telles que celles des *Malaxis*, *Bryophyllum*, *Asplenium viviparum* et plusieurs autres Fougères, tantôt à la suite de blessures ou d'incisions faites dans ce but, comme c'est le cas de certains *Begonia*, notamment des *B. Rex*, *B. ricinifolia* et autres qu'on propage le plus souvent par ce procédé.

2° Les inflorescences sur lesquelles il se développe accidentellement des feuilles à la place des fleurs, ou encore la transformation des fleurs elles-mêmes en bourgeons foliaires, comme on l'observe fréquemment sur le *Poa vivipara* et plusieurs autres *Graminées*, les Trèfles et en particulier le *Trifolium repens*, certains Plantains, le *Chlorophytum elatum*, etc. Quand au contraire il y a développement accidentel de fleurs secondaires dans une fleur, on dit celle-ci **Prolifère**. (V. ce nom.) (S. M.)

VOANDZEIA, D. P. Thou. (*Voandzou* est, dit-on, le nom de la plante à Madagascar). Syn. *Cryptolobus*, Spreng. Fam. *Légumineuses.* — La seule espèce de ce genre est une plante herbacée, de serre chaude, courtement traçante. Ses pédoncules fructifères se courbent vers la terre, après la floraison, comme ceux de l'*Arachis hypogæa*, s'allongent et poussent ainsi la capsule en terre, où elle achève de mûrir ses graines. Pour sa culture V. **Arachis**.

V. subterranea, D. P. Thou. Angl. Bombarra Ground Nut ; Underground Bean. — *Fl.* jaune pâle ; les unes unisexuées et les autres fertiles ; calice ayant les deux dents ou lobes supérieurs soudés ; étendard orbiculaire ; pédoncules courts, axillaires et pauciflores. Juillet. *Gousse* irrégulièrement sub-globuleuse et à deux valves. *Flles* longuement pétiolées, à trois folioles munies de stipelles. *Haut.* 8 cent. Tropiques, 1823.

VOCHISIA, Hort. — Syn. Vochysia, Juss.

VOCHYA, Wandel. — Syn. de Vochysia, Juss.

VOCHYSIA, Juss. (*Vochy* est le nom à la Guyane du *V. guianensis*). On écrit parfois *Vochisia*, Hort. Syns. *Cucullaria*, Schreb. ; *Strukeria*, Vell. et *Vochya*, Vandel. Fam. *Vochysiacées.* — Genre comprenant environ cinquante-cinq espèces d'arbustes ou souvent de grands arbres de serre chaude, habitant le Brésil, la Guyane, l'est du Pérou et la Nouvelle-Grenade. Fleurs jaunes, odorantes, assez grandes, réunies en panicules ou grappes composées et allongées ; sépales cinq, soudés à la base ; le postérieur ample et souvent éperonné ; pétales un à trois, linéaires ou spatulés, dont deux plus petits que l'autre ; étamine fertile solitaire ; staminodes deux ; pédicelles pourvus de deux bractéoles. Feuilles opposées-décussées ou verticillées, souvent coriaces, parfois élégamment veinées, comme chez les *Calophyllum* ; stipules petites et subulées.

Les deux espèces suivantes paraissent seules introduites. Toutes deux sont des arbres prospérant en serre chaude, dans un mélange de terre franche, de terre de bruyère et de terreau de feuilles. On peut les multiplier par boutures que l'on fait dans du sable, sous cloches et à chaud.

V. ferruginea, Mart. *Fl.* réunies en grappes terminales, lâches et légèrement penchées. Août. *Flles* opposées, ovales-oblongues, longuement acuminées, atténuées à la base, glabres en dessus et ferrugineuses-tomenteuses en dessous. *Haut.* 8 m. Guyane, 1826. Syn. *V. tomentosa*, DC.

V. guianensis, Aubl. Angl. Copai-ye-wood. — *Fl.* à éperon étalé ; grappe simple, dressée, terminale et dense. Août. *Flles* opposées, obovales-oblongues, courtement acuminées et glabres sur les deux faces. *Haut.* 4 m. et plus. Guyane, 1812. (A. G. J. 6.)

V. tomentosa, DC. Syn. de *V. ferruginea*, Mart.

VOCHYSIACÉES. — Petite famille naturelle de végétaux Dicotylédones, placée entre les *Polygalées* et les *Frankéniacées*, renfermant environ cent trente espèces réparties dans sept genres. Ce sont des arbres, souvent gigantesques, à suc résineux et abondant, rarement des arbustes dressés, sarmenteux ou grimpants. Fleurs irrégulières, hermaphrodites, souvent grandes, à cinq sépales libres ou soudés à la base, rarement adnés à l'ovaire ; les deux antérieurs plus grands que les autres, sauf le postérieur qui est souvent le plus grand et éperonné ou gibbeux à la base ; pétales hypogynes ou insérés au sommet du tube du calice, au nombre de un à trois ou rarement cinq et alors un se prolonge entre le limbe des sépales antérieurs et est onguiculé ; étamines insérées avec les pétales ordinairement fertiles, les autres imparfaites ; filets ordinairement épais, excrescents, subulés ; pédicelles articulés et pourvus de bractées ; inflorescence variable. Feuilles opposées, verticillées ou alternes, courtement pétiolées, coriaces, très entières ; stipules petites et réduites à l'état de glandes ou nulles. Branches ordinairement opposées ou verticillées. Les genres *Qualea*, *Trigonia* et *Vochysia* sont des exemples de cette famille.

VOHIRIA, Lamk. — V. **Voyria**, Aubl.

VOLKAMERIA, Linn. — V. **Clerodendron**, Linn.

VOLKMANNIA, Jacq. — V. **Clerodendron**, Linn.

VOLUBILE ; Angl. Voluble. — Ce terme sert à désigner les plantes grimpantes dont les tiges s'enroulent autour des objets ou supports à leur portée. Cet enroulement se produit tantôt à droite, tantôt à gauche, d'une façon constante et qu'on ne peut contrarier. Scientifiquement, les plantes s'enroulant à droite ou autrement dit suivant le cours du soleil, quand on le regarde, telles que l'Igname, le Haricot, le Liseron des haies, etc., sont dites *dextrorses*, tandis que celles s'enroulant à gauche, notamment le Houblon, ont reçu le nom de *sinistrorses*. Pour s'en rendre compte, il faut se placer devant la plante, ou bien en regardant du côté du soleil s'imaginer qu'elle s'enroule autour de soi. La direction des tiges volubiles est constante et immuable, car on ne parvient pas à faire enrouler une tige des plantes précitées dans le sens contraire à celui qui lui est propre ; c'est là un fait très intéressant à constater.

(S. M.)

VOLUBILIS. — Ipomœa purpurea.

VOLVA. — Membrane qui, chez les Champignons supérieurs, enveloppe tout l'appareil fructifère, c'est-à-dire le champignon tel qu'on le connait familièrement, avant son complet développement et le protège dans son jeune âge. Chez certains Champignons, dont celui figuré ci-contre est un exemple, la volva reste très apparente à la base du pilier qu'elle entoure encore plus ou moins parfaitement à son complet développement.

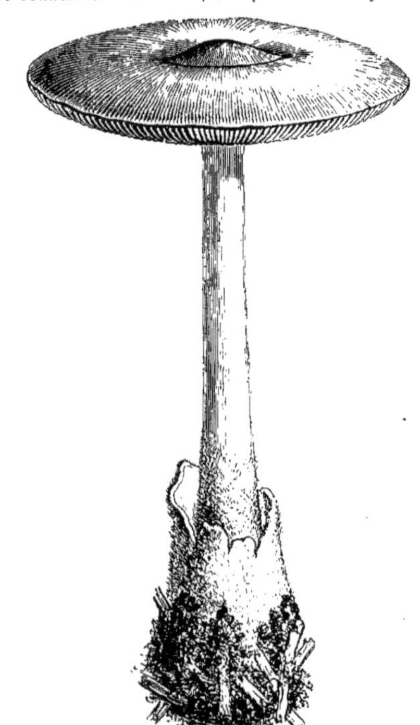

Fig. 557. — Champignon (*Volvaria*) dont le pied est encore entouré de sa volva.

VOUAPA, Aubl. (leur nom familier à la Guyane). Fam. *Légumineuses*. — Petit genre ne comprenant qu'environ trois espèces d'arbres toujours verts, de serre chaude et habitant la Guyane, que Bentham et Hooker ont réunis aux *Macrolobium*, Schreb. Fleurs réunies en grappes ; calice à quatre divisions, avec deux bractéoles opposées et stipitées, insérées à sa base ; pétale unique et plan ; étamines trois. Feuilles à une seule paire de folioles. L'espèce suivante a été introduite dans les collections. Elle y prospère dans un compost de terre franche siliceuse et de terre de bruyère. Sa multiplication peut s'effectuer par boutures que l'on fait dans du sable, sous cloches et à chaud.

V. **bifolia**, Aubl. *Fl.* violettes, à lobes du calice étalés ; étamines égalant presque la corolle ; bractées uninervées. Mai. *Flles* à folioles sessiles, ovales, acuminées, obliques. *Haut.* 3 m. Guyane, 1823. — *Macrolobium bifolium*, Pers. est maintenant le nom correct de cette plante.

VOUAY, Aubl. — V. Geonoma, Willd.

VOYRIA, Aubl. (*Voyra* est le nom familier d'une des espèces à la Guyane). Syns. *Humboldtia*, Neck. ; *Leiphaimos*, Cham. et Schlecht. ; *Lita*, Schreb. et *Vohiria*, Lamk. Fam. *Gentianées*. — Genre comprenant environ seize espèces de plantes herbacées, naines et aphylles, croissant sur les bois et les feuilles en décomposition, dans l'Amérique tropicale et une dans l'Afrique. Fleurs blanches, jaunes, oranges, rarement bleues ou roses, solitaires ou réunies en petit nombre, en cymes fasciculées ; calice tubuleux ou campanulé, à quatre ou cinq dents ou lobes ; corolle en coupe, à tube allongé et à quatre ou cinq lobes tordus et étalés ; étamines quatre ou cinq, incluses, à filets filiformes ou très courts. Ecailles petites, opposées ou les inférieures rarement alternes. Ces plantes n'existent probablement pas dans les cultures.

VRIESIA, Lindl. — Réunis aux **Tillandsia**, Linn.

VRIESIA bellula, Hort. — V. **Tillandsia heliconioides.**

VRIESIA brachystachys, Regel. — V. **Tillandsia carinata.**

VRIESIA gigantea, Lenn. — V. **Tillandsia regina.**

VRIESIA Glaziovana, Lenn. — V. **Tillandsia regina.**

VRIESIA Morreniana, Hort.— V. **Tillandsia psittacino-carinata.**

VRIESIA musaica, Cogn. et Marsh. — V. **Caraguata musaica.**

VRIESIA psittacina brachystachys. — V. **Tillandsia carinata.**

VRIESIA retroflexa, E. Morren. — V. **Tillandsia psittacino-scalaris.**

VRILLES, CIRRHES ou MAINS; Angl. Tendrils. — On applique ces noms aux organes à l'aide desquels certaines plantes grimpantes ou sarmenteuses s'accrochent à leurs supports ou aux objets voisins. Ces organes, généralement filiformes, allongés, simples ou ramifiés, s'accrochent ou s'enroulent fortement autour des objets voisins, soutiennent la tige et lui permettent ainsi d'atteindre parfois une grande hauteur. Les vrilles sont axillaires et résultent de la transformation plus ou moins complète des organes dont ils tiennent la place. Tantôt ce sont des feuilles, comme chez beaucoup de *Légumineuses*, et quand la tranformation n'est que partielle, le sommet du rachis des feuilles s'allonge et forme une vrille simple ou rameuse, comme chez les Pois, les Vesces et les Gesses, tandis que la base porte encore un plus ou moins grand nombre de folioles. Tantôt les vrilles proviennent de la modification de ramilles latérales ou d'inflorescences, comme c'est le cas dans la Vigne et dans d'autres *Ampélidées*, où la transformation n'est pas toujours complète.

Les *crampons* que portent quelques plantes, telles que le *Lierre*, les *Tecoma*, sont des racines quant à leur origine, mais dont les fonctions absorbantes sont transformées en celles d'organes fixateurs, en ce qu'elles se collent et adhèrent assez fortement aux objets qu'elles ont atteint. Toutefois, lorsque ces racines plongent dans un milieu humide, tel que le sol, elles y reprennent leurs fonctions primitives; c'est ce qui se passe dans le Lierre cultivé en bordures d'allées.

(S. M.)

VRILLÉE (Petite). — V. **Convolvulus arvensis.**

VULNÉRAIRE. — V. **Anthyllis Vulneraria.**

VULNÉRANT. — Se dit des épines et aiguillons durs, forts, qui pénètrent dans la peau et blessent quand on vient à s'y heurter.

VULPIN. — V. **Alopecurus.**

W

WACHENDORFIA, Linn. (dédié à E. J. Wachendorf, botaniste hollandais et professeur à Utrecht; 1702-1758). SYN. *Pedilonia*, Presl. FAM. *Hæmodoracées*. — Petit genre dont sept espèces ont été énumérées, mais sans doute trois seulement sont suffisamment distinctes pour être considérées comme telles.

Ce sont des plantes herbacées, vivaces, tuberculeuses, demi-rustiques ou de serre froide, confinées dans le sud de l'Afrique. Fleurs réunies en panicules terminales, souvent velues; périanthe jaune, oblique, à tube nul et à segments étroits ou obovales-oblongs; les externes et surtout le dorsal dissemblables aux autres et décurrent sur le pédicelle; étamines trois. Feuilles peu nombreuses, ensiformes ou rarement linéaires, parfois amples et plus ou moins plissées-veinées. Tige dressée, parfois épaissie à la base.

Un mélange de terre franche très siliceuse et d'un peu de terre de bruyère convient parfaitement à ces plantes. Quand on les plante à plein sol sous un châssis ou dans une bâche, où l'on ne laisse pas pénétrer la gelée, ils y fleurissent beaucoup plus luxueusement qu'en pots. Pendant leur période de repos, les arrosements doivent être suspendus. Leur multiplication peut s'effectuer par éclats ou par semis. Certaines espèces prospèrent en plein air dans un endroit abrité.

W. brevifolia, Soland. *Fl.* penchées, à périanthe cramoisi mêlé de jaune tan et mollement velues à l'extérieur; grappes lâches. Avril. *Flles* lancéolées, à cinq nervures, plissées, velues, distiques, d'environ 15 cent. de long, arquées et divergentes. Tige d'environ 30 cent. de haut, verte et poilue. Sud de l'Afrique, 1795. (B. M. 1116.)

W. hirsuta, Thunb. *Fl.* pendantes, à périanthe rouge en bouton, jaune d'or quand il est épanoui; pédoncules portant quatre à cinq fleurs unilatérales; panicule étalée; bractées velues. Avril. *Flles* linéaires-ensiformes, trinervées et velues. Tige de 50 cent. de haut, velue. Sud de l'Afrique, 1687. (B. M. 614.) Syn. *W. villosa*, Andr. (A. B. R. 398.)

V. paniculata, Linn. *Fl.* à périanthe jaune d'or et à segments pubescents à l'extérieur, rouges et obovales; pédicelles disposés en grappe unilatérale et pubescents; pédoncules étalés, portant trois à cinq fleurs. Avril. *Flles* ensiformes, trinervées, bisériées, n'ayant qu'un tiers de la longueur de celle du *W. thyrsiflora*. Tige verdâtre, corymbiforme-paniculée au sommet. *Haut.* 50 cent. Sud de l'Afrique, 1700. (B. M. 616.) — Il en existe une variété *pallida*, à fleurs jaune pâle. (B. M. 1060.)

W. thyrsiflora, Linn. * *Fl.* réunies en épi terminal, à rachis anguleux; périanthe jaune, à lobes lancéolés-cunéiformes, ramilles inférieures de l'épi portant trois à quatre fleurs. Tige presque simple. *Haut.* 60 cent. Sud de l'Afrique, 1759. (B. M. 1060.)

Fig. 558. — WACHENDORFIA THYRSIFOLIA.

W. villosa. Andr. Syn. de *W. hirsuta*, Thunb.

WAHLENBERGIA, Schrad. (dédié à George Wahlenberg, de Upsal, auteur d'une *Flora Lapponica* et autres ouvrages; 1780-1851). SYN. *Schultesia*, Roth. Comprend les *Cervicina*, Delile; *Edraianthus*, A. DC. et *Streleskia*, Hook. f. FAM. *Campanulacées*. — Grand genre comprenant près de quatre-vingts espèces de plantes herbacées ou à tige ligneuse, annuelles ou vivaces, rustiques ou de serre froide, habitant principalement l'hémisphère austral, le sud de l'Afrique surtout; quelques-unes se rencontrent dans les tropiques de l'Amérique et de l'Ancien Monde, d'autres sont cantonnées dans la région méditerranéenne et une espèce est largement dispersée dans l'Europe occidentale. Fleurs souvent bleues, penchées et solitaires au sommet de longs pédoncules terminaux, latéraux ou axillaires et solitaires ou diversement paniculés; calice à tube soudé à l'ovaire, hémisphérique, turbiné ou oblong-obconique et à limbe à cinq ou rarement trois-quatre divisions; corolle campanulée, tubuleuse, sub-rotacée ou en entonnoir, à limbe courtement ou profondément découpé en cinq ou très rarement trois-quatre divisions; étamines cinq, libres, à filets parfois dilatés à la base; inflorescence irrégulièrement centrifuge. Capsule dressée, infère ou à demi supère, à trois-cinq loges et s'ouvrant au sommet en autant de valves. Feuilles alternes ou rarement opposées. Les espèces les plus connues sont décrites ci-après. Pour leur culture et leurs emplois V. **Campanula**.

W. albo-marginata, Hook. Syn. de *W. saxicola*, A. DC.

W. capensis, A. DC. *Fl.* d'abord pendantes, puis à la fin presque dressées; corolle vert bleuâtre extérieurement, bleu foncé intérieurement à la base, verdâtre à la naissance des lobes, qui sont violacés, avec des macules intérieures aux sinus; pédoncules allongés et uniflores. Juillet. *Flles* ovales-lancéolées ou lancéolées, poilues, irrégulièrement dentées et de 2 1/2 à 5 cent. de long. Tige de 30 à 50 cent. de haut. Cap, 1819. Plante annuelle et demi-rustique. Syns. *Campanula capensis*, Linn. (B. M. 782); *Rœlla decurrens* Andr. (A. B. R. 238.)

W. capillacea, A. DC. *Fl.* pédicellées et réunies en panicule aphylle et terminale; corolle bleue, de 12 mm. de long et en entonnoir. Mai. *Flles* nombreuses, alternes, fasciculées, linéaires-filiformes, entières, de 6 à 12 mm. de long. Tiges dressées, de 30 à 50 cent. de haut. Sud de l'Afrique, 1822. Plante vivace et de serre froide.

W. dalmatica, A. DC. Syn. de *W. tenuifolia*, A. DC.

W. gracilis, Schrad. Angl. Australian Harebell. — *Fl.* de forme et grandeur très variables; calice à trois-cinq lobes; corolle bleue, purpurine ou blanche, de 4 à 12 mm. de long et à trois-cinq lobes. Avril. *Flles* de 1 1/2 à 5 cent. de long; les radicales spatulées, pétiolées et dentées; les caulinaires sessiles, linéaires-oblongues, entières, dentées ou sinuées, aiguës ou acuminées et rarement spatulées. Tige de 15 à 60 cent. de haut. Nouvelle-Zélande, etc., 1794. Plante annuelle, grêle et de serre froide. Syns. *Campanula capillaris*, Lodd. (L. BC. 1406); *C. gracilis*, Forst. (B. M. 691; S. E. B. 45.)

W. hederacea, Rchb. * *Fl.* solitaires au sommet des

Fig. 559. — Wahlenbergia hederacea.

pédoncules opposés aux feuilles; corolle petite, bleu pâle, de 8 mm. de long, à lobes récurvés. Juin-août. *Flles* toutes pétiolées, orbiculaires ou cordiformes, anguleuses ou obscurément lobées, de 8 à 12 mm. de diamètre; les supérieures souvent opposées. Tiges filiformes, rameuses et rampantes. Plante vivace, cespiteuse et rustique. Europe; France, Angleterre, etc. Syn. *Campanula hederacea*, Linn. (Sy. En. B. 875.)

W. Kitaibelii, A. DC. * *Fl.* réunies en faisceaux ou bouquets terminaux et pourvus de bractées acuminées et presque dentées en scie. Été. *Flles* radicales fasciculées, linéaires-subulées et bordées de denticules espacées. Tiges purpurines, couvertes de poils mous. *Haut.* 15 cent. Transylvanie. Plante touffue, rustique et vivace. (B. M. 6188.)

W. saxicola, A. DC. * New Zealand Bluebell. — *Fl.* lilas pâle, dressées; corolle campanulée, trois fois aussi longue que le calice; pédoncules solitaires, allongés et uniflores. Juin. *Flles* toutes radicales, ordinairement en rosette, spatulées, longuement atténuées en pétiole plan et cilié, ordinairement poilues en dessus, entières ou crénelées, dentées, épaissies et blanches sur les bords. *Haut.* 5 cent. à 20 cent. Nouvelle-Zélande. Plante vivace et de serre froide. (B. M. 6613; Gn. 1888, part. II, 679.) Syns. *W. albo-marginata*, Hook.; *W. vincæflora*, Dcne. (L. et P. F. G. II, fig. 142.)

W. tenuifolia, A. DC. *Fl.* réunies par six-dix en bouquet terminal, compact et muni de bractées: lobes du

Fig. 560. — Wahlenbergia tenuifolia.

calice bordés de cils raides; corolle violet bleu et blanche à la base. Juin-juillet. *Flles* linéaires, entières et à bords ciliés. Tiges poilues, purpurines et touffues. *Haut.* 8 à 15 cent. Dalmatie, 1879. Plante vivace et rustique. (B. M. 6182). Syns. *W. dalmatica*, A. DC. et *W. Edraianthus dalmaticus*, A. DC. et *E. tenuifolius*, A. DC.

W. tuberosa, Hook. f. * *Fl.* blanches, portant à l'extérieur des bandes roses, nombreuses au sommet de rameaux paniculés, de 12 mm. de long, campanulées et dressées. Été. *Flles* linéaires, aiguës, étalées, de 2 cent. 1/2 de long et uninervées. Tiges grêles, dressées, de 15 à 60 cent. de haut et lâchement ramifiées. Juan-Fernandez, 1875. — Plante tuberculeuse, vivace et de serre froide, remarquablement florifère. (B. M. 6155; R. G. 1877, p. 213.)

W. undulata, A. DC. *Fl.* violet bleu, de 2 cent. 1/2 de diamètre, campanulées et terminales. *Flles* oblongues. Tiges grêles. Plante étalée, vivace. Sud de l'Afrique, 1891. (B. M. 7174.)

W. vincæflora, Dcne. Syn. de *W. saxicola*, Dcne.

WAHLENBERGIA, Blume. — V. **Webera**, Schreb.

WAILESIA, Lindl. — V. **Dipodium**, R. Br.

WAITZIA, Wendl. (dédié à F. A. C. Waitz, qui voyagea à Java et écrivit sur les plantes de cette île). Syn. *Viraya*, Gaud. Comprend les *Morna*, Lindl. Fam. *Composées*. — Genre ne renfermant qu'une demi-douzaine d'espèces de jolies plantes herbacées, annuelles, de serre froide et habitant l'Australie. Capitules scarieux et persistants comme ceux des Immortelles, petits et réunis en corymbes terminaux ou rarement en grappes oblongues et feuillues; involucre formé de bractées sèches, papyracées, colorées, pétaloïdes, imbriquées et disposées sur plusieurs rangs; réceptacle nu, fleurons nombreux, tous hermaphrodites, tubuleux et à cinq dents; achaines (graines) surmontés d'un bec grêle. Feuilles alternes et linéaires.

Les *Waitzia*, quoique peu cultivés, n'en sont pas moins jolis et recommandables pour l'ornementation des serres froides et des vérandas. Leurs fleurs peuvent en outre être coupées jeunes et séchées comme celles des autres fleurs dites immortelles. Leur culture et leurs emplois sont du reste exactement ceux des **Rhodanthe.** (V. ce nom.

W. acuminata, Steetz. Syn. de *W. corymbosa*, Wendl.

W. aurea, Steetz. * *Capitules* jaune d'or satiné et brillant, réunis en cymes corymbiformes, moins multiflores

Fig. 561. — WAITZIA AUREA.

et plus lâches que dans le *W. corymbosa*. bractées de l'involucre scarieuses, linéaires-aiguës, disposées sur quatre à huit rangs et dépassant les fleurons; ceux-ci tous tubuleux et hermaphrodites. Été. *Flles* radicales linéaires. disposées en rosette; les caulinaires alternes et plus étroites. *Haut.* 30 à 60 cent. Australie, 1835. Annuel en culture, mais vivace dans son pays natal. Syn. *Morna nitida*, Lindl. (B. R. 1911; A. V. F. 6.

W. corymbosa. Wendl. * *Capitules* blanc satiné, roses ou jaunes, de 1 à 2 cent. de diamètre, ordinairement nombreux et réunis en corymbes denses et terminaux; bractées de l'involucre ovales-aiguës; scarieuses, multisériées, les internes réduites à l'état de petites écailles. Été. *Flles* linéaires; les inférieures atteignant souvent 5 à 8 cent. de long, embrassant la tige à la base, presque disposées en rosette, poilues-scabres; les caulinaires alternes et graduellement plus réduites. Tige se ramifiant vers le milieu de sa hauteur. *Haut.* 30 à 60 cent. Australie. 1864. Plante scabre-pubescente ou incane. (B. M. 5143.) Syn. *W. acuminata*, Steetz. (R. G. 401.)

W. grandiflora, Naud. *Capitules* jaune vif, bien plus grands que ceux du *W. aurea*. Été. *Flles* ressemblant à celles de cette même espèce, mais moins poilues. *Haut.* 30 à 60 cent. Australie, 1863.

W. nivea, Benth. * *Capitules* assez grands, ordinairement réunis en petit nombre en corymbe lâche; bractées de l'involucre blanc pur, roses ou très rarement jaune pâle et ne dépassant pas les fleurons. Été. *Flles* linéaires, scabres-pubescentes ou presque glabres. *Haut.* 50 cent. Australie, 1836. Syn. *Morna nivea*, Lindl. (B. R. 1838, 9.)

W. Steetziana. Lehm. *Capitules* solitaires et réunis en corymbes lâches. plus petits que ceux du *W. nivea*: involucre variant du blanc pur au jaune pâle, hémisphérique, d'environ 12 mm. de diamètre. Été. *Flles* linéaires. *Haut.* moins de 30 cent. Australie. 1861. Syn. *W. tenella*, Hook. (B. M. 5342.)

WAITZIA. Rchb. — V. **Tritonia**, Ker.

WALDSCHMIDIA, Wigg. — V. **Limnanthemum**. Gmel.

WALDSTEINIA, Willd. (dédié au comte Francis von Waldstein, botaniste et auteur allemand; 1759-1823). Comprend les *Comaropsis*, L. C. Rich. pr. p. FAM. *Rosacées.* —Genre renfermant environ six espèces de plantes herbacées, vivaces, traçantes et rustiques, ayant le port des *Fragaria* et habitant l'Europe centrale et orientale, le nord de l'Asie et l'Amérique orientale tempérée. Fleurs jaunes, assez grandes, à calice persistant, dépourvu ou muni de cinq petites bractéoles; pétales cinq, obovales; étamines nombreuses; pédicelles souvent récurvés; pédoncules munis de bractées et portant deux à cinq fleurs. Feuilles alternes, longuement pétiolées, entières, lobées, à trois-cinq divisions ou autant de folioles crénelées ou incisées. Les espèces suivantes sont seules dignes d'être décrites ici, car les autres et notamment le *W. lobata*, de l'Amérique du Nord, ne sont sans doute pas introduites.

Les *Waldsteinia* sont d'assez jolies plantes, quoique rares dans les jardins, parce qu'elles sont assez délicates; il leur faut la terre de bruyère et un endroit humide et ombragé. On peut les employer pour orner les plates-bandes et les rocailles, à la façon des Potentilles ou des Benoites. Leur multiplication s'effectue facilement par semis ou par division.

W. fragarioides, Trott. * ANGL. Barren Strawberry. — *Fl.* jaunes, à pétales trois fois plus longs que le calice; pédoncules triflores. Juin. *Flles* à trois folioles largement cunéiformes et incisées-dentées. Amérique du Nord, 1803. Syns. *Comaropsis fragarioides*, DC.; *Dalibarda fragarioides*, Michx. (B. M. 1567; L. BC. 408; R. H. 1890, 510.); *Dryas trifoliata*, Pall.

D. geoides, Willd. *Fl.* jaunes. très petites, rappelant celles du *Potentilla verna*. Juin-juillet. *Flles* à trois-cinq lobes palmés, bordés de dents aiguës. Plante vivace et rustique. Hongrie, etc., 1804. (B. M. 2595; L. B. C. 472.)

W. sibirica, Tratt. *Fl.* à pétales arrondis à la base et dépourvus d'auricules: ovaires velus-soyeux. Avril-mai. *Flles* plus petites que celles du *W. geoides*, à folioles très courtement pétiolulées et couvertes de longs poils. *Haut.* 10 à 15 cent. Europe orientale. Syn. *W. trifolia*, Rochel. (Gn 1889, part. II. 712.)

W. trifolia. Rochel. Syn. de *W. sibirica*, Tratt.

WALLICHIA, Roxb. (dédié au Dr Nathaniel Wallich, botaniste danois et auteur de plusieurs ouvrages méritants sur les plantes des Indes; 1786-1854). SYNS. *Harina*, Hamilt. et *Wrightia*, Roxb. FAM. *Palmiers.* — Genre ne comprenant que deux ou trois espèces de Palmiers nains, touffus et de serre chaude, habitant les Indes occidentales. Fleurs jaunâtres, moyennes, monoïques ou rarement polygames, munies de bractées et de deux bractéoles; spathes très nombreuses, légèrement coriaces; les inférieures étroitement tubuleuses; les supérieures naviculaires, complètes, imbriquées; spadices courtement pédonculés, les mâles pendants ou décurves, ovoïdes, très ramifiés et densiflores; les femelles plus lâches et dressés. Fruit rougeâtre ou purpurin. ovoïde-oblong, à une ou rarement deux loges et autant de graines. Feuilles fortement fasciculées, terminales et distiques chez une espèce, furfuracées, inégalement pinnatiséquées, à segments solitaires ou les inférieurs fasciculés, cunéiformes à la base, oblongs, obovales ou ob-lancéolés, à bords émarginés-dentés ; le terminal cunéiforme ; pétioles grêles et comprimés latéralement ; gaines courtes, découpées sur les bords et garnies de longs poils.

formes et émarginées au sommet, vert foncé et luisant en dessus, blanchâtres en dessous. Indes, 1825.

W. densiflora, Mart. *Fl.* mâles en spadices enveloppés de grandes spathes imbriquées, pourpre foncé et striées de jaune ; puis se montre un faisceau dense de spadices de fleurs femelles blanches, à ovaire violet. *Flles* à pinnules inférieures binées, fasciculées, blanchâtres en dessous ; les autres solitaires, sinuées-lobées ou dentées. *Haut.* 4 m. Assam, 1840. (B. M. 4584.)

Fig. 562. — Wallichia caryotoides. — (*Rev. Hort.*)

Les *Wallichia* demandent une terre forte, très fertile et une bonne serre chaude. Quand on peut se procurer des graines, leur multiplication s'effectue facilement par le semis, que l'on fait alors comme celui des autres Palmiers. A défaut, on a recours aux drageons, que l'on sépare du pied graduellement, afin de les obliger à s'enraciner, mais on ne doit les en détacher complètement que lorsque les racines sont en état de nourrir la plante.

W. caryotoides, Wall. * *Fl.* mâles blanc jaunâtre, couvrant les rameaux des spadices ; les femelles peu nombreuses, dispersées parmi les mâles, à la base des ramifications. Juillet. *Fr.* ovale-oblong, de la grosseur d'une noix muscade. *Flles* peu nombreuses, alternes, pétiolées, de 1 m. à 2 m. 50 de long ; folioles sessiles, de 30 à 35 cent. de long ; les inférieures réunies en faisceaux opposés ; les supérieures presque toutes solitaires et alternes ; toutes cunéi-

W. nana, Griff. — V. **Didymosperma nanum**.

WALLISIA, E. Morren. — Réunis aux **Tillandsia**, Linn.

WALLISIA, Regel. — V. **Lisianthus**, Aubl.

WALLISIA Princeps, Regel. — V. **Lisianthus Princeps**.

WALLROTHIA, Roth. — V. **Vitex**, Linn.

WALLROTHIA, Spreng. — V. **Seseli**, Linn.

WALSURA, Roxb. (altération de *Walsuri*, leur nom à Telinga). Fam. *Méliacées*. — Genre comprenant environ une douzaine d'espèces d'arbres toujours verts et de serre chaude, habitant les Indes et l'Archipel Indien. Fleurs petites ; panicules axillaires ou terminales ; calice court, à cinq lobes ou divisions ; pétales cinq, ovales-oblongs, étalés ; filets staminaux huit ou dix. Feuilles à une ou trois-cinq folioles opposées, très entières et pâles en dessous.

Le *W. robusta* n'existe peut-être plus dans les cultures, mais le *W. piscidia* existe encore dans les collections botaniques. Il s'accommode du même traitement que les **Chloroxylon**. (V. ce nom.)

W. piscidia, Roxb. *Fl.* d'un jaune sordide, à pétales imbriqués ; tube staminal n'atteignant que la moitié de la longueur des pétales et à dix divisions égales. Juin. *Flles* de 5 à 12 cent. de long, à folioles de 2 1 2 à 10 cent. de long et 1 1/2 à 4 cent. de large, sub-ternées, elliptiques, obtuses, souvent rétuses, glabres et luisantes, mais pâles en dessous. *Haut.* 6 m. Indes, 1830. — Les bractées constituent un poison pour les poissons.

W. robusta, *Fl.* blanches, de 4 mm. de long ; panicules presque aussi longues que les feuilles et fortement pubérulentes. Juin. *Flles* de 15 à 30 cent. de long, à cinq ou parfois trois folioles ovales ou elliptiques, acuminées et luisantes. *Haut.* 6 m. et plus. Indes, 1827.

WALTHERIA, Linn. (dédié à Aug. Fried. Walther, professeur à Leipsig ; 1688-1746). Fam. *Sterculiacées.* — Genre comprenant aujourd'hui environ trente espèces de plantes herbacées, couvertes d'une pubescence étoilée, de sous-arbrisseaux ou rarement d'arbres de serre chaude, dont un est largement dispersé dans les régions tempérées, deux se rencontrent en Afrique, deux en Océanie et les autres en Amérique. Fleurs souvent assez petites, réunies en glomérules ou en cymes axillaires ou disposées en bouquets, en grappes ou en panicules terminales; calice à cinq divisions ; pétales cinq. Feuilles dentées en scie. Ces plantes sont peu décoratives et sans doute aucune n'existe dans la cultures.

WALUEWA, Regel (dédié au comte P. A. Walujew, ministre des domaines de l'Empereur d'Allemagne). Fam. *Orchidées.* — Nouveau genre monotypique, créé pour l'espèce suivante, qui est une plante épiphyte, de serre chaude, voisine des *Gomeza* et dont elle se distingue surtout par des détails botaniques. Elle prospère fixée sur une bûche que l'on suspend au-dessous du vitrage de la serre et en la traitant comme les *Cattleya*, *Lælia* et autres.

W. pulchella, Regel. *Fl.* réunies par six-huit en grappe de 3 cent. de long, récurvée ; sépales vert jaunâtre ; le supérieur spatulé et incurvé au sommet ; les latéraux soudés en une seule pièce bilobée au sommet ; pétales jaunâtres et transversalement rayés de pourpre, un peu plus longs que les sépales, oblongs-ovales ; labelle de 9 mm. de long, jaunâtre, avec des petites papilles pourpres sur le disque, soudé à la base de la colonne, trilobé, à lobe médian deltoïde et les latéraux réfléchis. Février. *Flles* lancéolées-aiguës, pliées en pétiole à la base, de 6 cent. de long et 12 mm. de large. Petite plante cespiteuse, à pseudo-bulbes oblongs ou sub-linéaires, finement sillonnés et monophylles, de 4 à 6 cent. de long. Minas-Geraes ; Brésil, 1891. (R. G. 1891, 1341, fig. I, *a*, *b*, *c*.) (S. M.)

WARREA, Lindl. (dédié à Frédéric Warre, qui découvrit la première espèce et en envoya des pieds aux Loddiges, qui la figurèrent sous le nom de *Maxillaria Warreana*). Fam. *Orchidées.* — Petit genre renfermant aujourd'hui trois ou quatre espèces d'Orchidées terrestres, de serre chaude, habitant le Brésil, le Pérou, la Colombie, etc. Fleurs élégantes, courtement pédicellées et disposées en grappe allongée et lâche sur une hampe élevée, simple et aphylle, mais portant de nombreuse gaines et des bractées courtes ; sépales et pétales larges, concaves; les latéraux obliques à la base, adnés au pied de la colonne ; celle-ci assez longue et claviforme ; labelle également inséré à la base de la colonne, sessile, très courtement contracté à la base, incombant, à la fin dressé, large, concave, à lobes latéraux à peine proéminents ; le médian étalé, entier ou bifide ; disque portant des lignes élevées et proéminentes; masses polliniques quatre. Feuilles peu nombreuses, distiques et allongées. Tige feuillue. Les espèces décrites ci-après se traitent comme les **Phaius**. (V. ce nom.) — Plusieurs plantes autrefois comprises dans ce genre sont maintenant réunies aux **Zygopetalum**.

W. bidentata, Lindl. *Fl.* à labelle plus long et plus étroit que dans le *W. tricolor* et moins transversal ; carène très aiguë à la base ; disque couvert de callosités disposées en séries.

W. cyanea, Lindl. — V. **Aganisia cyanea.**

W. quadrata, Lindl. — V. **Zygopetalum marginatum.**

W. tricolor, Lindl. * *Fl.* assez grandes, globuleuses, pendantes, à sépales et pétales blanc jaunâtre, les deux sépales latéraux se terminant inférieurement en un éperon court et obtus ; labelle jaune et pourpre foncé, blanc sur les bords, obovale, cucullé à la base, à disque portant trois côtes ; hampes latérales, pourpres sur les nœuds, d'environ 60 cent. de haut, portant une grappe composée de huit à dix fleurs. Juin-juillet. *Flles* longuement pétiolées, lancéolées et plissées. Pseudo-bulbes oblongs, arrondis, atténués et articulés. Brésil, 1843. (B. X. O. 24.) Syn. *Maxillaria Warreana*, Lodd. (L. B. C. 1884 ; B. M. 4235.)

Fig. 563. — Washingtonia filifera.
1, partie d'inflorescence florifère ; 2, fleur détachée.
(D'après le Dr F. Heim.)

W. t. stapelioides, Hort. *Fl.* à sépales et pétales rayés de brun à l'intérieur ; labelle portant sur le devant une large strie brun purpurin. Nouvelle-Grenade, 1872. (O. 1888, 176.)

WARSZEWICZELLA, Rchb. f. — Réunis au **Zygopetalum,** Hook.

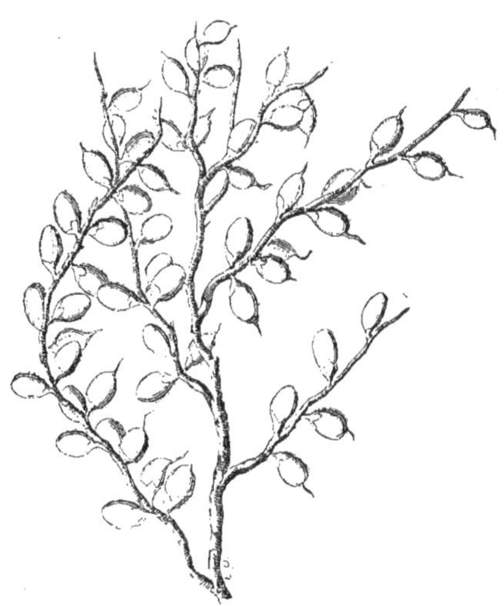

Fig. 564. — WASHINGTONIA FILIFERA.
Partie d'inflorescence fructifère. (D'après le Dr F. Heim.)

WARSZEWICZELLA Lindeni, Hort. — V. **Zygopetalum Lindeni.**

Fig. 566. — WASHINGTONIA ROBUSTA. — (*Rev. Hort.*).

WASHINGTONIA, Wendl. (dédié à George Washington, grand patriote américain). FAM. *Palmiers.* — Petit genre ne comprenant que deux espèces de grands Palmiers de serre tempérée et habitant le sud de la Californie et l'Arizona. Certains auteurs les réunissent au-

Fig. 565. — WASHINGTONIA FILIFERA.

jourd'hui aux *Pritchardia.* Fleurs blanches, hermaphrodites, insérées sur des spadices allongés, fortement ramifiés-paniculés, à rameaux grêles et flexueux, entourés de spathes allongées, membraneuses, découpées et glabres. Fruit noir, petit, ellipsoïde, à une seule loge monosperme. Feuilles terminales, amples, étalées, orbiculaires, plissées en forme d'éventail, découpées presque jusqu'au milieu en segments indupliqués et filifères sur les bords; pétioles allongés, robustes, planes-convexes et à bords très épineux. Pour leur culture, V. **Chamærops**.

W. filifera, H. Wendl. * *Fl.* fertiles solitaires et presque sessiles sur les rameaux grêles de la panicule. *Flles* circulaires, flabelliformes, à pétioles armés de fortes épines marginales crochues; ligule ample, apprimée, coriace, glabre; rachis court; limbe profondément et fortement filifère le long des lobes supérieurs. Tiges florifères de 2 m. 50 à 3 m. de haut. Arbre atteignant 6 à 12 m. de haut. Californie (R. H. 1895 f. 40-42.) Syns. *Brahea filamentosa*, Hort.: *Pritchardia filamentosa*, Hort. et *P. filifera*, Lind.

W. robusta, H. Wendl. *Flles* sub-orbiculaires: pétioles engainants à la base et armés de fortes épines; limbe en éventail, plissé, entier jusqu'au milieu, puis divisé en lobes étroits, plissés et bordés de filaments blancs. *Haut.* 2 m. à 2 m. 50. Californie. (R. H. 1885 p. 403; R. G. 1889, 300.)

WASHINGTONIA, Winslow. — V. **Sequoia**, Endl.

WATSONIA, Mill. (dédié à W. Watson, professeur de botanique à Chelsea; 1715-1787). Syns. *Meriana*, Trew; *Neuberia*, Eckl. Fam. *Iridées*. — Genre comprenant, selon Klatt, vingt-cinq et, selon Baker, onze espèces de plantes bulbeuses, de serre froide, confinées dans le sud de l'Afrique. Fleurs solitaires dans chaque spathe et disposées en épi allongé, simple ou légèrement ramifié au sommet d'une tige fréquemment élevée; périanthe à tube arqué ou récurvé et à lobes sub-égaux, ovales, oblongs ou lancéolés; étamines insérées à la gorge, à filets libres, filiformes, assez longs; spathes lancéolées, oblongues ou étroites, souvent nombreuses, éparses ou un peu imbriquées. Feuilles allongées, ensiformes, un peu rigides, veinées, à nervure médiane ordinairement proéminente.

Les *Watsonia*, quoique peu répandus dans les cultures, n'en sont pas moins de très jolies plantes pendant leur floraison. Ils se plaisent dans un mélange de terre franche très siliceuse et d'un peu de terre de bruyère. Si on peut les planter à plein sol dans une bâche ou sous un châssis et les abriter des gelées, ils y fleuriront mieux qu'en pots. Pendant leur période de repos, les arrosements doivent être suspendus. Leur multiplication s'effectue par séparation des rejets ou par semis.

W. aletroides, Keer. *Fl.* réunies par sept-douze en épi compact et pendantes; périanthe écarlate, à tube de 2 cent. 1/2 de long et à segments aigus, de 6 mm. de long; spathes de 2 cent. 1/2 de long; hampe arrondie, simple, feuillue, de 30 à 60 cent. de haut. Juin. *Flles* linéaires-ensiformes, épaisses, aiguës, plus courtes que la hampe, de 6 mm. de large, côtelées et marginées de jaune. Sud de l'Afrique, 1774. (B. M. 533.) Syn. *Antholyza Merianella*, Curt. (B. M. 441.)

W. angusta, Ker. *Fl.* réunies par huit à vingt-quatre en épi, distiques et fortement imbriquées: périanthe écarlate, à tube de 2 cent. 1/2 de long et à segments ovales-oblongs, très étalés; spathes pourpres, scarieuses, de 18 mm. de long; hampe simple ou ramifiée, dressée ou arrondie, spathiforme-foliacée. Juin. *Flles* distiques, lancéolées-ensiformes, aiguës, de 2 cent. 1/2 de large et fortement striées. Sud de l'Afrique, 1825. Syn. *W. iridifolia*, Ker. (B. M. 600; F. d. S. 107.); *Antholyza fulgens*, Andr. (A. B. R. 192.)

W. brevifolia, Ker. *Fl.* réunies par huit-quinze en épi, imbriquées, distiques ou unilatérales; périanthe écarlate, de 2 cent. 1/2 de long, à tube tordu, arqué et à segments régulièrement étalés et mucronés; spathes à valves inégales; les internes bifides au sommet; hampe dressée simple, de 22 à 35 cent. de haut. Mai. *Flles* caulinaires spathiformes; les radicales largement ou étroitement linéaires-ensiformes, distiques, cuspidées, côtelées et marginées, de 5 à 18 mm. de large. Sud de l'Afrique, 1794. (B. M. 601.) Syn. *Antholyza spicata*, Brehm. (A. B. R. 56.)

W. densiflora, Baker. * *Fl.* réunies en épi dense et distique; périanthe rose-rouge, à tube de 4 cent. de long et à segments étalés, aigus, de 12 à 18 mm. de long; hampe aussi longue que les feuilles et couverte de nombreuses feuilles réduites. Juin. *Flles* dressées, linéaires, rigides, de 45 à 60 cent. de long et 12 mm. de large, portant plusieurs côtes saillantes et à bords épaissis et jaune paille. Sud de l'Afrique, 1879. Belle et distincte espèce. (B. M. 6400.)

W. humilis, Pers. *Fl.* réunies par cinq en épi distique; périanthe rose, de 5 cent. de long, à segments réguliers, oblongs-ovales, aigus; spathes à valves égales, aussi longues que le tube du périanthe; hampe simple, à angles arrondis et haute de 20 à 30 cent. Juin. *Flles* lancéolées-ensiformes, droites, aiguës, côtelées et marginées, distiques, plus courtes que la hampe et de 2 à 5 mm. de large. Sud de l'Afrique, 1751. (B. M. 631.)

W. iridifolia, Ker. Syn. de *W. angusta*, Ker.

W. marginata, Ker. *Fl.* réunies par dix en épi distique, légèrement imbriquées et pendantes; périanthe rose vif, de 3 cent. de long, à segments obovales-elliptiques-mucronés; spathes à valves presque égales, de 2 cent. de long; épis nombreux; hampe arrondie, simple, atteignant presque 60 cent. de haut. Juillet. *Flles* lancéolées-ensiformes, légèrement coriaces, à nervures et bords épaissis, cuspidées, plus courtes que la hampe, de 6 mm. de large et glauques. Sud de l'Afrique. (B. M. 608.)

W. m. minor, Hort. *Fl.* d'un très beau rose; épi solitaire. *Flles* d'un vert assez foncé, luisantes, obscurément cartilagineuses sur les bords. (B. M. 1530.)

W. Meriana, Mill. *Fl.* réunies par trois à neuf, distiques, à périanthe pourpre ou écarlate, un peu en coupe, à gorge cucullée-cylindrique, de 2 cent. 1/2 de long, à segments obovales-oblongs, acuminés, de 2 cent. 1/2 de long, valves externes de la spathe pourpres, striées, de 3 cent. de long; les internes bifides, de 3 cent. 1/2 de long; hampe arrondie-anguleuse, striée, simple ou ramifiée, de 20 à 60 cent. de haut. Mai. *Flles* lancéolées-ensiformes, épaisses, fortement striées, marginées, aiguës, de 5 à 15 mm. de large. Sud de l'Afrique, 1750. Syn. *Antholyza Meriana*, Linn. (B. M. 418.)

W. M. coccinea, Hort. *Fl.* cinq à huit, à périanthe écarlate, de 6 cent. de long; hampe de 30 à 60 cent. ou plus de haut. Magnifique variété. (B. M. 1194.)

W. M. iridifolia, Ker. *Fl.* à périanthe blanc, en entonnoir, de 28 mm. de long; hampe de 1 m. de haut. *Flles* largement lancéolées-ensiformes, aiguës, plus courtes que la hampe et de 3 cent. de large. (B. M. 600.)

W. M. roseo-alba, Ker. *Fl.* réunies par vingt-quatre, fortement imbriquées-spiciformes, à périanthe rose et blanc, de 5 cent. 1/2 de long; hampe de 60 cent. à 1 m. de haut. *Flles* largement linéaires-ensiformes, de 4 cent. 1/2 de arge, plus courtes que la hampe. (B. M. 537 et 1193, sous les noms de *W. roseo-alba* et var.)

W. punctata, Ker. *Fl.* à périanthe écarlate ou violet, en entonnoir, de 3 cent. de long, à tube dressé, filiforme et à segments ovales-lancéolés, rayés; valves externes de la spathe ferrugineuses, de 8 mm. de large; les internes bifides, de 6 mm. de large; hampe arrondie, dressée, de 10 à 40 cent. de haut. Juin. *Flles* trois, linéaires-comprimées ou arrondies, légèrement canaliculées et engainantes à la base. Sud de l'Afrique, 1800. Syn. *Ixia punctata*, Andr. (A. B. R. 177.)

W. rosea, Ker. * *Fl.* rapprochées en épi paniculé, allongé et pyramidal; périanthe rose, sub-campanulé, ayant près de 5 cent. de long, à gorge largement turbinée et à segments mucronés; spathes pourpres, de 12 mm. de long; hampe arrondie, simple ou ramifiée et atteignant presque 60 cent. de haut. Juillet. *Fl.* largement lancéolées-ensiformes, de 2 cent. 1/2 de large, à bords cartilagineux, striées

Fig. 567. — WATSONIA ROSEA.

et aiguës. Sud de l'Afrique, 1803. (B. M. 1072.) Syn. *Gladiolus pyramidatus*, Andr. (A. B. R. 335.)

W. strictiflora, Ker. *Fl.* inodores, à périanthe rouge cerise, d'environ 8 cent. de long, à tube très droit, avec l'ouverture de la gorge marquée d'une étoile à six branches violet-pourpre; hampe simple, plus haute que les feuilles. Juin. *Flles* linéaires ensiformes, assez raides, de 10 à 15 cent. de long et environ 12 mm. de large. Bulbe de la grosseur d'une forte noix-muscade. (B. M. 1406.)

WEBBIA, DC. — Réunis aux **Vernonia**, Schreb.

WEBERA, Schreb. (dédié à George-Henry Weber, professeur à Kiel et auteur de diverses flores; 1752-1828). SYNS. *Cericeus*, Noes; *Chomelia*, Linn.; *Stylocoryne*, Wight. et Arnott.; *Wahlenbergia*, Blume. *Tarenna*, Gœrtn., est maintenant le nom de ce genre admis par l'*Index Kewensis*. FAM. *Rubiacées*. — Genre comprenant environ cinquante espèces d'arbres et d'arbustes de serre chaude, habitant l'Asie tropicale, la Polynésie, l'Afrique et une l'Australie. Fleurs réunies en cymes terminales, corymbiformes, sessiles et bractéolées au-dessous de l'ovaire ou pédicellées et alors bractéolées sur le pédicelle; calice à tube ovoïde ou turbiné et à limbe à cinq ou rarement quatre divisions ou lobes; corolle en entonnoir ou en coupe, à cinq ou rarement quatre lobes étroits; étalés ou réfléchis, tordus pendant la préfloraison; étamines cinq, rarement quatre, insérées à la gorge de la corolle, à filets courts ou nuls. Feuilles opposées, pétiolées, souvent oblongues-lancéolées, à stipules triangulaires-ovales et ordinairement caduques. L'espèce suivante est seule digne d'être décrite ici. Pour sa culture, V. **Vangueria**.

W. corymbosa, Smith. *Fl.* blanches, faiblement odorantes, à corolle de 8 à 18 mm. de diamètre, à tube large et égalant les lobes; cymes de dimensions variables. Été. *Flles* elliptiques ou oblongues-lancéolées, aiguës ou acuminées, de 8 à 20 cent. de long, luisantes en dessus, souvent glauques en dessous; pétioles courts et forts. Arbuste ou petit arbre glabre. Indes. (B. R. 119.)

WEDELIA, Jacq. (dédié à George Wolfgang Wedel, botaniste allemand, professeur de botanique à Iena; 1645-1721). Comprend les *Wollastonia*, DC. FAM. *Composées*. — Genre renfermant environ cinquante espèces largement dispersées dans toutes les régions chaudes du globe. Ce sont des plantes herbacées, annuelles ou vivaces, parfois suffrutescentes, scabres-pubescentes ou poilues. Capitules jaunes, pédonculés, insérés au sommet des rameaux ou à l'aisselle des feuilles supérieures et hétérogames; involucre formé de bractées sub-bisériées; les trois à cinq externes ordinairement herbacées ou foliacées; les internes membraneuses; réceptacle plan ou convexe, à paillettes entourant les fleurons; ceux de la circonférence ligulés, entiers ou à deux ou trois dents au sommet; fleurons du disque à cinq dents ou autant de divisions courtes; achaines (graines) lisses ou tuberculeux. Feuilles opposées, souvent dentées, rarement trifides ou entières.

Les *Wedelia* ne sont guère intéressants qu'au point de vue botanique. Les espèces suivantes prospèrent en bonne terre de jardin. Le *W. hispida* peut se propager par semis ou par division et le *W. radiosa* par semis ou par boutures.

W. aurea, D. Don. — V. **Zexmenia aurea**.

W. hispida, Humb., Bonpl. et Kunth. *Capitules* jaunes solitaires au sommet de chaque pédoncule, à bractées externes de l'involucre poilues; les internes presque glabres. Juin. *Flles* lancéolées ou un peu obovales-lancéolées, cunéiformes à la base, acuminées au sommet, dentées et poilues. Rameaux dressés et hispides. *Haut.* 50 cent. Mexique, etc., 1819. Plante vivace et demi-rustique. (B. R. 543.) Syn. *Zexmenia texana*, A. Gray.

W. radiosa, Ker. *Capitules* jaunes, réunis par deux-trois sur des pédoncules plus longs que les feuilles: bractées de l'involucre disposées en une à trois séries; les externes foliacées; les internes membraneuses. Juin. *Flles* pétiolées, ovales ou oblongues-lancéolées, aiguës, serrulées et pubérulentes. *Haut.* 60 cent. Brésil, 1820. Sous-arbrisseau de serre froide. (B. R. 610.)

WEIGELIA, Pers. Syn. *Weigela*, Thunb. — La plupart des auteurs modernes admettent aujourd'hui, pour ce genre, le nom de **Diervilla**, Linn., parce qu'il a la priorité. On trouvera donc à ce nom la description des espèces et variétés qu'il renferme; plusieurs sont du reste très répandues dans les bosquets.

WEINMANNIA, Linn. (dédié à John William Weinmann, apothicaire à Ratisbonne et auteur de *Phytanthozaiconographia;* 1737). SYN. *Leiospermum*, Don. FAM. *Saxifragées*. — Genre comprenant environ soixante espèces d'arbres ou d'arbustes glabres ou tomenteux, de serre chaude ou tempérée et habitant la péninsule et les îles Malaises, les îles Mascareignes et de l'Océan Pacifique, l'Australie, la Nouvelle-Zélande et l'Amérique australe tempérée et tropicale. Fleurs blanches, petites, fasciculées ou éparses et disposées en grappes simples, dressées, terminales et axillaires; calice à tube court et à limbe à quatre ou cinq divisions; pétales quatre ou cinq, spatulés ou ovales et sessiles; étamines huit ou dix, insérées avec les pétales. Feuilles opposées, coriaces, pétiolées, simples, trifoliolées ou imparipennées, à folioles ordinairement dentées-glanduleuses et à rachis souvent ailé ; stipules de forme variable et caduques. Ramilles opposées et souvent arrondies.

La liste suivante comprend les espèces les plus méritantes. Toutes demandent la serre chaude et une bonne terre légère et fertile. Leur multiplication peut s'effectuer par boutures que l'on fait à chaud, dans du sable et sous cloches.

W. glabra, Sieber. *Fl.* blanches, à pétales un peu plus longs que les segments du calice : pédicelles géminés et courtement hirsutes. Janvier. *Flles* très glabres sur les deux faces, courtement pétiolées, imparipennées, à trois-cinq paires de folioles oblongues-elliptiques, légèrement aiguës à la base, à bords dentés en scie ou crénelés-dentés et parfois entières. *Haut.* 2 m. La Jamaïque, 1815. Arbuste.

W. hirta, Swartz. *Fl.* réunies en faisceaux racémiformes; étamines huit et exsertes. Mai. *Flles* à trois-quatre paires de folioles longues de 15 à 25 mm., elliptiques, bleuâtres, dentées en scie au-dessus de la base; pubescentes-poilues surtout en dessous. Ramilles velues-hirsutes. *Haut.* 2 m. et plus. La Jamaïque, 1820. Arbre ou arbuste.

W. ovata, Cav. *Fl.* réunies en fascicules pauciflores, espacés et formant des grappes de 8 cent. de long. Mai. *Flles* elliptiques-oblongues, un peu obtuses, aiguës à la base, crénelées, de 5 à 8 cent. de long et 2 1 2 à 4 cent. de large; pétioles de 5 à 8 mm. de long. *Haut.* 2 m. Pérou, 1824. Arbre glabre.

W. pinnata, Linn. *Fl.* réunies en faisceaux racémiformes; étamines huit, exsertes. Mai. *Flles* à trois-sept paires de folioles elliptiques-oblongues, bleuâtres, de 10 à 20 mm. de long, dentées en scie au-dessus de la base, hispides ou glabrescentes sur la nervure médiane de la face inférieure. Ramilles couvertes d'un court duvet. *Haut.* 2 m. et plus. La Jamaïque, 1815. Arbre. — Le *W. glabra*, Linn. f. est (en partie) synonyme avec cette espèce.

W. trichosperma, Cav. *Fl.* réunies en grappes lâches. Mai. *Flles* pinnées, à folioles nombreuses, oblongues, aiguës, dentées, obliquement cunéiformes à la base, nues et luisantes en dessus, et légèrement poilues en dessous. *Haut.* 1 m. 20. Valdivie. Arbuste.

W. trifoliata, Lamk. — V. **Platylophus trifoliatus**.

WELDENIA, Schult. (nom de personnage). Fam. *Commélinacées.* — La seule espèce de ce genre, décrite ci-après, est une charmante et très décorative plante herbacée, tuberculeuse, connue depuis longtemps, mais d'introduction toute récente et qui sera sans doute rustique chez nous.

W. candida, Schult. *Fl.* blanches, sessiles, fasciculées et terminales; calice à tube fendu dans le haut, corolle à tube grêle, allongé, deux fois plus long que le calice et à limbe à trois divisions orbiculaires et étalées; étamines six, à filets exserts. *Flles* linéaires ou oblongues, aiguës, vert pâle, à plusieurs côtes pubérulentes, concaves et parsemées de touffes de poils blancs. Tige simple, dressée, pubescente. Mexique et Guatémala, 1895. (B. M. 7405.)

(S. M.)

WELFIA, Wendl. (dédié à la famille royale Guelph de Hanovre). Fam. *Palmiers.* — Petit genre ne comprenant que deux espèces de Palmiers inermes, de serre chaude, habitant l'Amérique centrale. Fleurs blanc jaunâtre pâle, assez grandes ; spathes deux, caduques ; spadice épais et pendant. Fruit violet foncé, oblong, comprimé, de 5 cent. de long. Feuilles terminales, pinnatiséquées, à pétioles assez plats et courts ; segments fortement rétrécis à la base, entiers ou découpés au sommet.

L'espèce suivante, seule introduite, se cultive dans un compost de terre franche fertile et de terreau de feuilles, additionné d'un peu de fumier de vache. On peut la multiplier par division.

W. regia, H. Wendl. * *Flles* juvéniles divisées presque jusqu'à la base en une paire de lobes oblongs, acuminés, élégamment bronzés, à pétioles grêles, devenant à la fin pinnatiséquées ; bords des segments récurvés à la base ; feuilles adultes portant de nombreuses pinnules inégales, étroites, décurrentes sur le rachis qui est anguleux et blanchâtres en dessous. A son complet développement, la tige atteint 20 m. de haut et les feuilles environ 6 m. de long. Nouvelle-Grenade, 1869. (G. C. 1870, 764, F. M. n. s. 60 ; I. H. n. s. 62.)

WELLINGTONIA, Lindl. — V. **Sequoia**, Lindl.

WELLINGTONIA gigantea, Lindl.— V. **Sequoia gigantea**.

WELWITSCHIA, Hook. f. (dédié à Frédéric Welwitsch, célèbre botaniste voyageur ; 1806-1872). Syn. *Tumboa*, Welw. Fam. *Gnétacées.* — La seule espèce de ce genre est une des plantes les plus remarquables du règne végétal. Elle croît dans les endroits arides de l'Afrique tropicale sud-occidentale, où il pleut rarement. Ses deux feuilles ont d'abord été données comme ses cotylédons persistants et énormément développés, ce qui n'est cependant pas exact. Les deux cotylédons persistent, il est vrai, pendant un certain temps, mais ils disparaissent lorsque les deux feuilles véritables se montrent.

« Bien que la première mention du *W. mirabilis* en Europe soit due au Dr Welwitsch, il paraît avoir été découvert par C. J. Anderson, éminent voyageur dans l'Afrique. Cette magnifique plante a été introduite dans les jardins royaux de Kew, mais nous ignorons si elle n'existe pas aussi dans d'autres établissements. Elle sera sans doute très difficile à cultiver, parce qu'il est impossible de lui fournir les conditions naturelles sous l'influence desquelles elle prospère. Il nous semble que le moyen le plus probable de réussir dans sa culture serait de circonscrire un espace suffisant avec des murs en briques élevés d'environ 1 mètre au-dessus du sol. On mettrait dans le fond 40 à 45 cent. d'épaisseur d'un compost très perméable, tel que celui formé de deux parties de terre franche siliceuse et une de briques concassées. L'espace restant au-dessus serait rempli d'un mélange de sable et de débris de briques, additionné d'un peu de terre franche siliceuse, dans la proportion d'un dixième, juste assez pour aider le tout à former corps. Ainsi planté, les longues racines pénétreraient dans le compost inférieur et en tireraient la quantité suffisante d'éléments et d'eau pour alimenter la plante; le compost inférieur serait entretenu dans un juste état d'humidité par le sol naturel, l'eau s'élevant par attraction capillaire, tandis que la partie supérieure restant sèche, empêcherait la plante de pourrir. Il faudrait édifier le système dans une serre entièrement exposée au soleil et ne pas arroser, sauf toutefois pendant les soirées chaudes, où de légers seringages sur les feuilles et sur la couronne seraient sans doute bienfaisants, car ils produiraient à peu près le même effet que les rosées que la plante reçoit dans son pays natal. La température ne devrait pas descendre au-dessous de 10 deg. (N. E. Br.). »

W. mirabilis, Hook. f. *Fl.* solitaire, enfermée dans les écailles des cônes ; ceux-ci écarlates, petits, dressés, à la fin oblongs et disposés en forte cyme ramifiée-dichotome, naissant près du point d'insertion des feuilles. *Flles* deux, insérées dans de profonds sillons sur la circonférence du tronc, de 2 m. et plus de long, très planes, linéaires, très coriaces, se fendant avec l'âge en innombrables segments linguiformes, qui reposent enroulés sur la terre. Tronc obconique, d'environ 60 cent. de long, s'élevant de quelques pouces au-dessus du sol et ayant l'aspect d'une masse déprimée, plate et bilobée, atteignant parfois 4 m. 50 de circonférence ; à son complet développement, ce tronc est brun foncé, dur, fendillé et rappelant l'aspect de la croûte

Fig. 568. — Welwitschia mirabilis. — (*Rev. Hort.*)

d'un pain brûlé ; la partie inférieure forme une forte racine napiforme, enterrée et se ramifiant vers son extrémité inférieure. Afrique tropicale, 1862 et 1878. La plante vit, dit-on, un siècle. (B. M. 5368-9 ; T. L. S. XXIV, 1-14.)

WENDLANDIA, Bartl. (dédié à Henry Ludovicus Wendland, ex-directeur du jardin botanique de Hanovre; 1755-1828). Fam. *Rubiacées*. — Genre comprenant environ dix-huit espèces d'arbustes ou de petits arbres de serre chaude ou tempérée, habitant l'Asie tropicale et sub-tropicale. Fleurs blanches, rose vif ou jaunes, petites, accompagnées de deux ou trois bractéoles, sessiles ou pédicellées et réunies en panicules denses, multiflores, terminales et thyrsoïdes; calice à quatre ou cinq petits lobes; corolle tubuleuse, en coupe ou en entonnoir, à quatre ou cinq lobes imbriqués dans la préfloraison ; étamines quatre ou cinq, insérées entre les lobes de la corolle. Feuilles opposées ou verticillées par trois; stipules entières ou bifides. Pour la culture des deux espèces suivantes, les plus répandues, V. **Vangueria**. Toutes deux sont des arbres de serre chaude.

W. paniculata, DC. *Fl.* semblables à celles du *W. tinctoria* et réunies en panicules amples. Juillet. *Flles* opposées, elliptiques ou elliptiques-lancéolées, acuminées, de 12 à 20 cent. de long, rarement étroites-obovales, plus ou moins pubescentes en dessous ; stipules récurvées, larges, orbiculaires ou oblongues et à sommet arrondi. *Haut.* 2 m. Indes, 1820.

W. tinctoria, DC. *Fl.* blanches, sessiles, fasciculées, réunies en panicules amples, étalées, pubescentes, poilues ou tomenteuses. Juillet. *Flles* opposées, elliptiques, ovales ou obovales, de 10 à 20 cent. de long, acuminées, glabres et souvent luisantes en dessus, pâles et pubescentes ou rarement glabres en dessous ; stipules dressées, amples, avec une pointe subulée ou un appendice rigide, latéralement aplati. *Haut.* 2 m. Indes, 1825.

WENDLANDIA, Willd. — V. **Cocculus**, DC.

WENSEA, Wendl. — V. **Pogostemon**, Desf.

WERNERIA, Humb., Bonpl. et Kunth. (dédié à A. G. Werner, professeur de minéralogie à Fribourg; 1750-1817). Fam. *Composées*. — Genre comprenant environ vingt espèces de plantes herbacées, vivaces, naines, touffues et de serre froide, habitant les Andes de l'Amérique du Sud. Capitules amples ou moyens, hétérogames; involucre largement campanulé ou hémisphérique, formé de bractées unisériées ; réceptacle plan ou convexe et nu ; fleurons rayonnants roses, jaunes ou blancs, unisériés et ligulés; disque jaune; achaines (graines) oblongs ou turbinés. Feuilles radicales ou fasciculées sur la tige, entières ou rarement dentées ou pinnatiséquées.

L'espèce suivante existe seule dans les serres et y prospère en terre légère. On la multiplie par division des touffes.

W. frigida, DC. Syn. de *W. rigida*, Humb., Bonpl. et Kunth.

W. rigida, Humb., Bonpl. et Kunth. *Capitules* jaunes, solitaires, courtement pédonculés ; involucre à environ treize divisions et coloré. Février. *Flles* étoilées, imbriquées, linéaires, obtuses. *Haut.* 20 cent. Quito, 1828. Syn. *W. frigida*, DC.

WESTRINGIA, Smith. (dédié à J. P. Westring, médecin du roi de Suède). Fam. *Labiées*. — Genre comprenant environ onze espèces d'arbustes de serre froide, largement dispersés dans l'Australie extra-tropicale. Fleurs toutes axillaires ou rarement réunies en bouquets terminaux et feuillus, avec une paire de bractées sous le calice, ordinairement très petites et parfois nulles; calice campanulé, à cinq dents; corolle à tube court, ordinairement velu à l'intérieur et à gorge dilatée ; lèvre supérieure dressée, mais plane et largement bilobée ; l'inférieure étalée et trilobée ; les deux étamines supérieures fertiles ; les deux inférieures stériles. Feuilles verticillées par trois-quatre ou rarement plus.

Les espèces décrites ci-après sont les plus répandues dans les cultures. Elles prospèrent en toute terre légère et fertile. Leur multiplication s'effectue facilement par boutures de jeunes pousses, que l'on plante dans du sable et sous cloches.

W. angustifolia, R. Br. Syn. de *W. rigida*, R. Br.

W. cinerea, R. Br. Forme du *W. rigida*, R. Br.

W. Dampieri, R. Br. *Fl.* blanches, presque sessiles, à peu près aussi grandes que celles du *W. rosmariniformis*, mais à corolle plus poilue. Septembre. *Flles* verticillées par quatre ou très rarement trois sur les branches latérales, linéaires, fortement révolutées, ayant ordinairement 12 mm. de long, lisses scabres en dessus et souvent canescentes en dessous. *Haut.* plusieurs pieds. Australie, 1803. (B. M. 3308.)

W. eremicola, A. Cunn. *Fl.* bleu pâle, assez petites et ordinairement espacées ; calice canescent ; corolle pubescente. Juin. *Flles* ordinairement verticillées par trois, étroitement linéaires-aiguës ou mucronées, ayant rarement plus de 12 mm. de long. Branches dressées, souvent effilées, plus ou moins canescentes ou soyeuses-pubescentes. *Haut.* 1 m. Australie, 1823. (B. M. 3438 ; B. R. 1481, sous le nom de *W. longifolia*, Lindl.)

W. longifolia, R. Br. *Fl.* lilas, un peu petites, axillaires, à corolle pubescente à l'extérieur et à tube dépassant ordinairement les dents du calice. Été. *Flles* verticillées par trois, étroitement linéaires, ayant presque toutes plus de 2 cent. 1/2 de long et à bords un peu révolutés ou presque plans. *Haut.* plusieurs pieds. Australie, 1878.

W. rigida, R. Br. *Fl.* semblables à celles du *W. Dampieri*. *Flles* presque toutes verticillées par trois, mais par quatre çà et là, linéaires, obtuses ou mucronées-aiguës, rigides, à bords fortement révolutés, ordinairement glabres en dessus à leur complet développement et soit lisses et luisantes en dessous, soit couvertes sur cette dernière face de petits tubercules qui la rendent canescente. *Haut.* 1 m. Australie, 1823. Syn. *W. angustifolia*, R. Br. — Le *W. cinerea*, R. Br., est une forme plus fortement canescente. (B. M. 3307.)

W. rosmariniformis, Smith. * Angl. Victorian Rosemary. — *Fl.* bleu pâle, presque sessiles, toutes axillaires, à corolle pubescente à l'extérieur. Juillet. *Flles* verticillées par quatre, oblongues-lancéolées ou linéaires, aiguës ou obtuses, de 1/2 à 2 cent. 1/2 de long, coriaces, glabres et luisantes en dessus, canescentes ou blanc argenté en dessous et à bords récurvés ou révolutés. *Haut.* plusieurs pieds. Australie, 1791. (A. B. R. 214, sous le nom de *W. rosmarinacea*, Andr.)

WHITEHEADIA, Harv. (dédié au Rev. Henry Whitehead, qui découvrit la plante et « auquel nous devons plusieurs plantes curieuses [Harvey] ». Fam. *Liliacées*. — La seule espèce de ce genre est une plante bulbeuse et de serre froide, qui prospère en terre légère et qu'on multiplie par séparation des caïeux.

W. longifolia, Harv. *Fl.* à périanthe vert clair, sub-sessile, solitaire, de 10 à 12 mm. de long et à segments subégaux, légèrement étalés au-dessus de la base : étamines six, légèrement exsertes ; grappe dense, de 8 à 15 cent. de long ; hampe claviforme, de 50 cent. de haut ; bractées amplexicaules, de 2 1/2 à 3 cent. de long. Avril. *Flles* deux, opposées, arrondies-oblongues, glabres, charnues-membraneuses, de 15 à 20 cent. de long et 10 à 15 cent. de large, sub-aiguës ou émarginées. Bulbe fauve, de 4 à 5 cent. de diamètre. Sud de l'Afrique, 1792. Syns. *W. bifolia*, Baker ; *Eucomis bifolia*, Jacq. (B. M. 480) ; *Melanthium massoniæfolium*, Andr. (A. B. R. 368.)

WHITFIELDIA, Hook. (dédié à T. Whitfield, botaniste collecteur de plantes en Afrique). Fam. *Acanthacées*. — Petit genre ne comprenant que deux espèces d'arbustes d'ornement, de serre chaude et originaires de l'Afrique tropicale. Fleurs blanches ou rouge brique, courtement pédicellées, solitaires à l'aisselle de bractée, opposées et disposées en grappe terminale ; calice à cinq divisions ; corolle à cinq lobes tordus ; étamines quatre, didynames; bractéoles situées sous le calice et parfois les bractées colorées. Feuilles opposées, entières. L'espèce suivante est seule introduite. Pour sa culture, V. **Barleria**.

W. lateritia, Hook. * *Fl.* à calice rouge brique, ample ; corolle rouge orangé ou brique, deux fois plus longue que le calice, de forme intermédiaire entre campanulée et en entonnoir ; pédicelles opposés et pendants. Octobre à mars. *Flles* opposées, ovales ou oblongues-ovales, subcoriaces, persistantes, ondulées et penniveinées. Branches étalées, arrondies et un peu tortueuses. *Haut.* 1 m. Afrique tropicale, 1841. (B. M. 4155 ; F. d. S. 32.)

WHITLAVIA, Hook. — Ce genre est maintenant considéré, par les auteurs du *Genera plantarum*, comme synonyme de **Phacelia**, Juss., et s'y trouve conséquemment réuni, ainsi du reste que quelques autres, notamment les *Eutoca*, R. Br.

W. grandiflora, Harvey. — V. **Phacelia Whitlavia**.

Fig. 569. — Whitlavia grandiflora.

WHITLEYA, Don. — Réunis aux **Scopolia**, Jacq.

WIBORGIA, Thunb. (dédié à Eric Viborg, professeur de botanique à Copenhague ; 1759-1822). Syn. *Viborgia*, Spreng. Fam. *Légumineuses*. — Genre comprenant aujourd'hui neuf espèces d'arbustes rigides, parfois épineux et de serre froide, habitant le sud de l'Afrique. Fleurs jaunes, papilionacées, réunies en grappes terminales et souvent unilatérales; calice à dents sub-égales ; étendard ovale ou orbiculaire ; carène incurvée ; bractées et bractéoles petites ou peu visibles. Gousse stipitée, plate et indéhiscente. Feuilles à trois folioles digitées.

L'espèce suivante est seule digne d'être décrite ici. Elle prospère dans un mélange de terre franche siliceuse et de terre de bruyère fibreuse. On la multiplie en mai, par boutures de jeunes pousses que l'on fait en terre siliceuse et sous cloches.

W. obcordata, Thunb. *Fl.* jaunes, réunies en grappes terminales ou faussement latérales, de 8 à 20 cent. de long et multiflores. Juillet. *Flles* un peu espacées, à folioles cunéiformes-oblongues, obtuses ou émarginées ; finement soyeuses quand elles sont jeunes, puis presque glabres à l'état adulte. Rameaux élégants, effilés et allongés. *Haut.* 1 m. à 2 m. Syn. *Crotalaria floribunda*, Lodd. (L. B. C. 509.)

WIDDRINGTONIA, Endl. (dédié au capitaine Widdrington (autrefois Cook), qui voyagea en Espagne). Angl. African Cypress. Fam. *Conifères*. — Petit genre ne comprenant que trois espèces d'arbres ou d'arbustes de serre froide, réunis aux *Callitris* par Bentham et Hooker, dont deux habitent le sud de l'Afrique et le troisième Madagascar. Fleurs dioïques ou mâles et femelles sur des plantes distinctes ; chatons mâles oblongs ou cylindriques ; chatons femelles globuleux et non pédonculés. Feuilles très rapprochées, alternes, spiralées ou verticillées, linéaires ou aciculaires, étalées, mais parfois très petites, squammiformes, presque imbriquées et portant une glande sur le dos. Cônes épais, ligneux, globuleux, réunis par trois à quatre et s'ouvrant en quatre valves presque égales portant chacune plusieurs graines. Les deux espèces suivantes ont été introduites. Ce sont des petits arbustes de serre froide et d'intérêt surtout botanique. Ils se traitent comme les **Callitris**. (V. ce nom.)

W. cupressoides, Endl. *Flles* des branches aiguës et un peu étalées au sommet, celles des ramilles disposées sur quatre rangs, beaucoup plus courtes et imbriquées. *Cônes* ovales, obtus, de 22 à 25 mm. de long. Branches allongées, dressées, pyramidales, grêles, ramilles grêles, récurvées, pendantes au sommet et couvertes de feuilles. *Haut.* 1 m. 10 à 3 m. Sud de l'Afrique, 1799. Arbuste.

W. juniperoides, Endl. Angl. Cape Gum Tree. — *Fl.* mâles en chatons oblongs, cylindriques et terminaux. *Flles* adhérentes à la base; décurrentes, coriaces, vert glauque; les juvéniles presque toutes linéaires ou aciculaires, aiguës, étalées et légèrement arquées, opposées ou verticillées par trois, de 18 à 24 mm. de long; les adultes éparses; celles des ramilles parfois ovales-lancéolées ou rhomboïdes, obtuses ou aiguës. *Cônes* réunis par treis-quatre, beaucoup plus petits que dans le *W. cupressoides*, arrondis et légèrement déprimés. Tige droite, à branches dressées ou étalées. Sud de l'Afrique, 1756. Arbre.

WIGANDIA, Humb., Bonpl. et Kunth. (dédié à John Wigand, évêque poméranien; 1523-1587). Fam. *Hydrophyllacées*. — Petit genre ne comprenant que trois ou quatre espèces, très voisines les unes des autres et habitant les montagnes de l'Amérique tropicale. Ce sont de grandes et fortes plantes herbacées, vivaces et hispides, de serre chaude ou tempérée et de plein air pendant la belle saison. Fleurs sessiles sur les côtés,

Fig. 570. — Wigandia macrophylla. — Inflorescence.

les rameaux de cymes amples, dichotomes et scorpioïdes; calice à segments linéaires; corolle à tube court, largement campanulé, non écailleux et à limbe ample, étalé, formé de cinq lobes imbriqués; étamines cinq, presque régulièrement insérées et souvent exsertes, à filets garnis de poils réfléchis au-dessous du milieu. Feuilles alternes, pétiolées, à limbe ample, ridé, généralement doublement denté et plus ou moins poilu.

Les *Wigandia* sont des plantes hautement décoratives par l'ampleur de leur feuillage et leur port majestueux. On les cultive fréquemment pour l'ornementation, pendant la belle saison, des grands massifs, des plates-bandes ou pour former des sujets isolés ou groupés sur les pelouses des jardins pittoresques.

Les *Wigandia* ne résistant pas à nos hivers, on est obligé, soit de les semer chaque année de très bonne heure, en serre ou sur couche, soit d'hiverner quelques pieds en serre, pour obtenir des plantes plus fortes l'année suivante ou pour fournir des boutures.

Le semis se fait en février-mars, en terrines, en terre de bruyère et sur couche chaude ou en serre; on repique les plants en godets et on les replace sur couche en leur donnant au besoin un rempotage en attendant le commencement de juin, époque de leur plantation en pleine terre. Les boutures se font avec les jeunes pousses que développent les vieux pieds hivernés en serre à cet effet; on les plante dans des godets que l'on place sous cloches et dans une serre à multiplication; puis, lorsqu'elles sont enracinées, on les traite comme les plantes issues de semis.

W. caracasana, Hort. Syn. de *W. macrophylla*, Schlecht.

W. macrophylla, Schlecht. * *Fl.* lilas, à sépales aigus, tomenteux-incanes et plus courts que la corolle; épis révolutés au sommet, unilatéraux : rachis de l'inflorescence velu-pubescent. Avril. *Flles* elliptiques-cordiformes, légè-

Fig. 571. — Wigandia macrophylla. — Port.

rement aiguës, pétiolées, amples, de 30 à 50 cent. de long et 20 à 30 cent. de large, poilues-tomenteuses, grisâtres et ferrugineuses, surtout en dessous. Tige forte, droite, ramifiée inférieurement. *Haut.* 2 à 3 m. Caracas, 1836. Syn. *W. caracasana*, Hort. (B. M. 4575; B. R. 1965; F. d. S. 750; L. J. F. 132.)

W. urens, Chois. *Fl.* disposées en panicules scorpioïdes; calice laineux, à sépales linéaires et aigus; corolle violet bleu, à bords des lobes un peu révolutés. Automne. *Haut.* 2 m. Mexique, 1830. — Cette espèce diffère du *W. macrophylla* par son port plus lâche, par ses feuilles un peu moins grandes mais plus longuement pétiolées, plus étalées, d'un vert cendré plus foncé, à pétioles teintés de rouge et couvertes de poils piquants presque comme ceux de l'Ortie.

W. Vigieri, Hort. * *Fl.* à calice vert, plus long que le tube de la corolle, avec cinq sépales linéaires et aigus; corolle lilas bleu, passant au rouge vineux, puis devenant fauve avant de se faner, infundibuliforme-rotacée, laineuse à l'extérieur, glabre à l'intérieur; inflorescence très ample, paniculée et divariquée. Automne. *Flles* alternes, ovales-elliptiques, cordiformes à la base, irrégulièrement et faiblement dentées, canaliculées, à pétioles de 22 cent. de long. *Haut.* 2 m. Mexique? 1868.

WIKSTRŒMIA, Endl. (dédié à J. E. Wikström, botaniste suédois; 1780-1806). Fam. *Thyméléacées*. — Genre comprenant environ vingt espèces d'arbustes ou d'arbres de serre chaude ou tempérée, habitant l'Asie tropicale et orientale, l'Australie et les îles de l'Océan Pacifique. Fleurs réunies en grappes courtes ou en épis au sommet des rameaux; périanthe à tube allongé et à limbe à quatre lobes étalés; étamines huit, incluses ou courtement exsertes. Feuilles opposées ou rarement alternes.

L'espèce décrite ci-après est un arbuste très rameux, à feuilles caduques et de serre froide, se cultivant comme les **Thymelæa** (V. ce nom). — Le *W. viridiflora*, Meissn., dont l'écorce fournit une excellente matière pour la fabrication du papier, existe aussi dans les jardins botaniques. Aucune espèce ne présente cependant d'intérêt horticole.

W. Alberti. — *Fl.* jaune d'or, disposées en ombelles capitées, pédonculées et insérées au sommet des rameaux et des ramilles. *Flles* éparses ou presque opposées, oblancéolées ou très rarement les supérieures linéaires-oblongues, de 12 à 18 mm. de long, penniveinées, arrondies ou un peu aiguës au sommet. Branches glabres et arrondies. *Haut.* 30 à 60 cent. Bokhara, 1887. (R. G. 1262, sous le nom de *Stellera Alberti*, Regel.)

WIKSTRŒMIA, Schrad. — **V. Laplacea**, Humb., Bonpl. et Kunth.

WILLDENOVIA, Gmel. — V. **Rondeletia**, Gmel.

WILLDENOVIA, Thunb. (dédié à Charles Louis Willdenow, professeur de botanique à Berlin; 1765-1812). Syn. *Nematanthus*, Nees. Fam. *Restiacées*. — Genre comprenant huit espèces de plantes herbacées, jonciformes, à tiges aphylles et originaires du sud de l'Afrique. Fleurs dioïques; épillets mâles lâches et multiflores, réunis en épis interrompus; épillets femelles uniflores et sessiles. Gaines lâches et persistantes.

Il est douteux que l'espèce décrite ci-après existe encore dans les cultures. Elle prospère dans un compost de terre franche et de terre de bruyère et peut se multiplier par divisions.

W. teres, Thunb. *Fl.* à inflorescence mâle de 5 à 6 cent. de long, dressée, spiciforme ou paniculée; épillets femelles solitaires ou réunis par deux-trois au sommet du chaume. *Gaines* de 4 cent. de long, enroulées, fauves, glabres et acuminées au sommet. *Chaumes* dressés, de 1 m. et plus de haut, arrondis, ramifiés près du milieu, à rameaux effilés, ascendants, blancs-lépidotes et tachés de pourpre. Sud de l'Afrique, 1790. La plante qu'on cultive sous ce nom est parfois un *Restio*.

WILLEMETIA, Brongn. (dédié à P. R. Willemet, auteur de *Herbarium Mauritianum*: 1762-1790). Syns. *Nollea*, Rchb.; *Wittmannia*, Wight. et Arnott. Fam. *Rhamnées*. — La seule espèce de ce genre et décrite ci-après est un joli arbuste de serre froide, parfaitement glabre. Il prospère dans un compost de terre franche siliceuse et de terre de bruyère. On le multiplie par boutures que l'on fait dans du sable et sous cloches.

W. africana, Brongn. *Fl.* blanches, disposées en cymes et panicules de 2 cent. 1/2 de long; pétales cinq, cucullés, sessiles. Mai. *Flles* alternes, oblongues-lancéolées, plus ou moins obtuses, dentées en scie, à nervures parallèles, de 5 à 6 cent. de long et plus pâles en dessous. *Haut.* 3 à 4 m. Sud de l'Afrique. *Nollea africana*, Rchb. est maintenant le nom correct de cette plante.

WILLOUGHBEIA, Roxb. (dédié à Francis Willoughby, naturaliste anglais, élève de Ray; 1635-1672). Syn. *Ancylocladus*, Wall. Fam. *Apocynacées*. — Genre comprenant huit ou dix espèces d'arbustes sarmenteux ou longuement grimpants, de serre chaude, que l'on suppose fournir tous du caoutchouc, habitant Malacca et Ceylan. Fleurs disposées en cymes axillaires; calice court et à cinq lobes, corolle en coupe, à tube presque glabre intérieurement, avec la gorge nue ou portant des glandes alternes avec les lobes; étamines incluses dans le tube. Le fruit est une grosse baie globuleuse ou ovoïde et contenant plusieurs graines. Feuilles opposées et courtement pétiolées. Pour la culture du *W. edulis*, seul introduit, V. **Allamanda**.

W. edulis, Roxb. *Fl.* rose pâle, disposées en cymes courtes et à pédoncules forts. Juillet. *Fr.* comestible, subovoïde, de la grosseur d'un citron. *Flles* de 10 à 18 cent. de long, oblongues ou obovales-oblongues, obtusément acuminées ou rétrécies en queue, aiguës à la base, minces et coriaces, et à pétioles de 12 à 18 mm. de long. Indes, 1818.

WILLUGBÆYA, Neck. — V. **Mikania**, Willd.

WILLUGHBEIA, Klotz. — V. **Landolphia**, Pal. Beauv.

WINTERA, Humb. et Bonpl. — V. **Drimys**, Forst.

WINTERA aromatica, Soland. et Murr. — V. **Drimys Winteri**, Forst.

WINTERANA, Linn. — V. **Canella**, P. Browne.

WISTARIA, Nutt. (dédié à Caspar Wistar, professeur d'anatomie à l'Université de Pensylvanie; 1761-1818). **Glycine**; Angl. Grape-flower Vine. Syns. *Diplonyx*, Raf.; *Thyrsanthus*, Ell. et *Wisteria*, Auct. Fam. *Légumineuses*. — Petit genre ne comprenant que deux ou trois espèces de grands arbustes grimpants, rustiques et à feuilles caduques, originaires de l'Amérique du Nord. Fleurs bleuâtres, violettes ou blanches, disposées en grappes terminales, parfois très longues et pendantes, pédicellées, éparses sur le rachis de l'inflorescence et accompagnées de bractées très caduques; calice bilabié, dont les deux lèvres supérieures sont courtes et sub-connées, tandis que les trois inférieures sont plus longues; corolle papilionacée, à étendard ample, avec deux côtes parallèles à la base; ailes oblongues-falciformes; carène à deux onglets distincts et égalant les ailes; gousse courtement stipitée, allongée, coriace, à deux valves, bosselée et renfermant plusieurs graines. Feuilles imparipennées, à folioles nombreuses, à nervures parallèles et à nervilles réticulées, souvent accompagnées de stipelles.

Les *Wistaria* et en particulier le *W. chinensis* sont des plantes grimpantes populaires et très estimées pour garnir le haut des grilles, les berceaux, les murs des habitations, etc. Cette dernière espèce, de beaucoup la plus répandue, est rustique, peu délicate sur la nature du sol et l'exposition, vit de longues années et atteint alors une grande hauteur tout en couvrant de son épais feuillage une très grande surface. Ses fleurs sont nombreuses et excessivement élégantes, se montrant souvent deux fois dans la même année. C'est, en somme, une des plus belles plantes grimpantes que l'on puisse employer.

Sa multiplication s'effectue généralement par le marcottage des pousses vigoureuses, qu'émettent en pépinières des souches mères cultivées pour cet usage. On les couche au printemps, soit en pleine terre, soit dans des pots à marcottes, afin de tenir les racines rassemblées et de conserver une motte aux jeunes plantes que l'on détache l'année suivante.

Le semis, quoique facile, n'est pas recommandable, parce que les plantes qui en résultent sont moins florifères que celles obtenues par le procédé indiqué; on peut néanmoins l'employer pour obtenir des sujets pour la greffe en placage des variétés rares ou délicates. (S. M.)

W. brachybotrys, Sieb. et Zucc. *Fl.* violet pourpre, à étendard orbiculaire; pédicelles uniflores, plus courts que les bractées; celles-ci acuminées et caduques; grappes courtes, dressées ou lâchement étalées. Avril. *Flles* imparipennées, à quatre-six paires de folioles pétiolulées, tronquées ou sub-cordiformes à la base, ovales-lancéolées, acuminées, soyeuses-canescentes sur les deux faces. Branches tortueuses. *Haut.* 1 m. à 1 m. 50. Japon. (F. d. S. 880; S. Z. F. J. 45.)

W. chinensis, DC. * Glycine de la Chine; Angl. Chinese Kidney-bean Tree. — *Fl.* bleues, grandes, inodores, disposées en longues grappes très multiflores, pendantes et très nombreuses sur les plantes bien établies; ailes de la corolle présentant chacune une seule auricule. Mai-juin et parfois de nouveau quelques grappes en août. *Flles* longues, à folioles nombreuses, ovales-acuminées, disposées par paires opposées, espacées et couvertes sur les deux faces d'une pubescence mince, soyeuse et apprimée. Chine, 1816. (S. Z. F. J. 44.) Syns. *W. sinensis*, Sweet; *W. floribunda*, DC.; *Glycine chinensis*, Sims. (B. M. 2083.); *G. sinensis*, Curt. (B. R. 650; L. B. C. 773.) Il en existe plusieurs variétés, notamment :

W. c. alba, Hort. *Fl.* bien blanches, très odorantes, mais en grappes, plus grêles que chez le type. La plante est en outre un peu moins florifère et moins vigoureuse que le type.

W. c. flore-pleno, Hort. *Fl.* bleu violet plus foncé que dans le type, doubles et très belles mais peu abondantes. 1882. (F. et P. 1882. 557; R. H. 1887, 564; Gn. 1888, part. II, p. 373.)

W. c. macrobotrys, Hort. *Fl.* blanches, teintées de pourpre bleuâtre et disposées en très longues grappes. Japon, 1870.

W. c. variegata, Hort. Variété à feuilles élégamment panachées de blanc d'argent. 1886.

W. floribunda, DC. Syn. de *W. chinensis*, DC.

W. frutescens, DC. Glycine en arbre; Angl. American Kidney-bean Tree. — *Fl.* bleu pourpre, odorantes, disposées en grappes compactes, dressées, de 10 à 15 cent. de long et 5 à 8 cent. de diamètre, insérées sur de courtes ramilles et accompagnées de bractées caduques. Avril-mai. *Gousses* contenant une ou plusieurs graines. *Flles* jeunes et rameaux) pubescentes-soyeuses, à neuf-treize folioles de 2 cent. 1/2 de long, ovales-lancéolées ou oblongues, dépourvues de stipules. Tiges volubiles. *Haut.* 5 à 6 m. Amérique du Nord, 1724. Syns. *W. speciosa*, Nutt., *Glycine frutescens*, Linn. (B. M. 2103) et *Thyrsanthus frutescens*, Ell. — Plusieurs variétés ont été citées, notamment les suivantes :

W. f. alba, Hort. *Fl.* blanches. Syn. *W. f. nivea*, Hort.

Fig. 572. — Wistaria chinensis. — Glycine de la Chine.

W. f. Backhousiana, Hort. *Fl.* violettes, réunies en longues grappes compactes.

W. f. magnifica, Hort. *Fl.* bleu clair, avec une macule jaune verdâtre sur l'étendard. *Flles* très velues.

W. f. purpurea, Hort. *Fl.* pourpre violacé.

W. japonica, Sieb. et Zucc. * *Fl.* blanches, disposées en grappes simples et pendantes; étendard obovale, obtus et entier; pédicelles uniflores, étalés horizontalement et arrondis; pédoncules grêles. Juillet-août. *Flles* imparipennées, à quatre-six paires de folioles pédicellées, ovales ou ovales-lancéolées, obtuses, acuminées et entières. Japon. Arbuste glabre et volubile. (S. Z. F. J. 43.) — *Milletia japonica*, A. Gray, est maintenant le nom correct de cette plante.

W. multijuga, Sieb. *Fl.* mauve violacé, avec une légère tache nuancée au centre de l'étendard, non odorantes, plus petites que dans le *W. chinensis*, longuement pédicellées et solitaires, très lâches sur des grappes atteignant 1 m. et plus de long, exactement pendantes. Mai. *Gousses* rares, une ou deux vers l'extrémité des grappes, de 15 cent. de long, ne contenant qu'une seule graine et velues-soyeuses. *Flles* à folioles elliptiques, longuement acuminées, cuspidées, coriaces, très glabres et luisantes. Japon, 1874. (F. d. S. 2002; R. H. 1891, f. 44-6.) — Il en existe une variété à *fleurs blanches*. (R. H. 1891, f. 109.)

W. sinensis, Sweet. Syn. de *W. chinensis*, DC.

W. speciosa, Nutt. Syn. de *W. frutescens*, DC.

WISTERIA, Auct. — V. **Wistaria**, Nutt.

WITHERINGIA, L'Herit. (dédié à William Withering, de Birmingham, 1741-1799, auteur de *Botanical Arrangement of vegetables of Great Britain*; 1776). Fam. *Solanacées*. — Ce genre est maintenant admis sous le nom de **Bassovia**, Aubl. (V. ce nom.)

WITLOOF. — Nom belge employé chez nous pour désigner les pousses blanches et pommées que fournit la **Chicorée de Bruxelles**, à l'aide d'une culture spéciale décrite à ce nom.

WITSENIA, Thunb. (dédié à Nicholas Witsen, protecteur hollandais de la botanique). Fam. *Iridées.* — La seule espèce de ce genre est un arbuste d'ornement, excessivement curieux et de serre froide, habitant le sud de l'Afrique. Il prospère dans la terre de bruyère siliceuse et peut se multiplier par divisions ou par semis.

W. maura, Thunb. * *Fl.* solitaires ou géminées dans les spathes, sub-sessiles, à périanthe bleu purpurin, non fugace ; tube de 5 cent. de long et 6 mm. de diamètre à la gorge, avec des lobes dressés, connivents, de 12 mm. de long ; les externes un peu épais, tomenteux sur le dos ; les internes plus courts ; étamines insérées à la gorge et plus courtes que le périanthe ; spathes ordinairement géminées à l'aisselle des bractées supérieures et formant un épi oblong. Juin. *Flles* dressées, ensiformes, distiques, un peu rigides ; les supérieures plus petites et fasciculées. Tige ligneuse, dressée, ramifiée, comprimée et à angles aigus. Sud de l'Afrique, 1803. (B. L. 215 et 463 ; B. 125 ; B. R. 5 ; F. d. S. 72 ; P. M. B. VIII, p. 221.)

WITTELSBACHIA, Mart. — V. **Cochlospermum**, Kunth.

WITTSTENIA, F. Muell. (nom commémoratif). Fam. *Ericacées.* — Genre peu connu et formé de la seule espèce décrite ci-après, qui constitue un des rares représentants des Ericacées en Australie, son pays natal, d'où on l'a récemment introduite. Pour sa culture probable, V. **Erica**.

W. vaccineacea, F. Muell. *Fl.* rouges ou jaunâtres, petites et axillaires. *Flles* petites, épaisses, arrondies et dentées. Rameaux rampants puis ascendants, de 30 cent de long. Plante sub-alpine. Australie, 1892.

WOLLASTONIA, DC. — V. **Wedelia**, Jacq.

WOODFORDIA, Salisb. (dédié à J. Woodford, qui écrivit une histoire des plantes des environs d'Edimbourg, en 1824). Fam. *Lythrariées.* — La seule espèce de ce genre, décrite ci-après, est un arbuste indien, de serre chaude, à longues branches étalées. Pour sa culture, V. **Leianthus**.

W. floribunda, Salisb. *Fl.* écarlates, disposées en courtes cymes paniculées, axillaires et longuement pédonculées ou rarement solitaires ; calice de 8 à 12 mm. de long, à six dents ; pétales six, à peine plus longs que le calice ou nuls. Mai-juin. *Flles* de 5 à 10 cent. de long, opposées ou à peu près, entières, lancéolées, ordinairement arrondies ou cordiformes à la base, souvent pubescentes, grisâtres en dessous. *Haut.* 30 cent. à 1 m. 20. Indes, etc. Syns. *W. tomentosa*, Bedd. (B. F. S. XIV) ; *Grislea tomentosa*, Roxb. (B. M. 1906.)

W. tomentosa, Bedd. Syn. de *W. floribunda*, Salisb.

WOODSIA, R. Br. (dédié à Joseph Woods, auteur de *The Tourist Flora;* 1776-1864). Comprend les *Hymenocystis*, C. A. Mey. et *Physematium*. Fam. *Fougères.* — Genre renfermant environ quatorze espèces de petites Fougères touffues, de serre tempérée ou rustiques, habitant principalement les régions froides et tempérées du globe. Pétioles souvent articulés et se séparant au point d'articulation. Sores globuleux; involucre infère, mollement membraneux, d'abord caliciforme ou plus ou moins globuleux et parfois enveloppant les sores, mais s'ouvrant à la fin au sommet et alors à bords de l'ouverture irréguliers, lobés ou frangés.

Les espèces suivantes sont les plus répandues dans les cultures, sauf le *W. mollis*, toutes les espèces exotiques prospèrent en serre froide. Pour leur culture générale, V. **Fougères**.

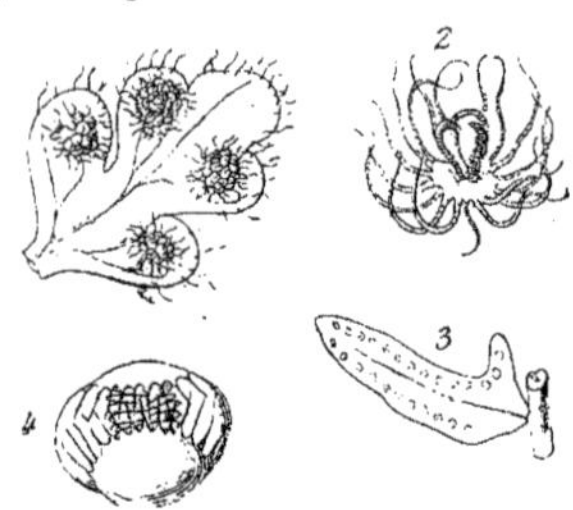

Fig. 573. — Woodsia.

1, *Euwoodsia*, partie de fronde ; 2, indusie ; 3. *Physematium*, pinnule ; 4, sore et indusie du même.

W. alpina, Hort. Syn. de *W. hyperborea*, R. Br.

W. Brownii, Mett. — V. **Hypoderris Brownii**.

W. caucasica, J. Smith. *Frondes* lancéolées, de 22 cent. de long, hirsutes, glanduleuses sur le rachis et la nervure médiane, membraneuses et fermes, à divisions primaires sessiles, presque opposées, lancéolées, ayant leur plus grand diamètre à la base, acuminées, pinnatifides ou de nouveau pinnées, à lobes oblongs, aigus et dentés en scie. *Sores* grands, deux sur chaque pinnule, un de chaque côté et près des bords ; involucre globuleux. Caucase. Syn. *Hymenocystis caucasica*.

W. glabella, R. Br. *Pétioles* courts. *Frondes* linéaires, légèrement rétrécies inférieurement, pinnées, à pinnules très espacées vers le court pétiolule, toutes deltoïdes, très obtuses, découpées en trois à sept lobes courtement arrondis ou sub-cunéiformes et entiers. Amérique du Nord et Norvège, 1827. — M. Baker considère cette plante comme étant probablement une forme glabre du *W. hyperborea*. (H. F. B. A. II, 237.)

Fig. 574. — Woodsia ilvensis.

W. hyperborea, R. Br. *Souche* forte, un peu allongée. *Pétioles* luisants et couverts d'écailles ferrugineuses. *Frondes* de 8 à 15 cent. de long, linéaires-lancéolées, fortement touffues, à pinnules un peu espacées, ovales-cordiformes, de 6 à 12 mm. de long, pubescentes et ciliées, avec quelques larges lobes. *Sores* trois à cinq sur chaque lobe. Europe arctique ; France, Angleterre, etc. Syn. *W. alpina*, Hort. (Sy. En. B. 1863.)

W. ilvensis, R. Br. *Frondes* largement lancéolées, à pinnules oblongues, obtuses, plus larges à la base, sessiles, profondément pinnatifides, avec de nombreux lobes oblongs et sub-crénelés. Régions alpines de l'hémisphère septentrional. (Sy. En. B. 1862.) — Ilva, d'où le nom de *ilvensis*, est le nom classique de l'île d'Elbe. La plante fut ainsi nommée par Linné parce qu'il la croyait être la même que celle figurée par Dalechamp sous le nom de *Lonchitis aspera ilvensis*.

W. mollis, J. Smith. * *Frondes* lancéolées, pinnées, généralement fortement couvertes, surtout en dessous, de poils courts, articulés et à peine atténués à la base ; pinnules sessiles, élargies à la base, oblongues, obtuses, pinnatifides, à lobes rapprochés, ovales ou presque arrondis, entiers ou crénelés. *Sores* marginaux ; involucre s'ouvrant largement et circulairement, avec les bords lacérés. Mexique, Guatémala, etc. Serre tempérée. Syn. *Physematium mollis*.

W. obtusa, Torr. * *Pétioles* en touffe, non articulés, de 8 à 15 cent. de long, brun châtaigne vers la base. *Frondes* oblongues-lancéolées, rétrécies aux deux extrémités, de 15 à 20 cent. de long, bipinnées ou tripinnatifides, à division centrale sessile, lancéolée-deltoïde, de 2 1/2 à 4 cent. de long ; les inférieures réduites ; pinnules oblongues, obtuses, crénelées ou les plus inférieures sub-pinnatifides et poilues-glanduleuses. *Sores* sub-marginaux, au nombre de six à douze sur les plus grandes pinnules ; involucre petit, membraneux, lacéré, en coupe et blanc. Depuis les États-Unis jusqu'au Pérou. (H. G. F. 43.) Syn. *W. Perriniana*, Hook. et Grev.

W. oregana, Eaton. *Pétioles* en touffe dense, non articulés, brun châtaigne, de 5 à 10 cent. de long. *Frondes* oblongues-lancéolées, rétrécies aux deux extrémités, de 8 à 10 cent. de long, bipinnées, glabres ; divisions primaires lancéolées, sessiles ; les centrales de 10 à 12 mm. de long découpées jusqu'au rachis ou laissant une aile étroite, à lobes oblongs, obtus et crénelés ; les inférieurs espacés, graduellement réduits ; rachis jaunâtre. *Sores* sub-marginaux, involucre caché par les sores. Amérique du Nord. Espèce très voisine du *W. obtusa*.

W. Perriniana, Hook. et Grev. Syn. de *W. obtusa*, Torrey.

W. polystichoides, Eaton. * *Frondes* de 22 cent. de long, opaques, lancéolées, pinnées, faiblement garnies de squamules subulées ; divisions primaires étalées, rapprochées, sessiles, de 15 à 20 cent. de long, lancéolées, aiguës, cunéiformes-tronquées à la base, auriculées à ce point sur le côté supérieur, entières ou obscurément crénelées au sommet et indistinctement costées. *Sores* marginaux, disposés en ligne ou sériés ; involucre globuleux, formé de quatre ou cinq écailles ciliées et incurvées. Japon. 1863.

Fig. 575. — WOODSIA OBTUSA.

W. p. sinuata, Hook. *Frondes* à pinnules plus larges, plus obtuses que dans le type et lobées-pinnatifides. (H. G. F. 32, f. 3.)

W. p. Veitchii, Hook. *Frondes* très velues. (H. G. F. 32, ff. 1, 2, 4, 6.)

W. scopulina, Eaton. *Pétioles* disposés en touffe dense, de 5 à 8 cent. de long, brun châtaigne inférieurement. *Frondes* de 10 à 15 cent. de long, oblongues-lancéolées, bipinnées, rétrécies depuis le milieu jusqu'aux deux extrémités ; pinnule centrale lancéolée, sessile, de 10 à 12 mm. de long, découpées jusqu'au rachis ou à une aile étroite en lobes rapprochés, ligulés-oblongs et crénelés-pinnatifides ; face supérieure légèrement et l'inférieure fortement poilues-glanduleuses, avec quelques petites écailles sur la nervure médiane. Montagnes Rocheuses, 1884. « Ce n'est guère plus qu'une variété du *W. obtusa*. » (Baker.)

WOODWARDIA, Smith. (dédié à Thomas Jenkinson Woodward, botaniste anglais). ANGL. Chain Fern. Comprend les *Anchistea*, Presl. et *Lorinseria*, Presl. FAM. *Fougères*. — Petit genre renfermant environ une demi-douzaine de Fougères très décoratives, de serre froide ou demi-rustiques, dispersées sur tout le tour de la zone tempérée et s'étendant très légèrement dans les tropiques.

Frondes ordinairement amples et bipinnatifides. Sores linéaires ou linéaires-oblongs, enfoncés dans des cavités des frondes et disposés en rangs simples, parallèles et contigus avec la nervure médiane des pinnules et des lobes; involucre sub-coriace, de même forme que le sore, fermant la cavité comme un couvercle.

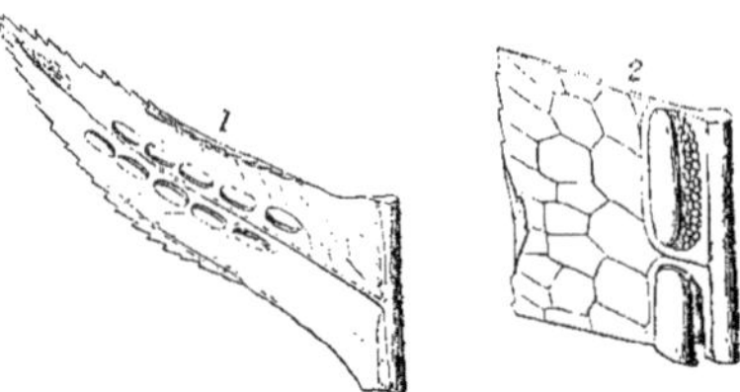

Fig. 576. — WOODWARDIA.
1, pinnule fertile ; 2, *Lorinseria*, partie de pinnule fertile.

Les *Woodwardia* réussissent en toute terre légère, fertile et bien drainée, et demandent des arrosements et seringages copieux pendant l'été. Ils se plaisent plantés en pleine terre dans les plates-bandes des jardins d'hiver et y prospèrent bien plus vigoureusement qu'en pots. Pour leur culture générale, V. **Fougères.**

W. angustifolia, Smith. Syn. de *W. areolata*, Moore.

W. areolata, Moore. * *Pétioles* grêles. *Frondes* stériles de 22 à 30 cent. de long et 15 à 20 cent. de large, deltoïdes-ovales, à pinnules nombreuses, oblongues-lancéolées, sinuées; les inférieures de 8 à 10 cent. de long et 12 à 18 mm. de large, atteignant le rachis qui, sur le côte supérieur, porte une large aile ; faces supérieure et inférieure nues. *Frondes fertiles* à pétiole fort, allongé, dressé, nu et brun châtaigne; pinnules de 8 à 10 cent. de long, étroitement linéaires, espacées de 1 cent. 1/2 à 2 cent. 1/2. États-Unis, 1812. (H. G. F. 61.) Syn. *W. angustifolia*, Smith.

W. Harlandii, Hook. *Pétioles* de 15 à 45 cent. de long, dressés et presques nus. *Frondes stériles* variant depuis la forme linéaire-lancéolée, indivise, jusqu'à celle largement ovale, avec un ou deux lobes linéaires-lancéolés, étalés, de 8 à 10 cent. de long et 12 mm. de large, laissant une large aile le long du rachis. *Frondes fertiles* à lobes plus nombreux et plus étroits; la paire inférieure souvent entièrement libre des autres. *Sores* disposés en large ligne rapprochée de la nervure médiane des lobes, avec de courtes lignes s'en détachant et se dirigeant obliquement. Hong-Kong.

W. japonica, Swartz. *Pétioles* de 15 à 30 cent. de long, dressés, écailleux inférieurement. *Frondes* largement ovales de 30 à 45 cent. de long, de 20 à 30 cent. de large; pinnules lancéolées, ayant souvent 15 cent. de long et 2 1/2 à 3 cent. de large, atteignant les deux tiers de la largeur du limbe. avec les sores disposés en lignes bordant la nervure médiane des pinnules, mais confinés sur la partie supérieure des pinnules. Chili et Japon.

W. orientalis, Swartz. *Pétioles* dressés, fortement écailleux à la base. *Frondes* de 1 m. 20 à 2 m. 50 de long et 30 à 45 cent. de large, à pinnules lancéolées, ayant parfois plus de 30 cent. de long, découpées inférieurement presque jusqu'au rachis en lobes sinués ou pinnatifides, ayant parfois 10 cent. de long ; ceux du côté inférieur plus courts et nuls à la base des pinnules; nervures fortement anastomosées en dehors des sores; face supérieure produisant souvent de nombreux bourgeons gemmifères. Japon et jusqu'à Formose. Plante voisine du *W. radicans.*

W. radicans, Smith. * *Pétioles* forts, dressés, nus et écailleux à la base. *Frondes* de 1 à 2 mm. de long et 30 à 45 cent. de large, à divisions primaires lancéolées ; les inférieures ayant souvent 30 cent. de long, découpées inférieurement et presque jusqu'au rachis en pinnules lancéolées, finement dentées, de 2 1/2 à 4 cent. de long; celles du côté inférieur plus courtes ; nervures anastomosées une fois en dehors de la ligne de fructification ; gemmes ou bourgeons vivipares peu nombreux, amples et insérés à

Fig. 577. — WOODWARDIA RADICANS.

la base des divisions supérieures. Canaries, Europe australe, etc., 1779.

W. r. cristata, Hort. * Belle variété à pinnules régulièrement et symétriquement garnies de crêtes. 1878.

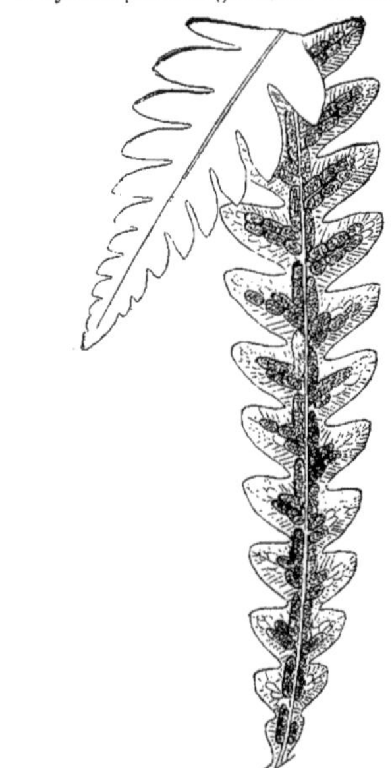

Fig. 578. — WOODWARDIA VIRGINICA. — Pinnule fertile.

W. virginica. — *Pétioles* forts, dressés, de 30 à 45 cent. de long. *Frondes* oblongues-lancéolées, de 30 à 45 cent. de long et 15 à 22 cent. de large ; pinnules linéaires-lancéolées, de 10 à 15 cent. de long et 2 à 2 cent. 1/2 de large, découpées jusqu'à 2 mm. ou moins du rachis en lobes linéaires-oblongs, de 5 à 8 mm. de large à la base ; sores en lignes bordant la nervure des divisions et s'étendant parfois très bas sur les pinnules inférieures. Canada et en allant vers le sud, 1774.

WORMIA, Rotth. (dédié à Olaus Wormius, fameux naturaliste et philosophe danois). Syn. *Lenidia*, D. P. Thou. Fam. *Dilléniacées*. — Genre comprenant environ vingt espèces d'arbres de serre chaude, dont un habite les îles Mascareignes, un deuxième l'Australie et les autres l'Asie tropicale. Fleurs élégantes, disposées en panicules terminales, souvent pauciflores ; sépales cinq, étalés ; pétales cinq ; étamines presque libres. Feuilles amples, à nervures parallèles.

Les deux espèces décrites ci-après ont seules été introduites. Elles prospèrent en terre franche légère et siliceuse. On les multiplie par boutures de pousses à demi aoûtées, qui s'enracinent facilement dans du sable, sous cloches et sur une douce chaleur de fond.

W. Burbidgei, Hook. f. * *Fl.* jaune d'or pâle, de 8 cent. de diamètre, disposées en cymes sur des pédoncules simples, de 5 à 10 cent. de long ; pétales obovales-oblongs, à bords largement ondulés ; étamines presque blanches. Juillet. *Flles* de 20 ou 25 cent. de long, presque exactement elliptiques, à base contractée et décurrente sur le très large pétiole, de 2 1/2 à 4 cent. de long, qui s'élargit et devient amplexicaule à la base. Branches arrondies. Nord de Bornéo. (B. M. 6531.)

W. dentata, DC. Syn. de *W. triquetra*, Rottb.

W. triquetra, Rottb. *Fl.* blanches, de 5 cent. de diamètre, disposées en grappes sub-terminales, opposées aux feuilles ; pédicelles de 2 cent. 1/2 de long et épaissis supérieurement. Mai. *Flles* largement ovales, de 12 à 20 cent. de long, dentées ou sinuées, avec la pointe obtuse ou subtronquée et la base arrondie. *Pétioles* entourés de grandes gaines caduques. *Haut.* 6 m. Ceylan, 1818. Syn. *W. dentata*, DC.

WRIGHTIA, R. Br. (dédié à William Right, médecin et botaniste écossais ; 1740-1827). Angl. Palay ou Ivory-tree. Syn. *Balfouria*, R. Br. Fam. *Apocynacées*. — Genre comprenant environ douze espèces d'arbustes ou de petits arbres et arbustes à branches souvent grêles et effilées, habitant l'Afrique tropicale, l'Asie et l'Australie. Fleurs rouges, blanches ou jaunes, disposées en cymes sessiles, terminales ou sub-axillaires ; calice court, à cinq divisions pourvues de glandes ou d'écailles intérieurement ; corolle à tube cylindrique, ordinairement court, à gorge portant une ou deux séries d'écailles ordinairement fimbriées et à limbe en coupe ; étamines insérées au sommet du tube, à filets courts et dilatés. Feuilles opposées et penniveinées.

Les espèces décrites ci-après sont les plus répandues dans les cultures. Elles prospèrent dans un mélange de terre de bruyère, de terre franche et de sable. On les multiplie facilement par boutures que l'on fait dans le sable et à chaud.

W. coccinea, Sims. * *Fl.* rouge foncé, de 2 cent. 1/2 de diamètre ; corolle épaisse, presque charnue ; écailles cramoisies ; cymes composées de trois à quatre fleurs. Juillet. *Flles* elliptiques ou elliptiques-lancéolées, de 8 à 12 cent. de long, membraneuses, obtusément cordées-acuminées, aiguës à la base ; pétioles très courts. *Haut.* 4 m. et plus. Indes, 1822. Arbre pubescent ou glabre. (B. M. 2696.) Syn. *Nerium coccineum*, Roxb. (L. B. C. 894.)

W. dubia, Spreng. *Fl.* à lobes de la corolle jaunes à l'extérieur, rouge orangé à l'intérieur, de 2 cent. 1/2 de long, étalés, acuminés ; pédicelles un peu plus courts que les fleurs ; cymes triflores et glabres. Juin. *Flles* ovales-lancéolées, de 8 à 10 cent. de long, glabres, légèrement ondulées et un peu obtusément acuminées. Origine incertaine, 1813. Arbuste. Syn. *Cameraria dubia*, Sims. (B. M. 1646.)

W. pubescens, Blume. *Fl.* blanches, sessiles ou courtement pédicellées et disposées en cymes terminales, trichotomes, corymbiformes, ne dépassant pas les feuilles ; corolle à tube dépassant à peine le calice et à lobes deux fois plus longs que lui. Mars. *Flles* courtement pétiolées, ovales ou elliptiques-oblongues, acuminées, de 5 à 10 cent. de long. Nord de l'Australie, 1829. Grand arbuste ou petit arbre pubescent ou velouté-tomenteux.

W. tinctoria, R. Br. Angl. Pala Indigo-Plant. — *Fl.* blanches, de 12 à 18 mm. de diamètre, disposées en cymes atteignant parfois 12 cent. de diamètre, à rameaux grêles, étalés et dichotomes. Été. *Flles* elliptiques-ovales, elliptiques-lancéolées ou obovales-oblongues, de 8 à 12 cent. de long, obtusément acuminées ou caudiformes au sommet, aiguës ou arrondies à la base ; pétioles très courts. Indes, 1812. Petit arbre glabre. (B. F. S. 241 ; B. R. 933.)

Wrightia, Roxb. V. *Wallichia*, Roxb.

WULFENIA, Jacq. (dédié à Francis Xavier Wulfen, auteur botanique ; 1778-1825). Fam. *Scrophularinées*. — Petit genre ne comprenant que quatre espèces de plantes herbacées, vivaces, à peine poilues, à rhizome épais et habitant la Carinthie, l'Asie occidentale et l'Himalaya. Fleurs bleues, dépourvues de bractéoles, penchées, solitaires à l'aisselle de bractées et disposées en grappes ou en épis au sommet des pédoncules ; calice à cinq divisions ; corolle à tube exsert, cylindrique et à limbe formé de quatre lobes imbriqués ; les latéraux entiers et souvent plus étroits, étalés-dressés ; le supérieur émarginé ou bifide ; l'inférieur entier ou crénelé ; étamines deux, insérées dans des sinus supérieurs de la corolle ; pédoncules ayant l'aspect de hampes et ne portant que des bractées alternes. Feuilles sub-radicales, pétiolées et crénelées.

Les deux espèces décrites ci-après sont propres à orner les rocailles ou les endroits frais mais bien drainés des plates-bandes ; elles sont très décoratives pendant leur floraison. Toute bonne terre légère et fertile leur convient, mais il est nécessaire de les abriter d'une cloche ou de les rentrer sous châssis pendant l'hiver, sans quoi les souches sont susceptibles de périr. Leur multiplication peut s'effectuer par semis ou par division.

W. Amherstiana, Benth. *. *Fl.* bleues, horizontales, à corolle de 8 mm. de long, à lobes lancéolés et aigus ; pédicelles plus courts que le calice ; grappes allongées, grêles, très multiflores ; hampes de 18 à 25 cent. de long, grêles. Juillet. *Flles* obovales-oblongues ou obovales-spatulées, de 5 à 12 cent. de long, grossièrement crénelées ou lobulées, rétrécies à la base et sub-pinnatifides ; pétioles de 1 1/2 à 4 cent. de long. Himalaya, 1846.

W. carinthiaca, Jacq. * *Fl.* bleues, à tube de la corolle de 6 mm. de long, avec le limbe plus court que lui ; segment supérieur bifide ; l'inférieur sub-crénelé ; pédicelle beaucoup plus court que le calice ; grappe dense, spiciforme, à la fin allongée ; hampe de 30 à 60 cent. de long, écailleuse inférieurement. Juillet. *Flles* oblongues ou obovales-oblongues, doublement crénelées, légèrement lobées, rétrécies à la base ; les radicales peu nombreuses, de 8 à 20 cent. de long. Alpes de Carinthie, 1817. (B. M. 2500 ; S. B. F. G. 66.)

WULFFIA, Neck. (dédié à John C. Wulf, auteur d'une *Flora Borussica*, mort en 1767). SYNS. *Chakiatella*, Cass. ; *Chylodia*, Cass. et *Tilesia*, Mey. FAM. *Composées*. — Petit genre dont huit espèces ont été énumérées, mais que l'on réduit, faute d'être suffisamment distinctes, à environ deux. Ce sont des plantes herbacées, vivaces, pubescentes-scabres, de serre chaude, habitant l'Amérique tropicale. Capitules jaunes, d'abord déprimés, puis à la fin globuleux, pédonculés, solitaires ou réunis par trois-sept en corymbes; involucre hémisphérique, formé de bractées disposées en deux ou trois séries ; réceptacle légèrement convexe, garni de paillettes enveloppant les fleurons; fleurons rayonnants (quand il en existe) entiers ou finement dentés; achaines glabres ou légèrement poilus. Feuilles opposées, pétiolées, crénelées-dentées.

L'espèce suivante, seule introduite, se cultive facilement en toute terre légère et sa multiplication peut s'effectuer par semis ou par division.

W. maculata, DC. Syn. de *W. stenoglossa*, DC.

W. stenoglossa, DC. *Capitules* jaune orangé ; fleurons rayonnants au nombre d'environ huit, deux fois aussi longs que l'involucre ; pédoncules ternés et terminaux. Juin. *Flles* oblongues-lancéolées, cunéiformes à la base, acuminées au sommet, dentées en scie, scabres en dessus, presque glabres en dessous. Tige dressée, tétragone et maculée. *Haut.* 1 m. Brésil. 1822. Syns. *W. maculata*. DC. ; *Gymnolomia maculata*. (B. R. 662.)

WULLSCHLÆGELIA, Rchb. f. (dédié à Wullschlægel, évêque allemand, qui récolta le *W. aphylla* à la Jamaïque). FAM. *Orchidées*. — Petit genre ne comprenant que deux espèces d'Orchidées terrestres, aphylles, habitant les Indes occidentales et le Brésil. Fleurs très petites, disposées en épis lâches et sub-sessiles à la base de la colonne ; celle-ci dressée, concave et développée à la base en une poche sacciforme. Tige simple, portant quelques petites écailles. Ces plantes ne présentent aucun intérêt horticole.

WURMBEA, Thunb. (dédié à F. van Wurmb, secrétaire de l'Académie des sciences de Batavie). FAM. *Liliacées*. — Genre comprenant sept espèces de plantes bulbeuses, de serre froide, habitant le sud de l'Afrique et de l'Australie. Fleurs dépourvues de bractées, sub-sessiles et disposées en épi court, terminal et pédonculé ; périanthe sub-campanulé ou ouvert presque dès la base, persistant, à lobes subégaux, plus longs que le tube et étalés; étamines six. Feuilles peu nombreuses, linéaires ou rarement ovales-lancéolées, continues avec les gaines. Bulbe tuniqué ou plein.

Le *W. campanulata* et ses variétés, seuls dignes d'être décrits ici, sont de jolies plantes pendant leur floraison. Ils prospèrent dans la terre de bruyère siliceuse, additionnée d'un peu de terre franche ; et leur multiplication s'effectue facilement par le semis ou par la séparation des rejets.

W. campanulata, Willd. Syn. de *W. capensis*. Thunb.

W. capensis, Thunb. *Fl.* à périanthe pâle, de 10 à 15 cent. de long, à tube campanulé et à segments lancéolés, aigus, glanduleux et noirs au-dessus de la base ; épis de 2 1/2 à 8 cent. de long, lâches ou densiflores. Mai-juin. *Flles* trois ou quatre, fermes ; les inférieures linéaires, de 8 à 20 cent. de long ; les supérieures lancéolées, dilatées à la base et embrassant la tige. Bulbe ovoïde et tuniqué. *Haut.* 15 à 30 cent. Sud de l'Afrique, 1819. Syn. *Melanthium monopetalum*, Linn. f. (B. M. 1291.) — Le *W. purpurea*, Banks. (A. B. R. 221; B. M. 694) est considéré comme une variété de cette espèce, dont le périanthe est pourpre livide et les segments égalent ou dépassent le tube qui est campanulé.

W. c. longiflora, Willd. *Fl.* à périanthe pâle, de 12 à 18 mm. de long, avec des segments égalant le tube, qui est cylindrique ou plus court que lui. 1788. — C'est une plante robuste. — Le *W. pumila*, Hort., en est une forme naine, à épis composés de deux à trois fleurs et à feuilles linéaires.

W. pumila, Hort. — Variété du *W. capensis longiflora*, Willd.

W. purpurea, Banks. — Variété du *W. capensis*, Thunb.

Wurthia, Regel. — V. **Ixia**, Linn.

WYETHIA, Nutt. (dédié à N. B. Wyeth, qui découvrit le genre dans les montagnes de l'Amérique du Nord). SYNS. *Alarçonia*, DC. et *Melarhiza*, Kell. FAM. *Composées*. — Genre comprenant sept espèces de plantes vivaces et rustiques, à tige ligneuse, habitant l'Amérique du Nord. Capitules jaunes, amples, hétérogames, radiés; involucre hémisphérique, formé de bractées disposées en deux ou trois séries et à peine inégales ; réceptacle plan ou légèrement convexe; fleurons rayonnants ligulés et étalés; ceux du disque à cinq divisions courtes; achaines glabres. Feuilles radicales ou alternes et entières. Tige souvent simple et uniflore. L'espèce suivante est seule digne d'être décrite ici. Pour sa culture, V. **Helianthus**.

W. angustifolia, Nutt. *Capitules* jaunes, solitaires, ayant 2 cent. 1/2 de haut ; involucre à écailles presque toutes foliacées, lancéolées ou plus larges et égalant le disque, lâches ou étalées et ayant 4 cent. de long. Automne. *Flles* radicales pétiolées, allongées-lancéolées, rétrécies aux deux extrémités, parfois dentées en scie, souvent ondulées ; les caulinaires sessiles et plus larges. *Haut.* 15 à 60 cent. États-Unis.

X

XANTHISMA, DC. (de *xanthisma*, être jaune; allusion à la couleur des fleurs). Syn. *Centauridium*, Torr. et Gray. Fam. *Composées.* — La seule espèce de ce genre est une plante herbacée, annuelle ou bisannuelle, propre à l'ornementation estivale des jardins. On la sème en février-mars, sur couche, et on repique les plants en pleine terre, en avril-mai, ou bien on la sème directement en place en mai, en touffes espacées de 40 à 50 cent.

X. Drummondii, Hook. f. Syn. de *X. texanum*, DC.

X. texanum, DC. *Capitules* entièrement jaunes, hétérogames, de 4 cent. de diamètre, solitaires au sommet des ramifications ; involucre largement campanulé ou à la fin sub-globuleux, formé de plusieurs séries de bractées imbriquées ; réceptacle plan, fortement fimbrillifère ; achaines

Fig. 579. — Xanthisma texanum (Centauridium).

glabres ; aigrette rougeâtre et luisante. Eté. *Flles* alternes, linéaires-lancéolées, entières, pâles, dressées, sessiles, d'environ 2 cent. 1/2 de long. Tige rameuse dès la base. *Haut.* 50 à 80 cent. Texas, 1877. Syn. *X. Drummondii*, Hook. f. (B. M. 6275) ; *Centauridium Drummondii*, Torr. et Gray.

XANTHIUM, Linn. (ancien nom grec employé par Dioscorides et dérivé de *xanthos*, jaune; ces plantes étaient autrefois employées par les Grecs pour teindre en jaune). **Lampourde** ; Angl. Cockle Bur, Clot Bur. Fam. *Composées.* — Genre comprenant environ quatre espèces de plantes herbacées, annuelles et rustiques, dispersées dans les régions chaudes et tempérées du globe. Capitules solitaires ou agglomérés à l'aisselle des feuilles, unisexués, à fleurons verts; les femelles devenant à la fin sub-capsulaires, à deux loges et surmontés de deux pointes dures. Feuilles alternes, lobées ou dentées.

Trois espèces croissent spontanément en France, dans le Midi surtout, et deux d'entre elles se ren-

Fig. 580. — Xanthium Strumarium.

contrent accidentellement en Angleterre. Le *X. Strumarium*, Linn., est le plus commun, et, comme ses congénères, il ne présente aucun intérêt horticole. Ce sont de mauvaises herbes croissant dans les lieux incultes et dont les fruits, comme ceux de la Bardane, s'accrochent aux poils des animaux.

XANTHOCEPHALUM, Willd. (de *xanthos*, jaune, et *kephalé*, tête; allusion à la couleur des capitules). Syn. *Xanthocoma*, Humb., Bonpl. et Kunth. Fam. *Composées.* — Genre comprenant huit espèces de plantes herbacées ou de sous-arbrisseaux de serre tempérée, dont une habite l'Équateur et les autres le Mexique. Capitules entièrement jaunes, hétérogames, assez grands ou moyens, solitaires ou réunis en corymbes lâches au sommet des branches; involucre hémisphérique ou largement campanulé, formé de bractées imbriquées et multisériées; réceptacle plan, alvéolé; fleurons ligulés rayonnants, étalés, presque entiers; ceux du disque à cinq divisions au sommet; achaines glabres. Feuilles alternes, étroites et entières ou dentées.

Les deux espèces suivantes sont seules dignes d'être décrites ici. Le *X. centauroides* est un arbuste de serre froide, qu'on propage par boutures; quant au *X. gymnospermoides*, c'est une plante annuelle, demi-rustique, propre à l'ornementation estivale des jardins, comme du reste beaucoup d'autres plantes de la même famille. On le sème à l'automne et on hiverne les plants sous châssis, ou bien on sème au printemps, sur couche, puis on met les plants en place en mai, à environ 50 cent. de distance.

X. centauroides, Willd. *Capitules* jaunes, solitaires, à involucre glanduleux, dont les écailles externes sont étalées. Juillet-septembre. *Flles* sessiles, un peu épaisses, linéaires, dentées-pinnatifides, ridées et glabres. *Haut.* 50 cent. Mexique, 1826. Sous-arbrisseau de serre froide. Syn. *Grindelia coronopifolia*, Lehm.

X. gymnospermoides, Benth. et Hook. f. * *Capitules* jaune d'or brillant, d'environ 2 cent. 1/2 de diamètre, disposés en corymbes plats, réguliers et compacts; involucre glutineux, à écailles linéaires-aiguës. Juillet-septembre. *Flles* alternes, de 8 à 15 cent. de long, glutineuses, lancéolées, linéaires; les inférieures sub-spatulées et dentées vers le sommet; les inférieures plus petites et entières. Tige dressée, rameuse supérieurement. *Haut.* 50 cent. à 1 m. 20. Nouveau-Mexique, 1859. Plante annuelle, demi-rustique. Syn. *Gutierrezia gymnospermoides*, Lag. (B. M. 5155; A. V. F. 16.)

Fig. 581. — Xanthoceras sorbifolia.

XANTHOCERAS, Bunge (de *xanthos*, jaune, et *keras*, corne; allusion aux glandes ou nectaires jaunes et ayant la forme de cornes, insérés entre les pétales). Fam. *Sapindacées*. — La seule espèce de ce genre est un petit arbre rustique, élégant par son feuillage et surtout par ses jolies fleurs blanches, printanières. On l'emploie dans la composition des massifs d'arbustes ainsi qu'en sujets isolés. Toute terre de jardin et la plupart des expositions lui conviennent, sauf le nord absolu. Sa multiplication ne peut guère s'effectuer que par semis ou par greffe sur le *Kœlreuteria paniculata*; les boutures s'enracinant difficilement.

X. sorbifolia, Bunge. *Fl.* blanches, rayées de rouge brun à la base, grandes, régulières et polygames, sépales cinq, égaux, naviculaires et imbriqués; pétales également cinq, allongés, onguiculés et dépourvus d'écailles; disque en forme de coupe; étamines huit; pédicelles allongés, pourvus de bractées à la base et disposés en grappes simples et terminales. Printemps. *Fr.* de la grosseur d'une pomme et s'ouvrant en trois loges. *Flles* alternes, dépourvues de stipules, imparipennées, à folioles dentées en scie. *Haut.* 2 à 5 m. Chine, 1870. — Joli arbuste rappelant le *Sorbus domestica*. (B. M. 6923; F. d. S. 1899; G. C. n. s. V, p. 565 et XXVI, p. 205; I. H. 1877, 295; R. H. 1872, p. 291.)

XANTHOCHYMUS, Roxb. (de *xanthos*, jaune, et *chymos*, jus; la plante contient une grande quantité de

Fig. 582. — Xanthochymus pictorius.

suc jaune). Syn. *Stalagmites*, Murr. Fam. *Guttifères*. — Petit genre ne comprenant que quatre espèces d'arbres de serre chaude, ayant le port des *Garcinia* (genre auquel Sir J. D. Hooker les a réunis dans son *British Flora of India*) et habitant l'Asie et l'Afrique tropicales ainsi que Madagascar. Fleurs fasciculées, à cinq sépales et autant de pétales ou très rarement quatre; filets staminaux soudés en autant de faisceaux qu'il y a de sépales et pétales, et formant des organes dressés, espacés, pédicellés et spatulés. Le fruit est une baie indéhiscente.

Les trois espèces décrites ci-après ont été introduite

dans les cultures. Elles prospèrent dans un compost de terre franche et de terre de bruyère et se multiplient par boutures de pousses aoûtées, que l'on plante dans du sable et sur une forte chaleur de fond.

X. dulcis, Roxb. *Fl.* blanc crème, fasciculées, à pétales connivents et les rendant globuleuses ; pédoncules à peine plus longs que les fleurs. Février. *Fr.* jaune vif, lisse, de la grosseur d'une pomme, à pulpe jaune, abondante, comestible et de bonne qualité. *Flles* opposées, de 15 cent. ou plus de long, oblongues, acuminées, coriaces, entières, vert luisant et plus pâles en dessous. *Haut.* 6 m. Iles Moluques, 1820. (B. M. 3088.) Syn. *Garcinia dulcis*, Kurz.

X. ovalifolius, Roxb. *Fl.* blanches, de 5 à 8 mm. de diamètre ; les mâles et femelles souvent mêlées dans les mêmes faisceaux, mais ordinairement les femelles sont fasciculées, tandis que les mâles sont disposées en épis. Été. *Fr.* vert foncé, de la grosseur d'une noix. *Flles* suborbiculaires, mais variant jusqu'à la forme lancéolée, obtuses, de 9 à 21 cent. de long. Indes. Arbre de taille moyenne. Syn. *Garcinia ovalifolia*, Oliver.

X. pictorius, Roxb. *Fl.* blanches ; les mâles de 18 mm. de diamètre, fasciculées par quatre-huit à l'aisselle des feuilles tombées ; les hermaphrodites disposées comme les mâles. Été. *Fr.* jaune foncé, de la grosseur d'une prune, globuleux, pointus, comestibles et contenant une amande volumineuse. *Flles* linéaires-oblongues ou oblongues-lancéolées, de 22 à 45 cent. de long, coriaces, luisantes et réticulées. Tronc droit. *Haut.* 13 m. Indes. — Cet arbre est utile par ses fruits et par la grande quantité de gomme-gutte qu'il fournit. (B. F. S. 88 ; R. H. 1881, p. 13.) Syn. *Garcinia Xanthochymus*, Hook. f.

XANTHOCOMA, Humb., Bonpl. et Kunth. — V. **Xanthocephalum**, Willd.

XANTHOCROMYON, Karst. — V. **Trimeza**, Salisb.

XANTHORHIZA, Marsh. — V. **Zanthorhiza**, L'Herit.

XANTHORRHŒA. Smith. (de *xanthos*, jaune, et *rheo*, couler ; allusion au suc résineux qu'on extrait de ces plantes). Angl. Black-Boy Grass, Gum-tree ; Grass-tree. Fam. *Joncacées*. — Genre comprenant onze espèces de plantes vivaces, de très longue durée, à tige épaisse, ligneuse et de serre froide, habitant toutes l'Australie. Périanthe persistant, à six segments distincts ; étamines six ; hampe ou pédoncule terminal, dur, ayant souvent plusieurs pieds de long et se terminant en un épi dense, cylindrique, composé de nombreuses fleurs sub-sessiles, très rapprochées, avec de nombreuses bractéoles entourant chaque fleur qui se trouve placée à l'aisselle d'une bractée petite ou subulée. Feuilles réunies en touffe dense au sommet de la tige, longuement linéaires, fragiles, étalées ou récurvées, dont la base élargie est fortement imbriquée et persiste longtemps sur la tige. Tige produisant, chez plusieurs espèces, une gomme-résine abondante, noire ou jaune, la première couleur, nommée en anglais « Black-boy Gum », la dernière couleur « Botany-Bay » ou « Acaroid Resin ».

Certains de ces arbres impriment un cachet particulier au paysage de leur pays natal. Les espèces suivantes sont les plus répandues. Elles prospèrent dans un compost de terre franche et de terre de bruyère et se multiplient par éclats.

X. arborea, R. Br. Angl. Botany Bay Gum. — *Fl.* blanches, à segments du périanthe d'environ 6 mm. de long, trinervés ; épi de 1 m. à 1 m. 20 de long et 2 1/2 à 4 cent. de diamètre ; hampe de 1 m. 50 à 2 m. de long. Avril. *Flles* planes ou triquètres, de 1 m. à 1 m. 20 de long et 5 à 8 mm. de large. Tige atteignant plusieurs pieds de haut et un diamètre de 15 à 20 cent. Australie.

X. australis, R. Br. *Fl.* blanches, en épis atteignant plus de 60 cent. de long et presque 4 cent. de diamètre ; hampe ayant environ 60 cent. de haut. Été. *Flles* d'environ 60 cent. de long et 2 mm. 1/2 ou un peu plus de large, presque planes, mais avec l'angle dorsal et parfois le facial proéminent. Tige allongée, mais dépassant rarement 60 cent. de haut. Australie, 1824.

X. bracteata, R. Br. *Fl.* blanches, en épis ayant ordinairement 10 à 15 cent. de long et 12 ou parfois 18 mm. de diamètre, accompagnées de bractées très saillantes quand les épis sont jeunes ; hampe de 60 cent. à 1 m. de haut. Été. *Flles* d'environ 60 cent. de long et 2 mm. 1/2 ou un peu plus de large, concaves en dessus, à angle dorsal légèrement proéminent dans la partie inférieure et rétrécies supérieurement en pointe triquètre. Tige très courte. Australie, 1810.

X. hastilis, R. Br. *Fl.* blanches, en épis de 30 à 60 cent. de long, fortement couvertes sur les segments externes ainsi que sur les bractées d'un tomentum roussâtre ; hampe ayant souvent 2 m. à 2 m. 50 de long au-dessous de l'inflorescence. Printemps. *Flles* de 1 m. à 1 m. 20 de long et 5 à 8 mm. de large, planes en dessus, mais à angle dorsal plus ou moins proéminent. Australie, 1803. (B. M. 4722 ; F. d. S. 868.)

R. minor, R. Br. *Fl.* blanches, en épis de 8 à 15 ou rarement 18 à 20 cent. de long et 18 à 20 mm. de diamètre à leur complet développement ; hampe dépassant souvent les feuilles quand elle est entièrement développée. Printemps. *Flles* rapprochées sur la tige, de 30 à 60 cent. de long et 2 1/2 à près de 5 mm. de large, planes mais épaissies et plus ou moins triquètres. Tige courte et épaisse. Australie, 1804. (B. M. 6297.)

X. Preissii, Endl. * *Fl.* blanches, à segments du périanthe d'environ 6 mm. de long ; les externes oblongs ; les internes plus larges ; épi de 2 cent. 1/2 de diamètre ; hampe de 60 cent. à 2 m. de haut (y compris l'épi qui comprend presque la moitié de cette longueur totale). Avril. *Flles* de 60 cent. à 1 m. 20 de long et 2 1/2 à 5 mm. de large, élargies et planes à la base, rigides et très fragiles quand elles sont jeunes. Tige épaisse, simple, courte ou atteignant 1 m. 50 à 2 m. de haut et, selon Oldfied, parfois jusqu'à 5 m. Australie, 1887. (B. M. 6933.)

X. quadrangulata, F. Muell. *Fl.* blanches, en épi de 1 m. à 1 m. 20 de long et 4 cent. de diamètre pendant la floraison ; hampe aussi longue ou plus longue que l'inflorescence. Printemps. *Flles* grêles, mais rigides, de 50 cent. de long, strictement quadrangulaires, quoique parfois un peu aplaties et ayant rarement plus de 2 cent. 1/2 de large. Tige atteignant parfois plusieurs pieds de haut. Australie, 1874. (B. M. 6075.)

XANTHOS. — Dans les mots composés de grec, ce préfixe signifie *jaune*. — Ex. *xanthophylle*, matière colorante jaune des végétaux, et du reste tous les noms qui précèdent et suivent ont même radical.

XANTHOSIA, Rudge. (de *xanthos*, jaune ; allusion au duvet jaune dont plusieurs espèces sont couvertes). Syn. *Leucolæna*, R. Br. Fam. *Ombellifères*. — Genre comprenant dix-sept espèces habitant l'Australie. Ce sont des plantes herbacées ou de petits arbustes de serre froide, diffus et décombants à la base ou dressés et souvent couverts de poils longs et mous, entremêlés d'un tomentum étoilé. Calice à lobes peltés, cordiformes ou attachés par une partie seulement de leur base ; pétales à pointe indupliquée et à bords rédupliqués ; ombelles ordinairement composées de trois ou quatre rayons et à involucre à autant de bractées, mais parfois réduites à un très petit nombre ou même une seule fleur; ombellules composées de plusieurs fleurs presque sessiles et entourées d'un involucelle à deux ou trois bractées. Feuilles dentées, lobées ou ternatiséquées.

Pour la culture des deux espèces suivantes, seules introduites, V. **Trachymene**.

X. hirsuta, DC. Syn. de *X. pilosa*, Rudge.

X. montana, Sieb. Syn. de *X. pilosa*, Rudge.

Fig. 583. — Xanthosoma Barilleti.

X. pilosa, Rudge. *Fl.* blanches, pédoncules ordinairement géminés sur les nœuds et portant ordinairement chacun deux fleurs, plus rarement trois ou seulement une, avec deux ou trois bractées courtes, formant un involucre général à la base des courts pédicelles. Juin. *Flles* grossièrement sinuées-dentées, à trois-cinq lobes ou rarement tripartites, avec le lobe central toujours plus long que les latéraux et dépassant rarement 2 cent. 1/2 de long. *Haut.* 30 à 60 cent. Australie, 1826. Arbuste dressé ou plus fréquemment diffus ou décombant. Syns. *X. hirsuta*, DC. et *X. montana*, Sieb.

X. rotundifolia, DC. * *Fl.* blanches, assez nombreuses, très courtement pédicellées, mais à longs pédoncules portant chacun une assez grande ombelle composée, ayant ordinairement quatre rayons avec une ombellule centrale sessile; bractées de l'involucre pétaloïdes. Juin. *Flles* courtement pétiolées, presque orbiculaires, bordées de dents aiguës et irrégulières, de 2 cent. de diamètre, glabres ou laineuses en dessous, surtout quand elles sont jeunes. Tiges dressées, de 30 à 60 cent. de haut, souvent ligneuses à la base. Australie, 1836. (B. M. 3582.)

XANTHOSOMA, Schott. (de *xanthos*, jaune, et *soma*, corps; allusion au stigmate ample, déprimé, lobé et jaune). Comprend les *Acontias*, Schott. et les *Phyllotænium*, Ed. André. Fam. *Aroïdées*. — Genre renfermant plus de vingt espèces de plantes herbacées, vivaces, à suc laiteux et de serre chaude, habitant l'Amérique tropicale. Fleurs monoïques; les mâles imparfaites, insérées entre les mâles fertiles et les femelles; spathe à tube oblong ou ovoïde, convolutée, accrescente, persistante, s'ouvrant à la fin irrégulièrement, à gorge rétrécie et à limbe naviculaire; spadice non appendiculé, plus court que la spathe et soudé à sa base; partie mâle de l'inflorescence cylindrique ou claviforme, allongée; partie imparfaite rétrécie; partie femelle courte et densiflore, atténuée supérieurement; hampes une ou plusieurs, rarement allongées. Feuilles sagittées, hastées ou pédatiséquées, à pétioles longs et épais.

Les espèces ci-après décrites sont les plus répandues dans les collections. Elles prospèrent en terre fertile et bien drainée, car les arrosements doivent être copieux pendant leur période de végétation. Certaines espèces, notamment le *X. violaceum*, peuvent être employées pendant l'été pour l'ornementation pittoresque des jardins, mais il faut choisir pour elles un endroit chaud et abrité et, si on les met en pleine terre, il faut les planter dans un compost formé principalement de terreau de feuilles et bien drainer le fond, car les arrosements ont besoin d'être copieux.

La multiplication s'effectue par la séparation des rejets ou en coupant la tige des vieilles plantes en petits tronçons que l'on place dans un compost très léger et sur une bonne chaleur de fond. Lorsque la tige d'une plante a été coupée, il se développe un grand nombre de rejets que l'on sépare aussi lorsqu'ils sont suffisamment forts et qui s'enracinent facilement en godets, sous cloches et sur chaleur de fond.

X. auriculatum, Regel. *Fl.* à spathe verdâtre extérieurement, blanche à l'intérieur, de 20 cent. de long, à tube ovoïde-oblong et à limbe oblong-lancéolé, acuminé; spadice aussi long que la spathe. *Flles* trilobées, cordiformes-hastées, à lobe médian oblong, acuminé-cuspidé; les latéraux récurvés, étalés, oblongs ou ovales-oblongs, deux ou trois fois aussi longs que le médian; pétioles rougeâtres ou verts et striés ou panachés de teinte fauve. Brésil, 1869. (R. G. 1869, 603.)

X. Barilleti, Carr. * *Flles* à pétiole robuste, atteignant 1 m. de long, profondément canaliculé à la base qui est élargie et embrassante et le tout d'un beau vert luisant; limbe digité-palmé, à divisions entières, inégales, fortement nervées; la médiane de 30 à 50 cent. de long et vert foncé. Brésil, 1882. Plante caulescente. (R. H. 1882, p. 260.)

X. belophyllum, Kunth. *Fl.* à spathe de 20 cent. de long, à tube blanc verdâtre intérieurement et à limbe jaune pâle, acuminé; spadice blanchâtre, beaucoup plus court que la spathe. *Flles* amples, opaques et légèrement pruineuses en dessus, cendrées ou souvent vert pâle en dessous, de 50 à 60 cent. de long, cordiformes-hastées, à lobe médian courtement apiculé; les basals semi-ovales, légèrement aigus. Tige courte et épaisse. Vénézuéla et Guyane.

X. helleborifolium, Schott. *Fl.* à spathe de 9 à 11 cent. de long, à tube vert, ovoïde, presque glabre et à limbe vert jaunâtre, oblong-lancéolé, courtement cuspidé; spadice de 12 cent. de long; pédoncules égalant ou dépassant légèrement les pétioles. *Flles* très longuement pétiolées, vertes et striées de violet foncé, réniformes, pédatiséquées, de 2 à 30 cent. de large, à cinq, neuf ou treize segments espacés; les latéraux inégalement oblongs ou lancéolés, cunéiformes vers la base, acuminés au sommet et graduellement plus petits. *Haut.* 50 à 60 cent. Vénézuéla, etc., 1793. Syns. *Acontias helleborifolius*, Schott., et *Arum helleborifolium*, Jacq.

X. Jacquini, Schott. *Fl.* à tube de la spathe vert extérieurement, pourpre foncé à l'intérieur, de 7 cent. de long, à limbe jaune verdâtre pâle, blanchâtre à l'intérieur, d'environ 10 cent. de long; spadice blanchâtre, sessile; hampe ayant environ 10 cent. de long et presque 12 mm. d'épaisseur. *Flles* longuement pétiolées, largement cordiformes, sagittées, de 40 à 60 cent. de long; lobe médian arrondi au sommet, courtement apiculé; les basals rétrorses, obtus, de moitié plus longs que le médian. Tige épaisse, d'environ 60 cent. Vénézuéla, 1616.

X. Lindeni, S. Moore. *Flles* hastées-oblongues, de 30 cent. de long, glabres, sauf la nervure médiane, vert foncé, à nervure médiane et latérales blanc d'ivoire; lobe médian oblong, aigu; les basals équilatéraux, obtus, extrorses; pétiole un peu plus long que le limbe, engainant sur un tiers de sa longueur. *Rhiz.* tubéreux. Nouvelle-Grenade, 1871. — Très jolie plante d'aspect panaché. Syn. *Phyllotænium Lindeni*, Ed. André. (I. H. 1872, 88.)

X. L. magnificum, Hort. Belle variété à feuilles plus plus larges que celles du type, 1885. Syn. *Phyllotænium Lindeni magnificum*, Hort.

X. maculatum, Hort. *Flles* vertes, sagittées-triangulaires, à pétioles purpurins, avec une pruine glauque et marginés de blanc sur la partie engainante. 1861. Plante majestueuse. Syn. *Alocasia albo-violacea* Hort.

X. Maximilianum, Schott. *Fl.* à spathe de 20 à 22 cent. de long, à tube pourpre, glauque, verte extérieurement, pourpre sang à l'intérieur et à la gorge, ovoïde et renflé et à limbe jaune paille à l'extérieur, blanc soufré à l'intérieur, avec la base et les bords pourpre sang; spadice jaune paille et orange terne. *Flles* triangulaires, hastées, d'un vert gai, à lobes basals largement rhomboïdes. Tige élevée. *Haut.* 1 m. 50. Brésil, 1860.

X. mirabile, Mast. *Fl.* à spathe jaune primevère, de 12 à 18 cent. de long, arquée; spadice un peu stipité, plus court que la spathe. *Flles* vertes, maculées de jaune, triséquées, de 25 à 30 cent. de long, à segments ovales-lancéolés, aigus; les latéraux très inéquilatéraux et plus courts que le médian; pétioles trois à quatre fois aussi longs que les feuilles. Rhizome tubéreux. Amérique du Sud, 1874. (G. C. 1874. II, p. 258-259.)

X. plumbea. — V. **Alocasia cuprea.**

X. robustum, Schott. *Fl.* à spathe de 20 à 25 cent. de long, à tube vert et à limbe blanchâtre, largement ovale-lancéolé, aigu; spadice blanchâtre, un peu plus court que la spathe. *Flles* opaques supérieurement, pâles en dessous, pruineuses, sagittées-ovales, de 50 cent. et plus de long; à lobe médian semi-ovale, cuspidé-aigu; les basals subrhomboïdes ou oblongs et obtus. Tige de 10 à 20 cent. de haut et à peu près 5 cent. d'épaisseur. Mexique.

X. sagittifolium, Schott. Angl. Arrow leaved Spoonflower. — *Fl.* à spathe de 16 à 18 cent. de long, à tube

Fig. 584. — Xanthosoma sagittifolia.

verdâtre et à limbe blanc verdâtre; spadice beaucoup plus court que la spathe; hampe plus longue qu'elle. *Flles* de 40 à 50 cent. de long, largement sagittées-ovales, pruineuses, à lobe médian largement semi-ovale, acuminé, apiculé, deux fois aussi long que les lobes basals; ceux-ci aigus. Tige épaisse, dressée, de 1 m. et plus de haut. Indes occidentales, 1710. (B. M. 4989.)

X. violaceum, Schott. *. *Fl.* à tube de la spathe glauque et violet pâle à l'extérieur, blanc jaunâtre à l'intérieur,

Fig. 585. — Xanthosoma violacea.

oblong, de 10 cent. de long, à limbe blanc soufré, de 15 cent. de long; spadice violet et blanc, de 18 cent. de long; hampe de 15 à 20 cent. de long. *Flles* pruineuses, à la fin vertes, plus pâles en dessous, de 20 à 40 cent. de long, sagittées, oblongues-ovales, à lobe médian courtement acuminé-apiculé; les basals n'ayant que le tiers ou le quart de la longueur de celui-ci, sub-triangulaires; pétiole brun violet, presque deux fois aussi long que le limbe. *Rhiz.* court. Indes occidentales, 1864.

X. Wallisii, Hort. *Flles* amples, bariées, d'un beau vert foncé, avec des nervures blanches ou à peu près. Antioquie, 1869.

XANTHOXYLUM, J.-F. Gmel. — V. **Zanthoxylum**, Linn.

XAVERIA, Endl. — V. **Anemonopsis**, Sieb. et Zucc.

XENIASTRUM, Salisb. — V. **Clintonia**, Rafin.

XENOCARPUS, Cass. — V. **Cineraria**, Linn.

XENOPHONTA, Vell. — V. **Barnadesia**, Mutis.

XERANDRA, Rafin. — V. **Iresine**, A. Browne.

XERANTHEMUM, Tournf. (de *xeros*, sec. et *anthemon*, inflorescence; allusion à la nature sèche des fleurs, qui leur permet de conserver leur forme et leur couleur pendant des années). **Immortelle** (en partie); Angl. Everlasting. Syns. *Harrissonia*, Neck. et *Xeroloma*, Cass. Fam. *Composées*. — Petit genre ne comprenant que cinq espèces de plantes herbacées, dressées, canescentes, annuelles et rustiques, habitant la région méditerranéenne et l'Orient, trois se rencontrent spontanément dans le Midi de la France. Capitules solitaires, longuement pédonculés et insérés au sommet des rameaux, hétérogames et disciformes; involucre campanulé ou oblong-cylindrique, formé de bractées scarieuses, multisériées, imbriquées; les internes roses violacées, blanchâtres (rarement bleues?); réceptacle plan, garni de paillettes rigides; limbe des fleurons bilabié. Feuilles alternes, étroites, entières.

Des deux espèces décrites ci-après et introduites dans les jardins, le *X. annuum* est de beaucoup le plus important et le plus répandu. C'est une excellente plante annuelle, rustique, de culture facile, beaucoup cultivée pour l'ornementation estivale des plates-bandes, pour fournir des fleurs à couper et surtout pour l'utilisation de celles-ci à l'état sec, pour la confection des bouquets perpétuels et des couronnes et croix mortuaires. Elle a même donné lieu, pour cet usage, à un commerce qui, comme pour l'Immortelle à bouquets (*Helichrysum orientale*), a beaucoup perdu de son importance depuis que la mode a tourné en faveur des couronnes, croix et bouquets en fleurs artificielles et en perles.

Comme l'Immortelle à bractées, cette plante a produit en cultures plusieurs variétés de port et de coloris différents, que nous mentionnons plus loin. Sa culture est aussi la même et se trouve indiquée à l'article **Immortelle**. (V. ce nom.)

C'est en exposant pendant quelques instants les fleurs sèches de la variété violette aux vapeurs de soufre, et plus certainement aux émanations de l'acide nitrique, qu'on obtient ces immortelles d'un joli rose carminé et vif, que recherchent et emploient les bouquetières sous le nom d'Immortelle ou Œillet de Belleville.

Plusieurs plantes autrefois comprises dans ce genre sont maintenant réunies aux **Helichrysum, Helipterum** et **Phænocoma**. (V. ces noms.)

X. annuum, Linn. ' Immortelle ou Xeranthème. Œillet rose, Œillet de Belleville. — *Capitules* blanchâtres ou purpurins, à pédoncules très longs, grêles, mais rigides; involucre formé d'un grand nombre de bractées scarieuses, ovales, aiguës ; les internes plus longues, étalées et rayonnantes ; fleurons du disque au nombre de plus de cent, mais très petits, tubuleux et entremêlés d'écailles étroites et scarieuses. Eté. *Flles* peu nombreuses, sessiles, dressées, linéaires ou oblongues et à bords un peu révolutés. Tige rameuse dès la base, à rameaux étalés, grêles, raides et couverts ainsi que les feuilles d'un duvet laineux et blanchâtre. *Haut.* 50 à 60 cent. Europe méridionale ; France, etc. Plante annuelle. (J. F. A. 388.)

Par la culture, cette plante a produit plusieurs variétés différant par leur coloris qui sont : *blanc pur*, *violet*, *rose* ou *pourpre* et les races suivantes :

Fig. 586. — Xeranthemum annuum. — Immortelle annuelle.

Multiflore ou *compacte*, plus ramifiée, plus touffue et plus compacte que le type, à fleurs un peu petites, mais excessivement nombreuses, blanches, pourpres ou violettes.

Impériale, à fleurs violet beaucoup plus foncé ; la plante est aussi plus trapue et un peu moins haute que le type.

Superbissimum, à fleurs blanches, roses ou violettes, mais entièrement différentes de celles du type par leur aspect dû à la transformation de tous les fleurons tubuleux du centre en petites lames pétaloïdes et très nombreuses, formant un pompon compact, qu'entoure un certain nombre de bractées larges et courtes, formant la collerette ; la fleur a ainsi totalement perdu son aspect étoilé.

X. erectum, Presl. Syn. de *X. inapertum*, Mill.

X. inapertum, Mill. *Capitules* blancs, à involucre ovoïde-oblong, très glabre, à bractées internes dressées, un peu plus longues que les externes, celles-ci mucronées et rayonnantes ; fleurons tubuleux au nombre de trente à quarante. Juin. *Flles* linéaires ou oblongues, à bords révolutés. *Haut.* 60 cent. Sud de l'Europe et jusqu'en Perse ; France, etc. Syn. *X. erectum*, Presl.

XEROLOMA, Cass. — V. **Xeranthemum**, Tournf.

XERONEMA, Brongn. et Gris. (de *xeros*, sec, et *nema*, filament; les filets staminaux se dessèchent et persistent). Syn. *Scleronema*, Brongn. et Gris. Fam. *Liliacées*. — La seule espèce de ce genre, décrite ci-après, est une élégante et intéressante plante herbacée, vivace, à rhizome court et à racines fasciculées. Elle prospère dans un compost fertile de terre franche sableuse et de terreau de feuilles. On la multiplie par semis ou par division des souches.

X. Moorei, Brongn. et Gris. *Fl.* fasciculées, dressées et courtement pédicellées, à périanthe rouge cramoisi vif, de 12 à 18 mm. de long, persistant, avec des segments distincts, linéaires, dressés, sub-égaux ; étamines six, exsertes ; grappe terminale, simple, unilatérale, à rachis brusquement infléchi à la base et souvent horizontal. *Flles* fasciculées à la base de la tige, de 30 à 40 cent. de long et dressées. Tige dressée, simple, d'environ 50 cent. de haut, avec quelques feuilles réduites. Nouvelle-Calédonie, 1878. (G. C. n. s. X, p. 17 ; I. H. 1877, 297.)

XEROPHYLLUM, Michx. (de *xeros*, sec, et *phyllon*, feuille; allusion à l'aspect desséché et graminiforme des feuilles). Fam. *Liliacées*. — Selon M. Baker, ce genre ne comprend que l'espèce suivante, qui est une belle plante herbacée, vivace, rustique et sub-aquatique, prospérant en terre de bruyère. En la traitant avec soins, elle mûrit ses graines, qui servent alors à la multiplier. A défaut de celles-ci, on peut avoir recours à la division des pieds.

X. asphodeloides, Spreng. Syn. de *X. setifolium*, Michx.

X. setifolium, Michx.* Angl. Turkey's Beard. — *Fl.* à périanthe blanchâtre, à six divisions de 6 mm. de long, étalées et à plusieurs nervures sur le dos ; étamines six, hypogynes, un peu plus courtes que le périanthe ; pédicelles ascendants, solitaires, non articulés, de 2 1/2 à 4 cent. de long ; grappe dense, de 10 à 15 cent. de long et 5 à 8 cent. de large. Mai. *Flles* radicales, disposées en rosette très dense, subulées, persistantes, de 30 à 45 cent. de long et 2 mm. 1/2 de large, réfléchies, rudes sur les bords et remarquablement sèches, coriaces et rigides. Tige de 30 à 60 cent. de haut, garnie de feuilles réduites à l'état de bractées sétacées. *Rhiz.* épais. Amérique du Nord, 1765. Syns. *X. asphodeloides*, Spreng. (G. C. n. s. XIII, p. 433) et *Helonias asphodeloides*, Spreng. (B. M. 748.)

X. s. tenax, Hort. *Fl.* un peu plus larges ; étamines égalant ou dépassant le périanthe. *Flles* de 3 à 4 mm. de large. 1811.

XEROPHYTA, Juss. — V. Vellozia, Vand.

XEROTES, R. Br. (de *xerotes*, sécheresse; allusion à l'herbage aride que ces plantes fournissent). Syn. *Lomandra*, Labill. Fam. *Juncacées*. — Genre comprenant trente espèces de plantes herbacées, vivaces ou rarement annuelles, rigides et de serre froide, habitant l'Australie, mais dont une se retrouve aussi dans la Nouvelle-Calédonie. Fleurs petites ; les mâles ordinairement réunies en faisceaux denses ou solitaires le long des rameaux de la panicule, sessiles ou pédicellées et accompagnées de bractées courtes et scarieuses; inflorescence femelle semblable à celle des fleurs mâles ou moins ramifiée, parfois réduite à l'état de capitule sessile et globuleux ou rarement celles des deux sexes groupées en bouquets denses, globuleux ou oblongs, insérés le long d'un rachis simple ou réunis et formant un long épi simple, cylindrique et dense; hampe ou pédoncule court ou parfois très réduit, l'inflorescence étant sessile au centre de la touffe de feuilles radicales ou insérée au sommet d'une tige feuillue, plus ou moins allongée au-dessous de l'inflorescence.

Les deux espèces suivantes, seules dignes d'être décrites ici, sont des plantes vivaces, prospérant en terre légère et fertile et que l'on peut multiplier par division des racines.

X. longifolia, R. Br. Angl. Australian Tussoc Grass. — *Fl.* blanc verdâtre, réunies en faisceaux denses, sessiles le long du rachis à la base et au sommet des rameaux ; inflorescence totale de 15 à 30 cent. de long ; hampe de 30 à près de 60 cent. de haut, fortement aplatie au-dessous de la panicule. Juin. *Flles* radicales ou à peu près, de 30 à 60 cent. de long et 3 à 8 mm. de large, planes ou concaves, courtement engainantes à la base et presque toujours bidentées au sommet. *Haut.* 1 m. Australie, 1798. (B. R. 1839, 3.)

X. rigida, R. Br. *Fl.* blanc verdâtre, sessiles et disposées en faisceaux également sessiles ; inflorescence de 4 à 5 cent. de long, courtement ramifiée à la base ; hampes mâles naissant sur les axes inférieurs, aplaties et larges, de 4 à 5 cent. de long. Juin. *Flles* épaisses et rigides, de moins de 30 cent. de long et 5 à 6 cent. de large, étalées, obtuses, tronquées ou bidentées au sommet, à gaines courtes et couvrant la base de la tige. Celle-ci feuillue, courtement développée, assez épaisse et se terminant en un rhizome rampant. Australie, 1791. (L. B. C. 798.)

XIMENESIA, Cav. — Réunis aux Verbesina, Linn.

XIMENESIA encelioides, Cav. — V. Verbesina encelioides.

XIMENIA, Linn. (dédié à Francis *Ximenes*, moine espagnol, qui écrivit sur les plantes mexicaines, en 1615).

Fig. 587. Ximenesia encelioides (*Verbesina*).

Syns. *Heymassoli*, Aubl. et *Tetanosia*, Rich. Fam. *Olacinées*. — Petit genre ne comprenant que cinq espèces d'arbres ou d'arbustes glabres ou tomenteux, de serre chaude ou tempérée, dont un est mexicain, le deuxième sud-africain, le troisième habite les îles du sud de l'Océan Pacifique et les deux autres sont largement dispersés dans les tropiques. Fleurs blanchâtres, grandes pour la famille à laquelle ces plantes appartiennent et réunies en cymes courtes, axillaires ou rarement solitaires; calice petit, à quatre ou cinq dents ou lobes; pétales quatre ou cinq, hypogynes; étamines huit ou dix. Fruit drupacé, ovoïde ou globuleux, charnu ou pulpeux. Feuilles alternes, entières, sub-coriaces et souvent fasciculées.

Les fruits du *X. americana* sont doux et aromatiques, mais un peu âpres au palais. Cette espèce prospère dans un compost de terre franche et de terre de bruyère. On la multiplie facilement par boutures que l'on fait dans du sable, sous cloches et à chaud.

X. americana, Linn. Angl. False Sandal-wood, Hog.

Mountain ou Seaside Plum. — *Fl.* odorantes, disposées en grappes ou en corymbes et à quatre pétales oblongs, velus à l'intérieur et plusieurs fois plus longs que le calice. Avril. *Fr.* ovale ou oblong et comestible. *Flles* de 3 cent. de long et 2 cent. 1/2 de large, parfois plus, glabres, ovales-oblongues ou arrondies, émarginées et arrondies à à la base. Branches couvertes d'une écorce astringente et se terminant souvent en épine. *Haut.* 6 m. Tropiques, 1759. Arbre de serre chaude.

XIPHIDIUM, Aubl. (de *xiphos*, sabre, et *eides*, similitude; allusion à la forme des feuilles). FAM. *Hæmodoracées*. — Genre ne comprenant que deux espèces de plantes herbacées, vivaces, à rhizome court et habitant l'Amérique tropicale. Fleurs assez petites, glabres, courtement pédicellées et unilatérales sur les rameaux simples d'une panicule; périanthe à tube nul et à segments égaux, oblongs, étalés, non décurrents à la base, étamines trois, insérées à la base des segments internes. Feuilles assez largement linéaires ou longuement lancéolées, distiques, membraneuses et équitantes.

L'espèce suivante prospère dans un mélange de terre franche, de terre de bruyère et de sable en parties égales. On la multiplie facilement par division des rhizomes.

X. albidum, Lamk. Syn. de *X. cœruleum*, Aubl.

X. cœruleum, Aubl. *Fl.* blanches ou bleues, huit ou dix le long de chaque rameau de l'inflorescence; segments du périanthe de 8 mm. de long, oblongs-lancéolés, glabrescents; panicule pubescente. Mai-juin. *Flles* oblongues-lancéolées ou oblongues, de 2 1/2 à 5 cent. de large, acuminées, souvent distinctement muriquées sur les bords et glabres. *Haut.* 30 à 60 cent. Indes occidentales. 1856. (B. M. 5055.) Syns. *X. albidum*, Lamk. : *X. floribundum*, Swartz. — Le *X. giganteum*, Lindl., est une forme à très larges feuilles entières sur les bords.

X. floribundum, Swartz. Syn. de *X. cœruleum*, Aubl.

X. latifolium, Mill. — V. **Iris xiphioides**.

X. Sisyrinchium, Baker. — V. **Iris Sisyrinchium**.

X. vulgare, Mill. — V. **Iris xiphium**.

XIPHION, Mill. — Réunis aux **Iris**, Linn., dont ils forment une section dans cet ouvrage, vol II, p. 754.

XIPHOPTERIS, Kaulf. — Réunis aux **Polypodium**, Linn.

XYLOBIUM, Lindl. (de *xylon*, bois, et *bios*, vie; allusion à la substance sur laquelle la plante vit, ou autrement dit à sa nature épiphyte). FAM. *Orchidées*. — Genre comprenant environ seize espèces d'Orchidées épiphytes et de serre chaude, voisines des *Maxillaria* et habitant l'Amérique tropicale. Fleurs très courtement pédicellées et disposées en grappes; sépales dressés, à la fin un peu étalés; les latéraux plus larges que le supérieur, soudés à la base au pied de la colonne et genouillés à ce point; pétales semblables au sépale supérieur, mais plus petits; labelle sub-articulé avec le pied de la colonne, sessile, contracté et incombant à la base, à la fin dressé et à lobes latéraux dressés, couvrant la colonne qui est semi-arrondie; le médian court, large et étalé; hampes naissant à la base des pseudo-bulbes, dressées et simples. Feuilles amples ou allongées, plissées-veinées et contractées en pétioles. Tiges courtes, couvertes de plusieurs gaines et presque toutes épaissies en pseudo-bulbes portant une ou deux feuilles. Les espèces décrites ci-après sont les plus répandues dans les collections. Pour leur culture, V. **Maxillaria**, genre dans lequel elles étaient autrefois comprises.

X. Colleyi, Rolfe. *Fl.* rougeâtres, avec des taches pourpres, exhalant une odeur rappelant celle du concombre et insérées sur de courtes hampes. *Flles* amples. Pseudo-bulbes arrondis. La Trinité, 1890. Syn. *Maxillaria Colleyi*, Lindl.

X. concavum, Hemsl. *Fl.* jaune pâle, à sépales latéraux falciformes, acuminés; pétales de moitié plus larges que les sépales; labelle presque tronqué, concave, obtusément trilobé, à lobe médian un peu charnu, tuberculeux sur les bords, veiné de rose, avec une longue côte médiane étroite, trilobé au sommet. *Flles* géminées, à trois côtes luisantes et rétrécies en pétioles. Pseudo-bulbes oblongs et profondément sillonnés. *Haut.* 22 cent. Guatémala, 1844. Syn. *Maxillaria concava*, Lindl. (L. et P. F. G. II, p. 53.)

X. decolor, — *Fl.* à sépales et pétales jaune soufre; les premiers ovales-oblongs, obtus, étalés; les derniers de moitié plus grands et connivents: labelle blanchâtre, obscurément trilobé, obtus, crochu, avec cinq callosités élevées et parallèles; hampes radicales et multiflores. *Flles* solitaires, oblongues-lancéolées, acuminées aux deux extrémités et de 30 à 40 cent. de long. Pseudo-bulbes oblongs, comprimés. *Haut.* 30 cent. La Jamaïque, 1830. Syn. *Maxillaria decolor*, Lindl. (B. M. 3981; B. R. 1549.)

X. elongatum, Hemsl. *Fl.* réunies en grappe dense et oblongue; sépales et pétales pâles, linéaires, acuminés; labelle brun purpurin, verruqueux, ovale-oblong, très charnu; hampes dressées et pourvues de deux gaines. *Flles* lancéolées, à trois côtes et environ deux fois aussi longues que les pseudo-bulbes; ceux-ci allongés. *Haut.* 30 cent. Amérique centrale, 1847. Syn. *Maxillaria elongata*, Lindl. et Paxt. (L. et P. F. G. III, p. 69.)

X. foveatum, — *Fl.* d'un jaune paille pâle et uniforme, faiblement odorantes; sépales et pétales linéaires-oblongs; labelle trilobé au sommet, à lobe médian arrondi, charnu et excavé. *Flles* lancéolées, ondulées et trois fois aussi longues que la grappe. *Haut.* 30 cent. Demerara, 1839. Plante voisine du *X. squalens*. Syn. *Maxillaria foveata*, Lindl.

X. pallidiflorum, — *Fl.* pédicellées, à sépales et pétales jaune soufre et à une seule côte; sépales inférieurs largement falciformes; labelle blanchâtre sur le dos, réfléchi supérieurement, un peu tronqué-émarginé au sommet: grappes dressées et composées de trois à sept fleurs. *Flles* oblongues, acuminées, glabres, de 20 à 25 cent. de long, à trois côtes, avec des nervures arquées et atténuées en pétioles. Pseudo-bulbes fortement agrégés, cylindriques, de 15 à 18 cent. de long. *Haut.* 30 cent. Vénézuela, 1826. Syn. *Maxillaria pallidiflora*, Hook. (B. M. 2806.)

X. squalens, Lindl. *Fl.* carné-jaunâtre pâle et terne, nombreuses et réunies en grappe dense et thyrsiforme; deux des pétales et le labelle sont trilobés, striés de pourpre; lobes latéraux du labelle pourpre foncé; hampe de 10 à 15 cent. de haut, garnie d'écailles brunes. *Flles* deux par pseudo-bulbe, de 20 à 30 cent. de long, rétrécies en pétioles et à cinq fortes côtes. Pseudo-bulbes plusieurs, oblongs, vert foncé et engainés par des écailles brunes. Brésil, 1828. (B. R. 897.) Syns. *Maxillaria squalens*, Hook. (B. M. 2955); *Dendrobium squalens*, Lindl. (B. R. 732.)

XYLOCOPE. — V. **Abeille Perce-bois**.

XYLOMELUM, Smith. (de *xylon*, bois, et *melon*, pomme; allusion au fruit qui est ligneux). FAM. *Protéacées*. — Petit genre ne comprenant que quatre espèces habitant l'Australie. Fleurs sessiles, géminées à l'aisselle de chaque bractée et disposées en épis denses et opposés; périanthe régulier, à segments révolutés; bractées petites. Fruit gros, ovoïde ou rétréci au-dessus du milieu, très épais et ligneux, s'ouvrant à la fin sur le côté supérieur et en deux valves. Feuilles opposées, entières ou dentées-épineuses.

Les fruits sont connus en Australie sous le nom de Wooden Pear (Poire ligneuse). L'espèce suivante est seule introduite ; elle prospère dans un compost de terre de bruyère siliceuse et de terre franche fibreuse. Il lui faut un drainage parfait. Sa multiplication s'effectue par boutures de pousses jeunes, mais assez fermes ou par graines que l'on sème sur une douce chaleur de fond.

X. pyriforme, Kenight. *Fl.* disposées en épis très denses, de 5 à 8 cent. de long, ordinairement fasciculées par trois-six et paraissant d'abord terminales, mais devenant bientôt latérales. *Fr.* de 6 à 8 cent. de long et plus de 2 cent. 1/2 de diamètre près de la base, rétréci au-dessus du milieu. *Flles* des branches florifères entières, lancéolées ou ovales-lancéolées, très aiguës, de 10 à 15 cent. de long; celles des branches stériles ou des jeunes pousses souvent sinuées et dentées-épineuses, atteignant 20 cent. de long. Australie, 1869. Arbre de taille moyenne.

XYLOPHYLLA, Schreb. — Réunis aux **Phyllanthus**. Linn.

XYLOPIA, Linn. (abréviation de *xylopicron*, qui dérive de *xylon*, bois, et *pikros*, amer ; le bois de certaines espèces est excessivement amer); Angl. Bitter-wood. Fam. *Anonacées*. — Genre comprenant environ trente espèces d'arbres ou d'arbustes feuillus, de serre chaude, dont six sont indiens, six ou sept autres africains et le reste habite l'Amérique. Fleurs solitaires ou fasciculées à l'aisselle des feuilles, sessiles ou courtement pédicellées, à trois sépales plus ou moins soudés et valvaires; pétales six, bisériés; les internes inclus; étamines en nombre indéfini. Feuilles coriaces, souvent distiques.

Il est douteux que l'espèce décrite ci-après existe encore dans les jardins. Elle prospère dans un compost de terre franche siliceuse et de terre de bruyère fibreuse auquel on ajoute une petite quantité de briques concassées, de charbon de bois et de fumier de vache desséché. La multiplication s'effectue par boutures de rameaux ligneux, que l'on fait dans du sable et à chaud.

X. glabra, Linn. *Fl.* à corolle soyeuse, pétales externes de 8 à 12 mm. de long; bractéoles un peu espacées du calice, caduques. *Flles* lancéolées, graduellement rétrécies en pointe, de 5 à 8 cent. de long, duveteuses en dessous et couvertes de poils apprimés quand elles sont jeunes. *Haut.* 6 m. Indes occidentales, Vénézuéla et Guyane, 1820. Arbre.

XYLOSTEUM, Juss. — Réunis aux **Lonicera**, Linn.

XYLOSTEUM dumetorum, — V. **Lonicera Xylosteum**.

XYRIDÉES. — Petite famille naturelle ne comprenant que les deux genres *Abolboda* et *Xyris*, qui renferment à peine cinquante espèces largement dispersées dans les régions chaudes du globe. Ce sont des plantes herbacées, annuelles ou vivaces, ayant l'aspect des Joncs ou des Laiches et croissant souvent dans les marécages. Fleurs hermaphrodites, à peine irrégulières et disposées en bouquets solitaires au sommet de hampes simples, dressées et accompagnées de bractées uniflores, fortement imbriquées, rigides et scarieuses ; périanthe à six segments bisériés ; les trois externes calycinaux ; les trois internes pétaloïdes ; étamines trois à six, insérées sur les segments internes du périanthe : les trois opposées fertiles, les trois autres stériles, pédicellées ou absentes, à filets staminaux filiformes et à anthères à deux loges. Le fruit est une capsule unicellulaire, à déhiscence loculicide et s'ouvrant en trois valves ou à trois loges fenestrées à la base, operculées supérieurement. Feuilles radicales en rosette ou fasciculées, linéaires ou rarement linéaires-lancéolées, engainantes à la base et souvent équitantes, c'est-à-dire pliées en deux. Racines fibreuses.

Les feuilles et les racines de ces plantes s'emploient aux Indes et dans l'Amérique du Sud pour guérir la gale. Elles présentent fort peu d'intérêt pour l'horticulture.

XYRIS, Linn. (ancien nom grec appliqué par Dioscorides à l'*Iris fœtidissima*); Angl. Yellow Eyed Grass of North America). Fam. *Xyridées*. — Genre comprenant environ quarante espèces de plantes herbacées, junciformes, vivaces ou rarement annuelles, de serre chaude ou tempérée et largement dispersées dans les régions chaudes du globe. Capitules globuleux, ovoïdes, rarement hémisphériques ou cylindriques ; sépales pétaloïdes, très larges et plus ou moins distinctement trinervés ; corolle à lobes ovales ; staminodes souvent trois. Feuilles radicales, linéaires, rigides ou graminiformes, touffues ou souvent distiques et entourant la hampe.

L'espèce suivante est seule digne d'être décrite ici. Elle prospère en terre légère et fertile et se multiplie par divisions.

X. altissima, Lodd. — V. **Bobartia spathacea**.

X. operculata, Labill. *Capitules* ovoïdes ou globuleux de 10 à 15 mm. de diamètre, à écailles noires ; hampe grêle, de 30 à 45 cent. de haut, à base incluse dans une assez longue gaine dépourvue de limbe et naissant au milieu des feuilles. Juin. Gaines brunes, luisantes, dont quelques-unes développent en un limbe très étroit, presque subulé et ayant à peine 15 cent. de long. Australie, 1804. Plante vivace et de serre chaude. (B. M. 1158; L. B. C. 205.)

XYSMALOBIUM, R. Br. (de *xysma*, fragment, et *lobos*, lobe ; allusion aux petites divisions de la coronule). Fam. *Asclépiadées*. — Genre comprenant environ huit espèces de plantes herbacées, vivaces et de serre chaude ou tempérée, habitant l'Afrique australe et tropicale. Fleurs réunies en cymes ombelliformes ; calice à cinq divisions et muni intérieurement à la base de cinq glandes ou plus ; corolle un peu rotacée-campanulée, à cinq divisions réfléchies et barbues ou nues intérieurement ; coronule à cinq écailles insérées sur le tube staminal. Feuilles opposées, largement lancéolées ou linéaires. L'espèce suivante, seule existante dans les jardins, se traite comme les **Gomphorcapus**.

X. padifolium. — *Fl.* axillaires (non terminales), réunies par six-dix en ombelles courtement pédonculées ; corolle à lobes vert purpurin, divisions de la coronule jaune purpurin. *Flles* largement cordiformes-ovales, sessiles, décussées, opposées, disposées par paires rapprochées et de 5 à 8 cent. de long, aiguës, entières, glabres, à face supérieure vert pâle et se teintant de pourpre en vieillissant ; face inférieure glauque et plus fortement colorée Tige vert purpurin et dressée. *Haut.* 1 m. Sud de l'Afrique, 1867. Plante herbacée, de serre tempérée. Syn. *Gomphocarpus padifolius*, Baker. (Ref. B. 251.)

Y

YÈBLE. — V. Sambucus Ebulus.

YEUSE. — V. Quercus Ilex.

YLANG-YLANG. — Nom de l'essence que fournit le *Cananga odorata.*

YPONOMEUTA. — Ce nom, qu'on écrit aussi *Hyponomeuta*, bien qu'il soit dérivé du grec ὑπο-νέμομαι, je creuse, est celui d'un groupe important de Lépidoptères nocturnes, de petite taille, caractérisés par leurs ailes légèrement arquées et dont les postérieures sont bordées d'une très longue frange sur les côté internes. Les chenilles sont glabres et vivent généralement en société, enfermées en grand nombre dans une toile qu'elles tissent en commun; mais, arrivées à leur complet développement, elles se créent chacune une coque distincte, pour s'y transformer en chrysalide.

Les Yponomeutes sont familièrement désignées sous le nom de *Teigne*. On en connait plusieurs espèces, nuisibles aux arbres fruitiers et d'agrément, auxquels elles causent parfois de très sérieux dommages et parmi lesquelles nous citerons : *Y. malinella*, qui vit sur les **Pommiers** et les **Poiriers** et dont les ailes sont blanches, avec trois rangées de points noirs; *Y. padella*, qui ravage de même les **Cerisiers** ; *Y. Euonymella*, qui dévaste les plantations de **Fusains**. Les ayant déjà décrites au nom des plantes qu'elles infestent, ainsi que les moyens de les détruire, nous prierons les lecteurs de s'y reporter. V. aussi **Aubépine** (Chenilles de l'). (S. M.)

YPREAU. — V. Populus alba.

YUCCA, Linn. (nom indigène du genre); Angl. Adam's Needle; Bear's Grass, Spanish Bayonet. Fam. *Liliacées*. — Genre comprenant, selon Engelman, douze et, selon Baker, vingt et une espèces de très belles plantes frutescentes, de serre chaude, tempérée ou demi-rustiques, habitant le sud des États-Unis, le Mexique et l'Amérique centrale. Fleurs assez grandes, généralement blanches, jaunâtres ou verdâtres, courtement pédicellése, pendantes, nombreuses et disposées en grande panicule terminant une hampe centrale élevée ou parfois courte et portant des feuilles bractéales graduellement plus réduites à mesure qu'elles s'approchent du sommet; périanthe à six segments libres ou à peine soudés vers la base; lancéolées-ovales, un peu épaisses et plus ou moins connivents, donnant parfois à la fleur un aspect globuleux ; étamines six, hypogynes, dressées et beaucoup plus courtes que le périanthe ; anthères petites, sessiles ou soudées le long du sommet du filet staminal. Fruit tantôt charnu, pulpeux ou presque spongieux, tantôt nu, à déhiscence septicide ou loculicide et s'ouvrant en trois valves. Feuilles fasciculées au sommet de la tige, élargies et appliquées à la base, puis linéaires-lancéolées, dressées ou réfléchies, épaisses, coriaces ou rarement flasques, ordinairement munies au sommet d'une épine vulnérante et à bords entiers, discolores, tranchants ou filamenteux. Tige devenant ligneuse, parfois courte, puis s'élevant avec l'âge, se ramifiant et prenant alors un aspect arborescent.

Les *Yucca* sont de magnifiques plantes majestueuses et pittoresques au plus haut point, mais malheureusement un peu frileuses pour nos climats du Nord, ce qui fait qu'on n'y voit qu'exceptionnellement les plus belles espèces en forts exemplaires. On les plante cependant fréquemment sur les pelouses, dans les plates-bandes ou sur les bords des massifs d'arbustes et même en corbeilles. Ils y prospèrent lorsque le sol est léger et sain et y résistent assez bien à nos hivers ordinaires, si on a soin de garnir le pied d'une forte couche de litière et la tige de paille si elle est longue et nue, et de lier au besoin les feuilles pour protéger le cœur ; néanmoins, ils périssent le plus souvent pendant les hivers exceptionnels.

Dans le Midi, au contraire, tous ces inconvénients sont inconnus et les *Yucca* y prospèrent presque tous admirablement et y atteignent des proportions subarborescentes. On les emploie alors pour orner les endroits pittoresques, les pelouses, etc. ; ils aiment le plein soleil et résistent bien à la sécheresse. Les espèces les plus délicates, qu'on élève chez nous en pots ou en caisses, peuvent avantageusement être utilisées au même usage pendant l'été et pour orner les serres froides et les vérandas pendant l'hiver.

Les *Yucca* sont peu difficiles sur la nature du sol, pourvu qu'il soit sain, léger et fertile. Leur multiplication s'effectue facilement par séparation des drageons, par sectionnement des racines charnues, par le bouturage des sommités et par semis. Les boutures de tête doivent être mises en petits pots et tenues pendant quelque temps sous châssis, pour faciliter leur enracinement. Les graines sont rares dans le commerce parce qu'elles ne mûrissent qu'exceptionnellement dans le Nord; mais quand on en possède, on les sème en terrines, en terre légère et sous châssis froid; puis on traite les jeunes plants comme ceux de beaucoup d'autres plantes demi-rustiques.

Le port de certains *Yucca*, rappelant d'assez près celui des *Dracæna*, on les vend fréquemment sur les marchés aux fleurs, à l'état de jeunes plantes, pour l'ornementation des appartements et des magasins, où ils tiennent lieu de ceux-ci.

Sauf indications contraires, les espèces suivantes peuvent être considérées comme rustiques dans le sens indiqué plus haut.

La plupart des descriptions suivantes sont traduites de la magnifique monographie des *Aloïnées* et *Yuccoïdées*, publiée par M. Baker dans le volume XVIII du *Journal of the Linnean Society*.

Y. acuminata, Sweet. Syn. de *Y. gloriosa*, Linn.

Y. acuminata, Hort. Syn. *Y. flexis*, Carr.

Y. acutifolia, Hort. Truff. *Fl.* grandes, pendantes et assez ouvertes; périanthe fortement strié et maculé de brun foncé; panicule columnaire, d'environ 1 m. 50 de haut, à branches florifères courtes et dressées. Eté. *Flles* subdressées, raides, canaliculées, courtement acuminées, de 75 cent. de long et bordées d'une ligne rouge foncé. Jardins français.

Y. agavoides, Hort. Syn. de *Y. Treculeana*, Carr.

Y. albo-spica, Hort. Syn. de *Y. constricta*, Buckl.

Y. aloifolia, Linn. * *Fl.* à périanthe blanc, de 4 à 5 cent. de long, à segments oblongs ou oblongs-lancéolés, de 1 1/2 à 2 cent. 1/2 de large; pédicelles inférieurs de 2 1/2 à 4 cent. de long, les supérieurs de 12 à 18 mm. de long; panicule rhomboïde, dense, de 30 à 60 cent. de long, à branches ascendantes; hampe très courte. Mai-juin. *Flles* cinquante à cent, rigides, ensiformes, de 30 à 60 cent. de long et 2 1/2 à 3 cent. de large, vertes, à pointe glauque, avec une épine terminale brun rougeâtre, piquante et les bords blanchâtres et serrulés. Tige grêle, atteignant parfois 5 à 6 m. de haut et ordinairement simple. Indes occidentales, jusqu'au nord de la Caroline. Serre froide. (B. M. 1700; P. M. B. III, 25.) — Les plantes suivantes, que l'on élève le plus souvent au rang d'espèces, sont considérées, par M. Baker, comme des variétés du *Y. aloifolia*: *Atkinsi et purpurea*, Hort., nains, avec des feuilles purpurines; *arcuata*, Haw.; *crenulata*, Haw. et *tenuifolia*, Haw., petites formes à feuilles étroites et plus ou moins arquées; *conspicua*, Haw., à feuilles plus lâches, plus larges, récurvées et de 4 cent. de large; *Draconis*, Linn. (G. C. 1870, p. 828), à feuilles également plus lâches, mais plus longues et récurvées; *tricolor*. (Syn. *lineata-purpurea*), forme commune dans les jardins, dont les feuilles sont rayées de blanc et de jaune; *variegata*, à feuilles portant des stries blanchâtres; *quadricolor*, à feuilles rayées et bordées de blanc, de jaune et de rouge.

Y. angustifolia, Pursh. * *Fl.* à périanthe verdâtre à l'extérieur, campanulé, à segments oblongs, aigus, de 5 à 5 cent. de long et 2 à 3 cent. de large; pédicelles de 1 1/2 à 2 cent. de long; grappe terminale, composée de trente à quarante fleurs; parfois simple, mais présentant souvent quelques rameaux ascendants à la base, de 1 m. à 1 m. 20 de long; hampe ayant près de 30 cent. de long. Juillet. *Flles* cent ou plus, denses, rigides, linéaires, de 45 à 60 cent. de long et 8 à 10 mm. de large, canaliculées supérieurement, à pointe vulnérante, avec les bords rougeâtre pâle et copieusement filamenteux. Missouri, etc., 811. Plante presque acaule. (B. M. 2236.)

Y. a. stricta, Sims. Inflorescence plus ramifiée; hampe de 6 cent. à 1 m. de haut. *Flles* de 12 à 18 mm. de large, rétrécies à la base, moins rigides et à pointe moins aiguë. Arkansas, 1817. (B. M. 2222, sous le nom de *Y. stricta*, Sims.)

Y. angustifolia, Carr. Syn. de *Y. constricta*, Buckl.

Y. angustifolia, Hort. Syn. de *Y. flexilis*, Carr.

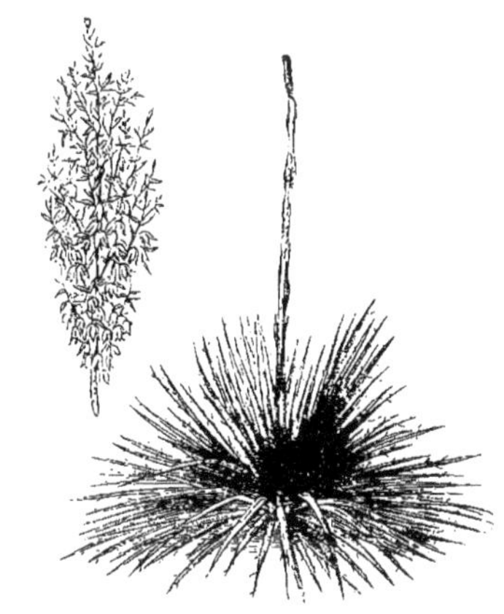

Fig. 588. — YUCCA ANGUSTIFOLIA.

Y. antwerpensis, Hort. Variété du *Y. filamentosa*, Linn.

Y. argophylla, Hort. — V. **Furcræa Bedinghausii**.

Y. argospatha, Verlot. *Fl.* à périanthe blanc pur, ample; pédicelles longs et grêles; bractées blanc satiné et ondulées; panicule pyramidale. Eté. *Flles* nombreuses, canaliculées, de 60 à 75 cent. de long, à bords rougeâtres, finement denticulées et terminées par une pointe jaune brunâtre et vulnérante. Tige courte. Jardin botanique de Grenoble, 1869. Plante voisine du *Y. Treculeana*, dont elle n'est peut-être qu'une forme.

Y. Atkinsii, Hort. Variété du *Y. aloifolia*, Linn.

Y. baccata, Torr. *Fr.* à périanthe blanc, de 5 à 8 cent. de long, à segments oblongs-lancéolés, de 12 à 18 mm. de large; bractées amples, lancéolées; inflorescence de 1 m. 50 à 2 m. de long, à branches de 15 cent. de long, souvent glabres et à hampe allongée. Eté. *Fr.* pourpre, ovoïde ou oblong, bacciforme, de 8 à 12 cent. de long et comestible. *Flles* ensiformes, épaisses, très rigides, de 50 cent. à 1 m. de long et 2 1/2 à 5 cent. de large, scabres, légèrement concaves en dessus, à pointe vulnérante, avec les bords brun rougeâtre, copieusement filamenteux et très rudes. *Haut.* 2 m. 50 à 3 m., ou parfois acaule. Colorado, 1873. Plante rustique ou demi-rustique. (I. H. n. s. 115; R. H. 1887, 568.) (Voy. fig. 593, n° 2, p. 560.)

Y. b. australis, Hort. Syn. de *Y. filifera*, Hort.

Y. b. circinata, Baker. *Flles* de 60 à 75 cent. de long et 12 à 15 cent. de large, fortement bordées de poils enroulés.

Y. b. fragilifolia, Baker. *Flles* plus faibles que dans le type; les externes récurvées, de 50 cent. de long et 15 à 18 mm. de large, à bords garnis seulement de quelques filaments. Tige courte et grêle.

Y. b. periculosa, Baker. *Flles* droites, de 75 cent. à 1 m. de long et 20 à 25 cent. de large, canaliculées depuis la base jusqu'au sommet et à bords fortement filamenteux dans leur moitié supérieure.

Y. b. scabrifolia, Baker. *Flles* assez fragiles; les externes récurvées, de 50 à 60 cent. de long et 10 à 12 mm. de large, d'un vert gai, plus pâles au milieu et canaliculées en dessus, arrondies sur le dos, avec les bords arqués et filamenteux.

Y. Boerhaavii, Baker. *Flles* environ deux cents, linéaires, droites; les inférieures seulement récurvées, de 60 cent. et plus de long et 12 à 18 mm. de large, acuminées, fortement dilatées à la base, vertes, légèrement glaucescentes quand elles sont jeunes, à peine vulnérantes au sommet, avec les bords entiers, étroitement bordés de rouge brun ou plus pâle. Mexique? 1870. Serre froide.

Y. canaliculata, Hook. — Variété du *Y. Treculeana*, Carr.

Y. Carrierei, Ed. André. *Fl.* blanc verdâtre, devenant crémeux, grandes, globuleuses et pendantes, formant une grande panicule terminale, de 1 m. de haut. *Flles* très nombreuses, droites, raides, étalées, vert olive foncé, de 50 à 60 cent. de long et 3 à 4 cent. de large. Tige se ramifiant avec l'âge. Bel hybride des *Y. lævigata* et *Y. angustifolia*. 1895. (R. H. 1895, fig. 21-23.)

Y. circinata, Baker. — Variété du *Y. baccata*, Torr.

Y. concava, Haw. — Variété du *Y. filamentosa*, Linn.

Y. concava, Hort. — Syn. de *Y. Treculeana*, Carr.

Y. conspicua, Haw. — Variété du *Y. aloifolia*, Linn.

Y. constricta, Buckl. *Fl.* à périanthe blanc, de 5 cent. de long, à segments oblongs et aigus; pédicelles de 10 à 15 mm. de long; panicule deltoïde, de 1 m. à 1 m. 20 de long, à rameaux ascendants, de 15 à 22 cent. de long et portant chacun dix à quinze fleurs; hampe allongée. Eté. *Flles* cent à deux cents, denses, rigides, linéaires, de 50 à 60 cent. de long et 15 à 20 mm. de large, légèrement rétrécies à la base, canaliculées en dessus, à pointe vulnérante, étroitement bordées de rouge brun et très filamenteuses. Tige simple, de 1 m. à 1 m. 50 de haut. Depuis l'État de l'Utah jusqu'au nord du Mexique, 1862. Plante demi-rustique. Syns. *Y. albo-spica*, Hort. (F. d. S. VII, p. 110); *Y. angustifolia*, Carr. (R. H. 1860, f. 3.)

Y. contorta, Hort. Nom appliqué dans les jardins aux *Y. rupicola*, Scheele, et *Y. Treculeana*, Carr.

Y. cornuta, Hort. Syn. de *Y. Treculeana*, Carr.

Y. crenulata, Haw. Variété du *Y. aloifolia*, Linn.

Y. Desmetiana, Baker. *Flles* cent à deux cents, assez lâches, linéaires, ayant près de 30 cent. de long et 12 à 18 mm. de large, toutes récurvées, purpurines et glauques quand elles sont jeunes, puis vertes à l'état adulte, non vulnérantes au sommet, avec les bords étroits, pâles, serrulés et dilatés à la base. Mexique, 1868. Serre froide.

Y. Draconis. Linn. Variété du *Y. aloifolia*, Linn.

Y. elata, Engelm. *Fl.* blanches, odorantes, de 8 à 10 cent. de diamètre; panicule forte et ramifiée; hampe de 2 m. 50 à 3 m., y compris l'inflorescence. *Flles* linéaires, à bords filamenteux. Tronc atteignant jusqu'à 3 m. de haut et 25 cent. de diamètre. Nouvelle espèce arborescente et de serre froide. Mexique, 1889. (G. et F. 1889, part. II, f. 146.)

Y. Ellacombei, Hort. Variété du *Y. aloifolia*, Linn.

Y. ensifolia, Baker. Variété du *Y. flexilis*, Carr.

Y. exigua, Baker. *Fl.* à périanthe blanc, teinté de vert à l'extérieur, à segments oblongs, aigus, de 4 cent. de long; bractées amples, lancéolées; pédicelles très courts; panicule lâche, de 1 m. de long, à rameaux pubescents, ascendants, de 15 cent. de long; hampe allongée, garnie de bractées ou feuilles lancéolées très réduites. Eté. *Flles* trente à quarante, ensiformes, de 45 cent. de long et 2 1/2 à 3 cent. de large, semblables à celles du *Y. gloriosa*, avec les bords bruns et entiers. Amérique du nord-ouest. 1873. Plante acaule. (Ref. B. 314.)

Y. falcata, Hort. Variété du *Y. flexilis*, Carr.

Y. filamentosa, Linn. * Angl. Silk Grass. — *Fl.* à périanthe blanc, teinté de vert à l'extérieur, de 4 à 5 cent. de long, à segments oblongs ou oblongs-lancéolés, de [illegible] à 18 mm. de large; pédicelles pendants, de 6 à 12 mm. de long; bractées amples et scarieuses; panicule rhomboïde, à branches flexueuses, ascendantes, de 15 cent. de long; inflorescence de 1 m. 20 à 2 m. 50 de long; hampe allongée. Juin. *Flles* trente à cinquante, disposées en rosette dense, ensiformes, de 45 à 60 cent. de long et 4 à 5 cent. de large, assez fermes légèrement glauques, à bords blanchâtres, couverts de filaments filiformes. Amérique du Nord, 1675. Plante acaule ou à peu près, très répandue dans les jardins et une des plus rustiques. (B. M. 900: Ref. B. 324; R. H. 1860, p. 214.) — Il en existe un grand nombre de variétés, dont les principales sont décrites ci-après :

Fig. 589. — Yucca filamentosa.

Y. f. antwerpensis, Hort. *Fl.* disposées en panicules de 30 à 50 cent. de long, à quatre ou six rameaux courtement pubescents et formant une inflorescence de 60 cent. à 1 m. de long. *Flles* quinze à vingt, étalées-dressées, de 30 à 40 cent. de long et 2 cent. 1/2 de large, à filaments marginaux peu nombreux et très grêles, 1875. (B. M. 6316, sous le nom de *Y. orchioides major*.)

Y. f. aureo-variegata, Hort. *Flles* portant des bandes longitudinales jaune vif. 1884. Serre froide.

Y. f. concava, Haw. *Flles* de 45 cent. de long et 8 à 10 cent. de large, dressées-incurvées et concaves en dessus. 1810.

Y. f. flaccida, Hort. * *Fl.* à segments du périanthe larges, rameaux de la panicule pubescents. *Flles* plus grêles et plus faibles que celles du type, fortement récurvées et à fibres marginales plus fortes, 1816. Syn. *Y. flaccida*, Haw. (B. R. 1895; Ref. B. 323; R. H. 1859, p. 556.)

Y. f. glaucescens, Hort. *Fl.* à segments du périanthe de 3 1/2 à 4 cent. de long; panicule et rachis fortement couverts d'une pubescence gris bleuâtre. *Flles* plus glauques que dans le type, de 2 cent. 1/2 de large, à filaments marginaux rarement plus grêles que dans le type. 1819. Syn. *Y. glaucescens*, Haw. (S. B. F. G. 53.)

Y. f. grandiflora, Hort. Syn. de *Y. f. maxima*, Hort.

Y. f. major, Hort. Syn. de *Y. f. maxima*, Hort.

Y. f. maxima, Hort. *Fl.* à périanthe de 6 à 8 cent. de long, à segments plus acuminés que dans le type. 1873. (Ref. B. 325.) — Cette plante est également connue sous les noms de *Y. f. grandiflora*, Hort. et *Y. f. major*. — Il en existe une forme à *feuilles panachées de blanc*.

Y. f. orchioides, Hort. * *Fl.* à segments du périanthe

ovales, de 2 cent. 1/2 de long ; grappe simple, de 20 cent. de long ; hampe de 45 cent. de haut. *Flles* dix à douze, de 15 à 22 cent. de long et 20 à 25 mm. de large, à peine filamenteuses sur les bords. 1861. Syn. *Y. orchioides*, Carr. (R. H. 1861, p. 370.)

Y. f. puberula, Hort. *Fl.* à segments du périanthe oblongs-lancéolés, de 3 1/2 à 4 cent. de long ; rameaux de la panicule pubescents. *Flles* plus faibles et plus fortement récurvées que dans le type. Syn. *Y. puberula* Haw. (Ref. B. 322 ; S. B. F. G. 251.)

Y. filifera, Hort. *Fl.* formant une inflorescence de 2 m. à 2 m. 50 de long, à branches de 60 cent. et à hampe courte. *Fr.* charnu, indistinctement côtelé pendant quand il est jeune, puis ensuite dressé. *Flles* de 45 cent. de long, vert

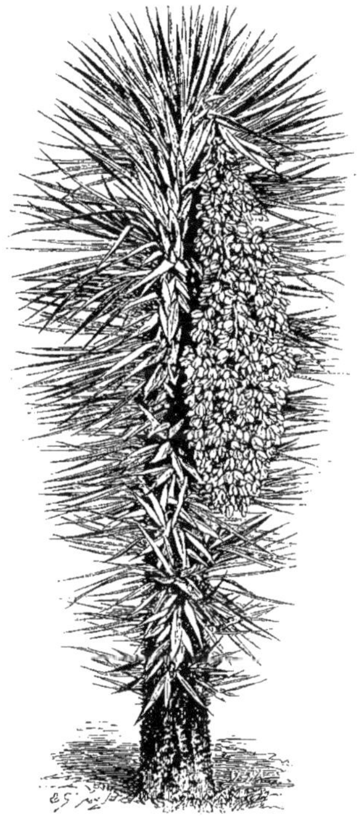

Fig. 590. — YUCCA FILIFERA. (*Rev. Hort.*)

terne, légèrement canaliculées, de 2 1/2 à 3 cent. de large. Tronc atteignant jusqu'à 16 m. de haut et 60 cent. à 1 m. de diamètre. Mexique, 1826. Serre froide. (B. H. 1876, 433 ; B. M. 7197 ; G. C. 1888, part. I, f. 97-100 ; G. et F. 1888, 78-9.) Syn. *Y. baccata australis*, Baker.

Y. flaccida, Haw. Variété du *Y. filamentosa*, Linn.

Y. flexilis, Carr. *Fl.* à périanthe blanc, de 8 cent. de long, à segments oblongs, aigus ; pédicelles de 12 à 18 mm. de long ; bractées petites ; inflorescence de 1 m. 20 de long, à branches centrales de 15 cent. de long et portant quinze à vingt fleurs. Été. *Flles* denses, linéaires, de 60 à 75 cent. de long et 2 1/2 à 4 cent. de large, obscurément plissées, modérément fermes, à pointe vulnérante et à bords cornés, rouge brun, entiers ou parfois obscurément serrulés. Tige simple et courte. Mexique, 1859. Serre froide. (B. H. 1859, p. 400.) Syns. *Y. acuminata*, Hort. ; *Y. angustifolia*, Hort. ; *Y. longifolia*, Hort. et *Y. mexicana*, Hort.

Y. f. ensifolia, Hort. * *Fl.* à périanthe légèrement teinté de rouge à l'extérieur, de 5 cent. de long ; hampe un peu plus courte que les feuilles. *Flles* quarante à quatre-vingts, presque dressées, d'abord légèrement glaucescentes, puis vert pâle, de 60 à 75 cent. de long et 3 à 4 cent. de large. Tige grêle, atteignant parfois 1 m. 20 à 1 m. 50 de haut. 1870. Syn. *Y. ensifolia*, Baker. (Ref. B. 318.)

Y. f. falcata, Hort *Fl.* à périanthe blanc, légèrement teinté de vert à l'extérieur, de 5 à 6 cent. de long ; panicule rhomboïde, un peu lâche, de 60 cent. de long et 3 à 4 cent. de large. Plante presque acaule.

Y. f. nobilis, Hort. *Flles* soixante à quatre-vingts, presque droites, de 30 à 35 cent. de long et 3 à 4 cent. de large, concaves sur la face supérieure, à bords cornés, pâles ou rouge brun et glaucescentes quand elles sont jeunes.

Y. f. semi-cylindrica, Baker. *Flles* quarante à cinquante, de 50 à 60 cent. de long, et 20 à 25 mm. de large, d'abord légèrement glaucescentes, puis vert pâle ; les externes récurvées, canaliculées en dessus depuis la base jusqu'au sommet et à bords rouge brun. 1870.

Y. fragilifolia, Baker. Variété du *Y. baccata*, Torr.

Y. funifera, Lem. *Flles* peu nombreuses, ensiformes, de 2 m. à 2 m. 20 de long, épaisses, rigides, vert terne striolées, à bords garnis d'appendices robustes, tenaces, ayant souvent 25 à 30 cent. de long. Mexique, vers 1866. Serre froide. — C'est peut-être une variété du *Y. Treculeana*, Carr.

Y. Ghiesbreghtii, Hort. Syn. de *Y. guatemalensis*, Baker.

Y. gigantea, Lem. *Fl.* à périanthe blanc, de 8 à 9 cent. de long ; panicule de 60 à 75 cent. de long, à douze-quinze branches, dont la centrale atteint près de 30 cent. et porte huit à dix fleurs. Été. *Flles* ensiformes, droites, étalées, vert luisant, de 1 m. 20 à 1 m. 50 de long et 8 à 9 cent. de large, acuminées, à pointe vulnérante et à bords blanchâtres, les inférieures à peine récurvées. Tige (dans les jardins) simple, grêle, de 1 m. à 1 m. 20 de haut. Mexique, 1859. Serre froide.

Y. glauca, Nutt. * *Fl.* à périanthe blanc, largement campanulé, à segments oblongs, de 4 cent. de long ; pédicelles inférieurs de 12 à 15 cent. de long ; bractées petites, lancéolées ; panicule de 60 cent. à 1 m. de long, à rameaux ascendants et glabres ; hampe de 1 m. de long. Été. *Flles* vingt-cinq à trente, denses, ensiformes, de 45 cent. de long et 3 à 4 cent. de large ; les juvéniles légèrement glauques, un peu vulnérantes au sommet, à bords rouge brun, très étroits, entiers ou légèrement filamenteux ; les externes légèrement récurvées. Amérique du Nord, 1814. Plante acaule et demi-rustique. (B. M. 2662 ; Ref. B. 315.)

Y. glaucescens, Haw. Variété du *Y. filamentosa*, Linn.

Y. gloriosa, Linn. * ANGL. Mound Lily. — *Fl.* à périanthe teinté de rouge à l'extérieur, campanulé, de 4 à 6 cent. de long, à segments oblongs, aigus ; pédicelles de 10 à 30 cent. de long ; bractées petites, lancéolées ; panicule rhomboïde, un peu dense, de 1 m. 20 à 2 m. de long, à rameaux étalés-dressés, glabres ou pubescents ; les inférieurs de 30 à 45 cent. de long ; hampe allongée, garnie de feuilles bractéales réduites. Juillet. *Flles* cent ou plus, en rosette dense, de 50 cent. à 1 m. de long et 5 à 8 cent. de large, rigides, dressées, vert terne, légèrement glaucescentes, un peu concaves sur la face supérieure et scabres sur le dos, à pointe vulnérante, avec les bords rouge brun, entiers ou obscurément serrulés chez les jeunes formes. Tige atteignant avec l'âge 1 m. 20 à 2 m. de haut, simple ou ramifiée

États-Unis, 1596. (B. M. 1260; R. B. 320; Gn. 1896, part. II, p. 10.)

Y. g. acuminata, Hort. *Fl.* moins nombreuses, à périanthe de 4 à 5 cent. de long et à panicule plus petite que chez le type. *Flles* cinquante à soixante, de 15 à 60 cent. de long et 3 1/2 à 4 cent. de large, vertes, droites et acuminées. 1800. Plante presque acaule. Syn. *Y. acuminata,* Sweet. (Ref. B. 316; S. B. F. G. 195.) — Le *Y. patens,* E. André, est une forme semblable, mais à feuilles plus nombreuses, plus larges et plus glaucescentes.

droites, presque planes au milieu, de 60 à 75 cent. de long et 3 1/2 à 4 cent. de large, glaucescentes. Plante presque acaule.

Y. g. recurvifolia, Salisb. * *Fl.* à segments du périanthe plus étroits au sommet que dans le type. *Flles* cent à cent cinquante, plus faibles que dans le type, de 60 cent. à 1 m. de long; les externes fortement réduites, moins vulnérantes au sommet, planes et obscurément plissées au milieu et supérieurement, concaves juste au-dessus de la base et au-dessous du sommet, glauques quand elles sont

Fig. 591. — Yucca gloriosa. — Sujet âgé et très fort.

jeunes. Tige courte et souvent ramifiée. 1794. Syns. *Y. japonica,* Hort.; *Y. pendula,* Sieb. (R. H. 1859, p. 490); *Y. recurva,* Haw.; *Y. recurvifolia,* Salisb. (Ref. B. 321.) — La variété horticole *foliis-variegatis* porte une bande longitudinale rouge verdâtre pâle sur la face supérieure des feuilles. 1833. (I. H. 1883, 475.)

Y. g. Ellacombei, Hort. *Fl.* à segments du périanthe acuminés, de 6 à 8 cent. de long; pédicelles inférieurs de 2 1/2 à 4 cent. de long. *Flles* quarante à cinquante, presque droites, de 60 à 75 cent. de long et 4 à 5 cent. de large, concaves sur la face supérieure et devenant à la fin glabres. Plante presque acaule. Syn. *Y. Ellacombei,* Hort. (Ref. B. 317.)

Y. g. medio-striata, Hort. *Fl.* à périanthe de 4 cent. de long; pédicelles courts; inflorescence de 1 m. à 1 m. 20 de long. *Flles* droites, de 30 à 45 cent. de long et 3 à 4 cent. de large. Plante plus naine que le type. (Ref. B. 319.)

Y. g. obliqua, Hort. *Flles* glauques, de 4 à 5 cent. de large, obliques et penchées. 1808.

Y. g. plicata, Hort. *Fl.* à périanthe de 5 cent. de long; panicule ample. *Flles* plus grêles que dans le type, mais droites, fortement plissées, de 45 à 75 cent. de long et 5 à 6 cent. de large, légèrement scabres sur le dos.

Y. g. pruinosa, Hort. *Flles* soixante-dix à quatre-vingts,

Y. g. rufocincta, Haw. *Flles* légèrement récurvées et subglaucescentes, de 5 cent. de large, glabres sur les deux faces, avec les bords visiblement marginés de brun. 1816. Plante presque acaule.

Y. g. superba, Haw. *Flles* plus grandes que celles du type; panicule à rameaux fortement étalés. *Flles* larges et presque droites. Tronc atteignant à la fin 3 m. de haut. (A. B. R. 473, sous le nom de *Y. gloriosa.*)

Y. g. torulata, Baker. *Flles* environ quarante, droites, glaucescentes, de 45 à 50 cent. de long et environ 3 cent. 1/2 de large, souvent obliques et flexueuses. 1873. Plante presque acaule.

Y. guatemalensis, Baker. *Fl.* blanc d'ivoire, très grandes, de 6 à 8 cent. de long, à segments oblongs-lancéolés, aigus, de 18 à 25 mm. de large ; les externes plus larges ; pédicelles de 2 à 2 cent. 1/2 de long ; bractées blanches et scarieuses ; panicule ample, rhomboïde, de 60 cent. à 1 m. de long, à branches centrales de 15 cent. de long, hampe très courte. *Flles* cinquante ou plus, lâches, ensiformes, de 60 cent. à 1 m. de long et 5 à 8 cent. de large, vert luisant, à peine vulnérantes au sommet, à bords blanchâtres et obscurément serrulés ; les supérieures ascendantes et fortement récurvées supérieurement. Tige atteignant jusqu'à 5 à 6 m. de haut, ordinairement simple et très renflée à la base. Mexique et Guatémala, 1873. Port du *Y. aloifolia*. (Ref. B. 313 ; G. C., 1895, part. II, f. 91-93.) Syns *Y. Ghiesbreghtii*, Hort., et *Y. Roezlii*, Hort.

Y. japonica, Hort. Syn. de *Y. gloriosa recurvifolia*, Salisb.

Y. lævigata, Hort. Syn. de *Y. Peacockii*, Baker.

Y. lineata-lutea, Hort. Variété du *Y. aloifolia*, Linn.

Y. longifolia, Hort. Syn. de *Y. flexilis*, Carr.

Y. lutescens, Carr. Syn. de *Y. rupicola*, Scheele.

Y. macrocarpa, Engelm. *Fl.* réunies en panicule subsessile, accompagnée de bractées blanches, charnues et lancéolées. *Fr.* jaunâtre pâle, cylindrique, obtus, non sillonné, pulpeux, de 10 à 15 cent. de long et 15 à 18 cent. de circonférence, à saveur doucereuse, acidulée et agréable. *Flles* étalées, aiguës, concaves et à bords entiers. Tronc de 30 cent. à 1 m. 20 de haut. Montagnes de Santa Rita ; Arizona. Cette espèce est très voisine du *Y. baccata*.

Y. mexicana, Hort. Syn. de *Y. flexilis*, Carr.

Y. nobilis, Hort. Syn. de *Y. flexilis*, Carr.

Y. obliqua, Haw. Syn. de *Y. gloriosa*, Linn.

Y. orchioides, Carr. Syn. de *Y. filamentosa*, Linn.

Y. o. major, Hort. Syn. de *Y. filamentosa antwerpensis*, Hort.

Y. Parmentieri, Hort. — V. **Furcræa Bedinghausii**.

Y. patens, E. André. Variété du *Y. gloriosa*, Linn.

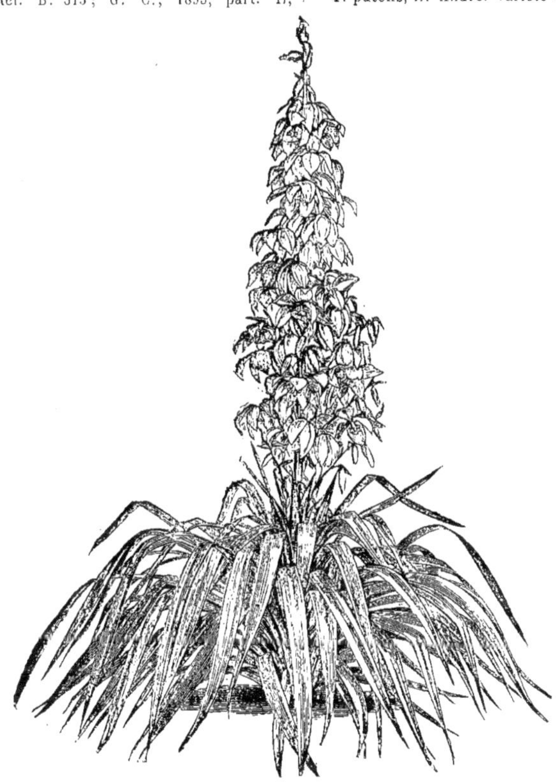

Fig. 592. — Yucca gloriosa recurvifolia.

Y. Peacockii, Baker. *Flles* environ cent, formant une rosette dense, de 1 m. de diamètre, droites, linéaires, de 40 à 45 cent. de long et 2 1/2 à 4 cent. de large, vert terne, lisses et canaliculées sur la face supérieure, arrondies et légèrement scabres sur la supérieure, vulnérantes au sommet, avec les bords entiers et rouge brun. Mexique? 1879. Serre froide. Syn. de *Y. lævigata*, Hort.

Y. pendula, Sieber. Syn. de *Y. gloriosa recurvifolia*.

Y. periculosa, Baker. Variété du *Y. baccata*, Torr.

Y. polyphylla, Baker. Syn. de *Y. constricta*, Buckl.

Y. pruinosa, Baker. Variété du *Y. gloriosa*, Linn.

Y. puberula, Haw. Variété du *Y. filamentosa*, Linn.

Y. purpurea, Hort. Variété du *Y. aloifolia*, Linn.

Y. quadricolor, Hort. Variété du *Y. aloifolia*, Linn.

Y. recurva, Haw. Variété du *Y. gloriosa recurvifolia*, Hort.

Y. recurvifolia, Salisb. Variété du *Y. gloriosa*, Linn.

Y. revoluta, Hort. Syn. de *Y. Treculeana*, Car.

Y. Roezlii, Hort. Syn. de *Y. guatemalensis*, Baker.

Y. rufocincta, Haw. Variété du *Y. gloriosa*, Linn.

Y. tenuifolia, Haw. Variété du *Y. aloifolia*, Linn.

Y. Toneliana, Linn. Syn. de *Furcræa Bedinghausii*.

Y. tortilis, Hort. Syn. de *Y. rupicola*, Scheele.

Y. tortulata, Baker. Variété du *Y. gloriosa*, Linn.

Y. Treculeana, Carr. * *Fl.* à segments du périanthe blancs, campanulés, de 4 à 6 cent. de long, oblongs, aigus, de 12 à 15 mm. de large; pédicelles inférieurs de 3 à 4 cent. de long; bractées blanches, égalant les pédicelles ; panicule dense, de 60 cent. à 1 m. 20 de long; hampe courte. Été. *Flles* denses, ensiformes, de 60 cent. à 1 m. 30 de long et 5 à 8 cent. de large, coriaces, vert terne, scabres, profondément concaves sur la face supérieure, arrondies sur le dos, vulnérantes au sommet, à bords rouge brun, plus pâles à l'extérieur, d'abord obscurément serrulées; les adultes parfois légèrement filamenteuses. Tiges de 6 à 8 m. de haut. et 30 à 60 cent. de diamètre, assez fortement ramifiée. Texas et nord du Mexique. 1858. Serre froide. (R. H. 1869, p. 406; 1887, p. 368; G. et F. 1888, p. 55; Gn. 1889, part. I, 585.) Syns. *Y. agavoides*, Hort., *Y. concava*, Hort.; *Y. contorta*, Hort., *Y. cornuta*, Hort., *Y. revoluta*, Hort.; *Y. undulata*, Hort. — Le *Y. canaliculata*, Hook. (B. M. 5201), est une forme à petites fleurs et à feuilles de 60 cent. de long, profondément canaliculées. 1858.

Fig. 593. — Yucca. (*Rev. Hort.*)
1. *treculeana*; 2, *baccata*.

Y. **rupicola**, Schule. *Fl.* à périanthe blanc, légèrement verdâtre à l'extérieur, de 5 à 8 cent. de long, à segments oblongs, aigus, de 20 à 30 mm. de large; pédicelles de 12 à 18 mm. de long; bractées petites, lancéolées; panicule lâche, à branches ascendantes; les inférieures de 15 cent. de long; hampe de 1 m. de long, garnie de bractées ou feuilles réduites. Eté. *Flles* denses, ensiformes, de 50 à 60 cent. de long et 2 à 4 cent. de large, souvent tordues, à pointe vulnérante, lisses en dessus, légèrement scabres sur le dos, avec les bords pâles et serrulés. Texas. Plante acaule. (B. M. 7172.) Syns. *Y. contorta*, Hort. et *Y. tortilis*, Hort. ; *Y. lutescens*, Carr.

Y. scabrifolia, Baker. Variété du *Y. baccata*, Torr.

Y. semi-cylindrica, Baker. Variété du *Y. flexilis*, Carr.

Y. stenophylla, Hort. Syn. de *Y. flexilis*, Carr.

Y. stricta, Sims. Variété du *Y. angustifolia*, Pursh.

Y. superba, Haw. Variété du *Y. gloriosa*, Linn.

Y. tricolor, Hort. Variété du *Y. aloifolia*, Linn.

Y. undulata, Hort. Syn. de *Y. Treculeana*, Carr.

Y. variegata, Hort. Variété du *Y. aloifolia*, Linn.

Y. Whipplei, Torr. *Fl.* à périanthe blanc, teinté de vert à l'extérieur, à segments lancéolés, de 8 à 15 mm. de large, pédicelles ascendants, de 2 1/2 à 4 cent. de long; bractées blanches et petites; panicule dense, oblongue-lancéolée, à branches grêles, de 15 cent. de long; hampe allongée, garnie de plusieurs feuilles réduites; inflorescence de 1 m. 20 à 3 m. de long. Été. *Flles* cent cinquante à deux cents, rigides, droites, linéaires, de 30 à 45 cent. de long et 10 à 15 mm. de large, vertes et glabescentes, dilatées à la base, mais planes en dessus, canaliculées sur le dos, sub-triquètres, à pointe vulnérante et à bords finement serrulés. Californie et Arizona, 1876. Plante acaule ou à peu près, stolonifère et demi-rustique. (G. C. n. s. VI, p. 197; Gn. 1889, part. 1, 561. G. et F., 1895, 414, 56.)

Fig. 594. — Yucca Whipplei. (*Rev. Hort.*)

Y. W. violacea, Hort. * Variété remarquable par la teinte violacée de ses fleurs. 1884. (R. H. 1884, p. 324.)

YULAN. — V. Magnolia conspicua.

Z

ZACINTHA, Gærtn (dérivé de *Zante*, anciennement *Zacinthus*, nom de l'île dans laquelle la plante fut observée pour la première fois). Fam. *Composées*. — La seule espèce de ce genre est une plante herbacée, annuelle, glabre, ramifiée et divariquée, de culture très facile, mais sans grand effet décoratif, et par suite fort peu répandue dans les cultures.

Z. verrucosa, Gærtn. *Capitules* jaunes, presque petits, à involucre étroit, dont les bractées internes sont infléchies tandis que les externes sont réfléchies; réceptacle plan et nu; fleurons tous ligulés, tronqués et à cinq dents au sommet; achaines glabres. Été. *Flles* radicales yrées; les caulinaires peu nombreuses, alternes, amplexicaules et plus entières. *Haut.* 15 à 30 cent. Région méditerranéenne; France, etc. (S. F. G. 820.)

ZACINTHA, Vell. — V. **Clavija**, Ruiz et Pav.

ZALACCA, Reinw. (c'est, dit-on, le nom indigène dans les îles Moluques). On écrit parfois *Salacca*, Reinw. Fam. *Palmiers*. — Genre comprenant environ quatre-vingts espèces de Palmiers de serre chaude, acaules et à racines sobolifères, dont un habite l'Assam et les autres l'Archipel Malais. Fleurs souvent rose vif, polygames-monoïques ou dioïques, réunies en spadice simple ou ramifié-fastigié et pendant, à ramilles florifères amentiformes, un peu courtes, espacées ou fasciculées, sessiles ou pédonculées; bractéoles soudées en cupule à deux loges; spathes persistantes, l'inférieure incomplète, engainant le pédoncule et les rameaux; les partielles accompagnant les ramilles florifères. Fruit globuleux, turbiné ou ovoïde, à une-trois loges et ordinairement surmonté d'un bec. Feuilles allongées, inégalement pinnatiséquées, à segments alternes, fastigiés ou équidistants, lancéolés ou oblancéolés, droits ou arqués et acuminés; rachis obtusément triangulaire, non épineux; pétiole légèrement arrondi et armé d'épines souvent disposées en spirale.

Les espèces décrites ci-après sont les plus répandues dans les cultures. Les plantes cultivées dans certains établissements sous les noms de *Z. nitida* et *Z. Wagneri*, sont peut-être des espèces distinctes, mais on sait si peu de choses sur leur compte que nous ne pouvons les décrire. Le mode de traitement appliqué aux **Cycas** convient à ces plantes.

Z. Blumeana, Mart. Syn. de *Z. edulis*, Blume.

Z. edulis, Blume. *Fl.* disposées en spadices pendants, à rameaux allongés, les mâles axillaires plus longs et plus fortement ramifiés que les femelles; ces derniers de 5 à 8 cent. de long et plus épais que les mâles. *Fr.* de teinte fauve, pyriforme et de 6 cent. de long. *Flles* nombreuses, fasciculées, dressées, couvertes de longues épines souvent dentées en scie; pinnules linéaires-lancéolées, très longuement acuminées, de 45 à 75 cent. de long et 4 à 5 cent. de large, blanchâtres en dessous; pétioles un peu plus courts que le rachis et garnis de robustes épines. Archipel Malais, 1847. Syn. *Z. Blumeana*, Mart.

Z. Wallichiana, Mart. *Fl.* disposées en spadice axillaire, de plusieurs pieds de long, retombant ou pendant, longuement ramifié; chatons mâles de 2 1/2 à 5 cent. de long; les femelles cylindriques, de 5 cent. de long. *Fr.* ovale-pyriforme, de 4 cent. de long, légèrement aigu. *Flles* de 6 à 7 m. de long, fasciculées, presque dressées, à pinnules géminées, ternées ou disposées par quatre, étroitement lancéolées, avec une longue pointe cuspidée et grêle, atténuées et rédupliquées à la base, planes; les adultes de 45 cent. de long et 8 à 12 cent. de large; pétioles de 1 m. 20 à 2 m. de long, armés de robustes épines fauves. Indes, etc., 1847. (G. C. 1873, p. 1803.)

ZALUZANIA, Pers. (dédié à Adam Zaluziansky à Zaluzian, médecin de Pragues, qui publia un *Methodus Herbariæ*, en 1602). Comprend le *Chiliophyllum* DC. et *Ferdinanda*, Lag. pr. parte. Fam. *Composées*. — Genre renfermant sept ou huit espèces d'arbustes ou de sous-arbrisseaux de serre chaude, tempérée ou demi-rustiques et habitant le Mexique. Capitules jaunes ou blancs, hétérogames, radiés, parfois un peu petits et disposés en panicules corymbiformes.

Le *Z. eminens*, Hort., dont le nom correct est aujourd'hui **Podachænium paniculatum**, Benth. (V. ce nom pour sa description et sa culture), est connu dans les jardins sous le nom de *Ferdinanda eminens*. Hort. C'est une grande plante de serre pendant l'hiver, à port majestueux, rappelant celui des *Wigandia* et employée comme eux pour la décoration estivale des jardins.

ZALUZIANSKYA, F. W. Schmidt. (dédié au même personnage que le genre précédent). Syn. *Nycterinia*, Don. Fam. *Scrophularinées*. — Genre comprenant environ seize espèces de plantes herbacées, annuelles, vivaces ou suffrutescentes, plus ou moins visqueuses, de serre froide ou demi-rustiques et habitant le sud de l'Afrique.

Fleurs sessiles, disposées en épis; calice à cinq dents courtes, bilabié ou bipartit; corolle persistante, à la fin divisée jusqu'à la base en cinq lobes entiers, étalés ou bifides; étamines souvent quatre. Feuilles inférieures alternes; les supérieures opposées, faiblement dentées; les florales bractéiformes et entières.

« Des trois espèces suivantes, introduites dans les jardins, le *Z. selaginoides,* plus connu sous le nom de *Nycterinia,* est de beaucoup le plus beau et le plus cultivé. C'est une charmante plante naine, propre à former des potées pour l'ornementation des serres froides, des rocailles ou des bordures de corbeilles printanières. Le point essentiel de sa culture est le semis d'automne, qui se fait en terrines et en pépinière; on repique les plants dans des godets ou à plein sol et on les hiverne sous châssis, en leur donnant le plus d'air et de lumière qu'on le peut, et en les arrosant le moins possible, afin de les préserver de l'humidité, ce qu'ils redoutent le plus. En avril, on transplante ces jeunes plantes à demeure, ou bien on les rempote dans des pots de 12 cent. environ de diamètre. Elles forment alors des touffes compactes, qui se couvrent de fleurs en mai-juin. Quand on sème au printemps, les plantes restent grêles, fleurissent peu et sont sans effet décoratif. (S. M.)

Le Z. *capensis* se traite comme le précédent; quant au *S. lychnidea,* qui est suffrutescent, on le multiplie par boutures ou par division des touffes.

Z. capensis, Walp. * *Fl.* blanchâtres, à corolle grêle, ayant presque 3 cent. de long et réunies en épis ordinairement courts et pauciflores, le central s'allongeant ordinairement beaucoup. Printemps. *Flles* supérieures ou toutes linéaires, bordées de quelques dents ou toutes entières, uninervées, à bords et nervures ordinairement ciliés. Tige dressée et garnie de poils apprimés. *Haut.* 15 à 30 cent. Cap. Plante annuelle et demi-rustique. Syn. *Nycterinia capensis*, Benth. (B. M. 370.)

Fig. 595. — ZALUZIANSKYA CAPENSIS.

Z. lychnidea, Walp. *Fl.* blanc jaunâtre, à tube de la corolle de 4 cent. ou un peu plus de long et disposées en épi allongé. Mai-juillet. *Flles* oblongues-linéaires, bordées de quelques dents ou entières, uninervées et presque glabres; les florales amplexicaules, largement lancéolées ou oblongues, obtuses, à bords et nervure ciliés. Rameaux couverts d'une villosité apprimée. *Haut.* 15 à 30 cent. Sud de l'Afrique, 1776. Sous-arbrisseau de serre froide. Syns. *Erinus lychnideus,* Linn. f. (B. M. 2504; B. R. 748) *Nycterinia lychnidea,* D. Don. (S. B. F. G. ser. II, 239.)

Z. selaginoides, Walp. * *Fl.* blanc rosé ou violacé, devenant plus foncé, avec une couronne orangée autour de la gorge, qui est elle-même jaune clair, odorantes le soir, axillaires, sessiles et formant des épis feuillés; calice à cinq divisions inégales; corolle de 2 à 3 cent. de long, à tube grêle, un peu arqué et à limbe à cinq divisions rotacées et échancrées au milieu; gorge poilue; épis s'allongeant après la floraison et interrompus à la base. *Flles* spatulées; les inférieures alternes, obovales, assez longuement pétiolées; les supérieures opposées, oblongues ou linéaires-spatulées; les florales soudées au calice et dilatées à la base. Tige très rameuse, à rameaux touffus, compacts, couverts, ainsi que toutes les autres parties, de poils mous et blanchâtres. Plante annuelle ou bisannuelle et demi-rustique. *Haut.* 10 à 15 cent. Sud de l'Afrique, 1854. Syns. *Erinus selaginoides,* Thunb. et *Nycterinia selaginoides,* Benth.

ZAMIA, Linn. (de *zamia*, perte; nom donné par Pline aux cônes de Pin et appliqué par Linné à ce genre, par allusion à la stérilité des fructifications mâles). FAM. *Cycadacées.* — Genre comprenant environ trente espèces de belles plantes vivaces, suffrutescentes et de serre chaude ou tempérée, ayant un peu le port de certains Palmiers. Elles habitent toutes l'Amérique tropicale et les Indes occidentales; une seule s'étend jusqu'aux Etats-Unis. Inflorescences mâles en forme de cônes, solitaires ou réunies par deux-trois, glabres ou parfois couvertes extérieurement de poils fauves; les mâles ovoïdes ou globuleuses, formées de plusieurs séries superposées d'écailles peltées à pédicule épaissi et portant sur leur face inférieure de nombreuses anthères; cônes femelles semblables mais plus épais, pédonculés, à écailles moins nombreuses et surmontés d'un groupe conique d'écailles stériles; les fertiles portant sur leur face inférieure chacune deux ovules qui deviennent par la suite des baies rougeâtres, monospermes et anguleuses par pression mutuelle. Feuilles peu nombreuses, naissant l'une après l'autre, pinnées, à folioles épaisses, coriaces, articulées, linéaires-oblongues ou ovales, entières ou dentées; pétioles épais, lisses ou spinuleux. Tronc ou tige parfois court et épais, simple, lobé ou ramifié, lisse ou portant des cicatrices de feuilles tombées, nu ou poilu, épigé ou presque hypogé.

Les *Zamia* sont de belles plantes de serre, que leur port et aspect tout particuliers rendent intéressants et utiles pour orner les grandes serres chaudes, où ils produisent un effet singulier. Ils prospèrent dans un mélange en parties égales de bonne terre franche et de terre de bruyère, additionné d'un peu de sable blanc. Ils préfèrent un endroit abrité du grand soleil et la température ne doit pas descendre au-dessous de 15 deg. pendant l'hiver. En été, il faut les arroser copieusement et les seringuer fréquemment. Lorsqu'ils s'affaiblissent et qu'ils deviennent malades, il convient de mettre leurs racines totalement à nu, de les laver soigneusement, de couper toutes les parties malades et de les replanter dans de la terre neuve. On les plonge ensuite dans une couche de tan, ou bien on les place sur une banquette où il y a de la chaleur de fond et on les arrose très modérément jusqu'à ce qu'ils soient de nouveau entrés en végétation. Leur multiplication s'effectue par division lorsque la tige est ramifiée, par semis ou par éclats de rejets.

Les espèces décrites ci-après sont les plus belles et les plus répandues dans les collections. Sauf le *Z. integrifolia*, l'espèce nord-américaine, tous les autres sont de serre chaude.

Z. amplifolia, Hort. ' *Flles* dressées, à deux paires de folioles largement ovales-lancéolées, acuminées, glabres, vert jaunâtre, de 28 cent. de long et 8 à 12 cent. de large, fortement côtelées sur les deux faces; rachis anguleux; pétioles de 35 à 40 cent. de long, purpurins, arrondis, pubérulents et garnis de petites épines éparses. Tige oblongue, obtuse, glabre. Colombie, 1879. — Très belle plante peut-être maintenant disparue des cultures.

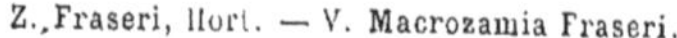

Z. Fraseri, Hort. — V. **Macrozamia Fraseri**.

Z. furfuracea, Ait. ' Angl. Jamaica Sago-tree. — *Flles* à dix-treize folioles de chaque côté, opposées ou alternes, obovales-oblongues ou oblancéolées, dentées-spinuleuses depuis le milieu jusqu'au sommet, dentées en scie ou parfois inégalement lobées à l'extrémité, aiguës ou obtuses, fortement couvertes en dessous d'une pruine épi-

Fig. 596. — Zamia (*Encephalartos*) caffra. (*Rev. Hort.*)

neuse, plus légère sur la face supérieure, sur les pétioles et sur le rachis ; ce dernier presque inerme ; pétioles épineux. *Cônes* femelles couverts d'une pruine jaune, de 5 à

Fig. 597. — Zamia furfuracea.

près de 10 cent. de long et ovoïdes-allongés. Tronc cylindrique. Mexique, 1691. (B. M. 1969 ; R. G. 932.)

Z. angustifolia, Jacq. *Flles* adultes glabres, à vingt ou vingt-quatre folioles de chaque côté du rachis, presque toutes alternes, étroitement linéaires, un peu obtuses, de 15 à 20 cent. de long, à peine rétrécies à la base; pétioles arrondis en dessous et inermes. *Cônes* de 5 à 6 cent. de long; les mâles tomenteux, rougeâtres et cylindriques; les femelles plus épais, obtusément cuspidés; pédoncules dressés, pubescents et fauves. Tige ovoïde-conique. Indes occidentales.

Z. caffra, Thunb. — V. **Encephalartos caffer**.

Z. calocoma, Miq. — V. **Microcycas calocoma**.

Z. Chigua, Seem. *Flles* de 40 cent. de long, à folioles alternes, très nombreuses, étalées, longuement lancéolées, acuminées, obscurément denticulées, glabres, à environ seize nervures; pétioles fortement et rachis faiblement épineux. Cônes mâles cylindriques, de 13 à 18 cent. de long, cuspidés; les femelles beaucoup plus gros et également cuspidés. Tronc cylindrique, de 20 cent. de haut. Darien, 1847. Syns. *Z. Lindleyi*, Warsz.; *Z. princeps*, Hort. et *Aulacophyllum Ortgiesii*, Regel.

Z. Fischeri, Miq. *Flles* à trois-six folioles de chaque côté du rachis, de 4 à 6 cent. de long et environ 12 mm. de large; les inférieures alternes; les supérieures opposées, lancéolées, acuminées, atténuées à la base, légèrement inéquilatérales, à bord supérieur garni sur un tiers de sa longueur de dents arquées; rachis de 4 à 6 cent. de long, glabre ou à peu près, développé en mucron au-dessus de la dernière paire de folioles; pétiole presque arrondi, de 5 cent. ou plus de long. Amérique centrale, 1849. (G. C. n. s. XIX, 213.)

Z. Ghellinckii, Hort. — V. **Encephalartos Ghellinckii**.

Z. integrifolia, Ait. Angl. Jamaïca Sago-tree. — *Flles* étalées, glabres, à sept-seize folioles de chaque côté, alternes, rarement opposées ; les plus grandes de 10 à 18 cent. de long, oblongues ou obovales-oblongues, entières ou obtusément dentées en scie au sommet ; pétioles inermes. *Cônes* légèrement tomenteux et fauves ; les mâles de 6 cent. de long ; les femelles de 8 cent. *Tronc* court, globuleux ou oblong. Sud des États-Unis. etc. 1758. Serre froide. (B. M. 1851.)

Fig. 598. — Zamia integrifolia.

Z. Kickxii, Micq. *Flles* glabres, à folioles au nombre d'environ vingt-quatre de chaque côté, alternes ou sub-opposées, presque toutes étalées ; les inférieures plus petites ; les médianes de 5 cent. de long et 12 mm. de large, lancéolées-elliptiques, à bords, surtout l'inférieur, serrulés ; rachis sub-arrondi ; pétioles grêles et inermes. *Cônes* mâles cylindriques, allongés, aigus et de 5 cent. de long. Cuba.

Z. Leiboldii, Miq. *Flles* à quatorze-vingt-deux folioles de chaque côté, tronquées ou aiguës au sommet, opposées ou alternes et à vingt-cinq nervures ; pétioles semi-arrondis. Tronc de 20 cent. de haut. Mexique, 1843. (R. G. 929, sous le nom de *Z. L. angustifolia*, Regel.)

Z. Lindeni, Regel. *Flles* lancéolées, de 2 m. de long, à pétioles allongés et à quarante ou quarante-quatre folioles de chaque côté, sessiles, glabres, de 20 cent. de long, allongées-lancéolées, un peu arquées, dentées en scie dans leur moitié supérieure. Tronc cylindrique, de 1 m. et plus de haut. Équateur, 1875. Plante majestueuse. (I. H. 1875, 195.)

Z. Lindleyi, Warsz. Syn. de *Z. Chigua*, Seem.

Z. Loddigesii, Miq. *Flles* à folioles dressées et presque confluentes, longuement lancéolées ou linéaires-lancéolées ; légèrement rétrécies à la base, acuminées au sommet, de 18 cent. de long, légèrement épaissies sur les bords, dentées depuis le milieu ou à peu près jusqu'au sommet ; rachis légèrement épineux. Caracas, 1844. (R. G. 926.)

Z. media, Jacq. Syn. de *Z. pumila*, Linn.

Z, Miquelii, Hort. — V. **Macrozamia Fraseri.**

Z. montana, A. Br. *Flles* de 1 m. 20 à 1 m. 50 de long, formant une touffe terminale, composée de huit à dix paires de folioles de 30 cent. ou plus de long et 5 à 10 cent. de large, oblancéolées ou linéaires-lancéolées, brusquement acuminées, avec une dent proéminente et quelques autres obscures ; pétioles tomenteux, sombres à la base et couverts d'épines sur toute leur surface. *Tronc* de 1 m. 20 à 1 m. 50 de haut et 20 cent. de diamètre. Colombie, 1882.

Z. muricata, Willd. *Flles* à six-onze paires de folioles alternes et sub-opposées, oblongues ou oblongues-lancéolées, acuminées, obscurément serrulées, spinuleuses depuis le milieu jusqu'au sommet ; pétioles arrondis et épineux ; pédoncules glabres. *Tronc* également glabre. Amérique centrale, 1749.

Z. obliqua. A. Braun. *Flles* inermes, glabres ou couvertes d'une pubescence compacte, à sept-dix folioles de chaque côté, ovales-lancéolées, obtusément acuminées au sommet, atténuées à la base, d'environ 10 cent. de long et près de 8 cent. de large. *Tronc* grêle, atteignant 2 m. à 2 m. 20. Colombie, 1878. (G. C. n. s. XVII, p. 461 ; I. H. 1877, 289 ; B. M. 7542.)

Z. Ottonis. Miq. *Flles* glabres, de 30 à 60 cent. de long, composées de neuf à quatorze paires de folioles alternes ou les supérieures opposées, oblongues ou obovales-lancéolées, obtuses, les plus grandes de 4 à 5 cent. de long, bordées de dents arquées vers le sommet, surtout sur le côté inférieur ; pétioles inermes. *Cônes* de 4 cent. de long ; les mâles fauves-pubescents, cylindriques ; les femelles épais et cuspidés ; pédoncules de 4 cent. de long, couverts d'une pubescence blanc fauve. Tige tubéreuse, fusiforme, de 6 cent. de long. Cuba.

Z. picta, Dyer. * *Flles* maculées de blanc ; pétioles plus épais et plus fortement pubescents que dans le *Z. muricata*, dont il a longtemps été considéré comme une variété ; c'est cependant une espèce beaucoup plus belle et très distincte. Mexique.

Z. prasina, Hort. *Flles* à seize ou dix-sept paires de folioles oblancéolées-cunéiformes, denticulées vers le sommet, vert gai en dessus ; pétioles arrondis, légèrement canaliculés sur le devant et couverts de quelques petites épines blanches. Honduras, 1881.

Z. princeps, Hort. Syn. de *Z. Chigua*, Seem.

Z. pumila, Linn. *Flles* à seize-vingt paires de folioles de chaque côté du rachis, obovales-oblongues, obtuses, entières ou obscurément serrulées, de 5 à 7 cent. de long ; pétioles inermes, couverts d'une pubescence écailleuse. *Cônes* de 4 à 8 cent. de long, ellipsoïdes et obtus. Floride et Indes occidentales, 1812. Serre chaude ou tempérée. (B. M. 2006.) Syn. *Z. media*, Jacq. (B. M. 1838.)

Z, pygmæa, Sims. *Flles* de 12 à 21 cent. de long, composées de trois à dix paires de folioles opposées et alternes, obliquement sub-cunéiformes à la base, ovales-oblongues ou ovales ; les plus grandes de 3 cent. de long, dentées en scie jusqu'au milieu ; pétioles arrondis, inermes, de 7 cent. de long. *Cônes* mâles, de 2 cent. 1/2 de long, un peu ovoïdes-globuleux et longuement pédonculés. Tige poussant sous terre. Indes occidentales. Plante naine et très glabre. (B. M. 1741.)

Z. Roezlii, Regel. *Flles* de 2 m. de long, formant une couronne élégante, à folioles de 30 à 40 cent. de long, linéaires-aiguës, arquées, glabres, luisantes et sillonnées longitudinalement. *Cônes* femelles amples, cylindriques et obtus. *Tronc* épais. Nouvelle-Grenade, 1873. (I. H. 1873, 133-4.)

Z. Skinneri, Warsz. *Flles* ordinairement à quatre paires de folioles opposées ou alternes, oblongues, aiguës aux deux extrémités, coriaces, luisantes, serrulées-spinuleuses depuis le milieu jusqu'au sommet, les plus grandes de 30 cent. de long et 9 cent. de large ; rachis et pétioles épineux. *Cônes* mâles réunis par trois-quatre, agrégés, allongés-cylindriques, courtement pédonculés, de 15 cent. de long, ferrugineux-pubescents. Amérique centrale, 1851. (B. M. 5242 ; F. d. S. 2212.) Syn. *Aulacophyllum Skinneri*, Regel.

Z. tonkinensis, Lind. et Rod. — V. **Cycas tonkinensis.**

Z. villosa, Gærtn. — V. **Encephalartos villosus.**

Z. Wallisii, A. Braun. * *Flle* solitaire, pinnée, à folioles peu nombreuses, lancéolées, plissées, de 30 cent. de long ;

pétiole rougeâtre et épineux. Tronc court et charnu, Nouvelle-Grenade, 1875. Cette plante est voisine du *Z. Skinneri*. (B. M. 7103.)

ZAMIOCULCAS, Schott. (de *Zamia*, genre de Cycadacées et *Culcasia* pour *Colocasia*, genre d'Aroïdée; allusion à la ressemblance imaginaire avec ces deux genres de plantes). Comprend les *Gonatopus*. Fam. *Aroïdées*. — Petit genre ne renfermant que deux espèces de plantes herbacées, vivaces et de serre chaude, habitant l'Afrique tropicale orientale. Fleurs densément disposées sur un spadice sessile, cylindrique, inappendiculé et plus court que la spathe; celle-ci à tube convoluté, sub-globuleux et à limbe lancéolé ou naviculaire et cornu au sommet. Feuilles nombreuses, à pétioles épais, imparipennées, à six ou huit paires de pinnules alternes ou bipinnées, à divisions primaires et pinnules opposées; pétioles très courtement engainants à la base.

Ces plantes prospèrent dans un compost de terre franche siliceuse et de terreau de feuilles additionné de quelques petits morceaux de charbon de bois; il leur faut en outre une atmosphère humide. Leur multiplication s'effectue par division des souches. « On peut aussi obtenir de jeunes plantes avec folioles qui se désarticulent du rachis et de la façon suivante : Placer ces folioles sur la terre qu'on entretient humide; au bout de quelque temps, la partie inférieure commence à se renfler et forme un peu après un petit tubercule auquel adhère encore la feuille. On peut alors le planter dans un petit pot, en ayant soin de ne le couvrir que très légèrement de terre ; les racines et le bourgeon foliaire se montrent rapidement et on obtient en peu de temps une jeune plante établie. » (N.-E. Brown.)

Z. Boivini, Dcne. *Fl.* à spathe de 15 cent. de long, avec le limbe vert jaunâtre terne intérieurement, vert jaunâtre livide à l'extérieur, fortement parcouru par des nervures et stries foncées ; spadice égalant la spathe, à partie femelle de 2 cent. 1/2 de long ; partie mâle de 10 cent. de long, jaune et arrondie. *Flle* solitaire, radicale, dressée, de 60 cent. à 1 m. de long, triangulaire-ovale, pinnée et triternée, à pinnules opposées, ovales-lancéolées, acuminées, sessiles ou courtement pétiolées ; pétioles de l'épaisseur du petit doigt. *Rhiz.* court et dilaté. Afrique tropicale, 1873. (B. M. 6026.) Syn. *Gonatopus Boivini*.

X. Loddigesii, Schott. *Fl.* à spathe verte, épaisse, à limbe d'environ 5 cent. de long ; spadice jaune verdâtre, de 4 à 5 cent. de long, rétréci au milieu ; hampe très courte, mais forte. Juin. *Flles* à pinnules de 8 à 15 cent. de long, alternes, caduques, obovales ou elliptiques-lancéolées, courtement pétiolulées ou sub-sessiles ; pétioles d'environ 60 cent. de long, arrondis et claviformes à la base. *Rhiz.* court, horizontal, produisant de gros tubercules blancs et sessiles, 1828. (B. M. 5985.) Syn. *Caladium zamiæfolium*, Lodd. (L. BC. 1408.)

ZANNICHELIA, Linn. (dédié à John Jérôme Zannichelli, botaniste vénitien ; 1662-1729) ; Angl. Horned Pondweed. Fam. *Naïadacées*. — Petit genre comprenant une ou plusieurs espèces (selon l'opinion des auteurs) de plantes herbacées, aquatiques et submergées, à rameaux grêles, filiformes, à peine feuillés. Fleurs petites, axillaires, solitaires ou géminées. Le *Z. palustris*, Linn. est assez commun dans les cours d'eau en France et en Angleterre, mais il ne présente aucun intérêt horticole.

ZANTEDESCHIA, K. Koch. — V. **Schismatoglottis**, Zoll. et Morren.

ZANTEDESCHIA, Sprengel. — V. **Homalonema** et **Richardia**, Kunth.

ZANTHORRHIZA, L'Herit. (de *xanthos*, jaune, et *rhiza*, racine ; allusion à la couleur jaune vif des longues racines et de la souche.) Syn. *Xanthorrhiza*, Marsh. Fam. *Renonculacées*. — La seule espèce de ce genre est un sous-arbrisseau ou un arbuste peu élevé. Il prospère en pleine terre ordinaire et peu se multiplier par séparation des drageons.

Z. apiifolia, L'Herit. *Fl.* pourpre foncé, petites, souvent polygames, disposées en grappes grêles et composées, se montrant avant les feuilles et se plaçant ensuite sous elles ; sépales cinq, pétaloïdes ; pétales en même nombre, petits, onguiculés et souvent dilatés au sommet. Mars-avril. *Flles* pinnées, longuement pétiolées, à trois-cinq folioles ovales ou lancéolées-ovales, aiguës à la base et incisées-dentées depuis ce point. Tiges de 60 cent. à 1 m. de haut. Amérique du Nord. Syn. *Xanthorrhiza apiifolia*, Marsh. (B. M. 1736 ; B. M. Pl. 9.)

ZANTHOXYLÉES. — Tribu des **Rutacées**.

ZANTHOXYLUM, Linn. (de *xanthos*, jaune, et *xylon*, bois; allusion à la couleur des racines). On écrit aussi *Xanthoxylon*. **Clavalier**; Angl. Prickly Ash, Toothache-tree. Syn. *Pterota*, P. Browne. Comprend les *Blackburnia*, Forst. ; *Fagara*, Linn. et plusieurs autres genres. Fam. *Rutacées*. — Genre renfermant environ quatre-vingts espèces d'arbres ou d'arbustes de serre froide, demi-rustiques ou rustiques, souvent armés de fortes épines et habitant les régions tropicales et sub-tropicales. Fleurs dioïques, souvent blanches ou verdâtres, petites, disposées en cymes amples ou étroites, pédonculées, axillaires ou terminales ; calice à trois-cinq divisions ou rarement nul ; corolle à trois-cinq pétales, rarement absents ; fleurs mâles à trois-cinq étamines saillantes ; fleurs femelles à trois-cinq ovaires libres, devenant autant de capsules charnues, bivalves et di- ou monospermes, exhalant souvent une forte odeur aromatique. Feuilles alternes, trifoliolées ou inégalement pinnées, à folioles opposées ou alternes, entières ou crénelées, souvent obliques et ponctuées.

Les espèces décrites ci-après existent dans les collections, mais elles y sont peu répandues. Les espèces rustiques, telles que le *Z. americanum*, plus connu sous le nom de *Z. fraxineum*, qui est aussi le plus commun du genre, prospèrent en tout terrain, frais de préférence et en terre plutôt légère.

Les espèces de serre se cultivent dans un compost de terre de bruyère, terre franche et sable en proportions égales. Leur multiplication s'effectue par le bouturage de tronçons de racines que l'on fait à chaud ou par semis quand on en possède des graines. Pour de plus amples détails, V. **Zizyphus**.

Z. alatum, Roxb. *Fl.* apétales, disposées en panicule lâche et faiblement ramifiée. Printemps. *Flles* de 4 à 22 cent. de long, à deux-six paires de folioles lancéolées, obtusément acuminées, glabres en dessous ; pétioles et rachis ordinairement largement ailés. Epines souvent appliquées verticalement le long du tronc et des branches. Indes. Arbuste ou petit arbre demi-rustique.

Z. americanum, Mill. * Clavalier à feuilles de Frêne ; Angl. Common Toothache-tree. — *Fl.* apétales, petites, disposées en ombelles compactes et naissant sur le vieux bois. Mars-avril. *Fr.* capsulaires, rouges en dedans, avec des graines noires qui forment un agréable contraste. *Flles* à neuf-onze paires de folioles opposées, ovales, obscurément dentées en scie, égales à la base et glabres ; pétioles arrondis et dépourvus d'épines ; stipules transformées en épines. *Haut.* 4 à 5 m. Amérique du Nord, Canada, Virginie, 1759. Syn. *Z. fraxineum*, Willd. Arbre rustique.

Z. aromaticum, Willd. *Fl.* blanc verdâtre, disposées en panicules terminales et axillaires, glabres, verruqueuses, de 8 à 12 cent. de diamètre. Avril. *Flles* à six-douze paires de folioles elliptiques ou oblongues, crénclées, avec les dents largement tronquées, pétiolulées, glabres et glanduduleuses en dessous. Epines courtes, subulées ou nulles. *Haut.* 6 m. La Jamaïque, 1824. Arbre de serre chaude.

Z. Blackburnia, Benth. *Fl.* blanches, à pétales imbriqués ; panicules axillaires ou terminales, lâches, plus courtes que les feuilles. Mai. *Flles* pinnées, à pétioles ramifiés, de 10 à 20 cent. de long ; folioles au nombre de trois à neuf, très obliquement ovales, courtement acuminées, ayant ordinairement 5 à 8 cent. de long, pétiolulées. *Haut.* 2 m. Australie, 1829. Arbuste ou petit arbre de serre chaude. Syn. *Blackburnia pinnata*, Forst.

Z. clava-Herculis, Linn. Clavalier des Antilles, Frêne épineux ; Angl. Southern Prickly Ash. — *Fl.* verdâtres, disposées en panicules terminales et axillaires, pubescentes, de 5 à 10 cent. de diamètre. Avril. *Flles* à cinq-dix paires de folioles oblongues-lancéolées, aiguës, très entières ou à bords finement serrulés, sub-sessiles, glabres en dessus, pubérulentes le long des nervures ou glabres en dessous et ponctuées ; pétioles portant des épines ascendantes. *Haut.* 6 à 15 m. Indes occidentales, 1739. Arbre de serre chaude.

Z. fraxineum, Willd. Syn. de *Z. americanum*, Mill.

Z. nitidum, DC. *Fl.* blanc verdâtre, disposées en grappes axillaires et fasciculées. Mai. *Flles* imparipennées, à deux-trois paires de folioles oblongues, luisantes, bordées de dents glanduleuses et espacées, allongées et émarginées au sommet, à nervure médiane ainsi que les pétioles et les rameaux épineux. *Haut.* 3 m. Chine, 1823, Arbuste de serre froide. (B. M. 2558.)

Z. piperitum, DC. Clavalier ou Poivrier du Japon ; Angl. Chinese ou Japanese Pepper. — *Fl.* blanches, disposées en panicules rameuses, axillaires et terminales. Septembre. *Fr.* capsulaire, arrondi, tuberculeux et monosperme, connus sous le nom de Poivre du Japon. *Flles* à onze folioles oblongues, inégales à la base, crénelées, glabres, sauf la nervure médiane ; pétioles subulés et articulés ; épines stipulaires. *Haut.* 3 m. Japon, 1773. Arbuste demi-rustique. Syn. *Fagara piperita*, Linn.

Z. Pterota, Humb., Bonpl. et Kunth. Clavalier à feuilles de Jasmin ; Angl. Bastard Ironwood. — *Fl.* verdâtres, réunies par quatre-cinq en bouquets axillaires, solitaires ou géminées ; étamines quatre. Août. *Flles* à sept-neuf folioles de 12 à 18 mm. de long, obovales, crénelées au dessus du milieu, sessiles ; pétioles ailés et articulés. Branches en zigzag et armées de courtes épines récurvées. *Haut.* 3 m. Sud de la Floride, La Jamaïque, 1769. Arbre demi-rustique, répandant une odeur de térébenthine. Syn *Fagara Pterota*, Linn.

Z. ramiflorum, Michx. Syn. de *Z. americanum*, Willd.

Z. Spinifex, DC. *Fl.* blanches, disposées en glomérules courts. Juillet. *Flles* à une-trois paires de folioles ovales ou spatulées, émarginées ou obtuses, très entières, de 6 à 12 mm. de long, glabres, coriaces, pourvues de deux tubercules à la base de la face inférieure et dépourvues de glandes pellucides ; pétioles inermes ; épines stipulaires droites. Indes occidentales, 1825. Arbuste bas, tortueux, feuillu et de serre chaude. Syn. *Fagara microphylla*, Desf.

Plusieurs autres espèces existent sans doute dans les cultures, car les suivantes y ont été introduites : *Z. acuminatum*, Swartz ; *Z. armatum*, DC. ; *Z. Avicennæ*, DC. ; *Z. budrunga*, DC. ; *Z. Bungei*, Hance ; *Z. carolinianum*, Gærtn. ; *Z. emarginatum*, Swartz ; *Z. mite*, Willd. ; *Z. planispinum*, Sieb. et Zucc. ; *Z. rufescens*, Desf. ; *Z. sapindoides*, DC. ; *Z. schinifolium*, Sieb. et Zucc. ; *Z. senegalense*, DC. et *Z. tricarpum*, Michx. ; toutefois, plusieurs des plus anciennes doivent en être disparues aujourd'hui. (S. M.)

ZAPANIA, Scop. — Réunis aux **Lippia**, Linn.

ZARA, Lour. — V. **Pistia**, Linn.

ZARABELLIA, Neck. — V. **Berkheya**, Ehrh.

ZAUSCHNERIA, Presl. (dédié à Zauschner, botaniste allemand). Fam. *Onagrariées.* — La seule espèce de ce genre est un beau petit arbuste demi-rustique, prospérant en toute terre légère, mais redoutant les sols compacts et humides. On l'emploie avantageusement pour orner les plates-bandes, les talus, les rocailles et autres parties sèches.

Dans les endroits bien sains, abrités et à l'aide d'une légère couverture de feuilles, cette plante résiste souvent à nos hivers, mais il est préférable de propager chaque année la quantité de jeunes plantes nécessaires que de trop compter sur sa rusticité.

Sa multiplication se fait ordinairement à l'automne, par boutures de jeunes pousses latérales, que l'on plante dans du sable, puis sous cloches ; on hiverne les jeunes plantes sous châssis froid et on les transplante en place au printemps suivant, et elles fleurissent alors profusément pendant tout l'été et l'automne. On peut aussi faire des boutures au printemps, à chaud ou diviser les vieilles touffes qu'on aura hivernées, mais ces procédés ne valent pas le bouturage automnal, et lorsqu'on possède des graines, on doit encore accorder la préférence au semis, car les plantes qui en résultent sont plus vigoureuses et plus florifères. Le semis lui-même se fait à l'automne et à froid ou au printemps, sur couche, en terrines et en terre de bruyère ; on repique ensuite les plantes en godets avant de les mettre en pleine terre.

Z. californica, Presl. * Angl. Californian Fuchsia, Humming-bird's Trumpet. — *Fl.* rouge vif, disposées en petit

Fig. 599. — Zauschneria californica.

nombre en épis lâches, terminant les rameaux, assez grandes, inclinées et accompagnées de petites bractées foliacées ; calice coloré, écarlate, allongé en entonnoir, globuleux, renflé à la base et à limbe à quatre lobes lancéolés ; pétales quatre, petits, obcordés ou assez profondément bifides et un peu plus longs que les lobes du calice ; étamines huit, saillantes et surmontées par le stigmate capité. Eté et automne. *Flles* rapprochées, linéaires-lancéolées, étroites, entières ou denticulées, sessiles, pubescentes-incanes; les inférieures opposées; celles des rameaux alternes. Plante vivace, à tiges traçantes, diffuses et étalées-dressées. *Haut.* 30 cent. Californie et Mexique, 1847. (F. d. S. 404; P. M. B. XV. 195; A. V. F. 2 : Gn. 1887, part. I, 578.)

Z. c. latifolia, Hort. *Fl.* un peu plus petites, à calice rouge terne. *Flles* un peu plus larges et velues-incanes ainsi que les rameaux. (B. M. 4493.)

ZEA, Linn. (*Zea* ou *Zeia* était l'ancien nom grec de l'Epeautre ou d'une autre céréale analogue et ce nom remonte jusqu'à Homère). **Maïs, Blé de Turquie**; Angl. Corn, Maize. Fam. *Graminées.* — Genre dont la seule espèce connue est une grande et forte céréale annuelle, demi-rustique, cultivée dans toutes les régions chaudes du globe et dont l'importance alimentaire égale presque celle du Riz. Il en existe d'innombrables variétés différant entre elles par la grosseur, la forme ou la couleur de leurs grains. Ceux-ci constituent, crus, cuits ou moulus, une excellente nourriture pour la plupart des animaux et volailles domestiques; la farine bien blutée de certaines variétés entre aussi dans l'alimentation de certains peuples, notamment des Italiens, qui en préparent un mets très populaire : la *polenta*.

D'autres variétés à grains sucrés, ridés et cornés quand ils sont mûrs, sont consommés jeunes par les Américains, cuits sur l'épi ou égrainés; enfin, leur *Popp-Corn* n'est autre que des grains d'une sorte de Maïs à petit grain pointu, qu'on fait éclater sur des plaques métalliques très chaudes.

Tous les Maïs fournissent à l'état de jeunes plantes feuillues un excellent fourrage vert pour la nourriture des animaux et en particulier des vaches; on les cultive pour cet usage jusque dans le nord de la France. Enfin, les feuilles bractéales qui enveloppent les épis femelles servent à garnir les paillasses des lits et les tiges sèches sont employées, faute de bois, pour faire du feu et parfois des clôtures. Comme on le voit, le Maïs est une plante éminemment utile à l'homme sous une foule de formes, mais, à part la variété à feuilles panachées, il intéresse fort peu l'horticulture d'ornement. La culture potagère et les variétés de Maïs à grains ridés ont été décrits à l'article **Maïs** (V. ce nom); la culture et la description des variétés agricoles ne pouvant trouver place ici, il ne nous reste donc qu'à parler du Maïs au point de vue ornemental.

Quoique d'un port majestueux et pittoresque, le Maïs ordinaire est peu cultivé pour la décoration estivale des jardins; on pourrait cependant employer avantageusement les grandes races telles que le Maïs dent de cheval et le Maïs Cuzco pour orner le centre des grandes corbeilles ou garnir les vides des massifs d'arbustes. On lui préfère généralement le *Maïs à feuilles panachées* qui est, il est vrai, bien plus nain, mais plus élégant et on l'emploie fréquemment pour orner partiellement les corbeilles, les plates-bandes ou former des touffes isolées. La culture en est très facile; il prospère partout, mais d'autant mieux que l'endroit est plus chaud, plus fertile et frais. On le sème au printemps, de bonne heure, sur couche et en potée, pour obtenir rapidement des plantes fortes que l'on met en place à la fin de mai, ou bien on sème directement en place à cette même époque.

Z. Mays, Linn. ' Maïs, Blé de Turquie; Angl. Guinea ou Turkey Wheat, Indian Corn, Maize, Mealies. — *Fl.* monoïques; les mâles formant une panicule terminale, composée d'épillets biflores, dont une fleur pédicellée et à trois étamines; fleurs femelles en épis axillaires, multiflores, complètement entourés de bractées amples et nombreuses; stigmates très longs, verdâtres ou rougeâtres, émergeant et pendants au sommet de l'épi; cariopses (grains) arrondis, luisants ou ridés à la maturité, à base enfoncée dans le rachis et disposés en séries longitudinales. *Flles* amples, distiques, alternes, longuement engainantes et à limbe

Fig. 600. — Zea Mays. — Maïs géant Caragua.

Fig. 601. — Zea Mays. — Epis mis à nu.

rubané, plan ou à peu près, réfléchi au sommet. Plante annuelle, d'origine probablement américaine (1562), mais aujourd'hui répandue dans le Monde entier et souvent sub-spontanée. (B. M. Pl. 296.)

Fig. 602. — Zea Mays foliis-variegatis.

Z. M. variegata, Hort. Maïs à feuilles rubanées ou panachées. — Diffère du type par ses feuilles élégamment et plus ou moins fortement rubanées ou striées longitudinalement de blanc d'argent. La plante est très décorative et atteint environ 1 m. 50. Dans sa forme *gracillima variegata*, les feuilles sont également rubanées, mais de moitié plus étroites. On a aussi signalé une forme *gigantea*, à grandes feuilles panachées de blanc et retombantes. (S. M.)

ZEBRINA, Schnizl. (les feuilles portent des panachures rappelant celles du zèbre). **Tradescantia.** Fam.. *Commélinacées.* — Petit genre ne comprenant que deux espèces de plantes herbacées, radicantes, grimpantes, traînantes ou pendantes, de serre tempérée ou froide et originaires du Mexique. Fleurs un peu petites, courtement pédicellées, disposées en cymes fasciculiformes, pauciflores ou multiflores, sessiles à l'aisselle de deux grandes spathes foliacées et inégales, insérées au sommet de pédoncules terminaux; calice trifide ou bifide, avec un lobe plus large que l'autre; corolle à lobes étalés; étamines six. Feuilles distiques, engainantes, sessiles et ovales-lancéolées.

Connue sous le nom de *Tradescantia zebrina*, cette plante est beaucoup cultivée pour former des potées à suspendre, pour orner les suspensions, les bords et le dessous des banquettes des serres, des caisses ou des grands pots, etc. De serre tempérée pendant l'hiver, elle prospère bien en plein air pendant l'été, dans les endroits ombragés et frais, deux conditions qui lui sont à peu près indispensables. Toute terre légère et fertile lui convient et sa multiplication s'effectue avec la plus grande facilité par le bouturage des extrémités de rameaux, qu'il suffit d'enfoncer en terre pour les voir s'y enraciner et pousser au bout de peu de temps; lorsque les tiges rampent à terre, elles émettent d'elles-mêmes à chaque nœud des racines adventives qui s'enfoncent et les fixent au sol.

Z. pendula, Schnizl. *Fl.* à tube du calice blanchâtre; tube de la corolle blanc, à segments rose pourpre, ovales, obtus; inflorescence pédonculée, agglomérée au centre de deux spathes foliacées et inégales. Eté. *Flles* de 4 cent. de long et 2 à 2 cent. 1/2 de large, sub-sessiles, ovales-oblongues, aiguës, à peine acuminées ou un peu obtuses, vertes ou zébrées de blanc verdâtre en dessus, purpurines en dessous et garnies de poils, surtout à leur sommet. Tiges retombantes, ramifiées et glabres ou poilues sur un côté. Mexique, 1849. (R. H. 1855, p. 141.) Syns. *Cyanotis vittata*, Lindl; *Tradescantia tricolor*, Hort. et *T. zebrina* Hort. — Il en existe une belle variété multicolore nommée *Mme Lequesne*, dont la face supérieure des feuilles est en outre nettement zonée de blanc jaunâtre et suffusée de rose carminé. (R. H. B. 1879, 169.)

Sous le nom de *Tradescantia viridis*, on cultive autant, sinon plus que le *T. zebrina*, une variété (?) à feuilles complètement vertes sur les deux faces, un peu plus petites, plus minces, luisantes et qui possède elle-même une forme à feuilles *panachées de jaune vif*. (R. H. 1885, 205.) (S. M.)

ZEDOAIRE. — V. **Curcuma Zedoaria.**

ZEHNERIA, Endl. — Réunis aux **Melothria**, Linn.

ZEHNERIA hastata, Endl. — V. **Melothria heterophylla.**

ZEHNERIA suavis, Endl. — V. **Melothria suavis**, dont le nom correct est *M. punctata*.

ZELKOVA, Spach. (nom de personnage). Syn. *Abelicea*, Rchb. Fam. *Urticacées.* — Genre comprenant quatre espèces de grands et beaux arbres rustiques et à feuilles caduques, habitant les îles de Crète, la région caucasienne, la Chine et le Japon. Fleurs monoïques-polygames; les fertiles solitaires et sessiles à l'aisselle des feuilles des jeunes rameaux, composées d'un calice verdâtre, membraneux, à quatre-cinq divisions, autant d'étamines saillantes et pourvues d'un ovaire ovoïde et monosperme; fleurs mâles réunies par deux-trois sur les entre-nœuds des rameaux de l'année, se montrant avant les fertiles et dépourvues d'ovaire. Le fruit est un utricule crustacé, sub-globuleux, uniloculaire, indéhiscent, à surface couverte d'un réseau de nervures et mûrissant tardivement. Feuilles caduques, distiques, ovales, courtement pétiolées et accompagnées de stipules.

Les *Zelkova*, et en particulier le *Z. crenata*, plus connu horticolement sous le nom de *Planera*, est un grand et bel arbre entièrement rustique, d'un grand mérite forestier par la qualité exceptionnelle de son bois, qui surpasse celui du Chêne et s'emploie à une foule d'usages. Quoique introduit depuis le milieu du siècle dernier, il ne s'est guère répandu, parce que ses fruits ne mûrissent pas généralement sous notre climat. On est obligé de le propager par la greffe en fente sur l'Orme commun ou par marcottes. Il aime les terres profondes et fraîches et croît avec une grande vigueur. Il en existe de beaux exemplaires dans le parc de Trianon, à Versailles. Les autres espèces décrites ci-après sont bien moins connues et s'accommodent sans doute du même traitement.

Z. acuminata, Planch. *Flles* ovales-elliptiques, parfois longuement acuminées, cuspidées, de 6 à 10 cent. de long et 3 à 4 cent. de large, fortement nervées, minces, régulièrement dentées, vert cendré en dessus, plus pâles en dessous; pétioles de 3 à 4 mm. de long. Branches très nombreuses, étalées et très ramifiées, à écorce rousse. Petit arbre rustique. Japon, vers 1872. Syns. *Z. Kaki*, Maxim.; *Planera acuminata*, Lindl; *P. japonica*, Miq.; *P. Kaki*, Sieb. et Zucc. (G. et F. 1888, p. 22-23.)

Z. crenata, Spach. Orme de Sibérie. — *Fl.* verdâtres, en faisceaux axillaires et exhalant une odeur forte. Avril. *Flles* ovales-lancéolées, obtuses au sommet, largement crénelées, plissées transversalement et parallèlement aux nervures latérales, un peu coriaces et très courtement pétiolées. Arbre de 25 m. et plus de haut. Caucase et jusqu'en Perse, introduit vers 1780. Syns. *Planera crenata*, Desf.; *P. Richardi*, Michx. (S. M.)

ZENOBIA, D. Don. (dédié à Zénobie, la fameuse impératrice de Palmyre, qui vivait au IIIe siècle). Fam. *Ericacées*. — La seule espèce de ce genre est un arbuste rustique, très glabre et souvent glaucescent, à ramilles arrondies et voisin des *Andromeda*. Il prospère comme eux dans un mélange de terre franche siliceuse et de terre de bruyère, dans un endroit abrité, et sa multiplication s'effectue par semis ou par marcottes.

Z. floribunda. DC. — V. **Pieris floribunda**.

Z. speciosa, D. Don.* *Fl.* disposées en faisceaux ombelliformes, axillaires, formant généralement des grappes sur les branches nues de l'année précédente; calice à lobes courts, triangulaires; corolle blanche, en grelot, à cinq lobes; pédicelles pendants. Été. *Flles* coriaces, caduques, ovales ou oblongues, de 2 1/2 à 5 cent. de long, ordinairement crénelées ou faiblement serrulées et veinées-réticulées. *Haut.* 60 cent. à 1 m. 20. Sud des Etats-Unis, 1800. (S. B. F. G. ser. II, 330; Gn. 1888, part. II, p. 373.) Syns. *Andromeda cassinæfolia*, Vent. (B. M. 970); *A. speciosa*, Michx. (L. B. C. 551.)

Z. s. pulverulenta, Hort.* Forme à fleurs hyalines et glauque-pulvérulentes sur toutes ses parties jeunes. (G. C. n. s. XX. p. 109; 1890. part. I. f. 100; Gn. XXIV, p. 572.) Syns. *Andromeda dealbata*, Lindl. (B. R. 1010); *A. pulverulenta*, Bartr. (B. M. 667.)

ZEPHYRANTHES, Herb. (de *zephyros*, vent d'ouest, et *anthe*, *anthos*, fleur; nom imaginé par Herbert, sans allusion positive). **Amaryllis** (en partie); Angl. Flower of the West Wind; Zephyr Flower. Comprend les *Habranthus*, Herb. pr. p. et *Pyrolirion*, Herb. Fam. *Amaryllidées*. — Genre renfermant, d'après M. Baker, trente-quatre espèces de jolies plantes bulbeuses, rustiques, de serre tempérée ou chaude, habitant les régions chaudes de l'Amérique et une l'Afrique tropicale-occidentale. Fleurs toujours solitaires, chacune dans une bractée spathacée, entière ou bifide au sommet et tubuleuse à la base, pédicellées ou rarement sessiles, dressées ou légèrement déclinées; périanthe rose, blanc, purpurin ou jaunâtre, parfois panaché, en entonnoir, à tube très court ou plus ou moins allongé, élargi supérieurement, à lobes égaux ou légèrement ondulés, étalés-dressés supérieurement; étamines insérées au milieu du tube, dressées, un peu défléchies, plus ou moins inégales, à filets filiformes et anthères linéaires-oblongues, versatiles; hampe allongée, fistuleuse. Feuilles peu nombreuses, linéaires ou loriformes, paraissant avec ou après les fleurs. Bulbe tuniqué.

La liste suivante comprend les espèces les plus répandues dans les collections, bien que plusieurs soient relativement rares et en dehors des cultures courantes, au moins chez nous, il y aurait cependant avantage et intérêt à les employer plus généralement qu'on ne le fait. La floraison a lieu pendant l'été et les bulbes étant en repos pendant l'hiver, il devient très facile de les mettre à l'abri des gelées, soit en déplantant et rentrant en serre ou orangerie les espèces les plus délicates, soit en abritant sur place les plus rustiques à l'aide de feuilles ou de litière, si l'endroit est chaud et abrité et le sol bien sain. Pour la culture en pots, on emploie un mélange de terre franche fibreuse, de terreau et de sable, et on cultive les espèces délicates sous un châssis bien ensoleillé ou sur les tablettes des serres pendant l'hiver. Les rempotages ne sont utiles que tous les deux ans. La multiplication s'effectue facilement par séparation des caïeux ou par semis, certaines espèces produisant facilement des graines en culture.

Les *Z. Atamasco* et *Z. candida* sont au nombre des plus rustiques et des plus répandus; on en forme de charmantes bordures ou des touffes dans les plates-bandes, qu'il suffit de protéger en hiver. Comme pour les autres espèces, les bulbes se plantent au printemps, à 10 ou 15 cent. de distance et la floraison a lieu pendant l'été.

Z. Ajax, Hort. Hybride horticole des *Z. candida* et *Z. citrina*. 1897.

Z. Andersoni, Baker. *Fl.* à périanthe jaune d'or ou cuivré, rougeâtre fauve à la base, strié extérieurement, de 3 cent. 1/2 de long; pédicelles de 4 cent. ou plus de long; spathe divisée supérieurement; hampe rougeâtre,

Fig. 603. — Zephyranthes Andersoni.

de 8 à 10 cent. de long. Mai. *Flles* étroitement linéaires, aiguës, vertes ou légèrement glauques, de 8 à 15 cent. de long. Montévidéo, 1829. Serre froide ou demi-rustique. Syn. *Habranthus Andersoni*, Herb. (B. R. 1345; L. B. C

Fig. 604. — Zephyranthes Atamasco.

1677; S. B. F. G. ser. II, 70.) Les *Z. A. aureus* et *Z. A. cupreus* ont respectivement des fleurs jaune d'or et des fleurs cuivrées.

Z. Atamasco, Herb.* Amaryllis de Virginie; Angl.

Atamasco Lily. — *Fl.* blanches, striées de rose sur les divisions externes quand elles sont jeunes, de 8 cent. de long, dressées, à segments oblancéolés, onguiculés, aigus, de 12 mm. de large; hampe arrondie, de 15 à 30 cent. de long; pédicelles beaucoup plus courts que la spathe. Juin-juillet. *Flles* linéaires, légèrement charnues, canaliculées, glabres, atteignant près de 30 cent. de long. Virginie, etc. 1629. Rustique. (L. B. C. 1899; Gn. 1888, part. II, 630; Syn. *Amaryllis Atamasco*, Linn. (B. M. 239; R. L. 31.)

Z. candida, Herb. * Amaryllis blanche ; Angl. Peruvian Swamp Lily. — *Fl.* blanc pur, verdâtres à la base, inodores, dressées, courtement pédicellées; tube presque nul; segments sub-égaux, ovales, obtus, de 2 cent. 1/2 de long, se fermant pendant la nuit; spathe purpurine, beaucoup plus courte que les pédicelles; hampe dressée ou déclinée, uniflore, plus longue ou plus courte que les feuilles. Septembre. *Flles* fasciculées, linéaires, planes, très glabres, charnues, d'un vert gai, de 5 à 20 cent. de long. Buenos-Ayres, 1822. Serre froide ou demi-rustique. (B. M. 2607; L. B. C. 1419; Gn., 1890, part. I, 740.) Syn. *Amaryllis candida*, Lindl. (R. R. 724.)

Z. carinata, Herb. * *Fl.* à tube du périanthe vert, de 18 mm. de long, droit, à segments rose vif, de 5 cent. de long, obovales-oblongs, aigus, multinervés; pédicelles de 4 cent. de long, plus courts que la spathe, celle-ci tubuleuse et bifide; hampe de 30 cent. de haut, glabre et rougeâtre à la base. Mai. *Flles* quatre à cinq, étroitement linéaires, de 8 mm. de large, canaliculées, carénées, vertes, rougeâtres à la base, paraissant avec les fleurs. Mexique, 1824. Espèce demi-rustique. (B. R. 2594; S. B. F. G. II, 4.) — Le *Z. grandiflora*, Lindl., est une

Fig. 605. — Zephyranthes carinata.

forme à fleurs carnées, de 8 cent. de long. (B. R. 902, « les fleurs seulement, car les feuilles appartiennent à une autre espèce »; I. H, 1888, 49.)

Z. citrina, Baker. * *Fl.* à tube du périanthe de 8 à 12 mm. de long et à segments jaune vif, de 4 cent. de long, oblongs, sub-aigus, connivents; pédicelles de moins de 2 cent. 1/2 de long; spathe courte, tubuleuse; hampe de 10 à 12 cent. de long, teintée de rouge brun inférieurement. Août. *Flles* trois à quatre, étroitement linéaires, vert gai, d'environ 30 cent. de long et 15 cent. de large, profondément canaliculées en dessus, arrondies en dessous et brun rougeâtre vers la base. Amérique tropicale; Demerara? vers 1881. (B. M. 6605.)

Z. cœrulea, Baker. *Fl.* bleues ou lilas ; nouvelle espèce à petites fleurs originaire de l'Uruguay, 1897.

Z. concolor, S. Wats. *Fl.* à périanthe vert pâle ou soufré, presque régulier, dressé, à segments oblongs, aigus et à tube court; spathe tubuleuse, colorée, plus courte que les pédicelles, bifide dans le tiers supérieur; hampe arrondie, de 30 cent. de long. Avril. *Flles* environ quatre, paraissant avec les fleurs, linéaires, dressées et glaucescentes, Mexique, 1844. Serre froide. Syn. *Habranthus concolor* Lindl. (B. R. 1845-54.)

Z. flava, Baker. *Fl.* sessiles, à périanthe d'un beau jaune paille, de 8 à 10 cent. de long, avec les segments lancéolés, aigus; spathe bifide, un peu plus longue que le tube du périanthe: hampe arrondie, plus courte que les feuilles en culture, plus longue et plus robuste à l'état spontané. Mai. *Flles* une ou deux, linéaires, rétrécies et récurvées au sommet, vert foncé et canaliculées. *Haut.* 30 cent. Pérou, 1833. Serre froide. Syns. *Pyrolirion aureum*, Lindl. (B. R. 1724); *P. flavum*, Herb.

Z. gracilifolia, Baker. *Fl.* pédicellées, dressées, se fermant le soir, inodores, à périanthe rose, de 3 cent. 1/2 de long, avec le tube vert; pédicelles de 5 à 6 cent. de long; spathe tubuleuse dans sa moitié inférieure, de 3 cent. de long; pédicelles aussi longs que la spathe; hampe de 18 à 20 cent. de long, purpurine à la base. Janvier. *Flles* quatre à cinq, de 45 cent. de long, très grêles, sub-cylindriques, vert luisant et profondément canaliculées supérieurement. Amérique du Sud, 1821. Rustique. Syn. *Habranthus gracilifolius*, Herb. (B. M. 2464.)

Fig. 606. — Zephyranthes mesochloa.

Z. g. Boothiana. — *Fl.* à périanthe rose, pendant; pédicelles purpurins; hampe dressée. *Flles* vert glauque, arrondies et obtuses au sommet. Brésil, 1822. Syn. *Habranthus gracilifolius Boothianus*, Herb. (B. R. 1967.)

Z. grandiflora, Lindl. Variété du *Z. carinata*, Herb.

Z. Lindleyana, Herb. *Fl.* à périanthe rouge vif, de 4 à 5 cent. de long, à tube verdâtre, de 12 à 18 mm. de long et à segments obovales-cunéiformes, de 12 mm. de large, spathe courte et trifide au sommet; hampe grêle, de 15 à 30 cent. de long. Juin. *Flles* de 15 à 20 cent. de long, étroitement linéaires et paraissant avec les fleurs. Mexique, 1865.

Z. macrosiphon, Baker. *Fl.* à périanthe rose rouge vif, de 3 à 3 cent. 1/2 de long, à segments sub-dressés, obovales, obtus, d'environ 12 mm. de large: pédicelles d'environ 2 cent. 1/2 de long; spathe à deux valves, de 4 cent. de long; hampe arrondie, égalant environ les feuilles. *Flles* trois ou quatre, linéaires, de 30 cent. de long et 6 mm. de large, vert gai, un peu charnues et légèrement canaliculées. Mexique, 1881.

Z. mesochloa, Herb. *Fl.* à périanthe vert inférieurement, blanc supérieurement, rouge à l'extérieur, de 4 cent. 1/2 de long, à tube très court; segments externes de 12 mm. de large; les internes plus étroits; tous aigus; pédicelles d'environ 2 cent. 1/2 de long; spathe fenestrée ou divisée au sommet; hampe de 18 cent. de long. Juin. *Flles* huit ou neuf, vertes, canaliculées et aiguës. Buenos-Ayres, 1825. Demi-rustique. (B. R. 1361.)

Z. pumila, — *Fl.* à périanthe rose, pendant, avec les segments étalés; hampe courte. Septembre. *Flles* étroites. Chili, 1831. Serre froide. Syn. *Habranthus pumilus*, Herb. (L. B. C. 1771.)

Z. robusta, Baker. *Fl.* à périanthe rose purpurin, devenant blanc, de 9 cent. de long, presque dépourvu de tube, à segments externes plus larges que les internes; spathe de 1 cent. 1/2 de long, indivise; pédicelles un peu plus longs qu'elle; hampe robuste. Juin. *Flles* légèrement glauques et canaliculées. Bonarie, 1828. Serre froide. Syn. *Habranthus robustus*, Herb. (L. B. C. 1761; S. B. F. G. ser. II, 14.)

Z. rosea, Lindl. * *Fl.* plus petites que celles du *Z. carinata*, à périanthe rose vif, régulier, dressé, d'environ 2 cent. 1/2 de long, à tube court et à segments obovales, apiculés, verts au-dessous du milieu et libres presque jusqu'à la base; pédicelles de 4 cent. de long; spathe bien plus courte; hampe de 15 cent. de haut, comprimée. Mai. *Flles* linéaires, planes, glabres, striées, arrondies au sommet, de 15 cent. ou plus de long et retombantes. Cuba, 1828. Plante touffue et demi-rustique. (B. M. 2537; B. R. 821.)

Z. sessilis, Herb. *Fl.* à tube du périanthe de plus de 12 mm. de long, à limbe blanc, avec les segments externes plus ou moins rouges; ovaire sessile; style fortement défléchi. Avril. *Flles* grêles, semi-cylindriques, vertes, de 20 à 22 cent. de long. Mexique, 1870. Serre froide. (Ref. B. 212.)

Z. s. striata, Herb. *Fl.* à segments du périanthe striés de rouge extérieurement; style plus long que les filets staminaux. 1824. Syn. *Z. striata*, Herb. (B. M. 2593.)

Z. s. verecunda, Schult. f. *Fl.* à tube du périanthe vert, de 15 mm. de long, à limbe blanc, de 3 cent. de long, rougeâtre à l'extérieur; filets staminaux des sépales plus courts que le style; ceux des pétales plus longs. Mexique, 1824. Syn. *Z. verecunda*, Herb. (B. M. 2583, Ref. B. 356.)

Z. Spofforthiana, Herb. Syn. *Z. tubispatha hybrida*, Hort.

Z. striata, Herb. Variété du *Z. sessilis*, Herb.

Z. texana, Herb. *Fl.* à périanthe dressé, jaune intérieurement, cuivré à l'extérieur, de 2 cent. 1/2 de long, à tube presque nul; segments obovales-aigus; étamines dépassant le milieu du périanthe; pédicelles dressés, beaucoup plus longs que la spathe; celle-ci de 2 cent. 1/2 de long, bifide au sommet; hampe très grêle, de 10 à 20 cent. de long. *Flles* trois-quatre, étroitement linéaires et paraissant avec les fleurs. Texas, 1825. Syn. *Habranthus Andersoni texanus*, Herb. (B. M. 3596.)

Z. Treatiæ, S. Wats. *Fl.* à périanthe blanc, de 8 cent. de long, avec le tube de 2 cent. 1/2 de long et les segments carénés de rouge et de 12 mm. de large; étamines atteignant le milieu du limbe; pédicelles beaucoup plus courts que la spathe; celle-ci de 2 à 2 cent. 1/2 de long, tubuleu e inférieurement. Hampe de 15 à 30 cent. de long, purpurine à la base. *Flles* six à huit, paraissant avec les fleurs, vert gai, très étroites, de 3 mm. de large. Floride, 1880. (Gn. 1888, part. I, p. 11.)

Z. tubispatha, Herb. *Fl.* odorantes, légèrement penchées, à périanthe blanc, de près de 5 cent. de long, presque dépourvu de tube; pédicelles ayant près de 5 cent. de long; spathe de 2 cent. 1/2 de long, dressée, cylindrique et bifide; hampe de 8 à 10 cent. de long, purpurine à la base. Mai. *Flles* peu nombreuses, ligulées-linéaires, égalant la hampe et de 5 à 8 mm. de large, légèrement obtuses. La Jamaïque. Serre chaude. Syn. *Amaryllis tubispatha*, Gawl. (B. M. 1586.)

Z. t. hybrida, Hort. *Fl.* à périanthe couleur de chair. Hybride des *Z. tubispatha* et *Z. carinata*. Syn. *Z. Spofforthiana*, Herb. (B. R. 1746.)

Z. verecunda, Herb. — Variété du *Z. sessilis*, Herb.

Z. versicolor, Baker. *Fl.* à périanthe d'abord rose, puis à la fin blanc suffusé de rosé, rouge au sommet, strié de rouge inférieurement, à nervure médiane verte, de 5 cent. de long; pédicelles de 4 cent. de long, vert pâle; spathe et hampe d'abord roses, devenant ensuite rouges; la première de 3 cent. de long; la dernière longue de 12 cent. Hiver. *Flles* trois ou plus, de près de 30 cent. de long et 6 mm. de large, aiguë. Amérique du Sud, 1821. Rustique. Syns. *Habranthus versicolor*, Herb. (B. M. 2485); *Amaryllis versicolor*, Spreng.

ZERUMBET, Lestib. — Réunis aux **ZINGIBER**, Adans.

ZEUXINE, Lindl. (de *zeuxis*, articulation; allusion à la cohérence des pétales avec le sépale supérieur). Syns. *Adenostyles*, Blume; *Psychechilus*, Breda et *Tripleura*, Lindl. Comprend les *Haplochilus*, Endl. et *Monochilus*, Wall. Fam. *Orchidées*. — Genre renfermant environ seize espèces d'Orchidées terrestres, naines ou grêles et de serre chaude, habitant les Indes orientales, l'Archipel Malais et l'Afrique tropicale. Fleurs petites, réunies en épis sessiles; sépale supérieur dressé, concave; les latéraux étalés; pétales étroits, souvent cohérents avec le sépale supérieur et formant un capuchon; labelle soudé à la base de la colonne qui est très courte, dressé, concave ou légèrement sacciforme à la base, nu intérieurement ou muni de deux callosités et plus ou moins contracté au-dessus de la base. Feuilles linéaires, ovales ou lancéolées et pétiolées.

L'espèce suivante est seule digne d'être décrite ici. Elle s'accommode du même traitement que celui que l'on donne aux **Anœctochilus**. (V. ce nom.)

Z. regia, Trimen. Angl. Striped King of the Woods. — *Fl.* blanc et vert, réunies en épis lâches; labelle divisé en deux lobes arrondis et crénelés. *Flles* ovales-lancéolées, de 8 cent. de long, à bords vert foncé, avec une large bande médiane lilas pâle ou blanchâtre. *Haut.* 12 cent. *Bornéo*. Syns. *Anœctochilus lineatus*, Hort.; *Haplochilus regium*, et *Monochilus regius*, Lindl.

ZEUZERA æsculi. — V. **Marronnier** (Zeuzère du).

ZEXMENIA, Llav. et Lex. (anagramme de *Ximenesia*). Syn. *Lipochæta*. DC., pr. p. Fam. *Composées*. — Genre comprenant environ vingt-cinq espèces de plantes herbacées, annuelles ou vivaces ou de sous-arbrisseaux grimpant parfois très haut, rustiques, de serre tempérée ou chaude et habitant les régions chaudes de l'Amérique. Capitules jaunes, solitaires, corymbiformes ou réunis en fausses ombelles, hétérogames, radiés; involucre variable, formé de bractées disposées en deux, trois ou plusieurs séries; réceptacle convexe, garni de paillettes engainant les fleurs; fleurons rayonnants ligulés, étalés, entiers au pourvus de deux à trois dents au sommet; fleurons du disque tubuleux, courtement divisés en cinq lobes; achaines ou graines ordinairement légèrement poilus. Feuilles opposées, entières ou dentées.

Il suffira de décrire ici les deux espèces suivantes,

qui sont un peu répandues dans les cultures; elles prospèrent en toute bonne terre. Le *Z. aurea* se propage par boutures que l'on fait dans du sable, sous cloches et à chaud et le *Z. ovata* se multiplie par graines que l'on sème au printemps, en pépinière.

Z. aurea, Benth. et Hook. f. *Capitules* jaunes d'or, solitaires à l'aisselle des feuilles supérieures; fleurons rayonnants au nombre de six à neuf, deux fois aussi longs que l'involucre. Septembre. *Flles* opposées, sessiles, ovales-lancéolées, obtuses à la base, légèrement acuminées au sommet, dentées en scie, pubérulentes-scabres sur les deux faces. Branches arrondies; velues-incanes. *Haut.* 50 cent. Mexique, 1829. Sous-arbrisseau demi-rustique. Syns. *Verbesina aurea,* DC.; *Wedelia aurea,* D. Don. (B. M. 3384.)

Z. ovata, Benth. et Hook. f. *Capitules,* jaune orangé foncé, à fleurons rayonnants elliptiques; pédoncules courts, terminaux, tantôt solitaires, tantôt disposés en une sorte de corymbe. Automne. *Flles* sessiles, à peine pétiolées, à base amplexicaule, ovales, aiguës, dentées en scie, triplinervées et plus pâles en dessous. Tige arrondie, ramifiée et poilue. *Haut.* 60 cent. Mexique, 1828. Plante annuelle et rustique. Syn. *Tithonia ovata*, Hook. (B. M. 3901.)

Z. Texana, A. Gray. — V. **Wedelia hispida.**

ZICHIA, Huegel. — Réunis aux **Kennedya**, Vent.

ZIERIA, Smith. (dédié à John Zier, botaniste polonais, qui fut un ami de Smith, le nomenclateur). Angl. Australian Tumeric-tree. Fam. *Rutacées.* — Genre comprenant une dizaine d'espèces d'arbustes ou de petits arbres glabres, hirsutes ou tomenteux et de serre froide, endémiques en Australie.

Fleurs blanches, ordinairement petites, disposées en petites cymes axillaires, trichotomes ou rarement solitaires; calice à quatre divisions; pétales quatre, imbriqués ou presque valvaires en bouton, étalés; étamines quatre. Feuilles ordinairement opposées, à trois folioles ou rarement alternes ou simples.

Les espèces suivantes constituent un choix parmi celles introduites. Elles prospèrent dans un mélange de terre franche siliceuse et de terre de bruyère et fleurissent en été. Multiplication par boutures de racines, qui s'enracinent facilement dans du sable et sous cloches.

Z. arborescens, Sims. Syn. de *Z. Smithii macrophylla*, Hort.

Z. hirsuta, DC. Syn. de *Z. pilosa*, Rudge.

Z. lævigata, Smith. *Fl.* à pétales trois fois aussi longs que le calice; cymes pauciflores, égalant environ les feuilles. *Flles* à trois folioles linéaires, aiguës, de 1 1/2 à 2 cent. 1/2 de long, avec les bords fortement révolutés. *Haut.* 50 cent. Australie, 1822. Arbuste glabre et dressé. (B. IV, 185; P. M. B. IX, 77.)

Z. lanceolata, R. Br. Syn. de *Z. Smithii*, Andr.

Z. macrophylla, Bonpl. Variété du *Z. Smithii*, Andr.

Z. obcordata, A. Cunn. *Fl.* solitaires, géminées ou ternées à l'aisselle des feuilles, très petites, à pédicelles courts et grêles. *Flles* à trois folioles obovales ou obcordées, de 5 à 10 ou rarement 15 mm. de long, mollement pubescentes ou tomenteuses en dessus, plus ou moins hirsutes ou veloutées et blanches en dessous, à bords récurvés ou révolutés et à pétiole commun très court. Australie, 1824. Arbuste nain.

Z. pilosa, Rudge. *Fl.* petites, solitaires et presque sessiles ou réunies par deux ou trois sur de courts pédicelles. *Flles* à trois folioles linéaires-oblongues ou lancéolées, obtuses, de 12 à 18 mm. ou rarement 2 cent. 1/2 de long, légèrement pubescentes ou glabres en dessus, plus ou moins hirsutes ou tomenteuses en dessous, à bords récurvés ou révolutés; pétiole commun très court. *Haut.* 1 m. 20. Australie, 1822. Arbuste ou sous-arbrisseau à branches fortement pubescentes ou hirsutes. Syn. *Z. hirsuta*, DC.

Z. Smithii, Andr. *Angl. Sandfly Bush.; Tasmanian Stinkwood. — *Fl.* ayant ordinairement 6 mm. de diamètre et réunies en cymes axillaires, di- ou trichotomes et plus courtes que les feuilles. *Flles* à trois folioles lancéolées ou les plus grandes oblongues-elliptiques, aiguës ou rarement obtuses, de 2 1/2 à 5 cent. de long, planes ou à bords légèrement récurvés; pétiole commun bien distinct. Australie, 1808. Grand arbuste ou petit arbre glabre ou légèrement pubescent. (A. B. R. 606; B. M. 1395.) Syn. *Z. lanceolata*, R. Br. (L. B. C. 878.)

Z. s. macrophylla, Hort. *Fl.* plus grandes que dans le type. *Flles* à folioles ayant souvent 8 cent. de long. Variété plus arborescente. Syns. *Z. arborescens*, Sims.; *Z. macrophylla*, Bonpl. (B. M. 4431.)

ZIETENIA, Gledistsch. — V. **Stachys**, Linn.

ZIGADENUS, Auct. — V. **Zygadenus** Michx.

ZIZ-ZAG. — V. **Liparis dispar.**

ZILLA, Forsk. (nom arabe ou égyptien de la plante). Fam. *Crucifères.* — Petit genre ne comprenant que quatre espèces de plantes herbacées, suffrutescentes et demi-rustiques, habitant le nord de l'Afrique, l'Arabie et la Perse. Fleurs blanches ou violettes, solitaires ou disposées en grappes lâches et dépourvues de bractées. Feuilles oblongues, dentées, un peu épaisses. Deux espèces, notamment le *Z. myagroides*, Forsk., ont été introduites, mais elles sont sans doute disparues des cultures.

ZINGIBER, Adans. (du grec *Zingiberis*, employé par Dioscorides, qui à son tour dérive du sanscrit et signifie, dans cette langue : en forme de corne; allusion probable à la forme des rhizomes). **Gingembre**; Angl. Ginger. Comprend les *Zerumbet*, Lestib. Fam. *Scitaminées;* Tribu *Zingibérées.* — Genre comprenant environ vingt-cinq espèces de plantes herbacées, vivaces, de serre chaude, à rhizome tuberculeux, horizontal, habitant l'Archipel Malais, les Indes orientales, les îles Mascareignes et celles du Pacifique. Fleurs solitaires ou réunies par deux-trois à l'aisselle des bractées et disposées en thyrse terminal, dense, coniforme ou assez lâche et spiciforme; calice tubuleux, courtement trilobé; corolle à lobes étroits; le supérieur dressé, incurvé; les latéraux étalés; le ou les labelles entiers ou courtement bifides, parfois légèrement crispés. Tiges feuillées, florifères ou stériles : le port général de ces plantes rappelle celui des *Canna* et *Alpinia.*

Plusieurs espèces de *Zingiber* sont cultivées dans les serres chaudes pour l'intérêt botanique qu'elles présentent autant que comme plantes à feuillage.

Le *Z. officinale* fournit le Gimgembre, produit pharmaceutique et alimentaire bien connu. Ces plantes prospèrent en serre chaude et humide, dans un compost de terre de bruyère, terre franche et sable. Pendant l'hiver, les tiges de plusieurs espèces périssent et les tubercules restent en repos jusqu'au printemps suivant; il faut naturellement suspendre les arrosements pendant cette période. La multiplication s'effectue facilement au printemps, par sectionnement des rhizomes.

Z. brevifolium. — *Fl.* jaunes, un peu petites, à segments étroits et à labelle également étroit et trilobé ; épis de 6 à 8 cent. de long, fusiforme, garni de bractées apprimées, oblongues, jaune orangé et striées de rouge. *Flles* peu nombreuses, oblongues-lancéolées ou elliptiques, de 5 à 10 cent. de long et 3 à 4 cent. de large. Tige nue inférieurement. *Haut.* 30 cent. Iles Philippines, 1886.

Z. capitatum, Roxb. *Fl.* jaunes, en épi terminal, oblong, étroit, formé de bractées linéaires-lancéolées, concaves, vertes et rosées au sommet ; limbe externe à trois segments, dont un dressé et les deux autres réfléchis ; limbe interne à lobes latéraux oblongs-ovales, étalés ; le médian largement ovale et échancré au sommet. *Flles* étroitement lancéolées, vertes en dessus, glauques, velues en dessous et engainantes. Tubercules nombreux. Bengale, 1822.

Z. Cassumunar, Roxb. Angl. Bengal Root. — *Fl.* jaune soufre pâle, labelle à quatre divisions ; les latérales plus courtes ; bractéoles ovales, bilobées ; bractées presque rondes, rougeâtres et poilues ; thyrses ellipsoïdes ; hampe de 20 à 35 cent. de haut, couverte de gaines rouges. Juillet-août. *Flles* sessiles, lancéolées, poilues en dessous et sur les gaines. Tiges annuelles, de 1 m. à 1 m. 50 de haut. Racine jaune. Indes orientales, 1807. (B. M. 1426.)

Z. chrysanthum, Rosc. *Fl.* disposées en thyrse coniforme, sub-sessile et radical, formé de grandes bractées largement ovales, imbriquées, velues et réfléchies au sommet ; limbe externe du périanthe à trois segments rouge foncé ; labelle jaune d'or, trilobé, à lobe médian plus grand. *Flles* sub-sessiles, lancéolées, glabres en dessus, pubescentes en dessous ; ligule obtuse. *Rhiz.* gros, charnus, horizontaux. *Haut.* 2 m. 50. Népaul, 1821.

Z. Cliffordiæ, Andr. *Fl.* à corolle blanche, avec les segments lancéolés, sub-égaux ; labelle simple ; bractées inférieures largement cunéiformes ; les supérieures écarlates, bordées de vert, ovales et obtuses ; thyrses de 8 à 10 cent. de long. *Flles* longuement lancéolées. Tige purpurine à la base. Guinée. C'est probablement une variété du *Z. Cassumunar*. (A. B. R. 555.)

Z. coloratum, N. E. Br. *Fl.* blanc crème ; inflorescence radicale, fusiforme, aiguë, fortement couverte de bractées cramoisies. *Flles* distiques, lancéolées, acuminées, subsessiles. Tige purpurine et feuillue. *Haut.* 1 m. Nord-ouest de Bornéo, 1879.

Z. Darceyi, Hort. Veitch. *Flles* lancéolées, de 15 à 20 cent. de long et 5 à 6 cent. de large, vert gai, avec une large bordure blanche et des stries obliques de même teinte. Plante vigoureuse et robuste, de 60 cent. à 1 m. de haut. Jardin botanique de Sydney, 1890.

Z. elatum, Roxb. *Fl.* jaune vif et gai, disposées en épis terminaux, solitaires, étroitement lancéolés et de 15 cent. de long. Juillet-août. *Flles* linéaires, récurvées, de 30 à 45 cent. de long et 2 cent. 1/2 de large, glabres en dessus et mollement poilues-incanes en dessous. Tiges droites, de 1 m. 20 à 1 m. 50 de haut. Racine tubéreuse. Indes orientales, 1820.

Z. officinale, Rosc. Gingembre officinal ; Angl. Ginger. *Fl.* à lobes de la corolle jaune pâle et lancéolés ; labelle bleu foncé, panaché et trilobé ; bractées imbriquées, arrondies, ovales, obtuses, membraneuses ; épis ovoïdes, denses, de 45 à 60 cent. de long ; hampe radicale, de 30 à 45 cent. de haut. Juillet. *Flles* linéaires-lancéolées, acuminées, de 20 à 30 cent. de long, rétrécies vers la ligule qui est bilobée. Tiges deux ou trois fois plus longues que les hampes. Indes orientales, 1605. (B. M. Pl. 270.)

Z. Parishii, Hook. f. *Fl.* à corolle jaune paille, veinée de pourpre ; bractées vert jaune, avec les bords écarlates ; épis cylindriques, de 10 à 15 cent. de long. Juillet. *Flles* elliptiques-lancéolées, de 10 à 18 cent. de long. *Rhiz.* rampants, de 1 m. de long. *Haut.* 1 m. Moulmein, 1873. (B. M. 6019.)

Fig. 607. — Zingiber officinale.

Z. roseum, Rosc. *Fl.* à tube allongé, blanc, ainsi que le limbe externe qui est divisé en trois segments aigus ; limbe interne ou labelle jaune pâle, ovale, avec deux lobes basilaires obtus et orangés ; inflorescence radicale, formée de bractées rosées, imbriquées ; les inférieures ovales, aiguës ; les supérieures lancéolées. Eté. *Flles* oblongues-lancéolées, glabres en dessus, velues en dessous, à pétiole très court, décurrent, engainant et à ligule aiguë. *Haut.* 1 m. et plus. Tubercules blanchâtres et articulés. Bengale, 1822.)

Z. Zerumbet, Smith. *Fl.* jaune soufre pâle, grandes, à lobes latéraux du labelle très grands ; bractées uniflores ; épis ovales, obtus, ayant environ la grosseur d'un œuf d'Oie et longuement pédonculés. Eté. *Flles* sessiles, largement lancéolées, entières, lisses et ondulées. Tiges annuelles, de 1 m. à 1 m. 20 de haut. *Rhiz.* blancs extérieurement, jaune pâle à l'intérieur. Indes orientales, 1690. (B. M. 2000 ; S. E. B. 112.)

ZINGIBÉRÉES. — Tribu des Scitaminées.

ZINNIA, Zinn. (dédié à John Godfrey Zinn, professeur de botanique à Gottingen, 1727-1759) ; Angl. Youth and Old Age. Syns. *Crassina*, Scop. et *Lejica*, St-Hill. Fam. *Composées*. — Genre comprenant environ une douzaine d'espèces de plantes herbacées, demi-rustiques, annuelles, vivaces ou suffrutescentes, habitant le Mexique et le Texas. Capitules diversement colorés, radiés, hétérogames, moyens ou amples, pédonculés, terminaux ou insérés aux angles de bifurcation ; involucre campanulé ou sub-cylindrique, formé de bractées disposées en deux ou trois séries ; les externes graduellement plus courtes ; réceptacle conique ou à la fin cylindrique ; fleurons rayonnants, ligulés, étalés, unisériés et parfois persistants ; achaines (graines) étroits, striés, glabres ou ciliés sur les angles. Feuilles opposées, entières, sessiles ou pétiolées.

Les *Zinnia elegans* sont très connus et même très populaires dans les jardins. Peu de plantes annuelles sont plus cultivées, car peu réunissent mieux les qualités qu'on exige d'elles : facilité de multiplication, d'éducation, robusticité, vigueur, résistance à la sécheresse, abondance et durée de floraison, beau port, bel effet décoratif, etc., le Zinnia a tout cela et même à un haut degré, on pourrait encore y ajouter l'absence d'insectes nuisibles, à part les limaces qui en sont très friandes. Il est facile de comprendre pourquoi on les recherche tant et pourquoi on en voit partout. On en fait des corbeilles entières, bordées d'une autre plante plus basse, des lignes sur les bords des massifs d'arbustes, des touffes isolées dans les plates-bandes et le long des allées des jardins potagers; enfin leurs fleurs ont une longue durée et, quoique peu employées pour bouquets, elles y trouvent néanmoins une place très avantageuse, surtout dans les gerbes.

Le *Z. Haageana* ou Z. du Mexique vient après le précédent comme fréquence de culture et s'accommode du même traitement, ainsi du reste que les autres espèces.

Les *Zinnia* s'accommodent à peu près de tous les sols, il y poussent d'autant plus que leur fertilité est plus grande, mais il leur faut le plein soleil et beaucoup de chaleur; c'est à la faveur de celle-ci et de l'humidité qu'on les voit croître rapidement. Le semis se fait en mars, sous châssis froid ou sur une petite couche; ou bien en avril, en plein air, dans un endroit abrité ; dès que les plants ont quelques feuilles, on les repique en pépinière d'attente, à 5-6 cent. en tous sens ; puis, lorsqu'ils sont suffisamment forts, on les transplante en place, en leur ménageant une petite motte et à environ 50 cent. en tous sens. On couvre ensuite le sol d'un bon paillis et l'on arrose selon le besoin ; la floraison commence alors en juin et se continue sans interruption jusqu'aux gelées. (S. M.)

Fig. 608. — Zinnia élégant double.

Z. elegans, Jacq. * *Capitules* écarlates, cramoisis, roses, chamois, jaunes ou blancs, solitaires, à pédoncules axillaires, dressés, creux, renflés au sommet et plus longs que les feuilles ; involucre campanulé, formé de trois ou quatre rangs d'écailles obtuses ; les supérieures marginées de noir ; réceptacle garni de paillettes élargies, dentées en scie et colorées au sommet; fleurons ligulés, unisériés dans les fleurs simples, très nombreux et multisériés dans les fleurs doubles, onguiculés, pétaloïdes et persistants ; fleurons du centre jaunes, tubuleux, allongés et à quatre cinq divisions ; étamines et styles inclus. Été. *Flles* opposées, sessiles, cordiformes-ovales, amplexicaules, aiguës, ondulées et scabres. Tiges raides, rudes et ramifiées, touffues. *Haut.* 60 cent. Mexique, 1796.

Magnifique plante annuelle dont on possède aujourd'hui plusieurs races décrites ci-après et de nombreux coloris qui se reproduisent assez franchement par le semis. — (B. M. 527; A. V. F. 5; A. B. R. 55 sous le nom de *Z. violacea*, Cav. ; B. R. 1294; P. M. B. 1223, sous celui de *Z. violacea coccinea*, Hort.) — Le *Z. Darwini* est un magnifique hybride.

Z. Double. — Dans cette race, dont l'obtention remonte vers 1860, les capitules sont assez doubles, par suite de la transformation de la plupart des fleurons tubuleux en fleurons ligulés, étalés ; les dimensions sont moyennes et les nuances très variées. (B. H. 1861, 201 ; 1862, 193 ; A. V. F. 11.)

Z. double à grandes fleurs. — Magnifique race à fleurs bien doubles et plus grandes que dans la race précédente, formées de larges et nombreuses ligules étalées et de nuances bien variées. La plante atteint jusqu'à 80 cent.

Z. double strié. — Curieuse race d'obtention encore récente et excessivement variable, jusque sur le même pied, dont les capitules grands et doubles présentent, mais d'une façon inconstante, des panachures jaunes ou blanches sur rouge et *vice versa*. Parfois certaines fleurs sont unicolores (surtout les premières) ou moitié l'une et moitié l'autre, mais plus souvent la panachure se présente sous forme de stries ou bandelettes sur le limbe des ligules.

Fig. 609. — Zinnia élégant double strié.

Il ne faut pas se hâter de supprimer dès le début les plantes qui ne présentent pas de signes de panachure, car elle ne se montre parfois que sur les deuxièmes fleurs.

Z. double nain. — Cette race est surtout caractérisée par sa taille, qui ne dépasse guère 35 cent., mais les plantes se ramifient beaucoup, s'étalent et finissent par mesurer autant de diamètre ; les fleurs sont moyennes mais bien faites, quoiqu'un peu plates, et les coloris bien variés. Les Zinnia nains sont particulièrement utiles pour la décoration des corbeilles et des plates-bandes.

Fig. 610. — Zinnia élégant double nain.

Z. double pompon. — Ces Zinnias produisent des fleurs petites, 4 à 5 cent. de diamètre, mais excessivement nombreuses, très doubles, fortement bombées, à pétales étroits et très imbriqués. La plante atteint 50 cent. environ et se ramifie fortement en forme de boule. (A. V. F. 37; Gn. 1886, 1, 562.)

Fig. 611. — Zinnia élégant double pompon.

Z. double Lilliput. — Race remarquable par ses fleurs beaucoup plus petites que dans la précédente, également très doubles, fortement bombées, de nuances bien variées et munies de longs et solides pédoncules qui sortent bien audessus du feuillage. La plante est encore plus naine que la précédente (30 à 40 cent.), encore plus ramifiée et plus trapue. Les fleurs de ces deux dernières races conviennent plus particulièrement que celles des précédentes à la confection des bouquets et des gerbes. (A. V. F. 43.)

Fig. 612. — Zinnia élégant double Lilliput.

Z. Haageana, Regel. * Zinnia du Mexique. — *Capitules* d'un beau jaune d'or, moyens, brièvement pédonculés, à pédoncule renflé et creux sous le réceptacle; involucre court, évasé, formé de deux-quatre rangées d'écailles scarieuses, arrondies, membraneuses et noirâtres supérieurement; fleurons ligulés au nombre de huit à dix, ovales et dentés au sommet; fleurons tubuleux, brunâtres, à divisions jaunes; réceptacle conique, garni de paillettes entières, aiguës et jaune orangé. Eté. *Flles* sessiles, ovales-lancéolées; les supérieures plus étroites; poilues et fortement nervées. Tige très ramifiée, dichotome, lavée de rougeâtre. *Haut.* 30 à 40 cent. Amérique centrale. 1862. (R. G. 1863, 390.) Syn. *Z. mexicana*, Hort. — Il en existe une variété à *fleurs parfaitement doubles* et d'un beau jaune orangé, rappelant un peu les fleurs doubles du *Sanvitalia procumbens* et qui constitue une plante très méritante, bien préférable au type pour l'ornementation.

Fig. 613. — Zinnia Haageana.

(S. M.)

Z. hybrida, Rœm. et Usteri. *Capitules* écarlates ; bractées de l'involucre apprimées ; paillettes entières ; pédoncules terminaux, solitaires et courts. *Flles* cordiformes, un peu lancéolés, sessiles, amplexicaules. Tiges dressées et pubescentes. *Haut.* 60 cent. 1818. C'est probablement un hybride des *Z. elegans* et *Z. pauciflora*. (B. M. 2123.)

Z. linearis, Benth. *Capitules* jaune d'or, à bords légèrement orangés, de 4 à 5 cent. de large et très nombreux. Eté. *Flles* vert foncé et étroitement linéaires. *Haut.* 30 cent. Mexique, 1887. Jolie plante formant un buisson dressé et compact. (G. C. ser. III, vol. II, p. 597.

Z. mexicana, Hort. Syn. de *Z. Haageana*. Regel.

Z. multiflora, Linn. *Capitules* à involucre campanulé, formé d'écailles apprimées ; paillettes du réceptacle obtuses ; fleurons rayonnants rouges ou écarlates ; disque jaune ; pédoncules plus longs que les feuilles. *Flles* à peine pétiolées, ovales-lancéolées. Tige dressée, très ramifiée et à peine poilue. *Haut.* 60 cent. Mexique. 1770. Plante voisine du *Z. pauciflora*. (B. M. 149.)

Fig. 614. — ZINNIA HAAGEANA FLORE-PLENO. — Zinnia du Mexique double.

Z. pauciflora, Linn. *Capitules* jaunes ; bractées de l'involucre apprimées ; paillettes du réceptacle entières ; fleurons rayonnants obovales, uni- ou bidentés au sommet ; pédoncules terminaux, striés, obconiques ; les latéraux plus grêles. *Flles* sessiles, cordiformes-lancéolées et un peu amplexicaules. Tige dressée et poilue. *Haut.* 60 cent. Mexique, 1753.

Z. tenuiflora, Jacq. *Capitules* à pédoncules très longs et cylindriques ; involucre oblong, formé d'écailles apprimées et à peine marginées ; fleurons rayonnants écarlates, de 18 à 20 mm. de long, entiers ou bidentés et révolutés au sommet. *Flles* très courtement pétiolées, cordiformes-lancéolées. Tiges dressées et à peine pubescentes. *Haut.* 60 cent. Mexique, 1799. (B. M. 555.)

Z. verticillata, Andr. *Capitules* rouges ; involucre campanulé, formé d'écailles apprimées ; fleurons rayonnants obovales, émarginés au sommet, formant souvent deux ou trois séries ; pédoncules courts et obconiques. *Flles* oblongues-lancéolées, parfois rapprochées en verticilles irréguliers, parfois disposées en spirale. Tige dressée, portant des poils épars. *Haut.* 60 cent. Mexique, 1789. (A. B. R. III, 189.) « C'est probablement une forme robuste et cultivée du *Z. elegans* (Hemsley). »

ZIZANIA, Linn. (de *Zizanion*, ancien nom grec de quelque sorte de grain sauvage ; c'est le nom qui, dans le Nouveau Testament, est traduit « Vesce »); Zizanie aquatique, Mélomine. ANGL. Water ou Indian Rice; SYNS. *Hydrophorum* et *Melinum*, Link. FAM. *Graminées*. — Petit genre ne comprenant que deux espèces de grandes herbes aquatiques et rustiques, habitant le Canada. Fleurs monoïques, disposées en panicule rameuse et terminale ; épillets uniformes, très caducs, à pédicelles claviformes et articulés ; les mâles insérés dans la partie inférieure, dépourvus de glumes, mais à deux glumelles membraneuses, sub-égales ; étamines six ; fleurs femelles à une glume cupulaire et à deux glumelles, dont l'inférieure est munie d'une très longue arête droite. Caryopse (graine) long, grêle, sillonné, enfermé, mais libre dans ses glumelles. Feuilles longues et planes.

Le *Z. aquatica*, Linn., le Riz du Canada (ANGL. Canada ou Indian Rice, Water Oats), est récolté en grande quantité par les Indiens de l'Amérique du nord-ouest pour leur servir de nourriture, car sa farine est sucrée et d'excellente qualité. On a tenté bien des fois, mais sans succès jusqu'ici, de l'introduire en Europe dans les terrains marécageux, trop humides et par suite incultes. (G. et F. 1889, p. 263-5.)

ZIZIA, Koch. — Réunis aux **Carum**, Linn.

ZIZIPHORA, Linn. (de *Zizi*, qui est, dit-on, le nom indien de la fleur, et *phoreo*, je porte). FAM. *Labiées*. — Genre comprenant une douzaine d'espèces de plantes herbacées, naines, rustiques et annuelles ou de sous-arbrisseaux diffus et habitant l'Asie centrale et occidentale et le sud de la région méditerranéenne. Fleurs petites, sub-sessiles ou courtement pédicellées et disposées en verticilles pauciflores, axillaires ou rapprochés dans la partie supérieure des tiges ; calice tubuleux, allongé et bilabié ; corolle à tube à peine exsert et à lèvre supérieure dressée et entière ; l'inférieure étalée et trilobée ; étamines fertiles deux. Feuilles petites, entières ou munies de quelques dents ; les florales conformes ou légèrement plus courtes et plus larges.

Les espèces les plus connues sont décrites ci-après. Ce sont des sous-arbrisseaux rustiques, prospérant en bonne terre légère. Leur multiplication peut s'effectuer par boutures.

Z. clinopodioides, Lamk. *Fl.* bleu pourpre ; corolle presque deux fois aussi longue que le calice ; verticilles peu nombreux, composés de six à dix fleurs et rapprochés en bouquet un peu lâche et sub-globuleux. Juin. *Flles* à la fin presque toutes ovales ; les supérieures étroites, oblongues ou ovales, de 12 mm. de long et rétrécies en courts pétioles. Branches diffuses, de 15 à 30 cent. de long et souvent purpurines. Sibérie, 1821.

Z. c. media, Hort. *Fl.* à calice poilu. *Flles* presque toutes étroites. (B. M. 906, sous le nom de *Z. serpyllacea*, Bieb.)

Z. dasyantha, Bieb. *Fl.* rouges, à calice très poilu, hispide ; corolle plus courte que dans le *Z. clinopodioides* ; verticilles rapprochés en bouquet oblong ou les inférieurs séparés. Juillet. *Flles* ovales ou oblongues ; les florales conformes. *Haut.* 15 cent. Sibérie, 1803. (B. M. 1093, sous le nom de *Z. Puschkini*, Adam.)

ZIZYPHUS, Juss. (de *Zizouf*, le nom arabe du *Z. Lotus*). **Jujubier.** Fam. *Rhamnées*. — Genre comprenant aujourd'hui environ soixante-cinq espèces d'arbres ou d'arbuste rustiques, d'orangerie ou de serre tempérée, souvent retombants ou sarmenteux et épineux, habitant l'Asie et l'Amérique tropicales ainsi que toutes les régions tempérées des deux hémisphères. Fleurs verdâtres, petites, hermaphrodites ou unisexuées, fasciculées ou réunies en cymes sessiles et pédonculées; calice à cinq lobes étalés; pétales cinq, cucullés et défléchis, rarement absents; étamines cinq. Fruit charnu, drupacé ou sec et indéhiscent, renfermant un noyau ligneux ou osseux, à une-quatre loges monospermes. Feuilles sub-distiques, alternes, ordinairement coriaces, munies de petites stipules caduques ou persistantes et parfois épineuses.

Fig. 615. — Zizyphus Jujuba. — Jujubier.

Les fruits du *Z. vulgaris*, le Jujubier commun, qui sont rougeâtres et de la grosseur d'une petite prune, se consomment beaucoup frais ou secs dans la région méditerranéenne et servent à préparer la pâte de jujube que vendent les confiseurs et les marchands de produits des colonies dans les villes du nord. Le *Z. Lotus* est le vrai *Lotus*, si vanté des Grecs, dont le fruit, d'excellente qualité, était consommé en si grande quantité par les habitants de Syrte et de l'île de Gerbi (Afrique), qu'ils en dérivèrent leur nom de *Lotophages*. Le *Z. Jujuba* fournit aussi un délicieux fruit de dessert et est beaucoup cultivé par les Chinois. Enfin, dans le *Z. spina-Christi*, certaines personnes ont vu la provenance des rameaux épineux qui servirent à fabriquer la couronne qu'on plaça sur la tête de Jésus-Christ, pour le crucifier.

Les Jujubiers n'intéressent guère les cultures de nos régions septentrionales, car ils n'y sont pas rustiques, ou du moins certaines espèces telles que les *Z. sinensis* et *Z. vulgaris* seulement sont-elles susceptibles de résister aux hivers ordinaires et dans un endroit chaud et abrité, tel qu'au pied d'un mur exposé au midi; mais ils n'y fructifient pas; tous les autres doivent être cultivés en pots ou caisses et hivernés en orangerie ou en serre. Ils prospèrent dans un compost de terre franche, de terre de bruyère et de sable. Leur multiplication s'effectue facilement par le semis ou par le bouturage des pousses aoûtées, que l'on plante dans du sable et sous cloches et au besoin par le bouturage des racines.

égalant environ les pétioles. Juin. *Fr.* rouges, atteignant à peine la grosseur d'une cerise. *Flles* pétiolées, ovales ou cordiformes-ovales, obtusément acuminées, mucronulées, de 4 à 5 cent. de long; crénelées-dentées et parfois poilues sur les nervures de la face inférieure. Rameaux grisâtres, flexueux et épineux. *Haut.* 8 m. Sud de l'Afrique, 1810. Arbre de serre froide.

Z. Paliurus, Willd. — V. **Paliurus aculeatus.**

Fig. 616. — Zizyphus vulgaris. — Jujubier commun.

Z. incurva, Roxb. *Fl.* réunies en cymes axillaires, pédonculées, de 2 cent. de long. Juin. *Fr.* de 1 cent. de diamètre, ellipsoïde et à deux loges. *Flles* de 3 à 5 cent. de long, ovales ou ovales-oblongues, aiguës ou un peu acuminées, crénelées-dentées et glabres. *Haut.* 2 m. et plus. Népaul, 1823. Arbrisseau inerme.

Z. Jujuba, Lamk. * Jujubier cultivé; Angl. Jujube-tree. — *Fl.* jaune pâle, disposées en corymbes axillaires et tomenteux, de 2 cent. de long. Avril-mai. *Fr.* rougeâtres, ovoïdes, de 1 1/2 à 2 cent. de diamètre, charnu, farineux et d'un goût très agréable. *Flles* de 2 1/2 à 6 cent. de long, elliptiques-ovales ou sub-orbiculaires, vert foncé et glabres en dessus, fortement cotonneuses et blanches en dessous; épines rares, solitaires et crochues. Rameaux jeunes, étalés, allongés et tomenteux-veloutés. *Haut.* 10 à 15 m. Nord de l'Afrique, Indes, Australie, 1759. Cultivé dans beaucoup de pays chauds. Arbre épineux et de serre chez nous. (B. F. F. 17; B. F. S. CXLIX; J. B. 1, 140.)

Z. Lotus, Lamk. * Jujubier Lotus ou Lotus des Lotophages; Angl. African ou Jujube Lotus. — *Fl.* jaune pâle, solitaires ou disposées en glomérules. Avril-mai. *Fr.* jaunes, arrondis-ovales, de la grosseur d'une prunelle, à saveur agréable. *Flles* ovales-oblongues, obscurément crénelées, trinervées, glabres ou un peu rudes; épines géminées, dont une arquée et l'autre droite, égalant ou dépassant le pétiole. Rameaux glabres, flexueux et horizontaux. Arbrisseau de 1 à 2 m. Europe méridionale; Nord de l'Afrique, notamment aux environs de Tunis, 1731.

Z. mucronata, Willd. *Fl.* disposées en cymes axillaires,

Z. sativa, Desf. Syn. de *Z. vulgaris*, Lamk.

Z. sinensis, Lamk. *Fl.* blanches, à pétales réfléchis. Mai-juin. *Fr.* drupacé, ovale. *Flles* ovales-oblongues, aiguës, glabres, dentées, trinervées, accompagnées d'épines géminées, droites. Rameaux nombreux, pubescents, dressés et raides. Arbuste de 1 m. à 1 m. 20 de haut. Chine, 1780.

Z. spina-Christi, Willd. Jujubier Épine du Christ; Angl. Christ-Thorn. — *Fl.* jaune pâle, tomenteuses et disposées en corymbes. Avril-mai. *Fr.* ovale-globuleux, de la grosseur d'une cerise, rouge et à saveur agréable. *Flles* ovales-obtuses, dentées, glabres ou pubescentes en dessous et armées de chaque côté de la base du pétiole d'une épine blanche, étalée, horizontale, droite ou légèrement crochue. *Haut.* 2 m. Asie occidentale, Nord de l'Afrique, Égypte et Arabie. Arbrisseau.

Z. vulgaris, Lamk. Jujubier commun. — *Fl.* peu nombreuses, fasciculées à l'aisselle des feuilles. Juin-août. *Fr.* rougeâtre ou noir, oblong, pendant, succulent, de 12 mm. de diamètre. *Flles* de 2 à 5 cent. de long, sub-obliquement ovales, obtuses ou sub-aiguës, crénulées-dentées et glabres. Épines ordinairement géminées. *Haut.* 2 m. et plus. Sud de l'Europe, etc., 1640. Arbrisseau ou petit arbre rustique. (S. F. G. 241.) Syns. *Z. sativa*, Desf.; *Rhamnus Zizyphus*, Linn.

Les *Z. mauritiana*, Lamk.; *Z. mucronata*, Willd.; *Z. œnopolia*, Mill.; *Z. rotundifolia*, Lamk.; *Z. sororia*, Rœm. et Schult. et *Z. xylopyrus*, Willd., ont aussi été introduits autrefois dans les cultures, mais ils n'y ont sans doute pas persisté.

ZOMICARPA, Schott. (de *zoma*, sorte de basque ou jupon, et *karpos* fruit; à la maturité, le péricarpe du fruit s'ouvre au fond et persiste, couvrant les graines comme une sorte de jupon). FAM. *Aroïdées.* — Petit genre ne comprenant que trois espèces de plantes herbacées, vivaces, tuberculeuses et de serre chaude, habitant le Brésil. Fleurs monoïques, à périanthe nul; spathe un peu charnue, persistante, à tube enroulé, courbé à la base, avec les bords soudés, la gorge rétrécie et le limbe lancéolé, acuminé, réticulé-veiné; spadice plus court que la spathe, soudé à la base avec elle et muni d'un appendice grêle; inflorescence mâle compacte; la femelle pauciflore; hampe grêle et égalant les feuilles. Celles-ci paraissant avant les fleurs, longuement pétiolées, réniformes, tripédatiséquées; segments elliptiques-oblongs; les latéraux plus petits; pétioles engainants vers la base. Les espèces décrites ci-après se traitent comme les **Staurostigma**. (V. ce nom.)

Z. Pythonium, Schott. *Fl.* à spathe violet glauque; spadice dépassant légèrement le tube de la spathe, à partie nue subulée plus courte que l'inflorescence; pédoncules arrondis. *Flles* réniformes, à cinq segments, espacés à la base; les latéraux à demi lancéolés et ovales-oblongs: le médian largement elliptique; pétioles grêles, arrondis, assez largement engainants et trois fois aussi longs que leurs limbes. *Haut.* 30 cent. Brésil, 1860. — Cette plante est considérée comme un antidote contre la morsure des serpents venimeux.

Z. Riedelianum, Schott. *Fl.* à spathe verte: spadice dépassant beaucoup le tube de la spathe, à partie nue claviforme et plus longue que l'inflorescence. *Flles* réniformes, à segments mucronés-cuspidés; les supérieurs espacés des latéraux, qui sont rapprochés; pétioles trois fois aussi longs que les feuilles et assez largement engainants à la base. *Haut.* 30 cent. Brésil, 1860. (Ref. B. 15.)

Z. Steigeriana, F. Maxim. *Fl.* à spathe pourpre noirâtre, arquée au sommet; spadice blanchâtre et pourpre fauve foncé, ne dépassant pas le milieu de la spathe, à appendice claviforme; hampe un peu plus longue que les pétioles. *Flles* vertes, pâles en dessous, triséquées, à segments égaux ou inégaux, oblongs ou ovales-lancéolés, acuminés au sommet et brusquement cunéiformes à la base; pétioles maculés et striolés de teinte fauve. *Haut.* 30 cent. Brésil, 1860.

ZOMICARPELLA, N. E. Br. (diminutif de *Zomicarpa*.) FAM. *Aroïdées.* — La seule espèce de ce genre est une petite herbe grêle, de serre chaude, tuberculeuse et voisine des *Zomicarpa*. Pour sa culture, V. **Staurostigma**.

Z. maculata, N. E. Br. *Fl.* formant une inflorescence très petite; spathe vert terne, de 2 cent. 1/2 de long, lancéolée, étalée presque horizontalement, avec les bords révolutés; spadice noirâtre, de 4 cent. de long et très grêle. *Flles* ovales profondément cordiformes-sagittées à la base, vert foncé, avec des séries de macules vert pâle, irrégulières, disposées autour et près des bords, ressemblant un peu à celles du *Caladium marmoratum*, mais beaucoup plus petites. Nouvelle Grenade, 1881.

ZONE. — S'applique aux bandes circulaires de teinte différente de celle du fond de l'organe qui les porte, comme chez les feuilles de certains *Pelargonium*.

ZORNIA, J. F. Gmel. (dédié à John Zorn, de Bavière, auteur botanique; 1739-1799.) Comprend les *Myriadenus*, Dew. FAM. *Légumineuses.* — Genre renfermant une dizaine d'espèces de plantes herbacées, annuelles ou vivaces, de serre tempérée ou chaude, toutes américaines et dont une se retrouve aussi dans le sud de l'Afrique. Fleurs solitaires ou disposées en épis interrompus sur des pédoncules axillaires et terminaux. Gousses comprimées. Feuilles digitées, à deux quatre folioles souvent ponctuées-pellucides. Plusieurs espèces ont été introduites, mais comme elles sont plus curieuses que belles, elles sont sans doute disparues des collections; le *Z. tetraphylla*, décrit ci-après, n'y existe peut-être même plus.

Z. tetraphylla, Michx. *Fl.* jaunes; bractées glabres, aussi longues que les gousses et à cinq nervures. Juillet. *Gousses* garnies d'épines un peu scabres. *Flles* à quatre folioles digitées, oblongues, acuminées. *Haut.* 15 cent. Caroline, 1824. Plante vivace et de serre tempérée. SYN. *Anonymos bracteata*, Walt.

ZOSTERA, Linn. (de *zoster*, ruban; allusion aux feuilles). **Zostère**; ANGL. Grasswrack. SYN. *Alga*, Lamk. FAM. *Naiadacées.* — Petit genre ne comprenant que quatre espèces d'herbes marines, graminiformes et rustiques, croissant spontanément sur les côtes de diverses mers de la zone tempérée, notamment en Europe. Fleurs disposées en deux séries parallèles d'anthères alternant avec des carpelles sur une face d'un spadice pédonculé, membraneux, linéaire et inclus dans une spathe foliacée et engainante; périanthe nul. Feuilles distiques, engainantes, allongées-linéaires. Les *Z. marina*, Linn. (ANGL. Bell Ware, Wracke Grass, etc.) et le *Z. nana*, Roth. croissent spontanément dans les estuaires siliceux, fangeux et dont l'eau est très basse. Ces plantes ne présentent aucun intérêt horticole.

ZOSTÉRÉS. — Tribu des **Naiadacées**.

ZOSTEROSTYLIS, Blume. — V. **Cryptostylis**, R. Br.

ZUCCAGNIA, Thunb. — V. **Dipcadi**, Medick.

ZWINGERA, Schreb. — V. **Simaba**, Aubl.

ZYGADENUS, Michx. (de *zygos*, joug, et *aden*, glande; les glandes sont ordinairement disposées par paires, à la base des segments du périanthe.) On écrit aussi, mais à tort, *Zigadenus*, Comprend les *Amianthium*, A. Gray. et *Anticlea*, Kunth. FAM. *Liliacées.* — Genre renfermant environ douze espèces de plantes bulbeuses ou rhizomateuses et rustiques, dont une habite la Sibérie et les autres l'Amérique du Nord, jusqu'au Mexique. Fleurs réunies en grappe simple ou ramifiée-paniculée; périanthe persistant, à segments parfois soudés à la base en tube très court et turbiné, parfois libres, sub-égaux et plans; étamines six, un peu plus courtes que les segments. Feuilles radicales ou fasciculées à la base de la tige, allongées-linéaires. Tige dressée, simple au-dessous de l'inflorescence, nue ou pourvue de quelques petites feuilles.

Les espèces décrites ci-après sont les plus répandues. Elles prospèrent en terre de bruyère humide et se multiplient facilement par division ou par semis.

Z. angustifolius, S. Wats. *Fl.* à périanthe blanc, passant au pourpre, de 3 à 4 mm. de long; pédicelles inférieurs de 12 à 15 mm. de long; grappe de 2 1/2 à 8 cent. de long et 12 à 18 mm. de large. Mai-juin. *Flles* ayant près de 30 cent. de long et 5 à 8 mm. de large, plus fermes et plus fortement côtelées que dans le *Z. muscitoxicum*. Tige grêle, de 30 à 50 cent. de haut et portant plusieurs feuilles réduites. Amérique du Nord, 1823. Syns. *Amianthium angustifolium*, A. Gray.; *Helonias angustifolia*, Michx.; *H. læta minor*. (B. M. 1540.)

Z. elegans, Pursh. Syn. de *Z. glaucus*, Nutt.

Z. Fremontii, Torr. *Fl.* à périanthe crème, de 12 à 15 mm. de long, avec les segments oblongs et obscurément onguiculés; grappes corymbiformes, de 5 à 10 cent. de long, simple ou paniculée. Juin. *Flles* trois ou quatre, linéaires, un peu fermes, de 30 à 45 cent. de long et 8 à 10 mm. de large, acuminées. Amérique du Nord, 1874.

Z. glaberrimus, Michx. *Fl.* à périanthe blanc, de 12 à 15 mm. de long, à segments oblongs, aigus, distinctement onguiculés; pédicelles ascendants, de 8 à 15 mm. de long; grappes composées de cinq à dix fleurs, lâchement paniculées, de 2 1/2 à 5 cent. de long. Juin. *Flles* linéaires, graminiformes, acuminées, de 30 à 45 cent. de long et 8 à 10 mm. de large. Tige dressée, portant plusieurs feuilles réduites. *Rhiz.* rampant. *Haut.* 60 cent. à 1 m. Amérique du Nord, 1811. Syns. *Helonias bracteata*, Sims. (B. M. 1703.)

Z. glaucus, Nutt. *Fl.* à périanthe verdâtre à l'extérieur, blanchâtre intérieurement, de 12 à 15 mm. de long, à segments oblongs, fortement nervés; pédicelles ascendants, de 1 1/2 à 2 cent. 1/2 de long; grappes lâches, de 5 à 10 cent. de long et 2 1/2 à 5 cent. de large, simples ou lâchement paniculées. Été. *Flles* dix à quinze, fermes, linéaires, vert glauque, fortement nervées, de 30 à 45 cent. de long et 6 à 12 mm. de large. Tige de 15 à 60 cent. de haut, avec quelques feuilles réduites. Amérique du Nord, 1828. Syn. *Z. elegans*, Pursh.; *Helonias glaberrima*, Sims. (B. M. 1680.)

Z. muscitoxicum, Regel. *Fl.* à périanthe blanc verdâtre, de 3 à 4 mm. de long; pédicelles inférieurs de 12 à 18 mm. de long; grappes denses, oblongues, de 5 à 10 cent. de long et 2 1/2 à 4 cent. de large. Été. *Flles* nombreuses, linéaires-loriformes, membraneuses, de près de 30 cent. de long et 6 à 18 mm. de large, obtuses. Tige grêle, de 30 à 60 cent. de haut, portant quelques feuilles réduites et légèrement épaissie à la base. Amérique du Nord, 1758. (R. G. 1121, f. 1.) Syns. *Amianthium muscætoxicum*, A. Gray.; *Helonias læta*, Ker. (B. M. 803; L. B. C. 998.)

Z. Nuttallii, A. Gray. *Fl.* à périanthe blanc, de 3 à 6 mm. de long; grappes souvent simples, denses supérieurement, de 5 à 8 cent. ou rarement 10 à 15 cent. de long; pédicelles inférieurs de 12 à 18 mm. de long. Juin. *Flles* quatre à six, fermes, linéaires, de 30 à 45 cent. de long et 6 à 12 mm. de large. Tige de 15 à 45 cent. de haut et portant quelques feuilles réduites. Amérique du Nord, 1883. (R. G. 1121. f. 2.)

ZYGOCOLAX, Rolfe; (nom composé avec celui des parents de la plante). Fam. *Orchidées*. — Genre créé pour un hybride bigénérique, obtenu par croisement du *Colax jugosus* (mâle) avec le *Zygopetalum crinitum* (femelle) et entre lesquels il est presque intermédiaire par sa forme. Pour sa culture, V. **Zygopetalum**.

Z. Veitchii, Rolfe. *Fl.* élégantes, de 5 cent. de diamètre, à sépales et pétales vert jaunâtre clair, maculés de pourpre brun; labelle blanc jaunâtre, strié longitudinalement de violet pourpre; hampe un peu plus courte que les feuilles et pourvue de quelques bractées engainantes, lancéolées et aiguës. *Flles* deux ou trois, linéaires-lancéolées, de 22 à 30 cent. de long, les basales un peu plus courtes et plus longues que les supérieures. 1887. Syn. *Zygopetalum Veitchii*, Hort. Veitch.

ZYGOGLOSSUM, Reinw. — V. **Cirrhopetalum**, Lindl.

ZYGOMENES, Salisb. — V. **Cyanotis**, Don.

ZYGOMORPHE. — Terme peu connu et qu'on applique aux objets qu'on ne peut disséquer sur un seul plan en deux moitiés égales.

ZYGOPETALUM, Hook. (de *zygos*, joug, et *petalon*, pétale; dans l'espèce type, les sépales et les pétales sont soudés par leur base). Comprend les *Bollea*, Rchb. f.; *Galeottia*, A. Rich.; *Huntleya*, Batem.; *Kefersteinia*, Rchb. f.; *Pescatorea*, Rchb. f.; *Promenæa*, Lindl.; *Warscewiczella*, Rchb. f. Fam. *Orchidées*. — Genre renfermant aujourd'hui plus de cinquante espèces de très belles Orchidées épiphytes, de serre chaude ou tempérée, habitant les parties chaudes de l'Amérique, depuis le Brésil jusqu'au Mexique et aux Indes occidentales. Fleurs grandes et élégantes, à sépales et pétales sub-égaux, libres ou très courtement soudés à la base; labelle inséré au pied de la colonne, légèrement incombant, formant une gibbosité à lobes latéraux étalés ou dressés, couvrant la colonne; le médian plan et étalé; labelle portant une crête transversale, plissée ou ondulée, lui donnant l'aspect d'une ruche ou d'un jabot; colonne incurvée, semi-arrondie, non ailée ou munie au sommet de deux ailes courtes, développée à la base en un pied court; masses polliniques quatre; hampes florifères aphylles, couvertes de nombreuses gaines, uniflores ou portant une grappe de fleurs lâche; bractées petites ou assez larges. Feuilles distiques, membraneuses ou un peu rigides, légèrement plissées ou à nervures saillantes. Tige feuillée, courte, s'épaississant à la fin en pseudo-bulbe.

Les *Zygopetalum* fleurissent généralement en hiver, circonstance qui augmente beaucoup leur valeur décorative. Les espèces robustes, telles que les *Z. Mackayi* peuvent être cultivées avec les *Cattleya Mossiæ*. Il faut les empoter dans de la terre de bruyère grossièrement concassée et du sphagnum, puis les arroser copieusement pendant leur période de végétation.

Les espèces de la section *Pescatorea* sont beaucoup plus difficiles à traiter. Les espèces à larges feuilles peuvent se cultiver dans des terrines ou dans des paniers, en employant un mélange de fibres de terre de bruyère, de sphagnum et de morceaux de charbon de bois. Certains cultivateurs les placent dans des sortes de soucoupes plates, percées de plusieurs trous dans le fond et mettent simplement quelques nodules de terre de bruyère et de charbon de bois autour des racines, à mesure qu'elles se multiplient. D'autres les attachent sur de larges bûches de Bouleau, en plaçant la plante du côté de l'écorce. Les petites espèces telles que le *Z. gramineum* prospèrent de préférence dans des paniers de bois de teck.

Tous les *Zygopetalum* demandent de copieux arrosements pendant leur période de végétation, et il ne faut jamais les laisser se dessécher complètement.

Z. africanum, Hook. — V. **Odontoglossum bictonense**.

Z. armillata. — *Fl.* vert et blanc. 1885. Syn. *Batemannia armillata*. (R. X. O. 316.)

Z. aromaticum, Rchb. f. *Fl.* solitaires, fortement odorantes, de 8 à 10 cent. de diamètre, à sépales et à pétales blancs, lancéolés, aigus; labelle bleu d'azur, passant au pourpre à la base, ob-réniforme, avec plusieurs lobules et légèrement crispé; disque lisse; callosité contractée à la base et présentant plusieurs sillons; hampe dressée. *Flles* cunéiformes-oblongues et aiguës. Chiriqui. Serre chaude. (G. C. 1868, p. 75; I. O., R. X 73.) Syns. *Huntleya aromatica* et *Warscewiczella aromatica*, Rchb. f.

Z. Backhousianum, Rchb. f. *Fl.* à sépales et pétales blanc de crème, avec les pointes violet-purpurin vif, labelle profondément trilobé, blanc crème, portant une callosité jaune foncé, formée de dix-neuf côtes, avec des lignes brunâtres sur la carène ; partie antérieure jaunâtre, avec de petites verrues pourpres. Été. Equateur, 1877. Plante voisine du *Z. Klabochorum*. Serre chaude. Syn. *Pescatorea Backhousiana*, Rchb. f.

Z. Beaumontii, — *Fl.* de 5 cent. de diamètre, à sépales et pétales vert clair, striés longitudinalement de brun olive pâle ; labelle blanc, ponctué et strié de lilas pourpre pâle, trifide, à lobes latéraux dentés, incurvés ; disque portant environ sept longues crêtes aiguës et parallèles ; hampe dressée, portant une à deux fleurs. *Flles* plissées, cunéiformes-oblongues et vert clair. Pseudo-bulbes pyriformes et tétragones. Brésil, 1850. Serre chaude. Syns. *Batemannia Beaumontii*, Rchb. f. (R. X. O. III, 215.) ; *Galeottia Beaumontii*, Lindl. et Paxl.

Z. bellum, Rchb. f. *Fl.* de plus de 8 cent. de diamètre, à sépales et pétales violet clair, rayés de violet purpurin foncé près du sommet ; labelle jaune blanchâtre, un peu cucullé, avec un grand callus formé de vingt-une côtes dont les carènes sont purpurines sur le dos et à sommet du labelle maculé de violet purpurin ; colonne purpurine, avec un espace basal triangulaire, blanc jaunâtre et maculé de purpurin. Printemps. Nouvelle-Grenade, 1878. Serre tempérée. Syn. *Pescatorea bella*, Rchb. f.

Z. brachypetalum, Lindl. *Fl.* à sépales et pétales bruns ; marbrés de vert, courts, raides, convexes, oblongs, obtus, labelle blanc, veiné violet bleuâtre foncé, transversal, arrondi, émarginé, à crête ou callosité fortement striée de bleu ; hampe élevée et multiflore. *Flles* lancéolées-ensiformes, plus courtes que la hampe. Brésil. Serre tempérée (J. H. S. IV, Proc. p. 11.)

Z. b. stenopetalum, Regel. Variété à sépales étroitement aigus et à pétales pourpre brun, marqués de vert ; labelle violacé, avec les bords blanchâtres et cinq crêtes basales. (R. G. 1888, 1277.)

Z. Burkei, Rchb. f. *Fl.* curieusement panachées, au nombre de quatre ou cinq sur la hampe, qui est radicale ; sépales et pétales verts, avec d'épaisses bandes brunes qui s'interrompent et forment des taches çà et là ; labelle blanc, portant une callosité rude, cramoisie, formant environ treize plis. *Flles* géminées, allongées-lancéolées et acuminées. Pseudo-bulbes fasciculés, étroitement oblongs, canaliculés et d'environ 5 cent. de long. Guyane, 1883. Serre tempérée. (W. O. A. III, 142 ; R. ser. V, part. II, 66.)

Z. Burtii, Benth. et Hook. f. *Fl.* rouge brun, jaunes à la base, de 8 cent. de diamètre ; labelle blanc, avec la pointe chocolat. Automne. *Flles* elliptiques-oblongues ou ligulées et sub-distiques. Plante dépourvue de pseudo-bulbes. Costa-Rica, 1872. Syn. *Batemannia Burtii*, Endr. et Rchb. f. (B. M. 6003.)

Z. candidum, Rchb. f. * *Fl.* de 6 cent. de diamètre, à sépales blancs, lancéolés, aigus ; pétales blancs, plus larges et réfléchis ; labelle pourpre rosé au centre, avec une large bordure bleuâtre, tétragone-hasté ; disque portant une grande callosité ob-triangulaire, blanc d'ivoire, rétus, à cinq dents au sommet et marqué de cinq raies pourpre bleuâtre. *Flles* peu nombreuses, oblongues-ligulées, formant une touffe lâche et distique. *Haut.* 20 à 22 cent. Bahia, serre chaude. Syns. *Huntleya candida*, Walp. ; *Warrea candida*, Lindl. et Paxt. (F. d. S. VII, p. 123 ; L. et P. F. G. I, p. 32) ; *Warscewiczella candida*, Rchb. f.

Z. cerinum, Rchb. f. *Fl.* d'environ 8 cent. de diamètre, à sépales et pétales céracés et jaune paille pâle, charnus, concaves ; les latéraux un peu plus foncés ; à onglet jaune, convexe, rétus, avec une callosité épaisse, semi-circulaire, formée de nombreux plis tronqués, sur lesquels existe parfois une bande pourpre foncé, entourant la base de la colonne qui est courte, claviforme et non crochue ; pédoncules axillaires, uniflores, beaucoup plus courts que les fleurs. *Flles* touffues, cunéiformes-oblongues, acuminées, de 30 cent. de long. Chiriqui, 1851. Serre tempérée. (F. d. S. 1815 ; R. G. 838 ; L. 323.) Syns. *Huntleya cerina*, Lindl. et Paxt. B. M. 5578 ; L. et P. F. G. III, p. 62) ; *Pescatorea cerina*, Rchb. f. (F. M. ser. II, 93 ; R. X. O. I, 65.)

Z. citrinum, Lodd. * *Fl.* d'un beau jaune foncé, avec une macule cramoisi foncé à la base du labelle, lequel est obovale sur le devant, avec deux lobes basals oblongs, obtus, dressés et maculés de cramoisi, hampe défléchie, de 5 à 8 cent. de long et uniflore. Fin de l'été. *Flles* oblongues-ligulées et vert pâle. Pseudo-bulbes fasciculés, petits, ovales, tétragones et à deux feuilles. Brésil, 1838. Serre tempérée. Syn. *Maxillaria citrina*, Lyons ; *Promenæa citrina*, Don. (W. O. A. I, 7.)

Z. Clayii, Rchb. f. * *Fl.* très nombreuses, à sépales et pétales brun purpurin foncé, marginés, rayés et parfois maculés de vert ; labelle violet pourpre foncé, avec des lignes pourpre plus foncé, pâle sur les bords, de 4 cent. de large, avec une callosité rude, blanchâtre et des plis violet bleuâtre ; hampes radicales, 1876. Magnifique hybride des *Z. crinitum* et *Z. maxillare*. Serre tempérée. (F. M. n. s. 267 ; W. O. A. 50 ; O. 1886, 327.)

Z. cochleare, Lindl. *Fl.* blanches, d'environ 2 cent. 1/2 de long, à sépales et pétales ovales-aigus ; labelle panaché de bleu, un peu carré-cordé, émarginé au sommet, qui est large et arrondi, pourvu à la base d'une callosité largement réniforme et plissée longitudinalement ; pédoncules de 8 cent. de long et uniflores. *Flles* oblongues, aiguës, rétrécies à la base et de 15 à 25 cent. de long. Indes occidentales. Serre chaude. (B. M. 3585 ; B. R. 1857.)

Z. cœleste, Rchb. f. * *Fl.* de 8 à 10 cent. de diamètre, à sépales et pétales (ceux-ci plus courts) bleu clair à la base, mauve plus foncé au milieu et à pointes blanches ; labelle violet foncé sur le devant, avec la callosité basale proéminente et blanc jaunâtre ; colonne pourpre bleu foncé, jaune à la base ; hampes de 35 à 45 cent. de haut. Juin-juillet. *Flles* rapprochées, cunéiformes-oblongues. Colombie, 1878. Plante voisine du *Z. Lalindei*. Serre tempérée. Syns *Bollea cœlestis*, Rchb. f. (B. H. 1879, 9 ; B. M. 6458 ; R. G. 1075 ; (L. 61, sous le nom de *Bollea pulvinaris*, Rchb. f.)

Z. Crepeauxi, Carr. *Fl.* élégantes, un peu rapprochées, à sépales et pétales rouge foncé, maculés et striés de jaune ; labelle ample, blanc, avec des lignes violettes sur les bords et à nervures couvertes de poils courts et violet-rose. *Flles* courtement pétiolées, elliptiques-obovales. Pseudo-bulbes petits et anguleux. Brésil, 1887. Espèce de serre chaude robuste et touffue.

Z. crinitum, Lodd. * *Fl.* grandes et élégamment panachées, à sépales et pétales verts, rayés de brun, oblongs-lancéolés ; labelle blanc ou crème, strié de veines colorées et fortement poilues, largement obovale et émarginé ; callosité jaune, petite, incurvée ; épis parfois deux sur le même pseudo-bulbe. *Flles* loriformes-lancéolées, plissées et plus courtes que les hampes. Pseudo-bulbes ovales. Brésil, 1829. Serre tempérée. (L. B. C. 1687 ; R. H. B. 1889 ; Gn. 1892, II. 870 ; R. 2, part. 6, 73.) Syns. *Z. Mackayi crinitum*, Hort. (B. M. 3402.) ; *Z. stenochilum*, Lodd. (L. B. C. 1923.) « La plus belle variété est celle nommée *cœruleum*, dont les nervures des segments sont bleu foncé, mais vif, Il en existe une autre à nervures roses. (B. S. Williams.) »

Z. crinito-maxillare, Hort. Hybride dont le nom indique les parents. 1890.

Z. Dayanum, Rchb. f. * *Fl.* de forme semblable à celles du *Z. cerinum*, à sépales et pétales blancs de lait, les premiers à pointes vertes, oblongs-obovales ; les derniers arrondis-rhomboïdes ; labelle blanc, onguiculé, émarginé, avec une callosité violet-purpurin ainsi que la base et les rayons devant cette callosité ; corolle jaune, avec une large bande rougeâtre à la base. Nouvelle-Grenade, 1873. Serre chaude. Syn. *Pescatorea Dayana*, Rchb. f. — Les variétés suivantes sont décrites par B. S. Williams, dans son « Orchid Grower's Manual » :

Z. D. candidulum, Hort. *Fl.* à sépales et pétales blanc pur; labelle teinté de cramoisi purpurin. (G. C. n. s. III, p. 343, sous le nom de *Pescatorea Dayana candidula*, Hort.)

Z. D. rhodacrum, Hort. *Fl.* à sépales et pétales à pointes rose-purpurin. (B. M. 6214, sous le nom de *Pescatorea Dayana rhodacra*, Aort.

Z. D. splendens. Hort. *Fl.* à sépales et pétales maculés au sommet de violet foncé; labelle de même teinte, laquelle s'étend jusqu'à la base de la colonne.

Z. discolor, Rchb. f. *Fl.* à sépales et pétales jaune paille teintés de pourpre, de 3 à 4 cent. de long; sépales inférieurs droits, défléchis; le supérieur dressé, formant avec les pétales une arche au-dessus de la colonne et du labelle; celui-ci pourpre velouté foncé, blanc à la base, concave, légèrement trilobé, avec un appendice jaune, arrondi-oblong, divisé sur les bords en fortes dents divergentes, dont cinq se terminent en autant de nervures distinctes. Amérique centrale. Syns. *Warrea discolor*, Lindl. (B. M. 4830; L. et P. F. G. I, p. 73); *Warscewiczella discolor*, Rchb. f. (R. X. O. 93.)

Z. Dormanianum. —. *Fl.* blanches, avec un peu de jaune soufre sur la crête, plus étroites que dans le *Z. Klabochorum* et *Z. Lehmanni* (auquel la plante ressemble; labelle présentant une série continue d'angles sur le bord postérieur des lobes latéraux et trois carènes médianes prolongées et connées; colonne sagittée à la base. Colombie? 1881. Serre tempérée. Syn. *Pescatorea Dormaniana*, Rchb. f.

Z. euglossa, *Fl.* d'un beau lilas, semblables à celles du *Z. Roezlii*, mais avec un labelle plus court et une callosité plus large, sommet du labelle recourbé en dessous et se terminant en lobes divergeants. Equateur, 1877. Syn. *Pescatorea euglossa*, Rchb. f.

Z. expansum, Rchb. f. *Fl.* à sépales verts, aigus; pétales bruns dans leur partie supérieure, maculés de même teinte dans l'inférieure, plus larges que les sépales; labelle vert, avec cinq stries brunes, interrompues dans leur moitié inférieure et portant aussi des macules de même teinte à la base de la partie antérieure qui est frangée. *Flles* cunéiformes-oblongues, ligulées et aiguës. Equateur? 1878.

Z. fimbriatum. — *Fl.* d'environ 5 cent. de diamètre, à sépales et pétales blancs dans leur moitié inférieure et pourpres dans la supérieure, elliptiques-oblongs, aigus; labelle blanc jaunâtre, avec des ponctuations roses, révoluté et irrégulièrement frangé sur les bords; crête semi-circulaire, composée de dix-sept à dix-neuf côtes pourpre foncé; pédoncules courts et uniflores. Colombie, 1880. Serre tempérée. Syn. *Pescatorea fimbriata*, Regel. (R. G. 1008.)

Z. Gairianum, Rchb. f. *Fl.* grandes, à sépales et pétales violet foncé, oblongs-ligulés, avec la partie antérieure pourpre noirâtre foncé en dedans; labelle rose purpurin ou pourpre mauve clair, à partie antérieure défléchie sur le limbe, de façon à devenir presque capuchonnée, portant des carènes longitudinales obscures, entre lesquelles existent de nombreuses verrues; callosité formé de quinze à dix-sept carènes rayonnantes ou, dans certaines formes, de côtes orange et pourpre; colonne violet foncé en dessus, blanc jaunâtre en dessous, avec quelques taches pourpres à la base. Equateur, 1879. Serre chaude. Syn. *Pescatorea Gairiana*, Rchb. f.

Z. Gautieri, Linn. * *Fl.* grandes, à sépales et pétales verts, maculés et rayés de brun, oblongs, aigus; labelle bleu purpurin foncé, plus clair sur les bords; callosité autour de la colonne ample et pourpre velouté foncé; grappes pendantes, à hampe naissant au milieu d'une touffe de jeunes feuilles. *Flles* allongées-oblongues, vert foncé et plissées. Pseudo-bulbes oblongs, profondément sillonnés. Brésil. 1688. Serre tempérée. (W. O. A. I, 28; L. 284.) — La couleur du labelle varié dans plusieurs variété du mauve pâle (I. H. 1867, 535) au pourpre bleuâtre foncé.

Z. Gemma, Rchb. f. *Fl.* très pâles, ne dépassant pas beaucoup en dimensions celles du *Z. sanguinolentum*; labelle portant de nombreuses taches pourpres, denticulé et crispé. Nouvelle-Grenade, 1874. Petite espèce de serre tempérée. Syn. *Kefersteinia intermedia*, Rchb. f.

Z. Gibeziæ, N. E. Br. *Fl.* solitaires, à sépales et pétales oblongs-lancéolés, aigus, blancs et sans panachures; labelle ample et large, à bords relevés, blanc veiné de violet, avec une forte crête basale. *Flles* cunéiformes, oblancéolées et aiguës. Plante très voisine du *Z. cochleare*. Origine non indiquée, 1890. (L. 181.)

Z. gramineum, Lindl. *Fl.* jaune sale, fortement tachées de brun, à pétales un peu plus étroits que les sépales; labelle largement ovale, gibbeux à la base en dessous, concave au centre en dessus, à moitié supérieure brusquement penchée et émarginée au sommet, avec les bords finement denticulés; hampes trois à cinq, fasciculées. *Flles* d'environ 22 cent. de long, dressées ou étalées, lancéolées. Pseudo-bulbes nuls. Popayan, 1857. Serre tempérée. Syn. *Kefersteinia graminea*, Rchb. f. (B. M. 5046; R. X. O. 25, II.)

Z. graminifolium, Rolfe. *Fl.* vert et pourpre, réunies par cinq-sept en grappe dressée. *Flles* petites et graminiformes. *Rhiz.* grêles et rampants. Petite plante introduite depuis longtemps, mais ayant fleuri pour la première fois en 1890. (L. 340.)

Z. grandiflorum, Benth. et Hook. f. * *Fl.* disposées en épi se montrant avec les jeunes pousses et portant trois ou quatre fleurs de forme curieuse; sépales et pétales vert-olive, striés de brun rougeâtre; labelle blanc, avec des stries pourpre rougeâtre, orangé ou jaune vers la base. Pseudo-bulbes ovales, de 8 à 10 cent. de long et portant deux grandes et larges feuilles coriaces. Nouvelle-Grenade, 1866. (L. 393.) Syn. *Batemannia grandiflora*, Rchb. f. (B. M. 5567.)

Z. hemixanthum, Rchb. f. *Fl.* à sépales et pétales blancs; labelle jaune, à crête plus foncée. — Plante nouvelle, voisine du *Z. Lalindei*, mais distincte par sa couleur et les nombreux tubercules et appendices à la base des crêtes des carènes. Nouvelle-Grenade, 1888. Syn *Bollea hemixantha*, Rchb. f.

Z. intermedium, Lodd. *Fl.* à sépales et pétales verts, teintés de brun, oblongs, aigus; labelle bleu, strié de pourpre foncé, pubescent-duveteux, ample, plan, arrondi, bilobé et ondulé. Automne. *Flles* ensiformes, plus courtes que la grappe. Brésil, 1844. — Reichenbach considère cette plante comme une variété du *Z. Mackayi*. Serre tempérée. Syn. *Z. velutinum*, Hoffmog.

Z. Jorisianum, Rolfe. *Fl.* à labelle trilobé et magnifiquement fimbrié. Port du *Z. intermedium*. Vénézuéla, 1890. (L. 237.)

Z. Klabochorum, Rchb. f. * *Fl.* de 8 à 9 cent. de diamètre, à sépales oblongs, obtus; pétales plus courts, cunéiformes; tous blancs, avec les pointes pourpre chocolat foncé; labelle jaune d'ocre ou blanc, couvert de lignes de papilles à pointes pourpres, en forme de truelle, trilobé; callosité formée de dix-neuf lamelles jaune soufre, à carènes brunes; colonne jaunâtre, lavée de brun et de pourpre. Equateur, 1879. Serre tempérée. Syns. *Pescatorea Klabochorum*, Rchb. f. (I. H. ser. III, 31; L. et P. F. G. public. nouv. 21; W. O. A. I, 17; R. G. 1890, 1324; R. 2, part. 10, 86.) — Plusieurs variétés de cette belle espèce ont été mentionnées, notamment les suivantes :

Z. K. burfordiense, Hort. * *Fl.* à lamelles de la callosité plus larges et plus foncées; ligne médiane de la partie antérieure du labelle violet rougeâtre foncé et toute la surface est couverte d'appendices styliformes. 1879.

Z. K. ornatissimum, Hort. Belle variété à pointes mauve pourpre foncé et portant de nombreuses petites taches semblables à la base des pétales et une seule à la base du sépale impair. 1884.

Z. lacteum, Rchb. f. *Fl.* blanches, avec quelques taches brunâtres et des stries à la base, petites, à sépales et pétales oblongs, aigus; labelle très large, cunéiforme-oblong, rétus; callosité déprimée, bifide au sommet; colonne dilatée au milieu, parfois anguleuse; pédoncules uniflores. *Flles* excessivement fortes, cunéiformes-oblongues et aiguës. Chiriqui. 1872. Serre tempérée. Syn. *Kefersteinia lactea*, Rchb. f.

Z. Lalindei, Rchb. f. *Fl.* d'environ 8 cent. de diamètre, à sépales et pétales lilas à la base, rose pâle supérieurement ou parfois violet vif, sépale supérieur à pointe verte; partie inférieure des sépales latéraux pourpre brunâtre; labelle doré ou jaune orangé, portant une callosité composée d'environ treize lamelles rapprochées; colonne rose, arquée, plus grande que le disque lamellé; hampes solitaires. *Flles* elliptiques-lancéolées, rétrécies à la base, de 30 cent. de long, distiques et à cinq nervures. Nouvelle-Grenade, 1874. Serre tempérée. Syn. *Bollea Lalindei*, Rchb. f. (B. M. 6331.)

Z. lamellosum, Rchb. f. *Fl.* de 6 cent. de diamètre, à pédoncules solitaires, forts, de 8 cent. de long; sépales et pétales vert jaunâtre; sépale dorsal elliptique, aigu; les latéraux plus larges, orbiculaires, cordiformes à la base; crête orange et brun, très saillante, formée de plaques concentriques très rapprochées. Août. *Flles* de 30 cent. de long, étroitement lancéolées, acuminées, rétrécies jusqu'à la base et à cinq nervures. Pseudo-bulbes nuls. Colombie, 1875. Plante fortement touffue. Serre chaude. Syn. *Pescatorea lamellosa*, Rchb. f. (B. M. 6240.)

Z. Lawrenceanum, Rchb. f. *Fl.* blanches, solitaires, à hampes axillaires, de 9 à 10 cent. de large; sépales et pétales maculés de mauve ou de violet au sommet; labelle beaucoup plus court que les autres parties, presque carré, à lobes latéraux révolutés, avec le sommet d'un beau pourpre velouté intense et la callosité basale ample, jaune vif et blanche de chaque côté; colonne blanche, apparente, crochue au sommet. *Flles* distiques, largement ligulées, acuminées et carénées. Colombie, 1878. Serre tempérée. (R. X. O. III, 221.) Syn. *Bollea Lawrenceana*, Rchb. f.

Z. Lehmanni, Rchb. f. *Fl.* solitaires, axillaires, de 8 à 9 cent. de diamètre, très élégantes; sépales et pétales blancs, fortement lignés de pourpre rougeâtre, largement cunéiformes-oblongs; labelle mauve pourpre foncé, à partie antérieure oblongue, révolutée, rétuse, couverte de longues papilles sétacées, purpurines; callosité formée d'environ onze côtes brun noisette. *Flles* linéaires-loriformes, aiguës, de 30 à 45 cent. de long et environ 2 cent. 1/2 de large. Equateur. Serre chaude. Syn. *Pescatorea Lehmanni*, Rchb. f. (G. C. n. s. XVII, p. 45; I. H. ser. III, 471; W. O. A. II, 57; R. X. O. 244.)

Z. leopardinum, Hort. *Fl.* à sépales et pétales jaune verdâtre clair, maculés de brun; labelle à limbe transversal, obtusément anguleux, cordiforme et d'un beau mauve pourpre, avec une callosité ocreuse, formée de treize dents. 1886. Hybride horticole de serre tempérée.

Z. leucochilum, Hort. Hybride horticole des *Z. Burtii* et *Z. Mackayi*. 1892.

Z. Lindeni, Rolfe. *Fl.* solitaires, grandes, blanches, à labelle très ample, veiné de rose pourpre. *Flles* lancéolées-aiguës. Origine non indiquée. 1893. (L. 8, 337.) Syn. *Warsczewiczella Lindeni*, Hort. Serre chaude. (G. C. 1893, part. II, 85.)

Z. Lindeniæ, Rolfe. *Fl.* à sépales étroits, lancéolés-aigus; pétales rose clair et vif; labelle ovale, aigu, blanc, avec de très nombreuses veines roses; callosité ample, épaisse et un peu plus foncée. Nouvelle espèce distincte. Vénézuela, 1891. (L. 275.)

Z. lucidum. — Plante nouvelle, de la section des *Huntleya*, voisine du *Z. Meleagris*, mais plus petite et de couleur différente. Guyane anglaise, 1889. Serre chaude.

Z. Mackayi, Hook. * *Fl.* grandes, réunies par cinq-six en grappe; sépales et pétales vert jaunâtre, maculés de pourpre brunâtre et lancéolés; labelle blanc, ligné et maculé de bleu purpurin, ample, arrondi, ondulé, émarginé et étalé horizontalement; callosité blanche, striée de bleu, ample, convexe; hampe radicale, de 15 cent. de long. *Flles* distiques, linéaires-lancéolées. Pseudo-bulbes amples, ovales, portant de nombreuses feuilles et des cicatrices. Brésil, 1825. Syn. *Eulophia Mackaiana*, Lindl. (B. R. 1433.) — Il existe plusieurs variétés de cette espèce.

Z. M. crinitum, Hort. Syn. de *Z. crinitum*.

Z. M. intermedium, Hort. *Fl.* plus pâles que celles du type, avec un grand et beau labelle bien étendu. *Flles* plus longues. Plante très distincte.

Z. marginatum, Rchb. f. *Fl.* jaune paille clair, avec des panachures pourpres sur l'appendice presque carré du labelle; sépales latéraux brusquement renversés en arrière; le supérieur dressé et tous à pointes vertes; pétales enroulés en arrière au-dessus du milieu; labelle circulaire, rétus, à bords réfléchis; onglet jaune, avec un léger tubercule; colonne blanc pur. *Flles* vert pâle, oblongues, aiguës, planes, de 15 cent. de long. Colombie. Plante voisine du *Z. discolor*. Serre tempérée. Syns. *Warrea quadrata*, Lindl. (B. M. 1766); *Warsczewiczella marginata*, Rchb. f. (R. X. O. 23, f. 2.)

Z. maxillare, Lodd. * *Fl.* grandes et élégantes, à sépales et pétales verts, transversalement maculés et rayés de brun-chocolat, ovales-oblongs, aigus; labelle d'un beau pourpre bleuâtre, avec un grand lobe antérieur arrondi et un éperon obtus; callosité ample, pourpre plus foncé, en forme de fer à cheval et soudée aux petits lobes latéraux et dressés du labelle; épis pendants, à hampes radicales. *Flles* lancéolées, atténuées à la base et nervées. Pseudo-bulbes oblongs et sillonnés. On a obtenu jusqu'à soixante-dix fleurs sur une plante. Serre tempérée. (B. III; B. M. 3686; L. B. C. 1776; P. M. B. IV, 271; R. G. 1879, 345.)

Z. Meleagris, Benth. *Fl.* de 8 à 10 cent. de diamètre, à sépales et pétales panachés en damier, jaune paille dans leur moitié inférieure et brun purpurin supérieurement, larges à la base; les deux sépales latéraux pliés intérieurement sur leur bord interne; labelle ayant environ la moitié de la largeur des pétales, semblable, mais onguiculé, blanc, avec la pointe brun purpurin et portant à la base de l'onglet un appendice en forme de croissant et bordé de longs poils jaunâtres; pédoncules axillaires et uniflores. Juin-juillet. *Flles* largement lancéolées, de 30 cent. de long, distiques. Tige courte et dressée. Brésil. Serre chaude. Syns. *Batemannia Meleagris*, Rchb. f. (R. X. O. 66, f. 1, 2; O. 1889, 49.); *Huntleya Meleagris*, Lindl. (B. III, 146; B. R. 1837, 1991; 1839, 14.)

Z. M. albido-fulvum, Hort. *Fl.* ayant la moitié supérieure des sépales et des pétales fauves, tandis que l'inférieure est blanche; labelle et colonne blancs, le premier à pointe rose carminé; la dernière à pointe vert jaunâtre. *Flles* vert gai et luisant. Tige nulle. Racines nombreuses. Brésil, 1868. Serre tempérée. Syn. *Huntleya albido-fulva*, Linn. (I. H. 1868, 556.)

Z. micropterum, Rchb. f. *Fl.* à sépales et pétales blanc crème ou ocreux; labelle blanc, avec trois raies transversales cramoisies sur le disque et de petites taches pourpres à la base; lobe antérieur du labelle allongé, lancéolé; les deux latéraux petits. Été. Plante voisine du *Z. xanthinum*. Serre tempérée. Syn. *Promenæ microptera*.

Z. Murrayanum, Gardn. *Fl.* nombreuses, disposées en grappes, sépales et pétales verdâtres, ovales-lancéolés, aigus; labelle blanc, à lobes latéraux dressés; le médian réfléchi, quatre fois aussi grand, marqué de pourpre à la base; callosité proéminente, jaune, avec cinq lignes droites et violet brun. *Flles* lancéolées et striées. Pseudo-bulbes ovales et profondément sillonnés. Monts Organ, 1837. (B. M. 3674.)

arquée au-dessus du labelle; hampes axillaires et décurves. *Flles* distiques, largement oblongues-ligulées, étroites à la base, aiguës au sommet et nervées. Nouvelle-Grenade, 1874. Serre chaude. Syn. *Bollea Patini*, Rchb. f. (F. M. ser. II, 147; G. C. n. s. III, p. 9.)

Z. pentachromum, Rchb. f. *Fl.* à sépales et pétales verts, marbrés de brun foncé; labelle blanc, maculé et rayé de mauve, cunéiforme-obovale; callosité semblable à celle du *Z. Mackayi*, avec des lobes latéraux adhérents, falciformes et aigus. 1885. Hybride des *Z. Mackayi* et *Z. maxillare*. Serre froide.

Fig. 617. — Zygopetalum rostratum

Z. Mystacinum, Rchb. f. *Fl.* à sépales, pétales et limbe du labello vert jaunâtre, callosité, stipe du labelle et colonne blancs, avec des taches pourpres; limbe du labelle découpé en nombreuses franges. Semblable au *Z. gramineum* par ses autres caractères. Colombie, 1881. Syn. *Kefersteinia Mystacina*, Rchb. f.

Z. obtusatum, Rchb. f. *Fl.* disposées en longues grappes; sépales et pétales verts, avec d'étroites bandes transversales brunes, étroits, allongés, obtus; labelle d'un beau violet clair, avec une callosité purpurine et rétuse; bractées obtuses. Origine non indiquée, 1878. Cette plante se rapproche beaucoup du *Z. maxillare*.

Z. pallens, Hort. *Fl.* à sépales et pétales mauve clair, avec les pointes jaune verdâtre, bordure basale interne des sépales latéraux jaune canelle et jaune clair dans leur moitié inférieure; labelle jaune d'ocre clair, à callosité orange et peinte de pourpre brunâtre, 1881. Serre tempérée. Syn. *Bollea pallens*, Rchb. f.

Z. Patini, Rchb. f. *Fl.* solitaires, de plus de 8 cent. de diamètre; sépale dorsal et pétales oblongs, ondulés et rose vif; les deux sépales latéraux rose vif dans leur moitié supérieure et rose foncé sur l'inférieure; labelle jaune, court, à disque portant une ruche ou jabot composée d'environ treize lamelles; colonne rose vif, ample, convexe,

Z. Perronoudii eupertium, Hort. — Hybride horticole des *Z. Gauthieri* et *Z. intermedium*, 1897.

Z. pictum, Rchb. f. *Fl.* très semblables à celles du *Z. discolor*, dont elles diffèrent principalement par leur labelle qui est rhomboïde, crispé, blanc jaunâtre, avec de nombreuses et larges lignes marginales pourpre foncé, une bordure basale brunâtre et une callosité à deux dents en avant et quelques-unes parallèles sur les côtés; sépales pâles, verdâtres ou blanc jaunâtre. 1883. Syn. *Warscewiczella picta*, Rchb. f.

Z. Rivieri, Carr. *Fl.* très grandes et disposées en grappes; sépales et pétales verts, maculés; labelle large, blanc, à nervures roses, disposées en éventail et exhalant un parfum rappelant celui de la Jacinthe. *Flles* ensiformes, de plus de 50 cent. de long. Brésil, 1873. (R. H. 1873, 191.) — C'est peut-être une forme à grandes fleurs du *Z. Mackayi*. L'*Index Kewensis* le rapporte au *Z. intermedium*.

Z. Roezlii, Rchb f. *Fl.* variables, à sépales et pétales ordinairement blancs à pointes d'un violet lilas ou rose purpurin magnifique; les premiers oblongs; les derniers cunéiformes-obovales; limbe du labelle, sauf la callosité, paré des mêmes brillantes teintes. Equateur, 1874. Plante voisine du *Z. Dayanum*. L'*Index Kewensis* la rapporte au

Z. intermedium. Serre chaude. Syn. *Pescatorea Roezlii*, Rchb. f.

Z. Rollissonii, Rchb. f. *Fl.* à sépales et pétales jaunes; labelle blanchâtre, maculé de cramoisi, à lobe médian oblong, apiculé; les latéraux étroitement ovales, aigus, ressemblant à deux barres dressées et s'appuyant sur la base; hampes défléchies et naissant des aisselles inférieures. Automne. *Flles* oblongues-lancéolées et veinées. Pseudo-bulbes arrondis, comprimés, portant environ deux feuilles à leur sommet et d'autres accessoires à la base. Brésil, 1843. Serre tempérée. (Gn. 1889, part. II, p. 51.) Syns. *Maxillaria Rollissonii*, Lindl. (B. R. 1838, 10); *Promenæa Rollissoni*, Lindl.

Z. rostratum, Hook. * *Fl.* de 15 cent. de profondeur, à sépales dorsaux et deux des pétales blanchâtres à la base, puis verts, portant au centre une tache pourpre brunâtre, linéaires-lancéolés, de 8 cent. de long; labelle ayant presque 8 cent. de long, ovale, récurvé, blanc, jaunâtre derrière le disque, lequel porte une petite callosité lilas-pourpre pâle et environ dix lignes de même teinte rayonnent depuis ce point jusque sur le devant; hampes radicales et uni ou biflores. *Flles* lancéolées, aiguës et plissées. *Rhiz.* rampant, formant par intervalles des pseudo-bulbes comprimés. Cette espèce demande plus de chaleur et d'humidité que toutes les autres. Serre chaude. (B. M. 2819; W. O. A. II, 78; L. 68: R, 2, part. II, 91.) Syn. *Zygosepalum rostratum*, Rchb. f.

Z. Ruckerianum. — *Fl.* à sépales et pétales blancs, avec une grande tache pourpre près de la base qui est verte, tordus, ondulés et aigus; labelle pourpre, avec une callosité blanche et un peu de jaune à la base des lobes latéraux, révoluté de chaque côté et enroulé en dessous au sommet. 1885. Ressemble beaucoup au *Z. Dayanum*.

Z. Russelianum, Rchb. f. *Fl.* grandes et très nombreuses, à sépales et pétales crêmes, avec les pointes pourpre rougeâtre; labelle ayant la même teinte pourpre rougeâtre, avec une callosité formée de quinze lamelles à angles pourpre cramoisi; colonne jaunâtre sur le devant, avec une tache jaune-citron à la base. Equateur, 1878. Plante voisine du *Z. Dayanum*. Serre chaude. Syn. *Pescatorea Russeliana*, Rchb.

Z. Sanderianum, Regel. *Fl.* à sépales et pétales verts, ponctués de brun à la base, lancéolés, aigus; labelle obovale, très obtus, légèrement crénelé, avec une callosité crénelée à la base et bleu-pourpre; hampe pauciflore. *Flles* lancéolées-aiguës. Tige grêle, rampante, portant des pseudo-bulbes ovales et espacés. Plante nouvelle et distincte. Origine non indiquée, 1888. (R. G. 1888, 1827.)

Z. sanguinolentum, Rchb. f. *Fl.* jaune paille pâle ou verdâtres, avec des taches rouge sang foncé; sépales largement lancéolés et pétales oblongs-ovales, tous aigus; labelle flabello-cunéiforme, lobulé au sommet, ondulé et denticulé; callosité basilaire pourpre foncé à la base et bidentée au sommet. *Flles* distiques, cunéiformes-lancéolées, aiguës et glauques. Racines adventives cylindriques. Caracas. Serre tempérée. Syn. *Keferstcinia sanguinolenta*, Rchb. f.

Z. Sedeni, Rchb. f. * *Fl.* grandes et formant de magnifiques grappes; sépales et pétales brun purpurin foncé, régulièrement bordés de vert pâle; labelle d'un beau pourpre bleuâtre, plus foncé vers la base et s'entendant en quatre veines fourchues près des bords, émarginé et à callosité ample et pourpre bleuâtre. *Flles* étroitement lancéolées et plissées, 1874. Hybride des *Z. Mackayi* et *Z. maxillare*, ressemblant beaucoup à ce dernier. (F. M. ser. II. 417; R. G. 1883, 280.)

Z. stapelioides, Rchb. f. *Fl.* à sépales et pétales jaune verdâtre, transversalement rayés et maculés de pourpre foncé, arrondis-ovales, aigus; labelle pourpre foncé, oblong, trilobé, à lobes latéraux linéaires, dressés, le terminal ovale-oblong, cucullé à la base, à bords plus pâles et transversalement rayé; hampes défléchies et biflores. Juillet-septembre. *Flles* minces, lancéolées et vert clair. Pseudo-bulbes petits, ovales, tétragones et portant une à deux feuilles. Brésil, 1843. Serre tempérée. Syns. *Maxillaria stapelioides*, Lindl. (B. M. 3877; B. R. 1839, 17); *Promenæa stapelioides*, Lindl.

Z. stenochilum, Lodd. Syn. de *Z. crinitum*, Lodd.

Z. triumphans, Rchb. f. * *Fl.* charnues, à sépales et pétales blanc de neige, bleus au sommet; les premiers elliptiques, apiculés; les derniers plus étroits, cunéiformes à la base; labelle bleu noir, avec un onglet ligulé, oblong-rhomboïde, émarginé, finement papilleux sur la partie antérieure; hampes épaisses, arrondies, de 10 à 15 cent. de long. *Flles* peu nombreuses, distiques, graminiformes, lancéolées et aiguës. Nouvelle-Grenade. Serre chaude. Syn. *Pescatorea triumphans*, Rchb. f. et Warsc. (R. X. O. I, 17.)

Z. Veitchii, Hort. Veitch. — V. **Zygocolax Veitchii**.

Z. velatum, Rchb. f. *Fl.* blanc jaunâtre, solitaires, odorantes, à sépale dorsal et pétales largement ovales, aigus et à sépales latéraux étroits, tous étalés supérieurement; labelle marginé de cramoisi, large, plan, à cinq lobes et à disque parcouru par de nombreuses stries rayonnantes et pourpre cramoisi; à la base, se trouve une forte callosité ressemblant à une rangée semi-circulaire de cinq à sept dents; hampe assez forte et plus courte que les feuilles. *Flles* peu nombreuses, oblongues-ligulées, aiguës, de 20 cent. de long. Nouvelle-Grenade, 1866. Serre tempérée. Syns. *Warsczewiczella velata*, Rchb. f. (B. H. 1878, 10, f. 4; B. M. 5582; R. X. O. I, 23, f. 1.)

Z. velutinum, Hoffmsg. Syn. de *Z. intermedium*, Lodd.

Z. violaceum, Rchb. f. *Fl.* d'un beau violet foncé, à pointes jaune verdâtre, passant au blanc vers la base, de 5 à 8 cent. de diamètre, à sépales et pétales incurvés au sommet, crispés; labelle soudé à la poche des sépales latéraux par un pédicule court et étroit; colonne ample, charnue et arquée au sommet. *Flles* de 20 à 22 cent. de long, dressées, aiguës et touffues. Guyane anglaise, 1835. Serre chaude. Syns. *Bollea violacea*, Rchb. f. (R. X. O, 66, 111); *Huntleya sessiliflora*, Batem. (B. R. 199); *H. violacea*, Lindl. (W. G. Z. 1885, 85.)

Z. Wailesianum, Rchb. f. *Fl.* de moyennes dimensions, à odeur de Pois de senteur; sépales et pétales blancs ou crème; labelle blanc, teinté de violet au centre et portant à la base une callosité formée de cinq barres violettes et rayonnantes, libres sauf à leur point de naissance. Automne. *Flles* vert foncé et persistantes. Brésil. Serre chaude. (B. H. 1878. 10, f. 1; L. et P. F. G, I, p. 73; Gn. 1894, part. I, 961.)

Z. Wailisii, Rchb. f. *Fl.* de 8 cent. de diamètre, à sépales et pétales blanc crème, avec les pointes violet bleuâtre; les premiers oblongs-apiculés; les derniers rhomboïdes; labelle violet plus foncé, marginé de blanc, oblong, rétus, sillonné; callosité composée de dix-sept carènes blanches, teintée de pourpre sur le devant; hampes courtes, axillaires et uniflores. *Flles* loriformes, acuminées. Equateur, 1869. Serre tempérée. Syns. *Batemannia Wallisii*, Rchb. f. et *Pescatorea Wallisii*, Lindl. et Rchb. f. (F. d. S. 1828).

Z. W. major, Hort. *Fl.* de 13 cent. de diamètre, à sépales et pétales blancs à la base, brun châtaigne en dedans, panachés en damier; pétales striés de pourpre foncé à leur extrémité inférieure; labelle brun châtaigne, réticulé et marginé de pourpre noirâtre. Costa-Rica. Variété géante, demandant à être tenue constamment humide. Syn. *Batemannia Wallisii major*, Rchb. f. (W. O. A. IV, 185; O. 1883, 477.)

Z. Wendlandi, Rchb. f. *Fl.* de 10 à 12 cent. de diamètre, à sépales et pétales blanc verdâtre, lancéolés et un peu tordus; labelle blanc, maculé et rayé de violet pourpre, rétréci au milieu, puis développé en un large limbe ovale-cordiforme, lobulé et ondulé, fortement révoluté au sommet, callosité semi-circulaire, formée de sept à neuf côtes violet pourpre ; disque frontal violacé ; hampes fortes, axillaires, de 8 à 10 cent. de long. Août-septembre. *Flles* en touffe, étroitement lancéolées et aiguës, distiques. Costa-Rica, 1888. Belle espèce de serre chaude, dépourvue de pseudo-bulbes. (R. G. 1888, 1267 ; R. vol. II, t. 53 ; L. 1671.) Syn. *Bollea Wendlandiana*, Hort.

Z. W. discolor, Rchb. f. *Fl.* solitaires, délicieusement parfumées, à sépales et pétales vert jaunâtre ; labelle blanc, avec une grande tache centrale violet vif, fortement crispé et finement lobé sur les bords, de 4 cent. de large ; pédoncules axillaires. *Flles* vert gai. Costa-Rica. Syn. *Warscewiczella Wendlandi discolor*, Hort. (W. O. A. III, 126.)

Z. xanthinum, Rchb. f. *Fl.* jaunes, plus foncées au centre, à sépales et pétales oblongs, aigus, étalés ; labelle oblong, trilobé, à lobes latéraux profusément macules, dressés, linéaires, entiers ; le médian bilabié, à lèvre supérieure charnue et à cinq dents. *Flles* étroitement lancéolées. Pseudo-bulbes ovales et tétragones. Brésil, 1843. Serre tempérée. (R. ser, II, 11.) Syns. *Maxillaria xanthina*, Lindl. ; *Promenæa xanthina*, Lindl.

Z. Whitei, Rolfe. *Fl.* de 6 cent. de diamètre, blanc crème, à labelle partiellement jaune ; hampe courte. *Flles* d'environ 30 cent. de long. Nouvelle-Grenade, 1890. Serre chaude.

ZYGOPHYLLÉES. — Famille naturelle de végétaux Dicotylédones, voisine des Géraniacées et renfermant environ cent-dix espèces réparties dans dix-huit genres. Ce sont des arbustes ou des plantes herbacées, très rarement des arbres, habitant principalement les régions chaudes et extra-tropicales des deux hémisphères. Fleurs blanches, rouges ou jaunes, rarement bleues, hermaphrodites, solitaires ou géminées au sommet de pédoncules naissant à l'aisselle des stipules, dépourvus de bractées ou rarement bi-bractéolés ; calice à cinq ou rarement quatre sépales généralement imbriqués ; pétales quatre ou cinq, très rarement nuls, hypogynes, libres, imbriqués ou tordus, rarement valvaires; disque convexe ou déprimé, rarement annulaire, peu apparent ou nul; étamines ordinairement en nombre double, triple ou parfois égal au nombre des pétales, bisériés ; les externes opposées aux sépales; anthères versatiles, déhiscentes longitudinalement. Fruit coriace ou crustacé, à déhiscence parfois septicide ou se divisant en deux à dix coques, ou devenant parfois une capsule à déhiscence loculicide. Feuilles opposées ou alternes par l'absence d'une de chaque paire, stipulées, bifoliolées ou pinnées, rarement trifoliolées, à folioles entières, non ponctuées, parfois soudées; stipules géminées, persistantes et parfois épineuses.

Le bois des *Guaiacum* est très dur et plus lourd que l'eau; on l'emploie en ébénisterie et pour la fabrication des objets exposés à la charge ou à la friction. Les genres *Chitonia*, *Guaiacum* et *Zygophyllum* sont les connus et peuvent servir d'exemples de cette famille.

ZYGOPHYLLUM, Linn. (de *zygon*, joug, et *phyllon*, feuille; allusion aux feuilles qui ne portent qu'une simple paire de folioles opposées). **Fabagelle**; Angl. Bean Caper. Comprend les *Fabago*, Tournf. et *Rœpera*, A. Juss. Fam. *Zygophyllées*. — Genre renfermant environ soixante espèces d'arbustes souvent couchés, de sous-arbrisseaux ou de plantes herbacées et vivaces, tous confinés, sauf un, dans l'Ancien Monde et principalement en Australie et dans le sud de l'Afrique. Fleurs blanches ou rouges, pédonculées, solitaires et axillaires ou rarement géminées, présentant presque toujours une tache basilaire rouge ou pourpre; pétales quatre ou cinq, onguiculés, imbriqués et tordus; étamines huit ou dix, plus longues que les pétales. Le fruit est une capsule à quatre ou cinq angles parfois ailés. Feuilles opposées, à deux folioles ou rarement une seule, souvent charnues; stipules deux, souvent épineuses.

Les plus belles espèces introduites sont décrites ci-après ; elles prospèrent dans un compost de terre franche, de terre de bruyère et de sable. Sauf indications spéciales, toutes demandent à être cultivées en serre froide. Le *Z. Fabago* est cependant rustique et prospère en pleine terre dans un endroit sain, chaud et ensoleillé; il peut servir à orner les plates-bandes et les rocailles. La multiplication s'effectue par boutures, que l'on fait sous cloches et dans du sable, par semis lorsqu'on peut s'en procurer des graines, ainsi que par division pour les espèces cespiteuses.

Z. album, Linn. *Fl.* blanches, à pétales crénelés, obtus, et à pédicelles dressées, axillaires et solitaires. Octobre-novembre. *Flles* persistantes, à folioles claviformes, charnues, couvertes d'un duvet blanchâtre et aranéeux. Tiges pubescentes et retombantes. Nord de l'Afrique, 1779. (S. F. G. 371.)

Z. coccineum, Linn. *Fl.* rouges, latérales, à quatre-cinq divisions ; pétales acuminés. Juillet-août. *Flles* persistantes, à folioles cylindriques, charnues et lisses ; pétioles charnus, également cylindriques et articulés au milieu. Arbuste. *Haut.* 1 m. Nord de l'Afrique, Scinde et Egypte, 1823.

Z. cordifolium, Lindl. f. *Fl.* au nombre de quatre ou cinq, à pétales jaunâtres, larges, trois fois aussi longs que le calice ; pédoncules égalant à peu près les feuilles. Octobre. *Flles* simples, sessiles, presque toutes sub-cordiformes à la base ou quelques-unes obliques ou semi-cordiformes. Tige de 30 cent. ou plus de haut, de teinte cendrée. Sud de l'Afrique, 1774.

Z. Fabago, Linn. * Fabagelle commune : Angl. Syrian Bean Caper. — *Fl.* ordinairement géminées et à pédoncules dressés ; pétales jaunes supérieurement, cuivrés à la base et entiers. Juillet-septembre. *Flles* à folioles obovales, planes et lisses. Racines épaisses, charnues et s'enfonçant profondément en terre. *Haut.* 30 cent. à 1 m. 20. Syrie, Tauride, Perse, Afghanistan, etc., 1596. Plante buissonnante, vivace et rustique. Syn. *Fabago major*, Sweet. (S. B. F. G. ser. II, 226.)

Z. fœtidum, Schrad. et Wendl. *Fl.* à pétales jaune orange, avec une tache pourpre à la base, quatre fois plus longs que le calice qui est pubescent ; pédoncules penchés, de 12 mm. de long. Juin. *Flles* à folioles obovales, obtuses, obliques à la base ; les plus grandes de 2 1/2 à 4 cent. de long ; pétioles de 12 mm. de long. Rameaux herbacés. *Haut.* 60 cent. à 1 m. 20. Sud de l'Afrique, 1790. Sous-arbrisseau. — Le *Z. insuave*, Sims. (B. M. 372) est une simple forme de cette espèce à pétales plus étroits.

Z. fruticulosum, DC. *Fl.* petites, à quatre divisions ; pétales jaunes ; filets staminaux subulés et non ailés. Juillet. *Flles* à folioles obliquement oblongues ou lancéolées, rarement ovales ; charnues et planes. Australie, 1820. Arbuste nain, diffus ou à branches divariquées. Syn. *Rœpera fruticulosa*, G. Don.

Z. f. bilobum, Hort. *Flles* à folioles étroites, continues avec le pétiole. Syn. *Rœpera aurantiaca*, Lindl.

Z. fulvum, Linn. *Fl.* à pétales fauves ou jaunes, avec

une tache basale rouge, deux fois aussi longs que le calice ; pédoncules de 1 1/2 à 2 cent. 1/2 de long. réfléchis après la floraison. Juillet. *Flles* sessiles, à folioles lancéolées-ovales, aiguës, un peu rétrécies à la base ; les plus grandes de 2 1/2 à 3 cent. de long, rudes, coriaces et très charnues. *Haut.* 1 m. Sud de l'Afrique, 1713. (B. M. 2184, sous le nom de *Z. sessilifolium*, Sims.)

Z. insuave, Sims. Variété du *Z. fœtidum*, Schrad. et Wendl.

Z. Morgsana, Linn. *Fl.* penchées, à quatre-cinq divisions ; pétales jaune pâle, obovales, trois fois aussi longs que le calice qui est glabre ; pédoncules de 12 à 18 mm. de long. Août. *Flles* courtement pétiolées ; les plus grandes de 2 1/2 à 4 cent. de long, à folioles obovales, obtuses, sub-obliques à la base. Tige arrondie. *Haut.* 1 m. 20. Sud de l'Afrique, 1732.

Z. spinosum, Linn. *Fl.* à cinq divisions et penchées ; pétales jaunâtres ou couleur de crème, striés de rouge depuis la base jusqu'au milieu ou portant une tache pourpre à la base, deux ou trois fois aussi longs que le calice ; pédoncules égalant ou dépassant les feuilles. Juillet. *Flles* sessiles, à folioles linéaires, planes ou à bords légèrement révolutés, aigus, charnus et de 1 à 2 cent. 1/2 de long. Rameaux gris. *Haut.* 30 à 60 cent. Sud de l'Afrique, 1830.

Les *Z. Billardieri*, DC. ; *Z. macropterum*, Mey. ; *Z. maculatum*, Ait. ; *Z. microphyllum*, G. Don ; *Z. portulacoides*, Forsk. ; *Z. prostratum*, Mey. et *Z. simplex*, Linn., ont aussi été introduits autrefois dans les cultures, mais ils n'y ont sans doute pas persisté.

ZYGOSEPALUM rostratum, Rchb. f. — V. **Zygopetalum rostratum**.

ZYGOSTATES, Lindl. (de *zygos*, joug, et *statos*, position ; allusion aux deux appendices qui sont placés horizontalement à la base de la colonne et qui ressemblent un peu à un joug). SYN. *Dactylostyles*, Scheidw. FAM. *Orchidées*. — Petit genre renfermant quatre espèces d'*Orchidées* naines, épiphytes et de serre chaude, habitant le Brésil. Fleurs petites, disposées en grappes sur des pédoncules axillaires ; sépales sub-égaux ; libres, étalés ou réfléchis ; pétales semblables ou plus larges ; labelle continu avec la base de la colonne, étalé, concave, indivis et pourvu à la base d'un appendice incurvé ; colonne semi-arrondie et arquée. Feuilles charnues et coriaces, à gaines à peine épaissies en pseudo-bulbes. L'espèce suivante est seule introduite. Pour sa culture, V. **Burlingtonia**.

Z. Greeniana, Rchb. f. *Fl.* à sépales oblongs, obtus ; pétales blancs, ovales, dentelés ; labelle blanc, strié de vert, arrondi ; hampes courtes et biflores. *Flles* cunéiformes-ligulées, trigones, charnues et superposées. Pseudo-bulbes petits, un peu pyriformes et monophylles. Brésil, 1869. Curieuse petite plante.

Les plantes qui ont été introduites en cultures depuis la publication des diverses parties de cet ouvrage, seront décrites dans la deuxième partie du Supplément, à la fin de l'ouvrage.

LISTE DES ABRÉVIATIONS

DES NOMS DES PRINCIPAUX AUTEURS CITÉS

Achar. . . . . Acharius, E.
Ad. Brong . . . . . . Brongniart, Adolphe.
A. DC, DC. . . . . . . Alphonse de Candolle.
A. Gray. . . . . Asa Gray.
Adam. . . . . Adam, J. F.
Adans . . . . Adanson, M.
Afzel . . . . Afzelius, A.
Agardh. . . . . Agardh, C. A.
Ait. . . . . Aiton, W.
Al. Braun. . . . . . . Braun, Al.
Alef . . . . Alefeld.
All . . . . Allioni, C.
All. Cunn . . . . Allan Cunningham.
Allem. . . . . Allemano, F. F.
Anders . . . . Anderson, G.
Anders. T. . . . . . . Anderson, T.
Andr . . . . Andrews, H. C.
Andrz. . . . . Andrzeiowsky, A.
Ant. . . . . Antoine, F.
Arch . . . . Archa, T. C.
Ard. . . . . Arduino, T. C.
Arn. . . . . Arnott, G. W.
Arrab. . . . . Arrabida, A.
Arrud. . . . . Arruda de Camera
Asa Gray . . . . Asa Gray.
Asso . . . . Asso, J.
Aubl . . . . Aublet, Fusée de.
Auct., Auctor . . . . . des auteurs.
Auct. aliq. . . . . . . de quelques auteurs.
Audib. . . . . Audibert.

Bab. . . . . Babington, C. C.
Backh. . . . . Backhouse, J.
Backh. et Harv . . . . Backhouse et Harvey.
Baill., H. Bn. . . . . . Baillon, H. E.
Bak., Baker. . . . . . Baker, J. G.
Bal. . . . . Balansa, B.
Balb . . . . Balbis.
Baldw . . . . J. Baldwin.
Balf. . . . . Balfour, J. H.
Banks. . . . . Banks, J. B.
Banks et Soland. . . . Banks et Solander.
Barb. Rodr . . . . . . Barbosa Rodriguez.
Bark . . . . Barker.
Barnad . . . . Barnades.
Bartl . . . . Bartling, G. F.
Bart . . . . Barton, B. S.
Bartr . . . . Bartram, W.
Batem . . . . Batemann, J.

Bauh . . . . Bauhin, C.
Baumg . . . . Baumgarten, J. C.
Bbrst. . . . . Bieberstein.
Bché . . . . Bouché.
Beauv. . . . . Palisot de Beauvois.
Becc . . . . Beccari, O.
Bedd . . . . Beddome, R. H.
Belang . . . . Belanger, C.
Bell . . . . Bellardi.
Benn . . . . Bennett, J. J.
Benth. . . . . Bentham, G.
Bernh. . . . . Bernhardi, J. J.
Bert . . . . Bertero, C. J.
Berth . . . . Berthelot, S.
Bertol. . . . . Bertoloni, A.
Bess., Besser . . . . . Besser, W. S.
Bge. . . . . Bunge.
Bieb., M. B. . . . . . Bieberstein, Marsh. von.
Bigel . . . . Bigelow, J.
Bisch. . . . . Bischow, G. W.
Bl . . . . Blume.
Bocq . . . . Bocquillon, H.
Bœckel . . . . Bœckler.
Bœnningh . . . . Bœnninghausen, C. M.
Boerh. . . . . Boerhaave, H.
Boiss . . . . Boissier, E.
Boiss. et Bal. . . . . Boissier et Balanza.
Boiss. et Hausskn . . . Boissier et Haussknecht.
Boiss. et Heldr . . . . Boissier et Heldreich.
Boiss. et Hohen . . . . Boissier et Hohenaker.
Boiss. et Reut. . . . . Boissier et Reuter.
Bojer. . . . . Bojer, W.
Boland . . . . Bolander.
Bolt . . . . Bolton.
Bong . . . . Bongard, H. G.
Bonpl. . . . . Bonpland, A.
Bonpl. et Kth . . . . . Bonpland et Kunth.
Boot . . . . Booth.
Bor. . . . . Boreau.
Borkh. . . . . Borkhausen, M. B.
Bory . . . . Bory de Saint-Vincent.
Bory et Chaub. . . . . Bory et Chaubart.
Bot. Mag . . . . Botanical Magazine.
Bot. Reg . . . . Botanical Register.
Boub . . . . Boubani.
Bouch. . . . . Bouché.
Braun, A . . . . Braun, A.
Braun et Bché. . . . . Braun et Bouché.
Breb . . . . Brébisson, L. A.
Brign. . . . . Brignoli, G. L.

Brongn, Brngt. . . . . Brongniart, Adolphe.
Brot . . . . Brotero, J. A.
Brouss . . . . Broussonnet, P. M.
Brown, P . . . . Brown, P.
Brown, R . . . . Robert Brown.
Buch . . . . Voy. Hamilton.
Bunge . . . . Bunge, A.
Bur. . . . . Bureau, Ed.
Burch. . . . . Burchell, W. J.
Burm. . . . . Burmann, J.
Buxb . . . . Buxbaumm, J. C.

Cæsalp . . . . Cæsalpini, A.
Call . . . . Callay.
Carr . . . . Carrière, E. A.
Casp . . . . Caspary.
Cass . . . . Cassini, A. G.
Catesb . . . . Catesby, M.
Cav. . . . . Cavanilles, A. J.
C. H. Schultz . . . . . Schultz C. Henr.
Celakow . . . . Celakowsky, L.
Cels . . . . Cels, J. M.
Cervant. . . . . Cervantes, V.
Chaix. . . . . Chaix.
Cham. . . . . Chamisso, A.
Cham. et Schlecht. . . Chamisso et Schlechtendal.
Chav . . . . Chavannes, E.
Ch. Lem . . . . Charles Lemaire.
Chois., Choisy. . . . . Choisy, J. D.
Clarke . . . . Clarke, C. B.
Clus . . . . Clusius, C. (L'Ecluse).
Cogn . . . . Cogniaux, A.
Colebr . . . . Colebrooke, H. T.
Coll . . . . Colla, A.
Comm . . . . Commerson, P.
Coss . . . . Cosson, E.
Coss. et Dur. . . . . . Cosson et Durieu.
Coss. et Germ . . . . . Cosson et Germain.
Coth . . . . Cothenius, C. A.
Coult. . . . . Coulter, T.
Court. . . . . Courtois, R. J.
Crantz . . . . Crantz, H. J.
Croom . . . . Croome, H. B.
Cunn . . . . Cunninghamm, Allan.
Curt . . . . Curtis, M. O.
Cyr., Cyrill . . . . . . Cyrillo, D.

Dalz . . . . Dalzell.
DC . . . . A. De Candolle.
Dcne, Dcsne, Dne . . . Decaisne, J.
Dcne et Planch . . . . Decaisne et Planchon.
Delarb . . . . Delarbre, A.
Delaun . . . . Delauny, Mordant.
Deless. . . . . Delessert, B.
Delile. . . . . Delile, A. Raffeneau.
Dennst . . . . Dennstedt, A. W.
Desf . . . . Desfontaines, R. L.
Desmoul . . . . Desmoulins, C.
Desr . . . . Desrousseaux.
Desv . . . . Desvaux, N. A.
D. Hook . . . . Hooker, Joseph Dalton.
Dicks. . . . . Dickson, J.
Dietr . . . . Dietrich, G. F.
Dill. . . . . Dillenius.
Dodon . . . . Dodonæus, R.
Dœll . . . . Dœllinger.
Domb. . . . . Dombey, J.
Don, D . . . . Don, D
Don, G . . . . Don, G.
Dougl. . . . . Douglas, D.
Drège. . . . . Drège.
Drude . . . . Drude, O.
Drumm. . . . . Drummond, T.
Dryand . . . . Dryander, J.
Dub., Duby . . . . . . Duby, J. E.
Duch . . . . Duchesne, A. N.
Duf. . . . . Dufour, L.
Duham . . . . Duhamel du Monceau.
Dum. Cours. . . . . . Dumont de Courset.
Dum., Dumort. . . . . Dumortier, B. C.
Dun . . . . Dunal, M. F.
Dunc . . . . Duncan, A.
Dur. . . . . Durand, Th.
Duraz. . . . . Durazzini.
Dur, DR. . . . . Durieu de Maisonneuve.
Duv., Duval. . . . . . Duval, C.
D. P. Thou . . . . . . Du Petit-Thouars.

Eat. . . . . Eaton, J.
E. et K. . . . . Ecklon et Zeyer.
Eckl. et Zey. . . . . . Ecklon et Zeyer.
Eckl . . . . Ecklon, C. F.
Edgw. . . . . Edgeworth, M. P.
Ed. André. . . . . . . André, Edouard.
Ed. Morren . . . . . . Morren, Edouard.
Ehrenb . . . . Ehrenberg, C. G.
Ehrh., Ehrhr . . . . . Ehrhart, F.
Ell . . . . Elliot, S.
E. Mey . . . . Ernest Meyer.
E. Schmidt . . . . . . Schmidt, E.
Endl . . . . Endlicher, S. L.
Engelm. et Gray. . . . Engelmann et Gray.
Engl . . . . Engler, A.
Engl. Bot . . . . English Botany.
Esch . . . . Eschscholtz, J. F.

Fabric . . . . Fabricius, P. C.
Falc . . . . Falconer.
F. E. Brown. . . . . . F. E. Brown.
Féc. . . . . Fée.
Fenzl. . . . . Fenzl, E.
Fisch. . . . . Fischer, F. E.
Fisch. et Lall . . . . . Fischer et Lallemant.
Fisch. et Mey., F. et M. Fischer et Meyer.
Flac. . . . . Flacourt.
Forb . . . . Forbes, J.
Forsk. . . . . Forskal, P.
Forst. . . . . Forster, G.
Forsyth. . . . . Forsyth, W.
Foster . . . . Foster.
Fouger . . . . Fougeroux, A. D.
Fourn . . . . Fournier, E.
Franch . . . . Franchet, A.
Franch. et Savat. . . . Franchet et Savatier.
Fras . . . . Fraser, C.
Frem . . . . Frémont.

Fresen	Fresenius, G.
Freycin	Freycinet, L. de.
Fries	Fries, E.
Friwald	Friwaldzky, E.
Funck	Funck, H. C.
Gærtn	Gærtner, J.
Gal.	Galeotti.
Galles	Gallesio, G.
Gard	Gardner.
Gard. Chron	Gardener's Chronicle.
Gars	Garsault.
Gartenf.	Gartenflora.
Gasp	Gasparini, G.
Gaud	Gaudin, J. F.
Gaud. Gaudich.	Gaudichaud, M. C.
Gawl	Gawler, J. B. (dit : Bellenden Ker.)
Gay	Gay, J.
Georgi	Georgi, J. G.
Gesn	Gesner, C.
Ghiesbr	Ghiesbreght.
Gilib	Gilibert, J. E.
Gill.	Gillies.
Gill. et Arn	Gillies et Arnott.
Gill. et Hook	Gillies et Hooker.
Gled	Gleditsch, J. G.
Glox	Gloxin, B. P.
Gmel	Gmelin, J. F.
Godef. Leb	Godefroy-Lebeuf.
Godr	Godron, D. A.
Godr. et Gren	Godron et Grenier.
Gold	Goldie.
Good	Goodenough.
Gord	Gordon.
Gouan	Gouan, A.
Goupil	Goupil.
Grah. Graham.	Graham, R.
Gray	Gray, Asa.
Gray et Engelm	Gray (Asa) et Engelmann.
Gren	Grenier, C.
Gren. et Godr	Grenier et Godron.
Griff	Griffith, W.
Griseb	Grisebach, A. H.
Gronov	Gronovius.
Gueld.	Gueldenstaedt, J. A.
Guett.	Guettard, J. S.
Guill	Guillemin, J. B.
Guill. et Perrott	Guillemin et Perrottet.
Guss	Gussone, J.
H. Bn.	Baillon, H.
H. et B. / Humb. et Bonpl.	Humboldt et Bonpland.
H. B. et K. / H. B. et Knth / H. B. et Kth. / Humb. Bonp. et Kunth	Humboldt, Bonpland et Kunth.
Habl	Hablitz, C. L.
Hack	Hackel, J. C.
Hænck., Hæncke	Hæncke, T.
Hall	Haller, A.
Hamilt. Buch	Hamilton, F. Buchanan.
Hanst.	Hanstein, J.
Hartm	Hartmann, C. J.
Hartw	Hartweg.
Harv., Harvey	Harvey, W. H.
Harw. Univ.	Harward University.
Hask	Haskarl, C.
Haw	Haworth, A. H.
Hayn	Hayne.
Hebenstr	Hebenstreit, J. E.
Hedw	Hedewig, J.
Heist	Heister, J.
Heldr.	Heldreich.
Hemsl	Hemsley, W. B.
Henfr	Henfrey, A.
Henkel	Henkel.
Herb	Herbert, G.
Herm	Hermann, H.
Hern	Hernandez, F.
Heuff.	Heuffel.
Hochst	Hochstetter, C. F.
Hoffm.	Hoffmann, G. S.
Hoffm. et Link	Hoffmann et Link.
Hoffmsg	Hoffmannsegg, J. C.
Hohen	Hohenacker.
Holb	Holboell, F. L.
Holms	Holmskiold, T. E.
Hook	Hooker, W. J.
Hook. f.	Hooker, J. D.
Hook. et Arn., H. et A	Hooker et Arnott.
Hook. et Gill	Hooker et Gillies.
Hoppe	Hoppe, H. D.
Horan	Horaninow, P.
Horn., Hornem	Hornemann, J. W.
Hort., Hortus	Des jardins.
Hort., Hortul	Hortulanorum ; nom usité par les horticulteurs.
Hort., Angl	Des horticulteurs anglais.
Hort. Bull.	Jardins de M. W. Bull.
H. Berol	Jardin botanique de Berlin.
Hort. Gall.	Jardins français.
Hort. Germ	Des horticulteurs allemands.
H. Kew., Hort. Kew	Jardin botanique de Kew.
Hort. Par / Hort. Paris	Jardin des plantes de Paris.
Hort. Petrop.	Jardin botanique de Saint-Pétersbourg.
Hort. Thomps	Jardins de M. Thompson.
Hort. Veitch.	Jardins de MM. Veitch.
Hort. Vilm	Jardins de MM. Vilmorin-Andrieux et Cie.
Houst.	Houston, W.
Houtt.	Houttuyn, M.
Huds	Hudson.
Huet	Huet du Pavillon.
Humb.	Humboldt, F. H.
Humb. et Kunth.	Humboldt et Kunth.
Huss	Hussenot.
Hyeron	Hyeronymus, F.
Jacq	Jacquin, J. F.
James	James.
Janka.	Janka.
Jaub	Jaubert, F. H.
Jaub. et Spach	Jaubert et Spach.

J. Backh	J. Backhouse.
J. D. Hook	Joseph Dalton Hooker.
J. Gay	Jacques Gay.
Johnst	Johnston, G.
J. Saint-Hil	Jaume Saint-Hilaire.
Jord	Jordan de Puyfol, A.
Juss	Jussieu, A. L.
Juss. A	Jussieu, Ad.
Kæmpf	Kæmpfer, E.
Kar.	Karelin, G.
Karst.	Karsten, H.
Kaulf.	Kaulfuss, G. F.
Kell	Kellogg, H.
Ker, Ker-Gawler.	Gawler, J. B., dit : Bellenden Ker.
Kern.	Kerner, J. S.
Kern. et Hacker.	Kerner et Hacker.
Kir.	Kirlow, J.
Kit.	Kitaibel, P.
Klatt	Klatt.
Klotzsch	Klotzsch, J. F.
Knight	Knight, T. A.
Knwl	Knowles, G. B.
Knwl. et Westc	Knowles et Westcott.
Koch	Koch, C.
Kœl	Kœler, G. L.
Kœlreut.	Kœlreuter, J. G.
Kœn	Kœnig, C.
Korth.	Korthals, P. W.
Kostel	Kosteletzky, V. F.
Kunth., Kth.	Kunth, K. S.
Kunth. et Bché Knth. et Bché	Kunth et Bouché.
Labill.	Labillardière, J. J.
Labour	Labouret.
Lag.	Lagasca, M.
Lall	Lallemant, A.
Lamb.	Lambert, A. B.
Lamk.	Lamarck, J. B.
Lang	Lange, P.
Langsd	Langsdorf, G. H.
Lap., Lapeyr	Lapeyrouse, P. de
Laroche.	Laroche, F.
Laterr	Laterrade, J. F.
Laxm.	Laxmann, E.
Law	Lawson, C.
Lecoq et Lam	Lecoq et Lamotte.
Ledeb	Ledebour, C. F.
Lehm.	Lehmann, J. G.
Lehm. et Schnittz	Lehmann et Schnittzpahn.
Leicht	Leichtlin, Max.
Lej.	Lejeune, A. L.
Lem	Lemaire, Charles.
Lepell.	Lepelletier.
Lesch.	Leschenault, L. T.
Less	Lessing, C. F.
Lestib	Lestiboudois, J. F.
Lex.	Lexarza, J.
L'Hérit	L'Héritier, C. L.
Licht	Lichtenstein, H.
Lieb	Liebmann, F. M.

Lightf	Lightfoot, J.
L. Lin, Linn	Linné, C. A.
L. f. Lin f., Linn. f.	Linné fils.
Lind	Linden, J.
Lind. et Rod.	Linden et Rodigas.
Lind. et Andr	Linden, J. et André, Ed.
Lindl	Lindley, J.
Link et Otto.	Link et Otto.
Link., Lk	Link, H. F.
Llave.	Llave, P. de la.
Llave et Lex.	Llave (P. de la) et Lexarza.
Lobel.	Lobel.
Lodd	Loddiges, C.
Lœffl	Lœffling, P.
Lois., Loisel.	Loiseleur-Deslongchamps, J. A.
Loud.	London, J. C.
Lour	Loureiro, J.
Lowe.	Lowe, R. T.
Macfad	Macfadyen, J. C.
Mackay.	Mackay.
Macnb	Macnab, J.
Malc	Malcolm.
Marce.	Marce.
Marcgr	Marcgraf, G.
March. E.	Marchal, E.
March. L.	Marchand, L.
Marsh. Bieb M. B., Bieb., Bieberst	Marshall von Bieberstein.
Mart	Martins, C. F.
Mart. et Gal.	Martins et Galeotti.
Marum	Marum, M. van.
Masson	Masson, F.
Mast	Masters, M. T.
Maur	Maury.
Maxim	Maximowicz, C. I.
Medik	Medicus, F. C.
Meissn	Meissner, C. F.
Menz	Menzies, A.
Mérat.	Mérat, F. W.
Mert	Mertens, F. C.
Mert. et Koch	Mertens et Koch.
Mey. C. A.	Meyer, C. A.
Mey. E	Meyer, E.
Mey., G. F. W.	Meyer, G. F. W.
Mich., Michx	Michaux, A.
Michel	Micheli.
Miers.	Miers.
Mikan.	Mikan, J. C.
Mill., Miller	Miller, P.
Miq.	Miquel, F. A.
Mirb	Mirbel, C. F. Brisseau de.
Mitch.	Mitchel, J.
Moç	Moçino, J.
Mœnch	Mœnch, C.
Mol.	Molina, J. I.
Monn.	Monnier, A. Le.
Moq., Moq.-Tand.	Moquin-Tandon, A. M.
Moret.	Moretti.
Morit.	Moritzi, A.

Moris.	Moris.
Morr. Ed	Morren, Ed.
Morr. et Dcne.	Morren et Decaisne.
Muell.	Mueller, F. von.
Muell. Arg	Mueller, J.
Mühlb. Mhlb	Muhlenberg, H.
Munby	Munby.
Munro	Munro.
Murr	Murray, J. A.
Mut	Mutis, J. C.
Mutel.	Mutel, A.
Ndn, Naud	Naudin.
N. E. Br	N. E. Brown.
Neck	Necker, N. J.
Nees	Nees von Esenbeck, C. G.
Nichols	Nicholson, G.
Nocca	Nocca, D.
Nois	Noisette, L.
Nor	Noronha.
Nutt., Nuttal	Nuttal, T.
Nym	Nymann.
Œsrt	Œrstedt, A. S.
Oliv.	Oliver, D.
Ort., Orteg	Ortega, C. G.
Otto	Otto, F.
Pal. Beauv	Palisot de Beauvois.
Pall	Pallas.
Panch	Pancher.
Panz	Panzer.
Park	Parker.
Parl., Parlat	Parlatore, F.
Part., partim	En partie.
Patr	Patrin, E.
Pav.	Pavon, J.
Paxt	Paxton, J.
Perrott.	Perrottet, G. S.
Pers	Persoon, C. H.
Petagn	Petagna.
Pfeiff.	Pfeiffer, L.
Philip.	Philippi, R. A.
Planch	Planchon, J. E.
Planch. et Lind	Planchon et Linden.
Pluk	Plukenet, L.
Plum.	Plumier.
Pœpp.	Pœppig, E.
Pœpp. et Endl.	Pœppig et Endlicher.
Pohl	Pohl, J. E.
Poir	Poiret, J. L.
Poiss.	Poisson.
Poit.	Poiteau, A.
Poll.	Pollich, J. A.
Pope	Pope, A.
Pourr.	Pourret, A.
Presl	Presl.
Pro parte, Pr. p.	En partie.
Prosp. Alp.	Alpin, Prosper.
Pursh.	Pursh, F.
Putterl	Putterlick, A.
Putz	Putzeys.
Raddi.	Raddi, G.
Radlk.	Radlkofer, L.
Rafin, Raf.	Rafinesque, C. S.
Ram.	Ramond, L. F.
Ramat	Ramatuelle.
Rap.	Rapin.
Ratzeb	Ratzeburg, J. T.
R. Br.	Robert Brown.
Rchb., Reichb.	Reichenbach, H. L.
Rchb. f.	Reichenbach fils.
Red.	Redouté, R. J.
Rees	Rees, A.
Reg.	Regel, Ed.
Reich	Reichardt, H. W.
Reinw	Reinwardt, C. G.
Reinw. et Sweet.	Reinwardt et Sweet.
Req.	Requien.
Retz	Retzius, A. J.
Reut	Reuter, G. F.
Rev. Hort.	Revue Horticole.
Richards	Richardson, J.
Rich	Richard, A.
Rich L. C	Richard, L. C.
Ridl	Ridley.
Riss	Risso, A.
Riss. et Poit.	Risso et Poiteau.
Riv.	Rivinus, A. Q.
Rivière	Rivière.
Robert	Robert.
Rochel	Rochel, A.
Rodr.	Rodriguez, J. B.
Rœhl.	Rœhling, J. C.
Rœm.	Rœmer, J. J.
R. et S. / Rœm. et Schult / Rœm. et Schultes	Rœmer et Schultes.
Rœzl	Rœzl.
Rœzl et Leicht.	Rœzl et Leichtlin.
Roll.	Rollisson.
Roth	Roth, A. W.
Rottb.	Rottbœll, C. F.
Roxb	Roxburgh, W.
Royle.	Royle, J. F.
Rudb.	Rudbeck, O.
Rudge	Rudge, E.
Ruiz	Ruiz, H.
R. et P. / Ruiz et Pav	Ruiz et Pavon.
Rumph.	Rumphius.
Rupp	Ruppius, H. B.
Rupr.	Ruprech, F. J.
Russel	Russel.
Sab.	Sabine.
Saint-Am	Saint-Amans.
Saint-Hil.	Saint-Hilaire, A.
Salisb.	Salisbury, R. A.
Salm-Dyck.	Salm-Dyck, J. Princeps de.
Salzm.	Salzmann, P.
Sauss.	Saussure, N. T.
Sav., Savi	Savi.
Savign	Savigny.
Schau.	Schauer, J. K.

Scheele	Scheele.
Scheff,	Scheffer, R. H.
Scheidw	Scheidweiler, M. J.
Schimp.	Schimp, W.
Schlecht.	Schlechtendal, D. F.
Schleid	Schleiden, M. J.
Schmid	Schmidel, C. C.
Schmidt.	Schmidt, E.
Schneevogt	Schneevogt, G. W.
Schnitzl.	Schnitzlein, A.
Schnittz.	Schnittzpahn.
Schomb.	Schomburgk, R.
Schott.	Schott, H.
Schousb.	Schousboe, P. K.
Schrad	Schrader, H. A.
Schrank.	Schrank, F, P.
Schreb	Schreber, J. C.
Schrenk	Schrenk.
Schult.	Schultes, J. A.
Schultes. f.	Schultes, J. H.
Schultz, Schtz Bip	Schultz (Bipontinus , C. H.
Schultz.	Schultz, F. W.
Schum	Schumann.
Schum. et Thonn	Schuman et Thonning.
Schuttl	Shuttleworth, A. T.
Schwein.	Schweinitz, L. D.
Scop	Scopoli, J. A.
Scribn.	Scribner.
Seb. et Maur.	Sebastiani et Maury.
Seem	Seemann, B.
Sell.	Sellow, F.
Sendtn	Sendtner, G.
Sen.	Senil, Nelson.
Ser., Seringe.	Seringe, N. C.
Seub	Seubert, M.
Sibth.	Sibthorp, J.
Sibth. et Smith	Sibthorp et Smith.
Sieb	Siebold, F. von.
Sieb. et de Vr	Siebold et de Vriese.
Sieb. et Zucc, S. et Z.	Siebold et Zuccarini.
Siegesh	Siegesbreght, L. G.
Sims	Simson, J.
Smith, Sm.	Smith, J. E.
Soland. Sol	Solander, D.
Sond	Sonder, W.
Sonn	Sonnerat, P.
Sow.	Sowerby, J.
Spach.	Spach, E.
Sparrm.	Sparrmann, A.
Spenn.	Spenner, F.
Spreng. Spr.	Sprengel, K.
Sprunn	Sprunner.
St-Am.	Saint-Amans.
Steetz.	Steetz.
Steinh	Steinheil, A.
Steph.	Stephan.
Sternb	Sternberg, C.
Steud.	Steudel, E. T.
Steven, Stev.	Steven, C.
Stremp.	Strempel.
Suter.	Suter, J. R.
Sutton	Sutton, C.
Swains	Swainson.
Swartz, Sw.	Swartz, O.
Sweet.	Sweet, R.
Symes	Symes, M.

Tabern	Tabernæmontanus, J. T.
Targ. Tozz	Targioni Tozzetti, G.
Tausch	Tausch, I. F.
Tayl	Taylor, R.
Teijsm et Bin	Teijsmann et Binot.
Teijsm	Teijsmann.
Ten.	Tenore, M.
Thomps.	Thompson, T.
Thonn	Thonning.
Thore.	Thore, J.
Thory	Thory, C. A.
Thory et Red	Thoory et Redouté.
Thuil.	Thuillier, J. L.
Thunb	Thunberg, C. P.
Tin.	Tineo, V.
Todd	Toddaro, A.
Torr	Torrey, J.
Torr. et Gray	Torrey et Gray.
Tournf.	Tournefort, J. P.
Towns	Townsend, J.
Trab	Trabut.
Tratt.	Trattinick, L.
Trautv	Trautvetter. E. R.
Trautv. et Mey.	Trautvetter et Meyer.
Tréc	Trécul.
Trew	Trewiranus, L. C.
Triana	Triana, H.
Triana et Planch.	Triana et Planch.
Trin	Trinius, C. B.
Turcz.	Turczaninow, P. K.
Turp	Turpin, P. J.
Tuss	Tussac, F. R.
Ung.	Ungern Sternberg.
Urvil.	Urville, Dumont d'.
Uster.	Usteri, P.
Vahl	Vahl.
Vaill	Vaillant, S.
Vand.	Vandelli, D.
Van Houtte	Van Houtte.
Van Mar	Van Marum.
Veitch	Veitch.
Vell.	Vellozo, J. M.
Vent	Ventenat. E. P.
Verl. B	Verlot, Bernard.
Vog. Vgl.	Vogel.
Van-Hout	Van Houtte.
Vig.	Viguier, J.
Vill.	Villars, D.
Vilm	Vilmorin-Andrieux et Cie.
Vis.	Visiani, R. de.
Viv.	Viviani. D.
Voigt.	Voigt, F. S,
Vog.	Vogel, H.
Wahl.	Walhenberg, G.
Waldst. et Kit.	Waldstein et Kitaibel.
Waldst	Waldstein.
Wall	Wallich, N.
Wall. et Hook.	Wallich et Hooker.
Wallr.	Wallroth, F. G.
Walp.	Walpers, W. G.

Walt	Walter, T.
Warm	Warming, J. E.
Warsc	Warscewicz.
Wats.	Watson, J. F.
Wats. S.	Watson Sereno.
Webb.	Webb.
Wedd.	Weddell, H. A.
Welw.	Welwitsch, F.
Wender.	Wenderoth, G. W.
Wendl	Wendland, H. L.
Wendl. et Drude	Wendland et Drude, O.
Westc.	Westcott.
Wickstr.	Wickstrœm, J. E.
Wigg.	Wiggers, F. H.
Wight.	Wight.
Wight et Arn.	Wight et Arnott.
Willd.	Willdenow, C. L.
Willk.	Willkomm, M.
Willk. et Lange	Willkomm et Lange.
Wimm., Wimmer	Wimmer, F.
With., Wither.	Withering, W.
Wolf.	Wolf, C. F.
Wulf.	Wulfen, F. X.
Zey.	Zeyher, C.
Zipp	Zippel, H.
Zoll.	Zollinger, H.
Zoll. et Morr	Zollinger et Morren.
Zucc	Zuccarini, J. G.

ABRÉVIATIONS LE PLUS EN USAGE

RÉDUITES A DES INITIALES

B. C	Botanical Cabinet.
B. et H.	Bentham et Hooker.
B. M.	Botanical Magazine.
B. R.	Botanical Register.
Ch. et Schl.	Chamisso et Schlechtendal.
DC.	De Candolle, A.
E. et Z	Ecklon et Zeyher.
F. et M.	Fischer et Meyer.
H. et A.	Hooker et Arnott.
H. et B.	Humboldt et Bonpland.
H. f. et T.	Hooker fils et Thomson.
H. B. et K.	Humboldt, Bonpland et Kunth.
J. et S	Jaubert et Spach.
L. K. O.	Link, Klotzsch et Otto.
M. B	Bieberstein, M. von.
M. et K.	Mertens et Koch.
N. E. Br.	Brown, N. E.
N. et M.	Nees et Martius.
Pl. et Tr.	Planchon et Triana.
P. et E	Pœppig et Endlicher.
R. et P.	Ruiz et Pavon.
R. et S.	Rœmer et Schultes.
S. et Z	Siebold et Zuccarini.
T. et G.	Torrey et Asa Gray.
W. et A.	Wight et Arnott.
W. et B.	Webb et Berthelot.
W. et K.	Waldstein et Kitaibel.

(S. M.)

LISTE DES GENRES

DÉCRITS DANS CET OUVRAGE, DISPOSÉS EN FAMILLES ET TRIBUS

D'APRÈS LEUR CLASSIFICATION NATURELLE

Le but de cette liste est de servir d'aide-mémoire pour la détermination des plantes et de méthode de classification pour les jardins botaniques et autres où il y a lieu de les rapprocher d'après leurs affinités naturelles. Chacun sait combien il est pénible de se rappeler les noms des plantes qu'on ne voit pas souvent et plus encore de trouver celui des plantes qu'on ne connait pas. Dans bien des cas, les personnes déjà un peu versées dans la science des plantes peuvent, à leur aspect extérieur ou à l'examen des caractères les plus saillants, déterminer sûrement la famille à laquelle appartient une plante, parfois la tribu ou le genre, ou au moins la rapprocher d'un genre plus connu.

Il eût été désirable de joindre au *Dictionnaire d'Horticulture* des clefs dichotomiques permettant, comme dans bien des flores, de déterminer successivement la famille, le genre puis l'espèce des plantes qu'on ne connait pas. On comprendra sans peine, étant donné le nombre considérable de plantes décrites dans cet ouvrage, qu'un tel travail est au-dessus de nos forces et de nos moyens.

Pour y suppléer, nous avons pensé être utile en donnant ci-après la liste de tous les genres décrits dans le *Dictionnaire*, groupés en familles et tribus, et disposés en série linéaire, d'après leur classification naturelle le plus généralement adoptée aujourd'hui. Les familles et tribus qui ne possèdent aucun représentant dans les cultures ont été omises par économie d'espace.

Pour ce travail nous avons suivi l'*Index* [1] du *Genera Plantarum* de Bentham et Hooker, en ce qui concerne les Phanérogames, et le *Hand list of Ferns and Ferns Allies*, récemment publié à Kew, en ce qui concerne les Cryptogames ; nous y avons aussi ajouté les genres nouveaux, créés depuis la publication de ces ouvrages.

(S. M.)

DICOTYLÉDONES

POLYPÉTALES

Fam. 1. — **RENONCULACÉES.**

Trib. I. — Clématidées.
Clematis.
Atragene.
Naravelia.

Trib. II. — Anémonées.
Thalictrum.
Anemone.
Knowltonia.
Adonis.

Trib. III. — Ranunculées.
Trautvetteria.
Ranunculus.

Trib. IV. — Helléborées.
Caltha.
Hydrastis.
Trollius.
Helleborus.
Eranthis.
Coptis.
Isopyrum.
Nigella.
Aquilegia.
Anemonopsis.
Delphinium.
Aconitum.
Actæa.
Cimicifuga.
Xanthorhiza.

Trib. V. — Pæoniées.
Pæonia.

Fam. 2. — **DILLÉNIACÉES.**

Trib. I. — Delimées.
Curatella.
Doliocarpus.
Delima.
Tetracera.

Trib. II. — Dilléniées.
Wormia.
Dillenia.

Trib. III. — Hibbertiées.
Hibbertia.
Candollea.
Pachynema.

Fam. 3. — **CALYCANTHACÉES.**
Calycanthus.
Chimonanthus.

Fam. 4. — **MAGNOLIACÉES.**

Trib. I. — Trochodendrées.
Trochodendron.

Trib. II. — Wintérées.
Drymis.
Illicium.

Trib. III. — Magnoliées.
Talauma.
Magnolia.
Michelia.
Liriodendron.

Trib. IV. — Schizandrées.
Schizandra.
Kadzura.

Fam. 5. — **ANONACÉES.**

Trib. I. — Uvariées.
Uvaria.
Guatteria.

1. — *Index Generum Phanerogamorum*, usque ad finem anni 1887 promulgatorum in Benthami et Hookeri *Genera Plantarum* fundatus. Auctore Th. Durand, Bruxelles, 1888.

Trib. II. — Unonées.
Artabotrys.
Unona.
Asimina.
Polyalthia.

Trib. III. — Mitrephorées.
Monodora.

Trib. IV. — Xylopiées.
Anona.
Xylopia.

Trib. IV. — Miliusées.
Eupomatia.

Fam. 6. — **MÉNISPERMACÉES.**

Trib. I. — Tinosporées.
Jateorhiza.
Cocinium.

Trib. II. — Cocculées.
Abuta.
Tiliacora.
Cocculus.
Menispermum.

Trib. III. Cissampélidées.
Stephania.
Cissampelos.

Fam. 7. — **BERBÉRIDÉES.**

Trib. I. — Lardizabalées.
Lardizabala.
Stauntonia.
Holbœllia.
Akebia.

Trib. II. Berbérées.
Berberidopsis.
Berberis.
Bongardia.
Leontice.
Caulophyllum.
Nandina.
Epimedium.
Diphylleia.
Jeffersonia.
Podophyllum.

Fam. 8. — **NYMPHÉACÉES.**

Trib. I. — Cabombées.
Cabomba.
Brasenia.

Trib. II. — Nymphées.
Nuphar.
Nymphæa.
Euryale.
Victoria.

Trib. III. — Nélumbonées.
Nelumbium.

Fam. 9. — **SARRACÉNIÉES.**
Sarracenia.
Darlingtonia.
Heliamphora.

Fam. 10. — **PAPAVÉRACÉES.**

Trib. I. — Romnéyées.
Platystemon.
Platystigma.
Romneya.

Trib. II. — Papavérées.
Papaver.
Canbya.
Argemone.
Meconopsis.
Cathcartia.
Stylophorum.
Eomecon.
Sanguinaria.
Bocconia.
Glaucium.
Rœmeria.
Chelidonium.

Trib. III. — Hunnemaniées.
Dendromecon.
Hunnemania.
Eschscholzia.

Fam. 11. — **FUMARIACÉES.**
Hypecoum.
Dicentra.
Adlumia.
Corydalis.
Fumaria.

Fam. 12. — **CRUCIFÈRES.**

Trib. I. — Arabidées.
Matthiola.
Parrya.
Cheiranthus.
Nasturtium.
Barbarea.
Arabis.
Streptanthus.
Cardamine.
Dentaria.
Pteroneuron.
Leavenworthia.
Anastatica.

Trib. II. — Alyssinées.
Lunaria.
Farsetia.
Aubrietia.
Vesicaria.
Alyssum.
Draba.
Cochlearia.

Trib. III. — Sisymbriées.
Schizopetalon.
Hesperis.
Malcolmia.
Sisymbrium.
Erysimum.
Stanleya.
Heliophila.

Trib. IV. — Camélinées.
Platypetalum.
Camelina.
Subularia.

Trib. V. — Brassicées.
Brassica.
Eruca.
Moricandia.
Vella.
Succovia.

Trib. VI. — Lépidinées.
Ionopsidium.
Lepidium.
Bivonæa.
Æthionema.
Eunonia.
Schouvia.

Trib. VII. — Thlaspidées.
Biscutella.
Megacarpæa.
Thlaspi.
Iberis.
Teesdalia.
Hutchinsia.
Iberidella.

Trib. VIII. — Isatidées.
Peltaria.
Tchihatchewia.
Isatis.
Tauscheria.
Sobolevskia.
Boleum.
Zilla.

Trib. IX. — Cakilinées.
Crambe.
Cakile.
Morisia.

Trib. X. — Raphanées.
Raphanus.
Chorispora.
Sterigma.

Fam. 13. — **CAPPARIDÉES.**

Trib. I. — Cléomées.
Cleome.
Peritoma.
Isomeris.
Polanisia.
Gynandropsis.

Trib. II. — Capparées.
Steriphoma.
Morisonia.
Mærua.
Boscia.
Capparis.
Roydsia.
Cratæva.
Ritchiea.
Euadenia.
Tovaria.

Fam. 14. — **RÉSÉDACÉES.**
Reseda.

Fam. 15. — **CISTINÉES.**
Cistus.
Helianthemum.

Fam. 16. — **VIOLARIÉES.**

Trib. I. — Violées.
Corynostylis.
Noisettia.
Anchietea.
Schweiggeria.
Viola.
Ionidium.

Trib. III. — Alsodeiées.
Hymenanthera.

Trib. IV. — Sauvagésiées.
Sauvagesia.
Lavradia.

Fam. 17. — CANELLACÉES.
Canella.
Cinnamodendron.

Fam. 18. — BIXINÉES.

Trib. I. — Bixées.
Cochlospermum.
Bixa.

Trib. III. — Flacourtiacées.
Ryania.
Ludia.
Azara.
Flacourtia.
Idesia.

Fam. 19. — PITTOSPORÉES.
Pittosporum.
Hymenosporum.
Bursaria.
Marianthus.
Billiardiera.
Pronaya.
Sollya.

Fam. 20. — TRÉMANDRÉES.
Tetratheca.
Platytheca.
Tremandra.

Fam. 21. — POLYGALÉES.
Polygala.
Muraltia.
Mundtia.
Comesperma.
Securidaca.
Monnina.
Krameria.

Fam. 22. — VOCHYSIACÉES.
Qualea.
Vochysia.
Trigonia.

Fam. 23. — FRANKÉNIACÉES.
Frankenia.

Fam. 24. — CARYOPHYLLÉES.

Trib. I. — Silénées.
Velezia.
Dianthus.
Tunica.
Drypis.
Gypsophila.
Saponaria.
Silene.
Lychnis.

Trib. II. — Alsinées.
Holosteum.
Cerastium.
Stellaria.
Arenaria.
Mœhringia.
Sagina.
Spergula.

Trib. III. — Polycarpées.
Polycarpæa.

Fam. 25. — PORTULACÉES.
Portulaca.
Portulacaria.
Anacampseros.
Talinum.
Calandrinia.
Claytonia.
Spraguea.
Lewisia.

Fam. 26. — TAMARISCINÉES.

Trib. I. — Tamariscées.
Tamarix.
Myricaria.

Trib. II. — Réaumuriées.
Reaumuria.

Trib. III. — Fouquiérées.
Fouquiera.

Fam. 28. — HYPERICINÉES.

Trib. I. — Hypéricées.
Ascyrum.
Hypericum.

Trib. III. — Vismiées.
Vismia.
Haronga.

Fam. 29. — GUTTIFÉRÉES.

Trib. I. — Clusiées.
Clusia.
Tovomita.

Trib. II. — Moronobées.
Moronobea.
Pentadesma.

Trib. III. — Garciniées.
Garcinia.
Xanthochymus.
Ochrocarpus.

Trib. IV. — Calophyllées.
Calophyllum.
Mesua.
Mammea.

Fam. 30. — TERNSTRŒMIACÉES.

Trib. II. — Marcgraviées.
Norantea.
Ruyschia.

Trib. III. — Ternstrœmiées.
Ternstrœmia.
Cleyera.
Freziera.
Eurya.

Trib. IV. — Saurajées.
Actinidia.
Saurauja.
Stachyurus.

Trib. V. — Gordoniées.
Stuartia.
Schima.
Gordonia.
Laplacea.
Camellia.

Trib. VI. — Bonnetiées.
Bonnetia.
Kielmeyera.
Mahurea.
Marila.

Fam. 31. — DIPTEROCARPÉES.
Dryobalanops.
Lophira.

Fam. 33. — MALVACÉES.

Trib. I. — Malvées.
Malope.
Kitaibelia.
Palaua.
Althæa.
Lavatera.
Malva.
Callirhoe.
Sidalcea.
Malvastrum.
Plagianthus.
Cristaria.
Sida.
Kydia.
Abutilon.
Sphæralcea.
Modiola.

Trib. II. — Urénées.
Malachra.
Urena.
Pavonia.
Gœthea.
Malvaviscus.

Trib. III. — Hibiscées.
Hibiscus.
Lagunaria.
Fugosia.
Thespesia.
Gossypium.

Trib. IV. — Bombacées.
Adansonia.
Pachira.
Bombax.
Eriodendron.
Chorisia.
Montezuma.
Ochroma.
Durio.

Fam. 34. — STERCULIACÉES.

Trib. I. — Sterculiées.
Sterculia.
Brachychiton.
Delabechea.
Cola.
Heritiera.

Trib. II. — Hélictérées.
Myrodia.
Reevesia.
Kleinhowia.
Helicteres.
Pterospermum.

Trib. IV. — Frémontiées.
Cheirostemon.
Fremontia.

Trib. V. — Dombeyées.
Ruizia.
Dombeya.
Trochetia.
Pentapetes.
Melhania.

Trib. VI. — Hermanniées.
Hermannia.

Mahernia.
Waltheria.

Trib. VII. — Buettnériées.
Abroma.
Theobroma.
Herrania.
Guazuma.
Buettneria.
Rulingia.

Trib. VIII. — Lasiopétalées.
Seringia.
Thomasia.
Guichenotia.
Lasiopetalum.

Fam. 35. — **TILIACÉES**.

Trib. I. — Brownloviées.
Brownlovia.

Trib. II. — Gréwiées.
Grewia.
Triumfetta.
Heliocarpus.

Trib. III. — Tiliées.
Entelea.
Sparmannia.
Honckenya.
Corchorus.
Luhea.
Muntingia.
Tilia.

Trib. IV. — Apeibées.
Apeiba.

Trib. V. — Prockiées.
Prockia.

Trib. VI. — Sloanées.
Sloanea.
Antholoma.

Trib. VII. — Elæocarpées.
Aristotelia.
Friesia.
Elæocarpus.
Tricuspidaria.

Fam. 36. — **LINÉES**.

Trib. I. — Eulinées.
Linum.
Reinwardtia.

Trib. III. — Erythroxylées.
Erythroxylon.

Fam. 38. — **MALPIGHIACÉES**.

Trib. I. Malpighiées.
Byrsonima.
Malpighia.
Bunchosia.
Thryallis.
Galphimia.

Trib. II. — Banistériées.
Heteropterys.
Acridocarpus.
Stigmaphyllon.
Ryssopterys.
Banisteria.

Trib. III. — Hiræées.
Triopterys.
Tetrapterys.

Trib. IV. — Gaudichaudiées.
Gaudichaudia.

Fam. 39. — **ZYGOPHYLLÉES**.
Tribulus.
Zygophyllum.
Larrea.
Guaiacum.
Porliera.

Fam. 40. — **GÉRANIACÉES**.

Trib. I. — Géraniées.
Biebersteinia.
Monsonia.
Sarcocaulon.
Geranium.
Erodium.

Trib. II. — Pélargoniées.
Pelargonium.
Tropæolum.

Trib. III. — Limnanthées.
Limnanthes.

Trib. IV. — Vivianées.
Viviania.

Trib. V. — Wendtiées.
Balbisia.

Trib. VI. — Oxalidées
Oxalis.
Biophytum.
Averrhoa.

Trib. VII. — Balsaminées.
Impatiens.
Hydrocera.
Tytonia.

Fam. 41. — **RUTACÉES**.

Trib. I. — Cuspariées.
Spiranthera.
Almeidea.
Erytrochiton.
Galipea.
Ticorea.
Ravenia.

Trib. II. — Rutées.
Ruta.
Bœnninghausenia.
Peganum.
Dictamnus.

Trib. III. — Diosmées.
Euchætis.
Macrostylis.
Diosma.
Coleonema.
Acmadenia.
Adenandra.
Barosma.
Agathosma.
Empleurum.

Trib. IV. — Boroniées.
Zieria.
Boronia.
Acradenia.
Eriostemon.
Phebalium.
Crowea.
Philotheca.
Correa.
Diplolæna.

Trib. V. — Zanthoxylées.
Melicope.
Evodia.
Choisya.
Zanthoxylum.
Pilocarpus.
Metrodorea.
Peltostigma.

Trib. VI. — Toddaliées.
Ptelea.
Acronychia.
Skimmia.

Trib. VII. — Aurantiées.
Glycosmis.
Amyris.
Triphasia.
Limonia.
Murraya.
Clausena.
Atalantia.
Citrus.
Feronia.
Ægle.

Fam. 42. — **SIMARUBACÉES**.

Trib. I. — Simarubées.
Quassia.
Simaba.
Simaruba.
Ailantus.
Cneorum.
Brucea.

Trib. II. — Picramniées.
Spathelia.

Fam. 43. — **OCHNACÉES**.

Trib. I. — Ochnées.
Ochna.
Gomphia.

Trib. III. — Luxemburgiées.
Luxemburgia.
Godoya.
Cespedesia.

Fam. 44. — **BURSÉRACÉES**.
Garuga.
Balsamodendron.
Boswellia.
Bursera.
Hedwigia.
Canarium.

Fam. 45. — **MÉLIACÉES**.

Trib. I. — Méliées.
Quivisia.
Turræa.
Melia.

Trib. II. — Trichiliées.
Sandoricum.
Guarea.
Walsura.

Ekebergia.
Trichilia.

Trib. III. — SWIETENIÉES.
Carapa.
Swietenia.

Trib. IV. — CEDRELÉES.
Cedrela.
Chloroxylon.
Flindersia.

Fam. 47. — **OLACINÉES.**

Trib. I. — OLACÉES.
Heisteria.
Ximenia.
Olax.

Trib. III. — ICACINÉES.
Villarezia.

Trib. IV. — PHYTOCRÉNÉES.
Phytocrene.

Fam. 48. — **ILICINÉES.**
Ilex.
Othera.
Nemopanthus.

Fam. 49. **CYRILLÉES.**
Cliftonia.

Fam. 50. — **CELASTRINÉES.**
Euonymus.
Pachystima.
Hartogia.
Ptelidium.
Celastrus.
Maytenus.
Putterlichia.
Myginda.
Schœfferia.
Elæodendron.

Fam. 51. — **HIPPOCRATÉACÉES.**
Salacia.
Llavea.

Fam. 52. — **STACKHOUSIÉES.**
Stackhousia.

Fam. 53. — **RHAMNÉES.**

Trib. II. — ZIZYPHÉES.
Paliurus.
Zizyphus.
Berchemia.
Rhamnus.
Hovenia.
Ceanothus.
Sageretia.
Colubrina.
Phylica.
Noltia.
Pomaderris.
Trymalium.
Spyridium.

Trib. IV. — COLLETIÉES.
Colletia.
Discaria.
Retanilla.
Trevoa.
Gouania.
Helinus.

Fam. 54. — **AMPÉLIDACÉES.**

Trib. I. — AMPÉLIDÉES.
Vitis.
Ampelopsis.
Cissus.
Columella.

Trib. II. — LÉÉES.
Leea.

Fam. 55. — **SAPINDACÉES.**

Trib. I. — PAULLINIÉES.
Serjania.
Paullinia.
Urvillea.
Cardiospermum.

Trib. II. — THOUINIÉES.
Thouinia.
Allophyllus.
Schmidelia.

Trib. III. — SAPINDÉES
Sapindus.

Trib. VI. — MÉLICOCCÉES.
Melicocca.
Talisia.

Trib. VIII. — NÉPHÉLIÉES.
Nephelium.

Trib. IX. — CUPANIÉES.
Cupania.
Ratonia

Trib. X. — KŒLREUTÉRIÉES.
Kœlreuteria.

Trib. XI. — COSSIGNÉES.
Cossignia.

Trib. XIII. — DODONÆOXYLÉES.
Hippobromus.

Trib. XIV. — HARPULIÉES.
Xanthoceras.
Ungnadia.
Incertæ sedis.
Aitonia.

Fam. 56. — **HIPPOCASTANÉES.**
Æsculus.
Pavia.

Fam. 57. — **ACÉRACÉES.**
Acer
Negundo.

Fam. 58. — **MÉLIANTHACÉES.**
Melianthus.
Greyia.

Fam. 59. — **STAPHYLLÉACÉES.**
Staphyllea.
Euscaphis.
Turpinia.
Zanthoxylum.

Fam. 61. — **ANACARDIACÉES.**

Trib. I. — MANGIFÉRÉES.
Mangifera.
Anacardium.
Melanorrhœa.

Trib. II. — SPONDIÉES
Spondias.
Pistacia.
Sorindeia.
Mauria.
Schinus.
Duvaua.
Comoclada.
Rhus.
Semecarpus.

Fam. 62. — **CORIARIÉES.**
Coriaria.

Fam. 63. — **MORINGÉES.**
Moringa.

Fam. 64. — **CONNARACÉES.**

Trib. I. — CONNARÉES.
Rourea.
Connarus

Trib. II. — CNESTIDÉES.
Cnestis.
Corynocarpus.

Fam. 65. — **LÉGUMINEUSES.**

Sous-famille. I. — **Papilionacées.**

Trib. I. — PODALYRIÉES.
Anagyris.
Piptanthus.
Thermopsis.
Baptisia.
Cyclopia.
Ibetsonia.
Podalyria.
Brachysema.
Oxylobium.
Chorizema.
Mirbelia.
Isotropis.
Gompholobium.
Burtonia.
Jacksonia.
Sphærolobium.
Viminaria.
Daviesa.
Aotus.
Phylota.
Gastrolobium.
Pultenæa.
Eutaxia.
Dillwynia.

Trib. II. — GÉNISTÉES.
Liparia.
Priestleya.
Platylobium.
Bossiæa.
Templetonia.
Hovea.
Goodia.
Borbonia.
Rafnia.
Lebeckia.
Viborgia.
Aspalathus.
Crotalaria.
Lupinus.
Adenocarpus.
Laburnum.
Calycotome.

Petteria.
Genista.
Spartium.
Ulex.
Cytisus.
Hypocalyptus.
Loddigesia.

Trib. III. — Trifoliées.
Ononis.
Trigonella.
Medicago.
Melilotus.
Trifolium.

Trib. IV. — Lotées.
Anthyllis.
Hymenocarpus.
Securigera.
Dorycnium.
Lotus.
Hosackia.

Trib. V. — Galégées.
Psoralea.
Eysenhardtia.
Amorpha.
Dalea.
Petalostemon.
Indigofera.
Brongniartia.
Barbieria
Galega.
Tephrosia.
Milletia.
Wistaria.
Robinia.
Vilmorinia.
Poitæa
Diphysa.
Coursetia.
Sesbania.
Carmichælia.
Notospartium.
Stæblorhiza.
Clianthus.
Sutherlandia.
Lessertia.
Swainsona.
Sphærophysa.
Colutea.
Halimodendron.
Caragana.
Calophaca.
Astragalus.
Phaca.
Dipelta.
Oxytropis.
Glycyrrhiza.

Trib. VI. — Hedysarées.
Scopiurus.
Ornithopus.
Coronilla.
Hippocrepis.
Hedysarum.
Taverniera.
Onobrychis.
Ebenus.
Alhagi.
Chætocalyx.
Nissolia.
Poiretia.
Amicia.
Pictetia.
Brya.
Ormocarpum.
Herminiera.
Æschynomene.
Smithia.
Adesmia.
Stylosanthes.
Arachis.
Zornia.
Desmodium.
Uraria.
Hallia.
Lespedeza.

Trib. VII. — Viciées.
Cicer.
Vicia.
Lens.
Lathyrus.
Orobus.
Pisum.
Abrus.

Trib. VIII. — Phaséolées.
Clitoria.
Cologania,
Amphicarpæa.
Dumasia.
Glycine.
Teramnus.
Hardenbergia.
Kennedya.
Erythrina.
Rudolphia.
Apios.
Mucuna.
Butea.
Galactia.
Dioclea.
Pueraria.
Canavalia.
Physostigma.
Phaseolus.
Vigna.
Voandzeia.
Pachyrhizus.
Dolichos.
Cajanus.
Fagelia.
Cylista.
Rhynchosia.
Eriosema.
Dalbergia.
Amerimnon.
Machærium.
Pterocarpus.
Lonchocarpus.
Pongamia.
Muellera.
Andira.
Geoffræa.
Dipteryx.
Coumarouna.
Inocarpus.

Trib. X. — Sophorées.
Baphia.
Virgilia.
Calpurnia.
Cladrastis.
Ammodendron.
Sophora.
Ormosia.
Camoensia.
Myroxylon.
Barklya.
Cadia.

Trib. XI. — Swartziées.
Swartzia.

Sous-famille II. — **Cæsalpiniées.**

Trib. XIII. — Eucæsalpiniées.
Peltophorum.
Cæsalpinia.
Pomaria.
Coulteria.
Hæmatoxylon.
Pterolobium.
Gymnocladus.
Gleditschia.
Colvillea
Poinciana.
Schizolobium.
Parkinsonia.

Trib. XIV. — Cassiées
Cassia.
Labichea.
Ceratonia.

Trib. XV. — Bauhiniées.
Bauhinia.
Cercis.

Trib. XVI. — Amherstiées.
Brownea.
Amherstia.
Vouapa.
Afzelia.
Tamarindus.
Schotia.
Tachigalia.
Hymenæa.
Saraca.

Trib. XVII. — Cynométrées.
Copaifera.
Hardwickia.

Trib. XVIII. — Dimorphandrées.
Erythrophlœum.

Souc famillo III. — **Mimosées.**

Trib. XIX.— Parkiées.
Parkia.

Trib. XX. — Piptadéniées.
Entada.
Piptadenia.

Trib. XXI. — Adenanthérées.
Adenanthera.
Gagnebina.
Prosopis.
Dichrostachys.
Neptunia.

Trib. XXII. — Eumimosées.
Mimosa.
Schrankia.

Trib. XXIII. — Acaciées.
Acacia.

Trib. XXIV. — Ingées.
Calliandra.
Albizzia.

Pithecolobium.
Inga.

Fam. 66. — **ROSACÉES.**

Trib. I. — Chrysobalanées.
Chrysobalanus.
Moquilea.
Parinarium.

Trib. II. — Prunées.
Prunus.
Amygdalus.
Persica.
Armeniaca.
Cerasus.
Nuttalia.

Trib. II. — Spirées.
Spiræa.
Neilia,
Stephanandra.
Exochorda.
Gillenia.
Kerria.
Rhodotypus.
Neviusa.
Adenostoma.

Trib. IV. — Quillajées.
Quillaja.
Kageneckia.
Lindleya.
Eucryphia.

Trib. V. — Rubées.
Rubus.
Dalibarda.

Trib. VI. — Potentillées.
Purshia.
Chamæbatia.
Cercocarpus.
Cowania.
Dryas.
Fallugia.
Geum.
Waldsteinia.
Fragaria.
Potentilla.
Chamærhodos.

Trib. VII. — Poteriées.
Alchemilla.
Brayera.
Agrimonia.
Margyricarpus.
Acæna.
Poterium.

Trib. VIII. — Rosées.
Rosa.

Trib. X. — Pomées.
Cydonia.
Pyrus.
Mespilus.
Cratægus.
Cotoneaster.
Photinia.
Eriobotrya.
Rhaphiolepis.
Stranvæsia.
Amelanchier.
Peraphyllum.
Osteomeles.

Fam. 67. — **SAXIFRAGACÉES.**

Trib. I. — Saxifragées.
Astilbe.
Rodgersia.
Saxifraga.
Tiarella.
Mitella.
Heuchera.
Tolmiea.
Chrysosplenium.
Parnassia.

Trib. II. — Francoées.
Francoa.
Tetilla.

Trib. III. — Hydrangées.
Hydrangea.
Schizophragma.
Dichroa.
Deutzia.
Decumaria.
Philadelphus.
Platycrater.
Jamesia.
Fendlera.
Carpenteria.

Trib. IV. — Escalloniées.
Escalonia.
Brexia.
Itea.
Anopterus.

Trib. V. — Cunoniées.
Callicoma.
Geissois.
Ceratopetalum.
Schizomeria.
Acrophyllum.
Platylophus.
Caldcluvia.
Davidsonia.
Weinmannia.
Cunonia.

Trib. VI. — Ribésiées
Ribes.
Genres anomals.
Bauera.
Cephalotus.

Fam. 68. — **CRASSULACÉES.**
Crassula.
Grammanthes.
Rochea.
Bryophyllum.
Kalanchoe.
Cotyledon.
Sedum.
Sempervivum.
Monanthes.

Fam. 69. — **DROSÉRACÉES.**
Drosera.
Drosophyllum.
Dionæa.

Fam. 70. — **HAMAMÉLIDÉES.**
Parrotia.
Fothergilla.
Distylium.
Corylopsis.
Hamamelis
Loropetalum.
Rhodoleia.
Bucklandia.
Liquidambar.

Fam. 71. — **BRUNIACÉES.**
Berzelia.
Thamnea.
Brunia.
Raspalia.
Staavia.
Linconia.
Audouinia.

Fam. 72. — **HALORACÉES.**
Serpicula.
Proserpinaca.
Hippuris.
Gunnera.
Myriophyllum.

Fam. 73. — **RHIZOPHORACÉES,**

Trib. II. — Legnotidées.
Carallia.

Fam. 74. — **COMBRÉTACÉES.**

Trib. I. — Combrétées.
Terminalia.
Conocarpus.
Combretum.
Poivræa.
Cacoucia.
Quisqualis.

Fam. 75. — **MYRTACÉES.**

Trib. I. — Chamælauciées.
Darwinia.
Pileanthus.
Chamælaucium.
Calythrix.
Lhotzkya.
Thryptomene.
Micromyrtus.

Trib. II. — Leptospermées.
Bæckea.
Astartea.
Hypocalymna.
Agonis.
Leptospermum.
Kunzea.
Callistemon.
Melaleuca.
Beaufortia.
Regelia.
Calothamnus.
Angophora.
Eucalyptus.
Tristania.
Metrosideros.
Backhousia.

Trib. III. — Myrtées.
Psidium.
Rhodomyrtus.
Myrtus.
Rhodamnia.
Myrcia.
Calyptranthes.
Pimenta.
Eugenia.
Acmena,
Phyllocalyx.

Trib. IV. — Lécythidées.
Gustavia.
Couroupita.
Bertholletia.
Lecythis.
Grias.

Trib. V. — Barringtoniées.
Barringtonia.
Stravadium.

Trib. VI. — Belvisiées.
Napoleona.

Fam. 76. — **MÉLASTOMACÉES.**

Trib. I. — Microliciées.
Eriocnema.
Cambessedesia.
Microlicia.
Rhynchanthera.
Centradenia.

Trib. II. — Tibouchinées.
Acisanthera.
Heeria.
Arthrostemma.
Brachyotum.
Rhexia.
Pleroma.
Osbeckia.
Aciotis.

Trib. III. — Osbeckiées.
Melastoma.

Trib. IV. — Rhexiées.
Rhexia.
Monochætum.

Trib. V. — Mérianiées.
Adelobotrys.
Meriania.
Centronia.

Trib. VI. — Oxysporées.
Oxyspora.
Bredia.

Trib. VII. — Sonérilées.
Sonerila.
Phyllagathis.
Gravesia.
Amphiblemma.

Trib. VIII. — Bertoloniées.
Bertolonia.
Monolena.
Triolena.

Trib. IX. — Dissochætées.
Medinilla.

Trib. X. — Miconiées.
Conostegia.
Tetrazygia.
Miconia.
Cyanophyllum.
Tococa.
Clidemia.
Loreya.
Ossæa.

Trib. XI. — Blakées.
Blakea.

Trib. XIII. — Mémécylées.
Memecylon.

Fam. 77. — **LYTHRARIÉES.**

Trib. I. — Ammaniées.
Peplis.

Trib. II. — Lythrées.
Grislea.
Woodfordia.
Cuphea.
Lythrum.
Nesæa.
Lafoensia.
Lawsonia.
Lagerstrœmia.
Sonneratia.
Genre anomal.
Punica.

Fam. 78. — **ONAGRARIÉES.**
Epilobium.
Zauschneria.
Jussiæa.
Clarkia.
Œnothera.
Godetia.
Eucharidium.
Fuchsia.
Semeiandra.
Lopezia.
Gaura.
Circæa.
Trapa.

Fam. 79. — **SAMYDACÉES.**

Trib. I. — Casеariées.
Samyda.

Fam. 80. — **LOASÉES.**
Gronovia.
Mentzelia.
Loasa.
Blumenbachia.
Grammatocarpus.

Fam. 81. — **TURNERACÉES.**
Turnera.

Fam. 82. — **PASSIFLORACÉES.**

Trib. I. — Passiflorées.
Passiflora.
Tacsonia.
Smeathmannia.

Trib. II. — Modeccées.
Modecca.
Ophiocaulon.

Trib. V. — Papayées.
Carica.

Fam. 83. — **CUCURBITACÉES.**

Trib. I. — Cucumerinées.
Hodgsonia.
Telfairea.
Trichosanthes.
Lagenaria.
Thladiantha.
Momordica.
Luffa.
Ecballium.
Bryonia.
Bryonopsis.
Cucumis.
Citrullus.
Benincasa.
Dimorphochlamys.
Sicana.
Cucurbita.
Melothria.
Kedrostis.
Anguria.

Trib. II. — Abobrées.
Abobra.

Trib. III. — Cyclanthérées.
Echinocystis.
Megarhiza.
Cyclanthera.

Trib. IV. — Sicyoidées.
Sicyos.
Sechium.

Trib. VII. — Zanoniées.
Gerrardanthus.

Trib. VIII. — Feuillées.
Feuillea.

Fam. 84. — **BÉGONIACÉES.**
Begonia.

Fam. 85. — **DATISCÉES.**
Datisca.

Fam. 86. — **CACTÉES.**

Trib. I. — Échinocactées.
Melocactus.
Mamillaria.
Pelecyphora.
Leuchtenbergia.
Echinocactus.
Cereus (*Pilocereus* et *Echinopsis*).
Phyllocactus.
Epiphyllum.

Trib. II. — Opuntiées.
Rhipsalis.
Nopalea.
Opuntia.
Pereskia.

Fam. 87. — **FICOIDÉES.**

Trib. I. — Mesembryanthémées.
Mesembryanthemum.
Tetragonia.

Trib. II. — Aizoidées.
Aizoon.
Trianthema.

Trib. III. — Molluginées.
Telephium.
Pharnaceum.

Fam. 88. — **UMBELLIFÉRÉES.**

Trib. I. — Hydrocotylées.
Hydrocotyle.
Trachymene.
Xanthosia.

Trib. III. — Saniculées.
Eryngium.
Astrantia.
Hacquetia.

Sanicula.
Actinotus.

Trib. V. — AMMINÉES.
Physospermum.
Molopospermum.
Conium.
Arracacia.
Smyrnium.
Bupleurum.
Trinia.
Apium.
Cicuta.
Carum.
Petroselinum.
Sium.
Pimpinella.
Myrrhis.
Chærophyllum.
Anthriscus.

Trib. VI. — SESELINÉES.
Athamantha.
Seseli.
Fœniculum.
Crithmum.
Trochiscanthes.
Meum.
Ligusticum.
Aciphylla.
Selinum.
Pleurospermum.
Levisticum.
Angelica.

Trib. VII. — PEUCEDANÉES.
Ferula.
Dorema.
Peucedanum.
Anethum.
Heracleum.
Malabaila.
Tordylium.

Trib. VIII. — CAUCALINÉES.
Coriandrum.
Cuminum.
Daucus.

Trib. IX. — LASERPITIÉES.
Thapsia.

Fam. 89. — **ARALIACÉES**.

Trib. I. — ARALIÉES.
Delarbrea.
Aralia.

Trib. III. — PANACÉES.
Horsfieldia.
Panax.
Acanthopanax.
Fatsia.
Helwingia.
Meryta.
Sciadophyllum.
Polyscias.
Pseudopanax.
Heptapleurum.
Trevesia.
Gilibertia.
Dendropanax.

Trib. IV. — HEDERACÉES.
Cussonia.
Oreopanax.
Monopanax.

Trib. V. — PLÉRANDRÉES.
Plerandra.
Bakeria.
Tupidanthus.

Fam. 90. — **CORNAGÉES**.
Alangium.
Marlea.
Curtisia.
Corokia.
Cornus.
Benthamia,
Aucuba.
Garrya.
Griselinia.
Nyssa.

MONOPÉTALES

Fam. 91. — **CAPRIFOLIACÉES**.

Trib. I. — SAMBUCÉES.
Sambucus.
Viburnum.

Trib. II. — LONICÉRÉES.
Triosteum.
Symphoricarpos.
Dipelta.
Abelia.
Linnæa.
Lonicera.
Leycesteria.
Diervilla.
Alseuosmia.

Fam. 92. — **RUBIACÉES**.

Trib. I. — NAUCLÉÉES.
Sarcocephalus.
Cephalanthus.
Adina.
Nauclea.
Uncaria.

Trib. II. — CINCHONÉES.
Cinchona.
Remijia.
Macrocnemum.
Hymenodictyon.
Bouvardia.
Manettia.
Hindsia.
Calycophyllum.
Hillia.
Cosmibuena.
Coutarea.
Exostemma.
Luculia.

Trib. III. — HENRIQUEZIÉES.
Platycarpum.

Trib. IV. — CONDAMINÉES.
Portlandia.
Pinckneya.
Pogonopus.
Rondeletia.
Wendlandia.
Lindenia.
Peppea.

Trib. VI. — HEDYOTIDÉES.
Pentas.
Oldenlandia.
Houstonia.

Trib. VII. — MUSSÆNDÉES.
Mussænda.
Isertia.
Schradera.
Sabicea.
Cocccoypselum.

Trib. VIII. — HAMÉLIÉES.
Hamelia.
Hoffmannia.
Heinsia.

Trib. IX. — CATESBÆÉES.
Pentagonia.
Alibertia.
Posoqueria.
Tocoyena.
Burchellia.
Leptactinia.
Webera.
Randia.
Gardenia.
Genipa.
Mitriostigma.
Oxyanthus.
Feruelia.
Petunga.

Trib. XII. — RETINIPHYLLÉES.
Retiniphyllum.

Trib. XIII. — GUETTARDÉES.
Guettarda.
Antirrhæa.
Stenostomum.
Nelitris.
Chomelia.

Trib. XIV. — KNOXIÉES.
Knoxia.

Trib. XV. — CHIOCOCCÉES.
Erithalis.
Chiococca.

Trib. XVII. — VANGUÉRIÉES.
Plectronia.
Vangueria.

Trib. XVIII. — IXORÉES.
Ixora.
Pavetta.
Coffea.

Trib. XIX. — MORINDÉES.
Morinda.
Damnacanthus.

Trib. XX. — COUSSARÉES.
Faramea.

Trib. XXI. — PSYCHOTRIÉES.
Psychotria.
Palicourea.
Rudgea.
Cephaelis.
Camptopus.
Myrmecodia.

Trib. XXII. — PÆDÉRIÉES.
Pæderia.
Hamiltonia.
Leptodermis.

Trib. XXIII. — ANTHOSPERMÉES.
Putoria.
Plocama.
Mitchella.
Serissa.
Nertera.
Coprosma.
Anthospermum.
Phyllis.
Opercularia.
Pomax.

Trib. XXIV. — SPERMACOCÉES.
Spermacoce.
Mitracarpum.
Richardsonia.

Trib. XXV. — GALIÉES.
Vaillantia.
Rubia.
Galium.
Asperula.
Crucianella.
Phuopsis.

Fam. 93. — VALÉRIANÉES.
Patrinia.
Nardostachys.
Valeriana.
Centranthus.
Fedia.
Plectritis.
Valerianella.

Fam. 94. — DIPSACÉES.
Morina.
Dipsacus.
Cephalaria.
Scabiosa.

Fam. 96. — COMPOSÉES.

Trib. I. — VERNONIACÉES.
Ethulia.
Vernonia.
Stokesia.
Rolandra.

Trib. II. — EUPATORIACÉES.
Piqueria.
Alomia.
Ageratum.
Stevia.
Eupatorium.
Mikania.
Kuhnia.
Liatris.
Trilisa.

Trib. III. — ASTÉROIDÉES.
Xanthocephalum.
Gutierrezia.
Grindelia.
Pentachæta.
Heterotheca.
Chrysopsis.
Neja.
Xanthisma.
Haplopappus.
Solidago.
Aphanostephus.
Lagenophora.
Garuleum.
Brachycome.
Bellis.
Bellium.
Amellus.
Charieis.
Mairia.
Calotis.
Heteropappus.
Boltonia.
Callistephus.
Sericocarpus.
Aster.
Machæranthera.
Bellidiastrum.
Felicia.
Agathæa.
Sommerfeltia.
Olearia.
Erigeron.
Microglossa.
Conyza.
Chrysocoma.
Baccharis.

Trib. IV. — INULOIDÉES.
Brachylæna.
Tarchonanthus.
Pluchea.
Tessaria.
Antennaria.
Leontopodium.
Gnaphalium.
Waitzia.
Helipterum.
Rhodanthe.
Acroclinium.
Helichrysum.
Ozothamnus.
Phænocoma.
Schœnia.
Petalacte.
Podotheca.
Ammobium.
Humea.
Polycalymna.
Calocephalus.
Relhania.
Leyssera.
Podolepis.
Inula.
Buphthalmum.
Telekia.
Odontospermum.
Pallenis.

Trib. V. — HÉLIANTHOIDÉES
Lagascea.
Tetranthus.
Polymnia.
Espeletia.
Melampodium.
Silphium.
Chrysogonum.
Lindheimera.
Engelmannia.
Parthenium.
Franseria.
Xanthium.
Petrobium.
Podanthus.
Zinnia.
Sanvitalia.
Heliopsis.
Siegesbeckia.
Zaluzania.
Gymnolomia.
Montanoa.
Rudbeckia.
Tetragonotheca.
Wulfia.
Jostephane.
Pascalia.
Wedelia.
Zexmenia.
Wyethia.
Tithonia.
Viguiera.
Helianthus.
Melanthera.
Encelia.
Actinomeris.
Verbesina.
Spilanthes.
Salmea.
Guizotia.
Coreopsis.
Leptosyne.
Dahlia.
Thelesperma.
Cosmos.
Bidens.
Calea.
Marshallia.
Tridax.
Argyroxiphium.
Madia.
Layia.

Trib. VI. — HÉLÉNIOIDÉES.
Actinolepis.
Lasthenia.
Monolopia.
Hymenopappus.
Bahia.
Schkurhia.
Villanova.
Palafoxia.
Flaveria.
Dysodea.
Tagetes.
Pectis.
Helenium.
Gaillardia.
Actinella.

Trib. VII. — ANTHÉMIDÉES.
Eriocephalus.
Lasiospermum.
Athanasia.
Lonas.
Œdera.
Anacyclus.
Achillea.
Santolina.
Diotis.
Anthemis.
Cladanthus.
Lidbeckia.
Chrysanthemum.
Matricaria.
Otochlamys.
Leptinella.
Cenia.
Tanacetum.

Hippia.
Artemisia.

Trib. VIII. — Sénécionidées.
Liabum.
Neurolæna.
Tussilago.
Petasites.
Homogyne.
Arnica.
Doronicum.
Baillardia.
Crassocephalum.
Gynura.
Cineraria.
Senecio.
Ligularia.
Cacalia.
Othonnopsis.
Werneria.
Euryops.
Gamolepis.
Othonna.

Trib. IX. — Calendulacées.
Dimorphotheca.
Calendula.
Osteospermum.

Trib. X. — Arctotidées.
Ursinia.
Haplocarpha.
Arctotheca.
Cryptostemma.
Arctotis.
Venidium.
Gazania.
Gazaniopsis.
Berkheya.
Stephanocoma.
Gundelia.
Platycarpha.

Trib. XI. — Cynaroidées.
Echinops.
Xeranthemum.
Carlina.
Cousinia.
Carduus.
Cnicus.
Cirsium.
Onopordon.
Cynara.
Silybum.
Galactites.
Stæhelina.
Saussurea.
Jurinea.
Berardia.
Serratula.
Leuzea.
Centaurea.
Cnicus.
Carthamus.
Carduncellus.

Trib. XII. — Mutisiacées.
Barnadesia.
Mutisia.
Onoseris.
Stifftia.
Ainsliæa.
Chætanthera.
Gerbera.
Nouelia.
Chaptalia.
Proustia.
Trixis.
Triptilion.
Moscharia.

Trib. XIII. — Chicoracées.
Scolymus.
Dendroseris.
Catananche.
Cichorium.
Tolpis.
Zacintha.
Crepis.
Hieracium.
Andryala.
Hypochæris.
Troximon.
Taraxacum.
Lactuca.
Prenanthes.
Picridium.
Sonchus.
Tragopogon.
Urospermum.
Scorzonera.
Stephanomeria

Fam. 98. — **STYLIDIÉES.**
Candollea.
Stylidium.

Fam. 98. — **GOODENIACÉES.**
Leschenaultia.
Velleia.
Goodenia.
Scævola.
Dampiera,
Brunonia.

Fam. 99. — **Lobéliacées.**

Trib. I. — Lobéliacées.
Centropogon.
Siphocampylus.
Isotoma.
Laurentia.
Downingia.
Pratia.
Lobelia.
Heterotoma.

Trib. II. — Cyphisée.
Cyphia.

Fam. 100. — **CAMPANULACÉES.**
Jasione.
Lightfootia.
Wahlenbergia.
Platycodon.
Codonopsis.
Cyananthus.
Campanumæa.
Canarina.
Roella.
Prismatocarpus.
Musschia.
Michauxia
Phyteuma.
Campanula.
Ostrowskia.
Specularia.
Adenophora.
Symphyandra.
Trachelium.

Fam. 101. — **VACCINIACÉES.**

Trib. I. — Thibaudiées.
Macleania.
Psammisia.
Hornemannia.
Eurygania.
Ceratostemma.
Cavendishia.
Thibaudia.
Agapetes.
Pentapterygium.

Trib. II. — Euvaccinées.
Gaylussacia.
Vaccinium.
Oxycoccos.
Themistoclesia.
Incertæ sedis.
Gonocalyx.

Fam. 102. — **ÉRICACÉES**

Trib. I. — Arbutées.
Arbutus.
Arctostaphylos.
Pernettya.

Trib. II. — Andromédées.
Gaultheria.
Wittsteinia.
Cassandra.
Cassiope.
Leucothoe.
Oxydendron.
Epigæa.
Orphanidesia.
Lyonia.
Zenobia.
Andromeda.
Pieris.
Enkianthus.

Trib. III. — Ericées.
Calluna.
Erica.
Ericinella.
Blæria.
Eremia.
Sympieza.

Trib. IV. — Rhodorées.
Loiseleuria.
Bryanthus.
Phyllodoce.
Daboecia.
Kalmia.
Rhodothamnus.
Leiophyllum.
Elliottia.
Ledum.
Bejaria.
Rhododendron.
Azalea.
Menziezia.

Trib. V. — Pyrolées.
Pyrola.
Moneses.
Chimaphila.
Genre anomal.
Clethra.

Fam. 104. — ÉPACRIDÉES.

Trib. I. — Styphéliées.
Styphelia.
Astroloma.
Conostephium.
Melichrus.
Cyathodes.
Lissanthe.
Leucopogon.
Acrotriche.
Monotoca.

Trib. II. — Épacrées.
Epacris.
Lysinema.
Cosmelia.
Sprengelia.
Andersonia.
Richea.
Dracophyllum.

Fam. 105. — DIAPENSIACÉES.

Trib. I. — Diapensiées.
Pyxidanthera.
Diapensia.

Trib. II. — Galacinées.
Shortia.
Schizocodon.
Galax.

Fam. 107. — PLUMBAGINÉES.

Trib. I. — Staticées.
Acantholimon.
Statice.
Armeria.
Limoniastrum.

Trib. II. — Plumbagées.
Plumbago.
Ceratostigma.

Fam. 108. — PRIMULACÉES.

Trib. I. — Hottoniées.
Hottonia.

Trib. II. — Primulées.
Primula
Androsace.
Douglasia.
Cortusa.
Soldanella.
Dodecatheon.

Trib. III. — Lysimachiées.
Cyclamen.
Lysimachia.
Trientalis.
Glaux.
Anagallis.

Trib. IV. — Coridées.
Coris.

Trib. V. — Samolées.
Samolus.

Fam. 109. — MYRSINÉES.

Trib. I. — Mæsées.
Mæsa.

Trib. II. — Eumyrsinées.
Myrsine.
Embelia.
Labisia.
Ardisia.
Ægiceras.

Trib. III. — Théophrastées.
Theophrasta.
Clavija.
Deherainia.
Jacquinia.

Fam. 110. — SAPOTACÉES.

Trib. II. — Chrysophyllées.
Chrysophyllum.

Trib. IV. — Poutériées.
Lucuma.

Trib. V. — Sideroxylées.
Achras.
Sideroxylon.
Argania.

Trib. VI. — Buméliées.
Mimusops.

Trib. VII. — Palaquiées.
Bassia.

Trib. VIII. — Isonandrées.
Isonandra.

Fam. 111. — EBÉNACÉES.
Royena.
Euclea.
Mâba.
Diospyros.

Fam. 112. — STYRACÉES.
Symplocos.
Halesia.
Styrax.

Fam. 113. — OLÉACÉES.

Trib. I. — Jasminées.
Jasminum.
Nyctanthes.

Trib. II. — Syringées.
Forsythia.
Syringa.

Trib. III. — Fraxinées.
Fraxinus.
Fontanesia.

Trib. IV. — Oléinées.
Phillyrea.
Osmanthus.
Chionanthus.
Notelæa.
Olea.
Ligustrum.

Fam. 114. — SALVADORACÉES.
Salvadora.

Fam. 115. — APOCYNACÉES.

Trib. I. — Carissées.
Allamanda.
Landolphia.
Hancornia.
Melodinus.
Toxicophlæa.

Trib. II. — Plumériées.
Vallesia.
Rauwolfia.
Alyxia.
Cerbera.
Ochrosia.
Kopsia.
Amsonia.
Rhazya.
Vinca.
Plumeria.
Alstonia.
Tabernæmontana.

Trib. III. — Échitidées.
Prestonia.
Thenardia.
Vallaris.
Lyonsia.
Parsonsia.
Wrightia.
Nerium.
Roupellia.
Strophanthus.
Apocynum.
Ichnocarpus.
Trachelospermum.
Beaumontia.
Mascarenhasia.
Adenium.
Pachypodium.
Odontadenia.
Echites.
Dipladenia.
Mandevillea.
Urechites.

Fam. 116. — ASCLÉPIADÉES.

Trib. I. — Périplocées.
Cryptostegia.
Periploca.

Trib. II. — Sécamonées.
Secamone.

Trib. III. — Cynanchées.
Microloma.
Astephanus.
Oxystelma.
Philibertia.
Fischeria.
Macroscepis.
Arauja.
Lagenia.
Oxypetalum.
Xysmalobium.
Gomphocarpus.
Calotropis.
Asclepias.
Podostigma.
Raphistemma.
Cynanchum.
Sarcostemma.
Dæmia.
Eustegia.

Trib. IV. — Gonolobées.
Dictyanthus.
Trichosacme.
Gonolobus.
Lachnostoma.

Trib. V. — Marsdéniées.
Sarcolobus.
Gymnema.
Tylophora.
Marsdenia.
Stephanotis.
Pergularia.
Tenaris.
Hoya.
Physostelma.
Dischidia.

Trib. VI. — Céropégiées.
Ceropegia.
Riocreuxia.
Brachystelma.

Trib. VII. — Stapéliées.
Echidnopis.
Caralluma.
Piaranthus.
Quaqua.
Boucerosia.
Hoodia.
Trichocaulon.
Podanthes.
Duvalia.
Decabelone.
Huernia.
Stapelia.

Fam. 117. — **LOGANIACÉES.**

Trib. I. — Gelséniées.
Gelsemium.

Trib. II. — Euloganiacées.
Spigelia.
Polypremnum.
Logania.
Buddleia.
Desfontainea.
Fagræa.
Strychnos.

Trib. III. — Gærtnerées.
Gærtnera.

Fam. 118. — **GENTIANÉES.**

Trib. I. — Exacées.
Exacum.
Sebæa.
Tachiadenus.

Trib. II. — Chironiées.
Chironia.
Orphium.
Voyria.
Leianthus.
Chlora.
Erythræa.
Sabbatia.
Ixanthus.
Canscora.
Coutoubæa
Eustoma.
Prepusa.
Lisianthus.

Trib. III. — Swertiées.
Crawfurdia.
Gentiana.
Pleurogyne.
Swertia.
Frasera.
Bartonia.

Trib. IV. — Menyanthées.
Menyanthes.
Villarsia.
Limnanthemum.

Fam. 119. — **POLÉMONIACÉES.**
Phlox.
Collomia.
Gilia.
Polemonium.
Lœselia.
Cantua.
Cobæa.

Fam. 120. — **HYDROPHYLLACÉES.**

Trib. I. — Hydrophyllées.
Hydrophyllum.
Nemophila.

Trib. II. — Phacéliées.
Phacelia.
Romanzoffia.
Emmenanthe.

Trib. III. — Namées.
Wigandia.
Nama.

Trib. IV. — Hydrolées.
Hydrolea.

Fam. 121. — **BORAGINÉES.**

Trib. I. — Cordiées.
Cordia.
Patagonula.

Trib. II. — Ehrétiées.
Ehretia.
Coldenia.

Trib. III. — Héliotropiées.
Tournefortia.
Heliotropium.

Trib. IV. — Boragées.
Trichodesma.
Caccinia.
Omphalodes.
Cynoglossum.
Solenanthus.
Myosotidium.
Paracaryum.
Echinospermum.
Eritrichium.
Symphytum.
Borago.
Trachystemon.
Anchusa.
Nonnea.
Pulmonaria.
Mertensia.
Myosotis.
Macromeria.
Onosmodium.
Lithospermum.
Moltkia.
Arnebia.
Macrotomia.
Lobostemon.
Echium.
Onosma.
Cerinthe.

Fam. 122. — **CONVOLVULACÉES.**

Trib. I. — Convolvulées.
Argyreia.
Ipomœa.
Hewittia.
Calystegia.
Jacquemontia.
Convolvulus.
Evolvulus.
Porana.

Trib. II. — Dichondrées.
Falkia.

Trib. III. — Nolanées.
Alona.
Nolana.
Osteocarpus.

Trib. IV. — Cressées.
Hillebrandtia.

Trib. V. — Cuscutées.
Cuscuta.
Saccia.

Fam. 123. — **SOLANACÉES.**

Trib. I. — Solanées.
Lycopersicum.
Solanum.
Cyphomandra.
Physalis.
Saracha.
Witheringia.
Capsicum.
Hebecladus.
Iochroma.
Latua.
Nicandra.
Jaborosa.

Trib. II. — Atropées.
Grabowskia.
Lycium.
Atropa.
Mandragora.
Dyssochroma.
Solandra.

Trib. III. — Hyosciamées.
Datura.
Scopolia.
Physochlaina.
Hyosciamus.

Trib. IV. — Cestrinées.
Juanulloa.
Cestrum.
Metternichia.
Retzia.
Fabiana.
Vestia.
Nicotiana.

Trib. V. — Salpiglossidées.
Petunia.
Nierembergia.
Schizanthus.
Salpiglossis.
Browallia.
Streptosolen.

Brunfelsia.
Schwenkia.
Duboisia.
Anthocercis.

Fam. 124. — **SCROPHULARINÉES.**

Trib. I. — Leucophyllées.
Leucophyllum.

Trib. II. — Aptosimées.
Aptosimum.
Peliostomum.

Trib. III. — Verbascées.
Verbascum.
Celsia.

Trib. IV. — Calcéolariées.
Calceolaria.

Trib. V. — Hémimérides.
Alonsoa.
Angelonia.
Hemimeris.
Diascia.
Nemesia.

Trib. VI. — Antirrhinées.
Linaria.
Anarrhinum.
Antirrhinum.
Maurandia.
Rhodochiton.

Trib. VII. — Chelonées.
Phygelius.
Halleria.
Teedia.
Scrophularia.
Paulownia.
Chelone.
Pentstemon.
Russelia.
Collinsia.
Tetranema.
Uroskinnera.
Hemichæna,
Leucocarpus.

Trib. VIII. — Manulées.
Zaluzianskia.
Sphenandra.
Chænostoma.
Lyperia.
Manulea.

Trib. IX. — Gratiolées.
Mimulus.
Mazus.
Stemodia.
Herpestis.
Gratiola.
Artanema.
Craterostigma.
Torenia.
Vandelia.
Bonnaya.

Trib. X. — Sibthorpiées.
Sibthorpia.
Hemiphragma.
Scoparia.
Digitalis.
Isoplexis.
Erinus.

Ourisia.
Picrorhiza.
Synthiris.
Wulfenia.
Pæderota.
Veronica.

Trib. XI. — Gérardiées.
Melasma.
Sopubia.
Seymeria.
Gerardia.

Trib. XII. — Euphrosiées.
Orthocarpus.
Euphrasia.
Lamourouxia.
Pedicularis.
Rhinanthus.
Melanpyrum.

Fam. 125. — **OROBANCHÉES.**
Phelipæa.
Orobanche.
Lathræa.

Fam. 126. — **LENTIBULARIÉES.**
Utricularia.
Pinguicula.

Fam. 128. — **GESNÉRACÉES.**

Trib. I. — Gesnérées.
Niphæa.
Phinæa.
Gloxinia.
Achimenes.
Nægelia.
Seemannia.
Kœllikeria.
Dicyrta.
Diastema.
Isoloma.
Houttea.
Paliavana.
Campanea.
Gesnera.
Lietzia,
Sinningia.
Solenophora.
Pentarhaphia.
Rhytidophyllum.

Trib. II. — Columnées.
Tussacia.
Episcia.
Centrosolenia.
Drymonia.
Alloplectus.
Trichantha.
Columnea.
Nematanthus.
Hypocyrta.

Trib. II. — Cyrtandrées.

Sous-trib. I. — *Trichosporées.*
Æschynanthus.
Dichrotrichum.
Agalmyla.
Lysionotus.

Sous-trib. II. — *Didymocarpées.*
Conandron.
Didymocarpus.
Primulina.
Chirita.
Streptocarpus
Rehmannia.
Klugia.
Rhynchoglossum.
Jerdonia.
Ramondia.
Saintpaulia.
Haberlea.

Sous-trib. III. — *Eucyrtandrées.*
Stauranthera.
Rhynchotechum.
Fielda.
Cyrtandra.
Besleria.
Sarmienta.

Fam. 129. — **BIGNONIACÉES.**

Trib. I. — Bignoniées.
Bignonia.
Adenocalymna.
Anemopægma.
Pithecoctenium.
Amphilophium.
Nyctocalos.
Millingtonia.
Oroxylum.

Trib. II. — Técomées.
Chilopsis.
Tabebuia.
Delostoma.
Tecoma.
Newbouldia.
Spathodea.
Amphicome.
Incarvillea.
Tourretia.

Trib. III. — Jacarandées.
Eccremocarpus.
Jacaranda.
Parmentiera.
Colea.

Trib. IV. — Crescentiées.
Phyllartron.
Crescentia.

Fam. 130. — **PÉDALINÉES**

Trib. I. — Martyniées.
Martynia.

Trib. II. — Pédaliées.
Pedalium.
Pterodiscus.
Harpagophytum.

Trib. III. — Sésamées.
Sesamum.
Ceratotheca.

Fam. 131. — **ACANTHACÉES.**

Trib. I. — Thunbergiées.
Thunbergia.

Trib. II. — Nelsoniées.
Ebermaiera.

Trib. III. — Ruelliées.
Brillantesia.

Otacanthus.
Calophanes.
Ruellia.
Paulo-Wilhelmia.
Petalidium.
Eranthemum.
Dædalacanthus.
Lankesteria.
Sanchezia.
Hemigraphis.
Strobilanthes.

Trib. IV. — Acanthées.
Blepharis.
Acanthus.
Crossandra.

Trib. V. — Justiciées.
Barleria.
Lepidagathis.
Chamæranthemum.
Cystacanthus.
Gymnostachyum.
Aphelandra.
Geissomeria.
Stenandrium.
Justicia.
Beloperone.
Adhatoda.
Rhinacanthus.
Dianthera.
Jacobinia.
Libonia.
Harpochilus
Schaueria.
Fittonia.
Graptophyllum.
Thyrsacanthus.
Dicliptera.
Peristrophe.
Hypoestes.

Fam. 132. — **MYOPORINÉES.**
Myoporum.
Eremophila.
Oftia.

Fam. 133. — **SÉLAGINÉES.**
Hebenstretia.
Selago.
Globularia.

Fam. 134. — **VERBÉNACÉES.**

Trib. I. — Phrymées.
Phryma.

Trib. III. — Chloanthées.
Chloanthes.
Sparthothamnus.

Trib. IV. — Verbénacées.
Lantana.
Lippia.
Bouchea.
Stachytarpheta.
Priva.
Verbena.
Tamonea.
Monochilus.
Amasonia.
Petræa.
Citharexylon.
Rhaphithamnus.
Duranta.

Trib. V. — Viticées.
Callicarpa.
Ægiphila.
Tectona.
Premna.
Cornutia.
Gmelina.
Vitex.
Faradaya.
Oxera.
Clerodendron.
Holmskioldia.

Trib. VII. — Symphorémées.
Sphenodesme.

Trib. VIII. — Avicenniées.
Avicennia.

Fam. 135. — **LABIÉES.**

Trib. I. — Ocimoidées.
Ocimum.
Orthosiphon.
Plectranthus.
Coleus.
Æolanthus.
Anisochilus.
Pycnostachys.
Lavandula.

Trib. II. — Satureinées.
Pogostemon.
Colebrookia.
Collinsonia.
Perilla.
Mentha.
Lycopus.
Cunila.
Bystropogon.
Monardella.
Origanum.
Thymus.
Satureia.
Hyssopus.
Micromeria.
Gardoquia.
Pogogyne.
Calamintha.
Melissa.
Acanthomintha.
Lepechinia.
Sphacele.
Horminum.

Trib. III. — Monardées.
Salvia.
Rosmarinus.
Monarda.
Blephilia.
Ziziphora.

Trib. IV. — Népétées.
Lophanthus.
Nepeta.
Dracocephalum.
Lallemantia.
Cedronella.

Trib. V. — Stachydées.
Scutellaria.
Perilomia.
Brunella.
Physostegia.
Synandra.
Melittis.
Sideritis.
Marrubium.
Anisomeles.
Colquhounia.
Stachys.
Galeopsis.
Leonurus.
Lamium.
Molucella.
Roylea.
Leonotis.
Phlomis.
Eremostachys.

Trib. VII. — Prostanthérées.
Prostanthera.
Hemiandra.
Westringia.

Trib. VIII. — Ajugoïdées.
Trichostema.
Tinnea.
Leucosceptrum.
Teucrium.
Ajuga.

Fam. 136. — **PLANTAGINÉES.**
Plantago.

Fam. 137. — **NYCTAGINÉES.**

Trib. I. — Mirabiliées.
Mirabilis.
Oxybaphus.
Bougainvillea,
Abronia.

Trib. II. — Pisoniées.
Pisonia.

Fam. 138. — **ILLÉCÉBRACÉES.**

Trib. I. — Pollichiées.
Illecebrum.

Trib. II. — Paronychiées.
Paronychia.
Herniaria.

Trib. IV. — Scléranthées.
Scleranthus.

Fam. 139. — **AMARANTACÉES.**

Trib. I. — Célosiées.
Pleuropetalum.
Celosia.

Trib. II. — Amarantées.
Chamissoa.
Amarantus.
Pupalia.
Trichinium.
Achyranthes.

Trib. III. — Gomphrénées.
Pfaffia.
Telanthera.
Alternanthera.
Gomphrena.
Frœlichia.
Iresine.

Fam. 140. — **CHÉNOPODIACÉES.**

Trib. I. — Chénopodiées.
Hablitzia.
Rhagodia.
Chenopodium.
Blitum.
Beta.

Trib. II. — Atriplicées.
Spinacia.
Atriplex.

Trib. III. — Camphorosmées.
Camphorosma.

Trib. VII. — Salicorniées.
Salicornia.

Trib. VIII. — Suædées.
Suæda.

Trib. IX. — Salsolacées.
Salsola.

Trib. XI. — Eubasellées.
Basella.
Ullucus.

Trib. XII. — Boussingaultiées.
Boussingaultia.

Fam. 141. — **PHYTOLACCACÉES.**

Trib. I. — Rivinées.
Rivina.
Ledenbergia.
Petiveria.

Trib. II. — Euphytolaccées.
Phytolacca.
Ercilla.

Fam. 143. — **POLYGONACÉES.**

Trib. I. — Eriogonées.
Eriogonum.

Trib. III. — Eupolygonées.
Atraphaxis.
Polygonum.
Fagopyrum.

Trib. IV. — Rumicées.
Rheum.
Rumex.

Trib. V. — Coccolobées.
Muehlenbeckia.
Coccoloba.
Antigonon.

Trib. VI. — Triplaridées.
Podopterus.
Triplaris.

Fam. 145. — **NEPENTHACÉES.**
Nepenthes.

Fam. 147. — **ARISTOLOCHIÉES.**
Asarum.
Aristolochia.

Fam. 148. — **PIPÉRACÉES.**

Trib. I. — Saururées.
Saururus.
Houttuynia.

Trib. II. — Pipérées.
Piper.
Peperomia.

Fam. 150. — **MYRISTICÉES.**
Myristica.

Fam. 151. — **MONIMIACÉES.**

Trib. I. — Monimiées.
Monimia.
Peumus.

Trib. II. — Athérospermées.
Atherosperma.
Laurelia.

Fam. 152. — **LAURINÉES.**

Trib. I. — Perséacées.
Cinnamomum.
Persea.
Ocotea.
Agathophyllum.
Nectandra.

Trib. II. — Litséacées.
Sassafras.
Litsea.
Umbellularia.
Lindera.
Laurus.

Trib. IV. — Hernandiées.
Hernandia.

Fam. 153. — **PROTÉACÉES.**

Trib. I. — Protées.
Aulax.
Leucadendron.
Protea.
Leucospermum.
Serruria.
Mimetes.
Sorocephalus.
Spatalla.
Petrophila.
Adenanthos.

Trib. II. — Conospermées.
Conospermum.

Trib. IV. — Persooniées.
Agastachys.
Persoonia.
Brabeium.

Trib. V. — Grevillées.
Guevina.
Macadamia.
Roupala.
Lambertia.
Xylomelum.
Hakea.

Trib. VI. — Embothriées.
Stenocarpus.
Lomatia.
Embothrium.
Telopea.
Knightia.

Trib. VII. — Banksiées.
Banksia.
Dryandra.

Fam. 154. — **THYMÉLÉACÉES.**

Trib. I. — Euthyméléées.
Pimelea.
Daphne.
Dirca.
Thymelæa.
Edgeworthia.
Wikstœmia.
Stellera.
Passerina.
Lagetta.
Lacknea.
Struthiola.
Gnidia.
Lasiosiphon.

Trib. II. — Phalériées.
Phaleria.

Fam. 155. — **PÉNÆACÉES.**
Penæa.
Sarcocolla.

Fam. 156. — **ÉLÆAGNÉES.**
Elæagnus.
Hippophae.
Shepherdia.

Fam. 157. — **LORANTHACÉES.**

Trib. I. — Eulorantées.
Nuytsia.
Loranthus.

Trib. II. — Viscées.
Viscum.

Fam. 158. — **SANTALACÉES.**

Trib. I. — Thésiées.
Thesium.

Trib. II. — Pyrularia.
Santalum.
Osyris.
Leptomeria.

Fam. 160. **EUPHORBIACÉES.**

Trib. I. — Euphorbiées.
Pedilanthus.
Euphorbia.
Synadenium.

Trib. II. — Stenolobiées.
Poranthera.

Trib. III. — Buxées.
Simmondsia.
Sarcococca.
Buxus.
Pachysandra.

Trib. IV. — Phyllanthées.
Phyllanthus.
Securinega.
Fluggea.
Drypetes.
Toxicodendron.
Oldfieldia.

Trib. V. — Galéariées.
Platystigma.

Trib. VI. — Crotonées.
Hevea.

Jatropha.
Aleurites.
Croton.
Codiæum.
Cluytia.
Manihot.
Mercurialis.
Acalypha.
Trewia.
Mallotus.
Macaranga.
Ricinus.
Gelonium.
Plukenetia.
Tragia.
Dalechampia.
Homalanthus.
Omphalea.
Hippomane.
Stillingia.
Sapium.
Hura.

Fam. 162. — **URTICACÉES**.

Trib. I. — Ulmées.
Ulmus.
Planera.

Trib. II. — Celtidées.
Zelkova.
Celtis.

Trib. III. — Cannabinées.
Humulus.
Cannabis.

Trib. IV. — Morées.
Streblus.
Broussonetia.
Chlorophora.
Maclura.
Morus.
Trophis.
Dorstenia.

Trib. V. — Artocarpées.
Ficus.
Sycomorus.
Brosimum.
Antiaris.
Cudrania.
Treculia.
Artocarpus.

Trib. VI. — Conocéphalées.
Cecropia.
Pourouma.

Trib. VII. — Urticées.
Urtica.
Fleurya.
Laportea.
Pilea.
Pellionia.
Bœhmeria.
Myriocarpa.
Parietaria.

Trib. VIII. — Thélygonées.
Thelygonum.

Fam. 163. — **PLATANACÉES**.
Platanus.

Fam. 165. — **JUGLANDÉES**.
Carya.
Juglans.
Pterocarya.
Platycarya.

Fam. 166. — **MYRICACÉES**.
Myrica.

Fam. 167. — **CASUARINÉES**.
Casuarina.

Fam. 168. — **CUPULIFÈRES**.

Trib. I. — Bétulées.
Betula.
Alnus.

Trib. II. — Corylées.
Carpinus.
Ostrya.
Corylus.

Trib. III. — Quercinées.
Quercus.
Castanea.
Fagus.

Fam. 169. — **SALICINÉES**.
Salix.
Populus.

Fam. 171. — **EMPÉTRACÉES**.
Empetrum.
Corema.
Ceratiola.

MONOCOTYLÉDONES

Fam. 173. — **HYDROCHARIDÉES**.

Trib. I. — Hydrillées.
Elodea.

Trib. II. — Vallisnériées.
Vallisneria.

Trib. III. — Stratiotées.
Limnobium.
Hydrocharis.
Ottelia.
Stratiotes.

Fam. 175. — **ORCHIDÉES**.

Trib. I. — Epidendrées.
Pleurothallis.
Cryptophoranthus.
Stelis.
Physiosiphon.
Lepanthes.
Restrepia.
Masdevallia.
Arpophyllum.
Octomeria.
Meiracyllium.
Malaxis.
Microstylis.
Oberonia.
Liparis.
Platyclinis.
Calypso.
Aplectrum.
Tipularia.
Dendrobium.
Bulbophyllum.
Ione.
Cirrhopetalum.
Megaclinium.
Trias.
Drymoda.
Monomeria.
Dendrochilum.
Cœlia.
Eria.
Pachystoma.
Spathoglottis.
Acanthephippium.
Phajus.
Bletia.
Chysis.
Nephelaphyllum.
Tainia.
Earina.
Cryptochilus.
Trichosma.
Cœlogyne.
Otochilus.
Pholidota.
Calanthe.
Arundina.
Elleanthus.
Seraphyta.
Stenoglossum.
Hexisia.
Octadesmia.
Diacrium.
Isochilus.
Ponera.
Pinelia.
Hartwegia.
Epidendrum.
Nanodes.
Epiphronitis.
Broughtonia.
Cattleya.
Læliopsis.
Tetramicra.
Brassavola.
Lælia.
Schomburgkia.
Sophronitis.

Trib. II. — Vandées.
Eulophia.
Eulophiella.
Lissochilus.
Galeandra.
Cymbidium.
Ansellia.
Grammangis.
Cyperorchis.
Geodorum.
Grammatophyllum.
Dipodium.
Thecostele.
Bromheadia.
Neobenthamia.
Polystachya.
Plocoglottis.
Cyrtopodium.
Govenia.
Zygopetalum.
Zygocolax.
Grobya.

Aganisia.
Eriopsis.
Warrea.
Batemannia.
Bifrenaria.
Stenocoryne.
Xylobium.
Lacæna.
Cœliopsis.
Lycaste.
Anguloa.
Chondrorhyncha.
Gongora.
Coryanthes.
Stanhopea.
Houlletia.
Moorea.
Peristeria.
Acineta.
Catasetum.
Mormodes.
Cycnoches.
Polycycnis.
Stenia.
Schlimmia.
Clovesia.
Scuticaria.
Maxillaria.
Camaridium.
Dichæa.
Ornithidium.
Comparetia.
Scelochilus.
Trichocentrum.
Rodriguesia.
Burlingtonia.
Papperitzia.
Trichopilia.
Aspasia.
Cochlioda.
Saundersia.
Odontoglossum.
Oncidium.
Palumbina.
Miltonia.
Brassia.
Solenidium.
Leiochilus.
Sigmatostalix.
Trizeuxis.
Ada.
Sutrina.
Trigonidium.
Ionopsis.
Quekettia.
Zygostates.
Lockhartia.
Centropetalum.
Pachyphyllum.
Stauropsis.
Arachnanthe.
Phalænopsis.
Rhynchostylis.
Sarcochilus.
Trichoglottis.
Aeranthus.
Aerides.
Renanthera.
Vanda.
Saccolabium.
Uncifera.
Acampe.
Cleisostoma.
Schœnorchis.
Ornithochilus.
Tæniophyllum.
Angræcum.
Mystacidium.
Campylocentron.
Cirrhæa.
Macradenia.
Notylia.
Acriopsis.
Telipogon.
Trichoceros.
Podochilus.

Trib. III. — Néottiées.
Galeola.
Vanilla.
Sobralia.
Epistephium.
Sertifera.
Tropidia.
Prescottia.
Ponthieva.
Wullschlœgelia.
Stenoptera.
Neottia.
Listera.
Spiranthes.
Pelexia.
Physurus.
Anœctochilus.
Zeuxine.
Cheirostylis.
Hæmaria.
Dossinia.
Macodes.
Goodyera.
Platylepis.
Argyrorchis.
Stereosandra.
Thelymitra.
Diuris.
Orthoceras.
Cryptostylis.
Prasophyllum.
Corysanthes.
Pterostylis.
Caleana.
Drakea.
Eriochilus.
Caladenia.
Glossodia.
Calochilus.
Arethusa,
Calopogon.
Pogonia.
Gastrodia.
Epipogum.
Limodorum.
Cephalanthera.
Epipactis.

Trib. IV. — Ophrydées.
Orchis.
Serapias.
Aceras.
Ophrys.
Herminium.
Stenoglottis.
Holothrix.
Habenaria.
Bonatea.
Cynorchis.
Hemipilia.
Glossula.
Satyrium.
Disa.
Schizodium.
Pterigodium.

Trib. V. — Cypripédiées.
Cypripedium.
Selenipedium.
Neuwiedia.

Incertæ sedis.
Paradisanthus.
Scaphosepalum.
Waluewa.

Fam. 176. — **ZINGIBÉRACÉES**.

Trib. I. — Zingibérées.
Mantisia.
Globba.
Hemiorchis.
Roscoea.
Cautleya.
Kæmpferia.
Hedychium.
Curcuma.
Elettaria.
Zingiber.
Costus.
Burbidgea.
Rhychanthus.
Pommereschea.
Alpinia.
Renealmia.

Trib. II. — Marantées.
Maranta.
Stromanthe.
Thalia.
Phrynium.
Calathea.

Trib. III. — Cannées.
Canna.

Fam. 177. — **MUSACÉES**.
Heliconia.
Musa.
Strelitzia.
Ravenala.

Genre anomal.
Orchidantha.

Fam. 178. — **BROMÉLIACÉES**.

Trib. I. — Broméliées.
Bromelia.
Karatas.
Nidularium.
Greigia.
Cryptanthus.
Disteganthus.
Distiacanthus.
Rhodostachys.
Ananas.
Acanthostachys.
Billbergia.
Quesnelia.
Portea.
Æchmea.
Streptocalyx.
Ortgiesia,
Androlepis.
Chevaliera.
Hohenbergia,
Ronnbergia.

Trib. II. — Pitcairniées.
Brocchinia.
Pitcairnia.
Puya.
Encholirion.
Dickia.
Hechtia.

Trib. III. — Tillandsiées.
Caraguata.
Schlumbergeria.
Guzmannia.
Catopsis.
Tillandsia.

Fam. 179. — **HÆMODORACÉES.**

Trib. I. — Euhæmodorées.
Hæmodorum.
Wachendorfia.
Dilatris.
Lachnanthes.
Xiphidium.
Lanaria.

Trib. II. — Conostylées.
Conostylis.
Anigosanthos.
Lophiola.
Aletris.

Trib. III. — Ophiopogonées.
Peliosanthes.
Ophiopogon.
Liriope.
Sansevieria.

Trib. IV. — Conanthérées.
Conanthera.
Cyanella.
Tecophilæa.

Fam. 180. — **IRIDÉES.**

Trib. I. — Moræées.
Iris.
Hermodactylus.
Moræa.
Marica.
Cypella.
Trimezia.
Tigridia.
Rigidella.
Alophia.
Ferraria.
Homeria.
Hexaglottis.

Trib. II. — Sisyrinchiées.
Crocus.
Syringodea.
Galaxia.
Romulea.
Cipura.
Gelasine.
Nemastylis.
Diplarrhena.
Libertia.
Pardanthus.
Orthrosanthus.
Bobartia.
Sisyrinchium.
Patersonia.
Symphyostemon.
Chamælum.

Trib. III. — Ixiées.
Schizostylis.
Hesperantha.
Geissorhiza.
Dierama.
Streptanthera.
Ixia.
Freezia.
Lapeyrousia.
Anomatheca.
Watsonia.
Babiana.
Crocosma.
Montbretia.
Melasphærula.
Tritonia.
Sparaxis.
Synnotia.
Gladiolus.
Antholyza.

Fam. 181. — **AMARYLLIDÉES.**

Trib. I. — Hypoxidées.
Hypoxis.
Curculigo.

Trib. II. — Amaryllées.
Narcissus.
Tapeinanthus.
Galanthus.
Leucoium.
Hessea.
Sternbergia.
Anoiganthus.
Gethyllis.
Cooperia.
Chlidanthus.
Zephyranthes.
Sprekelia.
Hippeastrum.
Placea.
Griffinia.
Crinum.
Amaryllis.
Ammocharis.
Lycoris.
Brunswigia.
Nerine.
Strumaria.
Vallota.
Clivia.
Hæmanthus.
Buphane.
Eucrosia.
Plagiolirion.
Callipsyche.
Eucharis.
Calliphruria.
Eustephia.
Urceolina.
Phædranassa.
Stenomesson.
Pancratium.
Hymenocallis.
Elisena.
Vagaria.
Eurycles.
Calostemma.

Trib. III. — Alstrœmeriées.
Ixiolirion.
Alstrœmeria.
Bomarea.

Trib. IV. — Agavées.
Polianthes.
Bravoa.
Beschorneria.
Agave.
Littæa.
Fourcroya.
Doryanthes.

Trib. V. — Velloziées.
Vellozia.
Barbacenia.

Fam. 182. — **TACCACÉES.**
Tacca.

Fam. 183. — **DIOSCORÉACÉES.**
Dioscorea.
Testudinaria.
Tamus.

Fam. 184. — **STEMONACÉES.**
Stemona.

Fam. 185. — **LILIACÉES.**

Trib. I. — Smilacées.
Smilax.
Rhipogonum.

Trib. II. — Asparagées.
Ruscus.
Semele.
Danaë.
Asparagus.

Trib. III. — Luzuriagées.
Herreria.
Lapageria.
Philageria.
Philesia.
Luzuriaga.
Eustrephus.

Trib. IV. — Polygonatées.
Polygonatum.
Streptopus.
Smilacina.
Maianthemum.

Trib. V. — Convallariées.
Convallaria.
Theropogon.
Speirantha.
Reineckea.

Trib. VI. — Aspidistrées.
Aspidistra.
Loureya.
Tupistra.
Rohdea.
Gonioscypha.

Trib. VII. — Hémérocallées.
Hemerocallis.
Phormium.
Blandfordia.
Funkia.
Kniphofia (*Tritoma*).

Trib. VIII. — Aloinées.
Gasteria.
Aloe.
Apicra.
Haworthia.
Lomatophyllum.

Trib. X. — Lomandrées.
Lomandra.
Xanthorrhœa.

Trib. XI. — Calectasiées.
Kingia.
Calectasia.

Trib. XII. — Dracénées.
Hesperocallis.
Hesperaloe.
Yucca.
Dracæna.
Cordyline.
Nolina.
Dasylirion.
Astelia.

Trib. XIII. — Asphodélées.
Xeronema.
Asphodelus.
Asphodeline.
Paradisia.
Simethis.
Bulbinella.
Bulbine.
Chlorogalum.
Eriospermum.
Eremurus.
Anthericum.
Chlorophytum.
Bottionæa.
Thysanotus.
Arthropodium.
Dichopogon.
Glyphosperma.
Pasithea.
Dianella.
Stypandra.

Trib. XIV. — Johnsoniées.
Aphyllanthes.
Tricoryne.
Laxmannia.
Sowerbæa.

Trib. XV. — Alliées.
Agapanthus.
Tulbaghia.
Tristagma.
Leucocoryne.
Latace.
Milla.
Stropholirion.
Brodiæa.
Androstephium.
Bessera.
Bloomeria.
Nothoscordum.
Allium.
Nectaroscordum.
Gilliesia.
Solaria.
Massonia.
Daubenya.

Trib. XVI. — Scillées.
Witehadia.
Polyxena.
Lachenalia.
Drimia.
Litanthus.
Dipcadi.
Galtonia.
Pseudogaltonia.
Albuca.
Urginea.
Veltheimia.
Muscari.
Hyacinthus.
Puschkinia.
Chionodoxa.
Drimiopsis
Eucomis.
Scilla.
Camassia.
Ornithogalum.

Trib. XVII. — Tulipées.
Lilium.
Fritillaria.
Tulipa.
Erythronium.
Gagea.
Lloydia.
Calochorthus.

Trib. XVIII. — Colchicacées.
Colchicum.
Bulbocodium.
Merendera.

Trib. XIX. — Anguillariées.
Burchardia.
Androcymbium.
Wurmbea.
Ornithoglossum.

Trib. XX. — Narthéciées.
Narthecium.
Chionographis.
Xerophyllum.
Heloniopsis.
Helonias.
Tofieldia.
Plea.

Trib. XXI. — Uvulariées.
Schelhammera.
Kreysigia.
Uvularia.
Gloriosa.
Sandersonia.
Littonia.
Tricyrthis.
Disporum.

Trib. XXII. — Médéolées.
Clintonia.
Scoliopus.
Medeola.
Trillium.
Paris.

Trib. XXIII. — Vératrées.
Melanthium.
Veratrum.
Stenanthium.
Zygadenus.
Schœnocaulon.

Fam. 186. — **PONTÉDERIACÉES.**
Pontederia.
Eichornia.
Heteranthera.
Monochoria.

Fam. 187. — **PHILYDRACÉES.**
Phylidrum.
Helmholtzia.

Fam. 188. — **XYRIDÉES.**
Xyris.

Fam. 190. — **COMMÉLINACÉES.**

Trib. I. — Polliées.
Palisota.

Trib. II. — Comméliinées.
Commelina.
Aneilema.
Cochliostema.

Trib. III. — Tradescantiées
Forrestia.
Cyanotis.
Dichorisandra.
Tinantia.
Tradescantia.
Spironema.
Rhoeo.
Zebrina.
Weldenia.

Fam. 191. — **RAPATÉACÉES.**
Saxofridericia.

Fam. 192. — **FLAGELLARIÉES.**
Susum.

Fam. 193. — **JUNCACÉES.**
Juncus.
Luzula.
Prionium.

Fam. 194. — **PALMIERS.**

Trib. I. — Arécées.
Areca.
Pinanga.
Kentia.
Hydriastele.
Nengelia.
Kentiopsis.
Veitchia.
Nenga.
Loxococcus.
Ptychococcus.
Archontophœnix.
Rhopalostylis.
Dictyosperma.
Chrysalidocarpus.
Ptychoraphis.
Ptychosperma.
Rhopaloblaste.
Cyrtostachys.
Drymophlœus.
Cyphokentia.
Cyphosperma.
Oncosperma.
Euterpe.
Œnocarpus.
Acanthophœnix.
Hyospathe.
Prestoea.
Oreodoxa.
Iriartea.
Socratea.
Calyptrocalyx.
Catoblastus.
Bacularia.
Howea.
Ceroxylon.
Malortiea.

Heterospatha.
Nephrosperma.
Verschaffeltia.
Dypsis.
Chamædorea.
Synechanthus.
Pseudophœnix.
Gaussia.
Hyophorbe.
Roscheria.
Geonoma.
Calyptrogyne.
Welfia.
Wallichia.
Didymosperma.
Arenga.
Caryota.
Orania.
Manicaria.

Trib. II. — Phœnicées.
Phœnix.
Microphœnix.

Trib. III. — Coryphées.
Corypha.
Sabal.
Nannorhops.
Teysmania.
Chamærops.
Rhapidophyllum.
Acanthorhiza.
Trithrinax.
Brahea.
Serenoa.
Erythea.
Copernicia.
Pritchardia.
Licuala.
Trachycarpus.
Rhapis.
Thrinax.

Trib. IV. — Lépidocaryées.
Calamus.
Dæmonorops.
Zalacca.
Korthalasia.
Ceratolobus.
Pigafetta.
Plectrocomia.
Metroxylon.
Raphia.
Mauritia.

Trib. V. — Borassées.
Borassus.
Lodoicea.
Latania.
Hyphæne.
Medemia.

Trib. VI. — Cocoïnées.
Bactris.
Guilielma.
Desmoncus.
Astrocaryum.
Acrocomia.
Martinezia.
Elæis.
Diplothemium.
Cocos.
Syagrus.
Maximiliana.
Jubæa.
Attalea.

Trib. VII. — Phytéléphantinées.
Phytelephas.
Nipa.

Incertæ sedis.
Ravenea.

Fam. 195. — **PANDANÉES.**
Pandanus.
Freycinetia.

Fam. 196. — **CYCLANTHACÉES.**
Carludovica.
Ludovia.
Cyclanthus.

Fam. 197. — **TYPHACÉES.**
Typha.
Sparganium.

Fam. 198. — **AROIDÉES.**

Trib. I. — Pothoïdées.

Sous-trib. I. — *Pothoées.*
Pothos.

Sous-trib. II. — *Anthuriées.*
Anthurium.

Sous-trib. III. — *Culcasiées.*
Culcasia.

Sous-trib. IV. — *Zamioculcasées.*
Zamioculcas.

Sous-trib. V. — *Acorées.*
Acorus.
Gymnostachys.

Trib. II. — Monstéroïdées.

Sous-trib. I. — *Monstérées.*
Stenospermation.
Rhodospatha.
Rhaphidophora.
Monstera.
Epipremum.
Scindapsus.

Sous-trib. II. — *Spathiphyllées.*
Spathiphyllum.

Sous-trib. III. — *Symplocarpées.*
Symplocarpus.
Orontium.

Trib. III. — Calloïdées.

Sous-trib. I. — *Callées.*
Calla.

Trib. IV. — Lasioïdées.

Sous-trib. I. — *Lasiées.*
Cyrtosperma.
Lasia.
Podolasia.
Urospatha.
Dracontium.

Sous-trib. II. — *Amorphophallées.*
Pseudodracontium.
Thomsonia.
Anchomanes.
Amorphophallus.

Sous-trib. III. — *Nephthytidées.*
Nephthytis.

Sous-trib. IV. — *Montrichardiées.*
Montrichardia.

Trib. V. — Philodendroïdées.

Sous-trib. I. — *Philodendrées.*
Homalonema.
Chamæcladon.
Schismatoglottis.
Piptospatha.
Philodendron.

Sous-trib. II. — *Anubiadées.*
Anubias.

Sous-trib. III. — *Aglaonémées.*
Aglaonema.
Dieffenbachia.

Sous-trib. IV. — *Peltandrées.*
Peltandra.

Sous-trib. V. — *Zantedeschiées.*
Richardia.

Trib. IV. — Colocasioïdées.

Sous-trib. I. — *Colocasiées.*
Steudnera.
Gonatanthus.
Alocasia.
Schizocasia.
Remusatia.
Colocasia.
Hapaline.
Caladium.
Xanthosoma.
Chlorospatha.

Sous-trib. II. — *Syngoniées.*
Syngonium.

Trib. VII. — Aroïdées.

Sous-trib. II. — *Staurostigmatées.*
Taccarum.
Staurostigma.
Synandrospadix.
Spathicarpa.
Spatantheum.

Sous-trib. III. — *Zomicarpées.*
Zomicarpa.
Zomicarpella.

Sous-trib. IV. — *Arées.*
Arisæma.
Sauromatum.
Biarum.
Ischarum.
Arum.
Helicophyllum.
Dracunculus.
Helicodiceros.
Typhonium.
Ambrosinia.
Cryptocoryne.

Trib. VIII. — Pistioïdées.
Pistia.

Fam. 199. — **LEMNACÉES.**
Lemna.

Fam. 201. — ALISMACÉES.

Trib. I. — Alismées.
Alisma.
Elisma.
Sagittaria.
Damasonium.

Trib. II. — Butomées.
Butomus.
Hydrocleis.
Limnocharis.

Fam. 202. — NAIADACÉES.

Trib. I. — Juncaginées.
Triglochin.
Scheuchzeria.

Trib. II. — Aponogétonées.
Aponogeton.
Ouvirandra.

Trib. III. — Potamées.
Potamogeton.
Ruppia.

Trib. V. — Zannichelliées.
Zannichellia.

Trib. VI. — Zostérées.
Zostera.

Fam. 203. — ÉRIOCAULÉES.
Eriocaulon.

Fam. 205. — RESTIACÉES.
Restio.
Thamnochortus.
Willdenowia.

Fam. 206. — CYPÉRACÉES.

Trib. I. — Scirpées.
Cyperus.
Kyllinga.
Scirpus.
Eriophorum.

Trib. II. — Hypolytrées.
Hypolytrum.
Mapania.

Trib. III. — Rhynchosporées.
Schœnus.
Gahnia.

Trib. V. — Sclériées.
Scleria.

Trib. VI. — Caricées.
Carex.

Fam. 207. — GRAMINÉES.

Trib. I. — Maydées.
Euchlæna.
Zea.
Tripsacum.
Coix.

Trib. II. — Andropogonées.
Miscanthus
Saccharum.
Erianthus.
Rottbœlia.
Andropogon.
Sorghum.

Trib. IV. — Tristéginées.
Phænosperma.

Trib. V. — Panicées.
Paspalum.
Panicum.
Tricholæna.
Oplismenus.
Setaria.
Pennisetum.
Stenotaphrum.

Trib. VI. — Oryzées.
Pharus.
Zizania.
Oryza.
Lygeum.

Trib. VII. — Phalaridées.
Phalaris.
Anthoxanthum.
Hierochloe.

Trib. VIII. — Agrostidées.
Stipa.
Milium.
Phleum.
Alopecurus.
Sporobolus.
Polypogon.
Agrostis.
Calamagrostis
Deyeuxia.
Psamma
Lagurus.

Trib. IX. — Avénées.
Holcus.
Aira.
Deschampsia.
Trisetum.
Avena.

Trib. X. — Chloridées.
Cynodon.
Spartina.
Chloris.
Tetrapogon,
Eleusine.
Dactylotenium.

Trib. XI. — Festucées.
Sesleria.
Gynerium.
Arundo.
Phragmites.
Molinia.
Eragrostis.
Melica.
Centotheca.
Uniola.
Briza.
Dactylis.
Cynosurus
Lamarckia.
Schismus.
Poa.
Glyceria.
Festuca.
Bromus.

Trib. XII. — Hordées.
Lolium.
Secale.
Triticum.
Hordeum.
Elymus.
Asprella.

Trib. XIII. — Bambusées.
Arundinaria.
Phyllostachys.
Bambusa.

GYMNOSPERMÉES

Fam. 208. — GNÉTACÉES.
Ephedra.
Gnetum.
Welwitschia.

Fam. 209. — CONIFÈRES.

A. — PINOIDÉES

Trib. I. — Abiétinées.

Sous-trib. I. — *Araucarinées.*
Agathis.
Araucaria.

Sous-trib. II. — *Abiétinées.*
Pinus.
Cedrus.
Larix.
Pseudolarix.
Picea.
Tsuga.
Pseudotsuga.
Abies.
Keteleeria.

Sous-trib. III. — *Taxodinées.*
Sciadopytis.
Cunninghamia.
Sequoia.
Athrotaxis.
Crytomeria.
Taxodium.

Trib. II. — Cupressinées.

Sous-trib. IV. — *Actinostrobinées.*
Callitris.
Fitzroya.

Sous-trib. V. — *Thuyopsidinées.*
Thuyopsis.
Libocedrus.
Thuya.

Sous-trib. VI. — *Cupressinées.*
Cupressus.
Chamæcyparis.

Sous-trib. VII. — *Juniperus.*

B. — TAXOIDÉES

Trib. III. — Taxoïdées.
Saxogothea.
Microcachrys.
Podocarpus.
Dacrydium.

Trib. IV. — Taxées.
Phyllocladus.
Gingko.
Cephalotaxus.
Torreya.
Taxus.

Fam. 210. — CYCADACÉES.

Trib. I. — Cycadées.
Cycas.

Trib. II. — Zamiées.
Stangeria.
Bowenia.
Dioon.
Encephalartos.
Macrozamia.
Ceratozamia.
Zamia.

ACOTYLÉDONES

Fam. 211. — **FOUGÈRES.**

Sous-famille I. — **Gleichéniacées.**
Platyzoma.
Gleichenia.

Sous-famille II. — **Polypodiacées.**

A. — INVOLUCRATÆ

Trib. I. — Cyathées.
Thyrsopteris.
Cyathea.
Hemitelia.
Alsophila.
Dicalpe.
Matonia.

Trib. II. — Dicksoniées.
Onoclea.
Hypoderris.
Woodsia.
Sphærropteris.
Dicksonia.
Deparia.

Trib. III. — Hyménophyllées.
Loxoma.
Hymenophyllum.
Trichomanes.

Trib. IV. — Davalliées.
Davallia.
Cystopteris.

Trib. V. — Lindsayées.
Lindsaya.
Dictyoxiphium.

Trib. VI. — Ptéridées.
Adiantum.
Ochropteris.
Lonchitis.
Hypolepis.
Cheilanthes.
Cassebeera.
Onychium.
Cryptogramme.
Pellæa.
Pteris.
Ceratopteris.
Lomaria.

Trib. VII. — Blechnées.
Blechnum.
Sadleria.
Woodwardia.
Doodia.

Trib. VIII. — Aspléniées.
Asplenium.
Allanthodia.
Actiniopteris.

Trib. IX. — Scolopendriées.
Scolopendrium.

Trib. X. — Aspidiées.
Didymochlæna.
Aspidium.
Nephrodium
Nephrolepis.
Oleandra.
Fadyenia.

B. — EXINVOLUCRATÆ

Trib. XI. — Polypodiées.
Polypodium.

Trib. XII. — Grammitidées.
Jamesonia.
Notochlæna.
Monogramme.
Gymnogramme.
Brainea.
Meniscium.
Antrophyum.
Vittaria.
Tænitis.
Drymoglossum.
Hemionitis.

Trib. XIII. — Acrostichées.
Acrostichum.
Platycerium.

Sous-famille III. — **Osmundacées.**
Osmunda.
Todea.

Sous-famille IV. — **Schizéacées.**
Schizea.
Anemia.
Mohria.
Lygodium.

Sous-famille V. — **Marattiées.**
Angiopteris.
Marattia.
Danæa.
Kaulfussia.

Sous-famille VI. — **Ophioglossacées.**
Ophioglossum.
Helminthostachys.
Botrychium.

Fam. 212. — **ÉQUISÉTACÉES.**
Equisetum.

Fam. 213. — **MARSILÉACÉES.**
Pilularia.
Marsilea.
Salvinia.

Fam. 214. — **RHIZOCARPÉES.**
Azolla.

Fam. 215. — **LYCOPODIACÉES.**
Lycopodium.
Selaginella.
Pistolum.

Fam. 216. — **HÉPATIQUES.** (V. ce nom.)

Fam. 217. — **MOUSSES.** (V. ce nom.)

Fam. 218. — **LICHENS.** (V. ce nom.)

Fam. 219. — **ALGUES.** (V. ce nom.)

Fam. 220. — **CHAMPIGNONS.**

Groupe I. — SUPÉRIEURS.

Classe I. — *Hyménomycètes.*

A. — Agaricinées

Agaricus.
Cantharellus.
Marasmius.

B. — Polyporées

Merulius.
Boletus.
Polyporus.
Trametes.

Classe II. — *Discomycètes.*
Morchella.
Phallus.
Helvella.
Peziza.
Rhytisma.

Classe III. — *Gasteromycètes.*
Tuber.
Lycoperdon.
Geaster.

Groupe II. — INFÉRIEURS.

Classe IV. — *Pyrénomycètes.*
Claviceps. (V. *Ergot.*)
Oïdium. (V. *Mildiou.*)
Fumago.

Classe V. — *Hyphomycètes.*
Mucor. (V. *Moisissure* et *Mildew.*)
Mycoderma. V. *Vinaigre* (ferments du).
Peronospora.
Pleospora.
Phytophthora.

Classe VI. — *Gymnomycètes.*
Uredo. (V. aussi *Rouille.*)
Puccinia.
Phragmidium.
Ustilago. (V. aussi *Charbon.*)
Tilletia. (V. aussi *Carie.*)

Classe VIII. — *Myxomycètes.*
Plasmodiophora.

(Plusieurs autres genres et de nombreuses espèces de Champignons se trouvent encore décrits dans cet ouvrage, au nom des plantes qu'ils infestent. — Voir plus loin la liste des espèces nuisibles.) (S. M.)

CHOIX DE PLANTES

POUR DES USAGES SPÉCIAUX

Bien que la disposition alphabétique des matières et les nombreux renvois contenus dans le Dictionnaire pratique d'Horticulture et de Jardinage facilitent considérablement les recherches, le choix des plantes les mieux appropriées à tel ou tel usage est toujours un travail laborieux et embarrassant. Ce travail se présente si fréquemment dans tous les travaux de création et d'entretien des jardins et des serres, que l'Auteur a pensé faire œuvre utile en dressant une série d'importantes listes ou choix de plantes appropriés à des usages spéciaux et dans lesquels le lecteur n'a qu'à puiser, sans peine ni perte de temps. Pour préciser davantage ces choix et abréger encore les reports dans le corps de l'ouvrage, les indications de taille, couleur des fleurs, rusticité, etc., sont données en abrégé après les espèces citées. De plus, chaque choix comporte une série de divisions qui permettent encore de réduire les recherches au groupe de plantes propres à l'usage envisagé. Ces nombreuses listes sont données ci-après, avec de très légères modifications dans le sens de l'adaptation à notre climat. Elles comprennent :

Choix de plantes herbacées pour divers usages. — 1° Plantes aquatiques et marécageuses; 2° plantes pour corbeilles et plates-bandes; 3° plantes grimpantes; 4° plantes de serre froide; 5° plantes de serre tempérée; 6° plantes pour rocailles; 7° plantes pour garnir les massifs d'arbustes et les bosquets; 8° plantes de serre chaude; 9° plantes trainantes. Chacun de ces groupes de plantes est subdivisé en plantes annuelles, bisannuelles, vivaces, rustiques, demi-rustiques ou de serre, selon leur nature et les exigences de leurs usages.

Choix d'arbustes, groupés en essences à feuilles caduques et essences à feuilles persistantes.

Choix de Fougères et Lycopodes, comprenant séparément les espèces rustiques, demi-rustiques, de serre et les Fougères arborescentes.

Choix de plantes bulbeuses, groupées dans le même ordre.

Choix d'Orchidées, pour le plein air et surtout pour les différentes serres.

Choix de Cactées et *autres plantes grasses*.

Choix de plantes vertes, comprenant : *Palmiers*, *Cycadacées*, *Bambous* et *Pandanus*.

Choix d'arbres et d'arbustes pour les différents sols et situations. — 1° Espèces pour les terres calcaires; 2° pour les terres argileuses; 3° pour les terres siliceuses; 4° pour les terres de bruyère; 5° pour les terres marécageuses; 6° pour les régions montagneuses; 7° pour les bords de la mer; 8° pour les bords des eaux; 9° pour les villes; 10° pour former des haies.

Liste des animaux utiles et nuisibles à l'horticulture.

Liste des Champignons parasites et nuisibles aux plantes cultivées.

Malgré les erreurs et omissions qu'occasionnent de semblables travaux, l'importance autant que la variété de ces nombreux choix forment un *Compendium* au Dictionnaire, dont les lecteurs apprécieront sans doute l'utilité et la commodité.

CHOIX DE PLANTES HERBACÉES

POUR DIVERS USAGES

Les listes suivantes constituent un choix de plantes herbacées susceptibles de s'adapter aux diverses situations des jardins ou propres à des usages spéciaux. Elles se composent des plantes les plus recommandables pour l'usage qu'indique le titre et plus particulièrement encore celles accompagnées d'un astérisque (*). Les Orchidées, Fougères, Lycopodes et plantes grasses (sauf certaines espèces naines propres à l'ornement des rocailles, telles que les *Sedum* et *Sempervivum*) n'en font pas partie, car elles feront plus loin l'objet de listes spéciales.

La partie prédominante de la plante au point de vue décoratif : fleurs, fruits ou feuillage, est indiquée par des lettres abréviatives, mises, ainsi que celles se rapportant aux couleurs, entre parenthèses. Afin d'éviter la multiplicité d'abréviations pour les différentes teintes des fleurs, les nuances vermillon, écarlate, carmin, feu, etc., sont simplement mentionnées comme rouges (*r*), les différents roses (*ro*), tous les jaunes (*j*). Quand il y aura lieu d'obtenir des indications plus précises on n'aura qu'à se reporter aux descriptions des plantes dans le corps de l'ouvrage. Lorsque les fleurs présentent deux ou plusieurs couleurs, la couleur prédominante, celle dite : de fond, est placée en premier.

Voici les diverses abréviations des indications données entre parenthèses après chaque plante.

aq., aquatique; *arg.*, argenté; *b.*, bleu; *bl.*, blanc; *br.*, brun; *c.*, crème; *fl.*, fleurs; *flles*, feuilles, feuillage; *fr.*, fruits; *gl.*, glauque; *gr.*, gris; *j.*, jaune; *l.*, lilas; *m.*, magenta; *mv.*, mauve; *n.*, noir; *o.*, orange; *od.*, odorant; *p.*, pourpre; *r.*, rouge; *ro.*, rose; *s.-aq.*, semi-aquatique; *s.-c.*, serre chaude; *s.-f.*, serre froide; *s.-t.*, serre tempérée; *v.*, vert; *vio.*, violet.

PLANTES AQUATIQUES ET MARÉCAGEUSES

Sous ce titre, nous donnons un choix de plantes demandant à être cultivées dans l'eau ou dans les terrains inondés et marécageux. Nous les classons selon leur *rusticité* et leur *durée*. Les plantes que nous désignons comme aquatiques (*aq*), demandent à être tenues dans l'eau, tandis que celles désignées comme semi-aquatiques (*s.-aq.*), se contentent d'un sol très humide, saturé d'eau, comme le sont les bords des cours et des pièces d'eau.

Plantes rustiques.

ANNUELLES

Samolus Valerandi (*s.-aq.*, *fl. bl.*).
Saxifraga Cymbalaria (*s.-aq.*, *fl. j.*).
Trapa natans (*aq.*, *flles v.*, *fr.*).
— verbanensis (*aq.*, *flles v.*, *fr.*).

BISANNUELLES

Sabbatia calycosa (*s.-aq.*, *fl. bl.*).

VIVACES

Acorus Calamus (*aq.*, *flles v.*).
— gramineus (*aq.*, *flles v.*).
— — variegatus (*aq.*, *flles v.*, *striées j.*).
Alisma natans (*aq.*, *fl. bl.*).
— Plantago (*aq.*, *fl. ro.*).
Anagallis tenella (*s.-aq.*, *fl. ro.*).
Anemone rivularis (*s.-aq.*, *fl. bl.*).
Anemone virginiana (*s.-aq.*, *fl. r.* ou *p.-v.*).
Aponogeton distachyon (*aq.*, *fl. bl.*, *od.*).
Arnica foliosa (*s.-aq.*, *fl. j.*).
Asclepias incarnata (*s.-aq.*, *fl. ro.* ou *p.*).
Astilbe rivularis (*s.-aq.*, *fl. bl.-j.*).
Astrantia carniolica (*s.-aq.*, *fl. bl.*, *flles v.*, *teintées r.*).
— helleborifolia (*s.-aq.*, *fl. ro.*).
— major (*s.-aq.*, *fl. ro.*).
Butomus umbellatus (*aq.*, *fl. ro.*).
Calla palustris (*s.-aq.*, *fl. bl.*).
Caltha leptosepala (*s.-aq.*, *fl. j.*).
— palustris (*s.-aq.*, *fl. j.*).
— — biflora (*s.-aq.*, *fl. j.*).
— — parnassifolia (*s.-aq.*, *fl. j.*).
Caltha radicans (*s.-aq.*, *fl. j.*).
Cardamine pratensis (*s.-aq.*, *fl. p.* ou *l.*).
Carex pseudo-Cyperus (*s.-aq.*, *fl.* et *flles v.*).
— riparia (*s.-aq.*, *fl.* et *flles v.*).
Cyperus longus (*s.-aq.*, *fl. br.* et *flles v.*).
Epilobium hirsutum (*s.-aq.*, *fl. ro.*).
Diphylleia cymosa (*s.-aq.*, *fl. bl.*).
Heteranthera limosa (*s.-aq.*, *fl. v.-b.*).
Hottonia palustris (*s.-aq*, *fl. l. à œil j.*).
Iris lævigata (*Kæmpferi*) et var. (*s.-aq.*, *fl. var.*).
— Pseudo-Acorus (*aq.*, *fl.*, *j. o.* et *v.*).
Juncus lætevirens (*s.-aq.*, *flles v.*).
Limnanthemum nymphoides (*aq.*, *fl. j.*).

Lysimachia atropurpurea (*s.aq.*, *fl. p.*).
— barystachys (*s.-aq.*, *fl. bl.*).
— ciliata (*s.-aq.*, *fl. j.*).
— clethroides (*s.-aq.*, *fl. bl.*).
— punctata (*s.-aq.*, *fl. j.*).
— vulgaris (*s.-aq.*, *fl. j.*).
Lythrum Salicaria (*s.-aq.*, *fl. r.-p.*).
Mimulus cardinalis (*s.-aq.*, *fl. r.*)
— Lewisii (*s.-aq.*, *fl. ro.*).
— moschatus (*s.-aq.*, *fl. bl.*).
Myosotis palustris (*s.-aq.*, *fl. b. à œil j.*).
Nuphar advena (*aq.*, *fl. j. à anthères r.*).
— luteum (*aq.*, *fl. j.*, *od.*).
Nymphæa alba (*aq.*, *fl. bl.*).
— — rosea (*aq.*, *fl. ro.*).
— odorata (*aq.*, *fl. bl. teinté ro.*, *od.*).
— pygmæa (*aq.*, *fl. bl.*, *od.*).
Podophyllum Emodi (*s.-aq.*, *fl. bl.*, *fr. r.*).
Polygonum sachalinense (*s.-aq.*, *fl. bl.*).
Pontederia cordata (*aq.*, *fl. b.* ou *bl.*, *flles v.*).
Primula involucrata (*s.-aq.*, *fl. bl.-c. à œil j.*).
— — Munroi (*s.-aq.*, *fl. bl. à œil j.*).
— luteola (*s.-aq.*, *fl. j.*).
Sagittaria heterophylla (*s.-aq.*, *fl. bl.*).
— sagittifolia (*aq.*, *fl. bl.*, *à onglets p.*).
Stratiotes aloides (*aq.*, *flles v.*).
Scirpus lacustris (*aq.*, *fr. br.*).
— Tabernæmontani zebrinus (*s.-aq.*, *flles bl.* et *v.*)
Typha latifolia (*aq.*, *fl. br.*).
— angustifolia (*aq.*, *fl. br.*).

Demi-rustiques.

ANNUELLES

Vallisneria spiralis (*aq.*, *fl.* et *flles v.*).

VIVACES

Thalia dealbata (*aq.*, *fl. bl.-p.*).

De serre.

ANNUELLES

Euryale ferox (*s. c.*, *aq.*, *fl.* et *flles v.*).
Tytonia natans (*s. c.*, *aq.*, *fl. r. bl.* et *j.*).
Victoria regia (*s. c.*, *aq.*, *fl. bl.* et *p.* ou *r.*, *flles v.*).

VIVACES

Actinocarpus minor (*s. f.*, *aq.*, *fl. bl.*).
Aponogeton spathaceum junceum (*s. f.*, *aq.*, *fl. ro.*).
Cabomba aquatica (*s. t.*, *aq.*, *fl. j.*).
Eichhornia azurea (*s. c.*, *aq.*, *fl. b.*).
— crassipes (*s. c.*, *aq.*, *flles v.*).
Limnocharis Plumieri (*s. t.*, *aq.*, *fl. j.*).
Nelumbium luteum (*s. f.*, *fl. j.*, *od.*, *flles v.-b.*).
— speciosum (*s. f.*, *aq.*, *fl. b. à pousses r.*, *od.*).
Nymphæa Devoniensis (*s. c.*, *aq.*, *fl. r.*).
— Lotus (*s. c.*, *aq.*, *fl. r.* ou *bl.*).
Nymphæa scutifolia (*s. c.*, *aq.*, *fl. b.*, *od.*).
— stellata (*s. c.*, *aq.*, *fl. b.*, *od.*).
— Sturtevantii (*s. c.*, *aq.*, *fl. r.*).
— thermalis (*s. c. aq.*, *fl. bl.*, *od.*).
Ottelia ovalifolia (*s. c.*, *aq.*, *fl. v.* et *j.*).
Ouvirandra fenestralis (*s. c.*, *aq.*, *fl. bl. v.*).
Papyrus antiquorum (*s. f*, *aq.*, *tiges* et *flles v.*).
Pistia Stratiotes (*s. c.*, *aq.*, *flles v.*).
Sagittaria montevidensis (*s. t.*, *fl. bl. maculées r.*).
Scirpus riparius (*s. f. aq.*, *fl. br.*).
Villarsia parnassifolia (*s. f.*, *s.-aq.*, *fl. j.*, *flles v.*).
— reniformis (*s. f.*, *s.-aq.*, *f. v*, *flles v.*).

PLANTES POUR CORBEILLES ET PLATES-BANDES

Sous ce titre, nous donnons des listes des meilleures plantes herbacées pour la décoration des corbeilles, plates-bandes. Ces listes sont destinées à aider les lecteurs à faire rapidement un choix des espèces susceptibles de prospérer dans les jardins en général. Après avoir effectué leur choix, les lecteurs se reporteront avantageusement dans le corps de l'ouvrage, aux descriptions des plantes choisies, pour vérifier leur choix et obtenir des indications plus complètes. Nous avons indiqué les couleurs des fleurs parce que c'est d'elles que dépend le plus un choix. Tous ceux qui possèdent un jardin trouveront sans doute très utile ce groupe de plantes ornementales.

Rustiques.

ANNUELLES

Acroclinium roseum et vars (*fl. ro.* ou *bl.*).
Adonis æstivalis (*fl. r.*).
— autumnalis (*fl. r.*).
Agrostemma cœli-rosa (*fl. r.* ou *p.*).
— — fimbriata (*fl. r.*).
Agrostis nebulosa (*fl. v.*).
— pulchella (*fl. v.*).
— algeriensis (*fl. v.*).
Anagallis grandiflora (*fl. r.* et *b.*, etc.).
Argemone albiflora (*fl. bl.*).
— grandiflora (*fl. bl.*).
— hirsuta (*fl. bl.*).
— mexicana (*fl. j.*).
— ochroleuca (*fl. j.*).
Asperula orientalis (*fl. bl.*).
Bartonia albescens (*fl. j.*).
— aurea (*fl. j.*).
Blumenbachia insignis (*fl. bl.*).
Borago longifolia (*fl. b.*).
Calandrinia grandiflora (*fl. r.-p.*).
— Menziezii (*fl. ro.*).
Calendula maderensis (*fl. o.*).
— officinalis et vars (*fl. j.* et *o.*).
Callistephus chinensis et vars (*fl. bl.*, *b.*, *r.* etc.).
Centaurea Cyanus et vars (*fl. bl. b. p.*).
— suaveolens (*fl. j.*, *od.*).
Centranthus macrosiphon (*fl. r.* ou *bl.*).
Cerinthe major (*fl. j.* et *p.*).
— minor (*fl. j.* ou *maculées br.*).
— retorta (*fl. j.* et *v.*).
Chlora perfoliata (*fl. j.*).
Chrysanthemum carinatum (*fl. bl.* ou *p.*).
— coronarium (*fl. bl.* ou *j.*).
— segetum (*fl. j.*).

Chysanthemum segetum grandiflorum (*fl. j.*).
Clarkia elegans et vars (*fl. bl.* ou *r.*).
— pulchella et vars (*fl. p.*).
Collinsia bicolor (*fl. bl.* et *p.*).
— grandiflora (*fl. p.* et *b.*).
— verna (*fl. bl.* et *b*).
Collomia coccinea (*fl. r.*).
— grandiflora (*fl. r.*).
Convolvulus tricolor (*fl. j.*).
Coreopsis Drummondii (*fl. j.* et *br.*).
— tinctoria (*fl. j.* et *br.*).
— lanceolata (*fl. j.*).
Crepis rubra et vars (*fl. ro.* ou *bl.*).
Delphinium Ajacis et vars. (*fl. b. r.* ou *bl.*).
— consolida (*fl. b. r.* ou *bl.*).
— cardinale (*fl. r.*).
Downingia pulchella (*fl. b.*).
Erysimum Perofskianum (*fl. j.-o.*).
Eucharidium concinnum (*fl. l.-p.*).
— pulchellum (*fl. r.*).
Fedia Cornucopiæ (*fl. r.*).
Gaillardia picta et vars (*fl. j.* et *br.*).
Gilia achilleæfolia (*fl.*, *b.*, *p.*, *bl.* ou *r.*).
— androsacea (*fl.*, *l.*, *p.* ou *bl. à gorge j.* ou *foncée*).
— capitata (*fl. b.*).
— densiflora (*fl. l.* ou *presque bl.*).
— dichotoma (*fl. bl.*)
— liniflora (*fl. bl.*).
— micrantha (*fl. r.*).
— — aurea (*fl. j.*).
— tricolor (*fl. j.-o.*).
Glaucium phœniceum (*fl. r. maculées n.*).
Helianthus annuus et vars (*fl. j.*).
Heliotropium convolvulaceum (*fl. bl.*, *od.*).
Hordeum jubatum (*fl. v.*).
Iberis coronaria (*fl. bl.*).
— umbellata (*fl. variables, ordinairement p.*).
Impatiens amphorata (*fl. p.*, *r.* et *ro.*).
— Roylei (*fl. p.*).
Lathyrus grandiflorus (*fl. ro.*).
— odoratus (*fl. variées*, *od.*).
Limnanthes Douglasii (*fl. bl.-j.*).
Linaria bipartita (*fl. vio.-p.*, *o.* et *bl.*).
— reticulata (*fl. p.* et *j.*).
— aparinoides (*fl. j.* et *br.*).
— spartea (*fl. j.*).
Linum grandiflorum (*fl. ro.*).
— — rubrum (*fl. r.*).
Loasa Pentlandii (*fl. o.*).
— prostrata (*fl. j.*).
— vulcanica (*fl. bl.*).
Lupinus luteus (*fl. j.*, *od.*).
— nanus (*fl. l.* et *b.*).
Madia elegans (*fl. j.*).
Malcolmia maritima (*fl. bl.* et *l.*).
Malope trifida (*fl. r.* et *bl.*).
Matricaria inodora flore-pleno (*fl. bl.*).
Mimulus luteus (*fl. j.*).
— — cupreus (*fl. r.*, *o.* ou *r.-b.*).
Moricandia arvensis (*fl. vio.*).
— sonchifolia (*fl. vio.-b.*).
Nemesia cynanchifolia (*fl. l.-b.*).
— floribunda (*fl. bl.* et *j.*, *od.*).
— versicolor (*fl. bl.* et *j.*).
Nemophila insignis et vars (*fl. b. à œil bl.* etc.).
— maculata (*fl. bl.*, *maculées vio.-p.*).
Nemophila Menziezii et vars (*fl. bl. variant au b.*).
Nicandra physaloides (*fl. b.*).
Nigella damascena et var. (*fl. bl.* ou *b.*).
— hispanica (*fl. bl.* ou *b. à anthères r.*).
— orientalis (*bl. j.*, *maculées v.*).
Nolana lanceolata (*fl. b.*, *bl.*, *v.*).
— paradoxa (*fl. b.*).
— tenella (*fl. b.*).
Nonnea rosea (*fl. ro. à gorge bl.*).
Ænothera amœna (*fl. ro. maculées r.*).
— rubicunda (*fl. l.-p. maculées*).
— Bistorta Veitchiana (*fl. j.*, *maculées r.*).
— Whitneyi (*fl. ro.*, *r.*, *bl.*, etc.).
Oxalis valdiviensis (*fl. j. striées r.*).
Panicum capillare (*fl. v.*).
Papaver Hookeri (*fl. ro.* ou *r.*, *maculées bl.* ou *b.-n.*).
— Rhœas et vars (*fl. variées*).
— somniferum et vars (*fl. variées*).
— umbrosum (*fl. r.*, *maculées n.*).
— glaucum (*fl. r.*).
Phacelia campanularia (*fl. b.*, *maculées bl.*).
— viscida (*fl. b.-p.*).
— Whitlavia (*fl. b.*).
Podolepis aristata (*fl. j.*).
Polygonum orientale (*fl. r.-p.* ou *bl.*).
Reseda odorata (*fl. v.-r.*).
Sabbatia campestris (*fl. ro.*)
Saponaria calabrica (*fl. ro.*).
Scabiosa atropurpurea et vars (*fl. bl.*, *b.*, *vio.*, *r. br.*, etc.).
Schizanthus pinnatus et var. (*fl. vio.* ou *l.* et *j.*, etc.).
Sedum cœruleum (*fl. b.*).
Silene Atocion (*fl. bl.*).
— pendula et vars (*fl. ro.* ou *bl.*).
Silybum Marianum (*fl. ro.-p.*, *flles veinées bl.*).
Statice Suworowi (*fl. l.*).
Streptanthus maculatus (*fl. p.*).
Tagetes erecta et vars (*fl. j.* et *br.*).
— patula et vars (*fl. j.* et *br.*).
— tenuifolia (*fl. j.*).
Tropæolum majus et vars (*fl. j.*, *r.* ou *br.*).
— Lobbianum et vars (*fl. j.*, *r.* ou *br.*).
— minus (*fl. r.*).
— peregrinum (*fl. j.*).
Ursinia pulchra (*fl. o.*).
Vesicaria grandiflora (*fl. j.*).
Vicia onobrychioides (*fl. p.*).
Wahlenbergia hederacea (*fl. b.*).
Xeranthemum annuum et vars (*fl. p.* ou *b.*).
Zea Mays fol.-varieg. (*flles v.*, *stries bl.*).
Zinnia elegans (*fl. variées*).

BISANNUELLES

Althæa caribæa (*fl. ro.*).
Aster Bigelowii (*fl. l.* et *j.*).
Bromus brizæformis (*fl. v.*).
Campanula Medium et vars (*fl. vio. b.*, *bl.*, *r.*, *ro.*, etc.).
— sibirica (*fl. vio.*).
— — divergens (*fl. vio.*).
Centaurea Fenzlii (*fl. j.*).
Chlora grandiflora (*fl. j.*).
Dianthus chinensis et vars (*fl. bl.*, *r.*, *ro.*, etc.).
Digitalis purpurea et vars (*fl. p.*, *variant au bl.*).
Echinospermum marginatum macranthum (*fl. b.*).
Fœniculum dulce (*flles v.*).
Glaucium flavum (*fl. j.*).

Grindelia grandiflora (*fl. j.* ou *o.*).
Hesperis grandiflora (*fl. p.*).
Lavatera arborea variegata (*flles panachées bl.-j.*).
Meconopsis nepalensis (*fl. j.*).
Michauxia lævigata (*fl. j.*).
Myosotis alpestris et vars (*fl. b.* ou *bl.*).
Œnothera biennis (*fl. j.*).
Salvia bicolor (*fl. vio.-b., ponctuées j.* et *bl.*).
Tragopogon glaber (*fl. p.*).
Verbascum Chaixii (*fl. j.*).

VIVACES

Abronia fragrans (*fl. bl., od.*).
Acantholimon glumaceum (*fl. ro.*).
— venustum (*fl. ro.*).
Acanthus longifolius (*fl. p.*).
— mollis (*fl. bl.* ou *r.*).
— — latifolius (*fl. bl.* ou *r.*)
— spinosissimus (*fl. ro.*).
— spinosus (*fl. p.*).
Achillea ægyptiaca (*fl. j.*).
— asplenifolia (*fl. ro.*).
— aurea (*fl. j.*).
— Eupatorium (*fl. j.*).
— filipendulina (*fl. j.*).
— Millefolium roseum (*fl. ro.*).
— Ptarmica flore-pleno (*fl. bl.*).
Aconitum album (*fl. bl.*)
— angustifolium (*fl. b.*).
— Anthora (*fl. j.*).
— — nemorosum (*fl. j.*).
— barbatum (*fl. c.*).
— biflorum (*fl. b.*).
— chinense (*fl. b.*).
— delphinifolium (*fl. b.-p.*).
— eminens (*fl. b.*).
— gracile (*fl. b.* ou *vio.*).
— Halleri (*fl. vio.*).
— — bicolor (*fl. bl. panaché b.*)
— Napellus (*fl. vio.*).
— ochroleucum (*fl. c.*).
— Ottonianum (*fl. b. panachées bl.*).
— paniculatum (*fl. vio.*).
— pyrenaicum (*fl. j.*).
— rostratum (*fl. vio.*).
— tauricum (*fl. b.*).
— uncinatum (*fl. b.*),
— vulparia (*fl. j.*).
— — septentrionale (*fl. b.*).
— Wildenowii (*fl. b.-p.*).
Actæa spicata (*fl. bl.*).
Actinella grandiflora (*fl. j.*).
Actinomeris helianthoides (*fl. j.*).
— procera (*fl. j.*).
— squarrosa (*fl. j.*).
Adenophora coronopifolia (*fl. b.*).
— denticulata (*fl. b.*).
— Fischeri (*fl. b.* ou *b.-bl.*).
— Lamarckii (*fl. b.*).
— liliiflora (*fl. b., od.*).
— pereskiæflora (*fl. b.*).
— stylosa (*fl. b.*).
— verticillata (*fl. b.*).
Adonis pyrenaica (*fl. j.*).
— vernalis (*fl. j.*).

Æthionema coridifolium (*fl. ro.*).
— grandiflorum (*fl. bl.*).
Agrimonia odorata (*fl. j.*).
Agrostemma coronaria et vars (*fl. bl.* ou *r.*).
— flos-Jovis (*fl. r.*).
Aira flexuosa (*fl. v.-br.*).
Ajuga orientalis (*fl. b.*).
— pyramidalis (*fl. b.* ou *p.*).
— reptans (*fl. b.* ou *ro.*).
Alchemilla alpina (*fl. v.*).
— sericea (*fl. v.*).
Aletris aurea (*fl. j.*).
— farinosa (*fl. bl.*).
Allium acuminatum (*fl. ro.*).
— azureum (*fl. b.*).
— Bidwilliæ (*fl. ro.*).
— Breweri (*fl. ro.*).
— cœruleum (*fl. b.*).
— falcifolium (*fl. ro*).
— Macnabianum (*fl. m.*).
— Moly (*fl. j.*).
— Murrayanum (*fl. r.-p.*).
— neapolitanum (*fl. bl.*).
— nigrum (*fl. vio.* ou *bl.*).
— pedemontanum (*fl. ro.-p.*).
— reticulatum attenuifolium (*fl. bl.*).
— roseum (*fl. l.-ro.*).
— sphærocephalum (*fl. r., p.* et *v.*).
— ursinum (*fl. bl.*).
— Victorialis (*fl. bl.*)
Alstrœmeria aurantiaca (*fl. r.* et *j.*).
— chilensis (*fl. ro.* ou *r., panachées j.*).
— psittacina (*fl. r.* et *v., maculées p.*).
— versicolor (*fl. j., tachées p.*).
— — niveo-marginata (*fl. ro., r.* et *bl., tachées v.* et *n.*).
Althæa cannabina (*fl. ro.*).
— flexuosa (*fl. r.*).
— narbonnensis (*fl. r.*).
— rosea et var. (*fl. variées*).
Alyssum alpestre (*fl. j.*).
— orientale (*fl.* et *flles j.*).
— saxatile (*fl. j.*).
Amsonia salicifolia (*fl. b.*).
— Tabernæmontana (*fl. b.*).
Anchusa sempervirens (*fl. b.*)
Anemone alpina (*fl. b.*).
— — sulfurea (*fl. j.*).
— angulosa (*fl. b.*).
— apennina (*fl. b.*).
— blanda (*fl. bl.*).
— coronaria et var. (*fl. variées*)
— decapetala (*fl. c.* ou *j.*).
— dichotoma (*fl. bl. teinté r.*).
— fulgens (*fl. r. à centre noir*).
— Halleri (*fl. p.*).
— japonica (*fl. r.*).
— — alba (*fl. bl.*).
— — elegans (*fl. ro.*).
— — fl.-pleno (*fl. bl.*).
— multifida (*fl. bl.-j.* ou *j.*).
— nemorosa cœrulea (*fl. b.*)
— — fl.-pleno (*fl. bl.*).
— — Robinsoniana (*fl. b.*).
— — rosea (*fl. r.*).
— patens (*fl. p.* ou *j.*).

Anemone patens Nuttaliana (*fl. p.* ou *c.*).
— pratensis (*fl. p.*).
— Pulsatilla (*fl. vio.*).
— rivularis (*fl. bl. à anthères p.*).
— stellata et vars (*fl. variées*).
— sylvestris (*fl. bl.*).
— vernalis (*fl. bl.* et *vio.*).
— virginiana (*fl. p.* ou *p.-j.*).
Anemonopsis macrophylla (*fl. l.* et *p.*).
Antennaria dioica (*fl. bl. ro.*).
— — minima (*fl. ro.*).
— margaritacea (*fl. bl.*).
— tomentosa (*flles bl.*).
Anthemis Aizoon (*fl. bl.*).
— Biebersteinii (*fl. j.*).
— tinctoria (*fl. j.*).
Anthericum Liliago (*fl. bl.*).
— Liliastrum (*fl. bl.*).
— — major (*fl. bl.*).
— ramosum (*fl. bl.*).
Antirrhinum majus et vars (*fl. variées*).
Apios tuberosa (*fl. br.-p., od.*).
Apocynum androsæmifolium (*fl. bl.-ro.*).
Aquilegia atropurpurea (*fl. p.* ou *b.-p.*).
— cærulea (*fl. b.*).
— — alba (*fl. bl.*),
— — hybrida (*fl. b.* et *bl.*).
— canadensis (*fl. r.* et *j.*).
— chrysantha (*fl. j.*).
— formosa (*fl. r.* et *j.*).
— fragrans (*fl. bl.* ou *p., od.*).
— glandulosa (*fl. l.-b.* et *bl.*).
— olympica (*fl. b.* et *bl.*).
— Skinneri (*fl. r.* et *j.*).
— vulgaris (*fl. vio.-b* et *variées*).
— — flore duplex (*fl. variées*).
— — hybrida plena (*fl. variées*).
Arabis alpina (*fl. bl.*).
— lucida (*fl. bl.*).
— — variegata (*flles j.* et *v.*).
— rosea (*fl. ro.*).
Aralia edulis (*flles v.*).
— nudicaulis (*flles v.*).
— racemosa (*flles v.*).
Arisæma ringens (*fl. v.* et *bl.*).
— triphylla (*fl. v.* et *p.-br.*).
Armeria cephalotes (*fl. ro.* ou *r.*).
— maritima (*fl. ro.* ou *bl.*).
— plantaginea (*fl. ro.*).
Arnebia echioides (*fl. j.*).
Arnica Chamissonis (*fl. j.*).
— foliosa (*fl. j.*).
— scorpioides (*fl. j.*).
Artemisia cana (*flles bl.*).
— vulgaris fol. varieg. (*flles bl.* et *panachées*).
Arum italicum (*fl. v.-j.* ou *bl.*).
— — marmoratum (*flles* et *v. rayées bl.*).
— proboscideum (*fl. v.-p.*).
— tenuifolium (*fl. bl.*).
Asclepias acuminata (*fl. r.* et *bl.*).
— amœna (*fl. p.*).
— Douglasii (*fl. l.-p.*).
— incarnata (*fl. r.* ou *p.*).
— quadrifolia (*fl. bl., od.*).
— syriaca (*fl. p., od.*).
— tuberosa (*fl. o.*).

Asclepias variegata (*fl. bl., fr. r.*).
Ascyrum Crux-Andreæ (*fl. j.*).
Asperula longiflora (*fl. bl., j.* et *v.*).
— montana (*fl. ro.*).
— odorata (*fl. bl., flles od.*).
Asphodelus ramosus (*fl. bl.*).
— luteus (*fl. j.*).
— albus (*fl. bl.*).
Aster acuminatus (*fl. bl.*).
— æstivus (*fl. b.*).
— alpinus (*fl. b.*).
— altaicus (*fl. b. p.*).
— Amellus (*fl. b.*).
— — Bessarabicus (*fl. b.-p.*).
— argenteus (*fl. p.*).
— amplexicaulis (*fl. vio.-l.*).
— caucasicus (*fl. l.*).
— concinnus (*fl. b.*).
— Douglasii (*fl. b.*).
— dumosus (*fl. b.*).
— — albus (*fl. bl.*).
— ericoides (*fl. bl.*).
— floribundus (*fl. p.*).
— grandiflorus (*fl. vio.-b.*).
— hyssopifolius (*fl. bl. ombrées p.*).
— lævis (*fl. b.*).
— longifolius (*fl. bl.*).
— — formosus (*fl. ro.*).
— multiflorus (*fl. bl.*).
— novæ-angliæ (*fl. p.*).
— — — rubra (*fl. ro.-p.*).
— novæ-Belgii (*fl. b.*).
— — — amethystimus (*fl. b.*).
— paniculatus (*fl. b.*).
— pendulus (*fl. b., passant à la fin au ro.*).
— peregrinus (*fl. b.-p.*).
— pulchellus (*fl. b.*).
— pyrenæus (*fl., l.-b.* et *j.*).
— roseus (*fl. ro.*).
— salsuginosus (*fl. vio.-p.*).
— sikkimensis (*fl. p.*).
— spectabilis (*fl. b.*).
— Tradescanti (*fl. bl.*).
— turbinellus (*fl. vio.-l.*).
— versicolor (*fl. bl. passant au p.*).
Astragalus adsurgens (*fl. b.-p.*).
— alopecuroides (*fl. j.*).
— austriacus (*fl. b.* et *p.*).
— galegiformis (*fl. j.*).
— glycyphyllos (*fl. j.*).
— hypoglottis (*fl. p.-b.* et *bl.*).
— — alba (*fl. bl.*).
— leucophyllus (*fl. j.*).
— maximus (*fl. j.*).
— onobrychioides (*fl. p.*).
— sulcatus (*fl. vio. à carène bl. à pointe br.*).
— vulpinus (*fl. j.*).
Astrantia carniolica (*fl. bl. à feuillage v. teinté r.*).
— helleborifolia (*fl. ro.*).
— major (*fl. ro.*).
Aubrietia deltoidea et vars (*fl. b., l.* ou *p.*).
Baptisia alba (*fl. bl.*).
— australis (*fl. b.*).
— exaltata (*fl. b.*).
— perfoliata (*fl. j.*).
— tinctoria (*fl. j.*).

Bellevalia romana (*fl. bl.*).
— syriaca (*fl. bl.*).
Bellidiastrum Michelli (*fl. bl.*).
Bellis perennis et vars (*fl.* variant *du r* au *bl.*).
— — aucubæfolia (*flles v. panachées j.*).
Berkheya purpurea (*fl. p.*).
Biarum tenuifolium (*fl. br.-p.*).
Boltonia asteroides (*fl. ro.*).
— latisquama (*fl. ro.*).
— glastifolia (*fl. ro.*).
Brodiæa capitata (*fl. vio.-b.*).
— coccinea (*fl. r. à pointes j.-v.*).
— congesta (*fl. b.*).
— — alba (*fl. bl.*).
— grandiflora (*fl. b.-p.*).
— Howellii (*fl. b.-p.*).
— lactea (*fl. bl. à nervures v.*).
— multiflora (*fl. b.-p.*).
Bulbocodium vernum (*fl. vio.-p., tachées bl.*).
Buphthalmum grandiflorum (*fl. j.*).
— salicifolium (*fl. j.*).
— speciosissimum (*fl. j.*).
Cacalia suaveolens (*fl. bl.*).
— tuberosa (*fl. bl.*).
Calamintha grandiflora (*fl. p.*).
Callirhoe digitata (*fl. r.-p.*).
— involucrata (*fl. r.*).
— Papaver (*fl. vio.-r.*).
Calophanes oblongifolia (*fl. b.*).
Caltha leptosepala (*fl. bl.*).
— palustris et vars (*fl. j.*).
— radicans (*fl. j.*).
Calystegia dahurica (*fl. r.-p.*).
— pubescens flore-pleno (*fl. ro.*).
— Soldanella (*fl. r. à plis j.*).
Camassia esculenta (*fl. b.* ou *bl.*).
— — Leichtlini (*fl. bl.-c.*).
— Fraseri (*fl. b.*).
Campanula betonicæfolia (*fl. bl.-p., à base j.*).
— bononiensis (*fl. vio.-b.* ou *bl.*).
— carpathica (*fl. b.*).
— — alba (*fl. bl.*).
— — pelviformis (*fl. l., od.*).
— — turbinata (*fl. p.*).
— collina (*fl. b.*).
— glomerata et vars (*fl. vio.-b.* ou *bl.*).
— grandis (*fl. vio.-b.* ou *bl.*).
— isophylla (*fl. l.-b., à centre j.*).
— lactiflora (*fl. c. teintées b.* ou *b.*).
— latifolia (*fl. p.-b.*).
— — macrantha (*fl. p.-b.*).
— nitida (*fl. b.* ou *bl.*).
— nobilis (*fl. vio.-r., bl.* ou *c.*).
— peregrina (*fl. vio.*).
— persicæfolia et vars (*fl. b., variant au bl.*).
— pyramidalis et vars (*fl. b.* ou *bl.*).
— rapunculoides (*fl. vio.-b.*).
— Rapunculus (*fl. b.* ou *bl.*).
— rotundifolia (*fl. b.*).
— — alba (*fl. bl.*).
— — Hostii (*fl. b.*).
— — soldanellæflora (*fl. b.*).
— sarmatica (*fl. b.*).
— speciosa (*fl. b., p.* ou *bl.*).
— Trachelium (*fl. b., variant au bl.*).
— Van-Houttei (*fl. b.*).
Cardamine asarifolia (*fl. bl.*).
— pratensis (*fl. p.* ou *bl.*).
Carex riparia (*flles v.*).
— Grayi (*fl. flles* et *fr. v.*).
Carlina acanthifolia (*fl. bl.*).
Cedronella cordata (*fl. p.*).
Centaurea alpina (*fl. j.*).
— atropurpurea (*fl. p.*).
— aurea (*fl. j.*).
— babylonica (*fl. j.*).
— dealbata (*fl. ro.*).
— macrocephala (*fl. j.*).
— montana et var (*fl. b., p.* ou *bl.*).
Centranthus ruber (*fl. r.*).
— albus (*fl. b.*).
Cerastium alpinum (*fl. bl.*).
— Biebersteinii (*flles arg.*).
— Boissieri (*flles arg.*).
— tomentosum (*flles arg.*).
Cerinthe maculata (*fl. j. maculées p.*).
Chaptalia tomentosa (*fl. bl.*).
Cheiranthus Cheiri et var. (*fl. j.* ou *br.*).
— Marshallii (*fl. j.*).
Chelone Lyoni (*fl. p.*).
— nemorosa (*fl. ro.-p.*).
— obliqua (*fl. p.*).
— — alba (*fl. bl.*).
Chionodoxa Luciliæ (*fl. b. à centre bl.*, ou *bl.*).
— nana (*fl. bl. l.*).
Chlorogalum pomeridianum (*fl. bl. veiné p.*).
Chrysanthemum argenteum (*fl. bl.*).
— lacustre (*fl. bl.*).
— sinense (*fl. variées*).
Chrysobastron Hookeri (*fl. j.*).
Chrysocoma Coma-aurea (*fl. j.*).
Chrysogonum virginianum (*fl. j.*).
Chrysopsis trichophylla (*fl. j.*).
Cimicifuga americana (*fl. j.*).
— japonica (*fl. bl.*).
— racemosa (*fl. bl.*).
Cineraria maritima (*fl. j., flles bl.*).
Clematis aromatica (*fl. vio.-b., od.*).
— Davidiana (*fl. b.*).
— recta (*fl. bl., od.*).
— integrifolia (*fl. b.*).
— tubulosa (*fl. b.*).
Clintonia Andrewsiana (*fl. ro.*).
— uniflora (*fl. bl.*).
Cnicus acaulis (*fl. p.*).
— altissimus (*fl. p.*).
— spinosissimus (*fl. j.*).
— undulatus (*fl. p.*).
Colchicum autumnale (*fl. p.*).
— Bivonnæ (*fl. bl.* et *p.*).
— byzantinum (*fl. ro.*).
— luteum (*fl. j.*).
— Parkinsoni (*fl. bl., panachées p.*).
Commelina virginica et var. (*fl. b. ro.* ou *bl.*).
Convallaria majalis (*fl. bl., od.*).
Convolvulus althæoides (*fl. r.* ou *l.*).
— chinensis (*fl. r.-p., tachées j.*).
Coreopsis auriculata (*fl. j., rayées p.-br.*).
— grandiflora (*fl. j.*).
— lanceolata (*fl. j.*).
— verticillata (*fl. j.*).
Coronilla varia (*fl. ro.*).

Corydalis bracteata (fl. j.).
— cava (fl. p.).
— — albiflora (fl. bl.).
— Kolpakowskiona (fl. ro. ou p.).
— lutea (fl. j.).
— Marshalliana (fl. j.).
— nobilis (fl. j. à pointes v.).
— ochroleuca (fl. bl.-j.).
— solida (fl. p.).
Crambe cordifolia (fl. bl.).
Crinum capense (fl. bl., suffusées ro.).
Crocosmia aurea (fl. r.-o.).
Crocus aureus (fl. o.).
— biflorus (fl. bl. variant au l.).
— Boryi (fl. bl., c. et j.-o.).
— Imperati (fl. l.-p. rayées p.).
— iridiflorus (fl. p. et l.).
— nudiflorus (fl. p. et vio.).
— speciosus (fl. l., striées p.).
— susianus (fl. o. ou panachées br.).
— vernus (fl. l., vio.-bl. ou striées vio. et bl.).
— versicolor (fl. p. variant au bl.).
Cucumis perennis (fl. v.).
Datisca cannabina (fl. j., flles v.).
Delphinium azureum (fl. b.).
— cashmirianum (fl. b.).
— exaltatum (fl. b. ou bl.).
— formosum (fl. b.).
— grandiflorum (fl. b. variant au bl.).
— elatum et vars (fl. variant du b. au bl.).
— nudicaule (fl. r.).
Dentaria digitata (fl. p.).
— diphylla (fl. bl. et p.).
— polyphylla (fl. c.).
Dianthus arenarius (fl. bl. avec des taches lividcs).
— atrorubens (fl. r.).
— barbatus (fl. variées).
— Caryophyllus et vars (fl. variées).
— cruentus (fl. r.).
— fimbriatus (fl. ro.).
— Fischeri (fl. ro.).
— fragrans (fl. bl. suffusées p., od.).
— Holtzeri (fl. ro.).
— plumarius (fl. p., bl. etc.).
— Seguieri (fl. ro.-p.).
— superbus (fl. ro. ou bl., od.).
— semperflorens (fl. r. ou bl.).
Dicentra chrysantha (fl. j.).
— eximia (fl. r.-p.).
— formosa (fl. r.).
— spectabilis (fl. ro.-r.).
— thalictrifolia (fl. j. à gorge r., od.).
Dictamnus albus (fl. bl.).
— purpureus (fl. ro.).
Digitalis ambigua (fl. j., réticulées br.).
— lutea (fl. j.).
Dodecatheon integrifolium (fl. r.).
— Meadia (fl. ro.-p., bl. ou l., à anthères j.).
— — frigidum (fl. r.-p.).
— — lancifolium (fl. r., j. à la base).
Doronicum altaicum (fl. j.).
— austriacum (fl. j.).
— caucasicum (fl. j.).
— Pardalianches (fl. j.).
— plantagineum excelsum (fl. j.).
Dracocephalum altaiense (fl. b.).
Dracocephalum austriacum (fl. b.).
— peregrinum (fl. b.).
— Ruprechtii (fl. ro.-p. ou l.).
— Ruyschianum japonicum (fl. bl. bordé b.).
— speciosum (fl. b.-ro. et maculées).
Dracunculus vulgaris (fl. br.).
Echinacea angustifolia (fl. ro. ou p.).
— purpurea (fl. r.-p.).
Eccremocarpus scaber (fl. o.).
Echinops commutatus (fl. bl.).
— Ritro (fl. b.).
— sphærocephalus (fl. b.).
Epilobium Dodonæi (fl. ro.).
— hirsutum (fl. ro. ou bl.).
— rosmarinifolium (fl. r.).
— spicatum (fl. ro.).
Eremurus himalaicus (fl. bl.).
— robustus (fl. ro.-pêche).
— spectabilis (fl. v.-j.).
Erianthus Ravennæ (fl. bl., soyeuses).
Erigeron aurantiacus (fl. o.).
— bellidifolius (fl. bl.-ro.).
— glaucus (fl. p.).
Erigeron grandiflorus (fl. p. ou bl.).
— speciosus (fl. vio. et j.).
Eryngium alpinum (fl. b.).
— amethystinum (fl. b.).
— Bourgati (fl. b.).
— giganteum (fl. b.).
Erysimum alpinum (fl. j., od.).
— ochroleucum (fl. bl.-j.).
Erythronium americanum (fl. j.).
— dens-canis (fl. r.).
Eulalia japonica fol. striatis (flles v., rayées c.).
— — zebrina (flles v., transversalement rayées j.).
Ferula asparagifolia (fl. j., flles v.).
— communis (fl. j., flles v.).
— glauca (fl. j., flles v.).
— tingitana (fl. j., flles v.).
Fœniculum vulgare (flles v.).
Fragaria indica (fl. bl., fr. r.).
Fritillara armena (fl. j.).
— delphinensis (fl. p. maculées j.)
— græca (fl. br., maculées, etc.).
— Hookeri (fl. l.).
— imperialis et vars (fl. j.-o. variant au r.).
— lutea (fl. j. suffusé p.).
— macrophylla (fl. ro.).
— Meleagris (fl. ro. panachées p.).
— pallidiflora (fl. j.).
— persica (fl. vio.-b.).
— pudica (fl. j.).
— pyrenaica (fl. p.).
— recurva (fl. r.).
— Sewerzowi (fl. p. et v.-j à l'intérieur).
— tenella (fl. j. panachées p.-br.).
— tulipiflora (fl. b., striées p.-br. et p.-br. à l'intérieur).
— verticillata Thunbergii (fl. j., bigarrées p.).
Funkia ovata (fl. b.-l. ou bl.).
— — marginata (fl. b.-l. ou bl., flles v. marginées bl.).
— Sieboldiana (fl. bl. teinté l.).
— subcordata (fl. bl.).

Gagea lutea (*fl. j.* et *v. sur le dos*).
Gaillardia lanceolata (*fl. j.* et *br.*).
Galanthus Elwesii (*fl. bl., maculées v.*).
— nivalis et vars (*fl. bl.* et *v.*).
— plicatus (*fl. bl.-v.*).
Galega officinalis (*fl. b.*).
— — albiflora (*fl. bl.*).
— orientalis (*fl. b.*).
Galtonia candicans (*fl. bl.*).
Gentiana acaulis (*fl. b., tachées j.*).
— affinis (*fl. b.*).
— Andrewsii (*fl. b.*).
— asclepiadea (*fl. b.*).
— cruciata (*fl. b., ponctuées v.*).
— lutea (*fl. j., veinées* et *maculées*).
— Pneumonanthe (*fl. b., bl.*, etc.).
— septemfida (*fl. b.*).
Geranium atlanticum (*fl. p., veinées r.*).
— armenum (*fl. p.*).
— dahuricum (*fl. p.*).
— Endressi (*fl. ro., maculées foncé*).
— ibericum (*fl. b.*).
— Lamberti (*fl. l.*).
— macrorhizon (*fl. r.* ou *p.*).
— maculatum (*fl. l.*).
— phæum (*fl. br.-n., maculées bl.*).
— platypetalum (*fl. vio.-b.*).
— pratense (*fl. b.*).
— sanguineum (*fl. r.*).
— striatum (*fl. ro., striées foncé*).
— sylvaticum (*fl. p.* ou *b.*).
Geum coccineum (*fl. p.*).
— elatum (*fl. j.*).
— montanum (*fl. j.*).
— pyrenaicum (*fl. j.*).
— rivale (*fl. j.-r.*).
— triflorum (*fl. p., bl.* et *p.-r.*).
Gilia Brandegei (*fl. j.*).
Gilenia trifoliata (*fl. r. variant au bl.*).
Gladiolus byzantinus (*fl. r.*).
— Gandavensis et vars (*fl. variées*).
— segetum (*fl. ro.*).
Globularia vulgaris (*fl. b.*).
Glycyrrhiza glabra (*fl. b.*).
Gunnera manicata (*flles v.*).
— scabra (*flles v.*).
Gratiola aurea (*fl. j.*).
— officinalis (*fl. bl., striées p.*).
Gynerium argentum (*fl. bl. soyeuses, parfois teintées p.* ou *j.*).
Gypsophila cerastioides (*fl. bl. veinées r.*).
— paniculata (*fl. bl.*).
— Steveni (*fl. bl.*).
Hedysarum coronarium et var. (*fl. r.* ou *bl.*).
Helenium autumnale (*fl. j.*).
— Bolanderi (*fl. j.*).
Helianthus decapetalus multiflorus (*fl. j.*).
— lætiflorus (*fl. j.*).
— orgyalis (*fl. j.*).
— Maximiliani (*fl. j.*).
— rigidus (*fl. j.*).
Helichrysum arenarium (*fl. j.*).
Helleborus niger (*fl. bl.-ro.*).
— olympicus (*fl. p.*).
— hybridus (*fl. variant du bl. au p.* et *au v.*).
Hemerocallis flava (*fl. j., od.*).
Hemerocallis fulva et vars (*fl. j.-o.*).
— Dumortieri (*fl. j.-o. teintées br.*).
— Middendorfi (*fl. j.*).
— minor (*fl. j.*).
Hesperis matronalis et vars (*fl. ro.* ou *bl., od.*).
Heuchera americana (*fl. r., flles v.*).
— hispida (*fl. veinées p., flles v.*).
— rosea (*fl. ro., flles v.*).
— sanguinea (*fl. r., flles v.*).
Hibiscus militaris (*fl. r.*).
— palustris (*fl. bl.* et *p.*).
— roseus (*fl. ro.*).
Holcus lanatus albo-varieg. (*flles striées bl.*).
Hypericum calycinum (*fl. j.*).
— elegans (*fl. j.*).
— patulum (*fl. j.*).
— perfoliatum (*fl. j.*).
Iberis sempervirens (*fl. bl.*).
— semperflorens (*fl. bl.*).
— Tenoreana (*fl. p.* ou *bl.*).
Incarvillea Delavayi (*fl. r.*).
— Olgæ (*fl. ro.*)
Iris alata (*fl. l.-p.*).
— aurea (*fl. j.*).
— balkana (*fl. l.-p.*).
— biflora (*fl. vio.-p.*).
— Chamæiris (*fl. j., veinées br.*).
— cretensis (*fl. l.*).
— cristata (*fl. l.*).
— dichotoma (*fl. l., bl.* et *p.*).
— Douglasiana (*fl. l.-p.*).
— filifolia (*fl. p., à carènes j.*).
— flavescens (*fl. j.*).
— florentina (*fl. bl.*)
— fœtidissima varieg. (*fl. b.-l., flles bordées bl.*).
— fulva (*fl. br.*).
— Germanica et vars (*fl. variées*).
— graminea (*fl. l.-p., bl., j.* et *b.-p., od.*).
— Guldenstædtiana (*fl. bl., o.* et *j.*).
— Histrio (*fl. l., l.-p.* et *j.*).
— hybrida (*fl. variées*).
— iberica (*fl. b.-p., maculées p.*)
— — insignis (*fl. bl.* et *l.-bl. maculées et veinées r.-br.*).
— lævigata et var. (*fl. variées*).
— lutescens (*fl. j., tachées p.-br.*).
— Monnieri (*fl. j., od.*).
— neglecta (*fl. l., bl.* et *j.*).
— ochroleuca (*fl. bl.* et *o.-j.*).
— persica (*fl. l.-bl.* et *j*).
— pumila (*fl. l.-p.*).
— reticulata (*fl. vio.-p., rayées j.*).
— rubro-marginata (*fl. v., teintées p.*).
— sambucina (*fl. p.* et *j., od.*).
— sibirica (*fl. l.-b.* et *vio.*).
— — sanguinea (*fl. vio.-bl.* et *bl.*).
— squalens (*fl. l.-p., j.* et *br.-j.*).
— tectorum (*fl. l.* et *bl.*).
— tingitana (*fl. l.-p.*).
— tuberosa (*fl. v.-j.*).
— unguicularis (*fl. l.-j.* et *bl., od.*).
— variegata (*fl. br.* et *j.*).
— versicolor (*fl. p.*).
— (Xiphion) vulgare (*fl. b.-p.*).
— xiphioides (*fl. l.-p. j.* et *p.*).
Isopyrum thalictroides (*fl. bl., flles v.*).

Kniphofia aloides et vars (*fl. j.* et *o.*).
— Burchelli (*fl. r.* et *j.*, *à pointes v.*).
— Liechtlini (*fl. r.* et *j.*).
— Rooperi (*fl. r.-o.*, *passant au j.*)
Lactuca alpina (*fl. b.-p.*)
— macrorhiza (*fl. vio.-p.*).
— tuberosa (*fl. b.*).
Lamium maculatum (*fl. p.*, *flles v.*, *striées bl.*).
— luteum (*fl. j.*).
Lathyrus magellanicus (*fl. b.-p.*).
— latifolius (*fl. bl.* ou *r.*).
— pratensis (*fl. j.*).
— rotundifolius (*fl. ro.*).
— sylvestris platyphyllus (*fl. ro.* ou *bl.*).
Leucoium æstivum (*fl. bl.*, *à pointes v.*).
— Hernandezii (*fl. bl.*, *maculées v.*).
— vernum (*fl. bl.*, *maculées v.*, *od.*).
Liatris pycnostachya (*fl. ro.*).
Libertia formosa (*fl. bl.*).
Ligularia Kæmpferi aureo-maculata (*flles bl.*, *maculées j.*, *bl.* ou *ro.*).
Lilium auratum (*fl. bl.*, *rayées j.*).
— bulbiferum (*fl. r.-o.*).
— canadense (*fl. j.* ou *r.*, *maculées r.-p.*).
— candidum (*fl. bl.*).
— Catesbæi (*fl. r.-o.*, *maculées p.*).
— chalcedonicum (*fl. r.* *rarement j.*).
— concolor Bushianum (*fl. r.*, *maculées n. en dessous*).
— croceum (*fl. j.*, *teintées r.*).
— davuricum (*fl. r.*).
— elegans (*fl. r.*, *rarement maculées*).
— — armeniacum (*fl. r. maculées j.*).
— — atrosanguineum (*fl. maculées r.*).
— — sanguineum (*fl. r.* et *j.*).
— Hansoni (*fl. r.-o.*, *ponctuées p.*).
— Krameri (*fl. bl.*, *teintées j.*, *od.*).
— Leichtlini (*fl. j.*, *marquées p.* et *j.*).
— longiflorum (*fl. bl.*, *od.*).
— — eximium (*fl. bl.*).
— — Harrisii (*fl. bl.*).
— Martagon (*fl. r.-p.*, *ponctuées p.*).
— monadelphum et vars (*fl. j.*, *teintées rouge à la base*).
— oxypetalum (*fl. l.-p.*, *ponctuées p. à l'intérieur*).
— pardalinum (*fl. r.-o.*, *variables*).
— Parryi (*fl. j.*, *maculées r.-br.*, *od.*).
— philadelphicum (*fl. r.-o.*, *maculées p. en dessous*).
— pomponium (*fl. r.*).
— — luteum (*fl. j.*).
— pseudo-tigrinum (*fl. r.*, *maculées n. à l'intérieur*).
— pyrenaicum (*fl. j.*).
— roseum (*fl. l.*).
— speciosum (*fl. bl.-ro.*).
— — albiflorum (*fl. bl.*).
— — punctatum (*fl. bl. maculées r.*).
— — roseum (*fl. r.*).
— superbum (*fl. r.-o. maculées*).
— tenuifolium (*fl. r.*).
— tigrinum et vars (*fl. r.-o.*, *maculées p.-n.*).
— Washingtonianum (*fl. bl.*, *teintées p.* ou *l.*).
Linaria Dalmatica (*fl. j.*).
— purpurea (*fl. b.-p.*).
— triornithophora (*fl. p.* et *j.*).
Linum narbonense (*fl. b.* ou *bl.*).
— perenne (*fl. b.* ou *bl.*).

Lithospermum Gastoni (*fl. b.*).
— purpureo-cœruleum (*fl. r.*, *à la fin p.*).
— prostratum (*fl. b.*, *striées r.-vio.*).
Lobelia syphilitica (*fl. b.*).
Lophanthus anisatus (*fl. b.*).
Lupinus lepidus (*fl. b.-p.*, *maculées bl.*).
— leucophyllus (*fl. ro.*).
— nootkaensis (*fl. b. mêlé p.*, *bl.* ou *j.*).
— ornatus (*fl. b.*).
— perennis (*fl. b.*).
— polyphyllus (*fl. b.*).
— — albus (*fl. bl.*).
Lychnis chalcedonica (*fl. r.* ou *bl.*).
— coronaria (*fl. r.*).
— diurna (*fl. ro.-p.*).
— fulgens (*fl. r.*).
— — Haageana (*fl. r.*, *variant au bl.*).
— vespertina (*fl. bl.*, *od.*).
— Viscaria (*fl. ro.* ou *r.*).
Lynosiris vulgaris (*fl. j.*).
Lysimachia clethroides (*fl. bl.*).
— ephemerum (*fl. bl.*).
— vulgaris (*fl. j.*).
— Leschenaultii (*fl. r.*).
— Nummularia (*fl. j.*).
Lythrum Salicaria (*fl. r.-p.*).
Malva Alcea fastigiata (*fl. r.*).
— moschata (*fl. ro.* ou *bl.*).
Marshallia cæspitosa (*fl. b.-bl.*).
Melittis Melissophyllum (*fl. bl.-c.*, *maculées ro.* ou *p.*).
Mentha rotundifolia variegata (*flles v.* et *j.*).
Mertensia alpina (*fl. b.*).
— lanceolata (*fl. b.*).
— sibirica (*fl. b.-p.* ou *bl.*).
— virginica (*fl. b.-p.*).
Meum athamanticum (*fl. bl.*).
Milla biflora (*fl. bl.* et *r.*).
Mimulus cardinalis (*fl. r.* et *j.*).
— moschatus (*fl. j.*, *flles od.*).
— luteus (*fl. j.*).
Mirabilis Jalapa (*fl. bl.*, *j.*, *r.* etc.).
Monarda didyma (*fl. r.*).
— fistulosa (*fl. p.*).
Montbretia crocosmiæflora et vars (*fl. r.* ou *j.*).
Morina Coulteriana (*fl. j.*).
— longifolia (*fl. bl.*, *passant au r.*).
Muscari botryoides et vars (*fl. bl.* ou *b. à dents bl.*).
— comosum monstrosum (*fl. v.-b.*).
— Elwesii (*fl. b.*).
— Heldreichii (*fl. b.*).
— moschatum (*fl. p.*, *passant au j.-v. teintées j.*, *od.*).
— neglectum (*fl. b.*, *od.*).
— paradoxum (*fl. b.-n.*, *v. à l'intérieur.*, *od.*).
— racemosum (*fl. b.*, *passant au r.-p.*, *à pointes parfois bl.*, *od.*).
— Szowitzianum (*fl. b.*, *od.*).
Myosotis azorica (*fl. vio.-b.*).
— dissitiflora (*fl. b.*).
— palustris (*fl. b.*).
Narcissus biflorus (*fl. bl. à couronne j.*).
— Bulbocodium et vars (*fl. j.*).
— calathinus (*fl. j.*).
— incomparabilis et vars (*fl. j. bl.* ou *bl.* et *j.*).
— Jonquilla (*fl. j.*).
— Macleai (*fl. bl.* et *j.*).

Narcissus odorus (*fl. j.*).
— poeticus et var (*fl. bl. à couronne bordée r., od.*).
— Tazetta (*fl. bl.* et *j., od.*).
— triandrus et vars (*fl. bl.* et *j., od.*).
Nierembergia rivularis (*fl. bl., teintées r.* ou *j.*).
Nothoscordum fragrans (*fl. bl., rayées l., od.*).
Œnothera acaulis (*fl. bl., passant au r.*).
— californica (*fl. bl., variant au r., à centre j.*).
— eximia (*fl. bl.*).
— glauca (*fl. j.*).
— Fraseri (*fl. j.*).
— linearis (*fl. j., od.*).
— missouriensis latifolia (*fl. j.*).
— macrocarpa (*fl. j.*).
— pallida (*fl. bl.* et *j. à la base*).
— speciosa (*fl. bl., ro. en se fanant*).
— taraxacifolia (*fl. bl., ro. en se fanant*).
Omphalodes verna (*fl. bl.*).
Ononis Natrix (*fl. j. veinées r.*).
— rotundifolia (*fl. r.*).
Onopordon Acanthium (*fl. p.*).
— Arabicum (*fl. p., fllcs. bl.*).
Ornithogalum narbonense (*fl. bl., striées v.* et *à cœur n.*).
— nutans (*fl. bl.* et *v.*).
— pyramidale (*fl. bl.* et *v.*).
— umbellatum (*fl. bl.* et *v.*).
Orobus aurantius (*fl. j.*).
— flaccidus (*fl. p.*).
— pannonicus (*fl. bl., p., etc.*).
— vernus (*fl. p.* et *b., veinées r.*).
Ourisia coccinea (*fl. r., à anthères c.*).
— Pearcei (*fl. r.*).
Oxalis tetraphylla (*fl. r.* ou *v.-p.*).
— corniculata atro-purpurea (*flles p.*).
Pæonia albiflora et vars (*fl. ro., r.* ou *bl.*).
— Emodi (*fl. bl.*).
— officinalis (*fl. r.*).
— tenuifolia (*fl. r.*).
— Wittmanniana (*fl. j.* et *bl.*).
Pancratium illyricum (*fl. bl., od.*).
Panicum virgatum (*fl. r.*).
Papaver bracteatum (*fl. r.*).
— croceum et vars (*fl. bl.-j.* et *o.*).
— nudicaule (*fl. j.* ou *bl.*).
— orientale et vars (*fl. r., maculées p.*).
— pilosum (*fl. o.*).
Pedicularis dolichorhiza (*fl. j.*).
— flammea (*fl. r.*).
— sceptrum-Carolinum (*fl. j.*).
— verticillata (*fl. ro.* ou *bl.*).
Peltaria alliacea (*fl. bl.*).
Pentstemon antirrhinoides (*fl. j.*).
— azureus (*fl. b., r.-p. à la base*).
— barbatus (*fl. r.*).
— breviflorus (*fl. j.* ou *ro.*).
— campanulatus (*fl. ro., vio., etc.*).
— confertus (*fl. j.-v.*).
— deustus (*fl. j.*).
— diffusus (*fl. p.*).
— Eatoni (*fl. r.*).
— glaber (*fl. p., vio.* ou *b.*).
— gracilis (*fl. l.-p.* ou *bl.*).
— Hartwegii (*fl. r.*).
— heterophyllus (*fl. b.* ou *vio.-r.*).
— Menziezii Douglasii (*fl. l.-p., ro. à la base*).
Pentstemon Murrayanus (*fl. r.-vio.*).
— pubescens (*fl. vio.* ou *p.* ou *partiellement bl.*).
— speciosus (*fl. b.*).
— venustus (*fl. p.*).
Petasites fragrans (*fl. bl. ro., od.*).
— frigida (*fl. bl.*).
Phalaris arundinacea variegata (*flles v.* et *j.*).
Phlomis herba-venti (*fl. b.-vio.*).
Phlox amœna (*fl. p., ro.* ou *bl.*).
— divaricata (*fl. l.* ou *b.*).
— glaberrima (*fl. r.*).
— — suffruticosa (*fl. ro.*).
— maculata et vars (*fl. p., etc., od.*).
— ovata (*fl. r.-p.*).
— paniculata et vars (*fl. variées*).
— pilosa (*fl. ro., p., bl., etc.*).
— reptans (*fl. p.* ou *vio.*).
— subulata (*fl. p.* ou *bl.*).
— setacea (*fl. ro.*).
Phuopsis stylosa (*fl. ro.*).
Phygelius capensis (*fl. r.*).
Physalis Alkekengi (*fl. bl.* et *r., fr.-r.*).
— — Francheti (*fr. r., gros*).
Physostegia virginica et vars (*fl. ro., p.* ou *bl.*).
Phyteuma comosum (*fl. b* ou *p.*).
— humile (*fl. b.*).
Phytolacca decandra (*fl. bl., fr. p.*).
— acinosa (*fl. ro., fr. p.-n.*).
Platycodon grandiflorum (*fl. b.* ou *bl.*).
Plumbago Larpentæ et vars (*fl. vio.-b.*).
Polemonium cæruleum (*fl. b.*).
— — album (*fl. bl.*).
— confertum (*fl. b.*).
— humile (*fl. b.* ou *p.*).
— reptans (*fl. b.* ou *bl.*).
Polygonatum biflorum (*fl. bl.-v.*).
— multiflorum et vars (*fl. bl.-v., fr. b.-n.*).
Polygonum affine (*fl. ro.-r.*).
— amplexicaule (*fl. ro.-r.* ou *bl.*).
— compactum (*fl. bl.*).
— cuspidatum (*fl. bl.-r.*).
— filiforme variegatum (*flles v.* et *j.*).
— sachalinense (*fl. bl.-r.*).
Potentilla argyrophylla (*fl. j.*).
— atrosanguinea (*fl. r.-o.*).
— congesta (*fl. bl.*).
— Hopwoodiana (*fl. panachées ro.* et *j.*).
— nitida (*fl. ro.*).
— rupestris (*fl. bl.*).
— unguiculata (*fl. bl.*).
Primula Allionii (*fl. mv., à œil bl.*).
— altaica (*fl. mv.* ou *p.-r., à œil j.*).
— Auricula et vars (*fl. variées*).
— auriculata (*fl. p., à œil bl.*).
— calycina (*fl. p.*).
— capitata (*fl. vio.-b.*).
— cortusoides (*fl. ro.*).
— — amœna (*fl. ro., l.* ou *bl.*).
— denticulata (*fl. l.*).
— — cashmeriana (*fl. p., à œil j.*).
— farinosa (*fl. l., à œil j.*).
— floribunda (*fl. j.*).
— glutinosa (*fl. b.-p.*).
— involucrata (*fl. bl.*).
— japonica et vars (*fl. r.-ro.* ou *bl.*).
— marginata (*fl. vio.-ro.*).

Primula minima (*fl. ro.* ou *bl.*).
— mollis (*fl. r.* ou *ro.*).
— nivalis (*fl. bl.*).
— Parryi (*fl. p. à œil j.*).
— rosea (*fl. ro.-r. à œil j.*).
— scotica (*fl. p. à œil j.*).
— sikkimensis (*fl. j.*).
— spectabilis Wulfeniana (*fl. ro.-p.*).
— Steinii (*fl. p.*).
— Stuartii (*fl. p.*).
— viscosa (*fl. ro.-p. à œil bl.*).
— verticillata (*fl. j.*).
— — pedemontana (*fl. ro.-p. à œil bl.-j.*).
— vulgaris (*fl. j.*).
Pulmonaria angustifolia (*fl. ro. à la fin b.*).
— saccharata (*fl. ro.*).
Puschkinia scilloides (*fl. bl.*).
Pyrethrum achillæfolium (*fl. j.*).
— corymbosum (*fl. bl.*).
— parthenifolium aureum (*flles v.-j.*).
— roseum et vars (*fl. r., ro. bl.*, etc.).
— Tchihatchewii (*fl. bl.* et *j.*).
— uliginosum (*fl. bl.*).
Ranunculus aconitifolius (*fl. bl.*).
— amplexicaulis (*fl. bl.*).
— anemonoides (*fl. bl., teintées p.*).
— asiaticus (*fl. variées*).
— — sanguineus (*fl. p., r. j. ou panachées*).
— cortusæfolius (*fl. j.*).
— gramineus (*fl. j.*).
— parnassifolius (*fl. bl.* ou *p.*).
Rheum nobile (*flles v., à nervures r.*).
— officinale (*flles v.*).
Rhexia ciliosa (*fl. p.*).
— virginica (*fl. p.*).
Richardia africana (*fl. bl.*).
Romulea Bulbocodium (*fl. j* et *vio., od.*).
Rudbeckia grandiflora (*fl. j.*).
— hirta (*fl. j.*).
— maxima (*fl. j.*).
— pinnata (*fl. j.*).
— speciosa (*fl. j.*).
purpurea (*fl. r. p., à pointes v.*).
Ruscus Hypophyllum (*fr. r.*).
Sagina subulata (*fl. bl.*).
Salvia asperata (*fl. bl.*).
— discolor (*fl. p.* et *vio.-n.*).
— farinacea (*fl. b.*).
— hians (*fl. b.*).
— interrupta (*fl. vio.-p., à gorge bl.*).
— Rœmeriana (*fl. r.*).
— Sclarea (*fl. b.-bl.*).
Sanguinaria canadensis (*fl. bl.*).
Saponaria officinalis fl.-pleno (*fl. l.*).
Saussurea pulchella (*fl. p.*).
— Aizoon (*fl. bl.*).
Saxifraga Camposii (*fl. bl.*).
— ciliata (*fl. r.*).
— Cotyledon (*fl. bl.*).
— — pyramidalis (*fl. bl.*).
— crassifolia (*fl. r.*).
— diversifolia (*fl. j.*).
— granulata fl.-pl. (*fl. bl.*).
— ligulata (*fl. r.*).
— peltata (*fl. bl. ro.*).
Saxifraga sponhemica (*fl. bl.*).
— Stracheyi (*fl. ro.*).
— umbrosa (*fl. bl., ponctuées r.*).
— virginiensis (*fl. bl.*).
Scabiosa amœna (*fl. l.* ou *ro.*).
— caucasica (*fl. bl.*).
— Webbiana (*fl. j.-c.*).
Scilla amœna (*fl. b.* ou *bl.*).
— bifolia et var. (*fl. b.* ou *bl.*).
— hispanica (*fl. b., bl.*, etc.).
— hyacinthoides (*fl. b.-l.*).
— nutans (*fl. b., p., bl.* ou *ro.*).
— peruviana et var. (*fl. l., ro.* ou *bl.*).
— pratensis (*fl. b.*).
— sibirica (*fl. b.*).
Scolymus grandiflorus *fl. j.*).
Scopolia carniolica (*fl. r., j.* ou *v. à l'intérieur*).
Scorzonera undulata (*fl. p.-ro.*).
Scutellaria Lupulina (*fl. b.* et *bl.*).
— macrantha (*fl. b.*).
— orientalis (*fl. j.* ou *j.* et *p.*).
Sedum acre aureum (*fl.* et *flles j.*).
Aizoon (*fl. j.*).
— album (*fl. bl.*).
— brevifolium (*fl. bl., rayées ro., flles ro.*).
— erythrostictum (*fl. v., suffusées r.*).
— glaucum (*fl. bl.-r.*).
— lydium (*fl. ro., flles v., à pointes r.*).
— maximum (*fl. bl., maculé r., flles r.*).
— — hæmatodes (*flles v.*).
— pulchellum (*fl. ro.-p.*).
— reflexum (*fl. j.*).
— Rhodiola (*fl. v.* ou *r.-p.*).
— spectabile (*fl. ro.*).
Sempervivum arachnoideum (*fl. r., flles v.* et *br*).
— atlanticum (*fl. r. flles r.* et *r. b.*).
— Boissieri (*fl. r., flles v.*).
— calcareum (*fl. r., bl., flles v.* et *pointes r. br.*).
— fimbriatum (*fl. r., flles v.* et *r.*).
— Funckii (*fl. r.-p., flles v.*).
— Heuffelii (*fl. j., flles v., teintées r.-br.*).
— Lamottei (*fl. ro., flles v. à pointes r.-br.*).
— montanum (*fl. p., flles v.*).
— Pomelii (*fl. ro.-r., flles v.*).
— Reginæ-Amaliæ (*fl. j., flles v. à pointes p.*).
— soboliferum (*fl. j., flles v., à pointes br.*).
— triste (*fl. r., flles r.-p.*).
— Wulfeni (*fl. j., flles à pointes r.-br.*).
Senecio adonidifolius (*fl. j.*).
— Doria (*fl. j.*).
— Doronicum (*fl. j.*).
— pulcher (*fl., p. à disque j.*).
Sida Napæa (*fl. bl.*).
Sidalcea candida (*fl. bl.*).
Silene Elizabethæ (*fl. ro., bl.* et *p.*).
— Hookeri (*fl. ro.*).
— maritima (*fl. bl.*).
— pensylvanica (*fl. ro.*).
— Saxifraga (*fl. bl.*).
— Schafta (*fl. p.*).
— virginica (*fl. r.*).
Silphium laciniatum (*fl. j.*).
— perfoliatum (*fl. j.*).
Sisyrinchium grandiflorum (*fl. p., striées*).
Smilacina oleracea (*fl. bl., teintées ro.* ou *bl.*).

Smilacina stellata (*fl. bl.*).
Solidago Drummondii (*fl. j.*).
— lanceolata (*fl. j.*).
— speciosa (*fl. j.*).
Spigelia marylandica (*fl. r.* et *j.*).
Spiræa Aruncus (*fl. bl.*).
— astilboides (*fl. bl.*).
— Filipendula flore-pleno (*fl. bl.*).
— palmata (*fl. r.*).
— — alba (*fl. bl.*).
— Ulmaria flore-pleno (*fl. bl.*).
Stachys grandiflora (*fl. ro* et *bl.*).
— lanata (*fl. striées*).
— lanata (*fl. ro.*, *flles bl. soyeuses*).
— Maweana (*fl. bl.-j.*, *maculées p.*).
Statice elata (*fl. b.*).
— eximia (*fl. ro.*).
— floribunda (*fl. b.*).
— incana (*fl. bl.*).
— latifolia (*fl. b.*).
— Limonium (*fl. j.*).
— tatarica (*fl. ro.*).
Stevia serrata (*fl. bl.*).
Sternbergia lutea (*fl. j.*)
Stipa pennata (*fl. v.*).
Streptopus roseus (*fl. ro.*).
Stylophorum diphyllum (*fl. j.*)
Symphytum caucasicum varieg. (*fl. b.*, *flles panachées*).
— officinale bohemicum (*fl. r.* ou *r.-p.*).
— tuberosum (*fl. j.*).
Tanacetum leucophyllum (*fl. j.*, *flles bl.-j.*).
— vulgare crispum (*fl. j.*, *flles v. crépues*).
Teucrium Chamædrys (*fl. ro.*, *maculées bl.* et *r.*).
Thalictrum anemonoides (*fl. bl.* ou *ro.*).
— angustifolium (*fl. j.*).
Thalictrum aquilegifolium (*fl. bl.*).
— — roseum (*fl. ro.*).
— tuberosum (*fl. bl.*).
Thermopsis barbata (*fl. p.*).
— fabacea (*fl. j.*).
— montana (*fl. j.*).
Thladiantha dubia (*fl. j.*, *fr. r.*).
Tiarella cordifolia (*fl. bl.*).
Trachelium cæruleum (*fl. b.* ou *bl.*).
Tradescantia virginica (*fl. b. ro.-p.*, *vio.* ou *bl.*).
Tricyrtis hirta (*fl. bl.*, *ponctuées vio.*).
Trifolium Lupinaster (*fl. p.*).
— rubens (*fl. r.*).
Trillium erectum (*fl. p.*).
— erythrocarpum (*fl. bl.*, *striés p.*).
— grandiflorum (*fl. bl.*, *passant* au *ro.*).
— nivale (*fl. bl.*).
Tritonia Pottsii (*fl. j.*, *suffusées r.*).
Trollius europæus (*fl. j.*)
— asiaticus (*fl. j.-o.*).
Tropæolum polyphyllum (*fl. j.*).
— speciosum (*fl. r.*).
Tulipa australis (*fl. j.*, *suffusées r.*).
— Clusiana (*fl. bl.-r.* et *n.*).
— Eichleri (*fl. r. tachées j.* et *n.*).
— elegans (*fl. r. à œil j.*).
— Gesneriana (*fl. r.*, *j.*, etc.).
— Greigii (*fl. r.*, *maculées n.*).
— hortense (*fl. variées*).
— macrospeila (*fl. r.*, *maculées n.* et *j.*).
— Oculus solis (*fl. r.*, *maculées n.*).
Tulipa præcox (*fl. r.*, *maculées n.*).
— pubescens (*fl. variables*, *od.*).
— retroflexa (*fl. j.*).
— suaveolens (*fl. r.* et *j.*, *od.*).
— sylvestris (*fl. j.*).
Tussilago Farfara variegata (*flles v.*, *panachées j.*)
— nivea.
Uvularia grandiflora (*fl. j.*).
— sessiliflora (*fl. j.*).
Valeriana Phu aurea (*fl. bl.*, *flles j.* et *v.*).
Veratrum album (*fl. bl.* et *v.*).
— nigrum (*fl. n.-p.*).
Vernonia novæ-boracensis (*fl. ro.*).
— præalta (*fl. ro.*).
Veronica incana (*fl. b.*).
— maritima (*fl. b.*, *bl.* ou *ro.*).
— spicata (*fl. b.*).
— longifolia subsessilis (*fl. b.*).
— Teucrium et var. (*fl. b.* ou *bl.*).
— virginica (*fl. b.* ou *bl.*).
Vesicaria utriculata (*fl. j.*).
Vicia argentea (*fl. ro.*, *maculées n.*).
Vinca major (*fl. b.-p.*).
— minor (*fl. vio.-p.*, *bl.* ou *b.*).
— herbacea (*fl. vio.-b.*).
Viola cornuta (*fl. b.* ou *bl.*).
— cucullata (*fl. vio.-b.*, *parfois striées*).
— Munbyana (*fl. vio.* ou *j.*).
— odorata et vars (*fl. vio.*, *od.*).
— pedata (*fl. b.* ou *bl.*).
— rothomagensis (*fl. b.*, *striées n.*).
— suavis (*fl. b.* ou *bl.*, *od.*).
— tricolor (*fl. variées*).
Waldsteinia fragarioides (*fl. j.*).
Wulfenia carinthiaca (*fl. b.*).
Yucca angustifolia (*fl. bl.-v.*, *flles v.* et *br.-v.*).
— filamentosa var. (*fl. bl.*).
— glauca (*fl. bl.*, *flles v.*).
— gloriosa var. (*fl. bl.*, *flles v.*).
Zephyranthes Atamasco (*fl. bl.*).

Plantes demi-rustiques.

ANNUELLES

Ageratum mexicanum et vars (*fl. b.* ou *bl.*).
Alonzoa linifolia (*fl. r.*).
— Warscewiczii (*fl. r.*).
Amarantus bicolor ruber (*flles r.-p.*).
— caudatus (*fl. r.*, *flles v.*).
— hypochondriacus (*fl.* et *flles r.*).
— — atropurpureus (*flles p.*).
— melancholicus ruber (*flles p.*).
— salicifolius (*flles r.* et *br.*).
— tricolor (*flles j.*, *r.* et *v.*).
Ammobium alatum grandiflorum (*fl. bl.*).
Brachycome iberidifolia (*fl. b.* ou *bl. à centre p.-n.*).
Browallia demissa (*fl. b.*, *r.* ou *p.*).
— elata (*fl. b.*).
— grandiflora (*fl. v.-j.* et *bl.* ou *l.*).
— Jamesoni (*fl. o.*).
— speciosa (*fl. b.*).
Castilleja indivisa (*fl. v.* . *à bractées r.*).
Celosia cristata et vars (*fl. r.* ou *j.*).
Chloris barbata (*fl. j.*).

Coix lacryma (*fr. bl.*).
Datura fastuosa (*fl. vio., bl. à l'intérieur.*).
— Metel (*fl. bl., od.*).
Gomphrena globosa *fl. r.-vio., ro. ou bl.*).
Helichrysum bracteatum et vars (*fl. variées*).
— — niveum (*fl. bl.*).
Humea elegans (*fl. p. ou bl.-j.*).
Helipterum Humboldtianum (*fl. bl.*).
— (*Rodanthe*) Manglesii (*fl. ro. ou bl.*).
Impatiens Balsamina (*fl. r., ro., vio. ou bl.*).
Ipomæa hederacea (*fl. b.*).
Lamarckia aurea (*fl. v. j.*).
Lobelia Erinus et vars (*fl. bl., ro. ou bl.*).
Lopezia coronata (*fl. ro.-p.*).
— miniata (*fl. r.*)
Martynia fragrans (*fl. r.-p. à gorge j.*).
Matthiola annua (*fl. variables, od.*).
Maurandia Barclayana (*fl. j. et v.-p.*).
Mentzelia bartonioides (*fl. bl.-j.*).
— ornata (*fl. bl., od.*).
Nicotiana affinis (*fl. bl., od.*).
— longiflora (*fl. bl.*).
— Tabacum var (*fl. r.*).
Pennisetum longistylum (*fl. v., plumeuses*).
Perilla ocimoides crispa (*flles p.-n.*).
Petunia vars (*fl. variées.*).
Phlox Drummondii et vars (*fl. variées*).
Portulaca grandiflora (*fl. r., ro. ou j*).
Reseda odorata (*fl. v.*).
Ricinus communis (*flles v. ou p.*).
Salpiglossis sinuata (*fl. p. j., bl., etc.*).
Salvia coccinea (*fl. r.*).
Schizanthus candidus (*fl. bl.*).
— Grahami (*fl. l. ou r. et j.*).
— — retusus (*fl. ro. et o.*).
— pinnatus (*fl. l. et bl.*).
Schizopetalon Walkeri (*fl. bl.*).
Senecio elegans et vars (*fl. bl., ro. ou vio.*).
Swertia corymbosa (*fl. b. ou bl., nervées b.*).
— paniculata (*fl. bl. et p. ou v.*).
Zaluzianskia capensis (*fl. bl.*).
Zinnia elegans et vars (*fl. variées*).

BISANNUELLES

Anagallis fruticosa (*fl. b.*).
Anarrhinum bellidifolium (*fl. bl. ou b.*).
Blumenbachia coronata (*fl. bl.*).
Matthiola incana et vars (*fl. variées, od.*).

VIVACES

Ainsliæa Walkeræ (*fl. bl. à anthères r.*).
Alstrœmeria Pelegrina (*fl. bl. ou j., striées r.*).
— pulchra (*fl. p. et bl. j., maculées r.*).
Alternanthera amabilis et vars (*flles v., ro.-o. et r.*).
— paronychioides (*flles r.-o. et v.*).
— versicolor (*flles ro.-carm. et v.*).
Amaryllis Belladonna (*fl. bl., variant au p.*).
Ambrosinia Bassi (*fl. v.*).
Amicia Zygomeris (*fl. j., tachées p.*).
Anagallis linifolia (*fl. b.*).
— — Breweri (*fl. r.*).
— — phœnicia (*fl. r.*).
— — Wilmoreana (*fl. b.-p.*).
Anomatheca cruenta (*fl. r.*).
Antholyza æthiopica (*fl. r. et v.*).
— caffra (*fl. r.*).
— Cunoniana (*fl. r. et n.*).
Antirrhinum tortuosum (*fl. p.*).
Aphyllanthes monspeliensis (*fl. b.*).
Arctotis acaulis (*fl. j. et br.*).
— arborescens (*fl. bl., ro. et j.*).
— grandiflora (*fl. o.*).
— speciosa (*fl. j.*).
Astilbe japonica (*fl. bl.*).
— — variegata (*fl. bl., flles v. panachées j.*).
Babiana disticha (*fl. b., od.*).
— plicata (*fl. vio-b., od.*).
— ringens (*fl. r.*).
— stricta (*fl. bl. et l.-b., maculées foncé*).
— — rubro-cyanea (*fl. r. et b., od.*)
— — sulphurea (*fl. c. ou j., à anthères b.*).
— — villosa (*fl. r., à étamines vio.-b.*).
Begonia Evansiana (*fl. ro.*).
— semperflorens et var. (*fl. bl., ro. ou r., flles v. ou p.*).
Bellis rotundifolia cærulescens (*fl. bl. ou b.*).
Bessera elegans (*fl. r. ou r. et bl., variables*).
Blumenbachia chuquitensis (*fl. r. et j.*).
Blumenbachia baselloides (*fl. bl.*).
Bravoa gemmiflora (*fl. r.-o.*).
Brodiæa gracilis (*fl. j., nervées br.*).
— volubilis (*fl. ro.*).
Calceolaria amplexicaulis (*fl. j.*).
— arachnoidea (*fl. p.*).
— Burbidgei (*fl. j.*).
— Fothergilli (*fl. j., maculées r.*).
— Pavoni (*fl. j. et b.*).
— plantaginea (*fl. j.*).
Calacorthus albus (*fl. bl., maculées*).
— Benthami (*fl. j.*).
— cæruleus (*fl. l., marquées b.*).
— elegans (*fl. bl.-v. et p. à la base*).
— Gunnisoni (*fl. l., v. et p.*).
— lilacinus (*fl. ro.*).
— luteus (*fl. j. et p.*).
— Nutallii (*fl. v. et j., marquées r. et p.*).
— pulchellus (*fl. j.*).
— purpureus (*fl. v., p. et j.*).
— splendens (*fl. l.*).
— venustus (*fl. bl. et j., marquées r.*).
Caloscordum nerinæflorum (*fl. ro.*).
Canna hybrides (*fl. variées, flles v. ou p.*).
Caryopteris Mastacanthus (*fl. b.*).
Centaurea Cineraria (*fl. p., flles bl. arg.*).
— Ragusina (*fl. j.*).
Chionographis japonica (*fl. b.*).
Clianthus Dampieri (*fl. r., maculées n. ou p.*).
Cœlestina ageratoides (*fl. b.*).
Collinsonia anisata (*fl. j.*).
Commelina cœlestis (*fl. b.*).
— — alba (*fl. bl.*).
— violacea (*fl. vio.*).
Crinum asiaticum (*fl. bl.*).
— Macowani (*fl. v., bl. et p.*).
Cypella Herberti (*fl. j*).
Dahlia variés (*fl. variées*).
Dianella lævis (*fl. b*).
Eryngium pandanifolium (*fl. p.*).
Eucomis bicolor (*fl. v., bordées p.*).
— nana (*fl. br.*).

Ferraria Ferrariola (*fl. v.-br.*).
— undulata (*fl. v.-br.*).
Francoa ramosa (*fl. bl.*).
— sonchifolia (*fl. ro.*).
Gaillardia aristata (*fl. j. à styles. r.*).
Gaura Lindheimeri (*fl. ro.* et *bl.*).
Gladiolus blandus (*fl. bl.* et *j., marquées r.*).
— brachyandrus (*fl. r.*).
— cardinalis (*fl. r., maculées bl.*).
— Colvillei (*fl. r. tachées p.*).
— — alba (*fl. bl.*).
— cruentus (*fl. r.* et *bl.-j.*).
— cuspidatus (*fl. p.* et *r.*, etc.).
— floribundus (*fl. bl., p. r.*, etc.).
— Papilio (*fl. p.* et *j.*).
— psittacinus (*fl. r., p., j.* et *v.*).
— purpureo-auratus (*fl. j., maculées p.*).
Gunnera manicata (*flles v.*).
— scabra (*fl. r., flles v.*).
Helicodiceros crinitus (*fl. p.-br.*).
Hebertia cœrulea (*fl. b.* et *bl.*).
Iris Suziana (*fl. bl., teintées l., réticulées br.-n.*).
Iresine acuminata (*flles p. carminé*).
— Herbstii (*flles r.*).
— — aureo-reticulata (*flles r. réticulées j.*).
— Lindeni (*flles r. rayées p.*).
Lilium cordifolium (*fl. j., bl.* et *p.*).
— giganteum (*fl. bl., teintées v.* et *p.*).
— japonicum (*fl. bl., teintées p.*).
Linum Macraei (*fl. o.*).
Lobelia cardinalis (*fl. r.*).
— fulgens (*fl. r.*),
— splendens (*fl. r.*).
Montbretia crocosmiæflora et vars (*fl. j., o.* ou *r.*).
Moræa edulis (*fl. v. maculées j.*).
— tricuspis (*fl. bl.-v., maculées r.*).
— unguiculata (*fl. bl., maculées r.-p.*).
Myosotis azorica (*fl. vio.-b.*).
Neja gracilis (*fl. j.*).
Nierembergia calycina (*fl. j.* et *v.*).
Ophiopogon Jaburan variegatus (*fl. vio.-b. fr.-b., flles panachées*).
— japonicus (*fl. bl.*).
— — intermedius (*fl. bl.*).
Othonnopsis cheirifolia (*fl. j.*).
Pancratium maritimum (*fl. bl., od.*).
Petunia violacea et vars (*fl. variées*).
Phygelius capensis (*fl. r.*).
Romneya Coulteri (*fl. bl.*).
Salvia patens (*fl. b.*).
Saxifraga cortusæfolia (*fl. bl.*).
— Fortunei (*fl. bl.*).
Schizostylis coccinea (*fl. r.*).
Scilla chinensis (*fl. ro.-p.*).
Sisyrinchium iridifolium (*fl. bl.-j.*).
Statice callicoma (*fl. ro.*).
— sinuata (*fl. j.*).
Tephrosia virginica (*fl. bl.-j., tachées p.*).
Tigridia pavonia et vars (*j.-o.*).
Tricytis hirta (*fl. bl., ponctuées p.*).
— macropoda (*fl. bl.-p., ponctuées p.*).
Triteleia laxa (*fl. b.*).
— porrifolia (*fl. bl.-v.*).
— uniflora (*fl. l.*).
Tropæolum tricolorum (*fl.-o., r.* et *n.*).
Urginea maritima (*fl. bl., à carène v.-p.*).
Verbena venosa (*fl. l.* ou *b.*).
— hybrida (*fl. variées*).
Viola hederacea (*fl. b.* ou *bl.*).
— pedunculata (*fl. j*).
— pubescens (*fl. j.*).
Wachendorfia thyrsiflora (*fl. j.*).
Zephyranthes carinata (*fl. ro.* et *v.*).
— rosea (*fl. ro.*).

PLANTES GRIMPANTES

Ce choix comprend les plantes herbacées, grimpantes ou volubiles les plus recommandables. La plus grande partie des plantes grimpantes qui ornent les jardins et les serres étant des arbustes, on les trouvera mentionnés plus loin au chapitre **Arbustes** (V. ce nom).

Plantes rustiques.

ANNUELLES

Amphicarpæa monoica (*fl. vio.* et *bl.*)).
Ipomæa purpurea (*fl. b., p.* ou *bl.*).
Lathyrus grandiflorus (*fl. ro.*).
— odoratus (*fl. variées*).
Humulus japonicus (*flles v.*).
Rhodochiton volubilis (*fl. r.*).
Maurandia Barclayana (*fl. p.-vio.*).
— scandens (*fl. p.-vio.*).

VIVACES

Abobra viridiflora (*fl. v.*).
Apios tuberosa (*fl. br.-p.*).
Asparagus verticillatus (*flles v.*).
Bryonia dioica (*fl. r.*).
Calystegia dahurica (*fl. ro.-p.*).
— pubescens flore-pleno (*fl. bl.-ro. passant au ro.*).
— Soldanella (*fl. r.* et *j.*).
Cardamine trifolia (*fl. bl.*).
Cedronella cordata (*fl. p.*).
Cynanchum roseum (*fl. r.*).
Hablitzia tamnoides (*fl. v.*).
Humulus Lupulus (*fl. v.-j., flles v.*).
Ipomæa pandurata (*fl. bl.* et *p.*).
Lathyrus magellanicus (*fl. b.-p.*).
— roseus (*fl. ro.*).
— rotundifolius (*fl. ro.*).
— pubescens (*fl. mv.*).
— sylvestris platyphyllus (*fl. ro.*).
Mutisia decurrens (*fl. o.*).

Demi-rustique.

ANNUELLES

Dolichos Lablab et var (*fl. bl.* ou *p., fr. v.* ou *p.*).
Grammatocarpus volubilis (*fl. j.*).

Ipomæa hederacea (*fl. b.*).
— hederæfolia (*fl. r.*).
— Quamoclit (*fl. r.* ou *bl.*).
— versicolor (*Mina-lobata*) (*fl. r.* et *j.*).
Cucurbita Pepo var (Coloquinte) (*fr. variés*).
Lagenaria vulgaris (Gourde) (*fr. variés*).
Luffa cylindrica (*fr. v., rayés*).
Momordica charantia (*fr. r.* et *j.*).
Phaseolus multiflorus (*fl. r.* ou *bl.*).
Tropæolum peregrinum (*fl. j.*).
— majus et vars (*fl. variées*).
— minus (*fl. r.-o.*).
— Lobbianum (*fl. variées*).
Trichosanthes anguina (*fl. bl., fr. v.*)

BISANNUELLES

Adlumia cirrhosa (*fl. ro.*).

VIVACES

Boussingaultia baselloides (*fl. bl.-v.*).
Blumenbachia chuquitensis (*fl. r.* et *j.*).
Cobæa scandens (*fl. vio.-v.*).
Batatas edulis (*fl. v.*).
Eccremocarpus scaber (*fl. ro.-o.*).
Momordica Charantia (*fl. j., fr. j.* et *r.*).

Plantes de serre.

ANNUELLES

Citrullus vulgaris (*s. c., fr.*).
Ipomœa Bona-nox (*s. t., fl. bl.*).
— mexicana (*s. t., fl. bl.*).
Porana racemosa (*s. f., fl. bl.*).
Thunbergia alata (*s. f., fl. j* et *p.*).
Trichosanthes palmata (*s. t., fl. bl. fr.*).

VIVACES

Alstrœmeria densiflora (*s. f., fl. r., ponctuées n.*).
Aristolochia Goldiæana (*s. c., fl. v.-j.* et *n.*).
Asparagus plumosus (*s. t., flles v.*).
— scandens (*s. f., flles v.*).
Batatas bignonioides (*s. c., fl. p.*).
— Cavanillesii (*s. c., fl. bl.*).
— paniculata (*s. c., fl. p.*).
Blumenbachia contorta (*s. f., fl. o.* et *j.*).
Bomarea Caldasiana (*s. f., fl. o.-j.*).
— Carderi (*s. f., fl. p. ponctuées p. n.*).
— oligantha (*s. f., fl. r.* et *j.*).
— Shuttleworthii (*s. f., fl. o., r., j.* et *v.*).
— Williamsii (*s. f., fl. p.*).
Campanea grandiflora (*s. c., fl. bl.* et *r.*).
Campanumœa gracilis (*s. c., fl. b.*).
Canavalia bonariensis (*s. c., fl. p.*).
— ensiformis (*s. c., fl. bl.* et *r.*).
— obtusifolia (*s. c., fl. p.*).
Ceropegia elegans (*s. t., fl. p.*).
— Gardnerii (*s. f., fl. bl., maculés p.*).
— Wightii (*s. c., fl. v.* et *p.*).
Cobæa penduliflora (*s. t., fl. v.*).
Columnea Schiedeana (*s. t., fl. j.* et *n.*).
Hardenbergia Comptoniana (*s. f., fl. p.*).
— monophylla (*s. f., fl. p.*).
Kennedia prostrata Marryattæ (*s. f., fl. r.*).
— rubicunda (*s. f., fl. r.*).
Littonia modesta (*s. c., fl. o.*).
Myrsiphyllum asparagoides (*s., f. fl. v.* ou *bl., flles v.*).
Oxypetalum cæruleum (*s. t., fl. b.*).
Rhodochiton volubile (*s. f., fl. r.*).
Selaginella Willdenovii (*s. c., flles v.*).
Swainsona galegifolia (*s. f., fl. r.*).
Testudinaria elephantipes (*s. f., fl. v.-j., flles v.*).
Thunbergia coccinea (*s. c., fl. r., o.* ou *ro.*).
— fragrans (*s. c., fl. bl., od.*).
— laurifolia (*s. c., fl. b.*).
Tropæolum azureum (*s. f., fl. b.* et *bl.-v.*).
— Jarrattii (*s. f., fl. r., o., j.* et *br.*).

PLANTES DE SERRE FROIDE

Cette épithète s'applique aux plantes trop sensibles pour résister en plein air à nos hivers, mais pour lesquelles l'abri d'une serre non chauffée, où la gelée ne pénètre pas, suffit pour les amener à leur complet développement. Les jardins d'hiver et même les orangeries ne sont en réalité que des serres froides ; les premiers aménagés, surtout au point de vue décoratif ; les dernières pour le simple hivernage des arbustes et autres plantes analogues aux Orangers en tant qu'exigences. Néanmoins, dans les unes et les autres, il convient de ne pas laisser la température descendre au-dessous de 4 à 5 degrés et, par les temps très froids, il peut ainsi devenir nécessaire de faire un peu de feu. La liste suivante comprend les plantes les plus importantes parmi celles rentrant dans cette catégorie ; quelques plantes rustiques, employées pour l'ornementation temporaire des jardins d'hiver, telles que les Auricules, certains Lis, etc., y sont cependant introduites.

ANNUELLES

Browallia demissa (*fl. b., r.* ou *p.*).
— elata (*fl. b.*).
— grandiflora (*fl. bl.* ou *l.*).
— speciosa (*fl. b.*).
Cineraria hybrida (*fl. bl., r., l., vio.*, etc.).
Calceolaria hybrida (*fl. r., j., bl.*, etc.).
Drosera peltata (*fl. ro.*).
Gomphrena globosa (*fl. r.* ou *bl.*).
Helipterum (Rhodanthe) Manglesii (*fl. bl.* ou *ro.*).
Impatiens auricoma (*fl. j.* et *r.*).
— flaccida (*fl. p.*).
— Sultani (*fl. p.* ou *bl.*).
Martynia fragrans (*fl. r.-p., à gorge j.* et *od.*).
— proboscidea (*fl. vio. bl.*, et *c.*).
Oxalis Barrelieri (*fl. j., maculées o.*).
Porana racemosa (*fl. bl.*).
Reseda odorata (*fl. v.-r.*).
Primula sinensis et vars (*fl. bl., r., ro. l.*, etc.).
Salvia coccinea (*fl. r.*).
Schizopetalon Walkeri (*fl. bl.*).

Waitzia aurea (*fl. j.*).
— nivea (*fl. bl.*).

BISANNUELLES

Blepharis capensis (*fl. b.*).
Convolvulus erubescens (*fl. r.-ro.*).
Echium candicans (*fl. b.*).
Eustoma Russellianum (*fl. l.-p.*).

VIVACES

Actinocarpus minor (*aq.*, *fl. bl.*).
— helianthi (*fl. bl.*).
Agapanthus umbellatus (*fl. b.*).
— — variegatus (*flles v.*, *rayé bl.*).
Agathæa cœlestis (*fl. b.*).
Albuca aurea (*fl. j.*).
— Nelsoni (*fl. bl.*, *striées j.*).
Amicia Zygomeris (*fl. j.* et *p.*).
Amorphophallus Lacouri (*flles v.*, *panachées j.*).
— Rivieri (*fl. r.* et *ro.-r.*, *flles v.*).
Amphicome arguta (*fl. r.*).
— Emodi (*fl. ro* et *o.*).
Aneilema biflora (*fl. b.*).
Anigozanthus coccineus (*fl. r.*).
— flavidus (*fl. j.-v.*).
— pulcherrimus (*fl. j.*).
— tyrianthinus (*fl. p.* et *bl.*).
Anomatheca cruenta (*fl. r.*).
Antholyza æthiopica (*fl. r.* et *v.*).
— caffra (*fl. r.*).
— Cunoniana (*fl. r.* et *n.*).
Anthurium cordifolium (*flles v.*).
— coriaceum (*flles v.*).
Arisæma concinna (*fl. bl.* et *v.* ou *b.-p.*).
— curvatum (*fl. v.*, *bl.* et *br.*)
— galeata (*fl. v.*, *bl.* et *p.*).
— nepenthoides (*fl. j.*, *br.*, *r.* et *v.*).
— speciosa (*fl. p.*, *v.* et *n.*).
Arthropodium neo-caledonicum (*fl. bl.*).
— paniculatum (*fl. bl.*).
— pendulum (*fl. bl.*).
Arum palæstinum (*fl. p.*, *n.* et *bl.-j.*).
Arundo Donax (*fl. r.*, *flles v.*).
Asparagus decumbens (*flles v.*).
— scandens (*flles v.*).
— Sprengeri (*flles v.*).
Astilbe japonica (*fl. bl.*).
— — variegata (*fl. bl.*, *flles panachées j.*)
— rubra (*fl. ro.*).
Babiania disticha (*fl. b.*, *od.*).
— plicata (*fl. vio.-b. od.*).
— ringens (*fl. r.*).
— stricta et vars (*fl. bl.* et *l.-b. maculées*).
Bæa hygrometrica (*fl. b.*, *à gorge jaune*).
Begonia Evansiana (*fl. ro.*, *flles v.-r. en dessous*).
— gracilis (*fl. ro.*).
— natalensis (*fl. ro.*, *flles v.*, *maculées bl.*).
— semperflorens et vars (*fl. bl.*, *ro.* ou *r.*).
Blandfordia aurea (*fl. j.*).
— Cunninghami (*fl. r.*).
— flammea et vars (*fl. j.*).
— grandiflora (*fl. r.*).
— nobilis (*fl. o.* et *j.*).
Blumenbachia contorta (*fl. o.-r.*).
Bravoa geminiflora (*fl. o-r.*).
Brodiæa gracilis (*fl. j.*, *à nervures br.*).
Brunonia australis (*fl. b.*).
Brunswigia Cooperi (*fl. j.-v.*, *bordées r.*).
— falcata (*fl. r.*).
— Josephinæ (*fl. r.*).
— multiflora (*fl. r.*).
— toxicaria (*fl. ro.*).
Bulbine alooides (*fl. j.*).
— caulescens (*fl. j.*).
Caliphruria Hartwegiana (*fl. bl.-v.*).
— subedentata (*fl. bl.*).
Callipsyche aurantiaca (*fl. o.-j.*).
— eucrosioides (*fl. r.* et *v.*).
— mirabilis (*fl. v.-j.*).
Calochortus albus (*fl. bl.*, *maculées*).
— Benthami (*fl. j.*).
— cæruleus (*fl. l.*, *ponctuées p.*).
— elegans (*fl. bl.*, *v.* et *p.*).
— Gunnisoni (*fl. l.*, *v.-j.* et *p.*).
— lilacinus (*fl. ro.*).
— luteus (*fl. v.* et *j.*)
— Nuttallii (*fl. v.* et *bl. marquées r.* et *p.*).
— pulchellus (*fl. j.*).
— purpureus (*fl. v.-p.* et *j.*).
— splendens (*fl. l.*).
— venustus et vars (*fl. bl.* et *r.*).
Calotis cuneifolia (*fl. b.*).
Carpolysa spiralis (*fl. bl.* et *r.*).
Centropogon fastuosus (*fl. ro.*).
Cephalotus follicularis (*fl. v.*, *p.* et *ro.-p.*).
Ceropegia Barklyi (*fl. ro.*).
— Gardnerii (*fl. bl.-c.*, *maculées p.*).
— Sandersoni (*fl. v.*).
Chænostoma polyantha (*fl. l.* et *j.*).
Chironia floribunda (*fl. ro.*).
— jasminoides (*fl. r.* ou *p.*).
— linoides (*fl. r.*).
Clianthus Dampieri (*fl. r.*, *maculées n.*).
Clivia nobilis (*fl. r.* et *j.*).
Cobæa penduliflora (*fl. v.*).
— scandens (*fl. v.-vio.*).
Coleus variés (*flles panachées*).
Colocasia esculenta (*fl. bl.*, *flles v.*).
Commelina elliptica (*fl. bl.*).
Convolvulus mauritanicus (*fl. b.*, *à gorge bl.*).
— ocellatus (*fl. bl. à œil r.-p.*).
Crinum asiaticum (*fl. bl. à tube v.*).
— Macowani (*fl. bl.*, *teintées p.* et *v.*).
— Moorei (*fl. bl.*, *suffusées r.*).
Cyanella odoratissima (*fl. ro.*, *od.*).
Cyclamen africanum (*fl. bl.* ou *teintées r.* et *maculées p.*).
— cilicicum (*fl. bl. maculées p.*).
— Coum et vars (*fl. r.*).
— ibericum et vars (*fl. r. maculées p.*, *flles zonées bl.*).
— persicum et vars (*fl. bl.*, *ro.*, *r.* ou *panachées*).
— neapolitanum (*fl. ro.*, *flles zonées*).
Cyperus alternifolius (*flles v.*).
— — variegatus (*flles panachées*).
Darlingtonia californica (*fl. bl.* ou *v.*).
Decabelone Barklyi (*fl. bl.-j.*, *maculées r.*).
Dianella lævis (*fl. b.*).
— tasmanica (*fl. b.*, *fr. b.*).
Dianthus Caryophyllus vars. (*fl. variées*).
Dionæa muscipula (*s.-aq.*, *fl. bl.*, *flles*)

Drimiopsis Kirkii (*fl. bl.*).
Drosera binata (*fl. bl.*).
— filiformis (*fl. p.*).
— spathulata (*fl. p.*).
Dyckia argentea (*flles bl., écailleuses*).
Elisena longipetala (*fl. bl.*)
Equisetum sylvaticum (*flles v.*).
Falkia repens (*fl. r.*).
Fragaria indica (*fl. v.-j., fr. r.*).
Freezia Leichtlinii (*fl. j.* ou *c., od.*).
— refracta (*fl. bl.* ou *rayées vio. maculées o.*, et *od.*).
Galaxia ovata (*fl. j.*).
Geissorhiza grandis (*fl. j.* et *r.*).
— inflexa (*fl. j., maculées p.*).
— Rochensis (*fl. b., maculées r.*).
Gynura aurantiaca (*fl. o., flles v., à poils vio.*).
Hæmanthus natalensis (*fl. v.* et *o.*).
— puniceus (*fl. r.*).
Hechtea argentea (*fl. bl., flles arg.*).
Hedychium flavum (*fl. o., od.*).
— Gardnerianum (*fl. j.-v., od.*).
Hesperantha radiata (*fl. bl., teintées r.-br.*).
Hessea crispa (*fl. ro.*).
Hibiscus coccineus (*fl. r.*).
Hippeastrum aulicum (*fl. r., v.* et *p.*).
— pardinum (*fl. c., ponctuées r.*).
— vittatum (*fl. bl., striées r.*).
— hybrides (*fl. bl.* ou *r., striées*).
Houttuynia cordata (*fl. bl., flles v.*).
Hyacinthus amthystinus (*fl. b.*).
— corymbosus (*fl. l.-ro.*).
— orientalis (*fl. b., od.*).
— albulus (*fl. bl.*).
— variétés (*fl. très variées*).
Hymenocallis calathinum (*fl. bl., od.*).
Hypoxis stellata (*fl. bl.* et *b.*).
Imantophyllum Gardeni (*fl. r.-o.* ou *j.*).
— miniatum (*fl. o.* et *chamois*).
— hybrides (*fl. r., o., j.*, etc.).
Ixia capillaris (*fl. ro.* ou *l.*).
— hybrida (*fl. bl.*).
— maculata (*fl. o.*).
— odorata (*fl. j., od.*).
— patens *fl. ro.*).
— speciosa (*fl. r.*).
— viridiflora et vars (*fl. v., maculées*, etc.).
Kennedya prostrata (*fl. r.*).
— rubicunda (*fl. r.*).
Lachenalia fragrans (*fl. j., od.*).
— lilacina (*fl. l.* et *b.*).
— Nelsoni (*fl. j.*).
— pendula (*fl. p., r.* et *j.*).
— purpureo-cærulea (*fl. b.-p.*).
— tricolor (*fl. v., r.* et *j.*).
— lutea (*fl. j.*).
Lilium auratum (*fl. bl.* et *j., ponctuées p.*).
— elegans (*fl. r.*).
— giganteum (*fl. bl., teintées v.* et *p.*).
— japonicum *fl. bl., teintées p.*).
— longiflorum (*fl. bl., od.*).
— — Harrisii (*fl. bl., od.*).
— neilgherrense (*fl. bl., od.*).
— speciosum et vars (*fl. bl.* et *r.*).
Lobelia fulgens (*fl. r.*).
— cardinalis et vars (*fl.* et *flles r.*).
Lotus australis (*fl. bl., variant au r.-p.*).
Lotus gebelia (*fl. r., devenant ro.*).
Lycoris aurea (*fl. j.*).
— Sewerzowi (*fl. br.-r., od.*).
Lythrum Græfferi (*fl. ro.*).
Manulea rubra (*fl. j.*).
Marica lutea (*fl. j., r.* et *bl.*).
Mimulus moschatus (*fl. j., flles od.*).
Moltkia petræa (*fl. vio.-p.*).
Moræa edulis (*fl. vio., maculées j.*).
— tricuspis (*fl. bl.-v., maculées bl.*).
— unguiculata (*fl. bl., maculées r.-p.*).
Musschia aurea (*fl. j.*).
Narcissus Tazetta et vars (*fl. bl.* et *j.*).
— triandrus (*fl. bl.*).
Nelumbium luteum (*aq., fl. j., od., flles v.-b.*).
— speciosum (*aq., fl. bl. à pointes r., od., flles v.*).
Nemastylis acuta (*fl. b., j.* et *n.*).
Nerine curvifolia (*fl. r.*).
— flexuosa (*fl. r., teintées o.*).
— sarniensis et vars (*fl. ro.*).
— undulata (*fl. bl.-ro.*).
Nicotiana tomentosa (*fl. bl.-r., flles v.*).
— suaveolens (*fl. bl., od.*).
Nierembergia filicaulis (*fl. l., à centre j.*).
Nolina georgiana (*fl. bl.*).
Ornithogalum arabicum (*fl. bl., à centre n., od.*).
— thyrsoides et vars (*fl. j.*).
Oxalis Bowiei (*fl. ro.* et *j. à la base*).
— elegans (*fl. p.*).
— hirta et vars (*fl. vio.* ou *r.*).
— lasiandra (*fl. r., flles v., maculées p.*).
— Martiana (*fl. ro.*).
— rosea (*fl. r.*).
— floribunda (*fl. r.*).
— — alba (*fl. bl.*).
— variabilis et vars (*fl. bl.* ou *r.*).
— versicolor (*fl. bl.* et *j. à l'extérieur*).
Pancratium maritimum (*fl. bl.*).
Pelargonium Bowkeri (*fl. p.* et *j.*).
— Endlicherianum (*fl. ro., nervées p.*).
— fissum (*fl. ro.*).
— pulchellum (*fl. bl., maculées r.*).
Petunia hybrides (*fl. variées*).
Phædranassa rubro-viridis (*fl. r.* et *v.*).
Phormium Cookianum (*fl. j.* ou *j.* et *v., flles v.*).
— — variegatum (*flles v., panachées c.*).
— tenax (*fl. j.* ou *r., flles marginées br.*).
— — variegatum (*flles v., panachées c.*).
Phyllostachys nigra (*flles v., tiges n.*).
— viridi-glaucescens (*flles v., tiges v.-glauque*).
Physalis peruviana violacea (*fr. vio.*).
Pinguicula caudata (*fl. r., flles marginées p.*).
Podolepis gracilis (*fl. p., l.* ou *bl.*).
Polianthes tuberosa et vars (*fl. bl., od.*).
Prepusa Hookeriana (*fl. bl.-j.*).
Primula Auricula (*fl. variables*).
— Boveana (*fl. j.*).
— cortusoides amœna (*fl. ro. l.* ou *bl.*).
— floribunda (*fl. j.*).
— mollis (*fl. ro.* et *r.*).
— obconica (*fl. l.* ou *p.*).
— Forbesii (*fl. l., à œil j.*).
— sinensis (*fl. r.* et *variées*).
— verticillata sinensis (*fl. j.*).

Pterodiscus speciosus (*fl. l.* ou *r.*).
Ranunculus Lyalli (*fl. bl.*).
Richardia africana (*s.-aq.*, *fl. bl.* et *spadice j.*).
— albo-maculata (*s.-aq.*, *flles v.*, *maculées bl.*).
— Elliottiana (*fl. j.*, *spadice j.*, *flles v.*, *maculées bl.*).
— melanoleuca (*s-aq.*, *fl. j.* et *n.-p.*, *spadice bl.*).
— Pentlandi (*s-aq.*, *fl. j.*).
Romneya Coulteri (*fl. bl.*).
Romulea speciosa (*fl. ro.-j.* et *vio.*).
Salvia cacaliæfolia (*fl. b.*).
— coccinea (*fl. r.*).
— gesneræflora (*fl. r.*).
— ianthina (*fl. vio.-p.*).
Sandersonia aurantiaca (*fl. o.*).
Sarracenia Chelsoni (*flles r.*).
— Courtii (*flles r.-p.*).
— Drummondii et vars. (*fl. p.*, *flles v.*, *bl.* et *p.*).
— flava et vars (*fl. j.*, *flles j.*, *r.* et *p.*).
— formosa (*flles v.-r.*).
— Mitchelliana (*flles veinées r.*, *devenant r.*).
— psittacina (*fl. p.*, *flles v.-p.* et *bl.*).
— purpurea (*fl. p.*, *flles v.*, *veinées p.*).
— rubra (*fl. r. p.*, *flles v.*, *veinées p.*).
— Williamsii (*flles v.*, *veinées r.-p.*).
Schizostylis coccinea (*fl. r.*).
Senecio speciosus (*fl. p.*).
Solanum sisymbriifolium (*fl. b.* ou *bl.*, *fr. r.*).
Sparaxis grandiflora (*fl. p.*, *bl.* ou *panachées*).
— pendula (*fl. l.*).
— tricolor et vars (*fl. o.*, *j.* et *n.*).
Sprekelia formosissima (*fl. r.* ou *bl.*).
Stachys coccinea (*fl. r.*).
Stenomesson coccineum (*fl. r.*).
— incarnatum (*fl. r.*, etc.).
Streptanthera elegans (*fl. bl.*, *r.*, *p.* et *j.*).
Streptocarpus Dunnii (*fl. ro.*, *teintées r.*).
— parviflora (*fl. bl.*, *striées p.*).
Streptocarpus Kewensis et vars (*fl. b.*, *l.*, *bl.*, etc.).
Stylidium bulbiferum macrocarpum (*fl. v.-p.*).
— graminifolium (*fl. ro.*).
— spathulatum (*fl. j.*).
Swainsona galegifolia (*fl. r.*).
— Grayana (*fl. ro.*).
Synnotia variegata (*fl. j.* et *bl.*).
Theropogon pallidus (*fl. bl.* ou *teintées r.*).
Thysanotus junceus (*fl. p.*).
— multiflorus prolifer (*fl. p.*).
— tuberosus (*fl. p.*).
Tigridia atrata (*fl. p.*, *v.* et *br.*).
— Meleagris (*fl. p.*, *rayées r.*).
— Van-Houttei (*fl. j.*, *l.* et *p.*).
Trichinium Manglesii (*fl. ro.* et *bl.*).
Tritonia crocata (*fl. j.*).
— miniata (*fl. r.*).
Tropæolum azureum (*fl. bl.*, *à onglet bl.-v.*).
— Jarrattii (*fl. o.-r.* et *j.*).
— Lobbianum (*fl. r.*).
— peregrinum (*fl. j.*).
— tricolorum (*fl. r.-o.*, *o.* et *n.*).
Utricularia bifida (*fl. j.*).
Vallota purpurea et vars. (*fl. r.* ou *ro.*).
Villarsia parnassifolia (*s.-aq.*, *fl. j.*).
— reniformis (*s.-aq.*, *fl. j.*).
Wahlenbergia saxicola (*fl. l.*).
— tuberosa (*fl. bl.*, *rayées ro.-p.*).
Watsonia densiflora (*fl. ro.-r.*).
— Meriana (*fl. p.* ou *r.*).
— rosea (*fl. ro.*).
Wigandia macrophylia (*fl. l.*, *flles v.*).
— Vigieri (*fl. b.-l. variant au r.*, *flles v.*).
Xanthorrhœa Preissii (*fl. bl.*).
Xanthosia rotundifolia (*fl. bl.*).
Yucca flexilis ensifolia (*fl. bl.*, *teintées r.*, *flles v.*).
Zephyranthes Andersoni (*fl. j.* ou *br.-j.*).
— candida (*fl. bl.*).

PLANTES DE SERRE TEMPÉRÉE

Cette section comprend les plantes qui demandent une température plus élevée que celle des orangeries et serres froides ordinaires, mais plus basse et plus humide que celle des serres chaudes. Les indications de température indiquées ci-après peuvent être prises comme moyenne de la chaleur que doivent avoir les serres tempérées.

Hiver : 12 à 16 deg. pendant le jour et 10 à 12 deg. pendant la nuit. En *été*, la chaleur atmosphérique seule suffit.

ANNUELLES

Begonia humilis (*fl. bl.*).
Impatiens Sultani et vars. (*fl. l.*, *r.* ou *bl.*).

VIVACES

Achimenes grandiflora (*fl. vio.-p.*).
— Kleei (*fl. l.*, *avec des taches j.*).
— multiflora (*fl. l.*).
— ocellata (*fl. r.-j. avec des taches foncées*).
— pedunculata (*fl. r.*, *à œil j.-r.*).
— picta (*fl. r.*, *à œil j.*).
Amorphophallus campanulatus (*fl. br.*, *r.* et *n.*, *flles v.*).
Barbacenia purpurea (*fl. p.*, *od.*).
— Rogieri (*fl. p.*, *od.*).
Batatas Bignonioides (*fl. p.*).
— Cavanillesii (*fl. bl.-r.*).
— edulis (*fl. bl.* et *p.*).
— paniculata (*fl. p.*).
Begonia acutiloba (*fl. bl.*).
— amabilis (*fl. ro.* ou *bl.*, *flles v.* ou *panachées*).
— amœna (*fl. ro.*).
— Berkeleyi (*fl. ro.*).
— boliviensis (*fl. r.*).
— Chelsoni (*fl. r.-o.*).
— Clarkii (*fl. r.*).
— coralina (*fl. r.*).
— coriacea (*fl. r.*).
— Davisii (*fl. r.*, *flles v.*, et *r.*, *en dessous*).
— Dregei (*fl. bl.*, *flles v.*, *bl.* et *r.*).
— echinosepala (*fl. bl.*).
— eximia (*flles p.* et *r.*).

Begonia geranifolia (*fl. r.* et *bl.*, *flles v. marginées r.*).
— geranioides (*fl. bl.*, *flles v.*).
— glandulosa (*fl. bl.-r.*).
— herbacea (*fl. bl.*).
— hydrocotylifolia (*fl. ro.*).
— imperialis (*flles v. olive, rayées v.-gris*).
— laciniata (*fl. bl., teintées ro., flles v.*).
— malabarica (*fl. ro., flles v.. maculées bl.*).
— maxima (*fl. bl.*).
— monoptera (*fl. bl., flles v. et rouges en dessous*).
— nelumbiifolia (*flles v.*).
— octopetala (*flles v.*).
— Pearcei (*fl. j., flles v. et r. en dessous*).
— picta (*fl. ro., flles parfois panachées*).
— pruinata (*fl. bl.*).
— Rex (*flles v. bl., ro.*, etc.).
— ricinifolia (*fl. bl.-ro., flles v. bronzé*).
— rubricaulis (*fl. bl.* et *ro., flles v.*).
— rubro-venia (*fl. bl., veinées ro.-v.*).
— scandens (*fl. bl., flles v.*).
— Schmidtiana (*fl. bl., flles v. teintées rouge en dessous*).
— stigmosa (*fl. bl., flles v.* et *br.-p.*).
— strigillosa (*fl. ro., flles v.. marginées r.*).
— Sutherlandi (*fl. r.-o., flles nervées r.*).
— Veitchii (*fl. r., flles v.*).
— Verschaffeltiana (*fl. ro.*).
— xanthina et vars (*fl. j., flles p. en dessous*).
Canna Achiras variegata (*flles v., striées bl.* et *j.*).
— liliiflora (*fl. bl., flles v.*).
Canna florifères variés (*fl. r., ro., o. j.* ou *panachées, flles v.* ou *p.*).
Coleus vars (*flles panachées*).
Eurycles Cunninghami (*fl. bl.*).
Griffinia Blumenavia (*fl. bl., striées ro.*).
— dryades (*fl. l.-p.* et *bl.*).
— hyacinthina (*fl. b.* et *bl.*).
— ornata (*fl. b., l.* et *bl.*).
Hippeastrum Ackermanni (*fl. r.*).
— equestre (*fl. o.-v.*).
— reticulatum (*fl. ro.* et *bl.*).
— hybrides (*fl. r., ro., bl.* et *réticulées*).
Limnocharis Plumieri (*aq., fl. j.*).
Littonia modesta (*fl. o.*).
Nymphæa scutifolia (*aq., fl. b., od.*).
Oplimenus hirtellus (*fl. v.*).
— Burmanni variegatus (*flles v.* et *bl.*).
Pelionia Daveauana (*flles v., teintées vio.*).
— pluchea (*flles v.* et *n., p. en dessous*).
Phædranassa Carmioli (*fl. r., à pointes v.*).
— eucrosioides (*fl. v.* et *r.*).
— Lehmanni (*fl. r.*).
Sagittaria montevidensis (*aq., fl. bl., maculées r.*).
Stenomesson vitellinum (*fl. j.*).
Strelitzia augusta (*fl. bl.*).
— Reginæ (*fl. o.* et *p.*).
Streptopus Rexii (*fl. b.*).
— Saundersii (*fl. b., flles j.-v., ro.-p. en dessous*).
Vinca rosea (*fl. bl. à œil p., bl.* ou *ro.*).
Zebrina pendula (*flles v.* ou *panachées*).
Zephyranthes citrina (*fl. j.*).

PLANTES POUR ROCAILLES

Une rocaille ou rocher artificiel savamment construit est le meilleur endroit où l'on puisse cultiver les plantes alpines, si intéressantes en elles-mêmes et souvent si jolies. Nous donnons ci-après un choix des plus belles espèces, annuelles, bisannuelles et vivaces. Divers arbustes de petites dimensions peuvent avantageusement être associés aux plantes alpines, afin d'éviter la nudité presque complète du rocher pendant l'hiver, alors que les plantes herbacées sont en repos et plus ou moins complètement disparues.

Pour la construction d'une rocaille, la disposition des plantes, leur plantation, entretien, etc., V. les articles **Jardin** et **Rocaille** dans le corps de l'ouvrage.

Plantes rustiques.

ANNUELLES

Æthionema saxatilis (*fl. p.*).
Anagallis grandiflora (*fl. r., b.*, etc.).
Androsace coronopifolia (*fl. bl.*).
Asperula orientalis (*fl. b., od.*).
Bellium bellidioides (*fl. bl.*).
Bivonæa lutea (*fl. j.*).
Briza maxima (*fl. v.*).
Briza minor (*fl. v.*).
Campanula Erinus (*fl. b.-ro.* ou *bl.*).
Centranthus Calcitrapa (*fl. bl., teintées r.*).
— macrosiphon (*fl. r.* ou *bl.*).
Delphinium cardidanc (*fl. r.*).
Helianthemum guttatum (*fl. j., maculées br.*).
Hutchinsia petræa (*fl. bl.*).
Ionopsidium acaule *fl. l.* ou *bl.*).
Lupinus nanus (*fl. l.* et *b.*).
Malcolmia maritima (*fl. l., ro.-r.* ou *bl.*).
Œnothera Whitneyi (*fl. ro.-r., bl.* etc.).
Oxalis valdiviensis (*fl. v., striées r.*).
Sedum cæruleum (*fl. b., flles v., maculées r.*).
— glandulosum (*fl. r.-p.*).
— sempervivoides (*fl. r.*).
Silene Atocion (*fl. ro.*).
— pendula et vars (*fl. ro., r.* ou *bl.*).
Statice Suworowii (*fl. l.*).
Wahlenbergia hederacea (*fl. b.*).

BISANNUELLES

Bromus brizæformis (*fl. v.*).
Campanula thyrsoidea (*fl. j.*).
Celsia cretica (*fl. j.* et *maculées*).
Hesperis tristis (*fl. bl., c., br.-r.* ou *ro., od.*).

VIVACES

Abronia fragans (*fl. bl., od.*).
Acæna microphylla (*flles v.*).
— millefolia (*flles v.*).
— myriophylla (*flles v.*).
— pulchella (*flles bronzées*).
Acantholimon glumaceum (*fl. ro.*).
— venustum (*fl. ro.*).

Achillea Ageratum (*fl. bl.*).
— atrata (*fl. bl.*).
— Clavennæ (*fl. bl.*).
— Herba-rota (*fl. bl.*),
— moschata (*fl. bl.*).
— nana (*fl. bl.*).
— pectinata (*fl. bl.*).
— serrata (*fl. bl.*).
— tomentosa (*fl. j.*).
— umbellata (*fl. j.*).
Aciphylla Colensoi (*fl. bl.*).
— squarrosa *fl. bl.*).
Acis autumnalis (*fl. bl.*).
— grandiflorus (*fl. bl.*).
— roseus (*fl. ro.*).
— trichophyllus (*fl. bl.*).
Aconitum Anthora (*fl. j.*).
— biflorum (*fl. b.*).
— delphinifolium (*fl. b.-p.*).
— Lycoctonum (*fl. j.*).
— Ottonianum (*fl. b.-bl.*).
— paniculatum (*fl. vio.*).
— pyrenaicum *fl. j.*).
— rostratum (*fl. vio.*).
— variegatum (*fl. vio.* et *bl.*).
Adenophora periplocæfolia (*fl. b.*).
Adonis pyrenaica (*fl. j.*).
— vernalis (*fl. j.*).
Æthionema cordifolium (*fl. ro.*).
— grandiflorum (*fl. ro.*).
Ajuga genevensis (*fl. b., ro.* ou *bl.*).
Alchemilla alpina (*flles v., argentées en dessous*).
— sericea (*flles v., argentées en dessous*).
— vulgaris (*fl.* et *flles v.*).
Alyssum alpestre (*fl. j.*).
— orientale (*fl.* et *flles j.*).
Androsace carnea (*fl. ro., à œil j.*).
— — eximia (*fl. ro., à œil j.*).
— Chamæjasme (*fl. ro., à œil j.*).
— lactea (*fl. bl.*).
— Laggeri (*fl. ro.*).
— lanuginosa (*fl. ro., à œil j.*).
— sarmentosa (*fl. ro., à œil bl.*).
— villosa (*fl. ro., od.*).
— Vitaliana (*fl. j.*).
— Wulfeniana (*fl. ro.* ou *r.*).
Anemone alpina (*fl. bl.*).
— — sulfurea (*fl. j.*).
— angulosa (*fl. bl.*).
— apenina (*fl. b.*).
— baldensis (*fl. bl.* ou *teintées ro.*).
— blanda (*fl. b.*).
— fulgens (*fl. r., à centre n.*).
— Halleri (*fl. p.*).
— japonica et vars (*fl. ro* ou *bl.*).
— multifida (*fl. r., bl.-j.* ou *j.*).
— narcissiflora (*fl. c.*).
— nemorosa (*fl. bl.*).
— — fl.-pleno (*fl. bl.*).
— — Robinsoniana (*fl. b.*).
— — rosea (*fl. ro.*).
— palmata (*fl. j.*).
— pratensis (*fl. p.*).
— Pulsatilla (*fl. vio.*).
— stellata (*fl. p., ro.,* ou *bl.*).
Antennaria dioica (*fl. bl. ro., flles bl.*).
Antennaria dioica minima (*flles bl.*).
— — tomentosa (*flles bl.*).
Anthemis Aizoon (*fl. bl.*).
Anthyllis erinacea (*fl. b.-p.*).
— montana (*fl. ro.* ou *p.*).
— vulneraria (*fl. j., bl., ro.* ou *r.*).
Aquilegia alpina (*fl. bl.* ou *bl.* et *v.*).
— Bertoloni (*fl. b.-vio.*).
— cærulea (*fl. b.*).
— — alba (*fl. bl.*).
— — hybrida (*fl. b.* et *bl.*).
— canadensis (*fl. r.* et *j.*).
— glandulosa (*fl. l.-b.* et *bl.*).
— olympica (*fl. bl.*).
— pyrenaica (*fl. l.-b.*).
— Skinneri (*fl. j.*).
— sibirica (*fl. l.* ou *l.* et *bl.*).
Arabis albida (*fl. bl.*).
— — variegata (*flles panachées*).
— alpina (*fl. bl.*).
— arenosa (*fl. ro., bl.* ou *b.*).
— lucida (*fl. bl.*).
— — variegata (*flles panachées*).
— petræa (*fl. bl.*).
— rosea (*fl. ro.*).
Arenaria balearica (*fl. bl.*).
— graminifolia (*fl. bl.*).
— grandiflora (*fl. bl.*).
— laricifolia (*fl. bl.*).
— purpurascens (*fl. p.*).
— rotundifolia (*fl. bl.*).
Armeria cephalotes (*fl. ro.* ou *r.*).
— dianthoides (*fl. ro.*).
— juncea (*fl. ro.*).
— juniperifolia (*fl. ro.*).
— plantaginea (*fl. ro.*).
— setacea (*fl. ro.*).
— vulgaris (*fl. ro., l.* ou *bl.*).
Arnebia echioides (*fl. j.*).
Arnica montana (*fl. j.*).
Artemisia alpina (*fl. bl.*).
— argentea (*fl. j.*).
— Mutellina (*flles bl.*).
— Stelleriana (*fl. bl.*).
Asarum canadense (*fl. br.*).
— caudatum (*fl. br.*).
— europæum (*fl. br.*).
Asperula longifolia (*fl. bl., j.* et *r.*).
— montana (*fl. ro.*).
— odorata (*fl. bl.*).
Aster amellus (*fl. b.*).
— alpinus (*fl. b.*).
— peregrinus (*fl. b.-p.*).
— pyrenæus (*fl. l.-b.* et *j.*).
— Reevesii (*fl. bl. à centre j.*).
Astragalus adsurgens (*fl. b.-p.*).
— arenarius (*fl. b.*).
— austriacus (*fl. b.* et *p.*).
— hypoglottis (*fl. p., b.* et *bl.*).
— — alba (*fl. bl.*).
— onobrychioides (*fl. ro.*).
— pannosus (*fl. ro.*).
— vimineus (*fl. p.-ro.* et *bl.*).
Aubrietia deltoidea (*fl. b.*).
— — Bougainvillei (*fl. vio. b.*).
— — Campbelli (*fl. vio.-b.*).

Aubrietia deltoidea Eyrei (*fl. vio.-p.*).
— — græca (*fl. p.*).
— — purpurea (*fl. p.*).
— — violacea (*fl. vio.-p.*).
Briza media (*fl. r.*).
Calliprora lutea (*fl. j.*).
Campanula Allionii (*fl. b.* ou *bl.*).
— alliariæfolia (*fl. bl.*).
— algida (*fl. b.*).
— barbata (*fl. b.* ou *bl.*).
— cæspitosa (*fl. b.* ou *bl.*).
— carpatica (*fl. b.*).
— — alba (*fl. bl.*).
— — pelviformis (*fl. l., od.*).
— — turbinata (*fl. p.*).
— cenisia (*fl. b.*).
— Elatines (*fl. b.-p.*).
— fragilis (*fl. l.-p. à centre bl.*).
— garganica (*fl. b.*).
— glomerata (*fl. b.*).
— speciosa (*fl. vio.-b.*).
— isophylla (*fl. l.-b., à centre gr.*).
— — alba (*fl. bl.*).
— Portenschlagiana (*fl. b.-p.*).
— pulla (*fl. vio.-b.*).
— pusilla (*fl. bl. variant au b.*).
— Raineri (*fl. b.*).
— rotundifolia (*fl. b.*).
— — alba (*fl. bl.*).
— — Hostii (*fl. b.*).
— — soldanellæflora (*fl. b.*).
— Scheuchzeri (*fl. b.*).
— Tommasiniana (*fl. b.*).
— Waldsteiniana (*fl. vio.-b.*).
— Zoysii (*fl. b.*).
Cedronella cordata (*fl. p.*).
Centranthus ruber et vars (*fl. r., ro.* ou *bl.*).
Cerastium alpinum (*fl. bl.*).
— Biebersteinii (*fl. bl., flles arg.*).
— Boissieri (*fl. bl., flles arg.*).
— tomentosum (*fl. bl., flles arg.*).
Chaptalia tomentosa (*fl. bl.*).
Chionodoxa Luciliæ (*fl. b., à centre bl.*)
— nana (*fl. bl.* ou *l.*).
— sardensis (*fl. bl.*).
Claytonia sibirica (*fl. ro.*).
— virginica (*fl. bl.*).
Colchicum autumnale (*fl. p.*).
— byzantinum (*fl. ro.*).
Coris monspeliensis (*fl. l., à anthères o.*).
Coronilla iberica (*fl. j.*).
Corydalis bracteata (*fl. j.*).
— cava (*fl. p.*).
— — albiflora (*fl. bl.*).
— Kolpakowskiana (*fl. ro.* ou *p.*).
— lutea (*fl. j.*).
— Marschalliana (*fl. j.*).
— nobilis (*fl. j. à pointes v.*).
— ochroleuca (*fl. bl.-j.*).
— ophiocarpa (*fl. bl.*).
— solida (*fl. p.*).
Crocus aureus (*fl. o.*).
— biflorus (*fl. bl., variant au l.*).
— Boryi (*fl. bl.-c. et j.-o.*).
— Imperati (*fl. l.-p., rayées p.*).
— iridiflorus (*fl. p.* et *l.*).
Crocus nudiflorus (*fl. p.* ou *vio.*).
— speciosus (*fl. l., striées r.*).
— suzianus (*fl. o.* ou *marquées br.*).
— vernus (*fl. l., vio., bl.* ou *striées bl.* et *vio.*).
— versicolor (*fl. p., variant au bl.*).
Cypripedium Calceolus (*fl. br.* et *j.*).
— macranthum (*fl. r.* et *p.*).
— spectabile (*fl. bl.* et *ro.*).
Cyananthus incanus (*fl. b.*).
— lobatus (*fl. p.-b.*).
Dianthus alpestris (*fl. r.*).
— alpinus (*fl. ro.*).
— cæsius (*fl. ro., od.*).
— cruentus (*fl. r.*).
— fragrans (*fl. bl., suffusées p., od.*).
— glacialis (*fl. r.-p.*).
— monspessulanus (*fl. r.*).
— neglectus (*fl. ro.*).
— petræus (*fl. ro.*).
— superbus (*fl. l.* ou *bl.*).
Diapensia lapponica (*fl. bl.*).
Dicentra formosa (*fl. r.*).
Dictamnus albus (*fl. bl.*).
— purpureus (*fl. p.*).
Diotis maritima (*fl. j., flles laineuses*).
Dodecatheon integrifolium (*fl. r.*).
— Meadia (*fl. ro., p., bl.* ou *l., anthères j.*).
— — frigidum (*fl. r.-p.*).
— — lancifolium (*fl. ro., j. à la base*).
Douglasia nivalis (*fl. ro.*).
Draba aizoides (*fl. j.*).
— Aizoon (*fl. j.*).
— alpina (*fl. j.*).
— glacialis (*fl. j.*).
— Mawii (*fl. bl.*).
— nivalis (*fl. bl.*).
— violacea (*fl. vio.-p.*).
Ebenus Sibthorpii (*fl. p.*).
Epilobium obcordatum (*fl. ro.-p.*).
Epimedium alpinum (*fl. r., j.* et *gr.*).
— macranthum (*fl. bl.*).
— Muschianum (*fl. bl.*).
— Perralderianum (*fl. j.*).
— pinnatum (*fl. j.*).
— rubrum (*fl. r. j.* et *gr.*).
Erigeron aurantiacus (*fl. j.*).
— glaucus (*fl. r.*).
— grandiflorus (*fl. p.* ou *bl.*).
— multiradiatus (*fl. p.*).
— speciosus (*fl. vio.* et *j.*).
Erinus alpinus (*fl. p.* ou *bl.*).
Eritrichium nanum (*fl. b. à œil bl.*).
Erodium macradenum (*fl. vio.*).
— Manescavi (*fl. r.-p.*).
— petræum (*fl. p.*).
— Reichardi (*fl. bl. veiné ro.*).
— trichomanæfolium (*fl. bl.-ro.*).
Erynguim alpinum (*fl. b.*).
— cæruleum (*fl. b.*).
Erysimum alpinum (*fl. j., od.*).
— pumilum (*fl. v., j., od.*).
Erythræa diffusa (*fl. ro.*).
Erythronium americanum (*fl. j.*).
— dens-canis (*fl. p., ro.* ou *bl.*).
Funkia ovata (*fl. b.-l.* ou *bl.*).
— — marginata (*fl. b.-l.* ou *bl., flles marginées bl.*).

Funkia Sieboldiana (*fl. bl. teinté l.*).
— subcordata (*fl. bl.*).
Galax aphylla (*fl. bl.*).
Gentiana acaulis (*fl. b., marquées j.*).
— algida (*fl. b. et c., marquées b.*).
— Andrewsii (*fl. b.*).
— bavarica (*fl. b.*).
— cruciata (*fl. b., ponctuées v.*).
— Kurroo (*fl. b., ponctuées bl.*).
— lutea (*fl. j.*).
— ornata (*fl. b. et bl.*).
— Pneumonanthe (*fl. b., bl., etc.*).
— punctata (*fl. j., ponctuées p.*).
— pyrenaïca (*fl. b. et v.*).
— septemfida (*fl. b.*).
Geranium argenteum (*fl. r., avec des stries foncées*).
— cinereum (*fl. r., avec des stries foncées*).
— dahuricum (*fl. p.*).
— armenum (*fl. r.-vio.*).
— Endressi (*fl. r., avec des stries foncées*).
— ibericum (*fl. b.*).
— Lamberti (*fl. l.*).
— macrorhizon (*fl. r. ou p.*).
— maculatum (*fl. l.*).
— nodosum (*fl. r.*).
— sanguineum (*fl. r.*).
— — lancastriense (*fl. bl.-ro.*).
— striatum (*fl. ro., avec des stries foncées*).
— Wallichianum (*fl. p.*).
Geum coccineum (*fl. p.*).
— elatum (*fl. j.*).
— montanum (*fl. j.*).
— pyrenaicum (*fl. j.*).
— rivale (*fl. r.-j.*).
— triflorum (*fl. p., bl. et p.-r.*).
Globularia nana (*fl. b.*).
— vulgaris (*fl. b.*).
Gypsophila cerastioides (*fl. bl., veiné vio.*).
— paniculata (*fl. bl.*).
— Stevenii (*fl. bl.*).
Haberlea rhodopensis (*fl. l.*).
Hacquetia Epipactis (*fl. j.*).
Helianthemum formosum (*fl. j. et n.*).
— globulariæfolium (*fl. v.-j., maculées n.*).
— halimifolium (*fl. j.*).
— scoparium (*fl. j.*).
Heuchera hispida (*fl. bl., veinées p., filles v.*).
— sanguinea (*fl. r., filles v.*).
Hieracium aurantiacum (*fl. r.-o.*).
Houstonia cærulea (*fl. b. ou bl.*).
Iberidella rotundifolia (*fl. ro.-l., à œil j.*).
Isopyrum thalictroides (*fl. bl., filles v.*).
Kœniga spinosa (*fl. bl.*).
Leontopodium alpinum (*fl. et filles bl. laineuses*).
Leucoium vernum (*fl. bl., maculées, v.,-o.l.*).
Lewisia rediviva (*fl. ro., à centre bl.*).
Linaria alpina (*fl. b. vio., à centre j.*).
— Cymbalaria (*fl. b. l. ou bl. et parfois panachées*).
— hepaticæfolia (*fl. l.-p.*).
Linnæa borealis (*fl. bl.-ro., od.*).
Linum alpinum (*fl. b.*).
— narbonnense (*fl. b. ou bl.*).
Lithospermum Gastoni (*fl. b.*).
— prostratum (*fl. b., striées r.-vio.*).
— purpuræo-cæruleum (*fl. r., puis p.*).
Lotus corniculatus (*fl. j.*).
Lupinus lepidus (*fl. p.-b., maculées bl.*).
Lychnis alpina (*fl. ro.*).
— fulgens (*fl. r.*).
— Lagascæ (*fl. ro., à centre bl.*).
— pyrenaica (*fl. ro.*).
— Viscaria (*fl. ro. ou r.*).
Mazus pumilio (*fl. vio.*).
Meconopsis cambrica (*fl. j.*).
Merendera Bulbocodium (*fl. ro.-l.*).
Mertensia alpina (*fl. b.*).
— lanceolata (*fl. b.*).
— sibirica (*fl. p.-b. ou bl.*).
— virginica (*fl. p.-l.*).
Meum athamanticum (*fl. bl.*).
Micromeria Piperella (*fl. ro.*).
Mimulus primuloides (*fl. j.*).
Mitchella repens (*fl. bl., teintées p.*).
Mitella diphylla (*fl. bl.*).
— pentandra (*fl. j.*).
Mœhringia muscosa (*fl. bl.*).
Myosotis alpestris (*fl. b., à œil j, etc.*).
— dissitiflora (*fl. b. ou bl.*).
— rupicola (*fl. b.*).
Nertera depressa (*fr. o.*).
Œnothera acaulis (*fl. bl., passant au ro.*).
— cæspitosa (*fl. bl.-ro.*)
— eximia (*fl. bl.*).
— taraxacifolia (*fl. bl.-ro.*).
Omphalodes Luciliæ (*fl. l.-b.*).
— verna (*fl. b.*).
Ononis Natrix (*fl. j.*).
— rotundifolia (*fl. r.*).
Onosma stellulatum tauricum (*fl. j.*).
Ourisia coccinea (*fl. r., à anthères c.*).
— Pearcei (*fl. r.*).
Oxalis acetosella (*fl. bl. veinées p.*).
— enneaphylla (*fl. bl. ou ro., veinées p.*).
— lobata (*fl. j., maculées r.*).
— tetraphylla (*fl. r. ou vio.*).
Oxytropis Lambertii (*fl. ro.-r.*).
— montana (*fl. b.*).
— pyrenaica (*fl. b.*).
Papaver alpinum (*fl. j., ro. ou bl.*).
— croceum (*fl. o., j., r. ou bl.*).
— nudicaule (*fl. j. ou bl.*).
Pentstemon antirrhinoides (*fl. j.*).
— azureus (*fl. b., r.-p. à la base*).
— barbatus (*fl. r.*).
— campanulatus (*fl. ro., vio., etc.*).
— confertus (*fl. v.-j.*).
— deustus (*fl. j.*).
— diffusus (*fl. p.*)
— Eatoni (*fl. r.*).
— glaber (*fl. p., vio. ou b.*).
— gracilis (*fl. l.-p. ou bl.*).
— Hartwegii (*fl. r.*).
— heterophyllus (*fl. ro. ou ro.-p.*).
— Menziesii Douglasii (*fl. l.-p., ro. et r. à la base*).
— Murrayanus (*fl. r.*).
— pubescens (*fl. vio. ou p.*).
— venustus (*fl. p.*).
Petasites fragrans (*fl. bl., od.*).
— frigida (*fl. bl.*).
Phlox amœna (*fl. p., ro. ou bl.*).
— divaricata (*fl. l. ou bl.*).

Phlox reptans (*fl. p.* ou *vio.*).
— subulata (*fl. ro* ou *bl.*).
Phyteuma comosum (*fl. p.* ou *b.*).
— hæmisphærica (*fl. b.*).
— humile (*fl. b.*).
Polemonium confertum (*fl. b.*).
Polygonum affine (*fl. ro.-r.*).
— vacciniifolium (*fl. ro.*).
Potentilla alchimilloides (*fl. bl., flles arg.*).
— alpestris (*fl. j.*).
— aurea (*fl. j.*).
Potentilla grandiflora (*fl. j.*).
— Hippiana (*fl. j.*).
— minima (*fl. j.*).
— nitida (*fl. ro.*).
— nivalis (*fl. bl.*).
— rupestris (*fl. bl.*).
— Sibbaldia (*fl. j.*).
— splendens (*fl. bl.*).
— verna (*fl. j.*).
Pratia angulata (*fl. bl.*).
— repens (*fl. bl., teintées v.*).
Primula Allionii (*fl. mv.*, *à œil bl.*).
— altaica (*fl. mv.* ou *r.-p. à œil j.*).
— Auricula (*fl. variées*).
— auriculata (*fl. p. à œil bl.*).
— calycina (*fl. p.*).
— capitata (*fl. vio.-b.*).
— cortusoides (*fl. ro.*).
— denticulata (*fl. l.*).
— — Cashmeriana (*fl. p. à œil j.*).
— farinosa (*fl. p., à œil j.*).
— glutinosa (*fl. b.-p.*).
— japonica (*fl. variées*).
— marginata (*fl. ro.-vio.*).
— minima (*fl. ro.* ou *bl.*).
— nivalis (*fl. bl.*).
— Parryi (*fl. p., à œil j.*).
— Poissonii (*fl. l.-r.*).
— rosea (*fl. ro.*).
— scotica (*fl. p. à œil j.*).
— sikkimensis (*fl. j.*).
— spectabilis (*fl. ro.-p.*).
— Wulfeniana (*fl. p.-vio.*).
— Steinii (*fl. p.*).
— Stuarti (*fl. j.*).
— viscosa (*fl. ro.-p., à œil bl.*).
— — pedemontana (*fl. ro.-p., à œil bl.-j.*).
— vulgaris (*fl. j.*).
Puschkinia scilloides (*fl. bl., striées b.*).
Pyrola rotundifolia (*fl. bl., od.*).
— secunda (*fl. bl.-v.*).
Ramonda pyrenaica (*fl. l.* ou *bl.*).
Ranunculus aconitifolius (*fl. bl.*).
— amplexicaulis (*fl. bl.*).
— anemonoides (*fl. bl., teintées ro.*).
— asiaticus (*fl. variées*).
— cortusæfolius (*fl. j.*).
— gramineus (*fl. j.*).
— parnassifolius (*fl. bl.* ou *ro.*).
— Thora (*fl. j.*).
Romanzoffia sitchensis (*fl. bl.*).
Sanguinaria canadensis (*fl. bl.*).
Saponaria ocymoides (*fl. r.* ou *r.*).
Saxifraga Aizoon (*fl. bl.*).
— aizoides (*fl. o.* ou *j., ponctuées r.*).
Saxifraga aretioides (*fl. j.*).
— Burseriana (*fl. bl.-c.*).
— — major (*fl. bl.*).
— cæsia (*fl. bl.-c.*).
— cæspitosa (*fl. bl.*).
— Camposii (*fl. bl.*).
— cochlearis (*fl. bl.*).
— Cotyledon (*fl. bl., flles bordées bl.*).
— crassifolia (*fl. ro.*).
— diversifolia (*fl. j.*).
— granulata (*fl. bl.*).
— Hirculus (*fl. j., ponctuées r.*).
— Geum (*fl. bl., ponctuées r.*).
— Hostii (*fl. bl., ponctuées r.*).
— hypnoides (*fl. bl.*).
— ligulata (*fl. bl.-r.*).
— lingulata (*fl. bl.*).
— longifolia (*fl. bl., ponctuées r., flles v.*).
— Maweana (*fl. bl.*).
— moschata (*fl. j.* ou *p.*).
— oppositifolia (*fl. p.*).
— — pyrenaica superba (*fl. ro.-l.*).
— retusa (*fl. p., flles ponctuées*).
— rotundifolia (*fl. bl.*).
— Rocheliana corsophylla (*fl. bl.*).
— sancta (*fl. j.*).
— Stracheyi (*fl. ro.*).
— stellaris (*fl. bl.*).
— umbrosa (*fl. bl. ponctuées, r.*).
— valdensis (*fl. bl.*).
— virginiensis (*fl. bl.*).
Scutellaria alpina (*fl. p.*).
— orientalis (*fl. j.*).
— macrantha (*fl. b.-mv.*).
Sedum acre (*fl. j.*).
— — aureum (*fl.* et *flles j.*).
— Aizoon (*fl. j.*).
— album (*fl. bl.*).
— anglicum (*fl. bl.* ou *r.*)
— brevifolium (*fl. bl., à nervures ro., flles ro.*).
— erythrostictum (*fl. v., suffusées ro.*).
— glaucum (*fl. bl.-ro., flles v.* et *r.*).
— japonicum (*fl. j.*).
— Kamtschaticum (*fl. j.*).
— lydium (*fl. ro., flles à pointes r.*).
— maximum (*fl. bl., maculées r.*).
— — hæmatodes (*flles r.*).
— pulchellum (*fl. mv.*).
— reflexum (*fl. j.*).
— Rhodiola (*fl. v.* ou *r.-p.*).
— spectabile (*fl. ro.*).
Sempervivum arachnoideum (*fl. r., flles v.* et *br. aranéeuses*).
— — Laggeri (*fl. ro., flles bl. laineux*).
— arenarium (*fl. j.*).
— atlanticum (*fl. r., flles v.* et *r.-br.*).
— Boissieri (*fl. r, flles v.*).
— Braunii (*fl. j., flles v.*).
— calcaratum (*fl. bl.-r., flles v., à pointes br.*
— calcareum (*fl. r., flles v., à pointes br.*).
— fimbriatum (*fl. r., flles v.* et *r.*).
— Funckii (*fl. r.-p., flles v.*).
— Heuffelii (*fl. j., flles v., teintées r.-br.*).
— Lamottei (*fl. ro., flles v., à pointes r.-br.*
— montanum (*fl. p., flles v.*).

Sempervivum Pomelii (*fl. r.-ro., flles v.*).
— soboliferum (*fl. j., flles v. à pointes r.-br.*).
— Wulfeni (*fl. j., flles v. à pointes r.-br.*).
— tectorum (*fl. r., flles v. à pointes br.*).
— triste (*fl. r., flles p.*).
Silene acaulis (*fl. ro.* ou *bl.*).
— alpestris *fl. bl.*).
— Elizabethæ (*fl. ro., bl.* et *p.*).
— Hookeri (*fl. ro.*).
— maritima (*fl. bl.*).
— pensylvanica (*fl. ro.*).
— Saxifraga (*fl. bl.*).
— Schafta (*fl. p.*).
— virginica (*fl. r.*).
— Zawadskyi (*fl. ro.*).
Soldanella alpina (*fl. vio.*).
— montana (*fl. p.*).
Statice latifolia (*fl. b.*).
— tatarica (*fl. bl.*).
Tiarella cordifolia (*fl. bl.*).
Trifolium alpestre (*fl. p.*).
— uniflorum (*fl. b.* et *p.*).
— rubens (*fl. ro.-r.*).
Vicia argentea (*fl. ro., maculées n.*).
Vinca major (*fl. b.-p.*).
— minor (*fl. vio.-p., b.* ou *bl.*).
— herbacea (*fl. b.-vio.*).
Viola cornuta (*fl. b.* ou *bl.*).
— biflora *fl. j.*).
— cucullata (*fl. vio., parfois striées bl.*).
— Munbyana et vars (*fl. vio.* ou *j.*).
— lutea (*fl. j.*).
— odorata (*fl. vio., bl.,* ou *p., od.*).
— pedata (*fl. b.* ou *bl.*).
— rothomagensis (*fl. b., striées n.*).
— suavis (*fl. b.* et *bl., od.*).
— sudetica (*fl. b., j.* ou *b.* et *j.*).
— tricolor (*fl. variées*).
Wahlenbergia Kitaibelii (*fl. b.*).
— tenuifolia (*fl. vio.-b.*).
Wulfenia Amherstiana (*fl. b.*).
— carinthiaca (*fl. b.*).

Demi-rustiques.

ANNUELLES

Abronia umbellata (*fl. ro.*).
Calceolaria chelidonioides (*fl. j.*).
Grammanthes chloræflora (*fl. j.-o., à la fin r.-o.*).
Grammatocarpus volubilis (*fl. j.*).
Laurentia minuta (*fl. p.*).
Loasa hispida (*fl. j., à centre v.* et *bl.*).
— vulcanica (*fl. bl.*).
Martynia fragrans (*fl. r.-p., à gorge j., o l.*).
— lutea (*fl. j.-o., suffusées r.*).
— proboscidea (*fl. j., vio., bl.,* etc.).
Mentzelia bartonioides (*fl. j.*).
Portulaca grandiflora et vars (*fl., bl., j., r.* ou *panachées*).

VIVACES

Amphicome arguta (*fl. r.*).
— Emodi (*fl. ro.* et *o.*).
Antirrhinum Azarina (*fl. bl.* et *j., maculées p.*).
— molle (*fl. bl.* et *j., striées p.*).
Arabis blepharophylla (*fl. ro.*).
Bellium minutum (*fl. bl.* et *j.*).
Chionographis japonica (*fl. bl.*).
Darlingtonia californica (*fl. bl.* ou *v., marquées r. br.,* urnes *marquées bl.* et *r.-br.*).
Myozotis azorica (*fl. b.-p.*).
Oxalis arenaria (*fl. vio.-p.*).
Saxifraga cortusæfolia (*fl. bl.*).
— Fortunei (*fl. bl.*).
— sarmentosa (*fl. bl., ponctuées r.*).
Statice callicoma (*fl. ro.*).
— sinuata (*fl. p.-j.*).
Viola hederacea (*fl. b.* ou *bl.*).
— pedunculata (*fl. j.*).

PLANTES HERBACÉES POUR MASSIFS D'ARBUSTES

Beaucoup de plantes herbacées peuvent être introduites avec succès parmi les arbustes qui ornent les massifs des parcs et jardins et en particulier sur les bords. Les plantes croissant à l'ombre et celles qui, à l'état sauvage, se rencontrent dans les bois ou sur la lisière sont éminemment propres à cet usage. La liste suivante comprend les meilleures espèces envisagées ici.

ANNUELLES

Adonis æstivalis (*fl. r.*).
— autumnalis (*fl. r.*).
Agrostemma cœli-rosa (*fl. ro., bl.* ou *r.*).
— — fimbriata (*fl. p.*).
Agrostis nebulosa (*fl. v.*).
— pulchella (*fl. v.*).
Anagallis grandiflora (*fl. r., b.,* etc.).
Argemone albiflora (*fl. bl.*).
— hirsuta (*fl. bl.*).
— ochroleuca (*fl. j.*).
Bartonia albescens (*fl. j.*).
— aurea (*fl. j.*).
Blumenbachia insignis (*fl. bl.*).
Calendula maderensis (*fl. o.*).
— officinalis (*fl. o.*).
Callistephus chinensis et vars (*fl. bl. ro., r. p., b.* etc.).
Centaurea Cyanus (*fl. p.* et *b.*).
— suaveolens (*fl. j., od.*).
Centranthus macrosiphon (*fl. r.* ou *bl.*).
Chlora perfoliata (*fl. j.*).
Chrysanthemum carinatum (*fl. bl.-j.* ou *p.*).
— coronarium (*fl. bl.* ou *j.*).
— segetum (*fl. j.*).
— — grandiflorum (*fl. j.*).
Clarkia elegans (*fl. r.*).
— pulchella (*fl. p.*).
Collinsia bicolor (*fl. bl.* et *ro.-p.*).
— grandiflora (*fl. p.* et *b.*).
— verna (*fl. bl.* et *b.*).
Convolvulus tricolor (*fl. j., bl.* et *b.*).
Coreopsis Drummondi (*fl. j., rayées r.-br.*).
— tinctoria (*fl. j., maculées p.-br.*).

Crepis rubra (*fl. ro.*).
Delphinium Ajacis (*fl. b., r.* ou *bl.*).
Erysimum Perofskianum (*fl. j.*).
Eucharidium concinnum (*fl. l.-p.*).
Gaillardia amblyodon (*fl. j.* et *br.*).
Gilia achillæfolia (*fl. p.-b., bl.* ou *r.*).
— androsacea (*fl. l., p, bl.-j.* ou *à gorge foncée*).
— capitata (*fl. b.*).
— liniflora (*fl. bl.*).
— tricolor (*fl. r., maculées n.*).
Glaucium phœniceum (*fl. r., maculées n.*).
Helianthus annus (*fl. j.*).
Hordeum jubatum (*fl. v.*).
Impatiens Balsamina (*fl. variées*).
— coronaria (*fl. bl.*).
— Roylei (*fl. p.*).
Lavatera trimestris (*fl. bl.* ou *ro.*).
Linaria bipartita (*fl. vio.-p., o.* et *bl.*).
— reticulata (*fl. p.* et *bl.*).
— spartea (*fl. j.*).
Linum grandiflorum (*fl. r.*).
Loasa Pentlandii (*fl. o.*).
Lupinus nanus (*fl. l.* et *b.*).
— mutabilis (*fl. l., bl.* et *vio.*).
Malope trifida (*fl. p.* ou *bl.*).
Matricaria inodora fl.-pleno (*fl. bl.*).
Nigella damascena (*fl. bl.* ou *b.*).
— hispanica (*fl. b., à étamines r.*).
Œnothera amœna (*fl. ro., maculées r.*).
— — rubicunda (*fl. p., maculées r.*).
— bistorta Veitchiana (*fl. j., maculées r.*).
Oxalis corniculata (*fl. j.*).
— atropurpurea (*fl. j., flles p.*).
— valdiviensis (*fl. j., striées r.*).
Panicum capillare (*fl. v.*).
Papaver Rhœas et vars (*fl. variées*).
— somniferum et vars (*fl. variées*).
— umbrosum (*fl. r., maculées n.*).
Phacelia campanularia (*fl. b.*).
— viscida (*fl. b.*).
— Whitlavia (*fl. b.*).
Polygonum orientale (*fl. b., r.* ou *bl.*).
— fol.-varieg. (*fl. r., flles panachées j.*).
Reseda odorata (*fl. v., à étamines r.* ou *j.*).
Scabiosa atropurpurea et vars (*fl. variées*).
Schizanthus pinnatus (*fl. vio.* ou *l.* et *j.*, etc.).
Silene pendula et vars (*fl. bl., ro.* ou *r.*).
Silybum Marianum (*fl. ro.-p., flles veinées bl.*).
Tagetes erecta (*fl. j.*).
— patula (*fl. j.* ou *j.* et *br.*).
— tenuifolia (*fl. j.*).
Vicia onobrychioides (*fl. p.*).

BISANNUELLES

Althæa caribæa (*fl. ro.*).
Bromus brizæformis (*fl. v.*).
Campanula Medium et vars (*fl. bl., b., ro.-vio.*, etc.).
— sibirica (*fl. vio.*).
Centaurea Fenzlii (*fl. j.*).
Chlora grandiflora (*fl. j.*).
Digitalis purpurea (*fl. p., variant au bl.*).
Glaucium flavum (*fl. j.*).
Grindelia grandiflora (*fl. j.* ou *o.*).
Michauxia lævigata (*fl. bl.*).
Myosotis alpestris et var. (*fl. b., ro.* ou *bl.*).
Œnothera biennis (*fl. j.*).
Verbascum Chaixii (*fl. j.*).
— phœniceum et vars (*fl. bl., p., vio.*, etc.).

VIVACES

Aconitum album (*fl. bl.*).
— angustifolium (*fl. b.*).
— Anthora (*fl. j.*).
— autumnale (*fl. b.-p.*).
— barbatum (*fl. c.*).
— chinense (*fl. b.*).
— eminens (*fl. b.*).
— gracile (*fl. b.*).
— Halleri (*fl. vio.*).
— bicolor (*fl. bl.* et *b.*).
— japonicum (*fl. ro.*).
— lycoctonum (*fl. j.*).
— Napellus (*fl. b.*).
— ochroleucum (*fl. j.*).
— Ottonianum (*fl. b.* et *bl.*).
— paniculatum (*fl. vio.*).
— pyrenaicum (*fl. j.*).
— rostratum (*fl. vio.*).
— tauricum (*fl. b.*).
— uncinatum (*fl. b.*).
— variegatum (*fl. b.*).
— albiflorum (*fl. bl.*).
— bicolor (*fl. bl.* et *b.*).
— vulparia (*fl. j.*).
— septentrionale (*fl. b.*)
— Willdenovii (*fl. b.-p.*).
Actæa alba (*fl. bl.*).
— spicata (*fl. bl.* ou *b.*).
— rubra (*fl. bl.* ou *b., fr. r.*).
Actinomeris helianthoides (*fl. j.*).
— procera (*fl. j.*).
— squarrosa (*fl. j.*).
Adonis pyrenaica (*fl. j.*).
— vernalis (*fl. j.*).
Agrostemma coronaria (*fl. bl., à centre r.*).
— flos Jovis (*fl. p.* ou *r.*).
Amsonia salicifolia (*fl. b.*).
— tabernæmontana (*fl. b.*).
Anemone decapetala (*fl. c.* ou *j.*).
— dichotoma (*fl. bl., teintées r.*).
— fulgens (*fl. r., à centre n.*).
— nemorosa (*fl. bl.*).
— — flore-pleno (*fl. bl.*).
— — Robinsoniana (*fl. b.*).
— — rosea (*fl. ro.*).
— — cærulea (*fl. b.*).
— ranunculoides (*fl. j.*).
— sylvestris (*fl. bl.*).
— virginiana (*fl. p.* ou *p.-v.*).
Antirrhinum majus (*fl. variées*).
Apocynum androsæmifolium (*fl. bl., ro.*).
Aralia edulis (*flles v.*).
— nudicaulis (*flles v.*).
— racemosa (*flles v.*).
Artemisia cana (*flles bl.*).
Arum italicum (*fl. v., flles veinées bl.*).
— proboscideum (*fl. p.-v.*).
— tenuifolium (*fl. bl.*).

Asperula longiflora (*fl. bl., j.* et *r.*).
— montana (*fl. ro.*).
— odorata (*fl. bl.*).
Astrantia carniolica (*fl. bl., flles v. teintées, p.*).
— helleborifolia (*fl. ro.*).
— major (*fl. ro.*).
Berkheya purpurea (*fl. p.*).
Boltonia asteroides (*fl. ro.*).
— glastifolia (*fl. ro.*).
Brodiæa congesta (*fl. b.*).
— — alba (*fl. bl.*).
Bulbocodium vernum (*fl. vio.-p., tachées bl.*).
Buphthalmum speciosissimum (*fl. j.*).
Callirhoe digitata (*fl. r.-p.*).
— Papaver (*fl. vio.-ro.*).
Centaurea alpina (*fl. j.*).
— atropurpurea (*fl. p.*).
— aurea (*fl. j.*).
— babylonica (*fl. j.*).
— macrocephala (*fl. j.*).
Centranthus ruber (*fl. r.*).
— — albus (*fl. bl.*).
Chelone Lyoni (*fl. p.*).
— nemorosa (*fl. ro.-p.*).
Cimicifuga americana (*fl. bl.*).
— japonica (*fl. bl.*).
— racemosa (*fl. bl.*).
Clematis aromatica (*fl. vio.-b., od.*).
— integrifolia (*fl. b.*).
Clintonia Andrewsiana (*fl. ro.*).
Cnicus altissimus (*fl. p.*).
Convallaria majalis (*fl. bl.*).
Coreopsis grandiflora (*fl. j.*).
Corydalis bracteata (*fl. j.*).
— cava (*fl. p.*).
— — albiflora (*fl. bl.*).
— Kolpakowskiana (*fl. ro.* ou *p.*).
— lutea (*fl. j.*).
— Marshalliana (*fl. j.*).
— nobilis (*fl. j. à pointes v.*).
— solida (*fl. p.*).
Crambe cordifolia (*fl. bl.*).
Datisca cannabina (*fl. j., flles v.*).
Delphinium azureum (*fl. b.*).
— cashmirianum (*fl. b.*).
— exaltatum (*fl. b.* ou *bl.*).
— formosum (*fl. b.*).
— grandiflorum (*fl. b.*).
— nudicaule (*fl. r.*).
Dentaria digitata (*fl. p.*).
— diphylla (*fl. bl.* et *p.*).
Dicentra spectabilis (*fl. ro.*).
Digitalis ambigua (*fl. j.*).
Doronicum plantagineum excelsum (*fl. j.*).
Dracunculus vulgaris (*fl. br.*).
Epilobium angustifolium (*fl. r.*).
— Dodonæi (*fl. ro.*).
— hirsutum (*fl. ro.* ou *bl.*).
— rosmarinifolium (*fl. r.*).
— spicatum (*fl. ro.*).
Eranthis hyemalis (*fl. j.*)
— sibiricus (*fl. j.*).
Erythronium americanum (*fl. j.*).
— dens-canis (*fl. p.-ro.* ou *bl.*).
Funkia ovata (*fl. b.-l.* ou *bl.*).
— marginata (*fl. b.-l.* ou *bl., flles marginées bl.*).
Funkia Sieboldiana (*fl. bl., teintées l.*).
— sub-cordata (*fl. bl.*).
Galanthus Elwesii (*fl. bl., tachées v.*).
— nivalis (*fl. bl., tachées v.*).
— plicatus (*fl. bl.-v.*).
Gladiolus Brenchleyensis (*fl. r.*).
Helenium autumnale (*fl. j.*).
Helianthus decapetalus multiflorus (*fl. j.*).
— orgyalis (*fl. j.*).
— rigidus (*fl. j.*).
— lætiflorus (*fl. j.*).
Hemerocallis Dumortieri (*fl. j. o., teintées br.*).
— flava (*fl. j.-o., od.*).
— fulva et vars (*fl. j.*).
— Middendorfi (*fl. j.*).
— minor (*fl. j.*).
Inula glandulosa (*fl. j.*).
— Bolanderi (*fl. j.*).
— Helenium (*fl. j.*).
— Hookeri (*fl. j., od.*).
Kniphofia aloides (*fl. r., passant au j.- v.*).
— Burchelli (*fl. r.* et *j., à pointes v.*).
— Leichtlini (*fl. r.* et *j.*).
— Rooperi (*fl. r.-o., passant au j.*).
Leucoium æstivum (*fl. bl., à pointes v.*).
— vernum (*fl. bl., maculées v., od.*).
Lilium bulbiferum (*fl. r.-o.*).
— canadense (*fl. j.-o., maculées r.-p.*).
— candidum (*fl. bl.*).
— Catesbæi (*fl. r.-o., maculées p.*).
— chalcedonicum (*fl. r., rarement j.*).
— croceum (*fl. j.-o.*).
— davuricum (*fl. r.*).
— elegans (*fl. r., rarement maculées*).
— Martagon (*fl. r.-p., maculées p.*).
— monadelphum (*fl. j., teintées p. à la base*).
— pomponium (*fl. r.*).
— pseudo-tigrinum (*fl. r.-o., maculées n.*).
— pyrenaicum (*fl. j.*).
— roseum (*fl. ro.*).
— speciosum (*fl. bl.*, ou *maculées r.*).
— — albiflorum (*fl. bl.*).
— — roseum (*fl. ro.*).
— tigrinum (*fl. r.-o., maculées n.*).
— Washingtonianum (*fl. bl., maculées p.-n.*).
Melittis Melissophyllum (*fl. bl.-c., maculées ro.* ou *p.*).
Mertensia alpina (*fl. b.*).
— lanceolata (*fl. b.*).
— sibirica (*fl. b.-p.* ou *bl.*).
— virginica (*fl. b.-p.*).
Meum athamanticum (*fl. bl.*).
Myrrhis odorata (*fl. bl.*).
Narcissus biflorus (*fl. bl., à couronne j.*).
— Bulbocodium (*fl. j.*).
— incomparabilis et vars (*fl. j., bl.* ou *j.* et *bl.*).
— Jonquilla (*fl. j.*).
— Macleai (*fl. bl.* et *j.*).
— odorus (*fl. j.*).
— poeticus (*fl. bl., à couronne j.*).
— Pseudo-Narcissus et vars (*fl. j.* ou *bl.* et *j.*).
— Tazetta (*fl. bl.* ou *j.*).
— triandrus et vars (*fl. bl.* ou *j.*).
Œnothera acaulis (*fl. bl., passant au r.*).
— cæspitosa (*fl. bl.-ro.*).
— californica (*fl. bl., variant au ro. et à centre j., od.*).

Œnothera eximia (*fl. bl.*).
— glauca (*fl. j.*).
— — Fraseri (*fl. j.*).
— linearis (*fl. j., od.*).
— missouriensis latifolia (*fl. j.*).
— pallida (*fl. bl., j. à la base*).
— speciosa (*fl. bl., passant au r.*).
— taraxacifolia (*fl. bl., passant au r.*).
Omphalodes nitida (*fl. bl.*).
— verna (*fl. b.*).
Onopordon Acanthium (*fl. p., flles bl. laineuses*).
— arabicum (*fl. p., flles bl. laineuses*).
Ornithogalum narbonnense (*fl. bl., à centre n.*).
— nutans (*fl. bl.-v.*).
— pyramidale (*fl. bl.*).
— umbellatum (*fl. bl. et r.*).
Oxalis Acetosella (*fl. bl.-ro.*).
— lobata (*fl. j.*).
— tetraphylla (*fl. r. ou p.-vio.*).
Pæonia albiflora et vars (*fl. bl., ro., p., r., etc.*).
— officinalis (*fl. r.*).
— tenuifolia (*fl. r.*).
— Wittmanniana (*fl. bl.-j.*).
Panicum virgatum (*fl. v.*).
Papaver bracteatum (*fl. r.*).
— nudicaule (*fl. j. ou bl.*).
— orientale et vars (*fl. r., ro., p, bl., etc.*).
— pilosum (*fl. o.*).
Petasites fragrans (*fl. bl., od.*).
— frigida (*fl. bl.*).
Phalaris arundinacea variegata (*flles rubanées bl.-j.*).
Phlomis herba-venti (*fl. b.-vio.*).
Phytolacca decandra (*fl. bl., fr. p.*).
— acinosa (*fl. bl.-ro., fr. p.-n.*).
Polemonium cæruleum (*fl. b.*).
— — album (*fl. bl.*).
— humile (*fl. b. ou p.*).
— reptans (*fl. b. ou bl.*).
Polygonatum biflorum (*fl. bl.-v.*).
— multiflorum (*fl. bl.-v., fr. n.*).
Polygonum affine (*fl. ro.-r.*).
— amplexicaule (*fl. ro. ou bl.*).
— compactum (*fl. bl.*).
— cuspidatum (*fl. bl.*).
— sachalinense (*fl. bl.-j.*).
Potentilla ambigua (*fl. j.*).
— argyrophylla (*fl. j.*).
— conjesta (*fl. bl.*).
— Hoopwoodiana (*fl. panachées ro. et r.*).
— nitida (*fl. ro.*).
— unguiculata (*fl. bl.*).
Preñanthes purpurea (*fl. p.*).
Primula Auricula (*fl. variables*).
— elatior et vars. (*fl. j., bl., ro., p., b., etc.*).
— japonica et vars (*fl. r., ro. ou bl.*).
— officinalis (*fl. j.*).
— vulgaris (*fl. j., bl.-ro. l., p., etc.*).
Pulmonaria augustifolia (*fl. p., à la fin b.*).
— saccharata (*fl. ro.*).
Rheum Emodi (*flles v.*).
— officinale (*flles v.*).
Rudbeckia grandiflora (*fl. j. et p.*).
— maxima (*fl. j.*).
— laciniata (*fl. j.*).
— pinnata (*fl. j.*).
— purpurea (*fl. r.-p. à pointes v.*).

Rudbeckia speciosa (*fl. j., à cœur noir*).
Sanguinaria canadensis (*fl. bl.*).
Saponaria officinalis (*fl. l. ou bl.*).
Saussurea pulchella (*fl. p.*).
Saxifraga Camposii (*fl. bl.*).
— crassifolia (*fl. ro.*).
— ornata (*fl. ro.*).
— granulata (*fl. bl.*).
— ligulata (*fl. bl.-ro.*).
— Stracheyi (*fl. ro.*).
— umbrosa (*fl. bl., ponctuées r.*).
Scabiosa amœna (*fl. l. ou ro.*).
Scilla amœna (*fl. b. ou bl.*).
— bifolia (*fl. b.*).
— hispanica (*fl. b. bl. ou ro.*).
— nutans (*fl. b., bl. ou ro-p.*).
— peruviana (*fl. b. ou bl.*).
— pratensis (*fl. b.*).
— sibirica (*fl. b.*).
Scolymus grandiflorus (*fl. j.*).
Scopolia carniolica (*fl. r., j. ou v. à l'intérieur*).
Sedum acre aureum (*fl. j., flles v.-j.*).
— album (*fl. bl.*).
— dasyphyllum (*fl. ro., flles gl.*).
— erythrostictum (*fl. v., suffusé ro.*).
— glaucum (*fl. bl.-ro., flles v. gl.*).
— kamtschaticum (*fl. j., flles v.*).
— Maximowiczii (*fl. j., flles v.*).
— maximum (*fl. bl., maculées r., flles v.*).
— hæmatodes (*flles p.*).
— populifolium (*fl. bl. ou ro.*).
— reflexum (*fl. j.*).
— Rhodiola (*fl. v. ou r.-p.*).
— sexangulare (*fl. j., flles v.*).
— spectabile (*fl. ro.*).
— Telephium et vars (*fl. ro. ou bl.*).
Senecio Doria (*fl. j.*).
— Doronicum (*fl. j.*).
— pulcher (*fl. p., à disque j.*).
Sida Napæa (*fl. bl.*).
Silene pensylvanica (*fl. ro.*).
Solidago Drummondii (*fl. j.*).
— lanceolata (*fl. j.*).
— speciosa (*fl. j.*).
— Virgaurea (*fl. j.*).
Spiræa Aruncus (*fl. bl.*).
— astilboides (*fl. bl.*).
— Filipendula (*fl. bl.*).
— lobata (*fl. ro.*).
— palmata (*fl. ro.*).
— Ulmaria (*fl. bl.*).
Stachys grandiflora (*fl. vio.*).
— lanata (*fl. striées, flles bl.-laineuses*).
— Maweana (*fl. bl.-j., maculées p.*).
Stipa pennata (*fl. v., plumeuses*).
Streptopus roseus (*fl. ro.-p.*).
Stylophorum diphyllum (*fl. j.*).
Symphytum caucasicum (*fl. b.*).
— officinale bohemicum (*fl. r. ou r.-p.*).
— tuberosum (*fl. j.*).
Tanacetum crispum (*fl. j., flles v., crépues*).
— leucophyllum (*fl. j., flles bl.-j.*).
Teucrium Chamædrys (*fl. ro., maculées bl. et r.*).
Thalictrum aquilegifolium (*fl. bl.*).
— atropurpureum (*fl. bl. et p.*).
— flavum (*fl. j.*).

Thalictrum minus (*fl. j.* et *v.*).
— tuberosum (*fl. bl.*).
Tradescantia virginica (*fl. vio.*).
Trillium erectum (*fl. p.*).
— erythrocarpum (*fl. bl., striées p.*).
— grandiflorum (*fl. bl., passant au ro.*).
— nivale (*fl. bl.*).
Trollius altaicus (*fl. o.* ou *j.*).
— asiaticus (*fl. j.*).
— europæus (*fl. j.*).
Tulipa australis (*fl. suffusées r.*).
— Clusiana (*fl. bl., r.* et *n.*).
— Eichleri (*fl. r., marquées j.* et *n.*).
— elegans (*fl. r., à œil j.*).
— Gesneriana (*bl., r., j.*, etc.).
— Greigii (*fl. r., maculées n.*).
— macrospeila (*fl. r., maculées n.* et *j.*).
— Oculus solis (*fl. r., maculées n.*).
— præcox (*fl. r., maculées n.*).
— pubescens (*fl. variables, od.*).
— retroflexa (*fl. j.*).
— suaveolens (*fl. r.* et *j., od.*).
— sylvestris (*fl. j.*).
Tulipa variétés (*fl. variées*).
Tussilago Farfara variegata (*flles v.* et *bl.*).
Valeriana Phu aurea (*fl. bl., flles v.* et *j.*).
Veratrum album (*fl. bl.* et *j.*).
— nigrum (*fl. p.-n.*).
Veronica gentianoides (*fl. b.*).
— incana (*fl. b.*).
— longifolia (*fl. l.*).
— saxatilis (*fl. b.*).
— spicata (*fl. b.*).
— Teucrium (*fl. b.*).
— virginica (*fl. b.* ou *bl.*).
Vica argentea (*fl. ro., maculées n.*).
— oroboides (*fl. b.*).
Vinca major (*fl. b.-p.*).
— minor (*fl. vio.-p., b.* ou *bl.*).
Viola cornuta (*fl. b.*).
— cucullata (*fl. vio.-b.* ou *p.*).
— tricolor et vars (*fl. variées*).
— Munbyana et vars (*fl. vio.* ou *j.*).
— odorata (*fl. b.-vio.* ou *bl.*).
— pedata (*fl. b.* ou *bl.* et *vars*).
— suavis (*fl. b.* et *bl., od.*).

PLANTES DE SERRE CHAUDE

Un grand nombre de plantes exotiques ne peuvent atteindre leur état de parfait développement ou seulement vivre sous nos climats que dans les serres où l'on peut maintenir sans cesse une température élevée et une atmosphère humide. Voici les moyennes de cette température : Hiver, *jour :* 16 à 20 degrés; *nuit :* 15 degrés. Été, *jour :* 22 à 28 degrés ; *nuit :* 18 degrés.

La liste suivante constitue un choix des plus belles plantes de serre chaude.

ANNUELLES

Citrullus vulgaris (*fr.*).
Coccocypselum repens (*fl. b.*).
Desmodium gyrans (*fl. vio., flles v.*).
Euryale ferox (*aq., fl. vio.*).
Ipomœa bona-nox (*fl. bl.*).
— rubro-cœrulea (*fl. b.*).
Mimosa pudica (*fl. m.*).
Physidium cornigerum (*fl. p.*).
Sonerila stricta (*fl. ro.-p.*).
Torenia asiatica (*fl. b.* et *vio.*).
— flava (*fl. j. à œil p.*).
— Fournieri (*fl. vio., j.* et *l.*).
Trichosanthes palmata (*fl.* et *fr.*).
Victoria Regia (*aq., fl. bl.* et *ro., flles v.*).

BISANNUELLE

Cleome rosea (*fl. ro.*).

VIVACES

Æchmea calyculata (*fl. j* et *r.*).
— cœlestis (*fl. b.*).
— cœrulescens (*fl. b., fr. b.* et *bl.*).
— discolor (*fl. r., flles v.* et *p.*).
— distichantha (*fl. ro.-p* et *r.*).
Æchmea fasciata (*fl. ro., flles v., rayées bl.*).
— fulgens (*fl. r., à pointes. b.*).
— glomerata (*fl. vio.* et *r.*).
— hystrix (*fl. r.*).
— Mariæ Reginæ (*fl. b.* et *ro.*).
Æchmea spectabilis (*fl. ro.* et *r.*).
— Veitchii (*fl. r.*).
Agalmyla staminea (*fl. r.*).
Aglaonema commutatum (*fl. bl., flles v., maculées j.*).
— Mannii (*fl. bl.* et *r., flles v.*).
— pictum (*fl. j.-v.* et *bl., flles v. maculées gr.*).
Alpinia albo-lineata (*flles v., rayées bl.*).
— nutans (*fl. ro., od.*).
— vittata (*flles striées v.* et *bl.*).
Amomum angustifolium (*fl. j.*).
— Cardomomum (*fl. br.*).
— Granum-Paradisi, (*fl. b., teintées j.* et *ro.*).
Amorphophallus Titanum (*fl. p.* et *v., flles v.*).
Ananas macrodonta (*fr. od.*).
— Porteana (*flles v., rayées j.*).
— sativa (*fr. r.-j.*).
— — variegata (*flles v., c., ro.* et *r.*).
Anchomanes Hookeri (*fl. p.* et *v., flles v.*).
Angelonia salicariæfolia (*fl. b.*).
Anthurium acaule (*fl. b., od., flles v.*).
— Andreanum (*fl. j.* et *o.-r., flles v.*).
— Bakeri (*fl. v., ro.* et *r., flles v.*).
— crystallinum (*flles v.* et *bl.*).
— ferrierense (*fl. r.* et *bl., flles v.*).
— Harrisii pulchrum (*fl. bl., c.* et *r., flles v.* et *bl.*).
— insigne (*flles v. bronzé.*).
— Kalbreyeri (*flles v.*).
— Lindenianum (*fl. bl.* et *p., od., flles v.*).
— macrolobum (*flles v.*).
— ornatum (*fl. bl.* et *p., flles v.*).
— regale (*flles v., veinées bl.*).
— Scherzerianum et vars (*fl. r.* et *o., flles v.*).

Anthurium splendidum (*flles v.* et *v.-j.*).
— subsignatum (*flles v.*).
— Veitchii (*flles v.*).
— Waluiewi (*flles v.* ou *r.*).
— Warocqueanum (*flles v.*).
Begonia albo-coccinea (*fl. ro.* et *bl.*).
— gogoensis (*fl. ro.*, *flles bronzées* et *r. en dessous.*).
— heracleifolia et vars (*fl. ro.*, *flles v.*).
— manicata (*fl. ro.*, *flles v.*).
— prismatocarpa (*fl. o.* et *j.*).
— Rex et vars (*flles multicolores*).
— socotrana (*fl. ro.*, *flles v.*).
— Thwaitesii (*fl. v.*, *r.-p.*, *bl.* et *r.*).
Bertolonia maculata (*fl. vio.-p.*, *flles v.*).
— marmorata (*flles v.* et *bl.-p. en dessous*).
— pubescens (*flles v.* et *br.*).
Billbergia Baraquiniana (*fl. v.*, *flles v.* et *bl.*..
— iridifolia (*fl. r.* et *j.*, *à pointes b.*).
— Liboniana (*fl. r.*, *bl.* et *p.*).
— marmorata (*fl. b.* et *r.*, *flles v.* et *r.-br.*).
— Moreli (*fl. r.* et *vio.-p.*).
— pyramidalis (*fl. r. à bractées ro.*).
— Quesneliana (*fl. p.* et *ro.*, *flles v.*).
— rosea-marginata (*fl. b.* et *ro.*, *flles v.*).
— Saundersii (*fl. r.-j.* et *b.*, *flles v.*, *bl.* et *p.*).
— thyrsoidea (*flles v.*).
— zebrina (*fl. v.* et *ro.*, *flles v.*, *zonées gr.*).
Brachyspatha variabilis (*fl. v.-p.*, *bl.* et *r.*, *flles v.*).
Bromelia bicolor (*fl. r.*, *flles v.* et *r.*).
— bracteata (*fl. ro.* et *r.*).
— Fernandæ (*fl. j.* et *r.-o.*).
Burbidgea nitida (*fl. r.-o.*).
Caladium argyrites (*flles v.* et *bl.*).
— Chantini (*flles r.*, *bl.* et *v.*).
— Devosianum (*flles v.*, *maculées bl.* et *v.*).
— Kochii (*flles v.*, *maculées bl.*).
— Lemaireanum (*flles v.*, *veinées bl.*).
— Leopoldi (*flles v.-r.* et *ro.*).
— macrophyllum (*flles v.*, *maculées bl.-v.*).
maculatum (*flles v.*, *maculées bl.*).
marmoratum (*flles v.* et *gr.* ou *arg.*).
— rubro-venium (*flles v. gr.*, *veinées r.*).
— sanguinolentum (*flles v.*, *bl.* et *r.*).
— Schomburgkii (*flles v*, *veinées bl*).
— Verschaffeltii (*flles v.*, *maculées r.*).
— variétés (*flles panachées.*).
Calathea arrecta (*flles v.* et *r. en dessous*).
— Baraquinii (*flles v.*, *rayés bl.-arg.*).
— bella (*flles v.* et *v.-arg.*).
— fasciata (*flles v.*, *bl.* et *p.*).
— illustris (*flles v.* et *ro.*).
— Kerchoviana (*flles v.-gr.*, *maculées p.*).
— Leopardina (*flles v.-j.*, *maculées j.*).
— Lindeni *flles v.* et *ro.*, *p. en dessous*).
— Makoyana (*flles v.*, *j.-c.* et *bl.*).
— Massangeana (*flles v.-arg.* et *r.*).
— micans (*flles v.*, *striées bl.*).
— nitens (*flles v.*).
— ornata et vars (*flles j.-v.* et *p. en dessous*).
— pardina (*fl. j.*, *flles v.*, *maculées br.*).
— princeps (*flles v.* et *v.-j.*, *p. en dessous*).
— tubispatha (*flles v.-j.*, *maculées br.*).
— Vanden Heckei (*flles v.* et *arg.*, *r.-p. dessous*).
— Veitchii (*flles v.*, *maculées j.*, *p. dessous*).
— Wallisii (*flles v.*).
— Warscewiczii (*flles v.*, *striées v.-j.*).

Calathea zebrina (*flles v. rayées p.-v.* et *p.-v. en dessous*).
Canistrum aurantiacum (*fl. j.-o.*).
— eburneum (*fl. bl.* et *v.*, *flles v.* et *c.*).
Canna iridiflora (*fl. ro.*, *tachées j.*).
— liliiflora (*fl. bl.*).
Caraguata conifera (*fl. j.*, *bractées r.*).
— Van Volxemii (*fl. j.*).
— Zahnii (*fl. j.*, *flles j.*, *striées r.*).
Carludovica atrovirens (*flles v.*).
— palmata (*flles v.*).
— rotundifolia (*flles v.*).
Centropogon Lucyanus (*fl. ro-v.*).
Centrosolenia bullata (*fl. bl.-j.*, *flles-bronzé* et *r. en dessous*).
— picta (*fl. bl.*).
Ceropegia elegans (*fl. p.*).
— Thwaitesii (*fl. j.*, *maculées r.*).
Chrita lilacina (*fl. b.* et *fl. bl.*, *maculées j.*).
— Moonii (*fl. p.*).
Cochliostema Jacobianum (*fl. b.*, *od.*).
— odoratissimum (*fl. v.-j.*, *r.*, *b.* et *bl.*, *od.*).
Colocasia antiquorum (*fl. v.*, *flles v.*).
— indica (*fl. br.*, *flles v.*).
— odorata (*fl. bl.*, *od.*, *flles v.*).
Columnea Schiedeana (*fl. j.* et *br.*).
Cordyline albo-rosea (*flles j.*, *bordées r.*).
— amboynensis (*flles v.*, *r.* et *p.*).
— Baptisii (*flles v.*, *j.* et *r.*).
— gloriosa (*flles v.*).
— Guilfoylei (*flles r.*, *ro. bl.* et *v.*).
— imperialis (*flles v.*, *rayées r.* ou *ro.*).
— magnifica (*flles ro.*).
— ornata (*flles v.*, *marginées ro.*).
— Robinsoniana (*flles v.* et *r.-br.*).
— terminalis (*flles v.* ou *bronzées* et *r.*).
Corynophallus Afzelii et vars (*fl. bl.* et *p.*, *flles v*).
Costus igneus (*fl. ro.*).
— Malortieanus (*fl. j.*, *rayées ro*).
Crinum amabile (*fl. r.*, *od.*).
— Balfourii (*fl. bl.*, *à tube v.*).
— cruentum (*fl. r.*).
— giganteum (*fl. bl.*, *od.*).
— Kirkii (*fl. bl.*, *striées r.*).
— purpurascens (*fl. r.-p.*).
— zeylanicum (*fl. v.* ou *teintées r.*).
Cryptocoryne ciliata (*fl. v.* et *p.*, *od.*).
Curculigo recurvata (*fl. j.*, *flles v.*).
— striata (*flles v.*, *rayées bl.*).
— variegeta (*flles v.*, *panachées bl.*).
Curcuma albiflora (*fl. bl.* et *j.*).
— australasica (*fl. j.*, *bractées ro.*).
— cordata (*fl. r.-j.*).
Curcuma petiolata (*fl. j.*, *à bractées ro.-p.*).
— Roscoena (*fl. r.*, *à bractées o.*).
— rubricaulis (*fl. r.*).
Cyanophyllum magnificum (*flles v.* et *bl.*, *r.-p. en dessous*).
Cyanotis kewensis (*fl. ro.*).
Dalechampia Roezliana (*fl. à bractées ro.*, *od.*).
Desmodium Skinneri albo-nitens (*fl. p.*, *flles v.*, *rayées fl.*).
Dichorizandra leucophthalmus (*fl. b.-p.*).
— musaica (*fl. b.*, *flles v.* et *bl.*).
— thyrsiflora (*fl. b.*).
Dichrotrichum ternatum (*fl. r.*).

Didymocarpus primulæfolia (*fl. l.*).
Dieffenbachia amœna (*fles v., maculées bl.-j.*).
— Baraquiniana (*fles v. et bl.*).
— Bausei (*fles v. et v.-j., maculées bl.*).
— brasiliensis (*fles v., maculées bl.*).
— Chelsoni (*fles v., gr. et v.-j.*).
— eburnea (*fles v., maculées bl.*).
— latimaculata (*fl. v., j.-v. et bl.*).
— Leopoldi (*fles bl. et v.*).
— magnifica (*fles panachées p. et bl.*).
— majestica (*fles v., j. et arg.*).
— nobilis (*fles v., maculées bl.*).
— princeps (*fles v. et bl.-arg.*).
— regina (*fles bl.-v. et j.*).
— Rex (*fles v., maculées bl.*).
— Wallisii (*fles panachées v. et gr.*).
Dioscorea bulbifera (*fles v.*).
— multicolor et vars (*fles panachées*).
Dorstenia argentea (*fles v., rayées arg.*).
— Mannii (*fles v.*).
Dracontium asperum (*fl. p., br., fles v. et bl.*).
Eichhornia azurea (*aq., fl. b., fles v.*).
— crassipes (*aq. fles v.*).
Epipremnum mirabile (*fles v.*).
Episcia bicolor (*fl. bl. et p.*).
— chontalensis (*fl. l., j. et bl.*).
— fulgida (*fl. r.*).
— villosa (*fl. bl., tachées p.*).
Eucharis candida (*fl. bl.*).
— grandiflora (*fl. bl.*).
— sanderiana (*fl. bl.*).
Eulophia macrostachya (*fl. à labelle j. strié r.-p.*).
Eurycles amboinensis (*fl. bl.*).
Fittonia gigantea (*fl. r., fles v., veinée r.*).
— Verschaffelti et vars (*fles v., veinées r.*).
Gesnera Cooperi (*fl. r., à gorge maculée*).
— discolor (*fl. r.*).
— Donkelaariana (*fl. r, fles v., teintées p. et r.*).
— exoniensis (*fl. r.-o., à gorge j.*).
— nægelioides (*fl. ro.-r. et j.*).
— pyramidalis (*fl. r.-o et j.*).
— variétés (*fl. variées*).
Globba atrosanguinea (*fl. j. et r.*).
— Schomburgkii (*fl. r.-o.*).
Gloriosa superba et vars (*fl. o. et r.*).
Gloxinia gesneroides (*fl. r.*).
— glabra (*fl. bl.-j.*).
— maculata (*fl. p.-b.*).
— pallidiflora (*fl. b.*).
— variétés (*fl. variées*).
Gravesia guttata (*fles v., ponctuées r.*).
Guzmannia erythrolepis (*fl. bl. et r.-p.*).
— tricolor (*fl. bl., v.-j., r. et n.*).
Gymnostachyum ceylanicum (*fl. bl., à pointes v., fles v. et bl.*).
— venusta (*fl. p.*).
Hæmanthus abyssinicus (*fl. r.*).
— cinnabarinus (*fl. r.*).
— Kalbreyeri (*fl. r.*).
— Katherinæ (*fl. r.*).
— puniceus (*fl. r.-o, étamines j. et o.*).
Hedychium angustifolium (*fl. r.*).
— coronarium (*fl. bl., od.*).
— flavosum (*fl. j., od.*).
Heliconia aureo-striata (*fles v., rayées j.*).
— Bihai (*feuillage*).
Heliconia psittacorum (*feuillage*).
— triumphans (*fles v., striées n.*).
Homalonema Roezlii (*fl. br. et c., fles v. maculées j.*).
— Wallisii (*fl. r., fles v., bordées bl. et maculées j.*).
Hymenocallis amœna (*fl. bl., od.*).
— macrostephanum (*fl. bl., od.*).
— speciosa (*fl. bl., od.*).
Hypoestes sanguinolenta (*fl. p. et bl.*).
Hypolytrum latifolium (*fl. br.*).
Imantophyllum cyrtanthiflorum (*fl. ro.*).
— miniatum (*fl. o. et chamois*).
Impatiens Hookeriana (*fl. bl., striées r.*).
— Jerdoniæ (*fl. j. et r.*).
— Sultani (*fl. r.*) et vars.
— Walkeri (*fl. r.*).
Isoloma Ceciliæ (*fl. ro.*).
— hondense (*fl. j., avec des poils r.*).
Justicia marmorata (*fles v. et bl.*).
— peruviana (*fl. vio.*).
— ventricosa (*fl. ro.*).
Kæmpferia Gilbertii (*fl. v. et marginées bl.*).
— ornata (*fl. j. et o., fles v. et p. en dessous*).
Mantisia saltatoria (*fl. j. et p.*).
Maranta bicolor (*fles v., maculées v. et ro.-p. en dessous*).
— concinna (*fl. j., fles v.*).
— Porteana (*fles v., rayées bl. et p. en dessous*).
— sagoriana (*fl. v.*).
Massangea hieroglyphica (*fles v., rayées vio.-n.*).
— musaica (*fl. bl. et br., fles v.-j. et v.*).
Momordica Charantia (*fl. j., fr. r.*).
Nægelia cinnabarina (*fl. r.*).
— fulgida (*fl. r.*).
— bicolor (*fl. r. et n.*).
— Geroltiana (*fl. r.-o.*).
— multiflora (*fl. bl. ou c.*).
— zebrina (*fl. r.-o.*).
Nepenthes atrosanguinea (*urnes r., j. et n.*).
— bicalcarata (*urnes v.*).
— Courtii (*urnes v.-gr., maculées r.*).
— Dormanniana (*urnes v., maculées r.*).
— Hookeriana (*urnes r. ou v.*).
— intermedia (*urnes v., maculées r.*).
— Khasiana (*fl. v. et j., urnes v. et p.*).
— Lawrenciana (*urnes v., maculées r.*).
— madagascariensis (*urnes r. à gorge c.*).
— Mastersiana (*urnes r.-p. et ro.-c.*).
— Morganiæ (*urnes r. et v.*).
— Northiana (*urnes p., maculées n.*).
— Rafflesiana (*fl. j. et br., urnes j.-v. et br.*).
— Rajah (*urnes p.*).
— Rattcliffiana (*urnes v., maculées r.*).
— rubro-maculata (*urnes v.-j, maculées r.*).
— sanguinea (*urnes r.*).
— Sedeni (*urnes v., striées r.-br.*).
— Veitchii (*urnes*).
— Williamsii (*urnes v., maculées r.*).
Nymphæa Devoniensis (*aq., fl. ro.-r.*).
— Lotus et vars (*aq., fl. r. ou bl.*).
— stellata et vars (*aq., fl. b., od.*).
— Saurtevantii (*aq., fl. ro.*).
— thermalis (*aq., fl. bl., od.*).
Orthosiphon stamineus (*fl. l.-b*).
Ouvirandra fenestralis (*aq., fl. bl.-v., fles v.*).
Papyrus antiquorum (*tiges et fles v.*).

Peperomia clusiæfolia (*flles v., marginées r.*).
— maculosa (*flles v.*).
— marmorata (*flles panachées v. et bl.*).
— nummulariæfolia (*flles v.*).
— Saundersii (*flles v. et bl.*).
Peristrophe speciosa (*fl. p. et r.-p.*).
Philodendron grandifolium (*fl. saumon v., ro., etc., flles v.*).
— Mamei (*fl. panachées v. et bl.*).
— Selloum (*fl. v. et bl., flles v.*).
— Simsii (*fl. r.*).
Phinæa albo-lineata (*fl. bl.*).
— rubida (*fl. r.*).
Pilea microphylla (*flles v.*).
Pistia Stratiotes (*aq., flles v.*).
Pitcairnia Andreana (*fl. j. et r.*).
— corallina (*fl. r., bordées bl.*).
— fulgens (*fl. r.*).
— Karwinskiana (*fl. r.*).
— muscosa (*fl. r.*).
— tabulæformis (*fl. r.*).
— xanthocalyx (*fl. j.*).
— zeifolia (*fl. bl. et r.-j.*).
Plagiolirion Horsmanni (*fl. bl.*).
Plumbago rosea (*fl. ro.-r.*).
Portea kermesina (*fl. b. et ro.*).
Pothos celatocaulis (*flles v.*).
Rhœo discolor (*fl. b. ou p., flles v. et p. en dessous*).
Ronnbergia Morreniana (*fl. b., flles v.*).
Ruellia Portellæ (*fl. ro., flles v., r.-p. en dessous*).
— spectabilis (*fl. b.-p.*).
Saccharum ægyptiacum (*fl. arg., flles v.-gr.*).
Sanchezia longiflora (*fl. r.-p.*).
— nobilis (*fl. j., etc.*).
— glaucophylla (*fl. v., striées bl. ou j.*).
Schismatoglottis crispata (*fl. v. et bl.-c., flles v., rayées gr.*).
— Lavallei purpurea (*flles v. et gr., r.-p. en dessous*).
— pulchra (*fl. v., maculées v.-arg.*).
— variegata (*fl. v. et v.-j., flles v., rayées arg.*).
Scutellaria costaricana (*fl. r., j.-r. et j.*).
— Lehmanni (*fl. r.*).
— splendens (*fl. r.*).
Sinningia barbata (*fl. bl., tachées r., flles v. et r. en dessous*).
— concinna et vars (*fl. p. et j., flles v., nervées r.*).
— conspicua (*fl. j., tachées p.*).
— speciosa et vars (*fl. vio., etc., flles v., etc.*).
— Youngiana (*fl. vio. ou p. et bl.-j., flles v.-bl. en dessous*).
Siphocampylus betulæfolius (*fl. r.*).
— glandulosus (*fl. ro.*).
— Humboldtianus (*fl. r.*).
— longepedunculatus (*fl. p.*).
Spathiphyllum candidum (*fl. bl.*).
— cannæfolium (*fl. bl.*).
— pictum (*flles v. et v.-j.*).
Spigelia splendens (*fl. r.*).
Tacca integrifolia (*fl. v., panachées p. et j., flles v.*).
— pinnatifida (*fl. p., flles v.*).
Thunbergia coccinea (*fl. r., variant au ro.-o.*).
— erecta (*fl. b., o. et j.*).
fragrans (*fl. bl., od.*).
— laurifolia (*fl. b.*).
Tillandsia carinata (*fl. j.-r. et v.*).
— corallina (*fl. v. et r.-p.*).
— glaucophylla (*fl. bl.-vio., p., r. et j.*).
— Hamaleana (*fl. v., bl., vio. et p.*).
— ionantha (*fl. vio.*).
— Lindeni (*fl. v., r. et b.-p.*).
— Morreni (*fl. br. et v.-j.*)
— psittacina (*fl. v., r. et j.*).
— pulchra (*fl. bl.-v., v. et r.*).
— regina (*fl. bl. et ro., od.*).
— Saundersii (*fl. j.-v.*).
— splendens (*fl. j. et p., flles v., zonées br. en dessous.*).
— umbellata (*fl. b., bl. et v.*).
— virginalis (*fl. bl. et v.*).
— xiphioides (*fl. bl.*).
— xiphostachys (*fl. p., v., j. et r.*).
Turnera ulmifolia (*fl. j.*).
Tydæa amabilis (*fl. ro., ponctuées p.*).
Typhonium divaricatum (*fl. p.*).
Utricularia montana (*fl. bl. et v.*).
Xanthosoma Barilleti (*flles v.*).
— Lindeni (*flles v., veinées bl.*).
— violaceum (*fl. vio. et bl., flles v.*).

PLANTES HERBACÉES, RAMPANTES ET RETOMBANTES

La liste suivante constitue un choix des meilleures plantes herbacées, rampantes, radicantes ou retombantes. Beaucoup sont éminemment utiles pour garnir les suspensions, les bords des grands vases et parmi celles qui sont rustiques plusieurs conviennent à l'ornement des parties arides des rocailles et autres lieux analogues.

Les arbustes traînants et radicants ont été indiqués précédemment, dans la section des arbustes.

Rustiques.

ANNUELLES

Blumenbachia insignis (*fl. bl. et r.-j.*).
Lagenaria vulgaris (*fl. bl., fr. j.-v.*).
Loasa prostrata (*fl. j.*).
Mesembrianthemum crystallinum (*fl. bl., flles cristallines*).
Nolana paradoxa (*fl. b.*).
— prostrata (*fl. b.*).
Nonnea rosea et vars (*fl. ro. et bl.-j.*).
Silene pendula (*fl. ro., r., bl., etc.*).
Wahlenbergia hederacea (*fl. b.*).

VIVACES

Ajuga reptans (*fl. b., passant au ro.*).
Anagallis tenella (*fl. ro.*).
Androsace lanuginosa (*fl. ro.*).
Arabis albida (*fl. bl.*).
— lucida (*fl. bl.*).

Arabis lucida variegata (*flles bordées j.*).
— petræa (*fl. bl.*).
— rosea (*fl. ro.-p.*).
Arenaria balearica (*fl. bl.*).
— purpurascens (*fl. p.*).
Astragalus austriacus (*fl. b. et p.*).
— glycyphyllos (*fl. v.-j.*).
— hypoglottis (*fl. p., b. et bl.*).
Centaurea dealbata (*fl. ro.*).
Claytonia sibirica (*fl. ro.*).
Convolvulus cantabricus (*fl. r.*).
Coronilla iberica (*fl. j.*).
Leptinella dioica (*fl. j.*).
Herniaria glabra (*fl. v.*).
— hirsuta (*fl. et flles v.-gr.*).
Linaria Cymbalaria (*fl. b. ou l.*)
Lysimachia Nummularia (*fl. j.*).
Mimulus moschatus (*fl. j.*).
Mitchella repens (*fl. bl. et p.*).
Nertera depressa (*fr. r.-o.*).
Nierembergia gracilis (*fl. bl.-l. et j.*).
Mentha Requieni (*fl. l.*).
Omphalodes verna (*fl. b. ou bl.*).
Ourisia coccinea (*fl. r.*).
Oxalis corniculata (*fl. j.*).
— — atropurpurea (*flles p.*).
— enneaphylla (*fl. bl. ou r., veinées p.*).
Phlox reptans (*fl. p. ou vio.*).
Potentilla ambigua (*fl. j.*).
— reptans flore-pleno (*fl. j.*).
Pratia angulata (*fl. bl.*).
— repens (*fl. bl., teintées vio.*).
Paronychia argentea (*flles v., bractées arg.*).
Pyxidanthera barbulata (*fl. bl. ou ro.*).
Sagina subulata (*fl. bl., flles v.*).
Saponaria ocymoides (*fl. ro. ou r.*).
Saxifraga oppositifolia (*fl. p.*).
Scutellaria orientalis (*fl. j. ou j. et p.*).
Sedum album (*fl. bl., flles v.*).
— anglicum (*fl. bl. ou ro., flles v.*).
— reflexum (*fl. j.*).
Thymus lanuginosus (*flles v.-gr.*).
Tiarella cordifolia (*fl. bl.*).
Trifolium uniflorum (*fl. b. et p.*).
Tropæolum polyphyllum (*fl. j.*).
— tricolorum (*fl. v. j. et r.*).
Vinca herbacea (*fl. b. p., flles v.*).
— major et vars (*fl. b.-p., flles v.*).
— minor et vars (*fl. b.*).
— media (*fl. b.*).
Waldsteinia fragarioides (*fl. j.*).

Demi-rustiques.

ANNUELLES

Abronia umbellata (*fl. ro., o l.*).
Calandrinia Menziezii (*fl. p.-r.*).

BISANNUELLE

Calandrinia umbellata (*fl. r.*).

VIVACES

Abronia arenaria (*fl. j., od.*).
Boussingaultia baselloides (*fl. bl., passant au n.*).
Nierembergia calycina (*fl. j. et bl.*).
Saxifraga sarmentosa (*fl. bl., ponctuées j. et r., flles r. en dessous.*).

De serre.

ANNUELLE

Ipomœa filicaulis (*s. t., fl. bl. ou c. et p.*).

VIVACES

Aneilema biflora (*s. f., fl. b.*).
Arabis blepharophylla (*s. f., fl. ro. p.*).
Patatas edulis (*s. t., fl. bl. et p.*).
Begonia amabilis (*s. t., fl. ro. ou bl., flles v. ou panachées.*).
Begonia hydrocotylifolia (*s. t., fl. ro.*).
— prismatocarpa (*s. c., fl. c. et j., flles v.*).
Cereus flagelliformis (*tiges v., épineuses*).
Convolvulus mauritanicus (*s. f., fl. b., à gorge bl. et anthères j.*).
Cyanotis kewensis (*s. f., fl. ro.*).
Epiphyllum truncatum (*fl. ro.-r.*).
Episcia bicolor (*s. c., fl. bl., bordées p.*).
Fittonia argyroneura (*flles v., veinées bl.*).
— rubrovenia (*flles v., veinées r.*).
Fragaria indica (*s. f., flles v., fr. r.*).
Gazania splendens (*s. f., fl. j.*).
Isolepsis gracilis (*flles v.*).
Kennedya prostrata (*s. f., fl. r.*).
Oleandra nodosa (*s. c., flles v.*).
Panicum Burmanni variegatum (*flles v. rayées bl.-j.*).
Pelargonium peltatum et vars (*fl. ro., r. ou bl.*).
Pellionia Daveauana (*s. t., fl. v., flles v., teintées vio.*).
— pulchra (*s. t., flles v., n. et p.*).
Peperomia nummulariæfolia (*s. c., flles v*).
Selaginella albonitens (*s. f., flles v.*).
— apus (*s. f., flles v.*).
— denticulata (*s. f., flles v.-r.*).
— Kraussiana (*s. f., flles v.*).
— Martensii (*s. f., flles v.*).
— uncinata (*s. f., flles v.*).
Stenotaphrum americanum variegatum (*s. c., flles v., striées bl.*).
Zebrina pendula et vars (*flles v. ou zonées bl.-arg.*).

CHOIX D'ARBRISSEAUX, D'ARBUSTES ET DE SOUS-ARBRISSEAUX

Les arbrisseaux sont l'accompagnement indispensable des arbres et dans tous les jardins d'agrément, aujourd'hui surtout que le style paysager prédomine, les végétaux ligneux constituent la décoration permanente et principale.

La liste suivante est destinée à venir en aide aux personnes qui ont à effectuer un choix de végétaux ligneux à feuilles caduques ou persistantes. La hauteur qu'atteignent les nombreuses essences citées est, dans la plupart des cas, ajoutée aux autres indications. Cette hauteur est importante à connaître lorsqu'on choisit des arbustes pour former des massifs, pour isoler sur les pelouses ou pour former un fond de verdure derrière certaines plates-bandes, le long des clôtures et pour d'autres usages analogues.

Cette liste comprend aussi un bon choix d'arbustes d'orangerie à feuillage persistant, afin qu'on puisse également y puiser des éléments propres à la décoration des jardins d'hiver et des serres froides.

Pour l'ornement des plates-bandes, certains arbustes nains ou des sous-arbrisseaux toujours verts indiqués ici sont particulièrement décoratifs pendant l'hiver, car, pendant cette longue période, très peu de plantes herbacées montrent des signes de végétation, sauf toutefois quelques plantes bulbeuses, telles que les *Crocus*, *Eranthis*, *Galanthus*, etc.

La liste des arbustes grimpants à feuillage caduc ou persistant rendra sans doute des services à ceux qui ont des murs, des vieux arbres, des berceaux, des treillages, etc., à garnir. Les plantes traînantes auront leur place sur les rocailles, les ruines, dans les lieux agrestes ou dans les bosquets parmi les arbustes érigés.

Pour de plus amples détails sur l'utilisation des essences mentionnées ici, les lecteurs pourront consulter l'article **Arbusteries** et **Arbustes** dans le volume I, p. 212.

Abréviations employées dans cette liste :

aq., aquatique ; *arg.*, argenté ; *b.*, bleu ; *bl.*, blanc ; *br.*, brun ; *c.*, crème ; *fl.*, fleurs ; *flles.*, feuilles ; *gl.*, glauque *gr.*, gris ; *j.*, jaune ; *l.*, lilas ; *m.*, magenta ; *mv.*, mauve ; *o.*, orange ; *od.*, odorant ; *p.*, pourpre ; *r.*, rouge ; *ro.*, rose ; *s.-aq.*, semi-aquatique ; *s. c.*, serre chaude ; *s. f.*, serre froide ; *s. t.*, serre tempérée ; *v.*, vert ; *vio.*, violet.

Sauf indications spéciales, le feuillage doit être considéré comme normal, c'est-à-dire vert. Les sous-arbrisseaux et les plantes suffrutescentes sont indiquées par un astérisque (*).

Arbustes à feuilles caduques.

RUSTIQUES

Acæna microphylla * (*fl. v.* et *r.*, 4 cent.).
— millefolia *
— myriophylla * (15 à 30 cent.).
— pulchella * (*flles bronzées*).
Acer circinatum (*fl. r.*, *flles r. à l'automne*, 1 m. 50 à 2 m.).
— heterophyllum (1 m. 20).
— japonicum et vars (*fl. p.-r.*, 50 cent. à 1 m.).
— opulifolium (2 m. 50).
— — obtusatum.
— palmatum et vars (*fl. j.*, 60 cent. à 1 m. 20).
Adenocarpus hispanicus (*fl. j.*, 1 m. à 1 m. 20).
— intermedius (*fl. j.*, 1 m. à 1 m. 20).
— parviflorus (*fl. j.*, 1 m. à 1 m. 20).
— telonensis (*fl. j.*, 60 cent. à 1 m. 20).
Alyssum saxatile et vars * (*fl. j.*, 30 cent).
— serpyllifolium * (*fl. j.*, 15 cent).
Amelanchier vulgaris (*fl. bl.*, 1 à 3 m.).
Amorpha canescens (*fl. b.*, 50 cent. à 1 m.).
— fruticosa (*fl. b.-p.*, 2 m.).
Amygdalus incana (*fl. r.*, 60 cent).
— nana (*fl. ro.*, 60 cent. à 1 m.).
Artemisia Abrotanum (*fl. j.*, *flles od.*, 60 cent. à 1 m. 20).
Asimina triloba (*fl. p.* et *j.*, 3 m.).
Azalea arborescens (*fl. r.*, 3 à 6 m.).
— calendulacea *fl. j.*, *r.*, *o.* et *br.*, 60 cent, à 2 m.).
— nudiflora (*fl. ro.-r.*, 1 m. à 1 m 20).
— pontica (*fl. j.*, 1 m. 20 à 2 m.).
— speciosa (*fl. r.* et *o.*, 1 m. à 1 m. 20).
— viscosa (*fl. bl.*, *od.*, 60 cent. à 1 m. 20).
Betula fruticosa (*fl. bl.-br.*, 1 m. 20 à 2 m.).
— nana (*fl. bl.-v.*, 30 cent. à 1 m.).
— pumila (*fl. bl.*, 60 cent. à 1 m.).
Calophaca wolgarica (*fl. j.*, 60 cent. à 1 m.).
Calycanthus floridus (*fl. p.*, *od*; 1 m. 20 à 2.).
Calycanthus glaucus (*fl. p.*, 1 m. 20 à 2 m.).
— lævigatus (*fl. p.*, 1 m. 20 à 2 m.).
— occidentalis (*fl. r.*, *od.*, 2 à 4 m.).
Calycotome spinosa (*fl. j.*, 1 m. 50 à 2 m.).
Caragana frutescens (*fl. j.*, 60 cent. à 1 m.).
— jubata (*fl. bl.*, *suffusées r.*, 30 à 60 cent.).
— spinosa (*fl. j.*, 1 m. 20 à 2 m).
Cephalantus occidentalis (*fl. bl.-j.*, 2 m).
Ceanothus azureus et vars (*fl. b.*, 1 m).
Cerasus pseudo-cerasus (*fl. bl.*, *fr. r.*, 2 à 3 m.).

Chimonanthus fragrans (*fl. bl.-j et p., od.* 1 m., 50 à 3 m.).
Chionanthus virginica (*fl. bl., od.*, 3 à 10 m.).
Clematis aromatica (*fl. vio.-b., od.*, 1 m. 20 à 2 m.).
Clethra acuminata (*fl. bl., od.*, 3 à 5 m.).
— alnifolia (*fl. bl.*, 1 m. à 1 m. 20).
— paniculata (*fl. bl., od.*, 1 m. à 1 m. 20).
— tomentosa (*fl. bl.*, 1 m. à 1 m. 20).
Colutea arborescens (*fl. j.*, 2 à 3 m.).
— cruenta (*fl. r.-j.*, 1 m. 20 à 2 m.).
Comptonia asplenifolia (*fl. bl.*, 1 m. à 1 m. 20).
Cornus paniculata (*fl. bl.*, 1 m. 20 à 2 m. 50).
— sanguinea (*fl. bl.-v.*, 2 m. à 2 m. 50).
— sericea (*fl. bl.*, 1 m. 50 à 2 m. 50).
— stricta (*fl. bl.*, 2 m. 50 à 5 m.).
Corylopsis spicata (*fl. j., od.*, 1 m. à 1 m. 20).
Corylus Avellana vars (*fl. v.*, 2 à 3 m.).
— tubulosa vars (*fl. v.*, 2 à 3 m.).
Cotoneaster vulgaris (*fl. r., fr. r.*, 1 m. à 1 m. 50).
Cratægus Crus galli ovalifolia (*fl. bl.*, 3 à 6 m.).
— — prunifolia (*fl. bl.*, 5 à 6 m.).
— Douglasii (*fl. bl.*, 3 à 5 m.).
— flava (*fl. bl.*, 4 à 6 m.).
Cratægus heterophylla (*fl. bl.*, 5 à 6 m.).
— nigra (*fl. bl.*, 3 à 6 m.).
— odoratissima (*fl. bl., od.*, 3 à 6 m.).
— orientalis (*fl. bl.*, 4 à 6 m.).
— Oxycantha (*fl. bl., parfois ro., od.*, 3 à 6 m.).
— tanacetifolia (*fl. bl.*, 4 à 6 m.).
Cydonia (Pyrus) japonica (*fl. r.* 1 m. 50 à 2 m.).
— (—) Maulei (*fl. r.*).
Daphne Mezereum (*fl. r.*, 1 m. à 1 m. 20).
Deutzia corymbosa (*fl. bl.*, 1 m. 50).
— crenata (*fl. bl.*, 1 m. 20 à 2 m. 50).
— gracilis (*fl. bl.*, 30 à 60 cent.).
Diervilla grandiflora et vars (*fl. r.* ou *r.*, 2 m. 50).
— rosea (*fl. r.* ou *bl.*, 2 m.).
Dimorphanthus mandschuricus (*fl. v.* 2 à 3 m.).
Dirca palustris (*fl. j.*, 60 cent, à 1 m. 50).
Enkianthus japonicus (*fl. bl., flles devenant j.-o.*).
Euonymus atropurpureus (*fl. p.*, 2 à 4 m.).
— europæus (*fl. bl.-v.*, 2 à 6 m.).
— latifolius (*fl. bl. ou p.*, 2 m. à 2 m. 50).
Forsythia suspensa (*fl. j.*, 1 à 2 m.).
— viridissima (*fl. j.*, 2 à 3 m.).
Fothergilla alnifolia (*fl. bl., od.*, 1 à 2 m.).
Fremontia californica (*fl. j.*, 2 à 3 m.).
Gordonia pubescens (*fl. bl., od.*, 1 m. 20 à 2 m.).
Halimodendron argenteum (*fl. p.*, 1 m. 20 à 2 m.).
Hamamelis virginica (*fl. j.*, 4 m.).
Hibiscus syriacus et vars (*fl. variées*, 1 à 3 m.).
Hippophaea rhamnoides (*fl. j.*, 50 cent. à 6 m.).
Hydrangea hortensis et vars (*fl. ro., bl.*, 50 cent à 1 m. 50).
— paniculata grandiflora (*fl. bl.*).
Hypericum calycinum (*fl. j.*, 30 cent.).
Iberis Tenoreana* (*fl. p.* ou *bl.* 15 cent.).
Kerria japonica et vars (*fl. j.*, 1 m. à 1 m. 20).
Leycesteria formosa (*fl. bl., teintées ro.*, 1 m. 20 à 2 m.).
Lonicera tatarica (*fl. ro.*, 1 m. 20 à 2 m.).
Magnolia parviflora (*fl. bl., teintées ro.*).
Microglossa albescens* (*fl. b.* ou *bl.*).
Nutallia cerasiformis (*fl. bl.*, 1 m. 50).
Ononis rotundifolia (*fl. ro.*, 30 à 45 cent.).
Pæonia Moutan (*fl. ro.* ou *bl.*, 1 m. à 1 m. 20).
Parrotia persica (*flles devenant v.* ou *j.* et *v.*).
Pavia alba (*fl. bl.*, 1 à 3 m.).
Pavia californica (*fl. bl.* ou *ro., od., à étamines o.*, 4 à 5 m.).
Philadelphus coronarius (*fl. bl., od.*, 60 cent. à 3 m.).
— Gordonianus (*fl. bl.*, 5 m.).
— grandiflorus (*fl. bl., od.*, 3 m.).
— hirsutus (*fl. bl.*, 1 m.).
— inodorus (*fl. bl.*, 1 m. 20 à 2 m.).
Potentilla fruticosa (*fl. j.*, 60 cent.).
Prunus cerasifera (*fl. bl.*).
— Pissardii, (*fl. bl., flles p.*, 2 à 3 m.).
— triloba (*fl. bl.* ou *ro.*, 2 m.)
Pyrus arbutifolia (*fl. bl., teintées p.*, 60 cent. à 3 m.).
— Aria (*fl. bl.*, 1 à 12 m.).
— Chamæmespilus (*fl. r.*, 1 m. 50 à 2 m.).
— floribunda *fl. ro.-r.*).
— Toringo (*fl. bl.* ou *teintées ro.*).
Rhododendron dahuricum (*fl. ro.*, 1 m.).
Rhodora canadensis (*fl. ro.-p., rarement bl.*, 60 cent. à 1 m. 20).
Rhus Cotinus (*fl. p.* ou *bl.-ro.*, 2 à 3 m).
— glabra et vars (*fl. j.-v.* ou *v.-r.*, 1 m. 50 à 6 m.).
— typhina (*fl. j.-v.*, 3 à 10 m.).
Ribes aureum (*fl. j.*, 1 m. 50 à 2 m. 50).
— floridum (*fl. bl., fr. n.*, 1 m. 20).
— gracile (*fl. bl., fr. p.*, 1 m. 20 à 1 m. 50).
— Grossularia (*fl. v.*, 1 m. 20).
— lacustre (*fl. v.-j.*, 1 m. 20).
— nigrum (*fl. v., fr. n.*, 1 m. 50).
— oxyacanthoides (*fl. v., fr. r.* et *v.* ou *p.* 60 cent. à 1 m.).
— rubrum (*fl. v., fr. r.* 1 m. 20).
— sanguineum (*fl. ro., fr. p.* et *gl.*).
— speciosum (*fl.* et *fr., r.*, 2 m. à 2 m. 50).
Robinia hispida (*fl. ro.*, 1 m. 20 à 2 m. 50).
Rosa acicularis (*fl. ro.*, 1 m. à 2 m. 50).
— alba (*fl. bl.* ou *bl.-ro.*, 1 m. 20 à 2 m.).
— alpina (*fl. ro.* ou *ro.-r.*, 1 m.).
— blanda (*fl. ro.*, 30 cent. à 1 m.).
— bracteata (*fl. bl.*, 60 cent.).
— centifolia (*fl. ordinair. ro., fr. r.*, 2 m. à 2 m. 50).
— — muscosa (*fl. ro.* ou *bl., boutons v. mous sus*).
— damascena (*fl. bl.* ou *ro.*, *o l.*, 60 cent. à 1 m. 20).
— gallica (*fl. r.*, 60 cent. à 1 m.).
— hemisphærica (*fl. j.*, 1 m.).
— indica (*fl. r.*, 1 m. 20 à 6 m.).
— lucida (*fl. r.*, 30 à 60 cent.).
— lævigata (*fl. bl.*, 1 à 4 m.).
— lutea (*fl. j.*, 1 m. à 1 m. 20).
— moschata (*fl. bl., od.*, 1 m. 50).
— mollis (*fl. r., fr. r.*, 1 m. 50).
— pomifera (*fl. r., fr. r.*, 1 m. 50).
— nitida (*fl. r., flles devenant p.*, 60 cent.).
— rubiginosa (*fl. ro., flles od.*, 1 m. 50).
— rugosa (*fl. r., fr. r.*, 1 m. 20).
Rubus biflorus (*fl. bl.*, 1 m. 50).
— deliciosus (*fl. p.*, 1 m.).
— spectabilis (*fl. r., fr. r.*, 2 à 3 m.).
Salix phylicifolia (*fl. v.*, 3 m.).
Sambucus racemosa (*fl. bl., fr. r.*, 2 à 3 m.).
Spartium junceum (*fl. j., od.*, 2 à 3 m.).
Spiræa Douglasii (*fl. ro.*, 1 m.).
— Lindleyana (*fl. bl.*, 1 m. 20 à 2 m. 50).
— prunifolia flore-pleno (*fl. bl.*, 1 m.).
Staphylea colchica (*fl. bl.*, 1 m. à 1 m. 50).
— pinnata (*fl. bl.*, 2 à 4 m.).

Stuartia pentagina (*fl. c.*, 3 m.).
— virginica (*fl. bl.*, 2 m. 50).
Styrax grandifolia (*fl. bl.*, 2 m.).
Symphoricarpus occidentalis *fl. bl.*, *teintées ro.*).
— racemosus (*fl. bl.*, *fr. r.*, 1 m.).
Syringa Emodi (*fl. ro.* ou *bl.*, 2 m.).
— Josikæ (*fl. b.-p.*, 1 m. 50 à 3 m.).
— vulgaris (*fl. l.-p.* ou *bl.*, 2 à 6 m.).
— — alba *fl. bl.* 2 à 6 m.).
Tamarix gallica (*fl. bl.* ou *ro.*, 1 m. 50 à 3 m.).
— parviflora (*fl. ro.*).
Vaccinium corymbosum (*fl. bl.* ou *ro.*, *fr. b.-n.*, 1 m. 50 à 3 m.).
— formosum (*fl. r.-ro.*, *fr. b.*. 60 cent. à 1 m.).
— pensylvanicum (*fl. bl.* ou *ro.*, *fr. b.-n.* et *gl.*, 20 à 30 cent.).
— stamineum (*fl. p.* ou *j.-v.*, *fr. v.* ou *j.*).
Viburnum dentatum (*fl. bl.*, *fr. b.* ou *p.*, 1 m. 50 à 3 m.).
— dilatatum (*fl. bl.*, 3 m.).
— macrocephalum (*fl. bl.*, 3 m.).
— Opulus (*fl. bl.* ou *bl.-c.*, *fr. r.*, 2 m. à 2 m. 50).
— — sterilis (*fl. bl.*).
— plicatum (*fl. bl.*, 1 m. 20 à 2 m.).
— prunifolium (*fl. bl.*, 2 m.).
Zenobia speciosa (*fl. bl.*, 60 cent. à 1 m. 20).

DEMI-RUSTIQUES

Ascyrum Crux-Andræ (*fl. j.*, 30 cent.).
Clematis Viorna coccinea (*fl. r.* et *j.*, 1 m. 50 à 2 m.).
Coronilla minima * (*fl. j.*, *od.*).
Gaylussacia frondosa (*fl. v.-p.*, *fr.-b.*, 1 à 2 m.).
— resinosa (*fl. r.*, *fr. n.* ou *rarement bl.*, 30 cent. à 1 m.).
Hydrangea quercifolia (*fl. bl.*, 1 m. 20 à 2 m.).
— Thunbergii (*fl. b.* ou *ro.*, 60 cent. à 1 m.).
Ononis arragonensis (*fl. j.*, 30 à 60 cent.).
Piper Fotukadsura (*fl. v.*, *fr. r.*).
Vaccinium Mortinia (*fl. ro.*, 60 cent. à 1 m.).
Viburnum odoratissimum (*fl. bl.*, *od.*, 2 à 3 m.).
Vitex Agnus-castus (*fl. l.*, 2 m.).

DE SERRE

Abelia rupestris (*s. f.*, *fl. r.-ro.*, *od.*, 1 m. 50).
Barnadesia rosea (*s. f.*, *fl. ro.*, 50 cent.).
Capparis spinosa (*s. f.*, *fl. bl.* et *j.*, 30 cent.).
Chænostoma linifolia * (*s. f.*, *fl. bl.* et *j.*, 30 cent.).
Clerodendron Bethuneanum (*s. c.*, *fl. r.*, *maculées bl.* et *p.*, 3 m.).
— fallax (*s. c.*, *fl. r.*).
— fœtidum (*s. f.*, *fl. l.-ro.*, 1 m. 50).
— fragans (*s. f.*, *fl. bl.*, 2 m.).
Fuchsia corymbiflora (*s. f.*, *fl. r.*, 1 m. 20 à 2 m.).
— dependens (*s. f.*, *fl. r.*, 60 cent. à 1 m. 20).
— fulgens (*s. f.*, *fl. r.*, 50 cent. à 1 m.).
— splendens (*s. f.*, *fl. r.* et *v.*, 2 m.).
Gordonia anomala (*s. f.*, *fl. c.*, 1 m).
Moltkia petræa * (*s. f.*, *fl. p.-ro.*, *devenant vio.-b.*, 15 à 20 cent.).
Pachypodium succulentum (*s. f.*, *fl. r.* et *bl.*, 30 cent.).
Solandra (*Dissochroma*) viridiflora (*s. c.*, *fl. v.*, 60 cent. à 1 m.).

Arbustes à feuilles persistantes.

RUSTIQUES

Adenostoma fasciculata (*fl. bl.*, 60 cent.).
Ammodendron Siewersii (*fl. p.*, 60 cent.).
Anthyllis erinacea (*fl. b.-p.*, 15 à 30 cent.).
Arbutus Unedo (*fl. bl.*, *fr. r.*, 2 m. 50 à 3 m.).
Artemisia argentea (*fl. j.*, 50 cent.).
— cærulescens (*fl. b.*, 60 cent.).
Astragalus Tragacantha (*fl. vio.*, 50 cent. à 1 m.).
Aucuba himalaica (*fr.*).
— japonica et vars (*flles maculées j.*, *fr. r.*, 2 à 3 m.).
Azalea ledifolia (*fl. bl.*, 60 cent. à 2 m.).
Azara microphylla (*fl. v.*, *fr. o.*, 3 m.).
Bambusa Fortunei (*flles v.*, 30 à 60 cent.).
Benthamia fragifera (*fl. bl.*, 3 à 5 m.).
Berberis Darwini (*fl. o.*, 60 cent).
Boleum asperum (*fl. c.*, 15 à 30 cent.).
Bupleurum frutescens (*fl. j.*, 30 cent.).
— fruticosum *fl. j.*, *flles v.*, 1 à 2 m.).
Buxus sempervirens et vars (*flles v.*, 1 à 3 m.).
Calluna vulgaris et vars (*fl.-ro.*, 20 à 40 cent.).
Cassandra angustifolia (*fl. bl.*, 30 à 60 cent.).
— calyculata (*fl. bl.*, 30 cent. à 1 m.).
Cassiope tetragona (*fl. bl.*, 15 à 25 cent.).
Ceanothus dentatus (*fl. b.*, 1 m. 20 à 2 m.).
— floribundus (*fl. b.*, 1 m. 20).
— Veitchianus (*fl. b.*, 1 m.).
Cerasus Laurocerasus et vars (*fl. bl.*, 2 à 3 m.).
— lusitanica (*fl. bl.*, 3 à 6 m.).
Chamæcyparis obtusa nana (1 m. et plus).
— plumosa (5 à 6 m.).
— albo-picta (*ramilles bl.*).
— argentea (*flles bl.-c.*, *devenant v.*).
— aurea (*flles j.*, *devenant v.*).
— squarrosa (*flles v.-gl. en dessus*, *rayées gl. en dessous*).
Chimapila corymbosa * (*fl. bl.-v.*, *teintées r.*, 8 à 15 cent.).
— maculata (*fl. bl.*, *flles rayées bl. en dessus*, *r. en dessous*).
Cineraria maritima (*fl. j.*, *flles arg.-duv.*, 60 cent.).
Convolvulus Cneorum (*fl. ro.*, *flles arg.-duv.*, 60 cent.).
Coriaria myrtifolia (*fl. v.*, 1 m. 20 à 2 m.).
Cotoneaster buxifolia (*fl. bl.*, 1 m. à 1 m. 20).
— microphylla (*fl. bl.*, 1 m. à 1 m. 20).
— thymifolia (*fl. ro.*, *flles arg. en dessous*).
Cratægus Pyracantha (*fl. bl.*, *fr. r.*, 3 à 6 m.).
Cupressus Goveniana (*fl. j.*, 5 à 6 m.).
— Mac-Nabiana (*flles v.*, 3 à 5 m.).
Daphne pontica (*fl. j.-v.*, *od.*, 1 m. 20 à 1 m. 50).
— Laureola (*fl. v.*, 50 cent. à 1 m.).
Dendromecon rigida (*fl. j.*).
Dorycnium suffruticosum (*fl. bl.* et *r.*, 60 cent. à 1 m.).
Elæagnus longipes (*fr.-o.*, *flles bl.-arg. en dessous*, 1 m.).
— macrophylla (*fl. j.-v.*, *flles bl. écailleuses*, 2 m.).
— pungens (*fl. j.*, *flles arg. en dessous*, 2 m.).
Empetrum nigrum (*fl. ro.*, *anthères r.*, 15 à 30 cent.).
Erica carnea (*fl. ro.*, 15 à 20 cent.).
— ciliaris (*fl. r.*, 30 cent.).
— scoparia (*fl. v.*, 60 cent. à 1 m.).
— vagans (*fl. r.-p.*, 30 cent.).
Fabiana imbricata (*fl. bl.*, 1 m.).

Frankenia pulverulenta (*fl. r.*, 8 cent.).
Garrya elliptica (*fl. bl.-v.* ou *j.*, 2 m. 50 à 3 m.).
Gaultheria procumbens (*fl. bl.*, *fr. r.*).
— shallon (*fl. bl.*, *teintées r.*, *fr. p.*, 60 cent.).
Iberis corræfolia (*fl. bl.*, 30 cent.).
— saxatilis (*fl. bl.*, 8 à 15 cent.).
— sempervirens (*fl. bl.*, 25 à 30 cent.).
— Garrexiana (*fl. bl.*, 15 à 25 cent.).
Ilex Aquifolium et vars (*flles v.* ou *panachées*).
— cornuta (*fl. v.*).
— crenata (*fl. v.*).
— dipyrena (*fl. v.*, 4 m.).
— latifolia (*fl. v.*, 6 m.).
— opaca (*fl. v.*, 6 à 12 m.).
Indigofera Gerardiana (*fl. r.*, *flles v.-gr.*, *gl. en dessous*).
Juniperus chinensis vars.
— communis vars (*fr. n.*, *flles v.*, 1 à 6 m.).
— occidentalis (*flles gl. quand elles sont jeunes*, 3 à 15 m.).
— phœnica (*flles v.*, 5 à 6 m.).
Kalmia angustifolia (*fl. ro. p.*, 60 cent. à 1 m.).
— glauca (*fl. l.-p.*, *flles bl.-gl. en dessous*, 30 à 60 cent.).
Lavandula vera (*fl. b.*, *rarement bl.*, *flles v.-gl.*, 30 à 60 cent.).
Ledum latifolium (*fl. bl.*, *flles br. tomenteuses en dessous*, 30 cent. à 1 m.).
— palustre (*fl. bl.*, *flles br. tomenteuses en dessous*, 60 cent.).
Leiophyllum buxifolium (*fl. bl.* et *ro.*, 15 à 30 cent.).
Leucothoe axillaris (*fl. bl.*, 60 cent. à 1 m.).
— Davisiæ (*fl. bl.*, 1 m. à 1 m. 50).
— racemosa (*fl. bl.*, 1 m. 20 à 3 m.).
Ligustrum japonicum (*fl. bl.*, *od.*, 2 m. à 2 m. 50).
— lucidum (*fl. bl.*, *od.*, 2 m. 50 à 12 m.).
— Massalongianum (*fl. bl.*, *od.*, 2 m.).
— ovalifolium et vars (*fl. bl.*, 2 à 3 m.).
Linum tauricum (*fl. bl.*, 50 cent.).
Lonicera fragrantissima (*fl. bl.*, *od.*, 2 m.).
Lupinus arboreus (*fl. j.*, *od.*, 1 m. 50).
Magnolia glauca (*fl. bl.*, *od.*, *flles gl. en dessous*).
Margyricarpus setosus (*fr. bl.*, 60 cent. à 1 m. 20).
Olearia Haastii (*fl. bl.*, *flles bl. en dessous*).
Osmanthus Aquifolium (*fl. bl.*, *od.*, 2 m.).
— fragrans (*fl. j.* ou *bl.*, 2 à 3 m.).
Pernettya furens (*fl. bl.*, 1 m.).
— mucronata (*fl. bl.*, 2 m.).
— pilosa (*fl. bl.*, 15 cent.).
Phillyræa Vilmoriniana (*fl. bl.*, 1 à 2 m.).
Phlomis fruticosa (*fl. j.*, 60 cent. à 1 m. 20).
Pieris floribunda (*fl. bl.*, 60 cent. à 2 m.).
— japonica (*fl. bl.*, 1 m. à 1 m. 50).
Quercus Ilex et vars (2 à 5 m.).
Rhododendron Anthopogon (*fl. v.-j.*, 30 à 45 cent.).
— caucasicum (*fl. ro.* et *bl.*, *maculées v.*, 30 cent.).
— ciliatum (*fl. r.-p.*, 60 cent.).
— Clivianum (*fl. bl.*, *teintées ro.* et *ponctuées ro.-p.*, 1 m. 20.).
— ferrugineum (*fl. r.*, *ponctuées gr.* ou *j.*), *flles br. en dessous.*, 30 cent.).
— Fortunei (*fl. ro.*, *od.*, *flles gl. en dessous*, 4 m.)
— hirsutum (*fl. r.*, *flles ponctuées br. en dessous.*)
— Metternichii (*fl. ro.*).
Rhodothammus Chamæcistus (*fl. ro.*, 15 cent.).
Rhodotypos kerrioides (*fl. bl.*, 2 à 5 m.).
Rosmarinus officinalis (*fl. bl.* ou *b.-p.*, 60 cent. à 1 m 20.).
Salvia ringens (*fl. r.-p.*, 30 à 60 cent.).
Skimmia japonica (*fl. bl.*, *od.*, *fr. r.*, 1 m. à 1 m. 20).
— Laureola (*fl. j.*, *od.*, *flles j. en dessous*, 1 m. 20).
— oblata (*fr. r.*, 50 cent.).
— rubella (*fl. bl.-v.*, *boutons r.*).
Spiræa cantoniensis (*fl. bl.*, 1 m. à 1 m. 20).
Taxus baccata adpressa (*flles gl. en dessous*).
— cuspidata (*fl. v.-j. en dessous*).
Thuya occidentalis Elwangeriana (*flles v.*).
— orientalis (*flles v.*, 6 à 7 m.).
Veronica pinguifolia (*fl. bl.*, 10 cent. à 1 m. 20).
— Traversii (*fl. bl.*, 75 cent.).
Viburnum Tinus (*fl. bl.-ro.*, *fr. b.*, 2 m. 50 à 3 m.).
— lucidum (*fl. bl.*).

DEMI-RUSTIQUES

Adenocarpus foliolosus (*fl. j.*, 1 m. 20 à 2 m.).
— frankenioides (*fl. j.*, 30 cent. à 1 m.).
Arctostaphyllos nitida (*fl. bl.*, 30 cent. à 1 m. 20).
— pungens (*fl. bl.*, 30 cent.).
Azara Gillesii (*fl. j.*, 5 m.).
— integrifolia (*fl. j.*, *od.*, 6 m.).
Buddleia globosa (*fl. o.*, 5 à 6 m.).
Buxus balearica (*fl. v.-j.*, 5 à 6 m.).
Cassia corymbosa (*fl. j.*, 2 à 3 m.).
Ceanothus cuneatus (*fl. b.* ou *bl.*, 1 m. 20).
— integerrimus (*fl. bl.*, 1 à 2 m.).
— rigidus (*fl. b.-p.*, 1 m. 50 à 2 m.).
Cedronella triphylla (*fl. bl. ou p.*, *flles od. quand on les frotte*; 1 m. à 1 m. 20).
Ceratiola ericoides (*fl. br.*).
Chamæbatia foliolosa (*fl. bl.*, 60 cent. à 1 m.).
Cheiranthus mutabilis (*fl. c.*, *passant au p.* ou *striées*, 60 cent. à 1 m.).
Cistus albidus (*fl. p.* et *j.*, 60 cent.).
— crispus (*fl. r.-p.*, 60 cent.)
— heterophyllus (*fl. r.* et *j.*, 60 cent.)
— hirsutus (*fl. bl.*, *maculées j.*, 60 cent.).
— ladaniferus (*fl. bl.*, 1 m. 20).
— — maculatus (*fl. bl.*, *maculées j.*, 60 cent.).
— latifolius (*fl. bl.*, *maculées j.*, 1 m.).
— laxus (*fl. bl.*, *maculées j.*, 1 m.).
— longifolius (*fl. bl.*, *maculées*, *j.*).
— monspeliensis (*fl. bl.*, 1 m. 20).
— — florentinus (*fl. bl.-j. à la base*, 1 m.).
— oblongifolius (*fl. bl.*, *maculées j.*, 1 m. 20).
— obtusifolius (*fl. bl.*, *maculées j.*, 30 à 50 cent.).
— psilosepalus (*fl. bl.*, *maculées j.*, 60 cent. à 1 m.).
— purpureus (*fl. r.-p.*, 60 cent.).
— rotundifolius (*fl. p.*, *marquées j.*, 30 cent.).
— salvifolius corbariensis (*fl. bl.*, 60 cent.).
— vaginatus (*fl. ro.*, 60 cent.).
— villosus (*fl. r.-p.*, 1 m.).
— — canescens (*fl. p.*, *maculées b* et *j.*, 60 cent.).
Cordyline australis (*fl. bl.*, *od.*, 3 à 12 m.).
Corokia cotoneaster (*fl. j.*, *od.*).
Coronilla glauca (*fl. j.*, *od.*, 60 cent. à 1 m. 20).
Embothrium coccineum (*fl. r.-o.*, 1 m.).
Escallonia floribunda (*fl. bl.*, 3 m.).
— macrantha (*fl. r.*, 1 à 2 m.).

Escallonia organensis (*fl. ro.*, *flles marginées r.*, 60 cent. à 1 m. 20 m.).
— rubra (*fl. r.*, 1 à 2 m.).
Evonymus fimbriatus (*fl. bl.*, 4 m.).
— japonicus et vars (*fl. bl.*, 6 m.).
Eurya japonica latifolia variegata (*fl. bl.*, *flles panachées j.*).
Fatsia (*Aralia*) japonica et vars (*fl. bl.*, 50 cent. à 3 m.).
— papyrifera (*fl. v.*, 2 à 3 m.).
Geranium anemonæfolium (*fl. r.-p.*, 30 à 60 cent.)
Grindelia glutinosa (*fl. j.*, 60 cent.)
Hudsonia ericoides (*fl. j.*, 30 cent.).
Hypericum empetrifolium (*fl. j.*, 15 à 30 cent.).
— Hookerianum (*fl. j.*, 60 cent.).
Iberis gibraltarica (*fl. bl.*, *suffusées ro.* ou *r.*, 30 à 60 cent.).
Iberis semperflorens (*fl. bl.*, *od.*, 30 à 60 cent.).
Illicium anisatum (*fl. bl.-j. od.*, 1 m. 20).
— floridanum (*fl. r.*, *od.*, 2 m. 50).
Indigofera decora alba (*fl. bl.*).
Linum arboreum (*fl. j.*, 30 cent.).
— flavum* (*fl. j.*, 30 à 45 cent.).
Lupinus mutabilis* (*fl. bl.* et *b.*, *passant au b. et j.*, 1 m. 50).
Matthiola bicornis* (*fl. r.-p.*).
Myrtus communis et vars (*fl. bl.*, 1 à 2 m. 50).
Olearia dentata (*fl. bl.-ro.*, 1 m.).
— Gunniana (*fl. bl.*, 1 m. à 1 m. 50).
Phillyræa media (*fl. bl.*, 3 à 5 m.).
Photinia japonica (*fl. bl.*, 1 m. à 1 m. 50).
— serrulata (*fl. bl.*, 3 à 6 m.).
Pieris formosa (*fl. bl.*).
Piptanthus nepalensis (*fl. j.*, 3 m.).
Pittosporum crassifolium (*fl. br.-p.*, 1 m. 20 à 3 m.).
— Tobira (*fl. bl.*, *od.*, 4 m.).
— undulatum (*fl. bl.*, 3 m.).
Plagianthus Lampenii (*fl. bl.-j.*, 2 m. à 2 m. 50).
Reaumuria hypericoides (*fl. p.*, 60 cent.).
Rhododendron campanulatum (*fl. l.*, *maculées p* ou *ro.*, *flles gr.*, *poudreuses en dessous*, 1 m. 20).
— cinnabarinum (*fl. r.-br.*)
— glaucum (*fl. ro.-p.*, *flles gl. en dessous*, *presque bl.*, 60 cent.).
— lepidotum (*fl. j.* ou *p.*, *ponctué v. anthères r.-br.*).
— Maddeni (*fl. bl.*, *teintées bl.-ro.*, 2 m. à 2 m. 50).
— Veitchianum (*fl. bl.*, *flles gl.* et *r.* ou *br.-écailleuses en dessous*).
Stachyurus præcox (*fl. v.-j.*, 3 m.).
Sutherlandia frutescens (*fl. r.*, 1 m.).
Veronica Andersoni (*fl. v.-b.*, 50 cent.).
— elliptica (*fl. bl.*, 1 m. 50 à 3 m.).
— Hulkeana (*fl. l.*, 30 cent. à 1 m.).
Zauschneria californica (*fl. r.*, 30 cent.).

DE SERRE

Abelia floribunda (*s. f.*, *fl. ro.-p.*, 1 m.).
— triflora (*s. f.*, *fl. j. teinté p.*, 1 m. 50).
Abutilon insigne (*s. f.*, *fl. r.-p.*, 2 m.).
— striatum (*s. f.*, *fl. j.-o.*, *striées r.*, 3 m.).
— vitifolium (*s. f.*, *fl. b.*, 10 m.).
— variétés (*s. f.*, *fl. variées*).
Acacia affinis (*s. f.*, *fl. j.*, 1 m. 50).
— albicans (*s. f.*, *fl. bl.*, 1 m. 50).
— armata (*s. f.*, *fl. j.*, 2 à 3 m).
— brachybotrya (*s. f.*, *fl. j.*, 2 m. 50).
— cultriformis (*s. f.*, *fl. j.*, 1 m. 20).
— cuneata (*s. f.*, *fl. j.*, 2 m.).
— dealbata (*s. f.*, *fl. j.*, 3 à 6 m.).
— Drummondii (*s. f.*, *fl. j.*, 3 m.).
— glauca (*s. f.*, *fl. bl.*, 1 m. 50 à 3 m.).
— grandis (*s. f*, *fl. j.*, 2 m.).
— heterophylla (*s. f.*, *fl. j.*, 1 m. 50).
— hispidissima (*s. f.*, *fl. bl.*, 1 à 2 m.).
— linearis (*s. f.*, *fl. j*, 1 à 2 m.).
— longifolia (*s. f.*, *fl. j.*, 3 m.).
— lunata (*s. f.*, *fl. j.*, 60 cent. à 1 m. 20).
— mollissima (*s. f.*, *fl. j.*, *flles j.*, *duveteuses*, 3 à 6 m.).
— oxycedrus (*s. f.*, *fl. j.*, 2 à 3 m).
— platyptera (*s. f.*, *fl. j.*, 1 m.).
— pubescens (*s. f.*, *fl. j.*, 1 à 3 m.).
— pulchella (*s. f.*, *fl. j.*, 60 cent. à 1 m.)
— Riceana (*s. f.*, *fl. j.*, 6 m.).
— sphærocephala (*s. c.*, *fl. j.*).
— verticillata (*s. fr.*, *fl. j.*, 2 à 3 m.).
— vestita (*s. f.*, *fl. j.*).
— viscidula (*s. f.*, *fl. j.*, 2 m.).
Aciotis bicolor (*s. t.*, *fl. r.*, *flles p. en dessous*, 30 cent.).
Acmadena tetragona (*s. f.*, *fl. bl.*, 30 à 60 cent.).
Acmena floribunda (*s. f.*, *fl. bl.*, *fr.-p.*, *flles ponctuées*, 1 m. 20).
— ovata (*s. f.*, *flles p.*).
Acradenia Frankliniæ (*s. f.*, *fl. bl.*, *flles od.*, 2 m. 50).
Acridocarpus natalitius (*s. t.*, *fl. j.*).
Acronychia Cunninghami (*s. f.*, *fl. bl. od.*, 2 m. 20).
Acrophyllum venosum (*s. f.*, *fl. bl.-r.*, 2 m.).
Acrotriche cordata (*s. f.*, *fl. bl.*, 30 cent.).
— divaricata (*s. f.*, *fl. bl.*, 15 à 30 cent.).
Adenandra amœna (*s. f.*, *fl. bl.* et *r.*, 30 à 60 cent.).
— fragrans (*s. f.*, *fl. ro.*, *od.*, 30 à 60 cent.).
— marginata (*s. f.*, *fl. ro.*, 30 à 60 cent.).
— umbellata (*s. f.*, *fl. ro.*, 30 à 60 cent.).
— — speciosa (*s. f.*, *fl. ro.*, 30 à 60 cent.).
— uniflora (*s. f.*, *fl. bl.*, *ro. à l'extérieur*, 30 à 60 cent.).
— villosa (*s. f.*, *fl. ro.*, 30 à 60 cent.).
Adenanthos barbigera (*s. f.*, *fl. r.*, 2 m. 20).
— obovata (*s. f.*, *fl. r.*, 1 m. 50).
Adesmia glutinosa (*s. f.*, *fl. j.*, 30 à 60 cent.).
— microphylla (*s. f.*, *fl. j.*, 30 à 60 cent.).
Adina globifera (*s. t.*, *fl. j.*, 1 m. à 1 m. 20).
Ægiphila grandiflora (*s. c.*, *fl. j.*, *fr. b.*, 1 m.).
Æschynanthus atrosanguineus (*s. c.*, *fl. r.*, *od.*, 45 cent.).
— Boschianus (*s. c.*, *fl. r.*, *od.*, 30 cent.).
— cordifolius (*s. c.*, *fl. r.*, *n.* et *o.*, *od.*, 30 cent.).
— fulgens (*s. c.*, *fl. r.* et *o.*, *o l.*).
— grandiflorus (*s. c.*, *fl. r.*, *od.*, 1 m. 50).
— longiflorus (*s. c.*, *fl. r.*, *od.*).
— miniatus (*s. c.*, *fl. ro.*, *od.*, 45 cent).
— speciosus (*s. c.*, *fl. o.*, 60 cent.).
— splendidus (*s. c.*, *fl. r.* et *n.*, *od*, 30 cent.).
— tricolor (*s. c.*, *fl. r.-o.* et *n.*, *od.*, 30 cent.).
Æschynomene sensitiva (*s. c.*, *fl. bl.*, 1 à 2 m.).
Agapetes buxifolia (*s. c.*, *fl. r.*, 1 m. 50).
Agastachys odorata (*s. f.*, *fl. j.*, *od.*, 1 m.).

Agathosma acuminata (*s. f.*, *fl. vio.*, 30 à 60 cent.).
— bruniades (*s. f.*, *fl. l.*, ou *bl.*, 30 à 60 cent.).
— ciliata (*s. f.*, *fl. bl.*, 30 à 60 cent.).
— erecta (*s. f.*, *fl. bl.-vio.*, 30 à 60 cent.).
Allamanda neriifolia (*s. c.*, *fl. j.*, *rayées o.*, 1 m.).
Alloplectus peltatus (*s. c.*, *fl. bl.*, 30 cent.).
— zamorensis (*s. c.*, *fl. j.* et *r.-o*, 30 cent.).
Alona cœlestis (*s. f.*, *fl. b.*, 1 m.).
Alonsoa albiflora (*s. f.*, *fl. bl.* et *j.*, 50 à 60 cent.).
— incisifolia (*s. f.*, *fl. r.*, 30 à 60 cent.).
Alsodeia latifolia (*s. c.*, *fl. bl.*, 2 m.).
Andersonia sprengelioides (*s. f.*, *fl. ro.*, 30 cent. à 1 m.).
Angophora cordifolia (*s. f.*, *fl. j.*, 2 à 3 m.).
— lanceolata (*s. f.*, *fl. bl.*, 1 m. 20 à 2 m.).
Anisomeles furcata (*s. f.*, *fl. bl.*, *r.* et *p.*, 1 m. 20 à 2 m.).
Anona glabra (*s. c.*, *fl. b.*, *flles od.*, 5 m.).
— muricata (*s. c.*, *fl. v.* et *j.*, *od.*, *flles od.*, 5 m.).
Anopterus glandulosa (*s. f.*, *fl. bl.*, *teintées r.*, 1 m.).
Anthocercis albicans (*s. f.*, *fl.*, *bl.*, *marquées br.-p.*, *od.*, 50 à 60 cent.).
— viscosa (*s. f.*, *fl. bl.*, 1 m. 20 à 2 m.).
Anthospermum æthiopicum (*s. f.*, *fl. b.-v.*, 60 cent. à 1 m.).
Anthyllis Barba-Jovis (*s. f.*, *fl.-j.*, 1 m. 20 à 2 m. 50).
Aotus gracillima (*s. f.*, *fl. j.* et *ro.*, 1 m.).
Aphelandra aurantiaca (*s. c.*, *fl. r.-o.*, 1 m.).
— — Roezlii (*s. c.*, *fl. r.*, *flles v. foncé*, *ombrées arg.*).
— cristata (*s. c.*, *fl. r.-o.*, 1 m.).
— fascinator (*s. c.*, *fl. r.*, *flles rayées bl.-arg.*, 45 cent.).
— Leopoldii (*s. c.*, *fl. v.-j.*, *flles v.* et *bl.*).
— nitens (*s. c.*, *fl. r.*, *flles v.* et *p.*, 60 cent. à 1 m.).
— Porteana (*s. c.*, *fl. o.*, *flles v.* et *bl.-arg.*, 60 cent.).
— pumila (*s. c.*, *fl. o.*, 25 cent.).
— punctata (*s. c.*, *fl. j.*, *flles marquées bl.*).
— variegata (*s. f.*, *fl. j.*, 45 cent.).
Aphelexis ericoides (*s. f.*, *fl. bl.*, 30 cent.).
— humilis (*s. f.*, *fl. ro.*, 60 cent.).
Ardisia crenulata (*s. c.*, *fl. r.-vio.*, *fr. r.*, 1 à 2 m.).
— japonica (*s. f.*, *fl. bl.*, 30 cent.).
Ardisia macrocarpa (*s. f.*, *fl. bl.-ro.*).
— paniculata (*fr. r.*, 1 m 50 à 2 m.).
— serrulata (*s. c.*, *fl. r.*, 60 cent. à 1 m.).
Aristolochia ciliosa (*s. c.*, *fl. p.-j.*, 2 m.).
— Duchartrei (*s. c.*, *fl. br.* et *c.*, 1 m. 50).
— floribunda (*s. c.*, *fl. p.-r.* et *j.*, 3 m.).
— labiosa (*s. c.*, *fl. r.*, 6 m.).
— ornithocephala (*s. c.*, *fl. p.-gr.* et *b.*, 6 m.).
— ringens (*s. c.*, *fl. v. marquées p.-n.*, 6 m.).
— tricaudata (*s. c.*, *fl. br.-p.*).
Artabotrys odoratissimus (*s. c.*, *fl. r.-b.*, *od.*, 2 m.).
Astelma eximium (*s. f.*, *fl. r.*, 1 m.).
Asystasia chelonioides* (*s. c.*, *fl. r.-p.* et *bl.*, 1 m. à 1 m. 20).
— macrophylla (*s. c.*, *fl. p.-ro.* et *bl.*, 2 m. 50 à 6 m.).
— violacea (*s. c.*, *fl. vio.-p.*, *striées bl.*, 30 à 60 cent.).
Athanasia capitata (*s. f.*, *fl. j.*, 45 cent.).
Athrixia capensis (*s. f.*, *fl. r.*, 1 m.).
Azalea indica et vars (*s. f.*, *fl. r.*, *ro.*, *bl.*, etc., 50 cent. à 1 m.).
Babingtonia Camphorasme (*s. f.*, *fl. ro.-bl.*, 2 m. 20).
Backhousia myrtifolia (*s. f.*, *fl. bl.*, 5 m.).
Bæckea diosmæfolia (*s. f.*, *fl. bl.*, 30 à 60 cent.).
— frutescens (*s. f.*, *fl. bl.*, 60 cent. à 1 m.).
— virgata (*s.-f.*, *fl. bl.*, 60 cent. à 1 m.).
Bambusa arundinacea (*s. c.*, *flles v. clair.*, 12 à 15 m.)
— aurea (*s. f.*, *flles* et *tiges v.-j.*, 2 à 3 m.).
— nana (*s. t.*, *flles gl.*, 2 à 3 m.).
— viridi-glaucescens (*s. f.*, *flles* et *tiges v.-gl.*, 2 à 3 m.).
Banksia collina (*s. f.*, *flles arg. en dessous*, 2 à 3 m.).
— dryandroides (*s. f.*, *flles r.-br. en dessous*, 2 m.).
— occidentalis (*s. f.*, *fl. j.*).
— Solanderi (*s. f.*, *flles bl.-arg. en dessous*).
— speciosa (*s. f.*, *flles bl.-arg. en dessous*).
— serrata (*s. f.*, *flles v.*).
Barbieria polyphylla (*s. c.*, *fl. r.*).
Barleria flava (*s. c.*, *fl. j.*, 1 m.).
Barosma dioica (*s. f*, *fl. p.*, 30 à 60 cent.).
— pulchella (*s. f.*, *fl. r.* ou *p.*, 30 à 60 cent.).
— serratifolia (*s. f.*, *fl. bl.*, 30 cent. à 1 m.).
Bauera rubioides (*s. f.*, *fl. r.* ou *ro.*).
Bauhinia natalensis (*s. c.*, *fl. bl.*).
— variegata (*s. c.*, *fl. r.*, *bl.* et *j.*, 6 m.).
Befaria æstuans (*s. f.*, *fl. p.*, *flles gl. en dessous*, 3 à 5 m.).
— glauca (*s. f.*, *fl. bl.-ro.*, *flles gl. en dessous*, 1 à 2 m.).
— ledifolia (*s. f*, *fl. p.*, 1 m. à 1 m. 20.).
Begonia coccinea (*s. c.*, *fl.* et *pédoncules r.*, 30 à 60 cent.).
— crinita (*s. c.*, *fl. ro.*, *flles bordées v. foncé*, 30 cent.).
— dædalea (*s. c.*, *fl. ro.* et *bl.*, *flles v. marquées br.* et *n. quand elles sont jeunes*, 60 cent.).
— Kunthiana (*s. c.*, *fl. bl.*, *flles v. foncé en dessus* et *r. en dessous*, 60 cent.).
— Lindleyana (*s. c.*, *fl. bl.*, 1 m.).
— longipes (*s. c.*, *fl. bl.*, 1 m.).
— Lynchiana (*s. c.*, *fl. r.*).
— maculata (*s. c.*, *fl. r.*, *flles v.*, *maculées bl.-arg. en dessus* et *r. en dessous*).
— magnifica (*s. c.*, *fl. ro.*).
— Manni (*s. c.*, *fl. r.-ro.*, 60 cent.).
— nitida (*s. c.*, *fl. ro.*, *flles v. luisant*, 1 m. 20 à 1 m. 50.).
— opuliflora (*s. c.*, *fl. bl.*, 60 cent.).
— platanifolia (*s. c.*, *fl. bl.*, *teintées ro.*, *flles v.*, 1 m. 50 à 2 m.).
— prestoniensis (*s. c.*, *fl. r.-o.*, 60 cent.).
— ramentacea (*s. c.*, *fl. ro.* et *bl.*, *flles r. en dessous*, 30 cent.).
Berkheya grandiflora (*s. f.*, *fl. j.*, 60 cent.).
Bertolonia marmorata (*s. c.*, *flles v.*, *striées bl. en dessus*, *p. en dessous*, 15 cent.).
— pubescens (*s. c.*, *flles v.* et *br.*, 15 cent.).
Berzelia lanuginosa (*s. f.*, *fl. bl.*, 30 à 60 cent.).
Besleria grandiflora* (*s. c.*, *fl. maculées r.*, 1 m.).
Bignonia speciosa (*s. c.*, *fl. ro.*, *tachées p.*, 1 m. 20).
Blæria articulata (*s. f.*, *fl. r.*, 30 cent.).
Bœbera incana (*s. f.*, *fl. j.*, 45 cent.).
Borbonia barbata (*s. f.*, *fl. j.*, 1 m. à 1 m. 20).
— crenata (*s. f.*, *fl. j.*, 1 à 2 m.).
Boronia crenulata (*s. f.*, *fl. r.*, 30 cent. à 1 m. 20).
— Drummondi (*s. f.*, *fl. ro.*, 60 cent.).
— elatior (*s. f.*, *fl. ro.*, *od.*, 1 m. 20).
— megastigma (*s. f.*, *fl. br.-p.* et *j.*, *od.*, 30 cent.).
— pinnata (*s. f.*, *fl. ro.*, *od.*, 30 cent. à 1 m.).
— serrulata (*s. f.*, *fl. ro.*, *od.*, 40 cent. à 1 m.).

Bossiæa disticha (*s. f., fl. j.-r.*, 50 cent.).
— linnæoides (*s. f., fl. j.* et *br.*).
— linophylla (*s f., fl. o.* et *p.*, 30 cent. à 1 m. 20).
— rhombifolia (*s. f., fl. j.-r.* et *br.-p.*, 30 cent. à 1 m.).
Bouvardia angustifolia (*s. t., fl. r.*, 60 cent.).
— flava (*s. f., fl. j.*, 50 cent.).
— Humboldtii corymbiflora (*s. t., fl. bl., od.*).
— jasminiflora (*s. t., fl. bl., od.*).
— leiantha (*s. t., fl. r.*, 60 cent.).
— longiflora (*s. t., fl. bl.*, 60 cent. à 1 m.).
— triphylla (*s. t., fl. r.*, 60 cent. à 1 m.).
Brachychiton Bidwillii (*s. f., fl. r.*).
Brachylæna nerifolia (*s. f., fl. j.*, 60 cent.).
Brillantaisia ovariensis (*s. c., fl. vio.-b.*, 1 m.).
Brongnartia podalyrioides (*s. c., fl. p.*, 30 cent.).
— sericea (*s. c., fl. p.*, 30 cent.).
Browallia Jamesoni (*s. f., fl. o.*, 1 m. 20).
Brownea coccinea (*s. c., fl. r.*, 2 à 3 m.).
— racemosa (*s. c., fl. ro.*, 1 m. 20).
Brucea sumatrana (*s. c., fl. p.*, 6 m.).
Brunfelsia acuminata (*s. c., fl. vio.-b.*, 30 à 60 cent.).
— americana (*s. c., fl. j.. passant au bl., od.*, 1 m. 20 à 2 m.).
— calycina (*s. c., fl. p.*, 60 cent.).
— eximia (*s. c., fl. p.*, 75 cent.).
— hydrangeæformis (*s. c., fl. vio.-b.*, 30 cent. à 1 m.).
— Lindeniana (*s. c., fl. p.*).
Brunia nodiflora (*s. f., fl. bl.*, 30 cent. à 1 m.).
Buddleia asiatica (*s. c., fl. bl., od.*, 1 m.).
Bunchosia argentea (*s. f., fl. j., flles arg. en dessous*).
— odorata (*s. f., fl. j., od.*, 2 m.).
Burchellia capensis (*s. c., fl. r.*, 1 m. à 1 m. 50).
Bursaria spinosa (*s. f., fl. bl.*, 3 m.).
Burtonia conferta (*s. f., fl. bl.*, 60 cent.).
— scabra (*s. f., fl. p.*, 60 cent.).
Butea superba (*s. c., fl. r.*).
Byrsonima chrysophylla (*s. c., fl. j., flles r.-j., duveteuses en dessous*, 4 m.).
— lucida (*s. c., fl. ro.*, 2 m. 50).
Cajanus indicus (*s. c., fl. j.* ou *maculées p.*, 2 à 3 m.).
Calceolaria bicolor* (*s. f., fl. j.* et *bl.*, 60 cent. à 1 m.).
— fuchsiæfolia (*s. f., fl. j.*, 30 à 60 cent.).
— hyssopifolia (*s. f., fl. j.* et *bl.*, 30 à 60 cent.).
— violacea (*s. f., fl. bl.*, 60 cent.)
Calliandra Tweedii (*s. c., fl. r.*, 2 m.).
Callistemon linearis (*s. c., fl. r.*, 1 m. 20 à 2 m.).
— speciosus (*s. f., fl. r., flles r. quand elles sont jeunes*, 1 m. 50 à 3 m.).
Calotropis gigantea (*s. c., fl. ro.* et *p.*, 2 à 5 m.).
Calycophyllum candidissimum (*s. c., fl. bl.*, 10 m.).
Calythrix tetragona (*s. f., fl. bl.*, 60 cent.).
Camellia japonica et vars (*s. f., fl. variées*, 6 m.).
— oleifera (*s. f., fl. bl., od.*, 2 à 3 m.).
Camoensia maxima (*s. c., fl. c.* et *j.*).
Candollea cuneiformis (*s. f., fl. j.*, 2 m.).
Cantua buxifolia (*s. f., fl. r.*, 1 m. 20).
— pyrifolia (*s. f., fl. bl.-j.*, 1 m.).
Capparis agmydalina (*s. c., fl. bl., flles à face inférieure et rameaux arg.*, 2 m.).
— odoratissima (*s. c., fl. vio., anthères j., od.*, 2 m.).
Careya arborea (*s. c., fl. bl., étamines r.*, 10 à 20 m.).
Carludovica atrovirens (*s. c., flles v. foncé*).
— Drudei (*s. c., fl. bl., flles vert foncé*, 1 m. 20).
Carludovica palmata (*s. c., flles v. foncé*, 1 m. 20 à 2 m.).
— Wallisii (*s. c., fl. bl., od.*).
Carmichælia australis (*s. f., fl. l.*, 60 cent. à 1 m. 20).
Cassia alata (*s. c., fl. j.*, 2 m.).
— tomentosa (*s. c., fl. j.*, 1 m. 50 à 2 m.).
— marylandica (*s. f., fl. j.*, 1 m.).
Cassinia denticulata (*s. f., fl. j.*, 2 m. à 2 m. 50).
Ceanothus azureus (*s. f., fl. b.*, 3 m.).
Celastrus indicus (*s. f., fl. bl.*, 30 cent. à 1 m.).
Centradenia rosea (*s. c., fl. ro.*, 30 cent.).
Cephælis tomentosa (*s. c., fl. br., bractées r.*, 1 m. 20).
Ceratostema speciosum (*s. f., fl. r.-o.*).
Cercocarpus fothergilloides (*s. f., fl. p.*, 4 m.).
Cestrum aurantiacum (*s. f., fl. o.*, 1 m. 20).
— fasciculatum (*s. f., fl. r.-p.*, 1 m. 20).
— Newelli (*s. f., fl. r.*, 2 m.).
— roseum (*s. f., fl. ro.*, 1 m. 20).
Chætogastra strigosa (*s. f., fl. ro.-p.*, 30 cent.).
Chiococca racemosa (*s. c., fl. bl., inodores, puis devenant j.* et *od.*, 1 m. 20 à 2 m.).
Chirita Moonii* (*s. c., fl. p.*, 60 cent.).
Chloanthes stœchadis (*s. f., fl. v.-j.*, 60 cent.).
Chomelia spinosa (*s. c., fl. bl., od. le soir*, 2 m. 50 à 4 m.).
Chorizema angustifolium* (*s. f., fl. r.-o.*, 50 cent.).
— cordatum* (*s. f., fl. r.* ou *j.*, 1 m.).
— diversifolium (*s. f., fl. r.-o.*, 60 cent.).
Chorizema Henchmannii * (*s. f., fl. r.*, 60 cent.).
— varium * (*s. f., fl.-j.* et *r.*, 1 m. 20).
Citrus medica (*s. f., fl. od., bl. fr. j. od.*, 2 à 5 m.).
— nobilis (*s. f., fl. bl., od., fr., r.*, 5 m.).
— Bigarradia (*s. f., fl. bl., od., fr.-j.* 5 m.).
Cleome gigantea (*s. c., fl. bl.-v., filets ro., anthères j.*, 2 à 4 m.).
Clerodendron fallax (*s. c., fl.-r.*).
— Thomsonæ (*s. c., fl.-r.* et *bl.*).
Cneorum pulverulentum (*s. f., fl. j.*, 30 cent. à 1 m.).
Codiæum albicans (*s. c., flles panachées bl., teintées r. en dessous*).
— angustissimum (*s. c., flles v., tachées j.*).
— aucubæfolium (*s. c., flles v., maculées j.* ou *r.*).
— Baron Franck Sellières (*s. c., flles v., r. en dessous, nervures j. passant au bl.*).
— Chelsoni (*s. c., flles panachées ro.-o., ombrées r.*).
— Crown Prince (*s. c., flles tachées j.*).
— Disraeli (*s. c., flles tachées j.*).
— Dogsonæ (*s. c., flles tachées j.*).
— Earl of Derby (*s. c., flles suffusées r., tiges, pétioles* et *nervures j.*).
— elegans (*s. c., flles tachées r.* ou *j.* et *ro. en dessus, bigarrées p. en dessous.*).
— Evansianum (*s. c., flles veinées j., passant au r. bronzé, ponctuées ro.*).
— gloriosum (*s. c., flles panachées j.-c.*).
— Goldiæi (*s. c., flles tachées j.*).
— Hawkeri (*s. c., flles j.-c., marginées v.*).
— Hilleanum (*s. c., flles veinées p. en dessus, p. et veinées en dessous*).
— Hookerianum (*s. c., flles maculées et veinées j.*).
— imperator (*s. c., flles tachées bl.-c.*).
— insigne (*s. c., flles tachées j.* et *r.*).
— irregulare (*s. c., flles tachées j.*).
— Jamesii (*s. c., v. tachées bl., c., v.* et *j.*).
— Johannis (*s. c., flles marquées j. o.*).

Codiæum majesticum (*s. c., flles v. et veinées j., devenant olives et veinées r.*).
— medium variegatum (*s. c., flles v. tachées j.*).
— Mme Dorman (*s. c., flles striées r.-o.*).
— Nevilliæ (*s. c., flles v. olive, tachées, j., puis v. et tachées r.*).
— Pilgrimii (*s. c., flles tachées j., suffusées ro.*).
— princeps (*s. c., flles v., tachées j.*).
— Queen Victoria (*s. c., flles panachées v. et j., à nervures m., passant au r.*).
— spirale (*s. c., flles v. et j., puis v. bronzé*).
— superbiens (*s. c., flles v. et j., puis bronzées*).
— tricolor (*s. c., flles v. et j. en dessus, et v.-r., en dessous*).
— triumphans (*s. c., flles v. tachées j.*).
— undulatum (*s. c., flles p., tachées r.*).
— Veitchii (*s. c., flles v. en dessus, veinées r. p. en dessous*).
— volutum (*s. c., flles veinées j.*).
— Warrenii (*s. c., flles panachées j.-o. et ro., passant au r.*).
— Weismanni (*s. c., flles panachées j.*).
— Williamsii (*s. c., flles rayées j. en dessus, à nervures m. et r. en dessous*).
— Youngii (*s. c., flles tachées j. et r. en dessus, r. en dessous*).
Coffea arabica (*s. c., fl. bl., od.* 1 m. 50 à 5 m.).
Colea floribunda (*s. c., fl. bl.-j.*, 3 m.).
Colquhounia tomentosa (*s. f., fl. r.-o.*).
Columnea aurantiaca (*s. c., fl. o. et v.-j.*).
— Kalbreyériana (*s. c., fl. j., tachées r., flles r. en dessous*).
— aureo-nitens (*s. c., fl. r.-o.*).
— erythrophæa (*s. c., fl. r.*, 60 cent.).
Comarostaphylis arbutoides (*s. f., fl. bl.*, 2 m.).
Conocarpus erectus (*s. c., fl. bl.*).
Coprosma Baueriana picturata (*s. f., flles panachées j. et bl.-c.*).
— — variegata (*s. f., flles marginées bl.*).
Cordia decandra (*s. f., fl. bl., od.*, 1 m.).
Cordyline albicans (*s. c., flles bordées bl.*).
— albo-rosea (*s. c., flles bordées r., bl. quand elles sont jeunes.*).
— amabilis (*s. c., flles tachées j. et bl.-c.*).
— amboynensis (*s. c., flles bordées r.-ro.*).
— Baptisii (*s. c., panachées j. et r.*).
— cannæfolia (*s. c., flles v.*).
— Chelsoni (*s. c., flles v.-n., marquées r.*).
— Cooperi (*s. c., flles r.*).
— Duffii (*s. c., flles marginées et rayées r.*).
— excelsa (*s. c., flles marginées r.*).
— Fraseri (*s. c., flles p.-n., tachées r.-ro.*).
— gloriosa (*s. c., flles tachées o.-bronzé*).
— Guilfoylei (*s. c., flles striées r., ro., bl.-j. et v.*).
— indivisa et vars (*s. f., flles v.*).
— lutescens-striata (*s. c., flles v.-j. en dessous*).
— Macarthurii (*s. c., flles r. et v. olive*).
— magnifica (*s. c., flles ro.-p. bronzé*).
— metallica (*s. c., flles p. br., devenant bronzé*).
— Moreana (*s. c., flles p.-bronzé, à nervure médiane r.*).
— nigro-rubra (*s. c., flles br. et ro.-r.*).
— ornata (*s. c., flles v. bronzé, marginées r.*).
— pulchella (*s. c., flles bronzées, bordées r.*).
Cordyline Rex (*s. c., flles v.-bronzé, suffusées et striées ro.-r.*).
— splendens (*s. c., flles v.-bronzé, tachées r. quand elles sont jeunes*).
— terminalis (*s. c., flles v. foncé et r.*).
— triumphans (*s. c., flles p.-n., gl. en dessous et tachées ro. quand elles sont jeunes*).
— Weismanni (*s. c., flles r.-br., puis teintées bl.-c. passant au bronzé et marginées r.*).
— Youngi (*s. c., flles striées r. et teintées ro., passant au bronzé*).
Correa cardinalis (*s. f., fl. r. et v.*, 1 m.).
— Harisii (*s. f., fl. r.*).
— pulchella (*s. f., fl. ro.*, 2 m.).
Cossignia pinnata (*s. c., fl. bl., flles veinées j.-o. en dessous*, 3 à 6 m.).
Cowania mexicana (*s. f., fl. j.*, 30 cent. à 2 m.).
— plicata (*s. f., fl. r.*, 30 à 60 cent.).
Crassula arborescens (*s. f., fl. ro., flles gl.*, 60 cent. à 1 m.).
— coccinea (*s. f., fl. r.*, 30 cent. à 1 m.).
— ericoides (*s. f., fl. bl.*, 15 cent.).
— falcata (*s. f., fl. r., rarement bl.*, 1 à 2 m. 50).
— lactea (*s. f., fl. bl.*, 30 cent.).
— versicolor (*s. f., fl. r. et bl., od.*).
Crossandra guineensis (*s. c., fl. l., flles nervées j. en dessus, r. en dessous*).
Crotalaria cajanifolia (*s. f., fl. j.*, 1 à 2 m.).
— Cunninghami (*s. f., fl. v.-j., tachées p., plante gl.*, 1 m.).
Crowea angustifolia (*s. f., fl. r.*, 30 cent. à 1 m.).
— saligna (*s. f., fl. ro.*, 30 à 60 cent.).
Curatella americana (*s. c., fl. bl.*, 3 m.).
Cyanophyllum magnificum (*s. c., flles v. velouté et veiné bl. en dessus, r.-p. en dessous*).
Daphne odora (*s. f., fl. p., od.*, 3 m.).
Darwinia fimbriata (*s. f., fl. ro.*, 30 à 60 cent.).
— macrostegia (*s. f., fl. bl., j. et r.*, 60 cent. à 1 m.
Datura arborea (*s. f., fl. bl.*, 2 à 3 m.).
— meteloides (*s. f., fl. vio.-b. ou bl.*).
— suaveolens (*s. f., fl. bl., od.*, 3 à 5 m.).
Dianthus arbusculus (*s. f., fl. r.-p.*, 50 cent.).
Dillwynia ericifolia (*s. f., fl. j.*).
— hispida (*s. f., fl. r.*).
Diosma ericoides (*s. f., fl. bl., teintées r.*, 30 cent. à 1 m.).
Dipladenia amabilis (*s. c., fl. ro.-r.*, 30 cent. à 1 m.).
— amœna (*s. c., fl. ro.*).
— boliviensis (*s. c., fl. bl.*).
— Brearleyana (*s. c., fl. roses, passant au r.*).
— diadema (*s. c., fl. ro.*).
— hybrida (*s. c., fl. r.*).
— insignis (*s. c., fl. ro.-r.*).
— nobilis (*s. c., fl. p.-r., passant au r.-o.*).
— Regina (*s. c., fl. ro. passant ou bl.-r.*).
— splendens profusa (*s. c., fl. r.*).
Dombeya Burgessiæ (*s. c., fl. bl., marquées ro.*, 3 m.).
— Mastersii (*s. c., fl. bl., od.*).
Dracena concinna (*s. c., flles marginées r.-p.*, 2 m.).
— Goldieana (*s. c., fl. bl., rayées r. foncé et gr. arg.*).
— Lindeni (*s. c., flles rayées bl.-c. et j.*).
Dracæna phrynioides (*s. c., flles maculées j.*).
— surculosa maculata (*s. c., fl. j., flles maculées j.*).
Dracophyllum capitatum (*s. f., fl. bl., flles à pointes r.*, 30 à 50 cent.).

Dracophyllum gracile (*s. f., flles bl., od.*).
Dryandra armata (*s. f., fl. j.*, 60 cent. à 1 m. 20).
— nivea (*s. f., flles bl. en dessous*, 60 cent. à 1 m.).
— pteridifolia (*s. f., fl. j.*, 50 cent.).
Duranta Plumieri (*s. c., fl. b.*, 2 à 5 m.).
Echium fastuosum (*s. f., fl. b.*, 60 cent. à 1 m. 20).
Elæocarpus grandiflora (*s. c., fl. r., bl. et j.*, 2 m. 50).
Elæodendron capense (*s. f., fr. j.*, 6 m.).
Enkianthus quinqueflorus (*s. f., fl. r. et ro.*, 1 à 3 m.).
Epacris impressa (*s. f., fl. variant du bl. au r.*, 60 cent. à 1 m.).
— longiflora (*s. f., fl. r. et bl.*, 60 cent. à 1 m. 20).
— pulchella (*s. f., fl. r. ou ro.*, 30 cent. à 1 m.).
— purpurascens (*s. f., fl. bl., teintées r.*, 60 cent. à 1 m.).
Ephedra nebrodensis (*s. f., fl. bl.*, 1 m.).
— vulgaris (*s. f., fl. bl.*, 30 à 60 cent.).
Eranthemum albo-marginatum (*s. c., flles marginées bl. et suffusées v.*).
— aspersum (*s. c., flles bl., maculées p.*).
— atropurpureum (*s. c., flles et tiges p.*).
— cinnabarinum (*s. c., fl. ro.-r.*).
— pulchellum (*s. c., fl. b.*, 60 cent.).
— reticulatum (*s. c., flles réticulées j.*).
— tuberculatum (*s. c., fl. bl.*).
Erica Aitoniana (*s. f., fl. r. ou bl.*, 60 cent.).
— ampullacea (*s. f., fl. r.*, 60 cent.).
— andromedæflora (*s. f., fl. r. ou p.*, 30 cent. à 1 m.).
— aristata Barnesii (*s. f., fl. r. et bl.*).
— Austiniana (*s. f., fl. bl., tachées r.*).
— Beaumontiana (*s. f., fl. bl., teintées p.*, 30 cent.).
— Bergiana (*s. f., fl. p.*, 50 cent.).
— Bowieana (*s. f., fl. bl., flles gl.*, 30 cent.).
— caffra (*s. f., fl. bl., od.*, 50 cent.).
— Candolleana (*s. f., fl. ro.-r. et bl.*).
— Cavendishiana (*s. f., fl. j.*, 50 cent.).
— cerinthoides (*s. f., fl. r.*, 1 m.).
— Chamissonis (*s. f., fl. ro.*, 50 cent.).
— colorans (*s. f., fl. variant du r. au bl.*, 60 cent.).
— echiiflora (*s. f., fl. r.*, 50 cent.).
— elegans (*s. f., fl. ro. et v., flles gl.*, 15 à 30 cent.).
— eximia (*s. f., fl. r. et v.*, 60 cent.).
— Fairieana (*s. f., fl. ro. et bl.*).
— gracilis (*s. f., fl. r.-p.*, 30 cent.).
— — vernalis (*s. f., fl. r.-p.*, 60 cent. à 1 m.).
— grandiflora (*s. f., fl. j.*, 1 m.).
— hybrida (*s. f., fl. r.*).
— hyemalis (*s. f., fl. ro. et bl.*, 60 cent.).
— Irbyana (*s. f., fl. bl., teintées r.*, 30 à 60 cent.).
— jasminiflora (*s. f., fl. r.*, 30 à 60 cent.).
— Lambertiana (*s. f., fl. bl.*, 30 à 60 cent.).
— Linnæana (*s. f., fl. bl. et r.*, 50 cent.).
— Marnockiana (*s. f., fl. p.*).
— Massonii (*s. f., fl. r. et j.-v.*, 1 m.).
— Mcnabiana (*s. f., fl. ro.-r. et bl.*).
— melanthera (*s. f., fl. ro., à anthères n.*, 60 cent.).
— odorata (*s. f., fl. bl., od.*, 50 cent.).
— Parmentieriana (*s. f., fl. r.-p.*, 30 cent.).
— perspicua nana (*s. f., fl. bl. et bl.-ro.*).
— physodes (*s. f., fl. bl.*, 30 à 60 cent.).
— primuloides (*s. f., fl. p.-ro.*, 30 cent.).
— propendens (*s. f., fl. p. ou r.*, 30 cent.).
— ramentacea (*s. f., fl. r.-p.*, 50 cent.).
— rubro-calyx (*s. f., fl. bl. et r.-p.*).
Erica Savileana (*s. f., fl. r. ou p.*, 30 cent.).
— Shannoniana (*s. f., fl. bl., teintées p.*, 30 à 60 cent.).
— tricolor et vars (*s. f., fl. r., bl. et v.-j.*, 60 cent.).
— ventricosa et vars (*s. f., fl. bl. et r.*, etc).
— vestita et vars (*s. f., fl. bl.*, 1 m.).
— victoria (*s. f., fl. p. et bl.*).
— Westphalingea (*s. f., fl. ro.-r.*).
— Wilmoreana (*s. f., fl. ro.*).
Eriostemon buxifolius (*s. f., fl. ro.*, 30 à 60 cent.).
— intermedius (*s. f., fl. bl., suffusées ro.*, 1 m.).
— myoporoides (*s. f., fl. ro.*, 30 à 60 cent.).
— neriifolius (*s. f., fl. ro.*, 1 m.).
— scaber (*s. f., fl. bl., teintées ro.*, 50 cent.).
Eupatorium atrorubens (*s. f., fl. r., ombrées l.*).
— ianthinum (*s. f., fl. bl., od.*).
— riparium (*s. f., fl. bl.*).
— Weinmannianum (*s. f., fl. bl., od.*).
Eutaxia myrtifolia (*s. f., fl. j.*, 60 cent. à 2 m.).
Fagræa auriculata (*s. c., fl. j.*).
Faramea odoratissima (*s. c., fl. bl., od.*, 2 m.).
Ficus Brassi (*s. c., flles v.*).
— Chauvieri (*s. f.*).
— Cooperi (*s. c.*).
— dealbata (*s. c., flles bl. en dessous*).
— diversifolia (*s. f., flles ponctuées br. en dessus*).
— eburnea (*s. f., flles veinées bl.*).
— elastica (*s. f., flles v.*).
— exsculpta (*s. c.*).
— macrophylla (*s. f.*).
— Parcelli (*s. f., flles maculées bl.*).
Fittonia gigantea* (*s. c., fl. r., flles veinées r.*, 50 cent.).
— Verschaffeltii* (*s. c., flles veinées r.*).
— — argyroneura (*s. c., flles veinées bl.*).
— — Pearcei (*s. c., flles veinées r., gl. en dessous*).
Fouquiera formosa (*s. c., fl. r.*, 2 à 3 m.).
Fuchsia apetala (*s. f., fl. r. et j.*, 30 à 60 cent.).
— fulgens (*s. f., fl. r.*, 1 à 2 m.).
— macrostema et vars (*s. f., fl. r.*, 2 à 4 m.).
— microphylla (*s. f., fl. r.*, 60 cent.).
— penduliflora (*s. f., fl. r.*).
— thymifolia (*s. f., fl. r.*, 1 à 2 m.).
— triphylla (*s. f., fl. r., flles p. en dessous*, 30 à 60 cent.).
Galphimia glauca (*s. c., fl. j.*, 2 m. 50).
Gardenia florida (*s. c., fl. bl., od.*, 1 à 2 m.).
— — Fortunei (*s. c., fl. bl., od.*).
— nitida (*s. c., fl. bl., od.*).
— radicans major (*s. c., fl. bl., od.*).
— Thunbergiana (*s. f., fl. bl., od.*, 1 m. à 1 m. 50).
Gastrolobium bilobum (*s. f., fl. j.*, 60 cent.).
— calycinum (*s. f., fl. j.*, 60 cent.).
Gaultheria antipoda (*s. f., fl. bl. ou ro.*, 2 m.).
— ferruginea (*s. f., fl. ro.*).
— fragrantissima (*s. f., fl. bl. ou ro.*).
Gazania uniflora* (*s. f., fl. j.*, 30 cent.).
Geissomeria coccinea (*s. c., fl. r.*, 1 m.).
Gnidia pinifolia (*s. f., fl. bl.-c., od.*, 30 cent.).
Goodia splendida (*s. c., fl. bl., od.*, 3 m.).
Gœthea Makoyana (*s. c., bractées r.*, 60 cent.).
— multiflora (*s. c., bractées ro. ou r.*).
Gomphia olivæformis (*s. c., fl. j.*, 3 à 5 m.).
Gomphocarpus fruticosus (*s. f., fl. bl.*, 1 m. 50 à 2 m.).
Gompholobium grandiflorum (*s. f., fl. j.*, 60 cent.).

Gompholobium Knightianum (*s. f., fl. ro.* ou *r.*, 30 cent.).
— polymorphum (*s. f., fl. r., j.* et *p.*, 60 cent.).
— venustum (*s. f., fl. p.*, 30 cent à 1 m.).
Goodia lotifolia (*s. f., fl. j.* et *r.*, 60 cent. à 1 m. 20).
— pubescens (*s. f., fl. j., maculées*, 30 cent. à 1 m.).
Graptophyllum hortense (*s. c., fl. r.*, 60 cent.).
Grevillea acanthifolia (*s. f., fl. r.*, 1 m. 20).
— alpina (*s. f., fl. r.* et *j.*, 1 m. 20).
— Banksii (*s. f., fl. r., flles bl.*, 5 m.).
— fasciculata (*s. f., fl. r.* et *j.*, 1 m.).
— lavandulacea (*s. f., fl. ro.*, 1 m. 50).
— macrostylis (*s. f., fl. r.* et *j.*, *flles arg. en dessous*, 30 à 60 cent.).
— punicea (*s. f., fl. r., flles arg.* ou *br.*, 30 à 60 cent.).
— rosmarinifolia (*s. f., fl. r.*, 1 m. 20).
— sericea (*s. f., fl. ro.*, 2 m.).
— Thelemanniana (*s. f., fl. r.* et *j.*, 1 m. à 1 m. 50).
Grewia occidentalis (*s. f., fl. p.*, 3 m.).
Guettarda odorata (*s. c., fl. r., od.*, 2 à 3 m.).
Gustavia insignis (*s. c., fl. bl.-c., teintées ro., filets r., anthères o.*, 1 m. à 1 m. 20).
— pterocarpa (*s. c., fl. bl.*, 2 m.).
Hakea cucullata (*s. f., fl. r.*).
— dactyloides (*s. f., fl. bl.*, 2 m.).
— nitida (*s. f., fl. bl.*, 2 m. à 2 m. 50).
— suaveolens (*s. f., fl. bl.*, 1 m. 20).
Heinsia jasminiflora (*s. c., fl. bl.*, 1 m. 50 à 2 m. 50).
Heliotropium corymbosum (*s. f., fl. lilas*, 1 m. 20).
Hermannia flammea (*s. f., fl. o.* ou *r.*, 30 cent. à 1 m.).
Hibbertia perfoliata (*s. f., fl. j.*, 60 cent.).
— stricta (*s. f., fl. j.*).
Hibiscus marmoratus (*s. f., fl. bl., bigarrées ro.*).
— rosa sinensis (*s. c., fl. r.*, 3 à 5 m.).
— schizopetalus (*s. c., fl. r.-o.*).
Hoffmannia discolor (*s. c., flles v., veloutées en dessus, r.-p. en dessous*, 2 m.).
— Ghiesbreghtii * (*s. f., flles veloutées en dessus, r.-p. en dessous*, 60 cent. à 1 m. 20).
— refulgens (*s. f. fl. r., flles suffusées r. en dessus* et *r. en dessous*, 30 à 60 cent.).
Homalomena Rœzlii (*s. c., flles maculées j.*, 2 m.).
— Wallisii (*s. c., flles bordées bl., maculées j. en dessous*).
Howea elliptica (*s. f., fl. bl.*, 60 cent. à 1 m. 20).
— pungens (*s. f., fl. b.*, 30 à 60 cent.).
Hypericum balearicum (*s. f., fl. j.*, 30 à 60 cent.).
Hypocalyptus obcordatus (*s. f., fl. p.*, 30 à 60 cent.).
Indigofera australis (*s. f., fl. ro.*, 1 m. à 1 m. 20).
— decora (*s. f., fl. r.*, 1 m.).
— tinctoria (*s. c., fl. r.*, 1 m. 20 à 2 m.).
Iochroma fuchsioides (*s. f., fl. r.-o.*, 1 m. 50).
— lanceolata (*s. f., fl. b.-p.*).
Ixora Chelsoni (*s. c., fl. ro.-o.*).
— coccinea (*s. c., fl. r.*, 1 m. à 1 m. 20).
— Colei (*s. c., fl. bl.*).
— concinna (*s. c., fl. ro.*).
— congesta (*s. c., fl. o.*, 1 m. 20).
— decora (*s. c., fl. j.* et *ro.-r.*).
— Fraseri (*s. c., fl. ro.* et *r.*).
Ixora fulgens (*s. c., fl. r.-o.*, 1 m.).
— javanica (*s. c., fl. o.*, 1 m.).
— macrothyrsa (*s. c., fl. r.*).
— Pilgrimii (*s. t., fl. r.-o.*).
— princeps (*s. c., fl. bl.-br., passant au r.-o.*).
— regina (*s. c., fl. vio.-ro.*).
— splendens (*s. c., fl. r.-br.*).
— Williamsii (*s. c., fl. ro.-r.*).
Jacobinia Ghiesbreghtiana (*s. c., fl. r.*, 30 à 60 cent.).
Jasminum grandiflorum (*s. t., fl. bl.*).
Jatropha podagrica (*s. c., fl. r.-o.*, 50 cent.).
Lachnea buxifolia (*s. f., fl. p.*, 60 cent.).
— purpurea (*s. f., fl. p.*, 60 cent.).
Lagerstrœmia indica (*s. f., fl. ro.*, 2 à 3 m.).
Lambertia formosa (*s. f., fl. r.*).
Leea amabilis (*s. c., flles bronzées et striées bl. en dessus, r. et striées v. en dessous*).
Leonotis Leonurus (*s. f., fl. r.-o.*, 1 à 2 m.).
Leschenaultia biloba (*s. f., fl. bl.*, 30 cent.).
— formosa (*s. f., fl. r.*, 30 cent.).
Leucopogon australis (*s. f., fl. bl.*, 60 cent. à 1 m. 20).
— Richei (*s. f., fl. bl.*, 1 m. à 1 m. 20).
— verticillatus (*s. f., fl. bl.* ou *ro.*, 1 à 2 m.).
Libonia floribunda (*s. t., fl. r., à pointes j.*).
— Penrhosiensis (*s. t., fl. r.*).
Lightfootia ciliata (*s. f., fl. bl.*, 20 cent.).
Lindenia rivalis (*s. c., fl. r.*, 1 m. 50).
Liparia parva angustifolia (*s. f., fl. j.*).
Lisianthus princeps (*s. f., fl. r., j.* et *v.*).
— pulcher (*s. f., fl. r.*, 1 m. 50).
Lomatia ferruginea (*s. f.*, 3 m.).
— silaifolia (*s. f., fl. bl.*, 60 cent.).
Luculia gratissima (*s. f., fl. ro., od.*, 3 à 5 m.).
— Pinceana (*s. f., fl. bl., od.*).
Macleania pulchra (*s. f., fl. j.* et *r.*, *flles teintées r., quand elles sont jeunes*).
— speciosissima (*s. f., fl. r.* et *j.*, *flles teintées r. quand elles sont jeunes*).
Magnolia fuscata (*s. f., fl. p., od.*, 60 cent à 1 m. 20).
Mahernia incisa (*s. f., fl. r., passant à l'o., puis au j.*, 60 cent. à 1 m. 20).
Mascarenhasia Curnoviana (*s. c., fl. r.*).
Medinilla amabilis (*s. c., fl. ro.*).
— Curtisii (*s. c., fl. bl., étamines p.*).
— magnifica (*s. c., fl. ro.*, 1 m.).
Melianthus major (*s. f., fl. br.*).
Meriania rosea (*s. c., fl., variant du bl. au r. et au p.*, 10 m.).
Miconia flammea (*s. c., feuillage*).
— Hookeriana (*s. c., flles v. olive, tachées arg.*).
Microcachrys tetragona (*s. f., cônes r.*).
Mimulus glutinosus (*s. f., fl. br.* ou *ro.*, 1 m. 50).
— — puniceus (*s. f., fl. variant du r.-o. au r.*).
Mitriostigma axillare (*s., c., fl. bl., od.*, 1 m. 50).
Monochætum alpestre (*s. f., fl. r.*).
— Hartwegianum (*s. f., fl. ro.*).
— Humboldtianum (*s. f., fl. r.-p.*).
— sericeum multiflorum (*s. f., fl. mv.*).
Monsonia speciosa * (*s. f., fl. ro., p.* et *v.*, 15 cent.).
Montanoa bipinnatifida (*s. f., fl. j.*, 2 à 3 m.).
Morinda jasminoides (*s. c., fl. br.*, 2 m.).
Muraltia Heisteria (*s. f., fl. p.*, 60 cent. à 1 m.).
Mussænda luteola (*s. f., fl. j.*, 1 m. 50 à 2 m.).
Myrtus bullata (*s. f., fl. ro.*, 3 à 5 m.).
— Luma (*s. f., fl. bl.*, 1 m.).
— Ugni (*s. f., fl. bl.*, 1 m. 20).

Nepenthes atrosanguinea (*s. c., urnes r., maculées j.*).
— bicalcarata (*s. c., urnes br.*).
— coccinea (*s. c., urnes, r., j., v.* et *n.*).
— Courtii (*s. c., urnes v.-gr., maculées r.*).
— Dormanniana (*s. c., urnes maculées r.*).
— Hookeriaria (*s. c., urnes tachées r.*).
— intermedia (*s. c., urnes v., maculées r.*).
— Kennedyana (*s. c., urnes v.-gl.*).
— Khasiana (*s. c., fl. v.-j., urnes v., tachées p.*).
— Lawrenciana (*s. c., urnes v.* et *r.*).
— Madagascariensis (*s. c., urnes r.* et *c.*).
— Mastersiana (*s. c., urnes r., p.* et *ro.-c.*).
— Morganiæ (*s. c., urnes r.* et *r.*).
— Northiana (*s. c., urnes maculées p.* et *n.*).
— Rafflesiana (*s. c., fl.* et *urnes j.* et *br.*).
— Ratcliffiana (*s. c., urnes v., maculées p.*).
— rubro-maculata (*s. c., urnes v.-j., maculées r.*).
— sanguinea (*s. c., urnes r.*).
— Sedeni (*s. c., urnes r., marquées r.-br.*).
— Veitchii (*s. c., urnes*).
— Williamsii (*s. c., urnes maculées r.*).
Nerium Oleander et vars (*s. f., fl. ro., bl.*, etc., 2 à 4 m.).
Nicotiana glauca (*s. f., fl. j.*, 3 à 6 m.).
— Wigandioides (*s. f., fl. bl.-j.*).
Nothosparthium Carmichæliæ (*s. f., fl. ro.*, 6 m.).
Osbeckia glauca (*s. c., fl. r.* ou *p.*, 60 cent.).
— rostrata (*s. c., fl. ro.*).
Oxyanthus tubiflorus (*s. c., fl. bl.*, 1 m. à 1 m. 20).
Oxylobium Callistachys (*s. f., fl. j.*, 1 m.).
— cuneatum obovatum (*s. f., fl. j.* ou *j.* et *r.*, 60 cent.).
— ellipticum (*s. f., fl. j.*, 60 cent. à 1 m.).
— obtusifolium (*s. f., fl. r., o.* et *j.*, 30 cent. à 1 m.).
— trilobatum (*s. f., fl. j.*, 60 cent.).
Ozothamnus rosmarinifolius (*s. f., fl. bl.*, 2 m. 50 à 3 m.).
Panax diffusum (*s. c.*, 60 cent.).
— dumosum (*s. c.*, 20 à 50 cent.).
— laciniatum (*s. c., flles tachées r.*).
— plumatum (*s. c.*).
— Victoriæ (*s. c., flles bordées bl.*).
Pentapterygium flavum (*s. f., fl. j., marginées r.*, 30 cent. à 1 m.).
— rugosum (*s. f., fl. bl., tachées p.* ou *r.*, 30 cent. à 1 m.).
Pentas carnea * (*s. c., fl. bl.-ro.*, 50 cent.).
— — kermesina (*s. c., fl. ro.-r., teintées vio.*).
Persoonia ferruginea (*s. f., fl. j.*, 1 m.).
— longifolia (*s. f., fl. j.*, 3 à 6 m.).
— rigida (*s. f., fl. j.*, 1 m. à 1 m. 20).
Petræa arborea (*s. c., fl. bl.* et *vio.*, 3 m.).
Petrophila acicularis (*s. f., fl. bl.-r.*, 60 cent.).
Phænocoma prolifera (*s. f., fl. r.*, 1 m. 20).
Philesia buxifolia (*s. f., fl. r.*, 1 m. 20).
Phlogacanthus asperulus (*s. c., fl. r.-p.*, 1 m.).
— curviflorus (*s. c., fl. j.*, 30 cent. à 2 m.).
Phygelius capensis (*s. f., fl. r.*, 1 m.).
Phylica plumosa monstrosa (*s. f., fl. bl.*, 60 cent.).
Phyllanthus Chantrieri (*s. c., fl. r., à poils j.*).
— pallidifolius (*s. c., fl. r.* et *j.*).
Phyllostachys nigra (*s. f.*, 1 m. 50 à 5 m.).
— — viridi-glaucescens (*s. f.*, 2 à 5 m.).
Pimelea ferruginea (*s. f., fl. ro.* ou *r.*, 30 à 60 cent.).
— hispida (*s. f., fl. bl.-ro.*, 60 cent. à 1 m. 20).
Pimelea rosea (*s. f., fl. ro.* ou *bl.*, 60 cent.).
— spectabilis (*s. f., fl. bl., teintées ro.*, 1 m.).
Pimelea suaveolens (*s. f., fl. j.*, 30 cent. à 1 m.).
Piper excelsum aureum pictum (*s. f., flles maculées c.*).
Pittosporum viridiflorum (*s. f., fl. j.-v.*, 2 m.).
Platylobium formosum (*s. f., fl. j.*, 1 m. 20).
— triangulare (*s. f., fl. j.*, 30 cent.).
Pleroma Benthamianum (*s. c., fl. p.*, 1 m. 20).
— elegans (*s. c., fl. bl.*, 1 m. 50).
— sarmentosum * (*s. f., fl. vio.* ou *vio.-p.*, 30 à 60 cent.).
Podalyria calyptrata (*s. f., fl. p.*, 2 m.).
Polygala myrtifolia grandiflora (*s. f., fl. p.*, 1 à 2 m.).
— oppositifolia (*s. f., fl. p.*, et *v.-j.*).
Pomaderris apetala (*s. f., fl. v.*, 1 à 2 m.).
Portlandia platantha (*s. c., fl. bl., teintées r., od.*, 3 à 4 m.).
Posoqueria fragrantissima (*s. c., fl. bl., od.*).
— multiflora (*s. c., fl. bl., od.*).
Prostanthera nivea (*s. f., fl. bl.* ou *teintées b.*, 1 à 2 m.)
— violacea (*s. f., fl. b.-p.*, 1 m. 20).
Protea formosa (*s. f., fl. vio.* et *ro., flles marginées ro.*, 2 m.).
— mellifera (*s. f., fl. ro.* ou *bl.*, 2 m.).
— pulchella (*s. f., fl. r., flles marginées n.*, 1 m.).
— scolymus (*s. f., fl. p.*, 1 m.).
Psamminia Hookeriana (*s. c., fl. ro.-r.*, 50 à 60 cent.).
— Jessicæ (*s. c., fl. r.*).
Psidium Cattleyanum (*s. c., fl. bl.*, 3 à 6 m.).
Psoralea aculeata (*s. f., fl. bl.* et *b.*, 60 cent. à 1 m.).
— pinnata (*s. f., fl. bl.*, 1 à 2 m.).
— jasminiflora (*s. c., fl., bl.*).
Pultenæa obcordata (*s. f., fl. j.*, 60 cent.).
— rosea (*s. f., fl. r.*, 60 cent.).
— stricta (*s. f., fl. j.*, 30 cent. à 1 m.).
— villosa (*s. f., fl. j.*, 30 cent. à 1 m.).
Rafnia triflora (*s. f., fl. j.*, 60 cent. à 1 m. 20).
Regelia ciliata (*s. f., fl. r.*, 1 m. à 1 m. 50).
Reinwardtia triginum (*s. t., fl. j.*, 60 cent. à 1 m.).
Rhododendron Aucklandii (*s. f., fl. bl.-j., teintées ro.*, 1 m. à 2 m. 50).
— blandfordiæflorum (*s. f., fl. r.* ou *v. devenant r.-o.* ou *r.*, 2 m. 50).
— Brookeanum gracilis (*s. c., fl. j.*).
— calophyllum (*s. f., fl. bl. teintées v.-j.. flles gl. en dessous et devenant ferrugineuses*, 1 m.).
— campylocarpum (*s. f., fl. v.-j., od.*, 2 m.).
— Edgeworthii (*s. f., fl. bl., souvent teintées bl.-ro.* ou *j., od.*, 60 cent.).
— formosum (*s. f., fl. bl., teintées p.* et *j.*, 1 m. à 2 m. 50).
— Hookeri (*s. f., fl. r.*, 4 à 5 m.).
— jasminiflorum (*s. f., fl. bl., teintées ro., anthères r.*, 60 cent.).
— javanicum (*s. f., fl. o, maculées r., flles ponctuées br. en dessous*, 1 m. 20).
— Nuttallii (*s. f., fl. bl., od.*, 4 à 10 m.).
— Thomsoni (*s. f., fl. r.*, 2 à 3 m.).
Rhodomyrtus tomentosa (*s. f., fl. ro.*, 1 m. 50).
Rhus succedanea (*s. f., fl. v.-gr., flles gl. en dessous*, 3 à 5 m.).
Rivina humilis (*s. c., fl. ro., fr. r.*, 30 à 60 cent.).
— lævis (*s. c., fl. bl.-ro., fr. r.*, 2 m. à 2 m. 50).
Rœzlia granadensis (*s. c., fl. r.-p.*, 1 m.).
Rondeletia amœna (*s. c., fl. ro.*, 1 m. 20).
— cordata (*s. c., fl. ro.*, 1 m. 20).
— gratissima (*s. t., fl. ro., od.*).

Rondeletia odorata (*s. c., fl. ro.*, 1 m. 20).
— Purdiæi (*s. c., fl. j., od.*, 1 m. 20).
Ruellia Baikiei* (*s. c., fl. r.*, 1 m.).
— Herbstii (*s. c., fl. ro.-p.* et *bl., flles supérieures p. en dessous*, 1 m.).
— macrophylla* (*s. c., fl. r.*, 1 m.).
— speciosa (*s. c., fl. r.*, 6 m.).
Russelia juncea (*s. c., fl. r.*, 1 m. à 1 m. 20).
— sarmentosa (*s. c., fl. r.*, 1 m. 20).
Salvia albo-cærulea* (*s. f., fl. bl.* et *b.*, 1 m.).
— chamædroides (*s. f., fl. b.*, 1 m.).
— confertiflora (*s. f., fl. r.* et *j.*, 1 m.).
— fulgens (*s. f., fl. r.*, 60 cent. à 1 m.).
Sanchezia nobilis (*s. c., fl. j., bractées r.*, 30 cent. à 1 m.).
— glaucophylla (*s. c., fl. v.-gl., striées bl.* ou *j.*).
Scævola Kœnighii (*s. f., fl. r.*, 60 cent.).
Scutellaria Hartwegi (*s. c., fl. r.* et *vio.*, 30 à 60 cent.).
— Mociniana (*s. c., fl. r.* et *j* , 50 cent.).
Selago Gillii* (*s. f., fl. ro.*, 2 m.).
Sempervivum aureum* (*s. t., fl. j., flles gl.*, 30 cent.).
— canariense (*s. f., fl. bl.*, 50 cent.).
— tabulæforme (*s. f., fl. v.-j.*, 30 cent.).
Senecio argenteus* (*s. f., fl. j.*, 30 à 60 cent.).
— schordifolia* (*s. f., fl. j.*, 30 cent.).
Sida inæqualis (*s. c., fl. bl.*, 2 m.).
Siphocampylus coccineus* (*s. c., fl. r.*, 1 m.).
— manettiæflorus* (*s. c., fl. r.* et *j.*, 30 cent.).
Solanum acanthodes (*s. c., fl. b.-p.*, 1 à 2 m.).
— atropurpureum* (*s. f., fl. teintées p.* et *j.*).
— capsicastrum* (*s. f., fr. r.*, 30 à 60 cent.).
— pseudo-capsicum (*s. f., fr. r., parfois j.*. 1 m. 20).
— pyracanthum* (*s. f., fl. b.-vio.*, 1 à 2 m.).
Sophora secundiflora (*s. f., fl. vio.*, 2 m.).
Sphæralcea elegans* (*s. f., fl. veinées p.*. 1 m.).
— miniata* (*s. f., fl. r.*, 1 m. 20).
Spiranthera odoratissima (*s. c., fl. bl., od.*, 2 m.).
Sprengelia incarnata (*s. f., fl. p.*, 60 cent.).
— Ponceletia (*s. f., fl. r.*, 30 cent.).
Stachytarpheta mutabilis* (*s. c., fl. r., à la fin ro.*, 1 m.).
Statice arborescens (*s. f., fl. b.*, 60 cent.).
Stenanthera pinifolia (*s. f., fl. r., j.* et *v.*, 60 cent. à 1 m.).
Steriphoma cleomoides (*s. c., fl. j.*, 2 m.).
Streptosolen Jamesoni (*s. f., fl. o.*, 1 m. 20).
Strobilanthes anisophyllus* (*s. c., fl. b.-p.*, 60 cent. à 1 m. 20).
— glomeratus* (*s. c., fl. p.*, 1 à 2 m.).
— isophyllus* (*s. c., fl. b.-p.*, 30 à 60 cent.).
Strobilanthes Wallichii* (*s. c., fl. b.*, 15 à 60 cent.).
Styphelia tubiflora (*s. f., fl. r.*, 1 m. 50).
Tabernæmontana Barteri (*s. c., fl. bl.*, 2 m.).
— coronaria (*s. c., fl. bl., od.*, 1 m. 20).
Tetratheca hiruta (*s. f., fl. ro.*, 15 à 50 cent.).
— pilosa (*s, f., fl. p.*, 30 à 45 cent.).
Teucrium fruticans (*s. f., fl. b.*, 60 cent. à 1 m.).
Thomassia macrocarpa (*s. f., fl. r.*, 1 m.).
Thyrsacanthus bracteolatus (*s. c., fl. r.*, 60 cent.).
— callistachyus (*s. c., fl. r.*, 60 cent.).
— rutilans (*s. c., fl. r.*, 60 cent.).
— Schomburgkianus (*s. c., fl. r.*, 1 m.).
Tinnea æthiopica (*s. c., fl. r.-p.*, 1 m. 20 à 2 m.).
Toxicophlæa spectabilis (*s. f., fl. bl., od.*, 1 m. 20 à 2 m.).
Ursinia crithmifolia (*s. f., fl. j.*, 30 à 60 cent.).
Vaccinium caracasanum (*s. f., fl. bl.-ro.*, 1 m. 20).
— erythrinum (*s. t., fl. r., flles teintées r. quand elles sont jeunes*, 1 m. 20 à 2 m.).
Vaccinium leucobotrys (*s. f., fl. bl., fr. bl., maculés*, 1 m. 20 à 2 m.).
Vitex Lindeni (*s. c., fl. l., striées r.*).
Westringia rosmariniformis (*s. f., fl. b., flles canescentes* ou *bl.-arg. en dessous*, 60 cent.).
Whitfieldia lateritia (*s. c., fl. r.-o.* ou *r.*, 1 m.)
Zieria Smithii (*s. f., fl. bl.*).

Arbustes grimpants à feuilles caduques

RUSTIQUES

Actinidia Kolomikta (*fl. bl., flles devenant bl.* et *r.*).
— volubilis (*fl. bl.*).
Akebia quinata (*fl. p.*).
Ampelopsis quinquefolia (*fl. v.*. *flles devenant r.*).
— tricuspidata (*flles devenant r.* et *j.*).
Aristolochia Sipho (*fl. v., feuillage*)
— tomentosa (*fl. v., feuillage*).
Atragene americana (*fl. b.-p.*).
— alpina (*fl. b. variant au bl.*).
Bignonia capreolata (*fl. o*).
Celastrus scandens (*fl. j.*).
Clematis cærulea (*fl. vio., étamines p.*).
— Flammula (*fl. bl., od.*).
— florida (*fl. bl.*).
— lanuginosa (*fl. b.* ou *bl.*).
— Jackmani (*fl. b., p.*, ou *bl.*).
— montana (*fl. b.*).
— paniculata (*fl. bl.*).
— patens (*fl. b.* ou *bl.*).
— orientalis (*fl. j.*).
— virginiana (*fl. bl.*).
— Vitalba (*fl. bl.*).
— Viticella (*fl. b., p.* ou *bl.*).
Convolvulus Scammonia (*fl. c.*).
Decumaria barbara (*fl. bl., od.*).
Jasminum nudiflorum (*fl. j.*).
Lonicera Caprifolium (*fl. bl.* et *r., od.*).
— flava (*fl. j.*).
— flexuosa (*fl. j., od.*).
— Periclymenum (*fl. bl.-j.* et *r.*).
— sempervirens (*fl. r.*).
Periploca græca (*fl. v.* et *br.*).
Rosa lævigata (*fl. bl.*).
— moschata (*fl. bl.*).
— multiflora (*fl. bl.-ro.* ou *p.*).
— Noisettiana (*fl. variées, od.*).
— portlandica (*fl. r.*).
— hybrides (*fl. variées, od.*).
Tecoma radicans (*fl. r.-o.*).
— grandiflora (*fl. r.-o.*).
Vitis æstivalis (*f. v., od., fr. n.*).
— Labrusca (*fl. v., od., fr. p.* ou *j.*).
Wistaria chinensis (*fl. b.* ou *bl.*).
— japonica (*fl. bl.*).
— multijuga (*fl. b.* ou *bl.*).

DEMI-RUSTIQUES

Bomarea Caldasiana (*fl. j.-o.* et *r.*).
— Carderi (*fl. ro., à anthères p.-br.*).
— oligantha (*fl. r.* et *j.*).
— Shuttleworthii (*fl. r.-o. v.-j.* et *r.*).
— Williamsii (*fl. ro.*).

Clematis balearica (*s. f., fl. bl. j.*).
— cirrhosa (*s. f., fl. bl.-c.*).
— Viorna (*s. f., fl. p et j.*).
— Pitcheri (*s. f., fl. p.*).
Passiflora cærulea (*fl. b.*).
— — Constance Elliott (*s. f., fl. bl.*).
Rosa Banksiæ (*s. f., fl. bl., od.*).
Rubus australis (*s. f., fl. ro. ou bl., od.*).

DE SERRE

Aloysia citriodora (*s. f., fl. bl.-l., flles od.*).
Aristolochia Goldieana (*s. c., fl. v., j. et br.*).
— Sturtevanti (*s. t. fl. bl., maculées br.*).
Batatas bignonioides (*s. c., fl. p.*).
— Cavanillesii (*s. c., fl. bl.-r.*).
— paniculata (*s. c., fl. p.*).
Gonolobus carolinensis (*s. f., fl. p.*).
Lapageria rosea (*s. f., fl. ro.-p.*).
— — alba (*s. f., fl. bl.*).
— — superba (*s. f., fl. r.*).
Solanum jasminoides (*s. f., fl. b., od.*).
Testudinaria elephantipes (*s. f., fl. v. j.*).

Arbustes grimpants à feuilles persistantes.

RUSTIQUES

Clematis crispa (*fl. l. ou p.*).
Hedera Helix hybernica (*flles v.*)
— algeriensis (*flles v.-j.*).
— aurantiaca (*flles v.-g., fr. o.*).
— chrysocarpa (*flles v.-gr.*).
— Donerailensis (*flles passant au p.-br.*).
— Ræegneriana (*flles v.*).
— rhombea (*flles marginées bl.-c.*).
Jasminum revolutum (*fl. j., od.*).
Rosa sempervirens (*fl. bl., od.*).
Smilax aspera (*fl. bl. ou bl.-ro., od.*).
— rotundifolia (*fl. v.*).

DEMI-RUSTIQUES

Berberidopsis corallina (*fl. r.*).
Bignonia capreolata (*fl. o.*).
Clianthus puniceus (*fl. r.*).
Eccremocarpus longiflorus (*fl. j. et v.*).
— scaber (*fl. r. ou r.-o.*).
Ficus stipulata (*flles v.*).
Mitraria coccinea (*fl. r.*).
Smilax aspera mauritanica (*fl. v.-j., od.*).
Tecoma australis (*fl. bl.-j., teintées p. ou r.*).
— capensis (*fl. r.-o.*).

DE SERRE

Abutilon Darwini (*s. t., fl. o.*).
— megapotamicum (*s. f., fl. r.-j. et br.*).
— pulchellum (*s. f., fl. bl.*).
— venosum (*s. f., fl. o., veinées r.*).
— variétés (*s. f., fl. variées*).
Adelobotrys Lindeni (*s. c., fl. bl., devenant p.*).
Adenocalymna comosum (*s. c., fl. j.*).
— nitidum (*s. c., fl. j.*).
Adhatoda cydoniæfolia (*s. c., fl. bl. et p.*).
Æschynanthus Lobbianus (*s. c., fl. r., od.*).
— pulcher (*s. c., fl. r., od.*).
Aganosma acuminata (*s. c., fl. bl., od.*).
— caryophyllata (*s. c., fl. j., teintées r., od.*).
— elegans (*s. c., fl. p.*).
— marginata (*s. c., fl. bl., od.*).
— Roxburghii (*s. c., fl. bl., od.*).
— Wallichii (*s. c., fl. bl., od.*).
Allamanda Aubletii (*s. c., fl. j.*).
— cathartica (*s. c., fl. j.*).
— Chelsoni (*s. c., fl. j.*).
— grandiflora (*s. c., fl. j.*).
— nobilis (*s. c., fl. j.*).
— Schottii (*s. c., fl. j.*).
Amerimnon Brownei (*s. c., fl. bl., od.*).
Amphilophium paniculatum (*s. c., fl. r.*).
Anemopægma racemosum (*s. c., fl. j.*).
Antigonon amabile (*s. c., fl. ro.*).
— insigne (*s. c., fl. ro.*).
Arauja cericofera (*s. f., fl. bl., teintées r.*).
Argyreia cymosa (*s. c., fl. ro.*).
— speciosa (*s. c., fl. ro.*).
— splendens (*s. c. fl. r.*).
Aristolochia odoratissima (*s. c., fl. p., od.*).
Asparagus plumosus (*s. f., flles v.*).
Astephanus triflorus (*s. f., fl. bl.*).
Asystasia scandens (*s. c., fl. c.*).
Banisteria chrysophylla (*s. c., fl. o., flles duveteuses en dessous*).
— ciliata (*s. c., fl. o.*).
— fulgens (*s. c., fl. j.*).
— splendens (*s. c., fl. j.*).
Bauhinia corymbosa (*s. c., fl. ro.*).
Beaumontia grandiflora (*s. c., fl. bl. et v.*).
Begonia scandens (*s. c., fl. bl., flles v. luisant*).
Besleria coccinea (*s. c., fl. j., bractées r.*).
Bignonia æquinoxialis Chamberlaynii (*s. c., fl. j.*).
— Clematis (*s. c., fl. bl., j. et r.*).
— floribunda (*s. c., fl. p.*).
— magnifica (*s. c., fl. mv. et j., variant au r.-p. et j.*).
— pallida (*s. c., fl. j. et l.*).
— variabilis (*s. c., fl. v.-j., et bl.*).
Billiardiera longiflora (*s. f., fl. j. v.*).
— scandens (*s. f., fl. v. passant au p.*).
Bougainvillea glabra (*s. c., bractées ro.*).
— speciosa (*s. c., bractées l.-ro.*).
Brachysma latifolium (*s. f., fl. r.*).
— undulatum (*s. f., fl. vio.-br.*).
Cacoucia coccinea (*s. c., fl. r.*).
Cestrum elegans (*s. f., fl. r.-p.*).
Cissampelos mauritiana (*s. c., fl. j. et v.*).
Clematis caripensis (*s. c., fl. bl., od.*).
— grandiflora (*s. c., fl. v.-j.*).
Clerodendron scandens (*s. c., fl. bl.*).
— grandiflora (*s. c., fl. v.-j.*).
Clitoria heterophylla (*s. c., fl. b.*).
— ternatea (*s. c., fl. b., tachées bl.*).
Cobæa penduliflora (*s. t., fl. v.*).
— scandens (*s. f., fl. b.*).
Colquhounia coccinea (*s. f., fl. r.*).
Combretum elegans (*s. c., fl. j.*).
— laxum (*s. c., fl. r. ou j.*).

Combretum racemosum (*s. c.*, *fl. bl.*).
Convolvulus pannifolius (*s. f.*, *fl. vio.-p.* et *bl.*).
Cryptostegia grandiflora (*s. c.*, *fl. r.-p.*).
Dolichos lignosus (*s. f.*, *fl. ro.* et *p.*).
Echites atropurpurea (*s. c.*, *fl. br.*).
— franciscea sulphurea (*s. c.*, *fl. v.-j.*, *r.* et *ro.*).
— stellaris (*s. c.*, *fl. ro.* et *j.*).
Hibbertia dentata (*s. f.*, *fl. j.*).
Hoya australis (*s. c.*, *fl. bl.*, *teintées r.*, *od.*).
— carnosa (*s. c.*, *fl.-ro.*).
— cinnamomifolia (*fl. v.-j.* et *r.-p.*).
— Cumingiana (*s. c.*, *fl. v.-j.* ou *bl.* et *br.-p.*).
— globulosa (*s. c.*, *fl. c.* et *ro.*).
— imperialis (*s. c.*, *fl. r.-br.*).
— pallida (*s. c.*, *fl. j.* et *ro.*, *od.*).
— Pottsii (*s. c.*, *fl. j.*, *teintées p.*, *od.*).
— Shepherdi (*s. c.*, *fl. bl.* et *ro.*).
Ipomœa Bona-nox (*s. c.*, *fl. bl.*).
— Horsfalliæ (*s. c.*, *fl. ro.*).
— Learii (*s. c.*, *fl. b.*).
— rubro-cærulea (*s. c.*, *fl. bl.* et *r.*, *devenant b.*).
Jasminum Sambac (*s. c.*, *fl. bl.*, *od.*).
Lonicera sempervirens (*s. f.*, *fl. r.* et *j.*).
Metrosideros scandens (*s. f.*, *fl. bl.*).
Mikania scandens (*s. c.*, *fl. bl.-j.*).
Milletia megasperma (*s. f.*, *fl. p.*).
Oxypetalum cæruleum * (*s. c.*, *fl. b.*).
Passiflora alata (*s. c.*, *fl. r.-p.* et *bl.*, *od.*).
— alba (*s. c.*, *fl. bl.*).
— amabilis (*s. c.*, *fl. r.*).
— cæruleo-racemosa (*s. f.*, *fl. p.*).
— cincinnata (*s. f.*, *fl. vio.-p.* et *bl.*).
— cinnabarina (*s. c.*, *fl. r.*).
— coccinea (*s. c.*, *fl. r.* et *o.*).
— edulis (*s. c.*, *fl. bl.*, *r.* et *vio.*).
— Hahnii (*s. f.*, *fl. bl.* et *j.*).
— Innesii (*s. c.*, *fl. bl.*, *r.* et *vio.*).
— quadrangularis (*s. c.*, *fl. bl.*, *r.* et *vio.*, *od.*).
— racemosa (*s. c.*, *fl. r.*, *flles gl. en dessous*).
— Raddiana (*s. c.*, *fl. r.* et *p.*, *flles vineuses en dessous*).
Petræa volubilis (*s. c.*, *fl. p.*).
Philibertia gracilis * (*s. f.*, *fl. j.*, *striées r.*).
Physostelma Wallichii (*s. c.*, *fl. v.-j.*).
Piper porphyrophyllum (*s. c.*, *flles v.*, *bronzées et tachées p. en dessous*).
Pleroma macranthum (*s. f.*, *fl. vio.-p.*).
Plumbago capensis (*s. f.*, *fl. b.*).
Pronaya elegans (*s. f.*, *fl. b.* ou *bl.*).
Proustia pyrifolia (*s. f.*, *fl. bl.*).
Quisqualis indica (*s. c.*, *fl. r.* ou *o.*, *od.*).
Randia macrantha (*s. c.*, *fl. j.*).
Smilax ornata (*s. f.*, *flles maculées gr.-arg.*).
Solandra grandiflora (*s. c.*, *fl. bl.-v.*).
Sollya heterophylla (*s. f.*, *fl.*, *b.*).
— parviflora (*s. f.*, *fl. b.*).
Stephanotis floribunda (*s. c.*, *fl. bl.*, *od.*).
Stigmaphyllon ciliatum (*s. c.*, *fl. j.*, *flles gl.*).
— littorale (*s. c.*, *fl. j.*).
Tacsonia insignis (*s. f.*, *fl. vio.*, *r.*, *v.*, et *b.*).
Tacsonia manicata (*s. c.*, *fl. r.*).
— mollissima (*s. f.*, *fl. ro.*).
— Van-Volxemii (*s. f.*, *fl. r.*).
Tecoma filicifolium (*s. c.*, *feuillage*).
Trachelospermum jasminoides (*s. f.*, *fl. bl.*, *od.*, *flles v.-j. quand elles sont jeunes*).

Arbustes traînants à feuilles caduques.

RUSTIQUES

Arctostaphyllos alpina (*fl. bl.* ou *ro.*).
Pyxidanthera barbulata * (*fl. bl.* ou *ro.*).
Rubus fruticosus (*fl. bl.* ou *ro.*, *fr.-n.* ou *r.-p.*).

Arbustes traînants toujours verts.

RUSTIQUES

Arctostaphyllos Uva-ursi (*fl. bl.-ro* et *r.*)
Astragalus monspessulanus * (*fl. bl.-r.* et *r.*).
Cassiope hypnoides (*fl. r.* et *bl.*).
— virginica (*fl. b.*).
Dryas Drummondi (*fl. j.*).
— octopetala (*fl. bl.*).
Epigæa repens (*fl. bl.*, *teintées r.*, *od.*).
Ercilla spicata (*fl. p.*).
Frankenia lævis (*fl. bl.-ro.*).
Fuchsia procumbens (*fl. j.*, *b.*, *fr. r.*).
Juniperus procumbens (*flles gl.*).
— sabina et vars (*feuillage*).
Linnæa borealis * (*fl. bl.-ro.*).
Lithospermum prostratum (*fl. b. striées vio.-r.*).
Oxycoccus macrocarpus (*fl. ro.*).
— palustris (*fl. ro.*).
Rosa Wichuraiana (*fl. bl.*).
Vaccinium Vitis-Idæa (*fl. ro.*, *fr.*, *r.*, *flles ponctuées en dessous*).

DEMI-RUSTIQUES

Begonia prismatocarpa (*s. c.*, *fl. o.* et *j.*, *flles v. luisant*).
Bertolonia maculata (*s. c.*, *fl. vio.-p.*, *flles maculées bl. arg.*).
Blepharis procumbens (*s. f.*, *fl. b.*).
Calceolaria scabiosæfolia (*s. f.*, *fl. j.*).
Ficus barbata (*s. c.*).
Hoya bella (*s. c.*, *fl. bl.*, *tachées ro.-r.*).
— linearis (*s. c.*, *fl. j.*).
Othonna crassifolia (*s. c.*, *fl. j.*).
Podanthes geminata (*s. c.*, *fl. j.-o*, *ponctuées r.*).
Protea cordata (*s. f.*, *fl. p.*).
— cynaroides glabrata (*s.-f.*, *fl. bl.-v.* et *ro.*
Sarmienta repens (*s. f.*, *fl. r.*).
Senecio mikanioides * (*s. f.*, *fl. j.*).
Solanum Seaforthianum (*s. c.*, *fl. l.*).
Tephrosia capensis (*s. f.*, *fl. r.*).

LISTE DE FOUGÈRES ET DE LYCOPODES

Le but de cette liste est de mettre sous les yeux des jardiniers, pour en faciliter le choix, les noms des plus belles Fougères et Lycopodes à cultiver en plein air ou en serre. Les dimensions indiquées sont la hauteur totale des frondes, y compris les pétioles. Il est impossible de donner la hauteur exacte de certaines Fougères arborescentes, car la hauteur du tronc dépend beaucoup de l'âge des plantes et des conditions dans lesquelles elles sont cultivées.

Espèces rustiques.

Adiantum pedatum (30 cent. à 1 m.).
Allosorus crispus (10 cent.)
Aspidium acrostichoides (50 à 75 cent.).
— aculeatum (50 cent. à 1 m. 20).
— Lonchitis (30 à 60 cent.).
— munitum (40 à 75 cent.).
Asplenium Ceterach (15 à 25 cent.).
— crenatum (40 à 60 cent.).
— Filix-fœmina et vars (50 cent. à 1 m. 20).
— fontanum (15 à 20 cent.).
— germanicum (8 à 20 cent.).
— Halleri (10 cent.).
— lanceolatum et vars (20 à 30 cent.).
— marinum et vars (20 à 60 cent.).
— Ruta-muraria (8 à 15 cent.).
— septentrionale (8 à 15 cent.).
— Trichomanes et vars (15 à 25 cent.).
— viride (15 à 20 cent.).
Botrychium Lunaria (8 à 15 cent.).
— virginianum (15 à 60 cent.).
— odora (15 cent.).
Cheilanthes Clevelandi (15 à 20 cent.).
— lanuginosa (15 à 30 cent.).
Cryptogramme crispa et vars (20 cent.).
Cystopteris fragilis (8 à 15 cent.).
— alpina (10 cent.).
Grammitis leptophylla (15 cent.).
Gymnogramme leptophylla (8 à 20 cent.).
Hymenophyllum tunbridgense (5 à 10 cent.).
Lomaria Spicant (20 à 30 cent.).
Lycopodium dendroideum (15 à 20 cent.).
Nephrodium æmulum (60 cent. à 1 m.).
— cristatum (20 cent.).
— decursivo-pinnatum (35 à 50 cent.).
— erythrosorum (50 à 75 cent.).
— Filix-mas (75 cent. à 1 m.).
— floridanum (60 à 75 cent.).
— fragrans (15 à 20 cent.).
— Goldieanum (1 m. à 1 m. 20).
— Oreopteris (30 à 50 cent.).
— rigidum (15 à 60 cent.).
— spinulosum et vars (60 à 75 cent.).
— Thelypteris (30 cent.).
Onoclea germanica.
— sensibilis.
Ophioglossum vulgatum (10 à 20 cent.).
— lusitanicum (8 à 12 cent.).
Osmunda cinnamomea (60 cent. à 1 m.).
— Claytoniana (60 cent. à 1 m.).
— regalis et vars (1 m. à 1 m. 75).
Polypodium calcareum (25 cent.).
— Dryopteris (20 à 30 cent.).
— Phegopteris (30 à 50 cent.).
— vulgare et vars (20 à 40 cent.).
Pteris aquilina (1 m. à 1 m. 50).
Scolopendrium vulgare et vars (20 à 40 cent.).
Trichomanes radicans (15 à 50 cent.).
Woodsia hyperborea (10 cent.).
— ilvensis (10 cent.).

Espèces demi-rustiques.

Adiantum Capillus Veneris (15 à 20 cent.).
— venustum (30 à 50 cent.).
Cheilanthes fragrans (8 à 15 cent.).
— vestita (15 à 30 cent.).
Lomaria alpina (8 à 20 cent.).
— pumila (15 à 20 cent.).
Onychium japonicum (50 à 60 cent.).
Ophioglossum bulbosum (5 à 8 cent.).

ESPÈCES DE SERRE FROIDE

Achrostichum Blumeanum (50 cent. à 1 m.).
— muscosum (20 à 50 cent.).
— squamosum (15 à 35 cent.).
— subdiaphanum (15 a 30 cent.).
Adiantum affine (20 à 35 cent.).
— bellum (8 à 15 cent.).
— colpodes (30 à 60 cent.).
— cuneatum et vars (35 à 65 cent.).
— decorum (30 à 50 cent.).
— diaphanum (20 à 50 cent.).
— formosum (75 cent. à 1 m.).
— fulvum (50 à 60 cent.).
— glaucophyllum (50 à 60 cent.).
— gracillimum (35 à 90 cent.).
— Luddemannianum hispidulum (8 à 25 cent.).
— monochlamys (30 à 40 cent.).
— reniforme (8 à 20 cent.).
— rubellum (25 à 30 cent.).
— venustum (30 à 40 cent.).
— Williamsii (35 à 60 cent.).

Allantodia Brunoniana (30 à 60 cent.).
Aneimia Phyllitidis (25 à 50 cent.).
— tomentosa (30 à 60 cent.).
Aspidium aristatum et vars (50 à 75 cent.).
— capense (60 cent. à 1 m. 50.).
— falcinellum (30 à 60 cent.).
— fœniculaceum (50 cent à 1 m.).
— laserpitiifolium (30 à 60 cent.).
— varium (50 à 75 cent.).
Asplenium acuminatum (50 à 75 cent.).
— Adiantum-nigrum (20 à 30 cent.).
— angustifolium (75 cent. à 1 m.).
— dentatum (15 à 25 cent.).
— ebeneum (35 à 60 cent.).
— falcatum (30 à 65 cent.).
— fissum (6 à 30 cent.).
— flabellifolium (15 à 25 cent.).
— furcatum (30 à 65 cent.).
— Goringianum pictum (15 à 50 cent.).
— Hemionitis et vars (25 à 35 cent.).
— laserpitiifolium (50 cent. à 1 m. 50.).
— monanthemum (35 à 60 cent.).
— nitidum (1 m. à 1 m. 20.).
— Novæ-Caledoniæ (35 à 60 cent.).
— obturatum lucidum (25 à 75 cent.).
— oxyphyllum (50 cent. à 1 m.).
— Petrarchæ (8 à 15 cent.).
— planicaule (25 à 50 cent.).
— resectum (25 à 60 cent.).
— rhizophyllum et vars (25 à 50 cent.).
— rutæfolium (25 à 50 cent.).
— Sandersoni (15 à 30 cent.).
— Selosii (5 à 8 cent.).
— spinulosum (35 à 60 cent.).
— Viellardii (25 à 35.).
Botrychium ternatum (8 à 15 cent.).
Cheilanthes argentea (15 à 25 cent.).
— capensis (25 à 30 cent.).
— Eatoni (15 à 35 cent.).
— Fendleri (15 à 25 cent.).
— gracillima (15 à 25 cent.).
— Lindheimeri (15 à 30 cent.).
— Sieberi (15 à 30 cent.).
— tomentosa (25 à 50 cent.).
— Wrightii (8 à 15 cent.).
Davallia affinis (35 à 80 cent.).
— canariensis (35 à 60 cent.).
— dissecta (50 à 60 cent).
— elegans (35 à 75 cent.).
— fijensis (35 à 65 cent.).
— hirta (1 m. 20 à 2 m. 50).
— pallida (1 m. à 1 m. 35).
— pentaphylla (15 à 25 cent.).
— platyphylla (1 m. à 2 m. 20).
— pyxidata (30 à 60 cent.).
— repens (25 à 50 cent.).
— solida (35 à 75 cent.).
— ternifolia (45 à 75 cent.).
— Tyermanni (15 à 25 cent.).
Doodia aspera (25 à 50 cent.).
— media (35 à 60 cent.).
Fadyena prolifera (15 à 25 cent.).
Gleichenia rupestris (30 à 60 cent.).
Hymenophyllum demissum (15 à 50 cent.).
— pulcherrimum (15 à 50 cent.).
Hypolepis distans (35 à 45 cent.).
Lomaria Banksii (25 à 30 cent.).
— blechnoides (15 à 30 cent.).
— Boreana (30 à 50 cent.).
— discolor (30 cent. à 1 m.).
— Fraseri (30 à 60 cent.).
— nigra (15 à 25 cent.).
— procera (45 cent. à 1 m. 20).
Lygodium japonicum.
Mohria caffrorum (25 à 50 cent.).
Nephrodium catopteron (2 m. 20 à 3 m.).
— cyatheoides (1 m. à 1 m. 50).
— decompositum (60 cent. à 2 m.).
— hispidulum (60 cent. à 1 m.).
— inæquale (60 cent. à 1 m.).
— Richardsii (35 à 45 cent.).
— Sieboldii (30 à 60 cent.).
Nephrolepis pluma (1 m. 20 à 1 m. 50).
Nothochlæna Eckloniana (25 à 50 cent.).
— hypoleuca (15 à 25 cent.).
— lanuginosa (15 à 25 cent.).
— Marantæ (15 à 50 cent.).
— nivea (15 à 30 cent.).
Onychium japonicum (50 à 60 cent.).
Osmunda javanica (50 cent. à 1 m. 20).
Pellæa andromedæfolia (30 à 35 cent.).
— atropurpurea (15 à 50 cent.).
— brachyptera (25 à 30 cent.).
— Bridgesii (15 à 25 cent.).
— falcata (25 à 60 cent.).
— hastata (30 cent. à 1 m.).
— ornithopus (15 à 30 cent.).
— rotundifolia (30 à 60 cent.).
Platycerium alcicorne (60 à 1 m.).
Polypodium drepanum (75 cent. à 1 m. 30).
— pustulatum (8 à 30 cent.).
Pteris arguta (60 cent. à 1 m. 20).
— cretica (15 à 30 cent.).
— scaberula (50 à 75 cent.).
— serrulata (35 à 65 cent.).
— tremula (1 m. à 1 m. 50).
— umbrosa (60 cent. à 1 m.).
Schizæa bifida (15 à 50 cent.).
— rupestris (8 à 15 cent.).
Scolopendrium Hemionitis (15 à 20 cent.).
Selaginella albo-nitens.
— apus.
— denticulata.
— Kraussiana.
— lepidophylla.
— Martensii.
— Poulteri.
— uncinata.
Todea hymenophylloides (50 cent. à 1 m.).
Trichomanes alatum (15 à 35 cent.).
— Bancroftii (8 à 25 cent.).
— Kraussii (8 cent.).
— maximum (50 à 60 cent.).
— pyxidiferum (8 à 25 cent.).
— rigidum (8 à 35 cent.).
— trichoideum (15 à 25 cent.).
Woodsia mollis (25 à 35 cent.).
— obtusa (25 à 35 cent.).
— polystichoides (30 à 35 cent.).
Woodwardia areolata (25 à 30 cent.).
— Harlandii (25 à 50 cent.).
— radicans et vars (1 à 2 m.).

ESPÈCES DE SERRE CHAUDE

crostichum acuminatum (35 à 75 cent.).
— apiifolium (15 à 25 cent.).
— apodum (30 cent.).
— appendiculatum (25 à 60 cent.).
— aureum (1 à 2 m. 50).
— auritum (30 à 50 cent.).
— canaliculatum (1 m. à 1 m. 20).
— cervinum (1 m. à 1 m. 50).
— conforme (15 à 30 cent.).
— crinitum (30 à 65 cent.).
— fœniculaceum (8 à 25 cent.).
— Herminieri (50 cent. à 1 m.).
— latifolium (35 à 75 cent.).
— lepidotum (8 à 25 cent.).
— nicotianæfolium (75 cent. à 1 m. 50).
— osmundaceum (60 cent. à 1 m.).
— peltatum (8 à 15 cent.).
— quercifolium (8 à 15 cent.).
— scolopendrifolium (35 à 60 cent.).
— scandens (35 cent. à 1 m.).
— sorbifolium (50 à 85 cent.).
— squamosum (25 à 40 cent.).
— subrepandum (30 à 60 cent.).
— taccæfolium (30 à 65 cent.).
— tenuifolium (1 m. à 1 m. 50).
— villosum (25 à 30 cent.).
— viscosum (25 à 50 cent.).
ctiniopteris radiata (8 à 15 cent.).
diantum æmulum (15 cent.).
— æthiopicum (50 à 65 cent.).
— aneitnense (50 à 60 cent.).
— Bausei (45 à 60 cent.).
— caudatum (25 à 35 cent.).
— concinnum (35 à 65 cent.).
— crenatum (30 à 45 cent.).
— cubense (25 à 60 cent.).
— curvatum (30 à 60 cent.).
— digitatum (60 cent. à 1 m. 30).
— Edgworthii (25 à 35 cent.).
— excisum (25 à 50 cent.).
— Feei (60 cent. à 1 m.).
— flabellulatum (8 à 25 cent.).
— Ghiesbrechtii (35 à 75 cent.).
— Henslowianum (35 à 75 cent.).
— Lathomi (50 à 60 cent.).
— Lindeni.
— lucidum (35 à 60 cent.).
— lunulatum (25 à 50 cent.).
— macrophyllum (35 à 65 cent.).
— Moorei (30 à 60 cent.).
— neoguineense (15 à 25 cent.).
— palmatum (1 m. à 1 m. 15).
— peruvianum (25 à 50 cent.).
— polyphyllum (1 m. à 1 m. 30).
— princeps (65 cent. à 1 m.).
— pulverulentum (25 à 50 cent.).
— Seemanni (35 à 45 cent.).
— tetraphyllum (30 à 50 cent.).
— tinctum (30 à 50 cent.).
— tenerum et vars (60 cent. à 1 m. 20).
— trapeziforme et vars (50 cent. à 1 m.).
— Veitchianum (35 à 65 cent.).
— velutinum (1 m. à 1 m. 20).
— villosum (35 à 60 cent.).

Anemia adiantifolia (50 à 65 cent.).
— Dregeana (35 à 60 cent.).
— mandioccana (50 à 60 cent.).
Antrophyum lanceolatum (30 à 50 cent.).
Aspidium auriculatum et vars (50 à 60 cent.).
— falcatum (50 à 80 cent.).
— mucronatum (30 à 60 cent.).
— triangulum (30 à 50 cent.).
Asplenium alatum (35 à 60 cent.).
— auriculatum (35 à 60 cent.).
— Baptisii (50 à 60 cent.).
— Belangeri (35 à 60 cent.).
— bisectum (35 à 60 cent.).
— cicutarium (25 à 50 cent.).
— cultrifolium (25 à 50 cent.).
— dimidiatum (30 à 65 cent.).
— dimorphum (75 cent. à 1 m. 20).
— esculentum (1 m. 50 à 2 m. 50).
— fejeense (60 à 75 cent.).
— fragrans (25 à 50 cent.).
— Franconis (60 cent. à 1 m. 20).
— heterocarpum (25 à 35 cent.).
— longissimum (65 cent. à 2 m. 50).
— lunulatum (25 à 55 cent.).
— melanocaulon (1 m. à 1 m. 50).
— Nidus et vars (60 cent. à 1 m. 20).
— obtusifolium (50 à 65 cent.).
— obtusilobum (15 à 25 cent.).
— paleaceum (15 à 30 cent.).
— pulchellum (8 à 25 cent.).
— rhizophorum (35 à 75 cent.).
— Shepherdi (60 à 75 cent.).
— Thwaitesii (35 à 55 cent.).
— trilobum (8 à 15 cent.).
— vittæforme (30 à 45 cent.).
— viviparum (50 à 65 cent.).
— zeylanicum (25 à 55 cent.).
Ceratopteris thalictroides.
Cheilanthes farinosa (15 à 45 cent.).
— lendigera (15 à 60 cent.).
— microphylla.
— mysurensis (8 à 30 cent.).
— radiata (30 à 50 cent.).
— ruta (15 à 30 cent.).
— viscosa (25 à 30 cent.).
Deparia concinna (30 à 50 cent.).
— prolifera (15 à 25 cent.).
Gleichenia circinata et vars (50 à 60 cent.).
— dicarpa (50 à 60 cent.).
— dichotoma (25 à 30 cent.).
— flagellaris (15 à 30 cent.).
— longissima (25 à 60 cent.).
— pectinata (75 cent. à 1 m.).
— pubescens (75 cent. à 1 m.).
Gymnogramme calomelanos (50 cent. à 1 m. 20).
— decomposita (60 à 75 cent.).
— javanica (60 cent. à 2 m. 50.
— lanceolata (15 à 30 cent.).
— Lathamiæ (60 à 75 cent.).
— macrophylla (30 à 50 cent.).
— Pearcei (45 à 55 cent.).
— schizophylla (50 à 60 cent.).
— sulfurea (50 cent. à 1 m.).
— tartarea (15 à 50 cent.).
— triangularis (25 à 35 cent.).
Hymenophyllum æruginosum (8 à 15 cent.).

Hymenophyllum ciliatum (8 à 25 cent.).
— hirsutum (8 à 25 cent.).
— polyanthos (8 à 30 cent.).
Hypolepis Bergiana (1 m. à 1 m. 30).
Lindsaya adiantoides (8 à 25 cent.).
— cultrata (25 à 45 cent.).
— guianensis (50 à 60 cent.).
— reniformis (15 à 30 cent.).
— stricta (60 cent à 1 m. 20).
— trapeziformis (30 à 65 cent.).
Lomaria attenuata (50 cent à 1 m.).
Lycopodium Phlegmaria (60 à 75 cent.).
— taxifolium (25 à 30 cent.).
Lygodium dichotomum (15 à 35 cent.).
— palmatum.
— reticulatum.
— scandens.
— venustum.
— volubile.
Nephrodium Arbuscula (35 à 65 cent.).
— cicutarium (60 cent. à 1 m.).
— cuspidatum (1 m. à 1 m. 30).
— deltoideum (35 à 75 cent.).
— glandulosum (60 cent. à 1 m.).
— Leuzeanum (2 à 3 m.).
— molle et vars (50 cent. à 1 m.).
— patens (1 m. à 1 m. 20).
— pteroides (1 à 2 m.).
— venustum (1 m. à 1 m. 15).
— vestitum (50 cent à 1 m.).
— villosum (2 à 2 m.).
Nephropelis cordifolia (30 à 60 cent.).
— davallioides (1 m. à 1 m. 20).
— Duffi (75 cent. à 1 m.).
Oleandra articulata (15 à 35 cent.).
— neriiformis (15 à 50 cent.).
— nodosa (25 à 50 cent.).
Onychium auratum (50 à 65 cent.).
Platycerium grande (1 m. 50 à 2 m.).
— Hillii (35 à 50 cent.).
— Wallichii.
— Willinckii.
Polypodium albo-squamatum (50 cent. à 1 m.).
— aureum (1 m. 20 à 2 m.).
— crassifolium (35 cent. à 1 m.).
— fraternum (35 à 60 cent.).
— Heracleum (1 à 2 m.).
— juglandifolium (75 cent. à 1 m.).
— Lingua (15 à 35 cent.).
— pectinatum (35 cent à 1 m.).
— piloselloides (8 cent.).
— plesiosorum (25 à 35 cent.).
— quercifolium (65 cen. à 1 m. 20).
— rupestre (25 à 35 cent.).
— trichomanoides (8 à 15 cent.).
— vacciniifolium (15 cent.).
— verrucosum (1 m. 35 à 2 m.).
Pteris aspericaulis (50 à 65 cent.).
— elegans (50 à 60 cent.).
— flabellata (60 cent. à 1 m. 20).
— heterophylla (15 à 30 cent.).
— leptophylla (35 à 55 cent.).
— longifolia (50 cent. à 1 m.).
— palmata (35 à 55 cent.).
Pteris patens (1 m. 20 à 1 m. 50).
— pedata (8 à 15 cent.).
Pteris quadriaurita (50 cent. à 1 m. 50).
— sagittifolia (25 à 30 cent.).
Selaginella atroviridis.
— canaliculata.
— caulescens.
— cuspidata.
— erythropus.
— grandis.
— hæmatodes.
— lævigata.
— Wallichii.
— Wildenowii.

Fougères arborescentes.

ESPÈCES DE SERRE FROIDE

Alsophila australis.
— Cooperi.
— excelsa (10 à 12 m.).
— Leichardtiana (5 à 10 m.).
— Rebeccæ (2 m. 50 à 5 m.).
— Scottiana.
Cyathea Cunninghami (4 à 5 m.).
— dealbata.
— excelsa.
Dicksonia antartica (12 à 15 m.).
— Berteroana (2 à 5 m.).
— regalis (50 à 60 cent.)
— squarrosa (50 à 65 cent.).
Hemitelia Smithii.
Todea barbara (1 m. 20 à 1 m. 50).
— superba (1 à 2 m.).

ESPÈCES DE SERRE CHAUDE

Alsophila aculeata.
— armata.
— aspera (3 à 10 m.).
Alsophila contaminans (6 à 15 m.).
— paleolata (3 à 7 m.).
— pruinata.
— sagittifolia.
— Tænitis.
— villosa (4 à 7 m.).
Asplenium radicans.
Cyathea arborea.
— insignis.
— integra.
— medullaris.
— Serra.
Dicksonia chrysotricha (30 à 50 cent.).
— fibrosa (1 m. à 1 m. 20).
— Menziesii (1 m. à 1 m. 20).
— Sellowiana (2 m. à 2 m. 50).
Didymochlæna lunulata
Hemitelia grandifolia.
— speciosa.
Lomaria ciliata
— gibba.

LISTE DE PLANTES BULBEUSES

Dans son sens horticole, le nom de plante bulbeuse ne s'applique pas seulement aux espèces dont la souche est un bulbe proprement dit : les plantes tuberculeuses, telles que les *Dahlia*, celles à rhizomes, telles que les *Iris germanica*, les *Canna*, etc., enfin les griffes des Renoncules, les pattes des Anémones et même certaines plantes vivaces à souche et racines charnues, comme les *Dicentra*, les Hémérocalles, les Anemones du Japon, etc., sont comprises dans le groupe horticole des plantes bulbeuses et cataloguées comme telles dans le commerce.

C'est dans ce sens large que la liste suivante a été établie, et les espèces y sont groupées d'après leur degré de rusticité, afin de permettre aux amateurs d'effectuer leur choix selon qu'il s'agira de culture en pleine terre ou sous abri.

Les Orchidées terrestres et de nature bulbeuse ne sont pas comprises dans cette liste, elles seront jointes à la liste spéciale qui sera donnée plus loin.

Pour les indications générales sur la nature de ces plantes, on pourra consulter les articles **Bulbe** (vol. I, p. 429) et **Plantes bulbeuses** (vol. IV, p. 104). Pour la culture propre à chaque genre ou espèce, il faudra se reporter à leurs noms respectifs, dans le corps de l'ouvrage.

Des indications sommaires sont ici données en abréviation sur la couleur des fleurs et la hauteur des plantes. Pour les plantes cultivées pour leur feuillage, telles que les *Caladium* et autres Aroïdées, l'abréviation *flles* s'applique à la couleur et aux panachures de feuilles.

Abréviations employées dans cette liste :

arg., argenté ; *b.*, bleu ; *bl.*, blanc ; *br.*, brun ; *c.*, crème ; *fl.*, fleurs ; *flles*, feuilles ; *gl.*, glauque ; *gr.* gris ; *j.*, jaune ; *l.*, lilas ; *m.*, magenta ; *mv.*, mauve ; *n.*, noir ; *o.*, orange ; *od.*, odorant ; *p.*, pourpre ; *r.*, rouge ; *ro.*, rose ; *s.-aq.*, semi-aquatique.

Espèces rustiques.

Aconitum album (*fl. bl.*, 1 m. 20 à 1 m. 50).
— angustifolium (*fl. b.*, 60 cent. à 1 m.).
— biflorum (*fl. b.* 15 cent.).
— delphinifolium (*fl. b.-p.*, 15 à 60 cent.).
— eminens (*fl. b.*, 60 cent. à 1 m. 20).
— gracile (*fl. b.* ou *v.*, 60 cent.).
— Halleri (*fl. v.*, 1 m. 20 à 2 m.).
— — bicolor (*fl. bl.*, *panachées b.*, 1 m. 20 à 2 m.).
— japonicum (*fl. bl.-ro.*, 2 m.).
— lycoctonum (*fl. vio.*, 1 m. 20 à 2 m.).
— Napellus et vars (*fl. b.*, 1 m. à 1 m. 20).
— Ottonianum (*fl. b.*, *panachées bl.*, 60 cent. à 1 m. 20).
— paniculatum (*fl. vio.*, 60 cent. à 1 m.).
— rostratum (*fl. vio.*, 30 à 60 cent.).
— tauricum (*fl. b.*, 1 m. à 1 m. 20).
— uncinatum (*fl. l.*, 1 m. 20 à 2 m. 50).
— variegatum et vars (*fl. b.*, 30 cent. à 2 m.).
— Willdenowii (*fl. b.-p.*, 30 cent. à 1 m.).
Allium acuminatum (*fl. ro.*, 15 à 50 cent.).
— azureum (*fl. b.*, 30 à 60 cent.).
— Bidwelliæ (*fl. ro.*, 25 cent.).
— Breweri (*fl. ro.*, 8 cent.).
— cœruleum (*fl. b.*, 25 cent.).
— falcifolium (*fl. ro.*, 8 cent.).
— Macnabianum (*fl. mv.*, 30 cent.).
— Moly (*fl. j.*, 25 à 35 cent.).
— Napolitanum (*fl. bl.*, 30 à 50 cent.).
Allium nigrum (*fl. vio.* ou *bl.*, 75 cent. à 1 m.).
— pedemontanum (*fl. ro.-p.*).
— reticulatum attenuifolium (*fl. bl.*, 25 à 35 cent).
— roseum (*fl. l.*, *ro.*, 30 à 35 cent.).
— sphærocephalum (*fl. p.* 50 à 75 cent.).
Alstrœmeria aurantiaca (*fl. o.*, *striées r.*, 60 cent. à 1 m.).
— chilensis (*fl. bl.-r.*, *variant à l'o.* ou au *r.*, 60 cent. à 1 m.).
— psittacina (*fl. r.*, *v.* et *j.*, 1 m.).
Ampelopsis napiformis (*flles* et *fl. v.*).
— serjaniæfolia (*flles* et *fl. v.*).
Anemone apennina (*fl. b.*, 15 cent.).
— baldensis (*fl. bl.*, 15 cent.).
— coronaria et vars (*fl. bl.*, *r.*, *ro.*, *vio.*, etc., 15 à 30 cent.).
— fulgens (*fl. r.*, *ro.*, *l.*, etc., 30 cent.).
— nemorosa et vars (*fl. bl.*, *b.*, *ro.*, 10 à 15 cent.).
— palmata (*fl. j.*, 25 cent.).
— ranunculoides (*fl. j.* ou *p.* 10 cent.).
— stellata (*fl. l.* ou *r.*, 15 à 25 cent.).
Anthericum Liliago (*fl. bl.*, 30 à 50 cent.).
— Liliastrum (*fl. bl.*, 30 à 60 cent.).
— ramosum (*fl. bl.*, 60 cent.).
Arisæma Griffithii (*fl. v.-br.*, 30 à 50 cent.).
— ringens (*fl. v.*, *bl.* et *p.*).
— triphylla (*fl. br.-p.* et 8 à 25 cent.).
Arum italicum (*fl. v.-j.* ou *bl.*, 30 à 60 cent.).
— prosboscideum (*fl. v.-p.*, 15 cent.).
— tenuifolium (*fl. bl.*, 30 cent.).
Asclepias tuberosa (*fl. o.*, 30 à 50 cent.).
Asphodelus albus (*fl. bl.*, 60 cent. à 1 m.).

Asphodelus creticus (*fl. j.*, 60 cent.).
— luteus (*fl. j.*, 1 m. à 1 m. 20).
Astilbe (Hoteia) japonica (*fl. bl.*, 30 à 40 cent.).
Bellevalia syriaca (*fl. bl.*, 30 cent.).
Biarum tenuifolium (*fl. br.-p.*, 15 cent.).
Brodiæa capitata (*fl. vio.-b.*, 30 à 60 cent.).
— congesta (*fl. b.*, 30 à 50 cent.).
— — alba (*fl. bl.*, 30 cent.).
— grandiflora (*fl. b.-p.* 50 cent.).
— Howelli (*fl. p.-b.*, 50 à 60 cent.).
— lactea (*fl. bl.*, *à nervure v.*, 30 à 60 cent.).
— multiflora (*fl. b.-p.*, 30 à 50 cent.).
Bulbocodium vernum (*fl. vio.-p.*, *maculées bl.*, 15 cent.).
Calliprora lutea (*fl. j.* et *br.*, 30 cent.).
Camassia esculenta (*fl. b.*, 50 cent.).
— Leichtlini (*fl. c.*, 60 cent.).
— Fraseri (*fl. b.*, 30 cent.).
Chionodoxa Luciliæ (*fl. b.*, *à centre bl.*, 15 cent.).
— nana (*fl. bl.* et *l.*, 15 cent.).
Chlorogalum Pomeridianum (*fl. bl.*, *veinées p.*, 60 cent.).
Chrysobactron Hookeri (*fl. j.*, 50 cent. à 1 m.).
Claytonia virginica (*fl. bl.*, 15 cent.).
Colchicum autumnale (*fl. p.*, 15 cent.).
— Bivonæ (*fl. bl.* et *p.*).
— luteum (*fl. j.*, 18 cent.).
— Parkinsoni (*fl. bl.* et *p.*).
— speciosum (*fl. r.-p.* et *bl.*).
— variegatum (*fl. bl.* et *l.*).
Convallaria majalis (*fl. bl.* ou *ro.*).
Crinum capense (*fl. bl.*, *suffusées r.*, 30 cent.).
Crocus aureus (*fl. o.*).
— biflorus (*fl. bl.*, *variant au b.*).
— Boryi (*fl. c.*, *à gorge j.-o.*, 7 cent.).
— Imperati (*fl. l.-p.* et *p.*, *od.*, 7 à 15 cent.).
— iridiflorus (*fl. p.* et *l.*).
— nudiflorus (*fl. p.* ou *vio.*).
— speciosus (*fl. l.*, *striées p.*).
— suzianus (*fl. o.* ou *br.* et *o.*, 7 cent.).
— vernus (*fl. l.*, *vio.* ou *bl.* et *vio.*).
— versicolor (*fl. p.*, *variant au bl.*).
— variées (*fl. variées*).
Dicentra spectabilis (*fl. ro.*, 30 à 60 cent.).
Dioscorea Batatas (*fl. bl.*, 2 à 3 m.).
Dracunculus vulgaris (*fl. b.*, 1 m.).
Eranthis hyemalis (*fl. j.*, 7 à 15 cent.).
— sibiricus (*fl. j.*, 6 cent.).
Eremurus himalaicus (*fl. bl.*, 50 à 60 cent.).
— robustus (*fl. ro.*, 20 à 25 cent.).
— spectabilis (*fl. j.*, 60 cent.).
Erythronium americanum (*fl. j.*, 7 à 15 cent.).
— dens-canis et vars (*fl. ro.-p.* ou *bl.*, 15 cent.).
Fritillaria armena (*fl. j.*, 15 cent.).
— delphinensis (*fl. p.*, *maculées j.*, 15 à 30 cent.).
— græca (*fl. br.*, *maculées*, etc., 15 cent.).
— Hookeri (*fl. l.*, 15 cent.).
— imperialis (*fl. j.*, *variant au r.*, 1 m.).
— lutea (*fl. j.*, *suffusées p.*, 15 à 30 cent.).
— macrophylla (*fl. ro.*, 1 m.).
— Meleagris (*fl. panachées en damier*, *p.* et *ro.*, 30 cent.).
— pallidiflora (*fl. j.*, 20 cent.).
— pudica (*fl. j.*, 15 à 20 cent.).
— pyrenaica (*fl. p.*, 50 cent.).
— recurva (*fl. r.*, 60 cent.).
Fritillaria Sewerzowi (*fl. p.*, *v.-j. à l'intérieur*, 50 cent.).
— tenella (*fl. j.*, *panachées en damier de b.-p.*).
— tulipifolia (*fl. b.*, *striées br.-p.* et *p.-br.*, *à l'intérieur*).
— verticillata Thunbergii (*fl. r.*, *bigarrées p.*).
Funkia grandiflora (*fl. bl.*, *od.*, 60 cent.).
— ovata (*fl. b.-l.* ou *bl.*, 30 à 50 cent.).
— marginata (*fl. b.-l.* ou *bl.*, *flles marginées bl.*, 50 cent.).
— Sieboldiana (*fl. bl.*, *teintées l.*, 30 cent.).
— sub-cordata (*fl. bl.*, 50 à 60 cent.).
Gagea lutea (*fl. j.* et *v. sur le dos*, 15 cent.).
Galanthus Elwesii (*fl. bl.*, *maculées v.*, 15 à 30 cent.).
— nivalis et vars (*fl. bl.*, *marquées v.*, 7 à 15 cent.).
— plicatus (*fl. bl.-v.*, 15 cent.).
Galtonia candicans (*fl. bl.*, *od.*, 1 m. 20).
Gladiolus byzantinus (*fl. r.*, 60 cent.).
— Lemoinei et vars (*fl. variées*).
— segetum (*fl. ro.*, 60 cent.).
Helicodiceros crinitus (*fl. p.-br.*, 30 à 50 cent.).
Hemerocallis Dumortieri (*fl. j.-o.*, *teintées br.*, 30 à 50 cent.).
— fulva et vars (*fl. j. fauve*, 80 cent. à 1 m. 20).
— flava (*fl. j.*, *od.*, 50 à 80 cent.).
— Middendorffiana (*fl. j.*, *o.*, 40 cent.).
Iris alata (*fl. l.-p.*, 30 cent.).
— balkana (*fl. l.-p.*, 30 cent.).
— biflora (*fl. vio.-p.*, 50 cent.).
— Chamæiris (*fl. j.*, *veinées br.*, 15 cent.).
— cretensis (*fl. l.*).
— cristata (*fl. l.*, 15 cent.).
— Douglasiana (*fl. l.-p.*, 15 à 30 cent.).
— filifolia (*fl. p.*, *à carène j.*, 30 à 60 cent.).
— flavescens (*fl. j.*, 60 cent. à 1 m.).
— florentina (*fl. bl.*, *à carène j.*, 60 cent. à 1 m.).
— fœtidissima (*fl. b.-l.*, 60 cent. à 1 m.).
— — variegata (*flles rubanées bl.*).
— fulva (*fl. br.*, 60 cent. à 1 m.).
— germanica et vars (*fl. variées*, *od.*, 60 cent. à 1 m.).
— graminea (*fl. l.-p.*, *bl.-j.* et *b.-p.*, *od.*, 25 cent.).
— Guldenstædtiana (*fl. bl.*, *o.* et *j.*, 60 cent.).
— Histrio (*fl. l.*, *l.-p.* et *j.*, 30 cent.).
— hybrida (*fl. variables*).
— iberica (*fl. p.-b.*, *maculées p.*).
— — insignis (*fl. bl.* et *bl.-l.*, *maculées et veinées r.-br.*).
— lævigata (*fl. p.*, *maculées j.*, 1 m. à 1 m. 20).
— lutescens (*fl. j.*, *tachées p.-br.*).
— Monnieri (*fl. j.*, *od.*, 1 m à 1 m. 20).
— neglecta (*fl. l.*, *bl.* et *j.*, 50 à 60 cent.).
— ochroleuca (*fl. bl.* et *j.-o.*, 1 m.).
— persica (*fl. b.*, *tachées n.*, *à carène j.*, 15 cent.).
— pseudo-acorus (*s.-aq.*, *fl. j.*, 60 cent. à 1 m. 30).
— pumila et vars (*fl. variées*).
— reticulata (*fl. vio.-p*, *rayées j.*, 30 cent.).
— rubro-marginata (*fl. v.*, *teintées p.*, 15 cent.).
— ruthenica (*fl. l.-p.*, *od.*).
— sambucina (*fl. p.* et *j.*, *od.*, 60 cent.).
— sibirica (*fl. l.-b.* et *vio.*, 30 à 75 cent.).
— squalens (*fl. l.-p.*, *j.* et *br.-j.*, 60 cent. à 1 m.).
— tectorum (*fl. l.* et *bl.*, 30 cent.).
— tingitana (*fl. l.-p.*, 60 cent. à 1 m.).
— tuberosa (*fl. v.-j.*, 30 cent.).
— ungicularis (*fl. l.*, *j.* et *bl.*, *od.*).

Iris variegata (*fl. br.* et *j.*, 30 à 50 cent.).
— versicolor (*fl. p.*, 30 à 60 cent.).
— xiphioides et vars (*fl. b.*, *l.*, *j.*, ou *panachées*, 50 à 60 cent.).
— Xiphium (*fl. j.*, *b.* ou *panachées*, 40 à 50 cent.).
Kniphofia aloides (*fl. j.-o.*, *passant au j.-v.*, 1 m. à 1 m. 20).
— Burchelli (*fl. r.* et *j.*, *à pointes j.*, 50 cent.).
— Leichtlini (*fl. r.* et *j.*).
— Rooperi (*fl. r.-o.*, *passant au j.*, 60 cent.).
Leucoium æstivum (*fl. bl.*, 50 cent.).
— Hernandesii (*fl. bl.*, 30 à 50 cent.).
— vernum (*fl. bl.*, *maculées v.*, *od.*, 15 cent.).
Lilium auratum et vars (*fl. bl.*, *rayées j. et ponctuées br.*, 60 cent. à 1 m. 20).
— bulbiferum (*fl. r.-o.*, 60 cent. à 1 m.).
— canadense (*fl. j.*, *variant au r.*, *tachées r.-p.*, 50 cent. à 1 m.).
— candidum (*fl. bl.*, *rarement teintées p.*, 60 cent. à 1 m.).
— Catesbæi (*fl. r.-o.*, *maculées p.*, 30 à 60 cent.).
— chalcedonicum (*fl. r.*, *rarement j.*, 60 cent. à 1 m.).
— concolor Buschianum (*fl. r.*, *maculées n. en dessous*).
— croceum et vars (*fl. r.-o.*, 1 m. à 1 m. 50).
— davuricum et vars (*fl. r.*, 60 cent. à 1 m.).
— elegans (*fl. r.*, *rarement maculées*, 1 m.).
— — armeniacum (*fl. r.*, *maculées j.*, 30 cent.).
— — atrosanguineum (*fl. r. maculées n.*, 60 cent.).
— — sanguineum (*fl. r.* et *j.*, 30 à 50 cent.).
— Hansoni (*fl. r.-o.*, *ponctuées p.*, 1 m. à 1 m. 20).
— Krameri (*fl. bl.*, *teintées r.*, 1 m. à 1 m. 20).
— Leichtlini (*fl. j.*, *tachées p.* et *r.*, 60 cent. à 1 m.).
— longiflorum (*fl. bl.*, *od.*, 30 à 60 cent.).
— — eximium (*fl. bl.*, 30 à 60 cent.).
— — Harrisii (*fl. bl.*, 1 m. 60 à 1 m.).
— Martagon (*fl. r.-p.*, *maculées p.-n.*, 60 cent. à 1 m.).
— monadelphum (*fl. j.*, *teintées r. à la base*, 1 m. à 1 m. 50).
— oxypetalum (*fl. l.-p.*, *ponctuées p. à l'intérieur*, 30 à 50 cent.).
— pardalinum (*fl. variables*, 1 à 2 m.).
— Parryi (*fl. j.*, *tachées r.-br.*, *od.*, 60 cent. à 2 m.).
— philadelphicum (*fl. r.-o.*, *maculées p. en dessous*, 30 cent. à 1 m.).
— pomponium (*fl. r.*, 50 cent. à 1 m.).
— luteum (*fl. j.*, 50 cent. à 1 m.).
— pseudo-tigrinum (*fl. r.*, *maculées n. à l'intérieur*, 1 m. à 1 m. 20).
— pyrenaicum (*fl. j.*, *ponctuées n.*, 60 cent. à 1 m. 20).
— roseum (*fl. ro.*, 50 cent.).
— speciosum (*fl. bl.-ro.*, 50 cent. à 1 m.).
— — albiflorum (*fl. bl.*).
— — punctatum (*fl. bl.*, *ponctuées r.*).
— — roseum (*fl. ro.*).
— superbum (*fl. r.-o.*, *maculées*, 1 m. 20 à 2 m.).
— tenuifolium (*fl. r.*, 15 à 30 cent.).
— tigrinum et vars (*fl. r.-o.*, *maculées p.-n.*, 60 cent. à 1 m. 20).
— Washingtonianum (*fl. bl.*, *teintées p.* ou *l.*, 1 m. à 1 m. 50).
Merendera bulbocodium (*fl. l.-ro.*, 8 cent.).
Milla biflora (*fl. bl.*, *v. à l'extérieur*, 15 cent.).
Muscari botryoides et vars (*fl. b.* ou *bl.*, 15 à 30 cent.).
— comosum montrosum (*fl. vio.-b.*, 30 à 50 cent.).
— Elwesii (*fl. b.*, 8 à 15 cent.).
Muscari Heldreichii (*fl. b.*, 25 cent.).
— moschatum (*fl. p.*, *passant au v.-j.*, *teintées vio.*, *od.*, 25 cent.).
— neglectum (*fl. b.*, *od.*, 15 à 25 cent.).
— paradoxum (*fl. b.-n.*, *v. en dedans*, *od.*, 25 cent.).
— racemosum (*fl. p.*, *passant au r.-p.*, *od.*, 8 à 25 cent.).
— Szovitzianum (*fl. b.*, *od.*, 15 cent.).
Narcissus biflorus (*fl. bl.*, *à coronule j.*, 30 cent.).
— Bulbocodium (*fl. j.*, 8 à 25 cent.).
— calathinus (*fl. j.*, 25 à 30 cent.).
— incomparabilis et vars (*fl. j.* ou *bl.-j.*, 30 à 50 cent.).
— Jonquilla (*fl. j.*, *od.*, 25 à 30 cent.).
— Macleai (*fl. bl.* et *j.*, 30 cent.).
— poeticus et vars (*fl. bl.*, *à coronule bordée r.*, *od.*, 30 cent.).
— Pseudo-Narcissus et vars (*fl. j.* ou *j.* et *bl.*, 30 à 40 cent.).
— Tazetta et vars (*fl. bl.* ou *bl.* et *j.*, *od.*, 30 à 40 cent.).
— triandrus et vars (*fl. bl.* ou *j.*, 15 à 30 cent.).
Nothoscordum fragrans (*fl. bl.*, *rayées l.*, *od.*, 35 à 60 cent.).
Ornithogalum narbonnense (*fl. bl.*, *à centre n.*, 40 à 50 cent.).
— nutans (*fl. bl.* et *v.*, 25 à 30 cent.).
— pyramidale (*fl. bl.*, *striées v.*, 50 à 60 cent.).
— umbellatum (*fl. bl.* et *v.*, 15 à 30 cent.).
Oxalis tetraphylla (*fl. r.* ou *vio.-p.*, 20 à 30 cent.).
Pæonia albiflora (*fl. bl.*, *ro.*, etc., *od.*, 60 cent. à 1 m.).
— Emodi (*fl. bl.*, 60 cent. à 1 m.).
— officinalis (*fl. r.*, 60 cent. à 1 m.).
— tenuifolia (*fl. r.*, 30 à 50 cent.).
— Wittmanniana (*fl. bl.-j.*, 60 cent.).
— variées (*fl. bl.*, *r.*, *ro.*, etc.).
Pancratium illyricum (*fl. bl.*, *od.*, 50 cent.).
— maritimum (*fl. bl.*, 40 à 50 cent.).
Puschkinia scilloides (*fl. bl.*, *striées b.*, 15 cent.).
Ranunculus asiaticus (*fl. bl.*, *ro.*, *r.*, *j.*, etc., 50 cent.).
Sanguinaria canadensis (*fl. bl.*, 15 cent.).
Saxifraga peltata (*fl. bl.* ou *bl.-ro.*, 80 cent. à 1 m.).
Scilla amœna (*fl. b.* ou *bl.*, 15 cent.).
— bifolia (*fl. b.*, *bl.* ou *ro.*, 10 cent.).
— campanulata et vars (*fl. b.*, *ro.* ou *bl.*, 30 cent.).
— italica (*fl. b.* ou *bl.*, 30 à 40 cent.).
— hyacinthoides (*fl. b.* ou *bl.*, 40 à 50 cent.).
— nutans (*fl. b.*, *bl.* ou *ro.*, 30 à 40 cent.).
— peruviana (*fl. b.*, *ro.* ou *bl.*, 15 à 30 cent.).
— pratensis (*fl. b.*, 15 à 30 cent.).
— sibirica (*fl. b.*, 8 à 15 cent.).
Spiræa astilboides (*fl. bl.*, 50 cent.).
— Filipendula (*fl. bl.* ou *ro.*, 60 à 80 cent.).
— palmata (*fl. r.*, 30 à 60 cent.).
— — alba (*fl. bl.*, 30 à 60 cent.).
— venusta (*fl. ro.*, 60 cent. à 2 m. 50).
Sternbergia lutea (*fl. j.*, 20 à 30 cent.).
Thalictrum tuberosum (*fl. bl.*, 30 cent.).
Trillium erectum (*fl. p.*, 30 cent.).
— erythrocarpum (*fl. bl.*, *striées p.*, 30 cent.).
— grandiflorum (*fl. bl.*, *passant au ro.*, 30 à 50 cent.).
— nivale (*fl. bl.*, 60 cent. à 1 m. 20).
Triteleia laxa (*fl. b.*, 30 à 50 cent.).
— uniflora (*fl. l.*, 15 à 30 cent.).

Triteleia uniflora cærulea (*fl. b.*, 15 à 30 cent.).
Tritonia Pottsii (*fl. j.*, *suffusées r.*, 1 m. à 1 m. 20).
Tropæolum polyphyllum (*fl. j.*).
Tulipa australis (*fl. bl.*, *suffusées r.*).
— Billietiana (*fl. j.*, *suffusées r.*).
— Clusiana (*fl. bl.*, *r.* et *n.*, 30 à 40 cent.).
— Eichleri (*fl. r.*, *tachées j.* et *n.*).
— Didieri (*fl. j.* et *r.*).
— elegans (*fl. r.*, *à œil j.*).
— Gesneriana et vars (*fl. bl.*, *r.*, *ro.*, *j.*, etc., 50 à 60 cent.).
— Greigii (*fl. r.*, *maculées n.*, 25 à 30 cent.).
— macrospeila (*fl. r.*, *maculées n.* et *j.*, 60 cent.).
— Oculus Solis (*fl. r.* et *n.*, 30 à 40 cent.).
— præcox (*fl. r.*, *n.* et *j.*, 30 à 40 cent.).
— pubescens et vars (*fl. r.*, *od.*).
— retroflexa (*fl. j.*).
— suaveolens (*fl. r.* et *j.*, *od.*, 15 à 20 cent.).
— sylvestris (*fl. j.*, 30 cent.).
— variétés (*fl. variées*).
Uvularia grandiflora (*fl. j.*, 30 cent.).
— sessilifolia (*fl. j.*, 30 cent.).
Xerophyllum asphodeloides (*fl. bl.*, 30 à 60 cent.).
Zephyranthes Atamasco (*fl. bl.*, 30 cent.).

Espèces demi-rustiques.

Amaryllis Belladonna (*fl. ro.*, 60 cent.).
— pallida (*fl. bl.-ro.*, 60 cent.).
Apios tuberosa (*fl. br.-p.*, *od.*, 80 cent. à 1 m.).
Babiana disticha (*fl. b.*, *od.*, 15 cent.).
— plicata (*fl. vio.-b.*, *od.*, 15 cent.).
— ringens (*fl. r.*, 15 cent.).
— stricta (*fl. bl.* et *l.-b.*, 30 cent.).
— — rubro-cyanæa (*fl. b.* et *r.*, 15 à 25 cent.).
— — sulfurea (*fl. c.* ou *j.*, 25 cent.).
— — villosa (*fl. r.*, 15 cent.).
Bessera elegans (*fl. r.* ou *r.* et *bl.*, 60 cent.).
Boussingaultia baselloides (*fl. bl.*, *passant au n.*, *od.*).
Bravoa geminiflora (*fl. r.-o.*, 60 cent.).
Brodiæa coccinea (*fl. r.*, 50 cent.).
— congesta (*fl. b.*, 50 cent.).
— gracilis (*fl. j.*, 15 cent.).
— grandiflora (*fl. b.*, 30 cent.).
Caloscordum nerinæflorum (*fl. ro.*, 15 cent.).
Chlidanthus fragrans (*fl. j.*, *od.*).
Crocosmia aurea (*fl. r.-o.*, 60 cent.).
Cypella Herberti (*fl. j.*, *panachées br.*, 30 cent.).
Dahlias variés (*fl. variées*).
Eucomis bicolor (*fl. v.*, *bordées p.*).
— nana (*fl. br.*, 25 cent.).
— punctata (*fl. v.* et *vio.*, 30 à 40 cent.).
Ferraria Ferrariola (*fl. br.-v.*, 15 cent.).
— undulata (*fl. br.-v.*, 15 cent.).
Gladiolus blandus (*fl. bl.* et *j.*, *tachées r.*, 15 à 60 cent.).
— brachyandrus (*fl. r.*, 60 cent.).
— cardinalis (*fl. r.*, *maculées bl.*, 1 m. à 1 m. 20).
— dracocephalus (*fl. j.-v.* et *br.*, 1 m.).
— Collvillei (*fl. r.*, *tachées p.*, 50 cent.).
— — alba (*fl. bl.*, 50 cent.).
— cruentus (*fl. r.* et *bl.-j.*, 60 cent. à 1 m.).
— cuspidatus (*fl. p.* et *r.*, etc., 60 cent. à 1 m.).
— floribundus (*fl. bl.*, *r.-p.*, etc., 30 cent.).
— Papilio (*fl. p.* et *j.*, 60 cent. à 1 m.).
— gandavensis et vars (*fl. variées*).
Gladiolus Lemoinei et vars (*fl. variées*).
— nanceianus et vars (*fl. variées*).
— psittacinus (*fl. r.*, *p.*, *j.* et *v.*, 1 m.).
— purpureo-auratus (*fl. j.*, *maculées p.*, 1 m. à 1 m. 20).
Herbertia cœrulea (*fl. b.* et *bl.*, 15 cent.).
Hyacinthus orientalis et vars (*fl. variées*).
Ixiolirion tataricum (*fl. b.*, 30 à 45 cent.).
— Pallasii (*fl. b.*, 30 cent.).
Lilium cordifolium (*fl. j.*, *bl.* et *p.*, 1 m. à 1 m. 20).
— giganteum (*fl. bl.*, 1 m. 50 à 2 m.).
— japonicum (*fl. bl.*, *teintées p.*, 30 à 60 cent.).
Moræa edulis (*fl. v.*, *maculées j.*, 1 m. 20).
— tricuspis (*fl. bl.-v.*, *maculées p.*, 30 cent.).
— unguiculata (*fl. bl.*, *maculées r.-p.*).
Montbretia crocosmæflora et vars (*fl. j.*, *o.* ou *r.* (40 à 60 cent.).
Nemastylis acuta (*fl. bl.*, *j.* et *n.*).
Pancratium montanum (*fl. bl.*, *od.*, 60 cent.).
Schizostylis coccinea (*fl. r.*, 1 m.).
Scilla chinensis (*fl. ro.-p.*, 30 cent.).
Tigridia pavonia (*fl. j.-o.*, 30 à 60 cent.).
Tricytis hirta (*fl. bl.*, *ponctuées p.*, 30 cent. à 1 m.).
— macropoda (*fl. bl.-p.*, 60 cent. à 1 m.).
Triteleia porrifolia (*fl. bl.-v.*, 15 à 25 cent.).
Tropæolum tricolorum (*fl. ro.*, *o.* et *n.*).
Urginea maritima (*fl. bl.*, à *carène p.-v.*, 30 cent. à 1 m.).
Wachendorfia thyrsiflora (*fl. j.*, 60 cent.).
Zephyranthes carinata (*fl. v.* et *ro.*, 30 cent.).
— rosea (*fl. ro.*, 15 cent.).

Espèces de serre.

Achimenes grandiflora (*s. t.*, *fl. vio.-p.*, 50 cent.).
— Kleei (*s. t.*, *fl. l.*, *à gorge j.*, 15 cent.).
— multiflora (*s. t.*, *fl. l.*, 30 cent.).
— ocellata (*s. t.*, *fl. j.*, *ponctuées*, 50 cent.).
— pedunculata (*s. t.*, *fl. r.*, *à œil j.*, 60 cent.).
— picta (*s. t.*, *fl. r.*, *à œil j.*, 50 cent.).
— variés (*s. t.*, *fl. b.*, *bl.*, *r.*, etc.).
Agapanthus umbellatus (*s. f.*, *fl. b.*, 60 cent. à 1 m.).
— albus (*s. f.*, *fl. bl.*, 60 cent. à 1 m.).
Albuca aurea (*s. f.*, *fl. j.*, 60 cent.).
— fastigiata (*s. f.*, *fl. bl.*, 50 cent.).
— Nelsoni (*s. f.*, *fl. bl.*, *striées r.*, 1 m. 20 à 1 m. 50).
Alocasia Chelsoni (*s. c.*, *flles v.* et *p. en dessous*).
— cuprea (*s. c.*, *flles r.-p.*, 60 cent.).
— hybrida (*s. c.*).
— Jenningsii (*s. c.*, *flles v.* et *br.*).
— Johnstoni (*s. c.*, *flles v.* et *ro.-r.*).
— scabriuscula (*s. c.*, *fl. bl.*, 1 m. 20).
— Sedeni (*s. c.*, *flles veinées bl.*).
— Thibautiana (*s. c.*, *flles v.-gr.*, *p. en dessous*).
— zebrina (*s. c.*, 1 m. 20).
Alstrœmeria caryophyllæa (*s. c.*, *fl. r.*, *od.*, 25 cent. à 1 m.).
— densiflora (*s. f.*, *fl. ponctuées n.*).
— Pelegrina (*s. f.*, *fl. bl.* ou *ro.*, *striées j.*, 30 cent.).
— Pelegrina alba (*s. f.*, *fl. bl.*).
— pulchra (*s. f.*, *fl. p.*, *j.* et *r.*, 30 cent.).
— Simsii (*s. f.*, *fl. j.*, *rayées r.*, 1 m.).
— versicolor (*s. f.*, *fl. j.* et *p.*, 60 cent. à 1 m. 20).

Amorphophallus campanulatus (*s. c.*, *fl. br. r.* et *n.*, 60 cent.).
— Lacouri (*s. f.*).
— Rivieri (*s. f.*, *fl. v.*, *ro.* et *r.*, 80 cent. à 1 m. 20).
— Titanum (*s. c.*, *fl. n.* et *p.*).
Anchomanes Hookeri (*s. c.*, *fl. p.*).
Anomatheca cruenta (*s. f.*, *fl. r.*, 15 à 30 cent.).
Antholyza æthiopica (*s. f.*, *fl. r.* et *v.*, 1 m.).
— caffra (*s. f.*, *fl. r.*, 60 cent.).
— Cunonia (*s. f.*, *fl. r.* et *n.*, 60 cent.).
Arisæma concinna (*s. f.*, *fl. bl.-v.* et *b.-p.*, 30 à 60 cent.).
— curvata (*s. f.*, *fl. v.* et *bl.*, 1 m. 20).
— galeata (*s. f.*, *fl. v.* et *p.*, 30 cent.).
— nepenthoides (*s. f.*, *fl. j.*, *br.* et *v.*, 60 cent.).
— speciosa (*s. f.*, *fl. p.-v.* et *bl.*, 60 cent.).
Arthropodium neo-caledonicum (*s. f.*, *fl. bl.*, 50 cent.).
— paniculatum (*s. f.*, *fl. bl.*, 1 m.).
— pendulum (*s. f.*, *fl. bl.*, 50 cent.).
Arum palæstinum (*s. f.*, *fl. p.*, *n.* et *bl.-j.*).
Astilbe japonica (*s. f.*, *fl. bl.*, 30 à 60 cent.).
Barbacenia purpurea (*s. f.*, *fl. p.*, 50 cent.).
— Rogieri (*s. f.*, *fl. p.*, 50 cent.).
Batatas bignonioides (*s. c.*, *fl. p.*).
— Cavanillesii (*s. c.*, *fl. bl.-r.*).
— edulis (*s. c.*, *fl. bl.* et *p.*).
— paniculata (*s. c.*, *fl. p.*).
Begonia acutiloba (*s. t.*, *fl. bl.*).
— albo-coccinea (*s. c.*, *fl. ro.* et *bl.*, 15 à 25 cent.).
— amabilis (*s. t.*, *fl. ro.* ou *bl.*, 25 cent.).
— amœna (*s. t.*, *fl. ro.*, 15 cent.).
— Berckeleyi (*s. t.*, *fl. ro.*).
— boliviensis (*s. t.*, *fl. r.*, 60 cent.).
— Bruanti (*s. t.*, *fl. bl.* ou *ro.*).
— Chelsoni (*s. t.*, *fl. r.-o.*, 60 cent.).
— Clarkei (*s. t.*, *fl. r.*).
— coriacea (*s. t.*, *fl. ro.*, 25 cent.).
— dædalea (*s. t.*, *fl. bl.* ou *ro.*, *flles v.* et *br.*).
— Davisii (*s. t.*, *fl. r.*, *flles v.* et *r. en dessous*, 8 à 15 cent.).
— echinosepala (*s. t.*, 50 cent.).
— Dregeii (*s. t.*, *fl. bl.*, 30 cent).
— Evansiana (*s. f.*, *fl. ro.*, 60 cent.).
— eximia (*s. f.*, *flles p.* et *r.*).
— geraniifolia (*s. t.*, *fl. r.* et *bl.*, 30 cent.).
— geranioides (*s. t.*, *fl. bl.*).
— glandulosa (*s. t.*, *fl. bl.-v.*).
— gogoensis (*s. t.*, *fl. ro.*, *flles bronzées*, *r. en dessous*).
— gracilis (*s. f.*, *fl. ro.*).
— heracleifolia (*s. c.*, *fl. ro.*).
— herbacea (*s. t.*, *fl. bl.*).
— hydrocotylifolia (*s. t.*, *fl. ro.*, 30 cent.).
— imperialis (*s. t.*, *fl. bl.*, *flles v. olive*, *rayées v.-gr.*).
— laciniata (*s. t.*, *fl. bl.*, *teintées ro.*, *flles v.*).
— manicata (*s. c.*, *fl. ro.*).
— maxima (*s. t.*, *fl. bl.*).
— megaphylla (*s. t.*, *fl. bl.*).
— monoptera (*s. t.*, *fl. bl.*, 30 à 60 cent.).
— natalensis (*s. f.*, *fl. ro.*, *flles v.*, *maculées bl.*, 50 cent.).
— Pearcei (*s. t.*, *fl. j.*, *flles v.* et *r. en dessous*, 30 cent.).
— picta (*s. t.*, *fl. ro.*, *flles parfois panachées*).
— prismatocarpa (*s. c.*, *fl. o.* et *j.*, *flles v.*).
Begonia pruinata (*s. t.*, *fl. bl.*).
— Rex et vars (*s. c.*, *flles panachées*).
— Richardsiana (*s. t.*, *fl. bl.*, 30 cent.).
— — diadema (*s. t.*, *fl. bl.*).
— rosæflora (*s. t.*, *fl. ro.-r.*).
— rubro-veina (*s. t.*, *fl. bl.*, *veinées ro.-r.*, 30 à 50 cent.).
— scandens (*s. t.*, *fl. bl.*).
— Schmidtiana (*s. t.*, *fl. bl.*, 30 cent.).
— semperflorens et vars (*s. f.*, *fl. bl.*, *ro.* ou *r.*, 20 à 40 cent.).
— Sotrana (*s. c.*, *fl. ro.*).
— stigmosa (*s. t.*, *fl. bl.*, *flles v.*, *panachées r.-br.*).
— strigillosa (*s. t.*, *fl. ro.*, *flles v.*, *marginées r.*).
— Sutherlandi (*s. t.*, *fl. r.-o.*, *flles v.*, *nervées r.*).
— Thwaitesii (*s. c.*, *flles v.*, *r.-p.*, *bl.* et *r.*).
— Veitchii (*s. t.*, *fl. r.*, 30 cent.).
— Verschaffeltiana (*s. s.*, *fl. ro.*).
— xanthina (*s. t.*, *fl. j.*, *flles v.* et *p. en dessous*, 30. cent.).
— variétés bulbeuses (*fl. bl.*, *r.*, *ro.*, *o.*, *j.* etc., 20 à 30 cent.).
Bignonia Rœzlii (*s. c.*).
Blandfordia aurea (*s. f.*, *fl. j.*, 30 à 60 cent.).
— Cunninghami (*s. f.*, *fl. r.* et *j.*, 1 m.).
— flammea (*s. f.*, *fl. j.*, 60 cent.).
— flammea elegans (*s. f.*, *fl. r. à pointes j.*, 60 cent.).
— Princeps (*s. f.*, *fl. r.-o.*, *j. à l'intérieur*, 30 cent.).
— grandiflora (*s. t.*, *fl. r.*, 60 cent.).
— nobilis (*s. f.*, *fl. o.*, *marginées j.*, 60 cent.).
Bomarea Caldasiana (*s. f.*, *fl. j.-o.*, *maculées r.*).
— Carderi (*s. f.*, *fl.*, *ro.* et *p.-br.*).
— oligantha (*s. f.*, *fl. r.-j. à l'intérieur*).
— patococensis (*s. f.*, *fl. r.*).
— Shuttleworthii (*s. f.*, *fl. r.-o.*, *j.*, etc.).
— Williamsii (*s. f.*, *fl. ro.*).
Brachyspatha variabilis (*s. c.*, *fl. v.-p.* et *bl.*, 1 m.).
Brunswigia Cooperi (*s. f.*, *fl. j.*, 50 cent.).
— falcata (*s. f.*, *fl. r.*, 25 cent.).
— Josephinæ (*s. f.*, *fl. r.*, 50 cent.).
— multiflora (*s. f.*, *fl. r.*, 30 cent.).
— toxicaria (*s. f.*, *fl. ro.*, 30 cent.).
Bulbine alooïdes (*s. f.*, *fl. j.*, 30 cent.).
Caladium argyrites (*s. c.*, *flles v.*, *tachées bl.*, 25 cent.).
— bicolor (*s. c.*, 60 cent.).
— Chantini (*s. c.*, *fl. v.*, *veinées bl.*).
— Devosianum (*s. c.*, *maculées bl.* et *p.*).
— Kochii (*s. c.*, *flles v.*, *maculées bl.*).
— Lemaireanum (*s. c.*, *flles v.*, *veinées bl.*).
— Leopoldi (*s. c.*, *flles v.*, *r.* et *p.*).
— macrophyllum (*s. c.*, *flles v.* et *bl.-v.*).
— maculatum (*s. c.*, *flles v.*, *maculées bl.*).
— marmoratum (*s. c.*, *flles v.* et *gr.* ou *arg.*).
— rubrovenium (*s. c.*, *flles v.-gr.*, *veinées r.*).
— sanguinolentum (*s. c.*, *flles v.*, *bl.* et *r.*).
— Schomburgkii (*s. c.*, *flles v.*, *veinées bl.*).
— Verschaffeltii (*s. c.*, *flles v.*, *maculées r.*).
— variétés hybrides (*s. c.*, *flles panachées*).
Calliphruria Hartwegiana (*s. f.*, *fl. bl.-v.*, 30 cent.).
— subedentata (*s. f.*, *fl. bl.*, 50 cent.).
Calliphyche aurantiaca (*s. f.*, *fl. j.*, 60 cent.).
— eucrosioides (*s. f.*, *fl. r.* et *v.*, 60 cent.).
— mirabilis (*s. f.*, *fl. j.*, 8 à 25 cent.).
Callochortus albus (*s. f.*, *fl. bl.* et *maculées*).

Callochortus Benthami (*s. f.*, *fl. j.*, 8 à 25 cent.).
— cœruleus (*s. f.*, *fl. l.*, *ponctuées b.*, 8 à 25 cent.).
— elegans (*s. f.*, *fl. bl.-v.* et *p.*, 25 cent.).
— Gunnisoni (*s. f.*, *fl. j.-v.* et *p.*).
— lilacinus (*s. f.*, *fl. ro.*, 15 à 25 cent.).
— luteus (*s. f.*, *fl. v.* et *j.*, 30 cent.).
— Nuttallii (*s. f.*, *fl. v.* et *bl.*, *tachées r.* et *p.*, 30 cent.).
— pulchellus (*s. f.*, *fl. j.*, 30 cent.).
— purpureus (*s. f.*, *fl. v.*, *p.* et *j.*, 1 m.).
— splendens (*s. f.*, *fl. l.*, 50 cent.).
— venustus (*s. f.*, *fl. bl.* et r., 50 cent.).
Canarina campanula (*s. f.*, *fl. p.-j.* ou *o.*, *nervées r.*, 1 m. 20).
Canna Achiras variegata (*s. t.*. *fl. r.* *flles v.*, *panachées bl.* et *j.*).
— Annæi (*s. t.*, *fl. r.*, 2 m.).
— Bihorelli (*s. t.*, *fl. r.*, *flles bronzées*, 2 m.).
— discolor (*s. t.*, *flles v.* et *r.*, 2 m.).
— expansa-rubra (*s. t.*, *fl. p.*, *flles r.*, 1 m. 50 à 2 m.).
— gigantea (*s. t.*, *fl. r.-o.* et *p.*, 2 m.).
— indica (*s. t.*, *fl. r.* et *j.*, 1 à 2 m.).
— iridiflora (*s. t.*, *fl. r.*, *ponctuées j.*, 2 à 3 m.).
— liliiflora (*s. t.*, *fl. bl.*, 1 m. 50 à 3 m.).
— limbata (*s. t.*, *fl. r.-j.*, 1 m.).
— nigricans (*s. t.*, *flles r.*, 1 m. 50).
— Rendatleri (*s. t.*, *fl. ro.-r.*, *flles v.*, *teintées r.*, 2 à 3 m.).
— speciosa (*s. t.*, *fl. r.*, 1 m.).
— Van Houttei (*s. t.*, *fl. r.*, *flles v.*, *marginées r.-p.*).
— Warscewiczii (*s. t.*, *fl. r.* et *p.*, *flles v. teintées p.*, 1 m.).
— zebrina (*s. t.*, *fl. o.*, *flles v.* et *r.*, 2 à 3 m.).
— variétés hydrides florifères (*s. t.*, *fl. r.*, *ro.*, *j.*, etc., *flles v.* ou *p.*, 80 cent. à 1 m. 50.).
Carpolyza spiralis (*s. f.*, *fl. bl.*, *r. à l'extérieur*).
Cienkowskia Kirkii (*s. c.*, *fl. ro.-p.*, *od.*, 15 cent.).
Clivia nobilis (*s. f.*, *fl. r.* et *j.*, 50 cent.).
Colocasia esculenta (*s. f.*, *fl. bl.*, 60 cent.).
— odorata (*s. c.*, *fl. bl.*, *od.*).
Commelina cœlestis (*s. f.*, *fl. b.*, 50 cent.).
— alba (*s. f.*, *fl. bl.*, 50 cent.).
Corynophallus Afzelli et vars (*s. c.*, *fl. p.* et *bl.*).
Costus igneus (*s. c.*, *fl. r.-o.*, 30 cent. à 1 m.).
— Malortieanus (*s. c.*, *fl. j.*, *rayées r.-o.*, 30 cent. à 1 m.).
Crinum amabile (*s. c.*, *fl. r.*, *od.*, 60 cent. à 1 m.).
— asiaticum (*s. f.*, *fl. bl.*, 50 à 60 cent.).
— Balfourii (*s. c.*, *fl. bl.*, *od.*, 50 cent.).
— Careyanum (*s. t.*, *fl. bl.*, *teintées r.*, 30 cent.).
— cruentum (*s. c.*, *fl. r.*, 1 m.).
— giganteum (*s. c.*, *fl. bl.*, *od.*, 60 cent. à 1 m.).
— Kirkii (*s. c.*, *fl. bl.*, *striées r.*, 30 à 50 cent.).
— Macowani (*s. f.*, *fl. bl.*, *teintées p.*, 60 cent. à 1 m.).
— Moorei (*s. f.*, *fl. bl.*, *suffusées r.*, 60 cent.).
— purpurascens (*s. c.*, *fl. bl.*, *teintées r.*, 30 cent.).
— zeylanicum (*s. c.*, *fl. bl.*, *rayées r.*, 60 cent. à 1 m.).
Curcuma albiflora (*s. c.*, *fl. bl.* et *j.*, 60 cent.).
— australasica (*s. c.*, *fl. j.*, *à bractées ro.*).
— cordata (*s. c.*, *fl. r.-j.*, 30 cent.).
— petiolata (*s. c.*, *fl. j.*, *à bractées ro.-p.*, 50 cent.).
— Roscoeana (*s. c.*, *fl. r.*, *à bractées o.*, 30 cent.).
Curcuma rubricaulis (*s. c.*, *fl. r.*, 1 m.).
Cyanella odoratissima (*s. f.*, *fl. ro.*, *od.*).
Cyclamen africanum (*s. f.*, *fl. bl.* ou *teintées r.* et *maculées p.*, 8 à 15 cent.).
— cilicinum (*s. f.*, *fl. bl.*, *maculées p.*, 6 cent.).
— Coum et vars (*s. f.*, *fl. r.*, 8 cent.).
— ibericum (*s. f.*, *fl. r.*, *maculées p.*, 6 cent.).
— neapolitanum (*s. f.*, *fl. bl.* ou *r.*, *flles maculées*, 15 cent.).
— persicum et vars (*fl. bl.*, *r.*, *ro.*, *p.*, *flles maculées*, 30 cent.).
Cyrtanthus sanguineus (*s. f.*, *fl. j.* et *r.*, *r.-o. à l'intérieur*).
Dahlia imperialis (*s. f.*, *fl. bl.*, *l.* et *r.*, 3 à 4 m.).
— Juarezii (*s. f.*, *fl. r.*, 1 m.).
Dioscorea multicolor (*s. c.*, *flles panachées*).
Dracontium asperum (*s. c.*, *fl. br.-p.*, 1 m. 50 à 2 m.).
— Carderi (*s. c.*, 1 m.).
Drimiopsis Kirkii (*s. f.*, *fl. bl.*, 25 cent.).
Drosera binata (*s. f.*, *fl. bl.*, 15 cent.).
Elisena longipetala (*s. f.*, *fl. bl.*, 1 m.).
Eucharis candida (*s. c.*, *fl. bl.*, 60 cent.).
— grandiflora (*s. c.*, *fl. bl.*, 60 cent.).
— Sanderiana (*s. c.*, *fl. bl.*, 50 cent.).
Eurycles Cunninghami (*s. t.*, *fl. bl.*, 30 cent.).
Freezia Leichtlini (*s. f.*, *fl. j.* ou *c.*, 30 cent.).
— refracta (*s. f.*, *fl. parfois tachées v.* et *o.*).
— alba (*s. f.*, *fl. bl.*).
Galaxia ovata (*s. f.*, *fl. j.*).
Geissorhiza grandis (*s. f.*, *fl. j.*, *à côtes r.*).
— inflexa (*s. f.*, *fl. j.*, *tachées p.*, 50 cent.).
— rochensis (*s. f.*, *fl. b.*, *tachées r.*, 25 cent.)
Gesnera Cooperi (*s. c.*, *fl. r.*, *à gorge tachée*, 60 cent.).
— discolor (*s. c.*, *fl. r.*, 60 cent.).
— Donkelaariana (*s. c.*, *fl. r.*, 30 cent.).
— exoniensis (*s. c.*, *fl. r.-o.*, *à gorge j.*).
— nægelioides (*s. c.*, *fl. ro.*, *r.* et *j.*).
— pyramidalis (*s. c.*, *fl. r.-o.* et *o.*, *tachées*).
— hybrides variés (*s. c.*, *fl. variées*).
Gloriosa superba (*s. c.*, *fl. o.* et *j.*, 1 m. 20).
Gloxinia gesneroides (*s. c.*, *fl. r.*).
— glabra (*s. c.*, *fl. bl.* et *j.*).
— maculata (*s. c.*, *fl. b.-p.*, 30 cent.).
— pallidiflora (*s. c.*, *fl. b.*, 30 cent.).
— hybrides variés (*s. c.*, *fl. variées*).
Griffinia Blumenavia (*s. t.*, *fl. bl.*, *striées ro.*, 15 à 25 cent.).
— dryades (*s. t.*, *fl. l.-p.* et *bl.*, 50 cent.).
— hyacinthina (*s. t.*, *fl. b.* et *bl.*, 25 cent.).
— ornata (*s. t.*, *fl. l.-b.* et *bl.*, 30 à 50 cent.).
Hæmanthus abyssinicus (*s. c.*, *fl. r.*, 15 cent.).
— cinnabarinus (*s. c.*, *fl. r.*, 30 cent.).
— Kalbreyeri (*s. c.*, *fl. r.*, 15 cent.).
— Katherinæ (*s. c.*, *fl. r.*).
— puniceus (*s. c.*, *fl. r.-o*, *étamines j.* ou *o.*, 30 cent.).
Hedychium angustifolium (*s. c.*, *fl. r.*, 1 à 2 m.).
— coronarium (*s. c.*, *fl. bl.*, *od.*, 1 m. 50).
flavosum (*s. c.*, *fl. j.*, *od.*, 60 cent. à 1 m.).
flavum (*s. f.*, *fl. o.*, *od.*, 1 m.).
— Gardnerianum (*s. c.*, *fl. j.*, *od.*, 60 cent à 1 m.).
Hessea crispa (*s.-f.*, *fl. ro.*, 15 cent.).
Hippeastrum Ackermanni (*s. c.*, *fl. r.*).
— aulicum (*s. f.*, *fl. r.*, et *r.-p.*, 50 cent.).
— equestre et vars (*s. c.*, *fl. r.-o.*).

Hippeastrum pardinum (*s. f.*, *fl. v.*, *maculées r.*).
— reticulatum (*s. c.*, *fl. ro.* et *bl.*).
— vittatum (*s. f.*, *fl. r.* et *bl.*, *striées*).
Homalonema Roezlii (*s. c.*, *fl. br.-o.*, *c. à l'intérieur*, 15 cent.).
— Wallisii (*s. c.*, *fl. r.*).
Hyacinthus amethystinus (*s. f.*, *fl. b.*, 8 à 30 cent.).
— corymbosus (*s. f.*, *fl. l.-ro.*, 8 cent.).
Hymenocallis amœna (*s. f.*, *fl. bl.*, *od.*, 30 à 60 cent.).
— calathina (*s. f.*, *fl. bl.*, *od.*).
— macrostephana (*s. c.*, *fl. bl.*, *od.*, 60 cent.).
— speciosa (*s. c.*, *fl. bl.*, *od.*, 30 à 50 cent.).
Hypoxis stellata et vars (*s. f.*, *fl. bl.* et *b.*, 25 cent.).
Imantophyllum Gardeni (*s. f.*, *fl. r.-o.* ou *j.*, 30 à 60 cent.).
— miniatum (*s. c.*, *fl. o.* et *chamois*, 30 à 60 cent.).
— hybrides (*s. f.*, *fl. r.* ou *o.*).
Isoloma hondense (*s. c.*, *fl. j.*, 30 cent.).
— molle (*s. c.*, *fl. r.*, 50 cent.).
Ixia capillaris (*s. f.*, *fl. ro.* ou *l.*, 50 cent.).
— hybrida (*s. f.*, *fl. bl.*, 30 cent.).
— maculata (*s. f.*, *fl. o.*, 30 cent.).
— odorata (*s. f.*, *fl. j.*, *od.*, 30 cent.).
— patens (*s. f.*, *fl. ro.*, 30 cent.).
— speciosa (*s. f.*, *fl. r.*, 15 cent.).
— viridiflora (*s. f.*, *fl. v.*, *maculées*, 30 cent.).
Kæmpferia Gilbertii (*s. c.*, *flles v.*, *marginées bl.*).
— ornata (*s.c.*, *fl. j.*, *flles rayées arg.*, *p. en dessous*).
Lachenalia aureliana (*s. f.*, *fl. v.*, *r.* et *j.*, 30 cent.).
— fragrans (*s. f.*, *fl. j.*, *od.*. 15 cent.).
— lilacina (*s. f. fl. l.* et *b.*, 15 cent.).
— Nelsoni (*s. f.*, *fl. j.*).
— pendula (*s. f.*, *fl. p.*, *r.* et *j.*, 8 à 25 cent.).
— purpureo-cærulea (*s. f.*, *fl. b.-p.*, 15 à 25 cent.).
— tricolor (*s. f.*, *fl. v.*, *r.* et *j.*, 30 cent.).
— — lutea (*s. f.*, *fl. j.*, 30 cent.).
Lilium giganteum (*s. f.*, *fl. bl.*, *teintées v.* et *p.*, 1 m. 20 à 3 m.).
— neilgherrense (*s. f.*, *fl. bl.*, *od.*, 60 cent. à 1 m.).
Littonia modesta (*s. t.*, *fl. o.*, 60 cent. à 2 m.).
Lycoris aurea (*s. f.*, *fl. j.*, 30 cent.).
— Sewerzowi (*s. t.*, *fl. r.-br.*, *od.*, 30 cent.).
Marica lutea (*s. t.*, *fl. j.*, *r.*, *bl.* et *v.*, 15 cent.)
— Northiana (*s. c.*, *fl. bl.*, *j.*, *r.* et *b.*, 1 m. 20).
Nægelia cinnabarina (*s. c.*, *fl. r.*, 60 cent.).
— fulgida (*s. c.*, *fl. r.*, 60 cent.).
— — bicolor (*s. c.*, *fl. r.* et *bl.*, 60 cent.).
— Geroltiana (*s. c.*, *fl. r.-o.*, 50 à 60 cent.).
— multiflora (*s. c.*, *fl. bl.* ou *c.*).
— zebrina (*s. c.*, *fl. r.-o.*, 60 cent.).
Nerine curviflora (*s. f.*, *fl. r.*, 30 cent.).
— flexuosa et vars (*s. f.*, *fl. r.*, *teintées o.*, 30 cent.).
— sarniensis et vars (*s. f.*, *fl. ro.*, 60 cent.).
— undulata (*s. f.*, *fl. bl.-ro.*, 30 cent.).
Ornithogalum arabicum (*s. f.*, *fl. bl.*, *à centre n.*, *od.*, 30 à 50 cent.).
— thyrsoides (*s. f.*, *fl. j.*, 15 à 50 cent.).
Oxalis Bowiei (*s. f.*, *fl. ro.*, *j. à la base*, 15 à 25 cent.).
— elegans (*s. f.*, *fl. ro.*, 15 cent.).
— hirta (*s. f.*, *fl. vio.* ou *r.*, 8 cent.).
— lasiandra (*s. f.*, *fl. r.*, *flles v.*, *maculées p.*, 25 à 50 cent.).
— Martiana (*s. f.*, *fl. ro.*, 15 cent.).
— variabilis et vars (*s. f.*, *fl. bl.* ou *r.*, 8 cent.).
— versicolor (*s. f.*, *fl. bl.*, *j. à l'extérieur*, 8 cent.).
Phædranassa Carmioli (*s. t.*, *fl. r.*, *à pointes v.*, 50 cent.).
— chloracea (*s. f.*, *fl. ro.-p.*, *à pointes v.*, 50 cent.).
— eucrosioides (*s. t.*, *fl. v.-r.*, 30 cent.).
— Lehmanni (*s. t.*, *fl. r.*).
— rubro-viridis (*s. f.*, *fl. r.* et *v.*)
Phormium Cookianum (*s. f.*, *fl. j.* ou *v.* et *j.*, *flles v.*, 1 à 2 m.).
— — variegatum (*s. f.*, *flles v.* et *bl.-c.*).
— tenax et vars (*s. f.*, *fl. j.* ou *r.*, *flles v.*, *marginées r.-br.*).
Plagiolirion Horsmanni (*s. c.*, *fl. bl.*).
Polianthes tuberosa (*s. f.*, *fl. bl.*, *od.*, 1 m. à 1 m. 20).
Richardia africana (*s. f.*, *s.-aq.*, *fl. bl.*, *à spadice j.*, 60 cent.).
— albo-maculata (*s. f.*, *s.-aq.*, *fl. bl.-j.*, 60 cent.).
— Elliottiana (*s. f.*, *fl. j.*, 60 cent.).
— melanoleuca (*s. f.* et *fl. j.*, *p.-n.*, *spadice bl.* 50 cent.).
— Pentlandi (*s. f.*, *fl. j.*, 60 cent.).
— Rhemanni (*s. f.*, *fl. ro.*, 60 cent.).
Sandersonia aurantiaca (*s. f.*, *fl. o.*, 50 cent.).
Sauromatum venosum (*s. c.*, *fl. p.*, *j.* et *vio.*, 30 cent.).
Sinningia barbata (*s. c.*, *fl. bl. tachées r.*, *flles v.* et *r. en dessous*).
— concinna et vars (*s. c.*, *fl. p.* et *j.*, *flles v.*, *nervées r.*).
— conspicua (*s. c.*, *fl. j.*, *tachées p.*).
— speciosa et vars (*s. c.*, *fl. vio.*, etc., *flles v.*, etc.).
— Youngiana (*s. c.*, *fl. vio.* ou *p.* et *bl.-j.*, *flles v.* et *bl.-v. en dessous*).
Sparaxis grandiflora (*s. f.*, *fl. p.*, *bl.* ou *panachées*, 30 à 60 cent.).
— pendula (*s. f.*, *fl. l.*, 1 m. 20).
— tricolor et vars (*s. f.*, *fl. o.*, *j.* et *n.*, 30 à 60 cent.).
Sprekelia formosissima (*s. f.*, *fl. r.* ou *bl.*, 60 cent.).
Stenomesson coccineum (*s. f.*, *fl. r.*, 30 cent.).
— incarnata (*s. f.*, *fl. r.*, 60 cent.).
— vitellinum (*s. t.*, *fl. j.*, 30 cent.).
Streptanthera elegans (*s. f.*, *fl. bl.*, *bl.-ro.*, *p.* et *j.*, 25 cent.).
Synnotia variegata (*s. f.*, *fl. j.* et *vio.*, 50 cent.).
Tacca pinnatifida (*s. c.*, *fl. p.*).
Taccarum Warmingianum (*s. c.*, *fl. br.*, *flles v.*, *rayées bl.*, 1 m.).
Thysanotus tuberosus (*s. f.*, *fl. p.*, 15 à 30 cent.).
Tigridia atrata (*s. f.*, *fl. p.*, *v.* et *br.*, 60 cent.).
— Meleagris (*s. f.*, *fl. p.*, *rayées r.*, 50 cent.).
— Van Houttei (*s. f.*, *fl. j.*, *l.* et *p.*, 30 cent.).
Tritonia crocata (*s. f.*, *fl. j.*, 60 cent.).
— crocosmæflora (*s. f.*, *fl. r.-o.*).
— miniata (*s. f.*, *fl. ro.*, *ponctuées p.*, 30 à 60 cent.).
Tropæolum azureum (*s. f.*, *fl. b.*).
Tydæa amabilis (*s. c.*, *fl. ro.*, *ponctuées p.*, 30 à 60 cent.).
Vallota purpurea et vars (*s. f.*, *fl. r.*, 30 à 60 cent.).
Wahlenbergia tuberosa (*s. f.*, *fl. bl.*, *rayées ro.-r.*, 15 à 60 cent.).
Watsonia densiflora (*s. f.*, *fl. ro.-r.*, 50 à 60 cent.).
— Meriana (*s. f.*, *fl. p.* ou *r.*, 25 à 60 cent.).
— rosea (*s. f.*, *fl. ro.*, 60 cent.).
Xanthosoma Lindeni (*s. f.*, *flles v.*, *veinées bl.*).
Zephyranthes Andersoni (*s. f.*, *fl. j.* ou *b.-j.*, 15 cent.).
— candida (*s. f.*, *fl. bl.*, 15 cent.).
— citrina (*s. t.*, *fl. j.*, 15 à 30 cent.).

LISTE D'ORCHIDÉES

Dans la liste suivante, les plantes ont été groupées d'après le degré de chaleur que leur bonne culture exige et sous les trois termes usuels appliqués aux serres, pour désigner leur température respective : *serre chaude*, *serre tempérée* et *serre froide*. Les espèces rustiques mentionnées ici sont presque toutes européennes ou nord-américaines, toutes terrestres et convenables pour l'ornement des plates-bandes et des rocailles.

Le mode de végétation de chaque espèce est indiqué en abrégé immédiatement après son nom : *eph.*, veut dire épiphyte ; *ter.*, terrestre et *s.-ter.* indique celles de nature semi-terrestre.

Les couleurs des fleurs sont généralement indiquées dans l'ordre de leur importance ; celle qui prédomine les autres est placée en premier. Chez beaucoup d'espèces, les panachures sont cependant si variables, que les couleurs indiquées ici peuvent parfois ne pas se rapporter au spécimen qu'on aura sous les yeux. Dans ce cas, les panachures qui se présentent le plus fréquemment sont celles qui ont été indiquées ici.

Les *Anœctochilus* et *Physurus* sont très différents des autres Orchidées en tant que partie décorative, puisqu'on ne les cultive que pour la beauté de leur feuillage ; leurs fleurs étant petites et sans effet. Les indications de couleurs de ces plantes s'appliquent donc uniquement à leur feuillage, comme l'indique, du reste, l'abréviation *flles*, qui précède les indications.

On trouvera dans cet ouvrage de nombreux et intéressants renseignements sur la structure, sur la végétation et en particulier sur la fécondation des Orchidées aux articles **Orchidées**, vol. III, p. 582-585 (FÉCONDATION DES), et (SERRES A), p. 591, ainsi qu'au nom des genres de cette famille, dispersés par ordre alphabétique dans tout le corps du DICTIONNAIRE, où des indications spéciales à leur culture sont données.

Voici les abréviations employées dans cette liste :

arg., argenté ; *b.*, bleu ; *bl.*, blanc ; *br.*, brun ; *c.*, crème ; *eph.*, épiphyte ; *fl.*, fleurs ; *flles*, feuilles ; *gl.*, glauque ; *gr.*, gris ; *j.*, jaune ; *l.*, lilas ; *m.*, magenta ; *mv.*, mauve ; *n.*, noir ; *o.*, orange ; *od.*, odorant ; *p.*, pourpre ; *r.*, rouge ; *ro.*, rose ; *s.-ter.*, semi-terrestre ; *ter.*, terrestre ; *v.*, vert ; *vio.*, violet.

Espèces rustiques.

Aplectrum hyemale (*ter.*, *fl. v.-br.*).
Arethusa bulbosa (*ter.*, *fl. r.-p.*, *od.*).
Bletia hyacinthina (*ter.*, *fl. p.*).
Calopogon pulchellus (*ter.*, *fl. p.*, *à barbes j.*).
Calypso borealis (*ter.*, *fl. ro.* et *br.*, *à crête j.*).
Cephalanthera grandiflora (*ter.*, *fl. bl.* et *j.*).
Cypripedium acaule (*ter.*, *fl. v.*, *ro.* et *p.*).
— arietinum (*ter.*, *fl. v.-br.*, *r.* et *v.*).
— calceolus (*ter.*, *fl. r.-br.* ou *p.* et *j.*).
— candidum (*ter.*, *fl. v.-br.*, *à labelle bl.*).
— guttatum (*ter.*, *fl. bl.*, *maculées ro.-p.*).
— macranthum (*ter.*, *fl. p.*).
— parviflorum (*ter.*, *fl. br.-p.* et *j.*, *od.*).
— pubescens (*ter.*, *fl. j.-br.* et *j.*).
— spectabile (*ter.*, *fl. bl.* et *ro.*).
Habenaria blephariglottis (*ter.*, *fl. bl.*).
— cristata (*ter.*, *fl. j.*).
— fimbriata (*ter.*, *fl. l.-p.*).
— psycodes (*ter.*, *fl. ro.* ou *r.*, *od.*).
Liparis liliifolia (*ter.*, *fl. br.-p.*).
Ophrys apifera (*ter.*, *fl. v.* et *ro.*).
— lutea (*ter.*, *fl. v.*, *j.* et *p.*).
— speculum (*ter.*, *fl. v.*, *b.*, *j.* et *p.*).
Orchis foliosa (*ter.*, *fl. p.*).
— latifolia (*ter.*, *fl. p.* ou *r.*).
— maculata (*ter.*, *fl. bl.* ou *p.*, *maculées p. br.*).
— purpurea (*ter.*, *fl. p.*, *v.* et *ro.*).
Serapias cordigera (*ter.*, *fl. br.* et *bl.*).

Espèces de serre froide.

Acineta Barkeri (*s.-ter.*, *j.* et *r.*, *fl. od.*).
— Humboldtii (*s.-ter.*, *fl. j.*, *ponctuées br.*).
Ada aurantiaca (*eph.*, *fl. r.-o.*, *striées n.*).
Aerides japonicum (*eph.*, *fl. bl.* et *p.*).
Angræcum falcatum (*eph.*, *fl. bl.* et *br.*, *od.*).
Barkeria elegans (*eph.*, *fl. ro.* et *r.*).
— Lindleyana (*eph.*, *fl. ro.-p.* et *bl.*).
— Centeræ (*eph.*, *fl. ro.-l.*).
— melanocaulon (*eph.*, *l.-ro.* et *r.-p.*).
— Skinneri (*eph.*, *fl. ro.-p.*).
— — superbum (*eph.*, *fl. ro.*, *striées j.*).
— spectabilis (*eph.*, *fl. l.-r.*, *bl.* et *r.*).
Calochilus paludosus (*ter.*, *fl. v.* et *br.*).
Cœlogyne corrugata (*eph.*, *fl. bl.*, *j.* et *o.*).
— Gowerii (*eph.*, *fl. bl.*, *maculées j.*).
Coryanthes picta (*ter.*, *fl. p.* et *j.*).
Cymbidium bicolor (*s. f.*, *eph.*, *fl. p.*, *tachées r.*).
— Boxallii (*ter.*, *fl. v.*, *bl.*, *br.-n.*, etc.).
— eburneum (*eph.*, *fl. bl.* et *j.*, *od.*).
— giganteum (*s. f.*, *eph.*, *fl. br.*, *j.* et *p.*).
— Hookerianum (*s. f.*, *eph.*, *fl. v.*, *j.* et *p.*).
— Lowianum (*s. f.*, *eph.*, *fl. v.*, *br.* et *bl. j.*).
— Mastersii (*eph.*, *fl. bl.*, *teintées ro.*, *od.*).
— Parishii (*s. f.*, *eph.*, *fl. bl.* et *o.*, *tachées br.-p.*).
— pendulum purpureum (*s. f.*, *eph.*, *fl. r.* et *bl.*).
— sinense (*eph.*, *fl. br.*, *p.* et *v.-j.*, *od.*).
Cypripedium Harrisianum (*ter.*, *fl. p.*, *à pointes bl.* et *v.*).

Epidendrum insigne (*ter.*, *fl. j.-v.*, *j.*, *r.-br.* et *bl.*).
— venustum (*ter.*, *fl. bl.*, *v.* ou *ro.* et *v.-j.*).
Disa grandiflora (*ter.*, *fl. ro.*, *r.* et *j.*).
— — Barrellii (*ter.*, *fl. r.-o.*, *veinées r.*).
— megaceras (*ter.*, *fl. bl.*, *maculées p.*).
Epidendrum alatum majus (*eph.*, *fl. j.*, *striées p.*).
— atropurpureum (*eph.*, *fl. ro.* ou *p.*, *maculées r.-p.*).
— cnemidophorum (*eph.*, *fl. j.*, *br.*, *bl.* et *ro.*).
— dichromum et vars. (*eph.*, *fl. ro.* et *r.*).
— nemorale (*eph.*, *fl. mv.* ou *l.-ro.* et *vio.*).
— paniculatum (*eph.*, *fl. p.* ou *l.-p.* et *j.*).
— prismatocarpum (*eph.*, *fl. v.-j.*, *l.-p.*, *bl.* et *p.* ou *n.*, *od.*).
Goodyera discolor (*ter.*, *fl. bl.*, *maculées v.*).
— macrantha (*ter.*, *fl. ro.*).
Goodyera pubescens (*ter.*, *fl. bl.*).
— velutina (*ter.*, *fl. bl.*, *teintées ro.*).
Habenaria rhodochila (*eph.*, *fl. v.* et *r.*).
Lælia albida (*eph.*, *fl. bl.*, *ro.* et *j.*, *od.*).
— anceps (*eph.*, *l.-ro.*, *ro.*, et *l.*, *od.*).
— autumnalis et vars (*eph.*, *fl. ro.* et *j.*, *od.*).
— majalis (*eph.*, *fl. l.-arg.*, *r.-p.*, etc.).
Lycaste aromatica (*eph.*, *fl. j.*).
— cristata (*eph.*, *fl. bl.* et *p.*).
— Deppei (*eph.*, *fl. j.*, *bl.*, *br.* et *r.*).
— jugosa (*eph.*, *fl. c.*, *bl.* et *p.*).
— lasioglossa (*eph.*, *fl. br.*, *j.* et *p.*).
— Skinneri et vars (*eph.*, *fl. bl.*, *ro.-l.* et *r.*).
Masdevallia amabilis (*eph.*, *fl. r.-o.*).
— Backhowsiana (*eph.*, *fl. j.* et *n.*).
— bella (*eph.*, *fl. p.-br.* et *j.*).
— Chelsoni (*eph.*, *fl. bl.*, *tachées mv.*).
— Chimæra (*eph.*, *fl. j.* et *n.*).
— coccinea (*eph.*, *fl. j.* et *r.*).
— Davisii (*eph.*, *fl. j.-o.*).
— ephippium (*eph.*, *fl. br.-p.* et *j.*).
— erytrochæte (*eph.*, *fl. bl.-j.* et *r.-p.*).
— Estradæ (*eph.*, *fl. p.-mv.* et *j.*).
— floribunda (*eph.*, *fl. bl.*, *j.* et *br.-p.*).
— Gaskelliana (*eph.*, *fl. mc.-p.* et *j.*).
— gemmata (*eph.*, *fl. ocre*, *o.* et *p.*).
— ignea (*eph.*, *fl. r.*).
— ionocharis (*eph.*, *fl. bl.*, *j.*, *maculées p.*).
— Lindeni et vars (*eph.*, *fl. vio.*, *ro.* ou *m.*, *à œil bl.*).
— melanopus (*eph.*, *fl. bl.*, *p.* et *j.*).
— polysticta (*eph.*, *fl. bl.*, *tachées r.*).
— Reichenbachiana (*eph.*, *fl. bl.-j.* et *r.*).
— Roezlii (*eph.*, *fl. p.-n.* et *mv.*).
— Schlimii (*eph.*, *fl. j.*, *tachées r.-br.*).
— Shutleworthii (*eph.*, *fl. p.*, *v.* et *j.*).
— splendida (*eph.*, *fl. r.-vio.* et *bl.*).
— superbiens (*eph.*, *fl. ro.*, *r.* et *j.*).
— tovarensis (*eph.*, *fl. bl.*).
— triaristella (*eph.*, *fl. br.* et *j.*).
— triglochin (*eph.*, *fl. r.* et *j.*).
— Veitchiana (*eph.*, *fl. j.*, *r.-o.* et *p.*).
— Wallisii (*eph.*, *fl. j.*, *r.* et *r.-p.*).
Maxillaria grandiflora (*ter.*, *fl. bl.*, *j.* et *r.*).
— luteo-alba (*ter.*, *fl. bl.-c.*).
— luteo-grandiflora (*ter.*, *fl. bl.-c.*, *o.* et *br.-r.*).
— Sanderiana (*ter.*, *fl. bl.*, *r.* et *j.*).
— splendens (*ter.*, *fl. bl.*, *o.* et *ro.*).
— venusta (*ter.*, *fl. bl.*, *j.* et *r.*).
Nanodes Medusæ (*eph.*, *fl. v.*, *br.* et *p.*).

Odontoglossum blandum (*eph.*, *fl. bl.-j.*, *tachées r.-p.*).
— constrictum Sanderianum (*eph.*, *fl. j.*, *br.*, *bl.*, etc.).
— coronarium (*eph.*, *fl. r.-br.* et *j.*).
— crispum (*eph.*, *fl. bl.-j.* et *r.-br.*).
— cristatum (*eph.*, *fl. j.-c.*, *bl.* et *br.* ou *p.*).
— Dormanianum (*eph.*, *fl. bl.* et *j.*, *maculées*).
— elegans (*eph.*, *fl. j.* et *bl.*, *maculées br.* et *r.*).
— grande (*eph.*, *fl. j.-o.* et *bl.-c.*, *maculées br.*).
— Hallii (*eph.*, *fl. j.*, *br.*, *bl.* et *p.*).
— læve (*eph.*, *fl. br.*, *j.*, *bl.*, *vio.*, etc.).
— Lindeni (*eph.*, *fl. j.*).
— Londesboughianum (*eph.*, *fl. j.*).
— luteo-purpureum et vars (*eph.*, *fl. br.* ou *p.*, *bl.* et *j.*).
— maculatum (*eph.*, *fl. j.*, *maculées br.* et *br.-r.*).
— odoratum (*eph.*, *fl. j.*, *br.*, *bl.* et *p.*, *od.*).
— — Leeanum (*eph.*, *fl. j.*, *maculées br.*).
— Pescatorei (*eph.*, *fl. bl.*, *maculées p.-r.* et *j.*).
— pulchellum majus (*eph.*, *fl. bl.*, *j.* et *p.*).
— Rossii (*eph.*, *fl. bl.*, *br.* et *j.*).
— — Warnerianum (*eph.*, *fl. bl.*, *br.*, *ro.* et *j.*).
— Schillerianum (*eph.*, *fl. j.*, *br.* et *p.*).
— tripudians (*eph.*, *fl. br.-v.*, *j.*, *bl.* et *vio.-p.*).
— triumphans (*eph.*, *fl. j.*, *br.-r.*, *ro.* et *bl.*).
— Uro-Skinneri (*eph.*, *fl. v.*, *bl.*, *r.-br.*, etc.).
— Wilckeanum (*eph.*, *fl. bl.-j.*, *br.*, etc.).
Oncidium æmulum (*eph.*, *fl. br.*, *vio.-p.* et *j.*).
— Carderi (*eph.*, *fl. br.*, *bl.*, *j.* et *ro.*).
— concolor (*eph.*, *fl. j.*).
— cornigerum (*eph.*, *fl. j.*, *maculées r.*).
— crispum (*eph.*, *fl. r.* et *j.*).
— cucullatum (*eph.*, *fl. br.-p.*, *l.-ro.* ou *ro.-p.* et *p.*).
— — macrochilum (*eph.*, *fl. p.*, *r.*, *mv.* et *vio.*).
— curtum (*eph.*, *fl. j.*, *br. p.*).
— diademo (*eph.*, *fl. br.*, *à labelle j.*).
— incurvum (*eph.*, *fl. bl.*, *tachées l.* et *br.*, etc.).
— Gardneri (*eph.*, *fl. br.* et *j.*).
— ornithorhynchum (*eph.*, *fl. p.-ro.*, *od.*).
— Phalænopsis (*eph.*, *fl. c.*, *r.*, *vio.*, *bl.-c.* et *j.*).
— Warscewiczii (*eph.*, *fl. j.*, *bl.* et *br.*).
— Wentworthianum (*eph.*, *fl. v.-j.*, *rayées br.*)
Pterostylis Baptisii (*ter.*, *fl. v.*, *tachées bl.* et *br.*).
Sarchochilus Fitzgeraldi (*eph.*, *fl. bl.*, *maculées r.*).
Satyrium aureum (*ter.*, *fl. o.*, *ombrées r.*).
— coriifolium (*ter.*, *fl. j.*).
— nepalense (*ter.*, *fl. ro.*, *od.*).
Sobralia macrantha (*ter.*, *fl. p.* et *r.*, *od.*).
— xantholeuca (*ter.* *fl. j.*, *p.* et *j. foncé*).
Sophronitis grandiflora (*eph.*, *fl. r.*).
— militaris (*eph.*, *fl. r.* et *j.*).
Zygophyllum cœleste (*eph.*, *fl. b.*, *bl.*, *vio.-j.*, etc).

Zygophyllum crinitum (*eph., fl. v., br.* et *bl.* ou *c.*).
— Gautieri (*eph., fl. v., br., p.-b.,* etc.).
— Mackayi (*eph., fl. v.-j., br.-p., bl., b.,* etc.).
— maxillare (*eph., fl. v., br.* et *b.-p.*).
— Sedeni (*eph., fl. p.-br., b.-p.* et *g.*).
— Wallisii (*eph., fl. bl.-c.* et *vio.*).

Espèces de serre tempérée.

Acrides crassifolium (*fl. p.* ou *b.* et *bl.*).
Anguloa Clowesii (*eph., fl. j.* et *bl., od.*).
— eburnea (*eph., fl. bl., maculées ro.*).
— Ruckeri (*eph., fl. j.* et *r.*).
— uniflora *eph., fl. bl., br.* et *ro.*).
Arpophyllum giganteum (*eph., fl. p.* et *ro.*).
— spicatum (*eph., fl. r.*).
Aspasia epidendroides (*eph., fl. bl.-j.*).
— lunata (*eph., fl. v., bl.* et *br.*).
— papilionacea (*eph., fl. j.-b., o.* et *vio.*).
— psittacina (*eph., fl. v., br., p.* et *bl.*).
— variegata (*eph., fl. v.* et *j.-r.*).
Batemannia grandiflora (*eph., fl. v., r.-br., bl.,* etc.).
— Wallisii (*eph., fl. v., br.,* etc.).
Bifrenaria Hadwenii et vars (*ter., fl. b.-j.,* etc.).
Bletia florida (*ter., fl. ro.*).
— Shepherdii (*ter., fl. p.* et *j.*).
— Sherrattiana (*ter., fl. ro.-p., tachées bl.* et *j.*).
Brassavola Digbyana (*eph., fl. bl.-c., striées p.*).
— Gibbsiana (*eph., fl. bl., tachées br.*).
— glauca (*eph., fl. j.-o.* et *bl., od.*).
— lineata (*eph., fl. c.* et *bl., od.*).
— venosa (*eph., fl. bl.* et *c.*).
Brassia antherotes (*eph., fl. j., br.* et *n.*).
— caudata (*eph., fl. j.* et *br.*).
— Lanceana et vars (*eph., fl. j.* et *br.* ou *r., od.*).
— Lawrenceana (*eph., fl. j., br.* et *v., od.*).
— maculata (*eph., fl. v.-j., maculées br.*).
— verrucosa (*eph., fl. v. maculées p.-n.* et *bl.*).
Broughtonia sanguinea (*eph., fl. r.*).
Bulbophyllum barbigerum (*eph., fl. v.-br.*).
— reticulatum (*eph., fl. bl., striées p.*).
— siamense (*eph., fl. j., striées p.*).
Cattleya amethystoglossa (*eph., fl. ro.-l., p.,* etc.).
— Aclandiæ (*eph., fl. br., j., ro.* et *p.*).
— bicolor (*eph., fl. v.-br.* et *ro.-p.*).
— chocoensis (*eph., fl. bl., j.* et *p.*).
— crispa (*eph., fl. bl.* ou *bl.-l.* et *r.*).
— Dawsoni (*eph., fl. ro.-p., j.* et *ro.*).
— Devoniana (*eph., fl. bl., ro.* et *ro.-p.*).
— dolosa (*eph., fl. ro.* et *p.*).
— Dominiana (*eph., fl. bl., p.-ro., ro.* et *o.*).
— Dowiana (*eph., fl. j., p.* et *vio.-p.*).
— Eldorado (*eph., ro., ro.-p.* et *o.*).
— splendens (*eph., fl. ro., o., bl.* et *vio.-p.*).
— gigas (*eph., fl. ro.-p.* ou *r.-vio.* et *j.*).
— granulosa (*eph., fl. v.-j., bl., br.* et *r.*).
— guatemalensis (*eph., fl. ro.-p., chamois, ro.-p., o.,* etc.).
— guttata (*eph., fl. v., bl., p.-j.* et *r.*).
— Harrisoniæ (*eph., fl. ro., teintées j.*).
— intermedia (*eph., fl. ro.* ou *r.-p.* et *vio.-p.*).
— labiata (*eph., fl. ro.* et *r.*).
— maxima (*eph., fl. ro., bl., p.-r.* et *o.*).
— Mendelli (*eph., fl. bl., variant au ro.* et *m.*).
— Mossiæ (*eph., fl. ro.,* etc.).
— — Wageneri (*eph., fl. bl.* et *j.*).

Cattleya Schilleriana (*eph., fl. v., b., ro.-p., bl.,* etc.).
— Skinneri (*eph., fl. ro.-p.* et *bl.*).
— speciosissima (*eph., fl. bl.-ro., b., bl.* et *j.*).
— Trianæ (*eph., fl. bl., ro.-o.,* ou *j.* et *p.*).
— Walkeriana (*eph., fl. ro.* et *j.*).
— Warneri (*eph., fl. ro.* et *r.*).
— Warscewiczii (*eph., p.- bl.* et *r.*).
— superba (*eph., fl. ro., à labelle r.*).
Chysis aurea (*eph., fl. j., tachées r.*).
— Lemminghei (*eph., fl. ro.*).
— bractescens (*eph., fl. bl., maculées r.*).
— Chelsoni (*eph., fl. j., tachées r.*).
— lævis (*eph., fl. j.-o.* et *r.*).
Cœlia Baueriana (*eph., fl. bl. od.*).
— macrostachya (*eph.. fl. r.*).
Cœliopsis hyacinthosma (*eph., fl. bl.,* etc.).
Cœlogyne odoratissima (*eph., fl. bl., teintées j., od.*).
— ciliata (*eph., fl. j.* et *bl., tachées br.*).
— cristata (*eph., fl. bl.* et *j., od.*).
— Cumingii (*eph., fl. j.* et *bl.*).
— flaccida (*eph., fl. bl., tachées j.* et *r., od.*).
— Hookeriana (*eph., fl. ro.-p., bl., br.* et *tachées r.*).
— humilis (*eph., fl. bl., ro., r.* et *br.*).
— maculata (*eph., fl. bl., j., br.* et *o.*).
— media (*eph., fl. bl.-c., j.* et *br.*).
— ocellata (*eph., fl. bl., j., br.* et *o.*).
— plantaginea (*eph , fl. v.-j., bl.* et *br.*).
— Schilleriana (*eph., fl. j., maculées p.*).
— speciosa (*eph., fl. br.* ou *v., r.* et *bl.*).
— sulfurea (*eph., fl. v.-j., bl.* et *j.*).
— viscosa (*eph., fl. bl., striées br.*).
— Wallichiana (*eph., fl. ro., striées bl., od.*).
Comparettia coccinea (*eph., fl. r., teintées bl.*).
— falcata (*eph., fl. ro.-p.*).
— macroplectron (*eph., fl. ro., tachées r.*).
— rosea (*eph., fl. ro.*).
Cymbidium canaliculatum (*eph., fl. br.-p.* et *bl.-v.*).
— Dayanum (*eph., fl. bl.-j., striées p.*).
— Devonianum (*eph., fl. br., bl.* et *p.*).
— Huttoni (*eph., fl. br.* et *bl.*).
— Leachianum (*eph., fl. bl.-j.* et *br.*).
Cypripedium Fairieanum (*ter., fl. bl., v., p.* et *b.*).
Dendrobium aureum (*eph., fl. j., tachées br.* et *p., od.*).
Epidendrum aurantiacum (*eph., fl. o., striées r.*).
— bicornutum (*eph., fl. bl., maculées r.*).
— evectum (*eph., fl. ro.-p.*).
— falcatum (*eph., fl. v.-j.,* et *j., od.*).
— syringothyrsis (*s. t., eph., fl. p., tachées o.* et *j.*).
Gongora maculata (*eph., fl. j., tachées ro.-p.*).
Grobya Amherstiæ (*eph., fl. maculées ocr.*).
Houlletia Brocklehurstiana (*eph., fl. br.-o., j. maculées.*).
— odoratissima (*eph., fl. br.-o.* et *j.*).
— picta (*eph., fl. br.* et *j.*).
Lælia caloglossa (*eph., fl. p.* et *bl.*).
— cinabarinna (*eph., fl. r.-o.*).
— Dayana (*eph., fl. ro.-p., p., l.* et *bl.*).
— Dominiana (*eph., fl. p.*).
— Dormaniana (*eph.*).
— elegans (*eph., fl. bl., ro.* ou *r.* et *p.*).
— flammea (*eph., fl. r.-o.* et *r.-p.*).
— harpophylla (*eph., fl. r.-o.* et *bl.*).
— Yongheana (*eph., fl. b.-p., j.* et *bl.*).
— Lindelyana (*eph., fl. bl.* ou *ro., j.,* etc.).
— marginata (*eph., fl. ro.-r., ro.* et *bl., od.*).

Lælia monophylla (*eph., fl. r.-o.*).
— Perrinii (*eph., fl. ro.-p. et r.*).
— præstans (*eph., fl. ro. et r. p.*).
— pumila (*eph., r., ro. et bl.*).
— purpurata (*eph., fl. bl. et r.-p.*).
— Wallisii (*eph., fl. ro. et j.*).
— xanthina (*eph., fl. j., bl. et o.*).
Miltonia candida (*eph., fl. j., bl., br. et ro.*).
— Clowesii (*eph., fl. j., br. et p.*).
— cuneata (*eph., fl. br., v.-j., bl. et ro.*).
— flavescens (*eph., fl. j., maculées r.*).
— Phalænopsis (*eph., fl. bl.-ro. et p.*).
— Regnelli (*eph., fl. bl.-ro. et l.-ro.*).
— spectabilis (*eph., fl. bl. et vio.-ro.*).
— vexillaria (*eph., fl. ro., bl. et r.*).
— Warscewiczii (*eph., fl. br., vio.-p., br.-r., etc.*).
Odontoglossum bictonense et vars (*eph., fl. v.-j., br., p., l., etc.*).
— Cervantesii (*eph., fl. ro.-l., r.-br. et bl.*).
— cirrhosum (*eph., fl. bl.-c., vio.-p., etc.*).
— citrosmum (*eph., fl. bl., à labelle p., od.*).
— hastilabium (*fl. bl.-c., bl.-br., bl. et ro., etc.*).
— Insleayi (*eph., fl. j. ou v.-j., r.-br., j. et br.*).
— maxillare (*eph., fl. bl., br.-p. et o.*).
— pulchellum (*eph., fl. bl., ponctuées p., od.*).
— Rossii Ehrenbergii (*eph., fl. bl., rayées br.*).
Oncidium annulare (*eph., fl. br. et j.*).
— bicallosum (*eph., fl. br., à labelle j.*).
— calanthum (*eph., fl. j.. teintées r.*).
— Cavendishanum (*eph., fl. j.*).
— ceboleta (*eph., fl. j., r. et maculées*).
— chrysothysus (*eph., fl. v., r. et j.*).
— crispum et vars (*eph., fl.-r., br. et v.-j.*).
— dasystele (*eph., fl. ocre., br.-p. et p.*).
— divaricatum (*eph., fl. j. et br.*).
— euxanthinum (*eph., fl. v.-j.*).
— excavatum (*eph., fl. j., maculées br.*).
— flexuosum (*eph., fl. j., tachées br.*).
— Forbesii (*eph., fl. r.-br., bl. et j.*).
— Jonesianum (*eph., fl. bl.-ocreux, br. et p.*).
— leucochilum (*eph., fl. v., rayées br. ou r. et bl. ou j.*).
— macranthum (*eph., fl. j. et p.-br.*).
— Marshallianum (*eph., fl. j., maculées br.*).
— oblongatum *eph., fl. j.*).
— prætextum (*eph., fl. br.-j., od.*).
— rupestre (*eph., fl. j., maculées br.*).
— sarcodes (*eph., fl. j.-o., maculées r.*).
— serratum (*eph., fl. br., bordées j.*).
— splendidum (*eph., fl. v., rayées br., labelle j.*).
— tigrinum (*eph., fl. br., rayées j., labelle j., od.*).
— varicosum (*eph., fl. v., br. et j.*).
— — Rogersii (*eph., fl. j.*).
Phaius albus (*eph., fl. bl., tachées j. et ro.*).
— Bensoniæ (*eph., fl. ro.-p., bl. et j.*).
— bicolor (*eph., fl. r.-br., ro., j. et bl.*).
— grandifolius (*ter., fl. br. et bl.*).
— Humbloti (*ter., fl. ro., r. et bl.*).
— irroratus (*ter., fl. bl.-c., ro. et j.*).
— maculatus (*ter., fl. j.*).
— Marshalliæ (*fl. bl., tachées j.*).
— Wallichii (*ter., fl. j.-o., ou p.-j.*).
Physurus argenteus (*ter., flles v. et arg.*).
— nobilis (*ter., flles v., veinées arg.*).
— pictus (*ter., flles v., bl. et arg.*).
Pogonia Fordii (*ter., fl. j., br., bl. et ro.*).
— Gammieana (*ter., fl. l., ro. et v.*).
Ponthieva maculata (*ter., fl. br., bl., j. et r.-br.*).
Selenipedium Ainsworthii (*ter., fl. bl. ou v.-j. et p.*).
— calurum (*ter., fl. v, p., ro.-r. et r.*).
— caricinum (*ter., fl. v., bl., br. et n.*).
— caudatum (*ter., fl. j., r.-br. et n.*).
— Dominianum (*ter., fl. v.-j., r.-br. et p.*).
— grande (*ter., fl. bl., j., r., v.-j., etc.*).
— Lindeni (*ter., fl. bl., v. et r.-p.*).
— Roezlii (*ter., fl. v.-j., r.-p., etc.*).
— Schlimii (*ter., fl. bl. et ro.*).
— Schrœderæ (*ter., fl. v.-r., v.-p., r., etc.*).
— Sedeni (*ter., fl. bl.-v., bl. et r.*).
Schomburgkia tibicinis grandiflora (*eph., fl. p., o., bl., j. et r.*).
— undulata (*eph., fl. p., o., bl., j., et r.*).
Sobralia Cattleya (*ter., br.-p. et j.*).
— dichotoma (*fl. bl., v., etc.*).
— rosea (*ter., fl. mv. et r.*).
Spiranthes cinnabarina (*ter., fl. j.-ro. et j.*).
— colorans (*ter., fl. r.*).
Stanhopea Bucephalus (*eph., fl. j. et p., od.*).
— grandiflora (*eph., fl. bl., ponctuées r., od.*).
— insignis (*eph., fl. j., tachées p., od.*).
— oculata (*eph. fl. j., maculées l. et br.*).
— tigrina (*eph., fl. j.-o., maculées br.-p., od.*).
— Wardii (*eph., fl. j., ponctuées p., od.*).
Stellis Bruckmuelleri (*eph., fl. j.-p. et p.*).
— ciliaris (*eph., fl. p.*).
Trichocentrum albo-purpureum (*eph., fl. br., j., bl. et p.*).
— orthoplectron (*eph., fl. br., j., bl. et r.*).
— Pfavii (*eph., fl. br. et bl., maculées r.*).
— tigrinum (*eph., fl. v.-j., br.-p., bl. et p.*).
Trichopilia crispa (*eph., fl. r. et bl.*).
— fragrans (*eph., fl. v.-j., bl. et o., od.*).
— Galleottiana (*eph., fl. v., br., j. et r.-p.*).
— marginata (*eph., fl. br.-r., v.-j. et bl., od.*).
— nobilis (*eph., fl. bl. et o., od.*).
— suavis (*eph., fl. bl., j. et vio.-ro., od.*).
Vanda cærulea (*eph., fl. b.*).
Zygopetalum brachypetalum (*eph., fl. br., v., bl., vio.-b. et b.*).
— citrinum (*eph., fl. j., maculées r.*).
— Clayi (*eph., fl. br.-p., vio.-p., etc.*).
— Klabochorum et vars (*eph., fl. bl., p. v.-j., etc.*).

Espèces de serre chaude.

Acanthephippium bicolor (*ter., fl. p. et j.*).
— Curtisii (*ter., fl. p. et j., od.*).
Acriopsis densiflora (*eph., fl. v. et ro.*).
— picta (*eph., fl. bl., v. et p.*).
Aeranthus grandiflora (*eph., fl. v.-j.*).
Aerides affine (*eph., fl. ro.*).
— superbum (*eph., fl. ro.*).
— crispum (*eph., fl. ro.-p.*).
— — Warneri (*eph., fl. vio. et ro.*).
— — cylindicum (*eph., fl. bl. et ro.*).
— falcatum (*eph., fl. bl., ro. et r.*).

Aerides Fieldingii (*eph., fl. bl., bigarrées ro.*).
— Houlletianum (*eph., fl. j., bl., p., etc.*).
— Lobbii (*eph., fl. bl., vio., etc.*).
— maculosum (*eph., fl. ro., ro.-p., etc.*).
— — Schrœderi (*eph., fl. bl., ro., j. et ro.-p.*).
— mitratum (*eph., fl. bl. et vio.*).
— nobile (*eph., fl. bl., ro., j. et ro.-p.*).
— odoratum (*eph., fl. bl.-c. et ro., od.*).
— — majus (*eph., fl. bl.-c. et ro., od.*).
— — purpurascens (*eph., fl. bl.. et ro.*).
— quinquevulnerum (*eph., fl. bl., r., p. et v., od.*).
— — Farmeri (*eph., fl. bl., od.*).
— roseum (*eph., fl. ro.*).
— — superbum (*eph., fl. ro.*).
— virens Ellisii (*eph., fl. bl., ro. et b.*).
— Williamsii (*eph., fl. bl.-ro.*).
Aganisia cœrulea (*eph., fl. b., bl. et vio.*).
— fimbriata (*eph., fl. bl. et b.*).
— pulchella (*eph., fl. bl., maculées j.*).
Angræcum arcuatum (*eph., fl. bl.*).
— bilobum (*eph. fl. bl. et v.-j.*).
— cephalotes (*eph., fl. bl.*).
— Chailluanum (*eph., fl. bl. et v.-j.*).
— citratum (*eph., fl. bl.-c. ou j.*).
— eburneum (*eph., fl. bl.-v. et bl.*).
— Ellisii (*eph., fl. bl. et br., od.*).
— Kotskyi (*eph., fl. b.-j., od.*).
— modestum (*eph., fl. bl.*).
— pellucidum (*eph., fl. bl.*).
— pertusum (*eph., fl. bl.*).
— Scottianum (*eph., fl. bl. et j.*).
— sesquipedale (*eph., fl. bl.*).
Anœctochilus argyroneura (*ter., fles v. et arg.*).
— Bullenii (*ter., fles v. et r. ou j.*).
— Dawsonianus (*ter., fles v. et r.-br.*).
— intermedius (*ter., fles v. et j.*).
— Lowii (*ter., fles v., br.-o. et j.*).
— Ordianus (*ter., fles v., maculées*).
— Roxburghii (*ter., fles v. et arg.*).
— Ruckerii, (*ter., fles v. maculées*).
— setaceus et vars (*ter., fles v. et j.*).
— striatus (*ter., fles v. et bl.*).
— Turneri (*ter., fles bronzées et j.*).
— Veitchii (*ter., fles v.*).
— xanthophyllus (*ter., fles v. et o.*).
— zebrinus (*ter., fles v. et r.-br.*).
Ansellia africana (*eph., fl. v.-j., r.-br. et j.*).
— gigantea (*eph., fl. j. et br., od.*).
— nilotica (*eph., fl. v.-j., r.-br. et j.*).
Bulbophyllum barbigerum (*eph., fl. j., maculés p.*).
Burlingtonia Batemanni (*eph., fl. bl. et mv.*).
— candida (*eph., fl. bl., teintées j., od.*).
— decora (*eph., fl. bl. ou ro., maculées r.*).
— fragrans (*eph., fl. bl., teintées j., od.*).
— rigida (*eph., fl. bl.-p., tachées r.*).
— venusta (*eph., fl. bl., teintées ro. et j.*).
Calanthe Dominyi (*ter., fl. l. et p.*).
— Masucua (*ter., fl. bl.*).
— Petri (*ter., fl. bl. et j.*).
— veratrifolia (*ter., fl. bl.*).
— Veitchii (*ter., fl. ro., à gorge bl.*).
— vestita (*ter., fl. bl.*).
— Sieboldii (*ter., fl. j.*).
Camaridium ochroleucum (*eph., fl. bl.-j.*).
Catasetum callosum (*eph., fl. j.-br.*).
Catasetum maculatum (*eph., fl. p., j. et r.*).
— Russellianum (*eph., fl. v.*).
— saccatum (*eph., fl. p., j. et r.*).
Cirrhæa Loddigesii (*eph., fl. v.-j. et r.*).
Cirrhopetalum auratum (*eph., fl. bl.-j., tachées r. et j.*).
— Cumingii (*eph., fl. r.-p.*).
— Medusæ (*eph., fl. bl.-j., tachées ro.*).
— Thouarsii (*eph., fl. o., j. et r.*).
— tripudians (*eph., fl. br. et bl.-p.*).
Cœlogyne asperata (*eph., fl. c., br., j., et o.*).
— barbata (*eph., fl. bl. et br.*).
— Gardneriana (*eph., fl. bl. et v.-j.*).
— Massangeana (*eph., fl. ocre et br.*).
— pandurata (*eph., fl. v. et n., od.*).
Coryanthes macrantha (*eph., fl. j., p., r., etc.*).
Cycnoches aureum (*eph., fl. j.*).
— barbatum (*eph., fl. bl.-j., maculées ro.*).
— chlorochilum (*eph., fl. v.-j., etc.*).
— Egertonianum (*eph., fl. p.*).
— Lehmanni (*eph., fl. ro. et o.*).
— Loddigesii (*eph., fl. v.-br.*).
— Warscewiczii (*eph., fl. v.*).
Cypripedium Argus (*ter., fl. bl. et ro., v., n.-p. et br.-p.*).
— Ashburtonæ (*ter., fl. bl., v., p. et j.*).
— barbatum (*ter., fl. bl. et p.*).
— Chamberlainianum (*ter., fl. ro., bl.-j., v. et br.*).
— Charlesworthii concolor (*ter., fl. c., tachetées*).
— Dayanum (*ter., fl. bl., p. et v.*).
— Druryi (*ter., bl. v.-j., n. et br.*).
— euryandrum (*ter., fl. bl., r., etc.*).
— Haynaldianum (*ter., fl. ro., bl. et br.*).
— Hookeræ (*ter., fl. br.-j., ro.-p. et j.*).
— lævigatum (*ter., fl. p., v. et j.*).
— Lawrenceanum (*ter., fl. bl., r. et p.*).
— Lowii (*ter., fl., v., p. et br.*).
— niveum (*ter., fl. bl., bigarrées br.*).
— pardinum (*ter., fl. bl., v., p. et j.*).
— Parishii (*ter., fl. v., bl. et p.*).
— Petri (*ter., fl. bl., br. et v.*).
— Rothschildianum (*ter., fl. j. striées n., v.-j. et br.*).
— selligerum (*ter., fl. bl. et br.-n.*).
— Spicerianum (*ter., fl. bl., v., p. et vio.*).
— Stonei (*ter., fl. bl., r. et p.*).
— superbiens (*ter., fl. bl. et br.*).
— villosum (*ter., fl. r.-o., v., p. et br.*).
Cyrtochilum citrinum (*eph., fl. v.*).
— maculatum (*eph., fl. v.. maculées ro.*).
Dendrobium Ainsworthii (*eph., fl. bl., ro. et p., od.*).
— albo-sanguineum (*eph., fl. bl., maculées r.*).
— Boxallii (*eph., fl. bl., tachées p. et j.*).
— Brymerianum (*eph., fl. j.*).
— chrysotis (*eph., fl. j., maculées p.*).
— clavatum (*eph., fl. bl.-j. maculées c.*).
— crassinode et vars (*eph., fl. bl., p. et o.*).
— crystallinum (*eph., fl. bl., o., p. et ro.*).
— Dalhousianum (*eph., fl. j., r. et ro.*).
— densiflorum (*eph., fl. j. et o.*).
— Devonianum et vars (*eph., fl. bl., p., o., etc.*).
— Draconis (*eph., fl. bl., tachées r.*).
— erythroxanthum (*eph., fl. o., striées p.*).
— Falconeri (*eph., fl. bl., tachées p. et o.*).
— Farmeri (*eph., fl. j., teintées ro.*).

Dendrobium fimbriatum (*eph.*, *fl. o.*).
— — oculatum (*eph.*, *fl. o.*, *maculées p.*).
— formosum (*eph.*, *fl. bl.* et *o.*).
— Fytchianum (*eph.*, *fl. p.*).
Epistephium Williamsii (*ter.*, *fl. r.-p.*).
Galeandra Baueri lutea (*ter.*, *fl. j.*, *rayées p.*).
— Devoniana (*ter.*, *fl. bl.*, *tachées ro.*).
— nivalis (*ter.*, *fl. v.-j.*, *bl.* et *vio.*).
Goodyera Veitchii (*ter.*, *fl. r.-br.*, *à nervures arg.*).
Grammangis Ellisii (*eph.*, *fl. j.*, *br.* et *bl.*).
Grammatophyllum multiflorum (*eph.*, *fl. v.*, *br.* et *p.*).
— speciosum (*eph.*, *fl. j.*, *p.* et *r.*).
Lissochilus Horsfallii (*ter.*, *fl. br.*, *bl.*, *ro.*, *v.* et *p.*).
— Krebsii (*ter.*, *fl. v.*, *p.* et *j.*).
Luisia platyglossa (*eph.*, *fl. p.* ou *p.* et *bl.*).
Macradenia Brassavolæ (*eph.*, *fl. br.*, *j.*, *bl.* et *p.*).
Microstylis calophylla (*ter.*, *fl. j.*).
— discolor (*ter.*, *fl. j.*, *passant à l'o.*).
— metallica (*ter.*, *fl. j.* et *ro.*).
Mormodes atropurpureum (*eph.*, *fl. br.-p.* ou *r.-br.*).
— buccinator (*eph.*, *fl. r.-br.* et *maculées*).
— Ocanæ (*eph.*, *fl. j.-o.*, *maculées r.-br.*).
— pardinum (*eph.*, *fl. j.*, *maculées br.*).
Oncidium ampliatum (*ter.*, *fl. j.*).
— barbatum (*eph.*, *fl. j.* et *br.*).
— bifolium (*eph.*, *fl. v.-br.* et *j.*).
— Lanceanum (*eph.*, *fl. j.*, *br.*, *vio.*, *ro.*, etc., *od.*).
— Papilio (*eph.*, *fl. j.* et *br.*).
Pachystoma Thomsonianum (*ter.*, *fl. bl.*, *p.*, *v.* et *br.*).
Peristeria elata (*eph.*, *fl. bl.*, *tachées l.*, *od.*).
— pendula (*eph.*, *fl. j.*, *maculées r.* et *br.*).
Phaius tuberculosus (*fl. bl.*, *maculées br.*).
Phalænopsis amabilis (*eph.*, *fl. bl.*, *striées j.*).
— amethystina (*eph.*, *fl. bl.*, *teintées j.* et *p.*).
— Aphrodite (*eph.*, *fl. bl.*, *à labelle r.*, *o.* et *j.*).
— Esmeralda (*eph.*, *fl. ro.*).
— Luddemanniana (*eph.*, *fl. bl.*, *br.* et *vio.*).
— Parishii (*eph.*, *fl. c.*, *à labelle p.*).
— Reichenbachiana (*eph.*, *fl. bl.-v.*, *br.*, *o.* et *b.-mv.*).
— Sanderiana (*eph.*, *fl. ro.*, *bl.*, etc.).
— Schilleriana (*eph.*, *fl. ro.* et *bl.*).
— speciosa (*eph.*, *fl. bl.*, *ro.*, *ro.-p.* et *j.*).
— Stuartiana (*eph.*, *fl. c.*, *v. j.*, *br.* et *bl.*).
— Veitchiana (*eph.*, *fl.-p.* et *bl.-p.*).
Phalænopsis violacea (*eph.*, *fl. bl.*, *r.-vio.* et *ro.*).
Renanthera coccinea (*eph.*, *fl. r.*).
— Lowii (*eph.*, *fl. bl.*, *maculées r.-br.* et *j. taché r.*).
Rhynchostylis retusa (*eph.*, *fl. bl.*, *striées vio.-ro.*).
Saccolabium acutifolium (*eph.*, *fl. j.*, *à labelle ro.*).
— Berkeleyi (*eph.*, *fl. bl.* et *b.*).
— bigibbum (*eph.*, *fl. bl.* et *j.*).
— borneense (*eph.*, *fl. br.*, *j.*).
— calopterum (*eph.*, *fl. bl.* et *p.*).
— cœleste (*eph.*, *fl. b.*).
— curvifolium (*eph.*, *fl. r.*).
— giganteum et vars (*eph.*, *fl. bl.*, *b.* et *vio.-mv.*, *od.*).
— rubrum (*eph.*, *fl. ro.*).
— Turneri (*eph.*, *fl. l.*, *maculées*).
— violaceum (*eph.*, *fl. bl.* et *mv.*).
— — Harrisonianum (*eph.*, *fl. bl.*, *od.*).
Scuticaria Steelii (*eph.*, *fl. j.*, *r.-br.* et *o.*, *od.*).
Spathoglottis Lobbii (*ter.*, *fl. v.-j.* et *br.*).
— Fortunei (*eph.*, *fl. j.*, *tachées r.*).
— pubescens (*ter.*, *fl. j.*, *à labelle taché v.*).
— rosea (*ter.*, *fl. ro.*).
Stauropsis Batemanni (*eph.*, *fl. j.*, *r.-p.*, *vio.* et *ro.-p.*).
— gigantea (*eph.*, *fl. j.*, *br.* et *bl.*).
Triglottis fasciata (*eph.*, *fl. br.*, *bl.*, *j.* et *p.*).
Trigonidium obtusum (*eph.*, *fl. r.-j.*, *bl.* et *ro.*).
Vanda cærulescens Boxallii (*eph.*, *fl. bl.*, *vio.*, *l.* et *b.*).
— Hookeriana (*eph.*, *fl. bl.*, *ro.*, *m.* et *p.*).
— insignis (*eph.*, *fl. br.*, *bl.-j.*, *bl.* et *ro.-p.*).
— lamellata Boxalli (*eph.*, *fl. c.*, *r.-br.*, *m.-ro.*, etc.).
— Parishii (*eph.*, *fl. v.-j.*, *m.*, *bl.*, etc.).
— Roxburghii (*eph.*, *fl. v.*, *vio.-p.*, *bl.*, etc.).
— Sanderiana (*eph.*, *fl. ro.*, *j.*, *r.-p.*, etc.).
— suavis (*eph.*, *fl. bl.*, *p.* et *ro.-p.*, *od.*).
— teres (*eph.*, *fl. bl.*, *m.-ro.*, *o.*, etc.).
— tricolor (*eph.*, *fl. bl.*, *j.*, *m.-ro.*, etc., *od.*).
Warrea tricolor (*ter.*, *fl. bl.-j.*, *j.* et *p.*).
Zygopetalum candidum (*eph.*, *fl. bl.*, *ro. p.*, etc.).
— Dayanum (*eph.*, *fl. bl.*, *vio.-p.*, *j.*, *r.*, etc.).
— Gairianum (*eph.*, *fl. vio.*, *p.*, *o.*, etc.).
— rostratum (*eph.*, *fl. bl.*, *v.*, *br.-p.*, etc.).
— triumphans (*eph.*, *fl. bl.* et *b.-n.*).
— Wendlandii et vars (*eph.*, *fl. bl.*, *tachées vio.-p.*).

LISTE DE PLANTES GRASSES

L'épithète de plantes grasses a, pour l'établissement de cette liste, été prise dans son sens horticole et familier, c'est-à-dire que les plantes à tiges épaisses et charnues, comme le sont celles de certaines *Euphorbiacées*, des *Ficoïdées*, *Crassulacées*, *Liliacées*, ont été jointes aux *Cactées*, qui en constituent toutefois la majeure partie.

Depuis quelques années, les plantes grasses regagnent un peu de l'estime qu'elles ont malheureusement perdue, en Angleterre et en Allemagne surtout, où il existe d'assez nombreux amateurs et même une société cactophile. Chez nous, le dédain persiste encore, ce qui est regrettable, car ces plantes ont souvent un aspect des plus étranges, des formes tantôt grotesques, tantôt très élégantes et la grandeur de leurs fleurs jointe à la richesse des coloris dont elles sont parées, les placent au-dessus de la plupart des plantes cultivées pour l'ornement. Il faut encore ajouter à ces mérites celui de leur culture extrêmement facile, et leur endurance aux manques de soins est telle qu'elles peuvent parfois rester plusieurs semaines dans l'oubli le plus complet sans en souffrir, alors que la plupart des autres plantes seraient absolument perdues.

La liste suivante comprend les plus belles espèces. Elles y sont groupées d'après leur degré de rusticité, celles indiquées comme étant rustiques le sont, en effet, dans le sens de leur résistance à nos hivers moyens; mais elles forment néanmoins de bien plus belles plantes si on peut les abriter pendant l'hiver, contre l'humidité surtout. La plupart des plantes grasses prospèrent en serre froide et celles qu'on tient habituellement en serre chaude s'accommoderaient sans doute sans en souffrir d'une température plus basse.

On trouvera des renseignements sur la nature et le mode de culture de ces plantes, aux articles **Cactées**, vol. I, p. 440 et **Plantes grasses**, vol. IV, p. 164, ainsi qu'aux genres respectifs des espèces citées.

Voici les abréviations employées dans cette liste :

bl., blanc ; *br.*, brun ; *c.*, crème : *fl.*, fleurs ; *j.*, jaune ; *l.*, lilas ; *mv.*, mauve ; *o.*, orange ; *od.*, odorant ; *p.*, pourpre ; *r.*, rouge : *ro.*, rose ; *v.*, violet.

Espèces rustiques.

Agave utahensis (*fl. j.*).
Cotyledon sempervivum (*fl. r.*).
Euphorbia Myrsinites (*fl. j.*).
Opuntia arborescens (*fl. p.*).
— spinosa (*fl. j.*).
— Umbilicus (*fl. j.*).
— camanchica (*fl. j.*).
— Engelmanni (*fl. j.*).
— Ficus-indica (*fl. j.*).
— missouriensis (*fl. j.*).
— Rafinesquii (*fl. j.*).
Sedum acre (*fl. j.*).
— album (*fl. bl.*).
— altissimum (*fl. j.*).
— anglicum (*fl. bl.-ro.*).
— brevifolium (*fl. bl.*).
— dasyphyllum (*fl. bl.*).
— glaucum (*fl. ro.*).
— kamtschaticum (*fl. j.*).
— lydium (*fl. ro.*).
— Maximowiczii (*fl. j.*).
— pulchellum (*fl. mv.*).
— reflexum (*fl. j.*).
— Rhodiola (*fl. v.-r.*).
— spectabile (*fl. ro.*).
— rupestre (*fl. j.*).
— stoloniferum (*fl. ro.*).
Sempervivum arachnoideum (*fl. r.*).
— arenarium (*fl. j.*).
— atlanticum (*fl. r.*).
— Boissieri (*fl. r.*).
— Braunii (*fl. r.*).
— calcaratum (*fl. bl.-r.*).
— calcareum (*fl. r.*).
— fimbriatum (*fl. r.*).
— Funckii (*fl. r.-p.*).
— Heuffelii (*fl. j.*).
— Lamottei (*fl. ro.*).
— hirtum (*j.*).
— Moggridget (*fl. r.*).
— montanum (*fl. mv.-p.*).
— Reginæ-Amaliæ (*fl. j.*).
— Pomellii (*fl. ro.-r.*).
— pulchellum (*fl. r.*).
— soboliferum (*fl. j.*).
— Wulfeni (*fl. j.*).
— triste (*fl. p.*).
Yucca filamentosa et vars (*fl. bl.*).

Espèces de serre froide.

Adenium obesum (*fl. ro.-r.*).
Agave americana (*fl. v.-j.*).
— — picta (*fl. v.-j., flles marginées j.*).
— attenuata (*fl. v.-j.*).
— Botteri (*fl. v.-j.*).

Agave Celsiana (*fl. p.-br.*).
— Corderoyi.
— dasylirioides (*fl. j.*).
— Deserti (*fl. j.*).
— Elemectiana (*fl. r.-j.*).
— filifera (*fl. v.*).
— heteracantha (*fl. v.*).
— Hookeri (*fl. j.*).
— lophantha (*fl. v.*).
— macracantha (*fl. v.*).
— Maximiliana.
— miradorensis.
— pruinosa.
— Salmiana (*fl. v.-j.*).
— Schidigera (*fl. v.*).
— Shawii (*fl. v.-j.*).
— striata (*fl. v.-br. à l'extérieur, j. à l'intérieur*).
— Victoriæ-Reginæ.
— virginica (*fl. v.-g.*).
— Warreliana.
— xylacantha (*fl. v.*).
Aloe abyssinica.
— albispina (*fl. r.*).
— albocincta (*fl. r.*).
— arborescens (*fl. r.*).
— Bainesii (*fl. r.-j.*).
— brevifolia (*fl. r.*).
— cæsia (*fl. r.*).
— ciliata (*fl. r.*).
— Cooperi.
— dichotoma (*fl. r.*).
— distans (*fl. r.*).
— glauca (*fl. r.*).
— lineata (*fl. r.*).
— macrocarpa (*fl. r.*).
— mitræformis (*fl. r.*).
— nobilis (*fl. r.*).
— Perryi (*fl. v.*).
— saponaria (*fl. r.*).
— Schimpori (*fl. r.*).
— serrulata (*fl. r.*).
— striatula (*fl. r.*).
— succotrina (*fl. r.*).
— tricolor (*fl. r.*).
— variegata (*fl. r.*).
— vera (*fl. j.*).
Anacampseros arachnoides (*fl. bl.*).
— rubens (*fl. r.*).
— varians (*fl. r.*).
Apicra aspera.
— bicarinata
— foliolosa (*fl. v.*).
— pentagona (*fl. bl.*).
— spiralis (*fl. bl.-r.*).
Beaucarnea longifolia (*fl. bl.*).
Beschorneria Tonelii (*fl. r.* et *v.*).
Boucerosia maroccana (*fl. r.-p., rayées bl.*).
Bulbine alloides (*fl. j.*).
— caulescens (*fl. j.*).
Cotyledon agavoides (*fl. o.*).
— atropurpurea (*fl. r.*).
— californica (*fl. j.*).
— coccinea (*fl. r.*).
— coruscans (*fl. o.*).
— fulgens (*fl. r.* et *j.*).
— gibbiflora metallica (*fl. j., à pointes r.*).
Cotyledon grandiflora (*fl. r.-o.*).
— Pachyphytum (*fl. r.*).
— Peacockii (*fl. r.*).
— Pestalozzæ (*fl. ro.*).
— racemosa (*fl. ro.*).
— retusa (*fl. j.*).
— velutina (*fl. j.* et *v.*).
Crassula Bolusii (*fl. bl.-ro.*).
— arborescens (*fl. ro.*).
— ciliata (*fl. c.*).
— Cooperi (*fl. bl.*).
— lactea (*fl. bl.*).
— rosularis (*fl. bl.*).
Dasylirion acrotichum (*fl. bl.*).
— glaucophyllum (*fl. bl.*).
Decabelone Barklyi (*fl. bl.-j., maculées r.*).
Duvalia Corderoyi (*fl. v.* ou *r.-br.*).
— polita (*fl. br.-p.*).
Dyckia argentea.
Euphorbia atropurpurea.
Furcræa longæva.
Gasteria brevifolia (*fl. r.*).
— carinata (*fl. r.*).
— Croucheri (*fl. bl.* et *ro.*).
— disticha (*fl. r.*).
— maculata (*fl. r.*).
— pulchra (*fl. r.*).
— verrucosa (*fl. r.*).
Haworthia attenuata.
— cymbiformis.
— retusa.
— rigida.
Hoodia Bainii.
— Gordoni.
Huernia brevirostris (*fl. j., ro., bl.* et *r.*).
— oculata (*fl. bl.* et *vio.-p.*).
Kalanchoe marmorata (*fl. bl.*).
Leuchtenbergia principis (*fl. j.*).
Mamillaria bicolor (*fl. p.*).
— clava (*fl. j.*).
— dolichocentra (*fl. ro.* ou *r.*).
— gracilis (*fl. j.*).
— Peacockii.
— pectinata (*fl. j.*).
— pusilla (*fl. j.*).
— sanguinea (*fl. r.*).
— stella-aurata (*fl. bl.*).
— Wildiana (*fl. ro.*).
Mesembryanthemum blandum (*fl. bl., devenant ro.* ou *r.*).
— candens (*fl. bl.*).
— coccineum (*fl. r.*).
— conspicuum (*fl. r.*).
— cordifolium variegatum (*fl. r.*).
— crystallinum (*fl. bl., fltes v.* et *j.*).
— densum (*fl. ro.*).
— edule (*fl. j.*).
— floribundum (*fl. r., tachées bl.*).
— formosum (*fl. p.*).
— inclaudens (*fl. p.-ro.*).
— minutum (*fl. j.*).
— multiflorum (*fl. bl.*).
— purpureo-album (*fl. bl., rayées p.*).
— spectabile (*fl. r.*).
— tricolorum (*fl. j.* et *r.*).
— violaceum (*fl. bl.-ro.* ou *bl.*).

Opuntia arborescens (*fl. p.*).
— Bigelowii.
— braziliensis (*fl. j.*).
— cylindrica (*fl. r.*).
— Davisii (*fl. v.-bronzé*).
— echinocarpa (*fl. r.-j.*).
— microdasys.
— multiflora (*fl. j.*).
— Salmiana (*fl. j.* et *r.*).
— Tuna (*fl. r.-o.*).
— vulgaris (*fl. v.-j.*).
Othonna crassifolia (*fl. j.*).
Pelecyphora aselliformis (*fl. bl.* et *ro.*).
Pilocereus (*Cereus*) Dautwitzii.
— Houlletii (*fl. vio-j.*).
— senilis (*fl. r.-vio.*).
Rhipsalis Cassytha (*fl. bl.-v.*).
— Houlletii (*fl. j.*).
— salicornioides (*fl. j.*).
Rochea odoratissima (*fl. j.*, *bl.-c.* ou *ro.*, *od.*).
Rochea coccinea (*fl. r.*).
— falcata (*fl. r.* ou *bl.*).
— jasminea (*fl. bl. passant au r.*).
Sedum sarmentosum (*fl. j.*).
— Sieboldii (*fl. ro.*).
— — variegata (*fl. ro.*, *flles* r. et *j.*).
Sempervivum aureum (*fl. j.*).
— canariense (*fl. bl.*).
— tabulæforme (*fl. j.-v.*).
Stapelia Asterias (*fl. bl.*, *striées j.*).
— grandiflora (*fl. p.*).
— namaquensis (*fl. j.*, *maculées p.-br.*).
— sororia (*fl. p.*).
— variegata (*fl. j.* et *br.*).
Talinum Arnotii (*fl. j.*).
Trichocaulon piliferum (*fl. j.-r.* et *p.*).
Yucca aloifolia et vars (*fl. bl.*).

Espèces de serre tempérée.

Agave densiflora (*fl. r.-j.*).
— polyacantha (*fl. v.-j.*).
— Seemanni.
— univittata (*fl. v.*).
Agave vivipara (*fl. v.-j.*).
— yuccæfolia (*fl. v.-j.*).
Bryophyllum calycinum (*fl. j.-r.*).
Cereus coccineus (*fl. r.*).
— fimbriatus (*fl. ro.*).
— flagelliformis (*fl. r.* ou *ro.*).
— grandiflorus (*fl. bl. j.* et *br.*, *od.*).
— Macdonaldiæ (*fl. bl. r.* et *o.*).
nycticalus (*fl. bl.*).
— pentagonus (*fl. bl.*).
— peruvianus (*fl. bl.*).
— quadrangularis (*fl. bl.*, *od.*).
— serpentinus (*fl. v.*, *p.* et *bl.*).
— speciosissimus (*fl. r.*).
Cereus (Echinopsis) cristata (*fl. bl.-c.*).
— — Eyriesii (*fl. bl.*, *od.*).
— — multiplex (*fl. ro.*).
Epiphyllum truncatum (*fl. ro.* ou *r.*).
— Gærtneri (*fl. r.*).
Euphorbia fulgens (*fl. r.-o.*).
— meloformis (*fl. v.*).
— Monteiri (*fl. v.*).
— pulcherrima (*fl. v.-j.* et *r.*).
— splendens (*fl. r.*).
Furcræa Bedinghausii.
— cubensis (*fl. v.*).
— elegans (*fl. v.* et *bl.*).
— gigantea (*fl. j.*).
— undulata (*fl. v.*).
Kalanchoe grandiflora (*fl. j.*).
Malacocarpus erinaceus (*fl. j.*).
Melocactus communis (*fl. ro.-r.*).
Nopalea coccinellifera (*fl. r.*).
Pereskia aculeata (*fl. bl.*).
— Bleo (*fl. r.*).
— grandifolia (*fl. bl.*).
Phyllocactus Ackermanni (*fl. r.*).
— anguliger (*fl. bl.* et *o.* ou *j.*, *od.*).
— crenatus (*fl. bl.-c.* et *o.*, *od.*).
— latifrons (*fl. bl.-c.* et *r.*).
— phyllanthoides (*fl. r.* et *bl.*).
— hybrides (*fl. r.*, *ro.*, *o.*, *j.*, etc.).
Podanthes geminata (*fl. o.-j.*, *ponctuées r.*).
Talinum triangulare (*fl. bl.* ou *r.*).

LISTE DE PALMIERS, CYCADACÉES, PANDANÉES ET BAMBOUS

Pour l'ornement des grandes serres et des jardins d'hiver, les plantes comprises dans cette liste sont indispensables, et certaines espèces ont un port si pittoresque qu'on les emploie parfois pour donner un aspect subtropical aux garnitures estivales de plein air, mais il faut alors avoir soin de les rentrer en serre à l'approche des premiers froids. Cette liste ne renferme que les plus belles et les plus recommandables espèces des familles qu'indique le titre; quelques grandes Graminées y ont cependant été ajoutées. La hauteur propre à chaque espèce dans son pays natal est donnée quand elle est connue. On trouvera des renseignements sur la culture et les emplois des genres cités ici, à leur nom respectif et en particulier à l'article **Palmiers**, dans le volume III, page 661.

Espèces rustiques.

Bambusa Fortunei et vars (30 à 60 cent.).

Espèces demi-rustiques.

Arundinaria falcata (2 à 3 m.).
Arundo conspicua (1 à 4 m.).
— Donax (3 à 5 m.).
— versicolor (1 à 2 m.).
Bambusa striata (2 à 3 m.).
— Veitchii (50 à 60 cent.).
Diplothemium caudescens (3 m.).
Phyllostachys aurea (2 à 3 m.).
— nitis (8 à 12 m.).
— nigra (2 à 3 m. et plus).
— violascens (2 à 3 m.).
— viridi-glaucescens (5 à 6 m.).

Espèces de serre froide.

Bowenia spectabilis.
— serrulata.
Brahea dulcis.
Ceroxylon andicola (15 m.).
Chamærops humilis (6 m.).
— macrocarpa.
Dion edule (1 m.).
Encephalartos Altensteinii.
— Frederici-Guilielmi.
— horridus.
— plumosus.
— villosus.
— ampliatus.
Jubæa spectabilis (12 à 18 m.).
Livistona chinensis (15 m.).
— Jenkinsiana (3 m.).
Macrozamia corallipes.
— Frazeri.
— Perowskiana.
— plumosa.
Rhapis flabelliformis.
Rhopalostylis Baueri (6 m.).
— sapida (6 m.).
Sabal Adansoni.
— Blackburniana (6 à 8 m.).
— Palmetto (6 à 12 m.).
— umbraculifera (8 m.).
Trachycarpus excelsus (8 m.).
— Fortunei.
Washingtonia filifera (6 à 12 m.).

Espèces de serre tempérée.

Acrocomia sclerocarpa (12 m.).
Bambusa nana (2 à 2 m. 50).
Latania borbonica.
Microcycas calocoma.
Phœnix acaulis (4 m.).
— canariensis (3 m.).
— reclinata (15 m.).
— rupicola (5 à 6 m.).
— sylvestris (12 m.).
— tenuis.
Zamia amplifolia.
— furfuracea.
— picta.
— Wallisii.

Espèces de serre chaude.

Acanthophœnix crinita.
Attalea amygdalina.
— Cohune (15 m.).
— excelsa (20 m.).
— speciosa (20 m.).
Bactris caryotæfolia (10 m.).
— pallidispinna.
Bambusa arundinacea (15 à 18 m.).
Borassus flabelliformis (10 m.).
Calamus asperrimus.

Calamus ciliaris.
— leptospadix.
— Lewisianus.
— Royleanus.
— spectabilis.
— viminalis (15 m.).
Caryota Cumingii (3 m.).
— Rumphiana.
— sobolifera.
Catoblastus præmorsus (10 à 15 m.).
Ceratolobus glaucescens.
Chamædorea Arenbergiana.
— desmoncoides.
— elegans (1 m. 20).
— Ernesti-Augusti.
— formosa.
— geonomiformis (1 m. 20).
— glaucifolia (6 m.).
— graminifolia.
— microphylla.
— Sartorii.
— Wendlandi.
Chrysalidocarpus lutescens.
Cocos plumosa (12 à 15 m.).
— Romanzoffiana.
— schizophylla (2 m. 50).
— Weddeliana.
Copernicia cerifera.
Corypha umbraculifera (30 m.).
Cycas circinalis.
— media.
— Normanbyana.
— revoluta (2 m.).
Desmoncus granatensis.
— minor.
Erythea edulis.
Geonoma Carderi.
— congesta.
— elegans.
— gracilis.
— Martiana.
— Porteana.
— procumbens.
— pumila.
— Schottiana.
Guilielma speciosa.
Hedyscepe Canterburyana (10 m.).
Heterospathe elata.
Howea Belmoreana.
— Forsteriana (12 m.).
Hyophorbe amaricaulis.
— Verschaffeltii.
Iriartea deltoidea.
Latania Commersonii.
— Loddigesii (3 m.).
— Verschaffeltii (2 m. 50).
Licuala elegans.
— grandis (2 m.).
Livistona australis (24 m.).
— humilis (2 à 10 m.).
Loxococcus rupicola (10 à 12 m.).
Martinezia caryotæfolia.
— granatensis.
Nephrosperma Van-Houtteanum (6 à 12 m.).
Oreodoxa regia.
Pandanus Candelabrum variegatus.
— conoideus (5 m.).
— heterocarpus.
— Houlletii.
— minor.
— odoratissimus (6 m.).
— Pancheri.
— utilis (18 m.).
— Vandermeeschii.
— Veitchii (6 m.).
Phytelephas macrocarpa (2 m.).
Prestœa pubigera (3 à 4 m.).
Pritchardia pacifica (3 m.).
— pericularum.
— Vuylstekiana.
Scheela excelsa (12 à 15 m.).
— unguis (12 m.).
Stevensonia grandiflora.
Syagrus campestris.
— cocoides (2 m. 50 à 3 m.).
Synechanthus fibrosus (1 m. 20).
Thrinax multiflora.
— parviflora.
— radiata.
Veitchia Johannis.
Verschaffeltia splendida (25 m.).
Wallichia caryotoides.
Welfia regia (18 m.).

LISTE D'ARBRES ET D'ARBUSTES

APPROPRIÉS A DES USAGES SPÉCIAUX ET CONVENABLES POUR CERTAINS SOLS

Parmi les nombreux ouvrages dendrologiques, sylvicoles et autres, quelques-uns contiennent des choix d'arbres et d'arbustes pour des usages spéciaux et propres à certains sols, mais ces choix sont généralement très restreints et peut-être faut-il voir là la cause de l'uniformité et de la monotomie de beaucoup des plantations d'arbres et d'arbustes d'agrément.

L'importante liste suivante embrasse, sous une forme condensée, les résultats pratiques des connaissances de plusieurs éminents auteurs anglais sur le traitement des plantes ligneuses rustiques. Cette liste permettra aux lecteurs d'effectuer facilement des choix bien variés d'arbres et d'arbustes croissant dans les sols calcaires, dans ceux de nature siliceuse ou argileuse, dans les terrains humides ou marécageux, dans les montagnes, dans les grandes villes, sur le bord des rivières ou au bord de la mer. Enfin, un choix d'arbres et d'arbustes propres à former des haies complète cette liste.

Chaque nom est suivi d'abréviations indiquant si la plante est à feuillage persistant (*pers.*), demi-persistant (*s.-pers.*) ou caduc (*cad.*). La hauteur approximative de chaque espèce est aussi indiquée.

Beaucoup de terrains et des parties de parcs paysagers laissés nus et incultes, pourraient, en faisant un choix soigneux des essences les mieux appropriées et sans grandes dépenses être transformés en taillis ou futaies qui ne deviendraient pas seulement une source de plaisir et d'honneur pour leur auteur et leur propriétaire, mais qui en outre augmenteraient d'une façon considérable la valeur de ces terrains.

CHOIX D'ESPÈCES CONVENABLES
POUR LES TERRAINS CALCAIRES

Les terrains dits calcaires sont ceux qui contiennent plus de 20 p. 100 de carbonate de chaux. On les désigne sous les noms de *silico-calcaires* ou *argilo-calcaires*, selon que la silice ou l'argile prédomine dans leur composition.

Un grand nombre d'arbres et d'arbustes peuvent croitre dans ces terres, ainsi que le montre, du reste, la liste suivante :

« On croit généralement que les arbres exigent une terre profonde pour se développer normalement; cela est cependant entièrement faux pour le plus grand nombre. Que les arbres poussent plus rapidement et plus vigoureusement dans les bonnes terres profondes que dans celles qui sont maigres et en couche mince, cela ne fait aucun doute, mais une terre fertile et en couche mince est préférable à celle qui est profonde et maigre.

« La plus grande erreur que l'on puisse commettre est de défoncer profondément la terre avant la plantation, et surtout de ramener à la surface le sous-sol à peu près stérile et d'enfouir la couche arable qui contient les meilleurs éléments végétatifs. C'est particulièrement ce qui arrive quand on défonce les terres calcaires. Il est facile de se rendre compte dans bien des bois que certains arbres peuvent parfaitement croitre dans des terres dont la couche arable est très mince. Sur certains points, l'épaisseur de cette dernière ne dépasse pas 15 centimètres, notamment dans le sud de l'Angleterre et pourtant on y voit des arbres magnifiques, des Hêtres surtout, couvrant les montagnes... En défonçant les terrains calcaires aussi peu profonds, il ne faut pas aller au-dessous de la couche arable. Quelque superficielle qu'elle puisse être, même 10 à 12 centimètres, il faut se contenter de la retourner sans y mêler aucune partie de craie. On peut piocher et briser celle-ci assez grossièrement, mais elle doit toujours rester dans le fond de la tranchée. »

(James SALTER.)

Albies bracteata (*flles pers.*, 8 m.).
— magnifica (*flles pers.*, 60 m.).
— nobilis (*flles pers.*, 30 à 90 m.).
— Normanniana (*flles pers.*, 25 à 30 m.).
— pectinata (*flles pers.*, 25 à 30 m.).
— Pinsapo (*flles pers.*, 20 à 30 m.).
Acer campestre (*flles cad.*, 6 m.).
— dasycarpum (*flles cad.*, 12 m.).
— neapolitanum (*flles cad.*, 15 m.).
— pensylvanicum (*flles cad.*, 6 m.).
— platanoides et vars (*flles cad.* 15 m.).
— pseudo-Platanus et vars (*flles cad.*, 18 m.).
— rubrum (*flles cad.*, 6 m.).
— saccharinum (*flles cad.*, 12 m.).
— tataricum (*flles cad.*, 6 m.).
Æsculus Hippocastanum (*flles cad.*, 12 m.).
Ailantus glandulosa (*flles cad.*, 18 m.).
Alnus glutinosa (*flles cad.*, 15 à 18 m.).
Amelanchier canadensis et vars (*flles cad.*, 2 à 3 m.).
Amorpha fruticosa et vars (*flles cad.*, 2 m.).
Ampelopsis tricuspidata (*flles cad.*, *grimpant.*).

Amygdalus communis et vars (*flles cad.*, 3 à 10 m.).
Berberis Aquifolium (*flles pers.*, 1 à 2 m.).
— aristata (*flles pers.*, 2 m.).
— Darwinii (*flles pers.*, 60 cent.).
— vulgaris et vars (*flles cad.*, 2 à 6 m.).
Betula alba (*flles cad.*, 15 à 18 m.).
Buddleia globosa (*flles pers.*, 5 m.).
Bupleurum fruticosum (*flles pers.*, 30 cent.).
Buxus sempervirens et vars (*flles pers.* 1 à 10 m.).
Calycanthus floridus (*flles cad.*, 1 m. 20 à 2 m.).
Caragana Altagana (*flles cad.*, 60 cent. à 1 m.).
— Chamlagu (*flles cad.*, 60 cent. à 1 m. 20.).
— spinosa (*flles cad.*, 1 m. 20 à 2 m.).
Catalpa bignonioides (*flles cad.*, 6 à 12 m.).
Ceanothus americanus (*flles cad.*, 30 cent. à 1 m.).
— azureus (*flles s.-pers.*, 3 m.).
— dentatus (*flles cad.*, 1 m. 20 à 2 m.).
— floribundus (*flles pers.*, 1 m. 20).
— Veitchianus (*flles pers.*, 1 m.).
Cedrus atlantica (*flles pers.*, 25 à 35 m.).
— Deodara (*flles pers.*, 45 à 60 m.).
Cerasus Avium (*flles cad.*, 6 à 12 m.).
— Laurocerasus (*flles pers.*, 2 à 3 m.).
— lusitanica (*flles pers.* 3 à 6 m.).
— Mahaleb (*flles cad.*, 3 m.).
— Padus (*flles cad.*, 3 à 9 m.).
Cercis Siliquastrum (*flles cad.*, 6 à 9 m.).
Chamæcyparis ericoides (*flles pers.*, 1 m. à 1 m. 20).
— Lawsoniana (*flles pers.*, 25 à 30 m.).
— nutkaensis (*flles pers.*, 12 à 18 m.).
Cistus ladaniferus (*flles pers.*, 1 m. 20.).
— laurifolius (*flles pers.*, 1m. 20).
— villosus (*flles pers.*. 1 m.).
Clematis flammula (*flles cad.*, *grimpant.*).
— Jackmanni (*flles cad.*, *grimpant.*).
— Vitalba (*flles cad.*, *grimpant.*).
Colutea arborescens (*flles cad.*, 1 m. 20 à 2 m.).
— cruenta (*flles cad.*, 3 à 5 m.).
Cornus mas (*flles cad.*, 3 à 5 m.).
— sanguinea (*flles cad.*, 2 m.).
— stolonifera (*flles cad.*, 1 m. 20 à 30 m.).
Corylus Avellana (*flles cad.*, 6 m.).
Cotoneaster buxifolia (*flles pers.*, 50 cent. à 1 m.).
— horizontalis (*flles pers.*, 50 cent.).
— microphylla (*flles pers.*, 1 m.).
— rotundifolia (*flles pers.*, 1 m.).
— Simonsii (*flles pers.*).
Cratægus coccinea et vars (*flles cad.*, 6 à 9 m.).
— cordata (*flles cad.*, 6 m.).
— Crus-galli et vars (*flles cad.*, 3 à 9 m.).
— Douglasii (*flles cad.*, 3 à 5 m.).
— Oxyacantha (*flles cad.*, 3 à 6 m.).
— Pyracantha (*flles pers.*, 3 à 6 m.).
Cupressus macrocarpa (*flles pers.*, 15 à 18 m.).
Cytisus albus (*flles cad.*, 2 à 3 m.).
— biflorus (*flles cad.*, 1 m.).
— purpureus (*flles cad.*, *retombant.*).
— scoparius (*flles cad.*, 1 à 3 m.).
— sessilifolius (*flles cad.*, 1 m. 20 à 2 m.).
Deutzia crenata (*flles cad.*. 1 m. 20 à 2 m. 50).
— gracilis (*flles cad.*, 1 m. 20 à 2 m. 50)
Diervilla grandiflora (*flles cad.*, 2 m. 50).
— rosea (*flles cad.*, 2 m.).
Dimorphanthus mandschuricus (*flles cad.*, 2 à 3 m.).
Escallonia macrantha (*flles pers.*, 1 à 2 m.).
— Philippiana (*flles pers.*).
Escallonia rubra (*flles pers.*, 1 à 2 m.).
Euonymus americanus (*flles cad.*, 60 cent. à 2 m.).
— europæus (*flles cad.*, 2 à 6 m.).
— japonicus (*flles pers.*, 2 à 6 m.).
Fagus ferruginea (*flles cad.*, 6 m.).
— sylvatica (*flles cad.*, 20 à 30 m.).
Fraxinus americanus (*flles cad.*, 10 à 12 m.).
— excelsior (*flles cad.*, 10 à 25 m.).
— Ornus (*flles cad.*, 6 à 18 m.).
— oxyphylla (*flles cad.*, 10 à 12 m.).
Garrya elliptica (*flles pers.*, 2 m. 50 à 3 m.).
Genista ætnensis (*flles pers.*, 2 à 5 m.).
— hispanica (*flles pers.*, 15 à 30 cent.).
— radiata (*flles pers.*, 30 cent. à 1 m.).
— triangularis (*flles pers.*, 60 cent. à 1 m. 20).
Ginkgo biloba (*flles cad.*, 20 à 25 m.).
Gleditschia sinensis (*flles cad.*, 10 à 15 m.).
— triacanthos (*flles cad.*, 10 à 15 m.).
Halimodendron argenteum (*arborescent greffé sur Caragana*).
Hamamelis arborea (*flles cad.*).
— japonica (*flles cad.*).
— virginica (*flles cad.*, 4 m.).
Hedera Helix et vars (*flles pers.*, *grimpant.*).
Hypericum calycinum (*flles s.-pers.*, 60 cent. à 1 m.).
Ilex Aquifolium (*flles pers.*, 3 à 12 m.).
— cornuta (*flles pers.*, 5 m.).
— opaca (*flles pers.*, 6 à 12 m.).
Jasminum nudiflorum (*flles cad.*, *grimpant.*).
— officinale (*flles cad.*, *grimpant.*).
Juglans cinerea (*flles cad.*, 10 à 20 m.).
— nigra (*flles cad.*, 20 m.).
— regia (*flles cad.*, 12 à 20 m.).
Juniperus chinensis (*flles pers.*, 5 à 6 m.).
— communis (*flles pers.*, 1 à 6 m.).
— Sabina (*flles pers.*, 1 à 2 m. 50).
— virginiana (*flles pers.*, 3 à 5 m.).
Kerria japonica (*flles cad.*, 1 m. à 1 m. 20).
— — flore-pleno (*flles cad.*, 1 m. à 1 m. 20).
Kœlreuteria paniculata (*flles cad.*, 3 à 5 m.).
Laburnum Adami (*flles cad.*, 3 à 5 m.).
— alpinum (*flles cad.*, 5 à 6 m.)
— vulgare et vars (*flles cad.*, 6 m.).
Larix europæa (*flles cad.*, 25 à 30 m.).
— leptolepis (*flles cad.*, 12 m.).
Lavandula vera (*flles pers.*, 30 à 50 cent.).
Leycesteria formosa (*flles cad.*, 1 à 2 m. 50).
Ligustrum japonicum (*flles pers.*, 2 m. à 2 m. 50).
— lucidum (*flles pers.*, 2 m. 50 à 4 m.).
— sinense (*flles pers.* ou *s.-pers.*, 6 m.).
— vulgare (*flles s.-pers.*, 2 à 3 m.).
Lonicera Caprifolium (*flles cad.*, *volubile*).
— flexuosa (*flles cad.*, *grimpant.*).
— Periclymenum (*flles cad.*, *grimpant.*).
— sempervirens (*flles cad.*, *grimpant.*).
Magnolia acuminata (*flles cad.*, 10 à 20 m.).
— conspicua (*flles cad.*, 6 à 15 m.).
— glauca (*flles pers.*, 5 m.).
— grandiflora (*flles pers.*, 20 à 25 m.).
— macrophylla (*flles cad.*, 10 m.).
— Umbrella (*flles cad.*, 12 m.).
Morus alba (*flles cad.*, 6 à 10 m.).
— nigra (*flles cad.*, 5 à 20 m.).
Myricaria germanica (*flles cad.*, 1 à 2 m.).
Negundo aceroides (*flles cad.*, 12 m.).
Pavia alba (*flles cad.*, 1 à 3 m.).

Pavia californica (*flles cad.*, 4 à 12 m.).
— flava (*flles cad.*, 6 m.).
Philadelphus coronarius (*flles cad.*, 1 à 3 m.).
— grandiflorus (*flles cad.*, 2 à 3 m.).
— Gordonianus (*flles cad.*, 3 m.).
Phillyræa angustifolia (*flles pers.*, 3 à 5 m.).
— latifolia (*flles pers.*, 6 à 10 m.).
— media (*flles pers.*, 3 à 5 m.).
Phlomis fruticosa (*flles pers.*, 60 cent. à 1 m. 20).
Picea excelsa (*flles pers.*, 25 à 30 m.).
— orientalis (*flles pers.*, 15 m.).
Pinus austriaca (*flles pers.*, 25 à 30 m.).
— excelsa (*flles pers.*, 15 à 50 m.).
— insignis (*flles pers.*, 25 à 30 m.).
— Laricio (*flles pers.*, 30 à 50 m.).
— Mughus (*flles pers.*, 2 à 5 m.).
— Pinaster (*flles pers.*, 18 à 25 m.).
— ponderosa (*flles pers.*. 30 à 50 m.).
— sylvestris (*flles pers.*, 15 à 30 m.).
Populus alba (*flles cad.*, 20 à 30 m.).
— balsamifera (*flles cad.*, 20 m.).
— monilifera (*flles cad.*, 25 m.).
— Tremula pendula (*flles cad.*, 12 à 25 m.).
Prunus spinosa (*flles cad.*, 3 à 5 m.).
Pyrus Aria (*flles cad.*, 2 à 12 m.).
— Aucuparia (*flles cad.*, 3 à 10 m.).
— floribunda (*flles cad.*, 2 m. 50).
— japonica (*flles cad.*, 1 m. 50 à 2 m.).
— spectabilis (*flles cad.*, 6 à 10 m.).
— torminalis (*flles cad.*, 3 à 15 m.).
Quercus Ballota (*flles pers.*, 10 m.).
— Cerris (*flles cad.* ou *s.-pers.*, 12 à 20 m.).
— Esculus (*flles cad.*, 6 à 10 m.).
— Ilex (*flles pers.*, 5 à 18 m.).
— macrocarpa (*flles cad.*, 10 m.).
— pedunculata (*flles cad.*, 15 à 30 m.).
— pseudo-suber (*flles pers.*, 15 m.).
— sessiliflora (*flles cad.*, 18 m.).
— suber (*flles pers.*, 8 m.).
— Toza (*flles cad.*, 6 à 10 m.).
Rhamnus catharticus (*flles cad.*, 1 m. 50 à 3 m.).
— Frangula (*flles cad.*, 1 m. 50 à 3 m.).
Rhus Cotinus (*flles cad.*, 2 à 3 m.).
— glabra et vars (*flles cad.*, 2 à 6 m.).
— typhina (*flles cad.*, 6 à 10 m.).
Ribes alpinum aureum (*flles cad.*, 1 m.).
— aureum (*flles cad.*, 2 à 3 m.).
— sanguineum (*flles cad.*, 1 m. 20 à 2 m. 50).
Robinia pseudo-Acacia et vars (*flles cad.*, 10 à 20 m.).
Rosa canina (*flles cad.*, 2 m. à 2 m. 50).
— rubiginosa (*flles cad.*, 1 m. 50).
— repens (*flles cad.*, 50 cent. à 2 m.).
— spinosissima (*flles cad.*, 30 cent. à 1 m. 20).
— tomentosa (*flles cad.*, 2 m.).
Salix alba (*flles cad.*, 25 m.).
— daphnoides (*flles cad.*, 3 à 6 m.).
— fragilis (*flles cad.*, 25 à 30 m.).
— pentandra (*flles cad.*, 2 à 6 m.).
— purpurea (*flles cad.*, 2 à 3 m.).
— triandra (*flles cad.*, 6 m.).
— viridis (*flles cad.*, 10 m.).
Sequoia gigantea (*flles pers.* 1 m. 20).
Spartium junceum (*flles cad.*, 2 à 3 m.).
Spiræa bella (*flles cad.*, 60 cent. à 1 m.).
— discolor ariæfolia (*flles cad.*, 1 m. 20 à 3 m.).
— Lindleyana (*flles cad.*, 1 m. 20 à 2 m. 50).
Syringa Emodi (*flles cad.*, 2 m. 50).
— vulgaris (*flles cad.*, 2 m. 50 à 6 m.).
Tamarix gallica (*flles cad.*, 1 m. 50 à 3 m.).
Taxus baccata (*flles per.*, 5 à 15 m.).
Tecoma radicans (*flles cad.*, *grimpant.*).
Thuya occidentalis et vars (*flles pers.*, 12 à 15 m.).
— orientalis (*flles pers.*, 9 à 10 m.).
— plicata (*flles pers.*, 6 m.).
— tatarica (*flles pers.* 2 m. 50 à 3 m.).
Thuyopsis dolobrata (*flles pers.*, 12 à 15 m.).
Tilia argentea (*flles cad.*, 10 à 15 m.).
— cordata (*flles cad.*).
— platyphyllos (*flles cad.*, 20 à 25 m.).
— vulgaris (*flles cad.*, 20 à 25 m.).
Torreya taxifolia (*flles pers.*, 12 à 15 m.).
Tsuga canadensis (*flles pers.*, 18 à 25 m.).
Ulmus americana (*flles cad.*, 25 à 30 m.).
— glabra vegeta (*flles cad.*, 20 à 25 m.).
Viburnum Lantana (*flles cad.*, 25 à 30 m.).
— Opulus, et vars. (*flles cad.*, 2 m. 50 à 3 m.).
— Tinus (*flles pers.*, 2 m. 50 à 3 m.).
Yucca filamentosa (*flles pers.*, 80 cent. à 1 m.).
— gloriosa et vars. (*flles pers.*, 2 m. 50 à 4 m.).

CHOIX D'ESPÈCES CONVENABLES
POUR LES TERRES ARGILEUSES

Cette liste se compose d'arbres et d'arbustes susceptibles de prospérer dans les terres glaiseuses ou argileuses, c'est-à-dire celles contenant environ 50 pour cent d'argile. « Les terres argileuses peuvent être beaucoup améliorées par le drainage, le défonçage, l'exposition à l'air, surtout à l'influence désagrégeante des gelées et enfin par l'apport de terres marneuses, silicieuses et de fumier long et pailleux. Lorsqu'elles ont subi ces diverses améliorations, elles peuvent alors devenir fertiles et productrices, mais la reprise et surtout l'entrée en végétation active des plantes qu'on leur confie se fait parfois longtemps attendre, car elles étendent difficilement et lentement leur système radiculaire. » (S. M.)

Abies nobilis (*flles pers.*, 70 à 100 m.).
— Nordmannianna (*flles pers.*, 25 à 30 m.).
— pectinata (*flles pers.*, 25 à 30 m.).
Acer campestre (*flles cad.*, 6 m.).
— dasycarpum (*flles cad.*, 12 m.).
— platanoides (*flles cad.*, 15 m.).
— pseudo-Platanus (*flles cad.*, 10 à 20 m.).
— tataricum (*flles cad.*, 6 m.).
Æsculus Hippocastanum (*flles cad.*, 12 m.).
Ailantus glandulosa (*flles cad.*, 18 m.).
Alnus cordata (*flles cad.*, 6 à 10 m.).
— glutinosa (*flles cad.*, 15 à 30 m.).
Amelanchier canadensis et vars (*flles cad.*, 2 à 3 m.).
Amorpha fruticosa et vars (*flles cad.*, 2 m.).
Ampelopsis tricuspidata (*flles cad.*, *grimpant*).
Amygdalus communis et vars (*flles cad.*, 3 à 10 m.).
Aucuba japonica et vars (*flles pers.*, 2 à 3 m.).
Berberis Aquifolium (*flles pers.*, 1 à 2 m.).
— aristata (*flles pers.*, 2 m.).
— Darwinii (*flles pers.*, 60 cent.).
— vulgaris (*flles cad.*, 2 m. 50 à 6 m.).

Betula alba (*flles cad.*, 15 à 20 m.).
Buddleia globosa (*flles pers.*, 5 m.).
Buxus balearica (*flles pers.*, 5 à 6 m.).
— sempervirens (*flles pers.*, 30 cent. à 10 m.).
Calycanthus floridus (*flles cad.*, 1 m. 20 à 2 m.).
Caragana Altagana (*flles cad.*, 60 cent. à 1 m.).
— arborescens (*flles cad.*, 5 à 6 m.).
— Chamlagu (*flles cad.*, 60 cent. à 1 m. 20).
— spinosa (*flles cad.*, 1 m. 20 à 2 m.).
Carpinus americana (*flles cad.*, 3 à 15 m.).
— Betula (*flles cad.*, 10 à 20 m.).
Carya alba (*flles cad.*, 15 à 20 m.).
— amara (*flles cad.*, 15 à 20 m.).
— tomentosa (*flles cad.*, 20 à 22 m.).
Castanea sativa (*flles cad.*, 15 à 22 m.).
Catalpa bignonioides (*flles cad.*, 6 à 12 m.).
Celtis crassifolia (*flles cad.*, 6 à 10 m.).
— occidentalis (*flles cad.*, 6 à 15 m.).
Cerasus Avium et vars (*flles cad.*, 6 à 12 m.).
— Laurocerasus (*flles pers.*, 2 à 3 m.).
— lusitanica (*flles pers.*, 3 à 6 m.).
— Mahaleb (*flles cad.*, 3 m.).
— Padus (*flles cad.*, 3 à 6 m.).
Cercis siliquastrum (*flles cad.*, 6 à 10 m.).
Chamæcyparis ericoides (*flles pers.*, 1 à 1 m. 20).
— Lawsonniana (*flles pers.*, 25 à 30 m.).
— nutkaensis (*flles pers.*, 12 à 20 m.).
Cladrastis amurensis (*flles cad.*, 2 m.).
Clematis Flammula (*flles cad. grimpant.*).
— Jackmanni (*flles cad., grimpant.*).
— Vitalba (*flles cad., grimpant.*).
Colutea arborescens (*flles cad.*, 2 à 3 m.).
— cruenta (*flles cad.*, 1 m. 20 à 2 m.).
Cornus mas et vars (*flles cad.*, 3 à 5 m.)
— sanguinea (*flles cad.*, 2 m.).
— stolonifera (*flles cad.*, 1 m. 20 à 3 m.).
Corylus Avellana (*flles cad.*, 6 m.).
Cotoneaster buxifolia (*flles pers.*, 1 m. à 1 m. 20).
— microphylla (*flles pers.*, 1 m. à 1 m. 20).
— rotundifolia (*flles pers.*, 1 m. à 1 m. 20).
— Simonsii (*flles pers.*).
Cratægus coccinea (*flles cad.*, 6 à 10 m.).
— cordata (*flles cad.*, 6 m.).
— Crus-galli (*flles cad.*, 6 à 10 m.).
— Douglasii (*flles cad.*, 3 à 5 m.).
— Oxyacantha (*flles cad.*, 3 à 6 m.).
— Pyracantha (*flles pers.*, 3 à 6 m.).
Cytisus albus (*flles cad.*, 2 à 3 m.).
— biflorus (*flles cad.*, 1 à 3 m.).
— purpureus (*flles cad., retombant.*).
— scoparius (*flles cad.*, 1 à 3 m.).
— sessiliflorus (*flles cad.*, 1 m. 20 à 2 m.).
Deutzia crenata (*flles cad.*, 1 à 3 m.).
— gracilis (*flles cad.*, 30 à 60 cent.).
Diervilla grandiflora (*flles cad.*, 2 m. 50).
— rosea (*flles cad.*, 2 m.).
Evonymus americanus (*flles cad.*, 60 cent. à 2 m.).
— europæus (*flles cad.*, 2 à 6 m).
— japonicus et vars (*flles pers.*, 6 m.).
Fagus ferruginea (*flles cad.*, 10 m.).
— sylvatica (*flles cad.*, 20 à 30 m.).
Fraxinus americana (*flles cad.*, 10 à 12 m.).
— excelsa (*flles cad.*, 10 à 25 m.).
— Ornus (*flles cad.*, 6 à 10 m.).
— oxyphylla (*flles cad.*, 10 à 12 m.).
Garrya elliptica (*flles pers.*, 2 m. 50 à 3 m.).
Genista ætnensis (*flles pers.*, 2 à 5 m.).
— hispanica (*flles pers.*, 15 à 30 cent.).
— radiata (*flles pers.*, 30 cent. à 1 m.).
— triangularis (*flles pers.*, 60 cent. à 1 m. 20).
Gleditschia sinensis (*flles cad.*, 10 à 15 m.).
— triacanthos (*flles cad.*, 10 à 15 m.).
Gymnocladus canadensis (*flles cad.*, 10 à 20 m.).
Halesia hispida (*flles cad.*).
— tetraptera (*flles cad.*, 5 à 6 m.).
Hamamelis arborea (*flles cad.*).
— japonica (*flles cad.*).
— virginica (*flles cad.*, 4 m.).
Hypericum calycinum (*flles s.-pers.*, 30 cent.).
Ilex Aquifolium et vars (*flles pers.*, 3 à 12 m.).
— cornuta (*flles pers.*, 5 m.).
— opaca (*flles pers.*, 6 à 12 m.).
Jasminum nudiflorum (*flles cad., grimpant*).
— officinale (*flles cad., grimpant*).
Juglans cinerea (*flles cad.*, 10 à 20 m.).
— nigra (*flles cad.*, 20 m.).
— regia et vars (*flles cad.*, 12 à 20 m.).
Juniperus communis hibernica (*flles pers.*).
— recurva (*flles pers.*, 1 m. 50 à 2 m. 50).
— Sabina (*flles pers.*, 1 m. 50 à 2 m. 50).
Kerria japonica (*flles cad.*, 1 m. à 1 m. 20).
— — flore-pleno (*flles cad.*, 1 m. à 1 m. 20).
Kœlreuteria paniculata (*flles cad.*, 3 à 5 m.).
Laburnum Adami (*flles cad.*, 3 à 6 m.).
— alpinum (*flles cad.*, 5 à 6 m.).
— vulgare et vars (*flles cad.*, 6 m.).
Larix europæa (*flles cad.*, 25 à 30 m.).
— leptolepis (*flles cad.*, 12 m.).
Lavandula vera (*flles cad.*, 30 à 60 cent.).
Leycesteria formosa (*flles cad.*, 1 m. 20 à 3 m.).
Ligustrum japonicum (*flles pers.*, 2 m. à 2 m. 50).
— lucidum (*flles pers.*, 2 à 4 m.).
— sinense (*flles pers.* ou *s.-pers.*, 6 m.).
— vulgare (*flles s.-pers.*, 2 à 3 m.).
Magnolia acuminata (*flles cad.*, 10 à 20 m.).
— conspicua (*flles cad.*, 6 à 15 m.).
— glauca (*flles pers.*, 5 m.).
— grandiflora (*flles pers.*, 20 à 25 m.).
— macrophylla (*flles cad.*, 10 m.).
— Umbrella (*flles cad.*, 12 m.).
Mespilus germanica (*flles cad.*, 3 à 6 m.).
Morus alba (*flles cad.*, 6 à 10 m.).
— nigra (*flles cad.*, 6 à 10 m.).
Negundo aceroides (*flles cad.*, 12 m.).
Nemopanthes canadense (*flles cad.*, 1 m.).
Osmanthus fragrans (*flles pers.*, 2 à 3 m.).
— Aquifolium (*flles pers.*).
Parrotia persica (*flles cad.*, 3 m.).
Pavia alba (*flles cad.*, 1 à 3 m.).
— californica (*flles cad.*, 4 à 12 m.).
— flava (*flles cad.*, 5 m.).
— rubra (*flles cad.*, 2 à 3 m.).
Philadelphus coronarius (*flles cad.*, 1 à 3 m.).
— Gordonianus (*flles cad.*, 3 m.).
— grandiflorus (*flles cad.*, 2 à 3 m.).
Picea Alcoquiana (*flles pers.*, 30 à 40 m.).
— excelsa (*flles pers.*, 25 à 30 m.).
— nigra (*flles pers.*, 15 à 30 m.).
— orientalis (*flles pers.*).
— Smithiana (*flles pers.*, 25 à 40 m.).
Pinus austriaca (*flles pers.*, 25 à 30 m.).
— excelsa (*flles pers.*, 15 à 50 m.).

Pinus insignis (*fles pers.*, 25 à 30 m.).
— Lambertiana (*fles pers.*, 50 à 100 m.).
— Laricio (*fles pers.*, 30 à 50 m.).
— Mughus (*fles pers.*, 2 à 5 m.).
— Pinaster (*fles pers.*, 20 à 25 m.).
— ponderosa (*fles pers.*, 30 à 50 m.).
— sylvestris (*fles pers.*, 15 à 30 m.).
Platanus orientalis (*fles cad.*, 20 à 25 m.).
Populus alba (*fles cad.*, 20 à 30 m.).
— basalmifera (*fles cad.*, 20 m.).
— monilifera (*fles cad.*, 25 m.).
— Tremula pendula (*fles cad.*, 12 à 25 m.).
Pyrus Aria (*fles cad.*, 2 à 12 m.).
— Aucuparia (*fles cad.*, 3 à 10 m.).
— floribunda (*fles cad.*, 2 m. 50).
— japonica (*fles cad.*, 2 à 3 m.).
— spectabilis (*fles cad.*, 6 à 10 m.).
— torminalis (*fles cad.*, 3 à 5 m.).
Quercus Ballota (*fles pers.*, 6 m.).
— Ceris (*fles cad.*, ou *s.-pers.*, 12 à 20 m.).
— Ilex (*fles pers.*, 5 à 20 m.).
— pedunculata (*fles cad.*, 15 à 30 m.).
— pseudosuber (*fles pers.*, 15 m.).
— sessiliflora (*fles cad.*, 20 m.).
— Suber (*fles pers.*, 6 à 8 m.).
— Tozza (*fles cad.*, 6 à 10 m.).
Rhamnus catharticus (*fles cad.*, 2 à 3 m.).
— Frangula (*fles cad.*, 2 à 3 m.).
Rhus Cotinus (*fles cad.*, 2 m. à 2 m. 50).
— glabra et vars. (*fles cad.*, 2 à 6 m.).
— typhina (*fles cad.*, 3 à 10 m.).
Ribes alpinum aureum (*fles cad.*, 1 m.).
— aureum (*fles cad.*, 2 m. à 2 m. 50).
— sanguineum (*fles cad.*, 1 m. 50 à 2 m. 50).
Robinia Pseudo-Acacia (*fles cad.*, 10 à 20 m.).
Rosa canina (*fles cad.*, 2 m. à 2 m. 50).
— repens (*fles cad.*, 60 cent à 2 m. 50).
— rubiginosa (*fles cad.*, 1 m. à 1 m. 50).
— spinosissima (*fles cad.*, 30 cent. à 1 m. 20).
— tomentosa (*fles cad.*, 2 m.).
Salix alba (*fles cad.*, 2 m. 50).
— daphnoides (*fles cad.*, 3 à 6 m.).
— fragilis (*fles cad.*, 25 à 30 m.).
— pentandra (*fles cad.*, 2 à 6 m.).
— purpurea (*fles cad.*, 1 m. 50 à 3 m.).
— triandra (*fles cad.*, 6 m.).
— viridis (*fles cad.*, 10 m.).
Sambucus nigra (*fles cad.*, 8 m.).
— racemosa (*fles cad.*, 3 à 6 m.).
Sassafras officinale (*fles cad.*, 5 à 6 m.).
Sequoia gigantea (*fles pers.*, 120 m.).
Spartium juceum (*fles cad.*, 1 à 3 m.).
Spiræa bella (*fles cad.*, 60 cent. à 1 m.).
— discolor ariæfolia (*fles cad.*, 1 m. 20 à 3 m.).
— Lindleyana (*fles cad.*, 1 m. 20 à 2 m. 50).
Syringa Emodi (*fles cad.*, 2 m.).
— vulgaris (*fles cad.*, 2 m. 50 à 6 m.).
Tamarix gallica (*fles cad.*, 1 m. 50 à 3 m.).
Taxus baccata et vars (*fles pers.*, 5 à 15 m.).
Thuya occidentalis et vars (*fles pers.*, 12 à 15 m.).
— orientalis (*fles pers.*, 5 à 6 m.).
— plicata (*fles pers.*, 6 m.).
— tatarica (*fles pers.*, 2 m. 50 à 3 m.).
Thuyopsis dolobrata (*fles pers.*, 12 à 15 m.).
Tilia argentea (*fles cad.*, 10 à 15 m.).
— cordata (*fles cad.*).
Tilia platyphyllos (*fles cad.*, 20 à 25 m.).
— vulgaris (*fles cad.*, 20 à 25 m.).
Torreya taxifolia (*fles pers.*, 12 à 15 m.).
Tsuga canadensis (*fles pers.*, 18 à 25 m.).
Ulmus americana (*fles cad.*, 25 à 30 m.).
— glabra vegeta (*fles cad.*, 18 à 25 m.).
— montana (*fles cad.*, 25 à 30 m.).
Viburnum Lantana (*fles cad.*, 2 à 6 m.).
— Opulus (*fles cad.*, 2 à 3 m.).
— — sterilis (*fles cad.*, 2 à 3 m.).
— Tinus (*fles pers.*, 2 m. 50 à 3 m.).
Xanthoceras sorbifolia (*fles cad.*, 2 m. 50 à 5 m.).
Yucca filamentosa (*fles pers.*, 1 m.).
— gloriosa et vars (*fles pers.*, 3 à 4 m.).

CHOIX D'ESPÈCES CONVENABLES
POUR LES TERRAINS SILICEUX

Les espèces qui conviennent aux plantations en terrains siliceux sont moins spéciales que celles des autres natures de sol, car beaucoup d'essences indiquées dans les autres listes s'en accommodent parfaitement; la terre siliceuse est favorable à la culture de la plupart des végétaux, surtout quand la silice n'y existe pas en trop forte proportion. On sait, en effet que cet élément a la propriété de laisser l'air pénétrer entre ses mollécules et de permettre à l'eau en excès de s'écouler rapidement dans les couches inférieures; ces deux conditions sont très favorables à la végétation. Les espèces désignées ci-après sont plus particulièrement recommandables :

Acer campestre (*fles cad.*, 6 m.).
— macrophyllum (*fles cad.*, 20 m.).
— platanoides (*fles cad.*, 15 m.).
— pseudo-Platanus (*fles cad.*, 10 à 20 m.).
— rubrum (*fles cad.*, 6 m.).
— tataricum (*fles cad.*, 6 m.).
Æsculus glabra (*fles cad.*, 6 m.).
— Hippocastanum (*fles cad.*, 15 à 20 m.).
— rubicunda (*fles cad.*, 6 m.).
Alnus cordifolia (*fles cad.*, 5 à 15 m.).
Aristolochia Sipho (*fles cad.*, *grimpant.*).
Artemisia Abrotanum (*fles cad.*, 60 cent. à 1 m. 20).
Berberis Aquifolium (*fles pers.*, 1 à 2 m.).
Berberis Darwini (*fles pers.*, 60 cent.).
— empetrifolia (*fles pers.*, 50 à 60 cent.).
— vulgaris (*fles cad.*, 2 m. 50 à 6 m.).
Betula alba et vars (*fles cad.*, 15 à 18 m.).
— nigra (*fles cad.*, 20 à 22 m.).
— pumila (*fles cad.*, 60 cent.).
Broussonetia papyrifera (*fles cad.*, 3 à 6 m.).
Buxus empervirens (*fles pers.*, 4 à 5 m.).
Calluna vulgaris (*fles pers.*, 30 cent. à 1 m.).
Caragana Altagana (*fles cad.*, 60 cent. à 1 m.).
— spinosa (*fles cad.*, 1 m. 20 à 2 m.).
Carya alba (*fles cad.*, 15 à 20 m.).
— amara (*fles cad.*, 15 à 25 m.).
— tomentosa (*fles cad.*, 18 à 20 m.).
Castanea sativa (*fles cad.*, 15 à 20 m.).
Catalpa bignonipides (*fles cad.*, 5 à 12 m.).
Ceanothus americanus (*fles cad.*, 30 cent. à 1 m.).
— dentatus (*fles cad.*, 1 m. 20 à 2 m.).
— floribundus (*fles pers.*, 1 m. 20).
— Veitchianus (*fles pers.*, 1 m.).
Cedrus Libani (*fles pers.*, 20 à 25 m.).

Celtis crassifolia (*flles cad.*, 6 à 10 m.).
— occidentalis (*flles cad.*, 10 à 15 m.).
Cerasus Avium (*flles cad.*, 6 à 12 m.).
— depressa (*flles cad.*, 30 cent.).
— Laurocerasus (*flles pers.*, 2 à 3 m.).
— Mahaleb (*flles cad.*, 3 m.).
— Padus (*flles cad.*, 3 à 10 m.).
Cercis canadensis (*flles cad.*, 5 à 6 m.).
— Siliquastrum (*flles cad.*, 6 à 10 m.).
Chamæcyparis nutkaensis (*flles pers.*, 12 à 18 m.).
— obtusa et vars (*flles pers.*, 20 à 30 m.).
Cladrastis amurensis (*flles cad.*, 2 m.).
Colutea arborescens (*flles cad*, 2 à 3 m.).
— cruenta (*flles cad.*, 1 m. 20 à 2 m.).
Coryllus Avellana (*flles cad.*, 6 m.).
Cratægus Oxyacantha (*flles cad.*, 3 à 6 m.).
Cupressus Goweniana (*flles pers.*, 5 à 6 m.).
— macrocarpa (*flles pers.*, 15 à 20 m.).
— sempervirens (*flles pers.*, 2 à 3 m.).
— torulosa (*flles pers.*, 15 à 20 m.).
Cytisus albus (*flles cad.*, 2 à 3 m.).
— biflorus (*flles cad.*, 1 m.).
— purpureus (*flles cad.*, 50 cent. à 1 m.).
— scoparius (*flles cad.*, 1 à 3 m.).
Diospyros virginiana (*flles pers.*, 6 à 10 m.).
Elæagnus hortensis (*flles cad.*, 3 à 6 m.).
— longipes (*flles pers.*, 1 m.).
— macrophylla (*flles pers.*, 2 m.).
— pungens (*flles cad.*, 2 m.).
Euonymus americanus (*flles cad.*, 50 cent. à 2 m.).
— atropurpureus (*flles cad.*, 2 à 4 m.).
— europæus (*flles cad.*, 2 à 6 m.).
— japonicus et vars (*flles pers.*, 6 m.).
Fagus ferruginea (*flles cad.*).
— sylvatica (*flles cad.*, 20 à 30 m.).
Fontanesia Fortunei (*flles s.-pers.*).
— phillyræoides (*flles s.-pers.*, 3 à 4 m.).
Forsythia suspensa (*flles cad.*).
— viridissima (*flles cad.*, 3 m.).
Fothergilla alnifolia (*flles cad.*, 1 à 2 m.).
Fraxinus americana (*flles cad.*, 10 à 12 m.).
— excelsior (*flles cad.*, 10 à 25 m.).
— Ornus (*flles cad.*, 6 à 10 m.).
Fremontia californica (*flles cad.*, 2 à 3 m.).
Genista anglica (*flles cad.*, 30 à 60 cent.).
Genista pilosa (*flles pers.*, *retombant.*).
— tinctoria (*flles pers.*, 30 à 60 cent.).
Ginkgo biloba (*flles cad.*, 20 à 25 m.).
Gleditschia sinensis (*flles cad.*, 10 à 15 m.).
— triacanthos (*flles cad.*, 10 à 15 m.).
Gymnocladus canadensis (*flles cad.*, 10 à 20 m.).
Halesia hispida (*flles cad.*).
— tetraptera (*flles cad.*, 5 à 6 m.).
Hamamelis arborea (*flles cad.*, 5 à 6 m.).
— virginica (*flles cad.*, 6 m.).
Hedera Helix et vars (*flles pers.*, *grimpant.*).
Hibiscus syriacus et vars (*flles cad.*, 2 à 3 m.).
Hypericum calycinum (*flles s.-pers.*, 30 à 40 cent.).
— elatum (*flles cad.*, 1 m. 50).
— hircinum (*flles cad.*, 60 cent. à 1 m. 20).
— Kalmianum (*flles cad.*, 60 cent. à 1 m. 20).
— patulum (*flles pers.*, 2 m.).
Idesia polycarpa (*flles cad.*).
Ilex Aquifolium (*flles pers.*, 3 à 12 m.).
— cornuta (*flles pers.*).
— latifolia (*flles pers.*, 6 m.).
Ilex opaca (*flles pers.*, 6 à 12 m.).
Juglans cinerea (*flles cad.*, 10 à 20 m.).
— nigra (*flles cad.*, 20 m.).
— regia (*flles cad.*, 12 à 20 m.).
Juniperus chinensis (*flles pers.*, 5 à 6 m.).
— communis et vars (*flles pers.*, 1 à 6 m.).
— excelsa et vars (*flles pers.*, 6 à 12 m.).
— phœnicea (*flles pers.*, 5 à 6 m.).
— procumbens (*flles pers.*, *retombant.*).
— Sabina (*flles pers.*, 1 m. 50 à 2 m. 50).
— thurifera (*flles pers.*, 5 à 8 m.).
— virginiana et vars (*flles pers.*, 3 à 5 m.).
Kœrria japonica et vars (*flles cad.*, 1 m. à 1 m. 20).
Kœlreuteria paniculata (*flles cad.*, 3 à 5 m.).
Laburnum alpinum (*flles cad.*, 5 à 6 m.).
— Adami (*flles cad.*, 3 à 6 m.).
— vulgare (*flles cad.*, 6 m.).
Larix europæa (*flles cad.*, 25 à 30 m.).
Laurus nobilis (*flles pers.*, 10 à 20 m.).
Lavandula vera (*flles cad.*, 30 à 60 cent.).
Leiophyllum buxifolium (*flles pers.*, 15 à 30 cent.).
Ligustrum japonicum (*flles pers.*, 2 m. 2 m. 50).
— lucidum (*flles pers.*, 3 à 4 m.).
— Massalongeanum (*flles pers.*, 2 m.).
— ovalifolium et vars (*flles pers.*, 2 m.).
— vulgare (*flles pers.*, 2 à 3 m.).
Lycium afrum (*flles cad.*, 2 à 3 m.).
— barbarum (*flles cad.*, *grimpant.*).
— europæum (*flles cad.*, 3 à 4 m.).
Magnolia acuminata (*flles cad.*, 10 à 20 m.).
— conspicua (*flles cad.*, 10 à 15 m.).
— grandiflora (*flles pers.*, 20 à 25 m.).
— macrophylla (*flles cad.*, 10 m.).
— parviflora (*flles cad.*).
— stellata (*flles cad.*).
— Umbrella (*flles cad.*, 12 m.).
Morus alba (*flles cad.*, 6 à 10 m.).
— nigra (*flles cad.*, 6 à 10 m.).
Muehlenbeckia complexa (*flles pers.*, *grimpant.*).
Myrica californica (*flles pers.*, 10 à 12 m.).
— cerifera (*flles pers.*, 2 à 4 m.).
Myricaria germanica (*flles cad.*, 1 à 2 m.).
Negundo accroides et vars (*flles cad.*. 12 m.).
Neillia opulifolia (*flles cad.*, 1 m. 50).
Nuttalia cerasiformis (*flles cad.*, 1 m. 50).
Olearia Haasii (*flles pers.*).
Ononis fructicosa (*flles cad.*, 30 à 60 cent.).
Osmanthus Aquifolium (*flles pers.*).
— fragrans (*flles pers.*, 2 à 3 m.).
Ostrya carpinifolia (*flles cad.*, 10 à 12 m.).
— virginica (*flles cad.*, 5 à 12 m.).
Pavia alba (*flles cad.*, 1 à 3 m.).
— californía (*flles cad.*, 4 à 12 m.).
— flava (*flles cad.*, 6 m.).
— rubra (*flles cad.*, 2 à 3 m.).
Periploca græca (*flles cad.*, *grimpant.*).
Petteria ramentacea (*flles cad.*, 5 m.).
Philadelphus coronarius (*flles cad.*, 1 a 3 m.) et vars.
— Gordonianus (*flles cad.*, 3 m.).
— grandiflorus (*flles cad.*, 2 à 3 m.).
— hirsutus (*flles cad.*, 1 m.).
— inodorus (*flles cad.*, 1 m. 20 à 2 m.).
Phlomis fructicosa (*flles pers.*, 60 cent. à 1 m. 20).
Photinia serrulata (*flles pers.*, 3 à 6 m.).
Picea Alcoquiana (*flles pers.*, 25 à 30 m.).
Pinus austriaca (*flles pers.*, 15 à 50 m.).

Pinus Cembra (*flles pers.*, 15 à 50 m.).
— excelsa (*flles pers.*, 12 à 15 m.).
— halepensis (*flles pers.*, 12 à 15 m.).
— Lambertiana (*flles pers.*, 75 à 100 m.).
— Laricio (*flles pers.*, 30 à 50 m.).
— monophylla (*flles pers.*, 6 à 8 m.).
— Mughus (*flles pers.*, 2 à 5 m.).
— Pinaster (*flles pers.*, 20 à 25 m.).
— Pinea (*flles pers.*, 15 à 20 m.).
— ponderosa (*flles pers.*, 30 à 50 m.).
— pyrenaica (*flles pers.*, 20 à 25 m.).
— rigida (*flles pers.*, 10 à 15 m.).
— Strobus (*flles pers.*, 40 à 50 m.).
— sylvestris (*flles pers.*, 15 à 30 m.).
Podocarpus andina (*flles pers.*, 12 à 15 m.).
— Nageia (*pers.*, 10 à 20 m.).
Pseudolarix Kæmpferi (*cad.*, 35 à 40 m.).
Purshia tridentata (*flles pers.*, 60 cent. à 1 m.).
Pyrus arbutifolia (*flles cad.*, 60 cent. à 3 m.).
— Aria (*flles cad.*, 2 à 12 m.).
— Aucuparia (*flles cad.*, 3 à 10 m.).
— baccata (*flles cad.*, 5 à 6 m.).
— communis (*flles cad.*, 6 à 12 m.).
— coronaria (*flles cad.*, 6 m.).
— domestica (*flles cad.*, 6 à 20 m.).
— floribunda (*flles cad.*).
— Malus et vars (*flles cad.*, 6 m.).
— spectabilis (*flles cad.*, 6 à 10 m.).
— Toringo (*flles cad.*).
Quercus alba (*flles cad.*, 20 m.).
— Catesbæi (*flles cad.*, 5 à 10 m.).
— Cerris (*flles cad.*, 12 à 20 m.).
— coccinea (*flles cad.*, 15 m.).
— Ilex (*flles pers.*, 5 à 20 m.).
— ilicifolia (*flles cad.*, 1 m. à 2 m 50.).
— nigra (*flles cad.*, 3 à 8 m.).
— Suber (*flles pers.*, 5 m.).
— tinctoria (*flles cad.*, 25 à 30 m.).
— Tozza (*flles cad.*, 6 à 10 m.).
Rhamnus Alaternus (*flles pers.*, 6 m).
— Frangula (*flles cad.*, 2 à 3 m.).
Rhus Cotinus (*flles cad.*, 2 à 3 m.).
— thypina (*flles cad.*, 3 à 10 m.).
Ribes aureum (*flles cad.*, 2 m. à 2 m. 50).
— floridum (*flles cad.*, 1 m. 20).
— gracile (*flles cad.*, 1 m. 20 à 2 m. 50).
— Grossularia (*flles cad.*, 1 m. 20).
— nigrum (*flles cad.*, 2 m. 50.).
— Oxyacanthoides (*flles cad.*, 60 cent. à 1 m.).
— rubrum (*flles cad.*, 1 m. 20).
— sanguineum (*flles cad.*, 1 m. 20 à 2 m. 50).
— speciosum (*flles cad.*, 1 m. 20 à 2 m.).
Robinia hispida (*flles cad.*, 1 m à 2 m. 50).
— pseudo-Acacia (*flles cad.*, 10 à 20 m.).
— viscosa (*flles cad.*, 6 à 12 m.).
Rosa canina (*flles cad.*, 2 à 3 m.).
— repens (*flles cad.*, 1 à 2 m. 50).
— rubiginosa (*flles cad.*, 1 m. 50).
— spinosissima (*flles cad.*, 30 cent. à 1 m. 20).
— tomentosa (*flles cad.*, 2 m.).
Rosmarinus officinalis (*flles pers.*, 60 cent. à 1 m. 20).
Rubus fruticosus (*flles cad.*, *traînant.*).
Ruscus aculeatus (*flles pers.*, 30 à 60 cent.).
— Hypophyllum (*flles pers.*, 30 à 60 cent.).
— racemosus (*flles pers.*, 1 m. 20).
Santolina Chamæcyparissus (*flles pers.*, 30 à 60 cent.).
Sassafras officinale (*flles cad.*, 5 à 6 m.).
Sequoia gigantea (*flles pers.*, 100 à 120 m.).
— sempevirens (*flles pers.*, 60 à 100 m.).
Smilax aspera (*flles pers.*, *grimpant.*).
— rotundifolia (*flles pers.*, *grimpant.*).
Sophora japonica et vars (*flles cad.*, 10 à 12 m.).
Spartium junceum (*flles cad.*, 2 à 3 m.).
Spiræa bella (*flles cad.*, 60 cent. à 1 m.).
— cantoniensis (*flles pers.*, 1 m. à 1 m. 20).
— chamædrifolia (*flles cad.*, 30 à 60 cent.).
— discolor ariæfolia (*flles cad.*, 1 m. 20 à 3 m.).
— lævigata (*flles cad.*, 30 cent. à 1 m.).
— Lindleyana (*flles cad.*, 1 m. 20 à 2 m. 50.).
— prunifolia flore-pleno (*flles cad.*, 1 m.).
— salicifolia et vars (*flles cad.*, 1 m. à 1 m. 50).
— trilobata (*flles cad.*, 30 à 60 cent.).
Staphylea colchica (*flles cad.*, 1 m. à 1 m. 50).
— pinnata (*flles cad.*, 2 à 4 m.).
— trifolia (*flles cad.*, 2 à 4 m.).
Stauntonia hexaphylla (*flles pers.*).
Stephanandra flexuosa (*flles cad.*).
Styrax grandifolia (*flles cad.*, 2 m.).
— serrulata (*flles cad.*, 12 m.).
Symphoricapus occidentalis (*flles cad.*).
— racemosus (*flles cad.*, 1 m. 20 à 2 m.).
— vulgaris (*flles cad.*, 1 à 2 m.).
Syringa Emodi (*flles cad.*, 2 m.).
— japonica (*flles cad.*).
— vulgaris (*flles cad.*, 3 à 6 m.).
Tamarix gallica (*flles pers.*, 2 à 3 m.).
Ulex europæus (*flles pers.*, 60 cent. à 1 m.).
— nanus (*flles pers.*, 30 à 50 cent.).
Ulmus campestris (*flles cad.*, 3g m.).
Viburnum dentatum (*flles cad.*, 1 m.60 à 3 m.).
— dilatatum (*flles cad.*, 3 m.).
— Lentago (*flles cad.*, 5 à 10 m.).
— macrocephalum (*flles cad.*, 6 m.).
— Opulus (*flles cad.*, 1 m. 50 à 2 m. 50).
— — sterilis (*flles cad.*, 1 m. 50 à 2 m. 50).
— plicatum (*flles cad.*, 1 m. 20 à 2 m.).
— prunifolium (*flles cad.*, 2 m. 50 à 3 m.).
— Tinus (*flles pers.*, 1 m. 50 à 3 m.).
Xanthoceras sorbifolia (*flles cad.*, 3 à 5 m.).
Xanthorrhiza apiifolia (*flles cad.*, 30 cent. à 1 m.).
Yucca aloifolia (*flles pers.*, 5 à 6 m.).
— angustifolia (*flles pers.*, 1 m. 20 à 1 m. 50).
— filamentosa et vars (*flles pers.*, 1 m.).
— gloriosa et vars (*flles pers.*, 1 à 2 m.).

CHOIX D'ESPÈCES PROSPÉRANT
EN TERRE DE BRUYÈRE

La terre de bruyère est une terre résultant de la décomposition des feuilles et radicelles des Bruyères et quelques autres plantes mélangées au sol naturel des bois.

Un paragraphe de l'article **Terre** (vol. V, p. 223) de cet ouvrage lui a déjà été consacré et nous prions les lecteurs de vouloir bien s'y reporter pour les détails. Il suffira d'ajouter ici qu'un très grand nombre d'arbres et d'arbustes, dont la liste suivante constitue un choix, l'exigent pour leur culture, soit à cause de leur nature calcifuge, soit qu'ils y prospèrent mieux qu'en terre ordinaire, à cause de leurs racines très nombreuses et ténues. Beaucoup s'accommodent cependant d'autres terres, celles siliceuses et humifères notamment, ou même des terres ordinaires, car cette liste n'est pas restreinte aux seules espèces exigeant la terre de bruyère; elle comprend au contraire celles qui y prospèrent. Cette extension a paru nécessaire pour les régions où la terre de bruyère prédomine à l'état naturel.

Abies balsamea (*fles pers.*, 12 à 20 m.).
— grandis (*fles pers.*, 30 m.).
— nobilis (*fles pers.*, 60 à 100 m.).
— Nordmanniana (*fles pers.*, 25 à 30 m.).
— pectinata (*fles pers.*, 25 à 30 m.).
Acer pseudo Platanus (*fles cad.*, 10 à 20 m.).
— tataricum (*fles cad.*, 6 m.).
Alnus glutinosa (*fles cad.*, 15 à 20 m.).
Andromeda polifolia (*fles pers.*, 30 cent.).
Arbutus Andrachne (*fles pers.*, 3 à 4 m.).
— Menziesi (*fles pers.*, 2 à 3 m.).
— Unedo (*fles pers.*, 2 m. 50 à 3 m.).
Arctostaphyllos alpina (*fles cad.*, *trainant*).
— Uva-ursi (*fles pers.*, *trainant*).
Asimina triloba (*fles cad.*, 3 m.).
Azalea arborescens (*fles cad.*, 3 à 6 m.).
— calendulacea (*fles cad.*, 60 cent. à 2 m.).
— hispida (*fles cad.*, 3 à 5 m.).
— ledifolia (*fles pers.*, 60 cent. à 2 m.).
— nudiflora (*fles cad.*, 1 m. à 1 m. 20).
— pontica (*fles cad.*, 1 m. 20 à 2 m.).
— speciosa (*fles cad.*, 1 m. à 1 m. 20).
— viscosa (*fles cad.*, 60 cent. à 1 m. 20).
— variétés horticoles (*fles cad.*, 1 m. 20).
Betula lutea (*fles cad.*, 20 à 25 m.).
Calluna vulgaris (*fles pers.*, 30 cent. à 1 m.).
Calycanthus floridus (*fles cad.*, 1 m. 20 à 2 m.).
— glaucus (*fles cad.*, 1 m. 20 à 2 m.).
— lævigatus (*fles cad.*, 1 à 2 m.).
— occidentalis (*fles cad.*, 2 à 4 m.).
Cassandra angustifolia (*fles pers.*, 30 à 60 cent.).
— calyculata (*fles pers.*, 30 cent. à 1 m.).
Cassiope hypnoides (*fles pers.*, *rampant.*).
— tetragona (*fles pers.*, 15 cent.).
Catalpa bignonioides (*fles cad.*, 6 à 8 m.).
Ceanothus americanus (*fles cad.*, 30 cent. à 1 m.).
— dentatus (*fles* 1 m. 20 à 2 m.).
— floribundus (*fles pers.*, 1 m. 20).
— Veitchianus (*fles pers.*, 1 m.).
Cephalanthus occidentalis (*fles cad.*, 2 m. 50).
Chamæcyparis Lawsoniana (*fles pers.*, 25 à 30 m.).
— nutkaensis (*fles pers.*, 12 à 20 m.).
— obtusa et vars (*fles pers.*, 25 à 30 m.).
Chionanthus virginica (*fles cad.*, 3 à 10 m.).
Cladastris amurensis (*fles cad.*, 2 m.).
Clethra acuminata (*fles cad.*, 3 à 5 m.).
— alnifolia (*fles cad.*, 1 m. à 1 m. 20).
— paniculata (*fles cad.*, 1 m. à 1 m. 20).
— tomentosa (*fles cad.*, 1 m. à 1 m. 20).
Colutea arborescens (*fles cad.*, 2 à 3 m.).
— cruenta (*fles cad.*, 1 m. 20 à 2 m.).
Comptonia asplenifolia (*fles cad.*, 1 m. à 1 m. 20).
Corema alba (*fles pers.*, 30 cent.).
Cornus florida (*fles cad.*, 6 à 10 m.).
Dabœcia polifolia (*fles pers.*, 30 à 60 cent.).
Daphne Cneorum (*fles pers.*, *trainant.*).
Daphne Gnidium (*fles pers.*, 60 cent.).
— pontica (*fles pers.*, 1 m. 20 à 1 m. 50).
Desfontainea spinosa (*fles pers.*, 1 m.).
Dirca palustris (*fles cad.*, 60 cent. à 1 m. 50).
Empetrum nigrum (*fles pers.*, 15 à 30 cent.).
Epigea repens (*fles pers.*, *rampant.*).
Erica arborea (*fles pers.*, 3 à 6 m.).
— australis (*fles pers.*, 1 à 2 m.).
— carnea (*fles pers.*, 15 cent.).
— cinera (*fles pers.*, 15 à 30 cent).
— codonodes (*fles pers.*, 20 cent.).
— mediterranea (*fles pers.*, 1 m. 20 à 2 m.).
— multiflora (*fles pers.*, 60 cent.).
— scoparia (*fles pers.*, 60 cent. à 1 m.).
— Tetralix (*fles pers.*, 15 à 30 cent.).
Euonymus americanus (*fles cad.*, 60 cent. à 1 m.).
— atropurpureus (*fles cad.*, 2 à 5 m.).
— europæus (*fles cad.*, 2 à 6 m.).
— japonicus (*fles pers.*, 6 m.).
Fothergilla alnifolia (*fles cad.*, 1 à 3 m.).
Gaultheria procumbens (*fles pers.*, *retombant.*).
— Shallon (*fles pers.*, *retombant.*).
Gordonia lasiantha (*fles s. pers.*, 2 m. 50 à 3 m.).
— pubescens (*fles cad.*, 1 m. 20 à 2 m.).
Halesia hispida (*fles cad.*).
— tetraptera (*fles cad.*, 5 à 6 m.).
Hedera Helix et vars (*fles pers.*, *grimpant.*).
Hydrangea arborescens (*fles cad.*, 1 m. 20 à 2 m.).
Itea virginica (*fles cad.*, 2 m.).
Juniperus communis (*fles pers.*, 1 à 6 m.).
— recurva (*fles pers.*, 1 m. 50 à 2 m. 50).
— Sabina (*fles pers.*, 1 m. 50 à 2 m. 50).
Kalmia augustifolia (*fles pers.*, 60 cent. à 1 m.).
— latifolia (*fles pers.*, 1 à 3 m.).
Kerria japonica et vars (*fles cad.*, 1 m. à 1 m. 50).
Kœlreuteria paniculata (*fles cad.*, 3 à 5 m.).
Laburnum Adami (*fles cad.*).
— alpinum (*fles cad.*, 5 à 6 m.).
— vulgare (*fles cad.*, 6 m.).
Laurus nobilis (*fles pers.*, 10 à 20 m.).
Ledum latifolium (*fles pers.*, 30 à 60 cent.).
— palustre (*fles pers.*, 60 cent.).
Leiophyllum buxifolium (*fles pers.*, 15 à 30 cent.).
Leucothoe axillaris (*fles pers.*, 60 cent. à 1 m.).
— Davisiæ (*fles pers.*, 1 m. à 1 m. 50).
— racemosa (*fles pers.*, 1 m. 20 à 3 m.).
Ligustrum japonicum (*fles pers.*, 2 m. à 2 m. 50).
— lucidum (*fles pers.*, 2 m. 50 à 5 m.).
— Massalongeanum (*fles pers.*, 2 m.).
— ovalifolium *fles s. pers.*, 2 m.).
Lindera Benzoin (*fles pers.*, 2 à 5 m.).
Lyonia ligustrina (*fles pers.*, 1 à 3 m.).
Magnolia conspicua (*fles cad.*, 10 à 15 m.).
— glauca (*fles pers.*, 5 m.).
— stellata (*fles cad.*).
Menispermum canadense (*fles cad.*, *grimpant.*).
Menziesia ferruginea globularis (*fles pers.*, 60 cent. à 1 m. 50).
Mespilus germanica (*fles cad.*, 3 à 6 m.).
— Smithii (*fles cad.*, 6 m.).
Myrica californica (*fles pers.*, 10 à 12 m.).
— cerifera (*fles pers.*, 1 m. 50 à 4 m.).
— Gale (*fles cad.*, 60 cent. à 1 m. 20).
Negundo aceroides et vars (*fles cad.*, 12 m.).
Neillia opulifolia (*fles cad.*, 1 m. 50).
Nuttallia cerasiformis (*fles cad.*, 1 m. 50).

Olearia Haastii (*flles pers.*).
Ostrya carpinifolia (*flles cad.*, 10 à 12 m.).
— virginica (*flles cad.*, 5 à 12 m.).
Oxycoccus macrocarpus (*flles pers., traînant*).
Periploca græca (*flles cad.*. *grimpant*).
Pernettya furens (*flles pers.*, 1 m.).
— mucronata (*flles pers.*, (2 m.).
Philadelphus coronarius et vars (*flles cad.*, 60 cent., à 3 m.).
— Gordonianus (*flles cad.*, 3 m.),
— grandiflorus (*flles cad.*, 2 à 3 m.).
— hirsutus (*flles cad.*, 1 m.).
— inodorus (*flles cad.*, 1 m. 20 à 2 m.).
Phillyræa media (*flles pers.*, 3 à 5 m.).
— Vilmoriniana (*flles pers.* ,1 à 2 m.).
Phyllodoce taxifolia (*flles pers*,. 60 cent.).
Picea Alcoquiana (*flles pers.*, 30 à 40 m.).
— excelsa (*flles pers.*, 30 m.).
— nigra (*flles pers.*, 15 à 30 m.).
— orientalis (*flles pers.*).
— Smithiana (*flles pers.*, 25 à 40 m.).
Pinus Lambertiana (*flles pers.*, 50 à 100 m.).
— Laricio (*flles pers.*, 30 à 40 m.).
— sylvestris (*flles pers.*, 15 à 30 m.).
Polygala Chamæbuxus (*flles pers.*, 15 cent.).
Pyrus Aucuparia (*flles cad.*, 3 à 6 m.).
Quercus alba (*flles cad.*, 6 m.).
— rubra (*flles cad.*, 25 à 30 m.).
Rhamnus Frangula (*flles cad.*, 1 m. 50 à 3 m.).
Rhododendron albiflorum (*flles pers.*, 60 cent. à 1 m.).
— Anthopogon (*flles pers.*, 30 à 50 cent.).
— catawbiense (*flles pers.*, 1 à 2 m.).
— caucasicum (*flles pers.*, 30 cent.).
— ciliatum (*flles pers.*, 60 cent.).
— dahuricum (*flles pers.*, 1 m.).
— Farreræ (*flles pers.*, 1 m.).
— ferrugineum (*flles pers.*, 30 cent.).
— Fortunei (*flles pers.*, 4 m.).
— hirsutum (*flles pers.*, 30 à 60 cent.).
ponticum (*pers.*, 2 à 4 m.).
— variétés horticoles (*flles pers.*, 1 à 3 m.).
Rodora canadensis (*flles cad.*, 60 cent. à 1 m. 20).
Rhodothamnus Chamæcistus (*flles pers.*, 15 cent.).
Rhodotypos kerrioides (*flles pers.*, 1 à 5 m.).
Sambucus nigra (*flles cad.*, 7 à 8 m.).
— racemosa (*flles cad.*, 3 à 6 m.).
Sciadopitys verticillata (*flles pers.*, 25 à 30 m.).
Skimmia japonica (*flles pers.*. 1 m. à 1 m. 20).
— Laureola (*flles pers.*, 1 m. 20).
— oblata (*flles pers.*).
— rubella (*flles pers.*).
Solanum Dulcamara (*flles cad., traînant*).
Spartium junceum (*flles cad.*, 2 à 3 m.).
Spiræa bella (60 cent. à 1 m.).
— cantoniensis (*flles cad.*, 1 m. à 1 m. 20).
— chamædrifolia (*flles cad.*, 30 à 60 cent.).
— discolor ariæfolia (*flles cad.*, 1 m. 20 à 3 m.).
— lævigata (*flles cad.*, 30 cent. à 1 m.).
— Lindleyana (*flles cad.*, 1 m. 20 à 2 m. 50).
— prunifolia flore-pleno (*flles cad.*, 1 m.).
— salicifolia (*flles cad.*, 1 m. à 1 m. 50).
— Thunbergii (*flles cad.*, 30 cent. à 1 m.).
— trilobata (*flles cad.*, 30 à 60 cent.).
Staphylea colchica (*flles cad.*, 1 m. à 1 m. 50).
— pinnata (*flles cad.*, 2 à 4 m.).
— trifolia (*flles cad.*, 2 à 4 m.).
Stephanandra flexuosa (*flles cad.*).
Stuartia pentagyna (*flles cad.*, 3 m.).
— virginica (*flles cad.*, 2 m. 50).
Syringa Emodi (*flles cad.*, 2 m.).
— japonica (*flles cad.*).
— vulgaris (*flles cad.*, 2 m. 50 à 6 m.).
Tamarix gallica (*flles pers.*, 1 m. 50 à 3 m.).
Taxus baccata (*flles pers.*, 5 à 15 m.).
— cuspidata (*flles pers.*, 5 à 6 m.).
Thuya gigantea (*flles pers.*, 15 à 45 m.).
— occidentalis et vars (*flles pers.*, 12 à 15 m.).
— orientalis (*flles pers.*, 6 à 7 m.).
Thuyopsis dolobrata (*flles pers.*, 12 à 15 m.).
Ulex europæus (*flles pers.*, 60 cent. à 1 m.).
— nanus (*flles pers.*, 30 cent. à 1 m.).
Vaccinium corymbosum (*flles cad.*, 1 m. 50 à 3 m.).
— formosum (*flles cad.*, 60 cent. à 1 m.).
— Myrsinites (*flles pers.*, 30 à 60 cent.).
— pensylvanicum (*flles cad.*, 25 à 30 cent.).
— stamineum (*flles cad.*, 60 cent. à 1 m.).
— Vitis-Idæa (*flles pers., retombant.*).
Viburnum dentatum (*flles cad.*, 1 m. 50 à 3 m.).
— dilatatum (*flles cad.*. 3 m.).
— macrocephalum (*flles cad.*, 6 m.).
— Lentago (*flles cad.*, 5 à 6 m.).
— Opulus et vars (*flles cad.*, 2 m. à 2 m. 50).
— plicatum (*flles cad.*. 1 m. 20 à 2 m.).
— prunifolium (*flles cad.*, 2 m. 50 à 3 m.).
— Tinus et vars (*flles pers.*, 2 à 3 m.).
Wistaria chinensis (*flles cad., grimpant.*).
— japonica (*flles cad., volubile*).
Xanthoceras sorbifolia (*flles cad.*, 2 à 5 m.).
Xanthorrhiza apiifolia (*flles cad.*, 30 cent. à 1 m.).
Zenobia speciosa (*flles pers.*, 60 cent. à 1 m. 20).
— pulverulenta (*flles pers.*. 1 m.).

CHOIX D'ESPÈCES PROSPÉRANT
DANS LES TERRAINS MARÉCAGEUX

Les arbres et arbustes que renferme cette liste sont ceux que l'on rencontre le plus fréquemment dans les lieux humides, sur le bord des eaux et dans les marécages. Beaucoup sont cependant susceptibles de vivre et prospérer dans des terres relativement sèches et parfois même à une grande altitude. Bien que leur reprise et souvent leur multiplication soient faciles, il est bon de placer autour des racines, au moment de la plantation, un peu de terre de bruyère ou un compost léger, afin de les faire pousser plus vigoureusement. Pour les essences les plus robustes, telles que les Saules, les Peupliers, Aulnes, etc., il n'est pas nécessaire de prendre cette précaution.

Abies balsamea (*flles pers.*, 12 à 20 m.).
Acer rubrum (*flles cad.*, 6 m.).
Alnus cordifolia (*flles cad.*, 5 à 15 m.).
— glutinosa (*flles cad.*, 15 à 30 m.).
— viridis (*flles cad.*).
Andromeda polifolia (*flles pers.*, 30 cent.).
Arbustus Unedo (*flles pers.*, 2 m. 50 à 3 m.).
Betula lutea (*flles cad.*, 20 à 25 m.).
— nana (*flles cad.*, 30 cent. à 1 m.).
Bryanthus Gmelini (*flles pers., traînant*).

Cassandra augustifolia (*flles pers.*, 30 à 60 cent.).
— calyculata (*flles pers.*, 30 à 60 cent.).
Chamæcyparis sphæroidea (*flles pers.*, 12 à 18 m.).
Chionanthus virginica (*flles cad.*, 3 à 10 m.).
Clematis Viorna (*flles cad.*, *grimpant*).
Clethra alnifolia (*flles cad.*, 1 m. à 1 m. 20).
— tomentosa (*flles cad.*, 1 m. à 1 m. 20).
Cornus paniculata (*flles cad.*, 1 m. 20 à 2 m. 50).
— sericea (*flles cad.*, (1 m. 50 à 2 m. 50).
Dirca palustris (*flles cad.*, 60 cent à 1 m. 50).
Erica ciliaris (*flles pers.*, 1 m. 50à 2 m. 50).
— Tetralix (30 à 50 cent.).
Gordonia pubescens (*flles cad.*, 1 m. 20 à 2 m.).
Hedera Helix et vars (*flles pers.*, *grimpant*.).
Juniperus communis et vars (*flles pers.*, 1 à 6 m.).
— virginiana (*flles pers.*, 3 à 5 m.).
Ledum palustre (*flles pers.*, 60 cent.).
Liquidambar styraciflua (*flles cad.*, 10 à 15 m.).
Myrica cerifera (*flles pers.*, 1 m. 50 à 4 m.).
— Gale (*flles cad.*, 60 cent à 1 m. 20).
Nemopanthes canadense (*flles cad.*, 1 m.).
Nyssa multiflora (*flles cad.*, 10 à 15 m.).
Oxycoccus macrocarpus (*flles pers.*, *traînant*).
— palustris (*flles pers.*, *traînant*).
Picea nigra (*flles pers.*, 15 à 25 m.).
Pinus Cembra (*flles pers.*, 15 à 20 m.).
— contorta (*flles pers.*, 8 à 10 m.).
— rigida (*flles pers.*, 10 à 15 m.).
— Strobus (*flles pers.*, 40 à 50 m.).
Platanus orientalis acerifolia (*flles cad.*, 20 à 25 m.).
Populus alba et vars (*flles cad.*, 20 à 30 m.).
— balsamifera (*flles cad.*, 20 m.).
— monilifera (*flles cad.*, 25 m.).
— nigra (*flles cad.*, 15 à 30 m.).
— Tremula (*flles cad.*, 12 à 25 m.).
Pyrus arbutifolia (*flles cad.*, 60 cent à 3 m.).
Quercus aquatica (*flles cad.*, 20 à 25 m.).
— lyrata (*flles cad.*, 1 m. 50).
— palustris (*flles cad.*, 20 m.).
— Phellos (*flles cad.*, 15 m.).
— Prinus (*flles cad.*, 20 à 30 m.).
Rosa lucida (*flles cad.*, 30 à 60 cent.).
Rubus Idæus (*flles cad.*, 1 m. 20 à 2 m. 50).
Salix alba (*flles cad.*, 25 m.).
— babylonica (*flles cad.*, 10 m.).
— Capræa (*flles cad.*, 5 à 10 m.).
— daphnoides (*flles cad.*, 3 à 6 m.).
— pentandra (*flles cad.*, 2 à 5 m.).
— phylicifolia (*flles cad.*, 3 m.).
— purpurea (*flles cad.*, 2 à 3 m.).
— repens (*flles cad.*, 50 cent. et *retombant*.).
— rubra Helix (*flles cad.*, 3 à 4 m.).
— viridis (*flles cad.*, 6 m.).
Sambucus canadensis (*flles cad.*, 1 m. 20 à 2 m.).
— nigra (*flles cad.*, 5 m.).
— racemosa (*flles cad.*, 3 à 6 m.).
Taxodium distichum (*flles cad.*. 40 m.).
Thuya occidentalis et vars (*flles pers.*, 12 à 15 m.).
Viburnum nudum (*flles cad.*, 2 à 3 m.).

CHOIX D'ESPÈCES CONVENABLES

POUR LES RÉGIONS MONTAGNEUSES

Le choix des espèces d'arbres et d'arbustes susceptibles de prospérer dans les montagnes et les lieux exposés aux intempéries demande à être effectué avec beaucoup de soins. Il faut, pour la plantation dans ces régions, ne prendre que des sujets vigoureux, bien pourvus de chevelu, ayant été transplantés deux ans auparavant et munis d'une bonne motte. La plantation à demeure doit aussi en être faite le plus tôt possible après leur réception.

Les espèces désignées ci-après peuvent prospérer à une grande altitude :

Abies amabilis (*flles pers.*, 150 m.).
— cephalonica (*flles pers.*, 15 à 30 m.).
— Nordmanniana (*flles pers.*, 25 à 30 m.).
— pectinata (*flles pers.*, 25 à 30 m.).
— Pindrow (*flles pers.*, 50 m.).
— sub-alpina (*flles pers.*, 15 à 30 m.).
— Veitchii (*flles pers.*, 40 à 45 m.).
Acer montanum (*flles cad.*, 6 m.).
— opulifolium (*flles cad.*, 2 m. 50).
— platanoides (*flles cad.*, 15 m.).
— pseudo-Platanus (*flles cad.*).
Arctostaphyllos Uva-ursi (*flles pers.*, *traînant*.).
Aucuba japonica (*flles pers.*, 2 à 3 m.).
Berberis Aquifolium (*flles pers.*, 1 à 2 m.).
— vulgaris (*flles cad.*, 2 m. 50 à 3 m.).
Betula alba (*flles cad.*, 15 à 30 m.).
— fruticosa (*flles*, 2 m. ou plus).
— nana (*flles cad.*, 30 cent. à 1 m.).
— pumila (*flles cad.*, 60 cent., à 1 m.).
Buxus sempervirens (*flles pers.*, 30 cent. à 10 m.).
Calluna vulgaris (*flles pers.*, 30 cent. à 1 m.).
Caragana pygmæa (*flles cad.*, 30 à 1 m.).
Castanea sativa (*flles cad.*, 15 à 25 m.).
Cedrus Libani (*flles pers.*, 20 à 25 m.).
Cerasus Laurocerasus (*flles pers.*, 2 à 3 m.).
Chamæcyparis Lawsoniana (*flles pers.*, 15 à 30 m.).
Colutea arborescens (*flles cad.*, 2 à 3 m.).
Corylus Avellana (*flles cad.*, 6 m.).
Cotoneaster frigida (*flles pers.*, 3 m.).
— nummularia (*flles pers.*, 3 à 5 m.).
— rotundifolia (*flles pers.*, 1 m. à 1 m. 20).
— vulgaris (*flles cad.*, 1 m. à 1 m. 50).
Cratægus Oxyacantha (*flles cad.*, 3 à 6 m.).
Daphne altaica (*flles cad.*, 30 cent. à 1 m.).
— Blagayana (*flles pers.*, 30 cent.).
— collina (*flles pers.*, 60 cent. à 1 m.).
— Mezereum (*flles cad.*, 1 m. à 1 m. 20).
Diervilla trifida (*flles cad.*, 1 m. à 1 m. 20).
Fagus sylvatica (*flles cad.*, 20 à 30 m.).
Hedera Helix vars (*flles pers.*, *grimpant*.).
Ilex Aquifolium (*flles pers.*, 3 à 12 m.).
Juniperus communis et vars (*flles pers.*, 1 à 6 m.).
— nana (*flles pers.*, 50 cent.).
— Sabina (*flles pers.*, 1 m. 50 à 2 m. 50).
Kalmia latifolia (*flles pers.*, 1 à 3 m.).
Larix dahurica (*flles cad.*, 10 m.).
— europæa (*flles cad.*, 25 à 30 m.).
— Ledebouri (*flles cad.*, 25 à 30 m.).
— leptolepis (*flles cad.*, 1 à 12 m.).
— europæa (*flles cad.*, 30 m.).
— occidentalis (*flles cad.*, 50 m.).
Leiophyllum buxifolium (*flles pers.*, 15 à 50 cent.).
Loiseleuria procumbens (*flles pers.*, *retombant*.).
Lonicera alpigena (*flles cad.*, 50 cent. à 3 m.).
Philadelphus coronarius (*flles cad.*, 50 cent. à 3 m.).
Phyllodoce taxifolia (*flles pers.*, 60 cent.).

Picea alba (*flles pers.*, 10 à 12 m.).
— Engelmanni (*flles pers.*, 25 à 30 m.).
— excelsa (*flles pers.*, 25 à 30 m.).
— Menziesii (*flles pers.*, 15 à 20 m.).
— nigra (*flles pers.*, 15 à 25 m.).
— orientalis (*flles pers.*, 25 à 35 m.).
— Smithiana (*flles pers.*, 25 à 35 m.).
Pinus aristata (*flles pers.*, 12 à 15 m.).
— austriaca (*flles pers.*, 25 à 30 m.).
— Balfouriana (*flles pers.*, 12 à 15 m.).
— Cembra (*flles pers.*, 1 m. 50 à 15 m.).
— excelsa (*flles pers.*, 21 à 30 m.).
— flexilis (*flles pers.*, 1 m. 50 à 15 m.).
— Laricio (*flles pers.*, 30 à 50 m.).
— monophylla (*flles pers.*, 6 à 8 m.).
— monticola (*flles pers.*, 25 à 30 m.).
— Mughus (*flles pers.*, 2 à 5 m.).
— muricata (*flles pers.*, 8 à 15 m.).
— Pinaster (*flles pers.*, 20 à 25 m.).
— Strobus (*flles pers.*, 40 à 60 m.).
— sylvestris (*flles pers.*, 15 à 30 m.).
Populus monilifera (*flles cad.*, 25 m.).
Potentilla fruticosa (*flles cad.*, 60 cent. à 1 m. 20).
Pseudotsuga Douglasii (*flles pers.*, 1 à 50 m.).
Pyrus Aria (*flles cad.*, 2 à 5 m.).
— Aucuparia (*flles cad.*, 3 à 10 m.).
— Chamæmespilus (*flles cad.*, 1 m. 50 à 2 m.).
— Malus (*flles cad.*, 6 m.).
Quercus pedunculata (*flles cad.*, 15 à 20 m.).
— sessiliflora (*flles cad.*, 20 m.).
Rhamnus alpinus (*flles cad.*, 1 m. 20).
— catharticus (*flles cad.*, 1 m. 50 à 3 m.).
Ribes petræum (*flles cad.*, 30 cent. à 1 m. 50).
— sanguineum (*flles cad.*, 1 m. 20 à 2 m. 50).
Rosa rubiginosa (*flles cad.*, 1 m. 50).
— spinosissima (*flles cad.*, 30 cent. à 1 m. 20).
Rubus biflorus (*flles cad.*).
— fruticosus (*flles cad.*).
— Idæus (*flles cad.*, 1 à 2 m. 50).
— spectabilis (*flles cad.*, 2 à 3 m.).
Salix alba (*flles cad.*, 25 m.).
— capræa (*flles cad.*, 5 à 10 m.).
Sambucus nigra (*flles cad.*, 8 m.).
Spiræa tomentosa (*flles cad.*, 1 m.).
Symphoricarpos racemosus (*flles cad.*, 1 m. 20 à 2 m.).
Syringa vulgaris (*flles cad.*, 2 m. 50 à 6 m.).
Taxus baccata et vars (*flles pers.*, 5 à 15 m.).
Tsuga canadensis (*flles pers.*, 20 à 25 m.).
Thuya occidentalis (*flles pers.*, 12 à 15 m.).
— plicata (*flles pers.*, 6 m.).
Ulex europæus (*flles pers.*, 60 cent. à 1 m.).
Ulmus campestris (*flles cad.*, 35 m.).
— montana (*flles cad.*, 25 à 35 m.).

CHOIX D'ESPÈCES CONVENABLES POUR LE VOISINAGE DE LA MER

Les plantations dans les régions maritimes ont fait l'objet de l'article **Mer** (BORDS DE LA et PLANTES MARITIMES) inséré dans le volume III, p. 309 de cet ouvrage, auquel on pourra se reporter pour des détails sur ce sujet. Les arbres et arbustes compris dans cette liste sont susceptibles de croître à proximité de la mer ; mais quelques-uns demandent à être protégés contre les vents impétueux, dans les endroits où ils soufflent avec violence et au moins pendant leur jeune âge. « Les meilleures essences à feuilles caduques pouvant servir d'abri sont les Saules et en particulier le S. Marceau, les Aulnes, les Bouleaux et parmi les essences à feuilles persistantes le Pin sylvestre ; mais comme ces espèces seront dans beaucoup de cas très acceptables comme essences permanentes, je les recommande tout particulièrement pour boiser les endroits très exposés. » (Grigor's « Arboriculture ».)

Les espèces ayant besoin d'être abritées contre les vents maritimes sont marquées d'un *.

Abies concolor * (*flles pers.*, 25 à 50 m.).
— nobilis * (*flles pers.*, 30 à 100 m.).
— pectinata * (*flles pers.*, 25 à 30 m.).
— Pinsapo * (*flles pers.*, 20 à 25 m.).
Acer creticum (*flles s.-pers.*, 1 m. 20).
— monspessulanum (*flles cad.*, 3 à 6 m.).
— pseudo-Platanus (*flles cad.*, 10 à 20 m.).
Ailantus glandulosa (*flles cad.*, 20 m.).
Alnus glutinosa (*flles cad.*, 15 à 20 m.).
Araucaria imbricata * (*flles pers.*, 15 à 30 m.).
Arbustus Andrachne * (*flles pers.*, 3 à 4 m.).
— Menziesii * (*flles pers.*, 2 à 3 m.).
— Unedo * (*flles pers.*, 2 à 3 m.).
Aucuba japonica * (*flles pers.*, 2 à 3 m.).
Azalea pontica * (*flles cad.*, 1 à 2 m.).
Baccharis halimifolia (*flles pers.*, 2 à 4 m.).
Berberis Aquifolium (*flles pers.*, 1 à 2 m.).
— Darwinii (*flles pers.*, 60 cent.).
— empetrifolia (*flles pers.*, 50 à 60 cent.).
— vulgaris (*flles cad.*, 3 à 6 m.).
Betula alba (*flles cad.*, 15 à 20 m.).
Buddleia globosa * (*flles pers.*, 5 m.).
Bupleurum fruticosum (*flles pers.*, 30 cent.).
Buxus balearica * (*flles pers.*, 5 à 6 m.)
— sempervirens * (*flles pers.*, 30 cent. à 10 m.).
Carpinus Betulus (*flles cad.*, 10 à 20 m.).
Ceanothus americanus (*flles cad.*, 30 cent à 1 m.).
Cerasus Avium * (*flles cad.*, 6 à 12 m.).
— Laurocerasus * (*flles pers.*, 2 à 3 m.).
— lusitanica * (*pers.*, 3 à 6 m.).
— Padus (*flles cad.*, 3 à 10 m.).
Chamæcyparis Lawsoniana (*flles pers.*, 25 à 30 m.).
— Nutkaensis (*flles pers.*, 12 à 18 m.).
Cistus ladaniferus (*flles pers.*, 1 m. 20).
— laurifolius (*flles pers.*, 1 m. 20).
— villosus (*flles pers.*, 1 m.).
Clematis Flammula (*flles cad.*, *grimpant.*).
— Vitalba (*flles cad.*, *grimpant.*).
Colutea arborescens * (*flles cad.*, 2 à 3 m.).
Cornus sanguinea * (*flles cad.*, 2 m.).
Coronilla Emerus (*flles cad.*, 1 m. à 1 m. 20).
Corylus Avellana et vars (*flles cad.*, 6 m.).
Cotonneaster microphylla (*flles pers.*, 1 m. à 1 m. 20).
— vulgaris (*flles cad.*, 1 m. à 1 m. 50).
Cratægus Oxyacantha (*flles cad.*, 3 à 6 m.).
— Pyracantha (*flles pers.*, 3 à 6 m.).
Cupressus macrocarpa * (*flles pers.*, 15 à 20 m.),
Cytisus albus * (*flles cad.*, 2 à 3 m.).
— scoparius (*flles cad.*, 1 à 3 m.).
Daphne Cneorum (*flles pers.*, *traînant.*).
— Laureola * (*flles pers.*, 1 m. à 1 m. 20).
— pontica (*flles pers.*, 1 m. 20 à 1 m. 50).

Desfontainea spinosa* (*flles pers.*, 1 m.).
Deutzia crenata* (*flles cad.*, 1 m. 20 à 2 m. 50).
Diervilla grandiflora* (*flles cad.*, 2 m. 50).
— rosea (*flles cad.*, 2 m.).
Elæagnus hortensis (*flles cad.*, 5 à 6 m.).
— longipes (*flles pers.*, 1 m.).
— macrophylla (*flles pers.*, 2 m.).
— pungens (*flles pers.*, 2 à 6 m.).
Ephedra vulgaris (*flles pers.*, 30 à 60 cent.).
Escallonia macrantha (*flles pers.*, 1 à 2 m.).
Euonymus japonicus et vars (*flles pers.*, 6 m.).
Fagus sylvatica (*flles cad.*, 20 à 30 m.).
Ficus Carica* (*flles cad.*, 5 à 10 m.).
Fraxinus excelsior (*flles cad.*, 10 à 25 m.).
Garrya elliptica* (*flles pers.*, 1 m. 50 à 3 m.).
Griselinia littoralis* (*flles pers.*, 10 m.).
— lucida (*flles pers.*).
Halimodendron argenteum (*flles cad.*, 1 m. 20 à 2 m.).
Hedera Helix vars (*flles pers.*, *grimpant.*).
Hippophaë rhamnoides (*flles cad.*, 60 cent à 6 m.).
Hydrangea hortensis* (*flles cad.*, 60 cent., à 1 m.).
Ilex Aquifolium et vars (*flles pers.*, 3 à 12 m.).
Juniperus communis (*flles pers.*, 1 à 6 m.).
Laburnum alpinum (*flles cad.*, 5 à 6 m.).
— vulgare (*flles cad.*, 6 m.).
Laurus nobilis* (*flles pers.*, 10 à 20 m.).
Leycesteria formosa (*flles cad.*, 1 m. 20 à 2 m.).
Ligustrum ovalifolium (*flles s.-pers.*, 2 m.).
— vulgare (*flles s.-pers.*, 2 à 3 m.).
Lonicera Periclymenum (*flles cad.*, *grimpant.*).
Lycium europæum (*flles cad.*, 3 à 4 m.).
Myrica germanica (*flles cad.*, 1 à 2 m.).
Myrtus communis* (*flles pers.*, 1 à 2 m.).
Philadelphus coronarius* (*flles cad.*, 2 à 3 m.).
Phillyræa angustifolia* (*flles pers.*, 2 à 3 m.).
— latifolia* (*flles pers.*, 6 à 10 m.).
— media* (*flles pers.*, 3 à 5 m.).
Picea Menziesii* (*flles pers.*, 15 à 20 m.).
— orientalis* (*flles pers.*, 25 à 40 m.).
Pinus australis* (*flles pers.*, 20 à 25 m.).
— austriaca (*flles pers.*, 25 à 30 m.).
— Cembra (*flles pers.*, 15 à 50 m.).
— Coulteri (*flles pers.*, 15 à 25 m.).
— insignis (*flles pers.*, 25 à 30 m.).
— Koraiensis (*flles pers.*, 6 à 10 m.).
— Laricio (*flles pers.*, 30 à 50 m.).
— Massoniana (*flles pers.*, 20 à 25 m.).
— Mughus (*flles pers.*, 1 m. 50 à 5 m.).
— Pinaster (*flles pers.*, 20 à 25m.).
— Pinea (*flles pers.*, 15 à 20 m.).
— Sabiniana (*flles pers.*, 12 à 20 m.).
— sylvestris (*flles pers.*, 10 à 20 m.).
Platanus orientalis (*flles cad.*, 20 à 30 m.).
Populus alba* (*flles cad.*, 20 à 30 m.).
— nigra* (*flles cad.*, 15 à 20 m.).
— Tremula* (*flles cad.*, 12 à 25 m.).
Prunus maritima (*flles cad.*, 60 cent. à 1 m.).
Pyrus arbutifolia (*flles cad.*, 60 cent. à 3 m.).
— Aria (*flles cad.*, 1 m. 20 à 12 m.).
— Aucuparia (*flles cad.*, 3 à 10 m.).
— baccata (*flles cad.*, 5 à 6 m.).
— communis (*flles cad.*, 5 à 12 m.).
— coronaria (*flles cad.*, 6 m.).
— domestica (*flles cad.*, 6 à 20 m.).
— floribunda (*flles cad.*).
— prunifolia (*flles cad.*, 6 à 10 m.).
Quercus Ilex (*flles pers.*, 5 à 20 m.).
— pedunculata (*flles cad.*, 15 à 30 m.).
— Phellos (*flles cad.*, 15 m.).
— sessiliflora (*flles cad.*, 20 m.).
— Suber (*flles pers.*, 8 m.).
Rhamnus Alaternus (*flles cad.*, 6 m.).
— catharticus (*flles cad.*, 2 m. 50 à 3 m.).
Rhododendron catawbiense (*flles pers.*, 1 à 2 m.).
— ponticum (*flles pers.*, 2 à 4 m.).
— hybrides et vars alpines* (*flles pers.*).
Ribes sanguineum (*flles cad.*, 1 m. 20 à 2 m. 50).
Rosa rubiginosa (*flles cad.*, 1 m. 50).
— rugosa (*flles cad.*, 1 m. 50).
— spinosissima (*flles cad.*, 1 m. à 1 m. 20).
Salix alba (*flles cad.*, 25 m.).
— Capræa (*flles cad.*, 5 à 10 m.).
— viminalis (*flles cad.*, 10 m.).
Sambucus nigra et vars. (*flles cad.*, 5 m.).
Shepherdia argentea (*flles cad.*, 4 à 6 m.).
Spartium junceum* (*flles cad.*, 2 à 3 m.).
Spiræa Douglasii* (*flles cad.*, 1 m.).
— japonica* (*flles cad.*, 1m. 20 à 2 m.).
— Lindleyana* (*flles cad.*, 1m. 20 à 2 m. 50).
— trilobata* (*flles cad.*, 30 à 60 cent.).
Symphoricapus racemosus (*flles cad.*, 1m. 20 à 2 m.).
Syringa persica* (*flles cad.*, 1 m. 20 à 1 m. 50).
— vulgaris* (*flles cad.*, 2 m. 50 à 3 m.).
Tamarix gallica (*flles pers.*, 1 m. 50 à 3 m.).
Taxus baccata et vars.* (*flles pers.*, 5 à 15 m.).
Thuya occidentalis* (*flles pers.*, 12 à 15 m.).
Ulex europæus et vars (*flles pers.*, 60 cent. à 1 m.).
Ulmus montana (*flles cad.*, 25 à 40 m.).
Viburnum Opulus sterilis (*flles cad.*, 2 m. à 2 m. 50).
— Tinus (*flles pers.*, 2 m. 50 à 3 m.).
Yucca angustifolia (*flles pers.*, 1 m. 20 à 1m. 50).
— filamentosa (*flles pers.*, 2 m.).
— gloriosa et vars (*flles pers.*, 1m. 20 à 2 m.).

CHOIX D'ESPÈCES PROSPÉRANT DANS LES VILLES

Cette liste renferme les arbres et arbustes qui s'accommodent le mieux de l'air chargé de fumée et d'impuretés chimiques qui règne dans les grandes villes manufacturières.

Les espèces qui entrent tardivement en végétation, notamment les Aulnes, Peupliers, Platanes, Ormes, Saules, etc., sont les plus convenables parce que leurs feuilles échappent aux funestes effets de la fumée des feux domestiques que l'on fait en hiver et jusqu'à la fin du printemps. Très peu d'espèces de Conifères sont susceptibles de résister à l'air vicié des villes où la population est très dense.

Les espèces suivies d'un * sont celles qui conviennent plus particulièrement que les autres pour les régions méridionales.

Acer macrophyllum (*flles cad.*, 20 m.).
— platanoides (*flles cad.*, 15 m.).
— pseudo-Platanus (*flles cad.*, 10 à 20 m.).
Æsculus Hippocastanum (*flles cad.*, 15 à 30 m.).
Ailantus glandulosa (*flles cad.*, 20 m.).
Alnus glutinosa (*flles cad.*, 15 à 20 m.).
Amelanchier canadensis (*flles cad.*, 2 à 3 m.).

Ampelopsis quinquefolia (*flles cad., grimpant.*).
— tricuspidata (*flles cad., grimpant.*).
Amygdalus communis * (*flles cad.*, 3 à 10 m.).
Arbutus Andrachne * (*flles pers.*, 3 à 4 m.).
— Unedo * et vars (*flles pers.*, 3 à 4 m.).
Artemisia Abrotanum (*flles cad.*, 60 cent. à 1 m. 20).
Aucuba himalaica (*flles pers.*).
— japonica et vars (*flles pers.*, 2 à 3 m.).
Berberis Aquifolium (*flles pers.*, 1 à 2 m.).
— Darwinii (*flles pers.*, 60 cent.).
— empetrifolia (*flles pers.*, 50 à 60 cent.).
— vulgaris (*flles cad.*, 2 m. 50 à 3 m.).
Betula alba (*flles cad.*, 15 à 20 m.).
Buddleia globosa (*flles pers.*, 5 m.).
Buxus sempervirens (*flles pers.*, 30 cent. à 10 m.).
Calluna vulgaris (*flles pers.*, 30 cent. à 1 m.).
Caragana arborescens (*flles cad.*, 5 à 6 m.).
Castanea sativa (*flles cad.*, 15 à 20 m.).
Cerasus Avium (*flles cad.*, 6 à 12 m.).
— Laurocerasus et vars (*flles pers.*, 2 à 3 m.).
— lusitanica (*flles pers.*, 3 à 6 m.).
— Padus (*flles cad.*, 3 à 10 m.).
Cercis Siliquastrum * (*flles cad.*, 6 à 10 m.).
Chimonanthus fragrans (*flles cad.*, 2 m. à 2 m. 50).
Clematis flammula (*flles cad., grimpant.*).
— Vitalba (*flles cad., grimpant.*).
— Jackmanni (*flles cad., grimpant.*).
— orientalis (*flles cad., grimpant.*).
Colutea arborescens (*flles cad.*, 2 à 3 m.).
— cruenta (*flles cad.*, 1 m. 20 à 2 m.).
Cornus mas (*flles cad.*, 3 à 5 m.).
— sanguinea (*flles cad.*, 2 m.).
Cotoneaster microphylla (*flles pers.*, 1 m. à 1 m. 20).
— Simonsii (*flles pers.*).
Cratægus Crus-galli et vars (*flles cad.*, 3 à 6 m.).
— flava (*flles cad.*, 4 à 6 m.).
— heterophylla (*flles cad.*, 3 à 6 m.).
— orientalis (*flles cad.*, 4 à 6 m.).
— Oxyacantha et vars (*flles cad.*, 3 à 6 m.).
— Pyracantha (*flles pers.*, 3 à 6 m.).
— tanacetifolia (*flles cad.*, 4 à 6 m.).
Cydonia Maulei * (*flles cad.*).
— japonica (*flles cad.*, 1 à 3 m.).
— vulgaris (*flles cad.*, 6 m.).
Cytisus albus (*flles cad.*, 2 à 3 m.).
Daphne Mezereum (*flles cad.*, 1 m. à 1 m. 20).
Diervilla rosea * (*flles cad.*, 2 m.).
Erica carnea (*flles pers.*, 15 à 30 cent.).
— multiflora (*flles pers.*, 60 cent.).
— vagans (*flles pers.*, 30 cent.).
Euonymus europæus (*flles cad.*, 2 à 6 m.).
— japonicus et vars (*flles pers.*, 2 à 6 m.).
Fagus sylvatica (*flles cad.*, 20 à 30 m.).
Ficus Carica et vars * (*flles cad.*, 5 à 10 m.).
Forsythia viridissima (*flles cad.*, 3 m.).
— suspensa (*flles cad.*).
Fraxinus americana (*flles cad.*, 10 à 12 m.).
— excelsior (*flles cad.*, 10 à 25 m.).
— Ornus (*flles cad.*, 6 à 10 m.).
— oxyphylla parvifolia (*flles cad.*, 10 à 15 m.).
Garrya elliptica (*flles pers.*, 2 m. 50 à 3 m.).
Gaultheria Shallon (*flles pers., retombant.*).
Genista tinctoria (*flles pers.*, 30 à 60 cent.).
Ginkgo biloba (*flles cad.*, 20 à 25 m.).
Gleditschia triacanthos (*flles cad.*, 10 à 15 m.).
edera Helix et vars (*flles pers., grimpant.*).
Hibiscus syriacus et vars (*flles cad.*, 2 à 3 m.).
Hippophae rhamnoides (*flles cad.*, 1 à 6 m.).
Hypericum calycinum (*flles s.-pers.*, 30 cent.).
Ilex Aquifolium et vars (*flles pers.*, 3 à 12 m.).
Jasminum nudiflorum (*flles cad., grimpant.*).
— officinale (*flles cad., grimpant.*).
Juglans nigra (*flles cad.*, 20 m.).
— regia et vars (*flles cad.*, 12 à 20 m.).
Juniperus communis (*flles pers.*, 1 à 6 m.).
— Sabina (*flles pers.*, 1 m. 50 à 2 m. 50).
Kerria japonica (*flles cad.*, 1 m. à 1 m. 20).
Kœlreuteria paniculata (*flles cad.*, 3 à 5 m.).
Laburnum Adami (*flles cad.*, 3 à 5 m.).
— alpinum (*flles cad.*, 5 à 6 m.).
— vulgare (*flles cad.*, 6 m.).
Laurus nobilis * (*flles pers.*, 10 à 20 m.).
Leycesteria formosa (*flles cad.*, 1 m. 20 à 2 m.).
Ligustrum japonicum * (*flles pers.*, 2 à 3 m.).
— lucidum * (*flles pers.*, 2 m. 50 à 4 m.).
— ovalifolium (*flles s.-pers.*, 2 à 3 m.).
— vulgare (*flles s.-pers.*, 2 à 3 m.).
Liriodendron tulipifera (*flles cad.*, 25 à 30 m.).
Magnolia conspicua Soulangeana * (*flles cad.*, 6 à 15 m.).
— obovata discolor (*flles cad.*, 1 m. 50).
Morus alba (*flles cad.*, 6 à 10 m.).
— nigra (*flles cad.*, 6 à 10 m.).
— rubra (*flles cad.*, 12 à 20 m.).
Paulownia imperialis * (*flles cad.*, 10 m.).
Philadelphus coronarius (*flles cad.*, 1 à 3 m.).
Phillyræa media (*flles pers.*, 3 à 5 m.).
Pinus sylvestris (*flles pers.*, 15 à 30 m.).
Platanus orientalis et vars (*flles cad.*, 20 à 30 m.).
Populus alba (*flles cad.*, 20 à 30 m.).
— monilifera (*flles cad.*, 25 m.).
— nigra fastigiata (*flles cad.*, 15 à 20 m.).
— Tremula (*flles cad.*, 12 à 25 m.).
Potentilla fruticosa (*flles cad.*, 1 m. à 1 m. 20).
Pyrus aucuparia (*flles cad.*, 3 à 10 m.).
— prunifolia (*flles cad.*, 3 à 10 m.).
— spectabilis (*flles cad.*, 6 à 10 m.).
Quercus Cerris et vars (*flles cad.* ou *s.-pers.*, 12 à 20 m.).
— coccina (*flles cad.*, 15 m.).
— Ilex * (*flles pers.*, 5 à 20 m.).
Rhamnus Alaternus * (*flles pers.*, 6 m.).
Rhododendron Anthopogon (*flles pers.*, 3 à 50 cent.)
— catawbiense (*flles pers.*, 1 à 2 m.).
— caucasicum (*flles pers.*, 30 cent.).
— ciliatum (*flles pers.*, 60 cent.).
— dahuricum * (*flles pers.*, 1 m.).
— ferrugineum (*flles pers.*, 30 cent.).
— Fortunei (*flles pers.*, 4 m.).
— hirsutum (*flles pers.*, 30 à 60 cent.).
— ponticum (*flles pers.*, 2 à 4 m.).
Rhus Cotinus (*flles cad.*, 2 à 4 m.).
— typhina (*flles cad.*, 3 à 10 m.).
Ribes alpinum aureum (*flles cad.*, 1 m.).
— aureum (*flles cad.*).
— sanguineum (*flles cad.*, 1 à 2 m. 50).
Robinia pseudo-Acacia et vars (*flles cad.*, 10 à 20 m.).
Salix alba (*flles cad.*, 25 m.).
— babylonica (*flles cad.*, 10 m.).
— Capræa (*flles cad.*, 5 à 10 m.).
— viridis (*flles cad.*, 10 m.).
Sambucus nigra (*flles cad.*, 8 m.).
— racemosa (*flles cad.*, 3 à 6 m.).

Sophora japonica * (*flles cad.*, 2 à 6 m.).
— Lindleyana (*flles cad.*, 1 m. 20 à 2 m. 50).
— trilobata (*flles cad.*, 30 à 60 cent.).
Symphoricarpus racemosus (*flles cad.*, 1 m. 20 à 2 m.).
Syringa persica * (*flles cad.*, 1 m. 20 à 2 m. 50).
— vulgaris * (*flles cad.*, 3 à 6 m.).
Taxus adpressa (*flles pers.*, 1 à 3 m.).
— baccata (*flles pers.*, 10 à 15 m.).
Thuya gigantea (*flles pers.*, 15 à 50 m.).
— occidentalis (*flles pers.*, 12 à 15 m.).
— orientalis (*flles pers.*, 6 à 8 m.).
Thuyopsis dolobrata (*flles pers.*, 12 à 15 m.).
Tilia argentea (*flles cad.*, 10 à 15 m.).
— petiolaris (*flles cad.*, 15 m.).
— platyphyllos (*flles cad.*, 20 à 25 m.).
— vulgaris (*flles cad.*, 20 à 30 m.).
Ulmus campestris et vars (*flles cad.*, 35 m.).
— montana (*flles cad.*, 20 à 35 m.).
Viburnum Lantana (*flles cad.*, 2 à 6 m.).
— Opulus sterilis * (*flles cad.*, 2 à 3 m.).
— Tinus et vars * (*flles pers.*, 2 à 3 m.).
Vinca major (*flles cad.*, *retombant.*).
Wistaria chinensis * (*flles cad.*, *grimpant.*).
Yucca acutifolia (*flles pers.*).
— angustifolia (*flles pers.*, 1 m. à 1 m. 50).
— — stricta (*flles pers.*).
— filamentosa et vars (*flles pers.*).
— gloriosa et vars * (*flles pers.*, 1 à 2 m.).

CHOIX D'ESSENCES PROPRES A FORMER DES HAIES

Les deux conditions que doivent inévitablement remplir les arbres ou arbustes employés pour faire des haies sont les suivantes.

1° Que leur feuillage soit assez compact et leurs ramilles nombreuses et denses ;

2° Qu'ils puissent supporter les tontes fréquentes sans en souffrir d'une façon bien évidente.

La liste suivante constitue un choix des essences remplissant ces conditions. Les hauteurs indiquées sont celles que les plantes atteignent en végétant normalement. Mongredien, dans son ouvrage sur « les arbres et arbustes pour les plantations en Angleterre », dit : « Lorsqu'on désire établir économiquement une haie, pourquoi n'essaierait-on pas le Groseillier à maquereau ordinaire ? Les boutures de cet arbuste, qu'on peut se procurer facilement et sans frais, s'enracinent facilement en pleine terre de jardin, d'où on peut les transplanter en place l'année suivante. Si la bande où l'on désire établir la haie est suffisamment large et que le sol conserve son humidité, les plantes formeront rapidement des buissons touffus et épineux que l'on tiendra facilement en forme appropriée par les tontes. Le tronc reste grêle et les racines ne s'étendent jamais assez loin pour nuire aux cultures qu'on pratique dans le voisinage. » La tonte des Conifères formant des haies ne doit être faite que lorsque la sève est en repos : soit au printemps avant le départ de la végétation, soit à l'automne lorsque celle-ci est terminée.

Pour de plus amples détails sur la création des haies, leur entretien, plantation, tailles, etc., se reporter à l'article **Haies**, inséré dans le vol. II, p. 582.

Berberis vulgaris (*flles cad.*, 3 à 6 m.).
Buxus sempervirens (*flles pers.*, 30 cent. à 10 m.).
Caragana spinosa (*flles cad.*, 1 m. 20 à 2 m.).
Carpinus Betulus (*flles cad.*, 10 à 22 m.).
Cerasus Lauro-cerasus (*flles pers.*, 2 à 3 m.).
Chamæcyparis Lawsoniana (*flles pers.*, 25 à 30 m.).
— nutkaensis (*flles pers.*, 12 à 20 m.).
— obtusa (*flles pers.*, 25 à 30 m.).
Cratægus Oxyacantha (*flles cad.*, 3 à 6 m.).
Fagus sylvatica (*flles cad.*, 20 à 30 m.).
Gleditschia triacanthos (*flles cad.*, 10 à 15 m.).
Hibicus syriacus (*flles cad.*, 2 à 3 m.).
Hippophæ rhamnoides (*flles cad.*, 3 à 6 m.).
Ilex Aquifolium (*flles pers.*, 3 à 12 m.).
Juniperus chinensis (*flles pers.*, 5 à 6 m.).
— communis (*flles pers.*, 1 à 6 m.).
— virginiana (*flles pers.*, 3 à 5 m.).
Laurus nobilis (*flles pers.*, 10 à 20 m.).
Ligustrum ovalifolium (*flles pers.*, 1 à 3 m.).
— vulgare (*flles pers.*, 2 à 3 m.).
Phillyræa angustifolia (*flles pers.*, 2 m. 50 à 3 m.).
— latifolia (*flles pers.*, 6 à 10 m.).
— media (*flles pers.*, 3 à 5 m.).
Prunus cerasifera (*flles cad.*, 6 m.).
— divaricata (*flles cad.*, 3 à 4 m.).
— spinosa (*flles cad.*, 3 à 5 m.).
Rhamnus Alaternus (*flles pers.*, 6 m.).
— catharticus (*flles cad.*, 2 à 3 m.).
Ribes Grossularia (*flles cad.*, 1 m. 20).
Rosa rubiginosa (*flles cad.*, 1 m. 50).
Rosmarinus officinalis (*flles pers.*, 60 cent. à 1 m. 20).
Taxus baccata (*flles pers.*, 5 à 15 m.).
Thuya occidentalis (*flles pers.*, 12 à 15 m.).
— orientalis (*flles pers.*, 6 à 7 m.).
— plicata (*flles pers.*, 6 m.).
Viburnum Tinus (*flles pers.*, 2 à 3 m.).

CHOIX D'ESPÈCES PROPRES A ORNER LE BORD DES EAUX

La liste suivante comprend les essences qui prospèrent le mieux sur le bord des pièces d'eau d'agrément et le long des cours d'eau. Quelques espèces s'accommodent aussi des terrains marécageux où l'eau séjourne, mais la majorité préfère un terrain perméable et le voisinage d'un cours d'eau.

Acer macrophyllum (*flles cad.*, 20 m.).
— rubrum (*flles cad.*, 20 m.).
Alnus glutinosa (*flles cad.*, 15 à 20 m.).
Andromeda polifolia (*flles pers.*, 30 cent.).
Arbutus Unedo (*flles pers.*, 2 m. 50 à 3 m.).
Betula alba (*flles cad.*, 15 à 20 m.).
— lutea (*flles cad.*, 20 à 25 m.).
— nigra (*flles cad.*, 20 à 23 m.).
— papyracea (*flles cad.*, 20 à 23 m.).
Caragana arborescens (*flles cad.*, 5 à 6 m.).
— frutescens (*flles cad.*, 60 cent. à 1 m.).
Catalpa bignonioides (*flles cad.*, 6 à 12 m.).
Celtis crassifolia (*flles cad.*, 6 à 10 m.).
Cerasus depressa (*flles cad.*, 30 cent.).

Chamæcyparis leptoclada (*flles cad.*, 2 m. 50 à 3 m.).
— sphæroidea (*flles pers.*, 12 à 23 m.).
Clematis virginiana (*flles cad.*, *grimpant.*).
Cornus circinata (*flles cad.*, 1 m. 50 à 3 m.).
— paniculata (*flles cad.*, 1 m. 20 à 2 m. 50).
— sericea (*flles cad.*, 1 m. 50 à 2 m. 50).
— stolonifera (*flles cad.*, 1 m. 20 à 3 m.).
— stricta (*flles cad.*, 2 m. 50 à 5 m.).
Cratægus apiifolia (*flles cad.*, 3 à 6 m.).
— coccinea (*flles cad.*, 6 à 10 m.).
— cordata (*flles cad.*, 6 m.).
— Crus-galli (*flles cad.*, 3 à 10 m.).
— Douglasii (*flles cad.*, 3 à 5 m.).
— Oxyacantha (*flles cad.*, 3 à 6 m.).
— Pyracantha (*flles pers.*, 4 à 6 m.).
— pyrifolia (*flles cad.*, 2 à 3 m.).
— tanacetifolia *flles cad.*. 4 à 6 m.).
Cryptomeria elegans (*flles pers.*. 6 m.).
— japonica (*flles pers.*, 15 à 30 m.).
Cydonia vulgaris (*flles cad.*, 6 m.).
Dirca palustris (*flles cad.*, 60 cent. à 1 m. 50).
Halesia diptera (*flles cad.*, 3 m.).
— tetraptera (*flles cad.*, 5 à 6 m.).
Juniperus phœnicea (*flles pers.*, 5 à 6 m.).
— recurva (*flles pers.*, 1 m. 50 à 2 m. 50).
— viiginiana et vars (*flles pers.*, 3 à 5 m.).
Ledum palustre (*flles pers.*, 60 cent.).
Myrica cerifera (*flles pers.*, 1 m. 50 à 4 m.).
— Gale (*flles cad.*, 60 cent. à 1 m. 20).
Oxycoccus macrocarpus (*flles pers.*, *rampant.*).
— palustris (*flles pers.*, *rampant.*).
Picea ajanensis (22 à 25 m.).
— alba (*flles pers.*, 10 à 12 m.).
— Engelmanni (*flles pers.*, 25 à 30 m.).
— Menziezii (*flles pers.*, 15 à 20 m.).
— nigra (*flles pers.*, 15 à 25 m.).
— orientalis (*flles pers.*).
— Smithiana (*flles pers.*, 25 à 40 m.).
Pinus austriaca et vars (*flles pers.*, 25 à 30 m.).
— Balfouriana (*flles pers.*, 12 à 15 m.).
— Cembra (*flles pers.*, 15 à 50 m.).
Pinus contorta (*flles pers.*, 8 à 10 m.).
— Coulteri (*flles pers.*, 15 à 20 m.).
— excelsa (*flles pers.*, 20 à 50 m.).
— ponderosa (*flles pers.*, 30 à 50 m.).
— rigida (*flles pers.*, 10 à 15 m.).
— Strobus (*flles pers.*, 40 à 50 m.).
Platanus orientalis (*flles cad.*, 20 à 25 m.).
Populus alba et vars (*flles cad.*, 20 à 30 m.).
— monilifera (*flles cad.*, 22 m.).
— nigra et vars (*flles cad.*, 15 à 26 m.).
— Tremula et vars (*flles cad.*. 12 à 25 m.).
Pterocarya fraxinifolia (*flles cad.*, 12 à 25 m.).
Quercus coccinea (*flles cad.*, 15 m.).
— macrocarpa (*flles cad.*, 10 m.).
— palustris (*flles cad.*, 20 à 35 m.).
— rubra (*flles cad.*).
Rubus fruticosus cæsius (*flles cad.*, *trainant.*).
— spectabilis (*flles cad.*, 2 à 3 m.).
Salix alba (*flles cad.*, 25 m.).
— babylonica (*flles cad.*, 10 m.).
— Capræa (*flles cad.*, 5 à 10 m.).
— daphnoides (*flles cad.*, 3 à 6 m.).
— pentandra (*flles cad.*, 2 m. à 2 m. 50).
— phylicifolia (*flles cad* , 1 à 3 m.).
— purpurea (*flles cad.*, 1 m. 50 à 3 m).
— rubra Helix (*flles cad.*, 3 à 4 m.).
— viridis (*flles cad.*, 10 m.).
Shepherdia canadensis (*flles cad.*, 3 à 4 m.).
Syringa Josikæ (*flles cad.*, 1 m. 50 à 3 m.).
Tamarix gallica (*flles cad.*, 2 à 6 m.).
— hispida (*flles cad.*, 1 m. 20).
— tetrandra (*flles cad.*, 2 m. à 2 m. 20).
Taxodium distichum (*flles cad.*, 40 m.).
Taxus canadensis (*flles pers.*, 1 m. à 1 m. 20).
Thuya gigantea (*flles pers.*, 15 à 50 m.).
— occidentalis et vars (*flles pers.*, 12 à 15 m.).
orientalis (*flles pers.*, 5 à 6 m.).
Thuyopsis dolobrata (*flles pers.*, 12 à 15 m.).
Tsuga canadensis et vars (*flles pers.*, 20 à 25 m.).
Ulmus montana et vars (*flles cad.*, 20 à 40 m.).

LISTE DES ANIMAUX ET DES INSECTES UTILES ET NUISIBLES

A L'HORTICULTURE

La liste suivante comprend à peu près tous les animaux et insectes utiles et nuisibles à l'Horticulture ; les espèces utiles constituent le premier groupe et les nuisibles le dernier. Afin de permettre aux lecteurs de trouver facilement les renseignements concernant les animaux et insectes que contient le DICTIONNAIRE, le nom de l'article principal où ils sont donnés est imprimé **égyptiennes**. Pour certaines espèces polyphages, c'est-à-dire vivant sur un grand nombre de plantes sans aucune préférence marquée et se trouvant, par suite, citées un grand nombre de fois, les articles les plus importants sur leur sujet ont seulement été indiqués.

Les auteurs du DICTIONNAIRE PRATIQUE D'HORTICULTURE ET DE JARDINAGE n'ont épargné aucune peine pour rendre aussi exacte et complète que possible la connaissance des animaux utiles et nuisibles ainsi que les moyens de détruire ces derniers. Dans ce but, certaines espèces étrangères à la France et à l'Angleterre on été mentionnées lorsqu'il y avait lieu de redouter leur introduction. D'autres insectes omis peuvent, à un moment donné, devenir plus ou moins nuisibles. Dans ce cas, les moyens de destruction indiqués pour les genres auxquels ils appartiennent et dont le titre de l'article est donné ci-après seront également efficaces.

ESPÈCES UTILES

Agrion puella. — V. **Libellule.**
Apis mellifica. — V. **Abeille** et **Guêpe.**
Bombus lucorum. — V. **Bourdon.**
Bufo vulgaris. — V. **Crapaud.**
Carabus auratus. — V. **Carabe.**
Chalcididées. — V. **Hymenoptéres** et **Insectes.**
Cicindela. — V. **Insectes.**
Coccinella bipunctata, C. septempunctata, C. undecempunctata, C. variabilis. — V. **Coccinelle.**
Copris lunaris. — **Scarabée rhinocéros.**
Drilus. — V. **Limace.**
Epeira diademata. — V. **Araignée.**
Goerius olens. — V. **Staphylin.**
Harpalus. — V. **Insectes.**
Hemerobius perla, H. chrysops. — V. **Hémérobe.**
Hypena proboscidalis. — V. ce nom.
Ichneumonidées. — **Ichneumon.**
Lampyris noctiluca. — V. **Insectes** (COLÉOPTÈRES).
Libellula depressa, L. flaveola, L. vulgaris. —V. **Libellule.**
Linyphia. — V. **Araignées.**
Lumbricus. — V. **Ver de terre.**
Lycosa. — V. **Araignées.**
Macroglossa stellatarum. — V. ce nom.
Microgaster. — V. ce nom.
Mustela vulgaris. — V. **Belette.**
Myriapodes. — V. ce nom.
Neriene. — V. **Araignées.**
Neuroptera. — V. ce nom, **Insectes** et **Hémérobe.**
Œchna grandis. — V. **Libellule.**
Salticus. — V. **Araignées.**
Staphylinidées — V. ce nom.
Syrphus. — V. **Syrphe.**
Tachina. — V. **Insectes.**
Testacella haliotidea, T. Maugei. — V. **Escargots** et **Testacella.**
Thrips Phylloxeræ. — V. **Thrips.**
Vanessa Atalanta, V. Io, V. Urticæ. — V. **Vanessa.**
Vespa Crabro. — V. **Guêpe.**
Walckenaera. — V. **Araignées.**

ESPÈCES NUISIBLES

Abraxas grossulariata. — V. **Groseiller** (PHALÈNE OU GÉOMETRE DU).
Acarida. — V. **Mites** et **Insectes.**
Acheta campestris. — V. **Sauterelle.**
Acherontia Atropos. — V. **Pomme de terre** (INSECTES) et **Sphingidées.**
Acridium marocanum, A. migratorium. — V. **Sauterelle.**
Acrolepia assectella. — V. **Poireau** (INSECTES).
Acronycta psi. — V. **Poirier** (INSECTES).
Adelges. — V. ce nom.
Agrilus viridis. — V. **Rosier** (INSECTES).
Agriotes lineatus, A. obscurus, A. sputator. — V. **Taupin.**
Agrotis exclamationis, A. nigricans, A. segetum. — V. **Noctuelle, Noctuina** et **Navet** (NOCTUELLE DU).
Agrotis Tritici. — V. **Noctuelle, Noctuina** et **Vigne** (CHENILLES DE LA).
Aleyrodes Brassicæ. — V. **Chou** (PUCERON DU).
Aleyrodes proletella. V. ce nom.
Aleyrodes vaporarium. — V. **Tomate** (INSECTES).
Altica. — V. **Navet** (ALTISE OU PUCERON DU).
Alucitina. — V. **Papillons** (TINÉINÉES).
Anarsia lineatella. — V. **Pêcher** (INSECTES).
Andricus curvator, A. glandium, A. inflator, A. terminalis. — V. **Chêne** (GALLES DU).

Anguillulidées. — **Nématodes.**
Anomala Frischii, A. Vitis. — V. **Vigne** (Insectes).
Anthidium manicatum. — V. **Abeille perce-bois.**
Anthomyia Betæ. — V. **Betteraves** (Anthomyie des).
Anthomyia Brassicæ. — V. **Chou** (Mouche ou Anthomyie du).
Anthomyia canicularis, A. floccosa, A. floralis, A. radicum, A. Raphani. — V. **Radis** (Insectes).
Anthomyia Lactuæ. — V. **Laitue** (Antomyie de).
Anthomyia (*Phorbia*) ceparum. — **Ognon** (Mouche de l').
Anthonomus druparum. — V. **Pêcher** (Insectes).
Anthonomus pomorum. — V. **Pommier** (Anthonome).
Anthonomus prunicida. — V. **Prunier** (Insectes).
Anthonomus Rubi. — V. **Framboisier** (Insectes).
Aphilothrix collaris, A. gemmæ, A. globuli. — V. **Chêne** (Galles du).
Aphis. — V. **Pucerons.**
Aphis Amygdali, A. Persicæ. — V. **Pêcher** (Insectes).
Aphis Cerasi, A. Rumicis. — V. **Cerisier** (Puceron du).
Aphis lentiginis, A. pyraria. — V. **Poirier** (Insectes).
Aphis rumicis. — V. **Oseille** (Insectes).
Aphrophora spumaria. — V. **Aphrophore.**
Aporia Cratægi. — V. **Aubépine** (Chenilles de l').
Arctia Caja, A. villica. — V. **Ecaille.**
Arion Ater, A. hortensis. — V. **Limace.**
Armadillo vulgaris. — V. **Oniscidées.**
Aromia moschata. — V. **Capricorne musqué.**
Arvicola amphibia. — V. **Rat.**
Arvicola arvalis. — V. **Souris.**
Aspidiotus Camelliæ, A. Nerii, A palmarum. — V. **Kermès.**
Aspidiotus conchiformis. — V. **Kermès** et **Pommier** (Kermès du).
Aspidiotus ostræformis — V. **Poirier** (Insectes) et **Kermès.**
Aspidiotus perniciosus. — V. (au Supplément) **Kermès ou Pou de San José.**
Athallia ancilla et A. spinarum. — V. **Navet** (Tenthrède du).
Athous hæmorroidalis. — V. **Taupin.**
Atomaria linearis. — V. **Betterave** (Atomaire des).
Balanus nucum. — V. **Noisetier** (Balanin ou Charançon du).
Baridius trinotatus. — V. **Pomme de terre** (Insectes).
Batoneus Populi. — V. **Popolus** (Insectes).
Biorhiza aptera. — V. **Chêne** (Galles du).
Blatta orientalis. — V. **Blatte.**
Blennocampa pusilla. — V. **Rosier** (Tenthrèdes des).
Bombicinées. — V. **Papillons.**
Bombyx Mori. — V. **Ver à soie.**
Bombyx neustria. — V. **Bombyx livrée.**
Bostrichus bidentatus, B. chalcographus, B. cinereus, B. Laricis, B. lineatus, B. micrographus, B. saturlis, B. typographus. — V. **Scolytidées.**
Brachyletra. — V. **Staphylinidées.**
Bruchidées. — V. **Pois** (Insectes).
Bruchus granarius, B. Pisi. — V. **Fèves** (Charançon des) et **Pois** (Insectes).
Bruchus Pisi. — V. **Pois** (Insectes).
Byturus tomentosus, B. unicolor. — V. **Framboisier** (Insectes).
Calandra granaria. — V. **Calandre** et **Pois** (Insectes).
Callimorpha dominula. — V. **Ecaille.**
Carpocapsa funebrana. — V. **Prunier** (Insectes).
Carpocapsa pomonana. — V. **Pommier** (Pyrale et Ver).
Cecidomyia floricola. — V. **Tilia** (Insectes).
Cecidomyia marginem-torquens, C. rosaria, C. salicina. — V. **Salix** (Insectes).
Cecidomyia œnophila. — V. **Vigne** (Animaux nuisibles, *Hémiptères*).
Cecidomyia Pisi. — V. **Pois** (Insectes).
Cecidomyia Tritici — V. **Cécidomie.**
Ceroplastes floridensis. — V. **Kermès.**
Cetonia aurata. — V. **Cétoine dorée.**
Ceuthorhynchus assimilis. — V. **Radis** (Insectes) et **Navet** (Charançon des).
Ceuthorhynchus contractus. — V. **Navet** (Insectes).
Ceuthorhynchus sulcicollis. — V. **Chou** (Galles du).
Chærocampa Elpenor. — V. **Sphingidées.**
Cheimatobia brumata. — V. **Phalène hyemale.**
Chermès. — V. **Kermes adelges.**
Chermès Abietis. — V. **Sapins** (Puceron des).
Chilognatha. — V. **Myriapodes.**
Chionaspis Euonymi. — V. **Kermès.**
Chorita viridula. — V. **Pomme de terre** (Insectes).
Chrysomela populi. — **Chrysomèle.**
Chrysomelides. — V. **Populus** (Insectes).
Chrysopa vulgaris. — V. **Hémérobes.**
Cidaria fulvata. — V. **Rosier** (Insectes).
Cladius Padi, C. pectinicornis. — V. **Rosier** (Tenthrèdes).
Cnethocampa processionea — V. **Chêne** (Insectes).
Coccidées. — V. **Kermès.**
Coccotorus scutellaris. — V. **Prunier** (Insectes).
Coccus adonidum. — V. **Cochenille.**
Coccus vitis. — V. **Vigne** (Kermès).
Coleophora hemerobiella. — V. **Poirier** (Insectes).
Coléoptères. — V. ce nom et **Insectes.**
Conotrachelus nenuphar. — V. **Prunier** (Insectes).
Cossus ligniperda. — V. **Cossus ronge-bois.**
Crioceris Asparagi. — V. **Asperge** (Criocère de l').
Crioceris merdigera. — V. **Lis** (Criocère des).
Crœsia Bergmanniana. — V. **Rosier** (Insectes).
Crœsia holmiana. — V. **Poirier** (Insectes).
Crustacées. — **Oniscidées.**
Cryptocampus angustatus, C. pentandræ. — V. **Salix** (Insectes).
Curculionides. — V. **Charançons.**
Cynipidées. — V. **Chêne** (Galles du) et **Rosiers** (Galles des).
Cynips aptera, C. Kollari. — V. **Chêne** (Galles du).
Dactylopius adonidum, D. destructor, D. longifilis. — V. **Kermès.**
Dasychira fascelina, D. pudibunda. — V. **Dasychira.**
Decticus griseus, D. tessellatus, D. verrucivorus. — V. **Sauterelle.**
Deilephila Elpenor, D. Porcellus. — V. **Vigne** (Insectes. *Lépidoptères*).
Deltoides. — V. **Hypena proboscidalis.**
Depressaria. — V. ce nom et **Navet.**
Depressaria cicutella. — V. **Depressaria** (Insectes).
Depressaria daucella. — V. **Carotte** (Teigne de la).
Depressaria depresella. — V. **Depressaria.**
Depressaria Heraclana. — V. **Panais** (Insectes).
Dermaptera. — V. **Forficule.**
Diaspinées. — V. **Kermès.**
Diaspis ostreæformis, D. Rosæ. — V. **Kermès.**
Diastrophus Rubi. — V. **Framboisier** (Insectes).
Dicranura bicuspis, D. bifida, D. furcula, D. vinula. — V. **Dicranura.**
Dictyopteryx contaminea. — V. **Poirier** (Insectes).

Dineura stellata. — V. **Aubépine** (Chenilles de l').
Diplosis tremulæ. — V **Populus** (Insectes).
Diptères. — V. Insectes.
Ditula angustiorana. — V. **Vigne** (Insectes, *Lépidoptères*).
Dorcus parallelopipedus. — V. article **Lucanus cervus**.
Doryphora decemlineata. — V. **Pomme de terre** (Doryphore de la).
Dryophanthа divisa, D. folii. — V. **Chêne** (Galles du).
Dryoteras terminalis. — V. **Chêne** (Galles du).
Elatérides. — V. **Taupin**.
Emphytus cinctus, E. melanarius, E. rufocinctus. — V. **Rosier** (Tenthrèdes).
Eudopisa nigricana, E. proximana. — V. **Poirier** (Insectes).
Endrosis fenestrella. — V. **Tinéides**.
Ephippigera vitium. — V. **Sauterelles**.
Erineum Vitis. — V. **Vigne** (Insectes, *Hémiptères*).
Erineum pyrinum. — V. **Poirier** (Insectes).
Eriocampa adumbrata, E. limacina. — V. **Aubépine** (Chenilles de l'), **Poirier** (Insectes) et **Ver limace**.
Eriocampa annulipes, E. ovata. — V. **Ver limace**.
Eupœcilia ambiguella. — V. **Vigne** (Insectes, *Lépidoptères*).
Eupteryx picta, E. Solani. — V. **Pomme de terre** (Insectes).
Euura. — V. **Saules** (Tenthrèdes des).
Fenusa pumilio. — V. **Framboisier** (Insectes).
Fenusa Ulmi. — V. **Tenthrèdes**.
Fidonia piniaria. — V. **Pinus** (Insectes).
Forficula auricularis. — V. **Forficule**.
Formicides. — V. **Fourmi**.
Géométrinées. — V. **Arpenteuses, Hybernia** et **Phalènes**.
Geotrupes stercorarius. — V. **Géotrupe stercoraire**.
Grapholita botrana. — V. **Vigne** (Insectes, *Lépidoptères*).
Gryllidées. — V. **Grillon**.
Gryllotalpa vulgaris. — V. **Courtillière**.
Gryllus campestris, G. domesticus. — V. **Grillon**.
Hadena oleracea. — V. **Noctuelles**.
Halia Wavaria. — V. **Groseillier** (Insectes).
Haltica. — V. **Navet** (Altise ou Puce du).
Harpalus ruficornis. — V. **Insectes** (Coléoptères).
Hedya ocellana. — V. **Poirier** (Insectes).
Heliazeus populi. — V. **Populus** (Insectes).
Heliothrips adonidum, H. hæmorrhoidalis. V. — **Thrips**.
Helix aspera, H. hortensis, H. nemoralis, H. Pomatia. — V. **Escargot**.
Hémiptères hétéroptères, H. homoptères. — V. **Insectes** (Hémiptères).
Heterodera radicicola. — V. **Vignes** (Animaux nuisibles).
— Schachtii. — V. **Nématode**.
Hétérocères. — V. **Insectes** (Lépidoptères) et **Papillons**.
Hétéroptères. — V. **Insectes** (Hémiptères).
Homalomyia canalicularis. — V. **Radis** (Insectes).
Homoptères. — V. **Insectes** (Hémiptères).
Hyalopterus brumuta, H. Pruni. — V. **Pêcher** (Insectes).
Hybernia aurantiaria, H. defoliaria. — V. **Hybernia** et **Phalènes**.
Hybernia leucophæaria, H. rupicapraria. — V. **Hybernia**.
Hylesinus angustus, H. crenatus, H. Fræcini, H. palliatus, H. roligraphus, H. vittatus. — V. **Scolytidées**.
Hylesinus ater, H. opacus, H. piniperda. — V. **Scolytidées** et **Pin** (Coléoptères du).
Hylobius Abietis. — V. **Pin** (Charançons du).
Hylotoma enodis, H. gracilicornis, H. pagana, H. Rosæ. — V. **Rosier** (Tenthrèdes des).
Hyménoptères. — V. **Insectes**.
Hypena rostralis. — V. **Pyrales**.
Hyponomeuta padella. — V. **Aubépine** (Chenilles de l').
Ixodes erinaceus. — V. **Tiques**.
Julus guttulatus, J. terrestris. — V. **Millepattes**.
Lachnus. — V. **Pinus** (Insectes).
Lampronia rubiella. — V. **Framboisier** (Insectes).
Lasiocampa quercifolia. — V. **Lasiocampa**.
Lascoptera obfuscata. — V. **Cecidomye**.
Lascoptera Rubi. — V. **Framboisier** (Insectes, *Hémiptères*).
Lascoptera Vitis. — V. **Vigne** (Insectes, *Hémiptères*).
Lecanium hesperidum. — V. **Kermès**.
Lecanium Persicæ. — V. **Pêcher** (Insectes).
Lecanium Vitis. — V. **Vigne** (Insectes, *Hémiptères*).
Lema trilineata. — V. **Pomme de terre** (Insectes).
Lethrus cephalotes. — V. **Vigne** (Insectes, *Coléoptères*).
Lépidoptères. — V. ce nom, **Insectes** et **Papillons**.
Leptus autumnalis. — V. **Mites**.
Limax agrestis, L. arboreum, L. flavus, L. maximus L. Sowerbii. — V. **Limace**.
Lina Populi, L. Tremulæ. — V. **Populus** (Insectes).
Liparis aurifluа, L. dispar, L. chrysorrhæa, L. monacha, L. salicis. — V. **Liparis**.
Lita viligiella. — V. **Poireau** (Insectes).
Lithocolletis. — V. **Feuilles** (Insectes qui labourent les).
Lobesia reliquana. — V. **Vigne** (Insectes, *Lépidoptères*).
Locusta viridissima. — V. **Sauterelle**.
Lophyrus frutetorum, L. Pini, L rufa, L. sertiferus, L. virens. — V. **Pin** (Tenthrèdes des).
Lozotænia rosana. — V. **Poirier** et **Rosier** (Insectes).
Lucanus cervus. — V. ce nom.
Lyda campestris, L. Pyri. — V. **Lyda**.
Lyda erythrocephala, L. nemorum, L. stellata. — V. **Pin** (Tenthrèdes des).
Lyda inanita. — V. **Rosiers** (Tenthrèdes des).
Lyda nemoralis. — V. **Lyda** et **Pêcher** (Insectes).
Lyda punctata. — V. **Aubépine** (Chenille de l').
Lytta vesicatoria. — V. **Cantharide**.
Mamestra brassicæ. — V. **Chou** (Insectes) et **Mamestra**.
Melolontha vulgaris. — V. **Hanneton** et **Ver blanc**.
Melolontha fullo. — V. **Hanneton**.
Merodon claviceps, M. equestris. — V. **Narcisses** (Mouche des).
Microlépidoptères. — V. **Lépidoptères** et **Papillons**.
Macroglossa stellatarum. — V. ce nom.
Molytes coronatus. — V. **Carotte** (Mouche et Ver de la).
Mus decumanus, M. Rattus, — V. **Rat**.
Mus sylvaticus. — V. **Souris**.
Myriapodes. — V. **Millepattes**.
Mytilaspis pomorum. — V. **Kermès**.
Mytilaspis Vitis. — V. **Vigne** (Hémiptères, *Kermès*).
Myzus Persicæ. — V. **Pêcher** (Insectes).
Myzus Ribis. — V. **Groseillier** (Insectes).
Nænia typica. — V. **Vigne** (Lépidoptères).
Nématodes. — V. ce nom.
Nematus abbreviatus, N. tellus, N. gallarum, N. ischnocerus, N. herbaceæ, N. Salicis cineræ, N. vaccinellus, N. vesicator. — V. **Nematus**.
Nematus appendiculatus, N. consobrinus. — V. **Nematus** et **Ribes** (Insectes).
Nematus gallicola, N. pedunculi, — V. **Saules** (Tenthrèdes des).
Nematus Ribesii. — V. **Groseillier** (Tenthrèdes des).
Nematus viminalis. — V. **Salix** (Insectes).
Nemeophila plantaginis. — V. **Ecaille**.

Nepticula. — V. **Rosier** (Insectes).
Neuroptères. — V. **Insectes**.
Neuroterus fumipennis, N. læviusculus, N. lenticularis, N. numismatis. — V **Chêne** (Galles du).
Noctuina. — V. ce nom.
Notodontidées. — V. **Papillons**.
Œnectra Pilleriana. — V. **Papillons** (Lépidoptères).
Oniscidées. — V. ce nom.
Oniscus asellus — V. **Cloporte**.
Orchestes Fagi, O. Quercus. — V. **Orchestes**.
Orgyia antiqua. — V. ce nom.
Ortalis cerasana. — V. **Cerisier** (Insectes).
Orthoptères. — V. **Insectes**.
Otiorhynchus Ligustici. — V. **Otiorhynchus** et **Pêcher** (Insectes).
Otiorhynchus picipes, O. raucus, O. sulcatus, O. tenebricosus. — V. **Otiorhynchus**.
Oxyuris vermicularis. — V. **Nematode**.
Pardia tripunctata. — V. **Rosier** (Insectes).
Pegomyia acetosæ. — V. **Oseille** (Insectes).
Pemphigus bursarius. — V. **Phemphigus** et **Populus** (Insectes).
Peronea aspersana, P, comparana. — V. **Fraisier** (Insectes).
Peronea variegana. — V. **Rosa** (Insectes).
Phaedon Betulæ. — V. ce nom.
Phalæna Wavaria. — V. **Groseillier** (Insectes).
Phaneroptera liliifolia. — V. **Sauterelle**.
Phorodon Humuli, P. Mahaleb. — V. **Prunier** (Insectes).
Phragmatobia fuliginosa. — V. **Écaille**.
Phratora vittellinæ. — V. ce nom.
Phyllobius oblongus, P. Pyri, P. viridicollis. — V. **Phyllobius**.
Phylloperta horticola. — V. **Hanneton**, **Phylloperta** et **Rosiers** (Insectes).
Phyllotreta concinna, P. consobrina, P. flexuosa, P. Lepidii, P. nemorum, P. obscurella. — V. **Navet** (Altise ou Puce du).
Phylloxera vastatrix. — V. **Phylloxera** et **Vigne** (Insectes, *Hémiptères*).
Physopodes. — V. **Thrips**.
Phytocoptes Vitis. — V. **Vigne** (Insectes, *Hémiptères*).
Phytomyza. — V. ce nom et **Pois** (Insectes).
Phytomyza Ilicis. — V. **Houx** (Insectes).
Phytomyza nigricornis. — V. **Phytomyza**.
Phytoptidées. — V. **Mites**, **Pinus** (Insectes), **Prunier** (Insectes) et **Populus** (Insectes).
Phytoptus Pyri. — V. **Poirier** (Insectes).
Phytoptus Ribis. — V. **Groseillier** (Insectes).
Phytoptus Vitis. — V. **Vigne** (Insectes, *Hémiptères*).
Pieris brassicæ, P. rapæ. — V. **Chou** (Piérides du) et **Piérides**.
Pionea forficalis. — V. ce nom.
Piophyla Apii. — V. ce nom.
Pissodes notatus, P. Pini. — V. **Pin** (Charançons des).
Platypus cylindricus. — V. **Chêne** (Insectes).
Plusia Gamma. — V. ce nom.
Plutella cruciferarum. — V. ce nom.
Pœcilosoma candidatum. — V. **Rosier** (Tenthrèdes du).
Polydesmus complanatus. — V. **Millepattes**.
Porcellio scaber. — V. **Oniscidées**.
Pseudo-bombyces. — V. **Papillons**.
Psila Rosæ. — V. **Carotte** (Mouche et Ver de la).
Psylla apiophila, P. Pyri, P. pyricola, P. simulans. — V. **Poirier** (Insectes).
Psylla Mali. — V. **Psylla**.
Psylla pyrisuga. — V. **Poirier** (Insectes) et **Psylla**.
Psylomia Rosæ. — V. **Carotte** (Mouche et Ver de la).
Pterophorina. — V. **Papillons**.
Pygæra bucephala. — V. ce nom et **Bombyx bucéphale**.
Pyralinides. — V. **Papillons**.
Pyralis rostalis. — V. ce nom.
Retinia Buolinia, R. duplana, R. ocultana. R. pinicolana, R. resinana, R. turionana. — V. **Retinia**.
Rhodites centifoliæ, R. Eglanteriæ, R. Mayri, R. Rosæ, R. rosarum, R. spinosissimæ. — V. **Rhodites** et **Rosier** (Galles du).
Rhopalocères. — V. **Papillons**.
Rhopalosiphum Ribis. — V. **Groseillier** (Insectes).
Rhynchites Alliariæ, R. Bacchus, R. Betuleti, R. bicolor, R. cupreus, R. conicus. — V. **Rhynchites**.
Rhynchites betuleti. — V. **Vigne** (Insectes, *Coléoptères*)
Rhynchites cupreus. — V. **Prunier** (Insectes).
Rhynchophores. — V. **Charançons**.
Rusina. — **Noctua**.
Saperda carcharias, S. populnea. — V. **Populus** (Insectes) et **Saperda**.
Sarcoptes scabiei. — V. **Mites**.
Saturnia Pyri. — V. **Saturnia**.
Schizoneura lanigera. — V. **Puceron lanigère**.
Scolytidées. — V. ce nom.
Scolytus destructor, S. Geoffroyi, S. Pruni, S. pygmæus, S. Ratzeburgii. — V. **Scolytidées**.
Selandria Cerasi. — V. **Ver limace**.
Selandria Rosæ. — V. **Rosier** (Tenthrèdes des).
Sesia apiiformis. — V. **Populus** (Insectes).
Sesia bombyciformis, S. formicæformis, S. vespiformis. — V. **Sesia**.
Sesia tipuliformis. — V. **Groseillier** (Tenthrèdes).
Silpha opaca. — V. **Betterave** (Silphe des) et **Silpha**.
Siphonophora dirhoda, S. Rosæ, S. rosarum. — V. **Rosier** (Insectes).
Siphonophora Pisi. — V. **Pois** (Insectes).
Sirex gigas. — V. **Sirex**.
Sitona crinita, S. lineata. — V. **Pois** (Insectes) et **Sitona**.
Smerinthus ocellatus, S. Populi, S. Tiliæ. — V. **Sphingidées**.
Spathegaster baccarum, S. Taschenbergii, S. vesicatrix. — V. **Chêne**.
Sphingidées. — V. ce nom et **Papillons**.
Sphinx Atropos. — V. **Sphingidées** et **Pomme de terre** (Insectes).
Sphinx Ligustri. — V. **Sphingidées**.
Talpa Europeæ. — V. **Taupe**.
Teischeria. — V. **Rosier** (Insectes).
Termes lucifugus. T. ruficollis. — V. **Termites**.
Tenthrédinées. — V. ce nom.
Tenthredo Cerasi, — V. **Ver limace**.
Tephrites Onopordinis. — V. **Céleri** (Mouche du) et **Panais** (Insectes).
Tétranychides. — V. **Mites**.
Tetranychus telarius. — V. ce nom, **Grise** et **Mites**.
Thera coniferata, T. firmata, T. juniperata, T. variata. — V. **Genèvrier** (Phalènes des).
Thysanoptères. — V. **Thrips**.
Tinea. — V. **Tinéides**.
Tinea olivella. — V. **Olivier** (Insectes).
Tingis pyri. — V. **Tigre**.

Tipula maculosa, T. oleracea. — V. **Chou** (Tipules du) et **Tipulides**.

Tipulides. — V. ce nom.

Tomicus bidentatus, T. Laricis. — V. **Pin** (Charançons des).

Tomicides. — V. ce nom et **Scolytidées**.

Tortricides. — V. ce nom **Papillons**.

Tortrix angustiorana, T. heparana, T. icterana. — V. **Tortrix**.

Tortrix Pilleriana, T. vitisana. — V. **Tortrix** et **Vigne** (Insectes, *Lépidoptères*).

Tortrix ribeana. — V. **Tortrix et Poirier** (Insectes).

Tortrix viridana. — V. **Tortrix** et **Chêne** (Insectes).

Trachea piniperda. — V. ce nom et **Pinus** (Insectes).

Tremex columba. — V. **Tremex**.

Trichiosoma lucorum. — V. **Tenthrèdes**.

Tryphæna fimbriata, T. ianthina, interjecta, T. orbona, T. Pronuba, T. subsequa. — V. **Tryphœna**.

Tychius quinquepunctatus. — V. **Pois** (Insectes).

Tylenchus devastratrix, T. Dipsaci, T. Tritici. — V. **Nématode**.

Typhlocyba Rosæ. — V. **Rosier** (Insectes).

Vanessa Antiopa, V. Io, V. polychloros, V. Urticæ. — V. **Vanessa**.

Vespa vulgaris, V. crabro. — V. **Guêpe**.

Xyleborus dryographus. — V. **Chêne** (Insectes).

Xylocopa violacca. — V. **Abeille perce-bois**.

Xiphidion fuscum. — V. **Sauterelle**.

Zeuzera Æsculi. — V. **Marronnier** (Zeuzère du).

LISTE DES CHAMPIGNONS NUISIBLES AUX VÉGÉTAUX

DÉCRITS OU MENTIONNÉS DANS CET OUVRAGE

La liste suivante a été établie sur le même plan que la précédente et son but est également le même : celui de permettre aux lecteurs de trouver rapidement les renseignements que contient ce DICTIONNAIRE sur telle ou telle espèce qu'on désire. Beaucoup de Champignons inférieurs sont, comme les insectes, fréquents sur différentes espèces et se trouvent, par suite, cités un grand nombre de fois. Dans ce cas, les articles contenant le plus de détails ont seulement été indiqués.

Parmi les Champignons supérieurs, beaucoup d'espèces sont, on le sait, comestibles et auraient pu former un groupe analogue à celui des oiseaux utiles ; mais on remarquera que ces Champignons, quoique utiles pour nous, au point de vue culinaire, sont tout aussi nuisibles que les autres pour les végétaux et quelquefois plus, témoin ; le terrible *Agaricus melleus*, qui fait souvent périr les arbres. Les uns et les autres sont donc indistinctement mentionnés dans cette liste, sous leur nom admis dans cet ouvrage et à leur ordre alphabétique. (S. M.)

Acrosporium fructigenum. — V. **Poirier** (CHAMPIGNONS).
Actinonema Rosæ. — V. **Rosier** (CHAMPIGNONS).
Æcidium. — V. **Rosier** (CHAMPIGNONS).
— asperifolii, Æ. Berberidis, Æ. Grossulariæ, Æ. lycopodis, Æ. Urticæ, Æ. Rhamni. — V. **Puccinia**. Æcidium elatinum. — V. **Peridermium**.
— depauperans, Æ. Violæ. — V. **Violette** (MALADIES).
— Pini. — V. **Pinus** (CHAMPIGNONS).
Agaricus. — V. ce nom et **Champignons**.
— arvensis, A. aurantiaca, A. campestris, A. cœsareus, A. gambosus, A. muscarius, A. mappa, A. phalloides, A. pratensis, A. procerus, A. pyrogallus, A. speciosus, A. verus. — V. **Agaricus**.
— campestris, A. fragrans, A. gambosus, A. maximus, A. odoratus, A. ostreatus, A. prunulus, A. ulmarius. — V. **Champignons** (SUPÉRIEURS).
— campestris. — V. **Champignon de couche**.
— **melleus**. — V. ce nom et **Pinus** (CHAMPIGNONS).
Alternaria brassicæ. — V. **Pleospora**.
Ascochyta brassicæ. — V. **Navet** (CHAMPIGNONS).
Aspergillées. — V. **Moisissure**.
Asteroma Rosæ. — V. **Rosier** (CHAMPIGNONS).
— vagans. — V. **Lilas** (CHAMPIGNONS).
Boletus aureus, B. aurantiacus, B. œstivalis, B. edulis, B. satanas. — V. **Champignons** (SUPÉRIEURS).
— edulis. — V. **Boletus**.
Botrytis cinerea. — V. **Toile**.
— tenella. — V. **Torrubia**.
Brennia Lactucæ. — V. **Laitue** (CHAMPIGNONS).
Cæoma pinitorquum. — V. **Pinus** (CHAMPIGNONS).
— Ribesii. — V. **Groseillier** (CHAMPIGNONS).
Cantharellus cibarius. — V. ce nom et **Champignons** (SUPÉRIEURS).
Capnodium Personii. — V. **Rosier** (CHAMPIGNONS).
Capnodium et C. quercinum. — V. **Chêne** (CHAMPIGNONS).
Cercospora Boxalmi. — V. **Navet** (CHAMPIGNONS).
— Lilacis. — V. **Lilas** (CHAMPIGNONS).
— rosæcola. — V. **Rosier** (CHAMPIGNONS).
— Violæ. — V. **Violette** (MALADIES).
Champignons supérieurs. — V. **Champignons**.
— inférieurs. — V. **Champignons**.
Chætonium bostrychodes, C. crispatum. — V. **Pomme de terre** (CHAMPIGNONS).
Cladosporium dentriticum. — V. **Poirier** (CHAMPIGNONS).
— herbarum. — V. **Pleospora**.
Clathrus cancellatus. — V. **Champignons** (SUPÉRIEURS).
Claviceps purpurea. — V. **Ergot** et **Sclérote**.
Coleosporium senecionis. — V. **Peridermium Senecionis** et **Pinus** (CHAMPIGNONS).
Coleroa chætonium. — V. **Framboisier** (CHAMPIGNONS).
Comothyrium diplodiella. — V. **Vigne** (CHAMPIGNONS).
Coprinus cornatus. — V. **Champignons** (SUPÉRIEURS).
— stercorarius. — V. **Sclérote**.
Cordyceps entomorhiza, C. Hugelii, C. militaris, C. Robertsii. — V. **Torrubia**.
Coryneum Beijerinckii. — V. **Gomme**.
Craterella. — V. **Champignons** (SUPÉRIEURS).
Curcubitaria Laburni. — V. **Pyrénomycètes**.
Cystopus candidus. — V. **Chou** (BLANC ou MEUNIER), **Navet** (CHAMPIGNONS) et **Radis** (CHAMPIGNONS).
Dematophora necatrix. — V. **Poirier** (CHAMPIGNONS) et **Vigne** (CHAMPIGNONS).
Erysiphe communis. — V. **Vigne** (CHAMPIGNONS).
— Cichoriaceum, E. communis, E. Martii. — V. **Mildew**.
— graminis, E. Martii. — V. **Oidium**.
— Martii. — V. **Panais** (MALADIES) et **Pois** (CHAMPIGNONS).
Exoascus aureus. — V. **Populus** (CHAMPIGNONS).
— deformans. — V. **Pêcher** (CHAMPIGNONS).

Exoascus Pruni. — V. **Prunier** (CHAMPIGNONS).
Fibrillaria xylotricha. — V. **Vigne** (CHAMPIGNONS).
Fistulina hepatica — V. ce nom.
Fumago. — V. **Chêne** (CHAMPIGNONS).
— vagans. — V. **Lilas** (CHAMPIGNONS) et **Salix** (CHAMPIGNONS).
— salicina. — V. **Fumago.**
Fusarium Zavianum. — V. **Vigne** (CHAMPIGNONS).
Fuscicladium pyrinum. — V. **Poirier** (CHAMPIGNONS).
Fusisporium Solani. — V. **Pomme de terre** (CHAMPIGNONS).
Geaster hygrometricus. — V. ce nom.
Glœosporium ampelophagum. — V. **Vigne** (CHAMPIGNONS).
— Ribis. — V. **Groseillier** (CHAMPIGNONS).
Gymnosporangium clavariæforme. — V. **Poirier** (CHAMPIGNONS).
— fuscum, G. Sabinæ. — V. **Poirier** (CHAMPIGNONS).
Helminthosporium echinulatum. — V. **Œillet** (MALADIES).
— rhizoctonon. — V. **Betterave** (CHAMPIGNONS).
Hydnum. — V. ce nom et **Champignons** (SUPÉRIEURS).
Hysterium Pinastri. — V. **Pinus** (CHAMPIGNONS).
Isaria densa, I. fusciformis. — V. **Torrubia.**
Lactarius deliciosus, L. pyrogallus. — V. **Champignons** (SUPÉRIEURS).
Lœstadia Violæ. — V. **Violette** (MALADIES).
Lecythea caprearum. — V. **Salix** (CHAMPIGNONS).
— Rosæ. — V. **Rosier** (CHAMPIGNONS).
Lycoperdon gemmatum, L. giganteum. — V. **Champignons** (SUPÉRIEURS).
Macrosporium Sarcinula. — V. **Pleospora.**
Marasmius Oreades. — V. **Champignons** (SUPÉRIEURS) et **Marasmius.**
Marsonia Rosæ. — V. **Rosier** (CHAMPIGNONS),
Melampsora salicina. — V. **Salix** (CHAMPIGNONS).
Merulius lacrymans. — V. ce nom, **Pinus** (CHAMPIGNONS) et **Pourriture.**
Micrococcus Imperatoris. — V. **Pomme de terre** (CHAMPIGNONS).
— amylovorus. — V. **Poirier** (CHAMPIGNONS).
Microsphæra Grossulariæ. — V. **Groseillier** (CHAMPIGNONS).
— Berberidis, M. Grossulariæ. — V. **Mildew.**
Monilia fructigena. — V. **Poirier** (CHAMPIGNONS).
Morchella esculenta. — V. ce nom et **Champignons** (SUPÉRIEURS).
Mucor mucedo. — V. **Moisissure.**
— racemosus. — V. **Moisissure.**
— subtilissimus. — V. **Sclérote** et **Ognon** (MALADIES).
Nectria cinnabarina. — V. **Pyrénomycètes.**
— ditissima. — V. **Poirier** (CHAMPIGNONS).
— Ribis. — V. **Groseillier** (CHAMPIGNONS).
— Solani. — V. **Pomme de terre** (CHAMPIGNONS).
Oidium Balsami. — V. **Oidium** et **Navet** (CHAMPIGNONS).
— Balsami et O. Tuckeri. — V. **Mildew, Oidium,** et **Vigne** (CHAMPIGNONS).
— fructigenum. — V. **Poirier** et **Prunier** (CHAMPIGNONS).
Oospora fructigena. — V. **Poirier** (CHAMPIGNONS).
Ovularia Syringæ. — V. **Lilas** (CHAMPIGNONS).
Penicillium — V. **Moisissure.**
Peridermium. — V. ce nom.
— acicolum, P. elatinum, P. Pini. — V. **Peridermium.**
— elatinum., P. Pinis. — V. **Pinus** (CHAMPIGNONS).
Périsporiacées. — V. **Moisissure.**
Peronospora arborescens, P. cactorum, P. effusa, P. pygmea, P. nivea, P. Schachtii, P. sparsa, P. viciæ, P. viticola. — V. **Peronospora.**
— Fagi, P. infestans. — V. **Phtophythora.**
— infestans. — V. **Tomate** (MALADIES).
— ganglioniformis. — V. **Laitue** (CHAMPIGNONS).
— nivea. — V. **Panais** (MALADIES).
— parasitica. — V. **Navet** (CHAMPIGNONS).
— sparsa. — V. **Rosier** (CHAMPIGNONS).
— Schachtii. — V. **Betterave** (CHAMPIGNONS).
— Viciæ. — V. **Pois** (CHAMPIGNONS).
— viticola — V. **Mildiou** et **Vigne** (CHAMPIGNONS).
Pestalozzia Guepini. — V. **Rosier** (CHAMPIGNONS).
Peziza aurantia, P. ciboroides, P. Fueckeliana, P. œnotica, P. postuma, P. sclerotiorum. — V. **Pézize.**
— aurantia, P. œnotica. — V. **Champignons** (SUPÉRIEURS).
— baccarum, P. Fueckeliana, P. postuma. — V. **Sclérote.**
— ciboroides, P. sclerotiorum. — V. **Pomme de terre** (CHAMPIGNONS).
— sclerotiorum. — V. **Navet** et **Topinambour** (CHAMPIGNONS).
— Wilkommii. — V. **Pinus** (CHAMPIGNONS).
Phallus impudicus. — V. **Phallus.**
Phoma diplodiella, P. uvicola. — V. **Vigne** (CHAMPIGNONS).
— herbarum. — V. **Pyrénomycètes.**
— viticola. — V. **Pourriture.**
Phragmidium mucronatum, P. subcorticium. — V. **Rosier** (CHAMPIGNONS).
— Rubi-Idæi. — V. **Framboisier** (CHAMPIGNONS).
Phyllactinia suffulta. — V. **Mildew.**
— guttata — V. **Poirier** (CHAMPIGNONS).
Phyllosticta Brassicæ. — **Navet** (CHAMPIGNONS).
— Syringæ. — V. **Lilas** (CHAMPIGNONS).
— Violæ. — V. **Violette** (MALADIES).
Phytophthora Fagi, P. infestans, P. omnivora. — V. **Phytophthora.**
— infestans. — V. **Pomme de terre** (CHAMPIGNONS).
Pionnotes Biasolettianum. — V. **Vigne** (CHAMPIGNONS).
Plasmodiophora Brassicæ. — V. ce nom; **Chou** (HERNIE) et **Navet** (CHAMPIGNONS).
Pleospora Alternariæ, P. herbarum, P. sarcinula. — V. **Pleospora.**
— polytricha. — V. **Pomme de terre** (CHAMPIGNONS).
Pleurococcus vulgaris. — V. **Pinus** (CHAMPIGNONS).
Podisoma fusca. — V. **Poirier** (CHAMPIGNONS).
Podosphæra Kunzei, P. tridactyla. — V. **Prunier** (CHAMPIGNONS).
— Oxyacanthæ. — V. **Mildew.**
Polyactris cinerea. — V. **Sclérote.**
Polydesmus exitiosus. — V. **Navet** (CHAMPIGNONS).
Polyporus. — V. ce nom.

Polyporus annosus, P. borealis, P. fulvus, P. ignarius, P. mollis, P. officinalis, P. sulphureus, P. vaporarius. — V. **Polyporus** et **Pinus** (CHAMPIGNONS).
— betulinus, P. dryadeus, P. hybridus, P. ignarius, P. officinalis, P. sulphureus, P. vaporarius. — V. **Champignons** (SUPÉRIEURS).
— hybridus, P. sulphureus. — V. **Pourriture**.
Polystigma rubrum. — V. **Prunier** (CHAMPIGNONS).
Puccinia Anemones, P. Arenariæ, P. Buxi, P. Caricis, P. coronata, P. Gentianæ, P. graminis, P. Grossulariæ, P. Malvacearum, P. Menthæ, P. mixta, P. silvatica, P. straminis. — V. **Puccinia**.
— Allii, P. mixta. — V. **Ognon** (MALADIES).
— ægra, P. Fergussoni, P. Violæ. — V. **Violette** (MALADIES).
— Hieraci. — V. au (SUPPLÉMENT) **Chrysanthème** (MALADIES).
— Malvacearum. — V. **Rose trémière** (CHAMPIGNONS).
— Ribis. — V. **Groseillier** (CHAMPIGNONS).
Pseudocommis Vitis. — V. **Vigne** (CHAMPIGNONS).
Pyrénomycètes. — V. ce nom.
Ræselia hypogæa. — V. **Vigne** (CHAMPIGNONS).
Ramularia agrestis, R. lactea. — V. **Violette** (MALADIES).
Rhizoctonia. — V. **Blanc des racines**.
Rhizomorpha fragilis, R. subcorticalis, R. subterranea. — V. **Agaricus melleus** et **Pinus** (CHAMPIGNONS).
Rhytisma acerinum. — V. **Rhytisma**.
Rœstellia cancellata. — V. **Poirier** (CHAMPIGNONS).
Russula emetica. — V. **Champignons** (SUPÉRIEURS).
Sclerotinia baccarum. — V. **Sclérote**.
Sclerotinia Fuckeliana. — V. **Toile**.
Sclerotium cepævorum, S. clavus, S. durum, S. semen, S. stercorarium. — V. **Sclérote**.
Scolecotrichum melophtorum. — V. **Nuile** et **Melon** (MALADIES).
Septoria Grossulariæ, S. Ribis. — V. **Groseillier** (CHAMPIGNONS).
— Syringæ. — V. **Lilas** (CHAMPIGNONS).
Sorosporium hyalinum, S. primulinum, S. saponaria. — V. **Charbon**.
Sphacelia segetum. — V. **Miellat**.
Sphaceloma ampelinum. — V. **Vigne** (CHAMPIGNONS).
Sphærella Ribis. — V. **Groseillier** (CHAMPIGNONS).
Sphæria Taylori. — V. **Torrubia**.
Sphærotheca Castagnei. — V. **Oïdium** et **Mildew**.
— pannosa. — V. **Rosier** (CHAMPIGNONS), **Mildew** et **Pêcher** (CHAMPIGNONS).
Sporidesmium brassicæ. — V. **Pleospora**.
— exitiosum var Solani. — V. **Pomme de terre** (CHAMPIGNONS).
Sterigmatocystis. — V. **Moisissure**.
Stigmatea chætonium. — V. **Framboisier** (CHAMPIGNONS).
Taphrina aurea. — V. **Populus** (CHAMPIGNONS).
Terferzia. — V. **Truffe**.
Tilletia Caries. — V. **Carie**.
Tirmania. — V. **Truffe**.
Torrubia. — V. ce nom.
Torula fructigena. — V. **Poirier** (CHAMPIGNONS).
Trametes Pini, T. radiciperda. — V. **Champignons** (SUPÉRIEURS), **Pinus** (CHAMPIGNONS) et **Trametes**.
Tuber. — V. **Truffe**.
Tuber cibarium. — V. **Champignons** (SUPÉRIEURS) et **Truffe**.
Tubercinia scabies. — V. **Pomme de terre** (CHAMPIGNONS).
Tubercularia vulgaris. — V. **Pyrénomycètes**.
Uncinula adunca. — V. **Salix** (CHAMPIGNONS).
Uredo mixta. — V. **Salix** (CHAMPIGNONS).
Uredo Rosæ. — V. **Rosier** (CHAMPIGNONS).
— rubigo-vera. — V. **Puccinia**.
Uromyces appendiculatus. — V. **Pois** (CHAMPIGNONS).
— Betæ. — V. **Betterave** (CHAMPIGNONS).
— caryophyllinus. — V. **Œillet** (MALADIES).
Urocytis anemones, U. sorospoides, U. violæ. — V. **Charbon**.
— Cepulæ. — V. **Ognon** (MALADIES).
— Violæ. — V. **Violette** (MALADIES).
Ustilaginées. — V. **Charbon**.
Ustilago violacea. — V. **Charbon**.
Xylaria. — V. **Pyrénomycètes**.
Verticillium atro-album, V. cinnabarinum. — V. **Pomme de terre** (CHAMPIGNONS).

(S. M.)

SUPPLÉMENT AU DICTIONNAIRE PRATIQUE

D'HORTICULTURE ET DE JARDINAGE

INTRODUCTION

Le présent SUPPLÉMENT a pour objet principal de pousser la mise à jour du DICTIONNAIRE PRATIQUE D'HORTICULTURE ET DE JARDINAGE aux dernières limites de sa publication, c'est-à-dire à la fin de l'année 1898.

Depuis 1892, date de l'apparition des premières livraisons, les introductions et les obtentions de plantes nouvelles se sont multipliées plus nombreuses que jamais. Beaucoup ont déjà conquis une place importante ou au moins droit de cité dans les cultures, et leur insertion dans cet ouvrage est, par suite, devenu nécessité.

A cet effet, j'ai cherché dans les principales publications botaniques et horticoles, celles citées dans les listes du commencement de chaque volume, les plantes nouvelles décrites postérieurement à la date de publication de leur genre et j'en ai rédigé, d'après leurs auteurs, les descriptions qui vont suivre. Je me suis surtout attaché aux bonnes espèces, aux variétés les plus distinctes et aux hybrides les plus méritants, négligeant les plantes d'intérêt purement botanique, les variétés ou formes horticoles d'un intérêt secondaire.

Grâce à l'inépuisable obligeance de M. Bourguignon, administrateur de la Librairie agricole, j'ai pu insérer ici, sans modifications, les plantes que j'ai décrites dans la Revue des nouveautés du BON JARDINIER, pour les années 1895 à 1899. Ces descriptions sont suivies de l'abréviation (B. J.), indiquant leur origine.

Bien que je n'aie pu, faute d'espace, mettre également à jour les listes des variétés horticoles données aux genres les plus importants, j'ai cru cependant devoir le faire pour quelques-uns qui ont extraordinairement progressé depuis leur publication, notamment pour les Cannas florifères, les Chrysanthèmes à grandes fleurs ; les variétés indiquées dans le texte étant aujourd'hui presque toutes avantageusement remplacées, la nécessité de nouveaux choix s'imposait.

Certaines plantes anciennement connues et omises dans le corps de l'ouvrage, quelques procédés culturaux nouveaux et importants, tels que celui des Chrysanthèmes, de nouveaux et redoutables ennemis, des modifications dans la nomenclature, etc., ont été mentionnés dans ce SUPPLÉMENT.

En un mot, ici, comme dans le corps de l'ouvrage, je n'ai épargné aucune peine pour rendre le DICTIONNAIRE PRATIQUE D'HORTICULTURE ET DE JARDINAGE aussi complet et aussi digne de foi qu'il m'a été possible de le faire et doter ainsi l'Horticulture française d'un ouvrage encyclopédique où l'amateur et le praticien puissent trouver, sous une forme commode, les renseignements dont ils ont journellement besoin.

Tel est le but que je m'étais proposé il y a bientôt dix ans, en entreprenant la publication française du *Dictionnary of Gardening*, de M. Nicholson, trop lourde tâche pour qu'il m'ait été possible, dans ce court espace de temps, de lui donner toute la perfection que je désirais, mais que j'ai au moins la satisfaction d'avoir achevée.

S. MOTTET.

Verrières-le-Buisson, mars 1899.

LISTE DESCRIPTIVE

DES PLANTES NOUVELLES

ABIES. — Vol. I, p. 11.

A. arizonica, Meriam. Arbre de 15 m., à écorce subéreuse et à bois blanc grisâtre. *Flles* des branches fructifères épaisses, sub-triangulaires, aiguës, d'environ 2 cent. de long; les inférieures plus longues et plus plates. *Cônes* pourpre foncé, grêles, moyens ou un peu petits, à écailles beaucoup plus larges que longues, fortement convexes latéralement et pourpres sur les deux faces; bractées atteignant le milieu des écailles. Arizona, 1896. B. J.

A. shastensis, Lemmon. Espèce voisine de l'*A. nobilis*, quoique nettement distincte. C'est un bel arbre de plus de 60 m., à branches symétriquement étalées et à rameaux très régulièrement ramifiés; les feuilles sont carénées sur les deux faces. Les cônes mesurent 13 cent. de long et 7 cent. de large; ils sont formés d'écailles larges de 3 à 3 cent. 1/2, elliptiques, à apophyse garnie de poils brunâtres; bractées très développées, longues de 2 cent. environ; graines longues d'environ 13 m. Habite les montagnes de l'Orégon, notamment le mont Shasta. (J. 1898, p. 54. B. J.)

ACALYPHA. — Vol. I, p. 24.

A. Godseffiana, Mart. Petit arbuste buissonnant, compact, portant des feuilles courtement pétiolées, ovales-lancéolées, cordiformes, acuminées, grossièrement dentées, hispides, vert foncé et élégamment marginées de jaune crème. Fleurs verdâtres, en bouquets axillaires et insignifiantes au point de vue décoratif. — La panachure régulière et voyante des feuilles constitue tout le mérite horticole de cette plante, qui sera bientôt estimée pour l'ornement des serres chaudes. D'après les botanistes autorisés, ce serait la forme panachée d'une espèce anciennement connue. Nouvelle-Guinée, 1898, part. I, p. 242, fig. 87; 1898, p. 258, fig. 84). B. J.

Fig. 618. — Acalypha Godseffiana. — (*Le Jardin.*)

A. hispida, Burm. *Fl.* dioïques (?) les femelles réunies en épis caudiformes, longs de 35 cent. et plus, d'un beau rouge garance, très compacts, pendants, courtement pédonculés, dépassant les feuilles et persistant pendant fort longtemps; styles saillants. *Flles* alternes, assez longuement pétiolées, à limbe de 12 à 15 cent. de long et 8 à 9 cent. de large, ovale, aigu, arrondi à la base, avec les bords irrégulièrement dentés en scie; face supérieure vert gai, légèrement poilue; l'inférieure plus pâle et glabre. Indes et Java, 1897. (R. H. 1898, 456. *cum tab.*). Syn. *A. Sanderi*, N. E. Br. (R. H. 1898, p. 209, fig. 375; J. 1898, p. 98, fig. 134, p. 181, *cum tab.*)

A. Chantrieri, Hort. Hybride horticole des *A. Hamiltoniana* et *A. macrophylla*. 1897.

A. morfontanensis, Hort. Hybride horticole des *A. Hamiltoniana* et *A. marginata*, 1897.

ACACIA. — Vol. I, p. 19.

A. spadicigera, Cham. *Fl.* jaunes, en épis axillaires, de 2 cent. 1/2 de long, fasciculés le long des rameaux. *Flles* grandes, bipinnées, accompagnées de grandes épines géminées. Arbuste. Amérique centrale, 1892. (B. M. 7395.)

ACAMPE. — Vol. I, p. 24.

A. madagascariensis, Kranzl. *Fl.* petites, blanchâtres, à labelle pourpre rosé. *Flles* épaisses et coriaces. Plante voisine de l'*A. papillosum*. Madagascar, 1891.

ACANTHEPHIPPIUM. — Vol. I, p. 25.

A. Mantinianum, Lind. et Cogn. Plante robuste, à grands, pseudo-bulbes du double plus longs que ceux de l'*A. bicolor*, dont la plante est voisine; ses fleurs sont étalées, munies de bractées ventrues et longues de 3 cent.; les sépales sont jaune nuancé de vert, ponctués de pourpre inférieurement et pourpre foncé, avec sept bandes longitudinales blanc jaunâtre dans la partie supérieure; les pétales sont un peu plus courts et presque de même teinte; le labelle est d'un blanc de cire, avec quelques points pourpres à l'extérieur et le disque est jaune orangé, avec des lignes pourpre vif. Mexique. Serre tempérée. (B. M. 7477.) B. J.

ACANTHOPANAX. — Vol. I, p. 25.

A. sessiliflorum, Seem. Arbuste peu connu, à feuilles longuement pétiolées, à trois lobes palmés, largement lancéolés, graduellement rétrécis aux deux extrémités, finement denticulés sur les bords, coriaces et vert foncé. Les fleurs sont blanches, petites, nombreuses, réunies en bouquets globuleux, fasciculées au sommet des tiges et suivies de baies noires, de la grosseur d'un pois, rappelant celles des Troènes ou mieux encore du Lierre. Région de l'Amour (G. C., 1897, part. II, p. 337, fig. 100). B. J.

Fig. 619. — Acalypha hispida (*A. Sanderi*). — (*Le Jardin.*)

ACANTHOPHŒNIX. — Vol. I, p. 25.

A. grandis, Hort. Beau Palmier de serre chaude, à feuilles finement découpées et armé d'épines brunes. Bornéo? 1892. Syn. *Calamus grandis*, Hort.

ACIDANTHERA, Hochst. (de *akis*, pointe, et *anthera*, anthère ; allusion au connectif des anthères qui est prolongé en pointe). Fam. *Iridées*. — Genre comprenant dix-sept espèces de plantes bulbeuses, de serre froide ou demi-rustiques, habitant l'Afrique australe et tropicale. Fleurs peu nombreuses et réunies en épi lâche ; périanthe à tube cylindrique, allongé et à segments sub-égaux, oblongs; spathes vertes, longuement lancéolées. Feuilles linéaires. Bulbe plein et tuniqué rappelant celui des **Glaïeuls**, dont ces plantes s'accommoderont probablement d'un traitement analogue. (V. ce nom, vol. II, p. 504.)

Les deux espèces décrites ci-après paraissent seules avoir été récemment introduites dans les cultures.

A. æquinoctialis, Baker. Espèce la plus grande et la plus remarquable du genre par ses fleurs réunies en épi distique, simple, lâche et pauciflore, accompagnées de spathes allongées; le tube du périanthe est long de 6 cent., arqué supérieurement et le limbe, large de 8 cent., est à divisions ovales, cuspidées, imbriquées et tachées de pourpre à la base. Tige raide, de 1 m. 20 de haut, garnie de feuilles engainantes, ensiformes, de 50 cent. de long et 4 cent. de large. Bulbe gros, déprimé. Sierra-Leone, 1893. (B. M., 7393.) B. J.

A. bicolor Hochst. Plante bulbeuse, introduite il est vrai depuis plus de 50 ans, mais presque inconnue et ayant le port d'un *Glaïeul*. Son bulbe plein, globuleux et entouré de fibres, émet une tige simple, de 50 cent. de haut, portant des feuilles distiques et un épi de fleurs pendantes, odorantes, blanches, avec une grande tache pourpre à la base de chaque segment ; tube de 12 à 15 cent. de long et à limbe à 6 segments de 4 à 5 cent.

de long. Abyssinie et Cap. Demi-rustique. (Gn. 1895, part. I, p. 342, tab. 1014; G. C. 1896, part. II, p. 393, fig. 71.) B. J.

ACTINIDIA. — Vol. I, p. 46.

A. Kolomikta, Maxim. Rare arbuste volubile, rustique sous le climat parisien, remarquable surtout par la riche coloration qu'acquiert son feuillage, mais cette coloration ne se présente pas uniformément partout ; dans certains jardins, les feuilles restent vert uni et foncé. Elles sont alternes, caduques, ovales-cordiformes, acuminées, dentées en scie, parfois colorées de blanc ou de rose sur une plus ou moins grande surface, parfois entièrement vertes. Les fleurs, qui se montrent de juin en août, sont solitaires ou réunies en petits bouquets axillaires, longuement pédonculés, à calice petit, rougeâtre et à corolle blanche, de 15 à 20 mm. de diamètre, formée de cinq pétales arrondis ; les étamines sont nombreuses. Le fruit devient, dit-on, une baie ovale, foncée et striée, grosse comme une groseille à maquereau. Sibérie, Japon. (R. H., 1898, p. 37, *cum tab.*) B. J.

A. polygama, Planch. Arbrisseau grimpant, élevé, glabre, à feuilles persistantes, longuement pétiolées, largement ovales ou oblongues-aiguës, serrulées, membraneuses, vert gai en dessus, plus pâles en dessous. Fleurs hermaphrodites, réunies par trois, axillaires, à pétales blanc verdâtre, orbiculaires; étamines nombreuses, style court, à stigmates linéaires. Fruit bacciforme et oblond. Japon. Espèce sans doute rustique et, comme ses congénères introduites, propre à tapisser les murs et les treillages. (B. M. 7497.) B. J.

ADA. — Vol. I, p. 47.

A. Lehmanni, Rolfe. *Fl.* à sépales et pétales orangés; abelle blanc, à callosité jaune. Plante voisine de l'*A. aurantiaca*, mais plus rigide. Colombie. 1891.

ADIANTUM. — Vol. I, p. 51.

A. Clæsii, Lind. et Rod. Jolie Fougère de serre chaude, bien distincte par ses pinnules obcordées-lancéolées, ondulées, portant une macule blanc verdâtre partant de la base et allant en s'affaiblissant vers le haut et sur les côtés. Brésil. (I. H., 1874, p. 137, tab. 9.)

ÆCHMEA. — Vol. I, p. 62.

Æ. Chantini, Baker. Belle plante à larges feuilles arquées, canaliculées, blanc argenté dans leur moitié inférieure et portant dans la supérieure des bandes transversales sinueuses, pulvérulentes, d'un blanc argenté sur vert foncé. Les fleurs sont disposées en panicule ovoïde, compacte, sur une hampe raide, dressée et bien dégagée du feuillage ; elles sont accompagnées de bractées d'un beau rouge vif et brillant; le calice est rouge, marqué de jaune ; les sépales sont oblongs et les pétales étroits. Vallée de l'Amazone, 1897. B. J.

ÆGOPODIUM, Linn. (de *ægos*, Chèvre, et *podion*, pied). Fam. *Ombellifères*. — La seule espèce de ce genre est une plante herbacée, vivace et rustique, habitant l'Europe, notamment la France et s'étendant jusqu'en Asie. Le type, qui se reconnaît à sa souche traçante, à ses feuilles tripinnatiséquées et à ses inflorescences dépourvues d'involucre et d'involucelle, ne présente aucun intérêt horticole, mais sa variété panachée, décrite ci-après, est décorative et mérite d'être cultivée, car elle peut rendre des services pour former des bordures ou des touffes dans les endroits frais et ombragés, qu'elle affectionne particulièrement. Sa multiplication s'effectue très facilement par la division des touffes.

Æ. Podagraria foliis-variegatis, Hort. *Flles* à folioles largement et élégamment bordées et lavées de blanc jaunâtre. *Haut.* 15 à 25 cent., non compris les inflorescences, qu'il convient, du reste, de supprimer pour augmenter la vigueur de la plante et, par suite, l'ampleur du feuillage.

ÆRIDES. — Vol. I, p. 65.

Æ. Savageanum, Hort. Sander. *Fl.* blanches, à pointes et ponctuations cramoisi, de dimensions moyennes et réunies en grappes. Très jolie espèce d'origine non indiquée.

ÆSCHYNANTHUS. — Vol. I, p.

Æ. Hildebrandii, Watson. Belle plante épiphyte, à tiges courtes, touffues, garnies supérieurement de quelques verticilles de feuilles ovales, obtuses, charnues et tomenteuses. Les fleurs sont réunies par deux à six en faisceaux axillaires, d'un beau rouge feu, à deux lèvres, dont la supérieure est grande et cucullée, tandis que l'inférieure est étroite et allongée ; les étamines et les styles sont longuement saillants. Haut-Burma. Serre froide. (G. C., 1895, part., II, p. 324, fig. 62). B. J.

AGAVE. — Vol. I, p. 79.

A Bouchei, Jacobi. *Fl* géminées et réunies en épi dense, accompagnées de bractées-linéaires, périanthe à tube court, infundibuliforme et à lobes oblongs ; filets staminaux quatre fois plus longs que les lobes; hampe courte et robuste. *Fr.* petit, oblong. *Flles* trente à quarante, en rosette dense, oblongues-lancéolées, concaves en dessus, bordées de nombreuses petites épines deltoïdes et marron, la terminale courte et à peine piquante, verte sur les deux faces et glaucescentes quand elles sont jeunes. Tronc court, cylindrique ; ne périssant pas après la floraison. Mexique. (B. M. 7558.)

A. Franzosini, Baker, *Fl.* vert et jaune, réunies en panicule formant le candélabre et atteignant 12 m. de haut. *Flles* vert intense, réunies en une rosette de 6 m. de diamètre, rappelant le port et l'aspect de l'*A. americana*. Origine horticole (Hanbury), 1892.

A. geminiflora, Ker. *Fl.* verdâtres, un peu violacées, tubuleuses-campanulées, accompagnées chacune d'une bractée et de deux bractéoles et disposées en épi très long, compact et interrompu au sommet d'une hampe dressée, simple, garnie d'écailles lancéolées. *Flles* en rosette, nombreuses, étroitement linéaires, presque jonciformes, élargies seulement à la base, terminées en pointe brune, dure, bordées de fibres libres et d'un vert sombre. Tige dressée, arrondie, portant des cicatrices des feuilles tombées. Amérique du sud, 1800. (B. R. 1145.) Syns. *Littæa geminiflora*, Tagl.; *Bonapartea juncea*, Willd.

A. kewensis, Jacobi. *Fl.* jaunâtres, réunies en panicule lâche, à rameaux étalés; périanthe à tube court, en entonnoir, à lobes ovales-lancéolés, deux ou trois plus courts que les étamines; hampe robuste, allongée, pourvue de feuilles bractéales. *Flles* trente à quarante, en rosette lâche, oblongues-lancéolées, coriaces, vertes, munies d'une épine terminale faible et bordées de petites épines deltoïdes et brunes, Mexique. (B. M. 7532.)

A. laxifolia, Baker. Plante à tige courte, portant une trentaine de feuilles oblongues-lancéolées, épaisses, coriaces, vert terne, avec une épine terminale brune et de petites épines marginales deltoïdes; hampe forte et élevée. Mexique. (B. M., 7477.) B. J.

A. Nickelsii, Roland Gosselin. Plante ayant l'aspect général de l'*Agave Consideranti*, dont elle diffère cependant nettement dans les détails. Ses feuilles, longues de 16 cent. sont triangulaires, vert olivâtre foncé, sillonnées d'une matière blanche avec la marge forte, épaisse rigide et se séparant spontanément du limbe et de l'aiguillon, sauf à la base, où chaque feuille porte deux longues cornes très amincies au sommet ; l'aiguillon terminal est très bizarre, absolument triangulaire, à angles coupants, avec la pointe acérée, noir d'ébène, pourvu d'une seconde pointe formant un cran parfois courbé. Petite plante que l'on suppose hybride des *A. Consideranti* et d'une variété d'*A. filifera*. (R. H. 1895, p. 579.) B. J.

AGLAONEMA. — Vol. I, p. 90.

A. costatum, N. E. Br. *Fl.* entourées d'une petite spathe courte et verte ; hampe courte. *Flles* ovales, à fond vert veiné de blanc. Perak, 1892. Jolie plante à feuillage et de serre chaude.

A. angustifolia, N. E. Br. *Fl.* blanc verdâtre, insérées sur un spadice entouré d'une petite spathe blanc verdâtre. *Flles* allongées, étroites. Tige gris argenté. Amérique du nord, 1895.

ALBERTA, E. Mey. (dédié au Père Albertus Grotus, dominicain qui vivait au XIIIe siècle). Fam. *Rubiacées*. — Genre ne comprenant que deux espèces d'arbustes ou d'arbrisseaux de serre tempérée, à feuilles persistantes et dont l'un habite Natal et l'autre Madagascar. L'espèce suivante parait seule introduite et son traitement sera sans doute analogue à celui des **Ixora**. (V. ce nom, vol. II, p. 705.)

A. magna, E. Mey. *Fl.* rouge carminé, réunies en panicules terminales, atteignant 15 cent. de long et accompagnées de petites bractées ; calice à cinq divisions courtes, dont les deux supérieures s'allongent parfois après la floraison et atteignent alors 2 cent. 1/2 de long ; corolle tubuleuse, renflée supérieurement, avec cinq petits lobes triangulaires, très courts. Eté. *Flles* opposées, pétiolées, ovales-obtuses, entières, coriaces, vert luisant et persistantes ; stipules triangulaires. *Haut.* 10 m. Natal, 1891. (B. M. 7454 ; Gn. 1898, part. I, p. 431, tab. 1171.)

ALBUCA. — Vol. I, p. 97.

A. Buchanani, Baker. *Fl.* jaunes, réunies en grappe au sommet d'une hampe haute et grêle. *Flles* linéaires. Bulbe petit, ovoïde. Plante voisine de l'*A. Wakefieldii*, Nyassaland ; Afrique australe, 1892.

ALLOPLECTUS. — Vol. I, p. 107.

A. Lynchei, Hook. f. *Fl.* jaunes, fasciculées, axillaires, à calice ample, teinté de rouge ; corolle tubuleuse, poilue. *Flles* oblongues-lancéolées, crénelées, purpurines. Tige charnues. Grenade ? (B. M. 7271.)

ALOCASIA. — Vol. I, p. 109.

A. æquiloba, N. E. Br. *Fl.* en spadice entouré d'une petite spathe verte. *Flles* sagittées, lobées, de 60 cent. de long et vert pâle. Nouvelle-Guinée, 1895.

A. argyrea, Hort. Sander. *Flles* lancéolées, hastées, très grandes, vert foncé, à nervures saillantes et à reflet argenté. Origine non indiquée, 1895.

A. conspicua, Ed. André. *Flles* à pétioles élargis à la la base, cylindriques, de 1 m. de long, très forts, vert olive foncé ; limbe dressé, triangulaire, hasté, brièvement acuminé, à bords amincis, ondulés ; lobes postérieurs très grands, sinus largement triangulaire ; nervures principales très fortes, saillantes, vert argenté luisant, tranchant très vivement sur le fond vert foncé bronzé ; face inférieure violet bronzé luisant. Hybride du *Colocasia odora* et de l'*Anthurium Putzeysii*. 1891.

A. gibba, Hort. Hybride horticole des *A. puccinia* et *A. argyræa*. 1897.

A. gigas, Hort. *Flles* très grandes, profondément découpées, vertes en dessus, plus pâles en dessous, à pétioles de 1 m. 50 de haut, vert pâle et bigarrés. Origine non indiquée, 1895.

A. Uhinki, Hort. Hybride horticole des *Alocasia metallica* et *Colocasia odora*. 1897.

A. mortfontanensis, Ed. André. *Flles* à pétioles fins, cylindriques, vert foncé, de 50 à 60 cent. de long ; limbe pelté, de 60 cent. de long et de 30 cent. de large, oblong, sagitté, à lobes postérieurs grossièrement lobés-dentés ; nervures principales insérées à angle presque droit, entourées d'une étroite bordure blanc argenté ainsi que les bords, se détachant bien sur le fond vert foncé ; face inférieure violet foncé uni, portant à l'angle des nervures des lentilles vert pâle. Plante robuste, issue d'un croisement de l'*A. Lowii*, fécondé par l'*A. Sanderiana*. 1891.

A. Rodigasiana, Ed. André. *Flles* à pétioles très robustes, dressés, cylindriques et vert olive foncé en dessus, avec des ponctuations violet brillant sur le côté inférieur ainsi que sous le limbe ; celui-ci long de 70 à 80 cent. et large de 45 à 60 cent., ovale, échancré, à sinus basilaire étroit et arrondi au sommet, creusé en gouttière entre les nervures et à bords ondulés, nervures larges, saillantes, arrondies vert argenté ainsi qu'une bande qui les entoure et se détachant bien sur le fond vert foncé et brillant. Hybride des *A. Thibauti* et *A. Reginæ*.

A. Watsoniana, Hort. Espèce voisine des *A. Putzeysii* et *A. Sanderiana*, dont les feuilles, de 60 cent. de long et 30 cent. de large, sont peltées, sagittées, ondulées sur les bords, à face supérieure vert noir lustré avec des nervures saillantes ; les latérales nombreuses argentées et bordées de même teinte ; face inférieure violet foncé. Sumatra. (R. H. 1893, p. 200 ; G. C. 1893, part. I, p. 442, fig. 83.) B. J.

A. Wavriniana, Mart. Grande et belle espèce nettement distincte de ses congénères par ses grandes feuilles lobées. Les pétioles, purpurins et vert pâle, sont longs

Fig. 620. — Alocasia Wavriniana. — (*Le Jardin.*)

de 35 cent., très dilatés à la base, canaliculés et ayant la grosseur du pouce au-dessus de ce point ; ils portent un limbe d'environ 50 cent. de long et 15 cent. de diamètre, lancéolé, acuminé, tronqué à la base, bordé de lobes arrondis, tournés vers le sommet ; nervure médiane proéminente sur les deux faces, dont l'inférieure est vert-gris noirâtre. Célèbes. (G. C. 1897, part. I, p. 342, fig. 89 ; R. H., 1898, p. 228, fig. 85.) B. J.

ALOE. — Vol. I, p. 111.

A. aurantiaca, Baker. *Fl.* jaunes, teintées de rouge, réunies en grappe dense, à hampe égalant les feuilles. *Flles* de 22 cent. de long et 4 cent. de large, épineuses sur les bords et vert pomme. Tige de 18 mm. de diamètre. Plante intermédiaire entre les *A. arborescens* et *A. ciliaris*. Sud de l'Afrique, 1892.

A. brachystachys, — Plante voisine de l'*A. abyssinica*, à tige longue, grêle et dressée, avec des feuilles de 60 cent. de long et 6 cent. de large, vert gai et épineuses sur les bords; fleurs jaune et rose, tubuleuses, fasciculées au sommet d'une hampe de 60 cent de haut. Zanzibar. (B. M. 7399.) B. J.

A. Buchanani, Baker. « Plante très voisine de l'*A. Cooperi*, dont elle diffère par ses fleurs plus petites et par ses feuilles arrondies sur le dos. » Afrique tropicale, 1895.

A. Dyckiana, Hort. ex. Ed. André. *Fl.* rouge vermillon intense à l'extérieur, jaunes à l'intérieur, pendantes et disposées en épis compacts, nombreux, de 25 à 30 cent. de long, formant par leur réunion une panicule pyramidale, sur une hampe forte, dressée, accompagnée de feuilles bractéales; périanthe à six divisions conniventes, mais libres jusqu'à la base, sub-triangulaires, étalées en un petit limbe au sommet; étamines à filets plus longs que le périanthe; style saillant. Hiver. *Flles* en rosette au sommet de la tige, de 50 cent. de long et 10 cent. de large, très épaisses, lancéolées-aiguës, arrondies en dessous, canaliculées en dessus, dentées et bordées d'aiguillons crochus et robustes. Tige forte, nue, atteignant 1 m. à 1 m. 50. C'est sans doute la plus belle espèce du genre; sa floraison est remarquable. Rustique dans la région méditerranéenne. (R. H. 1886, p. 540 *cum tab.* fig. 1.)

A. plicatilis, Mill. *Fl.* rouge orangé; jaunes au sommet, pendantes, cylindracées, pédicellées et disposées en épi simple, de 10 à 15 cent. de long. accompagné à la base de quelques bractées triangulaires; périanthe à divisions externes lancéolées-aiguës, soudées entre elles jusqu'au-dessus du milieu; les internes carénées: étamines à filets ondulés, égalant le périanthe; style saillant. *Flles* en rosette, charnues, planes, de 20 cent. de long et 3 cent. de large, obscurément dentées-glanduleuses sur les bords. Plante suffrutescente. (R. H. 1896, p. 541, *cum tab.* fig. 3.)

A. roseo-cincta, Hort. ex. Ed. André. *Fl.* rouge minium, à divisions bordées de blanc, pendantes, réunies en panicule corymbiforme, accompagnée de deux bractées à la base; périanthe à divisions soudées jusqu'au milieu, ovales-lancéolées; étamines à filets légèrement élargis; style inclus. *Flles* en rosette, lancéolées-aiguës, de 30 cent. de long et 10 cent. de large, arrondies en dessus, plates en dessous, inermes et à bords cartilagineux. Plante suffrutescente. (R. H. 1886, p. 541, *cum tab.* fig. 2.)

ALSINE striata, Cren. — V. **Arenaria laricifolia**. vol. I, p. 220.

AMASONIA. — Vol. I, p. 132.

A. erecta latebracteata, Hook f. Arbuste grêle, à feuilles sessiles, obtuses, crénelées et vert luisant; fleurs disposées en petites grappes courtes, formant un long épi terminal et unilatéral, accompagnées de bractées ovales et apiculées; calice à tube court et à sépales soudés à la base; corolle jaune pâle et reticulée de carmin, longuement tubuleuse et à lobes oblongs, obtus, rugueux et ciliés. Amérique méridionale. Serre tempérée. (B. J. B. M. 7445.)

AMORPHOPHALLUS. — Vol. I, p. 139.

A. glabra, Bailey. « Plante très voisine de l'*A. variabilis*, dont elle a le port et les caractères, mais le spadice est plus court et les fleurs exhalent une odeur de pomme. » Queensland; Australie, 1895.

ANAMIRTA, Colebr. Fam. *Ménispermacées*. — Genre comprenant sept ou huit espèces d'arbustes dressés ou volubiles, habitant les régions tropicales, notamment Java, les Indes orientales, etc. L'espèce suivante, la plus connue, a été autrefois introduite dans les cultures et y existe probablement encore, car ses graines, connues sous le nom de « Coque du Levant », sont importées en quantité notable pour le commerce. Elles sont fortement vénéneuses et leur usage est aujourd'hui à peu près abandonné par la médecine. De temps immémorial, ces graines ont été employées pour la pêche; les poissons enivrés ou empoisonnés par l'absorption des appâts auxquels on les a mélangées viennent flotter à la surface de l'eau et se laissent prendre à la main. L'emploi de cette substance est prohibé en France, car, outre le dépeuplement des cours d'eau qui en résulte, les poissons, ainsi capturés, sont eux-mêmes susceptibles de devenir toxiques. Pour la culture de cette plante, V. **Cocculus**, vol. I, p. 723.

A. **Cocculus**, Wight et Arnott. *Fl.* dioïques, disposées en grappes pendantes; les femelles axillaires, simples; périanthe à divisions ternées, disposées en deux-trois verticilles; étamines en nombre indéfini. *Fr.* drupacés, pourpres, de la grosseur d'un grain de raisin. *Flles* alternes, largement ovales, cordiformes à la base et aiguës ou mucronées au sommet. Tiges volubiles, de 3 à 4 m. de haut. Java, Ceylan, Malaisie, etc. 1790. Syn. *Menispermum Cocculus*, Linn.

ANDROSACE. — Vol. I, p. 152

A. albana, Stev. *Fl.* roses, réunies en ombelles. Avril-Juillet. *Flles* petites, dentées et disposées en rosette. Plante vivace, rustique. Caucase, 1892.

A. **caucasica**. Sommier et Levier. *Fl.* rose vif, en bouquet presque sessile. Été. *Flles* étroites, dentées, réunies en rosette dense. Jolie espèce vivace et rustique. Caucase, 1892.

A. macrantha, Boiss. et Huet. *Fl.* blanc pur, grandes, en épis vigoureux et bien fournis. *Flles* cornues au sommet et formant de grandes rosettes. Plante distincte, appartenant au groupe *septentrionale*. Arménie, 1897.

A. Raddeana, Sommiers et Levier. *Fl.* roses. *Flles* dentées en rosette. Plante bisannuelle. Caucase, 1897.

ANEMIA. — Vol. I, p. 154.

A. rotundifolia, Hort. Bull. Nouvelle espèce à frondes stériles étalées ou réfléchies, composées de huit à douze paires de folioles obliquement arrondies, vert bronzé quand elles sont jeunes, puis vertes à l'état adulte et à rachis terminé en longue vrille enroulée. Les frondes fertiles sont entièrement distinctes, dressées, à rameaux courts, formant une panicule fastigiée. Amérique tropicale. (J. 1898, p. 335, fig. 140.) B. J.

ANEMONE. — Vol. I, p. 160.

A. japonica Whirlwind. — Intéressante variété d'origine américaine dont le nom anglais, qui se traduit par celui de tourbillon, aurait aussi bien pu être désignée sous le nom d'*A. Honorine Jobert à fleurs semi-doubles*. Ce n'est en effet que cette semi-duplicature qui l'en différencie. Ses fleurs sont blanches, grandes et présentent à l'intérieur plusieurs pétales parfois petits et irréguliers, résultant de la transformation d'un certain nombre d'étamines externes. Mais le fait seul de cette duplicature rend la plante très méritante pour la fleur à couper surtout, car, sans être plus élégante que la simple, elle a hérité de cette propriété qu'ont les fleurs doubles de se conserver plus longtemps fraîches et justement le plus gros défaut des Anémones du Japon est d'avoir des fleurs fugaces, surtout lorsqu'elles sont coupées. B. J.

A. japonica, Coupe d'argent. — Variété obtenue par MM. Lemoine, dont les fleurs, larges de 10 cent., présentent de trois ou quatre rangs de pétales (sépales pétaloïdes) ondulés et d'un beau blanc. C'est en somme une variété à grandes fleurs semi-doubles, analogue à celle décrite ci-dessus. (R. H. 1895, p. 223.) B. J.

ANGRÆCUM. — Vol. I, p. 164.

A. Fournieræ, Ed. André. Plante naine, à larges feuilles sessiles, de 12 à 15 cent. de long, charnues, mucronées, canaliculées, luisantes et vert foncé suffusé de brun, avec les bords plus foncés. Les fleurs sont petites, blanches, disposées en grappes pendantes, longues de 40 à 50 cent. et très lâches ; les divisions sont étalés, longues de 2 cent. et le labelle est linguiforme. Madagascar. Serre chaude et humide. (R. H. 1896, p. 256, *cum. tab.*) B. J.

A. Fournierianum, Kranzl. Espèce voisine, mais supérieure à l'*A. Eichlerianum*, auquel elle ressemble par son aspect général ; ses fleurs sont blanc pur, larges de 5 cent., disposées en grappe multiflore ; le labelle a 5 cent. de long, il est trilobé et muni d'un éperon aussi long que lui. Ses feuilles sont très charnues, ondulées, de 60 cent. de long. Madagascar. (G. C., 1894, part. I, p. 808, et part. II, p. 42, fig. 7.) B. J.

A. fragrans, Spreng. Faham. — *Fl.* blanc pur, réunies en grappes simples, axillaires. *Fl.* étroites, vert foncé et très odorantes. Petite plante épiphyte, habitant les îles Bourbon et la Réunion. (B. M. 7161.)

L'intérêt de cette plante est entièrement économique ; il réside dans ses feuilles qui possèdent un parfum très prononcé, rappelant celui de la vanille et de la fève Tongka. On en prépare un thé hygiénique, connu depuis fort longtemps sous le nom de *thé de l'île Bourbon*, et très estimé dans le pays natal de la plante. Ce produit, importé et mis au commerce dès 1865 en France, ne paraît pas avoir eu grand succès. D'après M. Bois, « l'infusion des fleurs séchées du Mélilot Bleu (*Trigonella cærulea*) donne une boisson absolument comparable ». (K. B. 1892, p. 181.)

A. Lioneti, God. Leb. Plante naine, pourvue de feuilles ovales, de 8 à 12 cent. de long et 4 à 5 cent. de large, vert brun orangé, surtout sur les bords. Les fleurs sont de grandeur moyenne, élégantes, réunies en grappes longues et lâches. Iles Comores. B. J.

A. Kotschi, Rchb. f. Plante à tige courte, portant des feuilles largement obovales, obtuses et ponctuées ; fleurs blanches, en grappes axillaires, pendantes, paucifores ; pédicelles courts ; sépales et pétales étalés, lancéolés, un peu tordus, apiculés et bruns au sommet ; labelle spatulé, aplati, cuspidé, à trois nervures à la base ; éperon très large, flexueux ou tordu, fusiforme et brun pâle ; colonne courte et épaisse. Afrique orientale, où il est largement répandu. Serre chaude. (B. M. 7442.)

A. Smithii, Rolfe. *Fl.* brunâtres, petites, réunies en grappe de 2 à 3 cent. de long. Petite espèce aphylle, d'intérêt botanique. Kilimanjaro, 1895.

A. stylosum, Rolfe. « Plante voisine de l'*A. apiculatum*, dont elle a le port, mais ses fleurs sont deux fois plus grandes, blanches, avec l'éperon brunâtre. Madagascar. »

ANŒCTOCHILUS. — Vol. I, p. 170.

A. Leopoldii, Hort. Sander. Petite plante, à feuilles nombreuses, ovales-cordiformes, aiguës, de 15 cent. de long et 10 cent. de large, à fond vert noir, avec une zone centrale vert émeraude et des nervures dorées. Comme ses congénères, à côté desquels elle va prendre place, cette espèce est intéressante et remarquable par la riche coloration et le velouté de son feuillage. Les fleurs sont insignifiantes au point de vue décoratif. Iles Philippines. (R. H. 1898, p. 228.) B. J.

A. Sanderianus, Kranzl. Espèce à feuilles ovales, de 10 cent. de long, vert olive foncé, avec des réticulations jaunâtres ; fleurs vert pâle, insérées sur une hampe de 30 cent. de haut. Syn. *Macodes Sanderiana*, Rolfe. Iles Sunda. Serre chaude. B. J.

ANSELLIA. — Vol. I, p. 174.

A. humilis pallida, Hort. Bull. *Fl.* ayant environ 5 cent. de diamètre et réunies en grandes panicules, à fond jaune citron dans le type, blanc laiteux chez la var. *pallida* et chez les deux maculées et rayées de brun chocolat. Plante épiphyte, de serre chaude, compacte et vigoureuse. Zambèse, 1891.

ANTHURIUM. — Vol. I, p. 279.

A. Andreanum hybrides. — De cette magnifique espèce, sans doute la plus belle du genre, est sorti par semis ou par croisement avec d'autres espèces une assez nombreuse série de variétés remarquables par l'ampleur de leurs spathes et leurs riches coloris blanc, rosé, violet, cerise, vermillon, sang et surtout minium, dont nous citerons ici les principales, ces plantes étant particulièrement recommandables pour la décoration des serres chaudes :

Album, spathes et spadices entièrement blancs. 1895.

Amœnum, spathes rose carminé et spadices blancs à pointes jaunes. 1893.

Atrosanguineum, spathes cramoisi foncé. 1893.

Crombezianum, spathes rouge vermillon et spadices roses (*A. Andreanum* × *A. Scherzerianum*). 1894. (R. H. 1894, p. 552, *cum. tab.*)

Eburneum (*A. Andreanum* × *A. ornatum*). 1894.

Goldringii (*A. Andreaum* × *A. Scherzerianum*). 1894.

Greyanum (*A. ornatum* × *A. Andreanum*). 1892.

Paradisæ (*A. Andreanum* × *A. ornatum*). 1891.

Prince Léos Radziwill, spathes rouge sang, fortement alvéolées. (R. H. 1894, p. 11, *cum. tab.*)

Princesse Lise Radziwill, spathes rose saumon (R. H. 1894, p. 11, *cum. tab.*)

Rotundispathum (*A. Andreanum* × *A. Lindeni*), 1891, (J. H. vol. 38, p. 9, tab. 119.)

Sanderianum, spathe peltée et foliacée. 1895.

Wambeckeanum, spathes blanches. 1892. (I. H. vol. 39, p. 109, tab. 163.)

Les *A. Hanburyanum*, *A. Ricassolianum*, *A. Ridolfianum*, *A. Torringianum*, *A. Valvasorii*, sont aussi des hybrides horticoles ayant pour ascendant l'*A. Andreanum*.

A. bogotense, Hort. Espèce vigoureuse à feuilles sagittées, vertes, pourvues de longs pétioles grêles et à tige courte. Colombie.

A. crystallinum variegatum, Hort. Variété à feuilles portant de larges macules blanches. 1893.

A. Gustavi, Regel. Plante à feuilles longuement pétiolées, ovales-cordiformes, obtuses, à lobes basilaires arrondis, avec les bords ondulés ; l'inflorescence est courtement pédonculée, entourée d'une spathe cylindrique, de 30 cent. de long, épaisse, coriace, très lisse, incurvée et d'un pourpre brillant ; le spadice est un peu plus long que la spathe, cylindrique, obtus et pourpre. Nouvelle-Grenade. Serre chaude. (B. M. 7437.) B. J.

A. Hollandi, Hort. Hybride des *A. grande* et *A. ferrierense*, 1893.

A. Kellermanni, Hort. *Fl.* petites, verdâtres ; spathe petite, plus courte que le spadice. *Flles* sagittées, à sinus basal ouvert, arrondi, avec les oreillettes très obtuses, bords du limbe présentant quelques dents profondes, aiguës, en forme de lobe ; sommet très aigu ; nervures saillantes sur les deux faces ; coloris vert clair. Origine non indiquée. Recommandé pour sa grande résistance en appartement. 1893. (J. 1893, p. 43, fig. 15.)

A. Scherzerianum hybrides — De même que l'*A. Andreanum*, cette belle et populaire espèce a produit par variations, issues de semis surtout, de nombreuses formes et surtout des coloris bien distincts variant du blanc au rose et au rouge plus ou moins foncé et présentant parfois des panachures très élégantes, sous forme de macules, de ponctuations ou d'un sablé très fin, rouge ou rose sur fond blanc. Nous citerons notamment :

Compactum, spathes presque circulaires, à fond blanc, fortement maculé rouge corail.

Roseum, sphates rose saumoné.

Sanguineum, sphates rouge cramoisi foncé.

ANTIGONON. — Vol. I, p. 188.

A. leptopus, Hook. f. *Fl.* roses, accompagnées de bractées de même teinte et terminées en vrilles rameuses ; grappes allongées, unilatérales et pendantes. Arbuste grimpant, propre à garnir les treillages. Mexique, 1895, serre tempérée. (G. C. 1895, part. I, f. 123 ; B. M. 5816.)

APHANOSTEPHUS, DC. Comprend les *Leucopsidium*, DC., genre décrit vol. III, p. 118, auquel nous renvoyons pour la culture et l'emploi de l'espèce suivante.

A. arkansanus, A. Gray. Nom correct de la plante décrite sous le nom de *Leucopsidium arkansanum*.

A. ramosissimus, DC. *Capitules* à rayons bleu-lilas, entourant un disque jaune, ressemblant beaucoup à ceux de certains Asters et très nombreux. Plante annuelle, basse, très rameuse et touffue. Mexique.

APHELANDRA. — Vol. I., p. 190.

A. Blanchetiana, Hook. f. Nom correct de la plante décrite sous le nom de *A. amœna*, W. Bull.

A. dubia, Lind. et Rod. Plante hybride, issue du croisement des *Aphelandra nitens* Snitzini et *Stenandrium Lindeni*, dont les feuilles sont zébrées en travers en dessus et rouges en dessous. Les fleurs, rouge très vif, forment de longs épis et sont pourvues de bractées brunes. Serre chaude. B. J.

A. tetragona, **Nees. imperialis**, Wittm. *Fl.* rouge écarlate, élégantes, accompagnées de bractées brunâtres, quatre fois plus courtes qu'elles et réunies en épis terminaux. *Flles* vertes, ovales et aiguës. 1891. (R. G. 1354.)

APERA arundinacea, Hook. — Plante excessivement élégante par ses inflorescences paniculées et très légères qui, lorsqu'elles émergent de la dernière feuille, sont purpurines et se reflèchissent élégamment, rappelant alors l'aspect d'une queue de faisan, d'où le nom familier de *Pleasant's tail Grass*, qui lui a été donné en Angleterre. Plus tard, ces inflorescences s'allongent et pendent alors beaucoup au-dessous du pot, lorsque celui-ci est placé sur un support élevé. La plante est vivace, rustique au pied des murs et propre à de nombreux usages, notamment à l'ornementation de la partie supérieure des rocailles. Nouvelle-Zélande. (G. C. 1897, part. II, p. 282, fig. 84 et p. 314.) D'après l'*Index Kewensis*, cette plante ne serait pas un *Apera*, mais bien une espèce de *Stipa* (*Stipæ spec.*). B. J.

APONOGETON. — Vol. I, p. 194.

A. distachyum Lagrangei, Ed. André. Plante aquatique, flottante et rustique, d'origine horticole, différant du type par ses proportions plus fortes, celles des feuilles surtout, qui mesurent 30 cent. de long sur 12 cent. de large et sont violettes sur la face inférieure. Les fleurs forment deux gros épis divergents au sommet d'un énorme pédoncule commun ; les bractées florales, constituant la partie décorative, sont rhomboïdes, carénées, blanc et rose carné, lavé de vert à la base. (*R. H.*, 1895, p. 380, *cum tab.*) B. J.

APLOPAPPUS, Cass. (de *aploos*, simple, et *pappos*, duvet : allusion à l'aigrette des graines composée de poils tous semblables). Fam. *Composées*. — Genre comprenant un grand nombre d'espèces de plantes herbacées ou de sous-arbrisseaux habitant les deux Amériques, mais principalement le Chili et la Californie. Quelques espèces ont été introduites dans les cultures, notamment les *A. ciliatus*, DC., *A. spinosus*, DC., qui n'ont pas toutefois acquis d'importance horticole. Celle décrite ci-après est d'introduction récente. Il lui faut la serre froide.

A. ericoides, DC. Arbuste d'environ 60 cent. de haut, dont les branches sont garnies de courtes ramilles portant de nombreuses petites feuilles longuement linéaires, tandis que les capitules sont jaune pâle, à cinq fleurons ligulés et disposées en panicules rameuses et terminales. Sud de l'Afrique. Serre froide. (G. C., 1896, part. II p. 278, fig. 57.)

AQUILEGIA. — Vol. I, p. 186.

A. cærulea hybrida, Hort. Vilm. Les deux plus belles espèces du genre : les *A. cærulea* et *A. chrysantha*, croisées entre elles, ont donné naissance à une race hybride, partageant les caractères des parents et présentant toute une gamme de tons frais et bien variés, passant du blanc au violet par toutes les nuances du rose, du cuivré, du jaune et du saumoné ; beaucoup de ces coloris étaient inconnus dans ce genre. Il est intéressant d'observer dans cette nouvelle race, le jaune et le bleu, si rares déjà dans le même genre et plus encore dans la même espèce, sont rapprochés ici dans la même fleur, tantôt dissociés, tantôt fondus en des nuances intermédiaires, très curieuses et souvent fort élégantes. Les fleurs ont conservé la forme, la grandeur et la beauté de celles des types. (R. H. 1896, 108.)

A. transylvanica, Schur. Syn. de *A. glandulosa*, Fisch. Vol. I, p. 199.

ARABIS. — Vol. I, p.

A. alpina, flore pleno, Hort. Intéressante forme à fleurs bien doubles et blanches. 1898.

A. Sturii, Hort. Espèce vigoureuse et compacte, à grandes fleurs blanc pur. 1897.

ARALIA. — Vol. I, p. 204.

A. Balfouriana, Hort. Arbustes rameux, touffu, à tiges charnues, chargées de lenticelles et portant des feuilles abondantes, à trois folioles dont les deux latérales sont sub-orbiculaires, échancrées à la base, pourvues de longs pétioles géniculés et renflés au sommet ; la foliole médiane est plus grande, à pétiole dilaté et canaliculé au sommet et toutes sont irrégulièrement dentées et maculées de blanc sur les bords, avec des nervures fines et saillantes sur les deux faces. Nouvelle-Calédonie. (R. H., 1898, p. 229.) B. J.

ARECA. — Vol. I, p. 218.

A. Buchenbergeri, Hort. Plante robuste, trapue, dont la base des pétioles est garnie d'un réseau de fibres brun noir; pétioles et feuilles d'abord brun cannelle, puis vert foncé; ces dernières à pinnules très rapprochées, très longuement acuminées, aiguës, convexes en dessus, avec les bords et les nervures plus pâles. Origine non indiquée. (R. H., 1898, p. 264.)

A. Ilsemanni, Hort. Sander. A l'état juvénile, cet Aréquier a des feuilles à divisions vert très foncé. Iles du Pacifique serre chaude. (R. H., 1898, p. 264.) B. J.

ARENGA. — Vol. I, p. 220.

A. Engleri, Becc. Forte plante de 1 m. 50 de haut, à feuilles découpées en nombreuses pinnules de 40 cent. de long, vert foncé en dessus, argentées en dessous et à fleurs, dit-on, très odorantes, disposées en spadice très ramifié, produisant un fruit sub-globuleux, de 12 mm. de diamètre. Hong-Kong. B. J.

ARGYLIA, D. Don. Fam. *Bignoniacées.* — Genre comprenant une vingtaine d'espèces habitant toutes le Chili et dont la suivante parait seule introduite dans les cultures. Il lui faut la serre tempérée.

A. canescens, D. Don. Plante à tige charnue, produisant annuellement des tiges florifères de 50 cent. de haut, à feuilles alternes et portant au sommet des bouquets de fleurs tubuleuses, de 2 cent. 1/2 de long et

Fig. 621. — ARISTOLOCHIA ARBOREA. — (*Rev. Hort.*)
Port de la plante, avec ses fleurs appliquées sur le sol.

4 cent. de diamètre, d'un jaune vif, avec des stries rouges à la gorge. Chili. (B. M. 7414.) B. J.

ARISÆMA. — Vol. I, p. 222.

A. flavum, Schott. *Fl.* à spathe jaune, arquée en avant; spadice court, claviforme. *Flles* pédatiséquées, à cinq-sept folioles. Plante naine. Arabie. (B. G. 1891, p. 578, fig. 103, sous le nom erroné de *A. enneaphyllum*.)

ARISTOLOCHIA. — Vol. I, p. 225.

A. arborea, Lind. Rare espèce remarquable par son port arborescent, alors que la plupart de ses congénères sont grimpants. Sa tige, dressée, peu ramifiée et pouvant atteindre plusieurs mètres, porte des feuilles alternes, oblongues-elliptiques, de 30 cent. de long et 7 à 8 cent. de large, avec des pétioles courts et renflés. Les fleurs sont très étranges, non seulement par leur forme et leur coloration, mais encore par leur insertion au bas de la tige, en petites panicules pauciflores ; la corolle est brun-roux foncé, éclairé de violâtre, à tube court et à limbe ample et connivent. Mexique. (R. H., 1895, p. 36, fig. 11-12.) B. J.

A. clypeata, Lind. et André. *Fl.* grandes, jaune crème, maculées et rayées de pourpre. *Flles* largement ovales. Plante voisine de l'*A. Duchartrei*. (G. C. 1892, part. I, p. 435, fig. 61.)

A. Dammeriana, Mast. *Fl.* de 5 cent. de long, à partie inférieure distendue, oblique, s'ouvrant en un tube en forme de trompette, terminé par un limbe dont un côté est bilobé, les deux lobes étant séparés par un étroit sinus, tandis que l'autre côté est prolongé en un appendice caudiforme, oblong, aigu. *Flles* un peu coriaces, cordiformes, oblongues, aiguës, à pétioles courts, fortement couverts, quand ils sont jeunes, de poils réfléchis. Tiges volubiles, à écorce devenant subéreuse avec l'âge. Amérique centrale, 1895.

A. elegans, Mast. Très belle espèce volubile, à tiges filiformes et feuilles pétiolées, cordiformes, échancrées à la base, obtuses au sommet, de 6 à 10 cent. de diamètre, glauques en dessous, avec des nervures saillantes. A l'aisselle des feuilles, naissent des fleurs odorantes, solitaires, pendantes, longuement pédonculées, à partie inférieure utriculaire, étranglée, gris rosé, puis brusquement dilatée en un limbe en forme de coupe elliptique, échancré à la base, à fond crémeux, fortement chamarré de pourpre noir, tandis que la gorge est jaune verdâtre et cerclée de pourpre noir uni. Rio-de-Janeiro. Serre chaude. (R. H., 1898, p. 408, *cum tab.*) B. J.

A. elegans × brasiliensis, Hort. Hybride horticole entre les deux espèces qu'indique son nom. 1897.

A. gigantea, Mart. et Zucc. *Fl.* jaune crème macule de pourpre, mesurant, dit-on, 30 cent. de long et 20 cent. de large, dépourvues de l'odeur désagréable des autres espèces. Brésil. (I. H. 1893, 171-172.)

A. Sturtevanti, Hort. Plante très volubile, à feuilles longuement pétiolées, cordiformes à la base, lancéolées au sommet, petites relativement aux dimensions énormes des fleurs ; celles-ci sont solitaires, pendantes, à périanthe d'abord conique, courbé et s'ouvrant supérieurement en un limbe immense, cordiforme, concave, de 50 cent. de long, prolongé à la base en une queue filiforme, atteignant près de 1 mètre de long ; l'intérieur est blanc jaunâtre, fortement bigarré de brun livide, sauf l'orifice du tube qui est poilu et brun livide et le tout est relevé d'une atroce couleur de chair en putréfaction. C'est une plante excessivement singulière et que certains auteurs considèrent comme une variété de l'*A. gigas*. Sa culture en est facile en serre tempéré. Origine obscure. B. J.

A. ungulifolia, Masters. Plante volubile, glabre, à grandes feuilles sub-orbiculaires, profondément trilobées, dont le lobe médian est lancéolé, obtus ; les fleurs sont disposées en courtes grappes et ont un périanthe d'abord cylindrique, puis renflé-vésiculeux, avec deux bosses dorsales, et se continuant en un tube étroit, courbé en entonnoir à la gorge, où il s'ouvre en un limbe allongé, rouge brun, dressé, velu et à bords recourbés. Bornéo, 1895. Serre chaude. (B. M. 7424.) B. J.

Fig. 622. — Aristolochia arborea. — (*Rev. Hort.*)
Fleur détachée.

ARNEBIA. — Vol. I, p. 231.

A. macrothyrsa, Stapf. *Fl.* jaunes, réunies en grands thyrses terminaux. *Flles* de 10 à 15 cent. de long. *Haut.* 30 à 45 cent. Arménie. 1891. (G. C. 1891, part. I, p. 148.)

ARUM. — Vol. I, p. 240.

A. Dioscoridis spectabile, Hort. *Fl.* à spathe atteignant 50 cent. de long, pourpre rougeâtre, passant au vert en dessus et maculée ; hampe de 1 m. de haut. *Flles* fortement ondulées. Asie Mineure, 1897.

ARUNDINA. — Vol. I, p. 241.

A. Philippii, Rchb. f. *Fl.* de 3 cent. 1/2 de diamètre, bleu lavande pâle, avec une macule cramoisie sur le labelle. *Flles* plus étroites que dans l'*A. bambusæfolia*, dont la plante est voisine. Origine non indiquée, 1895.

ARUNDO Phragmites, Linn. — V. **Phragmites communis**, vol. IV, p. 80.

ASARUM. — Vol. I, p. 243.

A. maximum, Hemsl. *Fl.* marron pourpre, avec une macule oculaire blanche, très apparente, grandes, charnues, larges de 6 centimètres courtement pédonculées, à trois lobes pourpre noir avec le disque jaune, pourvu d'un anneau circulaire épais. *Flles* cordiformes, de 20 cent. de diamètre, vert foncé, panachées de gris comme celles des *Cyclamen* et à pétioles de 45 cent. de long. *Rhiz.* rampant. Chine, 1895. (B. M. 7456.)

ASPARAGUS. — Vol. I, p. 248.

Les descriptions des espèces suivantes ont été extraites d'une très intéressante monographie du genre, publiée dans le *Gardeners' Chronicle*, par W. Watson. Elles complètent à peu près, avec celles insérées dans le corps de l'ouvrage, la liste des espèces de ce genre introduites dans les cultures.

A. acutifolius, Linn. *Fl.* jaunes, de 2 cent. 1/2 de diamètre. *Fr.* pisiformes, rouge cramoisi. *Flles* (cladodes) filiformes, fasciculées, vert grisâtre, rigides et presque épineuses dans les endroits secs. Tiges sub-dressées, de 1 m. 50 de haut, à branches rigides, de 8 à 15 cent.

de long. Souche charnue. Europe méridionale ; France, etc. Rustique.

A. africanus, Lamk. *Fl.* blanches, petites, étoilées et disposées en ombelles axillaires. *Fr.* globuleux, de 6 mm. de diamètre et monospermes. *Flles* d'environ 12 mm. de long, rigides, vert foncé, fortement fasciculées et persistantes. Tiges nombreuses, ligneuses, atteignant 4 m. de long, lisses, brun pâle, couvertes de fortes épines de 12 mm. de long. Sud de l'Afrique. Serre froide.

A. comorensis, Hort. Plante très voisine de l'*Asparagus plumosus* par son port et ses ramifications en forme de fronde et à laquelle on l'avait, du reste, rapportée au début, mais dont elle diffère par son port plus robuste, sa couleur vert plus foncé et par ses feuilles plus molles et par son fruit. M. Baker la considère comme une espèce distincte. Iles Comores, 1888. (G. C. 1898, part. I, fig. 72.)

A. crispus, Lamk. Syn. de *A. decumbens*, Jacq. (Vol. I, p. 248).

A. declinatus, Linn. *Fl.* blanches, très petites, campanulées. *Flles* filiformes, vert gai, fasciculées, caduques. Tiges vert pâle, portant des épines deltoïdes. *Haut.* 60 cent. Natal, 1892, mais déjà cultivé au siècle dernier. Plante voisine de l'*A. plumosus*.

A. laricinus, Burch. *Fl.* blanches, petites, campanulées et disposées en nombreux bouquets axillaires. *Fr.* globuleux, rouge sombre, monospermes, de 2 mm. de diamètre. *Flles* filiformes, vert gai, fasciculées, de 4 cent. de long et persistantes. Tiges arrondies, brun foncé, ligneuses, très épineuses et ramifiées, atteignant 4 m. Sud de l'Afrique. Anciennement introduit. Serre froide. (G. C. 1898, part. I, f. 46.)

A. lucidus, Lindl. *Fl.* blanches, petites, auxquelles succèdent des baies globuleuses, de 6 mm. de diamètre, blanches ou roses à la maturité. *Flles* étroites, aplaties arquées, de 2 1/2 à 5 cent. de long, fasciculées par deux à six, jaunissant et tombant ordinairement en hiver. Tiges minces, flexueuses, de 1 m. 20 à 2 m. de long et garnies de petites épines. Souche formée de tubercules oblongs, de 4 cent. de long. Chine et Japon, anciennement introduit.

A. medeoloides, Thunb. — V. **Myrsiphyllum asparagoides** (Vol. III, p. 386).

A. sarmentosus, Linn. *Fl.* blanches, petites, étoilées, odorantes, très nombreuses. *Fr.* pisiformes, écarlate vif et monospermes. *Flles* de 18 mm. de long, aplaties, vert foncé. Tiges de 1 m. 20 de long, épineuses, ramifiées supérieurement. Sud de l'Afrique. Anciennement introduit, puis de nouveau en 1887. (G. C. 1894, part. II. p. 176, fig. 94 ; 1898, part. I, p. 178, fig. 71.)

A. Sprengeri, Regel. Plante à tiges longues, canaliculées, retombantes, ramifiées, touffues, garnies de feuilles (phyllodes) linéaires, un peu arquées, fasciculées par trois-quatre et se terminant en pointe aiguë. Les fleurs sont blanchâtres, en grappes, mais insignifiantes au point de vue décoratif. La plante est très vigoureuse, touffue et volumineuse ; elle présente de l'intérêt pour l'usage de sa verdure coupée pour les garnitures, mais elle est inférieure sous le rapport de l'élégance à l'*A. plumosus*. Port Natal. Serre tempérée. (R. H., 1896, p. 506.)

A. tenuifolius, Lamk. *Fl.* blanches, de 6 mm. de diamètre, axillaires, auxquelles succèdent des baies rouge vif, aussi grosses, dit-on, que des cerises. *Flles* linéaires, arquées, de 1 1/2 à 2 cent. 1/2 de long, verticillées par environ vingt sur les rameaux. Tiges annuelles, effilées, lisses, de 1 m. de haut, à rameaux arqués supérieurement. Souche ligneuse et persistante. France méridionale, Italie, etc. Rustique.

A. trichophyllus, Bunge. *Fl.* blanches, axillaires, solitaires et longuement pédicellées. *Fr.* pisiformes. *Flles* raides, subulées, de 1 1/2 à 2 cent. 1/2 de long, verticillées par vingt à trente. Tiges annuelles, flexueuses, de 1 à 2 m. de long, très ramifiées, épineuses à la base et à branches arquées supérieurement. Sibérie et nord de la Chine. Demi-rustique. Plante voisine de l'*A. verticillatus*.

A. umbellatus, Link. *Fl.* blanches, petites, odorantes, réunies par douze en ombelles compactes. *Fr.* pisiformes. *Flles* triquètres, raides, presque épineuses, de 12 mm. de long et fasciculées par dix à vingt. Tiges grêles, striées, fortement ramifiées supérieurement. Iles Canaries, 1828.

A. verticillatus, Linn. *Fl.* petites, auxquelles succèdent des baies rouges, semblables à celles de l'*A. officinalis*. *Flles* filiformes, de 1 1/2 à 5 cent. de long, disposées par deux à vingt en faisceaux. Tiges atteignant 5 m., fortes, charnues et comestibles quand elles sont jeunes. Perse, Caucase, etc. Anciennement introduit.

A. virgatus, Baker. *Fl.* blanches, petites. *Fr.* pisiformes, rouge vif et monospermes. *Flles* filiformes, vert foncé, de 1 1/2 à 2 cent. 1/2 de long et fasciculées par trois. Tiges sub-ligneuses, dressées, fasciculées, lisses, ramifiées dans leur moitié supérieure et à rameaux arqués. Souche charnue. Cap, 1879. Élégante espèce d'aspect plumeux. (Ref. B. 214.)

ASPHODELINE. — Vol. I, p. 253.

A. imperialis, Siehe. *Fl.* blanc rougeâtre, grandes, disposées en épi spiciforme, atteignant 2 m. 50 de haut ; hampe pourvue de bractées. *Fr.* anguleux. *Flles* jonciformes, très nombreuses, formant une magnifique touffe basale. Thyana, Capadocie, 1897. (G. C., 1897, part. I, p. 397, fig. 116.)

A. taurica, Kunth. Plante vivace, vigoureuse, à feuilles dressées, linéaires, poussant une robuste hampe qui porte un long épi cylindrique et compact de fleurs blanches, à pétales linéaires, entourées de grandes bractées oblongues, aiguës et blanches ; les étamines et les anthères sont très inégales. Asie Mineure. (Part. I, p. 174, fig. 52.)

ASPLENIUN. — Vol. I, p. 259.

A. Perkinsii, Jenm. Plante touffue, à pétioles brun châtaigne, de 30 à 60 cent. de haut, portant des frondes bipinnées, oblongues-lancéolées, de 30 à 40 cent. de long, réduites à la base et prolongées au sommet en filament nu, de 5 à 8 cent. de long et radicant au sommet ; pinnules nombreuses, étalées horizontalement, sessiles, obtuses, pinnées à leur tour et à derniers segments portant un seul sore renflé. Guyane anglaise.

ASTER. — Vol. I, p. 275.

A. Delavayi, Franch. Espèce très voisine de l'*A. Vilmorini*, dont elle se distingue cependant par plusieurs caractères constants. Ses tiges sont toujours uniflores et plus naines ; les feuilles inférieures sont ovales lancéolées et visiblement dentées. Les capitules, larges de 8 à 9 cent., ont des ligules violettes, très étroites et le disque est brun violet. Yun-nan, vers 1896.

A. ptarmicoides, Torr. et Gray. Espèce naine, touffue, compacte, se couvrant de juillet en septembre de jolies petites fleurs blanches. Plante utile pour la culture en pots et la fleur à couper. Amérique septentrionale.

A. roseus, Desf. Plante de 1 m. et plus de haut, à tiges fortes, garnies ainsi que les rameaux de feuilles étroitement lancéolées, sessiles, pubescentes, d'un vert grisâtre, terminées au sommet par un grand corymbe multiflore de fleurs larges de 3 à 4 cent., à rayons d'un beau rose vif et à centre jaune d'or. — Cette plante, que certains auteurs ne considèrent que comme une variété de l'*A. Novæ-Angliæ*, s'en distingue surtout par le coloris de ses capitules. Cette simple différence le rend bien distinct et très recommandable, car c'est celui dont les fleurs sont le plus vivement colorées. Nous ne saurions préciser s'il est différent des deux variétés d'*A. novæ-Angliæ* décrites dans le corps de l'ouvrage. Amérique septentrionale. (R. H., 1893, p. 108.)

A. Vilmorini, Franch. Capitules d'un beau bleu pourpre, très amples, atteignant jusqu'à 8 cent. de diamètre, solitaires ou géminés au sommet des tiges et longuement pédonculés ; ligules planes, bisériées ; disque jaune, à receptacle alvéolé ; bractées de l'involucre trisériées, herbacées, aiguës, à bords hyalins, graines obovales, faiblement poilues, surmontées d'une aigrette blanche. *Flles* de 10 à 15 cent. de long et 2 à 2 cent. 1/2 de large, étroitement lancéolées, aiguës, à bords entiers, molles et couvertes de poils courts ; les inférieures atténuées en pétioles ; les supérieures sessiles et semi-amplexicaules. Tiges simples. *Haut.* de 30 à 70 cent. Se-tchuen occidental, vers 1896.

ASTILBE. — Vol. I, p. 281.

A. Lemoinei, Hort. Lemoine. Belle plante herbacée, rustique, à port d'*Hoteia*, hybride des *Astilbe Thunbergiana* et *Astilbe astilboides floribunda*, plus haute que ses parents, atteignant près de 50 cent., dont les tiges se terminent par de grandes et élégantes panicules très légères de fleurs blanc rosé et s'épanouissant en juillet. Le feuillage est découpé comme celui de l'*Hoteia japonica*, que la plante rappelle, mais avec de bien plus fortes proportions et des fleurs rosées, très nombreuses, à cinq pétales, dix étamines et réunies en grandes panicules légères et plumeuses. La plante est rustique; se cultive comme l'*Hoteia japonica* et se prête aux mêmes emplois et au forçage. (G. C. 1895, part. II, p. 360, fig. 67; J. 1895, p. 217, fig. 111; R. H. 1896, f. 185, p. 567.)

Fig. 623. — BACULARIA (*Linospadix*) MICHOLITZIANA. — (*Gard. Chron.*)

ASYSTASIA. — Vol. I, p. 286.

A. varia, N. E. Br. *Fl.* mauve et brun, réunies en grappes courtes et axillaires; corolle tubuleuse, à limbe bilabié. *Flles* ovales-lancéolées. Tige tétragone. Arbuste de serre chaude. *Haut.* 30 cent. Zululand ; Sud de l'Afrique, 1892.

ATRAPHAXIS. — Vol. I, p. 289.

A. Muschketowi, Krassn. Arbrisseau à rameaux glabres, flexueux, portant des feuilles longues de 3 à 4 cent., oblongues, obtuses, un peu crénelées et accompagnées de stipules allongées, aiguës et soudées jusqu'au milieu. Les fleurs sont blanches, à deux divisions recourbées, possédant 8-9 étamines et forment par leur réunion des grappes terminales, oblongues et courtement pédonculées ; les fruits sont trigones. Originaire des Monts Alatau; Asie centrale, 1895. (B. M. 7435.) B. J.

BACCHARIS. — Vol. I, p. 307.

B. trimera, DC. Arbuste de 2 m. de haut, excessivement singulier par ses feuilles réduites à l'état de petites écailles et remplacées le long des rameaux par trois ailes vertes, larges de 1 cent., ondulées et souvent interrompues. Les fleurs sont blanchâtres, monoïques, disposées en petits capitules sessiles et formant des épis interrompus ; les mâles plus gros et plus globuleux que les femelles. La plante a l'aspect d'une Algue et est, en réalité, plus curieuse qu'ornementale. Sud du Brésil. Serre tempérée. (R. H., 1896, p. 135, fig. 50, 51, 52.) B. J.

BACULARIA. — Vol. I, p. 309.

B. (*Ceratolobus*) **Micholitziana**, Hort. Sander. Très belle espèce à l'état juvénile, seule connue, dont les pétioles et rachis sont parsemés d'épines épaisses à la base et portant des folioles espacées, linéaires-oblongues, aiguës et pâles sur la face inférieure. Son aspect est très distinct et élégant. Nouvelle-Guinée. (G. C., 1898, part. I, p. 243, fig. 97, et R. H. 1898, p. 263.)

Sous le nom de *Linospadix Micholitzii*, M. Ridley a décrit une autre plante qui, par ses feuilles au moins, paraît entièrement distincte et dont voici un extrait de sa description : Plante acaule, mais touffue, à feuilles allongées, dressées, rétrécies en pétioles, bifides au sommet, carénées, blanches-furfuracées en dessous, de 1 m. de long et 15 cent. de large. Fleurs monoïques, petites, disposées en spadice grêle, penché, et produisent une drupe oblongue, rouge, à péricarpe charnu et fibreux. Nouvelle-Guinée. Serre chaude.

B. (*Linospadix*) **Petrickiana**, Hort. Sander. Palmier tout nouveau, trop jeune encore pour être déterminé botaniquement et dont le nom reste, par suite, provisoire, mais dont l'élégance fait déjà prévoir une plante importante au point de vue décoratif. Son port rappelle celui d'un *Kentia* et ses feuilles, à pétioles et rachis triangulaires, portent, chez les plus grandes, de très nombreuses pinnules allongées, lancéolées, tandis que les feuilles séminales ont un limbe entier ou à peu près. Nouvelle-Guinée. (G. C., part. II, p. 298, fig. 87.) B. J.

BARTHOLINA, R. Br. (nom de personnage). Fam. *Orchidées*. — Petit genre ne comprenant que deux intéressantes espèces terrestres, de serre froide, dont la suivante, quoique anciennement connue, n'a été introduite dans les cultures que pendant ces dernières années.

B. pectinata, R. Br. Plante à tubercules oblongs et à feuille unique, orbiculaire, convexe et étalée sur la terre ; la hampe, grêle, ne porte qu'une grande fleur entourée de bractées cuculées ; sépales dressés, linéaires et poilus ; pétales blancs, un peu plus larges et parfois arqués ; labelle ample, en éventail, trifide, à segments découpés en nombreuses lanières filiformes ; éperon égalant l'ovaire. Cap. 1896. (B. M., 7450.) B. J.

BATEMANNIA. — Vol. I, p. 322.

B. peruviana, Rolfe. Plante à pseudo-bulbes tétragones, de 5 cent. de long, portant des feuilles de 20 cent. de long ; fleurs de 5 cent. de diamètre, réunies en grappes pauciflores, brunes, avec les pointes vertes et le labelle blanc, ponctué de pourpre. Pérou. Serre chaude. (G. C. part. II, fig. 77.)

BAUHINIA. — Vol. I, p. 323.

B. Galpini, N. E. Br. *Fl.* rouge cramoisi, réunies en élégantes grappes. *Flles* bilobées. Petit arbuste de serre tempérée. Transvaal, 1891.

B. grandiflora, Juss. Petit arbre de 5 à 6 m., peu touffu, à rameaux épineux, avec des feuilles ovales ou cordiformes à la base et tomenteuses en dessous. *Fl.* très

Fig. 624. — Bauhinia grandiflora. — (*Rev. Hort.*)

grandes, s'épanouissant la nuit, blanc pur, rappelant l'aspect et les dimensions d'un *Cattleya*, le plus souvent solitaires au sommet de pédoncules axillaires. La plante sera sans doute rustique sur le littoral méditerranéen et de serre froide sous le climat de Paris. Cordillière des Andes. (R. H., 1897, p. 393, p. 126.) B. J.

BEGONIA. — Vol. I, p. 327.

B. Bertini, Hort. Cette variété, que ses qualités ont fait répandre longtemps avant d'être mentionnée, se distingue du *B. Worthiana*, dont elle a l'aspect général, par ses proportions plus fortes, ses fleurs plus grandes, moins pendantes, d'un rouge écarlate éblouissant, très nombreuses et se succédant pendant tout l'été. La plante est tuberculeuse et éminemment propre à la garniture des corbeilles et des plates-bandes. (R. H., 1894, p. 247, f. 93, 94.) B. J.

B. bicolor, S. Wats. *Fl.* rose vif, réunies en cymes terminales ; pédoncules uni- ou triflores. *Flles* larges, obliquement réniformes, à fond vert et maculées de blanc sur la face supérieure. Plante forte, haute et dressée, de serre tempérée. Mexique, 1891. (W. G. 1891, p. 137, tab. I.)

B. boliviensis sulfurea, Hort. Intéressante variété ayant le port du *B. Worthiana*, des tiges grêles et des feuilles très longues, étroites et veloutées. Les fleurs sont petites, mais très nombreuses, étalées et jaune soufre, presque toutes mâles, ce qui leur donne un aspect beaucoup plus léger. C'est une jolie plante à cultiver en pots. 1895. B. J.

B. corallina Président Carnot. Magnifique plante obtenue du croisement des *B. Olbia* et *B. corallina*, ayant le même port, mais ses fleurs forment de très grands corymbes latéraux, étalés ou pendants; presque toutes sont femelles et surtout décoratives par leur ovaire devenant très gros, à trois larges ailes et d'un beau rouge corail luisant, ainsi que les pédoncules et les rameaux de l'inflorescence, tandis que le limbe est et reste petit et d'un rouge plus clair; les fleurs mâles sont petites et tombent rapidement. Le feuillage est ample, épais et persistant, comme dans le *B. corallina*: les tiges atteignent jusqu'à 1 m. de haut. 1894. (Gn., 1894, part. II, p. 10, tab. 969; G. C., 1894, part. II, fig. 53.) B. J.

B. decora, Stapf. *Fl.* roses. *Flles* ovales, de 12 cent. de long et 8 cent. de large, rouge cuivré, avec des nervures jaunâtres. Perak, 1892.

B. double à fleurs de Chrysanthèmes, Hort., Variété tuberculeuse, remarquable par ses fleurs doubles, grosses, pendantes, ainsi que les tiges qui se courbent sous leur poids, à longs pétales étroits, étalés et du plus beau rose carné. La plante est éminemment propre à l'ornement, les suspensions et les gradins. (R. H., 1893, p. 572, f. 184. B. J.

B. erecta cristata, Hort. Vallerand. Race excessivement curieuse par les excroissances que portent les pétales.

Fig. 625. — Begonia erecta cristata. — (*Vilm.-Andr.*)

Les fleurs sont simples et de nuances variées, comme dans la race ordinaire, mais chaque pétale présente vers son milieu une sorte de crête, formée de lamelles et de pointes contournées et frisotées, qui se prolongent en nervures accentuées jusque sur l'onglet. Le port, la taille, la vigueur, etc., sont ceux de la race ordinaire. C'est une singulière particularité qui augmente l'intérêt de la plante. (R. H. 1896, p. 61, fig. 17.)

B. Faureana, Lind. Plante de serre chaude, absolument distincte de ses congénères par son port arborescent, par sa tige forte et squameuse, ainsi que les longs pétioles; le limbe des feuilles est ample, découpé jusqu'au milieu en cinq-sept lobes profonds, assez larges, aigus ou subobtus, vert tendre et zonés de blanc. Tropiques. Syn. *B. platanifolia*. Hort. (I. H., 1889, p. 152, tab. 34.) B. J.

B. F. metallica, Rod. Variété à feuilles plus profondément découpées que celles du type. 1895. (I. H., 1895, p. 298, tab. 43.)

B. fulgens, Hort. Lemoine. Plante tuberculeuse, très voisine du *B. Davisii*, à feuilles obliquement arrondies, vertes et produisant de belles cymes pédonculées de fleurs d'un très beau rouge et odorantes. Bolivie, vers 1894.

B. Gloire de Lorraine, Hort. Lemoine. Très bel hybride des *B. Dregei* et *B. socotrana*, qu'il ne rappelle toutefois que très faiblement par le port trapu et buissonnant du premier et la floraison hivernale du dernier, n'étant ni tuberculeux ni même rhizomateux. Il forme une touffe très ramifiée, haute d'environ 25 cent., un peu lâche et retombante, à rameaux excessivement nombreux, grêles, pourvus, surtout à la base, de feuilles obliquement arrondies, de 5 à 7 cent. de diamètre, minces, vert gai, à bords crénelés-dentés. Les fleurs sont d'un joli rose frais un peu lilacé, d'environ 4 cent. de diamètre, presque toutes mâles et réunies en cymes très ramifiées-dichotomes et si nombreuses qu'elles forment une masse compacte audessus du feuillage. La floraison a lieu de novembre en février. La plante peut être cultivée en suspensions ou en touffes, à l'aide d'un léger tuteurage. Il lui faut constamment la serre chaude. (J. 1898, p. 149, fig. 67; R. H. 1899, p. 31.)

B. Haageana, Watson. Espèce frutescente, formant un grand buisson atteignant près de 2 m. de haut, à belles feuilles vert métallique et rougeâtre, accompagnées de grandes stipules cramoisies; les tiges sont elles-mêmes rouges. Les fleurs sont disposées en grandes cymes lâches et sub-pendantes, mesurant de 15 à 30 cent. de diamètre; leur teinte est blanc rosé et elles portent extérieurement, à la base des grands pétales, une touffe de poils rouges, formant une grosse bosse. Les fleurs femelles n'ont qu'environ un dixième de la dimension des fleurs mâles. Primitivement décrit et figuré dans le *B. M.*, 7028, sous le nom de *B. Scharffii*, c'est un des plus beaux Bégonias toujours verts, de serre. (R. H., 1894, p. 565.) B. J.

B. heracleicotyle, Hort., Veitch. Hybride horticole des *B. heracleifolia* et *B. hydrocotylifolia*. 1895.

B. Lansbergiæ, Lind. et Rod. Plante entièrement verte et hérissée de poils blancs; les feuilles sont accompagnées à la base des pétioles de bractées ou stipules cordiformes et soudées; le limbe, long de 25 cent., est ovale ou obliquement cordiforme, vert gai, à nervures très pâles. Brésil, 1893. Serre chaude. (R. H., 1893, p. 202 et I. H., 1893, p. 202, et I. H. p. 41, tab. 474.)

B. Madame J. Heal, Hort. Veitch. Nouvelle variété, dans le genre du *B. Adonis*, résultant du croisement du *B. socotrana* par une espèce tuberculeuse; les fleurs sont réunies en cymes axillaires, presque toutes mâles, de 5 à 8 cent. de diamètre, d'un beau rouge cramoisi et se montrent en automne, entre la fin des Bégonias tuberculeux et le commencement des Bégonias à floraison franchement hivernale. 1895. (G. C., 1895, part. II, p. 585, fig. 101). B. J.

B. marginata illustrata, Hort. « *Flles* à limbe légèrement bullé, vert foncé, réticulées de nervures déprimés, vert et chocolat; pétioles longs et fortement poilus. » 1897.

B. Rajah, Ridley. Espèce du groupe *Rex*, à feuilles arrondies, cuspidées, d'un beau vert bronzé, dont toutes les nervures sont larges et vert jaunâtre pâle, tandis que la face inférieure est rouge sombre. Amérique du Sud, 1894. (G. C., 1894, part. II, p. 213, f. 31.)

B. semperflorens nain compact Bijou. Hort. Vilm. Les variétés du *Begonia semperflorens* ne se comptent plus aujourd'hui, tant elles sont nombreuses, mais celles produisant des graines et se reproduisant par le semis le sont moins et l'avantage qu'offre le semis sur le bouturage constitue un de leurs mérites très appréciable. C'est le cas du *Bégonia Bijou*, à feuillage cuivré, comme dans le *B. Vernon*, et à fleurs très rouges, excessivement nombreuses et se succédant sans cesse depuis juin jusqu'aux gelées. La plante est et reste très naine et compacte, et par cela même devient précieuse pour la mosaïculture et la formation des bordures. 1897. (R. H., 1897, p. 46, fig. 16-17.) B. J.

B. umbraculifera, Hook. f. Espèce très remarquable par ses fleurs en partie hermaphrodites, roses et réunies en cymes dichotomes, à pédoncules allongés; les tiges sont allongées, robustes, garnies de feuilles alternes, pétiolées, à limbe réniforme et accompagnées de grandes stipules ovales. Brésil. 1896. Serre tempérée. (B. M., 7457.)

Fig. 626. — Begonia Gloire de Lorraine. — (*Le Jardin.*)

B. Viaudi, Hort. Bruant. *Fl.* blanches, rosées au centre, d'environ 4 cent. de diamètre, très nombreuses et réunies en corymbes lâches, très ramifiés, amples, au sommet de hampes fortes, dressées, dépassant le feuillage, très charnues, rouge brique et couvertes ainsi que les rameaux et du reste toute la plante de petits poils rouges et défléchis. *Flles* à pétioles de 6 à 10 cent. de long, accompagnés à la base de stipules ovales et blanchâtres; limbe très oblique, oblong-aigu, cucullé, finement denticulé, vert olive en dessus, rouge en dessous et fortement hispide sur les deux faces. Bel hybride horticole du *B. Duchartrei* fécondé par le *B. pictavensis*. 1897. (R. H. 1897, p. 561, fig. 167.)

BENTINCKIA, Berry. Syn. *Keppleria*, Mart. Fam. *Palmiers*. — Petit genre de la tribu des Arécées, ne renfermant que deux espèces, dont la suivante a seule été introduite. Pour sa culture, V. **Wallichia**, genre voisin.

B. nicobarica, Becc. Rare et nouvelle espèce de petite taille, très élégante, à tige grêle et à feuilles pinnées, avec des divisions rédupliquées; les fleurs sont disposées en spadice rameux, coloré et produisent des petites baies purpurines. La plante n'existe encore dans les cultures qu'à l'état de jeunes exemplaires. Iles Nicobar. 1896. (R. H., 1896, p. 248, fig. 93.)

BERBERIS. — Vol. I, p. 349.

B. diaphana, Maxim. Arbuste vigoureux, dressé, à rameaux pourvus d'épines d'environ 2 cent. 1/2 de long et à feuillage vert clair. Chine, 1895.

BERKHEYA. — Vol. I, p. 351.

B. Adlami, Hook. f. Grande plante à tige bordée d'ailes spinuleuses et portant des feuilles linéaires-pinnatifides tandis que les inférieures sont ovales, obtuses, lobées, longues de 50 centimètres, vert gai et maculées en dessus, blanches et laineuses en dessous. Les capitules, qui sont disposés en corymbe, ont 8 à 9 cent. de diamètre, de couleur jaune d'or, formés de bractées lancéolées, étalées et spinuleuses; fleurons rayonnants lancéolés, tridentés et plurisériés. C'est la plus grande espèce du genre. Culture des *Arctotis*. Transvaal, 1897. (B. M. 7514.) B. J.

BETULA. — Vol. I, p. 351.

B. Maximowiczii, Regel. Arbre atteignant 25 mètres de hauteur, dont le tronc mesure jusqu'à 1 m. de diamètre à la base; l'écorce est lisse, orange-bronzé, se détachant en longues et étroites bandes et devenant alors gris cendré; les feuilles sont très grandes, ovales-cordiformes à la base, minces, dentées, vert gai en dessus, vert jaunâtre en dessous, mesurant jusqu'à 15 cent. de long. Yézo, Japon.

B. pumila lenta, Hort. Hybride des deux espèces qu'indique son nom et d'origine américaine. 1895. (I. H. 1895, p. 243, fig. 36.)

BIARUM. — Vol. I, p. 362.

B. carduchorum, Engl. *Fl.* à spathe sub-sessile, de 12 à 15 cent. de long, pourpre noirâtre à l'intérieur, vert maculé de pourpre à l'extérieur; spadice noirâtre, grêle, égalant presque la spathe. *Flles* courtement spatulées-lancéolées et fasciculées. Syrie, 1891. (R. G. 1891, p. 657, f. 124, sous le nom de *Arum syriacum*.)

BIFRENARIA. — Vol. I, p. 363.

B. tyrianthina, Rchb. f. Plante voisine du *Bifrenaria inodora*, dont elle diffère par son labelle plus fortement velu, par sa crête tronquée et enfin par sa couleur. A été autrefois introduit du Brésil, sa patrie, en 1836, puis sans doute disparu des cultures. (L., 446.) B. J.

BIGNONIA. — Vol. I, p. 363.

B. buccinatoria, Mairet. Grande et belle liane à rameaux cylindriques, glabres, portant des feuilles à deux folioles ovales-oblongues ou arrondies, glabres ou poilues et à rachis parfois prolongé en vrille simple. Les fleurs sont disposées en grappes terminales et pendantes, à calice tronqué, couvert d'un tomentum étalé et à cinq petites dents; corolle de 10 cent. de long, à tube court, jaunâtre et tomenteux, avec la gorge plus ou moins jaune et des lobes rouge sang, amples, arrondis et bifides. Mexique. La plante est voisine du *B. Cherere*, avec lequel on l'a autrefois confondue. (B. M. 7516; R. H. 1898, p. 581, *cum tab.*) Syn. *Pithecothenium buccinatorium*, DC.

B. purpurea, Lodd. *Fl.* rose pourpre vif, avec la gorge plus pâle, assez grandes, à limbe à cinq divisions étalées, arrondies, échancrées au sommet et sub-égales; cymes multiflores, axillaires et nombreuses. *Flles* à deux ou parfois trois folioles pétiolulées, largement ovales, acuminées, de 8 à 10 cent. de long, entières ou superficiellement dentées. Tiges arrondies et pourvues de longues vrilles. Très belle espèce florifère, de serre chaude. Amérique australe, 1898. (B. M. 5800; G. C. 1898, part. II, p. 398, fig. 114.)

BILLBERGIA. — Vol. I, p. 367.

B. Binoti, R. Gérard. Espèce à feuilles longues de 50 à 60 cent., bordées de petites épines brunâtres, à face supérieure vert foncé et lisse, avec la base lie de vin, tandis que l'inférieure est ponctuée de rose à la base et striée de blanc supérieurement; l'inflorescence est ramifiée, pendante, à hampe rouge, avec des feuilles réduites coccinées et les bractées florales abritent chacune une fleur à calice rouge cocciné, de 7 cent. de long. C'est une plante hautement décorative. Brésil, 1896. B. J.

B. Canteræ, Ed. André. Belle espèce de la section *Helicodea*, à grandes feuilles dressées et formant le fourreau, longues de 50 à 60 centimètres, vertes en dessus, lépidotes en dessous, obtuses et bordées d'aiguillons courts et espacés. La hampe émerge entre le sommet des feuilles, se réfléchit et porte une grappe pendante, garnie inférieurement de feuilles bractéales ovales-lancéolées, concaves, aiguës, d'un beau rose vif, tandis que le rachis est blanc-feutré, ainsi que les ovaires. Les fleurs ont des pétales jaune pâle, enroulés en dehors; les filets staminaux, soudés en tube inférieurement, portent des anthères filiformes et le style bleu pâle porte trois stigmates tordus en spirale. Sud du Brésil. (V. R. H., 1897, p. 60, *cum. tab.*) B. J.

B. intermedia, Witte. Hybride horticole des *B. nutans* et *B. vittata*. 1891. (R. G. 1891, p. 563, f. 101.)

B. leodiensis, Witte. Hybride horticole des *B. vittata* e *B. nutans*, 1891. (R. G. 1891, p. 563, fig. 100.)

B. Wittmackiana, H. L. B. Bel hybride des *Billbergia amœna* et *B. vittata*, à port intermédiaire entre celui de ses parents, dont les feuilles sont obscurément zonées de blanc et bordées de courtes épines; l'inflorescence est arquée, à fleurs bleues, fasciculées à l'aisselle de grandes bractées lancéolées, plus longues qu'elles et d'un rouge carmin vif. (R. G. 1894, p. 393, tab., 1405.) B. J.

BLETIA. — Vol. I, p. 369.

B. reflexa, Lindl. *Fl.* pourpres, de 3 cent. de long, à labelle veiné de brun et à carènes blanches. *Flles* graminiformes, de 8 mm. de large. *Haut.* 30 cent. Mexique, 1895.

BOCCONIA. — Vol. I, p. 381.

B. microcarpa, Maxim. Espèce nouvelle et bien distincte du *B. cordata*, quoique ayant le même port, taille et mode de végétation. Ses feuilles sont à peu près con-

Fig. 627. — BOCCONIA MICROCARPA. (*Vilm.-Andr.*)

formes, mais d'un vert beaucoup plus glauque; ses inflorescences et surtout ses fruits en sont nettement différents. Ce sont de grandes et très élégantes panicules à ramilles très nombreuses, fines, d'un vert purpurin quand elles sont jeunes, se terminant par des fruits très petits, sub-cordiformes, ayant à peine 5 mm. de diamètre, alors que ceux du *B. cordata* sont, comme on le sait, lancéolés et longs de plus de 2 cent. Ces inflorescences produisent, par leur légèreté autant que par leur ampleur et leur teinte purpurine, un effet particulièrement décoratif. La plante est originaire du Se-tchuen rustique et drageonnante. (R. H., 1898, p. 362, fig. 125.) B. J.

BOMAREA. — Vol. I, p. 385.

B. sororia, N. E. Br. *Fl.* environ vingt par ombelle, lâches, à segments externes un peu plus courts que les internes, roses, maculés de carmin, ces derniers verts et maculés de brun. *Flles* ovales-acuminées, pubescentes en dessous. Plante grimpante, voisine du *B. edulis*. Amérique du Sud, 1892. (I. H. vol. 39, p. 19, tab. 145.)

BOUGAINVILLEA. — Vol. I, p. 396.

B. glabra Sanderiana, Hort. Variété excessivement florifère, dont le principal mérite réside dans son aptitude à fleurir alors que la plante est encore toute jeune, ce qui permet d'en obtenir de jeunes sujets en pots, très décoratifs pendant leur floraison. 1896. B. J.

BOWIEA. Harv. Genre admis, dont l'unique espèce est décrite dans le vol. I, p. 116, sous le nom d'**Aloe volubilis**.

Fig. 628. — Browalia speciosa. — (*Vilm.-Andr.*)

BRACHYCHITON. — Vol I, p. 404.

B. populneum, R. Br. Arbre australien d'ornement, d'aspect étrange par son tronc fortement renflé à la base, à feuilles pétiolées, ovales-aiguës, coriaces et vert foncé luisant; c'est par la forme entière de ces dernières qu'il se distingue surtout de ses congénères, les *B. acerifolium*, F. Muell. et *B. Gregorii*, F. Muell., comme lui introduits dans les jardins de la région méditerranéenne, où ils sont rustiques et atteignent déjà une quinzaine de mètres. Les fleurs, qui se montrent rarement, sont, chez l'espèce ici décrite, réunies en panicules terminales, lâches, pyramidales, à pédicelles allongés et uniflores; la corolle est de texture épaisse, urcéolée, profondément découpée en cinq lobes aigus, à la fin défléchis au sommet et d'un blanc taché de rouge vineux. Fleurit en été. (R. H., 1898, p. 9, fig. 1.) B. J.

BRACHYGLOTTIS, Forst. (de *brachys*, court, et *glotta*, langue; allusion à la brièveté des fleurons rayonnants). Fam. *Composées*. — Petit genre ne comprenant qu'une ou deux espèces d'arbustes australiens, à fleurs réunies en panicules et à feuilles alternes. La suivante, déjà anciennement connue, demande la serre tempérée et se multiplie par le bouturage ou plus sûrement par le marcottage.

B. repanda, Forst. Bel arbuste d'orangerie, peu élevé, à rameaux, pétioles et face inférieure des feuilles couverts d'un duvet cotonneux, blanc et mou. Les capitules sont jaunes, petits, mais excessivement nombreux et forment de grandes panicules terminales. Les feuilles sont très grandes, de 15 à 30 centimètres de long, ovales-oblongues ou cordiformes, membraneuses, glabres en dessus et ondulées sur les bords. Nouvelle-Zélande, 1840, puis de nouveau en 1894. (G. C., 1895, part. I, p. 736, fig. 110.) Syn. *Senecio Forsteri*, Hook. f.

BRODIÆA. — Vol. I. p. 414.

B. Howelli lilacina, Hort. Variété bien supérieure au type au point de vue décoratif, car elle produit des ombelles de douze à quinze fleurs grandes, longuement pédicellées, étalées, à périanthe d'un joli blanc lilacé. Le feuillage est vigoureux, d'un beau vert et persiste pendant la floraison. Les hampes florales atteignent 60 cent. Rustique. (Gn., 1894, part. II, p. 502, tab. 992.)

Fig. 629. — Buddleia variabilis. — (*Vilm.-Andr.*)

BROWALIA. — Vol. I, p. 419.

B. speciosa, Hook. **major**, Hort. Désignée aujourd'hui sous le nom de « Browale à grande fleur bleue » cette variété, dont le type parait inconnu dans les cultures (à moins que ce nom de *major* ne soit un superflu horticole), se distingue et se recommande entre toutes ses congénères par les très grandes dimensions de ses fleurs, qui atteignent jusqu'à 4 cent. de diamètre et sont d'un beau bleu franc, avec une tache centrale blanche. La plante est ramifiée, bien dressée, haute d'environ 30 cent., généreuse et fleurissant depuis juin jusqu'en octobre. Elle convient à l'ornement estival des corbeilles et à la culture en pots, pour la décoration des serres. Elle graine et se propage facilement par le semis. Le type est originaire de la Nouvelle-Grenade, 1895. (R. H., 1898, p. 488, fig. 173.) B. J.

BROWNEA, Jacq. — Vol. I, p. 419.

B. Crawfordii, W. Watson. Hybride des *B. grandiceps* et *B. macrophylla*. 1891.

BUDDLEIA. — Vol. I, p. 426.

B. Colvillei, Hook. et Thoms. Arbuste à rameaux dressés, atteignant 3 m. de hauteur. *Flles* longues, lancéolées-acuminées. *Fl.* grandes, à corolle tubuleuse-campanulée, rose au centre et rouge coccinė au pourtour, réunies en panicules terminales et pendantes. Monts de l'Himalaya. Rustique à bonne exposition. (G. C. 1892, part. II, p. 186, f. 32.)

B. variabilis, Hemsl. Joli arbuste touffu, buissonnant, atteignant environ 2 m. de hauteur, à rameaux simples, allongés, garnis de feuilles opposées, lancéolées et pubescentes-grisâtres. Les rameaux de l'année se couronnent en juillet-août d'une grappe spiciforme, très effilée au sommet, atteignant jusqu'à 40 cent. de long, composée d'une multitude de petites fleurs tubuleuses, à limbe étroit, passant du bleuâtre au lilas et au mauve, avec la gorge jaune orangé et exhalant un parfum fin, un peu mielleux. Chine. Fleurit en août-septembre. (R. H. 1895, 394 ; 1897, p. 212, fig. 76.)

BULBOPHYLLUM. — Vol. I, p. 431.

B. anceps, Rolfe. *Fl.* moyennes et réunies en grappes lâches ; à sépale dorsal et pétales jaunâtres, ponctués de pourpre ; sépales latéraux blancs, striés de pourpre ; labelle pourpre. Bornéo, 1892. (L. vol. VIII, p. 33, tab. 351.)

B. carinatum, Cogniaux. Plante rhizomateuse, à pseudo-bulbes comprimés, échancrés au sommet et portant une seule feuille réfléchie, largement ovale, acuminée, vert intense ; hampe très courte, biflore et couverte de bractées; pédicelles portant une grande bractée carénée ; sépales membraneux, triangulaires, carénés-ailés ; pourpre foncé et panachés de blanc jaunâtre, pétales dressés, membraneux, acuminés, pourpre violacé très foncé ; labelle onguiculé, étroit, blanc, pourpre très foncé et panaché de jaune, à auricules basales un peu recourbées en dessous. Bornéo. Serre chaude. (L., 2e série, *tab.* 495.)

B. comosum, Hemsl. *Fl.* blanches, poilues, réunies en grappes denses, brusquement réfléchies au sommet de hampes de 15 cent. de long, se développant après la chute des feuilles. *Flles* charnues, caduques. Pseudo-bulbes fasciculés, rappelant ceux d'un *Pleione*. Burma, 1892. (G. C. 1892, part. II, p. 141, f. 21.)

B. disciflorum, Rolfe. *Fl.* en coupe, charnues, de 2 cent. 1/2 de diamètre, jaune verdâtre, maculées de rouge brun ; labelle couvert de verrues brunes ; hampes courtes et uniflores. *Flles* de 10 cent. de long. Pseudo-bulbes petits, ovoïdes, compacts et monophylles. Siam, 1895.

B. elegans, Gardn. *Fl.* solitaires sur des hampes grêles ; périanthe d'environ 2 cent. 1/2 de long, à sépales pourpre rosé ; le supérieur plus court et plus pâle que les autres. *Flles* étroites et lancéolées. Pseudo-bulbes petits, ovoïdes, fasciculés le long des tiges. Ceylan, 1892.

B. Ericssoni, Kranzl. Espèce distincte et des plus remarquables par ses grandes et nombreuses fleurs réunies au sommet des hampes et rappelant l'aspect de certains *Masdevallia ;* les sépales et les pétales sont longuement acuminés, à fond jaune, fortement maculés de brun foncé, tandis que le labelle est rouge et de texture spongieuse. C'est, dit son auteur, l'Orchidée la plus étrange qui ait été introduite dans ces dernières années. Nouvelle-Guinée, 1896. Serre chaude. (G. C. 1897, part. I, p. 61, f. 16.)

B. Hookerianum, Wendl. et Kranzl. Plante probablement très anciennement introduite, mais restée innommée jusqu'ici faute de fleurs. Celles-ci sont orangées, petites, en grappes ; les feuilles ont 5 cent. de long ; les pseudo-bulbes ont 2 à 3 cent. et sont oblongs, à quatre angles ailés. Afrique tropicale occidentale, 1894.

B. inflatum, Rolfe. *Fl.* jaune verdâtre, petites, réunies en grappes pendantes. Pseudo-bulbes tétragones et portant une seule feuille. Sierra Leone, 1891. Plante voisine du *B. comatum*.

B. multiflorum, Kranzl. Plante à rhizomes rampants, portant des pseudo-bulbes à une seule feuille oblongue-lancéolée, de 5 cent. de long ; les fleurs, réunies en bouquets au sommet des hampes, ont les sépales contractés en pointe étroite et les pétales ovales, obtus, blanc jaunâtre, tandis que le labelle est onguiculé à la base, puis oblong, pourpre foncé, frangé et blanc farineux sur les bords. Origine non indiquée, 1896. B. J.

B. nigripetalum, Rolfe. *Fl.* jaunâtre et pourpre noir, réunies en épi unilatéral et dressé. Pseudo-bulbes ovoïdes, déprimés et monophylles. Afrique tropicale occidentale, 1891.

B. Obrienianum, Rolfe. *Fl.* jaunes, parsemées de taches pourpre rougeâtre, de 5 cent. de diamètre et solitaires. Pseudo-bulbes ovoïdes, monophylles, naissant sur un fort rhizome. Nouvelle espèce du groupe *Sarcopodium*. Himalaya, 1892.

B. orthoglossum, Wendl. et Kranzl. Forte plante se rapprochant beaucoup du *B. mandibulare* par son port, ses feuilles, etc., mais son labelle est réellement trilobé, à lobes latéraux petits, dentés et verruqueux intérieurement, tandis que le médian est linguiforme, charnu, aigu et épaissi à la base ; les sépales et pétales sont vert jaunâtre, avec de nombreuses stries brunes. Ile Tarangui, 1896. B. J.

B. ptiloglossum, Wendl. et Kranzl. Plante voisine du *B. barbigerum*, dont elle diffère principalement par ses fleurs pourpre et blanc pur, par ses anthères dépourvues de cornes et par son labelle distinctement lobé et couvert sur les bords de poils purpurins. Madagascar, 1897.

CALADIUM. — Vol. I, p. 445.

C. adamantinum, Lind. *Flles* sagittées, défléchies, vert foncé, parcourues par des nervures blanches et parsemées de nombreuses taches de même teinte le long des nervures. Pérou, 1891. (I. H. vol. 32, p. 71, *tab.* 134.)

C. medioradiatum, Lind. et Rod. Espèce très distincte, à feuilles peltées, ovales, aiguës, échancrées à la base, vert foncé, avec la nervure médiane et ses deux ramifications inférieures blanc d'argent ; pétioles bigarrés de brun. Colombie, 1891. (I. H. vol. 38, p. 51, *tab.* 128.)

C. sagittatum, Lind. et Rod. *Flles* étroites, sagittées, profondément bilobées à la base, vert foncé, avec la nervure médiane et les latérales striées de rouge. Brésil, 1891. Espèce distincte. (I. H. vol. 37, p. 101, *tab.* 138.)

CALAMUS. — Vol. I, p. 449.

C. Alberti, Hort. Sander. Nouveau Rotang à stipe et pétioles minces, d'un vert teinté de brun ; ces derniers sont armés à la base d'aiguillons très fins, noirs et insérés à angle droit ; pinnules fines, lisses, longues de 30 cent., larges de 20 à 25 mm., espacées, aiguës et vert foncé. Océanie, 1898. (R. H., 1898, p. 262.) B. J.

C. Caroli, Hort. Sander. Autre espèce à base des stipes d'un jaune doré clair, avec de fines épines noires et acérées. Feuilles accompagnées de gaines ouvertes et noires, à pinnules allongées, arquées, vert clair, aiguës, très rapprochées sur le rachis, quoique nettement et régulièrement séparées, de 40 cent. de long et 2 1/2 à 3 cent. de large. Indes orientales, 1898. (R. H. 1898, p. 262.) Serre chaude. B. J.

C. Laucheanus, Hort. Sander. Très jolie espèce touffue, à tige forte, portant des pétioles grêles, fortement garnis de faisceaux d'épines dorées ; pinnules très nombreuses, réunies par quatre, alternes, serrées, sessiles, de 20 à 25 cent. de long et 15 cent. de large, avec la pointe filiforme ou sétacée. Saravak (Bornéo). (R. H., 1898, p. 262. B. J.

CALANTHE. — Vol. I, p. 452.

C. Eyermanii, Hort. Hybride horticole des *C. vestita* et *C. Veitchii*. 1891. (G. et F. vol. IV, p. 16, fig. 3.)

C. Laucheana, Hort., Sander. Hybride des *C. Sanderiana* et *C. veratrifolia*. 1895.

C. masuco-tricarinata, Hort. Veitch. Hybride des espèces qu'indique son nom. 1895.

C. Sanderiana, Rolfe, non Williams. Plante voisine du *C. natalensis*, à fleurs également lilas, mais plus grandes et à labelle plus foncé, disposées en longues grappes au sommet de hampes hautes de 60 cent. Feuilles pétiolées, lancéolées, de 50 cent. de long et 10 cent. de large. Afrique tropicale orientale. 1894.

CALATHEA. — Vol. I, p. 454.

C. cyclophora, Baker. Plante voisine du *C. zebrina*, dont elle diffère par ses fleurs blanches et ses feuilles vertes. Guyane anglaise, 1895.

C. polytricha, Baker. Plante acaule, produisant des tubercules globuleux, de la grosseur d'une petite pomme de terre. Les feuilles sont en touffe, dressées, pétiolées, à limbe oblong, de 15 à 20 cent. de long, poilu sur les deux faces, vert et dépourvu de panachures. Les fleurs sont blanches, disposées en rosette dense au centre de la touffe de feuilles et accompagnées de bractées aiguës. La Trinité, 1894.

C. rufibarba, Fenzl. *Fl.* jaune d'or, réunies en épi oblong, court, longuement exsertes de l'épi et accompagnées de bractées plus courtes qu'elles, ovales-aiguës, disposées en spirale ; sépales étroits, acuminés, poilus ; corolle à tube plus long que les sépales, poilu et à lobes égalant le tube, linéaires-oblongs, obtus ; labelle ovale-oblong, bilobulé au sommet, concave, à bords incurvés ; staminode en forme de casque et pourvu à la base d'un éperon lobulé, lancéolé et horizontal ; hampe robuste, dressée, beaucoup plus courte que les pétioles. *Flles* bisériées, longuement pétiolées, linéaires-lancéolées, acuminées, ondulées sur les bords, vert gris en dessus, plus pâles et teintées de violet en dessous. Plante acaule. Brésil. (B. M. 7560.)

CALCEOLARIA. — Vol. I, p. 458.

C. Burbidgei, Hort. Hybride horticole des *C. reflexa* et *C. fuchsiæfolia*, à fleurs petites, mais d'un beau jaune, s'épanouissant en hiver et réunies en panicules lâches. La plante est vigoureuse, de serre froide, à tiges frutescentes, atteignant 3 à 4 m. très propre à garnir les murs et les piliers des serres froides et jardins d'hiver. Ses feuilles sont opposées, perfoliées et canescentes. 1894. (Gn. 1895, part. I, p. 306, t. MXII.)

CALOCHORTUS. — Vol. I, p. 468.

C. amœnus, Hort. *Fl.* rose foncé ou pourpres. Juillet. *Flles* lancéolées, vigoureuses. Plante intermédiaire par son port entre les *C. alba* et *C. pulchella*. 1892.

C. clavatus, S. Wats. *Fl.* grandes, jaune d'or, portant une ligne brune en zigzag sur le bord de la partie poilue et à anthères pourpre foncé. Californie, 1897.

C. Kennedyi, Porter. *Fl.* écarlate vif, avec des taches basales noires, entourées de cils. *Flles* linéaires. Très belle espèce. Californie, 1892. (B. M. 7264.)

C. luteus concolor, Baker. Variété vigoureuse, très ramifiée, à fleurs nombreuses, d'un beau jaune, légèrement tachées de brun à la base des segments. 1895.

C. Lyoni, Hort. *Fl.* grandes, lilas pâle en s'épanouissant, devenant ensuite presque blanches, avec des macules brun foncé et velouté à la base des segments. Californie. 1895.

C. Plumeræ, Greene. Espèce remarquable par son gros bulbe, sa tige robuste, atteignant 60 cent. ramifiée, portant dix à quinze grandes fleurs de 10 cent. de diamètre, à pétales mauve lilacé sur le limbe, avec une grande tache basale couverte de poils dorés. Feuille unique sur chaque bulbe, mais atteignant 60 cent. de long et 2 cent. 1/2 de large. Mexique. (G. 1895, part. I, p. 80, tab. 999.) B. J.

C. Plumeræ aurea, Hort. *Fl.* jaune d'or, portant au milieu des pétales une bande irrégulière, transversale, de couleur écarlate et à partie basale couverte de poils dorés, parsemée de ponctuations écarlates et cramoisies. Plante voisine du *C. venustus*. Californie, 1897.

C. venustus pictus, Hort. *Fl.* plus petites que dans le type, mais blanches, avec des taches rosées à la base et une macule brune sur chaque segment. 1895.

CAMPANULA. — Vol. I, p. 479.

C. alliariæfolia, Willd. *Fl.* blanches, de 4 cent. de long, à lobes triangulaires, pendantes, unilatérales et disposées en longs épis terminaux. Juillet. *Flles* fortement pubescentes ou velues et grisâtres. Tiges dressées, ramifiées supérieurement. *Haut.* 50 à 60 cent. Orient, 1803. Très jolie espèce vivace, rustique, prospérant dans les rocailles.

C. elegans, Rœm. et Schult. *Fl.* bleues, assez grandes, pendantes, courtement pédicellées et disposées en long épi terminal, nu et unilatéral, calice à cinq divisions étroites et réfléchies ; corolle de 3 cent. de long, étroitement en entonnoir, à cinq divisions atteignant presque le milieu du limbe. Juin-juillet. *Flles* ovales-lancéolées, aiguës, sub-triangulaires, arrondies ou presque cordiformes à la base, irrégulièrement dentées en scie ; les radicales longuement pétiolées, vert grisâtre et scabres en dessous. Souche drageonnante. *Haut.* 80 cent. à 1 m. Sibérie. Plante voisine du *C. urticæfolia*. B. J.

C. excisa, Schleich. *Fl.* bleues, en entonnoir, à lobes incisés ; calice à divisions sétacées, trois fois plus courtes que la corolle. *Flles* linéaires-acuminées. Tiges grêles, uniflores. *Haut.* 15 à 20 cent. Jolie espèce alpine. Suisse, 1820.

C. fragilis Balchiniana, Hort. Très jolie variété panachée. 1897.

C. mirabilis, Boiss. Jolie plante alpine, à racine napiforme, dont la tige dressée se ramifie en pyramide et porte des feuilles épaisses, coriaces, irrégulièrement dentées-crénelées ; les radicales et inférieures ovales-allongées et plus ou moins rétrécies en pétioles ; les supérieures ovales-cordiformes, bordées de cils. Les fleurs sont grandes, réunies par sept-dix sur les rameaux, à corolle campanulée, lilas pâle et rappelant celle du *C. carpatica*. Fleurit en août-septembre. Abchasie. (R. H., 1895, p. 477 ; G. C. 1898, part. II, p. 33, f. 10.) B. J.

C. Zoysii, Wulf. Charmante petite espèce alpine, haute d'à peine 10 cent., à feuilles radicales en rosette, obovales, un peu épaisses et vertes, d'entre lesquelles sortent des tiges garnies de quelques feuilles linéaires et portant supérieurement une à trois grandes fleurs bleu clair, longuement tubuleuses, resserrées à la gorge et découpées en cinq lobes courts et triangulaires. Alpes d'Autriche. Rustique. (G. C. 1896, part. II, p. 182, fig. 32.) B. J.

CANNA. — Vol. I, p. 494.

Sous l'influence de croisements et sélections rigoureuses, poursuivies depuis plusieurs années avec un soin très assidu par divers horticulteurs et en particulier par M. Crozy, de Lyon, à qui l'on doit le départ initial de la race et le plus grand nombre de variétés, les Cannas florifères, auxquels on a donné, comme juste reconnaissance, le titre de race « Crozy », ont acquis une importance prépondérante dans les cultures d'ornement, tant leurs perfectionnements ont été importants et rapides. C'est même un fait intéressant de constater l'importance des résultats atteints en moins d'une dizaine d'années.

Déjà, les variétés se compteraient par centaines si on n'avait soin d'abandonner les plus anciennes au fur et à mesure que des nouvelles plus parfaites font leur apparition. Les anciens Cannas à feuillage se trouvent ainsi presque entièrement abandonnés. Un petit nombre d'espèces sont seules conservées car elles ont encore leur utilité et même leur usage distinct, par suite de leur grande taille et de leurs volumineuses proportions. En effet, les Cannas florifères ont beaucoup perdu de l'abondance du feuillage, de la taille et de la vigueur des anciennes variétés, mais ils rachètent amplement cette faiblesse par la grandeur et l'abondance de leurs fleurs et surtout par les riches coloris dont elles sont parées, se succédant sans interruption aussi longtemps que dure la saison chaude.

Les variétés décrites à leur place respective, dans le Vol. I, du DICTIONNAIRE, se trouvant aujourd'hui presque toutes abandonnées, nous donnons ci-après un choix des variétés les plus belles et les plus récentes, parmi celles qui composent la collection de la maison Vilmorin-Andrieux et Cie.

FEUILLAGE VERT

Amiral Avellan, plante touffue, vigoureuse, compacte. *Flles* vertes, dressées, épis nombreux, très forts et fournis. *Fl.* très grandes, de forme parfaite, jaune vif nuancé canari, ponctué et sablé de rouge minium. Plante à grand effet. *Haut.* 90 cent.

Antoine Barton, plante vigoureuse, beau feuillage vert, forts et nombreux épis, grandes et nombreuses fleurs, larges pétales arrondis, beau jaune d'or, fortement piquetés de carminé. *Haut.* 1 m. 10.

Aurea, plante vigoureuse, trapue. *Flles* vertes, très larges et très amples, tiges fermes, entièrement vertes; très grandes fleurs d'un jaune vif, tout à fait pur, divisions arrondies, d'une largeur remarquable, coloris entièrement nouveau. *Haut.* 1 m. 10.

Aurore, plante touffue, compacte. *Flles* vert foncé. Epis très nombreux. *Fl.* extra-grandes, de forme parfaite, d'un beau rouge capucine. *Haut.* 1 m. 20.

Bonne Etoile. *Flles* vert foncé, amples. *Fl.* très grandes, à larges divisions écarlates. *Haut.* 60 cent.

Camille Bernardin, plante vigoureuse, riche feuillage vert; forts épis; grandes fleurs saumon foncé nuancé. *Haut.* 1 m. 20.

Capitaine P. de Suzzoni, beau feuillage vert tendre, forts épis allongés, très grandes fleurs à pétales longs et larges, beau jaune clair légèrement piqueté; plante vigoureuse. *Haut.* 1 m. 20.

Christiane, plante basse, trapue, vigoureuse. *Flles* vertes, raides. *Fl.* grandes, arrondies, à fond jaune, très abondamment maculées de rouge clair. *Haut.* 70 cent.

Colibri, plante touffue et compacte, à feuilles vertes; épis bien fournis de grandes fleurs jaune pur unicolore; division inférieure marquée d'une large macule rouge carmin. *Haut.* 75 cent.

Comte de Bouchaud, large et riche feuillage vert glauque, nombreux et forts épis, grandes et larges fleurs arrondies, d'un beau jaune canari piqueté de carmin; *Haut.* 1 m. 30.

Comtesse de Sartoux-Thorenc, plante vigoureuse, ramassée; feuillage vert; tiges nombreuses, fermes, portant de forts épis de fleurs jaune d'or foncé, richement tachetées de carmin. *Haut.* 75 cent.

Conquérant. *Flles* vertes, bien dressées; épis très nombreux et forts. *Fl.* grandes, d'une belle couleur capucine vif nuancé saumon. *Haut.* 80 cent.

Député Jonnart, feuillage vert, finement liseré; tiges brunes; grandes et belles fleurs écarlate carminé, à petite macule dorée. *Haut.* 1 m.

Diomède, forte plante à port dressé, ferme, feuillage vert, ample; grandes fleurs à divisions larges, jaune d'or moucheté de carmin sur les divisions inférieures. *Haut.* 90 cent.

Drap d'or, jolie plante bien dressée, à feuillage vert, raide, trapu; hampes se dégageant bien et d'une tenue parfaite. *Fl.* moyennes, d'un jaune d'ocre intense, faiblement moucheté d'écarlate. *Haut.* 1 m.

L'Eclatant, plante vigoureuse, de tenue parfaite; feuillage vert, pointu, dressé. *Fl.* très grandes et parfaitement ouvertes, en forts épis, d'un coloris rouge carmin des plus intenses. *Haut.* 85 cent.

Etendard, plante vigoureuse, dressée; feuillage vert, très ample. *Fl.* énormes, d'un coloris rouge éclatant, en très forts bouquets. *Haut.* 1 m.

Feu d'artifice, feuillage vert, *Fl.* amples, panachées et bizarrement marbrées de rouge écarlate sur fond jaune d'or. *Haut.* 60 cent.

Incendie, plante demi-naine, compacte; feuillage vert. *Fl.* grandes et très nombreuses, en bouquets très fournis, orange vif largement bordé et maculé de jaune d'or. *Haut.* 90 cent.

Madame la baronne P. Thénard, plante ramifiée, formant de fortes touffes; feuillage vert, allongé, vigoureux. *Fl.* très amples, orangées, passant au rose saumoné, coloris très frais et distinct. *Haut.* 1 m.

Madame Perrin des Iles. *Flles* vertes; plante naine, à bouquets compacts de fleurs rose saumoné, faiblement maculées de blanc d'ivoire dans le centre. *Haut.* 70 cent.

Michel Bourderioux. Belle plante vigoureuse et résistante; feuillage vert; épis bien dégagés. *Fl.* rouge sang un peu glacé de carmin. *Haut.* 1 m.

Ed. Micq, plante vigoureuse. *Flles* vertes, épis forts et compacts, grandes et nombreuses fleurs capucine cocciné. *Haut.* 80 cent.

Ministre de Bruyn, feuillage très fourni, vert foncé; gaines et bractées bronzées; épis forts, trapus, composés de belles et grandes fleurs roses, légèrement glacées d'écarlate. *Haut.* 1 m.

Monsieur Chalandon, feuillage vert, grandes fleurs à longues divisions jaune d'or, irrégulièrement panachées et maculées d'écarlate. *Haut.* 80 cent.

Panache, grande plante à forte tige dressée et feuillage d'un vert franc, très distinct. *Fl.* superbe, d'un rouge carmin velouté et semé de stries plus foncées. *Haut.* 1 m. 25.

Papa Canna, feuillage vert, légèrement liséré brun, très ample; épis énormes. *Fl.* nombreuses, très larges, légèrement dentées et ondulées sur les bords, d'un beau rouge ponceau brillant. *Haut.* 1 m.

Papillon, plante vigoureuse, trapue; feuillage vert, ample; beaux épis compacts de très larges fleurs rose écarlate passant au rose carmin. *Haut.* 90 cent.

Paronia, plante touffue. *Flles* vertes, dressées; épis forts et nombreux. *Fl.* extra-grandes, de forme parfaite, jaune canari fortement marbré et maculé de rouge carmin. *Haut.* 90 cent.

Perfection. *Flles* vertes, légèrement bordées brun; épis longs et très garnis de grandes fleurs amples, régulières, bien ouvertes, d'un rouge éclatant presque orangé. *Haut.* 1 m. 10.

Progrès, plante touffue. *Flles* vertes, épis forts et nombreux. à très grandes fleurs vermillon moucheté et panaché de rouge cerise, légèrement marginé de jaune. *Haut.* 80 cent.

Provençal, plante trapue, compacte ; feuillage vert, très ferme ; grandes fleurs d'un rouge intense, en bouquets très fournis et très nombreux. *Haut.* 1 m. 20.

Quasimodo, plante extrêmement trapue et vigoureuse, à port ramassé ; feuillage vert. *Fl.* très grandes, à larges divisions vermillon bordé jaune. *Haut.* 70 cent.

Reine Charlotte, plante vigoureuse, trapue ; feuillage ample. *Fl.* très grandes, à larges pétales d'un rouge carmin foncé, inégalement et largement marginés de jaune vif. *Haut.* 90 cent.

Rosalba, feuillage vert ; plante assez naine, à fleurs jaune paille passant au blanc et pointillé de rouge carmin, fraîches et d'un joli effet. *Haut.* 90 cent.

Sénateur Montefiore. *Flles* vertes ; nombreux épis, grandes fleurs, riche coloris orange capucine éclairé à la base et légèrement bordé jaune. *Haut.* 1 m.

Sirène. *Flles* lancéolées et d'un beau vert ; épis très nombreux, belles et grandes fleurs d'un joli coloris rose saumoné carminé et se détachant bien du feuillage. *Haut.* 1 m.

Sophie Buchner, plante extra-vigoureuse, à larges feuilles, d'un beau vert, épis forts, nombreux, dominant admirablement bien le feuillage. *Fl.* grandes, larges, nombreuses, riche coloris vermillon vif, végétation luxuriante et floraison admirable. *Haut.* 1 m.

Souvenir d'Antoine Crozy, feuillage vert foncé, dressé ; grands épis bien fournis. *Fl.* larges, d'un rouge écarlate intense, bordé jaune d'or ; plante trapue. *Haut.* 1 m.

Tancrède, plante très rustique, d'excellente tenue ; feuillage vert, tiges très fermes. *Fl.* arrondies, très grandes, d'un jaune d'or intense, couvertes de larges macules écarlates. *Haut.* 1 m.

Versicolore. *Flles* vertes, raides, trapues ; hampes nombreuses, ramifiées, fermes et dressées ; épis légers. *Fl.* à divisions allongées, passant du jaune vif au rouge cuivré foncé. *Haut.* 1 m.

FEUILLAGE BRUN OU LISÉRÉ DE BRUN

Abricoté. *Flles* brunes. Plante naine, vigoureuse. *Fl.* jaune abricoté, unicolores, très amples, en bouquets bien fournis. *Haut.* 1 m.

Aigrette, plante compacte, vigoureuse. *Flles* vertes. *Fl.* en épis nombreux, grandes, écarlates, capricieusement bordées de jaune d'or. *Haut*, 70 cent.

J. D. Cabos. *Flles* lancéolées, vert fortement pourpré. *Fl.* grandes, en épis forts et nombreux, pétales ronds, riche coloris abricot nuancé ; plante vigoureuse. *Haut.* 1 m. 20.

Corsaire. *Flles* brunes. *Fl.* écarlate vif, finement striées de rouge sang. Plante d'un grand effet. *Haut.* 1 m. 10.

Général Dodds. *Flles* brunes. Plante demi-naine. *Fl.* grandes, rouge écarlate, fortement lavées de carmin. *Haut.* 90 cent.

Girandole. *Flles* brunes, bien colorées. Hampes hautes et fermes, bien dégagées du feuillage, ramifiées, à nombreux épis. *Fl.* grandes, très ouvertes, d'un rouge écarlate clair très éclatant ; plante d'un grand effet. *Haut.* 1 m. 25.

Gloire d'Empel, plante superbe. *Flles* brunes, bien colorées. *Fl.* d'un rouge écarlate des plus intenses, grandes larges et nombreuses. *Haut.* 1 m. 10.

Marceau, plante naine, hâtive. *Flles* vertes, tiges teintées de brun, superbes épis nombreux et fournis. *Fl.* grandes, écarlate intense. *Haut.* 80 cent.

Monsieur François Gos. *Flles* vertes, lisérées de brun. *Fl.* très grandes, orangé vif. *Haut.* 90 cent.

Sémaphore. *Flles* brunes, vigoureuses et abondantes ; plante haute et extrêmement florifère, hampes bien dégagées du feuillage. *Fl.* très nombreuses, d'un jaune d'ocre éclatant ; plante hors ligne au point de vue de l'effet pittoresque, soit en massif, soit comme plante isolée. *Haut.* 1 m. 30.

CANNAS ITALIENS

DITS : A FLEURS D'ORCHIDÉES

Sous ce nom, est paru, en 1895, une race de Cannas florifères bien distincte de la précédente et dont la presse horticole a beaucoup parlé, en éloges autant qu'en reproches. Elle est due à MM. Dammann et Cie, horticulteurs à Tedducio, près Naples, d'où leur nom de Cannas italiens. Elle a eu pour origine le croisement d'un Canna florifère de la race précédente, nommé *Madame Crozy*, fécondé par le *C. flaccida*, à très grandes fleurs jaunes, mais éphémères et de texture mince. Les plantes sorties de ce croisement ont hérité des qualités de grandeur de fleurs de ce dernier parent, mais aussi leur peu de durée et les exigences culturales.

La première variété mise au commerce nommée *Italia*, fut bientôt suivie de quelques autres, notamment *Austria*, qui firent sensation et donnèrent lieu à des opinions les plus contradictoires, desquelles ont a fait aujourd'hui les justes parts et que M. Ed. André a fort bien résumées dans les lignes suivantes :

« *Qualités*. — Grande vigueur, haute taille, beau port, nombreuses et fortes tiges bien dressées, robuste et large feuillage ; fleurs les plus grandes du genre, à surface supérieure plane ; couleurs brillantes et variées. »

« *Défauts*. — Demi-rusticité sous le climat parisien, nécessitant la rentrée sous les bâches d'une serre et non dans un cellier ou dans une cave ; fleurs stériles, ne s'épanouissant que successivement et non simultanément, se flétrissant à la pluie ou au vent, ne produisant tout leur effet décoratif que par les grandes chaleurs, mais brûlant quelquefois par les grands coups de soleil. »

De ce qui précède, il résulte clairement que les Cannas à fleurs d'Orchidées ne sont point faits pour nos climats du Nord, et qu'ils n'atteignent leur *maximum* de vigueur et de beauté décorative que dans la moitié méridionale de la France.

Telle est d'une façon succincte l'opinion prédominante sur cette nouvelle race, qui ne fait point double emploi avec la précédente ; les deux ayant des aptitudes et des qualités toutes spéciales.

Depuis l'apparition des variétés précitées, leur nombre s'est rapidement accru. Nous en donnons ci-après un choix des plus belles ; d'autres sont à l'étude et l'amélioration se poursuivant ici comme dans tous les genres de plantes importants par leur valeur décorative, il y a lieu d'espérer que quelques-uns des défauts précités iront en s'atténuant.

Alemannia, grande plante à feuillage et tiges glauques. *Fl.* énormes, d'un beau rouge écarlate, largement bordées or.

America. *Flles* rouge sombre, striées de bronzé. *Fl.* très grandes, rouge carmin, striées jaune pâle.

Atalanta, tiges teintées de violet aux nœuds. *Flles* courtes, dressées, bordées de violet. *Fl.* grandes, à divisions externes rouge lavé verdâtre ; les internes rouge feu passant au violacé et piquetées or au centre. *Haut.* 1 m. 50.

Austria, touffes vigoureuses; tiges et feuilles vert foncé, raides, dressées. *Fl.* très grandes, orangé vif, tachetées et tigrées de rouge bordé de jaune; labelle inférieur remarquable par sa largeur. *Haut.* 1 m. 30.

Britannia, plante touffue, très vigoureuse. *Flles* ovales-aiguës, vertes, pâles sur les bords et à gaines marginées de violet. *Fl.* très grandes, jaune maculé carmin. *Haut.* 2 m. 50.

Burgundia. *Flles* petites, vert glauque, bordées de brun. *Fl.* à divisions externes jaune d'or tacheté de rouge, les internes écarlates.

Campania, plante lâche, à fortes tiges. *Flles* vertes, cuspidées, parcheminées. *Fl.* très grandes, jaunâtres, à divisions internes jaune chrome et labelle sablé pourpré; commencement de duplicature. *Haut.* 3 m.

Charles Naudin. *Flles* très amples, vertes, lisérées violet foncé. *Fl.* immenses, rouge saumoné, plus vif à l'intérieur: port médiocre. *Haut.* 2 m. 50.

Edouard André, tiges violet foncé. *Flles* ovales, acuminées, violet foncé en dessus, plus pâles en dessous. *Fl.* paniculées, à longs pétales externes d'un beau rouge brun; les internes étalés, ondulés, rouge feu zébré plus foncé. *Haut.* 1 m. 80. (R. H. 1898, 109.)

Friedricka. *Flles* oblongues-lancéolées, coriaces, à pointe décurve. *Fl.* grandes, à sépales vert clair bordés brun; lobes externes jaune pâle et très aigus: les externes spatulés, laciniés et d'un beau jaune canari. *Haut.* 1 m. 50.

Hermann Wendland, plante touffue, courte. *Flles* très larges, planes, cuspidées et vert gai. *Fl.* en épis compacts, à lobes externes très larges, lavés de violet, de rose écarlate et de jaune pâle; les internes jaune d'or sablé vermillon. *Haut.* 1 m. 80. (R. H. 1898, p. 498, f. 174.)

Italia, plante vigoureuse, formant de fortes touffes; tiges et feuilles vert foncé, raides, dressées. *Fl.* très grandes, jaune foncé marbré de rouge-brun; remarquable par la largeur du labelle inférieur. *Haut.* 1 m. 30.

Kronos, tiges courtes, robustes. *Flles* dressées, longuement acuminées, vertes, avec les bords blancs, translucides. *Fl.* grandes, étalées, à lobes externes aigus, rouge brun pâle; les internes obtus, laciniés, jaune d'or, à bords lavés et striés d'orange vif: commencement de duplicature. *Haut.* 1 m. 50.

La France, plante touffue, de taille moyenne, à tiges et *flles* pourpre violet lustré. *Fl.* de forme régulière, grandes écarlate, passant au jaune, éteint sur les divisions externes. (R. H. 1895, p. 516, fig. 163 et 169; 1896, p. 81, *cum tab.*)

Pandora, plante très touffue, de taille moyenne, à tiges et feuilles violet bronzé strié de vert. *Fl.* très grandes, vermillon feu, striées-sablées jaune d'or au centre.

Parthénope, très vigoureux, touffu, à grandes feuilles ovales-aiguës, vert foncé luisant, bordées de brun. *Fl.* paniculées, à divisions externes violet purpurin: les externes, très grandes, d'un beau rouge orangé brillant; la centrale ponctuée d'écarlate. *Haut.* 2 m. 50. (R. H. 1898, 109.)

Professeur Treub, tiges et feuilles toutes violettes: celles-ci ovales-oblongues, dressées. *Fl.* grandes, à divisions externes rouge violacé: les internes orange feu passant au rose lilacé vers la base et au blanc sur l'onglet; lobe staminal jaune d'or, maculé vermillon. *Haut.* 2 m.

Rhea. *Flles* largement acuminées, aiguës, d'abord rouge sang foncé, puis violacées. *Fl.* moyennes, vermillon éclatant, flammé plus foncé sur les bords; centre jaune piqueté de pourpre; coloris des plus éclatants. *Haut.* 2 m.

Roma, grande plante à tiges nombreuses, touffues. *Flles* amples, ovales-aiguës, vert foncé et marginées blanc. *Fl.* à divisions externes lancéolées et brun rosé; les internes largement ovales, à centre rouge foncé s'étendant en stries sur les bords jaune d'or: pétale staminal jaune d'or ponctué orangé. *Haut.* 2 m. 50. (R. H. 1898, 109.)

Suecia, plante robuste, à tiges et feuilles vertes, longuement lancéolées, aiguës et à bords blanchâtres. *Fl.* très grandes et belles, jaune canari uni à l'intérieur et rouge jaune pâle sur les divisions externes. *Haut.* 1 m. 80.

C. indica variegata, Hort. Variété à feuilles striées de jaune, introduite des îles Salomon. 1897.

CARALLUMA. — Vol. I, p. 506.

C. campanulata, N. E. Br. *Fl.* pourpre brunâtre velouté, de 2 cent. 1/2 de diamètre, étoilées et réunies en ombelles terminales. Tiges tétragones. Plante de serre chaude, à port de *Stapelia*. Ceylan, 1892. (B. M. 7274.)

CAREX. — Vol. I, p. 509.

C. Vilmorini, S. Mottet. Nouvelle espèce originaire de la Nouvelle-Zélande et bien distincte de ses congénères,

Fig. 630. — Carex Vilmorini. — (*Rev. Hort.*)

surtout par la longueur extrême (parfois plus de 1 m. de ses tiges florifères, qui sont en outre excessivement grêles, filiformes, traînantes ou pendantes et portent vers leur sommet quatre à six petits épis femelles et un épi mâle terminal. Le feuillage est très fin, abondant, touffu, léger et d'un vert un peu grisâtre. C'est comme plante à garnitures de serres et d'appartement que se recommande ce *Carex*; il est très vigoureux, rustique et se multiplie facilement par la division des touffes ou par le semis. (R. H. 1897, p. 79, f. 26.)

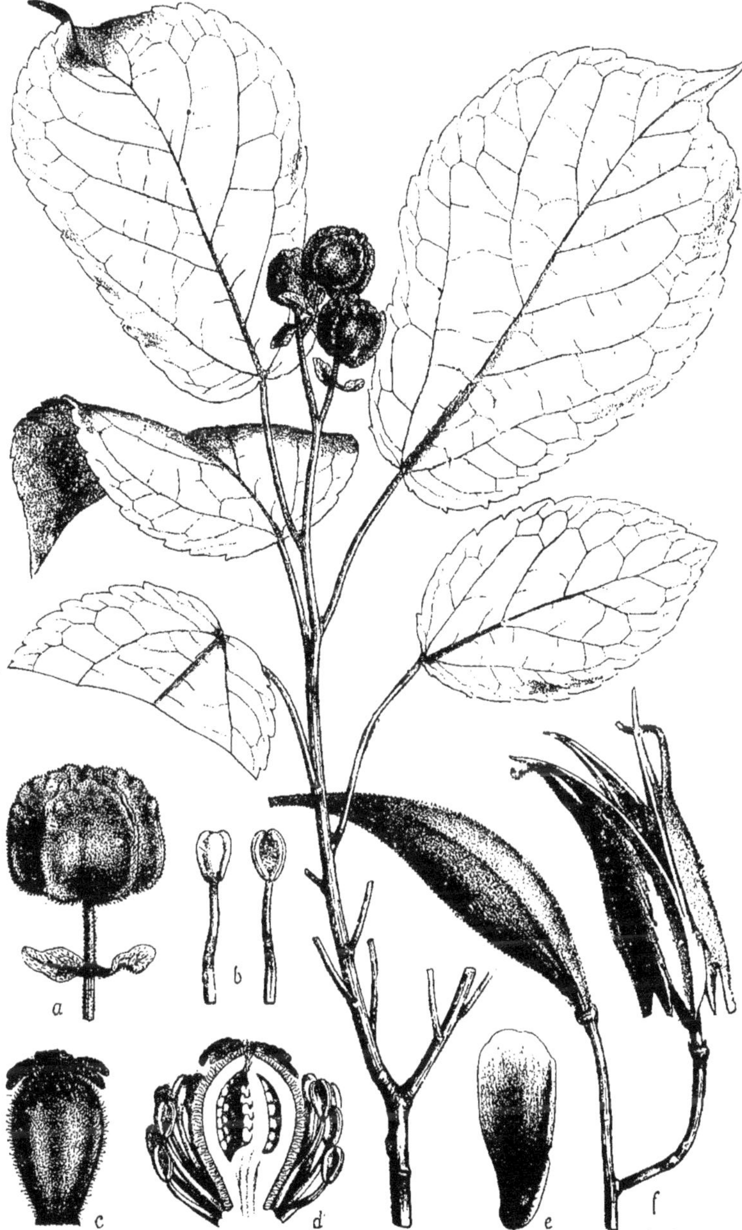

Fig. 631. — CARRIEREA CALYCINA. — (*Rev. Hort.*)

a, fleur séparée pourvue de son calice ; *b*, étamines vues de face et par le dos ; *c*, ovaire surmonté de ses stigmates ; *d*, fleur coupée longitudinalement ; *e*, graine ailée au sommet ; *f*, fruits, entier et déhiscent.

CARLUDOVICA. — Vol. 1, p. 512.

C. micropetala, Hook. f. *Fl.* jaune pâle, à longs filets staminaux blancs, réunies sur un spadice de 2 cent. 1/2 de long, celui-ci entouré de gaines de 2 cent. 1/2 de long et porté par un pédoncule de 10 cent. de haut. *Flles* vert foncé, étroites, plissées, de 50 cent. de long, découpées jusqu'au delà du milieu. Tige courte et charnue. Plante naine. Costa Rica, 1892. (B. M. 7263.)

Fig. 632. — Castanopsis chrysophylla. — (*Gard. Chron.*)

CARRIEREA, Franchet. (dédié à feu E.-A. Carrière, éminent publiciste horticole, rédacteur en chef de la *Revue Horticole*). — Genre nouveau créé pour l'unique espèce d'arbuste chinois, dont le port rappelle celui d'un *Idesia*, mais plus grand et glabre.

C. calycina, Franch. *Fl.* réunies en grappe terminale, simple et pauciflore, se composant seulement de cinq sépales blancs, arrondis, dressés, connivents, à bords retournés en dehors et très poilus; les étamines sont nombreuses. Le fruit est une capsule allongée, aiguë et débiscente en trois valves. *Flles* alternes, caduques, pétiolées, à limbe ovale, denté, coriace et glabre. Se-Tchuen. (R. H. 1896, p. 47, f. 170.)

CASSINIA. — Vol. I, p. 525.

C. fulvida. Hook. *Capitules* petits, contenant quatre à sept fleurons tubuleux, blanc terne et réunis en corymbes terminaux; involucre et pédoncules jaunes. *Flles* linéaires-oblongues, de 5 à 8 mm. de long, glabres, à bords enroulés en dessous, vert foncé en dessus et jaunes en dessous. Rameaux dressés et jaunâtres. Charmant petit sous-arbrisseau toujours vert et rustique ou à peu près. Nouvelle-Zélande. Syn. *Diplopappus chrysophyllus*, Hort.

CASTANOPSIS, Spach. (de *Castanea*, et *opsis*, ressemblance; ces arbres ayant d'étroites affinités et le port des *Castanea*). Fam. *Cupulifères*. — Selon le professeur Sargent, ce genre comprend aujourd'hui environ vingt-cinq espèces, tandis que le *Conspectus* du *Genera Plantarum* en indique deux seulement. Ce sont des arbres ou des arbrisseaux des forêts du versant ouest de l'Amérique du Nord et de l'Asie austro-orientale, depuis le sud de la Chine jusqu'à l'Himalaya. Leurs caractères botaniques les placent entre les *Quercus* et les *Castanea*. Tous ont des feuilles persistantes.

L'espèce suivante, sans doute seule existante dans les jardins, est rustique en Angleterre, où elle a été introduite par la maison Veitch et y mûrit ses fruits. Sa culture et sa multiplication sont celles des **Castanea.** (V. ce nom vol. I, p. 525).

C. chrysophylla, A. DC. *Fl.* monoïques, réunies sur les mêmes chatons; les mâles occupant la partie supérieure, nombreuses et compactes; les femelles fasciculées à la base et moins nombreuses. *Fr.* à coque très épineuse, plus longue que la graine, ouverte supérieurement; celles-ci sont de très petites châtaignes égalant un petit pois. *Flles* lancéolées, aiguës, à bords entiers, courtement pétiolées, vert brillant sur la face supérieure et jaune d'or sur l'inférieure. Orégon et Californie. *Haut.* depuis quelques mètres jusqu'à 50 m. (G. C., 1897, part. II, p. 411, f. 120.)

CATASETUM. — Vol. I, p. 530.

C. apertum, Rolfe. *Fl.* vert pomme maculé brun, à segments concaves et formant la coupe; hampe dressée, de 15 cent. de haut. *Flles* lancéolées, de 15 cent. de long. Pseudo-bulbes fusiformes, de 12 cent. de haut. Origine non indiquée, 1895.

C. collare, Cogn. *Fl.* à sépales vert gai; pétales blanc verdâtre; labelle très épais et charnu, blanc, légèrement ombré de vert sur les bords de la face externe. Vénézuéla, 1895.

C. ferox, Kränzl. *Fl.* vert terne à l'extérieur et vert pois à l'intérieur, réunies par environ vingt en épis. Plante voisine du *C. purum*. Origine non indiquée, 1895.

C. hymenophorum. Cogn. Plante voisine du *C. chloranthum*, dont elle rappelle le port et les caractères des fleurs; celles-ci ont cependant des sépales un peu plus charnus et le labelle forme une poche relativement plus large et moins profonde. Amérique du Sud, 1895.

C. imperiale, Lind. et Cogn. *Fl.* à sépales de 2 cent. et à pétales de 5 cent. de long, blancs et tachés de cramoisi pourpre à la base; labelle charnu et concave, de plus de 5 cent. de diamètre, cramoisi pourpre, sauf une tache blanche à la base et une bordure de même teinte sur le devant; colonne pourpre à la base, puis blanche et maculée de pourpre. Port et aspect du *C. Bungerothi*. Origine non indiquée, 1895. (L., X, 460.)

C. Imschootianum, Linden. Espèce voisine du *C. Hookeri*, dont les fleurs jaunes et nombreuses sont réunies en grappes dressées, avec des pétales teintés de vert, tandis que le labelle est sacciforme, charnu, tronqué et replié en dedans. Les feuilles sont amples, plissées et les pseudo-bulbes oblongs et fusiformes. Brésil. (L., tab. 403.)

C. Lemosii, Rolfe. Plante à pseudo-bulbes allongés, ovoïdes, sillonnés, portant des feuilles oblongues, acuminées, vert pâle; hampes garnies de bractées vertes, ovales, acuminées; fleurs mâles à sépales jaune verdâtre pâle, le dorsal dressé, oblong, aigu; les latéraux réfléchis; pétales jaune verdâtre, dressés, oblongs, aigus; labelle en casque, coriace, verdâtre, trilobé, à lobes latéraux quadrangulaires, incurvés, denticulés; le médian petit, recourbé; colonne se terminant en bec; antennes grêles. Para. Serre chaude. (B. M., 7414.) B. J.

C. Lindeni, C. Luciani, C. mirabile, C. splendens, C. s. album, C. s. Aliciæ, C. s. atropurpureum, C. s. aurantiacum, C. s. Grignani, C. s. Lansbergeanum, C. s. rubiginosum, C. s. Worthingtonianum. Cogn. Intéressante série de plantes nouvelles qu'on croit être pour la plupart des hybrides naturels des *C. Bungerothi* et *C. macrocarpum*, à fleurs grandes, réunies en grappes plus ou moins multiflores, toutes brillamment et diversement colorées de jaune, de rose, de pourpre ou souvent panachées de ces teintes. (L., tab. 451 à 457.)

C. macrocarpum carnosissimum, Hort. « C'est probablement une monstruosité intermédiaire entre la forme mâle et celle femelle de cette espèce. » 1895.

C. m. Lindeni, Hort. Variété très distincte, à labelle plus large que dans le type et très richement coloré; sépales verdâtres et maculés de pourpre; pétales blancs et également maculés.

C. punctatum, Rolfe. Espèce à peudo-bulbes fusiformes et à feuilles amples, oblongues, atténuées à la base et apiculées au sommet; les fleurs sont odorantes, réunies par dix environ sur une hampe penchée; sépales étalés, concaves, jaune verdâtre pâle, ponctués de brun; pétales obovales, obtus, à bords réfléchis, de même teinte, mais plus largement ponctués; labelle charnu, en forme de casque, jaune orangé, plus pâle au sommet, à lobes latéraux ciliés; le médian très court, plus vivement coloré; colonne munie de deux longues antennes divergentes. Brésil. (L. 2e série, tab. 496.) B. J.

C. Randi, Rolfe. Plante voisine du *C. Garnettianum*, dont elle représente une forme plus luxuriante; ses pseudo-bulbes sont oblongs, ses feuilles oblongues-lancéolées et les hampes portent des grappes de fleurs mâles dressées, à sépales et à pétales lancéolés-aigus, à bords incurvés et d'un vert pâle maculé de pourpre; le labelle est petit, trilobé, à lobes latéraux courts et fimbriés, tandis que le terminal est étroitement linéaire et à bords également fimbriés; les fleurs femelles sont sub-globuleuses, avec le labelle dirigé en arrière. Haut Amazone. (B. M., 7470.) B. J.

C. tabulare, Lindl. **rhinophorum,** Rchb. f. Le type est une des espèces les plus curieuses du genre par la construction et l'aspect particulier de ses fleurs; son introduction remonte à 1843 et plusieurs variétés ont déjà été mentionnées. Celle envisagée ici est caractérisée par toute la surface de son labelle qui est couverte d'innombrables lamelles transversales, dentées, blanches, maculées de terre de sienne et ressemblant aux dents d'une râpe. (G. C., 1895, part. II, p. 44, f. 8.)

C. uncatum, Rolfe. *Fl.* vertes, réunies en épi multiflore, à hampe dressée. *Flles* lancéolées, de 30 cent. de long. Pseudo-bulbes fusiformes, 8 à 20 cent. de long. Plante voisine du *C. albovirens*. Brésil, 1895.

CATTLEYA. — Vol. I, p. 533.

C. Alexandræ, Rolfe. *Fl.* entièrement brun terne, sauf

le labelle qui est pourpre rosé. Cette espèce est très voisine du *C. Leopoldii* par son port et ses caractères généraux. Brésil, 1892. (I. H. vol. III, p. 168, f. 3.)

C. Aliciæ, L. Lind. « C'est peut-être un hybride naturel à sépales et pétales blancs et à labelle rose foncé, 1895. (L. vol. XI, tab. 494.)

C. armainvillierensis, Hort. Hybride horticole des *C. Mendeli* et *C. Gigas*. 1895.

C. Asthoniana, Hort. Hybride horticole des *C. Harrisoniæ* et *C. gigas*, 1893.

C. Batalinii, Kranzl. *Fl.* rose purpurin, de 2 cent. 1/2 de diamètre, à lobes latéraux du labelle blanchâtres ; le médian pourpre foncé ; colonne très grande. Plante rappelant le *C. Schilleriana*. Brésil, 1892.

C. blesensis. Ch. Marron. Bel hybride des *C. pumila* et *C. Loddigesii*, dont les fleurs, larges de près de 10 cent., ont des pétales et sépales presque égaux et semblables, d'un rose vif, tandis que le labelle, de 4 cent. de long, est pourpre intense, avec du jaune paille à l'intérieur, ondulé et frangé sur tout son pourtour. Les hampes, hautes de 10 cent., naissent entre les deux feuilles du sommet des pseudo-bulbes et portent de une à trois fleurs. (R. H., 1894, p. 124, *cum tab.*) B. J.

C. Bowringiano × blesensis, Hort. Hybride des espèces qu'indique son nom. 1897.

C. Brownii, Rolfe. *Fl.* de 10 cent. de diamètre, à sépales et pétales rose pourpre vif et ondulés sur les bords ; labelle trilobé, pourpre pâle, veiné plus foncé ; hampe portant quatre-cinq fleurs ou parfois plus. *Flles* deux sur chaque pseudo-bulbe, oblongues et coriaces. Pseudo-bulbes de 60 cent. de haut. Origine non indiquée. 1893.

C. Burberryana. Hort. Hybride horticole des *C. imbricata* et *C. superba*. 1892.

C. Chloris, Hort. Hybride des *C. Bowringiana et C. maxima*. 1893.

C. dubia. Hort. Supposé hybride des *C. Trianæ* et *C. Harrisonniæ*. 1897.

C. elatior, Hort. Hybride horticole des *C. intermedia* et *C. Skinneri*, 1897.

C. elongata. Rodr. *Fl.* réunies par six à dix, en grappe longuement pédonculée, dressée, engainée et à pédicelles verts ; sépales et pétales obtus, ondulés, roux orangé ; sépale dorsal linéaire ; les latéraux plus larges ; pétales semblables au sépale dorsal, mais ondulés et crispés ; labelle rose, à lobes latéraux ovales-dimidiés ; le médian flabelliforme et bilobé. *Flles* peu nombreuses, insérées au sommet des tiges, oblongues, obtuses, épaisses, coriaces, rigides, carénées sur le dos et vert foncé. Tiges de 30 à 60 cent. de haut, dressées, simples, cylindriques, sillonnées. Brésil. (B. M. 7513.)

C. Feuillati. Hort. Hybride horticole des *C. guttata Leopoldi* et *C. superba*. 1897.

C. floribunda. Lind. Hybride probablement naturel entre les *C. labiata* et *C. maxima*, dont les longues hampes portent environ vingt fleurs carminées, blanches ou diversement colorées. Origine non indiquée.

C. Fowleri, Hort. Hybride horticole des *C. Hardyana* et *C. Leopoldi*. 1895. (G. C. 1895, part. II, p. 178 et 192, fig. 47.)

C. Gaudii, Hort. Hybride horticole des *C. guttata Leopoldi* et *C. superba*. 1897.

C. Gibbonsiæ, Hort. Hybride horticole des *C. Mendeli* et *C. Loddigesii*, 1897.

C. Grossii, Kranzl. C'est peut-être un hybride des *C. bicolor* et *C. guttata*, voisin du premier. Origine incertaine, 1897.

C. Heloisiæ, Hort. Hybride des *C. Mossiæ* et *C. Forbesii superba*. 1897.

C. intermedio × Skinneri. Hort. Hybride horticole entre les espèces qu'indique son nom. 1897.

C. Johnstoniana, Hort. Hybride des *C. Harrisoniæ* et *C. gigas*. 1893.

C. leucoglossa. Hort. Hybride horticole des *C. Fausta* et *C. Loddigesii*. 1892.

C. Mantini, Ed. André. Remarquable hybride horticole, obtenu par M. G. Mantin, entre les *Cattleya Skinneri* et *C. Dowiana*. Ses pseudo-bulbes sont pourvus de deux feuilles. Les hampes portent deux à trois grandes fleurs d'un rouge vif, à pétales amples, ondulés ; labelle grand, triangulaire, bilobé, rouge foncé et velouté, ligné de jaune d'or. Fleurs, plus grandes que celles du *C. Skinneri* et d'un coloris beaucoup plus riche. (R. H. 1897, p. 208, fig. 67, et tab.) B. J.

C. Maroni, Hort. Bel hybride issu du *C. velutina*, croisé par le *C. Dowiana aurea*, rappelant le premier par la forme de son labelle ; les sépales et les pétales sont d'un jaune bronzé ou vieil or ; le labelle est jaune à la base, veiné et teinté de cramoisi purpurin sur la partie antérieure, avec les nervures très saillantes. (G. C. 1898, part. II, p. 232, fig. 98.) B. J.

C. massiliensis. Ch. Maron. Magnifique hybride d'un *Cattleya* (supposé *Trianæ*) et d'un *Dowiana aurea*, dont la fleur, très grande et d'un beau rose frais, est en outre très remarquable par l'ampleur et la richesse du coloris de son labelle, qui est d'un pourpre violacé intense, à gorge jaune ligné de pourpre, avec les bords frangés et un peu plus clairs. (R. H., 1897, p. 12, cum tab.)

C. olivetensis. Hort. Hybride horticole des *C. Loddigesii superba* et *C. maxima peruviensis*. 1897.

C. Oweniana. Hort. Variété du *C. labiata*, rappelant le *C. Hardyana*. 1892. (I. H. 1892, vol. XXV, p. 241, fig. 33.)

C. Patrocinii, Hort. *Fl.* rose pourpre, à labelle trilobé, jaunâtre, avec le lobe médian rose pourpre. Supposé hybride naturel des *C. Loddigesii* et *C. guttata leopardina*, ayant le port du premier. Brésil, 1893.

C. Pheidona, Hort. Hybride horticole des *C. intermedia* et *C. maxima*. 1895.

C. Reginæ. Hort. Hybride horticole des *Lælia purpurata blenheimensis* et *C. Forbesii*. 1897.

C. Russelliana. Hort. Hybride horticole des *C. labiata Warneri* et *Schilleriana Regnellii*. 1897.

C. Schofieldiana gigantea, Hort. Plante remarquable par la beauté exceptionnelle de ses fleurs ; elles ont 10 cent. de diamètre et leur couleur est à fond cinabre, avec les bords jaunes et parsemés de ponctuation brun foncé, tandis que le labelle est blanc carné, ombré cramoisi, avec l'extrémité des lobes blancs ; les sépales et surtout les pétales latéraux sont fortement arqués, en forme de croissant ; enfin la colonne est jaune sur la partie saillante, Syn. *C. granulosa*, × *C. Leopoldii* (G. C., 1897, part. II, p. 246, fig. 75.) B. J.

C. Victoria-regina, O'Brien. *Fl.* de 15 cent. de diamètre, à divisions rougeâtres et à labelle blanc, rayé rose et maculé cramoisi ; épis composés de six à vingt fleurs. Plante très voisine du *C. Leopoldii*, qu'elle rappelle par ses pseudo-bulbes, ses feuilles et son inflorescence. Brésil. 1892. (G. C. 1892, part. I, p. 586 et 809, fig. 115-116 ; R. H. B. 1892, p. 198, fig. 20.)

C. Wellsiana. Hort. Hybride horticole des *C. superba* et *Lælia elegans*. 1895.

C. William Murray, Hort. Hybride horticole des *C. Mendelii* et *C. Lawrenceana*. 1895.

CEANOTHUS. — Vol. I, p. 545.

C. Fendleri, Gray. *Fl.* blanc de neige. *Flles* ovales ou elliptiques, vert foncé et luisant en dessus, soyeuses en dessous. Arbuste buissonnant et épineux. *Haut.* 30 à 60 cent. Amérique du Nord, 1893.

C. thyrsiflorus, Eschsch. Belle espèce atteignant jusqu'à 3 m. de haut, dont les branches se terminent par de nombreux thyrses compacts de fleurs bleu tendre. La plante est originaire de Californie et anciennement introduite dans les cultures, dont elle paraît cependant avoir disparu. (G. C., 1896, part. II, p. 363, f. 75.) B. J.

CELMISIA. — Vol. I, p. 554.

C. Munroi, Hook. f. Plante à tige robuste, portant des feuilles sessiles, étroitement linéaires, coriaces, vert gai en dessus et soyeuses-argentées en dessous ; tige cotonneuse ; capitules à involucre formé de nombreuses bractées linéaires ; fleurons rayonnants blancs ; graines anguleuses, surmontées d'une aigrette de soies un peu rudes. Nouvelle-Zélande. — Les espèces de ce genre, dont quelques-unes sont introduites, remplacent dans leur pays natal les *Aster* dans les autres régions du globe. (B. M. 7496.)

CENTAUREA. — Vol. I, p. 588.

C. suaveolens, Willd. var. **Marguerite**. — Sous le vocable de *Margaritæ* est venue d'Italie une magnifique race, remarquable par la grandeur et la beauté insolite de ses capitules, qui mesurent près de 6 cent. de diamètre, d'un blanc jaunâtre très pâle et répandant un parfum léger, mais très fin. Ce sont les fleurons de la circonférence, considérablement accrus et devenus des petits cornets papyracés, plissés et fortement laciniés sur les bords, qui donnent à la fleur sa dimension exceptionnelle et son élégance. Ces capitules sont éminemment propres à la confection des bouquets. 1895. (R. H. 1898, p. 159, fig. 61-62.)

Peu après, une autre race de la même espèce a fait son apparition sous le nom de *Chamelæon*, qui veut dire changeant, et qui justifie cette désignation par ses fleurs qui, d'abord jaune soufre, prennent plus tard des reflets lilacés et deviennent complètement roses en se fanant.

CENTROSEMA, Benth. Fam. *Légumineuses*. — Genre très voisin des *Clitoria*, comprenant environ vingt-six espèces de jolies plantes herbacées, grimpantes, vivaces et de serre tempérée, habitant principalement l'Amérique centrale et australe. Les *C. brasilianum*, Benth., *C. Plumieri*, Benth. et *C. virginianum*, Griseb., ont été autrefois introduits dans les cultures, mais ils n'y ont probablement pas persisté. L'espèce suivante, d'introduction récente, se recommande pour la garniture des treillages des serres ou de plein air pendant l'été. Pour sa culture, V. **Clitoria**, vol. I, p. 717.

C. grandiflorum, Benth. *Fl.* grandes, nombreuses, d'une jolie couleur lilas rosé. Brésil, vers 1893.

CEPHALANTHUS. — Vol. I p. 566.

C. natalensis, Oliver. *Fl.* petites, rose et vert, réunies en bouquets globuleux, pédonculés et terminaux. *Fr.* rappelant des fraises et comestibles. *Flles* de 2 cent. 1/2 de long. Petit arbuste touffu, de serre froide. Natal, sud de l'Afrique. 1895. (B. M. 7400.)

CERASTIUM. — Vol. I, p. 568.

C. decalvans, Schloss. et Vuk. *Fl.* blanches, nombreuses. Mai-juin. *Flles* couvertes de touffes de poils laineux. Tiges sub-ligneuses. Servie, 1892.

CERATOLOBUS Micholitziana. — V. **Bacularia Micholitziana**.

CEREUS. — Vol. I, p. 581.

C. (*Pilocereus*) **Bruennowii**, Haage. Tige columnaire, rappelant le *C. fossulatus*, à neuf-douze angles, à longues et fortes épines et à poils plus longs et plus gros. Bolivie, 1888. (R. G. 1888, p. 85, fig.)

C. (*Echinocereus*) **Hempelii**, F. Fobe. Plante vert foncé, à dix côtes pourvues d'épines noires. Mexique, 1897.

C. (*Pilocereus*) **Hoppenstedti**, Roelz. Tige columnaire, à dix-huit ou vingt angles arrondis, séparés par des sillons profonds et aigus ; aréoles à duvet compact, blanc, tomenteux ; épines externes environ vingt, inégales, les inférieures plus longues, atteignant jusqu'à 6 cent., blanc grisâtre, les centrales six-huit, brunâtres et fortes à la base. Mexique, 1888. (R. G. 1888, p. 8, fig.)

C. Sargentianus, Orcutt. *Fl.* petites, roses. Tige atteignant 5 m. de hauteur, à cinq-six angles et à aréoles portant des épines de 12 mm. de long, formant des touffes denses. Basse-Californie, 1891. (G. et F. 1891, part. II, p. 436, f. 69.)

CEROPEGIA. — Vol. I, p. 590.

C. debilis, N. E. Br. *Fl.* purpurin pâle. *Flles* charnues, de 2 cent. 1/2 de long. Tiges faibles et pendantes. 1895.

C. nobilis, N. E. Br. Plante tuberculeuse, à tiges très longues, portant des feuilles espacées, épaisses, de 25 millimètres de long et presque arrondies. *Fl.* courtement pédicellées, droites, à corolle longue, de 25 mm., pourpre pâle extérieurement et un peu poilue intérieurement, où existent deux coronules ; l'externe en coupe, crénelée et ciliée ; l'interne à cinq lobes étroits et blancs. Sud de l'Afrique. 1895. B. J.

C. Woodii, Schlecht. Magnifique plante grimpante ou traînante, à branches très grêles, portant des feuilles suborbiculaires, charnues, panachées de blanc sur la face supérieure et produisant parfois à leur aisselle des petits tubercules globuleux, charnus, qui permettent de propager rapidement l'espèce. Les fleurs ont un tube d'environ 2 cent. 1/2 de long, violet rosé, distendu à la base, puis ouvert supérieurement en cinq lobes pourpre foncé, réunis entre eux au sommet, ce qui, dans toutes les espèces de ce genre, donne aux fleurs un aspect étrange. Natal, 1898. B. J.

CHAMŒDOREA. — Vol. I, p. 598.

C. stolonifera, Wendl. *Fl.* jaunes, insérées sur un spadice axillaire, rameux. *Flles* de 25 cent. de long, plissées, bilobées. Tige de 1 m. de haut, 12 mm. de diamètre et stolonifère. Sud du Mexique, 1892. (B. M. 7265.)

CHEIRANTHERA, Brongn. Fam. *Pittosporées*. — Petit genre voisin des *Sollya*, ne comprenant que cinq espèces dont la suivante paraît seule avoir été introduite récemment. Pour sa culture, V. **Sollya**, vol. V, p. 71.

C. parviflora, Benth. *Fl.* bleu purpurin, de 2 cent. de diamètre, étoilées, solitaires sur de courtes ramilles latérales. *Flles* linéaires. Tiges effilées. Jolie plante sarmenteuse, rappelant le *Sollya heterophylla*. Australie occidentale, 1892. (B. M. 7261.)

CHILIANTHUS, Burch. (de *chilios*, mille, et *anthos*,

fleur ; allusion à la grande quantité de fleurs dont sont composées les inflorescences). Fam. *Scrophularinées*. — Petit genre comprenant, d'après l'*Index Kewensis*, quatre espèces d'arbustes d'orangerie ou demi-rustiques, très voisins des *Buddleia* et tous originaires de l'Afrique australe. Fleurs réunies en panicules corymbiformes, multiflores ; corolle à tube court et à limbe quatre lobes étalés ; étamines quatre ; style simple, à stigmate capité. Fruit capulaire, s'ouvrant en deux valves. Feuilles opposées.

L'espèce suivante, sans doute seule introduite dans les collections, mérite bien d'être cultivée. Son traitement est analogue à celui des **Buddleia**. (V. ce nom, vol. I, p. 426.)

C. arboreus, Benth. Syn. de *C. oleaceus*, Burch.

C. oleaceus, Burch. *Fl.* blanches, très petites, réunies en panicules corymbiformes, denses et très multiflores ; étamines à filets plus longs que la corolle. Septembre. *Flles* opposées, courtement pétiolées, oblongues-lancéolées, entières, de 4 à 8 cent. de long, tomenteuses-blanchâtres en dessous. Rameaux effilés, flexueux et tomenteux. *Haut.* 2 m. Cap. 1816. Syn. *C. arboreus*, Benth.

CHIONODOXA. — Vol. I, p. 646.

C. Luciliæ Alleni. Whittall. Variété à grandes fleurs bleues, rose et blanc. Mars. Magnifique plante. Mont Taurus, 1892.

CHIONOPHILA, Benth. (de *chion*, neige, et *phileo*, aimer) ; plante qui croît dans les montagnes couvertes de neige. La seule espèce de ce genre est une plante alpine, vivace et rustique, habitant l'Amérique du Nord. Sa culture est sans doute celle des plantes vivaces et rustiques.

C. Jamesii, Benth. *Fl.* blanc crème, petites, bilabiées, barbues à la gorge du tube et réunies en grappe dense, unilatérale, terminant une tige scapigère, portant une ou deux paires de feuilles linéaires. *Flles* radicales oblancéolées, entières, un peu épaisses et glabres. *Haut.* 1 m. 20 à 1 m. 50. Colorado. (G. et F. 1888, f. 45.)

CHIONOSCILLA, Hort. (de *Chionodoxa* et *Scilla* : genres dont dérive la plante). Fam. *Liliacées*. — Pour la culture de l'intéressant hybride bigénérique décrit ci-après, V. **Scilla**.

C. Alleni, Hort. Hybride des *Scilla bifolia* et *Chionodoxa Luciliæ*, résultant d'un croisement naturel en culture et observé aussi à l'état spontané, à Smyrne. La hampe porte un épi de douze fleurs environ, ayant la couleur et l'aspect de celles du *Chionodoxa*, mais les segments sont libres jusqu'à la base. Cet hybride, dit M. Allen, graine abondamment et les plantes issues de semis sont aptes à retourner à l'un des parents à la deuxième génération. (G. C. 1897, part. I, p. 191, fig. 57.) B. J.

CHIRITA. — Vol. I, p. 647.

C. depressa, Hook f. *Fl.* bleu violet, tubuleuses, rappelant celles d'un *Gloxinia*. *Flles* en rosette, spatulées. *Rhiz.* court et stolonifère. Plante naine, de serre chaude. Chine, 1892. (B. M. 7213.)

C. hamosa, R. Br. Jolie plante de serre tempérée, à tiges dressées, de 50 cent. de haut, garnies de feuilles opposées, pétiolées, à limbe ovale ou elliptique, vert gai, hirsute et crénelé sur les bords. Les fleurs forment de petites cymes axillaires, fort curieuses par leurs pédoncules soudés sur toute leur longueur au pétiole voisin et paraissant ainsi naître sur celui-ci ; elles sont bleu pâle ou lilacé, dressées, à corolle tubuleuse, ventrue au sommet, avec un limbe de 15 à 18 mm. de large, à cinq lobes bilabiés ; l'inférieur plus grand que les autres. Habite les Indes et le Malabar. Syn. *Bottlera hamosa*, Baillon. (R. H. 1895, p. 192, fig. 161 1896, p. 184, cum. tab.) B. J.

CHLOROCODON, Hook. f. (de *chloros*, vert, et *codon*, clochette ; allusion probable aux fleurs). Fam. *Asclépiadées*. — Genre monotypique, voisin des *Periploca*, créé pour l'espèce suivante, connue depuis 1871, mais introduite seulement pendant ces dernières années dans les cultures.

C. Whitei, Hook. f. Arbuste grimpant, de serre froide, dont les tiges sont garnies de feuilles opposées, courtement pétiolées, oblongues, acuminées, cordiformes à la base et finement soyeuses sur les deux faces. Les fleurs sont pourpre noir, réunies en cymes corymbiformes, multicolores, axillaires et à pédicelles épais ; la corolle est campanulée rotacée, de 2 cent. de diamètre, à lobes ovales-aigus. Afrique australe, 1895. (B. M., 5898 ; R. H., 1895, p. 375 ; G. C., 1895, part. II, p. 224.)

CHLOROPHYTUM. — Vol. I, p. 650.

C. brachystachyum, Baker. *Fl.* blanches, petites, réunies en grappe dense *Flles* loriformes, de 20 cent. de long. Plante voisine du *C. stenopetalum*. Nyassaland ; Afrique australe, 1893.

CHONEMORPHA, G. Don. Fam. *Apocynacées*. — Genre comprenant quatre espèces d'arbustes grimpants, voisins des *Trachelospermum*, habitant les Indes orientales et dont le suivant paraît seul introduit récemment. Pour sa culture, V. **Trachelospermum**.

C. macrophylla, G. Don. Arbrisseau grimpant très haut, à rameaux épais, portant de grandes feuilles orbiculaires ou ovales, cuspidées et pubescentes. Les fleurs sont disposées en cymes sub-terminales, courtement pédonculées, à rameaux divariqués ; calice oblong, brun, à cinq lobes ; corolle à tube grêle et à limbe ample, blanc, découpé en cinq lobes. Iles de la Malaisie. (B. M. 7492.)

CHRYSANTHÈMES de l'Inde ou C. vivaces. — Vol. I, p. 667.

Depuis la publication de l'article contenu dans le corps de cet ouvrage, la culture du Chrysanthème à *la grande fleur*, encore à l'aurore de son apparition à cette époque, en France du moins, s'est perfectionnée et surtout vulgarisée d'une façon tout à fait inespérée alors. Beaucoup d'horticulteurs s'en occupent assidûment et nombreux sont ceux qui en ont fait une spécialité ; les amateurs sont entrés dans cette même voie et ceux qui possèdent le matériel cultural nécessaire obtiennent des résultats remarquables. Du nord au midi de la France, il y a maintenant dans beaucoup de villes des expositions spécialement ouvertes aux Chrysanthèmes, dont beaucoup, notamment celle de Paris, acquièrent une importance exceptionnelle, comparable à celle de toutes les fleurs du printemps réunies. Dès le mois de septembre, le Chrysanthème en pots et sous diverses formes, comme en fleurs coupées, petites, moyennes ou immenses, se répand partout à profusion, envahit les marchés, les éventaires des fleuristes, les habitations et, par la variété de ses formes extrêmement nombreuses, autant que par la diversité de ses coloris, il prédomine toutes les autres fleurs et conserve cette supériorité jusqu'aux portes du nouvel an.

Étant donnée, la souplesse culturale vraiment merveilleuse et les améliorations qu'il subit encore chaque année, il serait puéril d'envisager l'avenir du Chrysanthème; nous pensons néanmoins que c'est dans la perfection des procédés de culture, dans l'amélioration des formes et vers des coloris nouveaux que porteront surtout les progrès futurs, bien plus que dans l'obtention de fleurs plus grandes encore. Déjà, les fleurs immenses ne soulèvent plus le même enthousiasme et l'on admire de préférence les plantes fortes, bien faites et portant un nombre respectable de fleurs de bonnes dimensions. C'est évidemment là le côté le plus intéressant et vraiment décoratif de la plante.

De cette popularité et de ces améliorations, il résulte que, des listes de variétés données dans le Dictionnaire, la plupart sont abandonnées et que les procédés de culture se sont perfectionnés et vulgarisés au point que certaines opérations sont passées à l'état de règle à peu près absolue. Pour ces différentes raisons, nous croyons donc devoir publier dans ce Supplément, un nouvel article sur la « Culture intensive », dite à *la grande fleur* et donner de nouveaux choix de variétés.

Cette culture a eu pour effet de laisser presque stationnaire l'amélioration du Chrysanthème au point de vue de la culture en pleine terre pour l'ornement des jardins. La plupart des variétés nouvelles étant plus particulièrement adaptées à la culture à la grande fleur, elles sont souvent si tardives que leur floraison est détruite par les gelées avant l'épanouissement. Sous ce rapport, la variété *Amiral Gervais* peut être citée comme point extrême, ne s'épanouissant en serre qu'à la mi-décembre.

Fig. 633. — Chirita hamosa. — (*J. Sallier.*)

Peu de variétés à *floraison estivale* ou seulement *précoce* ont été signalées et pour cette culture, les variétés indiquées dans le corps de l'ouvrage gardent leur pleine valeur ; nous en ajouterons cependant quelques autres.

Les variétés à *fleurs simples* n'ont rencontré, chez

nous du moins, qu'une bien maigre faveur, et c'est à peine si quelques nouvelles se sont montrées dans les expositions.

De même, les variétés à *fleurs d'Anémone* sont également disparues à peu près complètement.

Toute l'attention des semeurs s'est portée vers l'obtention de variétés adaptées à la culture à la grande fleur, mais, il faut le reconnaître, les gains ont été très nombreux et remarquables de diversité, de formes et de coloris.

Les *Chrysanthèmes à fleurs duveteuses*, au début de leur apparition, à la date de publication de l'article du DICTIONNAIRE et dont les deux plus anciens : *Alpheus Hardy* et *Louis Bœhmer*, sont cités dans le choix des *Incurvés ou à fleur de Pivoine* (Vol. I, p. 674), se sont multipliés au point de justifier la création d'une section spéciale, nettement distincte, du reste, par l'abondant duvet qui recouvre les pétales.

Parmi les formes, il n'en est pas de plus distincte, ni, à notre avis du moins, d'aussi élégantes que celles dont les *fleurons sont entièrement tubulés* et très longs. Les variétés ne sont pas aussi nombreuses qu'on pourrait le désirer, mais à *Lilian B. Bird* et *Gloire rayonnante* déjà cités, nous en ajouterons plus loin quelques autres nouvelles.

La série des *couleurs* tourne toujours, à deux exceptions près, dans le même cercle ; les rouges écarlates et feu font toujours défaut, sauf toutefois une nouvelle variété nommée *Etoile de feu*, qui rentre, par sa chaude nuance coccinée, dans cette série si désirable. Les violets francs se font toujours attendre, mais un coloris inespéré, le vert, s'est présenté il y a quelques années dans la variété *Florence Davis*, dont le centre est positivement vert et ce coloris s'est beaucoup amélioré et étendu à toute la fleur dans *Madame Edmond Roger*, qui est d'un beau vert d'eau très clair, excessivement agréable.

Cette variété, de même que les tubuleuses, sont beaucoup recherchées par les fleuristes et le commerce en général. Enfin et pour terminer, le parfum qui, dans la plupart des variétés, est nul ou simplement aromatique, rappelant celui du Pyrethre, s'est adouci, devenu agréable et assez prononcé dans la variété nommée *Lavolvène*.

CULTURE A LA GRANDE FLEUR. — Comme il est dit dans l'article du DICTIONNAIRE, la multiplication des Chrysanthèmes destinés à la culture intensive a lieu annuellement par le bouturage, et ces boutures se font de très bonne heure, depuis le commencement de décembre jusqu'en mars. Le bouturage précoce est nécessaire pour la préparation des plantes à tige. Il a lieu en godets, en serre à multiplication ou sur couche, à l'étouffée. Lorsque les plantes sont bien enracinées, on les endurcit graduellement, puis on les place sous un châssis froid, mais bien abrité et protégé la nuit contre les gelées à l'aide de paillassons, afin que les plantes ne subissent pas d'arrêt de végétation depuis leur bouturage. On doit les rempoter chaque fois que les racines sortent de la motte et viennent tapisser sa surface, mais il faut employer des pots relativement petits, en tenant compte que les pots employés pendant l'été, pour le dernier rempotage, n'ont pas besoin d'être très grands. Ceux de 20 à 25 cent. de diamètre sont suffisants pour de forts spécimens si on a soin de les nourrir à l'engrais après le dernier rempotage, lorsque les pots sont entièrement garnis de racines.

La culture du Chrysanthème à la grande fleur peut être faite également en pleine terre, si on n'a en vue que l'obtention de fleurs à couper ou la décoration de certains points du jardin. Toutefois, étant donné que les Chrysanthèmes ne sont décoratifs qu'à l'automne, il est préférable à ce point de vue de les cultiver en pots, comme les plantes destinées à la décoration des appartements ou aux expositions, et de ne les mettre en place qu'à l'approche de la floraison, ce qui permet alors de les disposer suivant leur taille, leur force et leur coloris. A l'automne, lorsque la floraison commence, il est nécessaire de couvrir les plantes de châssis ou de toiles claires, pour les protéger contre les rosées et les gelées blanches.

Culture en pleine terre. — Les boutures sont plantées en place en mai, dans un endroit découvert, en terre profonde et fertile, fumée dès l'automne précédent. L'espacement à ménager entre les plantes doit être d'environ 1 mètre. Le paillis, si utile à la plupart des plantes pendant l'été, est contesté par certains chrysanthémistes, justement parce qu'il conserve trop l'humidité du sol, les arrosages devant être répétés par suite de la nécessité d'application des engrais liquides. Les soins de dressage, forme, pincements et ébourgeonnements sont identiques à ceux que nous indiquerons plus loin pour la culture en pots. Toutefois, les plantes cultivées en pleine terre étant surtout destinées à produire des grandes fleurs à couper, on les dresse généralement sur une à trois tiges uniflores.

Culture en pots. — Compost. — Pour la culture en pots, on emploie généralement un compost formé de moitié bonne terre franche, terre de gazon si possible, un quart de terreau de feuilles ou de fumier, un quart de sable grossier, ou un peu moins, selon la nature de la terre franche. Certains spécialistes, préférant l'usage des engrais minéraux sous forme solide qu'en solution, les incorporent aux composts, qu'on prépare alors longtemps à l'avance. Il convient de remarquer que, pour produire de grandes fleurs, le Chrysanthème a surtout besoin d'engrais pendant la deuxième partie de sa végétation, c'est-à-dire depuis la formation des boutons à fleurs jusqu'à leur épanouissement.

Engrais. — Ils constituent un des deux points capitaux de la culture à la grande fleur ; le deuxième étant les pincements et ébourgeonnements, qui dirigent et concentrent la sève abondante et généreuse que fournissent les engrais. Rien n'est moins connu du public que les formules d'engrais pour Chrysanthèmes, chaque spécialiste ayant à peu près la sienne, qu'il se garde bien de divulguer. Bien qu'ils soient aujourd'hui nombreux dans le commerce, on les désigne sous le nom « d'Engrais spécial » ou sous un nom particulier ; tel est l'*Engrais papillon*, dont l'usage s'est beaucoup répandu, car il donne d'excellents résultats ; c'est un de ceux qu'on incorpore aux composts de terre et qu'on applique en rechaussage (top dressing) lorsque les plantes ont reçu leur dernier rempotage. Ces engrais sont tous très riches en azote, le Chrysanthème étant, comme on le sait, extrêmement vorace. La poudre d'os, le sang desséché, entrent souvent pour une part plus ou moins forte dans les composts. La suie et le sulfate de fer (ce dernier à la dose de 1 gramme par litre) s'emploient en solution, pour obtenir un feuillage vert foncé.

Les *engrais organiques* (déjections d'animaux) sont tous plus ou moins recommandés : le purin, le fumier de vache, la fiente des volailles et le guano, la vidange, etc., sont d'un usage fréquent en dissolution dans les eaux d'arrosages, chacun expérimente et pousse ses plantes avec celui qui lui paraît donner le meilleur résultat. Quelle que soit la nature de l'engrais liquide, la solution doit être plutôt faible et l'usage fréquent, en ayant soin toutefois d'arroser une ou deux fois à l'eau pure, entre chaque application. Dès que les fleurs commencent à s'épanouir, il ne faut plus arroser qu'à l'eau claire.

Formes. — Si les plantes cultivées pour la fleur à couper n'ont pas besoin d'être formées (toute l'attention se concentrant vers la fleur et la rigidité de son pédoncule), il n'en est pas de même de celles cultivées en vue de leur utilisation en pots, pour la vente, pour les décorations ou les expositions. Le Chrysanthème a ceci de merveilleux qu'il se prête entièrement au goût de celui qui sait le traiter et le diriger. La même bouture pourra, selon le gré du cultivateur, former une plante énorme ou rester presque minuscule, naine et uniflore.

Les formes les plus couramment données aux Chrysanthèmes à grandes fleurs sont :

Plantes à tige, dite *standard*, formant de grands spécimens atteignant 1m.50 à 2 m., à tige de 50 cent. à 1 m. et plus de haut, avec une ramure ample, large et portant un grand nombre de fleurs.

Plantes dites en buisson, formant des touffes relativement basses, 60 cent. à 1 m., composées de tiges simples ou ramifiées, partant du niveau du sol et terminées chacune par une seule fleur. Le nombre des tiges et par suite la force et la beauté des plantes varie depuis deux à trois tiges jusqu'à une douzaine et plus. La grandeur des fleurs diminue en raison du nombre des tiges ; les plantes n'en présentant que trois à cinq produisent les plus grandes fleurs. C'est en outre sous cette forme en buisson que les plantes sont les plus décoratives et que, par suite, on en élève le plus grand nombre.

Plantes uniflores. — Comme leur nom l'indique, ces plantes ne portent qu'une seule fleur. Selon le traitement qui leur a été donné, cette fleur est moyenne ou très grande, mesurant parfois jusqu'à 30 cent. de diamètre. Chez ces plantes, la tige ne dépasse guère aujourd'hui 1 m. de hauteur, alors qu'autrefois elle atteignait jusqu'à 2 m. de hauteur. Cela tient évidemment à ce qu'autrefois on attendait la sortie du bouton terminal, tandis que de nos jours on réserve surtout un bouton couronne.

On fait aussi des plantes uniflores de très petites dimensions, en bouturant tardivement et en tenant la plante dans un petit pot de 12 à 15 cent. de diamètre. Enfin, en bouturant à la fin de l'été des sommités de tige pourvues de leur boutons, on obtient des plantes minuscules, qui trouvent place dans la garniture des petits vases d'appartement.

Plantes greffées. — Le greffage du Chrysanthème a été préconisé il y a quelques années, pour obtenir de très fortes plantes à tige et pour pouvoir les conserver plusieurs années, le sujet étant ligneux et ne drageonnant pas. C'est l'Anthémis qu'on a surtout employé ; la plante remplissant parfaitement ces conditions. Tantôt on greffait sur la tige à la hauteur désirée, tantôt sur les branches, pour obtenir une plante volumineuse et, dans ce dernier cas, on pouvait associer plusieurs variétés sur le même pied. La greffe en fente, faite au printemps, en serre à multiplication, avec des sommités herbacées de Chrysanthèmes, est celle qu'on employait le plus généralement ; elle ne présentait aucune difficulté. On a vu dans les expositions de belles et fortes plantes greffées sur Anthémis et même

Fig. 634. — Rameau de Chrysanthème portant un bouton-couronne. — (D'après A. Cordonnier.)

Les traits indiquent les bourgeons qu'il faut supprimer pour faire développer ce bouton.

sur Armoise (touffes basses). Malgré l'intérêt et les résultats que semblait donner ce système de culture, il n'a pas été généralement adopté et paraît aujourd'hui à peu près abandonné.

Pincements. — Les pincements ont pour but de faire ramifier la plante et de lui donner la forme désirée. Pour les plantes en buisson, on pince la tige de bonne heure pour en obtenir les premières ramifications au niveau du sol. Ces ramifications sont ensuite tenues simples, si la plante ne doit produire qu'un petit nombre de fleurs, ou pincées à leur tour à la hauteur jugée convenable pour les faire de nouveau ramifier, si l'on désire former de forts spécimens ; parfois même on pratique un troisième pincement, si la plante a été bouturée de bonne heure et s'il reste encore suffisamment de temps pour que les boutons aient le temps de se bien former.

En principe, le Chrysanthème se ramifie de lui-même et il y aurait avantage à attendre qu'il le fasse par la percée des boutons couronne, n'était que beaucoup de variétés ont un bois trop long, portant par suite les ramifications à une trop grande hauteur et présentant leur deuxième bouton couronne trop tardivement. On est donc obligé de pincer pour obtenir par anticipation des ramifications courtes et hâter la production des boutons. Chez les variétés à tiges courtes, et il y a avantage, pour réduire au minima l'arrêt de végétation que produit le pincement, d'attendre pour le pratiquer le moment où les tiges se ramifient naturellement.

Ébourgeonnement et éboutonnage. — Ces deux opérations, quoique distinctes si on n'envisage que les parties sur lesquelles elles portent, se confondent dans la pratique et tendent à un résultat commun : la prise, ou plus correctement l'isolement du bouton qui devra produire la grande fleur.

Le Chrysanthème a ceci de particulier et d'intéressant, même au point de vue physiologique, qu'il produit successivement deux sortes de boutons à fleurs bien distincts, que l'on désigne sous les noms de *bouton couronne* et *bouton terminal*.

Pendant le cours de la végétation, chaque fois que les tiges se ramifient, leur ramification est causée par la sortie d'un *bouton couronne*. Il s'en développe ainsi deux ou trois et parfois même un quatrième. Ces boutons, d'abord gros comme une tête d'épingle, passent d'autant plus facilement inaperçus pour l'observateur superficiel qu'ils avortent toujours dans la plante livrée à elle-même, bien qu'ils persistent et soient encore visibles longtemps après, alors que les rameaux qui les entourent se sont longuement développés et ont à leur tour produit un autre bouton couronne. Ce bouton est donc caractérisé par son développement estival, à deux ou trois époques successives et par les *bourgeons* dont il est entouré, qui normalement donnent naissance à des rameaux. En supprimant ces bourgeons, on pratique un *ébourgeonnement*.

Fig. 635. — Rameau de Chrysanthème ayant développé son bouton terminal. — (D'après A. Cordonnier.)

Les traits indiquent les boutons latéraux qu'il faut supprimer pour favoriser le développement de ce bouton.

A la fin de l'allongement des tiges, se montre, terminant chaque ramification, l'autre sorte de bouton, dit *bouton terminal*. Celui-ci est, non plus entouré de bourgeons à bois, mais de plusieurs boutons à fleurs qui, comme lui, se développeront et fleuriront si on les laisse faire. Le bouton terminal est donc caractérisé par son époque tardive d'apparition, par sa position terminale et par les boutons à fleurs qui l'entourent. En supprimant ceux-ci dans leur jeune âge, on pratique l'*éboutonnage*. Les figures 634 et 635 montrent les différences de ces deux sortes de boutons.

De la connaissance parfaite de ces deux sortes de boutons et plus encore des fleurs qu'ils produisent résulte le succès final. Car, en effet, si le bouton couronne est celui qui produit la plus grande fleur, encore faut-il savoir celui qu'il convient de réserver. Les variétés se comportent très différemment entre elles à cet égard et l'expérience seule indique celui qu'il convient de réserver, soit pour obtenir la plus belle fleur, soit pour que la plante soit fleurie à un moment déterminé. Le premier est souvent trop précoce, tandis que le deuxième et en général tous ceux qui se montrent jusqu'au 15 août peuvent être réservés avec chances de succès. Passé cette date, on ne doit plus compter que sur les boutons terminaux, qu'on isole en supprimant les latéraux alors qu'ils sont encore tous jeunes. Pour les Chrysanthèmes duveteux, c'est, paraît-il, le bouton terminal qui donne les plus belles fleurs. L'éboutonnage et l'ébourgeonnement doivent être pratiqués alors que les parties sont encore très jeunes, à peine développées. Le travail se fait avec le bout des doigts ou les ongles, en prenant bien soin de ne pas blesser le bouton conservé ni son pédoncule; il suffit souvent de pousser de côté les bourgeons ou boutons à supprimer pour qu'ils se cassent d'eux-mêmes.

Telle est, d'une façon succincte, ce qu'il importe de connaître et d'appliquer judicieusement pour l'obtention des grandes fleurs, à l'égard du choix et de l'isolement des boutons. C'est, du reste, un des points les plus importants, mais aussi des plus délicats de cette culture. Il exige une parfaite connaissance des aptitudes particulières à chaque variété, surtout en ce qui concerne le choix du bouton qui donnera la plus belle fleur. Ce sujet est encore l'objet de la plus vive préoccupation des chrysanthémistes et sur ce point ils sont loin d'être tous d'accord.

Le choix du bouton couronne influe naturellement aussi sur l'époque de la floraison. Pris de bonne heure, le premier ou le deuxième, on peut obtenir celle-ci bien avant la saison normale, en tenant compte toutefois que les fleurs arrivant à la fin d'août-septembre s'épanouissent généralement moins bien qu'en saison normale. En hâtant ou retardant l'époque du bouturage et celle de la prise des boutons, on peut donc hâter la floraison des variétés tardives ou retarder au contraire celles naturellement précoces. Si les engrais fournissent la matière plastique, les pincements et l'ébourgeonnement la dirigent et la transforment en grande fleur. L'ensemble de ces moyens rendent en somme le praticien entièrement maître de ses plantes et libre d'en faire à peu près tout ce qu'il désire, s'il possède toutefois les connaissances nécessaires.

Floraison. — L'époque tardive à laquelle elle a généralement lieu oblige à rentrer les plantes sous abri dès que l'épanouissement commence, bien moins pour protéger la plante qui est, on le sait, rustique ou à peu près, que pour protéger les fleurs contre les pluies, les rosées et les gelées. A moins qu'il y ait lieu d'avancer un peu l'épanouissement pour arriver à point à une date déterminée, il ne faut même aucune chaleur artificielle et beaucoup d'air et de lumière, en brisant toutefois les rayons trop vifs du plein soleil, qui font passer les fleurs trop vite. Sous ce rapport, il est très intéressant de remarquer que ces fleurs, poussées à leur maximum de développement, ont une durée bien plus longue que celles de petites dimensions venues naturellement en plein air. Elles se conservent fraîches et belles pendant plus d'un mois. Rentrées en appartement, en fleurs coupées ou la plante entière, on peut en jouir une bonne quinzaine ; leur décoloration est bien moins accentuée que celle des autres fleurs.

La floraison terminée, les plantes sont rabattues au niveau du sol et conservées s'il y a lieu pour fournir des boutures, plantées dans les endroits peu soignés du jardin, sur le bord des massifs d'arbustes ou jetés si on n'en a aucun usage. Peu de temps après, commence la saison du bouturage, ne laissant ainsi au chrysanthémiste presque aucun repos. Cette culture devient donc une préoccupation de presque toute l'année et même très absorbante.

CHOIX DE VARIÉTÉS

Moins encore qu'à l'époque de la publication de l'article du Dictionnaire, il nous est impossible de citer toutes les variétés nouvelles ; les personnes qui désireraient en posséder la liste à peu près complète pourront se procurer le *Catalogue des Chrysanthèmes* publié, avec deux ou trois suppléments, par M. Meulenaer, à Gand ou celui de la *National Chrysanthemum Society*, de Londres. Ces catalogues descriptifs ont

Fig. 636. — Chrysanthème incurvé *Boule d'or*. (*Vilm. Andr.*)

une certaine utilité pour les classements et pour éviter les homonymies. Devant nous restreindre à un choix des variétés actuellement les plus méritantes, nous ne ne pouvons mieux faire que de l'emprunter au catalogue spécial de la maison Vilmorin, qui s'occupe tout spécialement des Chrysanthèmes et excèle dans leur culture.

On remarquera que les variétés nouvelles sont peu nombreuses parmi les *incurvés* et les *hybrides* ou *imbriqués*, tandis qu'elles sont légion parmi les *japonais*. Cela tient évidemment à ce que les goûts actuels se portent vers les fleurs irrégulières, à longs pétales contournés ou échevelés, qui leur donnent ce cachet à la fois pittoresque et artistique. Les variétés à longs fleurons tubuleux sont généralement classées parmi les japonais, mais nous avons jugé intéressant de les grouper à part, autant pour leur aspect parfaitement distinct que pour l'élégance exceptionnelle qu'elles présentent et l'intérêt que leur culture comporte. Il est à souhaiter que cette section des tubuleux s'enrichisse de nouveaux coloris.

Le présent article visant uniquement la culture à la grande fleur, on comprendra qu'il y ait intérêt à donner ici la liste des variétés que la maison Vilmorin considère comme se prêtant le mieux à cette culture et donnant les meilleurs résultats.

Quelques-unes des variétés citées dans le corps de l'ouvrage ont gardé toute leur valeur et figurent encore parmi les choix les plus recommandables. Par économie d'espace, ces variétés ont été omises des listes suivantes, sauf les tubuleux et les duveteux, encore peu nombreux.

INCURVÉS OU A FLEURS DE PIVOINE

Arnaud (Mme), rose à revers argenté.
Brooke (Lord), jaune orange, à revers rouge sang, larges ligules.
Choiseul (Comte Horace de), jaune d'or, ligules très larges.
Curtis (C. H.), jaune d'or, à ligules pointues.
Demay-Taillandier, rouge cuivré, à revers bronzé.
Ferlat (Mme), blanc pur, légèrement rosé à l'extérieur; ligules étroitement imbriquées.
Hoste (Mme), rouge cuivré, à revers jaune d'or, régulièrement incurvé.
Jubilee (N. C. S.), rose argenté, à très larges ligules entrelacées.
Oceana, jaune d'or, à très larges ligules.
Oslet (M.), marron foncé, à revers poudré d'or.
Dale (Emily, improved), rose lilacé légèrement duveteux.
Philadelphia, jaune canari.
Spaulding (Ada), rose lilacé.
West (Mrs George), violet un peu argenté.
Roger (Mme Edmond), vert d'eau, légèrement teinté rose à l'extérieur; très beau.

DUVETEUX

(La plupart des variétés de ce groupe ont des fleurs incurvées.)

Abbé Pierre Arthur, blanc pur.
Beauté de Lyon, lilas très pâle.
Belle de Gordes, rose saumoné.
Boehmer (Louis), lie de vin clair.
Capitaine L. Chauré, jaune d'or intense lavé bistre.
Cayeux (Mme F.), brun marron à revers bronzé.
Chrysanthémistes Délaux, brun clair bronzé.
Délaux mon père, rouge brun clair, à revers acajou et vieil or.
Docteur Duriard, rose foncé à revers argenté.
Dittrich (M. G.), rose lilacé en spirale.
Ena (Princesse), rose à centre blanc.
Enfant des deux mondes, blanc pur, très duveteux.
Falconer (William), rose lilacé à pointes blanches.
Fleur Lyonnaise, rouge grenat à revers bronzé.
Général Bézia, jaune d'or bronzé sur le revers.

Gentils (Léocadie), jaune soufre.
Gérel (Modeste), rose à centre jaune.
Gloire Lyonnaise, rouge magenta, à longues ligules tortillées.
Golden hair, jaune d'or.
Gordon (Katherine Richards), saumon carné.
Hairy Wonder, chamois à centre rouge, très duveteux.

Fig. 637. — Chrysanthème duveteux *William Falconer*. (*Vilm.-And.*)

Ida, rose pâle à cœur vert.
Marielon (P.), rouge cuivré pâle à pointes dorées.
Mercier (Mme Eugène), blanc pur à très longues ligules tubuleuses, contournées.
Rachais, cuivré mordoré vieil or.
Verlot (Mr B.), violet clair.
Villeneuve Bulel (M.), rouge amarante à revers argenté.
White plume, blanc à centre crème.
Zédé (Mlle Laurence), violet pâle à ligules contournées.

HYBRIDES ET IMBRIQUÉS

Amiral Gervais, rose lilacé marginé blanc, à larges ligules, très tardif.
Champon (Mme C.), blanc rosé à centre crème.
Chapuis-Parent (Mme), blanc rayé rose lilacé sur le revers des ligules.
Chauré (Mme Lucien), rose cuivré vif.
Cohn (Mlle Renée), rose pâle, cuivré ou saumoné à larges ligules.
Colonel W. B. Smith, rouge cuivré ligné et sablé jaune.
Commandant Blussel, rouge sang intense, à revers des ligules argenté.
Conseiller général Ravarin, rouge grenat foncé; coloris unique.
Créole, marron foncé sur les deux faces.
Etoile de Lyon, rose lilacé, longues et larges ligules; fleur énorme.
Glory of the Rock, rouge cuivré, à revers nankin.
Hill (E. G.), jaune d'or foncé strié et lavé rouge sur le revers des ligules.
Indian chief, rouge brun velouté, à revers doré.
Léonidas, rouge lie de vin, à ligules raides et pointues; distinct.
Lewis (Mrs J.), blanc pur, à ligules rayonnantes.
Lincoln (William H.), jaune d'or vif, en forme de soleil.

Fig. 638. — Chrysanthème *Étoile de Lyon*. — (*Vilm.-Andr.*)

Mars, jaune d'or strié rouge carmin.
Parreau (Mme), violet franc uni, à revers argenté.
Rey (Mlle Thérèse), blanc à centre crème, très grandes ligules.
Rézal (Mme), rose lilacé, à ligules pointues.
Vilmorin (Mme M. de), jaune d'or lavé carmin sur le revers des pétales.
Vitron (M.), violet franc; très large fleur.
Whittle (Mrs E. G.), rose carné frais.

JAPONAIS

Aigle des Alpes (P.), jaune et acajou; ligules échevelées.
André (M. Édouard), rouge brique mordoré; larges ligules.
Antoinette, blanc pur, en forme de Dahlia Cactus.
Audiguier (M. Ed.), rouge grenat foncé; longues ligules tortillées.
Beaulaincourt (Comtesse de), jaune d'or, en boule.
Bernard (M.), violet rougeâtre intense, très longues ligules.
Bertermann (Clara), jaune citron vif, revers nankin strié rouge, ressemble à un soleil.
Bouquet fait, rose franc, en houppe.
Brunner (M. Ulrich), rouge amarante à longues ligules, très hâtif.

Carnot (Mme), blanc pur, à longues ligules, fleur énorme.
Carrey (Mme), blanc pur, échevelé.
Catros-Gérand (M.), rouge clair, à revers vieil or; ligules enchevêtrées.
Chauré (Mme J.), marron à revers bronzé.
Chénon de Léché, rose violacé à centre jaune soufre, très grande fleur.
Cléopâtre, blanc pur à centre crème, en panache.
Coles (Walter W.), rouge sang brillant à revers bronzé; larges ligules.
Constellation, rose carné frais, bien double.
Cordonnier (Mme Anat.), rose carné tendre, passant au lilacé.
Daris (Florence), blanc pur à centre vert.
Defélix (Mme), rose frais un peu lilacé, ligules planes.
Deuil de Jules Ferry, amarante foncé et argent.
Deroniensis, blanc à centre crème, rose à l'extérieur; longues ligules.
Échevelé (l'), cramoisi à revers doré, longues ligules frisées.
Elaine, blanc pur.
Étoile de feu, rouge feu strié et sablé or, à revers jaune paille, larges ligules; coloris très vif.
Fée du Champsaur, blanc pur, à larges ligules; les extérieures récurvées.
Fleur Grenobloise, blanc à revers rose, grandes ligules.
Folichonne, saumoné à centre beurre frais.
Général Bourbaki, marron foncé à revers argenté.
Golden Gate, jaune d'or vif, ligules ondulées.
Green (Edie), marron à centre orangé, à ligules minces, filiformes, en houppe; précoce.
Henry (Mme G.), blanc pur, magnifique.
Hoste (Mlle Marie), blanc d'ivoire légèrement teinté rose.
Hussein-Kamil (S. A. le Prince), jaune d'or.
Incendie, rouge cuivré à pointes et revers jaune d'or.
Isère (l'), blanc pur légèrement rosé sur le revers.
Jardinier-Bérard, rouge sang à revers doré; longues ligules.
Krastz (Mme Charles), rouge amarante clair.
Krower (Miss Marian), blanc crème échevelé et tordu au centre.
Légion d'honneur, rose carminé cuivré à revers or.
Lenawee, blanc à peine rosé.
Lévêque (Mlle Léa), rose, échevelé.
Lévi-Alvarès (Mme Jane), blanc argenté strié rose, à pointes grenat.
Magicienne, orange saumoné.
Mathieu de la Drôme (L.), jaune d'or à revers plus clair.
Mercatelli (Rafaëllo), rouge grenat velouté, à revers bronzé.
Montagne d'Oo, violet clair argenté.
Montebello (Dsse de), rose très tendre, à centre blanc.
Montrenoux (Mme Risa), rose lilacé intense.
Mutual Friend, blanc pur; large fleur plate.
Newton West, jaune d'or bronzé.
Papa Veillard, rouge violacé; grande fleur à centre incurvé.
Parachute, rose vif, à ligules retombantes.
Pope Abel, rouge amarante, à revers plus clair.
Ragionieri Fosca, blanc pur ou strié lilas; larges ligules.
Robinson (Mrs Henry), blanc pur, à ligules très larges.
Rothschild (Bne Ad. de), blanc pur, à très large fleur.
Rousseau (Mme A.), lilas rosé à centre blanc.
Rozain (Mme), rose strié lilas.
Saint-Priest (M. le Cte de), blanc rosé, à ligules réfléchies et ondulées.
Seward (William), brun foncé velouté, à revers cuivré.
Source d'or, jaune d'ocre foncé, passant au cuivre.
Souvenir de Mme Bullier, rouge noir très foncé et velouté.
Souvenir de ma sœur, violet clair à pointes blanches.
Sunflower, jaune d'or, à revers lavé de brun.
Taylor (John H.), blanc passant au rose lilacé; ligules tordues au centre, retombantes à l'extérieur.
Thunberg, jaune d'or; ligules échevelées et crochues.
Tricker (William), rose vif lilacé; marginé blanc; larges ligules.
Van den Heede, brun clair, à revers doré.
Viviand Morel, rose foncé lilacé; très grande et belle fleur.
Yellow Dragon, jaune d'or lavé rouge, longues ligules contournées.
Wynne (Rose), rose tendre, à très larges ligules incurvées, lilacées sur le revers.

TUBULEUX

Ami Brouillet, couleur perle transparent.
Atkins (F. L.), blanc à centre verdâtre.
Bié (Mme). Syn. Étoile de la Pape, blanc jaunâtre.
Bird (Lilian B.), rose frais, très beau.
Courat du Terrail (Mme), rose carné.
Gloire rayonnante, rose lilacé.

Fig. 639. — Chrysanthème *Lilian B. Bird*. — (*Vilm.-Andr.*)

Gloriosum, jaune citron, à longues ligules contournées.
Good gracious, rose carné pâle, à ligules enchevêtrées.
Hillpert (Julian), jaune crème à centre vert; longues ligules, très large fleur.
Huguier (M.), rose lilacé.
Mokama, jaune d'or vif, à ligules filiformes et rayonnantes.
Rayonnant, rose carné frais; un des plus beaux.
Reveiller (M. Albert), rose frais.
Souvenir de petite Madeleine, blanc pur à longues ligules rayonnantes.
Vigier (Mme), rose lilacé, à ligules échevelées.

VARIÉTÉS HATIVES A GRANDES FLEURS

Aigle des Alpes (l'), cuivré.
André (M. Edouard), cuivré.
Bouquet fait, rose.
Brunner (M. Ulrich), rouge.
Castex-Desgranges (Mme), blanc.
Cattaneo (Fratelli), rouge.
Cléopâtre, blanc.
Cohn (Mlle Renée), rose.
Etoile de feu, cuivré.
Gloire rayonnante, rose.
Gloriosum, jaune.
Glory of the Rock, cuivré.
Green (Edie), marron.
Indian Chief, brun.
Reine d'Angleterre, rose.
Rey (Mme Edouard), lilas.
Ricoud (Mme Marius), rose.
Seward (William), brun.
Soleil d'Octobre, jaune.
Source d'or, cuivré.
Triomphante (la), rose.

CHOIX DE VARIÉTÉ POUR L'OBTENTION DE GRANDES FLEURS

André (M. Edouard), cuivré.
Arnaud (Mme), rose.
Artaxercès, jaune.
Audiguier (Mme C.), rose.
Beaulaincourt (Comtesse de), jaune
Beauté Grenobloise, blanc.
Bernard (Mme J.), rose.
Bird (Lilian B.), rose.
Brice (Elise), rouge.
Brooke (Lord), cuivré.
Calvat (Mme), blanc.
Carnot (Mme), blanc.
Carrey (Mme), blanc.
Chauré (Mme J.), marron.
Chénon de Léché (M.), rose.
Coles (Walter W.), brun.
Colosse Grenoblois (le), rose.
Constellation, rose.
Cordonnier (Mme A.), rose.
Defélix (Mme), rose.
Demay-Taillandier, cuivré.
Desblancs (Mme), rose.
Deuil de Jules Ferry, rouge.
Devoniensis, blanc.
Etoile de Lyon, rose.
Faure (Mlle Lucie), blanc.
Fée du Champsaur, blanc.
Fleurdelix (Mme), jaune.
Fleur Grenobloise, blanc.
Folichonne, saumoné.
Henry (Mme G.), blanc.
Héroïne d'Orléans, rose.
Hillpert (Julian), crème.
Hoste (Mlle Marie), blanc.
Isère (l'), blanc.
Jubilee (N. C. S.), rose.
Legouvé (M.), brun.
Lenawe, blanc.
Liger-Ligneau (Mme), jaune.
Lincoln (W. H.), jaune.
Marie-Louise, rose.
Mercier (Mme E.), blanc.
Molyneux (Edwin), brun.
Montagne d'Or, violet.
Montebello (Duchesse de), rose.
Mutual Friend, blanc.
Oceana, jaune.
Panckoucke (Mlle Th.), blanc.
Payne (Mrs C. Harman), rose.
Phébus, jaune.
Rayonnant, rose.
Reine d'Angleterre, rose.
Rey (Mlle Thérèse), blanc.
Ricoud (Mme Marius), rose.
Robinson (Mrs Henry), blanc.
Rothschild (Baronne Ad. de), blanc.
Rousseau (Mme A.), lilas.
Rozain (Mme), lilas.
Soleil d'Octobre, jaune.
Souvenir d'Antoine Crozy, rouge.
Souvenir de Jambon, brun.
Souvenir de ma sœur, violet.
Souvenir de petite Madeleine, blanc.
Spaulding (Mrs H. F.), blanc.
Van den Heede, brun.
Vigier (Mme), rose.
Viviand-Morel, rose.
Viviand-Morel (Mme), blanc.
Waban, rose.
Wyuze (Rose), rose.
Zédé (Mlle Laurence), violet.

Fig. 640. — Chrysanthème *aeroclinixflora*. (*Vilm.-Andr.*)

A FLORAISON TRÈS PRÉCOCE OU D'ÉTÉ POUR PLEINE TERRE

Briailles (Baronne G. C. de), japonais, blanc, à ligules minces, en houppe.
Castex-Desgranges (Mme), blanc pur, très florifère.
Caré (Mme), blanc rosé.
Duval (Edmond), blanc pur.
Grunerwald (M. Gustave), hybride, rosé très frais à centre blanc ; variable.
Lemaire (Louis), rouge chamois.
Leurel (Rose), japonais, lilas, à ligules plates, chiffonnées, en houppe.

Liger-Ligneau (Mme), japonais, jaune d'or ; à ligules plates.
Lionnet (M. Zéphir), rose vif.
Usmayer (M. F.), hybride, jaune d'or, à revers et pointe des ligules lavé marron.
Selborne (Lady), japonais, blanc pur, à revers parfois rosé.
Yvon (Henri), jaune rosé.

VARIÉTÉS A PETITES FLEURS POUR PLEINE TERRE

Acrocliniæflora, rose vif, à ligules laciniées.
Deuil de Carnot, cramoisi noir.
Deuil de M. Thiers, rouge lie de vin foncé.
Eléonore, blanc.
Gerbe d'or, jaune vif, fleurs très nombreuses, plante très naine et compacte.
Julia Lagravère, acajou.
La Quintinie, rouge pourpre.
Little Dot, rouge acajou.
Little Pet, rougeâtre.
Lord Maire, lilacé.
Ohana, rouge capucine, à ligules laciniées.
Pluie d'or, jaune brillant, à fleurs assez grandes ; plante superbe.
Pygmalion, rose vif.
Rose Trevena, rose.
Saito, rouge cramoisi, à ligules laciniées.
Walker (Elsie), brun clair bordé jaune d'or.

Fig. 641. — Chrysanthème *Elsie Walker*. — (*Vilm.-Andr.*)

VARIÉTÉS A FLEURS CHEVELUES

(Petites fleurs très élégantes, à ligules tubulées, très fines, rappelant l'aspect d'une fleur de Centaurée Ambrette.)
Argentine, blanc.
Cheveux d'or, jaune d'or.
Cheveux violets, violet clair.
Houppe fleurie, rouge.
Mignonnette, rose.
Miniature, blanc argenté.
Rose (Mlle Marie), chamois.
Thibet, jaune canari ; très beau.
Triomphe, jaune saumon ; extra.

Maladies. — Des divers cryptogames qui ont été observés sur les Chrysanthèmes, aucun ne s'est montré plus nuisible que le *Puccinia Hieracii*, Mart., membre de la redoutable famille des Rouilles, dont plusieurs sévissent avec une égale intensité sur diverses plantes cultivées, notamment le *P. malvacearum* sur les Roses Trémières et le *P. graminis* sur les Céréales. Son mode de développement et d'évolution ne diffère que par un seul point de celui de ses congénères, déjà décrits dans le corps de l'ouvrage aux articles **Puccinia**, **Rouilles**, etc., auxquels nous prions le lecteur de bien vouloir se reporter.

Le cycle d'évolution de la Rouille du Chrysanthème[1]

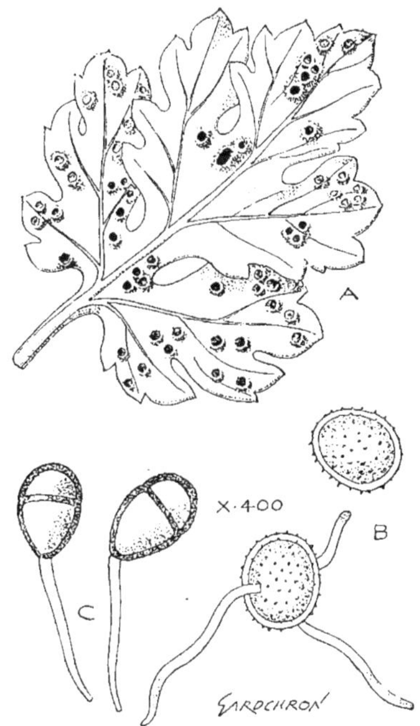

Fig. 642. — Rouille du chrysanthème. — (*Gard. Chron.*) (*Puccinia Hieracii*).

A, feuille infestée vue par la face inférieure ; B, spores d'été ou urédospores ; C, spores d'hiver ou téleutospores.

est moins compliqué que celui de la Rouille des plantes précitées ; ses deux états : *Uredo* et *Æcidie* se développent tous deux sur le Chrysanthème.

Sa forme estivale d'*Uredo* produit successivement pendant tout l'été, sur les feuilles, des taches lenticulaires, couleur de rouille, desquelles se détachent des myriades de spores qui se répandent et germent rapidement sur le feuillage des plantes voisines, infestant bientôt les cultures les plus importantes. Les plantes privées de leurs organes les plus utiles, deviennent rabougries, laides et inutilisables ; bon nombre de collections ont été décimées par ce parasite pendant ces dernières années.

A l'automne, le mycelium produit une autre forme

[1] D'après M. Massee, dans le *Gardeners' Chronicle*, 1898.

de spores, dites : téleutospores ou spores hivernales, de nature bicellulaire, qui se répandent sur le sol, y passent l'hiver et envahissent au printemps suivant les jeunes Chrysanthèmes. Ces téleutospores y produisent la forme d'Ecidie, dont les spores infiniment petites se répandent bientôt sur les feuilles et y produisent les taches couleur de rouille contenant des urédospores qui recommencent l'évolution estivale.

Après la production des spores d'hiver et la chute des feuilles, les plantes se trouvent, dit-on, complètement débarrassées du Champignon et les drageons absolument sains au début de leur développement; toute la difficulté résiderait donc dans la préservation des drageons servant de boutures contre l'envahissement des spores d'hiver d'abord et pendant l'été contre celles provenant de l'état d'Uredo.

Remèdes. — Malheureusement, la préservation complète est à peu près impossible, car malgré les plus grands efforts, cette rouille s'est, comme ses congénères, répandue dans toutes les cultures européennes, facilitée en cela par les échanges et les expéditions de plantes. Lorsque des plantes ont été une fois envahies, il nous paraît évident que le sol contient des spores de la maladie et celles-ci ne manqueront pas d'envahir à nouveau les Chrysanthèmes qu'on y plantera l'année suivante. A défaut de Chrysanthèmes, la rouille ira vivre sur différentes Composées, notamment sur les *Hieracium*, les Seneçons, Bardanes, sinon dans les jardins, du moins aux bords des chemins et dans les lieux incultes.

Si on ne peut être certain de protéger totalement les plantes contre cette rouille, on peut au moins espérer de réduire considérablement ses funestes effets. Mais pour cela, il nous paraît très important d'agir de très bonne heure et préventivement, surtout contre l'état d'Ecidie, afin de réduire au minimum celui d'Urédo, qui foisonne ensuite avec une rapidité prodigieuse et cause tout le mal.

Tout d'abord, il faut détruire à l'automne et par le feu tous les débris de plantes malades et éviter qu'il en tombe et reste dans le sol. Au printemps, on emploiera le sulfate de cuivre en solutions faibles, 1 à 2 p. 100, en aspersions sur les jeunes boutures et les sulfatages devront être répétés plusieurs fois pendant l'été, au fur et à mesure que de nouvelles feuilles se développent, afin de les conserver saines et de renouveler la présence du cuivre sur celles adultes. On a aussi recommandé, pour le traitement préventif des boutures, l'emploi du sulfite de potasse, à la dose de 320 grammes par hectolitre d'eau, appliqué à plusieurs reprises. Enfin, on ne devra pas hésiter, surtout au début de la saison, à couper de bonne heure, avant la dispersion des spores, toutes les feuilles malades et à les détruire immédiatement par le feu. Les mauvaises herbes de la famille des Composées devront également être détruites le plus possible, et aussi loin qu'on le peut.

CHRYSANTHEMUM. — Vol. I, p. 676.

C. **nipponicum** Franch. Ce Chrysanthème se distingue de ses congénères herbacés par ses tiges frutescentes, atteignant 50 cent. de hauteur. Les feuilles sont épaisses, coriaces, vert foncé, oblongues, spatulées, de 8 cent. de long et 3 cent. de large, à bords irrégulièrement denticulés. Les fleurs sont de grandes Marguerites blanches, larges de 6 à 8 cent., à ligules nombreuses, mais étroites, avec un gros disque jaune. Elles se montrent surtout en hiver, et c'est à ce titre que la plante devient intéressante pour l'ornement des serres froides et pour fournir de la fleur à couper; elle est, dit-on aussi rustique que les Chrysanthèmes des jardins. Chine. (1898, part. II, p. 348, fig. 104.) B. J.

CHYSIS. — Vol. I, p. 680.

C. **Bruennowiana**, Rchb. f. *Fl.* rosées, moyennes; plante rappelant le port du *C. aurea.* Anciennement introduite du Pérou, puis de nouveau en 1893. Syn. *C. Oweniana*, Hort.

C. **Oweniana**, Hort. Syn. de *Ch. Bruennowiana*, Rchb. f.

CINERARIA. — Vol. I, p. 683.

C. **albicans**, N. E. Br. Tiges de 40 à 50 cent. de haut, garnies de feuilles à pétioles auriculés à la base, à limbe cordiforme à la base puis découpé en cinq-sept lobes trilobulés et plus ou moins dentés. Les fleurs sont jaunes et réunies en corymbes terminaux. Toute la plante est couverte d'un duvet cotonneux et blanc, comme chez le *Cineraria maritima*, ce qui permettra sans doute de l'utiliser pour l'ornement estival des jardins. Natal et Transvaal, 1895. B. J.

C. **Lynchii**, Hort. Hybride horticole des *C. multiflora* et *C. cruenta* var. 1897.

CIRRHOPETALUM. — Vol. I, p. 688.

C. **appendiculatum**, Hort. Espèce étrange et remarquable par la conformation exceptionnelle de ses fleurs. Elles sont solitaires au sommet des hampes, grandes, d'environ 20 cent. de long; le sépale supérieur est blanc, avec trois lignes pourpres, pourvues au sommet d'un long appendice garni de setules pourpres, d'un aspect plumeux; le labelle est épais, linguiforme, teinté de deux nuances de pourpre et les deux sépales inférieurs sont très longs, blanchâtres, tachés de pourpre, soudés et tordus sur une certaine longueur, puis libres et se terminant en longue pointe sétacée. Bengale, 1898. (G. C. 1898, part. II, p. 391 et 415, fig. 118.) B. J.

C. **compactum**, Rolfe. *Fl.* jaune pâle, petites et peu nombreuses sur des hampes de 5 cent. de long. *Flles* de 2 cent. 1/2 de long. Pseudo-bulbes petits et ovoïdes. Tenasserim, 1895.

C. **Curtisii**, Hook. f. *Fl.* roses, réunies en ombelle compacte, défléchies et accompagnées de bractées sétacées; sépale dorsal presque orbiculaire, cilié, aristé au sommet; les latéraux linéaires-oblongs, obtus, soudés à la base; pétales égalant le sépale dorsal et longuement ciliés : labelle ovale-oblong, obtus, orangé; pédoncules plus courts que les fleurs; hampe dressée, grêle. *Flles* linéaires-oblongues, aiguës, recourbées, vert pâle et légèrement carminées sur les deux faces. Pseudo-bulbes petits, ovoïdes, couverts de gaines brunes. Panyang, côte de Malacca. (B. M. 7551.)

C. **gracillimum**, Rolfe. *Fl.* petites, pourpre rougeâtre; hampe de 15 cent. de haut. *Flles* oblongues, de 6 cent. 1/2 de long. Pseudo-bulbes de 2 cent. 1/2 de long. Burma, 1895.

C. **mysorense**, Rolfe. *Fl.* blanches, à labelle pourpre, longues de 2 cent. 1/2; hampe de 10 cent. de haut. *Flles* de 8 cent. de long. Pseudo-bulbes anguleux, de 2 cent. 1/2 de long et monophylles. Mysore, 1895.

C. **nodosum**, Rolfe. *Fl.* rougeâtres, tachées de brun, de 4 cent. de long; hampe de 8 cent. de haut. *Flles* longues de 15 cent. Pseudo-bulbes espacés sur des rhizomes forts et ligneux, ovales, monophylles, de 5 cent. de long. Plante voisine du *C. Macraei.* Monts Nilghiri, 1895.

C. **Obrienianum**, Rolfe. *Fl.* petites, jaune et marron;

hampe de 22 cent. de haut. *Flles* ovales-oblongues, de 6 cent. de long. Pseudo-bulbes ovoïdes, de 12 mm. de long. Plante voisine du *C. Makoyanum*. 1895.

C. robustum. Hort. Belle espèce à fleurs jaunâtres, nuancées de rouge, réunies, au nombre d'environ huit en épis unilatéraux ; sépales beaucoup plus grands que les pétales et le labelle ; le supérieur dressé et arqué au sommet; les latéraux libres à la base et soudés dans leur partie supérieure, où ils forment un organe proéminent et obliquement dirigé vers la base. Origine non indiquée. (G. C.,1895, part. II. p. 771, fig. 116 ; B. M. 7557.) B. J.

C. Rothschildianum, O'Brien. Nouvelle espèce très singulière et remarquable par ses fleurs réunies en ombelle au sommet d'une hampe haute de 20 cent. ; périanthe de plus de 15 cent. de long, dont les deux sépales inférieurs sont amples, ovales, aigus et rétrécis en queue longue, filiforme et d'un pourpre cramoisi ; les pétales latéraux et le sépale supérieur, qui est cucullé et rétréci en courte queue, sont longuement bordés de cils sensibles et jaunes, avec des lignes pourpres ; le labelle, bien plus court que les sépales inférieurs, est triangulaire et sillonné. Les pseudo-bulbes sont ovales ou pyriformes et portent une seule feuille vert clair et charnue. (G. C., 1895, part. II, p. 608, fig. 102.)

C. setiferum, Rolfe. *Fl.* de 5 cent. de long, réunies en ombelles, à sépales et pétales chargés de sétules ; hampe de 25 cent. de haut. *Flles* étroites, de 25 cent. de long. Pseudo-bulbes ovoïdes, de 2 cent. 1/2 de long. Plante voisine du *C. picturatum*. Himalaya. 1895.

C. Whiteanum, Rolfe. Plante voisine du *C. vaginatum*, mais à fleurs plus petites et jaunes, et à pseudo-bulbes plus compacts. 1897.

CLEISOSTOMA. — Vol. I, p. 702.

C. Zollingerianum, Kränzl. *Fl.* blanches, avec des taches rouge brun, de 2 cent. 1/2 de diamètre, solitaires au sommet de hampes très courtes. Plante ayant le port d'un *Vanda*. Iles Sunda, 1895.

CLEMATIS. — Vol. I, p. 702.

C. angustifolia, Jacq. *Fl.* blanc jaunâtre, peu nombreuses, odorantes, longuement pédicellées et disposées en panicules très lâches au sommet des rameaux ; sépales quatre, à bords récurvés, velus et tronqués au sommet. Juin-juillet. *Flles* à quatre-cinq folioles lancéolées, aiguës, étroites, glabres et longuement pétiolulées. Plante grimpante, voisine du *C. Flammula*. Autriche.

C. coccinea, Engelm. Syn. de *C. texensis*, Buckl. Vol. I, p. 709.

C. fusca, Turcz. *Fl.* solitaires, penchées, à pédoncules souvent fasciculés; sépales quatre à six, d'environ 2 cent. de long, connivents, courtement réfléchis au sommet, rougeâtres et glabres à l'intérieur, plus sombres et fortement couverts de poils à l'extérieur; filets staminaux allongés et velus. *Fr.* très petits. *Flles* à six folioles ovales, acuminées, plus ou moins profondément lobées et glabres. Plante suffrutescente. *Haut.* 2 m. Mandschourie et Sibérie orientale. Syn. *C. Kamtschatica*, Bunge.

C. graveolens, Lindl. Vol. I, p. 706. Identique et synonyme de *C. orientalis*, Linn., vol. I, p. 708.

C. kamtschatica, Bunge. Syn. de *C. fusca*, Turcz.

VARIÉTÉS HORTICOLES

La production des nouvelles variétés de Clématites grandiflores s'est ralentie dans ces dernières années, sans doute à cause de la terrible maladie dont nous parlerons plus loin, qui sévit avec une telle intensité que divers producteurs et pépiniéristes se sont vus obligés d'abandonner la culture de ces plantes si décoratives et intéressantes. Pourtant, à la section des *Lanuginosa*, nous avons à ajouter quelques gains remarquables de la Maison Moser; ce sont :

Marcel Moser. Fl. à six-huit sépales lancéolés, mauve tendre, avec une bande médiane violet foncé, très grandes, mesurant jusqu'à 22 cent. de diamètre. Plante remontante. (J. 1897 p. 104, *cum tab.*)

Nelly Moser. Fl., à huit divisions écartées, longuement acuminées, à fond blanc nuancé rose, avec une large bande médiane carmin vif. (R. H. 1898, p. 236, *cum tab.*)

Madame Georges Magne. Fl. rose lilacé, à bande carminée.

Madame Marie Deschamps. Fl. à divisions remarquablement arrondies, à fond blanc nuancé mauve, avec la bande médiane rouge.

D'autres variétés, notamment *René Moser*, issues du même croisement, présentent cette même coloration lilas mauve, que *Bélisaire*, un des parents employés dans la fécondation, leur a communiqué. Elles constituent une série remarquable par la beauté et les coloris peu communs de leurs fleurs.

Hybrides de C. viorna[1]. — Depuis quelques années, plusieurs horticulteurs, dont nous citerons : MM. F. Morel, de Lyon ; Paillet, de Chatenay ; Otto Frœbel, de Zurich, se sont presque simultanément livrés aux croisements des espèces de la section *Viorna* et en particulier des *C. texensis*, *C. coccinea* et *C. Pitcheri*.

Il en est sorti une série d'intéressants hybrides ayant conservé la fleur en forme de grelot et charnue des types, mais présentant des coloris variés, allant du rouge vif au rose, au bleu et au violet plus ou moins foncé. Plusieurs de ces variétés sont nommées et mises au commerce, mais il ne paraît pas, pour le moment du moins, qu'elles doivent se répandre beaucoup dans les cultures, étant donné que les types sont eux-mêmes bien inférieurs au point de vue décoratif, comparativement aux espèces grandiflores et à leurs variétés horticoles.

Bien plus intéressante sous ce rapport est la série de MM. Jackman et fils, d'Angleterre, dans laquelle ils ont fait entrer comme père, dans le croisement du *C. texensis*, une variété grandiflore du groupe *Jackmani* : le *C. Star of India*. La forme et la grandeur des fleurs se sont considérablement modifiées ; elles sont devenues de dimensions moyennes, campanulées, à quatre-six sépales connivents inférieurement, puis élargis, étalés et aigus au sommet ; leur consistance est restée charnue et leur durée plus longue que celles du parent père, comme l'est du reste celle des *C. Viorna* en général. Le feuillage est celui du *C. texensis*. Les plantes sont vigoureuses, rustiques et très florifères. L'obtention de la première variété, la *Countess of Ounslow*, date de 1894, année pendant laquelle elle a été primée. Mais il peut être intéressant de remarquer que, cinq ans plus tôt, M. Max Leichtlin avait pratiqué le même croisement et en avait obtenu une variété aussi remarquable, à fleurs rose pourpre foncé, qui est devenue la propriété de M. Louis Späth.

[1] Extrait de : *Les Clématites, Chèvrefeuilles, Bignones, Aristoloches et Passiflores*, par G. Boucher et S. Mottet. Un vol. in-16, cartonné, 164 pages. 1898. O. Doin, éditeur, Paris.

Les trois suivantes, dès maintenant au commerce, sont des gains de MM. Jackman :

Countess of Onslow, *Fl.* violet pourpre vif, avec une bande médiane écarlate.

Duchess of York, *Fl.* rose carné tendre, avec la bande médiane plus foncée; coloris très délicat.

Duchess of Albany, *Fl.* rose vif, avec la bande médiane plus foncée et passant au lilas rosé sur les bords.

ANIMAUX ET CHAMPIGNONS NUISIBLES

Les Clématites souffrent peu des ravages des animaux. Aucune chenille ne les attaque et parmi les insectes nous n'avons guère à citer que les Pucerons, fréquents surtout dans les serres mal éclairées et insuffisamment aérées; en plein air, ils sont beaucoup plus rares. Leur destruction ne présente aucune difficulté si on prend la peine de les seringuer à plusieurs reprises avec une des solutions de jus de tabac, de savon noir ou autre, indiquée dans le corps de l'ouvrage, à leur nom respectif.

Bien plus redoutables sont les ravages que causent les Nématodes et en particulier les Bactéries. Ces dernières sévissent à peu près partout, souvent avec une telle intensité que c'est par milliers que les spécialistes comptent chaque année les pertes que ces redoutables parasites leur infligent. Quelques-uns même ont renoncé, comme nous le disions précédemment, à leur culture commerciale. Les renseignements qui suivent sont extraits de notre ouvrage sur *les Clématites*, publié en collaboration avec M. Boucher.

ANGUILLULES OU NÉMATODES. — On désigne ainsi les petits vers microscopiques qui vivent aux dépens des plantes, en piquant leurs racines, où ils se logent en colonies nombreuses. Leurs piqûres provoquent sur les racines des sortes de kystes ou galles caractéristiques. Les anguillules appartiennent à un genre de Nématode, l'*Heterodera*, et les diverses recherches qui ont été faites sur les kystes d'un grand nombre de plantes ont fait retrouver partout la même espèce : l'*Heterodera radicicola*. M. Ed. Prilleux a résumé les constatations faites à ce sujet par MM. Magnus, Warming, Licopoli, Max. Cornu, Jobert et Franck, dans les *Annales de la science agronomique*, année 1885, vol. II, p. 25.

M. Ch. Jullien, maître de conférences à l'école nationale d'agriculture de Grignon, a observé, en 1896, l'*Heterodera radicicola* sur les racines des Bégonias. Mais c'est en 1890 qu'il a été reconnu sur les Clématites par le Pr Arthur. Le journal américain *Garden and Forest* a publié à cet égard, sous la signature autorisée du professeur Comstock, un article bien documenté.

La présence de la maladie est facile à constater.

Les racines portent des petites excroissances noueuses ou galles, que la plupart des praticiens ont sans doute observées et dans lesquelles sont logées les femelles de l'insecte. En coupant une de ces galles, on voit, à l'aide d'une simple loupe, noyés dans le tissu de l'excroissance, des corpuscules pyriformes, de même teinte que le tissu végétal, mais néanmoins bien apparents, car leur surface est polie et luisante. En examinant plus soigneusement ces corpuscules, on remarque qu'ils abritent chacun un ver très fortement renflé par les œufs qu'il renferme.

La nature excessivement polyphage de cet insecte microscopique rend sa destruction particulièrement difficile, sinon presque impossible; sa faculté d'adaptation est si grande qu'on ne peut songer à l'affamer, puisqu'on ne connait pas encore de plante sur laquelle il ne puisse vivre.

M. Ch. Jullien, après s'être livré à de nombreux essais de traitement différents, présente les conclusions suivantes[1] qui, les dernières en date, marquent le point exact où sont arrêtées actuellement les mesures prophylactiques :

« D'après ce que j'ai pu constater par observation directe, l'immersion des racines porteuses d'anguillules, dans l'eau ordinaire, pendant un séjour de vingt-quatre à quarante-huit heures, serait suffisante pour tuer tous les individus non enkystés.

« Par conséquent, il y a lieu d'expérimenter, je crois, dans ce sens et il est à espérer qu'en pratiquant l'immersion convenablement prolongée des plantes infestées, on réussirait à se débarrasser de cet ennemi de nos plantes ornementales. Ce serait un traitement à la portée de tout le monde et qui aurait l'avantage de n'être ni coûteux ni difficile à mettre à exécution. »

CHAMPIGNONS. — Un champignon microscopique du genre *Erysiphe* (groupe *Oïdium*) sévit sur les Clématites. Ce champignon est vulgairement connu sous le nom de « blanc »; il est analogue à celui qu'on observe sur plusieurs autres végétaux, notamment les Rosiers et les Pêchers. Le « blanc » se répand principalement sur les plantes lorsqu'elles restent en serre et qu'elles y sont trop longtemps privées de lumière. En plein air, il n'attaque que les sujets placés à une exposition constamment ombragée, où l'air est raréfié par une cause quelconque; le voisinage de bâtiments par exemple.

Le seul remède qui se soit montré efficace jusqu'à présent contre cette maladie consiste en soufrages préventifs. Mais, si ce traitement n'a pas été pratiqué assez tôt pour enrayer complètement sa marche, on devra avoir recours à l'application de la solution suivante:

Sulfate de cuivre. .	7 à 8	grammes par litre d'eau
Carbonate de soude.	10 à 12	— —

dissous à part et ajoutés au moment de se servir de la solution.

Lorsque, malgré toutes les précautions prises, les plantes n'ont pu rester indemnes, il est indispensable à l'automne et avant que les plantes ne soient complètement desséchées, de recueillir avec soin toutes les feuilles et toutes les tiges contaminées et de les brûler. Faute d'opérer aussi scrupuleusement que nous l'indiquons, nombre de spores hivernantes se conserveront à l'état de repos, sur le sol, pour y germer au printemps suivant et se multiplier en répandant de nouveau la maladie.

[1] Journal de la *Société nationale d'Horticulture de France*, 1896, p. 360.

Bactéries[1]. — La maladie qui attaque le plus gravement les Clématites est de nature bactérienne, c'est-à-dire qu'elle est causée par la pullulation d'un microbe au travers de ses tissus. Malheureusement, l'infection débute d'une manière insidieuse et ce n'est, la plupart du temps, que lorsqu'il est trop tard pour y remédier qu'on s'aperçoit de sa présence. Sans qu'il y ait trace de maladie caractérisée ni d'ennemi animal ou végétal, dans un sol qui paraît pourtant approprié à la culture, alors que les plantes sont en pleine végétation et parfois même en complète floraison, elles sont tout à coup frappées d'un rapide dépérissement. Les fleurs et les feuilles se fanent, les tiges se dessèchent et la plante meurt enfin malgré tous les soins qui lui sont prodigués. Ce sont les espèces les plus jolies qui sont le plus souvent attaquées : telles les *Patens* et les *Lanuginosa*; les autres espèces : *Jackmani*, *Viticella*, etc.. en sont beaucoup plus rarement atteints, ce qu'il faut sans doute attribuer à leur grande vigueur. Enfin, les plantes y sont d'autant plus sensibles qu'elles sont plus jeunes ou de contexture plus herbacée. C'est dire que les sujets parvenus à l'état ligneux y sont beaucoup moins exposés.

Le seul signe extérieur qui décèle l'infection consiste dans le noircissement de la base des tiges, un peu au-dessus du sol. Successivement, derrière l'épiderme noircie, le parenchyme, le liber, puis la zone génératrice où circule la sève deviennent visqueux et se décomposent. On comprend, qu'ainsi attaquée dans la source même de sa vie, la plante meurt subitement. Tous ces effets sont analogues à ceux qu'on a observés sur un certain nombre d'autres plantes.

L'espèce de bactérie ou de bacille qui s'attaque aux Clématites n'a pas encore été déterminée. Il est cependant possible que les savantes recherches dont nous parlons ci-dessous aient eu le mérite de faire entrevoir la vérité.

MM. Prillieux et Delacroix ont fait connaître, dans un mémoire communiqué à l'Académie des Sciences, en 1890, le résultat de leurs observations[2]. Ils ont pu démontrer que l'infection d'un certain nombre de végétaux cultivés, caractérisée de la même façon chez tous, était due au *Bacillus caulivorus*, de la Pomme de terre. A cet égard, nous ne saurions mieux faire que de reproduire ici une note de M. le Dr Delacroix, parue en 1894, dans la *Revue horticole :*

Ce microbe, dit-il, est le même que celui qui attaque les Pélargoniums et la Pomme de terre, sur laquelle il produit une maladie nommée la gangrène de la tige. Le *Bacillus caulivorus*, c'est le nom du microbe, attaque aussi les Gloxinias, les Clématites et sans doute aussi d'autres plantes. Ajoutons que les réactions qu'il donne lorsqu'on le cultive en milieu stérilisé, sur gélatine, suivant la méthode pastorienne, font supposer qu'il pourrait bien être identique à une espèce qui a été, dans ces dernières années, minutieusement étudiée par le Dr Charrin, le *Bacillus pyocyaneus*.

On le voit proliférer dans les cellules des plantes qu'il tue, par les produits toxiques qu'il sécrète, mais l'intensité de son action nuisible est en rapport direct avec la portion de la plante qu'il attaque.

Sur la Pomme de terre, les Clématites, assez souvent aussi sur les Pélargoniums, c'est la base de la tige qui est envahie au début et toute la portion située au-dessus, privée de communication avec les racines par la mortification de la portion intermédiaire, se dessèche et meurt.

Le germe de la maladie réside dans le sol. Des plantes saines, plantées dans une serre qui a donné asile à des sujets malades, ne tardent pas à s'infester ; mais la maladie doit également se transmettre par l'air, le mode d'attaque le prouve surabondamment.

Il n'y a pas de traitement à opposer à cette maladie et cela se conçoit, car la destruction du bacille entraînerait celle du tissu qui lui donne asile. On doit se borner à éviter l'envahissement des jeunes plants.

Il ne serait pas impossible que la présence des Nématodes sur les racines, provoquant un affaiblissement constitutionnel, ne prépare ainsi un champ de culture favorable soit à l'infection bactérienne, soit à la propagation des Champignons. De même que, probablement, l'une de ces deux maladies doit s'implanter à la faveur de la décomposition ou de la dépression végétative occasionnée par l'autre.

Les moyens suivants pourront être employés comme préventifs, avec quelques chances de succès. Il ne faudra pas craindre, dès leur plus jeune âge, de leur distribuer des soufrages répétés. On complétera ces précautions par les sulfatages à la bouillie bordelaise. Une pincée de soufre, jetée au pied des plantes, dès leur entrée en végétation et renouvelée de temps à autre, sera encore un préservatif efficace. Les terres employées pour la confection des composts devront être exemptes de tout débris organiques en voie de décomposition humide, ou plutôt de pourriture. Il faudra être certain que la terre franche n'aura reçu, depuis quelques années, ni Pomme de terre, ni Betterave ou tout autre végétal pouvant entretenir les bactéries. La substitution du sol plus ou moins usé ou encombré de matières humiques, par une terre analogue en tous points à celle du compost est surtout nécessaire. Enfin on devra se garder de tolérer dans le voisinage des Clématites tous les corps, quels qu'ils soient, en voie d'une décomposition quelconque.

CLEYERA. — Vol. I, p. 715.

C. **Fortunei**, Hook. f. Arbuste déjà répandu dans les cultures sous les noms de *Cleyera japonica fol. var.* et *Eurya latifolia*, dont les fleurs, inconnues jusqu'alors, ont permis de le déterminer correctement. Elles sont jaunes, petites, courtement pédicellées, géminées sur les nœuds, à cinq pétales étalés, ovales, obtus, trois fois plus longs que les sépales ; les étamines, au nombre de vingt, ont leurs anthères poilues. Les feuilles sont alternes, elliptiques ou linéaires, oblongues, aiguës, à pétioles courts, et largement panachées de jaune orangé sur les bords. Chine ou Japon. Serre froide. (G. C., 1895, part. II, p. 10, fig. 1.) B. J.

CLIVEUCHARIS, Hort. (de *Clivia* et *Eucharis*). Fam. *Amaryllidées*. — Genre proposé pour un hybride bigénérique, obtenu du croisement d'un *Clivia* (*Imantophyllum*) et d'un *Eucharis grandiflora*, auquel on a

[1] L'opinion universellement admise aujourd'hui par les savants est que les organismes microscopiques qu'on désigne vulgairement sous le nom de « microbes » et plus scientifiquement sous ceux de *bacilles* ou de *bactéries*, constituent tout un groupe d'Algues infiniment petites, qui sont aux Algues ordinaires ce que sont les « Blancs », le « Mildiou » et autres Champignons microscopiques aux gros Champignons connus et dont quelques-uns sont comestibles. L'un des ouvrages qui résume le mieux les connaissances acquises sur les Bactériacées au point de vue botanique est le *Traité de Botanique générale* du professeur Van Tieghem.

[2] Comptes rendus de l'Académie des Sciences, I, CXI, p. 208, juillet 1890.

donné, d'après les lois de la nomenclature botanique, le nom de *Cliveucharis pulchra*. 1891.

COCHLIODA. — Vol. I, p. 724.

C. miniata, L. Lind. Supposé hybride naturel des *C. Nœtzliana* et *C. vulcanica*. Origine non indiquée, 1897. (L. 562.)

C. stricta, Cogn. Nouvelle espèce analogue au *C. rosea*, dont elle diffère principalement par ses pseudo-bulbes plus épais, à angles obtus et vert bronzé; les feuilles sont plus étroites et plus aiguës; la hampe florale est droite, raide; les fleurs sont d'un beau rose; longuement pédicellées et dressées aussi, à sépales plus courts, plus larges et plus aigus; les latéraux soudés entre eux sur les deux tiers de leur longueur; labelle fortement soudé à la colonne, plus court, plus large et moins distinctement lobé, à lobe terminal largement ovale-triangulaire et étalé. Colombie, 1897. B. J.

COCOS. — Vol. I, p. 726.

C. odorata, Barb. Rodr. Spadice floral entouré d'une spathe cylindrique, fusiforme, allongée et apiculée. Septembre. *Fr.* drupacé, déprimé, sub-globuleux, apiculé vert jaunâtre ou rosé, pulpeux, odorant, à noyau ovoïde et sub-aigu. Décembre. *Flles* arquées, étalées, à folioles réunies par trois-cinq sur le rachis, linéaires-lancéolées, condupliquées, aiguës, coriaces, glaucescentes en dessous; pétioles à bords dentés en scie et épineux. Stipe court, garni de la base persistante des pétioles. Amérique australe, vers 1893. (R. H. 1893, p. 346, fig. 110, fruits.)

C. Weddeliana Pynærtii, Hort. Variété ne différant du type que par ses feuilles à pinnules plus étroites. Syn. *C. minima glauca*. Hort.

CŒLOGYNE. — Vol. I, p. 736.

C. borneensis, Rolfe. *Fl.* petites, blanchâtres, avec des taches rouge brun sur le labelle et réunies en grappe de 5 cent. de long. *Flles* obovales, deux sur chaque pseudo-bulbe; ceux-ci ovoïdes. Espèce voisine du *C. longifolia*. 1893.

C. carinata, Rolfe. Plante à pseudo-bulbes tétragones, de 5 cent. de long, portant deux feuilles oblongues-lancéolées, de 12 cent. de long; hampe de 10 à 20 cent. de haut, portant six fleurs à sépales et pétales de 3 cent. de long; blanc verdâtre, avec le labelle trilobé et maculé de brun. Nouvelle-Guinée, 1896. Serre chaude. B. J.

C. Clarkii, Kranzl. *Fl.* à sépales et pétales bruns; labelle jaunâtre, marginé de brun. Plante rappelant le *C. anceps*. Origine non indiquée, 1895.

C. lamellata, Rolfe. *Fl.* blanc verdâtre, à sépales et pétales oblongs-lancéolés, carénés, de 2 cent. 1/2 de long; labelle trilobé et rugueux; hampes dressées et triflores. Nouvelles-Hébrides, 1895.

C. Mossiæ, Rolfe. Intéressante espèce à fleurs blanc pur, bien ouvertes et réunies par sept en grappes obliques. Les pseudo-bulbes sont courts, aplatis, ovoïdes et portent chacun deux grandes feuilles. (G. C., 1894, part. 1, p. 400, f. 49.)

C. Rumphii, Lindl. Plante nouvellement réintroduite, à pseudo-bulbes oblongs et à grandes feuilles de plus de 30 cent. de long, obovales, coriaces et vert foncé; les fleurs sont disposées en épi sur une hampe de 15 cent. de long; elles ont des sépales lancéolés, vert pomme, des pétales de même teinte, mais linéaires et un labelle de forme pandurée, à lobes latéraux maculés de rouge, tandis que le médian est blanc pur et beaucoup plus large. Amboine 1896. Serre chaude. B. J.

C. Sanderæ, Kranzl. Espèce voisine du *C. barbata* dont les fleurs, insérées sur des hampes dressées, mesurent 5 cent. de diamètre; elles sont blanches et le labelle porte en outre une macule jaune et de longs poils sur la carène. Les feuilles sont ovales, lancéolées et les pseudo-bulbes ovales. Haut Burma, 1893. (G. C., 1893, part. II, p. 336, 360, fig. 52; R. *tab.* 56.)

C. tenuis, Rolfe. *Fl.* petites et chamois clair; hampes grêles. Pseudo-bulbes uniflores. Plante voisine du *C. borneensis*, 1893.

C. uniflora, Lindl. Belle plante à petits pseudo-bulbes fusiformes, portant deux feuilles linéaires, de 15 cent. de long et des hampes à une seule fleur jaune primevère, à sépales oblongs, acuminés, tandis que les pétales sont aussi longs mais plus étroits et le labelle, de même longueur, est courtement onguiculé à la base, à lobe médian beaucoup plus grand que les latéraux, obovale, obtus avec deux callosités saillantes. Origine inconnue.

C. Veitchii, Rolfe. *Fl.* blanc pur, de 2 cent. 1/2 de long, nombreuses et réunies en grappes de 60 cent. de long, pendantes. *Flles* de 15 cent. de long. Pseudo-bulbes fusiformes, de 10 cent. de long. Nouvelle-Guinée, 1895.

COFFEA. — Vol. I, p. 739.

C. stenophylla, Don. Espèce produisant un café très aromatique, que certains auteurs ont longtemps considérée comme une forme du *C. arabica*, mais s'en distinguant par ses feuilles courtement pétiolées, à limbe ovale-lancéolé, se terminant en queue, très glabre et vert luisant; les fleurs sont axillaires, étoilées et d'un beau blanc. La plante est très cultivée industriellement à la Sierra Leone, d'où elle a été introduite, et présente un grand intérêt pour les colonies. (B. M. 7475.)

COLCHICUM. — Vol. I, p. 741.

C. candidum, Schott et Kotzchy. *Fl.* blanches, suffusées de rose pâle. Plante florifère. Asie Mineure, 1897.

C. cilicium, — *Fl.* petites, roses, à pointes rouges. Asie Mineure, 1897.

C. Ritchei, R. Br. Espèce à petites fleurs ne se montrant qu'au printemps avec les feuilles. Asie Mineure, 1897.

COMMELINA. — Vol. I, p. 754.

C. Sellowiana. *Fl.* bleu cobalt, élégantes. Plante compacte. République Argentine, 1897.

COREOPSIS. — Vol. II, p. 22.

C. abyssinica, Schult. Bip. *Fl.* d'un beau jaune, d'environ 2 cent. 1/2 de diamètre. *Flles* finement découpées. Plante annuelle, buissonnante et florifère. Abyssinie, 1895.

C. aristosa, Michx. *Fl.* jaune foncé pur, d'environ 3 cent. de diamètre, à pédoncules effilés et épars vers le sommet des rameaux; involucre externe à bractées linéaires, étalées, l'interne à bractées larges, brunes et dressées. Septembre. *Flles* pinnatiséquées, à cinq divisions opposées, très longuement lancéolées, linéaires et irrégulièrement dentées. Tige forte, ramifiée supérieurement, à rameaux nombreux, buissonnants, rougeâtres. *Haut.* 1 m. 20. Forte plante annuelle, ayant le port d'un grand *Tagetes*, médiocrement décorative. Etats-Unis. Anciennement introduit, puis de nouveau en 1893.

C. Atkinsoniana, Dougl. *Fl.* d'un beau jaune vif, grandes, très nombreuses, longuement pédonculées; fleurons ligulés amples, étalés, se chevauchant, à bord supérieur émarginé; involucre à bractées externes étroitement lancéolées, les internes bien plus larges, plus longues et scarieuses-blanchâtres sur les bords. Juillet-septembre. *Flles* pinnatiséquées, à trois-cinq folioles linéaires, très longues, entières et acuminées. Tige rameuse, touffue, compacte. *Haut.* 50 cent. Amérique du Nord. Jolie plante d'ornement, annuelle. (B. H. 1376.)

C. grandiflora, Nutt. Espèce annuelle ou bisannuelle, peut-être même vivace, dont les fleurs, d'un jaune pur et bien plus grandes que celles de toutes les autres espèces, ont jusqu'à 8 cent. de diamètre et sont insérées sur des pédoncules de 30 à 40 cent. de long. Les feuilles sont semblables à celles du *C. auriculata*, c'est-à-dire amples, allongées et pinnées. Amérique septentrionale. (Gn. 1895, part. II, 995.)

C. japonica. *Fl.* jaune canari. *Flles* linéaires-lancéolées. Espèce vigoureuse et compacte. 1895. (W. G. Z. 1895, p. 438, fig. 41.)

CORIARIA. — Vol. II, p. 24.

C. terminalis, Hemsl. *Fl.* blanc verdâtre, polygames réunies en grappes solitaires, terminales, de 8 à 10 cent. de long, à sépales ovales ou lancéolées, obtus ou aigus ; pétales blancs, accrescents. *Flles* opposées, sessiles ou à peu près, un peu membraneuses, largement ovales ou orbiculaires, celles des rameaux latéraux lancéolées. Tiges annuelles, dressées et peu rameuses. *Haut.* 60 cent. à 1 m. Japon, 1898. B. J.

CORNUS. — Vol. II, p. 24.

C. corynostylis, Kœhne. Arbuste à rameaux tétragones, portant des feuilles opposées, ovales, acuminées, parfois blanchâtres et poilues sur la face inférieure. Les fleurs forment des corymbes blancs et soyeux : pétales étroits ; style claviforme. On a souvent confondu cette plante avec le *Cornus macrophylla*. Himalaya. Rustique. (R. G. 1896, p. 11 et 286, *tab.* 54, f. 4.)

CORYANTHES. — Vol. II, p. 30.

C. Bungerothi, Rolfe. Belle et distincte espèce dont les fleurs, très grandes et si curieusement conformées dans tout le genre, ont, dans celle-ci, des pétales verts et ponctués de rouge ; les pétales sont blancs, à macules de même teinte, mais plus grandes ; le labelle, divisé en deux parties, a la première en coupe, orangée et ponctuée intérieurement de brun, tandis que la second est jaune, passant au brun rougeâtre et marquée à l'intérieur de larges macules rouge brun. Vénézuéla, 1890. (L. vol. VI, *tab.* 244.) B. J.

C. leucocorys, Rolfe. Autre belle espèce à sépales et pétales amples, jaune verdâtre et maculés de pourpre, tandis que la première partie est creuse, pourpre foncé et la deuxième grande, blanche et en forme de capuchon. Pérou. (L. vol. VII, tab. 293.)

C. Wolfii, Lehm. *Fl.* jaune et brun rougeâtre, moyennes ; hampes raides et dressées. Espèce très remarquable. Équateur, 1891.

CORYDALIS. — Vol. II, p. 31.

C. tomentella, Fanch. *Fl.* jaune vif, teintées de verdâtre au sommet des divisions, petites, courtement pédicellées et disposées en épis simples, aphylles, dressés, multiflores, radicaux, de 15 à 20 cent. de haut ; sépale supérieur prolongé à la base en éperon de 5 à 6 mm. de long, obtus, un peu arqué à l'extrémité ; sépale inférieur béant et tous deux cucullés au sommet, pétales plus courts que les sépales et cohérents au sommet. Fleurit en mai-juin. Feuilles assez grandes, étalées, pétiolées bipinnatiséquées, à lobules obovales, tous d'un vert bleu et couverts, ainsi que toutes les parties de la plante, d'une abondante pubescence très glauque. Jolie plante vivace, très distincte. Yun-nan, Chine, vers 1894. B. J.

COTONEASTER. — Vol. II, p. 37.

C. Barbeyi, Baker. *Fl.* vert et rouge, nombreuses et réunies en panicule sub-globuleuse ; corolle de 2 cent. 1/2 de long. *Flles* de 8 cent. de long, glauques et charnues. Tige élevée et ramifiée. Plante voisine du *C. orbicularis*. Arabie heureuse, 1893.

C. pannosa, Franch. Nouvelle espèce bien distincte de ses congénères par son feuillage persistant et discolore. C'est un arbrisseau d'environ 2 m. de haut, diffus, à rameaux effilés, velus quand ils sont jeunes, portant des feuilles ovales ou oblongues, mucronées, longues de 2 à 3 cent. 1/2, luisantes, vertes et pubescentes en dessus, fortement tomenteuses et blanc argenté en dessous. Les fleurs, réunies en corymbes compactes, sont blanches, avec les étamines violacées. Les fruits, surmontés du calice persistant, sont d'abord oblongs et tomenteux, puis sub-globuleux, glabres, rouge ocreux et enfin vermillon à la maturité, de la grosseur de ceux du Buisson ardent et aussi brillants qu'eux. Yun-nan. (J. 1898, p. 120, *cum. tab.*) (B. J.)

Fig. 643. — CORYDALIS TOMENTELLA. — (*Vilm.-Andr.*)

COTYLEDON. — Vol. II, p. 39.

C. (*Echeveria*) **Purpusi**, Schum. Espèce à feuilles ovales, brusquement rétrécies en pointe aiguë et couvertes d'une poussière farineuse blanche. Les fleurs sont disposées en cyme peu ramifiée, lâche et rouge orangé foncé au sommet. Sierra Nevada, 1896. (G. C. 1896, part. II, p. 698, fig. 123.) B. J.

C. reticulata, Thunb. *Fl.* blanchâtres, petites, réunies en corymbes dressés, à pédoncules persistants et devenant épineux. *Flles* cylindriques. Tige charnue, renflée. Sud de l'Afrique, 1897. (G. C. 1897, part. I, p. 282.)

COULEURS. — Après les formes, les couleurs sont, chez les végétaux, comme, du reste, chez tous les objets, ce qui tout d'abord attire naturellement l'attention et impressionne le plus vivement l'esprit. Les couleurs jouent donc un rôle très important dans toutes les décorations et en horticulture en particulier, où l'architecte, le jardinier et même l'amateur doivent s'en préoccuper pour la création des parcs, pour l'ornementation florale des parties les plus en vue et même pour la production des races et variétés nouvelles. On comprendra donc que nous réparions une omission en donnant ici quelques notions sur les principes de la théorie des couleurs, sur leur physiologie végétale et sur leurs applications en horticulture.

Au point de vue théorique, il n'existe que trois couleurs simples, dites couleurs primaires ou fondamentales, parce que toutes les autres couleurs sont composées de leur association à divers degrés. Ces trois couleurs sont : le *jaune*, le *rouge* et le *bleu*.

Le *vert* est un mélange de *jaune* et de *bleu*;
Le *violet* — — de *rouge* et de *bleu*;
L'*orangé* — — de *jaune* et de *rouge*.

Le *blanc* et le *noir* ne sont pas admis comme couleurs.

Le *blanc* est la lumière même ; il adoucit, pâlit les autres couleurs lorsqu'il leur est associé et son rapprochement les éclaire et les avive parce qu'il réflète les rayons lumineux. Bien que le blanc soit une couleur très commune chez les fleurs, il n'y existe pas d'une pureté absolue. Toutes les fleurs blanches sont des cas d'albinisme, c'est-à-dire des décolorations des autres couleurs. Pour s'en rendre compte, il suffit de rapprocher une fleur blanche d'une feuille de papier d'un blanc absolu ; on verra alors que ce prétendu blanc est dû à une décoloration d'un rouge, d'un bleu ou d'un jaune, selon le cas et souvent même l'inspection des nervures des pétales en fournit, au besoin par transparence, la preuve évidente ; quand il reste encore des doutes, l'infusion des pétales dans de l'alcool bien blanc les efface, celui-ci se teintant de la couleur primitive de la fleur.

On sait, du reste, que certaines fleurs, des Enothères (*Œ. cæspitosa*, *Œ. tetraptera*), l'*Hibiscus mutabilis*, notamment, s'épanouissent blanches et se colorent progressivement en rose et en rouge. La Cobée passe bientôt du verdâtre au violet. Il paraîtrait enfin, d'après M. Costantin, que les fleurs blanches sont plus précoces.

Le *noir* est l'obscurité, il atténue et assombrit toutes les autres couleurs parce qu'il absorbe les rayons lumineux. Comme le blanc, le noir absolu n'existe pas non plus dans les fleurs ; ce qui s'en rapproche le plus sont des rouges, des bruns ou des violets, poussés à leur maximum d'intensité ; les mêmes moyens indiqués pour le blanc peuvent au besoin être employés pour reconnaître l'origine des teintes les plus foncées. Ces teintes à peu près noires sont bien moins abondantes que les blancs dans les fleurs ; souvent même elles ne s'y présentent que sous forme de panachures ; on les observe plus fréquemment chez les fruits.

De Candolle, dans sa belle *Physiologie végétale*, donne le tableau suivant de la classification des couleurs :

	VERT		
BLEU (Série cyanique)	Bleu verdâtre. Bleu. Bleu violet. Violet. Violet rouge.	Jaune verdâtre. Jaune. Jaune orangé. Orange. Orange rouge.	JAUNE (Série xanthique).
	ROUGE		

Cette classification est extrêmement ingénieuse et, comme on le voit, d'une grande simplicité. On pourrait sans difficulté y placer toutes les teintes intermédiaires dérivées des trois couleurs fondamentales. On remarquera que les rouges, quoique très nombreux et variés, depuis le chair et le rose jusqu'au brun noir, ne peuvent pas former de série distincte, puisque d'un côté ils rentrent dans la série des bleus ou jaunes quand ils sont composés et de l'autre, s'ils restent purs, ils s'acheminent vers le blanc quand ils pâlissent.

D'autres remarques intéressantes que suggère ce tableau peuvent être faites dans le sens de la variabilité des couleurs des fleurs. Lorsque des variations de coloris se présentent chez une espèce de plante à fleurs typiquement jaunes ou bleues ; c'est presque toujours dans la série à laquelle appartient cette couleur typique que se produisent les variations, soit en s'élevant vers le vert, soit en s'abaissant vers le rouge. Celui-ci, au contraire, se marie aussi fréquemment avec l'une qu'avec l'autre couleur, ainsi que le montre, du reste le tableau.

Les séries xyanthique et cyanique se mélangent peu dans les fleurs, et, lorsqu'elles le font, il en résulte des tons curieux, tels que le vieux rose, le cuivré et autres teintes fausses, dites couleurs mode. Rarement le même genre renferme à la fois des espèces typiquement jaunes et d'autres bleues ; en voici cependant quelques exemples : *Nymphæa*, *Ixia*, *Linum*, *Primula*, *Aquilegia*, *Lupinus*, *Centaurea*, *Tropæolum*, *Viola*, *Statice*, etc. Plus rarement encore, certaines espèces présentent des variétés à fleurs jaunes et d'autres bleues, les *Hyacinthus orientalis*, *Iris germanica*, *I. xiphium* et autres en sont de rares exemples. Du croisement d'une espèce d'Ancolie jaune (*Aquilegia chrysantha*) fécondé par une Ancolie bleue (*Aquilegia cœrulea*) est sortie une race multicolore, dans laquelle on observe des fleurs renfermant à la fois le jaune et le bleu, purs ou fondus. Enfin, le *Lupinus mutabilis* a des fleurs tricolores ou quadricolores, passant successivement par plusieurs tons et un assez grand nombre d'Orchidées ont aussi des fleurs multicolores.

Le *vert*, qui est un composé de jaune et de bleu, est extrêmement commun chez tous les végétaux, puisqu'il est la couleur normale de toutes les parties herbacées, où il prend le nom de chlorophylle. Son origine composée est clairement démontrée par les variations qu'il présente, mais elles ont toujours lieu dans la prédominance du jaune, qui donne alors du vert plus ou moins pâle, parfois du doré quand il prédomine fortement ; lorsqu'il se dissocie ou que le bleu disparaît à peu près totalement de certaines parties, il en résulte des panachures jaunes ou blanc jaunâtre, affectant certains points et diverses dispositions. Le vert se présente assez fréquemment dans les fleurs, mais on le rejette habituellement, parce que ces fleurs ne se distinguent pas du feuillage ; le Dahlia et la Rose verte en sont des exemples, conservés dans les collections comme curiosités. Cette couleur verte étant un retour à l'état primitif, c'est-à-dire l'état foliacé des enveloppes de la fleur, les botanistes désignent sous le nom de *virescence* les parties des fleurs qui en sont atteintes. Mais, il est une autre sorte de vert particulièrement agréable et au contraire recherché dans les fleurs ; c'est le vert tendre ou vert d'eau, qui ne se présente malheureusement que chez un très petit nombre d'espèces, dont voici la plupart : *Aquilegia viridiflora*,

Tulipa viridiflora, *Ixia viridiflora*, *Narcissus viridis* et enfin une variété de *Chrysanthème* à grande fleur nommée *Madame Edmond Roger*. Nous sommes tentés de voir, dans ce vert, une double transformation. D'abord la disparition de la couleur typique de la fleur et par suite la présence du blanc, puis l'introduction de la couleur verte en quantité juste suffisante pour donner à la fleur cette teinte vert clair et transparente si agréable. Comme le montre le tableau précédent, le vert s'associe facilement avec toutes les autres couleurs, simples ou composées et donne des teintes mixtes souvent plus curieuses que belles. Il joue un rôle très important dans l'harmonie des couleurs, ainsi que nous le verrons plus loin, mais au point de vue des décorations florales on ne s'en préoccupe pas, puisqu'il constitue la couleur de fond de toutes les scènes de végétaux.

La floraison à contre-saison, la chaleur, la vive lumière tendent à faire varier les couleurs des fleurs; les deux premiers phénomènes les pâlissent. La lumière au contraire fonce et avive toutes les couleurs chez les plantes vivantes; tandis qu'elle les pâlit, les ronge, comme on dit familièrement, chez les produits de l'industrie. Le blanchiment c'est-à-dire la disparition de la couleur verte est, comme on le sait, causé par l'obscurité dans laquelle on les plonge pendant un certain temps avant leur consommation.

Les couleurs, quoique toutes très variables, ne le sont pas uniformément. La différence est très grande entre les jaunes et les bleus, tant sous le rapport de la variabilité naturelle que de leur résistance à la lumière et aussi bien même les couleurs industrielles que celles des végétaux. Les jaunes sont remarquablement plus fixes et plus durables que les bleus; on sait, du reste, que diverses plantes à fleurs d'un beau bleu passent, sous l'influence de conditions météorologiques, au violet et au rose, et ces teintes sont même susceptibles d'être fixées par la sélection.

Les variations de coloris ont une grande importance horticole; c'est, du reste, sur elles qu'est basée la distinction du plus grand nombre des variétés. Les coloris nouveaux se présentent souvent accidentellement dans les cultures, mais souvent aussi ils sont le résultat d'un métissage ou d'un croisement naturel ou effectué par la main de l'homme. C'est souvent le cas lorsque des couleurs autres que celles de la série de la plante type font brusquement leur apparition. Tantôt ces couleurs nouvelles se fondent avec les teintes primitives, tantôt elles se dissocient sous forme de panachures ou bien encore elles occupent seules toute la fleur.

Si les couleurs sont extrêmement variables, elles sont aussi très sujettes à dégénérer ou à disparaître chez les plantes qu'on propage habituellement par le semis, et il serait même impossible de les conserver si on ne possédait un moyen efficace à opposer à leur disparition. Ce moyen, c'est la **Sélection** (V. ce nom, vol. IV, p. 725); arme puissante qui, entre des mains expérimentées et tenaces, amène au contraire les couleurs comme les formes à un remarquable degré de fixité et les conserve aussi longtemps qu'on la fait agir. Par contre, le semis est la grande voie d'arrivée des variations de toutes sortes et l'horticulteur entendu doit toujours lui laisser la porte grande ouverte, ou autrement dit semer beaucoup.

Les procédés artificiels de multiplication : bouturage, marcottage, greffage n'étant, en réalité, que la continuation de l'individu qui en a fourni les éléments, ne laissent presque aucune prise aux variations; ce sont donc des procédés conservateurs par excellence, qu'on emploie du reste énormément en horticulture pour propager tout ce qui est exposé à varier et les coloris en particulier.

De même que les formes, les coloris varient parfois, quoique très rarement et accidentellement, sur des individus jusque-là parfaitement fixes. Généralement, ces variations, qu'on nomme *dichroïsme* quand elles portent sur les couleurs; *dimorphismes* quand elles affectent les formes, ne se présentent que sur une partie de la plante. Celle-ci détachée et propagée constitue alors une nouvelle variété. Un grand nombre de variétés de plantes ont été ainsi obtenues.

Il est intéressant de remarquer que, dans les compositions florales, où l'art d'associer les coloris joue le plus grand rôle horticole, les couleurs ne rentrent pas toutes pour la même somme et cette somme varie en outre chez différents peuples. A Paris, où la composition des corbeilles des squares est faite avec beaucoup de soin, les couleurs principales entrent généralement chacune pour les sommes suivantes dans les compositions multicolores : le blanc pour 2/10, le jaune pour 1/10, le bleu pour 2/10 et le rouge pour 5/10. C'est donc cette dernière couleur qui prédomine chez nous : en Espagne, c'est le jaune, en Angleterre, le bleu. Mais ce sont là des indications très approximatives, extrêmement variables même, selon les circonstances et goûts individuels, et qui ne prennent quelque apparence de vérité que lorsqu'on envisage à la fois un grand nombre de décorations.

Il nous reste maintenant à déduire les conséquences de l'étude précédente et à en tirer des indications pratiques pour leur application aux besoins de l'horticulture.

D'après les physiologistes, l'œil normal est organisé pour voir simultanément et par autant de nerfs optiques spéciaux, les trois couleurs fondamentales ou celles qui en sont composées. Nous disons normal, car il existe, comme on le sait, des personnes qui ne voient pas telle ou telle couleur, le vert, le rouge, par exemple; ce manque partiel d'acuité visuelle a reçu le nom de *daltonisme*.

D'autre part, l'œil ne peut, à l'état de veille, supporter le repos. Quand il ne perçoit qu'une seule couleur, deux des trois nerfs optiques restent dans l'inertie; il éprouve alors un certain malaise, une sorte d'exaltation qui est d'autant plus pénible et choquante que cette couleur est plus vive et plus éclairée. Qui n'a jamais subit cette impression en fixant un instant une corbeille de *Begonia* ou de *Pelargonium* très rouge? Qu'éprouve-t-on quand on passe d'une pièce obscure dans un endroit très éclairé? Ne dit-on pas qu'un mur fraîchement peint, la neige même en hiver, sont d'un blanc éblouissant?

Pour éprouver une sensation agréable, l'œil doit percevoir en même temps et sur un même plan, le jaune, le rouge et le vert ou au moins deux couleurs, dont une composée des deux autres et que l'on nomme alors *couleur complémentaire*.

Le *rouge* a pour complément le *vert*.
Le *jaune* — — le *violet*.
Le *bleu* — — l'*orangé*.

Le blanc, quoique non admis comme couleur, n'en est pas moins d'une grande utilité dans l'art des coloris, car il avive et fait ressortir les autres couleurs et empêche la brutalité des contrastes ; le noir au contraire les atténue, les voile, les enveloppe d'une sorte de manteau de deuil.

Le mélange du noir et du blanc produit le *gris*, teinte neutre tenant des deux, sur laquelle l'œil ne fait que glisser, sans en garder l'impression.

Trois ou quatre termes sont d'un usage fréquent pour désigner les impressions agréables ou pénibles que produisent sur la rétine les innombrables assemblages de couleurs.

On nomme *harmonie chromatique* le passage graduel d'une couleur simple à une autre couleur simple ou composée par des nuances intermédiaires. On n'emploie pas en horticulture cette disposition des couleurs parce qu'on réunirait difficilement la série complète des couleurs successives et que, du reste, l'effet n'en serait pas aussi marqué que celle des combinaisons harmonieuses.

Les *contrastes harmonieux* sont la sensation agréable résultant du rapprochement des trois couleurs fondamentales, ou l'une d'elles de sa couleur complémentaire ; toutefois, la sensation de ces couleurs est d'autant plus agréable que l'une d'elles prédomine les autres, notamment :

Rouge foncé avec *jaune pâle* et *bleu tendre*.
Rouge foncé avec *vert pâle* et *mauve*.
Jaune foncé avec *rose* et *bleu tendre*.
Bleu foncé avec *rose* et *jaune pâle*.
Vert foncé avec *rose* et *bleu tendre*.
Violet foncé avec *rose* et *jaune clair*.

Toutefois, on peut atténuer la dissonance des effets chromatiques de couleurs non complémentaires en intercalant entre les coloris dissonants une plante à fleurs blanches, s'il y a lieu d'aviver les coloris, ou à fleurs brunes, s'il convient de les atténuer.

On peut, à la rigueur, rapprocher une couleur composée d'une couleur simple lorsque celle-ci n'entre que dans une très faible proportion dans sa composition, par exemple :

Rose du *violet foncé*.
Jaune pâle du *rouge orangé vif*.
Bleu tendre du *rouge violet foncé*.

Pratiquement, on peut, du reste, considérer comme bon le rapprochement d'une foule de couleurs composées d'autres couleurs simples, pourvu qu'une des deux soit plus foncée que l'autre telles que :

Violet du *rose* ou du *jaune*.
Lilas du *rouge vif*, du *blanc* ou du *jaune pâle*.
Isabelle du *rose vif* ou du *jaune foncé*.
Chamois du *violet*, du *rouge vif* ou du *bleu*.
Orangé du *rouge foncé* ou du *violet*.
Rouge feu, du *bleu foncé*, du *blanc* ou du *jaune*.
Rouge grenat du *blanc*, *lilas*, *bleu de ciel* ou du *jaune clair*.

Il y a *dissonance* lorsqu'une couleur simple se trouve rapprochée d'une autre couleur composée, dans laquelle cette même couleur simple entre pour une forte part, notamment :

Le *rouge* près de l'*orangé* ou du *violet*.
Le *jaune* près de l'*orangé* ou du *vert*.
Le *bleu* près du *violet* ou du *vert*.

D'après ce qui précède, il semblerait que les compositions florales dans lesquelles entrent les trois couleurs simples ou leurs complémentaires, plus le blanc et un peu de brun, soient les plus parfaites au point de la sensation agréable des rayons visuels. Cela est vrai, car la pratique confirme pleinement la théorie. Les parisiens en ont de nombreux et excellents exemples dans les corbeilles de nos squares, qu'une administration ingénieuse sait orner de la façon la plus élégante au point de vue de la forme et de l'aspect, la plus agréable au point de vue de l'harmonie des couleurs et la plus économique au point de vue de la durée. Mais les observateurs les plus attentifs auront sans doute remarqué que la plupart de ces corbeilles sont placées sur le bord des allées, d'où le promeneur les admire de très près et distingue nettement et sans peine tous les détails de formes et de couleurs. Éloignez-vous et regardez à une distance telle corbeille qui vous aura paru admirablement émaillée des plus vives couleurs ; vous n'apercevrez plus alors qu'une masse confuse, terne et sans effet.

Dès que la distance ne permet plus de distinguer les détails, il faut des masses d'une seule et même couleur bien vive, capable de produire un effet vigoureux et attirant les regards. C'est ce genre de composition qu'il faut adopter pour l'ornementation des corbeilles spacieuses, placées sur les perspectives et éloignées des habitations. Si, sur ces points, les trois couleurs simples peuvent être réunies en masse, l'effet n'en sera que plus agréable et saisissant. Le rouge vif est une des couleurs les plus employées pour les effets à distance, parce qu'il est complété par le vert du gazon et des arbres ; le blanc contribue encore à le faire ressortir et gagne à lui être associé ou placé dans le voisinage.

Quand les corbeilles seront placées à mi-distance, il y aura avantage, au lieu de mélanger intimement les coloris, à en former des groupes de trois à cinq sujets, afin d'éviter la confusion et de compenser ainsi la distance par la quantité et la masse.

En résumé, les soins de ceux qui ont à effectuer des compositions florales doivent tendre, quant aux couleurs, à obtenir des effets vigoureux et attrayants, à l'aide d'une ou de deux couleurs si la partie à décorer est éloignée, tandis que pour les corbeilles avoisinant les habitations, on cherchera à y faire entrer les couleurs qui se complémentent, plus une certaine quantité de blanc ou de brun, selon qu'on voudra aviver ou atténuer l'effet optique. En un mot, faites des contrastes de loin et des combinaisons de près.

CRASSULA. — Vol. II, p. 56.

C. columnaris, Linn. f. *Fl.* blanc pur, en cyme dense et capitée. *Flles* charnues, orbiculaires, obtuses et imbriquées. Tige dressée, courte. *Haut.* 8 cent. Cap. Plante voisine du *C. pyramidalis*. (G.C. 1898, part. I, f. 23.)

C. hybrida albiflora, Hort. Intéressant hybride des *Crassula jasminea* et *Rochea odorata*, formant une plante dressée, de 25 cent. de haut, à feuilles triangulaires, charnues, décussées et dont chaque tige se termine par un corymbe très multiflore de petites fleurs blanches.

CRATÆGUS. — Vol. II, p. 57.

C. leucophæos, Mœnch. Grand arbrisseau à rameaux vigoureux, avec l'écorce d'abord verte, puis blanchâtre en vieillissant ; épines de 2 à 5 cent. de long, acérés au sommet, très rares et faisant parfois entièrement défaut. *Flles* très grandes, de 10 à 12 cent. de long et 6 à 8 cent. de large, elliptiques, fortement dentées, vert pâle et légèrement pubescentes en dessous. *Fl.* réunies en corymbes terminaux très denses, blanches, à anthères lilas. Juin-juillet. *Fr.* petits, pyriformes, jaune carminé. Amérique du Nord.

C. pyracantha pauciflora, Ed. André. Forme naine du Buisson ardent, si précieux pour l'ornement des jardins, caractérisée par sa petite taille, son port touffu, ses rameaux très épineux, par ses fleurs en corymbes peu fournis et auxquelles succèdent des baies jaune d'or rougeâtre. Ces particularités le recommandent pour former des haies, car il se taille très facilement, ou pour former des petites touffes dans les parterres et enfin pour l'ornementation des rocailles et des lieux agrestes. Sa résistance aux froids, est, paraît-il bien plus grande que celle du type et de la var. *Lalandei*, dont celle-ci est la forme opposée. (R. H., 1898, p. 148.) B. J.

CRINUM. — Vol. II, p. 65.

C. Kircape, Hort. Hybride horticole des *C. Kirkii* et *C. capense-longifolium*, 1895.

C. Laurenti, Durand et de Vild. Belle espèce à grandes fleurs blanches, réunies par deux à quatre en ombelle; tube verdâtre, de 14 cent. de long; limbe étalé et verdâtre sur la face externe. Congo. (R. H. B. 1897, p. 97, *cum tab.*) B. J.

C. Roozenianum, O'Brien. Plante intermédiaire entre les *C. americanum* et *C. erubescens*, à fleurs blanches à l'intérieur, rouges à l'extérieur, au nombre de six à douze en ombelle, au sommet d'une hampe florale de 60 à 80 cent. de haut et rouge foncé. Les feuilles sont larges de 6 à 8 cent., longues de 60 à 80, d'un beau vert foncé. C'est une des plus belles espèces. La Jamaïque. (R. H. 1894, p. 120, fig. 47.) B. J.

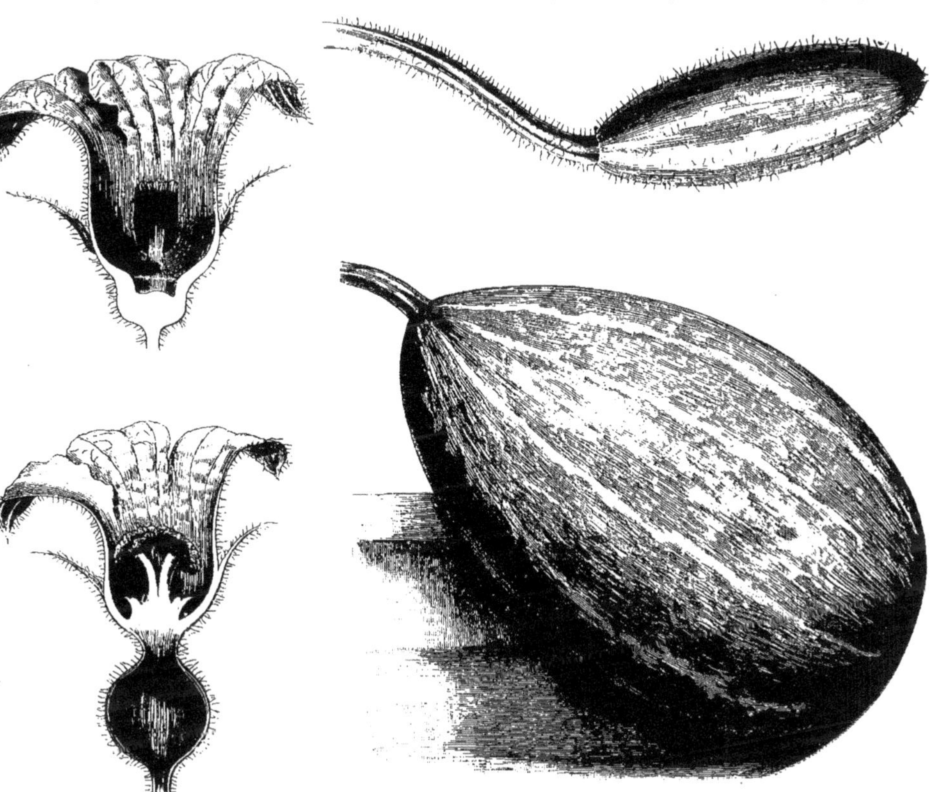

Fig. 644. — Cucurbita Andreana. — (*Rev. Hort.*)
Fleurs, mâle et femelle ; fruits, jeune et adulte.

C. Schimperi, Vatke. Primitivement introduit sous le nom de *abyssinicum*, cette plante, élevée maintenant au rang d'espèce, s'en distingue par ses fleurs beaucoup plus larges, réunies en petit nombre en ombelle pédonculée. Les feuilles, au nombre de huit à dix, forment une élégante rosette. Abyssinie. (B. M. *tab.* 7417.) B. J.

C. Woodrowi, Baker. *Fl.* blanches, longuement tubuleuses, réunies par environ douze en ombelle à hampe d'environ 60 cent. de haut. Bulbe volumineux, brun, ovale, presque dépourvu de col. Bombay, 1897.

CROTALARIA. — Vol. II, p. 78.

C. longirostrata, Hook. et Arnott. Plante suffrutescente, de serre tempérée, à feuilles ternées, vert foncé et produisant, même quand la plante est encore toute jeune, des grappes de fleurs papilionacées, de plus de 2 cent. de diamètre, jaune foncé, avec une tache brune, palmée à la base de l'étendard. Fleurit pendant tout l'hiver. *Haut.* 1 m. Mexique. 1893. (B. M. 7306.) Serre tempérée.

CROTON. — Vol. II, p. 79.

C. Eluteria, Benn. Cascarille. — *Fl.* blanches, petites, odorantes, réunies en grappes axillaires. *Flles* ovales, d'environ 5 cent. de long, vert gris en dessus et argentées en dessous. Arbuste à branches effilées. Bahama, vers 1750, puis de nouveau en 1887. C'est cet arbuste qui fournit l'écorce de Cascarille du commerce. (B. M. 7515.)

CRYPTOPHORANTHUS. — Vol. II, p. 83.

C. minutus, Rolfe. *Fl.* pourpres. *Flles* orbiculaires. Très petite espèce ne dépassant pas 3 cent. de haut et d'intérêt botanique. Origine non indiquée. 1895.

C. oblongifolius, Rolfe. *Fl.* petites, pourpre et jaune; hampes courtes. *Flles* de 8 cent. de long. Tige de 5 cent. de haut. Amérique du Sud, 1895.

CUCURBITA. — Vol. II, p. 86.

C. Andreana, Naud. Espèce peut-être vivace par ses tiges radicantes, dont les graines sont très petites (4 mm.) et noires. Les feuilles sont larges et marbrées de blanc; les fleurs sont semblables à celles du Potiron, mais plus petites et les fruits, qui ont la taille d'un petit melon, sont obovoïdes et bariolés de blanc sur fond vert, leur chair est très amère et immangeable. Cette Courge, introduite de l'Uruguay par M. Ed. André, trouvera place dans les jardins paysagers, pour courir sur les pelouses, comme la Courge vivace, ou pour garnir les treillages. (R. H. 1896, p. 544, fig. 184 à 187.) B. J.

C. A. mexicana, Naud. Graines du double plus grosses que celles du type. 1893.

CUPRESSUS. — Vol. II, p. 92.

C. Goveniana compacta, Ed. André. Variété différant du type par son port et surtout par la compacité de sa ramure qui lui donne la forme d'une pyramide obtuse, atteignant, chez M. Allard, à la Maulevrerie, 10 m. de hauteur sur 7 m. de diamètre. Les autres caractères sont ceux du type, qui compte, du reste, plusieurs autres formes. (R. H., 1896, p. 9, fig. 1.)

CYCAS. — Vol. II, p. 101.

C. Wendlandii, Hort. Sander. Belle espèce ressemblant aux *Dion* par son port, mais en différant par ses folioles non dentées. Madagascar, 1895.

CYCLAMEN. — Vol. II, p. 103.

C. colchicum, Alboff. Cette espèce diffère du *C. europæum* par son tubercule et ses feuilles plus grandes et par ses fleurs à pétales plus larges et plus obtus. Caucase, 1897.

C. persicum, Vars.

A grandes fleurs doubles. — Dans cette nouvelle race, remarquable par l'ampleur et les riches coloris de ses fleurs, la duplicature s'effectue de deux manières bien distinctes. Chez les unes, il y a simplement multiplication des pétales, par dédoublement ou autrement, tandis que chez les autres la duplicature est réelle, car les étamines sont transformées en pétales irréguliers, qui forment alors au-dessous de la gorge une touffe pendante, d'un aspect aussi curieux qu'intéressant et la valeur décorative y gagne, car les fleurs sont plus grosses et plus durables. (R. H. 1897, p. 42, fig. 13.)

A fleurs cristées. — Monstruosité non moins curieuse par ses fleurs portant sur la partie externe et dressée des pétales des crêtes en forme d'éventail, résultant de l'excroissance du limbe et rappelant celles des *Begonia erecta cristata*. Cette singulière anomalie se présente sur différents coloris et se reproduit déjà partiellement par le semis. Elle est susceptible de donner naissance à une nouvelle race intéressante, mais toutefois plus curieuse que réellement décorative. (R. H. 1897, p. 75; G. C. 1897, part. I, p. 71, fig. 18.)

A grandes fleurs Papillo. — Autre race à fleurs simples, très grandes et de coloris variés, dont les pétales sont fortement ondulés, frisés sur les bords, ce qui les rend très distinctes et excessivement élégantes. D'origine belge, cette race présente beaucoup d'avenir, car elle a été très favorablement accueillie par le public.

A feuillage ornemental, Hort. Nouvelle race dont la panachure consiste en une large zone blanc verdâtre mat et à reflets argentés, suivant, à 1 ou 2 centimètres du bord, le contour du limbe des feuilles, tandis que la marge et le centre restent vert foncé, ce qui la fait agréablement ressortir. Les fleurs sont aussi grandes que dans les autres races et de nuances variées. (R. H. 1896, p. 136, f. 47.)

CYCNOCHES. — Vol. II, p. 107.

C. Haagii, Rodrig. Tige épaisse, comprimée, garnie de feuilles distiques, lancéolées, acuminées, carénées, à cinq-sept nervures et formant à la base des gaines courtes. *Fl.* réunies par six ou sept en grappes axillaires, accompagnées de gaines et de bractées brunes et membraneuses; périanthe de 5 cent., à sépales oblongs, concaves; pétales oblongs, livides à l'intérieur, vert jaunâtre à l'extérieur; labelle charnu, arrondi, convexe, blanc, parsemé de taches rousses et sacciforme à la base; colonne verte. Brésil. (B. M. *tab.* 7502.) B. J.

C. (*Lueddemannia*) **Sanderiana**, Kranzl. Plante vigoureuse, à speudo-bulbes ovoïdes, forts, sillonnés, portant trois ou quatre feuilles lancéolées, coriaces. Fleurs disposées par vingt à vingt-cinq en grappes pendantes et accompagnées de bractées scarieuses; périanthe blanc crème, à sépales oblongs, aigus; pétales ovales, cunéiformes; labelle trilobé, fortement parsemé de taches pourpres et couvert à la base de callosités poilues, pourpre noirâtre; au bout de quelques jours, le blanc tourne au jaunâtre et le pourpre au noir. Colombie. 1897 (G. C. 1897, part. II, p. 138.) B. J.

C. (*Lueddemannia*) **triloba**, Rolfe. Belle et grande plante épiphyte, à cultiver en paniers suspendus, à cause de ses long épis pendants; elle produit des speudo-bulbes allongés et portant plusieurs feuilles longuement lancéolées. Les fleurs sont orange vif, teintées de brun sur les sépales et le labelle, et réunies au nombre d'environ trente en épi pendant, étroit et de plus de 60 cent. de long; les divisions du périanthe sont sub-égales et le labelle est distinctement trilobé. Andes de la Colombie. (G. C., 1895, part. II, p. 713, fig. 118.) B. J.

CYMBIDIUM. — Vol. II, p. 110.

C. Huttoni, Benth. *Fl.* de 4 cent. de diamètre, géminées sur des hampes pendantes, de 20 cent. de long, à sépale supérieur oblong, aigu, concave ; les latéraux un peu plus étroits, aigus, d'un vert grisâtre terne et fortement maculés de violet noirâtre; pétales de même teinte dans la moitié inférieure ; la supérieure violet noirâtre uni, lancéolés-aigus et réfléchis au sommet ; labelle dressé, trilobé, à lobes latéraux dressés, le médian réfléchi et verruqueux, de même teinte que les sépales ; colonne allongée, arquée et pourpre noirâtre. Pseudo-bulbes fort, nus, ovoïdes, très comprimés, portant ordinairement trois feuilles lancéolées et coriaces. Java. (G. C. 1898, part. II, p. 2.) Syn. *Grammangis Huttoni*, Benth. et Hook. f.

Fig. 645. — Cyclamen persicum.
1, fleur double ; 2, grande fleur.

CYNANCHUM. — Vol. II, p. 112.

C. formosum, N.-E. Br. *Fl.* petites, verdâtres, réunies en grandes cymes axillaires. *Flles* ovales, de 3 à 10 cent. de long. Pérou, 1895.

CYNOGLOSSUM. — Vol. II, p. 113.

C. furcatum, Wall. Jolie plante bisannuelle, à racines pivotantes et à tiges dressées, rameuses, buissonnantes, formant une touffe d'environ 80 cent. de haut, peu feuillée et dont toutes les ramilles se terminent par un épi de fleurs d'un beau bleu franc, rappelant celles d'un Myosotis et se succédant de juin en juillet. A la première année de végétation, la plante n'émet qu'une rosette de grandes feuilles linguiformes, aiguës et d'un vert cendré, qui disparaissent pendant l'hiver. Indes orientales. Anciennement introduit, puis de nouveau en 1897. B. J.

CYNORCHIS. — Vol. II, p. 113.

C. grandiflora, Hook f. *Fl.* de 5 cent. de long, à sépales oblongs, obtus, verts sur le dos et maculés rouge sang ; pétales un peu plus petits, oblongs, falciformes, obtus et blancs; labelle ample, pourpre, soudé à la base de la colonne, à lobes latéraux larges, cunéiformes, pourvus d'une dent à la base, le médian allongé, fendu en deux segments linéaires, divariqués ; éperon droit, épais, deux fois plus long que le labelle, légèrement renflé. *Flles* radicales de 30 cent. de long, linéaires-lancéolées, vert glauque en dessus, pâles en dessous, carénées. Tige de 15 cent. de haut, forte, portant deux ou plusieurs fleurs. Madagascar, 1893. (G. C. 1893, part. II, p. 80, 117, fig. 29; B. M. 7564.)

C. purpurascens, Lindl. Orchidée terrestre, à tubercules cylindriques et ne développant qu'une ou deux feuilles, dont une plus petite que l'autre et toutes deux sont sessiles, lancéolées, acuminées, très fortement nervées, enroulées à la base ; hampe engainée et portant deux à dix fleurs accompagnées de bractées lancéolées, acuminées ; sépales concaves; le dorsal rose et hémisphérique ; les latéraux verts, du double plus grands et oblongs ; pétales dressés, oblongs, obtus et roses ; labelle ample, rose, à onglet large et à lobes latéraux dimidiés, ovales ; lobe médian obovale, un peu plus long que les latéraux, profondément bifide ; éperon aussi long que le labelle. Madagascar, îles de la Réunion et de Maurice, 1898. (B. M., 7551.) B. J.

CYPRIPEDILUM. — Vol. II, p. 116.

On tend maintenant à accepter l'orthographe ci-dessus, qui devient ainsi correcte avec l'étymologie du nom (du grec *Kypris*, Vénus, et *pedilon*, sabot ou pantoufle), tandis que *Cypripedium* est un barbarisme. Mais la plus importante modification est celle proposée par Pfitzer et admise en ces temps derniers. Cette modification scinde le genre en deux, ne maintenant dans le genre *Cypripedilum* que les espèces habitant les régions tempérées de l'hémisphère boréal, caractérisées par leur port généralement caulescent, par leurs feuilles membraneuses et bien nettement nervées, enroulées avant leur complet développement ; par leur périanthe persistant sur le fruit, par leur capsule uniloculaire et leurs graines crustacées. Ce sont :

C. acaule, *C. arietinum*, *C. Calceolus*, *C. californicum*, *C. japonicum*, *C. macranthum*, *C. margaritaceum*, *C. parviflorum*, *C. pubescens*, *C. spectabile*, tous introduits dans les cultures et décrits dans le vol. II, p. 116-136, plus les *C. elegans* et *C. plectrochilum*, connus des botanistes seulement.

Toutes les autres espèces, quoique maintenues ici pour la commodité horticole, rentrent dans le nouveau genre **Paphiopedilum**. (V. ce nom, au Supplément.)

Hybrides horticoles. — Le croisement des Orchidées devenant mieux connu et plus général, le nombre des hybrides qui en résulte augmente considérablement chaque année et en particulier parmi les *Cypripedilum*, où cette opération est relativement facile et les résultats rapides à observer.

Ceux qui ont reçu le baptême horticole pendant ces dernières années sont tellement nombreux qu'il nous est impossible de les décrire ou même seulement de les citer ici. Tous ces hybrides sont, du reste, des plantes très méritantes au point de vue décoratif, mais sans grand intérêt individuel, à notre avis du moins, qui vont grossir le nombre de ceux déjà existants, nombre qui se chiffre aujourd'hui par plusieurs centaines. Il serait plus sage d'en former des groupes ou races qu'on dési- gnerait sous des noms appropriés, comme on le fait dans beaucoup d'autres genres de plantes.

Nous ne décrivons ici que les bonnes espèces et quelques variétés importantes.

C. Charleswortii, Rolfe. Espèce voisine du *C. Spicerianum*, à laquelle elle ressemble par son feuillage et aussi par la forme de ses fleurs, mais celles-ci ont le sépale dorsal blanc, veiné et ombré de pourpe rosé, tandis que les pétales et le labelle sont jaunâtres et teintés de brun ; le staminode est blanc. Origine non indiquée. (G. C., 1893, part. II, p. 406 et 437, fig. 70.)

C. Crawshawæ, O. Brien. Nouvelle espèce rappelant par son feuillage et par sa taille le *C. Charlesworthii*, quoique entièrement distincte. Ses feuilles sont cependant plus charnues, vert gai en dessus et entièrement grisâtres en dessous. Les fleurs sont insérées sur des hampes vert pâle et poilues ; le sépale postérieur est blanc pur, avec une macule verdâtre pâle à la base ; les pétales, le labelle et le sépale inférieur sont uniquement jaune verdâtre pâle ; des dimensions de la fleur sont plus grandes que celles de l'espèce précitée. Etats de Shan, 1898. B. J.

C. insigne citrinum, Hort. Forme très méritante et remarquable par l'ampleur de ses fleurs et leur vive nuance jaune citron, surtout sur le labelle, dont la forme est celle du type ; le sépale postérieur est très ample et largement bordé de blanc ; les pétales latéraux sont fortement ondulés et un peu plus pâles que le labelle. Trouvé dans un lot d'importation. (R. H. 1897, p. 448, *cum tab.*)

C. Loo Christianum, Ch. de Bosch. Bel hybride des *C. Hookeræ* et *C. Harrisianum*, dont les fleurs sont grandes. à sépale dorsal semblable à celui du *C. Harrisianum*, presque entièrement vert et fortement strié de pourpre noirâtre ; les pétales ressemblent à ceux du *C. Hookeræ* et le labelle est presque entièrement pourpre, teinté de vert, surtout au sommet. 1895.

C. præstans, Rchb. f. Magnifique espèce dont la nomenclature et l'authenticité ont été controversées ; les uns y ont vu le *C. Kimballianum* ou une de ses formes, les autres un hybride des *C. Rothschildianum* et *C. Dayanum*, ou encore une plante nouvelle, qu'on a décrit sous plusieurs noms. Le feuillage est ample et d'un beau vert brillant ; les hampes sont hautes de 35 cent. et portent deux grandes fleurs à sépale dorsal blanc jaunâtre, avec des lignes rougeâtres ; les pétales sont étendus, tordus, de 12 cent. de long, jaunâtres, lignés de rougeâtre, avec des verrues noirâtres ; enfin le labelle est anguleux, de 5 cent. de long, jaune et réticulé de brun rosé. Nouvelle-Guinée. Serre chaude et humide. (R. H. 1896, p. 128 et 421, fig. 145.)

C. Victoriæ-Mariæ, Rolfe. *Fl.* en grappe multiflore, amples, à sépale dorsal dressé, orbiculaire, vert bordé de blanc, cilié, disque sanguin, strié ; sépales latéraux confluents en un limbe ovale et obtus ; pétales plus longs que les sépales, linéaires, tordus, verts, marginés de pourpre ; labelle plus long que le sépale dorsal, obtus, pourpre, à bords verts et à lobes latéraux rostrés ; hampe robuste, bractées grandes, cymbiformes, ciliées et striées de rouge foncé, larges, linéaires-oblongues, arrondies, émarginées, vert foncé et maculées en dessus, pâles en dessous. Sumatra. (B. M. 7573.)

C. Woltairianum, Kranzl. Espèce nouvelle, surtout par son staminode entièrement différent de celui de ses congénères, et aussi par sa glabrescence. Elle a l'aspect général du *C. Lowii*, dont elle pourrait bien être un hybride, étant donné surtout qu'on ne connaît pas son origine ; le sépale dorsal est d'un beau vert et bordé de blanc, ainsi que la colonne ; le labelle est pourpre brun et pointillé plus clair. B. J.

CYRTANTHUS — Vol. II, p. 136.

C. intermedia, Hort. Bull. Hybride horticole des *C. Mackenii* et *C. angustifolius*. 1893.

C. spiralis, Burch. Plante bulbeuse, anciennement connue, mais extrêmement rare et curieuse autant que remarquable par ses longues feuilles rubanées et tordues en spirale, comme un tire-bouchon, avec une teinte vert glauque. Les fleurs, réunies en ombelle au sommet de la hampe, sont tubuleuses, pendantes, rétrécies à la base, avec un petit limbe à six divisions sub-triangulaires et d'un rouge vif. Cap. Serre froide. (G. C., 1897, part. II, p. 303, fig. 89.) B. J.

CYRTOPODIUM. — Vol. II, p. 137.

C. Aliciæ, Linden et Rolfe. *Fl.* à sépales et pétales verts, tachés de brun, de 4 cent. de diamètre, nombreuses sur les hampes ; celles-ci élevées et ramifiées ; labelle trilobé, blanc et cramoisi. *Flles* allongées, linéaires-lancéolées Pseudo-bulbes forts, fusiformes. Plante voisine du *C. cristatum*. Brésil, 1893. (L., *tab.* 371.)

C. flavescens, Cogn. *Fl.* jaunes, nombreuses, sur une hampe de 1 m. de haut et paraissant avant les feuilles. Vénézuéla, 1895. (L., vol. X, 84.)

C. papillosum, Rolfe. *Fl.* jaune et purpurin, d'environ 2 cent. 1/2 de diamètre, réunies en petit nombre sur des hampes de 60 cent. de haut. *Flles* lancéolées, de 30 cent. de long. Plante voisine du *C. foliosa*, Lindl. Brésil, 1893. (L., *tab.* 371, sous le nom de *Cyrtopera*.)

C. virescens, Rchb. f. et Warn. Chez cette espèce nouvelle, les fleurs ont environ 3 cent. de diamètre ; les sépales sont jaune pâle tacheté de rouge terne et le labelle est trilobé, charnu, crispé sur les bords, à lobe terminal jaune d'or tacheté de rouge foncé, tandis que les latéraux sont auriculé et rouge sombre. Brésil. (B. M., 1895, 7396.)

CYTISUS. — Vol. II, p. 139.

C. kewensis, Hort. Bel et intéressant hybride des *C. Ardoini* et *C. albus*, à branches parfaitement couchées, dont les feuilles trifoliolées sont couvertes, ainsi que les pétioles et les jeunes rameaux, d'une pubescence molle ; en mai se développent des grappes de 30 à 45 cent. de long, composées de nombreuses fleurs blanc crème, odorantes, à étendard grand, arrondi et dressé. Obtenu à Kew, vers, 1896. B. J.

DAHLIA. — Vol. II, p. 144.

Comme dans tous les genres importants de plantes horticoles, les améliorations se poursuivent sans interruptions et les goûts du moment les font converger de préférence vers certaines races plus particulièrement en faveur. Depuis longtemps déjà les Dahlias doubles à grandes fleurs et même les Lilliputs, pourtant si élégants et si florifères, sont négligés au profit des Dahlias simples, et en particulier des *Dahlias à fleurs de Cactus*.

Arrivés à leur apogée de perfection de forme, les Dahlias doubles tournent à peu près dans le même cercle, tandis que chez les Dahlias à fleurs de Cactus, de création encore récente, les améliorations, de forme surtout, ont été extrêmement sensibles dans ces dernières années. La forme typique, représentée par l'ancien *Dahlia Juaresii*, surnommé *Etoile du Diable*, s'étend maintenant à un bon nombre de variétés et leur différence avec les variétés qui, jusqu'en ces dernières années, composaient la série des Cactus est telle que ceux-ci ont été mis à part sous le nom de *Dahlias décoratifs*. On devra donc appliquer ce nom à la plupart des variétés citées dans le choix de la page 151 du volume II, et considérer comme *Cactus vrais* les variétés dont nous donnons ci-après la liste. Les listes des variétés *simples*, *Lilliputs* et *doubles à grandes fleurs* gardent à peu près tout leur mérite.

Parmi ces derniers, nous devons cependant citer un type nouveau, représenté encore par deux variétés seulement : *Grand-Duc Alexis*, à forte fleur blanc parfois très légèrement rosé et *Le Siam* à fleur un peu plus petite, rose, fortement chamarrée et striée rouge foncé. Chez tous deux, les fleurs sont bien doubles, à pétales retournés en dessous au lieu de l'être en dessus, comme d'ordinaire et formant de gros tuyaux renflés au milieu, donnant à la fleur un aspect tout à fait distinct et des plus élégants.

Choix de variétés à fleurs franchement en forme de Cactus.

Africain, vermillon foncé, presque noir, à pétales très pointus.

Alexandre Dean, grande fleur fond rouge violacé, presque marron au centre, revers des pétales violacé.

Alfred Vasey, pourpre nuancé aurore et jaune.

Amphion, jaune de chrome teinté cerise, très distinct.

Apollo, écarlate nuancé rose et chamois.

Arachne, blanc bordé de rouge cramoisi, pétales très fins ; très distinct.

Austin Cannell, mauve carminé ; pétales très fins.

Béatrice Martin, blanc légèrement carné.

Beauté d'Arundel *, grande fleur fond rouge velouté violacé sur le bord des pétales.

Bertha Maw-lay, écarlate Coccinée, nuancé violet aux extrémités des pétales et éclairé jaune à la base, grande fleur ; extra.

Bridesmaid, rose tendre et jaunâtre au centre.

Britannia, saumon tendre et abricot lavé pourpre.

Cannell's favourite, abricot et nankin ; pétales échevelés ; très forte fleur.

Chancellor Swayne, violet prune velouté.

Cinderella, pourpre brillant, lavé plus clair au sommet des pétales.

Countess of Gosford, jaune d'or, à longs pétales étroits.

Countess of Radnor, nankin nuancé abricot ; pétales échevelés.

Cycle, rouge brillant, souvent plus clair au sommet des pétales.

Delicata, blanc chair, centre jaune soufre ; pétales échevelés.

Dr Bazy, écarlate Coccinée, ombré pourpre ; fleur grande et bien faite.

Domino, orange, grande fleur.

Echevelé, fleur moyenne, fond jaune teinté acajou, revers des pétales violacé.

Ensign, carmin violacé brillant.

Ernest Glasse, violet revers argent au centre ; grande fleur.

Gem, vermillon, pétales roulés ; fleur moyenne.

Fusilier, écarlate nuancé rose, pétales roulés, très grande fleur ; extra.

Général Gordon *, écarlate pur, brillant ; extra.

Gloire de Swanley *, grande fleur vermillon nuancé violet sur le bord des pétales.

(Les variétés déjà citées dans le corps de l'ouvrage pouvant être considérées comme *Cactus vrais*, sont précédées d'un *.)

Gloriosa, rouge Coccinée, revers rayé lilas.

Harmony, fond jaune recouvert rose carminé, à pétales roulés ; jolie fleur.

Herrison, joli coloris rose cuivré et carminé ; fleur très grande, bien faite.

Honoria, beau jaune clair nuancé chamois cuivré.

Juaresii ou *Etoile du Diable* *, vermillon ; pétales échevelés au lieu d'être régulièrement imbriqués ; bizarre et curieux.

Kaiserin, jaune canari, très florifère.

Keyne's white, blanc d'ivoire pur, à pétales pointus et incurvés ; le plus beau des blancs.

Kingfisher, pourpre rosé très frais.

Lady Montague, écarlate brillant, fleur moyenne, bien faite.

Lady Penzance, jaune pur.

Laverstock Beauty, vermillon tendre, à pétales très longs et pointus.

Mme M. Gérard, jaune d'or panaché et strié carmin.

Mme G. Chabanne, chamois nuancé violet clair au centre ; grande fleur bombée.

Major Haskins, rouge Coccinée ombré marron, pétales extérieurs roulés ; superbe fleur.

Marquis, marron velouté teinté carmin.

Mary Service, violet lavé carmin au sommet des pétales et jaune brun à la base ; coloris très curieux.

Matchless, marron foncé ; grande fleur légère.

Maurice Paillet, jaune de chrome, lavé carmin, à pétales très pointus.

Miss Irène Cannell, pêche teinté de rose frais à la base ; fleur bien dégagée.

Miss A. Nightingale, fond jaune clair tacheté d'écarlate ; pétales roulés ; très beau.

Miss Violet Morgan, jaune orangé, lavé carmin au sommet des pétales.

Miss Webster, blanc pur, à revers parfois teinté carmin.

Mistress Charles Turner, jaune brillant ; fleur grande, à pétales roulés.

Mistress John Pope, cramoisi feu, ombré rose violacé ; très longs pétales.

Mistress A. Peart, blanc à centre crème ; pétales roulés en dehors.

Mistress Thornton, rose foncé nuancé magenta vers le centre ; très grande fleur.

Mistress Barnes, jaune primevère lavé carmin.

M. Paul Cacheux, grande fleur à fond chamois violacé.

Monsieur L. Grenthe, carmin nuancé de rouge pourpre, revers violacé ; pétales contournés.

Primrose Dame, jaune pur.

Professeur Baldwin, écarlate nuancé de carmin.

Purple Gem, violet franc ; très petite fleur pompon ; floraison abondante.

Robert Cannell, belle couleur rose lavé violet, se dégradant aux extrémités des pétales qui sont roulés en dehors ; extra.

Robert Maher, jaune d'or ; grande fleur.

Royal Georges, carmin clair ombré pourpre.

Ruby, rouge rubis passant au carmin brillant au sommet des pétales.

Sir Trevor Lawrence, rouge violacé.

Standard Bearer, carmin brillant ; buissonnant et très florifère.

Starfish, orange carminé.

Walkyrie, rouge cardinal teinté de rose ; fleur bien dégagée du feuillage ; extra.

DAPHNIPHYLLUM, Blume. (de *Daphne*, genre de plantes, et *phyllon*, feuille ; allusion à la ressemblance de ces plantes). FAM. *Euphorbiacées*. — Genre comprenant environ quinze espèces d'arbustes toujours verts, habitant pour la plupart l'Asie, mais s'étendant jusqu'à l'Himalaya, Java et une se rencontre dans l'Afrique tropicale occidentale. Les deux espèces suivantes sont introduites dans les cultures, où elles sont cependant rares, chez nous surtout. Ce sont de charmants arbustes à beau feuillage toujours vert, rustiques, mais qu'il est bon de protéger légèrement contre les grands froids à l'aide de toiles ou de branchages quand ils sont jeunes; plus tard les jeunes pousses mal aoûtées sont seules détruites. Les *Daphniphyllum* prospèrent en toute bonne terre de jardin pas trop compacte ni humide. Leur multiplication est malheureusement lente, car le bouturage est incertain ; le marcottage serait probablement un moyen plus sûr. Il serait désirable d'en obtenir des graines de leur pays d'origine.

D. glaucescens, Hort. Syn. de *D. macropodum*, Miq.

D. jezoense, Hort. Plante plus naine que la précédente, à feuilles ayant 5 à 8 cent. et proportionnellement plus larges, avec la face inférieure glauque vif. *Haut.* 1 m. 50 environ. — A Kew, cette plante est considérée comme une variété de la précédente.

D. macropodum, Miq. *Fl.* réunies en courtes grappes axillaires, petites et de peu d'effet. Automne. *Fr.* noirs, ayant environ la grosseur d'un pois. *Flles* de 15 à 20 cent. de long, lancéolées, aiguës, vert foncé en dessus, plus pâles et plus ou moins glauques en dessous. Jeunes pousses et pétioles rouges chez certains individus. *Haut.* 2 m. à 2 m. 50 en cultures et, dit-on, 10 m. dans son pays natal. Chine et Japon. Syn. *D. glaucescens*, Hort. non Blume.

Fig. 646. — DEBREGEASIA VELUTINA. — (*Rev. Hort.*)

DEBREGEASIA, Gaud. FAM. *Urticées*. — Genre comprenant cinq espèces d'arbustes voisins des *Bœhmeria*, mais de serre tempérée, habitant les Indes, l'Asie orientale, etc., dont la suivante paraît seule introduite dans les cultures.

D. velutina, Gaud. Arbuste de 2 à 3 m. de haut, à rameaux grêles, pubescents, garnis de feuilles alternes, pétiolées, de 15 cent. de long, lancéolées-aiguës, dentées-pubescentes et pourvues de stipules. Les fleurs sont monoïques, disposées en glomérules ; les femelles produisant des petites baies pisiformes, rouges ou brunes et comestibles. La plante fournit une fibre textile, comme celle des *Bœhmeria* : elle est en outre décorative par ses fruits. Indes orientales. (R. H. 1896, p. 321, fig. 118.)

DECAISNEA, Hook. f. et Thoms. (dédié à J. Decaisne, feu directeur du Jardin des Plantes de Paris). FAM. *Berbéridées*. — Genre fondé en 1834, pour une seule espèce d'arbuste, himalayen, le *D. insignis*, qui ne paraît pas avoir été introduit dans les cultures. La deuxième espèce, reçue de Chine par M. Maurice Levêque de Vilmorin y existe depuis quelques années seulement et s'y montre rustique ou à peu près, ayant déjà supporté des froids de plus de 10 deg., elle prospère en bonne terre de jardin. La floraison et plus encore la production des graines est très désirable en ce qu'elle permettrait de répandre rapidement cette intéressante plante. C'est par ses jolis fruits bleus, ayant l'aspect de grosses chenilles suspendues aux rameaux de l'inflorescence que la plante sera surtout décorative et par eux du reste qu'elle diffère de son congénère.

D. Fargesii, Franch. Plante ligneuse, dressée, à rameaux fragiles, pourvus d'une grosse moelle, à écorce jaunâtre et bourgeons saillants. *Flles* longuement pétiolées à six-dix paires de folioles espacées, pétiolulées, membraneuses, ovales-lancéolées, acuminées, entières, glauques, un peu pulvérulentes. Fleurs disposées en grappes axillaires, lâchement paniculées, dressées, à pédicelles grêles, plus courts que les fleurs ; celles-ci jaune terne, polygames-monoïques ; sépales étroitement lancéolés-acuminés ; anthères à filaments soudés, longuement stipités chez les fleurs mâles, courts chez les fleurs fertiles ; ovaires trois. Fruits pendants, formés de trois follicules bleu d'azur, stipités, cylindriques, de la grosseur du petit doigt, tronqués, avec les bords de la suture prolongés en pointe conique et des étranglements annulaires, très rapprochés. Su-tchuen.

DELPHINIUM. — Vol. II, p. 168.

D. cheilanthum, Fisch. *Fl.* bleu foncé, tachées de blanchâtre sur les pétales, d'environ 3 cent. de diamètre, assez longuement pédicellées et disposées en corymbe lâche, rameaux allongés et presque nus ; sépale supérieur prolongé en éperon deux fois aussi long que le limbe, effilé, aigu, à peine arqué au sommet ; pétales latéraux petits, longuement onguiculés, l'inférieur portant une petite tache de poils jaune vif. Été. *Flles* peu nombreuses, longuement pétiolées ; les radicales arrondies, d'environ 12 cent. de diamètre, pédatiséquées, à cinq divisions principales trifurquées et à lobes lancéolés aigus. *Haut.* 50 cent. Chine. Jolie espèce vivace, à floraison très prolongée, voisine du *D. grandiflorum*. Syn. *D. sutchuenense* Franch.

D. tatsianense, Franch. Cette espèce, voisine de la précédente, s'en distingue cependant assez nettement par son port plus grêle, par ses fleurs d'un bleu moins foncé passant parfois au violet rougeâtre et surtout par ses feuilles plus petites, à divisions bien plus étroites, portant dans l'angle de chaque sinus une tache blanchâtre bien visible et très caractéristique. *Haut.* 40 cent. Chine. C'est aussi une jolie plante vivace et rustique, qu'on ne peut confondre avec ses congénères.

DENDROBIUM. — Vol. II, p. 172.

Les hybrides et variétés horticoles devenant très nombreux parmi les *Dendrobium* et l'intérêt que ces formes, souvent en exemplaires uniques, présentent pour l'horticulture générale, étant relativement restreint, nous avons cru devoir nous abstenir de les citer, comme nous l'avons fait, du reste, pour les *Cypripedilum*. Cependant, et par le fait même de leur origine et de leur nomination, ces plantes sont remarquablement belles, mais leur distinction est très ambiguë et intéresse surtout les orchidophiles et les collectionneurs. Nous ne décrirons ci-après que les quelques espèces et variétés les plus distinctes.

D. amboinense, Hook. f. Espèce rappelant le *D. Johnsoniæ*, dont les fleurs sont géminées, à sépales et pétales blancs, de 8 cent. de long et récurvés; le labelle est très remarquable par ses lobes latéraux arrondis, tandis que le médian est jaune, avec des panachures rougeâtres. Iles Banda. (B. M., 4937; G. C., 1895, part. I, p. 484.) B. J.

D. Augustæ-Victoriæ, Kranzl. Très belle plante à fleurs de 3 cent. de diamètre, disposées en grappes multiflores, longues de 50 cent., les sépales sont blancs, les pétales jaunes et veinés de pourpre et le labelle est rose pourpré, trilobé, avec cinq lamelles sur le disque. Asie occidentale. B. J.

D. barbatum, Cogn. Espèce se rapprochant du *D. ciliatum*, à tiges vert jaunâtre, longues d'environ 10 cent., portant six à sept feuilles linéaires-lancéolées; les fleurs sont blanc presque pur et réunies par quatre à cinq en grappes terminales; les sépales ont environ 1 cent. de long; les latéraux légèrement teintés de rose au sommet; les pétales sont étroits et dressés; labelle à trois lobes très obtus, bordés de longs cils flexueux; le médian plus grand que les latéraux et jaune. Haut Burmah. 1897. B. J.

D. cœleste. Loher. *Fl.* charnues, bleu foncé, à ovaire et éperon pourpres; sépales et pétales ovales, subégaux; labelle obovale et obtus. Iles Philippines, 1897.

D. curviflorum, Rolfe. Plante à tiges de 15 cent. de long, portant des feuilles lancéolées, de 4 cent. de long et des fleurs solitaires, axillaires, de 4 cent. de long, blanc suffusé de rosé vif, avec le labelle maculé de jaune. Himalaya. Serre chaude. B. J.

D. denudans, Don *Fl.* blanches, réunies en grappes axillaires ou terminales, allongées, grêles, penchées et multiflores; sépales ovales, lancéolés-acuminés ou caudiformes au sommet; pétales plus étroits, lancéolés: labelle de moitié plus court que les sépales, à lobes latéraux incisés, le médian ovale et à bords incurvés, crispés, ondulés et crénelés; disque pourvu de deux lamelles. *Flles* caduques, linéaires, oblongues ou lancéolées, aiguës ou bidentées au sommet. Tiges allongées, pseudo-bulbiformes, feuillées. Plante touffue. Himalaya. (B. M. 7549.)

D. glomeratum, Hort. Veitch. Espèce remarquable par ses tiges grêles, excessivement longues, portant sur le sommet des bouquets de cinq à huit fleurs moyennes, rose pourpre chaud, avec le labelle orangé. Guinée. (G. C., 1894, part. I, p. 653, f. 80.) B. J.

D. Godseffianum, Hort. Sander. Plante de la section *Sarcopodium*, voisine du *D. Dearei*, mais à fleurs un peu plus grandes, atteignant 5 cent. de diamètre, à sépales et pétales jaune et brun; labelle versatile, cordiforme, blanc crème, avec des taches pourpres. Origine non indiquée, 1891.

D. Greatrixianum, Hort. Jolie espèce à fleurs blanches, avec le labelle ample, ovale, portant une tache pourpre à la base et une au sommet. Nouvelle-Guinée.

D. Hildebrandii, Rolfe. Espèce à longues tiges flexueuses, garnies de feuilles linéaires, oblongues et de gaines papyracées et persistantes. *Fl.* réunies par trois-quatre en grappes axillaires et courtement pédonculées; sépales et pétales vert pâle ou roses, linéaires-oblongs, tordus; labelle ample, tubiforme, incurvé, jaune primevère, gibbeux sur le tube et à limbe plan, avec les bords denticulés. Burmah. (B. M. 7463.) B. J.

D. Imperatrix, Kranzl. Espèce des plus grandes du genre, voisine du *D. Augustæ-Victoriæ*, à pseudo-bulbes atteignant 2 m. 30 de hauteur et portant des feuilles relativement petites. Les fleurs sont réunies jusqu'à quarante en épis naissant à l'aisselle des feuilles des tiges de deux ans, sur des hampes ayant souvent jusqu'à 75 cent. de long. Est de la Nouvelle-Guinée. (R. vol. II, part. XII, tab. 95.) B. J.

D. inflatum, Rolfe. *Fl.* blanches, avec une macule jaune sur le labelle, de 2 cent. 1/2 de long, réunies en grappes courtes et pauciflores. *Flles* de 2 cent. 1/2 de long. Pseudo-bulbes grêles. Rentre dans la section *Pedilonum*. Java, 1895.

D. Jennyanum, Kranzl. Espèce géante, rappelant le *D. undulatum*, dont elle diffère par sa taille et par divers caractères botaniques; ses fleurs sont jaunâtres extérieurement, brunâtres à l'intérieur et disposées en longues grappes: le labelle à des lobes latéraux très amples, tandis que le médian est court, large et porte une callosité blanchâtre. Origine orientale. B. J.

D. Mettkeanum, Kranzl. Espèce voisine du *D. nitidissimum*, dont les fleurs sont rose très tendre, à sépales et pétales rétrécis en queue filiforme; labelle également très étroit et à lobes latéraux arrondis et couverts de poils sur le lobe médian. Patrie non indiquée, 1894.

D. Mirbellianum, Gaud. Plante distincte, à tiges fortes, de 40 à 50 cent. de haut, à feuilles elliptiques, coriaces et portant des grappes composées d'environ douze fleurs moyennes, à sépales et pétales lancéolées, aigus, vert jaunâtre et striés, tandis que le labelle a des lobes latéraux de même teinte et entourant la colonne; le lobe médian est ovale, aigu, à centre pâle et veiné de brun sur les bords. Nouvelle-Guinée. (L. vol. V, *tab.* 215.)

D. Papilio, Loher. *Fl.* solitaires au sommet de rameaux aphylles, pendantes, odorantes, grandes, rose pâle en dehors, blanches en dedans, à sépales et pétales égaux, ovales; labelle longuement onguiculé, jaune, à limbe arrondi, crénelé, ondulé, portant trois stries et des nervures latérales pourpres; colonne pourvue au sommet de deux cornes. *Flles* linéaires, canaliculées à la base. Tiges pendantes, très rameuses et à rameaux grêles. Plante voisine du *D. cruentum*. Iles du Pacifique, 1897.

D. robustum, Rolfe. *Fl.* vert jaunâtre, rayés de pourpre. Pseudo-bulbes de 60 cent. de long. Plante voisine du *D. Mirbelianum*, mais à segments moins aigus et à bractées plus petites. Nouvelle-Guinée, 1895.

D. sanguineum, Rolfe. Pseudo-bulbes atteignant 1 m. de long, grêles et garnis de côtes vers la base, donnant naissance, sur les nœuds supérieurs, à des fleurs solitaires, d'environ 1 cent. de long, à sépales et pétales obovales et à labelle petit, ondulé, blanchâtre et ligné de pourpre, tandis que les autres divisions sont d'une belle couleur cramoisie, sans doute unique dans le genre et qui rend la plante très méritante. Nord de Bornéo, 1895.

D. sarmentosum, Rolfe. *Fl.* blanches, avec une tache jaune et quelques lignes cramoisies à la base du labelle, de 2 cent. 1/2 de diamètre, solitaires ou réunies par deux-trois. *Flles* paraissant avant les fleurs. Tiges très grêles, ramifiées, de 50 cent. de long. Plante voisine du *D. barbulatum*, dont elle a le port. Burma, 1897. (B. M. 7527.)

D. speciosissimum, Rolfe. *Fl.* semblables à celles du *D. formosum*, mais portant une tache orange foncé sur le labelle. Pseudo-bulbes de 1 m. 50 à 2 m. de haut. Burma, 1895.

D. velutinum, Rolfe. *Fl.* jaune foncé, rappelant celles du *D. cariniferum*, à labelle velutineux; grappe de 2 cent. 1/2 de long. *Flles* lancéolées, de 8 cent. de long. Pseudo-bulbes fusiformes, de 12 cent. de haut. Burma, 1895.

les latéraux soudés à la base et développés en éperon obtus; pétales ovales, obtus; labelle entier, oblong-ovale et à limbe étalé. L'intérêt exceptionnel de ce nouveau *Dendrobium* réside dans la couleur de ses fleurs qui sont bleues sur la moitié externe des divisions; cette dernière teinte étant rare dans les Orchidées. Iles Philippines. Serre tempérée. (G. C. 1897, part. I, p. 399, et part. II, p. 121, fig. 31.) B. J.

DENDROPHYLLAX, Rchb. f. (de *dendron*, arbre, et *phyllax* feuille; allusion au port et à l'absence de feuilles). FAM. *Orchidées*. — Petit genre de la tribu des

Fig. 647. — DEUTZIA CORYMBIFLORA. — (*Rev. Hort.*)

D. versicolor, Cogn. *Fl.* à sépales d'abord jaune verdâtre, passant ensuite au jaune d'or teinté de pourpre à l'extérieur; pétales d'abord vert pâle et devenant ensuite jaune soufre; labelle passant du verdâtre au jaune très pâle. Plante voisine du *D. megaceras*. Assam, 1895.

D. Victoriæ-Reginæ, Loher. Espèce à tiges pendantes, articulées, portant des feuilles ovales-lancéolées et acuminées. Les feuilles, larges de 2 cent. 1/2, sont réunies par trois à douze en glomérules axillaires, à sépales lancéolés,

Vandées, comprenant cinq espèces de serre chaude, habitant les Indes occidentales. La suivante paraît seule introduite.

D. Fawcetti, Rolfe. *Fl.* de 5 cent. de diamètre, plusieurs réunies sur une hampe naissant d'une tige très courte; sépales et pétales lancéolés, aigus, d'un blanc verdâtre délicat; labelle blanc, bilobé, muni d'un éperon grêle, de 18 cent. de long; hampe de hauteur très variable. Plante aphylle, pourvue de nombreuses et longues racines blanches, naissant d'une tige très courte. Iles Caïman, 1888.

DERMATOBOTRYS, Bolus. (de *derma*, écorce, et *botrys*, grappe; allusion à la position et à la disposition des fleurs). FAM. *Scrophularinées*. — Nouveau genre créé pour la seule espèce décrite ci-après, qui est un intéressant arbuste de serre tempérée.

D. Saundersii, Bolus. Plante sarmenteuse, à tige tétragone, un peu charnue, portant des feuilles opposées, obovales, acuminées, à bords dentés, de 10 à 15 cent. de long et 5 à 10 cent. de large, courtement pétiolées et caduques. *Fl.* sub-terminales, sur des pédicelles ternés, comme verticillés à la base des jeunes pousses et accompagnées de courtes bractées; calice petit, à cinq divisions de 3 à 4 mm. de long; corolle tubuleuse, courbée, évasée supérieurement, rouge clair à l'intérieur, jaunâtre à l'extérieur, à cinq lobes courts et étalés; étamines cinq et égales. Le fruit est une baie ovoïde, aiguë, à peau coriace et ardoisée à la maturité. Natal. (J. 1898, p. 102; B. M. 7369.) B. J.

DEUTZIA. — Vol. II, p. 101.

D. corymbiflora, Hort. Arbuste buissonnant et à rameaux grêles, portant des feuilles opposées, ovales-lancéolées, aiguës, sub-sessiles, vert foncé, tomenteuses et un peu scabres. *Fl.* blanches, disposées en panicules terminales, formées de petits bouquets pauciflores. Fleurit en mai-juin. Chine. (R. H., 1897, p. 466-7, f. 139-140 et p. 486.) Syn. *D. corymbosa*, Ed. André; *D. sutchuenensis*, Franch.

D. discolor, Hemsl. **purpuracens**, Mus. Par. Bel arbuste de 1 m. de haut, ramifié et garni de feuilles ovales, finement dentées, de 2 à 3 cent. de long, d'un vert plus clair en dessous qu'en dessus. Fleurs rose vif en boutons, puis blanches quand elles sont épanouies, petites mais nombreuses et réunies par six à huit en grappes axillaires, de 4 à 5 cent. de long. Fleurit en mai. Yun-nan. (R. H., 1895, p. 65, *cum tab.*) B. J.

D. Lemoinei, Hort. Lemoine. Bel hybride des *D. gracilis* et *D. parviflora*, entre lesquels il est intermédiaire; ses fleurs sont blanches, plus grandes, plus nombreuses et plus décoratives que dans le *D. gracilis* et, comme chez lui, réunies en petites grappes axillaires. La plante est aussi plus élevée, moins buissonneuse et n'a pas, comme ce dernier, l'inconvénient d'avoir certains rameaux qui avortent au forçage. Le *D. Lemoinei* est, en résumé, plus beau que le *D. gracilis* et préférable à la culture en plein air, en pots et pour le forçage. (G. C., 1895, part. II, p. 360, fig. 67; R. H., 1895.) B. J.

DICHORIZANDRA. — Vol. II, p. 201.

D. acaulis, Cogn. Plante acaule, composée de sept à huit feuilles en rosette, étalées, oblongues, rétrécies à la base et aiguës au sommet, vertes et finement striées de blanc d'argent sur la face supérieure, tandis que l'inférieure est pourpre violacé foncé. Les fleurs ont des pétales violet bleuâtre, assez grands et sont réunies en panicule courte, pauciflore, accompagnée de deux ou trois bractées ovales. Brésil. (I. H., 1894, p. 297, *tab.* 19.) B. J.

D. angustifolia, Lind. et Rod. Belle plante ornementale par ses feuilles lancéolées-aiguës, de 10 à 15 cent. de long, striées de blanc et pourpres en dessous. Equateur. (I. H., vol. XXXIV, *tab.* 158.) B. J.

DIDIERA, Baillon. (nom de personnage). Nouveau genre créé pour la plante décrite ci-après, dont les caractères sont tellement étranges qu'on n'a pu la classer avec certitude dans aucune famille. Il lui faut la serre tempérée.

D. mirabilis, Baillon. Plante d'aspect tout particulier, rappelant un peu celui de certains *Euphorbia* charnus, dont la tige est toute garnie d'épines et de longues feuilles linéaires. Les fleurs sont réunies en touffes pendantes; elles se composent de trois paires de segments alternes, roses; il y a huit étamines hypogynes et l'ovaire est à trois loges. Les affinités botaniques de cette curieuse plante, obtenue de graines provenant de Madagascar, sont encore à déterminer; sa construction anatomique paraissant anormale. (G. C., 1898, part. I, p. 110, fig. 42.) B. J.

DIDYMOCARPUS. — Vol. II, p. 206.

D. lacunosa, Hook. f. Charmante petite plante de serre chaude, voisine du *D. crinita*, dont elle diffère par son port et par la couleur de ses fleurs; celles-ci sont tubuleuses, de 4 cent. de long, penchées, violet bleu et disposées en panicule. Les feuilles sont ovales, cordiformes. Penang. (B. M., 7236.) B. J.

D. malayanus, Hort. Veitch. Nouvelle espèce à feuilles radicales ovales-cordiformes, couvertes de poils blancs et soyeux, qui leur donnent un reflet argenté; les fleurs sont longuement tubuleuses, à limbe oblique, découpé en cinq lobes, d'un jaune primevère pâle et réunies par trois-cinq au sommet de hampes dressées. Penang. (G. C. 1896, part. II, p. 123, fig. 24.) B. J.

DIERVILLA. — Vol. II, p. 211.

D. præcox, Hort. Lemoine. Nouvelle espèce voisine des *D. amabilis* et *D. florida*. Japon, 1897. (R. G. 1897, p. 393, *tab.* 1441.)

D. sessilifolia, Hort. Veitch. Nouvelle espèce à grandes feuilles opposées, sessiles, lancéolées, denticulées et à fleurs jaunes, très nombreuses et disposées en bouquets compacts et terminaux. Japon. (G. C. 1897, part. I, p. 17, f. 3.) B. J.

DIMORPHOTHECA. — Vol. II, p. 214.

D. Eckloni, DC. Espèce suffrutescence, robuste, rameuse et dressée, à fleurs en capitules longuement pédonculés, atteignant 9 cent. de diamètre; les fleurons ligulés sont blancs en dessus, bleu-violet strié en dessous et largement bordés de blanc; fleurons du centre tubuleux et formant un petit disque bleu d'azur. Sud de l'Afrique. (B. M., 7535.) B. J.

DIPCADI. — Vol. II, p. 219.

D. Becazzeanum, Damm. *Fl.* vertes, pendantes, réunies en grappe lâche, d'environ 45 cent. de long. *Flles* graduellement rétrécies. Abyssinie, 1892. (R. G. 1892, p. 611, f. 127.)

DIPLADENIA. — Vol. II, p. 221.

D. atropurpurea, DC. Jolie plante grimpante, dont les fleurs, réunies par deux ou trois en cymes termiales, sont tubuleuses, ventrues, à cinq lobes triangulaires, sub-égaux, avec la gorge rouge cramoisi éclairé et brillant, tandis que la face interne des lobes est pourpre brunâtre foncé et velouté. Ses feuilles sont opposées, pétiolées, ovales-lancéolées et vert gai. Brésil, 1895. (B. R., 1843, 27; F. d. S., vol. I. 39.)

D. eximia, Hemsl. *Fl.* d'un beau rose-rouge, d'environ 6 cent. 1/2 de diamètre, réunies en cymes de grappes. *Flles* elliptiques ou orbiculaires, ayant près de 4 cent. de long. Brésil, 1893.

D. Sanderi, Hemsl. Plante intermédiaire entre les *D. illustris glabra* et *D. eximia*. Ses feuilles sont oblongues, acuminées, très obscurément nervées et pâles en dessous. Les fleurs sont conformes à celles du *D. crimia*, mais d'un rose plus foncé et plus vif et dépourvues du cercle foncé à la gorge que présentent celles du *D. illustris glabra*. Brésil, 1897.

D. speciosa, Hort. Sander. Hybride horticole du *D. Brearleyana* et d'une autre espèce innommée. 1897.

DISA. — Vol. II, p. 225.

D. kewensis. Hort. Plante élégante par ses fleurs grandes, nombreuses et réunies en épis dressés; les divisions sont arrondies; les supérieures en casque, d'un rose cramoisi vif, toutes tachetées de pourpre, surtout en vieillissant. Ce *Disa* est en outre intéressant en ce qu'il est le premier hybride du genre, obtenu par croisement des *D. uniflora* et *D. tripetaloides*. (G. C., 1895, part. II, p. 273, fig. 51.)

D. nervosa, Hort. Fleurs rose clair, disposées en épi lâche, allongé et à hampe élevée; segments étroits, le dorsal muni d'un éperon à peu près aussi long que lui; labelle très étroit et crochu au sommet. Natal, 1894. (G. C. 1894, part. II, p. 308, f. 111.)

D. Premier, Hort. Hybride horticole des *D. Veitchii* et *D. tripetaloides*. 1895. (G. M. 1893, p. 658.)

D. pulchra, Sonder. Espèce entièrement distincte de ses congénères, dont les tubercules sont volumineux et dont la partie aérienne a l'aspect d'un Glaïeul. Les feuilles sont fermes, vert gai et passent graduellement à l'état de bractées dans la partie supérieure de la hampe. Les fleurs sont grandes, nombreuses, à sépales lilas pâle, avec quelques petites lignes et des points pourpres et le sépale supérieur se prolonge à la base en long éperon droit et aigu; les pétales sont petits et curieusement enroulés en crosse sur la colonne, entourant les pollinies et de couleur bleu lavande, avec les bords pourpres; le labelle est lancéolé, récurvé, lilas, avec les bords et la nervure médiane pourpres. États d'Orange. (G. C. 1896, part. II, p. 778, fig. 141.) B. J.

D. sagittalis, Swartz. Belle plante terrestre, à feuilles lancéolées-aiguës et paraissant avec les fleurs. Celles-ci sont lilas pâle, forment une grappe oblongue, cylindrique ou corymbiforme et sont accompagnées de bractées plus courtes qu'elles; sépales latéraux oblongs, aigus; le postérieur dilaté supérieurement en lame étalée, bilobée et recourbée; les pétales sont linéaires et dressés, dilatés en oreillette à la base; le labelle est linéaire, ondulé, à bec court et arrondi; enfin l'éperon est conique, allongé et droit. Afrique centrale. (B. M. 7403.) B. J.

DIZYGOTHECA leptophylla, Hemsl. D'après M. Hemsley, ce serait le nom correct de l'*Aralia leptophylla* (décrit Vol. I, p. 205) cultivé depuis plus de trente ans et dont l'origine exacte est inconnue, mais supposée polynésienne.

DODECATHEON. — Vol. II, p. 229.

D. meadia, Linn. Vars. — Cette jolie plante vivace et rustique, restée jusqu'ici trop oubliée, prendra peut-être la place qu'elle mérite dans les cultures d'ornement, car depuis quelques années se montrent d'intéressantes formes et coloris nouveaux. L'an dernier, la *Revue Horticole* décrivait deux variétés *giganteum* et *Jaffreyanum*, plus fortes, à fleurs plus grandes et plus nombreuses que dans le type. Cette année, elle en figure en couleur trois autres bien distinctes par leur coloris : *Tits Bits*, rose violacé pâle; *Beauty of Norfolk*, lilas taché pourpre et marginé jaune vif; *Withe Swan*, blanc pur. Toutes ces variétés sont d'origine étrangère, ce qui prouve que la plante y est plus estimée que chez nous. (R. H. 1887, p. 309; 1898, p. 552, *cum tab.*) B. J.

DOLICHOS. — Vol. II, p. 229.

D. simplicifolius, Hook. f. *Fl.* rose vif, rappelant celles des Pois, réunies en bouquets axillaires. *Flles* simples, lancéolées, de 15 cent. de long. Tiges herbacées, annuelles et dressées, souche formant un tubercule ligneux. Espèce remarquable. Sud de l'Afrique, 1893. (B. M. 7318.)

DOMBEYA. — Vol. II, p. 230.

D. Cayeuxii, Ed. André, ex Hort. Cayeux. Magnifique hybride, le premier dans ce genre, obtenu du croisement du *D. Wallichii*, fécondé par le *D. Mastersii*, plus rustique que ses parents et paraissant parfaitement intermédiaire entre eux. C'est un magnifique arbrisseau à tiges cylindriques, hispides, portant des feuilles alternes, à pétioles de 10 à 15 cent. de long, accompagnés de stipules triangulaires-aiguës et à limbe cordiforme-aigu, denté, vert foncé et fortement réticulé. Les fleurs sont réunies en ombelles axillaires, pendantes, multiflores, entourées de bractées; corolle à cinq pétales étalés, obcordés, finement veinés et d'un beau rose, rappelant l'aspect des fleurs des Pêchers. Serre chaude. (R. H. 1897, p. 545, *cum tab.*) B. J.

D. Wallichii, Benth. et Hook. f. Nom correct de *Astrapea Wallichii*, Lindl., décrit Vol. I, p. 284.

DORSTENIA. — V. II, p. 232.

D. Walleri, Hemsl. Inflorescence verte, étoilée, ayant près de 2 cent. 1/2 de long, dont le sommet de chaque division se termine en appendice caudiforme, ayant près de 5 cent. de long. *Flles* ovales, charnues, de 5 à 12 cent. de long. Tiges persistantes, dressées, atteignant 30 cent. Souche tuberculeuse. Espèce voisine du *D. Mannii*. Nyassaland; sud de l'Afrique. 1893.

DORYANTHES. — Vol. II, p. 233.

D. Guilfolei, Hort. Cette plante, élevée au rang d'espèce par certains auteurs, constituerait la troisième et la plus belle de ce genre, mais, selon M. Baker, ce ne serait qu'une forme du *D. Palmeri*. C'est en tout cas la plus grande et la plus belle, car sa hampe a 5 m. de hauteur et porte un épi de 2 m. de long, garni de belles fleurs rouge cramoisi, fasciculées, semblables à celles des *Amaryllis*. Les feuilles ont 2 m. 50 de long et 20 cent. de large. Queensland; Australie. (R. H. 1893, part. II, p. 69, fig.) B. J.

DORYPHORA, Endl. Fam. *Monimiacées*. — Genre dont la seule espèce connue est un arbuste australien, excessivement rare, quoique anciennement introduit, et qui demande la serre froide.

D. sassafras. Endl. *Fl.* solitaires ou ternées, blanchâtres, d'environ 3 cent. de diamètre, à six segments coriaces, aigus et hirsutes, et à neuf étamines. *Flles* opposées, courtement pétiolées, ovales, glabres et bordées de dents espacées, exhalant une odeur fortement aromatique. Nouvelle-Zélande, 1895. (G. C., 1895, part. II, p. 34, f. 6.)

DRACÆNA. — Vol. II, p. 236.

D. Godseffiana, Hort. Petite espèce voisine du *D. surculosa*, à tiges grêles, garnies de feuilles sub-opposées ou sub-verticillées, sessiles, ovales, tordues au sommet, vert foncé lustré et maculées de blanc et de jaune, accompagnées de bractées aiguës et de gaines amplexicaules et aiguës sur les parties dénudées des tiges. Vieux Calabar, 1898. Serre chaude. (R. H., 1893, p. 201.)

D. Sanderiana, Hort. Espèce distincte et ornementale, dont la tige fine, mais robuste, est engainée par la base des feuilles; celles-ci sont espacées, lancéolées, aiguës, étalées, rigides, un peu tordues, de 12 à 15 cent. de long, d'un beau vert brillant, à centre parcouru par des bandes blanches, très nettes et bordées de même teinte. Afrique tropicale occidentale. Serre chaude. B. J.

DRIMIA. — Vol. II, p. 243.

D. Coleæ. Baker. *Fl.* vertes, réunies en grappe lâche, cylindrique, à hampe plus courte que les feuilles ; périanthe à tube court, campanulé et à lobes petits, linéaires ; étamines à filets pourpres ; pédicelles courts et bractées petites. *Flles* paraissant avec la hampe florale, sessiles, oblongues, aiguës, un peu charnues, glabres, vert pâle et maculées en dessus, pâles et concolores en dessous. Bulbe volumineux, à tuniques membraneuses et brunes. Terre des Somalis. 1897. (B. M. 7565.)

ECHINOCACTUS. — Vol. II, p. 258.

E. Digueti. Weber. *Fl.* jaunes, à pétales allongés, lancéolés ; sépales plus courts, rouges ou bruns ; ovaire squameux. Tige à côtes étroites, comprimées, laissant entre elles des sillons profonds, déprimée, concave au sommet ; aiguillons au nombre de six à sept dans chaque aréole, de 3 à 4 cent. de long, grêles, aciculaires, d'un jaune d'abord roux puis gris jaunâtre. Espèce géante, mesurant de 3 à 4 m. de hauteur et 50 jusqu'à 80 cent. de diamètre. Basse-Californie.

E. peninsulæ. Weber. *Fl.* de 5 à 6 cent. de long, à pétales jaune d'or clair à l'extérieur, avec une ligne médiane rouge sang foncé ; étamines formant un faisceau compact, tordu en spirale et orange. *Fr.* de 3 cent. de long, sub-ligneux, couvert de squames jaunâtres, imbriquées. Tige rappelant celles des *E. Lecontei* et *E. Wislizeni*. Basse-Californie.

E. Schilinzkyanus. F. Haage. Plante globuleuse ou très courtement cylindrique, à côtes à peine saillantes ; épines courtes. Par son aspect général, cette plante ressemble à l'*E. pumilus*. Paraguay. 1897.

ECHINOCYSTIS, Torr. et Gray. (de *echinos*, Hérisson, et *kyste*, kyste ; allusion aux fruits). FAM. *Cucurbitacées.* — Genre comprenant vingt-quatre espèces de plantes herbacées, annuelles ou vivaces, voisines des *Cyclanthera* et habitant les régions chaudes et tempérées des deux Amériques. Pour la culture de l'espèce suivante, paraissant seule introduite, V. **Cyclanthera**, Vol. II, p. 106.

E. lobata, Torr. et Gray. Plante grimpante, annuelle, pouvant servir à orner les treillages, dont les tiges atteignent, à l'aide de vrilles, jusqu'à 10 m. de haut ; elles portent des feuilles alternes, pétiolées, à cinq lobes profonds et anguleux, comme certaines feuilles de Vigne. Les fleurs sont dioïques ; les femelles solitaires ou fasciculées, verdâtres, de peu d'effet, mais donnant par la suite naissance à des fruits pédonculés, pendants, de 4 à 5 cent. de long et un peu moins de large, verdâtres et hérissés de pointes molles. Colorado et Virginie. (R. H. 1895, p. 9, fig. 1.)

ENCEPHALARTOS. — Vol. II, p. 277.

E. villosus, Lem. Espèce rare, à tronc court, portant des couronnes de feuilles étalées-dressées, garnies de chaque côté de soixante à quatre-vingt-dix folioles épaisses, coriaces et piquantes au sommet. Le cône ou fruit femelle est ovoïde-cylindrique, formé d'écailles prenant à maturité une belle couleur jaune abricot, tandis que les graines qu'elles abritent sont rouge écarlate et par suite très décoratives. Natal ; Afrique australe, 1897. (R. H. 1897, p. 36, *cum tab.*)

EPI-CATTLEYA, Hort. (de *Epidendrum* et *Cattleya*, genres dont sont issus les plantes). FAM. *Orchidées.* — Genre créé pour des hybrides bigénériques, d'origine horticole, obtenus du croisement de certains *Epidendrum* avec des *Cattleya*. Pour leur culture, V. **Cattleya.**

E.-C. matutina. Hort. Hybride des *Cattleya Bowringiana*, croisé par l'*Epidendrum radicans*, dont le port est celui de ce dernier ; les fleurs, disposées par sept-huit en épis, ont des sépales et pétales sensiblement égaux, jaune teinté de vermillon ; le labelle est allongé, sub-trilobé, jaune à la base et rougeâtre sur le devant, montrant ainsi son hybridité parfaite. (G. C. 1897, part. I, p. 233, fig. 77.) B. J.

E.-C. radiato-Bowringiana. Hort., Veitch. Intéressant hybride obtenu de l'*Epidendrum radiatum* croisé par le *Cattleya-Bowringiana*. La plante a le port du premier parent, mais les sépales et les pétales sont pourpre rosé et le labelle est plus foncé, strié de lignes pourpres. Les pseudo-bulbes sont ovoïdes et aplatis. (G. C., 1898, part. I, p. 391, fig. 146.) B. J.

EPIDENDRUM. — Vol. II, p. 288.

E. elegantulum. Hort. Magnifique hybride des *E. Endresii* et *Wallisi*, dont les fleurs, disposées un épi terminal, ont les pétales et sépales d'un beau brun foncé, avec l'onglet blanc et ponctués de rouge brun, tandis que le labelle est blanc, jaune à la base et maculé de rose. (G. C., 1896, part. I, p. 361, fig. 49.) B. J.

E. Endresio-Wallisii. Hort. Hybride horticole des parents qu'indique son nom. 1893.

E. Forgeteanum. Hort. Sander. Très jolie plante à fleurs jaunâtres, veinées de rose terne. 1893.

E. Laucheanum, Rolfe. *Fl.* entièrement brunâtres, sauf le labelle qui est vert, et réunies en grappes terminales et multiflores. *Flles* étroites, de 8 à 15 cent. de long. Tiges de 20 cent. de haut. Plante voisine de l'*E. grandiflorum*, mais à fleurs et feuilles de moitié plus petites. Origine non indiquée. 1893.

E. pumilum. Rolfe. *Fl.* vert jaunâtre, en grappes pauciflores. *Flles* petites et oblongues. Tiges de 12 cent. de long. Plante voisine de l'*E. Endresii*. Costa-Rica. 1893.

E. radico-vitellinum, Hort. Hybride horticole des deux espèces qu'indique son nom. 1897.

E. Stanhopeanum. Kränzl. *Fl.* petites, vert et pourpre, disposées en grappes terminales. *Flles* petites. Tiges courtes. Plante voisine de l'*E. carinatum*. Colombie. 1897.

E. tricolor. Rolfe. *Fl.* jaune clair, petites, nombreuses, à odeur de concombre. *Flles* de 10 cent. de long. Tiges de 12 cent. de haut. Plante voisine de l'*E. purum*. Vénézuéla, 1893.

E. Wendlandianum, Kränzl. *Fl.* de 5 cent. de diamètre, à sépales et pétales vert clair, avec le labelle blanc de neige, rayé de pourpre sur les lobes latéraux. *Flles* linéaires. Tiges charnues et rampantes. Plante voisine de l'*E. tripunctatum*. Mexique. 1893.

E. xipheroides, Kranzl. Espèce rappelant, par la plupart de ses caractères, l'*E. xipheres* ; ses pseudo-bulbes sont pyriformes, longs de 7 cent. et terminés par deux feuilles linéaires, acuminées et canaliculées ; les fleurs sont en grappe grêle ; les sépales et pétales sont étroitement lancéolés, inégaux, vert foncé, lignés de pourpre et le labelle a des lobes latéraux courts, tandis que le médian est presque carré, ondulé et d'un jaune d'or. Brésil. Serre tempérée. B. J.

EPI-LÆLIA, Hort. (de *Epidendrum* et *Lælia*, genres dont sont issues ces plantes). FAM. *Orchidées.* — Genre créé pour des hybrides bigénériques, d'origine horticole, obtenus du croisement artificiel de certains

Epidendrum avec des *Lælia*. Pour leur culture, V. **Epidendrum**.

E.-L. bellærensis, Hort. Hybride horticole des *Lælia autumnalis* et *Epidendrum ciliare*. 1897.

E.-L. radico-purpurata, Hort. Veitch. Hybride obtenu du croisement du *Lælia purpurata* par l'*Epidendrum radicans*. Le feuillage est celui de l'*Epidendrum* : les fleurs sont les unes anormales, les autres normales et celles-ci sont jaune orangé à sépales lancéolés; pétales ovales et pointus; labelle largement ovale, à lobe médian à peine séparé, avec trois crêtes jaunes. (G. C. 1897, part. II, p. 61, f. 23.) B. J.

EPIPHRONITIS. — Vol. II, p. 297.

E. Veitchii. Hort. Veitch. Hybride bigénérique, issu du croisement du *Sophronitis grandiflora* par l'*Epidendrum radicans*. La plante est plus forte que le *Sophronitis* et les fleurs, disposées en bouquet terminal, sont aussi plus grandes, plus vivement colorées, avec une belle tache sur les lobes et une marque jaune plus étendue sur le disque du labelle et quelques ponctuations cramoisies. Il y a aussi certaines modifications dans la structure de la fleur. (R. H. 1896, p. 480, *cum. tab.*) B. J.

Fig. 648. — EREMURUS ELWESII. — (*Le Jardin*.)

EPISCIA. — Vol. II, p. 30.

E. densa, Wright. Plante à tige forte, courte, rouge ainsi que les pétioles et la face inférieure des feuilles; celles-ci sont ovales-oblongues, crénelées, vert gai et poilues en dessus, glabres en dessous ; les fleurs forment des petites grappes axillaires, à pédoncules et pédicelles courts; calice urcéolé, à segments oblongs ; corolle de 4 cent. de long, presque cylindrique, jaune paille, velue et à cinq lobes étalés et arrondis. Plante voisine de l'*E. erythropus*. Demerara, 1895. Serre tempérée. (B. M. 7484.)

EREMURUS. — Vol. II, p. 304.

E. Elwesii. M. Leicht. Plante touffue, à feuilles radicales amples, de 25 cent. de large et près de 1 m. de long, planes, charnues et vert franc. Hampe florale atteignant jusqu'à 3 m. de hauteur, portant dans son tiers supérieur des fleurs très nombreuses, pédicellées, à six divisions inégales et d'un beau rose. Quoique voisin de l'*E. robustus*, dont il fut d'abord une variété, il s'en distingue nettement par ses feuilles et sa floraison plus précoce. Origine non indiquée. (R. H., 1897, p. 280, *cum. tab.*)

ERIA. — Vol. II, p. 305.

E. albiflora. Rolfe. *Fl.* blanches, petites, sur une hampe courte. Pseudo-bulbes ovoïdes. Petite plante voisine de l'*E. articulata*. Indes, 1893.

E. reticulata. Benth. et Hook. f. Petite plante d'intérêt botanique, mais produisant des fleurs exceptionnellement grandes pour sa taille, brun rougeâtre et reposant sur la mousse dans laquelle elle croît. Indes orientales, 1895. (G. C. 1895, part. I, p. 553, fig. 78.)

ERIOPSIS. — Vol. II, p. 319.

E. Helenæ. Kränzl. *Fl.* rappelant celles de l'*E. biloba*, mais deux fois plus grandes; hampes de 50 cent. de long, pluriflores. *Flles* linéaires-lancéolées. Pseudo-bulbes de 40 cent. de haut. C'est sans doute la plus belle espèce du genre. Pérou, 1897.

ERODIUM. — Vol. II, p. 321.

E. chrysanthum. L'Herit. *Fl.* jaune citron. *Flles* finement découpées et argentées. Nouvelle espèce très distincte. Grèce, 1897.

ERYSIMUM. — Vol. II, p. 325.

E. murale. Desf. Erysimum nain compact jaune d'or. Plante annuelle ou bisannuelle, d'abord naine et com-

Fig. 649. — ERISYMUM MURALE. — (*Vilm.-Andr.*)

pacte, se couvrant au printemps de très nombreux épis de fleurettes jaune d'or, rappelant, mais en bien plus petit, celle de la Giroflée jaune. Plus tard, la plante s'allonge et perd sa valeur décorative, mais au printemps elle produit un charmant effet en bordure ou associée aux Silènes, Myosotis, Pensées et autres, dont elle s'accommode en outre du même traitement. Cet *Erysimum* est indigène, mais très rare chez nous et se rapproche beaucoup de l'*E. cheiranthoides*. (R. H. 1897, p. 45, f. 14-15.) B. J.

ERYTHRINA. — Vol. II, p. 326.

E. Constantiana, M. Micheli. Arbre de plus de 10 m. de haut, à tronc fort et à rameaux couverts d'aiguillons persistants et portant des feuilles alternes, pétiolées, composées de folioles ovales ou arrondies, échancrées à la base, glabres et un peu coriaces. Les fleurs sont réunies par vingt environ, en grappes axillaires vers le sommet des rameaux ; l'étendard est rouge écarlate, ample, ovale-aigu, dressé, de 3 cent. environ de long, tandis que les ailes et la carène sont petites et verdâtres, de même que les étamines, qui sont très saillantes. Arbre remarquable par sa beauté et prospérant en plein air sur le littoral méditerranéen, mais dont l'origine est inconnue. (R. H. 1896, p. 525, *cum. tab.*)

ERYTHRONIUM. — Vol. II, p. 328.

E. Johnsoni. Bolander. Petite plante bulbeuse, produisant deux feuilles lancéolées, fortement marbrées et une hampe terminée par une fleur rose clair extérieurement et jaune orangé passant au pourpre à l'intérieur, avec des segments acuminés ; les trois internes appendiculés. Orégon. (Rustique. 1896, p. 518, fig. 83 ; Gn. 1897, part. II, p. 136, fig.)

E. revolutum, Smith. *Fl.* variant du blanc au rose, sur des hampes d'environ 30 cent. de haut. *Flles* marbrées. Amérique du Nord, 1897.

ESCALLONIA. — Vol. II, p. 328.

E. Langleyensis, Hort. Veitch. Intéressant hybride des *E. macrantha* et *E. Philippiana*, intermédiaire entre ses parents par son port, son feuillage et ses fleurs ; celles-ci sont roses, très nombreuses, disposées en grappes et s'épanouissent en juin. (G. C. 1897, part. II, p. 17, f. 4.) B. J.

EUCHARIS. — Vol. II, p. 341.

E. Lowii, Baker. *Fl.* blanc pur, aussi grandes que celles de l'*E. grandiflora*. Supposé hybride naturel des *E. grandiflora* et *E. Sanderii*. Nouvelle-Grenade, 1893. (G. C. 1893, part. I, p. 455 et 538, fig. 78.)

EUCOMIS. — Vol. II, p. 347.

E. robusta, Baker. Plante bulbeuse, demi-rustique, voisine de l'*E. regia*, dont elle diffère par ses feuilles étroites, de 60 cent. de long, non maculées, ensiformes et aiguës ; les fleurs, campanulées et brunes sur le dos, sont réunies en grappes de 15 à 20 cent. de long, denses, oblongues et surmontées d'une touffe de vingt à trente feuilles réduites. Natal. B. J.

EUCRYPHIA. — Vol. II, p. 448.

E. cordifolia, Cavan. Arbuste à feuilles opposées, persistantes, vert foncé, ovales, dentées et courtement pétiolées. *Fl.* grandes, blanches, solitaires, axillaires, assez longuement pédicellées et à cinq pétales étalés, onguiculés. Chili. Serre froide. (G. C. 1897, part. II, p. 246, fig. 73.)

EUGENIA. — Vol. II, p. 448.

E. Guabiju, Ed. André. Arbrisseau buissonneux, dressé, à rameaux fins, lisses, portant des feuilles opposées, coriaces, ovales-aiguës, à mucron noir, très entières, vert foncé et luisant en dessus, plus pâles en dessous. Les fleurs sont blanc verdâtre, à odeur suave, solitaires, axillaires, à calice courtement tubuleux et à corolle à quatre pétales caducs, avec des étamines très nombreuses, à filets blancs et anthères très petites. Le fruit est une baie de la grosseur et la forme d'une cerise, d'un beau noir-bleu et pruineuse à la maturité, surmonté d'une protubérance formée par les lobes accrus du calice persistant. Ce fruit est comestible, doux et sucré mais avec un arrière-goût de térébenthine. L'arbuste sera sans doute rustique sur le littoral méditerranéen. Uruguay. (R. H. 1897, p. 304, *cum. tab.*) B. J.

EULOPHIA. — Vol. II, p. 449.

E. bicolor. Rchb. f. Syn. de *E. Zeyheri*. Hook. f.

E. congoensis. Cogn. Plante à petits pseudo-bulbes globuleux, agglomérés, portant plusieurs feuilles dressées, oblongues, aiguës, arquées ; hampe de 70 cent. de long, garnie dans sa moitié supérieure de fleurs accompagnées de bractées linéaires et verdâtres ; sépales et pétales pourpre violacé foncé ; labelle trilobée, à lobes latéraux très petits ; le médian ample, obovale, plan, arrondi au sommet, pourpre passant au blanc à la base, avec une large macule pourpre violacé foncé et un éperon pendant droit, grêle et obtus. Afrique centrale. Serre chaude. (L. *tab.* 486.) B. J.

E. deflexa. Rolfe. *Fl.* pourpre et lilas, à labelle blanc et frangé, de 5 cent. de diamètre, réunies en grappe lâche, sur une hampe de 60 cent. de long. *Flles* lancéolées, d'environ 30 cent. de long. Plante voisine de l'*E. barbata*. Natal, 1892.

E. Wendlandiana, Kranzl. *Fl.* réunies en grappe atteignant 40 cent. de long, espacées et munies de bractées linéaires ; sépales linéaires, aigus, vert pâle, de 2 cent. de long ; pétales oblongs, obtus, de 1 cent. 1/2 de long, blancs ; labelle vert, à lobes latéraux falciformes ; le médian largement oblong, obtus, portant deux callosités basilaires blanches, crénelées, situées entre quatre lobes latéraux continus avec deux grandes lamelles violettes, et une troisième bien plus courte, éperon égalant la moitié du labelle obtus ; colonne courbée, marginée et carénée sur le dos ; hampe de 75 cent. de long, pourvue de trois gaines renflées et aiguës. *Flles* réunies par trois-quatre sur le sommet des pseudo-bulbes, pétiolées, de 60 cent. de long et 3 à 5 cent. de large, lancéolées, aiguës, à trois-cinq nervures saillantes. Pseudo-bulbes de 6 cent. de long et 3 cent. de diamètre, composés de six à sept entre-nœuds. Madagascar, 1897.

E. Zeyheri, Hook. f. *Fl.* jaunes, panachées de pourpre brun sur le labelle, grandes et belles, réunies par six-dix au sommet d'une hampe dressée, de 30 cent. de haut. *Flles* ensiformes, annuelles. Racines tuberculeuses. Sud de l'Afrique, vers 1893. (B. M. 7330.)

EULOPHIELLA. — Vol. II, p. 350.

E. Peetersiana, Kränzl. Intéressante plante à rhizomes rampants, dont les pseudo-bulbes énormes atteignent presque 30 cent. de long et portent des feuilles ayant environ 60 cent. de long. Les fleurs sont réunies par vingt à trente-cinq en longue grappe, à hampe ayant presque 1 m. de long ; ces fleurs ont 7 cent. ; le sépale dorsal et les pétales sont obovales-arrondis, tandis que les sépales latéraux sont largement linéaires et tous de couleur rose pourpre ; le labelle est ample, à lobes latéraux largement oblongs et le médian bilobé, avec des taches jaune d'or au milieu. Origine non indiquée. (G. C. 1897, part. I, p. 182 ; 1898, part. I, p. 201, *tab.*)

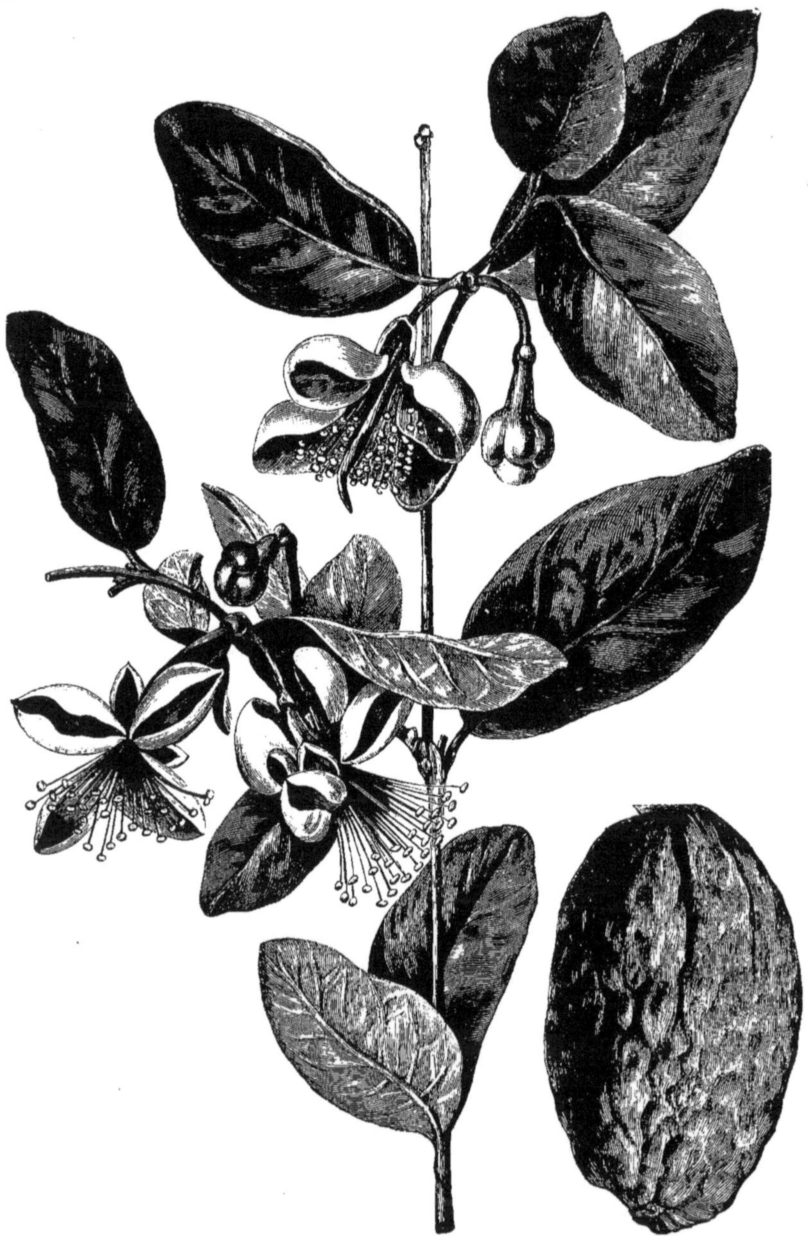

Fig. 650. — FEIJOA SELLOWIANA. —(*Gard. Chron.*) — Fruit de grandeur naturelle.

EUPATORIUM. — Vol. II, p. 352.

E. serrulatum, DC. Arbuste de 1 à 2 m. de haut, à rameaux dressés, pubérulents, garnis de feuilles opposées, courtement pétiolées, ovales ou ovales-lancéolées, régulièrement dentées, ciliées, vert gai en dessus et pubescentes-blanchâtres en dessous. Les fleurs sont lilas, réunies en corymbes plus ou moins multiflores et terminaux ; chaque capitule a 1 cent. de long et est entouré de bractées imbriquées, obtuses, membraneuses sur les bords et violacées au sommet. Brésil, etc. Introduit de l'Uruguay par M. E. André. Serre froide. (R. H., 1894, p. 304, *cum. tab.*) B. J.

EUPHORBIA. — V. II, p. 322.

E. Fournieri. Hort. Fournier. Plante jeune à tige charnue et épaisse, rappellant celle des Cactées ; elle mesure 3 à 4 cent. de diamètre et présente cinq angles reliés au sommet par des crêtes rousses, en forme de chenille. Les feuilles, insérées sur les côtes, sont ovales-arrondies, de 30 cent. de long et 7 cent. de large, vert gai, avec les nervures argentées, réticulées et les pétioles rouges. L'aspect à la fois cactiforme et feuillu de cette plante est très singulier. Serre chaude. Madagascar. B. J.

E. Sipolisii, N. E. Br. *Fl.* petites, réunies en cymes axillaires. Tiges dressées, ramifiées, non ailées, aphylles, de 12 mm. de diamètre. Nouvelle espèce appartenant à la section *Euphorbium*. Brésil, 1893.

EXARRHENA, R. Br. Fam. *Boraginées*. — Genre réuni par certains auteurs aux *Myosotis*, Linn. L'espèce suivante est une plante herbacée, vivace et rustique, dont le traitement est probablement analogue.

E. macrantha, Hook. f. *Fl.* jaunes, de 12 mm. de diamètre, réunies en cymes terminales et bifurquées. *Flles* lancéolées, de 5 à 10 cent. de long. Tige poilue ainsi que les feuilles. Plante robuste et dressée. Nouvelle-Zélande, 1893. (B. M. 7291.)

FEIJOA, Berg. Fam. *Myrtacées*. — La seule espèce de ce genre est un arbrisseau touffu, habitant le sud du Brésil, nouvellement introduit par M. Ed. André dans les cultures du littoral méditerranéen, où il est rustique et produit des fruits à saveur agréable, très finement parfumés, qui le feront sans doute répandre rapidement comme arbre fruitier de choix. Sa multiplication aura probablement lieu par le marcottage.

F. Sellowiana, Berg.' Guayaba del pais, au Brésil. — Arbrisseau touffu, de 3 à 4 m. de hauteur, à rameaux arrondis, portant des feuilles opposées, elliptiques, obtuses, épaisses, coriaces, lisses et d'un beau vert en dessus, courtement pétiolées. Les fleurs sont solitaires ou fasciculées à l'aisselle des feuilles, pédonculées, penchées, à calice formé de quatre sépales inégaux, elliptiques et obtus ; corolle à quatre pétales ovales, cucullés, de 15 à 18 mm. de long, rouges en dedans ; étamines nombreuses, à filets filiformes et également rouges. Le fruit est une baie oblongue, de 4 à 6 cent. de long et 2 à 3 de large, verte, même à la maturité, bossuée, couronnée des restants de la fleur et renfermant des graines petites et oblongues : la chair en est blanche, aqueuse, à odeur très pénétrante et à saveur rappelant celle de l'ananas ou mieux de la fraise. Rio Grande do sul. (R. H., 1898, p. 264, *cum tab.* et G. C., 1898, part. II, p. 451, fig. 134, 115.) B. J.

FERULA. — Vol. II, p. 374.

F. fœtida, St-Lager. C'est la plante qui fournit la drogue nommée *Assa fœtida*, dont l'identité n'avait pas été établie jusqu'ici ; elle a récemment fleuri en Hollande. C'est une grande et forte plante vivace, haute de 1 m. 50, dont le port rappelle celui de l'Angélique ; ses feuilles sont composées, largement engainantes sur la tige florifère qui ne se montre qu'au bout de plusieurs années de culture. Elle est rustique et originaire de la Perse et de l'Afghanistan. (G. F. 1896, part. II, p. 331, fig. 60-61.)

FICUS. — Vol. II, p. 381.

F. erecta, Thunb. *Fl.* réunies dans des réceptacles solitaires ou géminés, colorés, longuement pédonculés, globuleux-pyriformes, longuement rétrécis à la base et accompagnés de trois petites bractées triangulaires. *Flles* très variables, linéaires-oblongues ou lancéolées, acuminées ou partiellement lobulées, arrondies, tronquées ou cordiformes à la base, glabres en dessus, pubérulentes ou scabres en dessous. Rameaux glabres ou pubérulents. Arbrisseau très variable, tantôt buissonnant, tantôt prenant le port d'un petit arbre. On en connaît deux variétés : *Sieboldi*, à feuilles largement ovales ou étroites (Bengale et Sikkim) *Berkleyana* (Japon). (B. M. 7550).

F. stipulata variegata, Hort. Bull. Variété très décorative par ses feuilles largement marginées de blanc crémeux. La plante est vigoureuse, très ramifiée et touffue ; elle sera à cultiver en pots pour les garnitures et l'ornement des serres. Bien qu'elle montre des germes de racines adventives, il est peu probable qu'elle puisse être utilisée comme le type pour tapisser les murs. 1897.

FLEURYA, Gaud. (nom de personnage). Fam. *Urticacées*. — Genre comprenant huit espèces dispersées dans les régions tropicales et dont la suivante, plus curieuse qu'ornementale, paraît seule introduite récemment dans les cultures. Il lui faut la serre tempérée.

F. podocarpa, Wild. Plante traçante, dont les rejets émettent des pousses dressées, de 50 cent. de haut, garnies de feuilles longuement pétiolées, ovales-aiguës et dentées. Les fleurs sont monoïques ; les mâles disposées en faisceaux et les femelles solitaires et longuement pédonculées, les unes aériennes, les autres radicales ou souterraines ; celles-ci, quoique unisexuées, donnent néanmoins naissance à des fruits fertiles et mûrissant sous terre, comme le font ceux de diverses plantes dites *amphicarpes* : telles que celles du *Lathyrus sativus amphicarpus*, *Amphicarpæa monoica*, *Milium amphicarpum*, etc. Afrique tropicale occidentale, 1895.

FRAISIER. — Vol. II, p. 413.

Dans ces dernières années, l'horticulture s'est enrichie d'une variété de Fraisier à gros fruit remontant extrêmement importante, en ce sens qu'elle remplit parfaitement le besoin, depuis longtemps senti, de posséder une variété de Fraisier à fruits plus gros et plus abondants que ceux des Quatre saisons et produisant comme eux pendant toute la durée de la végétation.

Cette variété, qui a reçu le nom de *Saint-Joseph*, a été obtenue en 1893, par l'abbé Thivolet, curé de Chenoves. Mieux qu'aucune des variétés présentées jusqu'ici comme remontantes, elle justifie pleinement ce qualificatif et même celui de perpétuel par ses hampes qui se développent successivement depuis le printemps jusqu'aux gelées et dont les fleurs nouent presque jusqu'à la dernière.

L'intérêt tout particulier qu'on attachait à l'obtention d'un Fraisier à gros fruit remontant et la valeur du gain de l'abbé Thivolet se trouvent pleinement justifiés par ce fait que cette nouvelle variété s'est répandue dans toute la France et même à l'étranger avec une extrême rapidité et qu'elle a été annoncée presque simultanément par un grand nombre d'horticulteurs. Quelques-uns lui ont donné des noms différents, notamment ceux de *Rubicunda* et *La Constante Féconde*, dont la presse horticole a parlé de la façon la plus élogieuse, comme autant de variétés distinctes, mais leur parfaite identité avec le vrai Fraisier *Saint-Joseph*, de l'abbé Thivolet, a été depuis établie et ne laisse aujourd'hui aucun doute. En voici la description :

F. remontant à gros fruits Saint-Joseph. — Plante petite, à feuillage court, ramassé, plutôt dressé, assez poilu, à folioles larges, sub-obtuses, régulièrement dentées et d'un vert bleuté très particulier, qui permet de reconnaître la plante avec la plus grande facilité. Les hampes florales sont également courtes et obliques, laissant traîner leurs fruits à la maturité ; les fleurs sont assez grandes, bien pourvues d'étamines fertiles et nouant très régulièrement ; ces hampes se succèdent abondamment, entre la même rosette de feuilles, aussi longtemps que dure la végétation et leur apparition printanière est précoce. Les fruits sont moyens ou un peu petits ; les premiers noués de chaque hampe assez gros, souvent un peu en crête, les suivants très courtement coniques, presque globuleux, rappelant ceux de la *Vicomtesse Héricart de Thury*, dont ils ont la belle couleur bien rouge, la chair rouge également, surtout à la périphérie et leur qualité ne le cède en rien à celle de cette dernière, qui est toute première. La maturité est plutôt précoce que de moyenne saison. Les filets sont moins abondants que dans la plupart des autres Fraisiers à gros fruits ; souvent ils produisent une hampe florale avant d'être enracinés et ceux du printemps, sevrés et transplantés en bon sol, produisent à l'automne une récolte de fruits déjà très appréciable.

Fig. 651. — Fraisier remontant Saint-Joseph. — (*Vilm.-Andr.*)

Le Fraisier *Saint-Joseph* est non seulement très estimable par ses propres qualités, mais surtout parce qu'il est le point de départ d'une série de variétés remontantes, dont l'obtention paraît très prochaine et du plus brillant avenir. Déjà, deux variétés sont obtenues : l'une, la première, a été annoncée en 1898 sous le nom de *Jeanne d'Arc* et donnée comme produisant des fruits plus gros ; l'autre, obtenue par l'abbé Thivolet lui-même, du croisement de sa *Saint-Joseph* par le *Royal Sovereign*, dont elle a hérité un feuillage plus ample, une meilleure tenue des hampes, la beauté et la grosseur des fruits, a reçu le nom de *Saint-Antoine de Padoue* et fait son apparition en 1899. (R. H. 1897, p. 569, *cum tab.* pour la var. *Saint-Joseph* et 1898, p. 156, *cum tab.*, pour la var. *Jeanne d'Arc*.)

FREYLINIA, Colla. (nom de personnage). Fam. *Scrophularinées*. — Genre comprenant aujourd'hui quatre espèces d'arbrisseaux d'orangerie dans le nord, mais rustiques dans le midi de la France, tous originaires du Cap. *Fl.* réunies en panicules de cymes terminales ; calice à cinq divisions ; corolle tubuleuse, à limbe à cinq divisions étalées et sub-bilabiées ; étamines cinq, dont une stérile très courte ; style épaissi au sommet, à stigmate capité. *Fr.* capsulaire, ovale et s'ouvrant en deux valves coriaces. *Flles* persistantes, opposées ou parfois éparses. Les deux espèces suivantes paraissent seules avoir été introduites dans les jardins et encore y sont-elles restées fort rares.

Le *F. cestroides* est le plus intéressant ; il mérite d'être répandu dans les jardins du midi de la France où il prospère en pleine terre et peut-être résisterait-il dans le nord, à exposition abritée, au moins pendant les hivers doux. Toute bonne terre de jardin convient à ces charmants arbustes et leur multiplication s'effectue assez facilement par le bouturage.

F. cestroides, Colla. *Fl.* orangées, à odeur mielleuse et réunies en panicule effilée, de 8 à 10 cent. de long ;

calice à cinq sépales petits, arrondis et à bords blanchâtres ; corolle en entonnoir, à tube de 1 cent. de long, poilu intérieurement et à limbe à cinq divisions étalées et

Fig. 652. — FREYLINIA CESTROIDES.

récurvées sur les bords. Novembre. *Flles* opposées, linéaires-lancéolées, atténuées en court pétiole, aiguës au sommet, très entières, glabres, uninervées et longues de 5 à 8 cent. Rameaux tétragones. *Haut.* 1 m. Cap, 1774. Syns. *F. oppositifolia*, Colla ; *F. lanceolata*, G. Don.

F. lanceolata, G. Don. Syn. de *F. cestroides*, Colla.

F. oppositifolia, Colla. Syn. de *F. cestroides*, Colla.

F. rigida, G. Don. Syn. de *F. undulata*, Benth.

F. undulata, Benth. *Fl.* lilacées, ponctuées de jaune à la gorge et réunies en grappes simples ou peu rameuses, de 3 à 10 cent. de long. Juillet-août. *Flles* ovales, raides, de 6 à 10 mm. de long, à nervures saillantes. Rameaux anguleux et raides. *Haut.* 70 cent. Cap, 1774. Syn. *F. rigida*, G. Don.

FRITILLARIA. — Vol. II, p. 430.

F. citrina, Baker. *Fl.* jaune citron à l'intérieur, verdâtres à l'extérieur, campanulées et pendantes. Très jolie espèce. Tauride, 1893.

F. Kotskyana affinis. Hort. Syn. de *F. nobilis*, Baker.

F. nobilis, Baker. Bulbe globuleux, à tuniques petites et peu nombreuses; tige uniflore, très courte; feuilles lancéolées, dressées ; fleur ample, penchée, campanulée, à segments oblongs, rouge-brun à l'extérieur, vert jaunâtre à l'intérieur et fortement maculés de rouge-brun au-dessus de la base. Arménie, 1895. (B. M. 7500.) Syn. *F. Kotskyana affinis*, Hort. B. J.

F. pluriflora, Torr. *Fl.* pourpre rougeâtre, penchées et longuement pédicellées. Tige pluriflore, d'environ 30 cent. de haut. Plante distincte. Californie, 1897. (G. C. 1897, part. II, p. 231, f. 76.)

F. Sieheana, Hausskn. *Fl.* grandes, vertes et striées de rouge. Tige 50 cent. de haut. Asie Mineure, 1897.

F. Whittallii, Baker. Plante très voisine du *F. Meleagris* par son port, son feuillage et ses fleurs, mais dans celles-ci les nectaires sont orbiculaires au lieu d'être linéaires comme dans l'espèce précitée. Taurus, 1893.

F. zagrica, Stapf. *Fl.* pourpre livide, glauques à l'extérieur, non panachées en damier. Plante très voisine des *F. tulipiflora* et *F. armena*. Perse, 1893.

FURCRÆA. — Vol. II, p. 449.

F. albispina, Baker. *Fl.* blanc verdâtre, réunies sur une forte hampe ramifiée, de 2 m. de haut. *Flles* de 50 cent. de long et 5 cent. de large, bordées de petites épines blanches. Plante naine, voisine du *F. depauperata*. Amérique centrale, 1893.

F. Watsoniana, Hort. Sander. Très jolie variété de quelque espèce encore inconnue et remarquable par ses longues feuilles étalées horizontalement, aussi longues que le bras et larges de 6 cent., bordées de quelques épines, d'un beau vert bleuâtre, avec des bandes alternes jaune crème. C'est une très élégante plante panachée. Amérique tropicale. (G. C. 1898, part. I, p. 242, fig. 90. B. J.

GALANTHUS. — Vol. II, p. 454.

G. byzantinus, Baker. Plante intermédiaire entre les *G. plicatus* et *G. Elwesii*, dont les fleurs ont les segments internes du périanthe tachés de vert, comme dans le dernier, tandis que les feuilles sont largement canaliculées sur la face supérieure, avec les bords distinctement réfléchis, comme dans le premier, 1893.

G. cilicicus, Baker. *Fl.* blanches, à divisions internes légèrement échancrées, maculées de vert au sommet, de 16 mm. de long ; les externes beaucoup plus grandes, très étalées, de 3 cent. 1/2 de long et 1 cent. de large. Tauride, 1897. (G. C. 1898, part. I, fig. 29.)

G. gracilis, Celak. Plante voisine du *G. Elwesii*, de même taille, mais portant une grande macule verte à la base des segments internes du périanthe. Bulgarie, 1893.

G. grandiflorus, Baker. *Fl.* rappelant celles des grandes formes du *G. nivalis*. *Flles* à bords récurvés et très glauques en dessous. Plante très robuste. Orient, 1893. Syn. *G. maximus*, Baker.

G. Ikariæ, Baker. *Fl.* à lobes internes des segments du périanthe quadrangulaires, crispés sur les bords, comme dans le *G. Elwesii*, avec une simple macule apicale sur les segments internes, comme dans le *G. nivalis*. *Flles* larges et vert gai, comme celles du *G. Fosteri*. Orient, 1893.

G. maximus, Baker. Syn. de *G. grandiflorus*, Baker.

G. Perryi, Hort. Espèce intermédaire entre les *G. caucasicus* et *G. latifolius*. Caucase, 1893.

GASTERIA. — Vol. II, p. 465.

G. fusco-punctata, Baker. *Fl.* réunies en nombreuses grappes lâches, formant une grande panicule ; pédicelles courts ; bractées lancéolées ; tube du périanthe oblong, ventru rougeâtre ; limbe à lobes linéaires, teintés de vert. *Flles* en rosette, lancéolées, dressées, courtes, vertes, fortement maculées de brun, doublement bordées sur un côté. Tige courte. Cap. (B. M. 7548.)

GAZANIA. — Vol. II, p. 468.

G. bracteata. N. E. Br. Cette plante, introduite et décrite sous ce nom, est aujourd'hui rapportée, par le même auteur, aux *Gazania pygmæa*, dont elle diffère cependant par sa taille bien plus forte. *Flles* entières, argentées en dessus ; bractées du réceptacle foliacées au sommet. *Fl.* blanches et teintées de rose sur la nervure médiane de la face extérieure des fleurons ligulés. Natal, 1895. (Gn. 1895, part. I, p. 288, *tab.* 1011.) Syns. *Gazania nivea*, Leichtl. et *C. canescens*, Harv.

G. nivea grandiflora. Hort. Lemoine. Hybride horticole des *G. splendens* et *G. nivea*. 1897.

G. pygmea. Sonder. Espèce à feuilles étroites, linéaires-lancéolées, entières, denticulées ou sub-pinnatifides, tomenteuses en dessous ; capitules grands, à involucre campanulé ; fleurons rayonnants blancs, avec des bandes violacées sur le milieu ; fleurons du centre jaune d'or. Sud-Est de l'Afrique. (B. M. 7455.)

GENISTA. — Vol. II, p. 475.

G. tinctoria flore pleno. Hort. Arbuste atteignant 50 à 80 cent. de hauteur. Branches à ramifications nombreuses, rapprochées. *Flles* sessiles, alternes, largement linéaires. *Fl.* excessivement nombreuses, réunies au sommet des rameaux en épis ou grappes spiciformes, compactes, d'un très beau jaune d'or ou jaune orangé. La floraison commence en juin et est de très longue durée. Arbuste très rustique, aimant les sols siliceux. (B. J.)

GENTIANA. — Vol. II, p. 476.

G. Kurro brevidens, Hort. *Fl.* bleues. Plante naine, étalée, à tiges florifères couchées, de 8 à 12 cent. de long. Himalaya, 1895.

C. saxosa, Forst. *Fl.* blanches, réunies par quatre-cinq en ombelles. Petite plante ayant l'aspect du *G. acaulis*. Nouvelle-Zélande, 1895.

G. thibetica. King. Plante forte et vigoureuse, dont la tige atteint 30 cent. et porte au sommet des fascicules feuillés de fleurs blanc jaunâtre lavé de lilas. *Flles* amples, largement lancéolées et vert luisant. Elle est voisine du *G. robusta* et sa culture est facile en pleine terre. Himalaya. (B. M. 7528.) B. J.

GEONOMA. — Vol. II, p. 481.

G. Pynærtiana, Hort. Sander. Joli Palmier connu encore à l'état juvénile seulement, qui permet cependant de juger toute sa valeur ornementale, puisque c'est à cet état qu'on utilise principalement ces végétaux dans les cultures. Ses feuilles sont courtement pétiolées, dépourvues d'épines et leur limbe, qui mesure plus de 70 cent. de long et 25 cent. de large se rétrécit graduellement à la base, tandis qu'il s'ouvre en deux grands lobes au sommet, laissant entre eux un sinus aigu et lisse ; le bord externe est fortement mordillé ; la nervure médiane est très accusée sur les deux faces et toute la surface est élégamment plissée. Les fleurs et les fruits sont inconnus et nécessiteront peut-être un jour de modifier le nom provisoire donné à cet élégant Palmier introduit de Malaisie. (G. C. part. I, p. 258, fig. 98 ; R. H. 1898, p. 262, fig. 92.) B. J.

G. tenuifolia, Hort. Plante à feuillage rappelant celui du *G. gracilis*, mais glauque et teinté de rose sur les parties jeunes. C'est un charmant petit Palmier propre aux garnitures d'appartement. Est du Pérou. B. J.

Fig. 653. — GEONOMA PYNAERTIANA. — (*Le Jardin.*)

GÉOTROPISME. — Force qui, chez les végétaux, fait développer chacune de leur deux parties essentielles : la tige et la racine, chacune dans un sens opposé, celui qui leur est propre ; soit la première en l'air et la seconde en terre.

GERARDIA. — Vol. II, p. 486.

G. tenuifolia, Vahl. Plante vivace, grêle, mais très rameuse e touffue, atteignant 30 cent. environ, à rameaux minces, arrondis, garnis de petites feuilles opposées, linéaires-lancéolées, les plus longues ayant 4 à 5 cent., glabres et d'un vert glauque ainsi du reste que toute la plante dont l'ensemble, y compris les fleurs, rappelle d'assez près l'aspect de certains *Pentstemon*. Les fleurs forment des épis terminaux et latéraux, allongés, grêles et très lâches, à pédicelles de 1 à 2 cent. de long, étalés, pourvus de deux bractéoles au milieu et portant une-deux fleurs ; calice petit, à cinq divisions libres, marginées, ovales-lancéolées, aiguës et récurvées au sommet ; corolle tubuleuse, de 3 cent. de long, d'un mauve purpurin clair, étroite à la base, puis dilatée, arquée, courtement bilabiée, à lèvre supérieure à deux lobes arrondis ; l'inférieure plus courte et à trois petits lobes ; étamines cinq, dont une stérile, réduite à un simple filament et deux fertiles plus courtes que les deux autres ; style filiforme. Fruit capsulaire, comme dans les *Pentstemon*. Fleurit en juin-août. Originaire de l'Amérique septentrionale.

GESNERA. — Vol. II, p. 487.

G. Leopoldi, Scheidw. *Fl.* rouge vif, tubuleuses, à gorge oblique et à cinq petits lobes arrondis; étamines atteignant la gorge et violacées ; panicule ombelliforme, à long pédicelles uniflores et étalés, accompagnés en dessous de trois feuilles courtement pétiolées, plus longues que l'inflorescence et formant une collerette au-dessous d'elle. Brésil. (Gn. 1898, part. I, p. 512, *tab.* 1176.)

GEUM. — Vol. II, p. 490.

G. speciosum. Alboff. Grande plante à fleurs orangées, avec de larges pétales. Caucase.

GLADIOLUS. — Vol. II, p. 500.

G. fusco-viridis. Baker. *Fl.* verdâtres, finement striées de rouge vineux, d'environ 5 cent. de long; hampe portant environ douze fleurs. *Flles* ensiformes, 50 cent. de long et 2 cent. 1/2 de large. Tige de 60 cent. de haut. Plante voisine du *G. dracocephalus*. Sud de l'Afrique. 1897.

G. tristis concolor, Hort. Variété intéressante en ce qu'elle diffère du type par l'absence de macules brunes au centre de la fleur, ce qui la fera préférer à ce dernier pour la fleur à couper. Ce Glaïeul est, on le sait, cultivé dans le Midi pour l'envoi printanier de ses fleurs dans les grandes villes du Nord. B. J.

GLOXINERA, Hort. (de *Gloxinia* et *Gesnera*, genres dont la plante est issue). FAM. *Gesnéracées*. — Genre créé pour l'intéressant hybride bigénérique suivant, obtenu du croisement d'un *Gloxinia* et d'un *Gesnera*. Sa culture est celle de ses parents.

G. brillant, J. Weathers. Le feuillage et le port sont celui d'un *Gloxinia*, mais les fleurs sont moins régulières et d'un rouge écarlate très vif ombré de magenta. (G. C. 1895, part. I, p. 144, fig. 22.)

GOMPHOCARPUS. — Vol. II, p. 523.

G. setosus, R. Br. *Fl.* jaune verdâtre, réunies en ombelles nombreuses vers le sommet des rameaux. *Flles* étroitement lancéolées, glabres et vert pâle. Petit arbuste glabre. Arabie, vers 1897. (B. M. 7536.)

GONGORA. — Vol. II, p. 525.

G. Sanderiana, Kranzl. Plante voisine du *G. portentosa*, à pseudo-bulbes d'environ 12 cent. de long, coniques et à feuilles pétiolées, oblongues, de 25 cent. de long et 11 cent. de large; les fleurs sont disposées en grappe pendante, de 30 cent. de long, longuement pédicellées, jaune brunâtre, avec de nombreuses taches roses; le labelle diffère de celui de l'espèce précitée par sa partie médiane qui forme deux lobes latéraux carrés, avec deux filaments caractéristiques sur le bord postérieur. Pérou. Serre tempérée. B. J.

GRADERIA, Benth. FAM. *Scrophularinées*. — Genre dont on connaît aujourd'hui deux espèces, habitant l'Afrique australe et dont la suivante, la plus récente et nouvellement introduite dans les cultures, demande la serre tempérée.

G. subintegra, Mast. Plante vivace, à rameaux traînants, grêles, sub-ligneux, garnis de feuilles alternes, sub-sessiles, ovales-elliptiques, aiguës, couvertes de petits poils rigides, grossiers et blanchâtres. Ses fleurs, analogues à celles des *Gloxinia*, sont petites, rose lilacé et réunies en grappes feuillées. Transvaal. (G. C., 1894, part. I, p. 798, f. 122.)

GRAPTOPHYLLUM. — Vol. II, p. 538.

G. picturatum, Hort. Bull. Variété du *G. pictum*, à feuilles plus grandes. 1895.

GYMNOGRAMME. — Vol. II, p. 568.

G. Sprengeriana, Hort. Hybride horticole des *G. argentea* et *G. Laucheana*. 1897.

HABENARIA. — Vol. II, p. 576.

H. bonatea, Rchb. f. Plante sinon nouvelle, du moins fort peu répandue, de serre froide, dont les fleurs sont blanc verdâtre pâle, très singulières et réunies en grand nombre en épi terminal; la division externe supérieure est cucullée et recouvre les deux pétales; les divisions latérales sont étendues et le labelle est divisé en quatre lobes, dont les deux externes sont en forme de languette étroite et allongée, tandis que les deux internes sont enroulés en petits tuyaux; l'éperon est aussi long que l'ovaire. Cap, 1895. Syn. *Bonatea speciosa*, Willd. (G. C., 1895, part. I, p. 742, fig. 112.)

H. carnea alba, Hort. Magnifique variété à fleurs d'un blanc virginal, aussi grandes que celles du type, mais à feuilles ne paraissant pas maculées de blanc. (Gn. 1896, part. I, p. 182, t. 1005.)

H. Ellioti, Rolfe. *Fl.* vertes, à éperon long et mince. *Flles* lancéolées et vert gai. Tige forte. Madagascar. 1897.

H. rhodocheila, Hance. *Fl.* de 2 cent. 1/2 de long, à sépales et pétales verts, petits; labelle ample, écarlate, à quatre lobes; éperon jaune, de 2 cent. 1/2 de long. *Flles* inférieures oblongues, acuminées, de 15 cent. de long; les supérieures plus petites. Tige atteignant 30 cent., y compris l'inflorescence. Bulbes cylindriques. Plante voisine de l'*H. militaris*. Sud de la Chine, 1897. (B. M. 7571.)

H. Suzannæ, Hort. Jolie et intéressante espèce terrestre, à feuilles amples et vert franc. Les fleurs, grandes et blanc pur, sont remarquables par leurs pétales latéraux profondément laciniés, tandis que le sépale dorsal est très ample; le labelle est étroit et linguiforme, muni d'un éperon grêle, pendant, du double plus long que l'ovaire; la colonne est élargie et munie de cornes. Origine non indiquée. (G. C. 1894, part, II, p. 278, f. 38.) B. J.

HÆMANTHUS. — Vol. II, p. 579.

H. Lindeni, N. E. Brown. Cette espèce rappelle beaucoup l'*H. cinnabarinus*, Dcne; ses feuilles sont larges, vert clair et les fleurs, au nombre de cent environ, forment une grande ombelle sphérique, au sommet d'une hampe d'environ 50 cent. de haut; elles sont d'un beau rouge cinabre, larges d'environ 5 cent. et rappellent dans leur ensemble l'inflorescence d'un *Ixora*. Congo. Serre chaude. (I. H. 1893, p. 201; R. H., vol. XXXVII, p. 89, *tab.* 112.) B. J.

H. longipes, Engl. *Fl.* rouge cinabre. Plante voisine de l'*H. rupestris*. Cameroons, 1897.

HAMAMELIS. — Vol. II, p. 586.

H. mollis, Oliver. Nouvelle espèce distincte de ses congénères par ses feuilles, les plus grandes du genre, mesurant 10 à 12 cent. de long et 5 à 8 cent. de large, obliquement cordiformes à la base, cuspidées au sommet, à bords sinués et finement dentés, légèrement pubescentes en dessus et fortement couvertes en dessous de poils étoilés et feutrés. Les fleurs sont d'un jaune plus vif que celui des autres espèces et analogues par leurs caractères à celles de l'*H. arborea*. L'arbuste atteint 3 à 10 m. dans son pays natal, la Chine, 1898. B. J.

HARICOT. — Vol. II, p. 591.

MALADIE PARASITAIRE. — Jusqu'ici les Haricots étaient à peu près restés indemnes des maladies de nature cryptogamique qui infestent aujourd'hui en si grand nombre une foule de végétaux. En voici une, cependant, que décrit M. Massee, dans *Gardener's Chronicle*[1], et qui menace de devenir sérieuse, car elle s'attaque au produit même de la plante, c'est-à-dire aux gousses et jusqu'aux grains; on l'observe aussi sur les feuilles et sur les tiges.

Le Champignon qui la produit a reçu le nom de *Glœosporium Lindemuthianum*. Il produit sur les gousses des taches éparses, se rejoignant fréquemment, devenant alors de larges plaques irrégulières, entourées

[1] Voir *Gardeners' Chronicle*, 1898, part. I, p. 293, fig. 110.

d'une aréole rougeâtre et enfoncées dans le tissu ; la gousse se contourne et devient alors informe. Sur les feuilles, il détruit d'abord les nervures et s'étend ensuite au limbe, qui devient noirâtre. Les tiges sont parfois assez fortement infestées et lorsque les taches se rejoignent et l'entourent complètement, la partie située au-dessus, privée de sève, périt prématurément. Les grains infestés présentent les mêmes taches concaves, et l'expérience a montré que si on les emploie comme semence, la maladie apparaît sur les plantes toutes jeunes et les fait bientôt périr.

Peu après leur formation, les taches se couvrent de petits granules roses, composées de myriades de spores, réunies entre elles par une substance visqueuse. Elles se dispersent cependant rapidement par l'intermédiaire des pluies ou des rosées et, en tombant sur les parties saines et sur les plantes voisines, elles y reproduisent bientôt la maladie. L'extension du fléau est ainsi rapide et certaine si on n'y prend pas garde.

Vues au microscope, les taches se montrent formées d'un amas compact de filaments très grêles, supportant chacun une petite spore et entre ces filaments se trouvent des sétules plus longs qu'eux et de couleur brune. Ce Champignon a été observé en Amérique sur les Concombres, les Potirons et les Pastèques.

Remèdes. — Comme pour tant d'autres parasites, la Bouillie bordelaise appliquée de bonne heure paralyse le développement de ce Champignon ; il convient même, si la maladie a sévi précédemment, de l'appliquer préventivement, environ trois semaines après la germination. Il faut naturellement écarter de la semence tous les grains malades et peut-être même se trouverait-on bien de sulfater celle-ci, comme on le fait pour les céréales. On doit en outre ne pas hésiter à arracher et brûler toutes les plantes qui montrent le moindre signe d'infection, afin de préserver les plantes saines. A l'aide de ces moyens rigoureusement appliqués on peut espérer d'arrêter l'invasion de cette maladie, qui deviendrait sans cela un fléau pour les cultures maraîchères.

HECHTIA. — Vol. II, p. 604.

H. argentea, Hort. Espèce acaule, à feuilles nombreuses, récurvées, acuminées, blanchâtres et bordées de grandes épines ; la hampe est allongée, garnie de feuilles bractéiformes et porte supérieurement des glomérules globuleux et sessiles de fleurs blanches, petites, accompagnées de petites bractées scarieuses. Mexique. C'est une plante très décorative, connue depuis longtemps, mais non répandue jusqu'ici. (B. M. 7460.)

HELIANTHUS. — Vol. II, p. 613.

H. giganteus, Linn. Grande espèce vivace, à racines tuberculeuses, comme celles du Topinambour, dont les tiges atteignent 2 à 3 m. et portent des feuilles alternes, courtement pétiolées et lancéolées-oblongues. Les fleurs sont des capitules larges de 6 à 8 cent., réunis en corymbe terminal, à bractées involucrales sub-égales, linéaires-lancéolées, acuminées, apprimées, et les ligules sont d'un beau jaune d'or. Amérique du Nord. (B. M., 7555.) B. J.

H. Maximiliani, Schrad. Belle espèce vivace, cespiteuse, ramifiée, touffue, atteignant environ 1 m. 30, garnie de feuilles lancéolées-linéaires, vert cendré et dont tous les rameaux produisent vers leur sommet de nombreux capitules de 6 à 7 cent. de diamètre, à rayons jaune orangé clair, lancéolés et à disque jaunâtre. Fleurit de juillet en septembre. A l'inverse de la plupart de ses congénères vivaces il produit des graines. Amérique boréo-occidentale. (R. H., 1895, p. 397.)

HELICONIA. — Vol. II, p. 619.

H. illustris, Hort. Plante à feuillage, de serre chaude, ayant le port d'un petit *Musa*, par ses grandes feuilles ovales-lancéolées, vert foncé, avec la nervure médiane, les latérales et les pétioles d'un beau rose foncé. Origine non indiquée. (R. H. B., 1895, p. 68, fig. 11.)

H. I. rubricaulis, Ed. André. Magnifique plante à feuillage, vigoureuse et touffue, dont les feuilles sont longues de 50 à 60 cent., avec la nervure médiane et les latérales roses et, dans la variété mentionnée, la tige, les gaines et les pétioles sont d'un rouge très vif. Les fleurs étant jusqu'ici inconnues, le nom spécifique reste douteux. Iles de la mer du Sud. (R. H., 1896, p. 36, *cum tab.*)

HÉLIOTROPE. — Vol. II, p. 622.

H. géant. — Qualificatif bien approprié à cette nouvelle race, obtenue par M. Lemoine, de variétés hybrides de l'*H. incanum*. Nous avons vu des inflorescences énormes, atteignant jusqu'à 50 cent. de diamètre, et cela sur des semis de printemps. Ce n'est plus une fleur, mais un bouquet tout fait d'Héliotrope, dont les coloris varient du bleu au violet et à l'indigo. On se rend facilement compte de l'effet décoratif de semblables plantes, qui, en outre, fleurissent pendant tout l'été et se reproduisent assez franchement par le semis. B. J.

H. Madame Bruant. — Variété trapue, ramifiée, à tige dressée, plus forte que chez ses congénères et surtout remarquable par ses inflorescences énormes, atteignant jusqu'à 20 cent. de diamètre ; les fleurs sont violet-lilas assez foncé, odorantes et se succèdent pendant toute la belle saison. La plante est précoce, fertile et se propage facilement par le semis. B. J.

HELIOTROPISME. — Phénomène que présentent certaines plantes de diriger leurs extrémités végétatives dans un sens déterminé et constant. Lorsque les organes s'infléchissent vers le point où la lumière est la plus intense, l'héliotropisme est dit *positif* ; si, au contraire, ils s'incurvent vers celui qui est le plus obscur, on le dit *négatif*. Le premier est de beaucoup le plus commun ; le Lierre fournit un exemple du second.

HEMEROCALLIS. — Vol. II, p. 629.

H. aurantiaca major, Baker. Variété préférable au type par ses fleurs bien plus grandes, de même teinte orangée, mais mesurant 12 cent. de long et jusqu'à 15 cent. de diamètre quand elles sont bien épanouies. (G. C., 1895, part. II, fig. 14.) B. J.

H. citrina, Baroni. Cette espèce, dont les fleurs sont jaune citron, diffère de l'*H. minor* par ses feuilles du double plus larges et par ses fleurs plus grandes ; elle diffère aussi de l'*H. Dumortieri* par ses hampes plus longues, par ses feuilles trois fois aussi longues, par ses fleurs du double plus grandes et à tube plus long. Chine, 1897.

H. flavo-Middendorffii, Christ. Le nom de la plante indique la descendance hybride de cette plante. Elle forme une touffe lâche de feuilles amples et fortement carénées, d'entre lesquelles émergent des hampes portant une cyme dichotome de fleurs jaune citron, avec les divisions externes rouge brique sur le côté extérieur. (R. H., 1897, p. 247.) B. J.

H. fulva maculata, Hort. *Fl.* portant à l'intérieur une tache pourpre rougeâtre. 1897.

HEMIPILIA. — Vol. II, p. 631.

H. amethystina, Rolfe. *Fl.* blanc et pourpre, rappelant celles des *Ophrys*, de 5 cent. de diamètre ; hampe dressée, multiflore, de 20 cent. de haut. *Flle* solitaire, ovale, cordiforme, vert jaunâtre, marbrée de brun et longue de 10 cent. Burma, vers 1897. (B. M. 7521.)

HEPTAPLEURUM. — Vol. II, p. 634.

H. veinulosum, cyrthrostachys, Hook. Petit arbre ou arbrisseau dressé, à rameaux forts, garnis de feuilles longuement pétiolées, composées de sept à neuf folioles ovales, obtuses ou aiguës, caudiculées au sommet et arrondies à la base, avec des stipules soudées aux pétioles. Les fleurs, pédicellées et disposées en capitules paniculés, sont rouge vif et polygames. Largement dispersé dans l'Asie tropicale. Serre tempérée. (B. M. 7402.)

HERACLEUM. — Vol. II, p. 634.

H. Mantegazzianum, Levier et Sommier. C'est la plus grande de toutes les Berces. Ses feuilles ont un limbe élégamment découpé et dépassant 1 m. de longueur, qui, joint à la longueur des pétioles, donne à la touffe un diamètre de plus de 4 m. La tige florale est forte, dressée, rouge cuivré et porte à son sommet une immense ombelle, large de plus de 1 m. 50, composée de plus de 10.000 fleurs blanches. Ce sera une magnifique plante rustique à isoler sur les grandes pelouses. Orient, 1897. B. J.

HEUCHERA. — Vol. II, p. 644.

H. brizoides, Hort. Lemoine. Hybride des *Tiarella purpurea* et *Heuchera sanguinea*. 1897.

HIBISCUS. — Vol. II, p. 648.

H. cisplatinus, A. Saint-Hilaire. Arbuste de 1 m. 50 de hauteur, à tiges peu rameuses, remarquables par les aiguillons courts, épais et rosés qui les recouvrent. Les feuilles sont alternes, pétiolées, accompagnées de deux stipules filiformes et à limbe largement ovale à la base, découpé supérieurement en trois lobes lancéolés, écartés, le médian plus long. Les fleurs sont solitaires et axillaires, pédonculées, à calice double ; l'externe composé de dix à douze divisions filiformes; l'interne à cinq segments triangulaires et étalés. La corolle est très grande, à cinq pétales obovales, lancéolés, d'un beau rose vif, avec une tache violet pourpre à l'onglet. Le fruit est sub-globuleux, de la grosseur d'une petite noix, à cinq côtes arrondies et hérissé de poils. Uruguay. Serre froide. Peut être cultivé comme plante annuelle. (R. H., 1898, p. 481, *cum. tab.*) B. J.

H. Manihot, Linn. Très belle espèce anciennement connue et réintroduite récemment, remarquable surtout par les dimensions insitées de ses fleurs, qui mesurent jusqu'à 15 cent. de diamètre ; elles ont la forme de celles de Lavatères et sont d'un beau jaune primevère, avec une macule cramoisi foncé à la base de chaque pétale, formant une grande tache oculaire au centre de la fleur. L'ancien *H. Manihot* est donné comme annuel, tandis que la plante nouvellement introduite de Chine est vivace en serre, suffrutescente et hispide. Elle forme un buisson de 1 m. 50 à 2 m. de hauteur, à feuilles profondément découpées en trois ou cinq lobes et presque glabres. La plante est réellement ornementale et peut prospérer en plein air pendant l'été. Habite les tropiques de l'Ancien Monde. (Gn., 1898, part. I, p. 126, *tab.* 1157.) B. J.

H. mutabilis, Linn. Ketmie à fleurs changeantes; *Flos horarius*, des anciens, ainsi nommé à cause de la couleur changeante de ses fleurs. *Fl.* blanches en s'épanouissant, passant ensuite graduellement au rose, solitaires, axillaires et pédonculées ; calicule à huit-dix folioles ; divisions du calice à cinq nervures. *Flles* cordiformes, à cinq lobes anguleux, acuminés et dentés. Tige rameuse, grisâtre, ramifiée. *Haut.* 4 à 5 m. Chine, 1690. Une variété à *fleurs doubles* a été citée.

HIPPEASTRUM. — Vol. II, p. 652.

H. equestre splendens, Hort. Truffaut. Variété bien distincte et très méritante par sa plus grande vigueur, par ses fleurs plus grandes et plus nombreuses, d'un rouge brique mat et s'épanouissant en mai-juin. Le bulbe produit, lorsqu'il est fort, deux à trois hampes cylindriques, hautes de 50 cent. et portant chacune trois à quatre fleurs ; celles-ci ont un tube verdâtre, de 4 cent. de long et un à limbe six divisions sub-égales ; la gorge est blanc verdâtre et fermée par un anneau de poils. Les feuilles, se développant avec des hampes, sont au nombre de deux à quatre, d'environ 10 cent. de long, acuminées, canaliculées et vert franc sur les deux faces. Brésil. (R. H., 1895, p. 578, fig. 187, *cum tab.*) B. J.

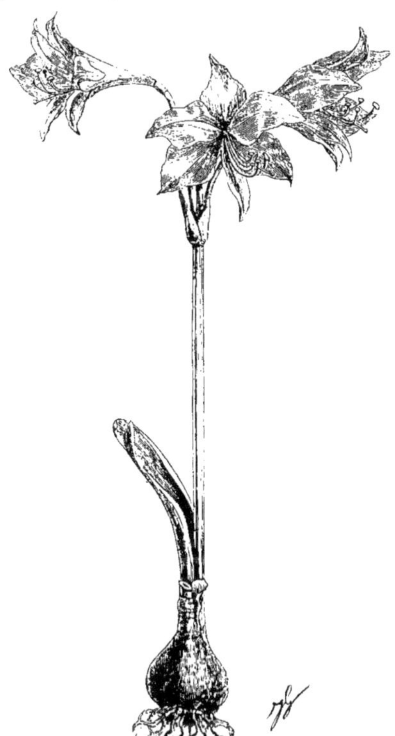

Fig. 654. — HIPPEASTRUM EQUESTRE SPLENDENS. — (*Rev. Hort.*)

H. Wolteri, Wittm. Plante très voisine de l'*H. equestre*, dont elle ne constitue sans doute qu'une variété à fleur d'un beau rouge cinabre ou écarlate, de 12 à 14 cent. de diamètre. Costa Rica. (R. G., 1895, p. 20, fig. 49.)

HOLOTHRIX. — Vol. II, p. 659.

H. orthoceras, Rchb. f. *Fl.* blanches, striées de pourpre, petites, nombreuses; hampes pourpres, dressées, de 15 cent. de haut. *Flles* deux, annuelles, ovales, de 5 cent. de long, vertes et réticulées de gris. Petite Orchidée terrestre. Sud de l'Afrique, vers 1897. (B. M. 7523.)

HUERNIA. — Vol. II, p. 670.

H. macrocarpa, Schweinf. *Fl.* jaune verdâtre, maculées de rouge, courtement campanulées. Plante ayant le port d'un *Stapelia*. Abyssinie, 1897. (R. G. 1895, p. 353, *tab.* 1416.)

HYDRANGEA. — Vol. II, p. 679.

H. hortensis Lindleyana, Nichols. Variété d'Hortensia dont les fleurs de la circonférence des ombelles sont seules stériles et à grands pétales étalés, blancs ou bleuâtres et irrégulièrement maculés de rouge sur les bords; les fleurs du centre des inflorescences sont fertiles et toutes petites. La plante est, paraît-il, plus vigoureuse et plus résistante que l'Hortensia ordinaire. Syn. *H. hortensis roseo-alba*, Hort. (Gn. 1894, part. II, p. 467, *tab.* 990.)

HYPOCYRTA. — Vol. II, p. 693.

H. pulchra, N. E. Brown. Plante à tige forte, herbacée, poilue, portant des feuilles opposées, ovales, aiguës, bullées, couvertes en dessus d'un duvet bronzé et velouté, pourpre vif et fortement réticulées en dessous. *Fl.* solitaires, axillaires, pédonculées, jaune ou orangé rougeâtre, à corolle tubuleuse, renflée, puis rétrécie et pourvue au sommet de lobes très courts et tronqués. Nouvelle-Grenade. Serre tempérée. B. J.

HYPOLYTRUM. — Vol. II, p. 694.

H. Schraderianum, Hort. Plante touffue, à feuilles de 75 cent. de long et 5 cent. de large, entières, d'un beau vert et bordées de pourpre. Brésil. Serre chaude. (I. H., 1895, p. 25, fig. 5.)

IMPATIENS. — Vol. II, p. 709.

I. Micholitzi, Hort. *Fl.* blanches ou rosées, à centre rose foncé. Plante naine, buissonnante. Nouvelle-Guinée. 1892. Serre chaude.

INCARVILLEA. — Vol. II, p. 712.

I. grandiflora, Bureau et Franch. "Espèce voisine de l'I. *Delavayi*, dont elle se distingue par plusieurs caractères, notamment par ses feuilles à lobes moins nombreux et le terminal beaucoup plus grand, par sa hampe courte au moment de la floraison, paraissant formée de la soudure de plusieurs pédoncules et n'atteignant guère plus de 20 cent., enfin et surtout par ses fleurs, bien plus grandes, à lobes plus amples, arrondis, atteignant jusqu'à 7 cent. de largeur, d'un beau rose carminé foncé, avec des lignes blanches très apparentes à la gorge sur la lèvre inférieure. Ce sera une magnifique plante vivace et rustique. Se-Tchuen oriental. (R. H. 1898, p. 330; 1899, p. 12, *cum tab.*) B. J.

IOCHROMA. — Vol. II, p. 734.

I. flavum, Ed. André. Arbrisseau buissonneux, atteignant 2 m., à feuilles alternes, ovales-lancéolées, pétiolées, d'un vert clair et glabres en dessus, finement pubérulentes avec des pinceaux de poils blancs et courts à la naissance des nervures sur la face inférieure. Fleurs réunies en bouquets axillaires, à pédicelles uniflores, pendants, calice urcéolé, court et vert; corolle tubuleuse, longue de 2 1/2 à 3 cent., jaune, à gorge ouverte en cinq petits lobes courts, dressés, accompagnés de cinq appendices internes plus courts qu'eux; étamines cinq, atteignant la gorge; style plus long qu'elles et saillant. Habite les Andes de la Colombie. Serre froide. (R. H. 1898, p. 360, *cum. tab.*) B. J.

IPOMŒA. — Vol. II, p. 739.

I. gossypioides, Parodi. *Fl.* roses et pourpres à la gorge, très élégantes. *Flles* longuement pétiolées. Plante annuelle, non volubile. Sud de la République Argentine et Paraguay. 1897.

I. Perringiana, Dammer. Grande liane à tiges effilées, garnies de poils étoilés, portant des feuilles espacées, longuement pétiolées, à limbe largement ovale, découpé en trois-cinq lobes cunéiformes, obtus et mucronés. Les fleurs sont violet rose et réunies en cymes axillaires et pédonculées; la corolle a 7 cent. de long et 5 cent. de diamètre, le tube est rétréci à la base et la gorge présente cinq lobes arrondis et un peu crénelés. Cameron. Serre chaude. B. J.

I. purpurea flore-pleno, Hort. Toutes les Ipomées cultivées sont à fleurs simples. Celle-ci est une variété de Volubilis à grandes et belles fleurs doubles, d'un coloris à fond blanc, élégamment maculé de bleu et de pourpre violacé. La plante donne des graines et se reproduit par le semis, mais elle est tardive et a besoin d'être avancée sur couche dans le nord de la France. B. J.

IRIS. — Vol. II, p. 742.

I. albo-purpurea, Baker. — Plante courtement rhizomateuse, à feuilles vertes, ensiformes, longues et assez étroites; hampe égalant les feuilles et terminée par un seul faisceau de fleurs entouré de spathes ovales et aiguës; périanthe à tube court; segments externes ovales, glabres et maculés de pourpre; les internes dressés, lancéolés, un peu plus courts et blanc pur; styles à crêtes amples et entières. Cette espèce est voisine de l'*I. hexagona* et sans doute du groupe de l'*I. lævigata*. Japon. (B. M. *tab.* 7511.) B. J.

I. asiatica, Hort. *Fl.* à divisions bleu gris; les inférieures d'un beau pourpre bleuâtre et jaune, veinées de brun. Plante voisine de l'*I. germanica*, mais à plus grandes fleurs. Asie Mineure. 1895. (G. M. 1895, p. 353-440, fig.)

I. Cosniæ, Hort. *Fl.* grandes, à divisions supérieures jaune clair et panachées de pourpre; les inférieures de même teinte et striées de pourpre. Plante naine. Origine non indiquée, 1895.

I. Delavayi, M. Micheli. *Fl.* à divisions internes du périanthe violettes, dressées, ovales-lancéolées et aiguës; les externes de moitié plus longues, réfléchies, ovales-obtuses, émarginées, dépourvues de barbe sur l'onglet, violet brillant passant au jaunâtre, pointillé de lilas à la base; stigmates violets, à crêtes deltoïdes; spathes foliacées, à valves carénées et vertes; hampes bifurquées, dressées, creuses, atteignant 1 m. à 1 m. 50 de haut. *Flles* raides, dressées, vert glauque, de 75 à 80 cent. de long et 1 à 2 cent. de large. *Rhiz.* allongés, rampants. Plante semi-aquatique, à cultiver comme l'*I. lævigata*. Plante botaniquement voisine de *I. sibirica*. Yun-nan; Chine. 1895. (R. H., 1895, p. 398, f. 128-129.)

I. lævigata flore-pleno, Hort. Vilm. Magnifique race présentant une grande amélioration sur le type, surtout par les dimensions des fleurs qui atteignent jusqu'à 15 cent. de diamètre; les trois segments internes, d'ordinaire petits et dressés, sont ici aussi grands que les externes et étalés comme eux, ce qui rend la fleur très ronde et en change complètement l'aspect; en outre, chez certaines fleurs, les étamines sont transformées en organes pétaloïdes et on remarque même parfois d'autres petits organes appendiculaires allongés, étroits, et qui se dressent entre les segments. Les couleurs sont aussi très variées, allant maintenant du lilas rougeâtre au violet foncé, au lie de vin et jusqu'au blanc pur, soit unies, soit mouchetées de nuance plus claire ou plus foncée que le fond. (R. H., 1895, p. 421, fig. 138-141.)

I. Parkor, Hort. Hybride horticole des *I. paradoxa* et *I. Korolkowi*. 1895.

IXIANTHES, Benth. Fam. *Scrophularinées*. — Genre dont la seule espèce connue, décrite ci-après, est un arbuste, botaniquement voisin des *Scrophularia*, qui a été récemment introduit dans les cultures. Il lui faut la serre tempérée pendant l'hiver.

I. retzioides. Benth. Arbuste ramifié, de 2 m. de haut, à feuilles rapprochées, de 10 cent. de long et pubescentes: les fleurs sont jaunes, insérées sur des pédoncules courts, axillaires, à tube renflé et à limbe à cinq lobes étalés. Sud de l'Afrique. (B. M., 7409.)

KÆMPFERIA. — Vol. III, p. 39.

K. Ethelæ. J.-M. Wood. *Fl.* solitaires, radicales, à calice tubuleux, fendu jusqu'au milieu; corolle hyaline, blanche, à trois lobes linéaires-oblongs, avec une nervure centrale et quatre à cinq latérales de chaque côté, de 5 à 6 cent. de long; staminodes à trois lobes, fortement récurvés, de 6 à 8 cent. de long et autant de large; les latéraux oblongs et dressés, rose pêche, plus pâle au centre; labelle portant une grande crête atteignant presque le milieu du tube; étamine unique, à filet élargi et épaissi, avec le connectif des loges de l'anthère développé en limbe pétaloïde, oblong, de 6 cent. de long. Printemps. *Flles* oblongues-lancéolées, embrassant la tige, de 25 à 40 cent. de long et 5 à 6 cent. de large, à nervure médiane forte et très oblique. Tige feuillue, haute de 15 à 20 cent. au moment de la floraison, atteignant ensuite 60 cent. à 1 m. Souche tubéreuse, irrégulière, fortement aromatique. Massikessi: Indes orientales, 1898. (G. C., part. I, f. 34.)

KALANCHOE. — Vol. III, p. 41.

K. flammea. Stapf. *Fl.* écarlate vif, tubuleuses et réunies en cymes multiflores, longuement pédonculées et dressées. *Flles* spatulées, charnues et crénelées. Tiges d'environ 30 cent. de haut. Terre des Somalis, 1897.

KALMIA. — Vol. III, p. 41.

K. cuneata, Michx. Arbuste grêle, divariqué, de 60 cent. à 1 m. de haut, à feuilles caduques et à fleurs de 2 cent. de diamètre, blanc crème, avec une large bande rouge clair à la base du limbe. Nord de la Caroline. Rustique. (G. et F., 1895, p. 434, f. 60.) B. J.

KARATAS. — Vol. III, p. 42.

K. (*Nidularium*), **Chantrieri** Ed. André ex. Hort. Chantrier. Magnifique hybride obtenu du croisement du *N. fulgens* par le *N. Innocenti*, dont les caractères sont étroitement entremêlés. Les feuilles externes sont longues de 40 à 50 cent. et larges de 6 à 7 cent., étalées, rigides, bordées d'aiguillons, d'un beau vert foncé en dessus et violettes en dessous; les feuilles centrales ou bractéales sont beaucoup plus courtes et acquièrent au moment de la floraison une teinte rouge vermillon extrêmement brillante. Les fleurs sont blanches, petites, réunies en bouquet compact, enfoncé au centre de ces bractées. (R. H., 1895, p. 453, *cum tab.*) B. J.

N. Paxianum, Mez. *Fl.* blanches, accompagnées de bractées rouges. *Flles* vert jaunâtre. Plante voisine du *N. Innocenti*. Brésil, 1895. (R. G. 1895, p. 297. t. 1415.)

N. versaillense, Hort. Truffaut. Hybride horticole des *N. Meyendorfi* et *N. princeps*. 1897.

KENTIA. — Vol. III, p. 45.

K. Kersteniana, Hort. Sander. Nouvelle espèce très distincte à l'état de jeune plante, seul connu du reste. Le stipe, déjà fort et élevé, porte quelques grandes feuilles étalées, pourvues de folioles peu nombreuses, espacées, mais grandes, cunéiformes, sessiles, à bord supérieur fortement émarginé et mordillé, comme dans un *Caryota*, ce qui donne à la plante un aspect très singulier. L'origine n'en est pas indiquée. (G. C. 1898, part. II, p. 357, fig. 113.) B. J.

K. Sanderiana, Hort. Sander. Plante cespiteuse, à stipes effilés, garnis de gaines triangulaires, vertes et portant des feuilles à pétioles grêles, comprimés, vert pâle, couverts de quelques flocons de poils laineux, noirs et caducs; pinnules espacées, ténues, de 1 cent. de large, découpées au sommet en deux divisions très inégales. Nouvelle-Guinée. (R. H. 1898, p. 263.) B. J.

KERMÈS ou **Pou de San José** (Angl. San José ou Californian Scale). — L'apparition de cet insecte en Europe, en 1898, a causé une telle frayeur que des mesures prohibitives très rigoureuses à l'égard des importations de fruits et d'arbres d'Amérique ont été prises par plusieurs puissances, notamment par l'Allemagne qui, la première, a constaté sa présence dans les ports de Emmerich et Hambourg. D'un important mémoire récemment publié en Amérique[1] et reproduit par la presse européenne, nous extrayons les renseignements suivants :

Le Kermès de San José est terriblement omnivore; il s'attaque à la plupart des arbres fruitiers, mais principalement aux Poiriers, Pommiers, Pruniers, Cerisiers, Amandiers, Pêchers, Abricotiers, ainsi que les Groseilliers et nombre d'autres plantes ou d'arbres forestiers ou d'ornement de familles très diverses.

Ce redoutable parasite a été observé au Chili, en Australie, au Japon, d'où il semblerait que son introduction ait eu lieu en Amérique, dans la vallée de San José, en Californie, à laquelle il doit son nom familier de « San José ou Californian Scale ». Par suite des importations d'arbres et de fruits, il a rapidement gagné la plupart des Etats américains, même ceux du nord, notamment le Canada, où il semblait qu'il ne pourrait vivre à cause du froid. Partout il a infligé aux vergers les pertes les plus cruelles.

Sa connaissance entomologique ne remonte qu'à 1881; elle est due au professeur Comstock, qui lui a donné le nom d'*Aspidiotus perniciosus*. Il appartient au groupe des Diaspines, dont le corps se couvre d'une carapace protectrice, formée par les dépouilles des mues successives.

Comme chez les Pucerons, la femelle accouche de petits tout vivants, qui se répandent dans le voisinage et se fixent bientôt sur un point à leur convenance, pour ne plus en bouger. La première ponte, celle des femelles ayant hiverné, a lieu au printemps et se continue pendant plus de six semaines. Il y a quatre générations annuelles et l'on a calculé qu'une seule femelle peut donner, avec sa descendance, naissance à plus de trois milliards d'insectes.

Chaque femelle est adulte au bout de trente jours. D'abord ovale et pourvue à sa naissance de six pattes

[1] The San José Scale. — *Its occurrence in the United States, with a full account of its life history and the remedies to be used against it.* Washington, 1896. Howard et Marlatt, publié par le département de l'agriculture.

et de deux antennes, elle se fixe au bout de quelques heures, enfonce son rostre dans le tissu de la plante, ramène sous son corps ses pattes et ses antennes, qui disparaissent bientôt ; elle prend alors une forme circulaire, se couvre de filaments de nature céracée, qui en s'entre-croisant et se collant les uns aux autres finissent par former une carapace circulaire, avec une proéminence centrale, rappelant en miniature l'aspect d'un bouclier, d'où son autre nom anglais de « Shield Louse ». Cette carapace se renforce par la suite des dépouilles des mues successives. A la première mue, mâles et femelles ne se distinguent que par de légères différences; les femelles sont un peu plus petites et dépourvues d'yeux. La première mue a lieu au bout de douze jours et la deuxième vingt jours après. Le bouclier est alors gris pourpré et la longueur du suçoir atteint deux ou trois fois celle du corps, qui lui-même ne mesure qu'environ 1 millimètre de longueur. Quelques jours après, la femelle devient adulte et commence à pondre.

Le mâle ne se distingue nettement de la femelle qu'après la première mue. Sa forme est allongée et sa tête présente deux grandes taches purpurines, représentant les yeux ; les pattes et les antennes réapparaissent. Après une nouvelle transformation, deux ailes se montrent et, parfait cette fois, l'insecte prend son essor. Il est très minuscule, ne mesurant qu'environ un demi-millimètre de longueur; sa teinte est orangée, ses ailes hyalines et irisées et il porte une sorte d'épine ou pointe caudale.

Le Kermès de San José infeste à peu près toutes les parties des arbres ; les branches, les fruits, les feuilles, mais les jeunes rameaux et de préférence leur extrémité sont ses points de prédilection, et cela se comprend, le tissu y étant plus tendre et la sève plus abondante ; il y est parfois tellement abondant que les écailles qui les recouvrent parviennent à se toucher.

Les effets de la ponction qu'exercent ces insectes sont extrêmement nuisibles aux arbres ; les fruits attaqués deviennent noueux, informes et tombent prématurément ou bien ils sont en tout cas inutilisables pour la table. Les arbres et en particulier les Poiriers sont parfois tués dans le cours d'une seule année, ou bien ils deviennent chétifs et rabougris et ne tardent pas à périr. Les jeunes Pêchers résistent, paraît-il, pendant deux à trois ans.

Une particularité remarquable de l'aspect des parties infestées et qui aide beaucoup à reconnaître la nature du parasite est la coloration rougeâtre de l'écorce qu'il détermine et en particulier l'aréole rougeâtre qui entoure la carapace de chaque femelle ; cette coloration est surtout accentuée sur les fruits.

La dispersion à grande distance du Pou de San José a lieu par l'intermédiaire de plusieurs agents : d'abord les vents et les pluies, les animaux, d'autres insectes sur lesquels ils se fixent dans ce but, les vêtements de l'homme et enfin par les envois de fruits et d'arbres provenant de pépinières contaminées. C'est là surtout la principale cause de sa dispersion outre mer. On ne saurait donc être trop circonspect à l'égard des introductions d'arbres fruitiers et de plantes vivantes provenant d'Amérique.

Pénétrées de ce danger l'Allemagne, la Hollande, puis la France ont pris des mesures énergiques contre son invasion. En ce qui concerne notre pays, un décret, en date du 30 novembre 1898, a prohibé l'introduction et le transit en France des « arbres, arbustes, produits des pépinières, boutures et tous les autres végétaux ou parties de végétaux vivants ainsi que leurs débris frais, provenant des Etats-Unis, soit directement, soit des entrepôts ».

La prohibition sera étendue « aux envois de fruits frais lorsque la présence de l'insecte aura été constatée dans ces envois ».

La destruction complète de l'insecte a été déclarée impossible en Amérique et sa destruction locale et partielle extrêmement difficiles. Les insecticides les plus énergiques ont été employés avec un succès médiocre. L'eau de savon et l'émulsion de pétrole sont recommandés, mais il faut asperger totalement l'arbre, laisser le liquide faire son effet pendant cinq à six jours, puis procéder à un lavage et un brossage vigoureux et très soigné de toutes les parties. Tous les débris d'écorce, les feuilles mortes, les bois de taille, etc., doivent être soigneusement recueillis et brûlés de suite. Cette opération doit être pratiquée deux fois par an : au printemps, avant la floraison et à l'automne, après la chute des feuilles. Pour les arbres importés, on a conseillé de les désinfester dès leur arrivée, avant leur plantation, en les exposant sous des bâches bien imperméables aux vapeurs du cyanure de potassium. Il convient de prendre de grandes précautions dans la manipulation de cette substance, car les vapeurs cyanhydriques sont mortelles pour l'homme et les animaux, aussi bien que pour tous les insectes.

Un autre Kermès, introduit en Angleterre sur des Pruniers (*P. pseudo-cerasus*) venant du Japon, a été signalé par M. R. Newstead [1] et comme non moins dangereux pour les arbres fruitiers en général.

Ce Kermès, qui a reçu le nom de *Diaspis amygdali*, Tryon, ressemble le plus au *D. rosæ*, le Kermès des Rosiers. Les écailles abritant les femelles sont circulaires et ont la grandeur d'une tête d'épingle (1 à 2 mm.); elles sont d'un blanc poudreux, devenant gris fumé ou ocreux quand elles sont âgées, se confondant ainsi avec la couleur de l'écorce. La femelle présente les mêmes particularités physiologiques, c'est-à-dire absence de pattes, immobilité, ponte sous son bouclier, etc. Sa partie postérieure (*pygidium*) fournit seule, à l'examen microscopique, les caractères distinctifs de cette espèce.

L'écaille qui protège le mâle est blanc pur, étroitement allongée et beaucoup plus petite que celle de la femelle. L'insecte y subit ses diverses métamorphoses et s'en échappe sous la forme d'une très petite mouche à deux ailes, avec le corps orangé.

Ce Kermès a été observé dans plusieurs autres pays, notamment en Australie, sur les Pêchers, dans les îles Fiji, à Ceylan, la Jamaïque, etc., et aux Etats-Unis il se fit remarquer en 1892 par une sérieuse attaque des Pruniers et Pêchers ; on pense cependant que le Japon est sa patrie.

L'insecte a parfaitement hiverné en Angleterre ; son introduction en Europe est à redouter, et cela d'autant plus qu'il est extrêmement difficile à détruire, ayant résisté à l'émulsion chaude de pétrole ; cette substance pure en est seule venue à bout. Par suite de la diversité des plantes sur lesquelles il peut vivre

[1] *Gardener's Chronicle*, 1898, part. II, p. 245, fig. 66-67.

et de la difficulté de sa destruction, l'auteur conseille de brûler de suite les plantes infestées.

KICKXIA, Blume. Fam. *Apocynacées*. — Petit genre ne comprenant que deux espèces habitant Java et l'Afrique tropicale occidentale, et dont la suivante, d'intérêt économique, vient d'être introduite dans les collections. Il lui faut la serre chaude.

K. africana, Benth. Grand arbre de 20 m. de haut, à feuilles oblongues-lancéolées et à fleurs jaunes, en coupe, disposées en nombreuses cymes axillaires. Le principal intérêt de cet arbre réside dans son suc riche en caoutchouc. Chez nous il n'est que de collection. Afrique tropicale.

KLUGIA. — Vol. III, p. 50.

K. Notoniana, A. DC. Plante herbacée, annuelle, à végétation rapide, formant des touffes étalées, de 1 m. de diamètre, à rameaux portant des feuilles ovales-lancéolées, fortement ridées et se terminant en de longs épis unilatéraux de fleurs d'un beau bleu Gentiane, avec une tache jaune à la gorge; la corolle est divisée en deux lèvres très inégales; l'inférieure ample et labelliforme, tandis que la supérieure est réduite à l'état de petites dents. Ceylan. Serre tempérée. (G. C. 1896, part. II, p. 237, fig. 32.) B. J.

KNIPHOFIA (*Tritoma*). — Vol. III, p. 50.

K. breviflora, Harv. *Fl.* jaune vif, courtement tubuleuses, disposées en épi de 10 cent. de long sur une hampe de 60 cent. de haut. Diffère surtout du *K. modesta* par ses fleurs qui sont blanches dans ce dernier. Natal, 1897. (B. M. 7570.)

K. Northiæ, Baker. C'est la plus grande et peut-être la plus belle espèce du genre. Rustique comme ses congénères, c'est-à-dire à l'aide d'une légère protection, elle produit un épi de fleurs de 25 à 30 cent. de long, rouges avant l'épanouissement et devenant par la suite orangées. Cap. (B. M. 7412.)

K. primulina, Baker. *Fl.* jaune primevère, tubuleuses, disposées en épi de 15 cent. de long, sur une hampe de 1 m. de haut. *Flles* de 1 m. de long et 2 cent. 1/2 de large. Plante voisine du *K. natalensis*. Natal, 1897.

K. Woodii, Hort. *Fl.* jaune crème, disposées en épi de 22 cent. de long, sur une hampe de 1 m. 10 de haut. *Flles* bordées d'épines marginales. Plante voisine du *K. modesta* par ses caractères généraux, mais plus forte. Natal, 1895.

LACTUCA. — Vol. III, p. 62.

L. (*Mulgedium*) **albanum**, DC. *Fl.* bleu d'azur, disposées en panicules dressées. Été et automne. Caucase, 1897.

LATHYRUS. — Vol. III, p. 94.

L. Drummondi, Hort. *Fl.* rouge brique vif, assez grandes, à étendard ample et dressé; grappes axillaires, composées de sept à dix fleurs courtement pédicellées, avec une bractéole courte et subulée à la base de chaque pédicelle; pédoncule plus long que la feuille qui l'accompagne. *Gousse* glabre, polysperme, droite, relevée d'une carène sur le dos. *Flles* réduites à une seule paire de folioles obovales-arrondies, sessiles, insérées près de la base du rachis, qui se termine en vrille rameuse; stipules petites, lancéolées, hastées et libres à la base; tiges anguleuses et ailées. *Haut.* 1 m. 20. Jolie plante grimpante, probablement vivace, d'origine inconnue.

L. odoratus, var. Cupidon. Nouvelle race de Pois de senteur d'origine américaine, propagée par la maison Vilmorin, tout à fait distincte des variétés cultivées jusqu'ici, par son port exactement traînant, les rameaux étant étalés en tous sens sur le sol, où ils forment une touffe compacte, ne dépassant pas 10 cent. et que surmontent des bouquets de grandes fleurs odorantes et se succédant longtemps. La première variété était à fleurs *blanc pur*, la deuxième *rose* ou plus exactement à étendard rose vif, tandis que les ailes sont restées blanches et cette année (1899) trois autres variétés font leur apparition : *Alice Eckford*, blanc crème flammé rose; *Beauté*, rose tendre

Fig. 655. — Lathyrus odoratus, var. Pois de senteur nain Cupidon.

et *Primrose*, jaune pâle. Il y a tout lieu d'espérer que d'autres coloris ne tarderont pas à se montrer et deviendront peut-être aussi nombreux que dans la race grimpante. Cette race très naine se recommande pour garnir certaines petites corbeilles, pour faire des bordures et obtenir de charmantes potées fleuries.

LÆLIA. — Vol. III, p. 63.

L. longipes, Rchb. f. *Fl.* roses, à sépales latéraux un peu plus longs et de même forme que les pétales, étalés, linéaires-oblongs, obtus; labelle doré, crispé sur les bords, à lobes latéraux arrondis; le médian presque carré; hampe flexueuse, pauciflore, plus courte que la feuille qui l'accompagne; bractées petites et triangulaires. *Flles* solitaires sur les pseudo-bulbes, sessiles, dressées, elliptiques-oblongues, obtuses, charnues, concaves en dessus, d'un vert gai, plus pâles et carénées sur la face inférieure. Pseudo-bulbes linéaires-oblongs, couverts de gaines blanches-scarieuses, marquées de lignes imbriquées. Brésil. (B. M. 7541.)

LÆLIO-CATTLEYA, Hort. Pendant ces dernières années, les hybrides horticoles sont devenues particulièrement nombreux parmi les genres d'Orchidées les plus importants, et notamment parmi les *Cypripedilum Dendrobium*, *Cattleya*, *Lælia*, etc. Nous avons dû omettre, par suite de leur grand nombre, les hybrides et les simples formes horticoles des premiers genres. Étant donnée l'étroite affinité des *Cattleya* et des *Lælia*, les croisements sont faciles, et, par suite, les hybrides de ces deux genres sont devenus très nombreux. Quoique d'origine bigénérique, ces hybrides ont tout le port et l'aspect des *Lælia* et y sont du reste réunis dans cet ouvrage. Quoique très beaux et souvent remarquables, ces hybrides n'ont qu'une importance très secondaire au point de vue descriptif; pour cette raison autant que pour celle de leur nombre, nous avons cru pouvoir en passer le plus grand nombre sous silence, comme nous l'avons fait, du reste, pour les genres précités.

L.-C. Andreana, Hort. Hybride bigénérique obtenu par M. Maron, du croisement des *Cattleya bicolor* et *Lælia elegans*. Ses pseudo-bulbes sont gros, longs de 25 cent. et portent des feuilles de 20 cent. de long et 4 1/2 à 5 cent. de large. La fleur est grande, de 18 cent. de diamètre, bien ouverte, à pétales ondulés sur les bords, de 7 1/2 à 8 cent. de long et 1 1/2 à 2 cent. de large, rose violacé tendre ; le labelle est d'une forme nouvelle, long de 4 cent. et large de 2 1/2 à 3 cent., d'un violet intense, avec une bordure blanche à l'extrémité. 1895. (R. H. 1895, p. 401. B. J.)

Fig. 656. — LEEA SAMBUCINA RŒHRSIANA. — (*Le Jardin*.)

L.-C. Epicasta, Hort. Hybride des *Cattleya Warscewiczii* et *Lælia pumila*, intermédiaire entre ses parents, dont les fleurs ont des pétales et sépales inégaux, mauve purpurin foncé, avec le labelle à pointe de même nuance, tandis que la partie interne est blanc crème. 1895.

L.-C. Rosalind. Magnifique hybride issu du croisement des *Catleya Trianæi* et *Lælio-Cattleya Dominiana*, dont es sépales sont blancs, longs et étroits ; les pétales sont très amples, blanc teinté de rose et le labelle est d'un beau jaune, veiné de blanc à la base et maculé de pourpre foncé sur le devant. (G. C. 1897, part. I, p. 2, fig. 1.)

LAMOUROUXIA. — Vol. III, p. 85.

L. Pringlei, Rob. *Fl.* cramoisies, tubuleuses et à limbe bilabié, de 4 cent. de long. *Flles* petites, ovales et sessiles. Arbuste dressé, très ramifié, de 1 m. à 1 m. 50 de haut. Mexique. 1895. (G. et F. 1895, p. 273, f. 39.)

LAVATERA. — Vol. III, p. 101.

L. crestiana, Hort. Micheli. Hybride horticole des *L. trimestris* et *L. maritima*. 1897.

LEEA. — Vol. III, p. 104.

L. sambucina, Willd. **Rœhrsiana**, Hort. Sander. Plante grimpante, voisine des *Cissus*, très variable, à feuilles pinnées, longues de 40 cent., larges de 6, glaucescentes, cordiformes, oblongues, acuminées et grossièrement dentées, ayant une teinte vert bronzé quand elles sont jeunes. Largement dispersé dans les tropiques et introduit en 1897 de la Nouvelle-Guinée, sous le nom de *L. Rohersiana*, Hort. Sander. (G. C. 1898, part. I, p. 242, fig. 92.) B. J.

LEPTOSYNE. — Vol. III, p. 113.

L. gigantea, Kellogg. Grande et forte plante à tige sub-ligneuse, atteignant jusqu'à 2 m. de haut, portant des feuilles très finement découpées et de grandes fleurs jaunes, simples, rappelant un petit Soleil. Californie. Rustique. (R. G. 1895, fig. 111-112.) B. J.

Fig. 657. — LICUALA JEANENCEYI. — (*Le Jardin*.)

L. Stillmani, A. Gray. *Fl.* jaunes. *Flles* à lobes linéaires. Très jolie plante annuelle. Californie, 1897. (R. G. 1897, p. 612, f. 83.)

LICUALA. — Vol. III, p. 126.

L. Jeanenceyi, Hort. Sander. Palmier très feuillu, à pétioles entourés à la base d'un réseau de fibres brunes, plats et bordés sur leur longueur de forts aiguillons décurvés et brun foncé ; limbe orbiculaire, composé de six-huit segments libres dès la base, fortement plissés, mordillés au sommet, subdivisés et vert foncé. Australie. (R. H. 1898, p. 263.) B. J.

LIGUSTRUM. — Vol. III, p. 129.

L. Walkeri, Dcne. Arbuste à rameaux glabres, fortement couverts de lenticelles et à feuilles ovales ou lancéolées, aiguës à la base et au sommet, entières et ondulées sur les bords, minces et glabres, de 4 à 8 cent. de long et courtement pétiolées. Fleurs très nombreuses, blanches, odorantes, pédicellées et réunies en larges panicules pyramidales, compactes, de 10 à 15 cent. de long. Ceylan,

1898. Serre tempérée (G. C. 1898, part. II, p. 282, fig. 82.) B. J.

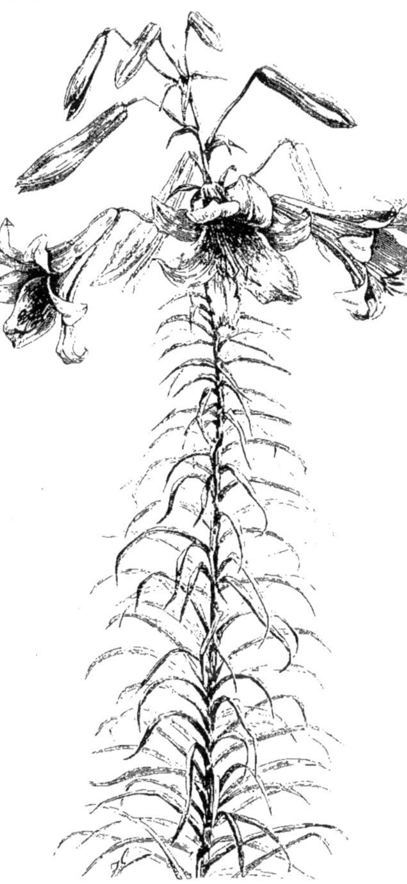

Fig. 658. — LILIUM SULFUREUM. — (*Rev. Hort.*)

LILIUM. — Vol. III, p. 135.

L. auratum semi-plena, Hort. Forme dont la fleur se compose neuf pétales teintés et maculés comme dans le type, y compris la bande médiane jaune et trois étamines seulement. (R. H. B., 1895, p. 25, *cum tab.*)

L. beerensis, Hort. Ware. Hybride horticole des *L. chalcedonicum* et *L. excelsum*. 1895.

L. Browni leucanthum, W. Watson. Cette variété, d'origine chinoise, est moins délicate, plus vigoureuse que le type et prospère en cultures alors que le type y périt rapidement. Les tiges atteignent 1 m. 20 de haut, avec des feuilles trinervées, de 10 cent. de long, 2 cent. 1/2 de large et portent plusieurs fleurs étroitement en entonnoir, atteignant jusqu'à 15 cent. de long, blanches et délicatement teintées de jaune inférieurement; les lobes sont courts et réfléchis. Kew, 1895. (Gn. 1895, part. I, p. 97, t. 1000.)

L. rubellum, Baker. Joli petit Lis du groupe *japonicum* à bulbe globuleux, formé d'écailles lancéolées et à tige grêle, striée, portant environ vingt feuilles alternes, vert gai, lancéolées, d'environ 5 cent. de long, à 5-7 nervures saillantes. Fleurs, une ou deux, obliques, largement campanulées, mesurant presque 8 cent. de diamètre, à divisions lancéolées-oblongues, obtuses; les trois externes plus étroites que les internes, toutes rouge clair uni et sans ponctuations; les externes faiblement teintées de vert à la base; étamines n'atteignant pas le milieu du périanthe, à anthères petites; style plus long qu'elles. Japon. (G. C., 1898, part. I, p. 321.) B. J.

L. sulfureum, Baker. Nouvelle espèce de grande taille, à bulbe volumineux, donnant naissance à une forte tige haute de 2 m., garnie de longues feuilles éparses et portant au sommet huit à dix fleurs longuement pédicellées, pendantes, à périanthe en entonnoir, de 20 cent. de long, et un peu plus de large, formé de segments connivents en long tube inférieurement et étalées supérieurement; leur teinte est d'un beau jaune soufre à l'intérieur, lavé de rougeâtre à l'extérieur et très odorantes; les étamines sont plus courtes que les segments et le style plus long qu'elles. La plante est parfaitement rustique et originaire du Haut-Burmah, 1891. (B. M. 7257; R. H., 1895, p. 544, fig. 173.)

LINOSPADIX Micholitzii, Hort. — V. Bacularia, Micholitziana.

LIPPIA. — Vol. III, p. 167.

L. iodantha, Pringle. Arbuste de 1 m. 50 à 3 m. de haut, à feuilles opposées, lancéolées, serrulées et à fleurs jaunes, petites, disposées en bouquets au sommet de pédoncules axillaires et accompagnées de bractées pourpres. La floraison est automnale et très abondante. Mexique. Serre froide. (G. et F., 1896, p. 105, fig.). B. J.

LISSOCHILUS milanjianus, Rendle. (B. M. 7546.) Nom maintenant correct de la plante, décrite vol. II, p. 349, sous le nom de *Eulophia bella*, N. E. B.

LITHOPHYTE. — Nouveau terme créé pour désigner les plantes qui croissent sur les pierres et par extension sur les rochers, que l'on nommait déjà plantes *saxatiles*.

LIVISTONA. — Vol. III, p. 173.

L. Woodfordii, Ridley. Grand et beau Palmier, atteignant jusqu'à 10 à 12 m. dans son pays natal. Ses feuilles, assez longuement pétiolées, portent un limbe sub-orbiculaire, de 50 cent. de long et 45 cent. de large, découpé en lobes très étroitement acuminés; les inférieurs libres presque jusqu'à la base; les supérieurs n'atteignant qu'environ le quart du limbe. Les spadices sont ordinairement grêles et longs d'environ 1 m. 20, portant des panicules à branches courtes et grêles, émergeant de gaines tubuleuses, brunes. Les fruits sont globuleux, d'environ 1 cent. de long et probablement rouge vif. Ce beau Palmier, trouvé dans la Polynésie, par Micholitz, égalera et surpassera peut-être en beauté et utilité ses congénères introduits dans les cultures. B. J.

LONICERA. — Vol. III, p. 177.

L. Hildebrandiana, Coll. et Hemsl. Nouvelle espèce, constituant, par ses proportions extraordinaires, le géant du genre, mais il lui faut la serre tempérée sous notre climat. Ses feuilles sont largement ovales ou elliptiques, brusquement acuminées au sommet, arrondies à la base, très glabres, longues de 10 à 12 cent. et larges de 5 à 8. Les fleurs sont écarlate orangé brillant, réunies par paires axillaires sur de courts pédoncules; le calice a environ 8 mm. de long et cinq dents courtes ; la corolle, longuement tubuleuse, atteint 12 cent. de long et plus, dit-on, et se divise en deux lèvres inégales, la supérieure dressée, large et à quatre lobes : l'inférieure étroite, entière et réfléchie. Monts Shan. (G. C., 1898, part. II, p. 210, fig. 58.) B. J.

L. thibetica, Bur. et Franch. *Fl.* rose lilacé terne, petites, mais très odorantes, géminées sur des ramilles latérales. Juin. *Flles* verticillées par trois, vert intense en dessus, vert argenté en dessous. Rameaux arqués. Plante touffue, buissonnante. *Haut.* 40 cent. Se-tchuen ; Chine, 1897.

LOWIA, Scortlechini. (dédié à M. Low). Fam. *Scitaminées*. — Genre créé pour la très singulière plante de serre chaude ci-après décrite, qui, presque simultanément, reçut de M. N.-E. Brown le nom de *Orchidanthe borneensis*.

L. longiflora, Schortechini. Plante acaule, monophylle et à fleurs réunies en bouquet à la base d'une feuille unique, oblongue-lancéolée, acuminée et rétrécie en pétiole. Ces fleurs sont longuement tubuleuses, à sépales linéaires, égalant le tube ; pétales supérieurs courts, purpurins, lancéolés et fimbriés au sommet : l'inférieur beaucoup plus large, à onglet pourpre et concave, et à limbe largement oblong, acuminé, blanc pur et à bords récurvés : étamines cinq ; stigmate divisé au sommet en trois stigmates frangés. Péninsule Malaise. 1896. (G. C. 1896, part. II, p. 752, fig. 111.) B. J.

LUDOWIA, Brongn. Fam. *Cyclanthacées*. — Petit genre comprenant deux ou trois espèces de plantes herbacées, de serre chaude, habitant le Brésil et la Guyane, dont la suivante paraît seule et récemment introduite. Pour sa culture, V. **Carludovica**, dont la plante est du reste botaniquement voisine.

L. crenifolia, Drude. Grande plante touffue, de 1 m. 50 de haut, dont les feuilles sont engainantes et disposées en deux rangées opposées, avec le limbe lancéolé, aigu au sommet, graduellement rétréci à la base, épais, coriace, à nervure médiane saillante et à bords pourvus de crénelures obliques et allongées, qui se reproduisent par impression sur les autres feuilles pendant la préfoliaison. Brésil. B. J.

LUEDDEMANNIA, Rchb. f. — Réunis au **Cycnoches**.

LUISIA. — Vol. III, p. 200.

L. cantharis, Rolfe. *Fl.* vert et pourpre, de 2 cent. 1/2 de diamètre, à labelle ressemblant à un petit Coléoptère, et disposées en grappe très courte. *Flles* arrondies, de 15 cent. de long. Tige allongée. Plante voisine du *L. volucris*. Burma. 1895.

LYCASTE. — Vol. III, p. 206.

L. Ageriana, Hort. Sander. *Fl.* vertes, pendantes. *Flles* en lanière, et glauques. Pseudo-bulbes anguleux. Plante ayant le port du *Cattleya citrina*. Pérou, 1895.

LYCASTE.

L. Mantini, Hort. Hybride horticole des *L. Skinneri* et *L. Deppei*. 1897.

MACLURA. — Vol. III, p. 25.

M. aurantiaca inermis, Ed. André. Variété différant surtout du type par l'absence totale d'épines. Son feuillage est en outre plus ample, le limbe des feuilles atteignant jusqu'à 20 cent. de long ; les rameaux sont gris clair et couverts de lenticelles et la plante est excessivement vigoureuse ; elle est femelle. La Maclure ayant été utilisée pour l'éducation des vers à soie ; cette variété présente donc un intérêt à la fois industriel et ornemental. (R. H. 1896, p. 33, f. 10.) B. J.

MAGNOLIA — Vol. III, p. 230.

M. parviflora, Sieb. et Zucc. Petit arbre des régions montagneuses de l'île de Nipon, voisin du *M. Watsoni*. Ses feuilles sont caduques, ovales, cuspidées au sommet, arrondies à la base, avec sept nervures arquées sur la face inférieure. Les fleurs, qui se montrent en même temps que les feuilles, sont longuement pédonculées, à trois sépales oblongs et réfléchis et six pétales blancs, largement obovales et concaves. (B. M. 7411.) B. J.

MAMILLARIA. — Vol. III, p. 241.

M. barbata, Engelm. Plante conique, à mamilles courtes, portant au sommet une aréole d'épines étalées en cercle, au centre desquelles naît une jolie et grande fleur rose frais, plus foncé sur le milieu des pétales. Texas. (R. G., 1894, p. 113, *tab.* 1400.)

M. Hirschtiana, Hort. *Fl.* grandes, variant du rose au rouge foncé. Plante très épineuse. Origine non indiquée. 1897.

MAPANIA. — Vol. III, p. 251.

M. pandanifolia, Hort. Plante vivace et de serre chaude, décorative par ses feuilles amples, arquées, de 60 cent. de long et 4 cent. de large, vert foncé. *Haut.* 1 m. 20. Origine non indiquée, 1897.

MARANTA. — Vol. III, p. 251.

M. Chantrieri, Ed. André, ex. Hort. Chantrier. *Flles* ovales, cordiformes, aiguës, à lobes inférieurs obtus, de 30 à 40 cent. de long et 15 à 20 cent. de large, à face supérieure vert cendré, parcourues par des bandes vert très foncé, avec des raies transversales filiformes de même teinte ; nervure médiane mince et vert foncé ; face inférieure plus pâle, transversalement rayée vert clair ; pétioles cylindracés, fins, de 10 à 20 cent. de long. Brésil, 1897.

M. minor, Ed. André, ex. Hort. Chantrier. *Flles* à limbe courtement elliptique, sub-cordiforme à la base, courtement et obliquement mucroné au sommet, vert émeraude, portant six macules anguleuses, brun foncé. Petite plante à tiges couchées, recommandable pour la garniture des suspensions. Brésil, 1897.

M. picta, Hort. Bull. *Flles* largement lancéolées, de 30 cent. de long, vert foncé, portant le long de la nervure médiane une macule irrégulière, jaune verdâtre ; face inférieure pourpre foncé. Élégante plante touffue. Origine non indiquée, 1897. C'est probablement un *Calathea*.

MARATTIA. — Vol. III, p. 253.

M. Burkei, Hort. Veitch. Plante caulescente, à tige forte, dépourvue d'écailles et haute de 30 cent. Frondes tripinnées, ayant plus de 30 cent. de long et autant de large, vert gai et glabres sur les deux faces ; les divisions primaires forment quatre paires opposées, l'inférieure plus petite que les autres ; les pinnules sont lancéolées, rapprochées et les dernières divisions sont oblongues, sessiles, obtuses et profondément crénelées. Sores encore inconnus. Colombie? Intéressante Fougère arborescente. (G. C., 1897, part. II, p. 425, fig. 129.) B. J.

MARLEA. — Vol. III, p. 261.

M. begonifolia, Roxb. Arbuste de 2 m. de hauteur, à feuilles largement ovales, de 10 cent. de longueur, formant trois lobes allongés, aigus, à sinus arrondis, vertes et veloutées en dessus, plus pâles et pubescentes en dessous. Les fleurs sont réunies par trois-quatre en grappes lâches et axillaires, à calice très court et à cinq petites dents ; corolle blanche, à quatre-huit pétales soudés à la base, libres et enroulés supérieurement ; étamines six, à filets aplatis et à anthères allongées. Chine. (R. H., 1898, p. 501, fig. 175.) B. J.

MASDEVALLIA. — Vol. III, p. 664.

M. calyptrata, Kranzl. *Fl.* d'un beau jaune orangé, incluses, au sommet de leur hampe, dans une grande bractée cachant la moitié du calice, à sépale dorsal très court ; les latéraux soudés, sauf au sommet, et ayant deux fois et plus la longueur du dorsal ; tous contractés en queues filiformes, de 3 à 5 cent. de long ; labelle arrondi et obtus au sommet. Origine inconnue. B. J.

M. falcata, Hort. Hybride horticole des *M. Veitchiana* et *M. Lindeni*. 1895.

M. Forgetiana, Kranzl. *Fl.* petites. *Flles* étroites et vert gai. Nord du Brésil, 1895.

M. Heathii, Hort. Hybride horticole des *M. Veitchiana* et *M. ignea superba*. 1895.

M. Lawrencei, Kranzl. Plante voisine du *M. tovarensis*, à hampe triquètre, pourvue de bractées scarieuses et portant une fleur de 2 cent. de diamètre, à sépale dorsal triangulaire et prolongé en queue ; les latéraux sont oblongs-lancéolés et soudés seulement à la base ; pétales courts, linéaires, charnus, blanchâtres et bilobés ; labelle oblong-linéaire, charnu, blanchâtre et très finement pointillé de pourpre. Origine non indiquée. B. J.

M. Leda, Hort. Hybride horticole des *M. Estradæ* et *M. Arminii*. 1895.

M. melanoxantha, Rchb. f. Cette plante paraît être le véritable *M. melanoxantha*, décrit par Reichenbach, à fleur pourpre brunâtre foncé et bordé de jaune, avec une cavité particulière dans le sépale supérieur, au-dessus du labelle. Océanie. (G. C. 1895, part. I, p. 350, fig. 40.) Ce nom a aussi été appliqué au *M. Mooreana*, qui est totalement différent.

M. Shuttryana, Hort. Élégante espèce issue du croisement des *M. Harryana* et *M. Shuttleworthii*, dont les fleurs sont mauve rosé clair, avec quelques panachures pourpre rougeâtre entre les sépales latéraux et des lignes jaunes et rouges à l'intérieur du sépale supérieur ; les queues qui terminent chaque segment sont jaune vif. (G. C., 1896, part. I, p. 263, fig. 36.)

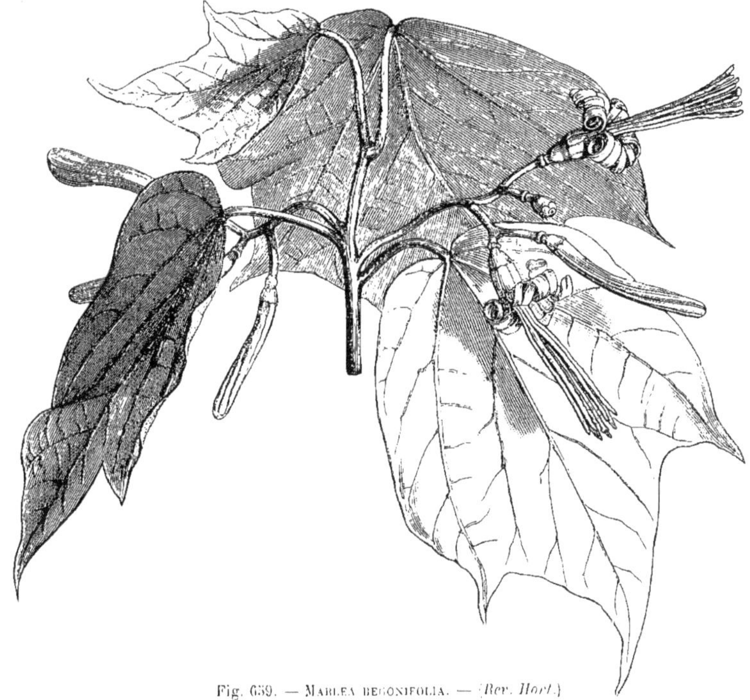

Fig. 659. — Mablea begonifolia. — (Rev. Hort.)

MAXILLARIA. — Vol. III, p. 278.

M. elegantula, Rolfe. *Fl.* jaune et blanc, maculées de brun. Plante voisine du *M. fucata*. Origine non indiquée, 1897. (G. C., 1897, part. II, p. 388, fig.)

M. Lindeniæ, Cogn. Espèce à très grandes fleurs, dont les sépales, d'un blanc laiteux, mesurent 7 cent. de long ; les pétales sont également blancs, avec deux ou trois lignes roses ; enfin, le labelle est jaune, avec des bandes rougeâtres. Pérou. (L., *tab.* 464.) B. J.

M. Mooreana, Rolfe. *Fl.* blanc crème, striées marron sur les pétales ; labelle farineux et marginé pourpre. Plante voisine du *M. grandiflora*. Guatémala, 1895.

M. parva, Rolfe. *Fl.* jaunes, insérées sur des hampes courtes. *Flles* de 2 cent. 1/2 de long. Pseudo-bulbes petits. Plante voisine du *M. pumila*. Brésil, 1895.

M. sanguinea. Rolfe. *Fl.* rouge brun terne et jaune ; labelle pourpre cramoisi. Plante voisine du *M. tenuifolia*, dont elle a le port. Chiriqui, 1895.

MELOCACTUS. — Vol. III, p. 293.

M. humilis, Suringar. *Fl.* rouge carminé. Plante naine, ovale-déprimée et vert gris. Vénézuéla, 1897.

MECONOPSIS. — Vol. III, p. 281.

M. cambrica flore-pleno. Hort. Variété à fleurs doubles, dans laquelle les étamines sont transformées en nombreux pétales jaune foncé, comme dans le type et rendent la fleur très pleine et globuleuse. (G. C., 1896, p. 671, f. 111.)

MEGACARYON, Boiss. (de *megas*, grand, et *caryon*, noix). FAM. *Borraginées.* — Genre dont la seule espèce, décrite ci-après et récemment introduite d'Arménie, est une forte plante vivace et rustique, voisine des **Echium**, dont elle partage le mode de traitement.

M. orientale. Boiss. Grande et forte plante vivace et rustique, pourvue de feuilles radicales oblongues-lancéolées et poussant une forte tige florale de 1 m. 30 de haut, ramifiée, paniculée supérieurement et portant de nombreuses fleurs à corolle tubuleuse, avec cinq lobes irréguliers, rose lilas, dont les deux supérieurs sont rayés de pourpre. La plante est très voisine des *Echium*, dont elle diffère principalement par ses carpelles ovoïdes, non tuberculeux. Arménie, 1897. (G. C., 1897, part. II, p. 226, f. 67-68.) B. J.

MEGACLINIUM. — Vol. III, p. 284.

M. Imschootianum. Rolfe. Plante voisine du *M. oxypterum*, dont les fleurs sont vert jaunâtre pâle, maculées de brun sur les pétales et le labelle est finement ponctué de même teinte. Afrique tropicale. B. J.

MELOTHRIA, Linn. (de *Melothron*, nom grec de la Bryone). Comprend les *Pilogyne*, Schrad., *Zehneria*, Endl., etc. FAM. *Cucurbitacées.* — Genre renfermant une soixantaine d'espèces très largement dispersées dans les régions chaudes et tempérées du globe. Ce sont des plantes annuelles ou vivaces, à tiges grimpantes et à fleurs monoïques ou dioïques, dont l'espèce suivante au moins, rappelle par son port et son aspect notre Bryone indigène. Quoique introduite récemment dans les cultures, cette espèce a dû y exister autrefois, sous le nom de *Zehneria suavis*, Endl., de même que le *M. pendula*, Linn., introduit dès 1752, mais qui est probablement disparu, ces plantes n'ayant pas un grand mérite ornemental. Depuis quelques années, on emploie cependant avec succès la première en Allemagne, pour former des guirlandes de feuillage en plein air, le long des allées, ainsi que dans les serres et même pour les garnitures d'appartements. L'hiver, il lui faut la serre tempérée et sa multiplication s'effectue très facilement par le bouturage.

M. punctata, Cogn. *Fl.* blanc crémeux, odorantes, dioïques ; les mâles (seules connues en cultures), réunies en petites cymes pédonculées ; calice à tube largement ouvert ; corolle à lobes ovales-triangulaires et aigus. *Flles* anguleuses, cordiformes à la base, aiguës au sommet, longuement pétiolées, minces, vert foncé et vernissées en dessus. Tiges nombreuses, grêles, très longuement grimpantes à l'aide de vrilles filiformes. Afrique australe, etc. Syns. *Pilogyne suavis* Schrad. (R. H., 1898, p. 55 ; fig. 25 et 26) ; *Zehneria suavis*, Lindl.

MÉRISTÈME. — Terme botanique rarement employé en horticulture pour désigner les bourgeons de racines, c'est-à-dire les points d'où naissent les radicelles, lorsqu'une cause quelconque, la transplantation par exemple, les fait développer.

Fig. 660. — MELOTHRIA PUNCTATA. — (*Pilogyne suavis*) (*Rev. Hort.*)

Rameau fleuri et feuille détachée.

MICHAUXIA. — Vol. III, p. 321.

M. Tchiatcheffii, Fisch. et Mey. Grande et belle plante de 2 m. de haut, à feuilles basales oblongues, entières, d'environ 30 cent. de long. *Fl.* blanches, disposées en panicule spiciforme, longue de 60 cent., fasciculées par deux-quatre, à corolle découpée en segments oblongs et étalés. Asie Mineure, à 1500 m. d'altitude. (G. C. 1897, part. I, p. 55 et 181, fig. 53.) B. J.

MICONIA. — Vol. III, p. 321.

M. vesicaria, Hort. *Flles* ovales, d'environ 15 cent. de long, ciliées, vert foncé, ombré violet. Pérou, 1895.

MICROSTYLIS. — Vol. III, p. 321.

M. macrochila, Rolfe. Plante rappelant le *M. Scotii* par ses feuilles brun clair, avec une bande marginale jaune, mais ses fleurs, les plus grandes du genre, ont des sépales et pétales vert jaunâtre ; les premiers teintés de pourpre foncé au sommet, un labelle de 12 mm. de large et d'un beau rouge vif, et sont insérées au sommet d'une hampe de 20 cent. de haut. Malaisie. Serre chaude. (G. C. 1895, p. 325, fig. 60.)

cordiformes, trilobées, pourvues de glandes sur les pétioles ; les fleurs sont jaune pâle et à centre pourpre, assez grandes et font place à des fruits ovales, de 18 à 20 cent. de long et 13 cent. de diamètre, finement épineux, remarquables et très décoratifs par leur belle teinte rouge corail ou cramoisi. Indes et Cochinchine. Serre tempérée ou froide. (B. M. t. 5145 ; G. C., 1894, part. II, p. 530, fig. 70.) Syn. *M. mixta*, Roxb.

MORMODES. — Vol. III, p. 357.

M. ladium, Rolfe. *Fl.* rouge terne, à labelle brun jaunâtre, réunies au nombre d'environ douze sur une hampe

Fig. 661. — MELOTHRIA PUNCTATA. — (*Pilogyne suavis*) (*Rev. Hort.*)
Utilisation de la plante pour l'ornementation des plates-bandes longeant les allées.

dressée, d'environ 30 cent. de haut. Nouvelle espèce voisine du *M. igneum*. Pérou, 1897.

M. Rolfeanum, Linden. Plante à pseudo-bulbes fusiformes et à feuilles lancéolées et acuminées ; les fleurs sont réunies en petit nombre sur une hampe robuste, dressée et accompagnées de bractées vertes ; périanthe à sépales et pétales jaune d'or, avec des stries rouge sang ; le labelle est dressé, fortement incurvé, oblong, aigu et d'un rouge marron intérieurement. Pérou. Serre tempérée. (B. M. 7438.) B. J.

MILTONIA. — Vol. III, p. 328.

M. Binoti, Cogn. Nouvelle espèce rappelant certaines formes du *M. candida* et dont les pseudo-bulbes, les feuilles et les fleurs sont presque identiques, sauf toutefois le labelle et la colonne, qui sont ceux du *M. Regnellii*, ce qui porte à supposer que la plante pourrait bien être un hybride naturel de ces deux espèces. Brésil. B. J.

M. Peetersiana, Hort. Supposé hybride naturel des *M. spectabilis Moreliana* et *M. Clowesii*.

MIMULUS. — Vol. III, p. 322.

M. Clevelandi, Brand. Petite plante haute de 3 à 6 cent., à tiges suffrutescentes, portant des feuilles opposées, embrassantes, lancéolées et pubescentes-glanduleuses, ainsi du reste que toute la plante. Les fleurs, courtement pédonculées, forment, au nombre de six à dix, des épis terminaux ; la corolle est jaune d'or, de 4 cent. de long, deux fois plus longue que le calice, béante à la gorge et à lèvres presque égales, très étalées. Sud de la Californie. (G. F., 1895, part. I, p. 134, fig. 20 ; G. C, 1895, part. I, 518.)

M. tomentosus, Hort. Lemoine. Cette espèce diffère du *D. glutinosus* par ses feuilles vert gai en dessus, mais couvertes en dessous d'un duvet blanc, laineux, ainsi du reste que les calices et les jeunes tiges. Californie, 1897.

MOMORDICA. — Vol. III, p. 343.

M. cochinchinensis, Spreng. Plante grimpante, à feuilles

MUSA. — Vol. III, p. 377.

M. calosperma, Fitzger. Plante atteignant 5 à 8 m. de haut, à feuilles de 2 m. 50 à 3 m. de long et 60 cent. à 1 m. de large ; les fleurs sont nombreuses, de 2 à 2 cent. 1/2 de long, blanches, disposées en grappes thyrsoïdes, pendantes, de 1 m. de long et autant de large, pourvue de bractées largement ovales, de 20 à 25 cent. de long et vert gai. Fruits ayant environ 3 cent. de long, jaune pâle et renfermant 24 à 28 graines à testa osseux et noir, dont les indigènes font des colliers. Nouvelle-Guinée. (G. C. 1896, part. II, p. 360, 466, et fig. 85.) B. J.

M. kewensis, Baker. Hybride, sans doute le premier du genre, obtenu du croisement des *M. Mannii* et *M. rosacea*, dont la tige, de 1 m. de haut et plus de 2 cent. 1/2 de diamètre, porte des feuilles à long pétioles canaliculés et à limbe vert gai en dessus, un peu plus pâle en dessous, de 60 à 75 cent. de long et 15 à 25 cent. de large. Les fleurs, accompagnées de bractées oblongues et cramoisi teinté de mauve, forment un épi court et dressé. Obtenu à Kew, par M. Watson. B. J.

M. rubra, Wall. Plante à tige grêle, de 2 m. à 2 m. 50 de haut, à feuilles oblongues-acuminées, pétiolées et à fleurs disposées en épi dressé, accompagnées de larges bractées rose tendre et jaune d'or au sommet. Asie ; région incertaine. (B. M. 7454.) B. J.

MYOSOTIS. — Vol. III, p. 388.

M. Rehsteineri, Hort. Plante vivace, traînante, formant des touffes compactes, n'atteignant que quelques centimètres de hauteur, se couvrant de jolies fleurs d'un bleu d'azur et formant de charmants tapis. C'est une forme très distincte du *Myosotis sylvatica* trouvée sur les bords du lac de Constance. B. J.

MYRMECODIA. — Vol. III, p. 394.

M. Antoinii, Becc. *Fl.* blanches, petites. *Flles* elliptiques-ovales, de 10 cent. de long. Tige tuberculeuse à la base et mesurant à ce point 50 cent. de circonférence, à partie supérieure mesurant 22 cent. de haut et 4 cent. de diamètre, couverte d'écailles ligneuses et imbriquées. États de Torres. 1897. (B. M. 7517.)

MYSTACIDIUM. — Vol. III, p. 398.

M. Hariotianum. Plante voisine des *M.* (*Acranthus*) *erythropollinium* et *M. xanthopollinium*, différant de ce dernier par ses grappes de petites fleurs plus longues que les feuilles, par ses sépales plus longs, son éperon obtus, etc., et du premier par ses feuilles simplement bilobées, obtuses et par son labelle entier. Madagascar, 1897.

NECTANDRA. — Vol. III, p. 435.

M. angustifolia, Nees. Grand arbre, à tronc droit et à cime large et touffue, dont les rameaux portent des feuilles alternes, persistantes, coriaces, lancéolées aux deux extrémités, avec les nervures saillantes à la face inférieure. Les fleurs sont petites, blanchâtres, à odeur balsamique et réunies en panicules lâches, composées de cymes pauciflores. L'intérêt de cet arbre réside dans sa stature et son beau feuillage persistant, qui en feront un magnifique arbre d'ornement, susceptible de prospérer dans la région méditerranéenne, en Algérie, etc. Son bois, à grain serré et incorruptible, sera précieux pour les travaux de construction, pour la marine et peut-être pour l'ébénisterie. Uruguay. (R. H. 1898, p. 101, fig. 43-44.) B. J.

NEMATUS Aquilegiæ. — V. **Nematus.**

NEPENTHES. — Vol. III, p. 446.

N. formosa, Hort. Veitch. Hybride horticole des *N. Chelsoni* et *N. distillatoria.* 1895.

N. stenophylla, Masters. Plante voisine du *N. Curtisii*, dont les feuilles étroites portent des urnes de 16 à 18 cent. de long et 3 cent. de large, vertes, parsemées de taches allongées, pourpre rougeâtre foncé et surmontées d'un opercule étroit. Bornéo, 1895.

N. Tiveyi, Hort. Veitch. Hybride des *N. Curtisii* et *N. Veitchii*, dont les urnes et leur opercule sont à fond vert clair, strié et maculé de brun vif; le bord de l'urne est développé en large collerette d'un beau brun rougeâtre, plus pâle à la gorge et les parois de l'urne regardant le pétiole sont ornés de deux larges ailes, bordées de longues épines herbacées. C'est une plante remarquablement belle. (G. C. 1897, part. II, p. 201, f. 59-60.) B.J.

N. ventricosa. Blanco. Nouvelle et distincte espèce à urnes de forme spéciale, élargies et ventrues à la base, puis graduellement étranglées et de nouveau élargies pour former une grande ouverture horizontale, entourée d'une élégante et large frange plissée et denticulée sur les bords, tandis que l'opercule est oblong, ample et dressé ; ces urnes mesurent 16 cent. de haut et 7 à 8 cent. dans leur plus grand diamètre et sont entièrement dépourvues d'ailes ; leur couleur est verte, avec la bordure de l'ouverture rose rouge. La plante est originaire de l'île de Luzon dans les Philippines. (G. C., 1898, part. I, p. 381, fig. 143.) B. J.

N. Wittei. Hort. Veitch. Hybride horticole du *N. Curtisi* et d'une autre espèce innommée. 1897.

NEPHRODIUM. — Vol. III, p. 453.

N. (*Lastrea*) coruscans, Hort. Bull. Frondes tripinnées, triangulaires et vert foncé ; divisions primaires récurvées au sommet ; les inférieures défléchies ; pinnules étroites, elliptiques ou oblongues, arrondies au sommet et à bords dentés. Japon. 1891.

NERINE. — Vol. III, p. 463.

N. Alleni. Hort. Hybride horticole des *N. corusca major* et *N. sarniensis.* 1895.

N. appendiculata. Baker. Espèce très bien caractérisée par ses étamines à filets munis à la base chacun d'un appendice membraneux et lacéré, de 4 mm. de long; ombelle composée de cinq à quinze fleurs. Natal, 1894.

N. Stricklandi, O'Brien. Remarquable hybride des *N. Fothergilli* et *N. pudica*, dont les fleurs ont 4 cent. de long et sont réunies par sept en ombelles, au sommet d'une hampe de 50 cent. de haut et sur des pédicelles longs de 7 cent. ; leur teinte est un beau rouge écarlate mélangé de saumon, et les segments, ondulés, portent en outre une ligne médiane blanche. B. J.

NEUWIEDIA, Blume. Fam. *Orchidées.* — Petit genre ne comprenant que trois espèces de la tribu des *Cypripédiées*, voisines des *Sclenipedilum*, habitant Malacca et l'Archipel Malais, dont la suivante a été récemment introduite dans les cultures.

N. Griffithii, Rchb. f. Plante à feuilles linéaires-lancéolées, acuminées, avec de courtes hampes florales portant une grappe de fleurs dressées, blanches, accompagnées de bractées aussi grandes qu'elles. Malacca. (B. M., 7425.)

NOTYLIA. — Vol. III, p. 485.

N. brevis, Rolfe. *Fl.* blanc et jaune, petites, mais nombreuses sur des hampes courtes. *Flles* oblongues, de 10 cent. de long. Plante voisine du *N. macrantha.* Amérique du Sud, 1895.

NYMPHÆA. — Vol. III, p. 491.

Hybrides nouveaux. — Poursuivant sans relâche la voie féconde des croisements, M. Latour Marliac continue à doter l'horticulture de nouvelles variétés hybrides de plus en plus remarquables, parmi lesquelles nous signalerons les suivantes, décrites et répandues depuis la publication de l'article principal contenu dans le Dictionnaire (*l. c.*).

N. Andreana. — Feuilles amples, d'un beau vert et maculées en dessus, avec la face inférieure à fond rouge, parsemé de petites macules rouge sang foncé; fleurs à pétales nombreux, de 5 à 6 cent. de long, rouge violacé foncé, sablé et éclairé au sommet, avec l'onglet blanc. (R. H. 1896, p. 352, *tab.* n° 1.)

N. Ellisiana. — Feuilles complètement orbiculaires, non échancrées, avec la face inférieure rouge clair. Fleurs de 10 à 12 cent. de diamètre, rouge groseille foncé. (Même section.)

N. gloriosa. — Feuilles sub-orbiculaires et entières. Fleurs énormes, bien doubles, larges de 16 cent., d'un beau rouge carmin uniforme et délicieusement parfumées. (Appartient à la section *N. odorata.*)

N. odorata exquisita. — Feuilles petites, sub-orbiculaires, violet très foncé en dessous. Fleurs très petites, mais très bien faites et d'un beau rose tendre, tandis que le pistil est jaune de chrome.

Ces trois derniers hybrides drageonnent du pied, ce qui permet de les multiplier facilement. (R. H. 1897, p. 513, *cum tab.*)

N. Robinsoniana. — Feuilles orbiculaires, ayant environ 20 cent. de diamètre, non échancrées, à nervures saillantes, vert gai et tachées de violet en dessus, rouge intense et maculées violet en dessous. Fleurs grandes, bien ouvertes, à pétales concaves, aigus et d'un beau rouge violet purpurin; étamines formant une large couronne jaune. (R. H. 1896, p. 352, *tab.* n° 2.)

Par le croisement des *N. stellata* et *N. zanzibarensis*, M. Latour Marliac a créé une race particulière de remarquables variétés qui, par la couleur bleue ou mauve de leurs fleurs, complètent heureusement la série précédente. Les deux variétés ci-après décrites ne sont toutefois que demi-rustiques, il leur faut en été des bassins très ensoleillés, dont l'eau se maintient au moins à 10 degrés et l'hiver les rhizomes doivent être rentrés en serre chaude.

N. Greyæ, Hort. Hybride horticole des *N. scutifolia* et *N. gracilis*, 1897.

N. omarana, Hort. Hybride horticole des *N. dentata* et *N. Sturtevanti*, 1895.

N. stellata cærulea. — Fleurs très odorantes, de 12 cent. environ de diamètre, à sépales courts, épais et verts; pétales ovales, aigus, d'un beau bleu de ciel; étamines en houppe, à filets jaunes et à anthères azurées.

N. zanzibarensis azurea. — Fleurs également parfumées, très grandes, atteignant jusqu'à 18 cent. de diamètre, à sépales cucullés, verts en dehors, violets en dedans; pétales bleu-violet; étamines formant une large couronne centrale à filets jaunes et à anthères violettes. Feuilles amples, robustes, orbiculaires, grossièrement dentées, vert lustré et légèrement maculées de violet. (R. H. 1897, p. 328, *cum tab.*)

ODONTOGLOSSUM. — Vol. III, p. 500.

Le nombre des hybrides et surtout celui des variétés ou formes de quelques espèces, telles que l'*O. crispum*, devient si grand et l'intérêt de ces formes étant relativement restreint, nous avons cru pouvoir les omettre dans ce Supplément, comme nous l'avons fait et pour les mêmes raisons que celles des *Cypripedilum*, *Cattleya*, *Lælio-Cattleya*, etc. Nous ne décrivons ci-après que les espèces d'introduction récente.

O. aspidorhinum, Lehm. Plante naine, touffue, à pseudo-bulbes garnis de feuilles raides, papyracées, cuspidées et produisant chacun deux épis pendants, composés d'une trentaine de fleurs assez grandes, blanc pur ou fréquemment maculées de cramoisi lilas, à sépales rétrécis en longue pointe linéaire, tandis que le labelle est onguiculé, rétréci en pointe aiguë et enroulée, et à bords finement frangés. Colombie. B. J.

O. epidendroides, Humb., Bonpl. et Kunth. Cette espèce, quoique étant celle sur laquelle a été fondé le genre *Odontoglossum*, n'a pas été retrouvée depuis; on peut donc la considérer comme nouvelle et non sans intérêt, car c'est une des plus belles. Ses fleurs, qui sont réunies au nombre de cinquante et plus sur une panicule ramifiée, de 1 à 3 m. de haut, sont très ouvertes, larges de plus de 10 cent. et du plus beau jaune brillant, avec trois à cinq grandes macules carminées, tandis que l'onglet du labelle et la colonne sont blancs; les sépales sont oblongs-lancéolés et cuspidés; les pétales sont plus larges, cunéiformes, également cuspidés, réfléchis et denticulés dans la partie supérieure; enfin, le labelle est soudé inférieurement avec la colonne et le limbe, qui mesure environ 3 cent., est oblong, sub-panduré, brusquement cuspidé et finement crénelé; le disque porte deux cornes proéminentes et la colonne est canaliculée, fortement incurvée supérieurement, de 2 cent. de long, avec une grande oreillette de chaque côté du stigmate. Nord-est du Pérou. B. J.

O. Wattianum, Rolfe. Plante qu'on suppose être un hybride naturel des *O. luteo-purpureum* et *O. Lindleyanum*, dont les sépales et les pétales ont la forme et la couleur de ceux du premier, tandis que le labelle, long de 4 cent., est blanc, avec de grandes macules rouge vineux et les bords sont frangés. Origine non indiquée. *R.* sér. II, *tab.* 9; *G.*, 1890, *tab.* 75.

ONCIDIUM. — Vol. III, p. 531.

O. dichromum, Rolfe. Plante voisine de l'*O. aureum*, avec lequel elle a été jusqu'ici confondue, mais ses fleurs sont plus grandes, à sépales et pétales pourpre rougeâtre et à labelle jaune vif; hampes ramifiées. Pérou, 1895.

O. Godseffianum, Kranzl. Plante à pseudo-bulbes de 12 cent. de long, rugueux, portant deux feuilles linéaires lancéolées, aiguës; panicule penchée, à rameaux chargés de fleurs jaunes, rayées de pourpre, ne mesurant que 2 cent. de diamètre; sépale dorsal cucullé; les latéraux soudés inférieurement; pétales obovales, onguiculés; labelle à lobes latéraux falciformes; le médian largement cordiforme, bilobé au sommet, avec le disque calleux. C'est une des plus petites espèces. (G. C., 1896, part. I, p. 495.) B. J.

O. (*Cyrtochilum*) micranthum, Kranzl. Espèce à petites fleurs ayant à peine 2 cent. de diamètre, dont les sépales et les pétales sont vert jaunâtre, avec de grandes taches brunes, tandis que le labelle est blanc à la base, jaune au milieu, avec une large macule brune. Brésil. Serre chaude. B. J.

O. panduratum, Rolfe. Plante voisine de l'*O. anthocrene*, mais à fleurs plus petites, plus nombreuses et rouge brun et jaune. Colombie, 1895.

OPUNTIA. — Vol. III, p. 571.

O. fulgida, Engelm. Plante arborescente, atteignant 5 m. de haut, très ramifiée, à articles courts, ovales, cylindriques, très épineux et à petites fleurs jaune vif, passant au pourpre. Arizona. Serre froide. (G. F., 1895, p. 324, fig. 46.)

OREOPANAX. — Vol. III, 598.

O. Sanderianum, Hemsl. Plante arborescente, ayant le port du *Fatsia* (*Aralia*) *papyrifera*, à tige vert clair, portant des feuilles étalées, longuement pétiolées, à limbe rhomboïde, de forme variable, parfois trilobé, à lobe médian saillant et triangulaire, coriace et vert foncé.

Fleurs blanchâtres, en panicules terminales. Guatémala. Serre chaude. (R. H., 1893, p. 201.)

ORME à larges feuilles. — V. **Ulmus montana**.

ORME d'Oxford. — **Ulmus campestris cornubiense**.

PACHYSTOMA. — Vol. III, p. 648.

P. Thompsonianum punctulata, Hort. Jolie variété introduite du Gabon et différant principalement du type par ses fleurs pointillées de rouge sur fond blanc. Celui-ci est une intéressante Orchidée encore rare, originaire du vieux Calabar, terrestre et prospérant en terre fibreuse mêlée de sphagnum. Ses pseudo-bulbes, courts et rayés, portent chacun deux feuilles lancéolées ; les fleurs sont réunies en épi lâche et allongé, blanc et rose, à divisions lancéolées, étoilées et à labelle curieux par ses trois lobes, dont le médian est très allongé, triangulaire, aigu et d'un rouge pourpre vif, tandis que les latéraux sont courts, dressés et presque carrés ; la colonne est rougeâtre et pointillée de brun sur fond verdâtre. Serre tempérée. (R. H., 1898, p. 503, *cum tab.*) B. J.

PÆONIA. — Vol. III, p. 651.

P. lutea, Franch. C'est la deuxième espèce de Pivoine ligneuse et une des rares à fleurs jaunes. Elle forme une touffe de 50 cent. environ de haut, à feuilles composées de trois folioles digitées. Les fleurs sont larges de 10 cent., fasciculées par trois ; les pétales, au nombre de cinq ou plus, sont jaune d'or, rappelant la couleur du *Caltha palustris* et parfois tachés de carmin à la base. (J. 1897, p. 216, *cum. tab.*)

Fig. 662. — PANAX MASTERSIANUM. — (*Le Jardin.*)

PALISOTA. — Vol. III, p. 659.

P. Maclaudi, Cornu. Espèce voisine du *P. thyrsiflora*, qui s'en distingue cependant par ses feuilles plus longues, plus étroites et assez longuement pétiolées ; par ses tiges hautes de 1 m. 30, rigides, à feuilles verticillées par trois et terminées par une ou deux petites cymes scorpioïdes de fleurs à corolle violette, mais restant fermées pendant le jour. Côte d'Ivoire. Serre chaude. B. J.

PANAX. — Vol. III, p. 671.

P. Mastersianum, Hort. Sander. Très belle plante par la couleur et l'élégance de forme de son feuillage. C'est un arbuste grimpant, à feuilles curieuses par leur polymorphisme, pendantes, pétiolées, longues de près de 1 m., à rachis verdâtre, suffusé de rose et ligné de blanc, portant d'abord quatre folioles lancéolées et dentées, puis se bifurquant à angle aigu, une des divisions restant droite et portant trois paires de pinnules, tandis que l'autre porte trois pinnules alternes, suivies d'une paire, une de chaque côté de la terminale ; cette disposition est extrêmement variable. Ces folioles sont longues de 25 cent., larges de 1 cent., glabres, vert pâle, suffusées de rose, avec la nervure médiane rougeâtre et proéminente sur les deux faces. Iles Salomon. (G. C., 1898, p. 242, fig. 88.) B. J.

Fig 663. — PANDANUS SANDERI. — (*Le jardin.*)

PANDANUS. — Vol. III, p. 675.

P. Sanderi, Hort. Sander. Plante touffue, à feuilles ensiformes, longues de 75 cent., bordées de fines épines marginales rappelant celles du *P. Veitchii*, mais plus compactes et en différant beaucoup par leur panachure, qui est jaune d'or et formant des bandes alternes avec le vert sur toute la largeur du limbe. L'espèce typique, à laquelle cette variété appartient, est incertaine, comme pour le *P. Veitchii*. On lui attribue l'île Timor. (G. C. 1898, part. I, p. 243, pl. ; R. H. 1898, p. 230, fig. 86.) B. J.

PANICUM tonsum, Hort. — **Tricholæna tonsa**, Nees.

PAPAVER. — Vol. III, p. 680.

Pavot hybride rouge éclatant. — Intéressant et bel hybride obtenu par la maison Vilmorin, du croisement du *Papaver bracteatum*, vivace, par le *Papaver somniferum*, qui est annuel. Les caractères sont à peu près partagés; le feuillage est celui du Pavot annuel, tandis que les fleurs sont simples, grandes et maculées comme celles du Pavot vivace, mais d'un très beau rouge ponceau et velouté avec les pétales souvent laciniés. Les pieds sont annuels ou vivaces, mais ces derniers en plus petit nombre. (R. H. 1895, p. 191.)

PAPHIOPEDILUM, Pfitzer. (de *paphos*, déesse, et *pedilon*, sabot, pantoufle). Démembrement aujourd'hui admis du genre *Cypripedilum*, comprenant toutes les espèces habitant l'Asie, l'Australie et l'Amérique tropicale ou sub-tropicale et, par suite, de serre dans les cultures. Ces espèces, de beaucoup les plus nombreuses, se distinguent des *Cypripedilum* vrais par leur port généralement acaule, par leurs feuilles non coriaces, obscurément nervées et pliées en long avant leur complet développement, par leur périanthe caduc après la floraison, par leur capsule uni ou triloculaire. (V. aussi **Cypripedilum**, pour les nouveaux caractères distinctifs du genre et les espèces qui y sont maintenues.)

Tous les *Cypripedilum* introduits ou obtenus depuis la publication du volume II, du DICTIONNAIRE, rentrant dans ce nouveau genre, devraient donc être décrits ici, sous leur nouveau nom générique. Nous pensons toutefois que ce changement ne sera pas de si tôt entré dans le langage et la littérature horticoles. Au reste, les autres espèces étant déjà décrites au genre *Cypripedilum*, nous avons continué à y consigner les nouvelles espèces.

PASSIFLORA. — Vol. III, p. 699.

P. Galbana, Mast. Plante grimpante, assez voisine des *P. Miersii* et *P. sinensis*, à feuilles simples, cordiformes, ovales-lancéolées, aiguës, entières, à nervure médiane prolongée en arête courte, pétiolées et accompagnées de grandes stipules foliacées: vrilles simples, très longues. Fleurs solitaires au sommet de longs pédoncules d'un jaune pâle, de 6 cent. de diamètre, odorantes et s'épanouissant le soir; sépales herbacées, oblongs; pétales étroits, plans; les externes mucronés au-dessous du sommet; coronule à filaments courts, plurisériés et concolores; couronne médiane annulaire et fimbriée; anthères jaunes, stigmates claviformes. Nord du Brésil. 1896. Serre tempérée. (G. C., 1896, part. II, p. 555, fig. 97.) B. J.

P. Im-Thurnii, Mast. Plante volubile, à rameaux grêles, striés, cirrhifères et à feuilles entières, largement ovales, de 16 cent. de long et 9 cent. de large, sub-coriaces, glabres en dessus, sétuleuses en dessous et courtement pétiolées. Les fleurs sont dressées, solitaires, axillaires, à pédoncules plus longs que les pétioles et à limbe de 12 cent. de diamètre, composé de cinq sépales largement oblongs, glanduleux sur les bords, rouge cocciné sur la face interne, tandis que les cinq pétales, un peu plus courts et plus étroits, sont d'abord blanc pur, passant ensuite au rose en se fanant; la coronule est double; l'externe formée de filaments épaissis, rugueux, de 1 cent. de long, l'interne du double plus longue, membraneuse à la base, ouverte et courtement laciniée au sommet. Guyane anglaise. (G. C., 1898, part. I, p. 305, fig. 114.) B. J.

P. pruinosa, Mast. Magnifique espèce de la section *Granadilla*, dont les tiges portent des feuilles à trois lobes palmés, sub-peltés, verts en dessus et glauques en dessous; les longs pétioles portent quatre à six glandes stipuliformes et à la base deux grandes stipules foliacées, obliquement oblongues, de 5 cent. de long. Les fleurs, larges de 8 cent., sont solitaires sur de longs pédoncules axillaires et pourvus au sommet de trois bractées oblongues; les sépales sont oblongs, aristés, blanc perle à l'intérieur, vert glauque à l'extérieur; les pétales sont plus courts que les sépales et violet pâle: coronule composée de nombreux filaments: les externes violet pâle à la base, jaunâtres au centre et ondulés au sommet; les filaments internes devenant graduellement plus courts. Guyane anglaise. (G. C., 1897, part. II, p. 393, fig. 117.) B. J.

PELEXIA. — Vol. III, p. 739.

P. saccata, Rolfe. *Fl.* petites, vertes et à labelle blanchâtre, réunies en grappes de 15 cent. de long. *Flles* ovales, de 15 cent. de long et 5 cent. de large, vert gai et élégamment marbrées de gris. Plante voisine du *P. maculata*. 1895.

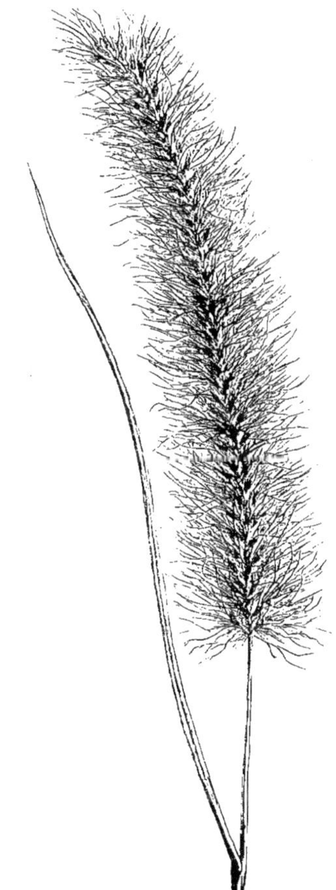

Fig. 664. — PENNISETUM RUPPELLII. — (*Rev. Hort.*)
Épi détaché.

PENNISETUM. — Vol. IV, p. 1.

P. Ruppellii, Steudel. Jolie plante vivace bien distincte du *P. longistylum* répandu dans les jardins. Le feuillage est abondant et forme une élégante touffe dépassant souvent 1 m., de laquelle émergent de nombreux épis longs de 15 à 25 cent., à épillets pourvus de longues soies plumeuses, qui leur donnent un aspect très élégant. La plante produit un bel effet dans les jardins et ses épis frais entrent avantageusement dans les bouquets et gerbes de fleurs. Abyssinie, (R. H., 1897, p. 54. fig. 18-19.) B. J.

graines à l'automne et hiverner alors les plants sous châssis froid. ou au printemps. sur couche et utiliser la plante pour l'ornement des parterres. Uruguay. 1895. B. J. (B. H. 1896. p. 134. *cum tab.*) B. J.

PETASITES. — Vol. IV, p. 32.

P. japonicus. F. Schmidt **giganteus.** Hort. Plante herbacée. de proportions gigantesques ; les feuilles. dont le limbe est pelté, très ample, étant portées par de très forts pédoncules atteignant 2 m. de haut et rappelant l'aspect d'un parasol. Japon. 1897.

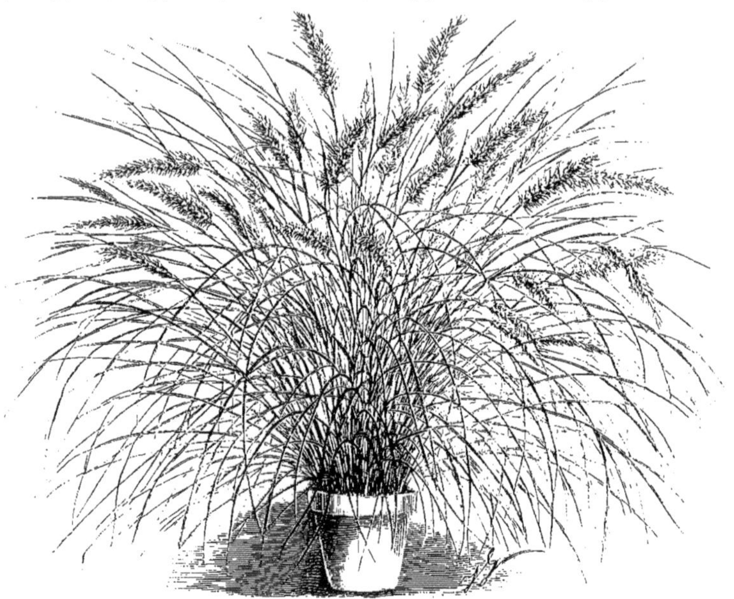

Fig. 665. — Pennisetum Ruppelli. — (*Rev. Hort.*)

Port de la plante.

PERAPHYLLUM. — Vol. IV, p. 17.

P. ramosissimum, Nutt. *Fl.* roses. réunies en corymbes pauciflores, dressés ; pétales arrondis. *Fr.* bacciformes, globuleux. *Flles* coriaces, lancéolées-aiguës. entières ou à peu près et pubescentes-soyeuses. Arbuste à rameaux raides. Montagnes Rocheuses. depuis le Colorado jusqu'à la Californie. (B. M. 7420.)

PEREZIA, Lagasc. (nom de personnage). Fam. *Composées*. — Genre comprenant environ soixante espèces de plantes herbacées, annuelles ou vivaces, habitant principalement l'Amérique australe. La suivante, récemment introduite dans les cultures européennes, paraît seule y exister. C'est une jolie plante annuelle, touffue, propre à la décoration estivale des jardins ; elle mûrit ses graines et se traite sous notre climat d'une façon très analogue aux Reines-marguerites.

P. sonchifolia. Baker. Plante ramifiée. dressée. à feuilles radicales allongées et découpées. rappelant celles des Pissenlits ; les caulinaires plus petites, alternes et sessiles ; tiges dressées. simples et rameuses ; capitules à fleurons tous ligulés. blancs. imbriqués, donnant au capitule l'aspect d'une fleur de Camellia double ; graines surmontées d'une aigrette blanche et soyeuse. On peut semer les

PHAIO-CALANTHE. — Vol. IV, p. 45.

P. Berryana. Hort. Hybride horticole des *P. Humblotii* et *C. masuca*. 1895.

P. Imperator. Hort. Hybride horticole des *P. grandifolius* et *C. masuca*. 1895.

PHAIUS. — Vol. IV, p. 45.

P. Cooksoniæ. Hort. Hybride horticole des *P. Humblotii* et *P. grandifolius*. 1895.

P. Rœblingii. O'Brien. Grande et belle espèce nouvelle. dont les pseudo-bulbes. longs de 30 cent., portent des feuilles de 1 m. 30 de long ; les fleurs ont jusqu'à 12 cent. de diamètre ; les sépales et les pétales sont jaune citron ; le labelle est semblable comme forme à celui du *P. Blumei assamicus*, mais les lobes entourent à peine la base de la colonne ; il est jaune, strié de rouge à la base et blanc veiné de rose en avant ; l'éperon est jaune brillant et mesure 3 cent. de long. Monts Kahsia. B. J.

P. Winniana. Hort. *Fl.* grandes, lilas rosé sur les divisions, avec le labelle plissé et marron très foncé. Très belle espèce. Origine non indiquée. (L. 452.) Syn. *Thunia Winniana*, Hort.

PHALÆNOPSIS. — Vol. IV, p. 47.

P. leucorhoda, Rchb. f. Belle plante à feuilles amples, tachetées de brun ; les fleurs, réunies par trois-quatre sur des hampes penchées, sont grandes, à fond blanc, légèrement lavé de rose pâle vers le centre et sur le labelle ; les sépales sont ovales-lancéolés, jaunâtres à l'extérieur ; les pétales sont onguiculés et largement ovales ; enfin le labelle est trilobé et le lobe médian se termine en deux cornes réfléchies. Iles Philippines. Serre chaude. (R. H., 1896, p. 500, *cum tab.*) B. J.

P. Lindeni, Loher. *Fl.* rappelant de très près celles du *P. rosea*, mais beaucoup plus grandes. *Flles* un peu semblables à celles du *P. Schilleriana*.

P. Ludde-violacea, Hort. Veitch. Intéressant hybride des parents qu'indique son nom, dont les fleurs, larges de 5 cent., ont des sépales et pétales pourpre violacé clair, avec un labelle de même teinte, mais plus foncé. Les bandes bleu améthyste du *Ph. Lueddemanniana* sont devenues chez l'hybride une macule obscure et le port de la plante rappelle surtout le *Ph. violacea*. (G. C., 1898, part. II, p. 43, fig. 11.) B. J.

PHALERIA. — Vol. IV, p. 53.

P. ambigua, Hook. f. Arbuste grimpant, glabre, à rameaux portant des feuilles courtement pétiolées, elliptiques, cuspidées au sommet, veinées, vert foncé en dessus et pâle en dessous ; les fleurs, qui se montrent en mai, sont blanches, nuancées de jaune pâle, pulvérulentes et disposées en capitules axillaires, multiflores et compacts, et exhalent un parfum délicieux. Serre tempérée. (B. M., 7471.)

PHILODENDRON. — Vol. IV, p. 60.

P, Devansayanum, Hort. *Flles* cordiformes, rouge sang quand elles sont jeunes, puis vert luisant à l'état adulte. Tiges grimpantes et également rouges. Haut Pérou, 1895. (I. H. 1895, p. 366, t. 48.)

PHYLLOCACTUS. — Vol. IV, p. 84.

P. M. Ed. André. Hort. Simon. Cette variété, bien qu'elles soient déjà extrêmement nombreuses et souvent insuffisamment indistinctes entre elles, est exceptionnellement intéressante par sa beauté d'abord et son origine, en ce sens qu'elle n'est pas le produit de variétés horticoles, mais bien de deux espèces : les *Ph. crenatus* et *Ph. Mac-Donaldiæ ;* le premier à tiges plates et profondément crénelées ; le dernier à tiges anguleuses et à grandes fleurs blanches au centre, rosées à l'extérieur. L'hybride a des tiges plates et des fleurs à sépales rouges, avec les pétales intérieurs blanc en dedans et jaunes sur le revers ainsi qu'au sommet. C'est une fort belle plante. (R. H., 1898, p. 384, fig. 129 *cum lab.*) B. J.

P. Hildmanni, Hort. Hybride horticole des *P. Wrayi* et *P. crenatus*. 1895. (R. G. 1895, p. 634, t. 1421.)

PILEA. — Vol. IV, p. 111.

P. Spruceana, N. E. Br. *Fl.* blanc verdâtre, réunies en cymes axillaires et compactes. *Flles* ovales, rugueuses et vert bronzé foncé. Plante naine. Pérou et Vénézuéla, 1895.

PILOGYNE suavis Schrad. — V. **Melothria punctata**, Cogn. (au SUPPLÉMENT).

PIPTOSPATHA. — V. IV, p. 143.

P. Ridleyi, N. E. Br. Plante acaule, à feuilles lancéolées, aiguës, pétiolées, vert pâle, marbrées en dessus, avec les nervures de la face inférieure rouges. Les fleurs sont réunies en spadice court, avec un anneau de fleurs stériles à la base ; la spathe est ovoïde, prolongée en bec supérieurement et striée rose dans cette partie, tandis que l'inférieure est vert foncé. Malaisie. (B. M., 7410.) B. J.

PITTOSPORUM. — Vol. IV, p. 154.

P. eriocarpum, Royale. Petit arbre à rameaux verticillés, garnis de feuilles ovales-oblongues, obtuses ou aiguës, d'abord tomenteuses sur les deux faces, puis glabres et à nervures saillantes ; les fleurs sont jaune pâle, disposées en panicules terminales multiflores, courtement pédonculées ; pétales soudés en tube et moins longs que les sépales. Himalaya. Rustique. (B. M. 7473). B. J.

PIVOINES. — Vol. IV, p. 155.

P. en arbre à fleurs simples. — A voir les fleurs simples recherchées dans beaucoup de genres de plantes où l'on ne les admettait jusqu'ici qu'à fleurs doubles, il semble que l'esthétique florale soit en voie de transformation ; il n'y a pas sans doute à le regretter, car si les fleurs simples ne témoignent plus de l'habileté horticole, elles présentent dans leur simplicité, l'élégance que la Nature sait imprimer à ses œuvres. Les Japonais se sont lancés dans cette voie, et c'est de chez eux que nous viennent déjà une douzaine de ces variétés simples, que M. Croux a présentées dans les dernières expositions. Les fleurs en sont très grandes, à larges pétales parfois frangés sur les bords et parés de coloris tendres ou brillants, allant du rouge au rose et au blanc, et ayant un cachet extrêmement artistique. (R. H., 1898, p. 60, avec planche, représentant la variété *Madame Gustave Croux*, rouge carmin strié blanc.) B. J.

PLEROMA. — Vol. IV, p. 181.

P. (*Tibouchina*) **Meiodon**. Stapf. *Fl.* pourpres, à corolle de 12 mm. de diamètre, réunies en cymes pédonculées. *Flles* ovales, de 2 cent. 1/2 de long. Arbuste étalé. *Haut.* 2 m. Brésil, 1895.

PLEUROTHALLIS. — Vol. IV, p. 183.

P. Autraniana. Kranzl. *Fl.* jaune clair, maculées et striées brun pourpre, réunies en grappes. Plante voisine du *P. longissima*. Origine non indiquée, 1895.

P. parva, Rolfe. Petite espèce à fleurs jaunes. Brésil, 1895.

P. rotundifolia. Rolfe. *Fl.* jaune et pourpre, insérées sur des hampes courtes. *Flles* orbiculaires, de 12 mm. de long. Petite espèce. La Jamaïque, 1895.

POLYGALA. — Vol. VI, p. 250.

P. Galpini, Hook. f. Sous-arbrisseau très grêle, à rameaux hispides, portant des feuilles pétiolées, ovales-acuminées, ciliées et des grappes compactes, axillaires et dressées, de grandes fleurs d'un beau rose lilacé pâle, ayant près de 3 cent. de diamètre. Sud de l'Afrique. Serre froide. (B. M. 7439.) B. J.

POLYPODIUM. — Vol. IV, p. 257.

P. grandi-nigrescens, Hort. Veitch. Supposé hybride des *P. vulgare grandiceps* et *P. nigrescens*, dont les frondes ont des pinnules rappelant celles de ce dernier par leur nature, mais devenues très ramifiées, cornues, et formant un faisceau terminal comme dans le premier parent (G. C. 1898, part. II, p. 356, fig. 105 et 106.) B. J..

P neriifolium cristatum. Hort. Frondes de 1 m. à 1 m. 20

de long, à pinnules remarquablement en crête au sommet. 1897.

POLYSTACHYA. — Vol. IV, p. 273.

P. Kirkii, Rolfe. *Fl.* de 12 mm. de diamètre, blanches, à labelle marginé de pourpre; hampe aplatie, de 8 cent. de haut. *Flles* linéaires-oblongues, de 12 cent. de long. Plante voisine du *P. Laurenceana*. Afrique tropicale orientale, 1895.

P. zambesiaca, Rolfe. *Fl.* jaune et brun, sur des hampes courtes. *Flles* lancéolées, de 8 cent. de long. Petite plante. Afrique tropicale, 1895.

POPULUS. — Vol. IV, p. 299.

P. trichocarpa, Torr. et Gray. Arbre à écorce grisâtre, lisse et à rameaux divariqués, rougeâtres quand ils sont jeunes, puis vert clair, fortement anguleux et à yeux bruns. *Flles* ovales-lancéolées, cordiformes à la base, atteignant jusqu'à 20 cent. de long et 12 cent. de large, vert luisant; pétioles arrondis, marqués de rouge, longs de 3 à 4 cent. Voisin du *P. balsamea*. Colombie anglaise. (J. 1894, p. 327, fig. 112.) B. J.

POSOQUERIA. — Vol. IV, p. 306.

P. macropus, Mart. Petit arbre pubescent, à grandes feuilles courtement pétiolées, ovales-aiguës, acuminées, vert clair à la face supérieure et accompagnées de stipules triangulaires; les fleurs sont blanc pur, très odorantes, à lobes linéaires, oblongs, obtus et disposées en panicules multiflores. Brésil. Serre tempérée. (B. M. 7467.) B. J.

POTENTILLA. — Vol. IV, p. 307.

P. Friedrischensi, Späth. Hybride des *P. dahurica* et *P. fruticosa*. 1897.

P. Hippiana, Lehm. *Fl.* jaunes, grandes, pédonculées, réunies en petit nombre vers le sommet des tiges. *Flles* pennatiséquées, à folioles dentées, d'une teinte blanche-argentée qui rend la plante très distincte et décorative. *Haut.* 40 à 50 cent. Amérique du nord.

P. hirta, Linn. *Fl.* jaune d'or, grandes, pédonculées et disposées en corymbe au sommet des tiges; division du calicule égalant celles du calice, mais plus étroites. *Flles* à cinq folioles digitées, étroitement oblongues, bordées de dents profondes; stipules lancéolées. Tiges dressées, fortes. Plante couverte sur toutes ses parties de longs poils blancs. *Haut.* 30 à 50 cent. Europe; France méridionale.

P. multifida, Linn. *Fl.* jaunes, petites, à divisions du calicule et du calice lancéolées et sub-égales. *Flles* radicales longuement pétiolées, pinnées, à deux ou trois paires de folioles profondément pinnatiséquées ainsi que les caulinaires, toutes vertes en dessus et soyeuses argentées en dessous. *Haut.* 30 à 40 cent. Alpes. Plante intéressante par la finesse de son feuillage.

PRIMEVÈRE. — Vol. IV, p. 321.

P. des jardins hybride. — Cette race de Primevères rustiques, si utile pour la décoration printanière des jardins, vient de s'enrichir d'une sous-race tout à fait remarquable par l'ampleur extraordinaire de ses fleurs, dont les pétales sont élégamment frangés et ondulés sur les bords et si larges qu'ils se chevauchent fortement, au point de donner l'illusion d'un commencement de duplicature. Les coloris en sont bien variés, riches dans les tons rouges et souvent très élégamment panachés. Ce qui ajoute encore à l'intérêt de cette nouvelle race, c'est la réunion sur le même pied de fleurs parfaitement disposées en ombelle au sommet d'une hampe commune, comme dans le *P. elatior*, tandis que d'autres ont leurs pédicelles sessiles ou à peu près au centre de la touffe, comme dans le *P. acaulis*. Cette réunion sur les mêmes individus du caractère le plus distinct de ces deux espèces a motivé le nom de *P. hybride de pleine terre* qui a été donné à cette nouvelle race, et réduit à peu près à néant la valeur spécifique de ces deux espèces, déjà contestée, du reste, par certains auteurs.

La couleur bleue, si appréciée lorsqu'elle fit son apparition, il y a une dizaine d'années, parmi les Primevères de Chine, s'est aussi montrée et presque à la fois chez les Primevères acaules et les P. des jardins, ce qui prouve une fois de plus leurs étroites affinités, mais cette couleur bleue est variable, tournant au violet rougeâtre chez certains individus provenant de semis, tandis que chez d'autres, notamment chez le *P. elatior*, elle est un beau bleu-violet foncé remarquablement pur et distinct.

P. obconica, Hance, vars. Hort. Cette magnifique espèce est devenue aujourd'hui très populaire, grâce à sa vigueur, sa floribondité et sa culture facile. Mais jusqu'en ces dernières années, elle avait conservé une fixité d'autant plus désolante que sa couleur typiquement lilas mauve clair faisait plus vivement souhaiter des coloris plus francs et surtout plus vifs. Les améliorations se sont enfin montrées, elles portent autant sur l'agrandissement des fleurs que sur les coloris. On possède aujourd'hui des races à *grandes fleurs*, *grandes fleurs frangées*, *grandes fleurs blanc pur*, et *grandes fleurs rose vif*, dont les fleurs couvrent parfois une pièce de cinq francs. Ces nouvelles races se reproduisent assez franchement par le semis et leur culture est par suite tout particulièrement recommandable.

PROCHYNANTHES Bulliana, Baker. (B. M. 7427.) — V. **Bravoa Bulliana**. Vol. I, p. 412.

PROTEA. — Vol. IV, p. 346.

P. cynaroides, Thunb. Plante touffue, à tiges garnies de feuilles éparses, longuement pétiolées et à limbe ovale et coriace. Les fleurs forment des capitules (les plus grands du genre) de la grossseur d'un artichaut, rappelant l'aspect d'un soleil, et entourés de grandes bractées du plus beau rose vif. C'est une magnifique plante. Sud de l'Afrique. (G. C. 1895, part. I, p. 34, fig. 5; G. F., 1895, part. I, p. 773, fig. 117.)

PTERIS. — Vol. IV, p. 372.

P. (*Doryopteris*) **Duvalii**, Hort. Duval. Le port et les caractères de cette plante lui ont fait attribuer une origine hybride, due au croisement naturel des *D. sagittifolia* et *D. palmata*. C'est une élégante plante touffue, de 25 à 30 cent. de hauteur, dont les premières feuilles sont sagittées comme dans le premier parent, tandis que les adultes sont multilobées, longues de 12 à 20 cent. et larges de 12 à 15, avec des sinus peu profonds; leur contexture est épaisse et leur face supérieure luisante. Serre chaude. (R. H., 1897, p. 564, fig. 168.) B. J.

PTYCHOSPERMA. — Vol. IV, p. 381.

P. Sanderiana, Ridley ex Hort. Sander. *Fl.* réunies en panicule pendante au-dessous des feuilles, très rameuse, à rameaux de 20 cent. de long; les mâles géminées et disposées en spirale; les femelles sur des panicules différentes. *Fr.* drupacé, ovoïde, de 12 mm. de long, apiculé, rouge vif; graines à cinq sillons profonds et à albumen non ruminé. *Flles* ayant plus de 1 m. 20 de long, à rachis grêle, couvert d'un tomentum brun et floconneux, pinnules alternes, au nombre de plus de cinquante, étroites, linéaires, de 45 cent. de long et 12 mm. de large, rétrécies supérieurement, terminées en deux pointes, dont l'une beaucoup plus courte que l'autre, avec un profond sinus. Stipe de 3 à 5 m. de haut, 2 cent. 1/2 de diamètre, à mérithalles de 3 à 8 cent. de long. Nouvelle-Guinée, 1898. (G. C. 1898, part. II, p. 330.)

P. Warteliana, Hort. Sander. Plante élégante et déjà très distincte, quoique jeune encore, par sa tige vert olive, rugueuse, couverte ainsi que les pétioles et le sommet des gaines d'aspérités couleur de suie. *Flles* pinnées, à segments triangulaires; les inférieurs plus étroits que les supérieurs; les deux terminaux séparés par un grand sinus à angle aigu, d'un vert foncé et à nervures fines et obscures. Céram (îles Moluques). (R. H. 1898, p. 263, fig. 93 et G. C., 1898, part. II, p. 542, fig. 91.) B. J.

REINE-MARGUERITE. — Vol. IV, p. 449.

R.-M. aurea. — Le jaune étant la seule couleur manquant chez cette plante tant cultivée, on comprend facilement qu'on ait depuis longtemps cherché à l'obtenir. Déjà on avait fixé une nuance jaune très pâle, visible surtout en masse chez les races *demi-naine multiflore* et *imbriquée*,

Fig. 666. — PTERIS (*Doryopteris*) DUVALII. — (*Rev. Hort.*)

mais la nouvelle venue les éclipse complètement par sa nuance franchement jaune. Par sa forme, elle entre dans la race dite à fleur d'Anémone; ses fleurons tubuleux forment un disque bombé, vivement coloré de jaune, tandis que les fleurons de la circonférence sont plats et un peu plus pâles. La plante est florifère, de taille moyenne et de bonne tenue. Si elle n'égale pas la perfection de forme de certaines races, c'est la première Reine-Marguerite qui soit franchement jaune et, à ce titre, elle est bien digne d'attirer l'attention des amateurs. (R. H., 1897, p. 75.)

PYRETHRUM. — Vol. IV, p. 403.

P. multifidum. DC. Plante herbacée, vivace, de 50 à 60 cent. de haut, rameuse, touffue, pubescente-blanchâtre, à feuilles pétiolées, pinnatifides et finement découpées; tiges se terminant en un grand corymbe très multiflore, de fleurs blanches, longuement pédicellées, en forme de Marguerite et se succédant longtemps pendant l'été. Orient. C'est une excellente plante pour orner les jardins et fournir des fleurs à couper. Protéger pendant les grands froids. (R. H. 1896, p. 449, fig. 152-153.)

P. Starckianum. Alboff. *Fl.* blanches, capitules amples, terminaux. *Flles* divisées. Tiges dressées, simples. Plante tomenteuse-grisâtre, *Haut.* 20 à 40 cent. Caucase, 1897.

RAMONDA. — Vol. IV, p. 435.

R. Heldreichii, Janka. *Fl.* violacées, campanulées, étroites allongées solitaires ou géminées au sommet de hampes de 8 à 10 cent. de hauteur. *Flles* en rosette épaisses, couvertes en dessous de poils roux épais et laineux. Syn. *Jankæa Heldreichii,* Boiss.

RANUNCULUS. — Vol. III, p. 436.

R. Sommieri, Alboff. *Fl.* grandes et jaune vif. *Flles* amples, profondément divisées. Caucase. 1897.

RHEUM. — Vol. IV, p. 475.

R. hybride Florentin. Baillon. Bel et intéressant hybride des *R. officinale* et *R. Collinianum*, dont les feuilles ressemblent à celles du premier parent, quoiqu'un peu plus longues, à lobes plus inégaux, atteignant parfois 1 m. de longueur et à pétioles tantôt verts, tantôt rougeâtres, comme dans le dernier parent. La tige florale porte une inflorescence atteignant 2 à 3 m. de hauteur, rappelant celle du *R. officinale*, avec les rameaux gracieusement retombants. Les fleurs sont xcessiveement nombreuses, d'un beau rouge foncé et l'inflorescence a l'aspect d'une gigantesque Célosie à panache. La plante est vigoureuse, rustique, très décorative et ses pétioles peuvent être utilisés comme ceux des autres espèces ou variétés. Obtenu au jardin de la Faculté de médecine. à Paris, avant 1883. (R. H., 1883, p. 420, *cum tab.*; J. 1897. p. 230.)

R. h. Professeur Baillon, P. Hariot. De même origine que la précédente, celle-ci se distingue par ses feuilles profondément découpées en lobes aigus; le terminal très allongé, la base légèrement cordiforme, à sinus ouvert; nervures fortes, mais peu saillantes en dessus; pétioles cylindriques et tachés de rouge. Tige florale dépassant 2 m.; inflorescence pyramidale, à rameaux florifères allongés, dressés contre la tige; fleurs rose foncé. (J. 1897, p. 231. fig. 81.)

Les Rhubarbes hybrides *Faguet* et *Carrière*, congénères des précédentes, ont été décrites dans la *Revue Horticole*, 1883, p. 420.

RHIPSALIS. — Vol. IV, p. 479.

R. hadrosoma. G. et Lindb. *Fl.* blanches, hyalines. Tiges cylindriques et vert gai. Brésil, 1897.

RHODODENDRON. — Vol. IV, p. 485.

R. Halopeanum. Ed. André. Hybride des plus remarquables par la grandeur exceptionnelle de ses fleurs, qui mesurent 12 cent. et plus de diamètre; elles sont largement campanulées, d'un magnifique rose tendre et disposées en très grandes ombelles terminales, multiflores et s'épanouissant en mai. Les feuilles sont pétiolées, longues de 20 cent., à limbe oblong, sub-aigu, vert foncé en dessus et jaunâtre en dessous. La plante a été obtenue du croisement des *R. Griffithianum* et *R. arboreum*, par M. Halopé, de Cherbourg; elle est très rustique, vigoureuse et s'accommode même assez bien du plein soleil. (R. H., 1896. p. 350 et 428. *cum tab.*) B. J.

R. Harrisii. Hort. Hybride horticole des *R. Thomsoni* et *R. arboreum*. 1897.

R. serpyllifolium. Miquel. Petit arbuste dressé, à rameaux rigides, garnis de petites feuilles sub-verticillées, ayant à peine 1 cent. de long, obovales, obtuses et poilues. Les fleurs sont terminales, courtement pédonculées, en cloche et à cinq étamines saillantes. Cette espèce est une des plus petites du genre, elle est très voisine du *Rh. indicum* et en particulier de sa variété *amœna* (*Azalea amœna*, Hort.), mais beaucoup plus petite. Japon. (B. M., 7503.) B. J.

R. superbissimum, Hort. Hybride horticole des *R. Veitchii* et *R. Edgeworthii*. 1897.

RHUS. — Vol. IV, p. 500.

R. trichocarpa. Miq. *Fl.* petites, disposées en panicules étroites, auxquelles succèdent des bouquets lâches et pendants de fruits épineux. *Flles* longues, inégalement pinnées. Arbre effilé, atteignant. 8 m. de haut. Japon, 1897. (G. et F., 1897, p. 384, fig. 49.)

RIBES. — Vol. IV, p. 505.

R. erythrocarpum. Colville. Arbuste à tiges couchées, radicantes, poilues, émettant des branches dressées, hautes de 10 à 15 cent., dont les feuilles sont orbiculaires et à trois-cinq lobes. Les fleurs sont rougeâtres, en grappes dressées; il leur succède des fruits sub-pyriformes, écarlate brillant et couverts de poils glanduleux. Orégon. (G. et F., 1897, p. 184, fig. 21.) B. J.

ROBINSONELLA, Rose et Baker. Fam. *Malvacées*. — Nouveau genre créé pour l'espèce décrite ci-après

R. cordata, Rose et Baker. Arbre de 5 à 7 m., à écorce grise et ridée, portant des feuilles ovales-cordiformes, légèrement crénelées et pubescentes en dessous. Les fleurs sont lilas pâle et disposées par trois-cinq en bouquets axillaires. Amérique centrale. (G. et F., 1897, p. 244, fig.) B. J.

ROSA. — Vol. IV, p. 526.

R. heterophylla. Hort. Cochet-Cochet. Hybride du *R. rugosa*, blanc simple (dont il a conservé les fleurs), fécondé par le *R. lutea*. Ses feuilles, extrêmement dimorphes, justifient pleinement son nom d'*heterophylla*. S'il n'a pas toutes les qualités requises pour devenir horticole, au moins constitue-t-il une plante très curieuse, digne de figurer dans les collections botaniques. (J. S. N. H., 1899, p. 777, fig. 13.)

R. Luciæ, Franch. et Rochebr. Espèce de la section des *Synstylées*, signalée antérieurement au *R. Wichuraiana* et à laquelle certains auteurs avaient rapporté ce dernier comme synonyme, quoique bien distinct. Le *R. Wichuraiana* s'est répandu dans les cultures et y a même produit quelques variétés, alors que le vrai *Rosa Luciæ* est extrêmement rare, si même il existe vivant dans les collections. La description donné vol. III. p. 534, est, par suite, celle du *Rosa Wichuraiana* et le but de cette note est donc principalement synonymique. Voici néanmoins les caractères du *R. Luciæ* :

Rameaux obliques ou dressés. Feuilles composées de sept folioles ovales, arrondies à la base, pubescentes et à stipules superficiellement denticulées. *Fl.* assez petites, à pétales souvent rosés; sépales externes entiers; styles glabres; bractées primaires de l'inflorescence promptement caduques. Japon. B. J.

R. Wichuraiana. var. hybrides. Hort. Americ. Ce Rosier japonais, si curieux et utile au point de vue de l'ornement par son port exactement traînant et ses corymbes de fleurs blanches, a été le point de départ de croisements faits en Amérique avec plusieurs des plus belles variétés de Rosiers thés et remontants. Tous ces hybrides ont conservé le port traînant et l'abondant feuillage vert lustré du type. Voici quelques variétés déjà signalées et décrites :

Evergreen Gem. (*R. Wichuraiana* × *Madame Hoste.*) *Fl.* solitaires, chamois en boutons, puis presque blanches et alors larges de 5 à 7 cent.

Jersey Beauty. (*R. Wichuraiana* × *Perle des Jardins.*) *Fl.* simples, grandes, très abondantes, couvrant entièrement la plante, d'un beau jaune et rappelant la Rose *Cherokee.*

Gardenia. (*R. Wichuraiana* × *Perle des Jardins.*) *Fl.* solitaires sur des rameaux longs de 15 à 30 cent., bien doubles, d'abord jaune clair et à peine différentes en bouton de *Perle des Jardins*, puis blanc crème, larges de 7 à 8 cent., s'incurvant vers le soir, à la façon du *Gardenia florida*, d'où son nom.

D'autres variétés encore innommées ont été obtenues du croisement de cette espèce avec le *Général Jacqueminot*, le *R. rugosa* et autres. Cette série est, comme on le voit, pleine d'avenir et d'intérêt. B. J.

ROSIERS. — Vol. IV, p. 559.

R. à fleurs panachées, Hort. Duprat. Autrefois nombreuses et recherchées, puis négligées et seulement représentées dans les collections actuelles par quelques variétés de la section des *Hybrides remontants*, notamment par le *Commandant Beaurepaire* (syn. *Panachée de Bordeaux*); les Roses panachées semblent regagner leur juste faveur.

Panachée de Bordeaux et *Coquette bordelaise* sont deux jolies nouveautés du groupe des remontants. La première a la végétation et des fleurs grandes, de forme analogue à *Paul Neyron*, également du même rouge carminé, mais plus velouté, avec de larges bandes ou stries blanches qu lui donnent un aspect d'Œillet flamand. *Coquette bordelaise* est un peu plus carminée, avec une macule centrale blanche, bien nette et des pétales bien ronds, qui lui font rappeler un Camélia. (R. H., 1898. p. 288, *cum tab.*)

Captain Christy panaché. Variation fixée d'une de nos plus belles roses, dont la fleur, grande et pleine comme dans le type ordinaire, est d'un rose un peu plus foncé, superbement striée rose foncé, avec les bords des pétales élégamment frisés. La panachure est surtout accentuée au printemps et à l'automne. (1898. p. 169, *cum tab.*) B. J.

RUBUS. — Vol. IV, p. 574.

R. lasiostylus, Focke. Cette nouvelle Ronce forme un arbrisseau dressé, à tiges arrondies, purpurines, épineuses et portant des feuilles à trois ou cinq folioles doublement dentées et pubescentes-incanes en dessous. Les fleurs sont rouge sang, à pétales arrondis, plus courts que les sépales et sont réunies en petit nombre, en cymes terminales et sessiles. Les fruits sont secs et laineux. Chine. (B. M., 7426.) B. J.

R. sorbifolius, Hort. Syn. de **R. rosæfolius**. Vol. IV, p. 577.

RUELLIA. — Vol. IV, p. 580.

R. Makoyana, Closon. Plante à feuilles vert olive, teintées de violet et veinées de blanc sur la face supérieure, tandis que l'inférieure est pourpre vineux ; les fleurs sont grandes et carmin rosé. Brésil. Serre chaude. (R. H. B., 1895. p. 109, *cum tab.*)

RUSSELIA. — Vol. III, p. 586.

R. Lemoinei, Hort. Lemoine. Hybride horticole des *R. juncea* et *R. sarmentosa*. 1897.

SALIX. — Vol. IV, p. 605.

S. gracilistyla, Miquel. *Fl.* en chatons de 5 à 8 cent. de long. *Flles* amples, largement lancéolées et fortement nervées. Bourgeons saillants. Très beau Saule. Japon et nord de la Chine, 1897.

SALPICHROA. — Vol. IV, p. 610.

S. rhomboidea, Miers. Muguet des Pampas. Uevo de Gallo. — Cette plante, introduite depuis fort longtemps, mais jusqu'ici cantonnée dans les jardins botaniques, n'a du véritable Muguet que les petites fleurs blanches, en grelot, axillaires, solitaires, inodores, se succédant tout l'été, mais sans effet décoratif. C'est par sa vigueur et ses tiges ramifiées, sarmenteuses, garnies de petites feuilles ovales, épaisses et d'un beau vert, que se recommande la plante. Elle est vivace, susceptible d'atteindre 3 m. et plus dans le cours d'un seul été et par cela même propre à tapisser rapidement les murs, les treillages, etc. Autrefois, la plante a été préconisée pour ses fruits blancs, rappelant des œufs d'hirondelle, qui lui ont valu le vocable de Œufs de Coq, mais qui ne se développent pas souvent, chez nous du moins. Pendant ces dernières années, la plante s'est répandue dans les cultures, sous le nom erroné de *Withania origanifolia*, comme plante d'ornement. Elle est très rustique et se propage facilement par la séparation de ses drageons. Buenos-Ayres. (R. H., 1897, p. 501 et 529. fig. 159.)

SARRACENIA. — Vol. IV, p. 638.

S. Sanderiana, Hort. Hybride horticole des *S. Drummondi rubra* et *S. Farnhami*. 1897.

SAXIFRAGA apiculata, Engl. ; **S. luteo-viridis**, Schott. Syn. de **S. luteo-purpurea**, Lapeyr. Vol. IV, p. 657.

SCABIOSA. — Vol. IV, p. 662.

S. Correvoniana, Sommier et Levier. *Fl.* jaune pâle, grandes. Juillet-septembre. *Flles* vert sombre. Tiges purpurines. *Haut.* 20 à 25 cent. Plante donnée comme très différente du *S. caucasica*. Caucase. 1897.

SCHEELEA. — Vol. IV, p. 666.

S. kewensis, Hook. f. Espèce restée indéterminée jusqu'à ce jour faute de fleurs et de fruits, et qui est voisine des *Attalea princeps* et *Maximiliana*, genre avec lequel on l'a sans doute quelquefois confondue. Son stipe ou tronc est robuste, couvert de la base persistante des anciennes feuilles ; celles-ci sont courtement pétiolées, étalées, pinnatiséquées, à segments décurvés, solitaires, ternés ou quaternés au sommet, acuminés, carénés et d'un beau vert ; le rachis est robuste et à cinq angles. Fleurs monoïques, sur un spadice rameux, compact, à pédoncule court et épais et à spathes monoïques. Les fleurs mâles sont très rapprochées, à rachis jaune ; les femelles sont sub-sessiles, ovoïdes, accompagnées d'une bractéole, à disque, en forme de cupule et à stigmates courts et épais. Le fruit est long de 8 cent. environ, ovoïde, appendiculé au sommet et monosperme. Amérique tropicale. (B. M., 7552-7553.) B. J.

SCHŒNLANDIA, Cornu. Fam. Nouveau genre voisin des *Monochoria*, créé pour la plante ci-après décrite.

S. gabonensis, Cornu. Plante terrestre, à souche formée de tubercules aplatis ; feuilles cordiformes, aiguës, vertes, à reflets métalliques bleuâtres ; les fleurs sont violet pâle, solitaires chacune à l'aisselle d'une bractée de même teinte. La plante est facile à cultiver, à floraison très prolongée et ornementale par son beau feuillage. Gabon. Serre chaude.

SELENIPEDIUM. — Vol. IV, p. 724.

S. Duvali, Hort. Hybride horticole des *S. longifolium* et *S. Lindleyanum*. 1897.

SENECIO. — Vol. IV, p. 741.

S. Correvonianus, Alboff. *Fl.* jaunes, réunies en élégante panicule terminale au sommet d'une tige nue. *Flles* longuement pétiolées, à limbe réniforme ou cordé. Souche épaisse, rhizomateuse. Caucase. 1897.

S. Smithii, DC. *Fl.* blanches, à ligules nombreuses, linéaires, courtes ou allongées ; fleurons du disque tubuleux et jaunes ; corymbes terminaux, feuillés, fortement pédonculés. *Flles* radicales amples, pétiolées, épaisses, grossièrement crénelées-dentées, à nervure médiane et latérales saillantes, couvertes d'un duvet aranéeux. Tige simple, herbacée, fistuleuse et robuste. Cap Horn, Terre de Feu, etc., anciennement introduit (1801), puis disparu des cultures. Syns. *Cineraria gigantea*, Smith ; *C. leucanthema*, Banks et Soland. *Senecio verbascifolius*, Hombr. et Jacq.

SEMPERVIVUM. — Vol. VI, p. 735.

S. pulchellum, Walp. ? *Fl.* roses, à dix-douze divisions étoilées et réunies en cymes compacte, multiflore, à hampe assez courte et feuillue. Rosettes stériles de 3 à 4 cent. de diamètre, nombreuses, formant la pelote, composées de feuilles assez nombreuses, courtes, épaisses, dressées, compactes, d'un vert cendré, plus ou moins largement ponctuées de rougeâtre et courtement hirsutes sur les deux faces, bordées de longs cils blanc-laineux, ondulés et pourvues au sommet d'une touffe de ces mêmes poils blancs mais courts et crépus, simulant une boulette de coton. Selon la saison, les taches rouges des feuilles s'accentuent ou s'obscurcissent et les poils deviennent rares ou abondants et plus ou moins blancs, ce qui change constamment l'aspect de la plante. C'est une des plus belles espèces. Son origine est inconnue.

SOLANUM. — Vol. V, p. 59.

S. cornutum, Jacq. Plante à végétation rapide, atteignant 50 à 60 cent., à tige et rameaux grêles; ceux-ci couverts d'épines minces; les feuilles sont profondément pinnatifides et les fleurs sont jaunes, disposées en nombreuses grappes multiflores et larges de plus de 2 cent. 1/2. Il leur succède des petits fruits globuleux et tout chargés d'épines. Ce *Solanum* peut avantageusement être employé pour l'ornementation estivale des corbeilles et des plates-bandes. Mexique. (G. C., 1897, part. II, p. 311, fig. 94.) B. J.

S lasiophyllum, Dun. *Fl* pourpres. *Flles* blanches-laineuses, rappelant, ainsi du reste que toute la plante, le *Solanum marginatum*. *Haut.* 60 cent. Australie occidentale, 1897.

SPATHOGLOTTIS. — Vol. V, p. 88.

S. aureo-Vaillardii, Hort. Veitch. Hybride horticole entre les parents qu'indique son nom. 1897.

SPIRÆA. — Vol. V, p. 98.

S. arbuscula, Greene. *Fl.* rose-rouge vif, réunies en petits corymbes compactes. Arbuste alpin, à branches effilées, dressées et ramifiées. Orégon, Washington, 1897. (G. et F. 1897, p. 413, fig. 53.)

S. arguta, Zabel. Bel arbuste vigoureux et rustique, indiqué comme hybride des *S. media* et *S. multiflora*. Ses feuilles, qui se montrent avant les fleurs, sont obovales, faiblement dentées et vert gai. Les fleurs sont blanc pur, disposées en épis très nombreux et compacts, garnissant le côté supérieur des rameaux. La floraison a lieu dès avril. (G. C. 1897, part. II, p. 3, fig. 1.)

S. japonica rubra, Hort. Croux. Variété japonaise du *S. Fortunei*, très répandu dans les jardins, et dont les *S. Bumalda* et *Antony Waterer* sont de très proches voisins; ce dernier ayant souvent des feuilles panachées. Le nouveau venu est un arbuste d'environ 1 m. de hauteur, vigoureux, présentant parfois quelques feuilles panachées, distinct par ses corymbes plus amples, par ses fleurs plus grandes et surtout par leur vive coloration carmin pourpré. C'est le plus fortement coloré des espèces et variétés de ce groupe. (J. 1898, p. 40, *cum tab.*) B. J.

STANHOPEA. — Vol. V, p. 115.

S. Madouxiana, Cogniaux. Belle espèce rappelant un peu le *S. oculata*, à pseudo-bulbes ovoïdes, couverts d'écailles frangées au sommet et portant une feuille dressée, oblongue, très aiguë, à cinq nervures distinctes et longuement pétiolées. Hampes pendantes, assez longues, portant deux ou parfois une seule fleur très odorante, de 12 à 15 cent. de diamètre, durant environ trois jours; sépales triangulaires-ovales, obtus, convexes, à fond blanc crème, parsemés de taches rose carminé; pétales largement oblongs, convexes, ondulés sur les bords, de même teinte que les sépales et un peu plus courts qu'eux; labelle charnu, égalant les sépales, de même teinte que le reste de la fleur, sauf la cavité de l'hypochile qui est violet noir foncé et cet organe est allongé, cymbiforme, très incurvé; mésochile pourvu de deux cornes, pendant et arqué; épichile ovale, aigu et un peu convexe. Antioquie, Colombie. (G. C. 1898, part. II, p. 131, fig. 34.) B. J.

S. Rodigasiana, Hort. Lawrence. Espèce constituant une section du genre entièrement nouvelle. Les fleurs, qui mesurent 15 cent. de diamètre, sont solitaires au sommet de longs pédoncules pendants; les sépales sont concaves intérieurement, rétrécis dans le haut et blanc crème, bigarrés de rose à l'extérieur; les deux inférieurs fortement maculés de pourpre; labelle très remarquable, à hypochile allongé, étroit et pourpre foncé, avec une tache blanc d'ivoire; mésochile composé de deux grandes lames triangulaires, fortement maculées de rouge, avec un long appendice sétiforme sur l'angle antérieur; épichile allongé, linguiforme et également maculé. Origine non indiquée. (G. C., 1878, part. II, p. 14,9.) B. J.

STAPELIA. — Vol. V, p. 118.

S. cupularis, N. E.Br. « Plante voisine du *S. variegata*, dont elle se distingue par son disque cupuliforme, à bords dressés et aigus; l'intérieur est jaune citron pâle, fortement couvert de taches brun pourpre, parfois plus ou moins confluentes en lignes irrégulières; face externe vert pâle, teintée de pourpre; corolle de 5 cent. de diamètre, à lobes récurvés et ciliés. Tiges de 5 à 8 cent. de haut, à quatre angles obtus, bordés de dents ouvertes et aiguës. » Origine non indiquée, 1897.

STREPTOCARPUS. — Vol. V, p. 150.

S. achimeniflora, Hort. Veitch. Hybride horticole des *S. polyanthus* et une variété du *S. Rexii*, 1897.

S. gratus, Hort. Veitch. Hybride horticole dont le *S. Dunnii* est un des parents. 1897.

S. pulchellus, Hort. Veitch. Hybride dont le *S. Fanninii* est un des parents. 1897.

STROBILANTHES. — Vol. V, p. 153.

S. callosus, Nees. Arbrisseau dressé, exhalant une agréable odeur résineuse, dont la tige, à cinq angles et ornée de lignes de petits tubercules, porte des feuilles elliptiques, lancéolées, acuminées et prolongées en appendice caudiforme; les bords sont serrulés et ciliés; pétioles allongés, ailés au milieu, à huit-seize côtes, glabres en dessous et pourvues en dessus de lignes de poils. Les fleurs sont grandes, réunies en épis strobiliformes et accompagnées de larges bractées naviculaires et obtuses; sépales linéaires, obtus; corolle courte, à gorge dilatée, deux fois plus longues que le calice, à tube poilu à l'intérieur et à limbe à cinq lobes égaux, étalés, orbiculaires, ondulés et violets; filets staminaux poilus. Indes occidentales. (B. M. 7518.) B. J.

TAGETES. — Vol. V, p. 187.

T. lacera, Brandegee. Cette espèce est surtout intéressante par ses tiges suffrutescentes et sa pérennéité; elle se caractérise par des feuilles pennées, dont les folioles inférieures sont très nombreuses, par paires rapprochées, linéaires et lobulées. Les fleurs sont simples et à ligules rayonnantes arrondies, courtes, d'un jaune de chrôme. La plante ne peut résister à nos hivers que dans les endroits très abrités et plus sûrement en serre froide. Quoique assez élégante en elle-même, elle présente surtout de l'intérêt pour les croisements ou l'amélioration par voie de semis, car elle graine abondamment. Toutes ses parties exhalent l'odeur forte et caractéristique du genre *Tagetes*. Basse-Californie. (G. C. 1898, part. I, p. 355, fig. 135.) B. J.

TAINIA. — Vol. V, p. 194.

T. Penangiana, Hook. f. Nouvelle espèce à pseudobulbes épais, ovoïdes, couverts de gaines et portant chacun une feuille longuement pétiolée, lancéolée. La hampe est dressée, grêle, engainée à la base et porte une grappe lâche de fleurs à pétales et sépales semblables, jaunâtres, striés de rouge et lancéolés; labelle blanc, à lobes latéraux obtus, embrassant la colonne : lobe médian petit, orbiculaire, cuspidé et orné de trois lamelles : éperon sacciforme ; colonne ailée. Indes anglaises. (B. M., 7563.) B. J.

TILLANDSIA. — Vol. V, p. 265.

T. Lindeni tricolor. Ed. André. C'est la plus jolie variété de cette magnifique Broméliacée péruvienne. Son feuillage est élégamment ligné de rose frais et, sur les angles de son inflorescence plate, formée de grandes bractées rose vif, se détachent des grandes fleurs à trois grands pétales d'un bleu indigo foncé, très pur, avec une tache triangulaire blanche à la gorge. Quoique introduite déjà depuis plusieurs années, la plante est et restera sans doute longtemps rare. (R. H., 1898, p. 206, avec planche.) B. J.

TILLANDSIA. — Vol. V, p. 265.

T. (*Vriesea*) **longebracteata.** Mez. Plante à feuilles allongées, ensiformes, obtuses ou aiguës, larges de 4 à 5 cent., pourpre foncé et transversalement zonées à la face externe. Hampe plus courte que les feuilles, garnie de gaines et portant un épi distique, multiflore, long de 30 cent., à bractées fortement carénées, non ponctuées, lancéolées-aiguës et rouge-orangé : les fleurs sont jaunes, à sépales lancéolés et à pétales biligulés. Voisin des *V. Barilleti* et *V. splendens*. Vénézuéla. (J. 1897, p. 328.)

T. stricta Krameri. Ed. André. *Fl.* blanches dans leur moitié inférieure et violet clair dans la supérieure : calice blanc rosé : bractées rose foncé. *Flles* plus longues, bien plus grêles et plus écailleuses que dans le type. Brésil. 1888.

TREVORIA, Lehman. (dédié à Sir Trevor Lawrence, grand amateur anglais d'Orchidées). Fam. *Orchidées*. — Nouveau genre créé pour une ou deux espèces d'Orchidées épiphytes, de construction extrêmement curieuse, se rapprochant des *Coryanthes*, *Stanhopea*, etc., et habitant la Colombie. La construction morphologique de ces plantes est telle que l'auteur la dit susceptible de renverser certaines théories admises jusqu'ici sur l'utilité de l'intervention des insectes dans la fécondation des Orchidées.

T. Chloris, Lehm. *Fl.* entièrement vertes, grandes et généralement disposées en épi pendant et rappelant les sceaux d'une drague ; sépale dorsal oblong-lancéolé, acuminé, révoluté, de 5 cent. de long et 1 cent. 1/2 de large ; sépales latéraux ovales, obliques, acuminés, de 5 cent. de long et 3 mm. de large, pétales ligulés, falciformes, tordus, cuspidés, de 6 cent. de long et 8 mm. de large ; labelle charnu, concave, dressé, articulé à la base de la colonne, trilobé, à lobes latéraux dressés, dolabriformes, embrassant à demi la colonne ; lobe médian continu, linéaire, hasté, acuminé ; disque étroit, aigu, uninerve, prolongé en languette charnue, libre, égalant la colonne ; celle-ci arrondie, claviforme et tronquée au sommet ; pollinies deux, céracées. *Flles* amples, sub-coriaces, plissées-veinées, ovales-lancéolées, à base rétrécie en pétiole. Pseudo-bulbes allongés-pyriformes, non comprimés et monophylles. Andes occidentales de l'Équateur, 1897. (G. C. 1897, part. I, p. 347, fig. 128.)

TRICHOCLADUS, Pers. (de *trichos*, poil, et *clados*, massue). Fam. *Hamamélidées*. — Petit genre comprenant cinq espèces de plantes ligneuses, habitant toutes l'Afrique australe, dont la suivante a été introduite dans les cultures. Il lui faut la serre tempérée.

T. grandiflorus, Oliver. Arbrisseau de 2 m. 50 en culture, à rameaux chargés quand ils sont jeunes, ainsi que les inflorescences, d'une pubescence étoilée, et portant des feuilles coriaces, ovales, acuminées, entières et fortement réticulées. Les fleurs sont disposées en grappes courtes, axillaires et terminales, courtement pédicellées, à pétales allongés, ondulés, blancs et teintés de rose à la base ; le fruit est une capsule globuleuse. Transvaal. (B. M. 7418.)

TRICHOLÆNA. — Vol. V, p. 321.

T. tonsa. Ness. *Fl.* réunies en panicule ramifiée, lâche, à ramilles grêles et flexueuses ; épillets polygames, petits ;

Fig. 667. — Tricholæna tonsa. — (*Rev. Hort.*)

les mâles couverts de poils laineux sur la glume supérieure et la glumelle inférieure des fleurs femelles ; les hermaphrodites d'un tiers plus courts que les mâles et glabres. *Flles* linéaires-acuminées, raides, scabres et glaucescentes, à gaines poilues. Chaumes dressés, à nœuds renflés, atteignant 60 cent. à 1 m. de haut. Vivace. Afrique australe. 1897. Syn. *Panicum tonsum*, Hort. (R. H., 1897, p. 273, fig. 98.) — Cette plante paraît très voisine, si même elle n'est pas identique à celle décrite dans le corps de l'ouvrage sous le nom de *T. rosea*, Nees.

TULIPES. — Vol. V, p. 370.

T. Darwin, Hort. Krelage. Nouvelle race vigoureuse, à hampes robustes, se tenant bien droites ; fleurs d'abord petites, de couleur foncée à l'épanouissement et de forme globuleuse, mais se développant rapidement et devenant de grandeur moyenne, avec des coloris plus clairs ; ces coloris sont généralement unis, allant depuis le blanc rosé, en passant par le rose, le cramoisi et le violet, jusqu'au brun foncé velouté, coloris qui a fait donner le nom de « Tulipe noire » à l'une des variétés; il en existe déjà une nombreuse série. Cette race, à floraison tardive, se recommande particulièrement pour l'ornementation des corbeilles, quoi qu'elle puisse se cultiver en pots ou autrement tout aussi bien que les autres. (R. H. 1898, p. 528, *cum tab.*) B. J.

UTRICULARIA. — Vol. V, p. 393.

U. Forgetiana, Hort. Variété de l'*U. longifolia*, à hampes élevées, portant des fleurs violet bleu, mesurant près de 5 cent. de diamètre. Brésil, 1897. (Gn. 1897, part. II., p. 142, *tab.* 1132.)

VALVICIDE. — Mode de déhiscence de certains fruits dans lesquels les parois se séparent en plusieurs lobes ou valves, comme les capsules, telles que celles des Violettes, de diverses Caryophyllées, etc. Son opposé est *poricide*. V. aussi **Fruit**, Vol. II, p. 435.

VERONICA. — Vol. V, p. 439.

V. Dieffenbachii, Benth. Rare espèce frutescente, rustique (?), atteignant 60 cent. de hauteur, à feuilles linéaires-oblongues, sub-obtuses, amplexicaules et à fleurs lilas, réunies en épis axillaires, opposés, compacts et multiflores. Iles Chatam. Par son port et ses caractères généraux, cette Véronique rentre dans la série des *V. Lindleyana*, *V. Andersoni* et autres variétés horticoles. (G. C., 1898, part. II, p. 151, fig. 41.)

V. Lindsayi, Hort. Lindsay. Supposé hybride dont le *V. amplexicaulis* a été le porte-graine et le *V. pimeleoides* le parent mâle. La plante diffère du premier par ses fleurs rose vif au lieu d'être blanches et par ses feuilles tout à fait glabres et non glauques; le port est aussi plus compact. Comme la plante mère, l'hybride mériterait d'être répandu dans les cultures, où il serait peut-être rustique, les Véroniques néo-zélandaises étant trop négligées. (G. C., 1898, part. C, p. 331, fig. 97.) B. J.

VIOLA. — Vol. V, p. 502.

V. odorata sulfurea, Hort. non Cariot. *Fl.* moyennes, d'un jaune saumoné et à peine plus foncé au centre, inodores ou à peu près, pétales latéraux pourvus à la base d'une touffe de gros poils courts; éperon droit, très gros, conique, aigu, aplati, fortement teinté de violet. Printemps. *Fl.* fertiles nombreuses, estivales. Graines abondantes et germant rapidement. *Flles* ovales, orbiculaires, cordiformes à la base, finement crénelées, très finement pubescentes et d'un vert presque luisant; stipules triangulaires, acuminées-ciliées. Stolons courts, mais nettement radicants. Trouvé vers 1896, dans le département de l'Indre. Cette plante ne paraît pas identique à celle trouvée antérieurement dans le Forez et décrite par l'abbé Cariot, dont les fleurs étaient « d'un jaune pâle dans les deux tiers supérieurs, blancs dans le tiers inférieur et dépourvues de poils à l'onglet de tous les pétales et les stolons non radicants ». Cette violette est plus intéressante que réellement décorative, mais elle ouvre peut-être une nouvelle voie aux améliorations.

ZEHNERIA suavis. — V. **Melothria punctata**, Cogn. (Au Supplément.)

ZYGOPETALUM. — Vol. V, p. 581.

Z. (*Bollea*) **Schræderianum**, Hort. Belle plante dont les fleurs, grandes et belles, mesurent près de 10 cent. de diamètre; elles sont blanches, de consistance céracée; le labelle est faiblement teinté de pourpre et les pétales sont incurvés, mais moins que dans les *Anguloa*. Origine non indiquée. (G. C., 1895, part. I, p. 497, fig. 70.)

FIN

ÉVREUX, IMPRIMERIE DE CHARLES HÉRISSEY

ADDITIONS ET CORRECTIONS

Depuis la publication successive des volumes du Dictionnaire, des additions et corrections, autres que celles mentionnées dans les premières pages de chaque volume ont été faites. Nous les donnons donc ci-après, afin de permettre aux lecteurs de les transcrire et de rendre ainsi l'ouvrage aussi exact et complet qu'il est possible

VOLUME V

Page.	Colonne.	
104	2	Au : **S. Thunbergii**, pour : herbacée ; lisez : ligneuse,
165	2	Au lieu de : **Couperose verte** ; lisez : **bleue**.
165	2	Au lieu de : **Couperose bleue** ; lisez : **verte**.
235	2	Au lieu de : **T. adianthifolia** ; lisez : **T. adiantifolia**.
314	1	Au : **T. verbanensis**, pour : R. H. 1896 ; lisez : 1897, p. 10.
417	Fig. 401	Pour : Veitchia Joannis ; lisez : V. Johannis.
604	Fam. 92	Pour : **RUBIAGÉES** ; lisez : **RUBIACÉES**.
604	Fam. 90	Pour : **CORNAGÉES** ; lisez : **CORNACÉES**.
606	1	A la fin de la tribu XI, Cynaroïdées, pour : Cnicus ; lisez : Carbenia.

15 novembre

DICTIONNAIRE PRATIQUE

D'HORTICULTURE

ET

DE JARDINAGE

Illustré de près de 5,000 Figures dans le texte

ET DE 80 PLANCHES CHROMOLITHOGRAPHIÉES HORS TEXTE

COMPRENANT :

La description succincte des plantes connues et cultivées dans les jardins de l'Europe;
La culture potagère, l'arboriculture, la description et la culture de toutes les Orchidées,
Broméliacées, Palmiers, Fougères,
Plantes de serre, plantes annuelles, vivaces, etc.;
Le tracé des jardins; le choix et l'emploi des espèces propres à la décoration des parcs et jardins;
L'Entomologie, la Cryptogamie, la Chimie horticole;
Des éléments d'Anatomie et de Physiologie végétale; la Glossologie botanique et horticole;
La description des outils, serres et accessoires employés en horticulture; etc., etc.

PAR

G. NICHOLSON

Conservateur des Jardins royaux de Kew à Londres.

TRADUIT, MIS A JOUR ET ADAPTÉ A NOTRE CLIMAT, A NOS USAGES, ETC., ETC.

PAR

S. MOTTET

Membre de la Société Nationale d'Horticulture de France.

AVEC LA COLLABORATION DE MM.

VILMORIN-ANDRIEUX et Cie

G. ALLUARD, E. ANDRÉ, G. BELLAIR, G. LEGROS, ETC.

66e LIVRAISON

PARIS

OCTAVE DOIN
ÉDITEUR
8, place de l'Odéon, 8

LIBRAIRIE AGRICOLE
DE LA MAISON RUSTIQUE
26, rue Jacob, 26

VILMORIN-ANDRIEUX ET Cie
MARCHANDS GRAINIERS
4, Quai de la Mégisserie, 4

MAISON C. MATHIAN

PARIS, 25, rue Damesme, 25, PARIS

SERRES
JARDINS D'HIVER
CHASSIS
VÉRANDAS
ETC.

DIPLOMES D'HONNEUR
1ers Prix

CHAUFFAGES
De Serres, Châssis
VAPORISATEUR
DE
Jus de Tabac

DEMANDER L'ALBUM
N° 31

CONSTRUCTION PERFECTIONNÉE
DES SERRES EN PITCH-PIN

à double vitrage mobile
(BREVETÉ S.G.D.G.)
Exposition horticole de Paris, 1888
1er Prix MÉDAILLE D'OR
Exposition Universelle, 1889
Médaille d'or
Serres en bois et fer, et serres en fer
Châssis de couches
BACHES, COFFRES FIXES ET DÉMONTABLES

Eugène COCHU, Inventeur-Constructeur
Chevalier du Mérite agricole.
19, rue d'Aubervilliers, à SAINT-DENIS (Seine).
Envoi du prix-courant sur demande.

HANGARS
CONSTRUCTIONS ÉCONOMIQUES BOIS & FER

Système Br. s. g. d. g. **POMBLA** Spécialité de Constructions Industrielles et Agricoles.
MONTAGE ET DÉMONTAGE TRÈS FACILES
POMBLA, *Constructeur*, 68, avenue de Saint-Ouen, PARIS

ORCHIDÉES DE CHOIX
OCCASION EXCEPTIONNELLE & AVANTAGEUSE
CYMBIDIUM HOOKERIANUM

Contre l'envoi de 35 centimes en timbres-poste nous adressons franco la chromolithographie de cette remarquable variété.

Nous avons l'avantage d'annoncer aux Orchidophiles que nous nous sommes rendus acquéreurs des divisions du superbe spécimen de *Cymbidium Hookerianum*, présenté au Concours trimestriel des Orchidées de la *S. N. d'H. de F.* du 22 novembre 1894 et dont nous avons donné la chromolithographie dans le *Moniteur d'Horticulture* du 10 février 1895.

N° 1. Petite plante, 2 arrière-bulbes, 1 jeune bulbe, 1 pousse. Prix. . . . . **140 fr.**
N° 2. Plante plus forte, 5 arrière-bulbes, 1 jeune bulbe, 1 forte pousse. Prix. . . . . **250 fr.**
N° 3. Belle plante, 2 fortes arrière-bulbes, 1 forte bulbe, 1 forte pousse avec 1 hampe florale. Prix. **300 fr.**
N° 4. Très forte plante, 6 fortes bulbes, 3 hampes florales. Prix . . . . **600 fr.**

OTTO-BALLIF
Bureau du MONITEUR D'HORTICULTURE
14, rue de Sèvres, 14, PARIS

N. B. — A l'occasion de cette offre avantageuse nous ferons observer aux Orchidophiles que les divisions de ce *Cymbidium* sont tout à fait distinctes comme port et d'une variété bien supérieure aux rares plantes de cette espèce connues jusqu'à présent.

A la librairie O. DOIN, 8, place de l'Odéon

MANUEL PRATIQUE ET RAISONNÉ
DES
CULTURES SPÉCIALES

PLANTES RACINES. — CÉRÉALES. — PLANTES FOURRAGÈRES
PLANTES INDUSTRIELLES. — ASSOLEMENTS. — PRAIRIES

Par Paul DE VUYST
Docteur en Droit, Ingénieur agricole, Inspecteur adjoint de l'agriculture.

Un volume in-8° carré de 264 pages, avec de nombreuses figures
Prix : 4 francs.

TRÈS BELLES ORCHIDÉES
D'OCCASION
A Vendre à prix réduit
PROVENANT D'UNE COLLECTION D'AMATEUR

Pour de plus amples renseignements, s'adresser à

M. OTTO-BALLIF
au Moniteur d'Horticulture
14, RUE DE SÈVRES, 14, PARIS

DICTIONNAIRE PRATIQUE

D'HORTICULTURE

ET

DE JARDINAGE

Illustré de près de 5,000 Figures dans le texte

ET DE 80 PLANCHES CHROMOLITHOGRAPHIÉES HORS TEXTE

COMPRENANT :

La description succincte des plantes connues et cultivées dans les jardins de l'Europe;
La culture potagère, l'arboriculture, la description et la culture de toutes les Orchidées,
Broméliacées, Palmiers, Fougères,
Plantes de serre, plantes annuelles, vivaces, etc.;
Le tracé des jardins; le choix et l'emploi des espèces propres à la décoration des parcs et jardins;
L'Entomologie, la Cryptogamie, la Chimie horticole;
Des éléments d'Anatomie et de Physiologie végétale; la Glossologie botanique et horticole;
La description des outils, serres et accessoires employés en horticulture; etc., etc.

PAR

G. NICHOLSON

Conservateur des Jardins royaux de Kew à Londres.

TRADUIT, MIS A JOUR ET ADAPTÉ A NOTRE CLIMAT, A NOS USAGES, ETC., ETC.

PAR

S. MOTTET

Membre de la Société Nationale d'Horticulture de France.

AVEC LA COLLABORATION DE MM.

VILMORIN ANDRIEUX et Cie

G. ALLUARD, E. ANDRÉ, G. BELLAIR, G. LEGROS, ETC.

67e LIVRAISON

PARIS

OCTAVE DOIN
ÉDITEUR
8, place de l'Odéon, 8

LIBRAIRIE AGRICOLE
DE LA MAISON RUSTIQUE
26, rue Jacob, 26

VILMORIN-ANDRIEUX ET Cie
MARCHANDS GRAINIERS
4, Quai de la Mégisserie, 4

L'Ouvrage sera complet en 80 livraisons. — Il paraîtra *TRÈS RÉGULIÈREMENT* une livraison par mois.
Prix de chaque livraison de 48 pages, avec planche chromolithographique. . . **1 fr. 50**

DICTIONNAIRE PRATIQUE
D'HORTICULTURE
ET
DE JARDINAGE

Illustré de près de 5,000 Figures dans le texte

ET DE 80 PLANCHES CHROMOLITHOGRAPHIÉES HORS TEXTE

COMPRENANT :

La description succincte des plantes connues et cultivées dans les jardins de l'Europe;
La culture potagère, l'arboriculture, la description et la culture de toutes les Orchidées,
Broméliacées, Palmiers, Fougères,
Plantes de serre, plantes annuelles, vivaces, etc.;
Le tracé des jardins; le choix et l'emploi des espèces propres à la décoration des parcs et jardins;
L'Entomologie, la Cryptogamie, la Chimie horticole;
Des éléments d'Anatomie et de Physiologie végétale; la Glossologie botanique et horticole;
La description des outils, serres et accessoires employés en horticulture; etc., etc.

PAR

G. NICHOLSON

Conservateur des Jardins royaux de Kew à Londres.

TRADUIT, MIS A JOUR ET ADAPTÉ A NOTRE CLIMAT, A NOS USAGES, ETC., ETC.

PAR

S. MOTTET

Membre de la Société Nationale d'Horticulture de France.

AVEC LA COLLABORATION DE MM.

VILMORIN-ANDRIEUX et Cie

G. ALLUARD, E. ANDRÉ, G. BELLAIR, G. LEGROS, ETC.

68e LIVRAISON

PARIS

OCTAVE DOIN	LIBRAIRIE AGRICOLE	VILMORIN-ANDRIEUX ET CIE
ÉDITEUR	DE LA MAISON RUSTIQUE	MARCHANDS GRAINIERS
8, place de l'Odéon, 8	26, rue Jacob, 26	4, Quai de la Mégisserie, 4

L'Ouvrage sera complet en 80 livraisons. — Il paraîtra *TRÈS RÉGULIÈREMENT* une livraison par mois.

Prix de chaque livraison de 48 pages, avec planche chromolithographique. . . **1 fr. 50**

MAISON C. MATHIAN

PARIS, 25, rue Damesme, 25, PARIS

SERRES
JARDINS D'HIVER
CHASSIS
VÉRANDAS
ETC.

DIPLOMES D'HONNEUR

1ers Prix

CHAUFFAGES
De Serres, Châssis
VAPORISATEUR
DE
Jus de Tabac

DEMANDER L'ALBUM

N° 31

CONSTRUCTION PERFECTIONNÉE
DES SERRES EN PITCH-PIN

à double vitrage mobile

(BREVETÉ S.G.D.G.)

Exposition horticole de Paris, 1888

1er Prix MÉDAILLE D'OR

Exposition Universelle, 1889

Médaille d'or

Serres en bois et fer, et serres en fer

Châssis de couches

BACHES, COFFRES FIXES ET DÉMONTABLES

Eugène COCHU, Inventeur-Constructeur

Chevalier du Mérite agricole.

19, rue d'Aubervilliers, à SAINT-DENIS (Seine).

Envoi du prix-courant sur demande.

HANGARS

CONSTRUCTIONS ÉCONOMIQUES BOIS & FER

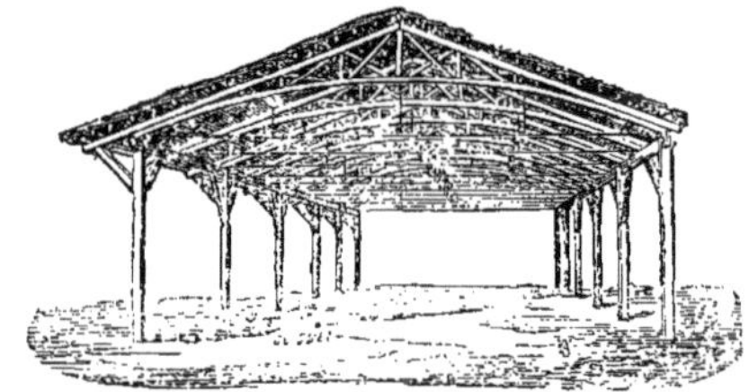

Système Br. s. g. d. g. **POMBLA** Spécialité de Constructions Industrielles et Agricoles.

MONTAGE ET DÉMONTAGE TRÈS FACILES

POMBLA, *Constructeur*, 68, avenue de Saint-Ouen, PARIS

ORCHIDÉES DE CHOIX

OCCASION EXCEPTIONNELLE & AVANTAGEUSE

CYMBIDIUM HOOKERIANUM

Contre l'envoi de 35 centimes en timbres-poste nous adressons franco la chromolithographie de cette remarquable variété.

Nous avons l'avantage d'annoncer aux Orchidophiles que nous nous sommes rendus acquéreurs des divisions du superbe spécimen de *Cymbidium Hookerianum*, présenté au Concours trimestriel des Orchidées de la *S. N. d'H. de F.* du 22 novembre 1894 et dont nous avons donné la chromolithographie dans le *Moniteur d'Horticulture* du 10 février 1895.

N° **1.** Petite plante, 2 arrière-bulbes, 1 jeune bulbe, 1 pousse. Prix. . . . . **140** fr.

N° **2.** Plante plus forte, 5 arrière-bulbes, 1 jeune bulbe, 1 forte pousse. Prix. . . . . **250** fr.

N° **3.** Belle plante, 2 fortes arrière-bulbes, 1 forte bulbe, 1 forte pousse avec 1 hampe florale. Prix. **300** fr.

N° **4.** Très forte plante, 6 fortes bulbes, 3 hampes florales. Prix . . . . **600** fr.

OTTO-BALLIF

Bureau du MONITEUR D'HORTICULTURE

14, rue de Sèvres, 14, PARIS

N. B. — A l'occasion de cette offre avantageuse nous ferons observer aux Orchidophiles que les divisions de ce *Cymbidium* sont tout à fait distinctes comme port et d'une variété bien supérieure aux rares plantes de cette espèce connues jusqu'à présent.

A la librairie O. DOIN, 8, place de l'Odéon

MANUEL PRATIQUE ET RAISONNÉ

DES

CULTURES SPÉCIALES

PLANTES RACINES. — CÉRÉALES. — PLANTES FOURRAGÈRES

PLANTES INDUSTRIELLES. — ASSOLEMENTS. — PRAIRIES

Par Paul DE VUYST

Docteur en Droit, Ingénieur agricole, Inspecteur adjoint de l'agriculture.

Un volume in-8e carré de 264 pages, avec de nombreuses figures

Prix : 4 francs.

TRÈS BELLES ORCHIDÉES

D'OCCASION

A vendre à prix réduit

PROVENANT D'UNE COLLECTION D'AMATEUR

Pour de plus amples renseignements, s'adresser à

M. OTTO-BALLIF

au Moniteur d'Horticulture

14, RUE DE SÈVRES, 14, PARIS

BIBLIOTHÈQUE D'HORTICULTURE ET DE JARDINAGE

PUBLIÉE SOUS LA DIRECTION

DE

M. F. HEIM

Professeur agrégé d'histoire naturelle à la Faculté de médecine de Paris.

Volumes parus (*Mars* 1898)

LA MOSAÏCULTURE, par **S. Mottet,** membre de la Société d'horticulture de France. — Histoire et considérations générales, choix des couleurs, tracé, plantation, entretien, description, emploi, rusticité et multiplication des espèces employées à cet usage, etc. *Deuxième édition*, revue et très augmentée. Un volume in-18 de 150 pages, cartonnage toile, avec 41 figures dont un grand choix de dessins de mosaïques avec légendes explicatives. . . . . 2 fr.

GUIDE ÉLÉMENTAIRE DE MULTIPLICATION, par **S. Mottet.** — Etude des différents moyens d'effectuer des semis, boutures, marcottes, greffes et divisions. Un vol. in-18 de 200 pages, avec 85 fig. 2 fr.

MALADIES DES ARBRES FRUITIERS, par **E. Sirodot,** chef du laboratoire de recherches de la maison Vilmorin-Andrieux. — Un vol. in-18, cartonné toile, de 180 p., avec 50 figures dans le texte . . . . . 2 fr.

LES ENGRAIS EN HORTICULTURE. I. Théorie générale des engrais, par **M. Joulie,** pharmacien en chef de la maison municipale de santé. — II. Emploi pratique des engrais en horticulture, par **Maxime Desbordes,** lauréat de la Société nationale d'Horticulture. Un vol. in-18, cart. toile, de 150 p., avec tableaux. . 2 fr.

LES PLANTES ALPINES ET DE ROCAILLES, par **H. Correvon,** directeur du jardin alpin d'acclimatation à Genève. — Un vol. in-18, cartonné toile, de 200 pages, avec 30 figures. . . . . 2 fr.

LES FOUGÈRES DE PLEINE TERRE et les Prêles lycopodes et sélaginelles rustiques, par **H. Correvon.** — 1 vol. in-18, cartonné toile, de 150 p., avec 68 figures dans le texte . . . . 2 fr.

LES AZALÉES, par **Léon Duval,** horticulteur. — Historique, Multiplication, Culture, Forçage, Emploi, etc. Un vol. in-18, cartonné toile, de 112 pages, avec 23 figures . . . . 2 fr.

LES BROMÉLIACÉES, par **Léon Duval.** — Histoire, multiplication, culture et liste des jolies espèces. Un vol. in-18, cartonné toile, de 150 pages, avec 46 figures dans le texte. . . . . 3 fr.

LES CHRYSANTHÈMES, par **Georges Bellair,** jardinier en chef des parcs et orangerie de Versailles, et **Victor Bérat,** ancien jardinier en chef de la ville de Roubaix. — Description, histoire, culture, emploi. *Troisième édition.* Un vol. in-18, cartonné toile, de 111 pages, avec figures dans le texte (couronné par la Société nationale d'horticulture de France) . . . . 2 fr.

LES PLANTES POUR APPARTEMENTS ET FENÊTRES, les plantes et feuillages pour bouquets, par **G. Bellair.** Un vol. in-18, cartonné toile, de 150 pages et 80 figures dans le texte . . . . 2 fr.

LA CULTURE DU POIRIER, par **O. Opoix,** jardinier en chef du jardin du Luxembourg, professeur d'arboriculture, etc. — 1 vol. in-18, cartonné toile, de 270 pages, avec 112 figures dans le texte. . . . 2 fr. 50

LES PALMIERS DE SERRE FROIDE, par **R. de Noter,** membre de la Société Nationale d'Horticulture. — Leur culture dans la zone méditerranéenne et dans le nord de l'Europe. — Précédée d'une préface-lettre de **M. Charles Rivière,** directeur du jardin d'essai du Hamma, à Alger. Un vol. in-18, cartonné toile, de 150 p., avec 25 figures dans le texte . . . . 2 fr.

LES ORANGERS, Citronniers, Cédratiers et autres aurantiacées comestibles, leur culture dans la région méditerranéenne et en orangerie dans le nord de la France, par **R. de Noter**, avec la collaboration de **MM. F. Sahut, Chouvet et Ch. Rivière.** — Un vol. in-18, cart. toile, de 180 p., avec nombreuses fig. dans le texte. 2 fr.

LES ROSIERS. — Historique, classification, nomenclature, descriptions. — Culture en pleine terre et en pots, taille, forçage en serre et sous châssis, multiplication (bouturage, greffage et marcottage), maladies et insectes, choix de variétés horticoles, groupées d'après leur origine, par **Cochet** et **S. Mottet,** membres de la Société nationale d'horticulture de France. — 1 vol. de 200 pages, avec 60 figures dans le texte. . 2 fr. 50

SOLS, TERRAINS ET COMPOSTS utilisés par l'horticulture, par **G. Truffault,** membre de la Société nationale d'horticulture de France. — Un vol. in-18, cartonné toile, de 300 pages . . . . 4 fr.

CALCÉOLAIRES, Cinéraires, Coléus, Héliotropes, Primevères de Chine, etc. Description et culture, par **Jules Rudolph,** lauréat de la Société Nationale d'Horticulture, 1 vol. in-18, cartonné toile, de 163 pages, avec 38 figures dans le texte . . . . 2 fr.

CULTURE DES FOUGÈRES EXOTIQUES, par **Adolphe Buyssens,** ancien professeur de l'École cantonale d'Horticulture de Genève. 1 vol. in-18, cartonné toile, de 188 pages, avec 62 figures dans le texte. 2 fr.

LES GÉRANIUMS (pelargonium zonale et inquinans), description et culture, par **H. Dauthenay,** chef jardinier à l'asile Sainte-Anne, professeur à l'Association polytechnique. — 1 vol. in-18, cartonné toile, de 292 pages, avec figures dans le texte. . . . . 2 fr. 50

LES ANIMAUX UTILES ET NUISIBLES A L'HORTICULTURE (insectes exceptés), par **A. Larbalétrier,** professeur à l'Ecole d'agriculture du Pas-de-Calais. — 1 vol. in-18, cartonné toile, de 154 pages, avec figures dans le texte . . . . 2 fr.

LES FRAISIERS, par **A. Millet,** horticulteur. — 1 vol. in-18, cartonné toile, de 218 pages, avec 55 figures dans le texte . . . . 2 fr. 50

ESSAIS PRATIQUES DE CHIMIE HORTICOLE, par **A. Larbalétrier,** professeur à l'École d'agriculture et d'horticulture d'Oraison (Basses-Alpes). 1 vol. in-18 de 136 pages, avec 24 figures dans le texte . . . 2 fr.

ÉVREUX, IMPRIMERIE DE CHARLES HÉRISSEY

BIBLIOTHÈQUE D'HORTICULTURE ET DE JARDINAGE

PUBLIÉE SOUS LA DIRECTION

DE

M. F. HEIM

Professeur agrégé d'histoire naturelle à la Faculté de médecine de Paris.

Volumes parus (Juillet 1897)

LA MOSAÏCULTURE, par **S. Mottet,** membre de la Société d'horticulture de France. — Histoire et considérations générales, choix des couleurs, tracé, plantation, entretien, description, emploi, rusticité et multiplication des espèces employées à cet usage, etc. *Deuxième édition*, revue et très augmentée. Un volume in-18 de 150 pages, cartonnage toile, avec 41 figures dont un grand choix de dessins de mosaïques avec légendes explicatives. . . . . 2 fr.

GUIDE ÉLÉMENTAIRE DE MULTIPLICATION, par **S. Mottet.** — Étude des différents moyens d'effectuer des semis, boutures, marcottes, greffes et divisions. Un vol. in-18 de 200 pages, avec 85 fig. 2 fr.

MALADIES DES ARBRES FRUITIERS, par **E. Sirodot,** chef du laboratoire de recherches de la maison Vilmorin-Andrieux. -- Un vol. in-18, cartonné toile, de 180 p., avec 50 figures dans le texte . . . . . 2 fr.

LES ENGRAIS EN HORTICULTURE. I. Théorie générale des engrais, par **M. Joulie,** pharmacien en chef de la maison municipale de santé. — II. Emploi pratique des engrais en horticulture, par **Maxime Desbordes,** lauréat de la Société nationale d'Horticulture. Un vol. in-18. cart. toile, de 150 p., avec tableaux. 2 fr.

LES PLANTES ALPINES ET DE ROCAILLES, par **H. Correvon,** directeur du jardin alpin d'acclimatation à Genève. — Un vol. in-18, cartonné toile, de 200 pages, avec 30 figures. . . . . 2 fr.

LES FOUGÈRES DE PLEINE TERRE et les Prêles lycopodes et sélaginelles rustiques, par **H. Correvon.** — 1 vol. in-18, cartonné toile, de 150 p., avec 68 figures dans le texte . . . . 2 fr.

LES AZALÉES, par **Léon Duval,** horticulteur. — Historique, Multiplication. Culture, Forçage, Emploi, etc. Un vol. in-18, cartonné toile, de 112 pages, avec 23 figures . . . . 2 fr.

LES BROMÉLIACÉES, par **Léon Duval.** — Histoire, multiplication, culture et liste des jolies espèces. Un vol. in-18, cartonné toile, de 150 pages, avec 16 figures dans le texte. . . . . 3 fr.

LES CHRYSANTHÈMES, par **Georges Bellair,** jardinier en chef des parcs et orangerie de Versailles, et **Victor Bérat,** ancien jardinier en chef de la ville de Roubaix. — Description, histoire, culture, emploi. *Troisième édition.* Un vol. in-18, cartonné toile, de 111 pages, avec figures dans le texte (couronné par la Société nationale d'horticulture de France) . . . . 2 fr.

LES PLANTES POUR APPARTEMENTS ET FENÊTRES, les plantes et feuillages pour bouquets, par **G. Bellair.** Un vol. in-18, cartonné toile, de 150 pages et 80 figures dans le texte . . . . 2 fr.

LA CULTURE DU POIRIER, par **O. Opoix,** jardinier en chef du jardin du Luxembourg, professeur d'arboriculture, etc. -- 1 vol. in-18, cartonné toile, de 270 pages, avec 112 figures dans le texte. . . . . 2 fr. 50

LES PALMIERS DE SERRE FROIDE, par **R. de Noter,** membre de la Société Nationale d'Horticulture. — Leur culture dans la zone méditerranéenne et dans le nord de l'Europe. — Précédée d'une préface-lettre de **M. Charles Rivière,** directeur du jardin d'essai du Hamma, à Alger. Un vol. in-18, cartonné toile, de 150 p., avec 25 figures dans le texte . . . . 2 fr.

LES ORANGERS. Citronniers, Cédratiers et autres aurantiacées comestibles, leur culture dans la région méditerranéenne et en orangerie dans le nord de la France, par **R. de Noter,** avec la collaboration de **MM. F. Sahut, Chouvet et Ch. Rivière.** - Un vol. in-18, cart. toile, de 180 p., avec nombreuses fig. dans le texte. 2 fr.

LES ROSIERS. — Historique, classification, nomenclature, descriptions. — Culture en pleine terre et en pots, taille, forçage en serre et sous châssis, multiplication (bouturage, greffage et marcottage), maladies et insectes, choix de variétés horticoles, groupées d'après leur origine, par **Cochet** et **S. Mottet,** membres de la Société nationale d'horticulture de France. — 1 vol. de 200 pages, avec 60 figures dans le texte. . 2 fr. 50

SOLS, TERRAINS ET COMPOSTS utilisés par l'horticulture, par **G. Truffault,** membre de la Société nationale d'horticulture de France. — Un vol. in-18, cartonné toile, de 300 pages . . . . 4 fr.

CALCÉOLAIRES, Cinéraires, Coléus, Héliotropes, Primevères de Chine, etc. Description et culture, par **Jules Rudolph,** lauréat de la Société Nationale d'Horticulture, 1 vol. in-18, cartonné toile, de 163 pages, avec 38 figures dans le texte . . . . 2 fr.

CULTURE DES FOUGÈRES EXOTIQUES, par **Adolphe Buyssens,** ancien professeur de l'École cantonale d'Horticulture de Genève, 1 vol. in-18, cartonné toile, de 188 pages, avec 62 figures dans le texte. 2 fr.

LES GÉRANIUMS (pelargonium zonale et inquinans), description et culture, par **H. Dauthenay,** chef jardinier à l'asile Sainte-Anne, professeur à l'Association polytechnique. — 1 vol. in-18, cartonné toile, de 292 pages, avec figures dans le texte. . . . . 2 fr. 50

LES ANIMAUX UTILES ET NUISIBLES A L'HORTICULTURE (insectes exceptés), par **A. Larbalétrier,** professeur à l'École d'agriculture du Pas-de-Calais. — 1 vol. in-18, cartonné toile, de 154 pages, avec figures dans le texte . . . . 2 fr.

LES FRAISIERS, par **A. Millet,** horticulteur. — 1 vol. in-18, cartonné toile, de 218 pages, avec 55 figures dans le texte . . . . 2 fr. 50

ÉVREUX, IMPRIMERIE DE CHARLES HÉRISSEY

BIBLIOTHÈQUE D'HORTICULTURE ET DE JARDINAGE

PUBLIÉE SOUS LA DIRECTION

DE

M. F. HEIM

Professeur agrégé d'histoire naturelle à la Faculté de médecine de Paris.

Volumes parus (*Juillet* 1897)

LA MOSAÏCULTURE, par **S. Mottet,** membre de la Société d'horticulture de France. — Histoire et considérations générales, choix des couleurs, tracé, plantation, entretien, description, emploi, rusticité et multiplication des espèces employées à cet usage, etc. *Deuxième édition*, revue et très augmentée. Un volume in-18 de 150 pages, cartonnage toile, avec 41 figures dont un grand choix de dessins de mosaïques avec légendes explicatives . . . . 2 fr.

GUIDE ÉLÉMENTAIRE DE MULTIPLICATION, par **S. Mottet.** — Etude des différents moyens d'effectuer des semis, boutures, marcottes, greffes et divisions. Un vol. in-18 de 200 pages, avec 85 fig. 2 fr.

MALADIES DES ARBRES FRUITIERS, par **E. Sirodot,** chef du laboratoire de recherches de la maison Vilmorin-Andrieux. — Un vol. in-18, cartonné toile, de 180 p., avec 50 figures dans le texte . . . . . 2 fr.

LES ENGRAIS EN HORTICULTURE. I. Théorie générale des engrais, par **M. Joulie,** pharmacien en chef de la maison municipale de santé. — II. Emploi pratique des engrais en horticulture, par **Maxime Desbordes,** lauréat de la Société nationale d'Horticulture. Un vol. in-18, cart. toile, de 150 p., avec tableaux. 2 fr.

LES PLANTES ALPINES ET DE ROCAILLES, par **H. Correvon,** directeur du jardin alpin d'acclimatation à Genève. — Un vol. in-18, cartonné toile, de 200 pages, avec 30 figures. . . . . 2 fr.

LES FOUGÈRES DE PLEINE TERRE et les Prêles lycopodes et sélaginelles rustiques, par **H. Correvon.** — 1 vol. in-18, cartonné toile, de 150 p., avec 68 figures dans le texte . . . . 2 fr.

LES AZALÉES, par **Léon Duval,** horticulteur. — Historique, Multiplication, Culture, Forçage, Emploi, etc. Un vol. in-18, cartonné toile, de 112 pages, avec 23 figures . . . . 2 fr.

LES BROMÉLIACÉES, par **Léon Duval.** — Histoire, multiplication, culture et liste des jolies espèces. Un vol. in-18, cartonné toile, de 150 pages, avec 46 figures dans le texte. . . . . 3 fr.

LES CHRYSANTHÈMES, par **Georges Bellair,** jardinier en chef des parcs et orangerie de Versailles, et **Victor Bérat,** ancien jardinier en chef de la ville de Roubaix. — Description, histoire, culture, emploi. *Troisième édition.* Un vol. in-18, cartonné toile, de 111 pages, avec figures dans le texte (couronné par la Société nationale d'horticulture de France) . . . . 2 fr.

LES PLANTES POUR APPARTEMENTS ET FENÊTRES, les plantes et feuillages pour bouquets, par **G. Bellair.** Un vol. in-18, cartonné toile, de 150 pages et 80 figures dans le texte . . . . 2 fr.

LA CULTURE DU POIRIER, par **O. Opoix,** jardinier en chef du jardin du Luxembourg, professeur d'arboriculture, etc. — 1 vol. in-18, cartonné toile, de 270 pages, avec 112 figures dans le texte. . . . . 2 fr. 50

LES PALMIERS DE SERRE FROIDE, par **R. de Noter,** membre de la Société Nationale d'Horticulture. — Leur culture dans la zone méditerranéenne et dans le nord de l'Europe. — Précédée d'une préface-lettre de **M. Charles Rivière,** directeur du jardin d'essai du Hamma, à Alger. Un vol. in-18, cartonné toile, de 150 p., avec 25 figures dans le texte . . . . 2 fr.

LES ORANGERS, Citronniers, Cédratiers et autres aurantiacées comestibles, leur culture dans la région méditerranéenne et en orangerie dans le nord de la France, par **R. de Noter,** avec la collaboration de **MM. F. Sahut, Chouvet et Ch. Rivière.** — Un vol. in-18, cart. toile, de 180 p., avec nombreuses fig. dans le texte. 2 fr.

LES ROSIERS. — Historique, classification, nomenclature, descriptions. — Culture en pleine terre et en pots, taille, forçage en serre et sous châssis, multiplication (bouturage, greffage et marcottage), maladies et insectes, choix de variétés horticoles, groupées d'après leur origine, par **Cochet** et **S. Mottet,** membres de la Société nationale d'horticulture de France. — 1 vol. de 200 pages, avec 60 figures dans le texte. . 2 fr. 50

SOLS, TERRAINS ET COMPOSTS utilisés par l'horticulture, par **G. Truffault,** membre de la Société nationale d'horticulture de France. — Un vol. in-18, cartonné toile, de 300 pages . . . . 4 fr.

CALCÉOLAIRES, Cinéraires, Coléus, Héliotropes, Primevères de Chine, etc. Description et culture, par **Jules Rudolph,** lauréat de la Société Nationale d'Horticulture, 1 vol. in-18, cartonné toile, de 163 pages, avec 38 figures dans le texte . . . . 2 fr.

CULTURE DES FOUGÈRES EXOTIQUES, par **Adolphe Buyssens,** ancien professeur de l'École cantonale d'Horticulture de Genève, 1 vol. in-18, cartonné toile, de 188 pages, avec 62 figures dans le texte. 2 fr.

LES GÉRANIUMS (pelargonium zonale et inquinans), description et culture, par **H. Dauthenay,** chef jardinier à l'asile Sainte-Anne, professeur à l'Association polytechnique. — 1 vol. in-18, cartonné toile, de 292 pages, avec figures dans le texte. . . . . 2 fr. 50

LES ANIMAUX UTILES ET NUISIBLES A L'HORTICULTURE (insectes exceptés), par **A. Larbalétrier,** professeur à l'École d'agriculture du Pas-de-Calais. — 1 vol. in-18, cartonné toile, de 154 pages, avec figures dans le texte . . . . 2 fr.

LES FRAISIERS, par **A. Millet,** horticulteur. — 1 vol. in-18, cartonné toile, de 218 pages, avec 55 figures dans le texte . . . . 2 fr. 50

ÉVREUX, IMPRIMERIE DE CHARLES HÉRISSEY

DICTIONNAIRE PRATIQUE
D'HORTICULTURE
ET
DE JARDINAGE

Illustré de près de 5,000 Figures dans le texte

ET DE 80 PLANCHES CHROMOLITHOGRAPHIÉES HORS TEXTE

COMPRENANT :

La description succincte des plantes connues et cultivées dans les jardins de l'Europe;
La culture potagère, l'arboriculture, la description et la culture de toutes les Orchidées,
Broméliacées, Palmiers, Fougères,
Plantes de serre, plantes annuelles, vivaces, etc.;
Le tracé des jardins; le choix et l'emploi des espèces propres à la décoration des parcs et jardins;
L'Entomologie, la Cryptogamie, la Chimie horticole;
Des éléments d'Anatomie et de Physiologie végétale; la Glossologie botanique et horticole;
La description des outils, serres et accessoires employés en horticulture; etc., etc.

PAR

G. NICHOLSON

Conservateur des Jardins royaux de Kew à Londres.

TRADUIT, MIS A JOUR ET ADAPTÉ A NOTRE CLIMAT, A NOS USAGES, ETC., ETC.

PAR

S. MOTTET

Membre de la Société Nationale d'Horticulture de France.

AVEC LA COLLABORATION DE MM.

VILMORIN-ANDRIEUX et Cie

G. ALLUARD, E. ANDRÉ, G. BELLAIR, G. LEGROS, ETC.

69e LIVRAISON

PARIS

OCTAVE DOIN
ÉDITEUR
8, place de l'Odéon, 8

LIBRAIRIE AGRICOLE
DE LA MAISON RUSTIQUE
26, rue Jacob, 26

VILMORIN-ANDRIEUX ET Cie
MARCHANDS GRAINIERS
4, Quai de la Mégisserie, 4

L'Ouvrage sera complet en 80 livraisons. — Il paraîtra *TRÈS RÉGULIÈREMENT* une livraison par mois.
Prix de chaque livraison de 48 pages, avec planche chromolithographique. . . **1 fr. 50**

DICTIONNAIRE PRATIQUE
D'HORTICULTURE
ET
DE JARDINAGE

Illustré de près de 5,000 Figures dans le texte

ET DE 80 PLANCHES CHROMOLITHOGRAPHIÉES HORS TEXTE

COMPRENANT :

La description succincte des plantes connues et cultivées dans les jardins de l'Europe;
La culture potagère, l'arboriculture, la description et la culture de toutes les Orchidées,
Broméliacées, Palmiers, Fougères,
Plantes de serre, plantes annuelles, vivaces, etc.;
Le tracé des jardins; le choix et l'emploi des espèces propres à la décoration des parcs et jardins;
L'Entomologie, la Cryptogamie, la Chimie horticole;
Des éléments d'Anatomie et de Physiologie végétale; la Glossologie botanique et horticole;
La description des outils, serres et accessoires employés en horticulture; etc., etc.

PAR

G. NICHOLSON

Conservateur des Jardins royaux de Kew à Londres.

TRADUIT, MIS A JOUR ET ADAPTÉ A NOTRE CLIMAT, A NOS USAGES, ETC., ETC.

PAR

S. MOTTET

Membre de la Société Nationale d'Horticulture de France.

AVEC LA COLLABORATION DE MM.

VILMORIN-ANDRIEUX et Cie

G. ALLUARD, E. ANDRÉ, G. BELLAIR, G. LEGROS, ETC.

70e LIVRAISON

PARIS

OCTAVE DOIN
ÉDITEUR
8, place de l'Odéon, 8

LIBRAIRIE AGRICOLE
DE LA MAISON RUSTIQUE
26, rue Jacob, 26

VILMORIN-ANDRIEUX ET CIE
MARCHANDS GRAINIERS
4, Quai de la Mégisserie, 4

L'Ouvrage sera complet en 80 livraisons. — Il paraîtra *TRÈS RÉGULIÈREMENT* une livraison par mois.
Prix de chaque livraison de 48 pages, avec planche chromolithographique. . . **1 fr. 50**

DICTIONNAIRE PRATIQUE
D'HORTICULTURE
ET
DE JARDINAGE

Illustré de près de 5,000 Figures dans le texte

ET DE 80 PLANCHES CHROMOLITHOGRAPHIÉES HORS TEXTE

COMPRENANT :

La description succincte des plantes connues et cultivées dans les jardins de l'Europe;
La culture potagère, l'arboriculture, la description et la culture de toutes les Orchidées,
Broméliacées, Palmiers, Fougères,
Plantes de serre, plantes annuelles, vivaces, etc.;
Le tracé des jardins; le choix et l'emploi des espèces propres à la décoration des parcs et jardins;
L'Entomologie, la Cryptogamie, la Chimie horticole;
Des éléments d'Anatomie et de Physiologie végétale; la Glossologie botanique et horticole;
La description des outils, serres et accessoires employés en horticulture; etc., etc.

PAR

G. NICHOLSON

Conservateur des Jardins royaux de Kew à Londres.

TRADUIT, MIS A JOUR ET ADAPTÉ A NOTRE CLIMAT, A NOS USAGES, ETC., ETC.

PAR

S. MOTTET

Membre de la Société Nationale d'Horticulture de France.

AVEC LA COLLABORATION DE MM.

VILMORIN-ANDRIEUX et Cie

G. ALLUARD, E. ANDRÉ, G. BELLAIR, G. LEGROS, ETC.

71e LIVRAISON

PARIS

OCTAVE DOIN
ÉDITEUR
8, place de l'Odéon, 8

LIBRAIRIE AGRICOLE
DE LA MAISON RUSTIQUE
26, rue Jacob, 26

VILMORIN-ANDRIEUX ET Cie
MARCHANDS GRAINIERS
4, Quai de la Mégisserie, 4

L'Ouvrage sera complet en 80 livraisons. — Il paraitra *TRÈS RÉGULIÈREMENT* une livraison par mois.
Prix de chaque livraison de 48 pages, avec planche chromolithographique. . . **1 fr. 50**

MAISON C. MATHIAN

PARIS, 25, rue Damesme, 25, PARIS

SERRES
JARDINS D'HIVER
CHASSIS
VÉRANDAS
ETC.

DIPLOMES D'HONNEUR

1ers Prix

CHAUFFAGES
De Serres, Châssis
VAPORISATEUR
DE
Jus de Tabac

DEMANDER L'ALBUM

N° 21

Maison fondée en 1854

EUGÈNE COCHU

Constructions Horticoles en fer, en bois et fer et en bois

FOURNISSEUR DE SA MAJESTÉ LE ROI DES BELGES, POUR LES NOUVELLES SERRES DE LAEKEN

EXPOSITION INTERNATIONALE D'HORTICULTURE, PARIS 1895
PRIX D'HONNEUR

Serres d'Amateurs et d'Horticulteurs, à simple et à double vitrage (Brevetées s. g. d. g.). — **Serres à vignes et à fruits**, fixes et mobiles. — **Serres démontables**, pour culture de Rosiers. — **Chauffages Thermosiphon**. — **Toiles à rouleaux automatiques**. — **Claies à ombrer avec système d'isolement**. — **Verres mastic**. — **Châssis de couche**. — **Bâches et coffres** prêts à expédier.

« **LES RAPIDES** », Bâches et Coffres se démontant par assemblages en fer, sans boulons ni clavettes (Brevetés s. g. d. g.).

Envoi franco du Catalogue général sur demande.

USINE, BUREAUX et EXPOSITION, 16, 19 et 23, rue Pinel, St-DENIS (Seine)

HANGARS

CONSTRUCTIONS ÉCONOMIQUES BOIS & FER

Système Br. s. g. d. g. **POMBLA** Spécialité de Constructions Industrielles et Agricoles.

MONTAGE ET DÉMONTAGE TRÈS FACILES

POMBLA, *Constructeur*, 68, avenue de Saint-Ouen, PARIS

ORCHIDÉES DE CHOIX

OCCASION EXCEPTIONNELLE & AVANTAGEUSE

CYMBIDIUM HOOKERIANUM

Contre l'envoi de 35 centimes en timbres-poste nous adressons franco la chromolithographie de cette remarquable variété.

Nous avons l'avantage d'annoncer aux Orchidophiles que nous nous sommes rendus acquéreurs des divisions du superbe spécimen de *Cymbidium Hookerianum*, présenté au Concours trimestriel des Orchidées de la *S. N. d'H. de F.* du 22 novembre 1894 et dont nous avons donné la chromolithographie dans le *Moniteur d'Horticulture* du 10 février 1895.

N° 1. Petite plante, 2 arrière-bulbes, 1 jeune bulbe, 1 pousse. Prix . . . . **140** fr.

N° 2. Plante plus forte, 5 arrière-bulbes, 1 jeune bulbe, 1 forte pousse. Prix . . . . **250** fr.

N° 3. Belle plante, 2 fortes arrière-bulbes, 1 forte bulbe, 1 forte pousse avec 1 hampe florale. Prix. **300** fr.

N° 4. Très forte plante, 6 fortes bulbes, 3 hampes florales. Prix . . . . **600** fr.

OTTO-BALLIF

Bureau du MONITEUR D'HORTICULTURE

14, rue de Sèvres, 14, PARIS

N. B. — A l'occasion de cette offre avantageuse nous ferons observer aux Orchidophiles que les divisions de ce *Cymbidium* sont tout à fait distinctes comme port et d'une variété bien supérieure aux rares plantes de cette espèce connues jusqu'à présent.

A la librairie O. DOIN, 8, place de l'Odéon

MANUEL PRATIQUE ET RAISONNÉ

DES

CULTURES SPÉCIALES

PLANTES RACINES. — CÉRÉALES. — PLANTES FOURRAGÈRES
PLANTES INDUSTRIELLES. — ASSOLEMENTS. — PRAIRIES

Par Paul DE VUYST

Docteur en Droit, Ingénieur agricole, Inspecteur adjoint de l'agriculture.

Un volume in-8° carré de 264 pages, avec de nombreuses figures

Prix : 4 francs.

TRÈS BELLES ORCHIDÉES

D'OCCASION

A Vendre à prix réduit

PROVENANT D'UNE COLLECTION D'AMATEUR

Pour de plus amples renseignements, s'adresser à

M. OTTO-BALLIF

au Moniteur d'Horticulture

4, RUE DE SÈVRES, 14, PARIS

BIBLIOTHÈQUE D'HORTICULTURE ET DE JARDINAGE

PUBLIÉE SOUS LA DIRECTION

DE

M. F. HEIM

Professeur agrégé d'histoire naturelle à la Faculté de médecine de Paris.

Volumes parus (*Mars* 1898)

LA MOSAÏCULTURE, par **S. Mottet,** membre de la Société d'horticulture de France. — Histoire et considérations générales, choix des couleurs, tracé, plantation, entretien, description, emploi, rusticité et multiplication des espèces employées à cet usage, etc. *Deuxième édition*, revue et très augmentée. Un volume in-18 de 150 pages, cartonnage toile, avec 41 figures dont un grand choix de dessins de mosaïques avec légendes explicatives . . . . . **2 fr.**

GUIDE ÉLÉMENTAIRE DE MULTIPLICATION, par **S. Mottet.** — Etude des différents moyens d'effectuer des semis, boutures, marcottes, greffes et divisions. Un vol. in-18 de 200 pages, avec 85 fig. **2 fr.**

MALADIES DES ARBRES FRUITIERS, par **E. Sirodot,** chef du laboratoire de recherches de la maison Vilmorin-Andrieux. — Un vol. in-18, cartonné toile, de 180 p., avec 50 figures dans le texte . . . . . **2 fr.**

LES ENGRAIS EN HORTICULTURE. I. Théorie générale des engrais, par **M. Joulie,** pharmacien en chef de la maison municipale de santé. — II. Emploi pratique des engrais en horticulture, par **Maxime Desbordes,** lauréat de la Société nationale d'Horticulture. Un vol. in-18, cart. toile, de 150 p., avec tableaux. **2 fr.**

LES PLANTES ALPINES ET DE ROCAILLES, par **H. Correvon,** directeur du jardin alpin d'acclimatation à Genève. — Un vol. in-18, cartonné toile, de 200 pages, avec 30 figures. . . . . . **2 fr.**

LES FOUGÈRES DE PLEINE TERRE et les Prêles lycopodes et sélaginelles rustiques, par **H. Correvon.** — 1 vol. in-18, cartonné toile, de 150 p., avec 68 figures dans le texte . . . . . **2 fr.**

LES AZALÉES, par **Léon Duval,** horticulteur. — Historique, Multiplication, Culture, Forçage, Emploi, etc. Un vol. in-18, cartonné toile, de 112 pages, avec 23 figures . . . . . **2 fr.**

LES BROMÉLIACÉES, par **Léon Duval.** — Histoire, multiplication, culture et liste des jolies espèces. Un vol. in-18, cartonné toile, de 150 pages, avec 46 figures dans le texte. . . . . **3 fr.**

LES CHRYSANTHÈMES, par **Georges Bellair,** jardinier en chef des parcs et orangerie de Versailles, et **Victor Bérat,** ancien jardinier en chef de la ville de Roubaix. — Description, histoire, culture, emploi. *Troisième édition.* Un vol. in-18, cartonné toile, de 111 pages, avec figures dans le texte (couronné par la Société nationale d'horticulture de France) . . . . . **2 fr.**

LES PLANTES POUR APPARTEMENTS ET FENÊTRES, les plantes et feuillages pour bouquets, par **G. Bellair.** Un vol. in-18, cartonné toile, de 150 pages et 80 figures dans le texte . . . . . **2 fr.**

LA CULTURE DU POIRIER, par **O. Opoix,** jardinier en chef du jardin du Luxembourg, professeur d'arboriculture, etc. — 1 vol. in-18, cartonné toile, de 270 pages, avec 112 figures dans le texte. . . . . **2 fr. 50**

LES PALMIERS DE SERRE FROIDE, par **R. de Noter,** membre de la Société Nationale d'Horticulture. — Leur culture dans la zone méditerranéenne et dans le nord de l'Europe. — Précédée d'une préface-lettre de **M. Charles Rivière,** directeur du jardin d'essai du Hamma, à Alger. Un vol. in-18, cartonné toile, de 150 p., avec 25 figures dans le texte . . . . . **2 fr.**

LES ORANGERS, Citronniers, Cédratiers et autres aurantiacées comestibles, leur culture dans la région méditerranéenne et en orangerie dans le nord de la France, par **R. de Noter,** avec la collaboration de **MM. F. Sahut, Chouvet et Ch. Rivière.** — Un vol. in-18, cart. toile, de 180 p., avec nombreuses fig. dans le texte. **2 fr.**

LES ROSIERS. — Historique, classification, nomenclature, descriptions. — Culture en pleine terre et en pots, taille, forçage en serre et sous châssis, multiplication (bouturage, greffage et marcottage), maladies et insectes, choix de variétés horticoles, groupées d'après leur origine, par **Cochet** et **S. Mottet,** membres de la Société nationale d'horticulture de France. — 1 vol. de 200 pages, avec 60 figures dans le texte. . **2 fr. 50**

SOLS, TERRAINS ET COMPOSTS utilisés par l'horticulture, par **G. Truffault,** membre de la Société nationale d'horticulture de France. — Un vol. in-18, cartonné toile, de 300 pages . . . . . **4 fr.**

CALCÉOLAIRES, Cinéraires, Coléus, Héliotropes, Primevères de Chine, etc. Description et culture, par **Jules Rudolph,** lauréat de la Société Nationale d'Horticulture, 1 vol. in-18, cartonné toile, de 163 pages, avec 38 figures dans le texte . . . . . **2 fr.**

CULTURE DES FOUGÈRES EXOTIQUES, par **Adolphe Buyssens,** ancien professeur de l'École cantonale d'Horticulture de Genève, 1 vol. in-18, cartonné toile, de 188 pages, avec 62 figures dans le texte. **2 fr.**

LES GÉRANIUMS (pelargonium zonale et inquinans), description et culture, par **H. Dauthenay,** chef jardinier à l'asile Sainte-Anne, professeur à l'Association polytechnique. — 1 vol. in-18, cartonné toile, de 292 pages, avec figures dans le texte. . . . . **2 fr. 50**

LES ANIMAUX UTILES ET NUISIBLES A L'HORTICULTURE (insectes exceptés), par **A. Larbalétrier,** professeur à l'École d'agriculture du Pas-de-Calais. — 1 vol. in-18, cartonné toile, de 154 pages, avec figures dans le texte . . . . . **2 fr.**

LES FRAISIERS, par **A. Millet,** horticulteur. — 1 vol. in-18, cartonné toile, de 218 pages, avec 55 figures dans le texte . . . . . **2 fr. 50**

ESSAIS PRATIQUES DE CHIMIE HORTICOLE, par **A. Larbalétrier,** professeur à l'École d'agriculture et d'horticulture d'Oraison (Basses-Alpes). 1 vol. in-18 de 136 pages, avec 24 figures dans le texte . . . **2 fr.**

LES VIOLETTES, par **A. Millet,** horticulteur. — 1 vol. in-18, cartonné toile, de 161 pages avec 23 figures dans le texte. . . **2 fr.**

ÉVREUX, IMPRIMERIE DE CHARLES HÉRISSEY

BIBLIOTHÈQUE D'HORTICULTURE ET DE JARDINAGE

PUBLIÉE SOUS LA DIRECTION

DE

M. F. HEIM

Professeur agrégé d'histoire naturelle à la Faculté de médecine de Paris.

Volumes parus (*Mars* 1898)

LA MOSAÏCULTURE, par **S. Mottet,** membre de la Société d'horticulture de France. — Histoire et considérations générales, choix des couleurs, tracé, plantation, entretien, description, emploi, rusticité et multiplication des espèces employées à cet usage, etc. *Deuxième édition*, revue et très augmentée. Un volume in-18 de 150 pages, cartonnage toile, avec 41 figures dont un grand choix de dessins de mosaïques avec légendes explicatives. . . . . **2** fr.

GUIDE ÉLÉMENTAIRE DE MULTIPLICATION, par **S. Mottet.** — Étude des différents moyens d'effectuer des semis, boutures, marcottes, greffes et divisions. Un vol. in-18 de 200 pages, avec 85 fig. **2** fr.

MALADIES DES ARBRES FRUITIERS, par **E. Sirodot,** chef du laboratoire de recherches de la maison Vilmorin-Andrieux. — Un vol. in-18, cartonné toile, de 180 p., avec 50 figures dans le texte . . . . . **2** fr.

LES ENGRAIS EN HORTICULTURE. I. THÉORIE GÉNÉRALE DES ENGRAIS, par **M. Joulie,** pharmacien en chef de la maison municipale de santé. — II. EMPLOI PRATIQUE DES ENGRAIS EN HORTICULTURE, par **Maxime Desbordes,** lauréat de la Société nationale d'Horticulture. Un vol. in-18, cart. toile, de 150 p., avec tableaux. **2** fr.

LES PLANTES ALPINES ET DE ROCAILLES, par **H. Correvon,** directeur du jardin alpin d'acclimatation à Genève. — Un vol. in-18, cartonné toile, de 200 pages, avec 30 figures. . . . . **2** fr.

LES FOUGÈRES DE PLEINE TERRE et les Prêles lycopodes et sélaginelles rustiques, par **H. Correvon.** — 1 vol. in-18, cartonné toile, de 150 p., avec 68 figures dans le texte . . . . **2** fr.

LES AZALÉES, par **Léon Duval,** horticulteur. — Historique, Multiplication, Culture, Forçage, Emploi, etc. Un vol. in-18, cartonné toile, de 112 pages, avec 23 figures . . . . **2** fr.

LES BROMÉLIACÉES, par **Léon Duval.** — Histoire, multiplication, culture et liste des jolies espèces. Un vol. in-18, cartonné toile, de 150 pages, avec 46 figures dans le texte. . . . . **3** fr.

LES CHRYSANTHÈMES, par **Georges Bellair,** jardinier en chef des parcs et orangerie de Versailles, et **Victor Bérat,** ancien jardinier en chef de la ville de Roubaix. — Description, histoire, culture, emploi. *Troisième édition.* Un vol. in-18, cartonné toile, de 111 pages, avec figures dans le texte (couronné par la Société nationale d'horticulture de France) . . . . **2** fr.

LES PLANTES POUR APPARTEMENTS ET FENÊTRES, les plantes et feuillages pour bouquets, par **G. Bellair.** Un vol. in-18, cartonné toile, de 150 pages et 80 figures dans le texte . . . . **2** fr.

LA CULTURE DU POIRIER, par **O. Opoix,** jardinier en chef du jardin du Luxembourg, professeur d'arboriculture, etc. — 1 vol. in-18, cartonné toile, de 270 pages, avec 112 figures dans le texte. . . . . **2** fr. **50**

LES PALMIERS DE SERRE FROIDE, par **R. de Noter,** membre de la Société Nationale d'Horticulture. — Leur culture dans la zone méditerranéenne et dans le nord de l'Europe. — Précédée d'une préface-lettre de **M. Charles Rivière,** directeur du jardin d'essai du Hamma, à Alger. Un vol. in-18, cartonné toile, de 150 p., avec 25 figures dans le texte . . . . **2** fr.

LES ORANGERS, Citronniers, Cédratiers et autres aurantiacées comestibles, leur culture dans la région méditerranéenne et en orangerie dans le nord de la France, par **R. de Noter,** avec la collaboration de **MM. F. Sahut, Chouvet et Ch. Rivière.** — Un vol. in-18, cart. toile, de 180 p., avec nombreuses fig. dans le texte. **2** fr.

LES ROSIERS. — HISTORIQUE, CLASSIFICATION, NOMENCLATURE, DESCRIPTIONS. — Culture en pleine terre et en pots, taille, forçage en serre et sous châssis, multiplication (bouturage, greffage et marcottage), maladies et insectes, choix de variétés horticoles, groupées d'après leur origine, par **Cochet** et **S. Mottet,** membres de la Société nationale d'horticulture de France. — 1 vol. de 200 pages, avec 60 figures dans le texte. . **2** fr. **50**

SOLS, TERRAINS ET COMPOSTS UTILISÉS PAR L'HORTICULTURE, par **G. Truffault,** membre de la Société nationale d'horticulture de France. — Un vol. in-18, cartonné toile, de 300 pages . . . . **4** fr.

CALCÉOLAIRES, Cinéraires, Coléus, Héliotropes, Primevères de Chine, etc. Description et culture, par **Jules Rudolph,** lauréat de la Société Nationale d'Horticulture, 1 vol. in-18, cartonné toile, de 163 pages, avec 38 figures dans le texte . . . . **2** fr.

CULTURE DES FOUGÈRES EXOTIQUES, par **Adolphe Buyssens,** ancien professeur de l'École cantonale d'Horticulture de Genève, 1 vol. in-18, cartonné toile, de 188 pages, avec 62 figures dans le texte. **2** fr.

LES GÉRANIUMS (pelargonium zonale et inquinans), description et culture, par **H. Dauthenay,** chef jardinier à l'asile Sainte-Anne, professeur à l'Association polytechnique. — 1 vol. in-18, cartonné toile, de 292 pages, avec figures dans le texte. . . . . **2** fr. **50**

LES ANIMAUX UTILES ET NUISIBLES A L'HORTICULTURE (insectes exceptés), par **A. Larbalétrier,** professeur à l'École d'agriculture du Pas-de-Calais. — 1 vol. in-18, cartonné toile, de 154 pages, avec figures dans le texte . . . . **2** fr.

LES FRAISIERS, par **A. Millet,** horticulteur. — 1 vol. in-18, cartonné toile, de 218 pages, avec 55 figures dans le texte . . . . **2** fr. **50**

ESSAIS PRATIQUES DE CHIMIE HORTICOLE, par **A. Larbalétrier,** professeur à l'École d'agriculture et d'horticulture d'Oraison (Basses-Alpes). 1 vol. in-18 de 136 pages, avec 24 figures dans le texte . . . **2** fr.

LES VIOLETTES, par **A. Millet,** horticulteur. — 1 vol. in-18, cartonné toile, de 161 pages avec 23 figures dans le texte. . . . . **2** fr.

ÉVREUX, IMPRIMERIE DE CHARLES HÉRISSEY

DESCRIPTION
DES
RAVAGEURS DE LA VIGNE
INSECTES ET CHAMPIGNONS PARASITES REPRÉSENTÉS EN COULEURS
Avec indications des meilleurs moyens employés pour les combattre

Par le Dr Henri JOLICŒUR

SECRÉTAIRE GÉNÉRAL DE LA SOCIÉTÉ DE VITICULTURE DE L'ARRONDISSEMENT DE REIMS, ETC., CHEVALIER DE LA LÉGION D'HONNEUR

Un très beau volume in-4° jésus de 230 pages de texte, avec 20 planches chromolithographiques, dessinées d'après nature, tirées en 10 couleurs. Cartonné, avec fers spéciaux, monté sur onglets. Prix . . . . **40** francs.

TRAITÉ DE LA VIGNE ET DE SES PRODUITS
Comprenant :
L'HISTOIRE DE LA VIGNE ET DU VIN DANS TOUS LES TEMPS ET DANS TOUS LES PAYS; L'ÉTUDE BOTANIQUE ET PRATIQUE DES DIFFÉRENTS CÉPAGES; LES FACTEURS DU VIN; LE VIN AU POINT DE VUE CHIMIQUE, SES ALTÉRATIONS, SES FALSIFICATIONS ET LA MANIÈRE DE LES RECONNAITRE; LES EAUX-DE-VIE; LES VINAIGRES; LES ENNEMIS DE LA VIGNE ET LA MANIÈRE DE LES COMBATTRE; LA VITICULTURE PRATIQUE, ETC.

Par MM.

L. PORTES
Chimiste expert de la Chambre syndicale du commerce de vins en gros de Paris, pharmacien en chef de l'hôpital Saint-Louis, membre de la Société Botanique de France, etc.

F. RUYSSEN
Employé supérieur des contributions indirectes, chroniqueur scientifique, propriétaire viticulteur, membre de la Société des Agriculteurs de France.

AVEC UNE PRÉFACE DE **AD. CHATIN**, MEMBRE DE L'INSTITUT

Ouvrage couronné (Grande médaille d'or) par la Société nationale d'Agriculture de France et par la Société des Agriculteurs de France et honoré d'une souscription par les ministères d'Agriculture de France et d'Italie

3 beaux volumes grand in-8° formant 2,300 pages, avec 554 figures dans le texte. — PRIX FRANCO : **32** FRANCS.

LES FLEURS DE PLEINE TERRE
COMPRENANT LA DESCRIPTION ET LA CULTURE
Des Fleurs annuelles, bisannuelles, vivaces et bulbeuses de pleine terre
SUIVIES DE CLASSEMENTS DIVERS INDIQUANT L'EMPLOI DE CES PLANTES ET L'ÉPOQUE DE LEUR SEMIS OU PLANTATION ET DE LEUR FLORAISON; DE NOMBREUX EXEMPLES D'ORNEMENTATION POUR CORBEILLES, PLATES-BANDES, ETC.

Par VILMORIN-ANDRIEUX et Cie

Contenant des plans de jardins et de parcs paysagers avec notes explicatives et exemples de leur ornementation

Par ÉDOUARD ANDRÉ

QUATRIÈME ÉDITION

1 volume in-8° de 1350 pages, illustré de plus de 1600 gravures. Prix : 16 fr.

LES PLANTES POTAGÈRES
DESCRIPTION ET CULTURE DES PRINCIPAUX LÉGUMES DES CLIMATS TEMPÉRÉS

Par VILMORIN-ANDRIEUX et Cie

Deuxième édition. — 1 volume in-8° de 730 pages, avec 748 figures dans le texte. — Prix. . . . . . **12** fr.

INSTRUCTIONS POUR LES SEMIS DE FLEURS DE PLEINE TERRE

Par VILMORIN-ANDRIEUX et Cie

1 volume in-8°, cartonné, de 150 pages, avec figures . . . . Prix : **2** francs.

TRAITÉ D'HORTICULTURE PRATIQUE
Culture maraîchère. — Arboriculture fruitière. — Floriculture
Arboriculture d'ornement. — Multiplication des végétaux. — Maladies et animaux nuisibles

Ouvrage couronné par la Société d'Horticulture de France. — (*Prix Joubert de l'Hyberderie.*)

Par G. BELLAIR, Jardinier en chef des parcs nationaux et de l'Orangerie de Versailles.

Deuxième édition. — Un fort volume in-18 jésus, cartonné, de 1280 pages, avec 600 figures. — Prix : **8** francs.

LES ORCHIDÉES EXOTIQUES
ET LEUR CULTURE EN EUROPE

Par Lucien LINDEN
Directeur du *Journal des Orchidées* et de *l'Illustration horticole*

Traité Complet *consacré à la culture des principales merveilles de la flore Tropicale*

Un très beau volume grand in-8° de 1,000 pages, avec de nombreuses figures dans le texte . . **25** francs.

BIBLIOTHÈQUE D'HORTICULTURE ET DE JARDINAGE

PUBLIÉE SOUS LA DIRECTION

DE

M. F. HEIM

Professeur agrégé d'histoire naturelle à la Faculté de médecine de Paris.

Volumes parus (*Mars* 1898)

LA MOSAÏCULTURE, par **S. Mottet,** membre de la Société d'horticulture de France. — Histoire et considérations générales, choix des couleurs, tracé, plantation, entretien, description, emploi, rusticité et multiplication des espèces employées à cet usage, etc. *Deuxième édition*, revue et très augmentée. Un volume in-18 de 150 pages, cartonnage toile, avec 41 figures dont un grand choix de dessins de mosaïques avec légendes explicatives . . . . 2 fr.

GUIDE ÉLÉMENTAIRE DE MULTIPLICATION, par **S. Mottet.** — Étude des différents moyens d'effectuer des semis, boutures, marcottes, greffes et divisions. Un vol. in-18 de 200 pages, avec 85 fig. 2 fr.

MALADIES DES ARBRES FRUITIERS, par **E. Sirodot,** chef du laboratoire de recherches de la maison Vilmorin-Andrieux. — Un vol. in-18, cartonné toile, de 180 p., avec 50 figures dans le texte . . . . . 2 fr.

LES ENGRAIS EN HORTICULTURE. I. THÉORIE GÉNÉRALE DES ENGRAIS, par **M. Joulie,** pharmacien en chef de la maison municipale de santé. — II. EMPLOI PRATIQUE DES ENGRAIS EN HORTICULTURE, par **Maxime Desbordes,** lauréat de la Société nationale d'Horticulture. Un vol. in-18, cart. toile, de 150 p., avec tableaux. 2 fr.

LES PLANTES ALPINES ET DE ROCAILLES, par **H. Correvon,** directeur du jardin alpin d'acclimatation à Genève. — Un vol. in-18, cartonné toile, de 200 pages, avec 30 figures. . . . . 2 fr.

LES FOUGÈRES DE PLEINE TERRE et les Prêles lycopodes et sélaginelles rustiques, par **H. Correvon.** — 1 vol. in-18, cartonné toile, de 150 p., avec 68 figures dans le texte . . . . 2 fr.

LES AZALÉES, par **Léon Duval,** horticulteur. — Historique, Multiplication, Culture, Forçage, Emploi, etc. Un vol. in-18, cartonné toile, de 112 pages, avec 23 figures . . . . 2 fr.

LES BROMÉLIACÉES, par **Léon Duval.** — Histoire, multiplication, culture et liste des jolies espèces. Un vol. in-18, cartonné toile, de 150 pages, avec 46 figures dans le texte. . . . . 3 fr.

LES CHRYSANTHÈMES, par **Georges Bellair,** jardinier en chef des parcs et orangerie de Versailles, et **Victor Bérat,** ancien jardinier en chef de la ville de Roubaix. — Description, histoire, culture, emploi. *Troisième édition*. Un vol. in-18, cartonné toile, de 111 pages, avec figures dans le texte (couronné par la Société nationale d'horticulture de France) . . . . 2 fr.

LES PLANTES POUR APPARTEMENTS ET FENÊTRES, les plantes et feuillages pour bouquets, par **G. Bellair.** Un vol. in-18, cartonné toile, de 150 pages et 80 figures dans le texte . . . . 2 fr.

LA CULTURE DU POIRIER, par **O. Opoix,** jardinier en chef du jardin du Luxembourg, professeur d'arboriculture, etc. — 1 vol. in-18, cartonné toile, de 270 pages, avec 112 figures dans le texte. . . . . 2 fr. 50

LES PALMIERS DE SERRE FROIDE, par **R. de Noter,** membre de la Société Nationale d'Horticulture. — Leur culture dans la zone méditerranéenne et dans le nord de l'Europe. — Précédée d'une préface-lettre de **M. Charles Rivière,** directeur du jardin d'essai du Hamma, à Alger. Un vol. in-18, cartonné toile, de 150 p., avec 25 figures dans le texte . . . . 2 fr.

LES ORANGERS. Citronniers, Cédratiers et autres aurantiacées comestibles, leur culture dans la région méditerranéenne et en orangerie dans le nord de la France, par **R. de Noter,** avec la collaboration de **MM. F. Sahut, Chouvet et Ch. Rivière.** — Un vol. in-18, cart. toile, de 180 p., avec nombreuses fig. dans le texte. 2 fr.

LES ROSIERS. — HISTORIQUE, CLASSIFICATION, NOMENCLATURE, DESCRIPTIONS. — Culture en pleine terre et en pots, taille, forçage en serre et sous châssis, multiplication (bouturage, greffage et marcottage), maladies et insectes, choix de variétés horticoles, groupées d'après leur origine, par **Cochet et S. Mottet,** membres de la Société nationale d'horticulture de France. — 1 vol. de 200 pages, avec 60 figures dans le texte. . 2 fr. 50

SOLS, TERRAINS ET COMPOSTS UTILISÉS PAR L'HORTICULTURE, par **G. Truffault,** membre de la Société nationale d'horticulture de France. — Un vol. in-18, cartonné toile, de 300 pages . . . . . 4 fr.

CALCÉOLAIRES, Cinéraires, Coléus, Héliotropes, Primevères de Chine, etc. Description et culture, par **Jules Rudolph,** lauréat de la Société Nationale d'Horticulture, 1 vol. in-18, cartonné toile, de 163 pages, avec 38 figures dans le texte . . . . 2 fr.

CULTURE DES FOUGÈRES EXOTIQUES, par **Adolphe Buyssens,** ancien professeur de l'École cantonale d'Horticulture de Genève, 1 vol. in-18, cartonné toile, de 188 pages. avec 62 figures dans le texte. 2 fr.

LES GÉRANIUMS (pelargonium zonale et inquinans), description et culture, par **H. Dauthenay,** chef jardinier à l'asile Sainte-Anne, professeur à l'Association polytechnique. — 1 vol. in-18, cartonné toile, de 292 pages, avec figures dans le texte. . . . . 2 fr. 50

LES ANIMAUX UTILES ET NUISIBLES A L'HORTICULTURE (insectes exceptés), par **A. Larbalétrier,** professeur à l'École d'agriculture du Pas-de-Calais. — 1 vol. in-18, cartonné toile, de 154 pages, avec figures dans le texte . . . . 2 fr.

LES FRAISIERS, par **A. Millet,** horticulteur. — 1 vol. in-18, cartonné toile, de 218 pages, avec 55 figures dans le texte . . . . 2 fr. 50

ESSAIS PRATIQUES DE CHIMIE HORTICOLE, par **A. Larbalétrier,** professeur à l'École d'agriculture et d'horticulture d'Oraison (Basses-Alpes). 1 vol. in-18 de 136 pages, avec 24 figures dans le texte . . . 2 fr.

LES VIOLETTES, par **A. Millet,** horticulteur. — 1 vol. in-18, cartonné toile, de 161 pages avec 23 figures dans le texte. . . . . 2 fr.

ÉVREUX, IMPRIMERIE DE CHARLES HÉRISSEY

DICTIONNAIRE PRATIQUE

D'HORTICULTURE

ET

DE JARDINAGE

Illustré de près de 5,000 Figures dans le texte

ET DE 80 PLANCHES CHROMOLITHOGRAPHIÉES HORS TEXTE

COMPRENANT :

La description succincte des plantes connues et cultivées dans les jardins de l'Europe:
La culture potagère, l'arboriculture, la description et la culture de toutes les Orchidées,
Broméliacées, Palmiers, Fougères,
Plantes de serre, plantes annuelles, vivaces, etc.;
Le tracé des jardins; le choix et l'emploi des espèces propres à la décoration des parcs et jardins;
L'Entomologie, la Cryptogamie, la Chimie horticole;
Des éléments d'Anatomie et de Physiologie végétale; la Glossologie botanique et horticole;
La description des outils, serres et accessoires employés en horticulture; etc., etc.

PAR

G. NICHOLSON

Conservateur des Jardins royaux de Kew à Londres.

TRADUIT, MIS A JOUR ET ADAPTÉ A NOTRE CLIMAT, A NOS USAGES, ETC., ETC.

PAR

S. MOTTET

Membre de la Société Nationale d'Horticulture de France.

AVEC LA COLLABORATION DE MM.

VILMORIN-ANDRIEUX et Cie

G. ALLUARD, E. ANDRÉ, G. BELLAIR, G. LEGROS, ETC.

72e LIVRAISON

PARIS

OCTAVE DOIN
ÉDITEUR
8, place de l'Odéon, 8

LIBRAIRIE AGRICOLE
DE LA MAISON RUSTIQUE
26, rue Jacob, 26

VILMORIN-ANDRIEUX ET Cie
MARCHANDS GRAINIERS
4, Quai de la Mégisserie, 4

L'Ouvrage sera complet en 80 livraisons. — Il paraitra *TRÈS RÉGULIÈREMENT* une livraison par mois.
Prix de chaque livraison de 48 pages, avec planche chromolithographique. . . **1 fr. 50**

MAISON C. MATHIAN

PARIS, 25, rue Damesme, 25, PARIS

SERRES
JARDINS D'HIVER
CHASSIS
VÉRANDAS
ETC.

DIPLOMES D'HONNEUR
1ers Prix

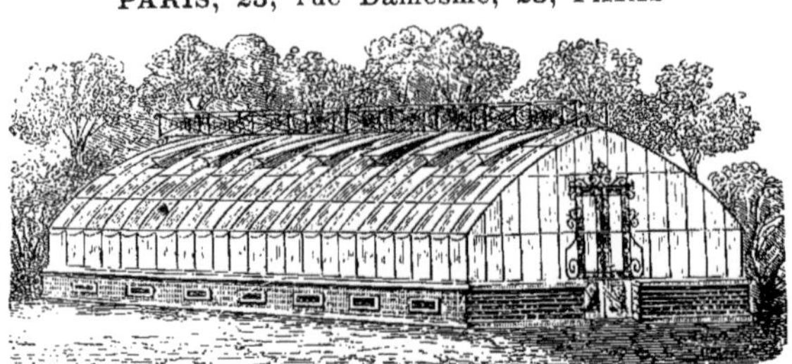

CHAUFFAGES
De Serres, Châssis
VAPORISATEUR
DE
Jus de Tabac

DEMANDER L'ALBUM
N° 34

Maison fondée en 1854

EUGÈNE COCHU

Constructions Horticoles en fer, en bois et fer et en bois
FOURNISSEUR DE SA MAJESTÉ LE ROI DES BELGES, POUR LES NOUVELLES SERRES DE LAEKEN

EXPOSITION INTERNATIONALE D'HORTICULTURE, PARIS 1895
PRIX D'HONNEUR

Serres d'Amateurs et d'Horticulteurs, à simple et à double vitrage Brevetées s. g. d. g. — **Serres à vignes et à fruits**, fixes et mobiles. — **Serres démontables**, pour culture de Rosiers. — **Chauffages Thermosiphon**. — **Toiles à rouleaux automatiques**. — **Claies à ombrer avec système d'isolement.** — **Verres mastic.** — **Châssis de couche.** — **Bâches et coffres** prêts à expédier.

« **LES RAPIDES** ». Bâches et Coffres se démontant par assemblages en fer, sans boulons ni clavettes (Brevetés s. g. d. g.).

Envoi franco du Catalogue général sur demande.
USINE, BUREAUX et EXPOSITION, 16, 19 et 23, rue Pinel, St-DENIS (Seine)

HANGARS

CONSTRUCTIONS ÉCONOMIQUES BOIS & FER

Système Br. s. g. d. g. **POMBLA** Spécialité de Constructions Industrielles et Agricoles.

MONTAGE ET DÉMONTAGE TRÈS FACILES

POMBLA, *Constructeur*, 68, avenue de Saint-Ouen, PARIS

ORCHIDÉES DE CHOIX

OCCASION EXCEPTIONNELLE & AVANTAGEUSE

CYMBIDIUM HOOKERIANUM

Contre l'envoi de 35 centimes en timbres-poste nous adressons franco la chromolithographie de cette remarquable variété.

Nous avons l'avantage d'annoncer aux Orchidophiles que nous nous sommes rendus acquéreurs des divisions du superbe spécimen de *Cymbidium Hookerianum*, présenté au Concours trimestriel des Orchidées de la *S. N. d'H. de F.* du 22 novembre 1894 et dont nous avons donné la chromolithographie dans le *Moniteur d'Horticulture* du 10 février 1895.

N° 1. Petite plante, 2 arrière-bulbes, 1 jeune bulbe, 1 pousse. Prix . . . . **140** fr.

N° 2. Plante plus forte, 5 arrière-bulbes, 1 jeune bulbe, 1 forte pousse. Prix . . . . **250** fr.

N° 3. Belle plante, 2 fortes arrière-bulbes, 1 forte bulbe, 1 forte pousse avec 1 hampe florale. Prix. **300** fr.

N° 4. Très forte plante, 6 fortes bulbes, 3 hampes florales. Prix . . . . **600** fr.

OTTO-BALLIF
Bureau du MONITEUR D'HORTICULTURE
14, rue de Sèvres, 14, PARIS

N. B. — A l'occasion de cette offre avantageuse nous ferons observer aux Orchidophiles que les divisions de ce *Cymbidium* sont tout à fait distinctes comme port et d'une variété bien supérieure aux rares plantes de cette espèce connues jusqu'à présent.

A la librairie O. DOIN, 8, place de l'Odéon

MANUEL PRATIQUE ET RAISONNÉ
DES

CULTURES SPÉCIALES

PLANTES RACINES. — CÉRÉALES. — PLANTES FOURRAGÈRES
PLANTES INDUSTRIELLES. — ASSOLEMENTS. — PRAIRIES

Par Paul DE VUYST
Docteur en Droit, Ingénieur agricole, Inspecteur adjoint de l'agriculture.

Un volume in-8° carré de 264 pages, avec de nombreuses figures
Prix : 4 francs.

TRÈS BELLES ORCHIDÉES

D'OCCASION
A vendre à prix réduit
PROVENANT D'UNE COLLECTION D'AMATEUR

Pour de plus amples renseignements, s'adresser à

M. OTTO-BALLIF

au Moniteur d'Horticulture

14, RUE DE SÈVRES, 14, PARIS

DICTIONNAIRE PRATIQUE

D'HORTICULTURE

ET

DE JARDINAGE

Illustré de près de 5,000 Figures dans le texte

ET DE 80 PLANCHES CHROMOLITHOGRAPHIÉES HORS TEXTE

COMPRENANT :

La description succincte des plantes connues et cultivées dans les jardins de l'Europe;
La culture potagère, l'arboriculture, la description et la culture de toutes les Orchidées,
Broméliacées, Palmiers, Fougères,
Plantes de serre, plantes annuelles, vivaces, etc.;
Le tracé des jardins; le choix et l'emploi des espèces propres à la décoration des parcs et jardins;
L'Entomologie, la Cryptogamie, la Chimie horticole;
Des éléments d'Anatomie et de Physiologie végétale; la Glossologie botanique et horticole;
La description des outils, serres et accessoires employés en horticulture; etc., etc.

PAR

G. NICHOLSON

Conservateur des Jardins royaux de Kew à Londres.

TRADUIT, MIS A JOUR ET ADAPTÉ A NOTRE CLIMAT, A NOS USAGES, ETC., ETC.

PAR

S. MOTTET

Membre de la Société Nationale d'Horticulture de France.

AVEC LA COLLABORATION DE MM.

VILMORIN-ANDRIEUX et Cie

G. ALLUARD, E. ANDRÉ, G. BELLAIR, G. LEGROS, ETC.

73e LIVRAISON

PARIS

OCTAVE DOIN
ÉDITEUR
8, place de l'Odéon, 8

LIBRAIRIE AGRICOLE
DE LA MAISON RUSTIQUE
26, rue Jacob, 26

VILMORIN-ANDRIEUX ET Cie
MARCHANDS GRAINIERS
4, Quai de la Mégisserie, 4

L'Ouvrage sera complet en 80 livraisons. — Il paraîtra *TRÈS RÉGULIÈREMENT* une livraison par mois.
Prix de chaque livraison de 48 pages, avec planche chromolithographique. . . **1 fr. 50**

MAISON C. MATHIAN

PARIS, 25, rue Damesme, 25, PARIS

SERRES
JARDINS D'HIVER
CHASSIS
VÉRANDAS
ETC.

DIPLOMES D'HONNEUR
1ers Prix

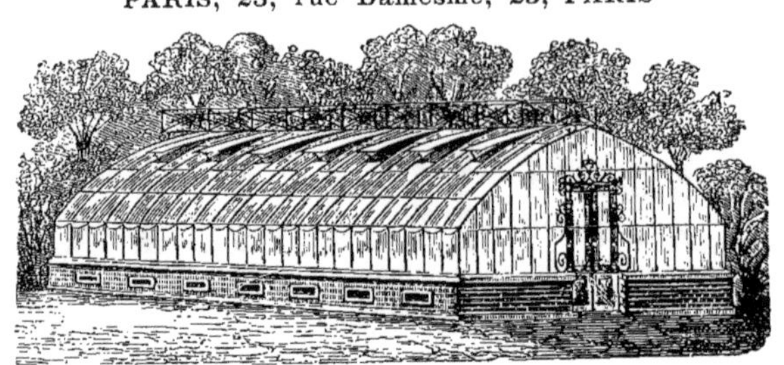

CHAUFFAGES
De Serres, Châssis
VAPORISATEUR
DE
Jus de Tabac

DEMANDER L'ALBUM
N° 31

Maison fondée en 1854

EUGÈNE COCHU

Constructions Horticoles en fer, en bois et fer et en bois
FOURNISSEUR DE SA MAJESTÉ LE ROI DES BELGES, POUR LES NOUVELLES SERRES DE LAEKEN

EXPOSITION INTERNATIONALE D'HORTICULTURE, PARIS 1895
PRIX D'HONNEUR

Serres d'Amateurs et d'Horticulteurs, à simple et à double vitrage (Brevetées s. g. d. g.). — **Serres à vignes et à fruits**, fixes et mobiles. — **Serres démontables**, pour culture de Rosiers. — **Chauffages Thermosiphon.** — **Toiles à rouleaux automatiques.** — **Claies à ombrer avec système d'isolement.** — **Verres mastic.** — **Châssis de couche.** — **Bâches et coffres** prêts à expédier.

« **LES RAPIDES** », Bâches et Coffres se démontant par assemblages en fer, sans boulons ni clavettes (Brevetés s. g. d. g.).

Envoi franco du Catalogue général sur demande.
USINE, BUREAUX et EXPOSITION, 16, 19 et 23, rue Pinel, St-DENIS (Seine)

HANGARS

CONSTRUCTIONS ÉCONOMIQUES BOIS & FER

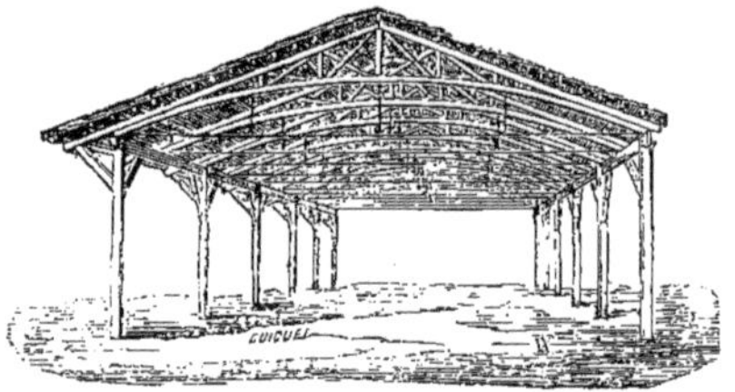

Système Br. s. g. d. g. **POMBLA** Spécialité de Constructions Industrielles et Agricoles.

MONTAGE ET DÉMONTAGE TRÈS FACILES

POMBLA, *Constructeur*, 68, avenue de Saint-Ouen, PARIS

ORCHIDÉES DE CHOIX

OCCASION EXCEPTIONNELLE & AVANTAGEUSE

CYMBIDIUM HOOKERIANUM

Contre l'envoi de 35 centimes en timbres-poste nous adressons franco la chromolithographie de cette remarquable variété.

Nous avons l'avantage d'annoncer aux Orchidophiles que nous nous sommes rendus acquéreurs des divisions du superbe spécimen de *Cymbidium Hookerianum*, présenté au Concours trimestriel des Orchidées de la *S. N. d'H. de F.* du 22 novembre 1894 et dont nous avons donné la chromolithographie dans le *Moniteur d'Horticulture* du 10 février 1895.

N° **1.** Petite plante, 2 arrière-bulbes, 1 jeune bulbe, 1 pousse. Prix. . . . . **140** fr.

N° **2.** Plante plus forte, 3 arrière-bulbes, 1 jeune bulbe, 1 forte pousse. Prix . . . . **250** fr.

N° **3.** Belle plante, 2 fortes arrière-bulbes, 1 forte bulbe, 1 forte pousse avec 1 hampe florale. Prix. **300** fr.

N° **4.** Très forte plante, 6 fortes bulbes, 3 hampes florales. Prix . . . . **600** fr.

OTTO-BALLIF
Bureau du MONITEUR D'HORTICULTURE
14, rue de Sèvres, 14, PARIS

N. B. — A l'occasion de cette offre avantageuse nous ferons observer aux Orchidophiles que les divisions de ce *Cymbidium* sont tout à fait distinctes comme port et d'une variété bien supérieure aux rares plantes de cette espèce connues jusqu'à présent.

A la librairie O. DOIN, 8, place de l'Odéon

MANUEL PRATIQUE ET RAISONNÉ
DES

CULTURES SPÉCIALES

PLANTES RACINES. — CÉRÉALES. — PLANTES FOURRAGÈRES
PLANTES INDUSTRIELLES. — ASSOLEMENTS. — PRAIRIES

Par Paul DE VUYST

Docteur en Droit, Ingénieur agricole, Inspecteur adjoint de l'agriculture.

Un volume in-8° carré de 264 pages, avec de nombreuses figures
Prix : *4* francs.

TRÈS BELLES ORCHIDÉES

D'OCCASION

A Vendre à prix réduit

PROVENANT D'UNE COLLECTION D'AMATEUR

Pour de plus amples renseignements, s'adresser à

M. OTTO-BALLIF

au Moniteur d'Horticulture

14, RUE DE SÈVRES, 14, PARIS

DICTIONNAIRE PRATIQUE
D'HORTICULTURE
ET
DE JARDINAGE

Illustré de près de 5,000 Figures dans le texte

ET DE 80 PLANCHES CHROMOLITHOGRAPHIÉES HORS TEXTE

COMPRENANT :

La description succincte des plantes connues et cultivées dans les jardins de l'Europe;
La culture potagère, l'arboriculture, la description et la culture de toutes les Orchidées,
Broméliacées, Palmiers, Fougères,
Plantes de serre, plantes annuelles, vivaces, etc.;
Le tracé des jardins; le choix et l'emploi des espèces propres à la décoration des parcs et jardins;
L'Entomologie, la Cryptogamie, la Chimie horticole;
Des éléments d'Anatomie et de Physiologie végétale; la Glossologie botanique et horticole;
La description des outils, serres et accessoires employés en horticulture; etc., etc.

PAR

G. NICHOLSON

Conservateur des Jardins royaux de Kew à Londres.

TRADUIT, MIS A JOUR ET ADAPTÉ A NOTRE CLIMAT, A NOS USAGES, ETC., ETC.

PAR

S. MOTTET

Membre de la Société Nationale d'Horticulture de France.

AVEC LA COLLABORATION DE MM.

VILMORIN-ANDRIEUX et Cie

G. ALLUARD, E. ANDRÉ, G. BELLAIR, G. LEGROS, ETC.

74e LIVRAISON

PARIS

OCTAVE DOIN
ÉDITEUR
8, place de l'Odéon, 8

LIBRAIRIE AGRICOLE
DE LA MAISON RUSTIQUE
26, rue Jacob, 26

VILMORIN-ANDRIEUX ET CIE
MARCHANDS GRAINIERS
4, Quai de la Mégisserie, 4

L'Ouvrage sera complet en 80 livraisons. — Il paraitra *TRÈS RÉGULIÈREMENT* une livraison par mois.
Prix de chaque livraison de 48 pages, avec planche chromolithographique. . . **1 fr. 50**

MAISON C. MATHIAN

PARIS, 25, rue Damesme, 25, PARIS

SERRES
JARDINS D'HIVER
CHASSIS
VÉRANDAS
ETC.

DIPLOMES D'HONNEUR
1ers Prix

CHAUFFAGES
De Serres, Châssis
VAPORISATEUR
DE
Jus de Tabac

DEMANDER L'ALBUM
N° [illegible]

Maison fondée en 1854

EUGÈNE COCHU

Constructions Horticoles en fer, en bois et fer et en bois
FOURNISSEUR DE SA MAJESTÉ LE ROI DES BELGES, POUR LES NOUVELLES SERRES DE LAEKEN

EXPOSITION INTERNATIONALE D'HORTICULTURE, PARIS 1895
PRIX D'HONNEUR

Serres d'Amateurs et d'Horticulteurs, à simple et à double vitrage (Brevetées s. g. d. g.). — **Serres à vignes et à fruits**, fixes et mobiles. — **Serres démontables**, pour culture de Rosiers. — **Chauffages Thermosiphon.** — **Toiles à rouleaux automatiques.** — **Claies à ombrer avec système d'isolement.** — **Verres mastic.** — **Châssis de couche.** — **Bâches et coffres** prêts à expédier.

« **LES RAPIDES** », Bâches et Coffres se démontant par assemblages en fer, sans boulons ni clavettes (Brevetés s. g. d. g.).

Envoi franco du Catalogue général sur demande.
USINE, BUREAUX et EXPOSITION, 16, 19 et 23, rue Pinel, St-DENIS (Seine)

HANGARS

CONSTRUCTIONS ÉCONOMIQUES BOIS & FER

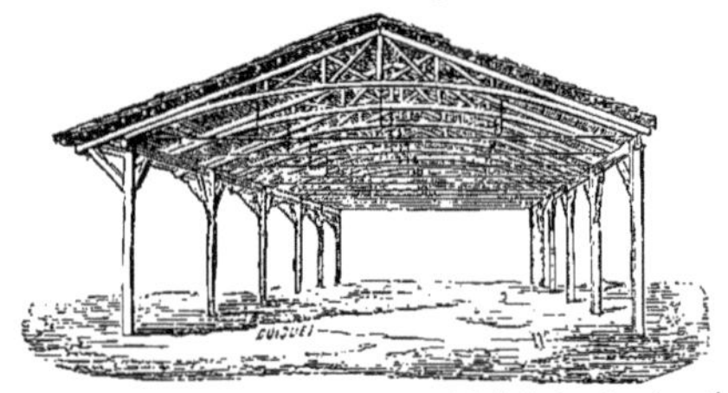

Système Br. s. g. d. g. **POMBLA** Spécialité de Constructions Industrielles et Agricoles.

MONTAGE ET DÉMONTAGE TRÈS FACILES

POMBLA, *Constructeur*, 68, avenue de Saint-Ouen, PARIS

ORCHIDÉES DE CHOIX

OCCASION EXCEPTIONNELLE & AVANTAGEUSE

CYMBIDIUM HOOKERIANUM

Contre l'envoi de 35 centimes en timbres-poste nous adressons franco la chromolithographie de cette remarquable variété.

Nous avons l'avantage d'annoncer aux Orchidophiles que nous nous sommes rendus acquéreurs des divisions du superbe spécimen de *Cymbidium Hookerianum*, présenté au Concours trimestriel des Orchidées de la *S. N. d'H. de F.* du 22 novembre 1894 et dont nous avons donné la chromolithographie dans le *Moniteur d'Horticulture* du 10 février 1895.

N° 1. Petite plante, 2 arrière-bulbes, 1 jeune bulbe, 1 pousse. Prix . . . . **140 fr.**

N° 2. Plante plus forte, 5 arrière-bulbes, 1 jeune bulbe, 1 forte pousse. Prix . . . . **250 fr.**

N° 3. Belle plante, 2 fortes arrière-bulbes, 1 forte bulbe, 1 forte pousse avec 1 hampe florale. Prix. **300 fr.**

N° 4. Très forte plante, 6 fortes bulbes, 3 hampes florales. Prix . . . . **600 fr.**

OTTO-BALLIF
Bureau du MONITEUR D'HORTICULTURE
14, rue de Sèvres, 14, PARIS

N. B. — A l'occasion de cette offre avantageuse nous ferons observer aux Orchidophiles que les divisions de ce *Cymbidium* sont tout à fait distinctes comme port et d'une variété bien supérieure aux rares plantes de cette espèce connues jusqu'à présent.

A la librairie O. DOIN, 8, place de l'Odéon

MANUEL PRATIQUE ET RAISONNÉ
DES

CULTURES SPÉCIALES

PLANTES RACINES. — CÉRÉALES. — PLANTES FOURRAGÈRES
PLANTES INDUSTRIELLES. — ASSOLEMENTS. — PRAIRIES

Par Paul DE VUYST

Docteur en Droit, Ingénieur agricole, Inspecteur adjoint de l'agriculture.

Un volume in-8° carré de 264 pages, avec de nombreuses figures
Prix : 4 francs.

TRÈS BELLES ORCHIDÉES

D'OCCASION

A Vendre à prix réduit

PROVENANT D'UNE COLLECTION D'AMATEUR

Pour de plus amples renseignements, s'adresser à

M. OTTO-BALLIF

au Moniteur d'Horticulture

14, RUE DE SÈVRES, 14, PARIS

BIBLIOTHÈQUE D'HORTICULTURE ET DE JARDINAGE

LA MOSAÏCULTURE, par **S. Mottet**, membre de la Société d'horticulture de France. — Histoire et considérations générales, choix des couleurs, tracé, plantation, entretien, description, emploi, rusticité et multiplication des espèces employées à cet usage, etc. *Troisième édition*, revue et très augmentée. 1 volume in-18 de 158 pages, cartonnage toile, avec 69 figures dans le texte et 73 dessins de mosaïques avec légendes explicatives . . . . 2 fr.

GUIDE ÉLÉMENTAIRE DE MULTIPLICATION, par **S. Mottet**. — Étude des différents moyens d'effectuer des semis, boutures, marcottes, greffes et divisions. 1 vol. in-18 de 200 pages, avec 85 fig. 2 fr.

MALADIES DES ARBRES FRUITIERS, par **E. Sirodot**, chef du laboratoire de recherches de la maison Vilmorin-Andrieux. — 1 vol. in-18, cartonné toile, de 180 p., avec 50 figures dans le texte . . . . . . 2 fr.

LES ENGRAIS EN HORTICULTURE. I. Théorie générale des engrais, par **M. Joulie**, pharmacien en chef de la maison municipale de santé. — II. Emploi pratique des engrais en horticulture, par **Maxime Desbordes**, lauréat de la Société nationale d'Horticulture. 1 vol. in-18, cart. toile, de 150 p., avec tableaux. 2 fr.

LES PLANTES ALPINES ET DE ROCAILLES, par **H. Correvon**, directeur du jardin alpin d'acclimatation à Genève. — 1 vol. in-18, cartonné toile, de 200 pages, avec 30 figures . . . . 2 fr.

LES FOUGÈRES DE PLEINE TERRE et les Prêles lycopodes et sélaginelles rustiques, par **H. Correvon**. — 1 vol. in-18, cartonné toile, de 150 p., avec 68 figures dans le texte . . . . 2 fr.

LES AZALÉES, par **Léon Duval**, horticulteur. — Historique, Multiplication, Culture, Forçage, Emploi, etc. 1 vol. in-18, cartonné toile, de 112 pages, avec 23 figures . . . . 2 fr.

LES BROMÉLIACÉES, par **Léon Duval**. — Histoire, multiplication, culture et liste des jolies espèces. 1 vol. in-18, cartonné toile, de 150 pages, avec 46 figures dans le texte. . . . . 3 fr.

LES CHRYSANTHÈMES, par **Georges Bellair**, jardinier en chef des parcs et orangerie de Versailles, et **Victor Bérat**, ancien jardinier en chef de la ville de Roubaix. — Description, histoire, culture, emploi. *Troisième édition*. 1 vol. in-18, cartonné toile, de 111 pages, avec figures dans le texte (couronné par la Société nationale d'horticulture de France) . . . . 2 fr.

LES PLANTES POUR APPARTEMENTS ET FENÊTRES, les plantes et feuillages pour bouquets, par **G. Bellair**. 1 vol. in-18, cartonné toile, de 150 pages et 80 figures dans le texte . . . . 2 fr.

LA CULTURE DU POIRIER, par **O. Opoix**, jardinier en chef du jardin du Luxembourg, professeur d'arboriculture, etc. — 1 vol. in-18, cartonné toile, de 270 pages, avec 112 figures dans le texte. . . . . 2 fr. 50

LES PALMIERS DE SERRE FROIDE, par **R. de Noter**, membre de la Société Nationale d'Horticulture. — Leur culture dans la zone méditerranéenne et dans le nord de l'Europe. — Précédée d'une préface-lettre de **M. Charles Rivière**, directeur du jardin d'essai du Hamma, à Alger. 1 vol. in-18, cartonné toile, de 150 p., avec 25 figures dans le texte . . . . 2 fr.

LES ORANGERS. Citronniers, Cédratiers et autres aurantiacées comestibles, leur culture dans la région méditerranéenne et en orangerie dans le nord de la France, par **R. de Noter**, avec la collaboration de **MM. F. Sahut, Chouvet et Ch. Rivière**. — 1 vol. in-18, cart. toile, de 180 p., avec nombreuses fig. dans le texte . 2 fr.

LES ROSIERS. — Historique, classification, nomenclature, descriptions. — Culture en pleine terre et en pots, taille, forçage en serre et sous châssis, multiplication (bouturage, greffage et marcottage), maladies et insectes, choix de variétés horticoles, groupées d'après leur origine, par **Cochet** et **S. Mottet**, membres de la Société nationale d'horticulture de France. — 1 vol. de 200 pages, avec 60 figures dans le texte. . 2 fr. 50

SOLS, TERRAINS ET COMPOSTS utilisés par l'horticulture, par **G. Truffault**, membre de la Société nationale d'horticulture de France. — 1 vol. in-18, cartonné toile, de 300 pages . . . . 4 fr.

CALCÉOLAIRES, Cinéraires, Coléus, Héliotropes, Primevères de Chine, etc. Description et culture, par **Jules Rudolph**, lauréat de la Société Nationale d'Horticulture. 1 vol. in-18, cartonné toile, de 163 pages, avec 38 figures dans le texte . . . . 2 fr.

CULTURE DES FOUGÈRES EXOTIQUES, par **Adolphe Buyssens**, ancien professeur de l'École cantonale d'Horticulture de Genève. 1 vol. in-18, cartonné toile, de 188 pages, avec 62 figures dans le texte. 2 fr.

LES GÉRANIUMS (pelargonium zonale et inquinans), description et culture, par **H. Dauthenay**, chef jardinier à l'asile Sainte-Anne, professeur à l'Association polytechnique. — 1 vol. in-18, cartonné toile, de 292 pages, avec figures dans le texte. . . . . 2 fr. 50

LES ANIMAUX UTILES ET NUISIBLES A L'HORTICULTURE (insectes exceptés), par **A. Larbalétrier**, professeur à l'École d'agriculture du Pas-de-Calais. — 1 vol. in-18, cartonné toile, de 134 pages, avec figures dans le texte . . . . 2 fr.

LES FRAISIERS, par **A. Millet**, horticulteur. — 1 vol. in-18, cartonné toile, de 218 pages, avec 55 figures dans le texte . . . . 2 fr. 50

ESSAIS PRATIQUES DE CHIMIE HORTICOLE, par **A. Larbalétrier**, professeur à l'École d'agriculture et d'horticulture d'Oraison (Basses-Alpes). 1 vol. in-18, cartonné toile, de 136 pages, avec 24 fig. dans le texte. 2 fr

LES VIOLETTES, par **A. Millet**, horticulteur. — 1 vol. in-18, cartonné toile, de 161 pages avec 23 figures dans le texte. . . . . 2 fr.

MANUEL DE CULTURE POTAGÈRE dans le nord et le midi de la France et en Algérie, comprenant aussi la culture forcée sous châssis et en serre, par **Duvillard et R. de Noter**, membres de la Société Nationale d'horticulture. — 1 vol. in-18, cartonné toile, de 365 pages, avec 132 figures dans le texte. 4 fr.

LES CLÉMATITES. — LES CHÈVREFEUILLES GRIMPANTS, Bignones, Glycines, Aristoloches et Passiflores, par **G. Boucher et S. Mottet**, membres de la Société Nationale d'horticulture. — 1 vol. in-18, cartonné toile, de 180 pages, avec 30 figures dans le texte . . . . 2 fr.

CALADIUM-ANTHURIUM, ALOCASIA et autres aroïdées de serre, par **Rudolph**. — 1 vol. in-18, cartonné toile, de 222 pages, avec 30 figures dans le texte. 2 fr.

ÉVREUX, IMPRIMERIE DE CHARLES HÉRISSEY

BIBLIOTHÈQUE D'HORTICULTURE ET DE JARDINAGE

Volumes parus (Juillet 1898)

LA MOSAÏCULTURE, par **S. Mottet,** membre de la Société d'horticulture de France. — Histoire et considérations générales, choix des couleurs, tracé, plantation, entretien, description, emploi, rusticité et multiplication des espèces employées à cet usage, etc. *Troisième édition*, revue et très augmentée. Un volume in-18 de 158 pages, cartonnage toile, avec 69 figures dans le texte et 73 dessins de mosaïques avec légendes explicatives . . . . 2 fr.

GUIDE ÉLÉMENTAIRE DE MULTIPLICATION, par **S. Mottet.** — Etude des différents moyens d'effectuer des semis, boutures, marcottes, greffes et divisions. Un vol. in-18 de 200 pages, avec 85 fig. 2 fr.

MALADIES DES ARBRES FRUITIERS, par **E. Sirodot,** chef du laboratoire de recherches de la maison Vilmorin-Andrieux. — Un vol. in-18, cartonné toile, de 180 p., avec 50 figures dans le texte . . . . . 2 fr.

LES ENGRAIS EN HORTICULTURE. I. Théorie générale des engrais, par **M. Joulie,** pharmacien en chef de la maison municipale de santé. — II. Emploi pratique des engrais en horticulture, par **Maxime Desbordes,** lauréat de la Société nationale d'Horticulture. Un vol. in-18, cart. toile, de 150 p., avec tableaux. 2 fr.

LES PLANTES ALPINES ET DE ROCAILLES, par **H. Correvon,** directeur du jardin alpin d'acclimatation à Genève. — Un vol. in-18, cartonné toile, de 200 pages, avec 30 figures. . . . . 2 fr.

LES FOUGÈRES DE PLEINE TERRE et les Prêles lycopodes et sélaginelles rustiques, par **H. Correvon.** — 1 vol. in-18, cartonné toile, de 150 p., avec 68 figures dans le texte . . . . 2 fr.

LES AZALÉES, par **Léon Duval,** horticulteur. — Historique, Multiplication, Culture, Forçage, Emploi, etc. Un vol. in-18, cartonné toile, de 112 pages, avec 23 figures . . . . 2 fr.

LES BROMÉLIACÉES, par **Léon Duval.** — Histoire, multiplication, culture et liste des jolies espèces. Un vol. in-18, cartonné toile, de 150 pages, avec 46 figures dans le texte. . . . . 3 fr.

LES CHRYSANTHÈMES, par **Georges Bellair,** jardinier en chef des parcs et orangerie de Versailles, et **Victor Bérat,** ancien jardinier en chef de la ville de Roubaix. — Description, histoire, culture, emploi. *Troisième édition*. Un vol. in-18, cartonné toile, de 111 pages, avec figures dans le texte (couronné par la Société nationale d'horticulture de France) . . . . 2 fr.

LES PLANTES POUR APPARTEMENTS ET FENÊTRES, les plantes et feuillages pour bouquets, par **G. Bellair.** Un vol. in-18, cartonné toile, de 150 pages et 80 figures dans le texte . . . . 2 fr.

LA CULTURE DU POIRIER, par **O. Opoix,** jardinier en chef du jardin du Luxembourg, professeur d'arboriculture, etc. — 1 vol. in-18, cartonné toile, de 270 pages, avec 112 figures dans le texte. . . . . 2 fr. 50

LES PALMIERS DE SERRE FROIDE, par **R. de Noter,** membre de la Société Nationale d'Horticulture. — Leur culture dans la zone méditerranéenne et dans le nord de l'Europe. — Précédée d'une préface-lettre de **M. Charles Rivière,** directeur du jardin d'essai du Hamma, à Alger. Un vol. in-18, cartonné toile, de 150 p., avec 25 figures dans le texte . . . . 2 fr.

LES ORANGERS. Citronniers, Cédratiers et autres aurantiacées comestibles, leur culture dans la région méditerranéenne et en orangerie dans le nord de la France, par **R. de Noter,** avec la collaboration de **MM. F. Sahut, Chouvet et Ch. Rivière.** — Un vol. in-18, cart. toile, de 180 p., avec nombreuses fig. dans le texte. 2 fr.

LES ROSIERS. — Historique, classification, nomenclature, descriptions. — Culture en pleine terre et en pots, taille, forçage en serre et sous châssis, multiplication (bouturage, greffage et marcottage), maladies et insectes, choix de variétés horticoles, groupées d'après leur origine, par **Cochet et S. Mottet,** membres de la Société nationale d'horticulture de France. — 1 vol. de 200 pages, avec 60 figures dans le texte. . 2 fr. 50

SOLS, TERRAINS ET COMPOSTS utilisés par l'horticulture, par **G. Truffault,** membre de la Société nationale d'horticulture de France. — Un vol. in-18, cartonné toile, de 300 pages . . . . 4 fr.

CALCÉOLAIRES, Cinéraires, Coléus, Héliotropes, Primevères de Chine, etc. Description et culture, par **Jules Rudolph,** lauréat de la Société Nationale d'Horticulture, 1 vol. in-18, cartonné toile, de 163 pages, avec 38 figures dans le texte . . . . 2 fr.

CULTURE DES FOUGÈRES EXOTIQUES, par **Adolphe Buyssens,** ancien professeur de l'École cantonale d'Horticulture de Genève, 1 vol. in-18, cartonné toile, de 188 pages, avec 62 figures dans le texte. 2 fr.

LES GÉRANIUMS (pelargonium zonale et inquinans), description et culture, par **H. Dauthenay,** chef jardinier à l'asile Sainte-Anne, professeur à l'Association polytechnique. — 1 vol. in-18, cartonné toile, de 292 pages, avec figures dans le texte. . . . . 2 fr. 50

LES ANIMAUX UTILES ET NUISIBLES A L'HORTICULTURE (insectes exceptés), par **A. Larbalétrier,** professeur à l'Ecole d'agriculture du Pas-de-Calais. — 1 vol. in-18, cartonné toile, de 154 pages, avec figures dans le texte . . . . 2 fr.

LES FRAISIERS, par **A. Millet,** horticulteur. — 1 vol. in-18, cartonné toile, de 218 pages, avec 55 figures dans le texte . . . . 2 fr. 50

ESSAIS PRATIQUES DE CHIMIE HORTICOLE, par **A. Larbalétrier,** professeur à l'École d'agriculture et d'horticulture d'Oraison (Basses-Alpes). 1 vol. in-18, cartonné toile, de 136 pages, avec 24 fig. dans le texte. 2 fr

LES VIOLETTES, par **A. Millet,** horticulteur. — 1 vol. in-18, cartonné toile, de 161 pages avec 23 figures dans le texte. . . . . 2 fr.

MANUEL DE CULTURE POTAGÈRE dans le nord et le midi de la France et en Algérie, comprenant aussi la culture forcée sous châssis et en serre, par **Duvillard et R. de Noter,** membres de la Société Nationale d'horticulture. — 1 vol. in-18, cartonné toile, de 365 pages, avec 132 figures dans le texte. 4 fr.

LES CLÉMATITES. — LES CHÈVREFEUILLES GRIMPANTS, Bignones, Glycines, Aristoloches et Passiflores, par **G. Boucher et S. Mottet,** membres de la Société Nationale d'horticulture. — 1 vol. in-18, cartonné toile, de 180 pages, avec 30 figures dans le texte . . . . 2 fr.

ÉVREUX, IMPRIMERIE DE CHARLES HÉRISSEY

BIBLIOTHÈQUE D'HORTICULTURE ET DE JARDINAGE

Volumes parus (*Juillet* 1898)

LA MOSAÏCULTURE, par **S. Mottet**, membre de la Société d'horticulture de France. — Histoire et considérations générales, choix des couleurs, tracé, plantation, entretien, description, emploi, rusticité et multiplication des espèces employées à cet usage, etc. *Troisième édition*, revue et très augmentée. Un volume in-18 de 158 pages, cartonnage toile, avec 60 figures dans le texte et 73 dessins de mosaïques avec légendes explicatives . . . . 2 fr.

GUIDE ÉLÉMENTAIRE DE MULTIPLICATION, par **S. Mottet**. — Étude des différents moyens d'effectuer des semis, boutures, marcottes, greffes et divisions. Un vol. in-18 de 200 pages, avec 85 fig. 2 fr.

MALADIES DES ARBRES FRUITIERS, par **E. Sirodot**, chef du laboratoire de recherches de la maison Vilmorin-Andrieux. — Un vol. in-18, cartonné toile, de 180 p., avec 50 figures dans le texte . . . . . 2 fr.

LES ENGRAIS EN HORTICULTURE. I. Théorie générale des engrais, par **M. Joulie**, pharmacien en chef de la maison municipale de santé. — II. Emploi pratique des engrais en horticulture, par **Maxime Desbordes**, lauréat de la Société nationale d'Horticulture. Un vol. in-18, cart. toile, de 150 p., avec tableaux. 2 fr.

LES PLANTES ALPINES ET DE ROCAILLES, par **H. Correvon**, directeur du jardin alpin d'acclimatation à Genève. — Un vol. in-18, cartonné toile, de 200 pages, avec 30 figures. . . . . 2 fr.

LES FOUGÈRES DE PLEINE TERRE et les Prêles lycopodes et sélaginelles rustiques, par **H. Correvon**. — 1 vol. in-18, cartonné toile, de 150 p., avec 68 figures dans le texte . . . . 2 fr.

LES AZALÉES, par **Léon Duval**, horticulteur. — Historique, Multiplication, Culture, Forçage, Emploi, etc. Un vol. in-18, cartonné toile, de 112 pages, avec 23 figures . . . . 2 fr.

LES BROMÉLIACÉES, par **Léon Duval**. — Histoire, multiplication, culture et liste des jolies espèces. Un vol. in-18, cartonné toile, de 150 pages, avec 46 figures dans le texte. . . . . 3 fr.

LES CHRYSANTHÈMES, par **Georges Bellair**, jardinier en chef des parcs et orangerie de Versailles, et **Victor Bérat**, ancien jardinier en chef de la ville de Roubaix. — Description, histoire, culture, emploi. *Troisième édition*. Un vol. in-18, cartonné toile, de 111 pages, avec figures dans le texte (couronné par la Société nationale d'horticulture de France) . . . . 2 fr.

LES PLANTES POUR APPARTEMENTS ET FENÊTRES, les plantes et feuillages pour bouquets, par **G. Bellair**. Un vol. in-18, cartonné toile, de 150 pages et 80 figures dans le texte . . . . 2 fr.

LA CULTURE DU POIRIER, par **O. Opoix**, jardinier en chef du jardin du Luxembourg, professeur d'arboriculture, etc. — 1 vol. in-18, cartonné toile, de 270 pages, avec 112 figures dans le texte. . . . . 2 fr. 50

LES PALMIERS DE SERRE FROIDE, par **R. de Noter**, membre de la Société Nationale d'Horticulture. — Leur culture dans la zone méditerranéenne et dans le nord de l'Europe. — Précédée d'une préface-lettre de **M. Charles Rivière**, directeur du jardin d'essai du Hamma, à Alger. Un vol. in-18, cartonné toile, de 150 p., avec 25 figures dans le texte . . . . 2 fr.

LES ORANGERS, Citronniers, Cédratiers et autres aurantiacées comestibles, leur culture dans la région méditerranéenne et en orangerie dans le nord de la France, par **R. de Noter**, avec la collaboration de **MM. F. Sahut, Chouvet et Ch. Rivière**. — Un vol. in-18, cart. toile, de 180 p., avec nombreuses fig. dans le texte. 2 fr.

LES ROSIERS. — Historique, classification, nomenclature, descriptions. — Culture en pleine terre et en pots, taille, forçage en serre et sous châssis, multiplication (bouturage, greffage et marcottage), maladies et insectes, choix de variétés horticoles, groupées d'après leur origine, par **Cochet** et **S. Mottet**, membres de la Société nationale d'horticulture de France. — 1 vol. de 200 pages, avec 60 figures dans le texte. . 2 fr. 50

SOLS, TERRAINS ET COMPOSTS utilisés par l'horticulture, par **G. Truffault**, membre de la Société nationale d'horticulture de France. — Un vol. in-18, cartonné toile, de 300 pages . . . . 4 fr.

CALCÉOLAIRES, Cinéraires, Coléus, Héliotropes, Primevères de Chine, etc. Description et culture, par **Jules Rudolph**, lauréat de la Société Nationale d'Horticulture, 1 vol. in-18, cartonné toile, de 163 pages, avec 38 figures dans le texte . . . . 2 fr.

CULTURE DES FOUGÈRES EXOTIQUES, par **Adolphe Buyssens**, ancien professeur de l'École cantonale d'Horticulture de Genève, 1 vol. in-18, cartonné toile, de 188 pages, avec 62 figures dans le texte. 2 fr.

LES GÉRANIUMS (pelargonium zonale et inquinans), description et culture, par **H. Dauthenay**, chef jardinier à l'asile Sainte-Anne, professeur à l'Association polytechnique. — 1 vol. in-18, cartonné toile, de 292 pages, avec figures dans le texte. . . . . 2 fr. 50

LES ANIMAUX UTILES ET NUISIBLES A L'HORTICULTURE (insectes exceptés), par **A. Larbalétrier**, professeur à l'École d'agriculture du Pas-de-Calais. — 1 vol. in-18, cartonné toile, de 154 pages, avec figures dans le texte . . . . 2 fr.

LES FRAISIERS, par **A. Millet**, horticulteur. — 1 vol. in-18, cartonné toile, de 218 pages, avec 55 figures dans le texte . . . . 2 fr. 50

ESSAIS PRATIQUES DE CHIMIE HORTICOLE, par **A. Larbalétrier**, professeur à l'École d'agriculture et d'horticulture d'Oraison (Basses-Alpes). 1 vol. in-18, cartonné toile, de 136 pages, avec 24 fig. dans le texte. 2 fr

LES VIOLETTES, par **A. Millet**, horticulteur. — 1 vol. in-18, cartonné toile, de 161 pages avec 23 figures dans le texte. . . . . 2 fr.

MANUEL DE CULTURE POTAGÈRE dans le nord et le midi de la France et en Algérie, comprenant aussi la culture forcée sous châssis et en serre, par **Duvillard et R. de Noter**, membres de la Société Nationale d'horticulture. — 1 vol. in-18, cartonné toile, de 365 pages, avec 132 figures dans le texte. 4 fr.

LES CLÉMATITES. — LES CHÈVREFEUILLES GRIMPANTS, Bignones, Glycines, Aristoloches et Passiflores, par **G. Boucher et S. Mottet**, membres de la Société Nationale d'horticulture. — 1 vol. in-18, cartonné toile, de 180 pages, avec 30 figures dans le texte . . . . 2 fr.

ÉVREUX, IMPRIMERIE DE CHARLES HÉRISSEY

DICTIONNAIRE PRATIQUE

D'HORTICULTURE

ET

DE JARDINAGE

Illustré de près de 5,000 Figures dans le texte

ET DE 80 PLANCHES CHROMOLITHOGRAPHIÉES HORS TEXTE

COMPRENANT :

La description succincte des plantes connues et cultivées dans les jardins de l'Europe;
La culture potagère, l'arboriculture, la description et la culture de toutes les Orchidées,
Broméliacées, Palmiers, Fougères,
Plantes de serre, plantes annuelles, vivaces, etc.;
Le tracé des jardins; le choix et l'emploi des espèces propres à la décoration des parcs et jardins;
L'Entomologie, la Cryptogamie, la Chimie horticole;
Des éléments d'Anatomie et de Physiologie végétale; la Glossologie botanique et horticole;
La description des outils, serres et accessoires employés en horticulture; etc., etc.

PAR

G. NICHOLSON

Conservateur des Jardins royaux de Kew à Londres.

TRADUIT, MIS A JOUR ET ADAPTÉ A NOTRE CLIMAT, A NOS USAGES, ETC., ETC.

PAR

S. MOTTET

Membre de la Société Nationale d'Horticulture de France.

AVEC LA COLLABORATION DE MM.

VILMORIN-ANDRIEUX et Cie

G. ALLUARD, E. ANDRÉ, G. BELLAIR, G. LEGROS, ETC.

75e LIVRAISON

PARIS

OCTAVE DOIN
ÉDITEUR
8, place de l'Odéon, 8

LIBRAIRIE AGRICOLE
DE LA MAISON RUSTIQUE
26, rue Jacob, 26

VILMORIN-ANDRIEUX ET Cie
MARCHANDS GRAINIERS
4, Quai de la Mégisserie, 4

L'Ouvrage sera complet en 80 livraisons. — Il paraîtra *TRÈS RÉGULIÈREMENT* une livraison par mois.

Prix de chaque livraison de 48 pages, avec planche chromolithographique. . . **1 fr. 50**

DICTIONNAIRE PRATIQUE

D'HORTICULTURE

ET

DE JARDINAGE

Illustré de près de 5,000 Figures dans le texte

ET DE 80 PLANCHES CHROMOLITHOGRAPHIÉES HORS TEXTE

COMPRENANT :

La description succincte des plantes connues et cultivées dans les jardins de l'Europe;
La culture potagère, l'arboriculture, la description et la culture de toutes les Orchidées,
Broméliacées, Palmiers, Fougères,
Plantes de serre, plantes annuelles, vivaces, etc.;
Le tracé des jardins; le choix et l'emploi des espèces propres à la décoration des parcs et jardins;
L'Entomologie, la Cryptogamie, la Chimie horticole;
Des éléments d'Anatomie et de Physiologie végétale; la Glossologie botanique et horticole;
La description des outils, serres et accessoires employés en horticulture; etc., etc.

PAR

G. NICHOLSON

Conservateur des Jardins royaux de Kew à Londres.

TRADUIT, MIS A JOUR ET ADAPTÉ A NOTRE CLIMAT, A NOS USAGES, ETC., ETC.

PAR

S. MOTTET

Membre de la Société Nationale d'Horticulture de France.

AVEC LA COLLABORATION DE MM.

VILMORIN-ANDRIEUX et Cie

G. ALLUARD, E. ANDRÉ, G. BELLAIR, G. LEGROS, ETC.

76e LIVRAISON

PARIS

OCTAVE DOIN
ÉDITEUR
8, place de l'Odéon, 8

LIBRAIRIE AGRICOLE
DE LA MAISON RUSTIQUE
26, rue Jacob, 26

VILMORIN-ANDRIEUX ET Cie
MARCHANDS GRAINIERS
4, Quai de la Mégisserie, 4

L'Ouvrage sera complet en 80 livraisons. — Il paraît à *TRÈS RÉGULIÈREMENT* une livraison par mois.
Prix de chaque livraison de 48 pages, avec planche chromolithographique . . **1 fr. 50**

DICTIONNAIRE PRATIQUE
D'HORTICULTURE
ET
DE JARDINAGE

Illustré de près de 5,000 Figures dans le texte

ET DE 80 PLANCHES CHROMOLITHOGRAPHIÉES HORS TEXTE

COMPRENANT :

La description succincte des plantes connues et cultivées dans les jardins de l'Europe;
La culture potagère, l'arboriculture, la description et la culture de toutes les Orchidées,
Broméliacées, Palmiers, Fougères,
Plantes de serre, plantes annuelles, vivaces, etc.;
Le tracé des jardins; le choix et l'emploi des espèces propres à la décoration des parcs et jardins;
L'Entomologie, la Cryptogamie, la Chimie horticole;
Des éléments d'Anatomie et de Physiologie végétale; la Glossologie botanique et horticole;
La description des outils, serres et accessoires employés en horticulture; etc., etc.

PAR

G. NICHOLSON

Conservateur des Jardins royaux de Kew à Londres.

TRADUIT, MIS A JOUR ET ADAPTÉ A NOTRE CLIMAT, A NOS USAGES, ETC., ETC.

PAR

S. MOTTET

Membre de la Société Nationale d'Horticulture de France.

AVEC LA COLLABORATION DE MM.

VILMORIN-ANDRIEUX et Cie

G. ALLUARD, E. ANDRÉ, G. BELLAIR, G. LEGROS, ETC.

77e LIVRAISON

PARIS

OCTAVE DOIN
ÉDITEUR
8, place de l'Odéon, 8

LIBRAIRIE AGRICOLE
DE LA MAISON RUSTIQUE
26, rue Jacob, 26

VILMORIN-ANDRIEUX ET Cie
MARCHANDS GRAINIERS
4, Quai de la Mégisserie, 4

L'Ouvrage sera complet en 80 livraisons. — Il paraîtra *TRÈS RÉGULIÈREMENT* une livraison par mois.
Prix de chaque livraison de 48 pages, avec planche chromolithographique. . . 1 fr. 50

BIBLIOTHÈQUE D'HORTICULTURE ET DE JARDINAGE

LA MOSAÏCULTURE, par **S. Mottet,** membre de la Société d'horticulture de France. — Histoire et considérations générales, choix des couleurs, tracé, plantation, entretien, description, emploi, rusticité et multiplication des espèces employées à cet usage, etc. *Troisième édition*, revue et très augmentée. 1 volume in-18 de 158 pages, cartonnage toile, avec 69 figures dans le texte et 73 dessins de mosaïques avec légendes explicatives. . . . . 2 fr.

GUIDE ÉLÉMENTAIRE DE MULTIPLICATION, par **S. Mottet.** — Étude des différents moyens d'effectuer des semis, boutures, marcottes, greffes et divisions. 1 vol. in-18 de 200 pages, avec 85 fig. 2 fr.

MALADIES DES ARBRES FRUITIERS, par **E. Sirodot,** chef du laboratoire de recherches de la maison Vilmorin-Andrieux. — 1 vol. in-18, cartonné toile, de 180 p., avec 50 figures dans le texte . . . . . 2 fr.

LES ENGRAIS EN HORTICULTURE. I. Théorie générale des engrais, par **M. Joulie,** pharmacien en chef de la maison municipale de santé. — II. Emploi pratique des engrais en horticulture, par **Maxime Desbordes,** lauréat de la Société nationale d'Horticulture. 1 vol. in-18, cart. toile, de 150 p., avec tableaux. 2 fr.

LES PLANTES ALPINES ET DE ROCAILLES, par **H. Correvon,** directeur du jardin alpin d'acclimatation à Genève. — 1 vol. in-18, cartonné toile, de 200 pages, avec 30 figures . . . . 2 fr.

LES FOUGÈRES DE PLEINE TERRE et les Prêles lycopodes et sélaginelles rustiques, par **H. Correvon.** — 1 vol. in-18, cartonné toile, de 150 p., avec 68 figures dans le texte . . . . 2 fr.

LES AZALÉES, par **Léon Duval,** horticulteur. — Historique, Multiplication, Culture, Forçage, Emploi, etc. 1 vol. in-18, cartonné toile, de 112 pages, avec 23 figures . . . . 2 fr.

LES BROMÉLIACÉES, par **Léon Duval.** — Histoire, multiplication, culture et liste des jolies espèces. 1 vol. in-18, cartonné toile, de 150 pages, avec 46 figures dans le texte. . . . . 3 fr.

LES CHRYSANTHÈMES, par **Georges Bellair,** jardinier en chef des parcs et orangerie de Versailles, et **Victor Bérat,** ancien jardinier en chef de la ville de Roubaix. — Description, histoire, culture, emploi. *Troisième édition*. 1 vol. in-18, cartonné toile, de 111 pages, avec figures dans le texte (couronné par la Société nationale d'horticulture de France) . . . . 2 fr.

LES PLANTES POUR APPARTEMENTS ET FENÊTRES, les plantes et feuillages pour bouquets, par **G. Bellair.** 1 vol. in-18, cartonné toile, de 150 pages et 80 figures dans le texte . . . . 2 fr.

LA CULTURE DU POIRIER, par **O. Opoix,** jardinier en chef du jardin du Luxembourg, professeur d'arboriculture, etc. — 1 vol. in-18, cartonné toile, de 270 pages, avec 112 figures dans le texte. . . . . 2 fr. 50

LES PALMIERS DE SERRE FROIDE, par **R. de Noter,** membre de la Société Nationale d'Horticulture. — Leur culture dans la zone méditerranéenne et dans le nord de l'Europe. — Précédée d'une préface-lettre de **M. Charles Rivière,** directeur du jardin d'essai du Hamma, à Alger. 1 vol. in-18, cartonné toile, de 150 p., avec 25 figures dans le texte . . . . 2 fr.

LES ORANGERS, Citronniers, Cédratiers et autres aurantiacées comestibles, leur culture dans la région méditerranéenne et en orangerie dans le nord de la France, par **R. de Noter,** avec la collaboration de **MM. F. Sahut, Chouvet et Ch. Rivière.** — 1 vol. in-18, cart. toile, de 180 p., avec nombreuses fig. dans le texte . 2 fr.

LES ROSIERS. — Historique, classification, nomenclature, descriptions. — Culture en pleine terre et en pots, taille, forçage en serre et sous châssis, multiplication (bouturage, greffage et marcottage), maladies et insectes, choix de variétés horticoles, groupées d'après leur origine, par **Cochet** et **S. Mottet,** membres de la Société nationale d'horticulture de France. — 1 vol. de 200 pages, avec 60 figures dans le texte. . 2 fr. 50

SOLS, TERRAINS ET COMPOSTS utilisés par l'horticulture, par **G. Truffault,** membre de la Société nationale d'horticulture de France. — 1 vol. in-18, cartonné toile, de 300 pages . . . . 4 fr.

CALCÉOLAIRES, Cinéraires, Coléus, Héliotropes, Primevères de Chine, etc. Description et culture, par **Jules Rudolph,** lauréat de la Société Nationale d'Horticulture. 1 vol. in-18, cartonné toile, de 163 pages, avec 38 figures dans le texte . . . . 2 fr.

CULTURE DES FOUGÈRES EXOTIQUES, par **Adolphe Buyssens,** ancien professeur de l'École cantonale d'Horticulture de Genève. 1 vol. in-18, cartonné toile, de 188 pages, avec 62 figures dans le texte. 2 fr.

LES GÉRANIUMS (pelargonium zonale et inquinans), description et culture, par **H. Dauthenay,** chef jardinier à l'asile Sainte-Anne, professeur à l'Association polytechnique. — 1 vol. in-18, cartonné toile, de 292 pages, avec figures dans le texte. . . . . 2 fr. 50

LES ANIMAUX UTILES ET NUISIBLES A L'HORTICULTURE (insectes exceptés), par **A. Larbalétrier,** professeur à l'École d'agriculture du Pas-de-Calais. — 1 vol. in-18, cartonné toile, de 154 pages, avec figures dans le texte . . . . 2 fr.

LES FRAISIERS, par **A. Millet,** horticulteur. — 1 vol. in-18, cartonné toile, de 218 pages, avec 55 figures dans le texte . . . . 2 fr. 50

ESSAIS PRATIQUES DE CHIMIE HORTICOLE, par **A. Larbalétrier,** professeur à l'École d'agriculture et d'horticulture d'Oraison (Basses-Alpes). 1 vol. in-18, cartonné toile, de 136 pages, avec 24 fig. dans le texte. 2 fr

LES VIOLETTES, par **A. Millet,** horticulteur. — 1 vol. in-18, cartonné toile, de 161 pages avec 23 figures dans le texte. . . . . 2 fr.

MANUEL DE CULTURE POTAGÈRE dans le nord et le midi de la France et en Algérie, comprenant aussi la culture forcée sous châssis et en serre, par **Duvillard et R. de Noter,** membres de la Société Nationale d'horticulture. — 1 vol. in-18, cartonné toile, de 365 pages, avec 132 figures dans le texte. 4 fr.

LES CLÉMATITES. — LES CHÈVREFEUILLES GRIMPANTS, Bignones, Glycines, Aristoloches et Passiflores, par **G. Boucher et S. Mottet,** membres de la Société Nationale d'horticulture. — 1 vol. in-18, cartonné toile, de 180 pages, avec 30 figures dans le texte . . . . 2 fr.

CALADIUM ANTHURIUM, ALOCASIA et autres aroïdées de serre, par **Rudolph.** — 1 vol. in-18, cartonné toile, de 222 pages, avec 30 figures dans le texte. . . . . 2 fr.

ÉVREUX, IMPRIMERIE DE CHARLES HÉRISSEY

BIBLIOTHÈQUE D'HORTICULTURE ET DE JARDINAGE

LA MOSAÏCULTURE, par **S. Mottet,** membre de la Société d'horticulture de France. — Histoire et considérations générales, choix des couleurs, tracé, plantation, entretien, description, emploi, rusticité et multiplication des espèces employées à cet usage, etc. *Troisième édition,* revue et très augmentée. 1 volume in-18 de 158 pages, cartonnage toile, avec 69 figures dans le texte et 73 dessins de mosaïques avec légendes explicatives. . . . . **2 fr.**

GUIDE ÉLÉMENTAIRE DE MULTIPLICATION, par **S. Mottet.** — Etude des différents moyens d'effectuer des semis, boutures, marcottes, greffes et divisions. 1 vol. in-18 de 200 pages, avec 85 fig. **2 fr.**

MALADIES DES ARBRES FRUITIERS, par **E. Sirodot,** chef du laboratoire de recherches de la maison Vilmorin-Andrieux. — 1 vol. in-18, cartonné toile, de 180 p., avec 50 figures dans le texte . . . . . . **2 fr.**

LES ENGRAIS EN HORTICULTURE. I. Théorie générale des engrais, par **M. Joulie,** pharmacien en chef de la maison municipale de santé. — II. Emploi pratique des engrais en horticulture, par **Maxime Desbordes,** lauréat de la Société nationale d'Horticulture. 1 vol. in-18, cart. toile, de 150 p., avec tableaux. **2 fr.**

LES PLANTES ALPINES ET DE ROCAILLES, par **H. Correvon,** directeur du jardin alpin d'acclimatation à Genève. — 1 vol. in-18, cartonné toile, de 200 pages, avec 30 figures . . . . **2 fr.**

LES FOUGÈRES DE PLEINE TERRE et les Prêles lycopodes et sélaginelles rustiques, par **H. Correvon.** — 1 vol. in-18, cartonné toile, de 150 p., avec 68 figures dans le texte . . . . **2 fr.**

LES AZALÉES, par **Léon Duval,** horticulteur. — Historique, Multiplication, Culture, Forçage, Emploi, etc. 1 vol. in-18, cartonné toile, de 112 pages, avec 23 figures . . . . **2 fr.**

LES BROMÉLIACÉES, par **Léon Duval.** — Histoire, multiplication, culture et liste des jolies espèces. 1 vol. in-18, cartonné toile, de 150 pages, avec 46 figures dans le texte. . . . . **3 fr.**

LES CHRYSANTHÈMES, par **Georges Bellair,** jardinier en chef des parcs et orangerie de Versailles, et **Victor Bérat,** ancien jardinier en chef de la ville de Roubaix. — Description, histoire, culture, emploi. *Troisième édition.* 1 vol. in-18, cartonné toile, de 111 pages, avec figures dans le texte (couronné par la Société nationale d'horticulture de France) . . . . **2 fr.**

LES PLANTES POUR APPARTEMENTS ET FENÊTRES, les plantes et feuillages pour bouquets, par **G. Bellair.** 1 vol. in-18, cartonné toile, de 150 pages et 80 figures dans le texte . . . . **2 fr.**

LA CULTURE DU POIRIER, par **O. Opoix,** jardinier en chef du jardin du Luxembourg, professeur d'arboriculture, etc. — 1 vol. in-18, cartonné toile, de 270 pages, avec 112 figures dans le texte. . . . . **2 fr. 50**

LES PALMIERS DE SERRE FROIDE, par **R. de Noter,** membre de la Société Nationale d'Horticulture. — Leur culture dans la zone méditerranéenne et dans le nord de l'Europe. — Précédée d'une préface-lettre de **M. Charles Rivière,** directeur du jardin d'essai du Hamma, à Alger. 1 vol. in-18, cartonné toile, de 150 p., avec 25 figures dans le texte . . . . **2 fr.**

LES ORANGERS. Citronniers, Cédratiers et autres aurantiacées comestibles, leur culture dans la région méditerranéenne et en orangerie dans le nord de la France, par **R. de Noter,** avec la collaboration de **MM. F. Sahut, Chouvet et Ch. Rivière.** — 1 vol. in-18, cart. toile, de 180 p., avec nombreuses fig. dans le texte . **2 fr.**

LES ROSIERS. — Historique, classification, nomenclature, descriptions. — Culture en pleine terre et en pots, taille, forçage en serre et sous châssis, multiplication (bouturage, greffage et marcottage), maladies et insectes, choix de variétés horticoles, groupées d'après leur origine, par **Cochet** et **S. Mottet,** membres de la Société nationale d'horticulture de France. — 1 vol. de 200 pages, avec 60 figures dans le texte. . **2 fr. 50**

SOLS, TERRAINS ET COMPOSTS utilisés par l'horticulture, par **G. Truffault,** membre de la Société nationale d'horticulture de France. — 1 vol. in-18, cartonné toile, de 300 pages . . . . **4 fr.**

CALCÉOLAIRES, Cinéraires, Coléus, Héliotropes, Primevères de Chine, etc. Description et culture, par **Jules Rudolph,** lauréat de la Société Nationale d'Horticulture. 1 vol. in-18, cartonné toile, de 163 pages, avec 38 figures dans le texte . . . . **2 fr.**

CULTURE DES FOUGÈRES EXOTIQUES, par **Adolphe Buyssens,** ancien professeur de l'École cantonale d'Horticulture de Genève. 1 vol. in-18, cartonné toile, de 188 pages, avec 62 figures dans le texte. **2 fr.**

LES GÉRANIUMS (pelargonium zonale et inquinans), description et culture, par **H. Dauthenay,** chef jardinier à l'asile Sainte-Anne, professeur à l'Association polytechnique. — 1 vol. in-18, cartonné toile, de 292 pages, avec figures dans le texte. . . . . **2 fr. 50**

LES ANIMAUX UTILES ET NUISIBLES A L'HORTICULTURE (insectes exceptés), par **A. Larbalétrier,** professeur à l'Ecole d'agriculture du Pas-de-Calais. — 1 vol. in-18, cartonné toile, de 154 pages, avec figures dans le texte . . . . **2 fr.**

LES FRAISIERS, par **A. Millet,** horticulteur. — 1 vol. in-18, cartonné toile, de 218 pages, avec 55 figures dans le texte . . . . **2 fr. 50**

ESSAIS PRATIQUES DE CHIMIE HORTICOLE, par **A. Larbalétrier,** professeur à l'École d'agriculture et d'horticulture d'Oraison (Basses-Alpes). 1 vol. in-18, cartonné toile, de 136 pages, avec 24 fig. dans le texte. **2 fr**

LES VIOLETTES, par **A. Millet,** horticulteur. — 1 vol. in-18, cartonné toile, de 161 pages avec 23 figures dans le texte. . . . . **2 fr.**

MANUEL DE CULTURE POTAGÈRE dans le nord et le midi de la France et en Algérie, comprenant aussi la culture forcée sous châssis et en serre, par **Duvillard et R. de Noter,** membres de la Société Nationale d'horticulture. — 1 vol. in-18, cartonné toile, de 365 pages, avec 132 figures dans le texte. **4 fr.**

LES CLÉMATITES. — LES CHÈVREFEUILLES GRIMPANTS, Bignones, Glycines, Aristoloches et Passiflores, par **G. Boucher et S. Mottet,** membres de la Société Nationale d'horticulture. — 1 vol. in-18, cartonné toile, de 180 pages, avec 30 figures dans le texte . . . . **2 fr.**

CALADIUM ANTHURIUM, ALOCASIA et autres aroïdées de serre, par **Rudolph.** — 1 vol. in-18, cartonné toile, de 222 pages, avec 30 figures dans le texte. . . . . **2 fr.**

ÉVREUX, IMPRIMERIE DE CHARLES HÉRISSEY

BIBLIOTHÈQUE D'HORTICULTURE ET DE JARDINAGE

LA MOSAÏCULTURE, par **S. Mottet,** membre de la Société d'horticulture de France. — Histoire et considérations générales, choix des couleurs, tracé, plantation, entretien, description, emploi, rusticité et multiplication des espèces employées à cet usage, etc. *Troisième édition*, revue et très augmentée. 1 volume in-18 de 158 pages, cartonnage toile, avec 69 figures dans le texte et 73 dessins de mosaïques avec légendes explicatives. . . . . 2 fr.

GUIDE ÉLÉMENTAIRE DE MULTIPLICATION, par **S. Mottet.** — Étude des différents moyens d'effectuer des semis, boutures, marcottes, greffes et divisions. 1 vol. in-18 de 200 pages, avec 85 fig. 2 fr.

MALADIES DES ARBRES FRUITIERS, par **E. Sirodot,** chef du laboratoire de recherches de la maison Vilmorin-Andrieux. — 1 vol. in-18, cartonné toile, de 180 p., avec 50 figures dans le texte . . . . . 2 fr.

LES ENGRAIS EN HORTICULTURE. I. Théorie générale des engrais, par **M. Joulie,** pharmacien en chef de la maison municipale de santé. — II. Emploi pratique des engrais en horticulture, par **Maxime Desbordes,** lauréat de la Société nationale d'Horticulture. 1 vol. in-18, cart. toile, de 150 p., avec tableaux. 2 fr.

LES PLANTES ALPINES ET DE ROCAILLES, par **H. Correvon,** directeur du jardin alpin d'acclimatation à Genève. — 1 vol. in-18, cartonné toile, de 200 pages, avec 30 figures . . . . 2 fr.

LES FOUGÈRES DE PLEINE TERRE et les Prêles lycopodes et sélaginelles rustiques, par **H. Correvon.** — 1 vol. in-18, cartonné toile, de 150 p., avec 68 figures dans le texte . . . . 2 fr.

LES AZALÉES, par **Léon Duval,** horticulteur. — Historique, Multiplication, Culture, Forçage, Emploi, etc. 1 vol. in-18, cartonné toile, de 112 pages, avec 23 figures . . . . 2 fr.

LES BROMÉLIACÉES, par **Léon Duval.** — Histoire, multiplication, culture et liste des jolies espèces. 1 vol. in-18, cartonné toile, de 150 pages, avec 46 figures dans le texte. . . . . 3 fr.

LES CHRYSANTHÈMES, par **Georges Bellair,** jardinier en chef des parcs et orangerie de Versailles, et **Victor Bérat,** ancien jardinier en chef de la ville de Roubaix. — Description, histoire, culture, emploi. *Troisième édition.* 1 vol. in-18, cartonné toile, de 111 pages, avec figures dans le texte (couronné par la Société nationale d'horticulture de France) . . . . 2 fr.

LES PLANTES POUR APPARTEMENTS ET FENÊTRES, les plantes et feuillages pour bouquets, par **G. Bellair.** 1 vol. in-18, cartonné toile, de 150 pages et 80 figures dans le texte . . . . 2 fr.

LA CULTURE DU POIRIER, par **O. Opoix,** jardinier en chef du jardin du Luxembourg, professeur d'arboriculture, etc. — 1 vol. in-18, cartonné toile, de 270 pages, avec 112 figures dans le texte. . . . . 2 fr. 50

LES PALMIERS DE SERRE FROIDE, par **R. de Noter,** membre de la Société Nationale d'Horticulture. — Leur culture dans la zone méditerranéenne et dans le nord de l'Europe. — Précédé d'une préface-lettre de **M. Charles Rivière,** directeur du jardin d'essai du Hamma, à Alger. 1 vol. in-18, cartonné toile, de 150 p., avec 25 figures dans le texte . . . . 2 fr.

LES ORANGERS. Citronniers, Cédratiers et autres aurantiacées comestibles, leur culture dans la région méditerranéenne et en orangerie dans le nord de la France, par **R. de Noter,** avec la collaboration de **MM. F. Sahut, Chouvet et Ch. Rivière.** — 1 vol. in-18, cart. toile, de 180 p., avec nombreuses fig. dans le texte . 2 fr.

LES ROSIERS. — Historique, classification, nomenclature, descriptions. — Culture en pleine terre et en pots, taille, forçage en serre et sous châssis, multiplication (bouturage, greffage et marcottage), maladies et insectes, choix de variétés horticoles, groupées d'après leur origine, par **Cochet** et **S. Mottet,** membres de la Société nationale d'horticulture de France. — 1 vol. de 200 pages, avec 60 figures dans le texte. . 2 fr. 50

SOLS, TERRAINS ET COMPOSTS utilisés par l'horticulture, par **G. Truffault,** membre de la Société nationale d'horticulture de France. — 1 vol. in-18, cartonné toile, de 300 pages . . . . 4 fr.

CALCÉOLAIRES, Cinéraires, Coléus, Héliotropes, Primevères de Chine, etc. Description et culture, par **Jules Rudolph,** lauréat de la Société Nationale d'Horticulture. 1 vol. in-18, cartonné toile, de 163 pages, avec 38 figures dans le texte . . . . 2 fr.

CULTURE DES FOUGÈRES EXOTIQUES, par **Adolphe Buyssens,** ancien professeur de l'École cantonale d'Horticulture de Genève. 1 vol. in-18, cartonné toile, de 188 pages, avec 62 figures dans le texte. 2 fr.

LES GÉRANIUMS (pelargonium zonale et inquinans), description et culture, par **H. Dauthenay,** chef jardinier à l'asile Sainte-Anne, professeur à l'Association polytechnique. — 1 vol. in-18, cartonné toile, de 292 pages, avec figures dans le texte. . . . . 2 fr. 50

LES ANIMAUX UTILES ET NUISIBLES A L'HORTICULTURE (insectes exceptés), par **A. Larbalétrier,** professeur à l'École d'agriculture du Pas-de-Calais. — 1 vol. in-18, cartonné toile, de 154 pages, avec figures dans le texte . . . . 2 fr.

LES FRAISIERS, par **A. Millet,** horticulteur. — 1 vol. in-18, cartonné toile, de 218 pages, avec 55 figures dans le texte . . . . 2 fr. 50

ESSAIS PRATIQUES DE CHIMIE HORTICOLE, par **A. Larbalétrier,** professeur à l'École d'agriculture et d'horticulture d'Oraison (Basses-Alpes). 1 vol. in-18, cartonné toile, de 136 pages, avec 24 fig. dans le texte. 2 fr

LES VIOLETTES, par **A. Millet,** horticulteur. — 1 vol. in-18, cartonné toile, de 161 pages avec 23 figures dans le texte. . . . . 2 fr.

MANUEL DE CULTURE POTAGÈRE dans le nord et le midi de la France et en Algérie, comprenant aussi la culture forcée sous châssis et en serre, par **Duvillard** et **R. de Noter,** membres de la Société Nationale d'horticulture. — 1 vol. in-18, cartonné toile, de 365 pages, avec 132 figures dans le texte. 4 fr.

LES CLÉMATITES. — LES CHÈVREFEUILLES GRIMPANTS, Bignones, Glycines, Aristoloches et Passiflores, par **G. Boucher** et **S. Mottet,** membres de la Société Nationale d'horticulture. — 1 vol. in-18, cartonné toile, de 180 pages, avec 30 figures dans le texte . . . . 2 fr.

CALADIUM-ANTHURIUM, ALOCASIA et autres aroïdées de serre, par **Rudolph.** — 1 vol. in-18, cartonné toile, de 222 pages, avec 30 figures dans le texte. . . . . 2 fr.

ÉVREUX, IMPRIMERIE DE CHARLES HÉRISSEY

DICTIONNAIRE PRATIQUE

D'HORTICULTURE

ET

DE JARDINAGE

Illustré de près de 5,000 Figures dans le texte

ET DE 80 PLANCHES CHROMOLITHOGRAPHIÉES HORS TEXTE

COMPRENANT :

La description succincte des plantes connues et cultivées dans les jardins de l'Europe;
La culture potagère, l'arboriculture, la description et la culture de toutes les Orchidées,
Broméliacées, Palmiers, Fougères,
Plantes de serre, plantes annuelles, vivaces, etc.;
Le tracé des jardins; le choix et l'emploi des espèces propres à la décoration des parcs et jardins;
L'Entomologie, la Cryptogamie, la Chimie horticole;
Des éléments d'Anatomie et de Physiologie végétale; la Glossologie botanique et horticole;
La description des outils, serres et accessoires employés en horticulture; etc., etc.

PAR

G. NICHOLSON

Conservateur des Jardins royaux de Kew à Londres.

TRADUIT, MIS A JOUR ET ADAPTÉ A NOTRE CLIMAT, A NOS USAGES, ETC., ETC.

PAR

S. MOTTET

Membre de la Société Nationale d'Horticulture de France.

AVEC LA COLLABORATION DE MM.

VILMORIN-ANDRIEUX et Cie

G. ALLUARD, E. ANDRÉ, G. BELLAIR, G. LEGROS, ETC.

78e LIVRAISON

PARIS

OCTAVE DOIN
ÉDITEUR
8, place de l'Odéon, 8

LIBRAIRIE AGRICOLE
DE LA MAISON RUSTIQUE
26, rue Jacob, 26

VILMORIN-ANDRIEUX ET CIE
MARCHANDS GRAINIERS
4, Quai de la Mégisserie, 4

L'Ouvrage sera complet en 80 livraisons. — Il paraitra *TRÈS RÉGULIÈREMENT* une livraison par mois.
Prix de chaque livraison de 48 pages, avec planche chromolithographique. . . **1 fr. 50**

DICTIONNAIRE PRATIQUE

D'HORTICULTURE

ET

DE JARDINAGE

Illustré de près de 5,000 Figures dans le texte

ET DE 80 PLANCHES CHROMOLITHOGRAPHIÉES HORS TEXTE

COMPRENANT :

La description succincte des plantes connues et cultivées dans les jardins de l'Europe;
La culture potagère, l'arboriculture, la description et la culture de toutes les Orchidées,
Broméliacées, Palmiers, Fougères,
Plantes de serre, plantes annuelles, vivaces, etc.;
Le tracé des jardins; le choix et l'emploi des espèces propres à la décoration des parcs et jardins;
L'Entomologie, la Cryptogamie, la Chimie horticole;
Des éléments d'Anatomie et de Physiologie végétale; la Glossologie botanique et horticole;
La description des outils, serres et accessoires employés en horticulture; etc., etc.

PAR

G. NICHOLSON

Conservateur des Jardins royaux de Kew à Londres.

TRADUIT, MIS A JOUR ET ADAPTÉ A NOTRE CLIMAT, A NOS USAGES, ETC., ETC.

PAR

S. MOTTET

Membre de la Société Nationale d'Horticulture de France.

AVEC LA COLLABORATION DE MM.

VILMORIN-ANDRIEUX et Cie

G. ALLUARD, E. ANDRÉ, G. BELLAIR, G. LEGROS, ETC.

79e LIVRAISON

PARIS

OCTAVE DOIN
ÉDITEUR
8, place de l'Odéon, 8

LIBRAIRIE AGRICOLE
DE LA MAISON RUSTIQUE
26, rue Jacob, 26

VILMORIN-ANDRIEUX ET Cie
MARCHANDS GRAINIERS
4, Quai de la Mégisserie, 4

L'Ouvrage sera complet en 80 livraisons. — Il paraîtra *TRÈS RÉGULIÈREMENT* une livraison par mois.

Prix de chaque livraison de 48 pages, avec planche chromolithographique. . . **1 fr. 50**

MAISON C. MATHIAN

PARIS, 25, rue Damesme, 25, PARIS

SERRES
JARDINS D'HIVER
CHASSIS
VÉRANDAS
ETC.

DIPLOMES D'HONNEUR

1ers Prix

CHAUFFAGES
De Serres, Chassis
VAPORISATEUR
DE
Jus de Tabac

DEMANDER L'ALBUM

N° 31

Maison fondée en 1854

EUGÈNE COCHU

Constructions Horticoles en fer, en bois et fer et en bois

FOURNISSEUR DE SA MAJESTÉ LE ROI DES BELGES, POUR LES NOUVELLES SERRES DE LAEKEN

EXPOSITION INTERNATIONALE D'HORTICULTURE, PARIS 1895
PRIX D'HONNEUR

Serres d'Amateurs et d'Horticulteurs, à simple et à double vitrage (Brevetées s. g. d. g.). — **Serres à vignes et à fruits**, fixes et mobiles. — **Serres démontables**, pour culture de Rosiers. — **Chauffages Thermosiphon.** — **Toiles à rouleaux automatiques** — **Claies à ombrer avec système d'isolement.** — **Verres mastic.** — **Châssis de couche.** — **Bâches et coffres** prêts à expédier.

« **LES RAPIDES** », Bâches et Coffres se démontant par assemblages en fer, sans boulons ni clavettes (Brevetés s. g. d. g.).

Envoi franco du Catalogue général sur demande.

USINE, BUREAUX et EXPOSITION, 16, 19 et 23, rue Pinel, St-DENIS (Seine)

HANGARS

CONSTRUCTIONS ÉCONOMIQUES BOIS & FER

Système Br. s. g. d. g. **POMBLA** Spécialité de Constructions Industrielles et Agricoles.

MONTAGE ET DÉMONTAGE TRÈS FACILES

PLOMBA, Constructeur, 135, rue Lamarck
(Avenue de Saint-Ouen) PARIS

ORCHIDÉES DE CHOIX

OCCASION EXCEPTIONNELLE & AVANTAGEUSE

CYMBIDIUM HOOKERIANUM

Contre l'envoi de 35 centimes en timbres-poste nous adressons franco la chromolithographie de cette remarquable variété.

Nous avons l'avantage d'annoncer aux Orchidophiles que nous nous sommes rendus acquéreurs des divisions du superbe spécimen de *Cymbidium Hookerianum*, présenté au Concours trimestriel des Orchidées de la *S. N. d'H. de F.* du 22 novembre 1894 et dont nous avons donné la chromolithographie dans le *Moniteur d'Horticulture* du 10 février 1895.

N° 1. Petite plante, 2 arrière-bulbes, 1 jeune bulbe, 1 pousse. Prix. . . . . **140** fr.

N° 2. Plante plus forte, 5 arrière-bulbes, 1 jeune bulbe, 1 forte pousse. Prix. . . . . **250** fr.

N° 3. Belle plante, 2 fortes arrière-bulbes, 1 forte bulbe, 1 forte pousse avec 1 hampe florale. Prix. **300** fr.

N° 4. Très forte plante, 6 fortes bulbes, 3 hampes florales. Prix . . . . **600** fr.

OTTO-BALLIF

Bureau du MONITEUR D'HORTICULTURE

14, rue de Sèvres, 14, PARIS

— *N. B.* — A l'occasion de cette offre avantageuse nous ferons observer aux Orchidophiles que les divisions de ce *Cymbidium* sont tout à fait distinctes comme port et d'une variété bien supérieure aux rares plantes de cette espèce connues jusqu'à présent.

A la librairie O. DOIN, 8, place de l'Odéon

MANUEL PRATIQUE ET RAISONNÉ

DES

CULTURES SPÉCIALES

PLANTES RACINES. — CÉRÉALES. — PLANTES FOURRAGÈRES
PLANTES INDUSTRIELLES. — ASSOLEMENTS. — PRAIRIES

Par Paul DE VUYST

Docteur en Droit. Ingénieur agricole, Inspecteur adjoint de l'agriculture.

Un volume in-8° carré de 264 pages, avec de nombreuses figures

Prix : 4 francs.

TRÈS BELLES ORCHIDÉES

D'OCCASION

A Vendre à prix réduit

PROVENANT D'UNE COLLECTION D'AMATEUR

Pour de plus amples renseignements, s'adresser à

M. OTTO-BALLIF

au Moniteur d'Horticulture

14, RUE DE SÈVRES, 14, PARIS

DICTIONNAIRE PRATIQUE

D'HORTICULTURE

ET

DE JARDINAGE

Illustré de près de 5,000 Figures dans le texte

ET DE 80 PLANCHES CHROMOLITHOGRAPHIÉES HORS TEXTE

COMPRENANT :

La description succincte des plantes connues et cultivées dans les jardins de l'Europe;
La culture potagère, l'arboriculture, la description et la culture de toutes les Orchidées,
Broméliacées, Palmiers, Fougères,
Plantes de serre, plantes annuelles, vivaces, etc.;
Le tracé des jardins; le choix et l'emploi des espèces propres à la décoration des parcs et jardins;
L'Entomologie, la Cryptogamie, la Chimie horticole;
Des éléments d'Anatomie et de Physiologie végétale; la Glossologie botanique et horticole;
La description des outils, serres et accessoires employés en horticulture; etc., etc.

PAR

G. NICHOLSON

Conservateur des Jardins royaux de Kew à Londres.

TRADUIT, MIS A JOUR ET ADAPTÉ A NOTRE CLIMAT, A NOS USAGES, ETC., ETC.

PAR

S. MOTTET

Membre de la Société Nationale d'Horticulture de France.

AVEC LA COLLABORATION DE MM.

VILMORIN-ANDRIEUX et Cie

G. ALLUARD, E. ANDRÉ, G. BELLAIR, G. LEGROS, ETC.

80e LIVRAISON

PARIS

OCTAVE DOIN
ÉDITEUR
8, place de l'Odéon, 8

LIBRAIRIE AGRICOLE
DE LA MAISON RUSTIQUE
26, rue Jacob, 26

VILMORIN-ANDRIEUX ET Cie
MARCHANDS GRAINIERS
4, Quai de la Mégisserie, 4

L'Ouvrage sera complet en 81 livraisons. — Il paraitra *TRÈS RÉGULIÈREMENT* une livraison par mois.
Prix de chaque livraison de 48 pages, avec planche chromolithographique. . . 1 fr. 50

BIBLIOTHÈQUE D'HORTICULTURE ET DE JARDINAGE

LA MOSAÏCULTURE, par **S. Mottet,** membre de la Société d'horticulture de France. — Histoire et considérations générales, choix des couleurs, tracé, plantation, entretien, description, emploi, rusticité et multiplication des espèces employées à cet usage, etc. *Troisième édition,* revue et très augmentée. 1 volume in-18 de 158 pages, cartonnage toile, avec 69 figures dans le texte et 73 dessins de mosaïques avec légendes explicatives . . . . 2 fr.

GUIDE ÉLÉMENTAIRE DE MULTIPLICATION, par **S. Mottet.** — Étude des différents moyens d'effectuer des semis, boutures, marcottes, greffes et divisions. 1 vol. in-18 de 200 pages, avec 85 fig. 2 fr.

MALADIES DES ARBRES FRUITIERS, par **E. Sirodot,** chef du laboratoire de recherches de la maison Vilmorin-Andrieux. — 1 vol. in-18, cartonné toile, de 180 p., avec 50 figures dans le texte . . . . . 2 fr.

LES ENGRAIS EN HORTICULTURE. I. Théorie générale des engrais, par **M. Joulie,** pharmacien en chef de la maison municipale de santé. — II. Emploi pratique des engrais en horticulture, par **Maxime Desbordes,** lauréat de la Société nationale d'Horticulture. 1 vol. in-18, cart. toile, de 150 p., avec tableaux. 2 fr.

LES PLANTES ALPINES ET DE ROCAILLES, par **H. Correvon,** directeur du jardin alpin d'acclimatation à Genève. — 1 vol. in-18, cartonné toile, de 200 pages, avec 30 figures . . . . 2 fr.

LES FOUGÈRES DE PLEINE TERRE et les Prêles lycopodes et sélaginelles rustiques, par **H. Correvon.** — 1 vol. in-18, cartonné toile, de 150 p., avec 68 figures dans le texte . . . . . . 2 fr.

LES AZALÉES, par **Léon Duval,** horticulteur. — Historique, Multiplication, Culture, Forçage, Emploi, etc. 1 vol. in-18, cartonné toile, de 112 pages, avec 23 figures . . . . 2 fr.

LES BROMÉLIACÉES, par **Léon Duval.** — Histoire, multiplication, culture et liste des jolies espèces. 1 vol. in-18, cartonné toile, de 150 pages, avec 46 figures dans le texte. . . . . 2 fr.

LES CHRYSANTHÈMES, par **Georges Bellair,** jardinier en chef des parcs et orangerie de Versailles, et **Victor Bérat,** ancien jardinier en chef de la ville de Roubaix. — Description, histoire, culture, emploi. *Troisième édition.* 1 vol. in-18, cartonné toile, de 111 pages, avec figures dans le texte (couronné par la Société nationale d'horticulture de France) . . . . 2 fr.

LES PLANTES POUR APPARTEMENTS ET FENÊTRES, les plantes et feuillages pour bouquets, par **G. Bellair.** 1 vol. in-18, cartonné toile, de 150 pages et 80 figures dans le texte . . . . 2 fr.

LA CULTURE DU POIRIER, par **O. Opoix,** jardinier en chef du jardin du Luxembourg, professeur d'arboriculture, etc. — 1 vol. in-18, cartonné toile, de 270 pages, avec 112 figures dans le texte. . . . . 2 fr. 50

LES PALMIERS DE SERRE FROIDE, par **R. de Noter,** membre de la Société Nationale d'Horticulture. — Leur culture dans la zone méditerranéenne et dans le nord de l'Europe. — Précédée d'une préface-lettre de **M. Charles Rivière,** directeur du jardin d'essai du Hamma, à Alger. 1 vol. in-18, cartonné toile, de 150 p., avec 25 figures dans le texte . . . . 2 fr.

LES ORANGERS, Citronniers, Cédratiers et autres aurantiacées comestibles, leur culture dans la région méditerranéenne et en orangerie dans le nord de la France, par **R. de Noter,** avec la collaboration de **MM. F. Sahut, Chouvet et Ch. Rivière.** — 1 vol. in-18, cart. toile, de 180 p., avec nombreuses fig. dans le texte . . 2 fr.

LES ROSIERS. — Historique, classification, nomenclature, descriptions. — Culture en pleine terre et en pots, taille, forçage en serre et sous châssis, multiplication (bouturage, greffage et marcottage), maladies et insectes, choix de variétés horticoles, groupées d'après leur origine, par **Cochet** et **S. Mottet,** membres de la Société nationale d'horticulture de France. — 1 vol. de 200 pages, avec 60 figures dans le texte. . 2 fr. 50

SOLS, TERRAINS ET COMPOSTS utilisés par l'horticulture, par **G. Truffault,** membre de la Société nationale d'horticulture de France. — 1 vol. in-18, cartonné toile, de 300 pages . . . . . 4 fr.

CALCÉOLAIRES, Cinéraires, Coléus, Héliotropes, Primevères de Chine, etc. Description et culture, par **Jules Rudolph,** lauréat de la Société Nationale d'Horticulture. 1 vol. in-18, cartonné toile, de 163 pages, avec 38 figures dans le texte . . . . 2 fr.

CULTURE DES FOUGÈRES EXOTIQUES, par **Adolphe Buyssens,** ancien professeur de l'École cantonale d'Horticulture de Genève, 1 vol. in-18, cartonné toile, de 188 pages, avec 62 figures dans le texte. 2 fr.

LES GÉRANIUMS (pelargonium zonale et inquinans), description et culture, par **H. Dauthenay,** chef jardinier à l'asile Sainte-Anne, professeur à l'Association polytechnique. — 1 vol. in-18, cartonné toile, de 292 pages, avec figures dans le texte. . . . . 2 fr. 50

LES ANIMAUX UTILES ET NUISIBLES A L'HORTICULTURE (insectes exceptés), par **A. Larbalétrier,** professeur à l'École d'agriculture du Pas-de-Calais. — 1 vol. in-18, cartonné toile, de 154 pages, avec figures dans le texte . . . . 2 fr.

LES FRAISIERS, par **A. Millet,** horticulteur. — 1 vol. in-18, cartonné toile, de 218 pages, avec 55 figures dans le texte . . . . 2 fr. 50

ESSAIS PRATIQUES DE CHIMIE HORTICOLE, par **A. Larbalétrier,** professeur à l'École d'agriculture et d'horticulture d'Oraison (Basses-Alpes). 1 vol. in-18, cartonné toile, de 136 pages, avec 24 fig. dans le texte. 2 fr

LES VIOLETTES, par **A. Millet,** horticulteur. — 1 vol. in-18, cartonné toile, de 161 pages avec 23 figures dans le texte. . . . . 2 fr.

MANUEL DE CULTURE POTAGÈRE dans le nord et le midi de la France et en Algérie, comprenant aussi la culture forcée sous châssis et en serre, par **Duvillard** et **R. de Noter,** membres de la Société Nationale d'horticulture. — 1 vol. in-18, cartonné toile, de 365 pages, avec 132 figures dans le texte. 4 fr.

LES CLÉMATITES. — LES CHÈVREFEUILLES GRIMPANTS, Bignones, Glycines, Aristoloches et Passiflores, par **G. Boucher** et **S. Mottet,** membres de la Société Nationale d'horticulture. — 1 vol. in-18, cartonné toile, de 180 pages, avec 30 figures dans le texte . . . . . . 2 fr.

CALADIUM ANTHURIUM, ALOCASIA et autres aroïdées de serre, par **Rudolph.** — 1 vol. in-18, cartonné toile, de 222 pages, avec 30 figures dans le texte. . . . . 2 fr.

ÉVREUX, IMPRIMERIE DE CHARLES HÉRISSEY

BIBLIOTHÈQUE D'HORTICULTURE ET DE JARDINAGE

LA MOSAÏCULTURE, par **S. Mottet,** membre de la Société d'horticulture de France. — Histoire et considérations générales, choix des couleurs, tracé, plantation, entretien, description, emploi, rusticité et multiplication des espèces employées à cet usage, etc. *Troisième édition*, revue et très augmentée. 1 volume in-18 de 158 pages, cartonnage toile, avec 69 figures dans le texte et 73 dessins de mosaïques avec légendes explicatives. . . . . 2 fr.

GUIDE ÉLÉMENTAIRE DE MULTIPLICATION, par **S. Mottet.** — Étude des différents moyens d'effectuer des semis, boutures, marcottes, greffes et divisions. 1 vol. in-18 de 200 pages, avec 85 fig. 2 fr.

MALADIES DES ARBRES FRUITIERS, par **E. Sirodot,** chef du laboratoire de recherches de la maison Vilmorin-Andrieux. — 1 vol. in-18, cartonné toile, de 180 p., avec 50 figures dans le texte . . . . . 2 fr.

LES ENGRAIS EN HORTICULTURE. I. Théorie générale des engrais, par **M. Joulie,** pharmacien en chef de la maison municipale de santé. — II. Emploi pratique des engrais en horticulture, par **Maxime Desbordes,** lauréat de la Société nationale d'Horticulture. 1 vol. in-18, cart. toile, de 130 p., avec tableaux. 2 fr.

LES PLANTES ALPINES ET DE ROCAILLES, par **H. Correvon,** directeur du jardin alpin d'acclimatation à Genève. — 1 vol. in-18, cartonné toile, de 200 pages, avec 30 figures . . . . 2 fr.

LES FOUGÈRES DE PLEINE TERRE et les Prêles lycopodes et sélaginelles rustiques, par **H. Correvon.** — 1 vol. in-18, cartonné toile, de 150 p., avec 68 figures dans le texte . . . . 2 fr.

LES AZALÉES, par **Léon Duval,** horticulteur. — Historique, Multiplication, Culture, Forçage, Emploi, etc. 1 vol. in-18, cartonné toile, de 112 pages, avec 23 figures . . . . 2 fr.

LES BROMÉLIACÉES, par **Léon Duval.** — Histoire, multiplication, culture et liste des jolies espèces. 1 vol. in-18, cartonné toile, de 150 pages, avec 46 figures dans le texte. . . . . 2 fr.

LES CHRYSANTHÈMES, par **Georges Bellair,** jardinier en chef des parcs et orangerie de Versailles, et **Victor Bérat,** ancien jardinier en chef de la ville de Roubaix. — Description, histoire, culture, emploi. *Troisième édition.* 1 vol. in-18, cartonné toile, de 111 pages, avec figures dans le texte (couronné par la Société nationale d'horticulture de France) . . . . 2 fr.

LES PLANTES POUR APPARTEMENTS ET FENÊTRES, les plantes et feuillages pour bouquets, par **G. Bellair.** 1 vol. in-18, cartonné toile, de 150 pages et 80 figures dans le texte . . . . 2 fr.

LA CULTURE DU POIRIER, par **O. Opoix,** jardinier en chef du jardin du Luxembourg, professeur d'arboriculture, etc. — 1 vol. in-18, cartonné toile, de 270 pages, avec 112 figures dans le texte. . . . . 2 fr. 50

LES PALMIERS DE SERRE FROIDE, par **R. de Noter,** membre de la Société Nationale d'Horticulture. — Leur culture dans la zone méditerranéenne et dans le nord de l'Europe. — Précédée d'une préface-lettre de **M. Charles Rivière,** directeur du jardin d'essai du Hamma, à Alger. 1 vol. in-18, cartonné toile, de 150 p., avec 25 figures dans le texte . . . . 2 fr.

LES ORANGERS, Citronniers, Cédratiers et autres aurantiacées comestibles, leur culture dans la région méditerranéenne et en orangerie dans le nord de la France, par **R. de Noter,** avec la collaboration de **MM. F. Sahut, Chouvet et Ch. Rivière.** — 1 vol. in-18, cart. toile, de 180 p., avec nombreuses fig. dans le texte . 2 fr.

LES ROSIERS. — Historique, classification, nomenclature, descriptions. — Culture en pleine terre et en pots, taille, forçage en serre et sous châssis, multiplication (bouturage, greffage et marcottage), maladies et insectes, choix de variétés horticoles, groupées d'après leur origine, par **Cochet** et **S. Mottet,** membres de la Société nationale d'horticulture de France. — 1 vol. de 200 pages, avec 60 figures dans le texte. . 2 fr. 50

SOLS, TERRAINS ET COMPOSTS utilisés par l'horticulture, par **G. Truffault,** membre de la Société nationale d'horticulture de France. — 1 vol. in-18, cartonné toile, de 300 pages . . . . 4 fr.

CALCÉOLAIRES, Cinéraires, Coléus, Héliotropes, Primevères de Chine, etc. Description et culture, par **Jules Rudolph,** lauréat de la Société Nationale d'Horticulture. 1 vol. in-18, cartonné toile, de 163 pages, avec 38 figures dans le texte . . . . 2 fr.

CULTURE DES FOUGÈRES EXOTIQUES, par **Adolphe Buyssens,** ancien professeur de l'École cantonale d'Horticulture de Genève. 1 vol. in-18, cartonné toile, de 188 pages, avec 62 figures dans le texte. 2 fr.

LES GÉRANIUMS (pelargonium zonale et inquinans), description et culture, par **H. Dauthenay,** chef jardinier à l'asile Sainte-Anne, professeur à l'Association polytechnique. — 1 vol. in-18, cartonné toile, de 292 pages, avec figures dans le texte. . . . . 2 fr. 50

LES ANIMAUX UTILES ET NUISIBLES A L'HORTICULTURE (insectes exceptés), par **A. Larbalétrier,** professeur à l'École d'agriculture du Pas-de-Calais. — 1 vol. in-18, cartonné toile, de 154 pages, avec figures dans le texte . . . . 2 fr.

LES FRAISIERS, par **A. Millet,** horticulteur. — 1 vol. in-18, cartonné toile, de 218 pages, avec 55 figures dans le texte . . . . 2 fr. 50

ESSAIS PRATIQUES DE CHIMIE HORTICOLE, par **A. Larbalétrier,** professeur à l'École d'agriculture et d'horticulture d'Oraison (Basses-Alpes). 1 vol. in-18, cartonné toile, de 136 pages, avec 24 fig. dans le texte. 2 fr

LES VIOLETTES, par **A. Millet,** horticulteur. — 1 vol. in-18, cartonné toile, de 161 pages avec 23 figures dans le texte. . . . . 2 fr.

MANUEL DE CULTURE POTAGÈRE dans le nord et le midi de la France et en Algérie, comprenant aussi la culture forcée sous châssis et en serre, par **Duvillard et R. de Noter,** membres de la Société Nationale d'horticulture. — 1 vol. in-18, cartonné toile, de 365 pages, avec 132 figures dans le texte. 4 fr.

LES CLÉMATITES. — LES CHÈVREFEUILLES GRIMPANTS, Bignones, Glycines, Aristoloches et Passiflores, par **G. Boucher et S. Mottet,** membres de la Société Nationale d'horticulture. — 1 vol. in-18, cartonné toile, de 180 pages, avec 30 figures dans le texte . . . . 2 fr.

CALADIUM ANTHURIUM, ALOCASIA et autres aroïdées de serre, par **Rudolph.** — 1 vol. in-18, cartonné toile, de 222 pages, avec 30 figures dans le texte. . . . . 2 fr.

ÉVREUX, IMPRIMERIE DE CHARLES HÉRISSEY

BIBLIOTHÈQUE D'HORTICULTURE ET DE JARDINAGE

LA MOSAÏCULTURE, par **S. Mottet,** membre de la Société d'horticulture de France. — Histoire et considérations générales, choix des couleurs, tracé, plantation, entretien, description, emploi, rusticité et multiplication des espèces employées à cet usage, etc. *Troisième édition*, revue et très augmentée. 1 volume in-18 de 158 pages, cartonnage toile, avec 69 figures dans le texte et 73 dessins de mosaïques avec légendes explicatives . . . . 2 fr.

GUIDE ÉLÉMENTAIRE DE MULTIPLICATION, par **S. Mottet.** — Étude des différents moyens d'effectuer des semis, boutures, marcottes, greffes et divisions. 1 vol. in-18 de 200 pages, avec 85 fig. 2 fr.

MALADIES DES ARBRES FRUITIERS, par **E. Sirodot,** chef du laboratoire de recherches de la maison Vilmorin-Andrieux. — 1 vol. in-18, cartonné toile, de 180 p., avec 50 figures dans le texte . . . . . . 2 fr.

LES ENGRAIS EN HORTICULTURE. I. Théorie générale des engrais, par **M. Joulie,** pharmacien en chef de la maison municipale de santé. — II. Emploi pratique des engrais en horticulture, par **Maxime Desbordes,** lauréat de la Société nationale d'Horticulture. 1 vol. in-18, cart. toile, de 150 p., avec tableaux. 2 fr.

LES PLANTES ALPINES ET DE ROCAILLES, par **H. Correvon,** directeur du jardin alpin d'acclimatation à Genève. — 1 vol. in-18, cartonné toile, de 200 pages, avec 30 figures . . . . 2 fr.

LES FOUGÈRES DE PLEINE TERRE et les Prêles lycopodes et sélaginelles rustiques, par **H. Correvon.** — 1 vol. in-18, cartonné toile, de 150 p., avec 68 figures dans le texte . . . . 2 fr.

LES AZALÉES, par **Léon Duval,** horticulteur. — Historique, Multiplication, Culture, Forçage, Emploi, etc. 1 vol. in-18, cartonné toile, de 112 pages, avec 23 figures . . . . 2 fr.

LES BROMÉLIACÉES, par **Léon Duval.** — Histoire, multiplication, culture et liste des jolies espèces. 1 vol. in-18, cartonné toile, de 150 pages, avec 46 figures dans le texte. . . . . 3 fr.

LES CHRYSANTHÈMES, par **Georges Bellair,** jardinier en chef des parcs et orangerie de Versailles, et **Victor Bérat,** ancien jardinier en chef de la ville de Roubaix. — Description, histoire, culture, emploi. *Troisième édition.* 1 vol. in-18, cartonné toile, de 111 pages, avec figures dans le texte (couronné par la Société nationale d'horticulture de France) . . . . 2 fr.

LES PLANTES POUR APPARTEMENTS ET FENÊTRES, les plantes et feuillages pour bouquets, par **G. Bellair.** 1 vol. in-18, cartonné toile, de 150 pages et 80 figures dans le texte . . . . 2 fr.

LA CULTURE DU POIRIER, par **O. Opoix,** jardinier en chef du jardin du Luxembourg, professeur d'arboriculture, etc. — 1 vol. in-18, cartonné toile, de 270 pages, avec 112 figures dans le texte. . . . . 2 fr. 50

LES PALMIERS DE SERRE FROIDE, par **R. de Noter,** membre de la Société Nationale d'Horticulture. — Leur culture dans la zone méditerranéenne et dans le nord de l'Europe. — Précédée d'une préface-lettre de **M. Charles Rivière,** directeur du jardin d'essai du Hamma, à Alger. 1 vol. in-18, cartonné toile, de 150 p., avec 25 figures dans le texte . . . . 2 fr.

LES ORANGERS. Citronniers, Cédratiers et autres aurantiacées comestibles, leur culture dans la région méditerranéenne et en orangerie dans le nord de la France, par **R. de Noter,** avec la collaboration de **MM. F. Sahut, Chouvet et Ch. Rivière.** — 1 vol. in-18, cart. toile, de 180 p., avec nombreuses fig. dans le texte . 2 fr.

LES ROSIERS. — Historique, classification, nomenclature, descriptions. — Culture en pleine terre et en pots, taille, forçage en serre et sous châssis, multiplication (bouturage, greffage et marcottage), maladies et insectes, choix de variétés horticoles, groupées d'après leur origine, par **Cochet** et **S. Mottet,** membres de la Société nationale d'horticulture de France. — 1 vol. de 200 pages, avec 60 figures dans le texte. . 2 fr. 50

SOLS, TERRAINS ET COMPOSTS utilisés par l'horticulture, par **G. Truffault,** membre de la Société nationale d'horticulture de France. — 1 vol. in-18, cartonné toile, de 300 pages . . . . 4 fr.

CALCÉOLAIRES, Cinéraires, Coléus, Héliotropes, Primevères de Chine, etc. Description et culture, par **Jules Rudolph,** lauréat de la Société Nationale d'Horticulture. 1 vol. in-18, cartonné toile, de 163 pages, avec 38 figures dans le texte . . . . 2 fr.

CULTURE DES FOUGÈRES EXOTIQUES, par **Adolphe Buyssens,** ancien professeur de l'École cantonale d'Horticulture de Genève. 1 vol. in-18, cartonné toile, de 188 pages, avec 62 figures dans le texte. 2 fr.

LES GÉRANIUMS (pelargonium zonale et inquinans), description et culture, par **H. Dauthenay,** chef jardinier à l'asile Sainte-Anne, professeur à l'Association polytechnique. — 1 vol. in-18, cartonné toile, de 202 pages, avec figures dans le texte. . . . . 2 fr. 50

LES ANIMAUX UTILES ET NUISIBLES A L'HORTICULTURE (insectes exceptés), par **A. Larbalétrier,** professeur à l'École d'agriculture du Pas-de-Calais. — 1 vol. in-18, cartonné toile, de 154 pages, avec figures dans le texte . . . . 2 fr.

LES FRAISIERS, par **A. Millet,** horticulteur. — 1 vol. in-18, cartonné toile, de 218 pages, avec 55 figures dans le texte . . . . 2 fr. 50

ESSAIS PRATIQUES DE CHIMIE HORTICOLE, par **A. Larbalétrier,** professeur à l'École d'agriculture et d'horticulture d'Oraison (Basses-Alpes). 1 vol. in-18, cartonné toile, de 136 pages, avec 24 fig. dans le texte. 2 fr

LES VIOLETTES, par **A. Millet,** horticulteur. — 1 vol. in-18, cartonné toile, de 161 pages avec 23 figures dans le texte. . . . . 2 fr.

MANUEL DE CULTURE POTAGÈRE dans le nord et le midi de la France et en Algérie, comprenant aussi la culture forcée sous châssis et en serre, par **Duvillard et R. de Noter,** membres de la Société Nationale d'horticulture. — 1 vol. in-18, cartonné toile, de 365 pages, avec 132 figures dans le texte. 4 fr.

LES CLÉMATITES. — LES CHÈVREFEUILLES GRIMPANTS, Bignones, Glycines, Aristoloches et Passiflores, par **G. Boucher et S. Mottet,** membres de la Société Nationale d'horticulture. — 1 vol. in-18, cartonné toile, de 180 pages, avec 30 figures dans le texte . . . . 2 fr.

CALADIUM ANTHURIUM, ALOCASIA et autres aroïdées de serre, par **Rudolph.** — 1 vol. in-18, cartonné toile, de 222 pages, avec 30 figures dans le texte. . . . . 2 fr.

ÉVREUX, IMPRIMERIE DE CHARLES HÉRISSEY

DICTIONNAIRE PRATIQUE

D'HORTICULTURE

ET

DE JARDINAGE

Illustré de près de 5,000 Figures dans le texte

ET DE 80 PLANCHES CHROMOLITHOGRAPHIÉES HORS TEXTE

COMPRENANT :

La description succincte des plantes connues et cultivées dans les jardins de l'Europe;
La culture potagère, l'arboriculture, la description et la culture de toutes les Orchidées,
Broméliacées, Palmiers, Fougères,
Plantes de serre, plantes annuelles, vivaces, etc.;
Le tracé des jardins; le choix et l'emploi des espèces propres à la décoration des parcs et jardins;
L'Entomologie, la Cryptogamie, la Chimie horticole;
Des éléments d'Anatomie et de Physiologie végétale; la Glossologie botanique et horticole;
La description des outils, serres et accessoires employés en horticulture; etc., etc.

PAR

G. NICHOLSON

Conservateur des Jardins royaux de Kew à Londres.

TRADUIT, MIS A JOUR ET ADAPTÉ A NOTRE CLIMAT, A NOS USAGES, ETC., ETC.

PAR

S. MOTTET

Membre de la Société Nationale d'Horticulture de France.

AVEC LA COLLABORATION DE MM.

VILMORIN-ANDRIEUX et Cie

G. ALLUARD, E. ANDRÉ, G. BELLAIR, G. LEGROS, ETC.

81e LIVRAISON

PARIS

OCTAVE DOIN
ÉDITEUR
8, place de l'Odéon, 8

LIBRAIRIE AGRICOLE
DE LA MAISON RUSTIQUE
26, rue Jacob, 26

VILMORIN-ANDRIEUX ET Cie
MARCHANDS GRAINIERS
4, Quai de la Mégisserie, 4

L'Ouvrage sera complet en 81 livraisons. — Il paraitra *TRÈS RÉGULIÈREMENT* une livraison par mois.
Prix de chaque livraison de 48 pages, avec planche chromolithographique. . . **1 fr. 50**

BIBLIOTHÈQUE D'HORTICULTURE ET DE JARDINAGE

LA MOSAÏCULTURE, par **S. Mottet**, membre de la Société d'horticulture de France. — Histoire et considérations générales, choix des couleurs, tracé, plantation, entretien, description, emploi, rusticité et multiplication des espèces employées à cet usage, etc. *Troisième édition*, revue et très augmentée. 1 volume in-18 de 158 pages, cartonnage toile, avec 69 figures dans le texte et 73 dessins de mosaïques avec légendes explicatives. . . . . 2 fr.

GUIDE ÉLÉMENTAIRE DE MULTIPLICATION, par **S. Mottet**. — Etude des différents moyens d'effectuer des semis, boutures, marcottes, greffes et divisions. 1 vol. in-18 de 200 pages, avec 85 fig. 2 fr.

MALADIES DES ARBRES FRUITIERS, par **E. Sirodot**, chef du laboratoire de recherches de la maison Vilmorin-Andrieux. — 1 vol. in-18, cartonné toile, de 180 p., avec 50 figures dans le texte . . . . . . 2 fr.

LES ENGRAIS EN HORTICULTURE. I. Théorie générale des engrais, par **M. Joulie**, pharmacien en chef de la maison municipale de santé. — II. Emploi pratique des engrais en horticulture, par **Maxime Desbordes**, lauréat de la Société nationale d'Horticulture. 1 vol. in-18. cart. toile, de 150 p., avec tableaux. 2 fr.

LES PLANTES ALPINES ET DE ROCAILLES, par **H. Correvon**, directeur du jardin alpin d'acclimatation à Genève. — 1 vol. in-18, cartonné toile, de 200 pages, avec 30 figures . . . . 2 fr.

LES FOUGÈRES DE PLEINE TERRE et les Prêles lycopodes et sélaginelles rustiques, par **H. Correvon**. — 1 vol. in-18, cartonné toile, de 150 p., avec 68 figures dans le texte . . . . 2 fr.

LES AZALÉES, par **Léon Duval**, horticulteur. — Historique, Multiplication, Culture, Forçage, Emploi, etc. 1 vol. in-18. cartonné toile, de 112 pages, avec 23 figures . . . . 2 fr.

LES BROMÉLIACÉES, par **Léon Duval**. — Histoire, multiplication, culture et liste des jolies espèces. 1 vol. in-18, cartonné toile, de 150 pages, avec 46 figures dans le texte. . . . . 2 fr.

LES CHRYSANTHÈMES, par **Georges Bellair**, jardinier en chef des parcs et orangerie de Versailles, et **Victor Bérat**, ancien jardinier en chef de la ville de Roubaix. — Description, histoire, culture, emploi. *Troisième édition*. 1 vol. in-18, cartonné toile, de 111 pages, avec figures dans le texte (couronné par la Société nationale d'horticulture de France) . . . . 2 fr.

LES PLANTES POUR APPARTEMENTS ET FENÊTRES, les plantes et feuillages pour bouquets, par **G. Bellair**. 1 vol. in-18, cartonné toile, de 150 pages et 80 figures dans le texte . . . . 2 fr.

LA CULTURE DU POIRIER, par **O. Opoix**, jardinier en chef du jardin du Luxembourg, professeur d'arboriculture, etc. — 1 vol. in-18. cartonné toile, de 270 pages, avec 112 figures dans le texte. . . . . 2 fr. 50

LES PALMIERS DE SERRE FROIDE, par **R. de Noter**, membre de la Société Nationale d'Horticulture. — Leur culture dans la zone méditerranéenne et dans le nord de l'Europe. — Précédée d'une préface-lettre de **M. Charles Rivière**, directeur du jardin d'essai du Hamma, à Alger. 1 vol. in-18, cartonné toile, de 150 p., avec 25 figures dans le texte . . . . 2 fr.

LES ORANGERS, Citronniers, Cédratiers et autres aurantiacées comestibles, leur culture dans la région méditerranéenne et en orangerie dans le nord de la France, par **R. de Noter**, avec la collaboration de **MM. F. Sahut, Chouvet et Ch. Rivière**. — 1 vol. in-18, cart. toile, de 180 p., avec nombreuses fig. dans le texte . 2 fr.

LES ROSIERS. — Historique, classification, nomenclature, descriptions. — Culture en pleine terre et en pots, taille, forçage en serre et sous châssis, multiplication (bouturage, greffage et marcottage), maladies et insectes, choix de variétés horticoles, groupées d'après leur origine, par **Cochet et S. Mottet**, membres de la Société nationale d'horticulture de France. — 1 vol. de 200 pages, avec 60 figures dans le texte. . 2 fr. 50

SOLS, TERRAINS ET COMPOSTS utilisés par l'horticulture, par **G. Truffault**, membre de la Société nationale d'horticulture de France. — 1 vol. in-18, cartonné toile, de 300 pages . . . . 4 fr.

CALCÉOLAIRES, Cinéraires, Coléus, Héliotropes, Primevères de Chine, etc. Description et culture, par **Jules Rudolph**, lauréat de la Société Nationale d'Horticulture. 1 vol. in-18, cartonné toile, de 163 pages, avec 38 figures dans le texte . . . . 2 fr.

CULTURE DES FOUGÈRES EXOTIQUES, par **Adolphe Buyssens**, ancien professeur de l'École cantonale d'Horticulture de Genève, 1 vol. in-18, cartonné toile, de 188 pages, avec 62 figures dans le texte. 2 fr.

LES GÉRANIUMS (pelargonium zonale et inquinans), description et culture, par **H. Dauthenay**, chef jardinier à l'asile Sainte-Anne, professeur à l'Association polytechnique. — 1 vol. in-18, cartonné toile, de 292 pages, avec figures dans le texte. . . . . 2 fr. 50

LES ANIMAUX UTILES ET NUISIBLES A L'HORTICULTURE (insectes exceptés), par **A. Larbalétrier**, professeur à l'École d'agriculture du Pas-de-Calais. — 1 vol. in-18, cartonné toile, de 154 pages, avec figures dans le texte . . . . 2 fr.

LES FRAISIERS, par **A. Millet**, horticulteur. — 1 vol. in-18, cartonné toile, de 218 pages, avec 55 figures dans le texte . . . . 2 fr. 50

ESSAIS PRATIQUES DE CHIMIE HORTICOLE, par **A. Larbalétrier**, professeur à l'École d'agriculture et d'horticulture d'Oraison (Basses-Alpes). 1 vol. in-18, cartonné toile, de 136 pages, avec 24 fig. dans le texte. 2 fr

LES VIOLETTES, par **A. Millet**, horticulteur. — 1 vol. in-18, cartonné toile, de 161 pages avec 23 figures dans le texte. . . . . 2 fr.

MANUEL DE CULTURE POTAGÈRE dans le nord et le midi de la France et en Algérie, comprenant aussi la culture forcée sous châssis et en serre, par **Duvillard et R. de Noter**, membres de la Société Nationale d'horticulture. — 1 vol. in-18. cartonné toile, de 365 pages, avec 132 figures dans le texte. 4 fr.

LES CLÉMATITES. — LES CHÈVREFEUILLES GRIMPANTS, Bignones, Glycines, Aristoloches et Passiflores, par **G. Boucher et S. Mottet**, membres de la Société Nationale d'horticulture. — 1 vol. in-18, cartonné toile, de 180 pages, avec 30 figures dans le texte . . . . 2 fr.

CALADIUM ANTHURIUM, ALOCASIA et autres aroïdées de serre, par **Rudolph**. — 1 vol. in-18, cartonné toile, de 222 pages, avec 30 figures dans le texte. . . . . 2 fr.

ÉVREUX, IMPRIMERIE DE CHARLES HÉRISSEY

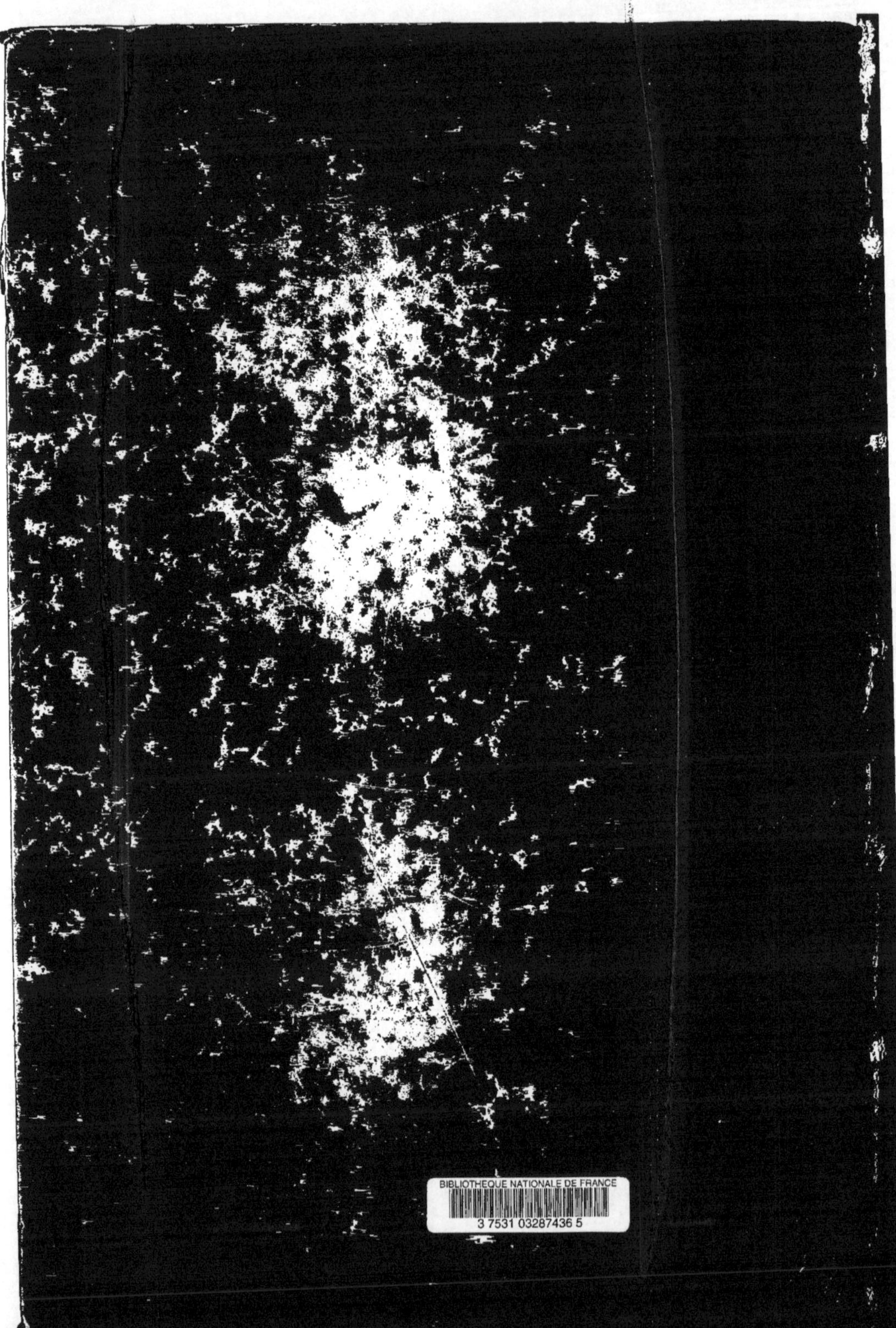
BIBLIOTHEQUE NATIONALE DE FRANCE
3 7531 03287436 5

www.ingramcontent.com/pod-product-compliance
Ingram Content Group UK Ltd.
Pitfield, Milton Keynes, MK11 3LW, UK